DICTIONNAIRE GÉNÉRAL

DE

GÉOGRAPHIE UNIVERSELLE

ANCIENNE ET MODERNE.

STRASBOURG,
IMPRIMERIE DE PH.-AL. DANNBACH, RUE DU BOUCLIER, 1.

DICTIONNAIRE GÉNÉRAL

DE

GÉOGRAPHIE UNIVERSELLE

ANCIENNE ET MODERNE,

HISTORIQUE, POLITIQUE, LITTÉRAIRE ET COMMERCIALE,

PAR

ENNERY ET HIRTH,

ACCOMPAGNÉ

D'UNE INTRODUCTION A L'ÉTUDE DE LA GÉOGRAPHIE DANS SES RAPPORTS AVEC L'HISTOIRE,

PAR

CH. CUVIER,

PROFESSEUR D'HISTOIRE A LA FACULTÉ DES LETTRES DE L'ACADÉMIE DE STRASBOURG.

TOME TROISIÈME.

STRASBOURG,

CHEZ BAQUOL ET SIMON, ÉDITEURS,

GRAND'RUE, 29.

1840.

DICTIONNAIRE GÉNÉRAL

DE

GÉOGRAPHIE UNIVERSELLE

ANCIENNE ET MODERNE,

HISTORIQUE, POLITIQUE, LITTÉRAIRE ET COMMERCIALE,

PAR

ENNERY ET HIRTH,

ACCOMPAGNÉ

D'UNE INTRODUCTION A L'ÉTUDE DE LA GÉOGRAPHIE DANS SES RAPPORTS AVEC L'HISTOIRE,

PAR

CH. CUVIER,

PROFESSEUR D'HISTOIRE A LA FACULTÉ DES LETTRES DE L'ACADÉMIE DE STRASBOURG.

TOME TROISIÈME.

STRASBOURG,

CHEZ BAQUOL ET SIMON, ÉDITEURS,

GRAND'RUE, 29.

1840.

I

IABLONNOI-KHREBET ou CHAÎNE DES POMMES, mont. de l'Asie. Cette chaîne fait partie du système Altaï-Himalaya et se rattache au S.-O. aux monts de Daourie ; au N.-E. aux monts Stavonoi, qui, sous la dénomination de Kkingkhan, d'Aldan, etc., longent la mer d'Okhotsk. Le Iablonnoi-Khrebet sépare la Sibérie de la Mandchourie ; il est peu élevé, boisé et parcouru par des Mandchoux nomades.

IACHHAI ou AKSAI, chef-lieu d'une principauté du pays des Koumuks, qui porte le même nom (dans le Caucase). C'est une espèce de repaire de brigands où l'on fait un grand commerce d'esclaves.

IAHOUDIA. *Voyez* ISPAHAN.

IAKOUSTK ou YAKOUSTK, prov. de la Russie d'Asie. Elle est située entre 102° 15′ et 160° 25′ long. orient., et 53° 10′ et 72° 12′ lat. N., et bornée au N. par l'Océan Arctique, à l'E. par le dist. d'Okhotsk, au S.-E. par l'Océan Austral, au S. par le pays des Mandchoux, à l'O. par les gouv. d'Iénisseisk et d'Irkoutsk. Cette immense province, dont la surface égale le tiers de l'Europe et dont la pop. est de moins de 150,000 hab., a un sol ondulé, traversé par des chaînes de collines ou des ramifications du Iablonnoi. Ses vastes plaines s'étendent surtout au N. Les côtes de l'Océan Arctique sont basses et bordées de rescifs. En face du grand golfe de Moigolotskaja, dont le cap Swiatoi (cap Saint) forme un des côtés, sont situées les îles Liachof et l'archipel de la Nouvelle-Sibérie. Jusqu'au 65° de latitude le pays présente ce triste aspect que nous avons déjà décrit à l'article ARCTIQUES (plaines); des marais immenses qui ne dégèlent pas même en été, aucun arbre, à peine quelques mousses qui servent de nourriture aux rennes du Iakoute et du Toungouse. Au-dessous de 65°, le sol est moins ingrat et produit des arbres; mais c'est toujours le désert rebelle à la culture européenne et habitable seulement pour les rudes peuplades des indigènes. On ne trouve de villages russes que sur les rives de la Léna. Le climat est extrême; il n'y a dans ce pays ni printemps, ni automne; l'été suit immédiatement l'hiver; la chaleur, quoique de courte durée, est quelquefois grande. Les habitants sont très-tourmentés par d'innombrables essaims de mouches et d'autres insectes. Les principales rivières de cette partie de l'Asie sont: la Léna et ses affluents l'Aldan, le Vitim; l'Iana, l'Indighirka, la Kolyma, l'Olenek, l'Anabara, etc. Ces contrées sont remarquables par la grande quantité de fossiles qu'on y rencontre. C'est sur les bords de la Léna que M. Adams a découvert le cadavre d'un mammouth, ayant parfaitement conservé ses parties molles, sa peau et ses poils; on trouva plus tard sur les bords du Viloui un cadavre de rhinocéros, aussi bien conservé; ces deux faits, preuves incontestables d'une révolution subite qui a bouleversé la terre et changé brusquement sa température; ces animaux des régions méridionales pris dans la glace ont jeté une vive lumière sur la géographie physique et la géologie. La population se compose de Russes, d'Iakoutes, de Toungouses; la chasse, la pêche, l'éducation du bétail et le commerce de pelleteries sont leurs principaux moyens d'entretien. Une partie de la population russe se compose de criminels ou de condamnés politiques; nous en parlerons à l'articleSibérie. Iakoustk est le chef-lieu de la province, qui ne compte aucune autre ville et seulement quelques pauvres villages, tels que Oustie-Oleuskoïe, Zachiversk, Niznei-Kolymsk, Olensk, aujourd'hui Vilouïsk, Verskhoïansk, Sredne-Kolymsk, etc.

IAKOUSTK, chef-lieu de la province de ce nom, dans la Russie d'Asie; est situé sur la rive gauche de la Léna. Il fut bâti en 1648 et se compose d'un fort en ruines, de quelques églises, d'environ 400 maisons et de jurtes (cabanes) iakoutes. Ses habitants sont des employés, des Cosaques, des Iakoutes et des négociants. Cette ville est le grand marché des fourrures du nord, le rendez-vous de tous les chasseurs de cette partie de la Sibérie, qui y apportent les fourrures des animaux tués sur les rives de la Léna, de l'Iana, de l'Ingoda et d'autres fleuves; l'entrepôt des marchandises russes et chinoises, qui de là se répandent dans toute la province. La compagnie américaine y a un comptoir. Tous les ans, en décembre, en juin, en juillet, en août, il s'y tient des foires considérables, qui y attirent même des marchands grecs de la Russie d'Europe; 3000 hab.

IAKOUTES. Cette peuplade, d'origine tartare et parlant encore un dialecte tartare, habite les rives de la Léna et les régions septentrionales de l'Asie. Ils sont de taille moyenne, maigres, ont la figure déprimée, peu de cheveux et de petits yeux. Ils demeurent dans des jurtes ou huttes de terre, dont les fenêtres sont fermées par des morceaux de glace, du papier huilé ou des vessies. Le foyer se trouve au milieu de la hutte, et l'on y entretient continuellement du feu. L'éducation du bétail, la chasse et la pêche sont leurs occupations principales. La viande de cheval est leur nourriture favorite; du reste ils mangent tout ce que l'homme peut supporter avec une gloutonnerie sans exemple; la quantité d'aliments qu'ils peuvent avaler est prodigieuse. Les Iakoutes sont payens; leurs prêtres s'appellent schamanes; quelques-uns d'entre eux se sont faits chrétiens. Leur nombre n'est pas considérable, mais difficile à évaluer.

IALOUTOROSK, v. de la Russie d'Asie, gouv. de Tobolsk, chef-lieu du cercle du même nom. Elle est située au confluent du Tobol et de l'Iset et compte environ 2100 hab. Elle a plutôt l'apparence d'un village que d'un chef-lieu de cercle.

IANA, fl. de l'Asie, prend sa source en Sibérie, sur une ramification des monts Stavonoi, parcourt la prov. de Iakoustk et se jette dans l'Océan Arctique Glacial. Les îles Liachof et plus loin la Nouvelle-Sibérie se trouvent en face de son embouchure.

IAROSLAV (le gouvernement de), dans la Russie d'Europe; est situé entre 35° 17' et 39° 2' long. orient., et 56° 42' et 58° 1' lat. sept., et est borné au N.-O. par le gouv. de Novogorod, au N.-E. par celui de Vologda, à l'E. par celui de Kostroma, au S. par celui de Vladimir et à l'O. par le gouv. de Twer; sa superficie est de 10,800 l. c. C'est une plaine haute et en général très-uniforme, quoique coupée par des collines et des cours d'eau; le sol est en partie marécageux, en partie mélangé de sable et de marne grise, et d'une fertilité médiocre. Le climat y est assez rude et l'hiver long. Ce gouvernement est surtout arrosé par le Wolga, qui y reçoit 18 rivières et ruisseaux, dont les plus importants sont: la Mologa et la Scheksna; le plus grand lac est celui de Rostover, qui se décharge dans le Wolga par le Kotorotsk. La population est de 1,038,000 hab.; leur principale occupation est l'agriculture. Le gouv. de Iaroslav, tel qu'il existe depuis 1771, se divise en dix cercles et a un gouverneur commun avec le gouv. de Vologda.

IAROSLAV, chef-lieu du gouvernement et du cercle de même nom dans la Russie d'Europe, résidence du gouverneur de Iaroslav et de Vologda, siége d'un archevêché; est une belle ville, bâtie sur un plateau élevé et dans une position agréable, au confluent du Kotorotsk et du Wolga (sous 57° 57' 30" lat. sept. et 37° 50' long. orient.). Sa forteresse est située à l'endroit où les deux cours d'eau se réunissent. Cette ville, dont la population est de 24,000 hab., fait un commerce très-considérable, surtout avec St.-Pétersbourg et Moscou; elle est une des principales villes industrielles de l'empire, particulièrement pour la fabrication du linge de table, du papier, des soieries et du cuir. Ses principaux établissements scientifiques et littéraires sont: le lycée de Demidow, école des hautes sciences, fondée par le philantrope dont elle porte le nom, possédant une riche bibliothèque et considérée comme université; le séminaire ecclésiastique, qui compte 12 professeurs et plus de 1200 étudiants; le gymnase et la société des amateurs de la langue russe. Iaroslav renferme 44 églises; elle en avait 84 avant l'incendie de 1768.

IATXOU. *Voyez* Jatxou.

IBA, vg. dans la Hesse-Électorale, prov. de la Basse-Hesse, près duquel on trouve, dans la forêt d'Iba, la fonderie de cuivre de Friedrichshutte; 1160 hab.

IBABA, pet. v. du roy. de Gondar, en Abyssinie, capitale de la prov. de Maitscha. Elle est située près du lac Dembéa, dans une contrée belle et fertile, et doit être aussi grande que Gondar.

IBAGUE ou San-Bonifacio-de-Ibague, v. de la rép. de la Nouvelle-Grenade, dép. de Cundinamarca, prov. de Mariquita, sur la route de Guindiu et sous un climat très-agréable, à 1404 mètres au-dessus du niveau de l'Océan; cette ville fut fondée en 1550; collége; 3000 hab.

IBAROLLE, vg. de Fr., Basses-Pyrénées, arr. de Mauléon, cant. d'Iholdy, poste de St.-Palais; 280 hab.

IBARRA, b. d'Espagne, principauté de Catalogne, dist. de Cervera; fabrication de toiles et de dentelles; 1650 hab.

IBARRA (San Miguel de), v. de la rép. de l'Écuador, dép. du même nom, prov. d'Imbabura, dont elle est le chef-lieu, dans une vaste et belle plaine, arrosée par le Taguando et l'Ajavi et riche en sucre et en bétail, à 18 l. N.-O. de Quito. Cette ville, très-bien bâtie, fut fondée, en 1597, par don Alvaro de Ibarra, alors président de Quito; 5 couvents et un collége; fabr. de bas, de toile, de laine et de coton; commerce très-actif; 12,000 hab.

IBARRE, vg. de Fr., Basses-Pyrénées, arr. de Mauléon, cant. d'Iholdy, poste de St.-Palais; 180 hab.

IBBENBUREN, pet. v. de Prusse, prov. de Westphalie, rég. de Munster; fabrication et commerce de toiles et de cotonnades; carrières, forges et verrerie dans les environs; 1890 hab.

IBBERTSON (détroit d'). *Voyez* Reine-Charlotte (île de la).

IBBESTADT, île du diocèse de Nordland, en Norwège; couverte de montagnes, dont les points culminants ont 3000 pieds de haut.

IBBETSON ou Telout, groupe d'îles de la chaîne de Ralik, dans l'archipel de Mulgrave (archipel Central de Balbi), Polynésie ou Océanie orientale, sous 7° 31′ lat. N. et 165° 20′ long. orient.; il se compose de 12 à 13 îles peu considérables, mais d'un aspect assez agréable.

IBÈRES, *Iberi*, g. a., premiers habitants du N. de l'Espagne, peut-être originaires de l'Asie.

IBERG (l'), mont. abondante en mines de fer du roy. de Hanovre, capitanat des mines de Clausthal, à 1/2 l. de Grund; au pied de l'Iberg est le Hubichenstein, rocher fendu en 2 parties et haut de 120 pieds.

IBERG ou Ibrig, vg. de Suisse, cant. de Schwyz; source minérale.

IBERIA (New), pet. v. des États-Unis de l'Amérique du Nord, état de Louisiane, comté d'Attacapas; commerce; 1900 hab.

IBÉRIENS (monts), nom général d'une chaîne de montagnes de l'Espagne; elle a son origine dans le N. du royaume, à l'O. de l'Ebre, sépare les deux Castilles de l'Aragon, se divise au N. d'Albaracin pour s'étendre dans les roy. de Valence, de Grenade et de Murcie. La branche la plus orientale forme les Sierras de Gudar, de Bailias et de Penaglosa et se termine dans la Méditerranée par les caps d'Oropesa et de Penniscola; une autre branche se dirige à l'E.-S.-E., forme la Sierra Espadan et se perd dans la mer à Murviedo; une troisième enfin s'étend dans l'O., forme les hautes Sierras d'Alcaraz et de Ségura, qui finissent aux caps de Palos et St.-Martin; elle détache les Sierras de Huescar, de los Velez, de Filabres et d'Almahilla, qui couvrent la partie orientale du roy. de Grenade et dont le dernier rameau plonge dans la Méditerranée au cap de Gata. La chaîne Ibérique forme dans toute son étendue le bassin de l'Ebre.

IBERMOQUESO (Sierra), chaîne de montagnes faisant partie du système de la Guyane (Parime), dans la Guyane Colombienne, au S. de la rép. de Vénézuela. Elle donne naissance à l'Orénoque.

IBERVILLE, paroisse de l'état de Louisiane, États-Unis de l'Amérique du Nord; elle est bornée par les paroisses de Baton-Rouge, de Ste.-Hélène, d'Ascension, d'Attacapas et de West-Baton-Rouge; pays marécageux et assez malsain, arrosé par le Missisipi et l'Atchafalaya, bras du Missisipi, qui forme avec ce fleuve l'île de Pointe-Coupée. Au S.-O. du pays s'étend le lac Tachez; le canal d'Iberville traverse cette province. Galveston, sur l'Iberville, est le chef-lieu de la paroisse; 7000 hab.

IBERVILLE, canal des États-Unis de l'Amérique du Nord, état de Louisiane, joint le Missisipi à l'Amite.

IBI, b. d'Espagne, roy. de Valence, dist. de Xixona, filat. de laine; 3200 hab.

IBIAPABA (Sierra). *Voyez* Canastra (Sierra).

IBIGNY, vg. de Fr., Meurthe, arr. de Sarrebourg, cant. de Réchicourt-le-Château, poste de Blamont; fabr. de faïence; 260 h.

IBIRAY. *Voyez* San-Luis (Rio-de-).

IBIRINOCO. *Voy.* Parime (système de la).

IBOS, b. de Fr., Hautes-Pyrénées, arr., cant. et poste de Tarbes; 1420 hab.

IBOURG, b. du roy. de Hanovre, principauté d'Osnabruck, chef-lieu du bailliage du même nom.

IBOUVILLERS, vg. de Fr., Oise, com. de St.-Crépin-d'Ibouvillers; 250 hab.

IBRAHIL ou IBRAHILOW. *Voyez* BRAÏLA.

IBRIM, *Præmnis*, *Premis* ou *Premis Magna*, misérable vg. de la Basse-Nubie, dans le Ouady-Nuba, sur la rive droite du Nil, entre Derr et Ebsambol, à 30 l. S. d'Assouan. On y voit encore quatre spéos ou excavations dans la roche, qu'il ne faut pas prendre pour des tombeaux et qui sont de la plus haute antiquité; le plus ancien remonte, selon M. Champollion, au règne de Thouthmosis Ier, et le plus récent au règne du grand Sésostris.

IBRIONI, île d'Illyrie, gouv. de Trieste, cer. d'Istrie, à l'O. de celle de Pola, habitée par des pêcheurs; elle possède quelques riches salines et d'excellents marbres.

IÇA, prov. maritime du dép. de Lima, rép. du Pérou; elle est bornée par les prov. de Caunete, de Castro-Vireyna, de Lucanas et de Camana. Ses côtes ont un développement de 110 l. et toute son étendue est évaluée à 230 l. c. géogr. Son sol, très-inégal, est montagneux à l'E. et s'aplatit à l'O. en une vaste plaine aride et sablonneuse. Ses cours d'eau les plus considérables, sont : le Rio-de-Pisco, le Rio-de-Iça et le Rio-Grande. Différents districts des côtes sont fertilisés par des canaux et produisent de beau maïs. Les autres productions sont surtout du raisin et des olives qu'on exporte dans tout le Pérou. Les Indiens de la côte s'occupent de la pêche et vendent les poissons salés aux montagnards; 30,000 hab.

IÇA (San-Geronimo-de-), v. et chef-lieu de la province de même nom, sur le Rio-Iça, à 6 l. de la mer où se trouve le port de Pisco. Les environs de cette ville fournissent la plus grande quantité d'eau-de-vie du Pérou; et c'est à tort qu'on l'appelle eau-de-vie de Pisco, parce qu'elle est embarquée dans cette dernière ville; 8000 hab.

ICA. *Voyez* PUTUMAYO (Rio-).

ICARNIER (cave d'). *Voy.* ARCADINS (les).

ICCO ou YCO, pet. v. de l'emp. du Brésil, prov. de Ciara, comarque de Crato, sur le Salgado, à 75 l. S. d'Arcaty. Cette ville, quoique située sous un climat très-chaud, est une des plus florissantes de la province par les progrès de son agriculture, ses pêcheries et sa richesse en bétail; 4000 h.

ICHENHAUSEN, b. de la Bavière, cer. du Danube-Supérieur, dist. de Guntzbourg, sur la Guntz, à 4 l. d'Ulm; 3000 hab.

ICHIM, riv. de la Russie d'Asie, prend sa source dans les collines qui traversent la steppe des Kirghis et se jette dans l'Irtyche. On appelle steppe d'Ichim les grandes plaines ondulées qui s'étendent sur les deux rives de l'Ichim entre l'Irtyche et le Tobol. Elles sont remplies de petits lacs et de marais d'eau douce et d'eau salée, dont les bords ont d'excellents pâturages. Il serait assez facile de défricher ces terrains et de les rendre propres à la culture.

ICHOUX, vg. de Fr., Landes, arr. de Mont-de-Marsan, cant. de Parentis-en-Born, poste de Liposthey; forges; 780 hab.

ICHTRATZHEIM, vg. de Fr., Bas-Rhin, arr. et poste de Strasbourg, cant. de Geispolsheim; 247 hab.

ICHY, vg. de Fr., Seine-et-Marne, arr. de Fontainebleau, cant. et poste de Château-Landon; 270 hab.

ICKWORTH, b. d'Angleterre, comté de Suffolk; 1500 hab.

ICOLLO. *Voyez* DANDE.

ICONIUM. *Voyez* KONIEH.

ICONONZO. *Voyez* CORDILLÈRES.

IDA ou KASDAGH, mont. de la Turquie d'Asie, eyalet des Djezayrs ou des Iles, sandschak de Biga. Il s'étend de la plaine de Bunarbachri (la plaine de Troie) à la mer de Marmara; son point culminant a 1500 mètres de hauteur.

IDA ou PSILORITI, mont. de l'île de Candie; elle a 7164 pieds de hauteur et est couverte de superbes forêts et de gras pâturages.

IDAUX, vg. de Fr., Basses-Pyrénées, arr., cant. et poste de Mauléon; 220 hab.

IDERNES, vg. de Fr., Basses-Pyrénées, arr. de Pau, cant. et poste de Lembeye; 110 hab.

IDRAC-RESPAILLES, vg. de Fr., Gers, arr., cant. et poste de Mirande; 480 hab.

IDREIN, ham. de Fr., Arriège, com. de Bordes; 110 hab.

IDRIA, pet. v. d'Illyrie, gouv. de Laibach, cer. d'Adelsberg; très-importante par ses riches mines de mercure, qui ne sont inférieures qu'à celles d'Almaden, en Espagne; elles rapportent annuellement plus de 2000 kilogrammes; siége d'une intendance des mines; 5000 hab.

IDRO, b. du roy. Lombard-Vénitien, gouv. de Milan, délégation de Brescia; 2000 hab.

IDRON, vg. de Fr., Basses-Pyrénées, arr., cant. et poste de Pau; martinets à fer; 455 hab.

IDS-SAINT-ROCH, vg. de Fr., Cher, arr. de St.-Amand-Mont-Rond, cant. du Châtelet, poste de Lignières; 1080 hab.

IDSTEIN, chef-lieu d'un bailliage du même nom, dans le duché de Nassau. Cette ville a un château, un séminaire pour les maîtres d'école, un institut ducal d'économie rurale, des tanneries et des mégisseries importantes; une belle église et une population de 2000 hab. Gassenbach, qui en est tout près, est une métairie modèle, avec une bergerie de mérinos.

IDUMÉE. *Voyez* EDOM.

IEMBA (nommée *Djem* par les Kirghis), riv. de la Russie d'Asie, qui traverse le territoire des Kirghis et se jette dans la mer Caspienne; ses affluents sont le Baga, le Temir et le Saigis; son cours est lent et son eau mauvaise en été.

IÉNA, v. du grand-duché de Saxe-Weimar, dans le cer. de Weimar-Iéna. Elle est située sur la Saale, dans une vallée profonde et étroite, entourée en partie de montagnes nues et escarpés. Cette ville est célèbre par son université, fondée en 1548 par le prince Jean-Fréderic, après la perte de Wittenberg, mais inaugurée seulement en 1558. Cette université, à laquelle sont annexés un observatoire, un jardin botanique, une bibliothèque de 100,000 volumes, un séminaire théologique, homilétique et philologique, une école vétérinaire, un théâtre anatomique, une clinique, une école de sages-femmes, et un riche cabinet d'histoire naturelle, était entretenue depuis sa fondation par tous les ducs saxons; elle ne l'est aujourd'hui que par les princes de Weimar et de Gotha. Iéna a une pop. de 5500 hab., sans compter les étudiants qui sont au nombre de près de 600. Cette ville est le siége du tribunal d'appel pour le grand-duché, pour les duchés de Saxe et pour les principautés de Reuss; elle est aussi le siége de la société grand-ducale de minéralogie. Ses imprimeries font paraitre un nombre considérable de livres. Elle a une maison d'aliénés. C'est dans les environs de la ville que fut livrée, le 14 octobre 1806, la fameuse bataille d'Iéna, si féconde en grands résultats et qui mit la Prusse sur le bord de l'abîme.

IÉNISSEÏ, fl. de l'Asie, un des plus considérables de l'ancien monde; prend sa source dans le pays des Ouriang-kaï, dans l'emp. Chinois, par la réunion de l'Oouloukem et du Beï-kem. Il passe par Krasnoïarsk dans le gouv. de Iénisseisk, reçoit l'Angara ou la Toungouska-Supérieure, la Podkamenaïa-Toungouska (la Toungouska au-delà des rochers), la Nijnie-Toungouska (la Basse-Toungouska) à droite; le Sym et le Touroukhan à gauche, et se jette, par le golfe étroit du même nom, dans l'Océan Arctique Glacial, après avoir traversé le pays des Samoyèdes. Quelques géographes regardent l'Angara qui sort du lac Baïkal, comme la branche principale du Iénisseï.

IÉNISSEIENS. Les peuplades très-peu nombreuses qu'on désigne par ce nom se divisent en plusieurs tribus dont les principales sont les Denka, les Imbazi, les Poumpokols, les Kottes et les Assanes. Leur genre de vie et leurs mœurs barbares ont beaucoup d'analogie avec celles des Ostiakes, parmi lesquels plusieurs géographes rangent les Iénisseïens. (*Voyez* l'article OSTIAKES).

IÉNISSEIENS (monts), ramification des monts Sayaniens, sur la rive droite du fleuve dont ils portent le nom. Ils renferment beaucoup de minérais de cuivre. Une de ses branches va vers le N. et touche d'un côté l'Océan, de l'autre les rives de la Léna.

IÉNISSEIENNE (steppe), entre le Iénisseï et la Léna, une de ces plaines Arctiques dont nous avons déjà décrit les caractères à l'article ARCTIQUES (plaines).

IÉNISSEISK, gouv. de la Russie d'Asie; il est situé entre 86° 55′ et 110° 12′ long. orient. et 54° 10′ et 62° 10′ lat. N. Ses limites sont, au N., l'Océan Glacial Arctique; à l'E., la prov. d'Iakoustk et le gouv. d'Irkoutsk; au S., une partie de la Mongolie; à l'O., les gouv. de Tomsk et de Tobolsk. Le Iénisseï partage ce gouvernement en deux parties, l'orientale et l'occidentale. La première, plus montueuse, est coupée par des vallées froides et humides, a un climat plus rude et un sol ingrat; la seconde est plus fertile et mieux cultivée et possède de belles forêts. Les meilleurs champs sont situés sur les rives du Iénisseï; mais la longueur des hivers et la basse température rendent l'agriculture très-difficile. La chasse et la pêche sont les principales ressources des habitants. Le Iénisseï et ses affluents (*voyez* plus haut) sont les principaux cours d'eau de ce pays qui pourrait acquérir plus d'importance par la navigation plus active de l'Angara et les communications qu'il ouvrirait par le lac Baïkal et le Selenga avec la Mongolie. Ses habitants sont des Russes, des Cosaques, des Ostiakes, des Toungouses, des Iakoutes, des Iénisseïens, des Samoyèdes, etc. Le chiffre de la population de ce pays presque désert n'est pas connu. Krasnoïarsk est le chef-lieu du gouv. de Iénisseisk. Les autres principales villes sont Iénisseisk, Kansk, Abakansk, etc.

IÉNISSEISK, chef-lieu du cer. de Iénisseisk, gouvernement de même nom, dans la Russie d'Asie, est situé sur le Iénisseï, qui y a près de 3500 pieds de largeur. Il a été fondé en 1618, est entouré de vieilles fortifications, renferme plusieurs églises, deux couvents et environ 6000 habitants, parmi lesquels on trouve des artisans et des négociants. Cette ville est un des principaux marchés de la Sibérie, un entrepôt des marchandises chinoises et européennes, dont les premières y arrivent par l'Angara, les secondes par le Ket. Tous les ans, au mois d'août, il s'y tient une grande foire, visitée par les principaux marchands de la Sibérie.

IÉSO ou IESSO, IEDSO, une des îles de l'emp. du Japon; n'est connue des Européens que depuis le commencement du dix-septième siècle. En 1620 elle fut visitée par le jésuite Jérôme de Angelis; les Hollandais en explorèrent les côtes en 1643, les Russes en 1739. A la fin du dix-huitième siècle et au commencement du dix-neuvième La Pérouse, Broughton et Krusenstern achevèrent d'en dresser les contours. Aucun Européen n'a encore pénétré dans l'intérieur. L'île de Iéso est située entre 137° 4′ et 144° 30′ long. orient., et 41° 25′ et 45° 31′ lat. N. Au S.-O. le canal de Sangar la sépare de l'île de Niphon; ses autres limites sont: à l'O. la mer du Japon, au N. le canal de La Pérouse qui la sépare de l'île de Karafta ou Tarakai, au N.-E. la mer d'Okhotsk, au S.-O. et au S. l'Océan Austral. L'île est traversée en tous sens par des montagnes très-élevées, couvertes de neiges éternelles, parmi lesquelles on a remarqué plusieurs volcans. La configuration de Iéso est très-irrégulière; plusieurs golfes profonds y forment des enfoncements considérables, parmi lesquels il faut citer le golfe des Volcans et celui de Suchtelen, qui forment la presqu'île de Matsmai.

Le climat, relativement à la latitude, est très-froid, et Krusenstern trouva encore au mois de mai la côte occidentale couverte de neige. De nombreux cours d'eau paraissent descendre des montagnes de l'intérieur et arroser cette île; Krusenstern et Broughton reconnurent les embouchures de plusieurs fleuves considérables. Les productions de Iéso ne nous sont qu'imparfaitement connues; la côte occidentale ne paraît pas bien cultivée; dans le gouv. de Matsmai, qui n'est qu'une colonie de Japonais, elle paraît plus avancée. Les côtes sont très-poissonneuses, et la pêche paraît être une des principales branches d'industrie des habitants; des baleines, des phoques, des lions et des veaux marins s'y rencontrent en foule. Une autre production importante est le bois que fournissent les belles forêts de cette île. On sait qu'il y existe des mines d'or, d'argent et de plomb; ces dernières sont exploitées. Il est impossible de fixer le chiffre de la population; elle est beaucoup plus considérable dans le gouv. de Matsmai que dans les autres parties de l'île. Les habitants indigènes s'appellent Aïnos, Aïnous ou Iesso; les uns les regardent comme d'origine japonaise, les autres les considèrent comme des Kouriles, dont ils parlent d'ailleurs la langue. C'est un peuple simple et assez doux, qui ne vivait autrefois que de la pêche et de la chasse. Les Japonais leur ont enseigné l'agriculture et l'horticulture. Ils sont paresseux et malpropres et se distinguent des Japonais par leur chevelure et leur barbe très-fournie. Quoique soumis en grande partie aux Japonais, ils ne leur payent aucun tribut; des chefs indigènes administrent leur pays, nommé Aïnou-Khuni, et sont simplement subordonnés au gouverneur japonais, qui veille à ce qu'ils n'aient pas de relations avec des étrangers, afin que le commerce et les riches bénéfices de la pêche soient tout entiers entre les mains des Japonais. Les Aïnos habitent principalement la partie septentrionale de l'île; du reste leur nombre n'est pas considérable. Les Japonais de Iéso ont conservé les mœurs et les coutumes de leur patrie.

L'île de Iéso dépend du gouv. de Matsmai, qui comprend: 1° le gouv. de Iéso proprement dit, c'est-à-dire la péninsule S.-O. de Iéso, où se trouvent les villes de Matsmaye et de Khakodade; 2° l'Aïnou-Khuni ou pays des Aïnos, où il faut distinguer la partie vassale, qui s'étend le long des côtes méridionales et orientales, et renferme les villes d'Atkès et de Ludermo, et la partie entièrement indépendante qui comprend le reste de l'île; 3° les Kouriles méridionales; 4° la partie méridionale de l'île de Tarakai, soumise au Japon.

IEUNOUR. *Voyez* Einubu.

IEUZGAT ou **Ouzgat**, v. de la Turquie d'Asie, eyalet de Sivas. Cette ville bâtie sur l'emplacement de Kerkschau, l'ancien chef-lieu du sandschak de Bosuk, doit son origine et sa splendeur à Tschapan-Onglou qui l'avait choisie pour résidence. Depuis la mort de ce prince qui dominait sur presque toute la partie orientale de l'Asie Mineure, elle paraît avoir beaucoup perdu. Elle est située dans une vallée profonde et est entourée de quelques fortifications. Ses rues sont larges et régulières; au centre de la ville s'élève le superbe palais bâti par Tschapan-Onglou; elle renferme encore un grand nombre de bains, de mosquées, de caravansérails et, suivant Kinneir, qui la visita au temps de sa splendeur, environ 16,000 hab., Turcomans, Arméniens, Grecs et Juifs. Les Turcomans forment la majorité de la population.

IEZD ou **Yezd**, v. de Perse, prov. de Fars. Cette cité, située sur les limites du désert, est une des plus importantes de l'Iran. Suivant Dupré elle a 9 portes, 20 mosquées, 4 grands médressés ou colléges, 24 caravansérails, dont la moitié servent d'hôtelleries pour les étrangers et l'autre moitié de magasins pour les marchandises. Des voyageurs modernes portent le nombre de ses maisons à 20,000 et celui de ses habitants à 60,000, parmi lesquels il y a beaucoup de Parsis ou Guèbres. Iezd possède de florissantes manufactures d'étoffes de soie, de châles, d'armes, des raffineries de sucre, etc. La position centrale et les grandes routes qui s'y croisent, donnent une grande importance à son commerce. Il y arrive tous les ans de nombreuses caravanes qui y apportent, celles de Hérat des châles de cachemir et de l'ancien indien; celles de Medsched les peaux de Boukharie; celles d'Ispahan les marchandises européennes, du cuivre russe et de la soie du Ghilan. La rivière Mehris arrose la petite plaine qui sépare la ville du désert, et lui fait produire en abondance du vin, du blé, la canne à sucre, du coton, des mûriers, etc. On y élève un nombre considérable de chameaux. Iezd renferme un des temples les plus révérés des Guèbres.

IEZDIKHAST ou **Iezdekast**, v. de Perse, prov. de Fars. Située dans une position pittoresque au haut d'un rocher, elle est fortifiée à la fois par l'art et la nature. De nombreuses grottes taillées dans le roc, servent de demeure à une partie de ses habitants; 2000 hab.

IEZDAWAH, pet. v. de Perse, prov. de Fars, au N.-O. de Iezd. Elle est fortifiée; ses environs sont bien arrosés et bien cultivés.

IFFENDIC, vg. de Fr., Ille-et-Vilaine, arr., cant. et poste de Montfort-sur-Meu; 4290 hab.

IFFS (les), vg. de Fr., Ille-et-Vilaine, arr. de Montfort-sur-Meu, cant. et poste de Bécherel; 470 hab.

IFLA ou GRAND-POPO, v. grande et bien peuplée de la Haute-Guinée, côte des Esclaves, chef-lieu d'un petit état tributaire du roy. de Dahomey; elle est située dans une île, près de l'embouchure du Mousoui, dans l'Océan Atlantique, entre le Petit-Popo et Judak; habitants belliqueux et de mauvaise foi. Les Hollandais y avaient autrefois un comptoir.

IFO, grand lac de Suède, au N.-O. du gouv. de Christianstad.

IFS, vg. de Fr., Calvados, arr., cant. et poste de Caen; exploitation rurale remarquable; 720 hab.

IFS (les), vg. de Fr., Seine-Inférieure, com. de Bouville; 410 hab.

IFS (les), vg. de Fr., Seine-Inférieure, arr. de Dieppe, cant. et poste d'Envermeu; 180 hab.

IFS-SUR-LAISON, vg. de Fr., Calvados, arr. de Falaise, cant. de Bretteville-sur-Laize, poste de St.-Pierre-sur-Dives; 150 h.

IGAL, b. de Hongrie, cer. au-delà du Danube, comitat de Schumegh, sur une colline; culture de vin.

IGARUANAS. *Voyez* RHENGAHYBAS.

IGAS, vg. de Fr., Landes, com. de Peyrehorade; 750 hab.

IGATIMY. *Voyez* PARANA.

IGÉ, vg. de Fr., Orne, arr. de Mortagne-sur-Huîne, cant. et poste de Bellême; 1980 hab.

IGÉ, vg. de Fr., Saône-et-Loire, arr. de Mâcon, cant. de Cluny, poste de St.-Sorlin; 1190 hab.

IGEA, v. d'Espagne, prov. de Soria, sur le fleuve du même nom.

IGEL, vg. de Prusse, sur la Moselle, prov. du Rhin, rég. de Trèves. On y voit le monument romain le mieux conservé parmi ceux qui se trouvent en-deçà des Alpes; une tour carrée en grès rougeâtre, haute de 70 pieds, ornée de colonnes, de bas-reliefs et de figures mythologiques; carrières de plâtre; 420 hab.

IGES, vg. de Fr., Ardennes, arr., cant. et poste de Sédan; 160 hab.

IGEST (Saint-), vg. de Fr., Aveyron, arr. et poste de Villefranche-de-Rouergue, cant. de Villeneuve; 550 hab.

IGEVSKI-ZAVOD, v. de la Russie d'Europe orientale, dans le gouv. de Viatka; 12,000 hab.

IGLAU, cer. d'Autriche, gouv. de Moravie, borné au N. par la Bohême, à l'E. par le cer. de Brunn, au S.-E. par celui de Znaym, au S. par la Basse-Autriche, à l'O. par la Bohême; 50 l. c. géogr.; 170,000 hab. Les montagnes de la Moravie s'étendent à l'O. de cette province; elles forment plusieurs vallées très-romantiques et donnent naissance à l'Iglawa, qui traverse le cercle de l'O. au S.-O.; ainsi qu'à l'Oslawa, la Schwarza et la Taya. Son sol produit du blé, de l'avoine, des pommes de terre, du lin et des fruits; la pêche y est abondante et ses belles forêts sont peuplées d'une grande quantité de gibier; l'éducation du bétail et l'industrie y sont également importantes; on fabrique principalement de la toile, du drap et de l'eau-de-vie; les mines ne sont pas exploitées.

IGLAU (*Gihlawa*), jolie v. fortifiée d'Autriche, gouv. de Moravie, chef-lieu du cercle du même nom; elle a de nombreuses fabriques de draps, des papeteries, des tanneries et fait un commerce très-actif; 14,000 hab.

IGLESIAS, v. à l'O. de l'île de Sardaigne, division du cap Cagliari, siége d'un évêque; culture de l'olivier; éducation d'abeilles et de moutons; grande fabrication de fromages les plus estimés de l'île; 6100 hab.

IGLO. *Voyez* NEUDORF.

IGNACIO (San-), bourgade de la rép. de Bolivia, dép. de Santa-Cruz, prov. de Chiquitos, près des sources du Rio-Verde, affluent du Guaporé.

IGNAN (Saint-), vg. de Fr., Haute-Garonne, arr., cant. et poste de St.-Gaudens; 420 hab.

IGNAT (Saint-), vg. de Fr., Puy-de-Dôme, arr. de Riom, cant. d'Ennezat, poste de Maringues; 2010 hab.

IGNAU, pet. v. du Turkestan; parait être un des principaux endroits du pays de Ghaltcha ou de Karataghin; habitée par des montagnards mahométans, pauvres et agriculteurs.

IGNAUCOURT, vg. de Fr., Somme, arr. de Montdidier, cant. de Moreuil, poste d'Hangest; 200 hab.

IGNAUX, vg. de Fr., Arriège, arr. de Foix, cant. et poste d'Ax; 220 hab.

IGNEUC (Saint-), vg. de Fr., Côtes-du-Nord, arr. de Dinan; cant. et poste de Jugon; 640 hab.

IGNEY, vg. de Fr., Meurthe, arr. de Sarrebourg, cant. de Réchicourt-le-Château, poste de Blamont; 120 hab.

IGNEY, vg. de Fr., Vosges, arr. d'Épinal, cant. de Châtel-sur-Moselle, poste de Nomexy; 350 hcb.

IGNOL, vg. de Fr., Cher, arr. de St.-Amand-Mont-Rond, cant. de Nérondes, poste de Villequiers; 570 hab.

IGNY, ham. de Fr., Cher, com. de la Perche; 100 hab.

IGNY, vg. de Fr., Haute-Saône, arr. et cant. de Gray, poste de Gy; tuilerie et poterie; 510 hab.

IGNY, vg. de Fr., Seine-et-Oise, arr. de Versailles, cant. et poste de Palaiseau; 630 hab.

IGNY-DE-ROCHE (Saint-), vg. de Fr., Saône-et-Loire, arr. de Charolles, cant. et poste de Chauffailles; 760 hab.

IGNY-DE-VERS (Saint-), b. de Fr., Rhône, arr. de Villefranche-sur-Saône, cant. de Monsol, poste de Beaujeu; 2840 hab.

IGNY-LE-JARD, vg. de Fr., Marne, arr. d'Épernay, cant. et poste de Dormans; 561 hab.

IGON, vg. de Fr., Basses-Pyrénées, arr. de Pau, cant. de Clarac, poste de Nay; fabr. d'ouvrages faits au tour; 692 hab.

IGORNAY, vg. de Fr., Saône-et-Loire, arr. d'Autun, cant. et poste de Lucenay; Igornay est situé dans une île formée par l'Arroux; 700 hab.

IGOS, vg. de Fr., Landes, arr. de Mont-de-Marsan, cant. d'Arjuzans, poste de Tartas; 1460 hab.

IGOUA. *Voyez* CAP-CORSE.

IGOVILLE, vg. de Fr., Eure, arr. de Louviers, cant. et poste de Pont-de-l'Arche; 400 hab.

IGRAPIUNA, pet. v. maritime de l'emp. du Brésil, prov. de Bahia, comarque dos Ilhéos, à l'embouchure de l'Igrapiuna.

IGUAÇU. *Voyez* PLATA (Rio-de-la-).

IGUALADA, v. d'Espagne, principauté de Catalogne, dist. de Villafranca, sur la Noya, à 15 l. O. de Barcelone; bien bâtie, avec un grand faubourg; manufactures de cotonnades et d'armes; 12,000 hab.

IGUAPE, baie sur la côte de la prov. de Ciara, emp. du Brésil, reçoit le fleuve du même nom; ses bords sont très-escarpés.

IGUAPE, v. de l'emp. du Brésil, prov. de San-Paolo, comarque de Paranagua-y-Corytiba, à 12 l. N.-E. de Cannanea, sur un lac et à peu de distance du Rio-Assunguy; pèlerinage très-fréquenté; ses fonderies d'or la rendaient autrefois très-florissante; elle a un port et fait le commerce de riz; 8000 hab. avec son district.

IGUARASSU, fl. de l'emp. du Brésil, prov. de Pernambuco; il se forme de la réunion de plusieurs petites rivières, coule vers l'É. en baignant la petite ville à laquelle il donne son nom, et s'embouche dans l'Océan Atlantique, à 9 l. d'Olinde.

IGUARASSU, pet. v. de l'emp. du Brésil, prov. de Pernambuco, comarque d'Olinde, sur la rive droite du fleuve de son nom et à 3 l. de son embouchure. Cet endroit, le plus ancien de la province, est surnommé *Léal* (la fidèle); il renferme un hôpital et fait le commerce de coton et de sucre; 4600 hab.

IGUARI. *Voyez* PLATA (Rio-de-la-).

IGUARYBE ou **JAGUARYBE** (fleuve des onces), fl. de l'emp. du Brésil, prov. de Ciara, dont il est le cours d'eau le plus considérable; il prend naissance au pied de la Sierra Boavista, à quelques lieues au-dessus de la v. de San-Joan-do-Principe qu'il baigne. Il coule d'abord vers l'E., puis vers le N.-E., passe par San-Bernardo et Aracaty et s'embouche dans l'Océan Atlantique, près de cette dernière ville; après un cours d'environ 100 l. Il forme plusieurs belles îles et offre pendant la marée haute un aspect magnifique; il est très-riche en poissons, qui, lors de ses débordements, passent dans les lacs voisins. Les principaux affluents sont, à droite: le Salgado, dont les sources se trouvent près de celles de l'Iguarybe et qui atteint ce fleuve au-dessous d'Icco (Yco); à gauche: le Banabuyhu, grossi par le Quixeramuby; tous ces fleuves baignent de vastes pâturages, riches en bétail.

IGUERANDE, vg. de Fr., Saône-et-Loire, arr. de Charolles, cant. de Sémur-en-Brionnais, poste de Marcigny; 1530 hab.

IGUERUELA, v. d'Espagne, prov. et à 28 l. N. de Murcie; 2100 hab.

IGUIDI, *Lempta* ou *Lemptana*, un des cinq vastes districts, dans lesquels d'anciens géographes ont divisé la Nigritie; aujourd'hui la partie occupée par les Touats. Affreuse solitude; habitants féroces et pillant les caravanes. C'est de là que sont sortis les Armoravides, qui établirent, vers la fin du onzième siècle, une puissante monarchie à Maroc et en Espagne.

IGUIRA, pet. v. dans l'intérieur de la côte d'Or, Haute-Guinée, roy. de Soko, au N. du roy. d'Achanti.

IGUMEN, pet. v. sans importance de la Russie d'Europe, chef-lieu du cercle du même nom, dans le gouv. de Minsk.

IGUREY, fl. de l'emp. du Brésil; naît dans la Sierra de San-Jozé, à l'extrémité S. de la prov. de Matto-Grosso; il prend une direction S.-E. et débouche dans le Parana, après un cours de plus de 60 l. Ce fleuve a de l'importance, parce que, d'après le traité de 1777, il séparait les possessions portugaises des ci-devant possessions espagnoles. Aujourd'hui il fait la frontière entre le Brésil et le Paraguay.

IHALAVAN. *Voyez* DJHALAVAN.

IHANSI, pet. principauté de l'Inde, tributaire des Anglais; située dans la prov. d'Allahabad, le long de la Betwah, dans le dist. de Bundelkund. On évalue les revenus du soudah, qui la gouverne, à 400,000 roupies. Sa capitale est Ihansi.

IHANSI, capitale de la petite principauté du même nom; est située sur le sommet d'une colline et défendue par un fort bâti en pierres. Elle renferme le palais du soudah et une population assez forte, qui fabrique des armes, surtout des lances et des flèches, et commerce avec Furrukabad et le Dekkan.

IHOLDY, vg. de Fr., Basses-Pyrénées, arr. et à 6 l. O. de Mauléon, chef-lieu de canton, poste de St.-Palais; 1020 hab.

IHTMAN ou **ICHLEMAN**, pet. v. de la Turquie d'Europe, située dans la Bulgarie, sur la grande route de Constantinople; on y commence à monter le défilé du Balkan, appelé Soulia-Derbend ou Porte de Trajan, à cause des restes d'une porte qu'on attribue à cet empereur.

... de la Rus- ... (Sibérie); ... on nom, ... Okhotsk ... petit nombre de ..., au nombre de 600, ... marchands. Les pommes ... réussissent plus sous cette lati-... Les Koriekes relèvent d'un commandant, qui habite Ijighinsk.

IKARMA, une des îles Kouriles, située sous 48° 47′ lat. N.; est un rocher stérile et inhabité, et n'est remarquable que par son volcan, au pied duquel se trouvent des eaux thermales.

IKERVAR, b. de Hongrie, cer. au-delà du Danube, comitat d'Eisenbourg, sur la Raas.

IKERY, ruines d'une v. de l'Inde, dans le roy. de Maïstour; elles sont très-étendues et situées sur les rives du Scherawutty. L'on prétend qu'Ikery comptait 100,000 maisons et fut la résidence d'une puissante dynastie.

IKI ou **Isiou**, île de l'emp. du Japon, est située dans le détroit de Corée, sous 33° 9′ lat. N. D'après Arrowsmith, elle n'a qu'une dixaine de lieues de pourtour. Du reste, depuis longtemps aucun Européen ne l'a vue. Sa capitale est Katou-moto. Selon les Japonais, son sol est médiocre.

IKO-GAWA, fl. du Japon, dans l'île de Niphon. Il prend sa source sur la limite du Sinano et du Mouto, au pied du mont San-ô-toké, traverse en partie la prov. de Mouto, y reçoit les eaux du Datami à gauche, celles du lac salé d'Inaba à droite, entre dans le Yetsingo, où il prend le nom de Tsougawa, et se jette dans la mer, après s'être divisé en deux branches.

IKON, pet. port de la Haute-Guinée, côte d'Or; ancien comptoir hollandais.

ILAMBA, prov. dans l'intérieur du roy. portugais d'Angola, dans la Basse-Guinée; mines considérables de fer; habitants en grande partie catholiques.

ILANZ, v. de Suisse, cant. des Grisons, sur le Rhin, à 760 mètres au-dessus de la mer; 480 hab.

ILAY, ham. de Fr., Jura, com. de Chaux-du-Dombief; 170 hab.

IL-BASSAN. *Voyez* Elbassan.

ILCHESTER, *Iscalis*, *Ischalis*, b. d'Angleterre, comté de Somerset; nomme 2 députés et possède la prison centrale de la province; patrie du physicien Roger Bacon (1214—1294).

ILDEFONSE (San-), v. d'Espagne, roy. de la Vieille-Castille, prov., à 2 l. de Ségovie et à 15 l. de Madrid, sur le revers septentrional des montagnes de Guadarrama; avec un château royal, résidence d'été, remarquable par sa riche galerie de tableaux, ses belles parties d'eau sur l'Eresma et ses 29 jets d'eau; Ferdinand VII, roi d'Espagne, y naquit en 1784; la ville possède une manufacture royale de glaces, des fabr. d'acier et des tisseranderies; 4850 hab.

ILDEFONSO (San-), groupe d'îles stériles, à 8 l. marines de la côte S. de la Terre-de-Feu, au S.-E. de Birds-Island.

ILE-ADAM, b. de Fr., Seine-et-Oise, arr., à 3 1/2 l. N.-E. de Pontoise, chef-lieu de canton, poste de Beaumont-sur-Oise. Ce bourg, situé sur la rive gauche de l'Oise, vis-à-vis d'une île, formée par cette rivière, est environné de jolies maisons de campagne; il a une manufacture de porcelaine; 1500 hab. Au moyen-âge ce bourg était une seigneurie, et l'on voit encore sur l'île que forme l'Oise quelques restes d'un ancien château des seigneurs de l'Ile-Adam.

ILE-ARNÉ, **ILE-AUMONT**, **ILE-AUX-MOINES**, etc. *Voyez* Isle-Arné, Isle-Aumont, Isle-aux-Moines, etc.

ILE-AUX-OURS. *Voyez* Cherry.

ILE-A-VACHE ou Caws-Island, pet. île sur la côte méridionale d'Haïti; elle a 4 l. de long sur 1 1/2 de large, est fertile et possède 3 bons ports (18° 4′ lat. N.).

ILE-BASSE, île plate à l'O. du Spitzbergen (île du Nord-Est), sous 80° 15′ lat. N.; cette île, de 3 l. de longueur, est rocailleuse sur les bords et n'offre, dans l'intérieur, qu'une végétation très-pauvre; elle est peuplée de rennes et on y recueille beaucoup de bois flottant.

ILE-BEAUX. *Voyez* Nuckahiva.

ILE-BLANCHE. *Voyez* Branca.

ILE-DE-FRANCE (ancienne province de France). *Voyez* Isle-de-France,

ILE-DE-FRANCE, dite aussi Acerno ou Cerné, par les Portugais, et Maurice, par les Hollandais et les Anglais, île grande et importante dans la mer des Indes, à 45 l. E.-N.-E. de l'île Bourbon et à 180 l. E. de celle de Madagascar. Les Français, qui s'y établirent en 1720, la cédèrent à l'Angleterre par le traité de 1814. Elle est de forme ovale, a 14 l. de long, 11 de large, et 50,000 hab. Territoire montagneux et bien boisé, avec le Piter-Boot, d'une hauteur de 432 toises; cannes à sucre, café, coton, indigo, muscade, très-bel ébène; elle a beaucoup souffert de l'effroyable ouragan de 1817. On y trouve Port-Louis, dit aussi Port-Nord-Ouest, autrefois Port-Liberté et Port-Napoléon, petite ville bien bâtie et résidence du gouverneur-général de tous les établissements anglais dans l'Océan Indien. On y publie deux journaux, et sa population s'élève à environ 20,000 âmes. A quelques milles de distance se trouve le célèbre jardin de l'état, où fleurissent les richesses botaniques de tout l'Orient.

ILE-DE-NOIRMOUTIERS. *Voyez* Noirmoutiers.

ILE-DE-RÉ. *Voyez* Ré.

ILE-DES-CONTRARIÉTÉS ou Sesarga, île de l'archipel de Salomon, dans l'Australie ou Océanie centrale, à l'E. du grand canal, qui sépare St.-Christoval de Guadalcanar, sous 9° 46′ lat. S. et 159° 36′ long. orient. Elle a 3 à 4 milles de longueur sur 2 de large. La partie méridionale est basse; mais le sol s'élève vers le N. Cette île a un aspect fort agréable; elle est bien peuplée et surtout remarquable par son volcan. Les indigènes appartiennent à la race des nègres océaniens. Surville la découvrit en 1769. C'est la même que Mendana nomma Sesarga.

ILE-DES-LÉPREUX, île de l'Australie ou Océanie centrale, dans l'archipel des Nouvelles-Hébrides (archipel de Quiros de Balbi); elle est située sous 15° 15′ lat. S. et 165° 32′ long. orient.; remarquable par son étendue et par un pic très-haut, qui s'élève au milieu de l'île. La côte est escarpée, mais l'intérieur offre des plaines bien cultivées et paraît bien peuplé. Bougainville, qui découvrit cette île en 1768, lui donna le nom de Lépreux, à cause de la maladie dont la plupart des indigènes étaient affectés.

ILE-DES-OISEAUX. *Voyez* BALLESEAU et CHAOS.

ILE-DIEU. *Voyez* DIEU.

ILE-DU-SERPENT. *Voy.* GREEN-ISLAND.

ILE-GROSSE. *Voyez* MANATOLIN.

ILE-JOURDAIN, pet. v. de Fr., Gers, arr., à 5 l. N.-E. de Lombez, chef-lieu de canton et poste; elle est située dans une île de la Sane et renferme une belle place, une halle spacieuse, des tanneries et des fabr. de toiles; 4500 hab. Cette ville, autrefois fortifiée, était une seigneurie que Charles-le-Bel confisqua en 1324.

ILEKSK, v. de la Russie d'Europe, gouv. d'Orenbourg; importante par sa position, qui en fait l'entrepôt principal du commerce de la Boukharie; séminaire ecclésiastique et une école pour l'armée; 2000 hab.

ILERGH ou ILIRGH, b. dans l'état de Sydy-Hescham, au S.-E. de la province marocaine de Sous; on y voit le tombeau vénéré du schérif Ahmed-Ebn-Mousay, père du fondateur de cet état; Hescham est à 50 l. S.-S.-E. d'Agadir.

ILE-ROYALE ou MINONG; île très-considérable et bien boisée dans le lac Supérieur, sous 48° lat. N.; elle a 16 l. de longueur sur 2 à 3 de largeur et fait partie du dist. des Hurons, États - Unis de l'Amérique du Nord. La société de Montréal y avait autrefois son principal établissement pour le commerce des pelleteries (le grand portage), transféré aujourd'hui au N. de la Goose, petite rivière affluent du lac Supérieur et qui, de ce côté, fait la frontière entre les États-Unis et l'Amérique anglaise.

ILES (les Sept-). *Voyez* SEPT-ILES (les).

ILES (Mille-). *Voyez* MILLE-ILES (archipel des).

ILES (lésTrois-) ou THREE-ISLANDS, groupe de trois îles avec un bon port, à l'E. de l'île de Manan, côte S. de la Nouvelle-Ecosse.

ILES-BASSES (archipel des) ou de PAUMOTOU, dans la Polynésie ou Océanie orientale. C'est un vaste groupe, qui s'éten tre 137° 10′ et 151° 45′ de long. occ., de 14° 6′ jusqu'à 24° 45′ lat. S., au S.-O. l'archipel de Mendana et au N.-E. de celu de Taïti.

Les difficultés et les dangers de la navigation dans ces parages ont valu à cet archipel le nom de *Dangereux* ou d'archipel de la mer Mauvaise; les îles nombreuses qui le composent sont peu considérables; aucune n'a plus de 5 milles c. de superficie et la plupart en ont moins de trois. Ainsi que l'indique leur nom, toutes ces îles très-basses ne s'élèvent que de quelques pieds au-dessus du niveau de la mer, et sont le résultat du travail des madrépores (polypiers), qui en ont posé les fondements dans les profondeurs de l'Océan; elles sont entourées de bancs de corail, et au centre de chacune d'elles se trouve une lagune ou un lac. Sur quelques-unes la couche de terre végétale a déjà 8 à 12 pieds d'épaisseur; sur d'autres elle est plus ou moins épaisse, selon l'époque plus ou moins reculée de leur apparition au-dessus de la mer. Aussi n'y voit-on aucune montagne et les prétendus monts de Gambier ne sont que des collines de sable. Ces îles manquent de sources d'eau douce; l'eau de pluie y est la seule potable. Le climat est celui des tropiques; mais il est tempéré par les vents de mer.

Parmi le petit nombre d'espèces qu'offre le règne végétal de cet archipel, on remarque l'arbre à pain, le cocotier et le pandanus, qui fournissent la principale subsistance aux habitants. Le règne animal, beaucoup plus pauvre, ne se compose, à proprement dire, que d'un grand nombre d'oiseaux aquatiques et de poissons. On y trouve peu de reptiles; les porcs et les chiens que l'on y rencontre ont été importés.

Plusieurs des groupes nombreux de cet archipel sont entièrement déserts; les autres ne sont que très-faiblement peuplés. Les indigènes sont de race malaisienne et ressemblent aux naturels de l'archipel de Taïti. Plusieurs sont anthropophages.

Les Iles-Basses comprennent une soixantaine de groupes, dont les plus remarquables sont : Lazareff, des Mouches, Aurora, Palisser, du Roi-Georges, Romantzoff, Witgenstein, de la Chaîne, de Philipps, du Désappointement, de Honden, Two-Groups (des deux groupes), de St.-Simon, de la Harpe, du Duc de Gloucester, de la Reine Charlotte, d'Egmont, des Quatre-Facardins, de Narcisso, de Minerva, de Lord Hood, d'Osnabruck, de Gambier, de Pitcairn et de Melville.

Les premières découvertes faites dans l'archipel Paumotou, le plus étendu de l'Océan Austral, sont dues au navigateur espagnol Quiros, qui découvrit, en 1606, les groupes Incarnation, Sanct-Juan-Baptista, Sanct-Elmo, San-Pablo et San-Miguel. Dix ans après les Hollandais Schouten et Le Maire découvrirent le groupe des Mouches, celui de Honden et deux autres moins remarquables (Sondergrondt et Waterland). Le Hollandais Roggeween trouva, en 1722, le groupe de Palisser, auquel il donna le nom d'îles Dangereuses. Byron fit, en 1765, la découverte de Désapointement et du Roi-George. En 1768, Wallis découvrit les groupes de la Reine-Charlotte, d'Egmont et de Gloucester; Carteret, dans la même année, Pitcairn et Osnabruck. Bougainville vit les Quatre-Facardins et La-Harpe, en 1768; Cook, en 1769 et 1773, Two-Groups, Bird, la Chaine, etc. Les navigateurs anglais y firent jusqu'en 1803 la découverte de plusieurs autres groupes. Les Russes, Kotzebue, en 1816, et Bellingshausen, en 1819, découvrirent Romanzow, Krusenstern, Moller, Witgenstein, Lazareff, etc. Duperrey vit, en 1822, le groupe de Minerva, déjà découvert par les Anglais; il le nomma îles de Clermont-Tonnerre; enfin Merville fut découvert par le capitaine Berchey.

ILES-DES-PRINCES. *Voyez* DEMONNESI.

ILES-FRANÇAISES, groupe d'îles découvert par d'Entrecasteaux, dans l'archipel de la Nouvelle-Bretagne, Australie ou Océanie centrale. Délais, sous 4° 41′ 45″ lat. S., entre 147° 4′ 30″ et 147° 13′ 30″, est la plus considérable des îles de ce groupe.

ILE-TRAVERSE. *Voyez* MANATOLIN.

ILE-VERTE. *Voyez* LONG-ISLAND.

ILFELD, b. de 650 habitants dans le roy. de Hanovre, gouv. de Hildesheim, dans le Harz; il s'y trouve un célèbre pédagogium, avec une bibliothèque dans les bâtiments d'un ancien couvent de prémontrés. Près de ce bourg se trouvent les forges de Johanneshutte, appartenant au Brunswick.

ILGHOUN, v. de la Turquie d'Asie, eyalet de Caramanie, sur la rivière du même nom; ville florissante par son industrie et son commerce.

ILHA-DAS-PEDRAS (île de pierre). *Voyez* CAMAMU.

ILHA-DOS-FRADES. *Voyez* BOM-JÉSUS.

ILHA-GRANDE (grande île), île très-considérable à l'entrée de la baie d'Angra-dos-Reys, côte S. de la prov. de Rio-Janeiro, emp. du Brésil. Elle a 6 l. de longueur sur 4 l. de large, est fertile, bien arrosée et couverte de superbes forêts; ses principales baies sont celles d'Estrella, d'Abrahams et de Palmas; 5000 hab.

ILHA-GRANDE, comarque de la prov. de Rio-Janeiro, emp. du Brésil. Ce district se compose d'une partie de la côte S.-E. de la province et d'un grand nombre d'îles plus ou moins considérables. Sa partie continentale est bornée par la prov. de San-Paolo, par le dist. de Parahyba-Nova, dont elle est séparée par la montagne des Orgues (Sierra dos Orgaös), par le dist. de Rio-Janeiro, qui en est séparé par le Rio-Taguahy et par l'Océan. Les côtes présentent un développement de 18 l. et toute son étendue est de 72 l. c. géogr., avec 32,000 hab. La Sierra do Mar, qui y prend différents noms, la Sierra do Tacuahy et la Sierra do Matto-Grosso traversent dans tous les sens ce pays fertile et arrosé par une foule de rivières, dont le Tacuahy et le Mambucaba sont les plus considérables. Sur les côtes s'ouvre la magnifique baie d'Angra-dos-Reys, parsemée d'îles dont celles d'Ilha-Grande et de Marambaya sont les plus grandes et les plus importantes. Culture de riz, sucre, café, coton, indigo, manioc; pêche; commerce de bois et de chaux; tanneries; distilleries de rhum.

ILHA-GRANDE. *Voyez* ANGRA-DOS-REYS.

ILHAM, vg. de Fr., Haute-Garonne, com. de Sauveterre; 180 hab.

ILHAN, vg. de Fr., Hautes-Pyrénées, arr. de Bagnères-en-Bigorre, cant. de Bordères, poste d'Arreau; 100 hab.

ILHARRE, vg. de Fr., Basses-Pyrénées, arr. de Mauléon, cant. et poste de St.-Palais; 440 hab.

ILHAVO, b. du Portugal, prov. de Beira, dist. d'Aveiro; 4200 hab.

ILHÉOS (comarca dos), comarque maritime de la prov. de Bahia, emp. du Brésil. Elle s'étend sur une longueur de 80 l., depuis le Rio-de-Belmonte jusqu'au Rio-Jiquirica. Pays montagneux, couvert de superbes forêts, qui fournissent les bois les plus précieux. Le sol de ce district, le plus gras et le mieux arrosé de la province, abonderait en productions de toute espèce, s'il était mieux cultivé. La Sierra dos Aymores forme le noyau des montagnes, qui traversent ce pays en tout sens et y porte les noms de Sierra d'Itaraca, Sierra de Goytaracas et Sierra Baytaracas. Les baies dos Ilhéos et de Camamu sont les insections les plus profondes et offrent les meilleures rades de ces côtes. Quelques lacs, tels que la lagoa d'Antimucuy, dont le pourtour offre le cercle le plus régulier, et le lac Itabype s'étendent dans les montagnes de l'intérieur. Le Rio-Pardo, le Rio-Una, le Rio-das-Contas et le Jiquirica sont les principaux cours d'eau de ce pays. Les montagnes fournissent du granit, du schiste, de la chaux, des cristaux et de l'or (dans les montagnes de l'ouest); mais on s'occupe fort peu de leur exploitation. Ce district est habité par quelques peuplades indiennes, qui y ont su conserver leur indépendance et dont les plus intéressantes sont: les Botocudos et les Camacans.

ILHÉOS ou **SAN-JORGE-DOS-ILHÉOS**, pet. v. du Brésil, prov. de Bahia, comarque dos Ilhéos, dont elle est le chef-lieu; dans une belle plaine, au N. de la baie du même nom. Cette ville, une des premières que les Portugais aient fondées dans le Brésil, a un bon port bien défendu et est importante par ses pêcheries et son commerce de bois, de rhum et de cacao; 3400 hab.

ILHÉOS (Rio-dos-), fl. de l'emp. du Brésil, prov. de Bahia; c'est l'écoulement du lac Cochocira; il prend une direction E. et débouche dans la Bahia-dos-Ilhéos.

ILHÉOS (Bahia-dos-, baie des îles), belle et vaste baie à l'E. de la prov. de Bahia; elle est formée par l'embouchure du fleuve du même nom et séparée de l'Océan par quatre îles, qui lui ont donné son nom. Cette baie reçoit en outre l'Engenho et le Fundao.

ILHES (les), vg. de Fr., Aude, arr. de Carcassonne, cant. et poste de Mas-Cabardès; 290 hab.

ILHET, vg. de Fr., Hautes-Pyrénées, arr. de Bagnères-en-Bigorre, cant. et poste d'Arreau; verrerie; 765 hab.

ILHEU, vg. de Fr., Hautes-Pyrénées, arr. de Bagnères-en-Bigorre, cant. de Mauléon-Barousse, poste de Montrejeau; 170 h.

ILI, fl. de Chine, prend sa source dans les monts Célestes ou Thian-chan, porte d'abord le nom de Konak, puis celui de Teres, traverse le Thian-chan-pe-lou (la Dzoungarie), passe par Ili ou Gouldja et se jette dans le lac Balkachi-noor, sur les confins de la Chine et du Turkestan.

ILI ou **GOULDJA**, nommé *Hoeï-yuan-tching* par les Chinois, est la capitale de la Dzoungarie, chef-lieu de la province qui porte son nom; le siége du gouverneur-militaire chargé de la garde du Sin-kiang ou de la nouvelle frontière qui comprend le Thian-chan-pe-lou et le Thian-chan-nau-lou et de la police des hordes nomades, des Kalmouks, des Torgots, etc., qui parcourent ce pays. La ville d'Ili, située sur le fleuve du même nom, est fortifiée et occupée par une garnison de 4000 hommes. Elle a une population assez forte parmi lesquels on compte beaucoup de négociants, car Ili est le centre du commerce entre la Chine, Cachemire, Boukhara et la Russie. Le nombre des habitants est de 10,000 selon les uns, de 20,000 selon les autres. Le district particulier, dont Ili est le chef-lieu et qui porte son nom, n'offre rien de remarquable. La contrée est un véritable pays de passage et a été occupée successivement par des peuples finnois, probablement les Huns, par plusieurs peuples turcs, par les Ou-sun, par des Kirghis, par des Toungouses et des Coréens et enfin par des Mongols.

ILINIZA ou **ILINISSA**, mont. et un des points culminants des Andes de la Colombie, rép. de l'Écuador, dans la haute vallée de Quito. Son sommet est à 5434 mètres au-dessus du niveau de l'Océan.

ILISABETH-POL. *Voyez* ÉLISABETH-POL.

ILIUM ou **ILION**, **ILIOS**, g. a. *Voyez* TROIE.

ILL, riv. de Fr., elle a sa source près du versant septentrional du Jura, non loin de Ferrette, à l'extrémité S.-E. du dép. du Haut-Rhin, qu'elle traverse dans toute la longueur du S. au N., en passant par Altkirch, Mulhouse et Ensisheim; elle devient navigable entre Colmar et Guémar, pénètre ensuite dans le dép. du Bas-Rhin, au-dessus de Schlestadt, passe par cette ville, par Benfeld, Erstein, Strasbourg et se jette dans le Rhin au-dessous de la Wantzenau, à 3 l. de Strasbourg, après 48 l. de cours, dont 22 1/4 de navigation. Cette rivière, qui reçoit le plus grand nombre des cours d'eau de l'Alsace, fait la jonction du Rhin avec le canal du Rhône-au-Rhin à travers la ville de Strasbourg; elle reçoit aussi, à 1/4 l. en amont de cette ville, le petit canal de la Bruche.

ILL, ham. de Fr., Bas-Rhin, com. d'Ebersheim; 200 hab.

ILLAC, vg. de Fr., Gironde, arr. et poste de Bordeaux, cant. de Pessac; 530 hab.

ILLANGE, vg. de Fr., Moselle, arr. et poste de Thionville, cant. de Metzervisse; 550 hab.

ILLAPEL ou **CUSCUS**, jolie pet. v. de la rép. du Chili, prov. et dist. de Coquimbo; riches mines d'or; 3000 hab.

ILLART, vg. de Fr., Arriège, arr. de Foix, cant. et poste de Lavelanet; 470 hab.

ILLARTEIN, vg. de Fr., Arriège, arr. de St.-Girons, cant. et poste de Castillon; 310 hab.

ILLASI, b. du roy. Lombard-Vénitien, gouv. de Venise, délégation de Vérone, chef-lieu de district, au pied de la montagne; 1800 hab.

ILLATS, vg. de Fr., Gironde, arr. de Bordeaux, cant. et poste de Podensac; vins blancs; 1600 hab.

ILLAU ou **ILLAWA**, pet. v. de Hongrie, cer. en-deçà du Danube, comitat de Trentsin, sur la Waag; 2000 hab.

ILLE, riv. de Fr.; a sa source près du vg. d'Andouillé, cant. de St.-Aubin-d'Aubigné, arr. de Rennes, dép. d'Ille-et-Vilaine; elle coule du N. au S. et se jette dans la Vilaine à Rennes, après un cours de 7 l.

ILLE-ET-VILAINE (département d'), est situé dans la région N. de la France et formé d'une partie de la ci-devant prov. de Bretagne; il est borné au N. par le canal de la Manche, à l'E. par le dép. de la Mayenne, au S. par celui de la Loire-Inférieure et à l'O. par les dép. du Morbihan et des Côtes-du-Nord.

Sa population est de 547,249 hab. et sa superficie de 635,590 hectares. Une chaîne de montagnes traverse le dép. de l'O. à l'E.; elle fait partie de la chaîne qui sillonne la Bretagne sous le nom de chaîne Armorique ou monts de Menez; venant du dép. des Côtes-du-Nord, elle lance au S. et au N. divers petits contreforts, se divise en deux branches, dont l'une se dirige dans le dép. de la Manche pour finir au cap de la Hogue, et la seconde, moins forte, vers le Midi, séparant le bassin de la Vilaine de celui de la Mayenne et de la Loire; ces montagnes sont peu élevées et n'atteignent guère la hauteur de 200 toises.

La Vilaine, une des deux rivières qui donnent leur nom au département, a sa source dans le dép. de la Mayenne, se dirige de l'E. à l'O. jusqu'à Rennes, forme un coude pour se diriger vers le S.-O., sépare le département de celui de la Loire-Inférieure et se rend dans le Morbihan; ses principaux affluents sont l'Ille, dont la source est formée par un étang dans les environs de Feins, la Seiche, le Samsan, la Meu et la Vouvre.

Le Couesnon a sa source près de Fougères, se dirige vers le N., reçoit la Hanson et la Oisance, et se jette près de Pontorson dans la baie de Cancale; la Rance traverse la pointe occidentale du département et se jette dans le canal de la Manche.

Un canal, commencé en 1804 et non encore achevé, doit établir une communication entre cette dernière rivière et la Vilaine, entre St.-Malo et Rennes.

Outre ces rivières et un grand nombre de ruisseaux, le département renferme plusieurs étangs; les plus considérables sont ceux de Hédé, de Paimpont, de Châtillon, de Châteauneuf, de Billé et de Lande Marelle; ce dernier, situé près de Parigné dans l'arr. de Fougères, a cela de remarquable qu'il est couvert d'une couche végétale qui forme comme une île flottante, et sur laquelle on mène paître des bestiaux; ses marais les plus considérables se trouvent dans les environs de Dôle, ils ont été formé par des envahissements de la mer, notamment au commencement du huitième et du dix-septième siècle; sous la protection de digues, hautes de trente pieds et construites entre Pontorson et Dôle, et au moyen de nombreux canaux, on a desséché une grande partie de ces marais.

La situation entre la Manche et l'Océan rend son climat humide; les hivers sont pluvieux par la domination des vents de l'ouest; les fièvres intermitentes y sont communes.

L'aspect général du département est celui d'un pays qui n'est pas très-fertile, si ce n'est sur les bords de plusieurs rivières et dans la partie autrefois occupée par la mer; sa surface est inégale, coupée de collines, la moitié seulement en culture, le reste couvert de landes, de forêts, de longs champs de bruyères et d'ajonc; le sol, couvert seulement de quelques pouces de terre végétale, est formé d'un vaste plateau de granit recouvert de couches de schistes; dans quelques endroits on rencontre une couche d'argile assez profonde.

Le froment récolté dans le département suffit à peine pour la consommation; dans une partie de l'arr. de St.-Malo et près du marais de Dôle, il est cultivé en abondance et recherché pour son excellente qualité; on cultive le seigle en grande quantité dans l'arr. de Redon; le méteil, l'orge, l'avoine réussissent également bien; ce dernier se trouve principalement dans les environs de Fougères et de Châteaugiron. Le sarrasin, qui exige peu de soin et de travail et qui réussit très-bien dans des terrains maigres et sablonneux, est cultivé dans tous les cantons et supplée à l'insuffisance des autres céréales. Son chanvre et son lin sont cultivés en grand et donnent des produits considérables et estimés. La culture du tabac occupe une partie de la population; l'arr. de St.-Malo seul plante annuellement en tabacs pour plus d'un million de francs. Les prairies naturelles sont riches le long des rivières, les prairies artificielles sont peu nombreuses; on y cultive principalement le trèfle. Dans les environs de Redon, on trouve quelques vignes qui ne produisent qu'une petite quantité de vin très-médiocre; il est remplacé dans le pays par le cidre et le poiré; les champs sont traversés par des rangs d'arbres à fruits, principalement de pommiers, et dont les produits fournissent cette boisson aussi agréable que saine; on en distingue deux sortes; le cidre ordinaire et le cidre de garde; ce dernier est plus fort et peut se conserver pendant deux ans.

Les richesses minérales du département consistent dans plusieurs mines de fer, de cuivre, de plomb argentifère, de zinc, de schiste ampéliteux ou terre à crayon noir, de nombreuses exploitations d'ardoisières, quelques mines de houille, de tourbières, de belles carrières de granit et de pierres de taille, des carrières de pierres calcaires; on y trouve une sorte de quartz, connu sous le nom de caillou de Rennes, qui reçoit des mains du bijoutier une belle politure; le département possède en outre quelques sources minérales.

On y trouve de nombreux troupeaux de bêtes à cornes, dont une partie est achetée par les habitants de l'ancienne Normandie et destinée à l'engraissage; les vaches y fournissent un lait excellent, qui sert à la confection des beurres si connus sous le nom de beurre de Bretagne, dont le plus estimé est celui de la Prevalaye. Les moutons, les chèvres, les porcs s'y trouvent en grande quantité; les chevaux sont nombreux; on en distingue deux races : la première, très-nombreuse, est faible, petite et se trouve dans les landes; la seconde, connue sous le nom de *race bretonne*, est moins nombreuse, mais d'une race assez remarquable; l'éducation des abeilles, de la volaille, est une source de richesses pour les cultivateurs; les poulardes dites de Rennes, ont de la renommée. Le gibier est abondant dans les landes et les forêts; les rivières et les étangs sont poissonneux; la pêche maritime fournit des homards, des turbots, des raies, des soles et surtout les huîtres si estimées de la baie de Cancale.

Parmi ses industries la fabrication de toiles de toute sorte occupe le premier rang; les toiles de ménage, les toiles de chanvre, les toiles d'emballage et de cargaison, les toiles à voiles à fils simples, à voiles supérieures fournissent annuellement une valeur de près de trois millions de francs; le département possède en outre de grands établissements métallurgiques, des tanneries très-nombreuses, des corderies considérables, de belles verreries, des fabriques de chapellerie, de bonneterie en fil, des filatures de lin, de chanvre et de laine, des amidonneries, des manufactures de faïence, des chantiers de construction maritimes très-étendus.

Le commerce consiste dans l'exportation de ses produits, tels que les toiles, les cuirs, le beurre, les bestiaux, les huîtres, etc. On arme dans plusieurs ports de mer pour la pêche de la morue à Terre-Neuve et la pêche de la baleine; on y fait aussi des armements importants pour les deux Indes et les colonies. Le long des côtes on trouve un cabotage très-actif.

Ce département est divisé en 6 arrondissements, 44 cantons et 354 communes. Ses chefs-lieux d'arrondissement sont :

Rennes .	10	cant.	81	com.	130,838	hab.
Fougères .	6	«	58	«	81,688	«
Montfort .	5	«	46	«	57,554	«
St.-Malo .	9	«	60	«	118,243	«
Vitré . . .	7	«	63	«	82,042	«
Redon . .	7	«	46	«	76,884	«
	44	cant.	354	com.	547,249	hab.

Il nomme 7 députés; fait partie de la treizième division militaire, dont le quartier-général est à Rennes; est du ressort de la cour royale et de l'académie de la même ville, du diocèse de Rennes, suffragant de l'archevêché de Tours. Il fait partie de la la dixième inspection des ponts-et-chaussées, dont le chef-lieu est Rennes; de la vingt-cinquième conservation forestière, de la première division des mines, dont le chef-lieu est Paris. Il a 5 colléges, une école normale primaire et 473 écoles élémentaires.

ILLER, *Ilargus*, *Lictus*, riv. de la Bavière, dans le cer. du Danube-Supérieur; sa jonction avec le Danube au-dessus d'Ulm rend ce dernier navigable.

ILLERTISSEN, b. de la Bavière, chef-lieu de district dans le cer. du Danube-Supérieur, à 2 1/2 l. de Weishorn; marchés de chevaux, bestiaux et blé; connu dès 1300; population du bailliage 1120 hab., du district 8850, sur 3 milles c.

ILLES (las), pet. v. de Fr., Pyrénées-Orientales, arr. de Prades, cant. et poste de Vinça; elle est située dans une plaine fertile en oliviers, fruits, légumes verts; pêche renommée; 3216 hab.

ILLESCAS, v. d'Espagne, roy. de la Nouvelle-Castille, prov. et à 7 l. N. de Tolède; grand marché de mulets; 5700 hab.

ILLEVILLE-SUR-MONTFORT, vg. de Fr., Eure, arr. de Pont-Audemer, cant. et poste de Montfort-sur-Rille; 1070 hab.

ILLFURTH ou **ILLFERT**, vg. de Fr., Haut-Rhin, arr., cant. et poste d'Altkirch; 100 h.

ILLHAUSEREN, vg. de Fr., Haut-Rhin, arr. de Colmar, cant. et poste de Ribeauvillé; 730 hab.

ILLIAT, vg. de Fr., Ain, arr. de Trévoux, cant. et poste de Thoissey; 670 hab.

ILLICURA, prov. maritime du pays des Araucans, au S. du Chili.

ILLIDE (Saint-), vg. de Fr., Cantal, arr. d'Aurillac, cant. de St.-Cernin, poste de St.-Martin-Valmeroux; 1830 hab.

ILLIER, vg. de Fr., Arriège, arr. de Foix, cant. de Vicdessos, poste de Tarascon-sur-Arriège; 420 hab.

ILLIERS, pet. v. de Fr., Eure-et-Loir, arr. et à 6 1/2 l. S.-O. de Chartres, chef-lieu de canton et poste; fabr. de couvertures de laine et draps; tanneries; 3069 hab.

ILLIERS-LA-VILLE (Saint-), vg. de Fr., Seine-et-Oise, arr. de Mantes, cant. de Bonnières, poste de Rosny-sur-Seine; 180 h.

ILLIERS-LE-BOIS (Saint-), vg. de Fr., Seine-et-Oise, arr. de Mantes, cant. de Bonnières, poste de Rosny-sur-Seine; 370 h.

ILLIERS-L'ÉVÊQUE, vg. de Fr., Eure, arr. d'Évreux, cant. et poste de Nonancourt; commerce de vins; 780 hab.

ILLIES, vg. de Fr., Nord, arr. de Lille, cant. et poste de la Bassée; fabr. de sucre indigène; 1290 hab.

ILLIFAUT, vg. de Fr., Côtes-du-Nord, arr. de Loudéac, cant. et poste de Merdrignac; 1080 hab.

ILLIMANI (Nevado d'). *Voyez* BOLIVIA.

ILLINOIS, lac dans l'état du même nom, États-Unis de l'Amérique du Nord; il a 7 l. de longueur sur 1/2 de large et est traversé par l'Illinois.

ILLINOIS, le plus grand fleuve de l'état du même nom, États-Unis de l'Amérique du Nord. Il se forme de deux bras, le Kankakée et le Desplanes, qui naissent dans l'état d'Indiana, à l'extrémité S. du lac Michigan, et se réunissent sous le nom d'Illinois, sous 41° 48' lat. N. Ce fleuve traverse, dans une direction S.-O. et sur une étendue de 185 l., l'état auquel il donne son nom et débouche à Monroé dans le Mississipi. Son cours, généralement tranquille, ne présente que peu de chutes et de rapides, et le fleuve est navigable sur une longueur de 95 l. On a l'intention d'établir un canal entre le Kantakée et le Chicago, affluent du Michigan, et d'ouvrir ainsi une communication entre le Mississipi et les grands lacs du N. Les principaux affluents de l'Illinois sont : le Fox (Renard), qui vient du dist. des Hurons et est navigable sur une distance de 48 l.; le Vermillon, d'un cours très-rapide et peu navigable; le Rainy-Island (Ile de la Pluie); le Crow-Meadow; le Michillimakinak, navigable sur une étendue de 30 l.; le Delamarche; le Sésémequian; le Dimiquiam, navigable sur une étendue de 43 l.; le Sagamond, navigable sur une longueur de 66 l.; le Mine et le White (Macopin), navigable jusqu'à sa source.

ILLINOIS, un des états les plus considérables de l'Union de l'Amérique du Nord; il est borné au N. par le dist. des Hurons (territoire du Nord-Ouest); au N.-E. par le lac Michigan; à l'E. par l'état d'Indiana; au S.-E. et au S. par l'état de Kentucky et à l'O. par l'état de Missouri et le dist. des Sioux (territoire du Missouri). Il s'étend entre 36° 57' et 42° 30' lat. N. Toute sa superficie est estimée à 2757 l. c. géogr., avec une population de 160,000 âmes.

Ce pays forme une vaste plaine traversée par deux chaînes de montagnes peu élevées, dont celle à l'O. porte le nom de montagnes de l'Illinois et suit le cours du fleuve de ce nom. Le maïs, le blé en général et le tabac, sont les principaux produits du pays riche en minéraux, surtout en plomb, cuivre, houille et sel, sur les bords de l'Illinois, du Little-Rock et de la Saline. Le pays au N. de l'Illinois jusqu'au Mississipi, porte le nom de Pays-Militaire, parce que l'Union se l'est réservé en faveur des militaires qui se sont le plus distingués dans la dernière guerre avec la Grande-Bretagne. Les principaux fleuves de ce pays sont : le Mississipi à l'O. avec son affluent, le Stony ou Roch (Rocher); l'Illinois avec le Sangamo, la Kaskaskia et l'Ohio, au S. avec le Wabash. Parmi les lacs de l'intérieur, nous nommons l'Illinois, traversé par le fleuve du même nom, et le Démiguian comme les plus considérables. Ce pays a été habité originairement par différentes peuplades indigènes, telles que les Saks, les Foxes (Renards), les Kickapoos, les Kaskassiens, etc., refoulés aujourd'hui sur la rive gauche du Mississipi.

Cet état, dont la constitution (1818) est purement démocratique, est divisé en 52 comtés et envoie au congrès deux sénateurs et deux députés. La cour supérieure de justice siége à Vandalia, capitale de l'état. L'Union y occupe les forts Charles, Dearborn et Massac.

L'état d'Illinois est compris dans le vaste bassin de l'Ohio, et était regardé jusqu'en 1783 comme une partie des possessions de la Grande-Bretagne qui le céda à cette époque à l'Union. Déjà sous la domination française des colons s'établirent à Kaskassia, à Kahokia et à Fort-Massac. Le gros du pays était occupé par des peuplades indigènes mentionnées plus haut. En 1803 la tribu des Kaskassiens y céda à l'Union un district de 550 l. c. géogr., entre l'Ohio et l'Illinois. Cet exemple fut suivi par les Saks en 1804, les Piankashaws en 1805, les Ottaways et les Chippeways en 1816. Bientôt de nombreux colons des états orientaux vinrent s'établirent dans ces districts et, en 1809, on forma le territoire d'Illinois qui, en 1818 déjà, avait la population requise pour être élevé au rang d'un état de l'Union. Cet état tire son nom du fleuve qui le traverse et qui, dans la langue des indigènes, signifie *homme à la fleur de l'âge*.

ILLINS-NOMS-LUZINAY. *Voy.* LUZINAY.

ILLKIRCH ou ELKIRCH, vg. de Fr., Bas-Rhin, arr. et poste de Strasbourg, cant. de Geispolsheim; 1770 hab.

ILLOIS, vg. de Fr., Seine-Inférieure, arr. de Neufchâtel-en-Bray, cant. et poste d'Aumale; 570 hab.

ILLOK (Ujlak), *Bononia*, b. de la Slavonie civile, cer. de Syrmien, sur le Danube; culture du vin; pêche; 1800 hab.

ILLORA, pet. v. d'Espagne, prov. de Grenade; 6000 hab.

ILLOUD, vg. de Fr., Haute-Marne, arr. et poste de Chaumont-en-Bassigny, cant. de Bourmont; fonderie de cloches; 370 hab.

ILLOUM-DAR, pet. khanat du Sedjistan, autrefois vassal du Kaboul. Il est probable que le khan de cet état a profité, comme tant d'autres, de la faiblesse des rois de l'Afghanistan et s'est rendu tout à fait indépendant. Christie, qui visita son pays, y trouva de l'aisance et des villages florissants. Le khan réside à Illoum-dar, petite ville située au S. de Djélalabad, sur l'Hilmend et défendue par un fort. Le khan est Béloutchi d'origine.

ILLUECA, b. d'Espagne, roy. d'Aragon, dist. de Calatayud; renommé pour sa bonne charcuterie; 1850 hab.

ILLWICKERSHEIM, ham. de Fr., Bas-Rhin, com. d'Ostwald; 780 hab.

ILLY, vg. de Fr., Ardennes, arr., cant. et poste de Sédan; forge à Chataymont; 660 hab.

ILLYE (Eisenmarkt), b. de Transylvanie, pays des Hongrois, comitat de Hunyad, sur le Maros; 5 foires; 2000 hab.

ILLYEFALVA, b. de Transylvanie, pays des Szeklers, comitat de Harom.

ILLYRIE (royaume d'). Ce royaume, dépendance politique de l'emp. d'Autriche et formé des anciennes provinces illyriennes, du duché de Carinthie, de la Carniole, du Frioul autrichien, de l'Istrie, des comtés de Duino et de Monfalcone et de quelques îles de l'Adriatique, s'étend entre 10° 21' et 14° 12' long. orient., et 44° 59' et 47° 8' lat. N. Sa superficie est de 520 milles c. Il est borné au N. par l'archiduché d'Autriche et la Styrie, au N.-E. par la Styrie, au S.-E. par la Croatie, au S. par la mer Adriatique et à l'O. par l'Italie et le Tyrol.

Le pays est traversé par des chaînes et des groupes de hautes montagnes, entre lesquelles s'étendent un grand nombre de belles vallées. La côte, en général plate et sablonneuse, est marécageuse dans la partie occidentale. A l'O. se trouve le golfe de Trieste, à l'E. celui de Quarnaro; ces deux enfoncements forment la presqu'île d'Istrie, dont le capo Promontore est l'extrémité méridionale.

Cette contrée très-montagneuse s'abaisse du N.-O. au S.-E. Les parties les plus élevées sont à l'O. de la Carinthie, sur la frontière du Tyrol. Les Alpes Noriques, avec leur fameux pic, le Gross-Glockner, de 11,988 pieds de hauteur, traversent la partie septentrionale de la Carinthie; au S. de cette même province, du côté de l'Italie, s'étendent les Alpes Carniques, qui se bifurquent dans les environs de Tarvis et projettent une branche formidable vers la Styrie. Le Loibel, haut de 5477 pieds, appartient à cette ramification et forme la limite entre la Carinthie et la Carniole. Les Alpes Juliennes, dont le mont Terglou, de 10,194 pieds, est le point culminant, s'avancent de l'O. de la Carniole jusque dans la Croatie. Cette dernière chaîne de montagnes calcaires est remarquable par la grande quantité de creux et de cavernes que l'on y rencontre, et parmi lesquelles on distingue les grottes d'Adelsberg. La forêt de Birnbaum, entre Idria et Adelsberg, couvre une grande partie des Alpes Juliennes, qui détachent plusieurs ramifications à travers l'Istrie, entre autres le Karst, groupe calcaire, dont les sommets nus et arides s'élèvent dans les environs de Trieste.

Les principaux cours d'eau de l'Illyrie sont : la Drave, qui vient du Tyrol, parcourt les cer. de Villach et de Klagenfurt, et passe en Styrie, après avoir reçu la Mœll, la Gail et le Lavant; la Save, qui sort d'un lac près de Wurzen, dans le cer. de Laibach, et reçoit la Laibach, la Gurck et la Kulpa; l'Isonzo, qui, au-dessous de Gradiska, prend le nom de Sooba, naît au pied du Terglou, traverse les lagunes et se jette dans l'Adriatique; enfin le Quieto, qui a sa source dans le cer. de Fiume, près d'Altmiltenbourg, passe dans celui de Trieste et s'embouche dans une baie de l'Adriatique, près de Citta-Nuova. Un grand nombre de rivières, dont plusieurs se perdent dans les cavités des montagnes, arrosent le pays; mais on n'y trouve point de canaux de navigation; celui de Wœrth, dans le cer. de Klagenfurt, ne sert qu'au flottage. Parmi les lacs nombreux que l'on voit dans cette contrée, nous citerons ceux de Klagenfurt, d'Ossiach, de Milstedt et de Czirknitz comme les plus remarquables et les plus poissonneux. L'Illyrie possède aussi une grande quantité de sources minérales; le cer. de Klagenfurt seul en renferme neuf d'eaux acidules.

La température est rude, l'air pur et froid dans les contrées montagneuses des cer. de Villach et de Klagenfurt, où les sommets les plus élevés portent des neiges éternelles; le climat s'adoucit dans les cer. de Laibach, de Neustædt, d'Adelsberg et de Karlstadt: la vigne et le maïs y réussissent; mais c'est vers le littoral de l'Adriatique que l'on jouit du plus beau ciel et que l'on voit la végétation la plus riante et la plus variée.

On y cultive du blé, du maïs, du chanvre, du lin, des fruits du Sud et autres, la vigne, l'olivier, le mûrier, des plantes médicinales, etc.; les forêts y fournissent une assez grande quantité de bois. Les Illyriens élèvent des chevaux de petite race, mais vifs et vigoureux, du gros bétail, des brebis, des chèvres et des porcs. L'éducation des abeilles et des vers à soie y tient aussi un rang important dans l'industrie agricole. Le gibier est abondant; on y chasse aussi le loup et l'ours. Les habitants de la côte et du voisinage des lacs s'occupent de la pêche. Le règne minéral y produit de l'argent, du cuivre, du plomb, du fer, du mercure, de la calamine, de la houille, de très-beau marbre, etc.

Quoique la constitution physique du pays soit peu favorable à l'agriculture, les terres susceptibles de culture sont partout labourées avec soin et intelligence, et les paysans illyriens savent tirer de leur territoire tout ce qu'il peut produire. Le lin y est surtout cultivé en grand et l'objet d'un commerce considérable. Quant à l'industrie, elle y est encore peu développée. Cependant le pays renferme des établissements industriels, au premier rang desquels il faut placer les tisseranderies de lin et de laine, les forges et fabriques d'ustensiles de fer et d'acier, les verreries, les boisselleries et les fabriques de produits chimiques.

Le commerce, surtout celui de transit, y est très-florissant, et, sous ce rapport, le port de Trieste tient le premier rang dans le royaume. Fiume, Rovigno, Pirano, Cabo d'Istria, Citta-Nuova, Bukari, Porto-Ré, etc., jouissent d'une assez grande prospérité commerciale. Parmi les villes commerçantes de l'intérieur, Klagenfurt et Laibach sont les plus considérables.

La pop. de l'Illyrie est de 1,154,885 hab., répartis dans 55 villes, 63 bourgs et 6872 villages et hameaux. Les Illyriens appartiennent à trois souches différentes : le plus grand nombre est d'origine slave, un quart environ d'origine allemande, 60,000 à peu près appartiennent aux nations italiennes; on distingue en outre une petite minorité de Juifs, de Grecs, d'Arméniens et même quelques Turcs. Sous le rapport religieux, la majorité de la population professe le culte catholique; dans les cer. de Villach et de Klagenfurt on compte environ 25,000 luthériens. L'Illyrie possède 11 évêchés.

Sous le rapport politique nous avons déjà dit que ce royaume était une dépendance de l'Autriche. L'empereur en est le souverain absolu. La Carinthie et la Carniole seules ont des assemblées d'états (*Landstænde*), mais qui ne peuvent s'occuper que de la régularisation des impôts et n'ont aucun pouvoir législatif. La noblesse et le clergé y jouissent de certains privilèges, les bourgeois et les paysans sont libres; cependant la liberté de ces derniers est soumise à certaines restrictions.

Administrativement, le royaume est divisé en deux gouvernements, subdivisés en cercles, savoir : le gouv. de Laibach, qui comprend les 5 cer. de Laibach, de Neustædt, d'Adelsberg, de Klagenfurt et de Willach; le gouv. de Trieste, comprenant les 2 cer. de Gœrz et d'Istrie.

Lorsque les Romains se furent emparés des pays arrosés par le Danube, la Drave et la Save, ils formèrent du territoire situé au S. de la Norique et de la Pannonie la grande prov. d'Illyrie et donnèrent aux tribus qu'ils y trouvèrent établies le nom d'Illyriens. Lorsque l'emp. d'Occident se fut écroulé, et que les peuples du nord eurent dépouillé Byzance de la plus grande partie de ses possessions extérieures, le nom d'Illyriens se perdit et ne se retrouva plus tard que dans le langage de la chancellerie autrichienne, pour désigner les provinces hongroises au S. de la Drave. Après la paix de Presbourg, Napoléon, qui venait de conquérir la Carniole, le cer. de Willach, le Frioul, l'Istrie et une partie de la Croatie, y joignit la Dalmatie et une partie du Tyrol et reconstitua l'Illyrie, dont il fit une province de son vaste empire. Après 1814, l'Autriche, remise en possession de cette contrée, en sépara la Dalmatie et la partie du Tyrol que Napoléon y avait ajoutée, et érigea le reste en royaume, auquel il ajouta le cer. de Klagenfurt et quelques parcelles du territoire vénitien.

ILLZACH, vg. de Fr., Haut-Rhin, arr. d'Altkirch, cant. de Habsheim, poste de Mulhouse; fabr. de mouchoirs et d'indiennes; blanchisserie de toiles; 1540 hab.

ILM ou **Stadt-Ilm**, v. de la principauté de Schwarzbourg-Rudolstadt, sur la riv. de l'Ilm, affluent de la Saale; fabr. d'étoffes en laine; 2200 hab.

ILMENAU, jolie v. du grand-duché de Saxe-Weimar, située dans le cer. de Weimar-Iéna, au commencement du Thuringerwald et au pied du Sturmhayde, sur l'Ilm; elle a des tanneries, une fabrique de faïence, une fabr. de têtes de poupées en papier mâché, une filat. de laine et une librairie importante par les nombreux ouvrages qu'elle publie et qu'elle imprime elle-même; commerce considérable de bois et de planches. Dans ses environs sont des mines de fer et de manganèse, et 2 forges. Sa mine de plomb argentifère n'est plus exploitée; 2400 hab.

ILMENAU, riv. navigable qui naît dans le gouv. hanovrien de Lunebourg, près du vg. de Bokeln, au S. d'Ulzen, et se réunit à l'Elbe.

ILMINSTER, b. d'Angleterre, comté de Somerset, sur l'Isle, dans une vallée très-humide; fabr. d'étoffes de laine; 2400 hab.

ILPIZE (Saint-), vg. de Fr., Haute-Loire, arr. de Brioude, cant. de Lavoute-Chilhac, poste de Langeac; 2490 hab.

ILSENBOURG, b. de Prusse, avec deux châteaux, dans la vallée de l'Ils, prov. de Saxe, rég. de Magdebourg; haut-fourneau, forges, tréfilerie, martinets pour fer et pour cuivre, papeterie et autres usines; 2120 h.

ILSFELD, vg. parois. du Wurtemberg, cer. du Necker, gr.-bge de Besigheim; 2000 hab. Patrie du philosophe et mathématicien Schwab (1742), père de Gustave Schwab, poëte renommé.

ILZ, riv. de la Bavière; prend sa source sur les frontières de Bohême et afflue au Danube à Passau; on y trouve des perles.

IMABARI, v. du Japon, est située dans l'île de Sikokf, sur le canal qui sépare cette île de celle de Niphon, au fond de la baie qui porte son nom. Elle renferme un beau château qui sert de résidence à un prince japonais et possède un excellent port.

IMAM-ALI. *Voyez* Mechhed-Ali.

IMAM-HUSSEIN. *Voyez* Mechhed-Hussein.

IMAUS. *Voyez* Himalaya.

IMBABURA, mont. et un des points culminants des Andes de la Colombie; sa hauteur paraît dépasser 5000 mètres.

IMBABURA, prov. du dép. de l'Ecuador, république du même nom; elle tire son nom du pic d'Imbabura et s'adosse à l'E. aux Andes. C'est une des plus belles provinces de l'état; elle est bien arrosée, abonde en blé et produit le meilleur sucre de tout le ci-devant roy. de Quito. Elle est divisée en 3 districts, Ibarra, Otavalo et Esmeraldas; 150,000 hab.

IMBAZI. *Voyez* Iénisseiens.

IMBÉ, fl. de l'emp. du Brésil, prov. de Rio-Janeiro; il descend de la Sierra do Salvador (comarque de Goytacazès), reçoit les trois Rios-do-Norte, forme la lagoa Cima et se jette dans la lagoa Feia, sous le nom d'Ururahi.

IMBERTS (les), ham. de Fr., Aveyron, com. de Villefranche-de-Rouergue; 150 h.

IMBERTS (les), ham. de Fr., Vaucluse, com. de Gordes; 120 hab.

IMBILAZK, v. de la Russie d'Europe, grand-duché de Finlande; 3000 hab.

IMBLEVILLE, vg. de Fr., Seine-Inférieure, arr. de Dieppe, cant. et poste de Tôtes; 710 hab.

IMBRECOURT, vg. de Fr., Vosges, com. de Vouscey; 190 hab.

IMBRO, île de l'Archipel, appelée par les anciens Grecs Imbros et par les Turcs Imrouz, appartenant à la Turquie d'Europe et située au S.-E. de l'île de Samothrace et à 9 l. à l'E. de la presqu'île de Gallipoli. D'une étendue de 4 milles c., en partie montagneuse et boisée, elle renferme de fertiles vallées et une population de 4000 Grecs, qui habitent le bourg de Sakria et plusieurs villages.

IMBSHEIM, vg. de Fr., Bas-Rhin, arr. de Saverne, cant. et poste de Bouxwiller; 800 hab.

IMÉCOURT, vg. de Fr., Ardennes, arr., cant. et poste de Vouziers; 260 hab.

IMELDANGE, ham. de Fr., Moselle, com. de Bertrange; 380 hab.

IMERÉTHI, la prov. russe de ce nom comprend actuellement les anciennes régions grousiniennes appelées Imeréthi, Mingrélie et Gourie et une partie de l'Abasie; elle est située entre 38° 44′ et 41° 2′ long. E. et 41° 22′ et 42° 52′ lat. N. Ses limites sont: au N. la Circassie, à l'E. la Géorgie, au S. la Turquie d'Asie, à l'O. la mer Noire et au N.-O. l'Abasie. Son aréal est, d'après Hassel, de 645 milles c. géogr., sa population totale de 270,000 âmes. Nous ne nous occuperons pas ici de la géographie physique de cette province, pour ne pas répéter ce que nous avons à dire aux articles spéciaux consacrés aux régions qui la composent. Les habitants sont en grande majorité Géorgiens d'origine et se divisent en Imeréthéens, Mingréliens, Gouriens; le reste de la population se compose d'Arméniens, de Grecs, de Juifs et d'Ossètes. L'industrie y est à peu près nulle; quant au commerce, il est tout entier entre les mains des Arméniens, des Grecs et des Juifs. Khouthaissi est la capitale de la province et le siége du gouverneur; ses principales villes sont: Redouté-Kaleh, Pothi, Soukoum-Kaleh, Anopa, etc. L'Imeréthi proprement dite, partie de l'ancienne Ibérie, fut réunie jusqu'au quinzième siècle à la Géorgie; à cette époque elle forma un royaume à part, qui devint bientôt tributaire des Osmanlis. Salomon Ier secoua le joug des Turcs et se mit sous la protection de la Russie. Son beau-frère et successeur David fut renversé du trône en 1793, et Salomon II, de la famille des Bagration, proclamé roi, reconnut en 1804 la suzeraineté de la Russie et renonça au trône en 1810, en faveur de cette puissance, qui assura à lui et à sa famille une rente considérable. Plus tard, le dadiau ou roi de la Mingrélie et le ghouriel de la Gourie furent reçus comme feudataires de la Russie. On leur conserva un certain pouvoir administratif, mais de fait ils furent subordonnés au gouverneur de l'Imeréthi, et les territoires réunis des trois provinces et de la Grande-Abasie formèrent la prov. russe d'Imeréthi.

IMERÉTHI (l'), proprement dite, partie de la province russe du même nom et nommée aussi Atschuk-Bach par les Osmanlis; est située entre 39° 12′ et 41° 2′ long. E., et 41° 44′ et 42° 51′ lat. N., et bornée au N. par le Caucase qui sépare cette province de la Circassie, à l'E. par les monts Asmasintha, contrefort du Caucase, qui la sépare de la Géorgie et où se trouve la porte Colchique, au S. par la Géorgie ottomane, à l'O. par la Gourie et la Mingrélie. Sa superficie est de 538 l. c. Le contrefort qui la sépare de la Géorgie trace la ligne de partage entre les eaux du Kour, qui vont à la mer Caspienne, et celles que le Phase ou Rioni porte à la mer Noire. Ce dernier fleuve est le principal cours d'eau de l'Imeréthi. Le terrain, plus élevé que celui de la Géorgie, est fertile; le climat beau, mais humide en quelques endroits. Les principales productions consistent en céréales, maïs, ghomi (*panicum italicum*); l'horticulture y est très-avancée; l'éducation du bétail, la culture du ver à soie occupent beaucoup les habitants, qui font encore des bénéfices considérables en vendant le bois de leurs belles forêts. La population est d'environ 65,000 âmes. La religion, la langue, les mœurs sont à peu près les mêmes que celles de la Géorgie. Les habitants sont sauvages, cruels, dissolus, toujours en guerre; avant leur soumission par les Russes, ils faisaient un grand commerce d'esclaves avec les Turcs. Il s'y trouve également une multitude de princes pauvres et ignorants. «Autrefois, dit M. Eichwald dans son *Voyage sur la mer Caspienne et dans le Caucase*, les princes imeréthéens ne savaient jamais lire, ni écrire; leurs femmes possédaient ces connaissances élémentaires et veillaient seules à l'administration. Quant aux hommes, ils ne s'occupaient qu'à chasser ou à guerroyer contre les Turcs et les Lesghis; toute autre occupation leur eût paru deshonorante. Aujourd'hui ils apprennent à lire et à écrire, parce que les autorités russes n'admettent pas de réclamation qui ne soit faite par écrit, et aussi parce qu'on ne peut entrer sans cela au service militaire.» Le clergé est aussi riche que celui de Géorgie; il est très-ignorant, et en 1820 il excita une insurrection qui coûta beaucoup de sang, parce qu'un évêque géorgien vint pour dresser l'état des biens ecclésiastiques. L'Imeréthi fut longtemps réunie à la Géorgie, puis elle forma un royaume à part et fait partie depuis 1810 de l'empire de Russie (*voyez* l'article qui précède). L'Imeréthi proprement dite a conservé son ancienne division en Imeréthi, Ratscha et Dwalethi. Ses principales villes sont: Khoutbaissi, Oni et Kotevi.

IMERUCA, lac considérable de la rép. de la Nouvelle-Grenade, dép. de Maturin, au S. de la prov. de Barcelona, près des rives de l'Orénoque.

IMGENBRUCH, vg. de Prusse, prov. du Bas-Rhin, rég. d'Aix-la-Chapelle; manufactures de draps importantes.

IMLING, vg. de Fr., Meurthe, arr., cant. et poste de Sarrebourg; 650 hab.

IMMENHAUSEN, v. de la Hesse-Électorale, prov. de la Basse-Hesse; 1600 hab.

IMMENSTADT, pet. v. de Bavière, chef-lieu de district dans le cer. du Danube-Supérieur, au pied des Alpes d'Allgau, à 4 l. de Kempten; fabrication d'armes, de clous; tissage de toiles, dont il se fait un commerce étendu; marchés de bestiaux; pop. de la ville 1000 hab., du district 12,100, sur 5 1/4 milles c.

IMMERCOURT. *Voyez* LAURENT-BLANGY (Saint-)

IMNAU, vg. dans la principauté de Hohenzollern-Sigmaringen, sur l'Eyach; avec une source d'eaux minérales fréquentée; 500 hab.

IMOGES (Saint-), vg. de Fr., Marne, arr.

de Rheims, cant. d'Ay, poste d'Épernay; 210 hab.

IMOLA, *Forum Cornelii*, v. épiscopale des états de l'Église, délégation de Ravenne; elle est située dans une petite île formée par le Santerno, dans une plaine fertile et renommée pour ses vignobles; elle a une cathédrale, 15 autres églises, 17 couvents, un collége et une académie. L'on y fabrique beaucoup de tartre, connue dans le commerce sous le nom de tartaro di Bologna; 8400 hab. Patrie du jurisconsulte et poëte Zappi (1667—1719)

IMONOS, peuplade indienne indépendante dans la rép. de Bolivia; elle habite au S. du dép. de Santa-Cruz, dans la prov. de Valle-Grande.

IMONT. *Voyez* HYMONT.

IMONVILLE, ham. de Fr., Moselle, com. de Lantefontaine; 110 hab.

IMONVILLE. *Voyez* VIGOR-D'IMONVILLE (Saint-)

IMPERIAL, b. de la rép. du Chili, prov. de Chiloé, sur la côte du pays des Araucans et sur le Rio-Cantin. Cet endroit, autrefois une ville grande et importante, fut fondé en 1552, par Pédro-Valdivia, et était le siége d'un évêché, transféré en 1620 à Conception. La ville fut détruite par les Araucans en 1599, et paraît être aujourd'hui sans importance.

IMPHY, vg. de Fr., Nièvre, arr., cant. et poste de Nevers; forges et fonderie; manufacture de cuivre laminé et martelé, tôle, tombac, zinc, bronze; 1276 hab.

IMROUZ. *Voyez* IMBRO.

IMST, joli gros b. du Tyrol, chef-lieu du cer. du Haut-Innthal (vallée de l'Inn); fabr. de toiles, de faucilles et d'objets en cuivre; siége principal de l'éducation des canaris du Tyrol, qu'on exporte en Russie et dont la vente produit annuellement près de 100,000 francs; 3000 hab.

INADA. *Voyez* AÏNADA.

INAGUAS ou INAGUE. *Voyez* HÉNÉAGAS.

INAUMONT, vg. de Fr., Ardennes, arr. et poste de Réthel, cant. de Château-Porcien; 390 hab.

INCA (lac de l'), le lac le plus considérable de la prov. d'Aconcagua, rép. du Chili, sur un plateau des Andes; il s'écoule dans l'Aconcagua. La route des Incas passait au S. de ce lac.

INCARNATION, groupe d'îles de l'archipel Paumotou ou des Iles-Basses, dans la Polynésie ou Océanie orientale, sous 24° 45′ lat. S. et 139° 11′ long. occ. Quiros, qui le découvrit en 1606, estime à environ 200 l. marines l'intervalle qui sépare ce groupe des côtes du Pérou.

INCARVILLE, vg. de Fr., Eure, arr., cant. et poste de Louviers; fabr. de mécaniques pour les filatures; 530 hab.

INCAS (route des). *Voyez* ASSUAY (Parama del).

IN-CHAN. *Voyez* GADJAR.

INCHETTKAUB, pet. v. du roy. de Tigré, en Abyssinie, prov. de Samen, au pied du mont Amba-Haï.

INCHEVILLE. *Voyez* HAINCHEVILLE.

INCHOCAJO. *Voy.* CORDILLÈRES (Pérou).

INCHY, vg. de Fr., Pas-de-Calais, arr. d'Arras, cant. de Marquion, poste de Cambrai; 1150 hab.

INCHY-BEAUMONT, vg. de Fr., Nord, arr. de Cambrai, cant. et poste du Cateau; 830 hab.

INCISA, *Ad Incisa Saxa*, v. du Piémont, prov. d'Acqui, sur le Belbo; fabr. de soie; 2000 hab.

INCOURT, vg. de Fr., Pas-de-Calais, arr. de St.-Pol-sur-Ternoise, cant. du Parcq, poste d'Hesdin; 230 hab.

INDATS-ELF, principale riv. du Jæmtlændstan, Suède. Sous le nom de Ragunda, elle sort d'un lac situé sur la frontière de la Norwège, traverse le lac de Storsion et se jette, près de Lœgto, dans une baie du golfe de Bothnie, après avoir reçu les eaux du Længa, du Hœrka et de l'Amra, et après avoir formé près de l'Eds une superbe cataracte, haute de 240 pieds.

INDCHIGUIS, pet. v. de la Turquie d'Europe, située dans la Romélie, sur le fleuve Karasou et près du mont Ischatalda, remarquable par ses eaux minérales et surtout par ses nombreuses habitations taillées dans le roc.

INDE. Ce nom, dans l'acception la plus générale que lui ont donné les géographes et les voyageurs, désigne les deux grandes presqu'îles méridionales de l'Asie et les îles situées au S. et au S.-E. de ces presqu'îles. Ces vastes contrées n'étaient connues que de nom des Grecs et des Romains, bien que ses riches productions, apportées en Europe par les Phéniciens, les Égyptiens et les Carthaginois, donnassent une haute idée de l'opulence et de la fertilité de cette mystérieuse région. Alexandre, dans sa course triomphale, ne toucha que les frontières occidentales de l'Inde, et, jusqu'à la fin du quinzième siècle, époque où les découvertes et les conquêtes des Portugais la mirent en communication directe avec l'Europe, notre continent ignorait l'état véritable, la géographie et la civilisation du pays qui lui envoyait, par le golfe Persique ou par des caravanes descendues de l'intérieur de l'Asie, de si précieuses productions. Lorsque, bientôt après que Vasco di Gama eût trouvé la nouvelle route de l'Inde, d'autres navigateurs découvrirent l'Amérique et les îles fertiles qui ferment le golfe du Mexique, on donna aux Antilles le nom d'*Indes occidentales* et on réserva à l'Inde asiatique celui d'*Indes orientales*.

Les Indes orientales comprennent trois régions, différentes sous le rapport géographique et sous le rapport ethnographique.

1° L'Inde proprement dite ou Hindoustan, Inde en-deçà du Gange;

2° L'Inde transgangétique ou au-delà du Gange;

3° Les îles qui dépendent, soit de la première, soit de la seconde de ces régions, et celles qui forment le grand archipel Asiatique ou l'archipel Indien, et que plusieurs géographes rangent aussi parmi l'Océanie en les désignant par le nom d'Océanie occidentale ou de Malaisie.

Pour plus de clarté et de précision nous traiterons à part chacune de ces trois régions.

Inde, *Indostan*, *Hindoustan*, *Inde en-deçà du Gange*. Les anciens Hindous lui donnaient le nom de Djambou-Dwipa (l'île de l'arbre djambou) et de Baratakhanda (le pays de Bharata). Ils la divisaient en pays septentrional (Ouditchya-desa), pays moyen (Madhya-desa) et pays méridional (Dakchina-desa). Les deux premiers, situés entre l'Himalaya et les monts Vindhya, étaient regardés par eux comme la demeure qui leur était assignée, territoire sacré, au-delà duquel (même l'Inde méridionale) tout était impur. Chez les anciens Persans l'Inde portait le nom de Ferakh-kand. Quant à la dénomination d'Inde en-deçà du Gange elle est impropre, puisque le Gange ne forme pas la limite orientale de l'Indostan, dont les frontières naturelles sont : au N. l'Himalaya, à l'O. la chaîne Salomon Brahouik, au-delà de l'Indus, à l'E. les monts Khamti, les hauteurs qui forment le bassin du Brahmapoutra et les montagnes de l'Arakan, ce qui étendrait considérablement, de ce côté, les limites de l'Indostan et empiéterait sur les territoires que les géographes assignent à l'Inde transgangétique. Nous devons nous borner à parler ici des pays que l'usage général comprend sous le nom d'Indostan.

L'Inde est située entre 68° et 90° long. orient., et entre 8° et 35° lat. N. Ses confins sont : le Beloutchistan et l'Afghanistan à l'O., le Petit-Thibet et le Thibet au N., l'Inde transgangétique à l'E. et l'Océan Indien au S. Sa superficie totale a été diversement évaluée ; en somme ronde, d'environ 185,000 l. c., c'est-à-dire elle est de plus du tiers de celle de l'Europe entière. Les géographes allemands l'estiment à 65,000 milles c. géogr.; les mêmes évaluent sa plus grande longueur à 400 milles, sa plus grande largeur à 330 milles.

L'Inde, avec ses pays alpins, sa riche plaine du Bengale, sa presqu'île qui se projette dans l'Océan, ses divers climats et ses productions si variées et si abondantes, est un monde complet et se suffisant à lui-même, qui est séparée du reste de l'Asie par un immense amphithéâtre de montagnes gigantesques.

Aspect physique. La chaîne de l'Himalaya, dont les pics neigés sont les plus élevés de la terre, forme, du N.-O. au S.-E., une ceinture à l'Indostan. Les avant-monts qui courent en lignes parallèles avec la chaîne principale, s'abaissent graduellement vers le S. et se perdent, au S.-E., dans l'immense plaine qu'arrosent le Gange et ses affluents. Des forêts touffues couvrent les limites de la plaine et le pied des montagnes ; un terrain extraordinairement fertile s'étend sur les deux rives du fleuve sacré des Hindous et de ses tributaires ; mais plus au S. une plaine basse, sauvage et stérile s'étend depuis l'embouchure de l'Indus jusqu'au golfe du Bengale; à l'O. se trouve le désert sablonneux de l'Adjmir, dont la partie orientale, plus pierreuse, est seule habitée. Au S. de ces plaines est le Dekkan, véritable île triangulaire, séparée du continent par des mers et des déserts. Un plateau médiocrement fertile occupe l'intérieur du Dekkan, que deux chaînes de montagnes, les Gâtes occidentales et les Gâtes orientales séparent, d'un côté du golfe d'Oman, de l'autre du golfe de Bengale. Au S. de ce plateau, une vallée profonde et boisée, le Gap, sépare du reste du Dekkan la pointe méridionale de la presqu'île, traversée par les montagnes du Travancore et terminée par le cap Comorin. La côte orientale du Dekkan, plate et dangereuse pour la navigation, a reçu le nom de Coromandel, la côte occidentale celui de Malabar. Le groupe presque inaccessible des monts Vindhya couvre au N. de la péninsule l'espace compris entre le Godavery, le Tapty, la Djamna et le Gange (*Voyez* Himalaya, Gates, Dekkan, Vindhya (monts).

L'hydrographie de l'Inde ne le cède à celle d'aucune autre région de l'ancien continent; deux de ses fleuves, l'Indus et le Gange, figurent parmi les plus grands du globe, et la merveilleuse fertilité de certaines contrées du pays qui nous occupe n'est due qu'à l'abondance de ses cours d'eau. Nous rangerons, avec M. Balbi, les fleuves de l'Inde en deux classes, ceux qui se jettent dans le golfe d'Oman et ceux qui se jettent dans le golfe du Bengale.

Les premiers sont : l'Indus ou le Sind, qui est formé par la réunion de plusieurs fleuves et se divise dans son cours en de nombreuses branches; le Kaboul et le Pandjnad, formé par la réunion du Djélam, du Tchenab, du Ravet, de la Bedjah et du Setledj ou Gharra, sont les principaux affluents de l'Indus. La Nerbaddah et le Tapty sont les autres grands fleuves qui se jettent dans le golfe d'Oman,

Le golfe du Bengale reçoit les eaux du Kavery, du Pannar, du Kistnah ou Krichna, du Godavery, du Mahanaddy ou Kuttak et de leurs affluents; enfin celles du Gange et du Brahmapoutra, dont les principaux affluents sont : ceux du premier, le Kallinaddy, la Djamna, la Sone, la Ramganga, le Goumty, la Gogra, le Bagmutty, le Koussy ou Cosah, la Mahamada, le Tistah; ceux du second, le Goddado, le Brak, le Goumty. Il nous suffit d'avoir indiqué ici le nom de ces principaux cours d'eau de l'Inde; nous renvoyons, pour les détails, à l'article spécial consacré à chacun de ces fleuves.

Climat. Par suite de la grande étendue de l'Inde et des accidents du sol, son climat offre des variations très-prononcées. Cependant on peut dire que généralement le climat de ce pays, situé en majeure partie sous les tropiques est chaud. La limite des neiges éternelles dans l'Himalaya est de 5200 mètres. Les hautes vallées de cette chaîne ont naturellement un climat alpestre; mais en été les chaleurs y sont quelquefois très-fortes. La chaleur devient excessive à l'O. de l'Inde sur les bords de l'Indus, à l'E. aux embouchures du Gange. Dans ces contrées, l'hiver consiste en pluies, pendant la saison desquelles le ciel reste constamment couvert. L'air n'est pas généralement malsain, il est simplement énervant; plusieurs voyageurs, entre autres Victor Jacquemont, prétendent qu'on a beaucoup exagéré l'abattement produit par les chaleurs. Les Européens n'y meurent en si grand nombre qu'à cause de leur intempérance et du genre de vie qu'ils y mènent, ne voulant changer ni leur costume ni leur alimentation. Le plateau du Dekkan jouit d'un climat plus tempéré, souvent adouci par les pluies, et les fortes chaleurs ne sont permanentes qu'audelà des monts, sur les côtes. Les vents y exercent sur la température une influence prononcée et régulière. Les vents de terre soufflent de minuit jusqu'au matin; le vent rafraîchissant de la mer souffle depuis neuf heures du matin jusqu'à cinq heures du soir. C'est alors et pendant l'absence de tout mouvement dans l'air qu'en été la chaleur est la plus insupportable. Les moussons sont presque aussi régulières; elles soufflent penpant la moitié de l'année du N.-E., pendant l'autre du S.-E. La première souffle du mois d'octobre au mois d'avril et apporte les pluies. Pendant ce temps, l'été règne sur la côte occidentale. D'avril en octobre le contraire a lieu, et la côte occidentale, où, du reste, les pluies et les tempêtes sont plus fréquentes, a son hiver. Les pluies abondantes font déborder tous les fleuves qui inondent les plaines riveraines et fécondent les rizières. Si elles manquent, les insouciants habitants, dénués de toute provision, sont exposés à la famine. Outre les moussons, de terribles orages appelés typhons et le samoum y font sentir assez fréquemment leur influence dévastatrice.

Productions. Il est peu de pays dont les productions soient aussi riches et aussi variées; de bonne heure la fertilité de son sol, son climat heureux et l'aisance de ses habitants y attirèrent des nations conquérantes ou des hordes pillardes, qui en prirent possession et s'y établirent sans regret de leur patrie, et ne le quittèrent que poussés par la persécution religieuse ou politique. C'est surtout la plaine du Gange, qui égale pour la richesse de ses produits les pays les plus favorisés du globe. Énumérer toute la série des productions d'une si vaste contrée serait trop long, nous n'en nommerons que les principales.

De tout temps l'Indostan a été regardé comme la mine la plus abondante des pierres précieuses les plus recherchées. On y trouve les plus beaux cristaux de roche, améthistes, achates, topases, saphirs, rubis, tourmalines, etc., et surtout les plus beaux diamants que l'on connaisse; on les trouve en divers endroits, dans le roy. du Nizzam, dans le Balaghat, à Soumbhoulpour, à Gundur, dans l'île de Ceylan. Il n'y a pas de mines de diamants à Golconde, comme on l'a cru longtemps, mais cette ville est le centre du commerce de ces pierres précieuses; on les y taille et de là on les expédie dans toute l'Asie. Les diamants indiens ont plus de feu, plus d'éclat, plus de dureté que ceux d'aucun autre pays; depuis des siècles on les y recueille, soit dans des mines, soit par le lavage, et le nombre de joyaux de ce genre, possédés par les princes hindous, est prodigieux. Les autres richesses minéralogiques de l'Indoustan sont: le granit, que les indigènes ont su travailler parfaitement et qui est entré dans la construction de ces admirables monuments dont nous parlerons bientôt; le porphyre, le marbre, l'albâtre, et le grès. On ne trouve du sel gemme que dans le bassin du Sind, mais les Sunderbunds (Delta du Gange) fournissent un sel marin excellent et en quantité immense, qui serait une des richesses du pays et un des plus importants articles d'exportation, si la Compagnie des Indes, en s'en réservant le monopole, ne limitait cette industrie. Cette même contrée fournit aussi beaucoup de salpêtre. L'Inde n'est pas très-riche en métaux; quelques-uns de ses fleuves roulent de l'or que l'on recueille par le lavage; il s'y trouve peu de mines d'argent et de cuivre; mais le fer y abonde et l'acier indien est supérieur à celui de l'Europe.

La flore indienne est aussi riche que variée. Ceux de ses végétaux qu'on cultive le plus sont: le riz, la nourriture principale des habitants; on y fait de deux à quatre récoltes de cette plante, qui sert à distiller l'arrak; des céréales, telles que froment, orge, maïs, avoine; d'autres légumes; les pommes de terre y ont été récemment introduites et réussissent bien dans certains districts. L'Inde paraît être la véritable patrie de la canne à sucre, dont les plantations y prennent tous les ans plus de développement, grâce à la politique anglaise qui, prévoyant la perte qu'elle pourrait faire un jour de ses colonies aux Antillles, veut continuer à fournir de cette riche denrée la moitié du monde. Le poivre noir (piper nigrum), celui dont nous nous servons généralement en Europe et dont le meilleur croît sur la côte de Malabar, et le bétel, que les Orientaux mâchent continuellement

servés les restes très-curieux des religions primitives, qui n'offrent aucune analogie avec le culte de Brahma et celui de Boudha. Le mahométisme compte dans l'Inde de 16 à 17 millions de sectateurs, le christianisme un million et demi.

Le culte hindou se célèbre dans des temples appelés pagodes ou bhagavati. Leur nombre est très-grand, principalement sur la côte de Coromandel. Ils surpassent en grandeur, en durée les monuments les plus parfaits qui existent. Ceux de la côte de Malabar sont construits en marbre et en porphyre, ceux de la côte de Coromandel en granit. Ces monuments de l'architecture indienne se divisent en trois classes : les temples souterrains; ceux taillés dans le roc, mais dont certaines parties s'étendent sur terre, enfin les véritables édifices. Ils se rapportent au culte de Schiwa, de Wischnou et de Boudha. Brahma n'a pas de temples; le culte qu'on lui rend consiste en simples fêtes.

Les temples de la première classe se trouvent surtout dans la presqu'île en-deçà du Gange, où les Gâtes permettent ce genre d'édifices. Les principaux sont ceux de l'île Éléphanta, près de Bombay; ils sont consacrés à Schiwa; ceux de Salsette; le temple de Kennery, consacré à Boudha. Il y en a de très-beaux dans l'île de Ceylan. Enfin les fameuses grottes d'Ellore surpassent tous ceux que nous venons de citer. A la deuxième classe appartiennent les grottes ornées extérieurement de Mavalipouram, sur la côte de Coromandel, au S. de Madras, appelées les sept pagodes. Elles ne consistent pas seulement dans quelques temples souterrains, mais offrent l'aspect d'une ville royale; malheureusement une partie de ces grottes est engloutie par la mer. Enfin, à la troisième appartiennent les pagodes proprement dites, dont les anciennes, celles de Deoghur et de Tanjore par exemple, ont la forme de la pyramide.

Les Indiens ont deux langues : l'une sacrée, le sanscrit, l'autre qui est parlée dans les villes et villages, depuis les vallées de l'Himalaya jusqu'au cap Comorin, par quiconque n'est pas entièrement sans instruction, l'hindoustani. D'ailleurs chaque province a son dialecte hindou ou malabar. Le persan est la langue de toutes les cours indiennes et celle dont les Anglais se servent dans leurs correspondances avec les princes indigènes.

La littérature hindoustani est très-pauvre. Il n'en est pas de même de la littérature sanscrite, qui se divise en sacrée et profane, et est extrêmement riche en ouvrages de religion, de philosophie et de poésie.

Les livres sacrés des Hindous s'appellent védas. Le recueil des védas se divise en quatre parties que l'on regarde comme autant de védas particuliers et qu'on désigne par les noms spéciaux de Rigvéda, Yadjourvéga, qui se divise encore en blanc et en noir, Samavéda et Athernavéda. Les noms des trois premiers se rapportent à la nature des prières qu'ils contiennent. Ses prières s'appellent ritsch, quand elles sont en vers, yadjousch, quand elles sont en prose, saman, lorsqu'elles sont faites pour être chantées. Chacun des védas se compose de deux parties, les prières et les préceptes. Le recueil entier des hymnes, prières et invocations d'un véda s'appelle sanhita. Le reste fait partie des brahmanas, où sont réunis des préceptes concernant des devoirs religieux, suivis par fois de commentaires et où l'on trouve aussi des morceaux, qui ont rapport à la théologie et qu'on appelle upanischads (science de Dieu). Vyasa (le compilateur) a réuni les védas, composés de petites prières détachées et de différents auteurs.

Les lois de Manou comprennent en douze chapitres les principes du droit public et du droit privé. Ces lois sont intimément liées aux védas, qu'elles citent à chaque page. Jones a essayé d'assigner pour date de leur rédaction le treizième siècle avant J.-C. On regarde aussi les védas comme la source des sciences et des arts, lesquels se trouvent dans les quatre-upavédas (védas inférieurs), où il est traité de la médecine, de la musique, qui comprend la poésie et la danse, de l'art militaire et de l'architecture, à laquelle sont rattachés les arts mécaniques.

La littérature profane est intimement liée à la littérature sacrée. Ses deux produits les plus fameux sont les deux grandes épopées indiennes, le Ramayana et le Mahhabharat; la première traite de la victoire de Rama (incarnation de Wischnou) sur Ravana, prince de Rakchasas; la deuxième traite de la guerre des Coros et des Pandos; Krichna, autre incarnation de Wischnou, protége ces derniers. C'est à ces deux épopées que se rattachent les pouranas; ils font partie des schastras ou livres saints. Les pouranas sont des poésies mythologiques; ils sont au nombre de dix-huit, contiennent une foule de préceptes et sont les sources de la religion populaire, de l'histoire, de la géographie et d'autres connaissances.

La poésie lyrique des Hindous paraît avoir été circonscrite d'abord dans les hymnes en l'honneur des dieux; une grande partie de ces poésies appartiennent au genre élégiaque; Jajavéda (Djayavéda) et Calisasa sont les principaux poëtes en ce genre.

La période brillante du drame indien tombe dans le siècle de Calidasa, que les Indiens regardent comme leur premier poëte dramatique, quoiqu'il ne reste plus de lui que deux pièces, Sakontala et Urwasi. Il fut l'un des neuf poëtes qui ornèrent la cour de Vicramaditya, souverain de l'Inde et ami des Muses, qui donna son nom à l'ère commençant, 56 ans avant J.-C. La poésie didactique a pris un grand essor dans l'Inde.

Il faut compter parmi ses principales productions les saisons de Calidasa et l'Hitopadesa (fables de Bidpay).

Mœurs, industrie, commerce. En parlant de la mythologie hindoue, nous avons indiqué la source religieuse des quatre castes, dans lesquelles se divisent les Indiens : les Brahmines, prêtres, savants, jurisconsultes, employés civils, propriétaires fonciers d'une partie du pays; les Kschatryas ou guerriers, princes et radjahs; les Vaissyas ou Banians, commerçants, et les Soudras, artisans et agriculteurs. Il existe en outre un grand nombre de castes inférieures ou mélangées et peu estimées, mais ces différences de castes disparaissent rapidement sous l'influence des Anglais et l'on voit fréquemment dans l'armée indigène un Brahmine obéir comme subordonné à un homme d'une caste inférieure.

Les Hindous ont le teint jaune, ils sont faibles de corps, de petite taille, d'une grande souplesse. Malgré ces désavantages ils supportent la fatigue, et leurs soldats endurent les plus longues marches mieux que les Européens; ils sont aussi plus habiles à la course. La poignée de leurs sabres est beaucoup trop petite pour une main européenne. Leurs jongleurs n'ont pas de rivaux et sans l'aide de la mécanique, avec les instruments les plus grossiers, leurs ouvriers en soie et en coton font des tissus d'une finesse que nous ne pouvons atteindre. Ils sont très-sobres; la religion leur prescrit la tempérance; mais l'abstinence de la viande n'est pas si générale qu'on le croit communément. Leur nourriture, leurs demeures, leurs meubles sont d'une grande simplicité. Leurs vêtements consistent généralement en toile de coton; mais dans les grands jours ils aiment à se parer et leurs femmes se couvrent volontiers de pierres précieuses. La polygamie, permise aux castes supérieures, est assez rare; la polyandrie existe chez les Naïres, tribu guerrière de la côte de Malabar. L'avarice et la lâcheté sont les vices dominants des Hindous. Ce peuple malheureux, si souvent conquis, n'a aucune idée de liberté politique; l'oppression a rendu l'Indien rampant, fourbe, hypocrite, vis-à-vis de ses supérieurs; hautain et souvent oppresseur à son tour envers ses subordonnés. Il déteste la guerre et tout travail qui demande des efforts; les jongleurs, la danse des bayadères, le jeu des échecs (dont il s'attribue l'invention), le bain, le betel ou quelqu'autre matière enivrante occupent ses loisirs. Le caractère des Hindous est religieux jusqu'à l'exaltation. Pour plaire à leurs dieux, pour assurer leur salut éternel, ils entreprennent les pèlerinages les plus éloignés et les plus dangereux; ils s'infligent les pénitences, les macérations, les supplices les plus douloureux et les plus recherchés; ils jettent leurs enfants aux crocodiles du Gange, ils se précipitent eux-mêmes dans les flots ou se font écraser sous le char du dieu de Djaggernat. C'est par des motifs pareils que les veuves se font brûler vives sur le bûcher, qui consume le corps de leur mari. Pour devenir absolument égaux à Brahm et atteindre le plus haut degré de félicité, quelques-uns se placent dans un état extatique, dans lequel disparaissent tout sentiment et toute pensée.

Nous avons cité, à propos de leur littérature, les belles productions de l'imagination poétique et fantastique des Hindous. Ils ont moins de sens pour le monde extérieur; à part l'astronomie et l'algèbre, ils ne se sont point occupés de sciences physiques et ils n'ont à peu près aucun livre historique.

Depuis la plus haute antiquité, les Hindous sont célèbres par leur habileté dans la confection de certains tissus. Les observations qu'ils ont faites et qu'ils se sont transmises de père en fils, les recherches sur la combinaison et le mélange des différentes espèces de coton, ont donné à leurs mousselines, à leurs toiles de coton (indiennes), à leurs étoffes de soie, draps, châles de laine, tapis et nattes une perfection que l'Europe n'est parvenue à égaler que depuis peu d'années. Ils fabriquent cent vingt-quatre espèces différentes d'étoffes de coton. Les centres de cette industrie sont à Vizagapatam, Mazalipatam et ses environs, Pœliakate, Madras, plusieurs villes de l'Orissa et du Bengale. Les autres articles les plus importants fournis par l'industrie hindoue sont : les soieries brochées d'or et d'argent de Surate, les étoffes de soie du Bengale (principalement de Mourchidabad et de Cassim-Bazar), les draps et les châles de Cachemire, les tapis de Patna, les armes blanches, les ouvrages en filigrane et en natte, etc.

Les riches productions de l'Inde ont été dès les temps les plus reculés l'objet d'un important commerce. Dans l'antiquité, les Phéniciens, les Égyptiens et les Carthaginois y trouvaient la source de leurs bénéfices. Jusqu'au quinzième siècle, l'Europe ne recevait les denrées de l'Indostan que de la seconde main; mais après la découverte du nouveau chemin des Indes-Orientales par le cap de Bonne-Espérance, le commerce de ces denrées prit un essor prodigieux. La machine à vapeur a encore rapproché davantage l'Inde de l'Europe, et il y a une tendance manifeste à abandonner la traversée par le cap de Bonne-Espérance et à reprendre l'ancienne route, non la route de terre, cette route royale des caravanes, comme on l'appelle, qui de l'Asie occidentale conduit à Lahore, suit le pied de l'Himalaya et descend à Delhi, mais la route de mer par le golfe d'Oman, la mer Rouge, où déjà les Anglais ont pris position, l'isthme de Suez et Malte. Les tentations faites par les mêmes pour établir une navigation régulière d'un coté sur l'Euphrate et le golfe Persique, de l'autre sur l'Indus et le Setledj, ne peuvent que favoriser davantage le commerce si florissant de l'Inde. Le commerce intérieur de ce pays est presque tout entier entre les mains des Hindous, qui trafiquent sous le nom de Banianes, des Arméniens et des Parsis ou Guèbres. Le commerce extérieur se fait surtout par les Anglais; cependant les Américains, les Portugais, les Français, les Hollandais et les Danois y font aussi quelque commerce. Les principaux articles d'exportation consistent dans les produits du sol : opium, coton, riz, sucre, nitre, poivre, bois de sapan et de sandal, gomme laque, indigo, cannelle, soie, cochenille, diamants et autres pierres précieuses, perles, poissons, peaux de tigre, etc. Les principaux articles d'importation consistent en draps, velours, fer, cuivre rouge, plomb, armes à feu, vins, eau-de-vie, dentelles, fil d'or et galons, coraux, papiers, montres, miroirs, quincaillerie, tous objets venus de l'Europe; en café, encens, dattes et chevaux de l'Arabie; en thé de la Chine, bois de teck de l'emp. Birman; épices des Moluques, coquillages du Thibet et de la côte d'Afrique, objet recherché par les Chinois.

Gouvernement. L'Inde est aujourd'hui tout entière soumise à l'influence de l'Angleterre, qui en occupe les plus riches provinces. Sujets immédiats, princes tributaires, princes indépendants sont obligés de reconnaître, les uns ses ordres, les autres les désirs de sa diplomatie. Quoiqu'il en soit, il y existe encore un très-grand nombre de princes indigènes, les uns vassaux, les autres réputés indépendants. Ces derniers règnent d'une manière absolue dans leurs états et ne prennent qu'officieusement conseil de l'Angleterre. Les princes tributaires ou vassaux de la Compagnie n'exercent un pouvoir souverain que dans l'administration intérieure de leurs territoires; pour tout le reste l'autorité réelle appartient aux résidents anglais accrédités à leurs cours. Ces petits états, enclavés par des possessions immédiates, sont de véritables fiefs. Nous ferons connaître les particularités qui les concernent, lorsque nous parlerons de chacun de ces états en particulier; mais n'oublions pas de dire que la Compagnie a laissé un semblant de puissance au descendant des grands mogols, Akbar II, qui réside à Delhi, entouré d'une pompe royale et jouissant d'une pension de 4 millions de francs; qu'elle met le nom de ce prince en tête de quelques-uns des édits qui concernent les vastes provinces autrefois soumises à l'empire des mogols.

La Compagnie anglaise des Indes-Orientales, aujourd'hui la souveraine de l'Inde, date de 1600. Elle se compose aujourd'hui de 3579 propriétaires, dont le capital s'élève à 6 millions de livres sterling (150 millions de francs). Les revenus du pays assurent l'intérêt de ce capital; 2600 propriétaires votent dans les assemblées générales et élisent les 24 directeurs chargés de gérer les affaires de l'Inde. Cependant la société n'exerce pas tous les droits de souveraineté; elle les partage avec le roi d'Angleterre et n'a du reste qu'un pouvoir temporaire, car la charte de la société doit être renouvelée par le parlement tous les vingt ans, et il existe en Angleterre beaucoup d'esprits qui préféreraient voir l'Inde gouvernée par le roi. D'un autre côté, les gouverneurs-généraux de la Compagnie et les autres employés sont directement responsables devant le parlement. Un bureau de contrôle, dont le président et les membres sont à la nomination du roi, partage avec la Compagnie l'administration de l'Inde; enfin tous les agents de la Compagnie peuvent être cités devant les tribunaux ordinaires de l'Inde, lorsqu'ils se sont rendus coupables d'illégalité ou d'oppression.

La Compagnie est représentée dans l'Inde par des gouverneurs; celui de Calcutta a seul le droit de faire la guerre ou la paix. Ces gouverneurs sont assistés par des conseils permanents, qui ont le droit de faire insérer leurs remontrances dans les registres des procès-verbaux. Quant à la justice, elle est administrée par des juges indigènes (1er degré de juridiction), des juges anglais nommés par la Compagnie (2e degré), et les avocats anglais appelés juges royaux (3e degré). La Compagnie a laissé subsister les lois du pays dans les possessions immédiates, tout en introduisant des améliorations dans la justice et la police. La charte de la Compagnie a été renouvelée pour 20 ans le 22 avril 1834; à dater de ce jour leur monopole du commerce de l'Inde avec la Chine a été aboli, et il a été libre à tout sujet anglais de former des établissements dans l'intérieur des terres, ce qui avait été auparavant interdit.

Le revenu de la Compagnie s'élève tous les ans à la somme énorme de 600 millions; mais ses dépenses sont très-considérables; elle est souvent obligée de faire des expéditions et des guerres coûteuses, le traitement de ses employés est hors de proportion avec les services qu'ils rendent, et malgré la rapacité du fisc qui prélève sur les Hindous la moitié de leurs bénéfices, la Compagnie a souvent été en déficit. Une autre charge de la Compagnie, c'est son armée qui se monte actuellement à plus de 200,000 hommes, savoir 22,000 hommes de troupes royales anglaises, 12,000 hommes de troupes européennes, directement engagées par la Compagnie, et 170,000 hommes de troupes indigènes, composées de gens de toutes les castes et qu'on appelle cipays, du mot persan sipahi (soldat). En cas de besoin, elle peut encore compter sur les contingents des princes tributaires, qui se composent en majeure partie de cavalerie.

Divisions géographiques de l'Inde. L'Inde proprement dite se divise, comme nous l'avons déjà dit, en Indostan et en Dekkan.

L'Indostan septentrional comprend le Cachemire et les grandes vallées de Gherwal et de Nepal.

L'Indostan méridional comprend la plus grande partie et les provinces les plus importantes du ci-devant empire du grand-mogol. Ces provinces sont, en allant de l'O. à l'E.: le Lahore, le Moultan, le Sindh, le Katch, le Guzerate, le Malwa, l'Adjmir, le Delhi, l'Agra, l'Aoudh, l'Allahabad, le Behar et le Bengale.

Le Dekkan septentrional comprend les anciennes prov. de Kandeich, d'Avrangabad, de Bedjapour, d'Haïderabad, de Bider, de Bérar, de Gandwana, d'Orissa et des Circars du Nord.

Le Dekkan méridional comprend le Kanara, le Malabar, le Kotchin, le Travancore, le Coïmbatour, le Carnatic, le Salem ou Barramabal, le Maïssour, le Balaghat.

Nous renvoyons pour les îles à l'article spécial qui leur est consacré (*voyez* INDIEN, archipel).

Divisions politiques de l'Inde.

Les différents états entre lesquels est partagé actuellement l'Inde sont:

L'empire Anglo-Indien;
Le roy. de Lahore ou la ci-devant confédération des Seikhs;
La principauté du Sindhy;
Le roy. de Sindhia;
Le roy. de Nepal;
Les territoires soumis aux Français, aux Portugais et aux Danois;
Le roy. des Maldives.

Des articles spéciaux feront connaître les divisions administratives de ces différents états; nous ne devons indiquer ici que celles de l'empire anglo-indien.

Divisions administratives de l'empire anglo-indien. L'île de Ceylan est la seule possession immédiate de l'Angleterre dans l'Inde; toutes les autres parties de ce vaste empire dépendent de la Compagnie des Indes-Orientales et se divisent en possessions médiates et possessions immédiates.

Les possessions médiates sont administrées par des princes indigènes, dont un grand nombre paie un tribut à la Compagnie. Leurs territoires très-vastes sont répartis entre les présidences et les districts; des garnisons anglaises occupent les principales places fortes, et des résidents anglais veillent aux intérêts de la Compagnie.

Les possessions immédiates forment trois grands gouvernements, nommés présidence de Calcutta, présidence de Madras et présidence de Bombay. D'après la nouvelle charte, la première doit être séparée en deux, celle de Calcutta et celle d'Allahabad. Cette dernière comprendra probablement les prov. d'Allahabad, d'Aoud, d'Agra, de Delhi, de Gherwal, d'Adjmir et de Gandwana. Chaque présidence est subdivisée en districts, administrés chacun par un juge, par un receveur-général et par d'autres employés. Ces districts sont subdivisés en pergannahs. Il y a des districts qui ne contiennent que des territoires médiats, tels que ceux d'Orissa, de Sirmore, etc.

Nous suivons dans le tableau suivant les indications de M. Balbi.

POSSESSIONS IMMÉDIATES DE LA COMPAGNIE.

Présidence de Calcutta.

ANCIENNES PROVINCES.	DISTRICTS ACTUELS.	CHEFS-LIEUX.
	Calcutta ou les 24 pergannahs,	Calcutta.
Bengale,	Naddia (Nudea),	Naddia.
	Hagli (Hougly,	Hagli.
	Djessore (Jessore),	Morlay.
	Bakergandj (Bakergunge),	Barisol.
	Tchittagong,	Islamabad.
	Tiperah,	Kamilla.
	Dakka Djelalpour,	Dakka.
	Maymansingh,	Nassirabad.
	Silhet,	Silhet.
	Rangpour (Rungpour),	Rangpour.
	Dinadjpour,	Dinadjpour.
	Pourniah (Pourneah),	Pourniah.
	Radjchahi (Rajshahy),	Nattore.
	Birboum,	Soury.
	Mourchidabad (Moorschedabad),	Mourchidabad.
	Bardwan (Burdwan),	Bardwan.
	Midnapour,	Midnapour.
	Katch-Bahar,	Bahar.
Behar,	Behar (Bahar),	Patna.
	Rainghar (Ramghur),	Tchittra.
	Boglipour,	Boglipour.
	Tirhout,	Hayipour.

ANCIENNES PROVINCES.	DISTRICTS ACTUELS.	CHEFS-LIEUX.
Behar,	Saran,	Tchaprâ.
	Chahabad (Schahabad),	Arrah.
Allahabad,	Allahabad,	Allahabad.
	Djouanpour (Juanpour),	Djouanpour.
	Bénares,	Bénares.
	Mirzapour,	Mirzapour.
	Bondelkhand (Bundelkund),	Banda.
	Kâpour (Caunpour),	Kâpour.
Aoudh (Oude),	Garakpour (Gorukpoor),	Garakpour.
Agra,	Agra,	Agra,
	Etaweh,	Minpour.
	Farrakhabad (Furrukabad),	Farrakhabad.
	Kalpi,	Kalpi.
	Alighar (Alighur),	Alighar.
Delhi,	Delhi,	Delhi.
	Bareily,	Bareily.
	Morabad,	Morabad.
	Soharanpour,	Soharanpour.
	Merout,	Merout.
	Harrianâ (Hurriana),	Hansi.
Gherwal,	Sirinagur (Serinagur),	Sirinagur.
	Kemaon (Kumaon),	Almora.
	Sirmore,	Rainghar (Raeenghur).
Adjmir (Ajmeer),	Adjmir,	Adjmir.
Orissa,	Singboum,	Singboum.
	Kandjiar (Kunjeur),	Kandjiar.
	Moharbandj (Mohurbunge),	Hariorpour.
	Balassore,	Balassore.
	Kattak (Cuttak),	Kattak.
	Khourdah (Khoordah),	Khourdahgar.
	Gandwana (Gundwana),	Djabbalpour (Jabbalpour).

Les possessions anglaises dans l'Inde transgangétique, font également partie de la présidence de Calcutta. (*Voyez* plus bas Inde transgangétique anglaise.)

Présidence de Madras.

ANCIENNES PROVINCES.	DISTRICTS ACTUELS.	CHEFS-LIEUX.
Carnatic (Karnatic),	Madras,	Madras,
	Chingleput (Tchinglepet),	Chingleput.
	Nellore,	Nellore.
	Arkot septentrional,	Arkot.
	Arkot méridional,	Veradat chellam.
	Tandjore (Tanjore),	Tandjore.
	Tritchinapoli,	Tritchinapoli.
	Madoura,	Madoura.
	Chevaganga,	Chevaganga.
	Tinevelly,	Tinevelly.
Coïmbatour (Koïmbatour),	Coïmbatour,	Coïmbatour.
	Salem et Barramahal,	Salem.
Maïssour (Mysore),	Seringapatam,	Seringapatam.
Malabar,	Malabar,	Kalicut.
Kanara,	Kanara,	Mangalore.
Balaghat (Balaghaut),	Bellary,	Bellary.
	Kaddapah (Cuddapah),	Kaddapah.
Circars du Nord,	Gantour (Guntour),	Gantour.
	Mazulipatam,	Mazulipatam.
	Radjamaudri,	Radjamaudri.
	Vizagapatam,	Vizagapatam.
	Gandjam (Ganjam),	Gandjam.

Présidence de Bombay.

ANCIENNES PROVINCES.	DISTRICTS ACTUELS.	CHEFS-LIEUX.
Avrangabad (Aurungabad),	Bombay,	Bombay.
	Djounir ou Sounur,	Pouna.
	Kalliani,	Kalliani.
	Djowar (Jowaur),	Djowar.

ANCIENNES PROVINCES.	DISTRICTS ACTUELS.	CHEFS-LIEUX.
Avrangabad (Aurungabad),	Baglana,	Sallier.
	Sanganmir (Saungamnere),	Sanganmir.
	Ahmednagar,	Ahmednagar.
	Perrainda,	Perrainda.
	Solapour,	Solapour.
	Akalkotta,	Akalkotta.
Bedjapour (Bejapour),	Konkan septentrional,	Tauna.
	Konkan méridional,	Raïpour.
	Bedjapour,	Bedjapour.
	Annagoundy,	Annagoundy.
	Darwar,	Darwar.
Kandeisch (Candeisch),	Gaulna,	Gaulna.
	Kandeisch,	Nandode.
Guzerate (Gujerat),	Meïwar,	Sulthanpour.
	Surate,	Surate.
	Barotch (Broach),	Barotsch.
	Kaïra,	Kaïra.
	Ahmedabad,	Ahmedabad.

POSSESSIONS MÉDIATES DE LA COMPAGNIE.

ROYAUMES ET PRINCIPAUTÉS ACTUELS.	ANCIENNES PROVINCES OU ILS SONT PLACÉS.	CHEFS-LIEUX.
Princip. de Djeypour,	Adjmir,	Djeypour.
Id. Kotah,	*Id.*	Kotah.
— Boundi,	—	Boundi.
— Odeypour ou de Mewar,	—	Odeypour.
— Djondpour ou de Marwar,	—	Djoudpour.
— Tonk,	—	Tonk.
— Djessalmir (Jesselmere),	—	Djessalmir.
— Bikanir,	—	Bikanir.
Pays des Bhatties,	—	Bhatnir.
Princip. de Katch,	Katch (Cutch),	Bhoud.
Roy. de Baroda,	Guzerate (Gujerat),	Baroda.
Princip. de Banswara,	*Id.*	Banswara.
Id. Therad,	—	Therad.
— Turrah,	—	Turrah.
— Dubboï,	—	Dubboï.
— Noanagar,	—	Noanagar.
— Goundal,	—	Goundal.
— Kambaya,	—	Kambaya.
Roy. d'Indour (Indore),	Malwa,	Indour.
Princip. de Bopal,	*Id.*	Bopal.
Id. Dhara,	—	Dhara.
— Rewah,	Allahabad,	Rewah.
— Ihansi,	*Id.*	Ihansi.
— Tehri,	—	Tehri.
— Pannah,	—	Pannah.
— Karoli,	Agra,	Karoli.
— Bhartpour,	*Id.*	Bhartpour.
— Dholpour,	—	Dholpour.
— Matcherry ou Mewat,	—	Alvar.
Roy. d'Aoudh,	Aoudh (Oude),	Lucknow.
Sikhind ou pays des Seikhs,	Delhi,	Pattialah.
Princip. de Kolapour,	Bedjapour,	Kolapour.
Roy. du Dekkan,	Haïderabad,	Haïderabad.
	Bider,	Bider.
	Berar,	Ellitchpour.
	Avrangabad,	Avrangabad.
	Bedjapour,	Sakkar.
Roy. de Nagpour,	Gandwana,	Nagpour.
Id. Satarah,	Bedjapour,	Satarah.
— Maïssour (Mysore),	Maïssour,	Maïssour.

ROYAUMES ET PRINCIPAUTÉS ACTUELS.	ANCIENNES PROVINCES OU ILS SONT PLACÉS.	CHEFS-LIEUX.
Roy. de Travancore,	Malabar,	Trivanderam.
Id. Cotchin (Kotchin),	*Id.*	Tripontary.
Princip. de Sikkim,	Nepal,	Sikkim.
Les Laquedives.		

Aperçu historique. L'histoire des anciens Hindous nous est peu connue. Comme ce peuple n'a consigné ni les faits de ses pères, ni les faits contemporains, nous n'avons pour pénétrer quelque peu dans son passé, que ses traditions mythologiques et les épopées de ses poëtes. La tradition nous présente l'Inde comme ne formant dans le principe qu'un seul empire. Les premiers rois, tels que Manou et autres, sont nommés rois de l'Inde, mais les dynasties des enfants du soleil et de la lune, des Coros et des Pandos et leurs longues guerres nous font déjà soupçonner une séparation. D'un autre côté cette même tradition a conservé le souvenir de la lutte violente, qui plaça la caste des guerriers et des radjahs sous la dépendance des Brahmines. Cette victoire est présentée comme l'œuvre de Parasu-Rama, incarnation de Wischnou. Quoiqu'il en soit, l'Inde, d'après ce que les Indiens eux-mêmes affirmèrent aux Grecs, n'avait ni souffert d'agression du dehors, ni entrepris de guerre contre un peuple étranger, depuis l'expédition de Bacchus jusqu'à l'invasion d'Alexandre. Après la retraite d'Alexandre il s'éleva un conquérant, nommé par les Grecs Sandracottus. Il excita une révolte parmi les Indiens, qui tuèrent les gouverneurs établis par le conquérant macédonien, et secouèrent le joug étranger. Vicramanditya fut nommé souverain de toute l'Inde. Ses principaux états étaient situés sur les deux rives du Gange. Au dixième siècle de notre ère commencèrent les malheurs de l'Indostan. Mahmoud-le-Gaznevide y fit une première invasion, en 997, et depuis cette époque les fanatiques mahométans ne manquèrent aucune occasion de piller un aussi riche pays. Au treizième siècle ils y formèrent des établissements et au quatorzième ils avaient déjà pénétré dans le Dekkan. Jusqu'à la fin de ce siècle leur histoire ne présente qu'une suite de guerres, de dévastations, de trahisons, de cruautés: il leur était facile de vaincre les Hindous divisés. D'autres conquérants se présentèrent en 1396. Plusieurs fois déjà les Mongols avaient essayé de pénétrer dans l'Inde. A cette époque leur invasion devint plus sérieuse; deux ans après, Tamerlan se mit à la tête de l'armée, poussa jusqu'à Delhi, saccagea cette ville, y tua plus de 100,000 habitants et en conduisit autant en esclavage. Le vainqueur retourna cependant à Samarcande et les sultans des dynasties antérieures continuèrent à régner jusqu'en 1519. Les descendants de Tamerlan revinrent alors et fondèrent le puissant empire des grands-mogols. Le premier de leurs empereurs fut Mohammet Baber, qui fixa sa résidence à Delhi et sut effacer par sa douceur le souvenir qu'avait laissé son aïeul. Les plus illustres de ses successeurs furent Akbar-le-Grand et Aurengzeb; le premier de ces princes régna de 1556 à 1605, dompta l'anarchie, étendit les frontières de l'empire, protégea les sciences et les lettres. Le second, fils de chah Jehan, écarta par les armes et le poison ses trois frères du trône qu'il ravit à son père. Sa tyrannie fut terrible, comme son avidité et son fanatisme; lui-même se soumettait aux plus cruelles macérations. Il étendit les frontières de l'empire jusqu'au Kavery; dans l'administration intérieure il fut sévère, mais juste. Après sa mort (1707) l'empire des grands-mogols déchut rapidement; plusieurs provinces détachées formèrent des royaumes particuliers. Un nouveau conquérant sut profiter de cette désunion; Nadir-Chah, roi de Perse, se jetta sur les états affaiblis du grand-mogol, prit Delhi, où il fit un massacre épouvantable, et emporta un trésor, qui se monta, dit-on, à plusieurs milliards de francs. L'empire fut encore exposé deux fois aux invasions des Afghans et des Mahrattes; il déclina de plus en plus et les derniers princes se virent obligés de se jeter entre les bras des Anglais. Ceci nous ramène aux établissements européens dans l'Inde et aux rapides développements qu'ils ont pris depuis 50 ans. Les Portugais furent les premiers Européens qui s'établirent dans l'Inde. Ils y vinrent, en 1497, sous Vasco di Gama, se fixèrent bientôt à Goa et sur d'autres points de la côte de Malabar, et furent pendant quelque temps les maîtres du commerce de l'Inde. Lorsque le Portugal perdit son indépendance, en 1581, les Hollandais s'emparèrent du commerce et d'une partie de leurs colonies; l'importante place de Negapatnam devint le centre de leurs opérations. Dès 1618 les Danois s'étaient établis à Tranquebar, mais ils n'ont jamais cherché à étendre leur colonie. Les possessions françaises de Pondichery (fondées en 1664) menacèrent un instant l'extension de la puissance anglaise; mais des guerres malheureuses en firent tomber la plus grande partie entre les mains de leurs rivaux. Les progrès des Anglais commencèrent en 1639, où la Compagnie (*voyez* plus haut) acheta Madras; elle bâtit le fort St.-George, en 1643, se fit céder Bombay par les Portugais, en 1664, et acheta, en 1696, le dist. du Bengale, où est situé aujourd'hui Calcutta. Après leurs guerres avec les Français, les Anglais, qui d'abord avaient, pour ainsi dire, seulement pris pied, étendirent rapidement leurs possessions, soit par la force, soit par des traités. Profitant habilement de la division des princes indigènes, ils furent bientôt les maîtres du Bengale, et, en 1764, le grand-mogol se mit sous leur protection. Leurs conquêtes dans la présidence de Madras furent plus difficiles; ils y trouvèrent dans Hyder-Ali, roi de Mysore, un prince actif et entreprenant, qui, avec l'aide des Français, sut résister à leurs empiétements. Son fils Tippo-Saïb, fanatique, cruel et imprudent, ne prenant conseil que de sa haine pour l'Angleterre, provoqua à deux reprises cette puissance, fut vaincu et périt glorieusement dans sa capitale de Seringapatnam. La plus grande partie de ses états fut occupée directement par la Compagnie, et aujourd'hui cette puissante et heureuse association de marchands est maîtresse de toute l'Inde, à l'exception des Mahrattes, récemment vaincus et réduits, et de quelques petits princes indigènes sans importance.

INDE ANGLAISE. *Voyez* INDE.

INDE DANOISE. *Voyez* TRANQUEBAR.

INDE FRANÇAISE. *Voyez* PONDICHÉRY.

INDÉPENDANCE, v. naissante des États-Unis de l'Amérique du Nord, état d'Illinois, comté de Bond, dont elle est le chef-lieu, sur la Kaskaskia, poste; commerce; 2300 h.

INDEPENDENCIA, autrefois *Estipa* ou *Istapa*, pet. v. avec un bon port, une des places les plus commerçantes des États-Unis de l'Amérique centrale, état de Guatémala, dist. de Guazacapan, sur l'Océan Pacifique, à 35 l. S.-E. de Guatémala.

INDE PORTUGAISE. *Voyez* GOA.

INDERON, v. de Norwège, diocèse de Drontheim; 2860 hab.

INDES-OCCIDENTALES. *Voy.* ANTILLES.

INDE TRANSGANGÉTIQUE ou INDE AU-DELA DU GANGE, appelée aussi *Indo-Chine*, cette deuxième région de l'Inde est située entre 88° et 107° long. orient. et entre 1° et 27° lat. N. Ses limites sont, au N., le Boutan, le Thibet et d'autres provinces de l'empire chinois; à l'E., la Chine et la mer de Chine; au S., cette même mer, le détroit de Singapour et le golfe du Bengale; à l'O., ce même golfe, le Bengale et le Boutan. Sa superficie est évaluée à 110,000 l. c. L'Inde transgangétique est une des régions les moins connues de l'ancien continent; si l'on excepte les possessions de la Compagnie anglaise des Indes-Orientales, les Européens n'ont visité que quelques points de ses côtes et les villes situées à l'embouchure de ses grands fleuves. Cependant c'est un des pays les plus favorisés de la terre.

L'Inde transgangétique est une grande presqu'île, dont la partie ultérieure est formée par la longue et étroite péninsule de Malacca. Le cap Romania qui termine cette péninsule, et la pointe la plus méridionale du continent asiatique. Les mers qui l'entourent y forment trois grands enfoncements, le golfe d'Anam ou de Tonquin, le golfe de Siam à l'E. et le golfe de Martaban à l'O. Le détroit de Malacca sépare la péninsule du même nom, de l'île de Sumatra et peut-être y eut-il un temps où les grandes îles de la Sonde étaient réunies au continent et formaient un lien entre l'ancien monde et l'Australie.

Nous savons très-peu de chose sur l'intérieur de la presqu'île au-delà du Gange. A l'O. se trouvent les chaînes de montagnes, branches détachées de l'Himalaya, qui, sous le nom de monts Yamadoung et d'Anapektomiou, s'étendent depuis le Brahmapoutra jusqu'au cap Négrais dans l'emp. Birman; une ramification de cette chaîne traverse toute la péninsule de Malacca et se termine au cap Romania. D'autres chaînes longitudinales encaissent les cours des grands fleuves; une première sépare l'emp. Birman du Siam, une autre traverse le Laos et sépare le bassin du Menam de celui du May-kaoung, enfin une troisième forme la limite entre le Laos et le Cambodje d'un côté, le Tonquin et la Cochinchine de l'autre. Les cours d'eau de l'Inde transgangétique suivent deux pentes principales, l'une vers le golfe du Bengale et l'autre vers la mer de Chine. Le Brahmapoutra, l'Arakan, l'Iraouaddy, le Zittang, le Salouen ou Thsanlouen, le Tavay et le Tenasserim s'embouchent dans le golfe du Bengale. Les grands fleuves qui se jettent dans la mer de Chine, sont : le Menam ou fleuve de Siam, le May-kaoung ou Menam-kong, le Saung ou Donnaï, le Saug-koï et le Tsche-saï-ho. La plupart de ces fleuves débordent régulièrement tous les ans et déposent sur leurs rives, comme le Gange et le Nil, leur limon fécondant. Le climat est très-chaud au S., plus tempéré au N. Sous le ciel fortuné de l'Inde transgangétique, la végétation des tropiques déploie toutes ses richesses. Des forêts superbes, les arbres les plus recherchées couvrent les flancs de ses montagnes; les fruits des tropiques y acquièrent une saveur qu'on ne trouve pas autre part. Les forêts sont peuplées d'éléphants, de rhinocéros, de tigres et de singes; des oiseaux au plus riche plumage animent les campagnes. La mer et les fleuves sont très-poissonneux; plusieurs de ces derniers roulent de l'or; il existe dans ce pays des mines d'argent, de fer, de cuivre et de plomb; la péninsule de Malacca fournit le meilleur étain du monde, connu sous le nom de Kalin. Aucune contrée n'est plus riche en pierres précieuses. Enfin, la plupart des fleuves de ce pays favorisé, offrent les plus grandes facilités à la navigation et ses côtes présentent un grand nombre d'excellents ports, immense avantage dont est dépourvue en partie la presqu'île du Dekkan.

La population très-incertaine de l'Inde transgangétique est d'environ 23 millions d'habitants. Elle est à l'E. dans le Tonquin et la Cochinchine chinoise d'origine, de langue, de mœurs et de religion. Plus à l'O. ce caractère chinois s'efface de plus en plus sous l'influence de la civilisation indienne et du contact avec les Malais. Cette division ethnographique de la presqu'île en deux parties, dont l'une est soumise à l'influence hindoue et l'autre à l'influence chinoise, lui a fait donner le nom d'Indo-Chine, appellation qui n'a pas été universellement adoptée. Malgré cette différence d'origine, il existe entre les peuples Indo-Chinois une assez grande ressemblance, les mêmes caractères physiques, des langues toutes monosyllabiques, une religion commune, le boudhisme et une même langue sacrée, le bali. Ces peuples ont peu d'industrie, leur commerce est sans importance, leurs littératures sans originalités.

Des peuplades inconnues, entièrement sauvages et païennes, habitent dans les montagnes. Celles de la presqu'île de Malacca sont habitées par des Nègres. Le nombre des Malais, qui sont d'une toute autre race que les Indo-Chinois, n'excède pas 510,000 âmes.

Nous renvoyons pour tous les détails qui concernent la géographie physique et l'ethnographie de l'Inde transgangétique, aux articles spéciaux consacrés aux différents états dans lesquels elle est partagée.

Ces états, en ne tenant pas compte des tribus sauvages et barbares qui vivent indépendantes dans les montagnes, sont :

L'emp. Birman;

Le roy. de Siam;

Les états indépendants de la péninsule de Malacca;

L'emp. d'An-nam ou de Viet-nam;

L'Inde transgangétique anglaise.

Quant aux îles qui en dépendent géographiquement, les archipels d'Andaman et de Nikobar, *voyez* les articles spéciaux et l'article Indien, archipel.

INDE TRANSGANGÉTIQUE ANGLAISE, les territoires de la presqu'île au-delà du Gange, qui font partie de l'empire anglo-indien, se composent des provinces cédées dernièrement par les Birmans, des îles de Poulo-Pinang (île du prince de Galles) et de Singapoure, achetées des sultans de Keïtah et de Djohore, et du territoire de Malacca cédé aux Anglais par la Hollande. Nous avons déjà vu que ces possessions appartiennent à la Compagnie des Indes et dépendent de la présidence de Calcutta. Plusieurs des peuplades qui habitent ces territoires, surtout dans les montagnes de l'Assam, vivent tout à fait indépendantes. Les possessions anglaises dans cette région de l'Inde se partagent en pays tributaires et en pays entièrement dépendants. Les premiers sont : le pays de Katchar ou Haïroumbo, chef-lieu : Kospour; une partie du pays de Garrows; le pays de Djintiah ou Gentiah, chef-lieu : Djintiahpour; le pays des Kouki dans le Tiperah; le pays des Moïtay ou Kathey, Cussay. Les pays entièrement dépendants sont le roy. d'Assam, chef-lieu Djorhat ou Jorhaut; le roy. d'Arakan; les prov. de Martaban (chef-lieu Amherst-town), de Ye, de Tavey, de Tenasserim, l'île du Prince de Galles (chef-lieu Georgetown), celle de Singapour avec la ville florissante du même nom, enfin la prov. de Malacca, chef-lieu Malacca.

INDEVILLERS, vg. de Fr., Doubs, arr. de Montbéliard, cant. et poste de St.-Hipolyte; 700 hab.

INDIAN, fl. peu considérable des États-Unis de l'Amérique du Nord, état de Connecticut, coule vers le S. et débouche dans le détroit de Long-Island.

INDIANA. *Voyez* Ohio (fleuve).

INDIANA, comté de l'état de Pensylvanie, États-Unis de l'Amérique du Nord; il est d'une médiocre fertilité. Le Conemaugh au S. est son principal cours d'eau. Indiana en est le chef-lieu ; 12,000 hab.

INDIANA, état de l'Union de l'Amérique du Nord; il est borné au N. par le lac Michigan et le territoire de ce nom, à l'E. par l'état d'Ohio, au S.-E. et au S. par l'état de Kentucky et à l'O. par l'état d'Illinois. Il s'étend entre 37° 50′ et 42° 10′ lat. N. Sa superficie est de 1738 l. c. géogr., avec 340,000 hab.

Cet état forme le haut plateau d'une surface onduleuse, qui s'élève par degrés vers une chaîne de collines, les monts Knobs, dont le point culminant est à 266 mètres au-dessus du niveau du lac Michigan. Le sol, généralement très-fertile, mais peu cultivé encore, produit surtout du blé, du tabac et du chanvre. Culture de la vigne à Vevay. Le climat, très-agréable sur les hauteurs, est malsain dans les contrées basses, le long de l'Ohio et du Wabash, souvent inondées et couvertes de marais et d'eaux stagnantes. De belles forêts vierges couvrent la plus grande partie du pays, surtout les districts au N. de l'Illinois. Le règne minéral, presque inexploité jusqu'ici, produit du fer, du cuivre, du vitriol, du salpêtre, de l'argent (au N. du Wabash), de la houille, des pierres de taille, du schiste, de l'ocre, etc. Les principaux cours d'eau de cet état, généralement bien arrosé, sont : l'Ohio au S., la voie de navigation la plus importante du pays; le Wabash, affluent de l'Ohio; le White, dont les deux bras (West-Arm et East-Arm) arrosent la plus grande partie de l'état, et le Kankakée, un des bras de l'Illinois, au N. Le Wabash supérieur et le Maumée ont été réunis par un canal, qui ouvre de cette manière une communication entre les lacs du Nord et le golfe du Mexique. Source minérale à Jeffersonville. Le commerce du pays devient de plus en plus important; il consiste dans l'exportation de blé, fruits, tabacs, vins, peaux, bois et sel. L'industrie n'y a fait que peu de progrès.

Harmony est sa principale ville manufacturière. Quelques peuplades indiennes de la famille des Miamis ou Putawatomies habitent le N. du pays. On y trouve, ainsi que dans le district entre le White et le Wabash, de nombreux mounds ou monuments indiens.

L'état d'Indiana, dont la constitution, purement démocratique, date de 1816, est divisé en 64 comtés et envoie au congrès 2 sénateurs et 8 députés. La cour supérieure de justice siége à Indianapolis, la nouvelle capitale de l'état; les tribunaux de l'Union se tiennent alternativement à Vincennes et à Corydon. Vincennes est la seule ville de l'état qui possède un collége.

Des Français du Canada furent les premiers colons de ce pays, occupé alors par de nombreuses peuplades indiennes, avec lesquelles ils se mêlèrent. Leurs établissements furent détruits en 1782 par une armée américaine, et en 1783 la colonie se plaça sous la protection de l'Union, qui, par le traité de Greenville (1795), fit l'acquisition de plusieurs vastes districts à l'E., au S. et au S.-O. du pays. La fertilité de ces districts y attira de nombreux colons des états à l'E. de la confédération, et le territoire d'Indiana commença à être cultivé sur tous les points. Ce territoire fut agrandi par des terres que l'Union acheta des Indiens en 1804, 1805 et 1809, et plus encore par d'autres qu'elle conquit dans les guerres sanglantes de 1809 et 1811. En 1816 ce pays fut reçu comme état dans l'Union, sous le nom d'Indiana.

INDIANAPOLIS, capitale de l'état d'Indiana, États-Unis de l'Amérique du Nord. Cette ville, naissante et très-bien bâtie, est située au centre du pays, dans le comté de Marion, sur le White-River et sur la grande route de St.-Louis à Baltimore; siége du gouverneur et du tribunal supérieur; commerce très-important; 2500 hab.

INDIEN (Océan) ou **Mer des Indes**. On appelle ainsi l'immense enfoncement que forme le Grand-Océan en pénétrant entre l'Afrique, l'Asie et l'Océanie. La presqu'île en-deçà du Gange et l'archipel des Maldives divisent l'Océan Indien en deux parties : le golfe de Bengale et le golfe d'Oman.

INDIEN (archipel). Les îles qui géographiquement dépendent de l'Inde se divisent en trois groupes : les îles qui dépendent de la presqu'île extérieure ou du Dekkan, celles qui dépendent de l'Inde transgangétique et enfin les îles qui forment le grand archipel Asiatique ou l'archipel Indien. Il est inutile d'ajouter que nous ne faisons pas entrer dans cette division les îlots qui touchent les côtes ou ceux qui sont situés à l'embouchure des grands fleuves. Quant à ce qui regarde la géographie physique et l'ethnographie, nous renvoyons aux articles spéciaux consacrés aux groupes et aux îles mêmes.

Le premier groupe comprend les Laquedives, les Maldives et la grande île de Ceylan.

Le deuxième groupe comprend les archipels d'Andaman et de Nicobar, l'archipel de Merghui, les îles du Prince-de-Galles (Poulo-Pinang) et de Singapour.

Enfin le troisième groupe comprend ce grand archipel, le plus oriental de l'Asie, que plusieurs géographes considèrent comme la partie occidentale de l'Océanie et qu'ils ont coutume de désigner par le nom de Malaisie. Il comprend les îles de la Sonde, qui se divisent en plusieurs groupes secondaires, savoir : Sumatra, Java, Bornéo, Célébès; l'archipel de Sambava-Timor, l'archipel des Moluques, enfin l'archipel des Philippines.

INDIENS. *Voyez* **Amérique**.

INDIENS (détroit des). *Voyez* **Géronimo** (San-).

INDIGIRKA, fl. de l'Asie; prend sa source sur les Stavonoi, sous 57° lat. N., et naît proprement de la réunion d'une multitude de petites rivières, traverse la Sibérie et se jette, sous 71° lat. N., dans l'Océan Glacial arctique par quatre embouchures, en face desquelles se trouvent un grand nombre d'îlots. Les principaux affluents de l'Indigirka sont : l'Omakow, l'Ulakon, la Mama, l'Arga, le Seloviæh et l'Ujandina.

INDIOS-INFIELES (montanna de los), chaîne de montagnes très-élevée au S. de la rép. du Pérou. Elle s'étend entre les prov. de Huamaliès et de Caxamarquilla d'un côté, et les missions de Caxamarquilla de l'autre, vers le N., et, s'abaissant de plus en plus, elle rejoint, sous 2° lat. S., la Cordillera-Real, là où s'élève le célèbre pic de Sangai.

INDJÉ-KARASOU (l'), fl. de la Turquie d'Europe qui arrose la partie méridionale de la Macédoine; forme dans son cours un arc du S.-E. au N.-E. et se jette dans le golfe de Salonique.

INDO-CHINE. *Voyez* **Inde-Transgangétique**.

INDOUR ou **Indore**, **États du Holkar**, roy. de l'Inde, tributaire des Anglais. C'est un état mahratte qui occupe la partie occidentale de la prov. de Malwa. Il s'étend au N. de la Nerbuddah et confine au N. avec l'Adjmir, à l'E. avec les pays du Sindhya et le Gandwana, au S. avec Berar et Kandeisch, à l'O. avec le Guzerate. Sa superficie est de 8600 milles c.; sa pop. de 1,200,000 habitants. Les revenus du Holkar se montent à 1,900,000 francs. Son armée se compose de 30,000 hommes de cavalerie et d'environ 4000 fantassins. Le Mahratte Malhar-Row-Holkar fonda, au milieu du dix-huitième siècle, la dynastie des Holkar. Lui et son fils s'étendirent considérablement dans l'Indostan et dans le Dekkan, et furent les souverains d'un royaume puissant, auquel se soumirent, soit directement, soit par un tribut, la plupart des princes Rajepoutes. Mais leur faible successeur, en soutenant les Pindaries contre les Anglais, se vit engagé dans une guerre malheureuse contre ces derniers et fut obligé, par la paix de 1818, non seulement de céder une partie de ses états et de renoncer à la suzeraineté des Rajepoutes, mais encore de se reconnaître tributaire de la Compagnie et de fournir, en cas de besoin, un contingent de 3000 cavaliers. La capitale de ses états est Indour.

INDOUR ou **INDORE**, capitale de l'état mahratte de ce nom dans l'Inde; a été presque entièrement détruite, en 1801, par Sindia. Le souverain actuel, Tatia Djogh, l'a rebâtie, et elle est aujourd'hui une belle ville indienne, qui a une population de près de 20,000 âmes. Ses bâtiments les plus remarquables sont: le palais royal, bâti en 1820 et construit en granit; le mausolée de Malhar-Row-Holkar, fondateur de la dynastie, et celui d'Alla-Baye. Le commerce d'Indour est florissant.

INDRAPUT ou **INDRA-PRASTHA**, ville hindoue très-ancienne, sur l'emplacement de laquelle les empereurs patans ont bâti l'ancienne Delhi.

INDRE (l'), riv. de Fr., a sa source à la fontaine de l'Indre, dép. de la Creuse, cant. de Châtelus; elle traverse dans une direction N.-O. le département, auquel elle donne son nom, passe à la Châtre, Ardentes-St.-Vincent, Châteauroux, Buzançois, Châtillon; au-dessous de cette ville elle entre dans le dép. d'Indre-et-Loire, arrose Loches, Montbazon, Azay-le-Rideau, et se jette dans la Loire au-dessous de Rivarennes, après 34 l. de cours, dont 18 de navigation.

INDRE (département de l'), formé du ci-devant Bas-Berry et d'une partie de la Tourraine et de la Marche, est située au centre de la France; ses limites sont au N. le dép. de Loir-et-Cher, à l'E. celui du Cher, au S. les dép. de la Creuse et de la Haute-Vienne, et à l'O. ceux de la Vienne et d'Indre-et-Loire.

Sa superficie est de 687,760 hectares et sa population de 257,350 hab.

Dans la partie méridionale du département se trouve une chaîne de montagnes peu élevées, de formation chisteuse et granitique, et qui va se rendre dans les dép. de la Creuse et de la Haute-Vienne; quelques monticules s'élèvent dans l'arr. du Blanc et bordent la Creuse; le reste du pays est très-uni et n'offre que de petites élévations qui bordent le cours des rivières.

La Creuse est la rivière la plus considérable du département; elle traverse sa partie S.-O. et se rend dans le dép. d'Indre-et-Loire; ses affluents sont le Suin, la Bouzanne et la Claise. L'Indre, qui donne son nom au département, prend sa source près de la commune de St.-Priest, le traverse dans toute sa longueur du S.-E. au N.-O. et se dirige dans le dép. d'Indre-et-Loire; il reçoit la Vauvre et plusieurs autres cours d'eau peu considérables; l'Arnon touche deux fois les limites du département, reçoit la Theols et se jette dans le Cher, ainsi que le Fouson, remarquable par la lenteur de son courant. Tous ces cours d'eaux ne sont pas navigables; la Creuse seule, à partir d'Argenton, est navigable à bûches flottantes.

Les étangs occupent un vingtième de la superficie de l'arr. du Blanc ou pays de Brenne, qui en outre contient une grande quantité de marais, dont la présence est due principalement à un sol composé d'argile, de marne et de tuf glaiseux, sol presque imperméable; une seconde cause consiste dans le peu d'inclinaison de la superficie; elle empêche l'écoulement des eaux, qui ne sont enlevées que par l'action puissante du soleil, qui charge alors l'atmosphère de brouillards épais et malsains.

L'aspect général du département le fait diviser en trois régions bien distinctes; la première qui comprend la partie méridionale connue sous le nom de Bois-Chaud, forme environ les sept dixièmes de la superficie du département; elle est bien cultivée, couverte de collines, de forêts et de prairies; la seconde, dans la région N.-E., appelée la Champagne, forme l'arr. d'Issoudun et une partie de celui de Châteauroux, comprend environ les deux dixièmes du département; c'est une grande plaine couverte de pâturages et de champs étendus, sans bois et sans haies. La troisième partie, située entre les deux principales rivières du département, l'Indre et la Creuse, en cette affreuse Brenne, coupée par de grandes flaques d'eau aux exhalaisons pestilentielles, ne présente que de petites parcelles de terre propre à la culture.

La température est douce et le climat sain et tempéré; les vents dominants sont le nord-ouest, le sud-ouest et le nord-est; celui du nord règne le plus souvent; il est connu des agriculteurs sous le nom de Galerne; il cause souvent de grands dégâts dans les récoltes par le froid intense qui l'accompagne. Dans la Brenne les fièvres intermittentes sont nombreuses à cause de sa température humide, variable et malsaine.

Le département exporte tous les ans une quantité considérable de céréales; on y cultive avec succès les légumes, du chanvre estimé, les arbres à fruits, entre autres les cerisiers; la culture de la vigne, quoique assez négligée, est répandue sur tout le pays; elle produit annuellement près de 300,000 hectolitres de vin, dont une partie est livrée à l'exportation; on remarque les crûs de Moustière et de Valençay. Les prairies sont assez nombreuses et belles, principalement dans le Bois-Chaud; les forêts couvrent une superficie de plus de 100,000 hectares; les essences qui y dominent sont: le chêne, le frêne, l'orme; les feuilles de ce dernier servent à la nourriture des bestiaux, et l'ébénisterie emploie les nœuds qui se développent sur le tronc de ces arbres.

Le département possède de nombreuses mines de fer, de belles carrières de marbre taché de rouge et de veines blanches, des carrières de grès, de pierres meulières, de pierres calcaires, du silex dont on fait les pierres à fusil, des pierres lithographiques très-estimées, à Châteauroux, du granit noir et gris, de la marne, de la terre à potier, quelques sources minérales, dont la plus renommée, à Azay-le-Féron, est une source thermale sulfureuse.

Le règne animal du département compte plus de 80,000 têtes de bétail, 12,000 chevaux, dont la race s'améliore journellement, quelques milliers de mulets et d'ânes, une grande quantité de porcs et près de 30,000 chèvres. On élève en grand les abeilles, de la volaille, principalement des dindons et des oies; on cite particulièrement celles de Livroux. Une source principale de richesses pour les habitants sont les bêtes à laines; leur nombre est considérable, on en compte plus d'un million. Dans la partie appelée la Champagne, la race a été améliorée par des mérinos, aussi la toison est plus soyeuse et plus longue que celle provenant du Bois-Chaud. La laine alimente principalement les fabriques de Rouen, Elbœuf, Sédan et Orléans. La chair des moutons est aussi succulente que leur toison est bonne; on en envoie annuellement près de 200,000 à Paris et à Lyon.

Le gibier y est abondant, surtout le menu; on y trouve une quantité considérable de lièvres et de lapins, des canards sauvages, des bécasses et autres oiseaux de passage. Les rivières et les étangs sont peuplés; on y pêche des truites, des carpes, des écrevisses. Les marais fournissent des sangsues.

L'industrie métallurgique occupe 16 hauts-fourneaux, 36 forges, 8 fonderies, des tréfileries, des fabriques de faux, un grand nombre de tuileries et de fours à chaux, des fabriques de pierres à fusil; l'industrie manufacturière n'est pas considérable. On y trouve quelques manufactures de draps, de chapellerie commune, des papeteries, plusieurs filatures de laine, des fabriques de bas et de bonnets de coton, de nombreuses tanneries.

Le commerce est principalement alimenté par l'exportation des produits de l'industrie rurale; les principaux sont: les céréales, les moutons, la laine, les porcs gras, la volaille, le vin, le bois; on exporte en outre du fer, des pierres à fusil, des draps, du papier.

Le département est divisé en 4 arrondissements, 23 cantons et 250 communes. Les chefs-lieux d'arrondissement sont :

Châteauroux	8 cant.	84 com.	96,912 hab.
Le Blanc . .	6 «	57 «	57,780 «
Issoudun . .	4 «	50 «	47,572 «
La Châtre . .	5 «	59 «	55,086 «
	23 cant.	250 com.	257,350 hab.

Il nomme 4 députés, fait partie de la quinzième division militaire, dont le quartier-général est à Bourges, est du ressort de l'académie et de la cour royale de la même ville, le siége de l'archevêché à Bourges. Il fait partie de la vingt-unième conservation forestière; de la neuvième inspection des ponts-et-chaussées, dont le chef-lieu est Tours; de la première division des mines, dont le chef-lieu est Paris. Il a 5 colléges, une école normale et 220 écoles primaires.

INDRE, b. de Fr., Loire-Inférieure, arr. et cant. de Nantes, poste à la Basse-Indre; forges; 2745 hab.

INDRE - ET - LOIRE (département d'), formé de l'ancienne prov. de Tourraine; est situé dans la région centrale de la France; ses limites sont : au N.-E. le dép. de Loir-et-Cher, au N.-O. celui de la Sarthe, à l'O. le dép. de Maine-et-Loire, au S.-O. celui de la Vienne et au S.-E. le dép. de l'Indre. Sa superficie est de 623,076 hectares et sa population de 304,271 habitants.

Ce département présente au nord et au midi des côteaux, des collines peu élevées; les vallons, formés par les grandes rivières qui les traversent, sont limités par des côteaux très-fertiles.

Le large courant de la Loire parcourt le département de l'E. à l'O. pour se rendre dans celui de Maine-et-Loire; ses principaux affluents sont trois grandes rivières, qui arrosent la partie méridionale du département et dont la première, le Cher, se jette, près de Tours, dans la Loire, en formant les îles de Berthenay et de Brechemont; l'Indre sort du département qui porte son nom, reçoit l'Indroye et l'Echandonet se jette dans la Loire, près d'Huismes. La Creuse, qui vient du dép. de l'Indre, forme la limite entre celui de la Vienne et celui d'Indre-et-Loire, reçoit la Glaise et l'Evre, se jette dans la Vienne, qui reçoit encore la Manse et la Vende, pour se jeter elle-même, près de Candes, dans la Loire. Quelques petites rivières, tributaires de la Loire et du Loir, traversent la partie septentrionale du département qui contient, en outre, quelques grands étangs. Toute la vallée de la Tourraine, celles du Cher, de l'Indre et de la Vienne sont admirables; elles réunissent à la végétation la plus brillante le climat le plus tempéré et le plus agréable; il n'est rien que l'on puisse comparer à ce beau pays, si justement nommé le jardin de la France; mais tout le département n'est pas également beau; on trouve quelques districts, entre la Loire et le Cher, couverts de terres sablonneuses, légères, connus sous le nom de Varennes; la Brenne, aux environs de Ligueil, présente un sol humide, marécageux. Le pays, appelé Gastines, situé près de Château-Regnault, présente un terrain sec et difficile à cultiver. Un plateau, situé entre les bassins de l'Indre et de la Vienne et les sources de plusieurs petites rivières, renferme un banc immense de coquillages pétrifiés, connus sous le nom de falunières; sa surface est de 216 à 240 kilomètres carrés sur une profondeur de 5 à 6 mètres; le cultivateur du midi trouve une ressource inépuisable dans ces faluns, qui lui offrent un engrais précieux. Les contrées les plus fertiles du département sont: les deux îles Berthenay et Brechemont, formées par la Loire et le Cher; la presqu'île, formée par l'Indre, la Loire et la Vienne, et connue sous le nom de Véron; le pays, situé entre les côteaux de l'Indre et du Cher et qui porte le nom de Champagne-Tourangelle. Le climat est doux et tempéré; des printemps et des automnes agréables alternent avec des étés assez chauds et des hivers peu rudes.

Pendant longtemps les céréales ne suffisaient point à la consommation du département; cependant depuis quelques années les produits se sont sensiblement accrus; les principales productions sont: le blé, le seigle, l'orge et le millet; on y cultive en abondance des plantes potagères de toutes espèces, des fruits excellents, principalement des prunes qui, séchées, sont exportées en grandes quantités, sous le nom fameux de pruneaux de Tours, d'excellentes poires, d'où proviennent les poires tapées; des amandes, des noix; les melons de Langeais sont renommés. On y récolte du vin en grande quantité, tant rouge que blanc, mais beaucoup plus cependant de celui-ci que de l'autre; les plus recherchés des vins rouges sont ceux des côtes de Jouy, Ballan, St.-Avertin et St.-Cyr; les blancs, connus sous le nom de vins du Cher sont plus estimés; ce sont les crûs de Vouvray, Roche, Courbon et St.-Georges; les vins communs servent à la consommation du pays ou à la fabrication des eaux-de-vie. Les bords des principales rivières sont couverts de belles prairies et de nombreux pâturages; les forêts couvrent une superficie de 73,524 hectares; les plus grandes et les plus belles sont celles d'Amboise, de Chinon et de Loches; les principales essences sont: le frêne, le chêne, le hêtre, l'orme et le châtaignier; la culture du mûrier, déchue pendant un certain temps, commence à se relever.

Le département ne nourrit à peu près que le quart des bœufs, veaux et moutons nécessaires à sa consommation; l'espèce bovine est très-appauvrie en nombre aussi bien qu'en qualité; la principale cause paraît être le peu de soin dans le choix des taureaux. Quoique l'expérience prouve que le sol de ce département peut nourrir les plus belles races de chevaux, de mulets et d'ânes, on remarque que ceux d'une forte taille y sont inconnus. Les porcs y sont nombreux et la volaille abondante; l'éducation des abeilles et des vers à soie est assez importante. Le gibier y est abondant, les forêts sont peuplées de sangliers, de chevreuils et de cerfs.

En richesses minérales on cite quelques mines de fer abondantes, une mine de cuivre argentifère non exploitée, des carrières de pierres meulières, de pierres lithographiques, de belles pierres de taille; des pierres calcaires, exposées au midi sur les côteaux de la Loire, fournissent une grande quantité de salpêtre, de l'albâtre, de la terre de pipe, des argiles à briques et à faïence; près du Cher on trouve de nombreux blocs de silex, qui fournissent une grande quantité de pierres à fusil.

Le département possède en outre des sources minérales à Semblancay et dans les environs du château de la Vallière.

L'industrie manufacturière s'occupe principalement de la fabrication de toiles communes et de ménage, d'étoffes de laine et de coton, de serge, des tapis de pied, rubans, étoffes de soie, de passementerie. La fabrication des soieries a été autrefois bien plus considérable dans la Tourraine, mais elle s'est transportée à Lyon. On trouve quelques filatures de laine, des papeteries, des fabriques d'amidon et de bougies; l'industrie métallurgique occupe 46 forges et fourneaux, dont 3 hauts-fourneaux; une fabrique de limes à Amboise, une des plus belles poudreries que l'on connaisse et qui porte le nom de poudrerie de Ripault; sa fabrication annuelle s'élève à environ 250,000 kilogrammes de poudre. Le salpêtre nécessaire à cette fabrication est exploité sur les bords de la Loire, dans les carrières du Tufau; de nombreuses et grandes tuileries, des faïenceries, des fabriques de plomb de chasse et de minium.

Le commerce est très-favorisé par les grandes rivières navigables qui traversent le département, et alimenté par les produits de l'industrie et surtout par ceux du sol. Les vins, les eaux-de-vie s'expédient au loin; les huiles de noix, les fruits secs et confits, le chanvre, la cire, le miel, le bois, les fers, les cuirs, les terres à poterie de Langeais sont les principaux produits que l'on exporte tant sur eau que sur terre.

Le département est divisé en trois arrondissements, 24 cantons et 285 communes. Les chefs-lieux d'arrondissement sont:

Tours . . .	11 cant.	129 com.	151,119 hab.
Chinon . .	7 «	92 «	90,511 «
Loches . .	6 «	71 «	62,641 «
	24 cant.	292 com.	304,271 hab.

Il nomme 5 députés; fait partie de la quatrième division militaire, dont le quartier-général est à Tours; est du ressort de l'académie et de la cour royale d'Orléans; siége de l'archevêché à Tours. Il fait partie de la vingt-unième conservation forestière, de la neuvième inspection des ponts-et-chaussées, dont le chef-lieu est Tours, de la première division des mines, dont le chef-lieu est Paris. Il a 4 colléges et 225 écoles primaires.

INDRET, ham. de Fr., Loire-Inférieure, com. d'Indre; 180 hab.

INDUS, gr. fl. de l'Asie; n'a été qu'imparfaitement connu jusqu'en ces derniers temps, où le capitaine Burnes, chargé en apparence d'une mission diplomatique par la Compagnie anglaise des Indes-Orientales, parvint à remonter son cours et à sonder ses différents bras. Grâce à son zèle et à ses périlleuses explorations, ce fleuve nous est aujourd'hui mieux connu, et par la nouvelle position des Anglais dans l'Afghanistan et la navigation à vapeur qu'ils vont établir sur l'Indus, il deviendra sous peu une importante route commerciale.

L'Indus prend sa source dans le Thibet et naît de la réunion de deux branches, le Schyouk (Shyook) ou branche orientale, qui vient du lac de Mansurour, et le fl. de Ladak ou la branche septentrionale, qui descend des monts Tsoung-ling ou Kara-Koroum. Il porte d'abord le nom de Sind; mais après avoir franchi l'Himalaya et servi de limite entre les roy. de Lahore et de Kaboul, il prend près d'Attok, où il reçoit les eaux du Kaboul, le nom d'Indus. Il traverse le roy. de Lahore et les principautés du Sindhy, baigne les villes de Mittun, de Rori, de Bakkar, de Sihouan, de Hala, de Muttari, d'Haïderabad et de Tatta et se jette dans le golfe de Bengale par plusieurs embouchures. Avant d'y arriver, il se divise en deux branches principales, le Baggar ou Buggour à droite et le Sata à gauche; cette dernière se subdivise en sept autres branches, dont l'Ouantani (Wanyance) ou Gosa est la plus considérable. M. Burnes a encore reconnu deux autres branches, qui cependant n'ont de l'eau que pendant trois mois de l'année; la première est le Syr ou Seer, d'abord appelée Pintari; elle se détache du fleuve près de Darrak, et prend au-dessous de Mughribi le nom de Goungra; l'autre est le Goni ou Foullali, qui passe par Haïderabad, et prend ensuite le nom de Fourraoun. Le Kory, c'est ainsi qu'on l'appelle à son embouchure, est large et profond, mais son entrée est barrée par un grand banc de sable. Le principaux affluents de l'Indus sont : le Kaboul et le Pandjnad. Ce dernier est formé par la réunion de cinq grands fleuves, le Djélam ou Behat, le Tchenab, le plus considérable d'entre eux, le Ravet, le Setledj ou Gharra, très-considérable aussi, et la Bedjah.

INEBOLI. *Voyez* AÏNEBOLI.

INES (cabo de Santo-), promontoire sur la côte E. de la Terre-de-Feu.

INEUIL, vg. de Fr., Cher, arr. de St.-Amand-Mont-Rond, arr. de Lignières, poste de Châteauneuf-sur-Cher; 520 hab.

INFATIGABLE. *Voyez* GALAPAGOS.

INFICIONADO, vg. de l'emp. du Brésil, prov. de Minas-Geraes, comarque de Villa-Rica, à 6 l. N. de Marianna; mines d'or. Cet endroit est le lieu de naissance de Fr.-Jos. de Santa-Rita-Durao, célèbre auteur des *Caramuru* (poëme épique sur la découverte de Bahia); 1600 hab.

INFORNATS (les), ham. de Fr., Tarn, com. de Jouiquevel; 110 hab.

INFOURNAS (les), vg. de Fr., Hautes-Alpes, arr. de Gap, cant. et poste de St.-Bonnet; 190 hab.

INFREVILLE, vg. de Fr., Eure, arr. de Pont-Audemer, cant. et poste de Bourgtheroulde; 630 hab.

INGÆVONES, g. a., branche principale des Germains. Ils s'étendirent du Rhin jusqu'à l'Elbe et le Jutland. La branche des Ingævones comprenait les tribus suivantes : les Frisii, les Cauchi Majores et Minores, les Saxons, les Cimbres, les Teutons et les Angrivariens.

INGAPILCA. *Voyez* ASSUAY (Parama-del-).

INGBERT, v. de la Bavière rhénane, arr. de Deux-Ponts, cant. et à 3 l. de Bliescastel; mines de fer; haut-fourneau et forges produisant annuellement environ 14,000 quintaux; mines de houille donnant à l'année près de 250,000 quintaux; verreries; fabr. d'alun, de sel de Glauber, de tabac; usines. On voit près de là des traces d'une voie romaine; 2750 hab.

INGELFINGEN, pet. v. du Wurtemberg, cer. de l'Yaxt, gr.-bge de Kunzelsau; avec un château, ancienne résidence des princes de Hohenlohe-Ingelfingen; culture de vignes; 1500 hab.

INGELMUNSTER, b. du roy. de Belgique, prov. de la Flandre-Occidentale, arr. de Courtrai, sur la Mandelbeke et la route de Courtrai à Bruges, à 6 l. S. de cette dernière ville; 5000 hab.

INGELSOD. *Voyez* ANGEOT.

INGENHEIM, vg. de Fr., Bas-Rhin, arr. et poste de Saverne, cant. de Hochfelden; 760 h.

INGERSHEIM, b. de Fr., Haut-Rhin, arr. et poste de Colmar, cant. de Kaysersberg; 2000 hab.

INGLANGE, vg. de Fr., Moselle, arr. et poste de Thionville, cant. de Metzervisse; 400 hab.

INGLEBOROUGH, point culminant de la chaîne du Peak, comté d'York, en Angleterre, haut de 3987 pieds.

INGLEVERT (Saint-), vg. de Fr., Pas-de-Calais, arr. de Boulogne-sur-Mer, cant. et poste de Marquise; 5000 hab.

INGOLSHEIM, vg. de Fr., Bas-Rhin, arr. et poste de Wissembourg, cant. de Soultz-sous-Forêts; 310 hab.

INGOLSTADT, v. forte de Bavière, chef-lieu de district, dans le cer. du Regen; traversée par la Schutter et située à 18 l. de Ratisbonne, dans une plaine fertile, sur la rive gauche du Danube, que l'on y passe sur un pont de pierre. L'église paroissiale, construite par Louis-le-Barbu, renferme beaucoup d'anciens monuments; dans celle de Ste.-Marie l'on voit les mausolées du duc Étienne Ier, du Dr Eck, célèbre controversiste de Luther, et du général Mercy, mort sur le champ de bataille à Allenheim, en 1645. L'université, fondée en 1472, par Louis-le-Riche et si florissante au milieu du seizième siècle, a été transférée en 1800 à Landshut, et en 1826 à Munich. La ville possède plusieurs bâtiments militaires, 2 couvents, dont l'un destiné à l'instruction des filles, une école latine, plusieurs établissements de charité, des usines, des fabriques de draps, de cartes, de potasse; des brasseries, des tanneries et des tuileries; pop. de la ville 5000 hab., du dist. 21,700 sur 10 milles c.

Château royal dès 806 et plus tard résidence de plusieurs ducs, cette ville fut ceinte de murs et de fossés en 1270 et fortifiée en 1539; en 1632, Gustave-Adolphe l'assiégea sans succès; les Autrichiens augmentèrent, en 1796, les ouvrages de défense que les Français détruisirent en partie, en 1800, et que l'on reconstruit aujourd'hui avec activité.

INGOUL, riv. considérable de la Russie d'Europe méridionale; elle se jette dans le Bog, gouv. de Kherson.

INGOUVILLE, ham. de Fr., Calvados, com. de Moult; 150 hab.

INGOUVILLE, b. de Fr., Seine-Inférieure, arr. et poste du Hâvre, chef-lieu de canton; fabr. de faïencerie (à Sauvic); noir animal, vitriol et produits chimiques; 7766 hab.

INGOUVILLE, vg. de Fr., Seine-Inférieure, arr. d'Yvetot, cant. et poste de St.-Valery-en-Caux; 920 hab.

INGRANDE, vg. de Fr., Indre, arr., cant. et poste du Blanc; 400 hab.

INGRANDE, pet. v. de Fr., Maine-et-Loire, arr. d'Angers, cant. de St.-Georges-sur-Loire, poste; située sur la rive droite de la Loire; 1500 hab.

INGRANDE, vg. de Fr., Vienne, arr. et poste de Châtelleraullt, cant. de Dangé; 890 hab.

INGRANDES, vg. de Fr., Indre-et-Loire, arr. de Chinon, cant de Langeais, poste de Bourgueil; 760 hab.

INGRANNE, vg. de Fr., Loiret, arr. d'Orléans, cant. de Neuville-aux-Bois, poste de Châteauneuf-sur-Loire; 580 hab.

INGRÉ, b. de Fr., Loiret, arr., cant. et poste d'Orléans; commerce de vins; 2780 h.

INGREMARD, ham. de Fr., Eure, com. d'Ailly; 150 hab.

INGROWITZ, b. de Moravie, cer. d'Iglau, sur la Schwarzawa; siége des autorités ecclésiastiques de l'église réformée de cette province; manufactures de coton; 1600 hab.

INGUINIEL, vg. de Fr., Morbihan, arr. de Lorient, cant. de Plouai, poste d'Hennebont; 2200 hab.

INHAMBANE, *Inhambanum*, roy. sur la côte E. de l'Afrique Australe, entre le fleuve Mafoumo et la baie Lagoa jusqu'au fleuve Inhambané, depuis la frontière de la Cafrerie proprement dite jusqu'au roy. de Sabia. Les Portugais y ont deux forts pour le commerce de l'ivoire, l'un au cap Corrientes, l'autre à la ville d'Inhambané, laquelle est située à l'embouchure du fleuve de même nom dans le canal de Mozambique. Le roi d'Inhambané se fit baptiser, en 1560, par les Portugais, auxquels il fit connaître le Monomotapa.

INHAMBUPE ou **NHAMBUPE**, pet. v. de l'emp. du Brésil, prov. et comarque de Bahia, sur le fleuve du même nom; 3600 h.

INHAMPURA, riv. considérable dans la partie méridionale du roy. d'Inhambané, Afrique Australe; embouchure dans l'Océan Indien, à 55 l. S.-O. du cap Corrientes.

INHAQUEA, pet. v. du roy. de Sofala, Afrique orientale, à l'embouchure de la rivière du même nom, dite aussi Rio-de-Saro, dans le canal de Mozambique, à 20 l. S. de Sofale.

INHUMIRIN, fl. peu considérable, mais assez important pour le transport des marchandises, dans l'emp. du Brésil, prov. et comarque de Rio-Janeiro; il a trois affluents navigables et se jette dans la baie de Rio-Janeiro.

INIMONT, vg. de Fr., Ain, arr. et poste de Belley, cant. de Lhuis; 380 hab.

INJOUX, vg. de Fr., Ain, arr. de Nantua, cant. et poste de Châtillon-de-Michaille; 620 hab.

INKERMANN, b. de la Russie d'Europe, dans la presqu'île de Tauride, près des ruines de l'ancienne Eupatoria.

INMIQUILPAN, b. florissant de la confédération mexicaine, état de Querétaro, sur la route de Vallès, dans une contrée aride, mais riche en métaux précieux; couvent des Augustins; manufacture de toiles à voiles et de toiles de coton; 4000 hab.

INN, riv. navigable d'Autriche, affluent de droite du Danube; traverse le Tyrol septentrional, en passant par Innsbruck et Schwalz; elle reçoit la Salza et donne son nom à un cercle.

INN (cercle de l'), cer. de la Haute-Autriche, borné au N.-O. et à l'O. par la Bavière, au N.-E. par le cer. de la Muhl, au N. par celui de Hunsruck et au S. par celui de Salzbourg. Le Danube le baigne au N. et l'Inn à l'O. Superficie 60 l. c. géogr.; pop. 200,000 hab. Sa surface est légèrement ondulée; ce n'est qu'au S.-E. qu'on rencontre des montagnes élevées et couvertes de belles forêts; le sol est parfaitement cultivé et produit principalement du lin et des arbres fruitiers; fabr. de toiles, d'étoffes de coton, de bas, de draps, de chapeaux et de quincaillerie.

INNENHEIM, vg. de Fr., Bas-Rhin, arr. de Schlestadt, cant. et poste d'Obernai; 790 hab.

INNERKIP, b. d'Ecosse, comté de Renfrew; 1800 hab.

INNERLEITHEN, vg. d'Ecosse, comté de Peebles; possède une grande manufacture de laine et un bain minéral très-fréquenté.

INNERWICK, b. d'Écosse, comté de Haddington, peu loin de la mer; 1200 hab.

INNICHEN, b. de Tyrol, cer. de Pusterthal; possède plusieurs sources d'eau minérale.

INNISHANNON, b. d'Irlande, comté de Cork, sur le Bandon; fabr. de toiles et de literie.

INNISHOVEN, cap du N. de l'Irlande.

INNOCENCE (Sainte-), vg. de Fr., Dordogne, arr. de Bergerac, cant. et poste d'Eymet; 390 hab.

INNSBRUCK ou **Inspruck**, jolie pet. v. d'Autriche, capitale du Tyrol, chef-lieu du Bas-Innthal, sur l'Inn, qui y reçoit le Sill; siége du tribunal d'appel de cette province. Ses principaux établissements publics sont: l'université, rétablie depuis 1823, le gymnase, l'école normale, le séminaire-général, l'école modèle, la société de musique, avec une école de cet art; le musée Ferdinandeum, avec de belles collections d'histoire naturelle, d'antiquités et de beaux-arts; 21 églises, parmi lesquelles on distingue surtout la cathédrale, avec le superbe monument de Maximilien Ier, la statue équestre de l'archiduc Léopold V; de nombreux hospices et couvents; manufactures de mousselines et de batiste; coutellerie; fabr. de cire d'Espagne, de gants et de rubans; commerce très-actif; 12,000 hab.

INN-SZOLNOK, comitat de Transylvanie, pays des Hongrois. Superficie 62 l. c. géogr.; 80,000 hab. Son sol est couvert de montagnes et d'immenses forêts, qui fournissent une grande quantité de bois, dont il se fait un commerce très-étendu; il produit en outre du blé, du vin, de l'or, de l'argent, du fer et du sel. L'éducation du bétail forme la principale occupation des habitants.

INNTHAL (Haut-), partie supérieure de la vallée de l'Inn, cer. du Tyrol; borné au N. par la Bavière, à l'E. par le cer. de Vorarlberg et la Suisse, au S. par le cer. de l'Adige et à l'O. par celui du Bas-Innthal. Superficie 109 l. c. géogr.; 100,000 hab. Plusieurs rameaux gigantesques des Alpes Rhétiques traversent cette province du S.-O. au N.-E.; de nombreux cours d'eau la sillonnent dans toutes les directions; les principaux sont: l'Inn, l'Adige, l'OEz et le Lech. Son climat est rude; le blé ne prospère que dans quelques districts, et la pomme de terre forme presque la seule nourriture d'un grand nombre de ses habitants; aussi les émigrations y sont-elles très-fréquentes L'éducation du bétail, l'exploitation des nombreuses forêts et la fabrication du charbon sont les seuls objets de son industrie. Glarus, chef-lieu.

INNTHAL (Bas-), partie inférieure de la vallée de l'Inn, cer. du Tyrol. Ses bornes sont: au N. la Bavière, à l'E. la Haute-Autriche, au S. la vallée de Purter et le cer. de l'Adige, à l'O. le Haut-Innthal. Superficie 72 l. c. géogr.; 120,000 hab. Ce cercle comprend la partie N.-E. du Tyrol proprement dit et ne forme qu'une grande vallée, traversée par l'Inn et resserrée entre des montagnes très-sauvages. Cette vallée produit du sel, de l'argent, du cuivre, du fer, du plomb, de l'asbeste, des cristaux et de l'or. Le fer y reçoit toutes les formes; on y fabrique surtout des faulx et des couteaux, qu'on exporte en Italie et en Allemagne. L'éducation du bétail est également très-importante; mais le blé et le chanvre ne suffisent pas pour la consommation. Innsbruck, chef-lieu.

INNUCHUCKTUCK. *Voyez* **Iruktoke**.

INOR, vg. de Fr., Meuse, arr. de Montmédy, cant. et poste de Stenay; 690 hab.

INOS, vg. de Fr., Lozère, arr. de Florac, cant. de St.-Georges-de-Lévejac, poste de Séverac; 260 hab.

INOWZACLAW ou **Breslau-le-Jeune**, v. de Prusse, chef-lieu de cercle, prov. de Posen, rég. de Bromberg, dans une contrée fertile en grains; avec 5 églises et un couvent de franciscains; brasseries, distilleries, salpétrières; 3980 hab., dont près de la moitié israélites.

INSARA, v. de la Russie d'Europe, gouv. de Ponza; 3000 hab.

INSMING, vg. de Fr., Meurthe, arr. de Château-Salins, cant. d'Albestroff, poste de Dieuze; 860 hab.

INSOS, ham. de Fr., Gironde, com. de Prechac; 300 hab.

INSPRUCK. *Voyez* **Innsbruck**.

INSTEDAL, v. de la Norwège, diocèse de Bergen; il est situé dans une vallée profonde où se trouve un superbe glacier; 444 hab.

INSTERBOURG, v. de Prusse, chef-lieu de cercle, prov. de Prusse, rég. de Gumbinnen, sur l'Angerapp, qui reçoit, à sa sortie de la vallée, l'Inster, prend le nom de Prégel et devient navigable. Elle possède un château, un gymnase, un hôpital, un haras royal, des fabr. de draps, de bas, de toiles; des tanneries, des brasseries renommées et des distilleries; commerce de grains et de graine de lin; 7200 hab.

INSUBRIENS (les), *Insubres*, g. a., peuple de la Gaule, qui émigra et alla s'établir dans la Gaule Transpadane, sur les deux rives de l'Addua.

INSWILLER, vg. de Fr., Meurthe, arr. de Château-Salins, cant. d'Albestroff, poste de Dieuze; 560 hab.

INTEL, ham. de Fr., Morbihan, com. d'Édeven; 800 hab.

INTEPEXI, b. de la confédération mexicaine, état d'Oaxaca et au N. de la ville de ce nom; 3000 hab.

INTERLACKEN, b. de Suisse, cant. de Berne; avec le château d'Interlachen, autrefois couvent; c'est aujourd'hui le siége d'un bailliage.

INTRA, b. des états sardes, prov. de Pallanga, chef-lieu de la vallée d'Intrasea, sur le lac Majeur; fabr. de toiles et de chapeaux;

verrerie; port sur le lac; grand commerce de transit; 4600 hab.

INTRA-D'ACQUA, b. du roy. des Deux-Siciles, prov. de l'Abruzze ultérieure IIe; château; 1700 hab.

INTRAVILLE, vg. de Fr., Seine-Inférieure, arr. de Dieppe, cant. et poste d'Envermeu; 210 hab.

INTREMAIRE, ham. de Fr., Eure, com. de Canappeville; 100 hab.

INTREVILLE, vg. de Fr., Eure-et-Loir, arr. de Chartres, cant. de Janville, poste d'Angerville; fabr. de bonneterie de laine drapée; 360 hab.

INTVILLE-LA-GUÉTARD, vg. de Fr., Loiret, arr. de Pithiviers, cant. de Malesherbes, poste de Sermaises; 160 hab.

INVAL-BOIRON, vg. de Fr., Somme, arr. d'Amiens, cant. et poste d'Oisemont; 290 h.

INVERARY, pet. v. d'Écosse, chef-lieu du comté d'Argyle, sur le lac Fyne, résidence du duc d'Argyle; manufacture de toiles et d'étoffes de coton; petit port; pêche du hareng; 12,000 hab.

INVERBERVIE, pet. v. d'Écosse, chef-lieu du comté de Mearn ou Kincardine, à l'embouchure du Berire, dont les habitants s'adonnent à la pêche. Dans le voisinage se trouve le cap the Berire-Drow ou Craig-David; 1200 hab.

INVERESK, vg. d'Écosse, comté d'Edinburgh, à l'embouchure de l'Esk; sa position délicieuse lui a fait donner le nom de Montpellier de l'Écosse.

INVERKAILOR, b. d'Écosse, comté de Forfar ou Angus; 2000 hab.

INVERKEITHING, b. d'Écosse, comté de Fife, sur le golfe de Forth, avec un port qui sert à l'exportation de la houille et du sel; 3000 hab.

INVERLOCHY-CASTLE, dans le voisinage de Fort-William, comté d'Inverness, en Écosse; ruines.

INVERNESS, comté de l'Écosse septentrionale, province maritime, après celle d'York, la plus grande du royaume-uni; comprend une partie des îles Hébrides. Ses bornes sont les comtés de Ross, de Mairn, de Murray, d'Aberdeen, de Pert et d'Argyle et l'Océan, qui y prend le nom de mer Calédonienne; superficie 900 l. c. géogr. Le sol de ce comté offre à la superficie un aspect extrêmement varié: à de hautes montagnes nues et stériles succèdent des vallées étroites et marécageuses, mais riches en beautés naturelles; de nombreux lacs et d'immenses marais sillonnent le sol dans toutes les directions. L'air y est pur et vif; l'été est de courte durée, mais très-chaud; les hivers au contraire sont longs et rigoureux; les îles qui en dépendent sont exposées aux vents du nord et du nord-est. Cette température froide est très-nuisible à la végétation; aussi le pays ne produit-il que de l'avoine, des pommes de terre et du lin; l'éducation du bétail forme la principale industrie, mais la fabrication de la toile et la pêche y sont aussi d'une grande importance. Ses montagnes sont une ramification de Grampians; leur point culminant est le Ben-Neirs (4370 pieds); elles sont bien boisées, très-giboyeuses et riches en chaux, porphyre, granit, marbre, argent, plomb et fer. Cette province est arrosée par le Spey et la Ness et traversée par le canal Calédonien, qui joint l'Océan à la mer d'Allemagne; elle est divisée en deux parties: le continent et les îles.

INVERNESS, *Innernium, Invernium*, v. d'Écosse, chef-lieu du comté du même nom; de médiocre étendue, assez bien bâtie, située sur la rive droite de la Ness, la plus industrieuse et la plus commerçante de toute l'Écosse septentrionale, dont elle est pour ainsi dire la capitale. On y remarque l'hôtel de ville, le palais de justice, l'hôpital, la prison, le collége; la société d'horticulture et celle d'agriculture; fabrication de toiles à voiles, cables, étoffes de coton, cuirs, cierges et tuiles. Le magnifique canal Calédonien vient aboutir à cette ville; 14,000 h.

INVERURY, b. d'Écosse, comté d'Aberdeen, au confluent du Don et de l'Ury; fabrication de bas et de toiles; 1200 hab.

INVILLIERS, ham. de Fr., Loiret, com. de Givraines; 310 hab.

INXENT, vg. de Fr., Pas-de-Calais, arr. et poste de Montreuil-sur-Mer, cant. d'Étaples; 330 hab.

INZINZAC, vg. de Fr., Morbihan, arr. de Lorient, cant. et poste d'Hennebont; 2300 h.

IONIE, *Ionia*, g. a., territoire dans la partie occidentale de l'Asie Mineure; il comprenait les 12 villes-républiques suivantes: Milet, Ephèse, Erythées, Clazomène, Priène, Lébédos, Téos, Colophon, Myus, Phocée, Samos et Chios. L'Ionie était située le long de la mer Egée, renfermait le mont Mycale, avec le promontoire de ce nom, où la flotte des Grecs défit entièrement celle des Perses. Elle était arrosée par le Caïstre, célèbre par ses cygnes, et par le Méandre, connu par son cours tortueux.

IONIENNE (mer), *Ionium Mare*, partie de la Méditerranée comprise entre la Grèce et l'Italie; elle communique à la mer Adriatique par le canal d'Otrante et s'étend de 36° 50′ à 40° 30′ lat. N.

IONIENNES (îles). La rép. des îles Ioniennes, qui porte aussi le titre d'États-Unis des îles Ioniennes, comprend sept îles principales et quelques autres de moindre importance, et s'étend sur les côtes occidentales de la Grèce, entre 37° et 40° lat. N. Toutes ces îles, à l'exception du petit groupe de Cérigo, sont situées dans la mer Ionienne; de là le nom qu'on leur a donné. Elles forment trois groupes distincts: le groupe septentrional, situé vis-a-vis de l'Épire, comprend les îles de Corfou et de Paxo et les îlots Antipaxo et Fano, et pourrait être appelé groupe de Corfou; le groupe moyen ou groupe de Céphalonie, situé devant le golfe de Patras, embrasse les îles de Céphalonie, Zante, Ste.-Maure et Théaki, les îlots Kalamo, Kostus, Méganési, Strivali ou Strodhades; enfin le dernier groupe, situé au S. de la Morée, entre cette presqu'île et l'île de Candie, comprend l'île de Cérigo, l'îlot de Cérigotto et quelques autres îlots et rochers. La superficie totale des îles Ioniennes est de 130 l. c. Le climat est très-doux, le sol de toutes ces îles est montueux, dénué d'arbres et de sources, exposé à de fréquents tremblements de terre; mais assez fertile. Les céréales et autres plantes nourricières ne suffisent pas aux besoins des habitants, qui trouvent leurs moyens d'existence dans la grande quantité d'olives et de vin que produisent leurs îles. Ce dernier est de l'excellente qualité appelée *uva passa*, dont on obtient les raisins de Corinthe. On cultive en outre sur les îles Ioniennes de beaux fruits du sud et du coton. Un grand nombre d'habitants pauvres vont tous les ans en Morée et en Grèce aider la rentrée des récoltes; d'autres sont matelots et pêcheurs. La population totale des îles Ioniennes est de 176,000 âmes. Les Grecs forment la majorité des habitants; on y trouve aussi beaucoup d'Albanais, d'Italiens et de Juifs. La religion grecque domine; dans les villes on rencontre beaucoup de catholiques; les mœurs sont à moitié italiennes; la langue est un grec corrompu, mêlé de beaucoup de mots italiens. On voit qu'il subsiste encore de nombreuses traces de la longue occupation de ces îles par les Vénitiens.

Du temps de la splendeur des Grecs, la plupart des îles Ioniennes formaient des états libres et puissants. Leur indépendance périt avec celle de la Grèce; elles tombèrent successivement sous la domination des Romains et des empereurs de Constantinople. Les Napolitains s'en emparèrent au treizième siècle; les Vénitiens les occupèrent au quatorzième et y maintinrent leur puissance jusqu'en 1797, où tomba leur orgueilleuse république. Des provéditeurs vénitiens, imbus de la politique soupçonneuse de la métropole, avaient gouverné jusque-là ces îles et leur avaient interdit autant que possible toute relation avec l'Europe. En 1799, un corps de Russes et de Turcs s'empara des îles Ioniennes, un instant occupées par les Français, et, d'après les désirs de l'empereur Paul, les sept îles réunies furent érigées en république, sous le protectorat de la Porte ottomane. Les Français les conquirent de nouveau en 1807 et se maintinrent sur Corfou; les autres îles tombèrent aux mains des Anglais. En 1815, le congrès de Vienne statua également sur le sort des îles Ioniennes. On les constitua, sous le nom impropre d'États-Unis, en république aristocratique représentative, sous le protectorat perpétuel du roi d'Angleterre, qui a le droit de mettre garnison dans les places fortes et de commander toutes les troupes. Le lord haut-commissaire anglais partage la direction des affaires les plus importantes avec le président du sénat. Le pouvoir suprême appartient nominalement au sénat, qui se compose de sept membres, du président, chef de la république, d'un secrétaire-d'état nommé par le lord haut-commissaire et de cinq sénateurs, dont quatre pour les îles de Corfou, Céphalonie, Zante et St.-Maurice, et un pour celles de Paxo, Ithaca et Cérigo. Le sénat est renouvelé tous les cinq ans par des députés envoyés à Corfou par chacune de ces îles, en nombre proportionné avec le chiffre de leur population respective. L'éducation publique dans les îles Ioniennes est sur un bien meilleur pied qu'en Grèce. Le commerce et l'industrie commencent à faire des progrès dans ces états, qui n'ont été conquis à la civilisation européenne que depuis les récentes occupations des Français et des Anglais. Des routes nouvellement établies facilitent le commerce intérieur; le commerce maritime est favorisé par le grand nombre de bons ports. Les revenus de la république se montent à 3,656,000 francs; l'armée n'est forte que de 1200 hommes (sans compter toutefois les garnisons anglaises). Les sept îles principales que nous avons déjà nommées forment autant de petites provinces. Chacune a son administration locale et des tribunaux particuliers. Corfou est la capitale de la république et la principale place d'armes des Anglais.

IONIENS, *Iones*, g. a., peuplade de l'Ionie, descendante d'Ion, le fils de Xuthus; elle habitait d'abord la côte du *Sinus Corinthiacus*; chassée plus tard par les Doriens, elle émigra pour l'Attique et alla s'établir, avec d'autres peuplades grecques, dans l'Asie Mineure, sur les côtes de la Carie et de la Lycie.

IPAPUISAS ou **CORONADOS**, peuplade indienne indépendante dans la rép. de l'Ecuador; elle habite les deux rives du Pastaza supérieur.

IPAS. *Voyez* VILÉLAS (peuplade).

IPAVA, lac de la rép. de Vénézuela, dép. de l'Orénoque, à l'O. de la prov. de Guyana. On le regarde communément comme la source de l'Orénoque.

IPHOFEN, pet. v. de Bavière, cer. de la Rézat, dist. de Bibart, à 1 l. de Possenheim; culture de vignes et de blé; 2050 hab.

IPIRE. *Voyez* UNARE.

IPOPOCA ou **POPOCA**, fl. de l'emp. du Brésil, prov. de Parahyba; coule vers l'E. et débouche dans l'Océan Atlantique à 2 l. N. du Goyanna.

IPPÉCOURT, vg. de Fr., Meuse, arr. de Bar-le-Duc, cant. de Triaucourt, poste de Beauzée; 400 hab.

IPPLING, vg. de Fr., Moselle, arr., cant. et poste de Sarreguemines; 480 hab.

IPS, pet. v. de la Basse-Autriche, cer.

supérieur du Wienerwald, au confluent de la rivière de son nom et du Danube; possède un vaste hôpital et une école modèle; 1200 h.

IPSALA, v. de la Turquie d'Europe, Romélie, sur la Moritza; avec des mosquées, des bains, de nombreux jardins et un vaste caravansérail.

IPSARA ou **Byra**, île avec un port dans l'Archipel, sous 38° 43′ lat. N. et 23° 20′ long. E. Elle est montagneuse, mais fertile en vins, coton et fruits du sud. Il y a un bourg du même nom qui fut totalement ruiné en 1824, pendant la guerre des Turcs contre les Grecs.

IPSITZ, b. de la Basse-Autriche, cer. supérieur du Wienerwald, sur l'Ips; florissant par ses fabr. de limes, de feuilles et d'hameçons; forges et marbrières; 1200 hab.

IPSUS ou **Hipsus**, g. a., v. de Phrygie, près de Sinnada; elle est célèbre par la bataille qui y fut livrée entre les successeurs d'Alexandre et où Antigone fut défait et tué.

IPSWICH, v. d'Angleterre, chef-lieu du comté de Suffolk, sur l'Orwel; nomme 2 députés; elle possède 12 églises, un hôpital, une bibliothèque publique, de beaux chantiers et un port; cabotage; commerce en grains et en malt. Quelques vieux édifices ornés de bas-reliefs et de statues rappellent son ancienne splendeur. Patrie du cardinal Wolsey (1473—1533); 20,000 hab.

IPSWICH, baie très-profonde sur la côte N.-E. de l'état de Massachusetts, au N. du cap Ann, États-Unis de l'Amérique du Nord; reçoit une rivière du même nom.

IPSWICH, v. des États-Unis de l'Amérique du Nord, état de Massachusetts, comté d'Essex, sur l'Ipswich; commerce; pêche de la morue; elle possède une nombreuse marine marchande; 7000 hab.

IPSWICH (New-), pet. v. des États-Unis de l'Amérique du Nord, état de New-Hampshire, comté de Hillsborough, sur le Contocook; académie; commerce; 2300 hab.

IPUCA. *Voyez* Joam (San-)

IQUITINTONHA. *Voyez* Belmonte (Rio Grande de)

IRACA (Parama de). *Voyez* Cordillères.

IRAI, vg. de Fr., Orne, arr. de Mortagne-sur-Huine, cant. de l'Aigle, poste de St.-Maurice; haut-fourneau; 790 hab.

IRAIS, vg. de Fr., Deux-Sèvres, arr. de Parthenay, cant. et poste d'Airvault; 350 h.

IRAK-ADJEMI, l'ancienne Médie, appelée aussi Bilad-el-Dschebal (le pays montueux) par les écrivains arabes, est la plus grande prov. du roy. de Perse. Elle est située entre 43° 50′ et 54° 22′ long. orient., et entre 31° 48′ et 37° 17′ lat. N., et bornée au N.-O. par l'Aderbaïdjan, au N. par le Ghilan, le Mazenderan et le Tabaristan, à l'E. par le Kouhistan, au S. par le Kermau et le Fars, au S.-O. par le Khousistan, à l'O. par le Kurdistan. Sa superficie, en y comprenant le grand désert de Naubendan, n'a pas moins de 4414 milles c. géogr.

L'Irak-Adjemi, partie du haut plateau de l'Iran, est traversé par plusieurs chaînes de montagnes: celles de Louristan à l'O., l'Erwend ou Elwind (l'Orontes des anciens) au S.-O., le Darnawend et ses ramifications au S., l'El-Burs, continuation du Caucase, au N. Toutes ces montagnes, rocheuses, nues, coupées par des vallées profondes, sans arbres, presque dépouillées de végétation, donnent au pays un aspect triste et uniforme. Les seules montagnes du N. sont couvertes de forêts; c'est là aussi que se trouve le fameux passage de Khawan, appelé Pylæ Caspiæ par les anciens. L'unique cours d'eau un peu considérable de ce vaste pays est le Sefid-Roud ou Kizil-Ozen, qui se jette dans la mer Caspienne; les autres cours d'eau ne sont que des torrents ou des ruisseaux, en petit nombre d'ailleurs et sans importance, la plupart se perdent dans le désert où se jettent dans des lacs et des étangs; l'eau des autres est absorbée par les innombrables canaux d'irrigation établis par les habitants. Le terrain est argileux et sablonneux, mêlé de salpêtre et de sel; partout où l'on néglige la culture, le sol présente bientôt l'aspect du désert; il en est de même des contrées dépourvues d'eau, dont la principale est le désert de Naubendan, entre l'Irak et le Khousistan. L'air est assez sain; la température très-chaude pendant le jour, mais froide pendant les nuits et en hiver. L'eau est la condition indispensable de la fertilité du sol; les plaines bien arrosées produisent en abondance du riz, des céréales, toutes sortes de légumes et de forêts, du pavot, du sésame, d'excellent tabac, du coton, des olives, etc. Le bois est rare et cher. La culture du ver à soie, l'éducation du bétail occupent beaucoup les habitants; leurs chevaux et leurs chameaux sont beaux et estimés; il en est de même de la laine de leurs moutons et de leurs chèvres. L'industrie est bien avancée dans l'Irak-Adjemi: on fabrique dans les villes et les villages de belles étoffes de soie et de coton, des broderies en or et en argent, des cuirs, du maroquin, du verre, de la poterie, etc. La population, difficile à évaluer, est d'environ 2 millions et demi, et est, selon la nature du terrain, très-dense sur certains points, très-faible sur d'autres. Elle se compose de Tadjiks, d'Arméniens, de Juifs et d'un grand nombre de nomades Turcomans, Loures, etc.

L'Irak-Adjemi, la plus grande et la plus importante des provinces de la Perse, est divisé en plusieurs gouvernements, à la tête desquels se trouvent des begler-beys, et subdivisé en districts. Des hakims et des sabits administrent le pays, les premiers les campagnes, les seconds les villes. Teheran, la capitale, et Ispahan, l'ancienne capitale de la Perse, se trouvent dans cette province, dont les autres villes remarquables sont: Kachan, Koum, Hamadan, Kazbin, Zendjan et Sultanieh.

IRAK-ARABI, nom moderne qu'on donne à la partie méridionale de la Mésopotamie. Ce nom signifie pays des Arabes. L'Irak-Arabi comprend l'ancienne Babylonie et la Chaldée, ou l'eyalet actuel de Mésopotamie (*Voyez* MÉSOPOTAMIE).

IRAN. *Voyez* PERSE.

IRANCY, b. de Fr., Yonne, arr. d'Auxerre, cant. de Coulange-la-Vineuse, poste de St.-Bris; 1070 hab.

IRAOUADDY ou IRAWADDY, gr. fl. de l'Inde transgangétique. Il prend sa source dans le Thibet, porte d'abord le nom de Zzangbo-tchou, traverse, sous celui de Pin-liang-kiang, la partie occidentale du Yunnan, entre dans l'emp. Birman, qu'il traverse du N. au S. Il baigne les villes d'Amerapoura, Bassin, Dalla, Rangoun, Syrien; dans la partie inférieure de son cours, il se divise en plusieurs branches, sur lesquelles sont situées quelques-unes des villes que nous venons de nommer, et se jette dans le golfe de Martaban par quelques embouchures, dont la plus occidentale se rapproche du cap Négrais. Ces diverses branches forment un delta, traversé par un grand nombre de canaux. L'Iraouaddy, ses embouchures et ses branches sont navigables sur une grande étendue. Ses eaux roulent majestueusement pendant une grande partie de l'année; au mois de juin il commence à déborder, inonde et fertilise les campagnes voisines. Son courant est à cette époque trop violent pour permettre aux bâtiments de le remonter. Les principaux affluents de l'Iraouaddy sont: la rivière de Painenduen à droite, et le Kyainduen ou Kyenduen à gauche.

IRAPUATO, v. des états mexicains, état de Guanaxuato, sur la route de Guanaxuato à Querétaro et à 5 l. S.-E. de Guanaxuato; commerce important; 17,000 hab.

IRAZEIN, vg. de Fr., Arriège, arr. de St.-Girons, cant. et poste de Castillon; 166 hab.

IRBIT, v. de la Russie d'Asie, chef-lieu de cercle, au confluent de l'Irwitka et de la Neiwa; commerce de fourrures; 3500 hab.

IREDELL, comté de la Caroline du Nord, États-Unis de l'Amérique du Nord; 16,000 h.

IREG, gros b. de la Slavonie civile, comitat de Syrmien, au pied des montagnes de Karlowitz; culture du vin; 5000 hab.

IRELAND, une des îles les plus considérables du groupe des Bermudes; elle est habitée.

IRELANDS-EYE, île très-considérable dans la baie de la Trinité, côte E. de l'île de Terre-Neuve. Cette île, formée par le fleuve Rondom, est fertile et renferme un établissement très-florissant, avec un bon port.

IRÉ-LE-SEC, vg. de Fr., Meuse, arr., cant. et poste de Montmédy; 510 hab.

IRÉ-LES-PRÉS, ham. de Fr., Meuse, com. de Montmédy; 150 hab.

IRIBERRY-UGARÇAN, ham. de Fr., Basses-Pyrénées, com. d'Ossés; 210 hab.

IRIGNY, vg. de Fr., Rhône, arr. de Lyon, cant. et poste de St.-Genis-Laval; 1170 hab.

IRIS (l'), riv. de Grèce, dans la Morée, jadis appelée l'Eurotas et dans le moyen âge Vasili-Potamos ou fleuve Royal; il traverse du N. au S. l'ancienne Arcadie et la Laconie, et va se jeter dans le golfe de Kolochina.

IRISARRY, vg. de Fr., Basses-Pyrénées, arr. de Mauléon, cant. d'Iholdy, poste de St.-Palais; 1180 hab.

IRIZEH ou RIZA, *Rhizæum*, v. de la Turquie d'Asie, eyalet de Trébizonde, avec un port; est située à quelque distance de la ville, sur la mer Noire. D'après les voyageurs qui l'ont visitée au milieu du dix-huitième siècle, elle comptait alors près de 30,000 habitants, possédait d'importantes manufactures de toiles, fabriquait beaucoup d'articles en cuivre et faisait un grand commerce des denrées du Caucase et surtout d'esclaves circassiennes. MM. Jouannin et Fontanier qui y ont passé plus récemment, ne lui accordent que 4000 habitants et disent qu'on a beaucoup exagéré l'importance de son commerce.

IRKOUTSK, gouv. de la Russie d'Asie, s'étend entre 94° et 115° long. orient. et entre 49° 40′ et 66° lat. N. Ses limites sont: au N.-E. et à l'E. la prov. d'Iakoutsk, au S. la Mongolie, à l'O. et au N.-O. le gouv. de Iénisseisk. Autrefois le gouv. d'Irkoutsk comprenait non seulement son territoire actuel, mais encore la prov. de Iakoutsk, les dist. d'Okhotsk et de Kamtchatka, le pays des Tchouktchi, les îles de l'Océan Polaire, c'est-à-dire, la plus grande partie de la Sibérie; l'administration des possessions russes dans l'Amérique septentrionale en faisait également partie; aujourd'hui le gouverneur n'a plus qu'une juridiction supérieure sur tous ces pays, ainsi que sur le gouv. de Iénisseisk. Le sol de ce gouvernement est très-montueux; au S. les monts Sayaniens s'étendent sur les frontières de la Mongolie; la chaîne Baikalienne, abrupte et sauvage, forme une partie du contour du lac Baikal; les monts de Nertchinsk sont importants par leurs grandes richesses minérales, surtout en argent, en plomb et en cuivre. Il est traversé par des cours d'eau considérables, tels que l'Angara, la Selenga, la Léna supérieure, l'Onon et l'Argoun, et à peu près au centre de la province se trouve le Baikal, le plus grand lac de l'Asie après la mer Caspienne et la mer d'Aral. La Selenga, qui vient de la Mongolie et se jette dans le Baikal, et l'Angara, qui amène au Iénissei les eaux de ce lac, offrent au commerce de la Russie avec la Chine une route naturelle qui probablement deviendra un jour très-importante. Malgré la situation relativement méridionale de cette partie de la Sibérie, le climat y est très-froid. Les dist. d'Irkoutsk, de Nijnei-Oudinsk, de Nertchinsk et de Karentsk sont assez fertiles, mais d'autres parties du gouvernement sont couvertes de forêts impénétrables ou présentent des steppes sablonneuses, habitées par des nomades russes, les Bourêtes, des Mongols-Khalkha et des Toungouses. La population du gouv. d'Irkoutsk est de 440,000 âmes, dont un petit nombre seulement s'occupent d'agriculture; les autres vivent de l'éducation du bétail, de la pêche, de la chasse et quelques-uns du commerce. Irkoutsk est la capitale du gouvernement; les autres villes et endroits remarquables sont: Selinginsk, Kiakhta, par où se fait le commerce de la Chine, Nijmi-Oudinsk, Nertchinsk, Troitzkosavsk, Karensk, Balagansk, Verknei-Oudinsk, Nertchinskoï-Zavod et ses riches mines d'argent, exploitées par les bras des exilés en Sibérie; Bargousin, dont les environs sont couverts de lacs amers d'où l'on tire le sel purgatif de la Sibérie, etc.

IRKOUTSK, capitale du gouvernement auquel cette ville a donné son nom, résidence du gouverneur-général de la Sibérie orientale, dont la juridiction s'étend sur les vastes pays que nous avons nommés plus haut; siége d'un évêché russe; est située sur la rive droite de l'Angara, dans une contrée assez fertile, que les progrès de l'agriculture et de l'industrie dans cette partie de l'empire ont beaucoup embellie. L'Angara y est très-rapide et très-profond. Irkoutsk est une grande ville, bien bâtie; la plupart de ses maisons sont en bois, son plus bel édifice est un grand bazar construit en pierres. Ses établissements d'instruction publique, un gymnase, une bibliothèque assez considérable, plusieurs écoles élémentaires, son école de navigation, sa typographie, son théâtre, etc., lui donnent une certaine importance dans des contrées aussi reculées, où la civilisation est encore si arriérée. La ville est industrieuse et fabrique des draps, du savon, de la toile, des chapeaux, du maroquin, des cuirs, etc.; mais c'est surtout comme place de commerce qu'elle est remarquable. Elle est l'entrepôt principal du commerce que la Russie fait avec la Chine par Kiakhta; les chasseurs du N. et de l'E. de la Sibérie y apportent leurs fourrures, et la compagnie russe d'Amérique y a un comptoir considérable et de vastes magasins. Sa population est de 25,000 hab.

IRLAND, ham. de Fr., Deux-Sèvres, com. de Vanneau; 100 hab.

IRLANDE. *Voyez* BRITANNIQUES (îles).

IRLANDE (Nouvelle-), île de l'archipel de la Nouvelle-Bretagne, dans l'Australie ou Océanie centrale; elle est la seconde de cet archipel pour l'étendue et située entre 146° 26′ et 149° 50′ long. orient., et entre 2° 30′ et 4° 54′ 30″ lat. S. Le canal St.-George la sépare de la Nouvelle-Bretagne, et le détroit de Byron de la Nouvelle-Hanovre. Elle a environ 100 l. marines de longueur; sa plus grande largeur, au S.-E., n'a que 13 l.; elle est très-resserrée au N.-O., où elle ne présente qu'une largeur de 2 1/2 l. La Nouvelle-Irlande offre le même aspect que la Nouvelle-Bretagne: l'intérieur, très-élevé, est sillonné de hautes montagnes, qui, dans les environs de la baie de Carteret, ont plus de 8000 pieds au-dessus du niveau de la mer et sont couvertes de forêts jusqu'à leurs sommets. De petites rivières et des ruisseaux se précipitent vers la plage, quelques-unes forment des cataractes, parmi lesquelles on remarque la magnifique cascade de Bougainville, dans les environs du port Praslin. Le sol, d'une fertilité extraordinaire, présente partout une végétation riche et vigoureuse. Près de la côte, les bosquets de cocotiers, de palmiers, d'arbres à pain, de figuiers, de muscadiers, etc. se succèdent sans interruption; on y récolte du sucre, du poivre, du gingembre, du sagou et en général toutes les plantes que l'on cultive à la Nouvelle-Bretagne. Les forêts sont peuplées de tourterelles, de perroquets et d'une foule d'autres oiseaux, parmi lesquels Carteret et Bougainville remarquèrent une espèce de corbeaux dont le croassement imite parfaitement l'aboiement du chien. Le vampire habite les cavités des montagnes. Le porc et le chien sont les seuls quadrupèdes que l'on y trouve; mais l'île fourmille de lézards, de scorpions et de plusieurs espèces d'insectes. Les habitants très-nombreux de cette île appartiennent à la race des Papouas. Ce sont les plus policés de cet archipel. Ils ont un culte et des temples où ils adorent des idoles à figure humaine.

La Nouvelle-Irlande fut longtemps regardée comme attenant à l'île de la Nouvelle-Bretagne. Carteret fut le premier qui découvrit, en 1767, le détroit de Byron, en passant par le canal St.-Georges, et fit connaître ainsi que cette terre était une île entièrement distincte de la Nouvelle-Bretagne.

IRLES, vg. de Fr., Somme, arr. de Péronne, cant. d'Albert, poste de Bapaume; 445 hab.

IRMAOS (punta dos tres), pointe des trois Frères, cap sur la côte N.-E. de la prov. de Rio-Grande, emp. du Brésil. Dans son voisinage s'élèvent les 3 îles dos Irmaos, qui ont donné leur nom au cap.

IRMAOS (Sierra dos). *Voyez* TABATINGA (Sierra).

IRMEL, un des points culminants de l'Oural bachkirien. Il a environ 4000 pieds de hauteur.

IRMSTETT, vg. de Fr., Bas-Rhin, arr. de Strasbourg, cant. et poste de Wasselonne; 183 hab.

IRODOUER, vg. de Fr., Ille-et-Vilaine, arr. de Montfort-sur-Meu, cant. et poste de Bécherel; 1860 hab.

IROIS, baie considérable sur la côte N. de l'île d'Haïti, entre la pointe Irois et le cap Tiburon.

IRON, vg. de Fr., Aisne, arr. de Vervins,

cant. et poste de Guise; fabr. de châles, cachemires; 770 hab.

IRON-ACTON, vg. d'Angleterre, comté de Gloucester; important par ses mines de fer et de houille; forges; usines.

IRON-MOUNTAINS (monts de fer), chaîne de montagnes des États-Unis de l'Amérique du Nord, dans l'état de Virginie et entre les états de Tennessée et de la Caroline du Nord; elles s'élèvent entre les montagnes Bleues et les Apalaches proprement dites et parallèlement à ces montagnes, avec lesquelles elles communiquent par des chaînes de collines basses. Ces montagnes atteignent la hauteur de 700 mètres.

IROQUOIS. *Voyez* TSCHÉROKIS.

IROULEGUY ou **URRULIÉ**, vg. de Fr., Basses-Pyrénées, arr. de Mauléon, cant. de St.-Étienne-de-Baigorry, poste de St.-Jean-Pied-de-Port; 390 hab.

IRREVILLE, vg. de Fr., Eure, arr., cant. et poste d'Évreux; 230 hab.

IRTYCHE, fl. de l'Asie, le plus grand affluent de l'Obi ou plutôt la principale branche de ce cours d'eau, puisqu'au confluent il le surpasse par sa largeur et le volume de ses eaux. Il prend sa source dans la Mongolie, traverse le lac Dzaizang, dans le Thian-chan-pe-lou, prend, en sortant de ce lac, sa direction vers le N., entre dans la Sibérie, passe par Boukhtarminskaïa, Seminpolatinsk, Omsk, Tara et Tobolsk et se réunit avec l'Obi sous 59° 30′ lat. N., à Domjanskoï-Jam. Ses principaux affluents sont : le Narim, l'Om, l'Ichim, le Wagai et le Tobol.

IRUBE. *Voyez* PIERRE-D'IRUBE (Saint-).

IRUELA, v. d'Espagne, prov. de Jaën; 2000 hab.

IRUKTOKE, immense baie sur la côte E. du Labrador; elle est formée par l'embouchure d'un fleuve très-considérable et a un enfoncement de près de 40 l.; au S. de cette baie s'étend l'île d'Innuchucktuk, au N. celle d'Okehowtet.

IRUN, pet. v. d'Espagne, prov. de Guipuscoa, dist. et à 5 l. S.-E. de St.-Sébastien et à 13 l. O.-S.-O. de Bayonne; mal bâtie; sur la Bidassoa et la route de France; tanneries; forges dans les environs; 1160 hab.

IRVILLAC, vg. de Fr., Finistère, arr. de Brest, cant. de Daoulas, poste du Faou; 2330 hab.

IRWEL, riv. d'Angleterre, affluent de droite de la Mersey; baigne Manchester.

IRWIN, pet. v. d'Écosse, comté d'Air, à l'embouchure de la rivière du même nom; fabrication d'étoffes de coton, de cuirs et de bas; chantiers; port, auquel appartiennent 10,000 tonneaux; commerce de houille avec l'Irlande; 6000 hab.

IRWIN, comté de l'état de Géorgie, États-Unis de l'Amérique du Nord; il est borné par la Floride orientale et par les comtés de Doolen; de Telfair, d'Appling et d'Early; 2000 hab. Irwine, pet. b., est le chef-lieu du comté.

IRWINTON. *Voyez* WILKINSON (comté).

IS, g. a., fl. de la Babylonie. Le bitume que charriait ce fleuve, mêlé aux roseaux, servit à la construction des murs de Babylone.

ISAAC, ham. de Fr., Lot-et-Garonne, com. de St.-Pardoux; 100 hab.

ISABELICA (punta-), promontoire sur la côte N. de l'île d'Haïti, entre le Petit-Trou et la pointe Briseval.

ISABELLA. *Voyez* OZAMA.

ISABELLE (Sainte-), promontoire sur la côte O. de la Patagonie, au N. du cabo de la Victoria.

ISABELLE (Sainte-). *Voyez* ELISABETH (île).

ISAC, riv. de Fr.; a sa source à quelques lieues E. de Savenay; elle coule au N.-O., parallèlement au canal de Brest à Nantes et se jette dans la Vilaine, vis-à-vis de Rieux, sur la limite du dép. du Morbihan, après 15 l. de cours.

ISACA, v. assez considérable de la Nigritie occidentale, dans le Bas-Bambarra, à la jonction des deux bras que forme le Djoliba, qui se bifurque entre Ségo et Sansanding, et à 40 l. N.-E. de Djenny; elle sert de port aux embarcations qui font le trajet de cette dernière ville à Tombouctou.

ISAFIORD, v. sur le golfe du même nom, dans l'île d'Islande; fait un grand commerce.

ISALA, vg. dans la Stornkopparbergslæn, Suède; on y montre encore la grange où le roi Gustave Ier a battu du blé.

ISAN-DE-SOUDIAC (Saint-), ham. de Fr., Gironde, com. de St.-Savin; 600 hab.

ISAR, *Isara, Urusa*, riv.; prend sa source près de Halleranger, dans le Tyrol; traverse dans la Bavière les cer. de l'Isar et du Danube-Inférieur, y reçoit plusieurs petits cours d'eau, et se verse dans le Danube, au-dessous de Deggendorf, après un cours de 66 l.; son lit est étendu et variable et sa grande pente donne lieu à de fréquentes inondations; elle est flottable et charrie un peu d'or.

ISAR (cercle de l'), cer. de la Bavière, dans le S.-E. de ce royaume; borné au N. par les cer. du Danube-Supérieur et du Regen, à l'E. par le cer. du Danube-Inférieur et le duché de Salzbourg, au S. par le même duché et le Tyrol, et à l'O. par le cer. du Danube-Supérieur; sa superficie est de 287 milles c., dont 95 en champs cultivés, 52 en prairies, 5 en jardins, vignes ou habitations, 90 en forêts, 7 en lacs et cours d'eau et 30 en chemins et pâturages. La partie méridionale du cercle, contrée la plus élevée du royaume, est sillonnée par des branches des Alpes du Tyrol, la plupart couvertes de belles forêts, de pâturages et de châlets; leurs plus hautes cimes sont : la Zugspitze, qui s'élève à 3030 mètres, le Wetterschrofen à 2935, le Teufelsgsæss à 2900 et l'Almenspitze à 2605 mètres au-dessus du niveau de la mer. Le cercle est traversé par l'Isar, l'Inn, le Lech et la Salzach; l'Als, la Prien, la Grande et la Petite-Vils, l'Iser, la Rott, l'Ilm, l'Abens et la Paar y prennent leurs sources; il renferme les lacs de Chiem, de Starnberg, d'Ammer, de Barthélemi, de Tachen, de Tegern, de Walchen et d'autres moins importants. Dans le S., les montagnes, points culminants de la contrée, rendent le climat très-variable dans les plaines; vers le N. la température devient plus fixe. L'éducation des bestiaux, protégée par de beaux pâturages, est des plus florissantes; on y compte environ 104,000 chevaux, dont la race se perfectionne toujours par les haras royaux, 289,000 bêtes à cornes, 160,000 brebis, plus les autres animaux domestiques ordinaires; le pays abonde aussi en gibier et poisson. On récolte du blé de toute espèce, des légumes secs, du jardinage, des fruits, du chanvre et du lin; les nombreuses forêts fournissent du chauffage et de beaux bois de construction. On exploite des sources salines à Reichenhall et d'immenses bancs de sel gemme à Berchtesgaden; le cercle possède en outre des mines de fer, de plomb, de mercure, de houille; des carrières de marbre, albâtre, plâtre, ardoises, grès et meules; des tourbières; des sources minérales à Rosenheim, Schæftlarn, Kreut, Adelbolzen, Moching, Leutstetten. Le pays renferme des manufactures d'armes, de quincaillerie, de taillanderie; des martinets de cuivre, des tréfileries; des fabriques de porcelaine, de grès, de colle, etc. Mais le point central d'une industrie et d'un commerce actifs se trouve à Munich. La pop. de 582,000 hab. se trouve répartie dans 16 villes, dont les principales sont: Munich, Landshut, avec une cour d'appel, et Dachau, 6591 bailliages, villages ou hameaux et 8000 habitations isolées.

ISATCHI ou **ISAKSI**, v. forte de la Turquie d'Europe, dans la Bulgarie; il s'y trouve un lac qui est le passage ordinaire entre la Basse-Bulgarie et la Moldavie.

ISAUT-DE-L'HOTEL, vg. de Fr., Haute-Garonne, arr. de St.-Gaudens, cant. et poste d'Aspet; 900 hab.

ISBERGUE, vg. de Fr., Pas-de-Calais, arr. de Béthune, cant. de Norrent-Fontes, poste d'Air-sur-la-Lys; 790 hab.

ISCAUTE. *Voyez* ORÉNOQUE.

ISCHES, vg. de Fr., Vosges, arr. de Neufchâteau, cant. et poste de Lamarche; 830 hab.

ISCHIA, île du roy. des Deux-Siciles, prov. de Naples; elle a 5 l. c. et se trouve à l'O. du golfe de Naples. Elle est d'origine volcanique, montagneuse, mais extrêmement fertile en vin, blé, fruits du sud, olives; on y élève beaucoup de bétail et un grand nombre d'abeilles. Le mont Epimeo, de 845 mètres de haut, est un volcan éteint depuis le quatorzième siècle. Les fleuves de lave, auxquels cette montagne a donné naissance, sont aujourd'hui changés en un terrain bien cultivé; l'on rencontre dans l'île un grand nombre de sources thermales. La population, qui est de 24,000 habitants, est répartie dans une ville, Ischia, chef-lieu de l'île, et 10 villages. La ville d'Ischia est le siége du gouverneur et d'un évêque; elle possède un petit port où l'on fait commerce de vins et des produits de l'île, des manufactures de soie et des poteries; 3200 hab.

ISCHITELLA, v. du roy. des Deux-Siciles, prov. de Capitanate; 3200 hab.

ISCHL, pet. v. de la Haute-Autriche, cer. de Traun, dans une position charmante, sur la Traun; salines; 2000 hab.

ISDES, vg. de Fr., Loiret, arr. de Gien, cant. et poste de Sully; 510 hab.

ISDIN ou **ZEITUN**, v. de Grèce, nomos de Locride et Phocide, chef-lieu de l'eptarchie de la Phthiotide, située sur une colline, au pied de laquelle coule l'Acheloüs, et à 3/4 de mille du golfe qui porte son nom. Ville forte, siége d'un évêché; elle a une saline, des plantations de riz, de tabac et de coton; une foire très-fréquentée; 4000 hab.

ISÉ ou **IZÉ**, b. de Fr., Mayenne, arr. de Mayenne, cant. et poste de Bais; 1810 h.

ISEGHEM, *Isegenium*, b. du roy. de Belgique, prov. de Flandre-Occidentale, arr. de Courtrai; fabrication de toiles et de rubans de fil; 2020 hab.

ISENAY, vg. de Fr., Nièvre, arr. de Château-Chinon, cant. et poste de Moulins-en-Gilbert; 440 hab.

IS-EN-BASSIGNY, vg. de Fr., Haute-Marne, arr. de Chaumont-en-Bassigny, cant. et poste de Nogent-le-Roi; 830 hab.

ISENBOURG (les possessions de la maison d') formaient avant 1815 une principauté, comprenant une bande de pays, longue, étroite et élevée, entre la Bavière, le grand-duché de Hesse-Darmstadt et les prov. de Hanau et de Fulde, pays montagneux, arrosé par la Kinzig et la Bracht, bien cultivé, abondant en bois, en fruits, en lin et en bêtes à cornes. En vertu des traités qui suivirent 1815, l'électorat de Hesse s'agrandit de presque la moitié du duché d'Isenbourg, savoir des juridictions de Diebach, Langenselbod, Meerholz, Lieblos, Wæchtersbach, Spielberg et Reichenberg et du vg. de Wolfenborn, qui furent ajoutés à la prov. de Hanau; le reste fut incorporé à la principauté de la Haute-Hesse, dans le grand-duché de Hesse-Darmstadt. Les chefs des différentes branches de la famille d'Isenbourg ont donc été médiatisés; ils conservent leurs droits seigneuriaux, mais sous la souveraineté de l'électeur et du grand-duc. Le prince d'Isenbourg-Birstein réside dans son château de Birstein, dans la prov. de Hanau, où il possède aussi Langenselbod; mais la plus grande partie de ses possessions, dont l'étendue est de 7 milles c. et la pop. de 22,000 hab., se trouve dans le grand-duché de Hesse-Darmstadt. Les revenus annuels sont de 150,000 florins. Le comté d'Isenbourg-Wæchtersbach ne possède dans le grand-duché de Darmstadt qu'une partie de la juridiction d'Assenheim, et a tout le reste de ses possessions dans la Hesse-Électorale, où se trouve le Wæchtersbach, son lieu de résidence. Ses possessions renferment une population de 6000 habitants, sur une superficie de 2 milles c. Celles du comté d'Isenbourg-Meerholz ont une étendue de 1 1/2 milles c., une population de 6000 habitants et sont également comprises dans la prov. de Hanau, à l'exception de la juridiction d'Eckartshausen. Enfin, le comte d'Isenbourg-Budingen réside à Budingen, dans la principauté de la Haute-Hesse, où sont toutes ses possessions, dans l'étendue de 3 1/2 milles c. et peuplées par plus de 7000 âmes. Les trois comtes d'Isenbourg ont ensemble un revenu de 140,000 florins.

ISEO, b. du roy. Lombard-Vénitien, gouv. de Milan, délégation de Brescia, sur le lac de son nom; tanneries; 1800 hab.

ISERAN. *Voyez* ALPES.

ISÈRE, *Isara*, riv. de Fr., a sa source dans la Savoie, au mont Iseran; elle coule d'abord dans une direction N.-O., en passant à St.-Jean-de-Maurienne; tournant ensuite vers le S.-O., elle entre en France, au fort Barraux au-dessous de Montmeillan, où elle devient navigable, passe par Grenoble, traverse le département auquel elle donne son nom et pénètre dans celui de la Drôme, où elle se jette dans le Rhône, à 2 l. au-dessus de Valence, après un cours de 67 l. dont 31 1/4 l. de navigation. Cette rivière, dont les eaux sont très-rapides, a souvent causé des inondations désastreuses. Ses principaux affluents sont : l'Arly et l'Arc, en Savoie; l'Ozeins, le Drac et la Bourne, en France.

ISÈRE (département de l'), situé dans la région S.-E. de la France, est formé du Viennois et du Grésivaudan, dépendant de la ci-devant prov. du Dauphiné. Il a pour limites, au N. la Savoie et le dép. de l'Ain, à l'E. la Savoie et une partie du dép. des Hautes-Alpes, au S. les dép. des Hautes-Alpes et de la Drôme, et à l'O. une partie de ce dernier et le dép. du Rhône.

Sa superficie est de 841,230 hectares et sa population de 573,645 hab.

Vers le S.-E. plus d'un tiers de ce département est composé de hautes montagnes, entrecoupées de vallées profondes; ces montagnes font partie des grandes chaînes des Alpes françaises qui se lient aux Alpes de la Savoie et du Piémont; la hauteur moyenne des plus élevées est de 1400 toises; nous citerons le col de Soie, le pic de Belladonne, le sommet des Sept-Lacs, la Moucherolle, la Chame-Chaude, tous couverts éternellement de neige et de glace.

Les principales rivières qui l'arrosent, sont : le Rhône, qui limite le département au N. et à l'O. et le sépare des dép. de l'Ain, du Rhône et de l'Ardèche; ses affluents sont le Guiers, formé des Guiers vif et Guiers mort, la Bourbe, la Gaire, le Valaize et le Dolon. L'Isère prend sa source aux frontières du Piémont, entre dans le département auquel elle donne son nom, le traverse du N.-E. au S.-O. et se rend dans le dép. de la Drôme. La réunion de la Grosse et de l'Olle à la Romanche et de celle-ci avec la Soulouaze, l'Ebrou et la Vanne au Drac constitue le principal affluent de l'Isère.

Plusieurs canaux, destinés plutôt aux irrigations qu'à la navigation, traversent ce département; nous citerons celui d'Echirolles, celui du Corps, les deux canaux du Valbonnais; on y trouve aussi un assez grand nombre de lacs, mais aucun d'eux n'est considérable; celui de Paladru, près de Chirens, est le plus grand; il a 4480 mètres de longueur sur 1160 de largeur; ceux de Valencogne et de Laffrey n'ont pas la moitié de cette étendue, et plusieurs autres, tels que celui de Lemps, de Sept-Laux, sont encore plus petits, mais tous en général sont très-profonds et poissonneux. Le desséchement des vastes marais de Bourgoin est une des plus belles et des plus importantes améliorations faites dans ce département.

L'aspect général est celui d'un pays montueux, fertile et riche en sites pittoresques; les bords du Rhône sont garnis de collines peu élevées, mais très-fertiles, et qui s'étendent de Bertrieux jusqu'à Beaurepaire; des montagnes plus élevées et de nature calcaire occupent les bords de l'Isère et du Drac; leurs cimes sont couvertes de forêts de sapins qui cachent des sites magnifiques, des torrents, des cascades, des grottes. Une troisième classe de montagnes, de formation granitique, dominent les montagnes antérieures et couronnent les pâturages et les forêts d'une ligne éternelle de neiges et de glaces; les vallées qu'ils renferment contrastent souvent d'une manière étonnante; celle du Grésivaudan, traversée par l'Isère, ressemble à un immense jardin paysager, tandis que rien de plus âpre que celle du Drac, si ce n'est toutefois la contrée qu'il faut gravir pour arriver à la grande Chartreuse, ou un hameau dans la vallée de Godward qui reste trois mois sans voir le soleil.

Dans un pays où la surface est si variée, la température ne peut pas être uniforme; en général, les variations du thermomètre y sont très-rapides; on distingue trois sortes de climats : celui de la plaine, celui des vallées et celui des montagnes. Les vents dominants à Grenoble sont ceux du sud-ouest, de l'ouest et du nord-ouest.

Le dép. de l'Isère récolte un excédent assez considérable de céréales; il cultive principalement le froment dans les environs de Grenoble; le seigle, le sarrasin, l'avoine dans le reste du département, principalement dans les montagnes; on y recueille des pommes de terre, des légumes secs, des choux, du colza, du chanvre, des fruits de toute espèce, noix, mûres, amandes; une grande quantité de plantes aromatiques et médicinales; les prairies naturelles et artificielles sont belles et nombreuses dans les plaines et les vallées, et les montagnes sont couvertes de gras pâturages; on y cultive particulièrement le trèfle; on y trouve des vignobles assez considérables; ils occupent une superficie de 10,660 hectares et sont cultivés principalement en hautins et treillages; on évalue la récolte moyenne annuelle à 450,000 hectolitres, dont une partie est exportée; les principaux vignobles sont situés dans l'arr. de Vienne; leurs crûs sont connus sous le nom de l'Hermitage, de la Côte-Rôtie, de Seysseul et de Château-Grillet. Les forêts qui couvrent les montagnes du département sur une étendue de 130,000 hectares sont composées pour la plupart de bois propres au chauffage et à la construction, d'autres le sont de sapins, bons pour la grande et la petite mâture.

Les chevaux sont assez nombreux et principalement propres au service de la cavalerie légère; les juments sont employées à procréer des mulets, qui sont très-utiles dans ces pays montueux; les bêtes à cornes sont nombreuses, de taille moyenne; de grands troupeaux de moutons y sont amenés des départements voisins pendant l'été; le département possède de nombreux troupeaux de porcs, de chèvres, de la volaille; l'éducation des vers à soie et des abeilles est considérable. Sur les montagnes on rencontre, mais rarement, des ours, des chamois, des bouquetins; les lièvres, les perdrix, les gelinottes, les bastarelles sont très-communs; on y trouve aussi une grande quantité de faisans, d'aigles, de vautours, des hérissons, des martres, quelques castors et quelques tortues le long du Rhône. Les rivières nourrissent une grande quantité de truites, et les lacs, la dorade, la carpe et le brochet.

Les richesses minérales sont nombreuses et variées; il y existe de l'or, de l'argent, du plomb, du cuivre, du mercure, beaucoup de fer, de l'antimoine, du cobalt, du zinc, de la houille, du cristal de roche, des carrières de marbre, de granit, de porphyre, de gypse, d'ardoises et de vastes houillères; on trouve aussi quelques sources minérales, dont les plus renommées sont celles de Grenoble et d'Urriage.

L'industrie métallurgique compte 119 forges et fourneaux, dont 10 hauts-fourneaux; la plus grande partie forges et fonderies de fer, quelques-unes de plomb et de cuivre, des acieries, des taillanderies, des laminoires pour le zinc et le cuivre; des scieries de marbre, des clouteries; une exploitation considérable des houillères, tourbières, des carrières de marbre de statuaire à Val-Senestre. L'industrie manufacturière consiste dans la fabrication de toiles de ménage et d'emballage, de toiles à voiles, de linge de table, d'étoffes de coton, de fabriques considérables de gants de peau, dits gants de Grenoble, de draps de laine pour l'habillement des troupes; des papeteries, des filatures de soie, des distilleries de liqueurs, dont les plus renommées sont les eaux dites de la Côte et le Ratafia de Grenoble; l'industrie rurale fournit une grande quantité de térébenthine très-belle et très-liquide, de la soie, du chanvre. Dans les pâturages de Sassenage et d'Oissans on fait des fromages connus sous le nom de fromages de Sassenage.

Les principaux produits livrés à l'exportation sont: les vins, eaux-de-vie, les fruits, la térébenthine, les fromages, les toiles, la ganterie, les soies moulinées et organsinées, du plomb et du cuivre laminé, etc.

Ce département est divisé en 4 arrondissements, 45 cantons et 555 communes.

Les chefs-lieux d'arrondissement sont:

Grenoble . .	20 cant.	214 com.	213,568 hab.
St.-Marcellin	7 «	84 «	85,267 «
La Tour-du-Pin	8 «	125 «	129,809 «
Vienne . . .	10 «	132 «	145,001 «
	45 cant.	555 com.	573,645 hab.

Il nomme 7 députés; fait partie de la septième division militaire, dont le quartier-général est à Lyon; est du ressort de la cour royale et de l'académie de Grenoble, de l'évêché de la même ville, suffragant de l'archevêché de Lyon; il fait partie de la quatorzième conservation forestière, de la cinquième inspection des ponts-et-chaussées, dont le chef-lieu est Lyon, de la quatrième division des mines, dont le chef-lieu est St.-Étienne. Il a 3 colléges, 2 écoles normales et 389 écoles élémentaires.

ISERLOHN, v. de Prusse, chef-lieu de cercle, prov. de Westphalie, rég. et à 6 l. O. d'Arensberg, dans une vallée sur le ruisseau de Baaren; ceinte de murailles; elle a 4 portes, 1 faubourg, 5 églises, 1 école latine, un hospice pour les orphelins et un autre pour les pauvres. Une des villes les plus industrielles de la province; elle possède des fabriques d'aiguilles, de petite quincaillerie, d'ouvrages en laiton et en bronze; des manufactures de rubans et de velours de soie, de siamoises et de cuirs; une imprimerie et une librairie; les environs renferment des papeteries, des blanchisseries, des fonderies, des martinets, des tréfileries, des fourneaux à zinc; marchés de chevaux et de bestiaux; patrie du théologien et poëte contemporain G. F. A. Strauss; 7250 hab.

ISERNIA, v. du roy. des Deux-Siciles, prov. de Molise, chef-lieu de district et siége d'un évêque, sur le Cavaliere. Un tremblement de terre la détruisit complétement en 1805; toutes les maisons, la cathédrale et 7 couvents furent renversés et ensevelirent sous leurs ruines des monuments des temps anciens de la plus haute importance. Elle s'est relevée de ses ruines et compte aujourd'hui 5200 hab.

ISFAHAN. *Voyez* ISPAHAN.

ISIDORO (cabo de San-). *Voyez* FORWARD (cap).

ISIEU, vg. de Fr., Ain, arr., cant. et poste de Belley; 330 hab.

ISIGNY, b. de Fr., Calvados, arr. et à 8 1/2 l. O. de Bayeux, chef-lieu de canton et poste; tribunal de commerce; il possède un petit port sur l'Aure, près de son confluent avec la Vire, recevant des navires de 100 tonneaux; commerce de cidre, beurre, salaison, etc.; 2352 hab.

ISIGNY, vg. de Fr., Manche, arr. et à 6 l. O. de Mortain, chef-lieu de canton, poste de St.-Hilaire-du-Harcouet; 370 hab.

ISIK, mont. dans le gouv. de Iénisseisk, Russie d'Asie. Elle est remarquable par d'anciens tombeaux qu'on y a découverts, tombeaux surmontés de statues collossales d'hommes, décorés de sculptures et renfermant des ornements d'or et d'argent.

ISING, ham. de Fr., Moselle, com. d'Éberswiller; 210 hab.

ISIOU ou IGA, prov. de l'emp. du Japon.

ISIOU. *Voyez* IKI.

ISIS, riv. navigable d'Angleterre, sort des collines de Coteswood, non loin de Cubberty, dans le comté de Gloucester; elle reçoit le Charwel à Oxford et le Tame à Dorchester; c'est par l'union du Charwel avec le Tame que se forme la Tamise (Thames).

ISISTINE. *Voyez* LULES.

ISJUM, v. de la Russie d'Europe, dans le gouv. des Slobodes d'Ukraine, chef-lieu d'un cercle dont les nombreuses steppes nourrissent d'excellents moutons; agriculture; commerce de grains et de bestiaux; 5000 hab.

ISKANDERIC. *Voyez* SCUTARI.

ISKER (l'), riv. de la Turquie d'Europe, qui descend des monts Dupindsclia dans l'eyalet de Roum-ili, passe près de Samakov et à quelques milles de Sophia, et se jette dans le Danube, dans le liva de Nicopoli.

ISKOURIAH ou ISGOUR (la *Dioscurias* des anciens), autrefois un des principaux ports de l'Abasie, est aujourd'hui tout à fait déchu. Le commerce s'est porté à Sokhoum-Kalah, également en décadence; et il y existe à peine une centaine de huttes, habitées par des marchands. Des vestiges d'anciennes fortifications, des restes de murailles témoignent de la grandeur de Dioscurias où l'on voyait, dit Pline, des négociants de 300 langues différentes, et où, sous la domination des Romains, l'on traitait par l'entremise de 130 interprètes.

ISLA-DE-PINOS. *Voyez* PINOS.

ISLA-DE-SANTJAGO, pet. île au S.-E. de celle de Porto-Rico dont elle dépend.

ISLAMABAD, v. de l'Inde anglaise, présidence de Calcutta, prov. du Bengale, chef-lieu du district de Tchittagong, sur le fleuve de ce nom et à 3 l. de son embouchure. L'entrée de son port est dangereuse; néanmoins cette ville fait un commerce considérable et possède des chantiers importants.

ISLAMBOUL. *Voyez* CONSTANTINOPLE.

ISLAMNAGAR, v. et forteresse de l'Inde, dans le Malwâ; elle est située sur la Betwah et appartient au radjah de Bopal, tributaire des Anglais.

ISLAMNAGAR, forteresse de l'Inde, située dans le désert de Moultan; occupée par les Seikhs, tributaires des Anglais.

ISLAND, vg. de Fr., Yonne, arr., cant. et poste d'Avallon; 530 hab.

ISLANDE, cette île, d'après sa position géographique, appartient à l'Amérique. Elle est située entre 63° 35′ et 66° 36′ lat. N., et entre 17° et 27° long. occ.; au N. elle est baignée par l'Océan Arctique Glacial, au S. par l'Océan Atlantique. Sa superficie est de 1800 l. c. géogr. L'aspect de l'Islande est triste, sauvage, terrible; des montagnes hautes, nues, abruptes, couvertes de neiges et de glaces éternelles la traversent en tous sens; des roches déchirées, de grands courants de lave, appelés braune, témoignent des fréquents tremblements de terre et des éruptions nombreuses de volcans qui ont dévasté ce pays. Pas un arbre ne réjouit l'œil; quelques bouleaux rabougris s'élèvent à peine à quelques pieds sur les terrains les plus favorisés, les mieux abrités. Et cependant l'Islande fut un jour peuplée et florissante; la nature lui souriait davantage; elle eut son époque de science et d'imagination et produisit des historiens et des poëtes distingués.

La plupart des montagnes sont couvertes de neige éternelle, dont une partie se détache en été et roule en avalanches au fond des vallées; plusieurs d'entre elles sont ignivores. Les principales rivières de l'Islande sont le Guitaa et le Thiorsaa; le Mywatn et le Thingwalle-watn sont les principaux lacs intérieurs de l'île, qui renferme aussi un grand nombre de marais. Le plus célèbre des volcans de l'Islande est l'Hekla, le plus ancien, car on connaît ses éruptions depuis l'an 1004 de notre ère, le plus connu, puisqu'il est situé sur la côte méridionale la plus fréquentée. La première éruption du Krabla, situé sur la côte septentrionale, eut lieu en 1724, et bientôt après les montagnes voisines, le Leirniukur, le Biarnaflag, le Hitzool, vomirent également des flammes. Le Kotligiau et l'OEraifa, sur la côte méridionale, eurent des éruptions vers la même époque; enfin dans d'autres parties de l'île il y a encore plusieurs volcans en ignition. Il est probable qu'il existe un rapport intime entre les volcans de l'Islande et le grand nombre de sources thermales qui se trouvent sur toutes ses côtes, mais principalement sur la côte S.-O. Il y en a de deux espèces : celles qui coulent régulièrement; on les appelle laugar ou bains; et celles qui s'élèvent en bouillonnant et qui forment souvent des jets d'eau magnifiques; on les appelle huer ou kittel, c'est-à-dire bassins. La température et la nature de l'eau de ces sources varient beaucoup; le plus célèbre du grand nombre de huern que l'on rencontre en Islande est sans contredit le Geiser, à 10 l. N. de l'Hekla. Dans un rayon de 600 mètres se trouvent quatre fortes sources thermales, chacune environnée de plusieurs petites, le Grand et le Petit-Geiser et le Grand et le Petit-Strock; leurs eaux s'élèvent à une hauteur prodigieuse. Les deux Strock bouillonnent continuellement; les Geiser ne surgissent que par intervalle, le plus souvent pendant les jours froids et humides. On y entend toutes les demi-heures un fort bruit souterrain; le Grand-Geiser a un bassin de 100 pieds de circonférence; lorsqu'il s'élève, sa colonne d'eau a environ 19 pieds de diamètre et atteint parfois une hauteur de 60 à 100 pieds. Toutes ces sources thermales subissent souvent des changements; il s'en perd, il en naît de nouvelles, il en existe même près des côtes au fond de la mer, où le bouillonnement des eaux et la fumée les ont fait découvrir. Les tremblements de terre sont fréquents; leurs effets ont quelquefois été terribles et ont produit, notamment en 1755 et 1783, des famines et des épidémies. Les orages sont rares; les aurores boréales très-ordinaires. Il paraît certain que le climat de l'Islande a subi de fâcheux changements; on trouve dans les anciens écrits des preuves certaines que cette île produisait du bois et des céréales qu'on n'y rencontre plus aujourd'hui. Les glaçons qui tous les ans viennent du N. couvrent les côtes, remplissent les baies et les golfes et restent quelquefois jusqu'au milieu de l'été; le froid qu'ils répandent tue la végétation et a souvent produit des famines affreuses; les animaux manquaient d'herbe et la glace ôtait aux habitants leur principale ressource : la pêche.

L'Islandais cultive, dans les petits jardins qui entourent sa maison, des pommes de terre, des raves, des choux, du lin, des radis, du cresson, etc.; il réduit en farine la mousse d'Islande, qu'on exporte comme plante médicinale et qu'on mange diversement apprêtée. Le pain est un article de luxe. La tourbe, la houille et une espèce de bois fossile appelé surturbrand suppléent au bois. La mer jette sur les côtes N. et E. beaucoup de bois flotté, surtout des mélèzes et des sapins parfois encore verts; on n'a pas encore su se rendre compte de ce singulier phénomène. La nourriture principale de l'Islandais consiste en poissons; ses nombreux troupeaux de bétail et de moutons lui fournissent du lait, de la viande; les derniers la laine qui l'habille. Les chevaux sont petits, mais musculeux. Sauf des chats sauvages et des renards, l'Islande ne renferme que des quadrupèdes domestiques. Il arrive bien quelquefois qu'un ours blanc, perdu sur un glaçon, est jeté sur la côte, mais il est bientôt tué. Le grand nombre d'oiseaux aquatiques qui se tiennent au bord de la mer offrent une grande ressource; parmi eux se trouvent l'espèce d'oie qui donne l'édredon; les lacs intérieurs sont peuplés de cygnes.

La population de l'Islande est de 50 à 55,000 âmes. L'Islandais est petit, assez faible de constitution, d'un caractère sérieux. Il aime beaucoup sa patrie et est singulièrement familiarisé avec les traditions de son histoire et les vers de ses poëtes; presque tous savent lire et écrire. Ses mœurs sont pures, et son intelligence est développée. La langue qu'il parle est l'ancienne langue scandinave; sur les côtes on se sert aussi beaucoup de la langue danoise. Il n'y a pas en Islande de ville proprement dite; les villages ne sont que la réunion d'un petit nombre de maisons. Les fermes sont dispersées et bâties aux endroits où il y a de bonnes prairies et des sources. La côte S.-O. est la mieux peuplée. Le nombre d'habitations de l'intérieur est très-faible. Les maisons sont petites et basses, bâties avec de la tourbe et de la lave et couvertes de gazon.

On rapporte que ce fut un aventurier norwégien, nommé Nadoddr, qui, jeté par la tempête sur les côtes de l'Islande, découvrit le premier cette île, en 861, et l'appela Inioland, pays de neige. Un Suédois, Flake, tenta après lui le voyage et hiverna dans ce pays auquel il donna son nom actuel d'Islande (pays de glace). En 874 deux aventuriers s'y établirent définitivement, et au bout de 60 ans toute l'île fut habitée par des Suédois, des Danois et surtout des Norwégiens, qui conservèrent le genre de vie auquel ils étaient habitués, l'agriculture, l'éducation du bétail, la pêche, la guerre et la piraterie. Le christianisme pénétra en Islande en l'an 1000, mais ne réussit que difficilement à dompter le rude caractère de ses habitants. En 1261 les rois de la Norwège, profitant des troubles civils qui la divisaient, la soumirent à leur couronne; l'Islande fit partie de leur état jusqu'en 1387; depuis ce temps elle obéit au Danemark. Mais la belle époque de l'Islande fut celle de son indépendance; les courses aventureuses de ses enfants, leurs expéditions lointaines (des Islandais avaient pris part aux croisades), leurs guerres enflammèrent le génie de ses poëtes, et la science fut intoduite par le christianisme. La mythologie scandinave nous a été conservée dans deux recueils intitulés *Edda;* le premier a été composé à la fin du onzième siècle, par Sæmund Sigfusson et Arc Frode; le second, intitulé la *Petite Edda*, par Snorro Sturleson, qui fut pendant un temps le magistrat suprême de l'Islande et nous a laissé en outre, sous le nom de *Heims-*

kringla, une histoire du monde. On conserve encore en Islande, sous le nom de *Sagas*, une foule de traditions et d'histoires relatives à la colonisation et aux entreprises des premiers habitants, ainsi qu'un livre de droit qui porte le titre singulier de *Gragas* (l'oie grise). Sous la domination norwégienne l'héroïsme et l'esprit poétique se perdirent. La décadence fut hâtée par la terrible peste qui ravagea l'Europe et l'Islande dans le quatorzième et le quinzième siècle; la population diminua, l'aisance disparut et l'ignorance prit le dessus. De 1541 à 1550 le protestantisme fut introduit en Islande; cette île s'est relevée dans les temps modernes, et ses habitants ont acquis le caractère remarquable dont nous avons parlé plus haut.

Aujourd'hui l'Islande, gouvernée au nom du roi de Danemark, est divisée en trois bailliages; les bailliages sont subdivisés en 21 districts, appelés syssel, et ceux-ci en 184 paroisses. Les trois bailliages sont: Sonderamtel (bailliage du S.), Vesteramtel (bailliage de l'O.), Norder og Osteramtel (bailliages du N. et de l'E.). Reikevig ou Reikiavik, pet. v. de 600 hab., est regardée comme la capitale de toute l'île, étant le siége du grand-bailli, du tribunal suprême et de l'évêché. Les autres endroits les plus remarquables sont: Lambhuus, Bessestad, Skalholt, Holum, etc. Les impôts que payent les Islandais sont peu considérables et ne suffisent pas à couvrir les frais d'administration.

ISLANDS (bay of) ou **Baie-des-Iles**, baie sur la côte O. de la Terre-Neuve, entre le Cap-Sud (South-Head) et le Cap-Nord (North-Head). Elle a trois entrées et reçoit différents fleuves, entre autres la Humber, le plus grand cours d'eau de l'île. Elle renferme de nombreuses îles dont celles de Harbour, de Pearl, de Guernsey, de Tweed et de Green sont les plus considérables.

ISLANEGANDJ ou **Islamgunge**, v. de l'Inde anglaise, présidence de Calcutta, prov. de Bahar; industrieuse et commerçante; 3000 hab.

ISLAY ou **Ilay**, la plus méridionale du groupe des Hébrides, à l'O. de Cantyre; elle a 4 l. c. géogr. de superficie. Le climat y est humide et plus froid que dans les autres îles du groupe; cependant on récolte suffisamment de l'orge, de l'avoine, des pommes de terre et du lin; les montagnes fournissent du fer, du plomb, du cuivre, de l'éméri, de la chaux et de la marne; la pêche y est très-abondante; l'éducation du bétail et la fabrication de la toile forment la principale occupation de ses habitants, qui sont très-doux et assez civilisés. On exporte des bêtes à cornes, des poissons, des plumes, des chevaux, du fromage, du beurre et du malt; 10,000 hab.

ISLE (l'), *Insula*, riv. de Fr., a sa source dans un embranchement des monts d'Auvergne, qui traverse la partie méridionale du dép. de la Haute-Vienne, au S. de Nexon, arr. de Limoges; elle coule vers le S.-S.-O., entre dans le dép. de la Dordogne, qu'elle traverse dans la même direction, en passant par Jumillac, Savignac, Périgueux, Neuvic, Mucidan, Monpont, pénètre ensuite dans le dép. de la Gironde, où elle se jette dans la Dordogne à Libourne, après 50 l. de cours, dont 26 de navigation.

ISLE (Saint-), vg. de Fr., Mayenne, arr. de Laval, cant. de Loiron, poste de la Gravelle; 180 hab.

ISLE (l'), pet. v. de Fr., Vaucluse, arr. et à 5 1/2 l. E. d'Avignon, chef-lieu de canton et poste; elle est située sur la route de la fontaine de Vaucluse, dans une île formée par la Sorgue; fabr. de couvertures de laine, de soieries, cadis, draps, molletons; commerce de vins, huile, soie, laine et garance; 6277 hab.

ISLE, vg. de Fr., Haute-Vienne, arr., cant., et poste de Limoges; filatures; papeteries; 1390 hab.

ISLE-ADAM (l'), b. de Fr., Seine-et-Oise, arr. et à 4 l. E.-N.-E. de Pontoise, chef-lieu de canton et poste; il est situé sur la rive gauche de l'Oise et environné de châteaux et de belles maisons de campagne; commerce de farine; manufactures de porcelaine; carrières de pierres de taille; 1542 h.

ISLE-ARNÉ (l'), vg. de Fr., Gers, arr. d'Auch, cant. et poste de Gimont; 210 hab.

ISLE-AUMONT, vg. de Fr., Aube, arr. et poste de Troyes, cant. de Bouilley; 160 h.

ISLE-AUX-COUDRES. *Voyez* Northampton.

ISLE-AUX-MOINES, vg. de Fr., Morbihan, arr., cant. et poste de Vannes; 1540 h.

ISLE-BAISE, vg. de Fr., Gers, arr. et poste de Mirande, cant de Montesquieu; 1010 h.

ISLE-BARBE, ham. de Fr., Rhône, com. de St.-Rambert-l'Isle-Barbe; 100 hab.

ISLE-BASCOUS (l'), ham. de Fr., Gers, com. de Ramouzens; 150 hab.

ISLE-BOUCHARD (l'), pet. v. de Fr., Indre-et-Loire, arr. et à 4 l. E.-S.-E. de Chinon, chef-lieu de canton et poste; elle est située dans une île formée par la Vienne à l'embouchure de la Manse; commerce de vins, eaux-de-vie, huile de noix, fruits secs, bestiaux, cuirs, cire, amandes; 1650 hab.

ISLE-BOUZON (l'), vg. de Fr., Gers, arr. de Lectoure, cant. et poste de St.-Clar; 970 hab.

ISLE-D'ABEAU, vg. de Fr., Isère, arr. de Vienne, cant. de la Verpillière, poste de Bourgoin; 890 hab.

ISLE-D'AIX (l'), vg. de Fr., Charente-Inférieure, arr. et cant. de Rochefort-sur-Mer, poste; 260 hab.

ISLE-D'ALBI (l'), pet. v. de Fr., Tarn, arr. et à 2 1/2 l. S.-O. de Gaillac, chef-lieu de canton et poste; 5070 hab.

ISLE-D'ARZ, vg. de Fr., Morbihan, arr., cant. et poste de Vannes; 1080 hab.

ISLE-DE-BAIX, ham. de Fr., Drôme, com. de Mirmande; 130 hab.

ISLE-DE-BATZS (l'), vg. de Fr., Finistère, arr. de Morlaix, cant. de St.-Pol-de-Léon, poste de Roscoff; 1030 hab.

ISLE-DE-FRANCE, ancienne prov. de Fr.; elle était bornée au N. par la Picardie, à l'O. par la Normandie, au S. par l'Orléanais et à l'E. par la Champagne; elle faisait partie du domaine originaire de la couronne sous Hugues Capet. Cette province, qui forme aujourd'hui les cinq départements de la Seine, de Seine-et-Oise, Seine-et-Marne, de l'Oise et de l'Aisne, comprenait un grand nombre de seigneuries ou petites provinces particulières, telles que la Brie-Française, le Vexin-Français, le Vermandois, le Beauvaisis, une partie de la Picardie, le Laonnais, le Gâtinais, etc. Ces nombreuses subdivisions nous empêchent d'entrer, à propos de l'article Isle-de-France, dans des détails qui dépasseraient le cadre de notre ouvrage, et nous exposeraient à des répétitions inutiles. Nous renvoyons donc nos lecteurs aux articles spéciaux qui concernent ces différentes subdivisions.

ISLE-D'ELLE (l'), vg. de Fr., Vendée, arr. de Fontenay-le-Comte, cant. de Chaillé-les-Marais, poste de Marans; 1330 hab.

ISLE-DE-SEINS (l'), vg. de Fr., Finistère, arr. de Quimper, cant. et poste de Pont-Croix; 470 hab.

ISLE-D'ESPAGNAC (l'), vg. de Fr., Charente, arr., cant. et poste d'Angoulême; 530 hab.

ISLE-D'OLERON (l'). *Voyez* CHÂTEAU-D'OLERON (le).

ISLE-EN-BARROIS (l'), vg. de Fr., Meuse, arr. de Bar-le-Duc, cant. de Vaubecourt, poste de Beauzée; 200 hab.

ISLE-EN-DODON (l'), pet. v. de Fr., Haute-Garonne, arr. et à 8 l. N. de St.-Gaudens, chef-lieu de canton et poste; 1700 hab.

ISLE-EN-RIGAUT (l'), vg. de Fr., Meuse, arr. et poste de Bar-le-Duc, cant. d'Ancerville; haut-fourneau, forges; papeterie; 560 hab.

ISLE-HAUTE. *Voyez* DEER-ISLE.

ISLE-JOURDAIN (l'), b. de Fr., Vienne, arr. et à 6 1/2 l. S.-S.-O. de Montmorillon, chef-lieu de canton et poste; 687 hab.

ISLEMADE. *Voyez* BARRY et la GARDE-D'ISLEMADE.

ISLEMJÉ. *Voyez* SELIMNIA.

ISLE-MOLÈNE (l'), vg. de Fr., Finistère, arr. de Brest, cant. et poste de St.-Renan; 340 hab.

ISLE-OF-WIGHT, comté de l'état de Virginie, États-Unis de l'Amérique du Nord; il est borné par les comtés de Nansemond et de Surry; 12,000 hab.

ISLE-RONDE. *Voyez* GRENADILLES.

ISLE-ROUSSE (l'), pet. v. forte et port de Fr., Corse, arr. et à 4 l. E.-N.-E. de Calvi, chef-lieu de canton et poste; tribunal de commerce; 1550 hab.

ISLES (Grandes et Petites-), ham. de Fr., Isère, com. de Moirans; 650 hab.

ISLE-SAINT-DENIS (l'), vg. de Fr., Seine, arr., cant. et poste de St.-Denis; 220 hab.

ISLE-SAINT-GEORGES, vg. de Fr., Gironde, arr. de Bordeaux, cant. de la Brède, poste de Castres; 360 hab.

ISLE-SAINT-MARTIN (l'), ham. de Fr., Indre-et-Loire, com. de Rigny; 300 hab.

ISLE SAINT-MARTIN (l'), ham. de Fr., Indre-et-Loire, com. de la Chapelle-sur-Loire; 110 hab.

ISLES-AUX-FRÉGATES. *Voyez* FRÉGATES.

ISLES-BARDEL (les), vg. de Fr., Calvados, arr. et cant. de Falaise, poste de Pont-d'Ouilly; 350 hab.

ISLES-LES-VILLENOIS (les), vg. de Fr., Seine-et-Marne, arr. et poste de Meaux, cant. de Claye; 260 hab.

ISLES-SAINT-THAURIN, ham. de Fr., Loir-et-Cher, com. de Selles-St.-Denis; 110 hab.

ISLES-SOUS-RAMERUPT ou ISLES-SUR-AUBE, vg. de Fr., Aube, arr. d'Arcis-sur-Aube, cant. et poste de Ramerupt; 370 hab.

ISLES-SUR-SUIPPE, vg. de Fr., Marne, arr. de Reims, cant. de Bourgogne, poste; fabr. de châles; foulerie; 640 hab.

ISLE-SUR-LE-DOUBS (l'), b. de Fr., Doubs, arr. et à 5 1/2 l. N.-E. de Baume-les-Dames, chef-lieu de canton et poste; haut-fourneau; forges; 1123 hab.

ISLE-SUR-LE-SEREIN (l'), b. de Fr., Yonne, arr. et à 4 l. N.-E. d'Avellon, chef-lieu de canton, poste de Lucy-le-Bois; 920 h.

ISLE-SUR-MARMANDE (l'), vg. de Fr., Allier, arr. de Montluçon, cant. et poste de Cérilly; 390 hab.

ISLETA, pet. île à l'entrée du port de Copiapo, rép. du Chili.

ISLETTES (les), vg. de Fr., Meuse, arr. de Verdun, cant. et poste de Clermont-en-Argonne; verrerie à bouteilles; 1404 hab.

ISLE-TUDY (l'), vg. de Fr., Finistère, arr. de Quimper, cant. et poste de Pont-l'Abbé; 290 hab.

ISLEWORTH, vg. d'Angleterre, comté de Middlesex, près de Londres; remarquable par le voisinage de Sion-House, un des plus magnifiques châteaux de l'Angleterre, appartenant au duc de Northumberland.

ISLINGTON, gr. et beau vg. réuni à Londres et changé en ville; possède de nombreuses fabriques, spécialement de céruse; et une source d'eau minérale; 22,000 hab.

ISLIP, vg. d'Angleterre, comté et sur le canal d'Oxford; patrie du roi Édouard-le-Confesseur ou le Débonnaire, mort en 1066.

ISLOTTE (la Grande et la Petite-), deux pet. îles rocailleuses, à 1/2 l. O. de St.-Barthélemy, Petites-Antilles, dont elles dépendent.

ISMAÉLITES, g. a., peuple descendant d'Ismaël, fils d'Abraham; il habitait l'Arabie Pétrée.

ISMAIL, v. de la Russie d'Europe méridionale, chef-lieu d'un cercle de même nom dans le gouv. de Bessarabie. Cette ville a des fortifications importantes; elle était la plus belle ville du gouvernement et comptait de 20,000 à 30,000 habitants avant 1789, année dans laquelle Souvarow la réduisit en cendres et y fit un horrible massacre. Sa population est encore de 13,000 hab.

ISMANING, vg. parois. de la Bavière, cer. de l'Isar, dist. et à 3 1/2 l. de Munich; possession et résidence d'été de la famille ducale de Leuchtenberg; 720 hab.

ISMIER (Saint-), vg. de Fr., Isère, arr. et cant. de Grenoble, poste de Crolles; 1330 hab.

ISNEAUVILLE, vg. de Fr., Seine-Inférieure, arr. et poste de Rouen, cant. de Darnetal; 990 hab.

ISNELLE, v. du roy. des Deux-Siciles, intendance de Palerme, non loin de la mer.

ISNY, *Isna*, pet. v. du Wurtemberg, cer. du Danube, gr.-bge de Wangen, sur l'Argen, dans une vallée profonde; fabrication de dés et d'aiguilles à coudre, d'étoffes de soie et de toiles; 1790 hab.

Des antiquités romaines prouvent son ancienne origine, et l'on fait dériver son nom d'un temple d'Isis. Ville libre dès 1365, elle eut beaucoup à souffrir pendant les guerres des deux derniers siècles. Patrie de Gœckhlmann dit Henri d'Isny (1222), fils d'un forgeron, devenu archevêque de Mayence et confident de l'empereur Rodolphe de Habsbourg.

ISOLA. *Voyez* MANTINERA.

ISOLA, v. épiscopale du roy. des Deux-Siciles, prov. de la Calabre ultérieure IIe, au pied de la montagne della Stella; 2800 h.

ISOLA, *Alietum*, b. d'Illyrie, gouv. de Trieste, cer. d'Istrie, sur le golfe de Trieste; on y récolte un vin très-capiteux, appelé vin de Ribolla; 3000 hab.

ISOLA-BELLA, **ISOLA-MADRE** et **ISOLA-SUPERIORE**. *Voyez* BORROMÉES (îles).

ISOLACCIO, b. de Fr., Corse, arr. de Corte, cant. de Prunelli-Fiumorbo, poste de Vezzani; 1210 hab.

ISOLA-DELLA-SCALA, b. du roy. Lombard-Vénitien, gouv. de Venise, délégation de Vérone, chef-lieu de district, sur le Tartaro; 2600 hab.

ISOMES, vg. de Fr., Haute-Marne, arr. de Langres, cant. et poste de Prauthoy; 340 hab.

ISON, vg. de Fr., Drôme, arr. de Nions, cant. et poste de Séderon; 140 hab.

ISPAGNAC ou ESPAGNAC, b. de Fr., Lozère, arr., cant., poste et à 2 l. N.-O. de Florac; il est très-agréablement situé sur les bords du Tarn, et renferme quelques constructions assez remarquables; manufactures de mouchoirs et de toiles et filat. de coton; 1800 hab.

ISPAHAN ou ISFAHAN (l'*Aspadana* de Ptolémée), ancienne capitale du roy. de Perse, est située dans la prov. d'Irak-Adjémi, sur la rive gauche du Zendeh-roud, dans une contrée charmante, une des mieux cultivées du royaume. Cette ville a beaucoup souffert par des tremblements de terre, des guerres civiles et par la translation de la résidence royale à Téhéran; aussi n'a-t-elle plus que l'ombre de sa splendeur passée, et sa population qui, sous Abbat-le-Grand, était de 700,000 âmes, est-elle aujourd'hui de 200,000, chiffre plus élevé toutefois que celui que lui trouvèrent Olivier, Morié et Dupré. Ispahan se relève donc de sa décadence. Son étendue est immense; mais plusieurs de ses quartiers sont en ruines et quelques-uns de ses faubourgs ont complétement disparu. Les rues sont étroites, irrégulières et sales; les maisons ont une triste apparence, les palais, les mosquées et autres édifices publics, bâtis en briques, ont seuls un meilleur aspect. Le principal de ces édifices aujourd'hui existant est l'ancien palais royal, vaste ensemble de constructions qui renferme plusieurs bâtisses remarquables, telles que le Tchihl-Soutoun ou palais des quarante colonnes, l'Ahneikhané ou palais de glace, et le Talaritavile ou pavillon de l'écurie. Le premier surtout est digne d'attention par sa salle d'audience, les peintures et les sculptures dont il est décoré et par les jardins qui l'entourent. Après le palais royal, il faut citer celui de Seadetabad (séjour du bonheur), destiné aux ambassadeurs: le beau palais de Feth-Ali-Chah ou Amaret-nou, bâti en 1810; la mosquée royale, la mosquée de Loutfallah, etc. L'immense place de Meïdau, où se tenaient autrefois des marchés si considérables, reste aujourd'hui presque déserte. Le Tcharbag, superbe avenue plantée de platanes et coupée par le Zendeh-roud, qu'on y passe sur deux ponts en briques et en pierres de taille, est toujours un des ornements de la ville; il mène du Meïdan sur les hauteurs à l'E. d'Ispahan. Le bazar d'Abbas, dont les galeries ont une demi-lieue de longueur, bazar éclairé par des dômes et garni de boutiques, a également perdu de son mouvement, et la foule des marchands ne s'y presse plus comme autrefois. Ispahan est néanmoins encore une ville très-industrieuse; elle possède d'importantes manufactures d'étoffes de soie, de coton, de velours, de draps, de verre colorié pour les fenêtres, des teintureries, des tanneries, des fabr. de sucre, de poterie; des manufactures d'armes à feu belles et recherchées. Le nombre des négociants établis à Ispahan est considérable, son commerce étendu et florissant; centre du commerce intérieur de la Perse, cette ville envoie tous les ans des caravanes dans l'Asie-Mineure, dans l'Inde et à Kandahar. Les Juifs et les Arméniens y sont très-nombreux; les premiers demeurent dans le faubourg de Iahoudia; les seconds, ainsi que leur archevêque, dans le faubourg de Djoulfa. Elle renferme un grand nombre de caravansérails, de bains publics et possède plusieurs grands colléges, dont le plus important par le nombre de ses professeurs est le Medressé de la mosquée royale.

ISPÉGUY, ham. de Fr., Basses-Pyrénées, com. de St.-Étienne-de-Baigowy; 150 hab.

ISPER, b. de la Basse-Autriche, cer. supérieur du Mannhartsberg, l'ancien *Usbinum*, situé dans la vallée et sur la rivière du même nom.

ISPOURE, vg. de Fr., Basses-Pyrénées, arr. de Mauléon, cant. et poste de St.-Jean-Pied-de-Port; 550 hab.

ISQUES, vg. de Fr., Pas-de-Calais, arr. et poste de Boulogne-sur-Mer, cant. de La-mer; 280 hab.

ISSAC, vg. de Fr., Dordogne, arr. de Bergerac, cant. de Villemblard, poste de Mussidan; 1040 hab.

ISSAMOULENE, vg. de Fr., Ardèche, arr. de Privas, cant. et poste de St.-Pierreville; 810 hab.

ISSANCOURT-RUMEL, vg. de Fr., Ardennes, arr., cant. et poste de Mézières; 440 h.

ISSANLAS, ham. de Fr., Ardèche, com. de Mazan; 120 hab.

ISSANS, vg. de Fr., Doubs, arr., cant. et poste de Montbéliard; 140 hab.

ISSABLÈS, vg. de Fr., Ardèche, arr. de l'Argentière, cant. de Coucouron, poste de Langogne; 1420 hab.

ISSARS (les), vg. de Fr., Arriège, arr., cant. et poste de Pamiers; 230 hab.

ISSE, vg. de Fr., Marne, arr., cant. et poste de Châlons-sur-Marne; 140 hab.

ISSÉ, vg. de Fr., Loire-Inférieure, arr. de Châteaubriant, cant. de Moisdon-la-Rivière, poste de la Meilleraie; 1680 hab.

ISSEL, vg. de Fr., Aude, arr., cant. et poste de Castelnaudary; 790 hab.

ISSELBOURG, v. de Prusse, prov. du Rhin, rég. de Dusseldorf, sur la Vieille-Issel; industrielle et commerçante On voit près de cette ville un établissement connu sous le nom de fonderie de Minerve; 720 h.

ISSELHORST, vg. de Prusse, prov. de Westphalie, rég. de Minden; renommé pour son beau fil, qui est employé en Belgique à la fabrication de dentelles; 1180 h.

ISSENDOLUS, vg. de Fr., Lot, arr. de Figeac, cant. de la Capelle-Marival, poste de Gramat; 1060 hab.

ISSENHAUSEN, vg. de Fr., Bas-Rhin, arr. de Saverne, cant. de Hochfelden, poste de Bouxwiller; 150 hab.

ISSENHAY, vg. de Hongrie, cer. en-deçà du Danube, comitat de Thurocz; les habitants fabriquent une grande quantité d'objets en bois.

ISSENHEIM, vg. de Fr., Haut-Rhin, arr. de Colmar, cant. et poste de Soultz; filat. de coton; 1395 hab.

ISSEPTS, vg. de Fr., Lot, arr. et poste de Figeac, cant. de Livernon; 580 hab.

ISSERPENT, vg. de Fr., Allier, arr., cant. et poste de la Palisse; 960 hab.

ISSERTAUX, vg. de Fr., Puy-de-Dôme, arr. de Clermont-Ferrand, cant. de Vic-le-Comte, poste de Billom; 1060 hab.

ISSIGEAC, pet. v. de Fr., Dordogne, arr. et à 3 1/2 l. S.-S.-E. de Bergerac, chef-lieu de canton et poste; fabr. de cuirs; 1004 hab.

ISSI-KOUL, lac de la Dzoungarie, d'où sort le Tchoui, qui se rend dans le Turkestan et se jette dans le lac Kaban-koulak.

ISSINGEAUX. *Voyez* YSSINGEAUX.

ISSINI, roy. dans la Haute-Guinée, côte d'Ivoire, à l'E. du roy. de Lahou; abeilles, singes, civettes, sauterelles, fourmis, etc., en grand nombre; Assoko, capitale.

ISSIRAC, vg. de Fr., Gard, arr. d'Uzès, cant. et poste de Pont-St.-Esprit; 600 hab.

ISSOIRE, *Iciodurum*, *Issiodurum*, v. de Fr., Puy-de-Dôme, chef-lieu d'arrondissement, à 7 l. S.-S.-E. de Clermont-Ferrand et à 105 l. de Paris; siége d'un tribunal de première instance et conservation des hypothèques. Cette ville, agréablement située près du confluent de la Cronze et de l'Allier, est en général bien bâtie; de belles promenades ont remplacé ses anciennes fortifications; elle renferme une église fort ancienne et une place immense où se tiennent les foires; elle a un collége et une société d'agriculture; fabr. de porcelaine et de limousines; verrerie; commerce d'huile de noix, de chanvre, vins, pommes; foires : le 26 janvier, lundi de Quasimodo et le 10 août; 5750 hab.

Issoire est une ville d'une haute antiquité. Les Romains, et après eux les Barbares, la saccagèrent successivement. Au moyen âge elle fut plusieurs fois dévastée pendant les guerres fréquentes entre les dauphins d'Auvergne et les rois de France. Les discordes civiles, allumées par les haines religieuses, ne lui furent pas moins fatales. Les protestants et les catholiques s'en rendirent maîtres tour à tour. Ces derniers la brûlèrent en 1574 et massacrèrent les habitants. Relevée quelques années après, elle fut de nouveau assiégée, prise et incendiée par les ligueurs. Sous Louis XIII elle répara peu à peu ses désastres, dont les traces ont depuis longtemps disparu. Cette ville est la patrie du cardinal Duprat (Antoine), chancelier sous François Ier. Les mesures atroces que ce ministre ordonna contre les réformés ont justement flétri sa mémoire (1463 — 1535).

ISSON, vg. de Fr., Marne, arr. de Vitry-le-Français, cant. et poste de St.-Remy-en-Bouzemont; 120 hab.

ISSONCOURT, vg. de Fr., Meuse, arr. de Bar-le-Duc, cant. de Triaucourt, cant. de Beauzée; 220 hab.

ISSOR, vg. de Fr., Basses-Pyrénées, arr. et poste d'Oloron, cant. d'Aramitz; 940 h.

ISSOU, vg. de Fr., Seine-et-Oise, arr. et poste de Mantes, cant. de Limay; 410 hab.

ISSOUDUN, vg. de Fr., Creuse, arr. d'Aubusson, cant. et poste de Chénérailles; 1240 hab.

ISSOUDUN, *Auxellodunum*, *Issoldunum*, *Exoldunum*, v. de Fr., Indre, chef-lieu d'arrondissement, à 7 l. N.-E. de Châteauroux et à 63 l. de Paris; siége de tribunaux de première instance et de commerce, direction des contributions indirectes, conservation des hypothèques, chambre consultative des manufactures. Cette ville, située sur la Théols, doit aux nombreux incendies qu'elle a éprouvés l'avantage d'être régulièrement bâtie, d'avoir des rues larges et des maisons élégantes et de construction moderne. Plusieurs belles promenades ajoutent encore à son agrément. Elle possède un collége et une salle de spectacle. Son industrie est assez importante; elle a des fabriques de draps, de toiles, de bonneterie et de parchemins; on y fait commerce de laine, de vins, de bestiaux et de blé. Chinault fait partie de la com. d'Issoudun. Foires : les 27 janvier, 2 mai, 23 juin, 21 juillet, 12 septembre, 12 octobre, 25 novembre, 26 décembre et samedi après la mi-carême; 11,654 hab.

L'origine d'Issoudun est couverte de ténèbres; cette ville existait avant l'invasion romaine. Les Gaulois Bituriges la brûlèrent pour arrêter la marche de l'armée de César, qui la releva lorsqu'il eût soumis les Gaules, et en fit une place forte. Lors de l'invasion des Barbares, elle tomba au pouvoir des Visigoths et ensuite sous la domination des Francs. A la dissolution de l'empire de Charlemagne, elle eut des comtes particuliers qui la gouvernèrent jusqu'au treizième siècle. On y voit encore une tour, reste d'un château bâti par les seigneurs d'Issoudun. La guerre des Anglais et les guerres religieuses attirèrent de grands désastres sur cette ville. Plus tard la révocation de l'édit de Nantes porta un coup fatal à son industrie et à son commerce, qui ne se sont relevés que bien longtemps après l'odieux décret de Louis XIV.

Issoudun est la patrie du célèbre acteur Baron, mort en 1655, et de Baron fils, non moins célèbre dans la même carrière (1729).

IS-SUR-TILLE, pet. v. de Fr., Côte-d'Or, arr. et à 6 l. N. de Dijon, chef-lieu de canton et poste, sur l'Ignon; fabr. de droguets; 1460 hab.

ISSUS. *Voyez* Payas.

ISSUS, vg. de Fr., Haute-Garonne, arr. de Villefranche-de-Lauragais, cant. de Montgiscard, poste de Baziège; 440 hab.

ISSY, vg. de Fr., Seine, arr., à 1 1/2 l. N. et cant. de Sceaux, poste. Ce village, bâti sur la pente d'une colline, près de la rive gauche de la Seine, est très-ancien et remarquable par un vieil édifice gothique que l'on voit sur une hauteur en face de l'église et qui remonte, dit-on, au temps du roi Childebert; fabr. de produits chimiques; 2104 hab.

ISSY-L'ÉVÊQUE, b. de Fr., Saône-et-Loire, arr. et à 9 l. S.-S.-O. d'Autun, chef-lieu de canton, poste de Luzy; 1860 hab.

ISTA, pet. v. de la Russie d'Europe, gouv. de Penza; est remarquable par sa manufacture impériale de haute-lisse et ses nombreuses fabr. de tapis.

ISTAKHAR, nom que les Persans donnent aux ruines de Persepolis, situées dans la prov. de Fars.

ISTANDA, pet. v. de la Turquie d'Europe, située dans l'eyalet de Roum-ili, liva d'Okhri, au bord du lac d'Okhri.

ISTANKIOI, nom que les Turcs donnent à l'île de Stancho (l'ancienne Cos).

ISTAPA, riche mine d'or dans l'état de Méchoacan, confédération mexicaine.

ISTENDIL. *Voyez* Tine.

ISTÉVONES, *Ittævones*, troisième branche des Germains, habitant le N.-O. de la Germanie. La branche des Istévones comprenait les peuplades suivantes : les Gugerniens, les Ubiens, les Vangiones, les Némètes et les Triboques, peuplades qui demeuraient toutes sur la rive gauche du Rhin; la rive droite de ce fleuve était habitée par les Sicambres, les Bructériens, les Marses, les Tubantes, les Tenhtériens, les Mattiaci, les Usipiens, les Chamavi, les Ansibariens et les Dulgibiniens, peuplades qui faisaient également partie de la branche des Istévones.

ISTHME ou Istmo, dép. de la rép. de la Nouvelle-Grenade, dont il forme l'extrémité N.-O. Il comprend tout l'isthme qui unit les deux Amérique et dont il tire son nom. Il s'étend entre 7° 16′ et 9° 42′ lat. N., et entre 80° 10′ et 85° 10′ long. O. Ses bornes sont : au N. la mer des Antilles, à l'E. le dép. de Cauca, au S. l'Océan Pacifique et à l'O. les États-Unis de l'Amérique centrale. Sa superficie est de 1200 l. c. géogr. avec 100,500 hab. Les côtes de ce département, battues par deux mers, sont très-déchirées et offrent plusieurs baies dont les plus remarquables sont : au N. la laguna de Chiriqui et le port de Puerto-Bello, au S. le magnifique golfe de Panama avec les baies de Parita et de San-Miguel. Ses promontoires les plus saillants sont : au N. la Punta-Escudo, la Punta-de-Brujas et la Punta-de-Manzanillo, son extrémité septentrionale; au S. la Punta-Escondido, la Punta-Chame et la Punta-Mala; à l'O. et au S. du golfe de Panama; la Punta-Meriato et la Punta-Burica, à l'O. Ce département, traversé de l'E. à l'O. par le chaînon occidental des Cordillères, est très-montagneux. De nombreuses ramifications se détachent du chaînon principal à l'E. et à l'O. et forment de charmantes vallées bien arrosées. Une de ces ramifications, appelée la Sierra Calatagua, est remarquable parce qu'on la regarde communément comme la ligne de démarcation entre l'Amérique du Nord et l'Amérique du Sud; elle sépare en même temps la prov. de Panama de celle de Véragua. Le climat est tropique dans toute la rigueur du mot. Le sol, généralement très-fertile, mais mal cultivé, offre les productions ordinaires de cette zone; le gibier, les poissons et les tortues y abondent. Il s'est formé, au-dessous du cap Blas, sur la côte de Darien, une colonie composée de sept pêcheurs, dont trois Anglais, deux Américains et deux Colombiens. Cette colonie, qui de nos jours compte environs 200 personnes, s'occupe principalement de la pêche des tortues. La pêche des perles, autrefois très-importante dans les deux mers du département et cédée, en 1823, à une compagnie anglaise, est presque abandonnée aujourd'hui. Parmi les cours d'eau de ce pays, peu considérables à cause de la proximité des côtes et des montagnes, nous ne citons que le Rio-Chagre, pour son importance comme voie commerciale entre Panama et Puerto-Bello, et le Bayano (Chépo). La situation de ce pays entre les deux mers les plus grandes de notre globe, ses nombreuses baies et excellents ports, sembleraient le destiner à devenir le centre du commerce des deux Océans; mais le manque de moyens de communications entre les deux côtes du département et le climat extrêmement malsain de la côte septentrionale ont été jusqu'ici très-défavorables à la prospérité du pays. Cependant, sous la domination espagnole, Panama et Puerto-Bello ont été deux des plus florissantes places de commerce de l'Amérique. Aujourd'hui Puerto-Bello est désert et Panama a beaucoup perdu de son importance, quoiqu'elle compte encore parmi les premières places de commerce de la côte occidentale de l'Amérique. Le projet de couper l'isthme entre Panama et Puerto-Bello a été entièrement abandonné comme inexécutable; cependant on s'occupe du projet d'un chemin de fer qui mènerait de Puerto-Bello à Panama ou à Chorréra.

Le dép. de l'Isthme comprend les deux prov. de Panama et de Véragua, subdivisées en cantons. Christophe Colomb découvrit, dans son troisième voyage, les côtes septentrionales de ce département qui autrefois faisait partie du roy. de Tierra-Firma, dont Panama était la capitale.

ISTIB ou **Ischtib**, *Stobi*, v. de la Turquie d'Europe, eyalet de Roum-ili, liva de Kustendil, avec un château fort; fruits excellents; 2500 à 3000 hab., qui travaillent le fer et l'acier.

ISTILLAR. *Voyez* Archipel.

ISTOUPALIE. *Voyez* Stampalia.

ISTOURNET, ham. de Fr., Aveyron, com. de Ste.-Radegonde; 120 hab.

ISTRES, b. de Fr., Bouches-du-Rhône, arr. et à 10 l. O. d'Aix, chef-lieu de canton, poste de Salon; commerce d'huiles, laine, foin, truis, kermès (vermillon); fabr. de produits chimiques et de sucre de betteraves; 3036 hab.

ISTRES (les), vg. de Fr., Marne, arr. d'Épernay, cant. et poste d'Avize; 120 hab.

ISTRIA. *Voyez* Capo-d'Istria.

ISTRIE, presqu'île de la mer Adriatique, dans la partie N.-E. de l'Italie, formée par les golfes de Trieste et de Carnero. Ses bornes sont : la Carniole, la Croatie et la prov. de Frioul (délégation d'Udine). L'air y est malsain, mais elle abonde en vins, huiles fines, pâturages, miel et bois de construction pour la marine, poissons, marbres et pierres de construction. Sa superficie est de 68 l. c. g., et sa population de 180,000 habitants; ceux des villes sont d'origine italienne, ceux des campagnes de race slave. Les Istriens ont un penchant insurmontable à la paresse, au *far niente*; les individus des basses classes ne travaillent qu'autant qu'il est nécessaire pour arriver au pain quotidien, et très-souvent ils se livrent au vol et au brigandage; dans ce pays si attrayant, on ne peut faire une lieue sans risquer d'être dévalisé.

Dans les temps anciens, l'Istrie faisait, comme aujourd'hui, partie de l'Illyrie; mais Auguste et Tibère la réunirent à l'Italie. Au quinzième siècle les Vénitiens en possédaient les deux tiers; le reste, la partie N.-E., se trouvait incorporé au duché de Carniole. Depuis la paix de Campo-Formio, l'Autriche est restée seule maîtresse de l'Istrie, agrandie, en 1804, de plusieurs autres provinces vénitiennes et réunie au gouv. de Trieste. Par la paix de Presbourg elle fut cédée à la France. Plus tard, elle fut réunie à l'Illyrie, et, en 1813, rendue à l'Autriche; depuis 1815 elle forme, avec quelques îles du golfe Carnero (Quarnero), une partie du roy. d'Illyrie, sous le nom de cer. d'Istrie. Les villes principales sont: Capo-d'Istria, Rovigno et Pirano.

ISTRIE (district d'), cer. de Fiume, gouv. de Trieste, roy. d'Illyrie; superficie 29 l. c. g., 50,000 hab.

ISTURITS, vg. de Fr., Basses-Pyrénées, arr. de Bayonne, cant. de la Bastide-Clairence, poste de Hasparren; 710 hab.

ISVORNIK. *Voyez* Zwornik.

ITABAYANNA, b. de l'emp. du Brésil, prov. de Sergipe, au pied de la montagne du même nom.

ITACOLUMI. *Voyez* Brésil.

ITAGUATES, peuplade indienne indépendante dans la rép. de l'Écuador, dép. d'Assuay. Elle habite le district entre le Maragnon et le Rio-Napo.

ITAGUAY ou **Taguahy**. *Voyez* Ilha-Grande (district).

ITAHIM. *Voyez* Paranaïba.

ITAHYPE, lac de l'emp. du Brésil, prov. de Bahia, comarque dos Ilhéos; il a 3 l. de longueur, sur près de 2 l. de large, reçoit de nombreux affluents et est très-poissonneux.

ITALICA. *Voyez* Sévilla-la-Viéja.

ITALIE, *Italia*, gr. presqu'île de l'Europe méridionale. Cette belle contrée, si puissante autrefois, si fière encore de ses antiques Césars, de ses monuments et des souvenirs d'une gloire depuis longtemps effacée, n'est plus aujourd'hui qu'un pays morcelé, sous la domination de plusieurs princes, auxquels la protection interessée des monarques plus puissants donne seule quelque valeur dans la balance politique de l'Europe.

L'Italie, adossée vers le N. à la formidable chaîne des Alpes, s'avance dans la Méditerranée, entre la mer Tyrrhénienne à l'O. et la mer Adriatique à l'E., et forme une longue et étroite presqu'île, qui s'étend entre 35° 45′ et 46° 40′ lat. N. (l'île de Malte comprise), depuis 3° 19′ jusqu'à 16° 15′ long. orient.; sa superficie, en y comprenant les îles, est de 5500 milles c., dont 950 pour les iles. Du côté de terre les Alpes forment la limite naturelle de l'Italie; au N.-O. elles la séparent de la France, au N. de la Suisse et de l'Autriche et au N.-E. également de l'Autriche. De tous les autres côtés elle est bornée par la mer. Ses côtes ont un développement de 800 l. et présentent un grand nombre de baies et de golfes, dont les plus considérables sont : au N.-O. le golfe de Gènes; à l'O. ceux de Livourne, de Piombino, de Gaëte, de Naples, de Salerne, de Policastro et de St.-Eufemie; au S. ceux de Tarente et de Squillace; à l'E. celui de Manfredonia et au N.-E. le golfe de Venise. Les principales chaînes de montagnes de l'Italie sont les Alpes et les Apennins. Celles-ci la traversent dans toute sa longueur du N.-O. au S.-E. Les Alpes maritimes, qui s'étendent depuis la côte entre Oneglia et Toulon jusqu'au mont Viso, forment la limite entre la Provence et le Piémont; les Alpes Cottiennes commencent au mont Viso et s'avancent jusqu'au Mont-Cenis, entre la prov. de Turin, le Daupliné et la Savoie; les Alpes Grecques s'élèvent entre les prov. de Turin et d'Aost et la Savoie, depuis le Mont-Cenis jusqu'au col du Bonhomme; les Alpes Pennines s'étendent au-delà du Mont-Blanc et du grand St.-Bernard depuis le col du Bonhomme jusqu'au Mont-Rosa, et séparent le Piémont de la Savoie et du Valais; enfin, les Alpes Rhétiques forment la longue chaîne qui sépare le royaume lombard-vénitien de la Rhétie septentrionale et de l'Allemagne. Toutes ces chaînes Alpiques ne détachent leurs ramifications que fort peu avant dans l'Italie supérieure, mais elles couvrent la Savoie, le pays de Nice et une partie du Piémont. Les Apennins sont la seule branche considérable qui, se séparant du massif principal des Alpes, entre Coni et Tende, traverse l'intérieur du pays. Cette chaîne, qui court d'abord de l'O. à l'E., parallèlement et contiguë à la côte, tourne ensuite vers le S.-E. et se dirige à une distance presque égale, entre la côte de l'Adriatique et celle de la mer Tyrrhénienne, jusqu'au détroit de Messine, où elle se perd sous la mer, et se relève en Sicile dont elle parcourt la partie orientale jusqu'au cap Passaro, pointe S.-E. de cette île.

Les cours d'eaux de cette contrée ont en général, à l'exception du Pô et de l'Adige, très-peu d'étendue. Les plus considérables se trouvent dans la Haute-Italie; ce sont : 1° Le Pô, qui a sa source au mont Viso, à 6000 pieds au-dessus du niveau de la mer, près du village de Pian-del-Ré; il coule de l'O. à l'E., à travers la Lombardie, et se jette dans la mer Adriatique par plusieurs embouchures, dont la principale forme le port de la Mæstra. L'embouchure septentrionale forme le port du Levant (Porto-di-Levante) et la plus méridionale le port Primaro. Ses principaux affluents de gauche, qui presque tous descendent des Alpes, sont: la Dora Baltea, la Sesia, le Tessin, l'Adda, l'Oglio et le Mincio, qui sort du lac de Garde; à droite il reçoit : le Tanaro, la Scrivia, la Trebbia, le Taro, la Parma, le Crostolo, la Sechia et le Panaro, qui tous, à l'exception du Tanaro, viennent des Apennins; 2° L'Adige, qui sort du Tyrol, coule vers l'E., parallèlement au Pô jusqu'à son embouchure dans l'Adriatique, où elle forme le port de Fossone; elle n'a aucun affluent remarquable; 3° la Brenta; 4° la Piave; 5° le Tagliamento, qui sortent également du Tyrol et se jettent dans le golfe de Venise; 6° l'Arno et 7° le Tibre, qui descendent des Apennins; le premier se jette dans la mer de Toscane, au-dessous de Pise; le second se jette par deux bouches dans la mer Tyrrhénienne, au-dessous de Rome. Parmi les lacs, dont les plus importants appartiennent à l'Italie septentrionale, on remarque le lac Majeur (Maggiore), ceux de Lugano, de Côme, de Garde, d'Iséo et de Bolsena (lac Thrasymène). Dans quelques régions de ce pays, particulièrement sur le versant occidental des Apennins, en Toscane, aux environs de Sienne, dans les états de l'Église et dans le roy. de Naples, on trouve de vastes terrains isolés que les émanations délétères du soufre et de l'alun, dont le sol est imprégné, rendent inhabitables. Telles sont les maremmes de Sienne, celles de Comachio et les Marais-Pontins au S. de Rome. L'Italie possède aussi un grand nombre de canaux, dont nous citerons les plus remarquables, savoir : le grand canal de Milano à Abbiate-Grasso, celui de Martesana, le canal Tassoni, qui conduit de Moncasale au Pô, au-dessous de Guastalla, le canal qui lie Legnago à Ostiglia; ceux de Rovigo, de Piovejo et celui qui mène de Ravenne au port Corsini; enfin le canal de Comachio et ceux des lagunes, navigables dans toutes les saisons et pour tous les tonnages.

Le climat de l'Italie est en général très-doux et partout agréable, excepté dans les parties montagneuses, où il est très-rude. La Basse-Italie et les environs de la mer jouissent d'un printemps presque continuel. Ce pays présente d'ailleurs, sous le rapport de la température, quatre zones bien distinctes : la plus froide comprend toute la Haute-Italie, où l'oranger ne peut croître en plein air que dans les lieux abrités contre le vent; la partie méridionale de la Toscane, les états de l'Église et le nord du roy. de Naples ont une température beaucoup plus chaude; le roy. de Naples, moins son extrémité la plus méridionale, forme la troizième zone; la neige y est très-rare et ne tient pas; enfin la pointe S. de la presqu'île et les îles de Malte et de Sicile offrent la zone chaude; on n'y voit jamais de neige que sur les hauts sommets des montagnes les plus élevées; les chaleurs y sont souvent excessives; les dattiers et les aloës y réussissent. En été le sirocco, vent qui vient d'Afrique, y est accablant, et un air empesté (*aria cattiva*) règne alors dans les maremmes et dans les contrées marécageuses, près des côtes de la Méditerranée.

Le sol de l'Italie est riche en végétaux de toute espèce, surtout en fruits délicieux; il produit le froment, le maïs, le riz, les légumes, le chanvre, le lin, le vin, des amandes, des figues, des olives, des citrons, des grenades, du coton, la réglisse, du safran, du tabac, des truffes, des dattes, la canne à sucre, des ananas, de la manne, des aloës, des capres; les lauriers y atteignent la hauteur de nos tilleuls; de belles forêts de pins, de chênes et de hêtres couvrent le flanc des montagnes et ajoutent par leur contraste à la beauté de cette contrée délicieuse. L'Italie a de beaux chevaux, des mulets, des ânes, dans quelques régions des bœufs de belle race et même des buffles; des brebis à laine très-fine, des chèvres, des porcs, une grande quantité de volaille de toute espèce. Les côtes abondent en poissons; on y pêche surtout beaucoup de thons et d'anchois, des homards, des huitres et du corail. L'éducation des vers à soie et des abeilles y est très-importante. Les forêts renferment beaucoup de gibier; dans les montagnes on chasse le chamois et le marmotte; le loup et l'ours n'y sont pas rares; on y remarque aussi quelques reptiles venimeux, tels que le scorpion, la vipère, etc.; et la tarentule, espèce d'araignée, ainsi nommée de la ville de Tarente, aux environs de laquelle elle est commune et qui doit sa célébrité à son prétendu venin, dont l'effet, selon la croyance populaire, est de produire une maladie nommée tarantisme.

Le règne minéral produit de l'argent, du plomb, du cuivre, beaucoup de fer, de l'antimoine, du mercure, de la houille, une excellente qualité d'alun, du salpêtre, du soufre, du sel, de la lave, des pierres ponces, de l'albâtre, du marbre de la plus grande beauté, etc. Cependant l'exploitation des mines y a peu de développement, et la plupart de ces richesses restent enfouies au sein de la terre. Le pays renferme aussi un grand nombre de sources minérales chaudes et froides, parmi lesquelles on distingue surtout celles de Pise, d'Aix en Savoie, etc.

L'Italie est une contrée bien peuplée; le nombre des habitants est évalué, d'après les derniers documents, à 21,470,000, dont 2,500,000 habitent les îles. La religion catholique est dominante dans toute l'Italie; cependant on y trouve des protestants, des grecs et des juifs, mais qui ne forment qu'une minorité presque imperceptible. Le plus grand nombre des habitants parlent la langue italienne, dont il existe divers dialectes; dans presque toute la Savoie on parle le français; les Maltais parlent un dialecte, mélange d'arabe et d'italien; en Sicile et dans quelques contrées méridionales du roy. de Naples les nationaux parlent le grec moderne; enfin un dialecte allemand du moyen âge est usité dans certains cantons du territoire vénitien.

L'industrie n'a pas fait dans cette partie de l'Europe autant de progrès qu'en France, en Angleterre et en Allemagne; cependant elle renferme plusieurs villes manufacturières, et quelques cantons peuvent rivaliser avec les pays les plus avancés sous ce rapport. Parmi les établissements industriels les plus importants, nous citerons les fabriques de soieries, de velours, de fleurs artificielles, de chapeaux et tissus de paille, d'essences, les verreries, les manufactures de quincaillerie, les faïenceries, les distilleries et les fabriques de macaronis, de confitures, etc. Le commerce ne répond pas à la situation favorable de ce pays; il est loin d'avoir l'importance que lui avaient donnée les républiques autrefois si florissantes de Venise et de Gênes. Le commerce extérieur, quoique considérable encore, est néanmoins tout à fait passif. Les vaisseaux italiens ne visitent ordinairement que les ports de la Méditerranée. Les principaux ports de commerce sont Livourne, Gênes et Venise.

On divise ordinairement l'Italie en Haute, Moyenne et Basse-Italie; la Haute-Italie comprend les états de Sardaigne, le roy. Lombard-Vénitien, les duchés de Parme, de Plaisance et de Lucques; la Moyenne-Italie comprend le grand-duché de Toscane, les états de l'Église et la petite rép. de St.-Marin; le roy. de Naples et les îles appartiennent à la Basse-Italie.

Historique. L'histoire de l'Italie jusqu'à la chute de l'emp. d'Occident se confond avec celle de Rome, cité puissante, qui préluda à la domination universelle, en soumettant à son pouvoir tous les peuples de cette contrée. C'est donc à l'histoire de cette ville que nous renvoyons nos lecteurs pour tout ce qui concerne l'Italie avant le cinquième siècle.

Le désordre et la confusion régnaient partout dans l'empire romain, la corruption était au comble, lorsque le patrice Oreste fit proclamer empereur son fils Romulus-Augustulus, jeune homme faible et sans capacité. Ce fut le dernier empereur de Rome. Odoacre, à la tête de la garde germaine, composée en grande partie de Hérules, s'empare du trône et se proclame roi d'Italie. Le nouveau roi, plein d'énergie, tenta vainement de relever la puissance romaine; la dissolution était générale; les peuples de l'Italie étaient trop corrompus; ils avaient trop bien suivi les exemples de leurs empereurs et de leurs patrices pour s'animer encore aux mots de patrie et de gloire; enfin le peuple romain avait disparu, lorsque Théodoric, chef des Ostrogoths, excité par Zenon, empereur d'Orient, renverse Odoacre et fait la conquête de toute l'Italie, dont il devient roi, en 493. Mais la corruption romaine fut contagieuse; les Ostrogots s'amollirent bientôt, et leur chef Totila et ensuite Téjas luttèrent en vain contre la tactique plus habile de Bélisaire, et, en 553, l'Italie rentra sous la domination de l'emp. d'Orient et fut administrée par un préfet qui résidait à Ravenne. Bientôt après, les Lombards, peuples qui des bords de l'Elbe étaient venus s'établir dans la Pannonie, envahirent l'Italie sous la conduite de leur chef Alboin, que l'eunuque Narsès, premier exarque de Ravenne, avait appelé pour se venger des intrigues de la cour de Byzance. Ces nouveaux conquérants fondèrent le roy. de Lombardie, qui comprenait la Haute-Italie, la Toscane et l'Ombrie. Alboin fonda à la même époque le duché de Bénévent. A côté de ces nouveaux états, une confédération de pêcheurs, établie vers les lagunes, sur les côtes de l'Adriatique, où elle avait maintenu sa liberté, fonda la rép. de Venise, en 697. Ravenne, la Romagne et la Pentapole, ou les cinq villes maritimes: Rimini, Pesaro, Fano, Sinigaglia et Ancône, presque toute la côte de la Basse-Italie, ou Amalfi et Gaëte, avaient des ducs d'origine grecque, la Sicile et Rome, administrée par un patrice, délégué de l'empereur, étaient encore sous la dépendance de la cour de Byzance. Des querelles religieuses rompirent, au huitième siècle, les faibles liens qui attachaient encore ces restes de l'Italie à l'emp. d'Orient. Les villes chassèrent les délégués de l'empereur, et les papes, pour sauver et protéger l'indépendance de Rome contre les Lombards, implorèrent dès lors l'appui des rois francs. Ainsi Pepin, appelé contre Astolphe, roi des Lombards, paya aux papes Zacharie et Étienne III la sanction que ces chefs de l'Église avaient donnée à son usurpation. Charlemagne à son tour, pour secourir le pape Léon III, fit la guerre au roi lombard, Didier, le déposséda et réunit la Lombardie à la monarchie des Francs, en 774.

Il donna ensuite ce royaume à son fils Pepin et confirma la donation que Pepin, son père, avait faite au pape, en 756, de l'exarchat de Ravenne. Ce fut le commencement de la puissance temporelle des papes. Léon III, pour récompenser Charlemagne, le proclama empereur d'Occident, titre que portèrent après lui plusieurs de ses successeurs. Bernard, qui était devenu roi d'Italie du vivant de son grand-père Charlemagne, ayant voulu se rendre indépendant de son oncle Louis-le-Débonnaire, celui-ci le détrôna et lui fit crever les yeux. L'Italie resta partie intégrante de la monarchie française jusqu'au traité de Verdun, époque où elle échut en partage à Lothaire Ier, qui la transmit à Louis II. Après la mort de celui-ci le trône d'Italie devint une source de discorde pour la famille. Charles-le-Chauve en prit possession; après sa mort, elle passa à Carloman, roi de Bavière, et ensuite à Charles-le-Gros, roi de Souabe. La déchéance de ce prince alluma la guerre civile en Italie; des princes de différentes maisons se disputèrent la couronne; des ambitions rivales coûtèrent des flots de sang à ce beau pays, dévasté à cette même époque par les Sarrasins. Plusieurs rois s'étaient cependant succédé pendant cette lutte, quand Othon-le-Grand se fit proclamer roi d'Italie à Milan, en 962, et réunit ce royaume à la couronne d'Allemagne. Cependant la tranquillité était loin de se rétablir. Après la mort d'Othon III, en 1002, les Italiens choisirent pour roi Hardouin, marquis d'Ivrée; les Milanais s'étant déclarés pour Henri II d'Allemagne, la guerre civile éclata avec plus de fureur et ne se termina qu'à la mort de Hardouin, en 1015. Henri fut alors reconnu roi. Sous son successeur Conrad, les dissensions entre les évêques, la noblesse et le peuple, les querelles entre les villes, devenues plus puissantes, prirent un caractère de gravité plus alarmant; les papes perdaient de leur influence. Lorsque Henri III, successeur de Conrad, arriva en Italie, il y trouva trois papes, qu'il déposa tous; il éleva au trône pontifical Clément II et nomma des évêques allemands aux différentes dignités du saint-siége. Cette réforme donna aux papes une nouvelle considération, qui devint plus tard funeste au successeur de Henri III.

Sous Henri IV, la puissance temporelle des papes s'accrut considérablement. Le fameux moine Hildebrand (plus tard Grégoire VII) dirigeait alors la politique du saint-siége, dont il fonda la grande influence. Alors commença une longue lutte entre l'empire et les papes, fidèlement soutenus par leur vassal Robert Guiscard, chevalier normand, qui, à la tête de quelques aventuriers, avait fondé des établissements dans la Calabre et la Pouille. Le droit d'investiture alluma la guerre civile, dont les sanglants épisodes appartiennent autant à l'histoire d'Allemagne qu'à celle de l'Italie. Les papes excommunient les empereurs, qui, à leur tour, déposent les papes, dont les prétentions ambitieuses ne connaissent plus de bornes. Les successeurs de saint Pierre enseignent le parricide: Urbain II et Pascal II soulèvent contre Henri IV ses deux fils, Conrad et Henri. Ce dernier, devenu empereur, continue contre Pascal II la guerre d'investiture, qui se termine enfin par le concordat de Worms, en 1122. Cependant l'Italie, qui depuis longtemps avait perdu son unité, se morcelait toujours davantage: de petites confédérations républicaines s'étaient formées au N.; dans la Basse-Italie, les états normands gagnaient chaque jour en puissance et s'élevaient au rang de royaume, lorsque l'élection d'un prince de Hohenstauffen à l'empire donna naissance aux factions des Guelfes et des Gibelins qui, durant plus de deux siècles, ensanglantèrent l'Allemagne et l'Italie. Pendant cette période de guerre et d'anarchie, différents princes tentèrent de conquérir l'Italie; mais les succès de quelques-uns ne furent qu'éphémères, et aucun d'eux ne parvint à la souveraineté de ce beau pays. Plus tard, la possession de quelques provinces excita des guerres entre différentes puissances. Charles VIII de France s'était emparé du roy. de Naples, qu'il fut ensuite forcé d'évacuer; après lui, Louis XII, qui avait reconquis cet état, en fut dépossédé par Ferdinand-le-Catholique. François Ier et Charle-Quint se disputèrent aussi une partie de l'Italie; mais tous les détails concernant désormais ces différentes provinces appartiennent plutôt aux histoires spéciales de Naples, du Piémont, de Milan, de Sicile, de Venise, auxquelles nous renvoyons nos lecteurs. Napoléon reconstitua l'Italie et l'éleva au rang de royaume, qu'il réunit à l'empire français. En 1814 elle fut reprise à la France et constituée ainsi qu'elle l'est aujourd'hui. Cependant les révolutions qui ont agité depuis les différents états qui la composent, prouvent que l'Italie tend à reconquérir son unité politique, et qu'elle y serait déjà parvenue, si les puissances absolues ne s'efforçaient d'étouffer en elle les germes de liberté que la révolution française y a déposés.

ITALITZKOI, une des cimes les plus élevées du Petit-Altaï. On évalue la hauteur de cette montagne à 1678 toises.

ITAMARACA, île grande et fertile, non loin de la côte N.-E. de la prov. de Pernambuco, dont elle dépend, emp. du Brésil; elle fait partie de la comarque d'Olinda. Le sol montueux de cette île manque d'eau, mais il est néanmoins très-fertile en sucre, tabac, raisins, etc. De superbes palmiers-cocotiers bordent les côtes. Cette île est surtout importante par ses salines très-considérables et par le port de Catuma qu'elle forme à son entrée N. Les poissons et les écrevisses y abondent. Plusieurs endroits florissants s'élèvent sur ses côtes. Conceiçao en est le chef-lieu. Itamaraca est une des premières possessions des Portugais dans le Brésil. En 1631, Pedro Lopez de Souza la reçut à titre de fief de la couronne. En 1630 elle fut vainement attaquée par les Hollandais, qui, trois années après, se rendirent maîtres de Conceiçao et y établirent le fort Orange qui existe encore.

ITAMBE, *Voyez* MANTIQUEIRA (Sierra).

ITANCOURT, vg. de Fr., Aisne, arr. et poste de St.-Quentin, cant. de Moy; 930 h.

ITANHÆN, pet. v. de l'emp. du Brésil, prov. et comarque de San-Paolo, au pied d'une montagne et sur la baie du même nom; commerce très-actif de farine, riz et bois. Les Queimados, trois petites îles, s'étendent à l'entrée de la baie.

ITAPACOROYA, baie considérable sur la côte de la prov. de Santa-Catarina, emp. du Brésil. Rendez-vous pour la pêche de la baleine.

ITAPARICA. *Voyez* TAPARICA.

ITAPÉMIRIM, fl. de l'emp. du Brésil, prov. d'Espiritu-Santo; naît dans la Sierra do Pico, coule vers l'E. et débouche dans l'Océan Atlantique.

ITAPÉMIRIM, pet. v. de l'emp. du Brésil, prov. et comarque d'Espiritu-Santo, sur la rive droite du fleuve du même nom; la position favorable de cet endroit, fondé en 1815, lui promet un accroissement rapide; commerce de sucre, coton, riz et bois de construction; 2500 hab.

ITAPÉRA (Sierra). *Voy.* BAHIA (province).

ITAPÉTININGA, pet. v. de l'emp. du Brésil, prov. de San-Paolo, comarque d'Ytu, sur le fleuve du même nom, à 18 l. S. de Sorocaba; elle fut fondée en 1770 et fait le commerce de fruits, surtout de raisins et de gros bétail; 7000 hab., avec son district.

ITAPÉVA, pet. v. de l'emp. du Brésil, prov. de San-Paolo, comarque d'Ytu, non loin du Rio-Verde; elle fut fondée en 1769 et est importante par les produits de son agriculture; 3000 hab.

ITAPICU, fl. peu considérable de l'emp. du Brésil, prov. de Santa-Catarina; il forme au-dessus de son embouchure très-dangereuse le lac de Santa-Cruz qui reçoit le Piranga, l'Ubitanga, l'Itapicu-Mirim, le Jaragua et le Braco.

ITAPICURU, fl. de l'emp. du Brésil, prov. de Bahia; naît de trois sources dans la Sierra Chapada, aux environs de la Villa-Jacobina. Il traverse, de l'O. à l'E., les districts montagneux de la comarque de Jacobina et se décharge dans l'Océan Atlantique. A son embouchure, très-dangereuse, il forme une baie. La rapidité de son cours et ses nombreuses chutes ne le rendent navigable que pour des canots. Dans son cours de plus de 100 l. de longueur il baigne les villes de Hueimachas et d'Itapicuru. Ses affluents sont peu considérables.

ITAPICURU, un des plus grands fleuves de la prov. de Maranhao, emp. du Brésil. Il descend de la Sierra do Itapicuru et traverse, dans une direction N.-E., le dist. das Balsas. Depuis Cachias, où il reçoit son premier affluent considérable, il se dirige vers le N.-O., en baignant les bourgs florissants d'Itapicuru, et se jette, par beaucoup de détours et après un cours de 144 l., dans la baie de San-Jozé. Son cours est très-rapide et peu navigable; un peu au-dessus de son embouchure il forme une rade peu sûre. Ses principaux affluents sont : le Rio-Alpercatas et le Rio-do-Ponte.

ITAPICURU-GRANDE, pet. v. de l'emp. du Brésil, prov. de Maranhao, à 19 l. S. de la capitale, sur le Rio-Itapicuru ; elle est l'entrepôt des marchandises qui remontent et descendent le fleuve.

ITAPICURU-ZINHO. *Voyez* TURIASSU.

ITAPUA, pet. v. forte du dictatorat du Paraguay, sur la rive gauche du Parana, en face du Candelaria ; douane; 2000 hab.

ITATA, un des fleuves les plus considérables de la rép. du Chili; il naît de plusieurs sources au haut des Andes, traverse, de l'O. à l'E., la prov. de Maulé et s'embouche, à Itata, dans l'Océan Pacifique, sous 36° lat. S. Sur ses bords croissent les plus beaux raisins du Chili. Ses principaux affluents sont : le Nubbé, le Chillan et le Gallipayo.

ITATA, dist. maritime de la prov. de Maulé, rép. de Chili ; il s'étend entre le Rio-Maulé et l'Itata, et est entouré des prov. de Maulé, Chillan et Puchacai. Sa surface est de 130 l. c. géogr. L'Itata, qui lui donne son nom, est le principal cours d'eau du pays ; ses bords produisent le meilleur vin du Chili (vin de Concepcion). Le sol, onduleux dans l'intérieur, est d'une grande fertilité ; mais malheureusement ce beau pays porte encore partout l'empreinte des ravages causés par la guerre de l'indépendance.

ITATA ou JESUS-DE-COULEMU, pet. v. et chef-lieu du district du même nom, à l'embouchure de l'Itata et dans une contrée délicieuse; elle fut fondée en 1743, a un port et fait le commerce de vins.

ITATA, un des sommets les plus élevés de la chaîne de l'Atlas, dans le roy. marocain de Fez, non loin de la ville capitale de même nom.

ITAYPU, lac de l'emp. du Brésil, prov. de Rio-Janeiro, dans le voisinage de la baie de San-Joao-de-Carahy.

ITCHENOR, vg. d'Angleterre, comté de Sussex, dont les habitants sont occupés du lavage du sel marin.

ITENES. *Voyez* MADEIRA.

ITEUIL, vg. de Fr., Vienne, arr. de Poitiers, cant. et poste de Vivonne; 950 hab.

ITFRACOMBE, pet. v. d'Angleterre, comté de Devon, sur le canal de Bristol; avec un beau port, qui favorise beaucoup son commerce; 2500 hab., presque tous pêcheurs. Dans son voisinage on récolte une grande quantité de fenouil marin.

ITHAKA, gros b. des États-Unis de l'Amérique du Nord, état de New-York, comté de Tompkins, dont il est le chef-lieu, à l'extrémité S. du lac de Cayuga ; commerce important; dans son voisinage la Cayuga et le Saumon forment une vingtaine de belles cascades; 4000 hab.

ITHAQUE, *Ithaca*, *Thiaqui*, *Theaqui*, *Cefalonia piccola*, *Val-di-Campasi*, île rocailleuse de la mer Ionienne, située au N.-E. de Céphalonie, dont elle est séparée par le canal Viskardo. Sa superficie, y compris celle des îlots Kalamo, Ikastus et Maganisi, qui en dépendent, est de 3 1/2 l. c. géogr.; elle est bien arrosée; le climat y est très-doux; son sol produit principalement des raisins de Corinthe, d'excellent vin, de l'huile d'olive, du coton, du lin et tous les fruits du sud; mais ses moissons ne suffisent pas à la consommation; elle tire ses blés de la Morée; le bois et le bétail manquent totalement. La pêche, l'exportation du vin, de l'huile d'olive et des oranges forment la principale ressource des habitants, au nombre de 10,000; ils sont très-laborieux, industrieux, sobres et hospitaliers; ils parlent le grec moderne et professent la religion grecque, dont le chef est un protopape, relevant de l'archevêque de Céphalonie. Le gouvernement de cette île est très-simple : les notables se réunissent une fois par an dans une église, sous la présidence du capitano, pour l'élection des officiers municipaux; il y a en outre un tribunal civil, un tribunal criminel et un tribunal de commerce; les juges sont nommés par le sénat de Corfou. Ithaque, Cérigo et Paxo n'envoient conjointement qu'un seul député à l'assemblée législative. Ithaque faisait partie du royaume d'Ulysse, dont elle était la résidence, ainsi que de celle du vieux roi Laërte, son père; elle subit, avec les îles Ioniennes, toutes les vicissitudes de l'Europe: vénitienne, française, russe, puis turque, elle est anglaise aujourd'hui. Les descriptions d'Homère correspondent encore avec la nature, après tant de siècles et après toutes les altérations qu'ont éprouvées ses ouvrages et les pays dont il nous offre les tableaux. Ithaque a plusieurs ports : ceux de Vathi, le chef-lieu, de Gidaki et de Sarachiniceo.

ITHOROTS-OLHAIBY, vg. de Fr., Basses-Pyrénées, arr. de Mauléon, cant. et poste de St.-Palais; 290 hab.

ITON (l'), riv. de Fr., a sa source dans le dép. de l'Orne, aux environs de Moulins-la-Marche, sur le versant occidental d'une ramification des monts d'Arée (chaîne armorique); elle coule vers le N.-E., entre dans le dép. de l'Eure, au-dessous du vg. de Chandais, passe à Bourth, Breteuil, Danville, Conches, Évreux, et se jette dans l'Eure au vg. des Planches, après 30 l. de cours, dont 12 l. de flottage. Cette rivière offre une particularité remarquable : elle se perd sous terre à Villalet et reparaît à Vieux-Conches, com. de Conches, après avoir traversé des canaux souterrains d'une longueur de plus de 3 1/2 l.

ITONAMAS, peuplade indienne, en partie indépendante, en partie soumise et convertie au christianisme; ils habitent les missions de la prov. de Mojos, rép. de Bolivia, et font partie de la grande famille des Mojos.

ITRES, vg. de Fr., Somme, arr. et poste de Péronne, cant. de Combles; 1180 hab.

ITRI, *Itrium*, v. du roy. des Deux-Siciles, prov. de Terra-di-Lavoro; 4700 hab.

ITSATSOU, vg. de Fr., Basses-Pyrénées, arr. de Bayonne, cant. d'Espelette, poste d'Ustarits; 1510 hab.

ITSCHIL. *Voyez* ADANA.

ITTENHEIM, vg. de Fr., Bas-Rhin, arr. et poste de Strasbourg, cant. de Schiltigheim; 850 hab.

ITTERSWILLER, vg. de Fr., Bas-Rhin, arr. de Schléstadt, cant. et poste de Barr; 480 hab.

ITTEVILLE, vg. de Fr., Seine-et-Oise, arr. d'Étampes, cant. et poste de la Ferté-Aleps; 810 hab.

ITTLENHEIM, vg. de Fr., Bas-Rhin, arr. de Strasbourg, cant. de Truchtersheim, poste de Wasselonne; 240 hab.

ITURIP. *Voyez* HOUROUSS.

ITXASSOU. *Voyez* ITSATSOU.

ITZA. *Voyez* PETTEN.

ITZAC, vg. de Fr., Tarn, arr. de Gaillac, cant. de Vaour, poste de Cordes; 420 hab.

ITZAPA, b. des États-Unis de l'Amérique centrale, état de Guatémala, dist. de Chimalténango; il est remarquable par les produits de son agriculture et par ses grands marchés de chevaux, mulets, gros bétail et cordages; 2500 hab.

ITZEHŒE, v. sur la Stœr, dans le duché de Holstein, Danemark; fait un grand commerce en chevaux; patrie du poëte romancier Muller; 2659 hab.

IUNGHOLTZ, ham. de Fr., Haut-Rhin, com. de Soultz; 130 hab.

IUNG-MUNSTROLL. *Voyez* MONTREUX-JEUNE.

IVANICH, très-pet. forteresse de la Croatie militaire, généralat de Warasdin; 800 hab.

IVANOW (le canal d'), canal dans la Russie d'Europe, gouv. de Toula; il réunit l'Oka, rivière qui se jette dans le Don, dans la partie supérieure de son cours, et la Chata, affluent de l'Oupa, qui appartient au bassin du Volga.

IVANY, b. de Hongrie, cer. au-delà du Danube, comitat d'OEdenbourg; 1800 hab.

IVANY-BOTZA (Sanct-), b. de Hongrie, cer. en-deçà du Danube, comitat de Liptau, peu loin de Botza.

IVENACK, beau b. du grand-duché de Mecklembourg-Schwérin, cer. de Mecklembourg, près du lac du même nom; il appartient au comte de Plessen, qui y a un palais, un grand parc et un haras, le plus renommé de tout le grand-duché.

IVERGNY. *Voyez* GENNES-IVERGNY.

IVERGNY, vg. de Fr., Pas-de-Calais, arr. de St.-Pol-sur-Ternoise, cant. d'Avesnes-le-Comte, poste de Frévent; 550 hab.

IVERNY, vg. de Fr., Seine-et-Marne, arr. et poste de Meaux, cant. de Claye; 360 hab.

IVES (Saint-), b. d'Angleterre, comté de Cornwall, sur la baie du même nom et sur le canal de Bristol; nomme 2 députés; pêche du pilchard; commerce d'ardoises, de houille et de poissons; 3000 hab.

IVES (Saint-), b. d'Angleterre, comté de Huntingdon, sur l'Ouse; fabrication de malt et commerce. Ses marchés au bétail sont les plus considérables de l'Angleterre, après ceux de Smiethfield; 2500 hab.

IVI, *Apollinis Promontorium*, cap sur la côte occidentale de la rég. d'Alger, à peu de distance N.-E. de Mostaganem, près de l'embouchure du Chelif, dans la Méditerranée.

IVICE, *Ebusus*, île d'Espagne, prov. de Majorque et la plus grande des Pityuses; située à 23 l. S.-O. de l'île de Majorque et à 28 l. E. du port de Denia. Sa longueur est de 10 l. et sa largeur de 5 1/3; elle est couverte dans le N.-E. de montagnes boisées, qui se prolongent dans le centre du N. au S. Le sol est gras, fertile et arrosé par plusieurs ruisseaux; le climat doux (en été de 21 à 25°, en hiver de 11 à 16° Réaumur) et très-sain. L'agriculture y fleurit; on récolte en abondance du blé, de l'huile, qui rivalise avec les meilleures de la péninsule, des vins, des fruits du sud, du chanvre et du lin pour le besoin local. On élève des bestiaux et la pêche est productive. Les sauneries sont le plus grand revenu de l'île; elles rapportent annuellement passé 125 oxofs, dont les 4/5 pour l'état. L'industrie se borne aux métiers de première nécessité, les habitants n'ayant de goût décidé que pour la navigation. L'exportation consiste en bois de construction de marine, fruits du sud, huile et sel. La pop. de 19,000 hab. est répartie dans la v. d'Iviça et dans 21 paroisses, composées la plupart de métairies isolées. Les Iviçains sont de taille moyenne, basanés et secs, mais agiles et courageux. Leurs mœurs sont agrestes et leur langue est composée de tous les idiômes de l'Espagne orientale, mêlés d'expressions arabes.

IVIERS, vg. de Fr., Aisne, arr. de Vervins, cant. d'Aubenton, poste de Brunhamel; 1060 hab.

IVILLE, vg. de Fr., Eure, arr. de Louviers, cant. et poste de Neubourg; 630 hab.

IVILLERS, ham. de Fr., Oise, com. de Villeneuve-sur-Verberie; 140 hab.

IVOIRE (côte de l'). *Voyez* DENTS.

IVOIRY, ham. de Fr., Meuse, com. d'Épinonville; 100 hab.

IVORS, vg. de Fr., Oise, arr. de Senlis, cant. de Betz, poste de la Ferté-Milon; 370 hab.

IVORY, vg. de Fr., Jura, arr. de Poligny, cant. et poste de Salins; 330 hab.

IVOUX, ham. de Fr., Vosges, com. de la Chapelle; 150 hab.

IVOY-LE-PRÉ, vg. de Fr., Cher, arr. de Sancerre, cant. et poste de la Chapelle-d'Angillon; 2670 hab.

IVRÉE, prov. du roy. de Sardaigne; elle a une superficie de 130 l. c. et est bornée par la prov. d'Aoste, de Biella, de Vercelli, de Turin et par le duché de Savoie; ses principales montagnes sont du côté du Piémont et de la prov. d'Aoste; le reste du pays est fertile, surtout en marrons et en vins. On y exploite du fer, du cuivre, du marbre, du vitriol, des pierres à construction et des ardoises; quelques rivières charrient de l'or. La pop., de 140,000 hab., est répartie dans une ville, 92 bourgs et villages et 19 hameaux.

IVRÉE, *Eporedia, Eperodia*, v. du roy. de Sardaigne, chef-lieu de la province du même nom et siége d'un évêque; elle est située sur la Dora, entre deux collines et entourée de remparts; une citadelle et un vieux château la défendent également; sa cathédrale est regardée comme un ancien temple du soleil; grand commerce de fromages; 7000 hab.

IVREY, vg. de Fr., Jura, arr. de Poligny, cant. et poste de Salins; 240 hab.

IVRY, vg. de Fr., Côte-d'Or, arr. de Beaune, cant. et poste de Nolay; 510 hab.

IVRY-LA-BATAILLE, *Iberium*, *Itregium*, *Huegium*, b. de Fr., Eure, arr. et à 7 l. S.-E. d'Évreux, cant. de St.-André, poste de Pacy-sur-Eure; il est agréablement situé au bas d'un côteau, sur l'Eure, qui le traverse; fabr. de peignes; filat. de coton; tanneries renommées; 980 hab. Ce bourg doit sa célébrité à la bataille que Henri IV y gagna, en 1590, sur les ligueurs, commandés par Mayenne.

IVRY-LE-TEMPLE, vg. de Fr., Oise, arr. de Beauvais, cant. et poste de Méru; 570 h.

IVRY-SUR-SEINE, vg. de Fr., Seine, arr. de Sceaux, cant. de Villejuif, poste; fabr. de colle, de faïence, de sucre indigène, produits chimiques; verrerie; blanchisserie; Ivry, La Gare et Deux-Moulins ou village d'Austerlitz ne forment qu'une même commune; 2900 hab.

IWAMI ou **SEK-SIOU**, prov. de l'emp. du Japon.

IWANISKA, v. de Pologne, woïwodie de Sandomierz; 1200 hab.

IWUY, b. de Fr., Nord, arr., cant. et poste de Cambrai; fabr. de bonneterie, laine et coton, et de coutellerie; commerce de lin; 3560 hab.

IXAR, pet. v. d'Espagne, roy. d'Aragon, dist. et à 7 l. N.-O. d'Alcaniz, sur le St.-Martin; 2500 hab.

IYIFI, chef-lieu de la prov. japonaise de Fiouga; peu connu.

IYIKTOU (mont de Dieu ou Alas-tan), cime la plus élevée de l'Altaï russe, dans la chaîne du Petit-Altaï. On évalue la hauteur de cette montagne à 1800 toises.

IYO ou **YO-SIOU**, prov. de l'emp. du Japon.

IZAIRE (Saint-), vg. de Fr., Aveyron, arr. et poste de St.-Affrique, cant. de St. Cernin; 1910 hab.

IZECOURT, vg. de Fr., Hautes-Pyrénées, arr. de Bagnères-en-Bigorre, cant. de Mauléon-Barousse, poste de Montrejeau; 380 h.

IZBICA, deux pet. v. de Pologne, l'une dans la woïwodie de Masovie, l'autre dans celle de Lublin, sur la rive gauche du Wieprz.

IZBORSK, très-petite v. de la Russie d'Europe, gouv. de Pskov; est remarquable par son antiquité et comme ayant été la capitale de Trouvor.

IZE ou **SE-SIOU**, prov. de l'emp. du Japon.

IZÉ (Mayenne). *Voyez* **ISÉ**.

IZÉ, vg. de Fr., Ille-et-Vilaine, arr., cant. et poste de Vitré; 2080 hab.

IZEAUX, vg. de Fr., Isère, arr. de St.-Marcellin, cant. et poste de Rives; 1470 h.

IZEAUX, vg. de Fr., Hautes-Pyrénées, arr. de Bagnères-en-Bigorre, cant. et poste de la Barthe-de-Neste; 280 hab.

IZEL-LES-EQUERCHIN, vg. de Fr., Pas-de-Calais, arr. d'Arras, cant. de Vimy, poste de Douai; 680 hab.

IZEL-LES-HAMEAUX, vg. de Fr., Pas-de-Calais, arr. de St.-Pol-sur-Ternoise, cant. et poste d'Aubigny; 710 hab.

IZENAVE, vg. de Fr., Ain, arr. et poste de Nantua, cant. de Brenod; 450 hab.

IZERNORE, vg. de Fr., Ain, arr., à 2 l. N.-N.-O. et poste de Nantua, chef-lieu de canton; scieries; 985 hab.

IZERON, vg. de Fr., Isère, arr. et poste de St.-Marcellin, cant. de Pont-en-Royans; papeterie; 860 hab.

IZESTE, vg. de Fr., Basses-Pyrénées, arr. d'Oloron, cant. et poste d'Arudy; 530 h.

IZEURE, vg. de Fr., Côte-d'Or, arr. de Dijon, cant. et poste de Genlis; 430 hab.

IZEUX, vg. de Fr., Somme, arr. d'Amiens, cant. et poste de Picquigny; 300 hab.

IZIER, vg. de Fr., Côte-d'Or, arr. de Dijon, cant. et poste de Genlis; 280 hab.

IZIEUX, vg. de Fr., Loire, arr. de St.-Étienne, cant. et poste de St.-Chamond; blanchisseries de coton; 2140 hab.

IZLAS, pet. v. de la principauté de Valachie, située dans le dist. de Romunazy, au confluent de l'Alouta avec le Danube; fait un commerce considérable.

IZMIR, nom que les Turcs donnent à la ville de Smyrne.

IZNIK, v. de l'Asie Mineure, eyalet d'Anatolie; siége d'un métropolitain grec; est située sur l'emplacement de l'ancienne Nicée, aux bords du lac Ajan. Cette ville, tout à fait déchue, ne renferme que quelques centaines de misérables cabanes et a environ 4000 habitants; ses rues sont étroites et sales; son industrie est sans importance. Les ruines de Nicée, l'ancienne et brillante capitale de la Bythinie, si célèbre par le premier concile œcuménique, qui s'y assembla en 325, offrent encore quelques parties bien conservées, telles que les murs, les tours et les portes; on y voit une église remarquable, un aqueduc et un grand édifice avec des souterrains immenses, que les Grecs appellent le palais de Théodose et que M. Kinneir regarde comme un amphithéâtre.

IZNIK-MIK, **Ismik** ou **Nis-mik**, v. de la Turquie d'Asie, eyalet d'Anatolie ; est bâtie sur l'emplacement de Nicomédie et située au fond d'une baie profonde, formée par la mer de Marmara et qui porte son nom; elle est le chef-lieu d'un sandschak, le siége d'un métropolitain grec et d'un archevêque arménien. Elle renferme plusieurs mosquées, églises, bazars, caravansérails et bains publics, fait quelque commerce et a environ 4000 habitants, suivant la plupart des voyageurs. M. Kinneir ne put trouver, à l'exception d'une église, aucun vestige de l'ancienne Nicomédie, une des villes les plus grandes et les plus florissantes de l'empire romain.

IZON, vg. de Fr., Gironde, arr. et cant. de Libourne, poste de St.-Loubès; 1480 hab.

IZOTGES, vg. de Fr., Gers, arr. de Mirande, cant. et poste de Plaisance; 230 hab.

IZTACCIHUATL. *V.* **Cordillères** (Mexique) et **Anahuac.**

IZY, vg. de Fr., Loiret, arr. de Pithiviers, cant. d'Outarville, poste de Neuville-aux-Bois; 410 hab.

NB. Le J français ayant une valeur différente de celle que cette lettre a dans la plupart des autres langues, nous avons cru devoir adopter une méthode nouvelle pour le classement des noms commençant par I ou J ; nous nous sommes basés principalement sur la prononciation du mot. Nous prions donc nos lecteurs de chercher dans la lettre J les noms qn'ils ne trouveront pas dans la lettre I et vice versa.

J

JAALONS, vg. de Fr., Marne, arr. de Châlons-sur-Marne, cant. d'Écury-sur-Coole, poste; filat. hydraul. de coton; 580 h.

JAB, pet. v. de Sénégambie, dans l'état Manding d'Oulli, sur la Gambie.

JABBI, v. considérable de la Nigritie occidentale, dans le Haut-Bambarra, sur le Djoliba, à 22 l. O.-S.-O. de Ségo.

JABBULPOUR. *Voyez* DJABBALPOUR.

JABITACA (Sierra). *Voyez* CAYRIRIS (Sierra dos).

JABLINES, vg. de Fr., Seine-et-Marne, arr. de Meaux, cant. et poste de Lagny; 310 hab.

JABLONKA, gros vg. de Hongrie, cer. en-deça du Danube, comitat d'Arva; fabrication considérable de toiles; 3600 hab.

JABLONNA, beau vg. du roy. de Pologne, palatinat de Mazovie, avec un beau château et un parc, qui appartenaient autrefois au prince Joseph Poniatowski. Il est situé sur la Vistule.

JABLUNKAU, pet. v. d'Autriche, gouv. de Moravie-et-Silésie, cer. de Teschen, sur l'Elsa, florissante par ses nombreuses fabriques de toile. A 2 l. S. de cette ville, dans une forêt, se trouve le fort du même nom qui protége la grande route de la Hongrie; 2000 hab.

JABO, pet. v. de la Sénégambie méridionale, dans le petit état de Kantor, dépendance du Kabou.

JABOU. *Voyez* GABOU.

JABREILLES, vg. de Fr., Haute-Vienne, arr. de Limoges, cant. de Laurière, poste de Chanteloube; 1270 hab.

JABRON, ham. de Fr., Var, com. de Comps; 110 hab.

JABRUN, vg. de Fr., Cantal, arr. de St.-Flour, cant. et poste de Chaudesaigues; 510 hab.

JACA, v. forte d'Espagne, avec une citadelle, roy. d'Aragon, chef-lieu du district du même nom, située au milieu des montagnes, à 16 l. d'Oléron et à 20 l. de Saragosse; fabrication d'étamines; 2050 hab.

JACAL. *Voyez* NABASAS (Cerro de).

JACARÉHY, pet. v. de l'emp. du Brésil, prov. et comarque de San-Paolo, sur la rive droite du Parahyba, à 12 l. N.-E. de Mugidas-Cruzes; agriculture et commerce; 7000 hab., avec le diocèse.

JACAREPAGUA, lac considérable de l'emp. du Brésil, prov. de Rio-Janeiro; il a 6 l. de longueur et reçoit de nombreuses rivières; ses eaux salées et très-poissonneuses communiquent avec l'Océan par un étroit canal. Les alentours sont très-beaux. Sur son bord occidental s'élève le mont pittoresque de Gavia, d'une hauteur considérable.

JACHA, vg. de la rép. Argentine, état de San-Juan-de-la-Frontéra; il possède une des plus riches mines de l'état.

JACINTO ou OCOSINGO (San-), b. des états mexicains, état de Chiapa, ancien chef-lieu de la prov. d'Izendales; 3500 hab.

JACKÉRIS. *Voyez* AVERRI.

JACKMANS-SUND (détroit de). *Voyez* COVES (les).

JACK-MOUNTAINS, chaîne de montagnes des États-Unis de l'Amérique du Nord, ramification sud des montagnes Bleues; elle s'étend, au S. de la Juniata, sur la partie méridionale de la Pensylvanie et sur le N.-O. de l'état de Maryland.

JACKSON, comté de l'état d'Ohio, États-Unis de l'Amérique du Nord; ce comté, formé en 1819, est borné par ceux de Fairfield, de Perry, de Hocking, de Meigh, de Gallia, de Scioto, de Pike et de Ross; salines très-considérables; 8000 hab. Jackson est le chef-lieu du comté.

JACKSON, comté de l'état d'Illinois, États-Unis de l'Amérique du Nord, il est borné par les comtés de Randolph, de Franklin, d'Union et par l'état de Missouri; 4000 hab. Brownsville, sur le Muddy, est le chef-lieu du comté.

JACKSON, comté de l'état d'Indiana, États-Unis de l'Amérique du Nord; il est borné par l'état de Delaware et par les comtés de Jennings, de Scott, de Washington, de Lawrence et de Monroé; 6000 hab. Brownstown, sur le Driftwood, est le chef-lieu du comté; 6000 hab.

JACKSON. *Voy.* NEW-FELICIANA (comté).

JACKSON, comté de l'état de Mississipi, États-Unis de l'Amérique du Nord; borné par l'état d'Alabama, le golfe du Mexique et les comtés de Perry, de Greene et de Hancock; 3500 hab. Pascagoula, sur la baie du même nom, avec un port, est le chef-lieu du comté.

JACKSON, comté de l'état de Tennessée, États-Unis de l'Amérique du Nord; ses bornes sont: l'état de Kentucky, les comtés d'Overton, de White et de Smith; 11,000 h. Williamsburgh, sur le Cumberland, est le chef-lieu du comté.

JACKSON. *Voyez* JAMES (fleuve).

JACKSON, comté de l'état d'Alabama, États-Unis de l'Amérique du Nord; il est borné par l'état de Tennessée, par le pays des Tschérokis et par le comté de Décatur; pays très-fertile en coton; 12,000 hab. Jacksonborough est le chef-lieu du comté.

JACKSON, comté de l'état de Géorgie, États-Unis de l'Amérique du Nord; il est borné par les comtés de Habersham, de Franklin, de Clarke, de Walton et de Hall; sol fertile en sucre et en coton; 13,000 hab. Jefferson, sur un des bras de l'Alatamaha, est le chef-lieu du comté.

JACKSON, pet. v. nouvellement fondée dans les États-Unis de l'Amérique du Nord, comté de Hinds, sur le Pearl; elle est le chef-lieu de l'état de Mississipi; 1400 hab.

JACKSONBOROUGH. *Voy.* JACKSON (Alabama).

JACKSONBOROUGH (Géorgie). *Voy.* SCRIVEN (comté).

JACKSONBOROUGH (Indiana). *Voyez* RANDOLPH (comté).

JACKSON-MOUNTAINS, chaîne de montagnes des États-Unis de l'Amérique du Nord, état de Virginie; elle s'étend entre les Alléghany proprement dits et les montagnes Bleues, parallèlement à ces montagnes avec lesquelles elle communique par différentes ramifications. Elle atteint la hauteur de 700 mètres.

JACKSONSBOROUGH (Tennessée). *Voyez* CAMPBELL (comté).

JACKSONVILLE (Géorgie). *Voyez* TELFAIR (comté).

JACKSONVILLE, pet. v. des États-Unis de l'Amérique du Nord, état d'Illinois, sur un affluent et à 6 l. du fleuve de ce nom; elle possède l'Illinois-college, université de l'état; 2600 hab.

JACOB (Saint-), ham. de Suisse, cant. et à 1/4 l. de Bâle; c'est le passage des Thermopyles de l'Helvétie: 1250 confédérés y combattirent vaillamment contre une armée de 60,000 hommes, commandée par Louis XI, alors dauphin de France (26 août 1444); 8000 hommes restèrent sur le champ de bataille. Quelques hommes seulement de l'armée confédérée échappèrent à ce carnage. Le territoire porte aujourd'hui des vignes, dont le vin est appelé *sang de Suisses*, en mémoire du sublime dévouement de ces braves républicains. Un monument qui rappelle ce fait d'armes y a été érigé en 1824.

Une chapelle du même nom, dans le cant. d'Unterwalden, rappelle un autre combat entre les Français et les habitants d'Unterwalden, et où ceux-ci imitèrent le glorieux exemple légué par leurs ancêtres.

JACOBINA (Rio de). *Voyez* RIO-RÉAL.

JACOBINA, comarque de la prov. de Bahia, emp. du Brésil; elle comprend toute la partie occidentale de la province, le long du Rio-Francisco, et s'étend du N. au S., sur une longueur de 120 l., depuis ce fleuve jusqu'au Rio-Verde. Par une continuation de la Sierra Mantiqueira, qui traverse ce pays du S.-S.-O. au N.-N.-E., il est divisé naturellement en deux parties, dont celle à l'O. s'aplatit vers le San-Francisco et celle à l'E. vers l'Océan. Les principales ramifications que la Sierra Mantiqueira envoie dans cette comarque sont: la Sierra Bianca (montagne blanche), la Sierra das Almas (montagne des âmes), avec deux branches: la Sierra Mangabeira et la Sierra Tromba; le Morro-das-Almas (rocher des âmes), continuation de la Sierra de ce nom; la Sierra Chapada (montagne plate) et la Sierra de Tuiba, avec le Monte-Santo. Outre ces chaînes de montagnes, ce pays est traversé par de nombreuses branches secondaires du chaînon principal et forme en général un plateau assez élevé, dont le sol sablonneux est plus propre à l'éducation du bétail qu'à la culture. Tous les cours d'eau de cette comarque sont tributaires, soit de l'Océan, soit du San-Francisco; ce sont: à l'E., le Rio-Pardo, le Rio-das-Contas, le Paraguaçu supérieur, le Jacuipé et l'Itapicuru; à l'O., le Rio-Verde, le Rio-das-Rans, le Paramirim et le Rio-Verde septentrional. Malgré ces nombreux cours d'eau, cette comarque offre des districts où, sur une distance de 40 à 50 l., on ne trouve ni ruisseau, ni source, mais d'affreux déserts, abandonnés aux bêtes féroces. L'éducation du bétail, des mulets et des porcs, la chasse et la pêche font les principales occupations des hab., au nombre d'environ 40,000. En outre on cultive du tabac, du sucre, dont on fait de l'eau-de-vie, du blé et d'excellents fruits. Les montagnes renferment du salpêtre, des cristaux, du schiste et d'autres minéraux, dont l'exploitation est à peu près négligée. Presque tous les produits de ce pays s'exportent par Babia.

JACOBINA, v. et chef-lieu de la comarque du même nom, sur le Rio-do-Oiro (fleuve d'or) et sur la rive gauche de l'Itapicuru, au pied de la Sierra Mantiqueira. Cette ville, bien bâtie, fut fondée en 1723; elle renferme un collége et fait un commerce considérable en poterie, bétail, tabac, blé et fruits du sud; 10,000 hab., avec son diocèse.

JACOBSHAGEN, pet. v. de Prusse, prov. de Poméranie, rég. de Stettin, sur la Petite-Ihna et le lac de Saatzig; 1300 hab.

JACOBSHAVN, colonie de frères moraves sur la côte occidentale du Grœnland, inspectorat du Nord, sur une presqu'île qui s'avance dans la baie de Disco, sous 78° 48' lat. N. Cette colonie, fondée en 1741, fait un commerce très-considérable en lard, huile de baleine, peaux et édredon; 300 h.

JACOBSWALDE (en polonais *Kotlarnia*), vg. de Prusse, prov. de Silésie, rég. d'Oppeln; remarquable par ses fourneaux, forges et martinets à fer et à cuivre; laminoirs, tréfileries et fabriques de plaqué; 920 hab.

JACOU, vg. de Fr., Hérault, arr. et poste de Montpellier, cant. de Castries; 90 hab.

JACQMEL, fl. au S. de l'île d'Haïti; reçoit la Gauche et débouche dans la mer des Antilles.

JACQMEL, v. et port d'Haïti, dép. de l'Ouest; plantations de café; entrepôt de marchandises; commerce important; siége d'un tribunal civil; 3000 hab.

JACQMEL (cayes de), v. de l'île d'Haïti, dép. du Sud, sur la côte S. de la presqu'île méridionale et à l'embouchure du fleuve de même nom, à 6 l. E. de Jacqmel; port; commerce important; 2800 hab.

JACQUE, vg. de Fr., Hautes-Pyrénées, arr. et poste de Tarbes, cant. de Pouyastruc; 150 hab.

JACQUELIN, ham. de Fr., Vienne, com. de Doussais; 100 hab.

JACQUELINIÈRE, ham. de Fr., Indre-et-Loire, com. de la Chapelle-sur-Loire; 300 hab.

JACQUES (baie de), au N.-E. de l'île de Martinique.

JACQUES. *Voyez* James (fleuve).

JACQUES (Saint-), île. *Voyez* Fortune (baie).

JACQUES (Saint-), vg. de Fr., Basses-Alpes, arr. et poste de Digne, cant. de Barrême; 210 hab.

JACQUES (Saint-), ham. de Fr., Aube, com. de Troyes; 390 hab.

JACQUES (Saint-), vg. de Fr., Calvados, arr., cant. et poste de Lisieux; filat. hydraul. de coton; 1710 hab.

JACQUES (Saint-), ham. de Fr., Côtes-du-Nord, com. de Trémeven; 300 hab.

JACQUES (Saint-), vg. de Fr., Ille-et-Vilaine, arr., cant. et poste de Rennes; 830 h.

JACQUES (Saint-), ham. de Fr., Oise, com. de Beauvais; 690 hab.

JACQUES (Saint-), vg. de Fr., Deux-Sèvres, arr. de Bressuire, cant. et poste de Thouars; 330 hab.

JACQUES-D'ALIERMONT (Saint-), vg. de Fr., Seine-Inférieure, arr. de Dieppe, cant. et poste d'Envermeu; 320 hab.

JACQUES-DAMBÈS (Saint-). *Voy.* Ambès.

JACQUES-D'AMBURG (Saint-), vg. de Fr., Puy-de-Dôme, arr. de Riom, cant. et poste de Pontgibaud; 650 hab.

JACQUES-D'ATTICIEUX (Saint-), vg. de Fr., Ardèche, arr. de Tournon, cant. de Serrières, poste d'Annonay; 230 hab.

JACQUES-DE-COMPOSTELLE (Saint-) ou Sant-Jago-di-Compostela, *Flavionia*, v. d'Espagne, chef-lieu de la petite province de même nom dans le roy. de Galice; archevêché; située à 20 l. d'Orensé et à 6 1/2 l. de la mer, sur une colline dont le pied est baigné par le Sar. Elle est ceinte de murailles, avec plusieurs faubourgs, 4 places publiques, des rues régulières et de belles maisons. Parmi ses 12 églises paroissiales, dont 8 hors de l'enceinte, on remarque la belle cathédrale, qui doit renfermer les ossements de St.-Jacques-le-Mineur, patron de l'Espagne; sa grande cloche pèse 300 quintaux. Les reliques du saint attirent les dévots de toutes les parties du royaume, et, quoique la ferveur diminue depuis le milieu du dix-huitième siècle, on comptait encore plus d'un million de pèlerins au grand jubilé de 1780. Santiago possède une université, fondée en 1532, un séminaire épiscopal, un collége, une école de chirurgie, 4 hôpitaux, dont un pour les pèlerins; des fabr. de bas de soie, de cotonnades et de chapeaux; des papeteries et de grandes tanneries; elle fait un commerce actif de vins, de fruits du sud et de poissons. L'ordre de St.-Jacques y a été institué en 1170; 28,000 hab.

JACQUES-DES-ARRÊTS (Saint-), vg. de Fr., Rhône, arr. de Villefranche-sur-Saône, cant. de Monsol, poste de Beaujeu; 400 hab.

JACQUES-DES-BLATS (Saint-), vg. de Fr., Cantal, arr. d'Aurillac, cant. et poste de Vic-sur-Cère; 900 hab.

JACQUES-DES-GUÉRÊTS (Saint-), vg. de Fr., Loir-et-Cher, arr. de Vendôme, cant. et poste de Montoire; 160 hab.

JACQUES-EN-VALGODEMARD (Saint-), vg. de Fr., Hautes-Alpes, arr. de Gap, cant. de St.-Firmin-en-Valgodemard, poste de Corps; 570 hab.

JACQUES-LA-CROISÉE (Saint-), ham. de Fr., Isère, com. de Moirans; 150 hab.

JACQUES-SUR-DARNETAL (Saint-), vg. de Fr., Seine-Inférieure, arr. de Rouen, cant. et poste de Darnetal; 1250 hab.

JACQUEVILLE, vg. de Fr., Seine-et-Marne, arr. de Fontainebleau, cant. et poste de la Chapelle-la-Reine; 140 hab.

JACQUIN, pet. v. et ci-devant fameux comptoir anglais sur la côte des Esclaves, Haute-Guinée, royaume et à l'E. de Whidah, sur le bord de l'Océan Atlantique, dans une contrée remplie de lagunes. Le roi de Dahomey détruisit le fort, en 1725.

JACSAI. *Voyez* ACSAI.

JACUHY (San-Carlos-de-), b. de l'emp. du Brésil, prov. de Minas-Geraès, comarque de Rio-das-Mortes, sur le Jacuhy. Cet endroit fut fondé en 1814.

JACUHYPE. *Voyez* PERUAGUAÇU.

JACUNDAZ, peuplade indienne indépendante dans l'emp. du Brésil, prov. et dist. de Para; elle erre le long du Rio-Jacundaz (Hyacunda), affluent du Maragnon.

JACUT (Saint-), vg. de Fr., Morbihan, arr. de Vannes, cant. d'Allaire, poste de Rochefort-en-Terre; 1280 hab.

JACUT-DU-MENÉ (Saint-), vg. de Fr., Côtes-du-Nord, arr. de Loudéac, cant. de Colinée, poste de Moncontour; 630 hab.

JACUT-LANDOUART (Saint-), vg. maritime de Fr., Côtes-du-Nord, arr. de Dinan, cant. de Ploubalay, poste de Plancoël; grande pêche du maquereau; parc d'huîtres de Cancale et autres; 1050 hab.

JACUY. *Voyez* RIO-GRANDE-DE-SAN-PEDRO.

JACYA. *Voyez* PUTUMAYO.

JADITANOS, peuplade indienne indépendante dans la rép. de Vénézuela, dép. de l'Orénoque, prov. de Guyane; elle erre sur les bords du Caura supérieur.

JADEZ, ham. de Fr., Vosges, com. de la Croix-aux-Mines; 280 hab.

JADRAQUÉ, v. d'Espagne avec château, chef-lieu de district dans la prov. de Guadalaxara, roy. de la Nouvelle-Castille; 2020 hab.

JADRINE, v. de la Russie d'Europe orientale, gouv. de Kasan; 2000 hab.

JAEBUN (San-Juan-de-), bourgade de la rép. Argentine, état de Rioja; 2700 hab.

JÆGERTHAL. *Voyez* NIEDERBRONN.

JÆGERNDORF ou KARNOW, *Carnovia*, v. fortifiée d'Autriche, gouv. de Moravie-et-Silésie, cer. de Troppau, chef-lieu du duché du même nom, sur l'Oppa; fabr. de toile très-étendue; 5000 hab.

JÆGERPREIS, vg. avec un beau château de plaisance, près de Copenhague, roy. de Danemark.

JÆGERSBOURG, vg. du roy. de Danemark, diocèse de l'île de Séeland; jadis il y existait un beau château de plaisance.

JÆMTLAND, prov. de la Suède septentrionale, située entre 9° 50′ et 14° 43′ long. orient., et entre 61° 39′ et 65° 6′ lat. sept. Elle est traversée par cinq grandes chaînes de montagnes, dont quelques-unes sont couvertes de neiges et de glaces éternelles. Le climat est extrêmement froid et peu favorable à l'agriculture. Aussi on n'y cultive que peu de blé, et la misère force souvent les habitants à mêler pour leur nourriture à la farine d'orge et d'avoine des racines et l'écorce de certains arbres, notamment du sapin. L'éducation des bestiaux, favorisée par de gras pâturages, et le commerce en chevaux sont les principales richesses de ce pays, dont la population est de 32,000 hab.

JAËN, prov. d'Espagne avec titre de royaume, dans la partie occidentale de l'Andalousie; bornée au N. et au N.-E. par la Manche, au S.-E. et au S. par la prov. de Grenade, et à l'O. par celle de Cordoue; sa superficie est de 580 l. c. Au N., elle est couverte par la partie la plus sauvage de la Sierra Morena, qui s'élève, près de Puerta-del-Rey, à 687 mètres au-dessus du niveau de la mer; la Sierra de Cazorla, aussi agreste et aussi élevée que la précédente, s'étend dans l'E.; le S. est sillonné par des branches de la Sierra Nevada. Entre ces montagnes, qui enclavent la province de trois côtés, s'étend une vaste vallée, dont le sol est composé de terrains gras et fertiles, entrecoupés de landes sablonneuses couvertes de plantes aromatiques. Le Guadalquivir prend sa source à 2 l. de Huescar, contourne la Sierra de Cazorla pour arriver à Ubeda, d'où il se dirige à l'O. et entre dans la prov. de Cordoue; il reçoit à droite le Guadalimar, le Herumblar, l'Escobar et la Jandula; à gauche la Guadiana menor, la Jandulilla, le Ninchez, le Torres, le Guadalbullon ou Jaën et les deux Salados. Le climat est pur et tempéré dans les montagnes; dans la plaine la chaleur est étouffante et cause fréquemment des fièvres. Les environs de Jaën sont fertiles et bien cultivés; dans le reste de la province l'agriculture est plus négligée. Le blé ne suffit pas à la consommation; le jardinage est riche; le safran, le soumac et l'anis fournissent au commerce; le vin, l'huile et les fruits du sud sont délicieux et abondants. Dans les hautes contrées les forêts fournissent du gibier, du bois, des noix de galle, du kermès, des cantharides. L'éducation des bestiaux est une des grandes ressources du pays; les chevaux sont de très-belle race, la race bovine est belle, mais on ne sait pas assez profiter des produits laiteux; on élève de grands troupeaux de chèvres et de brebis, mais la laine des dernières est inférieure à celle de Cordoue; la chair des porcs, engraissés ordinairement avec des châtaignes et du caroube, est délicieuse; la volaille est plus commune que dans les provinces voisines. On exploite du plomb à Linares, du cobalt, de l'émeri, de la houille, des terres de poterie, du sel gemme, du salpêtre, du marbre, et on a découvert des traces d'or et d'argent dans la montagne de Cabalcuz, près Jaën; Gorcunna, Ubeda et Salinas possèdent des sources salines. L'industrie est peu active; elle s'applique à la fabrication de gros draps, de toiles, de cuirs, de poterie et de quincaillerie. La colonie de Carolina, dans la Sierra Morena, possède, outre les branches d'industrie précitées, des verreries. On exporte des vins, des huiles, de la laine, des peaux, du sel, de l'anis, du safran, du sumac, de la charcuterie. La population, de 278,000 hab., est répartie dans 5 villes: Jaën, Alcala, Andujar, Baëza et Ubeda; 57 petites villes et bourgs et 26 villages ou hameaux. La province est sous la juridiction de l'audience royale de Séville et appartient à la capitainerie-générale de Jaën.

JAËN, *Flavium*, *Gionna*, *Gienum*, v. d'Espagne, chef-lieu de la province et du district du même nom, évêché; située en pente dans les montagnes, à 17 l. N. de Grenade, sur la riv. de Jaën ou Guadalbullon; elle est ceinte de murailles, flanquées de tours et protégée par un vieux château situé sur une montagne qui domine la ville. Jaën renferme 12 églises paroissiales, 15 couvents, 13 hospices ou autres établissements de charité; des manufactures de soieries; des tanneries; des savonneries; la fabrication d'huiles occupe près de 30 moulins. Les environs de Jaën sont magnifiques, surtout sur les rives du Guadalbullon; ils produisent en abondance du blé, des vins, des olives et des fruits du sud; 19,000 hab. Les anciennes constructions de cette ville témoignent de l'occupation mauresque; la cathédrale était autrefois une mosquée.

JAËN-DE-BRACAMOROS. *Voyez* Loxa (province).

JAËN-DE-BRACAMOROS (San-), v. de la rép. de l'Écuador, dép. d'Assuay, prov. de Loxa, sur la Tunguragua; dans une belle plaine fertilisée par le Maragnon et entourée de hautes montagnes. Elle fut fondée, en 1549, par le capitaine Diégo Palomino et s'accrut bientôt par l'agriculture et le commerce avec le Pérou. Au N.-O. de cette ville, perdue, pour ainsi dire, au milieu d'immenses solitudes; on voit sur les flancs des Cordillères, à 2800 mètres de hauteur, les ruines de l'ancienne ville de Chulucanas, très-remarquable, dit M. de Humboldt, par l'extrême régularité des rues et des édifices, construits en porphyre. Au centre de la ville se trouvent les restes de quatre grands édifices de forme oblongue, séparés par quatre petits bâtiments carrés qui en occupent les coins. A la droite de la rivière qui borde la ville on découvre des constructions très-bizarres, qui s'élèvent en amphithéâtre et qui consistent en six terrasses, dont chaque assise est revêtue de pierres de taille. Plus loin se trouvent les fameux bains de l'Inca; 1400 hab., d'après Alcédo 4000.

JÆRBOÆS, v. du diocèse d'Œrebro, Suède; possède de grandes mines de fer.

JAFFA, l'antique *Joppe*, v. de Syrie, paschalik de Damas; ce petit endroit de 4000 à 5000 habitants est le port de Jérusalem (il est situé à 12 l. de cette ville) qui ne communique que par une seule route avec la mer; le port est mauvais, mais le seul de toute la côte de la Palestine; celui que choisissent de préférence les pèlerins qui viennent de l'Europe pour se rendre à Jérusalem. L'ancienne Joppe, un des plus anciens ports de mer du monde, est célèbre dans les traditions des peuples. C'est là, dit-on, que fut bâtie l'arche de Noë, que s'embarqua le prophète Jonas, qu'eut lieu l'aventure de Persée et d'Andromède; c'est par lui enfin que Salomon recevait les matériaux, qui entrèrent dans la construction du temple. Joppe joua un grand rôle pendant les croisades et eut plusieurs siéges à soutenir. En 1799 l'armée française la prit d'assaut; mais à peine installée, la peste la décima. C'est alors que le général en chef Bonaparte, pour relever le courage des malades, fit ouvrir une tumeur à un malade et la toucha du doigt, action héroïque qu'un de nos meilleurs peintres a immortalisée par un beau tableau.

JAFFATEEN ou **JAFFATINE**, quatre petites îles de la mer Rouge; sur la côte de la Haute-Égypte, au N. de Kosseïr; elles sont jointes par des rochers cachés sous l'eau, ce qui y rend le passage très-dangereux.

JAFNA ou **JAFNAPATAM**, îlot située près de la pointe septentrionale de l'île Ceylan. L'étroit canal qui le sépare de celle-ci est guéable pendant le reflux, ce qui fait donner ordinairement le nom de presqu'île à l'îlot de Jafna, langue de terre, déchirée par la mer, sablonneuse, mais fertile. La chaleur y est tempérée par les vents de mer; l'air est sain; ses principaux produits consistent en riz et en beaux fruits; ses parages sont très-poissonneux. La plupart des habitants sont Hindous-catholiques et parlent le tamoul. Leur christianisme est singulièrement mélangé de superstitions boudhistes. Le principal endroit de cet îlot est la ville de Jafnapatam.

JAFNAPATAM, v. de l'Inde, presqu'île de Jafna (île de Ceylan); elle est située sur le canal qui sépare cette île de Leyde et d'Amsterdam. La ville est de médiocre étendue, mais importante par sa citadelle et ses autres fortifications, son beau port, son industrie (orfévrerie, joaillerie, menuiserie, manufactures de coton) et son commerce.

JAFNOU. *Voyez* DJIAFNOU.

JAGÉE, ham. de Fr., Haute-Marne, com. de Ceffonds; 130 hab.

JAGGAS. *Voyez* CASSANGE.

JAGGERNAT. *Voyez* DJAGGERNATH.

JAGNY, vg. de Fr., Seine-et-Oise, arr. de Pontoise, cant. et poste de Luzarches; 230 h.

JAGO-ATITAN (San-). *Voyez* ATITAN.

JAGO-DE-LAS-ATALAYAS. *V.* ATALAYAS.

JAGO-DE-LA-VEGA (San-) ou SPANISH-TOWN, v. et capitale de l'île de Jamaïque et du comté de Middlesex, siége du gouverneur de l'assembly et de la juridiction supérieure. Cette ville, située au pied des monts Ligany, à 2 1/2 l. de la mer et à 6 l. de Port-Royal, fut fondée en 1520, par Diego, fils de Christophe Colomb; ses rues sont en partie étroites et d'un aspect désagréable; les principaux édifices sont: le palais du gouverneur, celui de la chancellerie et l'église Ste.-Catherine; ses habitants, au nombre de 5000, ne font que peu de commerce.

JAGO-DE-LOS-CAVALLEROS (San-). *Voyez* YAGO.

JAGO-DI-COMPOSTELLA (Sant-). *Voyez* JACQUES-DE-COMPOSTELLE (Saint-).

JAGODINA, *Jagodina*, *Januaria*, v. de la principauté de Servie, située sur la rive gauche de la Morawa, et sur la route de Belgrade à Constantinople.

JAGONNAS, ham. de Fr., Haute-Loire, com. de Rauret; 120 hab.

JAGONZAC, ham. de Fr., Haute-Loire, com. de St.-Haond; 150 hab.

JAGRA ou JOGERY, pet. roy. de la Sénégambie méridionale, au S. de la Gambie et à environ 20 l. E. de l'Océan Atlantique; dépend du Kabou; fertile en blé, riz et coton.

JAGUA (Ciudad-Ferdinandina-de-), pet. v. de l'île de Cuba, dép. du Centre, sur la baie de Jagua ou Xagua qui y forme un des meilleurs ports du monde défendu par le fort de Nuestra-Senhora-de-los-Angeles, une des meilleures forteresses de l'île. Depuis quelques années son commerce a pris un grand accroissement.

JAGUARIBE ou IGUARIBE, pet. v. de l'emp. du Brésil, prov. et comarque de Bahia, sur la rive gauche du fleuve du même nom et à 3 l. de son embouchure. Cette ville est le chef-ieu d'un arrondissement, le siége d'une cour de justice et renferme un collége. Presque tous ses habitants, au nombre de 3000, sont potiers et font un commerce très-important de leurs produits, dont Bahia est l'entrepôt.

JAGUARUNA. *Voyez* CAMACHO (lagoas de).

JAGUESILA ou YAGUESILA. *Voyez* COLORADO-DE-OCCIDENTE.

JAHDE (la), riv. qui court dans le grand-duché d'Oldenbourg et se jette dans la mer du Nord, dans un grand golfe auquel elle donne son nom.

JAHZA, g. a., v. de Palestine, connue par la victoire des Israélites sur le roi mohabite Sihan.

JAICZA, *Gaitia*, *Jaitza*, v. de la Turquie d'Europe, Bosnie; importante par sa citadelle et sa fabrique de nitre; 2000 hab.

JAIDSCHILER (le lac), lac dans la Turquie d'Europe, au N.-O. de Salonique; aucun poisson ne peut vivre dans ses eaux salées; le sel se cristallise sur ses bords.

JAIGNES, vg. de Fr., Seine-et-Marne, arr. de Meaux, cant. et poste de Lizy; 360 h.

JAIK ou DAIX, ancien nom du fl. Oural.

JAILLANS, ham. de Fr., Drôme, com. de Beauregard; 550 hab.

JAILLE-YVON (la), vg. de Fr., Maine-et-Loire, arr. de Segré, cant. et poste du Lion-d'Angers; carrières d'ardoises; 720 hab.

JAILLETTE (la), ham. de Fr., Maine-et-Loire, com. de Louvaines; 140 hab.

JAILLEUX, ham. de Fr., Ain, com. de Montluel; 120 hab.

JAILLON, vg. de Fr., Meurthe, arr. et poste de Toul, cant. de Domèvre; vestiges d'un camp romain; 300 hab.

JAILLY, vg. de Fr., Nièvre, arr. de Nevers, cant. et poste de St.-Saulge; 260 hab.

JAILLY (le Grand et le Petit-), ham. de Fr., Nièvre, com. de Bazolles; 130 hab.

JAILLY-LES-MOULINS, vg. de Fr., Côte-d'Or, arr. de Sémur, cant. et poste de Flavigny; 450 hab.

JAIMÉ ou JAYMÉ (San-), v. de la rép. de Vénézuela, dép. de l'Orénoque, prov. de Varinas (Barinas), près du confluent du Rio-Guanapro et du Portuguésé; commerce; 7000 hab. avec son district.

JAINVILLOTTE, vg. de Fr., Vosges, arr., cant. et poste de Neufchâteau; 360 hab.

JAI-SIOU. *Voyez* TSOUSIMA.

JAISOUS, ham. de Fr., Var, com. de Cabris; 180 hab.

JAKOBSTADT, pet. v. de 1300 habitants, dans la Russie d'Europe, grand-duché de Finlande, cer. de Wasa; avec un bon port sur le golfe de Botnie.

JAKOBSTADT, v. de la Russie d'Europe, gouv. de Courlande, située sur la Duna. Cette ville est célèbre comme point de base de l'arc du méridien, mesurée par Struve de 1821 à 1827; cette opération géodésique commence près de la ville et finit au Mæggi-Paliis, hauteur sur l'île Hogland, dans le golfe de Finlande. Un grand nombre des habitants de Jakobstadt parcourent l'Europe avec des ours qu'ils ont dressés à différents exercices; 2000 hab.

JAKSAI. *Voyez* ACHSAÏ.

JAL (Saint-), vg. de Fr., Corrèze, arr. de Tulle, cant. de Seilhac, poste d'Uzerche; 1660 hab.

JALECHES, vg. de Fr., Creuse, arr. et poste de Boussac, cant. de Châtelus; 460 h.

JALEYRAC, vg. de Fr., Cantal, arr., cant. et poste de Mauriac; 1150 hab.

JALIGNY, b. de Fr., Allier, arr., à 4 l. N. et poste de la Palisse, chef-lieu de canton; exploitation de houille; 640 hab.

JALINDRA. *Voyez* DJALINDRA.

JALLACOTA, une des principales villes de l'état manding de Tenda, en Sénégambie, sur la Gambie, à 12 l. de Simbani.

JALLAIS, b. de Fr., Maine-et-Loire, arr. et cant. de Beaupréau, poste de Chemille; fabr. d'étoffes de laine; 3160 hab.

JALLANGES, vg. de Fr., Côte-d'Or, arr. de Beaune, cant. et poste de Seurre; 540 h.

JALLANS, vg. de Fr., Eure-et-Loir, arr., cant. et poste de Châteaudun; 240 hab.

JALLAUCOURT, vg. de Fr., Meurthe, arr. de Château-Salins, cant. et poste de Delme; 530 hab.

JALLE (Sainte-), vg. de Fr., Drôme, arr. de Nyons, cant. et poste du Buis; 650 hab.

JALLERANGE, vg. de Fr., Doubs, arr. de Besançon, cant. d'Audeux, poste de Marnay; 380 hab.

JALLET (Saint-), ham. de Fr., Indre, com. de St.-Plantaire; 140 hab.

JALLIÈRES (les), ham. de Fr., Isère, com. de Pisieu; 100 hab.

JALLIEU, vg. de Fr., Isère, arr. de la Tour-du-Pin, cant. et poste de Bourgoin; fabr. de soieries, cotonnades; papeterie; imprimerie sur étoffes; 3108 hab.

JALLIGNIEUX, ham. de Fr., Haute-Vienne, com. de Bessines; 100 hab.

JALLORE ou **DJALLORE**, v. de l'Inde, dans l'Adjmir, la plus forte place de la principauté de Djoudpour ou de Marwar, 15,000 hab.

JALOGNES, vg. de Fr., Cher, arr., cant. et poste de Sancerre; 530 hab.

JALOGNY, vg. de Fr., Saône-et-Loire, arr. de Mâcon, cant. et poste de Cluny; 540 h.

JALONITZA (la), riv. de la principauté de Valachie; elle sort de terre au pied du mont Groholisa, dans les Karpathes, passe à Tergoviste, reçoit, sur sa rive gauche, la Praowa et le Telessin et se jette dans le Danube, au-dessous d'Orusch.

JALOOAN. *Voyez* DJALAOUN.

JAMAICA, gros b. des États-Unis de l'Amérique du Nord, état de New-York, au centre du comté de Queens; académie; 3000 hab.

JAMAILLE. *Voyez* ROSSELANGE.

JAMAIQUE (la), la plus importante des colonies anglaises dans l'archipel des Antilles, la troisième île en grandeur, est située au S. de Cuba et au S.-O. d'Haïti, par 18° lat. N. et 80° long. occid. dans la mer des Antilles. Les nombreuses échancrures que présentent ses côtes, offrent, surtout dans sa partie méridionale un grand nombre de baies et de caps, parmi lesquels on distingue le cap de Great-Pedro-Point à l'extrémité S.-O., le cap Negril à l'O., le cap Morant à l'E., la baie de Cold (bay of), etc.; l'île de St.-Dorothy en dépend également. Sa superficie est de 750 l. c. Une haute chaîne de montagnes traverse l'île de l'O. à l'E.; l'on y distingue surtout les montagnes Bleues qui atteignent une hauteur de près de 8000 pieds et les monts Ligani. Des plaines basses qui occupent les côtes et où se trouvent les précieuses plantations de sucre, le terrain s'élève vers la grande chaîne en ondulations de plus en plus élevées; une foule de vallées offrent l'aspect le plus pittoresque. La Jamaïque est arrosée par plus de cent rivières et torrents; dont une seule cependant, la rivière Noire (Black-River) est navigable sur une partie de son cours. Dans les montagnes, l'air est pur et sain, mais dans les contrées basses il est malsain; pendant le jour, la chaleur est excessive, tandis que les nuits sont froides et humides et particulièrement nuisibles aux Européens. Le sol n'est que médiocrement fertile et a besoin d'être bien travaillé et souvent engraissé; mais il est parfaitement cultivé et l'intérieur de l'île est couvert de belles forêts. Les productions de la Jamaïque sont à peu près celles des autres Antilles : le sucre, le café, le piment (myrtas pimenta) le coton, l'indigo, le cacao, le tabac sont particulièrement cultivés : les forêts fournissent du bois du Brésil, de Campêche, d'acajou, etc. L'éducation du bétail est considérable.

La pop. de la Jamaïque est de 490,000 hab., parmi lesquels on compte 25,000 blancs. Les 350,000 esclaves qui s'y trouvaient ont été affranchis le 1er août 1834, comme tous ceux des colonies anglaises en Amérique, en Asie et en Afrique. Les mauvais traitements auxquels étaient exposés autrefois les noirs en avaient poussé un grand nombre à déserter dans l'intérieur des terres où ils avaient bâti des villages et d'où ils descendaient souvent pour se venger des colons. On ne les a soumis que récemment, et beaucoup d'entre eux ont été transportés à Sierra-Leone où ils se sont établis.

Christophe Colomb découvrit la Jamaïque en 1594, lors de son second voyage et lui donna le nom de Sant-Iago. Les aborigènes, très nombreux, furent exterminés avec la plus grande cruauté, et bientôt il n'en resta plus qu'un petit nombre. Une expédition anglaise, envoyée par Cromwell, l'arracha en 1655 aux Espagnols; elle reçut alors son nom actuel et devint en peu de temps florissante, lorsque le terrible tremblement de terre de 1692, bouleversa le sol de l'île, fit périr plus de 13,000 personnes et anéantit pour longtemps sa prospérité. Le gouvernement de la Jamaïque ressemble à celui de presque toutes les colonies anglaises : un gouverneur représente le roi et se trouve à la tête de l'administration; le pouvoir législatif est exercé par ce gouverneur, le conseil d'état ou la chambre haute, composée de 12 membres et la chambre basse ou assembly, composée de 43 membres. Une garnison de 4200 hommes occupe l'île.

La Jamaïque est divisée en trois comtés ou districts et renferme 6 villes et 21 paroisses. Les principales villes et endroits remarquables de l'île sont : Spanish-Town ou Sant-Jago de la Vega, le chef-lieu, Kingston, la ville la plus importante, l'excellent port de Port-Royal, Montego-Bay, Port-Antonia, Savanna-la-Mer, Morants-Bay, Port-Maria, Falmouth, St-Anns, Anatta-Bay. Le petit groupe des îles Cayman, situé dans la mer des Caraïbes, à l'O. de la Jamaïque, se trouve sous la juridiction de son gouverneur. En 1812, la Jamaïque produisit 1,898,288 quintaux de sucre, 8,058,930 gallons de rhum, 29,528,275 livres de café et 2,680,604 liv. de piment. En 1823, on exporta en Angleterre 1,417,756 quint. de sucre, 169,734 de café et 2,951,110 gallons de rhum. En 1827, l'exportation du sucre ne s'éleva qu'à 496,691 quint. 400 bâtiments montés par 8,840 matelots étaient occupés en 1802 par ce commerce. Il y a dans la Jamaïque plus de 1000 plantations de sucre.

JAMAN (la dent de), pic très-allongé qui termine une des montagnes de la Suisse, entre le cer. des Planches, près le lac de Genève, dans le cant. de Vaud, et la com. de Montborron, dans le cant. de Fribourg, à 1526 mètres au-dessus de la mer.

JAMBERT (le). *Voyez* CHRISTOPHE-DU-JAMBERT (Saint-)

JAMBI ou *Dschambi*, petit état indépendant de l'île de Sumatra. Il est situé sur la côte orientale, est arrosé par l'Indragiri et le Jambi, et produit principalement de la poudre d'or, du poivre et de l'étain. Les habitants sont des malais musulmans rusés et perfides qui obéissent à un sultan indépendant qui réside à Jambi sur la rivière du même nom, à 8 l. de son embouchure. Le port situé près de cette embouchure n'est fréquenté que par des marchands malais et probablement par des pirates. Dans l'intérieur est le district de Serampli dont le chef est tributaire du sultan de Jambi.

JAMBLES, vg. de Fr., Saône-et-Loire, arr. de Châlon-sur-Saône, cant. et poste de Givry; 750 hab.

JAMBLUSSE, ham. de Fr., Lot, com. de Saillac; 250 hab.

JAMBO. *Voyez* BABUTO.

JAMBOE. *Voyez* DJAMBOE.

JAMBOURG, pet. v. de la Russie d'Europe, gouv. de St.-Pétersbourg, chef-lieu du cercle fertile qui porte son nom; a plusieurs fabriques de bas de soie, de batiste et de draps; 1800 hab.

JAMBVILLE, vg. de Fr., Seine-et-Oise, arr. de Mantes, cant. de Limay, poste de Meulan; 370 hab.

JAMES, ham. de Fr., Nièvre, com. de Moulins-en-Gilbert; 110 hab.

JAMES (Saint-), v. de Fr., Manche, arr. et à 6 1/2 l. S. d'Avranches, chef-lieu de canton et poste; fabr. de droguets et de toiles, dites de St.-George; 3203 hab.

JAMES (Sainte-), ham. de Fr., Seine, com. de Neuilly-sur-Seine; 100 hab.

JAMES (Saint-). *Voyez* CORNWALL (comté de la Jamaïque).

JAMES (baie). *Voyez* HUDSON (mer).

JAMES, fl. considérable des États-Unis de l'Amérique du Nord; il prend naissance, sous le nom de Jackson, au centre de l'état de Virginie, sur le penchant occidental des monts Jackson, sous 33° 25′ lat. N. Après sa jonction avec le Carpenter, il prend le nom de James (Jacques), reçoit le North-River et le Calf-Pasture, se fraye un passage à travers les montagnes Bleues, forme un grand et dangereux rapide au-dessus de Richmond, où il reçoit la Rivanna, attire l'Appamatox de l'O., le Chickahoming du N.-E., le Nansimond et l'Elisabeth du S., et se jette, par une large embouchure et après un cours de plus de 120 l., dans la baie de Chésapeak, entre Comfort-Point et Willoughby-Point. Son embouchure forme les rades de Hampton et de Lynhaven (Lynch), où les plus grands vaisseaux peuvent mouiller sans danger. Il est navigable pour des frégates jusqu'à 14 l. au-dessus de son embouchure; des vaisseaux de moindre dimension le remontent jusqu'à Richmond, et il porte des barques jusqu'à son confluent avec la Rivanna. Ce fleuve est le plus important de la Virginie, à cause du grand développement de son cours et de celui de ses affluents, la plupart navigables. L'Elisabeth, un de ses affluents de droite, est surtout remarquable par le canal qui joint la baie de Chésapeak au détroit d'Albemarle.

JAMES, fl. des États-Unis de l'Amérique du Nord; il naît sur le versant occidental de la Côte-de-Prairie, au N. du dist. des Sioux, sous le nom de Red-Stone (pierre rouge). Il traverse ce district du N. au S. et s'embouche dans le Missouri, après un cours de 150 l.

JAMES (Saint-), paroisse de la Caroline du Sud, dist. de Charleston, États-Unis de l'Amérique du Nord; 3000 hab.

JAMES (Saint-), paroisse de l'état de Louisiane, États-Unis de l'Amérique du Nord; elle est bornée par le lac Maurepas et par les paroisses de Ste.-Hélène, St.-Jean-Baptiste (John-Baptist), de l'Assomption et de l'Ascension. C'est principalement dans cette province que se trouvent les établissements des Allemands de la Louisiane, appelés Germans-Coast; 9000 hab. Godberry's est le chef-lieu de la paroisse.

JAMES, l'île la plus occidentale du groupe du Shetland méridional et en même temps l'île la plus élevée de ce groupe. Son point culminant s'élève à la hauteur de 800 mètres. Cernée de pans de rocs escarpés, elle est presque partout inabordable et couverte de neige de tout côté. Elle se termine à l'O. par le cap Smith. Le canal de Boyds, de 8 l. de large, la sépare de l'île de Basil-Hall. Elle reçut son nom par le capitaine Weddell qui, le premier, y aborda en 1820.

JAMES ou CARENERO, île faisant partie du groupe des Galapagos, à l'O. de la rép. de l'Ecuador.

JAMES (Great et Little-), deux îles dans le canal Royal, à l'E. de l'île de St.-Thomas, Petites-Antilles, dont elles dépendent.

JAMES-CITY, comté de l'état de Virginie, États-Unis de l'Amérique du Nord; ses bornes sont: les comtés d'York, de Warwick, de Charles City et de New-Kent; 11,000 h.

JAMES-HALL, nom que les Anglais ont donné au groupe septentrional des îlots et rochers de l'archipel de Corée.

JAMESONS-ISLAND, île du groupe du Shetland méridional, au S.-S.-E. de celle de James, elle est de forme ovale et cernée de rochers sur la côte occidentale.

JAMES-PIKE. *Voyez* ROCHEUSES (montagnes).

JAMES-SUR-SARTHE (Sainte-), vg. de Fr., Sarthe, arr. du Mans, cant. de Ballon, poste de Beaumont-sur-Sarthe; forges, haut-fourneau; 840 hab.

JAMESTOWN, b. d'Irlande, comté de Leitrim, sur le Shannon; possède de nombreuses blanchisseries.

JAMESTOWN, établissement des États-Unis de l'Amérique du Nord, état de Virginie, comté de James-City, sur le James. Cet endroit, autrefois la capitale peu importante de la Virginie, se réduit aujourd'hui à un petit nombre de maisons.

JAMESTOWN ou HOLE-JOWN, v. et port de l'île de Barbadoës, Petites-Antilles; 3000 hab.

JAMESTOWN (commune). *Voyez* GANONICUT (île).

JAMETZ, pet. v. de Fr., Meuse, arr. et cant. de Montmédy, poste de Louppy; fabrication de bas de lin; 950 hab.

JAMEYSIEU, vg. de Fr., Isère, arr. de la Tour-du-Pin, cant. et poste de Crémieu; 160 hab.

JAMMÉRICOURT, vg. de Fr., Oise, arr. de Beauvais, cant. et poste de Chaumont-en-Vexin; 160 hab.

JAMMES, ham. de Fr., Aveyron, com. de Maleville; 100 hab.

JAMMES-LA-HAGÈDE (Saint-), vg. de Fr., Basses-Pyrénées, arr. et poste de Pau, cant. de Morlaas; 270 hab.

JAMNA. *Voyez* DJAMNA.

JAMNITZ, *Gemenicium*, pet. v. d'Autriche, gouv. de Moravie-et-Silésie, cer. de Znaym; brasseries; 1500 hab.

JAMOIGNES, vg. du roy. de Belgique, grand-duché de Luxembourg, arr. de Neufchâteau; fonderie; 1000 hab.

JAMPOL, pet. v. de la Russie d'Europe, chef-lieu d'un cercle du gouv. de Podolie, située sur le Dniester, dans une contrée fertile; est importante par ses belles manufactures de draps, de bas et de voitures.

JAMUNDA, fl. de l'emp. du Brésil, prov. et comarque de Para. Il est peu connu, coule de l'O. au S.-E., traverse deux lacs considérables et débouche dans le Maragnon. Selon d'Acunna, Orellana doit avoir été attaqué, en 1540, par les Amazones sur les bords de ce fleuve.

JANA (la), b. d'Espagne, roy. de Valence, dist. de Penniscola; 1750 hab.

JAN-ADEL. *Voyez* DJENADEL.

JANAILLAC, vg. de Fr., Haute-Vienne, arr. de St.-Yrieix, cant. et poste de Nexon; 750 hab.

JANAILLAT, vg. de Fr., Creuse, arr. et poste de Bourganeuf, cant. de Pontarion; 1290 hab.

JANAKPOOR. *Voyez* DJANAKPOUR.

JANBOLI, v. de la Turquie d'Europe, située dans l'eyalet de Roumili, sur le penchant méridional du Balkan et sur la Tundscha; avec cinq mosquées; deux bains. Ses corbeilles sont renommées dans tout l'empire.

JANCIGNY, vg. de Fr., Côte-d'Or, arr. de Dijon, cant. et poste de Mirebeau-sur-Bèze; 230 hab.

JANDUN, vg. de Fr., Ardennes, arr. de Mézières, cant. de Signy-l'Abbaye, poste de Launoy; 820 hab.

JANEIRO (Rio-). *Voyez* RIO-JANEIRO.

JANET. *Voyez* GANAT.

JANGADA. *Voyez* XINGU (fleuve).

JANI (lagoa de), lac de l'emp. du Brésil, prov. de Matto-Grosso, dist. de Cuyaba, à l'O. du San-Lorenço, avec lequel il se trouve en communication.

JANIERS (les), ham. de Fr., Jura, com. de Prénovel; 220 hab.

JANINA, b. de Dalmatie, cer. de Raguse, dans la presqu'île de Sabiencello.

JANINA ou JOANINA, *Cassiope*, appelée par les Turcs Gania, par les Albanais Janina, v. de la Turquie d'Europe, située sous 39° 30' lat. sept., dans une contrée charmante de la Basse-Albanie, sur la rive occidentale du lac de Janina, v. forte, ancienne résidence du célèbre Ali-Pacha et capitale du liva de Jania, dans l'eyalet de Roumili. Sur une langue de terre qui s'avance dans le lac se trouve une citadelle, avec un palais, qui servait de résidence ordinaire au pacha; il s'était fait construire un second palais, meublé avec la plus grande magnificence, dans la citadelle de Litharitza, bâtie sur un rocher au milieu de la ville. Sous Ali-Pacha, Janina s'était élevé à un état très-florissant, et sa population était de 40,000 habitants, la plupart Grecs, faisant un commerce considérable et entre autres d'assez grandes affaires de librairie. Ce despote rusé et cruel, outre l'impulsion qu'il donna au commerce et à l'industrie, avait fondé des écoles élémentaires, un lycée, où l'on enseignait les langues anciennes et modernes, la philosophie et les mathématiques, et une bibliothèque assez riche. Ali-Pacha n'était d'abord qu'un simple chef des Klephtes; depuis 1780 il parvint peu à peu à se rendre maître non seulement du sandschak de Janina, mais de ceux de Delvino, d'Aolona, d'Elbassan et d'Ochri dans l'Albanie, et de Tricala dans la Thessalie. Soumis de nom seulement à la Porte, il exerçait dans ses états un pouvoir absolu, entretenait une armée de 80,000 hommes, bien organisée et qui ne reconnaissait que lui, une flotille de quelques corvettes et avait des ambassadeurs à dix-sept cours des principales puissances de l'Europe. En 1822 il fut assiégé par les Turcs dans sa citadelle du lac et assassiné, après s'être livré par capitulation, le 28 janvier. Depuis, Janina a été un théâtre presque continuel de dissensions intestines : elle a été dévastée, ainsi que le magnifique palais d'Ali-Pacha; elle a perdu son commerce et son industrie, et ses seuls habitants paraissent être aujourd'hui quelques milliers d'Albanais mahométans et de Juifs.

Le liva de Jania, qui comprend une partie de l'ancienne Épire, arrosé par le Filoti, l'Arta et l'Aspre, couvert en grande partie par des montagnes nues et en grande partie improductif, froid en hiver, extrêmement chaud en été et exposé à de fréquents tremblements de terre, est habité surtout par les féroces Arnautes ou Albanais et par les peuplades grecques des Paramitiotes, des Sagoriotes, des Filotes et des Souliotes. Son plus grand lac est celui de Janina, l'Acherousia des Grecs, qui s'étend au milieu des champs Élysées et renferme une petite île, longue de 2 1/2 milles et large de 3400 toises; il a pour principal affluent le Cocyte qui, peu avant son entrée dans le lac, forme une cascade remarquable; il se décharge, par l'Achéron, dans le golfe d'Arta.

JANINS (les), ham. de Fr., Isère, com. de Charavines; 100 hab.

JANKAN, vg. de Bohême, cer. de Kaurzim. Bataille de 1645.

JANNEYRIAS, vg. de Fr., Isère, arr. de Vienne, cant. de Meyzieux, poste de Crémieu; 500 hab.

JANOSHAZA, b. de Hongrie, cer. au-delà du Danube, comitat d'Eisenbourg; renommé pour son tabac et ses châtaignes; 2000 hab.

JANOUTAS, ham. de Fr., Lot-et-Garonne, com. de Lisse; 110 hab.

JANOWITZ, pet. v. de Bohême, cer. de Kaurzim; 1500 hab.

JANOWITZ, b. de Bohême, cer. de Beraun; 1200 hab.

JANOWITZ, b. de Bohême, cer. de Klattau; 1200 hab.

JANOWITZ. *Voyez* JOHNSDORF.

JANS, vg. de Fr., Loire-Inférieure, arr. de Châteaubriant, cant. et poste de Derval; 1030 hab.

JANS-CAPPEL (Saint-), vg. de Fr., Nord, arr. d'Hazebrouck, cant. et poste de Bailleul; 980 hab.

JANVILLE, vg. de Fr., Calvados, arr. de Caen, cant. et poste de Troarn; 320 hab.

JANVILLE, pet. v. de Fr., Eure-et-Loir, arr. et à 10 l. S.-E. de Chartres, chef-lieu de canton et poste; fabr. de bonneterie et de bas; 1017 hab. Patrie de Colardeau (Charles-Pierre), poëte français estimé (1732—76).

JANVILLE, vg. de Fr., Oise, arr., cant. et poste de Compiègne; 230 hab.

JANVILLE, ham. de Fr., Seine-et-Oise, com. d'Anvers; 300 hab.

JANVILLIERS, vg. de Fr., Marne, arr. d'Épernay, cant. et poste de Montmirail; 180 hab.

JANVRY, vg. de Fr., Marne, arr. de Reims, cant. de Ville-en-Tardenois, poste de Jonchery-sur-Vesle; 210 hab.

JANVRY, vg. de Fr., Seine-et-Oise, arr. de Rambouillet, cant. et poste de Limours; 370 hab.

JANZAT, vg. de Fr., Allier, arr., cant. et poste de Gannat; 1180 hab.

JANZÉ, vg. de Fr., Ille-et-Vilaine, arr. et à 5 1/2 l. S.-S.-E. de Rennes, chef-lieu de canton et poste; fabrication de toiles à voiles; 4050 hab.

JAO-TCHEOU, ruines d'une ancienne ville de la Mongolie, située dans le dist. d'Oungniout.

JAO-TCHEOU-FOU, v. de Chine, prov. de Kian-si. Elle est située sur le Po, qui s'embouche non loin de là dans le lac Poyang; sa juridiction s'étend sur 6 villes; manufactures de soie et de coton.

JAPARA ou **SCHAPARA**, prov. ou résidence de l'île de Java. Elle est formée par une presqu'île montueuse, qui, sur la côte septentrionale et au N.-E. de Samarang, se projette dans la mer de Java. Elle est montueuse, moins marécageuse et plus salubre que les autres points de la côte. Le Joano est le seul cours d'eau de quelque importance qui l'arrose. Ses principales productions consistent en riz, maïs et café; le nombre de ses habitants est d'environ 100,000, dont 2 à 3000 Chinois. Le chef-lieu de la résidence et le siége du gouverneur est Japara ou Schapara, sur la rivière et au fond de la baie du même nom; il est défendu par un fort et habité par des Javanais et des Chinois; ces derniers font un commerce très-actif.

JAPARATUBA, fl. peu considérable de

l'emp. du Brésil, prov. de Seregipe, coule vers l'E. et s'embouche par deux bras dans l'Océan Atlantique, à 10 l. N.-E. du Rio-Cotindiba.

JAPOCA. *Voyez* CONDE (villa do).

JAPON (archipel du). *Voyez* JAPON (empire du).

JAPON (mer du), partie du Grand-Océan. C'est une mer intérieure, comprise entre le pays des Mandchoux, la Corée, l'archipel du Japon et les îles de Iéso et de Tarrakai. Les principaux détroits qui lient cette mer avec le Grand-Océan ou les mers intérieures qui l'avoisinent sont: le détroit de Corée, entre la presqu'île du même nom et l'archipel du Japon; il forme la limite entre la mer orientale ou Toung-hai et la mer du Japon; le détroit de Songar ou Tsongar ou Matsmai, entre Niphon et Iéso; il fait communiquer la mer du Japon avec le Grand-Océan; le détroit de La Pérouse, entre Ieso et Tarrakai, établit une communication entre la mer d'Okhotsk et celle du Japon; la Manche de Tartarie, entre le pays des Mandchoux et l'île de Tarrakai.

JAPON. L'emp. du Japon, qui ne se compose que d'îles, est situé entre 126° et 148° lat. orient. et entre 29° et 47° lat. N. Ses limites sont : au N. la partie indépendante de l'île de Tarrakai ou Sakhalian et la partie russe de l'archipel des Kouriles, à l'E. le Grand-Océan, au S. cette même mer et la mer orientale (Toung-hai), enfin à l'O. le canal de Corée, la mer du Japon et la Manche de Tartarie, branche septentrionale de cette mer. L'emp. du Japon est appelé Nippon ou Zippon par les indigènes, d'où vient le nom de Zipaugu Soas; au treizième siècle Marco-Polo donna à l'Europe les premières nouvelles de cet état.

Les îles qui le composent sont : 1° Niphon et sur ses côtes les îlots de Sado, Oki, Awasi, Fatsisio, etc.; 2° Kiousiou ou Ximo, avec les îlots de Firando, Tsousima, etc.; 3° Sikokf ou Xicoco; 4° Iéso et les Kouriles japonaises Tchikolan, Kounachir, Hourouss ou Iturup, etc.; 5° la partie méridionale de l'île de Tarrakai; 6° le groupe de Bonin, situé dans le Grand-Océan, entre 26° et 28° lat. N. L'empire proprement dit ne comprend que les trois premières des îles que nous venons de nommer; les autres n'ont été que plus tard conquises ou occupées. La superficie totale du Japon est d'environ 12,500 l. c. Cet empire fut découvert et visité en 1543 par les Portugais; auparavant on en connaissait à peine le nom; les relations commerciales et les ouvrages des missionnaires nous en donnèrent quelques notions qu'il a été impossible de compléter, puisque depuis deux siècles le Japon est fermé aux Européens plus sévèrement encore que la Chine. Nos connaissances sur la géographie physique et sur l'ethnographie de ce pays sont donc fort incomplètes.

Les principales îles sont montueuses; plusieurs de leurs pics sont couverts de neige éternelle ; le plus élevé d'entre eux, le Fousi-no-yama, dans l'île Niphon, a 1900 toises de hauteur; le point culminant de l'île Kiousiou et le volcan de Sira-yama dans Niphon, en ont 1500; le point culminant de l'île Sikokf en a 1300, et le pic de l'île Iéso 1200. Le terrain est volcanique; on y rencontre plusieurs volcans actifs; les tremblements de terre sont fréquents. Des fleuves rapides et profonds, un grand nombre de torrents arrosent ces îles et principalement Niphon; des canaux d'irrigation ont été établis par les habitants. Le climat du Japon n'est pas aussi chaud que le fait supposer sa latitude; les pluies, les brouillards, les tempêtes sont fréquentes et la température est soumise à des changements brusques et considérables. Les mers qui entourent le Japon sont, à cause de ces brouillards et de ces tempêtes, très-dangereuses, et les Hollandais perdaient autrefois un vaisseau sur six qu'ils y envoyaient, quelquefois davantage. Le sol est en général pierreux, sablonneux, aride; mais le travail infatigable des Japonais l'a rendu fertile; les roches escarpées de ses montagnes sont les seuls endroits incultes du pays; l'agriculture est considérée par les lois comme la première occupation du peuple. Les principales productions du sol sont : le riz, d'excellente qualité ; les céréales, des fruits du sud; le thé, introduit de la Chine, le coton, le chanvre; la laque japonaise est préférable à celle des Chinois, mais le camphre est inférieur à celui de Bornéo. Il existe au Japon des mines d'or et d'argent, de l'étain et d'excellent fer, mais en petite quantité; d'abondantes mines de cuivre très-estimé; du mercure, de la houille, du soufre, de la terre à porcelaine, de l'asbeste, etc. Les animaux sauvages sont rares dans un pays aussi cultivé; parmi les animaux domestiques nous nommerons le bétail, le cheval, le chien, le chat; les moutons et les chèvres en sont bannis, dit-on, comme nuisibles à l'agriculture. En général le Japonais mange peu de viande; le riz et les poissons forment sa principale nourriture. Les côtes lui fournissent abondamment ces derniers. La culture du ver à soie est très-avancée au Japon.

La population s'élève à 35 ou 40 millions d'âmes. Les Japonais appartiennent évidemment à la race mongole, mélangée peut-être avec la race malaie. Ils habitent les trois îles de Niphon, de Kiousiou et de Sikokf, et ont peuplé par des colonies les îles Bonin (c'est-à-dire inhabitées) et une partie de Iéso. Le reste de l'empire est habité par un peuple sauvage, les Aïnos, dont nous avons déja parlé à l'article IÉSO. Les Japonais sont de taille moyenne, mais vigoureux et moins enclins à l'obésite que les Chinois. A plusieurs égards ils sont supérieurs à ces derniers. Ils ont de l'énergie et du courage et ont un mépris singulier de la vie, que leurs lois draconiennes contribuent à augmenter. Il n'est pas rare de voir un Japonais, qui se croit insulté, s'ouvrir le ventre avec un sabre, et son adversaire, pour ne pas passer pour lâche ou infâme, est obligé de faire de même. Ils sont studieux, économes, laborieux, enjoués et aiment le plaisir; mais ils sont aussi durs et cruels et leur haine est implacable. Ils jouissent d'une grande liberté politique. Loin de mépriser les étrangers, on les voit étudier le hollandais et chercher à augmenter leurs connaissances par l'étude des livres européens.

Il n'est en Asie, dit M. Rougemont, aucun peuple qui cultive la terre avec autant de soin que les Japonais, aucun qui les surpasse en habileté dans les arts, aucun dont l'état social soit aussi bien réglé, la police aussi bonne, les lois exécutées avec autant de justice, d'impartialité et de sévérité, aucun où le commerce intérieur soit aussi florissant et aussi actif, les routes aussi nombreuses et aussi bien entretenues, l'éducation populaire aussi généralement répandue et où les femmes jouissent d'autant de liberté. Les castes y sont inconnues, la liberté individuelle est assurée. Les classes de la société y sont à peu près ce qu'elles sont dans notre Europe. Les mendiants y sont très-rares. Des postes aux chevaux et des postes aux lettres sont établies sur toutes les grandes routes.

L'ancienne religion des Japonais est la religion de Sinto ou Sinsiou (vieille religion). Elle consiste principalement dans la vénération des kamiou ou ancêtres, avec lesquels on confond, à ce qu'il paraît, des divinités créatrices, le soleil et tous les génies qui président aux choses visibles et invisibles.

L'être le plus révéré de cette religion est la déesse Ten-sio-daï-sin, qui passe pour la première souche de la famille impériale. Son principal temple est situé dans la prov. d'Ize. Le dieu de la guerre, Fatsman ou Ousa-Fatsman (son principal temple est situé à Ousa), est le frère de Ten-sio-daï-sin et s'intéresse vivement au sort de l'empire. Dans toutes les affaires importantes l'empereur envoie consulter ses prêtres. La religion de Sinto reconnaît l'immortalité de l'âme; le culte est célébré dans des temples très-simples appelés miya, où se trouvent les symboles des dieux, consistant en bandes de papiers attachées à des bâtons faits avec le bois de l'arbre finocki (thuya japonica). Les chiens et les renards sont honorés par les Japonais, qui ont donc comme les Égyptiens et les Hindous des animaux sacrés. A côté de cette religion se trouvent la religion de Confucius et le boudhisme. La première est au Japon comme en Chine la religion des lettrés; le boudhisme, introduit par les Coréens, s'est tellement confondu avec la religion primitive du Sinto que le même temple contient les idoles des deux cultes. Au seizième siècle, les missionnaires portugais avaient converti au catholicisme une très-grande partie de la population, mais une violente persécution fit périr près de 40,000 hommes et disparaître au bout de 40 ans jusqu'aux dernières traces du christianisme.

Nous avons déjà parlé du soin extrême que les Japonais apportent à l'agriculture. Selon Thauberg, le cultivateur qui néglige une partie de son domaine en perd la propriété. L'industrie du Japon est florissante, et ses habitants rivalisent sous ce rapport avec les Chinois et les Hindous. Ils excellent dans la fabrication des articles en cuivre, en fer et en acier, et leurs sabres ne sont inférieurs qu'à ceux du Khorassan. Leurs ouvrages laqués sont plus estimés que ceux de la Chine. Leurs étoffes de soie et de coton, la porcelaine, le papier qu'ils font avec l'écorce du mûrier, leur verre, ont atteint un haut degré de perfection. Le commerce intérieur est très-florissant. Autrefois le commerce extérieur était très-considérable et s'étendait jusqu'au Bengale. Mais aujourd'hui les Japonais se sont entièrement isolés, et le port de Nangasaki est le seul qui soit ouvert, avec de grandes restrictions, à quelques nations étrangères : aux Chinois, aux Coréens et aux Hollandais.

La langue des Japonais est un dialecte mongol mêlé de beaucoup de mots chinois. Les lettrés parlent la langue chinoise. Les Japonais estiment les arts et les sciences des autres peuples, principalement de ceux de l'Europe. Les grands de l'empire savent le hollandais, lisent et écrivent dans cette langue et se tiennent, par les journaux hollandais, au courant de ce qui arrive chez les autres nations. L'art de l'imprimerie a été importée de la Corée au Japon en 1206 de notre ère. On commença à cette époque à imprimer les livres de la religion de Boudha, avec des planches gravées en bois, le système d'écriture japonais ne permettant pas de se servir de caractères mobiles. Aujourd'hui de grandes typographies sont établies dans les villes de Myako, Jeddo, Osaka et Owari, où l'on imprime tous les ans, dit M. Siebold, de 5 à 8000 volumes, planches, cartes géographiques, etc.

Le gouv. du Japon est un despotisme absolu, franc, cruel. Les lois sont sanguinaires; presque tous les crimes sont punis de mort. L'empire a deux chefs : l'un spirituel, le daïri, l'autre temporel, le koubo. Le daïri était autrefois l'unique empereur et en même temps le chef de la religion du Sinto. Au douzième siècle de notre ère, le sengoun ou général en chef de l'armée, profitant des troubles civils, s'empara d'une portion du pouvoir souverain. En 1585, le sengoun d'alors, qui des rangs inférieurs de la société s'était élevé à cette dignité, par sa bravoure et ses talents, prit le titre de taiko-sama (seigneur suprême) et anéantit presque entièrement le pouvoir du daïri et beaucoup celui des autres princes de l'empire. Le pouvoir réel du Daïri se borne aujourd'hui à celui de chef des deux religions. On lui accorde les plus grands honneurs, mais de fait il vit relégué dans son grand palais de Miyako et n'en sort que rarement pour visiter quelques temples de l'empire. Il demeure invisible au peuple, qui n'apprend son nom qu'après sa mort. Les lois et les ordonnances sont rendues en son nom; même le koubo reçoit de lui des titres honorifiques, et c'est du daïri que les grands de l'empire les obtiennent. Mais le koubo est le maître véritable de l'empire. A côté de lui se trouve une foule de princes héréditaires ou *damios*, dont la jalousie mutuelle et les otages qu'ils sont obligés de lui livrer, garantissent sa puissance. Quelques-uns de ces damios ont peu de privilèges, et non seulement leurs familles, mais eux-mêmes sont obligés de résider pendant une partie de l'année dans la capitale. Les autres disposent des revenus de leurs provinces, soit pour défrayer leur cour, soit pour entretenir leurs troupes, et en général pour tout ce qui concerne leur gouvernement. Les soldats, les négociants et les artisans du Japon ont le droit de porter deux sabres. Les esclaves qui y existent sont ou d'anciens prisonniers de guerre ou des enfants que les parents ont vendu à cause de leur pauvreté.

Les revenus du Japon sont de 250 millions de francs; la force militaire est assez considérable, de 120,000 hommes environ, mais mal armée de fusils à mèche et d'arcs. Les Japonais non plus que les Chinois, ne savent servir l'artillerie, et leur marine non seulement est sans importance, mais même les bâtiments sont très-mal construits. Le daïri réside à Miyako, le koubo à Jeddo.

Il nous reste à parler des relations des puissances européennes avec le Japon. Après la découverte de l'emp. des Trois-Iles, comme on l'appelait, les Portugais y arrivèrent, en 1549, dans la double intention d'y fonder un établissement et d'y propager le christianisme. Leur but réussit parfaitement. On leur permit de s'établir dans l'île de Kiousiou (à Firando) et de commercer librement dans tout l'empire. D'un autre côté le zèle du jésuite François Xavier et d'autres missionnaires avait converti presque la moitié du Japon au christianisme. Mais la révolution qui enleva au Daïri son pouvoir temporel, changea l'état des choses. La rapacité des Portugais qui trouvaient d'immenses profits dans leur commerce avec le Japon, leurs déportements, les intrigues des missionnaires qui s'étaient immiscés dans les débats intérieurs de l'empire, soulevèrent la haine du koubo et des grands japonais. Les rivaux des Portugais, les Hollandais, avaient obtenu, dès 1611, la liberté du commerce dans tous les ports de l'empire. On persécuta les Portugais, on les chassa eux et les missionnaires de tout le Japon; on porta des lois sanguinaires contre les chrétiens et l'empire fut fermé à tous les peuples européens excepté aux Hollandais, qui ont des factoreries à Nangasaki. Ces derniers ainsi que les Chinois sont soumis à de nombreuses humiliations, et ils ne peuvent exporter que 300,000 livres de marchandises. Néanmoins ce commerce est encore aujourd'hui très-lucratif. Les Russes et les Anglais ont fait des tentatives inutiles pour avoir leur part dans le commerce du Japon.

M. Klaproth a bien voulu compléter pour M. Balbi le tableau des divisions administratives de l'emp. du Japon, donné par Kæmpfer. Nous ne croyons pouvoir mieux faire que de le transcrire ici.

L'emp. du Japon est formé de deux parties : l'empire proprement dit et le gouv. de Matsmai, qui rigoureusement dépend de la prov. de Mouts ou O-siou, dans le Tosando. Le Japon proprement dit est divisé en dix régions ou *do*, très-inégales pour l'étendue et la population. A l'exception des deux qui se composent des îles Iki et Tsousima, elles sont subdivisées en provinces ou kokf et en districts ou kori. Les cinq prov. du Gokinaï, la première de ces régions forment le domaine du daïri. L'île de Niphon, à elle seule, embrasse le Gokinaï, le Tokaïdo, le Tosando, le Fokourokoudo, le Sanindo, le Sanyado et presque la moitié du Nankaïdo.

TABLEAU DES DIVISIONS ADMINISTRATIVES DE L'EMPIRE DU JAPON.

RÉGIONS ET PROVINCES.	CHEFS-LIEUX ET ENDROITS REMARQUABLES.
JAPON PROPREMENT DIT.	
Gokinaï (les cinq provinces intérieures de la cour).	
Yamasiro (San-siou),	Kio ou Miyako, Nizio, Yodo.
Yamato (Wa-siou),	Kori-yama, Taka-tori, Nara.
Kawatsi (Ka-siou),	Sa-yama.
Idzoumi (Sen-siou),	Kisi-no-wata.
Sets (Se-siou),	Osaka, Taka-tsouki, Ayaka-saki.
Tokaïdo (contrée de la mer orientale).	
Iga (I-siou),	Wouye-no.
Ize (Se-siou),	Kouwana, Kame-yama, Isou, Mats-saka, Kampe, Koui, Nagasima, Yoda, le temple Daïsingoa.

RÉGIONS ET PROVINCES.	CHEFS-LIEUX ET ENDROITS REMARQUABLES.
Sima (Si-siou),	Toba.
Owari (Bi-siou),	Nakoya, Inogama.
Mikawa (Mi-siou),	Yosi-da, Nisiwo, Kariya, Ta-wara, Okasaki, Koromo.
Tootomi (Ghen-siou),	Kake-gawa, Yoko-soka, Famamats.
Sourouga (Sou-siou),	Fou-tsiou, Tanaka.
Idzou (Dzou-siou),	Simota, l'île Fatsisio.
Kaï (Ka-siou),	Fou-tsiou.
Sagami (Sa-siou),	Odawara, Tamanawa.
Mousasi (Mou-siou),	Jeddo, Kawagobe, Iwatski, Osi.
Awa (Fo-siou),	Yakata-yama, Tosio, Fosio.
Kadzouza (Koo-siou),	Odaki, Sanouki, Kourouri.
Simoosa (Seo-siou),	Seki-yado, Sakra, Kouga, Youghi.
Fitats (Sioou-siou),	Mito, Simodats, Kodats, Kasama.
Tosando (contrée des montagnes orientales).	
Oomi (Kio-siou),	Fikone ou Sawayama, Zeze.
Mino (Mi-siou),	Oogaki, Kanora ou Kanara.
Fida (Fi-siou),	Taka-yama.
Sinano (Sin-siou),	Ouyeda, Matsou-modo, Iyiyama, Takato, Omoro, Iyi-da, Taka-sima.
Kootske (Dzio-siou),	Tats-fayasi, Mayibasi, Noumada, Yasinaka, Take-saki.
Simotske (Ga-siou),	Outsou-miya, Kouroufa, Mifou, Odawara, le mont Nikosan.
Mouts (O-siou),	Sendal, Sira-isi, Waka-mats, Nifon-mats, Mori-oka ou Grand-Nambou, Yatsdo, Tana-koura, Taira, Sira-kawa, Nakamoura, Fouk-sima, Miwarou, Firosaki, dans le district de Tsougar, Inabasi, Matsmai, dans l'île de Iéso.
Dewa (Ou-siou),	Yone-sawa, Yama-gata, Oueve-no-yama, Sinzio, Sionaï, Akita.
Fokourokoudo (contrée du territoire septentrional).	
Wakasa (Siak-siou),	Kobama.
Yetsisen,	Foukyï, Fout-siou, Marou-oka, Ono, Sabafe, Katsou-yama.
Yet-siou,	Toyama.
Yetsingo,	Takata, Naga-oka, Simbota, Moura-kami, Itsoumo-saki, Moramats. Cette province et celles de Yetsisen et de Yetsiou, portent ensemble le nom de Yet-siou.
Kaga (Ka-siou),	Kana-zawa, Komats, Datsioosi.
Noto (Neo-siou),	Sous-no-misaki, Kawasiri, Nanao.
Sado (Sa-siou),	Koki.
Sanindo (contrée du versant septentrional des montagnes).	
Tango,	Miyazou-tanabe.
Tanba,	Kame-yama, Sosa-yama, Fouktsi-yama. Cette province et celles de Tago et de Tasima portent ensemble le nom de Tan-siou.
Tasima,	Idzousi ou Deïsi, Toyo-oka.
Inaba (In-siou),	Tots-tori.
Foki (Fo-siou),	Yonego.
Idzoumo (Oun-siou),	Matsougé.
Iwami (Sek-siou),	Tsouwa-no, Famada.
Oki (Au-siou),	Dans cette province il n'y a que des villages.
Sanyodo (contrée du versant méridional des montagnes).	
Farima (Ban-siou),	Fimedzi, Akazi, Ako, Tatsfou.
Mimasaka (Saka-siou),	Tsou-yama, Katsou-yama.
Bizen,	Oka-yama.
Bit-siou,	Matsou-yama. Cette province et celles de Bizen et de Bingo portent ensemble le nom de *Fi-siou*.

RÉGIONS ET PROVINCES.	CHEFS-LIEUX ET ENDROITS REMARQUABLES.
Bingo,	Foukou-yama.
Aki (Ghe-siou),	Firo-sama.
Souwo (Seou-siou),	Tok-yama, Fouk-yama.
Nagata (Tsio-tsiou),	Faki, Tsio-fou, Founaka.
Nankaïdo.	
Kii (Ki-siou),	Waka-yama, Tanabe, Sin-miya.
Awasi, île, (Tan-siou),	Soumoto ou Smoto.
Awa (A-siou),	Tok-sima.
Sanouki (San-siou),	Takamats, Maroukame, temple de Konbira.
Iyo (Yo-siou),	Matsou-yama, Ouwa-sima, Ima-bari, Saizioo, Komats, Daïsou, Dago.
Tosa (To-siou),	Kotsi. Cette province et celles d'Awa, Sanouki et Iyo forment ensemble l'île de Sikokf (les quatre royaumes).
Saikaïdo (contrée de la mer occidentale).	
Tsikouzen,	Fouk-oka, Akitsouki.
Tsikoungo,	Kouroume, Yana-gawa. Cette province et la précédente portent ensemble le nom de Tsikou-siou.
Bouzen,	Kokoura, Nakatsou.
Boungo,	Ousouki, Takeda, Saïki, Founaï, Finode. Cette province et la précédente portent ensemble le nom de Fou-siou.
Fizen,	Saga, Karatsou, Omoura, Sima-bara, Osima, Firando, Nangasaki.
Figo,	Kouma-moto, Yatsou-siro, Oudo, Amakousa.
Fiouga (Asi-siou),	Iyifi, Takanabe, Nobi-oka, Sadowara. Cette province et la précédente portent ensemble le nom de Fi-siou.
Oosoumi (Gou-siou),	Kokoubou.
Satsouma (Sats-siou),	Kagosima. Cette province avec les huit précédentes embrasse l'île de Kiousiou (les neuf royaumes).
L'île Iki (I-siou),	Kakoumoto.
L'île Tsou-sima (Jaï-siou),	Fou-tsiou.
Gouvernement de Matsmai, subdivisé en :	
Iéso (île de),	Matsmai, Khakodade.
Kouriles méridionales.	Ourbitch.
Tarrakai (île de).	

JAPONAIS. *Voyez* JAPON.

JAPUINS. *Voyez* YARUROS.

JAPYGIA, g. a., contrée au S.-E. de la Grande-Grèce, le long des côtes de la Calabre.

JAQUANHAPEZ, peuplade indienne de l'emp. du Brésil, prov. de Para, comarque du même nom, sur les bords supérieurs du Tapajoz.

JAQUE ou YAQUES, YAQUI (Sant-), MONTE-CHRISTI, fl. de l'île d'Haïti, prend sa source aux monts Cibao, dans l'intérieur de l'île, et se jette dans la mer non loin du cap Monte-Christi après s'être grossi d'un grand nombre d'affluents.

JAQUIN ou CAYE-D'AQUIN, pet. île non loin de la côte d'Haïti, dont elle dépend, en face d'Aquin.

JAQUIS. *Voyez* MADELEINE (île).

JARAGOA (Sierra de). *Voyez* ESPINHAÇO (Serra do).

JARAGUA (bahia de), baie sur la côte de la prov. d'Alagoas, emp. du Brésil; elle est séparée par une langue de terre de la baie de Pajussara. Elle sert de port à Alagoas, mais elle n'est abordable que dans la saison pluvieuse.

JARCIEUX, vg. de Fr., Isère, arr. de Vienne, cant. et poste de Beaurepaire; 760 h.

JARD (le), ham. de Fr., Aube, com. d'Aix-en-Othe; 140 hab.

JARD (la), vg. de Fr., Charente-Inférieure, arr., cant. et poste de Saintes; 450 hab.

JARD (le petit), ham. de Fr., Seine-et-Marne, com. de Vert-Saint-Denis; 120 h.

JARD, vg. de Fr., Vendée, arr. des Sables, cant. de Talmont, poste d'Avrillé; 1020 h.

JARDAY, ham. de Fr., Loir-et-Cher, com. de Villerbon; 170 hab.

JARDIN, vg. de Fr., Isère, arr., cant. et poste de Vienne; 500 hab.

JARDIN (le), vg. de Fr., Corrèze, arr.

de Tulle, cant. et poste d'Egletons; 220 hab.

JARDIN (le), ham. de Fr., Orne, com. d'A-migny; 150 hab.

JARDIN-DEL-REY et **JARDIN-DE-LA-REYNA**, archipel de petits îlots entourant au N. et au .S l'île de Cuba; ils sont couverts d'une riche végétation.

JARDINS-DU-TROPIQUE. *Voyez* ÉLÉPHANTINE.

JARDRES, vg. de Fr., Vienne, arr. de Poitiers, cant. de St.-Julien-l'Ars, poste de Chauvigny; 400 hab.

JAREL, g. a., v. de Judée, au N.-E. d'Asdad; elle possède une université juive célèbre qui florissait jusqu'à la prise de la ville par Vespasien (aujourd'hui Ibne ou Gebne?)

JARENSK, pet. v. de la Russie d'Europe, située sur la Vitschedga, gouv. de Vologda, et chef-lieu du cercle du même nom; 1000 hab.

JAREY, ham. de Fr., Saône-et-Loire, com. des Cuiseaux; 110 hab.

JARGE (la), ham. de Fr., Deux-Sèvres, com. de Lorigné; 110 hab.

JARGEAU, *Gargogilum*, pet. v. de Fr., Loiret, arr. 5 l. E. d'Orléans, chef-lieu de cant. et poste, sur la rive gauche de la Loire; 2360 hab.

Pendant la guerre des Anglais, cette petite ville alors place forte, avait beaucoup d'importance. Les Anglais la prirent un 1420; mais le duc d'Alençon la leur enleva d'assaut l'année suivante. C'est à Jargeau que les deux fils du duc d'Orléans formèrent en 1412 une ligue contre le duc de Bourgogne qui avait assassiné leur père.

JARJAYES, ham. de Fr., Basses-Alpes, com. de Noyers; 180 hab.

JARJAYES, vg. de Fr., Hautes-Alpes, arr. de Gap., cant. de Tallard, poste de Remollon; 570 hab.

JARLAC, ham. de Fr., Charente-Inférieure, com. de Montils; 190 hab.

JARMÉNIL, vg. de Fr., Vosges, arr. et cant. de Remiremont, poste d'Épinal; 480 h.

JARMERITZ, pet. v. d'Autriche, gouv. de Moravie-et-Silésie, cercle de Znaym, possède un magnifique château, avec une belle bibliothèque et de superbes jardins; 2000 hab.

JARNAC, ham. de Fr., Arriége, com. de Mercus; 1504 hab.

JARNAC, pet. v. de Fr., Charente, arr. et à 3 l. E. de Cognac, chef-lieu de canton et poste, sur la rive droite de la Charente, que l'on y passe sur un pont suspendu d'une construction élégante et solide. Jarnac a des distilleries considérables d'eau-de-vie et un entrepôt de vins; commerce de vins et d'eau-de-vie; 2336 hab. Cette ville est célèbre par la victoire que le duc d'Anjou, depuis Henri III, y remporta, en 1569, sur les protestants commandés par le prince de Condé, qui y fut assassiné après la bataille par un Montesquiou, capitaine des gardes du duc d'Anjou.

JARNAC-CHAMPAGNE, vg. de Fr., Charente-Inférieure, arr. de Jonzac, cant. et poste d'Archiac; 1139 hab.

JARNAGES, b. de Fr., Creuse, arr. et à 5 l. S.-S.-O. de Boussac, chef-lieu de canton et poste; 880 hab.

JARNE (la), vg. de Fr., Charente-Inférieure, arr. et poste de la Rochelle, cant. de la Jarrie; 650 hab.

JARNIOST, ham. de Fr., Rhône, com. de Ville-sur-Jarnioux; 550 hab.

JARNOIS, ham. de Fr., Nièvre, com. de St.-Agnan; 150 hab.

JARNOSSE, vg. de Fr., Loire, arr. de Roanne, cant. et poste de Charlieu; 1200 h.

JARNY, vg. de Fr., Moselle, arr. et poste de Briey, canton de Conflans; 704 hab. Papeterie pour carton.

JAROCIN, v. de Prusse, prov. et rég. de Posen; tanneries; agriculture; 1620 hab.

JAROMIERZ, *Jaromirium*, p. v. de Bohême, cercle de Kœnigingrætz, au confluent de l'Elbe et de l'Anpa; 3000 hab.

JAROSLAW, v. de la Galicie, cer. de Przmysl. Grande manuf. impériale de draps, fabric. de toiles. Commerce de toiles, de cire et de miel. Foire renommée et très-fréquentée; 8000 hab.

JARRA. *Voyez* DJARRA.

JARRET, vg. de Fr., Hautes-Pyrénées, arr. d'Argelès, cant. et poste de Lourdes; 100 hab.

JARREY (le), ham. de Fr., Seine-et-Oise, com. de Bazoches; 220 hab.

JARRIE (la), b. de Fr., Charente-Inférieure, arr. et à 3 l. S.-E. de la Rochelle, chef-lieu de canton, poste de Croix-Chapeau; 1070 hab.

JARRIE, vg. de Fr., Isère, arr. de Grenoble, cant. et poste de Vizille; 1100 h.

JARRIE-AUDOUIN (la), vg. de Fr., Charente-Inférieure, arr. de St.-Jean-d'Angely, cant. et poste de Loulay; 500 hab.

JARS, vg. de Fr., Cher, arr. et poste de Sancerre, cant. de Vailly; 1490 hab.

JARSCHAU, v. du duché de Saxe-Lauenbourg, Danemark; possède de grandes papeteries.

JARTSBERG, comté du diocèse de Christiana ou d'Aggerhuus; avec un château du même nom où réside le duc de Wedel, propriétaire du comté; 26,193 hab.

JARUCO, v. au N. de l'île de Cuba, département occidental.

JARVILLE, vg. de Fr., Meurthe, arr., cant. et poste de Nancy; fabr. de draps et d'amidon; 389 hab.

JARYCZON, pet. v. de Gallicie, cercle de Lemberg. Fabr. de couvertures de laine.

JARZAY, ham. de Fr., Vienne, com. de Massognes; 180 hab.

JARZÉ, b. de Fr., Maine-et-Loire, arr. et poste de Baugé, cant. de Seiches; 1800 hab.

JAS, vg. de Fr., Loire, arr. de Montbrison, cant. et poste de Fleurs; 300 hab.

JASCHAU (Jaszo), b. de Hongrie, cercle en-deçà de la Theiss, comitat d'Abaoujvar; avec une belle église. Carrières et polissage de marbre. Pèlerinage.

JASER, g. a., v. de Palestine, tribu de Gath; d'après les uns elle s'appelle aujourd'hui Izir; d'autres prétendent que c'est Ain Hazir.

JASK. *Voyez* DAJSK.

JASLISKO, pet. v. de Gallicie, cercle de Sanok, avec un beau château et plusieurs scieries.

JASLO, cer. de Gallicie, borné par les cer. de Tarnow, de Rzeszow, de Sanok, de Sandek et par la Hongrie. Superficie 61 l. c. géogr.; pop. 200,000 hab. Cette province est couverte par plusieurs ramifications des monts Karpathes, et traversée par la Wisloca; son sol est très-ingrat; le blé qu'il produit ne suffit pas pour la consommation et la pomme de terre y est la nourriture ordinaire; l'éducation du bétail y est peu considérable, mais la fabrication de la toile est d'autant plus importante. Commerce avec la Hongrie.

JASLO, v. de Galicie, chef-lieu du cercle du même nom; 1800 hab.

JASMUND, presqu'île de Prusse qui s'attache par des isthmes à l'île de Rügen et à la péninsule de Wittow; prov. de Poméranie, rég. de Stralsund. Ses côtes N. et N.-E. sont bordées de falaises de craie escarpées dont les plus hautes s'élèvent à 360 pieds et sur lesquelles on jouit d'une vue magnifique; on y exploite de la craie et des pierres à feu.

JASNEY, vg. de Fr., Haute-Saône, arr. de Lure, cant. de Vauvillers, poste de St.-Loup.

JASONS ou **TOWN** (île). *Voyez* FALKLAND (îles).

JASOUPE, ham. de Fr., Saône-et-Loire, com. de Demigny; 240 hab.

JASPER, comté de l'état de Géorgie, États-Unis de l'Amérique du Nord; il est borné par les comtés de Walton, de Morgan, de Putnam, de Jones, de Henri et de Newton; 18,000 hab.

JASPER (chef-lieu). *Voyez* MARION (comté).

JASSANS, vg. de Fr., Ain, arr., cant. et poste de Trévoux; 342 hab.

JASSEINES, vg. de Fr., Aube, arr. d'Arcis-sur-Aube, cant. de Chavanges, poste de Dampierre; 390 hab.

JASSERON, vg. de Fr., Ain, arr. et poste de Bourg-en-Bresse, cant. de Ceyzériat; 800 hab.

JASSES, vg. de Fr., Basses-Pyrénées, arr. d'Orthez, cant. et poste de Navarrenx; 360 h.

JASSON (le), ham. de Fr., Var, com. d'Hyères; 110 hab.

JASSY ou **JASCH**, *Jassium*, *Petrovada*, capitale de la principauté de Moldavie, résidence de l'hospodar et des consuls étrangers, siége d'un archevêché grec. Elle est située sous 47° 8′ 30″ lat. sept. et sous 25° 10′ long. orient., dans une belle contrée, sur une hauteur, entourée d'autres collines et près d'un ruisseau bourbeux appelé le Bachlui. C'est une ville ouverte, mal bâtie, avec des maisons à un seul étage et presque toutes en bois, avec un air empesté par des ruisseaux fétides, coulant sous les planches qui recouvrent ses rues. Le château des hospodars est nouveau, vaste et régulier : nous n'avons aucun autre édifice à citer; toute la ville, excepté 80 maisons, a été la proie des flammes, pendant 2 incendies arrivés en 1817. Jassy, qui a également souffert de la dernière guerre, a une pop. au plus de 30,000 hab., et de 20,000 seulement d'après quelques géographes. Cette ville renferme 43 églises grecques, 26 couvents, un gymnase insignifiant appelé *lycée;* son commerce est assez actif, ses ouvriers sont presque tous des Allemands. Jassy a été prise par les Russes en 1769, rendue en 1774, et reprise par l'armée austro-russe en 1788. Un traité entre les Russes et les Turcs y a été conclu le 9 janvier 1792.

JASTROW, v. de Prusse, prov. de Prusse, rég. de Marienwerder; fabrication de draps et agriculture; 3100 hab.

JASZBERENY, v. de Hongrie, cer. en-deçà de la Theiss, chef-lieu du district de Jazygie (Jaszsag), très-florissante par son agriculture et par son éducation du bétail et des chevaux; 12,000 hab. Le district a 18 l. c. géogr. et 50,000 hab.; c'est une vaste plaine fertile, qui produit du blé, du maïs, du vin, du tabac; on y élève des chevaux, des bêtes à cornes, des brebis, des porcs et des abeilles; le bois manque totalement; l'industrie y est presque nulle.

JASZKA, b. d'Illyrie, gouv. de Trieste, cercle de Karlstadt; culture du vin très-étendue.

JATRINULE, b. du roy. des Deux-Siciles, prov. de la Calabre ultérieure IIe; culture du chanvre.

JATSCHA. *Voyez* ALBASINSK.

JATXOU, vg. de Fr., Basses-Pyrénées, arr. de Bayonne, cant. et poste d'Ustarits; 400 hab.

JAU, vg. de Fr., Gironde, arr. et poste de Lesparre, cant. de St.-Vivienne; 1610 h.

JAUCOURT, vg. de Fr., Aube, arr., cant. et poste de Bar-sur-Aube; 360 hab.

JAUDONNIÈRE (la), vg. de Fr., Vendée, arr. de Fontenay-le-Comte, cant. et poste de Ste.-Hermine; 820 hab.

JAUDRAIS, vg. de Fr., Eure-et-Loir, arr. de Dreux, cant. et poste de Senonches; 380 hab.

JAUER, *Jauravia*, *Juravia*, v. de Prusse, chef-lieu du cercle et de la principauté de même nom, sur la Neisse, prov. de Silésie, rég. de Liegnitz; ceinte de murailles et de fossés, la plupart convertis en jardins et entourée de faubourgs; fabr. de gants, de tabac, d'étoffes de laine, de bas, de toiles; grand commerce de blé avec la Bohême; 5680 hab.

JAUERNICK, v. d'Autriche, gouv. de

Moravie-et-Silésie, cer. de Troppau; manufactures de coton et toileries; 2500 hab.

JAUGÉ, ham. de Fr., Vendée, com. de Lairoux; 160 hab.

JAUGENAY, ham. de Fr., Nièvre, com. de Chevenon; 170 hab.

JAUGEY, ham. de Fr., Côte-d'Or, com. de Barbirey-sur-Ouche; 120 hab.

JAUJA ou XAUXA, prov. du dép. de Junin, rép. du Pérou. Cette province qui, sur une longueur de 30 à 35 l., comprend toute la vallée du Rio-Pari et s'étend depuis le chaînon occidental des Cordillères jusqu'au chaînon oriental de ces montagnes, est bornée par les missions de Péréné et par les prov. de Tarma, de Tayacaja, de Huancavélica, d'Yauyos et de Huarochiri. Le Rio-Pari divise la province en Haut et Bas-Jauja (Jauja alta et Jauja baxa). Cette province est une des plus fertiles et des plus riches du Pérou, mais l'eau manque; les forêts abondent en arbres à quinquina. L'éducation du bétail et le commerce des produits du pays offrent les principaux moyens de subsistance des habitants, dont le nombre est évalué à près de 70,000.

JAUJA ou XAUXA, v. et chef-lieu de la province du même nom, sur la rive droite du Rio-Jauja; florissait autrefois par ses manufactures de draps et par l'exploitation de ses mines d'argent presque abandonnées aujourd'hui; 3000 hab.

JAUJAC, b. de Fr., Ardèche, arr. de l'Argentière, cant. et poste de Thueyts; 2272 h.

JAULDES, vg. de Fr., Charente, arr. d'Angoulême, cant. et poste de la Rochefoucauld; 1410 hab.

JAULGES, vg. de Fr., Yonne, arr. d'Auxerre, cant. et poste de St.-Florentin; 580 hab.

JAULGONNE, vg. de Fr., Aisne, arr. et poste de Château-Thierry, cant. de Condé-en-Brie; 626 hab.

JAULNAY, vg. de Fr., Indre-et-Loire, arr. de Chinon, cant. et poste de Richelieu; 330 hab.

JAULNAY, b. de Fr., Vienne, arr. et poste de Poitiers, cant. de St.-Georges-les-Baillargeaux; 1480 hab.

JAULNES, vg. de Fr., Seine-et-Marne, arr. de Provins, cant. et poste de Bray-sur-Seine; 420 hab.

JAULNY, vg. de Fr., Meurthe, arr. de Toul, cant. et poste de Thiaucourt; château antique; 410 hab.

JAULZY, vg. de Fr., Oise, arr. de Compiègne, cant. d'Attichy, poste de Couloisy; 580 hab.

JAUME (Saint-), ham. de Fr., Var, com. de Lorgues; 150 hab.

JAUMEGARDE. *Voyez* MARC-DE-JAUMEGARDE (Saint-).

JAUNAC, vg. de Fr., Ardèche, arr. de Tournon, cant. et poste du Chaylard; 380 hab.

JAUNAC, ham. de Fr., Hautes-Pyrénées, com. de Tibiran-Jaunac; 150 hab.

JAUNAY, ham. de Fr., Deux-Sèvres, com. d'Azay-Brûlé; 200 hab.

JAUNE (mer). *Voyez* HOUANG-HAÏ.

JAUNE (fleuve). *Voyez* HOUANG-HO.

JAUNET (le), ham. de Fr., Allier, com. de Serbannes; 380 hab.

JAURE, vg. de Fr., Dordogne, arr. de Périgueux, cant. et poste de St.-Astier; 450 hab.

JAURU. *Voyez* PARAGUAY (fleuve).

JAUSAC, vg. de Fr., Drôme, arr. de Die, cant. et poste de Luc-en-Diois; 180 hab.

JAUSIERS, vg. de Fr., Basses-Alpes, arr., cant. et poste de Barcelonnette; fabr. de soieries; 1900 hab.

JAUVARD, vg. de Fr., Indre, com. de Belabre; 520 hab.

JAUX, vg. de Fr., Oise, arr., cant. et poste de Compiègne; 1200 hab.

JAUZÉ, vg. de Fr., Sarthe, arr. de Mamers, cant. et poste de Bonnétable; 290 h.

JAVA, la plus importante des îles de la Malaisie (grandes îles de la Sonde), le siége principal de la puissance hollandaise dans les Indes orientales, est située entre 102° 20′ et 112° 30′ long. orient. et entre 6° et 9° lat. S. Au N. elle est baignée par la mer intérieure qui porte son nom, au S. par le Grand-Océan; le détroit de la Sonde la sépare à l'O. de l'île de Sumatra, le canal de Bali à l'E. de l'île de ce nom; sa superficie est de 6000 l. c. Elle s'étend de l'O. à l'E., en s'inclinant un peu vers le S., sur une longueur de 240 l. Sa largeur varie de 14 à 50 l. Une suite de trois chaînes de montagnes traverse Java dans toute sa longueur; on y distingue 38 montagnes élevées, et l'on y compte plus de quinze volcans éteints ou en ignition. Les points culminants de ces chaînes sont le Prahou, le Panangouaou, le Passavan, le Radioma, le Merbabou, le Soumbing, le Sindovo, l'Ardjouna et le volcan Djede, Gede ou Tagal; ils ont de 10 à 12,000 pieds de hauteur. Plusieurs de ces volcans vomissent de la boue. La côte méridionale de Java est rocheuse, à pic, presque inabordable; la côte septentrionale est basse, marécageuse et possède d'excellents ports; mais elle est également dangereuse à la navigation; le travail des polypiers, les alluvions et les fréquents tremblements de terre qui désolent cette île, font subir de nombreux changements au fond de la mer. Le terrain est tout volcanique, et les nombreuses traces de soulèvements sous-marines ont fait penser à quelques voyageurs, que les îles de la Sonde, loin d'avoir fait anciennement partie du continent asiatique, doivent au contraire leur origine, assez récente, à une révolution physique. Les principaux fleuves de Java sont le Solo ou Beng-Awan, le plus grand de tous; il arrose la partie centrale de l'île, et le Kediri qui en arrose la partie orientale; tous les deux, ainsi que presque tous les autres cours d'eau, se jettent dans la mer de Java. Le climat n'est excessif que sur la côte septentrionale où les marais répandent des miasmes pestilentiels qui emportent en peu de temps la moitié des Européens établis sur cette côte funeste. La faute, du reste, en est en partie aux Hollandais, qui loin de dessécher les marais, ont creusé des canaux où l'eau demeure stagnante, et n'ont rien voulu changer aux habitudes, à l'alimentation et au costume de leur pays.

L'intérieur de l'île est sain, le climat y est plus tempéré. Les vents périodiques établissent deux moussons ou saisons à Java: celle de la sécheresse et celle des pluies; chacune dure six mois; les mois de juillet et d'août sont les plus secs. La partie septentrionale de l'île est souvent ravagée par des maladies endémiques. Les principales productions de Java, l'île la plus fertile de l'Océanie, consistent en café, tabac, coton, riz, poivre, indigo; ses fruits sont excellents; parmi les arbres de ses belles forêts il faut remarquer le boan-upas ou antjar (*antiaris toxicarea*), ce fameux arbre à poison sur lequel on a répandu tant de fables. Son tronc, dépourvu de branches, atteint une hauteur de 70 pieds. Les Javanais tirent de la sève de cet arbre un poison mortel. Java ne renferme que peu de métaux, mais on tire de ses marais un sel excellent. Le règne animal est moins varié que le règne végétal; on n'y trouve pas d'éléphants, mais beaucoup de rhinocéros, de cerfs et un petit tigre noir. Les eaux et les marais renferment beaucoup de crocodiles, les forêts une infinité de serpents. On rencontre aussi fréquemment à Java une grande fourmi blanche, qui s'attaque aux vivres, aux livres, aux habits, aux meubles et détruit jusqu'à la charpente des maisons.

La population de Java est d'environ 5 millions hab., dont plus de 100,000 étrangers, la plupart Chinois, et parmi ceux-ci deux tiers de Métis ou Péruaques, 30,000 Européens, enfin quelques noirs dans les cantons intérieurs de l'île. Les Javanais indigènes ou Bhoumi, la nation la plus nombreuse de la Malaisie, sont petits de taille et d'un teint jaunâtre. Ils sont en général doux et paisibles, et l'oppression la plus cruelle a seule pu quelquefois leur faire prendre les armes. La famille chez eux est fortement constituée, mais la polygamie est générale. Les jeux de hasard et les combats de coqs sont les plaisirs favoris des Javanais; ils sont très-enclins au vol. Leur civilisation est plus avancée que celle d'aucun autre peuple de ces parages. Leur langue est douce et poétique; leur littérature est la plus riche de la Malaisie et de toute l'Océanie; ils ont une versification soumise à des règles assez compliquées; leurs chants nationaux sont nobles et d'une facture large et hardie; les sciences ne sont pas non plus étrangères à ce peuple. Les Malais ont embrassé jadis les religions de l'Inde; ils sont plus tard (en 1406) devenus mahométans, mais ont gardé beaucoup de leurs anciennes croyances et de leurs superstitions. Ils ne comptent pas d'après l'Hedschra, mais d'après une ère nationale dont la première année correspond à l'an 76 de J.-C. Une peuplade dans les montagnes a conservé les croyances indiennes qui s'allient, dans l'île entière, plus ou moins à l'islamisme. Le kawi, leur langue sacrée, diffère peu du sanscrit; sur les hautes plaines de l'intérieur, dans le bassin du Kediri, sont des ruines de temples, des débris de statues qui rappellent l'Inde, des restes de grandes villes, des noms de lieux indiens. Les plus célèbres de ces ruines sont: celles de Boro-bodo, dans la résidence de Kadou, les restes de Singa-sary et de Soupit-ourang, dans la résidence de Passarouang, Madjiapahit, l'ancienne capitale de Java, dans la résidence de Sourabaya, les tchandi de Loro-djongrang, et les nombreuses ruines qu'on trouve dans les dist. de Souracarta et de Djocjocarta. Les Javanais sont industrieux; la fabrication des cuirs a acquis chez eux un haut degré de perfection. Ils sont très-habiles dans l'art du charpentier, du constructeur et de l'ébéniste, et travaillent l'or et l'argent aussi bien que les habitants de Sumatra et des Philippines. Leur commerce maritime était autrefois très-étendu, mais le monopole que se sont arrogé les Hollandais l'a tout à fait anéanti. Les pirates javanais s'étaient rendus redoutables dans les mers intérieures de la Malaisie; mais leurs méfaits ont été en grande partie réprimés. Le commerce intérieur est florissant; les Chinois en sont les courtiers.

L'île de Java ne formait anciennement qu'un seul empire. A trois différentes époques ses souverains dominèrent dans l'archipel Indien; dans la seconde moitié du quatorzième siècle, l'emp. de Madjiapahit s'étendait sur Java, et au-dehors sur une partie de Sumatra, de Bornéo et de Bali; au commencement du quinzième siècle, ce même empire avait soumis plusieurs états de l'île de Célébès, les îles Banda, Sumbava, Ende, Timor, Soulou, Céram, une partie de Bornéo et le roy. de Palembang dans Sumatra; enfin au commencement du dix-septième siècle, l'emp. de Matarem égala presque celui de Madjiapahit. Les Hollandais abordèrent à Java pour la première fois en 1594 sous Houtman, et établirent une factorerie à Bantam qu'ils transférèrent en 1610 à Jaccatra où s'élève aujourd'hui Batavia. Profitant avec habileté de la désunion des chefs et de la faiblesse des sultans, ils surent renverser le trône des empereurs javanais et s'assurer une large part de leurs dépouilles. Les différents chefs devinrent tributaires; le commerce javanais fut anéanti et le monopole du commerce leur fut acquis. Ils ne purent cependant obtenir ces avantages qu'après des guerres sanglantes et de longs efforts. L'administration hollandaise devint la plus oppressive et la plus injuste de toutes les administrations européennes dans ces contrées. En 1811, les Anglais s'emparèrent de Java qui fut rendu aux Hollandais par les traités de 1815. Depuis ce temps le gouvernement hollandais s'est amélioré.

Java est le centre des possessions hollandaises dans les Indes orientales. Depuis la dissolution de la Société hollandaise des Indes, l'état administre directement ces colonies. A la tête de l'administration se trouve un gouverneur-général nommé par le roi; il réside à Batavia, commande les armées de terre et de mer et préside le conseil des Indes. Le directeur-général du commerce est également nommé par le roi. Le conseil des Indes, composé de six membres et présidé par le gouverneur-général, donne son avis dans toutes les questions qui intéressent la politique ou l'administration. Le collége de justice, composé d'un président et de neuf juges, est la cour d'appel, en matière civile, de toute l'Inde hollandaise. La juridiction du gouverneur-général s'étend, comme nous l'avons dit, sur les possessions actuelles des Hollandais, qui sont : l'île de Java avec l'île de Madura, la plus grande partie des îles de Sumatra et de Célèbès, une grande partie de celle de Bornéo, l'archipel de Sumbava-Timor, presque tout l'archipel des Moluques, une partie de la Papouasie. Comme suzerains du sultan de Tidor, les Hollandais possèdent dans l'Océanie centrale la terre des Papouas, dans la partie N.-O. de la Papouasie, et les îles Papouas. Batavia, dans l'île de Java, est la capitale de toutes ces possessions.

L'île de Java peut être regardée comme entièrement soumise aujourd'hui aux Hollandais, bien que les résidences de Djocjocarta et de Sourocarta soient régies immédiatement par des princes javanais, descendants des empereurs de Matarem. En 1825 elle était divisée dans les 20 régions suivantes, appelées résidences.

DIVISION ADMINISTRATIVE DE L'ILE DE JAVA EN 1825.

RÉSIDENCES OU PROVINCES.	CHEFS-LIEUX ET ENDROITS REMARQUABLES.
Batavia,	Batavia, l'île Ourust (Poul ou Kappal), Noordwyk, Ryswik, Weltevreden.
Bantam,	Céram (Sirang), ruines de Bantam, l'île du Prince.
Buitenzoorg,	Buitenzoorg.
Préangers (Préangan),	Tjanjor.
Krawang,	Wanaijassa, Krawang, Touban.
Chéribon,	Chéribon, forêt de Dayou-Lourgur.
Tagal,	Tagal.
Pekkalongang,	Pekkalongang.
Kadou,	Maguelan, ruines de Boro-bobo.
Samarang,	Samarang, Bangukuning.
Japara,	Japara.
Rembang,	Rembang.
Grissé,	Grissé ou Grissie.
Sourabaya,	Sourabaya, ruines de Madjapahit et de Mendang-Kamoulan.
Passarouang,	Passarouang, lac Banou, ruines de Singasary, de Soupit-ourang.
Besukie,	Besukie.
Banyouwangui,	Banyouwangui.
Souracarta,	Souracarta.
Djocjocarta,	Djocjocarta, Kediri.
Madura et Sumanap,	Sumanap, Pamakassan et Bangkalan, chefs-lieux des trois princes tributaires qui administrent le territoire de l'île de Madura.

De 1833 à 1834, la valeur des exportations de Java (y compris l'île de Madura) s'éleva à 23,343,327 florins, celle des importations à 17,864,577 florins. Le mouvement de ses différents ports, tant à l'entrée qu'à la sortie, a été de 1721 bâtiments jeaugeant ensemble environ 100,000 tonneaux.

JAVA (groupe de). Plusieurs géographes ont introduit l'usage de réunir sous ce nom l'île de Java et les îles et les îlots qui en dépendent géographiquement. La principale de ces îles est Madura, qui forme une des 20 résidences dans lesquelles est partagée Java. Elle est située au N.-E. de Java, dont elle est séparée par le canal de Madura. Les îles Bali et Lombok qu'on a rangées dans le groupe en question, appartiennent aux petites îles de la Sonde ou groupe de Sumbava-Timor. Les autres îles tant soit peu importantes du groupe de Java sont : l'île du Prince ou Pana-itan dans le détroit de la

Sonde, l'île de Kangelang au N.-É. de Madura, et Lubock au N.-O. de la même.

JAVA (Petite-). *Voyez* Bali.

JAVANAIS. *Voyez* Java.

JAVARANAS, peuplade indienne indépendante, dans la rép. de Vénézuela, dép. de l'Orénoque, prov. de Guyane. Ils habitent les savannes fertiles entre Encaramada et Maypures; ils ont des demeures fixes, cultivent la terre et se distinguent par leur activité et leur loyauté.

JAVARZAY, ham. de Fr., Deux-Sèvres, com. de Chef-Boutonne; 200 hab.

JAVAUGUES, vg. de Fr., Haute-Loire, arr., cant. et poste de Brioude; 340 hab.

JAVELLE, ham. de Fr., Seine, com. de Vaugirard; fabr. de produits chimiques; 20 hab.

JAVENÉ, vg. de Fr., Ille-et-Vilaine, arr., cant. et poste de Fougères; 290 hab.

JAVERDAT, vg. de Fr., Haute-Vienne, arr. de Rochechouart, cant. de St.-Junien, poste de la Barre; 1040 hab.

JAVERLHAC, b. de Fr., Dordogne, arr., cant. et poste de Nontron; mine de fer; forges; 1450 hab.

JAVERNANT, vg. de Fr., Aube, arr. de Troyes, cant. et poste de Bouilly; 280 hab.

JAVIE (la), vg. de Fr., Basses-Alpes, arr. à 3 l. N. N.-E. et poste de Digne, chef-lieu de canton, 452 hab.

JAVIPUYAZ, peuplade indienne indépendante dans l'emp. du Brésil, au S. de la prov. de Matto-Grasso; ils errent dans les immenses et fertiles plaines qui avoisinent le Topajoz supérieur.

JAVOLS, *Anderidum*, *Andereclon*, *Civitas Gabalitana*, vg. de Fr., Lozère, arr., 5 l. N. de Marvejols, cant. d'Aumont, poste de Saint-Chely; il possède une source d'eau minérale acidule; pop. 1800 hab., en y comprenant les habitants de quelques petits villages qui font partie de cette commune.

Les antiquités, les inscriptions et les débris de monuments romains que l'on a découverts à Javols, il y a une dizaine d'années, ont fait connaître que ce village est bâti sur l'emplacement où fut jadis l'ancienne Gabalum, ville gauloise, capitale des Gabali.

JAVORNOZ, ham. de Fr., Ain, com. de St.-Rambert; 120 hab.

JAVREZAC, vg. de Fr., Charente, arr., cant. et poste de Cognac; 560 hab.

JAVRON, vg. de Fr., Mayenne, arr. de Mayenne, cant. de Couptrain, poste de Ribay; 2270 hab.

JAWAHIR. *Voyez* Djawahir.

JAWAS (Ajowais), peuplade indienne indépendante de la famille des Osages, au N.-O. des États-Unis de l'Amérique du Nord. Leur district s'étend à l'E. et au S. de celui des Renards (Foxes), sur les rives du De-Moyen et du Jowa où ils habitent deux villages.

JAWOROW, p. v. de Gallicie, cercle de Przmysl; 3000 hab.

JAX, vg. de Fr., Haute-Loire, arr. de Brioude, cant. et poste de Paulhaguet; 490 h.

JAXARTES. *Voyez* Syr-Daria.

JAXT, torrent qui prend son origine dans le Wurtemberg, près d'Ellwangen, et se verse dans le Necker au-dessous de Jaxtfeld.

JAXT (cer. de la), un des 4 cer. et dans le N.-E. du roy. de Wurtemerg; borné au N. par le grand-duché de Bade et la Bavière, à l'E. par la Bavière, au S. par le cer. du Danube et à l'O. par celui du Necker. Sa superficie est de 99 6/10 milles c. Cette contrée généralement élevée renferme peu de plaines considérables, mais entre les montagnes qui la sillonnent s'étendent de belles et fertiles vallées. Plusieurs rivières l'arrosent: la Rems, le Kocher, la Leine et la Jaxt y prennent naissance et augmentent le Necker; la Brenz, l'Egger et l'Egge y ont également leurs sources et se versent dans le Danube; la Tauber traverse le N. du cercle et va porter ses eaux dans le Mein. Partout on y cultive avec succès du blé, des fruits, des légumes et des vignes; les vins blancs de la vallée de la Rems sont recherchés, et ceux récoltés sur les rives de la Tauber rivalisent avec les secondes qualités du Rhin. Les productions commerciales sont le chanvre, le lin et le houblon. Les belles prairies naturelles et artificielles des vallées favorisent l'éducation des bestiaux qui est des plus florissantes; celle des brebis, des oies et des abeilles est suivie avec succès. Les montagnes fournissent du beau bois, du fer, du marbre, du plâtre, du grès, des meules et de la terre à porcelaine; le pays possède plusieurs salines, des forges, des fonderies et d'autres usines. L'industrie s'applique en outre à la fabrication de produits chimiques, de poterie, de toiles, de bimbeloterie et de bijouterie. Le commerce des toiles et des bestiaux est actif. La pop., de 353,000 hab., se trouve répartie dans 14 gr. bges.; le siége de l'administration supérieure du cercle est Ellwangen.

JAXTHAUSEN, vg. parois. de Wurtemberg, cer. du Necker, gr.-bge. de Neckarsulm, sur la Jaxt; avec 3 châteaux dont l'un fut le berceau du célèbre Gœtz de Berlichingen qui joua un si grand rôle dans les guerres intestines de l'Allemagne pendant la première moitié du seizième siècle; 1200 hab.

JAXU, vg. de Fr., Basses-Pyrénées, arr. de Mauléon, cant. et poste de St.-Jean-Pied-de-Port; 500 hab.

JAYAC, vg. de Fr., Dordogne, arr. et poste de Sarlat, cant. de Salignac; 740 hab.

JAYANCA, gr. vg. de la rép. du Pérou, dép. de Liverdad, prov. de Lambayèque, dans une belle et fertile contrée; possède de riches vignobles.

JAYAT, vg. de Fr., Ain, arr. et poste de Bourg-en-Bresse, cant. de Montrevel; 1220 h.

JAYMÉ. *Voyez* Jaimé.

JAYMES-DE-LÉON (Saint-), vg. de Fr., Gers, com. de St.-Michel-St.-Jaymes; 160 h.

JAYS (Grand-et-Petit-), ham. de Fr., Gironde, com. de Lussac; 110 hab.

JAZENEUIL, vg. de Fr., Vienne, arr. de Poitiers, cant. et poste de Lusignan; 900 hab.

JAZENNES, vg. de Fr., Charente-Inférieure, arr. de Saintes, cant. de Gemonzac, poste de Pons; 620 hab.

JEAN (Saint-), ham. de Suisse, cant. de Genève, sur une hauteur; non loin de là se trouve la maison de campagne, *les Délices*, habitée par Voltaire de 1755 à 1760.

JEAN (Saint-), une des Petites-Antilles, possession danoise, au N. de Ste.-Croix, au S. de St.-Thomas et au S.-O. de Tortola; elle a 4 1/2 l. c. et est située sous 11° 17′ lat. N. Parmi les baies on distingue: Cruxbai, Riffbai, Shmithbai et la baie des Coraux. Les principales productions sont: le sucre, le café et le coton. Cette île, découverte en 1797, a une population d'environ 2500 hab.

JEAN (Saint-), riv. considérable de la Nigritie occidentale; elle prend sa source dans le pays des Trarzasx et se jette dans l'Océan Atlantique, près du cap Mirik, à 36 l. S.-S.-O. d'Arguin; bords fertiles et riches en gommiers.

JEAN (Saint-). *Voyez* CHAMA.

JEAN (Saint-), ham. de Fr., Côtes-du-Nord, com. de Plourivo; 500 hab.

JEAN (Saint-), ham. de Fr., Eure, com. de Louviers; 580 hab.

JEAN (Saint-), ham. de Fr., Eure-et-Loir, com. de Nogent-le-Rotrou; 120 hab.

JEAN (Saint-), ham. de Fr., Gers, com. d'Escorneboeuf; 120 hab.

JEAN (Saint-), ham. de Fr., Landes, com. de Duhort; 200 hab.

JEAN (Saint-), ham. de Fr., Oise, com. de Beauvais; 430 hab.

JEAN (les Saint-), ham. de Fr., Puy-de-Dôme, com. de Lezoux; 290 hab.

JEAN (Saint-), ham. de Fr., Saône-et-Loire, com. de Santenay; 100 hab.

JEAN-AUX-AMOGNES (Saint-) ou JEAN-DE-LICHY (Saint-), vg. de Fr., Nièvre, arr. de Nevers, cant. et poste de St.-Benin-d'Azy; 560 hab.

JEAN-AUX-BOIS (Saint-), vg. de Fr., Ardennes, arr. de Réthel, cant. et poste de Chaumont-Porcien; 830 hab.

JEAN-AUX-BOIS (Saint-), vg. de Fr., Oise, arr., cant. et poste de Compiègne; 400 hab.

JEAN-BAPTISTE-DE-BRIAL (Saint-), ham. de Fr., Tarn-et-Garonne, com. de Bressols; 200 hab.

JEAN-BONNEFOND (Saint-), b. de Fr., Loire, arr., cant. et poste de St.-Étienne; fabr. de rubans de soie; clouteries; exploitation de houille; 4020 hab.

JEAN-CHAMBRE (Saint-), vg. de Fr., Ardèche, arr. de Tournon, cant. et poste de Vernoux; 1150 hab.

JEAN-CHAZORNE (Saint-), vg. de Fr., Lozère, arr. de Mende, cant. et poste de Villefort; 310 hab.

JEANCOURT, vg. de Fr., Aisne, arr. et poste de St.-Quentin, cant. de Vermand; 710 hab.

JEAN-D'ACRE (Saint-). *Voyez* ACRE (Saint-Jean-d').

JEAN-D'ADAM (Saint-). *Voyez* JUAN (Saint-).

JEAN-D'AIGUES-VIVES (Saint-), vg. de Fr., Arriège, arr. de Foix, cant. et poste de Lavelanet; 170 hab.

JEAN-D'ALBÈRES (Saint-). *Voyez* ALBÈRE (l').

JEAN-D'ALCAPIES (Saint-), ham. de Fr., Aveyron, com. de Roquefort; 160 hab.

JEAN-D'ANGELY (Saint-), *Angerium*, v. de Fr., Charente-Inférieure, chef-lieu d'arrondissement, à 18 l. S.-E. de la Rochelle et à 118 l. S.-O. de Paris, sur la rive droite de la Boutonne; siége de tribunaux de première instance et de commerce, conservation des hypothèques, etc.; elle est agréablement située au milieu de riches vignobles, bien bâtie et possède un hospice, une belle halle, un collége, une société d'agriculture, une salle de spectacle et de belles promenades. On fait à St.-Jean-d'Angely un commerce considérable en vins, eaux-de-vie, bois de construction, grains de trèfle, luzerne, lin, colza; plâtrières; foires le 25 juin et le troisième samedi de chaque mois; 6000 hab.

Cette ville, autrefois place de guerre très-forte, joua un rôle important pendant les guerres religieuses du seizième et du dix-septième siècle. Les protestants qui s'en étaient rendus maîtres la gardèrent jusqu'en 1621; elle fut prise alors par Louis XIII, après une vive résistance qui attira sur cette ville toutes les rigueurs du roi de France. St.-Jean-d'Angely avait deux moulins à poudre célèbres, qui firent explosion en 1820. La poudrière a été transférée depuis dans les environs d'Angoulême.

JEAN-D'ANGLES (Saint-), ham. de Fr., Gers, com. de St.-Arailles; 100 hab.

JEAN-D'AOUT (Saint-), vg. de Fr., Landes, arr., cant. et poste de Mont-de-Marsan; 600 hab.

JEAN-D'ARDIÈRES (Saint-), vg. de Fr., Rhône, arr. de Villefranche-sur-Saône, cant. et poste de Belleville-sur-Saône; 1060 h.

JEAN-D'ARVES (Saint-), b. du duché de Savoie, Sardaigne, prov. de Maurienne, sur l'Arvan; 2200 hab.

JEAN-D'ASNIÈRES (Saint-), vg. de Fr., Eure, arr. de Pont-Audemer, cant. et poste de Cormeilles; 200 hab.

JEAN-D'ASSÉ (Saint-), vg. de Fr., Sarthe, arr. du Mans, cant. de Ballon, poste de Beaumont-sur-Sarthe; 1910 hab.

JEAN-D'ATAUX (Saint-). *Voyez* ATAUX.

JEAN-D'AUBRIGOUX (Saint-), vg. de Fr., Haute-Loire, arr. du Puy, cant. et poste de Craponne; 1110 hab.

JEAN-D'AVELANNE (Saint-). *Voyez* AVELANNE.

JEAN-DE-BARROU (Saint-), vg. de Fr.,

Aude, arr. de Narbonne, cant. de Durban, poste de Sigean; 280 hab.

JEAN-DE-BASSEL (Saint-), vg. de Fr., Meurthe, arr. et poste de Sarrebourg, cant. de Fénétrange; 310 hab.

JEAN-DE-BAZELLAC (Saint-), ham. de Fr., Gers, com. d'Ordan-Larroque.

JEAN-DE-BEAUREGARD (Saint-), vg. de Fr., Seine-et-Oise, arr. de Rambouillet, cant. et poste de Limours; 170 hab.

JEAN-DE-BÈRE (Saint-), ham. de Fr., Loire-Inférieure, com. de Châteaubriant; 200 hab.

JEAN-DE-BEUGNE (Saint-), vg. de Fr., Vendée, arr. de Fontenay-le-Comte, cant. et poste de Ste.-Hermine; 520 hab.

JEAN-DE-BLAIGNAC (Saint-), vg. de Fr., Gironde, arr. de Libourne, cant. de Pujols, poste de Branne; 600 hab.

JEAN-DE-BŒUF (Saint-), vg. de Fr., Côte-d'Or, arr. de Dijon, cant. et poste de Sombernon; 420 hab.

JEAN-DE-BOISSEAU (Saint-), vg. de Fr., Loire-Inférieure, arr. de Paimbœuf, cant. et poste de Pellerin; 2460 hab.

JEAN-DE-BONNEVAL (Saint-), vg. de Fr., Aube, arr. de Troyes, cant. et poste de Bouilly; 400 hab.

JEAN-DE-BOURNAY (Saint-), *Turecionum*, b. de Fr., Isère, arr. et à 5 l. E. de Vienne, chef-lieu de canton et poste; manufacture de draps croisés; 3390 hab.

JEAN-DE-BRAYE (Saint-), vg. de Fr., Loiret, arr., cant. et poste d'Orléans; 128 hab.

JEAN-DE-BRÉVELAY (Saint-), b. de Fr., Morbihan, arr. et à 7 l. S.-S.-O. de Ploermel, chef-lieu de canton, poste de Josselin; 2232 hab.

JEAN-DE-BUÈGES (Saint-), vg. de Fr., Hérault, arr. de Montpellier, cant. de St.-Martin-de-Londres, poste de Ganges; 640 hab.

JEAN-DE-CAUQUESSAC (Saint-), vg. de Fr., Tarn-et-Garonne, com. de Beaumont-de-Lomagne; 590 hab.

JEAN-DE-CEISARGUES (Saint-), vg. de Fr., Gard, arr. et poste d'Alais, cant. de Vézenobres; sources d'eaux minérales; 240 h.

JEAN-DE-CELLES (Saint-), ham. de Fr., Tarn, com. de Gaillac; 400 hab.

JEAN-DE-CHASSAGNE (Saint-), ham. de Fr., Hautes-Alpes, com. de Gap; 340 hab.

JEAN-DE-CHÉPY (Saint-), ham. de Fr., Isère, com. de Tullins; 160 hab.

JEAN-DE-COCULLES (Saint-), vg. de Fr., Hérault, arr. de Montpellier, cant. et poste des Matelles; 200 hab.

JEAN-DE-COLE (Saint-), vg. de Fr., Dordogne, arr. de Nontron, cant. et poste de Thiviers; 890 hab.

JEAN-DE-CORCOUE (Saint-), vg. de Fr., Loire-Inférieure, arr. de Nantes, cant. et poste de Legé; 1100 hab.

JEAN-DE-CORNIES (Saint-), vg. de Fr., Hérault, arr. de Montpellier, cant. de Castries, poste de Lunel; 60 hab.

JEAN-DE-COURTGERODE (Saint-), vg. de Fr., Meurthe, arr. de Sarrebourg, cant. et poste de Phalsbourg; 160 hab.

JEAN-DE-CRIEULON (Saint-), vg. de Fr., Gard, arr. du Vigan, cant. et poste de Sauve; 150 hab.

JEAN-DE-DAYE (Saint-), vg. de Fr., Manche, arr. et à 4 l. N. de St.-Lô, chef-lieu de canton, poste de la Périne; 552 hab.

JEAN-DE-DONNE (Saint-), ham. de Fr., Cantal, com. de St.-Simon; 120 hab.

JEAN-DE-DURAS (Saint-), vg. de Fr., Lot-et-Garonne, arr. de Marmande, cant. et poste de Duras; 660 hab.

JEAN-DE-FOLLEVILLE (Saint-), vg. de Fr., Seine-Inférieure, arr. du Hâvre, cant. et poste de Lillebonne; 340 hab.

JEAN-DE-FOS (Saint-), vg. de Fr., Hérault, arr. de Lodève, cant. et poste de Gignac; 1510 hab.

JEAN-DE-FRÊNES (Saint-), ham. de Fr., Eure, com. de Boisemont; 340 hab.

JEAN-DE-FROIDMENTEL (Saint-), vg. de Fr., Loir-et-Cher, arr. de Vendôme, cant. de Morée, poste de Cloyes; verrerie de Rougemont; 620 hab.

JEAN-DE-GABRIAC (Saint-). *Voyez* GABRIAC.

JEAN-DE-GONVILLE (Saint-), vg. de Fr., Ain, arr. de Gex, cant. et poste de Collonges; 670 hab.

JEAN-DE-KIRIE-ELEISON (Saint-). *Voyez* LUNION.

JEAN-DE-LA-BLAQUIÈRE (Saint-), vg. de Fr., Hérault, arr., cant. et poste de Lodève; 440 hab.

JEAN-DE-LA-CHAIZE (Saint-). *Voyez* CHAIZE-LE-VICOMTE (la).

JEAN-DE-LA-CROIX (Saint-), vg. de Fr., Maine-et-Loire, arr. et poste d'Angers, cant. des Ponts-de-Cé; 400 hab.

JEAN-DE-LA-FORÊT (Saint), vg. de Fr., Orne, arr. de Mortagne-sur-Huine, cant. de Nocé, poste de Bellême; 450 hab.

JEAN-DE-LA-HAIZE (Saint-), vg. de Fr., Manche, arr., cant. et poste d'Avranches; 780 hab.

JEAN-DE-LA-LEQUERAIE (Saint-), vg. de Fr., Eure, arr. de Pont-Audemer, cant. de St.-George-du-Vièvre, poste de Lieurey; 420 hab.

JEAN-DE-LA-MOTHE (Saint-), vg. de Fr., Sarthe, arr. et poste de la Flèche, cant. de Pontvalain; 2020 hab.

JEAN-DE-LA-NEUVILLE (Saint-), vg. de Fr., Seine-Inférieure, arr. de Havre, cant. et poste du Bolbec; 650 hab.

JEAN-DE-LA-RIVE (Saint-), ham. de Fr., Tarn, com. de Graulhet; 640 hab.

JEAN-DE-LA-RIVIÈRE (Saint-), vg. de Fr., Manche, arr., de Valognes, cant. de Barneville, poste de Bricquebec; 300 hab.

JEAN-DE-LA-RUELLE (Saint-), vg. de Fr., Loiret, arr. cant. et poste d'Orléans; 680 h.

JEAN-DE-LAURS (Saint-), vg. de Fr., Lot, arr. 7 l. S.-O. de Figeac, cant. et poste de

Cajarc. On remarque à une petite distance de cette commune un gouffre d'une profondeur extraordinaire, près duquel se trouvent les ruines de l'église d'une ancienne abbaye dont on attribue la fondation à Charlemagne. On voit aussi près de là, au pied d'un rocher, une grotte remarquable par les incrustations en albâtre qui la décorent; 700 hab.

JEAN-DE-LAVAL (Saint-), Aude. *Voyez* Laval.

JEAN-DE-LICHY (Saint-). *Voyez* Jean-aux-Amognes (Saint-).

JEANDELICOURT, vg. de Fr., Meurthe, arr. de Nancy, cant. de Nomeny, poste de Pont-à-Mousson; 320 hab.

JEAN-DE-LIER (Saint-), vg. de Fr., Landes, arr. de Dax, cant. de Montfort, poste de Tartas; 470 hab.

JEAN-DE-LINIÈRES (Saint-), vg. de Fr., Maine-et-Loire, arr. et poste d'Angers, cant. de St.-Georges-sur-Loire; 380 hab.

JEAN-DE-LIVERSAY (Saint-), vg. de Fr., Charente-Inférieure, arr. de la Rochelle, cant. de Courçon, poste de Nouaillé; 2290 h.

JEAN-DE-LIVET (Saint-), vg. de Fr., Calvados, arr., cant. et poste de Lisieux; 260 h.

JEANDELIZE, vg. de Fr., Moselle, arr. et poste de Brey, cant. de Conflans; 390 hab.

JEAN-DE-LOSNES (Saint-), pet. v. de Fr., Côte-d'Or, arr., à 9 l. E.-N.-E. de Beaune et à 83 l. de Paris, chef-lieu de canton et poste; tribunal de commerce; elle est située sur la rive droite de la Saône, à l'extrémité du canal de la Côte-d'Or et de celui du Jura. L'activité de son industrie et son heureuse situation lui procurent une grande prospérité commerciale. Exportation par la Saône et les deux canaux de fer, bois, charbon, foin, paille, vins, blés et autres produits du pays, pierres, briques; 1942 hab.

Cette petite ville, une des plus anciennes de la Bourgogne, est inscrite glorieusement dans les fastes de la France pour la défense héroïque que ses habitans opposèrent, en 1636, à l'armée impériale qui l'assiégeait. Dans cette mémorable circonstance, les citoyens de St.-Jean-de-Losnes donnèrent à leur petite garnison, qui voulait se rendre, l'exemple du courage et du dévouement; ils repoussèrent deux fois l'ennemi, qui avait déjà pratiqué une large brèche, et le forcèrent à lever le siège.

JEAN-DE-LUZ (Saint-), v. de Fr., Basses-Pyrénées, arr., à 6 l. S.-O. de Bayonne et à 227 l. de Paris, chef-lieu de canton et poste; elle est située près de l'embouchure de la Nivelle et possède une école royale de navigation. Son port, autrefois très-important, n'est pas assez bien abrité pour recevoir de gros vaisseaux. On y fait des armements pour la pêche; mais cette industrie y a, depuis longtemps, perdu presque toute son importance; 3469 hab.

JEAN-DE-MAGREPREBEYRE (Saint-), ham. de Fr., Tarn, com. de Gibrondes; 200 hab.

JEAN-DE-MARRACQ (Saint-), vg. de Fr., Landes, arr. de Dax, cant. et poste de St.-Vincent-de-Tyrosse; 1290 hab.

JEAN-DE-MARVEJOLS (Saint-), vg. de Fr., Gard, arr d'Alais, cant. et poste de Barjac; 1080 hab.

JEAN-DE-MAURIENNE (Saint), *Brennovicum*, v. du duché de Savoie, chef-lieu de la province du même nom, sur l'Arc; autrefois siége d'un évêque, elle est située à 586 m. au-dessus du niveau de la mer, a un beau palais, ci-devant épiscopal, un hôpital et un gymnase; 2100 hab.

JEAN-DE-MOIRANS (Saint-), vg. de Fr., Isère, arr. de St.-Marcellin, cant. de Rives, poste de Moirans; 1110 hab.

JEAN-DE-MONT (Saint-), b. de Fr., Vendée, arr. et à 10 l. N.-N.-O. des Sables, chef-lieu de canton, poste de St.-Gilles-sur-Vie; 3880 hab.

JEAN-DE-MONTELS (Saint-), ham. de Fr., Tarn, com. de Castelnau-de-Montmiral; 230 hab.

JEAN-DE-MONTORCIER (Saint-). *Voyez* Jean-Saint-Nicolas (Saint-).

JEAN-DE-MUZOLS (Saint-), vg. de Fr., Ardèche, arr., cant. et poste de Tournon; 680 h.

JEAN-DE-NAY (Saint-), vg. de Fr., Haute-Loire, arr. et poste du Puy, cant. de Loudes; 1360 hab.

JEAN-DE-NIOST (Saint-), vg. de Fr., Ain, arr. de Trevoux, cant. et poste de Meximieux, 490 hab.

JEAN-DE-PAGES (Saint-). *Voyez* Jean-Pla-de-Cors (Saint-).

JEAN-DE-PARACOL (Saint-), vg. de Fr., Aude, arr. de Limoux, cant. et poste de Chalabre; 450 hab.

JEAN-DE-PIERRE-FIXTE (Saint-), vg. de Fr., Eure-et-Loir, arr. cant. et poste de Nogent-le-Rotrou; 270 hab.

JEAN-DE-POURCHARESSE (Saint-), vg. de Fr., Ardèche, arr. de l'Argentière, cant. et poste des Vans; 450 hab.

JEAN-DE-REBERVILLIERS (Saint-), vg. de Fr., Eure-et-Loir, arr. de Dreux, cant. et poste de Châteauneuf-en-Thymerais; 340 h.

JEAN-DE-RIVES (Saint-), vg. de Fr., Tarn, arr., cant. et poste de Lavaur; 290 hab.

JEAN-DE-RIVIÈRE (Saint-). *Voyez* Lacourtade-Cornebouc.

JEAN-DE-RU-PROFOND (Saint-). *Voyez* Ru-Profond.

JEAN-DE-SAVIGNY (Saint-), vg. de Fr., Manche, arr. et poste de St.-Lô, cant. de St.-Clair; 600 hab.

JEAN-DES-BAISANT (Saint-), vg. de Fr., Manche, arr. de St.-Lô, cant. et poste de Torigni; 1190 hab.

JEAN-DES-BOIS (Saint-), vg. de Fr., Orne, arr. de Domfront, cant. et poste de Tinchebrai; 970 hab.

JEAN-DES-CHAMPS (Saint-), vg. de Fr., Manche, arr. d'Avranches, cant. et poste de la Haye-Pesnel; 980 hab.

JEAN-DES-CHAUMES (Saint-), ham. de

Fr., Indre, com. de Meunet-Planche; 130 h.

JEAN-DES-CHOUX (Saint-), vg. de Fr., Bas-Rhin, arr., cant. et poste de Saverne; 800 hab.

JEAN-DES-ÉCHELLES (Saint-), vg. de Fr., Sarthe, arr. de Mamers, cant. de Montmirail, poste de la Ferte-Bernard; 430 hab.

JEAN-DE-SERRES (Saint-), vg. de Fr., Gard, arr. d'Alais, cant. et poste de Ledignan; 350 hab.

JEAN-DES-ESSARTIERS (Saint-), vg. de Fr., Calvados, arr. de Vire, cant. d'Aulnay-sur-Odon, poste de Mesnil-Auzouf; 500 h.

JEAN-DES-ESSARTS (Saint-), ham. de Fr., Seine-Inférieure, com. de Cerlangue; 120 h.

JEAN-DES-MARAIS (Saint-). *Voyez* Clément-de-la-Place (Saint-).

JEAN-DES-MARAIS (Saint-), ham. de Fr., Morbihan, com. de Rieux; 300 hab.

JEAN-DES-MARAIS (Saint-), ham. de Fr., Somme, com. de Rue; 120 hab.

JEAN-DES-MAUVRETS (Saint-), vg. de Fr., Maine-et-Loire, arr. d'Angers, cant. des Ponts-de-Cé, poste de Brissac; 1160 hab.

JEAN-DES-MEURGERS (Saint-), vg. de Fr., Orne, arr. de Mortagne-sur-Huine, cant. de Longny, poste de la Loupe; 250 hab.

JEAN-DES-OLLIÈRES (Saint), vg. de Fr., Puy-de-Dôme, arr. de Clermont-Ferrand, cant. de Saint-Dier, poste de Billom; 2420 h.

JEAN-DE-SOUDIN (Saint-), vg. de Fr., Isère, arr., cant. et poste de la Tour-du-Pin, 720 hab.

JEAN-DES-PIERRES (Saint-), vg. de Fr., Haute-Garonne, arr. de Toulouse, cant. de Verfeil, poste de Montastruc; 100 hab.

JEAN-DES-SAUVES. (Saint-). *Voyez* Sauves.

JEAN-D'ESTISSAC (Saint-), vg. de Fr., Dordogne, arr. de Bergerac, cant. de Villamblard, poste de Mussidan, 440 hab.

JEAN-DES-VIGNES (Saint-), vg. de Fr., Rhône, arr. de Villefranche-sur-Saône, cant. et poste d'Anse; 200 hab.

JEAN-DES-VIGNES (Saint-), vg. de Fr., Saône-et-Loire, arr., cant. et poste de Châlon-sur-Saône; 810 hab.

JEAN-DE-TARTAGE (Saint-), ham. de Fr., Tarn, com. de Gaillac; 410 hab.

JEAN-DE-THOUARS (Saint-), vg. de Fr., Deux-Sèvres, arr. de Bressuire, cant. et poste de Thouars; 310 hab.

JEAN-DE-THURAC (Saint-), vg. de Fr., Lot-et-Garonne, arr. d'Agen, cant. de Guymirol, poste de la Magistère; 610 hab.

JEAN-DE-THURIGNEUX (Saint-), ou Rancé, vg. de Fr., Ain, arr., cant. et poste de Trevoux; 290 hab.

JEAN-DE-TOURTRAC (Saint-), ham. de Fr., Tarn, com. de Puylaurens; 200 hab.

JEAN-DE-TOUSLAS (Saint-), vg. de Fr., Rhône, arr. de Lyon, cant. de Givors, poste de Rive-de-Gier; 450 hab.

JEAN-D'ÉTREUX (Saint-), vg. de Fr., Jura, arr. de Lons-le-Saulnier, cant. et poste de St.-Amour; 380 hab.

JEAN-DE-TRÉZY (Saint-), vg. de Fr., Saône-et-Loire, arr. d'Autun, cant. et poste de Touches; 500 hab.

JEAN-DE-VALERISCLE (Saint-), vg. de Fr., Gard, arr. d'Alais, cant. et poste de St.-Ambroix; exploitation de houille; filat. de soie; 188 hab.

JEAN-DE-VALS (Saint-), vg. de Fr., Tarn, arr. de Castres, cant. et poste de Roquecourbe; 120 hab.

JEAN-DEVANT-POSSESSES (Saint-), vg. de Fr., Marne, arr. de Vitry-le-Français, cant. et poste de Heiltz-le-Maurupt; 150 h.

JEAN-DE-VAULX (Saint-), vg. de Fr., Isère, arr. de Grenoble, cant. et poste de Vizille; 650 hab.

JEAN-DE-VAUX (Saint-), vg. de Fr., Saône-et-Loire, arr. de Châlon-sur-Saône, cant. de Givry, poste du Bourgneuf; 600 hab.

JEAN-DE-VAYRES (Saint-). *Voyez* Vayres (Haute-Vienne).

JEAN-DE-VEDAS (Saint-), vg. de Fr., Hérault, arr., cant. et poste de Montpellier; 560 hab.

JEAN-DE-VELLUIRE (Saint-). *Voyez* Velluire.

JEAN-DE-VERGES (Saint-), vg. de Fr., Arriège, arr., cant. et poste de Foix; 540 hab.

JEAN-D'EYRAUD (Saint-), vg. de Fr., Dordogne, arr. et poste de Bergerac, cant. de Villamblard; 440 hab.

JEAN-D'HÉRANS (Saint-), vg. de Fr., Isère, arr. de Grenoble, cant. et poste de Mens; 760 hab.

JEAN-D'HEURS (Saint-), vg. de Fr., Puy-de-Dôme, arr. de Thiers, cant. et poste de Lezoux; 410 hab.

JEAN-D'HEURS (Vieux et Nouveau-), Fr., Meuse, com. de l'Isle-en-Rigaut, à 3 l. O. de Bar-le-Duc, sur la Saux; on y remarque un beau château, la belle papeterie mécanique de M. Delaplace, des forges, une fonderie, haut-fourneau et martinet.

JEAN-D'HORNAING (Saint-). *Voyez* Hornaing.

JEAN-D'ILLAC (Saint-). *Voyez* Illac.

JEAN-D'OCTAVION (Saint-). *Voyez* Chatillon-Saint-Jean.

JEAN-D'ORMONT (Saint-), vg. de Fr., Vosges, arr. de St.-Dié, cant. et poste de Senones; 340 hab.

JEAN-DU-BOIS (Saint-), vg. de Fr., Sarthe, arr. de la Flèche, cant. de Malicorne, poste de Foulletourle; 530 hab.

JEAN-DU-BOS, ham. de Fr., Gironde, com. de Pujols; 100 hab.

JEAN-DU-BOUZET (Saint-), vg. de Fr., Tarn-et-Garonne, arr. de Castelsarrasin, cant. et poste de Lavit; 350 hab.

JEAN-DU-BREUIL (Saint-), ham. de Fr., Charente-Inférieure, com. de Landray; 150 hab.

JEAN-DU-BRUEL (Saint), pet. v. de Fr., Aveyron, arr. de Milhau, cant. et poste de Nant; fabr. de serges, commerce de vins et de bestiaux; 2910 hab.

JEAN-DU-CARDONNAY (Saint-), vg. de Fr., Seine-Inférieure, arr. et poste de Rouen, cant. de Maromme; 980 hab.

JEAN-DU-CASTILLONNAIS (Saint-), vg. de Fr., Arriège, arr. de St.-Girons, cant. et poste de Castillon; 220 hab.

JEAN-DU-CORAIL (Saint-), vg. de Fr., Manche, arr. d'Avranches, cant. et poste de Brécy; 170 hab.

JEAN-DU-CORAIL (Saint-), vg. de Fr., Manche, arr., cant. et poste de Mortain; 650 hab.

JEAN-DU-DÉSERT (Saint-), ham. de Fr., Bouches-du-Rhône, com. de Marseille; 180 h.

JEAN-DU-DOIGT (Saint-), vg. de Fr., Finistère, arr. et poste de Morlaix, cant. de Lanmeur; 1400 hab.

JEAN-DU-FALGA (Saint-), vg. de Fr., Arriège, arr., cant. et poste de Pamiers; 540 h.

JEAN-DU-GARD (Saint-), vg. de Fr., Gard, arr. et à 3 1/2 l. O. d'Alais et à 160 l. S.-S.-E. de Paris, chef-lieu de canton et poste; fabr. d'étoffes de soie, de bonneterie de soie et de fil d'Écosse; nombreuses filatures de soie; 4296 hab.

JEAN-DU-MARCHÉ (Saint-), vg. de Fr., Vosges, arr. d'Épinal, cant. et poste de Bruyères; fabrication de couteaux; 222 hab.

JEAN-DU-PIN (Saint-), vg. de Fr., Gard, arr., cant. et poste d'Alais; 520 hab.

JEAN-DU-PLANTÉ (Saint-). *Voyez* LISIER-DU-PLANTÉ (Saint-).

JEAN-DU-TEMPLE (Saint-), ham. de Fr., Côtes-du-Nord, com. de Plélo; 200 hab.

JEAN-DU-THENNAY (Saint-), vg. de Fr., Eure, arr. de Bernay, cant. et poste de Broglie; 460 hab.

JEAN-DU-VIGAN (Saint-), ham. de Fr., Tarn, com. de Cadalen; 500 hab.

JEAN-EN-ROYANS (Saint-), pet. v. de Fr., Drôme, arr. et à 9 l. E.-N.-E. de Valence, et à 152 l. de Paris, chef-lieu de canton et poste; papeterie; filat. de soie; 2541 hab.

JEAN-EN-VAL (Saint-), vg. de Fr., Puy-de-Dôme, arr. d'Issoire, cant. et poste de Sauxillanges; 510 hab.

JEAN-ET-SAINT-PAUL (Saint-), vg. de Fr., Aveyron, arr. et poste de St.-Affrique, cant. de Cornus; 1440 hab.

JEAN-KERDANIEL (Saint-), vg. de Fr., Côtes-du-Nord, arr. de Guingamp, cant. de Plouagat, poste de Châtelaudren; 760 hab.

JEAN-LA-BUSSIÈRE (Saint-), vg. de Fr., Rhône, arr. de Villefranche-sur-Saône, cant. et poste de Thizy; filat. de coton; 1770 hab.

JEAN-LA-CHALM (Saint-), vg. de Fr., Haute-Loire, arr. du Puy, cant. et poste de Cayres; 920 hab.

JEAN-LA-FOUILLOUSE (Saint-), vg. de Fr., Lozère, arr. de Mende, cant. et poste de Châteauneuf-de-Randon; 600 hab.

JEAN-LASSEILLE (Saint-), vg. de Fr., Pyrénées-Orientales, arr. de Perpignan, cant. de Thuir, poste d'Elne; 80 hab.

JEAN-LA-VÊTRE (Saint-), vg. de Fr., Loire, arr. de Montbrison, cant. et poste de Noirétable; 840 hab.

JEAN-LE-BLANC (Saint-), vg. de Fr., Calvados, arr. de Vire, cant. de Condé-sur-Noireau, poste de Vassy; 1310 hab.

JEAN-LE-BLANC (Saint-), vg. de Fr., Loiret, arr., cant. et poste d'Orléans; 805 h.

JEAN-LE-CENTENIER (Saint-), vg. de Fr., Ardèche, arr. de Privas, cant. et poste de Villeneuve-de-Berg; 700 hab.

JEAN-LE-COMTAL (Saint-), vg. de Fr., Gers, arr., cant. et poste d'Auch; 440 hab.

JEAN-LE-PRICHE (Saint-), vg. de Fr., Saône-et-Loire, arr., cant. et poste de Mâcon; 140 hab.

JEAN-LÈS-BUZY (Saint-), vg. de Fr., Meuse, arr. de Verdun, cant. et poste d'Étain; 460 hab.

JEAN-LES-DEUX-JUMEAUX (Saint-), vg. de Fr., Seine-et-Marne, arr. de Meaux, cant. et poste de la Ferté-sous-Jouarre; 820 hab.

JEAN-LES-MARVILLE (Saint-), ham. de Fr., Moselle, com. du Petit-Failly; 180 hab.

JEAN-LESPINASSE (Saint-), vg. de Fr, Lot, arr. de Figeac, cant. et poste de St.-Céré; exploitation de marbre; 616 hab.

JEAN-LE-THOMAS (Saint-), vg. de Fr., Manche, arr. et poste d'Avranches, cant. de Sartilly; 270 hab.

JEAN-LE-VIEUX (Saint-), vg. de Fr., Ain, arr. de Nantua, cant. de Poncin, poste de de Pont-d'Ain; 1585 hab.

JEAN-LE-VIEUX (Saint-), vg. de Fr., Isère, arr. de Grenoble, cant. et poste de Domène; 300 hab.

JEAN-LE-VIEUX (Saint-), vg. de Fr., Basses-Pyrénées, arr. de Mauléon, cant. et poste de St.-Jean-Pied-de-Port; 1770 hab.

JEAN-L'HERM (Saint-), vg. de Fr., Haute-Garonne, arr. de Toulouse, cant. et poste de Montastruc; 330 hab.

JEAN-LIGOURE (Saint-), vg. de Fr., Haute-Vienne, arr. de Limoges, cant. et poste de Pierre-Buffière; 1030 hab.

JEANMÉNIL, vg. de Fr., Vosges, arr. d'Épinal, cant. et poste de Rambervillers; exploitation de terre à poterie; fabr. de poterie; 1040 hab.

JEAN-MIRABEL (Saint-), ham. de Fr., Lot, com. de St.-Félix; 320 hab.

JEANNET (Saint-), vg. de Fr., Var, arr. de Grasse, cant. et poste de Vence; 1230 h.

JEANNET-D'ASSE (Saint-), vg. de Fr., Basses-Alpes, arr. de Digne, cant. et poste de Mezel; 320 hab.

JEAN-PIED-DE-PORT (Saint-), v. forte de Fr., Basses-Pyrénées, arr., à 9 l. O.-S.-O. de Mauléon et à 220 l. de Paris, chef-lieu de canton et poste. Cette ville, située sur la Nive, à l'entrée d'un des ports ou défilés qui conduisent en Espagne, est une des places importantes sur cette frontière; elle est défendue par une citadelle qui domine le passage des montagnes; 1960 hab.

JEAN-PLA-DE-CORS (Saint-), vg. de Fr.,

Pyrénées-Orientales, arr., cant. et poste de Céret; fabr. de liége; 500 hab.

JEAN-POTOCKI (archipel de) ou de **Leao-toung**, groupe de 18 îles récemment découvert, situé au S. de la Mandchourie, dans la mer Jaune, entre 39° et 40° lat. N. et 121° long. orient.

JEAN-POUDGE (Saint-), vg. de Fr., Basses-Pyrénées, arr. de Pau, cant. et poste de Garlin; 280 hab.

JEAN-POUTGÉ (Saint-), vg. de Fr., Gers, arr. d'Auch, cant. et poste de Vic-Fezensac; 280 hab.

JEAN-RORBACH (Saint-), vg. de Fr., Moselle, arr. de Sarreguemines, cant. de Sarralbe, poste de Puttelange; 1033 hab.

JEAN-ROURE (Saint-), vg. de Fr., Ardèche, arr. de Tournon, cant. de St.-Martin-de-Valamas, poste du Chaylard; 770 h.

JEAN-SAGNIÈRE, vg. de Fr., Loire, arr. de Montbrison, cant. de St.-Georges-en-Couzan, poste de Bœn; 380 hab.

JEAN-SAINT-GERVAIS (Saint-), vg. de Fr., Puy-de-Dôme, arr. d'Issoire, cant. de Jumeaux, poste de St.-Germain-Lembron; 1160 hab.

JEAN-SAINT-NICOLAS (Saint-), vg. de Fr., Hautes-Alpes, arr. d'Embrun, cant. d'Orcières, poste de St.-Bonnet; 760 hab.

JEAN-SAINT-PIERRE-DE-LIER (Saint-). *Voyez* **Jean-de-Lier** (Saint-).

JEAN-SOLEYMIEUX (Saint-), vg. de Fr., Loire, arr., à 3 l. S. et poste de Montbrison, chef-lieu de canton; 1388 hab.

JEAN-SUR-CAILLY (Saint-), ham. de Fr., Seine-Inférieure, com. de St.-André-sur-Cailly; 100 hab.

JEAN-SUR-COUESNON (Saint-), vg. de Fr., Ille-et-Vilaine, arr. de Fougères, cant. et poste de St.-Aubin-du-Cormies; 820 hab.

JEAN-SUR-ERVE (Saint-), vg. de Fr., Mayenne, arr. de Laval, cant. de Ste.-Suzanne, poste de Vaiges; 1000 hab.

JEAN-SUR-INDRE (Saint-), vg. de Fr., Indre-et-Loire, arr. et poste de Loches, cant. de Léon; 620 hab.

JEAN-SUR-MAYENNE (Saint-), vg. de Fr., Mayenne, arr., cant. et poste de Laval; 1450 hab.

JEAN-SUR-MOIVRE (Saint-), vg. de Fr., Marne, arr. et poste de Châlons-sur-Marne, cant. de Marson; 270 hab.

JEAN-SUR-REYSSOUSE (Saint-), vg. de Fr., Ain, arr. de Bourg-en-Bresse, cant. et poste de St.-Triviers-de-Courtes; 1410 hab.

JEAN-SUR-TOURBE (Saint-), vg. de Fr., Marne, arr. et cant. de Ste.-Ménéhoulde, poste de Ville-sur-Tourbe; 350 hab.

JEAN-SUR-VEYLE (Saint-), vg. de Fr., Ain, arr. de Bourg-en-Bresse, cant de Pont-de-Veyle, poste de Mâcon; 1040 hab.

JEAN-SUR-VILAINE (Saint-), vg. de Fr., Ille-et-Vilaine, arr. de Vitré, cant. et poste de Châteaubourg; 920 hab.

JEANTES, vg. de Fr., Aisne, arr. et poste de Vervins, cant. d'Aubenton; 1090 hab.

JEAN-TROLIMONT (Saint-), vg. de Fr., Finistère, arr. de Quimper, cant. et poste de Pont-l'Abbé; 870 hab.

JEAN-VARENNES, ham. de Fr., Indre, com. de Thizay; 150 hab.

JEANVRAIN (Saint-), vg. de Fr., Cher, arr. de St.-Amand-Mont-Rond, cant. et poste de Châteaumeillant; 420 hab.

JEBSHEIM, vg. de Fr., Haut-Rhin, arr. et poste de Colmar, cant. d'Andolsheim; 1270 hab.

JECHIL-IRMAK, *Iris*, connu aussi sous le nom de riv. d'*Amasia*, riv. de la Turquie d'Asie. Le Jechil-Irmak prend sa source au-delà de Karahissar, passe près de Koïlou-Hissar et de Nidissar et au N. de Tokat, où il est aussi appelé Tosan, baigne Amasia et Dschanik, reçoit les eaux du Kouli-Hissar, le Lykus des anciens, atteint une largeur égale à celle du Kisil-Irmak et se jette, par le golfe de Samsoun, dans la mer Noire.

JECHNITZ, très-pet. v. de Bohême, cer. de Sautz; ses mines d'or sont épuisées, 1200 hab.

JÉCU, b. très-florissant de l'emp. du Brésil, prov. et comarque d'Espiritu-Santo, sur le Rio-Jécu, au N. de Guapary. Ses environs fertiles et sa position avantageuse sur le fleuve du même nom lui promettent une grande importance.

JEDBURGH, pet. v. d'Écosse, chef-lieu du comté de Roxburgh, au confluent du Jed et du Teviot; fabrication de toiles, de tapis, de rubans et de bas; deux sources d'eau minérales; 5000 hab.

JEDDO ou **Yedo** (*Kiang-hou* en chinois), capitale de l'emp. du Japon et résidence du koubo; est située dans la prov. de Mousasi, sous 36° lat. N. Elle s'étend, sur la côte S.-E. de l'île de Niphon, en amphithéâtre au fond d'un golfe et sur les rives du Tonyak qui l'arrose et se jette par plusieurs embouchures dans son port, seulement accessible aux petits bâtiments à cause de son peu de profondeur. La ville de Jeddo est immense et a, dit-on, 6 l. de tour et 1,300,000 hab., ce qui est assez croyable, puisqu'elle est la résidence ordinaire du koubo et de sa cour, le siége des premières autorités de l'empire, celui des grands feudataires pendant six mois, et la demeure obligée pendant toute l'année des familles de ces derniers et de leurs nombreuses suites qui y restent comme otages; enfin Jeddo est une place de commerce très-importante. Ses rues sont belles, droites, larges et se coupent à angles droits. Les maisons sont toutes en bambou et ont au plus deux étages, à cause de la fréquence des tremblements de terre qui empêchent de décorer cette capitale d'édifices d'un caractère plus monumental; elles sont peintes en blanc et très-propres. Le rez-de-chaussée seul est habité, mais ne forme qu'une seule pièce, divisée à volonté par des chassis mobiles couverts en papier transparent. L'édifice le plus remarquable de Jeddo est le palais du koubo ou sengoun; il forme lui-même une ville particulière, entourée de remparts et de fossés et se compose de trois enceintes remplies de palais des grands, de casernes, de jardins. La première est habitée par les petits princes de l'empire; la seconde par les grands feudataires, les dignitaires, les principaux officiers et employés de la couronne; la troisième renferme la demeure du koubo qui, placée sur une hauteur, domine la ville et se distingue par une tour carrée, marque de prééminence du sengoun dans la ville qui lui sert de capitale. Les temples et les autres édifices publics sont sans importance. Le pont appelé Niphon-Bas ou pont du Japon, construit en bois de cèdre, est remarquable en ce qu'il sert de point de départ dans le calcul des distances sur tous les grands chemins de l'empire. Jeddo, tout bâti en bois, est sujet à de fréquents incendies, malgré la bonne organisation de ses pompiers et les mesures de sûreté prises par les autorités. En 1703 et en 1773 il fut presque entièrement réduit en cendres. Nous avons déjà dit que son commerce était considérable; on y publie aussi des ouvrages importants et l'on y a établi dernièrement un observatoire muni d'instruments européens que savent déjà manier les Japonais et dont ils se servent aussi pour mesurer des hauteurs et dresser des cartes.

JEDJURRY. *Voyez* DJEDJARRY.

JEDOWNITZ, vg. d'Autriche, gouv. de Moravie, cer. de Brunn; remarquable par la fameuse caverne qui se trouve dans les environs et dont la profondeur dépasse 300 mètres.

JEFFERSON. *Voy.* CORDILLÈRES (VII, 2°).

JEFFERSON (chef-lieu). *Voyez* JACKSON (comté).

JEFFERSON, comté de l'état d'Illinois, États-Unis de l'Amérique du Nord; il est borné par les comtés de Bond, de Crawford, de Wayne, de White, de Franklin, de Randolph et de Washington; 3000 hab.

JEFFERSON, comté de l'état d'Indiana, États-Unis de l'Amérique du Nord; ses bornes sont: les comtés de Jennings, de Ripley, de Switzerland, de Clarke, de Scott et l'état de Kentucky; 11,000 hab.

JEFFERSON, comté de l'état de Missouri, États-Unis de l'Amérique du Nord; il est limité par les comtés de St.-Louis, de Ste.-Geneviève, de Washington et de Franklin; terre à potier, kaolin; mines de plomb; 3700 hab.

JEFFERSON, comté de l'état de New-York, États-Unis de l'Amérique du Nord; ses bornes sont: les lacs des Mille-Iles et d'Ontario et les comtés de Léwis et d'Oswégo; industrie très-étendue; 40,000 hab.

JEFFERSON, comté de l'état d'Ohio, Etats-Unis de l'Amérique du Nord; il est borné par l'état de Pensylvanie et par les comtés de Columbiana, de Belmont et de Harrison; riches mines de fer et de houille; 22,000 hab.

JEFFERSON, comté de l'état de Kentucky, États-Unis de l'Amérique du Nord; il a pour bornes: les comtés de Henry, de Shelby, de Bullet, de Salt et de Hardin. Le sol, propre à toute espèce de culture, produit surtout du blé, du tabac et des fruits en abondance; 30,000 hab.

JEFFERSON (fleuve). *Voyez* MISSOURI (fleuve).

JEFFERSON, comté de l'état d'Alabama, États-Unis de l'Amérique du Nord; il est borné par les comtés de Blount, de St.-Clair, de Shelby, de Tuscaloosa, de Pickins et de Marion. Elyton est le chef-lieu du comté; 4500 hab.

JEFFERSON. *Voyez* ASHTABULA (comté).

JEFFERSON, pet. v. des États-Unis de l'Amérique du Nord, état de Missouri, comté de Cooper, sur le Missouri, près du confluent de ce fleuve et de l'Osage, dans une belle et fertile contrée. Cette ville est, depuis 1811, la capitale de l'état de Missouri; 1300 hab.

JEFFERSON, comté de l'état de Géorgie, États-Unis de l'Amérique du Nord; il est borné par les comtés de Warren, de Columbia, de Richmond, de Burke et d'Emanuel; plantations le long de l'Ogeechy; eaux minérales, appelées bains de Richmond; 9000 hab.

JEFFERSON, comté de l'état de Tennessée, États-Unis de l'Amérique du Nord; il est limité par les comtés de Grainger, de Hawkins, de Greene, de Cocke, de Sévier et de Knox; 12,000 hab. Dandridge, sur le French-Broad, est le chef-lieu du comté.

JEFFERSON, comté de l'état de Pensylvanie, États-Unis de l'Amérique du Nord; ses bornes sont: les comtés de Mac-Kean, de Warren, de Clearfield, d'Armstrong et de Vénango; 1300 hab. Jefferson est le chef-lieu du comté.

JEFFERSON, comté des États-Unis de l'Amérique du Nord, état de Virginie; il est borné par les comtés de Fréderik, de London et par l'état de Maryland; il est traversé par les montagnes Bleues et arrosé par le Shenandoab. Charleston en est le chef-lieu.

JEFFERSON, gros b. des États-Unis de l'Amérique du Nord, état de New-York, comté de Scoharie; 2400 hab.

JEFFERSONSTOWN. *Voyez* ASHE (comté).

JEFFERSONVILLE, pet. v. des États-Unis de l'Amérique du Nord, état d'Indiana, comté de Floyd, dont elle est le chef-lieu, sur l'Ohio; navigation et commerce; source minérale sulfureuse très-fréquentée; 1500 hab.

JEFFERSONVILLE (chef-lieu). *Voyez* TAZEWELL (comté).

JEGORJEVSK, pet. v. de la Russie d'Europe, gouv. de Riazan, chef-lieu du cercle du même nom.

JEGUN, pet. v. de Fr., Gers, arr., à 5 l. N. N.-O. et poste d'Auch, chef-lieu de canton ; 2130 hab.

JEHO. *Voyez* TCHING-TE-TCHEOU.

JEKATERINBOURG ou CATHERINBOURG, v. de la Russie, gouv. de Perm, forteresse, siége de l'administration supérieure des mines des gouv. de Perm et de Sibérie. Elle est située sur l'Iset et est aujourd'hui la ville la plus peuplée et la plus importante de son gouvernement. Régulièrement bâtie, cette ville renferme un hôtel des monnaies où l'on frappe des pièces de cuivre, une fonderie de canons, une fabrique d'armes, une autre d'instruments, une école des mines, des forges immenses, etc. Sa population est d'environ 15,000 hab. Dans ses environs se trouvent des lavages d'or très-importants et un grand nombre de mines, de hauts-fourneaux et d'usines.

JELATA, pet. v. de l'état Peul de Fouta-Ghialo, en Sénégambie, sur un affluent de la Gambie.

JELENY, b. de Bohême, cer. de Kœnigingrætz ; 1200 hab.

JELLASSORE. *Voyez* DJELLASORE.

JELLING, gr. vg. du Danemark, diocèse de Ribe ; ancienne résidence de plusieurs rois danois. On y trouve les tombeaux du roi Gorm (neuvième siècle) et de son épouse Tyra.

JELNJÆ, pet. v. dans la Russie d'Europe, chef-lieu du cercle du même nom, gouv. de Smolensk et située sur la Desna ; 1000 hab.

JELSCHAU ou JOLWA, b. de Hongrie, cer. en-deça de la Theiss, comitat de Gœmœr-Malbrunn ; commerce en fer ; 1800 h.

JELSOË, île de la Norwège ; fait partie du diocèse du Christiansand ; 1908 hab.

JELSUM, vg. du roy. de Hollande, prov. de Frise, dist. de Leeuwarden. Patrie du satyrique Balthasar Becker, auteur du *Monde enchanté*.

JELUZELT. *Voyez* TERRE-DE-FEU.

JEMAPPES, vg. du roy. de Belgique, prov. de Hainaut, arr. et à 1 l. O. de Mons, sur la Haine ; mines de houille ; 2850 hab.

Le 6 novembre 1792 Dumourier y remporta une victoire complète sur les impériaux commandés par les généraux Clerfait, Latour, Saxe-Teschen et le prince de Condé. Cette mémorable affaire fit donner à un département le nom de Jemappes.

JEMARROU, pet. roy. dans la partie méridionale de la Sénégambie, sur la rive gauche de la Gambie, à 50 l. E. de l'Océan Atlantique ; dépendance du Cabou ; habitants mahométans.

JEMAULABAD. *Voyez* DJEMALABAD.

JÉMEN. *Voyez* YÉMEN

JEMGUN, beau b. dans le roy. de Hanovre, gouv. d'Aurich, sur l'Ems ; avec un port et des fabriques de grosse toile.

JEMTSFIELD, mont. de la Norwège, entre le diocèse de Drontheim et la Suède.

JENI-BAZAR. *Voyez* NOVI-BAZAR.

JENIDJÉ-KARASAW, v. de la Turquie d'Europe, dans la Macédoine, sur le Karasou ; avec des bains, un grand caravansérail, des plantations d'excellent tabac et dans sa proximité les ruines d'Abdère ; 2500 hab.

JÉNIDJÉ-KISILAGACS, v. de la Turquie d'Europe, située dans l'eyalet de Bosnie, liva de Tchermen, sur la Tundscha, 2500 h.

JÉNIDJÉ-VARDAR, v. de la Turquie d'Europe, dans la Macédoine, près de l'ancienne Pella, patrie d'Alexandre-le-Grand ; avec un grand nombre de mosquées et d'écoles, de vastes plantations de tabac, réputé le meilleur par la médecine ; 6000 hab.

JENISCHEHR. *Voyez* LARISSE.

JENKINS ou JAMAÏCA, pet. v. dans l'île de Cherbro, Haute-Guinée, côte de Sierra-Leone.

JENLAIN, vg. de Fr., Nord, arr. d'Avesnes, cant. et poste de Quesnoy ; fabr. et culture de chicorée ; 880 hab.

JENNEVILLE, ham. de Fr., Seine-Inférieure, com. d'Offranville ; 320 hab.

JENNINGS, comté de l'état d'Indiana, Etats-Unis de l'Amérique du Nord ; il est borné par les comtés de Delaware, de Ripley, de Jefferson, de Scott et de Jackson ; 3000 hab. Vernon, sur le White, est le chef-lieu du comté.

JENNINGS (fort). *Voyez* FORT-JENNINGS.

JENOUILLY, ham. de Fr., Côte-d'Or, com. de Dompierre-en-Morvant ; 210 hab.

JEPIFAN, v. de la Russie d'Europe, chef-lieu d'un cercle du gouv. de Toulo et située sur le Don ; environ 1200 hab.

JÈQUE ou JÉQUÉTEPÈQUE, PACAS-MAYO, fl. assez considérable sur la côte S.-O. du Pérou ; se jette dans l'Océan Pacifique et forme à son embouchure un bon port.

JERCEY, ham. de Fr., Eure, com. d'Illiers-l'Évêque ; 130 hab.

JEREJA. *Voyez* GEREGES.

JÉRÉMIE, v. de l'île d'Haïti, dép. du Sud, sur la baie du même nom ; ses environs sont renommés pour leur fertilité et surtout pour le café qu'on y récolte. La ville a une rade exposée aux vents du nord. Il s'y fait une grande exportation de sucre, coton, café et indigo. C'est dans les environs de cette ville que Gomon avait essayé de former un état.

JÉRICHO, ancienne v. de la Judée qui n'existe plus. Non loin de ses ruines a été bâti le misérable village de Rayh, habité par de pauvres Arabes. La vallée de Jéricho, jadis si renommée pour sa fertilité et l'abondance de ses eaux, pour ses palmiers, ses roses rouges et ses baumes, est aujourd'hui déserte et stérile.

JÉRICHO, b. des États-Unis de l'Amérique du Nord, état de Vermont, comté de Chittenden, sur l'Onion ; 1800 hab.

JÉRICHOW, pet. v. de Prusse, chef-lieu de cercle, prov. de Saxe, rég. de Magdebourg, sur l'Elbe ; culture de tabac, éducation de bétail, 1420 hab.

JERICOACOARA (morro), rocher élevé qui domine la baie du même nom et termine la Sierra Borytama, emp. du Brésil, prov. de Pernambuco.

JÉROME (Saint-), ham. de Fr., Tarn, com. de Castelnau-de-Montmirail; 430 hab.

JÉROME (Saint), vg. de Fr., Ain, arr. de Nantua, cant. de Poncin, poste de Cerdon; 1000 hab.

JÉROME (Saint-), ham. de Fr., Bouches-du-Rhône, com. de Marseille; 960 hab.

JERSEY (New-). *Voyez* NEW-JERSEY.

JERSEY ou GERSEY, *Cæsarea*, île du groupe des îles Anglo-Normandes, vis-à-vis des côtes du dép. de la Manche, entre 45° 24′ et 45° 39′ long. O. et 49° 9′ et 49° 16′ lat. N. Elle forme avec les îlots Sark ou Sereg et Aldernay ou Aurigny un petit gouvernement. Elle a une superficie de 8 l. c. géogr. et 35,000 hab.; au N. se trouvent des rochers dont les intervalles forment des baies et quelques petits ports très-bien fortifiés; l'intérieur est traversé par une chaîne de collines rocheuses et incultes, qui dominent à droite et à gauche des vallées d'un sol fertile, bien arrosées et parfaitement cultivées; les grains, les légumes et la pomme y viennent en abondance; le bois manque totalement. L'éducation du bétail et des abeilles, la culture des arbres fruitiers, la pêche, ainsi que la fabrication de bonnets et de bas forment la principale occupation des habitants; ils vivent dans l'aisance, parlent français, appartiennent à l'église réformée et ont conservé la plupart des usages de leur patrie. On exporte une grande quantité de cidre, de fruits secs, de miel, de fromage, d'excellent beurre, de poissons et de bas de laine. L'Angleterre y envoie un gouverneur; mais Jersey a ses propres lois; chef-lieu St.-Hellier. Les Romains la nommaient Cæsarea. D'abord dépendante du duché de Normandie, elle passa ensuite avec celui-ci sous la domination des rois d'Angleterre qui l'ont conservée depuis.

JÉRUSALEM, *Hierosolyma*, appelée *El-Kods* par les Arabes et *Koudsi-Cherif* par les Turcs, c'est-à-dire la Sainte par excellence, est située sous 31° 47′ lat. N. et 33° 21′ long. orient. Siége du culte hébreu, berceau du christianisme, seconde ville sainte du mahométisme, pèlerinage commun de cent peuples de croyances diverses, Jérusalem, qui fut pendant deux siècles le but des efforts militaires de la chrétienté, chantée par tant de poëtes, illustrée par tant d'exploits, n'est plus aujourd'hui qu'une ville en ruines, habitée par 30,000 mahométans, chrétiens et juifs.

Elle est bâtie sur un plateau élevé de la Palestine, rocailleux et stérile, entourée de déserts et de montagnes abruptes que traversent des sentiers dangereux. A l'E. la vallée de Josaphat, où coule pendant une partie de l'année le Cédron, la sépare du Calvaire; à l'O. coule le Gihon qui entoure aussi le S. de la ville et mêle ses eaux avec celles du Cédron; la vallée profonde de Ben-Hinnom s'étend du N.-O. au S.-E. et s'ouvre dans la vallée de Josaphat. C'est dans le Ben-Hinnom que se trouve la source de Siloa, l'unique source de cette contrée. La ville actuelle occupe le bas du mont Sion, le mont d'Acra, le Moria et le Calvaire. Les murs de Jérusalem présentent quatre faces aux quatre vents et forment un carré long, dont le grand côté court d'orient en occident. Ces murs sont garnis de fortes tours construites par Sélim en 1534. Dans la partie occidentale de la ville se trouve la citadelle ruinée, communément appelée la tour des Pisans, château gothique qui date du temps des croisades. Les rues sont, à l'exception de trois, étroites, tortueuses, la plupart sans pavé et remplies d'immondices. Jérusalem ne renferme aucune place publique. Son principal édifice chrétien est l'église du St.-Sépulcre, construite par l'impératrice Hélène sur le lieu où, selon les indications qu'on lui donna, fut élevée la croix. Cette église, si remarquable à tant d'égards, a été incendiée en 1811 et rebâtie en 1812 aux frais des moines grecs soupçonnés d'être les auteurs de ce désastre. Le saint sépulcre renferme trois églises dans la même enceinte et l'on y entre par une seule porte gardée par des Turcs. A l'O. est située l'église proprement dite du St.-Sépulcre, au milieu celle du Calvaire et à l'E. l'église de l'Invention-de-la-Croix. Au-dessus de la nef de l'église occidentale se trouve la nef du tombeau; c'est une chapelle en marbre, longue de 45 pieds et large de 20. On entre par un petit vestibule dans le tombeau, revêtu de marbre, au milieu duquel se trouve un sarcophage où fut déposé, dit-on, le corps de Jésus. En face de la porte de l'église et appuyés contre le mur du chœur se trouvaient les simples monuments de Godefroi-de-Bouillon et de Baudoin que l'incendie a détruits. L'intérieur de l'église est habité par des moines de 8 cultes chrétiens : des catholiques, des Grecs, des Abyssins, des Cophtes, des Arméniens, des Nestoriens, des Géorgiens et des Maronites. Les Turcs imposent une redevance assez élevée aux étrangers qui visitent le saint sépulcre. Un autre édifice chrétien remarquable est le couvent franciscain du St.-Sauveur, qui renferme un grand nombre d'ornements d'une richesse extraordinaire et une foule d'objets précieux; il est le siége d'un évêque *in partibus* et le chef-lieu de 17 hospices de la Palestine, de la Syrie, de l'Égypte et de l'île de Candie. Le nombre de pèlerins chrétiens qui viennent tous les ans à Jérusalem n'est plus que de 1500 environ. Très-peu d'entre eux sont catholiques, la plupart demeurent dans les couvents grecs et arméniens plus riches et plus vastes que le couvent catholique du St.-Sauveur. Le seul couvent arménien a, dit-on, près de mille cellules pour loger les pèlerins. Les 4 à 5000 chrétiens qui habitent Jérusalem, vivent de la fabrication de reliquaires, de rosaires et d'autres objets ornés de nacre de perle.

Parmi les édifices mahométans de Jérusalem, le plus important est la mosquée d'Omar, appelée El-Haram ou la Sacrée. Dans une vaste enceinte plantée de cyprès et d'autres arbres, s'élèvent deux temples : la superbe mosquée nommée El-Sakhra ou la Roche et la mosquée El-Aksa ; la première est de forme octogone ; 32 colonnes supportent sa coupole. Vers le milieu, 20 autres colonnes, reliées par une grille magnifique, entourent l'espace où se trouve la roche sacrée, rocher blanc de forme circulaire où les mahométans veulent reconnaître l'empreinte du pied de Mahomet qui, disent-ils, monta de là au ciel ; ils ajoutent que 70,000 anges gardent cette pierre. La seconde ou El-Aksa, c'est-à-dire la Reculée (par rapport aux mosquées de la Mecque et de Médine), se compose de sept nefs soutenues par des colonnes et des piliers et est surmontée également d'une coupole magnifique. Il est défendu sous peine de mort, aux juifs et aux chrétiens, de mettre le pied dans l'enceinte sacrée de la mosquée d'Omar. Cette mosquée est située au S.-E. de la ville, au bord d'un précipice et sur l'emplacement même où s'éleva jadis le temple de Salomon.

Jérusalem est une des cités les plus anciennes et les plus remarquables du monde. On trouve des traces de son existence dès les temps d'Abraham. Quand Josué vint avec les Israélites faire la conquête de la terre promise, elle appartenait aux Jébuséens qui demeurèrent les maîtres de la ville haute ou de la citadelle de Jébus et n'en furent chassés que par David. Ce prince agrandit les fortifications de la citadelle et fit bâtir sur la montagne de Sion un palais et un tabernacle, afin d'y déposer l'arche d'alliance. Ce point devint le centre de l'empire israélite ; la cité sainte prit le nom de Jérusalem (demeure de la paix), dont les Grecs firent Hierosolyma et des auteurs plus modernes Solyma. Salomon agrandit la cité et éleva son temple magnifique sur la colline de Moria où Abraham, dit-on, voulut sacrifier son fils. Conquise et pillée à plusieurs reprises sous les rois juifs, Jérusalem fut tout à fait détruite par Nabuchodonosor en l'an 585 avant J.-C. Ce ne fut que 70 ans après que Cyrus permit aux Juifs captifs de retourner dans leur patrie et de relever leurs foyers. On rebâtit aussi le temple sur son premier emplacement ; il fut moins splendide, mais Hérodes Ier l'embellit considérablement. Du temps de Jésus-Christ, Jérusalem renfermait en grand nombre de beaux édifices ; elle avait plus d'une lieue de circuit et était entourée d'une triple muraille. Après la mort d'Agrippa, la Judée fut réduite en province romaine. Les Juifs se révoltèrent et Titus, fils de Vespasien, assiégea et prit Jérusalem, qui fut entièrement dévastée. Deux cent mille juifs moururent de faim pendant ce siége ; un million périt par l'épée ou fut entraîné dans la captivité. Le reste de la nation juive s'étant soulevé de nouveau, Adrien acheva de détruire ce que Titus avait laissé debout dans l'ancienne Jérusalem. Il éleva sur ses ruines une autre ville à laquelle il donna le nom d'*Ælia Capitolina*, et en défendit l'entrée aux Juifs. Constantin et sa mère Hélène firent détruire les temples payens et construisirent plusieurs des églises encore actuellement existantes ; ils rendirent son nom à Jérusalem. Au commencement du septième siècle, cette ville fut destinée à de nouveaux malheurs ; elle fut prise par Kosroës, roi des Perses, en 613, et reprise par Héraclius en 627. Enfin neuf ans après, le calife Omar, troisième successeur de Mahomet, s'empara de Jérusalem après un siége de quatre mois. La Palestine, ainsi que l'Égypte, passa sous le joug du vainqueur. Après des vicissitudes diverses, Jérusalem fut prise le 15 juillet 1099 par les croisés, au pouvoir desquels elle resta jusqu'en 1187. Depuis cette époque elle est aux mains des mahométans. Le royaume de Jérusalem, créé lors de la première conquête, fut perdu complétement en 1291. Jérusalem a été prise et saccagée dix-sept fois.

JÉRUSALEM (chef-lieu). *Voyez* SOUTHAMPTON (comté).

JERVIS, large baie de la Nouvelle-Hollande, sur la côte de la Nouvelle-Galles-du-Sud, dans le comté de St.-Vincent, sous 35° 6′ de lat. ; elle est fermée au N. par le cap Perpendicular et au S. par le cap George. Le terrain qui l'environne est en grande partie stérile ; à l'E. il est assez élevé, rocheux et porte des traces nombreuses d'origine volcanique ; à l'O. le sol est bas, marécageux ou sablonneux. Les Anglais y ont établi une petite colonie.

JESI, *Æsis*, v. des états de l'Église, délégation d'Ancône, sur l'Esino ; elle est le siége d'un évêque, a une cathédrale, 5 autres églises et 10 couvents ; fabr. de bas de soie et de laine ; environs riches en blé, olives, mûriers et vins ; 5200 hab.

JESONVILLE, vg. de Fr., Vosges, arr. de Mirecourt, cant. et poste de Darney ; 400 h.

JESREEL, g. a., v. de la tribu d'Issachar, sur la frontière N. de Samarie.

JESSAINS, vg. de Fr., Aube, arr. de Bar-sur-Aube, cant. et poste de Vendeuvre ; 310 hab.

JESSAMINE, comté de l'état de Kentucky, États-Unis de l'Amérique du Nord ; il est borné par les comtés de Fayette, de Madison, de Garrard, de Mercer et de Woodford ; 13,000 hab.

JESSELMERE. *Voyez* DJESSALMIR.

JESSEN, pet. et vieille v. de Prusse, sur le confluent de l'Elster noire et du Neugraben, prov. de Saxe, rég. de Mersebourg; usines, fabrication de draps, culture de vignes, agriculture et pêche; 2070 hab.

JESSNITZ, v. du duché d'Anhalt-Dessau, située sur la Mulde; fabr. de draps considérable; 2350 hab.

JESSO. *Voyez* IESSO.

JESSORE. *Voyez* DJESSORE.

JÉSUS, vg. de la rép. du Pérou, dép. de Liverdad, prov. de Caxamarca; remarquable par les ruines d'une ancienne ville péruvienne. Ces ruines, décrites par Stevenson, sont connues sous le nom de Tambo-del-Inca.

JÉSUS, grande île du St.-Laurent, Bas-Canada, district de Montréal; elle est séparée du continent par le St.-Jean, bras du St.-Laurent et de l'île de Montréal par la rivière des Prairies. Cette île, de 8 l. de longueur sur 9 de large, a un sol bas, peu boisé mais très-fertile. Une route bien entretenue fait le tour de l'île et une autre la traverse. Elle est divisée en trois paroisses : St.-Vincent, Ste.-Rose et St.-François; 5000 hab.

JÉSUS-DE-COULEMOU. *Voyez* ITATA.

JETAUS ou **JÉTAWS**. *Voyez* CAMANCHES.

JETTERSWILLER, vg. de Fr., Bas-Rhin, arr. et poste de Saverne, cant. de Marmoutier; 330 hab.

JETTINGEN, vg. de Fr., Haut-Rhin, arr., cant. et poste d'Altkirch; 510 hab.

JETTINGEN, b. de la Bavière, cer. du Danube-Supérieur, dist. et à 1 1/2 l. de Burgau, sur la rive droite de la Mindel; 1600 h.

JEUFOSSE, vg. de Fr., Seine-et-Oise, arr. de Mantes, cant. et poste de Bonnières; 360 hab.

JEUGNY, vg. de Fr., Aube, arr. de Troyes, cant. et poste de Bouilly; 500 hab.

JEU-LES-BOIS, vg. de Fr., Indre, arr. et poste de Châteauroux, cant. d'Ardentes-St.-Vincent; 640 hab.

JEU-MALOCHES, vg. de Fr., Indre, arr. de Châteauroux, cant. et poste d'Écueillé; 330 hab.

JEUMONT, vg. de Fr., Nord, arr. d'Avesnes, cant. et poste de Maubeuge; commerce de lin; scierie de marbre; 760 hab.

JEUNETAI (le), ham. de Fr., Cher, com. de Soulangis; 100 hab.

JEURE (Saint-), vg. de Fr., Haute-Loire, arr. et poste d'Yssengeaux, cant. de Tence; 2760 hab.

JEURE-D'ANDAURE (Saint-), vg. de Fr., Ardèche, arr. de Tournon, cant. et poste de St.-Agrève; 750 hab.

JEURE-D'AY (Saint-), vg. de Fr., Ardèche, arr. de Tournon, cant. de Satillieu, poste d'Annonay; 430 hab.

JEURRE, vg. de Fr., Jura, arr. de St.-Claude, cant. et poste de Moirans; 510 hab.

JEUXEY, vg. de Fr., Vosges, arr., cant. et poste d'Épinal; carrières de sable fort estimé, de pierres de taille et de pierres à émoudre; 460 hab.

JEUX-LES-BARDS, vg. de Fr., Côte-d'Or, arr., cant. et poste de Sémur; établissement de culture remarquable; 130 hab.

JEVER, v. du grand-duché d'Oldenbourg, chef-lieu d'une seigneurie du même nom, située sur un canal navigable qui conduit à Hookfiel, sur le golfe de Jahde. Elle a un château, un gymnase, une maison des pauvres et de travail, des fabriques de tabac, un commerce assez considérable, et une population de plus de 3500 hab. La seigneurie de Jever renferme une population de 17,600 habitants, sur une superficie de 6 1/2 milles c.

JEVONCOURT, vg. de Fr., Meurthe, arr. de Nancy, cant. d'Haroué, poste de Neuviller-sur-Moselle; 140 hab.

JEYPOUR. *Voyez* DJEYPOUR.

JEZAINVILLE, vg. de Fr., Meurthe, arr. de Nancy, cant. et poste de Pont-à-Mousson; 660 hab.

JEZEAUX, vg. de Fr., Hautes-Pyrénées; arr. de Bagnères-en-Bigorre, cant. et poste d'Arreau; 330 hab.

JIDDI. *Voyez* DJIDDI.

JIGADZE, v. du Thibet, prov. de Zang; elle est située sur la rive droite du Zanghotchou, renferme, d'après M. Klaproth, 23,000 familles et plus de 5000 hommes de garnison et forme la capitale des districts soumis au bodgo ou bautchau-lama. A peu de distance de Jigadze se trouve Djachiloumbo.

JIGAGOUNGGAR, v. du Thibet, prov. d'Oui, située sur la rive droite de l'Irouaddi qui y porte le nom de Zangho-tchou. Cette ville n'est marquée sur aucune de nos cartes; mais, d'après les indications des auteurs chinois, recueillies par M. Klaproth; il paraît que c'est la plus grande ville du Thibet et qu'elle renferme 20,000 maisons.

JIGANSK, vg. de la Sibérie, prov. d'Iakoustk. Les 16 hab. qui forment toute la population de cet endroit peuvent donner une idée de la petitesse des lieux que les cartes représentent comme importants, et du petit nombre d'hommes qui vit dans les solitudes glacées de la Russie d'Asie.

JIGELLI. *Voyez* DJIGELLI.

JIMMEL, *Teyæ*, b. considérable de la rég. de Tunis, à 10 l. E.-S.-E. de Kaïrwan, dans un plaine riche en oliviers.

JIMMEL, b. considérable de la rég. d'Alger, prov. et à 13 l. S.-O. de Constantine.

JINBALA. *Voyez* DJINBALA.

JINNET, pet. v. et port de la rég. d'Alger, prov. de Titteri, à l'embouchure de l'Iffer, dans la Méditerranée.

JIQUIBA, lac de l'emp. du Brésil, prov. d'Alagoas, près de la mer avec laquelle il communique par un écoulement. Ce lac a 8 l. de longueur sur 2 de large; ses eaux sont salées et abondent en poissons.

JIQUILISCO, baie sur la côte l'état de Guatémala, États-Unis de l'Amérique centrale, côte O. de San-Salvador.

JISBLINK. *Voyez* FRÉDERIKSHAAB.

JOACHIM (Saint-), vg. de Fr., Loire-Inférieure, arr. de Savenay, cant. et poste de Pont-Château; 3060 hab.

JOACHIMSTHAL, pet. v. de Bohême, cer. d'Ellenbogen, dans l'Erzgebirge; siége d'une intendance et d'un tribunal des mines; exploitation des mines d'argent et de cobalt, découvertes déjà en 1516. C'est cette ville qui donna son nom aux écus de 6 francs (thalers), que les ducs de Schlick y firent frapper pour la première fois en 1517; 4000 hab.

JOACHIMSTHAL, vg. de la Basse-Autriche, cer. supérieur du Mannhartsberg, sur la frontière de la Bohême; verrerie.

JOACHIMSTHAL, pet. v. de Prusse, prov. de Brandebourg, rég. de Potsdam, sur le lac de Werbellin. Cette ville, fondée par l'électeur Joachim Fréderic, est une propriété du gymnase de Joachimsthal, qui y fut institué le 23 août 1607 et a été transféré plus tard à Berlin; 1480 hab.

JOAG, pet. v. du pays de Galam, en Sénégambie, entourée de hautes murailles avec des meurtrières pour le mousquet, dans une contrée abondante en tabac et en oignons, à 11 l. N.-E. de Fattéconda.

JOAL. *Voyez* GHIOULA.

JOAM (San-), fl. de l'emp. du Brésil, prov. de Rio-Janeiro, ; il prend naissance, sous le nom d'Aguas-Claras, au pied du Morro-dos-Canudos et s'embouche dans l'Océan Atlantique, à 10 l. S.-O. du Rio-Maccahé. Les grands vaisseaux le remontent jusqu'à 20 l. de son embouchure. Ses principaux affluents sont : à gauche, le Carubichas et le Bannanal; à droite, le Bacaxa (Rio-d'Oiro), l'Ipuca et l'Ontra.

JOAM-AMARO, b. de l'emp. du Brésil, prov. et comarque de Bahia. Cet endroit fut fondé par le pauliste Joam-Amaro.

JOAM-DA-PALMA (San-), pet. v. de l'emp. du Brésil, prov. de Goyaz, comarque de San-Joao-das-duas-Barras, au confluent du Rio-Palma et du Parannan.

JOAM-DA-PARAHYBA (San-), pet. v. de l'emp. du Brésil, prov. de Rio-Janeiro, dist. de Goytacazès, sur le Parahyba, à 1 l. de la mer, dans une contrée fertile en sucre; port; 2300 hab.

JOAM-DE-MACCAHÉ (San-). *V.* MACCAHÉ.

JOAM-MARCOS (San-), pet. v. de l'emp. du Brésil, prov. de Rio-Janeiro, dist. de Canta-Gallo, sur le Rio-Araras; elle fut fondée en 1813; culture et commerce très-considérable de café, réputé le meilleur du Brésil; 2500 hab.

JOANA, v. de l'île de Java, sur une baie et avec un fort.

JOANINA. *Voyez* JANINA.

JOANNAS, vg. de Fr., Ardèche, arr., cant. et poste de l'Argentière; 920 hab.

JOANNES (San-). *Voyez* MARAJO (île).

JOANNES (villa de). *Voyez* MONFORTE.

JOAO-BAPTISTA (San-), v. très-déchue de l'emp. du Brésil, prov. de Rio-Grande-do-Sul, à 4 l. de San-Miguel; elle comptait autrefois près de 20,000 habitants, aujourd'hui on ne lui en accorde plus que 2000.

JOAO-BAPTISTA (San-), b. fortifié de l'emp. du Brésil, prov. de Minas-Geraès, comarque de Villa-Rica. C'était le quartier général de Marlier sous les Coroados.

JOAO-DA-PESQUEIRA (San-), b. du Portugal, prov. de Beira, dist. de Pinhel, sur le Duero, qui y devient navigable; 1900 h.

JOAO-DAS-DUAS-BARRAS (San-), v. projetée de l'emp. du Brésil, prov. de Goyaz, comarque de San-Joao, au confluent du Tocantins et de l'Araguaya; le vieux fort de San-Joao vis-à-vis.

JOAO-DEL-REY (San-), comarque. *Voyez* RIO-DAS-MORTES.

JOAO-DEL-REY, autrefois *Rio-das-Mortes*, v. de l'emp. du Brésil, prov. de Minas-Geraès, comarque du Rio-das-Mortes, dont elle est le chef-lieu, sur le Tejuco, à 1/2 l. de la rive gauche du Rio-das-Mortes, à 33 l. S.-O. de Villa-Rica et à 94 l. N.-O. de Rio-Janeiro. Cette ville, bien bâtie, est le siége d'une cour de justice et possède un collége, un hôpital, plusieurs couvents, parmi lesquels on remarque celui des jacobins; riches lavages d'or; agriculture très-florissante; commerce considérable de toiles de coton, de chapeaux, de vin, de fer et de tabac; 8000 hab.

JOAO-DO-PRINCIPE (San-), jadis *Thauha*, pet. v. de l'emp. du Brésil, prov. de Ciara, comarque de Crato, sur le Jaguaribe; riche mine d'alun dans le voisinage; 3400 hab.

JOAQUIM (Saint-). *Voyez* ANATAXAN.

JOAR, pet. v. du pays de Saloum en Sénégambie, dans une plaine fertile.

JOATINGA (punta), promontoire sur la côte S. de la prov. de Rio-Janeiro, emp. du Brésil; il forme à l'O. la baie d'Angra-dos-Reys.

JOAZEIRO, pet. v. de l'emp. du Brésil, prov. de Bahia, comarque de Jacobina, sur le San-Francisco; station très-importante pour le commerce par terre et par eau; 2600 hab.

JOB, vg. de Fr., Puy-de-Dôme, arr., cant. et poste d'Ambert; 3250 hab.

JOBOURG, vg. de Fr., Manche, arr. de Cherbourg, cant. et poste de Beaumont; 920 hab.

JOCH, vg. de Fr., Pyrénées-Orientales, arr. de Prades, cant. et poste de Vinça; 300 hab.

JOCHES, vg. de Fr., Marne, arr. d'Épernay, cant. de Montmort, poste d'Étoges; 60 hab.

JOCHSTADT, v. du roy. de Saxe, cer. de l'Erzgebirge située près de la frontière de Bohême, au milieu de forêts et à 2400 pieds d'élévation; elle a une population de près de 1800 habitants, qui font un commerce considérable de dentelles, d'aiguilles, d'autres objets en fer, etc.

JOCKMOCK, v. de la Suède, dans le Norbottenstæn; possède dans ses environs des mines de fer; 1400 hab.

JOCOTENANGO, gros b. des États-Unis de l'Amérique centrale, état de Guatémala, dist. de Sacatépèques, tout près de Guatémala-la-Viéja; grands marchés de chevaux; industrie; 5000 hab.

JODAR, v. d'Espagne, prov. de Murcie, 3300 hab.

JODARD (Saint-), vg. de Fr., Loire, arr. de Roanne, cant. de Néronde, poste de St.-Simphorien-de-Lay; 490 hab.

JODOIGNE, v. du roy. de Belgique, prov. du Brabant méridional, arr. et à 9 l. E. de Nivelles, sur la Grande-Geete; brasseries; distilleries; huileries; 2100 hab.

JŒUF, vg. de Fr., Moselle, arr., cant. et poste de Briey; 530 hab.

JŒLLENBECK (le Haut et le Bas-), com. disséminée de Prusse, dans une contrée très-fertile, prov. de Westphalie, rég. de Minden; culture de blé et de lin; éducation de bestiaux; 3950 hab.

JŒNKOPING, prov. de la Suède méridionale, située entre 10° 54′ et 13° 21′ long. orient. et entre 56° 56′ et 58° 9′ lat. sept. C'est un pays très-montagneux; une des plus hautes cimes est le Hunsberg, d'où l'on jouit d'une vue ravissante; le climat est froid, mais très-sain; le sol, extrêmement pierreux, produit pourtant en assez grande abondance des légumes, des pois, des pommes de terre, du chanvre et du lin. Les bestiaux et les fromages de cette province sont renommés dans tout le royaume. La population était, en 1805, de 117,381 âmes.

JŒNKŒPING, en Suède, capitale de la province de ce nom; elle est située entre le lac de Wetter et deux autres petits lacs, et est remarquable par le traité de paix qui y fut conclu, le 10 décembre 1809, entre la Suède et le Danemark; 2946 hab.

JOF, b. considérable de l'état Ghiolof de Cayor, en Sénégambie, sur la baie de même nom, qui forme la limite entre les arrondissements français de St.-Louis et de Gorée.

JOGANVILLE, vg. de Fr., Manche, arr. de Valognes, cant. et poste de Montebourg; 160 hab.

JOGERY. *Voyez* JAGRA.

JOHANN (Saint-), très-pet. v. de la Haute-Autriche, cer. de Salzbourg, sur la Salza; possède 3 hospices; 1200 hab.

JOHANN (Saint-) ou SAINT-JEAN, pet. v. de Prusse, dépendant de la v. de Sarrebruck, dont elle forme un faubourg, prov. du Rhin, rég. de Trèves; elle possède un entrepôt des mines de houille et plusieurs usines; 2950 hab.

JOHANN-GEORGENSTADT, v. du roy. de Saxe, située dans les montagnes du cer. de l'Erzgebirge, à 2400 pieds au-dessus du niveau de la mer; elle est le siége d'un conseil des mines et est importante par son industrie et par la grande quantité de belles dentelles qu'on y fabrique. Cette dernière fabrication occupe 1200 personnes; on y trouve plusieurs mines qui produisent de l'argent, du vitriol, du soufre, du fer, de l'étain, du plomb, du cobalt; 3500 hab.

JOHANNISBERG, vg. de près de 800 habitants, dans le duché de Nassau et dans le bge de Rudesheim; célèbre par son beau château, appartenant autrefois au chapitre de Fulde, aujourd'hui possession du prince de Metternich, et par son riche et excellent vignoble.

JOHANNISBERG, v. de Prusse, chef-lieu de cercle, prov. de Prusse, rég. de Gumbinnen; sur la Pisseck et près du lac de Warschau; pêche et commerce de grains; 2080 hab.

JOHANNSTHAL, pet. v. d'Autriche, gouv. de Silésie, cer. de Troppau.

JOHN (Saint-), paroisse de l'île de Grenade, Petites-Antilles.

JOHN (Saint-), l'extrémité orientale de la Terre-des-États, à l'E. de la Terre-de-Feu.

JOHN (Saint-) ou SAINT-JEAN, un des plus grands cours d'eau de la côte S.-E. du Labrador; il se décharge dans le golfe de St.-Laurent, en face de l'île d'Anticosti.

JOHN (Saint-), canal. *Voyez* PONTCHARTRAIN (lac).

JOHN (Saint-) ou SAINT-JEAN, paroisse de l'île Dominique, Petites-Antilles.

JOHN (Saint-), paroisse dans l'intérieur de l'île de Jamaïque, comté de Middlesex.

JOHN (Saint-), paroisse sur la côte N.-O. de l'île Barbade, Petites-Antilles.

JOHN-BAPTISTE (Saint-) ou SAINT-JEAN-BAPTISTE, paroisse de l'état de Louisiane, États-Unis de l'Amérique du Nord; elle est bornée par les paroisses de St.-Charles, d'Assomption, de St.-James et par le lac Maurepas. Ce pays, marécageux et malsain, s'étend sur les deux rives du Mississipi; culture de sucre, de riz et de coton; 6000 hab.

JOHNS (Saint-), autrefois PARRTOWN, v. du Nouveau-Brunswick, chef-lieu du comté de St.-Johns, à l'embouchure du fleuve du même nom dans la baie de Fundy. C'est une belle ville, régulièrement bâtie, et, sous tous les rapports, la place la plus importante de la province. Elle a un bon port bien défendu et renferme un collége, plusieurs autres établissements d'instruction, une banque et des temples de tous les cultes chrétiens. La ville doit sa prospérité surtout à la franchise de son port, par lequel elle fait un commerce très-actif. A l'entrée du port de cette ville s'étend la petite île de Partridge avec un phare; au mois d'août 1839 un incendie a détruit 115 maisons de cette ville, le dommage en est estimé à 5,000,000 de fr.; 12,000 hab.

JOHNS (Saint-), capitale fortifiée de l'île de Terre-Neuve, à l'E. de la presqu'île d'Avalon, sur un terrain très-bas et presque de niveau avec la mer. Cette ville est le siége du gouverneur de Terre-Neuve, d'un lieutenant-gouverneur, de la cour supérieure de justice, d'un tribunal de première instance, de la vice-amirauté et d'un évêque catholique. Elle est d'une grande importance par son bon port et comme entrepôt central des pêcheries de ces parages; elle possède en outre des chantiers pour la construction des vaisseaux. Les collines qui environnent la ville sont couvertes de forts, dont les plus importants sont ceux d'Amherst, de William et de Townsend, la résidence ordinaire du gouverneur; 15,000 hab., dont plus de 2000 employés à la pêche.

JOHNS. *Voyez* CONNECTICUT (fleuve).

JOHNS. *Voyez* SAVANNAH.

JOHNS (Saint-) ou SAINT-JEAN, le fleuve le plus considérable du Nouveau-Brunswick; il prend naissance sous le nom de Clyde, au pied des monts Albany, à l'O. de l'état du Maine, États-Unis, dont il traverse la partie septentrionale dans une direction N.-E. En entrant dans le Nouveau-Brunswick, il fait une chute considérable et coule vers le S. jusqu'à Médoctou; pendant ce cours il reçoit le Jaques et le Madokerquik du Maine, le Saumon, le Tobed et d'autres rivières peu considérables du Nouveau-Brunswick. Depuis Médoctou il prend une direction S.-E., reçoit le Néquomquiqua, le Nashwaktish, le Washedemojak, le Belle-Isle et le Kennebecoase de la gauche, le Nishampshak et l'Oromookto de la droite, et se jette par une large embouchure dans la baie de Fundy. Ses principaux affluents dans l'état du Maine sont: le Wigudi et le Greenriver. La longueur totale du St.-Johns est de 110 l.; les grands vaisseaux le remontent jusqu'à 24 l. en amont de son embouchure; il baigne les villes de Fréderikstown et de St.-Johns. Ce fleuve est devenu de nos jours d'une grande importance géographique, parce qu'il traverse le vaste espace reclamé d'un côté par l'Angleterre et de l'autre par les États-Unis. Le St.-François, affluent du St.-Johns, dans l'état du Maine, établit jusqu'à son confluent la ligne de démarcation que le roi de Hollande, nommé arbitre par les deux puissances, a établi comme ligne frontière entre l'Union et l'Amérique anglaise. La position de cette ligne ôte aux Anglais plus de la moitié du territoire qu'ils revendiquaient.

JOHNS (Saint-), fl. des États-Unis de l'Amérique du Nord, territoire de la Floride, dont il est le plus grand cours d'eau. Sa source n'est pas positivement connue; elle se trouve dans le dist. des Séminoles, entre 26° et 27° lat. N. D'après quelques cartes, il s'écoule du lac Mayaco (Espiritu-Santo); il parcourt la presqu'île du S. au N. jusqu'à Jacksonville, en traversant de nombreux lacs, dont le St.-George est le plus considérable; à Jacksonville il se dirige vers l'E. et débouche, par plusieurs embouchures, dans l'Océan Atlantique, où il forme l'île de Talbot. Son cours est de plus de 120 l. Les grands vaisseaux le remontent jusqu'au lac St.-George. La partie supérieure de son cours porte le nom d'Ochlawaha.

JOHNS (Saint-), île. *Voy.* PRINCE-ÉDOUARD (île du).

JOHNS (Saint-), paroisse de l'île de Prince-Edouard, comté de Queens.

JOHNS (Saint-) ou SAN-JUAN, vaste baie sur la côte O de Terre-Neuve, entre la Pointe-Riche et la Pointe-Ferrolles. Elle reçoit le Castor et renferme les îles de St.-Johns, Flatt et Twin. Elle est entourée d'une haute chaîne de montagnes, appelée St.-Johns-Highland, qui se termine au N. par la Pointe-Ferrolles.

JOHNS (Saint-), paroisse sur la côte N.-O. de l'île d'Antigoa, Petites-Antilles.

JOHNS (Saint-), île. *Voyez* JEAN (Saint-).

JOHNSBOURG (Saint-), b. des États-Unis de l'Amérique du Nord, état de Vermont, comté de Calédonia; 2000 hab.

JOHNSDORF (Vieux et Nouveau-), gr. vg. de fabriques dans le roy. de Saxe, cer. de Lusace; 1350 hab.

JOHNSDORF ou JANOWITZ, pet. v. de Moravie, cer. d'Olmutz; florissante par ses toileries, les plus considérables de cette province; forges, tréfilerie; fabr. d'outils et d'armes à feu.

JOHNSHAVEN (Saint-) ou baie de SAN-JUAN (Gallivans-Bay), baie considérable au N. de la baie de Chatham, côte O. du territoire de la Floride, États-Unis de l'Amérique du Nord; elle est fermée à l'O. par le cap Romans (Punta-Larga) et reçoit le Gallivans ou Delaware.

JOHNSHAVEN, pet. b. d'Écosse, comté de Mearn ou Kincardine; fabrique une grande quantité de toiles à voiles qu'on exporte à Dundee.

JOHNSON, comté de l'état d'Illinois, États-Unis de l'Amérique du Nord; il est borné par l'état de Kentucky et par les comtés de Franklin, de Pope, d'Alexandre et d'Union; 2600 hab. Vienna, sur le Cash, est le chef-lieu du comté.

JOHNSON, comté de la Caroline du Nord, États-Unis de l'Amérique du Nord; ses bornes sont: les comtés de Nash, de Wayne, de Sampson, de Cumberland et de Wake; ses principales productions sont: le blé, le coton et le tabac; 13,000 hab.

JOHNSONS-DOCK. *Voyez* SMITH (île).

JOHNSTOWN, v. des États-Unis de l'Amérique du Nord, état de New-York, comté de Montgoméry, dont elle est le chef-lieu, sur le Mohawk; elle est bien bâtie et possède une académie, une prison et fait un commerce assez considérable; 5400 hab.

JOHNSTOWN (Saint-), capitale de l'île d'Antigoa, Petites-Antilles. C'est une belle et assez grande ville, s'élevant en amphithéâtre sur le penchant d'une colline qui domine le St.-Johns-Harbour, et au haut de laquelle l'œil embrasse une vaste étendue de mer et les îles de Montserrat, de Kitts et de Névis. Cette ville, bien fortifiée, est le siége du gouverneur des îles Leewards et d'une cour supérieure de justice. Son port, très-sûr, est défendu par trois forts dont Fort-James est le principal. Le commerce de cette place est très-considérable; 16,000 h.

JOHOR. *Voyez* Djohor.

JOIGNY, *Joviniacum*, v. de Fr., Yonne, chef-lieu d'arrondissement et à 7 l. N.-N.-O. d'Auxerre; siége de tribunaux de première instance et de commerce, direction de contributions indirectes et conservation des hypothèques. Elle est bâtie en amphithéâtre sur la rive droite de l'Yonne, que l'on y passe sur un beau pont de six arches en pierre. La ville est généralement mal bâtie; la plupart des rues s'élèvent en pente rapide et sont très-étroites; cependant sa situation, les points de vue dont on y jouit, surtout des terrasses du château, et sa belle promenade la rendent assez agréable. La place du marché est jolie; sa caserne de cavalerie passe pour un beau bâtiment. On y remarque aussi trois églises gothiques; celle de St.-Jean a une voûte que l'on considère comme un chef-d'œuvre d'architecture. Cette ville possède un collége et une petite bibliothèque publique. Son commerce consiste principalement en vins, grains, bois, laine, charbon, feuillettes, etc.; le raisiné (fruits, poires, pommes) se fabrique presque exclusivement à Cérisiers, Dixmont, Piffonds, autour de Joigny; foires les 2 janvier, 10 août, 14 septembre et 1er octobre; 5500 h.

Joigny est une ville très-ancienne. On en attribue la fondation à Flavius Jovinus, général romain, dont le nom Jovinus serait l'étimologie de Joigny.

JOIGNY, vg. de Fr., Ardennes, arr. de Mézières, cant. et poste de Charleville; 490 hab.

JOINVILLE, v. de Fr., Haute-Marne, arr. et à 3 l. E.-S.-E. de Vassy, chef-lieu de canton et poste, sur la rive gauche de la Marne, au pied d'une haute montagne que dominait, avant la révolution, le château gothique des anciens sires de Joinville. Elle a des fabriques de serges et de treillis, de bonneterie, noir animal et colle. Les produits de ces établissements industriels y sont les principaux articles de commerce; 3137 hab.

JOINVILLE-LE-PONT ou Branche-du-Pont-de-Saint-Maur (le), vg. de Fr., Seine, arr. de Sceaux, cant. de Charenton-le-Pont, poste de St.-Maur-les-Fossés; fabr. de cuirs vernis et de toiles cirées; 610 hab.

JOIRE (Saint-), vg. de Fr., Meuse, arr. de Commercy, cant. de Gondrecourt, poste de Ligny; 550 hab.

JOISELLE, vg. de Fr., Marne, arr. d'Épernay, cant. d'Esternay, poste de Courgivaux; 180 hab.

JOLIMETZ, vg. de Fr., Nord, arr. d'Avesnes, cant. et poste du Quesnoy; fabr. de bleu d'azur et saboterie; 1005 hab.

JOLIVET ou Huviller, vg. de Fr., Meurthe, arr., cant. et poste de Lunéville 520 hab.

JOLI-VILLAGE. *Voy*. Wy-Joli-Village.

JOLOFS. *Voyez* Ghiolofs.

JOLVAS (île). *Voyez* Valladolid.

JOLWA. *Voyez* Jelschau.

JONA ou Icolmkill, îlot du groupe des Hébrides, au S.-O. de Mull. Ses nombreuses ruines, surtout celles de sa cathédrale, bâtie par saint Colomban, en 565, attestent sa grande importance dans le moyen âge, lorsque cet îlot, rempli de monastères et d'écoles, était un des principaux foyers de la civilisation dans ces temps d'ignorance. Aujourd'hui il n'a que quelques centaines d'habitants et appartient au duc d'Argyle.

JONAGE, vg. de Fr., Isère, arr. de Vienne, cant. de Meyzieux, poste de Lyon; 870 hab.

JONCELS, b. de Fr., Hérault, arr. et poste de Lodève, cant. de Lunas; 700 hab.

JONCHE, ham. de Fr., Yonne, com. d'Auxerre; 140 hab.

JONCHÈRE (la), vg. de Fr., Vendée, arr. des Sables, cant. des Moutiers, poste d'Avrillé; 350 hab.

JONCHÈRE (la), vg. de Fr., Haute-Vienne, arr. de Limoges, cant. de Laurière, poste de Chanteloube; 560 hab.

JONCHÈRES, vg. de Fr., Drôme, arr. de Die, cant. et poste de Luc-en-Diois; 330 h.

JONCHÈRES, ham. de Fr., Haute-Loire, com. de Rauret; 450 hab.

JONCHERETS (les). *Voyez* Lubin-des-Joncherets (Saint-).

JONCHERETS (les), ham. de Fr., Orne, com. de la Ferte-Macé; 100 hab.

JONCHEREY, vg. de Fr., Haut-Rhin, arr. de Belfort, cant. et poste de Delle; 460 hab.

JONCHERY, vg. de Fr., Haute-Marne, arr., cant. et poste de Chaumont-en-Bassigny; 350 hab.

JONCHERY-SUR-SUIPPES, vg. de Fr., Marne, arr. et poste de Châlons-sur-Marne, cant. de Suippes; 490 hab.

JONCHERY-SUR-VESLE, vg. de Fr., Marne, arr. de Reims, cant. de Fismes, poste; 530 hab.

JONCOURT, vg. de Fr., Aisne, arr. de St.-Quentin; cant. et poste du Catelet; 810 h.

JONCQUIERES, b. de Fr., Vaucluse, arr., cant. et poste d'Orange; usine à garance; filat. de soie; 2145 hab.

JONCREUIL, vg. de Fr., Aube, arr. d'Arcis-sur-Aube, cant. et poste de Chavanges; 260 hab.

JONCY, b. de Fr., Saône-et-Loire, arr. de Charolles, cant. de la Guiche, poste; 1160 hab.

JONES, fl. des États-Unis de l'Amérique du Nord, état de Delaware; prend naissance au centre de l'état, attire le Mill et le Tidbury-Branch, coule vers l'E. et s'embouche dans la baie de Delaware.

JONES, comté de l'état de Géorgie, États-Unis de l'Amérique du Nord; il est borné par les comtés de Jasper, de Baldwin, de Wilkinson, de Twiggs et de Fayette; pays fertile; 20,000 hab.

JONES, comté de la Caroline du Nord, États-Unis de l'Amérique du Nord; ses bornes sont : les comtés de Crawen, de Carteret, d'Onslow, de Duplin et de Lenoir; pays marécageux et couvert de landes; 8000 hab. Trenton, sur le Trent, est le chef-lieu du comté.

JONES (détroit de), baie ou bras de mer au S. du cap Clarence, entre les caps Hardwick et Calédon. Ce détroit, découvert par Baffin et exploré récemment par le capitaine Ross, ouvre probablement une communication entre la mer de Baffin et l'Océan Glacial Arctique. Ross le trouva encombré de glaçons d'une immense dimension, et ses bords dépourvus d'animaux et de végétation.

JONESBOROUGH. *Voy.* CAMDEN (comté).

JONESBOURG ou CHANDLERSVILLE, b. des États-Unis de l'Amérique du Nord, état du Maine, comté de Washington, sur le Chandler; 2000 hab.

JONESBURGH. *Voyez* UNION (comté).

JONESVILLE. *Voyez* LÉE (comté).

JONKAKONDA, v. très-commerciale de l'état Ghiolof d'Yani, en Sénégambie, sur la Gambie, à 52 l. E. de Gillifrie; comptoir anglais.

JONQUERETS (les), vg. de Fr., Eure, arr. et poste de Bernay, cant. de Beaumesnil; 500 hab.

JONQUERETTES, vg. de Fr., Vaucluse, arr. et poste d'Avignon, cant. de l'Isle; 230 h.

JONQUERY, vg. de Fr., Marne, arr. de Reims, cant. de Châtillon-sur-Marne, poste de Port-à-Binson; 520 hab.

JONQUET (le). *Voyez* PIERRE-DU-JONQUET (Saint-).

JONQUETS, ham. de Fr., Eure, com. de Beuzeville; 300 hab.

JONQUIÈRE (la), ham. de Fr., Nord, com. de Mons-en-Pevèle; 100 hab.

JONQUIÈRES, vg. de Fr., Aude, arr. de Narbonne, cant. de Durban, poste de Sijean; 200 hab.

JONQUIÈRES, b. de Fr., Bouches-du-Rhône, l'un des faubourgs de Martigues.

JONQUIÈRES, vg. de Fr., Gard, arr. de Nismes, cant. et poste de Beaucaire; 1200 h.

JONQUIÈRES, vg. de Fr., Hérault, arr. de Lodève, cant. de Gignac, poste de Clermont; 360 hab.

JONQUIÈRES, vg. de Fr., Oise, arr. et poste de Compiègne, cant. d'Estrées-St.-Denis; 720 hab.

JONQUIÈRES. *Voyez* PIERRE-DES-JONQUIÈRES (Saint-).

JONQUIÈRES, ham. de Fr., Tarn, com. de Gibrondes; 100 hab.

JONS, vg. de Fr., Isère, arr. de Vienne, cant. de Meyzieux, poste de Lyon; 540 h.

JONVAL, vg. de Fr., Ardennes, arr. de Vouziers, cant. de Tourtenon, poste d'Attigny; clouterie; 510 hab.

JONVELLE, vg. de Fr., Haute-Saône, arr. de Vesoul, cant. et poste de Jussey; 960 hab.

JONVILLE, vg. de Fr., Meuse, arr. de Commercy, cant. et poste de Vigneulles; 440 hab.

JONZAC, v. de Fr., Charente-Inférieure, chef-lieu d'arrondissement, à 27 l. S.-E. de La Rochelle; siége d'un tribunal de première instance et conservation des hypoques; elle est située sur la rive droite de la Seugne. Sur le sommet d'un rocher qui domine la ville on voit encore un vieux château fort. Jonzac ne renferme rien de remarquable; cependant c'est une assez jolie petite ville; elle possède une société d'agriculture. Les environs ont de bons vignobles; fabr. de gros lainages et de toiles de chanvre; commerce de vins, eaux-de-vie, bétail, etc. Foires : lundi après le 16 juillet et deuxième vendredi de chaque mois; 2514 h.

JONZAIS, vg. de Fr., Allier, arr. de Montluçon, cant. et poste de Montmarault; 160 h.

JONZIEUX, vg. de Fr., Loire, arr. et poste de St.-Étienne, cant. de St.-Genet-Malifaux; 1110 hab.

JONZY, vg. de Fr., Saône-et-Loire, arr. de Charolles, cant. de Sémur-en-Brionnais, poste de Marcigny; 280 hab.

JOONEER. *Voyez* DJOUNIR.

JOOSTEN-ROODE (Saint-), vg. du roy. de Belgique, prov. du Brabant méridional, arr. et tout près de Bruxelles; 1300 hab.

JOPPÉ. *Voyez* JAPPA.

JOPPÉCOURT, vg. de Fr., Moselle, arr. et poste de Briey, cant. d'Audun-le-Roman; 380 hab.

JORAT, chaîne de montagnes de Suisse, cant. de Vaud et de Fribourg, entre le Jura et les Alpes; elle prend naissance sur la rive septentrionale du lac de Genève, en s'élevant graduellement jusqu'à une hauteur de 1200 mètres, et s'abaisse ensuite vers Fribourg et la partie N. du cant. de Vaud. Ses points culminants sont : la tour de Gourze (940 mètres), le passage de la route de Vevay à Châtel-St.-Denis (936 mètres), celui de la route de Lausanne à Berne (923 mètres) et le lac de Bret (846 mètres).

JORDANS-BAY, baie à l'O. du Falkland oriental.

JORDANOW, pet. v. de Gallicie, cer. de Myslenicz, sur la Skawa.

JORES (Saint-), vg. de Fr., Manche, arr. de Coutances, cant. de Périers, poste de Prétot; 810 hab.

JORGÉ (bahia de San-), baie sur la côte de la prov. de Bahia, emp. du Brésil, sous 14° lat. S.; elle est formée par l'embouchure du fleuve du même nom.

JORGÉ (bahia de San-). *Voyez* GEORGE (baie de St.-).

JORGÉ-DOS-ALAMOS (San-). *Voy.* VIGIA.

JORGÉ-DOS-ILHÉOS (villa de San-). *Voy.* ILHÉOS (ville).

JORHAUT. *Voyez* DJORHAT.

JORLIÈRE (le), ham. de Fr., Loire, com. de St.-Vincent-de-Boisset; 150 hab.

JORQUERA, b. d'Espagne, sur le Xuxar, roy. de la Nouvelle-Castille, prov. de Cuença; 2000 hab.

JORQUENAY, vg. de Fr., Haute-Marne, arr., cant. et poste de Langres; 210 hab.

JORT, vg. de Fr., Calvados, arr. et poste de Falaise, cant. de Coulibœuf; 430 hab.

JORULLO. *Voyez* ARIO.

JORXEY, vg. de Fr., Vosges, arr. et poste de Mirecourt, cant. de Dompaire; 280 hab.

JORY (Saint-), vg. de Fr., Haute-Garonne, arr. de Toulouse, cant. de Fronton, poste; 440 hab.

JORY-DE-CHALAIS (Saint-), vg. de Fr., Dordogne, arr. de Nontron, cant. de Jumillac-le-Grand, poste de Thiviers; 1210 hab.

JORY-LASBLOUX (Saint-), vg. de Fr., Dordogne, arr. de Périgueux, cant. et poste d'Excideuil; 570 hab.

JOSAPHAT (vallée de); est située à l'E. de Jérusalem, entre une des collines sur lesquelles est bâtie cette ville et le mont des Oliviers; elle est arrosée par le Cédron, mais son aspect est triste et lugubre; elle sert encore aujourd'hui de cimetière aux juifs de Jérusalem, comme à leurs ancêtres. Une tradition populaire dit qu'au jour du jugement tout le genre humain viendra se rassembler dans la vallée de Josaphat.

JOSAT, vg. de Fr., Haute-Loire, arr. de Brioude, cant. et poste de Paulhaguet; 500 hab.

JOSBAIG. *Voyez* PRÉCHACQ-JOSBAIG.

JOSE (San-), fl. peu connu de la côte occidentale de la Patagonie; se décharge dans l'Océan Pacifique.

JOSÉ (San-). *Voyez* PERLAS (archipelago de las).

JOSÉ (San-), dép. du dictatorat du Paraguay. San-José, pet. v. fondée en 1781, sous 34° 22′ 17″ lat. S., en est le chef-lieu.

JOSEF (San-), une des principales missions de capucins dans la rép. de Vénézuela, dép. de l'Orénoque, prov. de Guyane, au pied d'une haute montagne, sur un affluent du Carouï.

JOSEF (San-), presqu'île sur la côte E. de la Patagonie; elle forme au N. la belle baie de San-Josef.

JOSEF-DE-CURICO (San-). *Voyez* CURICO.

JOSEF-DE-LOGRONO (San-). *Voyez* LOGRONO.

JOSEF-DE-PORÉ (San-). *Voyez* PORÉ.

JOSEF-D'ORUNNA (San-), pet. v. de l'île de Trinidad, dont elle était autrefois la capitale, sur le fleuve du même nom, dans l'intérieur de l'île, dans une contrée fertile et très-bien cultivée; 3500 hab.

JOSELIÈRE (la), ham. de Fr., Loire-Inférieure, com. du Clion.

JOSEPH (Saint-), paroisse de l'île Dominique, Petites-Antilles.

JOSEPH (Saint-), un des cours d'eau les plus considérables de l'île d'Antigoa, Petites-Antilles; il coule vers le N.-O. en arrosant la paroisse du même nom et se décharge dans l'Océan Atlantique.

JOSEPH (Saint-), fl. considérable des États-Unis de l'Amérique du Nord; il prend naissance au pied des monts Illinois, au N. de l'état d'Indiana, et s'embouche à New-bury-Point dans le lac Michigan; les canots le remontent jusqu'à sa source. Ses principaux affluents sont : le Pigeon, la Nottawa, l'Elkhart et le Dowagiakee.

JOSEPH (Saint-), baie sur la côte S. de la Floride occidentale, États-Unis de l'Amérique du Nord; elle est fermée par la presqu'île de St.-Joseph qui s'avance du S. au N.

JOSEPH (Saint-). *Voyez* SAYPAN.

JOSEPH (Saint-), ham. de Fr., Ille-et-Vilaine, com. de Paramé; 160 hab.

JOSEPH (Saint-), ham. de Fr., Nord, com. d'Esquelbecq; 140 hab.

JOSEPH (Saint-), ham. de Fr., Bouches-du-Rhône, com. de Marseille; 220 hab.

JOSEPH-DE-LA-RIVIÈRE (Saint-), ham. de Fr., Isère, com. de la Rivière; 850 hab.

JOSEPHS (Saint-). *V.* MAUMÉE (fleuve).

JOSEPHSTADT, pet. v. fortifiée de Bohême, sur l'Elbe; autrefois nommée Pless; 1500 hab.

JOSLOWITZ, b. de Moravie, cer. de Znaym; renommé par ses fromages; culture du vin; 1600 hab.

JOSNES, vg. de Fr., Loir-et-Cher, arr. de Blois, cant. de Marchenois, poste d'Oucques; 1450 hab.

JOSSE, vg. de Fr., Landes, arr. de Dax, cant. et poste de St.-Vincent-de-Tyrosse; 440 hab.

JOSSE (Saint-), vg. de Fr., Pas-de-Calais, arr., cant. et poste de Montreuil-sur-Mer; 600 hab.

JOSSELIN, pet. v. de Fr., Morbihan, arr. et à 3 l. O. de Ploermel, sur la rive droite de l'Oust, chef-lieu de canton et poste. On y remarque les restes intéressants et encore considérables d'un vieux château gothique, qui appartenait autrefois aux ducs de Rohan; fabr. de draps; commerce de grains et de chanvre; 2879 hab.

JOSSENARD, ham. de Fr., Loire, com. de Perreux; 100 hab.

JOSSIGNY, vg. de Fr., Seine-et-Marne, arr. de Meaux, cant. et poste de Lagny; 520 hab.

JOST-VAN-DYKES. *Voyez* TORTOLA.

JOTAPATA, g. a., v. de la Galilée-Inférieure, située sur un rocher; elle fut prise par Vespasien.

JOU, v. de Chine, prov. de Ho-nan.

JOUAC, vg. de Fr., Haute-Vienne, arr. de Bellac, cant. de St.-Sulpice-les-Feuilles, poste d'Arnac-la-Poste; 560 hab.

JOUAIGNES, vg. de Fr., Aisne, arr. de Soissons, cant. et poste de Braisne; 310 hab.

JOUAN, golfe de la Méditerranée, sur la côte N.-E. du dép. du Var, au N.-E. de Cannes. C'est au fond de ce golfe, à St.-Raphaël, près de Cannes, que Napoléon débarqua en 1815, à son retour de l'île de l'Elbe.

JOUANCY, vg. de Fr., Yonne, arr. de Tonnerre, cant. et poste de Noyers; 180 h.

JOUANCY, ham. de Fr., Yonne, com. de Soucy; 170 hab.

JOUAN-DE-L'ISLE (Saint-), b. de Fr., Côtes-du-Nord, arr. et à 6 l. S. de Dinan, chef-lieu de canton, poste de Broons; exploitation d'ardoises; 674 hab.

JOUAN-DES-GUÉRÊTS (Saint-), vg. de Fr., Ille-et-Vilaine, arr. de St.-Malo, cant. et poste de St.-Servan; 1630 hab.

JOUANIÈRE (la), ham. de Fr., Loir-et-Cher, com. de Viévy-le-Raye; 190 hab.

JOUANNET (Saint-), ham. de Fr., Landes, com. de Losse; 230 hab.

JOUARRE, *Jodrum*, b. de Fr., Seine-et-Marne, arr. de Meaux, cant. et poste de la Ferté-sous-Jouarre; fabr. de plâtre; féculerie; 2604 hab.

JOUARS-PONTCHARTRAIN, vg. de Fr., Seine-et-Oise, arr. de Rambouillet, cant. de Chevreuse, poste; fabr. de plâtre; 1445 h.

JOUAUPOUR. *Voyez* DJOUANPOUR.

JOUAVILLE, vg. de Fr., Moselle, arr., cant. et poste de Briey; 320 hab.

JOUCAS, vg. de Fr., Vaucluse, arr. et poste d'Apt, cant. de Gordes; 390 hab.

JOUCON, vg. de Fr., Aude, arr. de Limoux, cant. de Belcaire, poste de Quillan; 190 hab.

JOUDES, vg. de Fr., Saône-et-Loire, arr. de Louhans, cant. de Cuiseaux, poste de St.-Amour; 570 hab.

JOUDREVILLE, vg. de Fr., Moselle, arr. et poste de Briey, cant. d'Audun-le-Roman; 220 hab.

JOUDPOUR. *Voyez* DJOUDPOOR.

JOUÉ, vg. de Fr., Indre-et-Loire, arr., cant. et poste de Tours; bons vins; 1780 h.

JOUÉ, vg. de Fr., Loire-Inférieure, arr. et poste d'Ancenis, cant. de Raillé; forges et fonderies aux environs; 2710 hab.

JOUÉ, vg. de Fr., Maine-et-Loire, arr. d'Angers, cant. de Thouarcé, poste de St.-Lambert-du-Lattay; 1060 hab.

JOUE-DU-BOIS, vg. de Fr., Orne, arr. d'Alençon, cant. et poste de Carrouges; 1530 hab.

JOUÉ-DU-PLAIN, vg. de Fr., Orne, arr. d'Argentan, cant. et poste d'Écouché; 810 h.

JOUÉ-EN-CHARNIE, vg. de Fr., Sarthe, arr. du Mans, cant. de Loué, poste de Coulans; 1270 hab.

JOUÉ-L'ABBÉ, vg. de Fr., Sarthe, arr. du Mans, cant. de Ballon, poste de Savigné-l'Évêque; 650 hab.

JOUERS, ham. de Fr., Basses-Pyrénées, com. d'Accous; 240 hab.

JOUET, ham. de Fr., Cher, com. de St.-Germain-sur-l'Aubois; 600 hab.

JOUEY, vg. de Fr., Côte-d'Or, arr. de Beaune, cant. et poste d'Arnay-le-Duc; 700 hab.

JOUGNE, b. de Fr., Doubs, arr. de Pontarlier, cant. de Mouthe; bureaux de poste et de douanes; fabr. de faux, de serrurerie; tanneries; 1125 hab.

JOUHE, vg. de Fr., Jura, arr. et poste de Dôle, cant. de Rochefort; eaux minérales; 670 hab.

JOUHET, vg. de Fr., Vienne, arr., cant. et poste de Montmorillon; 680 hab.

JOUHET-SAINT-DENIS. *Voyez* DENIS-DE-JOUHET (Saint-).

JOUILLAC, vg. de Fr., Creuse, arr., cant. et poste de Guéret; 1460 hab.

JOUIN (Saint-), vg. de Fr., Calvados, arr. de Pont-l'Évêque, cant. de Dives, poste de Dozullé; 360 hab.

JOUIN (Saint-). *Voyez* LALLEU.

JOUIN (Saint-), vg. de Fr., Seine-Inférieure, arr. du Hâvre, cant. de Criquetot-Lesneval, poste de Montivilliers; 1730 hab.

JOUIN-DE-BLAVOU (Saint-), vg. de Fr., Orne, arr. et poste de Mortagne-sur-Huîne, cant. de Pervenchères; 900 hab.

JOUIN-DE-MARNES (Saint-), b. de Fr., Deux-Sèvres, arr. de Parthenay, cant. et poste d'Airvault; vins blancs estimés; 1270 h.

JOUIN-DE-MILLY (Saint-), vg. de Fr., Deux-Sèvres, arr. de Bressuire, cant. de Cerizay, poste de Moncoutant; fabr. de toiles et fils fins. Près de ce village se trouve le château de Vaudoré qui possède une usine hydraulique considérable pour nettoyer la graine de trèfle; 410 hab.

JOUIN-SOUS-CHATILLON (Saint-), vg. de Fr., Deux-Sèvres, arr. de Bressuire, cant. et poste de Châtillon-sur-Sèvre; 590 hab.

JOUMBA, pet. v. de l'état Peul de Casson, en Sénégambie, sur une rivière de même nom, affluent du Sénégal.

JOUNG, île. *Voy.* GRAHAM-MOORE (baie).

JOUQUES, vg. de Fr., Bouches-du-Rhône, arr. d'Aix, cant. et poste de Peyrolles; fabr. de papier; 1835 hab.

JOUQUEVIEL, vg. de Fr., Tarn, arr. d'Albi, cant. et poste de Pampellonne; 550 h.

JOURBOURG, v. de la Russie d'Europe, gouv. de Wilna; 4000 hab.

JOURDAIN, aujourd'hui nommé ARDEN, riv. de la Palestine. Ce cours d'eau, autrefois si célèbre, prend sa source au pied du mont Hermon dans l'Anti-Liban. Il traverse d'abord le lac de Tibériade ou de Génézareth, coule ensuite dans une vallée déserte et profonde et s'embouche dans la mer Morte ou Bahr-el-Louth.

JOURGNAC, vg. de Fr., Haute-Vienne, arr. de Limoges, cant. et poste d'Aixe; 640 h.

JOURIEV-POLSKI, v. de la Russie d'Europe, gouv. de Vladimir; 4000 hab.

JOURLAND, ham. de Fr., Nièvre, com. de St.-Martin-du-Puits; 100 hab.

JOURNANS, vg. de Fr., Ain, arr. et poste de Bourg-en-Bresse, cant. de Pont-d'Ain; 430 hab.

JOURNET, vg. de Fr., Vienne, arr. et poste de Montmorillon, cant. de la Trimouille; 910 hab.

JOURNIAC, vg. de Fr., Dordogne, arr. de Sarlat, cant. et poste du Bugue; 940 hab.

JOURNY, vg. de Fr., Pas-de-Calais, arr. de St.-Omer, cant. et poste d'Ardres; 300 h.

JOURS, vg. de Fr., Côte-d'Or, arr. de Châtillon-sur-Seine, cant. et poste de Baigneux-les-Juifs; 220 hab.

JOURSAC, vg. de Fr., Cantal, arr. de Murat, cant. et poste d'Allanche; 1110 hab.

JOURSAT, ham. de Fr., Puy-de-Dôme, com. de Vinzelles; 250 hab.

JOURS-EN-VAUX, vg. de Fr., Côte-d'Or, arr. de Beaune, cant. et poste de Nolay; 480 hab.

JOURVILLE, ham. de Fr., Seine-Inférieure, com. de Gainneville; 100 hab.

JOU-SOUS-MONJOU, vg. de Fr., Cantal, arr. d'Aurillac, cant. et poste de Vic-sur-Cère; 510 hab.

JOUSSÉ, vg. de Fr., Vienne, arr. de Civray, cant. de Charroux, poste d'Usson; 330 hab.

JOUSSEAUX, ham. de Fr., Jura, com. de Coges; 150 hab.

JOUSSEROTS (les), ham. de Fr., Jura, com. de Longwy; 150 hab.

JOUSSON, ham. de Fr., Deux-Sèvres, com. de Magné; 260 hab.

JOUVEAUX, vg. de Fr., Eure, arr. de Pont-Audemer, cant. de Cormeilles, poste de Lieurey; 310 hab.

JOUVENÇON, vg. de Fr., Saône-et-Loire, arr. de Louhans, cant. de Cuisery, poste de Tournus; 660 hab.

JOUVENT (Saint-), vg. de Fr., Haute-Vienne, arr. de Limoges, cant. et poste de Nieul; 1130 hab.

JOUX (fort de), château fort de Fr., Doubs; construit sur un rocher presque inaccessible, à 2500 mètres environ S. de Pontarlier. Ce château, susceptible d'une longue défense, protège la ville et le passage en Suisse par le Jura.

JOUX, vallée de Suisse, cant. de Vaud, à l'E. du Jura; elle renferme le lac du même nom, qui reçoit l'Orbe et communique au moyen de cette rivière avec le lac de Brenets; les deux lacs se trouvent à 1010 mètres au-dessus du niveau de la mer.

JOUX, ham. de Fr., Bouches-du-Rhône, com. d'Aurio; 100 hab.

JOUX, (la), ham. de Fr., Jura, com. de Septmoncel; 100 hab.

JOUX, vg. de Fr., Rhône, arr. de Villefranche-sur-Saône, cant. et poste de Tarare; fabr. de mousseline; 1380 hab.

JOUX, b. de Fr., Yonne, arr. d'Avallon, cant. de l'Isle-sur-le-Serein, poste de Vermenton; 1310 hab.

JOUXTE-BOULLENG. *Voyez* AUBIN-JOUXTE-BOULLENG (Saint-).

JOUY, vg. de Fr., Aisne, arr. de Soissons, cant. de Vailly, poste de Chavignon; 240 h.

JOUY, vg. de Fr., Cher, arr. de St.-Amand-Mont-Rond, cant. et poste de Sancoins; 190 hab.

JOUY, vg. de Fr., Eure-et-Loir, arr., cant. et poste de Chartres; 1120 hab.

JOUY, vg. de Fr., Loiret, arr. et poste de Pithiviers, cant. d'Outarville; 460 hab.

JOUY, vg. de Fr., Marne, arr. et poste de Reims, cant. de Ville-en-Tardenois; 140 h.

JOUY, ham. de Fr., Seine-et-Oise, com. de Breux; 260 hab.

JOUY, vg. de Fr., Yonne, arr. de Sens, cant. et poste de Chéroy; 454 hab.

JOUY-AUX-ARCHES, vg. de Fr., Moselle, arr. et poste de Metz, cant. de Gorze; on y remarque les restes d'un aquéduc romain; 840 hab.

JOUY-DEVANT-DOMBASLES, vg. de Fr., Meuse, arr. de Verdun-sur-Meuse, cant. et poste de Clermont-en-Argonne; 290 hab.

JOUY-EN-JOSAS, vg. de Fr., Seine-et-Oise, arr., cant., poste et à 1 1/2 l. N.-E. de Versailles; situé sur la Bièvre; manufacture considérable de toiles peintes; blanchisseries; haras; 1338 hab.

JOUY-LE-CHATEL, vg. de Fr., Seine-et-Marne, arr. de Provins, cant. de Nangis, poste de Champcenest; 1220 hab.

JOUY-LE-COMTE, vg. de Fr., Seine-et-Oise, arr. de Pontoise, cant. et poste de l'Isle-Adam; 730 hab.

JOUY-LE-MOUTIER, vg. de Fr., Seine-et-Oise, arr., cant. et poste de Pontoise; 780 hab.

JOUY-LE-POTHIER, vg. de Fr., Loiret, arr. d'Orléans, cant. de Cléry, poste de la Ferté-St.-Aubin; 610 hab.

JOUY-MAUVOISIN, vg. de Fr., Seine-et-Oise, arr. de Mantes, cant. de Bonnières, poste de Rosny-sur-Seine; 190 hab.

JOUY-SOUS-LES-COTES, vg. de Fr., Meuse, arr., cant. et poste de Commercy; 750 hab.

JOUY-SOUS-TELLE, vg. de Fr., Oise, arr. de Beauvais, cant. d'Auneuil, poste de Chaumont-en-Vexin; 860 hab.

JOUY-SUR-EURE, vg. de Fr., Eure, arr., cant. et poste d'Évreux; 500 hab.

JOUR-SUR-MORIN, *Gaudiacus*, b. de Fr., Seine-et-Marne, arr. de Coulommiers, cant. et poste de la Ferté-Gaucher; fabr. de papier; 1700 hab.

JOVA, vg. d'Espagne, Andalousie, roy. de Jaën; mines de plomb.

JOWA ou **JAWAY**, deux fleuves des États-Unis de l'Amérique du Nord, dist. des Sioux (territoire du Nord-Ouest). Le premier de ces fleuves, appelé Upper-Jaway (Jaway supérieur), coule vers l'E., se grossit par de nombreux affluents et débouche dans le Mississipi, sous 43° 30′ lat. N.; son cours est de 60 à 70 l.; le second, appelé Lower-Jaway (Jaway inférieur), prend une direction S.-E. et se décharge également dans le Mississipi, après un cours de 80 l., sous 41° 5′ lat. N.

JOWA, pet. b. de Bohême, cer. de Pilsen; 1200 hab.

JOWAR, b. du pays de Galam, en Sénégambie, prov. de Gouey, sur la rive gauche du Sénégal, à 10 l. N. de Bakel.

JOWAUR. *Voyez* DJOWAR.

JOWAYS. *Voyez* JAWAS.

JOYEUSE, pet. v. de Fr., Ardèche, arr. et à 2 l. S.-S.-O. de l'Argentière, chef-lieu de canton et poste; filat. de soie; éducation de vers à soie; commerce de soie et de vins; 2280 hab.

JOYEUSE. *Voyez* ALLEGRANZA.

JOYEUX, vg. de Fr., Ain, arr. de Trévoux, cant. et poste de Meximieux; 290 h.

JOZE, vg. de Fr., Puy-de-Dôme, arr. de Thiers, cant. et poste de Maringues; 1090 h.

JOZÉ (San-), pet. v. de l'emp. du Brésil, prov. de Minas-Geraès, comarque de Rio-das-Mortes, à 3 l. N.-O. de San-Joao; belle église; agriculture très-florissante; riches mines et lavages d'or; 3000 hab.

JOZÉ (bahia de San-), belle baie sur la côte de la prov. de Maranhao, emp. du Brésil; elle s'étend sous 2° 38′ lat. S. et reçoit un bras du Maranhao et le Rio-Monyi.

JOZÉ (San-), pet. v. de l'emp. du Brésil, prov. et comarque de San-Paolo, sur le Parahyba; 3400 hab.

JOZÉ (San-), pet. v. de l'emp. du Brésil, prov. de San-Paolo, comarque de Paranagua-y-Corytiba, sur le Rio-de-San-Jozé, dans une belle contrée, à 4 l. S.-E. de Corytiba; 2900 hab.

JOZÉ (San-), fl. des états mexicains; prend naissance près de Monterey, à l'O. de l'état de Nuévo-Léon, et se décharge dans la Bocca-de-San-Fernando du golfe du Mexique.

JOZÉ (San-), groupe de montagnes au N.-O. de l'île de Trinidad.

JOZÉ (San-) ou ST.-JOSEPH, paroisse sur la côte N.-O. de l'île de Barbade, Petites-Antilles.

JOZÉ-DE-COMONDOU (San-), b. avec une mission importante dans la presqu'île de Californie, sous 23° 3′ 25″ lat. N. L'abbé Chappe y mourut victime de son zèle pour les sciences.

JOZÉ-DEL-PARRAL (San-), v. de la confédération mexicaine, état de Chihuahua, au fond des Cordillères; elle est le siége d'un intendant des mines et renferme dans son district la riche mine d'or de San-Francisco-del-Oro; 6000 hab.

JOZÉ-DEL-REY. *Voyez* VILLA-NOVA.

JOZÉ-DOS-TOCANTINS (San-), b. de l'emp. du Brésil, prov. de Goyaz, comarque de San-Joao-das-duas-Barras.

JOZEFOW, v. de Pologne, située sur la Vistule, dans le palatinat de Lublin; 1200 h.

JOZERAND, vg. de Fr., Puy-de-Dôme, arr. et poste de Riom, cant. de Combronde; 480 hab.

JUAN (San-). *Voyez* GUAM.

JUAN (San-), pointe. *Voyez* QUADRA-VANCOUVER.

JUAN (San-). *Voyez* JOHNS (Saint-), baie.

JUAN (San), bourgade avec un assez bon port dans la rép. du Pérou, dép. de Lima. prov. d'Iça. Dans son voisinage on trouve de vastes ruines du temps des Incas; on les regarde comme les restes de deux forteresses.

JUAN (San-). *Voyez* PORTO-RICO.

JUAN (San-), promontoire sur la côte E. de la presqu'île de Californie, confédération mexicaine, en face de l'île de San-Juan.

JUAN (San-), le fleuve le plus considérable et le plus important des États-Unis de l'Amérique centrale; il s'écoule du lac de Nicaragua, traverse de l'O. à l'E. la prov. de ce nom et se jette par trois embouchures, San-Juan, Tauré et Colorado, dans l'Océan Atlantique. Ses principaux affluents lui viennent du S., ce sont le Rio-de-Costa-Rica et le Saraquipi.

JUAN (San), fleuve de l'île de Cuba; prend naissance dans la Sierra Malias, coule vers le S. et se décharge dans la mer des Antilles, entre le port de Trinidad el la baie de Xagua.

JUAN (San-), fleuve. *Voyez* ATRATO.

JUAN (San-), fleuve. *Voyez* MAGDALÉNA (fleuve).

JUAN (San-), fleuve. *Voyez* CAUCA (département).

JUAN (Saint-) ou JEAN-D'ADAM (Saint-), vg. de Fr., Doubs, arr., cant. et poste de Baume-les-Dames; 520 hab.

JUAN-BAUTISTA (San-). *Voyez* GUALQUI.

JUAN-BAUTISTA-DEL-PORTILLO-DE-CARORA (San-). *Voyez* CARORA.

JUAN-DE-FUCA (San-), détroit entre l'île de Quadra-et-Vancouver et la côte septentrionale du dist. de l'Orégon, États-Unis de l'Amérique du Nord.

JUAN-DE-GRIEGO (San-), bourg avec un bon port dans la rép. de Vénézuela, dép. de Maturin, sur la côte N. de l'île de Marguarita. Cet endroit, nouvellement fondé, devient de plus en plus important par sa position favorable au commerce et par son port, qui est devenu la station de l'escadre de la république.

JUAN-DE-LA-FRONTÉRA (San-), Pérou. *Voyez* CHACHAPOYAS.

JUAN-DE-LA-FRONTÉRA, v. de la rép. Argentine et chef-lieu de la prov. du même nom, au pied des Andes et dans une des plus riches contrées de l'état, au N.-O. des Lagunas-de-Guanacache. Cette ville est très-importante par son commerce de vins, de figues, d'eau-de-vie, etc.; 16,000 hab., selon d'autres 8000.

JUAN-DE-LA-FRONTÉRA (San-), prov. de la rép. Argentine; fait partie de l'ancienne prov. de Cuyo et est bornée par la rép. du Chili et par les prov. de Mendoza, Rioja, Cordova et San-Luis. C'est un pays montueux, très-fertile et bien arrosé, riche en métaux précieux et jouissant d'un climat très-agréable. Les céréales, le vin, l'eau-de-vie, les figues, les raisins secs et les olives sont les principaux produits de cette province. Ses habitants, au nombre de 45,000, se sont le plus distingués, avec ceux de Buénos-

Ayres, dans la guerre de l'indépendance.

JUAN-DE-LAS-CORRIENTES. *Voyez* CORRIENTES.

JUAN-DEL-ORO (San-) ou SIERRA-DE-APOROMA. *Voyez* CORDILLÈRES (III, 2°).

JUAN-DEL-ORO (San-), b. considérable de la rép. du Pérou, dép. de Puno, prov. de Carabaya; cet endroit est très-important par ses lavages d'or.

JUAN-DE-LOS-LLANOS (San-), b. de la rép. de la Nouvelle-Grenade, dép. de Cundinamarca, prov. de Bogota, sous un climat très-chaud. Cet endroit, très-déchu, était autrefois d'une grande importance par ses riches mines d'or.

JUAN-DE-LOS-REMEDIOS (San-), v. de l'île de Cuba, dép. du Centre, sur la côte septentrionale, à l'embouchure du Sagoa-Grande; elle est le chef-lieu d'une division maritime et importante par son beau port; 8000 hab.

JUAN-DEL-RIO (San-), v. de la confédération mexicaine, état de Durango, entre le Rio-Nasas et le Rio-Guanubal; elle est le chef-lieu d'un arrondissement, possède de riches mines d'argent et fait un commerce très-étendu d'une espèce d'eau-de-vie appelée *vino-mescal;* 11,000 hab.

JUAN-DE-PANUCO (San-), deux lacs de l'état de Zacatécas, confédération mexicaine; selon M. de Humboldt, ils abondent en sel et en alcali muriatique.

JUAN-DE-PASTO (San-). *Voyez* PASTO.

JUAN-DE-PUERTO-RICO (San-). *Voyez* PORTO-RICO.

JUAN-DE-ULLOA (San-). *Voyez* VERA-CRUZ (Mexique).

JUAN-FERNANDEZ, deux îles dans le Grand Océan, sous 33° 45′ lat. S., à 124 l. marines O. des côtes du Chili, dont elles dépendent. Elles reçurent leur nom du navigateur espagnol Juan Fernandez, qui les découvrit en 1563 et qui y vécut pendant plusieurs années. La plus orientale et en même temps la plus grande de ces deux îles est appelée par les Espagnols *Isla-Mas-de-Tierra* (île plus rapprochée du continent), celle à l'O. porte le nom d'*Isla-Mas-Afuera* (île en dehors). Mas-de-Tierra, à 35 l. marines E. de Mas-Afuera, a une superficie de 3 l. c. géogr., et offre au N.-E. un bon port que les Espagnols appelent la *Bahia;* les Anglais lui ont donné le nom de *Cumberlands-Haven.* En 1811, la rép. du Chili y établit une colonie de criminels qui, selon Caldcleugh, se révoltèrent six mois après contre le gouverneur et regagnèrent en partie la terre ferme. On vient de fonder une petite colonie à Mas-Afuera. En 1704, un matelot anglais, nommé Alexandre Selkirk, fut laissé à Mas-de-Tierra; il y vécut seul pendant quatre années et a fourni le sujet du célèbre roman de *Robinson Crusoé.* Selon différentes relations, il paraît que cette île a entièrement disparu au commencement de 1837.

JUANNA. *Voyez* CUBA.

JUAYE, vg. de Fr., Calvados, arr. et poste de Bayeux, cant. de Balleroy; 680 hab.

JUBAINVILLE, vg. de Fr., Vosges, arr. et poste de Neufchâteau, cant. de Coussey; 260 h.

JUBAL, petite île au fond de la mer Rouge, à l'entrée du golfe de Suez.

JUBAUDIÈRE (la), vg. de Fr., Maine-et-Loire, arr., cant. et poste de Beaupréau; 560 hab.

JUBBRELPOUR. *Voyez* DJABBULPOUR.

JUBÉCOURT, vg. de Fr., Meuse, arr. de de Verdun, cant. et poste de Clermont-en-Argonne; 240 hab.

JU-BELLOC, vg. de Fr., Gers, arr. de Mirande, cant. et poste de Plaisance; 620 h.

JUBLAINS, vg. de Fr., Mayenne, arr. et poste de Mayenne, cant. de Bais; 1810 hab.

JUBO. *Voyez* DJOUBA.

JUBONES, fl. de la rép. de l'Écuador, dép. de Guayaquil, se jette dans la baie de ce nom.

JUCH (le), ham. de Fr., Finistère, com. de Ploaré; 180 hab.

JUCHNOW ou JUCHOW, pet. v. de la Russie d'Europe, chef-lieu d'un cercle du gouv. de Smolensk.

JUDAH. *Voyez* WHIDAH.

JUDAINVILLE, ham. de Fr., Loiret, com. de Charmont; 180 hab.

JUDÉE. *Voyez* PALESTINE.

JUDENBOURG, cer. de Styrie, forme la partie occidentale de la Haute-Styrie. Ses bornes sont: au N. la Haute-Autriche, au N.-E. le cer. de Bruck, au S.-E. celui de Grætz, au S. celui de Klagenfurt, au S.-O. celui de Villach et à l'O. celui de Salzbourg. Superficie, 105 l. c. géogr.; pop. 100,000 hab. Cette province est couverte de hautes montagnes et arrosée par la Muhr et l'Enz; elle est riche en beaux pâturages, chanvre, gibier, volaille sauvage, bêtes à cornes, chevaux, poissons, cuivre, plomb, fer, cobalt, soufre, sel, tourbe, houille et marbre. L'éducation du bétail y est très-importante, ainsi que la fabrication de grosse quincaillerie.

JUDENBOURG, pet. v. de Styrie, chef-lieu du cercle de son nom; située dans une vallée très-fertile, sur la Muhr; a une école normale principale et une imprimerie, la seule de la Haute-Styrie; 1800 hab.

JUDOCE (Saint-), vg. de Fr., Côtes-du-Nord, arr. de Dinan, cant. et poste d'Evran; 820 hab.

JUÉRY (Saint-), vg. de Fr., Aveyron, arr. de Saint-Affrique, cant. et poste de St.-Sernin; 410 hab.

JUERY (Saint-), vg. de Fr., Lozère, arr. de Marvejols, cant. de Fournels, poste de Saint-Chely; 280 hab.

JUERY (Saint-), vg. de Fr., Tarn, arr. et poste d'Albi, cant. de Villefranche; forges; fonderies; papeteries; 1430 hab.

JUFFREY, bourgade des États-Unis de l'Amérique du Nord, état de New-Hampshire, comté de Chesshire; fabr. de poterie; mines d'ocre rouge et jaune, de vitriol, d'alun et de plomb; 1900 hab.

JUGAZAN, vg. de Fr., Gironde; arr. de Libourne, cant. et poste de Branne; 370 h.

JUGEALS, v., de Fr., Corrèze, arr. et cant. de Brives, poste de Noailles; 430 hab.

JUGGERNATH. *Voyez* DJAGGERNATH.

JUGHEM, vg. de Fr., Pas-de-Calais, arr. et poste de St.-Omer, cant. d'Aire-sur-la-Lys; 290 hab.

JUGON, b. de Fr., Côtes-du-Nord, arr. et à 5 l. O.-S.-O. de Dinan, chef-lieu de canton et poste; tanneries; 520 hab.

JUGY, vg. de Fr., Saône-et-Loire, arr. de Châlon-sur-Saône, cant. et poste de Sennecey; 600 hab.

JUICQ, vg. de Fr., Charente-Inférieure, arr. et poste de St.-Jean-d'Angely, cant. de de St.-Hilaire; 420 hab.

JUIF, vg. de Fr., Saône-et-Loire, arr. et poste de Louhans, cant. de Montret; 620 h.

JUIFS (les), ham. de Fr., Gironde, com. de Virelade; 180 hab.

JUIFS ou ISRAÉLITES, HÉBREUX, *Judæi, Israeliti, Hebræi*, g. a., un des plus anciens peuples de l'Asie, et le premier qui, au milieu de tous les peuples idolâtres, ait pratiqué le culte d'un dieu unique, éternel et invisible. Le nom d'Hébreux, sous lequel il apparaît d'abord dans l'Écriture, lui vient des mots *abar*, *éber*, qui signifie traverser au-delà, parce que son premier patriarche, Abraham, était venu de l'autre côté du fleuve. Il prit le nom d'Israélites de son patriarche Jacob, surnommé Israël (mot dérivé de *sara* combattre et de *el* Dieu), après sa lutte avec un ange. Au retour de l'exil de Babylone on les appela Juifs, du nom de Judas, parce que la plus grande partie de ceux qui retournèrent en Palestine appartenaient à cette tribu. Nous ne parlerons pas de l'histoire de ce peuple, dont l'Écriture sainte renferme les lois et les annales; il a eu, comme beaucoup d'autres peuples, son époque de combats et de conquêtes, de succès et de revers, de prospérité et de décadence; mais ce qui le distingue entre tous les autres, c'est qu'il est le seul qui ait survécu à sa ruine, le seul dont le nom soit autre chose qu'un souvenir historique. Les grandes nations conquérantes qui ont détruit les royaumes d'Israël et de Judas ont depuis longtemps disparu; il n'en reste plus de traces; les Israélites, dispersés sur tous les points de la terre, sont restés, seuls débris vivants de l'antiquité. Près de dix-huit siècles des plus cruelles persécutions, les proscriptions, qui depuis se sont renouvelées de siècle en siècle avec tout l'acharnement du fanatisme le plus stupide, loin d'accomplir l'anéantissement de cette vieille nation, semblent, en la martyrisant, lui avoir inspiré une fidélité plus énergique à la foi de ses pères, un attachement plus opiniâtre à ses mœurs, à ses usages, à tout ce qui rappelle son origine asiatique. Une haine implacable repoussait les juifs, les isolait au milieu des nations; à force de mépris on s'efforçait de les rendre méprisables; il ne leur restait que la ruse pour combattre la force et la violence; leur caractère s'est empreint alors de cette basse humilité devenue une condition de l'existence précaire qu'on leur accordait à prix d'or dans presque toutes les contrées de l'ancien continent.

La réformation exerça une influence favorable au sort des israélites de l'Europe chrétienne; cependant ce ne fut qu'au dix-huitième siècle que commença leur émancipation. La France, en proclamant le règne de la liberté et de l'égalité, ne voulut plus voir dans son sein que des citoyens unis par un même sentiment, l'amour de la patrie; les distinctions de culte et de croyance durent disparaître avec les distinctions de castes et de priviléges, et sur la proposition de l'abbé Grégoire, l'assemblée constituante admit, en 1791, les juifs de France à l'égalité des droits. La Hollande et la Belgique suivirent plus tard cet exemple de tolérance. Dans d'autres contrées de l'Europe, les juifs ne jouissent encore que du droit d'habitation; en Espagne, en Portugal et dans les cantons de la Suisse, on ne leur accorde même pas ce droit si restreint. Quelques-uns des états secondaires de l'Allemagne se sont montrés plus favorables à l'émancipation des israélites, mais en les admettant à la jouissance de quelques droits, on a maintenu jusqu'à cette heure à leur égard un grand nombre d'exclusions et de restrictions.

Quoique les israélites ne reconnaissent d'autre révélation que celle faite par Moïse et qu'ils soient d'accord sur les principes fondamentaux de leur religion, ils se divisent cependant en plusieurs sectes, dont les principales sont : 1° les rabbanistes ou talmudistes, qui considèrent comme lois obligatoires les décisions consignées par les rabbins dans la Mischna, qu'ils appellent loi orale. Cette secte est incomparablement la plus nombreuse et la plus répandue en Europe; 2° les caraïtes, qui rejettent les traditions et le Talmud et diffèrent en outre des rabbanistes sur quelques rites et sur quelques cérémonies légales; ils habitent plus particulièrement dans la Syrie, en Egypte, le désert de Hit, à 40 l. environ de Bagdad, à Constantinople, en Crimée, en Ukraine, en Gallicie, en Lithuanie et aux environs de Kouba dans la région du Caucase; 3° les réchabites, qui vivent dans l'Arabie, non loin de la Mecque; ils diffèrent peu des caraïtes; 4° enfin les juifs blancs et les juifs noirs du Malabar, qui n'admettent que le Pentateuque. Ces derniers sont des esclaves malabars convertis au judaïsme.

Malte-Brun, Graberg et Pinkerton ont évalué le nombre des juifs, au commencement du dix-neuvième siècle, à 5,000,000; Hassel n'en compte que 3,930,000; enfin

Balbi évalue la population juive du globe à 4,000,000.

M. Cahen, le savant et élégant traducteur de la *Bible*, a donné, à l'article *Israélites*, publié dans le *Dictionnaire de la conversation*, l'aperçu suivant du nombre approximatif des Israélites actuellement existants :

En France,	60,000
En Autriche,	84,000
En Prusse,	94,000
En Bavière,	58,000
En Hanovre, Wurtemberg, grand-duché de Bade, les deux Hesse et les villes libres,	72,000
Dans les autres états allemands,	28,000
En Suisse,	11,000
En Italie,	47,000
En Hollande et Belgique,	80,000
En Angleterre,	30,000
En Danemark,	4000
En Suède,	1000
En Russie d'Europe et d'Asie,	60,000
Dans la Pologne russe,	840,000
Dans le roy. de Pologne,	385,000
En Gallicie,	200,000
Dans le duché de Posen,	68,000
A Cracovie,	800
En Hongrie et Transylvanie,	16,000
En Grèce,	7,000
En Turquie d'Europe,	300,000
En Asie,	138,000
En Afrique,	504,000
En Amérique,	9,000
Total	3,196,800

JUIGNAC, b. de Fr., Charente, arr. de Barbezieux, cant. et poste de Montmoreau; 1370 hab.

JUIGNÉ-BÉNÉ, vg. de Fr., Maine-et-Loire, arr., cant. et poste d'Angers; 460 hab.

JUIGNÉ-DES-MOUTIERS, vg. de Fr., Loire-Inférieure, arr. et poste de Châteaubriant, cant. de St.-Julien-de-Vouvantes; 1000 h.

JUIGNÉ-SUR-LOIRE, vg. de Fr., Maine-et-Loire, arr. et poste d'Angers, cant. des Ponts-de-Cé; 1070 hab.

JUIGNÉ-SUR-SARTHE, vg. de Fr., Sarthe, arr. de la Flèche, cant. et poste de Sablé; 1020 hab.

JUIGNETTES, vg. de Fr., Eure, arr. d'Évreux, cant. et poste de Rugles; 180 hab.

JUILLAC (le Petit-), ham. de Fr., Charente-Inférieure, com. de St.-Martial-de-Coculet; 210 hab.

JUILLAC, b. de Fr., Corrèze, arr. et à 5 1/2 l. N.-N.-O. de Brives, chef-lieu de canton, poste d'Objat; 2420 hab.

JUILLAC, vg. de Fr., Gers, arr. de Mirande, cant. et poste de Marciac; 380 hab.

JUILLAC, vg. de Fr., Gironde, arr. de Libourne, cant. de Pujols, poste de Castillon; 360 hab.

JUILLAC, ham. de Fr., Lot, com. de Belaye; 200 hab.

JUILLAC-LE-COQ, vg. de Fr., Charente, arr. de Cognac, cant. de Segonzac, poste de Jarnac; 900 hab.

JUILLACQ, vg. de Fr., Basses-Pyrénées, arr. de Pau, cant. et poste de Lembeye; 240 hab.

JUILLAGUET, vg. de Fr., Charente, arr. d'Angoulême, cant. et poste de la Valette; 290 hab.

JUILLAN, vg. de Fr., Hautes-Pyrénées, arr. et poste de Tarbes, cant. d'Ossun; 1520 h.

JUILLÉ, vg. de Fr., Charente, arr. de Ruffec, cant. et poste de Mansle; 840 hab.

JUILLÉ, vg. de Fr., Sarthe, arr. de Mamers, cant. et poste de Beaumont-sur-Sarthe; 490 hab.

JUILLÉ, vg. de Fr., Deux-Sèvres, arr. de Melle, cant. et poste de Brioux; 240 hab.

JUILLENAY, vg. de Fr., Côte-d'Or, arr. de Sémur, cant. et poste de Saulieu; 210 h.

JUILLES, vg. de Fr., Gers, arr. d'Auch, cant. et poste de Gimont; 870 hab.

JUILLEY, vg. de Fr., Manche, arr. et poste d'Avranches, cant. de Ducey; 950 h.

JUILLY, vg. de Fr., Côte-d'Or, arr., cant. et poste de Sémur; 170 hab.

JUILLY, vg. de Fr., Seine-et-Marne, arr. de Meaux, cant. et poste de Dammartin; sa belle maison d'éducation jouit d'une grande célébrité; 520 hab.

JUIN (Saint-), ham. de Fr., Lot-et-Garonne, com. de la Gruère; 100 hab.

JUINA. *Voyez* TOPAJOZ.

JUIRE-CHANGILLON (Saint-), vg. de Fr., Vendée, arr. de Fontenay-le-Comte, cant. et poste de Ste.-Hermine; 1050 hab.

JUISNE (la), *Junna*, pet. riv. de Fr., a sa source dans le dép. du Loiret, aux environs du village de Faronville, cant. d'Outarville; elle coule vers le N., entre dans le dép. de Seine-et-Oise, passe près de Méréville et d'Étampes, se jette dans l'Essonne au-dessous de la Ferté-Aleps, après 10 l. de cours.

JUJOLS, vg. de Fr., Pyrénées-Orientales, arr. de Prades, cant. et poste d'Olette; 200 h.

JUJURIEUX, vg. de Fr., Ain, arr. de Nantua, cant. de Poncin, poste de Cerdon; 1510 hab.

JUJUY (Rio-Grande-de-), fl. considérable de la rép. Argentine; il prend naissance dans la Sierra de Tucuman, sur la frontière de la rép. de Bolivia, et est grossi, dans la partie supérieure de son cours, par le Rio-de-San-Salvador, le Rio-de-Casabinda (Rio-de-la-Guiaca ou Rio-de-Huamaguaca), le Rio-de-Siancas, le Rio-del-Dorado ou Rio-de-Vilélas et le Rio-de-la-Concepcion, cours d'eau qu'on peut regarder comme autant de sources du fleuve principal qui arrose les fertiles plaines de l'état de Jujuy, baigne la ville de ce nom et se jette dans le Rio-Vermejo, qu'il surpasse quant au volume des eaux.

JUJUY ou XUXUY, état indépendant au N.-O. de la rép. Argentine, dont il faisait partie jusqu'en 1835. Ses bornes sont: la rép. de Bolivia et les prov. de Chaco, de

Rioja et de Salto, dont il formait autrefois un district. Les Andes de Tucuman s'élèvent à l'O. et s'étendent en nombreuses ramifications sur tout le pays, dont le sol, fertile et bien arrosé, est un des plus riches de l'Amérique méridionale. Le Jujuy ou San-Salvador, qui le traverse de l'O. à l'E., en est le principal cours d'eau. L'agriculture et l'éducation du bétail se trouvent dans un état très-florissant. Les principaux produits sont: le coton, le sucre, l'indigo, le tabac et la soie. Le règne minéral, qui y doit être très-riche, n'est guère exploité encore. Le commerce avec le Pérou et Buénos-Ayres devient de jour en jour plus important et contribue beaucoup à la prospérité de cette nouvelle république; 30,000 hab.

JUJUY (San-Salvador-de-) ou XUXUY, v. et chef-lieu de l'état du même nom, sur le Rio-Jujuy; elle fut fondée en 1580 et ravagée plusieurs fois par les indigènes dans les premières années de son existence. Sa position sur une hauteur, entre deux grands fleuves, et sur une des routes les plus fréquentées de l'Amérique méridionale, la rend une des premières places de commerce de l'intérieur de cette partie du monde; 7000 hab. Dans son voisinage s'élève un volcan, célèbre par ses fréquentes irruptions de torrents d'air et de poussière.

JUJUY. *Voyez* VERMEJO (Rio-).

JULETA, pet. v. de Suède, gouv. de Nykœping, près du lac d'OEljaren; jadis il y avait un couvent.

JULIA, v. du roy. des Deux-Siciles, intendance de Palerme; château; 18 églises; 3600 hab.

JULIA-DE-BEC (Saint-), vg. de Fr., Aude, arr. de Limoux, cant. et poste de Quillan; 450 hab.

JULIA-DE-GRACAPOU (Saint-), vg. de Fr., Haute-Garonne, arr. de Villefranche-de-Lauragais, cant. et poste de Revel; 1020 h.

JULIANSHAAB, la colonie la plus méridionale du Grœnland occidental, inspectorat du Sud. Cette colonie, fondée en 1775, comprend les meilleurs et les plus importants établissements des Danois dans les parages arctiques. Elle s'étend depuis le cap de la Désolation (60° 40′ lat. N.) jusqu'à l'île de Staatenhook et comprend les îles Farewell, avec le cap du même nom; d'Umenak, au N.-O. de Farewell; de Niak, au N. d'Umenak; de Nenortalik, au N. de Niak; la grande île de Sermesok; l'île d'Onartok, qui renferme trois sources thermales, au N. de Sermesok; les îles de Tmenak et d'Akkia, au N. d'Onartok; l'île d'Irserat, au N.-O. d'Akkia, et l'île de Tumuttiorbick, avec le cap de la Désolation. Cette colonie est la seule qui possède des troupeaux de moutons et de gros bétail et quelque bois; population de la colonie 2000 hab. Julianshaab, bourgade sur une langue de terre très-saillante, en face de l'île de Tumuttiorbick, est le chef-lieu de la colonie et fait un commerce important en pelleteries. Ruines d'anciennes habitations dans son voisinage.

JULIANSHAVEN, baie et bon port sur la côte E. de Terre-Neuve, au S. de la Hare-Bay.

JULIE (Sainte-), vg. de Fr., Ain, arr. de Belley, cant. de Lagnieux, poste d'Ambérieux; fabr. de soie; 445 hab.

JULIEN (Saint-), vg. de Fr., Basses-Alpes, arr., cant. et poste de Castellanne; 180 h.

JULIEN (Saint-) ou SANCEY, vg. de Fr., Aube, arr., cant. et poste de Troyes; 410 h.

JULIEN (Saint-), ham. de Fr., Bouches-du-Rhône, com. de Marseille; 490 hab.

JULIEN (Saint-), Fr., Calvados, com. de Caen.

JULIEN (Saint-), vg. de Fr., Côte-d'Or, arr., cant. et poste de Dijon; 500 hab.

JULIEN (Saint-), vg. de Fr., Côtes-du-Nord, arr., cant. et poste de St.-Brieuc; 820 hab.

JULIEN (Saint-), vg. de Fr., Doubs, arr., cant. et poste de Montbéliard; 260 hab.

JULIEN (Saint-), vg. de Fr., Doubs, arr. de Montbéliard, cant. et poste de Russey; 260 hab.

JULIEN (Saint-), ham. de Fr., Drôme, com. de Grand-Serre; 210 hab.

JULIEN (Saint-), vg. de Fr., Haute-Garonne, arr. de Muret, cant. et poste de Rieux; 411 hab.

JULIEN (Saint-), v. du duché de Savoie, chef-lieu de district.

JULIEN (Saint-), vg. de Fr., Gironde, arr. de Lesparre, cant. et poste de Pauillac; bons vins; 1230 hab.

JULIEN (Saint-), vg. de Fr., Hérault, arr. et poste de St.-Pons, cant. d'Olargues; 1020 h.

JULIEN (Saint-), vg. de Fr., Jura, arr. et à 8 l. S. de Lons-le-Saulnier, chef-lieu de canton, poste de St.-Amour; 780 hab.

JULIEN (Saint-), vg. de Fr., Landes, arr. de Mont-de-Marsan, cant. et poste de Gabarret; 430 hab.

JULIEN (Saint-), ham. de Fr., Lot-et-Garonne, com. de Port-Ste.-Marie; 130 h.

JULIEN (Saint-), vg. de Fr., Meuse, arr., cant. et poste de Commercy; 300 hab.

JULIEN (Saint-), vg. de Fr., Rhône, arr., cant. et poste de Villefranche-sur-Saône; 630 hab.

JULIEN (Saint-), vg. de Fr., Haute-Saône, arr. de Vesoul, cant. de Vitry, poste de Cintrey; 280 hab.

JULIEN (Saint-), ham. de Fr., Tarn-et-Garonne, com. de Moissac; 100 hab.

JULIEN (Saint-) ou JULIEN-LE-MONTAGNIER (Saint-), vg. de Fr., Var, arr. de Brignoles, cant. de Rians, poste de Barjols; 1530 hab.

JULIEN (Saint-), Vienne. *Voyez* JULIEN-L'ARS (Saint-).

JULIEN (Saint-), vg. de Fr., Vosges, arr. de Neufchâteau, cant. et poste de Lamarche; 570 hab.

JULIÉNAS, vg. de Fr., Rhône, arr. de

Villefranche-sur-Saône, cant. de Beaujeu, poste de Romanèche; bons vins; 1260 hab.

JULIEN-AUX-BOIS (Saint-), vg. de Fr., Corrèze, arr. de Tulle, cant. de Servières, poste d'Argentat; 1610 hab.

JULIEN-BOUTIÈRES (Saint-), vg. de Fr., Ardèche, arr. de Tournon, cant. de St.-Martin-de-Valamas, poste de St.-Agrève; 1520 hab.

JULIEN-CHAPTEUIL (Saint-), vg. de Fr., Haute-Loire, arr., à 3 1/2 l. E. et poste du Puy, chef-lieu de canton; 2548 hab.

JULIEN-D'ANCE (Saint-), vg. de Fr., Haute-Loire, arr. du Puy, cant. et poste de Craponne; 640 hab.

JULIEN-D'ARPAON (Saint-), vg. de Fr., Lozère, arr. et poste de Florac, cant. de Barre; 660 hab.

JULIEN-DE-BOURDEILLES (Saint-), vg. de Fr., Dordogne, arr. de Périgueux, cant. de Brantôme, poste de Bourdeilles; 290 hab.

JULIEN-DE-BRIOLA (Saint-), vg. de Fr., Aude, arr. et poste de Castelnaudary, cant. de Fanjeaux; 390 hab.

JULIEN-DE-BURENS (Saint-), ham. de Fr., Tarn, com. de Gibrondes; 100 hab.

JULIEN-DE-CASSAGNAS (Saint-), vg. de Fr., Gard, arr. d'Alais, cant. et poste de St.-Ambroix; 230 hab.

JULIEN-DE-CHEDON (Saint-), vg. de Fr., Loir-et-Cher, arr. de Blois, cant. et poste de Montrichard; 370 hab.

JULIEN-DE-CIVRY (Saint-), vg. de Fr., Saône-et-Loire, arr., cant. et poste de Charolles; 1480 hab.

JULIEN-DE-CONCELLES (Saint-) ou CONCARNEAU, vg. de Fr., Loire-Inférieure, arr. et poste de Nantes, cant. du Loroux; 3470 hab.

JULIEN-DE-COPEL (Saint-), vg. de Fr., Puy-de-Dôme, arr. de Clermond-Ferrand, cant. et poste de Billom; 2180 hab.

JULIEN-DE-COURTISOLS (Saint-). *Voyez* COURTISOLS.

JULIEN-DE-CRAY (Saint-), vg. de Fr., Saône-et-Loire, arr. de Charolles, cant. de Sémur-en-Brionnais, poste de Marcigny; 920 hab.

JULIEN-DE-CREMPSE (Saint-), vg. de Fr., Dordogne, arr. de Bergerac, cant. de Villamblard, poste de Douville; 510 hab.

JULIEN-DE-GRAS-CAPOU (Saint-), vg. de Fr., Arriège, arr. de Pamiers, cant. et poste de Mirepoix; 190 hab.

JULIEN-DE-LA-LIÈGUE (Saint-), vg. de Fr., Eure, arr. de Louviers, cant. et poste de Gaillon; 240 hab.

JULIEN-DE-LAMPON (Saint-), vg. de Fr., Dordogne, arr. et poste de Sarlat, cant. de Carlux; 730 hab.

JULIEN-DE-LA-NEF (Saint-), vg. de Fr., Gard, arr. et poste du Vigan, cant. de Sumune; 290 hab.

JULIEN-DE-LERMS (Saint-), ham. de Fr., Isère, com. de Primarette-St.-Julien; 300 hab.

JULIEN-DE-L'ESCAP (Saint-), vg. de Fr., Charente-Inférieure, arr., cant. et poste de St.-Jean-d'Angely; 500 hab.

JULIEN-DE-MAILLOC (Saint-), vg. de Fr., Calvados, arr. et poste de Lisieux, cant. d'Orbec; 610 hab.

JULIEN-DE-MALNON (Saint-), ham. de Fr., Aveyron, com. de St.-Cyprien; 140 h.

JULIEN-D'EMPAZE (Saint-), vg. de Fr., Aveyron, arr. et poste de Villefranche-de-Rouergue, cant. d'Asprières; 1500 hab.

JULIEN-DE-PEYROLAS (Saint-), vg. de Fr., Gard, arr. d'Uzès, cant. et poste de Pont-St.-Esprit; exploitation de lignite; 1010 hab.

JULIEN-DE-PIGANIOL (Saint-), ham. de Fr., Aveyron, com. de St.-Sautin; 120 hab.

JULIEN-DE-PRADOUX (Saint-). *Voyez* JULIEN-GAULÈNE (Saint-).

JULIEN-DE-RAZ (Saint-), vg. de Fr., Isère, arr. de Grenoble, cant. et poste de Voiron; 360 hab.

JULIEN-DE-RODELLE (Saint-), ham. de Fr., Aveyron, com. de Rodelle; 120 hab.

JULIEN-DES-CHAZES (Saint-), vg. de Fr., Haute-Loire, arr. de Brioude, cant. et poste de Langeac; 590 hab.

JULIEN-DE-SERRE (Saint-), vg. de Fr., Ardèche, arr. de Privas, cant. et poste d'Aubenas; 790 hab.

JULIEN-DES-LANDES (Saint-), vg. de Fr., Vendée, arr. des Sables, cant. et poste de la Motte-Achard; 670 hab.

JULIEN-DES-POINTS (Saint-), vg. de Fr., Lozère, arr. de Florac, cant. de St.-Germain-de-Calberte, poste de Pompidou; 220 hab.

JULIEN-DE-TERRE-FOSSE (Saint-), ham. de Fr., Lot-et-Garonne, com. de Madaillan; 300 hab.

JULIEN-DE-TREVET (Saint-), vg. de Fr., Indre, arr., cant. et poste de la Châtre; 630 hab.

JULIEN-DE-TOURNEL (Saint-), pet. v. de Fr., Lozère, arr., à 4 l. E. et poste de Mende, cant. de Bleymard; elle est située sur la rive gauche du Lot. Il existe sur le territoire de cette petite ville des mines de plomb que l'on exploitait déjà au huitième siècle; 1150 hab.

JULIEN-D'EYMET (Saint-), vg. de Fr., Dordogne, arr. de Bergerac, cant. et poste d'Eymet; 280 hab.

JULIEN-DU-GUA (Saint-), vg. de Fr., Ardèche, arr. de Privas, cant. et poste de St.-Pierreville; 920 hab.

JULIEN-DU-PINET (Saint-), vg. de Fr., Haute-Loire, arr., cant. et poste d'Issingeaux; 340 hab.

JULIEN-DU-PUY (Saint-), vg. de Fr., Tarn, arr. de Castres, cant. de Lautrec, poste de Réalmont; 1030 hab.

JULIEN-DU-SAULT (Saint-), pet. v. de Fr., Yonne, arr. et à 3 1/2 l. N.-O. de Joigny, chef-lieu de canton, poste de Villeneuve-le-Roi; elle est située sur la rive gauche de l'Yonne, dans une contrée fertile en bons vins; fabr. de calicots; tanneries et moulins à tan; filat. de lin; 2344 hab.

JULIEN-DU-TERROUX (Saint-), vg. de Fr., Mayenne, arr. de Mayenne, cant. et poste de Lassay; 920 hab.

JULIEN-DU-VOUVANTES (Saint-), b. de Fr., Loire-Inférieure, arr., à 3 l. S.-E. et poste de Châteaubriant, chef-lieu de canton; fours à chaux; 1770 hab.

JULIEN-EN-BAUCHÊNE (Saint-), vg. de Fr., Hautes-Alpes, arr. de Gap, cant. d'Aspres-les-Veines, poste de Veynes; 740 hab.

JULIEN-EN-BORN (Saint-), vg. de Fr., Landes, arr. de Dax, cant. et poste de Castets; 1050 hab.

JULIEN-EN-CHAMPSAUR (Saint-), vg. de Fr., Hautes-Alpes, arr. de Gap, cant. et poste de St.-Bonnet; 680 hab.

JULIEN-EN-SAINT-ALBAN (Saint-), vg. de Fr., Ardèche, arr. et poste de Privas, cant. de Chomérac; 620 hab.

JULIEN-GAULÈNE (Saint-), vg. de Fr., Tarn, arr. d'Albi, cant. et poste de Valence-en-Albigeois; 330 hab.

JULIEN-LA-BROUSSE (Saint-), vg. de Fr., Ardèche, arr. de Tournon, cant. et poste de Chaylard; 1120 hab.

JULIEN-LA-GENESTE (Saint-), vg. de Fr., Puy-de-Dôme, arr. de Riom, cant. et poste de St.-Gervais; 380 hab.

JULIEN-LA-GENÊTE (Saint-), vg. de Fr., Creuse, arr. d'Aubusson, cant. et poste d'Évaux; 800 hab.

JULIEN-L'ARS (Saint-), vg. de Fr., Vienne, arr., à 3 l. E., et poste de Poitiers, chef-lieu de canton; 885 hab.

JULIEN-LE-CHATEL (Saint-), vg. de Fr., Creuse, arr. de Boussac, cant. de Chambon, poste de Gouzon; 480 hab.

JULIEN-LE-FAUCON (Saint-), vg. de Fr., Calvados, arr. de Lisieux, cant. de Mézidon, poste de Gouzon; 340 hab.

JULIEN-LE-MONTAGNIER (Saint-). *Voy.* JULIEN (Saint-), Var.

JULIEN-LE-PELERIN (Saint-), vg. de Fr., Corrèze, arr. de Tulle, cant. de Mercœur, poste d'Argentat; 550 hab.

JULIEN-LE-PETIT (Saint-), vg. de Fr., Haute-Vienne, arr. de Limoges, cant. et poste d'Eymoutiers; 1300 hab.

JULIEN-LE-ROUX (Saint-), vg. de Fr., Ardèche, arr. de Tournon, cant. et poste de Vernoux; 440 hab.

JULIEN-LÈS-GORZE (Saint-), vg. de Fr., Moselle, arr. de Metz, cant. de Gorzle, poste de Mars-la-Tour; 320 hab.

JULIEN-LÈS-METZ (Saint-), vg. de Fr., Moselle, arr., cant. et poste de Metz; fabr. de colle-forte et gélatine; 520 hab.

JULIEN-LES-SENNECEY (Saint-), ham. de Fr., Saône-et-Loire, com. de Sennecey; 290 hab.

JULIEN-LE-VENDONNAIS (Saint-), vg. de Fr., Corrèze, arr. de Brive, cant. et poste de Lubersac; 670 hab.

JULIEN-LE-VIEUX (Saint-), ham. de Fr., Tarn, com. de Puycelcy; 200 hab.

JULIEN-MAUMONT (Saint-), vg. de Fr., Corrèze, arr. de Brive, cant. et poste de Meyssac; 360 hab.

JULIEN-MOLHESABATE (Sainte-), vg. de Fr., Haute-Loire, arr. d'Yssingeaux, cant. et poste de Montfaucon; 1270 hab.

JULIENNES (Alpes). *Voyez* ALPES.

JULIENNE (Saint-). *Voyez* VAL-SAINT-GERMAIN.

JULIENNE, vg. de Fr., Charente, arr. de Cognac, cant. et poste de Jarnac; 440 hab

JULIEN-PRÈS-BORT (Saint-), vg. de Fr., Corrèze, arr. d'Ussel, cant. et poste de Bort; 1510 hab.

JULIEN-PUY-LA-VÈZE (Saint-), vg. de Fr., Puy-de-Dôme, arr. de Clermont-Ferrand, cant. et poste de Bourg-Lastic; 750 h.

JULIEN-SUR-BIBOST (Saint-), vg. de Fr., Rhône, arr. de Lyon, cant. et poste de l'Arbresle; 730 hab.

JULIEN-SUR-CALONNE (Saint-), vg. de Fr., Calvados, arr. et poste de Pont-l'Évêque, cant. de Blangy; 310 hab.

JULIEN-SUR-CHER (Saint-), vg. de Fr., Loir-et-Cher, arr. et poste de Romorantin, cant. de Mennetou; 420 hab.

JULIEN-SUR-D'HEURE (Saint-), vg. de Fr., Saône-et-Loire, arr. d'Autun, cant. et poste de Couches; 290 hab.

JULIEN-SUR-SARTHE (Saint-), vg. de Fr., Orne, arr. de Mortagne-sur-Huîne, cant. de Pervenchères, poste du Meslé-sur-Sarthe; 1130 hab.

JULIEN-SUR-VEYLE (Saint-), vg. de Fr., Ain, arr. de Trévoux, cant. et poste de Châtillon-les-Dombes; 800 hab.

JULIEN-VOCANCE (Saint-), vg. de Fr., Ardèche, arr. de Tournon, cant. et poste d'Annonay; 1250 hab.

JULIERS, *Juliacum*, v. forte de Prusse avec une bonne citadelle, prov. du Rhin, rég. d'Aix, chef-lieu du cercle de même nom et autrefois du duché de Juliers; située dans une contrée fertile, sur la Rœr et l'Illbach. Elle possède un gymnase, une imprimerie, une librairie, des filatures, des tanneries, et fait un commerce assez actif de cuirs et de denrées coloniales; 2900 hab.

JULIETTE (Sainte-), vg. de Fr., Aveyron, arr. de Rhodez, cant. et poste de Cassagnes-Bégonhès; 700 hab.

JULIETTE (Sainte-), vg. de Fr., Tarn-et-Garonne, arr. de Moissac, cant. et poste de Lauzerte; 380 hab.

JULIS. *Voyez* ZÉA.

JULLIANGES, vg. de Fr., Haute-Loire, arr. de Brioude, cant. de la Chaire-Dieu, poste de Craponne; 1060 hab.

JULLIANGES, vg. de Fr., Lozère, arr. de Marvejols, cant. du Maizieu, poste de St.-Chely; 290 hab.

JULLIÉ, vg. de Fr., Rhône, arr. de Villefranche-sur-Saône, cant. de Beaujeu, poste de Romanèche; 1070 hab.

JULLIEN-D'ASSE (Saint-), vg. de Fr., Basses-Alpes, arr. de Digne, cant. et poste de Mezel; 280 hab.

JULLIEN-D'ODDES (Saint-), vg. de Fr., Loire, arr. de Roanne, cant. et poste de St.-Germain-Laval; 370 hab.

JULLIEN-EN-JARRET (Saint-), vg. de Fr., Loire, arr. de St.-Étienne, cant. et poste de St.-Chamond; forge considérable; fabr. de canons de fusil au laminoir; 3052 h.

JULLIEN-EN-QUINT (Saint-), vg. de Fr., Drôme, arr., cant. et poste de Die; 600 h.

JULLIEN-EN-VERCORS (Saint-), vg. de Fr., Drôme, arr. et poste de Die, cant. de la Chapelle-en-Vercors; 530 hab.

JULLIEN-LA-VÊTRE (Saint-), vg. de Fr., Loire, arr. de Montbrison, cant. et poste de Noirétable; 810 hab.

JULLIEN-MOLIN-MOLETTE (Saint-), vg. de Fr., Loire, arr. de St.-Étienne, cant. et poste de Bourg-Argental; mine de plomb exploitée; 1230 hab.

JULLIEN-SUR-REYSSOUSE (Saint-), vg. de Fr., Ain, arr. de Bourg-en-Bresse, cant. et poste de St.-Trivier-de-Courtes; 910 hab.

JULLY, vg. de Fr., Yonne, arr. de Tonnerre, cant. et poste d'Ancy-le-Franc; 520 h.

JULLY-LES-BUXY, vg. de Fr., Saône-et-Loire, arr. de Châlon-sur-Saône, cant. et poste de Buxy; 620 hab.

JULLY-SUR-SARCE, vg. de Fr., Aube, arr., cant. et poste de Bar-sur-Seine; 510 h.

JULOS, vg. de Fr., Haute-Pyrénées, arr. d'Argelès, cant. et poste de Lourdes; 330 h.

JULVÉCOURT, vg. de Fr., Meuse, arr. de Verdun-sur-Meuse, cant. de Souilly, poste de Clermont-en-Argonne; 270 hab.

JUMBOSIER. *Voyez* DIMBOSIER.

JUMÉAUVILLE, vg. de Fr., Seine-et-Oise, arr. et cant. de Mantes, poste d'Épône; 390 hab.

JUMEAUX, vg. de Fr., Puy-de-Dôme, arr. et à 4 l. S.-S.-E. d'Issoire, chef-lieu de canton, poste de St.-Germain-Lembron; commerce de vins, bois et charbons de terre; construction de bateaux; 1830 hab.

JUMEAUX (les), vg. de Fr., Deux-Sèvres, arr. de Parthenay, cant. de St.-Loup, poste d'Airvault; 330 hab.

JUMEL, vg. de Fr., Somme, arr. de Montdidier, cant. d'Ailly-sur-Noye, poste de Flers; 330 hab.

JUMELLES, vg. de Fr., Eure, arr. d'Évreux, cant. et poste de St.-André; 190 h.

JUMELLES, b. de Fr., Maine-et-Loire, arr. de Baugé, cant. et poste de Longué; 1600 hab.

JUMELLIÈRE (la), b. de Fr., Maine-et-Loire, arr. de Beaupréau, cant. et poste de Chemillé; 1520 hab.

JUMENCOURT, vg. de Fr., Aisne, arr. de Laon, cant. et poste de Coucy-le-Château; 350 hab.

JUMET, ham. de Fr., Hautes-Pyrénées, com. de Beyreda-Jumet; 200 hab.

JUMÉTRIE (la), ham. de Fr., Maine-et-Loire, com. de Champtocé; 100 hab.

JUMETZ, b. du roy. de Belgique, prov. de Hainaut, sur la route de Bruxelles à Charleroi; commerce important; 6600 hab.

JUMIÈGES, *Gemmeticum*, b. de Fr., Seine-Inférieure, arr., à 5 l. O. et poste de Rouen, cant. de Duclair; il est remarquable par les ruines d'une ancienne abbaye, renommée autrefois pour sa beauté et sa splendeur; 2000 hab.

JUMIGNY, vg. de Fr., Aisne, arr. de Laon, cant. de Craonne, poste de Fismes; 330 hab.

JUMILHAC-LE-GRAND, gr. b. de Fr., Dordogne, arr., à 8 l. E. de Nontron et à 110 l. de Paris, chef-lieu de canton, poste de Thiviers; il est situé près de l'Isle, non loin des sources de cette rivière, et renferme un vaste château gothique, qui soutint jadis plusieurs siéges, notamment pendant la guerre des Anglais au quatorzième siècle; cet édifice est très-bien conservé; forges. Fenières fait partie de la commune; 3200 h.

JUMILLA, v. d'Espagne, roy. et à 13 l. N. de Murcie, dist. de Chinchilla, dans une contrée fertile en blé, sur la pente d'un rocher couronné par un ancien château; salines; fabr. de poterie et d'armes; mines de houille et de basalte dans les environs; marchés fréquentés; 8000 hab.

JUMMAS ou JUMAS, peuplade indienne indépendante dans l'emp. du Brésil, prov. de Para, au S.-E. de la comarque de Rio-Négro, entre le Rio-Puru et le Madeira.

JUMNAH ou JAMNAH. *Voyez* DJAMNA.

JUNAC, vg. de Fr., Arriège, arr. de Foix, cant. et poste de Tarascon-sur-Arriège; 250 hab.

JUNAGHAR. *Voyez* DJANAGHAR.

JUNAS, vg. de Fr., Gard, arr. de Nismes, cant. et poste de Sommières; 610 hab.

JUNAY, vg. de Fr., Yonne, arr., cant. et poste de Tonnerre; 200 hab.

JUNCALAS, vg. de Fr., Hautes-Pyrénées, arr. d'Argelès, cant. et poste de Lourdes; 440 hab.

JUNDIAHY. *Voyez* TIÉTÉ.

JUNDIAHY, pet. v. de l'emp. du Brésil, prov. et comarque de San-Paolo, sur la rive gauche du Rio-Jundiahy, à 15 l. N.-O. de San-Paolo; pêcheries; agriculture; commerce; 7000 hab., avec son district.

JUNGEYPORE. *Voyez* DJANGIPOUR.

JUNGBUNZLAU ou MLATA-BOLESLAW, jolie pet. v. de Bohême, cer. de Bunzlau, sur l'Iser; siége des autorités du cercle; joli hôtel de ville, gymnase, 2 couvents, 6 églises, hôpital; tanneries; manufactures de draps; 5800 hab.

JUNGFRU, appelée aussi *Bælsculle*, île située à l'entrée du détroit de Calmar, Suède. Elle ne consiste qu'en un grand rocher inhabité; couvert de mousses noires, qui lui donnent un aspect sombre et repoussant. Aussi la mythologie du nord n'a-t-elle pas manqué d'y placer les démons, et la superstition des chrétiens, lui venant en aide, la regarde comme la patrie des diables. C'est le Blocksberg de la Suède, où toutes les sorcières et tous les magiciens se donnent rendez-vous au jeudi saint pour faire leur révérence au diable, leur auguste souverain. Le voisinage de cette île, tout parsemé d'écueils, est redouté des navigateurs.

JUNGWOSCHITZ, jolie pet. v. de Bohême, cer. de Tabor; mines d'argent; papeterie; 2000 hab.

JUNHAC, pet. v. de Fr., Cantal, arr. d'Aurillac, cant. et poste de Montralvy; 1120 hab.

JUNIATA. *Voyez* SUSQUÉHANNAH.

JUNIATA, b. des Etats-Unis de l'Amérique du Nord, état de Pensylvanie, comté de Cumberland, sur la Juniata; navigation; commerce; 2200 hab.

JUNIEN (Saint-), v. de Fr., Haute-Vienne, arr., à 3 l. N.-E. de Rochechouart et à 105 l. de Paris, chef-lieu de canton et poste; elle est agréablement située sur la pente d'un coteau, au confluent de la Vienne et de la Gelanne, et entourée d'une jolie promenade. On y remarque une fort belle église, qui renferme, à ce que l'on prétend, le tombeau du saint dont la ville porte le nom, et, à l'extrémité d'un pont sur la Vienne, une chapelle où Louis XI vint plusieurs fois faire ses dévotions. St.-Junien possède un collége. Cette ville est très-industrieuse : sa ganterie est renommée; elle a de nombreuses fabriques de papiers et de papiers peints, de minoterie, de couvertures de laine et coton, de poterie commune; manufacture de porcelaine; filat. de laine; tanneries, teintureries, blanchisseries, etc.; commerce de chevaux, mulets, etc.; 5705 hab.

St.-Junien doit son origine à un ermitage bâti en ce lieu dans le sixième siècle. La piété y attira plus tard des pèlerins, qui s'établirent près de là et formèrent une petite colonie qui donna naissance à cette ville. La guerre des Anglais au treizième et au quinzième siècles lui fut souvent fatale. Dans les guerres de religion elle souffrit plus encore. Les protestants la dévastèrent en 1569; mais depuis longtemps son active industrie a réparé les désastres de ces époques de calamité publique.

JUNIEN-LA-BRUYÈRE (Saint-), vg. de Fr., Creuse, arr. et poste de Bourganeuf, cant. de Royère; 790 hab.

JUNIEN-LES-COMBLES (Saint-), vg. de Fr., Haute-Vienne, arr., cant. et poste de Bellac; 540 hab.

JUNIES (les), vg. de Fr., Lot, arr. de Cahors, cant. de Catus, poste de Castelfranc; 970 hab.

JUNIN, autrefois *Tarma*, dép. maritime de la rép. du Pérou; tire son nom de la plaine de Junin, au S.-O. de Reyes, où le général espagnol Canterac fut défait par Bolivar, le 6 août 1824. Ce département s'étend des deux côtés des Andes (Sierra de Pataz) et comprend en partie les contrées les plus élevées et les plus rudes du Pérou. Ses bornes sont : au N. le dép. de Liverdad (autrefois Truxillo), à l'E. le pays des Indiens libres, au S. les dép. de Lima et d'Ayacucho et à l'O. l'Océan Pacifique. Sa superficie est de 1200 l. c. géogr., avec 250,000 h. Ce pays renferme les sources du Maragnon et du Rio-Huallaga, de grandes richesses minérales, peu exploitées encore, et de nombreux restes de l'ancien empire des Incas. Le sol, aride sur les hauteurs, est d'une grande fertilité dans les vallées et sur les côtes. L'éducation du bétail y fleurit; les manufactures de laine et le commerce de blé, de bétail, de tabac, de beurre, de fromages, de peaux, de métaux précieux, de sel, etc., sont très-importants. Ce département comprend les 9 provinces de Conchucos, Huari, Huamaliès, Huailas, Caxatambo, Huanuco, Pasco, Tarma et Jauja.

JU-NING-FOU, v. de Chine, prov. de Ho-nan. Elle est située sur le Juho et au bord du lac de Si, dont les environs pittoresques attirent un grand nombre de gens riches, qui passent sur ses rives une partie de l'année. La juridiction de Ju-ning-fou s'étend sur 13 villes. On commence à cultiver le thé dans son voisinage.

JUNIUS, gr. et florissante com. des États-Unis de l'Amérique du Nord, état de New-York, comté de Sénéca, sur le lac de ce nom; commerce; 3400 hab.

JUNIVILLE, vg. de Fr., Ardennes, arr. et à 3 1/2 l. S. de Réthel, chef-lieu de canton, poste de Tagnon; fabr. d'étamine; 1501 hab.

JUNKSEYLON. *Voyez* DJANKSEYLON.

JUNKSEYLON-PINANG (archipel de). M. Balbi propose de comprendre sous ce nom les deux grandes îles de Junkseylon ou Djankseylon et de Poulo-Pinang, ainsi que les îlots intermédiaires qui jusqu'ici, avec la première de ces îles, avaient été considérées comme faisant partie de l'archipel de Merghi.

JUNQUERA, *Juncaria* (en français *la Jonquière*), b. d'Espagne, roy. de Grenade; fabr. de serges et de gros draps; 1850 hab.

JUNQUERA, *Juncaria* (en français *la Jonquière*), vg. d'Espagne, principauté de Catalogne, prov. de Girone, au pied des Pyrénées, à 9 l. S. de Perpignan; 850 hab.

JUNY. *Voyez* SHANNON.

JUNZALÆN, v. de l'Inde transgangétique, prov. anglaise de Martaban.

JUPARANAN (lagoa de), lac considérable de l'emp. du Brésil, prov. d'Espiritu-Santo, près de la côte, au N. du Rio-Doce; il a 10 l. de longueur sur une de large; sa profondeur est de 16 à 24 mètres. Une charmante petite île s'élève au milieu de ce lac très-poissonneux et entouré de superbes forêts. Il reçoit le Rio-Cachoeira et plusieurs autres rivières et s'écoule dans le Rio-Doce.

JUPARANAN-DA-PRAYA. *V.* MONSERRA.

JUPILLE, vg. du roy. de Belgique, sur la rive droite de la Meuse, prov. et dist. de Liège; mines de houille; 1500 hab.

JUPILLES, vg. de Fr., Sarthe, arr. de St.-Calais, cant. et poste de Château-du-Loir; 1320 hab.

JUQUERY (Sierra de). *Voyez* ESPINHAÇO (Serra do).

JUQUIRIQUÉRÉ, baie considérable et très-commode sur la côte de la prov. de San-Paolo, près de la ville d'Ubatuba, emp. du Brésil.

JURA, *Gerontia*, chaîne de montagnes entre la France et la Suisse; elle se compose de plusieurs chaînons parallèles et s'étend sur une longueur d'environ 80 l. dans la direction du S.-S.-O. au N.-N.-E., depuis le coude que forme le Rhône à l'extrémité S.-E. du dép. de l'Ain jusqu'au Rhin, à l'endroit où ce fleuve reçoit l'Aar. Sa largeur est de 16 à 20 l. Derniers échelons des Alpes septentrionales, les montagnes du Jura sont plus élevées du côté des Alpes; elles s'abaissent en s'avançant vers le N., s'aplatissent entièrement et se perdent près des bords du Rhin, après avoir traversé les dép. de l'Ain, du Jura, du Doubs et toute la partie occidentale de la Suisse. Quelques ramifications, moins élevées que la chaîne principale et dirigées vers le N.-O. du dép. du Doubs, établissent la liaison entre le Jura et les Vosges. Au S.-E., les monts Jorat, qui s'étendent au N. du lac de Genève, rattachent la chaîne du Jura aux Alpes Bernoises. Le noyau du Jura est entièrement calcaire. Les plus hauts sommets présentent une roche très-dure de grès bleuâtre; les montagnes basses sont d'une pierre jaunâtre, tendre et spongieuse. Le Jura ne renferme la source d'aucun fleuve et, à l'exception du Doubs et de l'Ain, ne donne naissance à aucune rivière importante; mais il renferme plusieurs lacs, dont les principaux sont ceux de Neufchâtel, de Morat, de Joux et de St.-Point. Aucune des sommités du Jura n'atteint la ligne où les neiges deviennent permanentes sur les Alpes. Les points culminants de cette chaîne, qui appartient au système alpique, sont:

Le Reculet	1717	mètres.
Le Mont-Tendre	1690	»
La Dôle	1681	»
Le Colombier	1675	»
Le Chasserale (Gestler)	1610	»
Le Chasseron	1607	»
Le Mont-Suchet	1564	»
La Dent-de-Vaulion	1500	»
Le Mont-d'Or	1470	»
Le Hasenmatte	1456	»
Le Weissenstein	1420	»

Ce dernier, auquel, en partant de Soleure, on parvient en quelques heures, offre des points de vue tellement beaux que beaucoup de voyageurs le préfèrent au Rigi, sommet alpique bien plus élevé dans le cant. de Schwitz.

JURA (dép. du), situé dans la région E. de la France, est formé d'une partie de la prov. de Franche-Comté; ses limites sont: au N. le dép. de la Haute-Saône, au N.-E. celui du Doubs, à l'E. la Suisse et le Mont-Jura, au S. le dép. de l'Ain et à l'O. ceux de Saône-et-Loire et de la Côte-d'Or.

Sa superficie est de 503,364 hectares et sa population de 315,355 hab.

Ce département tire son nom d'une chaîne de montagnes situées à l'E., qui s'étend depuis l'extrémité méridionale du dép. de l'Ain jusque dans le dép. du Haut-Rhin; les plus hautes de ces montagnes, en France, le Reculet et la Dôle, sont très-élevées, la première de 1717 mètres, et la seconde de 1681 mètres au-dessus du niveau de la mer.

Le principal fleuve du département, le Doubs, traverse la partie septentrionale et se rend dans le dép. de Saône-et-Loire; ses affluents sont la Tanche, le Dorain et la Loue; ce dernier, qui est le plus considérable, reçoit le Deffoy, la Larine et la Cuisance; l'Ain prend sa source dans ce département dans les environs des Planches, le traverse du N. au S. et se rend dans le département qui porte son nom; ses affluents sont l'Anguillon, la Bienne et la Valouze; le canal de jonction du Doubs à la Saône traverse une partie de ce département; il est la continuation du canal de Bourgogne. On y trouve plusieurs petits lacs, entre autres celui des Rousses, près des frontières de la Suisse; celui de Marigny et celui de Grand-Vaux; beaucoup d'étangs d'une étendue assez considérable et quelques marais, principalement sur la rive gauche du Doubs.

Le sol de ce département est divisé naturellement en trois zones très-distinctes; la première, qui se nomme la basse plaine, commence à l'O.; elle est fertile, d'une largeur de trois lieues et vient se terminer à la seconde zone, celle du premier degré des montagnes, qui s'élèvent subitement comme un mur et forment un plateau de près de cinq lieues de largeur; la troisième zone, située à l'E. du département, est celle des hautes montagnes qui s'élèvent successivement les unes au-dessus des autres, formant une succession continuelle de cimes très-élevées et de vallées profondes et étroites, et se terminent vers la Suisse par les hautes cimes couronnées de neige du Jura; cette troisième partie, à peu près aussi large que les deux premières, renferme tous les accidents pittoresques d'un pays de montagnes.

Le climat varie selon l'élévation du sol; sur les montagnes la température est toujours plus basse que dans la plaine qui, par le voisinage des montagnes, est cependant plus froide que sa latitude ne le comporte.

Le département récolte du froment, du seigle, de l'orge, de l'avoine et du maïs suffisant et au-delà pour sa consommation; on y cultive le chanvre, la navette, le millet, les légumes verts et secs, les parmentières; parmi les arbres à fruits on remarque le noyer, dont les fruits fournissent une huile estimée. La vigne est un objet considérable de la culture du Jura; les crûs les plus renommés sont ceux d'Arbois, de Salins et ceux des environs de Lons-le-Saulnier; les vins sont blancs, mousseux comme le champagne; mais ils sont plus doux et moins forts que ce dernier; on y trouve aussi du vin de gelée et du vin de paille.

Le département est riche en pâturages excellents, surtout dans les montagnes, et l'on y nourrit pendant l'été de nombreux bestiaux qui, en hiver, sont obligés de descendre dans les régions inférieures. Les forêts de ce département sont très-étendues et très-belles; elles occupent une superficie de 140,959 hectares; il y croît beaucoup de sapins et de très-bons buis.

Le département est riche en nombreuses mines de fer; on y trouve des indices de mines d'or, de cuivre et de plomb; il possède de belles et nombreuses carrières de marbre, d'albâtre jaspé, de pierres à chaux, de pierres meulières, de plâtre d'un beau blanc, de la marne, des sables propres à faire du verre, de la houille, de la tourbe, de l'ocre; une de ses principales richesses minérales sont les sources salées à Lons-le-Saulnier, à Salins et dans la forêt de Chaux.

De belles et nombreuses bêtes à cornes couvrent les pâturages des montagnes; dans ces régions les chevaux sont aussi nombreux et réussissent parfaitement bien; ils sont excellents pour la cavalerie et le service de l'artillerie; on y trouve beaucoup de mulets, des ânes remarquables par leur taille élevée, beaucoup de porcs; les moutons sont peu nombreux et fournissent une laine qui n'est pas très-recherchée; diverses localités réussissent dans l'éducation des abeilles; d'autres nourrissent beaucoup de volailles. Les loups y sont moins nombreux que les renards; on trouve aussi quelques sangliers et du menu gibier en abondance; les rivières, les lacs et les étangs sont très-poissonneux.

La métallurgie est l'industrie principale du département; de nombreuses exploitations de mines de fer alimentent dix hauts-fourneaux, une grande quantité de forges, des martinets, des fonderies, une des plus belles tréfileries de fer qui existent en France, des clouteries; il possède des manufactures d'horlogerie dite de Comté, dont le siége principal est à Morez; on y fabrique des horloges en bois, en cuivre, en acier, des mouvements de pendules, des cadrans d'émail, etc.; des scieries hydrauliques débitent le marbre en planches de fort grandes dimensions. La taille des pierres fines et fausses occupe un grand nombre d'ouvriers dans les environs de Sept-Moncel; leur nombre s'élève à près de 1500 individus. Sa fabrication la plus célèbre est celle des localités des environs de St.-Claude : elle consiste en toutes sortes d'ouvrages en corne, os, ivoire, écaille, buis et autres bois. On y trouve aussi des faïenceries, des tuileries, une manufacture de porcelaine à l'épreuve du feu, dite hygiocérame, quelques salpêtreries et les exploitations de ses nombreuses carrières.

L'industrie manufacturière compte quelques filatures de coton, des fabriques de toiles, de mouchoirs, de grosses draperies et de nombreuses papeteries, des tanneries et corroieries renommées.

L'industrie agricole fournit ses vins, d'excellents fromages dits Bachelin, qui rivalisent avec les fromages de Gruyères; les châlets qui occupent les pâturages les plus élevés sont les lieux de fabrication.

Le commerce consiste principalement dans l'exportation de ses divers produits, parmi lesquels le vin, le fer, les fromages, les bois, les ouvrages en buis occupent le premier rang.

Le département est divisé en 4 arrondissements, 32 cantons et communes. Les chefs-lieux d'arrondissement sont :

Lons-le-Saulnier. . . .	11 cant.	207 com.	107,690 hab.
Poligny . . .	7 »	149 »	80,672 »
St.-Claude .	5 »	81 »	52,353 »
Dôle	9 »	136 »	74,640 »
	32 cant.	573 com.	315,355 hab.

Il nomme quatre députés, fait partie de la sixième division militaire dont le quartier-général est à Besançon; est du ressort de la cour royale et de l'académie de la même ville, du diocèse de St.-Claude, suffragant de l'archevêché de Lyon; il fait partie de la treizième conservation forestière; de la quatrième inspection des ponts et chaussées, dont le chef-lieu est Dijon; de la quatrième division des mines, dont le chef-lieu est St.-Étienne. Il a 8 colléges, 1 école normale primaire et 672 écoles primaires.

JURA, île du groupe des Hébrides, au S. de celle de Mull et à l'O. de celle de Knapdale. Superficie 4 l. c. géogr.; 2 bons ports; 1500 hab.

JURANÇON, vg. de Fr., Basses-Pyrénées, arr., cant. et poste de Pau; vignoble renommé; 2190 hab.

JURANVILLE, vg. de Fr., Loiret, arr. de Pithiviers, cant. de Beaune-la-Rolande, poste de Boiscommun; 620 hab.

JURÉ, vg. de Fr., Loire, arr. de Roanne, cant. et poste de St.-Just-en-Chevalet; mines de plomb; 670 hab.

JURE (Saint-), vg. de Fr., Moselle, arr. de Metz, cant. de Verny, poste de Solgne; 460 h.

JUREA, montagne isolée d'une hauteur considérable, sur la côte S.-E. de la prov. de San-Paolo, emp. du Brésil; de nombreuses rivières, dont le Rio-Verde est la plus considérable, sortent de ses flancs.

JURGEWEZ-POWOLKOI, v. de la Russie d'Europe, chef-lieu du cer. de Jurgewez, gouv. de Kostroma; commerce; 3000 hab.

JURIEUX, ham. de Fr., Loire, com. de Pavezin; 120 hab.

JURIGNAC, vg. de Fr., Charente, arr.

d'Angoulême, cant. et poste de Blanzac; 810 hab.

JURIGNY, ham. de Fr., Creuse, com. de St.-Marien; 150 hab.

JURIS, peuplade indienne indépendante dans l'emp. du Brésil, prov. de Para, comarque de Rio-Négro; ils habitent entre les fleuves Hyabary et Tacuchy, et se divisent en deux hordes : les Juri-Tocana-Tapuuja et les Juri-Taboca-Tapunja.

JURJURA, *Mons Ferratus*, une des branches de la chaîne de l'Atlas, traversant la partie centrale de la régence d'Alger; son plus grand sommet atteint la hauteur de 1200 toises.

JURQUES, vg. de Fr., Calvados, arr. de Vire, cant. d'Aulnay-sur-Odon, poste de Mesnil-Auzouf; 910 hab.

JURS (Saint-), vg. de Fr., Basses-Alpes, arr. de Digne, cant. et poste de Riez; 560 h.

JURSON (Saint-), vg. de Fr., Basses-Alpes, arr. de Digne, cant. et poste de Mezel; 60 h.

JURUA. *Voyez* HYURUHA.

JURUÉNA. *Voyez* TOPAJOZ.

JURUENNA, dist. ou comarque de la prov. de Matto-Grosso, emp. du Brésil. Ce district, qui tire son nom du Juruenna, le bras principal du Topajoz, qui y prend naissance, occupe le N.-E. de la province et forme l'extrémité occidentale du Brésil. C'est un immense désert d'une surface de près de 1000 l. c. géogr., occupé par un grand nombre de peuplades indigènes qui y vivent dans une sauvage indépendance. Ce sont les Pammas, sur le Madeira; les Tamarès, au pied de la Sierra das Paricys (Sierra Géral); les Camararis, au pied de la Cordilheira-del-Norte; les Urucurunis et les Cantaros, près des sources du Rio-Jassy; les Uhayhas, entre le Juruenna et le Rio-dos-Oreguatos; les Lambys, près des sources du Juruenna, etc. La population européenne est très-faible et se trouve répandue dans quelques forts et bourgades le long du Rio-Guapore, qui sépare ce district de la république de Bolivia. De grands cours d'eau peu connus et dont la plupart sont tributaires du Madeira arrosent cette vaste région, traversée de l'E. à l'O. par la Sierra Géral ou Sierra das Paricys qui envoie de nombreuses ramifications au N. et au S. et s'aplatit sur les bords du Madeira.

JURUMENHA, place frontière du Portugal, prov. d'Alentéjo, dist. d'Avis, à 7 l. d'Estremoz et à 8 l. de Badajoz, sur la Guadiana; elle est protégée par un grand château flanqué de 17 tours; 800 hab.

JURVIELLE, vg. de Fr., Haute-Garonne, arr. de St.-Gaudens, cant. et poste de Bagnères-de-Luchon; 90 hab.

JURY, vg. de Fr., Moselle, arr. et poste de Metz, cant. de Verny; 170 hab.

JUSAUX. *Voyez* BAHUS-JUSAU.

JUSCORPS, vg. de Fr., Deux-Sèvres, arr. et poste de Niort, cant. de Prahecq; 340 h.

JUSIX, vg. de Fr., Lot-et-Garonne, arr. et poste de Marmande, cant. de Meilhan; 600 hab.

JUSSAC, vg. de Fr., Cantal, arr., cant. et poste d'Aurillac; 1540 hab.

JUSSARUPT, vg. de Fr., Vosges, arr. de St.-Dié, cant. de Corcieux, poste de Bruyères; 620 hab.

JUSSAS, v. de Fr., Charente-Inférieure, arr. de Jonzac, cant. et poste de Montendre; 340 hab.

JUSSAT, ham. de Fr., Puy-de-Dôme, com. de Chanonat; 280 hab.

JUSSAT-SOUS-RANDANS, vg. de Fr., Puy-de-Dôme, arr. de Riom, cant. et poste de Randans; 290 hab.

JUSSECOURT, vg. de Fr., Marne, arr. de Vitry-le-Français, cant. et poste de Heiltz-le-Maurupt; 200 hab.

JUSSEY, vg. de Fr., Yonne, arr. d'Auxerre, cant. et poste de Coulange-la-Vineuse; 500 h.

JUSSEY, pet. v. de Fr., Haute-Saône, arr., à 8 l. N.-O. de Vesoul et à 84 l. de Paris, chef-lieu de canton et poste; elle est située au pied des Vosges, près du confluent de la Saône et de l'Amance; ses environs sont très-pittoresques. On remarque à Jussey plusieurs belles fontaines; 2785 hab.

JUSSIAPE. *Voyez* CONTAS (Rio-das-).

JUSSY, vg. de Fr., Aisne, arr. et poste de St.-Quentin, cant. de St.-Simon; exploitation de cendres noires pour engrais; 1202 h.

JUSSY (Saint-), vg. de Fr., Moselle, arr. et poste de Metz, cant. de Gorze; 220 hab.

JUSSY-CHAMPAGNE, vg. de Fr., Cher, arr. et poste de Bourges, cant. de Baugy; 530 hab.

JUSSY-LE-CHAUDRIER, vg. de Fr., Cher, arr. de Sancerre, cant. et poste de Sancergues; 930 hab.

JUST (Saint-), vg. de Fr., Ain, arr., cant. et poste de Bourg-en-Bresse; 290 hab.

JUST (Saint-), vg. de Fr., Ardèche, arr. de Privas, cant. et poste du Bourg-St.-Andéol; 960 hab.

JUST (Saint-), vg. de Fr., Aude, arr. de Limoux, cant. et poste de Quillan; 320 hab.

JUST (Saint-), vg. de Fr., Aveyron, arr. de Rhodez, cant. de Naucelle, poste de Sauveterre; 1520 hab.

JUST (Saint-), Fr., Bouches-du-Rhône, com. de Marseille; 540 hab.

JUST (Saint-), vg. de Fr., Cantal, arr. et poste de St.-Flour, cant. de Ruines; 590 h.

JUST (Saint-), vg. de Fr., Charente-Inférieure, arr., cant. et poste de Marennes; 2020 hab.

JUST (Saint-), vg. de Fr., Cher, arr. et poste de Bourges, cant. de Levet; 520 hab.

JUST (Saint-), ham. de Fr., Côtes-du-Nord, com. de Plœuc; 210 hab.

JUST (Saint-), ham. de Fr., Dordogne, com. de Chapdeuil; 60 hab.

JUST (Saint-), vg. de Fr., Eure, arr. d'Évreux, cant. et poste de Vernon; 300 hab.

JUST (Saint-), vg. de Fr., Gard, arr. et poste d'Alais, cant. de Vezenobres; 430 hab.

JUST (Saint-), vg. de Fr., Hérault, arr. de Montpellier, cant. et poste de Lunel; 360 h.

JUST (Saint-), vg. de Fr., Ille-et-Vilaine, arr. de Redon, cant. de Pipriac, poste de Lohéac; 1240 hab.

JUST (Saint-), Loire. *Voyez* JUST-EN-CHEVALET (Saint-).

JUST (Saint-), vg. de Fr., Marne, arr. d'Épernay, cant. et poste d'Anglure; 1170 h.

JUST (Saint-), Oise. *Voyez* JUST-EN-CHAUSSÉE (Saint-).

JUST (Saint-), vg. de Fr., Basses-Pyrénées, arr. de Mauléon, cant. d'Iholdy, poste de St.-Palais; 570 hab.

JUST (Saint-), vg. de Fr., Seine-et-Marne, arr. de Provins, cant. et poste de Nangis; 220 hab.

JUST (Saint-), vg. de Fr., Haute-Vienne, arr., cant. et poste de Limoges; 900 hab.

JUSTARET, ham. de Fr., Haute-Garonne, com. du Pin; 180 hab.

JUST-BELENGARD (Saint-), vg. de Fr., Aude, arr. de Limoux, cant. et poste d'Alaigne; 130 hab.

JUST-CHALEYSSIN (Saint-), vg. de Fr., Isère, arr. et poste de Vienne, cant. d'Heyrieux; 890 hab.

JUST-D'AVRAY (Saint-), vg. de Fr., Rhône, arr. de Villefranche-sur-Saône, cant. de Bois-d'Oingt, poste de Tarare; 1300 hab.

JUST-DE-BAFFIE (Saint-), vg. de Fr., Puy-de-Dôme, arr. d'Ambert, cant. de Viverols, poste d'Arlanc; 2320 hab.

JUST-DE-CLAIX (Saint-), vg. de Fr., Isère, arr. de St.-Marcellin, cant. et poste de Pont-en-Royans; 560 hab.

JUST-DES-MARAIS (Saint-), vg. de Fr., Oise, arr., cant. et poste de Beauvais; imprimerie sur étoffes; fabr. de poterie de grès; 570 hab.

JUST-EN-BAS (Saint-), vg. de Fr., Loire, arr. de Montbrison, cant. de St.-George-en-Couzon, poste de Boen; 1150 hab.

JUST-EN-CHAUSSÉE (Saint-), b. de Fr., Oise, arr. et à 3 l. N. de Clermont, chef-lieu de canton et poste; fabr. de bonneterie; 1205 hab.

JUST-EN-CHEVALET (Saint-), vg. de Fr., Loire, arr. et à 6 l. S.-O. de Roanne, chef-lieu de canton et poste; 2660 hab.

JUST-EN-DOIZIEU (Saint-), ham. de Fr., Loire, com. de Doizieu; 2300 hab.

JUSTIAN, vg. de Fr., Gers, arr. de Condom, cant. de Valence, poste de Vic-Fezensac; 290 hab.

JUSTIN (Saint-), vg. de Fr., Gers, arr. de Mirande, cant. et poste de Marciac; 600 hab.

JUSTIN (Saint-), vg. de Fr., Landes, arr. de Mont-de-Marsan, cant. et poste de Roquefort; 1610 hab.

JUSTINE, vg. de Fr., Ardennes, arr. et poste de Réthel, cant. de Novion; 420 hab.

JUSTINIAC, vg. de Fr., Arriège, arr. de Pamiers, cant. et poste de Saverdun; 250 h.

JUST-LA-PENDUE (Saint-), b. de Fr., Loire, arr. de Roanne, cant. et poste de St.-Symphorien-de-Lay; 2640 hab.

JUST-MALMONT (Saint-), vg. de Fr., Haute-Loire, arr. d'Yssingeaux, cant. de St.-Didier-la-Seauve, poste de Monistrol; 1860 hab.

JUST-PRÈS-BRIOUDE (Saint-), vg. de Fr., Haute-Loire, arr., cant. et poste de Brioude; 1430 hab.

JUST-PRÈS-CHOMELIX (Saint-), vg. de Fr., Haute-Loire, arr. du Puy, cant. d'Allègre, poste de St.-Paulien; 1540 hab.

JUST-SUR-DIVES (Saint-), vg. de Fr., Maine-et-Loire, arr. de Saumur, cant. et poste de Montreuil-Bellay; 370 hab.

JUST-SUR-LOIRE (Saint-), b. de Fr., Loire, arr. de Montbrison, cant. de St.-Rambert, poste de Sury-le-Comtal; commerce de charbons de terre; fabr. de châles et de produits chimiques; teintureries en soie; verrerie à bouteilles; 2770 hab.

JUTAY. *Voyez* HYUTAHY.

JUTERBOCK, v. de Prusse, chef-lieu de cercle, prov. de Brandebourg, rég. de Potsdam, dans une contrée fertile sur le Rohrbach; elle a une belle place publique, 5 églises, 1 école élémentaire. Ses habitants s'adonnent à l'agriculture et à la fabrication de draps et de toiles; commerce de laine, de lin et de bestiaux; 4380 hab.

Le dominicain Tezel, dont on montre encore le coffre à indulgences dans l'église de St.-Nicolas, publia dans cette ville, en 1517, 105 thèses contre la doctrine de Luther. En 1644, les impériaux sous Gallas y furent défaits par le général suédois Torstensohn. Le 6 septembre 1813, le maréchal Ney fut battu à une lieue de cette ville, près du village de Dennewitz, par les Prussiens et les Suédois réunis, et secondés par la défection des Saxons. La perte des Français s'éleva à 10,000 hommes tués, blessés ou pris, 25 canons et 17 caissons. L'ennemi eut 7000 hommes hors de combat, dont 6000 Prussiens.

JUTIGNY, ham. de Fr., Seine-et-Marne, com. de Paroy; 200 hab.

JUTLAND, presqu'île danoise, qui s'étend du S. au N. depuis 53° 40′ jusqu'à 57° 10′ lat. N., entre la mer Baltique à l'E. et la mer du Nord à l'O. En y comprenant le duché de Schleswig, formé du Jutland méridional, cette presqu'île a une superficie de 612 1/2 milles c. d'Allemagne. Elle est baignée au N. par le Skager-Rak, qui la sépare de la Norwège, à l'E. par le Cattégat et le Petit-Belt; au S. le canal de Kiel et l'Eider la séparent du Holstein. Les côtes très-sinueuses présentent plusieurs baies et golfes profonds, parmi lesquels le Lymfiord, dans la partie septentrionale, est le plus remarquable. Le territoire s'élevant vers le centre de la presqu'île forme un plateau qui est la ligne de partage entre les bassins tributaires de la Baltique et ceux de la mer du Nord. Du reste, cette contrée n'a que quelques groupes de collines et des montagnes isolées, dont le Himmelsberg, de 1000 pieds d'élévation, est la plus haute. Le sol est très-varié : dans la partie septentrionale il est sablonneux et entrecoupé de marécage; les environs du Lymfiord, qui traverse cette partie dans presque toute sa largeur, sont les plus fertiles; à l'E. le terrain est généralement productif; mais à l'O. et au centre il est en grande partie couvert de bruyères. Cependant le Jutland produit plus de céréales qu'il n'en consomme. Il renferme aussi de beaux pâturages, où l'on élève des chevaux de race très-estimée. Le commerce de grains, de bétail, de chevaux et de laine, la navigation et la pêche sont les sources principales de la prospérité de cette contrée. Le Jutland se divise en Jutland septentrional et Jutland méridional. L'aperçu que nous venons de donner concerne plus particulièrement le premier; il se subdivise en quatre diocèses, qui portent chacun le nom de leurs chefs-lieux, savoir : Aalborg, Viborg, Aarhuus et Ribe. Ceux-ci sont subdivisés en bailliages : Aalborg comprend trois bailliages; Viborg n'en forme qu'un; Aarhuus deux et Ribe trois.

JUTLAND (méridional). *Voyez* SCHLESWIG (duché de).

JUTROSCHIN, v. de Prusse, sur l'Orla, prov. et rég. de Posen; fabrication de draps et de toiles; 1730 hab.

JUVAINCOURT, vg. de Fr., Vosges, arr., cant. et poste de Mirecourt; 550 hab.

JUVANCOURT, vg. de Fr., Aube, arr. et cant. de Bar-sur-Aube, poste de Clairvaux; 360 hab.

JUVANCÉ, vg. de Fr., Aube, arr. de Bar-sur-Aube, cant. et poste de Vendeuvre; 100 hab.

JUVARDEIL, vg. de Fr., Maine-et-Loire, arr. de Segré, cant. et poste de Châteauneuf-sur-Sarthe; 1010 hab.

JUVAT (Saint-), vg. de Fr., Côtes-du-Nord, arr. de Dinan, cant. et poste d'Évran; 1400 hab.

JUVELISE, vg. de Fr., Meurthe, arr. de Château-Salins, cant. de Vic, poste de Moyenvic; 460 hab.

JUVIGNAC, vg. de Fr., Hérault, arr., cant. et poste de Montpellier; 80 hab.

JUVIGNÉ, vg. de Fr., Mayenne, arr. de Laval, cant. de Chailland, poste d'Ernée; 2590 hab.

JUVIGNIES, vg. de Fr., Oise, arr. et poste Beauvais, cant. de Nivillers; 370 hab.

JUVIGNI-SOUS-ANDAINE, b. de Fr., Orne, arr. et à 2 1/2 l. E.-S.-E. de Domfront, chef-lieu de canton, poste de Couterne; 1970 hab.

JUVIGNY, vg. de Fr., Aisne, arr., cant. et poste de Soissons; 360 hab.

JUVIGNY, b. de Fr., Manche, arr., à 2 1/2 l. O.-N.-O. et poste de Mortain, chef-lieu de canton; 805 hab.

JUVIGNY, vg. de Fr., Marne, arr., cant. et poste de Châlons-sur-Marne; dépôt d'étalons; 580 hab.

JUVIGNY-EN-PERTHOIS, vg. de Fr., Meuse, arr. de Bar-le-Duc, cant. d'Ancerville, poste de St.-Dizier; 300 hab.

JUVIGNY-SUR-L'OISON, vg. de Fr., Meuse, arr. et poste de Montmédy, cant. de Louppy; 680 hab.

JUVIGNY-SUR-ORNE, vg. de Fr., Orne, arr., cant. et poste d'Argentan; 170 hab.

JUVIGNY-SUR-SEULLES, vg. de Fr., Calvados, arr. de Caen, cant. et poste de Tilly-sur-Seulles; 130 hab.

JUVILLE, vg. de Fr. Meurthe, arr. de Château-Salins, cant. et poste de Delme; 380 hab.

JUVIN (Saint-), vg. de Fr., Ardennes, arr. de Vouziers, cant. et poste de Grand-Pré; 510 hab.

JUVINAS, vg. de Fr., Ardèche, arr. de Privas, cant. d'Antraigues, poste de Montpezat; 1440 hab.

JUVINCOURT, vg. de Fr., Aisne, arr. de Laon, cant. de Neufchâtel, poste de Berry-au-Bac; 790 hab.

JUVISY, vg. de Fr., Seine-et-Oise, arr. de Corbeil, cant. de Longjumeau, poste de Fromenteau; 370 hab.

JUVRECOURT, vg. de Fr., Meurthe, arr. de Château-Salins, cant. de Vic, poste de Moyenvic; 290 hab.

JUXUE, vg. de Fr., Basses-Pyrénées, arr. de Mauléon, cant. d'Iholdy, poste de St.-Palais; 440 hab.

JUZANCOURT, vg. de Fr., Ardennes, arr. et poste de Réthel, cant. d'Asfeld; 290 hab.

JUZANVIGNY, vg. de Fr., Aube, arr. de Bar-sur-Aube, cant. de Soulaines, poste de Brienne; 160 hab.

JUZENNECOURT, vg. de Fr., Haute-Marne, arr. et à 4 l. N.-O. de Chaumont-en-Bassigny, chef-lieu de canton, poste; 370 hab.

JUZES, vg. de Fr., Haute-Garonne, arr. et poste de Villefranche-de-Lauragais, cant. de Revel; 260 hab.

JUZET-DE-LUCHON, vg. de Fr., Haute-Garonne, arr. de St.-Gaudens, cant. et poste de Bagnères-de-Luchon; 400 hab.

JUZET-D'ISAUT, vg. de Fr., Haute-Garonne, arr. de St.-Gaudens, cant. et poste d'Aspet; 900 hab.

JUZIERS, vg. de Fr., Seine-et-Oise, arr. de Mantes, cant. de Limay, poste de Meulan; 1030 hab.

JUZON. *Voyez* LOUVIE-JUZON.

JUZURIEUX. *Voyez* JUJURIEUX.

JYENAGOUR. *V.* DJEYPOUR ou JEYPOOR.

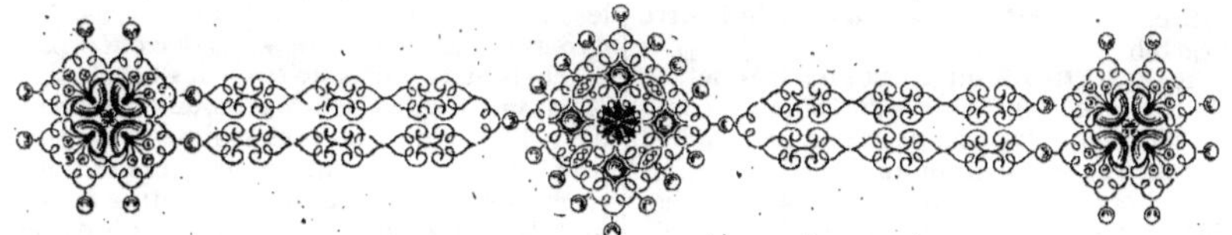

K

KAADEN ou **Kadanik**, *Cadanum*, p. v. de Bohême, cer. de Saatz, sur l'Eger; gymnase; manufactures de draps et de bas; jardinage et commerce de grains. Dans le voisinage on trouve des carrières d'agates et de terre à porcelaine; 4000 hab.

KAAGÆ. *Voyez* Rodæ.

KAAPSTADT. *Voyez* Cap-de-Bonne-Espérance.

KAARTA, état considérable des Mandings-Bambarras, dans la Sénégambie orientale, au N. du Sénégal, entre le Ludamar, le Haut-Bambarra, le Fouladou, le Bambouk et le Casson; environ 80 l. de long sur 35 de large; sol en partie montagneux, en partie sablonneux; produit en abondance le lotus, espèce d'arbre fruitier. L'ancien Casson ou Kasso, le Caghona et le Ghiafnou sont ses annexes. Ghioka ou Joko capitale.

KAAY, pet. v. de l'état Manding de Yani, en Sénégambie, sur la rive droite de la Gambie, à 5 l. S.-O. de Pisania.

KABA, ancienne capitale de l'état Ghiolof de Baol, en Sénégambie.

KABAN-KOULAK ou **Beï-le-Koul**, lac de l'Asie, dans le Turkestan, pays des Kirghis; reçoit les eaux de la Tchoui, riv. du Thian-chan-pe-lou, qui elle-même sort du lac Touzkoul.

KABARDA, *Eulisia;* la Circassie est divisée en deux régions : la Grande-Kabarda et la Petite-Kabarda; la première est située dans le bassin du Kouban, la seconde dans la partie moyenne du bassin du Terek.

KABBA ou **Mungo**, riv. considérable de la Haute-Guinée, côte de Sierra-Leone; elle prend sa source dans les montagnes du Fouta-Ghialo, au S. de Teemboo, baigne le Kouranko, le Limba et le Timani et se jette dans le Scarries, au S.-O. de Kambia.

KABBA, v. assez considérable de la Nigritie occidentale, dans le Haut-Bambarra, située sur la rive gauche du Djoliba, à 4 l. N.-E. de Ségo; territoire bien cultivé;

arbre shéa dont le fruit fournit le beurre végétal.

KABERNDORF ou **KABOLD**, très-pet. v. de Hongrie, cer. au-delà du Danube, comitat d'OEdenbourg; bains minéraux; 2500 h.

KABOU, état peu connu de la Sénégambie méridionale, entre le Rio-de-Géba et la Gambie; les petits états de Kantor, Tomani, Jemarrou, Eropina, Yamina et Jagra paraissent en être des dépendances; il exerce aussi la suzeraineté sur les Biafares, les Balantes et les Papels, que la conquête mandingue a refoulés sur la côte. Schimisa capitale.

KABOUCHAN, pet. v. de Perse, dans le Khorassan occidental, résidence d'un chef puissant, nommé Mir-Konnah-Khan, qu'on regarde comme entièrement indépendant du roi de Perse, et qui peut mettre, dit-on, 12,000 hommes en campagne.

KABRERA, pet. île sur la côte de Candie.

KABOUL ou **KAMEH**, fl. de l'Asie, affluent de l'Indus; prend sa source dans le roy. de Hérat, sur la même montagne que l'Helmend, court à l'E., arrose la ville de Kaboul et se jette dans l'Indus, près d'Attok, après avoir reçu les eaux de plusieurs rivières considérables. Des rapides et des tournants empêchent la navigation sur la plus grande partie de son étendue. Près de Mischni il se divise en plusieurs bras qui forment des îles très-fertiles.

KABOUL (roy. de) ou **KABOULISTAN**. Les Anglais, et après eux un grand nombre de géographes, donnent ce nom à l'Afghanistan, dont nous avons déjà parlé. Pris dans une acception moins étendue, le royaume de Kaboul est la principale fraction du puissant empire des Afghans, qui depuis quarante ans est déchiré par la guerre civile et amoindri par les conquêtes de ses ambitieux voisins. La dynastie d'Ahmed-Chah a été détrônée par les chefs de la puissante tribu des Bareksaïs; Kamram, fils de Chah-Mahmoud et gouverneur de Hérat, s'est seul maintenu dans la province qui lui était confiée lors du démembrement de l'empire; les autres membres de sa famille s'étaient vus forcés de se jeter dans les bras des Anglais et d'accepter une pension, en attendant que la politique des dominateurs de l'Inde jugeât le moment opportun pour étendre leur influence directe jusqu'au centre de l'Asie. Ce moment est venu dernièrement. Les Anglais ont envoyé une expédition, sous le commandement du général Keane, au-delà de l'Indus, pour détrôner le souverain de Kaboul, Dost-Mohammed, de la tribu des Bareksaïs, ainsi que son frère qui résidait à Kandahar, et mettre à leur place Chah-Soudja, l'oncle de Kamram, qu'ils pensionnaient depuis vingt ans. L'expédition a réussi; mais les suites occuperont encore pendant longtemps l'attention publique. Par cette marche hardie des Anglais au-delà de l'Indus est tombée la dernière barrière qui séparait leurs possessions asiatiques des pays soumis directement ou indirectement à l'empire russe, et les deux états, dont les intérêts sont si différents, se trouvent en présence.

Nous ne répéterons pas, à propos du Kaboul, ce qui a déjà été dit sur la géographie physique de l'Afghanistan ou sur les éléments de sa population. Qu'il nous suffise de rappeler, d'après M. Balbi, que sa population est évaluée à 4,200,000 habitants, ses revenus à 25 millions de francs et sa force armée à 150,000 hommes.

Les principales régions ou provinces du roy. de Kaboul et leurs chefs-lieux sont :

DIVISION ADMINISTRATIVE DU KABOUL.

RÉGIONS OU PROVINCES.	CHEFS-LIEUX.
Kaboul,	Kaboul.
Loghman,	Dir.
Djelalabad,	Djelalabad.
Ghasnah ou Ghisneh,	Ghasnah.
Sivi,	Sivi ou Sevi.
Kandahar,	Kandahar.
Farrah,	Farrah ou Furrah.
Le Sistan ou Sedjistan, qui se subdivise en :	
Soultanie de Djelalabad,	Djelalabad ou Douchak.
Khanat d'Illoumdar.	Illoumdar.

KABOUL (prov. de), partie principale du royaume de ce nom; est située au centre du pays et confine au N.-O. avec Balkh, au N.-E. avec le Turkestan, à l'E. avec Loghman, au S.-E. avec Djelalabad, au S. avec Ghasnah, à l'O. avec Bamitam (roy. de Hérat). C'est une grande vallée au S. de l'Hindoukoh, arrosée par le Kaboul et ses affluents; le district de Paghem est le plus fertile de tout le royaume et renferme d'immenses vergers. Les terrasses de l'Hindoukoh, au N. de la ville de Kaboul, chef-lieu de la province, sont couvertes d'excellents pâturages.

KABOUL, capitale du royaume et chef-lieu de la province de même nom ; est bâtie sur les bords du Kaboul, au milieu d'une plaine délicieuse, remplie de jardins et de vergers, qui fournissent des fruits exquis, objets d'un grand commerce. La ville est assise dans un enfoncement, entre deux collines sur l'une desquelles est située le Bala-Hissar-Bala, citadelle entourée de fossés et de remparts qui renferme le château royal ou Balahissar. La ville elle-même est fortifiée par un mur garni de tours. Ses rues sont étroites, irrégulières, mais propres et abondamment fournies d'eau; la population qui s'y presse en rend l'aspect très-animé. Elle contient plusieurs bazars garnis de boutiques et bien approvisionnés. Le château royal ou Balahissar (haut château) est très-vaste et se compose de deux palais principaux; le roi demeure dans l'un; l'autre a servi dans le temps d'habitation au célèbre voyageur A. Burnes et est occupé actuellement par le résident anglais. Burnes a évalué la population de Kaboul à 60,000 habitants, d'autres à 80,000. Cette ville est le point de réunion des caravanes de l'E., du N. et de l'O. et l'entrepôt des marchandises de tous les pays de l'Asie moyenne, le principal marché de chevaux de l'Afghanistan. Les troubles et les guerres civiles ont diminué l'importance de son commerce. Sur une colline voisine de la ville et d'où l'on jouit d'une vue magnifique est le monument de l'empereur Baber, près duquel campèrent les troupes anglaises qui remirent Chah-Soudja sur le trône.

L'origine de Kaboul est très-ancienne, et des historiens arabes du septième siècle de notre ère en font déjà mention. L'empereur Baber en fit sa résidence; plus tard Timour-Chah l'embellit et l'agrandit, et planta les magnifiques jardins que l'on voit encore à peu de distance de la ville.

KABONSHYE, b. de Nubie, entre Chendy et Gos-Redjab, dans une contrée aride et sablonneuse.

KABOUNIA (El-), b. de la Haute-Égypte, sur la rive gauche du Nil, prov. d'Esné, à 7 l. S. d'Edfou.

KABYLES, race d'hommes particulière qui habite l'Algérie. Ce n'est que depuis l'établissement colonial de la France dans le nord de l'Afrique que ce peuple, qui s'est maintenu sans mélange au milieu des Arabes, des Maures, des Turcs, qui habitent avec lui l'ancienne régence d'Alger, nous est mieux connu. Nous extrayons ce que nous allons en dire de la *Description de l'Algérie* par le capitaine Rozet. Les Kabyles, Kbaïl ou Berbères sont probablement les descendants des anciens Numides; ils ont conservé le courage de ces redoutables adversaires des Romains et, comme eux, se tiennent dans les montagnes, en sortent à cheval et tombent à l'improviste sur les villes et les villages des Maures et des Arabes, les pillent et reviennent dans leurs montagnes avec le butin qu'ils ont fait. Ils sont de taille moyenne et ont le teint brun. Leur corps est maigre, mais robuste. Ils ont une langue particulière (le chovia), sans rapport avec les langues connues et que l'on croit être l'ancien numide. Ils se vêtent comme les Arabes d'une pièce de toile blanche, sur laquelle ils jettent, quand il fait froid ou lorsqu'ils sont en voyage, le manteau à capuchon, appelé bournous. Leurs femmes vont le visage découvert et jouissent de plus de liberté que celles des Arabes. Les jeunes gens se voient avant le mariage, qui est cependant, comme celui des Arabes, un véritable marché. Le jeune homme promet au beau-père une certaine somme d'argent ou un certain nombre de têtes de bétail; quand ils sont d'accord, ils se rendent chez le marabout pour obtenir son consentement (qu'il faut payer ordinairement); après cela le jeune homme emmène sa femme sans autre cérémonie. Ces marabouts jouent un grand rôle chez les Kabyles, qui, à l'exception de ceux de la plaine, convertis à l'islamisme, n'ont pour toute religion que de grossières superstitions et une confiance illimitée dans le marabout. Ils ne font rien sans le consulter; il est à la fois juge, arbitre, conseiller; la guerre et la paix dépendent de sa décision; et même après sa mort son influence persiste; on lui élève un beau tombeau, appelé aussi marabout, où les Kabyles vont en pèlerinage. Les Maures, les Arabes, qui ont également des marabouts, sont loin d'avoir pour eux la même déférence. Les Kabyles sont les habitants les plus industrieux de l'Algérie; ils entendent fort bien l'agriculture; tout ce dont ils se servent, ils le fabriquent eux-mêmes, jusqu'à des armes et de la poudre; ils battent de la monnaie et exploitent les mines de cuivre, de plomb et de fer de leurs montagnes. On évalue le nombre de ceux qui habitent l'Algérie à un million.

KACHAN, v. de Perse, dans l'Irak-Adjémi, au N. d'Ispahan et sur la grande route de Téhéran. L'intérieur de cette ville importante ressemble à celui d'Ispahan; elle renferme un grand nombre d'édifices publics, un palais royal, 40 mosquées, plusieurs colléges, parmi lesquels on cite le medressé, bâti par le roi actuel, comme une construction magnifique, des caravansérails et des bains. Kachan a de 20 à 30,000 habitants. Son industrie est considérable; on y fabrique surtout des ustensiles en cuivre qu'elle expédie au loin, des châles, des étoffes de drap d'or et d'argent, du velours, des étoffes de soie, des cuirs, etc.; c'est une des places de commerce les plus importantes de la Perse.

KACHEMYR. *Voyez* Cachemire.

KACHGAR ou **Kachkar.** Le khanat de ce nom, dans la Petite-Boukharie ou le Thiau-chan-han-lou, est situé au N.-O. de cette contrée et, comme tout le pays, tributaire de la Chine. Il est arrosé par le Kachgar et l'Illak, très-fertile et produit du riz, du blé, du lin, des pois, des melons et d'autres fruits; ses pâturages sont excellents; la culture du ver à soie y est assez étendue. Les habitants de ce khanat sont des Boukhares, dont le nombre a été évalué à 60,000 familles ou 360,000 individus, par le général chinois qui, en 1759, acheva la conquête de la Petite-Boukharie. Son chef-lieu est Kachgar.

KACHGAR ou KACHKAR, chef-lieu du khanat de ce nom, dans la Petite-Boukharie; résidence du khan ou akimbeck; est situé sur la rivière Kachgar; on y fabrique des étoffes de soie et des toiles; 40,000 habitants, sans compter la garnison chinoise, qui occupe la citadelle; neuf villes en dépendent. Kachgar fut autrefois une ville importante de la Haute-Asie, la capitale d'un empire particulier, où commandait un descendant de Gingiskan.

KACHIQUÈLES, nation indienne peu nombreuse, répandue dans la prov. de Solola, état de Guatémala, États-Unis de l'Amérique centrale. Les ancêtres de cette peuplade étaient la nation dominante du puissant roy. de Guatémala proprement dit, dont la capitale était la grande et forte ville de Patinamit ou Tecpan-Guatémala.

KACHIS, peuplade indienne nombreuse et indépendante, répandue dans l'état de Guatémala, États-Unis de l'Amérique centrale.

KACHKA. *Voyez* KARCHI.

KACHKAR, dist. S.-O. du pays de Ladak ou du Petit-Thibet; contrée montueuse, froide et mal peuplée, très-peu connue. Ses habitants sont mahométans et d'origine tartare; on les appelle Kobi ou Kober; leurs chefs sont assez indépendants, mais payent tribut au souverain de Ladak.

KACHROUD, riv. de l'Afghanistan, principal affluent à la droite de l'Helmend.

KACZYKE, vg. de Gallicie, cer. de Czernowitz, Bukowine; salines.

KADARAQUI. *Voyez* LAURENT (Saint-).

KADARIF ou KÉDARIF, v. de Nubie, dans la contrée appelée Mazaga, à 50 l. N.-E. de Sennaar.

KADDAPAH. *Voyez* CUDDAPAH.

KADDLESTON-HOUSE, pet. vg. d'Angleterre, comté de Derby; avec une superbe maison de campagne et une source d'eau minérale très-renommée.

KADÉ ou KADI, pet. v. de Sénégambie, capitale du Fenda-Maje, sur le Rio-Grande, à 25 l. S.-E. de Geba.

KADIN, pet. v. de la Russie d'Europe, gouv. de Mohilew, sur la Goradenka.

KADJAAGA. *Voyez* GALAM.

KADJAK. *Voyez* ALEUTIENNES.

KADJEBA, b. du pays des Chaykyé, Nubie, chef-lieu du dist. de Médinéh.

KADLUB, vg. de Prusse, prov. de Silésie, rég. d'Oppeln; haut-fourneau et fonderies, produisant 7000 quintaux de fer; 720 hab.

KADNIKOCO, v. et chef-lieu de cercle de la Russie d'Europe, gouv. de Mohilew, sur la Goradenka.

KADOLZBOURG, b. de la Bavière, sur le Farrnbach, chef-lieu de district, dans le cer. de la Rézat. Près de là se trouvent, sur une montagne, un ancien et un nouveau château de même nom; autrefois siége d'un tribunal impérial et résidence des électeurs Frédéric Ier et Albrecht-Achille; on y voit sur un mur une inscription runique, et en faisant des fouilles on y a découvert des urnes romaines; pop. du bourg 980 hab., du district 11,500, sur 4 1/2 milles c.

KADOM, v. de la Russie d'Europe, gouv. de Tambaco, sur la Makscha; forges et hauts-fourneaux; 5600 hab.

KADY, v. de la Russie d'Europe, gouv. de Kastroma; sources salines dans les environs.

KADZOUZA ou KOOSIOU, prov. du Japon, dans le To-kaï-do; son chef-lieu est Odaki.

KÆFERTHAL, vg. de 1250 habitants, dans le grand-duché de Bade, cer. du Bas-Rhin, avec les campagnes et les magnifiques jardins du seigneur de Reibeld.

KAËN, prov. de l'état Manding de Fouini, en Sénégambie, sur la Gambie.

KÆRLICH, vg. de Prusse, prov. du Rhin, rég. de Coblence; eaux minérales; 800 hab.

KÆSMARK, *Cæsareopolis*, v. de Hongrie, cer. en-deçà de la Theiss, comitat de Zips, sur le Poprad; possède un lycée protestant et une école normale catholique; grande fabrication de toiles et de flanelle; commerce de vin et de toile; 5000 hab.

KAFERISTAN ou PAYS DES KAFERS, CAUFIRS. Il est situé au S. du khanat de Badakhchan, à l'O. du Cachemire, à l'E. et au N. de l'Afghanistan. Le nom de Kaferistan signifie pays des infidèles et lui a été donné par les musulmans. Les habitants, qui se désignent le plus souvent par le nom de Siapouchi, sont hindous et idolâtres; ils sont de haute taille, d'une grande beauté, courageux et indépendants. Divisés en plusieurs tribus, ils sont presque continuellement en guerre les uns avec les autres; leur haine contre les musulmans est très-grande. Leurs pays, traversé par des ramifications du Bolor et de l'Hindou-koh, est couvert de glaciers, d'immenses rochers, de forêts de pins. Les vallées sont fertiles, produisent un bon vin et nourrissent une grande quantité de bétail, de moutons et de chèvres. Le Kamah ou Kaschgar, affluent du Kaboul, est le principal cours d'eau du Kaferistan, dont Kamotchi, petite ville de 500 maisons, est l'endroit le plus considérable.

KAFER-NIHAN, riv. du Turkestan; traverse les khanats de Ramide et de Hissar et paraît être le principal affluent de l'Amou-Daria.

KAFFA, roy. peu connu dans l'Afrique orientale, au S.-O. de l'Abyssinie; les hautes montagnes dont il est entrecoupé sont très-riches en cafiers.

KAFFABA, roy. peu connu de la Nigritie centrale, au S. du Djoliba, près des montagnes de Kong, avec une capitale du même nom, à 120 l. S.-S.-O. de Tombouctou.

KAGA ou KA-SIOU, prov. du Japon, dans le Fokou-rokou-do; son chef-lieu est Kanazawa.

KAGO-SIMA, v. du Japon, chef-lieu de la prov. de Satsouma, dans le Sai-kai-do, île de Kiou-siou.

KAHERA (El-). *Voyez* CAIRE.

KAHEYDÉ, pet. v. de l'état Peul de Fouta-Toro, en Sénégambie, prov. de Fouta, sur le Sénégal.

KAHLA. *Voyez* CAHLA.

KAHLENBERG. *Voyez* ALPES.

KAHLORE. *Voyez* CAHLORE.

KAHLWANG, vg. de Styrie, cer. de Bruck; important par ses mines de cuivre et ses forges.

KAHOKIA, pet. v. des États-Unis de l'Amérique du Nord, état d'Illinois, comté de St.-Clair, au confluent de la Cahokia et du Mississipi; navigation; commerce; 1900 h.

KAHOKIENS, peuplade indépendante dans les États-Unis de l'Amérique du Nord, au S. de l'état d'Illinois, sur les deux rives de la Kahokia; ils sont réduits à environ 500 individus.

KAHON. *Voyez* CAHONE.

KAI ou **KA-SIOU**, prov. du Japon, dans le To-kaï-do; son chef-lieu est Fou-tsiou.

KAIA-KEND ou **KAGAKAD**, fort de la Russie d'Asie, prov. de Daghestan. Le géographe allemand Gmelin y est enterré.

KAICHAOUR, pet. v. de la Circassie, pays des montagnes, dans la vallée de Terek.

KAILAR, v. de la Mandchourie, prov. de Sakhalien-Oula.

KAIMANS. *Voyez* CAIMANS.

KAINACH, gros vg. de Styrie, cer. de Grætz, sur la rivière du même nom; avec deux châteaux. Il est formé des deux villages Gross (grand) et Alt- (vieux) Kainach et possède des fabriques de faux, des marbrières et des carrières de pierres à aiguiser.

KAINSK, v. de la Russie d'Asie, gouv. de Tomsk, chef-lieu de cercle. Elle a 2000 habitants qui s'occupent d'agriculture et du commerce des fourrures. Tous les ans il s'y tient une grande foire, visitée par des marchands de toutes les parties de la Sibérie.

KAIRAH, v. de l'Inde anglaise, près de Bombay, prov. de Guzerate, chef-lieu de district, sur le Seyrec; remarquable par son temple djain et le collége qu'y ont ces sectaires, ainsi que par le voisinage d'un cantonnement de troupes anglaises.

KAIRWAN ou **GAYROUAN**, *Vicus Augusti*, v. considérable de la rég. de Tunis, dans une plaine sablonneuse et aride, à 25 l. S. de Tunis; fondée par les Arabes et, pendant quelques siècles, capitale de l'Afrique musulmane. On cite parmi ses édifices une vaste mosquée, qu'on dit être soutenue par 500 colonnes de granit; apprêt de peaux; raffinerie de salpêtre; 42,000 hab.

KAISARIEH, l'ancienne *Césarée*, dans le pachalik de St.-Jean-d'Acre, fondée par Hérodes-le-Grand en l'honneur d'Auguste et devenue en peu de temps une des villes les plus riches et les plus magnifiques de l'Orient, la même dont il est fait tant de fois mention dans l'histoire primitive du christianisme et dans celle des croisades, offre aujourd'hui le curieux spectacle d'une ville dont les murailles, les rues, les places, les monuments et le port se sont conservés, sans qu'elle renferme un seul habitant. Les anciens vantaient surtout le magnifique temple élevé à Auguste et orné de la statue colossale de ce prince, imitation du Jupiter olympien, et son môle, un des plus puissants ouvrages hydrauliques de l'antiquité; un grand nombre de pierres entrées dans la construction avaient jusqu'à 50 pieds de long sur 18 de large et 9 d'épaisseur.

KAISARIEH, l'ancienne *Nazakapuis*, *Césarée*, v. de la Turquie d'Asie, eyalet de Caramanie. Elle est située au pied de la haute montagne d'Ardfisch et est arrosée par le Caramas. C'est une jolie ville fortifiée, industrieuse et commerçante, qui renferme plusieurs mosquées et églises; est le siége d'un évêque grec et a, dit-on, 25,000 hab. On y fabrique un beau maroquin jaune et des étoffes de soie et de coton. Le coton brut est le principal article de commerce et y attire les marchands de l'Asie Mineure et de la Syrie. Césarée fut autrefois la capitale de la Cappadoce; elle comptait 40,000 hab. au moment où, sous le règne de l'empereur Valérien, elle fut prise et pillée par Sapor, roi de Perse.

KAISERSLAUTERN, v. de la Bavière rhénane, chef-lieu de l'arrondissement et du canton de même nom, située dans les montagnes de la Haardt, sur la route de Mayence à Paris, à 20 l. S.-S.-O. de la première ville, et traversée par la Lauter. Elle possède une école normale, des fabr. de tissus de laine, de coton et de bas, des tanneries; éducation de bestiaux; culture et commerce de lin, de graines de colza et de trèfle; les environs renferment des mines de fer, des forges et des laminoirs, des fourneaux à goudron et plusieurs moulins. Les ruines du château construit par l'empereur Fréderic Barberousse ont été démolies, et l'étang de l'empereur (*Kaiserswog*) est aujourd'hui à sec; pop. de la ville 6300 hab., du canton 18,600, de l'arrondissement 42,000.

Plusieurs combats eurent lieu dans les environs en 1792 et 1793, entre les impériaux et les Français sous Hoche; en 1795, Moreau força les premiers d'évacuer le pays.

KAISERSTEIN, un des sommets du Bœhmerwald; il est à 833 mètres au-dessus du niveau de la mer.

KAISERSTUHL, *Forum Tiberii*, pet. v. de Suisse, cant. d'Argovie; 540 hab.

KAISERSWERTH, pet. v. de Prusse, prov. du Rhin, rég. et à 2 l. N.-N.-O. de Dusseldorf, sur la rive droite du Rhin; avec un petit port et un bac, des murs et des fossés en vétusté; fabr. de velours, d'étoffes de soie, de tabac, de poterie; navigation; 1350 hab.

KAKÉCHÉWONISH, lac de la Nouvelle-Galles, dist. méridional, Amérique anglaise; s'écoule par le South-River (rivière du Sud), dans l'Albany.

KAK-GAWA, v. du Japon, chef-lieu de la prov. de Tootomi, dans le To-kaï-do.

KAKHODADE ou FAKHODADE, SCHAKODADE, v. japonaise dans l'île de Ieso, gouv. de Matsmaï; florissante par son commerce, grande, peuplée, possède un excellent port. C'est à Kakhodade que le capitaine Rikord reprit à son bord Galownin, qui a publié une relation de ses aventures de prisonnier au Japon.

KAKONDY, pet. v. de la Sénégambie méridionale, pays des Sousous, sur le Rio-de-Nunho-Tristao, dans une contrée très-malsaine, à 25 l. S.-E. de Gbinala.

KAKONDY, rivière. *Voy.* RIO-DE-NUNHO-TRISTAO.

KALÆFIN, v. et chef-lieu de cercle de la Russie d'Europe, gouv. de Twer, à l'embouchure de la Habna dans la Volga; 3550 hab.

KALAH, pet. v. du roy. de Maroc, au N. de la ville du même nom.

KALALITZ ou KARALITS. *Voyez* ESQUIMAUX.

KALAMATA, v. de la Morée, à 2 l. de la mer; culture et filature de soie.

KALAMO, îlot de la mer Ionienne, entre Ithaque et le continent; habité par des pêcheurs et des bergers.

KALANG, v. de l'Inde transgangétique, dans le Malacca indépendant, résidence ordinaire du sultan de Perak.

KALANTAN, prov. du roy. de Siam; est située dans la péninsule de Malacca. Son chef-lieu porte le même nom.

KALAOUAOUA ou KALAWAWA, v. assez considérable de la Nigritie centrale, emp. des Fellatahs, chef-lieu de l'état de Gouber, sur la route de Cachenah à Sackatou.

KALASTRY ou KOLASTRY, v. de l'Inde anglaise, présidence de Madras, prov. de Carnatic; possède d'importantes mines de cuivre.

KALAT-ADDE, b. et fort de la Basse-Nubie, dans le Ouady-Nuba, sur la rive droite du Nil, à 10 l. S.-S.-O. d'Ebsambol.

KALAU, v. de Prusse, chef-lieu de cercle, prov. de Brandebourg, rég. de Francfort; fabrication de draps et de toiles; commerce de laines et de lin; 1920 hab.

KALAVRITA, v. et chef-lieu de district de la Morée; 3000 hab.

KALBERGA, v. de l'Inde, roy. du Dekkan, prov. de Beder; n'a pas aujourd'hui de grande importance, mais fut jadis la capitale d'un puissant état musulman.

KALDENKIRCHEN, pet. v. de Prusse, prov. du Rhin, rég. de Dusseldorf, à 12 l. S. de Clèves; fabrication de cotonnades, de toiles, de rubans, de tabac, de chicorée; savonneries et vinaigreries; 1120 hab.

KALEMBOURG, ham. de Fr., Moselle, com. de Laumesfeld; 190 hab.

KALENBERG. *Voyez* CALENBERG.

KALGONG ou CULGONG, v. de l'Inde, principauté de Kolapour.

KALGUJEU ou KALGUGEW, île faisant partie du gouv. d'Arghangelsk, dans la Russie d'Europe; elle est située au N. de l'île de Schemankauska; ses habitants vivent principalement de la pêche et de la chasse.

KALHAUSEN, vg. de Fr., Moselle, arr. de Sarreguemines, cant. et poste de Rorbach; 850 hab.

KALI, riv. de l'Inde, descend de l'Himalaya et se jette dans le Gogra; plusieurs géographes la considèrent comme une des branches principales de ce fleuve.

KALIDEH. *Voyez* OUDJEM.

KALIKAT. *Voyez* CALICUT.

KALIL ou EL-KALIL (Kiriath-Arbe), *Hébron*, v. de la Turquie d'Asie, pachalik de Damas. Hébron fut une ville très-ancienne où séjourna et fut enterré Abraham; elle devint plus tard, pendant quelques années, la capitale du royaume de David. Aujourd'hui elle s'appelle El-Kalil, c'est-à-dire le bien aimé, épithète que les orientaux donnent à Abraham. La magnifique église que l'impératrice Hélène fit élever sur l'emplacement désigné par la tradition populaire comme le lieu où fut enseveli Abraham a été transformée en mosquée, dont l'accès est défendu aux chrétiens. Les 4 à 5000 habitants de Kalil, très-intolérants, ont une verrerie où l'on fabrique les anneaux dont les Bédouins ornent leurs bras et leurs jambes. On y fait aussi un commerce de raisins secs.

KALISZ, *Calisia*, *Canisia*, woïwodie du roy. de Pologne; elle est bornée au N. et à l'E. par les woïwodies de Masovie et de Sandomierz, au S. par celle de Cracovie et à l'O. la Prosna la sépare des prov. de Posen et de Silésie; le cours de la Warte la divise en deux parties presque égales; 360,000 hab.

KALISZ, v. forte de Pologne, chef-lieu de la woïwodie du même nom, sur une île de la Prosna; fabr. de draps de cuirs et de toiles; 6500 hab.

KALITIVA, v. de la Russie d'Europe, gouv. de Woronéje, située à l'embouchure de la Kalitiva dans le Don.

KALLI-NADDY. *Voyez* CALINI.

KALLIANI, v. de l'Inde anglaise, présidence de Bombay, prov. d'Avrangabad, chef-lieu du cercle du même nom. Elle est grande, fortifiée et habitée par des musulmans. Commerce et industrie assez considérables.

KALLINGER. *Voyez* CALLINGER.

KALLUNDBORG, v. du Danemark, diocèse de Sélande, sur le golfe du même nom; elle a un port; commerce de blé; distilleries; 1600 hab.

KALLUSZYN, v. du roy. de Pologne, woïwodie de Masovie; 2000 hab.

KALMOUKS. *Voyez* ELEUTS.

KALOTZA, pet. v. de Hongrie, cer. en deçà du Danube, comitat de Pesth, peu loin du Danube. Ses habitants s'adonnent principalement à la pêche et à l'éducation du bétail; 5000 hab.

KALPI, v. de l'Inde anglaise, présidence de Calcutta, dans la prov. d'Aoudh, chef-lieu du district de même nom; est située sur la Djamna et bien fortifiée. Commerce considérable de coton.

KALSOË, île faisant partie de l'archipel des îles Færoer, appartenant au roy. de Danemark.

KALTEN-BRUNNEN. *Voyez* FROIDE-FONTAINE.

KALTENHAUSEN, vg. de Fr., Bas-Rhin, arr. de Strasbourg, cant. et poste de Haguenau; 770 hab.

KALTENNORDHEIM, v. dans le grand-duché de Saxe-Weimar, prov. d'Eisenach. Dans la proximité est une mine de houille; 1350 hab.

KALTERHERBERG, vg. de Prusse, prov. du Rhin, rég. et à 6 l. S.-S.-E. d'Aix-la-Chapelle; éducation de mérinos; filat. de laine; carrières d'ardoises; 1390 hab.

KALTERN, b. du Tyrol, cer. de l'Adige, sur le lac de son nom; 2000 hab.

KALUGA, gouv. de la Russie d'Europe, borné à l'O. et au N.-O. par le gouv. de Smolensk, au N.-E. par celui de Moscou, à l'E. par celui de Jula, et au S. par celui d'Orel; il est arrosé par l'Oka, l'Upa, la Schisdra et leurs affluents; l'agriculture y est florissante; 1,175,100 hab. (d'après Schnitzler).

KALUGA, v. de la Russie d'Europe, située sur l'Oka, chef-lieu du gouvernement du même nom; elle est le siége des autorités supérieures et d'un évêque; elle possède un gymnase, une école supérieure, un séminaire et un hospice des enfants trouvés; fabr. de toiles; manufactures de coton et de papiers peints; tanneries; poteries; brasseries; commerce important; 1700 hab.

KALWARYA, v. et chef-lieu de cercle du roy. de Pologne, woïwodie d'Augustowo, dans une contrée marécageuse mais fertile; 5500 hab.

KALWARIA, b. de Gallicie, cer. de Myslenicz; pèlerinage.

KAMA, riv. de la Russie, principal affluent du Volga; prend sa source dans le gouv. de Perm, près du vg. de Polanka; se distingue par son cours circulaire, la profondeur et le volume de ses eaux qui la rendent navigable sur toute son étendue, passe par Kai, Solikansk, Perm, Okhansk et Sarapoul, reçoit les eaux de la Viatka, de la Silva et de la Bielaïa, et se jette dans le Volga au-dessous de Kazan.

KAMAKH, KAMAK ou GUMUCH, v. de la Turquie d'Asie, pachalik d'Erzeroum. Elle est située sur l'Euphrate et est une des forteresses les plus importantes de l'empire ottoman; fabrication de toiles.

KAMALIA, pet. v. de la Sénégambie orientale, pays des Mandingues, au pied de montagnes riches en or, à 30 l. S.-S.-O. de Bangassi.

KAMALIA, b. considérable de la Nigritie occidentale, Haut-Bambarra, sur le Djoliba, à 7 l. O. de Ségo.

KAMATO, pet. v. dans la partie septentrionale de la Haute-Guinée, côte de Sierra Leone, dépendance du Kouranko, sur la Rokelle; 1000 hab.

KAMBA ou KAMBIA, pet. v. dans la partie septentrionale de la Haute-Guinée, côte de Sierra Leone, chef-lieu de Timmanie, sur le Scarries, à 18 l. S. de Fouricaria.

KAMBAMBA ou KAMBANCA, pet. v. et fort de la Basse-Guinée, roy. d'Angola, prov. de Moseche, sur le Coanza, à 75 l. S.-E. de Loanda.

KAMBANI, chaîne de montagnes de l'Afrique australe, pays des Batjouanas, Cafrerie inférieure, au S.-O. de la Nouvelle-Litakou.

KAMBARGAUDY ou LARKHANA, une des branches de l'Indus; elle se détache du fleuve au-dessous de Bakker et vient le rejoindre après un long détour.

KAMBAYA. *Voyez* CAMBAI.

KAMBAYE (golfe de). *Voyez* CAMBAYE.

KAMBE, v. du Japon, prov. d'Ize, dans le To-Kaïdo.

KAMBERG, v. du duché de Nassau, bge d'Idstein, sur l'Embach; avec un château et un institut de sourds-muets; 1600 hab.

KAMBIA, b. de Sénégambie, état Manding d'Oulli, près du confluent de la Gambie et du Neriko.

KAMBODJE (roy. de) ou CAMBOGE, CAMBODIA; est la partie S.-O. de l'emp. d'Annam et s'étend entre 101° 14′ et 105° 14′ long. orient., et entre 8° 25′ et 14° lat. N.; il est borné au N. par le Laos, au N.-E. par la Cochinchine, à l'E. par Tsiampa, au S. par la mer de Chine, au S.-O. par le golfe de Siam et à l'O. par le roy. de Siam. D'après Templeman, sa superficie est de 2800 l. c. géogr. Le principal fleuve du pays est le May-kaoung, qui s'y divise en plusieurs bras, forme des îles très-fertiles et se jette par plusieurs bouches dans la mer. Ce fleuve est l'artère vivifiante du royaume; ses bords seuls et les canaux qui s'en détachent sont fertiles et cultivés; le reste du pays est montueux et couvert de bois impénétrables. La population du Kambodje est évaluée par Bissachère à 1 million d'habitants. Autrefois ce royaume était indépendant et avait ses rois particuliers. Au milieu du dix-huitième siècle ceux-ci se virent dans la nécessité d'implorer le secours des Annamites contre les Siamois. Ils devinrent tributaires de leurs alliés et bientôt l'empereur d'An-nam soumit toutes les parties du Kambodje à son pouvoir; il le fait administrer aujourd'hui par des mandarins civils et militaires. Le dist. de Kankar paraît seul jouir de quelque indépendance. Le Kambodje se divise en trois parties; le Kambodje septentrional, le Kambodje méridional, appelé Donnaï par les Annamites, et l'état de Kankar ou Pontiamo. Les principales villes du royaume sont : Saigon, Kampodje, Panombing, Kankar, etc.

KAMBODJE ou **Laweik**, cap. du Kambodje septentrional; est située dans une île du Maykarung et coupée en tous sens par des canaux; elle a des rues larges et régulièrement bâties, renferme l'ancien palais des rois du Kambodje, un grand nombre de pagodes et de temples, et fait un commerce considérable. Les Hollandais y avaient établi un comptoir vers le milieu du dix-septième siècle, mais ils furent obligés de se retirer par suite des intrigues des Chinois.

KAMBODJE (archipel de), groupe d'îlots et de rochers qui bordent la côte S.-O. du Kambodje; une partie en appartient aux Siamois. Ce groupe est encore peu connu.

KAMBODJE-SIAMOIS, pet. prov. détachée de l'ancien roy. de Kambodje, au S.-O. de cette contrée; le petit port de Baysaye, sur le golfe de Siam, en est l'endroit le plus remarquable.

KAMBOURG, v. sur la Saale, chef-lieu du bailliage de même nom dans le duché de Saxe-Meiningen-Hildsburghausen; sa pop. est de plus de 1500 hab. Le bge de Kambourg, qui, à l'exception de 17 villages, fit, jusqu'en 1826, partie du duché d'Altenbourg, renferme une superficie de 2 milles c., une ville, 44 villages et 8000 hab.

KAMEN, deux pet. v. de la Russie d'Europe, l'une dans le gouv. de Witebsk et l'autre dans celui de Mainsk.

KAMENG, v. du roy. de Saxe, cer. de Lusace, située sur l'Elster-Noire et au pied du Hutberg; elle renferme une population industrieuse de 4000 habitants. Elle a des tanneries, des fabr. de draps et de toiles, etc.; on y fabrique des pains d'épices renommés. Elle possède une école latine qui remplace son lycée. Rameng est la patrie de Lessing.

KAMENICZ, gros vg. de Hongrie, cer. en-deçà du Danube, comitat de Bars; florissant par ses nombreuses tanneries.

KAMENITZ, pet. v. de la Slavonie civile, cer. de Syrmien, sur le Danube.

KAMENITZ, très-pet. v. d'Autriche, gouv. de Moravie-et-Silésie, cer. d'Iglau; 200 hab.

KAMENITZ, très-pet. v. de Bohême, cer. de Tabor; fabrication de toile; 2500 hab.

KAMENJETZ ou **Kaminick**, v. très-forte de la Russie d'Europe, chef-lieu du gouv. de Podolie et siége des autorités supérieures; elle est divisée en deux parties : l'une se trouve au haut d'un rocher; c'était une forteresse très-importante; mais ses fortifications ont été démolies; l'autre est située au bas du rocher sur la Smotrischa. La cathédrale catholique et les deux palais des évêques grec et catholique sont ses édifices remarquables. Elle est industrieuse et commerçante et a 15,700 hab.

KAMENOI-OSTROG, b. de la Sibérie, prov. d'Okhostk, sur le golfe de Peuschinsk. Il s'y tient tous les ans une grande foire visitée par les marchands russes, les Koriékes et les Tchouktchi.

KAMERA, prov. du pays de Galam, en Sénégambie, sur la Falémé; le tonka de Makana, qui en est le roi, réside à Makadougou.

KAME-YAMA, v. du Japon, prov. d'Ize, dans le To-kaï-do.

KAME-YAMA, v. du Japon, chef-lieu de la prov. de Tanba, dans le Sa-nin-do.

KAMIANKA, v. du roy. de Pologne, woïwodie de Lublin; 1700 hab.

KAMFIDIA, port de l'Arabie, dans le Beled-el-Haram ou pays sacré. C'est une ville assez considérable, mais très-sale. Les bâtiments chargés de café qui viennent de Mokka sont forcés d'y payer un péage élevé.

KAMILLA, v. de l'Inde anglaise, présidence de Calcutta, dans le Bengale, chef-lieu du district du même nom. Kamilla, situé sur le Gomut, est une ville nouvelle mais très-industrieuse.

KAMINIK. *Voyez* Kamenetz.

KAMLAPOUR, v. de l'Inde anglaise, présidence de Bombay, dans le Bedjapour; endroit peu considérable situé dans l'ancienne banlieue de la ville de Bisnagar et résidence d'un radjah qui a conservé une partie de l'administration de la contrée.

KAMNECK. *Voyez* Stein.

KAMNITZ ou **Boehmisch-Kamnitz**, **Czeska-Kamnicza**, pet. v. de Bohême, cer. de Leitmeritz, sur la rivière du même nom; importante par sa grande fabrication de toiles et ses nombreuses blanchisseries; 3000 hab.

KAMORTA. *Voyez* Camorta.

KAMOU, établissement français dans l'arr. de St.-Louis, en Sénégambie, sur le Sénégal.

KAMOURASCA, groupe d'îles dans le St.-Laurent; fait partie du comté de Devon, dist. de Gaspé, Bas-Canada.

KAMOTCHI. *Voyez* Kaferistan.

KAMPEN, v. du roy. de Hollande, prov. d'Overyssel, dist. de Zwoll, à 17 l. N.-E. d'Utrecht, sur la rive gauche de l'Yssel, peu au-dessus de son embouchure dans le Zuydersée; on y traverse la rivière sur un pont de 240 mètres de longueur. La ville est ceinte d'anciennes fortifications, et ses environs peuvent être inondés pour sa défense. Elle possède des fabriques de couvertes, de pluche et d'autres étoffes de laine; pêche de saumons; 7000 hab.

KAMTCHADALES. *Voyez* Kamtchatka.

KAMTCHATKA (montagnes du). La chaîne de ce nom est une ramification des Stavonoï; elle s'en détache sous 64° lat. N., court vers le S. et s'enfonce dans la mer près du cap de Lopatka. Ce sont des montagnes d'une hauteur considérable, les unes liées en groupes, les autres isolées. Ces dernières sont appelées Goreloi-Sopki ou montagnes aiguës. Elles sont toutes ou des volcans éteints ou des volcans en ignition. Les principaux de ces volcans sont le Klioutchevskoi ou volcan de Tolbatchix, qui est le plus terrible, l'Avatcha et le Kamtchatskaïa. On peut regarder les montagnes qui se trouvent dans les Kouriles comme appartenant à la chaîne du Kamtchatka.

KAMTCHATKA (mer de); quelques géographes donnent ce nom à la partie du Grand-Océan renfermée entre le détroit de Behring, la côte orientale de la presqu'île du Kamtchatka, les îles Aléoutiennes et la côte N.-O. de l'Amérique, c'est-à-dire la mer intérieure que d'autres désignent par le nom de mer de Behring. Du côté de l'Asie le golfe d'Anadyr, à l'embouchure de ce fleuve et au S. de la pointe N.-E de l'Asie, est le plus important.

KAMTCHATKA, riv. de l'Asie russe; traverse du S. au N. une grande partie de la presqu'île de Kamtchatka et se jette dans la mer intérieure qui porte le même nom.

KAMTCHATKA. La presqu'île de ce nom, au N.-E. de l'Asie, est située entre 50° et 61° lat. N. et ne renferme, sur une étendue de plus de 4000 l. c. géogr., qu'environ 4500 habitants, dont 1400 Russes. La chaîne du Kamtchatka, hérissée de volcans terribles, la parcourt dans toute sa longueur. La seule rivière considérable est le Kamtchatka. Le climat est moins rude que dans le reste de la Sibérie; les pommes de terre, et même les céréales y réussissent et, si le pays était mieux peuplé et mieux cultivé, il pourrait, grâce à sa situation si favorable pour le commerce de l'Amérique, de la Chine et de l'Inde, acquérir une certaine importance. Le sol est fertile et offre d'excellents pâturages; du bois en abondance, beaucoup d'animaux à fourrures; la mer est riche en poissons de toutes sortes, en baleines, en phoques, en veaux, en lions marins, etc. Les habitants indigènes de ce pays qui, outre les Russes, renferme aussi des Korièkes et des Iakoutes, sont appelés Kamtchadales et appartiennent à la race mongole. Ils ont la taille petite, une grosse tête, un visage déformé et peu de cheveux. Depuis l'occupation du Kamtchatka par les Russes (de 1696 à 1706) ils ont adopté quelques usages de leurs maîtres, mais ont peu de goût pour l'agriculture; la chasse et la pêche forment toujours leur principale occupation. Leur nombre a beaucoup diminué, principalement par la petite vérole qui y a exercé en 1768 et 69 des ravages affreux. Le chien est leur animal domestique le plus utile et tire en hiver leurs traîneaux. Ils se sont convertis presque tous au christianisme, tout en conservant un grand nombre de leurs anciennes superstitions. Ils haïssent les Russes, dont les employés les maltraitent souvent d'une manière détestable, et il n'est pas rare de voir un Kamtchadale se suicider, dans l'espoir d'arriver après sa mort dans un pays plus fortuné où il n'y a pas de Russes. — Le Kamtchatka, sous le rapport administratif, forme un district qui dépend du gouvernement d'Irkoutsk et qui comprend aussi les Kouriles russes. Les principaux lieux habités de ce district sont Petropavlowsk (Avatcha), Verkhné-Kamtchatsk, Nijné-Kamtchatsk, Aklausk, Bolcheretzkoi et Tigilsk.

KAMTCHATSKAIA, volcan de l'Asie, dans la presqu'île de Kamtchatka; fait partie de la chaîne de montagnes qui porte ce nom.

KAMTKY ou GRAND-POISSON, GROOTE-VISH-RIVER, SAINT-JEAN, riv. considérable dans la partie orientale de la colonie du Cap; elle prend sa source dans les monts de Neige, sépare les dist. de Graaf-Reynet et d'Uitenhage de celui d'Albany, passe par Salem et autres lieux et se jette dans l'Océan Austral, à peu de lieues S.-O. de l'embouchure du Keiskamma.

KAN, fl. de Chine, affluent du Kiang. Il descend du mont Meï-leng sur les frontières du Kouang-toung, traverse le Kiang-si et, après avoir passé par le lac Phou-yanz, se jette dans le Kiang, en lui amenant les eaux de ce lac.

KANANORE. *Voyez* CANANORE.

KANARA ou CANARA, CARNATA, prov. de l'Inde, dans le Dekkan méridional; elle est située entre 71° 44′ et 73° 24′ long. orient., et entre 12° 38′ et 15° 35′ lat. N.; il confine au N. avec le Bedjapour, au N.-E. avec Balaghat, à l'E. avec le Maïssour, au S. avec le Malabar, à l'O. avec le golfe d'Oman; sa superficie est d'environ 340 l. c. géogr. Le Kanara (pays plat) est une plage stérile et sablonneuse qui s'élève en terrasses vers les cimes des Gâtes qui forment sa limite vers le S.; au N. plusieurs de ses cantons s'étendent au-delà des montagnes. Les côtes sont déchirées et offrent de bons ports. Les principaux cours d'eau de la province sont : le Chaudraghiri, le Comardaurec, la Soovurna et le Scherawutty, etc.; ils se précipitent tous des Gâtes et se jettent dans le golfe d'Oman. Le sol produit du riz en abondance, des cocotiers, du bétel, du poivre, du bois de sandal, du bois de teck, la canne à sucre, du sel, quelques épices, etc. La population s'élève à environ 600,000 individus et se compose principalement d'Hindous, de musulmans, de Moplays et de quelques juifs. Comme presque toutes les parties de l'Indostan, Kanara eut autrefois ses souverains particuliers. Haïder-Ali s'en empara en 1763 et le garda jusqu'en 1799, où il fut obligé de l'abandonner aux Anglais qui depuis l'administrent comme leurs autres possessions dans l'Inde. Le Kanara fait partie de la présidence de Madras et forme un district particulier; son chef-lieu est Mangalore; ses principales villes et endroits sont : Djemalabad, Ieunour, Barcelore, Onore, Okola et Sounda.

KANATSCHOA, fl. de la côte S. du Labrador; se jette dans le golfe de St.-Laurent.

KANA-ZAWA, v. du Japon, chef-lieu de la prov. de Kaga, dans le Fokou-rokou-do.

KANDABON. *Voyez* NAWIHI-LEWOU.

KANDAHAR, prov. de l'Afghanistan; est

bornée au N. par le Khorassàn, au N.-O. par Ghasnah, au S.-E. par Siwé, au S. par le Beloutchistan, au S.-O. par le Sistan et au N.-O. par Farrah. Elle est traversée à l'E. par la chaîne de Salomon ou Soliman; sa partie occidentale est couverte par les sables du vaste désert qui occupe le haut plateau de la Perse. Cette partie du Kandahar est inculte, nue, dépouillée d'arbres et offre tout au plus des pâturages aux troupeaux des Douranis nomades. Mais les bords de l'Helmend, de l'Ourgheudab, du Tarnak et de leurs affluents sont fertiles et bien cultivés; il en est de même des vallées des montagnes de l'E. et de la belle plaine dans laquelle est bâtie la ville de Kandahar. La majeure partie de la population, qu'on a évaluée à 750,000 âmes, appartient à la tribu des Douranis, dont les uns sont nomades et pasteurs, les autres agriculteurs. La ville principale de la province est Kandahar.

KANDAHAR, chef-lieu de la région ou prov. afghane de ce nom; est située au milieu de la plaine fertile qui s'étend entre l'Ourghendab et le Tarnak, sous 32° lat. N.; au-delà de la plaine commence le désert. Lors de la fondation de l'empire des Afghans, cette ville devint la résidence des souverains, et fut considérablement embellie. Ses principaux édifices, dont la plupart datent du temps d'Ahmed-Chah, sont le ci-devant palais royal; la mosquée qui est voisine renferme le tombeau d'Ahmed-Chah; ce dernier est surmonté d'une belle coupole. Kandahar est, d'après le dire des voyageurs, la plus grande et la plus belle ville de l'Afghanistan; rebâtie presque entièrement par Nadir-Chah, elle a des rues bien alignées, quoique étroites, des maisons en briques, la plupart à plusieurs étages. Les quatre principales de ces rues aboutissent à un bazar nommé Tchasou; c'est une vaste rotonde voûtée, garnie de boutiques, et bien approvisionnée; Kandahar est aussi important par son industrie que par son commerce. Malgré les fortifications qui l'entourent, les Anglais l'ont occupé sans avoir éprouvé de résistance, lors de l'expédition récente qu'ils ont envoyée en Afghanistan et y ont proclamé Chah-Soudja comme souverain du roy. de Kaboul.

KANDAR, v. de l'Inde transgangétique, dans le roy. d'Assam.

KANDEICH ou **KHANDESCH**, **CANDEICH**, prov. de l'Inde, dans le Dekkan septentrional; est située entre 71° 9′ et 77° 50′ long. orient., et entre 10° 5′ et 22° 52′ lat. N.; elle confine au N. avec le Malwa, à l'E. avec le Gandwana, au S.-E. avec le Bérar, au S.-O. avec Avrangabad et à l'O. avec le Guzerat. C'est un pays montueux qui fait encore partie du plateau du Dekkan; les Gâtes s'en détachent au S. du Tapty; une ramification de ses montagnes court à l'E. et le sépare de l'Avrangabad. Les hauteurs, peu élevées d'ailleurs, sont déchirées, inabordables en plus d'un endroit et presque toutes nues. La Nerbuddah, le Tapty sont ses principaux cours d'eau. Sa partie méridionale est parfaitement arrosée et très-fertile; la partie septentrionale est moins bien cultivée et manque d'eau, malgré les pluies abondantes qui y tombent régulièrement. Le climat est tempéré et la chaleur rarement très-forte. Les principales productions du Kandeich consistent en riz, céréales, bétel, sucre et coton; l'éducation du bétail y est plus développée que l'agriculture. La population, qui s'élève à deux millions d'habitants environ, se compose de Mongols, d'Afghans, des descendants des Arabes, qui vinrent dans ce pays pour le coloniser, et principalement de Mahrattes et autres Hindous, parmi lesquels on distingue les sauvages tribus des Bheels. Jusqu'en 1818 cette partie de l'Inde, était divisée entre deux princes mahrattes et les amirs du Sindhy. A cette époque les Anglais se firent céder le Kandeich, et depuis ce temps il fait partie de leurs possessions. Il dépend de la présidence de Bombay et forme les trois districts de Gaulna, de Kandeich et de Meïwar. Ses principales villes sont : Gaulna, Tchandore, Nandode, Sulthanpour et Bedjaghar.

KANDELEI ou **CANDELY** (lac de), dans l'intérieur de l'île de Ceylan; est remarquable par les travaux hydrauliques qui y ont été faits et les immenses pierres qui sont entrées dans leur construction, ouvrages de la civilisation des anciens habitants de Ceylan.

KANDERN, v. du grand-duché de Bade, cer. du Haut-Rhin, sur la rivière du même nom; elle a une forge, une fabrique de rubans de soie et dans sa proximité les ruines du château de Sausenberg; 1350 hab.

KANDJIAR ou **KUNJEUR**, v. de l'Inde anglaise, présidence de Calcutta, prov. d'Orissa, chef-lieu de district; résidence d'un radjah tributaire, sur le Byturny.

KANDY, pet. v. de l'état Peul de Fouladou, en Sénégambie, prov. de Gangaran, dans une contrée riche en singes.

KANDY. *Voyez* CANDY.

KANEL. *Voyez* CANEL.

KANEM, roy. de la Nigritie centrale, dans l'emp. de Bornou, sur la rive septentrionale et sur une partie de la rive orientale du lac de Tchad; sol fertile; bétail et chevaux nombreux; Maou, capitale.

KANENAVISH, peuplade indépendante dans les États-Unis de l'Amérique du Nord, territoire du Missouri. Cette peuplade, forte de 6500 individus, erre le long du La Platte, du Yellow-Stone (pierre jaune) et du Missouri supérieur, entre 45° et 47° lat. N.

KANEW, v. de la Russie d'Europe, gouv. de Kiew, avec un beau château.

KANFEN, vg. de Fr., Moselle, arr. et poste de Thionville, cant. de Cattenom; 590 hab.

KANGEE, v. de l'état Peul de Cassou, en Sénégambie, sur la frontière du Kaarta et près de la source du Krieko, à 13 l. S.-E. de Kouniakary.

KANGOUROUS (île de), dans l'Australie ou Océanie centrale; elle est, pour la grandeur, la seconde des îles les plus rapprochées du continent austral, et s'étend à l'entrée du golfe de St.-Vincent, au S. de la terre de Flinders, entre 134° 14′ et 135° 50′ long. E., depuis 35° 32′ jusqu'à 36° 5′ lat. S. Elle a 259 l. c. de superficie. Cette île est élevée, mais elle ne renferme aucune montagne proprement dite. Une chaîne de collines, qui s'élèvent presque perpendiculairement à 200 et 300 pieds de hauteur, s'étend sur toute la côte méridionale. Cette partie de l'île est moins stérile que la côte septentrionale, dont le sol aride et nu ne présente aucune végétation. L'intérieur est couvert de forêts épaisses, mais on n'y trouve aucun fruit ni aucune plante dont l'homme puisse se nourrir. Aussi l'île est-elle inhabitée. Les Anglais y viennent à la pêche des phoques, qui fourmillent sur la plage. On y chasse aussi deux espèces de kangourous.

Cette île fut découverte en 1802 par Flinders. L'expédition Baudin l'explora en 1803.

KANIKA, v. de la Nigritie occidentale, dans le Haut-Bambarra, à 40 l. S.-O. de uégo.

KANINAS, langue de terre qui s'avance entre la mer Blanche et le golfe de Tcheskaja, dans le gouv. d'Arkhangelsk de la Russie d'Europe, située entre 66° 30′ et 68° lat. N.

KANITZ, pet. v. d'Autriche, gouv. de Moravie-et-Silésie, cer. de Brunn, sur l'Iglawa; manufactures de draps; 3000 hab.

KANK, très-pet. v. de Bohême, cer. de Czaslau; regardée comme un faubourg de Kuttenberd; possède des mines d'argent; 2000 hab.

KANKABA, v. considérable de la Nigritie occidentale, dans le Haut-Bambarra, sur la rive gauche du Djoliba, à 15 l. S.-S.-O. de Bammakou; grand marché d'esclaves.

KANKAKÉE. *Voyez* **ILLINOIS** (fleuve).

KANKAN, roy. de la Nigritie occidentale, au N. du Sanguran; très-riche en or et en esclaves. La capitale du même nom, située non loin du Milo, affluent de droite du Djoliba, est remarquable par l'industrie et le commerce étendu de ses habitants, dont le nombre s'élève à 6000, tous mahométans.

KANKARA ou **KANKARI**, v. considérable de la Nigritie occidentale, dans le Haut-Bambarra, à 20 l. S.-E. de Bammakou.

KANKY-LABY, pet. v. de l'état Peul de Fonta-Diallon, en Sénégambie, à 18 l. S.-E. de Laby.

KAN-NING, v. de Chine, prov. de Foukian, sur le Mincho, sans grande importance; sa juridiction s'étend néanmoins sur sept villes.

KANO, roy. de la Nigritie centrale, dans l'emp. des Fellatah, au S.-E. du Cachenah. La capitale de même nom, que l'on croit être l'ancienne Tagana et dont on porte la population permanente à 40,000 âmes, est actuellement le plus grand marché de toute l'Afrique centrale. Cette ville, dont la forme est un ovale irrégulier d'environ 15 milles, est entourée d'un mur en terre de 30 pieds de haut et de 2 fossés à sec. Elle a 15 portes en bois recouvertes de lames de fer; on les ouvre et ferme régulièrement, comme dans les autres villes de cette partie de l'Afrique, au lever et au coucher du soleil. Les maisons, construites en argile et ordinairement à deux étages, sont presque toutes carrées, avec de petites fenêtres et un appartement dans le centre, dont le toit est soutenu par des troncs de palmier; il est destiné à recevoir les étrangers. Les maisons sont à un quart de mille des murailles et, dans quelques endroits, réunies en petits groupes, séparés par de larges mares d'eau stagnante; elles n'occupent guère que le tiers du terrain compris dans l'intérieur des murs; le reste est employé en champs et en jardins. Clapperton assure que le marché de cette ville, située à 35 l. S.-E. de Cachenah, est le mieux réglé de toute l'Afrique.

KANOBIN ou **CANOBIN**, pet. v. de Syrie, pachalik de Tripoli; bâtie dans une contrée pittoresque; chef-lieu des Maronites et résidence du patriarche de ces montagnards, qui habite un grand couvent dont l'église a été bâtie par Théodose-le-Grand. Dans le voisinage de Kanobin l'on montre, sur les pentes du Liban, des cèdres séculaires que les Maronites prétendent être contemporains de Salomon.

KANON ou **KOCONO**, v. et chef-lieu de la Russie d'Europe, gouv. de Wilna, située à l'embouchure de la Wilna dans le Niémen; fabr. de toiles; brasseries; commerce et navigation; 3100 hab.

KANORA ou **KANARA**, v. du Japon, prov. de Mino, dans le To-san-do.

KANOUDJ ou **KANODJE**, v. de l'Inde anglaise, présidence de Calcutta, prov. d'Agra. Elle est bâtie près du Gange sur l'emplacement de l'ancienne et célèbre ville de Kanyakoubja, qui avait une immense population au sixième siècle de notre ère. Deux mosquées et plusieurs tombeaux de saints musulmans attestent seuls la grandeur passée de cette ville aujourd'hui ruinée.

KANSK, b. dans la Russie d'Asie, gouv. d'Iénisseisk, cer. de Krasnoïarsk; il s'y tient tous les ans plusieurs marchés où les marchands de Krasnoïarsk achètent aux nomades et aux chasseurs du bétail, des moutons et des fourrures; 1000 hab.

KAN-SOU, prov. de Chine; a été formée de la partie occidentale du Chen-si et d'une partie de la Petite-Boukharie; comprend les anciens districts de Cha-tcheou, de Bourkoul et d'Ourumtsi, au N. de ce dernier pays. Il est borné par le Chen-si, le Sé-tchouan, la chaîne de Bura, dans le pays de Sifan, et la Mongolie. Nous renvoyons, pour la géographie physique, aux articles consacrés au Chen-si, et à la Petite-Boukharie. Sa plus grande étendue de l'E. à l'O. est de 212 l. et de 240 l. du S. au N. Le Kan-sou est divisé en 15 départements; sa capitale est Lao-tcheou-fou, à 404 l. de Pé-king; ses autres villes remarquables sont : Koung-tchang, Phing-liang, Khing-yang, Ming-hing, Liang-tcheou, Si-ning, Tchin-si, Ty-houn-cheou (Ouroumt-si), Toung-ou et Cha-tcheou.

KAN-TCHEOU, v. de Chine, prov. de Chen-si, non loin de la grande muraille; siége d'un gouverneur militaire; est florissante par son industrie et par son commerce.

KAN-TCHEOU-FOU, v. de Chine, prov. de Kouang-toung, sur le Singi-ho qui la met en communication avec la mer, et facilite son important commerce.

KAN-TCHEOU-FOU, v. de Chine, prov. de Kiang-si, sur le Kan-kiang, qu'on y passe sur un pont de bateaux. C'est une des premières places de commerce de la province; on y prépare la meilleure encre et la meilleure laque de toute la Chine; l'arbre à laque croît dans les environs. Sa juridiction s'étend sur onze villes.

KANZAS, peuplade indépendante de la nation des Osages, États-Unis de l'Amérique du Nord, territoire du Missouri. Ils sont forts de 1650 individus et habitent deux villages sur le Kanzas, à 90 l. au-dessus de l'embouchure de ce fleuve.

KANZAS, fl. très-considérable des États-Unis de l'Amérique du Nord, territoire du Missouri; il se forme de deux bras: le Républican-Fork (Républicain), qui reçoit le Salomon et la Grande-Saline au N., et le Smoky-Hill-Fork (mont de Fumée) au S. Le fleuve traverse de l'O. à l'E. le vaste dist. des Osages, qui lui envoie de nombreux affluents, tels que le Blue-Earth (terre Bleue), le Hearth (Cœur), le Grashopper, etc., et se décharge dans le Missouri sur la frontière de l'état de ce nom, après un cours de 420 l.

KAPELLE-SUR-L'YSSEL, vg. du roy. de Hollande, prov. de la Hollande méridionale, dist. de Rotterdam; on y fabrique des briques avec les alluvions argileuses de la rivière; 1250 hab.

KAPELLEN. *Voyez* CHAPELLE-SOUS-ROUGEMONT (la).

KAPNIK, gros b. de Hongrie, cer. au-delà de la Theiss, comitat de Szathmar, sur la frontière de la Transylvanie, vis à vis de Kapnik-Banyce.

KAPOSVAR, pet. v. de Hongrie, cer. au-delà du Danube, chef-lieu du comitat de Schumegh, sur la rivière de même nom; renferme une école catholique principale; grande culture de tabac; 3000 hab.

KAPOUR, dist. et v. de l'Inde anglaise. *Voyez* CAUNPOUR.

KAPPEL ou WINDISCH-KAPPEL, b. d'Illyrie, gouv. de Laibach, cer. de Klagenfurt; important par ses mines de plomb et de mercure; 1200 hab.

KAPPEL-AM-RHEIN, beau vg. dans le grand-duché de Bade, cer. du Haut-Rhin, à l'embouchure de l'Elz dans le Rhin; passage du fleuve; pêche du saumon; culture du tabac et du chanvre; 1200 hab.

KAPPELEN, vg. de Fr., Haut-Rhin, arr. d'Altkirch, cant. de Landser, poste de Sierentz; 390 hab.

KAPPELKINGER, vg. de Fr., Moselle, arr. de Sarreguemines, cant. de Sarralbe, poste de Puttelange; 700 hab.

KAPPEL-SOUS-RODECK, b. du grand-duché de Bade, cer. du Rhin-Moyen; bon vin rouge; ruines du château de Rodeck; 2400 hab.

KAPPERVOURDIE ou KUPPERWUNGE, v. de l'Inde, principauté de Baroda; elle est entourée de murs et compte environ 10,000 habitants; industrie; grand commerce d'huile.

KAPRONCZA, pet. v. de la Croatie civile, comitat de Kreuz, sur la rivière de même nom; 4000 hab.

KAPUVAR, pet. v. de Hongrie, cer. au-delà du Danube, comitat d'OEdenbourg; entourée de marais; manufacture de tabac; 3500 hab.

KARA, riv. de la Russie, qui, sur une certaine étendue, trace la limite entre l'Europe et l'Asie et se jette, sous 69° lat. N., dans le golfe de même nom, enfoncement de l'Océan Glacial Arctique.

KARA (détroit de), canal de l'Océan Arctique, qui sépare les côtes du continent (gouv. d'Arkhangel) du groupe d'îles de la Nouvelle-Zemble. Un grand nombre de géographes le désignent par le nom de détroit de Vaigats.

KARA (golfe de), enfoncement de l'Océan Glacial Arctique, entre les dernières limites N.-E. de l'Europe, dans le gouv. d'Arkhangel et la presqu'île Asiatique, à laquelle on a donné le nom de Kara-Ob.

KARABAGH (le jardin noir), ancien khanat de la prov. de Chirvan; occupe l'angle formé par le confluent du Kour et de l'Aras. C'est un pays très-fertile en blé, en céréales, en riz, chanvre, coton, soie et sesam, mais entièrement dépouillé de bois. Les habitants, au nombre de 5000 familles, sont des Turcomans nomades et des Arméniens. Le Karabagh a servi au moyen âge de résidence à Timour et tient son nom de son ancienne capitale, aujourd'hui en ruines. Le chef-lieu actuel de ce pays est Chouchi.

KARA-BOUDAKH, b. de la Russie d'Asie, prov. de Daghestan, situé au confluent des deux Manass; il est habité par une tribu de Koumuk, qui possède de grands troupeaux et qui dépend du chamkal de Tarki.

KARABURNU, *Melœna*, v. de l'Anatolie, à l'extrémité d'une presqu'île du golfe de Smyrne.

KARADJA, un des points culminants de l'Anti-Taurus; il est situé au S. de Konieh et à 13,000 pieds de hauteur.

KARADJOLAN, pet. v. de la Turquie d'Asie, dans le Kurdistan ottoman; résidence d'un prince kurde.

KARADJOWA, v. de la Turquie d'Europe, Romélie; encaissée dans une vallée fermée par de hautes montagnes; 4000 hab.

KARAFTA. *Voyez* TARAKAÏ (île de).

KARA-GOURICH, pet. v. du Daghestan, dans la Russie d'Asie.

KARA-HAMID. *Voyez* DIARBEKIR.

KARA-HISSAR. *Voyez* AFIOUM-CARA-HISSAR.

KARA-HISSAR ou SCHABIN-KARA-HISSAR, v. et fort de la Turquie d'Asie, eyalet d'Erzeroum; située sur la pente d'une montagne, au sommet de laquelle s'élève sa citadelle. Gardanne lui suppose environ 2000 maisons; manufactures d'étoffes de laine et de coton. On trouve dans ses environs de l'alun qu'on prépare à Kara-Hissar et qu'on expédie de là à Constantinople, à Smyrne et à Alep.

KARAK ou KAREK, île du golfe Persique, appartenant à la Perse, au N.-O. d'Abouchehr; fait partie de la prov. de Fars. La pêche des perles qu'on y fait est, suivant Morier, aujourd'hui plus abondante que celle qu'on fait dans les parages des îles Bahrain.

KARAKAKOUA, baie de l'île de Hawaii, dans la Polynésie ou Océanie orientale; c'est une des localités les plus remarquables; elle est située sous 19° 18′ lat. N. et sous 158° 31′ long. occ. et très-fréquentée par les vaisseaux qui traversent le Grand-Océan. Sur cette même baie se trouvent une maison royale, bâtie à l'européenne, et un village d'environ 300 maisons, dont la population s'élève à 3000 hab.

KARAKALPAK (pays des), est situé le long du Syr-Daria et aux bords de la mer d'Aral. C'est une grande steppe, sans arbres ni arbustes, mais qui offre d'excellents pâturages. Les Karakalpak ou bonnets noirs descendents des Turcomans, qui se sont établis près de l'embouchure du Syr-Daria dans la mer d'Aral. Ils se divisent en deux tribus ou ulusses, qui comptent ensemble environ 25,000 guerriers, et bien que soumis aux Kirghis, leurs voisins, ont leurs khans particuliers. Ils sont nomades en été et sédentaires en hiver; l'éducation du bétail est leur principale occupation. Ils fabriquent de bons ouvrages en fer et d'excellentes armes. Ils ont eu récemment des démêlés avec les Kirghis, qui en ont rejeté un grand nombre dans le khanat de Khiwa et dans la Grande-Boukharie.

KARAKELLO, pet. v. de l'état Peul de Fouladou, en Sénégambie, prov. de Brouko.

KARAKH, dist. du Caucase oriental, soumis au khan des Avars.

KARAKHORIN. *Voyez* CARACORUM.

KARA-KOUL, v. du Turkestan, dans le khanat de Boukhara. Elle est située près de l'embouchure du Zer-Afchaz dans le lac qui porte son nom. Sa population doit être très-considérable et s'élever à environ 30,000 h.

KARA-KOUL, lac du Turkestan, dans le khanat de Boukhara; reçoit les eaux du Zer-Afchaz.

KARALEIJANGO, pet. v. de l'état Manding de Kaarta, en Sénégambie, à 44 l. E. de Kemmou.

KARAMAN ou LARENDA, v. de la Turquie d'Asie, eyalet de Caramanie. Elle est située dans une vallée du Taurus et entourée de jardins, non loin de l'ancien Larenda, dont les restes ont servi à la construction de ses édifices. Karaman est assez grand, a environ 7000 habitants, fabrique des toiles et des étoffes de coton et fait un commerce assez considérable avec Kaisarich, Tarsus et Smyrne.

KARA-MOUREN (fleuve noir), nom que les Mongols donnent au Houang-ho ou fleuve Jaune.

KARANKALLA, pet. v. de l'état Manding de Kaarta, en Sénégambie, à 4 l. O. de Kemmou. Elle fut pillée et saccagée par les Bambarras, en 1792.

KARANSEBES, pet. v. commerçante des Confins militaires, généralat du Banat, sur le Themes; renferme une école normale allemande et plusieurs casernes; 3000 hab.

KARA-OB (péninsule de); M. Balbi propose de donner ce nom à la presqu'île, partie du gouv. de Tobolsk, qui s'avance dans l'Océan Glacial Arctique, entre les embouchures de la Kara et de l'Ob.

KARARI, v. considérable de l'emp. des Fellatah, Nigritie centrale, sur la route de Sackatou à Fachenach.

KARA-SOU. *Voyez* EUPHRATE.

KARASS, b. de la Russie d'Asie, prov. du Caucase. Il y existe, depuis 1803, une colonie d'Allemands et d'Écossais et un établissement de missionnaires écossais, qui jouissent de priviléges particuliers, dirigent une école, possèdent une imprimerie et enseignent le turc et autres langues. Karass est situé au pied du Bechtan (les cinq montagnes).

KARATCHI. *Voyez* CURATCHI. Les Anglais viennent de s'emparer de cette ville et se disposent à en faire une place de commerce importante. Comme elle est située près de l'embouchure du bras de l'Indus, qui vient de Bakker, il est probable qu'elle deviendra la station des bateaux à vapeur qui remonteront ce fleuve et les rivières du Pendjab, et sera par conséquent l'entrepôt d'un commerce des plus considérables.

KARATEGHIN. *Voyez* GHALTCHA.

KARATOVA, b. de la Turquie d'Europe, Romélie; mines d'argent et de cuivre.

KARATSCHEW, v. de la Russie d'Europe, gouv. d'Orel; 6000 hab.

KARAT-SOU, v. du Japon, prov. de Fizen, dans le Saï-kaï-do.

KARA-VERIA, v. de la Turquie d'Europe, Romélie, située sur la Ferrina; filat. de coton; teintureries; grande culture de riz et de fruits; 8000 hab., la plupart Grecs.

KARCHI ou NAKHCHER, v. du Turkestan, khanat de Boukhara. C'est une ville industrieuse et commerçante qui a, dit-on, près de 40,000 habitants, mais qui est peu connue.

KARDASEH, vg. de la Basse-Nubie, sur la rive droite du Nil, entre Tafa et Assouan; remarquable par son temple.

KARDZAG-UJ-SZALLAS, v. de Hongrie, cer. en-deçà de la Theiss, comitat de Beregh, chef-lieu de la Grande-Kumanie, dist. particulier; 10,000 hab. Dans le voisinage on trouve une grande quantité de melons et de tortues.

KAREC. *Voyez* CARÆ.

KARECKA, riv. de la colonie du cap de Bonne-Espérance; elle prend sa source dans les monts de Neige et se jette dans le Camtoos.

KAREUSK, pet. v. de la Russie d'Asie, gouv. d'Irkoutsk; n'a que 700 habitants.

KARGAPOL, v. et chef-lieu de cercle de la Russie d'Europe, gouv. d'Olonez, sur l'Onéga; elle a 26 églises et fait un grand commerce de morues, de harengs et de pelléterie; 3100 hab.

KARIKAL, v. de l'Inde française; est située sur la côte de Coromandel, dans la prov. de Carnatie, dist. de Tanjore, non loin de l'embouchure de l'Arselar, une des branches du Kavery. Elle a environ 15,000 habitants, qui fabriquent des étoffes de coton estimées dans l'Inde et connues sous le nom d'étoffes du sud. Le territoire français du Karikal, compris entre les deux embouchures du Kavery, est arrosé par six petites branches de ce fleuve, qui débordent régulièrement et fécondent les rizières. Il est divisé en 5 districts et en 108 aldées ou villages, qui ont, avec la ville de Karikal, une population de 30,000 habitants.

La ville et le territoire de Karrikal furent cédés aux Français, en 1739, par le radjah de Tanjore. Ils tombèrent depuis plusieurs fois aux mains des Anglais; les traités de 1814 et 1815 nous les ont définitivement restitués.

KARI-YA, v. du Japon, prov. de Mikawa, dans le To-kaïdo.

KARKAGNA, pet. v. du roy. de Gondar, en Abyssinie, prov. de Maitscha.

KARLBOURG, très-pet. v. de Hongrie, cer. au-delà du Danube, comitat de Wieselbourg; sur le Danube; 2400 hab.

KARLOPAGO, pet. v. maritime fortifiée des Confins militaires, généralat réuni de Carlstadt-Warasdin et du ban de Croatie; avec un excellent petit port, d'où l'on exporte des vins de Dalmatie, du bois, du miel et de la cire; 1500 hab.

KARLI. *Voyez* CARLI.

KARLOVECZ. *Voyez* KARLSTADT.

KARLOWASI, v. sur la côte septentrionale de l'île de Samos; commerce important; 2600 hab.

KARLOWITZ ou KARLOVACZE, v. fortifiée des Confins militaires, généralat de Slavonie, sur le Danube; siége de l'archevêque grec, dont relèvent tous les sujets autrichiens attachés à l'église grecque; possède de nombreux établissements d'instruction et fait un commerce très-actif; 6000 hab. Paix de Karlowitz, conclue, en 1699, entre l'empereur, la Russie, la Pologne, Venise et la Turquie.

KARLSBAD. *Voyez* CARLSBAD.

KARLSBERG, vg. de la Bavière rhénane, arr. de Frankenthal, cant. de Grunstadt; une grande partie de ses habitants sont des musiciens ambulants; 1420 hab.

KARLSBOURG, comitat de Transylvanie, pays des Hongrois; superficie 114 l. c. g. Cette province abonde en vins, blé, légumes, fruits, bois, bestiaux, gibier, poissons et sel; sur la frontière de la Hongrie on trouve des mines d'or. Le Maros est son principal cours d'eau.

KARLSBOURG, v. fortifiée de Transylvanie, chef-lieu du comitat de son nom, appelée aussi Alba Julia, Gyula-Pejervar, Weissenbourg et Belograd. Elle renferme un hôtel des monnaies, un observatoire, une bibliothèque et est le siége de l'évêque catholique de la Transylvanie. A quelques milles de distance on trouve les plus riches mines d'or de l'empire d'Autriche; 11,400 hab.

KARLSHAFEN, v. de l'électorat de Hesse-Cassel, prov. de la Basse-Hesse; nouvellement construite à l'embouchure du Diemal dans le Wéser, avec un port sur ce fleuve. Elle a une maison des invalides et une saline importante; commerce d'expédition; 1200 hab.

KARLSHAMM, v. de Suède, Gothie méridionale, située sur la mer Baltique; fabr. de tabac; navigation; pêche considérable; commerce de blé, pain, goudron, ouvrages en fer, tabac et bois; source minérale; 3400 hab.

KARLSROUHE. *Voyez* CARLSROUHE.

KARLSTADT, pet. v. de Bavière, chef-lieu de district dans le cer. du Mein-Supérieur, ceinte de murailles flanquées de tours et située sur la rive droite du Mein, dans une contrée fertile, à 5 l. de Wurzbourg. Elle possède un hôpital central, une belle église gothique, un commerce local actif; on y récolte de bon vin et des fruits. Pop. de la ville 2150 hab., du district 15,600.

KARLSTADT (Karlovecz), très-pet. v. de la Croatie civile, sur la Kulpa; importante par ses fortifications, son gymnase et par les belles routes qui mènent à Fiume, à Segna et à Carlobago, et qui facilitent beaucoup son commerce; siége d'un évêque grec; 3000 h.

KARLSTADT, généralat réuni de Karlstadt-Varasdin et du ban de Croatie, divisé en huit régiments; c'est une des quatre provinces des confins militaires.

KARLSTADT, gouv. de Suède, comprenant toute l'ancienne prov. de Wermeland. Le sol est montueux; le Wenern et le Skagen sont ses principaux lacs; il est arrosé par la Clara-Elf, la By-Elf, la Nors-Elf et la Severt-Elf. Des mines de fer forment sa principale richesse. Il est divisé en 4 baillages, savoir : OEstra-Sysslet, Mellan-Sysslet,

Væstra-Sysslet et Sædra-Sysslet; 1780 l. c. de superficie; 140,100 hab.

KARLSTADT, v. située sur une île formée par la Clara-Elf, chef-lieu du gouvernement du même nom; elle est le siége des autorités supérieures et d'un évêque; gymnase avec une bibliothèque et un observatoire; 2600 hab.

KARNAK ou KASR-KARNAK, deux misérables villages de la Haute-Égypte, prov. de Kéné, sur la rive droite du Nil et une partie de l'emplacement de l'ancienne Thèbes. *Voyez* LOUQSOR.

KARNIKOBAR. *Voyez* CARNIKOBAR.

KARNOW. *Voyez* JÆGERNDORF.

KAROSKO, b. de la Basse-Nubie, dans le Ouady-Nuba, au N. de Derr, dans une contrée abondante en dattes.

KARPATHES ou CRAPACKS, chaîne considérable de montagnes hautes et sauvages, qui séparent la Transylvanie et la Hongrie de la Moldavie et de la Gallicie. Elle s'étend, en formant un arc de 300 l., depuis l'extrémité la plus septentrionale de la Moravie jusqu'au mont Mosa-Mika, extrémité S.-E. de la Transylvanie. Le Gesenker-Gebirge (monts abaissés), entre la Silésie et la Moravie, lie cette chaîne aux Sudètes, qui prennent en Silesie le nom de Riesengebirge (monts des géants) et en Saxe celui de Erzgebirge (monts métalliques). Les nombreuses chaînes secondaires qui se détachent des Karpathes sillonnent toute la Hongrie, la Transylvanie et le territoire de l'ancienne Dacie sur le Danube. Cette chaîne atteint sa plus grande hauteur, sous le nom de Tatra, dans les comitats de Zips, de Liptau et d'Arve. D'épaisses forêts couvrent ses revers jusqu'à 3600 et même 4200 pieds de hauteur; au-dessus de cette région on n'aperçoit plus que des masses colossales de roches nues, dont les sommets se perdent dans les nuages. La chaîne qui se dirige à l'E. vers la Transylvanie est moins élevée. Le Tatra ou Erzgebirge de la Hongrie, le Matra au centre de la Hongrie, le Kerzergebirge en Transylvanie et les montagnes du Bannat et de la Boukowine sont des dépendances des Karpathes.

Les principaux points culminants de cette chaîne sont : le pic de Lomnitz de 7944 pieds d'élévation, en Hongrie; le Leutschetsch de 7930 pieds, en Transylvanie; le Kryvan de 7800 pieds, en Hongrie; le Szurul de 7120 pieds, en Transylvanie, le Budislaw de 7400 pieds, en Transylvanie, et le Czernagora de 4800 pieds, dans la Boukowine.

KARPFEN (Karpona), pet. v. de Hongrie, cer. en-deçà du Danube, comitat de Sohl; 3000 hab.

KAROLI ou KAROULE, petite principauté de l'Inde, tributaire des Anglais. Elle est située dans la prov. d'Agra et a pour radjah un prince rajepoute qui a 100,000 roupies de revenus; c'est depuis 1817 qu'il a reconnu la suzeraineté de la Compagnie des Indes. Il réside dans la petite ville fortifiée de Karoli.

KAROUN, riv. de la Perse, passe par Chouster, reçoit les eaux de l'Abzal, qui passe par Dizfoul et du Djerhai qui traverse Goban, communique avec le Chat-el-Arab, dont il est un affluent, et se jette par cinq bouches dans le golfe Persique.

KARRA ou CURRAH, v. de l'Inde anglaise, présidence du Bengale, prov. d'Allahabad; située sur le Gange; possède plusieurs temples et fabrique beaucoup d'étoffes de coton.

KARREE ou KARRI, branche de la chaîne des Monts-de-Neige dans la partie méridionale du pays des Hottentots, chez les Bosjesmanns; ses points culminants atteignent une hauteur de 1050 toises.

KARRIBARY ou CURRIBARY, pet. v. de l'Inde transgangétique, principal endroit du pays des Garrows; soumis aujourd'hui aux Anglais.

KARROUNKOULLA, pet. v. de l'état Manding de Kaarta, en Sénégambie.

KARROUS, plateaux dans la partie septentrionale et centrale de la colonie du cap de Bonne-Espérance : le Karrou, entre les monts Nieuveld et les monts Karree, d'une hauteur de 500 à 800 toises; le Grand-Karrou, entre le Nieuveld et le Zwartberg, au N. des dist. de Zweuendam et d'Uitenhage, d'une hauteur de 500 toises. Couverts chaque année d'une superbe verdure et d'innombrables troupeaux, ils deviennent dans la saison sèche des déserts arides et des solitudes affreuses.

KARS, prov. ou eyalet de la Turquie d'Asie, est situé entre 40° 8' et 41° 18' long. orient., et 40° 5' et 41° 14' lat. N. et confiné au N. avec Tschaldir, dont la partie restée à l'empire ottoman, d'après les traités de 1829, dépend aujourd'hui de l'administration du pacha de Kars; au N.-E. avec la Géorgie, à l'E. avec la Perse, au S. et au S.-O. avec l'eyalet d'Erzeroum. Sa superficie est de 148 l. c. géogr. Kars fait partie du plateau de l'Arménie et est ceint presque de tous côtés de montagnes dont quelques-unes sont couvertes de neige perpétuelle. Son principal cours d'eau est l'Aras, qui vient du pachalik d'Erzeroum et y reçoit les eaux de plusieurs rivières, entre autres du Kars et de l'Arpatschai. Le lac de Nalakatzi, à l'E de la province, est assez considérable et très-poissonneux. Le climat y est rude, le sol pierreux et stérile dans les montagnes, mais assez fertile dans les vallées. L'éducation du bétail et la culture du ver à soie forment la principale occupation des habitants. La population se compose de Turcs et surtout d'Arméniens, auxquels il faut ajouter plusieurs tribus de Turcomans nomades. L'eyalet de Kars, amoindri par les derniers traités entre la Russie et la Turquie, ne compte que deux villes de quelque importance, Kars la capitale et Ardenoudji ou Erdenoutch.

KARS, v. de la Turquie d'Asie, capitale du

pachalik auquel elle a donné son nom; siége du pacha et résidence d'un évêque arménien; est située au pied d'un rocher que baigne la rivière de Kars. La citadelle, très-forte et réputée naguère comme un des boulevards de l'empire ottoman contre la Perse, est assise sur un rocher qui domine la ville. Les rues de Kars sont étroites et irrégulières; elle n'offre que peu d'édifices remarquables, quelques mosquées, et dans les faubourgs plusieurs églises et couvents arméniens. Son industrie et son commerce sont peu considérables; 7000 hab.

KARYANS ou KARAYN, peuple de l'Inde transgangétique; agriculteur, soumis aux Birmans.

KARYSTIA, v. de Grèce, chef-lieu d'éptarchie; elle est le siége d'un évêque grec et possède un port où se fait un peu de commerce; 2000 hab.

KASAMA, v. du Japon, prov. de Fitats, dans le To-kaï-do.

KASANIEH. *Voyez* KAZANIEH.

KASASA, pet. v. du Bambouk occidental en Sénégambie.

KASBAH ou KUSBAH, v. de l'Inde anglaise, présidence de Calcutta, prov. du Bengale; avec 1400 hab.

KASBAITE, pet. v. de la régence d'Alger, prov. et à 20 l. S.-O. de Constantine, sur la route de Milah à Sétif.

KASCHIRA, v. et chef-lieu de cercle de la Russie d'Europe, gouv. de Tula, au confluent de la Taschira et de l'Oka; tanneries; brasseries; 2500 hab.

KASCHAU (Kassa, Kassowa), v. fortifiée de Hongrie, cercle en-deçà de la Theiss, chef-lieu du comitat d'Abannivar et du district de même nom; bien bâtie; siége d'un évêque, florissante par ses nombreuses fabriques et par son commerce avec la Pologne; elle possède une académie, un archigymnase, un collége, une école de dessin, un joli théâtre, un arsenal et une magnifique cathédrale; on regarde Kaschau comme la capitale de la Haute-Hongrie. Bains minéraux; 10,000 hab.

KASCHIN, v. et chef-lieu de cercle de la Russie d'Europe, gouv. de Tevez; située sur la Kaschinka; industrie, commerce; 4000 h.

KASHIN, v. de la Russie d'Europe, gouv. de Tiver, sur la Kashinka; fabr. de blanc de céruse et de fard renommés.

KASIMIROW, pet. v. de la Russie d'Europe, gouv. de Mohilew, sur le Wachra.

KASIMOW, v. et chef-lieu du cercle de la Russie d'Europe, gouv. de Riæsan, au confluent de l'Oka et de la Babinka; elle est située sur une hauteur et possède dix églises, un grand hôpital et trois autres hospices; fabr. de poterie; 10,000 hab.

KASKASKIA, beau fleuve des États-Unis de l'Amérique du Nord; prend naissance dans les Prairies, au pied des monts Illinois, dans l'état de ce nom, sous 39° 55′ lat. N.; il coule vers le S.-O. et se jette à Kaskaskia dans le Mississipi, après un cours de plus de 70 l. Ses principaux affluents sont: le Lalande, le Water-Cross, le Blind, le Big-Hill, le Beaver, le Bellow et le Copper-Mine. Il est navigable sur une longueur de 46 l.

KASKASKIA, pet. v. des États-Unis de l'Amérique du Nord, état d'Illinois, comté de Randolph, dont elle est le chef-lieu, au confluent de la Kaskaskia et du Mississipi. Cette ville, autrefois capitale de l'état, fait un commerce assez important; 2600 hab.

KASKASSIENS, peuplade indépendante au S. de l'état d'Illinois, États-Unis de l'Amérique du Nord; ils habitent les rives supérieures de la Kaskaskia.

KASMIGA-OURA, grand lac du Japon, situé dans l'intérieur de l'île Niphon et dans la prov. de Fitats. Il est alimenté par les eaux d'un grand nombre de rivières qui descendent des montagnes de Mouts, de Simotsouke et de Fitats, entre autres par un bras du fleuve Tone-Gawa, et communique avec l'Océan par un large canal appelé Sara-Gawa.

KASR-ESSAIAD, *Chenoboscia* ou *Chenoboscium*, b. de la Haute-Égypte, sur la rive droite du Nil, prov. et à 10 l. S.-E. de Djirdjeh; ruines.

KASR-KEROUN ou KASSAR-EL-HARON, *Arsinoe*, *Dionisias*, misérable vg. de la Moyenne-Égypte, prov. et à 12 l. O. de Medynet-el-Fayoum, non loin du bord S.-O. du lac Birket-el-Keroun; ruines.

KASSAN, pet. v. forte de l'état Manding d'Yani, en Sénégambie, sur la Gambie, à 14 l. N.-E. de Pisania.

KASSAY. *Voyez* CASSAY.

KASSEL ou KASTEL, v. forte du grand-duché de Hesse-Darmstadt, prov. de la Hesse-Rhénane, sur le Rhin, vis-à-vis de Mayence; elle a des fortifications très-étendues; 2250 hab.

KASSIM-BAZAR. *Voyez* COSSIM-BUZAR.

KASSO. *Voyez* CASSON.

KASTAMOUNI ou KASTEMOUNI, l'ancienne *Germanicopolis*, v. de la Turquie d'Asie, eyalet d'Anadoli, chef-lieu de sandschack; située dans une vallée profonde, au centre de laquelle s'élève un rocher couronné d'un château en ruines. Cette ville renferme un grand nombre de mosquées, de bains et de caravansérails et a, d'après Kinnei, 13,000 hab.

KASTEEL-GOVERNOR, île assez considérable dans la baie de Boston, côte E. de l'état de Massachusetts, États-Unis de l'Amérique du Nord; elle fait partie du comté de Suffolk et renferme les forts de Warren et d'Indépendance, qui défendent l'entrée du port de Boston; 700 hab.

KASTROS, île de la Grèce, faisant partie de l'eyalet d'Acarnanie; elle est peuplée.

KATABA ou YANI, état Manding en Sénégambie, sur la Gambie, à l'E. du Saloum; il comprend ce que les anciens géographes appelaient Haut et Bas-Yani et de Walley;

territoire fertile en blé, tabac, indigo, coton; bétail nombreux. Kataba capitale.

KATAGOUM, v. assez considérable de l'Afrique centrale, dans l'empire des Fellatah, chef-lieu de la province de même nom, sur un affluent du Yeou, à 70 l. E.-S.-E. de Cachenah; c'est une des principales forteresses de l'empire, et sa population doit s'élever à 8000 hab.

KATAWBA (Indiens). *Voyez* CATAWBA.

KATAWBA. *Voyez* SANTÉE.

KATCH (prov. de l'Inde). *Voyez* CUTCH.

KATCHAR. *Voyez* CACHAR.

KATCH-GUNDAVA ou CUTCH-GUNDAVA, prov. du Béloutchistan; est comprise entre la chaîne des monts Brahouiks et l'Indus et confinée au N. et à l'E. avec l'Afghanistan, au S. avec le Sindhy, au S.-O. et à l'O. avec le prov. de Djhalavan et de Saravan. Le dist. de Harrund-Daïel, séparé du reste de la province, est situé à l'E. sur les bords de l'Indus. Le pays est très-fertile et arrosé par plusieurs rivières dont les eaux alimentent un grand nombre de canaux d'irrigation. La partie basse seulement de la province et le dist. de Harrund-Daïel sont soumis directement au khan Mahmoud, souverain du Béloutchistan; le reste obéit à des chefs béloutches ou à des montagnards, qui cependant ne s'arrêtent que peu de mois dans le Katch-Gundava, où la chaleur en été est excessive. Gundava est le chef-lieu de la province.

KATCHINTSES, peuplade indigène de la Sibérie. Elle habite le gouv. de Iénisseisk; nomade en été et conduisant ses troupeaux le long des bords du Iénissei, elle passe l'hiver dans des villages. Elle se divise en six aimaks ou tribus, dont chacune nomme pour chef un ancien parmi la noblesse appelée Bœblik.

KATCHOUL ou KATCHAL, île de l'archipel de Nikobar, Indes-Orientales, au N.-O. de Sambelang, dont elle est séparée par le canal de Sombrera. Elle est située sous 7° 55' lat. N., élevée, boisée et bien peuplée.

KATER (cap), promontoire qu'on regarde généralement comme l'extrémité occidentale de la terre de Baffin; il s'avance dans le détroit du Prince-Régent, sous 71° 53' 30" lat. N.

KATHARINABERG (Katerberg), très-pet. v. de Bohême, cer. de Saatz; possède des mines d'argent et de cuivre; 1200 h.

KATHÉE. *Voyez* CASSAY.

KATHIPOUR. *Voyez* KATMANDOU.

KATMANDOU ou YENDAISE ou KATHIPOUR, *Goungoulpatan* des anciens livres, v. de l'Inde, capitale du roy. de Nepal, sur le Bichenmatty, dans une haute vallée de l'Himalaya, que domine la montagne Dhaiboun, haute de 20,000 pieds. Katmandou a des rues étroites et sales, des maisons très-élevées, un grand nombre de temples à flèches dorées, un palais où réside le radjah de Gorkah, dont l'ancêtre fit la conquête du Népal entier en 1768, et 50,000 habitants (20,000 seulement d'après Hamilton). Dans son voisinage s'élève sur un rocher isolé, mais élevé, une statue colossale de Bouddha, qui attire un grand nombre de pèlerins.

KATONGHORA, dist. peu connu de la Nigritie centrale, dans le Cæhenah, emp. des Fellatah.

KATOU-MOTO, v. du Japon, chef-lieu de l'île Iki.

KATOUNGWA, v. assez considérable de la Nigritie centrale, emp. des Fellatah.

KATSCHER (Ketzz), pet. v. de Prusse, prov. de Silésie, régence d'Oppeln; tisseranderies; 1970 hab.

KATSKILL (fleuve). *Voyez* HUDSON (fleuve).

KATSKILL, chaîne de montagnes au S. de l'état de New-York, sur la rive occidentale de l'Hudson, États-Unis de l'Amérique du Nord; elle se rattache aux monts Taconuk; ses pics les plus élevés sont : le Round-Top (1035 mètres) et le High-Peak (1060 mètres).

KATSKILL, pet. v. des États-Unis de l'Amérique du Nord, état de New-York, comté de Greene, au confluent du Katskill et de l'Hudson; académie; commerce important; 6000 hab. avec la banlieue.

KATSOU-YAMA, v. du Japon, prov. de Ye-tsiou, dans le Fokou-rokou-do.

KATTAK. *Voyez* CUTTAK.

KATTOWITZ, vg. de Prusse, prov. de Silésie, rég. d'Oppeln; mines de houille et de zinc; fonderie; 800 hab.

KATWYK-SUR-LE-RHIN, vg. du roy. de Hollande, prov. de la Hollande méridionale, dist. de La Haye, sur le vieux Rhin; 1200 h.

KATWYK-SUR-MER, vg. du roy. de Hollande, prov. de la Hollande méridionale, dist. et à 4 l. N. de La Haye. Autrefois le vieux Rhin se perdait dans les sables à 1 1/2 l. N.-O. de Leide. Un canal, chef-d'œuvre de construction hydraulique, le fait communiquer aujourd'hui sur 1/2 l. avec la mer du Nord, entre Katwyk-sur-Rhin et Katwyk-sur-Mer. Près de là on voit, à marée basse, les ruines d'un ancien fort romain submergé; 2500 hab.

KATZENBUCKEL (le), mont. du grand-duché de Bade, cer. du Bas-Rhin, la plus haute de l'Odenwald; elle a 2180 pieds d'élévation au-dessus du niveau de la mer et une tour de 50 pieds de hauteur sur son sommet.

KATZENTHAL, vg. de Fr., Haut-Rhin, arr. et poste de Colmar, cant. de Kaysersberg; 610 hab.

KAUFBEUREN, pet. v. murée de Bavière, chef-lieu de district dans le cer. du Danube-Supérieur, sur la Wertach, à 10 l. d'Augsbourg et de Memmingen; elle possède un hôpital et d'autres fondations philanthropiques, des manufactures d'étoffes de laine, de bas et de toiles; des teintureries, des blanchisseries, des papeteries et des forges. Près de là se trouvent les eaux de Scheidling. Dès le treizième siècle elle était ville libre impériale; pop. de la ville 3440 hab., du district 10,000, sur 4 1/2 milles c.

KAUFFENHEIM, vg. de Fr., Bas-Rhin, arr. de Strasbourg, cant. de Bischwiller, poste Rœschwoog; 210 hab.

KAUGHRI ou TSCHAUGRI, GAUGRA, v. de la Turquie d'Asie, eyalet d'Anadoli, chef-lieu de sandschak; assez considérable et bien peuplée.

KAUGRA ou NAGYRCOTE, v. de l'Inde, roy. de Lahore, résidence du radjah rajipoute, qui administre le petit état du même nom; vallée fertile où la Begah et le Ravy prennent leur source. Kaugra, située sur le Ravy, est défendue par un fort et renferme environ 2000 maisons. Dans son voisinage se trouve un pèlerinage hindou très-fréquenté, le temple de Juwala Muchi.

KAUKAO ou ATHIEN, chef-lieu d'un petit état, situé dans le Kambodje, emp. d'Annam, fondé par un négociant chinois et soumis aujourd'hui aux Annamites.

KAURZIM ou KURIM, pet. v. fortifiée de Bohême, dans le cercle de même nom; 2500 hab.

KAURZIM, cer. de Bohême, borné par ceux de Bunzlau, de Bidschow, de Chrudim, de Czaslaw, de Tabor, de Beraun, de Rakonitz et de Prague. Superficie 43 l. c. géogr. Cette province est généralement plate, couverte de forêts et arrosée par l'Elbe, la Moldau et par la Sazawa. Elle abonde en blé, légumes, lin, bois, bestiaux, gibier, poissons et toutes sortes de minéraux. Les autorités de ce cercle siégent à Prague; 180,000 hab.

KAVALA, pet. v. de la Macédoine; elle est la patrie de Mehemet-Ali (Voyez ÉGYPTE, gouvernement et administration).

KAVERY ou CAVERY, fl. de l'Inde, principal cours d'eau du Maïssour. Il prend sa source sur les Gâtes occidentales, traverse le Maïssour, le Coïmbatour et le Carnatic, passe par Eroad, enceint l'île sur laquelle est bâtie Seringapatam, fait plusieurs chutes et se précipite d'une hauteur de 150 pieds, passe par Tritchinopoly, se divise en plusieurs branches qui forment un grand delta et s'embouche dans le golfe du Bengale. Les villes de Negapatam, Karikal et Tranquebar sont situées sur une de ces branches.

KAVILHA, pet. v. de l'Albanie, située sur une colline, non loin de la mer; siége d'un évêque catholique; 3000 hab.

KAW ou KAOU, cant. et bourgade de la Guyane française, du nom de la rivière du même nom.

KAWAGOBE, v. du Japon, prov. de Mousasi, dans le To-kaï-do.

KAWA-SIRI, v. du Japon, prov. de Noto, dans le Fokou-rokou-do.

KAWATSIOUKA-SIOU, prov. du Japon, dans le Gokinaï; son chef-lieu est Sa-yama.

KAWEN. *Voyez* ARAKTSCHEJEF.

KAWSCHANY, v. et chef-lieu de la Russie d'Europe, prov. de Bessarabie, sur la Bottua; 30,000 hab., la plupart Moldaves et juifs.

KAYBIE ou BEESERIC, roy. peu connu de la Nigritie occidentale, au S. du Kayree, avec la capitale de même nom; pays riche en chevaux et en ânes.

KAYE, pet. v. de la Basse-Guinée, sur le Quille, roy. et à 4 l. N.-O. de Loango.

KAYLEES ou KAYLI, roy. peu connu dans l'intérieur de la côte de Gabon, Haute-Guinée, au S. de celui d'Oungoumo; pays hérissé de montagnes, habité par un peuple assez policé et industrieux, qui exploite des mines de fer qu'il sait convertir en couteaux, lames et autres armes; qui fait d'assez jolies étoffes, mais qui est anthropophage; on l'accuse de manger ses prisonniers et jusqu'à ses propres enfants.

KAYNOURA, pet. v. de l'état Peul de Bondou, en Sénégambie, sur le Falémé.

KAYREE ou KAYRI, KAYWERRIE, roy. peu connu de la Nigritie occidentale, au S. du Garou; habitants voleurs et brigands; capitale de même nom.

KAYSERSBERG, v. de Fr., Haut-Rhin, arr., à 2 l. N.-N.-O., et poste de Colmar, chef-lieu de canton; filatures de coton, lin et chanvre; tissage de coton; 3383 hab.

KAZAK. *Voyez* KIRGHIS.

KAZAN (royaume de). La tsarie ou le roy. de Kazan n'existe plus que de nom; car les provinces ou gouvernements qu'il comprend sont régies, comme les autres parties de l'empire russe, par des administrations séparées qui correspondent directement avec le pouvoir central. Nous nous bornons donc ici à donner le tableau statistique de ces provinces que nous empruntons à Hassel, en renvoyant, pour la géographie physique et l'ethnographie, aux articles consacrés à ces provinces.

La tsarie de Kazan comprend les cinq gouvernements suivants :

1° Kazan,	1123 milles c.	1,028,150 hab.	
2° Viatka,	2221 «	1,293,800 «	
3° Perm,	5996 «	1,269,900 «	
4° Simbirsk,	1402 «	1,119,400 «	
5° Penza,	777 «	1,035,000 «	
	11,519 milles c.	5,746,250 hab.	

Les provinces qui forment la tsarie de Kazan furent peuplées par des Finnois, dont une branche avait fondé au moyen âge un état commerçant d'une certaine importance que détruisit Gingiskhan. Les Finnois furent successivement vaincus et chassés de leurs demeures par différents peuples barbares. Les Tartares arrivèrent les derniers et fondèrent, au treizième siècle, le grand khanat de Kaptschak ou Koptschak qui, au milieu du quatorzième siècle, se divisa dans les 4 khanats de Kazan, d'Astrakhan, de Kaptchak et de la Crimée. Les khans de Kaptchak avaient été longtemps des adversaires formidables des Russes; mais leurs dissensions intérieures affaiblirent leur puissance et, après la séparation des divers états, les czars de la Moscovie firent de rapides progrès et accrurent leur influence sur les Tartares. Ivan-Vassiliewitch II, par la prise de Kazan en 1552 et deux ans après par celle d'Astrakhan, mit fin à ces deux états entre lesquels avait été partagé précédemment le khanat de Kaptschak. Le roy. de Kazan qui comprend les provinces les plus fertiles de la Russie d'Asie, fut érigé par Pierre-le-Grand en gouvernement spécial et subdivisé, en 1775, dans les cinq provinces que nous avons nommées plus haut.

KAZAN (gouvernement de), est situé entre 43° 57′ et 49° 24′ long. orient., et 54° 13′ et 56° 44′ lat. N. et borné au N. par Viatka, à l'E. par Orenbourg, au S. par Simbirsk, à l'O. par Nijni-Novgorod. Sa superficie est de 1123 milles c. géogr. Cette province, dont le climat est tempéré, est une des plus fertiles et des mieux cultivées des provinces asiatiques de la Russie. Son sol est onduleux et n'offre que peu de hauteurs, telles que les collines qui bordent le Volga et les ramifications occidentales des monts Oural qui descendent dans le bassin du Volga et de la Kama. Ces deux fleuves et leurs nombreux affluents traversent le gouvernement et fécondent les terres. Le sol produit surtout des céréales et du chanvre; les forêts fournissent de beaux bois de construction; l'éducation du bétail et la pêche y sont très-développées. L'industrie est peu considérable, mais le commerce très-étendu et facilité par les fleuves. La population s'élève à 1,028,150 habitants et se compose en majorité de Russes, de Tartares, de Tcheremisses, Votiaques et autres peuples finnois. Les Russes s'y divisent comme dans tout l'empire en trois classes, celle des nobles, celle des bourgeois et celle des paysans. La capitale du gouvernement et résidence du gouverneur militaire est Kazan; les autres villes et endroits remarquables sont Tchistopol, Tcheboksary, Kosmodemiausk, etc.

KAZAN, chef-lieu du gouvernement de ce nom et ancienne capitale du grand khanat de Koptchak et plus tard de la Tsarie de Kazan, est situé sous 55° 47′ lat. N., à 225 l. E. de Moscou, et s'étend en partie sur le penchant d'une colline, en partie dans la plaine aux bords de la rivière de Kazanka, qui, non loin de là, se jette dans le Volga. Cette ville doit à sa destruction presque complète par Pougatchef en 1774, et à l'incendie qui en 1815 la réduisit en cendres et renversa la cathédrale d'être aujourd'hui régulièrement bâtie et d'offrir un grand nombre de beaux édifices publics, parmi lesquels on remarque le palais du gouverneur qui s'élève sur l'emplacement des palais des anciens khans, 36 églises, 9 couvents, 10 mosquées, la citadelle en briques flanquée de fortes tours, etc. Kazan est le siége du gouverneur et des autorités civiles de la province, la résidence d'un archevêque et le centre d'un grand nombre d'établissements d'instruction publique et autres; elle possède une des quatre académies ecclésiastiques de l'empire (16 professeurs et un millier d'étudiants), une université, un observatoire, une bibliothèque, un jardin botanique, un institut clinique, un riche médailler, une école normale, une école tartare, un gymnase, une typographie turque, etc. Kazan est une des places commerçantes les plus considérables de l'empire; l'entrepôt des échanges entre l'Europe et la Sibérie; ses marchands fréquentent les foires de Nijni-Novgorod et d'Irbite. Son industrie n'est pas moins florissante; on y fabrique principalement du drap, des cuirs, des ancres, des tuiles, des savons, etc. La population est évaluée à 40,000 hab., parmi lesquels on compte 12,000 Tartares (Turcs) qui habitent les faubourgs; Kazan peut être regardé comme le centre de ces derniers qui ont dans cette ville leurs écoles, leurs fabriques et leurs principaux ateliers.

KAZANIEH ou **KASANISCH**, v. de la Russie d'Asie, prov. de Daghestan; résidence d'un prince koumuk. On y fabrique des manteaux en feutre appelés *barka*, qu'on expédie jusqu'en Perse et en Arménie; des objets en fer et acier et beaucoup d'armes. Les mines du voisinage sont exploitées.

KAZBEK, pet. v. de la Circassie; résidence d'un chef géorgien qui commande aux Ossètes de la vallée du Terek, depuis Dariel jusqu'à Kaichaour, et, moyennant une somme fournie par le gouverneur russe de Vladikavkas, protége les convois russes contre les attaques des montagnards.

KAZBECK (montagne). *Voy.* MQUINWARI.

KAZBIN. *Voyez* CAZBIN.

KAZEROUN ou **KAZROUN**, pet. v. de Perse, prov. de Fars, chef-lieu du dist. de Châpour; a de 3 à 4000 habitants, qui fabriquent des étoffes de coton et font un commerce assez considérable. Elle était autrefois plus florissante et mieux peuplée, mais les guerres civiles et les tremblements de terre l'ont en partie ruinée. Ses environs, arrosés par plusieurs petites rivières, sont fertiles et remarquables par les ruines de la ville de Bhapour ou Schapour, qu'on trouve à 4 l. de Kazeroun. On a découvert dans cette ancienne capitale, bâtie par Sapor Ier, les restes d'une citadelle, des bas-reliefs et de nombreuses inscriptions. Non loin de Chapour sont des grottes et des excavations immenses qui n'ont pas encore été explorées; à l'entrée de l'une d'elles M. Johnson vit une statue colossale renversée et brisée.

KAZI-KOUMAK (tribu des). *Voyez* LESGHIS.

KAZMIERZ, v. du roy. de Pologne, woïwodie de Lublin; elle est située sur une colline et sur la rive droite de la Vistule; 2200 h.

KDANIEL. *Voyez* JEAN-KERDANIEL (Saint-).

KEARSARGE. *Voyez* BLANCHES (montagnes).

KEBÉ. *Voyez* COBBI.

KEBIS ou **KHOUBIS**, v. de la Perse, prov. de Kerman, au milieu d'une oasis du désert de Kerman; est probablement l'ancienne *Dschihannuma*. Cette ville, entourée de beaux jardins, était autrefois florissante par son commerce; elle est aujourd'hui tout à fait déchue et habitée en partie par des brigands qui dévalisent les caravanes allant de Iezd à Kandahar et dont la route traverse Kebis.

KEDAH ou **QUÉDA** (royaume de), sur la côte occidentale de la presqu'île de Malacca; est situé entre 5° 10' et 7° 30' lat. N. et borné à l'E. par la chaîne longitudinale qui traverse la presqu'île. La côte est couverte d'un grand nombre d'îles, dont la principale est l'île de Poulo-Pinang, qui appartient maintenant à l'Angleterre. Sa plage est marécageuse, mais fertile. Son principal cours d'eau est la Quéda ou Kedah; ses productions consistent en étain, dents d'éléphants, miel, cire, riz, bétail, poissons, épices.

Le sultan malaie et musulman qui gouvernait cet état en a été chassé, en 1822, par les Siamois et vit maintenant, avec sa famille, à Georgetown, dans l'île de Poulo-Pinang, pensionné par le gouvernement de la Compagnie des Indes. Depuis ce temps, le Kedah est une province du roy. de Siam, à l'exception du petit territoire de Wellesley, situé en face de Poulo-Pinang, qui appartient aux Anglais. Kedah est le chef-lieu du pays; l'ancien sultan résidait à Allestar.

KEDAH, chef-lieu de la province ou du royaume de ce nom, appelé Quatla-Batany par les indigènes; est situé près de l'embouchure de la Kedah, mais n'est accessible qu'à de petits bâtiments. Cette ville renferme environ 300 maisons, habitées par des Chinois et des Malais, et fait un commerce assez considérable.

KEDANGO, ham. de Fr., Moselle, com. de Hombour-sur-Kanes; 470 hab.

KEDERNATH ou **KADERNATH**, dans l'Inde anglaise, prov. de Gherwal; est un célèbre pèlerinage hindou, situé sur l'Himalaya, à 11,000 pieds au-dessus de Calcutta. Les Hindous y révèrent particulièrment un bœuf noir.

KEDJE ou **KEDSCHE**, v. du Béloutchistan, chef-lieu de la prov. de Mekran, sur le Duzi; est située au pied d'une montagne, sur laquelle est assise sa citadelle, dans une contrée stérile. Elle était autrefois une place de commerce assez importante, mais aujourd'hui elle est tout à fait déchue. On lui accorde néanmoins 3000 maisons.

KEDLESTONHALL, dans le voisinage de Derby, en Angleterre; magnifique château de lord Scarsdale.

KEEHEETSAS (*Quehatsas* d'après Brown), peuplade indépendante à l'O. du territoire du Missouri, Etats-Unis de l'Amérique du Nord. Elle habite les deux rives du Yellow-Stone (pierre jaune) et se divise en 4 hordes qui ensemble s'élèvent à 4000 individus.

KEELING ou **ILES-DU-CORAIL**, pet. groupe d'îles, situé vers 12° lat. S., à distance à peu près égale de Java et de Sumatra. La plus grande de ces îles est New-Selma où le capitaine Ross a fondé un établissement nommé Port-Albion, très-favorablement situé et qui offre un excellent mouillage.

KEENE, pet. v. des États-Unis de l'Amérique du Nord, état de New-Hampshire, comté de Chesshire, dont elle est le chef-lieu, sur l'Ashuélot, dans une contrée belle et très-fertile; manufacture de draps, moulins à huile; raffineries de potasse et de cendre de perles; la cour judiciaire supérieure y siége au mois d'octobre; il y paraît un journal; 3000 hab., avec la commune.

KEEWENAW, promontoire au N. du territoire du Nord-Ouest, États-Unis de l'Amérique du Nord; il s'avance du S. au N. dans le lac Supérieur, renferme le grand lac Keewenaw et forme à l'O. la baie du même nom, qui reçoit le Keewenaw.

KEEWETOKE, baie considérable sur la côte E. du Labrador; sur ses côtes on trouve la mission d'Okkak, fondée par des frères moraves, en face de l'île du même nom. La baie est fermée au N. par le cap Grimmington, sous 57° 25' lat. N.

KEFF, *Sicca Veneria*, v. forte de la rég. et à 30 l. S.-O. de Tunis, non loin de la frontière de l'état d'Alger; ruines.

KEFFENACH, vg. de Fr., Bas-Rhin, arr. de Wissembourg, cant. et poste de Soultz-sous-Forêts; 260 hab.

KEFT. *Voyez* COPT.

KEHL, v. du grand-duché de Bade, située dans le cer. du Rhin-Moyen, vis-à-vis de Strasbourg, au bord du Rhin et près de son confluent avec la Kinzig et la Schutter; elle est réunie à la rive gauche du fleuve par un pont de bateaux. Sa pop. est de 900 hab., qui font un assez grand commerce d'expédition. Il faut distinguer de la ville le village de Kehl, qui en est la continuation; ce dernier, dont la pop. est de 1300 hab., forme une commune avec le village voisin de Sundheim. Kehl a été une forteresse, et, par suite de sa position, son nom apparaît plusieurs fois dans l'histoire des guerres entre la France et l'Allemagne. Créqui enleva la redoute de Kehl en 1678; mais le fort qui y fut construit en 1682, sous la direction de Vauban, fut rendu à l'Allemagne par le traité de Ryswick, en 1697, et rasé. Cette place fut prise en 1703, par le maréchal de Villars. Les Autrichiens occupèrent Kehl en 1792, après la déclaration de guerre à la république française; le 12 septembre de l'année suivante le fort fut bombardé et réduit en un monceau de cendres par les Français. Le 24 juin 1796, Moreau passa le Rhin, s'empara de Kehl, et les Français rétablirent ses fortifications. Après la fameuse retraite de ce général, ils y soutinrent contre l'archiduc Charles un terrible siége, pendant lequel le village de Kehl fut détruit. Les

Français furent obligés de capituler, en janvier 1797. Au mois d'avril de la même année Moreau repassa le Rhin et reprit Kehl, où s'effectua encore le passage de Jourdan en 1799. Napoléon fit fortifier Kehl de nouveau en 1806 et élever un beau fort, que les Français occuperent jusqu'en 1814, année dans laquelle cette position fut rendue à l'Allemagne et les fortifications rasées.

KEISKAMMA, riv. considérable de l'Afrique australe; elle est formée par le confluent du Sjommi et du Débé, et fait la limite orientale entre le territoire des colons anglais du cap de Bonne-Espérance et celui qui est soumis à un des rois des Cafres indépendants. Elle se jette dans l'Océan, à peu de lieues N.-E. de l'embouchure du Kamtky ou Grand-Poisson.

KEITENBOURG, ham. de Fr., Bas-Rhin, com. de Siegen; 880 hab.

KEITH, b. d'Écosse, comté de Banff; florissant par ses fabr. de toile, de bas et de souliers; 3500 hab.

KELAT, capitale du Béloutchistan; est située dans la prov. de Saravan. La ville de Kelat est entourée de murs en terre, flanqués de bastions, et dominée par la citadelle qui renferme le palais du khan. Son climat est froid, à cause de sa position sur une hauteur, qui elle-même s'élève sur le dos d'un plateau. Ses rues sont étroites; elle renferme environ 3000 maisons en briques et en charpente; son bazar est bien approvisionné et c'est encore une ville assez commerçante, malgré le départ d'un grand nombre de marchands qui l'ont quittée pour s'établir à Karatchi. Son industrie n'est pas considérable. La population de Kelat est d'environ 20,000 habitans et se compose principalement de Béloutchis, de Brahus, de Hindous, d'Afghans, etc. Cette ville vient d'être occupée par les Anglais.

KELHEIM, v. de Bavière, avec un ancien château, chef-lieu de district dans le cer. de la Regen, sur l'embouchure de l'Altmuhl dans le Danube, que l'on traverse sur un pont ayant 14 piliers en pierres et 558 pieds de longueur; deux canaux, dérivés de la première rivière, entourent la ville. L'industrie principale de l'endroit est la construction de bateaux; ceux destinés pour Vienne ont 120 pieds. La ville possède des brasseries, des distilleries, des fabr. de potasse, plusieurs moulins; elle fait un grand commerce en blé, merrains et dalles pour pavage.

KELLA, pet. v. du pays de Babarnegach, faisant partie du roy. abyssinien de Tigré.

KELLS, pet. v. d'Islande, comté d'East-Meath, dans une contrée riche et très-romantique, sur le Blackwater; 4000 hab.

KELLYBEGG, b. d'Irlande, comté et au N. de la baie de Donégal; avec un bon port très-vaste; envoie de nombreux vaisseaux à la pêche du hareng.

KELSO, jolie pet. v. d'Écosse, comté de Roxburgh, sur le Tweed; très-industrieuse et commerçante; fabrication de cuirs, de toiles et de flanelles; commerce en grains et en bestiaux; Kelso est surtout remarquable par son élégance, par la fertilité et la beauté de ses environs, parsemés de vieux châteaux habités par d'anciennes familles; patrie du célèbre opticien Gibson; 5000 hab.

KELSTERBACH, vg. du grand-duché de Hesse-Darmstadt, principauté de Starkenbourg, sur le Mein; avec un château et une fabrique de faïence; 1000 hab.

KELTSCH, pet. v. d'Autriche, gouv. de Moravie-et-Silésie, cer. de Prérau; 2000 h.

KEM, v. et chef-lieu de cercle de la Russie d'Europe, gouv. d'Arkhangelsk, près de l'embouchure du Kem dans la mer Blanche; pêcheries; 1000 hab.

KEMAOUN ou **KUMAOUN**, dist. de l'Inde, prov. de Gherwal. Il confine au N. avec le Thibet, à l'E. avec le Népal, au S. avec Delhi et à l'E. avec le Gherwal, est traversé par plusieurs routes qui conduisent dans le Thibet et est complétement soumis aux Anglais, bien qu'habité par les montagnards sauvages appelés Bhoutias, qui demeurent dans le Painkhandi et le Bhoutant. Almora est le chef-lieu de ce district.

KEMBERG, pet. v. de Prusse, prov. de Saxe, rég. de Mersebourg; culture de houblon et de tabac; fabrication de draps et toiles; 2430 hab.

KEMBS, vg. de Fr., Haut-Rhin, arr. d'Altkirch, cant. et poste de Habsheim; 1270 hab.

KEMENCZE, b. de Hongrie, cer. en-deçà du Danube, comitat de Honth; grande culture de blé de Turquie; 1800 hab.

KEMINOUM ou **MANIAKORRO**, v. de l'état Peul de Fouladou, en Sénégambie, prov. de Gungarau, sur la rivière de Bali, à 39 l. N.-O. de Kamalia; aujourd'hui ruinée, malgré sa triple enceinte de murailles.

KEMLAND, ham. de Fr., Nord, com. de Steenwerck; 100 hab.

KEMMOU, ancienne capitale de l'état Manding de Kaarta, en Sénégambie, dans une grande plaine, à 40 l. E.-S.-E. de Bengassi.

KEMNATH, pet. v. de Bavière, chef-lieu de district dans le cer. du Mein-Supérieur, à 6 l. de Baireuth et entourée de jardins. La ville possède des brasseries, une fabrique de glaces, une papeterie. Les environs renferment des mines de fer, des fonderies et des forges; pop. de la ville 1520 hab., du district 22,700, sur 17 milles c.

KEMOYS, tribu sauvage de Miaot-se, qui habite, dans l'Inde transgangétique, les montagnes qui séparent le Laos de la Cochinchine.

KEMPEN, v. de Prusse, chef-lieu de cercle, prov. du Rhin, rég. de Dusseldorf, à 11 1/2 l. S.-S.-E. de Clèves; ceinte de murailles; gymnase; fabr. de draps et de tissus de laine; tisseranderies; 3140 hab.

Patrie de Thomas Hammerken ou Malleolus, plus connu sous le nom de Thomas à Kempis, de l'ordre de St.-Augustin, auteur de l'*Imitation de Jésus-Christ*, né en 1380.

KEMPEN, v. de Prusse, prov. et rég. de Posen; avec un hôpital, des fabr. de tabac et de tissus de laine; blanchisseries de cire; commerce de chevaux; 6040 hab.

KEMPEN, ham. de Fr., Nord, com. de Laon; 400 hab.

KEMPLICH, vg. de Fr., Moselle, arr. et poste de Thionville, cant. de Metzervisse; 610 hab.

KEMPSVILLE. *Voyez* PRINCESS-ANN (comté).

KEMPTEN, *Campodunum*, v. de Bavière, chef-lieu de district dans le cer. du Danube-Supérieur; située vers les confins du Tyrol, à 23 l. d'Augsbourg, sur l'Iller, qui y devient flottable jusqu'à Ulm; composée de deux villes séparées : l'ancienne ville libre impériale et celle du chapitre. Elle possède un gymnase, une école latine, une bibliothèque, un cabinet d'arts, un château avec jardins, un aquéduc remarquable, un hôpital, des maisons d'orphelins et de refuge et d'autres fondations de bienfaisance; dans la cathédrale on voit de belles statues exécutées par Verhelst, sculpteur de la cour, et de beaux tableaux. Kempten fait un grand commerce de bois; il est l'entrepôt du négoce avec l'Italie, qui consiste pour l'importation en huiles d'olives, soie, coton, riz et fruits du sud, et pour l'exportation en pelleterie, laines et toiles; on y fabrique des cuirs et toutes sortes de passementerie; près de la ville, les eaux minérales d'Aich et la forêt de Kempten, de 17 1/2 milles c., traversée par la route du Tyrol; pop. de la ville 6100 hab., du district 13,200, sur 7 1/2 milles c.

Kempten, s'étendant au pied du Hilarmont (*mons Hilaris*), éminence couverte de ruines de tours et de murailles romaines, paraît être l'ancienne *Campidana;* on a trouvé sur son cimetière des monnaies depuis les premiers empereurs jusqu'à Constantin, et dans les environs des colonnes milliaires. Le chapitre doit son origine à une abbaye de bénédictins, dont la fondation est attribuée à Hildegarde, épouse de Charlemagne (773); l'abbé était prince de l'empire et avait juridiction sur 16 milles c.

KENDAL, jolie pet. v. d'Angleterre, comté de Westmoreland, sur le Ken; le canal de Lancaster, qui y aboutit, la met en communication avec les comtés de l'intérieur; fabrication très-considérable de draps grossiers (*kendal-cottons*) pour l'habillement des matelots et des nègres; fabrication de cuirs, de poudres, de bas, de bonnets, d'hameçons et de cardes; polissage de marbre; commerce; 9000 hab.

KENDALS-POINT, l'extrémité S. de l'île de Barbadoès.

KÉNÉH ou GÉNÉ, *Cœne*, *Cœnepolis*, *Nova Urbs*, *Neapolis*, v. assez florissante de la Haute-Égypte, chef-lieu de province, près de la rive droite du Nil, à 20 l. E.-S.-E. de Djerdjeh; elle est l'entrepôt des caravanes qui, par Kosseïs, vont à la Mecque, et est renommée dans toute l'Egypte par sa fabrique de bardaques; ce sont des vases en terre cuite, qui ont la propriété de rafraîchir l'eau; ils ont encore les mêmes formes qu'on voit représentées sur les monuments; 5000 hab.

KENHAWA, fl. considérable des États-Unis de l'Amérique du Nord; prend sa source sous le nom de New-River, au pied de la Blue-Ridge (côte Bleue), au N.-O. de la Caroline du Nord, entre dans l'état de Virginie qu'il traverse d'abord dans une direction N.-E., en se précipitant à travers les Iron-Mountains (monts de Fer), puis il fait un grand coude, arrose dans une direction N.-O. les comtés de Monroé, de Giles, de Green et de Kenhawa et se décharge à Point-Pleasant dans l'Ohio. Ce fleuve deviendra le cours d'eau le plus important pour la navigation de l'O. de la Virginie, quand la culture se sera plus étendue le long de ses rives et qu'on sera parvenu à éviter ses nombreux rapides. Parmi ses affluents nous citons : le Green-Briar, l'Elk, le Gauley et le Coal. Dans son cours, de plus de 100 l. de long, le Kenhawa baigne les villes de Jefferson, Greensville, New-Bern, Parisburgh, Shrewsbury, Charleston et Barboursville.

KENHAWA, comté de l'état de Virginie, États-Unis de l'Amérique du Nord; ce comté, le plus grand, mais le moins cultivé de l'état, est borné par les comtés de Mason, de Wood, de Léwis, de Nicholas, de Giles, de Cabell et par l'état d'Ohio. Il est très-montagneux, mais généralement fertile et bien arrosé. Le Kenhawa, qui y reçoit de nombreux affluents, en est le principal cours d'eau. Il renferme les plus riches salines de l'état, des houillères et des mines de fer inépuisables; 11,000 hab. Charlestown, au confluent de l'Elk et du Kenhawa, est le chef-lieu du comté.

KENILWORTH, b. d'Angleterre, comté de Warwick; 3000 hab.

KENNEBEK, fl. de l'état du Maine, États-Unis de l'Amérique du Nord; il se forme de deux bras : l'East-Branch (bras oriental), qui sort du lac Moose-Head, et le Dead, qui prend naissance au pied du mont Mégantie, sur la frontière du Bas-Canada. Le Kennebek coule par beaucoup de détours vers le S. et se jette par une large embouchure dans l'Océan Atlantique. Son cours de 60 l. est entravé par de nombreux rapides et des cataractes. Ses principaux affluents sont : l'Austin, le Sandy, le Sébasticook et le Sagadahok. Il baigne les villes de Norridgewock et d'Augusta.

KENNEBEK, comté de l'état du Maine, États-Unis de l'Amérique du Nord; ce comté, un des plus riches et des plus fertiles de l'état, faisait partie, jusqu'en 1799, du comté de Lincoln; il est borné par les comtés de

Sommerset, de Hancock, de Lincoln, de Cumberland et d'Oxford. Le Kennebek en est le principal cours d'eau; vastes forêts; 50,000 hab.

KENNEBUNK, v. naissante des États-Unis de l'Amérique du Nord, état du Maine, comté d'York, sur la pointe méridionale d'une presqu'île, à l'embouchure du Kennebunk; elle a une banque, un bon port, une nombreuse marine marchande et fait le commerce le plus important du comté; 4000 hab.

KENNEDY, île de l'archipel de Santa-Cruz (archipel de la Pérouse de Balbi), dans l'Australie ou Océanie centrale; elle est située au N.-E. du groupe de Duft, sous 164° 93' long. E. et sous 8° 50' lat. S. Cette île a une belle végétation et une population assez nombreuse. Simpson depeint les habitants comme cruels et féroces.

KENNEDY ou **BEDLOW**, île à l'entrée du port de New-York, États-Unis de l'Améridu Nord; elle est couverte de batteries.

KENNERI, vg. dans l'île de Salsette, près de Bombay; remarquable par ses immenses excavations taillées dans le roc, qui ressemblent aux grottes sculptées d'Ellore et de Carli. La plus grande est un temple bouddhique que les Portugais, lors de leur domination, avaient transformé en église. On y voit encore plusieurs statues colossales et une inscription inconnue que personne n'est encore parvenu à déchiffrer. Selon Forbes, les grottes de Kenneri servaient aux sectateurs de Boudha de temple, de couvent et de collége.

KENNET-ET-AVON, canal d'Angleterre, comté de Berks, en communication avec celui de Berks-et-Wilfs.

KENNEWAY, b. d'Écosse, dans le comté de Fife; fabrication très-considérable de toiles et d'étoffes de coton; 2000 hab.

KENOUS ou **KENOUZ**, peuple de la Basse-Nubie, sur les bords du Nil, au-delà de la seconde cataracte de ce fleuve, au S. d'Assouan; pauvres et pêcheurs; plusieurs milliers vivent dans les principales villes de l'Égypte, où ils sont connus sous les noms de Barabras, Barbary ou Berbers, et où ils font ce que font en Europe les Savoyards, les Auvergnats, les Tyroliens, les Gallegos, les habitants du Frioul, du pays de Fulde et autres montagnards actifs et laborieux. Ce sont les traits de ce peuple que, selon M. Champollion et d'autres savants, l'on rencontre dans les monuments qui représentent les anciens Égyptiens. *Voyez* BARABRAS.

KENSINGTON ou **KENTISHTOWN**, village changé en ville, qu'on peut regarder comme une partie de Londres; située sur la route de Bristol; magnifique château royal; bibliothèque, une des plus riches du royaume-uni; superbe observatoire, sur la colline de Campden-Hill; 12,000 hab.

KENSINGTON, gr. bourgade des États-Unis de l'Amérique du Nord, état de Pensylvanie, comté de Philadelphie et tout près de la ville de ce nom, dont elle peut être regardée comme un faubourg; vastes chantiers pour la construction des vaisseaux marchands; 10,000 hab.

KENT, comté du Bas-Canada, dist. de Montréal; il est borné par le St.-Laurent, par les comtés de Surry, de Bedford, de Huntingdon et l'état de New-York; pays très-montueux au S., où naissent la Satoga et le Coutarde, plat fertile et bien cultivé au S.-E., arrosé par le Sorel; 7000 hab., Français et Anglais.

KENT, île basse, fertile et bien boisée, sur la côte E. de la baie de Chésapeak, état de Maryland, États-Unis de l'Amérique du Nord; elle fait partie du comté de Queen-Anns et est séparée par un bras du Chester de la baie d'Eastern (baie de l'Est); Sharkstown, sur le Chester, en est l'endroit le plus considérable.

KENT, com. des États-Unis de l'Amérique du Nord, état de Connecticut, comté de Lichtfield, sur le Housatonik, dans une contrée très-montagneuse; poste; forges; hauts-fourneaux et mines de fer très-riches, qui, avec celles de Salisbury, fournissent le meilleur acier de l'état.

KENT, comté d'Angleterre, prov. maritime. Ses bornes sont : au N.-O. le comté de Middlesex, au N. celui d'Essex, au N.-E. et à l'E. les Dunes, au S.-E. la Manche, au S.-O. le comté de Sussex et à l'O. celui de Surry. Superficie 70 l. c. géogr.; population 400,000 hab. Le sol, légèrement ondulé, ne présente que deux petites chaînes de collines qui vont de l'O. au S.-O.; les côtes sont bordées de rochers crayeux; les bords de la Tamise, qui sépare ce comté de ceux de Middlesex et d'Essex, sont marécageux; mais le sol de l'intérieur est très-fertile; ses produits sont: du froment, de l'orge, des légumes, surtout des asperges, le meilleur houblon d'Angleterre, de la garance et du bois. L'agriculture a atteint dans ce comté un haut degré de perfection; l'éducation du bétail y est également florissante, mais l'industrie manufacturière est presque nulle, parce que la houille manque totalement. La pêche est très-abondante et forme la principale occupation des habitants de la côte. On exporte du blé, du malte, des légumes, du houblon, des huîtres, des moutons et des balais de bouleau. Division en 5 provinces et 62 districts.

KENT, comté qui forme le centre de l'état de Delaware, États-Unis de l'Amérique du Nord; il est borné par la baie de Delaware, par l'état de Maryland et par les comtés de Newcastle et de Sussex. Son étendue est de 26 l. c. géogr., avec 30,000 hab. Pays plat et sablonneux, mais bien arrosé et assez fertile. Il est divisé en 5 hundreds ou districts.

KENT, comté de l'état de Maryland, États-Unis de l'Amérique du Nord; ses bornes sont : l'état de Delaware, la baie de Chésapeak et les comtés de Queen-Anns et de Cécil; 13 l. c. géogr., avec 14,000 hab. Pays gras, marécageux, bien arrosé et généralement fertile; climat malsain. Ce comté est traversé par le canal de Chésapeak-Delaware.

KENT, com. florissante des États-Unis de l'Amérique du Nord, état de New-York, comté de Putnam; 2800 hab.

KENT, comté de l'état de Rhode-Island, États-Unis de l'Amérique du Nord; il est borné par les baies de Providence et de Narraganset, par l'état de Connecticut et par les comtés de Providence et de Washington. Pays en partie montueux et marécageux, assez bien arrosé et couvert de vastes forêts et de beaux pâturages; 13,000 hab.

KENTUCKY, fl. des États-Unis de l'Amérique du Nord; il prend naissance au pied des monts Cumberland, au S.-E. de l'état auquel il donne son nom et qu'il traverse dans une direction N.-O. jusqu'à Port-William, où il débouche dans l'Ohio. La longueur de son cours, pendant lequel il baigne Irvine et Francfort, est de 98 l. Ses principaux affluents sont: le North, Middle et South-Fork, qu'on regarde à tort comme des bras du Kentucky; le Station-Camp, le Red, le Dicks, l'Elkhorn et l'Eagle.

KENTUCKY, état qui fait partie des États-Unis de l'Amérique du Nord. Cet état, situé au centre de l'Union, est borné au N. par les états d'Indiana et d'Ohio, à l'E. par l'état de Virginie, dont il est séparé par le Big-Sandy et les monts Cumberland, au S. par l'état de Tennessée, à l'O. par l'état de Missouri et au N.-O. par l'état d'Illinois. Il s'étend entre 36° 30′ et 39° 10′ lat. N., et entre 86° et 90° long. occ. Sa longueur de l'E. à l'O. est de 114 l. et sa plus grande largeur du S. au N. de 67 l. Sa population est de 700,000 hab., dont 165,350 esclaves.

Le sol, très-bien arrosé, est d'une extrême fertilité, mais d'épaisses forêts couvrent encore la plus grande partie du pays, dont les principaux produits sont: le blé, le tabac, le chanvre et le coton; dans quelques districts on cultive la vigne avec succès. Le règne minéral fournit du fer d'une assez mauvaise qualité, de la chaux, du mercure, du plomb, du salpêtre et du sel. L'agriculture et l'éducation du bétail, favorisée par les excellents pâturages le long de l'Ohio, du Kentucky et du Missouri, forment les principales sources de prospérité des habitants de ce pays. Le climat du Kentucky est regardé généralement comme le plus salubre de toutes les provinces de l'O. Les plus importants cours d'eau de cet état sont: le Mississipi, qui le sépare de l'état de Missouri, et l'Ohio, l'âme de ce pays, dont il reçoit le Big-Sandy, le Licking, le Kentucky, le Green, le Cumberland ou Shawanée et le Tennessée. La partie orientale de l'état est traversée par les monts Cumberland, à la crête âpre et très-déchirée et qui présentent de nombreuses cavernes très-remarquables, parmi lesquelles nous citons celle de Mammouth, riche en salpêtre.

L'industrie, qui porte principalement sur la fabrication des draps, de la corderie, du papier, de la poudre, la préparation du chanvre, la distillation d'eaux-de-vie et le raffinage du sel et du salpêtre, se développe à mesure que la culture gagne du terrain. Le commerce, autrefois peu favorisé par la situation du pays et le mauvais état des routes, a su s'ouvrir depuis quelques années de nombreux débouchés au moyen de beaux canaux, d'excellentes routes et surtout par le chemin de fer de Lexington à Louisville, de 30 l. de longueur. Ce pays entretient de nos jours d'importantes relations commerciales avec Cincinnati, St.-Louis et la Nouvelle-Orléans. Les céréales, le gros bétail, le tabac, le chanvre, le whisky et le salpêtre forment les principaux articles du commerce d'exportation. Louisville, sur l'Ohio, est le principal siége de l'industrie et du commerce de l'état.

Le Kentucky est divisé en 83 comtés. Sa constitution, purement démocratique, date de 1799; il envoie au congrès 2 sénateurs et 17 députés.

La cour judiciaire supérieure réside à Francfort; les tribunaux de l'Union et les tribunaux d'arrondissement siégent alternativement à Francfort et à Lexington. L'instruction est très-répandue dans le Kentucky. Il y a une université (transylvanian university) à Lexington, une autre (depuis 1819) à Danville et des colléges académiques à Louisville, Bairdstown, Francfort, Cynthiania et Newport. Chaque commune possède une école primaire. Bairdstown est le siége d'un évêque catholique.

Le Kentucky, partie du grand pays de l'Ohio, n'est entré que fort tard dans l'histoire de l'Amérique du Nord. Ce n'est qu'en 1754 qu'on découvrit l'embouchure du fleuve qui donne son nom à cet état et qui dans la langue des indigènes signifie fleuve du sang, parce qu'il n'a été que trop souvent le théâtre de guerres sanglantes entre les différentes tribus qui habitaient ses bords. En 1767 quelques Européens osèrent pénétrer dans l'intérieur du pays dont ils vantèrent à leur retour la fertilité, les magnifiques forêts et les excellents pâturages. C'est surtout au colonel Daniel Boone que nous devons les premiers renseignements sur ce pays. En 1775 il s'y établit la première famille européenne au milieu des Indiens alors très-nombreux dans cet état. En 1777 ce pays fut érigé en comté et réuni, en 1782, comme un district à part à la Virginie; en 1786 il fut séparé de la Virginie qui y renonça formellement en 1790; en 1792 il fut reçu comme état dans l'Union.

KENTY, pet. v. de Gallicie, cer. de Myslenicz, sur la Sola; possède de nombreuses fabriques de toile, de drap et de cuir; 4000 hab.

KENZINGEN, v. du grand-duché de Bade, cer. du Haut-Rhin, chef-lieu de bailliage, sur l'Elz; culure du chanvre. Dans les environs se trouvent le bain d'eaux minérales de Kirnhalden et le couvent supprimé de Wonnenthal; 2600 hab.

KEOCHA ou **TOANHOA**, v. de l'emp. d'An-nam, roy. de Cochinchine ou d'An-nam méridional.

KEPPEL (îles). *Voyez* FALKLAND.

KEPPELS-ISLAND ou SWALLOW. *Voyez* FILOLI.

KEPSE, vg. de Syrie, dans le pachalik d'Alep; bâti dans le voisinage des ruines encore dignes d'admiration de l'ancienne *Seleucia Pieria*.

KER. *Voyez* AKKAR.

KERAH, riv. de Perse, affluent du Tigre; prend sa source dans les montagnes du Kurdistan, passe par Kirmanchah, traverse les montagnes du Louristan, passe par Haviza et se jette dans le Tigre, au-dessous de Cornah.

KERANDY, ham. de Fr., Côtes-du-Nord, com. de Ploumilliau; 140 hab.

KERBACH, vg. de Fr., Moselle, arr. de Sarreguemines, cant. et poste de Forbach; 990 hab.

KERBELA. *Voyez* MECHED-HUSSEIN.

KERCHICH-TAGH ou MONT-OLYMPE, un des points culminants de l'Anti-Taurus; est situé près de Brousse et à près de 1400 toises de hauteur.

KERDEFF, ham. de Fr., Morbihan, com. de Riantec; 240 hab.

KERENSK, v. et chef-lieu de cercle de la Russie d'Asie, gouv. de Pensa, sur la Kerenga; fabr. de toiles à voiles; 4500 hab.

KÉRENTRÉ, ham. de Fr., Morbihan, com. de Lorient; 1590 hab.

KERÈS. *Voyez* XÉRÈS.

KERESOUN. *Voyez* CÉRASONDE.

KERESZTES, gros b. de Hongrie, cer. en-deçà de la Theiss, comitat de Borsod; 3000 hab.

KERFEUNTEUN, vg. de Fr., Finistère, arr., cant. et poste de Quimper; 1860 hab.

KERGAL, ham. de Fr., Côtes-du-Nord, com. de Plouhat; 250 hab.

KERGLOFF, vg. de Fr., Finistère, arr. de Châteaulin, cant. et poste de Carhaix; 940 hab.

KERGRIST, vg. de Fr., Morbihan, arr. et poste de Pontivy, cant. de Cléguerec; 1040 h.

KERGRIST-MŒLOU, vg. de Fr., Côtes-du-Nord, arr. de Guingamp, cant. et poste de Rostrenen; 2140 hab.

KERGUELEN. *Voyez* DÉSOLATION (île).

KERHŒT, ham. de Fr., Morbihan, com. de Groix; 120 hab.

KERIEN, vg. de Fr., Côtes-du-Nord, arr. de Guingamp, cant. de Bourbriac, poste de Plésidy; 840 hab.

KERIEUFF, ham. de Fr., Côtes-du-Nord, com. de Plœzal; 100 hab.

KERITY, vg. de Fr., Côtes-du-Nord, arr. de St.-Brieuc, cant. et poste de Paimbol; 1620 hab.

KERITY, ham. de Fr., Finistère, com. de Penmarch; 450 hab.

KERKA (la), riv. du roy. de Dalmatie; passe par Knin et Sebenico et débouche dans la mer Adriatique.

KERKENI, groupe de quatre îles sur la côte orientale de la rég. de Tunis, à l'entrée septentrionale du golfe de Cabes; riches en dattiers et en poissons, qui font l'unique nourriture des habitants, dont le nombre s'élève à quelques centaines. L'une d'elles, Kerkeni, est l'ancienne *Cercina* ou *Cercinna*.

KERKI (mont), point culminant de la chaîne qui traverse l'île de Samos; a 3800 pieds de hauteur.

KERKOUK ou SULEIMANJEH, v. de la Turquie d'Asie, chef-lieu de l'eyalet de Chehrezour; est située sur le Kassou, à l'entrée d'une gorge sauvage. Kerkouk est l'ancienne Corcyre; elle est la résidence du pacha et renferme un grand nombre d'artisans industrieux. Les Osmanlis remportèrent, en 1733, près de cette ville, une grande victoire sur les Persans.

KERLARD, ham. de Fr., Morbihan, com. de Groix; 100 hab.

KERLING-LÈS-SIERCK, vg. de Fr., Moselle, arr. de Thionville, cant. de Metzervisse, poste de Sierck; 750 hab.

KERLIVIOU, ham. de Fr., Côtes-du-Nord, com. de Plouha; 180 hab.

KELOUAN, vg. de Fr., Finistère, arr. de Brest, cant. et poste de Lesneven; 3200 h.

KERMADEC, groupe d'îles au N.-E. de la Nouvelle-Zélande, dans la Polynésie. Les îles Macaulay, Raoul et Curtis sont les plus considérables de ce groupe; elles sont habitées. D'Entrecasteaux, envoyé à la recherche de l'infortuné La Pérouse, visita ces îles en 1793.

KERMAN ou CARAMANIE, prov. de la Perse; est située entre 54° 10' et 64° 4' long. orient. et entre 25° 55' et 32° 10 lat. N. Elle est bornée au N.-O. par le Kouhistan, au N.-E. et à l'E. par l'Afghanistan, au S. par le golfe Persique, à l'O. par Fars. Sa superficie est de 3000 l. c. géogr. La prov. de Kerman est la plus méridionale des provinces persanes. Sa partie septentrionle est occupée par le désert de Kerman, fraction du grand désert, qui couvre le plateau de l'Iran, et par des hauteurs nues et stériles. La côte du golfe Persique, appelée Moghistan ou pays des Palmes, est également aride, sablonneuse et ne produit presque que des dattes; elle est arrosée par peu de ruisseaux, dont le principal est le Div-Roud. Tandis que la neige se maintient pendant une grande partie de l'année sur ses montagnes, il règne souvent en été dans le Kerman une chaleur excessive. Le climat est insalubre; les guerres civiles de la Perse ont hâté la désolation de cette province, dont les terres productives sont envahies d'année en année par le désert septentrional. L'éducation du bétail forme la principale occupation des habitants; la laine des moutons, les poils des chèvres et des dromadaires du Kerman sont très-fins. La population est peu élevée et se compose principalement de Tadjiks, de Parsis, d'Arabes, etc. On divise le Kerman en Kerman proprement dit, en Moghistan et en désert. Ses principales villes sont Kerman ou Sirdjan, Minam, Krouk, Velskerd, Kebis, Minab, Gomroum ou Bender-Abassi. Une partie du Moghistan dépend de l'iman de Mascate. L'île de Kiehm en fait également partie.

KERMAN ou **Sirdjan**, chef-lieu de la province persane de Kerman; est situé près des montagnes dans l'intérieur de la province et non loin du désert; il est fortifié, dominé par une citadelle, et renferme, outre le palais du gouverneur, un grand nombre de mosquées, de bains, de caravansérails, un bazar bien approvisionné, etc. Cette ville a environ 30,000 habitants, qui fabriquent des châles, des tapis et des armes très-recherchées. Elle est le centre d'un commerce considérable entre le Khorassan, Kaboul, Balkh et Bokhara, bien qu'il n'y arrive plus autant de caravanes qu'autrefois. Kerman, autrefois une des villes les plus riches et les plus florissantes de la Perse, a été plusieurs fois saccagée dans les temps modernes; en 1794 elle fut presque détruite et ses habitants emmenés en esclavage.

KERMAN (désert de), partie du grand désert qui occupe le plateau de la Perse; s'étend entre la prov. de Kerman, le Kouhistan et le Sistan, et n'offre dans ses plaines sablonneuses que de rares oasis, habitées par des Tadjiks et des Arabes. Dans une de ces oasis se trouve la ville de Kebis.

KERMARIA, ham. de Fr., Côtes-du-Nord, com. de Plouha; 200 hab.

KERMARIA-SULARD, vg. de Fr., Côtes-du-Nord, arr. et poste de Lannion, cant. de Perros-Quirec; 870 hab.

KERMARIO, ham. de Fr., Morbihan, com. de Groiy; 100 hab.

KERMEDY, b. de la Nigritie orientale, roy. de Mobba, à 20 l. O.-N.-O. d'Ouara, sur la route qui conduit de cette ville à Mourzouk.

KERMEN, ham. de Fr., Finistère, com. de Cléden-Capoizun; 250 hab.

KERMOISAN, ham. de Fr., Loire-Inférieure, com. de Batz; 250 hab.

KERMOROCH, vg. de Fr., Côtes-du-Nord, arr. et poste de Guingamp, cant. de Begard; 530 hav.

KERMOUK, v. de la Nigritie centrale, roy. de Loggoun, dont elle paraît être la capitale, sur le Shary, à 70 l. S.-E. du Vieux-Bornou.

KERNÉVEL, vg. de Fr., Finistère, arr. de Quimperlé, cant. de Bannalec, poste de Rosporden; 1610 hab.

KERNÉVEL, ham. de Fr., Morbihan, com. de Plœmeur; 100 hab.

KERNILS, vg. de Fr., Finistère, arr. de Brest, cant. de Plabenec, poste de Lesneven; 980 hab.

KERNOUÈS, vg. de Fr., Finistère, arr. de Brest, cant. et poste de Lesneven; 630 h.

KÉROUANÉ ou **Kirwanny**, pet. v. de l'état Manding de Dentilia, en Sénégambie, dans une contrée très-bien cultivée, à 8 l. O. du Banisérile.

KEROULUN, une des sources de l'Amour. *Voyez* Amour.

KEROUN. *Voyez* Birkes-el-Keroun.

KERPEN, b. de Prusse, prov. du Rhin, rég. et à 4 1/2 l. O.-S.-O. de Cologne, dans une contrée fertile; fabr. de quincaillerie et de produits chimiques; commerce de bois; 1930 hab.

KERPERT, vg. de Fr., Côtes-du-Nord, arr. de Guingamp, cant. de Bothoa, poste de Plésidy; 1030 hab.

KERPRICH-AUX-BOIS, vg. de Fr., Meurthe, arr., cant. et poste de Sarrebourg; 380 hab.

KERPRICH-LES-DIEUZE, vg. de Fr., Meurthe, arr. de Château-Salins, cant. et poste de Dieuze; sources salées; 390 hab.

KERRY, comté d'Irlande, province maritime. Ses bornes sont: au N. l'embouchure de Shannon, qui le sépare du comté de Clare; au N.-E. celui de Limérick, au S.-E. et au S. celui de Cork, à l'O. l'Océan. Superficie: 78 l. c. géogr. Population 120,000 habitants. Le pays présente un aspect très-sauvage, mais riche en beautés naturelles; entre les innombrables échancrures qui déchirent les côtes s'avancent de larges golfes et des promontoires élevés; dans l'intérieur on rencontre alternativement des rochers, de hautes montagnes, des lacs (dont celui de Kilkarney est le plus célèbre), des vallées et des plaines. Les points culminants de ces montagnes sont: le Mangerton (2500 pieds) et le Cahirconrigh, dont la hauteur (4200 pieds) dépasse tous les autres sommets de l'Irlande. Le climat y est tempéré, mais humide et très-variable sur les côtes. Son sol est mal arrosé et très-ingrat; il ne produit que de l'avoine, des pommes de terre, du lin et des pommes dont on fait le cidre. L'éducation du bétail, dont on exporte les produits, forme la principale ressource des habitants; l'agriculture, de même que l'industrie manufacturière, est peu importante. Les montagnes fournissent du fer et du plomb, des pierres à constructions, de l'ardoise, de la chaux, de la terre de potier, du marbre, une espèce d'améthystes, connues sous le nom de kerrystons, mais peu de bois. La pêche est très-abondante. Ce comté est divisé en 8 baronies.

KERS. *Voyez* Montserrat.

KERSAINT-PLABENNEC, vg. de Fr., Finistère, arr. de Brest, cant. de Plabennec, poste de Landerneau; 650 hab.

KERSHAW, dist. de la Caroline du Sud, États-Unis de l'Amérique du Nord; il est borné par les dist. de Lancaster, de Chesterfield, de Durlington, de Sumter, de Richland et de Fairfield; pays onduleux, sablonneux et en grande partie aride, mais bien arrosé et offrant de bons pâturages et du bois en abondance ; 15,000 hab.

KERVATEL (du), ham. de Fr., Loire-Inférieure, com. de Bath; 700 hab.

KERVEDAN, ham. de Fr., Morbihan, com. de Groix; 120 hab.

KERVIGNAC, vg. de Fr., Morbihan, arr. de Lorient, cant. de Port-Louis, poste d'Hennebont; 2520 hab.

KERZERS. *Voyez* CHIÈTRES.

KESBI ou KISBI, b. de la Nigritie centrale, sur la route de Mourzouk à Bornou, à 15 l. N. de Bilma.

KESKASTEL, vg. de Fr., Bas-Rhin, arr. de Saverne, cant. et poste de Saarunion; 1310 hab.

KESSELDORF, vg. de Fr., Bas-Rhin, arr. de Wissembourg, cant. de Seltz, poste de Rœschwoog; 460 hab.

KESSELSDHUN, vg. de Prusse, prov. du Rhin, rég. de Dusseldorf; moulin à poudre sur la Dhun, fabriquant annuellement environ 200,000 quintaux.

KESSELSDORF, vg. du roy. de Saxe, cer. de Misnie, près duquel les Saxons perdirent, en 1745, une bataille contre les Prussiens.

KESTENHOLTZ. *Voyez* CHATENOIS.

KESTLACH, vg. de Fr., Haut-Rhin, arr. d'Altkirch, cant. et poste de Ferrette; 640 hab.

KESWICK, pet. v. d'Angleterre, comté de Cumberland, sur le Derwent et peu loin du Derwentwater, autrement appelé lac de Keswick; située dans une vallée très-romantique, au fond de laquelle s'élève le Skiddaw, dernier point visité par les touristes anglais, qui la rendent très-vivante durant la belle saison; fabrication de crayons, de toiles et de draps; commerce en laine; 2000 hab.

KESZKEMET, gros b. de Hongrie, cer. en-deçà du Danube, comitat de Pesth; situé au milieu d'une lande immense, à laquelle il donne son nom, et couverte de sable et de coquillages; savonneries; tanneries; marchés très-fréquentés, surtout pour les bestiaux, les chevaux, la laine et le suif; 30,000 hab.

KESZTHELY, pet. v. de Hongrie, cer. au-delà du Danube, comitat de Szalad, sur le lac Bàlaton. On y voit le beau château du comte Festetier et le célèbre georgicum ou école d'agriculture que ce magnat hongrois y a établie; 4000 hab.

KET, riv. de la Russie d'Asie, affluent de l'Ob.

KET, v. du Turkestan, khanat de Khiva; est située sur un bras de l'Amou et renferme environ 1500 hab.

KETCHO ou KETCHO, BAH-KIND, DONG-KING, CAT-CHAO. *Voyez* BAK-KIRCH.

KETLEY (canal de), canal d'Angleterre, comté de Lancaster; il communique aux belles fonderies de ce nom et offre le premier plan incliné construit en Angleterre.

KETTENHOF, très-pet. v. de la Basse-Autriche, cer. inférieur du Wienerwald; florissante par son industrie cotonnière.

KETTENHOWEN. *Voyez* CATTENOM.

KETTERING, jolie pct. v. d'Angleterre, comté de Northampten; renferme de nombreuses fabriques de serges, de tamis et de chalons; 4000 hab.

KETTLE, île dans la baie de Boston; fait partie du comté de Salem, côte E. de l'état de Massachusetts, États-Unis de l'Amérique du Nord.

KETTWIG, v. de Prusse, sur la Ruhr, prov. du Rhin, rég. et à 4 1/2 l. N.-E. de Dusseldorf; grandes manufactures de draps, casimirs, etc.; teintureries; tanneries; 1350 hab.

KEVELÆR, vg de Prusse, sur la Niers, prov. du Rhin, rég. de Dusseldorf; fabrication de chapeaux et de toiles; tanneries; grand pèlerinage; 1350 hab.

KEVINS (Saint-), un des six faubourgs de Dublin; 7000 hab.

KEW, pet. vg. d'Angleterre, dans le voisinage de Londres, comté de Surry, sur la Tamise; remarquable par son observatoire et par son magnifique jardin botanique, un des plus riches du monde ; 800 hab.

KEYNSHAM, vulgairement SMOKY, b. d'Angleterre, comté de Sommerset, situé sur l'Avon inférieur; fabrication de malt; 2500 hab.

KEYSD, b. de Transylvanie, pays des Saxons; château fort; deux foires; 2000 h.

KEZDI-VASARHELY, pet. v. des Confins militaires, généralat de Transylvanie; siége des autorités du régiment; gymnase réformé; commerce; 5000 hab.

KFIAT, ham. de Fr., Côtes-du-Nord, com. de St.-Gouen; 170 hab.

KFOL, ham. de Fr., Côtes-du-Nord, com. d'Yvias; 200 hab.

KFOURNE, ham. de Fr., Morbihan, com. de Noyal-Pontivy; 930 hab.

KFULHES, ham. de Fr., Morbihan, com. de Pénestin; 200 hab.

KGAL, ham. de Fr., Morbihan, com. de Moréac; 200 hab.

KGOLOT, ham. de Fr., Côtes-du-Nord, com. de Pléguien; 190 hab.

KGRÉE, ham. de Fr., Côtes-du-Nord, com. de Bocqueho; 100 hab.

KGRIST, ham. de Fr., Côtes-du-Nord, com. de Plounez; 506 hab.

KHAIBAR, v. de l'Arabie, dans le Nedjed. Cette ville, autrefois le siége d'une colonie de juifs indépendants, est occupée aujourd'hui par plusieurs branches de la tribu arabe des Amazeh.

KHABOUR, riv. de la Turquie d'Asie, affluent de gauche de l'Euphrate; s'embouche dans ce fleuve, près de Kirkessia.

KHABOUR *Voyez* ALI-BETTIS.

KHABOUR, fort de la Turquie d'Asie, eyalet de Racca, sur la rivière de même nom, chef-lieu de sandschak.

KHAIDOU, riv. de Chine, dans le Thian-chan-nan-lou; réunit les deux lacs le Lop et le Bosteng.

KHAI-FUNG-FOU, v. de Chine, capitale de la prov. de Ho-nan; est située à 154 l. S.-O. de Pé-king, sur un bras du Houang-ho. Son niveau est inférieur de quelques pieds à celui des eaux du fleuve, et, malgré les fortes digues qui l'entourent, elle est exposée à de grands dangers. Sa juridiction s'étend sur 30 villes. Elle était autrefois une des villes les plus florissantes de l'empire; mais, en 1664, le général Litsechin, pour réduire un corps de rebelles qui s'était réfugié à Khaï-fung-fou, fit percer les digues et noya avec les insurgés 300,000 habitants. Dans cette ville se trouve le principal temple de la colonie juive, qui s'établit, dit-on, en Chine 200 ans avant l'ère chrétienne.

KHAI-HOA, v. de Chine, prov. de Yunnan, sur le Milei-ho; très-forte et principale place d'armes de la province, sur la frontière de l'An-nam.

KHAI-PHING. *Voyez* TCHA-NAIREAN-SOUMÉ.

KHALGAN ou TCHANG-KIA-KHEOU, v. de Chine, prov. de Tchy-li; fortifiée et bien peuplée, adossée à la grande muraille qui forme une partie de son enceinte.

KHALKHA. *Voyez* MONGOLS.

KHAMIES. *Voyez* CHAMIES.

KHAMIL. *Voyez* HAMI.

KHANDESCH. *Voyez* KANDEICH.

KHANGAH (El-) ou EL-KHANHUAH, b. de la Basse-Égypte, prov. et à 5 l. N.-E. de Kelyoub; ruines; 1000 hab.

KHANGAI. *Voyez* CHANGAÏ.

KHANGALAOUNOI, îlot de l'Océan Glacial arctique, à l'embouchure de la Léna.

KHARACHAR ou HALACHAR, une des dix principautés dans lesquelles est partagé le Thian-chan-nan-lou ou la Petite-Boukharie. Le chef-lieu de cette principauté est la ville qui lui a donné son nom. Elle a été bâtie sur le Khetjus par les Chinois, est habitée par des Torgots et des Boukhares et occupée par une garnison chinoise.

KHARA-KHOTÉ, ancienne ville de la Mongolie, aujourd'hui ruinée.

KHARAN, v. du Béloutchistan, prov. de Saravan, chef-lieu de district et résidence d'un sirdar qui peut mettre en campagne 5 à 600 hommes; elle est fortifiée; marché de chameaux.

KHARESM. *Voyez* KHIVA.

KHARGEH (El-). *Voyez* CHARJEH.

KHARKOW ou CHARKOW, v. de la Russie d'Europe, chef-lieu du gouvernement du même nom, située dans une contrée agréable, près de la Charkowka et de la Lopa, qui s'y jettent dans le Donetz; siége d'une université qui possède des collections scientifiques importantes; séminaire ecclésiastique; gymnase; elle est industrieuse et on y fabrique principalement des tapis et du feutre; 14,000 hab.

KHAS-BATOUL, pet. v. de l'Inde, chef-lieu de la principauté de Batoul, dist. de Garakpour, prov. d'Oude.

KHATANGA, fl. de la Russie d'Asie, gouv. de Iénisseisk; prend sa source sur les monts Iénisseïens, sous 67° 20′ lat. N., reçoit les eaux du Kotegan, du Khern, du Pépigan, de la Baladma, de la Nava, etc., parcourt les plaines arctiques, dont il est un des cours d'eau les plus considérables, et se jette, sous 74° lat. N., dans la baie profonde de l'Océan Glacial arctique à laquelle il donne son nom.

KHATANSKOIE, vg. de la Sibérie, gouv. de Iénisseisk; misérable endroit, remarquable seulement par la haute latitude sous laquelle il est situé.

KHATAUG, dist. du roy. de Népal, au S. du Thibet; renferme d'abondantes mines de cuivre et de fer, mais est faiblement habité.

KHAU-SOU, v. du roy. de Népal, chef-lieu du pays des Khirauts, sur le Tombakosi; est traversée par une grande route qui mène, par-dessus l'Himalaya, dans le Thibet.

KHEDJEN, nom que les Mandchoux donnent aux tribus de Kouriliens qui habitent le pays des Mandchoux, à l'E. de l'Ousouri.

KHEIRPOUR, v. de l'Inde, dans le Sindhy, sur la frontière de Cutch.

KHERSON ou CHERSON, gouv. de la Russie d'Europe; est borné par la prov. de Bessarabie et par les gouv. de Podolie, de Kiew, de Pultawa, d'Ekaterinoslaw et de Tauride, au S. il est borné par la mer Noire. Ses principaux cours d'eau sont : le Dniester et le Dniéper, puis l'Ingaletz et le Bog; parmi les lacs, celui de Jasskoje est le plus considérable. Le climat est très-sec; la chaleur pendant l'été est excessive et l'hiver très-rigoureux. L'agriculture y est florissante, et le sol produit principalement du blé, du maïs et du millet. L'éducation du bétail, surtout celle des mérinos, y est dans un état satisfaisant. Outre ces ressources, on s'y livre activement à la pêche; mais l'industrie y est encore naissante. Le gouvernement se divise en 4 cercles; ceux de Cherson, Elisabethrad, Olwiopol et Tiraspol; sa pop. s'élève à 400,000 hab.

KHERSON ou CHERSON, v. de la Russie d'Europe, chef-lieu du gouvernement du même nom. Elle fut fondée, en 1778, par le prince Potemkin et est située sur le penchant d'une colline et sur la rive droite du Dniéper. Son commerce diminue à mesure que celui d'Odessa augmente; 13,600 hab., parmi lesquels beaucoup de Grecs et de juifs.

KHESTAN. *Voyez* CASTUA.

KHIDOUÉ, ham. de Fr., Côtes-du-Nord, com. de Pludual; 300 hab.

KHING-GANG, v. de Chine, prov. de Kan-sou, sur le Malien-ho ; bien fortifiée ; fait un grand commerce.

KHINGKHAN ou HINKAN (monts), chaîne de montagnes de la Mandchourie; est une ramification de l'Altaï.

KHINGKHAN-OOLA, chaîne de montagnes de l'Asie; elle forme la réunion de l'Altaï avec le Thian-chan ou mont Céleste.

KHING-YOUAN, v. de Chine, prov. de Kouang-si, sur le Long-kiang; sa juridiction s'étend sur 3 villes. Ses environs sont très-fertiles et produisent le cocotier et le palmier d'Arek. Le gouvernement chinois défend l'exploitation des mines d'or qui se trouvent dans son voisinage.

KHIN-TCHEOU-FOU, v. de Chine, prov. de Tche-kiang.

KHIOUNG-TCHEOU-FOU ou HOWIHOW, v. de Chine, prov. de Kouang-toung, chef-lieu de l'île de Haïnan ; est située sur un promontoire de la côte N.-O. et possède un bon port, centre du commerce de toute l'île. Dans ses parages se trouvent des bancs de perles qui occupent un grand nombre de plongeurs.

KHIRAUTS (pays des Kirats), dist. très-montueux du roy. de Népal, au S. de la vallée du même nom ; habité par des Kirats et des Limboos, divisés en un grand nombre de petites tribus. Les Kirats apparaissent fréquemment dans les légendes indiennes.

KHIVA (khanat de), dans le Turkestan ; est le plus étendu des khanats de cette région de l'Asie, si l'on tient compte des vastes déserts qui couvrent presque toute sa surface. Ses limites sont difficiles à indiquer; au N.-O. il touche la mer d'Aral, au S.-E. il confine avec le khanat de Boukhara, à l'O. le désert qui porte son nom le sépare du pays des Turkomans, enfin à l'E. et au S. s'étendent d'autres déserts qui l'isolent presque totalement. Le khanat de Khiva est une oasis qui occupe le grand coude de l'Amou, l'artère vivifiante de ce pays. Là, au sortir des sables mouvants et arides du désert, on rencontre des moissons dorées et de gras pâturages, où le Khivien fait paître ses innombrables troupeaux de chameaux, de moutons et de bœufs. Des canaux, dérivés du fleuve, portent dans l'intérieur des terres son eau fécondante et accroissent les richesses de ce pays, qui fournit de blé les hordes nomades des Turcomans et des Kirghis. Le climat de la Khivie n'est pas très-froid, mais les saisons s'y succèdent sans transition ; à peine la neige est-elle fondue que déjà l'ardeur du soleil brûle les herbes fraîchement poussées et désole les contrées dépourvues d'eau.

Les habitants de la Khivie appartiennent à quatre races différentes : les Ouzbeks qui sont la nation dominante, les Turcomans, les Boukhares et enfin les Sartys ou Tadjiks. Ces derniers, les plus nombreux, sont probablement les descendants des anciens Bactriens et Sogdiens. Ils ont des mœurs paisibles, sont agriculteurs, industriels et surtout commerçants; ils cultivent les lettres et les sciences et se font remarquer par leur zèle religieux. La population de la Khivie est de plus de 400,000 âmes. Nous avons déjà parlé des richesses agricoles de ses habitants; le commerce leur en fournit d'autres. Il est très-considérable et se fait principalement par des caravanes. Les relations avec Astrakhan ont lieu par eau et par terre; deux mille chameaux chargés sont expédiés tous les ans à Orenbourg, dans la Perse et l'Afghanistan ; l'accroissement continuel de ce commerce peut acquérir une importance, nuisible aux Anglais de l'Inde. Khiva est aussi un grand marché d'esclaves, qui sont en grande partie des prisonniers russes, persans et afghans. Le gouvernement de la Khivie appartient à un khan assisté d'une espèce de conseil-d'état. Les forces militaires sont assez considérables, puisqu'en temps de guerre tout Khivien doit prendre les armes; elles se composent surtout de cavalerie. Les principales villes sont : Khiva, la capitale; la Nouvelle-Ourghendj, la ville la plus commerçante, et Konkrat.

L'histoire de cette partie du Turkestan est très-peu connue. Il y existait avant Alexandre-le-Grand un état considérable, appelé Kharesm (en zend pays brillant), dont les habitants étaient des sectateurs fervents de Zoroastre. Les Kharesmiens, nomades sous Alexandre, faisaient un grand commerce sous les Arsacides et les Sassanides ; leurs villes étaient célèbres. Plus tard et sous les Arabes, le Kharesm acquit, sous la dynastie seljoucide qui y régnait, une grande célébrité en Orient. Une partie du Turkestan était alors fertile, bien cultivée et arrosée par un grand nombre de canaux; ce pays avait des poëtes et des savants illustres. Mais Gengiskhan et Tamerlan détruisirent ce que la main des hommes avait créé, et bientôt après une révolution de la nature vint achever l'œuvre de ces dévastateurs. La Khivie, en proie à une longue anarchie et à des conquérants divers, a été pacifiée, à la fin du dernier siècle, par Mohammed Rahim, père du khan actuel. Il régularisa l'administration, soumit plusieurs hordes de Turcomans et transmit à son fils un état florissant, dont le commerce s'accroît sans cesse. Les Russes, qui depuis longtemps convoitaient cette importante route du commerce, en font dans ce moment la conquête, alléguant pour grief principal l'esclavage dans lequel étaient réduits de nombreux prisonniers russes; en réalité, ils s'ouvrent par là la route de l'Inde. On sait que c'est par la Bactriane qu'Alexandre entra dans l'Inde. Des bords de la mer Caspienne à Khiva il n'y a pas 150 l. De Khiva, en remontant l'Oxus, on arrive, par Boukhara et par Balkh, aux montagnes qui dominent la vallée de l'Indus. En

1717 déjà Pierre-le-Grand voulut s'emparer de Khiva et y envoya 3000 hommes, sous le prince Bekowitz, dont l'expédition eut une issue malheureuse. Telle ne sera probablement pas la fin de l'expédition actuelle.

KHIVA, v. du Turkestan, capitale du khanat de même nom; est située dans une contrée fertile, sur un canal dérivé de l'Amou-Daria. Elle est fortifiée, défendue par un château où réside le khan et renferme environ 10,000 hab. Elle est le principal marché d'esclaves du Turkestan.

KHOCHAB, v. de la Turquie d'Asie, eyalet de Van, sur la rivière de même nom. On y remarque plusieurs mosquées et médressés, fondées par Hassenbekh, ancien khan kurde, qui y est enterré.

KHOCHOTIE. Quelques géographes désignent par ce nom la partie S.-E. de la Mongolie, celle qui s'étend entre 86° et 91° long. orient. et entre 30° 40′ et 42° 45′ lat. N., et qui confine au N.-O. avec la principauté de Hami, au N.-E. avec le désert de Gobi, à l'E. et au S. avec la prov. chinoise de Chen-si, au S.-O. avec le Thibet et à l'O. avec la Petite-Boukharie. Elle comprend le dist. de Tangout, le pays des Mongols du Khoukhou-noor et le Sifan. *V.* MONGOLIE.

KHODJEND, v. du Turkestan, khanat de Khokand; elle est située sur le Syr-Daria, et on la dit aussi grande et aussi peuplée que la capitale du khanat.

KHOË, v. de la Perse, prov. d'Adzerbaïdjan, chef-lieu du district de même nom; est située dans une belle plaine, sur l'Otrar; renferme un grand nombre de mosquées et de bains, un palais royal; elle est fortifiée et défendue par des tours; 5000 hab.

KHOKHAN. *Voyez* KHOKAND.

KHOKHAND ou KHOKHAN, khanat du Turkestan, appelé autrefois Fergana; est situé au N.-E. de Boukhara, entre 40° et 46° lat. N. Ses limites sont peu connues et ont été reculées dans ces derniers temps par l'adjonction au Khokand des khanats de Tachkend et du Turkestan. Sa partie orientale est couverte par les avant-monts du Mouz-dagh; sa partie occidentale s'abaisse vers le désert de Kizilkoum. Son principal cours d'eau est le Syr-Daria ou Sihoun qui reçoit de nombreux affluents des montagnes de l'Est. La population, assez considérable, se compose d'Ouzbeks, de Kirghis et de Karakalpaks et vit en hostilité continuelle avec ses voisins du Nord, les Russes, qui défendent sévèrement l'introduction de toutes armes dans le khanat de Khokand. Ses principales villes sont: Khokand, Marghalan, Khodjend et Turkestan.

KHOKHAND ou KHOKHAN, v. du Turkestan, capitale du khanat de même nom; est située sur un affluent du Syr-Daria, à peu de distance à gauche de ce fleuve. Ses maisons sont toutes en terre; le château du khan, qui défend la ville, les trois bazars en pierres, les écuries du khan sont les principaux édifices de cette ville industrieuse et commerçante qu'on dit aussi grande que Boukhara et à laquelle on accorde 60,000, quelques-uns même 100,000 hab.

KHOPERSK ou NOWOKHOPERSK, v. et chef-lieu de cercle de la Russie d'Europe, gouv. de Voronéje; située sur le Khaper; commerce; construction de vaisseaux; 1850 hab.

KHORASSAN ou KHORASSAN OCCIDENTAL, *Parthia*, gr. prov. du N.-E. du roy. de Perse; est située entre 51° 10′ et 65° 35′ long. orient. et entre 34° 50′ et 39° 8′ lat. N. Elle est bornée au N. par le Turkestan, à l'E. par l'Afghanistan, Balkh et le roy. de Hérat, à l'O. par Ihabaristan et Mazanderan. Sa superficie est de 3827 l. c. géogr. Le Khorassan est un pays montueux, qui fait encore partie du plateau de l'Iran; il occupe les deux versants des derniers embranchements de l'Al-Burs, qui s'étendent depuis le Mazanderan jusqu'aux premières collines du Paramisus, et encaissent des vallées fertiles et bien arrosées. Au N.-E. et au S.-E. sont des steppes sablonneuses. L'Amou ne touche le Khorassan que sur la frontière de Balkh; son cours d'eau principal est le Tedjen ou Tedsen, l'*Ochus* des anciens, qui vient de l'Afghanistan et baigne les villes de Mechhed et de Kabouchan. Le climat est doux, salubre; mais plus humide que dans une grande partie de l'Iran. Les principales productions consistent en riz, céréales, tabac, coton, chanvre, plantes médicinales, gomme, etc.; le bois y est rare; ses montagnes sont presque toutes nues. L'éducation du bétail y est très-développée. Les habitants, Tadjiks, Kadjares, Turcomans, etc., sont industrieux et fabriquent, dans les grandes villes, des étoffes de soie et de coton, des toiles, des armes, des articles en fer et en acier, d'excellents cuirs; le chiffre de la population n'est pas connu. Le Khorassan a souvent été détaché de la Perse, et ce n'est qu'en 1818 qu'il y a été réuni de nouveau, au moins en partie, car deux de ses districts forment encore aujourd'hui le roy. de Hérat ou du Khorassan oriental. L'ancienne capitale de Khorassan était Hérat; Mechhed, Nichapour et Kabouchan sont ses principales villes.

KHORASSAN-ORIENTAL. *Voyez* HÉRAT.

KHORS, ham. de Fr., Morbihan, com. de Hennebont; 150 hab.

KHOTAN ou HOTAN, une des dix principautés dans lesquelles est partagé le Thianchan-nan-lou ou la Petite-Boukharie; elle est généralement plate, renferme beaucoup de steppes, mais aussi plusieurs oasis fertiles et bien arrosés. Les habitants, peuple mélangé, sont agriculteurs et pasteurs, et se livrent à la culture du ver à soie. Le khanat de Khotan dépend du gouverneur chinois de Yarkand; il réside dans la ville de Khotan.

KHOTAN ou HOTAN, chef-lieu du khanat de même nom; siége de l'akimbeck ou chef de la principauté; situé dans une contrée fertile; on y fabrique beaucoup de toiles et d'étoffes de soie.

KHOTIM, v. et forteresse importante de la Russie d'Europe, Bessarabie, sur le Dniester, tout près des frontières autrichiennes.

KHOTMRNSK, v. fortifiée de la Russie d'Europe, gouv. de Khargaw, au confluent du Melawdoï-Kolides et de la Worskla; 1800 hab., qui s'adonnent à l'agri-culture, à l'éducation du bétail et au petit commerce.

KHOUBIS. *Voyez* KÉBIS.

KHOUEI-TCHEOU, v. de Chine, prov. de Sé-tchouan, sur le Kincha; entrepôt général des marchandises qu'on exporte de la province. Dans les montagnes de son voisinage vit un peuple sauvage qui n'a aucun rapport d'origine ni de mœurs avec les habitants de la vallée.

KHOUKHOU-NOOR (en chinois *Thsing-haï* ou *mer Bleue*), lac de la Mongolie, au N. du Houang-ho; il a 70 l. de circuit et renferme deux îles. Il a donné son nom à la partie de la Mongolie dans laquelle il est situé, et aux Mongols ou Éleuts qui habitent ses bords.

KHOUKHOU-NOOR (pays des Mongols de), dist. de la Mongolie, dans la Khochotie; est borné au N. par le dist. de Tangout, à l'E. par la prov. de Cheu-si, au S.-E. et au S.-O. par le Sifan et le Thibet, à l'O. par le Thian-chan-nan-lou. Le Houang-ho naît dans le groupe colossal de montagnes qui couvre ce pays et qui a été pendant des siècles la limite ethnographique des Chinois et des Turcs. Les montagnes portent également le nom de Khoukhou-noor; d'autres grands fleuves, tels que le Kin-cha-kiang, le Thalouen et le Menang-kong, prennent leurs sources sur leur versant méridional. Les habitants sont des Éleuts ou Kalmouks, qu'on désigne souvent par le nom de Mongols du Khoukhou-noor et qui, suivant M. Klaproth, sont partagés en 30 bannières. On y trouve un grand nombre de lacs, dont le plus important est celui qui lui a donné son nom.

KHOULM (khanat de), le plus puissant khanat du Turkestan méridional; est situé au S. et au S.-E. de celui de Balkh et s'étend depuis l'Hindou-Koh jusqu'à l'Amou. Le khan est très-puissant; il porte le titre d'atalik et peut mettre 12,000 hommes en campagne. Il était autrefois vassal de l'Afghanistan, mais s'est rendu indépendant lors des troubles qui ont régné dans ce pays. Il réside dans la ville de Khoulm.

KHOULM, v. du Turkestan, chef-lieu du khanat de même nom, sur le Khoulm; résidence de l'atalik; ville très-considérable à laquelle Elphinstone accorde 8000 maisons.

KHOUNDZAKH, v. des prov. caucasiennes de la Russie d'Asie, dans le pays des Lesghis. C'est un gros bourg qui sert de résidence au khan des Avars, le chef le plus puissant du Caucase oriental. Les rois de Géorgie payaient autrefois à ce prince, qui porte le titre de nutsahl et qui peut mettre 10,000 hommes en campagne, un tribut annuel, et la Russie fait de même aujourd'hui pour empêcher les excursions de ses sujets.

KHOURDAGHAR, v. de l'Inde anglaise, présidence de Calcutta, chef-lieu du dist. de Khourdah; est située au milieu des forêts; forteresse; résidence du radjah de Khourdah.

KHOURDAH, dist. de l'Inde anglaise, présidence de Calcutta; forme la partie méridionale de la prov. d'Orissa; est généralement plat, mais boisé, très-fertile en riz, blé, coton, etc. Le radjah de ce district est grand-prêtre né du temple de Djaggernath; il réside à Khourdaghar.

KHOURKA, riv. de la Russie d'Asie, affluent du Soungari.

KHOURREMABAD, v. de Perse, prov. de Khousistan; résidence du khan de la puissante tribu des Feïli, qu'on regarde comme entièrement indépendante.

KHOUSISTAN ou **HOUSISTAN**, l'ancienne *Elimnis* ou *Susiana*, prov. de Perse; est située au S.-O. du royaume, le long du golfe Persique, entre 44° 20′ et 47° 40′ long. orient. et entre 29° 50′ et 33° 40′ lat. N. Elle est bornée au N. par le Kurdistan, au N.-E. par l'Irak-Adjémi, à l'E. par Fars, au S. par le golfe Persique, à l'O. par la Turquie d'Asie. Sa superficie, en y comprenant le Louristan, est de 1380 l. c. géogr. La partie septentrionale de la province est montueuse; mais ses hauteurs, toutes sans végétation, ne s'élèvent qu'à 3 ou 4000 pieds au-dessus du plateau; au S. le pays s'abaisse vers le golfe Persique et devient sablonneux et stérile. Le Khousistan n'est fertile et bien cultivé que sur les bords de ses rivières, telles que le Karoun, le Kerab, le Dscherahi, le Tab, qui viennent du N. et se jettent dans le Tigre ou le Chat-el-Arab. La population se compose de Tadjiks, de Loures, de Kurdes; elle s'adonne peu à l'agriculture et vit presque entièrement de ses troupeaux; quelques-uns cultivent le riz et la canne à sucre; un grand nombre sont nomades. Les côtes sont habitées par des Arabes, qui s'occupent seuls de la pêche. Le Khousistan est divisé en trois districts : le Louristan au N.-E., l'*Elymaïs* des anciens, le Khousistan proprement dit (Susis) et l'Ahvas (Uxiana) au S.; son chef-lieu est Chouster; ses autres principales villes sont : Dizfoul, Khourremabad, Haviza et Goban.

KHOUTHAISSI ou **KOTATIS**, v. de la Russie d'Asie, chef-lieu de l'Ireméthi, sur le Rioni; petite, mais industrieuse et commerçante. Dans son voisinage l'on voit les ruines de l'ancienne ville de même nom. Autrefois la capitale de l'Iméréthi, cette ville est aujourd'hui le siége du gouverneur-général russe, dont la juridiction s'étend sur l'Iméréthi, la Mingrelie, la Gourie et la Grande-Abasie.

KHOWARESM. *Voyez* KHIVA.

KHOZDAR, v. du Béloutchistan, prov.

de Djavalan; est la résidence d'un sirdar.

KHYZABAD, v. de l'Inde, roy. d'Aoudh, chef-lieu du fertile district de même nom.

KIACHTA, v. de la Russie d'Asie, gouv. d'Irkoutsk, pet. v. située sur la frontière de la Chine, vis-à-vis de Maimatchin et très-importante, puisque c'est le seul endroit par où se fait le commerce par terre avec le céleste empire. On y fait tous les ans pour 10 millions d'affaires; la principale foire, qui a lieu au mois de décembre, est fréquentée par un grand nombre de négociants russes. Les marchandises vont de Kiackta à Irkoutsk, d'où elles passent à Tobolsk par Tomsk. Le thé dit de caravane est celui qui se transporte de la Chine à dos de chameau à travers le Gobi à Maimatchin, d'où il arrive en Europe par Kiachta. Sur une hauteur voisine de cette ville l'on voit les barrières des deux empires; celles de la Russie est un monticule en pierres surmonté d'une croix; celle de la Chine une espèce de pyramide; 4000 hab.

KIA-HING, v. de Chine, prov. de Tche-kiang, sur le canal Impérial; grande et belle ville, dont toutes les maisons ont des arcades; commerce important.

KIAI-TOAN, v. de l'emp. Birman, chef-lieu du Laouachan médiat, dans le Laos birman.

KIA-LING, fl. de Chine, affluent du Yan-tse-kiang; prend sa source dans les montagnes du Sifan et traverse le Sé-tchouan.

KIAMA, roy. peu connu de la Nigritie centrale, emp. de Borgou; le roi est despotique chez lui et regarde le roi de Boussa comme son suzerain. Kiama, sa résidence, est bâtie sur le flanc d'une chaîne de collines et paraît être la ville la plus commerçante et la plus peuplée du Borgou; on lui accorde 30,000 âmes; elle est éloignée de 30 l. S.-O. de Boussa.

KIANE, riv. de l'Inde, affluent de la Djamna.

KIANG. *Voyez* YAN-TSE-KIANG.

KIANG-NAN, gr. prov. de Chine, divisée aujourd'hui en deux : le Kiang-sou (la partie orientale) et le Ngan-hoeï (la partie occidentale); est située entre 112° 30′ et 119° 20′ long. orient., et entre 29° 2′ et 35° 8′ lat. N. Elle est bornée au N. par le Chan-toung, au N.-E. par le Houang-haï ou mer Jaune, au S.-E. par le Tche-kiang et la mer de Chine, à l'O. et au N.-O. par le Hou-kouang et le Ho-nan. Sa plus grande étendue de l'E. à l'O. est de 163 l. et de 170 du S. au N. La province est généralement plate; les montagnes qui la traversent au S. et à l'O. sont peu élevées et presque toutes boisées. Les belles plaines du Kiang-nan, arrosées par les deux grands fleuves de la Chine, le Yan-tse-kiang et le Houang-ho, coupées dans toute la largeur de la province par le canal Impérial et couvertes d'innombrables canaux d'irrigation et de navigation, ont un terrain fertile et des mieux cultivés de la terre. Des alluvions continuelles, amenées par les courants, et l'immense quantité de limon charrié par les grands fleuves, rendent la navigation dangereuse sur les côtes qui empiètent sans cesse sur la mer, et que la main des hommes approprie immédiatement à la culture. Les principales productions du Kiang-nan consistent en riz, coton, soie, thé, céréales, fruits de toutes sortes, chanvre, tabac, plantes de teinture, laque, sel, or, argent et cuivre. Les fleuves, les lacs intérieurs, qui sont en grand nombre, les canaux fourmillent de poissons dont vit le cinquième de la population qui n'a d'autre demeure que les bateaux. Les habitants, au nombre de près de 46 millions, d'après Grosier, de 72,011,560, d'après la grande géographie chinoise, sont les plus civilisés des Chinois; une foule de grands hommes sont nés dans le Kiang-nan, renommé aussi pour sa florissante industrie. On y fabrique les étoffes de soie et de coton les plus recherchées de la Chine; son nankin, son encre, son papier, ses ouvrages laqués passent pour les meilleurs. Le grand nombre de cours d'eau et de canaux facilitent beaucoup son commerce. Le revenu de la province se monte à plus de 61 millions; la force militaire qui y stationne s'élève à 132,000 hommes. Kiang-ning-fou ou Nan-king (la cour méridionale) en est la capitale et le chef-lieu du Kiang-sou; nous citerons les autres endroits remarquables dans les articles consacrés aux deux parties actuelles du Kiang-nan : au Kiang-sou et au Ngan-hoeï.

KIANG-NING. *Voyez* NAN-KING.

KIANG-SI, prov. intérieure de Chine; est située entre 111° 8′ et 116° 18′ long. orient., et entre 24° 30′ et 30° 8′ lat. N.; elle confine au N. avec le Kiang-nan, au N.-E. avec le Tche-kiang, à l'E. avec Fou-kian, au S. avec Kouang-toung, à l'O. avec Hou-kouang. Sa plus grande largeur de l'E. à l'O. est de 97 l. et du S. au N. de 180. C'est un pays ondulé, dont l'aspect offre une grande variété de collines, de plaines, de lacs et de vallées; il n'a de montagnes considérables que sur les frontières du Kouang-toung, du Fou-kian et du Hou-kouang. Ses principaux cours d'eau sont le Yan-tse-kiang et le Kan-kiang, qui se jette dans le grand lac de Po-yang, dont les eaux se versent dans le Yan-tse-kiang. Le sol, bien que montueux, est très-fertile; les principales productions sont du riz rouge, une grande variété de bambous, du coton, du charbon de terre, du papier, du thé, du chanvre, de la porcelaine, des lis blancs ou lotus, des plantes médicinales, du vin nommé ma-kou, etc. Le Kiang-si est divisé en 14 départements; il renferme 13 villes de premier rang et 30 millions et demi d'habitants. Sa capitale est Nan-tchang; ses autres villes remarquables sont : Jao-tcheou, Kingtechin, Kouang-sin, Wou-tchin, Nan-khang, Kieou-kiang, Kiang-tchang, Fou-tcheou,

Lin-kiang, Ki-an, Choui-tcheou, Youan-tcheou, Kan-tcheou et Nan-an.

KIANG-SOU, la partie orientale du Kiang-nan, prov. de Chine; comprend les côtes, les embouchures du Yan-tse-kiang et du Houang-ho, et les ilots situés sur la côte, dont la principale est Thsong-ning, à l'embouchure du premier des fleuves que nous venons de nommer. Elle est divisée en 11 départements, a 37,843,500 hab. et rapporte tous les ans au trésor 3,256,000 onces d'argent. Nan-king ou Kiang-ning-fou est sa capitale; ses autres villes et endroits remarquables sont : Sou-tcheou, Soung-kiang, Tchang-tcheou, Tching-kiang, Hoeï-an, Yan-tcheou, Sin-tcheou, l'île Thsong-ning et ses immenses salines.

KIAN-TCHANG-FOU, v. de Chine, prov. de Kiang-si, sur le Kian, dans une contrée montueuse; ses environs produisent le meilleur riz de la Chine, réservé pour la table de l'empereur.

KIA-TING-TCHEOU, v. de Chine, prov. de Sé-tchouan, sur le Mahu; est bâtie au milieu d'un grand nombre de petits lacs; on trouve beaucoup d'animaux à musc dans son voisinage.

KIBBER ou ZEBEE, ZEBI, riv. considérable mais peu connue de l'Afrique orientale, dans le pays de Gingiro; elle prend sa source dans le haut plateau d'Enarea et paraît être identique avec la grande rivière qui débouche dans l'Océan Indien à Patta ou Patté, dans les possessions de l'iman de Mascate.

KICHES. *Voyez* QUICHES.

KICHINEFF ou KICHENAU, KICHENEW, capitale du gouv. de Bessarabie, dans la Russie d'Europe; siége des autorités provinciales; elle est située sur trois collines et près la petite rivière de Byu; gymnase académique; commerce important; 21,800 h.

KICKIOUHERRY ou KICKIWHERRY, pet. v. de la Haute-Guinée, roy. d'Assim, qui fait partie de l'empire d'Achanti, sur l'Ading; habitants plus civilisés que les Achantis; 1500 hab.

KIDDERMINSTER, jolie v. d'Angleterre, comté de Worcester, sur la Stour; grandes manufactures de tapis pour les pieds (carpets), d'étoffes de soie et de laine dont les produits sont exportés en Portugal; 10,700 hab.

KIDONIE ou HAIVALI, v. de la Turquie d'Asie, eyalet d'Anadoli, sur le golfe d'Adramit. Cette ville, fondée vers la fin du dix-huitième siècle, par un Grec du nom d'Eronomos, formait une petite république sous la protection de la Porte et avait acquis en peu d'années une grande prospérité. Ses manufactures de savon, ses tanneries, ses moulins à huile florissaient; elle était renommée pour son collége, sa bibliothèque, son imprimerie, comptait 3000 maisons et 36,000 habitants. Tout cela a péri dans la guerre de l'insurrection, et aujourd'hui Kidonie n'offre plus qu'un amas de ruines.

KIDREUFF, ham. de Fr., Finistère, com. de Plouhinec; 220 hab.

KIEFES. *Voyez* KIFFIS.

KIEHM ou DSCHESIREI-DIRAS, la plus grande île du golfe Persique; fait partie de la province persane de Fars. Elle n'est séparée du continent que par un étroit canal et est très-fertile; du temps de la splendeur d'Hormouz, elle était le grenier de cet ilot stérile. Ses 15,000 habitants sont régis par un scheikh qui dépend de l'iman de Mascate, mais qui paye aussi tribut au roi de Perse. Le chef-lieu de l'île s'appelle Kiehm et possède une bonne rade.

KIEL, v. du roy. de Danemark, chef-lieu du bailliage du même nom; située sur un golfe de la Baltique; elle possède un château, une université avec une bibliothèque, une école normale et un collége médical; commerce, principalement en grains et suif; fabr. de tabac; construction de vaisseaux. Kiel a chaque année, pendant les trois jours de la fête des Rois, une grande foire, appelée le change de Kiel (*Kieler Umschlag*), qui attire un grand nombre de négocians. On y fait alors principalement des affaires de banque et de change; 7100 hab.

KIELDRECHT, vg. du roy. de Belgique, sur la digue du même nom, prov. de la Flandre orientale, dist. et à 6 l. N. de Dendermonde; 2050 hab.

KIÉLOGN ou TJILOGN, CHULOIGNE, pet. v. de l'état Peul de Fonta-Toro, en Sénégambie, capitale de la prov. de Fonta et en même temps celle de tout l'empire; résidence de l'almamy, qui cependant séjourne fréquemment à Paldy, tout près de Saldé.

KIENHEIM, vg. de Fr., Bas-Rhin, arr. de Strasbourg, cant. et poste de Truchtersheim; 290 hab.

KIENTSHEIM, pet. v. de Fr., Haut-Rhin, arr. et poste de Colmar, cant. de Kaysersberg; 1210 hab.

KIEOU-KIANG, v. de Chine, prov. de Kiang-si, sur le Yan-tse-kiang, non loin de l'endroit où ce fleuve reçoit les eaux du lac Poyang; commerce et navigation considérables. Sa juridiction s'étend sur quatre villes.

KIEROIS, ham. de Fr., Côtes-du-Nord, com. de St.-Gouen; 170 hab.

KIERTEMINDE, v. du roy. de Danemark, Fionie, située sur le Grand-Belt; commerce de blé; distilleries; 1600 hab.; elle fut bombardée en 1659.

KIESS, b. du Tyrol, cer. de Trente; production et fabrication de la soie; 2000 h.

KIEW, gouv. de la Russie d'Europe; borné par les gouv. de Minsk, de Tschernikow, de Pultawa, de Kherson, de Padolie et de Volhynie; superficie 1900 l. c. géogr.; pop. 1,472,000 hab., d'après Schnitzler. Le pays forme une plaine ovale, arrosée par le Dnieper et ses affluents, le Prypec, le Teterow et le Ross. L'agriculture est la principale occupation des habitants, et le sol est surtout favorable à l'éducation des bestiaux. L'in dustrie commence à y fleurir et le commerce est important.

KIEW, v. de la Russie d'Europe, chef-lieu du gouvernement du même nom; siége des autorités et d'un archevêque. Elle est située sur le Dniéper et se compose de la vieille ville ou Haut-Kiew et de la ville basse ou Podel; ses principaux édifices sont : le palais de l'archevêque, le palais impérial, l'hôtel de ville, les bâtiments du collége, la maison des invalides et un superbe hôpital; le Petscher ou la citadelle renferme les palais des gouverneurs civil et militaire; les casernes, les magasins, l'arsenal et le couvent de Petscher avec des catacombes remarquables; 25 églises et 6 établissements de charité. Elle possède une académie ecclésiastique grecque, un gymnase et une école militaire; tanneries; fabr. de chandelles et de faïence; fonderie de cloches; 38,000 hab.

KIEXDANI, v. de la Russie d'Europe, gouv. de Wilna, sur la Niewiedza; château; gymnase réformé; commerce important; 5000 hab.

KIFFIS ou KIEFIS, vg. de Fr., Haut-Rhin, arr. d'Altkirch, cant. et poste de Ferrette; 420 hab.

KIGURTURSUK, colonie danoise sur la côte S.-E. du Grœnland, inspectorat du Sud, au N. d'Omanarsuk; abondance en oies à duvet; commerce d'édredons; pêche de la baleine.

KII ou KISIOU, prov. de l'empire du Japon, dans le Nan-kaï-do; son chef-lieu est Waka-yama.

KIKKAPOUS. *Voyez* SAWANOU.

KIKOK-ZEIT, v. de l'empire Birman, dans le pays de Birma, très-voisine de Saïgaing; c'est dans ces deux villes qu'on sculpte presque toutes les statues de Gantama répandues dans l'empire.

KI-LAN, v. de Chine, prov. de Kiang-si.

KILBURCHAN, pet. v. d'Écosse, comté de Renfrew; florissante par ses fabriques de toiles et de draps; 5000 hab.

KILBRIDGE, paroisse d'Écosse, comté de Lanerk; 3000 hab. Patrie du célèbre anatomiste et chirurgien Will-Unter, 1788 à 1783.

KILBRIDGE, paroisse d'Écosse, comté de Bute; formant la partie orientale de l'île d'Arran; 2500 hab.

KILCHENZIE, b. d'Écosse, comté d'Argyle; 3000 hab.

KILCHOMAN, b. d'Écosse, port de l'île d'Islay, du groupe des Hébrides; 3000 hab.

KILCHRIST, b. d'Écosse, comté de Ross; 2700 hab.

KILCONQUHAR, b. d'Écosse, comté de Fife, dans le voisinage duquel se trouve le lac remarquable de Redmire; 2500 hab.

KILDA (Saint-), la plus occidentale et la plus éloignée des îles Hébrides, bordée par de formidables rochers et habitée par une centaine d'hommes qui n'ont aucun rapport avec le continent; ils ne connaissent pas même l'usage de l'argent; ils se nourrissent de pain d'avoine, de pommes de terre, d'oiseaux de mer, de poissons et s'adonnent à l'éducation du bétail. Cet îlot ne renferme qu'une seule source et le Congora, rocher escarpé qui s'élève à plus de 600 mètres au-dessus du niveau de la mer.

KILDALFON, paroisse d'Ecosse, comté d'Argyle, dans l'île d'Islay; 2500 hab.

KILDARE (canal de), dans le comté du même nom, en Irlande; il aboutit dans le Barrow.

KILDARE, comté d'Irlande; ses bornes sont : au N. le comté d'Eastmeath, au N.-E. celui de Leinster, au S.-E. celui de Wicklow, au S. celui de Carlow, au S.-O. celui de Queens, à l'O. celui de Kings et au N.-O. celui de Westmeath. Superficie 27 l. c. géogr.; pop. 60,000 hab. C'est une plaine extrêmement fertile et riche en beaux pâturages; elle est arrosée par le Barrow, le Boyne et le canal de Kildare. On y trouve toutes les productions de l'Irlande, principalement des céréales, des betteraves et de la navette. L'éducation du bétail et l'agriculture forment la principale ressource des habitants. Ce comté est divisé en huit baronies.

KILDARI, pet. v. d'Irlande, et chef-lieu du comté de même nom; siége d'un évêque anglican et d'un évêque catholique; marchés très-fréquentés; courses aux chevaux; 4000 h.

KILDONAN, colonie fondée en 1814 par un Écossais nommé Selkirk, dans l'Amérique anglaise, pays des Assinipoils, sur le Red-River (Rouge). Selkirk acheta le terrain en 1811, de la société d'Hudson, et y établit le fort Douglas, qui devint le chef-lieu de la colonie.

KILFINAN, paroisse d'Écosse, comté d'Argyle, sur le lac Finc; possède de nombreuses antiquités écossaises; 1500 hab.

KILFINICHEN, paroisse de l'île de Mull, du groupe des Hébrides; 3200 hab.

KILGOU, v. dans la partie N.-E. du Bertat, non loin de la rive gauche du Bahr-el-Azrek et des confins du roy. de Sennaar, en Nubie, à 50 l. S.-S.-E. de Sennaar.

KILI, groupe d'îles de la chaîne de Ralik, dans l'archipel de Mulgrave (archipel Central de Balbi), dans la Polynésie ou Océanie orientale; il est situé sous 6° 30′ de lat. N. et sous 166° 14′ long. orient. Un banc de corail l'environne.

KILIAN-CHAN ou NAN-CHAN, partie septentrionale du groupe de montagnes du Khoukhou-noor, qui est une branche détachée du Kuen-lun.

KILKENNY, comté d'Irlande. Ses bornes sont : au N. le comté de Queens, à l'E. ceux de Carlow et de Wexford, au S. celui de Waterford et à l'O. celui de Tipperary. Superficie 34 l. c. géogr. Population 100,000 habitants. Cette province est une des plus belles et des plus fertiles de l'Irlande; elle est baignée à l'E. par le Barrow. L'agriculture et l'éducation du bétail y sont également importantes. Ses mines de houille près de Castlecome sont les plus considérables de l'Irlande ;

on y trouve aussi du marbre et d'excellentes ardoises. On exporte du blé, de la farine, du beurre, du fromage, du bétail et des étoffes de laine, principalement des couvertes (*irish blankets*). Ce comté est divisé en onze baronies.

KILKENNY, jolie v. d'Irlande, chef-lieu du comté ce nom; nomme deux députés; siége d'un évêque catholique et d'un évêque anglican; bâtie sur deux collines; la sixième de l'Irlande par sa population et remarquable par sa grande manufacture de draps. Cathédrale, collége renommé, où fut élevé Swift. Tout près se trouve le magnifique château du ci-devant duc catholique d'Osmond, avec la plus belle galerie de tableaux de toute l'Irlande, et la fameuse caserne de Dunmore; 28,000 hab.

KILLALA, très-pet. v. d'Irlande, comté de Mayo, à l'embouchure du Moy dans la baie du même nom; renferme le palais et la cathédrale de l'évêque anglican de Killala et d'Achonry; 2000 hab.

KILLALI, v. du roy. d'Enarea ou Narea, au S.-O. de l'Abyssinie, à 15 l. N.-N.-O. de Gonea.

KILLALŒ, pet. v. d'Irlande, comté de Clare, à l'endroit où le Shannon sort du lac Derg; siége d'un évêque anglican; pêche du saumon et de l'anguille; commerce.

KILLAMOUK ou **Xélimak**, fl. des États-Unis de l'Amérique du Nord, dist. de l'Orégon; il prend naissance non loin des frontières de la Nouvelle-Californie, traverse, dans une direction N.-O. des contrées inconnues occupées par les Shoshonees, les Cahlackas, les Multnomahs, etc., et se décharge par une large embouchure, après un cours de plus de 80 lieues, dans l'Océan Pacifique, au S. du cap Loukout. Ses affluents sont peu connus.

KILLARLITY, paroisse d'Écosse, comté d'Inverness; 3000 hab.

KILLARNEY, b. d'Irlande, comté de Kerry; remarquable par sa position sur les bords du lac de même nom; un grand nombre d'étrangers y accourent tous les ans pour visiter ses environs pittoresques, ses cascades, le mont Mangerton, le Nid des Aigles avec ses nombreux échos, la prison d'O'-Danaghœ et d'autres curiosités naturelles. Mines de plomb; 7000 hab.

KILLAROX, gros b. d'Écosse, sur le Lugan; 4700 hab.

KILLEARN, vg. d'Écosse, comté de Stirling. Patrie du célèbre littérateur Buchanan (1506 à 1582); 997 hab.

KILLEM, vg. de Fr., Nord, arr. de Dunkerque, cant. et poste de Hondschoote; 1380 hab.

KILLESHANDRA, b. d'Irlande, comté de Cavan; important par son commerce en toiles; 2500 hab.

KILLGARREN, b. d'Angleterre, comté de Pembroke, sur le Tivy; pêche du saumon; fabrication de fer-blanc; 2400 hab.

KILLIKRANKI, défilé d'Écosse, dans la chaîne de montagnes qui s'étend depuis Aberdeen jusqu'au lac Lamond; on l'appelle les Thermopyles de la Calédonie.

KILLIS. *Voyez* Ellis.

KIMERA. *Voyez* Chimera.

KIMOLOS ou **Kimoli**. *Voy*. Argentiero.

KINCARDINE ou **Mearns**, comté d'Écosse, province maritime. Ses bornes sont: au N.-O. et au N. le comté d'Aberdeen, à l'E. la mer d'Allemagne, au S. et au S.-O. le comté de Forfar ou Angus. Superficie 18 l. c. géogr. La chaîne du Grampian étend ses ramifications dans ce comté, surtout au N.; elle ne fournit que de la chaux, du jaspe et du granit; la côte est bordée de rochers très-élevés. Ses principales rivières sont la Dee au N. et le North-Esk au S. Le climat est humide et très-variable. Son sol produit principalement du froment, de l'orge, de l'avoine, des pommes de terre et d'excellent lin. L'agriculture et l'éducation y sont également florissantes; la pêche y est très-abondante; l'industrie manufacturière se borne à la fabrication de la toile, de bas et de toiles à voiles. On exporte du blé, de la toile, de la laine, des peaux brutes, du fromage et des poissons. Ce comté n'est pas subdivisé; 30,000 hab.

KIN-CHA-KIANG (rivière à sable d'or), fl. de Chine, une des trois branches qui par leur réunion forment le Grand-Kiang ou Yan-tse-kiang; M. Klaproth le regarde comme la source principale du Kiang. *Voy*. Yan-tse-kiang.

KINDELBRUCK, pet. v. de Prusse, sur la Wipper, prov. de Saxe, rég. d'Erfurt; moulins à farine, à huile, à scie; papeterie; commerce de chevaux et de bestiaux; 1620 h.

KINDERHOOK, gros b. des États-Unis de l'Amérique du Nord, état de New-York, comté de Columbia, sur le Kinderhook; académie; grande manufacture d'indiennes; 5000 hab.

KINDWILLER, vg. de Fr., Bas-Rhin, arr. de Wissembourg, cant. et poste de Niederbronn; 580 hab.

KINESCHNA, v. et chef-lieu de cercle de la Russie d'Europe, gouv. de Kostroma, sur la Wolga, qui y reçoit la Kineschna; 2500 h.

KING, comté de la Nouvelle-Galles-du-Sud; il est borné au N. par le comté de Georgia, au N.-E. par celui de Westmoreland, à l'E. par les montagnes Bleues, au S.-E. par le comté d'Argyle, au S. par celui de Murray et à l'O. par les terres inconnues de l'intérieur.

KING, île du groupe de la Diemenie, dans l'Australie ou Océanie centrale; elle est située à l'entrée occidentale du détroit de Bass, sous 39° 49′ 30″ de lat. S. et sous 142° 7′ 2″ de long. E. Sa longueur du N. au S. est de 56 1/2 l. et sa largeur d'environ 40. La végétation y est puissante; cependant cette île n'est fréquentée que pour la pêche des phoques que l'on y trouve en abondance, parce qu'elle manque entièrement de port. Aucune des baies, dont les plus remarquables sont la baie des Phoques, celles des Rescifs et des Eléphants, n'offre d'abri sûr aux navires.

KING, colonie nouvellement fondée dans les États-Unis de l'Amérique du Nord, état du Maine, comté de Penobscot.

KING-AND-QUEEN, comté de l'état de Virginie, États-Unis de l'Amérique du Nord; il est borné par les comtés d'Essex, de Middlesex, de Gloucester, de James-City, de King-William et de Caroline. Pays bien arrosé, mais marécageux et malsain. Sur les ruines du Piankatong s'étend le Dragon-Swamp, vaste marais fétide qui regorge de serpents et d'énormes lézards; 14,000 hab.

KING-AN-FOU, v. de Chine, prov. de Kiang-si, sur le Kan-kiang qui y est très-rapide et se précipite avec impétuosité à travers les rochers. Sa juridiction s'étend sur huit villes.

KING-CHARLES ou MARCOS, île du groupe des Galapagos, à l'O. de la rép. de l'Écuador.

KINGER-LE-BAS. *Voy*. KAPPEL-KINGER.

KINGER-LE-HAUT. *Voyez* UBER-KINGER.

KINGERSHEIM, vg. de Fr., Haut-Rhin, arr. d'Altkirch, cant. et poste de Mulhouse; 440 hab.

KING-GEORGE. *Voyez* COVES (les).

KING-GEORGE, comté de l'état de Virginie, États-Unis de l'Amérique du Nord, entre le Potowmak et le Rappahanok; il est borné par l'état de Maryland et les comtés de Caroline, de West-Moreland et de Stafford; 10,000 hab.

KINGHOM, b. d'Écosse, comté de Fife, sur le golfe de Forth, vis à vis de Leith; manufactures de coton et de toiles; petit port; 2500 hab.

KINGKITAO. *Voyez* HAN-YANG-TCHING.

KINGS, comté de l'île du Prince-Édouard, dont il occupe la partie orientale; il est fertile, bien arrosé et divisé en 20 communes; 4500 hab.

KINGS, comté de l'état de New-York, États-Unis de l'Amérique du Nord; il comprend la partie occidentale du Long-Island et est borné par l'Océan et le comté de Queens. Pays fertile et très-bien cultivé; la montagne boisée de Guana le divise en deux parties; 15,000 hab.

KINGS, une des principales îles de l'archipel de Merghi, dans la mer des Indes; située sous 12° 20′ lat. N. Elle est élevée, boisée, possède de la bonne eau et un port. Le roi de Siam l'avait cédée aux Français qui n'en prirent jamais possession. Aujourd'hui elle appartient aux Anglais et fait partie de la prov. de Tenasserim.

KINGS, comté de la Nouvelle-Écosse, Amérique anglaise; il est borné par le Bason-of-Minas, la baie de Fundy et les comtés de Halifax, de Lunebourg et d'Anapolis; pays bien arrosé et fertile; 5000 hab.

KINGS, comté d'Irlande. Ses bornes sont: au N. le comté de Westmeath, à l'E. ceux d'Eastmeath et de Kildare, au S. ceux de Queens et de Tippérary, à l'O. ceux de Galway et de Roscommor. Superficie 33 l. c. géogr. C'est une vaste plaine, entrecoupée de marais, mais généralement fertile et riche en beaux pâturages. Le climat y est doux, mais humide; le Shannon la baigne au S.-O. et y reçoit le grand canal qui traverse tout le comté. Le sol est très-bien cultivé et fournit toutes les productions de l'Irlande; on exporte principalement du blé, de la farine, de l'eau-de-vie, du bétail, des peaux brutes, du beurre, de la laine, du fil et de la toile. Ce comté est divisé en 10 baronies; 80,000 hab.

KINGSBURY. *Voyez* SANDYHILL.

KINGSESSING, gros b. des États-Unis de l'Amérique du Nord, état de Pensylvanie, comté de Philadelphie, situé sur plusieurs îles; douane et maison de quarantaine pour les vaisseaux qui vont à Philadelphie; 3000 hab.

KINGSTON, v. du Haut-Canada, dist. de Midland, dont elle est le chef-lieu, à l'issue du St.-Laurent du lac Ontario. Cette ville, fondée en 1783, sur l'emplacement de l'ancien fort Frontinac, est la place la plus forte, la plus commerçante et la plus importante du Haut-Canada; elle a un beau port, station ordinaire de la flotte anglaise de l'intérieur, un chantier militaire, un arsenal et de vastes magasins et hangars; cette ville est le siége d'un évêché catholique; elle renferme plusieurs beaux édifices (les casernes), de nombreuses écoles, une prison de district, un hôpital et une banque, la seule du Haut-Canada; elle est le principal siége du commerce entre Montréal et l'Amérique du Nord-Ouest; on y publie deux journaux. Le canal Rideau aboutit à cette ville; saline et carrières de chaux dans les environs; 8000 hab.

KINGSTON, capitale de l'île de St.-Vincent, Petites-Antilles, possession anglaise. Elle est située sur la baie de même nom, au S.-O. de l'île et a une bonne rade. Elle est le siége du gouverneur de St.-Vincent et fait un commerce considérable; 7000 hab.

KINGSTON, pet. v. des États-Unis de l'Amérique du Nord, état de New-York, comté d'Ulster, dont elle est le chef-lieu, au confluent de l'Hudson et de l'Esopuskill, et à l'endroit où commence le beau canal de Hudson-Delaware; académie; halle; maison de détention; commerce considérable; 3000 hab.

KINGSTON (Tennessée). *Voyez* ROANE (comté).

KINGSTON, paroisse de l'île de Jamaïque, comté de Surry.

KINGSTON, v. de l'île de Jamaïque, comté de Surry, dont elle est le chef-lieu, au N. de la baie de Port-Royal, à 4 l. de la ville de ce nom et à 5 l. de Spanishtown, dans une plaine sablonneuse, non loin des monts Ligany. Cette ville, divisée en ville haute et ville basse, est régulièrement bâtie et d'un aspect très-pittoresque. Elle renferme de superbes édifices, des églises et oratoires de tous les cultes chrétiens, ainsi que deux synagogues. Elle a un excellent port bien défendu et fait un commerce immense; sous ce rapport Kingston est non seulement la première ville de la Jamaïque, mais de toute l'Amérique anglaise; 34,000 hab., y compris les esclaves.

KINGSTON ou **KINGSTOWN**, b. de la Haute-Guinée, à l'extrémité S.-E. de la côte de Sierra-Leone, sur le Mesurado, à 15 l. N.-E. de Monrovia. Les Anglais y ont un comptoir.

KINGSTON (baie de). *Voyez* UPERNAVIK.

KINGSTON-UPON-THAMES, jolie pet. v.

KINGSTON-UPON-HULL. *Voyez* HULL.

d'Angleterre, comté de Surry, sur la Tamise; florissante par son commerce; fabrication de poudre; 6000 hab.

KINGSTOWN. *Voyez* PHILIPPSTOWN.

KINGSTOWN autrefois DUNLEARY, b. des environs de Dublin; remarquable par son beau port nouvellement achevé, qui met les navigateurs à l'abri des dangers qu'offre la baie de cette capitale; la dépense est évaluée à environ 25 millions de francs.

KINGSTOWN, b. de la Haute-Guinée, dans les établissements anglais de Sierra-Leone, non loin de Freetown.

KINGSTREE. *Voyez* WILLIAMSBURGH (district).

KING-TCHEOU-FOU, v. de Chine, prov. de Hou-pé, sur le Yan-tse-kiang; florissante par son commerce et sa navigation. Sa juridiction s'étend sur 12 villes.

KING-TE-CHIN, b. de Chine, prov. de Kiang-si, sur le Po. Ouvert et sans avoir le rang de ville, cet endroit est cependant le plus peuplé de la province et a près d'un million d'habitants tous occupés à la fabrication de la porcelaine.

KINGUELE. *Voyez* CHINGELÉ.

KING-WILLIAM, comté de l'état de Virginie, États-Unis de l'Amérique du Nord; ses bornes sont : les comtés de Caroline, de King-and-Queen, de New-Kent et de Hanovre. Pays en grande partie fertile et bien arrosé; 13,000 hab.

KINHONE ou QUINHONE, v. de la Cochinchine, dans l'emp. d'An-nam, vis-à-vis de Kitta, sur le Han; possède des teintureries importantes et renferme deux églises catholiques.

KIN-HOUA, v. de Chine, prov. de Tche-kiang, sur un affluent du Tsieu-tang; détruite et rebâtie par les Mandchoux; commerce considérable. Sa juridiction s'étend sur 7 villes.

KINIBALU, chaine de montagnes très-élevées qui traverse le roy. de Bornéo dans l'île du même nom. Il existe dans la même contrée un grand lac qui porte également le nom de Kinibalu.

KINNAIRD, vg. d'Écosse, comté de Perth; avec la magnifique campagne de lord Kinnaird.

KINNAIRDS-HEAD, *Fæzalum*, cap de la côte orientale de l'Écosse, dans le comté d'Aberdeen.

KINOU, ham. de Fr., Finistère, com. de Lambézellec; 560 hab.

KINROSS, comté d'Écosse. Ses bornes sont : à l'O. et au N. le comté de Perth, à l'E. et au S. celui de Fife. Superficie 4 l. c. géogr. Cette province est bordée de collines et de montagnes, excepté à l'E.; l'intérieur du pays est plat et assez fertile en orge, avoine, pommes de terre et fourrages. Ses montagnes ne fournissent que de la chaux, des pierres à bâtir et peu de bois. Le lac Leven qu'on y trouve abonde en anguilles et en truites. L'agriculture et l'éducation du bétail forment la principale ressource des habitants; l'industrie manufacturière n'embrasse que la fabrication d'étoffes de coton et de la toile; on exporte des peaux, de la laine et de la toile. Ce comté est divisé en 7 paroisses; 10,000 hab.

KINROSS, pet. v. d'Écosse, chef-lieu du comté de même nom, peu loin du lac Lewen; dans un îlot de ce lac on voit encore les ruines d'un château fort qui pendant quelque temps a servi de prison à Marie Stuart, en 1568; fabrication de toiles; 3000 hab.

KINSALE, b. des États-Unis de l'Amérique du Nord, état de Virginie, comté de Northumberland, sur la baie de Chésapeak; port pour les petits vaisseaux marchands; douane; 2600 hab.

KINSALE, v. d'Irlande, comté de Cork, sur la baie de même nom et à l'embouchure du Bandon; elle est bâtie sur une montagne, a une citadelle et nomme 1 député au parlement. Son port a beaucoup perdu de son importance depuis que les chantiers de la marine royale ont été transférés à Cove. Elle possède de vastes bassins, de beaux chantiers et de nombreux navires employés à la pêche du hareng; construction de vaisseaux et commerce en grains; 10,000 hab.

KINSTON. *Voyez* LENOIR (comté).

KIN-TANG (Hintoung des Anglais), l'île la plus considérable d'un archipel de 400 îlots, situé sur les côtes de la prov. de Tche-kiang, dans la Tong-hai ou mer Orientale, tous cultivés et habités. L'archipel a reçu son nom de l'île de Kin-tang.

KIN-TON-FOU, v. de Chine, prov. de Yun-nan, sur le Listen-kiang, dans une contrée montueuse, dont les habitants ont conservé beaucoup d'usages hindous; leur système d'écriture est le même que celui des Birmans. Dans le voisinage de Kin-ton-fou se trouve un pont suspendu, jeté avec une grande hardiesse sur une vallée profonde qui sépare deux montagnes.

KINTZHEIM, vg. de Fr., Bas-Rhin, arr.,

cant. et poste de Schléstadt; 1420 hab.

KINVER, b. d'Angleterre, comté de Stafford, situé sur la Stour; florissant par ses nombreuses fabriques de toiles et de draps.

KINYETO, pet. v. de la Sénégambie orientale, pays des Mandingues, à 8 l. N.-E. de Kamalia.

KINYS (monts), chaîne de montagnes de plus de 1000 mètres de hauteur, à l'O. de la Caroline du Sud, États-Unis de l'Amérique du Nord.

KINYTAKOURA, v. considérable de la Sénégambie orientale, pays des Mandingues, sur les confins du Ghialonkadou, à 15 l. S.-O. de Kamalia.

KINZIG (la), riv. qui sort d'un lac près d'Alpirsbach, dans le Schwarzwald, s'accroît des eaux du Schiltach, du Wolfach, du Gutach et du Schutter, et se jette dans le Rhin près de Kehl, après avoir traversé la longue et belle vallée à laquelle elle donne son nom. Cette rivière est très-utile pour le flottage du bois.

KIO. *Voyez* MIYACO.

KIŒGE, v. du roy. de Danemark, diocèse de Seelande; avec un port; 1400 hab. Elle a donné son nom à la bataille navale qui s'y livra en 1677.

KIŒLEN ou KOELEN (monts), ALPES DU NORD, entre la Suède et la Norwège. Leurs sommets, dont les plus hauts sont à 2666 mètres au-dessus de la mer, sont couverts de neiges éternelles, et les parties inférieures seulement portent des forêts. Tout le système se compose de deux masses principales, dont les ramifications s'étendent sur toute la presqu'île. Les points culminants, dont la hauteur peut être déterminée avec précision, sont: le Sneehattan (2550 mètres), le Syltappen (2026 mètres), le Sulitelma (1932 mètres), l'Aroskutan (1769 mètres) et le Spukutiall (1512 mètres).

KIO-TSING, v. de Chine, prov. de Yunnan; ville industrieuse, située dans un pays fertile, traversé en tous sens par des canaux.

KIOU-SIOU ou SAIKOPF, XIMO, une des îles de l'archipel Japonais; est séparée au N. par le canal de même nom de l'île de Niphon, à l'E. par un canal étroit de l'île de Sikokf, au S.-O. elle est baignée par le Grand-Océan, au S. par le détroit de Van-Diemen qui la sépare des îles de Tanegasima et de Jakunosima, à l'O. par la mer Jaune. Ses côtes sont déchirées et offrent un grand nombre d'excellentes rades; son sol est montueux et fertile; elle a environ 48 l. de long sur 40 de large; son intérieur nous est presque inconnu. Sur la côte occidentale se trouve le fameux port de Nangasaki, où les Hollandais ont le droit, à l'exclusion de tous les autres Européens, de chercher quelques cargaisons de marchandises japonaises. Les villes de Kokoura et de Sanga et l'îlot de Firando sont les autres endroits remarquables de Kiou-siou, qui est divisée en 9 provinces et forme à elle seule le Sai-kaï-do ou contrée de la mer occidentale (*Voy.* JAPON).

KIOVA, v. de la Basse-Guinée, roy. de Sogno, dans le Congo.

KIRCHBERG, vg. de Fr., Haut-Rhin, arr. de Belfort, cant. et poste de Massevaux; 670 hab.

KIRCHBERG, pet. v. de Prusse, prov. du Rhin, rég. et à 10 l. S. de Coblence; commerce de bois; 1400 hab.

KIRCHDORF, b. de la Haute-Autriche, cer. de la Trann; manufactures de toiles; fabrication et commerce de quincaillerie; 2000 hab.

KIRCHDORF (Kirchdrauf), pet. v. de Hongrie, cer. en-deçà de la Theiss, comitat de Zips; 3000 hab.

KIRCHDORF, vg. du roy. et du gouv. de Hanovre, comté de Hoya; très-fréquenté pour ses eaux minérales; 600 hab.

KIRCHDORF, vg. parois. de la Bavière, cer. de la Régen, dist. d'Abensberg, à 2 1/2 l. de Neustadt; 180 hab. Le 20 avril 1809, pendant la bataille d'Abensberg, un corps d'armée, composé de Bavarois et de Wurtembergeois, y força les Autrichiens à la retraite.

KIRCHE. *Voyez* GHIRSCHÉ.

KIRCHENLAMITZ, b. de Bavière, cer. du Mein-Supérieur, chef-lieu de district, à 1/4 l. de Gefrecs, sur la Lamiz; fabrication de poterie, de cotonnades, de toiles; culture de lin; plusieurs moulins; pop. du bourg 1420 hab., du district 8300, sur 4 1/2 milles c. Le 10 mai 1830, la moitié de l'endroit et l'église furent la proie d'un incendie.

KIRCHER ou KIRCHEHR, v. de la Turquie d'Asie, eyalet de Caramanie, chef-lieu de sandschak, sur un affluent du Kisil-Irmak.

KIRCHHAYN, v. de la Hesse-Électorale, prov. de la Haute-Hesse, sur la Wohra; 1600 hab. Bataille de 1762.

KIRCHHAYN, pet. v. de Prusse, prov. de Brandebourg, rég. de Francfort-sur-l'Oder, sur la Petite-Elster; fabrication de draps et de poterie; tanneries; 1920 hab.

KIRCHHEIM, b. de Bavière, cer. du Danube-Supérieur, à 6 l. de Schwabmunchen; avec un château; siége de juridiction des comtes Fugger; pop. du bourg 690 hab., de la juridiction 2650, sur 1 1/4 milles c.

KIRCHHEIM, vg. de Fr., Bas-Rhin, arr. de Strasbourg, cant. et poste de Wasselonne; 490 hab.

KIRCHHEIMBOLANDEN, v. et chef-lieu d'arrondissement et de canton dans la Bavière rhénane, située au pied du Mont-Tonnerre, dans une contrée fertile, à 14 l. de Kaiserslautern, sur la route de Paris. Son château, ancienne résidence des seigneurs de Kirchheim, appartint plus tard aux princes de Nassau-Weilbourg. Mines de fer, de mercure et usines dans les environs. Population de la ville 3130 hab., du canton 13,900, de l'arrondissement 45,600. Ce dernier comprend les cant. de Kirchheimbolanden, Obermoschel, Rockenhausen et Gœllheim et s'étend vers l'occident dans les montagnes.

KIRCHHEIM-SOUS-TOCK, v. du Wurtemberg, chef-lieu du grand bailliage de même nom dans le cer. du Danube; située dans une contrée belle et fertile, sur le confluent de la Lauter et de la Lindach. Bien bâtie, avec un château royal et entourée d'une belle allée de tilleuls; elle possède un riche hôpital, fondé en 1300 par le duc Fréderic; des forges, des fabriques de cotonnades et de boissellerie, des tanneries, une grande blanchisserie; grand commerce de laines, de blé et de bestiaux. Les environs fournissent du maïs, des fruits, surtout des cerises, de la tourbe, du marbre; on y élève de nombreux troupeaux de brebis et on y fabrique de la bimbeloterie. Population de la ville 4880 hab., du grand-bailliage 26,400 sur 4 milles c.

Kirchheim fut ceint de murailles en 1270, par Conrad II, duc de Teck; dès le quatorzième siècle il passa à la maison de Wurtemberg; le duc Ulric y fit construire un château et augmenter les fortifications en 1538; mais dans le même siècle les garnisons espagnoles détruisirent une partie de ces ouvrages. La ville a été à différentes époques la proie d'incendies. Le brave Wiederhold, défenseur de Hohentwiell, y passa sa vieillesse et y termina sa noble carrière le 13 janvier 1667. La première et la dernière des duchesses régnantes du Wurtemberg y ont leurs tombeaux.

KIRCHHEIM-SUR-LA-JAXT, pet. v. du Wurtemberg, cer. de la Jaxt, gr.-bge de Gerabronn; juridiction et résidence des princes de Hohenlohe-Kirchheim; 1230 h.

KIRCHHEIM-SUR-L'ECK, vg. parois. de la Bavière rhénane, arr. de Frankenthal, cant. de Grunstadt; ancienne possession des comtes de Linange; 1040 hab.

KIRCHHEIM-SUR-LE-NECKER, vg. parois. du Wurtemberg, cer. du Necker, gr.-bge de Besigheim; situé dans une vallée fertile entourée de vignobles. En 1002, il fut donné par l'empereur Henri II au couvent de Laufen; 1640 hab.

KIRCHOSTEN ou OSTEN, b. du roy. de Hanovre, gouv. de Stade; remarquable par sa belle église; 900 hab.

KIRCHRODE, pet. vg. dans le roy. et le gouv. de Hanovre; remarquable par sa ménagerie royale; 400 hab.

KIRGHIS. Le pays des Kirghis est situé au centre de l'Asie; comme toute contrée parcourue par des nomades, il a des limites indécises; on peut dire généralement qu'il s'étend entre 45° et 55° lat. N. et 50° et 75° long. orient. et qu'il comprend les vastes steppes situées entre l'Oural à l'O., la ligne des fortifications russes qui lie Orembourg à Omsk et la Dzoungarie, sur une longueur de 500 l. au N. et au N.-E.; la mer Caspienne, la mer d'Aral et le Syr-Daria au S. Cette immense contrée, dont l'uniformité n'est interrompue que par des chaînes de collines, dernières ramifications de l'Altaï, à l'E., et par des monticules isolés, paraît attester par la dépression de son sol au-dessous du niveau de l'Océan l'existence d'une ancienne Méditerranée dont la mer Caspienne et celle d'Aral sont sans doute les restes. Quoi qu'il en soit, le pays ou, comme l'on dit plus souvent, la steppe des Kirghis, n'offre presque partout que des sables arides, où croissent çà et là quelques plantes salines, quelques ruisseaux qui se perdent bientôt, des lacs salés et au bord des lacs et des rivières d'énormes roselières qui servent en hiver de refuge aux troupeaux et fournissent le combustible aux habitants. Ces mêmes roseaux couvrent les rivages de la mer Caspienne et de l'Aral et rendent la navigation très-gênante. Leurs débris mêlés du sable que les vents balayent sans cesse, retrécissent d'année en année les côtes, et il est facile de prévoir un desséchement presque complet analogue à celui qui, amené par les mêmes causes, change presque continuellement l'aspect de la steppe. La partie centrale du pays des Kirghis est la plus stérile; au N., sur les bords de l'Irtyche et la frontière de la Sibérie, le terrain devient plus fertile; les bords des rivières à l'O. et à l'E. sont également susceptibles de culture et offrent de bons pâturages. Des forêts couvrent les districts montueux du N.-O. Le climat est variable et excessif; il n'y a ni printemps ni automne; à un froid très-vif succède une chaleur accablante. Les habitants sont des nomades et se divisent en deux branches qu'il ne faut pas confondre. Les Kirghis proprement dits ou Kara-Kirghis, Kirghis sauvages ou Bouroutes, et les Kirghis-Kasaks ou Kaissaks.

Le premier de ces peuples, les Kirghis ou Bouroutes sont Turcs de nation et habitaient au temps de Gingis-khan sur l'Iénissei. Ils luttèrent longtemps contre les Russes lorsque ceux-ci envahirent la Sibérie, contre les Dzoungares et les Chinois; au commencement du dix-huitième siècle ils se réfugièrent dans les montagnes qui séparent la Dzoungarie du Kachgar, et reconnurent la suzeraineté de la Chine, sans cesser pour cela leurs incursions dans les possessions chinoises, pas plus que leurs expéditions pour piller les caravanes russes et boukhares. « Les Kara-Kirghis, dit un auteur chinois, méprisant toute vertu sociale, se distinguent de leurs voisins par la cruauté et un caractère féroce. Toujours occupés d'incursions, de rapines et de meurtres, ils ne quittent jamais les armes. »

Les Kirghis-Kasaks ou Kaissaks, ainsi que les appellent les Persans et les Boukhares, car le nom de Kirghis ne leur a été donné que par les Russes, sont probablement les descendants des anciens Scythes, des Turcs et des autres nomades qui se sont succédé dans ces steppes; leur nom signifie homme à cheval et caractérise leurs habitudes de guerre et de pillage. Ils furent très-puissants au commencement du seizième siècle, où ils dominèrent dans le Kaptschak (*V.* Kazan) et pouvaient mettre alors, dit-on, 400,000 hommes en campagne. Leur puissance avait beaucoup diminué du temps de Pierre-le-Grand, où ils venaient, on ignore par quel motif, de se diviser en trois hordes, la petite, la moyenne et la grande. La petite et la moyenne se soumirent en 1730 à la Russie, sans cesser entièrement leurs attaques contre les sujets moscovites. Après de longs efforts, la Russie est parvenue à anéantir presque complétement le pouvoir des khans et à leur donner l'investiture pour les faire reconnaître des Kasaks (cette cérémonie se fait à Orembourg avec le plus grand appareil); enfin à rendre sédentaires dans les districts fertiles de la frontière sibérienne un certain nombre de ces nomades.

Les trois hordes des Kirghis-Kaissaks ont aujourd'hui la même langue, la même religion, des mœurs et des habitudes semblables. Leur langue est un dialecte turc; leur religion un mahométisme grossier mêlé de chamanisme; ils vivent errants avec leurs immenses troupeaux de chameaux, de chèvres, de bœufs et de moutons et campent sous leurs tentes de feutre, rondes et percées en haut d'un trou pour laisser échapper la fumée. Le goût de la course aventureuse à travers le désert, l'esprit de pillage et par dessus tout l'esprit de vengeance sont les principaux traits de leur caractère. La population actuelle des trois hordes Kirghis paraît s'élever pour la grande à 75,000 tentes ou familles, pour la moyenne à 165,000, pour la petite à 160,000, ce qui, à 5 individus par tente, donne un total de 2 millions. Chaque horde se partage en tribus et les tribus en sections. Les anciens sont respectés de toute la tribu; le khan est le chef suprême de toute la horde; les sultans sont les sous-chefs. Au moment où les Kirghis, comme auxiliaires de la Russie, vont jouer un rôle dans les événements qui se préparent dans l'Asie centrale, nous avons cru devoir entrer dans quelques détails que nous avons extraits du livre que MM. Levchine et Charrière viennent de publier sur les steppes et les hordes des Kirghis-Kasaks.

Kirghis (pays des Kirghis de la grande horde), partie du Turkestan entre le lac d'Aral et la Dzoungarie; habitée par la grande horde des Kirghis-Kaissaks, qui ont chassé dernièrement les Karakalpaks de leurs steppes. (*Voyez* l'article Kirghis.)

Kirghis (pays des Kirghis de la petite horde et de la moyenne horde), dans la Russie d'Asie. (*Voyez* l'article Kirghis.)

Kirghis (pays des Kirghis ou Karakirghis), dans le Thian-chan-pelou. (*Voyez* l'article Kirghis.)

Kirid. *Voyez* Candie.

Kirikotas ou Kirikirikotas, peuplade indienne indépendante de la famille des Caribes; ils habitent les districts montueux et presque inconnus encore au S. de la Guyane hollandaise, entre les sources du Maroni et celles du Surinam.

Kirilow, v. et chef-lieu de la Russie d'Europe, gouv. de Nowogorod; petit commerce; 2200 hab.

Kirin-Ula. *Voyez* Ghirin.

Kirkaldy, pet. v. d'Écosse, comté de Fife, sur le golfe de Forth; mal bâtie, très-industrieuse; fabrication de toile, de cuirs et de bas; construction de vaisseaux; cabotage; sa nombreuse marine marchande compte 10,000 tonneaux. Cette ville possède une bibliothèque, un observatoire et des mines de houille; patrie de Michaël Scott et du célèbre philosophe Adam Smith (1723 à 1790); 5000 hab.

Kirkbean, vg. d'Écosse, comté de Kirkudbright; patrie de John-Paul Jones (1747 à 1792), le fondateur de la marine américaine.

Kirkby, b. commerçant du Bas-Canada, dist. de Montréal, comté d'York, sur l'Uttawas, où il forme le dernier établissement anglais.

Kirkconnel, paroisse d'Écosse, comté de Dumfries; forges et mines de houille; 1200 hab.

Kirkessia, *Circessium*, *Carchemis*, v. de la Turquie d'Asie, eyalet de Racca. Elle est située au confluent du Khabour et de l'Euphrate et touche le désert. C'est dans ses environs que Nabuchodonosor battit les Égyptiens. La rive de l'Euphrate de Kirkessia à Olana est appelée Sor et habitée par des Arabes qui s'occupent de la culture du ver à soie.

Kirkham, b. d'Angleterre, comté de Lancaster, près de l'embouchure du Ribble; manufactures de toiles à voiles; 1500 hab.

Kirkintilloch, gros b. d'Écosse, comté de Dumbarton; remarquable par le magnifique aquéduc sur lequel passe le canal de Clyde-et-Forth; 6000 hab.

Kirk-Kilissia (quarante églises), v. de la Turquie d'Europe, située à l'E. d'Andrinople; 16,000 hab., Turcs, Arméniens et juifs.

Kirkmaiden, paroisse d'Écosse, comté de Wigton; possède des carrières d'ardoises très-considérables; 2000 hab.

Kirkmichael, paroisse d'Écosse, comté de Banff; renferme le mont Cairngorm, qui fournit de superbes topazes; 1500 hab.

Kirk-of-the-Wood, caverne remarquable d'Écosse, près de Monzie, dans le comté de Perth. On y place le tombeau d'Ossian.

Kirk-Oswald, paroisse d'Écosse, comté d'Air; remarquable par ses vastes mines de houille, dans lesquelles le feu prit au milieu du dix-huitième siècle et ne fut éteint que vers 1815; 1800 hab.

Kirk-Oswald, b. d'Angleterre, comté

de Cumberland; florissant par son commerce; 1800 hab.

KIRKUDBRIGHT, comté d'Écosse, prov. maritime. Ses bornes sont : au N.-O. le comté d'Air, au N.-E. celui de Dumfries, au S.-E. et au S. la mer d'Irlande ou le golfe de Solway, au S.-O. le comté du Wigton. Sa superficie est de 40 l. c. géogr. et sa pop. de 40,000 hab. Cette province est sillonnée par les monts Cheirotset par un grand nombre de petits lacs; son sol est généralement stérile et presque inculte au N.; il ne produit que de l'avoine, de l'orge, des pommes de terre, du lin et du bois. La Dee est sa principale rivière; le climat est plus humide et plus âpre que dans les comtés qui l'entourent. L'agriculture y est dans un état déplorable, et l'industrie manufacturière presque nulle; l'éducation du bétail forme, avec la pêche, la principale ressource des habitants.

KIRKUDBRIGHT, pet. v. d'Écosse, chef-lieu du comté du même nom, près de l'embouchure de la Dee; avec un port; 1600 h.

KIRKWALL, *Carcoviaca*, pet. v. d'Écosse, chef-lieu de l'île Mainland ou Pomona et du groupe des Orcades (Orkneys), sur la baie de même nom; elle possède une belle cathédrale gothique, bâtie dans le douzième siècle, et deux bons ports; 3000 hab.

KIRMANCHAH ou **KERMENCHAH** (*Karamissin* en arabe), v. de Perse, chef-lieu du Kurdistan persan, sur le Kérah. C'est une grande ville fortifiée et défendue par une citadelle, dans laquelle réside le begler-beg. Ses rues sont étroites, irrégulières et sales; cependant Kirmanchah est très-important par son commerce et son industrie; Buckingham, qui l'a visité récemment, lui accorde 40,000 hab.

KIRN, v. de Prusse, prov. du Rhin, rég. et à 15 l. S. de Coblence, sur l'embouchure du Hahnebach dans la Nahe; moulins, papeterie, tanneries; mines d'alun et de houille; 1760 hab.

KIRPOY, v. de l'Inde anglaise, présidence de Calcutta, dist. de Hougly; ville industrieuse, fabrique beaucoup d'étoffes de coton et a 10,000 hab.

KIRRBERG, vg. de Fr., Bas-Rhin, arr. de Saverne, cant. de Drulingen, poste de Sarrebourg; 390 hab.

KIRREE ou **KIRRI**, v. assez considérable dans la partie S.-O. de la Nigritie, sur la rive droite du Djoliba, à 30 l. N.-N.-E. d'Ebbœ; il s'y tient un des plus grands marchés de toute cette partie de l'Afrique. C'est au-dessous de cette ville que commence l'immense delta du Djoliba.

KIRRIDJOU, pet. v. de l'état Manding de Kaarta, en Sénégambie; dévastée à plusieurs reprises par les Maures Aoulâd-Amar.

KIRRWEILER, vg. parois. de la Bavière rhénane, arr. et à 2 l. de Landau, cant. d'Edenkoben; culture de vignes; ancienne possession de l'évêché de Spire; 1500 hab.

KIRRWILLER, vg. de Fr., Moselle, arr. de Sarreguemines, cant. et poste de Sarralbe; 280 hab.

KIRRWILLER, vg. de Fr., Bas-Rhin, arr. de Saverne, cant. et poste de Bouxwiller; 690 hab.

KIRSANOW, v. et chef-lieu de cercle de la Russie d'Europe, gouv. de Tambow, sur la Pursawua; 4000 hab.

KIRSCHE-LÈS-SIERCK, vg. de Fr., Moselle, arr. de Thionville, cant. et poste de Sierck; 910 hab.

KIRSCHNAUMEN, vg. de Fr., Moselle, arr. de Thionville, cant. et poste de Sierck; tuileries; 910 hab.

KIRTHIPOUR, v. de l'Inde, roy. de Népal; 6000 hab.

KIRTON, b. d'Angleterre, comté de Lincoln; fait un commerce très-actif et possède une belle église; 1800 hab.

KIRTORF, v. du grand-duché de Hesse-Darmstadt, prov. de la Haute-Hesse; 1350 h.

KIRWANNY. *Voyez* KÉROUANÉ.

KISAMO, *Aptera*, v. sur la côte N.-O. de l'île de Candie; siége d'un évêque; commerce d'huile, vin, fruits et coton.

KISBER, b. de Hongrie, cer. au-delà du Danube, comitat de Komorn; possède un grand nombre de teintureries; éducation d'abeilles; 2400 hab.

KISIL-IRMAK. *Voyez* KIZYL-IRMAK.

KIS-MARTENY. *Voyez* EISENSTADT.

KISI-NO-WATA, v. du Japon, chef-lieu de la prov. d'Idzoumi dans le Gokinaï.

KISSAMA. *Voyez* CHISSIMA.

KISSER ou **KISSIR**, une des îles de Banda; fait partie du groupe du Sud-Ouest. Elle est située près de Timor, sous 8° 13′ lat. S., est très-élevée, boisée et habitée par un peuple féroce, race mélangée de Papouas et de Malais qui ont plusieurs chefs. Les Hollandais y ont un résident et une petite garnison pour empêcher la culture du muscadier et du giroflier.

KISSING, vg. parois. de la Bavière, cer. du Danube-Supérieur, dist. et à 2 l. de Friedberg, sur la Paar; 800 hab.

Près de ce village il y avait autrefois, sur le Lech, un ancien château (Cumilech) que les eaux de cette rivière firent écrouler en 1460. Le même emplacement fut une station d'inspection pour les légions romaines; le roi des Huns Bulzko y a eu, dit-on, son camp avant sa défaite par l'empereur Otton II (en 955). On y trouve beaucoup de sépulcres romains.

KISSINGEN, pet. v. de la Bavière, chef-lieu de district dans le cer. du Mein Inférieur, à 12 l. de Wurzbourg et à 5 l. de Schweinfurt, sur la rive gauche de la Saale, que l'on traverse sur un pont de pierre de 8 arches; ceinte de murailles flanquées de tours; culture de blé, vins et fruits; belles prairies dans les environs; eaux minérales très-fréquentées; salines; pop. de la ville 1220 hab., du dist. 10,100, sur 3 milles c.

KISTNAGHERRY, v. de l'Inde anglaise, présidence de Madras, prov. de Coïmbatour; forteresse.

KISTNAH ou **KRICHNA**, *Mæsolus*, fl. de l'Inde; naît dans la prov. de Bedjapour, dans les Gâtes occidentales, traverse le Bedjapour, le Haïderabad et les Circars du Nord, reçoit les eaux du Malparba, de la Toumbadrah, de la Bima et du Moussy et se jette, par plusieurs branches, dans le golfe de Bengale, non loin du cap Divy. Les principales de ces branches et les plus favorables à la navigation sont au N. celle qui conserve le nom de Kistnah et qui passe par Mazulipatam, et le Sippeler, la plus large de toutes, au S.

KITÈGNES. *Voyez* TSCHOUKTSCHIS-AMÉRICAINS.

KITES, peuplade indépendante dans les États-Unis de l'Amérique du Nord; elle est alliée et voisine des Kanénavish et habite près des sources du White et du Running, à l'O. du dist. de Missouri; elle est au nombre de 500 individus.

KITTA ou **QUITTA**, v. de l'emp. d'Annam, dans la Cochinchine, sur le Han; renferme une église chrétienne.

KITTANING, b. des États-Unis de l'Amérique du Nord, état de Pensylvanie, comté d'Armstrong, dont il est le chef-lieu, sur l'Alléghany; commerce; 2300 hab., avec la commune.

KITTATINNIS. *V.* MONTAGNES-BLEUES.

KITTERY, v. des États-Unis de l'Amérique du Nord, état du Maine, comté d'York, sur le Piscatagua; port; chantiers pour la construction de vaisseaux marchands; navigation; commerce; 3600 hab.

KITTS (Saint-). *V.* CHRISTOPHE (Saint-).

KITZINGEN, v. de Bavière, chef-lieu de district dans le cer. du Mein-Inférieur, sur le Mein, que l'on traverse sur un pont de pierre de 1040 pieds, avec 13 arches, et sur la route de Nuremberg à Wurtzbourg, à 4 l. de cette dernière ville. Elle possède un riche hôpital et de nombreuses fondations de bienfaisance, une école latine, plusieurs moulins, dont un sur le Mein, avec 8 tournants; des fabriques de produits chimiques; un moulin à poudre; des blancheries et des distilleries; navigation et commerce d'expédition actifs; pêche; culture de vignes, jardinage, blé; pop. de la ville 4800 hab., du district 9900, sur 2 milles c.

Les principautés de Wurzbourg et d'Anspach se disputèrent cette ville jusqu'à nos jours; les inondations la ravagèrent en 1684, 1764 et 1784.

Patrie de Conrad Sturzel, seigneur de Buchheim, chancelier de l'empereur Maximilien Ier.

KITZEN, vg. de Prusse, prov. de Saxe, rég. de Mersebourg; 260 hab. Le 17 juin 1813, le corps franc prussien du major Lutzow y fut taillé en pièces par les troupes françaises et wurtembergeoises.

KIZLIAR, v. de la Russie d'Asie, prov. du Caucase. Elle est située sur un bras du Terek et très-importante par sa population et son commerce. Ses 9000 habitants sont presque tous Arméniens, dont plusieurs sont fort riches.

KIZYL-IRMAK, le fleuve le plus considérable de l'Asie Mineure, le *Halys* des anciens; est formé par la réunion de deux sources qui naissent toutes les deux dans le Taurus, l'Orientale ou de Sivas, qui vient des frontières de Sivas; la Méridionale, qui descend du Hassan-dagh. Il traverse le Sivas, la Caramanie, touche l'Anadoli, passe par Osmandjik et Baffsa et s'embouche dans la mer Noire, non loin de cette dernière ville. Le Duras est son principal affluent.

KIZIL-OZEN ou **SEFID-ROUD**, fl. de la Perse; prend sa source dans le groupe de montagnes de Bischbarmak, traverse l'Irak-Adjémi, reçoit les eaux d'un grand nombre de rivières, traverse le fameux passage de Roudbar, dans le Ghilan, et se jette dans la mer Caspienne, près de Rescht.

KLAARWATER ou **GRIQUA**, pet. v. du pays des Hottentots, Afrique, sur un affluent de droite de l'Orange, à 60 l. S.-S.-O. de la Nouvelle-Litakou; 3100 hab., dont plus de 400 fréquentent les écoles des missionaires.

KLAGENFURT, cer. d'Illyrie, gouv. de Laibach. Ses bornes sont: au N. et à l'E la Styrie, au S. le cer. de Laibach et à l'O. celui de Villach; superficie 88 1/2 l. c. géogr.; 180,000 hab. Cette province est couverte de montagnes, séparées par de belles vallées riches en blé, légumes, fruits, lin et bois. La Drave est le principal cours d'eau. Le climat est pur et sain. Dans les montagnes on rencontre beaucoup de crétins. Le règne minéral est très-riche, principalement en argent, plomb, fer et mercure; aussi l'exploitation des mines et l'industrie métallurgique forment-elles, après l'agriculture, la principale ressource des habitants

KLAGENFURT ou **SÉLANZ**, *Claudia*, chef-lieu du cercle de ce nom, assez jolie ville, siége de l'évêque de Gurk et du tribunal d'appel pour les gouv. de la Styrie et de Laibach. Le lycée, avec une riche bibliothèque, le gymnase, l'école supérieure pour les demoiselles, le séminaire théologique et la société impériale d'agriculture et des arts de la Carinthie sont ses établissements scientifiques et littéraires les plus importants. Klagenfurth possède plusieurs fabriques, surtout de soie, de draps et de céruse; elle fait un commerce de transit très-considérable; 10,000 hab.

KLANG, ham. de Fr., Moselle, com. de Kemplich; 280 hab.

KLANJETS, pet. v. de la Slavonie civile, comitat de Warasdin; 2500 hab.

KLARENZA, *Thelonatas*, v. de Grèce, dans l'eptarchie d'Eleaa, près du cap du même nom; elle est presque tout à fait en ruines.

KLATTAU, cer. de Bohême ; ses bornes sont : au N. le cer. de Pilsen, à l'E. et au S.-E. celui de Prachin, au S.-O. et à l'O. la Bavière; 46 l. c. géogr.; 150,000 hab. La partie occidentale de cette province est très-montagneuse et riche en belles forêts ; l'éducation du bétail y est dans un état très-florissant; on y fabrique également une grande quantité d'étoffes de laine, de même que du papier, du salpêtre, des dentelles, du verre et de l'alun.

KLATTAU ou **KLATTOW**, *Brodentia*, jolie pet. v. de Bohême, chef-lieu et siége des autorités du cercle de même nom; gymnase ; fabr. de draps et de bas ; dans le voisinage on trouve une source minérale et des carrières de marbre et de serpentine ; 4000 h.

KLAUSENBOURG (*Kolosvar* des Hongrois et *Klus* des Valaques), v. fortifiée, capitale de la Transylvanie, comitat de Kolos; située près d'une gorge et sur le Petit-Szamos ; elle est le siége du gouvernement-général de la Transylvanie et de celui des pays hongrois de cette principauté ; lycée catholique, gymnase, collége des nobles, des réformés et des unitaires; fabrication de draps et de faïence ; depuis 1826 on y tient une foire pour les chevaux, fréquentée par un grand nombre de seigneurs hongrois et transylvaniens et par plusieurs milliers d'étrangers; 20,000 hab.

KLAUSTHAL. *Voyez* CLAUSTHAL.

KLAYOGUOT, groupe d'îles sur la côte S.-O. de la Nouvelle-Géorgie, Amérique anglaise, dont elles dépendent.

KLECZEW, v. de Pologne, woïwodie de Kalisz ; 1500 hab.

KLEEBRONN (Alt-), b. du roy. de Wurtemberg, cer. du Necker ; 1200 hab.

KLEINBIESEN. *Voyez* BOESENBIESEN.

KLEIN-BRUNN. *Voy.* PETITE-FONTAINE.

KLEIN-D'HAL ou PETIT-D'HAL, ham. de Fr., Moselle, com. de Longeville-de-St.-Avold ; 210 hab.

KLEINFRANKENHEIM, vg. de Fr., Bas-Rhin, arr. de Strasbourg, cant. et poste de Truchtersheim ; 190 hab.

KLEINGŒFFT, vg. de Fr., Bas-Rhin, arr. de Saverne, cant. de Marmoutier, poste de Wasselonne ; 200 hab.

KLEIN-HETTINGEN. *Voyez* HETTANGE (Petite-).

KLEIN-MENGLATT. *Voy.* PETIT-MAGNY.

KLEIN-SCHAFFNATT. *Voyez* CHAVANNE-SUR-L'ÉTANG.

KLEIN-SCHMALKALDEN, b. de la Hesse-Électorale, prov. de Fulda, sur le Schmalkalde; fabr. et commerce d'objets en fer; 1000 hab.

KLEINSTROPPEN, vg. du roy. de Saxe, cer. de Misnie ; il renferme une maison d'éducation pour les enfants de soldats.

KLEIN-TAPOLSCHAU, b. de Hongrie, cer. en-deçà du Danube, comitat de Honth ; encaissé dans des montagnes, avec un beau château et un superbe parc ; fabrication de draps; source d'eau minérale ; 2400 hab.

KLEINWELKA, vg. du roy. de Saxe, cer. de Lusace ; avec 600 hab., une colonie de herrnhuters, 2 maisons d'éducation et une excellente fonderie de cloches.

KLEMATAN. *Voyez* BORNÉO.

KLESTERNIA, v. de la Russie d'Europe, gouv. de Kherson, sur l'Ingulez ; 1300 hab,

KLIEUX, ham. de Fr., Morbihan, com. de Péneslin ; 150 hab.

KLIMANTOW, v. de Pologne, woïwodie de Landomierz, entre l'Opatow et la Vistule ; 1400 hab.

KLIMOUTZ. *Voyez* DRAGOMIRNA.

KLIN, v. et chef-lieu de cercle de la Russie d'Europe, gouv. de Moscou, sur les deux rives de la Sestra ; château impérial ; école militaire ; 1100 hab.

KLINGENBERG, pet. v. de Bavière, chef-lieu de district dans le cer. du Mein-Inférieur, au pied d'une montagne couverte de vignes et de bois, sur la rive droite du Mein, que l'on traverse sur un bac, à 4 l. au-dessus d'Aschaffenbourg ; commerce de bois; agriculture; culture de vignes, dont les vins rouges sont très-estimés. On exploite dans la banlieue de la terre glaise, qui est exportée en France, dans les Pays-Bas et l'Amérique. Le château se trouve sur l'emplacement d'un castel romain ; pop. de la ville 860 hab., du district 15,000, sur 2 milles c.

KLINGENMUNSTER, b. de la Bavière rhénane, arr., cant. et à 1 l. de Bergzabern, sur le Klingenbach ; avec les ruines de l'ancien chapitre fondé par Dagobert Ier et supprimé par l'électeur Fréderic III, près de celles du château de Landeck ; 1500 hab.

KLINGENTHAL, vg. du roy. de Saxe, cer. de Voigtland; ses 1300 habitants fabriquent des dentelles, des instruments de musique, etc.

KLINGENTHAL (vallée des lames), ham. de Fr., Bas-Rhin, com. de Bœrsch; situé dans une agréable vallée, traversé par l'Eger; est renommé pour sa manufacture d'armes blanches, de coutellerie, d'instruments tranchants et d'outils aratoires; 500 hab.

KLOCKBAY. *Voyez* SPITZBERG.

KLŒSTERLE, très-pet. v. de Bohême, cer. de Saatz; avec un beau château; fabr. de porcelaine, de quincaillerie, de dentelles et d'étoffes de coton; 2000 hab.

KLOOF, b. de la Cafrerie inférieure, pays des Coranas, à 15 l. S.-O. de Klaarwater; les missionnaires y ont un petit établissement.

KLOPPENBOURG, v. du grand-duché d'Oldenbourg, duché d'Oldenbourg, chef-lieu d'un cercle de même nom, qui a une superficie de 26 13/100 milles c. et une pop. de 31,000 hab. Elle renferme 1000 hab.

KLOSTER-NEUBOURG, pet. v. de la Basse-Autriche, cer. inférieur du Wienerwald, sur le Danube; importante par les établissements littéraires qui se trouvent dans le magnifique couvent de St.-Augustin; fabrication de cuirs fins, dentelles, fil et produits chimiques; pêche et navigation; 4000 h.

KLOURY, ham. de Fr., Côtes-du-Nord, com. de Plounez; 400 hab.

KLUNDERT, pet. v. forte du roy. de Hollande, prov. du Brabant septentrional, dist. de Bois-le-duc; située à 4 l. O. de Bréda, sur la Rodevaart; en face du fort de Blæmendaal; 650 hab.

KLUTZ, b. considérable du grand-duché de Mecklembourg-Schwérin, cer. de Mecklembourg; remarquable par le beau château, les jardins et la ménagerie du comte Bothmer, et qui a donné son nom à la contrée fertile appelée Klutzerort.

KMEUR, ham. de Fr., Côtes-du-Nord, com. de Touquedec; 200 hab.

KMEURSACH, ham. de Fr., Finistère, com. de Moëlan; 100 hab.

KNAPDALE, dist. du comté d'Argyle, en Écosse; très-montagneux; 4000 hab.

KNAPP (baie de), enfoncement profond sur la côte N.-E. de la Nouvelle-Galles, Amérique anglaise; il est fermé par le cap Eskimo et reçoit différents écoulements des lacs du Nord-Ouest.

KNARED, b. de Suède, préfecture d'Halmstadt. Traité de paix de 1613.

KNARESBOROUGH, pet. v. d'Angleterre, comté d'York; nomme un député au parlement; florissant par ses nombreuses fabriques de draps et de toile, ainsi que par ses bains minéraux très-fréquentés; on y cultive beaucoup de réglisse; 3000 hab.

KNESSELÆVE, vg. du roy. de Belgique, prov. de la Flandre orientale, dist. de Gand; dans une contrée boisée; 3840 hab.

KNIÆGININ, v. et chef-lieu de cercle de la Russie d'Europe, gouv. de Nichegorod; 1650 hab.

KNIELNICK, v. de la Russie d'Europe, gouv. de Podolie, sur le Buch; 2500 hab.

KNIGHT, île à l'entrée de la baie de Névils, côte N.-O. de la Nouvelle-Galles, Amérique anglaise, sous 62° 2' lat. N.

KNIGHT (canal de), insection profonde ou sound au N. du détroit de la Désolation, côte N.-O. de la Nouvelle-Géorgie; ce canal reçoit un grand nombre de rivières.

KNIGHTON, b. d'Angleterre, comté de Radnor, principauté de Galles; fabr. de malt et commerce.

KNIN, *Arbuda*, v. fortifiée de Dalmatie, cer. de Zara, sur la Kerka.

KNIPHAUSEN (la seigneurie de), située à l'embouchure de la Jahde et presque entièrement enclavée dans la seigneurie de Jever, dans le grand-duché d'Oldenbourg; n'a qu'une étendue d'environ 4/5 mille c. et une pop. de 2900 hab. Un acte de la diète germanique, du 9 mars 1826, l'a reconnue comme puissance indépendante, faisant partie de la confédération, et a accordé à ce petit état tous les droits dont il jouissait anciennement sous l'empire germanique. Le comte de Benting, qui le possède et qui réside à Varel, dans le grand-duché d'Oldenbourg, n'a aucune voix à la diète et ne fournit aucun contingent à l'armée fédérale, mais au grand-duc d'Oldenbourg, dont il reconnaît la suzeraineté. Sa capitale est Kniphausen, assez joli château, fortifié, avec de beaux jardins et une cinquantaine d'habitants.

KNISTINEAUX ou **KNISTENAUX**, nation indépendante et très-nombreuse dans l'Amérique du Nord; elle comprend toutes les peuplades qui habitent entre le fleuve Athapescow et les montagnes Rocheuses à l'O., le lac Athapescow et le Mississipi au N., le lac Winnipeg et le Red-River (rouge) à l'E., et entre la ramification qui, sous 49° lat. N., se détache des montagnes Rocheuses et s'étend vers le Mississipi au S.; selon Morse, les Mohakannews (Mohikans), peuplade extirpée qui habitait autrefois le N. des États-Unis, formaient, avec les Knistineaux, un seul et même peuple; selon le même voyageur, les Sioux appartiennent également à cette famille. D'après Adelung, les Knistineaux font partie de la grande nation des Algonkhing, répandus sur toute l'Amérique centrale et septentrionale. Balbi les regarde comme une nation à part, répandue dans tout le Bas-Canada, dans une partie du Labrador, dans la Nouvelle-Galles et plus à l'O. jusqu'au fort Georges, sur le Saskatchawan septentrional et la rivière de l'Elan (Elk-River), et jusqu'au lac des Montagnes ou Athapescow. Le territoire de ce peuple comprend le lac Winnipeg, le lac Winipagos, le lac Manitor, le lac Boh, le lac des Castors, le lac de la Croix et de nombreux cours d'eau, dont le Nelson, qui y prend naissance, le fleuve des Castors, avec le Mississipi, le Saskatchawan et l'Assinipoil sont les plus considérables. La société de la baie d'Hudson et celle du Nord-Ouest y possèdent plusieurs forts et factoreries. Les Knistineaux proprement dits sont d'une taille moyenne et bien proportionnée; ils sont habillés, doux et probes; ils vivent sous des tentes, mènent une vie nomade et se nourrissent de la pêche et de la chasse. A la famille des Knistineaux appartiennent les tribus suivantes: les Knistineaux proprement dits ou les Cree (Crib), les Assinipoïls (Assiniboinés), les Indiens Pieds-Noirs (Black-Foot-Indians), les Indiens du Sang (Blood-Indians), les Indiens de la Cascade (Fall-Indians) et les Cottonabowes. Toutes ces tribus forment une population d'environ 25,000 individus.

KNITTELFELD, très-pet. v. de Styrie, cer. de Judenbourg; fabrication et commerce d'ouvrages en fer; 2500 hab.

KNITTLINGEN, vg. parois. du Wurtemberg, cer. du Necker, gr.-bge de Maulbronn; entouré d'anciennes murailles. Des actes de 790 et 793 font déjà mention de cet endroit; en 1504 le duc Ulrich le conquit au Wurtemberg ; en 1632, les Autrichiens le pillèrent et y mirent le feu ; 400 habitants y perdirent alors la vie. Le fameux docteur Faust, prétendu nécromancien, était, dit-on, le fils d'un paysan de ce village ; 2300 hab.

KNŒRSHEIM, vg. de Fr., Bas-Rhin, arr. de Saverne, cant. de Marmoutier, poste de Wasselonne ; 300 hab.

KNOKINGEN, vg. de Fr., Haut-Rhin, arr. d'Altkirch, cant. et poste de Huningue ; 250 hab.

KNOTTINGLEY, gr. vg. d'Angleterre, comté d'York ; possède de nombreux chaufours et fait un commerce très-étendu en chaux.

KNOULTON. *Voyez* VERMONT (état).

KNOWLTON, grande et florissante commune des États-Unis de l'Amérique du Nord, état de New-Jersey, comté de Sussex ; 3000 hab.

KNOX, comté de l'état d'Indiana, États-Unis de l'Amérique du Nord. Ce comté, le plus ancien et le plus fertile de l'état, est borné par ceux de Sullivan, de Davies, de Pike, de Gibson et par l'état d'Illinois ; 8000 hab.

KNOX, comté de l'état de Kentucky, États-Unis de l'Amérique du Nord ; il est borné par les comtés de Rockcastle, de Clay, de Harlan, de Whitely et de Pulasky ; c'est le district le plus montueux et le plus sauvage de l'état ; sol fertile le long du Cumberland ; mines de salpêtre ; 6000 hab. Bourbourville, au confluent du Sinking et du Cumberland, est le chef-lieu du comté.

KNOX, comté de l'état de Tennessée, États-Unis de l'Amérique du Nord ; il est borné par les comtés d'Anderson, de Grainger, de Jefferson, de Sévier, de Blount et de Roane ; pays fertile et bien cultivé, traversé par le Holston ; 17,000 hab.

KNOX, comté de l'état d'Ohio, États-Unis de l'Amérique du Nord ; ses bornes sont : les comtés de Richland, de Wayne, de Coshocton, de Licking, de Delaware et de Logan ; pays onduleux, bien arrosé et très-fertile ; 16,000 hab. Mountvernon, sur une hauteur baignée par le White-Woman, est le chef-lieu du comté.

KNOXVILLE, v. des États-Unis de l'Amérique du Nord, état de Tennessée, comté de Knox, dont elle est le chef-lieu, sur le Holston. Cette ville, siége du tribunal d'arrondissement et du tribunal de l'Union pour le Tennessée oriental, est bien bâtie et possède un collége célèbre (*East Tennessee college*), une banque et des casernes pour une petite garnison ; son commerce s'accroît de jour en jour ; 6000 hab.

KNUTANGE, vg. de Fr., Moselle, arr. et poste de Briey, cant. d'Audun-le-Roman ; 630 hab.

KNUTSFORD, b. d'Angleterre, comté de Chester ; filat. de soie, de coton et de lin ; 2800 hab.

KOBAIL (pays de) ou HACHID-EL-BEKIL, contrée de l'Arabie ; est situé entre l'imanat de Yémen et le Nedjed et est très-montueux. Ses habitants, divisés en un grand nombre de tribus, sont braves et courageux et s'enrôlent volontiers dans les troupes des différents états de la péninsule. Les scheiks des tribus du Kobaïl sont unis entre eux par une confédération.

KOBAMA, v. du Japon, chef-lieu de la prov. de Wakasa, dans le Foukou-rokou-do.

KOBI. *Voyez* GOBI.

KOBILJÆKI, v. de la Russie d'Europe, gouv. de Pultawa, sur la Worskla ; commerce ; 7000 hab.

KOBILO, pet. v. de l'état Peul de Fonta-Toro, en Sénégambie, chef-lieu de la prov. de Damga.

KOBYLIN, v. de Prusse, sur l'Orla, prov. et rég. de Posen ; fabr. de cuirs et de potasse ; 2040 hab.

KOCHAB, riv. de la Turquie d'Asie ; prend sa source dans les montagnes de Hatra et se jette dans le lac d'Ardich ou de Van, dans l'eyalet du même nom.

KOCHAMPRI. *Voyez* MRELAP-CHAN.

KOCHEL (lac de), situé dans la Bavière, cer. de l'Isar, dist. de Tœlz, le long de la route de cette dernière ville à Inspruck, à 638 mètres au-dessus de la Méditerranée ; sa longueur du S. au N. est de 1 1/2 l., sa plus grande largeur de 1 l. et sa plus grande profondeur de 78 mètres. Il est très-poissonneux.

KOCHERSBERG, chaîne de collines peu élevées dans le dép. du Bas-Rhin ; elle s'étend depuis Marlenheim jusqu'au bord de la Zorn et forme la dernière et la plus basse ondulation des Vosges vers le bassin du Rhin.

KOCHHEIM. *Voyez* COCHEM.

KOCHLOVITZ, vg. de Prusse, prov. de Silésie, rég. d'Oppeln ; mines de houille et de zinc ; 550 hab.

KOCK, v. du roy. de Pologne, woïwodie de Podlachie, sur la rive droite de la Wieprz ; 1800 hab.

KODATS, v. du Japon, prov. de Fidats, dans le Tokaido.

KODOS, riv. de la Turquie d'Asie ; prend sa source sur le Mourad-dagh, groupe du Taurus ; arrose les sandschaks de Koutaieh et de Saroukhan, dans l'eyalet d'Anadoli ; passe non loin des villes de Magnésie et de Smyrne et s'embouche dans le golfe auquel cette dernière a donné son nom.

KŒBEN, *Cobena*, pet. v. de Prusse, sur la rive gauche de l'Oder ; prov. de Silésie, rég. de Breslau ; avec un château et un hôpital ; commerce de bestiaux ; 1020 h.

KŒKING, ham. de Fr., Moselle, com. de Garsche ; 350 hab.

KŒLPIN (le lac de), dans le grand-duché de Mecklembourg-Schwérin ; tient à ceux de Flessen et de Malchow et a avec eux 2 3/8 milles de longueur et 5/8 de largeur ;

l'Elde les fait communiquer avec ceux de Muritz et de Plauer.

KOENGEN, vg. parois. du Wurtemberg, cer. du Necker, gr.-bge d'Esslingen, dans une belle contrée, sur le Necker, qui est traversé par un pont de pierre. En 1783 on y découvrit de nombreuses construction romaines, des statues, vases, monnaies et ustensiles; 1880 hab.

KOENIGINGRÆTZ, cer. de Bohême. Ses bornes sont : au N. et à l'E., le roy. de Prusse, au S. le cer. de Chrudim, à l'O. celui de Bidschow. Superficie 60 l. c. géogr.; pop. 300,000 hab. Cette province est montagneuse et riche en beautés naturelles. L'Elbe en est le principal cours d'eau; les productions consistent en blé, lin, fruits et bois; l'éducation du bétail y est très-importante; l'industrie manufacturière embrasse la fabrication de la toile, du drap et des étoffes de coton; elle y est aussi active qu'étendue.

KOENIGINGRÆTZ, v. très-forte de Bohême, chef-lieu du cercle de même nom, au confluent de l'Elbe et de l'Adler; siége des autorités du cercle et d'un évêque; séminaire théologique et gymnase; fabr. de drap; 6000 hab.

KOENIGINHOF, pet. v. de Bohême, cer. de Kœnigingrætz, sur l'Elbe; fabr. très-étendue de cuir et de toile; 3000 hab.

KOENIGSBERG, ham de Fr., Moselle, com. de Gœtzenbruck; 580 hab.

KOENIGSBERG. *Voyez* SARREINSBERG.

KOENIGSBERG, pet. v. de Bohême, cer. d'Ellbogen, sur l'Eger; fabr. de draps et de lainages; com. de grains et de houblons; 3000 hab.

KOENIGSBERG, très-pet. v. de Gallicie, cer. de Troppau; fabr. de drap; 1500 hab.

KOENIGSBERG, pet. v. de Hongrie, cer. en-deçà du Danube, comitat de Bars, sur le Gran; encaissée dans de hautes montagnes; fabrication de bière, de verres et agriculture; 4000 hab.

KOENIGSBERG, v. murée de Prusse, chef-lieu de cercle, prov. de Brandebourg, rég. et à 15 l. N. de Francfort-sur-l'Oder, sur l'embouchure de la Zerbst, dans la Rœricke. L'église de Ste.-Marie, construction du treizième siècle, est un des plus beaux monuments de la province; celle du couvent conserve une peinture remarquable, représentant sur trois pans de muraille la vie de Jésus-Christ. La ville possède un gymnase, un hôpital; des fabr. de draps, de cotonnades, de chapeaux, de bas, d'amidon; des tanneries et des distilleries; 4820 hab.

KOENIGSBERG, v. de Prusse, résidence royale, capitale de la prov. de Prusse, chef-lieu du cercle de même nom; située à 166 1/2 l. N.-E de Berlin, sur le Prégel et à 1 2/3 l. au-dessus de l'embouchure de cette rivière dans le Frischhaff. Cette ville se compose de trois parties : la ville vieille, Lœbenitz et le Kneiphof, situé dans une île formée par le Prégel et communiquant avec les deux rives au moyen de 7 ponts. Elle comprend, dans une circonférence de 2 l., des jardins, quelques champs, l'ancien château situé sur une colline, avec des dépendances et son grand étang. Le tout est entouré de remparts et de 32 ravelins en vétusté, avec 9 portes, 4 grands et 10 petits faubourgs. La citadelle de Friedrichsbourg, dont les travaux de défense sont ruinés, est occupée par de nombreux entrepôts de commerce. L'intérieur de la ville est en général mal bâti; on remarque cependant pour sa beauté la rue Royale, reconstruite après l'incendie de 1811 et quatre places publiques spacieuses et assez régulières. Parmi ses 15 églises on doit citer la belle cathédrale, fondée, en 1332, par le grand-maître de l'ordre teutonique Lothaire de Brunswick, avec les tombeaux de plusieurs grands-maîtres et de belles orgues; la belle église catholique, construite en 1777, et celle de Harbourg. L'université, fondée en 1544, par le margrave Albert Ier, comprend 22 chaires, une bibliothèque de 50,000 volumes, un observatoire, un musée d'histoire naturelle, des instituts de médecine, de chirurgie et d'accouchement, une école forestière, un jardin botanique, etc.; le nombre des étudiants approche de 500.

Kœnigsberg possède en outre 2 séminaires, 2 gymnases, des écoles supérieures pour les deux sexes, plusieurs sociétés savantes, les bibliothèques publiques du château et de la ville, les archives de l'ordre teutonique d'un haut intérêt pour l'histoire, 1 hôpital royal avec 1 maison d'aliénés, 1 institut de sourds et muets, 1 institut pour des enfants aveugles, fondé en 1816 par le comte de Bulow-Dennewitz, 1 maison d'orphelins et environ 30 autres fondations philanthropiques. L'industrie s'applique à la fabrication de draps et d'autres étoffes de laine, de bas, de toiles, de rubans de soie, d'orfèvrerie, de cuirs, d'amidon, de tabac, de faïence, de quincaillerie. La ville possède de plus des moulins à farine, des scieries, des martinets à fer et à cuivre, des blanchisseries, de nombreuses brasseries et distilleries, des chantiers de construction de marine. Le commerce est actif quoiqu'il ait perdu de son ancienne importance; il consiste en denrées coloniales, bois de construction, chanvre, lin, graines de lin, suif, potasse, eaux-de-vie et quelques autres produits industriels; la façon et le commerce de l'ambre y sont devenus insignifiants. Le mouvement du port s'élève à près de 1500 bâtiments, dont 500 environ exportent du blé. Ceux de grande dimension ne peuvent pas remonter jusqu'à Kœnigsberg; ils s'arrêtent à Pillan d'où ils transportent leurs marchandises sur des alléges. Population de la ville sans garnison 63,400 hab., du cercle 65,500 et de la régence 655,000, sur 406 milles c.

Lieu de naissance du naturaliste J.-Th.

Klein (1685—1759) et du célèbre anatomiste Walter (1734—1818). L'université compte parmi ses illustations le philosophe Kant, mort en 1804; le géographe Gaspari, mort en 1830; le chimiste Hage; l'astronome Bessel; l'historien L. de Baczko et les savants Dinter, Hippel, Lobeck et autres.

Ottocar, roi de Bohême, mort en 1278, construisit le château et la ville de Kœnigsberg pour résister aux invasions de l'ordre teutonique, ce qui n'empêcha pas les chevaliers de se rendre maîtres de toute la Prusse dès 1283. Ce pays, sécularisé en 1525, fut érigé en duché en faveur du dernier grand-maître de l'ordre, Albert de Brandebourg; Kœnigsberg en devint la capitale. L'électeur Fréderic III de Brandebourg y naquit le 22 juillet 1657; il s'y couronna lui-même et son épouse dans l'église du château, le 18 janvier 1701, et prit le titre de Fréderic Ier, roi de Prusse. Kœnigsberg resta capitale de la Prusse, mais Berlin était depuis longtemps la résidence de ses souverains.

KŒNIGSBERG, v. du duché de Saxe-Cobourg-Gotha, principauté de Cobourg, chef-lieu d'un bailliage; entourée par le cer. bavarois du Bas-Mein; 1000 hab.

KŒNIGSBRONN, vg. parois. du Wurtemberg, cer. de la Jaxt, gr.-bge de Heidenheim; avec de belles fonderies et des forges. Non loin se trouvent les sources des riv. de Brenz et de Pfeffer; les eaux de la dernière tuent les poissons; 1150 hab.

KŒNIGSBRUCK, v. du roy. de Saxe, dans le cer. de Lusace, sur la Paulssnitz, chef-lieu de la seigneurie du même nom, appartenant au comte de Hohenthal; elle a un beau château et 1600 habitants, qui fabriquent de la poterie et de la faïence très-estimées.

KŒNIGSHOFEN, pet. v. de la Bavière, chef-lieu de district dans le cer. du Mein-Inférieur, à 4 l. de Neustadt et de Munnerstadt; fortifiée avec remparts, bastions, ouvrages à cornes et avancés, et doubles fossés, elle possède un hôpital, fondé en en 1827, par Élisabeth Schmitt, avec un fond capital de 280,000 fr., et plusieurs autres établissements philanthropiques; agriculture, éducation de bétail et commerce local. Pop. de la ville 1650 hab., du district 14,100 sur 4 milles c.

Ses fortifications ont été commencées en 1241 par les comtes de Henneberg.

KŒNIGSHOFEN, v. du grand-duché de Bade, cer. du Bas-Rhin, avec 1500 habitants et une foire très-fréquentée.

KŒNIGSHOFEN. A un petit quart de lieue O. de Strasbourg, sur la route de Paris, se trouvent quelques maisons et particulièrement une auberge qui ont conservé ce nom (cour royale) d'un village, bâti sur l'emplacement d'un palais, construit au commencement du huitième siècle. Ce village, qui fut brûlé plus tard, était comme un faubourg de Strasbourg.

KŒNIGSHUTTE, est une des plus grandes forges du roy. de Hanovre, dans la capitainerie des mines du Clausthal, sur l'Oder et non loin du b. de Lauterberg, avec de beaux bâtiments; à 3/4 l. est une fonderie de cuivre.

KŒNIGSHUTTE (Krolewska-Huta) ou **HEIDUKI**, mines royales de Prusse, prov. de Silésie, rég. d'Oppeln; avec bâtiments de la direction; 4 hauts-fourneaux et des fonderies; on y exploite de la houille, du fer (vers 70,000 quintaux) et du zinc (vers 13,000 quintaux); 700 hab.

KŒNIGSLUTTER, v. du duché de Brunswick, dist. de Helmstedt, sur la Lutter; elle a des brasseries importantes, de bonnes tanneries et près de 3000 hab. A l'E. de la ville est l'ancienne abbaye du même nom.

KŒNIGSMACHER, vg. de Fr., Moselle, cant. et poste de Thionville, cant. de Metzervisse; 1720 hab.

KŒNIGSSEE, v. de la principauté de Schwarzbourg-Rudolstadt; 1600 hab.

KŒNIGSTADTL, pet. v. de Bohême, cer. de Bidschow; manufactures de coton; 1800 h.

KŒNIGSTEIN, v. du roy. de Saxe, cer. de Misnie, sur la rive gauche de l'Elbe; sa population est de 1500 habitants, qui vivent du flottage du bois de la Biela dans l'Elbe, du travail dans les carrières de pierres, du tissage de toiles de lin. Au-dessus s'élève un rocher de grès de 1100 pieds d'élévation, dont le sommet, d'une demi-lieue de circuit, offre, outre la forteresse de Kœnigstein, un petit bois, un vignoble, des prés et des campagnes cultivées. On admire ses belles et solides casemates et surtout le puits de la forteresse, qui a été creusé dans le roc à une profondeur de 585 coudées et auquel on a travaillé 40 ans.

KŒNIGSTEIN, v. de 1150 habitants, chef-lieu du bailliage du même nom, dans le duché de Nassau; ruines du château de Kœnigstein.

KŒNIGSTEIN ou **KOENINSTEIN**, fort danois dans la Haute-Guinée, côte d'Or, sur le Rio-Volta, près de la v. de Ningo.

KŒNIGSWINTER, pet. v. de Prusse, prov. du Rhin, rég. de Cologne; avec des murs en vétusté, sur le Rhin, au pied des Sept-Montagnes; culture et commerce de vin et de blé; navigation. On voit près de là les ruines des châteaux de Wolkenbourg et de Drachenfels; 1760 hab.

KŒPENICK, pet. v. de Prusse, prov. de Brandebourg, rég. de Potsdam, sur une île de la Sprée. L'électeur Joachim II y décéda en 1571 dans l'ancien château, servant aujourd'hui de magasin militaire et dont la chapelle appartient au culte français réformé; hôpital d'aliénés; manufactures d'étoffes de laine et de soie, de produits chimiques; blanchisseries; 2250 hab.

KŒPING, v. de Suède, préfecture de Vesteras; commerce de transit; filatures; 1400 hab.

KŒR-LA-GRANDE, vg. de Fr., Meuse,

arr. de Commercy, cant. de Pierrefitte, poste de St.-Mihiel ; 360 hab.

KŒRMŒTZ-BANYA. *Voyez* KREMNITZ.

KŒRŒS-BANYA. *Voyez* ALTENBOURG.

KŒSEN, vg. de Prusse, sur la Saale, prov. de Saxe, rég. de Mersebourg; salines; bains salins; flottage; fabrication de produits chimiques; culture de vignes ; 700 hab.

KŒSTRITZ, très-beau vg. de la principauté de Reuss-Lobenstein-Ebersdorf; bien situé sur l'Elster et renommé pour sa bière ; il a deux châteaux, un parc et 1100 habitants. Ce village est la résidence d'une branche collatérale de la maison princière de Reuss, qui a 30,000 florins de revenus annuels.

KŒTHEN. *Voyez* COETHEN.

KŒTZING, b. de la Bavière, chef-lieu de district, cer. du Danube-Inférieur, sur le confluent de la Régen blanche et de la Régen noire, à 3 l. de Cham; avec 2 châteaux, un hôpital et plusieurs moulins; commerce de bois et tisseranderies. Population du bourg 1260 hab., du district 19,500, sur 8 milles c. En 1344, il obtint droit de marché de l'empereur Louis. Son château fut assiégé, en 1641, par le général suédois Wrangel et pris d'assaut pendant la capitulation par le colonel Copy.

KŒTZINGEN, vg. de Fr., Haut-Rhin, arr. d'Altkirch, cant. de Landser, poste de Sierentz; 380 hab.

KŒUR-LA-PETITE, vg. de Fr., Meuse, arr. de Commercy, cant. de Pierrefitte, poste de St.-Mihiel; 640 hab.

KOGENHEIM, vg. de Fr., Bas-Rhin, arr. de Schléstadt, cant. et poste de Benfelden; 1300 hab.

KOI ou KOI-SANDJAK, pet. principauté kurde, vassale de la porte ottomane, dans l'eyalet de Chehrezour. Le chef est héréditaire et réside dans le château de Koï, situé sur le Zab.

KOIDANOW, pet. v. de la Russie d'Europe, gouv. de Minski.

KOIMBATOUR. *Voyez* COIMBATOUR.

KOINA, pet. v. dans l'état Peul de Fouladou, en Sénégambie, prov. de Gangaran, à 20 l. O.-N.-O. de Kamalia.

KOI-SOU, riv. de l'Asie, dans la Circassie; prend sa source sur le Turpitan, coule vers le N.-E., se divise en deux bras, près de Temir, et se jette par trois embouchures dans la mer Caspienne. L'Audi et le Kasi-Koumuk sont ses principaux affluents.

KOKARIA ou KUKAREA, pet. lac de l'Inde, non loin d'Ahmedabad, dans le Guzerate; bordé sur toute son étendue (1 mille de circonférence) de murs en pierres de taille et de grands escaliers, auxquels on arrive par quatre belles entrées. Au milieu du lac se trouve un ilot avec un palais en ruines et des jardins qu'on laisse dépérir.

KOKELBOURG, comitat de Transylvanie, pays des Hongrois; abonde en vins, blé et bestiaux. Superficie 20 l. c. géogr. ; 4000 hab.

KOKI, v. du Japon, chef-lieu de la prov. de Sado, dans le Fokou-rokou-do.

KOKORO, riv. considérable de Sénégambie; elle prend sa source dans les montagnes du Djallonkadou, non loin de celle du Djoliba, arrose le Fouladou, reçoit la Ba-Oulima, entre dans le Caguaga et se jette dans le Sénégal, à 33 l. E. de Galam.

KOKOU-BOU, v. du Japon, chef-lieu de la prov. d'Oosóumi, dans le Saikai-do.

KOKOURA, v. du Japon, chef-lieu de la prov. de Bouzen, dans le Saika-do. C'est une grande ville et un bon port bien fortifié dans l'île de Kiousiou.

KOKY, pet. v. sur la frontière orientale de l'état Ghiolof de Cayor, en Sénégambie; 5000 hab.

KOLA, v. et chef-lieu de cercle de la Russie d'Europe, gouv. d'Arkhangelsk, sur un golfe de la mer Blanche; pêcheries; commerce; 1400 hab.

KOLABSCHI. *Voyez* CALABCHÉ.

KOLADYNG, riv. de l'Inde transgangétique, principal affluent de l'Arakan.

KOLAKONKA, pet. v. dans l'intérieur de la côte de Sierra-Leone et capitale de l'état de Kouranko; elle est située sur un affluent de la Camaranca, à 20 l. N.-N.-O. de Falaba.

KOLAN. *Voyez* COLAN.

KOLAPOUR, pet. principauté de l'Inde, tributaire des Anglais, dans le Bedjapour. Elle est située au pied des Gâtes, très-montueuse et arrosée par le Punchganga. Son radjah est un Mahratte, qui réside à Kolapour, ville assez considérable et commerçante, arrosée par le Punchganga.

KOLAR. *Voyez* COLAR.

KOLASTRY. *Voyez* KALASTRIE.

KOLBSHEIM, vg. de Fr., Bas-Rhin, arr. et poste de Strasbourg, cant. de Schiltigheim; 530 hab.

KOLDING, v. du Danemark, Jutland, diocèse de Ripen ; 2000 hab.

KOLI, pet. v. de l'état Peul de Fouladou, en Sénégambie, prov. de Brouko.

KOLIN (Neukolin), pet. v. de Bohême, cer. de Kaurzim, sur l'Elbe. Forges de fer; manufactures de coton; polissage de pierres précieuses. Entre cette ville et Planiany on voit le célèbre champ de bataille où Fréderic II fut défait par Daun, en 1757; 6000 hab.

KOLKI, pet. v. de la Russie d'Europe, gouv. de Wolhynie, sur le Styr ; 1550 hab.

KOLLELA, pet. v. du roy. de Gondar, en Abyssynie, prov. de Gojam, dont elle paraît être la capitale.

KOLLO, v. de Pologne, woïwodie de Kalisz, sur la Warte; bataille en 1794; 2910 h.

KOLLOUWI, peuple de la Nigritie centrale, auquel appartiennent plusieurs oasis, entre autres celle d'Asben, ainsi que tout le Sahara jusqu'au Fezzan.

KOLLUM, beau vg. du roy. de Hollande, prov. de Frise, dist. et à 6 l. E. de Leuwarden, sur un canal qui se verse dans celui de Dokkum; navigation; commerce de bestiaux; pêche; grand marché de chevaux; 900 hab.

KOLNO, v. du roy. de Pologne, woïwodie d'Augustan; 2000 hab.

KOLOMEA, cer. de Gallicie, borné au N. par celui de Czortkou, à l'E. par celui de Czernowitz, au S. par la Hongrie et à l'O. par le cer. de Stanislawow; superficie 57 1/2 l. c. géogr. Cette province est généralement montagneuse; elle est traversée par le Pruth, qui n'y est pas encore navigable, et par le Dniester; l'agriculture forme la principale ressource des habitants; l'éducation des bestiaux est également très-florissante; l'industrie manufacturière se borne à la fabrication du cuir et de la toile; 160,000 hab.

KOLOCHINA ou **KOLOKYNA**, v. sur le golfe du même nom, roy. de Grèce, eptarchie d'Epidaurus-Limera.

KOLOMEA, pet. v. commerçante de Gallicie, chef-lieu et siége des autorités du cercle de même nom, sur le Pruth; possède plusieurs tanneries; 7000 hab.

KOLONGADA, v. de l'Inde anglaise, présidence de Madras, dist. de Malabar, près de Ponany; tissage considérable.

KOLOR, pet. v. de l'état Manding de Oulli, en Sénégambie, près de la Gambie, à 10 l. N.-E. de Médynah.

KOLOS (Salzgrub), b. de Transylvanie, dans le pays des Hongrois; encaissé dans les montagnes; possède des mines de houille et de sel.

KOLOSCH, comitat de Transylvanie, pays des Hongrois; superficie 88 l. c. géogr. Vers l'E. et l'O. le pays est élevé, mais l'intérieur est plat et renferme la vaste lande de Klausenbourg; il est très-montagneux sur la frontière de la Hongrie; le petit Szamos est le principal cours d'eau. L'air y est pur et sain, mais plus vif que dans les contrées méridionales de la principauté. Les productions consistent en bétail, vin, blé et sel; ses mines de fer et d'or ne sont plus exploitées; 2 cercles et 11 districts; 100,000 hab.

KOLOSVAR. *Voyez* KLAUSENBOURG.

KOLOTSCHA, pet. v. archiépiscopale de Hongrie, cer. en-deçà du Danube, comitat de Pesth; située au milieu de vastes marais et peu loin de la rive gauche du Danube; belle cathédrale, séminaire, gymnase, collége des piaristes, bibliothèque; pêche considérable et éducation du bétail; 4000 h.

KOLOUCHES ou **KOLOUGIS**, nation très-nombreuse à laquelle appartiennent les peuples qui habitent le long des côtes du Nouveau - Norfolk et du Nouveau - Cornouailles, depuis Jakutat jusqu'aux îles de la Reine-Charlotte; cependant leur territoire se trouve entrecoupé en quelques endroits par celui de peuplades appartenant à d'autres familles. Tous ces peuples se distinguent par leur courage, leur industrie et surtout par leur adresse à tailler, à sculpter et à polir la pierre. Nous mentionnons surtout les Kolougis proprements dits, nation féroce et belliqueuse, répandue dans les archipels du Roi-Georges, du Duc-d'York, du Prince-de-Galles et dans l'île de l'Amirauté, îles qu'on désigne généralement par le nom d'archipel des Kolouches. Les Russes y ont fondé (dans l'île du Roi-Georges ou Sitka) la ville de Nouvelle-Arkhangelsk.

KOLSOUM, pet. chaîne de montagnes peu élevées dans la partie orientale de la Moyenne-Égypte; entourée de déserts sablonneux qui s'étendent jusqu'à la mer Rouge; célèbre autrefois par le couvent de St.-Antoine, par beaucoup de grottes taillées dans le roc, entre autres celle de saint Paul, premier hermite, et par diverses autres retraites semblables, consacrées par la pénitence des anciens anachorètes. Il paraît que des religieux coptes se distinguent encore dans ces solitudes par leur vie austère. *Voyez* CHEYKH-ABADÉ.

KOLYMA, fl. de la Russie d'Asie; prend sa source dans les monts Stavonoï, dans la Sibérie, traverse la prov. d'Iakoustk et se jette, sous 69° lat. N., dans un golfe de l'Océan Glacial arctique, en face duquel se trouvent les îles des Ours.

KOLYVAN autrefois TCHAOUSK, pet. v. de la Russie d'Asie, gouv. de Tomsk. Elle est située à l'embouchure de la Berda dans l'Ob et dans le voisinage de riches mines d'or et d'argent. La première usine de l'Altaï y fut établie, en 1725, par Demidof, et l'on comprit plus tard, sous le nom de Kolyvan, toutes les usines de la contrée; dans la ville même il n'en existe pas, mais bien une grande manufacture d'ouvrages en porphyre et en jaspe, qui occupe 300 ouvriers et exécute de beaux travaux.

KOMARNO, pet. v. de Gallicie, cer. de Sambor; située sur le lac Janower; fabrication de toutes sortes de chaussures et de toiles; commerce très-actif de toiles; 3000 h.

KOMATS, v. du Japon, prov. d'Iyo, dans le Nankaido.

KOMBERG, un des sommets les plus élevés des monts Nieuveld, dans la partie septentrionale de la colonie du cap de Bonne-Espérance; il atteint la hauteur de 2446 m.

KOMBHÈRE, pet. v. de l'Inde, principauté de Bhartpour; grande exploitation de lin.

KOMBOOCUNUM. *Voyez* CAMBOOCUNUM.

KOMISANG, une des îles de l'archipel de Lieou-Kieou; cultivée en terrasse et boisée; est remarquable par son volcan.

KOMMAGAS, b. dans la partie occidentale du pays des Hottentots, chez les Namaquas; avec un établissement de missionnaires.

KOMMOTAU, jolie pet. v. forte de Bohême, cer. de Saatz; gymnase; manufactures de coton; horticulture; 3000 hab.

KOMOK. *Voyez* FREDERIKSHAAB.

KOMORN, comitat de Hongrie, cer. au delà du Danube; borné par les comitats de Presbourg, Neitra, Bars, Gran, Pesth,

Stuhlweissenbourg et Raab. Sa superficie est de 53 l. c. géogr. et sa population de 120,000 habitants. Cette province, traversée par le Danube, qui y reçoit la Neitra et la Waag, est légèrement ondulée et abonde en grains, vin et bois, bêtes à cornes, chevaux et poissons. L'industrie manufacturière et et le commerce y sont également étendus. On y trouve plusieurs carrières de marbre et de pierres de tuf, ainsi que quelques sources minérales et établissements de bains; 4 districts.

KOMORN ou KOMOROM, v. très-forte de Hongrie, cer. au-delà du Danube, chef-lieu du comitat de même nom, au confluent du Danube et de la Waag; fabr. de toiles et de cuirs; pêche de l'esturgeon; ses vastes fortifications n'ont jamais été prises par aucune armée ennemie; tremblements de terre de 1763 et 1783; 12,000 hab.

KOMORTA. *Voyez* CAMORTA.

KOMR. *Voyez* GEBIL-AL-KOMRI.

KONANAMA. Cet établissement fut fondé, en 1626, par des négociants de Rouen. En 1797, le gouvernement français y envoya un nombre considérable de criminels, auxquels on partagea les terres et qui y bâtirent un village. Nous ne pouvons dire si cette colonie existe encore.

KONBIRA, célèbre temple japonais dans la prov. de Sanouki, dans le Nankaido.

KONDATCHY, b. dans l'île de Ceylan, dans la baie du même nom, en face d'un immense banc de perles; station ordinaire d'une multitude de canots qui vont à la pêche des perles.

KONDAVIR, v. de l'Inde anglaise, présidence de Madras, dans les Circars du Nord, sur le Kichera; fabr. d'étoffes de coton.

KONDJEVERAM, v. de l'Inde anglaise, présidence de Madras, dans la Carnatie, sur le Wegamutty; avec de larges rues, plantées de cocotiers, et un grand nombre de pagodes; industrie considérable.

KONDOUNGOURIE, chaîne de montagnes de la Nigritie occidentale, dans le Bonda, au N. de l'emp. d'Achanti et à l'E. des monts Kong, dont elles sont une branche. Le Rio-Volta y prend sa source.

KONDRAU, vg. de Bavière, cer. du Mein-Supérieur, dist. et à 1/2 l. de Waldsassen; eaux minérales sulfureuses; 280 h.

KONÈGHES, peuplade de la Sibérie, dist. de Kamtchatka; a beaucoup d'analogie avec les Kamtchadales.

KONG. *Voyez* CONCHÉ.

KONIEH, l'ancienne *Iconium*, v. de la Turquie d'Asie, chef-lieu de l'eyalet de Caramanie; résidence du pacha et d'un archevêque; est située dans une plaine fertile et bien arrosée, non loin du lac qui porte son nom. Cette ancienne capitale des sultans seljoucides de Roum est entourée de murs et de tours et renferme un grand nombre de mosquées, de bains, de caravansérails et de médressés ou colléges. La mosquée de Sélim est bâtie sur le modèle de Ste.-Sophie. Parmi ses édifices publics il faut encore citer le riche couvent des Mewlevis, fondé dans le treizième siècle par le poëte Djelaled-din Roumi, qui est le chef-d'ordre de tous les établissements du même genre dans l'empire et qui attire de nombreux pèlerins. Kinneir remarqua à Konieh plusieurs beaux morceaux de sculpture antique. Le commerce de cette ville, bien qu'en décadence, est encore considérable, et il y existe de nombreuses manufactures; 30,000 hab. En 1832, Ibrahim Pacha remporta près de cette ville une grande victoire sur l'armée turque.

KONKADOU ou KONKODOU, dist. de l'état Manding de Bambouk, en Sénégambie, entre le Falémé et le Sénégal; territoire montagneux, bien arrosé et très-fertile.

KONKAN, deux dist. de l'Inde, dans la prov. de Bedjapour, portent ce nom; le premier ou Konkan septentrional a pour chef-lieu Tanna, le deuxième ou Konkan méridional a pour chef-lieu Haïpour. Nous avons déjà parlé à l'article GHERIAH de l'état de corsaires qui existait autrefois dans le Konkan.

KONKODOGOURE, une des villes les plus importantes du roy. de Solima, Nigritie occidentale.

KONKOVAR, pet. v. du Kurdistan persan; remarquable par les ruines d'un grand temple de Diane qu'on y a reconnues il y a quelques années.

KONKRAT, pet. v. du Turkestan, khanat de Khiva; est située sur la rive gauche de l'Amou. Daria est le siége principal d'une grande tribu d'Araliens, qui l'habitent pendant l'hiver et l'abandonnent pendant l'été pour faire paître leurs troupeaux dans les steppes de la Khivie.

KONKROMO, v. de l'état Manding du Bambouk oriental, en Sénégambie, dist. de Konkadou, sur le Bafing, à 3 1/2 l. E. de Sécoba.

KONNAH, b. de l'Hottentotie, dans la partie orientale du pays habité par les Coranas, sur le Cradock; petit établissement de missionnaires; territoire abondant en tabac, melons d'eau et oignons.

KONSAM, pet. v. de l'état Peul de Fonta-Diallon, en Sénégambie.

KONTZ (Basse-), vg. de Fr., Moselle, arr. de Thionville, cant. de Cattenom, poste de Sierck; 650 hab.

KONTZ (Haute-), vg. de Fr., Moselle, arr. de Thionville, cant. de Cattenom, poste de Sierck; 660 hab.

KOOJAR, pet. v. de l'état Manding de Oulli, en Sénégambie, sur les confins du Bondou.

KOONIAKARY, pet. v. de l'état Manding de Oulli, en Sénégambie, à 19 l. N.-E. de Médynah.

KOORKARANY, pet. v. de l'état Peul de Bondou, en Sénégambie, non loin du Neriko, à 20 l. S.-O. de Fattéconda; habitants mahométans, qui y ont une belle mosquée.

KOOSIOU. *Voyez* KADZOUZA.

KOOTAKOUNDA, pet. v. de l'état Manding de Oulli, en Sénégambie.

KOOTSKÉ ou DZIO-SIOU, prov. du Japon, dans le Tosando. Son chef-lieu est Tatsfayasi.

KOPAL ou COPAUL, v. de l'Inde, Bedjapour; une des meilleures forteresses que possède le Nizam du Dekkan.

KOPREINICZA, pet. v. de la Croatie civile, comitat de Kreuz; château fort; 4000 h.

KOP-TAGH, point culminant du groupe de montagnes d'Erzeroum; est situé entre cette ville et Baïbourth et a 2400 toises de hauteur.

KOPY, v. de la Russie d'Asie, Mingrélie. Elle est située à l'embouchure de la rivière du même nom, sur la mer Noire et fortifiée. Tous les ans il s'y tient une grande foire. Les marchandises qu'on y déballe sont en partie transportées sur les rives du Rioni, d'où on les expédie plus loin.

KORATCHI. *Voyez* CUEATCHI.

KORCHI ou KACHKA, CHERSEBS, riv. du Turkestan; traverse le khanat de Chersebs et en partie celui de Boukhara, dans lequel elle se perd dans un lac ou dans des sables; passe près des villes de Chersebs et de Karchi et prend le nom de Kachka au-dessus de cette dernière.

KORDOFAN, contrée de la Nigritie orientale, au S.-O. de la Haute-Nubie; elle n'est, à proprement parler, qu'un assemblage de plusieurs petites oasis, séparées par de vastes déserts du Darfour à l'O. et du Bahr-el-Abiad à l'E. La plus grande partie de la population se compose de nègres assez civilisés, qui se livrent a l'agriculture; le reste est formé de Dongolaïs, adonnés au commerce, et d'Arabes qui en parcourent les arides solitudes. Le Kardofan, après avoir été pendant longtemps tributaire du roy. de Sennaar, reconnaissait, depuis la moitié du siècle passé, la suzeraineté des rois du Darfour. Envahi par les troupes du vice-roi d'Égypte, en 1820, il est resté sous sa domination et forme depuis une partie de l'Afrique ottomane. Quant aux ruines anciennes de ce pays et des monts Djebbel-Marre, dans le Darfour oriental, sur lesquelles quelques journaux avaient, il y a quelques années, attiré l'attention des archéologues, M. Ruppell n'a pu obtenir que des renseignements incertains; mais il a trouvé dans cette partie de l'Afrique ces mêmes armures en fer que Clapperdon et Denham ont vues dans la Nigritie centrale; quelques chefs ont même des robes en mailles de fer pour leurs chevaux. Les armures en fer, si connues en Europe au moyen âge, sont donc d'un usage commun dans le centre de l'Afrique.

KORIÈKES ou KORYÈKES, peuplade de la Sibérie. Ils sont très-peu nombreux et appartiennent à la race mongole. Ils habitent entre l'Anadyr, la mer et le Kamtchatka, et se divisent en nomades et en sédentaires. Les premiers vivent de la chasse, les autres de leurs troupeaux de rennes. Les Koryèkes sont francs, hospitaliers et braves; ils croient à deux divinités également puissantes, celle du bien et celle du mal Leurs schamanes ou prêtres sont en même temps médecins et sorciers.

KORIMBA, pet. presqu'île sur la côte de la Basse-Guinée, roy. d'Angola, au S.-O. et à l'opposite de la ville de Loanda; son extrémité occidentale forme le cap Palmerinho.

KORINGA. *Voyez* CORINGA.

KORITSCHAU, b. d'Autriche, gouv. de Moravie-et-Silésie, cer. de Hradisch; brasseries; distilleries; scieries; fabrication de verre et de soude; source minérale; 1500 h.

KORI-YAMA, v. du Japon, chef-lieu de la prov. de Yamato, dans le Gokinaï.

KORK, beau vg. du grand-duché de Bade, cer. du Rhin-Moyen, chef-lieu de bailliage; avec un martinet à cuivre et près de 1200 h.

KORNENBOURG, pet. v. de la Basse-Autriche, chef-lieu et siége des autorités du cercle inférieur du Manhartsberg; située sur le Danube, vis-à-vis de Klosterneubourg; école principale et industrielle; 2500 hab.

KORNOU. *Voyez* GORNOU.

KORNWESTHEIM, vg. parois. du roy. de Wurtemberg, cer. du Necker, gr.-bge de Ludwigsbourg; eaux minérales fréquentées; forges dans les environs; 1220 hab.

KOROMO, v. du Japon, prov. de Mikawa, dans le Tokaido.

KORORA-REKA, vg. de l'île Eaheinomauwe, la plus septentrionale des deux grandes îles de la Nouvelle-Zélande. Ce village, situé au fond de la baie des Iles, ne compte pas 100 maisons; c'était la résidence de Pomaré, l'un des chefs les plus belliqueux et les plus féroces de l'île.

KOROTOJAC, v. et chef-lieu de la Russie d'Europe, gouv. de Voroneje, sur la rivière du même nom, qui s'y jette dans le Don; commerce d'étoffes de soie et de coton.

KOROTSCHA, v. de la Russie d'Europe, gouv. de Koursk, sur la rivière du même nom; 10,000 hab., agriculteurs, jardiniers et commerçants.

KORTI, pet. v. de Nubie, pays des Chaykyé, dont elle est regardée comme la capitale, sur la rive gauche du Nil, à 25 l. E. du Vieux-Dongola.

KORTRIGT, pet. v. des États-Unis de l'Amérique du Nord, état de New-York, comté de Delaware; commerce; 3000 hab.

KORTSIN, dist. de la Mongolie, borné par la grande muraille, les Scharra-Mongols et la Mandchourie; est une des parties les plus peuplées de la Mongolie. La ville de Djehol, la capitale de la Scharra-Mongolie, y est située.

KOSAKS ou KOZAKS, COSAQUES. Les Kosaks appartiennent à la famille slave et sont parents des Russes, avec lesquels ils sont en communauté de langage et de religion. Leur origine est douteuse; on croit généralement qu'elle date de la séparation du grand-duché de Russie en deux états: Novogorod et Kiew. Les Kosaks, débris de ce dernier, détruit dans le treizième siècle, s'établirent sur les rives du Dniéper, où une partie d'entre eux devint sédentaire. Ils furent en guerre continuelle avec les Turcs et les Tartares et rendirent des grands services à la Pologne, dont ils se considérèrent longtemps comme les sujets. On les appela d'abord Petits-Russes, par opposition aux Grands-Russes; ce n'est que plus tard qu'on leur donna le nom de Kosaks ou hommes armés. Pendant que les Lithuaniens, les Tartares et les Polonais se disputaient et ravageaient l'Ukraine, un grand nombre de ces Petits-Russes, composés originairement des jeunes gens destinés à la guerre contre les Turcs, se séparèrent de leurs frères d'armes et allèrent s'établir au S. des Porogues ou cataractes du Dniéper, dans les steppes que traverse ce fleuve. Ils reçurent le nom de *Kosaks Zaborogues* ou hommes armés près des cataractes. Ils formèrent une république militaire, dont les chefs se nommaient ataman; ils mangeaient à la même table les mêmes aliments et ne possédaient rien en propre; il n'y avait aucune femme au milieu d'eux, et pour se recruter ils recevaient les prisonniers, les déserteurs, les mécontents de toute nation. Une autre colonie, qui s'établit plus tard dans les steppes qui séparent le Dniéper du Don, reçut le nom de *Kosaks Slobodes*. Ce n'est qu'en 1654 que les Kosaks, dont les institutions étaient attaquées par les rois de Pologne, se soumirent à la Russie; ils restèrent longtemps le boulevard de cette puissance et de la Pologne contre les Turcs et les Tartares-Nogaïs, mais comme leurs déportements et leurs brigandages allaient croissantes, Catherine II les attaqua à l'improviste et détruisit leur bizarre association, qui subsistait depuis plusieurs siècles. Ceux des Kosaks qui ne voulurent pas se soumettre à une vie sédentaire errèrent pendant quelque temps sur les frontières russes du Caucase jusqu'à ce qu'on les forçât de s'établir à l'E. de la mer d'Aral et au N. du Kouban, où ils forment encore aujourd'hui, mais adonnés à la paresse et à l'ivrognerie, sous le nom de *Kosaks Tchernomorz* ou de la *mer Noire*, une milice de frontières et un état particulier. D'autres Kosaks occupent les plaines arrosées par le cours inférieur du Don et de ses affluents, steppes fertiles d'une étendue de 3600 l. c. géogr. Ils conquirent ces vastes terrains sur les Tartares, dont ils reçurent un grand nombre dans leur corporation; ils se distinguent des autres par plus d'amour du travail, par leur propreté et leur courage. Ils avaient construit leur ancienne capitale Tscherkask en face de la forteresse turque d'Azow et ont rendu de grands services à la Russie, qui leur a laissé jusque dans ces derniers temps leur constitution particulière.

Des troubles intérieurs et diverses insurrections amenèrent plusieurs émigrations, qui ont formé d'autres branches moins importantes de Kosaks. Tels sont les Kosaks de l'Oural, sur les bords de ce fleuve, les Kosaks Grebenskis, sur les bords du Terek; les Kosaks d'Orenbourg et les Kosaks de la Sibérie. Ces derniers sont célèbres par la conquête du vaste pays auquel ils ont emprunté leur nom. Un parti de Kosaks du Don avait entrepris une expédition contre les pays riverains du Volga et de la mer Caspienne. Devenus dangereux aux nouveaux établissements russes dans ces contrées, ils furent attaqués et dispersés par Iwan II. Une bande de fuyards, ralliée sous la conduite d'Irmak, passa les monts Oural et poussa sa course victorieuse jusqu'à l'Ob. Trop faibles pour garder seuls ces vastes conquêtes, ils se soumirent, en 1581, volontairement au czar Iwan, et depuis cette époque les Kosaks se sont répandus jusqu'au Kamtchatka. Cependant de tous ces Kosaks, ceux du Don ont seuls su maintenir leur constitution et la prérogative militaire de former des régiments, commandés par des officiers kosaks, comme le reste des troupes. Une partie d'entre eux est toujours occupée au service de la frontière; en temps de guerre tout le monde doit prendre les armes.

Tous les Kosaks sont libres de leur personne et propriétaires; quoique guerriers, ils sont en temps de paix, suivant la nature du sol qu'ils habitent, agriculteurs, chasseurs ou pêcheurs. Un auteur les caractérise ainsi en opposition aux Grands-Russes: « Ils sont plus élancés, plus agiles, plus vifs, plus passionnés, ont le regard assuré et la démarche noble, sont prévenants et hospitaliers, redoutent le travail, recherchent les plaisirs et ne songent qu'au présent. »

Le nombre des Kosaks capables de porter les armes est estimé à 600,000. Dans sa *Statistique de la Russie*, M. Schnitzler cite comme faisant partie de l'armée active de cette puissance :

38	régiments de Kosaks réguliers, chacun de 500 hommes, soit :	19,000
18	régiments de Kosaks du Don, chacun de 1000 hommes	18,000
10	régiments de Kosaks de la mer Noire, de 1000 hommes chacun	10,000
10	régiments de Kosaks de l'Oural, de 1000 hommes chacun	10,000
3	régiments de Kosaks de la Volga, de 1000 hommes chacun	3,000
		60,000

Total des Kosaks employés dans l'armée active, sans compter les Kosaks de la Sibérie. Ainsi un dixième seulement des hommes capables de servir est régulièrement employé.

KOSCHENTIN, vg. de Prusse, avec château, prov. de Silésie, rég. d'Oppeln; usines, carrières et fours à chaux; 1500 hab.

KOSELESK, v. de la Russie d'Europe, gouv. de Kalauga, au confluent de la Shisdra et de la Dragunka ; 3500 hab.

KOSELEZ, v. de la Russie d'Europe, gouv. de Tschernigow, sur l'Ostr ; 2000 hab.

KOSI. *Voyez* COSAH.

KOSI-CHANG, groupe d'îles, sur la côte de Siam ; possède un excellent port.

KOSIE, gr. roy. de la Haute-Guinée, côte des Esclaves, à l'E. du Lagos ; commerce d'esclaves. Capitale de même nom, à 15 l. N.-E. de la ville de Lagos.

KOSLOW, v. de la Russie d'Europe, gouv. de Tambow, sur le Lesewi-Waranesch ; grand marché aux bestiaux ; industrieuse et commerçante ; 150,600 hab.

KOSLÓW, v. de la Russie d'Europe, gouv. de Tauride, sur une baie ; port bien fréquenté ; lazaret ; 4500 hab. tartares et juifs.

KOSPOUR ou COSPOUR, v. de l'Inde transgangétique anglaise, chef-lieu du petit état de Katchar et résidence d'un radjah tributaire ; non loin des frontières du Silhet.

KOSSEIR ou ALCHASIR. *Voyez* COSSEIR.

KOSSIJAH ou KHASSEYA, peuplade sauvage du pays de Djintiah, Inde transgangétique, qui offre encore à ses dieux des sacrifices humains.

KOSTAINITZA, pet. v. de la Croatie militaire, ban de Croatie, sur l'Unnu ; passage ordinaire des marchandises expédiées pour la Turquie ; 2000 hab.

KOSTEN, pet. v. de Prusse, sur l'Obra, chef-lieu de cercle, prov. et rég. de Posen ; bien bâtie ; tisseranderies ; 1780 hab.

KOSTENDIL ou GIUZTENDIL, v. de la Macédoine ; non loin des sources de la Struma ; 10,000 hab.

KOSTENDSCHE, v. de la Turquie d'Europe, Bulgarie, sandschak de Silistrie, sur l'emplacement de l'ancienne *Constantiana*.

KOSTER, groupe de deux îles et de plusieurs rochers de la préfecture de Gatheborg, en Suède ; pêche d'huîtres et de homards.

KOSTHEIM, vg. du grand-duché de Hesse-Darmstadt, prov. de la Hesse-Rhénane, sur le Mein, à 1/2 l. de Mayence ; il a été trois fois incendié pendant les guerres de la révolution française ; 1300 hab.

KOSTRANA, gouv. de la Russie d'Europe ; borné par les gouv. de Wjaetka, Wologda, Wladimir et Nischnei-Nowgorod ; il a une population de 150,000 habitants, sur une superficie de 4000 l. c. Les habitants, Russes aborigènes, cultivent un sol très-fertile et arrosé par la Volga et ses affluents : la Kostroma, l'Unscha et la Wetluga ; on s'y livre surtout à la culture du chanvre et du lin. L'industrie manufacturière, la pêche, la chasse, l'exportation de quelques minéraux et le commerce offrent de nombreuses ressources aux habitants. Le gouvernement se divise en 12 cercles.

KOSTRAMA, v. de la Russie d'Europe, chef-lieu du gouvernement de même nom, sur la Volga, qui y reçoit la Katorosla ; belle cathédrale, 42 églises, mosquée, 2 couvents, séminaire ecclésiastique, gymnase ; fabr. de roussi, de toiles et de savon ; commerce ; 10,000 hab.

KOTAH, pet. principauté de l'Inde, Adjmir, sur la rive orientale de Chumbul ; est montueuse, mais fertile et habitée par des Rajepoutes, des Jants, des Bheels et d'autres tribus sauvages. Le radja est rajepoute et réside dans la ville de Kotah, qui n'offre rien de remarquable. Gagroun et Chahabad sont deux autres villes de cette principauté tributaire des Anglais.

KOTATIS. *Voyez* KHOUTHAISSI.

KOTCH-BAHAR. *Voyez* COOCH-BAHAR.

KOTCHIN. *Voyez* COCHIN.

KOTELNOI, l'île la plus occidentale et la plus grande de l'archipel de la Nouvelle-Sibérie, Océan Glacial arctique ; est située entre 136° et 141° long. or., et 73° 50′ et 76° 20′ lat. N. ; couverte toute entière de montagnes et de rochers ; au S.-E. de cette île se trouve une baie où s'embouche son cours d'eau principal. Elle est tout à fait stérile et visitée seulement par des chasseurs et ceux qui viennent y recueillir des ossements et de l'ivoire fossile, que l'on y trouve en immense quantité. Quelques hardis chasseurs y ont déjà passé l'hiver.

KOTEVI, b. de la Russie d'Asie, prov. d'Imeréthi ; est situé sur un petit lac et entouré de fertiles jardins.

KOTOU, île la plus considérable d'un groupe du même nom de l'archipel de Tonga (îles des Amis), sous 19° 58′ lat. S. et sous 177° 21′ long. occ. Elle a environ une lieue de long et à peu près la même largeur ; elle est bien peuplée. Les autres îles de ce groupe sont : Tufoa, Kao, Futuah, Hafaive, Oua et Tungnoï, qui sont toutes habitées et bien cultivées.

KOTRA, v. de la Russie d'Europe, sur la rivière du même nom, gouv. de Grodno.

KOTROU, pet. v. maritime de la Haute-Guinée, côte des Dents, à 10 l. O. du cap Lahou.

KOTSI, v. du Japon, chef-lieu de la prov. de Tosa, dans le Nankaido ; est située dans l'île de Sikobf.

KOTTI-LAMA ou COTTI, roy. sur la côte orientale de l'île de Bornéo. Le sultan est un Malais qui réside à Cotté et commande à des Bouggis de Celèbes, qui, par leur piraterie, désolent ces parages.

KOTZEBUE (golfe de), au N.-O. du détroit de Behring, Amérique russe. Il s'étend, sous 66° lat. N., entre les caps Lœwenstern au S. et Krusenstern au N. Ce vaste bassin, entouré de tous côtés d'immenses glaçons, renferme les baies d'Eschholz et de Japarief au S. et la baie de Bonne-Espérance à l'O. Ce golfe fut découvert par le navigateur russe Otto de Kotzebue, qui lui a donné son nom.

KOU. *Voyez* KAW.

KOUANG-NAN, v. de Chine, prov. de Yun-nan.

KOUANG-PHING, v. de Chine, prov. de Tchy-li, sur le Fuvam. Sa juridiction s'étend sur 8 villes.

KOUANG-SI, prov. de Chine, dont le nom signifie la contrée de l'Ouest; s'étend entre 101° 58′ et 108° 13′ long. orient., et entre 21° 42′ et 26° 11′ lat. N.; elle est bornée au N.-O. par le Koeï-tcheou, au N.-E. par le Hou-kouang, à l'E. et au S.-E. par le Kouang-toung, au S.-O. par l'emp. d'An-nam, à l'O. par la prov. d'Yun-nan. Sa superficie est de 78,250 milles c. Le Kouang-si est très-montueux et traversé en tous sens par les ramifications des montagnes du Yun-nan. Au N. et du côté de l'An-nam la chaîne est presque infranchissable; d'ailleurs l'art des Chinois a encore contribué à défendre leurs frontières contre leurs voisins de l'Inde transgangétique; les routes, les cols, les passages sont défendus par des murs et des forteresses occupées par de nombreuses garnisons. L'E. et le S. de la province sont les parties moins montueuses et susceptibles d'une meilleure culture. Les principaux cours d'eau sont le Si-kiang (ou Tigre qui baigne Canton) et ses affluents le Hong-kiang et le Pe-kiang; le Ngan-nan-kiang, le Siang-kiang, etc. Les productions sont des céréales, du sucre, de beaux fruits, des bois que fournissent les belles forêts de ses montagnes, etc. La population s'élève à 23 millions d'habitants, dont un grand nombre de Miaot-se dans les montagnes; le revenu à 24 millions et demi; 39,000 hommes de l'armée stationnent dans le Kouang-si, qui se divise en 13 départements et renferme 59 villes, dont 7 de premier rang; la capitale est Koueï-lin-fou; les autres endroits remarquables sont: Lieou-tcheou, Khiang-youan, Sse-en, Sse-tching, Phing-lo, Ou-tcheou, Thsin-tcheou, Nan-ning, Thai-phing, Tchin-an.

KOUANG-SIN, v. de Chine, prov. de Kiang-si, sur le Koang; possède de grandes fabriques de papier et de chandelles. Les cristaux de son voisinage sont estimés. Sa juridiction s'étend sur 6 villes.

KOUANG-TCHEOU-FOU. *Voyez* CANTON.

KOUANG-TOUNG (Canton, grande province orientale, par rapport à Kouang-si), prov. de Chine, située entre 105° 10′ et 114° 52′ long. orient., et entre 20° 10′ et 25° 30′ lat. N.; est bornée au N.-O. par le Kouang-si, au N. par Houkouang et Kiang-si, au N.-E. par Fou kian, au S.-E. et au S. par la mer de Chine, au S.-O. par le détroit de Haïnan, à l'O. par le golfe d'An-nam et par l'empire de ce nom. Sa plus grande étendue de l'E. à l'O. est de 350 l. et du N. au S. de 180. La partie occidentale de la province est très-montueuse et traversée par plusieurs chaînes qui viennent du Se-tchouan et du Kiang-si. Les côtes sont déchirées et offrent des rades nombreuses; presque au centre de la province se trouve l'enfoncement connu sous le nom de l'embouchure du Tigre, au fond duquel se trouve la ville de Canton; au S.-O. de cette baie est la presqu'île de Macao; plus loin, vis-à-vis de Haï-nan, se projette une grande presqu'île sur laquelle se trouve Louï-tscheou. Le Si-kiang et son affluent le Pé-kiang sont les principaux cours d'eau du Kouang-toung et s'embouchent dans la baie de Canton; ils fournissent d'eau un grand nombre de canaux qui traversent en tous sens les parties plates de la province. Le climat est chaud, mais tempéré par les vents de mer. Le terrain, sans être partout très-fertile, produit cependant des céréales, du riz, du chanvre, de l'indigo, du coton, du sucre, du thé, des bois de construction, de la soie, du cuivre, du fer, du mercure, du salpêtre, du marbre, des pierres précieuses, du charbon de terre, etc. L'industrie est très-variée; le commerce de la plus haute importance, puisque la ville de Canton est le seul port de Chine ouvert aux Européens et qu'on y transporte de toutes les parties de l'empire des marchandises qui s'exportent facilement. La population du Kouang-toung est de 19,000,000 habitants; le revenu se monte à 16 millions et demi; la force militaire à 90,000 hommes. La province est divisée en 13 départements; elle renferme 94 villes, dont 10 de premier rang. Sa capitale est Kouang-tcheou-fou ou Canton; ses principaux endroits sont: Choa-tcheou, Nan-kioung, Hoeï-tcheou, Tchao-tcheou, Tchao-khing, Kao-tcheou, Lian-tcheou, Louï-tcheou, Fou-chan, Hian-changhien, Khioung-tcheou dans l'île Haïnan. L'île de Haïnan et l'archipel des Larrons, à l'embouchure du Tigre, font partie du Kouang-toung.

KOUARA, prov. montagneuse du roy. de Gondar, en Abyssinie, à l'O. de celle de Dembea, non loin de la frontière du roy. nubien de Sennaar.

KOUBA, v. de la Russie d'Asie, capitale de l'ancien roy. du Daghestan et aujourd'hui chef-lieu de la province de ce nom; ville aujourd'hui en décadence. Les Russes, pour se soustraire à l'insalubrité du climat, ont fondé à 60 milles à l'O. une nouvelle ville du même nom.

KOUBAN, l'*Hypanis* des anciens, fl. de la Russie d'Asie; prend sa source sur le versant septentrional du Caucase, se dirige à l'O., traverse la Petite-Abasie, une partie de la Circassie, qu'il sépare de la prov. du Caucase et du territoire des Cosaques de la mer Noire, reçoit les eaux du Zelentchouk et de la Laba, et se divise en deux branches principales, dont l'une s'embouche dans la mer Noire et l'autre dans la mer d'Azow.

KOUBITCHI, v. de la Russie d'Asie, prov. dite pays des montagnes, chef-lieu du district du même nom, une des plus remarquables du Caucase. Ses habitants, qui prétendent être les descendants d'un peuple franc, sont mahométans, parlent le dialecte lesghi et forment une petite république, dont les chefs sont soumis, au moins de nom, à la Russie. La ville de Koubitchi, bâtie dans une vallée étroite, a environ 6000 habitants, que l'on appelle dans tout l'Orient Zer-Keran (faiseurs de cottes de maille). Ils excellent dans la fabrication de toutes sortes d'armes et d'une espèce de drap appelée Koubitchi-châl, exporté dans tout le Caucase, la Perse et dans les pays situés au-delà de la mer Caspienne.

KOUCH-ADASI. *Voyez* SCALANOVA.

KOUDSI-CHERIF ou LA SAINTE PAR EXCELLENCE, nom que les Turcs donnent à Jérusalem.

KOUEI-HOUA, v. de Chine, prov. de Chan-si; 6 cantons en relèvent.

KOUEIK ou KOÏK, riv. de la Turquie d'Asie; prend sa source dans les montagnes d'Aïntab, coule vers le S., passe par Alep et se jette dans le petit lac de Kincoin ou Kinerin, au S. d'Alep.

KOUEILIN-FOU, v. de Chine, capitale de la prov. de Kouang-si; est située à 740 l. S.-O. de Pé-king, sur le Keï ou Koueï-kiang, au pied d'une montagne couverte de l'arbuste appelé koueï, d'où la ville tire son nom; elle est fortifiée et populeuse, mais son commerce est peu important; sa juridiction s'étend sur 8 villes.

KOUEIT. *Voyez* GRAIN.

KOUEI-TCHEOU, prov. de Chine, la plus petite des provinces intérieures de l'empire; est située sous 101° 37′ et 107° 6′ long. orient., et sous 24° 40′ et 28° 58′ lat. N. Elle est bornée au N. par le Sé-tchouan, à l'E. par le Hou-kouang, au S. par le Kouang-si, au S.-O. par le Yun-nan, à l'O. par le Sé-tchouan; sa superficie est de 64,554 milles c. géogr.; sa plus grande étendue, de l'E. à l'O., est de 190 l. et du S. au N. de 77. C'est un pays élevé, couvert de montagnes abruptes, difficiles à aborder, ne présentant que des vallées étroites. La sauvage indépendance des Miaot-se a opposé une longue résistance aux Chinois et à leur culture perfectionnée; ce n'est que depuis 1776 qu'ils ont été entièrement soumis. Le Koueï-tcheou est couvert de forêts et arrosé par une multitude de cours d'eau, dont le principal est l'U-kiang, affluent du Yan-tse-kiang. Ses principales richesses consistent dans ses nombreux troupeaux et dans le bois de ses forêts. Ses riches mines de métaux sont négligées, ou leur exploitation défendue par les autorités chinoises. La prov. de Koueï-tcheou est divisée en 14 départements; sa population s'élève à 5,288,219 hab., la force militaire qui y stationne à 70,000 hommes. Son chef-lieu est Koueï-yang.

KOUEI-TE ou KUETE-FOU, v. de Chine, prov. de Ho-nan; située dans une contrée fertile et bien arrosée, non loin du Houang-ho. Le lac de Schakin se trouve sur son territoire; sa juridiction s'étend sur 7 villes.

KOUEI-YANG, v. de Chine, chef-lieu de la prov. de Koueï-tcheou, est située à 764 l. au S.-O. de Pé-king, sur un affluent de l'U-kiang; la juridiction de son gouverneur militaire embrasse 18 forteresses. Koueï-yang était autrefois la résidence des princes indépendants du Koueï-tcheou; leurs palais tombent aujourd'hui en ruines.

KOUFA; les ruines de l'ancienne ville de ce nom, célèbre dans les annales des Arabes, et remarquable par son école, sont situées non loin de Meched-Ali. L'écriture koufique, employée dans les premiers siècles de l'islamisme, et qui est encore aujourd'hui l'écriture monumentale des Arabes, a reçu son nom de cette ville.

KOUFFOUA. *Voy*. CALOUNGA-KOUFFOUA.

KOUGA, v. du Japon, prov. de Simoosa, dans le Tokaido.

KOUHI, riv. du Béloutchistan; baigne Goudavar et Dadar et se jette dans le Nari.

KOUHISTAN, *Parthia*, prov. de Perse; s'étend à l'E. de l'Iran, entre 50° 65′ et 57° 5′ long. orient., et entre 32° 5′ et 35° 35′ lat. N., et confine au N.-O. avec Thabaristan, au N.-E. avec Khorassan, à l'E. avec l'Afghanistan, au S. avec Kerman, à l'O. avec le désert de Naubendan, situé dans l'Irak-Adjémi. Sa superficie est de plus de 1100 l. c. géogr. Le nom de Kouhistan signifie pays de montagnes; en effet, cette province occupe une des parties les plus élevées du plateau iranien et est traversée par plusieurs chaînes de montagnes qui encaissent des vallées profondes, ou ceignent des plaines arrosées et des déserts. C'est une des parties les moins connues de la Perse; sa principale production paraît être la soie; un grand nombre de ses habitants sont des nomades; les habitants sédentaires sont des Tadjiks. Les principales villes du Kouhistan sont: Cheheristan, Toun, Tabs ou Tebbes. Le Kouhistan persan fut, au moyen âge, le siége oriental de la puissance des Assassins, comme la Syrie en était le siége occidental.

KOUHISTAN, prov. du Béloutchistan; est bornée au N. par l'Afghanistan, au N.-E., à l'E. et au S. par Mekran, à l'O. par la Perse. La chaîne de Buschkurd le sépare du Mekran, et à l'intérieur il est traversé par le Sourhoud, haute chaîne, riche en mines de fer et de cuivre, et qui porte partout les traces de son origine volcanique; les productions sont peu nombreuses. Le Kouhistan est habité par des Béloutches et paraît être la patrie de ce peuple; il est divisé en deux districts, le Meidani ou la plaine et le Kohouki ou le pays des montagnes. Presque chaque endroit obéit à un chef particulier; le plus puissant d'entre eux est le chef de la tribu des Ourabbi, qui peut mettre 6000 hommes en campagne; il réside à Pouhra, chef-lieu du Meidani. Sourhoud, dans les montagnes, est important par ses mines de fer et de cuivre.

KOUI, v. du Japon, prov. d'Ize, dans le Tobaido.

KOUJAR, v. de Sénégambie, sur la frontière orientale de l'état Manding d'Oulli, à 22 l. E.-N.-E. de Medynah.

KOUKA, v. de la Nigritie centrale, dans l'empire de Bornou, non loin du bord occidental du lac Tchad, à 10 l. N.-N.-E. du Nouveau-Bornou.

KOUKI (pays des) ou **KOOKIES**, partie du Tiperah; est un district de l'Inde transgangétique, aujourd'hui tributaire des Anglais. Il n'y existe que des villages.

KOULAB, pet. khanat du Turkestan; est situé au N. du khanat de Badakschan. Le khan réside dans la ville de Koulab, à laquelle un voyageur, M. Meyendorf, accorde 3000 maisons.

KOULAN, v. de l'Inde, roy. de Travancore; possède un bon port et fait un commerce important de coton, de poivre, de piment, etc. Koulan est une vieille ville fondée en 825; les chrétiens hindous commencent leur ère à l'année de sa fondation. En 1599, l'archevêque Ater-Menezes y assembla un concile pour délibérer sur la réunion des catholiques et des nestoriens.

KOULFA, v. de la Nigritie centrale, roy. de Niffé, peu éloignée à l'E. de la précédente; elle est la ville la plus industrieuse et la plus commerçante de tout le royaume; 15,000 hab., dont la plupart sont mahométans.

KOULIKOURI, pet. v. de l'état Peul de Fouladou, en Sénégambie, dans le Fouladou proprement dit.

KOULIKORRO, v. de la Nigritie occidentale, dans le Haut-Bambarra, sur la rive gauche du Djoliba, à 25 l. N.-E. de Bammakou; commerce de sel et d'étoffes de coton.

KOULINOUT, v. du roy. de Kaboul, dans le Sistan, sur l'Helmend; renferme un palais du sultan de Djelalabad, auquel cette ville appartient; dans son voisinage l'on voit les ruines de l'ancien Poulki.

KOULKOUN. *Voyez* KUEN-LUN.

KOUM. *Voyez* CARYNEYN.

KOUM ou **COM** (*Khoana* de Ptolémée), v. de Perse, dans l'Irak-Adjémi; située au N. de Kaschan, sur la route de Téhéran, et renferme, suivant M. de Hammer, environ 15,000 habitants. La principale curiosité de cette ville, déchue de son ancienne splendeur, est le tombeau de Fatime, que renferme une superbe mosquée où reposent les rois de la dynastie des Sofis. C'est un des pèlerinages les plus fréquentés de la Perse, et le roi actuel, par suite d'un vœu qu'il a fait à son avénement au trône, dépense annuellement une forte somme pour l'entretien et l'embellissement de ce temple.

KOUMA, riv. de la Russie d'Asie; prend sa source sur le versant septentrional du Caucase, coule d'abord vers le N.-E., traverse la prov. du Caucase, baigne Koumskaia et se jette par plusieurs embouchures dans la mer Caspienne, après avoir reçu les eaux de la Podkouma, du Barsukli et de plusieurs autres rivières. Sur une grande étendue de son cours cette rivière n'arrose que des steppes.

KOUMA-MOTO, v. du Japon, chef-lieu de la prov. de Figo, dans le Saikaido.

KOUMI, la plus occidentale des îles Madjicosima; est située non loin de l'île Formose, habitée et bien cultivée.

KOUM-OMBOU. *Voyez* COMOMBOU.

KOUMUKS, peuplade du Caucase; sont les descendants des anciens Khazares; ils habitent la partie orientale du versant nord de la chaîne du Caucase, les vallées de l'Aksou et du Loïsou, les bords de la mer Caspienne, etc., obéissent à un grand nombre de chefs et se divisent en plusieurs tribus. Ils sont mahométans, sédentaires et agriculteurs; ils ont à peu près les mêmes mœurs que les autres habitants du Caucase.

KOUM-ZALAT, misérable vg. de la Basse-Égypte, prov. de Mehallet-el-Kebir; remarquable pour avoir remplacé l'ancienne Butis ou Buto, une des villes les plus remarquables de l'Égypte par son immense temple monolithe, dédié à Latone, et par son oracle, qui était le plus vénéré de cette contrée. Le temple avait, selon les auteurs anciens, 40 coudées de haut sur autant de de long.

KOUNACHIR (île), une des Kouriles méridionales; est située sous 43° 35′ et 44° 30′ lat. N., et 144° 10′ et 146° 16′ long. orient., à l'E. de Iéso. Ses productions sont les mêmes que celles de Hourrous; elle est habitée par des Ainos et une colonie japonaise. C'est dans cette île que M. Golownin fut fait prisonnier, en 1811, par les Japonais.

KOUNDOUZ, khanat du Turkestan, à l'E. du khanat de Khoulm; autrefois le plus puissant des états de Balkh, aujourd'hui dépendant du khanat de Khoulm, auquel il fournit, en cas de besoin des troupes auxiliaires. Ce pays s'étend de l'Hindoukoh au Ghori et au Furkhar et forme une vaste plaine adossée au S. aux avant-monts de l'Hindoukoh, qui y forment des vallées riches et fertiles. Le khan de Koun-douz, chef de la tribu Ouzbek de Khattagar, peut mettre 1500 hommes en campagne. Il réside dans la ville de Koundouz, située dans la plaine, au confluent du Ghori et du Furkhar; on la dit plus grande que Khoulm.

KOUNGHIEL, pet. v. du Bambouk occidental, en Sénégambie.

KOUNG-TCHANG-FOU, v. de Chine, prov. de Kan-sou, sur le Kinho; remarquable par un tombeau très-ancien, qu'on dit être celui de Fo. Sa juridiction s'étend sur 17 villes.

KOUNIAKARY, ancienne capitale de l'état Peul de Casson, en Sénégambie, dans une vallée fertile, arrosée par le Krieko, à 20 l. O.-S.-O. d'Elimané.

KOUPANG ou **COUPANG**, v. de la Malaisie, dans l'île de Timor; est située au S. de la belle baie de même nom et défendue par le fort Concordia. Les Hollandais l'ont déclarée port franc pour nuire à la colonie anglaise de Port-Rafiles, dans l'Australie. La juridiction du résident hollandais qui dépend du gouverneur-général de Batavia, s'étend sur l'île de Timor et plusieurs îlots voisins, entre autres sur l'île fertile et florissante de Rotti.

KOUR, fl. de l'Asie; naît dans l'eyalet d'Erzeroum, sur une ramification du Caucase; traverse la Géorgie ottomane, la Géorgie, le Karabagh et le Chirvan; reçoit à droite les eaux de l'Aras, rivière considérable; à gauche, dans la Géorgie, celles de l'Aragavi et de l'Alazan; passe par Tiflis et s'embouche dans la mer Caspienne, au-dessous de Salian.

KOURA, pet. v. du Daghestan, résidence du khamoutsi-khan, vassal de la Russie et chef d'une tribu pillarde.

KOURAMAS ou **KARA-SOU**, riv. de l'Asie, affluent de l'Euphrate.

KOURANKO, vaste pays de la Nigritie occidentale, à l'E. du Timmanie et au S.-O. du roy. de Solima; hérissé de montagnes et traversé par le Kabba, affluent du Scarcie, la Rokelle et la Camaranca; il paraît partagé en plusieurs états, dont celui de Kouranko proprement dit semble être le principal. Kolakonka, capitale.

KOURAN, pet. principauté kurde, vassale de la Turquie, dans l'eyalet de Chehrezour. Le prince réside dans le château de Jelenkar.

KOURAT, b. de la Basse-Égypte, prov. de Damanhour, près de Rahmanyeh; remarquable pour avoir remplacé l'ancienne Naucratis, sur la branche Canopique, une des villes les plus commerçantes de l'Égypte, à cause de son port qui, sous les Pharaons, était le seul du royaume où les vaisseaux marchands eussent la permission d'aborder. Les Grecs y avaient élevé un temple magnifique aux frais communs de neuf villes de l'Asie Mineure.

KOURG ou **COORG**, pet. principauté de l'Inde, tributaire des Anglais, dans le Malabar. Ce pays, boisé et montueux, est situé à l'E. des Gates; ses nombreuses vallées nourrissent beaucoup de bétail. Le radjah réside à Merkara.

KOURGAN· v. de la Russie d'Asie, gouv. de Tobolsk, chef-lieu du cercle de même nom; est située sur le Tobol, dans une contrée fertile et bien cultivée. Cette ville n'a été fondée qu'en 1772; elle compte aujourd'hui 2000 habitants.

KOURGOS ou **KOURQOS**, île du Nil, dans le pays de Chendy, en Nubie, entre les villes de Chendy et de Damer; elle a plusieurs milles de long et est couverte de villages et de champs de blé. On y voit, selon M. Ruppell, trois groupes de mausolées antiques, ayant la forme de pyramides, ornés de sculptures; l'un de ces groupes se compose de 21 pyramides.

KOURILES (archipel des), longue ligne d'îles et d'îlots qui s'étendent parallèlement au continent asiatique depuis le cap Lopatka, la pointe méridionale du Kamtchatka jusqu'à l'archipel Japonais et ferment la mer d'Okhotsk. Ces îles, découvertes dans le dix-huitième siècle par les Russes, ont un sol pierreux, volcanique et stérile. On les divise en septentrionales et méridionales; les premières, au nombre de 18, appartiennent à la Russie et ont une population d'environ 7000 habitants d'origine kamtchadale, que l'on appelle Kouriles ou Aïnos; nous avons déjà parlé de leurs mœurs à l'article IÉSO. Les principales des Kouriles russes sont: Paramouchir, Onekotan, Matoua et Oubichir. Les Kouriles méridionales appartiennent au Japon et ont une population de même race que les septentrionales; les principales d'entre elles sont Tchicotan, Kounachir, Houross et Ourous.

KOURKARANY, v. de l'état Peul de Bondou, en Sénégambie; entourée de hautes murailles et habitée par des Mahométans, à 25 l. O. de Fattéconda.

KOUR-KHARA-OUSSOU, v. de Chine, dans le Thian-chan-pe-lou, chef-lieu d'une des trois divisions militaires dans lesquelles est divisée la Dzoungarie.

KOURNA, pet. v. du roy. de Darfour, Nigritie orientale, à 20 l. S.-O. de Cobbe.

KOUROUFE, v. du Japon, prov. de Simotske, dans le Tosando.

KOUROUME, v. du Japon, chef-lieu de la prov. de Tsikoungo, dans le Saikaido.

KOUROUM-KHAN, pet. b. fortifié du roy. de Hérat, prov. de Siahbaud, où réside un khan des Eimaks.

KOUROURI, v. du Japon, prov. de Kadzouza, dans le Tokaido.

KOUPENGBET, v. du roy. de Siam, Siam supérieur, sur le Ménam; remarquable par ses belles mines de fer et d'acier et ses nombreuses forges.

KOURRITCHANE ou **KOURREECHANE**, v. de la Cafrerie-Inférieure; résidence du roi des Maroutzis; peu éloignée d'un affluent du Mafumo, à 70 l. N.-E. de la Nouvelle-Litakou; 16,000 hab.

KOURSK. *Voyez* KURSK.

KOUSO, v. considérable du roy. de Yarriba, Nigritie centrale, à 35 l. O.-S.-O. de Kiama; 20,000 hab.

KOUSSAY autrefois **SEESOUKOUNDA**, pet. v. de l'état Manding de Outti, Sénégambie, à 10 l. E.-S.-E. de Médynah.

KOUSSOURKOUND, v. du Béloutchistan, chef-lieu d'un district de la prov. de Mekran, sur le Nugor; défendue par un fortin.

KOUSSY. *Voyez* COSAH.

KOUSTANTINOGORSK, pet. v. de la Russie d'Asie, prov. du Caucase; possède des bains sulfureux qui attirent tous les ans de nombreux baigneurs de toutes les parties de la Russie.

KOUTAIEH ou KUTAHIA, l'ancienne *Coryæum*, v. de la Turquie d'Asie, chef-lieu de l'eyalet d'Anadoli; siége du beglerbeg et d'un molla ou grand-juge; est située sur le penchant du Poursaktagh et baignée par le Poursak. Elle est dominée par un vieux château en ruines, renferme 50 mosquées, dont l'une, très-vieille, se fait remarquer par sa singulière construction; plusieurs églises arméniennes et grecques et une vingtaine de caravansérails. La population de Koutaieh s'élève à 50,000 hab.

KOUTCHÉ, une des dix principautés du Thian-chan-nan-lou ou de la Petite-Boukharie, petite province arrosée par le Khaibou et le Beigan, riche en blé, lin, fruits de toutes sortes, chevaux, bétail, moutons, chameaux. La pluie y est rare, mais on a établi un grand nombre de canaux pour l'irrigation des champs. Le pays a environ 30,000 habitants et est régi par un khan ou atimbek, tributaire des Chinois. Il réside dans la ville de Koutché.

KOUTCHÉ, chef-lieu de la principauté de ce nom, dans la Petite-Boukharie, résidence du khan et d'un gouverneur chinois; est situé sur le Khaibou et a une population petite, mais industrieuse et commerçante. Il est occupé par une garnison chinoise.

KOUWAN, nommé *Zerafchan* dans la partie inférieure de son cours, riv. du Turkestan; est probablement le *Sogd* des anciens. Il prend sa source au-dessus de Fani, sur une branche du Bolor, traverse une partie du khanat de Boukhara et se jette dans le lac Kara-koul et non dans l'Amou Daria comme on le croyait pendant longtemps.

KOUWASA, v. du Japon, chef-lieu de la prov. d'Ize, dans le Tokaido.

KOU-YUAN-MING-ZU, grand temple boudhique dans le dist. de la Mongolie, appelé Karat-sin; renferme des inscriptions qui datent du temps de la dynastie mongole de Yuan.

KOUZNETZK, v. de la Russie d'Asie, gouv. de Saratov, chef-lieu de cercle; importante par ses forges et ses tanneries; 7000 hab.

KOUZNETZK, v. de la Russie d'Asie, gouv. de Tomsk, chef-lieu de cercle; est située sur le Tom, fortifiée et a 2000 hab., et une centaine de cosaques pour garnison.

KOVELONG, *Soad* et *Bender* des Hindous, v. et port du Carnatic, présidence de Madras; aujourd'hui en ruines; bonne rade.

KOWAL, presqu'île d'Écosse, formée par les lacs Long et Fine; elle est très-montagneuse, riche en cours d'eau et en lacs et forme un district du comté d'Argyle.

KOWEL, v. de la Russie d'Europe, gouv. de Valthynie, sur le Turysk, chef-lieu d'un duché; 1000 hab.

KOWNO ou KAUEN, v. de la Russie d'Europe, gouv. de Wilna, au confluent de la Wilna et du Niémen; navigation; commerce; 3000 hab.

KOWRAW, v. de la Russie d'Europe, gouv. de Wademir, sur la Kiasma.

KOZIEGLOWY, v. de la Pologne, woïwodie de Cracovie; 1606 hab.

KOZIENICE, v. de Pologne, woïwodie de Sandomierz; 2100 hab.

KOZMIN, pet. v. de Prusse, sur l'Obra; possession du comte de Kalkreuth, prov. et rég. de Posen; 3700 hab.

KOZMINEK, v. de Pologne, woïwodie de Kalisz, sur le Swendrig.

KRA ou KRAW (isthme de), isthme de l'Inde transgangétique, qui, sous 10° lat. N., unit la presqu'île de Malacca au continent. Il embrasse une partie du Tenasserim et du Siam méridional.

KRABBEN. *Voyez* BIÈQUE.

KRAFFT, ham. de Fr., Bas-Rhin, com. d'Erstein; 120 hab.

KRAGEROL, île de Norwège, faisant partie du diocèse de Christiania; avec le fort Huth.

KRAGEROL, v. de Norwège, diocèse d'Aggerhuus; navigation, pêcheries, commerce; 1300 hab.

KRAGUJEWAZ, pet. v. de la Turquie d'Europe, Servie, chef-lieu d'une principauté.

KRAINBOURG, pet. v. d'Illyrie, gouv. et cer. de Laibach; située au confluent de la Kanker et de la Save, qui y devient navigable; agriculture et commerce; 2000 hab.

KRAKOV, vg. de la Russie d'Asie, gouv. de Tomsk; possède une mine d'argent, découverte en 1811 et qui est aujourd'hui la plus productive de tout le dist. de Kolyvan.

KRANGANORE. *Voyez* CRANGANORE.

KRANIEHFELD, chef-lieu du bailliage du même nom dans le duché de Saxe-Meiningen-Hildburghausen, bailliage appartenant autrefois à la principauté de Gotha et renfermant 2600 habitants, sur une étendue de 1 mille c. Une partie de cette ville, située sur l'Ilm, appartient au grand-duché de Saxe-Weimar; 1200 hab.

KRAPPITZ ou KRAPKOWICE, pet. v. de Prusse, prov. de Silésie, rég. d'Oppeln; ceinte de murailles et en partie de fossés; avec château et 3 faubourgs, sur la rive gauche de l'Oder; fours à chaux; poterie; tisseranderie et navigation; 1620 hab.

KRASNIK, v. de Pologne, chef-lieu de cercle, woïwodie de Lublin; 3400 hab.

KRASNOI, v. de la Russie d'Europe, gouv. de Smolensk, sur la Miraïka; bataille des 4, 5 et 6 octobre 1812; 400 hab.

KRASNOIAR, v. de la Russie-d'Asie, chef-lieu du cercle de même nom, la plus grande du gouv. d'Astrakhan; est située dans une île du Volga et coupée par plusieurs canaux. Elle est bâtie sur l'emplacement de l'ancienne ville tartare de Samarkand; résidence du khan des Khalmouks soumis à la Russie; 5000 hab.

KRASNOIARSK, v. de la Russie d'Asie, chef-lieu du gouv. de Iénisseisk; bâtie dans une charmante contrée; est une jolie petite ville qui a pris, dans ces derniers temps, beaucoup d'accroissement. On y a fondé un gymnase et plusieurs autres institutions littéraires; sa population s'élève aujourd'hui à 4000 hab.

KRASNOIKHOLUR, v. de la Russie d'Europe, gouv. de Twer, sur la Magotscha; 1800 hab.

KRASNOKUTSK, v. de la Russie d'Europe, gouv. de Kharkow; 5600 hab.

KRASNYSTAW, v. du roy. de Pologne, woïwodie de Lublin, sur le Wieprz; résidence de l'évêque de Chelm; 3000 hab.

KRASSO, comitat de Hongrie, cer. au-delà de la Theiss; superficie 107 l. c. géogr.; 200,000 hab. Cette province est couverte de montagnes et de forêts; vers l'O. on rencontre de belles plaines et des vallées fertiles, très-bien arrosées; le climat est doux et sain; les productions consistent en grains, maïs, jardinage, chanvre, lin, fruits, vin, gibier, poissons, abeilles, bestiaux, cuivre, fer et plomb. Les habitants s'adonnent à l'agriculture, à la culture de la vigne, à l'éducation du bétail et à l'exploitation des mines; 5 districts.

KRASZNA, comitat de Transylvanie, pays des Hongrois; superficie 20 l. c. géogr.; 15,000 hab. Cette province est couverte de montagnes, séparées par des vallées très-fertiles; son climat est généralement âpre; elle est arrosée par la rivière de même nom et produit du vin, du blé et en abondance du bois et du gibier; l'éducation du bétail est très-étendue et forme la principale ressource des habitants; 4 districts.

KRATA. *Voyez* Akrata.

KRATZAU, très-pet. v. de Bohême, cer. de Bunzlau; fabr. de draps et de toiles; 2000 hab.

KRAUCKENWIES, beau b. dans la principauté de Hohenzollern-Sigmaringen, au confluent de l'Andelsbach avec l'Ablach; il renferme le château du prince héréditaire; 900 hab.

KRAUPEN ou Graupen, très-pet. v. de Bohême, cer. de Leitmeritz; fabr. de bas de laine très-fins et de vitriol; exploitation de mines de cuivre et d'étain; 1600 hab.

KRAUTERGERSHEIM, vg. de Fr., Bas-Rhin, arr. de Schléstadt, cant. et poste d'Obernai; 1260 hab.

KRAUTWILLER, vg. de Fr., Bas-Rhin, arr. de Strasbourg, cant. et poste de Brumath; 160 hab.

KRAWINKEL, vg. du duché de Saxe-Cobourg-Gotha, principauté de Gotha; renommé pour ses pierres à meules; a une population de 900 habitants, qui fabriquent des objets en bois et des instruments de musique.

KREISCHA, vg. dans le roy. de Saxe, cer. de Misnie; un des principaux centres de la fabrication d'objets en paille; 500 hab.

KREMENEZ, v. de la Russie d'Europe, gouv. de Volhynie, au pied d'une haute montagne; 2600 hab.

KREMENTSCHUK, v. et chef-lieu de cercle de la Russie d'Europe, gouv. de Pultawa, à l'embouchure du Kagamblik dans le Dniéper; pêche; commerce; 8000 hab.

KREMMEN, pet. v. de Prusse, sur le Luche et près du lac de Krummer, prov. de Brandebourg, rég. de Potsdam; 2140 h.

KREMNITZ ou Koermoetz-Banya, v. de Hongrie, cer. en-deçà du Danube, comitat de Bars; située dans une vallée profonde; intendance et tribunal des mines, hôtel de la monnaie, gymnase, école normale luthérienne; riches mines d'or et d'argent; 12,000 hab.

KREMS, pet. v. de la Basse-Autriche, chef-lieu du cer. supérieur du Mannhartsberg, sur le Danube, peu loin de Stein; entourée d'anciennes murailles, de tours et de jardins; siége des autorités du cercle; institut philosophique, gymnase, école normale; fabr. de boutons métalliques, de vinaigre et de moutarde; culture de la vigne; commerce de safran et de lin; monument du général Schmidt, mort en 1805; 4000 hab.

KREMSIER, une des plus belles villes de la Moravie autrichienne, cer. de Prérau; elle est le siége de l'archevêque d'Olmutz, qui y habite un magnifique palais, renfermant une riche bibliothèque, une belle galerie de tableaux, de belles collections d'histoire naturelle et un jardin botanique; culture très-considérable de fruits; 4000 hab.

KREMSMUNSTER, très-pet. v. de la Haute-Autriche, cer. de Traun; bien bâtie; son monastère est un des plus beaux de l'Europe; elle renferme de nombreux établissements littéraires, parmi lesquels on distingue le lycée, l'observatoire, la bibliothèque et le cabinet d'histoire naturelle; ses habitants, au nombre de 1200, sont très-industrieux.

KRESTZY, v. et chef-lieu de cercle de la Russie d'Europe, gouv. de Novogorod, sur la Khalowa; 2000 hab.

KREUTH, vg. parois. de la Bavière, cer. de l'Isar, dist. et à 2 l. de Tegernsee; 90 h. Ses eaux minérales, connues dès le quinzième siècle, sont très-fréquentées depuis 20 ans. Leurs propriétés, leur belle situation dans les montagnes et les nombreuses améliorations faites à grands frais par le roi Maximilien-Joseph en font un des plus beaux établissements de ce genre en Europe.

KREUTZ. *Voyez* Croix (la).

KREUTZBOURG, pet. v. de Prusse, prov. de Prusse, rég. de Kœnigsberg, sur la Passmer et le Kaister, dans une contrée fertile, entourée de collines; avec un ancien château de l'ordre teutonique; pêche considérable; 1700 hab.

KREUZ, comitat de la Croatie civile. Superficie 30 l. c. géogr. Pop. 70,000 hab. Cette province est couverte de montagnes boisées, entrecoupées de vallées et de petites plaines assez fertiles en grains, maïs, tabac, fruits et vins; le gibier et les poissons s'y trouvent en abondance. L'éducation du bétail forme la principale occupation des habitants; 2 districts.

KREUZ, pet. v. de la Croatie civile, chef-lieu du comitat du même nom; siége d'un évêque; école principale; 2500 hab.

KREUZ, un des trois régiments du généralat réuni du comitat de Carlstadt-Warasdin et du ban de Croatie, dans les Confins militaires; superficie 29 1/2 l. c. géogr.; 60,000 hab. Chef-lieu Ivanich.

KREUZBERG. *Voyez* PHILIPPSTHAL.

KREUZNACH, v. de Prusse, chef-lieu de cercle, prov. du Rhin, rég. de Coblence; dans une contrée belle et fertile, à 7 1/2 l. S.-O. de Mayence; la Nahe et l'Ellerbach la traversent, y forment plusieurs îles et font mouvoir 17 usines. Kreuznach se compose de l'ancienne et de la nouvelle ville, assez mal bâties; elle possède 4 églises, dont 2 catholiques, un hôpital, un gymnase, une école de commerce, une imprimerie et des librairies; des fabriques de tabac, cuirs, colle, savon, produits chimiques; un commerce actif de vins, eaux-de-vie, graines de trèfle, huiles, potasse et cuirs. Près de là, au pied de la Hardt, 2 salines avec bains, produisant annuellement plus de 30,000 quintaux. Parmi plusieurs châteaux en ruines qui l'environnent on remarque celui d'Ebernbourg, où François de Sickingen donna un asile à Melanchton et au soldat-poëte satyrique Ulrich de Hutten (1520 à 1522). Pop. de la ville 7850 hab., du cercle 40,000, sur 5 1/5 milles c.

KRICHNA. *Voyez* KISTNAH.

KRIEGSFELD, vg. parois. de la Bavière rhénane, arr., cant. et à 2 1/2 l. de Kirchheimbolanden; antiquités romaines; 1120 h.

KRIEGSHEIM, vg. de Fr., Bas-Rhin, arr. de Strasbourg, cant. et poste de Brumath; 340 hab.

KRIEKO, riv. de Sénégambie; elle prend sa source sur la frontière de l'état Manding de Kaarta, traverse le Casson et se jette dans le Sénégal, non loin des cataractes de Félou.

KRIH. *Voyez* KNISTINEAUX.

KRIMMEL, vg. de la Haute-Autriche, cer. de Salzach ou Salzbourg, dans les environs de Gastein; on y admire une des plus belles cascades de l'Europe, formée par l'Ache, affluent de droite de la Salza; c'est peut-être la plus haute de cette partie du monde.

KRIO, ham. de Fr., Côtes-du-Nord, com. de Pléguien; 120 hab.

KROBBO. *Voyez* ADAMPE.

KRŒNING, contrée de la Bavière, cer. de l'Isar, dist. de Vilsbibourg, avec un hameau de même nom; sa superficie est de 1 1/2 milles c. On y exploite de belles terres argileuses qui sont converties, dans plus de 50 fabriques, en poterie de grès recherchée.

KROJANKE, pet. v. de Prusse, sur la Glumia, prov. de Prusse, rég. de Marienwerder; fabrication de draps; brasseries et distilleries; 1920 hab.

KROMY, v. de la Russie d'Europe, gouv. d'Orel; 2000 hab.

KRONACH, pet. et ancienne v. de Bavière, chef-lieu de district dans le cer. du Mein-Supérieur; située à 12 l. N. de Bamberg, sur la route de Saxe et sur le confluent des riv. de Kronach, Haslach et Rodach; elle est ceinte de murailles et en partie de fossés, et entourée de quatre faubourgs. Elle possède une école latine, un hôpital, un cabinet d'arts; l'église paroissiale renferme de beaux tableaux et des monuments remarquables; flottage et grand commerce de bois, d'ardoises et de houille; ses arquebusiers étaient autrefois renommés. Kronach est dominé par le fort de Rosenberg, pentagone situé sur une montagne, défendu par 5 bastions, un ravelin et une contregarde; pop. de la ville 2920 h., du district 18,000, sur 5 3/4 milles c.

Kronach appartenait, dans le onzième siècle, à un seigneur, Udalrich de Mærheren, qui le céda à l'empereur Henri III; en 1122 il fut donné au chapitre de Bamberg. Ses habitants se défendirent avec courage pendant la guerre de trente ans. Patrie du célèbre peintre Lucas Kranach, né en 1472.

KRONBERG, v. du duché de Nassau, bge de Kœnigstein, sur le penchant du Taunus, dans une des plus belles contrées de l'Allemagne; arbres fruitiers; pépinières renommées; dans la proximité se trouve une excellente source d'eau minérale, près de laquelle en jaillissent trois autres; 1750 h.

KRONENBERG, beau vg. de Prusse, dans une contrée de montagnes romantiques, prov. du Rhin, rég. de Dusseldorf; entièrement manufacturier; fabr. de quincaillerie, d'acier; clouteries; tisseranderies de laine et de coton; 650 hab.

KRONSTADT, dist. de Transylvanie, pays des Saxons; sa superficie est de 38 l. c. et sa pop. de 80,000 hab. Cette province est une des plus élevées de toute la principauté; elle est séparée de la Valachie par la chaîne des Karpathes qu'on y passe en 4 endroits différents: ce sont les passages de Tœrzbourg, de Temesch, d'Altschanz et de Bosau; l'Alt est son principal cours d'eau; le climat y est généralement âpre et très-variable; elle produit en abondance des grains, des légumes, du chanvre, du lin, des fruits, du bois, des bestiaux, du gibier, des poissons et des abeilles, de l'or, de l'argent, du plomb, de l'argile fine. L'agriculture et l'éducation du bétail forment la principale occupation des habitants: l'industrie manufacturière embrasse la fabrication de la toile, de la poterie et des ouvrages en bois.

KRONSTADT (Kruhnen, Brassow), *Brassovia*, v. fortifiée de Transylvanie, pays des Saxons; à l'extrémité d'une vallée, chef-lieu du district de même nom; ville la plus peuplée, la plus industrieuse et la plus commerçante de cette principauté. C'est le siége d'une société de commerce, composée des plus riches négociants grecs; cette société fait tous les ans des affaires pour la valeur de 13 à 17 millions de francs. Kronstadt possède un gymnase luthérien, une école normale principale et d'autres établissements littéraires; son imprimerie est la plus ancienne de toute la principauté; manufactures de draps, de toiles, de lainage, de chapeaux, de cuirs et de cordages; 25,000 h.

KROPP, vg. d'Illyrie, gouv. et cer. de Laibach; possède de riches mines de fer.

KROSNO, pet. v. de Gallicie, cer. d'Iaslo; très-ancienne; commerce de vins de Hongrie; 400 hab.

KROTOSZYN, v. de Prusse, chef-lieu de cercle, prov. et rég. de Posen; possession des princes de Thurn-et-Taxis; fabrication de draps et d'étoffes de laine, de chicorée et de tabac; tanneries; distilleries; commerce de laines; 6320 hab.

KROUK, v. de Perse, prov. de Kerman, chef-lieu de district; est située dans une contrée fertile et bien peuplée; 15,000 hab.

KRUCKOW, v. de la Russie d'Europe, gouv. de Kherson; grand jardin botanique impérial; 1200 hab.

KRUH, contrée maritime de la Haute-Guinée, côte de Poivre, entre Sanguin et Sestos; territoire boisé et marécageux. Kruh-Settra capitale, sur l'Océan Atlantique.

KRUHNEN. *Voyez* KRONSTADT.

KRUMAN, riv. considérable de la Cafrerie inférieure; elle prend sa source dans les monts Kamhani, au S.-O. de la Nouvelle-Litakou, baigne la petite ville de Patani et se perd dans les sables; elle se jetait autrefois dans l'Orange.

KRUMAU, *Cromena* (Bœhmisch-Krumau, Krumlow), v. industrieuse et fortifiée de Bohême, cer. de Budweis, sur la Moldau; institut économique, avec une bibliothèque, une collection de modèles et un jardin botanique; mines d'argent, bains minéraux; 4500 hab.

KRUMBACH, b. de Bavière, avec château, cer. du Danube-Supérieur, dist. et à 2 l. d'Ursberg; marchés de toiles et de bestiaux; 1100 hab.; à 1/2 l. du bourg les eaux de Krumbad; une pyramide porte une inscription faisant mention de la restauration des bains en 1812.

KRUPELI ou KIUPRILI, v. de la Turquie d'Europe, Romélie, sur le Vardary; siége d'un évêque grec; 6000 hab.

KRUSCHEVACZ. *Voy.* ALADSCHA-HISSAR.

KRUSCHWITZ, pet. v. de Prusse, sur le lac de Gopolo, prov. de Posen, rég. de Bromberg; 230 hab. Lieu de naissance de Piast, laboureur, élu duc de Pologne en 840 et tige de la race royale de son nom qui s'est éteinte avec Casimir-le-Grand, en 1370.

KRUSENSTERN, groupe d'îles de la chaîne de Mulgrave, dans l'archipel de Mulgrave (archipel Central de Balbi), Polynésie ou Océanie orientale. Les deux îles les plus considérables de ce groupe sont: Ailou et Capenuir, faiblement peuplées. C'est près de cette dernière, située sous 10° 17′ 25″ et sous 167° 29′, qu'Otto de Kozebue jeta l'ancre, en 1816, et donna le nom de Krusenstern à ce groupe connu jusqu'alors sous celui d'Aïlou.

KRUTH ou GREUTH, GRITH, vg. de Fr., Haut-Rhin, arr. de Belfort, cant. de St.-Amarin, poste de Wesserling; 1810 hab.

KRYBITZ, b. de Bohême, cer. de Leitmeritz; verreries très-estimées; 1200 hab.

KRYLOW, v. de la Russie d'Europe, gouv. de Kherson, à l'embouchure de la Tiasmina dans le Dniéper; 2200 hab.

KRYNICA, pet. b. de Gallicie, cer. de Sandec, située dans une vallée étroite; source minérale et établissement de bains.

KRZEPICE, v. du roy. de Pologne, woïwodie de Kalioz, sur la Lisswarta; 1400 h.

KUBIN, gros vg. des Confins militaires, généralat du Banat, sur le Danube; 2000 h.

KUDDALORE. *Voyez* CUDDALORE.

KUDESSI, v. de la Turquie d'Europe, Albanie; 2000 hab.

KUENHEIM, vg. de Fr., Haut-Rhin, arr. et poste de Colmar, cant. d'Andolsheim; 620 hab.

KUEN-LUN ou KOULKOUN, TARTACH-DAVAN, chaîne de montagnes de l'Asie centrale. Le Kuen-lun se rattache, sous 37° lat N. et 71° long. orient, à la chaîne du Bolor, à l'Himalaya et à l'Hindoukoh, qui en est peut-être la continuation et non celle de l'Himalaya; il court de l'O. à l'E., porte d'abord le nom de monts Thsoung-ling (monts des oignons) au N., et de monts Ngari, Zzang et Ui au S., et, dans sa marche presque parallèle avec le Thian-chan, sépare la Petite-Boukharie du Thibet. Dans le Thibet oriental le Kuen-lun forme un nœud d'une élévation prodigieuse, que les Chinois désignent comme le roi des montagnes, le point culminant de la terre. C'est de ce plateau que se détachent les hautes chaînes dont les pics sont couverts de neige éternelle, et qui font de cette partie du Thibet, du Se-tchouan et du Yun-nan, un des pays alpestres les plus élevés de la terre. M. Balbi rattache au groupe du Kuen-lun 4 chaînes secondaires, qu'il regarde comme ses principales ramifications; ce sont : la chaîne birmano-siamoise, qui sert de limite aux deux puissants états de ce nom, et traverse toute l'Inde transgangétique jusqu'au cap Romania, dans la presqu'île de Malacca; la chaîne laos-siamoise, qui sépare le bassin du Meïnam de celui du May-kaoung; la chaîne annamitique, qui traverse le Yun-nan, et enfin la chaîne du Yunling.

KUESSNACHT, b. de Suisse, cant. de Schwyz, sur le lac des Quatre-Cantons, au pied du Rigi; ruines du château de Gessler; 2000 hab. C'est non loin de ce bourg que Guillaume Tell frappa à mort le gouverneur Gessler. Une chapelle, bâtie sur la route de Kuessnacht à Immensee, indique le lieu de l'événement.

KUETE-FOU. *Voyez* KOUEITE.

KUHHARD, vg. de la Bavière rhénane, formant avec Leimersheim une seule commune, arr. et cant. de Germersheim, sur le Rhin, à 3 1/2 l. de Landau; 3200 hab.

KUHLENDORF, vg. de Fr., Bas-Rhin, arr. de Wissembourg, cant. et poste de Soultz-sous-Forêts; 200 hab.

KUHLSHEIM, v. du grand-duché de Bade, cer. du Bas-Rhin, sur le Muhlbach; 2200 h.

KUILENBOURG, v. du roy. de Hollande, prov. de Gueldres, dist. de Zutphen, sur la rive gauche du Leck, à 4 l. S. d'Utrecht; composée de 3 parties séparées par des murs et des fossés et communiquant par des ponts de pierre; fabrication d'armes et de rubannerie de soie; 3850 hab.

KUKAREA. *Voyez* KOKARIA.

KULLO, prov. dans la partie occidentale du Chialonkadou, en Sénégambie, le long du Sénégal; très-montagneuse, avec des sites pittoresques.

KULM, vg. de Bohême, cer. de Leitmeritz. Bataille du 30 août 1813.

KULPA (la), *Colapis*, affluent de la Save; passe par Carlstadt.

KUMANIE (Petite-), dist. particulier de la Hongrie, comitat de Pesth; superficie 48 l. c. géogr. et 50,000 hab. Cette province, située sous le ciel ardent de la Hongrie méridionale, offre une vaste plaine très-mal arrosée et renfermant d'immenses bruyères couvertes de nombreux troupeaux de bêtes à cornes, de bêtes à laine, de porcs et de chevaux. Ses autres productions consistent en grains, melons, fruits, vin et tabac. L'agriculture et l'éducation du bétail forment la principale ressource des habitants.

KUMANIE (Grande-), dist. particulier de la Hongrie, situé entre les comitats de Szaboltsch et de Heves. Sa superficie est de 20 l. c. géogr. et sa population de 40,000 h. Cette province est tout à fait plate et produit du blé, du maïs, du tabac, du vin, des melons, des bêtes à cornes, des bêtes à laine, des porcs, des tortues et des abeilles. L'agriculture et l'éducation du bétail forment la principale ressource des habitants.

KUMAOUN. *Voyez* KEMAOUN.

KUNGUR ou **KOUNGOUR**, v. de la Russie d'Asie, gouv. de Perm; est située au confluent de l'Iren et de la Sylwa; importante par son commerce et son industrie; 8000 h. Dans son voisinage sont des carrières d'albâtre, qui, d'après les traces qu'on y a trouvées, paraissent avoir servi autrefois d'habitation à une nombreuse population.

KUNOWITZ, b. d'Autriche, gouv. de Moravie-et-Silésie, cer. de Hradisch, située sur l'Oslawa; culture du vin et du tabac; 2500 hab.

KUN-S.-MARTONY, gros vg. de Hongrie, cer. en-deçà de la Theiss, dans la Grande-Kumanie, sur le Kœrœs; 2500 hab.

KUN-S.-MIKLOS, gros b. de Hongrie, cer. en-deçà du Danube, dans la Petite-Kumanie; 4000 hab.

KUNTZICH, ham. de Fr., Moselle, com. de Distroff; 270 hab.

KUNZELSAU, pet. v. du Wurtemberg, chef-lieu du grand-bailliage de même nom, cer. de la Jaxt; juridiction des princes de Hohenlohe-Kirchberg, située sur le Kocher, entre des montagnes dont les pentes sont cultivées. Cet endroit, renommé pour son industrie active, possède d'excellentes teintureries, des fabriques de quincaillerie, de clous; des tanneries; de nombreuses brasseries, qui font prospérer dans les environs la culture du houblon. Le grand-bailliage est renommé pour l'éducation des bestiaux, dont il fait un grand commerce; on y exploite du plâtre. De nombreuses antiquités témoignent du séjour des romains. Pop. de la ville, 2519 hab., du grand-bailliage 30,500, sur 7 milles c.

KUOPIO, v. de la Finlande, sur une presqu'île et près du lac Kalavesi.

KUPFERBERG, pet. v. de Bavière, cer. du Mein-Supérieur, dist. et à 3 l. de Culmbach; mines de bronzite et de serpentine; 900 hab.

KUPFERBERG, pet. v. de Prusse, avec un château, sur le Bober, prov. de Silésie, rég. de Liegnitz; juridiction des comtes de Matuschka; mines de cuivre considérables; 700 hab.

KUPFERBERG (Maria-Kupfer), très-pet. v. de Bohême, cer. d'Ellbogen, au pied de la montagne de même nom; exploitation des mines d'argent et de cuivre; fabr. de vitriol; 800 hab.

KUPFERZELL, vg. parois. du Wurtemberg, cer. de la Jaxt, gr.-bge d'OEhringen, sur la Kupfer, avec un château, résidence ordinaire des princes de Hohenlohe-Waldenbourg-Schillingsfurst; éducation de bestiaux et agriculture florissantes. Lieu de naissance (1793) du prélat prince Alexandre-Léopold de Hohenlohe, connu par ses prétendues cures mystiques. Le satyrique Charles Weber, ancien député, y décéda le 19 juillet 1832. Une plaine de 3 l. de longueur sur 2 de largeur, qui s'étend depuis Weissbach jusqu'au pied des montagnes de Waldenbourg, prend le nom de Kupferzell; elle se distingue par sa grande fertilité et une culture avancée; 1180 hab.

KUPPENHEIM, v. du grand-duché de Bade, cer. du Rhin-Moyen, sur la Murg et à l'entrée de la vallée de la Murg; fabr. d'huile et de tabac; belle église récemment construite; 1650 hab. Dans le voisinage se trouve la Favorite, beau château de plaisance construit dans le goût italien.

KUPPERWUNGE. *V.* KAPPERVOURDIGE.

KURDES, peuple asiatique qui habite la Turquie (Anadoli) et la Perse (Chehrezour). Leur origine est inconnue. Le plus grand nombre d'entre eux (environ un million) habite la Turquie; leur caractère est peu estimé des voyageurs; ils sont ignorants, paresseux, entêtés et voleurs; leur parole n'est pas sacrée comme celle des Osmanlis et des Arabes, et ils violent fréquemment l'hospitalité. Cependant ils sont très-courageux; plusieurs héros persans appartiennent à ce peuple qui a été illustré par Saladin. Le pillage et l'expédition aventureuse sont fort de leur goût; les bandes de brigands les plus redoutables de la Turquie orientale se composent de Kurdes. Ils sont pasteurs nomades et quelques-uns agriculteurs. Dans leur besoin d'indépendance turbulente, ils ont préféré en majeure partie reconnaître pour leur souverain nominal le sultan de Constantinople; ils parlent encore le pehloi qui était la langue des Mèdes et ont embrassé le mahométisme, tout en conservant les usages de leurs pères. En Perse il existe environ 100,000 Kurdes qui sont chrétiens nestoriens et agriculteurs, d'où leur nom de Nabathéens ou paysans. Les Kurdes sont divisés en un grand nombre de peuplades (les Yezides ou Iesides, les Ruschowans, les Mekris, etc.) toujours en guerre les unes contre les autres; ils n'ont jamais été réunis sous un seul chef, et s'ils n'ont point fait de conquêtes ils ont été des voisins menaçants, agresseurs et difficilement contenus.

KURDISTAN (monts du), chaine de montagnes de la Turquie d'Asie; se détache, sous 38° lat. N. et 40° long. orient., du plateau arménien et traverse, en suivant une direction S.-E., tout le Chehrezour jusqu'aux frontières de la Perse, où elle couvre une partie de la prov. de Kurdistan et se rattache aux mont. de Louristan. Elle est le siége principal des Kurdes. Le Chebelhamar (montagnes Rouges), dans la prov. de Bagdad, doit être regardé comme un avant-mont des montagnes kurdes, qui d'ailleurs sont très-peu connues.

KURDISTAN, *Margiana*, prov. de Perse; est située entre 43° 50′ et 46° 30′ long. orient., et entre 32° 30′ et 36° 10′ lat. N., et est bornée au N. par l'Adzerbeidjan, à l'E. par l'Irak Adjomi, au S. par le Khousistan, à l'O. par la Turquie d'Asie. Sa superficie est d'environ 610 l. c. géogr. Les monts du Kurdistan, sous le nom de monts Zagros, couvrent de leurs ramifications cette province et forment un grand nombre de plateaux et de vallées; leur hauteur moyenne est de 4000 à 5000 pieds. Le climat est froid en hiver, chaud et sec en été. Le principal cours d'eau du Kurdistan, qui d'ailleurs est bien arrosé, est le Kerah; il passe par Kirmanchah. Parmi ses curiosités il faut citer la montagne isolée de Bisoutoun, située à peu de distance de Kirmanchah, qui s'élève à 1500 pieds de hauteur. D'un côté elle est taillée à pic par la main des hommes et on y a creusé deux grottes, couvertes de sculptures, de bas-reliefs et d'inscriptions. La tradition attribue cet ouvrage collossal tantôt à Sémiramis, tantôt à Cyrus, tantôt à Sapor; les Persans de nos jours appellent ces monuments thakht-i-bostan ou voûte du jardin; plusieurs appellent le Bisoutoun, dont les autres flancs sont aussi couverts d'inscriptions cunéiformes, le trône de Rostan, le héros fabuleux de la Perse. La population du Kurdistan se compose presque tout entière de Kurdes, qui vivent à peu près indépendants comme leurs frères, les Kurdes de la Turquie d'Asie. Les principales villes de la province sont Kirmanchah, la capitale, et Senney ou Senneh.

KURDISTAN-OTTOMAN, forme l'eyalet de Chehrezour. *Voyez* CHEHREZOUR.

KUREN, riv. de Perse, prov. de Fars; se jette dans le lac Bakhteghian.

KURETY, vg. de Transylvanie, pays des Hongrois, comitat de Zarand; mine d'or.

KURIM. *Voyez* KAURZIM.

KURISCHES-HAFF. *Voyez* HAFF.

KURNIK, pet. v. de Prusse, sur un lac, prov. et rég. de Posen; fabrication de damas; 2670 hab.

KUROW, v. de Pologne, woïwodie de Lublin; beau château; 2000 hab.

KURRY-KURRY, contrée de la Nigritie centrale, emp. des Fellatah.

KURSK ou KOURSK, gouv. de la Russie d'Europe, borné par les gouv. d'Orel, de Voronéje, des Slobodes, d'Ukraine et de Tschernigow. Le sol, arrosé par le Sem, le Donez, l'Isla, l'Oskol, etc., est fertile et produit des céréales, du tabac et du jardinage. On y élève beaucoup de chevaux. Le gouvernement se divise en 15 cercles. Il a une superficie de 701 l. c. d'Allemagne et une population de 1,649,000 hab., d'après Schnitzler.

KURSK ou KOURSK, v. de la Russie d'Europe, chef-lieu du gouvernement de ce nom et siége des autorités; située sur le Tuscar qui y reçoit la Kura. Elle a 16 églises, 1 école normale, 1 hôpital, 1 maison de refuge, 1 hospice des orphelins et 1 maison des invalides; commerce en cire, huile de lin; brosseries, pelleterie, bétail et chevaux. Les tanneries occupent le premier rang dans son industrie; 20,000 hab.

KURTZENHAUSEN, vg. de Fr., Bas-Rhin, arr. de Strasbourg, cant. et poste de Brumath; 480 hab.

KURZEBRACK, vg. de Prusse, prov. de Prusse, rég. de Marienwerder; avec un pont de bateaux, sur la Vistule, d'une longueur de 2700 pieds sur 16 de large; 400 h.

KUSIN, ham. de Fr., Finistère, com. de Landunvez; 150 hab.

KUTNO, v. très-industrieuse de Pologne, chef-lieu de cercle, woïwodie de Masovie; 4000 hab.

KUTSCHAU, vg. de Prusse, prov. de Silésie, rég. d'Oppeln; forges occupant 50 ouvriers; 450 hab.

KUTSCHUK-KAINARDGI, vg. de la Turquie d'Europe, eyalet de Roumili; il est célèbre par le traité de paix qui y fut conclu entre les Russes et les Turcs, le 21 juillet 1774.

KUTTOLSHEIM, vg. de Fr., Bas-Rhin, arr. de Strasbourg, cant. de Truchtersheim, poste de Wasselonne; sources hydro-sulfureuses; 900 hab.

KUTTENBERG (Hora Kuttna), *Cutna*, jolie v. de Bohême, cer. de Czaslau; renommée par ses mines d'argent, qui sont maintenant beaucoup moins productives qu'autrefois, et par celles de cuivre et de plomb, dont le produit est encore très-considérable; magnifique cathédrale; siége d'une administration et d'un tribunal des mines; fabrication de salpêtre, de draps et de coton. En 1300 on y frappa les premières monnaies d'argent dites Silbergroschen; 8000 hab.

KUTY, v. de Gallicie, cer. de Kolomea; fabrication très-considérable de maroquin; saline; commerce; 5000 hab.

KUTZENHAUSEN, vg. de Fr., Bas-Rhin, arr. de Wissembourg, cant. et poste de Soultz-sous-Forêts; 1560 hab.

KVENAC, ham. de Fr., Côtes-du-Nord, com. de Pléguien; 120 hab.

KVOANNIC, ham. de Fr., Côtes-du-Nord, com. de Pludual; 300 hab.

KVOUTH ou QUÉDA, v. du Béloutchistan, prov. de Saravan, dist. de Schal, le plus septentrional de la confédération.

KWALA-DAI, v. dans l'île de Lingan, Malaisie; résidence du sultan de Lingan; située sur la côte méridionale de l'île, à l'embouchure d'une rivière navigable; renferme un palais, un grand nombre de maisons bâties sur pilotis et un grand faubourg habité par des Chinois.

KWALDELEN, groupe d'îles de la chaîne de Ralik, dans l'archipel de Mulgrave (archipel Central de Balbi), Polynésie; au S. de celui d'Udiai-Milai, sous 9° 18' lat. N. et sous 164° 57' long. orient. Les îles de ce groupe sont très-basses et couvertes de belles forêts.

KWANG-TCHEOU. *Voyez* CANTON.

KWAR-KOUCH, point culminant de l'oural Verkhotourien, a 825 toises de hauteur.

KWIRILI ou QUIRILA, riv. de la Russie d'Asie; prend sa source sur un embranchement du Caucase; principal affluent de gauche du Rioni.

KYAINDOUEN ou KYENDUEN, riv. de l'Inde transgangétique; prend sa source dans les montagnes de l'Assam et se jette, près de Pouk-Koum, emp. Birman, dans l'Iraouady, dont elle est le principal affluent.

KYBRIS. *Voyez* CHYPRE.

KYENS, peuple assez civilisé de l'Inde transgangétique, tributaire des Birmans.

KYMAN. *Voyez* EL-KÉMAN.

KYNAST. *Voy*. HERMSDORF-SOUS-KYNAST.

KYNCTON ou KINGTON, pet. v. d'Angleterre, comté de Hereford, sur l'Arrow; florissante par ses manufactures de coton et par son commerce. Un canal la met en communication avec Leominster et la Severn.

KYRITZ, v. murée de Prusse, chef-lieu de cercle, prov. de Brandebourg, rég. de Potsdam; située entre pusieurs lacs, dans une contrée fertile sur la Jægelitz; elle possède deux hôpitaux, des fabriques de draps, des brasseries, des distilleries et des usines; 3080 hab.

KYTHNOS ou CHERMIA, île formant une eptarchie du roy. de Grèce. Elle est située à l'O. de Syros, entre Zéa et Sériphos, d'une superficie de 5 l. c. Le sol est partout très-fertile et l'on y fabrique beaucoup de soie; 6000 hab.

KYTHNOS, chef-lieu de même nom, situé au N.-E. de l'île; siége d'un évêque grec; tissage de soie; port commode; 4000 hab.

KYVON, ham. de Fr., Côtes-du-Nord, com. de Pleumeur-Bodou; 160 hab.

L

LAA, *Laha*, pet. v. de la Basse-Autriche, cer. inférieur du Mannhartsberg, dans une île de la Thaya; 2000 hab.

LAALAND, île de la mer Baltique, appartenant au roy. de Danemark et située au S. de l'île de Seelande. Elle est peu élevée; son climat est humide, et le sol, généralement gras, produit toutes les espèces de céréales. Sa superficie est d'environ 85 l. c. et sa population de 44,000 hab.

LAA-MONDRAS, vg. de Fr., Basses-Pyrénées, arr. et poste d'Orthez, cant. de Lagar; 380 hab.

LAARAT, une des îles du groupe de Banda (chaîne du Sud-Est), dans la Malaisie; située au S.-O. de la petite Key, sous 6° 55′ lat. S.; est élevée, bien peuplée et produit en abondance les riches fruits des tropiques. Les Hollandais y entretiennent un poste.

LAAS, vg. de Fr., Gers, arr., cant. et poste de Mirande; 530 hab.

LAAS, vg. de Fr., Loiret, arr., cant. et poste de Pithiviers; 340 hab.

LAAS, vg. de Fr., Basses-Pyrénées, arr. d'Orthez, cant. et poste de Sauveterre; fabr. de faïence, terres vernies, tuiles, etc.; 605 hab.

LAASPHÉ, pet. v. de Prusse, prov. de Westphalie, rég. d'Arnsberg, sur la Lahn; fabrication de draps et éducation de bestiaux; fonderies et forges de fer dans les environs; 1750 hab. Le village de même nom, avec 230 hab., est situé près de là.

LABABAN, ham. de Fr., Finistère, com. de Pouldreuzie; 380 hab.

LABALME-DE-CHEIGNIEU, ham. de Fr., Ain, com. de Contrevoz; 150 hab.

LABARDE, vg. de Fr., Gironde, arr. de Bordeaux, cant. de Castelnau-de-Médoc, poste de Margaux; 340 hab.

LABARDE. *Voyez* BARDE (la).

LABARRÈRE, vg. de Fr., Gers, arr. et poste de Condom, cant. de Montréal; 650 h.

LABARTHE, vg. de Fr., Haute-Garonne, arr., cant. et poste de Muret; 550 hab.

LABARTHE ou **LABARTHE-MOUR**, vg. de Fr., Hautes-Pyrénées, arr. de Tarbes, cant. et poste de Rabastens; 120 hab.

LABARTHE, vg. de Fr., Hautes-Pyrénées, arr. de Bagnères-en-Bigorre, cant. et poste de Castelnau-Magnoac; 60 hab.

LABARTHE, vg. de Fr., Tarn-et-Garonne, arr. de Montauban, cant. de Molières, poste de Castelnau-de-Montratier; 1180 hab.

LABARTHE-BLEYS, vg. de Fr., Tarn, arr. de Gaillac, cant. et poste de Cordes; 490 hab.

LABARTHE-D'ASTARAC. *Voyez* BARTHE-D'ASTARAC (la).

LABARTHE-DE-NESTE. *Voyez* BARTHE-DE-NESTE (la).

LABARTHE-INARD. *Voyez* BARTHE-D'INARD (la).

LABARTHÈRE, ham. de Fr., Haute-Garonne, com. d'Alan; 210 hab.

LABARTHE-RIVIÈRE. *Voyez* BARTHE-DE-RIVIÈRE (la).

LABARTHÈTE, vg. de Fr., Gers, arr. de Mirande, cant. et poste de Riscle; 470 hab.

LABASSÈRE, vg. de Fr., Hautes-Pyrénées, arr., cant. et poste de Bagnères-en-Bigorre; eaux sulfureuses; 660 hab.

LABASTIDE. *Voyez* BASTIDE (la).

LABAT, ham. de Fr., Arriège, com. de St.-Paul-de-Jarrat; 150 hab.

LABATHUDE, vg. de Fr., Lot, arr. de Figeac, cant. et poste de la Capelle-Marival; 1240 hab.

LABATMALE, vg. de Fr., Basses-Pyrénées, arr. de Pau, cant. de Pontacq, poste de Nay; 350 hab.

LABATUT, vg. de Fr., Arriège, arr. de Pamiers, cant. et poste de Saverdun; 200 h.

LABATUT, vg. de Fr., Landes, arr. de Dax, cant. de Pouillon, poste de Peyrehorade; 1520 hab.

LABATUT, vg. de Fr., Hautes-Pyrénées, arr. de Tarbes, cant. et poste de Maubourguet; 800 hab.

LABATUT-FIGUÈRE, vg. de Fr., Basses-Pyrénées, arr. de Pau, cant. de Montaner, poste de Vic-en-Bigorre; 480 hab.

LABBEVILLE, vg. de Fr., Seine-et-Oise, arr. de Pontoise, cant. et poste de l'Isle-Adam; 320 hab.

LABECÈDE-LAURAGAIS, vg. de Fr., Aude, arr., cant. et poste de Castelnaudary; 1140 hab.

LABÈGE, vg. de Fr., Haute-Garonne, arr. et poste de Toulouse, cant. de Fronton; 240 hab.

LABEJAN, vg. de Fr., Gers, arr., cant. et poste de Mirande; 630 hab.

LABENNE, vg. de Fr., Landes, arr. de Dax, cant. de St.-Vincent-de-Tyrosse, poste de Bayonne; 500 hab.

LABERGEMENT, ham. de Fr., Saône-et-Loire, com. de Chatel-Moron; haut-fourneau; 110 hab.

LABES ou **LOBESE**, pet. v. de Prusse, prov. de Poméranie, rég. de Stettin, sur l'embouchure de la Lotznitz dans la Réga; fabrication de draps et d'étoffes de laine; commerce de bois; 2450 hab.

LABESCAU, vg. de Fr., Gironde, arr. et poste de Bazas, cant. de Grignols; 190 hab.

LABESSERETTE, vg. de Fr., Cantal, arr. d'Aurillac, cant. et poste de Montsalvy; 1380 hab.

LABESSETTE, vg. de Fr., Puy-de-Dôme, arr. d'Issoire, cant. et poste de Tauves; 450 hab.

LABESSIÈRE-CANDEIL, vg. de Fr., Tarn, arr. et poste de Gaillac, cant. de Gadalen; 1050 hab.

LABETS, vg. de Fr., Basses-Pyrénées, arr. de Mauléon, cant. et poste de St.-Palais; 380 hab.

LABEUVILLE, vg. de Fr., Meuse, arr. de Verdun, cant. de Fresnes-en-Woèvre, poste de Manheulles; 360 hab.

LABEYRIE, vg. de Fr., Basses-Pyrénées, arr. d'Orthez, cant. d'Arthez, poste de Lacq; 260 hab.

LABIAU, *Labiava*, v. de Prusse, chef-lieu de cercle, prov. de Prusse, rég. de Kœnigsberg, sur la Deiné, qui y donne prise d'eau au canal de Fréderic; la ville correspond par ce canal avec la Gilgé, et par la Deiné avec le Curischhaff et le Pregel; à peu de distance de là l'on voit le château de même nom; tisseranderies, tanneries, distilleries; pêche; 3106 hab.

LABIEDA, pet. v. de la Russie d'Europe, gouv. de Grodno, cer. de Lida.

LABISCHIN, pet. v. de Prusse, prov. de de Posen, rég. de Bromberg, sur la Netze; fabrication de draps et commerce de bois; 2100 hab.

LABODEI, b. considérable de la Haute-Guinée, côte d'Or, roy. d'Accra, non loin du fort danois de Christiansbourg; célèbre par ses fétiches, très-vénérés des Nègres.

LABOISSIÈRE. *Voyez* BOISSIÈRE (la).

LABOOTARIÉ, vg. de Fr., Tarn, arr. d'Albi, cant. et poste de Réalmont; 170 hab.

LABORDE, vg. de Fr., Hautes-Pyrénées, arr. de Bagnères-en-Bigorre, cant. et poste de la Barthe-de-Neste; 580 hab.

LABOREL, vg. de Fr., Drôme, arr. de Nions, cant. et poste de Séderon; huile d'olives; 630 hab.

LABOUHEYRE, vg. de Fr., Landes, arr. de Mont-de-Marsan, cant. de Sabres, poste de Liposthey; 420 hab.

LABOULBENE, vg. de Fr., Tarn, arr., cant. et poste de Castres; 160 hab.

LABOUQUERIE, vg. de Fr., Dordogne, arr. de Bergerac, cant. et poste de Beaumont; 340 hab.

LABOUR (Terre-de-). *Voyez* TERRA-DI-LAVORO.

LABOURGADE, vg. de Fr., Tarn-et-Garonne, arr. et poste de Castel-Sarrazin, cant. de St.-Nicolas-de-la-Grave; 680 hab.

LABOURSE. *Voyez* BOURSE (la).

LABRADOR. *Voy.* BRETAGNE (Nouvelle-).

LABRÈDE. *Voyez* BRÈDE (la).

LABRETONNIE, vg. de Fr., Lot-et-Garonne, arr. de Marmande, cant. de Castelmoron, poste de Tonnains; 490 hab.

LABRICHE, vg. de Fr., Gers, arr. de Lectoure, cant. et poste de Mauvezin; 510 hab.

LABRIT, vg. de Fr., Landes, arr., à 6 l. N. et poste de Mont-de-Marsan, chef-lieu de canton; 1010 hab.

Ce pauvre village était autrefois une ville considérable, nommée Albret, et le chef-lieu du duché-pairie érigé, en 1556, par Henri II, en faveur d'Antoine de Bourbon, père de Henri IV. La décadence d'Albret commença sous Louis XIV, lorsque ce roi échangea le duché d'Albret contre la principauté de Sedan. On voit encore à Labrit quelques pans de murailles, restes de l'ancien château de Henri IV. *Voyez* ALBRET.

LABROQUÈRE, vg. de Fr., Haute-Garonne, arr. de St.-Gaudens, cant. de St.-Bertrand, poste de Montrejeau; 600 hab.

LABROUSSE, vg. de Fr., Cantal, arr. et cant. d'Aurillac, poste de Mur-de-Barrèze; 940 hab.

LABROUSSE, vg. de Fr., Haute-Loire, arr. et poste de Brioude, cant. d'Auzon; 200 hab.

LABROYE, vg. de Fr., Pas-de-Calais, arr. de Montreuil-sur-Mer, cant. et poste d'Hesdin; 380 hab.

LABRUGUIÈRE, v. de Fr., Tarn, arr., à 2 l. S. et poste de Castres, chef-lieu de canton; engraissement de bétail; fabr. d'étoffes de draps; 3740 hab.

LABRUYÈRE, vg. de Fr., Haute-Garonne, arr. de Muret, cant. et poste d'Auterive; 170 hab.

LABRUYÈRE, vg. de Fr., Côte-d'Or, arr. de Beaune, cant. et poste de Seurre; 370 h.

LABRY, vg. de Fr., Moselle, arr. et poste de Briey, cant. de Conflans; 410 hab.

LABUN, pet. v. de la Russie d'Europe, gouv. de Volhynie, cer. de Starobonstenlinow; 3200 hab.

LABURGADE, vg. de Fr., Lot, arr. et poste de Cahors, cant. de Lalbenque; 500 hab.

LABUSSIÈRE, ham. de Fr., Aisne, com. de Flavigny-le-Grand; 400 hab.

LABY, pet. v. de l'état Peul de Fouta-Diallon, en Sénégambie, chef-lieu de la province de même nom, à 29 l. N.-N.-O. de Teemboo; les marchands de Tombouctou, qui la fréquentent, mettent quatre mois à s'y rendre; 5000 hab.

LAC (le cercle du), dans le grand-duché de Bade; est borné à l'E. par les principautés de Hohenzollern et le roy. de Wurtemberg, au S. par le lac de Constance, le Rhin, la Suisse et le cer. du Haut-Rhin, à l'O. par ce même cercle, qui forme encore, avec le roy. de Wurtemberg, sa limite au N. Il renferme une population de 170,300 hab., répartie, sur une superficie de 61 1/2 milles c., dans 24 villes, 2 bourgs, 379 villages, 135 hameaux et 440 fermes. Sa capitale est Constance.

LAC (le), ham. de Fr., Ardèche, com. de Privas; 200 hab.

LAC (le), ham. de Fr., Aude, com. de Sijean; 140 hab.

LAC (le) ou VILLERS, vg. de Fr., Doubs, arr. de Pontarlier, cant. et poste de Morteau; fabr. de faux; 1503 hab.

LAC (le), ham. de Fr., Saône-et-Loire, com. de Chambilly; 130 hab.

LACABARÈDE, vg. de Fr., Tarn, arr. de Castres, cant. de St.-Amant-la-Bastide, poste de la Bastide-Rouairoux; 920 hab.

LACADÉE, vg. de Fr., Basses-Pyrénées, arr. d'Orthez, cant. d'Arthez, poste de Lacq; 230 hab.

LACADIÈRE ou SEREYROL-DE-SAINT-MICHEL, vg. de Fr., Gard, arr. du Vigan, cant. et poste de St.-Hippolyte; 330 hab.

LACAJUNTE, vg. de Fr., Landes, arr. de St.-Sever, cant. de Geaune, poste d'Arzacq; 290 hab.

LACALM. *Voyez* CALM (la).

LACANAU, vg. de Fr., Gironde, arr. de Bordeaux, cant. et poste de Castelnau-de-Médoc; 880 hab.

LACANAU, ham. de Fr., Gironde, com. de Mios; 200 hab.

LACANCHE, vg. de Fr., Côte-d'Or, arr. de Beaune, cant. et poste d'Arnay-le-Duc; 520 hab.

LACANDA. *Voyez* ROATAN.

LACANDONS, peuplade indienne indépendante, à l'O. de l'état de Guatémala, États-Unis de l'Amérique centrale. Elle habite les bords de la Sumasinta.

LACANEDA, vg. de Fr., Dordogne, arr., cant. et poste de Sarlat; 170 hab.

LACARRE, vg. de Fr. Basses-Pyrénées, arr. de Mauléon, cant. et poste de St.-Jean-Pied-de-Port; 250 hab.

LACARRY, vg. de Fr., Basses-Pyrénées, arr. de Mauléon, cant. et poste de Tardets; 640 hab.

LACASSAGNE, vg. de Fr., Dordogne, arr. de Sarlat, cant. et poste de Terrasson; 560 hab.

LACASSAGNE, vg. de Fr., Hautes-Pyrénées, arr. de Tarbes, cant. et poste de Rabastens; 430 hab.

LACASSE, vg. de Fr., Haute-Garonne, arr., cant. et poste de Muret; 340 hab.

LACASTAGNÈRE, vg. de Fr., Gers, arr., cant. et poste d'Auch; 190 hab.

LACAUGNE, vg. de Fr., Haute-Garonne, arr. de Muret, cant. de Rieux, poste de Noé; 370 hab.

LACAUNE, pet. v. de Fr., Tarn, arr. et à 10 l. E.-N.-E. de Castres, chef-lieu de canton et poste; laines grossières; fabr. de basins, fromages; volailles grasses; 4950 hab.

LACAUNETTE. *Voyez* CAUNETTE (la).

LACAUSSADE, vg. de Fr., Lot-et-Garonne, arr. de Villeneuve-sur-Lot, cant. et poste de Montflanquin; 440 hab.

LACAVE, vg. de Fr., Arriège, arr. et poste de St.-Girons, cant. de St.-Lizier; 410 hab.

LACAVE, vg. de Fr., Lot, arr. de Gourdon, cant. et poste de Souillac; 530 hab.

LACAZE, vg. de Fr., Tarn, arr. de Castres, cant. et poste de Vatre; fabr. de basins; 2452 hab.

LAC-CÉLESTE. *Voyez* NAMTSO.

LAC-DE-BRAI. *Voyez* TRINIDAD.

LAC-DES-BOIS (*Lac of the Wood*), lac de l'Amérique septentrionale, au N. et sur les confins des districts de Missouri et des Hurons, sous 49° lat. N. Ce lac, d'une superficie très-considérable, s'étend entre le lac Winnipeg, qui lui envoie ses eaux par le Winnipeg, et entre le lac de la Pluie (*Rainy-lake*), dans lequel il s'écoule par le Rainy. Il est parsemé d'îles, et ses côtes, très-déchirées, forment de nombreuses baies et des caps.

LAC-DES-ROUGES-TRUITES, vg. de Fr., Jura, arr. de St.-Claude, cant. et poste de St.-Laurent; 740 hab.

LACÉDÉMONIENS ou **SPARTIATES**, g. a. Ce peuple, si célèbre dans l'antiquité, s'appelait originairement *Icteocrates* et reçut le nom, sous lequel il est connu, de son quatrième roi. Le premier qui régna sur les Lacédémoniens, fut Lelex; il vécut environ 1516 ans avant J.-C. Vers 898 avant J.-C., le législateur Lycurgue fonda la puissance future de Sparte. Léonidas s'immortalisa au passage des Thermopyles; Pausanias vainquit les Perses près de Platée, et Lysandre prit Athènes pendant la guerre du Péloponèse qui dura 27 ans. De ce moment date la décadence de Lacédémone; Epaminondas défit les Lacédémoniens aux batailles de Leuctres et de Mantinée; Philopœmen les vainquit et abolit les lois de Lycurgue. Plus tard, les Lacédémoniens tombèrent sous le joug des Achéens et des Romains, qui remirent en vigueur la législation de Lycurgue. Mais oubliant de plus en plus sa puissante nationalité, ce peuple tomba entièrement et ne fut plus, sous Trajan, que l'ombre d'une existence qui avait brillé pendant plusieurs siècles d'une splendeur si vive et si éclatante.

LACHIS, g. a., v. de la Judée; le roi Amasie y fut assassiné.

LACEDONIA, *Ardoneæ*, v. épiscopale du roy. des Deux-Siciles, prov. de la Principauté ultérieure; avec un château; 4500 h.

LACELLE. *Voyez* CELLE (la).

LACELLE (la), vg. de Fr., Orne, arr. et canton d'Alençon, poste de Prez-en-Pail; 680 hab.

LACENAS, vg. de Fr., Rhône, arr., cant. et poste de Villefranche-sur-Saône; 630 h.

LACÈNE, vg. de Fr., Lot-et-Garonne, arr., cant. et poste de Villeneuve-sur-Lot; 160 h.

LACÉPÈDE, vg. de Fr., Lot-et-Garonne, arr. d'Agen, cant. de Prayssas, poste de Clairac; 830 hab.

LACÉPÈDE, groupe de quatre petites îles, près de la côte de la terre de Witt, côte N.-O. de la Nouvelle-Hollande, sous 16° 42′ lat. S. et 119° 45′ long. orient. Devant la plus longue, qui n'a pas 2 milles de longueur, s'étend une rangée de rescifs et de bancs, connue par les navigateurs sous le nom de Bancs-des-Baleines.

LACH. *Voyez* LALAYE.

LACHALADE, vg. de Fr., Meuse, arr. de Verdun, cant. de Varennes-en-Argonne, poste de Ste.-Ménéhoulde; 670 hab.

LACHALEUR, vg. de Fr., Côte-d'Or, arr. de Dijon, cant. et poste de Sombernon; 220 hab.

LACHAMBRE. *Voyez* CHAMBRE (la).

LACHAMP, vg. de Fr., Drôme, arr. et poste de Montélimart, cant. de Marsanne; 430 hab.

LACHAMP, vg. de Fr., Lozère, arr. de Mende, cant. de St.-Amans, poste de Serverette, fabr. de cadis; 610 hab.

LACHAMP-RAPHALE, vg. de Fr., Ardèche, arr. de Privas, cant. d'Antraigues, poste de Chaylard; 670 hab.

LACHAU, vg. de Fr., Drôme, arr. de Nyons, cant. et poste de Séderon; 650 hab.

LACHAUDIÈRE. *Voyez* LAURENT (Saint-).

LACHAUSSADE. *Voyez* CHAUSSADE (la).

LACHAUX, vg. de Fr., Puy-de-Dôme, arr. de Thiers, cant. et poste de Châteldon; 990 hab.

LACHÉ-ASSARS, vg. de Fr., Nièvre, arr. de Clamecy, cant. de Brinon-les-Allemands, poste de St.-Révérien; 360 hab.

LACHEN, b. de Suisse, cant. de Schwyz.

LACHLAN. *Voyez* LOCHLAN.

LACHSA. *Voyez* LAHSA.

LACHY, vg. de Fr., Marne, arr. d'Épernay, cant. et poste de Sézanne; 340 hab.

LACK, pet. v. fortifiée d'Illyrie, gouv. et cer. de Laibach; fabr. de toile; blanchisseries; commerce de chevaux et de toiles; 2000 hab.

LACKAR, île du groupe de Banda (chaîne du Sud-Ouest), dans la Malaisie. Elle est située à l'E. de Moa; son sol est rocailleux et dépourvu de sources; aussi ses habitants malais sont-ils réduits à l'eau des citernes. Les insulaires se livrent à l'éducation du bétail et à la pêche. Dans le canal qui sépare Lackar de Sermatta se trouve un petit groupe de 7 îlots.

LACKEN, vg. du roy. de Belgique, prov. du Brabant méridional, arr., sur le canal et à 1/2 l. de Bruxelles; château royal et magnifique orangerie; 1200 hab.

LACLASTRE, vg. de Fr., Haute-Garonne, arr. de Villefranche-de-Lauragais, cant. et poste de Caraman; 60 hab.

LACLAU, ham. de Fr., Aveyron, com. de Vesins; 240 hab.

LAC-MAJEUR. *Voyez* MAJEUR (lac).

LACŒUIL, ham. de Fr., Ain, com. de Poncin; 100 hab.

LACOLLONGE, vg. de Fr., Haut-Rhin, arr. et poste de Belfort, cant. de Fontaine; 220 hab.

LACOMBE, ham. de Fr., Ardèche, com. de Pranles; 100 hab.

LACOMBE, ham. de Fr., Aveyron, com. de Castelnau-Peyralès; 110 hab.

LACOMBE, ham. de Fr., Lot, com. de la Capelle-Cabanac; 110 hab.

LACOMMANDE, vg. de Fr., Basses-Pyrénées, arr. et poste d'Oloron, cant. de Lasseube; 240 hab.

LA CONCEPCION. *Voyez* CONCEPCION-DE-LA-VÉGA-RÉAL.

LACONIE, g. a., contrée au S.-E. du Péloponèse; était bornée à l'E. par le golfe d'Argolide et la mer Égée, au N. par l'Argolide et l'Arcadie, à l'O. par la Messénie et le golfe de Messène. Par la guerre du Péloponèse, la Laconie gagna sur la Grèce une suprématie qu'elle dût bientôt céder aux légions romaines. Auguste accorda la liberté aux habitants de la côte de Laconie, et, pour conserver leur indépendance, leurs descendants se réfugièrent dans les montagnes de Maina, d'où ils ont reçu le nom de Mainotes. Ils se sont toujours signalés par leur courage et leur haine contre les Turcs et ont surtout rendu de grands services, dans les dernières guerres, à la cause de l'indépendance des Grecs.

LACONIE, nomos ou dép. du nouveau roy. de Grèce. Il occupe la pointe S.-E. de la Morée et forme le grand golfe de Kolochina par deux presqu'îles qui se projettent dans la Méditerranée et dont l'une se termine par le cap Matapan, l'autre par le cap Malia ou St.-Olnge. La Laconie est traversée par plusieurs ramifications des montagnes de la Morée et arrosée par l'Iris (l'ancien Eurotas, appelé plus tard *Bastli Potamo* ou rivière royale), qui descend du plateau central de la Morée et se jette dans le golfe de Kolochina. Ses productions sont celles de la Morée. Le chef-lieu du nomos de Laconie est Mistra, à 2 l. des ruines de l'ancienne Sparte, qui doit être rebâtie. Les autres principaux endroits sont: Bordonia, Napoli di Malvasia, sur les ruines d'Epidauros-Limera; Marathoniss, chef-lieu du Magne oriental, et Chimava, chef-lieu du Magne occidental, habitées par l'intéressante peuplade des Maïnotes, auxquels nous consacrerons un article particulier.

LACOSTE, vg. de Fr., Hérault, arr. de Lodève, cant. et poste de Clermont; 270 h.

LACOSTE, ham. de Fr., Lot, com. d'Aynac; 130 hab.

LACOSTE, vg. de Fr., Vaucluse, arr. et poste d'Apt, cant. de Bonnieux; 640 hab.

LACOU, ham. de Fr., Hautes-Alpes, com. du Noyer; 190 hab.

LACOUDRE, ou PONT-A-LA-VIEILLE, ham. de Fr., Manche, com. de Négreville; filat. de coton; 100 hab.

LACOULEYRE, ham. de Fr., Gironde, com. de Landiras; 200 hab.

LACOUR-D'ORIGNY, ham. de Fr., Yonne, com. de Ste.-Colombe-en-Morvant; 110 h.

LACOURCETTE, ham. de Fr., Haute-Vienne, com. de Rançon; 100 hab.

LACOURT, vg. de Fr., Arriège, arr., cant. et poste de St.-Girons; 1250 hab.

LACOURT, vg. de Fr., Tarn-et-Garonne, arr. de Moissac, cant. et poste de Montaigut; 900 hab.

LACOURTADE-CORNEBOUC ou JEAN-DE-RIVIÈRE (Saint-), vg. de Fr., Tarn, arr., cant. et poste de Gaillac; 430 hab.

LACOURT-SAINT-PIERRE, vg. de Fr., Tarn-et-Garonne, arr. de Castel-Sarrazin, cant. et poste de Montech; 460 hab.

LACOUX, vg. de Fr., Ain, arr. de Belley, cant. d'Hauteville, poste de St.-Rambert; 360 hab.

LACQ, vg. de Fr., Basses-Pyrénées, arr. d'Orthez, cant. de Lagor, poste; 640 hab.

LACQUES, vg. de. Fr., Landes, arr. et poste de Mont-de-Marsan, cant. de Villeneuve; 530 hab.

LACRABE, vg. de Fr., Landes, arr. de St.-Sever, cant. et poste d'Hagetmau; 340 h.

LACRES, vg. de Fr., Pas-de-Calais, arr. de Boulogne-sur-Mer, cant. et poste de Samer; 340 hab.

LACRÈTE. *Voyez* CRÈTE (la).

LACROISILLE, vg. de Fr., Tarn, arr. de Lavaur, cant. de Cuq-Toulza, poste de Puylaurens; 360 hab.

LACROIX, ham. de Fr., Sarthe, com. de Ligron; 140 hab.

LACROT, ham. de Fr., Saône-et-Loire, com. de Préty; 750 hab.

LACROUZETTE, vg. de Fr., Tarn, arr. de Castres, cant. et poste de Roque-Courbe; fabr. de bonneterie de laine; 1202 hab.

LACS, ham. de Fr., Basses-Alpes, com. d'Entrevaux; 110 hab.

LACS, vg. de Fr., Indre, arr., cant. et poste de la Châtre; 300 hab.

LAC-SUPÉRIEUR, le plus grand et le plus occidental des 5 lacs au N. des États-Unis de l'Amérique du Nord, et un des plus grands lacs connus du globe. Il s'étend entre 46° 31′ et 48° 40′ lat. N.; sa longueur de l'E. à l'O. est de 132 l., sa largeur du S. au N. de 63 l. et sa profondeur moyenne de 300 mètres. Cet immense bassin, élevé de 186 mètres au-dessus du niveau de l'Océan Atlantique, reçoit les eaux de plus de 40 fleuves, dont les plus considérables sont: au N. le Nipijon, le Pic, le Black et le Dog; à l'E. le Rayny (la Pluie) et le St.-Louis; au S. le Bois-Brûlé, le Montréal et l'Ontonagon, et à l'E. le Michipicoton. C'est de ce côté qu'il s'écoule par le canal de Ste.-Marie dans le lac Huron. Les côtes, âpres et très-déchirées, forment au N. et au S. de nombreuses baies, telles que la baie Michipicoton à l'E., la Blackbay (baie noire) et la baie de Camana au N., la baie de l'Ouest ou le Fond-du-Lac à l'O., fermée par le cap Chaquanagon, et la baie de Kewenaw, à l'E. du cap du même nom, au S. Les côtes occidentales et méridionales, ainsi que la plupart des îles de ce lac, font partie des États-Unis; les côtes septentrionales et orientales appartiennent à l'Angleterre. Ses principales îles sont : la Grande-Isle et les Apôtres sur la côte S., l'île Michipicoton sur la côte E., l'île de St.-Ignace, les îles Paté, de Philipps et l'île Royale sur la côte N. Cette dernière, la plus importante du lac, fait partie des États-Unis, quoiqu'elle soit géographiquement plus rapprochée du Canada; cependant la société de Montréal y possédait un établissement.

LACTENCIN (Saint-), vg. de Fr., Indre, arr. de Châteauroux, cant. et poste de Buzançais; 660 hab.

LACTHO, grande subdivision de la prov. de Than-hoa, roy. de Tonquin.

LACUS, ham. de Fr., Haute-Garonne, com. de Couledoux; 170 hab.

LADA, pet. v. de la Russie d'Europe, gouv. de Pskow, cer. d'Ostrow; était autrefois une ville assez considérable et une résidence grand-ducale.

LADAK (pays de) ou PETIT-THIBET, la plus occidentale des 4 provinces du Thibet; fait partie du plateau oriental de l'Asie; il est séparé à l'O. du Turkestan par le Bolor, au S. de l'Afghanistan par l'Hindoukoh, du Lahore par l'Himalaya, et au N. du Tourfan par le Moustagh. Les hautes chaînes qui l'encaissent, leurs pics couverts de neige éternelle en rendent le climat très-froid. Au Ladak, sous une latitude de 31° à 35°, où croissent ordinairement les plus beaux fruits du Sud, il y a des contrées où l'orge ne réussit pas. Le principal cours d'eau du Petit-Thibet est l'Indus, qui y prend sa source et naît de la réunion du Schyouk, sa branche orientale, et du Ladak ou branche septentrionale, qui passe par la ville de Ladak. Son sol élevé est peu productif et les habitants sont obligés de tirer de l'Inde presque tout le blé nécessaire à leur consommation. Leur principale richesse consiste dans leurs nombreux troupeaux. Du reste, nous connaissons fort peu ce pays fermé aux Européens. Sa capitale est Ladak ou Leï.

LADAK ou LEÏ, capitale du Ladak ou Petit-Thibet; est située sur la branche septentrionale de l'Indus qui porte son nom. C'est une ville de 500 maisons seulement, mais importante comme siége du gouverneur de la province et comme un des principaux marchés des châles de cachemire.

LADAPEYRE, vg. de Fr., Creuse, arr. et cant. de Guéret, poste de Jarnages; 1500 h.

LADAUX, vg. de Fr., Gironde, arr. de la Réole, cant. de Targon, poste de Cadillac; 270 hab.

LADENBOURG, *Lobdünum*, *Lupodunum*, v. du grand-duché de Bade, chef-lieu de bailliage dans le cer. du Bas-Rhin, sur le Necker; sa pop. est de 2350 hab., qui cultivent beaucoup de tabac et de garance. Le Rosenhof est une ferme renommée et un modèle en économie rurale.

LADERN, vg. de Fr., Aude, arr. et poste de Limoux, cant. de St.-Hilaire; 521 hab.

LADEVÈZE-RIVIÈRE, vg. de Fr., Gers, arr. de Mirande, cant. et poste de Marciac; 650 hab.

LADEVÈZE-VILLE, b. de Fr., Gers, arr. de Mirande, cant. et poste de Marciac; 700 h.

LADIANA ou LUDHEANA, v. de l'Inde, principauté de Sirmind, prov. de Delhi. Elle est située sur un canal du Sutledj, près de la frontière du Lahore; est fortifiée et, bien qu'appartenant sous le rapport administratif à un prince Seikh, est une des principales places d'armes des Anglais.

LADIGNAC, ham. de Fr., Aveyron, com. de Thérondels; 170 hab.

LADIGNAC, vg. de Fr., Corrèze, arr., cant. et poste de Tulle; 620 hab.

LADIGNAC, ham. de Fr., Lot-et-Garonne, com. de Penne; 210 hab.

LADIGNAC, pet. v. de Fr., Haute-Vienne, arr., cant., à 3 l. N.-O. et poste de St.-Yrieix; affineries. Elle avait autrefois un château fort, qui fut le théâtre de plusieurs luttes sanglantes pendant les guerres de la ligue; 2600 hab.

LADIKIA. *Voyez* LATAKIA.

LADINHAC, vg. de Fr., Cantal, arr. d'Aurillac, cant. et poste de Montsalvy; 1120 h.

LADIVERT, ham. de Fr., Haute-Garonne, com. de St.-Béat; 110 hab.

LADIVILLE, vg. de Fr., Charente, arr., cant. et poste de Barbezieux; 436 hab.

LADNEJO-POLE, pet. vg. de la Russie d'Europe, gouv. d'Olouez; siége des autorités du cercle du même nom, sur le Sevir; 350 hab.

LADOGAKANAL, canal de la Russie d'Europe; il passe le long du bord méridional du lac Ladoga, construit pour faire éviter les difficultés que celui-ci présente à la navigation; il conduit de la riv. Wolchow jusqu'à Schlusselbourg, où il se joint à la Newa.

LADOGA, lac de la Russie d'Europe; situé entre les gouv. de Pétersbourg, de Finlande et d'Olouez; sa superficie est de 292 milles c. Il reçoit la majeure partie des eaux des montagnes de la Finlande, les eaux de l'Onéga et celles de 70 petites rivières. Sa profondeur est très-inégale; il a même des bancs de sable; son débouché unique est la Newa. Le Sevir, qui lui conduit les eaux de l'Onéga, le Wolhou et la Woxa sont les rivières principales qu'il reçoit.

LADOIX ou LADOUÉE, ham. de Fr., Côte-d'Or, com. de Serrigny; 470 hab.

LADON, b. de Fr., Loiret, arr. et poste de Montargis, cant. de Bellegarde; commerce en safran, cire, miel, vin; 1196 hab.

LADONCHAMP, ham. de Fr., Moselle, com. de Woippy; 120 hab.

LADORNAC (la), vg. de Fr., Dordogne, arr. de Sarlat, cant. et poste de Terrasson; 970 hab.

LADOS, vg. de Fr., Gironde, arr. et poste de Bazas, cant. d'Auros; 220 hab.

LADOSSE, vg. de Fr., Dordogne, arr. de Nontron, cant. et poste de Mareuil; 410 h.

LADOUX, ham. de Fr., Allier, com. de Beaune; 100 hab.

LADOUZE, vg. de Fr., Dordogne, arr. et poste de Périgueux, cant. de St.-Pierre-de-Chignac; 920 hab.

LADOYE, vg. de Fr., Jura, arr. de Lons-le-Saulnier, cant. de Voiteur, poste de Poligny; 240 hab.

LADRET, ham. de Fr., Drôme, com. de Lachamp; 120 hab.

LADRONES ou **LARRONS** (archipel des). *Voyez* **MARIANNES**.

LADRONES (los), groupe de petites îles, au S. du dép. de l'Isthme, rép. de la Nouvelle-Grenade, dont elles dépendent.

LADUZ, vg. de Fr., Yonne, arr. de Joigny, cant. et poste d'Aillant-sur-Tholon; 290 hab.

LADY, vg. de Fr., Seine-et-Marne, arr. de Melun, cant. et poste de Mormant; 210 h.

LADY-ANNE, baie sur la côte E. du Devon-Septentrional, au S. du cap Clarence; elle est fermée au N. par le cap Linsey ou Lindsay.

LÆHN ou **LEHN**, pet. v. de Prusse, prov. de Silésie, rég. de Liegnitz, sur la rive gauche du Baber et au pied d'une montagne couronnée par les ruines du château de Læhnhaus; fabrication de bas, de toiles et de rubans. Le 18 août 1813, les Russes, sous Keiserow, y firent reculer les Italiens, commandés par Zucchi; la ville fut presque entièrement réduite en cendres; 820 hab.

LÆRNE, vg. du roy. de Belgique, prov. de Flandre orientale, arr. et à 3 1/2 l. de Dendermonde et à 2 l. de Gand; 3450 hab.

LÆSOL, île du Danemark, dans le Cattégat, faisant partie du diocèse d'Aalborg; les femmes s'y livrent à l'agriculture et les hommes à la pêche. L'île a 8 l. c.; 1600 hab.

LAFAT, vg. de Fr., Creuse, arr. de Guéret, cant. et poste de Dun-le-Palleteau; 1020 hab.

LAFAT, ham. de Fr., Indre, com. de Montchévrier; 130 hab.

LAFAYE, ham. de Fr., Saône-et-Loire, com. de St.-Germain-du-Bois; 130 hab.

LAFÈRE (canal de). *Voyez* **PICARDIE** (canaux de).

LAFFAUX, vg. de Fr., Aisne, arr. et poste de Soissons, cant. de Vailly; 270 hab.

LAFFITAU, vg. de Fr., Haute-Garonne, arr., cant. et poste de St.-Gaudens; 80 hab.

LAFFITE, vg. de Fr., Lot-et-Garonne, arr. de Marmande, cant. de Tonneins, poste de Clairac; 1120 hab.

LAFFITTE-VIGORDANE, vg. de Fr., Haute-Garonne, arr. de Muret, cant. du Fousseret, poste de Rieux; 510 hab.

LAFFREY, vg. de Fr., Isère, arr. de Grenoble, cant. et poste de Vizille; 440 hab.

LAFITE, vg. de Fr., Tarn-et-Garonne, arr. et poste de Castel-Sarrazin, poste de St.-Nicolas-de-la-Grave; 530 hab.

LAFITOLE, vg. de Fr., Haute-Pyrénées, arr. de Tarbes, cant. et poste de Maubourguet; 970 hab.

LAFITTE-TROUPIÈRE, vg. de Fr., Haute-Garonne, arr. de St.-Gaudens, cant. et poste de St.-Martory; 320 hab.

LAFOËS, juridiction ducale du Portugal, prov. de Beira, dist. de Visen; comprend environ 5000 habitations.

LAFON, ham. de Fr., Charente-Inférieure, com. de St.-Augustin-sur-Mer; 210 hab.

LAFOND, ham. de Fr., Charente-Inférieure, com. de Cognehors; 400 hab.

LAFOND-ROI, ham. de Fr., Indre, com. de St.-Août; 320 hab.

LAFORCE. *Voyez* **FORCE** (la).

LAFOURCHE. *Voyez* **FOURCHE** (la).

LAFOX, vg. de Fr., Lot-et-Garonne, arr. et poste d'Agen, cant. de Puymirol; 310 h.

LA FRAYE. *Voyez* **FRAYE** (la).

LAGA-AN, *Logia*, riv. de Suède; elle se jette dans le Cattégat, au-dessous de Laholm.

LAGAMAS, vg. de Fr., Hérault, arr. de Lodève, cant. et poste de Gignac; 65 hab.

LAGAN (canal de), en Irlande; il ouvre une communication entre Belfast et le lac Neagh, en passant par Lisburn.

LAGANE, ham. de Fr., Cantal, com. de Menet; 390 hab.

LAGARDÈRE, vg. de Fr., Gers, arr. et poste de Condom, cant. de Valence; 210 h.

LAGARDIOLLE. *Voyez* **GARDIOLLE** (la).

LAGARRIGUE, vg. de Fr., Tarn, arr. et poste de Castres, cant. de Labruguière; 240 hab.

LAGARTO, pet. v. de l'emp. du Brésil, prov. de Sergipe, à 8 l. N.-O. de la ville de même nom; elle est renommée par sa carrière de pierres à fusil.

LAGARTOS (Rio-). *Voyez* **SUMASINTA**.

LAGE, île à l'entrée de la baie de Rio-Janeiro, qu'elle divise en deux bras, prov. de Rio-Janeiro, emp. du Brésil.

LAGEBA. *Voyez* **LAGUABA**.

LAGEIVAC, ham. de Fr., Haute-Vienne, com. de Châlus; 400 hab.

LAGER (Saint-), vg. de Fr., Ardèche, arr. et poste de Privas, cant. de Chomérac; 590 hab.

LAGER (Saint-), vg. de Fr., Rhône, arr. de Villefranche-sur-Saône, cant. et poste de Belleville-sur-Saône; bons vins; 1180 hab.

LAGERVILLE, vg. de Fr., Seine-et-Marne, arr. de Fontainebleau, cant. de Château-Landon, poste d'Égreville; 150 hab.

LAGERY, vg. de Fr., Marne, arr. de Reims, cant. de Ville-en-Tardenois, poste de Jonchery-sur-Vesle; 510 hab.

LAGES (Rio-). *Voyez* **GUANDU**.

LAGES ou **NOSSA-SENHORA-DOS-PRAZERES**, pet. v. de l'emp. du Brésil, prov. de San-Paolo, comarque de Curytiba, sur la grande route royale. C'est la place la plus méridionale de la province; l'agriculture et l'éducation du bétail y fleurissent; mais la ville n'a pas de débouchés pour ses produits et est très-souvent inquiétée par les indigènes; 1500 hab.

LAGES. *Voyez* PIERRE-DE-LAGES (Saint-).

LAGNELAS, ham. de Fr., Isère, com. de Voiron; 210 hab.

LAGNEN, ham. de Fr., Hautes-Alpes, com. de Risoul; 120 hab.

LAGNES, vg. de Fr., Vaucluse, arr. d'Avignon, cant. et poste de l'Isle; 850 hab.

LAGNEY, vg. de Fr., Meurthe, arr., cant. et poste de Toul; 820 hab.

LAGNICOURT, vg. de Fr., Pas-de-Calais, arr. d'Arras, cant. de Marquion, poste de Bapaume; 760 hab.

LAGNIEU, pet. v. de Fr., Ain, arr. et à 7 l. N.-O. de Belley et à 123 l. de Paris, chef-lieu de canton, poste d'Ambérieux; territoire fertile en vins; fabr. de chapeaux de paille; tanneries; 2285 hab.

LAGNY, vg. de Fr., Oise, arr. de Compiègne, cant. de Lassigny, poste de Noyon; 800 hab.

LAGNY, *Latiniacum*, pet. v. de Fr., Seine-et-Marne, arr., à 5 l. S.-O. de Meaux et à 9 l. de Paris, chef-lieu de canton et poste; elle est située sur la rive gauche de la Marne, entre deux coteaux couverts de vignes et de prairies. On y fait un grand commerce de grains, fruits, volailles, fromage de Brie, chaudronnerie, plâtre. Cette commune renferme trois souterrains où l'on trouve une grande quantité d'albâtre gris; 2029 hab.

LAGNY-LE SEC, vg. de Fr., Oise, arr. de Senlis, cant. de Nanteuil-le-Haudouin, poste de Dammartin; 410 hab.

LAGOA, pet. v. du Portugal, roy. d'Algarve, dist. de Faro, sur un petit lac; 4800 hab.

LAGOA-DOIRADA, pet. v. de l'emp. du Brésil, prov. de Minas-Géraès, comarque de Rio-das-Mortes; mines d'or; 2000 hab.

LAGOA-FEIA, lac de l'emp. du Brésil, prov. de Minas-Géraès, comarque de Paracatu, au pied de la Sierra de Araras. Ses eaux noirâtres regorgent d'immenses serpents-sucuriu et de jacarés; les animaux n'y boivent jamais.

LAGOA-GRANDE, lac considérable de l'emp. du Brésil, prov. de Pernambuco, comarque d'Olinda; il s'écoule par le Rio-Goyta.

LAGOA-SANTA, lac de l'emp. du Brésil, prov. de Minas-Géraès, à 8 l. N. de Sabara; il a 1 l. de longueur sur 1/2 l. de large. Les habitants des environs emploient ses eaux contre plusieurs maladies.

LAGOA-VERDE, lac de l'emp. du Brésil, prov. de Minas-Géraès, à 1/2 l. N. de la Lagoa-Feia.

LAGO-CASTELLO. *Voyez* ALBANO.

LAGOINHA-GRANDE et **LAGOINHA-LESTE**, deux lacs au S. de l'île de Santa-Catarina, prov. de même nom, emp. du Brésil.

LAGONEGRO, v. et chef-lieu de district dans le roy. des Deux-Siciles, prov. de Basilicate; située dans une vallée; château; 5000 hab.

LAGO-NEGRO. *Voyez* NÉGRO.

LAGOON ou les QUATRE-FACARDINS, groupe de l'archipel Paumotou ou des Iles-Basses, dans la Polynésie ou Océanie orientale, sous 18° 46′ lat. S. et sous 141° 34′ long. occ. Bougainville le découvrit en 1768; Cook le visita en 1769. Ce groupe offre un aspect riant: derrière les rocs de corail qui environnent la plage s'étend un immense tapis de verdure, entrecoupé de bosquets de cocotiers, sous lesquels on aperçoit les huttes des nègres qui habitent ces îles. Ils sont de race malaise et très-féroces.

LAGOR, b. de Fr., Basses-Pyrénées, arr. et à 3 l. S.-S.-E. d'Orthez, chef-lieu de canton, poste de Lacq; 1790 hab.

LAGORCE, vg. de Fr., Ardèche, arr. de l'Argentière, cant. et poste de Vallon; 1530 hab.

LAGORCE, vg. de Fr., Gironde, arr. de Libourne, cant. de Guitres, poste de Coutras; 1300 hab.

LAGORD, vg. de Fr., Charente-Inférieure, arr., cant. et poste de la Rochelle; 960 hab.

LAGORGUE. *Voyez* GORGUE (la).

LAGOS, vg. de Fr., Basses-Pyrénées, arr. de Pau, cant. de Clairac-près-Nay, poste de Nay; 350 hab.

LAGOS, v. forte maritime du Portugal, chef lieu du roy. d'Algarve et d'un district formant la partie S.-O. de cette province; elle est située à 40 l. S. de Lisbonne, sur une baie dont l'entrée est couverte par les forts de Bandeira et de Pinhao, et dans laquelle embouche la pet. riv. de Lagos. La ville, irrégulièrement fortifiée, est défendue du côté de terre par 9 bastions et vers la mer par 5 redoutes, en partie ruinées par le tremblement de terre de 1755. Son port est petit et ne peut recevoir que le cabotage. La baie, spacieuse et accessible à la grande navigation, n'offre un abri sûr que pendant les mois d'été; en hiver, les navires y sont exposés aux vents d'ouest et du sud qui dominent alors dans ces parages. Lagos est petit, mais son intérieur est riant et il règne une grande activité parmi ses habitants qui s'adonnent à la pêche et à la navigation des côtes. On y compte 2 églises paroissiales, 3 couvents et 3 établissements de charité; pop. de la ville 4300 hab., du district 13,500.

LAGOS (San-Juan-de-los-), pet. v. de la confédération mexicaine, état de Xalisco, sur la route de Zacatécas et sur un plateau fertile et bien arrosé; elle fait un commerce actif et est renommée par sa foire; ses environs sont très-riches en argent. Cette ville a beaucoup souffert dans la guerre de l'indépendance; 3000 hab.

LAGOS, riv. de la Haute-Guinée, sur la frontière orientale de la côte des Esclaves; on n'en connaît encore que la partie inférieure, mais on suppose que sa source est très-éloignée. D'après quelques relations des indigènes, le Lagos serait identique au Mory du Dagoumba. M. Adams prétend qu'il n'est que l'issue du lac Cradou et du lac près d'Ardrah, qui communiquent entre eux et avec le fleuve de Benin.

LAGOS, pet. roy. de la Haute-Guinée, côte des Esclaves, à l'embouchure de la rivière de même nom, et depuis quelque temps tributaire du roy. de Benin. La capitale de même nom, dite aussi Awané, est située sur une île formée par le Lagos et a une population de 18,000 âmes. C'était, il y a quelques années, un des plus grands marchés d'esclaves de toute cette partie de l'Afrique.

LAGO-SANTO, b. des états de l'Église, délégation de Ferrare; située sur une langue de terre.

LAGOSTA. *Voyez* AGOSTA.

LAGOUARDE, ham. de Fr., Gers, com. de Lartigue; 130 hab.

LAGOURGUE, ham. de Fr., Lot-et-Garonne, com. de Clairac; 120 hab.

LAGOUSI, *Apis*, b. dans la partie orientale du pays de Barca, sur la Méditerranée, à 4 l. O. d'Al-Baretoun.

LAGOW, pet. v. de Pologne, woïwodie de Sandomiv, cer. d'Opatow; 1300 hab. En 1831, les Polonais y furent battus par les Russes.

LAGRAND, vg. de Fr., Hautes-Alpes, arr. de Gap, cant. d'Orpierre, poste de Serres; 240 hab.

LAGRANGE. *Voyez* GRANGE (la).

LAGRASSE. *Voyez* GRASSE (la).

LAGRASTIÈRE, ham. de Fr., Isère, com. de Miribel; 150 hab.

LAGRAULAS, vg. de Fr., Gers, arr. de Condom, cant. d'Eauze, poste de Vic-Fezensac; 540 hab.

LAGRAULET, vg. de Fr., Haute-Garonne, arr. de Toulouse, cant. de Cadours, poste de Puységur; 430 hab.

LAGRAULET, vg. de Fr., Gers, arr. de Condom, cant. de Montréal, poste d'Eauze; 1260 hab.

LAGRAVE, vg. de Fr., Tarn, arr., cant. et poste de Gaillac; 770 hab.

LAGROT, ham. de Fr., Saône-et-Loire, com. d'Ozolles; 120 hab.

LAGRUÈRE, vg. de Fr., Lot-et-Garonne, arr. de Marmande, cant. du Mas-d'Agénois, poste de Tonneins; 1280 hab.

LAGUENNE, b. de Fr., Corrèze, arr., cant. et poste de Tulle; 820 hab.

LAGUÉPIE, vg. de Fr., Tarn-et-Garonne, arr. de Montauban, cant. et poste de St.-Antonin; 1100 hab.

LAGUETTE, ham. de Fr., Côte-d'Or, com. de Liernais; 210 hab.

LAGUIAN-MIÉLAN, vg. de Fr., Gers, arr. de Mirande, cant. et poste de Miélan; 550 h.

LAGUILLON, ham. de Fr., Arriège, com. de Belesta; 160 hab.

LAGUINGE, vg. de Fr., Basses-Pyrénées, arr. de Mauléon, cant. et poste de Tardets; 190 hab.

LAGUIOLE, pet. v. de Fr., Aveyron, arr. et à 4 l. N. d'Espalion, chef-lieu de canton et poste; commerce de fromages dits de Laguiole et de bestiaux; 2180 hab.

LAGUNA, alcade ou prov. dans l'île de Manille ou Luçon. Son chef-lieu est Passauhas.

LAGUNA, pet. v. de l'emp. du Brésil, prov. de Santa-Catarina, sur le bord E. de la Laguna, dont elle tire son nom; elle est très-bien bâtie et importante par ses pêcheries et son port; 3000 hab.

LAGUNA (San-Antonio-de-la-), b. bien bâti de la rép. du Pérou, dép. de Liverdad, prov. de Mainas, sur un affluent du Huallaga, dans une contrée marécageuse, mais très-fertile.

LAGUNA, gr. lac au N. du Rio-Tubarao, dans lequel il s'écoule, emp. du Brésil, prov. de Santa-Catarina; il a 7 l. de longueur sur 3 l. de large.

LAGUNA ou BARRA-DA-LAGUNA, baie formée par l'embouchure du Rio-Tubarao et par l'écoulement d'un grand nombre de lacs sur la côte de la prov. de Santa-Catarina, emp. du Brésil.

LAGUNA ou SAN-CHRISTOPHOBAL-DA-LAGUNA, v. de l'île de Ténériffe, archipel des Canaries; mal bâtie et très-déchue, elle n'est remarquable que par la bonté de son climat qu'elle doit à sa situation élevé; c'est le siége du tribunal de l'île; sa population se monte à 8000 âmes, dont 500 appartiennent aux églises.

LAGUNA ou SANTIAGO-DE-LA-LAGUNA, b. de la rép. de l'Ecuador, dép. d'Assuay, prov. de Loxa, sur le bord E. d'un lac et à 5 l. S. de l'embouchure du Huallaga dans le Maragnon. Cet endroit, très-déchu par suite des ravages que la variole y a causés, était autrefois la principale mission des jésuites pour la conversion des Mainas et le siége d'un supérieur de l'ordre.

LAGUNA-ACALAPA, lac au N. de l'état de Tabasco, confédération mexicaine; il s'écoule par le Cupilco dans le golfe du Mexique.

LAGUNA-CHAIREL, lac dans l'intérieur de l'état de San-Luis-Potosi, confédération mexicaine; il est traversé par le Rio-Panuco.

LAGUNA-DE-BALCHACA. *Voyez* SUMASINTA.

LAGUNA-DE-CAYOTEPEC. *Voyez* ZUMPANGO.

LAGUNA-DE-CHIRIQUI. *Voyez* CHIRIQUI.

LAGUNA-DE-CHITA, lac au S.-O. de l'état de San-Luis-Potosi, confédération mexicaine.

LAGUNA-DE-ISTEPEC, lagune sur la côte S.-O. de l'état d'Oaxaca, confédération mexicaine.

LAGUNA-DE-SANTA-ANNA, baie profonde au N. de l'état de Tabasco, confédération mexicaine; elle est formée par la Barra-de-

Santa-Anna, promontoire qui s'avance de l'E. et reçoit le Rio-de-Santa-Anna.

LAGUNA-DE-TEHUANTEPEC, longue lagune sur la côte S.-E. de l'état d'Oaxaca, confédération mexicaine.

LAGUNA-DE-TERMINOS, vaste baie entre les états de Tabasco et d'Yucatan, confédération mexicaine. Elle reçoit plusieurs fleuves, dont le Sumasinta est le plus considérable, et est séparée du golfe du Mexique par les îles Carmen et Punto-Réal.

LAGUNA-DE-ZITLALTEPEC. *Voyez* ZUMPANGO.

LAGUNA-DO-NORTE et **LAGUNA-DO-SUL** (lac du Nord et lac du Sud), deux lacs très-considérables dans la prov. de Pernambuco, emp. du Brésil, entre 9° 30′ et 10° lat. S. Tous les deux communiquent avec l'Océan.

LAGUNA-GRANDE, lagune qui s'étend sur la côte E. de l'état de Tamaulipas, confédération mexicaine, depuis l'embouchure du Rio-del-Norte jusqu'à la baie de San-Bernardo. Le Passo-del-Caballo la joint au golfe du Mexique.

LAGUNA-GRANDE, lac considérable qui s'étend dans les immenses llanos du dép. de l'Ecuador, rép. du même nom, entre le Guaviare et l'Inirita supérieur. Ses débordements fréquents sont un grand bienfait pour ses alentours constamment brûlés par un soleil ardent.

LAGUNA-GRANDE, lac considérable au N. de la Patagonie; s'écoule dans le Cusu-Leuwu.

LAGUNA-GRANDE, lac de la rép. de Bolivia, au S. du dép. de Santa-Cruz-de-la-Sierra; il est traversé par le Rio-Ubahi (Ubai).

LAGUNA-MADRE, longue lagune sur la côte E. de l'état de Tamaulipas, confédération mexicaine, au S. de la Laguna-Grande; elle communique avec l'Océan par les Boquillas-Cerradas.

LAGUNA-MORALES, lagune sur la côte E. de l'état de Tamaulipas, confédération mexicaine, au S. de la Laguna-Madre; elle communique avec le golfe par la Barra-del-Tasdo.

LAGUNA-TAMJAGUA ou **LAGUNA-TAMPICO**, lagune très-étendue au N.-E. de l'état de Vera-Cruz, confédération mexicaine; elle communique avec le golfe au N. par l'embouchure du Tampico, au S. par celle du Tuspan et renferme deux îles: Juan-Ramirez et Toro.

LAGUNO ou **LOGUNO**, cap sur la côte de Mozambique, Afrique orientale, au N. de l'embouchure du Fernando-Veloso dans le canal de Mozambique.

LAGUPIE, vg. de Fr., Lot-et-Garonne, arr. et poste de Marmande, cant. de Seyches; 610 hab.

LAHAGE, vg. de Fr., Haute-Garonne, arr. de Muret, cant. et poste de Kieumes; 220 h.

LAHAIMEIK, vg. de Fr., Meuse, arr. de Commercy, cant. de Fierrefitte, poste de St.-Mihiel; 340 hab.

LAHAISE, ham. de Fr., Eure, com. de Bémécourt, 150 hab.

LAHARIE, ham. de Fr., Landes, com. d'Onesse; 200 hab.

LAHARMAND, vg. de Fr., Haute-Marne, arr., cant. et poste de Chaumont-en-Bassigny; 200 hab.

LAHAS, vg. de Fr., Gers, arr. de Lombez, cant. et poste de Samatan; 640 hab.

LA HAYE (S'Grafenhagen), capitale du roy. de Hollande, première résidence du roi, chef-lieu de la prov. de Hollande méridionale et de district de même nom; siége du gouvernement et de la cour supérieure de justice du royaume; lieu de rassemblement des états-généraux; elle est située dans une contrée saine et élevée, à 3/4 l. de la mer du Nord, à 2 l. N.-O. de Delft, à 3 1/4 l. S.-O. de Leyde, à 12 l. S.-O. d'Amsterdam et à 108 l. N.-N.-E. de Paris. Elle est ceinte d'un fossé et entourée de trois côtés par des prairies, des champs de blé, des jardins et de la belle promenade publique dite le Bois du Duc, avec le château de plaisance d'Oraniensaal; des dunes la séparent de la mer. La ligne canalisée entre Rotterdam et Amsterdam détache près de Delft une branche de 1 l. sur La Haye. Les rues de cette ville sont régulières, la plupart tirées au cordeau et entrecoupées de canaux, dont les quais sont plantés de tilleuls. On y compte 6 places publiques, 14 églises, 2 synagogues, 2 hôpitaux, une maison d'orphelins et une de travail. Ses édifices les plus remarquables sont: le palais du roi dit la vieille cour, avec ses magnifiquns jardins et la bibliothèque royale, f .adée en 1798, possédant plus de 100,000 volumes, de rares manuscrits et un cabinet de médailles; l'hôtel Maurice, avec la galerie royale de tableaux et le cabinet de curiosités chinoises et japonaises; le palais neuf bâti par Guillaume III; le palais des états-généraux, espèce de fort environné d'eau; l'hôtel de ville, la halle au blé; l'église de la Cour et celle de St.-Jacques; les hôtels du prince d'Orange, du prince Fréderic, de Wassenær et de Bentheim. La Haye possède une école latine, des sociétés d'histoire naturelle et de littérature, de peinture et de poésie; des théâtres français et hollandais, une fonderie de canons, des fabriques de céruse, de porcelaines, de soieries, de toiles, de papiers, d'or et d'argent battus et de cire à cacheter. Le commerce se réduit presque à la librairie. Une triple allée de vieux arbres conduit à 1/2 l. au village de Scheweningue, avec ses bains de mer; pop. de la ville 49,000 hab., du district 79,000 hab.

La fondation de La Haye est attribuée à Guillaume II, comte de Hollande, couronné roi des Romains en 1248; une maison de chasse, située dans une forêt, fut l'origine de cette ville. En 1658, la France, l'Angleterre et la Hollande y conclurent un traité pour le maintien de l'équilibre des états du

Nord. En 1672, Jean de Witt, grand pensionnaire de Hollande, et son frère Corneille y furent assassinés par le peuple, et le stadhoudérat fut rétabli. En 1701, l'empereur, l'Angleterre, la Hollande et la Prusse y signèrent une alliance contre la France. En 1785, le commandement de La Haye est enlevé au stadhouder; des troubles éclatent dans la Hollande, qui devient l'alliée de la France. De 1806 à 1810 elle fut la résidence habituelle de Louis Napoléon.

Lieu de naissance de Guillaume, duc d'Orange, devenu roi d'Angleterre en 1688, sous le nom de Guillaume III; du mathématicien Huyghens, né en 1629, mort en 1595, et de Fréd. Ruysch, célèbre anatomiste, né en 1638, mort en 1731.

LAHAYVILLE, vg. de Fr., Meuse, arr. de Commercy, cant. de St.-Mihiel, poste de Noviant-aux-Prés; 100 hab.

LAHEYCOURT, vg. de Fr., Meuse, arr. de Bar-le-Duc, cant. de Vaubecourt, poste de Revigny; 1270 hab.

LAHHADJ, v. de l'Arabie, dans le Yémen, chef-lieu du pays d'Aden et résidence du sultan; est une petite ville située sur le Meïdan et défendue par un fort.

LAHILLAIRE, vg. de Fr., Gers, arr. et poste de Lombez, cant. de Samatan; 150 h.

LAHITAU, vg. de Fr., Hautes-Pyrénées, arr. de Tarbes, cant. et poste de Rabastens; 70 hab.

LAHITÈRE, vg. de Fr., Haute-Garonne, arr. de Muret, cant. de Montesquieu-Volvestre, poste de Rieux; 250 hab.

LAHITTE, vg. de Fr., Gers, arr., cant. et poste d'Auch; 200 hab.

LAHITTE, vg. de Fr., Hautes-Pyrénées, arr. de Bagnères-en-Bigorre, cant. et poste de la Barthe-de-Neste; 200 hab.

LAHITTE, ham. de Fr., Hautes-Pyrénées, com. de Bonnefont; 320 hab.

LAHITTE-ÈS-ANGLES, vg. de Fr., Hautes-Pyrénées, arr. d'Argelès, cant. et poste de Lourdes; 320 hab.

LAHITTE-TOUPIERE, vg. de Fr., Hautes-Pyrénées, arr. de Tarbes, cant. et poste de Maubourguet; 590 hab.

LAHN (la), *Lagana*, riv. qui a sa source dans le comté de Witgenstein, gouv. prussien d'Arnsberg; arrose la Hesse-Électorale, le grand-duché de Hesse-Darmstadt, le duché de Nassau et, après un cours de 35 l., navigable sur une étendue de 14 l., depuis Weilbourg, se jette dans le Rhin, près de Niederlahnstein, au-dessus de Coblence. Son principal affluent est l'Ohm, dans la Hesse-Électorale.

LAHOLM, v. de Suède, préfecture d'Halmstad, sur le Laga-An; fabr. de gants; 1000 h.

LAHONCE, vg. de Fr., Basses-Pyrénées, arr., cant. et poste de Bayonne; 630 hab.

LAHONTAN, vg. de Fr., Basses-Pyrénées, arr. d'Orthez, cant. et poste de Salies; 1220 hab.

LAHORE ou **LAHOR** (roy. de), connu aussi sous le nom de Confédération des Seikhs; est situé au N.-O. de l'Indostan, entre 68° et 75° long. orient., et, en y comprenant les derniers agrandissements, entre 23° et 35° lat. N. Ses limites sont : au N. le Petit-Thibet ou pays de Ladak, à l'E. les possessions anglaises de l'Inde, au S. le Sindhy (conquis récemment par les Anglais), à l'O. l'Afghanistan. Sa superficie est de plus de 2600 l. c.

Le Lahore proprement dit est divisé en deux parties : le Kouhistan ou Lahore des montagnes, contrée élevée, parcourue par des ramifications de l'Hindoukoh, et le Bas-Lahore ou Pendjak, vaste plaine arrosée par cinq grands fleuves, le Djhelam ou Behat, le Tchenab, le Raveï, la Bedjah et le Setledj, qui, par leur réunion, forment le Pandjnad. Ce fleuve principal, affluent de l'Indus, a donné son nom au pays (en persan *pendjab* signifie cinq rivières). On trouve dans les montagnes de belles et fertiles vallées, dont le climat est très-salubre; la plaine est sablonneuse et dévastée, bien que son sol soit très-productif là où il ne manque pas d'eau. Nous ne nous étendrons pas davantage sur la géographie physique de ces deux parties du Lahore, et renvoyons nos lecteurs aux articles spéciaux; il en est de même pour les nouvelles provinces conquises par les Seikhs : la vallée de Cachemire, la partie N.-E. de l'Afghanistan et une partie du Moultan.

La population du Lahore s'élève actuellement à 6 millions et demi d'habitants. Elle se compose de Seikhs, de Radjepoutes, d'Afghans, de Mongols, etc. Les Seikhs sont une secte hindoue. Au commencement du quinzième siècle, Nanek chercha à rapprocher les mahométans et les Hindous en ramenant le brahmanisme à l'adoration d'un seul Dieu et en établissant un culte plus dégagé de cérémonies. La religion nouvelle qu'il fonda dans le Lahore fit de grands progrès, surtout parmi les kschatryas ou guerriers et les sectateurs en prirent le nom de Seikhs ou disciples. Le caractère paisible des Seiks fut rudement éprouvé par les persécutions religieuses auxquelles ceux-ci furent en butte de la part des mahométans, et, à la fin du dix-septième siècle, Gourou-Govind-Singh, dixième chef spirituel des Seikhs, leur fit prendre les armes et jurer une haine éternelle aux mahométans. Les guerriers se parèrent du titre de singh ou lion et laissèrent celui de seikh aux simples laboureurs. Chassés du Pendjah par le grand-mogol, ils y reparurent après les conquêtes de Nadir-Chah et surent se rendre redoutables aux empereurs de Delhi. Ils étaient gouvernés par un grand nombre de petits princes ou sirdars, indépendants les uns des autres, mais réunis par une confédération. A certaines époques, le chef des akalis ou prêtres de Nanek les convoquait à Amrestir, où ils formaient le gourou-mata ou congrès national. Il y a quarante ans, Randjit-Singh, fils d'un simple sirdar, ambitieux et rusé, mais énergique, se fit céder à prix d'argent la ville de Lahore, alors occupée par les Afghans; il en fit le centre de son gouvernement et, profitant de l'anarchie qui désolait le Pendjab, il étendit sa puissance sur les autres chefs des Seikhs. Il se ménagea habilement l'amitié des Anglais et accrut successivement son royaume par la conquête de la vallée de Cachemire, d'une partie de l'Afghanistan et du Moultan. Son revenu était estimé à 70 millions de francs et son armée, en partie organisée à l'européenne par des officiers français, MM. Allard, Ventura et Court, à 82,000 hommes, infanterie et cavalerie, et 100 pièces de campagne. Il est mort en 1839, laissant pour successeur son fils Kurruck-Singh.

Les grandes divisions du roy. de Lahore sont·

Le Lahore, qui comprend le Pendjab, avec les villes d'Amretsir, centre religieux des Seikhs, Lahore, la capitale, Rahoun, Miani, Piani et Makoula, et le Kouhistan, où se trouvent Radjour, Djamboë, Mandi, Kangra, etc.

Le Cachemire, où se trouvent Radjour, Islamabad, Pamper, Moudzafferabad.

Les provinces afghanes de Tchotch, Hasareh, Peichawer et Tchikarpour, avec les villes d'Attok, de Peichawer, Hadjnaggar, Tchikarpour, etc.

Enfin dans le Moultan les prov. de Moultan, Leïa, Dera-Ismaïl-Khan, Dera-Ghasi-Khan et Bahawalpour, avec les chefs-lieux du même nom.

LAHORE ou **Lahor**, capitale fortifiée du roy. de même nom; est située sous 41° 36' lat. N., dans une plaine fertile, aux bords du Ravi. Ancienne résidence des grands-mogols, cette ville renferme encore un palais remarquable, bâti en granit rouge par Akbar, plusieurs autres édifices qui datent du temps de sa splendeur et les restes de la magnifique route qui conduisait de Lahore à Delhi. Elle est généralement bien bâtie et a des rues larges et alignées; sa population, qui, d'après le dire des voyageurs, se monte à 100,000 hab., est industrieuse; elle fabrique des étoffes de coton, du drap, de la flanelle, des armes et fait un grand commerce avec l'Afghanistan, le Cachemire et l'Inde. On voit dans ses environs les magnifiques mausolées de Djihang-Hir et de Nour-Djihan-Begoum.

LAHOSSE, vg. de Fr., Landes, arr. de St.-Sever, cant. et poste de Mugron; 630 h.

LAHOU, pet. v. de la Haute-Guinée, sur la côte des Dents, à l'embouchure du fleuve Lahou dans l'Océan Atlantique, près du cap de même nom; grand commerce d'or et d'ivoire.

LAHOURCADE, vg. de Fr., Basses-Pyrénées, arr. d'Oloron, cant. et poste de Monein; 780 hab.

LAHR, v. et chef-lieu de bailliage du grand-duché de Bade, cer. du Rhin-Moyen; agréblement située sur la Schutter; commerçante et manufacturière; avec un pédagogium et plus de 6000 hab. Les principaux objets de son industrie sont: les tissages de lin et de coton, le tabac, la chicorée, le vinaigre, les rubans, etc. Les environs de cette ville offrent des points de vue délicieux.

LAHSA ou **Hessé**, **Lachsa**, **Al-Ahsa**, **Hadschar** (Bahrain), région de l'Arabie; elle comprend les côtes N.-E. de l'Arabie, depuis le Chat-el-Arab jusqu'aux frontières de l'Oman; sa largeur varie d'une à deux journées de marche. C'est un pays brûlant, sablonneux, dépourvu d'eau; les saisons sont opposées à celles de la côte occidentale, dont les sécheresses correspondent avec ses temps de pluies. Il ne produit que peu de blé et quelques palmiers; ses ânes sont estimés. La côte est très-basse et obstruée de bancs de sable, sur lesquels on fait depuis des siècles la pêche des perles, qui y est très-abondante. La population, peu connue, se compose d'Arabes indépendants, gouvernés par leurs chefs de tribus. Les habitants des villes sont schiites, les Bédouins sunnites. La pêche et la piraterie occupent ceux qui se tiennent sur les côtes. A une époque encore récente la tribu des Algivasem ou Djoasmis s'était rendue très-redoutable par ses courses; une escadrille anglaise vint détruire, en 1809, leur flottille et saccager leurs repaires Ras-el-Khyma et Luft, dans l'île de Kiehm. Les principales villes du Lahsa sont: Lahsa, Ras-el-Khyma, El-Katif, Fouf, Grain et Koueït.

LAHSA ou **Hessé**, v. de l'Arabie, dans le Lahsa; est située à trois journées de marche de la côte, vis-à-vis des îles Bahrain. On la dit bien bâtie; elle sert de résidence à un scheikh puissant.

LAKOO. *Voyez* **Calanna**.

LAIBACH, l'un des deux gouvernements formant le roy. d'Illyrie; il comprend l'ancienne Carinthie et la plus grande partie de la Carniole. Sa superficie est de 381 1/2 l. c. g., et sa population de 650,000 habitants. On y compte 25 villes, 37 faubourgs, 42 bourgs et 5947 villages et hameaux. Ce gouvernement est divisé en 5 cercles; ce sont ceux de Laibach, de Neustædtl, d'Adelsberg, de Klagenfurt et de Villach.

LAIBACH (cercle de), dans le gouv. du même nom, roy. d'Illyrie; ses bornes sont: au N. les cer. de Willach et de Klagenfurt, au N.-E. la Styrie, au S.-E. le cer. de Neustædtl, au S. celui d'Adelsberg et à l'O. celui de Gœrz. Superficie 67 l. c. géogr.; population 140,000 habitants. Il tire son nom de la Laibach, affluent de droite de la Save, qui y prend sa source, au N.-O. du mont Terklou, le point culminant des montagnes très-élevées dont cette province est enveloppée de trois côtés; au S. de cette montagne s'étend la remarquable vallée de Dochein, avec le lac du même nom. L'intérieur du pays est assez plat; les productions consistent en grains, fruits, bois, fer, cuivre, marbre et tourbe.

LAIBACH, *Lublana*, *Lubiana*, *Æmona*, *Labacum*, jolie v. d'Illyrie, chef-lieu du gouvernement et du cercle de même nom et capitale de ce royaume, sur la Laibach; fabr. de soie, de cuirs, de faïence et de produits chimiques; commerce très-considérable; lycée, gymnase, séminaire épiscopal; école d'industrie pour les jeunes filles; bibliothèque; société impériale d'agriculture et des arts de la Carniole et société philarmonique. Laibach est le siége des autorités du gouvernement et d'un évêché; sa pop. dépasse 10,000 âmes.

Cette ville est devenue célèbre dans les fastes de la diplomatie par un congrès tenu en 1821, dans lequel les puissances absolutistes de l'Europe posèrent en principe le droit d'intervention comme droit des gens.

LAICACOTA, b. de la rép. du Pérou, dép. et prov. de Puno, dont il était autrefois le chef-lieu, dans une contrée riche en métaux précieux. Au dix-septième siècle les mines de Laicacota ne le cédèrent guère en célébrité à celles de Potosi.

LAICHINGEN, vg. parois. du roy. de Wurtemberg, cer. du Danube, gr.-bge de Munsingen; tisseranderies; 1830 hab.

LAIFOUR, vg. de Fr., Ardennes, arr. de Mézières, cant. de Monthermé, poste de Charleville; 200 hab.

LAIGLE, ham. de Fr., Oise, com. de Caisne; 240 hab.

LAIGLE. *Voyez* AIGLE (l').

LAIGNE (la), riv. de Fr., a sa source près de Laignes, Côte-d'Or; elle coule du S. au N., entre dans le dép. de l'Aube, passe aux Riceys et se jette dans la Seine, près de Polizot, après 8 l. de cours.

LAIGNE (la), ham. de Fr., Charente, com. de Condac; 100 hab.

LAIGNE (la), vg. de Fr., Charente-Inférieure, arr. de la Rochelle, cant. de Courçon, poste de Mauzé; 550 hab.

LAIGNÉ, vg. de Fr., Mayenne, arr., cant. et poste de Château-Gontier; 1020 hab.

LAIGNE-EN-BELIN, vg. de Fr., Sarthe, arr. du Mans, cant. et poste d'Econnoy; 1250 hab.

LAIGNELET, vg. de Fr., Ille-et-Vilaine, arr., cant. et poste de Fougères; verreries pour gobletterie; 1080 hab.

LAIGNES, b. de Fr., Côte-d'Or, arr. et à 3 1/2 l. O.-S.-O. de Châtillon-sur-Seine, chef-lieu de canton et poste, sur la Haignes; fabr. de toiles et lainages; commerce de chanvre, laines et boissellerie; 1492 hab.

LAIGNEVILLE, vg. de Fr., Oise, arr. de Clermont, cant. et poste de Liancourt; 750 h.

LAIGNY, vg. de Fr., Aisne, arr., cant. et poste de Vervins; 1280 hab.

LAILLÉ, vg. de Fr., Ille-et-Vilaine, arr. de Redon, cant. de Guichen, poste de Bain; 1770 hab.

LAILLERY, ham. de Fr., Oise, com. de Chaumont-en-Vexin; 100 hab.

LAILLEY, ham. de Fr., Gironde, com. de Virelade; 150 hab.

LAILLY, vg. de Fr., Loiret, arr. d'Orléans, cant. et poste de Beaugency; 1740 h.

LAILLY, vg. de Fr., Yonne, arr. de Sens, cant. et poste de Villeneuve-l'Archevêque; 510 hab.

LAIMIÈRE (la), ham. de Fr., Deux-Sèvres, com. de Courlay; 100 hab.

LAIMONT, vg. de Fr., Meuse, arr. et poste de Bar-le-Duc, cant. de Révigny; 770 hab.

LAIN, vg. de Fr., Yonne, arr. d'Auxerre, cant. et poste de Courson; 490 hab.

LAINATE, gros vg. du roy. Lombard-Vénitien, gouv. et délégation de Milan, peu loin de cette dernière ville. On y voit la belle maison de campagne des ducs Litta, remarquable surtout par son jardin et ses jets d'eau.

LAINE-AUX-BOIS, vg. de Fr., Aube, arr., cant. et poste de Troyes; 670 hab.

LAINES-AUX-BOIS, vg. de Fr., Aube, arr., cant., à 2 l. S.-O. et poste de Troyes; il est situé au bas d'un côteau couvert de vignobles, dont les produits sont fort estimés; 760 hab.

LAINS, vg. de Fr., Jura, arr. de Lons-le-Saulnier, cant. de St.-Julien, poste de St.-Amour; 410 hab.

LAINSECQ, vg. de Fr., Yonne, arr. d'Auxerre, cant. et poste de St.-Sauveur; 970 hab.

LAINVILLE, vg. de Fr., Seine-et-Oise, arr. de Mantes, cant. de Limay, poste de Meulan; 350 hab.

LAIRE, vg. de Fr., Doubs, arr. et cant. de Montbéliard, poste d'Héricourt; 190 h.

LAIRES, vg. de Fr., Pas-de-Calais, arr. de St.-Omer, cant. de Fauquembergue, poste de Fruges; 690 hab.

LAIRIÈRE, vg. de Fr., Aude, arr. de Carcassonne, cant. de Monthoumet, poste de Davejean; 340 hab.

LAIRIÈRE, ham. de Fr., Vendée, com. de la Ferrière.

LAIROUX, vg. de Fr., Vendée, arr. de Fontenay-le-Comte, cant. et poste de Luçon; 540 hab.

LAISSAC, vg. de Fr., Aveyron, arr. et à 8 l. N.-N.-O. de Milhau, chef-lieu de canton et poste; fabr. de poterie; 1500 hab.

LAISSEY, vg. de Fr., Doubs, arr. et poste de Baume-les-Dames, cant. de Roulans; 180 hab.

LAIT-CHEOU, v. de Chine, prov. de Chan-toung, à l'embouchure d'une rivière; possède un bon port; elle est une des stations de la flotte chinoise; sa juridiction s'étend sur six villes.

LAITIERS (les). *Voyez* TRINITÉ-DES-LAITIERS (les).

LAITRE. *Voyez* VAL-D'AJOL (le).

LAITRE-DES-GAULTIERS, ham. de Fr.,

Indre-et-Loire, com. de Vernou; 100 hab.

LAITRE-LES-DENEUVRE, ham. de Fr., Meurthe, com. de Deneuvre; 120 hab.

LAITRE-SOUS-AMANCE, vg. de Fr., Meurthe, arr., cant. et poste de Nancy; 350 hab.

LAIVES, vg. de Fr., Saône-et-Loire, arr. de Châlon-sur-Saône, cant. et poste de Sennecey; 1370 hab.

LAIX, vg. de Fr., Moselle, arr. de Briey, cant. et poste de Longwy; 400 hab.

LAIZ, vg. de Fr., Ain, arr. de Bourg-en-Bresse, cant. de Pont-de-Veyle, poste de Maçon; 520 hab.

LAIZÉ, vg. de Fr., Saône-et-Loire, arr., cant. et poste de Macon.

LAIZÉ-LA-VILLE, vg. de Fr., Calvados, arr. de Caen, cant. de Bourguébus, poste de May-sur-Orne; 210 hab.

LAIZY, vg. de Fr., Saône-et-Loire, arr. et poste d'Autun, cant. de Mesvres; 990 hab.

LAJACUNTE, vg. de Fr., Landes, arr. de St.-Sever, cant. de Geaune, poste d'Arzacq; 290 hab.

LAJEMAYE, vg. de Fr., Dordogne, arr. et poste de Ribérac, cant. de St.-Aulaye; 410 hab.

LAJESSE, vg. de Fr., Aube, arr. de Bar-sur-Seine, cant. et poste de Chaource; 540 hab.

LAJONQUIÈRE. *Voyez* JUNQUERA.

LAKEDIVES. *Voyez* LAQUEDIVES.

LAKHIPOUR ou LUKHIPOUR, v. de l'Inde, présidence de Calcutta, prov. de Bengale; située sur un affluent du Megna, à 1 l. de ce fleuve; est très-industrieuse et importante par ses manufactures d'étoffes de coton. Les environs, exposés à de fréquentes inondations, sont très-fertiles.

LALACQUE, ham. de Fr., Pas-de-Calais, com. d'Aire-sur-la-Lys; 210 hab.

LALAING, vg. de Fr., Nord, arr., cant. et poste de Douai; 1560 hab.

LALANDE. *Voyez* KASKASKIA.

LALANDE. *Voyez* MARTIN-LALANDE (Saint-).

LALANDE, ham. de Fr., Cher, com. de Villeneuve; 100 hab.

LALANDE, vg. de Fr., Haute-Garonne, com. de Toulouse; 1200 hab.

LALANDE, ham. de Fr., Lot-et-Garonne, com. de Castelmoron-sur-Lot; 280 hab.

LALANDUSSE, vg. de Fr., Lot-et-Garonne, arr. de Villeneuve-sur-Lot, cant. et poste de Castillonnès; 660 hab.

LALANNE, vg. de Fr., Gers, arr. de Lectoure, cant. et poste de Fleurance; 340 hab.

LALANNE, vg. de Fr., Hautes-Pyrénées, arr. de Tarbes, cant. et poste de Trie; 250 hab.

LALANNE-ABQUÉ, vg. de Fr., Gers, arr. de Mirande, cant. et poste de Masseubez; 480 hab.

LALANNE-D'ASTARAC, vg. de Fr., Hautes-Pyrénées, arr. de Bagnères-en-Bigorre, cant. et poste de Castelnau-Magnoac; 390 h.

LALAUPIE, vg. de Fr., Drôme, arr. et poste de Montélimart, cant. de Marsanne; 490 hab.

LALAYE ou LACH, vg. de Fr., Bas-Rhin, arr. de Schléstadt, cant. et poste de Villé; 1000 hab.

LALBARÈDE, vg. de Fr., Tarn, arr. et poste de Castres, cant. de Vielmur; 380 h.

L'ALBENQUE. *Voyez* ALBENQUE (l').

LALEU, vg. de Fr., Charente-Inférieure, arr., cant. et poste de la Rochelle; 910 hab.

LALEU, ham. de Fr., Maine-et-Loire, com. de Savennières; 300 hab.

LALEU, vg. de Fr., Orne, arr. d'Alençon, cant. et poste du Mesle-sur-Sarthe; 1120 hab.

LALEU, vg. de Fr., Somme, arr. d'Amiens, cant. de Molliens-Vidame, poste d'Airaines; 170 hab.

LALEUGNE, ham. de Fr., Gers, com. de Sarragachies; 230 hab.

LALHEUE, vg. de Fr., Saône-et-Loire, arr. de Châlon-sur-Saône, cant. et poste de Sennecey; 780 hab.

LALIBERT, ham. de Fr., Arriège, com. de Fougax; 120 hab.

LALINDE, pet. v. de Fr., Dordogne, arr. et à 4 l. E. de Bergerac, chef-lieu de canton et poste; 1923 hab.

LALITA-PATAN, v. de l'Inde, roy. du Népal, Népal proprement dit. Elle est située au confluent du Bagmutty, du Fukocha et de la Munnokra; est assez jolie et renferme 24,000 habitants, qui fabriquent des étoffes de coton et des articles en cuivre, dont ils font un grand commerce.

LALIZOLLE, vg. de Fr., Allier, arr. et poste de Gannat, cant. d'Ebreuil; 700 hab.

LALLEU ou JOUIN (Saint-), vg. de Fr., Ille-et-Vilaine, arr. de Redon, cant. du Sel, poste de Bain; 830 hab.

LALLEY, ham. de Fr., Isère, com. de St.-Maurice-Lalley; 700 hab.

LALLEYRIAT, vg. de Fr., Ain, arr., cant. et poste de Nantua; 590 hab.

LALLIGIER, ham. de Fr., Ardèche, com. de Mazan; 140 hab.

LALOBBE, vg. de Fr., Ardennes, arr. de Réthel, cant. de Novion, poste de Chaumont-Porcien; 930 hab.

LALOCHÈRE, ham. de Fr., Côte-d'Or, com. de Créançey; 120 hab.

LALŒUF, vg. de Fr., Meurthe, arr. de Nancy, cant. et poste de Vezelise; formé de trois hameaux, Velle, Puxe et Souveraincourt; 530 hab.

LALONGUE, vg. de Fr., Basses-Pyrénées, arr. de Pau, cant. et poste de Lembeye, 530 hab.

LALONQUETTE, vg. de Fr., Basses-Pyrénées, arr. de Pau, cant. de Thèze, poste d'Auriac; 340 hab.

LALOUBÈRE, vg. de Fr., Hautes-Pyrénées, arr., cant. et poste de Tarbes; 870 h.

LALOURET, vg. de Fr., Haute-Garonne, arr., cant. et poste de St.-Gaudens; 240 h.

LALSK, pet. v. de la Russie d'Europe, gouv. de Wologda, cer. d'Ustjug-Weliku, sur la Luza; 1500 hab., dont le commerce avec Moscou est assez considérable.

LALUQUE, vg. de Fr., Landes, arr. de St.-Sever, cant. et poste de Tartas; 640 hab.

LAMA, vg. de Fr., Corse, arr. et à 6 l. O.-S.-O. de Bastia, chef-lieu de canton, poste de St.-Florent; 398 hab.

LAMACHINE. *Voyez* MACHINE (la).

LAMAGUÈRE, vg. de Fr., Gers, arr. et poste d'Auch, cant. de Salamon; 270 hab.

LAMAIDS, vg. de Fr., Allier, arr., cant. et poste de Montluçon; 270 hab.

LAMAIRÉ, vg. de Fr., Deux-Sèvres, arr. de Parthenay, cant. de St.-Loup, poste d'Airvault; 350 hab.

LAMAIN (Saint-), vg. de Fr., Jura, arr. de Lons-le Saulnier, cant. et poste de Sallière; 290 hab.

LAMALMON, une des montagnes les plus élevées de l'Abyssinie, roy. de Tigré, d'une hauteur de 1752 toises; passage des caravanes de Massouah à Gondar.

LAMALTE, Fr., Hérault, com. de Cessenon; mine de lignite.

LAMANAY, île considérable et bien boisée, mais sans habitants, dans la baie de Honduras, côte N. de l'état du même nom, États-Unis de l'Amérique centrale.

LAMANÈRE. *Voyez* MANÈRE (la).

LAMANON, vg. de Fr., Bouches-du-Rhône, arr. d'Arles-sur-Rhône, cant. d'Eyguières, poste d'Orgon; 390 hab.

LAMANTIN (à), baie à l'O. du Grand-Cul-de-Sac, Guadeloupe.

LAMANTIN (le), b. à l'E. de la Guadeloupe proprement dite, à l'embouchure du Lamantin dans la baie du même nom; plantations et commerce; 4500 hab. avec ses environs immédiats.

LAMANTIN (le), b. de l'île de Martinique, arr. de Fort-Royal, sur une hauteur, dans une contrée marécageuse, mais très-fertile. Tous les dimanches il s'y tient un marché très-fréquenté; 8000 hab.

LA-MAR ou **COBIJA**, prov. maritime de la rép. de Bolivia; cette province, séparée depuis quelques années du dép. de Potosi et érigée en gouvernement maritime, est bornée au N. par le Pérou, à l'E. par le dép. de Potosi, dont elle est séparée par les Cordillères occidentales, au S.-E. et au S. par la rép. du Chili et à l'O. par l'Océan Pacifique. Ses côtes ont un développement de 120 l. et sa population est estimée à 30,000 hab., dont plus de 20,000 Indiens. Ce pays comprend le vaste désert d'Atacama, dont le sol aride et dépourvu de végétation n'offre que deux rivières peu considérables, le Rio-de-Loa au N., qui sépare cette province du Pérou, et le Rio-Cobija (Rio-Salado), dont les eaux tarissent fréquemment. Pour suppléer à ce manque d'eau général, on a ouvert sur plusieurs points, notamment dans les environs du port de La-Mar, des puits artésiens. Les montagnes sont riches en métaux précieux, en salines et eaux minérales.

LA-MAR ou PUERTO-LA-MAR, autrefois COBIJA, jolie pet. v. et chef-lieu de la province du même nom, sur une baie profonde et très-sûre et sur l'emplacement d'un ancien village indien. Son port, déclaré franc par le gouv. de Bolivia, est le seul qu'offrent les côtes de cet état; il rendra en peu de temps cette ville une des places les plus florissantes de la côte O. de l'Amérique méridionale.

LAMARCHE, Nièvre. *Voyez* MARCHE (la).

LAMARCHE, pet. v. de Fr., Vosges, arr. et à 9 l. S. de Neufchâteau, chef-lieu de canton et poste; forges; fabr. de couverts en fer battu; 1630 hab.

LAMARGELLE, vg. de Fr., Côte-d'Or, arr. de Dijon, cant. et poste de St.-Seine; 560 hab.

LAMARQUE, vg. de Fr., Gironde, arr. de Bordeaux, cant. de Castelnau-de-Médoc, poste de Margaux; commerce de vins; 800 hab.

LAMARQUE-PONTACQ, vg. de Fr., Hautes-Pyrénées, arr. de Tarbes, cant. d'Ossun, poste de Nay; 760 hab.

LAMARQUE-RUSTAN, vg. de Fr., Hautes-Pyrénées, arr. de Tarbes, cant. et poste de Trie; 210 hab.

LAMAS ou LLAMAS, pet. v. de la rép. du Pérou, dép. de Liverdad, prov. de Mainas, sur le Rio-Mayo, à 10 l. au-dessus de l'embouchure de ce fleuve dans le Rio-Huallaga; 4000 hab.

LAMASOL ou LIMASOL, v. de l'île de Chypre; est située au bord de la mer, au fond d'une bonne rade, et fait un commerce étendu. Elle est surtout importante par ses vastes salines.

LAMASQUÈRE, vg. de Fr., Haute-Garonne, arr. et poste de Muret, cant. de St.-Lys; 320 hab.

LAMATH, vg. de Fr., Meurthe, arr. et poste de Lunéville, cant. de Gerbeviller; 260 hab.

LAMAURELLE, vg. de Fr., Lot-et-Garonne, arr. de Villeneuve-sur-Lot, cant. et poste de Ste.-Livrade; 270 hab.

LAMAYOU, vg. de Fr., Basses-Pyrénées, arr. de Pau, cant. de Montaner, poste de Vic-en-Bigorre; 510 hab.

LAMBACH, vg. de Fr., Moselle, arr. de Sarreguemines, cant. de Rorbach, poste de Bitche; 780 hab.

LAMBACH, jolie pet. v. industrieuse et commerçante de la Haute-Autriche, cer. de Hausruck, sur la Traun; renferme un monastère avec une belle bibliothèque; commerce de sel; 3500 hab.

LAMBALLE, jolie pet. v. de Fr., Côtes-du-Nord, arr., à 5 l. E. de St.-Brieuc et à 111 l. de Paris, chef-lieu de canton et poste; elle est située sur le penchant d'un coteau, au bord du Guessan; son ancien château féodal, jadis résidence des comtes de Penthièvre, a fait place à une agréable promenade. Lamballe possède une société de lecture et une bibliothèque. Son industrie consiste principalement en tanneries. Ses produits, ainsi que le miel, la cire, le blé, le cuir et les poteries, sont les principaux articles de son commerce; port au hâvre de Dahouet; 4400 hab.

Cette ville fort ancienne, qui occupe, à ce que l'on croit, l'emplacement de l'ancienne capitale des Ambiliates, doit son origine à un monastère bâti en ce lieu vers la fin du onzième siècle. Les comtes de Penthièvre, dont elle devint la résidence, la firent fortifier, et elle joua comme place de guerre un rôle dans les guerres du seizième siècle. Le château fort de Lamballe fut détruit sous Louis XIII par ordre du cardinal de Richelieu, contre lequel le seigneur de Penthièvre avait pris parti. Depuis cette époque, Lamballe cessa de figurer comme ville militaire et n'eut plus à souffrir des ravages de la guerre.

LAMBAYE ou LEMBEYE, v. capitale de l'état Ghiolof de Baol, en Sénégambie, à 30 l. N. d'Albréda.

LAMBAYEQUE ou SANNA, prov. maritime du dép. de Liverdad, rép. du Pérou, une des plus belles et des plus fertiles provinces de la région des Vallès et la province la mieux arrosée de tout le littoral péruvien; elle est bornée par les prov. de Truxillo, de Caxamarca, de Chota et de Piura; son étendue du S. au N. est de 46 l., celle de l'O. à l'E. de 12.; population 48,000 hab. La province est traversée par 4 rivières qui descendent des Andes de Caxamarca; ce sont: le Rio-de-la-Leche (fleuve du lait), au N.; le Rio-Lambayèque, qui alimente un canal d'irrigation appelé le Grand-Taimé; le Rio-Sanna et le Rio-Jequétépèque. Les pâturages y abondent et nourrissent de nombreux troupeaux de bêtes à cornes et de chèvres. Les principales productions du sol sont: le blé, le maïs, le riz et le tabac; les montagnes fournissent de l'or, de l'argent, du cuivre (à Cherrepe) et du salpêtre, un des principaux articles du commerce d'exportation. L'industrie manufacturière porte surtout sur la fabrication de draps, de chapeaux, de savon et de maroquin. Pacasmayo et Cherrepe sont les deux seuls ports de la province.

LAMBAYEQUE, v. et chef-lieu de la province du même nom, à 3 l. de la mer et à 50 l. N.-O. de Truxillo; elle renferme un hôpital, un collége, différentes fabriques et fait un commerce très-important; 10,000 h.

LAMBELPRÉ, ham. de Fr., Vosges, com. de Granges-de-Plombières; 140 hab.

LAMBERCOURT, ham. de Fr., Somme, com. de Miannay; 200 hab.

LAMBERCY, ham. de Fr., Aisne, com. de Dagny-Lambercy; 190 hab.

LAMBERSART, vg. de Fr., Nord, arr., cant. et poste de Lille; 940 hab.

LAMBERT (Saint-), vg. de Fr., Ardennes, arr. de Vouziers, cant. et poste d'Attigny; 650 hab.

LAMBERT, vg. de Fr., Bssses-Alpes, arr., cant. et poste de Digne; 130 hab.

LAMBERT (Saint-), ham. de Fr., Bouches-du-Rhône, com. de Marseille; 120 hab.

LAMBERT (Saint-), vg. de Fr., Calvados, arr. de Falaise, cant. et poste d'Harcourt-Thury; 810 hab.

LAMBERT (Saint-), ham. de Fr., Gironde, com. de Pauillac; 150 hab.

LAMBERT (Saint-), vg. de Fr., Seine-et-Oise, arr. de Rambouillet, cant. et poste de Chevreuse; 250 hab.

LAMBERT, ham. de Fr., Lozère, com. de St.-Alban; 110 hab.

LAMBERT-DE-LA-POTERIE (Saint-), vg. de Fr., Maine-et-Loire, arr. et poste d'Angers, cant. de Thouarcé; 1270 hab.

LAMBERT-DES-LEVÉES (Saint-), vg. de Fr., Maine-et-Loire, arr., cant. et poste de Saumur; 1730 hab.

LAMBERT-DU-LATTAY (Saint-), b. de Fr., Maine-et-Loire, arr. et cant. d'Angers, poste; 410 hab.

LAMBERT-SUR-DIVE (Saint-), vg. de Fr., Orne, arr. d'Argentan, cant. et poste de Trun; 400 hab.

LAMBERVILLE, vg. de Fr., Manche, arr. de St.-Lô, cant. et poste de Torigni; 310 hab.

LAMBERVILLE, vg. de Fr., Seine-Inférieure, arr. et cant. de Dieppe, poste de Bacqueville; 510 hab.

LAMBESC, *Lambæsa*, pet. v. de Fr., Bouches-du-Rhône, arr., à 4 l. N.-O. d'Aix et à 193 l. de Paris, chef-lieu de canton et poste; elle est bien bâtie, ornée de plusieurs belles fontaines et renferme des constructions assez élégantes et une horloge remarquable; commerce en vins, huile d'olives, blé, avoine, seigle, garance, amandes; 3900 hab. Cette ville était autrefois importante comme chef-lieu d'une principauté et siége des assemblées de la province; aquéduc romain.

LAMBESE, *Lambæsa*, b. de l'état d'Alger, prov. et à 26 S. de Constantine, non loin d'Herba.

LAMBÉZELLEC, vg. de Fr., Finistère, arr., cant. et poste de Brest; 8163 hab., industrieux et commerçants.

LAMBIE (Pointe à), cap sur la côte S.-O. de Grande-Terre, Guadeloupe.

LAMBLORE, vg., de Fr., Eure-et-Loir, arr. de Dreux, cant. et poste de Laferté-Vidame; 300 hab.

LAMBOUR, ham. de Fr., Finistère, com. de Pont-l'Abbé; 560 hab.

LAMBRE, ham. de Fr., Drôme, com. de Divajeu; 290 hab.

LAMBRECHT (Saint-), vg. de la Bavière rhénane, arr., cant. et à 1 l. de Neustadt, sur le Speierbach; fabrication de draps; martinets à cuivre et à taillanderie. Ce village, dépendant autrefois d'une abbaye fondée en 977, doit son industrie à des protestants émigrés de la France; 1450 hab.

LAMBRES, vg. de Fr., Nord, arr., cant. et poste de Douai; fabr. de sucre indigène; 800 hab.

LAMBRES, vg. de Fr., Pas-de-Calais, arr. de Béthune, cant. de Norrent-Fontes, poste d'Aire-sur-la-Lys; 520 hab.

LAMBREY, vg. de Fr., Haute-Saône, arr. de Vesoul, cant. de Combeau-Fontaine, poste de Jussey; 300 hab.

LAMBRUISSE, vg. de Fr., Basses-Alpes, arr. et poste de Digne, cant. de Barrême; 310 hab.

LAMBSHEIM, b. de la Bavière rhénane, arr., cant. et à 1 l. de Frankenthal; au milieu d'un bocage d'arbres fruitiers. Connu dès le huitième siècle, il appartint pendant le moyen âge aux comtes de Linange et en 1410 aux lignes de Simern et de Deux-Ponts; 2640 hab.

LAMEAC, vg. de Fr., Hautes-Pyrénées, arr. de Tarbes, cant. et poste de Rabastens; 340 hab.

LAMÉCOURT, vg. de Fr., Oise, arr., cant. et poste de Clermont; 260 hab.

LAMEGO, *Lama, Lameca, Lamecum*, v. du Portugal, chef-lieu de district et évêché dans la prov. de Beira; située à 26 l. N. de Coïmbre, au pied du mont Penude, sur le Balsamao; murée et dominée par un château en ruines. Lamego possède un séminaire épiscopal et plusieurs établissements de charité; 6000 hab., qui se livrent à la culture de la vigne et au commerce des bestiaux

En 1143, le roi Alphonse Henriquez y tint une diète où fut réglé l'ordre de succession pour la couronne du Portugal.

LAMEIRA, vg. du Portugal, prov. d'Entre-Duero-et-Minho, dist. et près de Guimaraës; avec les eaux tièdes sulfureuses de Caldas-St.-Miguel, de St.-Antonio-de-Teupa, et des ruines de bains romains.

LAMÉLAIE, ham. de Fr., Indre-et-Loire, com. de Beaumont-Verron; 200 hab.

LAMELIN, baie avec un établissement important à l'extrémité de la presqu'île qui sépare la baie de la Fortune de celle de Plaisance; côte S. de l'île de Terre-Neuve; à son entrée s'étend l'île Lamelin.

LAMELOUSE, vg. de Fr., Gard, arr. et poste d'Alais, cant. de St.-Martin-de-Valgalgues; 370 hab.

LAMENAY, vg. de Fr., Nièvre, arr. de Nevers, cant. de Dornes, poste de Décize; 230 hab.

LAMENECLE, vg. de Fr., Charente, arr. de Barbezieux, cant. d'Aubeterre, poste de Chalais; 130 hab.

LAMENSANS, ham. de Fr., Landes, com. de Bordères; 180 hab.

LAMER, ham. de Fr., Haute-Saône, com. de Faucogney; 200 hab.

LAMÉRAC, vg. de Fr., Charente, arr. de Barbezieux, cant. de Baignes, poste de Touvérac; 530 hab.

LAMEREY, ham. de Fr., Vosges, com. de Madonne; 230 hab.

LAMERIES, ham. de Fr., Nord, com. de Vieux-Reng; 190 hab.

LAMETZ, vg. de Fr., Ardennes, arr. de Vouziers, cant. de Tourteron, poste d'Attigny; 450 hab.

LAMIDOU, vg. de Fr., Basses-Pyrénées, arr. d'Orthez, cant. et poste de Navarrenx; 90 hab.

LAMILLARIÉ, vg. de Fr., Tarn, arr. d'Albi, cant. et poste de Réalmont; 350 hab.

LAMMERVILLE, vg. de Fr., Seine-Inférieure, arr. de Dieppe, cant. et poste de Bacqueville; 960 hab.

LAMMSPRINGE, b. du roy. de Hanovre, gouv. de Hildesheim; ainsi nommé à cause de la source de la Lamme, qui se trouve dans le jardin de son couvent. L'église du cloître renferme un orgue excellent et de beaux tableaux; 1200 hab.

LAMNAY, vg. de Fr., Sarthe, arr. de Mamers, cant. de Montmirail, poste de la Ferté-Bernard; 1140 hab.

LAMO, pet. v. sur la côte orientale de l'Afrique, possessions de l'imam de Mascate, à 30 l. N.-N.-E. de Mélinde.

LAMOILLE, riv. des États-Unis de l'Amérique du Nord, état de Vermont; elle prend naissance dans les montagnes Vertes (Green-Mountains); coule vers l'O. et débouche dans le lac Champlain.

LAMOLÈRE, ham. de Fr., Landes, com. de Campet; 160 hab.

LAMOLÈRE, ham. de Fr., Lot-et-Garonne, com. de Clairac; 130 hab.

LAMONGANG, volcan dans l'île de Java, prov, de Besukie.

LAMONGANG, pet. v. de l'île de Java, prov. de Sourabaya.

LAMONGERIE, vg. de Fr., Corrèze, arr. de Tulle, cant. d'Uzerche, poste de Masseret; 390 hab.

LAMONTÉLARIÉ, vg. de Fr., Tarn, arr. de Castres, cant. d'Angles, poste de Brassac; 900 hab.

LAMONTGIE, b. de Fr., Puy-de-Dôme, arr. d'Issoire, cant. de Jumeaux, poste de St.-Germain-Lembron; 1250 hab.

LAMONZIE-MONTASTRUC, vg. de Fr., Dordogne, arr. et cant. de Bergerac, poste de Mouleydier; 980 hab.

LAMONZIE-SAINT-MARTIN, vg. de Fr., Dordogne, arr. et poste de Bergerac, cant. de Sigoulès; 1210 hab.

LAMOTHE. *Voyez* BIENNE (lac).

LAMOTHE ou **LAMOTTE**. *Voyez* MOTHE ou MOTTE (la).

LAMOTHE, ham. de Fr., Gironde, com. de Podensac; 260 hab.

LAMOTTE, ham. de Fr., Indre-et-Loire, com. de Benais; 100 hab.

LAMOUILLY, vg. de Fr., Meuse, arr. de Montmédy, cant. et poste de Stenay; 310 h.

LAMPA, vg. de la rép. du Chili, prov. et dist. de Santiago, sur le Rio-Lampa, dans une contrée bien arrosée et très-bien cultivée; mines d'or dans le voisinage.

LAMPA, prov. du dép. de Puno, rép. du Pérou; elle est bornée par les prov. de Carabaya, de Tinta, d'Asangaro, de Paucarcolla ou Puno, d'Aréquipa et de Cailloma. Sa superficie est de 250 l. c. géogr., avec 45,000 h. Cette province s'étend depuis la crête glacée des Cordillères presque jusqu'au bord du lac Titicaca. Son sol onduleux et bien arrosé offre de beaux pâturages, qui nourrissent d'immenses troupeaux de gros bétail, dont l'éducation fait l'occupation principale des habitants. Les montagnes ne sont guère exploitées. Aussi paraît-il que sous le rapport minéralogique cette province est une des plus pauvres du Pérou. On y fabrique et on exporte des draps, des couvertures et des tapis de laine de Vicunna et de Visca, du suif, des peaux et de la viande gelée (chalona).

LAMPA, v. et chef lieu de la province du même nom, entre le lac Titicaca et le chainon occidental des Cordillères; elle est importante par ses mines d'argent, les seules qu'on exploite dans la province; 4800 hab.

LAMPA, vg. de la rép. du Pérou, dép. d'Ayacucho, prov. de Parinacochas; source thermale.

LAMPADOSA ou **LAMPEDOUSE**, *Lopadusa*, pet. île presque inhabitée de la Méditerranée, à 30 l. E. de la côte de l'état de Tunis et à 12 l. S. S.-O. de l'île de Linosa; avec un bon port; elle a 2 l. de long et environ 9 de circonférence. Son territoire est fertile en oliviers sauvages et bon pour le froment et la vigne; on y pêche du thon et du corail. L'armée navale de Charle-Quint fit naufrage près de cette île en 1552.

LAMPAGNY, ham. de Fr., Saône-et-Loire, com. de Gigny; 220 hab.

LAMPAUL, vg. de Fr., Finistère, arr. de Morlaix, cant. et poste de Landivisiau; 2440 h.

LAMPAUL-ISLE-D'OUESSANT, ham. de Fr., Finistère, com. de l'Isle-d'Ouessant; 250 hab.

LAMPERTHEIM, b. de Fr., Bas-Rhin, arr. et poste de Strasbourg, cant. de Schiltigheim; 910 hab.

LAMPERTSLOCH, vg. de Fr., Bas-Rhin, arr. de Wissembourg, cant. de Wœrth-sur-Sauer, poste de Soultz-sous-Forêts; mines de fer et de pétrole (asphalte); fabr. d'encre d'imprimerie; 560 hab.

LAMPOL-PLOUARZEL, vg. de Fr., Finistère, arr. de Brest, cant. de Ploudalmézeau, poste de St.-Renan; fabr. de toiles; 640 hab.

LAMPOL-PLOUDALMÉZEAU, vg. de Fr., Finistère, arr. de Brest, cant. de Ploudalmézeau, poste de St.-Renan; 637 hab.

LAMPON. *V.* JULIEN-DE-LAMPON (Saint-).

LAMPONGS ou **LAMPUHNS** (pays des), occupe la partie méridionale de l'île de Sumatra et touche le détroit de la Sonde qui le sépare de Java. La rivière de Toulang-Bauwang, qui vient d'un lac intérieur assez considérable, est son principal cours d'eau et reçoit le Masousi qui forme la limite entre les Lampongs et le Palembang. Le sol est montueux sur la côte occidentale, mais très-bas sur la côte opposée, qui consiste presque entièrement en marais couverts de vastes forêts; les rares villages, bâtis sur des collines, forment pendant la saison des pluies autant d'îles au milieu d'une immense nappe d'eau. Les indigènes ou Lampongs sont assez paisibles et fidèles aux mœurs et à la religion de leurs ancêtres; ils vivent en agriculteurs dans les montagnes et obéissent à leur propres chefs. La côte, conquise jadis par le sultan de Bantam, est tombée avec les états de ce prince au pouvoir des Hollandais, qui en ont fait une subdivision de la résidence de Bantam. Les endroits les plus remarquables du pays des Lampongs sont: Toulang-Bauwang, Telok-Bitong, etc. L'îlot de Poulo-Tobogan, dans le détroit de la Sonde, fait partie du pays des Lampongs.

LAMPONT, ham. de Fr., Isère, com. de Ville-sous-Anjou; 110 hab.

LANANS, vg. de Fr., Doubs, arr., cant. et poste de Baume-les-Dames; 350 hab.

LANARK, comté d'Écosse, autrement appelé CLYDESDALE. Ses bornes sont: au N.-O. le comté de Dumbarton, au N. celui de Stirling, au N.-E. ceux de Linlithgow et d'Edimbourg, à l'E. celui de Peebles, au S.-E. et au S. celui de Dumfries, au S.-O. celui d'Ayr et à l'O. celui de Renfrew; superficie 40 1/2 l. c. géogr. Ce comté est divisé en 3 parties: Upper, Middle et Under-Ward; la partie supérieure comprend les deux tiers du comté; elle est couverte de montagnes; le terrain y est maigre et pierreux et peu propre à la culture; la partie du milieu est sillonnée de collines qui bornent des plaines de médiocre étendue; la partie inférieure est légèrement ondulée et sablonneuse, mais très-bien cultivée et parsemée de belles maisons de campagne. Ce comté est arrosé par la Clyde, qui y prend sa source au S. et se dirige vers le N.-O., ainsi que par le canal de Clyde-et-Forth et par celui de Monkland, qui conduit les houilles d'Airdrie aux manufactures de Glasgow. Le climat est tempéré, l'air pur et sain, l'hiver rigoureux et l'été très-chaud. Les principales productions consistent en orge, avoine, pois, pommes de terre, lin, fruits, bois, poissons, abeilles, plomb, fer, houille, osmondstones (*lapis olloris*), pierres calcaires, marbres, granit, basalte. L'agriculture, ainsi que l'éducation du bétail, est peu importante, mais l'exploitation des mines, surtout de celles de plomb et de houille, est très-lucrative et fait la principale ressource des habitants. L'industrie manufacturière y est assez florissante; elle embrasse la fabrication d'étoffes de laine, de toiles, dont on exporte une grande quantité, de tapis de laine, de rubans et de bas, de la porcelaine, de la faïence, du verre, de l'alun, du vitriol, du fil d'archal, du sucre, du cuir, de la bière, du savon et des chandelles. Le comté nomme 1 député au parlement et est divisé en 3 districts : Lanark, Glasgow et Airdric; 200,000 hab.

LANARK, jolie pet. v. d'Écosse, chef-lieu du comté de même nom, sur la Clyde qui y forme 3 superbes cascades. Fabrication d'étoffes de coton, de bas et de toile. Dans son voisinage se trouve l'établissement philantropique et industriel fondé à New-Lanark par le célèbre M. Owen; 8000 hab.

LANARVILY, vg. de Fr., Finistère, arr. de Brest, cant. de Plabennec, poste de Lesneven; 480 hab.

LANAS, ham. de Fr., Ardèche, com. de St.-Maurice; 650 hab.

LANCASTER ou **LANCASSHIRE**, comté d'Angleterre, province maritime. Ses bornes sont : au N.-O. le comté de Cumberland, au N. celui de Westmoreland, à l'E. celui d'York, au S.-E. et au S. celui de Chester et à l'O. la mer d'Irlande. Sa superficie est de 80 l. c. géogr. et sa population de près d'un million d'habitants. Cette province est très-montueuse; son sol est pierreux et ingrat; on y rencontre un grand nombre de marais et de tourbières; la côte est en partie bordée de montagnes peu élevées, en partie plate et échancrée par les embouchures de la Mersey, du Ribble et du Duddan et autres rivières; vers le N. se trouve la vaste baie de Marecombe. La chaine du Peak s'étend à l'E. de la province et se dirige vers le comté de Westmoreland; le Penblevill y atteint une élévation d'environ 1200 mètres. Ses principaux canaux sont ceux de Lancaster, de Liverpool et de Leeds, le canal de Bridgewater et celui de Rochdale. On y trouve plusieurs sources minérales. Le climat, quoique extrêmement humide et âpre, est sain. Les productions consistent en avoine, légumes, bois, volaille, chiens de chasse très-estimés, poissons de mer et de rivière, cuivre, plomb, pierres de taille, ardoises, chaux, excellente terre de potier et tourbe; mais la houille, le fer, les pommes de terre et les bêtes à cornes, qui y sont en abondance, forment la plus grande richesse de ce comté; l'agriculture y est peu lucrative. Plus de trois quarts des habitants travaillent dans les nombreuses fabriques et manufactures, dont les produits sont exportés, ainsi que la houille, les bêtes à cornes, le beurre, la laine, les fèves, les viandes salées et les balais de bouleau. Ce comté fait partie du diocèse de Chester, nomme 14 députés au parlement et est divisé en 12 districts.

LANCASTER, *Alione*, *Lancastria*, v. d'Angleterre, chef-lieu du comté du même nom, sur le Lune et le canal de Lancaster, autrefois très-commerçante; elle renferme un joli hôtel de ville et une prison, qui est une des plus grandes de l'Angleterre. Manufactures de toiles à voiles et de toiles ordinaires; savonnerie, chandellerie, menuiserie et construction de vaisseaux; cabotage; 13,000 hab.

LANCASTER, canal d'Angleterre; prend naissance à West-Hongton, communique à Wigan, traverse à Chorley une galerie souterraine, la Ribble à Preston, passe un magnifique aquéduc sur le Lune (haut de 230 mètres), au-dessus de Loyne, arrive à Lancaster et finit à Kendal dans le Westmoreland. Sa longueur est de 16 1/2 milles, sa largeur de 42 pieds et sa profondeur de 6 pieds; il coupe 12 rivières et compte 114 ponts.

LANCASTER, dist. de la Caroline du Sud, États-Unis de l'Amérique du Nord; il est borné par la Caroline du Nord et par les dist. de Chesterfield, de Kershaw, de Fairfield, de Chester et d'York; pays fertile et bien cultivé. En 1781 ce district fut le théâtre de plusieurs combats entre les Anglais et les Américains; 12,000 hab.

LANCASTER (chef-lieu). *Voyez* GARRARD (comté).

LANCASTER, pet. v. des États-Unis de l'Amérique du Nord, état de Massachusetts, comté de Worcester, sur le Nashaway; grande manufacture de coton, tuileries, raffineries de potasse et de cendre de perles; carrière de schiste; 2300 hab.

LANCASTER. *Voyez* NEW-HAMPSHIRE (comté).

LANCASTER, comté de l'état de Pensylvanie, États-Unis de l'Amérique du Nord; il est borné par les comtés de Berks, de Chester, d'York, de Lebanon et par l'état de Maryland. Sa superficie est de 42 l. c. géogr. Pays très-montagneux au N. et au N.-O., où s'élèvent les Turnau ou Flying-Hills et les monts Conéwago; onduleux et entrecoupé de collines peu élevées au S. et au S.-E., où les Coppermine-Hills offrent la crête la plus élevée. Il est arrosé par le Susquéhannah qui attire tous les autres cours d'eau du pays. Cette province, une des plus fertiles et la mieux cultivée de toute l'Union, est appelée par les Anglais mêmes le *jardin de l'Amérique;* 85,000 hab., presque tous Allemands.

LANCASTER, v. des États-Unis de l'Amérique du Nord, état de Pensylvanie, comté de Lancaster, dont elle est le chef-lieu, sur le Conestago. Elle est régulièrement bâtie et une des villes les plus industrieuses et les plus florissantes de l'état. Elle renferme des églises de tous les cultes chrétiens, une académie allemande (Franklin-College), un collége anglais, 2 banques, une prison, un petit musée, un institut des sourds-muets, une célèbre manufacture d'armes, qui fournit les meilleurs fusils de l'Union; des manufactures de draps, d'ouvrages en fer et en acier, de tabac; de nombreuses tanneries et brasseries, des fabriques de chapeaux et différents moulins; commerce important avec Philadelphie; 9000 hab.

LANCASTER, comté de l'état de Virginie,

États-Unis de l'Amérique du Nord; il est borné par la baie de Chésapeak et les comtés de Northumberland, de Middlesex et de Richmond; pays assez malsain et peu cultivé; 6000 hab.

LANCASTER, la commune la plus orientale du Haut-Canada, dist. Oriental, sur le St.-Laurent, tout près de la pointe Baudet; 3000 hab.

LANCASTER (détroit de), bras de mer entre le Devon septentrional, la terre du Prince-William (côte septentrionale de la Terre-de-Baffin) et la côte N. de l'île Cockburn. Ce détroit, sur lequel les explorations récentes des Anglais ont fourni des notions plus exactes et plus positives, joint la mer de Baffin à l'Océan Glacial arctique.

LANCASTER (New-), pet. v. des États-Unis de l'Amérique du Nord, état d'Ohio, comté de Fairfield, dont elle est le chef-lieu, sur le Hockhocking et dans une contrée marécageuse; manufacture de draps; culture du tabac; riches houillères dans les environs; 2400 hab.

LANCÉ, vg. de Fr., Loir-et-Cher, arr. et poste de Vendôme, cant. de St.-Amand; 580 hab.

LANCEDONA, g. a., v. des Deux-Siciles, prov. de Surine; jadis célèbre; n'existe plus aujourd'hui; le village d'Ansedonia se trouve sur son emplacement.

LANCERF, ham. de Fr., Côtes-du-Nord, com. de Plourivo; 400 hab.

LANCEROTA, *Junonia Minor*, *Lancellotta*, une des îles Canaries, dans l'Océan Atlantique, au N.-N.-E. de celle de Fortaventure; environ 12 l. de long, 7 l. de large; 11,000 hab.; partagée par une chaîne de montagnes, dont le volcan de la Corona a une hauteur de 306 toises; repaire de bêtes sauvages; vallées sèches et sablonneuses, produisant de l'orseille, de l'orge et du froment médiocre; chevaux renommés; deux ports dangereux et déserts. Découverte et conquise, en 1417, par Jean de Bétancourt, pour le roi de Castille; 12,000 hab. Téguisé, capitale. *Voyez* CANARIES (les îles).

LANCETTE, ham. de Fr., Jura, com. de Lains; 100 hab.

LANCEY, ham. de Fr., Isère, com. de Villard-Bonnot; 400 hab.

LANCHARRE, vg. de Fr., Saône-et-Loire, arr. de Mâcon, cant. et poste de St.-Gengoux-le-Royal; 160 hab.

LANCHÈRES, vg. de Fr., Somme, arr. d'Abbeville, cant. et poste de St.-Valery-sur-Somme; 830 hab.

LANCHES-SAINT-HILAIRE, vg. de Fr., Somme, arr. de Doullens, cant. et poste de Domart; 420 hab.

LANCHY, vg. de Fr., Aisne, arr. de St.-Quentin, cant. de Vermand, poste de Ham; 200 hab.

LANCIANO, *Anxanum*, v. archiépiscopale des deux-Siciles, prov. de l'Abruzze citérieure; située aux pieds de deux collines, sur la riv. de Fellrine; elle a un château, une cathédrale et plusieurs hospices; on cultive aux environs la vigne et les plantes oléagineuses, dont les produits forment la principale branche du commerce; 2600 hab.

LANCIÉ, vg. de Fr., Rhône, arr. de Villefranche-sur-Saône, cant. de Belleville-sur-Saône, poste de Romanèche; 930 hab.

LANCIEUX, vg. de Fr., Côtes-du-Nord, arr. de Dinan, cant. de Ploubalay, poste de Plancoët; 830 hab.

LANCOME, vg. de Fr., Loir-et-Cher, arr. de Blois, cant. et poste d'Herbault; 220 h.

LANÇON, vg. de Fr., Ardennes, arr. de Vouziers, cant. et poste de Grand-Pré; forges; 310 hab.

LANÇON, vg. de Fr., Bouches-du-Rhône, arr. d'Aix, cant. et poste de Salon; 2060 h.

LANÇON, vg. de Fr, Hautes-Pyrénées, arr. de Bagnères-en-Bigorre, cant. et poste d'Arreau; 90 hab.

LANCRANS, vg. de Fr., Ain, arr. de Gex, cant. de Collonges, poste de Châtillon-de-Michaille; 1770 hab.

LAND, paroisse de Norwège, diocèse d'Aggerhuus, bge de Christiania; 5000 hab.

LANDAK, v. dans l'île de Bornéo, chef-lieu du district ou pays du même nom, qui fait partie de l'état de Sukadana; résidence de la côte occidentale. Elle est située dans l'intérieur et est habitée par un prince indigène, ami des Hollandais. Le pays de Landak est renommé pour ses riches mines de diamants; il y a une centaine d'années on y a trouvé un diamant que M. Balbi cite comme le troisième en grandeur de tous ceux qui existent. En 1815, il appartenait au sultan de Matan; il pesait, sans être taillé, 367 carats.

LANDANGE, vg. de Fr., Meurthe, arr. de Sarrebourg, cant. et poste de Lorquin; 410 hab.

LANDAS, vg. de Fr., Nord, arr. de Douai, cant. et poste d'Orchies; 2405 hab.

LANDAU (Petit-), vg. de Fr., Haut-Rhin, arr. d'Altkirch, cant. et poste de Habsheim; 690 hab.

LANDAU, v. de la principauté de Waldeck, dist. de Twiste; un château et 1300 hab.

LANDAU, pet. v. de Bavière, chef-lieu de district, cer. du Danube-Inférieur; située au pied d'une montagne, sur l'Isar, que l'on traverse sur un pont de bois de 900 pieds, à 12 l. de Landshut; éducation de bestiaux et agriculture florissantes; pop. de la ville 1620 hab., du district 29,450, sur 12 milles c.

LANDAU, v. forte de la Bavière rhénane, chef-lieu de l'arrondissement du même nom; elle est située dans une contrée fertile, entourée de vignobles, à 17 l. N. de Strasbourg et à 6 l. S.-O. de Spire, sur la Queich. Cette forteresse, construite par Vauban, forme un octogone régulier, entourée de larges fossés. Son intérieur est régulier et orné d'une belle place d'armes; les casernes et les magasins sont à l'épreuve de la bombe et la place peut être approvisionnée par un canal de 2 l. de long; fabr. d'armes à feu et commerce de vins; pop. de la ville sans garnison 6050 hab., du canton 30,600, de l'arrondissement 55,500.

Landau appartenait autrefois aux comtes de Linange et fut la résidence de beaucoup de familles nobles; plus tard il devint forteresse impériale. Dans le quinzième siècle, il fut pris par Albert de Brandebourg et livré au pillage. En 1522, François de Sickingen y forma une ligue pour soutenir l'indépendance de la noblesse allemande. La guerre de trente ans fut également funeste à Landau. En 1689, la ville fut presque entièrement réduite en cendres. De 1701 à 1704 le fort se trouva occupé tour à tour par les Français et les impériaux. Les premiers s'en étant emparés en 1713, le fort de Landau fut cédé avec ses dépendances, en 1714, par le traité de Bade, à Louis XIV. Sous l'empire cette ville était chef-lieu d'un canton de l'arr. de Wissembourg. En 1813, la place fut assiégée par les alliés, auxquels elle fut cédée en 1815. Par le traité de Munich, Landau échut à la Bavière comme forteresse de la confédération germanique.

LANDAUL, vg. de Fr., Morbihan, arr. de Lorient, cant. de Pluvignes, poste d'Auray; 870 hab.

LANDAVILLE, vg. de Fr., Vosges, arr., cant. et poste de Neufchâteau; 720 hab.

LANDAVRAN, vg. de Fr., Ille-et-Vilaine, arr., cant. et poste de Vitré; 280 hab.

LANDBERG, paroisse de Suède, prov. de Holmstadt,

LANDE(la), vg. de Fr., Eure, arr. de Pont-Audemer, cant. et poste de Beuzeville; 490 hab.

LANDE (la), ham. de Fr., Tarn-et-Garonne, com. de Goudourville; 140 hab.

LANDE (la), ham. de Fr., Haute-Vienne, com. de Montrol-Sénard; 150 hab.

LANDE (la), vg. de Fr., Yonne, arr. d'Auxerre, cant. et poste de Toucy; 380 h.

LANDÉAN, vg. de Fr., Ille-et-Vilaine, arr., cant. et poste de Fougères; 1850 hab.

LANDEBÆRON, vg. de Fr., Côtes-du-Nord, arr. et poste de Guingamp, poste de Regard; 600 hab.

LANDEBIA, vg. de Fr., Côtes-du-Nord, arr. de Dinan, cant. et poste de Ploncoët; 170 hab.

LANDEC (la), vg. de Fr., Côtes-du-Nord, arr. et poste de Dinan, cant. de Pielan; 400 hab.

LANDE-CHASLE (la), vg. de Fr., Maine-et-Loire, arr. et poste de Baugé, cant. de Longué; 270 hab.

LANDECK, pet. v. de Prusse, prov. de Silésie, rég. de Breslau. A un quart de lieue de la ville se trouvent des eaux sulfureuses, renommées et connues dès le treizième siècle; les environs sont très-romantiques; 1400 h.

LANDECK, gros vg. de Tyrol, cer. du Haut-Innthal, sur l'Inn.

LANDÉCOURT, vg. de Fr., Meurthe, arr., de Lunéville, cant. de Bayon, poste de Gerbéviller; 250 hab.

LANDEDA, vg. de Fr., Finistère, arr. de Brest, cant. et poste de Lannilis; 1980 hab.

LANDE-D'AIROU (la), b. de Fr., Manche, arr. d'Avranches, cant. et poste de Villedieu; 1070 hab.

LANDE-DE-CUBZAC (la), vg. de Fr., Gironde, arr. de Libourne, cant. de Fronsac, poste de St.-André de Cubzac; 630 hab.

LANDE-DE-GOULT (la), vg. de Fr., Orne, arr. d'Alençon, cant. et poste de Carrouges; 530 hab.

LANDE-DE-LIBOURNE (la), vg. de Fr., Gironde, arr., cant. et poste de Libourne; 560 hab.

LANDE-DE-LONGÉ (la), vg. de Fr., Orne, arr. d'Argentan, cant. de Briouzes, poste de Rânes; 310 hab.

LANDE-DE-VERCHÉS (la), ham. de Fr., Maine-et-Loire, com. de Verchers; 180 h.

LANDE-EN-SON (la), vg. de Fr., Oise, arr. de Beauvais, cant. du Coudray-St.-Germer, poste de Gournay; 240 hab.

LANDEHEN, vg. de Fr., Côtes-du-Nord, arr. de St.-Brieuc, cant. et poste de Lamballe; 960 hab.

LANDEL, ham. de Fr., Seine-Inférieure, com. de l'Affeuillie; manufacture de verroterie; 95 hab.

LANDELEAU, vg. de Fr., Finistère, arr. de Châteaulin, cant. et poste de Châteauneuf-du-Faou; 1200 hab.

LANDELLE (Manche). *Voyez* MARTIN-DE-LANDELLE (Saint-).

LANDELLE, vg. de Fr., Oise, arr. de Beauvais, cant. de Coudray-St.-Germer, poste de Gournay; 490 hab.

LANDELLES, vg. de Fr., Calvados, arr. de Vire, cant. et poste de St.-Sever; 1640 h.

LANDELLES, vg. de Fr., Eure-et-Loir, arr. de Chartres, cant. et poste de Courville; 300 hab.

LANDEMONT, vg. de Fr, Maine-et-Loire, arr. et poste de Beaupréau, cant. de Champtoceaux; 980 hab.

LANDEN, *Landæ*, pet. v. du roy. de Belgique, prov. de Liége, arr. de Huy, sur la pet. riv. de Becke; 800 hab.

En 1693, le maréchal de Luxembourg y remporta une victoire complète sur les alliés; on a donné à cette affaire le nom de bataille de Neerwinde, du nom d'un village voisin.

LANDÉO. *Voyez* GUAYCURUS.

LANDE-PATRI (la), vg. de Fr., Orne, arr. de Domfront, cant. et poste de Flers; fabr. de toiles, coutils et reps; 2070 hab.

LANDE-PÉREUSE (la), vg. de Fr., Eure, arr. et poste de Bernay, cant. de Beaumesnil; 390 hab.

LANDERFANG, ham. de Fr., Moselle, com. de Tritteling; 260 hab.

LANDERNEAU, pet. v. et port de Fr., Finistère, arr. et à 5 l. E. de Brest, chef-lieu de canton et poste; elle est située entre deux montagnes, à l'embouchure de l'Elorn dans la rade de Brest. Son port, qui peut recevoir des bâtiments de 300 à 400 tonneaux, est d'un accès assez difficile. La ville est mal bâtie, mais elle a de beaux quais bordés de jolies maisons. L'hôpital succursal de la marine est un édifice remarquable. Landerneau renferme des fabriques de savon, chandelles, soude, toiles de lin, toiles à voiles, noir animal, minoterie, machines à vapeur, etc., et des tanneries. Commerce de toiles, lin, chanvre, cuirs, suif, cire, miel, grains, eaux-de-vie, planches, goudron, poissons salés, etc.; 4963 hab.

LANDERON, v. de Suisse, cant. de Neufchâtel; peu éloignée du lac de Bienne; elle est régie par un grand et un petit conseils; carrières de pierres calcaires; 1000 hab.

LANDERONDE, vg. de Fr., Vendée, arr. des Sables, cant. et poste de la Motte-Achard; 840 hab.

LANDERROUAT, vg. de Fr., Gironde, arr. de la Réole, cant. de Pellégrue, poste de Monségur; 270 hab.

LANDERROUET, vg. de Fr., Gironde, arr. de la Réole, cant. et poste de Monségur; 260 hab.

LANDERSHEIM, vg. de Fr., Bas-Rhin, arr. de Saverne, cant. de Marmoutier, poste de Wasselonne; 230 hab.

LANDES (département des), situé dans la région S.-O. de la France, formé d'une partie de la ci-devant prov. de Gascogne; tire son nom de la qualité de la plus grande partie des terres qu'il renferme, qui sont presque partout sablonneuses, peu fertiles et couvertes de bruyères. Ses limites sont: au N. le dép. de la Gironde, à l'E. ceux de Lot-et-Garonne et du Gers, au S. celui des Basses-Pyrénées et à l'O. l'Océan. Sa superficie est de 900,534 hectares et sa population de 284,918 hab.

Les parties méridionales et orientales du département présentent seules quelques monticules qui font partie du rameau le plus occidental que les Pyrénées gallo-ibériques lancent sur notre territoire; il est connu sous le nom de mont de l'Adour et sépare les eaux de l'Adour de celles de la Garonne.

La principale rivière est l'Adour; elle prend sa source dans le dép. des Hautes-Pyrénées, traverse celui du Gers, puis celui des Landes, en se dirigeant de l'E. à l'O., puis du N. au S.-O.; forme la limite entre ce dernier département et celui des Basses-Pyrénées et se jette dans la mer en formant le port de Bayonne. Son principal affluent, la Douze, prend sa source dans le dép. du Gers, reçoit le Midou, le Ludon, l'Estrigon et le Bes et se jette près de Tartar dans l'Adour. Ses affluents sur la rive gauche sont: le Gabas, le Luy de France et la Gave. La Leyre prend sa source dans ce département, traverse les grandes landes et se rend dans le dép. de la Gironde. Une chaîne de lacs, située le long de la mer, derrière les dunes de sables, se prolonge depuis la limite septentrionale du département jusqu'à Bayonne, sur une distance d'environ 25 l. La partie supérieure du premier, le lac Cazan, est située dans le dép. de la Gironde; le second, le lac Biscarosse, est le plus considérable; il communique avec l'étang d'Aureillon; les autres, moins considérables, portent les noms d'étang de St.-Julien, de Léon, de Vieux-Boucau, de Tosse et d'Ondres; il existe dans les Landes des marais assez considérables, et désignés sous le nom de marais de première et de seconde classe, selon leur degré de dessèchement et de culture.

Le cours de l'Adour et la Douze divisent le département en deux régions très-distinctes; l'une, au S. de ces cours d'eaux, porte le nom de Chalosse; c'est un pays assez fertile en céréales et en vins; la seconde, la partie la plus considérable, présente un sol presque entièrement couvert de marais, de sable, de bruyères et de forêts. Entre les étangs et la mer on trouve les dunes, collines formées de sable qui changent de place et de forme suivant le caprice des vents. Elles occupent le long de la mer une distance de 25 l. du S. au N., sur une largeur de 2 à 3 l. et dont la hauteur varie de 30 à 50 mètres. La mobilité de ces sables et les inondations qui en résultent par l'obstruction des canaux de dégorgement des lacs sont les causes qui tendent à anéantir ce malheureux pays, dont ils ont couvert déjà plusieurs parties naguères habitées. Cependant de nombreux essais, dont les premiers sont dus à Bremontier, ont démontré la possibilité de fixer ces dunes au moyen des semis de pins maritimes; ces travaux, entrepris sur une plus grande échelle, donneront un jour les résultats les plus féconds sous le rapport de la production et de la salubrité de ce pays.

Dans la partie fertile du département l'on récolte du froment, mais en assez petite quantité; la récolte du seigle, du maïs, du sarrasin, du millet est plus abondante; on y cultive les légumes secs et potagers, d'excellents fruits, parmi lesquels il faut citer les pêches et les figues de St.-Sever et de Mont-de-Marsan; du chanvre, du lin, du safran et de la garance. De nombreux vignobles se trouvent dans la partie S.-E. du département; on rencontre souvent de belles prairies naturelles et artificielles; les forêts occupent une superficie de 215,000 hectares; le pin maritime, le chêne vert et le chêne liége, essences qui dominent, sont deux des principales sources de richesses pour les habitants des Landes; on y trouve aussi quelques hêtres et sur des coteaux exposés au S. quelques châtaigniers.

Les chevaux sont nombreux, mais petits, d'une race ferme et rapide et dont l'éducation est facile; ils conservent jusqu'à vingt ans et plus toute leur vigueur et résistent à tous les genres de privations; le gros bétail, assez nombreux, est d'une race petite, rabougrie et maigre; il faut en excepter seulement celle du cant. de Roquefort, qui est très-bien conservée et que l'on compare à la race de la Suisse. Les moutons, au nombre de cinq cent mille, fournissent de la laine médiocre. Les cultivateurs élèvent des abeilles, nourrissent des canards, des oies, beaucoup de chèvres et de porcs; on distingue parmi ces derniers ceux dits de Bois, dont la chair est très-estimée et qui fournissent aux charcutiers de Bayonne leurs meilleurs jambons. On y trouve beaucoup de loups, du grand et du menu gibier en abondance, des oiseaux de passage, principalement des ortolans, des grives; du poisson de toute espèce, de rivière, d'étang et de mer.

Les richesses minérales du département sont : quelques mines de fer d'une exploitation facile, plusieurs houillières, des carrières de marbres, de pierres lithographiques, de pierres de taille, de grès, de plâtre en roches, de la craie, de l'alumine, de la terre à creusets, de vastes tourbières, des mines de bitume, de nombreuses sources minérales, dont les plus renommées sont celles de Dax, de Gamarde et de Jouanin, les sources salées de St.-Pandelon, de Gaujac et de St.-Esprit.

L'industrie rurale occupe le premier rang dans ce département; les pins maritimes et le chêne liége fournissent de la résine, de la poix, du goudron, de la colophane, de la térébenthine, du charbon, des planches, du bois pour la grande et la petite mâture, des bouchons de liége, etc. La culture de la vigne fournit annuellement plus de 300,000 hectolitres de vins, dont une partie est consommée dans le pays ou exportée et une autre convertie en eaux-de-vie qui se vendent sous le nom d'eaux-de-vie d'Armagnac.

Le lin, dans l'arr. de St.-Sever, fournit une énorme quantité d'huile. L'industrie métallurgique compte six hauts-fourneaux, de nombreuses forges, des faïenceries, des poteries fines, quelques verreries très-estimées. L'industrie manufacturière est peu considérable; elle consiste dans quelques fabriques de grosses draperies, de toiles à voiles, des papeteries, quelques teintureries, six fabriques de noir de fumée et des tanneries qui sont renommées.

Le commerce qui était très-considérable pendant les guerres maritimes, a actuellement moins d'importance; il possède de nombreux dépôts de marchandises pour l'exportation en Espagne. Celle du département consiste principalement en planches, en pains de goudron et de résine, en huile, en vins et eaux-de-vie, en jambons et en cuirs.

Ce département est divisé en 3 arrondissements, 28 cantons et 339 communes. Les chefs-lieux d'arrondissement sont :

Mont-de-Marsan	12 cant.	117 com.	93,292 h.
St.-Sever . . .	8 »	114 »	90,500 »
Dax	8 »	108 »	101,126 »
	28 cant.	339 com.	284,918 h.

Il nomme 3 députés, fait partie de la vingtième division militaire, dont le quartier-général est à Bayonne; est du ressort de la cour royale et de l'académie de Pau, du diocèse d'Aire, suffragant de l'archevêché d'Auch. Il fait partie de la trente-unième conservation forestière, dont le chef-lieu est Bordeaux; de la huitième inspection des ponts-et-chaussées, dont le chef-lieu est Bordeaux; de la cinquième division des mines, dont le chef-lieu est Montpellier. Il a 4 colléges, une école normale primaire et 383 écoles primaires.

LANDES, vg. de Fr., Calvados, arr. de Caen, cant. et poste de Villers-Bocage; 450 hab.

LANDES, vg. de Fr., Charente-Inférieure, arr., cant. et poste de St.-Jean-d'Angely; 720 hab.

LANDES, ham. de Fr., Haute-Garonne, com. de Blajan; 200 hab.

LANDES (les), ham. de Fr., Indre-et-Loir, com. de Bourgueil; 100 hab.

LANDES, vg. de Fr., Loir-et-Cher, arr. de Blois, cant. d'Herbault, poste de la Chapelle-Vendômoise; 810 hab.

LANDES (les), ham. de Fr., Maine-et-Loire, com. d'Ingrande; 100 hab.

LANDE-SAINT-SIMÉON (la), vg. de Fr., Orne, arr. de Domfront, cant. et poste d'Athis; 470 hab.

LANDES-GENUSSON (les), vg. de Fr., Vendée, arr. de Bourbon-Vendée, cant. de Mortagne-sur-Sèvre, poste de Tiffauges; 950 hab.

LANDE-SUR-DROME (la), vg. de Fr., Calvados, arr. de Bayeux, cant. et poste de Caumont; 130 hab.

LANDE-SUR-EURE (la), vg. de Fr., Orne, arr. de Mortagne-sur-Huine, cant. et poste de Longni; 690 hab.

LANDES-VIEILLES-ET-NEUVES (les), vg. de Fr., Seine-Inférieure, arr. de Neufchâtel-en-Bray, cant. de Blangy, poste d'Aumale; 360 hab.

LANDE-VAUMONT (la), vg. de Fr., Calvados, arr., cant. et poste de Vire; 270 h.

LANDÉVANT, vg. de Fr., Morbihan, arr. de Lorient, cant. de Pluvigner, poste d'Hennebont; 1580 hab.

LANDEVENNEC, vg. de Fr., Finistère, arr. de Châteaulin, cant. de Crozon, poste d'Argol; fabr. de briques et carreaux; 722 h.

LANDEVIEILLE, vg. de Fr., Vendée, arr. des Sables, cant. et poste de St.-Gilles-sur-Vie.

LANDÉVILLE, vg. de Fr., Haute-Marne, arr. de Vassy, cant. de Doulaincourt, poste de Sailly; 105 hab.

LANDEYRAT, vg. de Fr., Cantal, arr. de Muret, cant. et poste d'Allanche; 390 hab.

LANDIEUL, ham. de Fr., Loire-Inférieure, com. d'Herbignac ; 100 hab.

LANDIFAY, vg. de Fr., Aisne, arr. de Vervins, cant. de Nouvion, poste de Guise ; 960 hab.

LANDIGOU, vg. de Fr., Orne, arr. de Domfront, cant. et poste de Flers ; 750 hab.

LANDIN (le), vg. de Fr., Eure, arr. de Pont-Audemer, cant. de Routot, poste de Bourgachard ; 250 hab.

LANDIRAS, vg. de Fr., Gironde, arr. de Bordeaux, cant. et poste de Podensac ; 2320 hab.

LANDISACQ, vg. de Fr., Orne, arr. de Domfront, cant. et poste de Flers ; 1180 hab.

LANDIVISIAU, pet. v. de Fr., Finistère, arr. et à 4 1/2 l. O.-S.-O. de Morlaix, chef-lieu de canton et poste ; elle est située près de l'Elorn ; fabr. de toiles ; tanneries ; commerce de fourrage, miel, beurre, etc. ; 3031 hab.

LANDIVY, b. de Fr., Mayenne, arr. et à 9 l. O.-N.-O. de Mayenne, chef-lieu de canton, poste d'Ernée ; 2013 hab.

LANDOGNE, ham. de Fr., Puy-de-Dôme, com. de Pontaumur ; 130 hab.

LANDONVILLERS, vg. de Fr., Moselle, arr. de Metz, cant. de Pange, poste de Courcelles-Chaussy ; 180 hab.

LANDORTHE, vg. de Fr., Haute-Garonne, arr., cant. et poste de St.-Gaudens ; 540 hab.

LANDOS, vg. de Fr., Haute-Loire, arr. du Puy, cant. de Pradelles, poste de Cayres ; 900 hab.

LANDOUVILLE, vg. de Fr., Eure-et-Loir, arr. de Dreux, cant. et poste de Châteauneuf-en-Thymerais.

LANDOUZY-LA-COUR, vg. de Fr., Aisne, arr., cant. et poste de Vervins ; 490 hab.

LANDOUZY-LA-VILLE, vg. de Fr., Aisne, arr. et poste de Vervins, cant. d'Aubenton ; fabr. de vannerie fine, surtout en damassure et chapeaux ; 1651 hab.

LANDOY, vg. de Fr., Seine-et-Marne, arr., cant. et poste de Provins ; 240 hab.

LANDRAY, vg. de Fr., Charente-Inférieure, arr. de Rochefort-sur-Mer, cant. d'Aigrefeuille, poste de Surgères ; 680 hab.

LANDRÉ (Saint-). *Voyez* OPELOUSAS.

LANDRECIES, v. forte de Fr., Nord, arr. et à 5 l. O. d'Avesne, chef-lieu de canton et poste ; elle est située dans une plaine, sur la Sambre, et environnée de champs fertiles et de belles prairies. Elle renferme des fabriques de chandelles, des genièvreries et des tanneries. On y fait principalement commerce de bétail, fromage, bois, houblons, houille et ardoise ; 4000 hab.

Cette ville est célèbre par les siéges qu'elle a soutenus ; elle a surtout souffert de l'invasion du territoire français lors de la grande révolution. En 1793 elle fut prise et dévastée par les troupes des puissances coalisées. Les Français la reprirent l'année suivante, et les maisons que l'ennemi avait détruites furent rebâties aux frais de l'état.

LANDRECOURT, vg. de Fr., Meuse, arr. et poste de Verdun, cant. de Sonilly ; 220 h.

LANDREMONT, vg. de Fr., Meurthe, arr. de Nancy, cant. et poste de Pont-à-Mousson ; 360 hab.

LANDRES ou LANDRES-SAINT-GEORGES, vg. de Fr., Ardennes, arr. de Vouziers, cant. et poste de Buzancy ; 561 hab.

LANDRES, vg. de Fr., Moselle, arr. et poste de Briey, cant. d'Audun-le-Roman ; 540 hab.

LANDRESSE, vg. de Fr., Doubs, arr. de Baume-les-Dames, cant. de Pierre-Fontaine, poste ; 400 hab.

LANDRETHUN-LE-NORD, vg. de Fr., Pas-de-Calais, arr. de Boulogne-sur-Mer, cant. et poste de Marquise ; carrières de marbre ; 490 hab.

LANDRETHUN-LES-ARDRES, vg. de Fr., Pas-de-Calais, arr. de St.-Omer, cant. et poste d'Ardres ; 530 hab.

LANDREVANGE, ham. de Fr., Moselle, com. de Bousse ; 140 hab.

LANDREVILLE, vg. de Fr., Aube, arr. de Bar-sur-Seine, cant. et poste d'Essoyes ; commerce de bois et vins ; 1445 hab.

LANDRICHAMPS, vg. de Fr., Ardennes, arr. de Rocroi, cant. et poste de Givet ; laminoir pour fil de laiton et tôle à fer blanc ; batterie en cuivre pour chaudronnerie ; fonderie de cuivre jaune à Viette ; 150 hab.

LANDRICOURT, vg. de Fr., Aisne, arr. de Laon, cant. et poste de Coucy-le-Château ; 300 hab.

LANDRICOURT, vg. de Fr., Marne, arr. de Vitry-le-Français, cant. et poste de St.-Remy-en-Bouzemont ; 210 hab.

LANDRIEUX. *Voyez* ROZ-LANDRIEUX.

LANDROFF, vg. de Fr., Moselle, arr. de Sarreguemines, cant. de Gros-Tenquin, poste de Faulquemont ; 1060 hab.

LANDSBERG, pet. v. de Bavière, chef-lieu de district dans le cer. de l'Isar ; située à 14 l. de Munich, sur le Lech, qui y fait mouvoir plusieurs usines et que l'on y traverse sur un pont de 380 pieds de long ; elle possède des blanchisseries, de nombreuses brasseries et distilleries, une fonderie de cloches et 3 hôpitaux ; culture de houblon ; l'église paroissiale, construite en 1458, renferme des monuments intéressants ; pop. de la ville 2600 hab., du district 24,800, sur 4 3/4 milles c.

Landsberg appartenait autrefois aux Hohenstaufen ; en 1266 il échut aux ducs de Bavière ; dans la guerre de Léopold d'Autriche contre l'empereur Louis-le-Bavarois la ville fut réduite en cendres ; l'empereur la releva et lui accorda des immunités. En 1349 les fils de Louis s'y partagèrent leur héritage ; plusieurs congrès y furent tenus après. Pendant la guerre de trente ans elle fut prise trois fois par les Suédois.

LANDSBERG, pet. v. de Prusse, chef-lieu de cercle, prov. de Brandebourg, rég. de Francfort, sur la Wartha ; se compose de l'ancienne et de la nouvelle ville ceintes de murailles, de 5 faubourgs et de la colonie dite des Hollandais; elle possède 3 églises, un gymnase, des maisons d'orphelins, d'aliénés, de refuge et de détention; des manufactures de draps, d'étoffes de laine, de bas; des tanneries, des brasseries, des distilleries, des tuileries; navigation; commerce de laine et de bestiaux; 10,300 hab.

Une petite ville de même nom, située dans la même régence, avec 1770 hab.

LANDSBERG-LE-VIEUX, pet. v. de Prusse, prov. de Brandebourg, rég. de Potsdam; murée, avec 3 portes et un faubourg; elle possède plusieurs établissements philanthropiques et des manufactures de draps; 1300 h.

LANDSEND (cap) ou FINISTÈRE, la pointe la plus occidentale au S. de l'Angleterre, comté de Cornwall.

LANDSER, b. de Fr., Haut-Rhin, arr. et à 3 l. E.-N.-E. d'Altkirch, chef-lieu de canton, poste de Mulhouse; 637 hab.

Ce bourg était autrefois le chef-lieu d'une seigneurie assez étendue. On voit encore les ruines du vieux château de Landser.

LANDSHUT, *Consuanetes*, v. de Bavière, chef-lieu de district dans le cer. de l'Isar; située à 14 l. de Munich, dans une vallée fertile, sur l'Isar, que l'on traverse sur deux ponts de bois; elle est ceinte de murailles, avec 6 portes, entourée de faubourgs et se compose de la ville vielle et de la ville neuve. En édifices publics on distingue, parmi ses 16 églises; celle de St.-Martin, fondée en 1432, avec sa tour octogone de 454 pieds de haut et de beaux tableaux d'autel; celle de l'ancien couvent de Seligenthal, avec les tombeaux de famille des ducs de la Bavière inférieure de 1259 à 1579; le château royal, terminé en 1543; le vieux château de Trausnitz, qui domine la ville vieile et qui date du treizième siècle; l'antique maison de ville; l'hôpital de St.-Esprit, fondé en 1679. Elle possède en outre une école de chirurgie, un lycée, un gymnase, une école latine, 2 hôpitaux; des fabriques de cuir, d'amidon, de bas et de toiles; de nombreuses brasseries et distilleries; plusieurs usines; pop. de la ville 7900 hab., du district 18,850, sur 10 4/5 milles c.

La fondation de Landshut date du commencement du treizième siècle; elle est attribuée à Louis Ier, duc de Bavière, qui y fixa sa résidence; son fils Othon-l'Illustre suivit son exemple, et plus tard tous les ducs de la Bavière inférieure habitèrent son vieux château; en 1314 l'empereur Louis-le-Bavarois accorda à la ville de grandes immunités; en 1475 on y vit célébrer les noces du duc Georges-le-Riche avec Hedwig, fille du roi Casimir de Pologne. Pendant la guerre de succession de Bavière, Landshut eut beaucoup à souffrir en 1503 et 1505; la guerre de trente ans lui amena de nouveaux désastres en 1632 et 1634. En juillet 1800 et en avril 1809 Landshut fut le théâtre de combats entre les Français et les Autrichiens et vit ses environs dévastés.

LANDSHUT, v. de Prusse, chef-lieu de cercle, prov. de Silésie, rég. de Liegnitz; située au pied des montagnes, à 420 mètres au-dessus du niveau de la mer, au confluent du Zieder avec le Bober; elle est ceinte en partie de murailles, de remparts et de fossés et entourée de faubourgs. Ses fondations philanthropiques possèdent un capital de 312,000 francs; tisseranderies; teintureries; grand commerce de toiles, dont l'exportation annuelle s'élève à 5 millions de pièces; 3550 hab.

LANDSHUT, b. d'Autriche, gouv. de Moravie-et-Silésie, cer. de Brunn; 2000 hab.

LANDSKRON, pet. v. de Bohême, cer. de Chrudim; fabrication d'étoffes de coton, de toile fine; teintureries et blanchisseries; 3000 hab.

LANDSKRON, très-pet. v. de Gallicie, cer. de Myslenicz; entourée de forêts; 1500 hab.

LANDSKRONA, *Coronia*, v. très-forte de Suède, prov. de Malmœhus, sur une petite langue de terre qui s'avance dans le Sund; tanneries; fabrication de tabac, de savon et de sucre; commerce de blé, poissons, poix, goudron, bois et alun; l'agriculture, principalement la culture du tabac, occupe également un grand nombre des habitants, qui sont au nombre de 4000. Le port est sûr et commode.

LANDSTUHL, pet. v. et chef-lieu de canton de la Bavière rhénane, arr. de Hombourg; située à 9 l. N.-O. de Landau, sur la route de Mayence à Paris, près d'une tourbière de 4 l. de longueur. On y voit un ancien fort qui a été la résidence des comtes de Sickingen, et un château moderne; éducation de bétail florissante; dans les forêts voisines des fourneaux à résine et des fabr. de potasse; pop. de la ville 1460 hab., du canton 14,950.

LANDUDEC, vg. de Fr., Finistère, arr. de Quimper, cant. de Plougastel-St.-Germain, poste de Pont-Croix; 900 hab.

LANDUGEN, ham. de Fr., Côtes-du-Nord, com. de Callac; 170 hab.

LANDUJAN, vg. de Fr., Ille-et-Vilaine, arr. de Montfort-sur-Meu, cant. et poste de Montauban; 1190 hab.

LANDUNVEZ, vg. de Fr., Finistère, arr. de Brest, cant. de Ploudalmezeau, poste de St.-Renan; 1560 hab.

LANDUZIERE, ham. de Fr., Loire, com. de St.-Genêt-Lerpt; 160 hab.

LANDZÉCOURT, vg. de Fr., Meuse, arr. et cant. de Montmédy, poste de Louppy; 120 hab.

LANEBOURG, *Lancioburgum*, b. du roy. de Sardaigne, prov. de Maurienne, sur l'Arc, au pied du mont Cenis, à 1381 mères au-dessus du niveau de la mer; 1500 h., qui sont presque tous soit des aubergistes soit des loueurs de mulets; le grand nombre de voyageurs qui y passent leur procurent de nombreuses ressources; ils sont en général de bons chasseurs de chamois. La route qui a été construite à travers la montagne et qui conduit en Piémont a encore amélioré leur position.

LANECORBIN, ham. de Fr., Hautes-Pyrénées, com. de Montastruc-la-Lande; 300 hab.

LANÉRIA, vg. de Fr., Jura, arr. de Lons-le-Saulnier, cant. de St.-Julien, poste de St.-Amour; 80 hab.

LANES, ham. de Fr., Haute-Garonne, com. de Montastruc; 170 hab.

LANESBOROUGH, b. d'Irlande, comté de Longford, sur le Shannon; 2000 hab.

LANESPÈDE, vg. de Fr., Hautes-Pyrénées, arr. de Tarbes, cant. et poste de Tournay; 420 hab.

LANET, vg. de Fr., Aude, arr. de Carcassonne, cant. de Monthoumet, poste de Davejean; 290 hab.

LANEUFRET, vg. de Fr., Finistère, arr. de Brest, cant. de Ploudiry, poste de Landerneau; 190 hab.

LANFAINS, vg. de Fr., Côtes-du-Nord, arr. de St.-Brieuc, cant. de Ploeuc, poste de Quintin; 2220 hab.

LANFROICOURT, vg. de Fr., Meurthe, arr. et poste de Nancy, cant. de Nomény; 320 hab.

LANGAN, vg. de Fr., Ille-et-Vilaine, arr. de Montfort-sur-Meu, cant. et poste de Bécherel; 690 hab.

LANGANNERIE, ham. de Fr., Calvados, com. d'Urville, poste; 220 hab.

LANGAST, b. de Fr., Côtes-du-Nord, arr. de Loudéac, cant. de Plouguenast, poste de Moncontour; 1460 hab.

LANGAST-PRET, ham. de Fr., Côtes-du-Nord, com. de Plessala; 220 hab.

LANGATTE, vg. de Fr., Meurthe, arr., cant. et poste de Sarrebourg; 780 hab.

LANGAY, chaîne de montagnes dans la Nubie orientale, sur les côtes de la mer Rouge, au S. de Souakim; leur élévation doit être assez grande, puisque, selon Burckhardt, elle trace les limites des saisons dans cette partie de l'Afrique.

LANGÉ, vg. de Fr., Indre, arr. de Châteauroux, cant. et poste de Valençay; 740 h.

LANGEAC, *Langiacum*, pet. v. de Fr., Haute-Loire, arr., à 8 l. S. de Brioude et à 120 l. de Paris, chef-lieu de canton et poste; elle est située près de l'Allier et est remarquable par ses carrières de meulières, ses mines de houille et ses eaux minérales froides; 3019 hab.

LANGEACKER ou **NIEUWE-SCHANZ**, fort régulier du roy. de Hollande, prov. de Grœningue, dist. et à 2 1/2 l. de Windschoten, près de l'embouchure de la Wolter-Aa dans le Dollart.

LANGEAC-PLAT-PAYS, vg. de Fr., Haute-Loire, arr. et à 8 l. S. de Brioude, cant. et poste de Langeac; 450 hab.

LANGELAND, île de Norwège, située dans la mer Baltique, au S.-E. de l'île de Fionie; superficie 5 l. c.; ses habitants, au nombre de 12,000, distribués dans 1 ville et 14 paroisses, s'adonnent à l'agriculture, surtout à la culture du lin, des pommes de terre et des arbres fruitiers, à l'éducation du bétail et à la pêche; ils exportent du beurre, du fruit, du blé et du lin. Cette île forme un comté appartenant à la maison Ahlefeldt.

LANGEAIS, pet. v. de Fr., Indre-et-Loire, arr., à 5 l. N.-E. de Chinon et à 65 l. de Paris, chef-lieu de canton et poste; elle est bien bâtie et agréablement située sur la rive droite de la Loire. Un vieux château gothique, dont la construction remonte au dixième siècle et qui sert aujourd'hui de prison, est l'édifice le plus remarquable de cette ville. On y cultive d'excellents melons, objets d'un commerce assez productif; du vin et des fruits; elle a des fabr. de toiles et des tuileries; filat. de chanvre; 3057 hab.

LANGELSCHWALBACH, v. du duché de Nassau, chef-lieu du bailliage du même nom; remarquable par ses 14 sources minérales et ferrugineuses, parmi lesquelles le Weinbrunn et le Stahlbrunn surtout fournissent à des expéditions considérables. On y a bâti en 1829 une belle maison de bains; 1850 h.

LANGELSHEIM, b. du duché de Brunswick, dist. de Gandersheim, sur l'Innerste; 2 fabr. de vinaigre. Dans les environs est l'usine de Frau-Sophie, où se fond le minérai de plomb du Rammelsberg; 1350 hab.

LANGENAU, b. de Bohême, cer. de Leitmeritz; verreries très-considérables; 2000 h.

LANGENAU, b. de Bohême, cer. de Bidschow; fabrication de papier; 3500 hab.

LANGENAU, vg. de Prusse, prov. de Silésie, rég. de Breslau; avec des eaux ferrugineuses très-fréquentées depuis 1819; 500 hab.

LANGENAU, vg. parois. du Wurtemberg, cer. du Danube, gr.-bge d'Ulm, sur la pet. riv. de Nau, qui fait mouvoir de nombreux moulins; le village a 1 l. de longueur, un château et 3 églises; culture de lin; 3150 h.

LANGENBERG, v. de Prusse, prov. du Rhin, rég. et à 3 1/2 l. S. de Dusseldorf; fabr. de draps, d'étoffes de laine, de soieries, de coutellerie, de quincaillerie; tanneries; papeteries; commerce de vins; 2070 h.

LANGENBIELAU. *Voyez* BIELAU.

LANGENBOURG, pet. v. du Wurtemberg, cer. de la Jaxt, gr.-bge de Gerabronn; située sur une montagne dont le pied est baigné par la Jaxt. Les princes de Hohenlohe-Langenbourg en sont justiciers et y possèdent un ancien château fort; 850 hab.

LANGENBRUCKEN, b. du grand-duché de Bade, cer. du Rhin-Moyen; avec une source d'eau minérale (Amalienbad); 1250 h.

LANGENDORF (Koszufalu), pet. v. de Transylvanie, pays des Saxons, cer. de Kronstadt; possède des tanneries très-considérables; 3000 hab.

LANGENDORF (Lauczka), b. d'Autriche, gouv. de Moravie-et-Silésie, cer. d'Olmutz; fabrication de papier très-estimé; 2300 hab.

LANGENDORF, vg. de Prusse, prov. de Silésie, rég. d'Oppeln; usines; 1850 hab.

LANGENDORF, b. de Prusse, prov. de Silésie, rég. d'Oppeln; château; 1150 hab.

LANGENHAYN, vg. du duché de Saxe-Cobourg-Gotha, principauté de Gotha; remarquable par sa grande et nouvelle maison de travail pour les pauvres; 500 hab.

LANGENKORN, très-gros vg. de Danemark, duché de Schleswig, bge de Bredstedt; c'est le village le plus considérable du Jutland; 4000 hab.

LANGENLEUBA, vg. de 2000 hab. et de 2 l. de longueur, divisé en deux parties, dont l'une appartient au roy. de Saxe et l'autre au duché de Saxe-Altenbourg.

LANGENLOIS, pet. v. de la Basse-Autriche, cer. supérieur du Mannhartsberg, sur la Lois; culture de la vigne et des arbres fruitiers; 3200 hab.

LANGENLUNGWITZ, vg. de près de 2 l. d'étendue dans le roy. de Saxe, cer. de l'Erzgebirge; tissages d'étoffes de lin et de coton; bonneterie; blanchisseries; 2000 h.

LANGENNERIE. *Voyez* CHEVILLY.

LANGENŒLS, vg. de Prusse, prov. de Silésie, rég. de Liegnitz; se compose de 3 communes; 3050 hab.

LANGENSALZA, v. de Prusse, chef-lieu de cercle, prov. de Saxe, rég. d'Erfurt, sur la Salza, dans une plaine entourée de collines; elle est ceinte de murailles, avec 7 portes. Langensalza renferme un château, 3 églises, 5 hôpitaux, une école latine, des maisons d'orphelins et de refuge; sa maison de ville possède une bibliothèque publique. Cette ville est la plus industrielle de la Thuringe prussienne; ses manufactures de soieries fournissent environ 8000 pièces d'étoffes de soie ou en soie et coton; sa filature de coton produit 700 quintaux; on y fabrique, dans plus de 100 ateliers, des toiles et des étoffes de laines; la ville possède en outre des fabr. d'amidon, de bas, de salpêtre; des tanneries, des teintureries, des distilleries; le commerce de blé et de bestiaux y est considérable; 6430 hab.

Patrie du célèbre Hufeland, né en 1762 et devenu médecin du roi de Prusse en 1801.

LANGENSELBOLD, b. de la Hesse-Électorale, prov. de Hanau, sur le Grundau; avec un beau château et 2100 hab. Il appartient au prince médiatisé d'Isenbourg-Birstein.

LANGENSOULTZBACH, vg. de Fr., Bas-Rhin, arr. de Wissembourg, cant. de Wœrth-sur-Sauer, poste de Soultz-sous-Forêts; 950 hab.

LANGENSTEINBACH, vg. du grand-duché de Bade, cer. du Rhin-Moyen; avec un bain d'eaux minérales; 1300 hab.

LANGENSTRANDT, paroisse de Norwège, diocèse d'Aggerhuus, bge de Bradsberg.

LANGENTHAL, gr. b. de Suisse, cant. de Berne; joli et bien peuplé; fabr. de rubans, de toile et de bas; grandes blanchisseries; teintureries; manufactures de coton, de soie et tanneries. On y fait le commerce des objets de la fabrication de l'endroit, et il s'y tient le plus important marché de fromages du pays; 2560 hab.

LANGENWETZENDORF, vg. industrieux et de près de 1 l. d'étendue dans la principauté de Reuss-Schleitz; 1500 hab.

LANGENZENN, *Cenna*, pet. v. de Bavière, cer. de la Rézat; située à 6 1/2 l. de Nuremberg, sur la petite rivière de Zenn; manufactures de rubans de soie et de bonneterie; culture et commerce de houblon; 1750 hab.

A la fin du huitième siècle Wittekind tint une assemblée nationale à Cenna; en 1423 Langenzenn fut érigé en ville, avec droit de battre monnaie. Il fut la proie d'un incendie en 1720.

LANGERON, vg. de Fr., Nièvre, arr. de Nevers, cant. et poste de St.-Pierre-le-Moutier; 680 hab.

LANGESAND, b. de Norwège, diocèse d'Aggerhuus, bge de Bradsberg, sur le Cattégat; lieu charmant; 700 hab.

LANGESSE, vg. de Fr., Loiret, arr. et cant. de Gien, poste de Noyon-sur-Vernisson; 150 hab.

LANGEWIESEN, b. de la principauté de Schwarzbourg-Sondershausen, comté Supérieur; situé dans une prairie du Thuringerwald; 1350 hab. Dans les environs sont des fabriques de poix et de noir de fumée, une fonderie, etc., appartenant aux forges de Gunthersfeld.

LANGEY, vg. de Fr., Eure-et-Loir, arr. de Châteaudun, cant. et poste de Cloyes; 700 hab.

LANGEZWAAG, vg. du roy. de Hollande, prov. de Frise, dist. de Herrenveen; 5070 h.

LANGFJELD, chaîne de montagnes de la Norwège; s'étend entre les diocèses d'Aggerhuus et de Bergen; ses principales ramifications sont : le Sogenfjeld, le Filefjeld, le Halnefjeld, le Hardangerfjeld et le Honklefjeld.

LANGHEMARK, b. du roy. de Belgique, prov. de la Flandre occidentale, arr. et à 2 l. d'Ypres; 4650 hab.

LANGHOLM, paroisse d'Écosse, comté de Dumfries; manufactures de coton et papeteries; 3000 hab.

LANGIONE ou **LANTSCHANGOU**, **WINKJAN**, v. de l'Inde transgangétique, dans le Laos siamois, chef-lieu du roy. des Lanjans. Elle est située sur le Maykoung, est entourée de murs et de fossés et renferme un palais, plusieurs pagodes et, d'après Hamilton, 4 à 5000 habitants. On l'a longtemps confondue avec Leng, l'ancienne capitale du Laos. Langione est la résidence du mandarin qui gouverne, au nom du roi, le district dont il est le chef-lieu.

LANGIS-LES-MORTAGNE (Saint-), vg. de Fr., Orne, arr., cant. et poste de Mortagne-sur-Huînes; 610 hab.

LANGKAT, pet. v. de l'île de Sumatra; importante par son commerce et son port, où viennent tous les ans plus de 200 bâtiments de commerce. Son radjah est vassal du roi de Siak.

LANGLADE, vg. de Fr., Gard, arr. de Nîmes, cant. de Sommières, poste de Calvisson; vins fins recherchés; 509 hab.

LANGLADE, ham. de Fr., Lozère, com. de Brenoux; 190 hab.

LANGLADE, ham. de Fr., Puy-de-Dôme, com. de Vic-le-Comte; 110 hab.

LANGLE, ham. de Fr., Ille-et-Vilaine, com. de Miniac-Morvan; 260 hab.

LANGLES, ham. de Fr., Nièvre, com. de Chaulgnes; 160 hab.

LANGLE, ham. de Fr., Haute-Saône, com. de la Proselière; 200 hab.

LANGLEE, Fr., Loiret, com. de Châlette; filat. hydraul. et à vapeur et tissage de coton; 400 hab.

LANGLET, ham. de Fr., Eure, com. de de Morgny; 310 hab.

LANGLEY. *Voyez* MIQUELON.

LANGLEY, vg. de Fr., Vosges, arr. de Mirecourt, cant. et poste de Charmes; 100 hab.

LANGNAU, gr. vg. dans le cant. de Berne; florissant par ses fabriques de coton, de toile, de drap et de chapeaux renommés pour les excellents fromages qu'on y fait; 4380 hab.

LANGOAT, vg. de Fr., Côtes-du-Nord, arr. de Lannion, cant. et poste de Tréguier; 2140 hab.

LANGŒLAN, vg. de Fr., Morbihan, arr. de Pontivy, cant. et poste de Guéméné; 1310 hab.

LANGOGNE, pet. v. de Fr., Lozère, arr., à 11 l. N.-E. de Mende et à 137 l. de Paris, chef-lieu de canton et poste; située sur un des plateaux les plus élevés du département, sur la rive gauche de l'Allier et non loin des sources de cette rivière. On y remarque l'église paroissiale, reste d'un monastère fondé au dixième siècle et qui fut l'origine de cette ville; fabr. de draps; filatures et martinets de cuivre; commerce de bétail et de mulets; 2800 hab.

LANGOIRAN, vg. de Fr., Gironde, arr. de Bordeaux, cant. et poste de Cadillac; il est situé près la rive droite de la Garonne; l'on y récolte des vins blancs renommés; carrières de pierres; 1540 hab.

LANGOLEN, vg. de Fr., Finistère, arr. et poste de Quimper, cant. de Briec; 880 h.

LANGON, *Alingonis Portus*, *Alingo*, pet. v. de Fr., Gironde, arr., à 4 l. N. de Bazas et à 168 l. de Paris, chef-lieu de canton et poste. Cette petite ville, fort ancienne, est située sur la rive gauche de la Garonne et environnée de riches vignobles; tonnellerie, tannerie; on y fait commerce de vins et d'eaux-de-vie; 3745 hab.

LANGON, vg. de Fr., Ille-et-Vilaine, arr., cant. et poste de Redon; 1660 hab.

LANGON, vg. de Fr., Loir-et-Cher, arr. et poste de Romorantin, cant. de Mennetou; 570 hab.

LANGON (le), vg. de Fr., Vendée, arr., cant. et poste de Fontenay-le-Comte; 1690 h.

LANGONNET, gr. vg. de Fr., Morbihan, arr. et à 9 l. O. de Pontivy, cant. de Gourin, poste de Faouet; il possède un dépôt royal d'étalons, auquel on a réuni, en 1833, celui de Lamballe. Cette commune renferme les vastes bâtiments d'une ancienne abbaye de bernardins; 3500 hab.

LANGOT. *Voy.* GERMAIN-LANGOT (Saint-).

LANGOUEDRE, ham. de Fr., Côtes-du-Nord, com. de Plenée-Jugon; 200 hab.

LANGOUET, vg. de Fr., Ille-et-Vilaine, arr. de Rennes, cant. et poste d'Hédé; 560 hab.

LANGOURLA, vg. de Fr., Côtes-du-Nord, arr. de Loudéac, cant. de Collinée, poste de Merdrignac; 1300 hab.

LANGRES, *Audomatunum, Civitas Lingonum*, v. de Fr., Haute-Marne, chef-lieu d'arrondissement, à 8 l. S.-S.-E. de Chaumont et à 69 l. S.-E. de Paris; siége de tribunaux de première instance et de commerce, d'un évêché, suffragant de l'archevêché de Lyon; direction des contributions indirectes; conservation des hypothèques et résidence d'un inspecteur forestier. Cette ville, une des plus anciennes de France, est située sur une montagne escarpée, près la rive droite de la Marne, non loin de la source de cette rivière et de celles de la Meuse et de l'Amance; elle est assez bien bâtie, quoique sans régularité et sans élégance. La cathédrale, beau monument du moyen âge et que l'on croit élevée sur les ruines d'un temple païen; l'hôtel de ville, construction moderne, sont ses édifices les plus remarquables. Sur la belle promenade dite de Blanche-Fontaine, on voit le banc ou venait s'asseoir le philosophe Diderot, né en 1713, et fils d'un coutelier de cette ville. Langres possède une salle de spectacle, une bibliothèque de 30,000 volumes, un collége, un séminaire diocésain, un cours de géométrie et de mécanique appliquées aux arts, une école des beaux arts et une société archéologique, qui s'occupe de la réunion et de la conservation des monuments antiques découverts dans son enceinte et dans ses environs. La coutellerie tient le premier rang dans son industrie; filatures, mégisseries, tanneries, etc. Son commerce, assez étendu, consiste dans la vente de tous les objets de son industrie et des productions du territoire, particulièrement des vins, du fer, de ses forges, des meules à aiguiser, de blé, avoine, lin, chanvre, etc. Foires: les 7 janvier, 15 février, 1er mai, lendemain de la Fête-Dieu, 30 juin, 18 août, 30 septembre et 25 novembre; 6318 hab.

Lors de l'invasion romaine Langres ou

plutôt *Audomatunum*, était la métropole des Lingones, peuple gaulois qui s'allia aux Romains dès leur entrée dans les Gaules. L'empereur Othon accorda aux Lingons les priviléges des citoyens romains; ses successeurs décorèrent cette ville de beaux édifices, dont on a retrouvé quelques débris.

Elle fut prise et brulée par Attila. Rebâtie après ce désastre, elle fut de nouveau détruite par les Vandales. Après la chute de l'empire d'Occident, Langres relevé une seconde fois de ses ruines, passa sous la domination des Bourguignons, qui en conservèrent la possession jusqu'à l'époque où le royaume de Bourgogne fut partagé entre les enfants de Louis-le-Débonnaire. Après Charles-le-Chauve, Langres eut des comtes particuliers. Vers la fin du douzième siècle cette seigneurie passa par acquisition à l'évêque de Langres, dont les successeurs eurent le titre de ducs et pairs de France. Dans les guerres des Anglais et pendant celles de la ligue, les Langrois restèrent fidèles au parti national et repoussèrent courageusement l'oppression ou l'intervention étrangère. Depuis l'avénement de Henri IV Langres ne fut le théâtre d'aucun événement important jusqu'en 1814. Il fut alors occupé par une armée autrichienne, et les princes alliés s'y réunirent avant de se rendre à Chaumont, où ils signèrent le fameux traité contre Napoléon. Un des personnages les plus célèbres de l'antique Audomatunum fut ce Julius Sabinus, que les Gaulois de cette province et les légions révoltées proclamèrent empereur, sous le règne de Vespasien. Trop faible pour résister à l'armée que Vespasien envoya contre lui, Sabinus s'enfuit et parvint à se réfugier dans un souterrain, où il resta caché pendant neuf ans avec son épouse Eponine. Découverts à la fin, ils furent conduits à Rome, où l'implacable Vespasien les fit mourir tous deux.

LANGROIVA, vg. du roy. de Portugal, prov. de Beira, dist. de Pinhel; eaux minérales renommées.

LANGROLAY, vg. de Fr., Côtes-du-Nord, arr. et poste de Dinan, cant. de Ploubalay; 760 hab.

LANGRUNE-SUR-MER, vg. de Fr., Calvados, arr. de Caen, cant. de Douvres, poste de la Délivrande; commerce d'huitres; bains de mer; 2331 hab.

LANG-TCHOU, riv. de Chine, qui sort du lac de Ravanhrad et forme, par sa réunion avec le La-tchou, le Sutledje.

LANGUEBANA, b. considérable de l'état Peul de Fonta-Diallon, en Sénégambie; habité par des Serracolets; forges de fer.

LANGUEDIAS, vg. de Fr., Côtes-du-Nord, arr. et poste de Dinan, cant. de Plelan; 160 hab.

LANGUEDOC (le), *Occitania*, ci-devant prov. de Fr.; elle était bornée à l'E. par la Provence, le comté d'Avignon et le Dauphiné, au N. par le Lyonnais et l'Auvergne, à l'O. par la Gascogne et au S. par le Roussillon et la Méditerranée. A l'époque où les Grecs prirent possession des côtes, où ils fondèrent Marseille, le Languedoc était occupé par les tribus volces tectosages et arécomiques. Toulouse et Nîmes étaient leurs métropoles, et cette province faisait partie de la Gaule celtique. Conquise par les Romains, elle fut comprise dans la Gaule narbonnaise. Cette contrée, devenue province romaine, vit la première colonie établie dans les Gaules par les Romains, qui fondèrent alors Narbonne. La nouvelle ville fut le centre de l'administration romaine, et elle ne tarda pas à s'embellir et à s'agrandir. Les vainqueurs laissèrent aux habitants du Languedoc leurs lois et leurs usages; ils y introduisirent les arts et la civilisation romaines, et bientôt toutes les cités de la province, admises au droit des colonies romaines devinrent l'image des villes de l'Italie, et Narbonne était la Rome des Gaules lorsque les Barbares envahirent l'empire. En 412 les Visigoths et les Vandales saccagèrent Narbonne et ravagèrent la contrée. Un de leurs chefs ayant épousé Placidie, sœur d'Honorius, cet empereur céda la contrée aux Visigoths, qui y régnèrent pendant trois siècles, jusqu'à l'invasion des Sarrasins. Ceux-ci anéantissent la domination des Visigoths en France; mais défaits à leur tour par Charles-Martel, ils sont forcés d'abandonner leur conquête aux Francs. Charlemagne comprit une partie de cette province dans le royaume d'Aquitaine, que ce grand roi organisa. Louis-le-Débonnaire établit le duché de Septimanie et le marquisat de Gothie, qui se subdivisèrent en vicomtés de Béziers, d'Agde, de Lodève, de Carcassonne, etc.

La Gothie, ainsi subdivisée, passa ensuite, sous le titre de marquisat de Narbonne, sous la suzeraineté des comtes de Toulouse, véritables souverains des provinces méridionales, qu'ils conservèrent jusqu'après les guerres des Albigeois, pendant lesquelles le comte Simon de Montfort disposa en maître de la plus grande partie du Languedoc. Après la mort du comte de Montfort, tué au second siége de Toulouse, son fils céda ses conquêtes à Louis VIII; mais les communes du Midi voulant rétablir Raimond VII sur le trône ducal de son père, une nouvelle croisade fut organisée contre les Albigeois. La mort du roi de France interrompit cette guerre. Cependant le nouveau comte de Toulouse n'obtint la paix qu'en cédant tous ses états, à l'exception du diocèse de Toulouse, au roi de France. Raimond VII maria sa fille au comte de Poitiers; celui-ci mourut sans enfants, et le pays de Toulouse fut réuni à la couronne, sous Philippe-le-Hardi, en 1271. Depuis cette époque le Languedoc jouit d'une paix profonde jusqu'à la guerre avec l'Angleterre. Plus tard les guerres de religion et enfin la révocation de l'édit de Nantes ensanglantèrent cette belle province et y arrêtèrent le développement de la civilisation. Son commerce, auquel le canal de jonction des deux mers donna un nouvel essor, lui rendit sa prospérité, qui n'a plus été interrompue jusqu'aux guerres de la république et de l'empire.

Le Languedoc, divisé autrefois en Haut et Bas, comprenait les Cévennes, le Gévaudan, le Vivaras et le Velay; il forme aujourd'hui 8 départements : l'Aude, l'Ardèche, le Gard, la Haute-Garonne, la Haute-Loire, l'Hérault, la Lozère et le Tarn.

LANGUEDOC (canal du) ou **Canal-du-Midi**, **Canal-des-deux-Mers**, canal de Fr., dép. de la Haute-Garonne, de l'Aude et de l'Hérault.

L'idée d'une communication entre la Méditerranée et l'Océan est ancienne; Strabon en parle déjà (1 à 20 après J.-C.); Charlemagne conçut, vers la fin du huitième siècle, la pensée plus étendue de créer une jonction entre le Pont-Euxin et l'Océan.

Sous François Ier on forma le premier projet de joindre l'Océan Aquitanique à la mer de Narbonne (1639). De 1617 à 1650 les états de Languedoc formèrent de nouvelles demandes; des propositions d'entreprise furent reçues, mais l'exécution échoua devant les difficultés du sol et l'insuffisance apparente des eaux. Il était réservé à la persévérance de Pierre-Paul Riquet (né à Béziers, en 1604) de résoudre ce grand problème. Après avoir fait faire des nivellements dans la montagne Noire, il présenta, en 1662, à Colbert un mémoire sur la jonction des deux mers; en 1665, une commission d'enquête adopta les plans dressés avec le concours de l'ingénieur François Adréossy, mais elle exigea une rigole d'essai pour prouver la possibilité d'emmener sur le versant de la Méditerranée des eaux prises dans des rivières qui se versent par la pente opposée de la montagne Noire vers l'Océan; cette rigole, achevée en octobre 1665, couronna le projet de Riquet, qui eut l'entreprise du canal. L'écluse d'embouchure dans la Garonne fut fondée en avril 1667 et le canal livré à la navigation entre Toulouse et le point de partage à Naurouse, en 1672. Riquet mourut le 1er octobre 1680; ses fils continuèrent le grand œuvre, et à la fin de la même année la navigation se trouva établie sur toute la ligne. En 1686, M. de Vauban visita le canal, et tout en rendant l'hommage le plus flatteur au génie de Riquet, il proposa plusieurs améliorations, qui furent faites par la suite. Riquet s'était endetté pour l'exécution de son projet, et ce n'est qu'en 1724 que le canal produisit un revenu à ses héritiers. Les dépenses, qui s'élévaient en 1700 à 16,300,000 francs, ont été supportées trois quarts par le roi et les états du Languedoc et un quart par Riquet.

Le canal prend son origine dans la Garonne à l'aval de Toulouse, contourne cette ville (avec laquelle il correspond par l'embranchement dit de St.-Pierre, de 1500 mètres de longueur, sur 1 l.), suit la rive gauche de la petite rivière de Lers, se soutenant au-dessus pour donner passage à ses affluents par des aquéducs sous le canal; il laisse à droite les villages de Castanet, Montgiscard et Montesquieu; quitte peu au-dessous de Villefranche le Lers, laisse Villefranche et Avignonet à sa gauche et arrive aux hauteurs de Naurouse à son bassin de partage, situé à 189 mètres au-dessus du niveau de la Méditerranée; ce bassin reçoit par une rigole, qui se ramifie dans la montagne Noire, des eaux prises dans plusieurs petites rivières et du versant sur la Méditerranée et du versant sur l'Océan. Vers la Méditerranée le canal passe à Castelnaudary et sous les murs de Carcassonne, traverse à 1 l. de cette dernière ville, sur un pont-canal de trois arches, les eaux du Fresquel; suit la rive gauche de l'Aude jusqu'au-dessous d'Argens, donne naissance au canal de Narbonne à droite, traverse la petite rivière de Ceysse sur un pont canal de 3 arches, remonte par plusieurs méandres vers la ville de Capestang, traverse par un souterrain les rochers de Malpas, tombe sous les murs de Béziers dans l'Orbe qu'il requitte 900 mètres plus bas, donne près de Vias passage au torrent de Libron et se divise, avant d'arriver à Agde, en deux branches; l'une communique avec la mer par l'Hérault, l'autre embouche dans l'étang de Thau, par lequel elle arrive au port de Cette, où se termine le canal du Languedoc. Les canaux des étangs continuent cette ligne jusqu'à la rencontre du Grau-du-Roi ou canal d'Aigues-Mortes, d'où elle se prolonge par le canal de Beaucaire, pour emboucher dans le Rhône au-dessous de la ville du même nom.

La longueur du canal du Languedoc est de 54 1/4 l. Sa pente sur la Garonne est de 54 mètres et se trouve rachetée par 17 écluses; sur l'étang de Thau la pente est de 189 mètres; elle est rachetée par 45 écluses.

Mouvement des marchandises. Grains descendant du Haut-Languedoc dans le Bas-Languedoc; vins, sels, huiles, savons, remontant de la Provence vers Toulouse et Bordeaux; matériaux de construction; commerce local. Comparés au voiturage par terre, les frais de transport sont comme 29 à 64.

LANGUE-DU-CERF. *V.* Fortune (baie).

LANGUÉ-MAPU (pays des côtes), dist. de l'Araucanie, qui comprend tout le littoral de cet état. Il est fertile, bien arrosé et subdivisé en cinq provinces, savoir : Arauco, Tucapel, Illicura, Boroa et Nagtolten. La rép. du Chili y possède plusieurs forts et factoreries.

LANGUENAN, vg. de Fr., Côtes-du-Nord, arr. de Dinan, cant. et poste de Plancoët; 1050 hab.

LANGUEUX, vg. de Fr., Côtes-du-Nord, arr., cant. et poste de St.-Brieuc; 2000 hab.

LANGUEVOISIN, vg. de Fr., Somme, arr. de Péronne, cant. et poste de Nesle; 330 h.

LANGUI, gr. et riche com. de la rép. du Pérou, dép. de Cuzco, prov. de Tinta; mine de plomb.

LANGUIDIC, vg. de Fr., Morbihan, arr. de Lorient, cant. et poste de Hennebont; 6420 hab.

LANGUIMBERG, vg. de Fr., Meurthe, arr. de Sarrebourg, cant. de Réchicourt-le-Château, poste de Bourdonnay; fabr. de broderies; exploitation de plâtre; 790 hab.

LANGUIN, ham. de Fr., Loire-Inférieure, com. de Nort; 240 hab.

LANGULANY, vg. d'Angleterre, comté de Shrop ou Salop; patrie du célèbre critique William Baxter (1650 à 1723).

LANGY, vg. de Fr., Allier, arr. de la Palisse, cant. de Varennes-sur-Allier, poste de St.-Gérand-le-Puy; 420 hab.

LANHAC, ham. de Fr., Aveyron, com. de Rodell; 110 hab.

LANHÉLIN, vg. de Fr., Ille-et-Vilaine, arr. de St.-Malo, cant. et poste de Combourg; 550 hab.

LANHÈRES, vg. de Fr., Meuse, arr. de Verdun, cant. et poste d'Étain; 210 hab.

LANHOUARNEAU, vg. de Fr., Finistère, arr. de Morlaix, cant. de Plouescat, poste de Lesneven; 1130 hab.

LANILDUT, vg. de Fr., Finistère, arr. de Brest, cant. de Ploudalmezeau, poste de St.-Renan; 410 hab.

LANING, vg. de Fr., Moselle, arr. de Sarreguemines, cant. de Gros-Tenquin, poste de St.-Avold; 1510 hab.

LANISCAT, vg. de Fr., Côtes-du-Nord, arr. de Loudéac, cant. de Goarec, poste de Rostrenen; 3080 hab.

LANISCOURT, vg. de Fr., Aisne, arr. et poste de Laon, cant. d'Anisy-le-Château; 220 hab.

LANJANS (royaume des), dist. peu connu du Laos siamois; sa principale ville est Langione. Il porte aussi les noms de Lantschang et de Layn-Zayn.

LANKAVA, groupe de plusieurs îles qui font partie de l'archipel de Djankseylon-Pinang, dans la mer des Indes. La principale et celle qui a donné son nom à tout le groupe est Lankava ou Linkava, au S. E. de Djanseylon; elle est montueuse, fertile et bien peuplée; dans son voisinage et appartenant à son groupe se trouve Poulo-Trotto, Poulo-Bouton, les trois îles de Poulo-Laddas et les nombreux rochers appelés Peers.

LANLEFF, vg. de Fr., Côtes-du-Nord, arr. de St.-Brieuc, cant. de Plouha, poste de Paimpol; 500 hab.

LANLOUP ou **LOUP** (Saint-), vg. de Fr., Côtes-du-Nord, arr de St.-Brieuc, cant. de Plouha, poste de Paimpol; 550 hab.

LANMERIN, vg. de Fr., Côtes-du-Nord, arr. et poste de Lannion, cant. de Tréguier; 530 hab.

LANMEUR, pet. v. de Fr., Finistère, arr., à 3 l. N.-E. et poste de Morlaix, chef-lieu de canton; 2775 hab.

LANMODEZ, vg. de Fr., Côtes-du-Nord, arr. de Lannion, cant. de Lézardieux, poste de Tréguier; 680 hab.

LANNE, vg. de Fr., Basses-Pyrénées, arr. et poste d'Oloron, cant. d'Aramitz; 1400 h.

LANNE, vg. de Fr., Hautes-Pyrénées, arr. et poste de Tarbes, cant. d'Ossun; 610 hab.

LANNE (Saint-), vg. de Fr., Hautes-Pyrénées, arr. de Tarbes, cant. de Castelnau-Rivière-Basse, poste de Maubourguet; 610 h.

LANNÉANOU, vg. de Fr., Finistère, arr. de Morlaix, cant. et poste du Ponthou; 930 hab.

LANNEBERT, vg. de Fr., Côtes-du-Nord, arr. de St.-Brieuc, cant. de Lanvallon, poste de Châtelaudren; 860 hab.

LANNECAUBE, vg. de Fr., Basses-Pyrénées, arr. de Pau, cant. et poste de Lembeye; 460 hab.

LANNÉDERN, vg. de Fr., Finistère, arr. et poste de Châteaulin, cant. de Pleyben; 630 hab.

LANNEGRAGE, ham de Fr., Basses-Pyrénées, com. de Lespielle; 120 hab.

LANNEMAIGNAN, vg. de Fr., Gers, arr. de Condom, cant. et poste de Cazaubon; 210 hab.

LANNEMEZAN, pet. v. de Fr., Hautes-Pyrénées, arr. et à 5 l. E.-N.-E. de Bagnères-en-Bigorre, chef-lieu de canton et poste; 1300 hab.

LANNEPAX, b. de Fr., Gers, arr. et à 6 l. S.-O. de Condom, cant. d'Eauze, poste de Vic-Fezensac; il est situé au milieu d'une vaste lande; dans ses environs on voit les restes d'un pont de construction romaine; 1400 hab.

LANNEPLAA, vg. de Fr., Basses-Pyrénées, arr., cant. et poste d'Orthez; 450 hab.

LANNERAY, vg. de Fr., Eure-et-Loir, arr., cant. et poste de Châteaudun; 720 hab.

LANNES, ham. de Fr., Aube, com. de Riceys; 200 hab.

LANNES, vg. de Fr., Lot-et-Garonne, arr. de Nérac, cant. et poste de Mezin; 840 hab.

LANNES, vg. de Fr., Haute-Marne, arr. et poste de Langres, cant. de Neuilly-l'Évêque; 620 hab.

LANNE-SOUBIRAN, vg. de Fr., Gers, arr. de Condom, cant. et poste de Nogaro; 160 hab.

LANNILIS, pet. v. de Fr., Finistère, arr. et à 5 l. N. de Brest, chef-lieu de canton et poste; 3094 hab.

LANNINON, ham. de Fr., Finistère, com. de St.-Pierre-Quilbignon; 250 hab.

LANNION, pet. v. de Fr., Côtes-du-Nord, chef-lieu d'arrondissement, à 19 l. O.-N.-O. de St.-Brieuc, à 135 l. O. de Paris; siége d'un tribunal de première instance; direction des contributions indirectes et conservation des hypothèques. Cette ville, peu éloignée de l'Océan, est située sur le Leguer, qui y forme un petit port, d'un accès assez facile; elle est mal bâtie; ses rues sont étroites, mais à l'extrémité d'un quai assez large, qui borde le port, on remarque une jolie promenade. Lannion possède un collége communal, une société d'agriculture, un cercle littéraire, une caserne et deux hôpitaux. On y voit une source d'eau ferrugineuse, vitriolique et sulfureuse. Commerce de beurre salé, de chanvre, de vins fins, de bestiaux, etc. On importe: cidre, sel, miel, graine de lin, sapins du nord et denrées coloniales, savons, huiles, fers. Foires : les 28 septembre et 24 décembre; 5461 hab.

Lannion est une ville ancienne; elle était autrefois fortifiée et le chef-lieu d'un comté. Depuis la guerre des Anglais, qui la saccagèrent vers le milieu du quatorzième siècle, elle n'eut plus aucune importance comme place militaire.

LANNOAN, ham. de Fr., Finistère, com. de Cléden-Capsizun; 250 hab.

LANNOY, v. de Fr., Nord, arr., à 4 l. E. et poste de Lille, chef-lieu de canton; fabr. de bazin et de couvertures de coton; filat. de coton; 1392 hab.

LANNOY, ham. de Fr., Somme, com. de Rue; fabr. de sucre indigène; 140 hab.

LANNOY-CUILLÈRE, vg. de Fr., Oise, arr. de Beauvais, cant. et poste de Formerie; 450 hab.

LANNUET, ham. de Fr., Finistère, com. de Cléden-Capsizun; 200 hab.

LANNUX, vg. de Fr., Gers, arr. de Mirande, cant. et poste de Riscle; 570 hab.

LANO, vg. de Fr., Corse, arr. et poste de Corte, cant. de St.-Laurent; 170 hab.

LANOBRE, vg. de Fr., Cantal, arr. de Mauriac, cant. de Champs, poste de Bort; 1720 hab.

LANOUAILLE. *Voyez* NOUAILLE (la).

LANOUÉE, vg. de Fr., Morbihan, arr. de Ploermel, cant. et poste de Josselin; hauts-fourneaux; forges; 3050 hab.

LANOUGEOLE. *Voyez* LANUÉJOLS.

LANOUX, vg. de Fr., Arriège, arr. de Pamiers, cant. du Fossat, poste du Mas-d'Azil; 120 hab.

LANQUAIS, vg. de Fr., Dordogne, arr. de Bergerac, cant. de Lalinde, poste de Mouleydier; 1060 hab.

LANQUES, vg. de Fr., Haute-Marne, arr. de Chaumont-en-Bassigny, cant. et poste Nogent-le-Roi; affineries sur le Rognon; 436 hab.

LANQUETOT, vg. de Fr., Seine-Inférieure, arr. du Hâvre, cant. et poste de Bolbec; 770 hab.

LANRELAS, vg. de Fr., Côtes-du-Nord, arr. de Dinan, cant. et poste de Broons; 1800 hab.

LANRIEC, vg. de Fr., Finistère, arr. de Quimper, cant. et poste de Concarneau; 1010 hab.

LANRIGAN, vg. de Fr., Ille-et-Vilaine, arr. de Rennes, cant. d'Hédé, poste de Combourg; 210 hab.

LANRIVAIN, vg. de Fr., Côtes-du-Nord, arr. de Guimgamp, cant. de Bothoa, poste de Plésidy; 1420 hab.

LANRIVOARÉ, vg. de Fr., Finistère, arr. de Brest, cant. et poste de St.-Renan; 410 h.

LANRODEC, pet. v. de Fr., Côtes-du-Nord, arr. de Guingamp, cant. de Plouagat, poste de Châtelaudren; 1610 hab.

LANS, vg. de Fr., Isère, arr. et poste de Grenoble, cant. de Villard-de-Lans; 1080 h.

LANS, vg. de Fr., Saône-et-Loire, arr., cant. et poste de Châlon-sur-Saône; 230 h.

LANSAC, ham. de Fr., Bouches-du-Rhône, com. de Tarascon-sur-Rhône; 230 hab.

LANSAC, vg. de Fr., Gironde, arr. de Blaye, cant. et poste de Bourg-sur-Gironde; 670 hab.

LANSAC, vg. de Fr., Hautes-Pyrénées, arr. et poste de Tarbes, cant. de Pouyastruc; 140 hab.

LANSAC, vg. de Fr., Pyrénées-Orientales, arr. de Perpignan, cant. de la Tour-de-France, poste d'Estagel; 60 hab.

LANSARGUES, b. de Fr., Hérault, arr., de Montpellier, cant. de Mauguio, poste de Lunel; 1340 hab.

LANSO, vg. de Fr., Hautes-Pyrénées, arr. d'Argelès, cant. et poste de Lourdes; 40 hab.

LANTA, b. de Fr., Haute-Garonne, arr. et à 4 l. N. de Villefranche-de-Lauparais, chef-lieu de canton, poste de Caraman; 1705 h.

LANTABAT, vg. de Fr., Basses-Pyrénées, arr. de Mauléon, cant. d'Iholdy, poste de St.-Palais; 870 hab.

LANTAGES, vg. de Fr., Aube, arr. de Bar-sur-Seine, cant. et poste de Chaource; 640 hab.

LANTAN, vg. de Fr., Cher, arr. de St.-Amand-Mont-Rond, cant. et poste de Dun-le-Roi; 340 hab.

LAN-TCHEOU-FOU, v. de Chine, chef-lieu de la prov. de Kan-sou, à 404 l. S.-O. de Pé-king. Elle est bâtie sur le Houang-ho, dans le voisinage de la grande muraille.

LANTEFONTAINE, vg. de Fr., Moselle, arr., cant. et poste de Briey; 250 hab.

LANTENAY, vg. de Fr., Ain, arr. et poste de Nantua, cant. de Brenod; 610 hab.

LANTENAY, vg. de Fr., Côte-d'Or, arr., cant. et poste de Dijon; 430 hab.

LANTENNE-VERTIERE (la), vg. de Fr., Doubs, arr. de Besançon, cant. d'Audeux, poste de St.-Wit; 550 hab.

LANTENOT, vg. de Fr., Haute-Saône, arr. et poste de Lure, cant. de Luxeuil; tourbières; 390 hab.

LANTERNE (la), vg. de Fr., Haute-Saône, arr. de Lure, cant. et poste de Luxeuil; tourbières; 720 hab.

LANTHENANS, vg. de Fr., Doubs, arr.

de Baume-les-Dames, cant. et poste de l'Isle-sur-le-Doubs; 200 hab.

LANTHENAY, vg. de Fr., Loir-et-Cher, arr., cant. et poste de Romorantin; 1110 h. Le Guéroïde, avec une fabr. de draps, fait partie de la commune.

LANTHEUIL, vg. de Fr., Calvados, arr. de Caen, cant. et poste de Creully; 570 h.

LAN-THSANG-KIANG, nom que l'on donne dans le Yun-nan au May-kaoung ou Menam-kong.

LANTIC, vg. de Fr., Côtes-du-Nord, arr. et poste de St.-Brieuc, cant. d'Étables; 1240 hab.

LANTIGNIE, vg. de Fr., Rhône, arr. de Villefranche-sur-Saône, cant. et poste de Beaujeu; 720 hab.

LANTILLAC, vg. de Fr., Morbihan, arr. de Ploermel, cant. de Rohan, poste de Josselin; 370 hab.

LANTILLY, vg. de Fr., Côte-d'Or, arr., cant. et poste de Sémur; 330 hab.

LANTIN, ham. de Fr., Charente, com. de Triac; 190 hab.

LANTIS, ham. de Fr., Lot, com. de Dégagnac; 130 hab.

LANTON, vg. de Fr., Gironde, arr. de Bordeaux, cant. d'Audenge, poste de la Teste-de-Buch; 540 hab.

LANTOSCA, vg. de la prov. de Rizza; patrie du mathématicien Corrinud; commerce d'huile, de chanvre et de fromages; 2000 h.

LANTRIAC, vg. de Fr., Haute-Loire, arr. du Puy, cant. de St.-Julien-Chapteuil, poste du Monastier; 1400 hab.

LANTSCHANGOU. *Voyez* LANGIONE.

LANTY, ham. de Fr., Nièvre, com. de Remilly; 160 hab.

LANTY-SUR-AUBE, vg. de Fr., Haute-Marne, arr. de Chaumont-en-Bassigny, cant. et poste de Château-Villain; haut-fourneau; affineries; 658 hab.

LANUÉJOLS, vg. de Fr., Gard, arr. du Vigan, cant. de Trèves, poste de Nant; 1190.

LANUÉJOLS ou **LANOUGEOLE**, vg. de Fr., Lozère, arr., cant., à 2 l. E. et poste de Mende; fabr. de cadis; 650 hab.

A l'entrée de ce village on voit un monument antique très-bien conservé, et, dans les environs, plusieurs anciens châteaux, dont quelques-uns sont en ruines.

LANUSSE, vg. de Fr., Basses-Pyrénées, arr. de Pau, cant. de Thèze, poste d'Auriac; 160 hab.

LANVALLAY, vg. de Fr., Côtes-du-Nord, arr., cant. et poste de Dinan; 1190 hab.

LANVAUDAN, vg. de Fr., Morbihan, arr. de Lorient, cant. de Plouay, poste d'Hennebont; 1000 hab.

LANVELLEC, vg. de Fr., Côtes-du-Nord, arr. et poste de Lannion, cant. de Plestin; 1770 hab.

LANVÉNÉGEN, vg. de Fr., Morbihan, arr. de Pontivy, cant. et poste du Faouet; 1670 hab.

LANVÉZÉAC, vg. de Fr., Côtes-du-Nord, arr. et poste de Lannion, cant. de la Roche-Derrien; 150 hab.

LANVILLE, ham. de Fr., Charente, com. de Marcillac-Lanville; 250 hab.

LANVOLLON, pet. v. de Fr., Côtes-du-Nord, arr. et à 4 1/2 l. N.-O. de St.-Brieuc, chef-lieu de canton, poste de Châtelaudren; 1460 hab.

LANZAC, vg. de Fr., Lot, arr. de Gourdon, cant. et poste de Souillac; 800 hab.

LANZO, *Axima*, b. de la prov. de Turin, Sardaigne; situé sur une colline, arrosé par la Stura; manufactures de soie; commerce de beurre; mines de vitriol; 2200 hab.

LANZUT, pet. v. de Gallicie, cer. de Rzeszow; avec un château.

LANZY, ham. de Fr., Saône-et-Loire, com. de Marcilly-lès-Buxy et St.-Privé; 120 hab.

LAODICEA. *Voyez* LATAKIA.

LAON, *Laudunum*, *Lugdunum Clavatum*, v. de Fr., chef-lieu du dép. de l'Aisne, à 32 l. N.-E. de Paris; siége d'un tribunal de première instance; directions des domaines, des contributions directes et indirectes, conservation des hypothèques, chef-lieu de la septième conservation forestière, résidence d'un ingénieur en chef des ponts-et-chaussées et d'un ingénieur des mines. Cette ville est située sur une montagne d'environ 100 mètres de hauteur, au milieu d'une plaine vaste et fertile; elle est importante par sa position et par les fortifications qui la protègent; ses 6 faubourgs environnent le bas de la montagne. Laon est généralement mal bâti et ne renferme que peu de grands édifices, dont les principaux sont: la cathédrale, édifice gothique très-remarquable; la tour penchée, qui forme la pointe de l'angle d'un bastion du côté de la route de Soissons; l'hôtel de la préfecture, l'hôtel de ville, l'hôpital général, l'Hôtel-Dieu, les casernes, les bâtiments du dépôt de mendicité, une petite, mais jolie salle de spectacle. Nous ne devons pas oublier de mentionner une fort belle promenade qui entoure la ville et procure une vue charmante sur les environs. Parmi ses établissements scientifiques on cite: le collége, une école secondaire ecclésiastique, une école normale primaire, un cours de géométrie et de mécanique appliquées aux arts, une bibliothèque de 17,000 volumes et une collection de chartes et d'autographes très-intéressants. Son industrie comprend la fabrication de toiles de chanvre et de lin, la bonneterie, tannerie, clouterie chapellerie, etc.; filat. de laines peignées. On y fait commerce de vins, de grains et d'artichauds renommés. Foires lundi après le 1er janvier, même jour après la Fête-Dieu, 11 août et 1er octobre; 8230 hab.

Laon est une ville très-ancienne, bâtie sur l'emplacement de l'antique *Bibrax* des Romains. Ce n'était d'abord qu'un château fort, devant lequel vinrent échouer les efforts impétueux du terrible Attila. En 491, Clovis, qui en avait fait une ville, y établit un évêché, et saint Remi y fonda une église épiscopale. Laon eut une grande importance sous les rois de la première et de la seconde race. Charles-le-Simple en fit sa capitale, rang que Laon conserva jusqu'à l'avénement du premier des Capétiens. Cette ville fut une des premières qui jouirent du droit de commune. Pendant la guerre des Anglais Laon persista courageusement dans sa fidélité à la France. Plus tard cependant, dans les troubles de la ligue, cette cité ferma ses portes à Henri IV, dont elle ne reconnut l'autorité qu'en 1594. Les Laonnais prirent une part active aux dissensions nées de la diversité des opinions religieuses en France, et ils exercèrent de cruelles persécutions au nom de la religion. Depuis ces temps de calamités publiques, Laon ne fut le théâtre d'aucun événement important, jusqu'en 1814, époque de malheurs et de gloire. Restée sans défense, cette ville fut forcée de se rendre à l'ennemi. Napoléon fit d'inutiles efforts pour la reprendre et perdit beaucoup de monde sous ses murs. L'année suivante, quoique presque démantelée, elle soutint un siége de 14 jours contre les troupes des puissances alliées. Laon est la patrie d'un grand nombre d'hommes célèbres, parmi lesquels nous citerons saint Remi, Charles, duc de Lorraine, le voyageur Marquette, l'astronome Méchin et le maréchal Sérurier. D'autres, non moins illustres, sont sortis de la fameuse école que le savant Anselme fonda dans cette ville au douzième siècle.

LAON (Saint-), vg. de Fr., Vienne, arr., cant. et poste de Loudun; 190 hab.

LAONS, vg. de Fr., Eure-et-Loir, arr. de Dreux, cant. de Brezolles, poste de Nonancourt; fabr. de couvertures de laine et coton; 860 hab.

LAOS, pet. v. d'Illyrie, gouv. de Laibach, cer. d'Adelsberg; tanneries; commerce de sel marin, de cuir et de chevaux; dans le voisinage on voit une grande caverne, avec un lac très-poissonneux; 3500 hab.

LAOS, contrée très-peu connue de l'Inde transgangétique, arrosée par le Maykaoung. Elle est divisée aujourd'hui et appartient à plusieurs puissances de cette partie de l'Inde. Ainsi il y a le Laos siamois, le Laos annamite, le Laos birman. Anciennement le Laos formait un royaume indépendant.

LAOS ANNAMITE, partie de l'ancien roy. de Laos, prov. de l'emp. d'An-nam; peu connue. Il faut y distinguer 3 états tributaires: le roy. du Petit-Laos, à l'O. du Tonquin; suivant M. Bissachère, sa capitale est Hanniech; le roy. de Tiem, situé dans les montagnes qui sont à l'O. de la Cochinchine septentrionale; enfin la partie méridionale du roy. des Lanjans, où se trouve la ville de Sandapoura.

LAOS BIRMAN, prov. de l'emp. Birman; comprend 2 districts: le Mrelapchan ou Kochampri, situé entre le Birma et le Salouen, est une partie du pays des Chan ou Laosciens et est divisé entre plusieurs principautés tributaires de l'empire. Ses principales villes sont: Seïnni, Main-Pineïn, Gnangone, Mobiah, Mone. Le Laouachan ou Lowaschan, ou Leng, qu'on a longtemps confondu avec le roy. des Lanjans, est partagé en médiat et immédiat. La ville de Kiaintoan est la capitale du Laouachan médiat ou tributaire; la ville de Leng est la capitale du Laouachan immédiat ou entièrement soumis.

LAOS (Petit-), dist. du Laos annamite.

LAOS SIAMOIS, prov. du roy. de Siam; bornée par l'emp. Birman, le Kambodje, la Cochinchine et le Tonquin. Sa superficie est de plus de 2500 l. c. géogr. C'est un pays montueux et boisé, traversé par le Maykaoung, riche en éléphants et en bétail. Ses principaux articles de commerce consistent en coton, laque, musc, bois de teck, qu'on échange avantageusement avec les Chinois. Depuis 1830 les Anglais ont également ouvert des relations avec le Laos. Les habitants, appelés Laosciens, ont la même origine que les Siamois; ils sont sectateurs de Bouddha et ont un caractère doux et bienveillant. La population du Laos siamois s'élève à un million et demi. Ce pays est encore peu connu; d'après M. Balbi il faut y distinguer le roy. de Zimé ou Yangoma, dont la capitale est Zimé ou Tchang-mai et le roy. des Lanjans, dont la capitale est Langione ou Winkjan.

LAOUACHAN ou **LOWASCHAN**, **LENG**, partie de l'ancien Laos; touche au N. et à l'E. la prov. chinoise de Yun-nan, à l'O. le Birma. Elle est très-montueuse, mais a des vallées fertiles. Son principal cours d'eau est le Lou-kiang, qui y prend le nom de Salouen. Le Laouachan, habité par une peuplade sauvage appelée Lawan, fut réuni à l'empire par Alompra. Sa capitale est Kiaintoan.

LAOUR, v. de l'Inde anglaise, présidence de Calcutta, dist. de Silhet; fait un commerce assez considérable avec les habitants des monts Garrows et expédie principalement du sel.

LAOVERD. *Voyez* LAVERCQ.

LAPA (Serra da), chaîne de montagnes de l'emp. du Brésil; se détache de la Sierra Mantiqueira, à l'extrémité S. de la prov. de Minas-Géraès, et s'étend, dans une direction N.-O., entre le Rio-Pardo et le Rio-Sapucahy, jusqu'aux frontières de la prov. de San-Paolo, où elle prend le nom de Sierra d'Assumpçao.

LAPA (Nossa-Senhora-da-). *Voyez* RIBEIRAO.

LAPAN, vg. de Fr., Cher, arr. de Bourges, cant. de Levet, poste de Châteauneuf-sur-Cher; 330 hab.

LAPANOUSE, vg. de Fr., Aveyron, arr.

de Milhau, cant. et poste de Séverac; 970 h.

LAPARROUQUIAL, vg. de Fr., Tarn, arr. d'Albi, cant. de Monestiés, poste de Cordes; 250 hab.

LAPATERRE, ham. de Fr., Vendée, com. de Lanleronde; 100 hab.

LA PAZ, dép. de la rép. de Bolivia, dont il occupe la partie N.-O.; il est borné au N et à l'O. par le Pérou, au S. par les dép. de Charcas et de Potosi et à l'E. par ceux de Cochabamba et Moxos. Il a une superficie de 1880 l. c. géogr., avec 300,000 habitants, dont plus de la moitié se compose de différentes tribus d'indigènes, en partie indépendantes, en partie soumises et converties au christianisme. Ce pays, traversé du S. au N. par le chaînon oriental des Cordillères, forme le plateau le plus élevé du système des Andes et renferme les plus hauts pics de cette immense chaîne de montagnes, tels que le Nevado-de-Sorata (7696 mètres), le Nevado-d'Illimanni (7315 mètres), le Cerro-de-Potosi (4888 mètres) et le Huayna-Potosi (4412 mètres). Ce plateau sépare le bassin du lac Titicaca de celui du Rio-Béni, le principal cours d'eau du département. De majestueuses forêts, entrecoupées de riches pâturages, s'étendent sur le penchant des montagnes, qui renferment d'immenses richesses en métaux précieux (surtout l'Illimanni); sur quelques points du pays (prov. de Pacajès) on trouve des émeraudes et du talc transparent qui, coupé en feuilles, est employé pour vitrage. Les mines de mercure de la prov. d'Omasuyos rivalisent avec celles du Pérou, et le coca de la prov. de Chulumani est regardé comme le meilleur de toute la ci-devant vice-royauté. Dans la prov. de Sicasia on cultive la vigne avec succès. Les montagnards se nourrissent principalement de l'éducation du bétail; dans la plaine on s'occupe surtout du lavage de l'or, de la fabrication de draps de laine et de cire, de la filature du coton, du commerce des différents produits du pays dont la ville de La Paz est le principal entrepôt. Ce département est divisé en 6 provinces: Pacajès, avec le district de la ville de La Paz, Omasuyos, Chulumani (Cercado), Sicasica, Larecaja (Laricajas) et Apolobamba.

LA PAZ, v. et chef-lieu du département du même nom, dans une profonde vallée des Andes, sur le Rio-Choquéapo, à 3717 mètres au-dessus de l'Océan Pacifique. Cette ville, fondée en 1548, porte aussi le nom de Chuquiabo (Chuquiyapu), qui, dans la langue des Aimaras, signifie héritage d'or. Le nom de La Paz lui fut donné en commémoration de la fin des guerres civiles, heureusement terminées lors de sa fondation sous les Conquistadores. C'est la ville la plus grande, la plus belle et la plus florissante de la république; elle est le siége d'un évêque, suffragant de l'archevêque de Charcas (Chuquisaca), et possède une belle cathédrale, une académie et différentes fabriques; cette ville est le principal marché du Haut-Pérou et fait un commerce très-étendu; 30,000 h. (selon M. Pentland 40,000). A 15 l. E.-S.-E. de cette ville s'élève le Nevado-d'Illimani, la plus haute montagne mesurée du Nouveau-Monde, après le pic de Sorata.

LAPÈGE, vg. de Fr., Arriège, arr. de Foix, cant. et poste de Tarascon-sur-Arriège; 470 hab.

LAPEIRERE, vg. de Fr., Haute-Garonne, arr. de Muret, cant. de Montesquiou-Volvestre, poste de Rieux; 300 hab.

LAPENCHE, vg. de Fr., Tarn-et-Garonne, arr. de Montauban, cant. de Montpezat, poste de Caussade; 450 hab.

LAPENNE, vg. de Fr., Arriège, arr. de Pamiers, cant. et poste de Mirepoix; 690 h.

LAPENTY, vg. de Fr., Manche, arr. de Mortain, cant. et poste de St.-Hilaire-du-Harcouet; 1020 hab.

LA-PÉROUSE. *Voyez* SANTA-CRUZ.

LAPEUIÈRE, ham. de Fr., Côte-d'Or, com. de Poiseul-la-Ville; 180 hab.

LAPÉRUSE, vg. de Fr., Charente, arr. de Confolens, cant. et poste de Chabannais; 540 hab.

LAPEYRE, ham. de Fr., Aveyron, com. de St.-Félix-Sorgue; 270 hab.

LAPEYRE, vg. de Fr., Hautes-Pyrénées, arr. de Tarbes, cant. et poste de Trie; 120 hab.

LAPEYREGADE, ham. de Fr., Arriège, com. de Montferrier; 100 hab.

LAPEYROUSE, vg. de Fr., Haute-Garonne, arr. de Toulouse, cant. et poste de Montastruc; 480 hab.

LAPIDINA, ham. de Fr., Corse, com. de Pietracorbara; 110 hab.

LAPINESSE, ham. de Fr., Gironde, com. de Barsac; 270 hab.

LAPINOLIE, ham. de Fr., Dordogne, com. de Limeyrat; 120 hab.

LAPISTE, vg. de Fr., Basses-Pyrénées, arr. de Mauléon, cant. et poste de St.-Palais; 220 hab.

LA PLATA. *Voyez* PLATA.

LA PLATTE. *Voyez* PLATTE.

LAPLAUD, vg. de Fr., Charente, arr. de Confolens, cant. et poste de St.-Claud; 240 hab.

LAPLEAU. *Voyez* PLEAU (la).

LAPONIE ou **LAPPLAND**, **SAMELAND**, le pays des Lapons comprend la partie la plus septentrionale de l'Europe et s'étend entre 65° et 71° lat. N., entre l'Océan Atlantique, la mer Glaciale arctique et la mer Blanche. Les trois fleuves Tana, Munnio et Tornea la partagent en Laponie norwégienne, suédoise et russe. La première est traversée en tous sens par des ramifications des monts Kœlen ou Kiœl; la suédoise en reçoit aussi quelques-unes; la Laponie russe est en grande partie plate et marécageuse et traversée seulement par quelques chaînons qui se rattachent aux collines rocheuses de la Finlande. Le pays est arrosé par un grand nombre de rivières et de lacs; mais le midi seulement, exposé à un climat moins rude, est susceptible de quelque culture. Les principales productions de la Laponie consistent en poissons, animaux à fourrure, rennes, oies sauvages et autres oiseaux, forêts de pins et de bouleaux, mousses, baies, fer, cuivre et minérai argentifère.

Les Lapons ou habitants de la Laponie appartiennent à la famille finnoise. Ils se nomment eux-mêmes Same ou Samelaz (habitants des marais) et repoussent comme une injure le nom de Lapons que les Scandinaves leur ont donné et qui signifie sorciers. Ils ont la taille petite selon les uns, moyenne selon les autres, le teint jaunâtre, la figure assez agréable. Ils ont beaucoup de souplesse et d'agilité, mais une répugnance très-grande pour une occupation régulière et fatigante et n'adoptent qu'à la dernière extrémité la vie agricole et sédentaire. On a dit d'eux que ce sont de grands enfants, dont les idées ne vont pas au-delà du soin de leurs rennes et du plaisir du moment; leur humeur est d'une égalité parfaite et leur gaîté ne se dément jamais; ils sont bons, honnêtes, ont le caractère patient et soumis; mais ils ne peuvent résister à la tentation de boire des liqueurs fortes. L'intempérance, jointe à la misère et aux maladies contagieuses, en fait mourir beaucoup; leur nombre, qui n'est plus aujourd'hui que de 12,000 environ, diminue considérablement, et l'on peut prévoir le moment où ce peuple, poussé vers le nord par les colons finlandais appelés Quènes, disparaîtra de l'Europe, comme les Indiens de l'Amérique du Nord ont déjà en partie disparu. Les Lapons sont presque tous convertis au christianisme; mais, malgré les travaux de l'institut des missions de Drontheim, ils ont conservé un grand nombre de leurs anciennes superstitions. Ils se divisent, d'après leurs occupations et leurs demeures, en trois classes: la plus nombreuse comprend les Lapons nomades; ils errent dans l'intérieur avec leurs rennes, près des rivières qui sont très-poissonneuses et dans les plaines dont le sol est recouvert d'une couche épaisse de lichens, qui sont la principale nourriture de leurs troupeaux; ils habitent sous des tentes, où l'on entretient continuellement du feu, et vivent du lait et de la viande des rennes, de baies sauvages et de la chasse; une famille aisée possède 300 rennes; une famille riche en a jusqu'à 2000. La seconde classe des Lapons habite la côte et vit de pêche; dans la Finnmark norwégienne, qui possède près de la mer des vallées bien abritées et assez fertiles, ils ont une certaine aisance, quelque industrie et des relations avec les commerçants. Cependant il n'est pas rare de voir le Lapon pêcheur, dès qu'il a pu refaire un peu sa fortune, acheter des rennes et reprendre la vie nomade. La troisième classe comprend les Lapons fixes; ce sont les plus misérables d'entre eux; ils s'associent aux colons finlandais (Quènes) et suédois, qui établissent leurs fermes dans ces déserts et qui repoussent de plus en plus vers le N. les Lapons nomades.

La Laponie norwégienne comprend la partie N.-O. de la Laponie et appartient à la prov. de Finnmark; on lui donne 1800 l. c. g. et 6000 habitants; la Laponie russe, à l'E. du pays, appartient principalement au gouvernement d'Arkhangelsk; cependant une partie de Tornea-Lappmark et de Kemi-Lappland, cédée, en 1806, par les Suédois, a été incorporée au grand-duché de Finlande. La partie centrale de la Laponie est la suédoise; désert aride d'une étendue de 2000 l. c. géogr., habité par quelques colons finlandais et suédois et parcouru par 4 à 5000 Lapons. Le sol renferme une immense quantité de fer; mais l'exploitation en est très-difficile. On le divise en 6 districts appelés Lappmark, qui sont: Jæmtland, Asele ou Angermansland, Umea, Pitea, Sulea et Tornea.

LAPONS. *Voyez* LAPONIE.

LAPOS-BANYA, b. de Hongrie, cer. au-delà de la Theiss, comitat de Szathmar; siége d'une intendance des mines; mines d'or et d'argent.

LAPOUJADE, ham. de Fr., Lot, com. de Caillac; 140 hab.

LAPOUYADE, vg. de Fr., Gironde, arr. de Libourne, cant. de Guîtres, poste de Coutras; 800 hab.

LAPPION, vg. de Fr., Aisne, arr. de Laon, cant. de Sissonne, poste de Montcornet; 670 hab.

LAPPUIE, vg. de Fr., Vienne, arr. de Châtellerault, cant. de Pleumartin, poste de Chauvigny; 730 hab.

LAPRADE, vg. de Fr., Charente, arr. de Barbezieux, cant. d'Aubeterre, poste de Chalais; 650 hab.

LAPS, vg. de Fr., Puy-de-Dôme, arr. de Clermont-Ferrand, cant. de Vic-le-Comte, poste de Veyre; 660 hab.

LAPTE, vg. de Fr., Haute-Loire, arr., cant. et poste d'Yssengeaux; 2500 hab.

LAPUSZNA, pet. v. de la Russie d'Europe, gouv. de Bessarabie, sur la rivière du même nom.

LAQUABA ou LAGEBA, île de l'archipel de Viti (Fidji), dans la Polynésie ou Océanie orientale, sous 19° 8' lat. S. et sous 179° 18' long. orient. A l'E. de cette île se trouve une quantité innombrable d'îlots. Les missionnaires de Tahiti s'occupent d'introduire le christianisme à Laquaba.

LAQUEDIVES ou LAKEDIVES, archipel dans l'Océan Indien. Les Laquedives sont un groupe d'îlots et de rochers situés entre 70° et 72° long. orient., et entre 10° et 12° lat. N. Dix-neuf seulement de ces îles sont habitées et aucune n'a plus d'une l. c. d'étendue. D'innombrables rochers de corail en défendent l'accès, ce qui, joint à la pauvreté du sol, qui ne produit guère que des cocotiers, a laissé jusqu'ici une assez grande indépendance aux habitants. Cependant la population, qui est un mélange d'Arabes et de Hindous, race d'hommes qui porte le nom de Moplays, bien que régie par des chefs indigènes, est tributaire des Anglais. Elle n'excède pas 7000 âmes. Sur les côtes des Laquedives on trouve beaucoup de kauris, petits coquillages dont les Hindous se servent comme de menue monnaie. Les principaux de ces îlots sont Ameni, Chitta, Bingaro, Kalpeni, etc. Les Laquedives furent découvertes, en 1499, par Vasco di Gama; leur nom est proprement Lakscha-Dwipa ou un lak d'îles, c'est-à-dire une très-grande quantité d'îles, comme on dit un lak-roupie ou 100,000 roupies. Tippo-Saheb en possédait les trois principales, lorsqu'il fut défait par les Anglais; depuis cette époque les maîtres de l'Inde se sont arrogé la suzeraineté sur tout le groupe.

LAQUENEXI, vg. de Fr., Moselle, arr. et poste de Metz, cant., de Pange; 460 hab.

LAQUEUILLE, vg. de Fr., Puy-de-Dôme, arr. de Clermont-Ferrand, cant. et poste de Rochefort; 1140 hab.

LAQUILLO. *Voyez* PORTO-RICO.

LAR, *Laria*, v. de Perse, chef-lieu du Laristan, dans la prov. de Fars. Elle est située dans une contrée fertile, couverte de dattiers. Bien que déchue de son ancienne splendeur, elle fait encore un commerce considérable et fabrique des toiles, des armes, de la poterie. La citadelle qui la domine passe pour une des plus fortes de la Perse. On accorde 12 à 15,000 habitants à Lar; une partie d'entre eux s'occupe de l'éducation des chameaux, industrie qui y était déjà florissante du temps des Grecs.

LARA, ham. de Fr., Arriège, com. de Montjoie; 430 hab.

LARACHE. *Voyez* EL-ARAYSCH.

LARAGNE, b. de Fr., Hautes-Alpes, arr. et à 4 1/2 l. S.-S.-O. de Gap, poste de Ventavon; 860 hab.

LARAJASSE, vg. de Fr., Rhône, arr. de Lyon, cant. de St.-Simphorien-sur-Coise, poste de Chazelles; 2610 hab.

LARAMADE, ham. de Fr., Arriège, com. d'Illier; 140 hab.

LARAMELLIERE, ham. de Fr., Isère, com. de St.-Geoire; 250 hab.

LARAMIÈRE, vg. de Fr., Lot, arr. de Cahors, cant. et poste de Limogne; 1080 h.

LARBEY, vg. de Fr., Landes, arr. de St.-Sever, cant. et poste de Mugron; 560 hab.

LARBONT, vg. de Fr., Arriège, arr. de Foix, cant. et poste de la Bastide-de-Serou; 210 hab.

LARBROYE, vg. de Fr., Oise, arr. de Compiègne, cant. et poste de Noyon; 640 h.

LARCAN, vg. de Fr., Haute-Garonne, arr., cant. et poste de St.-Gaudens; 490 h.

LARCAT, vg. de Fr., Arriège, arr. de Foix, cant. et poste des Cabannes; 620 hab.

LARÇAY, vg. de Fr., Indre-et-Loire, arr., cant. et poste de Tours; 470 hab.

LARCEAU, ham. de Fr., Charente-Inférieure, com. de Marennes; 140 hab.

LARCENAL, ham. de Fr., Isère, com. de Chirens; 130 hab.

LARCEVEAU, vg. de Fr., Basses-Pyrénées, arr. de Mauléon, cant. d'Iholdy, poste de St.-Palais; 240 hab.

LARCHAMP, vg. de Fr., Mayenne, arr. de Mayenne, cant. et poste d'Ernée; 2070 h.

LARCHAMP, vg. de Fr., Orne, arr. de Domfront, cant. et poste de Tinchebrai; 650 hab.

LARCHANT, vg. de Fr., Seine-et-Marne, arr. de Fontainebleau, cant. et poste de la Chapelle-la-Reine; 670 hab.

LARCHE, vg. de Fr., Basses-Alpes, arr. de Barcelonnette, cant. de St.-Paul, poste de Chatelard; 790 hab.

LARCHE, pet. v. de Fr., Corrèze, arr., à 2 1/2 l. O.-S.-O. et poste de Brives, chef-lieu de canton; 842 hab.

LARÇON, ham. de Fr., Hérault, com. de St.-Martin; 120 hab.

LARDENNE, ham. de Fr., Haute-Garonne, com. de Toulouse; 400 hab.

LARDERET, vg. de Fr., Jura, arr. de Poligny, cant. et poste de Champagnole; 230 h.

LARDIERES, vg. de Fr., Oise, arr. de Beauvais, cant. et poste de Méru; 180 hab.

LARDIERS, vg. de Fr., Basses-Alpes, arr. et poste de Forcalquier, cant. de St.-Étienne-les-Orgues; 390 hab.

LARDIERS, vg. de Fr., Hautes-Alpes, arr. et poste de Gap, cant. de Tallard; 560 hab.

LARDIMALIE, ham. de Fr., Dordogne, com. de St.-Pierre-de-Chignac; 100 hab.

LARDIN (le). *Voyez* LAZARE (Saint-).

LARDOISE, ham. de Fr., Gard, com. de Laudun; 100 hab.

LARDY, vg. de Fr., Seine-et-Oise, arr. d'Etampes, cant. de la Ferté-Aleps, poste d'Arpajon; fabr. de lacets; 620 hab.

LARECAJA, *Lauricachas*, prov. du dép. de La Paz, rép. de Bolivia; elle est bornée par la rép. du Pérou, par les prov. d'Omasuyos et d'Apolobamba et par le dép. de Santa-Cruz-de-la-Sierra. C'est un des pays les plus montagneux et les plus sauvages du monde; il renferme le Nevado-de-Sorata, le point le plus élevé du nouveau continent; les flancs des montagnes, couvertes de glaces éternelles, sont déchirés par d'affreuses gorges, à travers lesquelles se précipitent avec fracas des torrents tributaires du Rio-Béni. Le climat est très-salubre; les vallées sont fertiles et produisent surtout du coca d'une excellente qualité; sur le penchant des montagnes paissent de nombreux troupeaux de bétail. L'or s'y trouve en abondance dans les montagnes et dans les rivières, et les lavages d'or sont d'une grande importance. Ce pays mérite à juste titre le nom de *Dorado*; 70,000 habitants, dont 40,000 indigènes.

LAREDO, pet. port d'Espagne, sur la baie de même nom, prov. de Burgos, dist. et à 9 l. E. de Santander; école de navigation; 1800 hab.

LARÉE, vg. de Fr., Gers, arr. de Condom, cant. et poste de Cazaubon; 590 hab.

LARENDA. *Voyez* KARAMAN.

LARENTOUKA ou LARENTUCA, v. dans l'extrémité orientale de l'île de Flores, sur une baie du canal de Flores, habitée par des Portugais noirs; siége d'un radjah; fait un commerce considérable avec les Bouggis et les habitants de Timor; son fort, où résidait autrefois un gouverneur portugais, est aujourd'hui en ruines.

LA-RÉOLE. *Voyez* RÉOLE (la).

LARES, pet. v. de la rép. du Pérou, dép. de Cuzco, prov. de Calca-y-Lares, à 9 l. N. de Calca et à 18 l. N. de Cuzco; elle est le chef-lieu du dist. de Lares; 2800 hab.

LARGEASSE, vg. de Fr., Deux-Sèvres, arr. de Parthenay, cant. et poste de Moncoutant; 810 hab.

LARGE-CAMBRAY, île d'Écosse, située dans le golfe de Clyde, à l'E. de celle de Bute, dans le comté de Bute; sa superficie est de 2300 acres; elle est la propriété du duc de Glasgow et est divisée en 5 enclosures.

LARGE-ISLAND, île considérable dans la baie de Ste.-Augustine, côte S. du Labrador.

L'ARGENTIERE. *Voyez* ARGENTIÈRE (l').

LARGILLAT, ham. de Fr., Doubs, com. de la Longeville; 130 hab.

LARGILLAY-MARSONNAY, vg. de Fr., Jura, arr. de Lons-le-Saulnier, cant. de Clairvaux, poste d'Orgelet; 280 hab.

LARGITZEN, *Larga* (?), vg. de Fr., Haut-Rhin, arr. et poste d'Altkirch, cant. d'Hirsingue; 450 hab.

LARGNY, vg. de Fr., Aisne, arr. de Soissons, cant. et poste de Villers-Cotterets; 390 hab.

LARGO, paroisse d'Écosse, comté de Fife, sur la baie de même nom. Patrie d'Alexandre Selkirk, le premier Robinson, né en 1670; 2000 hab.

LARGS, paroisse d'Écosse, comté d'Air, sur le golfe de Clyde; ses habitants, au nombre de 2000, travaillent pour les manufactures de Paisly; bain de mer.

LARGUE, ham. de Fr., Basses-Alpes, com. de Banon; 100 hab.

LARI, v. considérable de la Nigritie centrale, dans l'empire de Bornou, à l'extrémité N.-O. du lac Tchad, sur la route de Mourzouk à Bornou.

LARIANS, vg. de Fr., Haute-Saône, arr. de Vesoul, cant. et poste de Montbozon; haut-fourneau; moulage; 260 hab.

LARIN, ham. de Fr., Ardèche, com. de Felines; 180 hab.

LARINO, *Larinum*, *Alarinum*, v. épiscopale du roy. des Deux-Siciles, prov. de Capitanate.

LARISSE ou JENISCHEHR, *Larissa*, *Thessala*, v. de la Turquie d'Europe, eyalet de Rumili, sandschak de Tirhala, sur la Salambria, qu'on y passe sur un beau pont de 10 arches; dans une position délicieuse, presqu'au centre de la Thessalie, qui, avant la dernière guerre, était une des contrées les plus florissantes de la Turquie. Une population qu'on portait à 30,000 âmes, plusieurs fabr. de coton, de soie, de maroquin et de tabac et surtout ses fameuses teintureries en rouge lui assignaient une place distinguée parmi les principales villes de l'empire. Toutes les grandes routes de la Thessalie y aboutissent et contribuent à la rendre le centre d'un commerce étendu. Larisse est le siége d'un archevêque grec.

LARISTAN, *Elymais*, dist. de la prov. persane de Fars, que plusieurs géographes regardent comme une province séparée. Il occupe la partie S.-E. de la province, confine avec le Kerman et comprend la belle vallée de Laristan et une partie du Karmasir, appelée Deschistan.

LARIVOIRE, ham. de Fr., Isère, com. de Veneyrieu; 100 hab.

LARKHANA, nom d'une branche de l'Indus.

LARKHANA, v. de l'Inde, principauté du Sindhy, grande ville fortifiée, et commerçante sur le Kumbergundi, dans le dist. de Khanduki.

LARMONT, ham. de Fr., Haute-Garonne, com. de Castera; 130 hab.

LARN. *Voyez* PONT-DE-LARN.

LARNAC, ham. de Fr., Gard, com. de St.-Hilaire-de-Brethmas; verrerie à bouteilles et à vases de chimie; 90 hab.

LARNAC, ham. de Fr., Gard, com. de St.-Jean-de-Valeriscle; 190 hab.

LARNAGE, vg. de Fr., Drôme, arr. de Valence, cant. et poste de Tain; fabr. de briques; 675 hab.

LARNAGOL, vg. de Fr., Lot, arr. de Figeac, cant. et poste de Cajarc; 660 hab.

LARNAKA, v. de l'île de Chypre, port sur le golfe delle Saline ou de Larnaka; est bâtie sur l'emplacement de l'ancienne *Citium*. Elle fait un grand commerce et est importante comme port de Nicosie. Les salines de ses environs rendent son climat très-malsain; 5000 habitants. On trouve dans ses environs des tombeaux portant des inscriptions phéniciennes.

LARNAS, vg. de Fr., Ardèche, arr. de Privas, cant. et poste du Bourg-St.-Andéol; 120 hab.

LARNAT, vg. de Fr., Arriège, arr. de Foix, cant. et poste des Cabannes; 350 h.

LARNAUD, vg. de Fr., Jura, arr. de Lons-le-Saulnier, cant. et poste de Bletterans; 860 hab.

LARNE, b. d'Irlande, comté d'Antrim, à l'embouchure de la rivière du même nom; possède un port d'où l'on exporte en Écosse de la toile, du savon et des chandelles; salines; 4000 hab.

LARNOD, vg. de Fr., Doubs, arr. et poste

de Besançon, cant. de Boussières; 160 hab.

LAROBERDERIE, ham. de Fr., Indre-et-Loire, com. de Marçay ; 300 hab.

LAROCHE, ham. de Fr., Cher, com. de Corquoy ; 170 hab.

LAROCHE, pet. v. du roy. de Belgique, prov. de Luxembourg, arr. et à 3 1/2 l. S.-E. de Marche-en-Famine, sur l'Ourthe, dans une vallée profonde des Ardennes ; elle est protégée par un château fort situé sur un rocher escarpé. Sur le Corrumant on montre un siége taillé dans le roc, rendez-vous de chasse du maire du palais, Pepin-d'Héristal. Laroche fut consumé par un incendie en 1704 ; 1400 hab.

LA ROCHELLE. *Voyez* ROCHELLE (la).

LAROIN, vg. de Fr., Basses-Pyrénées, arr., cant. et poste de Pau ; 580 hab.

LARONCE, ham. de Fr., Nord, com. de Narcy; forges.

LARONXE, vg. de Fr., Meurthe, arr., cant. et poste de Lunéville ; 400 hab.

LAROQUE. *Voy.* ROQUE (la) ou LARROQUE.

LAROQUE-SAINTE-MARGUERITE, vg. de Fr., Aveyron, arr. et poste de Milhau, cant. de Peyreleau ; 530 hab.

LAROUILLIES, vg. de Fr., Nord, arr., cant. et poste d'Avesnes ; 670 hab.

LARRA. *Voyez* SEVERIN (Saint-).

LARRAN, vg. de Fr., Hautes-Pyrénées, arr. de Bagnères-en-Bigorre, cant. et poste de Castelnau-Magnoac ; 170 hab.

LARRAU, vg. de Fr., Basses-Pyrénées, arr. de Mauléon, cant. et poste de Tardets ; forge ; 1157 hab.

LARRAZET, vg. de Fr., Tarn-et-Garonne, arr. de Castel-Sarrazin, cant. et poste de Beaumont-de-Lomagne ; 970 hab.

LARRÉ, vg. de Fr., Morbihan, arr. de Vannes, cant. de Questembert, poste d'Elven ; 890 hab.

LARRÉ, vg. de Fr., Orne, arr., cant. et poste d'Alençon ; 360 hab.

LARREBIEU, vg. de Fr., Basses-Pyrénées, arr., cant. et poste de Mauléon ; 120 hab.

LARRESSINGLÆ, vg. de Fr., Gers, arr., cant. et poste de Condom ; 310 hab.

LARRESSOIRE, vg. de Fr., Basses-Pyrénées, arr. de Bayonne, cant. et poste d'Ustarits ; 740 hab.

LARRÊT, vg. de Fr., Finistère, arr. de Brest, cant. de Ploudalmezeau, poste de St.-Renan ; 130 hab.

LARRÊT, vg. de Fr., Haute-Saône, arr. de Gray, cant. et poste de Champlitte ; 220 h.

LARREULE, vg. de Fr., Basses-Pyrénées, arr. d'Orthez, cant. et poste d'Arzacq ; 430 hab.

LARREULE, vg. de Fr., Hautes-Pyrénées, arr. de Tarbes, cant. et poste de Maubourguet ; 770 hab.

LARREY, vg. de Fr., Côte-d'Or, arr. de Châtillon-sur-Seine, cant. et poste de Laignes ; 500 hab.

LARREY, ham. de Fr., Côte-d'Or, com. de Dijon ; 150 hab.

LARRIBAR, vg. de Fr., Basses-Pyrénées, arr. de Mauléon, cant. et poste de St.-Palais ; 180 hab.

LARRIÈRE, ham. de Fr., Vosges, com. de Val-d'Ajol ; 350 hab.

LARRIS, ham. de Fr., Eure, com. de Ste.-Marthe ; 130 hab.

LARRIVIÈRE, vg. de Fr., Landes, arr. et cant. de St.-Sever, poste de St.-Sever-sur-l'Adour ; 1120 hab.

LARRODE, vg. de Fr., Puy-de-Dôme, arr. d'Issoire, cant. et poste de Tauves ; 1080 hab.

LARRONS (îles des). *Voyez* MARIANNES.

LARRONS (archipel des), groupe de plusieurs îlots, situés sur les côtes de la prov. chinoise de Kouang-toung. Les habitants sont des pirates qui parcourent la mer de Chine ; leur chef paraît résider dans l'île Sancran.

LARRONVILLE, ham. de Fr., Somme, com. de Rue ; 210 hab.

LARROQUE, vg. de Fr., Haute-Garonne, arr. de St.-Gaudens, cant. et poste de Boulogne ; 1230 hab.

LARROQUE, vg. de Fr., Hautes-Pyrénées, arr. de Bagnères-en-Bigorre, cant. et poste de Casselnau-Magnoac ; 340 hab.

LARROQUE, vg. de Fr., Tarn, arr. et poste de Gaillac, cant. de Castelnan-de-Montmirail ; 730 hab.

LARROQUE-BOUILLAC, ham. de Fr., Aveyron, com. de Livinhac-le-Haut ; 280 h.

LARROQUE-DES-ARCS, vg. de Fr., Lot, arr., cant. et poste de Cahors ; 1760 hab.

LARROQUE-ENGALIN, vg. de Fr., Gers, arr., cant. et poste de Lectoure ; 270 hab.

LARROQUE-ORDAN. *Voyez* ORDAN-LAROQUE.

LARROQUE-ROUCAZEL, vg. de Fr., Tarn, arr. d'Albi, cant. et poste de Valence-en-Albigeois ; 240 hab.

LARROQUE-SUR-LOSSE, vg. de Fr., Gers, arr. et poste de Condom, cant. de Montréal ; 620 hab.

LARROQUE-TOIRAC, vg. de Fr., Lot, arr. de Figeac, cant. et poste de Cajarc ; 450 hab.

LARRORY, vg. de Fr., Basses-Pyrénées, arr., cant. et poste de Mauléon ; 170 hab.

LARROUMIEU ou **LA ROMIEU**, b. de Fr., Gers, arr., cant., à 3 l. E. et poste de Condom. Ce bourg était autrefois une ville ceinte de murailles et de fossés ; mais depuis longtemps il a perdu ces avantages et le titre de ville ; 1280 hab.

LARROUQUEAU, ham. de Fr., Gers, com. de Mongausy ; 200 hab.

LARSICOURT, vg. de Fr., Marne, arr. et poste de Vitry-le-Français, cant. de Thieblemont ; 890 hab.

LARTIGOLLE, ham. de Fr., Gers, com. de Pessan.

LARTIGUE, vg. de Fr., Gers, arr. et poste d'Auch, cant. de Saramon.

LARTIGUE, vg. de Fr., Gironde, arr. de Bazas, cant. et poste de Captieux ; 240 hab.

LARUNS, b. de Fr., Basses-Pyrénées, arr., à 6 l. S.-S.-E., et poste d'Oloron, chef-lieu de canton. Il est situé sur le gave d'Oloron, au milieu d'une vallée célèbre par ses eaux minérales dites d'Eaux-Chaudes. Exploitation de marbre statuaire et autres; 1751 hab. Tout le cant. de Laruns ne comprend que 7 communes et ne renferme que 3908 hab.

LARUSCADE. *Voyez* RUSCADE (la).

LARY (Saint-), vg. de Fr., Arriège, arr. de St.-Girons, cant. et poste de Castillon; 1460 hab.

LARY (Saint-), vg. de Fr., Haute-Garonne, arr. de St.-Gaudens, cant. et poste de Boulogne; 420 hab.

LARY (Saint-), vg. de Fr., Gers, arr. et poste d'Auch, cant. de Jégun; 380 hab.

LARY (Saint-), vg. de Fr., Gers, arr. de Lectoure, cant. et poste de Fleurance; 420 hab.

LARY (Saint-), vg. de Fr., Hautes-Pyrénées, arr. de Bagnères-en-Bigorre, cant. de Vieille-Aure, poste d'Arreau; 230 hab.

LARZAC, vg. de Fr., Dordogne, arr. de Sarlat, cant. et poste de Belvès; 270 hab.

LAS, ham. de Fr., Nièvre, com. de Chides; 160 hab.

LASALLE, b. de Fr., Gard, arr. et à 4 1/2 l. E.-N.-E. du Vigan et à 176 l. de Paris, chef-lieu de canton, poste de St.-Hippolyte; fabr. d'étoffes de laine; tanneries; 2270 hab.

LASAUGE, ham. de Fr., Isère, com. de St.-Geoire; 430 hab.

LASBLOUX. *Voyez* JORY - LASBLOUX (Saint-).

LASBORDES, vg. de Fr., Aude, arr., cant. et poste de Castelnaudary; 720 hab.

LASBORDES, ham. de Fr., Hautes-Pyrénées, com. de Castelvieilh; 110 hab.

LASBORIES, ham. de Fr., Lot, com. de Rueyres; 100 hab.

LASCABANES, vg. de Fr., Lot, arr. de Cahors, cant. et poste de Montcuq; 870 h.

LASCABESSES, ham. de Fr., Arriège, com. de Riverenert; 210 hab.

LASCABREIRIES, ham. de Fr., Lot, com. de Peyrilles; 150 hab.

LASCAPERNADE, ham. de Fr., Lot, com. de Belaye; 100 hab.

LA-CARRETÈRES, ham. de Fr., Haute-Garonne, com. d'Eoux; 120 hab.

LASCAUX, vg. de Fr., Corrèze, arr. de Brives, cant. de Juillac, poste d'Objat; 450 hab.

LASCAZÈRES, vg. de Fr., Hautes-Pyrénées, arr. de Tarbes, cant. de Castelnau-Rivière-Basse, poste de Maubourguet; 710 h.

LASCELLE, vg. de Fr., Cantal, arr., cant. et poste d'Aurillac; 2040 hab.

LASCHAMPS, ham. de Fr., Puy-de-Dôme, com. de St.-Genest-Champanelle; 220 hab.

LASCLAVERIES, vg. de Fr., Basses-Pyrénées, arr. de Pau, cant. de Thèze, poste d'Auriac; 390 hab.

LASCLOTTES, vg. de Fr., Tarn, arr. de Gaillac, cant. de Salvagnac, poste de Rabastens; 650 hab.

LASCOURS, ham. de Fr., Bouches-du-Rhône, com. de Roquevaire; 250 hab.

LASERRA, ham. de Fr., Ain, com. de Germagnat; 130 hab.

LASFAILLADES, vg. de Fr., Tarn, arr. de Castres, cant. et poste de Brassac; 260 h.

LASGRAISSES, vg. de Fr., Tarn, arr. et poste de Gaillac, cant. de Cadalen; 790 h.

LASK, pet. v. de Pologne, woïwodie de Kalicz, cer. de Sieradz, sur la Grabereka; fabr. de draps et de chapeaux; 2000 hab.

LASLADES, vg. de Fr., Hautes-Pyrénées, arr. et poste de Tarbes, cant. de Pouyastruc; 300 hab.

LASMARTRES, ham. de Fr., Gers, com. de St.-Pesserre; 200 hab.

LASON, ham. de Fr., Aude, com. de St.-Papoul; 110 hab.

LASPLANGUES, ham. de Fr., Tarn, com. de Tanus; 170 hab.

LASPUGNE, vg. de Fr., Haute-Garonne, arr. de St.-Gaudens, cant. et poste de Boulogne; 330 hab.

LASQUE, vg. de Fr., Basses-Pyrénées, arr. de Pau, cant. et poste de Garlin; 230 h.

LASSA ou H'LASSA, capitale du Thibet, prov. d'Oui; est située sous 30° 45′ lat. N., sur un affluent du Zangho-tchou. Elle appartient au dalaï-lama, dont elle est la résidence, et est le siége du tazin ou résident chinois. C'est une grande ville dont la population permanente s'élève à 80,000 âmes. Le nombre de ses temples, de ses couvents et de ses gylongs ou prêtres est très-considérable; au centre de la ville s'élève le principal temple du Thibet, vaste construction formée de la réunion de plusieurs bâtiments, qui attire tous les ans un grand nombre de pèlerins. Le bazar de Lassa est un autre édifice remarquable; car cette ville est un grand entrepôt commercial et est visitée par beaucoup de caravanes. Il existe, à ce qu'on prétend, à Lassa deux universités et une imprimerie. Dans son voisinage est l'immense couvent de Boutala ou Poutala, résidence d'été du dalaï-lama. *Voy.* POUTALA.

LASSALLES, vg. de Fr., Hautes-Pyrénées, arr. de Bagnères-en-Bigorre, cant. et poste de Boulogne; 230 hab.

LASSAN, pet. v. de Prusse, prov. de Poméranie, rég. de Stralsund; sur le lac de même nom, formé par la riv. de Peen; navigation et commerce de bestiaux; 1350 hab.

LASSAY, vg. de Fr., Loir-et-Cher, arr. et poste de Romorantin, cant. de Selles-sur-Cher; 220 hab.

LASSAY, pet. v. de Fr., Mayenne, arr. et à 5 l. N.-E. de Mayenne, chef-lieu de canton et poste de Rilay; elle renferme une halle remarquable par la hardiesse de sa construction. On y fait commerce de bétail, de volaille, de fromages, de chanvre, de fil, de laine, etc. Lassay était autrefois le chef-lieu d'un marquisat et doit son origine à un château dont la construction remonte au neuvième siècle. Ce vieil édifice du moyen âge, que l'on aperçoit à peu de distance de la ville, est encore bien conservé; il a joué un rôle important pendant la guerre des Anglais; 2800 hab.

LASSE, vg. de Fr., Maine-et-Loire, arr. de Baugé, cant. et poste de Noyant; 880 h.

LASSE, vg. de Fr., Basses-Pyrénées, arr. de Mauléon, cant. de St.-Étienne-de-Baigorry, poste de St.-Jean-Pied-de-Port; 770 hab.

LASSEILLE. *Voyez* JEAN - LASSEILLE (Saint-).

LASSERAN, vg. de Fr., Gers, arr., cant. et poste d'Auch; 400 hab.

LASSÈRE, ham. de Fr., Hautes-Pyrénées, com. de Ricaud; 100 hab.

LASSERON, ham. de Fr., Loire-Inférieure, com. de Belligne; 220 hab.

LASSERADE, vg. de Fr., Gers, arr. de Mirande, cant. et poste de Plaisance; 600 h.

LASSERRE, ham. de Fr., Arriège, com. de Tourtouse; 550 hab.

LASSERRE, vg. de Fr., Aude, arr. de Limoux, cant. et poste d'Alaigne; 410 hab.

LASSERRE, vg. de Fr., Haute-Garonne, arr. de Toulouse, cant. de Leguevin, poste de l'Isle-en-Jourdain; 430 hab.

LASSERRE, ham. de Fr., Haute-Garonne, com. de Landorthe; 150 hab.

LASSERRE, vg. de Fr., Lot-et-Garonne, arr. et poste de Nerac, cant. de Francescas; 350 hab.

LASSERRE, vg. de Fr., Basses-Pyrénées, arr. de Pau, cant. et poste de Lembeye; 240 hab.

LASSERRE, ham. de Fr., Basses-Pyrénées, com. de Montanes; 210 hab.

LASSERRE-BERDOUES, vg. de Fr., Gers, arr., cant. et poste de Mirande; 340 hab.

LASSEUBE, b. de Fr., Basses-Pyrénées, arr., à 3 l. E., et poste d'Oloron, chef-lieu de canton; 3004 hab.

LASSEUBE-PROPRE, vg. de Fr., Gers, arr., cant, et poste d'Auch; 370 hab.

LASSEUBETAT, vg. de Fr., Basses-Pyrénées, arr. d'Oloron, cant. de Lasseube, poste d'Arudy; 520 hab.

LASSICOURT, vg, de Fr., Aube, arr. de Bar-sur-Aube, cant. et poste de Brienne; 140 hab.

LASSIGNY, vg. de Fr., Oise, arr. et à 4 l. N. de Compiègne, chef-lieu de canton, poste de Noyon; 900 hab.

LASSITI, b. de la Turquie d'Europe, eyalet de Kirid ou Kandia, sandschak de Kandia; situé au pied de la montagne de ce nom.

LASSON, vg. de Fr., Calvados, arr. de Caen, cant. de Creully, poste de Bretteville-l'Orgueilleuse; 750 hab.

LASSON, vg. de Fr., Yonne, arr. de Tonnerre, cant. de Flogny, poste de St.-Florentin; 390 hab.

LASSON. *Voyez* CHAPELLE-LASSON (la).

LASSOUTS, ham. de Fr., Aveyron, com. de Gabrian; 220 hab.

LASSUR, vg. de Fr., Arriège, arr. de Foix, cant. et poste des Cabannes; 210 hab.

LASSUS, ham. de Fr., Vosges, com. du Clerjus; 100 hab.

LASSY, vg. de Fr., Calvados, arr. de Vire, cant. de Condé-sur-Noireau; 1260 h.

LASSY, vg. de Fr., Ille-et-Vilaine, arr. de Redon, cant. de Guichen, poste de Lohéac; 670 hab.

LASSY, vg. de Fr., Seine-et-Oise, arr. de Pontoise, cant. et poste de Luzarches; 170 h.

LASTA, prov. très-montueuse du roy. de Tigré, Abyssinie, à l'E. de celle de Bagember; remarquable parce qu'on y trouve, de même que dans la prov. de Tigré, plusieurs églises entièrement creusées dans le rocher, parmi lesquelles les neuf églises dont Alvarès a donné le plan, méritent particulièrement l'attention des voyageurs. Ces temples extraordinaires sont environnés d'un cloître; leurs voûtes ou plafonds sont soutenus par des piliers et leurs parois sont couvert de sculptures, dont la plupart sont des arabesques d'une exécution remarquable. La tradition les attribue à saint Lalibala, le plus illustre des empereurs de la dynastie Zagérum; ce monarque a son tombeau dans l'église nommée Golgota, longue de 120 palmes et large de 60. On doit citer aussi celle de St.-Georges, de 200 palmes de long sur 120 de large. Selon le même voyageur, on trouve dans une plaine à quelques milles de distance de ces églises, des édifices en ruines; il compare ces restes à ceux d'Axum, qu'il a décrits le premier. Ces constructions sont très-élevées et en pierres de taille. Alvarès présume qu'elles ont servi de résidence aux anciens rois. Les indigènes attribuent leur construction, ainsi que celle des églises susmentionnées, à des hommes blancs. *Voyez* ABOUHASOUBBA.

LASTEL, vg. de Fr., Manche, arr. de Coutances, cant. de Périers, poste de Prétot; 210 hab.

LASTENS, ham. de Fr., Tarn, com. d'Algans; 100 hab.

LASTIC, vg. de Fr., Cantal, arr., cant. et poste de St.-Flour; 370 hab.

LASTIC, ham. de Fr., Puy-de-Dôme, com. de Bourg-Lastic; 270 hab.

LASTOURS, vg. de Fr., Aude, arr. de Carcassonne, cant. et poste de Mas-Cabardès; fabr. de draps; 297 hab.

LASTOURS, ham. de Fr., Lot, com. de Ste.-Croix; 120 hab.

LASTOURS, ham. de Fr., Haute-Vienne, com. de Rilhac-Lastours; 230 hab.

LASTREILLES, ham. de Fr., Lot-et-Garonne, com. de St.-Front; 130 hab.

LASVAUX, ham. de Fr., Lot, com. de Cazillac; 700 hab.

LATACUNGA. *Voyez* TACUNGA.

LATAILLE, ham. de Fr., Indre-et-Loire,

com. de St.-Nicolas-de-Bourgueil; 220 hab.

LATAKIA ou **LADIKIA**, v. de Syrie, pachalik de Tripoli. Cette ville, bâtie sur l'emplacement de l'ancienne *Laodicée*, est ouverte, mais grande et propre; elle renferme un grand nombre de mosquées, d'églises, de caravanesérails, de bains, etc., et l'on y montre le magnifique arc de triomphe de Septime Sevère très-bien conservé. Son port, situé au fond d'un golfe formé par le cap Ziaret, est sûr et devient de plus en plus important comme principal débouché d'Alep. Plusieurs puissances européennes ont des consuls à Latakia, qui compte 7000 hab.

LATAMANIE, ham. de Fr., Haute-Vienne, com. de Magnac-Bourg; 100 hab.

LATAULLE, vg. de Fr., Oise, arr. de Compiègne, cant. et poste de Ressons; 420 h.

LA-TCHOU, une des branches du Sutledje.

LATET (le), vg. de Fr., Jura, arr. de Poligny, cant. et poste de Champagnole; 210 hab.

LATETTE (la), vg. de Fr., Jura, arr. de Poligny, cant. de Nozeroy, poste de Champagnole; 290 hab.

LATHUS, vg. de Fr., Vienne, arr., cant. et poste de Montmorillon; 1770 hab.

LATILLÉ, b. de Fr., Vienne, arr. de Poitiers, cant. de Vouillé, poste de Neuville; papeterie; 1254 hab.

LATILLY, vg. de Fr., Aisne, arr. de Château-Thierry, cant. et poste de Neuilly-St.-Front; 260 hab.

LATISANA, jolie pet. v. du roy. Lombard-Vénitien, gouv. de Venise, délégation d'Udine (Frioul), sur la rive droite du Tagliamento; commerce de bois de construction. Les campagnes qui l'environnent sont d'une fertilité extraordinaire; bel établissement agronomique avec une jolie bibliothèque; 4000 hab.

LATOUE, vg. de Fr., Haute-Garonne, arr. et poste de St.-Gaudens, cant. d'Aurignac; 760 hab.

LATOUR, ham. de Fr., Arriège, com. de Ganac; 110 hab.

LATOUR, ham. de Fr., Aveyron, com. de St.-Jean-d'Alcapiés; 170 hab.

LATOUR, pet. v. de Fr., Puy-de-Dôme, arr. et à 10 l. O. d'Issoire, chef-lieu de canton, poste de Tauves; 1920 hab.

LATOUR, vg. de Fr., Loire, arr., cant., à 1 1/2 N. et poste de St.-Etienne. Sur une tour de ce village se trouve un monument antique très-remarquable; c'est une espèce de pyramide de granit ornée d'un bas-relief; 800 hab.

LATOWIEZ, pet. v. de Pologne, woïwodie de Mazovie, cer. de Stanislawow; 1200 hab.

LATRAUT, ham. de Fr., Nièvre, com. de Breugnon; 180 hab.

LATRECEY, vg. de Fr., Haute-Marne, arr. de Chaumont-en-Bassigny, cant. et poste de Château-Villain; 890 hab.

LATRESNE, vg. de Fr., Gironde, arr. et poste de Bordeaux, cant. de Créon; 980 h.

LATREYNE, ham. de Fr., Tarn, com. de la Barthe-Bleys; 100 hab.

LATRILLE, vg. de Fr., Landes, arr. de St.-Sever, cant. et poste d'Aire-sur-l'Adour; 300 hab.

LATRONICO, b. de la prov. de Basilicata, Deux-Siciles; 3000 hab.

LATTAINVILLE, vg. de Fr., Oise, arr. de Beauvais, cant. et poste de Chaumont-en-Vexin; 150 hab.

LATTÉ, île de l'archipel de Tonga, Polynésie ou Océanie orientale, sous 18° 47′ 20″ lat. S. et 177° 2′ long. occ.; elle a la forme presque circulaire et environ 2 1/2 l. de circonférence; elle est très-élevée et remarquable par son pic que l'on aperçoit en mer à une distance de 20 milles. Cette île est habitée et a une bonne rade. Plusieurs navigateurs l'ont visitée ou reconnue, entre autres Maurelle, La Pérouse, Bellingshausen et Edwards. Ce dernier la nomme *Bickerton*.

LATTERIE, ham. de Fr., Haute-Vienne, com. de Dournazac; 300 hab.

LATTES, vg. de Fr., Hérault, arr., cant. et poste de Montpellier; 360 hab.

LATTIER (Saint-), vg. de Fr., Isère, arr. et cant. de St.-Marcellin, poste; 1560 hab.

LATTRE-SAINT-QUENTIN, vg. de Fr., Pas-de-Calais, arr. de St.-Pol-sur-Ternoise, cant. d'Avesnes-le-Comte, poste de l'Arbret; 270 hab.

LATZHATZA, gros vg. de Hongrie, cer. en-deçà du Danube, Petite-Kumanie; 3000 h.

LAU, vg. de Fr., Hautes-Pyrénées, arr., cant. et poste d'Argelès; 270 hab.

LAUBACH, vg. de Fr., Bas-Rhin, arr. de Wissembourg, cant. de Wœrth-sur-Sauer, poste de Soultz-sous-Forêts; 200 hab.

LAUBACH, v. du grand-duché de Hesse-Darmstadt, principauté de la Haute-Hesse, appartenant au prince médiatisé de Solms-Laubach. Elle a un château avec un jardin anglais et une bibliothèque de 45,000 volumes. Dans les environs, sur l'Horloff, se trouve la forge appelée Friedrichshutte, avec laquelle est jointe celle de Hessenbrucker, éloignée d'un demi-mille. Le prince de Solms-Laubach possède aussi le bourg industrieux de Freienseen, qui a 1050 hab.

LAUBAGUE, ham. de Fr., Haute-Garonne, com. d'Aspet; 120 hab.

LAUBAN, v. de Prusse, chef-lieu de cercle, prov. de Silésie, rég. de Liegnitz; située sur la rive gauche de la Queis, à 690 pieds au-dessus du niveau de la mer, au pied des montagnes de la Lusace. Lauban possède 2 églises, 2 hôpitaux, une maison d'orphelins, un gymnase, une bibliothèque publique, des manufactures de tabac, de draps, de toiles, de cotonnades, de bas; des teintureries, des blanchisseries, des tanneries et des distilleries; patrie du théologien et philosophe Morus, mort en 1792; 5320 hab.

LAUBARDEMONT. *Voyez* SABLONS.

LAUBÉPIN, ham. de Fr., Jura, com. de la Villette; 130 hab.

LAUBERT, ham. de Fr., Lozère, com. d'Allenc; 100 hab.

LAUBIES (les), vg. de Fr., Lozère, arr. et à 6 l. N. de Mende, cant. et poste de St.-Amans. Cette commune se compose de plusieurs villages, dont l'un renferme une source d'eau minérale acidule très-estimée; 750 hab.

LAUBRESSEL, vg. de Fr., Aube, arr. de Troyes, cant. et poste de Lusigny; 500 hab.

LAUBRIÈRES, vg. de Fr., Mayenne, arr. de Château-Gontier, cant. et poste de Cossé-le-Vivien; 430 hab.

LAUBRUCK, ham. de Fr., Moselle, com. d'Ébersviller; 190 hab.

LAUCH (le), ham. de Fr., Arriège, com. de Rivenert, 110 hab.

LAUCHA, pet. v. de Prusse, prov. de Saxe, rég. de Mersebourg, sur la rive droite de l'Unstrut; culture de vignes; tisseranderie; commerce de lin et de bestiaux; 1450 hab.

LAUCHHAMMER, usine royale de Prusse, prov. de Saxe, rég. de Mersebourg; elle comprend 2 hauts-fourneaux, 5 fonderies, 2 martinets, un laminoir et de vastes magasins; les fontes qui en sortent sont d'une grande perfection; 120 hab., employés ou ouvriers; l'établissement occupe en outre vers 100 manœuvres des environs.

LAUCHSTÆDT, pet. v. de Prusse, avec château, prov. de Saxe, rég. de Mersebourg. Ses eaux minérales ferrugineuses sont très-fréquentées depuis 1710; elle possède de belles promenades, un salon de réunion et une salle de spectacle; 1300 hab.

LAUCOURT, vg. de Fr., Somme, arr. de Montdidier, cant. et poste de Roye; 280 h.

LAUDA, v. du grand-duché de Bade, cer. du Bas-Rhin; avec des vignobles considérables; 1150 hab.

LAUDE (la), ham. de Fr., Lot, com. de Belaye; 160 hab.

LAUDER, b. d'Écosse, comté de Berwick; 2000 hab.

LAUDERDALE, comté de l'état d'Alabama, États-Unis de l'Amérique du Nord; il est borné par l'état de Tennessée, par le pays des Chikasaws, par l'état de Mississipi et par les comtés de Limestone, de Lawrence et de Franklin. Pays bien arrosé, couvert de belles prairies, mais peu cultivé; 5500 hab.

LAUDI-LA-TARINQUIE, ham. de Fr., Aveyron, com. de Privezac; 160 hab.

LAUDOUR, ham. de Fr., Lot, com. de Creysse; 240 hab.

LAUDUN, *Ladanum*, b. de Fr., Gard, arr. d'Uzès, cant. et poste de Roquemaure; bons vins blancs; 2260 hab.

LAUENBOURG (duché de), partie du Danemark qui s'étend entre 7° 41′ et 8° 38′ 10″ long. orient. et 53° 21′ et 53° 48′ lat. sept., et qui est bornée au N. par le territoire de Lubeck, à l'E. par Mecklembourg-Strélitz et Mecklembourg-Schwérin, au S. par l'Elbe, qui la sépare du roy. de Hanovre, au S.-O. par le territoire de Hambourg et à l'O. par le duché de Holstein; elle renferme une population de 40,000 hab. sur une superficie de 19 l. c.; elle a un climat assez âpre; cependant moins humide que celui du Holstein. Ce duché est une vaste plaine généralement fertile, surtout aux bords de l'Elbe, en céréales, légumes, navette, fruits, chanvre, lin, pastel et bois. L'agriculture et l'éducation des bestiaux et de la race chevaline y occupent la plus grande partie de la population; la pêche est très-lucrative dans les nombreux lacs et cours d'eau qu'on y trouve; l'industrie manufacturière y est nulle, mais le commerce est très-actif. On exporte du seigle, beurre, fromage, laine, fruits, bois et poissons. Le duché de Lauenbourg est habité par des Allemands qui parlent le bas-allemand et appartiennent à l'église luthérienne; il y a 22 terres nobles. Comme duc de Lauenbourg, le roi de Danemark fait partie de la confédération germanique. Les principaux fleuves qui arrosent le Lauenbourg sont : l'Elbe avec ses affluents, la Delvenau, la Bille et la Wackenitz qui se décharge dans la Trave. Sous le rapport administratif, ce duché est divisé en 4 bailliages; ce sont ceux de Ratzebourg, Lauenbourg, Schwarzenbeck et Steinhorst, avec 3 villes, 1 bourg, 22 villages seigneuriaux, 103 autres villages et 37 hameaux.

LAUENBOURG (bailliage de), dans le duché du même nom; s'étend le long de l'Elbe; compte 7000 hab.

LAUENBOURG, *Cœnœnum*, pet. v. de Prusse, chef-lieu de cercle, prov. de Poméranie, rég. de Cœslin; ceinte de hautes murailles flanquées de tours, avec quatre portes; elle possède un château, 3 églises, 2 hôpitaux, des manufactures de draps, de toiles; des tanneries; 2630 hab.

LAUENBOURG, pet. v. du roy. de Danemark, chef-lieu de bailliage dans le duché de même nom, au confluent de l'Elbe et de la Delvenau, jadis la résidence des ducs de Saxe-Lauenbourg. Ses habitants, au nombre de 2500, font un commerce assez considérable. C'est dans cette ville que fut conclue, en 1803, la convention de Walmoden qui livra le Hanovre aux Français.

LAUENSTEIN, vg. parois. de Bavière, chef-lieu de district, cer. du Mein-Supérieur, à 8 l. de Kronach, sur le Fischbach, qui y fait mouvoir plusieurs usines; les environs renferment des mines de fer, de cobalt, de cuivre et d'argent; des fonderies et des forges. Près de là, sur une montagne, se trouve un ancien château, autrefois résidence des comtes d'Orlamunda et de Thuna; 400 hab.

LAUF, pet. v. de Bavière, chef-lieu de district, cer. de la Rézat, à 3 l. de Nuremberg, sur la Pegnitz, qui y fait mouvoir de nombreuses usines; elle possède un château, un hôpital; des fabriques de quincaillerie et de taillanderie, d'aiguilles, de fil de fer et de laiton; des martinets, des laminoirs, des tanneries, des moulins à farine, à huile, à scie et à foulon. On récolte dans la banlieue de 1500 à 2000 quintaux de houblon par an; 2350 hab.

LAUFEN, *Redajum*, v. de Bavière, chef-lieu de district, cer. de l'Isar, à 5 l. de Salzbourg, sur la Salzach, que l'on traverse sur un pont de bois et qui fait mouvoir plusieurs usines; on y remarque le château royal restauré en 1608, l'église paroissiale avec des monuments intéressants, l'antique maison de ville et 2 hôpitaux; elle possède des tisseranderies, des tanneries, un commerce actif de laine et de sel, des chantiers de construction de bateaux. Pop. de la ville 1440 h., du district 5000, sur 6 milles c.

Des monuments trouvés dans les environs de Laufen prouvent sa haute antiquité; en 1050 elle figure déjà comme ville et en 1192 et 1195 il s'y tint des synodes; la moitié fut réduite en cendres, en 1633.

LAUFEN, vg. du cant. de Zurich, Suisse; sur un rocher élevé se trouve, près de ce village, un château remarquable par la belle cascade du Rhin; ce fleuve qui, en cet endroit, a près de 300 pieds de large, s'y précipite de la hauteur de 70 à 75 pieds; 1500 h.

LAUFENBOURG, *Gannodurum*, v. du cant. d'Argovie, chef-lieu du district de Laufenbourg, Suisse; située sur le Rhin, avec un pont qui conduit dans la ville badoise de Kleinlaufenbourg; mal bâtie; 1000 hab., qui se nourrissent de la pêche.

LAUFFEN, *Artobriga*, b. de la Haute-Autriche, cer. de Traun, sur la Traun; carrières d'albâtre et mines de houille.

LAUFFEN, *Laviacum*, pet. v. du Wurtemberg, cer. du Necker, gr.-bge de Besigheim, sur le Necker, que l'on y traverse sur plusieurs ponts; dans une contrée fertile, bordée de vignobles; elle se compose du château, de la ville et du village de Laufen; 3980 hab.

Cette ville paraît être d'origine romaine; dans la première moitié du huitième siècle, Carloman donna à saint Boniface l'église de St.-Martin de Lauffen; la famille des comtes Poppon, éteinte en 1219, possédait la ville dès le onzième siècle; en 1534 il y eut une bataille décisive entre les impériaux et le comte Ulrich, qui rentra à la suite dans ses possessions. Elle fut prise, en 1643, par les Bavarois, en 1675 et 1688 par les impériaux, et en 1796 et 1799 par les Français.

LAUGHLAN, petit groupe de l'Australie ou Océanie centrale, sous 9° 20' lat. S. et 152° 5' long. orient. Il se compose de 7 îles et fut découvert en 1812. La plupart des géographes allemands rattachent ce groupe à l'archipel de la Louisiade; Balbi le comprend dans celui de Salomon.

LAUGNAC, vg. de Fr., Lot-et-Garonne, arr. d'Agen, cant. de Prayssas, poste de Ste.-Livrade; 460 hab.

LAUINGEN, *Lavinga*, *Lavinia*, v. de Bavière, chef-lieu de district, cer. du Danube-Supérieur; située à 9 l. N.-O. d'Augsbourg, dans une belle plaine, sur le Danube, que l'on y traverse sur un pont de bois et qui y fait mouvoir plusieurs moulins. Parmi ses édifices publics on remarque le château, autrefois résidence des ducs palatins de Neubourg, dont la tombeau de famille se trouve dans la belle église paroissiale. Sur un autel de la même église est étendue la figure en cire d'Albert-le-Grand, de la famille des comtes de Bollstedt, dominicain devenu évêque de Ratisbonne et mort, en 1280, dans le couvent de son ordre à Cologne; ses grandes connaissances en physique et en chimie le firent passer pour sorcier et donnèrent lieu à des contes absurdes. La maison de ville, construite en 1783, est d'un beau style dorique-toscan. Lauingen possède 9 églises, un hôpital et un gymnase. Il fait un commerce actif d'expédition, de blé, de vins, de sel, de toiles et de cotonnades. Pop. de la ville 3370 hab., du district 12,800, sur 4 milles c. géogr.

Lauingen remplace l'ancienne *Lavinia* des Romains, dont on trouve encore des traces; dans le huitième siècle Pepin-le-Bref le donna à l'abbaye de Fulde; il retourna plus tard à la Bavière et fut cédé, en 1505, à la maison palatine Neubourg. En 1632 les Suédois augmentèrent ses fortifications.

LAUIS. *Voyez* LUGANO.

LAUJUZAN, vg. de Fr., Gers, arr. de Condom, cant. et poste de Nogaro; 500 hab.

LAULERY, ham. de Fr., Vendée, com. de Lairoux; 150 hab.

LAULNE. *Voyez* AULNE (l').

LAUMASSÈRE, ham. de Fr., Haute-Garonne, com. de Rouède; 110 hab.

LAUMES (les), ham. de Fr., Côte-d'Or, com. de Venarey; 100 hab.

LAUMESFELD, vg. de Fr., Moselle, arr. de Thionville, cant. de Sierck, poste de Bouzonville; 480 hab.

LAUMOND, ham. de Fr., Dordogne, com. de Prats-de-Carlux; 110 hab.

LAUMONT (la), ham. de Fr., Vosges, com. de Vincey; 100 hab.

LAUN, pet. v. de Bohême, cer. de Saatz, sur l'Eger, avec une église très-remarquable. Dans le voisinage se trouve le mont Oblik, renommé par ses alouettes et par la belle vue dont on y jouit; 2000 hab.

LAUN (île). *Voyez* PLAISANCE (baie).

LAUN, baie avec des établissements de pêcheurs, à l'O. de la baie de Plaisance, côte S. de l'île de Terre-Neuve.

LAUNAC, vg. de Fr., Haute-Garonne, arr. de Toulouse, cant. et poste de Grenade-sur-Garonne; 1090 hab.

LAUNAGUET, vg. de Fr., Haute-Garonne, arr., cant. et poste de Toulouse; 380 hab.

LAUNAI-CAGNARD, ham. de Fr., Eure, com. de St.-Étienne-sous-Bailleul; 100 hab.

LAUNAY, vg. de Fr., Calvados, arr. et poste de Pont-l'Évêque, cant. de Blangy; 310 hab.

LAUNAY, vg. de Fr., Eure, arr. de Bernay, cant. et poste de Beaumont-le-Roger; 250 hab.

LAUNAY, ham. de Fr., Eure, com. de Fontaine-sous-Jouy; 170 hab.

LAUNAY, ham. de Fr., Maine-et-Loire, com. de Chemellier; 100 hab.

LAUNAY, ham. de Fr., Seine-Inférieure, com. de St.-Pær; 240 hab.

LAUNAY, ham. de Fr., Deux-Sèvres, com. de Louzy; 140 hab.

LAUNAY-BERTIN, ham. de Fr., Seine-et-Oise, com. de Montfort-l'Amaury; 150 h.

LAUNAY-VILLIERS, vg. de Fr., Mayenne, arr. de Laval, cant. de Loiron, poste de la Gravelle; 570 hab.

LAUNCESTON, pet. v. d'Angleterre, chef-lieu du comté de Cornwall; nomme 2 députés; manufactures de coton; 5000 hab.

LAUNCESTON, v. et chef-lieu de district de la Dieménie (île de Van-Diemen ou Tasmanie). Cette ville, une des plus florissantes de cette colonie anglaise, est située au pied d'une montagne fertile, au confluent du North-Esk et du South-Esk, qui à leur réunion prennent le nom de Tamar. Elle a un collége florissant fondé par souscription, une caserne, un moulin, quelques établissements industriels et une population d'environ 1300 hab.

LAUNEUC (Saint-), vg. de Fr., Côtes-du-Nord, arr. de Loudéac, cant et poste de Merdrignac; 490 hab.

LAUNOY, vg. de Fr., Aisne, arr. de Soissons, cant. et poste d'Oulchy; 240 hab.

LAUNOY, b. de Fr., Ardennes, arr. de Mézières, cant. de Signy-l'Abbaye, poste; 1053 hab.

LAUNSTROFF, vg. de Fr., Moselle, arr. de Thionville, cant. et poste de Sierck; 760 h.

LAUPEN, b. dans le canton de Berne, Suisse, au confluent de la Sense et de la Saane.

LAUPIES (les), ham. de Fr., Aveyron, com. de Dourbies; 250 hab.

LAUPHEIM, vg. parois. du Wurtemberg, cer. du Danube, gr.-bge de Wiblingen; avec un château et un hôpital, sur la petite rivière de Rottum; 2640 hab.

LAUR, ham. de Fr., Gers, com. de Laujazan; 170 hab.

LAURABUC, vg. de Fr., Aude, arr., cant. et poste de Castelnaudary; 640 hab.

LAURAC, vg. de Fr., Ardèche, arr., cant. et poste de l'Argentière; 1480 hab.

LAURAC, b. de Fr., Aude, arr. et poste de Castelnaudary, cant. de Fanjeaux; 580 h.

LAURAC, vg. de Fr., Gers, arr. de Lombez, cant. et poste de Samatan; 110 hab.

LAURÆT, vg. de Fr., Gers, arr. et poste de Condom, cant de Montréal; 410 hab.

LAURAGUEL, vg. de Fr., Aude, arr. et poste de Limoux, cant. d'Alaigne; 390 hab.

LAURANA, très-pet. v. d'Illyrie, gouv. de Trieste, cer. de Fiume; située au milieu d'une forêt de lauriers et peu loin de la mer; petit port; 1000 hab.

LAURAT, ham. de Fr., Aveyron, com. de Roquefort; 160 hab.

LAURE, b. de Fr., Aude, arr. de Carcassonne, cant. et poste de Peyriac-Minervois; 1160 hab.

LAURE, ham. de Fr., Bouches-du-Rhône, com. de Gignac; 150 hab.

LAURE (Saint-), vg. de Fr., Puy-de-Dôme, arr. de Riom, cant. d'Ennezat, poste de Maringues; 630 hab.

LAURÈDE, vg. de Fr., Landes, arr. de Dax, cant. de Montfort, poste de Tartas; 830 hab.

LAUREL (monts), chaîne de montagnes des États-Unis de l'Amérique du Nord; traverse le S.-E. de l'état de Pensylvanie, à l'O. de l'Alléghany-Ridge, et se termine par les Stony et les Flattop-Mountains.

LAURENAN, vg. de Fr., Côtes-du-Nord, arr. de Loudéac, cant. et poste de Merdrignac; 1150 hab.

LAURENÇANNE. *Voyez* MAURICE-DE-LAURENÇANNE (Saint-).

LAURENCEKIRK, b. d'Écosse, comté de Mearns ou Kincardine; toileries; blanchisseries; 1500 hab.

LAURENS, vg. de Fr., Hérault, arr. et poste de Béziers, cant. de Murviel; 830 hab.

LAURENS, dist. de la Caroline du Sud, États-Unis de l'Amérique du Nord; il est borné par les dist. de Greenville, de Spartanburgh, d'Union, de Newberry, d'Edgefield et d'Abbeville. Pays fertile et bien arrosé; 20,000 hab. Laurensville, sur le Little, est le chef-lieu du district.

LAURENS, comté de l'état de Géorgie, États-Unis de l'Amérique du Nord; ses bornes sont : les comtés de Wilkinson, Washington, Emanuel, Montgoméry et Pulasky; pays encore peu cultivé; 7000 hab. Dublin, sur l'Alatamaha, est le chef-lieu du comté.

LAURENSVILLE. *Voyez* LAURENS (district).

LAURENT (Saint-), un des plus grands fleuves de l'Amérique septentrionale; il sert d'écoulement aux cinq grands lacs appelés communément la mer de Canada, et on peut regarder comme ses sources le St.-Louis et le Kaministiquia, les deux principaux affluents du lac Supérieur. Depuis le lac Erié jusqu'à l'Ontario il porte le nom de Niagara et forme, près du fort Niagara, la célèbre cataracte de ce nom. A son issue du lac Ontario, tout près de Kingston, il forme, sous 45° lat. N., un bassin appelé le lac des Mille-Iles, prend le nom de Cataraqui ou Iroquois, qu'il conserve jusqu'à Montréal, et coule vers le N.-E., en séparant le Haut-Canada de l'état de New-York, dans les États-Unis, et en baignant Brockville, Johnstown et Cornwall. Plus bas il s'élargit et forme un bassin appelé le lac St.-François (St.-Francis) avec l'île du même nom. Dans les environs de Montréal il reçoit le majestueux Ottawa (Uttawas), se divise en plusieurs bras et forme, à l'embouchure du

Richelieu (Sorel ou Champly), un troisième bassin appelé le lac St.-Pierre, passe par Trois-Rivières, Ste.-Anne et Québec, où il forme l'île d'Orléans, et se décharge par une embouchure qui ressemble à un bras de mer dans le golfe auquel il donne son nom, entre le cap Montpellier et le cap Chat. Son cours, depuis le lac des Mille-Iles, n'est que de 191 l.; mais la masse d'eau qu'il verse dans l'Océan est bien plus considérable que celle déchargée par le Mississipi. Aujourd'hui le St.-Laurent, dont le cours est très-rapide, surtout entre les bassins de St.-François et des Mille-Iles, est navigable sur tout son cours; les grands vaisseaux marchands le remontent jusqu'à Cornwall. Les îles, dont le fleuve est parsemé, ne lui laissent souvent qu'un étroit et dangereux passage. Depuis le lac des Mille-Iles jusqu'à Montréal, le fleuve se trouve resserré entre des pans de rochers escarpés; entre Montréal et Trois-Rivières les bords s'aplatissent pour se relever au-dessous de cette dernière ville et présentent de là jusqu'à Québec une série non interrompue de collines verdoyantes, au S. du fleuve. Aux environs de Québec le fleuve est d'un aspect magnifique. Ses principaux affluents sont : à droite, l'Oswégatché, la Raquette, le Chateaugay, le Richelieu ou Sorel, écoulement du lac Champlain; le St.-Francis, d'un très-long cours; la Chaudière, remarquable par sa belle cascade; le Satoga ou Montréal, l'Yamaska, le Duchêne, etc.; à gauche, l'Ottawa ou Uttawas, le plus grand des affluents du St.-Laurent; le Madawasca, le Missinipi, le Rideau, important par le canal qui le joint au lac Ontario; la rivière de la Petite-Nation, la rivière Maurice qui baigne Trois-Rivières, le Montmorency qui fait une magnifique chute, la Ste.-Anne, le Jacques-Cartier, le St.-Charles, le Bustard et le Saguenay ou Pikouagamis, le plus grand de ses affluents après l'Ottawa.

LAURENT (Saint-), vaste golfe qui s'étend devant l'embouchure du St.-Laurent et qui est formé par l'extrémité du Labrador et du Canada, les côtes du Nouveau-Brunswick et de la Nouvelle-Écosse, et les îles de Terre-Neuve et du cap Breton. Il a 3 entrées : 1° le détroit de Belle-Isle, entre les côtes du Labrador et de Terre-Neuve; 2° le canal du Sud, entre l'île de Terre-Neuve et le cap Breton, l'entrée ordinaire et la plus fréquentée du golfe, et 3° le détroit de Canso (Gut-of-Canso), canal étroit entre le cap Breton et la Nouvelle-Écosse. Ce golfe, ouvert dans toutes les saisons, renferme un grand nombre d'îles, dont celles de Prince-Édouard ou de St.-Johns, d'Anticosti et le groupe des Madeleines sont les plus importantes. La partie du golfe comprise entre l'île du Prince-Édouard et les côtes de la Nouvelle-Écosse et du Nouveau-Brunswick, porte le nom de Red-Sea (mer rouge). Le grand nombre de baies que le golfe forme sur les côtes du continent et de l'île de Terre-Neuve se trouvent décrites dans les articles spéciaux.

LAURENT (Saint-), b. et chef-lieu du comté d'Orléans, Bas-Canada, sur le St.-Laurent; dans son voisinage se trouve la grotte de St.-Patrique, riche en stalactites.

LAURENT (Saint-), vg. de Fr., Basses-Alpes, arr. de Digne, cant. et poste de Riez; 210 hab.

LAURENT (Saint-), vg. de Fr., Hautes-Alpes, arr. de Gap, cant. et poste de St.-Bonnet; 960 hab.

LAURENT (Saint-), vg. de Fr., Ardennes, arr., cant. et poste de Mézières; 820 hab.

LAURENT (Saint-), vg. de Fr., Cher, arr. de Bourges, cant. de Méhun-sur-Yèvre, poste de Vierzon; 500 hab.

LAURENT (Saint-), ham. de Fr., Corrèze, com. d'Allassac; 200 hab.

LAURENT (Saint-), vg. de Fr., Corse, arr., à 4 l. N.-E. et poste de Corte, chef-lieu de canton; 560 hab.

LAURENT (Saint-), vg. de Fr., Côtes-du-Nord, arr. et poste de Guingamp, cant. de Begard; 800 hab.

LAURENT (Saint-), ham. de Fr., Côtes-du Nord, com. de Plouëzec; 120 hab.

LAURENT (Saint-), vg. de Fr., Creuze, arr., cant. et poste de Guéret; 630 hab.

LAURENT (Saint-), ham. de Fr., Eure, com. de Corneville-sur-Rille; 300 hab.

LAURENT (Saint-), vg. de Fr., Gard, arr. de Nîmes, cant. d'Aigues-Mortes, poste de Lunel; 1480 hab.

LAURENT (Saint-), vg. de Fr., Haute-Garonne, arr. de St.-Gaudens, cant. et poste de l'Isle-en-Dodon; 630 hab.

LAURENT (Saint-), ham. de Fr., Ille-et-Vilaine, com. de Rennes; 470 hab.

LAURENT (Saint-), vg. de Fr., Indre-et-Loire, arr. de Tours, cant. et poste de Château-Renault; 870 hab.

LAURENT (Saint-), vg. de Fr., Jura, arr. et à 5 l. N. de St.-Claude, chef-lieu de canton et poste; 1350 hab.

LAURENT (Saint-), vg. de Fr., Landes, arr. de Dax, cant. de St.-Esprit, poste de Biaudos; 810 hab.

LAURENT (Saint-), ham. de Fr., Landes, com. de Frèche; 130 hab.

LAURENT (Saint-), vg. de Fr., Lot-et-Garonne, arr. de Nérac, cant. de Lavernac, poste de Port-Ste.-Marie; 650 hab.

LAURENT (Saint-), ham. de Fr., Lot-et-Garonne, com. de Seyches; 300 hab.

LAURENT (Saint-), vg. de Fr., Meuse, arr. de Montmédy, cant. de Spincourt, poste de Damvillers; 810 hab.

LAURENT (Saint-), vg. de Fr., Morbihan, arr. de Vannes, cant. de Rochefort-en-Terre, poste de Malestroit; 290 hab.

LAURENT (Saint-), vg. de Fr., Nièvre, arr. de Cosne, cant. et poste de Pouilly-sur-Loire; 480 hab.

LAURENT (Saint-), ham. de Fr., Orne, com. de Sées; 350 hab.

LAURENT (Saint-), vg. de Fr., Basses-Pyrénées, arr. et poste de Pau, cant. de Morlaas; 300 hab.

LAURENT (Saint-), vg. de Fr., Vienne, arr. de Montmorillon, cant. et poste de Lussac; 320 hab.

LAURENT (Saint-), Basses-Pyrénées. *Voy.* ISPOURE.

LAURENT (Saint-), ham. de Fr., Tarn-et-Garonne, com. de Moissac; 150 hab.

LAURENT (Saint-), ham. de Fr., Tarn-et-Garonne, com. de Monclar; 590 hab.

LAURENT (Saint-), vg. de Fr., Vosges, arr., cant. et poste d'Épinal; 400 hab.

LAURENT-BLANGY (Saint-), ou IMMERCOURT, vg. de Fr., Pas-de-Calais, arr., cant. et poste d'Arras; forges, martinets, laminoirs; fonderies; fabr. de sucre de betteraves, de noir d'ivoire et de colle; 1090 hab.

LAURENT-CHABREUGES (Saint-), vg. de Fr., Haute-Loire, arr., cant. et poste de Brioude; 230 hab.

LAURENT-D'AGNY (Saint-), vg. de Fr., Rhône, arr. de Lyon, cant. et poste de Mornant; 1000 hab.

LAURENT-D'ARCE (Saint-), vg. de Fr., Gironde, arr. de Bordeaux, cant. et poste de St.-André-de-Cubzac; 860 hab.

LAURENT-D'AUDENAY (Saint-), vg. de Fr., Saône-et-Loire, arr. de Châlon-sur-Saône, cant. et poste de Buxy; 380 hab.

LAURENT-DE-BEAUMÉNIL (Saint-), vg. de Fr., Orne, arr. d'Alençon, cant. et poste de Sées; 260 hab.

LAURENT-DE-BEAUMONT (Saint-), vg. de Fr., Isère, arr. de Grenoble, cant. de Corps, poste de la Mure; 780 hab.

LAURENT-DE-BOSEGROS (Saint-), ham. de Fr., Tarn, com. de Peyrole; 200 hab.

LAURENT-DE-BRÉVEDENT (Saint-), vg. de Fr., Seine-Inférieure, arr. du Hâvre, cant. de St.-Romain-du-Colbosc, poste d'Harfleur; 570 hab.

LAURENT-DE-BROSSAC (Saint-), vg. de Fr., Charente, arr. de Barbezieux, cant. de Brossac, poste de Chalais; 400 hab.

LAURENT-DE-CABRERISSE (Saint-), vg. de Fr., Aude, arr. de Narbonne, cant. de Durban, poste de la Grasse; 560 hab.

LAURENT-DE-CARNOLS (Saint-), vg. de Fr., Gard, arr. d'Uzès, cant. et poste de Pont-St.-Esprit; 400 hab.

LAURENT-DE-CASTELNAUD (Saint-), vg. de Fr., Dordogne, arr. de Sarlat, cant. de Domme, poste de Belvès; 850 hab.

LAURENT-DE-CERDONS (Saint-), b. de Fr., Pyrénées-Orientales, arr. de Céret, cant. de Prats-de-Mollo, poste d'Arles-sur-Tech; forges à la Catalane; martinets pour fer; clouteries et corderies; commerce en velours d'Amiens; rouennerie, toiles, mercerie, fer, clous, cercles de fer et de châtaigniers, etc.; 2430 hab.

LAURENT-DE-CERIS (Saint-), vg. de Fr., Charente, arr. de Confolens, cant. et poste de St.-Cloud; 1180 hab.

LAURENT-DE-CHAMOUSSET (Saint-), pet. v. de Fr., Rhône, arr. et à 8 1/2 l. O. de Lyon, chef-lieu de canton et poste; 1690 h.

LAURENT-DE-COGNAC (Saint-), vg. de Fr., Charente, arr., cant. et poste de Cognac; 710 hab.

LAURENT-DE-CONDEL (Saint-), vg. de Fr., Calvados, arr. de Falaise, cant. de Bretteville-sur-Laize, poste de May-sur-Orne; 520 hab.

LAURENT-DE-CUVES (Saint-), vg. de Fr., Manche, arr. de Mortain, cant. de St.-Pois, poste de Sourdeval; 1440 hab.

LAURENT-DE-LA-BARRIÈRE (Saint-), vg. de Fr., Charente-Inférieure, arr. de St.-Jean-d'Angely, cant. et poste de Tonnay-Boutonne; 180 hab.

LAURENT-DE-L'AIN (Saint-), vg. de Fr., Ain, arr. de Bourg-en-Bresse, cant. de Bagé, poste de Mâcon; il est situé sur la rive gauche de l'Ain, en face de Mâcon, et l'on y fait grand commerce en chevaux, bétail, grains, farines, chanvre, planches de sapin, merrain; fonderies en fer et chantiers de construction; 1378 hab.

LAURENT-DE-LA-PLAINE (Saint-), vg. de Fr., Maine-et-Loire, arr. de Beaupréau; cant. de St.-Florent-le-Vieil, poste de Chemillé; 1500 hab.

LAURENT-DE-LA-PRÉE (Saint-), vg. de Fr., Charente-Inférieure, arr., cant. et poste de Rochefort-sur-Mer; 860 hab.

LAURENT-DE-LA-SALENQUE (Saint-), vg. de Fr., Pyrénées-Orientales, arr. de Perpignan, cant. de Rivesaltes, poste; commerce très-étendu; grande clouterie; 3444 hab.

LAURENT-DE-LA-SALLE (Saint-), vg. de Fr., Vendée, arr. et poste de Fontenay-le-Comte, cant. d'Hermenault; 750 hab.

LAURENT-DE-LEVEZON (Saint-), ham. de Fr., Aveyron, com. de St.-Léono; 170 hab.

LAURENT-DE-LIN (Saint-), vg. de Fr., Indre-et-Loire, arr. de Tours, cant. et poste de Château-la-Vallière; 480 hab.

LAURENT-DE-LUSSAS (Saint-). *Voyez* LUSSAS.

LAURENT-DE-MAYNET (Saint-), ham. de Fr., Tarn-et-Garonne, com. de Montricoux; 420 hab.

LAURENT-DE-MÉDOC (Saint-), b. de Fr., Gironde, arr. et à 5 l. S. de Lesparre, chef-lieu de canton et poste; excellent vignoble; 2748 hab.

LAURENT-DE-MONTMOREAU (Saint-), vg. de Fr., Charente, arr. de Barbezieux, cant. et poste de Montmoreau; 550 hab.

LAURENT-DE-MURE (Saint-), vg. de Fr., Isère, arr. de Vienne, cant. d'Heyrieux, poste de la Verpillière; 1140 hab.

LAURENT-DE-MURET (Saint-), vg. de Fr., Lozère, arr., cant. et poste de Marvejols; 510 hab.

LAURENT-DE-NESTE (Saint-), vg. de Fr., Hautes-Pyrénées, arr. de Bagnères-en-Bigorre, cant. de Nestier, poste; mine de houille; 1410 hab.

LAURENT-DE-POMBIRAC (Saint-), ham. de Fr., Tarn, com. de Gaillac; 280 hab.

LAURENT-DES-ARBRES (Saint-), vg. de Fr., Gard, arr. d'Uzès, cant. et poste de Roquemaure; lavoir de laines; 950 hab.

LAURENT-DES-AUTELS (Saint-), vg. de Fr., Maine-et-Loire, arr. et poste de Beaupréau, cant. de Champtoceaux; fabr. de poterie de terre; 1250 hab.

LAURENT-DES-BATONS (Saint-), vg. de Fr., Dordogne, arr. de Bergerac, cant. de St.-Alvère, poste de Douville; 710 hab.

LAURENT-DES-BOIS (Saint-), vg. de Fr., Eure, arr. d'Évreux, cant. et poste de St.-André; 210 hab.

LAURENT-DES-BOIS (Saint-), vg. de Fr., Loir-et-Cher, arr. de Blois, cant. de Marchenoir, poste d'Oucques; 540 hab.

LAURENT-DES-COMBES (Saint-), vg. de Fr., Gironde, arr. et poste de Libourne, cant. de Castillon; 310 hab.

LAURENT-DES-EAUX (Saint-), vg. de Fr., Loir-et-Cher, arr. de Blois, cant. de Bracieux, poste de Beaugency; 1160 hab.

LAURENT-DES-GRÈS (Saint-), vg. de Fr., Eure, arr. de Bernay, cant. de Broglie, poste de Montreuil-l'Argillé; 220 hab.

LAURENT-DES-HOMMES ou **DU-DOUBLE** (Saint-), vg. de Fr., Dordogne, arr. de Ribérac, cant. et poste de Mussidan; 1290 hab.

LAURENT-DES-MORTIERS (Saint-), vg. de Fr., Mayenne, arr. et poste de Château-Gontier, cant. de Bierné; 590 hab.

LAURENT-DES-MOUTIERS (Saint-), ham. de Fr., Calvados, com. de Boulon; 420 hab.

LAURENT-DE-VIGNES (Saint-), vg. de Fr., Dordogne, arr., cant. et poste de Bergerac; 360 hab.

LAURENT-DE-TERRE-GATTE (Saint-), vg. de Fr., Manche, arr. d'Avranches, cant. et poste de St.-James; 1440 hab.

LAURENT-DE-TRÈVES (Saint-), vg. de Fr., Lozère, arr., cant. et poste de Florac; 530 hab.

LAURENT-DE-VAUX (Saint-), vg. de Fr., Rhône, arr. de Lyon, cant. et poste de Vaugneray; 140 hab.

LAURENT-DE-VEYRES (Saint-), vg. de Fr., Lozère, arr. de Marvejols, cant. de Fournels, poste de St.-Chely; 210 hab.

LAURENT-D'OINGT (Saint-), vg. de Fr., Rhône, arr. de Villefranche-sur-Saône, cant. de Bois-d'Oingt, poste d'Anse; 770 h.

LAURENT-D'OLT (Saint-), vg. de Fr., Aveyron, arr. de Milhau, cant. de Campagnac, poste de la Canourgue; 270 hab.

LAURENT-DU-BOIS (Saint-), vg. de Fr., Gironde, arr. de la Réole, cant. de St.-Macaire, poste de Caudrot; 380 hab.

LAURENT-DU-DOUBLE (Saint-). *Voyez* LAURENT-DES-HOMMES (Saint-).

LAURENT-DU-MONT (Saint-), vg. de Fr., Calvados, arr. de Lisieux, cant. de Mezidon, poste de Cambremer; 220 hab.

LAURENT-DU-MOTTAY (Saint-), vg. de Fr., Maine-et-Loire, arr. de Beaupréau, cant. de St.-Florent-le-Vieil, poste d'Ingrande; 1180 hab.

LAURENT-DU-PAPE (Saint-), vg. de Fr., Ardèche, arr. de Privas, cant. et poste de la Voulte; 1230 hab.

LAURENT-DU-PLAN (Saint-), vg. de Fr., Gironde, arr. de la Réole, cant. de St.-Macaire, poste de Caudrot; 180 hab.

LAURENT-DU-PONT (Saint-), b. de Fr., Isère, arr. et à 5 l. N. de Grenoble, chef-lieu de canton, poste des Échelles; 3160 h.

LAURENT-DU-RIEU (Saint-), vg. de Fr., Calvados, arr. de Bayeux, cant. de Belloy, poste de Littry; 50 hab.

LAURENT-DU-TENCEMENT (Saint-), vg. de Fr., Eure, arr. de Bernay, cant. de Broglie, poste de Montreuil-l'Argillé; papeterie; 140 hab.

LAURENT-DU-VAR (Saint-), vg. de Fr., Var, arr. de Grasse, cant. de Vence, poste. Il est situé sur la rive droite du Var, et près de son embouchure dans la Méditerranée; on y passe cette rivière sur un pont de 2400 pieds de longueur sur 22 de large; récolte et commerce d'excellents vins; 750 h.

LAURENT-EN-BRIONNAIS (Saint-), vg. de Fr., Saône-et-Loire, arr. de Charolles, cant. et poste de Clayette; 980 hab.

LAURENT-EN-CAUX (Saint-), vg. de Fr., Seine-Inférieure, arr. d'Yvetot, cant. et poste de Doudeville; 1190 hab.

LAURENT-EN-ROYANS (Saint-), vg. de Fr., Drôme, arr. de Valence, cant. et poste de St.-Jean-en-Royans; haut-fourneau; forges à acier; 1240 hab.

LAURENT-LA-CONCHE (Saint-), vg. de Fr., Loire, arr. de Montbrison, cant. et poste de Feurs; 370 hab.

LAURENT-LA-GATINE (Saint-), vg. de Fr., Eure-et-Loir, arr. de Dreux, cant. et poste de Nogent-le-Rotrou; 400 hab.

LAURENT-LA-ROCHE (Saint-), vg. de Fr., Jura, arr. de Lons-le-Saulnier, cant. et poste de Beaufort; 470 hab.

LAURENT-LA-VERNÈDE (Saint-), vg. de Fr., Gard, arr. d'Uzès, cant. et poste de Lussan; 450 hab.

LAURENT-LE-MINIER (Saint-), vg. de Fr., Gard, arr. et poste de Vigan, cant. de Sumène; fabr. de papier; 1212 hab.

LAURENT-LES-BAINS (Saint-), vg. de Fr., Ardèche, arr. de l'Argentière, cant. de St.-Étienne-de-Lugdarès, poste de Langogne; eaux thermales; 810 hab.

LAURENT-LES-ÉGLISES (Saint-), vg. de Fr., Haute-Vienne, arr. de Limoges, cant. d'Anibazac, poste de Chanteloube; 990 h.

LAURENT-PRÈS-MONTCUQ (Saint-), vg. de Fr., Lot, arr. de Cahors, cant. et poste de Montcuq; 680 hab.

LAURENT-PRÈS-SAINT-CÉRÉ (Saint-), vg. de Fr., Lot, arr. de Figeac, cant. et poste de St.-Céré; 550 hab.

LAURENT-ROCHEFORT (Saint-), vg. de Fr., Loire, arr. de Montbrison, cant. et poste de Boen; 850 hab.

LAURENT-SOUS-COIRON (Saint-), vg. de Fr., Ardèche, arr. de Privas, cant. et poste de Villeneuve-de-Berg ; 450 hab.

LAURENT-SUR-GORRE (Saint-), vg. de Fr., Haute-Vienne, arr., à 3 l. S.-E. et poste de Rochechouart, chef-lieu de canton ; 2580 hab.

LAURENT-SUR-MANOIRE (Saint-), vg. de Fr., Dordogne, arr. et poste de Périgueux, cant. de St.-Pierre-de-Chinac ; 470 hab.

LAURENT-SUR-MER (Saint-), vg. de Fr., Calvados, arr. et poste de Bayeux, cant. de Trévières ; 310 hab.

LAURENT-SUR-SÈVRE (Saint-), vg. de Fr., Vendée, arr. de Bourbon-Vendée, cant. et poste de Mortagne-sur-Sèvre ; 1070 hab.

LAURESSES, vg. de Fr., Lot, arr. de Figeac, cant. de la Tronquière, poste de Maurs ; 810 hab.

LAURET, vg. de Fr., Hérault, arr. de Montpellier, cant. de Clarret, poste des Matelles ; 220 hab.

LAURET, vg. de Fr., Landes, arr. de St.-Sever, cant. de Geaune, poste d'Arzacq ; 320 hab.

LAURET-SAINT-GÈME, vg. de Fr., Gers, arr. de Lectoure, cant. et poste de Mauvezin ; 400 hab.

LAURICACHAS. *Voyez* LARÉCAJA.

LAURICOCHA, lac au S. de la rép. du Pérou, dép. d'Aréquiba, au centre des Cordillères, sous 9° 56′ lat. S.; il a 13 l. de longueur. Autrefois on regardait le Rio-Tunguragua, son écoulement, comme la principale source du Maragnon.

LAURIE, vg. de Fr., Cantal, arr. de St.-Flour, cant. et poste de Mauvezin ; 400 hab.

LAURIE (la), ham. de Fr., Lot, com. de Belaye ; 150 hab.

LAURIÈRE, b. de Fr., Haute-Vienne, arr. et à 8 l. N.-N.-E. de Limoges, chef-lieu de canton, poste de Chanteloube ; papeteries ; 1270 hab.

LAURINO, v. du roy. des Deux-Siciles, principauté Citérieure ; 2200 hab.

LAURIS, b. de Fr., Vaucluse, arr. d'Apt, cant. et poste de Cadenet ; 1610 hab.

LAUROUX, vg. de Fr., Hérault, arr., cant. et poste de Lodève ; 410 hab.

LAURS (Saint-), vg. de Fr., Deux-Sèvres, arr. et poste de Niort, cant. de Coulonges ; 580 hab.

LAURVIG, comté du roy. de Norwège, diocèse d'Aggerhuus ; acheté, en 1817, par le roi actuel ; 15,000 hab.

LAURVIG, pet. v. de Norwège, diocèse d'Aggerhuus, sur un golfe du Cattégat et à l'embouchure du Lofen et du Farrifelf ; elle est encaissée entre des rochers et bâtie en demi-cercle ; elle possède un beau château, autrefois la residence des comtes de Laurvig ; une jolie église et un hospice, qui s'élèvent sur le sommet d'un rocher, et plusieurs manufactures de tabac ; commerce d'ouvrages en bois et en fer ; 2000 hab.

LAUSANNE, *Lausonium*, v. et chef-lieu du canton de Vaud, Suisse ; située sur trois collines, près de la côte septentrionale du lac de Genève. Elle renferme une superbe cathédrale en style gothique et une belle maison pénitentiaire ; il y a une académie, un collége, une école militaire, une école de dessin, une école des pauvres, une bibliothèque avec un beau musée, un cabinet d'histoire naturelle, un médailler et une bibliothèque de la société de lecture. Citons encore le riche médailler particulier de M. Neinier. Teintureries ; orfévreries ; librairies ; commerce de vins. Cette ville est renommée pour ses bons et nombreux pensionnats ; antiquités romaines ; 12,000 hab.

LAUSIGK, v. du roy. de Saxe, cer. de Leipsic ; avec une source d'eau minérale fréquentée (*Hermannsbad*) ; 1750 hab.

LAUSSAC, ham. de Fr., Aveyron, com. de Thérondels ; 200 hab.

LAUSSEIGNAN, ham. de Fr., Lot-et-Garonne, com. de Barbaste ; 100 hab.

LAUSSONNE, vg. de Fr., Haute-Loire, arr. du Puy, cant. et poste de Monastier ; 1800 hab.

LAUSSOU, vg. de Fr., Lot-et-Garonne, arr. de Villeneuve-sur-Lot, cant. de Monflanquin, poste de Villeréal ; 620 hab.

LAUTARET, mont. très-élevée dans les Hautes-Alpes, cant. de la Grave, sur la route de Briançon à Grenoble. Un hospice, établi au pied de la montagne, recueille les voyageurs qui ont besoin de secours.

LAUTENBACH, vg. de Fr., Haut-Rhin, arr. de Colmar, cant. de Guebwiller, poste de Soultz ; 1480 hab.

LAUTENBACH-ZELL, vg. de Fr., Haut-Rhin, arr. de Colmar, cant. de Guebwiller, poste de Soultz ; fabr. de pièces détachées pour filatures ; 1210 hab.

LAUTENTHAL, v. du roy. de Hanovre, capitanat des mines de Clausthal, sur l'Innerste ; avec une mine d'argent et de cuivre ; 2150 hab.

LAUTERBACH, pet. v. de Bohême, cer. d'Ellbogen ; mines d'étain ; culture de houblon ; fabrication d'étoffes de laine ; commerce de houblon et de toiles ; carrières de pierres à chaux ; 1500 hab.

LAUTENBOURG, pet. v. de Prusse, prov. de Prusse, rég. de Marienwerder, sur la Welle, qui y sort d'un petit lac ; fabrication de draps, de toiles, de poterie ; commerce de bestiaux, de laine et de toiles ; 1670 hab.

LAUTERBACH, v. du grand-duché de Hesse-Darmstadt ; située dans la principauté de la Haute-Hesse, sur le Vogelsberg ; elle a deux châteaux ; 2350 hab., qui fabriquent des toiles.

LAUTERBERG, b. du roy. de Hanovre, gouv. de Hildesheim ; situé sur l'Oder et non loin du Harz ; 2400 hab. ; clouteries. La fonderie de cuivre et la forge appelée *Kœnigshutte*, qui en sont voisines, appartiennent au capitanat des mines de Clausthal.

LAUTERBOURG, pet. v. forte de Fr., Bas-Rhin, arr., à 5 l. E.-S.-E. de Wissembourg, chef-lieu de canton et poste; elle est située sur la Lauter, non loin de l'embouchure de cette rivière dans le Rhin; ses casernes sont les seuls édifices qui y soient considérables; blanchisserie de toile, tanneries, briqueterie et fonderie; 2700 hab.

Lauterbourg a, sous le rapport stratégique, une position très-favorable, dont les Romains déjà avaient reconnu les avantages. Ils y bâtirent un fort sur le nom duquel les savants antiquaires de l'Alsace ne sont point d'accord. Pendant la guerre de trente ans, les Français démolirent les murs de la ville. Au dix-huitième siècle ses remparts furent relevés. Lauterbourg fut pris en 1744 par les Autrichiens. Pendant les premières guerres de la révolution, cette ville fut un des points les plus importants de la frontière du N.-E. C'est devant Lauterbourg que s'étendaient les fameuses lignes de Wissembourg.

LAUTERBRUNNEN, pet. vg. dans le canton de Berne, Suisse; remarquable par sa position élevée et par la magnifique cascade de Staubbach. Dans les environs on remarque, vers le S.-E., le Jungfrauhorn, montagne regardée longtemps comme inaccessible, mais que MM. Meyer d'Aarau parvinrent à gravir en 1811; on voit en outre: le Mœnch, le Grand et le Petit-Breithorn. Enfin il s'y trouve plusieurs grottes remarquables, la Chor-Balmhœhle par exemple.

LAUTERECKEN, pet. v. de la Bavière rhénane, chef-lieu de canton, arr. de Cusel, dont il est distant de 4 l., sur l'embouchure de la Lauter dans la Glan; éducation de bétail; mines de houille; pop. de la ville 1020 hab., du canton 7660.

LAUTERUPT, ham. de Fr., Vosges, com. de Laveline; 170 hab.

LAUTIERS, vg. de Fr., Vienne, arr. de Montmorillon, cant. et poste de Chauvigny; 110 hab.

LAUTIGNAC, vg. de Fr., Haute-Garonne, arr. de Muret, cant. et poste de Rieumes; 600 hab.

LAUTREM. *Voyez* LOUTREMANGE.

LAUTREC, *Lautricum*, pet. v. de Fr., Tarn, arr., à 3 1/2 l. N. et poste de Castres, chef-lieu de canton; excellents vignobles; commerce de bestiaux, volailles passes, oies, canards, dindons; 3580 hab.

LAUTRET, ham. de Fr., Charente, com. de Triac; 200 hab.

LAUTRETTE, ham. de Fr., Haute-Vienne, com. de Pageas; 200 hab.

LAUVEAU, ham. de Fr., Finistère, com. de Crozon; 330 hab.

LAUVERGNAC, ham. de Fr., Loire-Inférieure, com. de Guézande; 150 hab.

LAUVERNE, ham. de Fr., Finistère, com. de Plonéour; 370 hab.

LAUVIGNEC, ham. de Fr., Côtes-du-Nord, com. de Paimpol; 200 hab.

LAUVIRAT, ham. de Fr., Gironde, com. de Coutras; 120 hab.

LAUW, vg. de Fr., Haut-Rhin, arr. de Belfort, cant. et poste de Massevaux; 490 h.

LAUWERZ (golfe de), golfe dans le roy. de Hollande, entre les prov. de Frise et de Grœningue.

LAUWIN-PLANQUE, vg. de Fr., Nord, arr., cant. et poste de Douai; 440 hab.

LAUX-MONTAUD, vg. de Fr., Drôme, arr. de Nyons, cant. de Remuzat, poste de Séderon; 100 hab.

LAUZACH, vg. de Fr., Morbihan, arr. de Vannes, cant. de Questembert, poste de Muzillac; 370 hab.

LAUZAS (le), ham. de Fr., Gard, com. de Pompignan; 140 hab.

LAUZERAIS (les), ham. de Fr., Aveyron, com. de Sonnac; 100 hab.

LAUZERTE, v. de Fr., Tarn-et-Garonne, arr., à 5 l. N. de Moissac et à 163 l. de Paris, chef-lieu de canton et poste; territoire fertile en vins et fruits excellents; commerce de grains, vins, bestiaux; 3590 hab.

LAUZERVILLE, vg. de Fr., Haute-Garonne, arr. de Villefranche-de-Lauragais, cant. de Lanta, poste de Caraman; 190 hab.

LAUZÈS, vg. de Fr., Lot, arr. et à 5 l. N.-N.-E. de Cahors, chef-lieu de canton, poste de Pélacoy; 410 hab.

LAUZET (le), vg. de Fr., Basses-Alpes, arr. et à 4 1/2 l. O. de Barcellonnette, chef-lieu de canton et poste; 1034 hab.

LAUZET, ham. de Fr., Hautes-Alpes, com. de Monetier; 280 hab.

LAUZUN, pet. v. de Fr., Lot-et-Garonne, arr. et à 8 l. N.-E. de Marmande, chef-lieu de canton et poste. Elle est située sur une éminence; on y voit les ruines d'un ancien château féodal. Lauzun a des fabr. de toiles et des distilleries; commerce de gros bétail, de vins et d'eaux-de-vie; 1400 hab.

LAVA (le), ham. de Fr., Doubs, com. de Gilley; 110 hab.

LAVACOURT, ham. de Fr., Seine-et-Oise, com. de Moisson; 350 hab.

LAVAGNA, *Lavania*, b. du roy. de Sardaigne; situé sur le golfe de Rapallo; 1000 h. Dans les environs se trouvent des carrières d'ardoises, dont on a l'habitude dans le pays de couvrir les maisons.

LAVAL, v. de Fr., chef-lieu du département de la Mayenne; siége de tribunaux de première instance et de commerce, directions des domaines, des contributions directes et indirectes, conservation des hypothèques et résidence d'un ingénieur en chef des ponts-et-chaussées. Laval est situé dans une vallée fertile, sur les bords de la Mayenne que l'on y passe sur deux ponts de pierre qui établissent la communication entre les deux quartiers de la ville; celle-ci est généralement mal bâtie; les rues sont étroites et montueuses, les maisons sombres et de construction gothique et aucun monument remarquable n'y fixe l'attention des étrangers. La halle aux toiles, vaste bâtiment où se tient chaque samedi un marché aux toiles, est le plus bel édifice de la ville; mais les promenades extérieures et les environs offrent beaucoup d'agrément. La ville possède deux hospices, un collége et une bibliothèque publique de 10,000 volumes. Laval est depuis longtemps renommé pour ses nombreuses fabriques de toile grises et blanches, de mouchoirs, de linge de table, d'étamines, de serges et autres étoffes de laine et de coton; pour ses filatures de lin et ses blanchisseries. Ses teintureries et ses tanneries ont aussi beaucoup d'activité. Dans les environs on trouve une carrière de marbre gris. Son principal commerce consiste dans la vente de ses toiles; celui de graines de trèfle, de laine, de fer, de bois de construction, etc., y est aussi assez important. Foires : les 9 septembre, 3 novembre, mardi après mi-carême, même jour avant St.-Jean, dernier mercredi d'avril et le premier samedi de chaque mois; 16,000 h.

Un château fort dont la construction date du neuvième siècle fut l'origine de Laval. Ce château, détruit par les Normands, avait été reconstruit par Guyon, fils de Guy-Valla, comte du Maine. Bientôt un grand nombre de maisons se groupèrent autour de l'édifice féodal et formèrent une petite ville autour de laquelle Guyon fit élever des murailles flanquées de tours. Pendant les guerres des Anglais, au quinzième siècle, cette ville joua un rôle comme place de guerre; elle fut prise par Talbot en 1466 et reprise une année après par les Français. Les guerres de religion n'y donnèrent lieu à aucun événement important; mais elle souffrit beaucoup dans les guerres qui désolèrent les départements de l'ouest après la grande révolution. Son industrie et son commerce lui ont rendu et augmenté encore son ancienne prospérité.

Laval est la patrie d'Ambroise Paré, chirurgien de Charles IX, et le seul protestant que, lors du massacre de la St.-Barthélemy, ce roi voulut épargner.

LAVAL, vg. de Fr., Aisne, arr. et poste de Laon, cant. d'Anisy-le-Château; 450 hab.

LAVAL, ham. de Fr., Hautes-Alpes, com. de Ceillac; 120 hab.

LAVAL, ham. de Fr., Aveyron, com. de Montagnol; 240 hab.

LAVAL ou **St.-Jean-de-Laval**, ham. de Fr., Aude, com. de Cabrespine; 150 hab.

LAVAL, vg. de Fr., Corrèze, arr. de Tulle, cant. et poste d'Égletons; 660 hab.

LAVAL, vg. de Fr., Doubs, arr. de Montbéliard, cant. et poste de Russey; forges et martinets; fabr. de taillanderie et scieries de bois; 190 hab.

LAVAL, vg. de Fr., Gard, arr. et poste d'Alais, cant. de St.-Martin-de-Valgalgues; 950 hab.

LAVAL, ham. de Fr., Lot, com. de Reilhaguet; 300 hab.

LAVAL, vg. de Fr., Isère, arr. de Grenoble, cant. et poste de Domène; mines de fer; source minérale; 1150 hab.

LAVAL, vg. de Fr., Haute-Loire, arr. de Brioude, cant. et poste de la Chaise-Dieu; 590 hab.

LAVAL, vg. de Fr., Marne, arr. et cant. de Ste.-Ménéhoulde, poste de Ville-sur-Tourbe; 230 hab.

LAVAL, vg. de Fr., Seine-et-Marne, arr. de Fontainebleau, cant. et poste de Montereau; 350 hab.

LAVAL, ham. de Fr., Tarn, com. de Puiceley; 150 hab.

LAVAL, vg. de Fr., Vosges, arr. d'Épinal, cant. et poste de Bruyères; papeteries; 417 hab.

LAVAL (Haut et Bas-), ham. de Fr., Seine-Inférieure, com. de Jouy-sur-Movin; 100 h.

LAVALADE, vg. de Fr., Dordogne, arr. de Bergerac, cant. et poste de Monpazier; 190 hab.

LAVAL-ATGER, vg. de Fr., Lozère, arr. de Mende, cant. et poste de Grandrieu; 350 hab.

LAVAL-D'AIX, vg. de Fr., Drôme, arr., cant. et poste de Die; 200 hab.

LAVAL-D'AUBELLE, vg. de Fr., Ardèche, arr. de l'Argentière, cant. de St.-Étienne-de-Lugdarès, poste de Langogne; 260 hab.

LAVALDENS, vg. de Fr., Isère, arr. de Grenoble, cant. d'Entraigues, poste de la Mure; 700 hab.

LAVAL-DU-TARN, vg. de Fr., Lozère, arr. de Marvejols, cant. et poste de la Canourgue; eaux thermales; 450 hab.

LA VALETTE, chef-lieu du groupe et jadis du petit état de l'ordre des chevaliers de Malte. Placée sur la côte orientale de l'île de Malte, cette ville consiste en cinq parties, considérées comme autant de villes et de forteresses séparées: La Valetta ou Citta-Nuova, Citta-Vittoriosa, Sengleu, Burmola et le faubourg de la Floriana; elles renferment deux ports principaux sûrs et commodes. Les Anglais y ont établi la station de leur flotte dans la Méditerranée. De beaux quais, de vastes bassins, le lazareth, des chantiers et de grands magasins les environnent. Grâce à son port franc, cette belle ville est une des places les plus commerçantes de la Méditerranée; ses principaux bâtiments sont : l'église de St.-Jean, l'ancienne résidence du grand-maître, actuellement la résidence du gouverneur, le palais Alberghi, l'aquéduc, les formidables fortifications, la bibliothèque publique, le lycée et le jardin botanique. L'évêque de Médina ou Citta-Vecchia, l'ancienne capitale de l'île, demeure ordinairement à La Valette. La Valette tire son nom du grand-maître Giovanni Valetta qui fit bâtir la Citta-Nuova en 1566. Citta-Vittoriosa date déjà de 838; 35,000 h.

LAVALLET, vg. de Fr., Haute-Garonne, arr. de Toulouse, cant. de Verfeil, poste de Montastruc; 550 hab.

LAVALLETTE, ham. de Fr., Ardèche, com. de Burzet; 100 hab.

LAVAL-MORENCY, vg. de Fr., Ardennes, arr. et cant. de Rocroi, poste de Maubert-Fontaine.

LAVAL-ROQUECÉZIÈRE, vg. de Fr., Aveyron, arr. de St.-Affrique, cant. et poste de St.-Sernin; 2820 hab.

LAVAL-SAINT-RONAN, vg. de Fr., Gard, arr. d'Uzès, cant. et poste de Pont-St.-Esprit; 280 hab.

LAVAL-SUR-TOURBE, vg. de Fr., Marne, arr., cant. et poste de Ste.-Ménéhoulde; 230 hab.

LAVANCIA, vg. de Fr., Jura, arr. et cant. de St.-Claude, poste de Dortan; 260 hab.

LAVANGEOT, ham. de Fr., Jura, com. de Lavans; 120 hab.

LAVANGO, pet. île au S. de celle de St.-Jean, Petites-Antilles, dont elle dépend.

LAVANNES, vg. de Fr., Marne, arr. de Reims, cant. de Bourgogne, poste d'Isles-sur-Suippe; 870 hab.

LAVANS, vg. de Fr., Jura, arr. de Dôle, cant. de Rochefort, poste d'Orchamps; 550 h.

LAVANS-LES-LOUVIÈRES, vg. de Fr., Jura, arr., cant. et poste de St.-Claude; 660 hab.

LAVANS-QUINGEY, vg. de Fr., Doubs, arr. de Besançon, cant. et poste de Quingey; 230 hab.

LAVANS-SUR-VALOUSE, vg. de Fr., Jura, arr. de Lons-le-Saulnier, cant. et poste d'Arinthod; 420 hab.

LAVANS-VUILLEFANS, vg. de Fr., Doubs, arr. de Besançon, cant. et poste d'Ornans; 360 hab.

LAVAPIE (punta de), promontoire sur la côte du Chili, au S. de la punta de Torro.

LAVAQUERESSE, vg. de Fr., Aisne, arr. de Vervins, cant. de Guise, poste de Leschelle; 840 hab.

LAVARDAC, pet. v. de Fr., Lot-et-Garonne, arr. et à 2 l. N. de Nérac et à 189 l. de Paris, chef-lieu de canton et poste; commerce de farine; fabr. de minoterie et de chapeaux et semelles en liége; 1510 hab.

LAVARDENS, vg. de Fr., Gers, arr. et poste d'Auch, cant. de Jegun; 1410 hab.

LAVARDIN, vg. de Fr., Sarthe, arr. du Mans, cant. et poste de Conlie; fabr. de bonneterie; blanchisserie; 550 hab.

LAVARÉ, vg. de Fr., Sarthe, arr. de St.-Calais, cant. de Vibraye, poste de Connéré; 1220 hab.

LAVARS, vg. de Fr., Isère, arr. de Grenoble, cant. et poste de Mens; 350 hab.

LAVASTRIE, vg. de Fr., Cantal, arr., cant. et poste de St.-Flour; 900 hab.

LAVATY, ham. de Fr., Ain, com. de Gex; 120 hab.

LAVATOGGIO, vg. de Fr., Corse, arr. et poste de Calvi, cant. d'Algajola; 350 hab.

LAVAU, vg. de Fr., Aube, arr., cant. et poste de Troyes; 260 hab.

LAVAU, vg. de Fr., Loire-Inférieure, arr., cant. et poste de Savenay; 780 hab.

LAVAU, vg. de Fr., Yonne, arr. de Joigny, cant. et poste de St.-Fargeau; 1010 h.

LAVAUCHERIE, ham. de Fr., Indre-et-Loire, com. de Rivière; 100 hab.

LAVAUDIEU, vg. de Fr., Haute-Loire, arr., cant. et poste de Brioude; 770 hab.

LAVAUD-MONJOURDE, ham. de Fr., Haute-Vienne, com. de Folles; 170 hab.

LAVAUGUYON, ham. de Fr., Haute-Vienne, com. des Salles; 120 hab.

LAVAUR, vg. de Fr., Dordogne, arr. de Sarlat, cant. de Villefranche-de-Belvès, poste de Monpazier; forges; 385 hab.

LAVAUR, v. de Fr., Tarn, chef-lieu d'arrondissement, à 15 l. S.-O. d'Albi et à 180 l. S. de Paris; siége d'un tribunal de première instance et conservation des hypothèques; elle est située sur la rive gauche de l'Agout, dans une belle contrée plantée de mûriers. Cette ville a un cours de dessin linéaire et une bibliothèque d'environ 4000 volumes; des fabr. de soieries, de bonneterie de laine, de serges, de burats; filat. de soie et de coton; teintureries et imprimeries. Les articles divers de ses fabriques alimentent son commerce; 7000 hab.

Cette ville, aujourd'hui le centre paisible d'une industrie florissante, fut au quatorzième siècle le théâtre des plus terribles cruautés exercées contre les malheureux Albigeois, dont elle était une des places fortes. Elle fut prise en 1211 par Simon de Montfort, qui, fidèle exécuteur des ordres barbares des persécuteurs, fit dresser les gibets et les bûchers où périrent plus de 500 Albigeois. Lavaur était le chef-lieu d'un comté qui fut réuni à la couronne en 1483.

LAVAURETTE, vg. de Fr., Tarn-et-Garonne, arr. de Montauban, cant. et poste de Caussade; 650 hab.

LAVAUT, ham. de Fr., Nièvre, com. de Frétoy; 110 hab.

LAVAUX-SAINTE-ANNE, vg. de Fr., Allier, arr., cant. et poste de Montluçon; 450 hab.

LAVAZAN, vg. de Fr., Gironde, arr. et poste de Bazas, cant. de Grignols; 350 hab.

LAVELANET, pet. v. de Fr., située sur le Touire, Arriège, arr. et à 5 l. E.-S.-E. de Foix et à 221 l. de Paris, chef-lieu de canton et poste; fabr. de draps; filat. de laine; scierie de bois; 2527 hab.

LAVELANET, vg. de Fr., Haute-Garonne, arr. de Muret, cant. et poste de Rieux; 600 hab.

LAVELINE, vg. de Fr., Vosges, arr., cant. et poste de St.-Dié; 1900 hab.

LAVELINE-DEVANT-BRUYÈRES, vg. de Fr., Vosges, arr. d'Épinal, cant. et poste de Bruyères; 460 hab.

LAVELINE-DU-HOUX, vg. de Fr., Vosges, arr. d'Épinal, cant. et poste de Bruyères; 660 hab.

LAVELLE-SOUS-MOUX, hom. de Fr., Nièvre, com. de Moux; 110 hab.

LAVELLO, v. épiscopale de la prov. de Basilicata, roy. de Sardaigne; située sur un affluent de l'Ofanto; 3000 hab.

LAVENAY, vg. de Fr., Sarthe, arr. de St.-Calais, cant. de la Chartre-sur-le-Loir, poste de Bessé-sur-Braye; 630 hab.

LAVENHAM, b. d'Angleterre, comté de Suffolk, sur le Bret; très-industrieux et commerçant; renferme une belle église gothique et une vaste place publique où viennent aboutir 9 rues; manufactures d'étoffes de laine, de crêpe et de toiles à pavillons; grand commerce de laine; 3000 hab.

LAVENO, joli b. du roy. Lombard-Vénitien, gouv. de Milan, délégation de Côme, sur la rive orientale du lac Majeur; florissant par son commerce.

LAVENTIE, b. de Fr., Pas-de-Calais, arr. et à 4 l. N.-E. de Béthune, chef-lieu de canton, poste d'Estaires; fabr. de toiles de lin; 4415 hab.

LAVENTURE, ham. de Fr., Nord, com. d'Illies; 150 hab.

LAVENZA, b. du duché de Massa, en Italie; situé à l'embouchure d'un fleuve de même nom, sur un petit golfe dans lequel se font souvent des pêches; 1500 hab.

LAVERÆT, vg. de Fr., Gers, arr. de Mirande, cant. et poste de Marciac; 470 hab.

LAVERCANTIERE, vg. de Fr., Lot, arr. et poste de Gourdon, cant. de Salviac; 540 h.

LAVERCQ ou **LAOVERD**, ham. de Fr., Basses-Alpes, com. de Méolans; 970 hab.

LAVERDIN, vg. de Fr., Loir-et-Cher, arr. de Vendôme, cant. et poste de Montoire; 540 hab.

LAVERGNE, ham. de Fr., Charente, com. de Lamérac; 110 hab.

LAVERGNE, vg. de Fr., Lot-et-Garonne, arr. de Marmande, cant. de Lauzun, poste de Miramont; 1240 hab.

LAVERGNE, ham. de Fr., Haute-Vienne, com. de Laurière;

LAVERNAT, vg. de Fr., Sarthe, arr. de la Flèche, cant. de May, poste de Château-du-Loir; 826 hab.

LAVERNAY, vg. de Fr., Doubs, arr. de Besançon, cant. d'Audeux, poste de Marnay; 400 hab.

LAVERNHE, vg. de Fr., Aveyron, arr. de Milhau, cant. et poste de Séverac; 790 hab.

LAVERNOSE, vg. de Fr., Haute-Garonne, arr., cant. et poste de Muret; 530 hab.

LAVERNOY, vg. de Fr., Haute-Marne, arr. de Langres, cant. de Varennes, poste de Montigny-le-Roi; 240 hab.

LAVERSINE ou **ST.-GERMAIN-LAVERSINE**, vg. de Fr., Aisne, arr. de Soissons, cant. et poste de Vic-sur-Aisne; 170 hab.

LAVERSINES, vg. de Fr., Oise, arr. de Beauvais, cant. de Nivillers, poste de Bresles; 820 hab.

LAVERUNE, vg. de Fr., Hérault, arr., cant. et poste de Montpellier; 690 hab.

LAVESNES, ham. de Fr., Aisne, com. de Tugny; 300 hab.

LAVEYRON, vg. de Fr., Drôme, arr. de Valence, cant. et poste de St.-Vallier; 380 h.

LAVEYSSIÈRE, vg. de Fr., Dordogne, arr. et poste de Bergerac, cant. de Villamblard; 240 hab.

LAVIALLE, ham. de Fr., Cantal, com. de Vigean; 140 hab.

LAVIEU, ham. de Fr., Loire, arr. et poste de Montbrison, cant. de St.-Jean-Soleymieux; 220 hab.

LAVIÉVILLE. *Voyez* **VIÉVILLE**.

LAVIGNAC, vg. de Fr., Haute-Vienne, arr. de St.-Yrieix, cant. de Châlus, poste d'Aixe; 400 hab.

LAVIGNÉVILLE, vg. de Fr., Meuse, arr. de Commercy, cant. de Vigneulles, poste de St.-Mihiel; 280 hab.

LAVIGNEY, vg. de Fr., Haute-Saône, arr. de Vesoul, cant. de Vitrey, poste de Combeaufontaine; 490 hab.

LAVIGNY, vg. de Fr., Jura, arr. et poste de Lons-le-Saulnier, cant. de Voiteur; 530 h.

LAVILLEBEDEUC, ham. de Fr., Côtes-du-Nord, com. de Plemet; 100 hab.

LAVILLENEUVE, ham. de Fr., Morbihan, com. de Lorient; 160 hab.

LAVINCAS, Fr., Aveyron, com. de St.-Georges-de-Lusençon; exploitation d'alun et de houille.

LAVINCOURT, vg. de Fr., Meuse, arr. et poste de Bar-le-Duc, cant. d'Ancerville; 250 hab.

LAVINCOURT, ham. de Fr., Nord, com. de Mons-en-Pévèle; 200 hab.

LAVINIU (Civita-), b. des états de l'Église, comarque de Rome; avec un château, sur l'emplacement de l'ancienne Lavinia.

LAVINZELLE, ham. de Fr., Aveyron, com. de Grand-Vabre.

LAVIRON, vg. de Fr., Doubs, arr. de Baume-les-Dames, cant. de Pierrefontaine, poste de Landresse; 710 hab.

LAVIT ou **LAVIT-DE-LOMAGNE**, pet. v. de Fr., Tarn-et-Garonne, arr. et à 5 l. S.-O. de Castel-Sarrazin et à 211 l. de Paris, chef-lieu de canton et poste; 1616 hab.

LAVONCOURT, vg. de Fr., Haute-Saône, arr. de Gray, cant. de Dampierre-sur-Salon, poste; 420 hab.

LAVOPS. *Voy.* **GERMAIN-LAVOPS** (Saint-).

LAVOURS, vg. de Fr., Ain, arr. et cant. de Belley, poste de Culoz; 350 hab.

LAVOUTE, ham. de Fr., Ain, com. de St.-Germain-de-Joux; 170 hab.

LAVOUTE-CHILHAC, b. de Fr., Haute-Loire, arr. et à 4 1/2 l. S. de Brioude, chef-lieu de canton, poste de Langeac; 791 hab.

LAVOUTE-SUR-LOIRE, vg. de Fr., Haute-Loire, arr. du Puy, cant. et poste de St.-Paulien; 740 hab.

LAVOUX, vg. de Fr., Vienne, arr. de Poitiers, cant. de St.-Julien-l'Ars, poste de Chauvigny; 660 hab.

LAVOYE, vg. de Fr., Meuse, arr. de Bar-le-Duc, cant. de Triancourt, poste de Beauzée; 565 hab.

LAVQUEN. *Voyez* MALLABAUQUEN.

LAVRE, b. du roy. de Portugal, prov. d'Alentéjo, dist. d'Evora, sur la rivière du même nom; 1800 hab.

LAWA, peuple de l'Inde transgangétique, régi par des chefs indigènes, mais tributaire des Birmans. Il habite à l'E. de Martaban.

LAWE (canal de la). *Voyez* BÉTHUNE (canal de).

LAWEIK. *Voyez* KAMBODJE.

LAWRENCE, comté de l'état d'Alabama, États-Unis de l'Amérique du Nord; il est borné par les comtés de Lauderdale, Limestone, Morgan, Blount, Marion et Franklin. Pays onduleux et fertile le long de ses cours d'eau. Moulton est le chef-lieu du comté; 7000 hab.

LAWRENCE, comté du territoire d'Arkansas, États-Unis de l'Amérique du Nord; il est borné par l'état de Missouri, le pays des Tschérokis et les comtés de Hempstead et de Pulasky. Pays beau, fertile et très-bien cultivé. Lawrence, ville naissante, sur le Big-Black, est le chef-lieu du comté; 6000 h.

LAWRENCE, comté de l'état d'Indiana, États-Unis de l'Amérique du Nord; ses bornes sont : les comtés de Monroé, de Jackson, d'Orange, d'Owen et de Martin. Palestine, sur le White, est le chef-lieu du comté; 6000 hab.

LAWRENCE, comté de l'état de Mississipi, États-Unis de l'Amérique du Nord; il est borné par les comtés de Hinds, de Covington, de Marion, de Pike et de Franklin; 6500 hab.

LAWRENCE, comté de l'état d'Ohio, États-Unis de l'Amérique du Nord; il a pour bornes les comtés de Meigh, de Gallia, de Scioto et les états de Kentucky et de Virginie. Ce comté, nouvellement érigé, est compris dans la fertile vallée de l'Ohio et compte déjà 6000 hab. Burlington, sur l'Ohio, en est le chef-lieu.

LAWRENCE, comté de l'état de Tennessée, États-Unis de l'Amérique du Nord; il est limité par l'état d'Alabama et par les comtés de Hickman, de Giles et de Wayne. Pays montagneux, assez fertile et bien arrosé. Lawrenceburgh, sur le Shoal, est le chef-lieu du comté; 7000 hab.

LAWRENCE (Saint-), comté de l'état de New-York, États-Unis de l'Amérique du Nord; cette province s'étend depuis le lac St.-François jusqu'au lac des Mille-Iles et est bornée par le Bas-Canada et par les comtés de Franklin, d'Hamilton, de Herkimer, de Léwis et de Jefferson. Pays plat, bien arrosé, marécageux au S., mais généralement très-fertile et couvert de belles forêts et de riches pâturages. Le fleuve le Gras est le principal cours d'éau du comté; le lac Noir (Black-Lake) se trouve au S.; 32,000 hab.

LAWRENCEBURGH (Tennessée). *Voyez* LAWRENCE (comté).

LAWRENCEBURGH, pet. v. des États-Unis de l'Amérique du Nord, état d'Indiana, comté de Dearborn, dont elle est le chef-lieu, sur l'Ohio et non loin de l'embouchure du Big-Miami, dans une contrée basse et malsaine par les fréquentes inondations de l'Ohio. Aujourd'hui cet endroit, dont le commerce était très-florissant, est presque abandonné.

LAWRENCETOWN, pet. v. et port de la Nouvelle-Écosse, comté de Halifax et à l'O. de la ville de ce nom, sur un promontoire qui s'avance dans la baie de Bristol.

LAWRENCEVILLE. *V.* GWINET (comté).

LAWTON, vg. d'Angleterre, comté de Chester, avec une saline qui fournit annuellement 1500 tonneaux.

LAXA. *Voyez* BIOBIO.

LAXEMBOURG, joli pet. b. d'Autriche, aux environs de Vienne; à son extrémité se trouve un château où l'empereur passe tous les ans une partie de l'été; le parc de cette résidence est un des plus beaux de l'Europe; c'est au milieu de ce parc que s'élève un château gothique entouré de six fossés et de murailles crénelées; les embellissements faits par la dernière impératrice et par l'empereur François Ier, l'ont rendu une des curiosités principales de l'Allemagne.

LAXOU, vg. de Fr., Meurthe, arr., cant. et poste de Nancy; 1430 hab.

LAY, vg. de Fr., Basses-Pyrénées, arr. d'Orthez, cant. et poste de Navarrenx; 170 hab.

LAYBACH. *Voyez* LAIBACH.

LAYE, vg. de Fr., Hautes-Alpes, arr. de Gap, cant. et poste de St.-Bonnet; 390 hab.

LAYÉ, ham. de Fr., Loire, com. de St.-Simphorien-de-Lay; 800 hab.

LAYEGOUTTE, ham. de Fr., Vosges, com. de Bonipaire; 100 hab.

LAYER-LE-FRANC, ham. de Fr., Côte-d'Or, com. de Bissey-la-Côte; 110 hab.

LAYLÉE, île qui fait partie de l'archipel de Chiloé, au S. de la rép. du Chili.

LAYMONES. *Voyez* MONQUIS.

LAYMONT, vg. de Fr., Gers, arr., cant. et poste de Lombez; 730 hab.

LAYN-ZAYN. *Voyez* LANJANS.

LAYON (canal du), Fr. La petite rivière de Layon, dans le dép. de Maine-et-Loire, a été canalisée, en 1774, sur 14 l., au moyen de 28 écluses, depuis St.-Georges jusqu'à son embouchure dans la Loire à Chalonne, pour servir au transport des houilles des mines de St.-Georges-Chatelaison. Pendant les guerres de la Vendée les constructions ont été en partie détruites et les matériaux enlevés. Des demandes formées depuis pour sa réparation n'ont pas eu de suite.

LAYRAC, vg. de Fr., Haute-Garonne, arr. de Toulouse, cant. et poste de Villemur; 450 hab.

LAYRAC, pet. v. de Fr., Lot-et-Garonne, arr. d'Agen, cant. d'Astaffort, poste; 2930 h.

LAYRISSE, vg. de Fr., Hautes-Pyrénées, arr. et poste de Tarbes, cant. d'Ossun; 170 h.

LAY-SAINT-CHRISTOPHE, vg. de Fr.,

Meurthe, arr., cant. et poste de Nancy; exploitation de pierres de taille; 1070 hab.

LAY-SAINT-REMY, vg. de Fr., Meurthe, arr., cant. et poste de Toul; 340 hab.

LAYS-SUR-LE-DOUBS, vg. de Fr., Saône-et-Loire, arr. de Louhans, cant. et poste de Pierre; 620 hab.

LAYVONITO. *Voyez* PORTO-RICO.

LAZ, vg. de Fr., Finistère, arr. de Châteaulin, cant. et poste de Châteauneuf-du-Faou; 1360 hab.

LAZANETI ou PAYS DES LAZES; comprend la côte de la mer Noire, depuis le cap Kemer jusqu'à Batoum et les montagnes de l'intérieur qui s'étendent jusqu'à Trébisonde. Il est habité principalement par des Lazes, puis par des Osmanlis, des Grecs, des Arméniens, des Géorgiens, des Circassiens, des Abases et d'autres peuples caucasiens; est arrosé par le Gaachi et le Makrieb, borné par le Tschorokh et partagé en deux districts; ses principales villes sont Irizeh et Batoum.

LAZARE (Saint-), vg. de Fr., Dordogne, arr. de Sarlat, cant. et poste de Terrasson; mines de houille; pierres à chaux; argile pour ciment; briques et crayons; marne calcaire; 500 hab. Combettu et le Lardin font partie de la commune.

LAZARE (Saint-), ham. de Fr., Haute-Vienne, com. de Limoges; 190 hab.

LAZAREFF, groupe de petites îles de l'archipel Paumotou ou des Iles-Basses, Polynésie ou Océanie orientale. C'est le groupe le plus au N.-O. de l'archipel, sous 14° 56′ lat. S. et 151° 41′ long. occ. Il fut découvert en 1820 par le navigateur russe Bellinghausen, qui n'y aperçut aucune trace d'habitants.

LAZARO (Cerro-de-San-) ou SAN-ABAD, promontoire sur la côte O. de la Californie, états mexicains, au S. de la punta de San-Domingo.

LAZENAY, vg. de Fr., Cher, arr. de Bourges, cant. de Lury, poste de Vierzon; 860 hab.

LAZER, vg. de Fr., Hautes-Alpes, arr. de Gap, cant. de Laragne, poste de Ventavon; 360 hab.

LAZERFALVA, vg. de Transylvanie, pays des Szeklers, siége de Csik; mines de soufre.

LAZES, peuple de la Turquie d'Asie. Les Lazes appartiennent à la famille géorgienne et habitent la côte de la mer Noire, entre Trébisonde et l'embouchure du Tchorokh; ils parlent un dialecte géorgien, mais professent l'islamisme, depuis la conquête de leur pays par les Turcs; ils sont sédentaires, agriculteurs et pasteurs, mais ont un esprit indépendant, obéissent seulement de nom aux pachas turcs, et sont connus dans l'Orient comme des brigands intraitables; leur nombre n'est pas grand; il s'élève tout au plus à 6000 familles ou 30,000 individus.

LAZES (pays des). *Voyez* LAZANETI.

LAZISE, pet. b. du roy. Lombard-Vénitien, gouv. de Venise, délégation de Vérone; industrieux et assez commerçant; avec un port sur le lac de Garda; 1500 hab.

LAZZARETTO-VECCHIA (vieux lazaret), île peu loin de Venise. Les Vénitiens, dont la ville était si souvent ravagée par la peste, à cause de leurs fréquentes relations commerciales avec le Levant, y fondèrent dans le quinzième siècle cet établissement utile, connu sous le nom de Lazzaretto, dont les réglements sanitaires firent cesser ce fléau, et furent adoptés plus tard par toutes les nations policées de l'Europe, dans la création des établissements du même genre.

LCUEZYE ou LCEZYE, pet. v. de Pologne, woïwodie de Mazovie; siége des autorités du cercle, sur la Bzura; 2600 hab.

LEACOCK, b. des États-Unis de l'Amérique du Nord, état de Pensylvanie, comté de Lancaster, sur le Grand-Conestago; poste; 2600 hab.

LEADHILLS, montagnes d'Écosse; traversent les comtés de Peebles et de Lanerk; elles renferment de riches mines de plomb.

LEADHILLS, vg. d'Écosse, comté de Lanerk, dans les montagnes de même nom, à 650 mètres au-dessus du niveau de la mer; c'est le lieu le plus élevé du royaume-uni; il possède les mines de plomb les plus anciennes et les plus célèbres de l'Écosse. Patrie du poëte Ramsey; 2500 hab.

LEAF. *Voyez* PASCAGOULA.

LEAF-RIVER. *Voyez* GREEN (comté).

LEALVILLERS, vg. de Fr., Somme, arr. de Doullens, cant. et poste d'Acheux; 480 h.

LEAMINGTON-PRIORS, joli pet. b. d'Angleterre, comté de Warwick et à l'E. de la ville de ce nom; possède des bains minéraux très-fréquentés et de beaux bâtiments pour loger les baigneurs, un théâtre, une jolie salle de conversation et de superbes promenades; 6000 hab.

LÉARY, ham. de Fr., Jura, com. de Bouchoux; 130 hab.

LÉAUPARTIE, vg. de Fr., Calvados, arr. de Pont-l'Évêque, cant. et poste de Cambremer; 210 hab.

LEAU ou SOUT-LEEUW, pet. v. du roy. de Belgique, prov. du Brabant méridional, arr. et à 12 l. E. de Louvain; sur la Petite-Geete, dans une contrée marécageuse; il y a, près de là, un petit lac poissonneux; 1200 hab.

LEAZ, vg. de Fr., Ain, arr. de Gex, cant. et poste de Collonges; 780 hab.

LÉBA, pet. v. de Prusse, prov. de Poméranie, rég. de Cœslin; située à l'embouchure de la Léba, dans la mer Baltique; pêche considérable; exportation de sel et de bois; 820 hab.

LÉBANON, com. des États-Unis de l'Amérique du Nord, état de New-York, comté de Madison, poste; 2200 hab.

LÉBANON, gr. com. des États-Unis de l'Amérique du Nord, état de New-Jersey, comté de Hunterdon, au pied des monts

Cushetung; mines de fer et forges; 3000 h.

LÉBANON, pet. v. des États-Unis de l'Amérique du Nord, état d'Ohio, comté de Warren, dont elle est le chef-lieu, au confluent des deux bras du Turtle; banque; imprimerie qui fait paraître un journal; deux halles; fabr. de toiles de laine et de coton; 1800 hab.

LÉBANON, pet. v. naissante des États-Unis de l'Amérique du Nord, état de Tennessée, comté de Wilson, dont elle est le chef-lieu, sur le Spring; académie; poste; 2000 hab.

LÉBANON, comté de l'état de Pensylvanie, Etats-Unis de l'Amérique du Nord; il est borné par les comtés de Dauphin, de Berks, de Lancaster et d'York; sa superficie dépasse 13 l. c. géogr., avec 26,000 hab. La belle vallée de Tulpéhoko s'étend sur ce pays, dont le sol, très-bien arrosé, est d'une extrême fertilité. Ce comté est traversé par le canal qui réunit le Schuylkill au Susquéhannah, au moyen du Tulpéhoko et de la Quitipihilla.

LÉBANON, pet. v. des États-Unis de l'Amérique du Nord, état de Pensylvanie, chef-lieu du comté de Lébanon, sur la Quitipihilla et sur le canal Schuylkill-Susquéhannah; prison; commerce considérable; 3200 hab.

LÉBANON, pet. v. des États-Unis de l'Amérique du Nord, état de Connecticut, comté de Windham, sur le Shétuket; académie; commerce; 2500 hab.

LÉBANON, pet. v. des États-Unis de l'Amérique du Nord, état du Maine, comté d'York, sur la Piscatagua; académie; 2400 h. Les environs sont riches en vitriol et en fer sulfuré.

LÉBANON, com. florissante des États-Unis de l'Amérique du Nord, état de New-Hampshire, sur le Connecticut, qui y fait un rapide dangereux; commerce de bois; 2700 h.

LEBBEJID, station de caravanes dans la Nubie occidentale, à 7 journées S.-O. du Vieux-Dongola, sur la route de Cobbé.

LEBBEKE, vg. du roy. de Belgique, prov. de la Flandre orientale, arr. et à 3/4 l. de Dendermonde, sur la chaussée de Bruxelles; usines, tanneries, brasseries et distilleries; éducation de chevaux florissante; 3150 hab.

LEBDAH ou **Lébéda**, **Lébida**, *Leptis Magna*, très-pet. v. d'Afrique, rég. et à 25 l. E.-S.-E. de Tripoli, dans une plaine fertile, baignée par la Méditerranée, avec un assez bon port et un vieux château; très-commerçante; remarquable par les restes d'un amphithéâtre et d'autres édifices ensevelis dans les sables, et par les débris de statues et de colonnes; sept de ces dernières furent envoyées en France, sous Louis XIV, et se voient encore à St.-Germain-des-Prés.

Patrie de l'empereur Septime Sévère et de saint Fulgence.

LEBEDJÆN ou **Lebedæn**, v. de la Russie d'Europe, gouv. de Tambow.

LEBEDJÆN, v. de la Russie d'Europe, gouv. de Kharkow, sur l'Atschanaja; siége des autorités du cercle; 9000 hab.

LEBERAU. *Voyez* Liepvre.

LEBETAIN, vg. de Fr., Haut-Rhin, arr. de Belfort, cant. et poste de Delle; 280 hab.

LEBEUVILLE, vg. de Fr., Meurthe, arr. de Nancy, cant. d'Haroué, poste de Neuwiller-sur-Moselle; 350 hab.

LEBIAR, territoire de la Nigritie occidentale, au N. de la Sénégambie, à 40 l. E. de Portandick; fertile en arbres gommeux.

LEBIEZ, vg. de Fr., Pas-de-Calais, arr. de Montreuil-sur-Mer, cant. et poste de Fruges; 570 hab.

LEBITZ ou **Leibitz**, pet. v. de Hongrie, cer. en-deçà de la Theiss, comitat de Zips, sur la rivière de même nom; manufacture de laine et de tabac à priser; 3000 hab.

LEBIZEY, ham. de Fr., Calvados, com. de Herouville; 120 hab.

LEBOULIN, vg. de Fr., Gers, arr., cant. et poste d'Auch; 220 hab.

LEBRIJA. *Voyez* Magdalena (Rio-).

LEBRIJA, *Nebrissa*, v. d'Espagne, roy. et à 14 l. S. de Séville, dist. et à 12 l. N. de St.-Lucar-de-Barraméda; antiquités romaines dans les environs; 6000 hab.

LEBRILLA, b. d'Espagne, roy., dist. et à 5 l. S.-O. de Murcie; 1800 hab.

LEBUS, pet. v. de Prusse, chef-lieu de cercle, prov. de Brandebourg, rég. de Francfort; située sur la rive gauche de l'Oder, qui communique avec la Sprée par le canal de Fréderic-Guillaume; près de là on voit les ruines de l'ancienne forteresse frontière de Lebus; 1400 hab.

LECA, ham. de Fr., Pyrénées, com. de Corsavy; 100 hab.

LÉCAUDÉ, vg. de Fr., Calvados, arr. de Lisieux, cant. de Mézidon, poste de Cambremer; 580 hab.

LECCE, *Aletium*, v. dans la prov. d'Otrante, roy. des Deux-Siciles, chef-lieu de la province. C'est une des villes les plus belles et les mieux bâties de l'Italie, située dans une plaine très-étendue et très-fertile, sur la route de Bari à Otrante. Du côté de l'O. elle est couverte par un fort; on y voit une cathédrale; elle est le siége d'un tribunal civil, d'un tribunal criminel et d'un évêché; elle a 2 écoles latines, un collége pour les nobles, un grand établissement pour les enfants trouvés et 15,000 habitants; fabr. de coton, de dentelles; culture très-étendue de vin et de tabac, ainsi que de coton, qui est regardé comme le plus beau du royaume. Tout près se trouvent les ruines de l'ancienne ville de *Rudiæ*.

LECCI, vg. de Fr., Corse, arr. de Sartene, cant. de Porto-Vecchio, poste de Bonifacio; 140 hab.

LECCO, pet. v. du roy. Lombard-Vénitien, gouv. de Milan, délégation de Côme, sur la branche orientale du lac de Côme; siége d'un tribunal; manufactures de soie et de laine; fonderie de fer; commerce; 2000 h. C'est à Lecco que commence la magnifique voûte, ouverte dernièrement pour joindre les deux routes superbes du Stelvio et du Splugen; elle longe la côte orientale du lac jusqu'à Colico, où une branche va au Splugen par Chiavenna, l'autre au Stelvio par Morbegno.

LECELLES, vg. de Fr., Nord, arr. de Valenciennes, cant. et poste de St.-Amand-les-Eaux; fabr. d'instruments aratoires et de clous; broderie; 2230 hab.

LECEY, vg. de Fr., Haute-Marne, arr. et poste de Langres, cant. de Neuilly-l'Évêque; 390 hab.

LECH, *Lichus, Licus*, riv., prend sa source dans les Alpes du Tyrol, entre dans la Bavière, au-dessus de Fussen; traverse les cer. de l'Isar et du Danube-Supérieur et se verse dans le Danube, près de Niederschœnfeld; elle a beaucoup de pente et n'est que flottable.

LECH, lac sur la frontière N.-O. du territoire du Nord-Ouest, États-Unis de l'Amérique du Nord; c'est un des lacs d'où se développe le Missisipi.

LECHARDERIE, ham. de Fr., Maine-et-Loire, com. de Cheffes; 140 hab.

LECHENICH, *Legioniacum*, pet. v. de Prusse, prov. du Rhin, rég. et à 5 l. S. de Cologne; ceinte de murailles et de fossés, avec deux portes, sur la Nassel; 1400 hab.

LECHES (les), vg. de Fr., Dordogne, arr. de Bergerac, cant. de la Force, poste de Mussidan; 620 hab.

LECHES, vg. de Fr., Drôme, arr. de Die, cant. et poste de Luc-en-Diois; 490 hab.

LECHFELD, *Lyciorum Campus*, gr. plaine de Bavière, cer. du Danube-Supérieur; elle s'étend sur 10 l., entre les rivières de Lech et de Wertach. Les empereurs d'Allemagne y réunirent plusieurs fois leurs troupes pour entrer en Italie. En 955, l'empereur Otton Ier y défit les Hongrois.

LECHHAUSEN, vg. parois. de Bavière, cer. du Danube-Supérieur, dist. et à 1 l. de Friedberg, sur le Lech, que l'on y traverse sur un pont de 540 pieds; tissage de soieries et de toiles; forge; 2120 hab. En 1632, Gustave-Adolphe y avait son quartier-général; l'année suivante il fut détruit par les Suédois. En 1705, il fut pillé par les impériaux et donné à la ville d'Augsbourg; par le traité de Rastatt (1714) il fut rendu à la Bavière. Les Français y effectuèrent le passage du Lech, en 1796.

LECK, *Lecca, Fossa Corbulonis*, riv. Au-dessous de Rheenen, roy. de Hollande, prov. d'Utrecht, dist. d'Amersfort, le Rhin prend le nom de Leck. A 4 l. de ce point, depuis Wyk-by-Duurstede, le fleuve se dirigeait autrefois en plein cours sur Utrecht; aujourd'hui il ne s'y détache du Leck qu'un faible bras, qui prend le nom de Rhin-Tordu; 4 l. plus loin, vis-à-vis de Vianen, il existe depuis des siècles un canal qui, partant du Leck au vg. de Vrneswyk, se dirige sur Utrecht et établit avec Amsterdam une correspondance nautique pour des bâtiments d'assez forte dimension. Le Leck laisse ensuite Nieuwport à gauche et se réunit à la Meuse au vg. de Krimven, 2 1/2 l. au-dessus de Rotterdam.

L'ÉCLUSE. *Voyez* ÉCLUSE (l').

LÉCOURT, vg. de Fr., Haute-Marne, arr. de Langres, cant. et poste de Montigny-le-Roi; 190 hab.

LECOUSSE, vg. de Fr., Ille-et-Vilaine, arr., cant. et poste de Fougères; 1310 hab.

LECQUES, vg. de Fr., Gard, arr. de Nîmes, cant. et poste de Sommières; 210 hab.

LECT, vg. de Fr., Jura, arr. de St.-Claude, cant. et poste de Moirans; 640 hab.

LECTOURE, *Lactora*, v. de Fr., Gers, chef-lieu d'arrondissement, à 9 l. N. d'Auch, à 166 l. S.-S.-O. de Paris; siége d'un tribunal de première instance et conservation des hypothèques; elle est située sur une montagne, au pied de laquelle coule le Gers. Les sites qui l'environnent sont très-pittoresques; mais la ville n'offre en elle-même rien de bien remarquable; elle est mal bâtie et les rues sont tristes et irrégulières; la grande rue est la seule qui soit propre et ornée de jolies maisons. L'ancien palais épiscopal est devenu l'hôtel de ville, et ses terrasses ont été transformées en charmantes promenades. Le château fort des comtes d'Armagnac, qui couronnait la montagne, où Lectoure est situé, a été remplacé par un hôpital. C'est là que Richelieu fit enfermer le duc de Montmorency, qui n'en sortit plus que pour être conduit à Toulouse, où sa tête tomba sur l'échafaud. L'église paroissiale est un édifice fondé par les Anglais et remarquable par son architecture de style saxon gothique. Près de l'église on voit la statue en marbre blanc, élevée à la mémoire du marechal Lannes, que Lectour s'honore d'avoir vu naître dans son sein. Nous devons citer surtout comme curiosités intéressantes quelques restes d'antiquités et particulièrement la fontaine *Hondelia*, consacrée suivant les uns à Diane de Delos, suivant d'autres au soleil. Ceux-ci font dériver le nom patois qu'elle porte des mots *Fons Helios*, ceux-là de *Fons Deliæ*. Ce monument, assez bien conservé, est situé sur le penchant de la montagne. Un peu plus bas se trouve une autre petite fontaine, appelée Hydrone, qui est évidemment d'origine grecque.

Lectoure possède un collége communal et renferme des filatures, des blanchisseries et des tanneries renommées; fabr. de sucre indigène. Commerce de blé, de vin, d'eaux-de-vie, de bétail. Foires: 7 janvier, premier lundi de carême, 15 mai, 20 juin, 4 août, 23 septembre, 11 novembre et 10 décembre; 6355 hab.

Lectoure était la capitale des Lactorates. Elle devint colonie romaine. Les médailles et les restes de monuments antiques que l'on y a découverts attestent son importance sous les Romains. Son histoire est surtout intéressante pendant l'époque de la féodalité. Les comtes d'Armagnac, qui avaient un château à Lectoure, étaient souvent en guerre avec les seigneurs voisins, et le roi de France intervint quelquefois dans ces querelles si fatales au peuple. Sous Louis XI, le comte d'Armagnac, assiégé dans Lectoure par le cardinal d'Arras, archevêque d'Alby, se rendit par capitulation; mais les vainqueurs, devenus maîtres de tous les postes, se précipitèrent sur la population désarmée et massacrèrent tout ce qu'ils rencontrèrent. Le comte d'Armagnac et toute sa famille furent égorgés. Lectoure demeura longtemps sans habitants, et à peine la ville commença-t-elle à se repeupler que les guerres religieuses lui apportèrent de nouveaux désastres. La sagesse des institutions modernes a pu seule effacer les traces de tant de calamités, et Lectoure est devenu une ville paisible et industrieuse.

LECUMBERRY, vg. de Fr., Basses-Pyrénées, arr. de Mauléon, cant. et poste de St.-Jean-Pied-de-Port; 550 hab.

LECUSSAN, vg. de Fr., Haute-Garonne, arr. de St.-Gaudens, cant. et poste de Montrejeau; 440 hab.

LECZNA, pet. v. de Pologne, woïwodie de Sandomir, sur le Wieprz; commerce de bétail; 2500 hab.

LEDA. *Voyez* Ems (fleuve).

LEDAR, ham. de Fr., Arriège, com. de St.-Girons; 220 heb.

LEDAS, vg. de Fr., Tarn, arr. d'Albi, cant. et poste de Valence-en-Albigeois; 470 hab.

LÉDAT, vg. de Fr., Lot-et-Garonne, arr., cant. et poste de Villeneuve-sur-Lot; 810 h.

LEDBURY, b. d'Angleterre, comté d'Hereford; florissant par ses nombreuses manufactures de draps; il est situé sur le canal d'Hereford; 300 hab.

LEDE, vg. du roy. de Belgique, prov. de Flandre-Orientale, arr. de Dendermonde; 3300 hab.

LEDEGHEM, vg. du roy. de Belgique, prov. de Flandre-Occidentale, arr. de Courtrai, sur la Heulebeke; 3150 hab.

LEDENON, vg. de Fr., Gard, arr. de Nîmes, cant. de Marguerittes, poste de Remoulins; vins estimés; 620 hab.

LÉDERGUES, b. de Fr., Aveyron, arr. de Rhodez, cant. de Réquista, poste de Cassagnes-Bégonhès; 2250 hab.

LEDERZEELE, vg. de Fr., Nord, arr. de Dunkerque, cant. et poste de Wormhoudt; 1340 hab.

LEDESMA, *Bletisa*, b. d'Espagne, chef-lieu de district, roy. de Léon, prov. et à 9 l. N. de Salamanque, sur le Tormes; avec 5 églises parois., 2 couvents et 3 hôpitaux; culture de vins et d'olives; près de ce bourg il y a des eaux thermales renommées; 2000 hab.

LEDEUIX, vg. de Fr., Basses-Pyrénées, arr., cant. et poste d'Oloron; 760 hab.

LEDIGNAN, vg. de Fr., Gard, arr. et à 3 l. S. d'Alais, chef-lieu de canton et poste; 700 hab.

LEDINGHEM, vg. de Fr., Pas-de-Calais, arr. et poste de St.-Omer, cant. de Lumbres; 450 hab.

LEDNICE. *Voyez* Eisgrub.

LEDRINGHEM, vg. de Fr., Nord, arr. de Dunkerque, cant. et poste de Wormhoudt; 740 hab.

LÉE, vg. de Fr., Basses-Pyrénées, arr., cant. et poste de Pau; 150 hab.

LEE, comté de l'état de Virginie, États-Unis de l'Amérique du Nord; ce canton occupe le coin S.-O. de l'état, forme un triangle resserré entre les monts Cumberland et les Clynch-Mountains, et est borné par l'état de Kentucky et par les comtés de Scott et de Washington; l'intérieur, très-bien arrosé, forme une vallée extrêmement fertile, en partie couverte de belles forêts et produisant en abondance du blé, des fruits, du chanvre et du lin; 7000 hab. Jonesville, sur le Powell, est le chef-lieu du comté.

LEE, com. florissante des États-Unis de l'Amérique du Nord, état de Massachusetts, comté de Berks, sur le Housatonic; 2300 h.

LEEDS, *Ledesia*, v. grande et populeuse d'Angleterre, comté d'York; située sur l'Aire et au commencement du canal de Leeds et Liverpool, qui la rend le centre de navigation intérieure du nord de l'Angleterre; communiquant avec Hull et Liverpool. La ville ancienne est mal bâtie, mais la ville nouvelle a de belles places, des rues spacieuses et plusieurs beaux bâtiments. Le marché des draps blancs, avec 1200 boutiques; le marché des draps colorés, avec 1800 boutiques; le nouveau bazar, le nouveau marché, bâti en 1826; le marché de la Rotonde; le théâtre; l'hôtel de ville; le nouveau palais de justice, avec la prison et la nouvelle bourse, sont les édifices les plus remarquables. Ses principaux établissements littéraires et scientifiques sont : la société philosophique littéraire; le musée d'histoire naturelle; la bibliothèque publique. Leeds est non seulement le centre des filatures de laine, des fabriques de draps et de lainages, mais même le plus grand marché du royaume pour ces grands articles; 124,000 hab. (en 1773 elle n'en comptait que 17,117).

LEEDS, pet. v. des États-Unis de l'Amérique du Nord, état de Virginie, comté de Westmoreland, dont elle est le chef-lieu; il s'y tient annuellement de grandes courses de chevaux; 2000 hab.

LEEDS-ET-LIVERPOOL, canal d'Angleterre; a 209 kilomètres de longueur; il communique, par l'Aire et l'Ouse, avec Hull et la mer du Nord; il prend naissance à Liverpool, suit le cours de la Douglas jusqu'à Wigan, passe à Blackburn, Burnley, Coine, Skipton, Blingley et finit à Leeds.

LECK, vg. du roy. de Hollande, prov., dist. et à 2 l. S. de Grœningue, sur le lac de Leck.

LEER, jolie v. du roy. de Hanovre, gouv. d'Aurich; située sur la Léda, à 1/4 l. de son confluent avec l'Ems; elle a des chantiers, de grandes foires de chevaux, de bonnes brasseries, de nombreuses distilleries d'eau-de vie, un grand nombre d'autres fabriques et une population de plus de 6000 habitants, qui font un commerce considérable.

LEERDAM, pet. v. du roy. de Hollande, prov. de Hollande méridionale, dist. et à 2 l. E. de Gorkum, sur la Linge; 1850 hab.

LEERS, vg. de Fr., Nord, arr. et poste de Lille, cant. de Lannoy; 1820 hab.

LÉES-ATHAS, vg. de Fr., Basses-Pyrénées, arr. d'Oloron, cant. d'Accous, poste de Bedout; 900 hab.

LEESBURGH. *Voyez* Cashwell.

LEESBURGH. *Voyez* Loudon.

LEES-ISLAND, île fertile dans le Potowmak; fait partie du comté de Fairfax, état de Virginie, États-Unis de l'Amérique du Nord.

LEET, ham. de Fr., Nord, com. de Bailleul; 230 hab.

LEEUWARDEN, *Leovardia*, v. du roy. de Hollande, chef-lieu de district et de la prov. de Frise; située à à 25 l. N.-E. d'Amsterdam, sur le canal de l'Eenk qui la joint avec Dakkum. Ses rues sont bien bâties et entrecoupées de canaux; elle possède un tribunal de commerce, 12 églises, une synagogue, un château royal, une belle maison de ville; des tisseranderies, des papeteries et un commerce local actif; marché de chevaux très-fréquenté; 17,000 hab.

LEEUWIN (terre de), partie la plus méridionale de la côte occidentale de la Nouvelle-Hollande; située entre 32° 20′ et 35° 2′ lat. S. Cette terre, qui touche au N. celle d'Edel et au S.-E. celle de Nuyts, est extraordinairement basse, stérile et sablonneuse, de couleur sombre, entremêlée çà et là d'un terrain blanchâtre. Les contours de la côte présentent une ligne légèrement ondulée; elle est garnie partout de collines à pente douce, couvertes d'une faible végétation; elles semblent de formation calcaire. Depuis le cap Péron jusqu'au cap du Naturaliste la côte s'étend directement vers le S.; de là elle tourne vers le S.-E. jusqu'au cap de Nuyts; elle ne forme qu'une baie considérable, celle du Géographe, qui reçoit plusieurs rivières dont les eaux sont saumâtres. La végétation n'est ni abondante ni variée; la plupart des arbres appartiennent au genre *melaleuca*; aucune espèce ne porte des fruits dont l'homme ou les animaux puissent se nourrir; cependant cette terre est habitée. L'expédition Baudin, en 1801, y vit des hordes d'indigènes, semblables en tout aux autres Australiens; armés de javelots, ces sauvages voulurent s'opposer à l'entrée des étrangers. Les traces de kangourous étaient rares; mais la terre était couverte d'une quantité innombrable de fourmis noires qui incommodèrent beaucoup les Européens. Les Anglais ont fondé, en 1829, sur la terre de Leeuwin, une colonie qui promet de devenir florissante; 4 villes naissantes, Freemantle, Perth, Augusta et Guilford, ont déjà une petite population qui tend à s'accroître rapidement. En 1834, la colonie comptait près de 1900 individus; elle possède un temple, une institution littéraire, une bibliothèque et un comité d'association religieuse.

Les principaux points de la côte sont, outre les caps et la baie déjà cités, le cap Leeuwin, le cap d'Entrecasteaux et les îles Rottenest et Alluarn; la première, située vis-à-vis l'embouchure du fleuve des Cygnes, est fertile et nourrit des troupeaux de bœufs, de brebis, de chèvres et de porcs qu'on y a introduits; les îles Aluarn sont situées au S. et près du cap Leeuwin.

LEEUWIN (cap de). *Voyez* Leeuwin (terre de).

LEEWARD (îles) ou Iles-sous-le-Vent, nom que les Anglais donnent à celles des Petites-Antilles qui s'étendent depuis Porto-Rico jusqu'à la Dominique et qui comprennent les iles Vierges et les îles d'Anguilla (Snake), St.-Martin, St.-Barthélemy, Saba, Barbuda, St.-Eustache (St.-Eustaz), St.-Kitts (St.-Christophe), Névis, Antigua, Montserrat, Désirade, Guadeloupe, Marie-Galante. Celles d'Antigua, de St.-Kitts, de Névis, de Montserrat, d'Anguilla et de Barbuda, d'une superficie de 25 l. c. géogr., avec 110,000 habitants, font partie des possessions anglaises.

LEFFARD, vg. de Fr., Calvados, arr., cant. et poste de Falaise; 260 hab.

LEFFERINKHOUKE, vg. de Fr., Nord, arr., cant. et poste de Dunkerque; 290 hab.

LEFFINCOURT, vg. de Fr., Ardennes, arr. et poste de Vouziers, cant. de Machault; 370 hab.

LEFFOND, vg. de Fr., Haute-Saône, arr. de Gray, cant. et poste de Champlitte; 900 hab.

LEFFONDS, vg. de Fr., Haute-Marne, arr. de Chaumont-en-Bassigny, cant. et poste d'Arc-en-Barrois; 860 hab.

LEFKOCHA, nom que les Turcs donnent à Nicosie, chef-lieu de l'île de Chypre.

LEFUGA, île de l'archipel de Tonga, Polynésie. *Voyez* Hapaï.

LEG (île). *Voyez* Francis (Saint-).

LEGANES, b. d'Espagne, roy. de la Nouvelle-Castille, prov. de Madrid; 3200 hab.

LEGANGER, paroisse de Norwège, diocèse de Bergen; 3300 hab.

LÈGE, vg. de Fr., Haute-Garonne, arr. de St.-Gaudens, cant. et poste de St.-Béat; 220 hab.

LÈGE, vg. de Fr., Gironde, arr. de Bordeaux, cant. d'Audenge, poste de la Teste-de-Buch; 380 hab.

LEGÉ, b. de Fr., Loire-Inférieure, arr.

et à 9 l. S.-de Nantes, chef-lieu de canton et poste; 3280 hab.

LÉGER (Saint-), vg. de Fr., Hautes-Alpes, arr. de Gap, cant. et poste de St.-Bonnet; 260 hab.

LÉGER (Saint-), vg. de Fr., Aube, arr. de Bar-sur-Aube, cant. et poste de Brienne; 400 hab.

LÉGER (Saint-), vg. de Fr., Aube, arr. et poste de Troyes, cant. de Bouilly; 440 hab.

LÉGER (Saint-), ham. de Fr., Calvados, com. de Carcagny; 120 hab.

LÉGER (Saint-), vg. de Fr., Charente, arr. d'Angoulême, cant. et poste de Blanzac; 220 hab.

LÉGER (Saint-), ham. de Fr., Charente-Inférieure, com. de St.-Mandé; 170 hab.

LÉGER (Saint-), vg. de Fr., Côte-d'Or, arr. de Dijon, cant. et poste de Pontailler-sur-Saône; 140 hab.

LÉGER (Saint-), ham. de Fr., Haute-Garonne, com. de Montaut; 110 hab.

LÉGER (Saint-), vg. de Fr., Gironde, arr. de Bazas, cant. de St.-Symphorien, poste de Villandraut; 370 hab.

LÉGER (Saint-), vg. de Fr., Gironde, arr. de la Réole, cant. et poste de Sauveterre; 520 hab.

LÉGER (Saint-), vg. de Fr., Ille-et-Vilaine, arr. de St.-Malo, cant. et poste de Combourg; 380 hab.

LÉGER (Saint-), ham. de Fr., Loire, com. de Pouilly-les-Nonains; 250 hab.

LÉGER (Saint-), vg. de Fr., Haute-Loire, arr. de Brioude, cant. et poste de la Chaise-Dieu; 140 hab.

LÉGER (Saint-), vg. de Fr., Loire-Inférieure, arr. de Nantes, cant. de Bouaye, poste de Port-St.-Père; 560 hab.

LÉGER (Saint-), vg. de Fr., Lot-et-Garonne, arr. de Nérac, cant. et poste de Damazan; 430 hab.

LÉGER (Saint-), vg. de Fr., Manche, arr. d'Avranches, cant. de la Haye-Pesnel, poste de Granville; 220 hab.

LÉGER (Saint-), vg. de Fr., Mayenne, arr. de Laval, cant. de Ste.-Suzanne, poste de Vaiges; 490 hab.

LÉGER (Saint-), vg. de Fr., Pas-de-Calais, arr. d'Arras, cant. de Croisilles, poste de Bapaume; 630 hab.

LÉGER (Saint-), ham. de Fr., Haut-Rhin, com. de Manspach; 500 hab.

LÉGER (Saint-), vg. de Fr., Seine-et-Marne, arr. de Coulommiers, cant. et poste de Rebais; 240 hab.

LÉGER (Saint-), vg. de Fr., Seine-et-Oise, arr., cant. et poste de Rambouillet; 870 hab.

LÉGER (les Fonds-de-Saint-), ham. de Fr., Seine-et-Oise, com. de St.-Germain-en-Laye; 200 hab.

LÉGER (Saint-), vg. de Fr., Deux-Sèvres, arr., cant. et poste de Melle; 760 hab.

LÉGER (Saint-), vg. de Fr., Vienne, arr. d'Orange, cant. et poste de Malaucène; 170 h.

LÉGER (Saint-), vg. de Fr., Vaucluse, arr. et poste de Loudun, cant. des Trois-Moutiers; 620 hab.

LÉGER (Saint-), vg. de Fr., Yonne, arr. d'Avallon, cant. et poste de Quarrés-les-Tombes; fabr. de glu; sable micacé jaunâtre dit poudre d'or, à l'usage des bureaux; 1500 hab.

LÉGER-AU-BOIS (Saint-), vg. de Fr., Seine-Inférieure, arr. de Neufchâtel-en-Bray, cant. de Blangy, poste de Foucarmont; 770 hab.

LÉGER-AUX-BOIS (Saint-), vg. de Fr., Oise, arr. de Compiègne, cant. et poste de Ribecourt; 800 hab.

LÉGER-BRIDEREIX (Saint-), vg. de Fr., Creuse, arr. de Guéret, cant. de la Souterraine, poste de Dun-le-Palleteau; 390 hab.

LÉGER-DE-FOUGERET (Saint-), vg. de Fr., Nièvre, arr., cant. et poste de Château-Chinon; 1100 hab.

LÉGER-DE-FOURCHES (Saint-), vg. de Fr., Côte-d'Or. arr. de Sémur, cant. et poste de Saulieu; fabr. de plâtre pour engrais; 870 hab.

LÉGER-DE-LA-HAYE (Saint-). *Voyez* HAYE (la).

LÉGER-DE-MONTBRUN (Saint-), vg. de Fr., Deux-Sèvres, arr. de Bressuire, cant. et poste de Thouars; 820 hab.

LÉGER-DE-PATIGNY (Saint-), vg. de Fr., Eure, arr. de Bernay, cant. et poste de Thiberville; 100 hab.

LÉGER-DE-PEYRE (Saint-), vg. de Fr., Lozère, arr., cant. et poste de Marvejols; fabr. de lainages; 1480 hab.

LÉGER-DES-AUBÉES (Saint-), vg. de Fr., Eure-et-Loir, arr. de Chartres, cant. et poste d'Auneau; 340 hab.

LÉGER-DES-BOIS (Saint-), vg. de Fr., Maine-et-Loire, arr. d'Angers, cant. et poste de St.-Georges-sur-Loire; 610 hab.

LÉGER-DES-BRUYÈRES (Saint-), vg. de Fr., Allier, arr. de la Palisse, cant. de Donjon, poste de Digoin; 420 hab.

LÉGER-DES-VIGNES (Saint-), vg. de Fr., Nièvre, arr. de Nevers, cant. et poste de Decize; verrerie; 790 hab.

LÉGER-DU-BOIS (Saint-), vg. de Fr., Saône-et-Loire, arr. d'Autun, cant. et poste d'Épinac; 920 hab.

LÉGER-DU-BOSCDEL (Saint-), vg. de Fr., Eure, arr., cant. et poste de Bernay; 440 h.

LÉGER-DU-BOSQ (Saint-), vg. de Fr., Calvados, arr. de Pont-l'Évêque, cant. de Dives, poste de Dozullé; 340 hab.

LÉGER-DU-BOURG-DENIS (Saint-), vg. de Fr., Seine-Inférieure, arr. de Rouen, cant. et poste de Darnetal; filatures; fabr. de pointes, tuiles, briques et chaux; blanchisseries; teintureries; 960 hab.

LÉGER-DU-GENNETEY (Saint-), vg. de Fr., Eure, arr. de Pont-Audemer, cant. et poste de Bourgtheroulde; 170 hab.

LÉGER-DU-HOULEY (Saint-), ham. de Fr., Calvados, com. d'Ouille-la-Ribaude, 250 hab.

LÉGER-DU-MALZIEU (Saint-), vg. de Fr., Lozère, arr. de Marvejols, cant. du Malzieu, poste de St.-Chely; 620 hab.

LÉGER-EN-BRAY (Saint-), vg. de Fr., Oise, arr. et poste de Beauvais, cant. d'Auneuil; 280 hab.

LÉGER-EN-PONS (Saint-), vg. de Fr., Charente-Inférieure, arr. de Saintes, cant. et poste de Pons; 760 hab.

LÉGER-GUÉRÉTOIS (Saint-), vg. de Fr., Creuse, arr. de Guéret, cant. et poste de St.-Vaury; 680 hab.

LÉGER-LA-CAMPAGNE (Saint-), ham. de Fr., Eure, com. d'Émanville; 120 hab.

LÉGER-LA-MONTAGNE (Saint-), vg. de Fr., Haute-Vienne, arr. de Limoges, cant. de Laurière, poste de Chanteloube; 1070 h.

LÉGER-LE-PAUVRE (Saint-), vg. de Fr., Somme, arr. d'Amiens, cant. d'Oisemont, poste de Blangy; 70 hab.

LÉGER-LE-PETIT (Saint), vg. de Fr., Cher, arr. de Sancerre, cant. de Sancergues, poste de la Charité; 370 hab.

LÉGER-LES-AUTHIL (Saint-), vg. de Fr., Somme, arr. de Doullens, cant. et poste d'Acheux; 280 hab.

LÉGER-LES-DOMART (Saint-), vg. de Fr., Somme, arr. de Doullens, cant. et poste de Domart; 490 hab.

LÉGER-LES-MACON (Saint-), ham. de Fr., Saône-et-Loire, com. de Charnay; 100 hab.

LÉGER-LES-PARAY (Saint-), vg. de Fr., Saône-et-Loire, arr. de Charolles, cant. et poste de Paray-le-Monial; 320 hab.

LÉGER-MAGNAZEIX (Saint-), vg. de Fr., Haute-Vienne, arr. de Bellac, cant. de Magnac-Laval, poste d'Arnac-la-Poste; 1620 hab.

LÉGER-PERNANT (Saint-). *V.* PERNANT.

LÉGER-SOUS-BEUVRAY (Saint-), vg. de Fr., Saône-et-Loire, arr., à 4 l. O., et poste d'Autun, chef-lieu de canton; 1270 hab.

LÉGER-SOUS-LA-BOUSSIÈRE (Saint-), vg. de Fr., Saône-et-Loire, arr. de Mâcon, cant. et poste de Tramayes; 780 hab.

LÉGER-SOUS-MARGERIE (Saint-), vg. de Fr., Aube, arr. d'Arcis-sur-Aube, cant. et poste de Chavanges; 240 hab.

LÉGER-SUR-BONNEVILLE (Saint-), vg. de Fr., Eure, arr. de Pont-Audemer, cant. et poste de Beuzeville; 260 hab.

LÉGER-SUR-D'HEUNE (Saint-), vg. de Fr., Saône-et-Loire, arr. de Châlon-sur-Saône, cant. de Chagny, poste du Bourgneuf; 1600 hab.

LÉGER-SUR-SARTHE (Saint-), vg. de Fr., Orne, arr. d'Alençon, cant. et poste du Mesle-sur-Sarthe; 680 hab.

LÉGÉVILLE, vg. de Fr., Vosges, arr. de Mirecourt, cant. et poste de Dompaire; 160 hab.

LEGHAIBA, b. du plateau de Barca, rég. de Tripoli, sur la Méditerranée, entre Curen et Derné.

LEGHÉA, station de caravanes, Nubie occidentale, sur la route de Syout à Cobbé, à 45 l. O.-N.-O. du Nouveau-Dongolah.

LÉGLANTIERS, vg. de Fr., Oise, arr. de Clermont, cant. de Maignelay, poste de St.-Just-en-Chaussée; 440 hab.

LÉGNA, vg. de Fr., Jura, arr. de Lons-le-Saulnier, cant. et poste d'Arinthod; 490 h.

LEGNANO, *Leoniacum*, *Lignanum*, jolie pet. v. fortifiée du roy. Lombard-Vénitien, gouv. de Venise, délégation de Vérone, sur l'Adige; tanneries; commerce de riz et de grains très-considérable; 10,000 hab.

LEGNU, g. a., b. de la Paphlagonie centrale, au S.-E. de Claudiopolis et au N.-O. d'Ancyra.

LÉGNY, vg. de Fr., Rhône, arr. de Villefranche-sur-Saône, cant. de Bois-d'Oingt, poste d'Anse; 400 hab.

LEGOAS (lago de Tres-), lac considérable de la rép. de l'Écuador, à l'E. du dép. d'Assuay; il a 5 l. de longueur.

LEGRAD, b. de Hongrie, cer. au-delà du Danube, comitat de Szalad, sur la rive droite de la Drave; 2000 hab.

LÉGUAN. *Voyez* ESSÉQUÉBO (fleuve).

LEGUÉ (le), ham. de Fr., Côtes-du-Nord, com. de Plérin; 780 hab.

LEGUEVIN, vg. de Fr., Haute-Garonne, arr. et à 4 l. E. de Toulouse, chef-lieu de canton, poste de l'Isle-en-Jourdain; 830 h.

LEGUGNON, vg. de Fr., Basses-Pyrénées, arr. et poste d'Oloron, cant. de Ste.-Marie d'Oloron; 150 hab.

LÉGUILLAC-DE-CERCLES, vg. de Fr., Dordogne, arr. de Nontron, cant. et poste de Mareuil; 1140 hab.

LÉGUILLAC-DE-LAUCHE, vg. de Fr., Dordogne, arr. de Périgueux, cant. et poste de St.-Asties; 650 hab.

LEGUM, g. a., v. du S.-O. de la Sicile, peu loin de Halicyæ.

LEHESTEN, v. du duché de Saxe-Meiningen-Hildburghausen; elle a été presque entièrement détruite par un incendie en 1822. Dans les environs, grande carrière d'où l'on tire des ardoises que l'on expédie au loin; 800 hab.

LÉHIGH. *Voyez* DELAWARE (fleuve).

LÉHIGH, chaîne de montagnes qui se détache des montagnes Bleues et accompagne dans une direction S.-E. le Léhigh, affluent du Delaware, à l'E. de l'état de Pensylvanie, États-Unis de l'Amérique du Nord.

LÉHIGH, comté de l'état de Pensylvanie, États-Unis de l'Amérique du Nord; il est borné par les comtés de Northampton, de Bucks, de Montgomery et de Berks; superficie 31 l. c. géogr., avec 25,000 hab. Les Léhigh-Mountains couvrent la plus grande partie de ce comté, arrosé par le Léhigh et ses affluents et très-fertile en blé, fruits, chanvre et lin. Les montagnes, couvertes de riches pâturages, renferment des cornalines, de l'agate, du grès et du fer. L'éducation du bétail fait la principale occupation des habitants.

LÉHIGH, com. des États-Unis de l'Amérique du Nord, état de Pensylvanie, comté de Northampton, sur le Léhigh; 2000 hab.

LÉHIGH-NAVIGATION, canal des États-Unis de l'Amérique du Nord, état de Pensylvanie; il commence à Easton, à l'embouchure du Léhigh dans le Delaware, et aboutit au chemin de fer de Mauch-Chunk, qui conduit aux mines de houille aux environs de cette ville; le canal passe par Bethléhem, Allentown et Léhightown; longueur 47 milles, point culminant 121 mètres.

LEHN. *Voyez* LÆHN.

LÉHON, vg. de Fr., Côtes-du-Nord, arr., cant. et poste de Dinan; 550 hab.

LEI ou **LADAK**, capitale du pays de Ladak ou Petit-Thibet. On prétend que le nom de Leï est le véritable nom de cette ville, à laquelle les Européens ont faussement appliqué celui de la contrée. *Voyez* LADAK.

LEIA ou **LÉJA**, v. de la prov. de Moultan, roy. de Lahore, chef-lieu de district, sur un canal de l'Indus; 1500 hab.

LEIBNITZ, b. de Styrie, cer. de Marbourg, sur la Sulm; commerce de bétail; 1500 hab.

LEICESTER, comté d'Angleterre. Ses bornes sont: au N.-O. le comté de Derby, au N. celui de Nottingham, au N.-E. celui de Lincoln, au S.-E. celui de Rutland, au S. celui de Northampton, au S.-O. celui de Warwick et à l'O. celui d'Hereford. Sa superficie est de 38 l. c. géogr. et sa population de 180,000 hab. La surface de cette province est légèrement ondulée; au S.-O. son sol est argileux et fertile, au N.-E. il est pierreux et montagneux, au N.-O. et au S.-O. il est d'assez bonne qualité, mais généralement plus propre à l'éducation du bétail qu'à la culture; aussi rencontre-t-on de nombreuses prairies naturelles et artificielles. Les principaux cours d'eau sont: la Trent, le Welland, l'Avon, la Soure, la Dene et l'Anker; le comté est en outre traversé par le canal d'Union et par celui d'Ashby de la Zouch. Le climat est tempéré, mais humide. Les principales productions consistent en blé, légumes, fourrages, chanvre, fruits, bois, pierres de taille et houille. L'éducation du bétail est très-importante; on élève des bêtes à cornes et des bêtes à laine de très-belle race, ainsi que d'excellents chevaux, qu'on expédie en grande quantité pour Londres. Les autres articles d'exportation sont du malt, des fèves, de la laine, des fromages et des bas de laine. Ce comté fait partie du diocèse de Lincoln, nomme 4 députés au parlement et se divise en 4 districts.

LEICESTER, *Legecestria*, v. d'Angleterre, chef-lieu du comté de même nom, sur la Soure; nomme 2 députés; elle est le centre d'une immense fabrication de bas de laine, de bonnets et de gants. La voie romaine qui la traverse et plusieurs objets qu'on y a trouvés attestent sa grande antiquité. Leicester possède la prison du comté, un casino, une société d'agriculture et une société littéraire, et fait un commerce très-actif en laine, bas et bestiaux; 40,000 hab.

LEICESTER, pet. v. des États-Unis de l'Amérique du Nord, état de Massachusetts, comté de Worcester; académie fondée en 1784; filat. de laine; 2100 hab.

LEICESTER, b. des États-Unis de l'Amérique du Nord, état de Vermont, comté d'Addison, sur l'Otterkrik.

LEICESTER-ET-NORTHAMPTON (canal de), en Angleterre, autrement appelé le canal d'Union; va de Leicester à Northampton; sa longueur est de 70 kilomètres.

LEICESTER-MOUNTAIN, b. de la colonie anglaise de Sierra-Leone, Haute-Guinée; 1500 hab.

LEICHERT, vg. de Fr., Arriège, arr. et poste de Foix, cant. de Lavelanet; 420 hab.

LEIDERDORP, vg. du roy. de Hollande, prov. de la Hollande méridionale, dist. de Leyde; sur le Rhin et entouré de beaux jardins et de maisons de campagne.

LEIGH, b. d'Angleterre, comté de Lancaster; fabrication d'étoffes de laine et de fromages; commerce très-actif; 2000 hab.

LEIGHTON-BUZZARD, b. d'Angleterre, comté de Bedford; marchés au bétail très-fréquentés; 3000 hab.

LEIGNÉ-LES-BOIS, vg. de Fr., Vienne, arr. et poste de Châtellerault, cant. de Pleumartin; 600 hab.

LEIGNÉ-SUR-FONTAINE, vg. de Fr, Vienne, arr. de Montmorillon, cant.

LEIGNÉ-SUR-USSEAU, vg. de Fr., Vienne, arr., à 3 l. N.-N.-O., et poste de Châtellerault, chef-lieu de canton; 350 hab.

LEIGNEUX, vg. de Fr., Loire, arr. de Montbrison, cant. et poste de Boen; 480 h.

LEILAH, b. de l'Abyssinie septentrionale, dans le Samara, près du Taranta, sur la route de Massouah à Dixan.

LEIMBACH, vg. de Fr., Haut-Rhin, arr. de Belfort, cant et poste de Thann; 570 h.

LEIMERSHEIM, vg. de la Bavière rhénane, formant avec Kuhhard une commune, cant. de Waldfischach, arr. de Pirmasens, à 4 l. E. de Landau, à l'embouchure de l'Erlenbach dans le Rhin; 2050 h.

LEIMON, g. a., endroit du S. de l'Argolide, peu loin d'Hermione; avec un aquéduc.

LEINHAC, vg. de Fr., Cantal, arr. d'Aurillac, cant. et poste de Maurs; 1550 hab.

LEININGEN, pet. v. du roy. de Bavière, arr. du Rhin, à 5 l. S.-O. de Worms; elle est située sur un rocher baigné par la Carlbach. Cette petite ville était autrefois le chef-lieu du comté de Linange (Leiningen) et la résidence des comtes de ce nom, dont il est déjà fait mention au douzième siècle.

LEINSTER, une des 4 grandes prov. d'Irlande; elle comprend 12 comtés: Dublin, Wicklow, Carlow, Wexford, Kilkenny, Queens, Kings, Westmeath, Longford, Kildare, Eastmeath et Louth.

LEINSTER, comté du Bas-Canada, dist. de Montréal; il est borné par les pays de la baie d'Hudson, le St.-Laurent et les comtés de Warwick et d'Effingham. Pays fertile et très-bien arrosé, mais qui n'est cultivé que le long du St.-Laurent; l'intérieur est couvert de lacs et de vastes forêts; 7000 hab. Berthier, au confluent du Chisol et du St.-Laurent, est le chef-lieu du comté.

LEINTREY, vg. de Fr., Meurthe, arr. de Lunéville, cant. et poste de Blamont; 630 h.

LEINUM, g. a., v. de la Sarmatie européenne, sur le Borysthène, peut-être dans le voisinage de Bracklaw.

LEIPA (Bœhmisch-Leipa), pet. v. de Bohême, cer. de Leitmeritz, sur le Polzen; nombreuses fabr. d'étoffes de laine, de verre et de poterie; 5000 hab.

LEIPHEIM, pet. v. de Bavière, cer. du Danube-Supérieur, dist. et à 1 l. de Guntzbourg, sur le Danube que l'on y traverse sur un pont de 10 arches; ancienne possession et distante de 4 l. de la v. d'Ulm; avec un château et un hôpital fondé en 1368; culture de houblon; 1380 hab.

LEIPNIK (Lipnik), *Prista*, pet. v. d'Autriche, gouv. de Moravie-et-Silésie, cer. de Prérau; 3000 hab.

LEIPZIG (le cercle de), dont Leipzig est la capitale, est borné au N. par la Prusse, à l'E. par le cer. de Misnie, au S. par celui de l'Erzgebirge et à l'O. par le duché de Saxe-Altenbourg et la Prusse. Arrosé par la Mulde de Freiberg et la Mulde de Zwickau, la Zochopau, l'Elster, la Pleisse et la Parde, il offre dans sa plus grande partie une plaine d'une grande fertilité et parfaitement cultivée. La partie méridionale qui touche au cer. de l'Erzgebirge est seule couverte par des collines; superficie 16 3/4 milles c.; pop. 256,000 hab.

LEIPZIG, *Lipsia*, chef-lieu du cercle du même nom, roy. de Saxe; est une ville assez bien bâtie, située sous 51° 20′ 24″ lat. sept. et 10° 1′ 36″ long. orient., au confluent de l'Elster avec la Pleisse et la Parde, à 234 l. N.-E. de Paris et à 26 l. N.-O. de Dresde, au milieu de champs fertiles et très-bien cultivés. La ville proprement dite est petite; ses fortifications ont été converties en agréables promenades, autour desquelles sont les 4 faubourgs avec un grand nombre de beaux jardins. Devant la porte de Pierre est l'esplanade avec la statue en marbre du roi Fréderic-Auguste. Ses monuments les plus remarquables sont : l'église de St.-Thomas, celle de St.-Nicolas, magnifique et imposant édifice décoré de tableaux d'OEser; l'église de l'université (Paulinerkirche), avec le *collegium Paulinum;* l'église St.-Jean, remarquable par le monument de marbre élevé à Gellert en 1773; l'hôtel de ville avec sa grande salle, la bourse, le théâtre, le château de Pleissenbourg, dont la tour sert d'observatoire, et l'Auerbachs-Haus-und-Hof, où, pendant les foires, on expose les marchandises les plus belles et les plus précieuses, etc. Leipzig possède un grand nombre d'établissements scientifiques et littéraires, d'excellentes écoles et institutions, et plusieurs sociétés savantes distinguées. Nous mentionnerons sa fameuse et florissante université, fondée en 1409 par quelques étudiants et professeurs de Prague et organisée par les soins de l'électeur Fréderic-le-Belliqueux; elle a compté parmi ses professeurs le poëte et moraliste Gellert, le philologue Ernesti, Platner, maître de Jean-Paul, Zollikofer, Morus, Haubold; elle est fréquentée par environ 1300 étudiants et possède une bibliothèque de 80,000 volumes et de 2000 manuscrits, un séminaire philologique, un observatoire, un jardin botanique, un amphithéâtre anatomique, une clinique, un établissement d'accouchement et un musée d'histoire naturelle; les écoles latines de St.-Nicolas et de St.-Thomas; l'école de commerce; l'institut royal des sourds-muets, le plus ancien de l'Europe; la bibliothèque de la ville, fondée en 1605, composée de 45,000 volumes et de 2000 manuscrits, et à laquelle est jointe une collection de 6000 médailles; les académies de dessin, de peinture et d'architecture; plusieurs musées appartenant à des particuliers; la société d'histoire naturelle, fondée en 1818; la société polytechnique, fondée en 1825; la société de Jablonowski, pour les sciences; la société économique, qui existe depuis 1765; la société philologique, qui existe depuis 1784; la société des antiquaires de Sope, fondée en 1824, réunie plus tard à l'ancienne société des antiquaires allemands, et dont le but est la conservation de la langue et la recherche des antiquités de l'Allemagne. Les établissements de bienfaisance de Leipzig sont rangés parmi les meilleurs de l'Allemagne. Cette ville est en outre très-industrieuse et, comme place de commerce, une des premières non seulement de l'Allemagne, mais aussi de l'Europe entière; elle a trois foires célèbres et extrêmement importantes, qui s'y tiennent chaque année au nouvel-an, à la St.-Michel et à Pâques. Les deux dernières lui ont été accordées au douzième siècle par Othon-le-Riche; toutes trois sont fréquentées surtout par des Polonais, des Russes et des Grecs. Le commerce de banque de Leipzig est également considérable; mais son commerce de librairie est une chose unique en son genre; on y trouve plus de 100 libraires, 22 imprimeries et plus de 200 presses, et les libraires de toute l'Allemagne fréquentent la fameuse foire de Pâques. La prospérité de cette ville sera sans doute encore beaucoup augmentée par le chemin de fer qui aboutit à Dresde et auquel doit s'en rattacher un autre passant par Halle et aboutissant à Magdebourg. Ses fabriques et ses manufactures sont nombreuses et importantes, surtout celles de toile cirée, d'étoffes de coton et de soie, de velours, de cartes à jouer, de tabac, de tapis, d'orfévrerie; teintureries et blanchisseries. Parmi les beautés qu'offrent les environs de la ville, nous nommerons le jardin de Gerhard, autrefois de Reichenbach; le jardin de Reichel, avec un grand établissement d'eaux minérales artificielles, et surtout le Rosenthal, bois entrecoupé de prairies et qui forme, entre l'Elster et la Pleisse, sur une étendue de quelques lieues, une promenade charmante; 45,000 hab.

Leipzig, dont les premiers temps sont très-obscurs, n'était, au dixième siècle, qu'un chétif et misérable hameau situé au confluent de la Parde avec la Pleisse et habité par des Sorbes. Les chroniques du douzième siècle nous la représentent sous Othon-le-Riche, margrave de la Misnie, comme une ville forte avec murailles et fossés, et peuplée par 5 à 6000 âmes. Enfin la bulle du pape Alexandre V, qui institua son université en 1409, en parle comme d'une ville vaste et populeuse. C'est près de cette ville que se livra, les 16, 17 et 18 octobre 1815, la terrible bataille qui eut pour résultat la prise de cette ville par les armées coalisées et la retraite jusqu'au-delà du Rhin de l'armée française, battue surtout par la défection de ses alliés au moment du combat. Le souvenir de cette bataille, appelée par les Allemands la bataille des nations, est rappelé par une croix colossale élevée dans le petit village de Probstheida, où était le centre du combat.

Leipsic a vu naître Leibnitz en 1646 et Thomasius en 1655.

LEIRA, ferme de l'île d'Islande, bge du Sud; possède la seule imprimerie de l'île.

LEIRIA, *Colippo*, v. du Portugal, chef-lieu de district et évêché dans la prov. d'Estramadure; située à 27 l. N. de Lisbonne, sur le Liz qui se verse, peu au-dessous, dans la Léna; elle est murée et entourée de plusieurs faubourgs; autrefois elle était protégée par un château aujourd'hui en ruines. Leiria possède une cathédrale, 2 églises paroissiales et un hôpital; on y tient en mars une foire très-fréquentée; 7000 hab.

LEIRDAL, paroisse de Norwège, diocèse de Bergen; 3000 hab.

LEISPARS, ham. de Fr., Basses-Pyrénées, com. d'Ispoure; 200 hab.

LEISSARD, vg. de Fr., Ain, arr. et poste de Nantua, cant. d'Isernore; 570 hab.

LEISSNIG, *Leisnicium*, v. du roy. de Saxe, cer. de Leipzig, sur une montagne au bord de la Mulde; 3920 hab.

LEITERSWILLER, vg. de Fr., Bas-Rhin, arr. de Wissembourg, cant. et poste de Soultz-sous-Forêts; 310 hab.

LEITH, vg. d'Angleterre, comté d'York, possède de riches mines d'alun.

LEITH, riv. d'Écosse, comté d'Édimburgh, dont l'embouchure forme le port de Leith.

LEITH, *Letha*, jolie v. d'Ecosse, réunie à Edimbourg par une série de maisons; elle possède 25,000 tonneaux et a un port sur le golfe de Clyde, fréquenté par un grand nombre de navires qui entretiennent ses relations avec toutes les parties du monde. La nouvelle bourse, la nouvelle douane, l'hôpital des marins, les nouveaux docks ou bassins, les chantiers sur lesquels on construit un grand nombre de vaisseaux marchands, et deux digues immenses, qui offrent une station sûre à la marine militaire, sont les édifices les plus remarquables. Le gymnase, l'institut mécanique et la bibliothèque sont les principaux établissements publics. Le bateau à vapeur, qui va régulièrement de Leith à Londres, est peut-être le plus beau et le plus grand que possède l'Angleterre; 26,000 hab. Patrie du célèbre médecin John Hunter, fondateur de l'anatomie comparée (1728 à 1793).

LEITHA, *Litaha*, riv. d'Autriche; prend sa source dans le cer. inférieur du Wienerwald, entre en Hongrie, près de Neusiedel et se jette dans le Danube, à Altenbourg, après un cours de 17 milles d'Allemagne.

LEITMERITZ, cer. de Bohême; ses bornes sont: la Saxe, les cer. de Bunzlau, de Rakonitz et de Saatz; sa superficie est de 66 l. c. géogr. et sa pop. de 300,000 hab. Cette province est traversée par l'Erzgebirg et les Sudètes, parsemée de rochers de basaltes et riche en beautés naturelles; son territoire est si bien cultivé et si fertile, qu'on l'appelle le paradis de la Bohême et le grenier de la Saxe. L'Elbe est le principal cours d'eau. Ses productions consistent en blé, lin, houblon, fruits, vin; étain, pierres précieuses, houilles, bois et bestiaux. L'industrie manufacturière y est très-florissante; elle embrasse surtout la fabrication du drap, des étoffes de coton et de laine, des bas, de la toile, du papier, du verre, et le polissage des grenats.

LEITMERITZ, ou LITOMERCZICZE, pet. v. fortifiée de Bohême, chef-lieu du cercle de même nom, sur l'Elbe, qu'on y passe sur un pont, long de 823 pieds; siége d'un évêché; institut théologique; gymnase; magnifique cathédrale; 11 églises; joli hôtel de ville; beau château épiscopal; culture très-étendue de la vigne et des arbres fruitiers; pêche du Saumon; fabricatian d'ouvrages en paille; commerce; 4000 hab.

LEITOMISCHEL, pet. v. de Bohême, cer. de Chrudim, avec un institut philosophique; fabr. de mousseline; distilleries; teintureries et papeteries; 5000 hab.

LEITRIM, comté d'Irlande, province maritime. Ses bornes sont: au N. l'Océan ou la baie de Donégal, au N.-E. le comté de Fermanagh, à l'E. celui de Cavan, au S.-E. celui de Longford, au S.-O. celui de Roscommon, et au N.-O. celui de Sligo. Sa superficie est de 24 1/2 l. c. géogr. et sa pop. de 60,000 hab. On ne rencontre des montagnes qu'au N. et à l'O. du lac Allen; elles sont peu élevées, mais riches en beaux pâturages couverts de nombreux troupeaux. Le reste de la province est légèrement ondulé et entrecoupé d'un grand nombre de lacs, entre autres celui d'Allen, qui donne naissance au Shannon et dont les bords offrent d'inépuisables tourbières, les lacs Boffin, Feno, Clean, Glin et Kay. Le sol est bien arrosé, fertile et bien cultivé, surtout au S.; on y récolte toutes les productions de l'Irlande, principalement du blé et du lin. On exporte du bétail, de la laine, du fil, de la toile et du blé. Le comté est divisé en 4 baronies.

LEITRIM, b. d'Irlande, dans le comte de son nom; 3000 hab.

LEIXLIPP, b. d'Irlande, comté de Kildare, sur le Liffey; remarquable par ses bains minéraux, par sa situation romantique et par le grand aquéduc, sur lequel le Grand-Canal passe au-dessus d'un ruisseau.

LEJA. *Voyez* LEÏA.

LELAIS, ham. de Fr., Eure, com. de Seez-Mesnil; 150 hab.

LELANTUS, g. a., fl. de la partie occidentale de l'île d'Eubée. Peu loin la plaine du même nom, avec des bains thermaux et des mines de fer et de cuivre.

LELBUN-MAPU (pays plat), prov. de l'Araucanie; comprend la partie intérieure et la région la plus fertile de ce pays; elle est divisée en 5 districts: Encol, Puren, Récopura, Maquégua et Mariquina.

LÉLEX, vg. de Fr., Ain, arr., cant. et poste de Gex; 580 hab.

LELIN-LAPUJOLLE ou LOULIN, vg. de Fr., Gers, arr. de Mirande, cant. et poste de Riscle; 540 hab.

LELLING, vg. de Fr., Moselle, arr. de Sarreguemines, cant. de Gros-Tenquin, poste de Faulquemont; 460 hab.

LELOW, pet. v. de Pologne, woïwodie de Cracovie, sur la Pilica; entourée d'un mur; 800 hab.

LELUNDA ou LELUNA, riv. de la Basse-Guinée, roy. de Congo, avec une petite ville de même nom sur ses bords; elle traverse Benza-Congo et se jette dans l'Océan Atlantique, dans le roy. de Sogno, au N.-N.-O. de l'embouchure de l'Ambriz.

LEMAINVILLE, vg. de Fr., Meurthe, arr. de Nancy, cant. d'Haroué, poste de Neuviller-sur-Moselle; moulin à tan; fabr. de chapeaux de paille; 440 hab.

LE-MAIRE (détroit de) ou DÉTROIT-DE-SAINT-VINCENT, bras de mer entre le cap San-Diégo, la pointe orientale de la Terre-de-Feu, et l'île des États. Ce détroit fut découvert, en 1616, par le navigateur flamand Jacques Le Maire et exploré après lui par Bartolomé et Gonzalo Garcia Nodal, en 1618; par Juan de Mora, en 1619, et par Clerk, en 1624. Il a 8 l. marines de longueur; c'est la route ordinaire des vaisseaux qui doublent le cap Horn.

LEMBACH, vg. de Fr., Bas-Rhin, arr., cant. et poste de Wissembourg; 1980 hab.

LEMBACH, b. de la Haute-Autriche, cer. de la Muhl; fabrication considérable de toiles.

LEMBEKE, vg. du roy. de Belgique, prov. de Flandre orientale, arr. d'Ecloo; 2600 h.

LEMBÈNE, ham. de Fr., Tarn-et-Garonne, com. de Moissac; 100 hab.

LEMBERG, vg. de Fr., Moselle, arr. de Sarreguemines, cant. et poste de Bitche; tuilerie; 2562 hab.

LEMBERG, cer. de Gallicie, situé au centre de ce royaume et borné par les cer. de Zolkiew, Zloczow, Brzezani, Sambor et Przemysle. Sa superficie est de 50 l. c. géogr., et sa population de 150,000 habitants. C'est un pays légèrement ondulé, couvert de bois et mal arrosé; son sol est rocheux, sablonneux, quelquefois marécageux et généralement très-ingrat. L'éducation du bétail est assez considérable.

LEMBERG ou LWOW, LEOPOL, autrefois capitale de la Russie rouge et aujourd'hui de toute la Gallicie, chef-lieu du cercle du même nom; ville grande et bien bâtie, sur les bords du Peltew, affluent du Bug. Parmi ses édifices les plus remarquables on distingue l'église des dominicains, où se trouve le beau monument de la comtesse Borowska par Thorwaldsen, et, hors la ville, le palais de l'archevêque arménien. Lemberg est le siége du commandement-général militaire de la Gallicie, du tribunal d'appel, d'un archevêque catholique, d'un arménien et d'un archevêque grec, ainsi que d'un rabbin supérieur pour les juifs, dont le nombre est évalué à environ 20,000. Ses principaux établissements littéraires sont: l'université, un lycée, une école royale pour le commerce, 2 séminaires théologiques, le musée national, avec une riche bibliothèque. Lemberg possède de nombreuses fabriques de draps et de toiles; il fait un commerce étendu, surtout d'expédition, avec la Russie, la Turquie et autres pays, et sous ce rapport cette ville n'est inférieure qu'à Brody; 60,000 hab.

LEMBERG. *Voyez* LOEWENBERG.

LEMBEYE. *Voyez* LAMBAYE.

LEMBAYE, vg. de Fr., Basses-Pyrénées, arr. et à 6 l. N.-E. de Pau, chef-lieu de canton et poste; 1325 hab.

LEMBRAS, vg. de Fr., Dordogne, arr., cant. et poste de Bergerac; 620 hab.

LEMÉ, vg. de Fr., Aisne, arr. et poste de Vervins, cant. de Nouvion; fabr. de toileries; 1624 hab.

LEMÉ, vg. de Fr., Basses-Pyrénées, arr. de Pau, cant. de Thèze, poste d'Auriac; 420 hab.

LÉMÉRÉ, vg. de Fr., Indre-et-Loire, arr. de Chinon, cant. de Richelieu, poste de Champigny; 620 hab.

LEMERICOURT. *Voyez* HEIMERSDORFF.

LEMESTROF, ham. de Fr., Moselle, com. d'Oudren; 350 hab.

LEMGO, *Lemgovia*, jolie v. de la principauté de Lippe-Detmold; située dans une contrée fertile; avec un château nommé le Lippehof, un gymnase, un couvent de filles de la noblesse et de la bourgeoisie; plusieurs fabriques et une population de 3800 hab. On y fait beaucoup de pipes en écume de mer.

LEMI (montagnes blanches), chaîne de l'île de Candie; s'étend à l'O.

LEMIEUX, ham. de Fr., Loire, com. de Chagnon; 200 hab.

LEMLAND, île considérable de la Russie d'Europe, gouv. de Finland, au S.-E. d'Aland.

LEMMECOURT, vg. de Fr., Vosges, arr., cant. et poste de Neufchâteau; 110 hab.

LEMMES, vg. de Fr., Meuse, arr. et poste de Verdun, cant. de Souilly; 420 hab.

LEMNIS, g. a., v. de la Mauritanie césaréenne, au N.-E. de l'embouchure du Malva.

LEMNO ou **SIMYE**, **SCALIMÈNE**, *Lemnos* des anciens, île de la Turquie d'Europe, eyalet des Djezayrs ou des Iles, la plus importante des îles appartenant au sandschak du Lesbos; elle s'étend entre 22° 37′ et 23° 2′ long. orient. et entre 39° 46′ et 40° 1′ lat. sept.; elle est située vis-à-vis de la montagne Ajosoros, dont elle est distante de 7 l., et son éloignement de la côte d'Anatoli est de 8 l.; sa superficie est de 7 l. c. Elle consiste proprement en deux presqu'îles, jointes par un isthme et formées par deux petits golfes. dont l'un au S., appelé San-Antonio, et l'autre au N., appelé port Paradiso. Elle est couverte de montagnes qui n'ont que peu d'élévation, mais qui renferment deux volcans éteints; un banc de sable, de 2 l. de long, rend la côte orientale inaccessible. Le sol est généralement aride et mal arrosé et produit en petite quantité du froment, de l'orge, du vin, des figues, des amandes et de l'huile; le bois manque totalement. Lemno est habitée par des Grecs, au nombre de 8000, distribués dans 2 villes et 50 villages; ils s'occupent d'agriculture et de pêche. On n'exporte que du vin et du blé. Lemno (*Myrina* des anciens), petite ville, avec un port, une citadelle et environ 1000 habitants, en est le chef-lieu; on y construit des navires marchands. Cette île offrait autrefois un des quatre fameux labyrinthes de l'antiquité, remarquable surtout par ses 150 colonnes, qui, selon Pline, pouvaient être facilement mises en mouvement sur leurs pivots, malgré leurs énormes dimensions. La terre sigillée (*terra sigillata*), qu'on extrait encore avec de grandes cérémonies des collines au N.-O. de l'île et qu'on vend pour le compte du gouvernement, a beaucoup perdu de sa célébrité depuis que la médecine moderne a réduit à leur juste valeur les propriétés extraordinaires que l'ignorance et la superstition lui avaient attribuées.

LÉMONCOURT, vg. de Fr., Meurthe, arr. de Château-Salins, cant. et poste de Delme; 260 hab.

LEMONII, g. a., peuplade du N.-E. de la Germanie, branche des Rubii; habitaient, selon les uns, entre la Dipper et la Vistule, selon les autres, autour de Lauenbourg et Leba jusqu'à la Vistule.

LEMOSIA, *Kalli Nikesia*, g. a., v. de l'île de Chypres, probablement la capitale actuelle, Nikosia ou Lefkosia.

LEMPA, un des fleuves les plus considérables du versant méridional des États-Unis de l'Amérique centrale; il prend naissance dans le lac de Guijar, sur le haut plateau de Honduras (Serra da Esquipulas), sous le nom de Sésécapa. A son entrée dans l'état de San-Salvador, qu'il traverse du N. au S., il prend le nom de Lempa, s'accroît par un grand nombre d'affluents, sépare dans son cours très-rapide le dist. de San-Miguel de celui de San-Vicente et se jette dans la baie de Jiquilisco (Fonséca), au S. de l'état de San-Salvador. Ce fleuve, malgré le volume considérable de ses eaux, n'est pas navigable pour les grands vaisseaux, parce que son embouchure se trouve barrée par une série d'écueils et de bancs de sable.

LEMPAUT, vg. de Fr., Tarn, arr. de Lavaur, cant. et poste de Puylaurent; 930 hab.

LEMPDES, b. de Fr., Haute-Loire, arr. de Brioude, cant. d'Auzon, poste; mines de houille; 1260 hab.

LEMPDES, vg. de Fr., Puy-de-Dôme, arr. de Clermont-Ferrand, cant. et poste de Pont-du-Château; 1880 hab.

LEMPIRE, vg. de Fr., Aisne, arr. de St.-Quentin, cant. et poste du Catelet; 530 hab.

LEMPIRE, vg. de Fr., Meuse, arr. et poste de Verdun, cant. de Souilly; 160 hab.

LEMPS, vg. de Fr., Ardèche, arr., cant. et poste de Tournon; 470 hab.

LEMPS, vg. de Fr., Drôme, arr. et poste de Nyons, cant. de Remuzat; 350 hab.

LEMPSTER. *Voyez* LEOMINSTER.

LEMPTA ou **LEMTA**, *Leptis Minor*, pet. v. sur la côte orientale de la rég. de Tunis, entre Hammamet et Demass, à 25 l. S.-S.-E. de Tunis.

LEMPTY, vg. de Fr., Puy-de-Dôme, arr. de Thiers, cant. et poste de Lezoux; 510 h.

LEMPZOURS, vg. de Fr., Dordogne, arr. de Nontron, cant. et poste de Thiviers; 340 hab.

LEMSAL, pet. v. de la Russie d'Europe, gouv. de Livonie, sur un lac du même nom; 600 hab.

LEMUD, vg. de Fr., Moselle, arr. de Metz, cant. de Pange, poste de Solgne; 230 hab.

LEMUY, vg. de Fr., Jura, arr. de Poligny, cant. et poste de Salins; 570 hab.

LEMWIG, *Lemoiga*, *Lemvicum*, très-pet. v. de Danemark, diocèse d'Aalborg, bge de Thisted, sur une baie; pêche, agriculture, commerce; 3 foires; 800 hab.

LENA, fl. de la Russie d'Asie; prend sa source dans les montagnes qui bordent les rivages occidentaux du lac Baikal, traverse, en décrivant une grande courbe, le gouv. d'Irkoutsk et la prov. d'Iakoustk; baigne les villes de Kirensk, Olekminsk, Iakoustk et Jigansk; reçoit les eaux du Vitim et de l'Olldeu à droite, du Viloui à gauche, et se jette, par quatre embouchures, dans le golfe de l'Océan Glacial qui porte son nom et qui est parsemé d'une multitude de rochers et d'îlots, dont le principal est Kulatzkoi-Ostrow.

LENARDS (le), ham. de Fr., Ain, com. de Garnerans; 130 hab.

LÉNAULT, vg. de Fr., Calvados, arr. de Vire, cant. de Condé-sur-Noireau; 520 hab.

LENAX, vg. de Fr., Allier, arr. de la Palisse, cant. et poste du Donjon; 980 hab.

LENCEPLAINE, ham. de Fr., Dordogne, com. de Coux; 100 hab.

LENCLOITRE, b. de Fr., Vienne, arr., à 4 1/2 l. O. et poste de Châtellerault, chef-lieu de canton; 1360 hab.

LENCOUACQ, vg. de Fr., Landes, arr. de Mont-de-Marsan, cant. et poste de Roquefort; 1240 hab.

LENDINARA, pet. v. du roy. Lombard-Vénitien, gouv. de Venise, délégation de Rovigo, sur l'Adigetto; assez commerçante, surtout en blé; 5000 hab.

LENDRESSE, vg. de Fr., Basses-Pyrénées, arr. d'Orthez, cant. de Lagor, poste de Lacq; 230 hab.

LENG. *Voyez* LAOUACHAN.

LENG, v. de l'Inde transgangétique, emp. Birman. Elle est située sur le Menamlaï ou Menan-taï, affluent du May-kouang. Elle fut encore en 1652 la capitale de l'ancien roy. de Laos; aujourd'hui elle est le chef-lieu du Laouachan immédiat. On l'a pendant longtemps confondu avec Langione, autre ville du Laos et chef-lieu du roy. des Lanjans.

LENGEFELD, v. du roy. de Saxe, cer. du Voigtland; avec 3 filatures, des fabriques de draps et d'étoffes de coton; 3800 hab.

LENGELSHEIM, vg. de Fr., Moselle, arr. de Sarreguemines, cant. de Volmunster, poste de Bitche; 650 hab.

LENGERICH, pet. v. de Prusse, prov. de Westphalie, rég. de Munster; fabr. de soieries et de tabac; 1330 hab.

LENGLET, ham. de Fr., Pas-de-Calais, com. d'Aire-sur-la-Lys; 200 hab.

LENGRONNE, vg. de Fr., Manche, arr. de Coutances, cant. et poste de Gavray; 1000 hab.

LENGROS, ham. de Fr., Gers, com. de St.-Aunix-Lengros; 160 hab.

LENGSFELD, v. du grand-duché de Saxe-Weimar, principauté d'Eisenach; avec plusieurs châteaux seigneuriaux; 2150 hab.

LENGUA-DE-BACA. *Voyez* BACA.

LENGUAS, peuplade indigène, réduite aujourd'hui à un petit nombre d'individus, rép. Argentine, à l'E. de la prov. de Jujuy, pays de Chaco. Quelques voyageurs les nomment OEkakelot et les regardent comme une horde des Guaycurus; cette opinion est combattue par Azara. Le nom de Lenguas leur a été donné par les Espagnols; ils se nomment eux-mêmes Juiadjé, d'autres tribus indigènes les appellent Cadalu, Quiesmagpipo, Cochaboth et Cocoloth.

LENHARRÉE, vg. de Fr., Marne, arr. d'Épernay, cant. et poste de Fère-Champenoise; 260 hab.

LENHEIRO (Sierra), chaîne de montagnes de l'emp. du Brésil, prov. de Minas-Géraes; elle se détache près de San-Joam-del-Rey de la Sierra Mantiqueira et s'étend dans une direction O. entre le Rio-Grande et le Rio-das-Mortes.

LENING, vg. de Fr., Meurthe, arr. de Château-Salins, cant. d'Albestroff, poste de Dieuze; 550 hab.

LÉNISEUL, vg. de Fr., Haute-Marne, arr. de Chaumont-en-Bassigny, cant. et poste de Clefmont; 290 hab.

LENKORAN, v. de la Russie d'Asie, prov. de Chirvan, sur la mer Caspienne. Elle a une bonne rade et est défendue par un fort occupé par une garnison russe.

LENNEP, v. de Prusse, sur la rivière de même nom, prov. du Rhin, rég. et à 6 1/2 l. E. de Dusseldorf; très-ancienne, mais bien bâtie; elle possède près de 40 manufactures de draps, casimirs et siamoises; des fabr. de chapeaux, de quincaillerie et de taillanderie; commerce de vins du Rhin et de la Moselle; martinets à acier; 4600 hab.

LENNEVEZ-EN-DOL, ham. de Fr., Côtes-du-Nord, com. de Ploubazlanez; 300 hab.

LENNIK-SAINT-MARTIN, vg. du roy. de Belgique, prov. de Brabant méridional, arr. et à 3 1/2 l. S.-O. de Bruxelles; tisseranderies; de nombreuses brasseries et distilleries; 2200 hab.

LENNON, vg. de Fr., Finistère, arr. et poste de Châteaulin, cant. de Pleyben; 1230 hab.

LENO, pet. v. du roy. Lombard-Vénitien, gouv. de Milan, délégation de Brescia; 4000 hab.

LENOIR, comté de l'état de la Caroline du Nord, États-Unis de l'Amérique du Nord; il est borné par les comtés de Greene, de Pitt, de Craven, de Jones, de Duplin et de Wayne. Pays bien arrosé et assez fertile, mais peu cultivé encore. Kinston, sur la Neuse, est le chef-lieu du comté; 8000 hab.

LENOLA, b. du roy. des Deux-Siciles, prov. de Terre-de-Labour; 2300 hab.

LENONCOURT, vg. de Fr., Meurthe, arr. de Nancy, cant. et poste de St.-Nicolas-du-Port; 490 hab.

LENOX. *Voyez* ADDINGTON.

LENOX. *Voyez* DUNBARTON.

LENOX. *Voyez* RICHMOND (baie).

LENOX, v. naissante des États-Unis de l'Amérique du Nord, état de New-York, comté de Madison, sur le lac Oneida et le canal de l'Erié; commerce actif; 2500 hab.

LENOX, pet. v. des États-Unis de l'Amérique du Nord, état de Massachusetts, comté de Berks, dont elle est le chef-lieu, sur un bras du Housatonik; académie, prison; quelque commerce; mines de fer; 2300 hab.

LENS, b. du roy. de Belgique, prov. du Hainaut, arr. et à 2 1/4 l. N.-O. de Mons; 2020 hab.

LENS, *Elenæ*, *Lentium*, pet. v. de Fr., Pas-de-Calais, arr., à 5 l. S.-E. de Béthune et à 51 l. de Paris, chef-lieu de canton et poste; elle est située dans une belle plaine, sur le ruisseau de Souchet; elle a des fabr. de dentelles, de sucre indigène, des filatures, des brasseries, des distilleries d'eaux-de-vie et des tanneries; commerce de grains, lin et chanvre. Cette petite ville, autrefois place forte et cédée à la France par le traité des Pyrénées, est célèbre par la victoire que le grand Condé remporta près de là, en 1648, sur les Espagnols; 2645 hab.

LENS, ham. de Fr., Deux-Sèvres, com. de St.-Simphorien; 140 hab.

LENS (canal de). *Voy*. **LILLE** (canaux de).

LENS-LESTANG, vg. de Fr., Drôme, arr. de Valence, cant. du Grand-Serre, poste de Moras; martinet à instruments aratoires; 1590 hab.

LENT-EN-DOMBES, b. de Fr., Ain, arr., cant. et poste de Bourg-en-Bresse; situé sur la rive gauche de la Veyle; commerce de chevaux; 1070 hab.

LENTIGNY, vg. de Fr., Loire, arr., cant. et poste de Roanne; 440 hab.

LENTILLAC-PRÈS-FIGEAC, vg. de Fr., Lot, arr., cant. et poste de Figeac; 610 hab.

LENTILLAC-PRÈS-LAUZÈS, vg. de Fr., Lot, arr. de Cahors, cant. de Lauzès, poste de Pélacoy; 580 hab.

LENTILLAC-PRÈS-SAINT-CÉRÉ, vg. de Lot, Fr., arr. de Figeac, cant. et poste de St.-Céré; 1100 hab.

LENTILLÈRES, vg. de Fr., Ardèche, arr. de Privas, cant. et poste d'Aubenas; 290 hab.

LENTILLES, vg. de Fr., Aube, arr. de Bar-sur-Aube, cant. de Brienne, poste de Chavanges; 520 hab.

LENTILLY, vg. de Fr., Rhône, arr. de Lyon, cant. et poste de l'Arbresle; 1180 h.

LENTIN, ham. de Fr., Tarn, com. de Cahuzac-sur-Vire; 100 hab.

LENTINI, pet. v. des Deux-Siciles, intendance de Trapani.

LENTIOL, vg. de Fr., Isère, arr. de St.-Marcellin, cant. de Roybon, poste de Beaurepaire; 390 hab.

LENTO, vg. de Fr., Corse, arr. et poste de Bastia, cant. de Campitello; 530 hab.

LENVIG, paroisse de Norwège, diocèse de Drontheim, bge de Finmark, sur une presqu'île; 1600 hab.

LENZBOURG, jolie pet. v. située sur l'Aar, cant. d'Argovie; imprimerie d'indiennes; blanchisseries; fabr. de tabac; 2000 hab.

LENZEN, v. de Prusse, prov. de Brandebourg, rég. de Potsdam; sur un lac et sur la rive droite de la Lœgnitz, qui reçoit peu au-dessus la vieille Elbe; elle possède un hôpital, un bac sur l'Elbe et un commerce local assez actif; 2600 hab.

LENZEUX, vg. de Fr., Pas-de-Calais, arr. et cant. de St.-Pol-sur-Ternoise, poste de Frévent; 400 hab.

LÉO (Saint-), pet. v. des états de l'Église; siége d'un évêché; située sur une haute montagne; elle a un petit fort où se trouve constamment une garnison; 1500 hab.

LÉOBARD, vg. de Fr., Lot, arr. et poste de Gourdon, cant. de Salviac; 710 hab.

LÉOBAZET, vg. de Fr., Corrèze, arr. de Tulle, cant. de Mercœur, poste d'Argentat; 300 hab.

LEOBEN, jolie pet. v. de Styrie, cer. de Bruck, sur la Mur; siége d'un tribunal d'appel, des mines et d'une école principale; forges et commerce de fer; mines de houille; préliminaires de paix, 1798; 3000 h.

LEOBSCHUTZ, v. de Prusse, chef-lieu de cercle, prov. de Silésie, rég. d'Oppeln, sur la rive gauche de la Zinna; elle possède un gymnase catholique, un hôpital, des fabr. d'étoffes de laine, de bas, de rubans, de toiles; commerce de blé et de lin; 5180 h.

LÉOCADIE (Sainte-), vg. de Fr., Pyrénées-Orientales, arr. de Prades, cant. de Saillagouse, poste de Mont-Louis; 110 hab.

LÉOGANE, magnifique baie, à l'O. de l'île d'Haïti; elle est formée par deux presqu'îles dont celle du S. est la plus grande et s'ouvre entre le cap Nicolas, à l'extrémité O. de la presqu'île septentrionale et le cap Dame-Marie, l'extrémité O. de la presqu'île méridionale. L'île considérable de Gonave, qui s'étend au fond de la baie, la divise en deux bassins qui renferment différentes autres baies de moindre étendue et offrant toutes d'excellents ports; ce sont: la Plate-Forme, Gonaives, St.-Marc, Montrouis, Arcahaye, Port-au-Prince, Petite-Léogane, Goave, Miragoane, Petit-Trou, Baradaires, Durot, Jérémie, cap Dame-Marie, etc.

LÉOGANE, pet. v. de l'île d'Haïti, dép. de l'Ouest, sur la côte O., à 1 l. de la mer, dans une plaine très-fertile qui produit le meilleur sucre de l'île; elle est entourée de fortifications et fait un commerce très-considérable, comme centre des relations entre Port-au-Prince et Jacqmel. Cette ville joua un rôle important dans l'histoire de l'Amérique. A l'époque de la découverte, c'était le chef-lieu du roy. de Xaragua, gouverné par Behechio; elle se distingua également dans les sanglantes journées de la guerre de l'indépendance; prise alors par Dessalines, elle fut détruite de fond en comble; aujourd'hui elle s'est entièrement relevée de ses ruines; 3000 hab.

LÉOGEATS, vg. de Fr., Gironde, arr. de Bazas, cant. et poste de Langon; 990 hab.

LÉOGNAN, vg. de Fr., Gironde, arr. et poste de Bordeaux, cant. de la Brède; 1800 hab.

LÉOJAC, vg. de Fr., Tarn-et-Garonne, arr., cant. et poste de Montauban; 410 hab.

LÉOMÉNIL, ham. de Fr., Eure, com. de Boisemont; 100 hab.

LÉOMER (Saint-), vg. de Fr., Vienne, arr. et poste de Montmorillon, cant. de la Trimouille; 420 hab.

LÉOMINSTER ou **LEMPSTER**, jolie pet. v. d'Angleterre, comté d'Hereford, sur la Lugg; nomme 2 députés; fabrication de draps, cuirs et chapeaux; commerce très-actif en laine, grains, cire, gants, cuirs et chapeaux. Le pain de cette ville est très-renommé. Le canal de Kyneton passe par Lempster; 5000 hab.

LÉOMINSTER, pet. v. des États-Unis de l'Amérique du Nord, état de Massachusetts, comté de Worcester, sur le Nashaway; elle a une imprimerie qui fait paraître un journal, fabrique beaucoup de cidre et a de belles carrières de pierres de taille; 2000 h.

LÉOMINSTER-ET-KINGSTON (canal de), en Angleterre; va de la Severn, près de Stourport, jusqu'à Kingston.

LEON (île de), *Cotinussa*, île d'Espagne, sur la côte occidentale du roy. de Séville. Elle est séparée, sur 3 l., du continent par un bras de mer, le Rio-St.-Petri, qui a 24 pieds d'eau pendant le flux et peut alors recevoir les plus grands navires. La partie S.-O. communiquait autrefois avec la terre ferme par le pont de Sonazo de 5 arches et de 600 pas de largeur, qui paraissait dater de l'occupation arabe; la junte ayant réuni, en 1810, ses forces à Cadix, fit sauter cette construction. L'île de Léon est bordée et couverte de rochers; quelques petites portions de terrains sablonneux ou marécageux sont peu propres à la culture; la petite rivière d'Ardilo l'arrose. Vers le N.-O. il se détache de l'île une digue de rochers de 1 l. de longueur et s'élevant à 60 pieds au-dessus du niveau de la mer; sur son extrémité est bâtie la ville forte de Cadix. La digue a été percée en 1812, et un large fossé (la Cortadura), bien fortifié et protégé par le fort de Terre-de-Gorda, sépare Cadix de l'île de Léon.

L'ancien Cadix, dont l'origine est attribué aux Phéniciens, était situé à la pointe méridionale de l'île vers la petite île de St.-Petri, où l'on en voit encore, par les temps calmes, les maisons et le temple d'Hercule au fond de la mer. Cadix fut possédé par les Carthaginois et par les Romains, qui le nommèrent Gades; les Arabes s'en emparèrent plus tard et l'occupèrent jusqu'en 1262, où il leur fut enlevé par les Espagnols. En 1696 les Anglais investirent l'île de Léon, prirent et détruisirent Cadix, que les Espagnols relevèrent plus fort. Les Anglais échouèrent dans une nouvelle attaque en 1702. En 1808 les Français cherchèrent en vain à s'emparer de l'île; ils assiégèrent Cadix du 6 février 1810 au 25 août 1812, époque à laquelle l'approche de Wellington les força de se retirer. En 1823 ils furent plus heureux; après un blocus de courte durée, ils firent leur entrée dans la forteresse, le 3 octobre 1823.

LÉON (ville de l'île de) ou **SAINT-CARLOS** et **SAINT-FERNANDO**, *Legio*, située dans l'île de Léon, à 3 l. E. de Cadix; se compose de l'ancienne ville de Léon ou St.-Carlos et de St.-Fernando, nouvellement bâtie en carré régulier avec 5 belles places et entourée de promenades. St.-Fernando renferme l'administration du premier département de la marine, une école nautique, l'hôpital et la caserne de marine et un observatoire; l'arsenal a été transféré à Caracca. La ville de l'île de Léon participe au commerce de Cadix; elle possède en outre des manufactures de toiles et de soieries et des blanchisseries; 40,000 hab.; en 1819 la fièvre jaune moissonna un cinquième de la population.

Le village de Las Cabezas, situé également dans l'île de Léon, a été le foyer de l'insurrection militaire de Riégo, en janvier 1820.

LÉON, prov. d'Espagne, faisant partie de l'ancien roy. de Léon, qui comprend encore les prov. de Valladolid, Toro, Zamora, Salamanque et Palencia; elle est bornée au N. par les Asturies, à l'E. par Palencia et Toro, au S. par Valadolid, Zamora et Toro et à l'O. par la Galice; sa superficie est de 768 l. c. Dans le N. la province est séparée des Asturies par les monts Cantabres, dont les cimes atteignent la région des neiges; ils étendent leurs rameaux vers le S. pour sillonner la plaine élevée de la partie méridionale du pays, qui est en général un des points les plus élevés de la péninsule. L'Esla est la rivière principale de la province; elle prend sa source dans les monts Cantabres, traverse la province du N. au S.-O. et passe dans le Valladolid, après avoir reçu les eaux du Torio, de la Bernesja et de l'Orvigo. Dans l'E. le pays est arrosé par le Valderaduay et dans l'O. par le Sil, qui passe dans la Galice. Ces rivières et leurs affluents conservent de l'eau pendant tout l'été, et en hiver, elles débordent et dévastent leurs rivages. Le lac poissonneux de Sanabria, près d'Astorga, a près de 1 l. c. de superficie. La province possède quelques sources minérales. Le climat est froid et humide en hiver, surtout dans les montagnes; en été il est tempéré, pur et agréable. Dans les vallées septentrionales le sol est pierreux et peu productif malgré les soins assidus des Léonais. Les petits hameaux de 10 à 20 maisons, disséminés dans les montagnes, subsistent des produits de leurs bestiaux; parmi leurs habitants on remarque les Maragates, qui s'adonnent à la conduite des mulets par tout le royaume et se distinguent par leurs mœurs et leur costume. Dans la partie méridionale de la province l'agriculture prospérerait si elle n'était pas sacrifiée aux bergeries et si l'on employait un meilleur système d'irrigation. On récolte, pour le besoin local, du seigle, de l'orge, des légumes secs, des châtaignes, des noix et des pommes; le lin est beau et fournit à l'industrie; les vendanges, quoique riches dans quelques contrées, ne suffisent pas à la consommation. Les montagnes produisent en abondance du beau bois de construction et de chauffage, du lichen, des plantes aromatiques et du gibier; mais elles recèlent aussi des loups qui deviennent moins dangereux pour les troupeaux, par l'intrépidité et la vigueur des chiens du Léon. L'éducation des bestiaux est la plus grande ressource du pays; les plaines, les vallées et même la pente des montagnes, sont couvertes d'un gazon fin et nourrissant. Les brebis y sont mises en pâture pendant l'été; vers l'automne elles sont transhumées dans l'Estramadure. La laine de Léon, connue dans le commerce sous le nom de *superfine de Ségovie*, est fine, très-crépue et tire sur l'incarnat ou le rose. La race bovine est belle, mais ses produits laiteux sont mal préparés; les chèvres, la volaille et le poisson abondent. Les environs de Ponferrad possèdent des mines de fer, des fourneaux et des forges. Le pays abonde en carrières de grès, de granit et de chaux et en bonnes terres de poterie; on exploite du beau marbre à Nozedo, Robles et Lillo; dans plusieurs endroits on trouve des turquoises. L'industrie s'applique encore à la filature et au tissage du lin, à la fabrication de cuirs, de papiers, de bas de laine et de boissellerie. Les articles d'exportation consistent en bestiaux, peaux, laines, fromages, ferronerie, boissellerie, toiles, lichens et aromates. La population, de 289,000 hab., est répartie dans 2 grandes villes, Léon et Astorga, 197 petites villes ou bourgs et 1140 villages. Le roy. de Léon est régi par les lois de Castille. Les Léonais ont le même type que les habitants de la Vieille-Castille; comme eux, ils sont robustes, fiers, graves et probes; mais ils sont plus laborieux. Le Léonais préfère la vie de pâtre à celle de laboureur; il ne connaît pas le luxe; les étoffes que sa femme fabrique l'habillent; sa nourriture consiste en pain de seigle, viande salée et laitage. La stérilité du pays force beaucoup de ses habitants à passer une partie de leur vie dans les autres provinces du royaume.

Le roy. de Léon est une des contrées de l'Espagne, qui n'ont pas été soumises par les Maures; les monts Cantabres lui servirent de remparts naturels que les valeureux habitants défendirent avec opiniâtreté. Le pays n'en fut pas plus heureux; sa religion lui resta, mais il ne participa point aux lumières répandues par les Arabes sur les arts et les sciences; les progrès de l'industrie et de l'agriculture se trouvèrent de plus empêchés par les guerres continuelles que se firent entre eux les petits rois chrétiens vers la fin du moyen âge. Isabelle, héritière des couronnes de Castille et de Léon, ayant épousé, en 1469, Ferdinand-le-Catholique, prince d'Aragon, le Léon fut réuni en 1473 sous le même sceptre avec les autres provinces d'Espagne, à l'exception cependant du Grenade, dont Ferdinand n'acheva la conquête qu'en 1492.

LEON, v. des États-Unis de l'Amérique centrale, état de Nicaragua, dist. de Granada, dont elle est le chef-lieu, ainsi que de tout l'état, sur le Rio-Tolsza, à 9 l. S.-O. du lac de Managua, appelé quelquefois lac de Léon. Cette ville, grande et bien bâtie, est le siége d'un évêque et possède une université, érigée en 1812 et appelée autrefois *collegium Tridentinum*, une très-belle cathédrale, un hôpital, une grande manufacture de coton et une manufacture de tabac; elle fait un commerce assez étendu et compte, selon M. Thompson, 38,000 hab. Cette ville, fondée pour la première fois en 1523, fut bâtie d'abord sur une colline voisine de la ville actuelle, d'où elle fut transférée sur l'emplacement qu'elle occupe aujourd'hui; son évêché fut érigé en 1534; en 1585 elle fut prise et en partie détruite par des pirates anglais.

LÉON (état). *Voyez* NICARAGUA.

LÉON (Nuévo-). *Voyez* NUÉVO-LÉON.

LÉON (lac). *Voyez* MANAGUA.

LÉON (villa de), charmante v. de la confédération mexicaine, état de Guanaxuato, dans la belle et riche plaine de Baxio. Ses rues sont tirées au cordeau et les principales vont aboutir à une superbe place ornée de la somptueuse église paroissiale, des beaux portiques du palais du Gouvernement et de riches magasins; elle possède en outre un collége et un hôpital et fait un grand commerce de blé; 7000 hab. Les environs de cette ville furent le théâtre des scènes horribles qui, dans la guerre de l'indépendance, ont ensanglanté le Mexique.

LÉON (Gers). *Voyez* JAYMES-DE-LÉON (Saint-).

LÉON, vg. de Fr., Landes, arr. de Dax, cant. et poste de Castets; mines de houille; 1410 hab.

LÉON (Saint-), vg. de Fr., Allier, arr. de la Palisse, cant. de Chaligny, poste de Donjon; 920 hab.

LÉON (Saint-), vg. de Fr., Dordogne, arr. de Bergerac, cant. et poste d'Issigeac; 430 h.

LÉON (Saint-), vg. de Fr., Haute-Garonne, com. de Villefranche-de-Lauragais; 1230 h.

LÉON (Saint-), vg. de Fr., Gironde, arr. de Bordeaux, cant. et poste de Créon; 200 h.

LÉON (Saint-), vg. de Fr., Lot-et-Garonne, arr. de Nérac, cant. et poste de Damazan; 520 hab.

LÉON (Saint-), ham. de Fr., Meurthe, com. de Walscheid; 110 hab.

LÉONARD (Saint-) ou HAMEAU-LA-RIVIÈRE (le), vg. de Fr., Calvados, arr. de Pont-l'Évêque, cant. et poste de Honfleur; 680 hab.

LÉONARD (Saint-), vg. de Fr., Gers, arr. de Lectoure, cant. et poste de St. Clar; 680 hab.

LÉONARD (Saint-), vg. de Fr., Loir-et-

Cher, arr. de Blois, cant. de Marchenoir, poste d'Oucques; 1200 hab.

LÉONARD (Saint-), ham. de Fr., Maine-et-Loire, com. de Chemillé; 550 hab.

LÉONARD (Saint-), ham. de Fr., Maine-et-Loire, com. de Durtal; 290 hab.

LÉONARD (Saint-), ham. de Fr., Manche, com. de Vains; 550 hab.

LÉONARD (Saint-), vg. de Fr., Marne, arr., cant. et poste de Reims; 70 hab.

LEONARD (Saint-), vg. de Fr., Oise, arr., cant. et poste de Senlis; 540 hab.

LÉONARD (Saint-), vg. de Fr., Pas-de-Calais, arr. et poste de Boulogne-sur-Mer, cant. de Saines; 250 hab.

LÉONARD (Saint-), vg. de Fr., Seine-Inférieure, arr. du Hâvre, cant. et poste de Fécamp; 1150 hab.

LÉONARD (Saint-), v. de Fr., Haute-Vienne, arr. et à 5 l. E. de Limoges, chef-lieu de canton et poste; elle est située sur la rive droite de la Vienne, que l'on y passe sur un beau pont, et entourée de promenades fort agréables en forme de boulevards. Elle a des fabriques de cadis, couvertures, cuirs et basanes; manufacture de porcelaine; martinets à cuivre; papeteries considérables; 6036 hab.

LÉONARD (Saint-), vg. de Fr., Vosges, arr. et poste de St.-Dié, cant. de Fraize; 920 hab.

LÉONARD-DE-FOUGÈRES (Saint-), ham. de Fr., Ille-et-Vilaine, com. d'Épiniac; 350 h.

LÉONARD-DES-BOIS (Saint-), vg. de Fr., Sarthe, arr. de Mamers, cant. et poste de Fresnay-sur-Sarthe; 1530 hab.

LÉONARD-DES-PARCS (Saint-), vg. de Fr., Orne, arr. d'Alençon, cant. de Courtomer, poste de Merlerault; 270 hab.

LEONARDSTOWN. *Voyez* MARYS (Saint-).

LÉONARE, ham. de Fr. Haute-Garonne, com. de Gragnague; 130 hab.

LEONBERG, pet. v. du Wurtemberg, cer. du Necker, chef-lieu du grand-bailliage de même nom; ses habitants s'occupent de tisseranderie et d'exploitation de bois. La ville, située sur la Glems, a été ceinte de murailles en 1248; elle possède un ancien château et un hôpital. Population de la ville 2040 hab., du grand-bailliage 28,000, sur 4 1/2 milles c. En 1457, le comte Eberhard convoqua dans cette ville la première diète du Wurtemberg.

LEONES (los), groupe d'îles, non loin de la côte S. du dép. de l'Isthme, rép. de la Nouvelle-Grenade; elles font partie de la prov. de Véragua.

LÉONES, fl. des États-Unis de l'Amérique centrale; prend naissance dans la Sierra Mulia, dans l'intérieur de la province de Honduras, qu'il traverse du S. au N. et débouche dans la mer des Antilles; il est navigable sur une longueur de 28 l. L'Aguan est son principal affluent.

LÉONESSA, v. du roy. des Deux-Siciles, prov. de l'Abruzze ultérieure IIe, sur le Corno et au pied du mont Triglia, avec un château; 5000 hab.

LEONFORTE, v. du roy. des Deux-Siciles, intendance de Caltanisetta; située sur une montage entourée de murailles, traversée par une rue longue et large, dont le milieu est interrompu par une grande et belle place. A la porte se trouve un grand bassin qui fournit l'eau à la ville; 10,000 hab.

LEONHARD (Saint-), vg. de Styrie, cer. de Marbourg, sur le Pœsznitz. Dans le voisinage on récolte le vin estimé de Kriechenberg; source minérale; 1000 hab.

LEONHARD (Saint-), très-pet. v. d'Illyrie, gouv. de Laibach, cer. de Klagenfurt, dans la vallée de Lavant; forges; 1200 hab.

LÉON-LE-FRANC, ham. de Fr., Creuse, com. de Bosroges; 170 hab.

LÉONS (Saint-), vg. de Fr., Aveyron, arr. et poste de Milhau, cant. de Vezins; 1270 h.

LÉON-SUR-L'ISLE (Saint-), vg. de Fr., Dordogne, arr. de Périgueux, cant. et poste de St.-Astier; 1060 hab.

LÉON-SUR-VÉZÈRE (Saint-), vg. de Fr., Dordogne, arr. de Sarlat, cant. et poste de Montignac; 1020 hab.

LEONTIUM, g. a., v. de l'Achaïe, entre Tritæ et Egine.

LEONTOS, g. a., v. de la Phénicie, entre Berytus et Sidon.

LÉOPARDIN (Saint-), vg. de Fr., Allier, arr. de Moulins-sur-Allier, cant. de Lurcy-Lévy, poste du Veurdre; 270 hab.

LEOPOLD, b. de la Haute-Guinée, colonie anglaise de Sierra-Leone; 900 hab.

LEOPOLDSAU ou LIPELDAU, gros vg. de la Basse-Autriche, cer. inférieur du Mannhartsberg; on y élève une grande quantité d'oies.

LEOPOLDSDORF, b. de Hongrie, cer. en-deçà du Danube, comitat de Presbourg.

LEOPOLDSHAFEN, vg. du grand-duché de Bade, cer. du Rhin-Moyen; remarquable par son port sur le Rhin, son commerce d'expédition et un service de bateaux à vapeur; 600 hab.

LEOPOLDSKRON, maison de plaisance, avec une belle galerie de tableaux, dans la Haute-Autriche, cer. de Salzbourg.

LEOPOLDSSTADT, pet. v. fortifiée de Hongrie, cer. en-deçà du Danube, comitat de Neitra; entourée de marais; située sur la Waag.

LÉOTOING, vg. de Fr., Haute-Loire, arr. de Brioude, cant. de Blesne, poste de Lempdes; 750 hab.

LEOUDARY, ham. de Fr., Haute-Garonne, com. de Montespan; 150 hab.

LEOUVILLE, vg. de Fr., Loiret, arr. de Pithiviers, cant. d'Outarville, poste d'Angerville; 150 hab.

LÉOUZE, ham. de Fr., Ardèche, com. de Flaviac; 120 hab.

LÉOVILLE, vg. de Fr., Charente-Inférieure, arr., cant. et poste de Jonzac; 780 h.

LÉPANGES, vg. de Fr., Vosges, arr. d'Épinal, cant. et poste de Bruyères; 720 h.

LEPANTE ou **Ainabachti**, *Naupactus*, pet. v. fortifiée de la Turquie d'Europe, eyalet de Dschesair; chef-lieu du sandschak d'Ainabachti et siége d'un archevêque grec; elle est située sur le penchant méridional d'une colline pyramidale, contre laquelle viennent se briser les flots du golfe du même nom; fabrication de poudre à canon; tanneries et commerce. Défaite de la flotte turque par Don Juan, en 1571; 2000 hab.

LÉPAUD, vg. de Fr., Creuse, arr. de Boussac, cant. et poste de Chambon; 460 h.

LEPAXE, ham. de Fr., Vosges, com. de Biffontaine; 240 hab.

LEPEL, v. de la Russie d'Europe, gouv. de Witebsk; c'est prés de cette ville que commence le canal de la Bérésina ou de Lepel.

LEPEROU, ham. de Fr., Gard, com. de Valleraugue; 100 hab.

LEPIDOTUM, g. a., v. de la Thébaïde, dans le nomos de Panopolites, à l'E. du Nil.

LÉPINAS, vg. de Fr., Creuse, arr. de Guéret, cant. et poste d'Ahun; 890 hab.

LÉPINOUX, ham. de Fr., Charente-Inférieure, com. de Néré; 130 hab.

LÉPINOY, vg. de Fr., Pas-de-Calais, arr. et poste de Montreuil-sur-Mer, cant. de Campagne-les Hesdin; 310 hab.

LÉPOIX, ham. de Fr., Vendée, com. de Bouin; 200 hab.

LEPONTRAN, ham. de Fr., Vosges, com. de Granges; 200 hab.

LEPREUM, g. a., v. de la Triphylie, partie méridionale de l'Elide (Morée), située au N.-O. de Pyrgi (actuellement Strobitzi, d'après Kruse).

LEPREUM, g. a., v. de l'Arcadie.

LÉPREUX. *Voyez* Iles-des-Lépreux.

LEPRIA, g. a., île non loin de la côte de l'Ionie, peut-être dans le voisinage d'Éphèse.

LÉPRON, ham. de Fr., Ardennes, com. de Villaine-Vaux-Lépron; 500 hab.

LEPSEN. *Voyez* Lipsheim.

LÈQUE (la), ham. de Fr., Bouches-du-Rhône, com. de Fos; 150 hab.

LEQUEITRO, v. et port d'Espagne, prov. de Biscaye.

LÈQUES (les), ham. de Fr., Var, com. de St.-Cyr; 140 hab.

LEQUIO, gr. vg. du roy. de Sardaigne, prov. de Mondovi, sur le Banaro, au confluent avec la Rea; 1700 hab.

LERAN, joli vg. de Fr., Arriège, arr. de Pamiers, cant. et poste de Mirepoix; filat. hydraul. de laine; tannerie; 1110 hab.

LERBACH, v. de mines du roy. de Hanovre, sur la rivière du même nom, capitanat montueux de Clausthal; 1400 hab.

LERCHENFELD, gr. et beau vg. d'Autriche, pays au-dessous de l'Ens; avec une maison pour les invalides; 4700 hab.

LERCIL, *Erycis*, *Portus Ericus*, v. du duché de Gènes; située sur la partie orientale du golfe de Spezzia; mal bâtie; rues sales et étroites; 2000 hab., qui s'occupent de la pêche, de la culture de l'huile et surtout de la navigation.

LERCOUL, vg. de Fr., Arriège, arr. de Foix, cant. de Vic-Dessos, poste de Tarascon-sur-Arriège; 310 hab.

LÉRÉ, b. de Fr., Cher, arr. et à 4 l. N. de Sancerre, chef-lieu de canton, poste de Cosne; 1473 hab.

LEREN, vg. de Fr., Basses-Pyrénées, arr. d'Orthez, cant. et poste de Salies; 440 hab.

LÉRIDA, *Ilerda*, v. forte d'Espagne, chef-lieu de district et évêché, principauté de Catalogne; située à 28 l. S.-O. d'Urgel, sur le Ségre et sur la pente d'une colline; couronnée par une citadelle, qui renferme une belle cathédrale et l'ancien palais des rois d'Aragon. La ville, dont l'intérieur est antique et irrégulier, possède 2 places publiques, 3 églises paroissiales, 16 couvents, un hôpital, un séminaire ecclésiastique et un collége; le commerce est absolument local et l'industrie se réduit à pourvoir aux besoins de la ville et de ses environs. Les alentours sont riants et renferment beaucoup d'antiquités romaines; 17,000 hab.

C'est dans les environs de Lérida que César disputa l'empire du monde aux généraux de Pompée (45 avant J.-C.). Les Français s'emparèrent de la forteresse en 1810 et 1823.

LÉRIGNEUX, vg. de Fr., Loire, arr., cant. et poste de Montbrison; 470 hab.

LERINS (îles de), groupe de deux îles situées dans la Méditerranée, sous 43° 30′ lat. N. et 4° 45′ long. orient., à 2 l. S.-S.-O. d'Antibes, vis-à-vis de Cannes; elles appartiennent à la France et font partie du dép. du Var. La plus grande et la plus rapprochée de la côte se nomme Ste.-Marguerite; elle n'est habitée que par quelques familles de pêcheurs et par une petite garnison, qui occupe le château fort, célèbre pour avoir servi de prison à plusieurs personnages de distinction, entre autres au fameux et mystérieux masque de fer. L'autre, St.-Honorat, avait autrefois une célèbre abbaye de bénédictins. A la révolution elle fut vendue comme propriété nationale et n'est habitée aujourd'hui que par un fermier. Les îles Lerins produisent du vin, des grains, des légumes et du bois. La chasse aux lapins et aux perdrix y est abondante. On y vient aussi pour la pêche.

LERIOLS, vg. de Fr., Tarn, arr. de Gaillac, cant. de Vaour, poste de Cordes; 410 h.

LERM ou **Lherm**. *Voyez* Herm (l').

LERM, vg. de Fr., Gironde, arr. de Bazas, cant. de Grignols, poste de Captieux; 950 hab.

LERMA, *Libarna*, pet. v. d'Espagne, roy. de la Vieille-Castille, prov. et à 8 l. S. de Burgos, sur l'Arlanza; avec un beau château construit par le cardinal de Lerma; 3050 h.

LERMA. *Voyez* Santiago (fleuve).

LERMA, jolie pet. v. de la confédération mexicaine, état de Mexico, à 9 l. S.-O. de la capitale, sur le Rio-Lerma, qui, plus bas, prend le nom de Santiago. Elle fut fondée en 1613 et est remarquable par la magnifique chaussée qui traverse la vallée de Toluca et aboutit à la ville du même nom; 4000 hab.

LERNÉ, vg. de Fr., Indre-et-Loire, arr., cant. et poste de Chinon; 740 hab.

LERNU, g. a., fl. de l'Arcadie; avait son embouchure dans le lac de Lerne.

LEROUVILLE, vg. de Fr., Meuse, arr., cant. et poste de Commercy; 500 hab.

LERRAIN, vg. de Fr., Vosges, arr. de Mirecourt, cant. et poste de Darney; 820 h.

LERS (le), *Lertius*, riv. de Fr., a sa source dans le dép. de l'Arriège, à 1 1/2 l. S. de Monségur, cant. de Levelanet; la direction principale de son cours, très-sinueux, est d'abord du S. au N.-E., puis elle tourne vers le N.-O., passe près de Mirepoix, pénètre dans le dép. de la Haute-Garonne, où elle se jette dans l'Arriège, au-dessus de Cintegabelle, après 26 l. de cours.

LERWICK, très-pet. v. d'Écosse, chef-lieu de l'île de Mainland ou Shetland, la plus grande des îles Shetland; remarquable surtout par la vaste baie de Bressay, où se rassemblent tous les étés les nombreux navires écossais, anglais, hollandais et danois qui y arrivent pour faire la pêche du hareng. A son extrémité septentrionale se trouve un fort; 3000 hab.

LERY, vg. de Fr., Côte-d'Or, arr. de Dijon, cant. et poste de St.-Seine; 350 hab.

LERY, vg. de Fr., Eure, arr. de Louviers, cant. et poste de Pont-de-l'Arche; 1020 hab.

LERY (Saint-), vg. de Fr., Morbihan, arr. et poste de Ploermel, cant. de Mauron; 320 hab.

LERZY, vg. de Fr., Aisne, arr. de Vervins, cant. et poste de la Capelle; 770 hab.

LESA, b. du roy. de Sardaigne, Piémont, prov. de Pallenza; 600 hab.

LESBE, b. de la Basse-Égypte, prov. et à 2 l. N. de Damiette, non loin de l'embouchure droite du Nil dans la Méditerranée.

LESBŒUFS, vg. de Fr., Somme, arr. et poste de Péronne, cant. de Combles; 670 h.

LESBOIS ou BOIS-EN-PASSAY, vg. de Fr., Mayenne, arr. de Mayenne, cant. et poste de Gorron; 760 hab.

LESBOS ou MIDILLY, sandschak ou prov. de l'eyalet Dschesair, Turquie d'Europe; ne comprend que des îles de la mer Égée; ce sont: Lesbos, Maskonisi et Tenedos, de la Turquie d'Asie et Taschus, Samothraki, Imbro, Lemnos, Agistrati, Skiaro, Skopelo, Skiati, Pelagnesi et Skiro, de la Turquie d'Europe.

LESBOS. *Voyez* METELIN.

LESCALE ou LE-BLAU, ham. de Fr., Aude, com. de Puivert; 230 hab.

LESCAR, *Bencharnum*, *Lascara Bearnensium*, pet. v. de Fr., Basses-Pyrénées, arr., à 2 l. N.-O. et poste de Pau, chef-lieu de canton; elle est située sur une colline, près du gave de Pau, et avait autrefois beaucoup plus d'importance. Henri IV y avait établi le siége d'un évêché; fabr. de toiles de coton et tanneries; 1938 hab.

LESCH. *Voyez* ALESSIO.

LESCHELLE, vg. de Fr., Aisne, arr. de Vervins, cant. de Nouvion, poste; 1310 h.

LESCHÈRES, vg. de Fr., Jura, arr., cant. et poste de St.-Claude; 400 hab.

LESCHÈRES, vg. de Fr., Haute-Marne, arr. de Vassy, arr. et poste de Doulevant; 550 hab.

LESCEROLLES, vg. de Fr., Seine-et-Marne, arr. de Coulommiers, cant. et poste de la Ferté-Gaucher; 280 hab.

LESCHEROUX, vg. de Fr., Ain, arr. de Bourg-en-Bresse, cant. et poste de St.-Trivier-de-Courtes; 1050 hab.

LESCHES, vg. de Fr., Seine-et-Marne, arr. de Meaux, cant. et poste de Lagny; 190 hab.

LESCHKIRCHEN, siége du pays des Saxons, Transylvanie; superficie 6 l. c. géogr. et 15,000 hab. C'est une contrée montagneuse, arrosée par la Hart, rivière très poissonneuse. Son sol produit du vin, du bois, du blé et du houblon. Son chef-lieu est un joli bourg, qui porte le même nom.

LESCHNITZ, pet. v. de Prusse, prov. de Silésie, rég. d'Oppeln, au pied de la montagne Ste.-Anne; usines; tisseranderies; 1200 hab.

LESCOUDREAUX (les), ham. de Fr., Indre-et-Loire, com. de Beaumont-Verron; 200 hab.

LESCOUET, vg. de Fr., Côtes-du-Nord, arr. de Dinan, cant. et poste de Jugon; 830 hab.

LESCOUET, vg. de Fr., Côtes-du-Nord, arr. de Loudéac, cant. de Goarec, poste de Rostrenen; 1110 hab.

LESCOUSSE, vg. de Fr., Arriège, arr., cant. et poste de Pamiers; 210 hab.

LESCOUT, vg. de Fr., Tarn, arr. de Lavaur, cant. et poste de Puylaureus; 630 hab.

LESCUN, vg. de Fr., Basses-Pyrénées, arr. d'Oloron, cant. d'Accous, poste de Bedous; 1120 hab.

LESCUNS, vg. de Fr., Haute-Garonne, arr. de Muret, cant. de Cazères, poste de Martres; 140 hab.

LESCURE, vg. de Fr., Arriège, arr., cant. et poste de St. Girons; 1680 hab.

LESCURE, vg. de Fr., Aveyron, arr. de Rhodez, cant. de la Salvetat, poste de Sauveterre; 2280 hab.

LESCURE, ham. de Fr., Seine-Inférieure, com. d'Amfreville-la-Mivoye; situé sur la route de Paris; fabr. de soude et autres produits chimiques et de toiles peintes; blanchisserie de toiles; verrerie; 100 hab.

LESCURE, b. de Fr., Tarn, arr., cant. et poste d'Albi; 1980 hab.

LESCURE, b. de Fr., Tarn, arr., cant., à 1 l. E. et poste d'Alby. Tout son territoire est planté en ognons, dont ce bourg fait un commerce considérable; 1500 hab.

LESCURRY, vg. de Fr., Hautes-Pyrénées,

arr. de Tarbes, cant. et poste de Rabastens; 310 hab.

LESDAIN, vg. de Fr., Nord, arr. et poste de Cambrai, cant. de Marcoing; 950 hab.

LESDINS, vg. de Fr., Aisne, arr., cant. et poste de St.-Quentin; 390 hab.

LESGES, vg. de Fr., Aisne, arr. de Soissons, cant. et poste de Braisne; 190 hab.

LESGHIS, peuplade de l'Asie, qui habite le Caucase oriental, entre le Koïsou, l'Alasani et les steppes qui bordent la mer Caspienne. Les Lesghis paraissent être les *Legæ* des anciens; ils ressemblent par leur constitution physique aux autres peuples caucasiens; mais leur caractère est plus sauvage et plus turbulent. Par leurs expéditions hardies, leur bravoure et leur amour du pillage, ils se sont faits la terreur des nations voisines. Le pays qu'ils habitent est pauvre et stérile, ses productions suffisent à peine à leur entretien; les arts et l'industrie leur sont étrangers; aussi conquièrent-ils leurs richesses avec la pointe de leurs épées; ils vont chercher au loin le butin qu'ils cachent dans leurs vallées inaccessibles, et depuis longtemps ils ont un proverbe qui dit : Quand le roi devient fou, il attaque les braves Lesghis.

Cependant plusieurs de leurs chefs se sont soumis à la Russie; mais cette soumission n'est que nominale et n'a d'autre but que d'obtenir de riches pensions. La plupart des Lesghis professent l'islamisme; quelques-uns sont restés schamanes ou idolâtres et adorent tantôt un rocher, tantôt une constellation; ils parlent une langue particulière, qui a presque autant de dialectes qu'il y a de tribus parmi eux. Dans leurs écrits ils se servent tantôt de l'arabe, tantôt du géorgien ou du persan. En matière de droit ils ont une grande vénération pour un ancien code arabe, qui se trouve dans la possession de trois tribus Koumaks, auxquelles leurs contestations sont déferées en appel. Ils se divisent en un grand nombre de tribus. Les principales villes de leur pays sont : Khoundzakh, Chahar, Akoucha et Koubitchi.

LESGOR, vg. de Fr., Landes, arr. de St.-Sever, cant. et poste de Tartas; 440 hab.

LÉSIGNAC-SUR-GOIRE, ham. de Fr., Charente, com. de St.-Maurice; 150 hab.

LÉSIGNAN-LA-CÈBE, vg. de Fr., Hérault, arr. de Béziers, cant. de Montagnac, poste de Pezenas; 650 hab.

LÉSIGNAT-DURAND, vg. de Fr., Charente, arr. de Confolens, cant. de Montembœuf, poste de la Rochefoucauld; 1000 hab.

LÉSIGNY, vg. de Fr., Seine-et-Marne, arr. de Melun, cant. et poste de Brie-Comte-Robert; 380 hab.

LESIGNY-SUR-CREUSE, vg. de Fr., Vienne, arr. de Châtellerault, cant. de Pleumartin, poste de la Haye-Descartes; 710 h.

LESINA ou **HUOR**, *Pharia, Pharus*, une des grandes îles de la Dalmatie; comprend, avec les îlots environnants, une superficie de 18 l. c. géogr. et une population de 10,000 habitants. Quoique couverte de montagnes et de forêts, elle est fertile en vins, figues, olives, amandes, romarin, grains, soie, abeilles, bestiaux, lièvres, lapins, marbre et autres minéraux. La culture du vin et la pêche des sardines forment la principale ressource des habitants. Son chef-lieu porte le même nom; ses habitants, au nombre de 2000, se livrent à la construction des navires, à la navigation et à la pêche; siége d'un évêché; port.

LESKARD, pet. v. d'Angleterre, comté de Cornwall; nomme 2 députés; manufactures de laine; tanneries; commerce.

LESKOFDSCHA ou **LESKOVACZ**, v. de la Turquie d'Europe, eyalet de Rumili, sandschak, sur la Morava orientale; il s'y tient une foire très-considérable.

LESLAY (le), vg. de Fr., Côtes-du-Nord, arr. de St.-Brieuc, cant. et poste de Quintin; 410 hab.

LESLIE, paroisse d'Écosse, comté de Fife; avec une superbe campagne; 2000 hab.

LESME, ham. de Fr., Eure, com. de Bémécourt; 100 hab.

LESME, vg. de Fr., Saône-et-Loire, arr. de Charolles, cant. et poste de Bourbon-Lancy; 190 hab.

LESMONT, vg. de Fr., Aube, arr. de Bar-sur-Aube, cant. et poste de Brienne; il est situé sur la rive droite de l'Aube et à l'embranchement de plusieurs grandes rivières; fabr. d'huile, commerce de chanvre et bestiaux; 530 hab.

LESNEVEN, pet. v. de Fr., Finistère, arr. et à 5 l. N.-N.-E. de Brest et à 149 l. de Paris, chef-lieu de canton et poste; commerce de blé; 2664 hab.

LESPARRE, pet. v. de Fr., Gironde, chef-lieu d'arrondissement, à 16 l. N.-O. de Bordeaux et à 176 l. de Paris; siége d'un tribunal de première instance et conservation des hypothèques; elle a peu d'importance et ne renferme aucun édifice remarquable. Lesparre a une société d'agriculture. Le territoire de cet arrondissement produit des vins très-estimés, dont cette ville fait un commerce considérable, ainsi que de chevaux, bœufs, cochons, bois, grains; filat. et tissage de laine. Foires les 7 et 8 janvier, 8 mars, 16 avril, 16 août, 18 et 19 juin et 15 novembre; 1000 hab.

LESPARRE, ham. de Fr., Tarn-et-Garonne, com. de Montfermier.

LESPÉRÈS, vg. de Fr., Haute-Garonne, arr. de Muret, cant. et poste de Rieumes; 80 hab.

LESPERON, vg. de Fr., Ardèche, arr. de l'Argentière, cant. de Coucouron, poste de Langogne; 750 hab.

LESPERON, vg. de Fr., Landes, arr. de Mont-de-Marsan, cant. d'Arjuzanx, poste de Castels; 860 hab.

LESPESSES, vg. de Fr., Pas-de-Calais, arr. de Béthune, cant. de Norrent-Fontes, poste de Lillers; 260 hab.

LESPIELLE, vg. de Fr., Basses-Pyrénées, arr. de Pau, cant. et poste de Lembeye; 380 hab.

LESPIGNAN, vg. de Fr., Hérault, arr., cant. et poste de Béziers; 1260 hab.

LESPINAS, ham. de Fr., Arriège, com. de Belesta; 160 hab.

LESPINASSE, vg. de Fr., Haute-Garonne, arr. de Toulouse, cant. de Fronton, poste de St.-Jory; 270 hab.

LESPINASSIÈRE, vg. de Fr., Aude, arr. de Carcassonne, cant. et poste de Peyriac-Minervois; 1050 hab.

LESPITEAU, vg. de Fr., Haute-Garonne, arr., cant. et poste de St.-Gaudens; 170 hab.

LESPOUEY, vg. de Fr., Hautes-Pyrénées, arr. de Tarbes, cant. et poste de Tournay; 230 hab.

LESPOUNE, ham. de Fr., Hautes-Pyrénées, com. de Bagnères-en-Bigorre; 800 h.

LESPOURCY, vg. de Fr., Basses-Pyrénées, arr. et poste de Pau, cant. de Morlaas; 300 hab.

LESQUERDE, vg. de Fr., Pyrénées-Orientales, arr. de Perpignan, cant. et poste de St.-Paul-de-Fenouillet; 160 hab.

LESQUIELLES-SAINT-GERMAIN, vg. de Fr., Aisne, arr. de Vervins, cant. et poste de Guise; 1550 hab.

LESQUIN, vg. de Fr., Nord, arr. et poste de Lille, cant. de Séclin; fabr. de sucre indigène; 1120 hab.

LESSAC (Petit-), vg. de Fr., Charente, arr., cant. et poste de Confolens; 900 hab.

LESSARD, vg. de Fr., Calvados, arr. et cant. de Lisieux, poste de Livarot; 320 hab.

LESSARD, ham. de Fr., Ille-et-Vilaine, com. de la Guerche; 150 hab.

LESSARD, ham. de Fr., Jura, com. de Villars-St.-Sauveur; papeterie.

LESSARD-EN-BRESSE, vg. de Fr., Saône-et-Loire, arr. et poste de Châlon-sur-Saône, cant. de St.-Germain-du-Plain; 560 hab.

LESSARD-ROYAL, vg. de Fr., Saône-et-Loire, arr. et poste de Châlon-sur-Saône, cant. de Chagny; 220 hab.

LESSARTS, ham. de Fr., Seine-Inférieure, com. d'Ardouval; 360 hab.

LESSARTS, ham. de Fr., Seine-Inférieure, com. de Pommeréval; 250 hab.

LESSAY, b. de Fr., Manche, arr. et à 7 l. N. de Coutances, chef-lieu de canton, poste de Périers; 1750 hab.

LESSE, vg. de Fr., Meurthe, arr. de Château-Salins, cant. et poste de Delme; 470 h.

LESSEN, pet. v. de Prusse, prov. de Prusse, rég. de Marienwerder; commerce de bestiaux; 1300 hab.

LESSERT, ham. de Fr., Deux-Sèvres, com. de Coulon; 340 hab.

LESSEUX, vg. de Fr., Vosges, arr., cant. et poste de St.-Dié; 220 hab.

LESSINES, pet. v. du roy. de Belgique, prov. de Hainaut, arr. et à 6 l. O. de Tournay, sur la rive gauche de la Dender; possède un hôpital, des tanneries, des brasseries, des distilleries et des tuileries; fabrication et commerce de toiles; 3650 hab.

LESSINGHE, b. du roy. de Belgique, prov. de la Flandre occidentale, arr. de Bruges, sur le canal d'Ostende à Nieuport, à 2 l. de cette dernière ville; 1300 hab.

LESSOË, paroisse de Norwège, diocèse d'Aggerhuus, bge de Christian; 4000 hab.

LESSON, vg. de Fr., Vendée, arr. de Fontenay-le-Comte, cant. de Maillezais, poste d'Oulmes; 250 hab.

LESSY, vg. de Fr., Moselle, arr. et poste de Metz, cant. de Gorze; 420 hab.

LESTAGUE, ham. de Fr., Bouches-du-Rhône, com. de Marseille; 440 hab.

LESTALVILLE, ham. de Fr., Calvados, com. de Grandcamp; 270 hab.

LESTANVILLE, vg. de Fr., Seine-Inférieure, arr. de Dieppe, cant. et poste de Bacqueville; 240 hab.

LESTAP, ham. de Fr., Tarn, com. de Soual; 140 hab.

LESTARDS, vg. de Fr., Corrèze, arr. d'Ussel, cant. de Bugeat, poste de Meymac; 340 hab.

LESTELLE, vg. de Fr., Haute-Garonne, arr. de St.-Gaudens, cant. et poste de St.-Martory; 760 hab.

LESTELLE, vg. de Fr., Basses-Pyrénées, arr. de Pau, cant. de Clarac-près-Nay, poste de Nay; fabr. de chapelets, de mouchoirs, de toiles fines; 1000 hab.

LESTERNE, vg. de Fr., Lot-et-Garonne, arr. d'Agen, cant. de Prayssas, poste de Port-Ste.-Marie; 270 hab.

LESTERPS, vg. de Fr., Charente, arr., cant. et poste de Confolens; 1430 hab.

LESTIAC, vg. de Fr., Gironde, arr. de Bordeaux; cant. et poste de Cadillac; 560 h.

LESTIOU, vg. de Fr., Loir-et-Cher, arr. de Blois, cant. et poste de Mer; 410 hab.

LESTRE, vg. de Fr., Manche, arr. de Valognes, cant. et poste de Montebourg; 730 h.

LESTRELLES, vg. de Fr., Var, arr., à 10 l. E. de Draguignan, cant. et poste de Fréjus; 430 hab.

LESTREM, vg. de Fr., Pas-de-Calais, arr. de Béthune, cant. de Laventie, poste d'Estaires; 3470 hab.

LÉTANG, vg. de Fr., Seine-et-Marne, arr. de Melun, cant. de Mormant, poste de Guignes; 70 hab.

LETASZEWKA, vg. de la Russie d'Europe, gouv. de Baluga, cer. de Borourk; mémorable par la bataille de Farulino (1812).

LETE, *Letæ*, *Lite*, g. a., v. de la prov. de Mygdonie, dans la Macédoine.

LETEFNE, vg. de Fr., Ardennes, arr. de Sédan, cant. et poste de Mouzon; 260 hab.

LETHÆUS ou LETHE (fleuve d'oubli), g. a., fl. de l'Ionie; s'étendait du N. au S. et se jetait dans le Méandre, près de Magnésie. Il y a eu en Afrique, en Espagne et en Portugal des fleuves du même nom.

LETHRABORG, superbe maison de campagne dans la paroisse d'Alleslov, diocèse de

Secland, Danemark, sur l'emplacement de l'ancienne *Lethra* ou *Leyre;* le château possède une belle bibliothèque.

L'ÉTHUIN, vg. de Fr., Euré-et-Loir, arr. de Chartres, cant. d'Auneau, poste d'Angerville; 220 hab.

LETIA, vg. de Fr., Corse, arr. d'Ajaccio, cant. et poste de Vico; 840 hab.

LETICZEW ou **LATYCZEW**, pet. v. de la Russie d'Europe, gouv. de Podolie, chef-lieu de cercle, sur le Wotczik; 1600 hab.

LÉTRA, vg. de Fr., Rhône, arr. et poste de Villefranche-sur-Saône, cant. de Bois-d'Oingt; 780 hab.

LETRAS (Sierra das] montagnes des lettres), chaîne de montagnes de l'emp. du Brésil, au S. de la prov. de Minas-Géraès; elle se détache de la Sierra Mantiqueira et s'étend dans une direction N.-O. entre le Rio-Grande et le Rio-Verde jusqu'au confluent de ces deux fleuves.

LÉTRICOURT, vg. de Fr., Meurthe, arr. de Nancy, cant. de Nomény, poste de Pont-à-Mousson; 410 hab.

LETTE, île de la Malaisie; fait partie de la chaîne Sud-Ouest du groupe de Banda. Elle est située au N.-E. de Timor, sous 8° 28' lat. S., est petite, mais élevée, fertile, pittoresque, pourvue de bonne eau et couverte de troupeaux de moutons, de chèvres et de buffles. Ses habitants sont des Malais paisibles, dont plusieurs se sont convertis au christianisme; ils sont partagés en sept tribus, régies par des chefs indigènes. Les Hollandais y entretiennent un poste chargé d'empêcher la culture du muscadier et du giroflier.

LETTEGUIVES, vg. de Fr., Eure, arr. des Andelys, cant. d'Écouis, poste de Fleury-sur-Andelle; 240 hab.

LETTERE, *Lycteræ*, *Letteranum*, v. épiscopale du roy. des Deux-Siciles, principauté Citérieure. On y élève beaucoup de bestiaux; 1000 hab.

LETTERKENNY, com. florissante des États-Unis de l'Amérique du Nord, état de Pensylvanie, comté de Franklin; 2700 hab.

LETTOWITZ, pet. v. d'Autriche, gouv. de Moravie-et-Silésie, cer. de Brunn, sur la Zwittawa; possède un château fort et des fabr. de coton; 2000 hab.

LETTRAYE, ham. de Fr., Vosges, com. de Ramonchamp; 810 hab.

LETTRET, vg. de Fr., Hautes-Alpes, arr. et poste de Gap, cant. de Tallard; 130 hab.

LEU, ham. de Fr., Allier, com. d'Ussel; 250 hab.

LEU (la), ham. de Fr., Loiret, com. d'Égré; 130 hab.

LEU (Saint-), ham. de Fr., Seine-et-Marne, com. de Cesson; 120 hab.

LEUBRINGHEN, vg. de Fr., Pas-de-Calais, arr. de Boulogne-sur-Mer, cant. et poste de Marquise; 310 hab.

LEUBUS, *Leobusium*, pet. v. de Prusse, prov. de Silésie, rég. de Breslau, sur la rive droite de l'Oder, que l'on y traverse sur un bac; 460 hab. Tout près se trouve le village de même nom, avec une ancienne abbaye de l'ordre de Citeaux, dont l'église, construite en 1150, renferme des peintures et des monuments intéressants. On a établi dans la maison conventuelle un hospice central d'aliénés pour la prov. de Silésie; une partie des autres bâtiments est occupée par un haras royal; la maison du chapitre, construite de 1684 à 1720, dans laquelle on remarque deux magnifiques salons de 72 sur 32 pieds, sert de logement aux employés de l'état; 1220 hab.

LEUC, vg. de Fr., Aude, arr., cant. et poste de Carcassonne; 660 hab.

LEUCA, *Leucæ*, *Leuce*, g. a., v. au N. de l'Ionie, sur le golfe et au N.-O. de Smyrne.

LEUCAM, vg. de Fr., Cantal, arr. d'Aurillac, cant. et poste de Montsalvy; 660 hab.

LEUCATE, *Leocata*, pet. v. de Fr., Aude, arr. et à 9 l. S. de Narbonne, cant. et poste de Sijean; elle est située sur l'étang de même nom, près de la Méditerranée; elle a une grande rade et possède une saline et un conseil de prud'hommes des patrons-pêcheurs; ateliers de salaison pour les sardines; 1180 hab.

Cette petite ville, fort ancienne, est célèbre par les deux siéges qu'elle soutint dans le seizième et le dix-septième siècles. Le premier est surtout mémorable par le dévouement et la générosité de la femme du gouverneur Barri de St.-Aunez. Celui-ci étant tombé entre les mains des Espagnols, en fit prévenir sa femme Constance de Cezelli et la chargea de la défense de Leucate. Cette dame défendit la place avec un courage héroïque, et les ennemis, désespérant de la réduire, mirent la vie du gouverneur Barri au prix de la reddition de la ville. Constance ne céda point et son mari fut étranglé par les Espagnols. La garnison demanda alors par représailles la tête d'un prisonnier espagnol, mais la générosité de cette noble dame se refusa à cet acte de vengeance. Pour la récompenser d'une si belle conduite, le roi lui laissa le gouvernement de Leucate.

LEUCATE, vg. de Fr., Aude, arr. de Narbonne, cant. et poste de Sijean; 1100 hab.

LEUCATE, g. a., cap par lequel est terminée, au S., l'île de Leucade (St.-Maure), et d'où Sapho, dit-on, se précipita de désespoir; aujourd'hui il porte le nom de cap Ducato.

LEUCE-COME, g. a., v. du N. de l'Arabie Heureuse, sur le golfe Arabique, d'où Ælius Gallius partit pour la fatale expédition dans l'Arabie Heureuse; c'est peut-être la même que le port de Hauran, dans la prov des Hedschas. D'après Mannert ce serait Charmuthas.

LEUCHEY, vg. de Fr., Haute-Marne, arr. de Langres, cant. et poste de Prauthoy; 210 hab.

LEUCHTENBERG, b. de Bavière, cer. de la

Régen, dist. de Vohenhausen; avec 2 églises et un vieux château; 540 hab. L'endroit donnait autrefois son nom à un comté, dont le chef-lieu était Pfreimt; après l'extinction de ses landgraves ce fief d'empire fut cédé à la Bavière, en 1646; en 1817, il fut érigé en duché, en faveur des membres de la famille Beauharnais, les princes d'Eichstædt.

LEUCI, *Leuci Liberi*, g. a., peuplade du S.-E. de la Gaule belgique, au S. des Médiomatriciens, entre la Marne et la Moselle, au N.-E. du dép. de la Haute-Marne et au S. des dép. de la Meuse et de la Meurthe, principalement autour de Toul.

LEUCO ÆTHIOPES, g. a., ancienne peuplade de la Lybie centrale, près du cap Ryssadium, probablement entre les rivières Stachir et Daradus.

LEUCTRA ou **LEUCTRES**, g. a., v. de la Béotie, au S.-E. de Thespiæ et au S.-O. de Thèbes, où les Lacédémoniens furent défaits par Epaminondas, 371 avant J.-C.

LEU-D'ESSERENT (Saint-), vg. de Fr., Oise, arr. de Senlis, cant. de Creil, poste de Chantilly; fabr. de colle-forte; carrières de pierres dites de St.-Leu; 1199 hab.

LEUDEVILLE, vg. de Fr., Seine-et-Oise, arr. de Corbeil, cant. et pose d'Arpajon; 320 hab.

LEUDON, vg. de Fr., Seine-et-Marne. arr. de Coulommiers, cant. et poste de la Ferté-Gaucher; 190 hab.

LEUGLAY, vg. de Fr., Côte-d'Or, arr. de Châtillon-sur-Seine, cant. et poste de Recey-sur-Ource; 510 hab.

LEUGNEY, ham. de Fr., Doubs, com. de Bremondans; 150 hab.

LEUGNY, ham. de Fr., Côte-d'Or, com. de la Roche-Vanneau; 350 hab.

LEUGNY, ham. de Fr., Vienne, com. de Sauves; 100 hab.

LEUGNY, vg. de Fr., Yonne, arr. d'Auxerre, cant. et poste de Toucy; 630 hab.

LEUGNY-SUR-CREUSE, vg. de Fr., Vienne, arr. de Chatellerault, cant. de Dangé, poste de la Haye-Descartes; 580 hab.

LEUHAN, vg. de Fr., Finistère, arr. de Châteaulin, cant. et poste de Châteauneuf-du-Faou; 1360 hab.

LEULINGHEM, vg. de Fr., Pas-de-Calais, arr. de Boulogne-sur-Mer, cant. et poste de Marquise; 280 hab.

LEULINGHEM, vg. de Fr., Pas-de-Calais, arr. et poste de St.-Omer, cant. de Lumbres; 290 hab.

LEULLY, vg. de Fr., Aisne, arr. de Laon, cant. et poste de Coucy-le-Château; 640 hab.

LEURVILLE, vg. de Fr., Haute-Marne, arr. de Chaumont-en-Bassigny, cant. de St.-Blin, poste d'Andelot; 320 hab.

LEURY, vg. de Fr., Aisne, arr., cant. et poste de Soissons; 160 hab.

LEUSINIUM, *Leusinum*, g. a., vg. de la Dalmatie, entre Narona et Scodra, sur la route de Salona à Dyrrachium.

LEU-TAVERNY (Saint-), vg. de Fr., Seine-et-Oise, arr. de Pontoise, cant. de Montmorency, poste; ce village est situé dans une belle contrée, près la forêt de Montmorency, et possède un superbe château et de belles maisons de campagne; 1180 hab.

LEUTENHEIM ou **LITTENHEIM**, vg. de Fr., Bas-Rhin, arr. de Strasbourg, cant. de Bischwiller, poste de Rœschwoog; 900 hab.

LEUTERSDORF, vg. de Prusse, prov. du Rhin, rég. de Coblence; culture de vignes; navigation; 1300 hab.

LEUTERSHAUSEN, vg. du grand-duché de Bade, cer. du Bas-Rhin; avec un beau château et une chapelle qui attire beaucoup de pèlerins; 1400 hab.

LEUTERSHAUSEN, pet. v. de Bavière, chef-lieu de district, cer. de la Rézat, à 3 l. d'Anspach, sur l'Altmuhl; fabrication de fil, de cotonnades et d'étoffes de filoselle; pop. de la ville 1300 hab., du district 12,100.

LEUTHEN, vg. de Prusse, prov. de Silésie, rég. de Breslau; avec un château; 640 h. Le 5 décembre 1757, Fréderic-le-Grand y défit avec 30,000 hommes une armée de 90,000 Autrichiens, commandée par le prince Charles de Lorraine et les généraux Daun, Luchesi et Nadasti.

LEUTHEN, paroisse de Norwège, diocèse d'Aggerhuus, bge de Hedemarken; 2600 h.

LEUTKIRCH, *Ectodurum*, pet. v. du Wurtemberg, cer. du Danube, chef-lieu du gr.-bge du même nom; éducation de bestiaux; fabrication de toiles, cotonnades et produits chimiques; pêche. La ville, située dans la lande du même nom, est connue, dès le moyen âge, pour la fabrication et le commerce de toiles. Ancienne ville libre, elle échut en 1802 à la Bavière et en 1810 à l'Autriche. Pop. de la ville 1990 hab., du gr.-bge 20,000, sur 8 1/2 milles c.

LEUTSCHAU ou **LOECSE**, **LEWOCZ**, *Leuconium*, pet. v. de Hongrie, cer. en-deça de la Theiss, chef-lieu du comitat de Zips; distillerie considérable d'hydromel; culture de fruits et de pois; pèlerinage; 5000 hab.

LEUVILLE, vg. de Fr., Seine-et-Oise, arr. de Corbeil, cant. d'Arpajon, poste de Linas; 910 hab.

LEUVRIGNY, vg. de Fr., Marne, arr. d'Épernay, cant. de Dormans, poste de Port-à-Binson; 410 hab.

LEUVUCHES. *Voyez* **TEHUELHETS**.

LEUY (le), vg. de Fr., Landes, arr. et poste de St.-Sever, cant. de Tartas; 370 h.

LEUZE, vg. de Fr., Aisne, arr. de Vervins, cant. et poste d'Aubenton; 280 hab.

LEUZE, *Letusa*, v. du roy. de Belgique, prov. de Hainaut, arr. et à 3 l. E. de Tournai, sur la Dender; commerce actif de toiles; 4420 hab. En 1691, les Français y remportèrent une victoire sur les alliés.

LEUZEN, peuplade presque inconnue, qui habite l'Inde transgangétique; elle est régie par ses propres chefs, mais est tributaire des Birmans.

LEVACI, g. a., peuplade de la Gaule belgique, au S. des Nerviens, sur les bords de la Lys, dans les environs de Leuze (Hainaut).

LEVAINVILLE, vg. de Fr., Eure-et-Loir, arr. de Chartres, cant. d'Auneau, poste de Gallardon; 380 hab.

LEVAL, vg. de Fr., Nord, arr. et poste d'Avesnes, cant. de Berlaimont; 870 hab.

LEVAL, vg. de Fr., Haut-Rhin, arr. de Belfort, cant. et poste de Massevaux; 390 h.

LEVANGER, b. très-commerçant de Norwège, diocèse de Drontheim.

LEVANT (île). *Voyez* **HYÈRES**.

LEVANTADOS (cayo de los), île à l'entrée de la baie de Samana, côte E. de l'île d'Haïti.

LEVARÉ, vg. de Fr., Mayenne, arr. de Mayenne, cant. et poste de Gorron; 740 h.

LEVAULT, vg. de Fr., Yonne, arr., cant. et poste d'Avallon; 850 hab.

LEVAUX, ham. de Fr., Isère, com. de Varacieux; 230 hab.

LEVAVILLE-SAINT-SAUVEUR, vg. de Fr., Eure-et-Loir, arr. de Dreux, cant. et poste de Châteauneuf-en-Thymerais; fabr. de draps; 410 hab.

LEVÉCOURT, vg. de Fr., Haute-Marne, arr. de Chaumont-en-Bassigny, cant. et poste de Bourmont; 410 hab.

LEVÉE (la), ham. de Fr., Jura, com. d'Arlay; 360 hab.

LEVEMONT, ham. de Fr., Oise, com. de Hadancourt-le-Haut-Clocher; 100 hab.

LEVENON, ham. de Fr., Cher, com. d'Uzay; 120 hab.

LEVENS, vg. de Fr., Basses-Alpes, arr. de Digne, cant. et poste de Moustiers; 160 h.

LEVERGIES, vg. de Fr., Aisne, arr. de St.-Quentin, cant. et poste de Catelet; 1100 h.

LEVÈS, vg. de Fr., Eure-et-Loir, arr., cant. et poste de Chartres; 1130 hab.

LEVÈS (les), vg. de Fr., Gironde, arr. de Libourne, cant. et poste de Ste.-Foy; 1100 h.

LEVESVILLE-LA-CHENARD, vg. de Fr., Eure-et-Loir, arr. de Chartres, cant. et poste de Janville; 430 hab.

LEVET, vg. de Fr., Cher, arr. et à 4 l. S. de Bourges, chef-lieu de canton, poste de Châteauneuf-sur-Cher; 760 hab.

LEVÈZE, vg. de Fr., Lot-et-Garonne, arr. de Nérac, cant. et poste de Mezin; 210 h.

LEVIE, vg. de Fr., Corse, arr., à 4 l. E.-N.-E. et poste de Sartène, chef-lieu de canton; 1560 hab.

LEVIER, vg. de Fr., Doubs, arr. et à 5 l. O.-N.-O. de Pontarlier, chef-lieu de canton et poste; 1466 hab.

LEVIGNAC, vg. de Fr., Haute-Garonne, arr. de Toulouse, cant. de Léguevin, poste de l'Isle-en-Jourdain; 840 hab.

LEVIGNAC, vg. de Fr., Lot-et-Garonne, arr. et poste de Marmande, cant. de Seyches; 1590 hab.

LEVIGNEN, vg. de Fr., Oise, arr. de Senlis, cant. et poste de Betz; 370 hab.

LEVIGNY, vg. de Fr., Aube, arr. de Bar-sur-Aube, cant. de Soulaines, poste de Ville-sur-Terre; 290 hab.

LEVINHAC. *Voyez* **LIVINHAC**.

LEVIS, vg. de Fr., Yonne, arr. d'Auxerre, cant. et poste de Toucy; 530 hab.

LEVIZANO, b. du duché de Modène; 2200 hab.

LEVONCOURT ou **LUBENDORF**, vg. de Fr., Meuse, arr. de Commercy, cant. de Pierrefitte, poste de St.-Mihiel; 250 hab.

LEVONCOURT, vg. de Fr., Haut-Rhin, arr. d'Altkirch, cant. et poste de Ferrette; 300 hab.

LEVRAU. *Voyez* **LIEPVRE**.

LEVRECEY, ham de Fr., Haute-Saône, com. de Velieguindry; 160 hab.

LEVROUX, *Gabatum*, *Leprosium*, v. de Fr., Indre, arr., à 5 l. N. de Châteauroux et à 67 l. de Paris, chef-lieu de canton et poste; elle est intéressante par les restes d'antiquités qui attestent son ancienne importance. On y remarque les ruines d'un amphithéâtre et la tour dite du Bon-An. Son nom de *Leprosium* lui vient, dit-on, de l'un de ses premiers seigneurs, qui, ayant attribué à un miracle sa guérison de la lèpre, voulut que le nom de la ville perpétuât le souvenir de cet événement surnaturel. Philippe-Auguste s'en empara, après un siége assez opiniâtre. Levroux souffrit beaucoup à l'époque de la féodalité; les guerres du moyen âge y détruisirent tout à fait le peu de ce qui lui restait encore de l'antique *Gabatum*. C'est aujourd'hui une petite ville, qui fait un commerce de laines, de bétail, de volaille, de grains et de cuirs; fabr. de draps; cardage et filat. hydraul. de laine; mégisseries; tanneries; 3161 hab.

LEVSINA, vg. de la Turquie d'Europe, eyalet de Dschesair, sandschak d'Egribos; possède un petit port sur la baie d'Egine, sur l'emplacement de l'ancienne *Eleusis*. Ses habitants, au nombre de 200, s'occupent de la pêche.

LEVTENBACH, vg. de Fr., Meurthe, com. de Métairies-de-St.-Quirin; 1640 hab.

LÉVY-SAINT-NOM, vg. de Fr., Seine-et-Oise, arr. de Rambouillet, cant. de Chevreuse, poste de Trappes; 310 hab.

LEWARDE, vg. de Fr., Nord, arr., cant. et poste de Douai; 1190 hab.

LÉWENZ, *Levia*, pet. v. de Hongrie, cer. en-deçà du Danube, comitat de Bars; gymnase catholique; tanneries, distilleries; culture de tabac; commerce de chevaux; source minérale.

LÉWES, *Lesua*, pet. v. d'Angleterre, comté de Sussex, sur l'Ouse; nomme 2 députés; grande fonderie de canons pour la marine marchande; commerce en bois; société d'économie rurale; 8000 hab.

LÉWIS. *Voyez* **BIG-SANDY**.

LÉWIS, *Leogus*, *Ebuda Occidentalis*, île du groupe des Hébrides septentrionales, dépendant du comté de Ross, en Écosse, dans la mer Calédonienne, à l'O. de l'île de Ross. Sa superficie, y compris celle de Harris, à laquelle elle est réunie par un petit isthme, est de 37 l. c. géogr. et sa population de 15,000 âmes.

Ses habitants sont très-indolents et mènent une vie misérable; la pêche forme leur principale ressource; ils s'adonnent aussi à l'éducation du bétail et à la chasse aux oiseaux marins et exportent de la laine, des bestiaux et des plumes. L'intérieur de l'île est couvert de montagnes, de bruyères, de marais et de lacs; les côtes sont marécageuses et échancrées à l'E., ainsi qu'à l'O.; ses productions sont de l'orge, de l'avoine, des pommes de terre, de petits chevaux, des bêtes à cornes et à laine et quelques minéraux; mais on n'y voit pas un seul arbre.

LÉWIS. *Voyez* COLUMBIA (fleuve).

LÉWIS, comté de l'état de Kentucky, États-Unis de l'Amérique du Nord; il est borné par l'état d'Ohio et par les comtés de Greenup, de Flemming et de Mason; pays montagneux et rude, arrosé par le Léwis et le Saltlick, affluents de l'Ohio; 6000 hab. Clarksburgh est le chef-lieu du comté.

LÉWIS, comté de l'état de New-York, États-Unis de l'Amérique du Nord; il est borné par les comtés de Jefferson, St.-Lawrence, Herkimer, Oneida et Oswégo; pays bas, bien arrosé et très-fertile, quoique peu cultivé encore; 13,000 hab.

LÉWIS, comté de l'état de Virginie, États-Unis de l'Amérique du Nord; il a pour bornes les comtés de Wood, de Harrison, de Randolph, de Nicholas et de Kenhawa; pays très-montagneux qui renferme les sources d'un bras de la Monongahéla et du Petit-Kenhawa, qui arrose sa principale vallée, où il fait une belle cataracte; eaux thermales; 8000 hab. Weston, sur le Petit-Kenhawa, est le chef-lieu du comté.

LÉWIS (Saint-), vaste baie sur la côte E. du Labrador; elle est fermée au N. par le cap Léwis et reçoit deux fleuves considérables.

LÉWISTOWN. *Voyez* MIFLIN (comté).

LÉWISTOWN, pet. v. des États-Unis de l'Amérique du Nord, état de Delaware, comté de Sussex, à l'embouchure du Léwistownkrik dans la baie de Delaware; elle a une bonne rade; académie; commerce important; riches salines; 1800 hab.

LÉWISTOWN, gros vg. du Haut-Canada, dist. de Niagara, sur le Niagara; il a un port et fait un grand commerce; les marchandises qui viennent de Queenston y sont rembarquées; en 1813 tout cet endroit fut détruit par un incendie.

LEXINGTON, dist. de la Caroline du Sud, États-Unis de l'Amérique du Nord; il est borné par les dist. de Fairfield, de Richland, d'Orangeburgh, d'Edgefield et de Newberry; pays montagneux au N., bien arrosé et fertile en blé et en tabac; le Congarée s'y forme du Broad et du Saluda occidental; 12,000 h. Granby, sur le Congarée, est le chef-lieu du district.

LEXINGTON, pet. v. des États-Unis de l'Amérique du Nord, état de Virginie, comté de Rockbridge, dont elle est le chef-lieu, non loin du bras septentrional du James. Elle a une académie (Washington-College), avec une bibliothèque publique et une collection d'instruments de physique, un arsenal et 1400 hab. A 3 l. de cette ville on voit le Natural-Bridge (pont naturel), pont très-remarquable de 30 mètres de longueur sur 20 de large, et suspendu au-dessus d'une crevasse de rochers de 83 mètres de hauteur, à travers laquelle se précipite le Cédar-Kreek.

LEXINGTON, v. des États-Unis de l'Amérique du Nord, état de Kentucky, comté de Fayette, dont elle est le chef-lieu, dans une contrée très-agréable, sur un affluent de l'Elkhorn. C'est une ville bien bâtie, qui possède un théâtre, un musée, une bibliothèque publique de 16,000 volumes, un hôpital, une halle, de beaux bains publics, des manufactures de clous, d'étain, de cuivre, de laine, de coton, de bas, etc. Elle renferme en outre plusieurs établissemsnts littéraires et est le siége de l'université dite de Transylvanie, avec des écoles de médecine et de droit; c'est l'établissement littéraire le plus célèbre et le plus fréquenté des états occidentaux de l'Union; 8000 hab.

LEXINGTON, b des États-Unis de l'Amérique du Nord, état de la Caroline du Nord, comté de Carteret, à l'embouchure d'une petite rivière dans le Core-Sound; cet endroit a un port et fait le commerce par mer.

LEXINGTON. *Voy.* OGLETHORPE (comté).

LEXINGTON, b. des Etats-Unis de l'Amérique du Nord, état de Massachusetts, comté de Middlesex; combat de 1775; 1600 hab.

LEXINGTON (New-), b. des États-Unis de l'Amérique du Nord, état d'Indiana, comté de Jefferson; riches salines dans le voisinage.

LEXOBII, *Lexovii*, g. a., peuplade de la Gaule lyonnaise, à l'O. de la Seine.

LEXOS, ham. de Fr., Tarn-et-Garonne, com. de Varen; 110 hab.

LEXVIG, paroisse de Norwège, diocèse de Drontheim, bge de Nordre-Tronhiems, sur le Drontheimsfiorden; 2000 hab.

LEXY, vg. de Fr., Moselle, arr. de Briey, cant. et poste de Longwy; tuilerie et four à chaux; 335 hab.

LEY, vg. de Fr., Meurthe, arr. de Château-Salins, cant. de Vic, poste de Moyenvic; 330 hab.

LEYARIC ou LYAREC, v. du Béloutchistan, prov. de Lous, sur le Parally. Elle a de 16 à 1800 maisons, fabrique des feutres et des tapis communs et fait un commerce considérable.

LEYDE, v. du roy. de Hollande, chef-lieu de district dans la prov. de la Hollande méridionale; située à 6 l. S. d'Amsterdam, sur les deux rives du Rhin; elle est dominée par un antique château, entouré d'épaisses murailles, et entrecoupée de canaux formés par les eaux de la Dœs, de la Viet, de la Mare et de la Zyl. Un canal, de 16 1/2 l., dérivé de la Meuse, près Rotterdam, se dirige, par Delft, Leyde et Harlem, sur Amsterdam; entre Leyde et Harlem il est au-dessous du niveau de la mer. La ville est entourée de belles promenades et de maisons de campagne; elle a des rues larges et bien bâties, 8 portes, 17 églises et 2 hôpitaux. Son université célèbre, fondée en 1575, possède une bibliothèque de 60,000 volumes et 14,000 manuscrits, un observatoire, des cabinets d'anatomie, de physique, de chimie, d'histoire naturelle; un jardin botanique; plusieurs écoles secondaires et une maison de santé spéciale. On remarque dans l'antique maison de ville un tableau renommé du dernier jugement, de Lucas de Leyde; l'église de St.-Pierre renferme le mausolée du célèbre Bœrhave et les cénotaphes de Luzac, Camper et Meermann, qui ont péri en 1807, par l'explosion d'un bateau chargé de poudre; la nouvelle église catholique est d'une architecture remarquable. Leyde est l'entrepôt principal du commerce des laines de Hollande; ses manufactures de draps, quoique ayant perdu de leur ancienne importance, sont encore considérables; les draps noirs et écarlates sont particulièrement renommés. On fabrique annuellement 200 pièces de draps, 13 à 14,000 pièces d'autres étoffes de laine, 4 à 5000 couvertes, de la toile à voile, de la laine à tricoter, du fil de poil de chèvre, etc. La ville possède en outre de grandes usines à foulon, des tanneries, des maroquineries, des parcheminerie, des savonneries et des raffineries de sel. Ses imprimeries et ses librairies sont anciennes et renommées. Le beurre préparé dans ses environs passe pour le meilleur de la Hollande; pop. de la ville 28,700 hab., du district 54,300 hab.

Pendant les quinzième et seizième siècles, Leyde partagea l'éclat des autres villes des Pays-Bas. En 1573 elle eut à soutenir un siége meurtrier. Le 12 janvier 1807, à 4 1/2 heures du soir, un bateau chargé de 70 tonnes de poudre et stationnant dans l'intérieur de la ville prit feu: l'explosion fut terrible; 800 des plus belles maisons s'écroulèrent sur leurs habitants; 3 maisons d'école devinrent le tombeau des enfants qu'elles renfermaient; le nombre des tués et des blessés fut incalculable.

Patrie des peintres Lucas de Leyde, mort en 1533; de Paul Rembrandt, mort en 1674; du physicien Pierre de Muschenbrœck, né en 1692 et mort en 1761.

LEYDEN (fort). *Voyez* PARAMARIBO (ville).

LEYDSSAAMHEYDE. *Voyez* APAM.

LEYME, vg. de Fr., Lot, arr. de Figeac, cant. de la Capelle-Marival, poste de St.-Céré; 480 hab.

LEYMEN, vg. de Fr., Haut-Rhin, arr. d'Altkirch, cant. et poste d'Huningue; 880 h.

LEYMENT, vg. de Fr., Ain, arr. de Belley, cant. de Lagnieu, poste d'Ambérieux; 610 h.

LEYNES, vg. de Fr., Saône-et-Loire, arr. et poste de Mâcon, cant. de la Chapelle-de-Guinchay; 710 hab.

LEYRE (la), riv. de Fr.; a sa source dans le dép. des Landes, cant. de Sabres; elle coule du S. au N., entre dans le dép. de la Gironde, où elle se jette dans l'Océan Atlantique par le bassin d'Arcachon, au N. de la Tête-de-Buch, après 20 l. de cours.

LEYRE. *Voyez* LETHRABORG.

LEYR, vg. de Fr., Meurthe, arr. et poste de Nancy, cant. de Noméry; 750 hab.

LEYRAT, vg. de Fr., Creuse, arr., cant. et poste de Boussac; 320 hab.

LEYRIEU, vg. de Fr., Isère, arr. de la Tour-du-Pin, cant. et poste de Crémieu; 430 hab.

LEYRITS, vg. de Fr., Lot-et-Garonne, arr. de Nérac, cant. et poste de Casteljaloux; 450 hab.

LEYSON (la), ham. de Fr., Gironde, com. de Bernos; 200 hab.

LEYSSAC, ham. de Fr., Gironde, com. de St.-Estèphe; 290 hab.

LEYTIMOR, presqu'île de l'île d'Amboine, archipel des Moluques.

LEYTE, île de l'archipel des Philippines; elle est située au S.-O. de Samar, dont elle est séparée par le canal de St.-Juanico, et au N. de Magindanao et du canal de Surigao, qui l'en sépare, entre 9° 55′ et 11° 20′ lat. N. Elle est couverte de montagnes et de forêts, est bien arrosée et produit du bois d'ébène, de la cire, du bois de construction, de bons chevaux et des nids de salangane, etc. Les habitants sont Bissayos; ceux de l'intérieur sont indépendants et professent l'islamisme; ceux de la côte occidentale, soumis aux Espagnols, sont chrétiens, agriculteurs, pasteurs et pêcheurs. Cette côte forme une province espagnole, dont la petite ville fortifiée de Leyte est le chef-lieu. Cette ville est en même temps la résidence de l'alcade et le centre du commerce de toute l'île.

LEYVAL, ham. de Fr., Vosges, com. du Val-d'Ajol; 150 hab.

LEYVAUX, vg. de Fr., Cantal, arr. de St.-Flour, cant. et poste de Massiac; 320 hab.

LEYWILLER, vg. de Fr., Moselle, arr. de Sarreguemines, cant. de Gros-Tenquin, poste de Puttelange; 860 hab.

LEZ, vg. de Fr., Haute-Garonne, arr. de St.-Gaudens, cant. et poste de St.-Béat; 310 hab.

LEZ (le), riv. de Fr., a sa source dans le dép. de l'Hérault, cant. de Claret; elle coule vers le S. et se jette dans l'étang de Mauguio, après 14 l. de cours.

LEZ (canal de) ou DE GRAVE et DE GRAU-DE-LEZ ou DE PALAVAS, Fr., Hérault. Ligne de navigation se dirigeant du N. au S., depuis Montpellier jusqu'à la mer, et coupant les canaux des Étangs à l'étang de Maguelon.

En vertu d'un arrêt du 14 octobre 1666, la rivière de Lez (*Lædus*) a été canalisée, au moyen de 3 écluses, depuis le pont de Juvénal, à 1/4 l. de Montpellier, jusqu'aux canaux des Étangs, sur 2 1/4 l. Cette partie appartient au marquis de Grave. Le Grand-Lez en est une continuation; il traverse les étangs sur les trois quarts de sa longueur, entre deux digues parallèles, et se prolonge ensuite, entre deux môles, à traversla plage, jusqu'à la mer. Sa longueur est de 1/3 l.

LEZAN, vg. de Fr., Gard, arr. d'Alais, cant. et poste de Ledignan; 810 hab.

LÉZARD, une des rivières les plus considérables de l'île de Martinique; prend naissance au pied du Piton-du-Carbet et se décharge dans la baie du Fort-Royal.

LÉZARDRIEUX, vg. de Fr., Côtes-du-Nord, arr. et à 7 l. E.-N.-E. de Lannion, chef-lieu de canton, poste de Paimpol; 2128 hab.

LEZAT, pet. v. de Fr., Arriège, arr. de Pamiers, cant. du Fossat, poste de Saverdun; 2750 hab.

LEZAT, vg. de Fr., Jura, arr. de St.-Claude, cant. et poste de Morez; 340 hab.

LEZAY, b. de Fr., Deux-Sèvres, arr., à 3 l. E.-N.-E. et poste de Melle, chef-lieu de canton; fabr. de briques, tuiles, poterie de terre et toiles; 2488 hab.

LÈZE (la), riv. de Fr., a sa source dans le dép. de l'Arriège, cant. de la Bastide; elle coule du S. au N., pénètre dans le dép. de la Haute-Garonne et se jette dans l'Arriège au-dessus de Venerque, après 18 l. de cours.

LEZENEL, ham. de Fr., Morbihan, com. de Riantec; 260 hab.

LEZENNES, vg. de Fr., Nord, arr., cant. et poste de Lille; fabr. de sucre indigène; 1050 hab.

LEZER, vg. de Fr., Hautes-Pyrénees, arr. de Tarbes, cant. et poste de Vic-en-Bigorre; 460 hab.

LEZÉVILLE, vg. de Fr., Haute-Marne, arr. de Vassy, cant. de Poissons, poste de Sailly; 230 hab.

LEZEY, vg. de Fr., Meurthe, arr. de Château-Salins, cant. de Vic, poste de Moyenvic; 270 hab.

LEZ-FONTAINE (Nord). *Voy.* FONTAINES (les).

LEZIGNAN, b. de Fr., Aude, arr. et à 5 l. O. de Narbonne, chef-lieu de canton et poste; vignobles; distilleries; grains; fourrages; fabr. d'eau de vie et d'alcool; 2270 h.

LEZIGNAN, vg. de Fr., Hautes-Pyrénées, arr. d'Argelès, cant. et poste de Lourdes; 440 hab.

LEZIGNE, vg. de Fr., Maine-et-Loire, arr. de Baugé, cant. de Seiches, poste de Durtal; 610 hab.

LEZIGNEUX, vg. de Fr., Loire, arr., cant. et poste de Montbrison; 1020 hab.

LEZIN (Saint-), vg. de Fr., Maine-et-Loire, arr. de Beaupréau, cant. et poste de Chemillé; 880 hab.

LEZINES, vg. de Fr., Yonne, arr. et poste de Tonnerre, cant. d'Ancy-le-Franc; carrières et scieries de pierres; 597 hab. Frangey, avec un haut-fourneau, dépend de la commune.

LEZONS, vg. de Fr., Basses-Pyrénées, arr., cant. et poste de Pau; 150 hab.

LEZOUX, jolie pet. v. de Fr., sur la route de Clermont-Ferrand à Roanne, Puy-de-Dôme, arr. et à 3 l. O. de Thiers et à 103 l. de Paris, chef-lieu de canton et poste; endroit remarquable par sa belle place publique et ses charmantes promenades; 5757 h.

LGOW, pet. v. et chef-lieu de cercle, Russie d'Europe, gouv. de Kursk; siége des autorités du cercle, sur le Sem; 900 hab.

L'HERMITE. *Voyez* HERMITE.

L'HEURINE (Sainte-), vg. de Fr., Charente-Inférieure, arr. et poste de Jonzac, cant. d'Archiac; 890 hab.

LHEZ, vg. de Fr., Hautes-Pyrénées, arr. de Tarbes, cant. et poste de Tournay; 160 h.

LHIPOSTHEY. *Voyez* LIPOSTHEY.

LHOMMAIS, ham. de Fr., Indre-et-Loire, com. d'Esvres; 100 hab.

LHOMMAIZÉ, vg. de Fr., Vienne, arr. de Montmorillon, cant. et poste de Lussac; 730 hab.

LHOR, vg. de Fr., Meurthe, arr. de Château-Salins, cant. d'Albestroff, poste de Dieuze; 590 hab.

LHOUMOIS, vg. de Fr., Deux-Sèvres, arr. et poste de Parthenay, cant. de Thénezay; 390 hab.

LHUIS, vg. de Fr., Ain, arr., à 2 1/2 l. O. et poste de Belley, chef-lieu de canton; 1266 hab.

LHUITRE, b. de Fr., Aube, arr. et poste d'Arcis-sur-Aube, cant. de Ramerupt; 650 h.

LHUYS, vg. de Fr., Aisne, arr. de Soissons, cant. et poste de Braisne; 270 hab.

LIAC, vg. de Fr., Hautes-Pyrénées, arr. de Tarbes, cant. et poste de Rabastens; 340 hab.

LIACHOWICZE ou LACHOWICZE, pet. v. de la Russie d'Europe, gouv. de Minsk, cer. de Minsk; en 1660, 15,000 Russes et Cosaques y ont été tués par les Polonais.

LIAKHORSKY, île de l'Océan Glacial arctique; nommée ainsi par Liakhof, qui la visita en 1661 et à laquelle Krusenstern a rendu son nom d'Atrikanskoï.

LIAMATOU, ham. de Fr., Aveyron, com. de Cantoin; 140 hab.

LIAMIGA. *Voyez* CHRISTOPHE (Saint-).

LIANCOURT ou LIANCOURT-SOUS-CLERMONT, b. de Fr., Oise, arr. et à 1 1/4 l. S.-E. de Clermont, chef-lieu de canton et poste; fabr. de cardes, tresses pour chaussons, sabots; filatures; manufactures de faïence, de limes et d'acier; 1292 hab.

C'est dans ce bourg que résidait l'illustre philanthrope Larochefoucault-Liancourt. Les restes de cet homme vertueux y sont déposés.

LIANCOURT-FOSSE, vg. de Fr., Somme, arr. de Montdidier, cant. et poste de Roye; 580 hab.

LIANCOURT-SAINT-PIERRE, vg. de Fr.,

Oise, arr. de Beauvais, cant. et poste de Chaumont-en-Vexin; 630 hab.

LIANG-TCHEOU, v. de Chine, prov. de Kan-sou, sur le Houang-ho; fait un commerce considérable avec les Mongols. Elle est située à l'extrémité méridionale de la grande muraille.

LIAN-TCHEOU-FOU, v. de Chine, prov. de Kouang-toung. Cette ville, la plus occidentale de la province, est située sur le Lian-kiang, non loin de l'embouchure de ce fleuve, qui lui forme un bon port très-fréquenté. On y fabrique beaucoup d'ouvrages en écaille et on pêche des perles sur la côte. Sa juridiction s'étend sur deux villes.

LIAO-HO, fl. de Chine; prend sa source dans les montagnes de Khinkhan, traverse d'abord une partie de la Mongolie, sous le nom de Charamouren et ensuite le Ching-king, sous celui de Liao-ho ou Leao-ho, et se jette dans le Phou-haï ou golfe de Liao-toung.

LIAO-TOUNG, grand enfoncement de la mer Jaune. Le golfe de Liao-toung ou Leao-toung entre profondément dans la province mandchoue de Ching-king. Un de ses côtés est formé par la presqu'île que les Anglais appellent le *glaive du régent*, qui se termine par le cap Charlotte. L'archipel de Jean-Potocki ou de Liao-toung est situé dans ce même golfe.

LIAO-TOUNG (archipel de). *Voyez* JEAN-POTOCKI.

LIAROLES, vg. de Fr., Gers, arr., cant. et poste de Condom; 180 hab.

LIART, vg. de Fr., Ardennes, arr. de Rocroi, cant. de Rumigny, poste d'Aubenton; 550 hab.

LIAS, vg. de Fr., Gers, arr. de Condom, cant. et poste de Cazaubon; 510 hab.

LIAS, vg. de Fr., Gers, arr. de Lombez, cant. et poste de l'Isle-en-Jourdain; 460 h.

LIAS, vg. de Fr., Hautes-Pyrénées, arr. d'Argelès, cant. et poste de Lourdes; 120 h.

LIAT, ham. de Fr., Isère, com. de Maubec; 300 hab.

LIAUCOUS, ham. de Fr., Aveyron, com. de Mostuéjouls; 280 hab.

LIAUMONT, ham. de Fr., Haute-Saône, com. d'Aillevillers; 690 hab.

LIAUSSON, vg. de Fr., Hérault, arr. de Lodève, cant. et poste de Clermont; 160 h.

LIBAN, pet. royaume peu connu de la Nigritie occidentale, dans l'intérieur de la côte de Sierra-Leone, à l'E. de la Camaranca. Le roi fait un grand commerce d'esclaves.

LIBAN, chaîne de montagnes de l'Asie. A l'extrémité S.-O. des montagnes de l'Arménie à l'Almadagh (*Amanus* des anciens) se rattache une chaîne qui s'étend vers le S. le long des côtes de la Syrie jusqu'aux confins de l'Arabie. On lui donne le nom de montagnes du Soristan ou de Syrie et plus souvent celui de Liban (*Libanus*). Elle se compose proprement de deux chaînes, le Liban et l'Anti-Liban, qui forment la longue vallée de Bekaa ou la Coele-Syrie, au N. de laquelle coule l'Orontes, au S. le Jourdain. Près des sources de ces deux rivières, la montagne a ses pics culminants qui atteignent une hauteur de 15 à 2000 toises; les principaux de ces points culminants sont: le Liban proprement dit, au N. de Baalbek; il a 1700 toises d'élévation; l'Anti-Liban ou Djebel-chaik, qui en a plus de 2000; le mont Ste.-Catherine, qui en a 1400. Deux montagnes célèbres, le mont Carmel, au bord de la mer, près de St.-Jean-d'Acre, et le mont Thabor, appartiennent également au Liban; quelques géographes y rattachent le plateau isolé du mont Sinaï, dans l'Arabie. Les deux groupes, dont l'un, à l'O. de la mer Morte, portant le nom de Djébel-Séir (montagne de Séir), projette une ramification, le Djébel-Haïras, vers l'isthme de Suez, et l'autre s'avance, à l'E. de la même mer, vers le désert, appartiennent aussi à la chaîne du Liban.

Le Liban est de formation calcaire; ses forêts ont disparu et il reste à peine quelques-uns de ces fameux cèdres qui fournissaient autrefois le bois à la marine des Phéniciens et entraient dans la construction du temple de Salomon. Des rochers nus et à pics s'offrent partout à la vue. Cependant une population active, libre, laborieuse et intelligente est venue habiter ces montagnes et y a rappelé la fertilité dont elles sont encore susceptibles. Des bouquets de pins ont été plantés près des monastères et des villages; chaque intervalle de rochers montre un champ cultivé en blé, en vignes ou en mûriers; là où l'espace ne comporte pas le mouvement de la charrue, c'est à la bêche qu'on travail la terre. De nombreuses sources d'eau vive sortent des flancs des montagnes et servent à la fois aux besoins journaliers de la population et à l'arrosement des terres. Quatre peuples habitent le Liban : les Ausariès, les Druses, les Maronites et les Métualis, ces derniers dans la Coelesyrie. Le chiffre total de la population s'élève à peine à 400,000 âmes.

LIBAROS, vg. de Fr., Hautes-Pyrénées, arr. de Tarbes, cant. de Galan, poste de Trie; 410 hab.

LIBARRENX, vg. de Fr., Basses-Pyrénées, arr., cant. et poste de Mauléon; 210 hab.

LIBAU ou LIPAWA, *Liba*, v. maritime de la Russie d'Europe, gouv. de Courlande, sur l'embouchure du Libau, entre la mer et le lac de Gausch. En 1833 l'exportation se montait à 20 millions de francs, la valeur des marchandises importées était de 2,500,000 francs; 4 églises, un hôpital, une maison de refuge, un collége et un théâtre; 5000 hab.

LIBBERTON, paroisse d'Écosse, comté d'Edimbourg; 5000 hab.

LIBBERTON, paroisse d'Écosse, comté de Lanark, sur la Clyde; 1200 hab.

LIBBRAFOSSA, vg. du grand-duché de

Toscane, dist. de Pise, situé entre Sachio et le mont Maggiore, près du canal Macinante; remarquable par les restes du superbe aqueduc de Caldaccoli.

LIBERCOURT, vg. de Fr., Pas-de-Calais, com. de Carvin; fabr. de sucre indigène; 630 hab.

LIBÉRIA, pet. établissement fondé en 1821 par la société américaine de colonisation, indépendamment de tout secours du gouvernement fédéral, Haute-Guinée, sur les bords du Mésurado, entre la côte de Sierra-Léone et celle des Graines, et nommé Libéria parce qu'il ne doit être habité que par des hommes libres. Cette petite colonie, après avoir couru le risque d'être détruite par les attaques des Deys, des Queahs, des Gurrahs et autres peuples voisins confédérés contre elle, se trouve, d'après les plus récents rapports, dans un état assez prospère. Son territoire s'est beaucoup agrandi pendant ces dernières années, de sorte qu'il s'étend aujourd'hui depuis la rivière Gallinas jusqu'à Settra-Kron, sur une largeur d'environ 40 à 45 milles dans l'intérieur des terres. On peut regarder cette colonie comme formant une petite république composée d'Africains délivrés de l'esclavage en Amérique, et transportés en Afrique dans le but philanthropique de répandre dans l'intérieur de ce continent les sentiments d'humanité, l'industrie, les arts et les sciences de l'Europe. Le noble but que l'on s'est proposé dans la fondation de cette colonie est déjà atteint en partie. Les naturels ont adopté l'habillement des colons; ils montrent un vif désir d'imiter leurs manières et de prendre les habitudes de la vie civilisée; quelques enfants des indigènes fréquentent les écoles. Quelques tribus se sont placées de leur propre mouvement sous la protection du gouvernement colonial; d'autres peuples, placés à une distance trop grande de Libéria pour réclamer son appui, demandent comme une faveur que les colons viennent se fixer sur leur territoire, et l'on cite plus d'un chef africain qui a ouvert des négociations à ce sujet avec l'agent principal de cet établissement. Parmi ses chefs les plus distingués on doit citer Ashmun, mort il y a quelques années en Amérique, et le célèbre prince qui resta pendant quarante ans esclave à Natchez; c'est le frère d'Abdule-Kadre qui, en 1825, était almamy ou chef du Fouta-Diallon en Sénégambie. Le Maryland a formé une colonie sur le plan de Libéria dans la Haute-Guinée, près du cap Palmas.

LIBERK. *Voyez* REICHENBERG.

LIBERMONT, vg. de Fr., Oise, arr. de Compiègne, cant. et poste de Guiscard; 450 h.

LIBERTÉ (fort). *Voyez* FORT-LIBERTÉ.

LIBERTY. *Voyez* AMITÉ (comté).

LIBERTY, comté de l'état de Géorgie, États-Unis de l'Amérique du Nord; il est borné par l'Océan et les comtés de Bryan, de Mac-Intosh, de Wayne et de Tatnell; pays bien boisé, mais marécageux et malsain; 8000 hab. Riceborough, sur le North-Newport, est le chef-lieu du comté.

LIBERTY, pet. v. naissante des États-Unis de l'Amérique du Nord, état de Virginie, comté de Bedford, dont elle est le chef-lieu, sur le Big-Otter; culture et commerce de tabac.

LIBETHEN ou **LIBETH-BANYA**, pet. v. de Hongrie, cer. en-deçà du Danube, comitat de Sol; siége d'un tribunal de mines; mines de cuivre et de fer très-productives; 2000 h.

LIBETHRIDUM ANTRUM, *Lybethrides Nymphæ*, grotte sacrée du mont Hélicon, en Béotie.

LIBOCH, vg. de Bohême, cer. de Leitmeritz, sur l'Elbe; possède une source minérale et des établissements thermaux.

LIBOCHOWITZ, pet. v. de Bohême, cer. de Leitmeritz, sur l'Eger; superbe château; 2000 hab.

LIBOLO, pet. roy. peu connu de la Basse-Guinée, au S.-E. de celui d'Angola, sur la rive gauche du Coanza; ses habitants, quoique belliqueux, vivent en paix avec les Portugais et laissent ces derniers traverser leur territoire. On y trouve le volcan Zombi. Capitale de même nom.

LIBONGO, pet. v. de la Basse-Guinée, roy. de Congo, près de l'Océan Atlantique, à 20 l. S.-S.-O. de Bombi.

LIBONNET, ham. de Fr., Ardèche, com. de Juvinas; 120 hab.

LIBOS, ham. de Fr., Lot-et-Garonne, com. de Monsempron; 220 hab.

LIBOSSOU, ham. de Fr., Lot-et-Garonne, com. de Tournon; 130 hab.

LIBOU, ham. de Fr., Gers, com. de Lamaguère; 110 hab.

LIBOURNE, *Liburnum*, v. de Fr., Gironde, chef-lieu d'arrondissement, à 9 l. E. de Bordeaux et à 162 l. de Paris; siége de tribunaux de première instance et de commerce; conservation des hypothèques et direction des contributions indirectes. Elle est située au confluent de l'Isle et de la Dordogne, dans une contrée fertile, qui produit surtout de bons vins.

Libourne, fondé par Édouard Ier, roi d'Angleterre, vers la fin du treizième siècle, est une ville régulièrement bâtie et assez jolie; les rues sont bien alignées et bordées de belles maisons; il a un petit port qui peut recevoir des bâtiments de 300 tonneaux, de vastes casernes de cavalerie, un manége couvert dont on admire la charpente, une belle place publique, des promenades fort agréables, une salle de spectacle, un collége, un cours de mécanique et de géométrie appliquées aux arts, un athénée, une école d'hydrographie, un jardin botanique et une petite bibliothèque. On y remarque aussi un beau pont sur la Dordogne et une statue de l'illustre Montaigne, né à 5 l. de cette ville, au château de Montagne-St.-Michel. Il possède un dépôt royal d'étalons. La fabrication de petites étoffes, la corderie et la clouterie sont ses principales branches d'industrie. Libourne fait un commerce très-actif avec Bordeaux. Ses principaux articles sont : les grains, vins, eaux-de-vie, bois de merrain, sel, fer, houille, etc. Foires : 1er juin, 11 novembre et 10 jours avant Pâques ; 9700 hab.

LIBRECY, ham. de Fr., Ardennes, com. de Ligny-l'Abbaye ; 300 hab.

LIBRON (le), riv. de Fr. ; a sa source dans le dép. de l'Hérault, aux environs de Faugères, cant. de Bédariaux, coule vers le S.-S.-E., passe sous le canal du Midi et se jette dans la Méditerranée, à 1 1/2 l. O.-S.-O. d'Agde, après 12 l. de cours.

LIBYE, *Libya*, g. a., dénomination sous laquelle Virgile, Strabon et Polybe comprenaient l'Afrique entière. Dans la suite on n'assigna ce nom qu'aux pays de cette partie du monde situés entre l'Egypte, la Grande-Syrte et le désert inconnu du S. et du S.-O., en les subdivisant 1° en Lybie extérieure, qu'on pourrait aussi nommer Libye maritime, sur la Méditerranée, subdivisée en Cyrénaïque à l'O., en Marmarique au milieu, et en Libycus Nomos à l'E. (aujourd'hui le plateau et le désert de Barca) ; et 2° en Libye intérieure, qui comprenait les pays situés au-delà de l'Atlas, des monts Gir (Ghurian), et des monts Bascises (Gerdobah), correspondant aujourd'hui au Bilédulgérid oriental, au Fezzan et au désert de Libye. La première était habitée par des colonies phéniciennes et grecques, et fut presque toujours soumise à l'Égypte ; la seconde était peuplée de lions et de léopards, plus terribles dans cette partie du monde qu'en tout autre endroit.

LIBYE (désert de), partie de la Nigritie orientale, située entre l'Égypte, la Nubie, le Darfour, le roy. de Mobba, celui de Borgou, le Fezzan et la rég. de Tripoli ; presque entièrement occupée par les Tibbos, auxquels sont entremêlées quelques tribus arabes.

LIBYSSA, g. a., v. de la Bithynie, sur les côtes de la Propontide, au N.-O. de la Nicomédie et au S.-E. de Chalcédoine, où mourut Annibal (183 avant J.-C.).

LICATA. *Voyez* ALICATE.

LICATES, *Licatii*, g. a., peuplade de la Vindélicie, sur la rive orientale du Licus (Lech), cer. supérieur du Danube, en Bavière, au N.-E. de Fussen.

LICEY-SUR-VINGEANNE, vg. de Fr., Côte-d'Or, arr. de Dijon, cant. et poste de Fontaine ; haut-fourneau ; 1820 hab.

LICH, v. du grand-duché de Hesse-Darmstadt, principauté de la Haute-Hesse, sur le Wetter, et appartenant au prince médiatisé de Solms-Lich ; 2200 hab.

LICHANS, vg. de Fr., Basses-Pyrénées, arr. de Mauléon, cant. et poste de Tardets ; 230 hab.

LICHARRE, vg. de Fr., Basses-Pyrénées, arr., cant. et poste de Mauléon ; 430 hab.

LICHÈRE (la), ham. de Fr., Charente, com. de Mérignac ; 120 hab.

LICHERES, vg. de Fr., Charente, arr. de Ruffec, cant. et poste de Mansle ; 300 hab.

LICHÈRES-PRÈS-AIGREMONT, vg. de Fr., Yonne, arr. d'Auxerre, cant. et poste de Chablis ; 420 hab.

LICHÈRES-PRÈS-CHATEL-CENSOIS, vg. de Fr., Yonne, arr. d'Avallon, cant. et poste de Vezelay ; 260 hab.

LICHFIELD, jolie pet. v. d'Angleterre, comté de Stafford ; nomme 2 députés ; elle est le siége d'un évêque et d'une société d'économie rurale. Avec son petit district elle forme, sous le rapport judiciaire, un comté séparé, mais que l'usage réunit à celui de Stafford ; c'est dans son gymnase, fondé par Édouard VI, que furent élevés Johnson, Addison et Chantrey. Belle cathédrale gothique ; brasseries ; patrie du poëte James Johnson, mort en 1784 ; 6000 hab.

LICHOS, vg. de Fr., Basses-Pyrénées, arr. d'Orthez, cant. et poste de Navarrenx ; 180 h.

LICHSTALL ou LIESTALL, *Leucostabulum*, pet. v. de Suisse, chef-lieu du cant. de Bâle-Campagne, sur l'Ergolz ; fabr. de rubans, de bas, de gants et de tapisseries ; 2000 hab.

LICHTENAU, v. de la Hesse-Électorale, prov. de la Haute-Hesse ; 1250 hab.

LICHTENAU, v. du grand-duché de Bade, cer. du Rhin-Moyen, non loin de l'Acher ; culture du chanvre ; 1300 hab.

LICHTENAU, pet. v. de Prusse, prov. de Westphalie, rég. de Minden, sur la Sauer, et ceinte de murailles en vétusté ; fabrication de cuirs ; commerce de blé et de verrerie ; 1350 hab.

LICHTENBERG, vg. de Fr., Bas-Rhin, arr. et à 7 l. N. de Saverne, cant. de la Petite-Pierre, poste de Phalsbourg. Les hameaux de Champagne, Picardie et Schweikhofen font partie de cette commune ; population, y compris celle de ces hameaux, 934 hab.

Sur un rocher qui domine le village s'élève un château fort, ancienne résidence des comtes de Lichtenberg. Une des tours du château sert de magasin à poudre. Il est sous la garde d'un officier et de 25 vétérans.

LICHTENBOURG, vg. de Prusse, prov. de Saxe, rég. de Mersebourg ; 600 hab.

En 1518 il y eut dans son château, la Hedwigsbourg, des entrevues entre l'électeur de Saxe Fréderic-le-Sage et Luther, Mélanchton et le légat Miltitz. En 1812 on y a établi une maison de correction.

LICHTENFELS, pet. v. de Bavière, chef-lieu de district, cer. de Mein-Supérieur, à 5 1/2 l. de Bamberg, dans une contrée fertile en blé, houblon, fruits et fourrages ; industrie locale active ; pop. de la ville 1730 hab., du district 20,800, sur 5 milles c.

LICHTENFELS. *Voyez* FISKERNÆS.

LICHTENSTADT, pet. v. de Bohême,

cér. d'Ellbogen; mines d'étain; 1500 hab.

LICHTENSTEIN, v. du roy. de Saxe, cer. de l'Erzgebirge, touchant à la ville de Callenberg; 2700 hab., qui fabriquent de la bonneterie, des étoffes de laine et de coton.

LICHTENSTEIN (la principauté de), pet. état de la confédération germanique, formé des seigneuries de Vadretz et de Schellenberg, et borné par le Rhin, la Suisse et le Tyrol. Son étendue est de 2 1/2 milles c.; sa population s'élève au plus à 7000 hab., répartis dans 1 ville et 13 villages. Le sol en est montagneux, boisé et produit en outre du grain, du lin, du vin et des fruits; il a aussi d'excellentes bêtes à corneset du gibier; les habitants s'occupent à filer le coton et à fabriquer des ouvrages en bois. Cette principauté appartient au prince de Lichtenstein, qui réside ordinairement à Vienne et qui exerce un gouvernement constitutionnel, réglé par une chambre, instituée en 1818. Elle a une voix commune, avec les principautés de Hohenzollern, de Reuss, de Lippe-Schauenbourg, de Lippe-Detmold et de Waldeck, dans le conseil privé de la diète germanique, et une voix entière dans la grande diète. Son contingent à l'armée de la confédération est de 55 hommes. Outre cette principauté, qui lui rapporte un revenu annuel de 22,000 florins, le prince de Lichtenstein possède, dans la Moravie et dans la Silésie autrichienne, des seigneuries médiatisées considérables, formant ensemble une superficie de 104 milles c., avec une population de 350,000 hab. et un revenu annuel de 1,500,000 florins.

LICHTENSTEIN, autrefois appelé **VADUTZ**, b. d'environ 1700 âmes, situé dans la vallée du Rhin, au pied d'un rocher sur lequel se trouve le château du même nom; c'est la capitale de cette petite principauté.

LICHTENTHAL, beau couvent du grand duché de Bade, cer. du Rhin-Moyen, à 1/2 l. de Bade; remarquable aussi par une source d'eau ferrugineuse récemment découverte dans sa proximité et où l'on a construit un établissement de bains.

LICHTENWERTH, pet. v. de la Basse-Autriche, cer. inférieur du Wienerwald; importante par ses fabriques d'ouvrages en laiton et d'aiguilles à coudre; ces dernières livrèrent en 1806 plus de 33 millions d'épingles; 1500 hab.

LICHTENWOORDE, pet. v. du roy. de Hollande, prov. de Gueldres, dist. de Zutphen; avec château; 2530 hab.

LICHTERVELDE, b. du roy. de Belgique, prov. de la Flandre occidentale, arr. et à 4 1/2 l. S. de Bruges; filature et commerce de lin; 4450 hab.

LICHTEWALDE, vg. du roy. de Saxe, cer. de l'Erzgebirge; remarquable par la belle galerie de tableaux et le charmant jardin de son château; 450 hab.

LICHY, ham. de Fr., Nièvre, com. de Bona; 300 hab.

LICKING. *Voyez* MUSKINGUM.

LICKING, fl. des États-Unis de l'Amérique du Nord; prend naissance dans les monts Cumberland, au S.-E. de l'état de Kentucky et près des sources du fleuve de ce nom; il prend une direction N.-O., attire le Ship, le Beaver, le Triplett, le Salt, le Lick, le Fox, le Locust et le Licking méridional, baigne les villes de Falmouth et de Visalia et débouche dans l'Ohio en face de Cincinnati, après un cours de 80 l.

LICKING. *Voyez* POTOWMAK.

LICKING, comté de l'état d'Ohio, États-Unis de l'Amérique du Nord; il est borné par les comtés de Knox, de Coshocton, de Muskingum, de Perry, de Fairfield, de Franklin et de Delaware. Pays fertile, arrosé par le Licking. Newark, sur le Licking, est le chef-lieu du comté; 15,000 hab.

LICODIA, v. des Deux-Siciles, intendance de Syracuse, sur le Dirillo; 7000 hab.

LICON, v. et fort de l'île de Manille, archipel des Philippines, chef-lieu de la prov. de Zambales, résidence du corrégidor.

LICONNA, ham. de Fr., Jura, com. de Villechantria; 170 hab.

LICOULNE, Fr., Haute-Loire, com. d'Ally; exploitation d'antimoine.

LICOURT, vg. de Fr., Somme, arr. de Péronne, cant. et poste de Nesle; 720 hab.

LICOUTA, *Tagulis*, pet. port et cap sur la côte de la rég. de Tripoli, côte occidentale de la Grande-Syrthe, à 20 l. E.-S.-E. de Booshéïda.

LICQ, vg. de Fr., Basses-Pyrénées, arr. de Mauléon, cant. et poste de Tardets; 480 hab.

LICQUES, vg. de Fr., Pas-de-Calais, arr. de Boulogne-sur-Mer, cant. de Guines, poste d'Ardres; 1580 hab.

LICY-LES-MOINES, vg. de Fr., Aisne, arr. de Château-Thierry, cant. de Neuilly-St.-Front, poste de Gandelu; 180 hab.

LICZKOW, v. de la Russie d'Europe, gouv. de Niszegrod, sur la Wolga. Elle a une foire annuelle très-considérable surtout pour les chevaux et les bestiaux; 4000 hab.

LIDA, pet. v. et chef-lieu de cercle de la Russie d'Europe, gouv. de Grodno; siége des autorités du cercle; 1200 hab.

LIDDON. *Voyez* MELVILLE (île).

LIDKOPING, *Licopia*, jolie pet. v. commerçante de la Suède méridionale, prov. de Skaruborg, sur une baie formée par la Wenern et à l'embouchure de la Lidæn. La foire qui s'y tient le 29 septembre est une des plus fréquentées du royaume.

LIDON. *Voyez* ANDRÉ-DE-LIDON (Saint-).

LIDREQUIN, vg. de Fr., Meurthe, arr., cant. et poste de Château-Salins; 90 hab.

LIDREZING, vg. de Fr., Meurthe, arr. de Château-Salins, cant. et poste de Dieuze; 310 hab.

LIÉ (Notre-Dame-de-), vg. de Fr., Vendée, arr. et poste de Fontenay-le-Comte, poste de Maillezais; 620 hab.

LIEBAU, pet. v. de Prusse, prov. de Silésie, rég. de Breslau, sur l'Aue; fabrication de tapis et de grosses toiles; tanneries; culture de lin; 1800 hab.

LIEBAU, pet. v. d'Autriche, gouv. de Moravie-et-Silésie, cer. de Prérau; 2000 h.

LIEBEMUHL (Maitomtyn), v. de Prusse, prov. de Prusse, rég. de Kœnigsberg, sur la Liebe; fabr. de draps; 1300 hab.

LIEBENAU, pet. v. de Bohême, cer. de Bunzlau; fabrication et commerce de toiles; 2000 hab.

LIEBENAU, b. du roy. de Hanovre, gouv. de Hanovre, comté de Hoya; 1750 hab., qui fabriquent des objets en fer et des dentelles.

LIEBENSTEIN, b. de Bohême, cer. d'Ellbogen; château fort; carrières de pierres de taille; 1200 hab.

LIEBENSTEIN ou **SAUERBRUNN**, vg. du duché de Saxe-Meiningen-Hildburghausen; situé dans une vallée romantique de la partie basse du duché de Meiningen, et renommé pour ses bains d'eaux minérales; 700 hab., la plupart couteliers; ruines importantes du château de Liebenstein.

LIEBENSWILLER, vg. de Fr., Haut-Rhin, arr. d'Altkirch, cant. et poste d'Huningue; 230 hab.

LIEBENTHAL, autrefois LOEWENTHAL, *Leowallis*, pet. v. de Prusse, prov. de Silésie, rég. de Liegnitz; ceinte de murailles avec 3 portes et 2 faubourgs; elle possède un couvent central de bénédictines, des fabriques de draps, de bas et de rubans, des tisseranderies et des filatures de laine; 1300 hab.

LIEBENWALDE, pet. v. de Prusse, prov. de Brandebourg, rég. de Potsdam; entourée de lacs et sur la rive gauche de la Hawel, qui y donne prise d'eau au canal de Finow; commerce local; navigation et construction de bateaux; 2150 hab.

LIEBENWERDA, pet. v. de Prusse, chef-lieu de cercle, prov. de Saxe, rég. de Merseboug, sur l'Elster noire; fabrication de draps et de toiles; commerce de laine et de bestiaux; 1770 hab.

LIEBENZELL, pet. v. du Wurtemberg, cer. de la Forêt-Noire, gr.-bge de Neuenbourg; eaux minérales; filature de laine; commerce de lin; 1050 hab.

LIEBEROSE, pet. v. de Prusse, avec château, prov. de Brandebourg, rég. de Francfort; tourbières et fourneaux à résine dans les environs; 1530 hab.

LIEBERWOLKWITZ, pet. v. de 800 habitants, roy. de Saxe, cer. de Leipzig; principal centre de l'aile gauche de l'armée française pendant le premier jour de la bataille de Leipzig.

LIEBSDORFF, vg. de Fr., Haut-Rhin, arr. d'Altkirch, cant. et poste de Ferrette; 360 h. Près du village on voit les ruines du château de Liebenstein.

LIEBSTADT, pet. v. de Prusse, prov. de Prusse, rég. de Kœnigsberg, sur la riv. de Muhl; fabrication de draps et de toiles; commerce de bestiaux, de fil et de toiles; 1670 hab.

LIEBWERDA, vg. de Bohême, cer. de Bunzlau, peu loin de Friedland; avec des bains minéraux très-fréquentés, et dont l'eau a beaucoup d'analogie avec celle de Spaa.

LIEBVILLERS, vg. de Fr., Doubs, arr., de Montbéliard, cant. et poste de St.-Hippolyte; 160 hab.

LIEDERKERKE, vg. du roy. de Belgique, prov. du Brabant méridional, arr. de Bruxelles; sur la Dender; 1600 hab.

LIEDERSCHEIDT, vg. de Fr., Moselle, arr. de Sarreguemines, cant. de Volmunster, poste de Bitche; 630 hab.

LIEFFRANS, vg. de Fr., Haute-Saône, arr. de Vesoul, cant. de Scey-sur-Saône, poste de Frétigney; 180 hab.

LIEFFROY (Saint-). *Voy.* HOPITAL-SAINT-LIEFFROY (l').

LIEFKENSHŒCK, fort du roy. de Belgique, prov. de la Flandre orientale, arr. et à 6 l. N. de Dendermonde, sur la rive gauche de l'Escaut et vis-à-vis du fort Lillo. Il a 4 bastions, 2 ravelins, un fossé, une contrescarpe et une seule porte sur la rivière; du côté de la terre il peut être inondé.

LIEFNANS, ham. de Fr., Jura, com. de Charésies; 110 hab.

LIÉGE (le), vg. de Fr., Indre-et-Loire, arr. de Loches, cant. et poste de Montrésor; 310 hab.

LIÉGE, prov. du roy. de Belgique, formée par l'ancien dép. français de l'Ourthe et une partie de celui de Sambre-et-Meuse; bornée au N. par le Limbourg, à l'E. par la Prusse rhénane, au S. par le Luxembourg et à l'O. par le Namur et le Brabant méridional; sa superficie est de 102 1/2 l. c. Le sol y est varié : inégal dans le N., il devient montueux et boisé dans le S. et l'E., où les Ardennes étendent des rameaux qui ont leurs points culminants à St.-Hubert et à Lamarche; une plaine fertile s'étend dans l'O. La Meuse vient de la prov. de Namur, traverse celle de Liége du S.-O. au N.-E., y reçoit le Hoyoux, la Mehaigne et l'Ourthe; à Liége la rivière, encaissée jusqu'à ce point entre des rochers, s'élargit et passe dans le Limbourg. L'Ourthe qui vient du Luxembourg a un cours rapide à travers les montagnes; elle reçoit plusieurs petits affluents, atteint enfin une largeur de 100 pieds et devient navigable peu au-dessus de son embouchure dans la Meuse. La Homme et la Lesse prennent leurs sources dans le S. de la province et se dirigent dans le Namur. Le climat de la province est en général sain, doux sur les bords de la Meuse, tempéré et brumeux dans le N. et froid dans les contrées élevées du S. et de l'E. La province produit les animaux domestiques ordinaires, de la volaille, du gibier, du poisson, des abeilles; la race bovine est belle et nombreuse, surtout dans l'arr. de Verviers. Dans le S. et l'E., où les habitants se livrent presque exclusivement à l'éducation des bestiaux et à l'exploitation des mines, le blé ne suffit pas à la consommation; on y supplée en partie par les pommes de terre. Dans le N. l'agricuture est florissante ; on y récolte en abondance des grains, des légumes secs, du jardinage, des fruits, du houblon et du vin pour la consommation locale. Les montagnes fournissent du bois, du grès, de la chaux, du marbre, du sable vitrifiable, des ardoises, de l'alun dans 19 mines, du bismuth et du plomb. L'Ourthe fait mouvoir de nombreuses usines, façonnant annuellement environ 30,000 quintaux de fer exploité et fondu dans les Ardennes. Les mines de houille dans les environs de Liége occupent plus de 6000 ouvriers. Le pays possède des fabriques d'armes, de quincaillerie, de draps, de produits chimiques, de colle; des tanneries, des papeteries, des brasseries et des distilleries; à Spaa on fait de beaux ouvrages en bois. On exporte les fromages renommés de Limbourg, du bois, de la houille, de l'alun, du marbre, des matériaux de construction, des draps, des cuirs, des armes à feu, de la quincaillerie, du papier, des ouvrages en bois et en paille. Les habitants, la plupart catholiques romains, parlent ordinairement la langue valonne, qui est remplacée vers le S. et l'O. par le français et vers le N. par le hollandais; ils sont de bons soldats et ont la réputation d'être d'un caractère vif et inquiet. La population, de 370,000 hab., est répartie dans 3 villes, Liége, Verviers et Huy, et dans 464 petites villes, bourgs ou villages.

Le pays de Liége était autrefois une principauté épiscopale dans le cercle de Westphalie. Les Français l'occupèrent en 1794 et en obtinrent la cession à la paix de Lunéville. Par convention spéciale du 23 mars 1815, il fut cédé au roi des Pays-Bas. En 1831 il fut incorporé au roy. de Belgique.

LIÉGE, *Leodicum*, *Leodium*, v. du roy. de Belgique, chef-lieu des province, arrondissement et canton de même nom, à 21 l. E.-S.-E. de Bruxelles et à 105 l. N.-E. de Paris. Située dans une vallée fertile, sur la Meuse qui y reçoit l'Ourthe, elle s'élève au N. en amphithéâtre, sur la pente du mont St.-Walburge, occupe une île formée par la rivière et s'étend sur la rive droite, vers le S., où elle est dominée par le mont Cornillon. Liége était autrefois entièrement fortifié, aujourd'hui il n'est plus défendu que par de beaux ouvrages qui couvrent sa partie occidentale et par une forte citadelle qui occupe le mont St.-Walburge. Ses quais plantés d'arbres offrent un bel aspect, mais les rues de l'intérieur de la ville sont étroites et obscures. La plus belle de ses 12 places publiques est ornée d'une fontaine. Liége est le siége d'un évêché, d'un tribunal suprême, d'un tribunal et d'une chambre de commerce. Parmi ses édifices publics on remarque, entre les 40 églises, la cathédrale dédiée à saint Lambert; le vaste palais épiscopal; la maison de ville, avec sa bibliothèque; le théâtre, construit sur le modèle de l'Odéon de Paris; les bâtiments de l'université; l'arsenal et la bourse. La promenade de la Cornemuse est variée et agréable. L'université, fondée en 1816 et inaugurée le 27 septembre 1817, comprend un théâtre anatomique, un jardin botanique, un collége royal et une société d'émulation pour les sciences et les arts. Liége possède plusieurs hôpitaux et d'autres fondations de charité; une fonderie de canons; des manufactures d'armes à feu, qui fabriquent chaque année plus de 30,000 armes de toute espèce; des forges, des laminoirs, des tréfileries, des clouteries; des fabriques de mécaniques à carder et à filer la laine; des manufactures de draps, d'équipements militaires, d'objets de zinc, de quincaillerie, de papiers, de colle, de poterie; une verrerie; des tanneries. Le commerce de banque et d'expédition est considérable. Les houillères dans ses environs et sur la Meuse étaient déjà exploitées en 1198; plusieurs mines ont jusqu'à 900 pieds de profondeur et détachent des galeries qui se prolongent sous terre sur plusieurs milliers de pieds. On en extrait chaque année près de 9 millions de quintaux; 48,000 hab.

LIEGNITZ, v. de Prusse, prov. de Silésie, chef-lieu de la régence et de la principauté de même nom; avec un vieux château; située à 14 l. O. de Breslau, entre le Katzbach et le Schwarzwasser, qui s'y réunissent. Elle a quatre portes; ses remparts, compris entre un double fossé, sont remplacés par des jardins et par une belle promenade qu'entourent les faubourgs. Ses environs sont charmants, et, après Breslau, elle passe pour le plus beau séjour de la Silésie. Parmi ses édifices publics on remarque une église catholique, 2 églises protestantes, la chapelle de sépulture des Piastes, qui ont gouverné la Pologne de 840 à 1370; la maison de ville; le magnifique bâtiment de l'académie, fondée, en 1708, par l'empereur Joseph Ier, avec sa bibliothèque et des cabinets d'histoire naturelle et de modèles; la douane et la salle de spectacle. Liegnitz possède en outre un gymnase protestant, 3 hôpitaux, une maison d'orphelins et d'autres fondations philanthropiques; des manufactures d'étoffes de laine, de soie et de coton; des imprimeries et librairies; des usines. On y fabrique des instruments de musique, des cuirs, de l'amidon, des produits chimiques. Ses jardins fournissent de légumes la moitié de la Silésie. Pop. de la ville 10,200 hab., de la régence 766,170.

Le 15 août 1760, Fréderic-le-Grand remporta près de Liegnitz une victoire sur les Autrichiens, commandés par Laudon. Non loin de cette ville se trouve le vg. de Wahlstadt, avec un château et 370 hab. Il doit son origine à un couvent érigé en commémoration de la bataille livrée contre les Mongols, en 1241, et dans laquelle Henri, duc de Breslau et de Liegnitz, fut battu et perdit la vie.

LIEHON, vg. de Fr., Moselle, arr. de Metz, cant. de Verny, poste de Solgne; 240 hab.

LIENCOURT, vg. de Fr., Pas-de-Calais, arr. de St.-Pol-sur-Ternoise, cant. d'Avesnes-le-Comte, poste de l'Arbret; 150 hab.

LIENZ, *Loncium*, pet. v. de Tyrol, cer. de Pusterthal, au confluent de la Drave et de l'Isel; fabrication d'ouvrages en fer et en laiton; 2000 hab.

LIEOU-HUANG-CHAN (île de soufre), une des îles de l'archipel de Lieou-khieou; son intérieur n'est pas connu; elle a reçu son nom du volcan, qui s'y trouve et qui empeste l'air par les vapeurs sulfureuses qui s'en échappent continuellement.

LIEOU-KHIEOU (l'archipel de), *Loochu* des Anglais; est situé entre 126° et 128° long. orient. et entre 24° et 28° lat. N. Il s'étend entre l'archipel Japonais et l'île de Formose, et ferme par une grande courbe le Tong-haï ou mer Orientale, qu'il sépare du Grand-Océan. L'archipel de Lieou-khieou se compose proprement de deux groupes, celui de Lieou-khieou et celui de Madjicosima. Les îles qui le composent sont de formation calcaire et entourées de rochers de corail; cependant elles ont quelques bonnes rades. Du reste nous en savons fort peu de chose; les derniers renseignements donnés sur cet archipel sont dus à un vaisseau anglais qui y séjourna pendant quelque temps en 1818. Les montagnes de l'intérieur ne s'élèvent pas à plus de 400 à 500 pieds au-dessus du niveau de l'Océan. Le climat est salubre et la chaleur tempérée par les vents de mer. Le sol est parfaitement cultivé et produit en abondance du riz, du blé, des fruits exquis, du thé, du sucre, du poivre, du coton, du tabac et l'arbre à laque. Les habitants appartiennent à la famille japonaise; ce sont des gens paisibles et intelligents, uniquement adonnés à l'agriculture et à l'éducation du bétail; on prétend qu'ils n'ont pas d'armes. Ils sont gouvernés par un roi, tributaire des Chinois, et, suivant les Russes, aussi des Japonais. Ils professent le boudhisme, parlent un dialecte japonais, mais se servent aussi de livres chinois. Une partie de l'administration est entre les mains d'une noblesse héréditaire. Les principales îles de l'archipel de Lieou-khieou sont: Lieou-khieou ou la Grande-Lieou-khieou, où l'on trouve King-tching, la capitale et résidence du roi; Lieou-houang-chan, Komisang, Harbour-Island ou île du Port, Amsterdam, etc., dans le groupe proprement dit, et Typinsan, Patchtousœn, Rochoukoko et Koumi dans le groupe de Madjicosima.

LIEOU-KHIEOU ou LIEU-KIEU, LOOCHU, principale île de l'archipel du même nom, sous 26° lat. N.; est de formation calcaire et entourée de tous côtés par des rochers de coraux. Ses principales villes sont King-tching, capitale du royaume et résidence du roi, dont le palais est situé sur une haute montagne, et Napa-kiang, port au S.-O. de King-tching, où se fait le principal commerce de l'île.

LIEOU-TCHEOU, v. de Chine, prov. de Kouang-si, sur le Lieou-kiang, non loin du charmant lac de Lotchi. Sa juridiction s'étend sur 11 villes. Les montagnes de son voisinage sont riches en plantes médicinales.

LIEOUX, vg. de Fr., Haute-Garonne, arr., cant. et poste de St.-Gaudens; 260 hab.

LIEPVRE ou LEBERAU, LEVRAU, vg. de Fr., Haut-Rhin, arr. de Colmar, cant. et poste de Ste.-Marie-aux-Mines; fabr. de toiles de coton; 610 hab. Boir-la-Baisse fait partie de la commune.

LIEPVRE (Petite-) ou KLEIN-LEBERAU, ham. de Fr., Haut-Rhin, com. de Ste.-Marie-aux-Mines; 600 hab.

LIER. *Voyez* JEAN-DE-LIER (Saint-).

LIER, paroisse de Norwège, diocèse d'Aggerhuus, bge de Buskerud; 4000 hab.

LIÉRAMONT, vg. de Fr., Somme, arr. d'Abbeville, cant. de Roisel, poste de Péronne; 760 hab.

LIERCOURT, vg. de Fr., Somme, arr. de Péronne, cant. d'Hallencourt, poste d'Abbeville; 360 hab.

LIÈRES, vg. de Fr., Pas-de-Calais, arr. de Béthune, cant. de Norrent-Fontes, poste de Lillers; 390 hab.

LIÉRETTES, ham. de Fr., Pas-de-Calais, com. de Lières; 110 hab.

LIERGUES, vg. de Fr., Rhône, arr. et poste de Villefranches-sur-Saône, cant. d'Anse; 740 hab.

LIERNAIS, vg. de Fr., Côte-d'Or, arr. et à 11 l. O.-N.-O. de Beaune, chef-lieu de canton, poste de Saulieu; 1180 hab.

LIERNOLLES, vg. de Fr., Allier, arr. de la Palisse, cant. de Jaligny, poste du Donjon; 660 hab.

LIERRE, *Ledi*, *Lyra*, v. du roy. de Belgique, prov. et à 3 1/2 l. S.-E. d'Anvers, arr. et à 3 l. N. de Malines, sur le confluent des deux Neethes; elle possède une belle église cathédrale, un hôpital, une raffinerie de sel, des huileries, des brasseries et des distilleries renommées; 10,550 hab.

LIERRE, ham. de Fr., Seine-et-Oise, com. de Ste.-Geneviève-des-Bois; 100 hab.

LIERVAL, vg. de Fr., Aisne, arr. de Laon, cant. de Craon, poste de Corbeny; 340 hab.

LIERVILLE, vg. de Fr., Oise, arr. de Beauvais, cant. et poste de Chaumont-en-Vexin; 200 hab.

LIES, vg. de Fr., Hautes-Pyrénées, arr., cant. et poste de Bagnères-en-Bigorre; 310 hab.

LIESGUES, ham. de Fr., Vienne, com. de Champigny-le-Sec; 190 hab.

LIESLE, vg. de Fr., Doubs, arr. de Besançon, cant. et poste de Quingey; 1040 h.

LIESSE. *Voyez* NOTRE-DAME-DE-LIESSE.

LIESSIES, vg. de Fr., Nord, arr. d'Avesnes, cant. et poste de Solre-le-Château; forges; 1113 hab.

LIESVILLE, vg. de Fr., Manche, arr. de Valognes, cant. de Ste.-Mère-Église, poste de Blosville; 380 hab.

LIETTRES, vg. de Fr., Pas-de-Calais, arr. de Béthune, cant. de Norrent-Fontes; poste d'Aire-sur-la-Lys; 350 hab.

LIETZEN, b. de Styrie, cer. de Judenbourg, peu loin de l'Ens; mines de fer et forges; 1500 hab.

LIEU (Bas-), vg. de Fr., Nord, arr., cant. et poste d'Avesnes; commerce de fromages et de carreaux à paver; 370 hab.

LIEU (Haut-), vg. de Fr., Nord, arr., cant. et poste d'Avesnes; commerce de fromages et de carreaux à paver; 420 hab.

LIEUCOURT, vg. de Fr., Haute-Saône, arr. de Gray, cant. et poste de Pesmes; 170 hab.

LIEUDIEU, vg. de Fr., Isère, arr. de Vienne, cant. et poste de St.-Jean-de-Bournay; verrerie de Bonneveau; 350 hab.

LIEURAC, vg. de Fr, Arriège, arr. de Foix, cant. et poste de Lavelanet; 340 hab.

LIEURAN-CABRIERES, vg. de Fr., Hérault, arr. de Béziers, cant. de Montagnac, poste de Lodève; 240 hab.

LIEURAN-LES-BÉZIERS, vg. de Fr., Hérault, arr., cant. et poste de Béziers; 290 h.

LIEUREY, vg. de Fr., Calvados, arr. de Lisieux, cant. et poste de St.-Pierre-sur-Dives; 280 hab.

LIEUREY, b. de Fr., Eure, arr. de Pont-Audemer, cant. de St.-Georges-du-Vièvre; poste; fabr. de coutils, sangles, rubans de fil; étoffes laine et soie; construction de machines; commerce de grains; 2680 hab.

LIEURON, vg. de Fr., Ille-et-Vilaine, arr. de Redon, cant. de Pipriac, poste de Loheac; 660 hab.

LIEUSAINT, vg. de Fr., Manche, arr., cant. et poste de Valognes; deux haras; 220 hab.

LIEUSAINT, vg. de Fr., Seine-et-Marne, arr. de Melun, cant. de Brie-Comte-Robert, poste; belle pépinière; 580 hab.

LIEU-SAINT-AMAND, vg. de Fr., Nord, arr. de Valenciennes, cant. et poste de Bouchain; 530 hab.

LIEUTADES, vg. de Fr., Cantal, arr. de St.-Flour, cant. et poste de Chaudesaigues; 1320 hab.

LIEUVILLERS, vg. de Fr., Oise, arr. de Clermont, cant. et poste de St.-Just-en-Chaussée; 500 hab.

LIEUX-LA-FENASSE (Saint-), vg. de Fr., Tarn, arr. d'Albi, cant. et poste de Réalmont; 730 hab.

LIEUX-LES-LAVAUR (Saint-), vg. de Fr., Tarn, arr., cant. et poste de Lavaur; 560 h.

LIEVANS, vg. de Fr., Haute-Saône, arr. et poste de Vesoul, cant. de Norroy-le-Bourg; 290 hab.

LIÉVIN, vg. de Fr., Pas-de-Calais, arr. de Béthune, cant. et poste de Lens; 1350 h.

LIÉVIN (Saint-). *Voyez* MERCQ-SAINT-LIÉVIN.

LIÉVREMONT, vg. de Fr., Doubs, arr. et poste de Pontarlier, cant. de Montbenoît; 430 hab.

LIÈVRES (Indiens), peuplade indigène indépendante dans l'Amérique du Nord (pays intérieurs de la baie d'Hudson). Leur territoire s'étend entre le grand lac des Ours (Great-Bears-Lake) à l'E. et le fleuve Mackenzie à l'O. Le lièvre de la baie d'Hudson, qui a donné son nom à cette peuplade, s'y trouve en abondance.

LIÈVRES (île aux). *Voyez* WAIGATT.

LIEZ, vg. de Fr., Aisne, arr. de Laon, cant. et poste de la Fère; 280 hab.

LIEZ, Vendée. *V.* LIÉ (Notre-Dame-de-).

LIEZE, ham. de Fr., Indre-et-Loire, com. de Chezelles; 300 hab.

LIEZEX ou BAS-DE-LIEZEX, ham. de Fr., Vosges, com. de Gérardmer; 430 hab.

LIFAO, v. de la Malaisie, située sur la côte orientale de Timor, au S. de Dillé; elle est défendue par un fort; son radjah, d'après Flinders, s'est déclaré indépendant.

LIFFEY, riv. d'Irlande; n'est remarquable que parce qu'elle traverse Dublin, la capitale du royaume, et par les travaux hydrauliques exécutés dans la partie inférieure de son cours; elle a son embouchure dans la mer d'Irlande.

LIFFOL-LE-GRAND ou MORVILLIERS, vg. de Fr., Vosges, arr., cant. et poste de Neufchâteau; 1690 hab.

LIFFOL-LE-PETIT, vg. de Fr., Haute-Marne, arr. de Chaumont-en-Bassigny, cant. de St.-Blin, poste d'Andelot; 470 hab.

LIFFORD, très-pet. v. d'Irlande, chef-lieu et siége des assises du comté de Donégal, sur le Foyle; 1800 hab.

LIFFRÉ, vg. de Fr., Ille-et-Vilaine, arr. et à 4 l. N.-E. de Rennes, chef-lieu de canton et poste; 2500 hab.

LIGANY ou LIGUANA, chaîne de montagnes au S.-E. de l'île de Jamaïque; se rattache aux montagnes Bleues et atteint, au N. de Kingston, la hauteur de 1660 mètres.

LIGARDES, vg. de Fr., Gers, arr., cant. et poste de Lectoure; 690 hab.

LIGAUDRY, ham. de Fr., Eure-et-Loir, com. de Neuvy-en-Dunois; 250 hab.

LIGERTS, joli b. du cant. de Berne, Suisse, sur le lac de Biel; entouré de beaucoup de maisons de campagne; 1000 hab.

LIGESCOURT, vg. de Fr., Somme, arr. d'Abbeville, cant. de Crécy, poste de Bernay; 450 hab.

LIGHTHOUSE, île avec un phare, à l'entrée de la baie de Boston, côte de l'état de Massachusetts, États-Unis de l'Amérique du Nord.

LIGIEP, groupe de pet. îles de la chaîne

de Radak, archipel des îles Marshall (archipel Central de Balbi), Polynésie ou Océanie orientale, sous 9° 50′ lat. N. et 166° 44′ long. orient. Ce groupe est environné de bancs de corail.

LIGINIAC, vg. de Fr., Corrèze, arr. et poste d'Ussel, cant. de Neuvic; 1290 hab.

LIGLET, vg. de Fr., Vienne, arr. et poste de Montmorillon, cant. de Trimouille; 1120 hab.

LIGNAC, vg. de Fr., Indre, arr. du Blanc, cant. de Bélabre, poste de St.-Benoist-du-Sault; carrière de meulière; 1640 h.

LIGNAIROLLES, vg. de Fr., Aude, arr. de Limoux, cant. et poste d'Alaigne; 260 h.

LIGNAN, vg. de Fr., Gironde, arr., cant. et poste de Bazas; 390 hab.

LIGNAN, vg. de Fr., Gironde, arr. de Bordeaux, cant. et poste de Créon; 350 h.

LIGNAN, vg. de Fr., Hérault, arr., cant. et poste de Béziers; 350 hab.

LIGNAREIX, vg. de Fr., Corrèze, arr., cant. et poste d'Ussel; 250 hab.

LIGNAT, ham. de Fr., Puy-de-Dôme, com. de Lussat; 220 hab.

LIGNAUD, ham. de Fr., Indre, com. de Lourdoueix-St.-Pierre; 360 hab.

LIGNÉ, vg. de Fr., Charente, arr. de Ruffec, cant. et poste d'Aigre; 620 hab.

LIGNÉ, vg. de Fr., Loire-Inférieure, arr. et à 3 1/2 l. O.-N.-O. d'Ancenis, chef-lieu de canton, poste d'Oudon; 220 hab.

LIGNÉ, ham. de Fr., Maine-et-Loire, com. des Verchers; 140 hab.

LIGNERAC, vg. de Fr., Corrèze, arr. de Brives, cant. et poste de Meyssac; 850 hab.

LIGNÈRES-LA-DOUCELLE, vg. de Fr., Mayenne, arr. de Mayenne, cant. de Couptrain, poste de Prez-en-Pail; source minérale ferrugineuse; 2760 hab.

LIGNEREUIL, vg. de Fr., Pas-de-Calais, arr. de St.-Pol-sur-Ternoise, cant. d'Avesnes-le-Comte, poste de l'Arbret; 240 hab.

LIGNEROLLE, ham. de Fr., Loiret, com. de Coinces; 220 hab.

LIGNEROLLES, vg. de Fr., Allier, arr., cant. et poste de Montluçon; 750 hab.

LIGNEROLLES, vg. de Fr., Côte-d'Or, arr. de Châtillon-sur-Seine, cant. et poste de Montigny-sur-Aube; forges; 300 hab.

LIGNEROLLES, vg. de Fr., Eure, arr. d'Évreux, cant. et poste de St.-André; 210 h.

LIGNEROLLES, vg. de Fr., Indre, arr. et poste de la Châtre, cant. de St.-Sévère; 340 hab.

LIGNEROLLES, vg. de Fr., Orne, arr. et poste de Mortagne-sur-Huine, cant. de Tourouvre; 310 hab.

LIGNERON (le). *Voyez* CHRISTOPHE-DU-LIGNERON (Saint-).

LIGNEUX, vg. de Fr., Gironde, arr. de Libourne, cant. et poste de Ste.-Foy; 290 hab.

LIGNÉVILLE, vg. de Fr., Vosges, arr. de Mirecourt, cant. de Vittel, poste de Darney; 640 hab.

LIGNIARI, pet. v. des Deux-Siciles, intendance de Trapani, près de la mer.

LIGNIÈRES, ham. de Fr., Maine-et-Loire, com. des Verchers; 140 hab.

LIGNIÈRES, vg. de Fr., Aube, arr. de Bar-sur-Seine, cant. de Chaource, poste d'Ervy; 680 hab.

LIGNIÈRES, vg. de Fr., Charente, arr. de Cognac, cant. de Segonzac, poste de Barbezieux; 610 hab.

LIGNIÈRES, pet. v. de Fr., Cher, arr., à 6 l. O. de St.-Amand et à 70 l. de Paris, chef-lieu de canton et poste; elle est située dans un riant et fertile vallon, sur la rive droite de l'Arnon; on y fait des pâtés renommés; commerce de bestiaux; 2270 hab.

Lignières, autrefois fortifié, était le siége d'une baronie et possédait un château fort qui servit d'asile à Charles VI et à Charles VII, à l'époque où les Anglais étaient maîtres du royaume. C'est à Lignières que Calvin prêcha pour la première fois. Cette petite ville souffrit beaucoup pendant les guerres de religion; elle fut pillée et brûlée en 1561 et en 1569.

LIGNIÈRES, vg. de Fr., Indre-et-Loire, arr. de Chinon, cant. et poste d'Azay-le-Rideau; 830 hab.

LIGNIÈRES, vg. de Fr., Loir-et-Cher, arr. de Vendôme, cant. de Morée, de Pézou; 490 hab.

LIGNIÈRES, vg. de Fr., Meuse, arr. de Commercy, cant. de Pierrefitte, poste de St.-Mihiel; 320 hab.

LIGNIÈRES, vg. de Fr., Orne, arr. d'Argentan, cant. et poste du Merlerault; 170 h.

LIGNIÈRES, vg. de Fr., Somme, arr., cant. et poste de Montdidier; 250 hab.

LIGNIÈRES-CHATELAIN, vg. de Fr., Somme, arr. d'Amiens, cant. et poste de Poix; 510 hab.

LIGNIÈRES-HORS-FOUCAUCOURT, vg de Fr., Somme, arr. d'Amiens, cant. et poste d'Oisemont; 220 hab.

LIGNIÈRES-LA-CARELLE, vg. de Fr., Sarthe, arr. de Mamers, cant. de la Fresnaye, poste d'Alençon; 230 hab.

LIGNIERS-LANGOUST, vg. de Fr., Vienne, arr. de Loudun, cant. de Monts, poste de Mirebeau; 150 hab.

LIGNOL, vg. de Fr., Aube, arr. et cant. de Bar-sur-Aube, poste de Colombey-les-deux-Églises; 390 hab.

LIGNOL, vg. de Fr., Morbihan, arr. de Pontivy, cant. et poste de Guéméné; 1780 h.

LIGNON, vg. de Fr., Marne, arr. de Vitry-le-Français, cant. et poste de St.-Rémy-en-Bouzemont; 220 hab.

LIGNON, vg. de Fr., Orne, arr. d'Argentan, cant. et poste de Briouze; 560 hab.

LIGNORELLES, vg. de Fr., Yonne, arr. d'Auxerre, cant. et poste de Ligny-le-Châtel; 400 hab.

LIGNY, vg. du roy. de Belgique, prov. et arr. de Namur, sur le ruisseau de Ligny; 450 hab.

Ligny faisait partie du champ de bataille de Waterloo, en 1815.

LIGNY, v. de Fr., Meuse, arr. et à 4 l. S.-E. de Bar-le-Duc, et à 60 l. de Paris, chef-lieu de canton et poste. C'est une jolie petite ville, agréablement située au pied d'une colline assez escarpée, sur la rive gauche de l'Ornain. La grande rue qui la traverse dans toute sa longueur est large, propre et garnie de belles maisons, qui ont été bâties avec les débris et sur l'emplacement de l'ancien château, démoli en 1747, sous le roi Stanislas. Une belle place occupe le centre de la ville, qu'une fort belle avenue joint à la rivière. On remarque à Ligny la vieille tour de St.-Pierre, restes de ses anciennes fortifications, et, dans un coin de l'ancienne enceinte, entre le bastion de la grosse tour et l'arcade qui supporte l'hôtel de ville, on peut admirer un écho qui répète plusieurs fois des mots entiers; fabr. de toiles, de bonneterie; filat. et forges dans les environs; commerce de vins, laines, bois, confitures de groseilles, bois de construction, fer, truites; 3200 hab.

Ligny était autrefois une seigneurie appartenant à la maison de Luxembourg. En 1719, un Montmorency de Luxembourg vendit cette seigneurie à Léopold, duc de Lorraine, et le territoire de Ligny fut ainsi réuni au duché de Lorraine et de Bar. Cette ville fut, à différentes époques, exposée aux désastres de la guerre et aux ravages de maladies épidémiques : de 1630 à 1637, une horrible famine et la peste désolèrent Ligny. En 1814 il fut le théâtre de l'un de ces nombreux et glorieux combats, qui pendant l'invasion illustrèrent les armées françaises.

LIGNY, ham. de Fr., Nièvre, com. de Crux-la-Ville; 140 hab.

LIGNY, ham. de Fr., Nièvre, com. de St.-Benin-des-Bois; 260 hab.

LIGNY, vg. de Fr., Nord, arr. de Cambrai, cant. de Clary; 1430 hab.

LIGNY, vg. de Fr., Nord, arr. et poste de Lille, cant. d'Haubourdin; 130 hab.

LIGNY, ham. de Fr., Puy-de-Dôme, com. de Giat; 100 hab.

LIGNY, vg. de Fr., Saône-et-Loire, arr. de Charolles, cant. de Sémur-en-Brionnais, poste de Marcigny; 1320 hab.

LIGNY-LE-CHATEL, b. de Fr., Yonne, arr. et à 5 l. N.-E. d'Auxerre, chef-lieu de canton et poste; culture du mûrier et filature de soie; 1506 hab.

LIGNY-LE-GRAND, ham. de Fr., Nord, com. d'Illies; 160 hab.

LIGNY-LE-PETIT, ham. de Fr., Pas-de-Calais, com. de Lorgies; 270 hab.

LIGNY-LE-RIBAULT, vg. de Fr., Loiret, arr. d'Orléans, cant. et poste de la Ferté-St.-Aubin; 740 hab.

LIGNY-LES-AIRE ou **LÈS-RELY**, vg. de Fr., Pas-de-Calais, arr. de Béthune, cant. de Nogent-Fontes, poste d'Aire-sur-la-Lys; 660 hab.

LIGNY-SAINT-FLOCHEL, vg. de Fr., Pas-de-Calais, arr., cant. et poste de St.-Pol-sur-Ternoise; 320 hab.

LIGNY-SUR-CANCHE, vg. de Fr., Pas-de-Calais, arr. de St.-Pol-sur-Ternoise, cant. d'Auxi-le-Château, poste de Frévent; 430 h.

LIGNY-TILLOY, vg. de Fr., Pas-de-Calais, arr. d'Arras, cant. et poste de Bapaume; 990 hab.

LIGOR, prov. méridionale du roy. de Siam. Elle fait déjà partie de la presqu'île de Malacca et s'étend au-delà de l'île de Tantalam. Ses principaux cours d'eau sont le Patanor, le Carnon et le Ligor. Cette province, partagée en 20 districts, produit beaucoup d'étain; elle formait anciennement un royaume malais indépendant, qui fut conquis par les Siamois et réuni à leur empire. Le chef-lieu de la province est Ligor.

LIGOR, v. de l'Inde transgangétique, chef-lieu de la province de même nom, dans le roy. de Siam; elle est située sur le Ligor, à peu de distance de l'embouchure de cette rivière; il y existait autrefois un comptoir hollandais, qui a été abandonné il y a une vingtaine d'années. On y fait un grand commerce d'étain.

LIGRATI, pet. v. des Deux-Siciles, intendance de Girgenti, au N.-O. d'Aragona.

LIGRÉ, vg. de Fr., Indre-et-Loire, arr. et poste de Chinon, cant. de Richelieu; excellents vins rouges; 1235 hab.

LIGRON, vg. de Fr., Sarthe, arr. de la Flèche, cant. de Malicorne, poste de Foulletourte; 960 hab.

LIGSDORFF, vg. de Fr., Haut-Rhin, arr. d'Altkirch, cant. et poste de Ferrette; 490 h.

LIGUA (la), baie et bon port, sur la côte de la rép. du Chili, prov. d'Aconcagua; elle reçoit le fleuve du même nom.

LIGUEIL, ham. de Fr., Charente-Inférieure, com. de Courant; 300 hab.

LIGUEIL, pet. v. de Fr., Indre-et-Loire, arr., à 4 l. S.-O. de Loches et à 73 l. de Paris, chef-lieu de canton et poste; pruneaux renommés; grand commerce de grains; 1887 hab.

LIGUEUX, vg. de Fr., Dordogne, arr. et poste de Périgueux, cant. de Savignac; 540 hab.

LIGUGÉ, vg. de Fr., Vienne, arr., cant. et poste de Poitiers; 780 hab.

LIGURIA, g. a. La Ligurie était au S.-O. de la Gaule cisalpine et s'étendait jusqu'au Pô. Elle était bornée à l'E. par la Macra et la Trebbia, au N. par le Pô et à l'O. par les Alpes Cottiennes et le fleuve Varus. Villes : Genua (Gênes), Portas Herculis, Monœci (Monaco), Intemelium (Ventimille).

LIHONS-EN-SANTERRE, pet. v. de Fr., Somme, arr., de Péronne, cant. de Chaulnes, poste; fabr. de bonneterie; 1264 hab.

LIHUS ou **MANNEVILLETTE**, vg. de Fr., Oise, arr. de Beauvais, cant. de Marseille, poste de Crèvecœur; 1090 hab.

LIKHEVIN, pet. v. et chef-lieu de cercle

de la Russie d'Europe, gouv. de Katuga; 1200 hab.

LI-KIAN-FOU, v. de Chine, prov. de Yunnan, sur le Yangcongho; avec une juridiction sur quatre villes. Au N.-O. de Li-kian-fou s'élève la montagne de Siul, une des plus élevées de la Chine; elle est couverte de neige perpétuelle.

LIKILIKI, port de la Nouvelle-Irlande, Australie ou Océanie centrale.

LIKKAN, régiment du généralat de Karlstadt, Confins militaires; sa superficie est de 47 l. c. géogr. et sa pop. de 60,000 hab. Chef-lieu Karlobago.

LILEB, île de la chaîne de Ralik, dans l'archipel de Mulgrave (archipel Central de Balbi), Polynésie ou Océanie orientale, située sous 8° 55' lat. N. et sous 165° 34' long. orient.

LILETTE, ham. de Fr., Gers, com. de l'Isle-Arné; 110 hab.

LILHAC, vg. de Fr., Haute-Garonne, arr. de St.-Gaudens, cant. et poste de l'Isle-en-Dodon; 410 hab.

LILIENFELD, b. d'Autriche, pays au-dessous de l'Ens, situé sur les deux rives du Trasen; grande manufacture d'armes à feu; fabr. de taillanderie; tréfilerie de fer.

LILIENSTEIN ou plutôt **LILGENSTEIN**, rocher de grès de 1270 pieds d'élévation, très-difficile à gravir et surmonté d'un obélisque, roy. de Saxe, cer. de Misnie, sur la rive droite de l'Elbe, et renommé pour la belle vue dont on jouit sur son sommet.

LILIENTHAL, vg. du roy. de Hanovre, gouv. de Stade, entre les riv. Vumme et Wœrpe; remarquable par son célèbre observatoire, où, le 1er septembre 1804, le docteur Harding découvrit la planète de Junon; 500 hab.

LILIGNOD, vg. de Fr., Ain, arr. de Belley, cant. de Champagne, poste de Culoz; 130 hab.

LILLE (de), ham. de Fr., Manche, com. de Tribehou; 140 hab.

LILLE (canal de) ou de la **HAUTE-DEULE**, Fr., Nord; il est formé par les riv. de Scarpe et de Deule, canalisées. Il commence au-dessous de Douai, donne, au bac de Beauvin, naissance au canal de la Bassée, traverse la ville et les fortifications de Lille et rejoint, près de la porte d'Eau, la Basse-Deule, dont il prend le nom; passe à Quesnoy et entre dans la Lys à Deulemont, sur la frontière de Belgique. Sa longueur totale est de 14 3/4 l., avec 8 écluses.

La navigation entre Lille et Lens est établie depuis le douzième siècle; elle a été prolongée jusqu'à Douai, en 1690, et perfectionnée en 1730 et 1750.

A 1/2 l. au-dessous de Lille, la Basse-Deule reçoit le canal de Roubaix, qui se ramifie sur Lanoy et Waterloo; son développement est de 7 l., y compris une galerie souterraine voûtée de 1200 mètres; il a 8 écluses. Ce canal, auquel ne s'attachent aujourd'hui que des intérêts locaux, deviendra plus important, quand sa jonction avec l'Espierre aura établi une communication directe entre Lille et l'Escaut.

On transporte sur ces lignes de la houille, des grains, des matériaux de construction et des marchandises tirées du Sud.

LILLE (en flamand *Ryssel*), grande v. forte de Fr., chef-lieu du dép. du Nord, à 57 l. N.-N.-E. de Paris; siége de tribunaux de première instance et de commerce; directions des contributions, des domaines et enregistrement; conservation des hypothèques; quartier-général de la seizième division militaire; hôtel des monnaies (lettre W); bourse de commerce, etc. Lille, qui tient le septième rang parmi les grandes villes de France, est situé sur la Moyenne-Deule, dans un terrain bas, humide et marécageux. Le plan de la ville forme un oval de 1 1/2 l. de circonférence, à l'une des extrémités duquel, du côté de l'O., s'élève une belle et formidable citadelle, chef-d'œuvre de Vauban. Les rues sont larges et droites, les maisons bien bâties et d'un aspect agréable. Parmi les édifices publics, nous citerons comme les plus remarquables : le bel arc triomphal, qui forme la porte de Paris, l'hôtel de ville, ci-devant palais de Rihour, la salle de spectacle, la halle aux blés, le Pont-Neuf, l'hôtel de la préfecture, l'hôpital général, l'hôpital militaire, le cirque, le grand corps de garde de la place d'Armes, les casernes, l'esplanade, le pont Royal, l'arsenal, la place d'Armes, le marché aux poissons, etc. Aucune des six églises paroissiales de Lille n'offre rien de très-intéressant sous le rapport de l'architecture : l'église St.-Maurice, la plus vieille et la plus vaste, renferme le mausolée du duc de Berry et une partie des dépouilles mortelles de ce prince. L'église St.-Sauveur avait une belle flèche gothique; les boulets autrichiens l'ont abattue en 1792.

Les principaux établissements littéraires et scientifiques sont : le collége, les écoles de dessin et d'architecture, l'académie royale de musique, le cours pratique de médecine, de chimie, de pharmacie et de physique, la société des sciences, d'agriculture et des arts, la société d'horticulture, le jardin botanique, le musée des tableaux, le musée d'histoire naturelle et la bibliothèque publique de 24,000 volumes. Cette ville est aussi une des plus industrieuses et des plus commerçantes du royaume; elle est l'entrepôt des denrées coloniales que reçoivent les ports de Dunkerque, Boulogne et Calais; ses manufactures sont nombreuses et variées; elle a des filat. de coton, des fabr. de toiles de toutes sortes, de coutils, de mouchoirs, d'indiennes, de draps, de linge de table, de dentelles, de lacets, de savon, de céruse, de bleu d'azur, des amidonneries, des faïenceries, verreries, corderies, blanchisseries, distilleries, raffineries de sucre;

manufacture royale de tabac et raffinerie royale de salpêtre; la grande quantité de moulins à vent qui environnent la ville et servent d'huileries, offrent l'aspect le plus silencieusement animé et le plus bizarre. Son commerce n'est pas moins considérable; il consiste dans la vente de tous les objets de production et d'industrie, mais principalement dans celle des toiles connues sous le nom de toiles de Flandre, dont il se fait une expédition considérable, de l'huile et des graines oléagineuses; grains, tabac, garance, eaux-de-vie, genièvre, lin, fil, denrées coloniales, etc. Foires : les 29 août et 14 décembre; 72,000 hab.

Cette ancienne capitale de la Flandre n'était encore, vers le milieu du onzième siècle, qu'un grand château fort. C'est vers cette époque que Baudouin IV, comte de Flandre, commença la construction des premières murailles. Baudouin V les fit achever et y ajouta des tours et des fossés. En 1195, Baudouin IX, empereur de Constantinople et comte de Flandre, donna une organisation régulière au magistrat de Lille. En 1213 la ville fut prise par Philippe-Auguste qui y laissa son fils avec une garnison. Les habitants, ayant chassé les Français, Philippe-Auguste revint, reprit la ville et la détruisit complétement. La comtesse Jeanne la fit rebâtir, lui accorda des franchises communales et régla la loi échevinale par un diplôme dont le texte est conservé dans les archives de la mairie de Lille.

La comtesse Marguerite, qui succéda à sa sœur Jeanne, en 1244, contribua beaucoup à la prospérité de Lille, et les communes de Flandre étaient généralement florissantes lorsque Gui de Dompierre succéda à Marguerite. Les priviléges et l'opulence des Lillois l'inquiétèrent; il chercha à les restreindre et s'aliéna ainsi l'esprit des citoyens. D'un autre côté la puissance du comte de Flandre semblait trop redoutable à Philippe-le-Bel, qui par ses intrigues étant parvenu à trouver un prétexte de déclarer la guerre aux Flamands, assiégea Lille et y entra par capitulation. La ville, bientôt fatiguée de la domination française, s'insurge et les fils du comte Gui reprennent le pouvoir, tandis que leur père reste captif à Paris. La bataille de Courtrai, gagnée, en 1302, par les Flamands, exalta leur courage et les garantit pour quelques temps des tentatives ambitieuses du roi de France; mais, en 1304, Philippe les ayant battus à Mons-en-Puêle, vint de nouveau mettre le siége devant Lille, qui fut forcé de se rendre. Le comte Gui étant mort six mois après, dans sa prison de Pontoise, un traité réunit provisoirement, et huit ans après définitivement, cette ville à la France. Sur la fin du même siècle elle fut restituée au comte Louis de Male, qui y trouva un refuge contre les Gantois révoltés sous le célèbre Artevelde. Sous Philippe-le-Hardi, duc de Bourgogne, et ses successeurs, Lille prit beaucoup d'accroissement et son commerce s'étendit. A la mort de Charles-le-Téméraire, la Flandre passa à l'archiduc Maximilien, par le mariage de ce prince avec Marie de Bourgogne. Les Lillois eurent alors à se défendre contre Louis XI, qui formait des prétentions sur la Flandre. Sous le règne paisible de l'archiduc Philippe, la prospérité de Lille avait encore augmenté; mais la tyrannie des Espagnols qui exaspéra plus tard les Flamands et excita les troubles des Pays-Bas, fit adhérer les Lillois au célèbre traité d'Union. Leur attachement au catholicisme les en sépara bientôt et Lille se soumit à Philippe II, sous la condition de ne plus avoir de garnison espagnole. Les Huguenots firent d'inutiles efforts pour s'emparer de la ville.

A la mort de Philippe IV, Louis XIV, faisant valoir les prétentions de Marie-Thérèse, infante d'Espagne, qu'il avait épousée en 1659, entra avec une armée dans la Flandre espagnole, s'empara de plusieurs villes, et notamment de Lille, en 1667. Depuis cette conquête importante, Lille ne fut pris qu'une seule fois, en 1708, par le prince Eugène, et rendu à la France en 1713, par suite du traité d'Utrecht. Sous la république les Lillois, assiégés, en 1792, par les Allemands, se sont distingués par la résistance la plus héroïque.

LILLEBONNE, *Juliobona*, pet. v. de Fr., Seine-Inférieure, arr., à 8 l. du Hâvre et à 46 l. de Paris, chef-lieu de canton et poste; elle est située à l'extrémité d'une jolie vallée, remarquable par les nombreuses fabriques qui animent sa riante campagne; filat. hydraul. de coton; fabr. de calicots et de produits chimiques; tanneries; 3580 hab.

Lillebonne est une ville très-ancienne; on y a découvert, il y a trente ans, un amphithéâtre, des bains, des statues, des tombeaux, des médailles et des inscriptions qui appartenaient à la Juliobona des Romains. On remarque aussi à Lillebonne les ruines du château d'Harcourt qui domine la ville.

LILLE-HAMMEN, nouvelle v. de Norwège, prov. d'Aggerhuus, au N. du lac Mjosen et à 18 milles N. de Christiania.

LILLEMER, vg. de Fr., Ille-et-Vilaine, arr. de St.-Malo, cant. et poste de Châteauneuf-en-Bretagne; 350 hab.

LILLERS, v. de Fr., Pas-de-Calais, arr., à 4 l. O.-N.-O. de Béthune, chef-lieu de canton et poste; elle est agréablement située dans une belle plaine, sur la Nave, et renferme une belle place et plusieurs jolies fontaines; elle a des tanneries, poteries, brasseries, huileries; fabr. de noir animal; 4724 hab.

LILLETOT, vg. de Fr., Eure, arr. et poste de Pont-Audemer, cant. de Quillebœuf; 110 hab.

LILLETTE, ham. de Fr., Vienne, com. de Buxeuil; 100 hab.

LILLO, b. du roy. de Belgique, prov., arr. et à 2 1/2 l. N.-O. d'Anvers; fabrication de tabac; avec un fort sur la rive droite de l'Escaut, vis-à-vis du fort Liefkenshœck; 1020 hab.

LILLSAND, pet. port de mer du roy. de Norwège, prov. de Christiansand, à 4 l. de Grimstad.

LILLY, vg. de Fr., Eure, arr. des Andelys, cant. et poste de Lyons-la-Forêt; 250 h.

LIMA (punta de), promontoire à l'E. de l'île de Portorico.

LIMA, dép. maritime de la rép. du Pérou; il s'étend depuis 8° 59′ jusqu'à 14° 59′ lat. S. le long des côtes, qui ont, par conséquent, un développement de 150 l.; sa largeur varie beaucoup; entre 11° et 14° lat., elle n'est que de 25 l. Toute la superficie du département est évaluée à 1800 l. c. géogr., avec 183,000 hab. Il est borné au N. par le dép. de Junin, à l'O. par le même département et celui d'Ayacucho, au S. par le dép. d'Aréquipa et à l'O. par l'Océan Pacifique. Le sol et le climat diffèrent suivant la situation du pays. Les côtes ne présentent qu'une immense plaine sablonneuse, aride et n'offrant que le long des cours d'eau peu nombreux quelques traces de végétation. L'intérieur et les districts qui avoisinent les Cordillères offrent de belles vallées bien arrosées, fertiles et bien cultivées. On y recueille du maïs, des patates, du coton, des cannes à sucre, des figues, du poivre, des légumes, etc. On y élève aussi de nombreux troupeaux de porcs et de bêtes à cornes, ainsi que de la volaille, dont on approvisionne les provinces maritimes et les districts montueux de l'état. L'éducation des abeilles et la culture de la vigne fleurissent dans les prov. de Canneté et d'Iça, qui fournissent en même temps du sel et du salpêtre en grande quantité. Sur la pente des Cordillères s'étendent de vastes prairies, où paissent d'innombrables troupeaux de mulets, qu'on élève tant pour le commerce que pour le passage des montagnes. La prov. de Canta fournit du fer, du plomb, du cuivre, de l'argent et de la houille, et la prov. d'Huarochiri est riche en or, argent et mercure. Cependant l'agriculture est partout préférée à l'exploitation des mines. Les pêches sur les côtes sont très-importantes, et le poisson, la viande salée et séchée, le sel, le vin, l'eau-de-vie et les productions des tropiques forment les principaux articles du commerce d'exportation, dont Lima et Callao sont les entrepôts. Sur la frontière nord du département s'élève le Nevado-de-Sasaguanca, volcan de 5666 mètres de hauteur.

Le dép. de Lima est divisé en 8 provinces: Cercado-de-Lima, Santa, Chancay, Cannete, Iça, Canta, Huarochiri et Yauyos.

LIMA (cercado de), prov. maritime du dép. de Lima, rép. du Pérou; elle est bornée par l'Océan Pacifique et par les prov. de Chancay, Canta, Huarochiri et Cannete. Sa superficie est de 44 l. c. géogr. et sa population d'environ 78,000 habitants. Le sol, sablonneux et stérile sur les côtes, est fertile et bien cultivé à l'E., où l'on supplée au manque d'eaux courantes par des canaux d'irrigation. Le maïs, les fruits, le sucre, les légumes et le miel en sont les principales productions.

LIMA, capitale de la rép. du Pérou, autrefois la capitale de la vice-royauté espagnole de ce nom. Elle est située sur les bords du Rimac (dont les Espagnols ont formé par corruption le nom de Lima), à 4 l. de son embouchure dans l'Océan Pacifique, dans une belle plaine qui s'élève doucement vers les Cordillères et qui est parsemée de charmantes maisons de campagne. Le climat y est très-agréable, mais les tremblements de terre, malheureusement trop fréquents, ont failli détruire la ville plus d'une fois; ceux de 1746 et du 30 mars 1828 furent les plus terribles; le dernier renversa un grand nombre de maisons, dont plusieurs édifices publics, et fit périr près d'un millier d'habitants. Lima est bâti en forme de triangle, et ceint d'un mur flanqué de 34 bastions et percé de 10 portes. Au S.-E. de la ville s'élève la citadelle de Ste.-Catherine. Toutes les rues de la ville sont tirées au cordeau et ont généralement 25 pieds de large; elles se coupent à angles droits et forment 157 carrés. L'aspect général des maisons n'a rien d'agréable; à cause des fréquents tremblements de terre elles n'ont ordinairement qu'un seul étage; les fenêtres garnies de vitres sont très-rares. Presque chaque maison est entourée d'un mur. A peu près au milieu de la ville se trouve la place principale, appelée *plaza Major*, une des plus belles de l'Amérique; elle est élevée, selon M. de Humboldt, de 173 mètres 9 décimètres au-dessus du niveau de l'Océan Pacifique; sur cette place, qui forme le plus beau quartier de la ville, se trouvent le palais du gouvernement, autrefois le palais du vice-roi; la magnifique cathédrale à laquelle aboutit le palais de l'archevêque; le Sagrario, église presque surchargée dans l'intérieur d'ornements en or, en argent et en pierreries; l'hôtel de ville, édifice bizarrement décoré et qui renferme la prison, et de superbes magasins. Au centre de cette place on voit une belle fontaine d'airain; au milieu de son vaste bassin, entouré de lions et de griffons qui lancent des jets d'eau, s'élève une colonne de 7 mètres de hauteur, supportant deux autres bassins, et surmontée d'une statue en bronze de la Renommée. Cette eau est regardée comme la meilleure de la ville et transportée à dos de mulets dans tous les quartiers. Lima renferme 56 églises et 26 chapelles, dont la plupart se distinguent par d'immenses richesses prodiguées pour leurs ornements; 25 couvents d'hommes et 15 de femmes, dont le couvent fortifié des franciscains est un des édifices les plus vastes et les plus somptueux de ce genre; 9 hôpitaux, dont celui de San-Andres est remarquable par la grandeur de ses salles; un excellent établissement pour les enfants trouvés, une douane, un théâtre, un hôtel des monnaies, un arsenal et différentes fabriques, surtout d'ouvrages en argent. Lima possède en outre un grand nombre d'établissements littéraires, dont les principaux sont : l'université, fondée en 1559, une des plus anciennes et des plus célèbres de l'Amérique, avec un jardin botanique; les colléges de San-Carlos, de la Liverdad, de San-Torribio, de l'Indépendencia, de San-Tomé; trois autres colléges pour les demoiselles; la bibliothèque nationale, une des plus riches du Nouveau-Monde, et celles des colléges de San-Carlos et de l'Independencia. En 1826 on y publiait 9 journaux. Par le port de Callao, Lima est en communication avec tous les ports de la mer Pacifique, depuis le Chili jusqu'à la Californie, et dans l'intérieur. La guerre civile qui éclata entre le premier président Obrégoso et son rival Gamara suspendit pour quelque temps toutes les affaires et replongea le Pérou dans la misère. Malgré ses pertes, Lima compte de nos jours une population de 60,000 à 70,000 âmes. Lima fut fondé, en 1535, par François Pizarro.

LIMACHE, baie et bon port sur la côte du Chili, prov. d'Aconcagua; elle reçoit le fleuve du même nom.

LIMAGNE (la), belle et vaste vallée de la Basse-Auvergne, entre l'Allier et la Dore. Cette contrée, remarquable par sa fertilité et la douceur de son climat, est une des plus délicieuses de l'Europe.

LIMALONGES, vg. de Fr., Deux-Sèvres, arr. de Melle, cant. et poste de Sauzé; tuilerie; 1530 hab.

LIMANS, vg. de Fr., Basses-Alpes, arr., cant. et poste de Forcalquier; 450 hab.

LIMANTON, vg. de Fr., Nièvre, arr. de Château-Chinon, cant. de Châtillon-en-Bazois, poste de Moulins-en-Gilbert; haut-fourneau; 932 hab.

LIMARES, ham. de Fr., Eure, com. de Crestot; 100 hab.

LIMARI, volcan d'une hauteur très-considérable, à l'E. de la prov. de Coquimbo, rép. du Chili; il donne naissance au Rio-Limari.

LIMAS, vg. de Fr., Rhône, arr., cant. et poste de Villefranche-sur-Saône; 980 hab.

LIMASOL. *Voyez* LAMASOL.

LIMAY, b. de Fr., Seine-et-Oise, arr. et poste de Mantes, chef-lieu de canton; carrières de pierres dures; 1333 hab.

LIMAYRAC, ham. de Fr., Aveyron, com. de Colombiès; 180 hab.

LIMBACH, vg. du duché de Saxe-Meiningen-Hildburghausen; avec une grande fabrique de faïence.

LIMBACH-LE-BAS. *Voyez* ALSO-LENDVA.

LIMBANGAN, v. de l'île de Java, résidence de Préangers; elle est la résidence d'un prince vassal des Hollandais, dont le petit état contient à lui seul 1918 plantations de café.

LIMBÉ (le), b. de l'île d'Haïti, dép. du Nord, sur le fleuve du même nom; ses environs produisent le meilleur café de l'île.

LIMBEUF, vg. de Fr., Eure, arr. de Louviers, cant. d'Amfreville-la-Campagne, poste de Neubourg; 120 hab.

LIMBOURG, prov. du roy. de Belgique; formée de l'ancien département français de la Meuse-Inférieure et d'une petite partie de celui de la Rœr; bornée au N. par le Brabant septentrional et Gueldres, à l'E. par la Prusse rhénane, au S. par Liége et à l'O. par le Brabant méridional et Anvers; sa superficie est de 84 1/5 l. c. La Meuse est la seule rivière navigable de la province; elle vient du Liégois, traverse le Limbourg du S. au N., y reçoit la Rœr et quelques autres petites rivières et passe à Ruremonde dans le roy. de Hollande. Les rivières qui prennent leurs sources dans la province sont : la Dommel, qui passe dans le Brabant septentrional; la Grande-Neethe, qui se dirige sur Anvers, et la Demer, qui se rend dans le Brabant méridional. Le Limbourg forme une vaste plaine ondulée de collines dans le S.-E. Les bords de la Meuse et du Demer et la partie S.-E. du dist. de Maëstricht sont très-fertiles. Le reste de la province est en partie couvert de landes, de petits lacs et de marécages; le vaste marais de Peel entre dans le N. du pays, où il forme un grand désert, et l'on compte qu'un tiers du Limbourg est inculte. Excepté dans les contrées marécageuses, le climat est doux et sain, surtout dans le bassin de la Meuse. Les belles prairies qui bordent cette rivière et la culture du trèfle favorisent l'éducation des bestiaux. Le pays produit en outre de la volaille, du menu gibier, du poisson, des abeilles, des grains, des légumes, du jardinage, des graines oléagineuses, du chanvre, du lin, de la garance, du tabac, de la chicorée, des fruits et du bois en petite quantité; on y exploite de la houille, de la tourbe, de la chaux et dans les environs de Maëstricht du beau grès. On fabrique, principalement à Maëstricht et dans ses environs, des draps, de la grosse toile, des dentelles, du papier, de l'amidon, du tabac, de la chicorée, des eaux-de-vie et de la bière, du savon, des cuirs recherchés et des aiguilles à coudre; on y raffine du sel. L'exportation consiste en bestiaux et leurs produits, eaux-de-vie, chicorée, garance, amidon, cuirs et matériaux de construction. Les habitants, la plupart catholiques-romains, parlent le vallon, le flamand, le hollandais ou l'allemand. La population de 304,000 habitants est répartie dans 3 villes, Maëstricht, Hasselt et Ruremonde, et 333 petites villes, bourgs, villages ou hameaux. La province dépend de la cour supérieure et du diocèse de Liége.

LIMBOURG, pet. v. du roy. de Belgique,

prov. de Liége, arr., à 1 l. E. de Verviers et à 6 l. S.-E. de Liége; située sur une montagne, au pied de laquelle s'étend, sur la Vesdre, le faubourg de Dalhem; fabrication de draps fins; filat.; 1920 hab.

LIMBOURG, pet. v. de Prusse, prov. de Westphalie, rég. d'Arensberg; résidence et juridiction du prince de Bentheim-Tecklenbourg-Rhéda, sur la Lenné; forges; tréfileries; tissage de laine et de coton; 1670 hab.

LIMBOURG, v. du duché de Nassau, située sur la Lahn, chef-lieu du bailliage du même nom et siége d'un évêché; elle a une monnaie et 4 églises, dont celle de St.-George est digne d'être mentionnée; commerce considérable avec les produits de son industrie; 3000 hab.

LIMBRASSAC, vg. de Fr., Arriège, arr. de Pamiers, cant. et poste de Mirepoix; 340 hab.

LIME, b. des États-Unis de l'Amérique du Nord, état de New-Hampshire, comté de Grafton, sur le Connecticut; 2600 hab.

LIMÉ, vg. de Fr., Aisne, arr. de Soissons, cant. et poste de Braisne; 330 hab.

LIMEHOUSE, jolie pet. v. d'Angleterre, ci-devant village, réunie à Londres par une série non interrompue de maisons élégantes, sur la Tamise; remarquable surtout par ses scieries et ses vastes chantiers; 10,000 hab.

LIMEIL-BREVANNES, vg. de Fr., Seine-et-Oise, arr. de Corbeil, cant. et poste de Boissy-St.-Léger; fabr. de calicots; 370 hab.

LIMENDOUS, vg. de Fr., Basses-Pyrénées, arr. de Pau, cant. de Pontacq, poste de Nay; 360 hab.

LIMENIA, g. a., v. de la côte occidentale de l'île de Chypres, peu loin de Soli.

LIMERAY, vg. de Fr., Indre-et-Loire, arr. de Tours, cant. et poste d'Amboise; 1130 hab.

LIMERCOURT, ham. de Fr., Somme, com. de Huchenneville; 200 hab.

LIMERICK, comté d'Irlande. Ses bornes sont: au N. le comté de Clare, à l'E. celui de Tipperary, au S.-E. celui de Waterford, au S. celui de Cork et à l'O. celui de Kerry. Sa superficie est de 44 l. c. géogr. et sa pop. de près de 200,000 hab. La surface de cette province est légèrement ondulée, son terrain est tantôt calcaire, tantôt argileux, et d'une fertilité extraordinaire. Ce n'est qu'à l'extrémité N.-E. et S.-O. que l'on rencontre quelques montagnes, parmi lesquelles on distingue le mont Knockpatrick ou St.-Patrick, où l'on jouit d'une vue charmante sur le Shannon et sur les bords de la mer. Le Shannon sépare ce comté de celui de Claré et y reçoit les eaux du Maig et du Deal. Le climat est un des plus doux de l'Irlande. On y récolte en abondance du blé, de l'avoine, des pommes de terre, du chanvre, de la navette et des pommes, dont on fait du cidre. Le bois manque totalement et la tourbe est le seul combustible, parce que la houille qu'on y trouve ne peut être employée qu'à la fabrication de la chaux. Ce qui distingue surtout ce comté, ce sont ses riches pâturages, couverts de nombreux et beaux troupeaux de porcs, de brebis et de bêtes à cornes. L'industrie y est également très-développée; elle embrasse principalement la fabrication de la toile (cheks) et du papier. On exporte des bestiaux, du suif, des peaux, de l'avoine, de l'huile, de la toile et du papier. Ce comté est divisé en 9 baronies.

LIMERICK, gr. v. d'Irlande, chef-lieu du comté de même nom, résidence d'un évêque anglican et d'un évêque catholique; située sur le Shannon, qu'on y passe sur cinq ponts et qui y forme un port aussi vaste que sûr, le quatrième de ce royaume. Elle est divisée en trois parties : la ville irlandaise, la ville anglaise et la ville nouvelle; cette dernière est la mieux bâtie. Les bâtiments les plus remarquables sont : le palais de justice, la douane, le commercial-building, où se rassemblent les négociants; la bourse, l'église des dominicains, la halle aux toiles, le marché au blé, la nouvelle prison, l'hôpital, l'hospice des fous, la nouvelle caserne, la caserne des artilleurs, les beaux quais, le magnifique pont de Wellesley, les magnifiques jardins suspendus, une des curiosités les plus remarquables de toute l'Europe. Limerick possède une des plus riches bibliothèques de l'Irlande; elle appartient à l'institut de Limerick. On fabrique dans cette ville une grande quantité de toiles, de gants et d'hameçons; c'est le grand entrepôt du commerce de blé, de bœufs, de beurre et autres articles; 66,000 hab.

LIMERICK, b. des États-Unis de l'Amérique du Nord, état de Pensylvanie, comté de Montgoméry, sur le Schuylkill; 2300 h.

LIMERSHEIM, vg. de Fr., Bas-Rhin, arr. et à 5 l. N.-N.-E. de Schlestadt, cant. et poste de Strasbourg; 443 hab.

LIMERZEL, vg. de Fr., Morbihan, arr. de Vannes, cant. de Questembert, poste de Rochefort-en-Terre; 1400 hab.

LIMESTONE, comté de l'état d'Alabama, États-Unis de l'Amérique du Nord; il est borné par l'état de Tennessée et par les comtés de Madison, Morgan, Lawrence et Lauderdale. Ce pays comprend une partie de la belle et fertile vallée du Tennessée; Athens est le chef-lieu du comté; 14,000 hab.

LIMESTONE, chaîne de montagnes des États-Unis de l'Amérique du Nord; s'étend entre les deux bras du Susquéhannah, au N. de l'état de Pensylvanie.

LIMET (le). *Voyez* MARTIN-DU-LIMET (Saint-).

LIMETRÉE (baie). *V.* CROIX (Sainte-), île.

LIMETS, vg. de Fr., Seine-et-Oise, arr. de Mantes, cant. et poste de Bonnières; 868 hab.

LIMEUIL, b. de Fr., Dordogne, arr. de Bergerac, cant. de St.-Alvère, poste de Bugue; 930 hab.

LIMEUX, vg. de Fr., Cher, arr. de Bourges, cant. de Lury, poste de Vierzon; 370 h.

LIMEUX, vg. de Fr., Somme, arr. et poste d'Abbeville, cant. d'Hallencourt; 370 hab.

LIMEY, vg. de Fr., Meurthe, arr. de Toul, cant. de Thiaucourt, poste de Noviant-aux-Prés; 360 hab.

LIMEYRAT, vg. de Fr., Dordogne, arr. de Périgueux, cant. de Thenon, poste d'Azerac; 550 hab.

LIMEZY, vg. de Fr., Seine-Inférieure, arr. de Rouen, cant. de Pavilly, poste de Barentin; 1410 hab.

LIMICI, g. a., peuplade de l'Hispanie Tarraconnaise; capitale : Forum Limicorum.

LIMINGTON, b. des États-Unis de l'Amérique du Nord, état du Maine, comté d'York; 2500 hab.

LIMITE, b. du grand-duché de Toscane, prov. de Florence, sur l'Arno.

LIMMATH, riv. de Suisse, cant. de Schwytz; se jette dans le Rhin.

LIMMER, vg. de 550 habitants, sur la Lenne, roy. et gouv. de Hanovre; avec une source d'eau sulfureuse et de belles promenades.

LIMMOCIRA, pet. v. de l'emp. du Brésil, prov. de Pernambuco, comarque d'Olinda, situé sur le Capibaribe, à 21 l. O.-N.-O. de Récifé; culture et commerce de coton; 2000 hab.

LIMOGES, *Lemovices*, *Civitas Lemovicum*, v. de Fr., chef-lieu du dép. de la Haute-Vienne, à 98 l. S.-S.-O. de Paris; siége d'une cour royale, de tribunaux de première instance et de commerce, d'un évêché, suffragant de l'archevêché de Bourges, d'une académie universitaire; directions des contributions directes et indirectes; direction des domaines et de l'enregistrement; hôtel des monnaies (lettre I); conservation des hypothèques; résidence d'un ingénieur en chef des ponts-et-chaussées; chef-lieu du cinquième arrondissement de concours pour les chevaux des dép. de l'Allier, du Cher, de la Creuse, de la Corèze, de l'Indre, d'Indre-et-Loire, de la Nièvre, de Saône-et-Loire, de la Vienne et de la Haute-Vienne. Les courses ont lieu du 1er au 10 juin. Limoges est bâti en amphithéâtre, sur le penchant et au bas d'une colline, sur la rive droite de la Vienne, dans un site riant et pittoresque. Les anciens quartiers sont mal bâtis, la plupart des rues étroites et tortueuses et presque toutes les maisons y sont construites en bois, excepté les rez-de-chaussée. Cependant on y voit aussi un grand nombre de constructions modernes de fort bon goût et quelques rues larges et bien alignées. La ville haute, entourée de jolis boulevards, offre des promenades agréables et renferme plusieurs belles places publiques, entre autres la place d'Orsay, qui occupe l'emplacement d'un amphithéâtre romain. Limoges n'a conservé que quelques débris de ses monuments antiques et quelques vestiges des nombreuses voies romaines, dont la capitale des Lemovices était le point de réunion. L'aquéduc, qui alimente la fontaine d'Aigoulène, située au haut de la ville, est la seule construction qui rappelle encore l'ancienne importance que cette cité gauloise a dû avoir sous les Romains. La cathédrale, d'une belle architecture gothique, le palais épiscopal, le clocher de l'église St.-Martial, l'hôtel de la préfecture, le palais de justice, le théâtre, le quartier de cavalerie et les hôpitaux sont aujourd'hui ses édifices les plus remarquables. Ses principaux établissements scientifiques et d'éducation sont : le collége royal, le séminaire, le cours d'anatomie, le cours d'accouchement, l'école de dessin, de géométrie, de mécanique, de commerce; l'institution des sourds-muets, l'école normale primaire, la société royale d'agriculture, sciences et arts, le musée d'histoire naturelle et d'antiquités et la bibliothèque de 12,000 volumes.

Cette ville fabrique de la porcelaine renommée; elle a des filatures de laine et de coton, des teintureries, des blanchisseries de toiles et de cire, des papeteries, des tanneries, des chapelleries, des manufactures de siamoises, de basin, de flanelles, de serges, un atelier pour la fabrication des machines nécessaires à l'industrie, des établissements typographiques, etc. L'industrie métallurgique est aussi très-développée; dans les environs on voit des forges, des martinets, etc. Quoique son commerce d'entrepôt ait beaucoup déchu, depuis que de nouvelles routes ont été ouvertes entre les départements du Nord et du Midi, de l'Est et de l'Ouest, Limoges est encore important sous le rapport commercial, et son industrie lui assigne un rang distingué parmi les villes manufacturières de France. Foires : les 1er avril, 22 mai, 16 juin, 1er juillet, 1er septembre, 28 novembre, 28 décembre, jeudi avant les Rameaux, jeudi après St.-Gérard et dernier jeudi de chaque mois; 29,700 hab.

Limoges, ancienne capitale de la tribu gauloise des Lemovices, et plus tard celle du Limousin, devint une ville importante sous les Romains, qui l'embellirent d'un grand nombre de monuments que le temps et la barbarie ont détruits. Lorsque les Barbares eurent envahi les provinces romaines, cette ville éprouva de grandes calamités; elle tomba d'abord au pouvoir des Goths, auxquels les Vandales voulurent l'enlever. Un fils de Chilpéric, Théodebert, sous prétexte de la délivrer, vint à son tour et la saccagea. Plus tard les Normands et les Anglais la désolèrent plusieurs fois. En 1370, le terrible prince de Galles s'en étant emparé, fit passer presque toute la population au fil de l'épée, et Limoges demeura longtemps sans habitants. Lorsque, sous Charles VII, les Anglais furent enfin expulsés du pays, la ville commença à renaître; mais les guerres de religion lui apportèrent de nouveau désastres, qui anéantirent entièrement ce qu'elle avait pu recouvrer de son ancienne prospérité. Les effets funestes de tant de malheurs se sont fait longtemps sentir; mais la civilisation et nos institutions modernes ont cicatrisé ces plaies nombreuses de presque toutes nos cités, et Limoges, comme tant d'autres villes, a oublié les souffrances que l'ambition, le fanatisme et l'ignorance ont autrefois attirées dans ses murs.

Parmi les personnages célèbres nés à Limoges, les plus remarquables sont : Jean Daurat, poëte du seizième siècle; le savant Muret, un des maîtres de Montaigne; La Reynie, lieutenant de police à Paris, sous Louis XIV; l'illustre chancelier d'Aguessau; Silhouette, contrôleur des finances sous Louis XV; l'éloquent Vergniaud, membre de l'assemblée législative et l'un des chefs du parti girondin; le maréchal Jourdan, une des plus belles et des plus pures gloires militaires de la France.

LIMOGES, ham. de Fr., Puy-de-Dôme, com. d'Aix-la-Fayette; 120 hab.

LIMOGES (Petit-). *Voyez* COUZEIX.

LIMOGES-FOURCHES, vg. de Fr., Seine-et-Marne, arr. de Melun, cant. de Brie-Comte-Robert; 160 hab.

LIMOGNE, vg. de Fr., Lot, arr. et à 7 l. E.-S.-E. de Cahors, chef-lieu de canton et poste; 1070 hab.

LIMOISE, vg. de Fr., Allier, arr. de Moulins-sur-Allier, cant. de Lurcy-Lévy, poste du Veurdre; 370 hab.

LIMON, vg. de Fr., Lot-et-Garonne, arr. de Nérac, cant. de Lavardac, poste de Port-Ste.-Marie; 440 hab.

LIMON, vg. de Fr., Nièvre, arr. de Nevers, cant. et poste de St.-Benin-d'Azy; 350 hab.

LIMON, ham. de Fr., Seine-et-Marne, com. de la Ferté-sous-Jouarre; 800 hab.

LIMONADE, b. de l'île d'Haïti, dép. du Nord; environs fertiles en sucre.

LIMONE, b. de Sardaigne, prov. de Coni; 3500 hab., dont la plupart sont des loueurs de mulets ou des guides pour les voyageurs qui y passent.

LIMONE, ham. de Fr., Saône-et-Loire, com. de Boyer; 480 hab.

LIMONES, fl. des États-Unis de l'Amérique centrale, état de Honduras; il prend naissance dans les montagnes d'Olancho-el-Viéjo et se décharge dans la mer des Antilles.

LIMONES (punta de), cap à l'O. du dép. de Cauca, rép. de la Nouvelle-Grenade.

LIMONES (port). *Voyez* TOLA.

LIMONEST, vg. de Fr., Rhône, arr., à 2 1/2 l. et poste de Lyon, chef-lieu de canton; carrières aux environs; 750 hab.

LIMONS, vg. de Fr., Puy-de-Dôme, arr. de Thiers, cant. et poste de Maringues; 1000 hab.

LIMONT-FONTAINE, vg. de Fr., Nord, arr. d'Avesnes, cant. et poste de Maubeuge; 500 hab.

LIMONY, vg. de Fr., Ardèche, arr. de Tournon, cant. de Serrières, poste du Péage; 710 hab.

LIMORI, pet. v. des Deux-Siciles, intendance de Messine; située sur la mer.

LIMORT, ham. de Fr., Deux-Sèvres, com. de Clussais; 240 hab.

LIMOSANI, v. des Deux-Siciles, prov. de Molise, sur le Biferno, sur lequel on a construit un beau pont; 3000 hab.

LIMOUILLAS, ham. de Fr., Deux-Sèvres, com. de la Foye-Monjault; 140 hab.

LIMOURS, pet. v. de Fr., Seine-et-Oise, arr. et à 7 l. E. de Rambouillet, chef-lieu de canton et poste; fabr. de poterie de terre; 938 hab.

LIMOUSIN, *Lemovices*, ancienne prov. de Fr., bornée au N. par la Marche, à l'O. par le Poitou, l'Angoumois et le Périgord, au S. par le Quercy et à l'E. par l'Auvergne. Avant l'invasion romaine le territoire des Lemovices faisait partie de la Gaule celtique. Lorsque Auguste partagea les Gaules en quatre provinces, la contrée fut comprise dans l'Aquitaine. Vers le commencement du cinquième siècle, lorsque les Barbares vinrent anéantir la puissance romaine, cette province fut une de celles qu'Honorius céda aux Visigoths. D'autres tribus barbares ravagèrent ce pays vers la même époque; mais bientôt après, les Francs chassèrent les Visigoths et les Vandales et réunirent toute l'Aquitaine à la monarchie française. Après la mort de Caribert II, auquel Dagobert, son frère, avait donné l'Aquitaine avec le titre de roi, cette province fut gouvernée par des ducs. Sous Pepin-le-Bref, le Limousin rentra avec l'Aquitaine sous la domination des rois de France. Il fit ensuite de nouveau partie du roy. d'Aquitaine, érigé par Charlemagne en faveur de son fils Louis-le-Débonnaire. Lorsque le système féodal se développa dans le pays, les gouverneurs du Limousin, favorisés par les rois de France, qui redoutaient l'ambition des ducs d'Aquitaine, se déclarèrent indépendants et prirent le titre de vicomtes. Dans le douzième siècle, Éléonore de Guyenne, que Louis-le-Jeune avait répudiée, épousa Henri II d'Angleterre et lui porta en dot le Limousin. Philippe-Auguste confisqua cette province sur Jean-sans-Terre, aux successeurs duquel elle fut restituée par St.-Louis. Par le mariage de Marie, fille de Gui IV, vicomte de Limoges, le Limousin passa, en 1275, dans la maison des ducs de Bretagne qui le possédèrent pendant deux siècles. Alain d'Albret, qui épousa Françoise de Bretagne, reçut en dot le vicomté de Limoges. Antoine de Bourbon, ayant épousé Jeanne d'Albret, le Limousin entra dans la maison de Bourbon et fit partie du domaine que Henri IV réunit à la couronne.

Cette province se divisait en Haut et Bas-

Limousin. Depuis la nouvelle division de la France, le Haut-Limousin forme en partie le dép. de la Haute-Vienne et le Bas celui de la Corrèze.

LIMOUX, v. de Fr., Aude, chef-lieu d'arrondissement, à 6 l. S.-O. de Carcassonne, 198 l. S. de Paris; siége de tribunaux de première instance et de commerce, direction des contributions indirectes, conservation des hypothèques, chambre consultative de commerce; elle est agréablement située sur la rive gauche de l'Aude, entre des coteaux couverts de vignes, derrière lesquels s'élèvent de hautes montagnes qui rendent le paysage fort pittoresque. Cette ville est bien bâtie; elle a des rues propres et bien percées, de belles maisons, plusieurs jolies fontaines et un petit théâtre; elle possède aussi un collége. Près de la ville, sur le bord de l'Aude, se trouve une petite chapelle, au milieu de laquelle est un puits, dont l'eau passe pour un remède universel; mais elle ne guérit que les malades qui ont foi en son efficacité; aussi ses cures miraculeuses deviennent-elles de jour en jour plus rares. L'industrie de Limoux consiste principalement dans la fabrication de draps; c'est l'entrepôt de tous les fers provenant des nombreuses forges des environs; son commerce consiste dans la vente des produits de son industrie et dans celle de ses vins blancs mousseux, connus sous le nom de blanquettes de Limoux. Foires les 25 janvier, 23 juin, 9 septembre, 12 novembre; 7105 h.

Patrie du savant antiquaire Bernard de Montfaucon.

LIMOUZA, ham. de Fr., Ardèche, com. de Rompon; 140 hab.

LIMOUZINIÈRE (la), vg. de Fr., Loire-Inférieure, arr. et poste de Nantes, cant. de St.-Philibert; 1090 hab.

LIMOUZINIÈRE (la), vg. de Fr., Vendée, arr., cant. et poste de Bourbon-Vendée; 230 hab.

LIMOUZIS, vg. de Fr., Aude, arr. de Carcassonne, cant. de Conques, poste de Mas-Cabardès; 320 hab.

LIMPIVILLE, vg. de Fr., Seine-Inférieure, arr. d'Yvetot, cant. et poste de Valmont; 700 hab.

LIN (Saint-), vg. de Fr., Deux-Sèvres, arr. et poste de Parthenay, cant. de Mazières; 470 hab.

LINAC, vg. de Fr., Lot, arr., cant. et poste de Figeac; 760 hab.

LINAGE, ham. de Fr., Isère, com. de Chantesse; 100 hab.

LIN-AN-GAN-FOU, v. de Chine, prov. de Yun-nan, dans une contrée fertile qui produit du riz, du blé, du miel et de la cire; sa juridiction s'étend sur 7 villes et sur 10 forteresses.

LINANGE (Leiningen), vg. de la Bavière rhénane, arr. de Frankenthal, cant. et à 3 l. de Grunstadt; on y remarque une fontaine dont les eaux jaillissent par 19 tuyaux et forment immédiatement un ruisseau qui fait mouvoir des moulins à farine, des martinets et une tréfilerie. Le château de Linange, situé près de là, sur une montagne, a été détruit par les Français en 1690. Aujourd'hui les princes de ce nom résident à Amorsbach; ils possèdent les juridictions d'Amorsbach et de Miltenberg qui se composent de 16 petites villes ou bailliages, 160 villages, 45 hameaux ou habitations isolées, avec 89,200 hab., sur 26 milles c. Le vg. de Leiningen a 780 hab.

LINANGE-LE-NEUF (Neu-Leiningen), vg. de la Bavière rhénane. arr. de Frankenthal, cant. et à 1/2 l. de Grunstadt; avec une belle église gothique ayant de beaux vitraux, et les ruines de l'ancien château de Battenberg; 850 hab.

LINANT, vg. de Fr., Yonne, com. de Turny; 240 hab.

LINARDS, vg. de Fr., Creuse, arr. de Guéret, cant. de Bonnat; 680 hab.

LINARDS (les), ham. de Fr., Isère, com. de Tullins; 210 hab.

LINARDS, vg. de Fr., Haute-Vienne, arr. de Limoges, cant. de Châteauneuf, poste d'Eymoutiers; 1920 hab.

LINARES, b. d'Espagne, roy. de Léon, prov. de Salamanque; 1820 hab.

LINARES, v. d'Espagne, Andalousie, prov. et à 7 l. N. de Jaën; mines de cobalt et de plomb argentifères; 5650 hab. Patrie du poëte Pedro de Padilla.

LINARES (San-Felipe-de-), v. de la confédération mexicaine, état de Nuévo-Léon, sur le Tigre; elle est le siége de la cour judiciaire pour les états de Nuévo-Léon, Tamaulipas et Cohahuila.

LINARS, vg. de Fr., Charente, arr. et poste d'Angoulême, cant. d'Hiersac; 590 h.

LINAS, ham. de Fr., Lot, com. de Concorès; 230 hab.

LINAS, b. de Fr., Seine-et-Oise, arr. de Corbeil, cant. d'Arpajon, poste; 1310 hab.

LINAY, vg. de Fr., Ardennes, arr. de Sédan, cant. et poste de Carignan; 230 hab.

LINAZAIS, vg. de Fr., Vienne, arr., cant. et poste de Civray; 520 hab.

LINCARQUE, ham. de Fr., Tarn, com. de Cestayrols; 480 hab.

LINCEL, vg. de Fr., Basses-Alpes, arr. et poste de Forcalquier; 140 hab.

LINCHAMPS, ham. de Fr., Ardennes, com. des Hautes-Rivières; haut-fourneau; forges; 140 hab.

LINCHEUX, ham. de Fr., Somme, com. de Halivillers-Lincheux; 270 hab.

LINCK, ham. de Fr., Nord, com. de Cappelbrouck; 150 hab.

LINCOLN (port). *V.* FLINDERS (terre de).

LINCOLN, comté d'Angleterre, province maritime. Ses bornes sont : au N l'Humber, qui le sépare du comté d'York, à l'E. la mer d'Allemagne, au S.-E. le comté de Cambridge, au S. celui de Northampton, au S.-O. celui de Rutland et à l'O. ceux de

Leicester et de Nottingham. Cette province offre un sol très-varié: au N. il est sablonneux et couvert de bruyères, ailleurs il est marécageux et argileux, et généralement plus propre à l'éducation des bestiaux qu'à la culture. La côte est très-plate et bordée de vastes bancs de sable. Les principaux cours d'eau sont le Humber, la Trent, qui arrose la partie occidentale de la province et la sépare de l'île d'Axholm; l'Ankam ou Amholme, la Witham, le Welland, le Baine, le Dun et l'Idle. Parmi les canaux on distingue ceux de Fossdike et de Louth-New-Navigation. Dans les districts marécageux et sur la côte l'air est extrêmement humide et très-malsain; l'eau y est à peine potable; mais dans l'intérieur du pays l'air est plus pur et beaucoup plus salubre que sur la côte. Les productions consistent en céréales, légumes, lin, chanvre, arbres fruitiers, pastel, oies, canards sauvages, poissons, pierres à bâtir et tourbe; le bois et la houille manquent totalement. L'éducation des bestiaux, ainsi que celle de la race chevaline, est dans un état très-florissant et forme la principale occupation des habitants. La culture du sol est perfectionnée de plus en plus; mais ses produits ne suffisent pas encore à la consommation. L'île d'Axholm est renommée pour l'excellent lin qu'on y récolte. L'industrie manufacturière n'embrasse que la filature et le tissage de la laine. On exporte du bétail, de la laine, des peaux brutes, des oies, des canards sauvages, des plumes, de l'orge et du malt. Cette province fait partie du diocèse de Lincoln, nomme 12 députés et se subdivise en 3 districts: Lindsey, Holland et Kesteven. Superficie 127 l. c., avec une population de 250,000 hab.

LINCOLN, comté de l'état de Géorgie, États-Unis de l'Amérique du Nord; il est borné par la Caroline du Sud et les comtés d'Elbert, de Columbia et de Wilkes; sol sablonneux, couvert de belles forêts de sapins; terres grasses le long du Savannah; 9000 h. Lincolntown, sur le Fishing, est le chef-lieu du comté.

LINCOLN, comté de l'état de Kentucky, États-Unis de l'Amérique du Nord; ses bornes sont: les comtés de Mercer, Garrard, Rockbridge, Pulasky et Casey; pays montagneux, bien arrosé et offrant des points très-pittoresques; 15,000 hab. Stamford, non loin du Dicks, est le chef-lieu du comté.

LINCOLN, comté de l'état du Maine, États-Unis de l'Amérique du Nord; ce comté, qui ne forme plus qu'une partie de la ci-devant prov. de Lincoln, est borné par les comtés de Kennebec, de Hancock, de Cumberland et par l'Océan Atlantique. Sa superficie est de 55 l. c. géogr., avec 75,000 hab. Il est arrosé par le Kennebec, le Médumuck et le St.-George, qui se déchargent dans l'Océan. Salines sur différents points du pays; abondance de poissons dans les rivières et sur les côtes; agriculture très-florissante; pêcheries; préparation de chaux; commerce de bois.

LINCOLN, comté de l'état de Missouri, États-Unis de l'Amérique du Nord; il est limité par le territoire de Missouri, l'état d'Illinois et par les comtés de St.-Charles, Pike et Montgoméry; pays fertile, mais peu cultivé encore; il est arrosé par un grand nombre de rivières tributaires du Mississipi; 4000 hab. Saverton est le chef-lieu du comté.

LINCOLN, comté de la Caroline du Nord, États-Unis de l'Amérique du Nord; il est borné par la Caroline du Sud et les comtés de Burke, Iredell, Mecklenburgh et Rutherford; pays montagneux, entrecoupé de vallées fertiles et bien arrosées. Au S. s'élèvent les monts King; 22,000 hab. Lincolnston est le chef-lieu du comté.

LINCOLN, comté de l'état de Tennessée, États-Unis de l'Amérique du Nord; ses bornes sont: l'état d'Alabama et les comtés de Bedford, de Franklin et de Giles; pays fertile et arrosé par l'Elk; 18,000 hab. Fayetteville est le chef-lieu du comté.

LINCOLNSTON. *Voyez* LINCOLN (Caroline du Nord), comté.

LINCOLNTOWN. *Voyez* LINCOLN (Géorgie), comté.

LINCOU, ham. de Fr., Aveyron, com. de Réquista; 120 hab.

LINCOURT, ham. de Fr., Oise, com. de Flavacourt; 120 hab.

LINDA, vg. de Prusse, avec 2 châteaux; prov. de Silésie, rég. de Liegnitz; 190 hab.

LINDAA, paroisse de Norwège, diocèse de Bergen, bge de Sœndre-Bergenhuus; 4000 hab.

LINDAU, v. de Bavière, chef-lieu de district dans le cercle du Danube-Supérieur, dans une contrée pittoresque, à 37 l. d'Augsbourg et à 2 l. de Brégenz. Elle occupe trois îles situées dans le N.-E. du lac de Constance; elles communiquent avec la rive par un pont de bois de 290 pas; la plus petite de ces îles est couverte de jardins, de vignes et de maisons de pêcheurs. Lindau possède 4 églises catholiques ou protestantes, un château, une école latine, avec bibliothèque; on y voit des ruines de constructions romaines. Son port établi en 1812, à l'instar de celui de Ramsgade, en Angleterre, repose sur un arc de fascinages, de 1058 pieds de développement; il a 10 à 16 pieds de fond et peut recevoir 250 bateaux; son commerce, actif avec la Suisse et l'Italie, consiste en vins, kirschwasser, blé, fruits, fromages, etc. Population de la ville 2650 hab., du district 10,100, sur 1 1/2 mille c.

Lindau doit son origine à un fort romain qui y fut établi, sous Tibère, dans le commencement du premier siècle. On faisait remonter à 810 la fondation de son abbaye princière de dames, sécularisée en 1802. A la paix de Presbourg (1805), l'ancienne ville libre impériale de Lindau fut cédée à la Bavière, et, par suite du traité de confédération du 12 juillet 1806, elle reçut ses fortifications actuelles.

LINDAU, b. du roy. de Hanovre, gouv. de Hildesheim et principauté de Grubenhagen, sur la Ruhme; 1100 hab., qui fabriquent beaucoup de toiles de lin.

LINDAU, b. dans le duché d'Anhalt-Kœthen; 700 hab.

LINDE, pet. v. de la Suède centrale, prov. d'OErebro; située sur une hauteur sablonneuse, entre deux lacs; fabr. de pots de fer et de filets; 800 hab.

LINDE (la). *Voyez* LALINDE.

LINDEBŒUF, vg. de Fr., Seine-Inférieure, arr. et poste d'Yvetot, cant. d'Yerville; 750 hab.

LINDEBOROUGH, b. des États-Unis de l'Amérique du Nord, état de New-Hampshire, comté de Hillsborough; 2000 hab.

LINDENÆSS, pet. cap de Norwège, diocèse de Christiansand (57° 58′ lat. et 4° 43′ long. orient.).

LINDENAU, b. de Bohême, cer. de Leitmeritz; fabr. de miroirs et de toiles.

LINDENAU, vg. dans le duché de Saxe-Meinungen-Hildburghausen, près de la saline de Friedrichshall, où l'on prépare aussi du sel de Glauber et de la magnésie; 300 h.

LINDHOLM, ham. de la Suède centrale, læn ou prov. de Stockholm, bge de Længhundra, paroisse d'Orksteï. Patrie du roi Gustave Ier, né en 1490.

LINDOIS (le), vg. de Fr., Charente, arr. de Confolens, cant. de Montembœuf, poste de la Rochefoucauld; 990 hab.

LINDOW, pet. v. de Prusse, prov. de Brandebourg, rég. de Potsdam, entre deux lacs; fabrication de draps, de toiles et de tabac; 1430 hab.

LINDRE-BASSE, vg. de Fr., Meurthe, arr. de Château-Salins, cant. et poste de Dieuze; 470 hab.

LINDRE-HAUTE, vg. de Fr., Meurthe, arr. de Château-Salins, cant. et poste de Dieuze; 150 hab.

LINDRY, vg. de Fr., Yonne, arr. et poste d'Auxerre, cant. de Toucy; 1250 hab.

LINETAO-FOU, v. de Chine, prov. de Kan-sou, sur un affluent considerable du Houang-ho. Sa juridiction s'étend sur 4 villes. On trouve du sable d'or dans la rivière; ses pâturages nourrissent de nombreux troupeaux.

LINEXER, vg. de Fr., Haute-Saône, cant. de Luxeuil; 180 hab.

LINGAN ou LINGIN, LINGA, île sur la côte orientale de Sumatra; est située en face de l'embouchure de l'Indragiri, sous l'équateur, et entourée d'un grand nombre d'îlots et de rochers. Une montagne élevée, dont la cime bifurquée a reçu des navigateurs le nom d'Oreilles-d'Anes, s'élève au milieu de Lingan, qui est boisé et fertile. Ses habitants sont des Malais et ont un sultan indigène, qui a reconnu la suzeraineté des Hollandais; son empire s'étend sur Bintang et d'autres îles voisines; il a cédé récemment à un prince de sa famille les territoires de Djohor et Pehang, sur la péninsule de Malacco, et aux Hollandais, pour une redevance de 60,000 florins, l'île de Tanjong-Pinang. Penabong est la capitale du roy. de Lingan et la résidence du sultan. Cette ville, entourée de fossés et défendue par quelques canons, échange avec les îles voisines de l'étain, du poivre, etc. contre de l'opium.

LINGAYEN, vg. de l'île de Manille, archipel des Philippines, chef-lieu de la prov. de Tangasinan, sur le Chiquito.

LINGÉ, vg. de Fr., Indre, arr. et poste du Blanc, cant. de Tournon-St.-Martin; 710 hab.

LINGEARD, vg. de Fr., Manche, arr. de Mortain, cant. de St.-Pois, poste de Sourdeval; 310 hab.

LINGEN ou LINGO, v. industrieuse du roy. de Hanovre; située près de l'Ems et chef-lieu du comté inférieur de Lingen, compris dans le gouv. d'Osnabruck; elle a un gymnase et 2100 hab. Le comté inférieur de Lingen, borné par le comté de Bentheim, le duché de Meppen, la principauté d'Osnabruck et la prov. prussienne de Westphalie, arrosé par l'Ems et par l'Aa, son affluent, a un sol aride et sablonneux, des bruyères et des marais; le lin est la principale richesse du pays, et les filatures de fil, les tissages de toiles de lin y sont répandus partout. Le comté inférieur de Lingen appartenait à la Prusse jusqu'au congrès de Vienne. On y a réuni le cer. d'Emsbuhren, qui récemment encore était une possession seigneuriale du duc de Looz-Corswaren; ce qui fait que le comté a maintenant 15 1/2 l. c. et une population de 25,000 hab.

LINGÈVRES, vg. de Fr., Calvados, arr. de Bayeux, cant. de Balleroy, poste de Tilly-sur-Seulles; 870 hab.

LINGEY, ham. de Fr., Aube, com. d'Airrey-Lingey; 260 hab.

LINGHEM, vg. de Fr., Pas-de-Calais, arr. de Béthune, cant. de Norrent-Fontes, poste d'Aire-sur-la-Lys; 230 hab.

LINGOLSHEIM, vg. de Fr., Bas-Rhin, arr. et poste de Strasbourg, cant. de Geispolsheim; 880 hab.

LINGONES, g. a., peuplade de l'intérieur de la Gaule lyonnaise, sur le territoire qui forme aujourd'hui le dép. de la Haute-Marne et la partie N. de celui de la Côte-d'Or.

LINGONES (les Lingons), g. a., peuple de la Gaule cispadane, près de la côte et sur le Pô; il passa les Alpes sous le règne de Tarquin-l'Ancien et occupa Forum Cornelii, Faventia, etc.; capitale: Forum Alieni (Ferrare).

LINGREVILTE, vg. de Fr., Manche, arr. de Coutances, cant. de Montmartin-sur-Mer, poste de Préhal; 1626 hab.

LINGUAGLOSSA, v. des Deux-Siciles, intendance de Catane, au N.-E. de l'Etna; 3000 hab.

LINGUAS. *Voyez* LENGUAS.

LINGUIZETTA, vg. de Fr., Corse, arr. et poste de Corte, cant. de Pietra-de-Verde; 350 hab.

LINIÈRE-BOUTON, vg. de Fr., Maine-et-Loire, arr. de Baugé, cant. et poste de Noyant; 220 hab.

LINIEZ, vg. de Fr., Indre, arr. d'Issoudun, cant. et poste de Vatan; 820 hab.

LIN-KIANG, v. de Chine, prov. de Kiang-si, sur le Juho. Sa juridiction s'étend sur 3 villes.

LINKŒPING, læn ou prov. de la Suède méridionale, comprend toute la Gothie orientale. Ses bornes sont: au N.-O. la prov. d'OErebro, au N.-E. celle de Nykœping, à l'E. la mer Baltique, au S.-E. la prov. de Kalmar, au S.-O. celle de Jœnkœping et à l'O. par la Wettern, qui la sépare de la prov. de Skaraborg; elle s'étend entre 12° 11′ 20″ et 14° 35′ long. orient., et entre 57° 41′ 25″ et 59° 0′ 20″ lat. sept. et a une superficie de 100 l. c. suédoises ou 205 l. c. géogr. C'est une contrée très-romantique qui présente alternativement des montagnes, des collines, des rivières, des forêts, des districts sauvages et de délicieux paysages; la côte est très-échancrée et protégée par une série non interrompue de rochers plus ou moins élevés; elle forme les trois golfes de Bræviken, Stæbaken et de Waldemirs. Au N.-E. de la province on rencontre les montagnes Kolmærden, dont l'élévation est très-considérable; à l'intérieur elle est légèrement ondulée, mais vers le S.-O. elle est hérissée de montagnes et d'innombrables rochers, parmi lesquels l'Amberg est le plus haut. Parmi les cours d'eau on distingue la Wettern, qui forme la limite occidentale de la province; elle n'est pas navigable à cause de ses cataractes, mais elle est très-poissonneuse. On y rencontre plusieurs lacs et quelques sources minérales, dont les principales sont celles de Medowi, de Norkœping et de Sœderkœping. Le sol est généralement fertile et très-bien cultivé; les productions consistent en céréales, légumes, pommes de terres, raves, choux et fruits, houblon et belles forêts; ces dernières couvrent les 5/7 du sol et forment une des principales ressources des habitants. L'éducation du bétail est également dans un état florissant et la pêche très-lucrative. Les montagnes fournissent principalement du fer et du cuivre, du plomb, de l'alun, des pierres calcaires, du marbre, des pierres de taille, des agates, des pierres de touche et de l'antimoine. L'industrie métallurgique est très-étendue; on fabrique également de la toile et des ouvrages en bois et en marbre. Les articles d'exportation consistent en céréales, pois, farine, bois, fer, cuivre, alun, toiles à voiles et quincaillerie. Norkœping est la principale place de commerce. Cette province est divisée en 8 bailliages et renferme 170,000 h.

LINKŒPING, *Lincopia*, pet. v. de la Suède méridionale, chef-lieu de la province de même nom et siége d'un évêque; elle est située sur le Stæng-An, qu'on y passe sur un beau pont de 3 arches; ses rues sont étroites et irrégulières. Cette ville possède une jolie cathédrale, un ancien château, un gymnase avec bibliothèque, musée d'histoire naturelle et médailler. Ses habitants, au nombre de 3000, s'occupent de la fabrication du cuir et de la toile et font un commerce assez considérable.

LINLIN, île faisant partie de l'archipel de Chiloé, au S. de l'île de ce nom, rép. de Chili.

LINLITHGOW ou WEST-LOTHIAN, forme la partie occidentale de l'ancien comté de Lothian, comté d'Écosse. Ses bornes sont: au N. le golfe de Forth, à l'E. et au S.-E. le comté d'Edimbourg, au S.-O. celui de Lanerk et au N.-O. celui de Sterling. Sa superficie est de 5 1/4 l. c. géogr. et sa population de 30,000 hab. La surface de cette province présente alternativement des collines, des vallées et des plaines; son sol est fertile, mais mal arrosé; l'Almond et l'Avon en sont les deux seuls cours d'eau un peu considérables. Le climat est doux et sain. Les productions consistent en blé, légumes, pommes de terre, lin et bois, fer, plomb, houille, terre à foulon et sel marin. On exporte de la laine, des peaux brutes, des grains, du beurre, de la volaille, de la houille, du savon, des étoffes de coton et de la mousseline.

LINLITHGOW, *Lindum*, pet. v. d'Écosse, chef-lieu du comté de ce nom, sur le golfe de Forth; renferme l'ancien palais royal où naquit la malheureuse Marie Stuart (1542); tanneries, toileries, blanchisseries, botteries; 5000 hab.

LINN, v. de Prusse, prov. du Rhin, rég. de Dusseldorf; filatures.

LINOSA, *Ægusa*, *Æthusa*, pet. v. de la Méditerranée, à 40 l. E. de la côte de la rég. de Tunis et à 12 l. N.-N.-E. de l'île de Lampedouse; elle a 5 l. de circonférence.

LINSDORFF, vg. de Fr., Haut-Rhin, arr. d'Altkirch, cant. et poste de Ferrette; 260 h.

LINSELLES, vg. de Fr., Nord, arr. de Lille, cant. et poste de Tourcoing; 3181 h.

LINSTROF, ham. de Fr., Moselle, com. de Gros-Tenquin; 200 hab.

LINTELLES, vg. de Fr., Marne, arr. d'Épernay, cant. et poste de Sézanne; 190 hab.

LINTHAL, vg. de Fr., Haut-Rhin, arr. de Colmar, cant. de Guebwiller, poste de Soultz; 1200 hab.

LINTHÉRIC, ham. de Fr., Hérault, com. de Cabrérolles; 300 hab.

LINTHES, vg. de Fr., Marne, arr. d'Épernay, cant. et poste de Sézanne; 150 hab.

LIN-THSIN-TCHEOU-FOU, v. de Chine, prov. de Chan-toung, située au confluent du Grand-Canal et du Juho. C'est une des villes les plus grandes et les plus populeuses de la Chine, l'entrepôt de toutes les marchandises qui sont transportées sur le Yantse-kiang à Pé-king; le canal et les rues sont toujours très-animés et les négociants y font de grandes affaires. On y remarque une tour octogone de huit étages, revêtue de porcelaine et consacrée à une divinité très-révérée.

LINTIGNAT, ham. de Fr., Lot-et-Garonne, com. de Moulinet; 130 hab.

LINTIN, ham. de Fr., Aveyron, com. de Ledergues; 120 hab.

LINTON, b. d'Écosse, comté de Peebles, au confluent de la Lyne et du Tweed; on y recueille une grande quantité de terre à foulon; 1500 hab.

LINTON, b. d'Angleterre, comté de Cambridge. On y cultive beaucoup de safran, dont on fait un commerce très-étendu; 1200 hab.

LINTOT, vg. de Fr., Seine-Inférieure, arr. de Dieppe, cant. et poste de Longueville; 330 hab.

LINTOT, vg. de Fr., Seine-Inférieure, arr. du Hâvre, cant. et poste de Bolbec; 740 hab.

LINXE, vg. de Fr., Landes, arr. de Dax, cant. et poste de Castets; 1020 hab.

LINY-DEVANT-DUN, vg. de Fr., Meuse, arr. de Montmédy, cant. et poste de Dun-sur-Meuse; 660 hab.

LINZ, *Aredata*, *Gesodunum*, *Lincium*, capitale de la Haute-Autriche, chef-lieu du cercle de la Muhl; ville assez bien bâtie, au confluent de la Traun et du Danube, qu'on y passe sur un pont long de 800 pieds; évêché, lycée, gymnase, société musicale; grande fabrique impériale de drap et manufactures de coton, de bas, de couleurs, de cuir, de poudre et de miroirs. Un magnifique chemin de fer, le premier sur le continent, la met en communication avec Budweis, en Bohême; une autre ligne (87,000 mètres) la fait communiquer avec Gmund. Les tours maximiliennes et autres fortifications, construites depuis peu, en font une place forte très-considérable; 25,000 h.

LINZ, pet. v. murée de Prusse, avec un vieux château, prov. du Rhin, rég. et à 10 l. N. de Coblence, sur la rive droite du Rhin, dans une contrée fertile; près de cette ville le fleuve est rendu dangereux par des rochers de basalte qui se trouvent dans son lit. Linz possède des tanneries, des fabriques d'étoffes et de produits chimiques; il fait un commerce actif de vins, de fer, de cuivre et de plomb; culture de vignes; navigation, fonderies et forges dans les environs; 2300 hab.

LIOCOURT, vg. de Fr., Meurthe, arr. de Château-Salins, cant. et poste de Delme; 350 hab.

LIOMER, vg. de Fr., Somme, arr. d'Amiens, cant. d'Hornoy, poste de Poix; 410 h.

LION (golfe de), *Sinus Leonis*, grand golfe de la Méditerranée; il baigne toute la côte méridionale de la France, à l'exception d'une partie de celle du dép. du Var. Sa plus grande largeur, qui est de 70 l. environ, est déterminée à l'E. par l'extrémité S. de la presqu'île de Giens, dép. du Var, et à l'O. par le cap Creuz, pointe N.-E. de l'Espagne.

LION (Grand et Petit-), fleuve. *Voyez* GAURITS.

LION-D'ANGERS (le), b. de Fr., Maine-et-Loire, arr. et à 3 l. N.-O. de Segré, chef-lieu de canton et poste; 2670 hab.

LION-DEVANT-DUN, vg. de Fr., Meuse, arr. de Montmédy, cant. et poste de Dun-sur-Meuse; 740 hab.

LION-EN-BEAUCE, vg. de Fr., Loiret, arr. d'Orléans, cant. et poste d'Artenay; 250 hab.

LION-EN-SULIAS, vg. de Fr., Loiret, arr. de Gien, cant. et poste de Sully; 420 hab.

LIONS (Saint-), vg. de Fr., Basses-Alpes, arr. et poste de Digne, cant. de Barrême; 180 hab.

LIONS-LA-FORÊT, pet. v. de Fr., Eure, arr. et à 4 l. N. des Andelys, chef-lieu de canton et poste; fabr. d'indiennes; tanneries, mégisseries; 1650 hab.

LION-SUR-MER, vg. de Fr., Calvados, arr. de Caen, cant. de Douvres, poste de la Délivrande; 1060 hab.

LIORAC, vg. de Fr., Dordogne, arr. de Bergerac, cant. et poste de Lalinde; 620 h.

LIOUC, vg. de Fr., Gard, arr. du Vigan, cant. de Quissac, poste de Sauve; 110 hab.

LIOUD, ham. de Fr., Isère, com. de Roussillon; 110 hab.

LIOUJAS, ham. de Fr., Aveyron, com. de la Loubière; 120 hab.

LIOUMIERS, ham. de Fr., Tarn, com. de Mirandol; 160 hab.

LIOURDRES, vg. de Fr., Corrèze, arr. de Brives, cant. et poste de Beaulieu; 570 hab.

LIOU-TCHEOU-FOU, v. de Chine, prov. de Ngan-hoeï, au N. du lac Tsiao-hou. Elle fabrique du papier et cultive l'arbuste à thé; ses environs produisent beaucoup de fruits. Sa juridiction s'étend sur 7 villes.

LIOUVILLE, vg. de Fr., Meuse, arr. et poste de Commercy, cant. de St.-Mihiel; 210 hab.

LIOUX, vg. de Fr., Vaucluse, arr. et poste d'Apt, cant. de Gordes; 420 hab.

LIOUX-LES-MONGES, vg. de Fr., Creuse, arr. d'Aubusson, cant. et poste d'Auzances; 330 hab.

LIPANIS ou **LIPANES**, peuplade indienne indépendante, au N.-O. de l'état de Cohahuila, confédération mexicaine; cette peuplade, une des plus fortes et autrefois une des plus redoutables du Mexique, habite les rives du Rio-del-Norte et vit aujourd'hui en paix avec les blancs, tandis qu'elle se trouve en guerre continuelle avec les Apaches et les Tetaws; elle se divise en 3 hordes fortes ensemble de 3000 têtes. Les Lipanis sont d'une taille élevée et bien proportionnée; ils sont bons cavaliers et excellents chasseurs.

LIPARI (îles de), groupe d'îles situées entre le continent et l'île de Sicile, dans la mer Tyrrhénienne, sous 12° 10′ long. orient. et 38° 24′ lat. N.; remarquable par le grand nombre de volcans dont les uns sont éteints et d'autres encore en activité. Lipari, située au milieu et très-fertile, est la principale île de ce groupe. St.-Angola en est la plus haute montagne; on y voit le cratère d'un volcan éteint, de 200 pieds de diamètre.

LIPARI, v. épiscopale des Deux-Siciles; située sur la côte S.-E. de l'île du même nom; elle a deux ports et fait commerce des productions du pays; 16,000 hab.

LIPES, prov. du dép. de Potosi, rép. de Bolivia; elle est bornée par les prov. de Carangas, de Paria, de Porco, de Chichas, d'Atacama et par la rép. Argentine (prov. de Rioja). Cette province s'étend sur le versant oriental des Cordillères et renferme les sources de plusieurs fleuves, dont le Rio-San-Juan ou Suipacho, principal bras du Pilco-mayo, est le plus considérable. Tous ses cours d'eau charrient de l'or. Le sol, très-inégal, est d'une fertilité médiocre, mais il offre quelques vastes plaines (Llanuras) nourries de sel et de salpêtre. L'éducation du bétail forme la principale ressource des habitants, au nombre de 15,000. Les montagnes contiennent du cuivre, de l'or, de l'argent, du fer et du plomb, et les volcans, qui y sont nombreux, fournissent une grande quantité de soufre; ce dernier minéral est le seul qu'on exploite et constitue le principal article de commerce de la province.

LIPES (San-Antonio-de-), chef-lieu de la province du même nom; cet endroit, autrefois une ville opulente et assez considérable, ne forme plus qu'une misérable bourgade.

LIPESLE, pet. v. et chef-lieu de cercle de la Russie d'Europe, gouv. de Tombou, sur le Woronesz; elle est renommée par ses eaux minérales; 6400 hab.

LI-PING-FOU, v. de Chine, prov. de Kouei-tcheou. Sa juridiction s'étend sur 3 villes et 11 forteresses. On trouve dans son voisinage le meilleur quinquina et une autre plante avec laquelle on fait de la toile. On y remarque aussi un pont naturel très-curieux, consistant en un immense rocher jeté sur un abîme au fond duquel se précipite un fleuve.

LIPITAPA, canal qui joint le lac de Managua (Léon) à celui de Nicaragua, dans l'état de ce nom, États-Unis de l'Amérique centrale.

LIPNIOSKI, pet. v. de la Russie d'Europe, gouv. de Wilna.

LIPNITZA, gros vg. de Hongrie, cer. en deçà du Danube, comitat d'Arva; 3500 hab.

LIPNO, pet. v. de Pologne, woïwodie de Plock, sur le Niémen; fabr. de draps et de chapeaux; 3000 hab.

LIPOSTHEY ou **LHIPOSTHEY**, b. de Fr., Landes, com. de Pissos, poste; 500 hab.

LIPOWIEC, pet. v. de la Russie d'Europe, gouv. de Thiow.

LIPPA, pet. v. fortifiée de Hongrie, cer. au-delà de la Theiss, comitat de Temesch, sur la Maros; siége d'un protopape grec; entrepôt général des salines; culture très-considérable de vin, de maïs et de fruits; éducation des abeilles; 2500 hab.

LIPPE (rivière). *Voyez* **Rhin**.

LIPPE-DETMOLD (la principauté de), formée du comté de Lippe, avec ceux de Schwalenberg et de Sternberg, est bornée par la Prusse, le Hanovre et la partie du comté de Schauenbourg appartenant à l'électorat de Hesse. Lippstadt est séparée du reste de la principauté et enclavée dans le gouv. prussien d'Arensberg. Elle est arrosée par le Wéser, qui touche sa frontière septentrionale; par les petites rivières Werra, Bega et Emmer, affluents de ce fleuve par la Lippe, affluent du Rhin, et par l'Ems, qui y a sa source au pied du Stapelagerberg. Elle est dans sa plus grande partie montagneuse, couverte par les montagnes de Lippe, continuation de celles de l'Osning ou du Teutoburgerwald, et dont les plus hauts sommets sont : le Velmerstot, haut de 1450 pieds, dans le comté de Lippe, et le Schwalenbergische Kœterberg, haut de 1507 pieds. Le pays abonde en belles forêts. Le sol est généralement fertile, et l'agriculture y est d'un grand rapport. Dans la partie S.-O. du pays, qui n'est pas cultivée et qu'on appelle la *Sennerhaide*, on élève d'excellents chevaux. Les principales productions sont : le bois, le lin et le chanvre; aussi les filatures et les tissages de toiles sont-ils la principale branche d'industrie, après laquelle se placent les fabriques d'étoffes en laine, les distilleries d'eau-de-vie, les verreries et les papeteries. Il y a une saline à Salz-Affeln. La principauté de Lippe-Detmold renferme, sur une étendue de 35 l. c., une population de 98,000 hab., la plupart réformés. Les revenus annuels sont estimés à 346,000 florins, par d'autres à 460,000. Le gouvernement est monarchique et faiblement limité par les états provinciaux. La nouvelle organisation des états, qui a été donnée en 1819, n'a été réalisée qu'en 1836, à cause de l'opposition des anciens états. La diète, réunie en une chambre, est formée de 21 députés envoyés par les possesseurs de terres, sujets immédiats, les ordres des bourgeois et des paysans. La principauté de Lippe-Detmold a, dans le petit conseil de la diète germanique, une même voix avec les principautés de Hohenzollern, de Lichtenstein, de Reuss, de Lippe-Schauenbourg et de Waldeck, et une voix particulière dans la grande diète. Elle fournit à l'armée de la confédération un contingent de 691 hommes. La capitale est Detmold.

Les princes de Lippe descendent d'une ancienne famille de Westphalie, qui, déjà au douzième siècle, possédait des biens considérables. Ils obtinrent au seizième siècle la dignité de comtes, et, en 1720, celle de princes de l'empire. A la suite de partages opérés au dix-septième siècle, leur famille se divisa en plusieurs branches, desquelles il reste les deux branches princières de Lippe-Detmold et de Lippe-Schauenbourg, et les branches collatérales, revêtues seulement de la dignité de comte.

LIPPEHNE, pet. v. murée de Prusse, prov. de Brandebourg, rég. de Francfort, entre deux lacs; fabrication de draps; tanneries; pêche; 2300 hab.

LIPPENSPRINGE, pet. v. de Prusse, prov. de Westphalie, rég. de Minden, à la source de la Lippe; 1500 hab.

LIPPE-SCHAUENBOURG (la principauté de), en allemand *Schaumburg-Lippe*, aussi appelée LIPPE-BUCKEBOURG, est formée de 4 bailliages du comté de Schauenbourg et du bge de Blomberg, sans la ville, bailliage sur lequel cependant le prince de Lippe-Detmold prétend avoir le droit de souveraineté; et enfin d'une petite partie du comté de Lippe. Elle touche au Hanovre, à la Prusse et à la partie du comté de Schauenbourg possédée par l'électeur de Hesse. Elle n'est arrosée que par des ruisseaux, tels que l'Aue et la Gehle; le lac de Steinhuder, qui a 1 mille de longueur, sur 1/2 mille de largeur, y est renfermé en partie. Le sol est tantôt uni, tantôt montagneux, surtout au S.-E., où s'étendent les Buckeberge, chaine de montagnes boisées qui forme en partie la limite hessoise du comté de Schauenbourg et se termine au Harz, près de Buckebourg; il est fertile en grains, en bois, en chanvre, en houille, et renferme d'excellentes prairies, qui nourrissent de bons bestiaux. La principauté de Lippe-Schauenbourg renferme une population de 26,500 hab., sur une superficie de 7 1/2 milles c. Le plus grand nombre est luthérien; la famille princière appartient à la religion réformée. Ils n'ont pas de fabriques, mais dans tout le pays on s'occupe à filer et à tisser le lin. Le prince de Lippe-Schauenbourg a 215,000 florins de revenus annuels; il n'a qu'une même voix avec les principautés de Hohenzollern, de Lichtenstein, de Reuss, de Lippe-Detmold et de Waldeck dans le petit conseil de la diète de la confédération germanique; il a une voix en propre dans la grande diète; il fournit un contingent de 240 hommes. Son autorité monarchique est tempérée par les états provinciaux, établis en 1816, formés de 3 députés de la noblesse, de 4 députés des villes et des bourgs, et de 6 députés des bailliages, qui se réunissent chaque année. La capitale est Buckebourg.

LIPPSTADT, jolie v. possédée en commun par le prince de Lippe-Detmold et par le roi de Prusse, et enclavée dans le gouv. prussien d'Arensberg; elle a un gymnase et une population de 3500 hab., qui font un grand commerce de grains. Le roi de Prusse y exerce seul les droits réguliers sur la poste, et celui de conscription lui a été accordé en 1819, sous la condition de se charger du contingent du Lippe-Detmold pour sa part à la possession de Lippstadt.

LIPSHEIM, vg. de Fr., Bas-Rhin, arr. et poste de Strasbourg, cant. de Geispolsheim; 639 hab.

LIPSK, pet. v. de la Pologne, woïwodie d'Augustow; 1500 hab.

LIPSK, pet. v. de la Russie d'Europe, gouv. de Minsk.

LIPSKO, pet. v. de la Pologne, woïwodie de Sandomir; 1500 hab.

LIPTAU, comitat de Hongrie, cer. en deçà du Danube; superficie 42 l. c. géogr., 70,000 hab. La chaine des Karpathes sillonne ce pays dans toutes les directions et y donne naissance à la Waag. L'éducation du bétail forme la principale occupation des habitants. Exploitation des mines de fer; fabrication de fromages; 4 districts.

LIQUAIRE (Saint-), vg. de Fr., Deux-Sèvres, arr., cant. et poste de Niort; 880 hab.

LIQUIER (le), ham. de Fr., Aveyron, com. de Nant; 150 hab.

LIQUIÈRE (la), ham. de Fr., Hérault, com. de Cabrerolles; 280 hab.

LIQUISSE-BASSE (la), ham. de Fr., Aveyron, com. de Nant; 220 hab.

LIQUISSE-HAUTE (la), ham. de Fr., Aveyron, com. de Nant; 200 hab.

LIRAC, vg. de Fr., Gard, arr. d'Uzès, cant. et poste de Roquemaure; 390 hab.

LIRÉ, vg. de Fr., Maine-et-Loire, arr. de Beaupréau, cant. de Champtoceaux, poste d'Ancenis; 2020 hab.

LIREY, vg. de Fr., Aube, arr., à 4 l. S. et poste de Troyes, cant. de Bouilly; 290 hab.

Au quatorzième siècle Lirey était une petite ville assez considérable; une relique (le saint suaire) renfermée dans son église paroissiale y attirait un grand nombre de pèlerins et contribuait ainsi à la prospérité de la ville; mais, pendant les guerres du quinzième siècle, les chanoines de Lirey, pour mettre la précieuse relique à l'abri du pillage, la confièrent à un gentilhomme, dont la piété et la probité leur étaient connues; mais ce gentilhomme étant mort, sa veuve fit présent de ce dépôt à la duchesse Anne de Savoie. Cette circonstance anéantit la prospérité de Lirey, qui n'est plus depuis qu'un chétif village.

LIRIA, *Edeta*, v. d'Espagne, prov. et à 7 l. N-O. de Valence; elle a une grande place publique, une belle église paroissiale, 3 couvents; des fabriques de toiles, de nattes, de poterie et de savon; de grandes distilleries; les environs sont fertiles et bien cultivés; 9000 hab.

LIRIANKA, pet. v. de la Russie d'Europe, gouv. de Frijow; 2500 hab.

LIRONCOURT, vg. de Fr., Vosges, arr. de Neufchâteau, cant. de Lamarche, poste de Bourbonne; 400 hab.

LIRONVILLE, vg. de Fr., Meurthe, arr. de Toul, cant. de Thiaucourt, poste de Noviant-aux-Prés; 260 hab.

LIROZE, ham. de Fr., Calvados, com. de Sannerville;

LIRY, vg. de Fr., Ardennes, arr. et poste de Vouziers, cant. de Monthois; 460 hab.

LISBON (New-), pet. v. des États-Unis de l'Amérique du Nord, état d'Ohio, comté de Columbiana, dont elle est le chef-lieu, sur un affluent du Little-Beaver; elle possède un bel hôtel de ville, une académie, une bibliothèque publique, une banque, une prison, plusieurs manufactures et dans le voisinage une verrerie, des forges et différents moulins; commerce; 2100 hab.

LISBON, b. des États-Unis de l'Amérique du Nord, état du Maine, comté de Lincoln; 2500 hab.

LISBONNE ou **Lisboa**, *Felicitas Julia Olisipo*, capitale du roy. de Portugal, chef-lieu de la province ou comarca du même nom, dans l'Estramadure; est située à l'embouchure du Tage, sous 38° 42′ lat. N., à 5 l. de l'Océan, à 456 l. S.-O. de Paris et à 130 l. O.-S.-O. de Madrid. Peu de villes ont une position plus pittoresque; cette capitale s'étend, sur une longueur de près de 2 l., sur la rive droite du fleuve; elle est bâtie en amphithéâtre sur plusieurs collines et s'appuie contre les montagnes sauvages et déchirées de Cintra. Par ses agrandissements successifs, plusieurs villages voisins, tels que Junqueira, Belem ou Bethlehem et Alcantara, lui ont été incorporés, et sa population s'élève à près de 300,000 âmes (260,000 d'après Balbi). La ville est ouverte et n'a ni murs, ni portes; les ondulations de son sol varient la beauté de ses sites, mais rendent l'accès de beaucoup de ses rues très-difficile. En général le nouveau Lisbonne, les quartiers élevés depuis le fameux tremblement de terre de 1755, qui ruina la ville et fit périr 24,000 de ses habitants, est bien construit; les rues sont alignées et se coupent à angles droits, tandis que les anciennes rues, épargnées par la terrible catastrophe, sont étroites, tortueuses et sales. La plus belle place de Lisbonne est la *piaza do Commercio* ou place du commerce, où s'élève la statue équestre en bronze de Joseph Ier; elle est ouverte du côté du Tage; ses trois autres côtés sont formés par les bâtiments de la bibliothèque, de la douane et de l'arsenal. Trois belles rues mènent de cet endroit à la place du Rocio, dont le côté N. est fermé par le grand palais de l'inquisition, où, sous le régime des cortès, furent établis les bureaux des différents ministères. Plus loin se trouve le jardin public (*passeio publico*), promenade trop petite et trop monotone. On cite comme les plus belles rues de Lisbonne la rue d'Or, celle d'Argent et la rue d'Auguste. Ses édifices publics les plus remarquables sont: le palais royal d'Ajuda, qu'on achève en ce moment, les palais royaux de Bemposta et de N. Senhora das Necessitados; celui de Queluz, situé à 2 l. de Belem (si toutefois on peut le compter parmi les édifices de Lisbonne); l'arsenal de marine et celui de terre; l'opéra italien ou théâtre San-Carlos, où l'on ne joue plus depuis le départ de don Miguel; la bourse, la douane, la maison des Indes, l'intendance de la marine, la bibliothèque royale; un grand nombre de couvents, parmi lesquels on distingue surtout celui de Belem, dont l'abbaye fut fondée, en 1498, par le roi Emmanuel, en commémoration de la circumnavigation de l'Afrique, sur la place même où s'embarqua Vasco di Gama et où se trouvent les tombeaux d'un grand nombre de membres de la famille royale; enfin les églises du couvent de Belem, de San-Antao, de Coraçao-de-Jesus, la cathédrale, les églises de St.-Roch, de San-Vicente-de-Fora et de Santa-Eugracia. La ville reçoit d'excellente eau au moyen d'un aquéduc construit, en 1743, par le roi Jean V; c'est peut-être l'ouvrage de ce genre le plus remarquable de l'Europe; il traverse la vallée d'Alcantara sur 35 arcades, dont la plus élevée a 76 mètres de hauteur. L'embouchure du Tage, qui sert de port à Lisbonne, est défendue par plusieurs forts, tels que la Torre-de-Bugio, les forts St.-Julien et St.-Sébastien. Les établissements scientifiques et littéraires de la capitale du Portugal n'ont jamais eu une grande célébrité; il faut néanmoins citer l'académie royale de marine et son observatoire, l'académie des sciences, la bibliothèque royale, formée primitivement par les jésuites et augmentée depuis par la suppression d'un grand nombre de couvents; elle compte 300,000 volumes et est très-riche en manuscrits arabes; les écoles royales de construction et d'architecture navale, de fortification, d'artillerie, de chimie, de sculpture, de commerce; plusieurs autres établissements d'instruction publique, un jardin botanique, un cabinet d'histoire naturelle et quelques bibliothèques de couvents. Lisbonne est la résidence d'un patriarche cardinal et d'un archevêque. Son industrie est peu florissante, mais son commerce est très-étendu, et le grand nombre d'affaires que cette ville fait avec l'Angleterre engage beaucoup de négociants anglais à s'y fixer.

LISBOURG, b. de Fr., Pas-de-Calais, arr. de St.-Pol-sur-Ternoise, cant. d'Heuchin, poste de Fruges; 1140 hab.

LISBURNE, très-jolie pet. v. d'Irlande, comté d'Antrim, sur le Lagan; elle est environnée de fabriques de coton et de toile fine et de blanchisseries, auxquelles elle doit sa prospérité; 5000 hab.

LISCORNO, ham. de Fr., Côtes-du-Nord, com. de Lannebert; 260 hab.

LISI, ham. de Fr., Cher, com. de Pigny; 200 hab.

LISIÈRE-DU-BOIS (la), ham. de Fr., Aube, com. de St.-Mards-en-Othe; 140 hab.

LISIER-DU-PLANTÉ (Saint-), vg. de Fr., Gers, arr., cant. et poste de Lombez; 400 hab.

LISIEUX, *Noviomagus Lexoviorum*, v. de Fr., Calvados, chef-lieu d'arrondissement, à 12 l. E. de Caen et à 46 l. O.-N.-O. de Paris; siége de tribunaux de première instance et de commerce; direction des contributions indirectes; conservation des hypothèques; chambre consultative du commerce, etc. Lisieux est très-agréablement situé au milieu de la vallée d'Auge, si renommée pour ses bons pâturages, au confluent de la Toucques et de l'Orbec, sur le penchant et au pied d'une colline. Une grande partie de la ville est bâtie en bois, et, à l'exception d'une seule rue qui fait partie de la route royale, toutes les autres sont étroites et tortueuses; cependant on y voit de belles promenades et quelques belles constructions, savoir : la cathédrale, édifice gothique dans lequel on remarque une chapelle, monument expiatoire, élevé par l'évêque de Lisieux, Pierre Cauchon, l'un des bourreaux de Jeanne d'Arc; le palais épiscopal, orné de beaux jardins; le séminaire, l'hôpital et une jolie salle de spectacle. Cette ville possède un collége communal; elle est le centre d'une grande fabrication de flanelles, de toiles cretonnes, de draps et d'autres étoffes de laine; rubanneries, tanneries, filatures, blanchisseries; on y fait commerce de grains, de cidre, de chanvre, de lin, de laines, de bétail, de beurre, etc. Foires : le mercredi des Cendres, le jeudi-saint, les 30 juin, 1er août, 16 octobre, 9 novembre; 11,400 hab.

Des ruines que l'on a découvertes, il y a moins d'un siècle, attestent que Lisieux a remplacé l'antique capitale des Lexovii; c'était une ville très-considérable que les Saxons ont détruite au quatrième siècle. Ces mêmes barbares fondèrent ensuite la nouvelle ville que les Normands leur enlevèrent quatre siècles après. Au douzième siècle elle fut brûlée par les Bretons. Plus tard les Anglais et les Français se l'arrachèrent tour à tour. Enfin Charles VII en chassa pour toujours les Anglais en 1448. Les guerres de religion ne lui furent pas moins funestes: Lisieux tomba au pouvoir des ligueurs en 1571; Henri IV s'en empara en 1588. Hennuyer, évêque de Lisieux, sauva les protestants de cette ville du massacre de la St.-Barthélemy, en profitant de leur frayeur pour les convertir à la hâte.

LISINES, vg. de Fr., Seine-et-Marne, arr. de Provins, cant. et poste de Donnemarie; 730 hab.

LI-SING-KIANG, riv. de l'Inde transgangétique, principal affluent de droite du Sangkoï.

LISLE, pet. v. de Fr., Dordogne, arr. de Périgueux, cant. de Brantôme, poste de Bourdeilles; 1270 hab.

LISLE, vg. de Fr., Loir-et-Cher, arr. de Vendôme, cant. de Morée, poste de Pezou; 230 hab.

LISLE, ham. de Fr., Loire, com. de Roanne; 100 hab.

LISLE, b. du cant. de Vaud, Suisse; jadis une ville; on voit encore les restes de ses fortifications.

LISLE-MONTFALCON, ham. de Fr., Isère, com. de Séchilienne; 310 hab.

LISLET, vg. de Fr., Aisne, arr. de Laon, cant. de Rozoy-sur-Serre, poste de Montcornet; 230 hab.

LISMORE, pet. v. d'Irlande, comté de Waterford, sur le Blackwater; remarquable par sa belle cathédrale; ses habitants se livrent à la pêche du saumon; beau château du duc de Devonshire, qui a embelli cette ville de plusieurs édifices; 3000 hab. Patrie du physicien et philosophe Robert Boyle (1626—1691).

LISMORE, île du groupe des Hébrides; son sol est fertile; il produit de l'orge, de l'avoine, des pommes de terre et du lin; on y élève des bêtes à cornes et des chèvres; la pêche est très-lucrative; 2000 hab.

LISON, vg. de Fr., Calvados, arr. de Bayeux, cant. et poste d'Isigny; fabr. de poterie de terre; 645 hab.

LISONZO (le), riv. d'Autriche; parcourt une partie du roy. d'Illyrie, en passant à une petite distance de Gorice et par Gradisca, et aboutit à la mer Adriatique, à 7 l. O. de Trieste.

LISORES, vg. de Fr., Calvados, arr. de Lisieux, cant. de Livarot, poste de Vimoutier; 670 hab.

LISORS, vg. de Fr., Eure, arr. des Andelys, cant. et poste de Lions-la-Forêt; 530 hab.

LISSA, pet. v. de Bohême, cer. de Bunzlau; 2500 hab.

LISSA, b. de Dalmatie, cer. de Spalatro, dans l'île du même nom et sur l'emplacement de la célèbre ville d'Issa, sur un petit golfe, qui y forme un bon port; 3000 hab.

LISSA, île de Dalmatie, cer. de Spalatro, au S.-E. de celle de Lessina. Superficie 2 l. c. géogr.; pop. 5000 hab. Elle est montagneuse, mais riche en miel, vin, huile, amandes, figues, soie et bêtes à laine; la pêche est très-productive, surtout celle des sardines; commerce très-actif de poisson salé.

LISSA, *Limiosaleum*, (en polonais *Lezno*), v. de Prusse, appartenant au prince de Sulkowski, prov. et rég. de Posen. Son château, rebâti en 1720, est le berceau de la famille Leszinski, de laquelle elle passa aux Sulkowski. La ville possède 3 églises protestantes et une catholique, une synagogue et une école hébraïque, 2 hôpitaux, un gymnase, un théâtre, des fabriques de draps et d'autres étoffes de laine, de tabac, de chicorée; des tanneries et un commerce local actif; 8200 hab.

LISSAC, vg. de Fr., Arriège, arr. de Pamiers, cant. et poste de Saverdun; 370 hab.

LISSAC, vg. de Fr. Corrèze, arr. et poste de Brives, cant. de l'Arche; filat. hydraul. de laine; fabr. de draps, couvertures de laine; papier, vinaigre et bleu de Prusse; 893 hab.

LISSAC, ham. de Fr., Haute-Garonne, com. de Montbrun; 150 hab.

LISSAC, vg. de Fr., Haute-Loire, arr. du Puy, cant. et poste de St.-Paulien; 670 h.

LISSAC, vg. de Fr., Lot, arr., cant. et poste de Figeac; 1260 hab.

LISSAY, vg. de Fr., Cher, arr. et poste de Bourges, cant. de Levet; 390 hab.

LISSE (Gironde). *Voyez* ÉTIENNE-DE-LISSE (Saint-).

LISSE, vg. de Fr., Lot-et-Garonne, arr. de Nérac, cant. et poste de Mezin; papeterie; 470 hab.

LISSE, vg. de Fr., Marne, arr. et cant. de Vitry-le-Français, poste de la Chaussée; 260 hab.

LISSENDRE, ham. de Fr., Lot-et-Garonne, com. de Castelmoron-sur-Lot; 140 hab.

LISSES, vg. de Fr., Seine-et-Oise, arr. et cant. de Corbeil, poste de Mennecy; 500 hab.

LISSEUIL, vg. de Fr., Puy-de-Dôme, arr. de Riom, cant. de Menat, poste de Montaigut; 290 hab.

LISSEY, vg. de Fr., Meuse, arr. de Montmédy, cant. et poste de Damvillers; 420 h.

LISSIEU, vg. de Fr., Rhône, arr. de Lyon, cant. de Limonest, poste de Chasselay; 420 hab.

LISSITZ, b. d'Autriche, gouv. de Moravie-et-Silésie, cer. de Brunn; fabr. de faïence, alun et vitriol; 2000 hab.

LISSY, vg. de Fr., Seine-et-Marne, arr. de Melun, cant. de Brie-Comte-Robert, poste de Coubert; 140 hab.

LISTRAC, vg. de Fr., Gironde, arr. de Bordeaux, cant. et poste de Castelnau-de-Médoc; 1800 hab.

LISTRAC-DE-DURÈZE, vg. de Fr., Gironde, arr. de la Réole, cant. de Pellegrue, poste de Monségur; 190 hab.

LISY-SUR-OURCQ. *V.* LIZY-SUR-OURCQ.

LIT, vg. de Fr., Landes, arr. de Dax, cant. et poste de Castets; 1280 hab.

LITAKOU, v. de la Cafrerie intérieure, dans le pays des Briquas; autrefois beaucoup plus considérable et plus peuplée; maisons en terre glaise et en pierres; à 25 l. de Nouvelle-Litakou.

LITAKOU (Nouvelle-), v. de la Cafrerie intérieure et résidence du roi des Briquas, auquel payent tribut plusieurs hordes de Hottentots, qui errent dans les solitudes au S.-O. de la rivière Litakou; les missionnaires y ont une église et des écoles; 6000 hab.

LITCHFIELD, comté de l'état de Connecticut, États-Unis de l'Amérique du Nord; il est borné par les états de Massachusetts et de New-York et par les comtés de Hartford, Newhaven et Fairfield; il a 37 l. c. géogr. et 50,000 hab. Pays très-montagneux au N.-O., entrecoupé de belles vallées et généralement fertile et bien cultivé. Le Housatonic et le Farmington en sont les principaux cours d'eau. Vastes forêts; éducation du bétail; culture de blé et de fruits, surtout dans la vallée du Housatonic; mines de fer, forges et scieries nombreuses.

LITCHFIELD, pet. v. des États-Unis de l'Amérique du Nord, état de Connecticut, comté de Litchfield, dont elle est le chef-lieu, sur le Great-Pond et au pied d'une colline d'où l'on jouit d'une vue charmante. Cette ville renferme une académie avec une célèbre école de droit fondée en 1734, une banque, une prison, plusieurs moulins, des tanneries et une fabr. de clous; dans son voisinage s'élève le Mount-Tom, haut de 230 mètres; 6000 hab., avec les environs.

LITCHFIELD. *Voyez* GRAYSON (comté).

LITCHFIELD, com. des États-Unis de l'Amérique du Nord, état du Maine, comté de Lincoln; 2700 hab.

LITCHFIELD, grande et florissante com. des États-Unis de l'Amérique du Nord, état de New-York, comté de Herkimer; 3400 h.

LITHAIRE, vg. de Fr., Manche, arr. de Coutances, cant. et poste de la Haye-du-Puits; 2000 hab.

LITHUANIE (*Litwa* dans la langue du pays). L'ancien grand-duché de ce nom fait aujourd'hui partie de la Russie occidentale. Ses habitants, les Lithuaniens, issus de la même souche que les Lettes, étaient primitivement tributaires de la Russie; ils se rendirent en partie indépendants pendant les guerres intestines qui désolèrent la monarchie russe, sous les successeurs de Wladimir, et se rendirent redoutables à leurs voisins. Plus tard le grand-duché fut réuni, par suite d'un mariage, à la Pologne, en 1569, et forma une principauté alliée de cet état; conservant ses magistrats, ses lois, son armée, son trésor et ayant part à l'élection du roi, qui se faisait à Varsovie. En 1773, 1793 et 1795, presque toute la Lithuanie fut réunie à la Russie; une petite partie seulement fut enclavée dans la régence prussienne de Gumbinnen (Prusse-Orientale); terrain fertile et bien cultivé, d'une étendue de 316 l. c. géogr., nourrissant une population de 400,000 âmes. Le nom de Lithuanie a disparu des divisions officielles de la Russie; le territoire échu à cette puissance forme aujourd'hui les cinq gouvernements de Vilna, Grodno, Vitebsk, Mohilef et Minsk. Voici, d'après la statistique de M. Schnitzler, la superficie et la population de ces gouvernements :

Vilna . . .	1081	l. c. géogr.	1,357,400	hab.
Grodno . .	536	»	868,100	»
Vitebsk. .	668	»	934,900	»
Mohilew .	918	»	945,400	»
Minsk. . .	1832	»	1,160,100	»
	5035	l. c. géogr.	5,265,900	hab.

Les Lithuaniens sont moins civilisés, mais passent pour avoir plus de droiture que les Russes. La noblesse parle la langue polonaise; le peuple n'a conservé sa langue propre que près du Niémen. La noblesse lithuanienne est plus fière et plus dure envers les paysans que celle de Pologne.

Le sol de la Lithuanie est généralement plat et sablonneux, coupé seulement par quelques chaînons peu élevés; il est couvert en partie par des marécages et de grandes forêts, mais offre aussi çà et là un terrain fertile; il produit du blé, du chanvre, du lin, du bois, de la tourbe, du miel et de la cire, du fer et nourrit beaucoup de bestiaux; ses exportations consistent en blé, cire, miel, peaux de loup et d'ours, laine et chevaux de petite taille, mais très-bons. Les principaux cours d'eau sont : la Duna, le Dniéper, le Niémen, le Prypiz ou Prypet et le Bougi. L'industrie est peu avancée. Dans la vaste forêt de Bialowicza (gouv. de Grodno), qui a près de 50 l. de circuit, il existe de nombreux troupeaux de bisons, les seuls qu'on trouve encore en Europe; il est défendu, sous peine de mort, d'en tuer. (*Voyez* pour les détails les articles Vilna, Grodno, Vitebsk, Mohilew et Minsk.)

LITNOWICE, pet. v. de la Russie d'Europe, gouv. de Podolie.

LITSCHAU, très-pet. v. de la Basse-Autriche, cer. supérieur du Mannhartsberg; fabrication de toiles et d'étoffes de coton; commerce de porcs; 1200 hab.

LITTAU, pet. v. fortifiée d'Autriche, gouv. de Moravie-et-Silésie, cer. d'Olmutz; fabrication de bas de laine; 2500 hab.

LITTAY, b. d'Illyrie, gouv. de Laibach, cer. de Neustadtl; situé sur la Save; tanneries.

LITTEAU, vg. de Fr., Calvados, arr. de Bayeux, cant. et poste de Balleroy; 590 h.

LITTENHEIM, vg. de Fr., Bas-Rhin, arr., cant et poste de Saverne; 380 hab.

LITTENHEIM. *Voyez* Leutenheim.

LITTLE, baie sur la côte S. du Labrador, à l'E. de la grande baie de Shécatica.

LITTLE. *Voyez* Savannah.

LITTLE-ANGUILLA (Petit-Anguilla), pet. île au N.-E. et tout près de la Grande-Anguilla (Petites-Antilles), dont elle dépend.

LITTLE-ARKANSAS. *Voyez* Arkansas.

LITTLE-CAMBRAY, îlot du golfe de Clyde, comté de Bute, en Écosse, à l'E. de celle de Bute et au S. de Large-Cambray; est la propriété du comté d'Eglinston.

LITTLE-DEER. *Voyez* Deer-Isle.

LITTLE-DUNKELD, paroisse d'Écosse, comté de Perth; 3000 hab.

LITTLE-EGG-HARBOUR, b. florissant des États-Unis de l'Amérique du Nord, état de New-Jersey, comté de Burlington, à l'embouchure du Mullicus dans la baie de Little-Egg-Harbour; il a un port, de vastes chantiers pour la construction des vaisseaux, des usines, différents moulins, des salines, et fait le commerce de bardeaux, de goudron et de charbon de terre.

LITTLE-EGG-HAVEN, baie sur la côte E. de l'état de New-Jersey, États-Unis de l'Amérique du Nord.

LITTLE-FORT-MOUNTAINS. *V.* Peaked.

LITTLE-GRAVEL. *Voyez* Osage (fleuve).

LITTLE-HARBOUR. *Voyez* Plaisance (baie).

LITTLE-JAMES. *Voyez* James.

LITTLE-MANAN. *Voyez* Manan.

LITTLE-MÉCATINA. *Voyez* Mécatina.

LITTLE-MISSOURI. *Voyez* Clarke (Arkansas).

LITTLE-MISSOURI. *Voyez* Missouri (fleuve).

LITTLE-PÉDÉE. *Voyez* Pédée.

LITTLE-PÉDRO-POINT. *Voyez* Pédro-Point.

LITTLE-PLATTE. *V.* Missouri (fleuve).

LITTLE-PLUMB-POINT. *Voyez* Plumb-Point.

LITTLE-ROCK, nom qu'on a donné récemment à la ville d'Arkopolis.

LITTLE-SAINT-SALVADOR, pet. île inhabitée, à 5 l. de l'île San-Salvador (îles Bahamas).

LITTLE-SÉBASCADEANG. *Voyez* Sébascadeang.

LITTLE-STONEY, lac au N.-E. du territoire de Missouri, États-Unis de l'Amérique du Nord; c'est une des sources du Missisipi.

LITTLE-VAN-DYKES, pet. île au N.-O. de Tortola (Petites-Antilles), dont elle dépend.

LITTLE-VERDIGRIS. *Voyez* Arkansas.

LITTRY, vg. de Fr., Calvados, arr. de Bayeux, cant. de Balleroy, poste; exploitation et commerce de charbon de terre et de chaux pour l'agriculture; 2338 hab.

LITZ, vg. de Fr., Oise, arr. et cant. de Clermont, poste de Bresles; 310 hab.

LIUBAR ou **LUBAR**, v. de la Russie d'Europe, gouv. de Volhynie, sur le Sleecz; 3300 hab.

LIUBIN, pet. v. de la Russie d'Europe, gouv. de Jaroslaw; située sur l'Olénora; 1500 hab.

LIUBUSCA, b. de la Turquie d'Europe, eyalet de Bosnie, sandschak de Hersek; situé sur le Tribiesat et sur la frontière d'Autriche.

LIUNO, pet. v. fortifiée de Turquie d'Europe, eyalet de Bosnie, sandschak de Hersek, sur la riv. de Buschablat; elle est située sur la grande route qui mène de la Dalmatie autrichienne en Bosnie et qui la rend assez commerçante; 4000 hab.

LIUSNÆLF, fl. de la Suède, formé de trois rivières : la Mitæ, la Liusna et la Tænna, qui se réunissent dans le lac Læssen; il forme plusieurs cataractes, reçoit les eaux de la Worna, venant de la Norwège, et donne naissance à plusieurs lacs, à peu de distance de son embouchure dans le golfe de Bothnie.

LIVADIA, gros vg. de la Turquie d'Europe, eyalet de Dschesair, sandschak de l'île d'Andros ou Andra.

LIVADIE, v. commerçante de la Turquie d'Europe, eyalet de Dschesair, sandschak d'Egribos; située dans une plaine, à l'O. du lac Topolja; elle est le siége d'un métropolitain grec et habitée par des Turcs, des Grecs et des juifs, qui font un commerce très-considérable en blé, riz, laine et kermès et fabriquent des étoffes de coton et de la toile; 10,000 hab.

LIVAIE, vg. de Fr., Orne, arr. et poste d'Alençon, cant. de Corrouges; 520 hab.

LIVAROT, b. de Fr., Calvados, arr. et à 4 l. S. de Lisieux, chef-lieu de canton et poste; fromages renommés; 1215 hab.

LIVATO, b. de l'île de Céphalonie; situé dans une plaine très-riche en vin et raisins de Corinthe; a un bon port; 2500 hab.

LIVENZA, fl. d'Italie; se jette dans la mer Adriatique.

LIVENEN ou **LEVENTINE**, district du cant. du Tessin, Suisse.

LIVERDAD, autrefois **TRUXILLO**, dép. maritime de la rép. du Pérou. Ce département, le plus grand de la république, a été formé de la ci-devant intendance de Truxillo et des prov. de Jaën et de Maïnas, et est borné au N. par la rép. de l'Ecuador, à l'E. par des pays peuplés d'indigènes indépendants, au S. par le dép. de Junin et à l'O. par l'Océan Pacifique. Sa superficie est de 12,000 l. c. géogr., dont, selon M. Pœppig, 9600 pour les prov. de Maïnas et de Jaën; sa population ne s'élève, avec les deux dernières provinces, qu'à 300,000 âmes. Le sol de ce département et sa nature varient à l'infini, mais généralement cette région est une des plus belles, des mieux arrosées et des plus riches de tout le Pérou. A l'E. s'élèvent les Cordillères, dont les pentes sont couvertes de superbes forêts, abondantes en arbres à quinquina et en bois de différentes couleurs. Ces montagnes fournissent de l'or (prov. de Chota et Pataz), de l'argent, du fer, du plomb, du soufre, de l'alun, du vitriol et du sel gemme (Chachapoyas). L'intérieur du département présente un sol onduleux, traversé par différentes ramifications des Andes, qui y forment de superbes vallées (de Chimu, de Chicama, de Viru, etc.). Les districts les plus fertiles s'étendent le long du Maragnon et du Rio-Huallaga (Maïnas), où l'on recueille en abondance du blé, du cacao, de la canne à sucre, du café, du coton, de l'indigo, du quinquina, différentes espèces de baume et de gomme, de la salsepareille, etc. Les provinces maritimes produisent surtout du riz, du vin, du tabac et de l'huile. Dans les districts montagneux on s'occupe, outre de l'éducation du bétail, qui y est très-florissante, de celle des abeilles, dont les produits forment un important article de commerce. La prov. de Piura, la plus septentrionale du département, en est aussi la plus aride et la plus déserte; les deux tiers de sa superficie sont inhabitables et ne présentent qu'une immense plage de sable ardent, où, sur une distance de 50 l., on ne trouve ni ruisseau, ni arbre (les déserts de Tumbez et de Séchura). Les principaux cours d'eau du département sont, outre le Maragnon et le Rio-Huallaga, qui coulent vers le N., le Rio-de-la-Leche (fleuve du lait), le Rio-Lambayèque, le Rio-Tumbez, le Rio-Santa et le Rio-Sechura. Dans la vallée de Chimu (prov. de Truxillo) on trouve d'intéressants restes du règne du Chimu (ruines de la ville Mansiche dans les environs de Truxillo). Le dép. de Liverdad est divisé en neuf provinces: Truxillo, Lambayèque ou Sauna, Piura, Caxamarca, Chota, Huamachuco, Patas ou Caxamarquilla (Caxamarquilla-y-Callaos), Chachapoyas et Maïnas avec Jaën. Les principaux ports du département sont: Huanchaco, le port de Truxillo, Pacasmayo, Cherrepe, Sechura et Tumbez.

LIVERDUN, vg. de Fr., Meurthe, arr. de Toul, cant. de Domèvre, poste de Nancy; il est situé sur le revers d'une côte escarpée, au bas de laquelle coule la Moselle; 970 hab.

LIVERDY, vg. de Fr., Seine-et-Marne, arr. de Melun, cant. et poste de Tournan; 510 hab.

LIVERMORE, com. des Etats-Unis de l'Amérique du Nord, état du Maine, comté d'Oxford, sur le Sagadahok; 2500 hab.

LIVERNON, vg. de Fr., Lot, arr. et à 4 1/2 l. O. de Figeac, chef-lieu de canton, poste de la Capelle-Marival; 829 hab.

LIVERPOOL, gr. et belle v. d'Angleterre, comté de Lancaster; bâtie en amphithéâtre sur la rive droite et près de l'embouchure de la Mersey, intermédiaire nécessaire entre l'Irlande et l'Angleterre, voisine de Manchester, l'un des centres manufacturiers les plus importants du royaume-uni, à 205 milles N.-O. de Londres, cette ville dut nécessairement se ressentir de l'avantage de cette heureuse situation; aussi peu de villes offrent des exemples d'un accroissement aussi rapide et d'une prospérité aussi prodigieuse. Liverpool est en correspondance avec toutes les places commerçantes du globe; il entretient des agents sur les points principaux, et chaque jour, par leur intermédiaire, il sait tout ce qui peut intéresser le commerce et la fabrique; il demande au monde entier ses produits et distribue partout en retour le produit de ses manufactures. C'est ce double mouvement d'échanges continus et toujours progressifs qui fait aujourd'hui de Liverpool la seconde ville commerciale de l'Angleterre. En 1836 Liverpool versa à la douane plus de 100 millions de francs; en 1836 le nombre de ses navires atteignait près de 15,000, jaugeant ensemble 2 millions de tonneaux. Cette ville surpasse, à elle seule, le mouvement commercial des États-Unis et accomplit une plus grande somme d'opérations que tous les ports réunis de la France. On peut se faire une idée de cette activité puissante par le fait suivant : en 1835 les États-Unis ont expédié sur l'Europe 1,010,500 balles de coton ; Liverpool en a absorbé pour sa part environ 700,000. Chaque semaine 15,000 balles de coton entrent dans ce port, et il en sort dans le même espace de temps pour 250,000 francs du même produit manufacturé. Liverpool n'a pas de port, dans l'acception de ce mot ; mais 25 bassins ou docks, larges, commodes et spacieux, occupant une étendue de 45 hectares (112 acres), forment autant de ports artificiels, qui facilitent les arrivages et protègent les navires contre les ouragans très-fréquents dans le canal de St.-Georges. De nombreux canaux font communiquer cette ville avec celles de l'intérieur ; celui de Leeds-et-Liverpool en est le plus considérable ; il commence à l'extrémité nord de Liverpool, suit le cours de la Douglas jusqu'à Wigon, qui fournit aujourd'hui à cette ville 250,000 tonneaux de charbons et communique, par l'Aire et l'Ouse, avec Hull et la mer du Nord. Les divers canaux qui composent le système hydraulique de cette ville ont un parcours d'environ 412 milles. Huit compagnies sont en possession de la navigation à vapeur du port de Liverpool et composent un effectif équivalent à plus de 9000 chevaux. Depuis 1808 le chemin de fer de Manchester à Liverpool est livré à la circulation ; la distance qui sépare ces deux villes n'est plus aujourd'hui que de 2 1/2 heures pour les marchandises et d'une heure 20 minutes pour les voyageurs. Quoique Liverpool soit plutôt une ville commerciale qu'industrielle, elle renferme cependant dans son sein une foule d'établissements considérables. On y trouve des chantiers de construction, des fabriques de chaînes-câbles, de montres et de chronomètres, des corderies, des fonderies de fer et de cuivre. Sept établissements fabriquent des machines à vapeur ; trente chantiers maritimes, dont douze construisent des bateaux à vapeur et des navires de tout bord, sont en pleine activité. Jusqu'en 1829 les affaires de banque se sont opérées à Liverpool par l'entremise d'une succursale de Londres ; aujourd'hui 4 banques particulières ont attiré à elles presque toutes les affaires. L'aspect général de cette ville est très-pittoresque ; elle s'élève doucement en amphithéâtre sur la rive droite de la Mersey et offre de toutes parts une masse compacte de constructions hérissées çà et là de flèches, de clochers et de coupoles, au-dessus desquels plane un immense nuage de fumée. Lorsqu'on est sur la rive gauche de la Mersey, on n'aperçoit qu'une forêt oscillante de mâts, de vergues et de cordages, qui cachent et découvrent par intervalles les édifices de la ville qui avoisinent les docks. Si Liverpool a de beaux quartiers où roulent de brillants équipages, des rues larges, bien percées et bordées de magnifiques trottoirs, il a aussi tout à côté d'étroites ruelles, sombres et sales, où la misère promène ses haillons, au milieu d'une boue noire et puante que les rayons du soleil ne dessèchent jamais. Sous le rapport de l'art, Liverpool n'offre rien de remarquable ; ses monuments sont froids et lourds ; les ornements y sont prodigués sans discernement et sans goût ; les Liverpooliens comprennent mieux l'architecture domestique. Ses plus beaux édifices publics sont : les églises de St.-Paul et de St.-Luc, celle de St.-George, en fer fondu ; le marché, le plus beau peut-être de l'Europe et dont le vaste toit est soutenu par 120 piliers en fonte ; le marché aux grains, le casino, l'infirmerie, l'hôtel de ville, la bourse, bâtie sur le plan de la place St.-Marc à Venise et au milieu de laquelle se trouve le beau monument en fer fondu, élevé à la mémoire de Nelson ; la nouvelle douane ; les bains sur les bords de la Mersey, placés parmi les plus beaux de l'Angleterre. Il faut ajouter le beau phare, achevé en 1830, et le magnifique tunnel, qui, creusé sous une partie de la ville, joint le chemin de fer de Manchester à Liverpool au port de cette dernière ville. Liverpool ne possède qu'une salle de spectacle, deux promenades publiques et le zoological garden, promenade payante, dont la porte ne s'ouvre qu'au prix d'un schelling et qui se ferme le dimanche, et reste ainsi inaccessible à l'ouvrier laborieux. Comme toutes les grandes villes de l'Angleterre et des États-Unis, les distributions d'eau et de gaz se font à domicile ; quatre compagnies se partagent ce monopole ; tous les lieux de réunion publique, boutiques, théâtres et jusqu'aux églises, font usage du gaz ; l'eau est distribuée dans toutes les maisons moyennant une somme annuelle, fixée d'après le prix des loyers. Quoique le Liverpoolien ne soit rien moins qu'artiste, que le négoce absorbe tout son temps, il a cependant son musée, son jardin botanique, regardé comme le plus beau et le plus riche de l'Angleterre, son académie de peinture, ses expositions, ses prix et ses institutions scientifiques. Il faut considérer que Liverpool est une ville jeune, pour laquelle la vie matérielle, comme chez l'enfant, est l'objet principal. Parmi les nombreux établissements de bienfaisance de Liverpool, on distingue le *night asylum for the houseless poor* (asile de nuit pour les pauvres qui sont sans demeure). Plus de 6000 personnes trouvent là annuellement un asile et y passent cinq nuits, terme moyen. On lit au-dessus de la porte ces touchantes paroles de saint Luc : « Frappez et on vous ouvrira. » Près de 70 bateaux à vapeur et de nombreux paquebots entretiennent des communications fréquentes et régulières entre cette ville et les principaux ports de l'Irlande, le Portugal, l'Italie, les Etats-Unis, les Antilles et l'Amérique du Sud.

Liverpool est une véritable création du

commerce et de l'industrie. Son origine est inconnue; ce n'est guère qu'au onzième siècle qu'on trouve son nom cité pour la première fois, à propos du château qu'y fit construire le comte Roger de Poitou, immédiatement après la conquête des Normands. Depuis cette époque à 1561 son histoire n'offre rien de remarquable. Misérable faubourg, sans importance, dans une contrée généralement peu fertile, et entouré de marais, s'il progresse, c'est lentement d'abord et d'une manière incertaine. En 1561 Liverpool ne dispose que de 177 tonneaux; en 1648 ce chiffre s'élevait à peine à 462. Ce n'est qu'en 1699, avec l'ouverture du premier dock (bassin), que l'importance de ce port commence à se dessiner; alors son tonnage décuple, et, dès ce moment, Liverpool grandit à vue d'œil; c'est une ville qui monte sans s'arrêter, sans regarder derrière elle, et qui échappe à toutes les supputations des arithméticiens politiques. En 1700 la population de Liverpool était de 5714 hab., aujourd'hui elle est de 230,000.

LIVERPOOL, vg. des États-Unis de l'Amérique du Nord, état de New-York, comté d'Onondaga; riches salines.

LIVERPOOL, vg. des États-Unis de l'Amérique du Nord, état d'Ohio, comté de Médina, sur le Rocky; salines très-considérables.

LIVERPOOL, v. de la Nouvelle-Galles du Sud, comté de Cumberland; elle est située sur le Georges, au S. de Paramatta, dans une contrée marécageuse. Elle a une belle église, un palais du gouvernement, une prison, un hôpital, une école publique et environ 1500 hab.

LIVERPOOL, v. de la Nouvelle-Écosse, comté de Queens, dont elle est le chef-lieu, à l'embouchure du Liverpool dans l'Océan Atlantique; elle a un bon port et fait un commerce actif en farine et en poissons; 9000 hab.

LIVERS, vg. de Fr., Tarn, arr. de Gaillac, cant. et poste de Cordes; 190 hab.

LIVERSAY. *Voyez* JEAN-DE-LIVERSAY (Saint-).

LIVET, vg. de Fr., Isère, arr. de Grenoble, cant. et poste de Bourg-d'Oisans; 1210 hab.

LIVET, vg. de Fr., Orne, arr. de Mortagne-sur-Huine, cant. et poste de l'Aigle; 140 hab.

LIVET-EN-CHARNIE, vg. de Fr., Mayenne, arr. de Laval, cant. et poste d'Évron; 400 h.

LIVET-EN-OUCHE, vg. de Fr., Eure, arr. et poste de Bernay, cant. de Beaumesnil; 150 hab.

LIVET-EN-SAONOIS, vg. de Fr., Sarthe, arr. de Mamers, cant. de St.-Pater, poste d'Alençon; 170 hab.

LIVET-SUR-AUTHOU, vg. de Fr., Eure, arr. de Bernay, cant. et poste de Brionne; 360 hab.

LIVIÈRE (Sainte-), vg. de Fr., Marne, arr. de Vitry-le-Français, cant. et poste de St.-Remy-en-Bouzemont; 390 hab.

LIVILLIERS, vg. de Fr., Seine-et-Oise, arr. et poste de Pontoise, cant. de l'Isle-Adam; 260 hab.

LIVINERTHAL, vallée du roy. Lombard-Vénitien, gouv. de Milan, délégation de Sondrio; 800 hab.

LIVINGSTON (île). *Voyez* SMITH.

LIVINGSTONE, comté de l'état de Kentucky, États-Unis de l'Amérique du Nord; il est borné par les comtés d'Union, de Hopkins, de Caldwell, de Trigg et de Hickmanns. Pays montagneux, couvert de belles forêts et bien arrosé; culture de blé, de tabac et de fruits. Salem, au centre du comté, en est le chef-lieu; 12,000 hab.

LIVINGSTONE, comté de l'état de New-York, États-Unis de l'Amérique du Nord; cette province, formée de parties des prov. d'Ontario et de Génessée, est bornée par les comtés de Monroé, d'Ontario, de Steuben et d'Alleghany. Le Génessée est le principal cours d'eau de ce pays fertile où la culture fait de rapides progrès. Williamsburgh, sur le Génessée, est le chef-lieu du comté; 7000 hab.

LIVINGSTONE, b. des États-Unis de l'Amérique du Nord, état de New-York, comté de Columbia, sur l'Hudson; 2500 hab.

LIVINHAC-LE-HAUT, b. de Fr., Aveyron, arr. de Villefranche-de-Rouergue, cant. et poste d'Aubin; exploitation de houille; 1940 hab.

LIVINIÈRE (la), vg. de Fr., Hérault, arr. de St.-Pons, cant. d'Olonzac, poste d'Azille; 1120 hab.

LIVONIE ou **LIEVLAND**, gouv. de la Russie d'Europe. Son nom lui vient de ses habitants primitifs, qui se fondirent peu à peu avec les Lettes et les Estoniens. Ce gouvernement contient une partie de l'Estonie, c'est-à-dire le cer. de Dorpat et l'île d'OEsel. Il est borné au N.-E. par Peipus, au N. par l'Estonie, à l'E. par Pelaou, au S.-E. par Witebsk, au S.-O. par la Courlande, à l'O. par la mer Baltique. C'est dans la Baltique qu'est située l'île d'OEsel, ainsi que d'autres îlots moins considérables. La Livonie est un pays de côtes, accidenté, entrecoupé par des collines, par des forêts, par des lacs, par des étangs, par des marais et des broussailles. Son terrain est sablonneux le long des côtes; dans l'intérieur le sol offre des parties fertiles et même pittoresques, surtout sur les bords de la Duna. La mer Baltique forme, entre l'île d'OEsel et le continent, le détroit de Niegaer; dans le N.-E. on aperçoit le grand Piepus et son détroit, le lac de Pshou, et au milieu le lac de Werrières. Son climat est désagréable, l'air est froid et vif jusqu'à la fin du mois de mai. Les trois mois d'été sont d'une chaleur excessive; le ciel est toujours chargé d'orages et fréquemment de brouillards. L'agriculture y récompense richement le travail du laboureur; la linette de Riga se vend avantageusement dans la moitié de l'Europe; il y a aussi plusieurs fabriques de glaces, de draps, de toiles, de faïence, de potasse; des distilleries, des tuileries, etc. Sa population est de 737,800 âmes. La position des paysans de ce gouvernement s'est un peu améliorée depuis 1816. La noblesse aussi a plus de liberté que celle des autres provinces de la Russie; elle a su conserver plusieurs des prérogatives dont elle jouissait sous la domination suédoise et polonaise. Une partie de la Livonie (Juflanty), celle qui s'étend jusqu'à la Dziwa, appartenait à la Pologne et ne fut cédée à la Suède qu'en 1660, au traité d'Oliwa.

LIVORNO, b. de la prov. de Vercelli, roy. de Sardaigne.

LIVOSSART, ham. de Fr., Pas-de-Calais, com. de Febvin-Palvart; 120 hab.

LIVOURNE, v. épiscopale dans le grand-duché de Toscane; jolie et régulièrement bâtie sur les bords de la Méditerranée, en face de l'île Méloria. Elle a un port, protégé par un beau môle et défendu par de belles fortifications; c'est une des principales places marchandes de l'Europe, avantage qu'elle doit à la franchise de son port, le premier de la Méditerranée qui ait joui d'un semblable privilége. Un de ses quartiers s'appelle la Nouvelle-Venise à cause des nombreux canaux dont il est entrecoupé et sur lesquels, comme à Venise, on transporte les marchandises jusqu'à la porte des magasins. Les rues sont en général étroites, mal alignées, bordées de maisons qui ont de quatre à six étages; il faut cependant excepter la Via-Grande ou Ferdinanda, rue qui traverse toute la ville; celle-ci est large et garnie de belles maisons. La place qui est une des plus grandes de l'Italie, le beau monument de Ferdinand Ier et la belle synagogue (la plus belle de l'Europe après celle d'Amsterdam) doivent être cités. Cette ville de commerce renferme peu d'établissements scientifiques et littéraires; fabr. de coraux, de tabacs, de savons; teintureries, tanneries; 60,000 hab.

LIVRADE (Saint-), vg. de Fr., Haute-Garonne, arr. de Toulouse, cant. de Léguevin, poste de l'Isle-en-Jourdain; 370 hab.

LIVRADE (Saint-), v. de Fr., Lot-et-Garonne, arr. et à 2 1/2 l. O. de Villeneuve-sur-Lot, chef-lieu de canton et poste; pruneaux renommés; 3140 hab.

LIVRADE (Saint-), ham. de Fr., Tarn-et-Garonne, com. de Moissac; 600 hab.

LIVRAMENTO (Nossa-Senhora-do-), *Notre-Dame-de-Délivrance*, île avec la chapelle du même nom, à l'entrée du port d'Alcantara, emp. du Brésil, prov. de Maranhao.

LIVRÉ, vg. de Fr., Ille-et-Vilaine, arr. de Rennes, cant. et poste de Liffré; 1730 hab.

LIVRÉ ou **TOUCHE** (la), vg. de Fr., Mayenne, arr. de Château-Gontier, cant. et poste de Craon; 1500 hab.

LIVRON, b. de Fr., Drôme, arr., à 4 l. S. de Valence, cant. et poste de Loriol; moulinage de soie; martinet à instruments aratoires. Ce bourg, agréablement situé sur une colline baignée par la Drôme, non loin du confluent de cette rivière avec le Rhône, était autrefois une ville considérable et forte. Les protestants y soutinrent un long siége contre l'armée royale, en 1574; 3457 hab.

LIVRON, b. de Fr., Drôme, arr. de Valence, cant. et poste de Loriol; moulinage de soie; martinet à instruments aratoires; 3457 hab.

LIVRON, vg. de Fr., Basses-Pyrénées, arr. de Pau, cant. de Pontacq, poste de Nay; 400 hab.

LIVRY, vg. de Fr., Calvados, arr. de Bayeux, cant. et poste de Caumont; 1320 h.

LIVRY, vg. de Fr., Marne, arr. de Châlons-sur-Marne, cant. de Suippes, poste des Petites-Loges; 270 hab.

LIVRY, vg. de Fr., Nièvre, arr. de Nevers, cant. et poste de St.-Pierre-le-Moutier; 1520 hab.

LIVRY, vg. de Fr., Seine-et-Marne, arr., cant. et poste de Melun; 283 hab.

LIVRY, vg. de Fr., Seine-et-Oise, arr. de Pontoise, cant. de Gonesse, poste; 1022 h.

LIW, pet. v. de Pologne, woïwodie de Podlachie, sur le Liwiec; autrefois ville considérable, mais ne comptant plus aujourd'hui que 800 hab.

LIWENSK, pet. b. de la Russie d'Europe, gouv. de Woronéje.

LIWNY, v. et chef-lieu de cercle de la Russie d'Europe, gouv. d'Orel, sur la Sosna; il y a 10 églises, 1 couvent et 6000 hab., s'adonnant principalement à l'agriculture.

LIXHAUSEN ou **LUCKOLSHAUSEN**, vg. de Fr., Bas-Rhin, arr. de Saverne, cant. de Hochfelden, poste de Bouxwiller; 382 hab.

LIXHEIM, pet. v. de Fr., Meurthe, arr. et poste de Sarrebourg, cant. de Phalsbourg; eaux minérales aux environs; 1030 hab.

LIXHEIM (Vieux-), vg. de Fr., Meurthe, arr. et poste de Sarrebourg, cant. de Fénétrange; 400 hab.

LIXIÈRES, vg. de Fr., Meurthe, arr. de Nancy, cant. de Nomény, poste de Pont-à-Mousson; 320 hab.

LIXIÈRES, ham. de Fr., Moselle, com. de Fléville; 160 hab.

LIXING, vg. de Fr., Moselle, arr., cant. et poste de Sarreguemines; 400 hab.

LIXING, ham. de Fr., Moselle, com. de Laning; 490 hab.

LIXURI, pet. v. de l'île de Céphalonie, bien bâtie; siége d'un évêque catholique; fabrication d'étoffes de laine et de liqueurs; commerce; 5000 hab.

LIXY, vg. de Fr., Yonne, arr. de Sens, cant. et poste de Pont-sur-Yonne; 450 hab.

LIZAC, ham. de Fr., Tarn-et-Garonne, com. de Moissac; 1000 hab.

LIZAIGNE (Saint-), vg. de Fr., Indre, arr., cant. et poste d'Issoudun; haut-fourneau; belle papeterie; 1078 hab.

LIZANT, vg. de Fr., Vienne, arr., cant. et poste de Civray; 960 hab.

LIZARD, cap au S.-O. de l'Angleterre, comté de Cornwall.

LIZAY, ham. de Fr., Loire, com. de Débats-Rivière-d'Orpra; 160 hab.

LIZERAY, vg. de Fr., Indre, arr., cant. et poste d'Issoudun; 440 hab.

LIZEROLES, ham. de Fr., Aisne, com. de Montescourt-Lizeroles; 120 hab.

LIZIER (Saint-), pet. v. de Fr., Arriège, arr., à 1/2 l. N. et poste de St.-Girons, chef-lieu de canton, sur la rive droite du Salar; scierie de marbre; fabr. de papiers et de tissus coton et laine; 1311 hab.

LIZIER-D'USTOU (Saint-), ham. de Fr., Arriège, com. d'Ustou; 1300 hab.

LIZIÈRES, vg. de Fr., Creuse, arr. de Guéret, cant. de Grand-Bourg, poste de la Souterraine; 600 hab.

LIZIEUX, ham. de Fr., Isère, com. de Varacieux; 250 hab.

LIZINE, vg. de Fr., Doubs, arr. de Besançon, cant. d'Amancey, poste de Quingey; 290 hab.

LIZIO, vg. de Fr., Morbihan, arr. et poste de Ploermel, cant. de Malestroct; 980 hab.

LIZOS, vg. de Fr., Hautes-Pyrénées, arr. et poste de Tarbes, cant. de Pouyastruc; 110 hab.

LIZY, vg. de Fr., Aisne, arr. de Laon, cant. et poste d'Anizy-le-Château; 340 hab.

LIZY-SUR-OURCQ, b. de Fr., Seine-et-Marne, arr. et à 4 l. N.-E. de Meaux, chef-lieu de canton et poste; fort marché aux grains; exploitation de tourbe dans le canton; 1187 hab.

LLAGONNE, vg. de Fr., Pyrénées-Orientales, arr. de Prades, cant. et poste de Mont-Louis; 450 hab.

LLACTACUNGA. *Voyez* TACUNGA.

LLAMAS. *Voyez* LAMAS.

LLANDAF, très-pet. v. d'Angleterre, comté de Glamorgan; siége d'un évêque; belle cathédrale; 1200 hab.

LLANDILOVAWR, b. d'Angleterre, comté de Caermarthen, sur le Towy, qu'on y passe sur un beau pont en pierres; manufactures de flanelles et de bas; 1800 hab.

LLANDIMDOVERY, pet. v. d'Angleterre, comté de Caermarthen; florissante par sa fabrication et son commerce de bas; mines de plomb; 2000 hab.

LLANDSILIO, canal d'Angleterre, branche de celui d'Ellesmeere; va de cette ville à Llandsilio.

LLANELLY, pet. v. d'Angleterre, comté de Caermarthen, sur un embranchement du canal de Bristol; commerce de houille; 7000 hab.

LLANES, pet. v. d'Espagne, chef-lieu de district dans la principauté des Asturies; située à 22 1/2 l. E. d'Oviedo, sur la mer et près du cap de même nom; elle a un port de pêcheurs; 1250 hab.

LLANGOLLEN, gros b. d'Angleterre, comté de Denbigh, sur la Dee; fabrication de flanelles et de bas; il est remarquable par le magnifique aquéduc que traverse le canal d'Ellesmere. Dans le voisinage on voit les ruines de l'abbaye Valle-Crucis et le monument du prince gallois Eliseg; 1500 hab.

LLANITOS (los). *Voyez* ROSA (Sierra de Santa-).

LLANO-GRANDE, pet. v. de la rép. de la Nouvelle-Grenade, dép. de Cauca, prov. de Popayan, sur une grande plaine (Llanura) au milieu de la belle vallée du Cauca et à 1 l. du fleuve de ce nom; 7000 hab., avec ses environs.

LLANOS (los) ou SANTO-DOMINGO, immense plaine qui s'étend le long de la partie S.-E. de l'île d'Haïti, depuis le Rio-Nisao jusqu'à la Pointe-de-l'Épée et depuis la mer des Antilles qui la baigne jusqu'aux montagnes qui la séparent de la partie N.-E. de l'île. Sa longueur est de 38 l. sur 12 à 14 l. de large; elle est très-bien arrosée et offre en abondance toutes les productions des tropiques.

LLANRWST, b. d'Angleterre, comté de Denbigh; situé sur le Conway, dans une vallée très-fertile; commerce; 2800 hab.

LLANRYSTED, vg. d'Angleterre, comté de Cardigan; remarquable par deux monuments druidiques.

LLANYDLES, b. d'Angleterre, comté de Montgoméry, sur la Severn; grand entrepôt du commerce de la laine filée; 2000 hab.

LLAURO, vg. de Fr., Pyrénées-Orientales, arr. et poste de Perpignan, cant. de Thuir; travail en grand du liége; 300 hab.

LLAYCHA, île faisant partie de l'archipel de Chiloé, au S. de l'île de ce nom, rép. du Chili.

LLIMFIORDEN, golfe de la mer du Nord, au N. du Jutland.

LLINNUA, île faisant partie de l'archipel de Chiloé, au S. de l'île de ce nom, rép. du Chili.

LLIVIA, b. d'Espagne, principauté de Catalogne, dist. et à 2 l. N. de Puicerda et à 3 l. S. de Mont-Louis, au pied des Pyrénées, sur la frontière de France avec laquelle ce bourg communique par un chemin praticable pour les mulets; le Ségré y prend sa source; 1650 hab.

LLO, vg. de Fr., Pyrénées-Orientales, arr. de Prades, cant. de Saillagouse, poste de Mont-Louis; 430 hab.

LLOCO, b. considérable de la rép. du Pérou, dép. de Liverdad, prov. de Lambayèque, à 1 l. de la mer où se trouve le port de Pacasmayo qui fait partie du bourg; culture et commerce de blé; 1700 hab.

LLOYD (cap). *Voyez* CLARENCE (île).

LLUCHMAJOR, v. d'Espagne, prov. de Majorque; dans une plaine fertile de l'île et à 5 l. S.-E. de la ville de Palma; 5500 hab.

LLUPIA, vg. de Fr., Pyrénées-Orientales, arr. et poste de Perpignan, cant. de Thuir; 310 hab.

LO ou **Lo-kiang**, riv. de Chine, affluent du Heng.

LO, ham. de Fr., Haute-Garonne, com. de Sauveterre; 360 hab.

LO (Saint-), *Briovera*, v. de Fr., chef-lieu du dép. de la Manche, à 74 l. O. de Paris; siége de tribunaux de première instance et de commerce; directions des domaines, des contributions directes et indirectes; conservation des hypothèques; résidence d'un ingénieur en chef des ponts-et-chaussées; chambre consultative des manufactures; dépôt royal d'étalons, etc. La ville est bâtie en partie sur le sommet et en partie au bas d'un rocher, sur la rive droite de la Vire, que l'on y passe sur un beau pont; elle a des rues étroites et mal alignées, une belle place assez spacieuse et quelques constructions modernes de bon goût. Ses édifices publics les plus remarquables sont : l'hôtel de la préfecture, les bâtiments des tribunaux, la cathédrale qui se distingue par son élégance et sa légèreté, et l'église de Ste.-Croix, qui passe pour le monument d'architecture saxonne le mieux conservé qu'il y ait en France. On remarque aussi quelques restes d'anciennes fortifications. St.-Lô possède un collége, une école normale primaire, une société d'agriculture et de commerce, la société des vétérinaires de la Normandie, qui siège alternativement à St.-Lô, à Caen et à Bayeux, une société philharmonique, une salle de spectacle, un hôpital, une bibliothèque publique de 4500 volumes, des fabr. de draps dits de St.-Lô, coutils de Camsy, serges, basins, calicots, droguets, rubans de fil, dentelles; blanchisseries; filat. de laine et de coton; coutellerie fine; chaudronnerie; tannerie; commerce en fil et en fer, beurre salé, cidre, miel, blé, bestiaux, chevaux, volailles; foires : les 25 janvier, 28 avril, 22 juillet, 22 septembre, 29 novembre, troisième jeudi de carême, octave de la Fête-Dieu et premier jeudi de septembre; 9065 hab.

Cette ville doit son origine et son nom à saint Lô, évêque de Coutance, qui vivait vers le milieu du sixième siècle et qui était seigneur du château de Briovera (mot qui signifiait pont sur la Vire). St.-Lô fut saccagé deux fois au neuvième siècle, d'abord par les Saxons et ensuite par les Normands. Après que Charles-le-Simple eût cédé, en 911, la Neustrie à ces derniers, ils relevèrent St.-Lô et l'entourèrent de fortifications, et cette ville devint une des plus considérables de la Normandie. En 1346 Édouard III, roi d'Angleterre, s'en empara et la livra au pillage. Pendant les guerres de religion, St.-Lô tomba plusieurs fois au pouvoir des fanatiques des deux partis qui déchiraient la France et ses fortifications furent détruites. Ce n'est que longtemps après que le commerce et l'industrie y ont ramené la prospérité.

LOA (Rio-de-), fl. au S. de la rép. du Pérou, qu'il sépare de celle de Bolivia; il débouche dans l'Océan Pacifique.

LOA, b. avec un bon port dans la rép. du Pérou, dép. d'Aréquipa, prov. de Tarapaca; c'est le point le plus méridional du Pérou.

LOANDA ou **St.-Paul-de-Loanda**, v. considérable et forte de la Basse-Guinée, capitale du roy. portugais d'Angola et résidence du capitaine-général des possessions portugaises dans cette partie de l'Afrique, ainsi que d'un évêque. Fondée en 1578, elle est située en partie près de l'Océan Atlantique et en partie sur une éminence qui domine la plage et près de l'embouchure du Zenza, nommé Bengo par les Portugais. Elle doit être regardée comme la plus belle ville de toute cette région. On y voit des maisons en pierres, plusieurs églises et plusieurs couvents; ses fortifications sont en très-bon état; elle possède un port et fait un commerce assez important; malheureusement l'exportation des esclaves en forme l'article principal. Sa population permanente s'élevait, il y a quelques années, à 5000 âmes. Les habitants les plus riches ont d'assez belles maisons de campagne sur les rives du Zenza, du Danda et du Coanza. Cette ville, de même que Benguéla, est un lieu d'exil pour les criminels portugais. On trouve des mines d'or et d'argent dans le voisinage. Vis-à-vis de la ville de Loanda est située l'île de même nom, qui a 7 l. de long sur 3/4 l. de large, et n'est séparée du continent que par un canal très-étroit. Elle ne produit point de grains, mais on y trouve de l'eau excellente et un grand nombre de chèvres et de moutons.

LOANGILLI ou **Loangiri**, **Longeri**, b. du roy. de Loango, Basse-Guinée, à 1 l. de Banza-Loango; lieu de sépulture des rois.

LOANGO, roy. de la Basse-Guinée, le long de l'Océan Atlantique, depuis le cap Lopez jusqu'à quelques milles au S. du Couango; on ne connaît pas précisément ses limites du côté de l'E. Il se compose du roy. de Loango proprement dit, et des roy. tributaires de Santa-Catharina, de Mayoumba, de Cacongo, de Ngojo et partie de celui de Sogno. Pays généralement plat et marécageux, avec quelques forêts, un grand nombre de rivières et de baies; produit quatre sortes de blé, des patates, ignames, manioc, bananes, tabac, etc. Ses habitants fabriquent une étoffe blanche très-durable avec des feuilles d'arbres, forgent le fer, font du sel, etc. Les femmes sont chargées de la culture. Roi absolu, appelé Mani ou Mourissa-Loango et vénéré presque à l'égal de la divinité. Les nègres du Loango, nommés Bramas, sont soumis à la circoncision; grands chasseurs, doux, civils, hospitaliers, vigoureux, de haute taille et très-superstitieux. Un missionnaire hongrois leur porta l'Évangile en 1663, mais les missionnaires français y trouvèrent peu de traces de christianisme en 1766, et depuis ils furent empoisonnés par les naturels. Dents d'éléphants, cuivre, esclaves, bétail, principaux objets de richesse.

LOANGO. *Voyez* BANZA-LOANGO.

LOBAU, île sur le Danube, près d'Enzersdorf, cer. du Mannhartsberg, en Autriche; elle est célèbre par le passage des Français, en 1809, lors de de la bataille Wagram.

LOBBES, *Habieni Castra*, beau vg. du roy. de Belgique, prov. de Hainaut, arr. de Charleroi, sur la rive gauche de la Sambre; 1700 hab.

LOBEDA, pet. v. du grand-duché de Saxe-Weimar; située au confluent de la Roda avec la Saale; près de là se trouvent les restes du château de Lobdabourg et la source incrustante du Furstenbrunn; 750 hab.

LOBENSTEIN, v. industrieuse, irrégulièrement bâtie, sur le Lemnitz, principauté de Reuss-Lobenstein-Ebersdorf; 3000 hab., qui font un grand commerce de laine et de fil. Elle appartient à la branche de Lobenstein-Ebersdorf qui, en 1824, a ajouté à ses possessions celle de la branche éteinte de Lobenstein-Lobenstein. Son château est la résidence de la veuve du prince de Reuss-Lobenstein.

LOBOS, pet. île de l'Océan Atlantique, sur la côte de Nigritie, entre le cap Corvoeïro et le cap Blanc.

LOBOS, appelée aussi VECCHIO-MARINO, pet. île inhabitée de l'archipel des Canaries, dans le détroit qui sépare celles de Lancerota et de Fortaventura.

LOBOS (îles). *Voyez* TOLÈDE (archipel de).

LOBOS, île dans le golfe de Californie, au S. de l'île de Tiburon et tout près de la côte de l'état de Sonora-et-Cinaloa, confédération mexicaine.

LOBOSITZ, pet. v. de Bohême, cer. de Leitmeritz, sur l'Elbe; bataille de 1756, entre les Prussiens et les Autrichiens; culture de la vigne et de fruits; 1200 hab.

LOBOURG, pet. v. de Prusse, prov. de Saxe, rég. de Magdebourg, sur la rive gauche et non loin de la source de l'Ehle; 1870 hab.

LOBSANN ou LUSAN, vg. de Fr., Bas-Rhin, arr., à 4 l. S. et poste de Wissembourg, cant. de Soultz-sous-Forêts; 700 hab. A un quart de lieue de ce village, situé sur la petite rivière de Soultz, se trouve l'établissement de Marienbronn, avec une mine de houille et un puits d'asphalte, d'où l'on retire le goudron minéral que l'on emploie depuis quelques années comme enduit pour recouvrir les trottoirs, les balcons, et que l'on connaît sous le nom de Lobsann.

LOBSENS (en polonais *Lobzenica*), pet. v. de Prusse, rég. de Posen, dist. de Bromberg, sur la Lobsanka; fabrication de draps et de dentelles; tanneries; commerce de blé; 2400 hab.

LOCANA, b. de la prov. d'Ivrée, roy. de Sardaigne, dans la vallée d'Onco; fabr. de coutellerie; 5000 hab.

LOCANDONES. *Voyez* SUMASINTA.

LOCARN, vg. de Fr., Côtes-du-Nord, arr. de Guingamp, cant. de Maël-Carhaix, poste de Callax; 1380 hab.

LOCARNO (Luggarus), b. du cant. de Tessin, Suisse, chef-lieu de district; 1500 h.

LOCARTHY, vg. d'Écosse, comté de Perth; victoire des Scots sur les Danois, en 970.

LOC-BRÉVALAIRE, vg. de Fr., Finistère, arr. de Brest, cant. de Plabennec, poste de Lesneven; 220 hab.

LOCCUM, b. du roy. de Hanovre, principauté de Calenberg; remarquable par son couvent évangélique, où se trouvent une école préparatoire de théologie et une très-bonne bibliothèque; 1300 hab.

LOCH, ham. de Fr., Côtes-du-Nord, com. de Pleumerit-Quintin; 300 hab.

LOCHALSH, paroisse d'Écosse, comté de Ross, sur la côte; bancs de coraux; 2500 h.

LOCHBROOM, paroisse d'Écosse, comté de Ross; pêche; 3000 hab.

LOCH-CARRON, très-pet. lieu d'Écosse, comté de Ross; remarquable par son port qui envoie un grand nombre de bateaux pour la pêche du hareng.

LOC-ÉGUINER, vg. de Fr., Finistère, arr. de Brest, cant. de Ploudiry, poste de Landivisiau; 710 hab.

LOCHÉ, ham. de Fr., Eure-et-Loir, com. de Ver-les-Chartres; 120 hab.

LOCHÉ, vg. de Fr., Indre-et-Loire, arr. de Loches, cant. et poste de Montrésor; 1390 hab.

LOCHÉ, vg. de Fr., Saône-et-Loire, arr., cant. et poste de Mâcon; 300 hab.

LOCHE-BORGNE ou LOGE-BORGNE, ham. de Fr., Aube, com. de Chessy; 120 hab.

LOCHEM, pet. v. du roy. de Hollande, prov. de Gueldres, dist. et à 3 l. E. de Zutphen, sur la Borkel; fabr. de colle; 1550 h.

LOCHÈRE, ham. de Fr., Meuse, com. d'Aubréville; verrerie à bouteilles; 130 hab.

LOCHES, b. de Fr., Aube, arr. de Bar-sur-Seine, cant. et poste d'Essoyes; bon vignoble; 1145 hab.

LOCHES, *Luccæ*, pet. v. de Fr., Indre-et-Loire, à 9 l. S.-E. de Tours et à 72 l. S.-S.-O. de Paris, chef-lieu d'arrondissement; siége d'un tribunal de première instance; conservation des hypothèques; direction des contributions indirectes; elle est agréablement située sur la rive droite de l'Indre, près d'une forêt, vis-à-vis de la petite ville de Beaulieu, dont l'Indre la sépare; bâtie en amphithéâtre et dominée par un vaste plateau de roc que couronnent les ruines intéressantes de l'ancien château de Loches, célèbre par le séjour qu'y fit Charles VII, et où l'héroïque Jeanne d'Arc vint chercher ce roi pour le conduire à Reims. Louis XI en avait fait une prison d'état, où les tortures les plus atroces attendaient les malheureux qui portaient ombrage à ce prince despote et soupçonneux. A l'hôtel de ville, qui occupe le château dit de Charles VII, longtemps habité par Agnès Sorel, on voit dans une tour le mausolée de cette dame si célèbre par ses amours avec Charles VII. Loches possède un collége communal, des fabr. de lainage, des papeteries, des tanneries et des corroieries; filat. de laine; on y fait commerce de vins, bois et bestiaux. Foires: premier mercredi de chaque mois, excepté de novembre; 4743 hab.

LOCHEUR (le), vg. de Fr., Calvados, arr. de Caen, cant. et poste de Villers-Bocage; 290 hab.

LOCHIEU, vg. de Fr., Ain, arr. de Belley, cant. de Champagne, poste de Culoz; 310 hab.

LOCHLAN ou **LACHLAN**, riv. de la Nouvelle-Galles du Sud, Australie; elle prend sa source au mont Lochlan et se perd dans un immense marais, après un cours de plus de 100 l.

LOCHMABEN, b. d'Écosse, comté de Dumfries, entre plusieurs lacs; florissant par sa fabrication de toiles de lin; pêche; 2600 hab.

LOCHRIST, ham. de Fr., Finistère, com. du Conquêt; 200 hab.

LOCHWILLER ou **LOCHWEILER** (*Weiler im Loch*), vg. de Fr., Bas-Rhin, arr., à 2 l. S.-E. et poste de Saverne, cant. de Marmoutier; 600 hab. La métairie de Lindelsberg fait partie de cette commune.

LOCHWINNACH, b. d'Écosse, comté de Renfrew; très-industrieux; 4000 hab.

LOCHY, riv. d'Écosse, affluent du Tay.

LOCHY, ham. de Fr., Cher, com. de Lissay; 160 hab.

LOCKE, com. florissante des États-Unis de l'Amérique du Nord, état de New-York, comté de Cayuga; 3200 hab.

LOCKENHAUSEN ou **LEUKO**, b. de Hongrie, cer. au-delà du Danube, comitat de Vesprim; fabr. de flanelle, papier et verre; 1500 hab.

LOCKPORT, v. des États-Unis de l'Amérique du Nord, état de New-York, comté de Niagara, sur le canal de l'Érié, qui y passe par 10 écluses doubles, dont 5 pour les bâtiments qui descendent et 5 pour ceux qui remontent; 5000 hab.

LOCKS-POINT, promontoire sur la côte de l'état de New-Hampshire, États-Unis de l'Amérique du Nord.

LOCMALO, vg. de Fr., Morbihan, arr. de Pontivy, cant. et poste de Guéméné; 1400 hab.

LOCMARIA, vg. de Fr., Finistère, arr. et poste de Brest, cant. de St.-Renan; 1150 h.

LOCMARIA, vg. de Fr., Finistère, arr. de Châteaulin, cant. de Huelgoät, poste de Carhaix; 990 hab.

LOCMARIA, ham. de Fr., Morbihan, com. de Groix; 520 hab.

LOCMARIA, vg. de Fr., Morbihan, arr. de Lorient, cant. de Belle-Isle-en-Mer, poste du Palais; 1560 hab.

LOCMARIAKER ou **LOMRIAQUER**, pet. v. de Fr., Morbihan, arr. et à 10 l. S.-E. de Lorient, cant. et poste d'Auray; elle possède un petit port de refuge, et l'on y pêche d'excellentes huîtres; cabotage; pêche; 2117 h.

Près de cette ville, dont les restes d'un cirque et quelques vestiges de voies militaires attestent l'antiquité, on voit un des plus grands dolmens du département; on le nomme la Table-de-César.

LOCMÉLARD, vg. de Fr., Finistère, arr. de Morlaix, cant. de Sizum, poste de Landivisiau; 1040 hab.

LOCMÉNÉ, vg. de Fr., Morbihan, arr. et à 5 1/2 l. S.-S.-E. de Pontivy, chef-lieu de canton et poste; 1761 hab.

LOCMIQUELIE, ham. de Fr., Morbihan, com. de Riantec; 760 hab.

LOCOAL-MENDON, vg. de Fr., Morbihan, arr. de Lorient, cant. de Belz, poste d'Auray; 2110 hab.

LOCON, vg. de Fr., Pas-de-Calais, arr., cant. et poste de Béthune; 1750 hab.

LOCONVILLE, vg. de Fr., Oise, arr. de Beauvais, cant. et poste de Chaumont-en-Vexin; 160 hab.

LOCQUÉMEAU, ham. de Fr., Côtes-du-Nord, com. de Tredrèz; 300 hab.

LOCQUENAY. *Voyez* AUBIN-DE-LOCQUENAY (Saint-) et MARS-LOCQUENAY (Saint-).

LOCQUÉNOLÉ, vg. de Fr., Finistère, arr. et poste de Morlaix, cant. de Taulé; 370 hab.

LOCQUENVEL, ham. de Fr., Côtes-du-Nord, arr. de Guingamp, cant. et poste de Belle-Isle-en-Terre; 410 hab.

LOCQUIGNOL, vg. de Fr., Nord, arr. d'Avesnes, cant. et poste du Quesnoy; 680 h.

LOCQUIREC, vg. de Fr., Finistère, arr. et poste de Morlaix, cant. de Lanmeur; 1070 h.

LOCRI, g. a., v. au S.-E. de Bruttium, au N. du promontoire de Zephyrium; était une colonie des Locriens Epicnémidiens et doit s'appeler aujourd'hui *Motte di Burzano*.

LOCRIDE, *Locris*, g. a. La Locride était située le long de la côte N. du golfe de Corinthe, qui communique à la mer de Sicile par un détroit resserré entre les 2 caps Rhium et Antirhium. Ce pays était habité par les Locriens, surnommés Ozoles. Villes: Naupacte, Amphissa, Cirrha et Crissa. Outre les Locriens Ozoles, il y avait d'autres Locriens qui habitaient au S. des Thermopyles. On les divisait en Locriens Epicnémidiens, qui habitaient au pied du mont Cnemis; ville: Thronium; et en Locriens Opuntiens; ville: Opunte.

LOCRONAN, b. de Fr., Finistère, arr., cant. et poste de Châteaulin; manufactures de toiles à voiles et autres; 805 hab.

LOCTUDY, vg. de Fr., Finistère, arr. de Quimper, cant. et poste de Pont-l'Abbé; 1455 hab.

LOCUNOLÉ, vg. de Fr., Morbihan, arr. de Pontivy, cant. et poste de Faouet; 430 h.

LOCUON, ham. de Fr., Morbihan, com. de Langoëlan; 120 hab.

LOCUST. *Voyez* Licking (fleuve).

LODDES, vg. de Fr., Allier, arr. de la Palisse, cant. et poste de Donjon; 560 hab.

LO-DE-COURCY (Saint-), Manche. *Voyez* Courcy.

LODES, vg. de Fr., Haute-Garonne, arr., cant. et poste de St.-Gaudens; 610 hab.

LODÈVE, *Luteva, Luteventium*, v. de Fr., Hérault, à 12 l. O.-N.-O. de Montpellier et à 220 l. S. de Paris, chef-lieu d'arrondissement; siége de tribunaux de première instance et de commerce, conservation des hypothèques; direction des contributions indirectes; chambre des manufactures, etc. Lodève est situé dans un vallon délicieux, au confluent du Souloudre et de l'Ergue; mais la ville, entourée encore de ses vieilles murailles, est mal bâtie et mal percée; elle possède un collége communal et une société d'agriculture. Ses fabriques de draps communs et de ratines ont beaucoup d'activité; elle renferme aussi des chapelleries, des savonneries, des tanneries, des teintureries, des fabriques de papier, etc. Ses principaux articles de commerce sont: vins, eaux-de-vie, huiles d'olive, soieries, bestiaux, etc. Foires le lundi après le 3 février, le lundi de Rogation, le 26 août et le lundi de la troisième semaine de novembre; 11,200 hab.

Lodève, qui existait déjà sous les Romains, fut presque entièrement détruit par les Goths. La ville, rélevée de ses ruines, devint, sous les successeurs de Louis-le-Débonnaire, le chef-lieu d'un vicomté et ville épiscopale. Les Albigeois s'en emparèrent et la saccagèrent. Elle souffrit aussi de grands désastres pendant les guerres de religion. En 1573 les protestants s'en rendirent maître et pillèrent la cathédrale.

Lodève est la patrie du cardinal de Fleury, qui gouverna la France pendant la minorité de Louis XV.

LODI, délégation du roy. Lombard-Vénitien, gouv. de Milan. Ses bornes sont: au N. la délégation de Bergamo, à l'E. celle de Crémone, au S. le duché de Parme et à l'O. les délégations de Pavie et de Milan. Sa superficie est de 32 l. c. géogr. et sa population de 200,000 hab. C'est une des contrées les plus plates et les plus fertiles de toute l'Italie; elle abonde en blé, riz, bestiaux et beaux pâturages; elle est arrosée par le Pô, l'Adda, le Lambro, le Serio et la Muzza. Cette province est la patrie du fromage improprement dit parmesan. La production et la fabrication de la soie y forment le principal objet de l'industrie manufacturière; 9 districts.

LODI, *Laudum*, *Laus Pompeja Nova*, chef-lieu de la délégation du même nom, sur l'Adda, qu'on y passe sur un pont en pierres, long de plus de 100 toises et qui rappelle un des plus beaux faits de la stratégie moderne (10 mai 1796). Lodi est une ville épiscopale de médiocre étendue, à 8 l. de Milan, fortifiée et importante par ses fabriques de faïence, ses nombreuses filatures de soie et par son grand commerce de fromage parmesan; elle possède un lycée, 2 gymnases, un collége de demoiselles très-renommé et une bibliothèque publique. L'Incoronata est sa plus belle église et son principal édifice; 18,000 hab.

LODMANDARFIORDEN, golfe de la côte orientale de l'île d'Islande.

LODO, cap sur la côte O. de la Floride (29° 10' lat. N.), États-Unis de l'Amérique du Nord.

LODOMIRIE ou Wladimir, ancien duché polonais, depuis 1772 province autrichienne réunie à la Gallicie.

LO-D'OURVILLE (Saint-). *Voyez* Ourville.

LODS, vg. de Fr., Doubs, arr. de Besançon, cant. et poste d'Ornans; fonderie, forges, tréfilerie, clouterie, épinglerie sur la Loue; 1128 hab.

LŒBAU (en polonais *Lubawa*), pet. v. de Prusse, chef-lieu de cercle, prov. de Prusse, rég. de Marienwerder, sur l'Asianka; avec un château épiscopal, un couvent de bernardins, des manufactures de draps et de toiles, des brasseries et distilleries; 2130 h.

LŒBAU, v. du roy. de Saxe, située dans le cer. de Lusace, sur une montagne basaltique; avec une source minérale dans ses environs, des foires importantes pour les grains; fabrication et commerce de toiles; 2500 hab.

LŒBEJUN, pet. v. de Prusse, ancienne et murée, chef-lieu de cercle, prov. de Saxe, rég. de Mersebourg; ses mines de houille occupent plus de 100 ouvriers; elle possède en outre de nombreux chaufours et des salpêtrières; 2320 hab.

LŒCHGAU, vg. parois. du Wurtemberg, cer. du Necker, gr.-bge de Besigheim; 1550 hab. Les Français y essuyèrent un échec, le 3 novembre 1799.

LŒCK, b. de Hongrie, cer. au-delà de la Theiss, comitat de Szabolts, sur la Theiss.

LŒCSE. *Voyez* Leutschau.

LŒDINGEN, paroisse de Norwège, diocèse de Nortland, prov. de Drontheim, sur l'île de Hindœ (68° 27' 11" lat.); 2500 hab.

LŒFFINGEN, v. du grand-duché de Bade, cer. du Lac; appartenant au prince de Furstenberg; bain d'eaux minérales aujourd'hui abandonné; 2 tombeaux romains; 1020 h.

LŒFSDA, b. de la Suède centrale, prov. d'Upsala; forges; 1500 hab.

LŒNHOUT, pet. v. du roy. de Belgique, prov. et arr. d'Anvers; fabr. de draps et de chapeaux; 1600 hab.

LŒRRACH, belle v. et chef-lieu de bailliage du grand-duché de Bade; située dans le cer. du Haut-Rhin, sur la riv. de Wiesen, au milieu d'une contrée charmante; remarquable par son pédagogium et son industrie, dont les principaux objets sont le tabac et les toiles de coton; 2350 hab. Patrie du célèbre jurisconsulte Hugo.

LŒSSNITZ, v. industrieuse du roy. de Saxe; située dans le cer. de l'Erzgebirge, au milieu de montagnes et dans les possessions médiates des princes de Schœnbourg; elle a un bel hôtel de ville et une pop. de 4400 h., qui fabriquent des bas, des draps, de la futaine, des étoffes de coton.

LŒTZEN, pet. v. de Prusse, chef-lieu de cercle, prov. de Prusse, rég. de Gumbinnen; sur le lac de Lœwentin, qui correspond par un canal avec le Mauersee; avec un vieux château; fabrication de poterie; pêche et commerce de toiles; 1650 hab.

LŒUILLEY, vg. de Fr., Haute-Saône, arr. et poste de Gray, cant. d'Autrey; forges; 250 hab.

LŒUILLY, ham. de Fr., Aisne, com. de Laon; 170 hab.

LŒUILLY, ham. de Fr., Seine-Inférieure, com. d'Étaimpuis; 140 hab.

LŒUILLY, vg. de Fr., Somme, arr. d'Amiens, cant. de Conty, poste de Flers; papeterie; 863 hab.

LŒWENBERG ou **LEMBERG**, *Leopolis*, *Leorinum*, v. de Prusse, chef-lieu de cercle, prov. de Silésie, rég. de Liegnitz; sur la rive gauche du Bober, qui fait mouvoir plusieurs usines; ceinte de murailles, avec 4 portes et 3 faubourgs. Elle possède des gymnases protestant et catholique, 2 hôpitaux, des fabr. de draps, de bas, de toiles et de tabletterie; 3780 hab. Napoléon y séjourna du 21 au 23 août 1813 et y reçut la déclaration de guerre de l'Autriche.

LŒWENICH, vg. de Prusse, prov. du Rhin, rég. d'Aix-la-Chapelle; tissage de toiles et d'étoffes de laine et de soie; 1620 hab. Deux petits villages de même nom dans la rég. de Cologne.

LŒWENSTEIN, fort du roy. de Hollande, prov. de Gueldres, dist. de Thiel; sur la rive droite de la Meuse. Lieu de détention de Hugo Grotius, célèbre publiciste, condamné par le synode de Dortrecht, en 1619.

LŒWENSTEIN, pet. v. du Wurtemberg, cer. du Necker, gr.-bge de Weinsberg; située au pied d'une montagne couronnée par les ruines du château de même nom; mines de vitriol; eaux minérales; 1050 hab.

LŒWENTHAL. *Voyez* LIEBENTHAL.

LOFFIH ou **LUFFEE**, gr. fl. de l'Afrique orientale, sur la cote de Zanguebar; on ne connaît que son embouchure dans l'Océan Indien, au S.-S.-O. de l'île de Zanzibar, entre le sixième et le septième parallèle austral. Il paraît que ce fleuve, auquel on suppose un cours très-long, est le même que le grand courant qui, selon M. Douville, sort du lac Kouffoua; il paraît aussi arroser le pays des Domges, qu'on dit avoir des relations de commerce avec les Mombas ou Mombazas.

LOFFODEN, groupe d'îles de la Norwège; c'est une série d'îles plus ou moins grandes, du S. au N., qui s'étendent en demi-cercle, autour du golfe de Westfiord. Les habitants, au nombre de 12,000, s'occupent de la pêche de la morue, du hareng et des homards; dans aucun autre endroit du royaume cette pêche n'est aussi lucrative. Ce groupe forme le bge de Loffoden et de Westeraalen, dépendant du diocèse de Nortland, dans la prov. de Drontheim; elles sont séparées les unes des autres par de petits détroits, dont les ondes se précipitent avec l'impétuosité d'un torrent; le fameux gouffre dit Mælstrom se trouve entre les îles Werœen et Mosken, situées à l'extrémité septentrionale de ce groupe. Les principales îles de cet archipel sont : Ostvaage, Hindœen, Andœen, Langœen, Hassel, Westvaage, Flagstad, Werœen, Mosken et Rœrt.

LOFFRE, vg. de Fr., Nord, arr., cant. et poste de Douai; 190 hab.

LOFORS, paroisse de la Suède méridionale, læn ou prov. de Kalmar, sur la mer; fabrication d'alun.

LOGAN, comté de l'état de Kentucky, États-Unis de l'Amérique du Nord; il est borné par l'état de Tennessée et les comtés de Butler, de Warren, de Simpson et de Todd. Pays fertile et très-bien arrosé; il est bien boisé au N. et offre au S. d'excellents pâturages; productions : blé, maïs, tabac, coton et vin; salines près Russelsville; 22,000 hab.

LOGAN, comté de l'état d'Ohio, États-Unis de l'Amérique du Nord; ce comté, formé en 1816, est borné par les comtés d'Allen, de Hardin, d'Union, de Champaign, de Miami et de Shelby; pays fertile et bien arrosé; Belville est le chef-lieu du comté; 6000 hab.

LOGAN (chef-lieu). *Voyez* HOCKING.

LOGAR, v. de l'Afghanistan, roy. et prov. de Kaboul; est située non loin de la riv. de Kaboul, dans une contrée couverte de gras pâturages.

LOGE (la), vg. de Fr., Pas-de-Calais, arr. de Montreuil-sur-Mer, cant. et poste d'Hesdin; 320 hab.

LOGE (la), ham. de Fr., Haute-Saône, com. de Germigney; 140 hab.

LOGE-AUX-CHÈVRES ou **LOGE-MEGRIGNY** (la), vg. de Fr., Aube, arr. de Bar-sur-Aube, cant. et poste de Vendeuvre; 210 hab.

LOGE-BORGNE. *Voyez* LOCHE-BORGNE.

LOGE-FOUGEREUSE (la), vg. de Fr., Vendée, arr. de Fontenay-le-Comte, cant. et poste de la Châtaigneraie; 630 hab.

LOGELBACH (le), vg. de Fr., Haut-Rhin, com. de Colmar et Wintzenheim; filat. et tissage de coton; 1000 hab.

LOGE-MÉGRIGNY (la). *Voyez* LOGE-AUX-CHÈVRES (la).

LOGE-PLOMBIN (la), vg. de Fr., Aube, arr. de Bar-sur-Seine, cant. et poste de Chaource; 170 hab.

LOGES (les), ham. de Fr., Calvados, com. de Lisieux; 210 hab.

LOGES (les), Marne. *Voyez* GRANDES-LOGES et PETITES-LOGES.

LOGES (les), vg. de Fr., Calvados, arr. de Vire, cant. d'Aulnay-sur-Odon, poste de Mesnil-Auzou; 340 hab.

LOGES (les), vg. de Fr., Haute-Marne, arr. de Langres, cant. et poste du Fayl-Billot; 430 hab.

LOGES (les), ham. de Fr., Nièvre, com. de Pouilly-sur-Loire; 190 hab.

LOGES (les), ham. de Fr., Nièvre, com. de Saxi-Bourdon; 120 hab.

LOGES (les), ham. de Fr., Saône-et-Loire, com. de Martigny-le-Comte; 110 hab.

LOGES (les), ham. de Fr., Seine-et-Oise, com. de St.-Cyr-sous-Dourdan; 100 hab.

LOGES (les), ham. de Fr., Seine-et-Oise, com. de St.-Germain-en-Laye; 300 hab.

LOGES (les), vg. de Fr., Seine-Inférieure, arr. du Hâvre, cant. et poste de Fécamp; 1990 hab.

LOGES (les), ham. de Fr., Deux-Sèvres, com. de Chantecorps; 100 hab.

LOGES (les), ham. de Fr., Somme, com. de Beuvraignes; 150 hab.

LOGES-EN-JOSAS (les), vg. de Fr., Seine-et-Oise, arr., cant. et poste de Versailles; 310 hab.

LOGES-MARGIS (les), vg. de Fr., Manche, arr. de Mortain, cant. et poste de St.-Hilaire-du-Harcouet; 1500 hab.

LOGES-MARGUERON (les), vg. de Fr., Aube, arr. de Bar-sur-Seine, cant. et poste de Chaource; verrerie à bouteilles; 394 hab.

LOGES-SAULCES (les), vg. de Fr., Calvados, arr., cant. et poste de Falaise; 400 h.

LOGES-SUR-BRÉCEY (les), vg. de Fr., Manche, arr. d'Avranches, cant. et poste de Brécey; 520 hab.

LOGGNATH, pet. v. de la rég. d'Alger, prov. et à 35 l. E.-S.-E. de Tlémecen, sur la route d'Ouchda, roy. marocain de Fez, à Midroë.

LOGGOUN, roy. peu connu de la Nigritie centrale, au S. du lac Tchad, entre les roy. de Mandara et de Bagharmie, arrosé par le Chary. Kermouk paraît en être la ville capitale.

LOGHAR, v. de l'Inde anglaise, présidence de Bombay, prov. d'Avrangabad. C'est la principale forteresse britannique sur les Gâtes; elle est située sur un rocher inaccessible, dans lequel sont taillés les magasins, et est abondamment fournie d'eau. Au pied du rocher est situé un village également fortifié, et à peu de distance se trouve le fort Esaghur, qui domine Loghar et dont le rocher offre des excavations pareilles à celles de Karli, situé en face.

LOGHMAN, prov. du roy. de Kaboul, confine au N.-O. avec le Turkestan, au N. avec le Kaschgar, à l'E. avec le Cachemire, au S. avec le Pischawer, au S.-O. avec Djelabad et Kaboul. Le Loghman est une terrasse de l'Hindoukoh; des contreforts de cette chaîne et des vallées couvrent la plus grande partie de sa surface, qui offre aussi quelques plaines fertiles, arrosées par le Kaboul, l'Indus et plusieurs de leurs affluents. Le climat est variable, froid sur les montagnes, très-chaud en été dans les plaines. Les avant-monts de l'Hindoukoh ont les cimes nues, mais leurs flancs sont couverts de belles forêts, peuplées par des tigres, des léopards, des loups, des ours et des hyènes. Les montagnes sont habitées par des Kafers (*voyez* KAFERISTAN), dont une partie s'est convertie à l'islamisme; les avant-monts par des Hindous; le reste de la population se compose d'Afghans et appartient à la grande tribu des Berdurani; ils sont sédentaires et agriculteurs. La masse de la population se monte à 8 ou 900,000 individus. Les principales villes du Loghman sont: Dir, résidence d'un khan puissant des Jousofei (subdivision des Berdurani), et Badchaour, siége du chef des Rodhlar, mélange de plusieurs tribus.

LOGIE, paroisse d'Écosse, comté de Clakmannan; 2500 hab.

LOGIS (le), ham. de Fr., Orne, com. de Damigni; 180 hab.

LOGIS-NEUF (le), ham. de Fr., Ain, com. de Confrançon; 460 hab.

LOGLENHEIM, vg. de Fr., Haut-Rhin, arr. de Colmar, cant. et poste de Neuf-Brisach; 360 hab.

LOGNES, vg. de Fr., Seine-et-Marne, arr. de Meaux, cant. et poste de Lagny; 100 h.

LOGNY-BOGNY, vg. de Fr., Ardennes, arr. de Rocroy, cant. de Rumigny, poste d'Aubenton; 410 hab

LOGNY-LÈS-AUBENTON, vg. de Fr., Aisne, arr. de Vervins, cant. et poste d'Aubenton; 230 hab.

LOGNY-LÈS-CHAUMONT, vg. de Fr., Ardennes, arr. de Réthel, cant. et poste de Chaumont-Porcien; 170 hab.

LOGO, seule province à laquelle est réduite aujourd'hui l'état Peul de Casson, en Sénégambie, autrefois étendu au N. du Sénégal; elle est située sur la rive méridionale de ce fleuve, près des cataractes de Félou et de Gouina.

LOGONNA, vg. de Fr., Finistère, arr. de Châteaulin, cant. et poste du Faou; 1150 h.

LOGONNA-QUIMERCH, vg. de Fr., Finistère, arr. de Châteaulin, cant. et poste du Faou; 240 hab.

LOGOS, pays peu connu de la Haute-Guinée, côte de Sierra-Léone, avec une rivière et une petite ville de même nom, à 18 l. E. de Freetown.

LOGRAS, ham. de Fr., Ain, com. de Péron; 480 hab.

LOGRIAN, vg. de Fr., Gard, arr. du Vigan, cant. et poste de Sauve; 320 hab.

LOGRON, vg. de Fr., Eure-et-Loir, arr., cant. et poste de Châteaudun; 720 hab.

LOGROÑO, v. d'Espagne, chef-lieu de district, roy. de la Vieille-Castille, prov. et à 23 l. E. de Burgos, sur l'Ebre, que l'on y passe sur un pont; elle possède 3 églises paroissiales, 9 couvents, 2 hôpitaux, des tanneries; 7050 hab.

LOGRONO (San-José-de-), v. de la rép. du Chili, prov. de Santiago, dist. de Melipilla, dont elle est le chef-lieu; dans une belle et fertile contrée, sur un affluent du Maypo, 3000 hab.

LOGUIVY-LES-LANNION, vg. de Fr., Côtes-du-Nord, arr., cant. et poste de Lannion; 340 hab.

LOGUIVY-PLOUGRAS, vg. de Fr., Côtes-du-Nord, arr. de Lannion, cant. de Plouaret, poste de Belle-Isle-en-Terre; 254 hab.

LOHÉAC, vg. de Fr., Ille-et-Vilaine, arr. de Redon, cant. de Pipriac, poste; 410 hab.

LOHITZUN, vg. de Fr., Basses-Pyrénées, arr. de Mauléon, cant. et poste de St.-Palais; 370 hab.

LOHMEN, v., depuis 1817, du roy. de Saxe, cer. de Misnie; avec une belle église, un château, une bergerie de moutons d'Espagne, des blanchisseries de fil, une forge, des plantations de houblons et 900 hab.

LOHR, v. de Bavière, chef-lieu de district, cer. du Mein-Inférieur; au pied des montagnes du Spessart et sur le Mein, qui y reçoit le Lohr; elle possède un hôpital, de nombreuses usines, des tanneries et des chantiers de calfats; navigation active; commerce et flottage de bois; pop. de la ville 3580 hab., du district 11,100, sur 5 milles c.

LOHR, vg. de Fr., Bas-Rhin, arr. de Saverne, cant. et poste de la Petite-Pierre; 500 hab.

LOHUEC, vg. de Fr., Côtes-du-Nord, arr. de Guingamp, cant. et poste de Callac; 610 hab.

LOIGNAN. *Voyez* LÉOGNAN.

LOIGNÉ, vg. de Fr., Mayenne, arr., cant. et poste de Château-Gontier; 960 hab.

LOIGNY, vg. de Fr., Eure-et-Loir, arr. de Châteaudun, cant. d'Orgères, poste de Patay; 360 hab.

LOING (le), *Lupia*, riv. de Fr.; a sa source dans les collines du Nivernais, qui s'étendent au S. du dép. de l'Yonne, dans les environs du village de Treigny, cant. de St.-Sauveur; elle passe par Bléneau, et, coulant vers le N.-O., entre dans le dép. du Loiret, qu'elle traverse en passant par Châtillon-sur-Loing et à Montargis; elle pénètre par une direction N. dans le dép. de Seine-et-Marne, où elle se jette dans la Seine entre Melun et Montereau, après 32 l. de cours.

LOING (canal de), Fr., dép. du Loiret. Commencé en 1720 et terminé en 1724 par le duc d'Orléans. Il continue le canal de Briare depuis Montargis, reçoit le canal d'Orléans non loin de Corquilleroy, passe, en suivant et coupant huit fois le cours du Loing, à Nemours et à Moret pour emboucher dans la Seine à St.-Mamert. Sa longueur est de 11 3/4 l.; il a 23 écluses.

LOINVILLE, ham. de Fr., Eure-et-Loir, com. de Champseru; 130 hab.

LOIR, vg. de Fr., Aisne, arr. de Laon, cant. de Neufchâtel, poste de Berry-au-Bac; 250 hab.

LOIR (le), *Lidericus*, *Lædus*, riv. de Fr.; a sa source dans le dép. d'Eure-et-Loir, aux étangs de Cernay; coule dans une direction E.-S.-E., en passant par Bonneval, Châteaudun et Cloyes; se dirigeant ensuite vers le S.-O., il traverse le dép. de Loir-et-Cher, où il arrose Vendôme; pénètre dans celui de la Sarthe, passe par la Châtre, commence à devenir navigable à Château-du-Loir, d'où il court à l'O.; passe à Lude, à La Flèche; entre au-dessous de cette ville dans le dép. de Maine-et-Loire, où il arrose Durtal et Seiches, et se jette dans la Sarthe un peu au-dessous de Briolay, après un cours de 55 l., dont 26 l. de navigation. Ses principaux affluents sont : l'Ozanne, la Conie, la Braye, le Long et l'One.

LOIRAC, ham. de Fr., Gironde, com. de Jau; 370 hab.

LOIRE (canal latéral à la), Fr. Ce canal évite une navigation de rivière longue et incertaine entre Roanne, Digoin et Briare. Les travaux entre les deux premières villes n'ont été commencés qu'en 1830. A Roanne, où aboutit le chemin de fer qui se ramifie sur Montbrison, Andresieux et Lyon, le canal est dérivé de la Loire, dont il suit la rive gauche en passant à Briennon, Artaix, Avrilly pour arriver à Digoin, son point de jonction avec le canal du Centre. Cette partie a 12 1/4 l. de longueur et 13 écluses.

Les premiers projets pour la partie entre Digoin et Briard datent du commencement de ce siècle, et son exécution a été ordonnée par une loi du 14 août 1822. A 1 3/4 l. au-dessus de son embouchure dans la Loire il part du canal du Centre un dérivement qui traverse la rivière en amont de Digoin, sur un pont-aquéduc de 11 arches pour se raccorder sur la rive gauche, par une écluse, avec le canal latéral à la Loire qui suit le cours de la rivière en passant près de Coulanges, Dion, Ganai, Decize, où est, à droite, sa jonction avec le canal de Nivernais; il coupe ensuite plusieurs ruisseaux qui se versent dans la Loire pour arriver au bec d'Allier, où il traverse cette rivière au ham. du Guétin, sur un pont-aquéduc de 18 arches, suivi de 3 écluses accolées et d'une branche de prise d'eau navigable, puisant 3/4 l. au-dessous dans l'Allier. A Aubigné il reçoit une branche du canal de Berry, se dirige sur Sancerre et Beaulieu pour se terminer, près de Châtillon, dans un bassin de gâre de 400 mètres de longueur sur 75 de largeur, qui communique par une écluse avec la Loire. Un quart de lieue plus bas se trouve, sur la rive droite de la rivière, l'écluse d'une branche de raccordement avec le canal de Briare qui a son embouchure près de la ville de même nom, 1 l. au-dessous de celle du canal latéral à la Loire. La longueur totale depuis Digoin est de 44 1/2 l., avec 45 écluses.

Plusieurs écluses du canal latéral à la Loire, mais surtout les ponts-aquéducs, sont des monuments d'art de la plus haute importance.

Ce canal facilite l'arrivage dans le N. des houilles et fers de St.-Étienne et des vins et denrées du Midi, sans compter le développement qu'il donne au commerce local.

LOIRE, vg. de Fr., Charente-Inférieure, arr., cant. et poste de Rochefort-sur-Mer; 240 hab.

LOIRÉ, vg. de Fr., Charente-Inférieure, arr. de St.-Jean-d'Angely, cant. et poste d'Aulnay; 570 hab.

LOIRE, ham. de Fr., Charente-Inférieure, com. de Vérines; 300 hab.

LOIRÉ, vg. de Fr., Maine-et-Loire, arr. de Segré, cant. et poste de Candé; 1400 h.

LOIRE, vg. de Fr., Rhône, arr. de Lyon, cant. de Ste.-Colombe, poste de Givors; 1450 hab.

LOIRE (la), *Liger*, fl. de Fr.; a sa source au mont Gerbier-le-Joux, près du village de Ste.-Eulalie, cant. de Burzet, arr. de l'Argentière, dép. de l'Ardèche; elle coule d'abord dans la direction N.-O. jusqu'à Orléans; au-dessus de cette ville, le fleuve prend son cours directement vers l'O. La Loire traverse une partie du dép. de l'Ardèche, les dép. de la Haute-Loire, de la Loire, de Saône-et-Loire, la limite orientale de celui de l'Allier; elle sépare le dép. de la Nièvre de celui du Cher, traverse ceux du Loiret, de Loir-et-Cher, d'Indre-et-Loire, de Maine-et-Loire et de la Loire-Inférieure, où elle se jette dans l'Océan Atlantique, au-dessous de St.-Nazaire, après un cours de plus de 200 l., dont plus de 180 de navigation. Ce fleuve, un des plus importants de la France, passe à Bas-en-Basset, Aurec, St.-Rambert, Roanne, Digoin, Décize, Imphy, Pouilly, Cosne, Neuvy, Bonny, Chatillon-sur-Loire, Briare, Gien, Sully, Châteauneuf, Jargeau, Orléans, Meun, Beaugency, Blois, Amboise, Tours, Luynes, Langeais, Saumur, Ponts-de-Cé, Chalonne, Ingrande, Ancenis, Oudon, Mauves, Nantes, Le Pèlerin, Paimbœuf et St.-Nazaire. Entre ces deux derniers ports la Loire a près de 3 l. de largeur et forme une rade immense et toujours animée par les nombreux vaisseaux qui la couvrent presque continuellement. Parmi les 112 affluents que la Loire reçoit directement, les principaux sont: l'Arroux, la Nièvre, l'Allier, le Loiret, le Cher, l'Indre, la Vienne, la Sèvre-Nantaise, la Divatte, l'Erdre, etc. Pour les canaux qui joignent la Loire à d'autres voies de navigation, *voyez* FRANCE (tableau des fleuves et des rivières).

LOIRE (département de la); situé dans la région S.-E. de la France; a été formé, en 1793, d'une portion du dép. du Rhône, faisant partie de la ci-devant province du Forez, et d'une petite portion du Beaujolais et du Lyonnais. Il est borné au N. par le dép. de Saône-et-Loire, à l'E. par les dép. du Rhône et de l'Isère, au S. par ceux de l'Ardèche et de la Haute-Loire, et à l'O. par les dép. du Puy-du-Dôme et de l'Allier.

Sa superficie est de 492,052 hectares, et sa population de 412,500 hab.

Une haute chaîne de montagnes, qui se dirige du S. au N., borne à l'E. le département et le sépare de celui du Rhône; elle traverse premièrement la partie méridionale, sous le nom de monts du Vivarais, et prend ensuite celui de monts du Lyonnais; cette chaîne forme une des trois grandes branches dont les Cévennes sont le noyau. La seconde branche ou Cévennes septentrionales se dirige également du S. au N., borne le département à l'O. et va, en s'abaissant insensiblement, s'affaisser dans les plaines du Bourbonnais. Les points les plus élevés de ces montagnes sont: au midi, le mont Pilat, haut de 1200 mètres, et à l'O., le sommet de l'Herbout, connu sous le nom de Pierre-sur-Haute, qui en compte 1550.

La Loire, fleuve principal du département auquel il donne son nom, sort de celui de la Haute-Loire, le traverse dans toute sa longueur, en se dirigeant du S. au N., et va se rendre dans le dép. de Saône-et-Loire; elle est navigable à partir de Roanne. Ses affluents dans le département sont: le Furand, la Mare, la Coire, l'Aix, le Bernande, le Rhains et le Sornin. Le Gier prend sa source au pied du mont Pilat et se jette dans le Rhône, qui forme, sur une longueur de 5 kilomètres, la limite entre le dép. de l'Isère et celui de la Loire. Vers le centre du département et le long des bords de la Loire se trouvent un grand nombre d'étangs.

L'aspect général du département est celui d'une grande vallée, formée des deux chaînes de montagnes, d'une étendue de 50 kilomètres de long, sur une largeur de 15 à 20 kilomètres. Cette vallée offre deux grandes plaines, dont l'une, au N., est connue sous le nom de plaine de Roanne, et l'autre, située dans la partie méridionale, est appelée plaine du Forez; cette dernière est limitée au S. par des montagnes, qui s'arrondissent, du côté du Rhône, en une sorte d'amphithéâtre. Dans les montagnes, surtout dans le Vivarais, se présentent de nombreuses traces volcaniques; des buttes compactes et pesantes de basalte noir s'élèvent au-dessus des masses primitives. Parmi les plus considérables et les plus intéressants nous citerons: le pic de Montauboux, celui de Moreilly et le pic d'Usore.

Le climat est généralement fort sain; la température varie selon l'élévation du sol; les vents qui dominent sont ceux du nord, du sud et du sud-ouest.

Le département produit du froment, du seigle, de l'orge en quantité à peine suffisante pour la consommation; la culture de la pomme de terre fournit d'excellents produits; on y cultive le chanvre, la gaude; parmi les fruits on cite: les pommes, les châtaignes connues sous le nom de marrons de Lyon. Les montagnes sont riches en pâturages excellents. Près de 14,000 hectares de vignes fournissent un vin d'assez bonne qualité; parmi les vins rouges on cite ceux de Luppi, de Chavenay et de St.-Michel, et le vin blanc de Château-Frillet. Les forêts couvrent les montagnes; on cite surtout la forêt immense qui couvre le mont Pilat; le chêne y est rare; les essences dominantes sont le pin, le sapin et le hêtre; elles occupent une superficie de 36,000 hectares.

La principale richesse du pays sont les inépuisables mines de houille, aussi riches que celles du Nord. On y trouve du plomb, du fer, de l'arsenic, de l'émeri, des carrières de marbre, de granit, de porphyre, de pierres à fusil, du basalte, de la terre de faïence et de nombreuses tourbières. Parmi les nombreuses sources minérales, il faut citer principalement celles de St.-Alban et de Sail-sous-Couzan.

Dans la région moyenne du département on trouve de nombreuses bêtes à cornes; l'excellence des pâturages y fait faire beaucoup d'élèves; les moutons sont renommés plutôt par leur chair succulente que par leur toison; on y trouve une quantité considérable de chèvres, dont le lait sert à la fabrication de fromages dits Bassorins; les chevaux y sont d'une taille moyenne et d'espèce généralement commune. Les habitants engraissent une grande quantité de volailles, parmi lesquelles on cite les dindes de Chaumont. Le gibier y est abondant; on rencontre beaucoup de chevreuils, des lièvres, des grives, des canards sauvages; les étangs sont riches en poissons excellents; la truite n'est pas rare dans les montagnes.

La principale branche de l'industrie métallurgique est celle qui consiste dans l'exploitation de ses mines de houille; elle fournit à peu près le tiers du produit total des houillères de la France; l'arr. de St.-Étienne est le plus riche, mais par contre il en consomme une grande quantité pour l'alimentation de ses nombreuses usines; on évalue à 2,500,000 francs le produit brut annuel des mines du département; une partie s'écoule par la Loire, pour fournir à la consommation de l'intérieur, et une autre par le Rhône, pour alimenter les départements du Midi. Les branches moins considérables sont l'exploitation de deux mines de plomb, de plusieurs mines de fer, qui occupent 94 forges et fourneaux, de nombreuses fonderies, des aciéries, de belles manufactures d'armes de guerre et de chasse, d'armes blanches, de coutellerie, parmi lesquelles il faut citer la fabrication des eustache ou couteaux communs à manches de bois, et dont le prix varie de 48 centimes à 1 franc 35 centimes la douzaine; des fabriques de serrures, de fleurets, de lames de scie, etc.; la quincaillerie, de belles verreries, des tuileries, des fours à chaux et à plâtre.

L'industrie manufacturière compte de nombreuses fabriques de rubans de soie, de padoux, de lacets, de velours, de crêpe, des filatures de soie et de coton, des moulinages de soie grège; l'arr. de Roanne a de nombreuses fabriques de mousselines unie et brodée; des manufactures de draps, de toiles fines et communes; des blanchisseries de toile, des teintureries, des papeteries.

L'industrie rurale fournit à l'exportation ses vins, son bétail, les fromages de la Roche et de Barrasin, les marrons dits de Lyon, des planches de sapin, de la belle térébenthine très-odoriférante; des bateaux, construits dans l'arr. de Montbrison, au nombre de plus de 2000, quittent annuellement le département.

Les relations commerciales sont favorisées par les différents cours d'eaux, plusieurs canaux, de belles routes et deux chemins de fer, dont l'un va de St.-Etienne à Lyon, et le second traverse le centre du département, en partant de St.-Étienne jusqu'à Roanne, où commence la navigation de la Loire.

Ce département est divisé en 3 arrondissements, 28 cantons et 319 communes.

Les chefs-lieux d'arrondissement sont:

Montbrison	9 cant.	138 com.	124,050 hab.
Roanne . .	10 »	108 »	124,874 »
St.-Étienne	9 »	73 »	163,576 »
	28 cant.	319 com.	412,500 hab.

Il nomme 5 députés, fait partie de la septième division militaire, dont le quartier-général est à Lyon; est du ressort de la cour royale et de l'académie de la même ville, du diocèse de Vienne, suffragant de l'archevêché de Lyon; il fait partie de la vingt-troisième conservation forestière, de la cinquième inspection des ponts-et-chaussées, dont le chef-lieu est Lyon; de la quatrième division des mines, dont le chef-lieu est St.-Étienne. Il a 3 colléges, une école normale primaire et 426 écoles primaires.

LOIRE (dép. de la Haute-), situé dans la région centrale de la France; est formé d'une partie du Languedoc et de l'Auvergne. Ses limites sont : au N. les dép. du Puy-de-Dôme et de la Loire, à l'E. et au S.-E. celui de l'Ardèche, au S. celui de la Lozère et à l'O. le dép. du Cantal. Sa superficie est de 502,854 hectares et sa pop. de 295,384 hab.

Ce département est traversé du S.-E. au N.-O. par une chaîne de montagnes très-élevées, qui, avant de quitter le pays, se bifurquent en deux branches, dont l'une sépare le bassin de l'Allier de celui de la Dore, et la seconde, qui est la plus considérable et se dirige vers le dép. de la Loire, sépare le bassin de la Loire de celui de la Dore et plus loin de celui de l'Allier. Cette chaîne est connue sous le nom de Cévennes septentrionales ou monts du Velay, du Forez et de la Madelaine. Les points culminants sont : le Dôme-de-Bard, au sommet duquel se trouve un superbe cratère; le mont basaltique de

Tartas, haut de 1200 mètres; les montagnes du Puy, hérissées de volcans éteints; le rocher volcanique de Corneille. Le département est borné à l'E. par une chaîne de montagnes faisant également partie du système cévennique et qui porte le nom de monts du Vivarais. Cette chaîne est plus remarquable que la première par ses monuments volcaniques; la plus haute cime est celle du Mezène, dont on évalue l'élévation à plus de 1800 mètres. Une troisième chaîne, qui se détache des Cévennes dans le dép. de la Lozère, les sépare de celui de la Haute-Loire, sous le nom de monts de la Margeride, qui présentent généralement une ligne de crêtes, comprise entre 1000 et 1200 mètres.

Les principales rivières sont : la Loire et l'Allier. La première a sa source dans le dép. de l'Ardèche et se rend dans celui qui porte son nom, après avoir traversé du S. au N.-E. celui de la Haute-Loire; ses affluents sont : l'Arçon, la Borne et le Lignon. La seconde traverse du S.-E. au N.-O. la partie occidentale du département pour se diriger dans celui du Puy-de-Dôme; ses affluents sont : le Verdicance, le Suejols et l'Alagnon.

On trouve dans les montagnes plusieurs petits lacs, dont le plus intéressant, formé par la réunion de quatre montagnes toutes composées de scories et de lave, porte le nom de lac du Bouchet; sa circonférence est de 3000 mètres et sa profondeur de 30 mètres.

Ce département, borné et traversé par de hautes montagnes qui toutes offrent de nombreuses traces de la puissance du feu souterrain, est riche en nombreuses curiosités naturelles; les colonnades basaltiques aux environs de Chillac, d'Espally, l'amas de scories d'Allègre, haut de 1000 mètres, le rocher de Corneille, celui d'Aiguilhe, les nombreux cratères, les pics aigus et inaccessibles dominent de riches pâturages et de belles forêts. Les vallées de l'Allier et de la Loire sont très-fertiles; cette fertilité est attribuée à la nature volcanique du sol et au travail persévérant des cultivateurs.

Le climat est en général variable et rigoureux; les montagnes sont couvertes de neiges pendant six mois de l'année; les vents dominants sont ceux du N.-O., de l'O. et du S.-E.

Le département cultive du froment, du méteil, de l'orge et de l'avoine; sa récolte est plus que suffisante pour la consommation; on y cultive d'excellents légumes et particulièrement des légumes secs; ses lentilles sont très-recherchées; parmi les fruits on cite les abricots et les châtaignes, qui portent assez improprement le nom de marrons de Lyon; une des principales richesses consiste dans l'abondance de ses pâturages excellents, de ses prairies artificielles; la dégradation des forêts a été considérable il y a quelques années; cependant elles tendent à être réparées par des semis et des pépinières; elles occupent actuellement une superficie de 35,000 hectares; ses essences sont : le pin, le chêne et le hêtre. La vigne fournit, année moyenne, 60,000 hectolitres de vins de qualité médiocre; ils ne suffisent pas à la consommation du pays, auquel la Bourgogne, le Languedoc et la côte du Rhône fournissent le surplus.

Le règne minéral du département compte du fer, du plomb, exploités à Chambonnet, une mine d'antimoine sulfuré compacte, du cuivre, de nombreuses mines de houille, des ardoisières, de belles carrières de marbre, de granit, de pierres à aiguiser, de pierres meulières, pierres de taille, plâtre, de la terre ocreuse, des basaltes, de la lave, des tourbières; un ruisseau près d'Expailly charrie des grenats, des saphirs, des hyacinthes et des tourmalines; plusieurs sources minérales, salines ou acidules, se trouvent dans le département; mais elles ne sont pas exploitées.

Les pâturages excellents nourrissent une grande quantité de bestiaux; les chevaux, d'une très-bonne race, y sont moins nombreux que les mulets; ceux-ci présentent une bonne espèce, robuste et propre à la fatigue; il s'y fait beaucoup d'élèves; dans quelques localités l'éducation des abeilles fournit des produits très-estimés; la cire de la Haute-Loire est renommée. Les animaux dangereux qu'on y trouve sont : le loup, le chat sauvage, le renard, le sanglier; les chevreuils et les lièvres y sont abondants; on rencontre aussi une grande quantité de becfigues, de cailles, de grives et d'autres oiseaux de passage. Les ruisseaux fournissent du bon poisson.

Les principaux articles de son industrie sont les fabriques considérables de dentelles noires et blanches, de blondes de soie, de tulles de fil; cette fabrication occupe surtout la classe pauvre dans les environs du Puy. On trouve des fabriques de rubans, de couvertures de laine, de draps, d'étoffes communes, des filatures de laine, de soie. On compte dans le département 12 à 15 tuileries et briqueteries, de nombreuses tanneries, des mégisseries, des teintureries, des fabriques de poêles en faïence, des clouteries; on construit beaucoup de bateaux pour servir à l'exportation de la houille par l'Allier; sa fabrication la plus connue est celle des grelots pour les chevaux et mulets, fabrique qui fournit presque tous les muletiers du Midi et les rouliers du centre de la France.

Son principal commerce consiste dans l'exportation de ses dentelles et autres articles manufacturés, dans celle de son bétail, de ses mulets, de ses cuirs, ses marrons et sa cire.

Ce département est divisé en 3 arrondissements, 28 cantons et 372 communes. Les chefs-lieux d'arrondissement sont :

Le Puy . .	14 cant.	116 com.	130,844 hab.
Yssengeaux	6 «	37 «	81,785 «
Brioude .	8 «	119 «	82,755 «
	28 cant.	272 com.	295,384 hab.

Il nomme 3 députés; fait partie de la dix-neuvième division militaire, dont le quartier-général est à Clermont; est du ressort de la cour royale de Riom et de l'académie de Clermont; du diocèse du Puy, suffragant de l'archevêché de Bourges; il fait partie de la trentième conservation forestière; de la cinquième inspection des ponts-et-chaussées, dont le chef-lieu est Lyon; de la quatrième division des mines, dont le chef-lieu est St.-Étienne. Il a 2 colléges, une école normale primaire et 123 écoles primaires.

LOIRE-INFÉRIEURE (département de la); situé dans la région O. de la France; est formé d'une partie de la ci-devant Haute-Bretagne; ses limites sont: au N. le dép. d'Ille-et-Vilaine, à l'E. celui de Maine-et-Loire, au N.-O. le dép. du Morbihan, au S. celui de la Vendée et à l'O. l'Océan Atlantique.

Sa superficie est de 706,285 hectares et sa population de 470,768 hab.

Ce département présente en général une surface unie, si ce n'est vers le N., où s'élèvent plusieurs suites de collines, dernière ramification des monts de la Bretagne et qui séparent le bassin de la Loire de celui de la Vilaine.

Le principal fleuve, la Loire, traverse le département de l'E. à l'O. pour se jeter dans l'Océan, entre les points de St.-Gildas et St.-Nizaire; ses affluents les plus considérables sont : l'Erdre, la Sèvre-Nantaise, avec le Moine et le Maine; la Brive et l'Achenau, autrefois le Tenu et qui sert d'écoulement au lac de Grand-Lieu. La Vilaine sépare ce département de ceux d'Ille-et-Vilaine et du Morbihan, reçoit de nombreux affluents qui ont leur source dans la partie septentrionale; les principaux sont : le Cher, le Don et l'Isac. Le département est traversé par une partie du canal de Bretagne ou de Nantes à Brest, partie qui longe les cours de l'Erdre et de l'Isac et qui établit la communication entre la Loire et la Vilaine. L'arr. de Nantes renferme le seul lac de quelque importance qui se trouve en France; c'est le lac de Grand-Lieu, occupant une superficie de 7000 hectares et, suivant une ancienne tradition, sur l'emplacement d'une ancienne ville nommée *Herbadilla*, engloutie en 580; il reçoit plusieurs cours d'eaux, dont les principaux sont : le Boulogne, l'Ognon et l'Issoire. En outre on compte encore près de 600 étangs, occupant une superficie de 7200 hectares et dont le plus grand nombre se trouve dans l'arr. de Châteaubriant, et de nombreux marais, dont les plus considérables sont ceux de Montoire et de Machecoul.

Les arr. d'Ancenis, de Nantes offrent un aspect agréable, de charmants paysages, des sites pittoresques; dans la partie S.-E. du second commence la contrée connue sous le nom de Bocage, couverte, comme son nom l'indique, d'arbres touffus et sillonnée par de nombreuses haies vives, qui entourent chaque champ, chaque prairie. Au N., l'arr. de Châteaubriant, couvert de grandes forêts, est triste et âpre, celui de Savenay a des marais desséchés, qui fournissent les terrains les plus fertiles. Le climat, humide et exposé à l'influence des vents de l'ouest, offre cependant une température plus douce que les contrées situées dans l'intérieur sous la même latitude.

Les productions végétales du département sont : le froment, le seigle, le sarrasin, le millet, récoltes à peu près suffisantes pour la consommation des habitants; l'orge, l'avoine, des plantes potagères et légumineuses, du lin, des betteraves pour la fabrication du sucre; sur la rive droite de la Loire le pommier à cidre est plus nombreux que sur la gauche; on y trouve aussi beaucoup de châtaigniers; la culture de la vigne domine sur la rive gauche; les vins des environs d'Ancenis sont estimés; les meilleurs sont ceux de Vallet, de Moussillon et ceux des côteaux de la Sèvre; une grande partie de ces vins est convertie en eaux-de-vie que les étrangers estiment, dit-on, parcequ'elles conservent toutes leurs qualités à la mer. Les pâturages sont excellents; on cite surtout la Brière dans l'arr. de Savenay; les forêts occupent une superficie de 38,000 hectares; on y remarque celles de la Meilleraye, d'Aveiœ, du Teil et du Gâvre; cette dernière a une étendue de 5500 hectares; l'arbre qui y domine est le chêne; on rencontre aussi de nombreux châtaigniers.

Ses richesses minérales sont : des mines de fer limoneuses, très-abondantes; une mine d'étain à Piriac, une de plomb, plusieurs mines de houille sèche à Nort et Montrelais; à l'embouchure de la Loire, sur la rive droite, l'aimant se trouve en morceaux isolés; des carrières de granit, de marbre, de pierres à chaux, d'ardoises, de schorl noir; de la terre à porcelaine, du kaolin, de l'argile à briques; dans les environs de St.-Nizaire on exploite de vastes tourbières; les marais de Montoire forment une tourbière de 22 myriamètres de circuit et qui est exploitée depuis plus de 500 ans; on y trouve souvent des arbres dont le bois est noir et dur. Près de 7000 individus exploitent les marais salants, qui fournissent, année moyenne, 1,500,000 myriagrammes. On trouve dans le département plusieurs sources minérales, à Forges, à Pornic et à la Plaine.

Les chevaux sont de petite taille, mais bien faits et ardents; dans plusieurs cantons on trouve la belle race bretonne; on trouve une belle espèce de bêtes à cornes le long de la rive gauche de la Loire; elle est petite et maigre dans les landes; les vaches fournissent un lait abondant, généralement employé à la préparation du beurre, qui a de la renommée; les moutons sont très-nombreux; on en compte près de 320,000, qui fournissent une laine assez estimée; les porcs y sont très-nombreux et d'une belle race; l'abondance du chêne facilite leur élévation; dans les campagnes les volailles et les abeilles sont l'objet de beaucoup de soins. Les grandes forêts servent de refuge à des sangliers, des cerfs, des chevreuils, des loups; la pêche fournit en grande quantité le maquereau, la raie, le saumon, l'alose, la lamproie. La pêche de la sardine occupe près de 700 barques; elle a lieu à la fin de mai; celle du hareng lui succède.

L'industrie métallurgique compte 52 forges et hauts-fourneaux, des ateliers de construction pour les machines à vapeur, des coutelleries, des cables en fer, des verreries, des faïenceries; on trouve des chantiers de construction pour des navires de 1000 tonnes et au-dessus.

L'industrie manufacturière possède des fabriques de toile de lin, de fil et de coton, d'étoffes de laine, de toiles peintes, de feutres pour le doublage des navires, de chapeaux en feutre verni; des tanneries, des corderies considérables, des fabriques de produits chimiques, principalement d'acide nitrique.

Son commerce, qu'il ne faut pas confondre avec celui de Nantes, consiste dans l'exportation de ses eaux-de-vie, bestiaux, bois, poissons, sels, beurre et objets de ses fabriques.

Ce département est divisé en 5 arrondissements, 45 cantons et 212 communes.

Les chefs-lieux d'arrondissement sont:

Nantes	17 cant.	71 com.	205,892 h.
Ancenis. . . .	5 »	28 »	45,765 »
Châteaubriant	7 »	37 »	62,275 »
Paimbœuf . .	5 »	25 »	42,580 »
Savenay . . .	11 »	51 »	114,256 »
	45 cant.	212 com.	470,768 h.

Il nomme 7 députés; fait partie de la douzième division militaire, dont le quartier-général est à Nantes; est du ressort de l'académie et de la cour royale de Rennes, du diocèse de Nantes, suffragant de l'archevêché de Tours; il fait partie de la vingt-sixième conservation forestière, de la dixième inspection des ponts-et-chaussées, dont le chef-lieu est Rennes; de la première division des mines, dont le chef-lieu est Paris. Il a 3 colléges, une école normale primaire et 225 écoles primaires.

LOIRET (le), *Ligerula*, riv. de Fr.; elle a sa source à 1 1/2 l. S.-E. d'Orléans, dans le parc d'un château nommé pour cette raison le *château de la source*. Cette rivière est formée par l'eau qui jaillit de deux gouffres appelés l'Abime et le Bouillon. Elle se grossit des eaux de plusieurs ruisseaux, entre autres de celles du Duis, que lui envoie un troisième gouffre nommé la Gèvre. La réunion du Loiret avec le Duis offre une particularité très-remarquable: au lieu de recevoir les eaux de ce ruisseau, le Loiret, pendant une partie de l'année, remonte vers elles et se précipite dans la Gèvre. Après un cours d'environ 3 l., de l'E. à l'O., il se jette dans la Loire, au-dessous de St.-Mesmin. Le Loiret ne gèle presque jamais; il porte bateaux presque dès sa source et fait tourner un grand nombre de moulins.

LOIRET (dép. du), situé dans la région centrale de la France; est formé du ci-devant Orléanais propre, du Gâtinais et d'une petite partie du Berry; au N. il est borné par les dép. de Seine-et-Oise et de Seine-et-Marne, à l'E. par ceux de l'Yonne et de la Nièvre; au S. par ceux de Loir-et-Cher et du Cher, et à l'O. par le dép. d'Eure-et-Loir.

Sa superficie est de 675,191 hectares et sa population de 319,189 hab. Une chaîne de collines peu élevées, couvertes de forêts, et connue sous le nom de forêt et de plateau d'Orléans, traverse le dép. du S.-E. au N.-O.; cette chaîne sépare le bassin de la Loire de celui de la Seine, et se rattache vers le N. par quelques séries de collines aux monts de la Normandie et vers le S. à la chaîne du Morvan.

Le fleuve principal du département, la Loire, le traverse en se dirigeant d'abord du S.-E. au N.-O.; ensuite il forme un coude à la hauteur d'Orléans, se dirige du N.-E. au S.-O. et pénètre dans le dép. de Loir-et-Cher. Ses affluents sont le Nord-Yèvre et le Loiret; ce dernier donne son nom au département; il prend sa source près de Cyr-en-Val et devient navigable presque au sortir de sa source; son cours, à peine de 3 l., est parallèle à celui de la Loire.

La partie occidentale du département est traversée par le Loing, qui a sa source dans le dép. de l'Yonne et se jette dans la Seine dans celui de Seine-et-Marne; ses affluents sont très-nombreux; les principaux sont l'Ouanne et le Bied. L'Essonne prend sa source dans la région centrale du département, près de Beaune, se dirige au N., forme la limite entre le département et celui de Seine-et-Marne, et se jette dans la Seine, près de Corbeil.

Les canaux de Loing, de Briare et d'Orléans traversent ce département; ils servent à joindre la Loire à la Seine par deux branches; l'un, le canal de Briare à Montargis; le second, celui d'Orléans à la même ville, et le troisième, celui de Montargis à la Seine. On trouve une assez grande quantité d'étangs dans la région méridionale du département, sur la rive gauche de la Loire. Ce cours d'eau divise le département en deux parties très-distinctes; celle du N., entrecoupée de forêts, de collines, de vallons fertiles, est en général bien cultivée; celle du S. n'offre qu'un pays sablonneux et peu productif, couvert d'une assez grande quantité de landes et de bruyères, coupées d'eaux stagnantes; c'est là où commence le sol ingrat de la Sologne; l'on y trouve cependant quelques coteaux plantés de vignes, qui fournissent des produits d'assez bonne qualité. Excepté cette partie du département, le climat y est sain et tempéré.

Les produits du règne végétal sont : du froment de bonne qualité, beaucoup d'avoine, de l'orge, du seigle, du maïs, du millet, bien au-delà de ses besoins; des légumes, du colza, du chanvre, du lin; le safran est cultivé en grand et fournit des produits très-recherchés; l'horticulture est d'une grande ressource pour les habitants de la campagne; 39,000 hectares de vignes y fournissent, année moyenne, près de 1,100,000 hectolitres de vin; les plus estimés en rouge sont les crûs de St.-Denis-en-Val, de St.-Jean-de-Braye, du Blainois, de Beaugency, et en blanc ou genetin les crûs de St.-Mesmin, Marigny et Rebrechien; une partie est convertie en eaux-de-vie et en vinaigres très-recherchés. L'arr. de Montargis est riche de ses prairies qui entourent les étangs ou qui se trouvent le long des bords du Loing et de ses affluents. Les forêts occupent une superficie de 96,000 hectares; les plus considérables sont celles d'Orléans et de Montargis; elles fournissent des bois de marine, de chauffage et de merrain.

Les richesses minérales du département sont peu considérables; on y trouve une mine d'antimoine non exploitée; des carrières de pierres à bâtir, de pierres à chaux, espèce de cristal, susceptible de recevoir un beau poli, connu sous le nom de diamant d'Ollives; de la marne, de la terre à potier, de nombreuses tourbières; plusieurs sources d'eaux minérales, parmi lesquelles on fréquente surtout l'établissement des eaux de Segray.

On élève des bestiaux dans plusieurs cantons, principalement au N.-E. du département; les moutons y sont nombreux, mais d'une race un peu négligée; les moutons anglais et les mérinos que l'on a importés y ont très-bien réussi. On élève avec beaucoup de soin les abeilles, dont les produits ont de la réputation; il en est de même de la volaille, principalement des dindons, qu'on envoie engraissés à Paris. Le menu gibier y est assez abondant et les forêts renferment des chevreuils, des cerfs, des sangliers. La pêche dans les rivières et dans près de huit cents étangs fournit assez de poissons pour en faire une branche d'exportation assez lucrative.

L'industrie manufacturière y est très-active; on y trouve des fabriques de bonneterie, de couvertures de laine, de draps pour l'habillement des troupes, de toiles; des filatures de coton, des blanchisseries de cire, de nombreuses raffineries de sucre; des distilleries d'eaux-de-vie, de vinaigre; des tanneries renommées à Meung, des fabriques de terre de pipes, des faïenceries renommées à Gien, des papeteries, de nombreux moulins de farine; les pâtés d'alouettes de Pithiviers rivalisent avec ceux de Chartres.

Sa situation au centre de la France, le voisinage de Paris, les nombreuses routes, ses deux canaux et la Loire, enfin son industrie font de ce département le centre d'un commerce important, dont Orléans est l'entrepôt. Les principaux objets sont : les grains, les vins, eaux-de-vie et vinaigre, le miel et la cire, le safran, les volailles, les bestiaux, de la quincaillerie, etc.

Ce département nomme 5 députés; il est divisé en 4 arrondissements, 27 cantons et 348 communes. Les chefs-lieux d'arrondissement sont:

Orléans . .	10 cant.	106 com.	141,637 hab.
Pithiviers .	5 «	98 «	60,628 «
Gien. . . .	5 «	49 «	43,643 «
Montargis .	7 «	95 «	70,281 «
	27 cant.	348 com.	316,189 hab.

Il fait partie de la première division militaire, dont le quartier-général est à Paris; il est du ressort de l'académie et de la cour royale d'Orléans, du diocèse d'Orléans, suffragant de l'archevêché de Paris; il fait partie de la première conservation forestière, de la onzième inspection des ponts-et-chaussées, dont le chef-lieu est Alençon; de la première division des mines, dont le chef-lieu est Paris. Il a 2 colléges, une école normale et 319 écoles normales primaires.

LOIR-ET-CHER (dép. de); est situé dans la région du centre de la France; il est formé du Blaisois, du Vendomois et d'une grande partie de la Sologne, qui dépendaient du ci-devant Orléanais; ses limites sont : au N. le dép. d'Eure-et-Loir, au N.-E. celui du Loiret, à l'E. et au S.-E. le dép. du Cher, au S. le dép. de l'Indre, au S.-O. celui d'Indre-et-Loire et au N.-O. celui de la Sarthe.

Sa superficie est de 603,116 hectares et sa population de 244,043 hab. Ce département présente un grand nombre de vastes plaines dont le sol est généralement assez élevé; on ne voit qu'une longue suite de collines tapissées de vignobles qui bordent les rives de ses principaux cours d'eau; il ne renferme, à proprement parler, aucune montagne.

Le département tire son nom de deux rivières qui le traversent; la première, le Loir, prend sa source dans le dép. d'Eure-et-Loir, traverse la partie septentrionale de celui de Loir-et-Cher, en se dirigeant du N. vers l'O., et se rend dans le dép. de la Sarthe; la seconde, le Cher, venant du département du même nom, traverse de l'E. à l'O. la partie méridionale et se rend dans celui d'Indre-et-Loire. Son principal affluent est la Saudre, formé de la Grande et de la Petite-Saudre, du Croïsne, du Rère et du

Maon. Le fleuve principal, la Loire, sort du dép. du Loiret, le traverse du N.-E. vers le S.-O., le partage à peu près en deux parties égales et se rend dans celui d'Indre-et-Loire. A partir de Blois, le fleuve est resserré de chaque côté de digues qui dirigent son cours et empêchent les inondations; ces digues hautes et larges portent le nom de levées. Ses affluents sont le Cosson et le Beuvron; ce dernier reçoit le Bonnecheure et le Canon, et, avant sa réunion avec la Loire, la Bièvre. La Cisse a sa source dans ce département; elle poursuit un cours parallèle à la Loire et se rend dans celui d'Indre-et-Loire.

Ce département possède le plus grand nombre d'étangs; on en compte dans l'arr. de Romorantin plus de 900, qui occupent une superficie de 3690 hectares; une commune seule, celle de Tremblevif, en compte près de 100.

La Loire sépare le département en deux parties dont l'aspect et les produits diffèrent sensiblement; au N. un sol cultivé, mais dont la fertilité diminue à mesure que l'on s'éloigne des bords de ce fleuve; les terres y produisent beaucoup plus qu'au Midi, où les trois quarts du sol sont couverts par des étangs, des marais et des bois; c'est principalement l'arr. de Romorantin ou l'ancienne Sologne qui présente l'aspect d'un terrain plat, composé de sable et de gravier, sur un fond d'argile et de marne, et qui retient tellement l'eau que tous les fossés et les trous en sont pleins. On peut en dire autant de la partie N.-O. de l'arr. de Vendôme, dont le sol est en général couvert de landes. Les parties les plus fertiles sont les coteaux qui bordent la Loire et les autres cours d'eau du département.

Le climat y est généralement doux et tempéré; il est pur et sain, excepté dans la Sologne, dont les marécages entretiennent des exhalaisons nuisibles à la santé.

La récolte des céréales suffit à la consommation du département; le seigle, le sarrasin sont cultivés principalement dans la Sologne; on recueille des légumes et des fruits de toute espèce, une grande quantité de chanvre, des fruits excellents, principalement des pommes; les vignes occupent une superficie de 28,000 hectares; elles fournissent des produits très-estimés, tant rouges que blancs; les crûs les plus estimés sont ceux de Grouets, de Madon, de Chambords, des coteaux du Cher; on y récolte aussi du vin noir ou de teinture, et qui n'a, comme son nom l'indique, d'autre qualité que de pouvoir s'allier à tous les vins blancs qu'on veut teindre sans altérer ni leur qualité ni leur goût. Les prairies artificielles sont de trois espèces: luzerne, trèfle et sainfoin; les prairies naturelles ne manquent pas, mais, mieux soignées, elles donneraient des produits bien plus importants. Les forêts occupent à peu près la dixième partie de son territoire; les plus considérables sont celles de Blois, de Boulogne, de Fréteval et de Vendôme; elles fournissent du bois de marine, de merrain et de chauffage.

Les richesses minérales du département sont quelques mines de fer, des carrières considérables de silex pyromaque, de nombreuses tourbières, quelques carrières d'albâtre, de pierres de taille, de la marne, de l'argile à potier et à tuile, une source d'eau minérale à St.-Denis.

La race bovine y est assez considérable; on y élève beaucoup de vaches, dont le lait donne une crême très-estimée; les bêtes à laine y sont nombreuses, principalement dans la Sologne; on en évalue le nombre à près de 500,000, parmi lesquelles on distingue la race solognote, provenant du croisement des béliers espagnols avec des brebis berrichonnes et autres tirées des départements voisins; parmi les chevaux qui se trouvent en assez grand nombre dans le département, on estime la race dite percheronne. Dans les campagnes, l'engraissement des volailles, l'éducation des vers à soie et des abeilles donne des produits considérables. Les nombreux étangs de la Sologne nourrissent une grande quantité de poissons; ils fournissent en outre beaucoup de sangsues, dont on fait grand commerce. Le gibier abonde dans les forêts.

L'industrie occupe quelques manufactures de draperies grossières, de couvertures de laine, de molletons, de cotonnades; à Blois et à Vendôme des fabr. de gants, dont la renommée est particulière; des fabr. de bonneterie; des verreries très-estimées, surtout celles de Montmirail et de Rougemont, des tanneries; des faïenceries; on y trouve beaucoup de raffineries de sucre de betterave; des distilleries d'eaux-de-vie, connues sous le nom d'eaux-de-vie d'Orléans; on compte plus de 800 chaudières qui vont toutes dans les grandes années. L'industrie métallurgique occupe 61 forges et fourneaux, exploite les carrières aux environs de St.-Aignon, qui fournissent, année moyenne, près de vingt millions de pierres à fusil, dont les quatre cinquièmes s'exportent à l'étranger.

On fait un commerce considérable de vins, eaux-de-vie, bois, pierres à fusil, beurre, poissons et divers autres produits du pays.

Le département est divisé en trois arrondissements, 24 cantons et 299 communes. Les chefs-lieux d'arrondissement sont:

Blois	10 cant.	139 com.	118,561 hab.
Romorantin	6 »	50 »	47,722 »
Vendôme . .	8 »	110 »	77,760 »
	24 cant.	299 com.	244,043 hab.

Il nomme trois députés, fait partie de la quatrième division militaire, dont le quartier-général est à Tours; est du ressort de la cour royale et de l'académie d'Orléans, du diocèse de Blois, suffragant de l'archevêché de Paris; il fait partie de la vingt-unième conservation forestière; de la première division des mines, dont le chef-lieu est Paris, et de la onzième inspection des ponts-et-chaussées, dont le chef-lieu est Alençon.

Il a 2 collèges et 221 écoles primaires.

LOIRON, b. de Fr., Mayenne, arr. et à 2 1/2 l. O. de Laval, chef-lieu de canton, poste de la Gravelle; commerce de bestiaux; 1177 hab.

LOISAIL, ham. de Fr., Orne, com. de Mortagne-sur-Huine; 400 hab.

LOISÉ, ham. de Fr., Orne, com. de Mortagne-sur-Huine; 200 hab.

LOISELIÈRE, ham. de Fr., Seine-Inférieure, com. de la Remuée et des Trois-Pierres; 130 hab.

LOISEY, vg. de Fr., Meuse, arr. et poste de Bar-le-Duc, cant. de Ligny; 840 hab.

LOISIA, vg. de Fr., Jura, arr. de Lons-le Saulnier, cant. et poste de St.-Amour; 680 hab.

LOISON, vg. de Fr., Meuse, arr. de Montmédy, cant. et poste de Spincourt; 420 hab.

LOISON, vg. de Fr., Pas-de-Calais, arr. de Béthune, cant. et poste de Lens; 410 hab.

LOISON, vg. de Fr., Pas-de-Calais, arr. et poste de Montreuil-sur-Mer, cant. de Campagne-les-Hesdin; 490 hab.

LOISY, ham. de Fr., Ardennes, com. de Grivy-Loizy; 190 hab.

LOISY, vg. de Fr., Meurthe, arr. de Nancy, cant. et poste de Pont-à-Mousson; 460 hab.

LOISY, ham. de Fr., Oise, com. de Ver; 140 hab.

LOISY-EN-BRIE, vg. de Fr., Marne, arr. de Châlons-sur-Marne, cant. et poste de Vertus; 510 hab.

LOISY-SUR-MARNE, vg. de Fr., Marne, arr., cant. et poste de Vitry-le-Français; 740 hab.

LOITZ, pet. v. de Prusse, prov. de Poméranie, rég. de Stralsund; sur la rive gauche de la Peene; 2320 hab.

LOIVRE, vg. de Fr., Marne, arr. et poste de Reims, cant. de Bourgogne; 610 hab.

LOIX, vg. de Fr., Charente-Inférieure, arr. de la Rochelle, cant. d'Ars-en-Ré, poste de St.-Martin-de-Ré. Ce village, situé sur l'île de Ré, possède un port très-sûr; 1270 h.

LOIZÉ, vg. de Fr., Deux-Sèvres, arr. de Melle, cant. et poste de Chef-Boutonne; 540 hab.

LOIZY, vg. de Fr., Saône-et-Loire, arr. de Louhans, cant. de Cuisery, poste de Tournus; 1110 hab.

LOJA. *Voyez* Loxa.

LOKA, source minérale sulfureuse dans la paroisse de Grytshytta, prov. d'OErebro, Suède centrale; avec quelques établissements de bains.

LOKEREN, b. du roy. de Belgique, prov. de la Flandre orientale, arr. et à 3 1/2 l. O. de Dendermonde; sur le canal de la Durme, qui la réunit à l'Escaut, et sur la route de Gand à Anvers, à 3 1/2 l. E. de cette dernière ville. Elle possède des fabr. de cotonnades, de dentelles, de chapeaux; des teintureries, des blanchisseries et des huileries; marchés considérables de grains, huiles, toiles, chanvre, etc.; 12,900 hab.

LOKHWICA, v. de la Russie d'Europe, gouv. de Pultawa, sur la Lobkwica; agriculture; 6000 hab.

LOLIF, vg. de Fr., Manche, arr. et poste d'Avranches, cant. de Sartilly; 1090 hab.

LOLLAND. *Voyez* Laaland.

LOLME, vg. de Fr., Dordogne, arr. de Bergerac, cant. et poste de Monpazier; 310 hab.

LOLMIE, ham. de Fr., Lot, com. de St.-Laurent-près-Montcuq; 130 hab.

LOLOS, peuplade montagnarde qui habite la partie méridionale de la prov. chinoise de Yun-nan. Ils ont probablement la même origine que les Birmans, dont ils ont conservé la langue et l'écriture. Les Lolos sont des hommes bien faits, endurcis à la fatigue. Ils professent le boudhisme; le plus grand nombre d'entre eux sont pasteurs; d'autres cultivent la terre ou exploitent des mines de cuivre et de fer, métaux qu'ils savent habilement travailler. Ils mettent aussi en circulation de l'or et de l'argent qu'ils trouvent dans leurs montagnes. Leur vêtement est simple, ils marchent toujours pieds nus; les principaux d'entre eux seulement s'habillent de soie à la manière tartare. Bien que soumis actuellement à la Chine, ils ont leurs chefs propres et héréditaires, qui portent le titre de mandarins et ont un pouvoir très-étendu sur leurs subordonnés.

LOLOS (pays des), partie méridionale de la province chinoise de Yun-nan. *Voyez* Lolos.

LOM, fl. de la Turquie d'Europe, eyalet de Rumili, sandschak de Nikopoli, affluent du Danube.

LOMA, mont. de la Nigritie occidentale, au S.-O. du Sangaran; remarquable par la source du Djoliba. Sa hauteur s'élève à 257 toises.

LOMAGNE, pet. principauté qui relevait des ducs de Gascogne et dont Lectoure était la capitale. La Lomagne était gouvernée par des vicomtes. En 1325 cette seigneurie passa par mariage au comte d'Armagnac et deux siècles après à Henri d'Albret, roi de Navarre. Elle se trouva ainsi dans le patrimoine que Henri IV réunit à la couronne, en 1589. Cette petite contrée est comprise aujourd'hui dans les dép. du Gers, de Tarn-et-Garonne et de la Haute-Garonne.

LOMAZY, pet. v. de Pologne, woïwodie de Podlachie; elle possède quelques fabr. de chapeaux; tanneries; 1900 hab. En 1769; les confédérés de Bar y furent battus par les Russes.

LOMB, paroisse de Norwège, diocèse d'Aggerhuus, bge de Christian; 3500 hab.

LOMB, riv. de la Turquie d'Europe, eyalet de Rumili, sandschak de Widdin, affluent du Danube.

LOMBARD, vg. de Fr., Doubs, arr. de Besançon, cant. et poste de Quingey; 310 h.

LOMBARD, vg. de Fr., Jura, arr. de Lons-le-Saulnier, cant. et poste de Sellières; 380 hab.

LOMBARDIE, ham. de Fr., Seine-et-Oise, com. de Bennecourt; 110 hab.

LOMBARD-VÉNITIEN (royaume), cédé à l'empire d'Autriche par le traité de 1815, comprend les états de la rép. de Vénise, l'ancien duché de Milan et la principauté de Mantoue. Cet état est borné au N. par la Suisse et le Tyrol, à l'O. et au S. par les états de Sardaigne, au S. par l'état de l'Église, par les duchés de Parme et de Modène, à l'E. par l'Illyrie et par le golfe Adriatique; il se développe entre 6° 13′ et 11° 23′ long. E. et entre 44° 52′ et 46° 40′ lat. N. Il forme la partie N.-E. de l'Italie; son étendue est de 2360 l. c. et sa population totale, composée d'Italiens, d'Allemands et de Juifs, s'élève à 4,500,000 habitants, dont 4,400,000 Italiens. Cette contrée offre une vaste vallée, fermée au N. par les Alpes et baignée au S. par le Pô. Le sol est généralement fertile; on y fait d'abondantes récoltes de riz, de blé, de chanvre; les vignes y sont cultivées avec succès. Le Pô et l'Adige sont les deux principaux cours d'eau; le Pô s'étend de l'O. à l'E. et forme au S., sur une longueur de 41 milles, la limite naturellle du pays, à l'exception du territoire de Mantoue, situé sur sa rive droite; il y reçoit le Tessin, l'Olona, le Lambro, l'Adda, l'Oglio, le Mincio. L'Adige entre dans le royaume à Rivoli et débouche dans la mer à Brendola. De nombreux versants arrosent la côte, ce sont : la Brenta, le Bachiglione, la Piave, la Livenza, le Lemone et le Tagliamento. Le roy. Lombard-Vénitien possède un grand nombre de canaux de navigation et d'irrigation; le seul gouv. de Venise n'en a pas moins de 243; les plus importants sont : le Naviglio-Grande, qui va de Milan au Tessin à l'O., en passant par Buffalora; le canal de la Martesana, qui va de Milan à l'Adda à l'E., en passant par Gorgonzola; le nouveau canal de Pavie, qui de Milan va au Tessin, au S., en passant par Binasco et Pavie et qui met en communication directe la capitale de la Lombardie avec les ports de Goro, Chioggia et Venise; le Naviglio-Cavanella-di-Po, dans la province de Venise; il joint le canal Bianco au Pô; le canal de Loreo, qui forme la jonction de l'Adige avec le canal Bianco; le canal de la Battaglia, qui va de Padoue et le charmant château de Cattajo à Monselice et à Este; le Naviglio-di-Brenta-Morta-e-Magra, qui est l'ancien lit de la Brenta, dont le cours a été changé, il y a quelques siècles, par les Vénitiens pour éviter les atterissements de leurs lagunes; c'est par ce canal que les barques vont de Venise à Padoue; le Taglio-Novissimo, qui va depuis la Mira jusqu'à la Conca-de-Brondolo, formant avec sa rive gauche la limite des lagunes de Venise, en passant par Lugo, Lova et Conche; le Naviglio-Cava-Zuccherina, qui joint le Sile avec la Piave; et le Naviglio-Rederoli, qui unit la Piave à la Livenza. Parmi les lacs on distingue ceux de Garde, d'Isée, de Côme, une partie du Maggiore (Majeur) et de celui de Lugano. La côte de la mer Adriatique présente une suite de lagunes, formées par l'embouchure des fleuves qui y débouchent; la lagune de Venise s'étend de Brondolo jusqu'à l'embouchure de la Piave; une forte digue, longue de 600 pieds sur 9 l. de large, la protège contre la fureur des flots, qui y a déjà formé 6 ports, dont 4 grands et 2 petits. Le climat est extrêmement doux.

Les productions du règne animal consistent en chevaux, ânes, mulets, bêtes à cornes, bêtes à laine, porcs, menu gibier, volailles, poissons, huîtres, abeilles, vers à soie; celles du règne végétal consistent en blé, riz, maïs, légumes, lin, chanvre, safran, châtaignes, figues et amandes, vins, olives, bois, truffes; celles du règne minéral, en cuivre, plomb, fer, arsenic, marbre, albâtre, pierres à feu, houille, tourbe, pierres à aiguiser et pierres précieuses. L'agriculture est très-développée et dans un état florissant; l'horticulture est également très-importante; l'éducation du bétail, à l'exception de celle des bêtes à cornes, est généralement négligée; cependant le pays offre de nombreux et beaux pâturages. La production de la soie forme la principale ressource des habitants; la fabrication de la cire, du fromage, du fer, du drap, de la toile et du papier est aussi très-considérable. Les principaux articles d'exportation consistent en soie, riz, blé, fromage, ouvrages en acier et en verre, armes, coutellerie, glaces, fils, toiles et étoffes de soie.

La forme du gouvernement est monarchique absolue; il n'y a ni représentation ni contrôle. Tous les droits et tous les pouvoirs émanent de l'empereur d'Autriche, roi de la Lombardie-Vénétienne. Milan est la résidence d'un vice-roi, qui est toujours un prince de la famille impériale, mais son autorité est fort limitée. Le gouvernement autrichien, très-jaloux de sa puissance et très-soupçonneux, veille soigneusement sur les tendances politiques des Lombards; mais, par contre, il ne porte aucune entrave à toutes les combinaisons qui peuvent amener leur bien-être matériel. La religion catholique est la dominante, mais les autres religions y sont tolérées. Le roy. Lombard-Vénitien est divisé en deux gouvernements, dont Milan et Venise sont les capitales; le gouv. de Milan se subdivise en 9 délégations : Milan, Côme, Sondrio (Valteline), Lodi, Bergame, Pavie, Brescia, Cremone et Mantoue; le gouv. de Venise se subdivise en 8 délégations : Venise, Padoue, Vicence,

Vérone, Rovigo (Polésine), Trévise, Bellune et Udine (Frioul). Ces deux gouvernements comprennent 41 villes, 176 bourgs et 5481 villages.

Historique. Aux premiers temps de leur apparition dans le nord de l'Europe, les Lombards s'appelèrent Venili; on les nomma ensuite Longobardes à cause de leurs barbes extrêmement longues, et par contraction Lombards. Après s'être établis, sous Auguste, sur la rive gauche de l'Elbe, ils passèrent, sous Tibère, sur la rive droite de ce fleuve et sur l'Oder; durant l'empire de Marc-Aurèle ils occupèrent les bords méridionaux des mêmes fleuves. Au temps de Justinien Ier, ils s'emparèrent de la Pannonie, en 568; sous le règne de Justin II, les Lombards quittèrent la Pannonie sous la conduite de leur roi Alboin, et fondèrent dans la Haute-Italie un royaume qui prit leur nom et dont Pavie devint la capitale. En 774 Charlemagne assiégea Didier, le dernier roi des Lombards, le fit prisonnier dans la ville de Pavie et mit fin à la domination lombarde, après 206 ans de durée. La Lombardie, durant cette époque, se composait des états de Venise, des prov. de Milan, de Mantoue, du Piémont, de Modène, Regio, Parme, Plaisance et Lodi. Après le démembrement final de la monarchie des Francs, en 888, l'Italie devint un royaume particulier; en 961, Otton-le-Grand la réunit à l'empire; mais déjà au commencement du douzième siècle les villes de la Lombardie s'érigèrent en république; alors il se forma une association de villes libres, indépendantes, unies par une espèce de fédération; elles choisissaient leurs magistrats, délibéraient sur leurs affaires et se réunissaient dans une assemblée composée de délégués municipaux. Fréderic Barberousse, successeur de ces empereurs, qui avaient reconnu les privilèges des villes italiennes, envahit l'Italie et, méprisant les traités, voulut être maître absolu. Milan, la ville principale de la Lombardie, résista et elle fut réduite en cendres, en 1162. Bientôt la victoire abandonna Barberousse, ses troupes furent moissonnées par la peste et par le fer des soldats libres que la ligue lombarde lui opposa, en 1167; il fut forcé de conclure la paix à Constance, en 1183.

A cette époque l'Italie aurait pu se constituer en corps de nation; mais on ne sut pas profiter de la victoire. Des factions se formèrent et des hommes ambitieux se mirent à la tête de petits gouvernements; dans le quatorzième siècle les Visconti dominaient à Milan, les Scala à Vérone, les Carrara à Padoue, les Gonzaga à Mantoue. Milan fut érigé en duché par l'empereur Wenceslas (1395) en faveur de Galéas Visconti. Ce duché échut par alliance à un fils naturel de Jacques Sforza, en 1447. Louis XII fit la conquête du Milanais en 1500. Charles-Quint s'en empara et le réunit à l'Espagne en 1535; en 1700 il passa sous la domination de l'Autriche; en 1797 il composa la république Cisalpine; en 1802 on l'appela république italienne et, en 1805, roy. d'Italie. Les traités de 1815 ressuscitèrent le nom oublié de Lombardie et fondèrent le roy. Lombard-Vénitien.

LOMBAUD. *Voyez* GENÈS-DE-LOMBAUD (Saint-).

LOMBERS, vg. de Fr., Tarn, arr. d'Albi, cant. et poste de Réalmont; 1710 hab.

LOMBEZ, *Bersinum*, *Lombarium*, pet. v. de Fr., Gers, à 9 l. S.-E. d'Auch et à 193 l. S.-S.-O. de Paris, chef-lieu d'arrondissement; siège d'un tribunal de première instance et conservation des hypothèques; elle est située sur la rive gauche de la Save, dans une plaine très-fertile, mais souvent inondée par les débordements de la Save; elle fait commerce en blé, laine et bestiaux. Foires: les 7 septembre, 25 octobre, dernier vendredi de janvier, de mars, de mai et de juillet. Lombez doit son origine à une ancienne abbaye de l'ordre de St.-Augustin, érigée en évêché par le pape Jean XII, en 1317. C'est dans cette ville qu'un concile prononça, en 1215, l'anathème contre les Albigeois; 1622 hab.

LOMBIA, vg. de Fr., Basses-Pyrénées, arr. et poste de Pau, cant. de Morlaas; 285 hab.

LOMBLEM, île de l'archipel de Sumbava-Timor, Malaisie. C'est une grande île d'environ 64 l. c. géogr. de superficie, située sous 8° lat. S. et séparée de Sabrao et de Solor par le canal de Zimanro, et de Pantar par celui d'Alu. Elle est habitée par des Malais. Depuis longtemps aucun voyageur ne l'a visitée; aussi n'avons-nous aucun renseignement certain sur cette île.

LOMBOK ou LOMBUK, île de l'archipel de Sumbava-Timor, située à l'E. de Bali, sous 113° long. orient. et 8° lat. S. Au N. elle est baignée par la mer de Java, à l'E. par le canal d'Allas, au S. par l'Océan Indien, à l'O. par le détroit qui porte son nom. Sa superficie est de 71 l. c. géogr. L'île de Lombok est très-montueuse; il y existe un volcan de 2500 mètres de hauteur qui exerce fréquemment de grands ravages. Elle est bien arrosée, fertile, parfaitement cultivée, produit en abondance les beaux fruits des tropiques et nourrit de grands troupeaux de bétail, de porcs, de chèvres, etc. Les habitants, originaires de Java ou de Sumbava, sont musulmans selon les uns et brahmanes selon les autres; ils sont bons agriculteurs, assez civilisés, industrieux et commerçants. Le radjah indigène qui les gouverne est vassal du sultan de Corrang-assem, dans l'île Bali, et réside dans la ville de Mataran, située sur le détroit de Lombok. Le principal port de l'île est Tanjoawang, également situé sur le détroit de Lombok. Les bâtiments y abordent souvent pour s'y ravitailler.

LOMB-PALANKA, pet. forteresse de la Turquie d'Europe, eyalet de Rumili, sandschak de Widdin; située au confluent du Danube et du Lomb; dans son voisinage se trouve un bourg avec 3000 hab.

LAMBRAY, vg. de Fr., Aisne, arr. de Laon, cant. de Coucy-le-Château, poste de Blérancourt; 60 hab.

LOMBRÈS, vg. de Fr., Hautes-Pyrénées, arr. de Bagnères-en-Bigorre, cant. de Nestier, poste de St.-Laurent-de-Neste; 200 h.

LOMBREUIL, vg. de Fr., Loiret, arr., cant. et poste de Montargis; 220 hab.

LOMBRON, vg. de Fr., Sarthe, arr. du Mans, cant. de Montfort, poste de Connerré; 1520 hab.

LOMDÉES (les), ham. de Fr., Eure, com. du Tronquay; 420 hab.

LOMENER, ham. de Fr., Morbihan, com. de Groix; 130 hab.

LOMMATZSCH, v. du roy. de Saxe, cer. de Misnie, sur la Jahna; dans une contrée connue pour sa fertilité, surtout en grains; elle renferme une population de 2050 hab., qui font surtout un commerce de chanvre et de plumes.

LOMME, vg. de Fr., Nord, arr. et poste de Lille, cant. d'Haubourdin; 2070 hab.

LOMMEL, vg. du roy. de Belgique, prov. du Brabant septentrional, arr. d'Eindhoven; 2250 hab.

LOMMERANGE, vg. de Fr., Moselle, arr. et poste de Briey, cant. d'Audun-le-Roman; 270 hab.

LOMMOYE, vg. de Fr., Seine-et-Oise, arr. de Mantes, cant. et poste de Bonnières; 480 hab.

LOMNÉ, vg. de Fr., Hautes-Pyrénées, arr. de Bagnères-en-Bigorre, cant. et poste de la Barthe-de-Neste; 310 hab.

LOMNITZ, très-pet. v. de Bohême, cer. de Budweis; fabrication de coton; 1500 h.

LOMNITZ, b. d'Autriche, gouv. de Moravie-et-Silésie, cer. de Brunn; fabrication de draps fins; 1200 hab.

LOMOND (lac de), le plus grand des lacs de l'Écosse, comté de Dunbarton.

LOMONT, vg. de Fr., Doubs, arr., cant. et poste de Baume-les-Dames; 340 hab.

LOMONT, vg. de Fr., Haute-Saône, arr. et poste de Lure, cant. d'Héricourt; tissage de coton; 8750 hab.

LOMONTOT, ham. de Fr., Haute-Saône, com. de Lomont; 210 hab.

LOMPNAS, vg. de Fr., Ain, arr. et poste de Belley, cant. de Lhuis; 394 hab.

LOMPNES, vg. de Fr., Ain, arr. de Belley, cant. d'Hauteville, poste de St.-Rambert; 770 hab.

LOMPNIEU, vg. de Fr., Ain, arr. et poste de Belley, cant. de Champagne; 420 hab.

LOMPRET, vg. de Fr., Nord, arr. et poste de Lille, cant. de Quesnoy-sur-Deule; 570 h.

LOMZA, pet. v. de Pologne, woïwodie d'Augustow; siége des autorités du cercle; située sur une montagne près de la Narew. Lomza était autrefois une ville considérable; mais, détruite par les Suédois, elle n'a plus que 2000 hab., plusieurs églises, 2 couvents, un collége, une école supérieure et quelques fabriques.

LON (Saint-), vg. de Fr., Landes, arr. de Dax, cant. et poste de Peyrehorade; 1200 h.

LONATO, b. du roy. Lombard-Vénitien, gouv. de Milan, délégation de Brescie; filatures de soie; défaite des Autrichiens, en 1796; 5600 hab.

LONCHAMP, vg. de Fr., Aube, arr. et cant. de Bar-sur-Aube, poste de Clairvaux; forges; 700 hab.

LONCHAMP-LES-MILLIÈRES, vg. de Fr., Haute-Marne, arr. de Chaumont-en-Bassigny, cant. et poste de Châtenois; 170 hab.

LONCHAMP-SOUS-CHATENOIS, vg. de Fr., Vosges, arr. de Neufchâteau, cant. et poste de Châtenois; 170 hab.

LONCON, vg. de Fr., Basses-Pyrénées, arr. d'Orthez, cant. et poste d'Arzacq; 310 h.

LONDE (la), vg. de Fr., Eure, arr. des Andelys, cant. et poste d'Etrepagny; 90 h.

LONDE (la), ham. de Fr., Eure, com. de Heuqueville; 150 hab.

LONDE (la), b. de Fr., Seine-Inférieure, arr. de Rouen, cant. et poste d'Elbeuf; 1686 hab.

LONDEMARE, ham. de Fr., Eure, com. de Crestot; 140 hab.

LONDERZEEL, b. du roy. de Belgique, prov. du Brabant méridional, arr. de Bruxelles; tanneries, huileries, brasseries et distilleries; 3250 hab.

LONDIGNY, vg. de Fr., Charente, arr. et poste de Ruffec, cant. de Villefagnan; 590 h.

LONDINIÈRES, b. de Fr., Seine-Inférieure, arr., à 2 1/2 l. N. et poste de Neufchâtel-en-Bray, chef-lieu de canton; 1059 h.

LONDON (New-), comté de l'état de Connecticut, États-Unis de l'Amérique du Nord; il est borné par les comtés de Tolland, de Windham, de Middlesex, de Hartford, par l'île de Long-Island et les détroits de Long-Island et de Fisher-Island; superficie 26 l. c. géogr., avec 40,000 hab. Pays plat, bien arrosé et très-fertile; les côtes offrent plusieurs bonnes rades.

LONDON (New-), v. des États-Unis de l'Amérique du Nord, état de Connecticut, comté de New-London, dont elle est le chef-lieu, sur le Thames; elle a une académie, différentes manufactures et est importante par ses pêcheries, son cabotage et son commerce avec les Indes-Occidentales et les états méridionaux de l'Union. Son port est le meilleur de l'état; 6000 hab.

LONDON (New-), b. des États-Unis de l'Amérique du Nord, état de Pensylvanie, comté de Chester; 2000 hab.

LONDON (New-). *Voyez* MADISON (Ohio).

LONDON, b. florissant des États-Unis de l'Amérique du Nord, état de Maryland, comté d'Ann-Arundel, à l'embouchure du South-River; grand entrepôt de tabac; 2800 hab.

LONDON, b. des États-Unis de l'Amérique

du Nord, état de New-Hampshire, comté de Rockingham, sur le Merrimak; 2400 hab.

LONDON, dist. du Haut-Canada, Amérique anglaise; il est borné par le lac Huron, le lac Érié et par les dist. de Home, de Gore et de l'Ouest. Il n'y a que la partie méridionale le long du Thames et du lac Érié qui soit cultivée, le reste du pays ne présente qu'un immense et affreux désert où cependant la culture fait de jour en jour plus de progrès. Au N.-O. du district une langue de terre avec le cap Cabot s'avance dans le lac Érié et forme la vaste baie de Matachadog parsemée d'îles. Le Thames, affluent du lac St.-Clair, est le principal cours d'eau de cette province, divisée en 3 comtés : Norfolk, Oxford et Middlesex; 16,000 hab.

LONDON, v. du Haut-Canada, chef-lieu du district de même nom, sur le Thames, qui la met en communication avec les lacs Canadiens et les États-Unis et sur la route de Dundas qui la joint au St.-Laurent. Cette ville, nouvellement fondée, s'accroît rapidement, grâce à sa situation favorable, et promet de devenir une des premières places de commerce à l'O. de l'Amérique anglaise; 1800 hab.

LONDONDERRY, pet. v. de la Nouvelle-Écosse, comté de Halifax, sur le Kobequid, affluent du Bason-of-Minas.

LONDONDERRY ou **DERRY**, comté d'Irlande, province maritime. Ses bornes sont: au N. l'Océan, à l'E. le comté d'Antrim, au S. celui de Tyrone et à l'O. celui de Donégal. Sa superficie est de 29 l. c. géogr. et sa population de 150,000 hab. La surface de cette province est ondulée; la côte est plate, quelquefois bordée de roches de basalte. Son sol, quoique entrecoupé de marais, est assez fertile. Les montagnes qu'on y trouve sont peu élevées et ne renferment que des pierres de taille, des ardoises et de la terre à potier; le bois et la houille manquent totalement; la tourbe est le seul combustible. L'agriculture devient de plus en plus florissante; on récolte principalement du froment, des légumes, de l'orge, de l'avoine, du lin et en abondance une plante pour la teinture des étoffes de laine, le lichen omphalodes. On élève de nombreux bestiaux; la côte est peuplée d'une grande quantité de lapins, dont les peaux sont expédiées à Dublin et en Angleterre. Le Bann, qui arrose la partie orientale de la province et la sépare de celle d'Antrim, est très-riche en saumons. La fabrication de la toile de lin forme la principale richesse des habitants et le principal article d'exportation; on exporte en outre des bestiaux, du beurre, de la farine d'avoine et des saumons. Ce comté portait jadis le nom de Coleraine et ne reçut son nom actuel que sous Jacques Ier; il est divisé en 4 baronies.

LONDONDERRY, *Robertum*, jolie v. fortifiée d'Irlande, chef-lieu du comté de même nom, sur le Foyle; nomme 1 député; commerçante, avec un port; siége d'un évêché catholique et d'un évêché anglican. Le pont en bois, sur le Foyle, est d'une longueur remarquable; le palais de justice, la halle aux toiles, la prison et la cathédrale sont ses principaux établissements publics; toileries, blanchisseries, tanneries, pêche du saumon; commerce en toiles; 12,000 hab.

LONDONDERRY, pet. v. des États-Unis de l'Amérique du Nord, état de New-Hampshire, comté de Rockingham, près des sources du Beaver; académie; fabr. de toiles de lin; 3000 hab., la plupart Irlandais.

LONDRES, vg. de Fr., Lot-et-Garonne, arr. et poste de Marmande, cant. de Seyches; 210 hab.

LONDRES (London), *Londinium*, la capitale et métropole de l'empire britannique; siége d'un évêque qui a le pas sur tous les autres de l'Angleterre, une des plus grandes villes du globe; est située sur les deux rives de la Tamise, sous 51° 30′ lat. N. et à 105 l. N.-N.-O. de Paris. Sa longueur de l'E. à l'O. est de 8 milles, sa largeur du S. au N. est de 5 milles; on ne peut assigner de limites à cette cité, qui n'a ni murs ni portes et dont l'enceinte s'agrandit sans cesse.

Londres est bâti à environ 60 milles de la mer, au milieu d'une plaine légèrement ondulée au N., et divisé par la Tamise en deux parties très-inégales, dont la plus considérable est située sur la rive gauche du fleuve, sur une légère élévation. Cette partie appartient sous le rapport administratif au comté de Middlesex; l'autre ou la partie méridionale appartient au comté de Surrey. Les plus anciens quartiers de Londres sont : la Cité et Westminster sur la rive gauche et Southwark sur la rive droite; un grand nombre de bourgs et de villages ont été réunis plus tard à la ville et ont donné leurs noms à différents quartiers. Aujourd'hui l'on divise Londres en six parties principales : Westminster et West-End, habités par la noblesse et les classes riches, à l'O.; la Cité, entrepôt général du commerce et des affaires, au centre; East-End (quartier de l'Est), qui ne s'est formé que depuis la seconde moitié du dix-huitième siècle, particulièrement remarquable par ses immenses magasins, ses chantiers et ses docks. Les docks sont des bassins intérieurs, construits sur les bords du fleuve, avec lequel ils communiquent par des canaux; les navires qui viennent des Indes-Orientales et Occidentales y entrent tout chargés, et les marchandises sont immédiatement transportées dans les magasins qui entourent les docks. Ces bassins, ceints de quais superbes, peuvent être vidés et servent ainsi à la réparation des bâtiments. Quelques-uns d'entre eux contiennent jusqu'à 200 navires; nous citerons parmi les plus remarquables: l'East-India-Dock, West-India-Dock, London-Dock, le dock de Ste.-Catherine sur la rive gauche, et Commercial-Dock et Grand-Surrey-Dock sur la rive droite. Les deux autres parties de Londres sont : le quartier de Southwark, consacré principalement au commerce et aux manufactures, et le quartier Nord, nouvellement formé par la réunion de plusieurs villages et les agrandissemts successifs de la ville.

La Tamise offre aux plus grands bâtiments du commerce un ancrage excellent; ils remontent le fleuve jusqu'au centre de la ville. Six ponts, dont quatre en pierre et deux en fer, facilitent les communications entre les deux rives; ce sont, en allant de l'O. vers l'E., le Vauxhall-Bridge, en fonte, terminé en 1816; le pont de Westminster, construit de 1739 à 1759; le pont de Strand ou de Waterloo, en granit; le pont de Blackfriars; celui de Southwark, en fer; ses arches sont les plus larges que l'on connaisse; enfin le pont de Londres, le plus oriental; il surpasse tous les autres par sa beauté et sa largeur; il fut terminé en 1831 et remplaça l'ancien pont de Londres, construit au douzième siècle. Comme la navigation ne permet pas d'établir des ponts plus à l'E., on a eu l'idée hardie de réunir les deux rives de la Tamise par un tunnel ou passage souterrain. Commencé en 1825, le tunnel, construit d'après les plans de M. Brunel, ingénieur français, s'achève rapidement, malgré les obstacles toujours renaissants et plusieurs invasions du fleuve dans les deux galeries qui serviront au passage. Achevées, chacune des galeries aura 1300 pieds anglais de long, 20 de haut et 14 de large.

Londres ne se distingue pas par la beauté des édifices privés; la plupart des maisons sont bâties en briques, étroites et arrangées pour une seule famille; dans quelques quartiers elles sont recouvertes de stuc, mais partout elles sont bientôt noircies par la fumée de charbon, qui couvre presque continuellement la ville. L'apparence des édifices est monotone, mais les étrangers ne peuvent assez admirer la splendeur des boutiques, la propreté des rues, la bonté du pavé, les beaux trottoirs en dalles élevés au-dessus de la chaussée, le comfort qui règne dans l'intérieur des maisons, le splendide éclairage au gaz et l'admirable système hydraulique qui, à l'aide de puissantes machines à vapeur, distribue l'eau dans toutes les maisons et à tous les étages et rend de si bons services en cas d'incendie. Les Squares sont de petites places charmantes, au milieu desquelles se trouve un jardin entouré de grilles, où les habitants des maisons environnantes ont seuls le pouvoir d'entrer. Il y en a un grand nombre à Londres (71); les plus beaux sont : Grosvenor-Leicester-Square, orné de la statue équestre de George II; St.-James-Berkeley-Square, New-Carlton-Square; Soho-Square, où se trouvent les beaux magasins de la librairie étrangère, et plusieurs autres, presque tous ornés de statues ou d'autres monuments, comme l'emplacement où se trouve le Monument de Londres, colonne haute de 202 pieds, consacré au souvenir de l'incendie qui, en 1666, consuma une grande partie de la ville. Londres possède aussi un grand nombre de places publiques, dont la plupart servent de marché. Telles sont les places de Smithfield, où se tient le marché de bestiaux et où se vendent annuellement plus de 1,200,000 moutons et agneaux, 160,000 bœufs et veaux, 260,000 cochons et cochons de lait; le marché de Leadenhall, pour la volaille et le gibier; les marchés de Newgate et de Billingsgate, pour la viande de boucherie et le poisson; le marché au charbon (coal-market) et le superbe marché de Coventgarden, récemment construit par le duc de Bedford.

Les plus belles rues de Londres sont: Bond-Street, Piccadilly, Palmall, Strand, Oxford-Street, Holborn, Regent-Street, Portland-Place, Tottenham-Court-Road, St.-James-Street et Haymarket. La capitale renferme quelques magnifiques promenades, telles que Green-Park, St.-James-Park, Hyde-Park et surtout Regents-Park, où se trouve le vaste jardin de la société zoologique et où la beauté des édifices rivalise avec la magnificence des plantations. Les jardins publics sont au nombre de plus de trente et renferment tout ce qui peut attirer et captiver la foule.

La plupart des édifices publics de Londres sont plus remarquables par leur destination que par leur architecture, bien qu'il y en ait qui se distinguent par la beauté du style. Les principaux bâtiments publics sont : la Tour de Londres (Tower), ancienne forteresse, bâtie au bord de la Tamise. Les premières bâtisses datent, à ce qu'on prétend, du temps de Guillaume-le-Conquérant. Jusqu'à la reine Elisabeth la Tour servit de résidence aux rois d'Angleterre et de prison d'état, ce qu'elle est encore aujourd'hui; elle renferme l'arsenal maritime, une collection d'armures antiques, l'arsenal des volontaires, immense dépôt d'armes; la chambre aux joyaux, où l'on montre derrière une grille les diamants de la couronne; une petite ménagerie, des archives, etc.; le palais St.-James, bâtiment en briques, irrégulier et faisant peu d'effet, malgré son étendue et la riche décoration de ses appartements; il sert de résidence royale depuis 1695; le palais Buckingham, nouvelle résidence royale, également dans le St.-James-Park; l'ancienne résidence de Whitehall, où fut exécuté Charles Ier; la banque d'Angleterre, un des édifices les plus grands et les plus irréguliers de Londres, et tout près la bourse (*the royal exchange*), beau bâtiment, situé presque au centre de la Cité; la grande douane (*the custom house*) et l'hôtel de la monnaie, près du Tower; l'East-India-House ou hôtel de la Compagnie des Indes-Orientales, qui renferme un beau musée asiatique et une bibliothèque riche en manuscrits indiens et orientaux; le Trinity-House; le nouveau bâtiment de la poste (*the general post-office*); le bureau de l'excise; le trésor; le Mansion-House ou hôtel du lord-maire, premier magistrat municipal de Londres, élu tous les ans; il entre en fonctions à Guildhall, le véritable hôtel de ville, où dans une grande salle se trouvent des monuments élevés en l'honneur de plusieurs citoyens illustres de l'Angleterre; la belle prison de Newgate; le palais de l'archevêque de Canterbury; l'hôpital de St.-Luc, au N. de la Cité; la maison des enfants trouvés, au N.-O.; les bâtiments de Sommerset-House, où sont de nombreux bureaux et où plusieurs sociétés savantes ont leur siége; ceux de l'institut de Londres, du musée anglais, de la nouvelle université, du kings-college, et une foule d'autres édifices publics, hôpitaux, prisons, etc.; enfin les différents théâtres de Londres, dont les trois principaux sont: l'Opéra-Italien, qui peut contenir 2400 personnes; Drurylane et Coventgarden, qui en contiennent plus de 3000. Les théâtres secondaires sont: Haymarket, le Cirque-Royal, le théâtre de Cobourg, l'Opéra-Anglais, l'Amphithéâtre-Royal, Sadlerwells, le Diorama, etc.

Londres possède un très-grand nombre d'églises, en tout 500 édifices consacrés aux différents cultes; il y a 246 églises et chapelles anglicanes, 207 appartenant aux dissidents et 33 aux étrangers, protestants allemands et français, catholiques, grecs, etc. Les églises anglicanes sont seules entretenues aux frais du gouvernement, et toutes les autres sont soutenues par des particuliers. Très-peu de ces églises se distinguent par leur architecture; on remarque cependant la cathédrale de St.-Paul, construite en pierres de Portland, sur le plan de St.-Pierre de Rome, par Chrétien Wren. C'est le plus grand temple protestant de l'Angleterre; mais comme elle n'est pas église paroissiale, une petite partie seulement de son enceinte sert au culte; pour y attirer plus de monde on a commencé à y ériger des monuments à des hommes célèbres, à Nelson, à son fondateur, etc. Nous devons citer encore les églises de St.-Étienne, de St.-Martin, de St.-Jean-Évangéliste, de St.-George, de St.-Paul à Covent-Garden et surtout l'abbaye de Westminster, beau reste de l'architecture chrétienne au moyen âge. Dans la chapelle de Henri VII, ajoutée en 1502 à l'église, reposent les cendres d'Élisabeth, de Marie Stuart et de plusieurs rois et reines. L'intérieur de l'abbaye est couvert des monuments élevés aux grands hommes de l'Angleterre, monuments rangés sans ordre et dont un petit nombre seulement est remarquable sous le rapport du goût. Vis-à-vis de l'abbaye de Westminster, au bord de la Tamise, est Westminster-Hall, bel édifice gothique dont la grande salle servit souvent aux parlements et au couronnement des rois. A l'E. de Westminter-Hall se trouvaient deux édifices de la même époque reliés par un cloître gothique; ils servaient de lieu de réunion à la chambre des lords et à la chambre des communes et furent détruits, le 16 octobre 1834, par un violent incendie. L'on élève dans ce moment, près du pont de Westminster, un nouveau palais au parlement.

Parmi les édifices appartenant aux particuliers, il y en a quelques-uns qui se distinguent par leur étendue et leur somptuosité; il en est de même de plusieurs lieux publics, tels que le Panthéon, le Vauxhall, le Ranelagh, le Colosseum; mais leur énumération nous conduirait trop loin.

La capitale de l'Angleterre n'est pas comme celle de la France le centre unique des institutions scientifiques et littéraires du pays; cependant, par la nature des choses, elle en est devenue le centre principal et possède une foule d'établissements dont quelques-uns rivalisent avec les mieux organisés des autres villes de l'Europe.

Les principaux établissements scientifiques et littéraires de Londres, sont: l'université de Londres, fondée dernièrement sur un vaste plan dans lequel on a cherché à éviter les inconvénients que présentent les universités d'Oxford et de Cambridge, en excluant la théologie du programme des études; le collége royal, fondé en même temps; on y enseigne la théologie et l'on n'y admet que des étudiants qui professent la religion anglicane; le collége Sion, destiné à l'éducation du clergé anglican; il possède une magnifique bibliothèque qui, à l'instar de la bibliothèque royale de Paris, reçoit un exemplaire de tout ouvrage publié dans le royaume; les écoles ou colléges de Charterhouse, de Westminster, de Merchant-Taylor, de St.-Olave, de Gresham, où l'on enseigne la théologie, le droit, les sciences physiques et mathématiques; les cours publiés par l'institut royal de la Grande-Bretagne (Royal-Institution) où professa le célèbre Davy, et par l'institut de Londres (London-Institution), ont principalement pour but de répandre la connaissance de la chimie, de la physique, de la mécanique, etc. Comme dans la plupart des universités anglaises les études n'ont pour objet que la théologie et la philologie, on sentit de bonne heure le besoin d'établir des écoles spéciales de médecine, de jurisprudence, de marine. Parmi ces institutions, les écoles de droit se distinguent par leur ancienneté et la singularité de leur organisation; on les appelle Inns-of-Court et elles possèdent des bâtiments considérables, dont le plus célèbre est le Temple, situé au bord de la Tamise, dans la City. Les étudiants y sont logés, nourris, y reçoivent un enseignement théorique et pratique de la science du droit, et au sortir des études l'école leur confère le titre de barrister et le droit d'exercer la profession d'avocat.

L'Inner et Middle-Temple, Lincolns-Inn, Gray-Inn et Sergeants-Inn sont les principales de ces écoles; au nombre des autres écoles dignes de remarque se trouvent les instituts de Russel et de Surrey, le Western literary and scientific institution, City of London literary and scientific institution, Metropolitan literary institution et l'institut de Southwark; la grande école des arts et métiers (mechanic's institution), deux autres du même genre, établies à Spitalfield et à Southwark, les écoles élémentaires de l'hôpital du Christ, les cours d'anatomie à l'hôpital de St.-Barthélemi, ceux de médecine donnés dans les quatres hôpitaux dits Guy-Hospital, St.-Thomas-Hospital, Middlesex-Hospital et London-Hospital, et dans les édifices situés dans George-Street, Great-Windmill-Street, Blendheim-Street, Webb-Street, Maze Pond et Borough; l'école vétérinaire, l'école des sourds-muets; enfin dans les environs immédiats de Londres, les écoles de Chelsea, de Greenwich et de Sandhurst. Nous ne parlerons pas de l'instruction primaire, qui est assez négligée à Londres, comme dans le reste de l'Angleterre, bien que la capitale compte dans son sein plusieurs centaines d'écoles élémentaires publiques; le gouvernement y reste tout à fait étranger, et ce qui se fait de bien est l'œuvre de particuliers ou d'associations religieuses et charitables; l'éducation secondaire est également entreprise privée et la valeur du pensionnat dépend en grande partie du zèle et de l'instruction de son directeur et des professeurs qu'il s'adjoint.

Le nombre des sociétés savantes de Londres est énorme, et, sous ce rapport, la capitale de l'Angleterre surpasse toutes les autres villes du globe; en voici les principales: la société royale de Londres, fondée en 1645, véritable académie des sciences; le nombre de ses membres est très-considérable; elle s'assemble dans le beau palais de Somerset-House, où se réunit aussi la société des antiquaires; la société des mathématiques; l'académie royale des arts, qui s'assemble dans le palais Adelphi; l'académie royale de peinture; la société Linnéenne, avec son superbe herbier et sa bibliothèque si riche en curiosités bibliographiques; la société phrénologique; la société de minéralogie; la société entomologique; la société zoologique, qui possède une belle ménagerie et les beaux jardins dont nous avons parlé plus haut; la société pour l'encouragement des arts, des manufactures et du commerce, qui compte plus de 5000 membres et a puissamment contribué au progrès de l'industrie anglaise; les sociétés médico-botanique, de médecine et de chirurgie, médicale de Londres, médicale de Westminster; l'académie royale de musique; les sociétés philharmoniques; la société d'architecture navale, celle des apothicaires, celle d'astronomie; la société royale de littérature, la société asiatique, celle pour les découvertes dans l'intérieur de l'Afrique, la société dite de Palestine, la société géologique, la société d'horticulture, l'institut mécanique, la société de statistique et celle de géographie, la société pour la propagation des connaissances utiles, l'Athenœum, réunion d'un grand nombre d'hommes distingués, où l'on rend régulièrement compte des progrès de l'esprit humain; la société coopérative, la société biblique, qui dispose de fonds très-considérables et a fait traduire la Bible en 140 langues et dialectes, etc., etc. La plupart de ces sociétés et des institutions d'instruction publique énumérées plus haut possèdent des bibliothèques et des collections scientifiques très-importantes; de riches particuliers ont consacré également des sommes énormes à former des galeries de tableaux, des bibliothèques, des collections scientifiques et autres. L'établissement public le plus considérable en ce genre à Londres est le musée britannique; formé dans le siècle dernier par des dons et l'achat de plusieurs collections privées, il a reçu dans ces dernières années d'importants accroissements. Ses bâtiments situés dans Great-Russel-Street, quartier Westminster, contiennent une bibliothèque qui est aujourd'hui la plus riche du royaume-uni, et possède 60,000 manuscrits, parmi lesquels l'on voit l'original de la *magna charta;* une superbe collection d'antiquités, où l'on remarque l'inscription de Rosette, le sarcophage dit de saint Athanase, la tête colossale du jeune Memnon et les fameux marbres d'Elgin, une très-belle collection d'histoire naturelle, un riche médailler et une galerie de tableaux, qui cependant ne peut pas encore rivaliser avec celles d'un grand nombre de particuliers.

Londres voit paraître 43 journaux politiques, 40 recueils hebdomadaires, presque tous consacrés à la littérature, environ 240 revues et recueils mensuels et 40 trimestriels. Plusieurs journaux de Londres ont plus de 8000 abonnés, et l'on évalue à 16 millions le nombre des feuilles annuellement publiees. Le nombre des libraires est de 1200, celui des imprimeurs de 300, et outre les presses ordinaires il y existe 60 presses mécaniques mues par la vapeur, dont plusieurs (celles consacrées aux journaux) peuvent donner par heure 2000 feuilles tirées des deux côtés.

L'industrie de Londres est aussi variée que considérable; ses principaux produits consistent en articles de luxe, étoffes de soie, ouvrages en or et en argent; ébénisterie, sellerie et en un grand nombre d'objets recherchés pour l'exportation dans la première place commerçante du monde. Plusieurs fabriques sont gigantesques par la grandeur et l'étendue des bâtiments, et nous ne pouvons nous dispenser de citer les brasseries de Barclay-Perkins et compagnie et de Reid et compagnie, où toutes les manipulations se font à l'aide de la machine à vapeur. La bière est conservée dans des tonneaux qui contiennent presque un million de litres; les caves sont en proportion. L'établissement de Barclay fabriqua en 1825 380,000 ohom ou barriques de bière.

Le commerce de Londres est prodigieux et égale à lui seul celui de tout le reste du royaume-uni. Bien qu'il ait un peu baissé depuis la chute de l'empire français et du système continental, il étonne par le nombre de navires qu'il emploie et par la valeur des exportations. Nous empruntons les chiffres suivants à la statistique de M. Balbi: Au 31 décembre 1825, Londres possédait 4921 navires jaugeant ensemble 876,400 tonneaux, ce qui dépasse de près d'un quart le port de la marine marchande française à la même époque. Dans la même année, 5732 bâtiments, jaugeant 1,061,000 tonneaux, arrivèrent à Londres, tandis que les 8704 navires qui entrèrent dans les ports de France ne jaugeaient que 942,000 tonneaux; enfin le cabotage de Londres employa 19,500 bâtiments du port de 2,360,000 tonneaux. En 1815, les exportations de Londres s'élevaient à la somme énorme de 22,183,950 livres sterling, tandis que la France, en 1825, 1826 et 1827, n'exporta, année moyenne, que pour la valeur de 24,402,720 livres sterling. En 1825, l'exportation se monta à 19,289,774 livres sterling et l'importation à 23,513,371. Mais aussi, il faut le dire, la population de cette ville, si heureusement située sur un grand fleuve, centre politique, centre d'industrie et de commerce, est immense, et si l'on admet l'évaluation de quelques géographes, sans tenir compte des exagérations ridicules à l'égard de quelques villes lointaines et rarement visitées, il faut regarder Londres comme la ville la mieux peuplée du globe. Balbi lui accorde 1,400,000 habitants. Pé-king et Jeddo n'en ont probablement que 1,300,000 et Paris n'en compte qu'un million.

LONE, vg. de Fr., Côte-d'Or, arr. de Beaune, cant. et poste de St.-Jean-de-Losne; 1040 hab.

LONG, vg. de Fr., Somme, arr. d'Abbeville, cant. d'Ailly-le-Haut-Clocher, poste de Flixecourt; brasseries; exploitation de tourbe; 1702 hab.

LONG, lac d'une longueur considérable, mais peu large, au N. de l'état de New-York, États-Unis de l'Amérique du Nord; il s'écoule par la Raquette dans le St.-Laurent.

LONG, groupe de pet. îles, au S.-O. de l'état de Connecticut, États-Unis de l'Amérique du Nord.

LONG (Fundy-Bay). *Voyez* MANAN.

LONG (île). *Voyez* MANAN.

LONG, île à l'entrée de la baie de St.-Marys, côte S.-O. de la Nouvelle-Écosse; elle fait partie du comté d'Annapolis.

LONG, pet. île au N. de celle d'Antigua, Petites-Antilles, dont elle dépend.

LONGAGES, vg. de Fr., Haute-Garonne, arr. de Muret, cant. de Carbonne, poste de Noé; 1040 hab.

LONGAGNE (la), ham. de Fr., Lot, com. de Valprionde; 110 hab.

LONGARONE, vg. du roy. Lombard-Vénitien, gouv. de Venise, délégation de Bellune, à la droite de la Piave; commerce en bois; 2000 hab.

LONGAS. *Voyez* FOY-DE-LONGAS (Sainte-).

LONGAULNAY, vg. de Fr., Ille-et-Vilaine, arr. de St.-Malo, cant. de Tinteniac, poste de Bécherel; 870 hab.

LONGAVESNES, vg. de Fr., Somme, arr. et poste de Péronne, cant. de Roisel; 300 h.

LONGAVI. *Voy.* CORDILLÈRES, II (Chili).

LONGAVOINE, ham. de Fr., Aisne, com. de Viviers; 140 hab.

LONG-BAY (baie longue), baie qui s'étend depuis l'embouchure du Cape-Fear jusqu'à celle du Grand-Pédee, au S. de la Caroline du Nord et au N.-E. de la Caroline du Sud, États-Unis de l'Amérique du Nord.

LONG-BAY, baie sur la côte O. de l'île de Barbadoès, Petites-Antilles, entre l'embouchure du St.-Joseph au N. et le Pic-de-Téhériffe au S.

LONGBEACH, pet. place forte du Nouveau-Brunswick, comté de Sudbury, sur le St.-Johns.

LONBBEACH. *Voyez* PLYMOUTH (baie).

LONGCHAMP, ham. de Fr., Aisne, com. de Lent-en-Dombes; 160 hab.

LONGCHAMP, vg. de Fr., Eure, arr. des Andelys, cant. et poste d'Étrepagny; 770 h.

LONGCHAMP, vg. de Fr., Meuse, arr. de Commercy, cant. de Pierrefitte, poste de St.-Mihiel; 510 hab.

LONGCHAMP, vg. de Fr., Vosges, arr., cant. et poste d'Épinal; 290 hab.

LONGCHAMP, nom d'une abbaye fondée au treizième siècle, par Isabelle de France, sœur de Saint-Louis, au fond du bois de Boulogne, près de Paris. Les mercredi, jeudi et vendredi saints, on s'y portait en foule pour entendre les belles voix des religieuses qui chantaient les ténèbres et les lamentations. Cet agréable pèlerinage, qui était devenu une affaire de mode, cessa en 1792; l'église fut démolie, mais quelques années après la promenade de Longchamp fut rétablie et s'est perpétuée jusqu'à nos jours. Cependant elle est circonscrite aujourd'hui aux Champs-Élysées et les promeneurs n'ont plus d'autre but que de voir ou de faire admirer des toilettes nouvelles et quelquefois ridicules dont la mode éphémère veut affubler nos fashionables des deux sexes.

LONGCHAMP, vg. de Fr., Côte-d'Or, arr. de Dijon, cant. et poste de Genlis; 530 hab.

LONGCHAMPS, vg. de Fr., Aisne, arr. de Vervins, cant. et poste de Guise; 340 hab.

LONGCHAUMOIS, vg. de Fr., Jura, arr. de St.-Claude, cant. et poste de Morez; 2000 hab.

LONGCOCHON, vg. de Fr., Jura, arr. de

Poligny, cant. de Nozeroy, poste de Champagnole; 150 hab.

LONG-DU-BOIS (le), ham. de Fr., Aube, com. de Rumilly-les-Vaudes; 160 hab.

LONG-DU-BOIS, ham. de Fr., Oise, com. de Bezoncourt; 130 hab.

LONGEAU, vg. de Fr., Haute-Marne, arr., à 2 l. S. et poste de Langres, chef-lieu de canton; 440 hab.

LONGEAULT, ham. de Fr., Côte-d'Or, com. de Pluvault-Longeault; 250 hab.

LONGEAUX, vg. de Fr., Meuse, arr. de Bar-le-Duc, cant. et poste de Ligny; 390 h.

LONGECHAUX, vg. de Fr., Doubs, arr. de Baume-les-Dames, cant. de Vercel, poste du Valdahon; 160 hab.

LONG-CHENAL, vg. de Fr., Isère, arr. de la Tour-du-Pin, cant. et poste du Grand-Lemps; 690 hab.

LONGECOMBE, vg. de Fr., Ain, arr. de Belley, cant. de Hauteville, poste de St.-Rambert; 710 hab.

LONGECOURT, vg. de Fr., Côte-d'Or, arr. de Dijon, cant. et poste de Genlis; 550 hab.

LONGECOURT-LES-CULÈTRES, vg. de Fr., Côte-d'Or, arr. de Beaune, cant. et poste d'Arnay-le-Duc; 220 hab.

LONGE-MAISON, vg. de Fr., Doubs, arr. de Baume-les-Dames, cant. de Vercel, poste du Valdahon; 160 hab.

LONGEPIERRE, vg. de Fr., Saône-et-Loire, arr. de Châlon-sur-Saône, cant. de Verdun-sur-le-Doubs, poste de Seurre; 780 hab.

LONGERAY, ham. de Fr., Ain, com. de Léaz; 110 hab.

LONGERON (le), vg. de Fr., Maine-et-Loire, arr. de Beaupréau, cant. et poste de Montfaucon; 1450 hab.

LONGEROYE, ham. de Fr., Vosges, com. de Harol; 190 hab.

LONGES, vg. de Fr., Rhône, arr. de Lyon, cant. de St.-Colombe, poste de Condrieu; 1430 hab.

LONGESAIGNE, vg. de Fr., Rhône, arr. de Lyon, cant. et poste de St.-Laurent-de-Chamousset; 790 hab.

LONGEVELLE, vg. de Fr., Doubs, arr. de Montbéliard, cant. et poste de Russey; 90 hab.

LONGEVELLE, vg. de Fr., Haute-Saône, arr. de Lure, cant. et poste de Villersexel; 350 hab.

LONGEVELLE, ham. de Fr., Haute-Saône, com. de Vantoux; 110 hab.

LONGEVELLE-SUR-LE-DOUBS, vg. de Fr., Doubs, arr. de Baume-les-Dames, cant. et poste de l'Isle-sur-le-Doubs; 370 hab.

LONGÈVES, vg. de Fr., Charente-Inférieure, arr. de la Rochelle, cant. de Marans, poste de Nouaillé; 620 hab.

LONGEVILLE, vg. de Fr., Aube, arr. de Troyes, cant. et poste de Bouilly; 190 hab.

LONGEVILLE, vg. de Fr., Doubs, arr. de Besançon, cant. et poste d'Ornans; 360 h.

LONGEVILLE, vg. de Fr., Doubs, arr. et poste de Pontarlier, cant. de Montbenoît; 830 hab.

LONGEVILLE, vg. de Fr., Haute-Marne, arr. de Vassy, cant. et poste de Montiérendes; 750 hab.

LONGEVILLE, vg. de Fr., Meuse, arr., cant. et poste de Bar-le-Duc; forges; 1460 h.

LONGEVILLE, vg. de Fr., Vendée, arr. des Sables, cant. de Talmont, poste d'Avrillé; 1360 hab.

LONGEVILLE-LES-CHEMINOT, ham. de Fr., Moselle, com. de Cheminot; 240 hab.

LONGEVILLE-LES-METZ, vg. de Fr., Moselle, arr., cant. et poste de Metz; 700 h.

LONGEVILLE-LES-SAINT-AVOLD ou **LOUVELEN**, vg. de Fr., Moselle, arr. de Metz, cant. de Faulquemont, poste de St.-Avold; fontaine remarquable; 2030 hab.

LONGEVILLES (les), vg. de Fr., Doubs, arr. de Pontarlier, cant. de Mouthe, poste de Jougne; 240 hab.

LONGFIELD, chaîne de montagnes d'Irlande, prov. d'Ulster; leur point culminant est le Slive-Donard (1024 mètres).

LONGFORD, comté d'Irlande; ses bornes sont : au N.-O. le comté de Leitrim, au N.-E. celui de Cavan, à l'E. et au S. celui de Westmeath et à l'O. celui de Roscommon. Cette province offre une vaste plaine entrecoupée de nombreux marais qui fournissent en abondance de la tourbe, et est très-exposée aux inondations du Shannon et de l'Inny; on ne trouve des montagnes qu'à son extrémité septentrionale. Le climat est humide, mais doux. L'agriculture et l'éducation du bétail sont peu importantes; leurs produits ne suffisent pas pour la consommation; la culture du lin et la fabrication de la toile forment la seule ressource des habitants. On exporte de la laine, des peaux brutes, des plumes d'oie et de la toile. Ce comté est divisé en 6 baronies. Superficie 16 l. c. géogr.; pop. 70,000 hab.

LONGFORD, *Longofordia*, pet. v. d'Irlande, chef-lieu du comté de même nom; a un château et de belles casernes; grand entrepôt du commerce de toiles du comté; 4000 hab.

LONGFOSSÉ, vg. de Fr., Pas-de-Calais, arr. de Boulogne-sur-Mer, cant. de Desvres, poste de Samer; 330 hab.

LONG-HARBOUR. *V.* PLAISANCE (baie).

LONGINE (la), vg. de Fr., Haute-Saône, arr. de Lure, cant. de Faucogney, poste de Luxeuil; 790 hab.

LONGIS (Saint-), vg. de Fr., Sarthe, arr., cant. et poste de Mamers; 400 hab.

LONG-ISLAND (longue île), île qui s'étend au S. des états de New-York et de Connecticut et à l'O. de l'état de New-Jersey, États-Unis de l'Amérique du Nord; elle dépend de l'état de New-York et a une superficie de 44 l. c. géogr., avec 75,000 hab.; elle est bornée au N. par le détroit de Long-Island, à l'O. par l'embouchure de l'Hudson, divisée en plusieurs étroits canaux (narrows); au

S. et à l'E. par l'Océan Atlantique et au N.-E. par la Horse-Race, bras de mer entre les îles de Gull et de Fishers et qui forme l'entrée ordinaire à l'E. du détroit de Long-Island. L'intérieur de l'île, plus plat que montagneux, est bien arrosé, fertile et très-bien cultivé; le centre est occupé par une vaste savanne qui nourrit de nombreux troupeaux de bétail; l'extrémité orientale est traversée par les Guana-Mountains, et dans la partie occidentale s'étend le lac de Rockonkama, remarquable parce que, pendant plusieurs années, ses eaux s'élèvent jusqu'à une certaine hauteur, pour retomber subitement dans leur ancien niveau. Sag-Harbour est le meilleur port de l'île. Cette île, découverte par les Hollandais, reçut d'eux le nom de Nassau, nom qu'elle devait porter suivant le décret de 1693, mais qui depuis est tombé en désuétude.

LONG-ISLAND (détroit de) ou **DEVILS-BELT** (détroit du diable), bras de mer au S. des états de Connecticut et de New-York, qu'il sépare de l'île de Long-Island. Il a 30 l. de longueur sur 4 à 8 de large. A l'E. il s'ouvre deux issues entre les îles Gardiner et Fisher, et à l'O. il communique par le Hellgate (rue de l'enfer) avec l'East-River (bras oriental de l'Hudson).

LONG-ISLAND, grande île qui fait partie du groupe des Bahamas; elle s'étend, sous 23° lat. N., au S.-E. d'Exuma et au N.-O. du Croked-Island (île crochue); elle a 20 l. de longueur sur 2 à 6 de large. Cette île, appelée Yuma par les indigènes, est montagneuse au S.-E. et abonde en sel et en palmiers à choux. Ses plantations de coton ont beaucoup diminué; le Great-Harbour (grand hâvre), à l'E. de l'île, en est le meilleur port. Sa population se monte, avec les nègres, à 3000 individus. De nombreuses îles de peu d'étendue et qui ne forment qu'une série de rochers et d'écueils entourent le Long-Island au S. et au N. Entre cette île et celles de San-Salvador (Guanahani), New-Providence et Andros s'étend l'immense et dangereux banc de Bahama.

LONG-ISLAND, gr. île non loin de la côte S. du Labrador, en face de l'embouchure de Kékarpwai; l'île aux Renards s'étend au S. de cette île.

LONG-ISLAND, île assez considérable sur la côte N. du Labrador, à l'entrée O. de la baie du Sud.

LONGJUMEAU, b. de Fr., Seine-et-Oise, arr., à 4 1/2 l. N.-O. de Corbeil et à 5 l. S. de Paris, chef-lieu de canton et poste; il est situé dans une belle vallée, sur la petite rivière d'Yvette et ne se compose que d'une longue rue bordée d'assez jolies maisons. Le portail de l'église est remarquable par son architecture gothique; tanneries et mégisseries; commerce de grains, de farine et de bétail; 1946 hab., y compris les hameaux de Balizy et de Gravigny, qui font partie de cette commune.

LONG-LAKE. *Voyez* CHESSHIRE (comté).

LONG-LA-VILLE, ham. de Fr., Moselle, com. de Herserange; 250 hab.

LONG-LEDGE, série d'écueils à l'entrée du Port-à-Port, côte O. de l'île de Terre-Neuve.

LONG-MEADOW, b. des États-Unis de l'Amérique du Nord, état de Massachusetts, comté de Hampden; manufacture de rubans de soie; 2000 hab.

LONGMESNIL, vg. de Fr., Seine-Inférieure, arr. de Neufchâtel-en-Bray, cant. et poste de Forges; 140 hab.

LONGMONT. *Voyez* VAST-DE-LONGMONT (Saint-).

LONG-MOUNTAINS, chaîne de montagnes à l'E. de l'état de Virginie, États-Unis de l'Amérique du Nord; forme un des premiers échelons des montagnes Bleues et abonde en fer.

LONGNE, vg. de Fr., Sarthe, arr. du Mans, cant. de Loué, poste de Coulans; 450 hab.

LONGNES, vg. de Fr., Seine-et-Oise, arr. de Mantes, cant. de Houdan, poste de Septeuil; 990 hab.

LONGNI, b. de Fr., Orne, arr. et à 4 l. E. de Mortagne-sur-Huine, chef-lieu de canton et poste; forges; tréfileries; 2935 h.

LONGO ou **MORENO**, riv. assez considérable de la Basse-Guinée, entre les roy. d'Angola et de Benguéla; elle semble sortir d'un lac situé au S. du volcan Zambi et se jette dans l'Océan Atlantique, à peu de lieues N.-O. du Vieux-Benguéla, après un cours d'environ 100 l.

LONGOBUCO, v. de la prov. de Basilicate, roy. des Deux-Siciles, dans une vallée arrosée par le Crionso.

LONGOMILLA. *Voyez* MAULÉ (fleuve).

LONGOTOMA, fl. de la rép. du Chili; naît au pied du pic de Longotama, traverse de l'O. à l'E. la prov. d'Aconcagua et se décharge dans l'Océan Pacifique, sous 32° 10' lat. S.

LONGPERRIER, vg. de Fr., Seine-et-Marne, arr. de Meaux, cant. et poste de Dammartin; 530 hab.

LONG-PIK. *Voy.* MONTAGNES ROCHEUSES.

LONGPONT, vg. de Fr., Aisne, arr. de Soissons, cant. et poste de Villers-Cotterets, 230 hab.

LONG-PONT, ham. de Fr., Pas-de-Calais, com. de Blendecques; 180 hab.

LONGPONT, vg. de Fr., Seine-et-Oise, arr. de Corbeil, cant. de Longjumeau, poste de Linas; 600 hab.

LONGPRÉ, vg. de Fr., Loir-et-Cher, arr. de Vendôme, cant. de St.-Amand, poste de Château-Renault; 110 hab.

LONGPRÉ-LÈS-CORPS-SAINS, vg. de Fr., Somme, arr. d'Abbeville, cant. d'Hallencourt, poste d'Airaines; exploitation de tourbes; 1614 hab.

LONGPREY, vg. de Fr., Aube, arr. de Bar-sur-Seine, cant. d'Essoyel, poste de Vendeuvre; 310 hab.

LONGRAIS, ham. de Fr., Eure, com. de St.-Aubin-le-Vertueux; 120 hab.

LONGRAND (le Grand et le Petit-), ham. de Fr., Yonne, com. de Champlay; 540 hab.

LONGRAYE, vg. de Fr., Calvados, arr. de Bayeux, cant. de Caumont, poste de Tilly-sur-Seulles; 310 hab.

LONGRÉ, vg. de Fr., Charente, arr. et poste de Ruffec, cant. de Villefagnan; 720 h.

LONGROY, vg. de Fr., Seine-Inférieure, arr. de Dieppe, cant. et poste d'Eu; exploitation d'argile ferrugineuse; 370 hab.

LONGSART, ham. de Fr., Nord, com. d'Esnes; 120 hab.

LONGSOLS, vg. de Fr., Aube, arr. d'Arcis-sur-Aube, cant. et poste de Ramerupt; 250 hab.

LONGUE, île de l'archipel de Dampier, Australie ou Océanie orientale, à l'E. de la Papouasie ou Nouvelle-Guinée, sous 5° 55′ lat. S. et 144° 14′ long. E.

LONGUÉ, pet. v. de Fr., Maine-et-Loire, arr. et à 4 1/2 l. S. de Baugé, chef-lieu de canton et poste; commerce de grains, fruits, chanvre, huile et sangsues; tanneries; 4380 hab.

LONGUEAU. *Voyez* MARTIN-LONGUEAU (Saint-).

LONGUEAU, vg. de Fr., Somme, arr., cant. et poste d'Amiens; 600 hab.

LONGUEFUYE, vg. de Fr., Mayenne, arr. et poste de Château-Gontier, cant. de Bierné; 470 hab.

LONGUE-HAYE (la), ham. de Fr., Ardennes, com. de Monthermé; 100 hab.

LONGUEIL, vg. de Fr., Seine-Inférieure, arr. et poste de Dieppe, cant. d'Offranville; 800 hab.

LONGUEIL (Nouveau-), pet. v. du Bas-Canada, dist. de Montréal, comté d'York, dont elle est le chef-lieu, sur le St.-Laurent, qui y forme le lac St.-François; commerce très-considérable.

LONGUEIL-SAINTE-MARIE, vg. de Fr., Oise, arr. de Compiègne, cant. d'Estrées-St.-Denis, poste de Verberie; 790 hab.

LONGUEIL-SOUS-THOUROTTE, vg. de Fr., Oise, arr. de Compiègne, cant. et poste de Ribecourt; 280 hab.

LONGUELUNE, vg. de Fr., Eure, arr. d'Évreux, cant. et poste de Verneuil; 120 h.

LONGUENESSE, vg. de Fr., Pas-de-Calais, arr., cant. et poste de St.-Omer; 570 h.

LONGUENŒ, vg. de Fr., Orne, arr. d'Alençon, cant. et poste de Carrouges; 240 h.

LONGUE-PIERRE. *Voyez* GEORGES-DE-LONGUE-PIERRE (Saint-).

LONGUÈRE (la), ham. de Fr., Basses-Pyrénées, com. de Maspie; 150 hab.

LONGUEROIE, ham. de Fr., Seine-Inférieure, com. de Pierrecourt; 110 hab.

LONGUE-RUE, ham. de Fr., Aisne, com. de Jeantes; 190 hab.

LONGUERUE, vg. de Fr., Seine-Inférieure, arr. de Rouen, cant. et poste de Buchy; 330 hab.

LONGUES, vg. de Fr., Calvados, arr. et poste de Bayeux, cant. de Ryes; grotte curieuse par les congélations qu'elle renferme; 400 hab.

LONGUESSE, vg. de Fr., Seine-et-Oise, arr. de Pontoise, cant. de Marines, poste de Meulan; 230 hab.

LONGUET, ham. de Fr., Vosges, com. de St.-Nabord; 500 hab.

LONGUEVAL, vg. de Fr., Aisne, arr. de Soissons, cant. de Braisne, poste de Fismes; 460 hab.

LONGUEVAL, ham. de Fr., Calvados, com. de Ranville; 250 hab.

LONGUEVAL, vg. de Fr., Somme, arr. et poste de Péronne, cant. de Combles; 590 hab.

LONGUEVILLE, vg. de Fr., Aube, arr. d'Arcis-sur-Aube, cant. et poste de Méry-sur-Seine; fabr. de bonneterie; 300 hab.

LONGUEVILLE, vg. de Fr., Calvados, arr. de Bayeux, cant. et poste d'Isigny; 620 hab.

LONGUEVILLE, vg. de Fr., Lot-et-Garonne, arr., cant. et poste de Marmande; 360 hab.

LONGUEVILLE, ham. de Fr., Lot-et-Garonne, com. de Clairac; 590 hab.

LONGUEVILLE, vg. de Fr., Manche, arr. de Coutances, cant. de Bréhac, poste de Granville; 620 hab.

LONGUEVILLE, ham. de Fr., Manche, com. de St.-Eny; 150 hab.

LONGUEVILLE (la), vg. de Fr., Nord, arr. d'Avesnes, cant. et poste de Bavay; 1200 hab.

LONGUEVILLE, vg. de Fr., Pas-de-Calais, arr. et poste de Boulogne-sur-Mer, cant. de Desvres; 140 hab.

LONGUEVILLE, ham. de Fr., Seine-et-Marne, com. de Lourps; 190 hab.

LONGUEVILLE, ham. de Fr., Seine-et-Oise, com. d'Huison; 220 hab.

LONGUEVILLE, b. de Fr., Seine-Inférieure, arr. et à 3 1/2 l. S. de Dieppe, chef-lieu de canton et poste; 540 hab.

LONGUEVILLETTE, vg. de Fr., Somme, arr., cant. et poste de Doullens; 260 hab.

LONGULA, g. a., v. des Volsques, dans le Latium, près de Corioli.

LONGUYON, pet. v. de Fr., Moselle, arr., à 8 l. N.-O. de Briey, chef-lieu de canton et poste, sur le Chiers; elle a des forges et des fourneaux; 1900 hab. Cette petite ville faisait autrefois partie du duché de Longwy.

LONGVAY, ham. de Fr., Côte-d'Or, com. de Villy-le-Moutier; 150 hab.

LONGVIC, vg. de Fr., Côte-d'Or, arr., cant. et poste de Dijon; 280 hab.

LONGVILLERS, vg. de Fr., Calvados, arr. de Caen, cant. et poste de Villers-Bocage; 530 hab.

LONGVILLERS, vg. de Fr., Pas-de-Calais, arr. et poste de Montreuil-sur-Mer, cant. d'Étaples; 530 hab.

LONGVILLERS, vg. de Fr., Somme, arr.

et poste d'Abbeville, cant. de Crécy; 480 h.

LONGVILLIERS, vg. de Fr., Seine-et-Oise, arr. de Rambouillet, cant. de Dourdan, poste de St.-Arnoult; 370 hab.

LONGWÉ ou **LONGWÉ-LA-CROIX**, vg. de Fr., Ardennes, arr., cant. et poste de Vouziers; 490 hab.

LONG-WESTERN-FLATT (longue plaine occidentale), gr. banc de sable au N. de la baie de Delaware, États-Unis de l'Amérique du Nord.

LONGWOOD. *Voyez* HÉLÈNE (Sainte-).

LONGWY, vg. de Fr., Jura, arr. de Dôle, cant. et poste de Chemin; 910 hab.

LONGWY ou **LONGUI**, *Longus Vicus*, pet. v. forte de Fr., Moselle, arr., à 8 l. N.-O. de Bricy et à 78 l. de Paris, chef-lieu de canton et poste, près la rive droite de la Chiers; elle a un château fort et des fortifications en bon état. La ville se divise en haute et basse; celle-ci, qui est la plus ancienne, est située dans un vallon étroit, encaissé entre trois montagnes, sur l'une desquelles s'élève la ville haute, construite, ainsi que les fortifications, par les Français, auxquels Longwy passa en 1679, par le traité de Riswik. On remarque l'église paroissiale, l'hôtel de ville, la boulangerie militaire, l'hôpital, les casemates et les puits. Cette ville renferme des fabr. d'étoffes de laine, de chapellerie; faïencerie et manufacture de terre de pipe; commerce de lard et de jambon recherchés; 2358 hab.

Longwy, bombardé par les Prussiens en 1792, capitula. Un seul magistrat refusa de signer la capitulation. Quand les Prussiens furent entrés dans la ville, les habitants les plus lâches s'ameutèrent contre ce brave citoyen et le pendirent. Par bonheur il tomba du haut de la potence, parvint à s'évader et à se réfugier aux avant-postes français.

LONGY, pet. port sur la côte orientale de l'île de Sark, du groupe des îles Anglo-Normandes; protégé par un fort.

LONIGO, jolie pet. v. fortifiée du roy. Lombard-Vénitien, gouv. de Venise, délégation de Vicence; fait un commerce très-actif; 6000 hab

LONLAY-L'ABBAYE, vg. de Fr., Orne, arr., cant. et poste de Domfront; 3570 hab.

LONLAY-LE-TESSON, vg. de Fr., Orne, arr. de Domfront, cant. et poste de la Ferté-Macé; 900 hab.

LONNES, vg. de Fr., Charente, arr. de Ruffec, cant. et poste de Mansle; 490 hab.

LONNY, vg. de Fr., Ardennes, arr. de Mézières, cant. et poste de Renwez; 330 h.

LONRAI, vg. de Fr., Orne, arr., cant. et poste d'Alençon; 580 hab.

LONS, vg. de Fr., Basses-Pyrénées, arr. et poste de Pau, cant. de Lescar; 910 hab.

LONS LE-SAULNIER, *Ledo Salinaris*, v. de Fr., chef-lieu du dép. du Jura, à 99 l. S.-E. de Paris; siége de tribunaux de première instance et de commerce; directions des contributions et des domaines; conservation des hypothèques; chef-lieu de la treizième conservation forestière et résidence d'un ingénieur en chef des ponts-et-chaussées. La ville est située au fond d'un bassin, formé par des montagnes de 900 à 1200 pieds d'élévation, dans un territoire fertile et arrosé par la Vaille; des champs de blé et de maïs, des collines, couvertes de vignes, l'environnent et lui donnent, surtout dans la belle saison, l'aspect le plus pittoresque; elle est bien bâtie; les rues sont larges et propres et les maisons assez élégantes. On y remarque la préfecture, l'hôpital, l'église des cordeliers, les bâtiments du collége, le séminaire, la salle de spectacle, la bibliothèque, le musée départemental, plusieurs jolies fontaines, le puits intarissable des salines, et à 1/2 l. de la ville les vastes hangards ou bâtiments de graduation, qui servent aux sauneries. Les remparts qui protégeaient autrefois la ville ont été convertis en promenades. Lons-le-Saulnier possède une société d'agriculture, une société d'émulation du Jura et un cours de géométrie et de mécanique appliquées aux arts. Cette ville est l'entrepôt commercial de tout le département; il s'y fait un grand commerce, qui consiste principalement en vins, grains, fer, sablerie, tôle, clouterie, fil de fer, tanneries, bois de construction, ustensiles de ménage en bois de sapin, etc.; elle a des tanneries, des imprimeries. Foires: le 15 de chaque mois; 7684 hab.

Lons-le-Saulnier doit son nom, son origine et sa prospérité à ses salines; cette ville fit partie de la Bourgogne et appartint longtemps aux Allemands et aux Espagnols. Vers la fin du quatorzième siècle elle fut prise par les Français; mais Maximilen Ier la reprit en 1500. En 1637 elle tomba une seconde fois au pouvoir des Français, qui détruisirent alors ses fortifications. Patrie du général Lecourbe (1759—1815).

LONTHOIR, île du groupe de Banda, Malaisie; elle est située à l'O. de l'île de Banda et est très-importante par ses plantations de muscadiers. Son principal endroit est le grand village du même nom qui possède une bonne rade. Dans son voisinage se trouve le fort Hollandia où réside un employé hollandais chargé de surveiller la récolte des noix. Il y a aujourd'hui 25 parcs ou plantations de muscadiers à Lonthoir.

LONTUE, fl. considérable de la rép. du Chili; descend des Andes et traverse, de l'E. à l'O., la prov. de Maulé. Après avoir reçu le Rio-Teno, son principal affluent, il prend le nom de Mataquito, sous lequel il débouche dans l'Océan Pacifique.

LONYA, gros vg. des Confins militaires, généralat de Slavonie, sur la Save.

LONZAC, vg. de Fr., Charente-Inférieure, arr. de Jonzac, cant. et poste d'Archiac; 440 hab.

LONZAC (le), b. de Fr., Corrèze, arr. de Tulle, cant. et poste de Treignac; 2360 hab.

LONZAT, ham. de Fr., Allier, com. de Marcenat-sur-Allier ; 220 hab.

LOO, b. du roy. de Belgique, prov. de la Flandre occidentale, arr. et à 2 1/2 l. S. de Furnes, communiquant avec cette ville par un canal, et à 2 l. de la frontière de France ; renommé pour ses fromages ; 1400 hab.

LOOBERGHE, vg. de Fr., Nord, arr. de Dunkerque, cant. et poste de Bourbourg ; 1330 hab.

LOOCHRISTY, vg. du roy. de Belgique, prov. de la Flandre orientale, arr. et à 2 l. E. de Gand ; fabrication de toiles, de siamoises et de rouenneries ; 3060 hab.

LOOKOUT (cap), la pointe méridionale de cette longue digue sablonneuse qui sépare le Core-Sound de l'Océan Atlantique, côte E. de la Caroline du Nord, États-Unis de l'Amérique du Nord.

LOON. *Voyez* MÉCATINA.

LOON, vg. de Fr., Nord, arr. de Dunkerque, cant. et poste de Gravelines ; 1630 hab.

LOON-OP-ZAND, vg. du roy. de Hollande, prov. du Brabant septentrional, dist. et à 5 l. O. de Bois-le-Duc, dans une contrée marécageuse ; filat. de laine ; 3600 hab.

LOOS, vg. de Fr., Nord, arr. et poste de Lille, cant. d'Haubourdin ; Loos renferme une maison centrale de détention pour 1500 détenus des deux sexes ; fabr. d'indiennes, linge de table, toiles de lin, fil de coton et de lin, prunelles, cordes, sarraux, souliers ; manufactures de céruse et de produits chimiques ; tissage de calicots ; 1891 hab.

LOOS, vg. de Fr., Pas-de-Calais, arr. de Béthune, cant. et poste de Lens ; 820 hab.

LOOS, vg. de Fr., Basses-Pyrénées, arr. et poste de Pau, cant. de Lescar ; 110 hab.

LOOZ, pet. v. du roy. de Belgique, prov. de Limbourg, arr. et à 3 l. S. de Hasselt ; 1330 hab.

LOOZE, vg. de Fr., Yonne, arr. et cant. de Joigny, poste de la Roche-sur-Yonne ; 450 hab.

LOP ou **LOK**, lac de la Petite-Boukharie ; il a plus de 40 l. de tour, reçoit les eaux du Tarim et du Bulangir et est mis en communication avec le lac Bostenz par le Khaïdou.

LOPÉREC, vg. de Fr., Finistère, arr. de Châteaulin, cant. et poste du Faou ; 1900 h.

LOPERCHET, vg. de Fr., Finistère, arr. de Brest, cant. de Daoulas, poste de Landerneau ; 1270 hab.

LOPEZ ou **LOPEZ-GONZALVO**, promontoire de l'Afrique occidentale, à l'extrémité septentrionale de la Basse-Guinée, presque à l'opposite de l'île St.-Thomas.

LOPHIS, g. a., riv. de la Béotie ; débouchait dans le lac Copaïs.

LOPIGNA, vg. de Fr., Corse, arr. et poste d'Ajaccio, cant. de Sari ; 420 hab.

LOPO (Sierra do), chaîne de montagnes de l'emp. du Brésil, au S.-O. de la prov. de Minas-Géraès ; elle se détache de la Sierra Mantiqueira et s'étend, dans une direction N.-O., entre le Rio-Verde et le Rio-Pardo. La Sierra d'Assumpçao paraît en être la continuation.

LOPRIGNIEUX, ham. de Fr., Meuse, com. d'Arrancy ; haut-fourneau ; 110 hab.

LOPSICA, g. a., v. de la Liburnie, peu loin de Sessia.

LOQUEFFRET, vg. de Fr., Finistère, arr. et poste de Châteaulin, cant. de Pleyben ; 1860 hab.

LOQUIN (Bas-), ham. de Fr., Pas-de-Calais, com. de Haut-Loquin ; 220 hab.

LOQUIVY, ham. de Fr., Côtes-du-Nord, com. de Ploubazlanec ; 300 hab.

LORA, riv. de l'Afghanistan, affluent de l'Helmend ; naît sur une ramification de la chaîne de Gomul, coule vers le S.-O. et se jette, en hiver, dans l'Helmend. En été, les deux branches dans lesquelles elle se partage se perdent dans le sable.

LORACINA, g. a., v. du Latium, dans les environs d'Antium.

LORAINE, ham. de Fr., Saône-et-Loire, com. de Martigny-le-Comte ; 120 hab.

LORAY, vg. de Fr., Doubs, arr. de Baume-les-Dames, cant. de l'Isle-sur-le-Doubs, poste du Valdahon ; 420 hab.

LORBUS, ancienne pet. v. de la rég. et à 28 l. S.-O. de Tunis, dans une plaine fertile en blé, sur la route de Tunis à Keff. On y voit de beaux restes d'antiquités.

LORCA, *Eliotroca*, *Ilorci*, v. d'Espagne, roy., dist. et à 14 l. S.-O. de Murcie, sur la Sangonera ; elle a 2 faubourgs et se compose de la ville haute et de la ville basse ; celle-ci est bien bâtie, mais l'autre a des rues étroites, tortueuses et mal pavées. Lorca possède 9 églises paroissiales, 10 couvents, de grandes fabriques de soude et de salpêtre, des filatures et des tisseranderies de soie. Elle fait un commerce actif de productions du pays par le port de Torre-d'Aguilas, qui est éloigné de 5 l. de son territoire ; les environs de Lorca sont magnifiques ; les champs y sont arrosés par de vastes réservoirs ou pantannos. La rupture d'un de ces bassins causa en 1802 de grands ravages dans la ville ; 21,900 hab.

LORCÉ, ham. de Fr., Indre-et-Loire, com. de Restigny ; 400 hab.

LORCH, b. du duché de Nassau, situé sur le Rhin, à son confluent avec la Wisper, bge de Rudesheim ; 1800 hab. Dans les environs se trouve la source minérale de Daubenau, et au-dessus de Lorch s'élève la montagne à pic de Kederich, vulgairement appelée l'Échelle du diable (*Teufelsleiter*).

LORCH, vg. parois. du Wurtemberg, cer. de la Jaxt, gr.-bge de Wetzhem ; fabrication de produits chimiques ; 1790 hab.

Lorch (*Laureacum*) paraît être d'origine romaine. On voit près de là, sur une colline, l'ancienne abbaye de même nom fondée, en 1102, par Fréderic Ier de Souabe, qui y est enterré avec son épouse ; l'église renferme encore d'autres monuments des familles de Hohenstaufen et de Wœllwarth.

LORCHONZ, b. de Hongrie, cer. en-deçà du Danube, comitat de Néograd; situé dans une contrée charmante; gymnase réformé; six foires; 3000 hab.

LORCIÈRES, vg. de Fr., Cantal, arr. et poste de St.-Flour, cant. de Ruines; 750 h.

LORCY, vg. de Fr., Loiret, arr. de Pithiviers, cant. de Beaune-la-Rolande, poste de Boiscommun; 640 hab.

LORDAND-LADY. *Voyez* FORTUNE (baie de la).

LORDAT, vg. de Fr., Arriège, arr. de Foix, cant. et poste des Cabannes; 260 h.

LORD-AUCKLAND. *V.* AUCKLAND (îles d').

LORD-CHATAM (île). *Voyez* CLEMENTE (San-).

LORD-EDGECUMBE. *Voyez* TOBOUA.

LORD-HOOD (groupe de), attolon le plus oriental de l'archipel Paumotou ou des Iles-Basses, Polynésie ou Océanie orientale; situé sous 21° 36′ lat. S. et 137° 58′ long. occ. Il s'étend de l'E. à l'O., sur un espace d'environ 21 l. et sur 12 l. du N. au S.

LORD-HOWE, groupe de 32 petites îles de l'archipel de Salomon, Australie ou Océanie centrale, sous 5° 30′ lat. S., entre 146° 43′ et 157° 6′ long. E. Ces îles sont habitées par des tribus de race malaisienne. Tasman vit, en 1643, ce groupe, que d'autres navigateurs avaient probablement déjà aperçu; mais ce fut Hunter qui le retrouva en 1791 et lui donna le nom de Lord-Howe.

LORDONNAIS, ham. de Fr., Yonne, com. de Ligny-le-Châtel; 110 hab.

LORÉ, vg. de Fr., Orne, arr. et poste de Domfront, cant. de Juvigni-sous-Andaine; 510 hab.

LORENA, autrefois GUAYPACARC, pet. v. de l'emp. du Brésil, prov. et comarque de San-Paolo, sur le Parahyba; agriculture florissante; 4000 hab.

LORENTZEN, vg. de Fr., Bas-Rhin, arr. et à 6 l. N.-O. de Saverne, cant. et poste de Saar-Union. On y voit un château, autrefois résidence d'une princesse douairière de Nassau-Saarbruck; 580 hab.

LORENZO (San-). *Voyez* LAURENT (Saint-).

LORENZO (San-), promontoire à l'O. du dép. de Guayaquil, rép. de l'Écuador.

LORENZO (San-), riv. à l'E. de l'île d'Haïti; se décharge dans la baie de Samana.

LORENZO (San-), promontoire à l'E. de la presqu'île de Californie, au N. de la Punta-Arénas, états mexicains.

LORENZO (San-) ou VIEUX-TARIJA, b. de la rép. de Bolivia, prov. de Tarija, à 5 l. de la ville de ce nom; c'est le chef-lieu d'une paroisse.

LORENZO (San-), b. du dictatorat du Paraguay; fut fondé en 1775 et compte 2200 h.

LORENZO (San-), île qui ferme au S. la baie de Bella-Vista; fait partie du dép. de Lima, rép. du Pérou.

LORENZO-DE-CHAGRES (San-), b. de la rép. de la Nouvelle-Grenade, dép. de l'Isthme, prov. de Panama, à l'embouchure du Rio-Chagres et au pied d'un rocher dominé par un château fort qui défend la rade. Ce fort, élevé par Philippe II, fut restauré et augmenté de nouvelles fortifications en 1752. Le bourg est mal bâti, mais il est très-important par son commerce et comme l'entrepôt général des marchandises qui arrivent de l'Europe et qui, par le Rio-Chagres, sont transportées à Panama.

LORENZO-DE-LA-FRONTÉRA (San-), v. de la rép. de Bolivia, dép. de Santa-Cruz-de-la-Sierra, prov. de Valle-Grande, dans une contrée très-montagneuse, entre le Rio-Guapay et le Rio-Piray, non loin des ruines de Santa-Cruz-de-la-Sierra, d'où on l'appelle aussi Nuéva-Santa-Cruz-de-la-Sierra. Cette ville, chef-lieu du département et siége d'un évêque, est assez bien bâtie et possède une belle cathédrale; 6000 hab. (selon Balbi 9000).

LORENZO-EN-GROTTE (San-), un des plus jolis vg. de l'Italie; aux environs beaucoup de grottes remarquables.

LORETO, misérable pet. v. et chef-lieu de la Vieille-Californie, confédération mexicaine, et sur le penchant oriental du mont de la Purissima-Concepcion, sur la côte E. du golfe, en face de l'île del Carmen. Cette ville, fondée par le missionnaire allemand Kuehn (Kuno), est fortifiée, a une bonne rade et est importante comme centre des relations entre les deux Californie et le continent mexicain; elle est le siége d'un commandant militaire; 2000 hab.

LORETO, pet. b. du roy. Lombard-Vénitien, gouv. et délégation de Venise, sur un canal qui joint l'Adige avec le Pô-di-Levante; 4000 hab.

LORETO-DI-CASINCA, vg. de Fr., Corse, arr. de Bastia, cant. de Vescovate, poste de la Porta; 820 hab.

LORETO-DI-TALLANO, vg. de Fr., Corse, arr. et poste de Sartene, cant. de Ste.-Lucie; 160 hab.

LORETTE, ham. de Fr., Loire, com. de St.-Genis-Terre-Noire; forge; 500 hab.

LORETTE (la), ham. de Fr., Nord, com. de Cattillon; 130 hab.

LORETTE, *Loretto*, v. épiscopale d'Italie, états de l'Église, délégation de Macerata; elle est située sur une colline, non loin de la mer Adriatique, près de l'embouchure de la Musone; célèbre par la magnifique chapelle (*la casa santa*), qui y attire continuellement une foule innombrable de pèlerins, dont les dépenses nourrissent le plus grand nombre des habitants de Lorette. La casa santa ou sainte-maison se trouve dans l'intérieur de la cathédrale; c'est, selon la croyance populaire, la maison que la Sainte-Vierge habitait à Nazareth. Les anges la transportèrent de la Galilée en Dalmatie, et de là à Lorette. Elle a 32 pieds de long, 13 de large et 19 de hauteur; elle est revêtue de marbre et ornée de sculpture. On évalue à plus de 100,000 le nombre des pèlerins qui viennent tous les ans faire leurs dévotions à la casa santa; 7800 hab.

LORETTO, gr. et beau vg. habité par des Hurons convertis au christianisme, dans le Bas-Canada, dist. et comté de Québec, et dans les environs de la ville de ce nom, sur le St.-Charles, qui y fait une superbe cascade.

LOREUR (le), vg. de Fr., Manche, arr. de Coutances, cant. et poste de Bréhal; 320 h.

LOREUX, vg. de Fr., Loir-et-Cher, arr., cant. et poste de Romorantin; 370 hab.

LOREY (le), vg. de Fr., Manche, arr. de Coutances, cant. de St.-Sauveur-Lendelin, poste de la Fosse; 1650 hab.

LOREY, vg. de Fr., Eure, arr. d'Évreux, cant. et poste de Pacy-sur-Eure; 190 hab.

LOREY, vg. de Fr., Meurthe, arr. de Lunéville, cant. de Bayon, poste de Neuviller-sur-Moselle; 230 hab.

LORGES, vg. de Fr., Loir-et-Cher, arr. de Blois, cant. de Marchenoir, poste d'Oucques; 580 hab.

LORGIES, vg. de Fr., Pas-de-Calais, arr. de Béthune, cant. de Laventie, poste de la Bassée; 1270 hab.

LORGUES, v. de Fr., Var, arr. et à 3 l. N.-O. de Draguignan, chef-lieu de canton et poste; fabr. de draps, faïence et toile de chanvre; 5028 hab.

LORIANI, ham. de Fr., Corse, com. de Cambia; 130 hab.

LORICA, pet. v. de la rép. de la Nouvelle-Grenade, dép. du Magdaléna, prov. de Santa-Marta, non loin du Rio-Sinu.

LORIENT, v. forte et l'un des cinq grands ports militaires de Fr., Morbihan, à 10 l. O.-N.-O. de Vannes et à 142 l. S.-O. de Paris, chef-lieu d'arrondissement; siége de tribunaux de première instance et de commerce; directions des douanes et des contributions indirectes; conservation des hypothèques; chef-lieu du troisième arrondissement maritime; siége d'un préfet et d'un tribunal maritimes; directions d'artillerie de la marine, des constructions navales et des ports, etc. Lorient est situé au fond de la baie de St.-Louis, formée par la réunion des rivières de Scorf et du Blavet, à 1 l. de l'Océan; la ville est très-bien bâtie, ses rues sont larges et tirées au cordeau, les maisons élégantes et bien construites; des quais magnifiques, garnis de beaux bâtiments, bordent le port vaste et commode de Lorient, que précède une rade où les plus fortes escadres peuvent mouiller en sûreté et dans laquelle on n'entre qu'à travers la baie défendue par la citadelle de Port-Louis. Parmi le grand nombre d'objets dignes de fixer l'attention des voyageurs, nous citerons l'hôtel de la préfecture maritime, avec les beaux bâtiments de l'arsenal, où se trouve le bagne pour les condamnés militaires; la salle des ventes, la poulierie, le parc d'artillerie, la machine à mater, la cale couverte, le bassin de construction, la tour des signaux, qui sert à la fois de phare et d'observatoire, les magasins de l'ancienne Compagnie des Indes, les bâtiments de la boucherie et de la poissonnerie, la salle de spectacle, la place d'Armes et le pont sur le Scorf. Ses principaux établissements d'instruction publique sont : l'école du génie maritime, l'école de navigation et le collége. Cette ville possède aussi une société d'agriculture. L'industrie manufacturière est très-peu développée à Lorient; mais son commerce d'exportation et d'importation, quoique moins florissant qu'avant la révolution, est encore assez important; on y fait encore quelques armements pour les colonies. La pêche des sardines y est aussi une branche d'industrie assez productive. Foire : le dimanche des Rameaux; 18,975 hab.

Lorient est une ville toute moderne, fondée vers la fin du dix-septième siècle par la Compagnie française des Indes. Ce n'est qu'en 1708 qu'il obtint le titre de ville. Le commerce y attira bientôt une population nombreuse, et moins de 30 ans après elle renfermait déjà 14,000 habitants. En 1741 cette cité, dont la prospérité allait en croissant, s'entoura de fortifications qui ne tardèrent pas à lui être utiles; car en 1746, les Anglais tentèrent de la surprendre; mais un secours venu à propos força les agresseurs à se retirer. Depuis cette époque la ville s'est beaucoup embellie; mais la révolution a fait déchoir son commerce, qui n'a plus recouvré son ancienne activité. Patrie du brave enseigne de vaisseau Bisson.

LORIGES, vg. de Fr., Allier, arr. de Gannat, cant. et poste de St.-Pourçain; 390 hab.

LORIGNAC, vg. de Fr., Charente-Inférieure, arr. de Jonzac, cant. de St.-Genis, poste de St.-Fort; 1300 hab.

LORIGNÉ, vg. de Fr., Deux-Sèvres, arr. de Melle, cant. et poste de Sauzé; 810 hab.

LORIOL, vg. de Fr., Vaucluse, arr., cant. et poste de Carpentras; 450 hab.

LORIOL, b. de Fr., Drôme, arr. et à 5 l. S. de Valence, chef-lieu de canton et poste; il est situé sur la rive gauche de la Drôme, vis-à-vis de la petite ville de Livron, avec laquelle il communique au moyen d'un grand pont, remarquable par son élégance et la hardiesse de ses arches. Loriol a des fabr. de soie et fait commerce de peaux. Patrie du savant géologue Faujas de St.-Fond; 3000 hab.

LORLANGE, vg. de Fr., Haute-Loire, arr. de Brioude, cant. de Blesle, poste de Lempdes; 560 hab,

LORLEAU, vg. de Fr., Eure, arr. des Andelys, cant. et poste de Lions-la-Forêt; 500 hab.

LORMAISON, vg. de Fr., Oise, arr. de Beauvais, cant. et poste de Méru; 340 hab.

LORMAYE, vg. de Fr., Eure-et-Loir, arr. de Dreux, cant. et poste de Nogent-le-Roi; 430 hab.

LORMEL (Saint-), vg. de Fr., Côtes-du-Nord, arr. de Dinan, cant. et poste de Plancoët; 430 hab.

LORMES, pet. v. de Fr., Nièvre, arr. et à 7 l. S.-E. de Clamecy, chef-lieu de canton et poste; elle est située dans une espèce de bassin, à l'extrémité occidentale du Morvan; elle était autrefois fortifiée et l'on voit encore, hors de ses murs, un château qui la protégeait. Lormes fait commerce de bois de chauffage; 2800 hab.

LORMONT, vg. de Fr., Gironde, arr. de Bordeaux, cant et poste de Carbon-Blanc; 1580 hab.

LORO-MONTZEY, vg. de Fr., Meurthe, arr. de Lunéville, cant. de Bayon, poste de Neuviller-sur-Moselle; 420 hab.

LOROUER (le). *Voy*. PIERRE-DU-LOROUER (Saint-).

LOROUX (le), vg. de Fr., Ille-et-Vilaine, arr., cant, et poste de Fougères; 1090 hab.

LOROUX-BOTTEREAUX (le), b. de Fr., Loire-Inférieure, arr., à 4 l. E. et poste de Nantes, chef-lieu de canton; 5385 hab.

LORPE, ham. de Fr., Arriège, com. de Ste.-Araille; 380 hab.

LORQUEL, ham. de Fr., Lot, com. de Caillac; 110 hab.

LORQUIN, pet. v. de Fr., Meurthe, arr. et à 2 l. S. de Sarrebourg, chef-lieu de canton et poste; tanneries; 1389 hab.

LORRAIN (le), riv. de la côte N.-E. de l'île de Martinique; prend naissance au pied du Morne-du-Lorrain, coule vers le N., attire différentes petites rivières et se jette dans l'Océan, entre la pointe Chateauque et la pointe du Marigot.

LORRAINE (Lotheringen), *Lotharingia*, ci-devant prov. de Fr., bornée au N. par le duché de Luxembourg et l'archevêché de Trèves, au N.-E. par la principauté de Deux-Ponts et le Palatinat du Rhin, à l'E. par l'Alsace, au S. par la Franche-Comté et à l'O. par la Champagne. Cette contrée souffrit, comme toutes les autres parties des Gaules, des invasions des peuples barbares qui anéantirent la domination romaine. Sous les successeurs de Clovis, cette province forma la plus grande partie du roy. d'Australie. Érigée en royaume par le petit-fils de Louis-le-Débonnaire, Lothaire II, elle prit le nom de ce prince et s'appela Lotherreich (royaume de Lothaire), d'où est dérivé plus tard le nom de Lotherrègne et enfin Lorraine. L'ambition des successeurs de Lothaire déchira souvent la Lorraine et donna lieu à de nombreux partages. Vers le milieu du onzième siècle, après des contestations et des luttes longues et sanglantes, ce pays fut divisé en Haute-Lorraine ou Lorraine mosellane et Basse-Lorraine ou Lothie. La première seule conserva le nom de Lorraine.

En 1046, Albert, descendant de Gérard d'Alsace, devint duc de Lorraine. Ce prince ayant été tué deux ans après, le duché passa à Gérard d'Alsace, neveu de Henri-le-Noir Les descendants de Gérard conservèrent le duché jusqu'en 1430. Il passa ensuite par mariage à Réné d'Anjou, roi de Naples et de Sicile. C'est à cette époque aussi que le Barrois fut réuni à la Lorraine. La guerre contre les Bourguignons, la défaite et la mort de Charles-le-Téméraire, sous les murs de Nancy, en 1477, ont rendu célèbre le règne de Réné II, successeur de son grand-père Réné Ier. En 1624, Henri-le-Bon, successeur de son père Charles II, arrière-petit-fils de Réné II, étant mort sans postérité mâle, sa fille Nicole lui succéda. Son mari, Charles IV de Lorraine, ayant pris parti contre les Français dans la guerre de trente ans, fut dépossédé de son duché, et ses descendants ne rentrèrent réellement dans leurs droits qu'en 1697. Sous François-Étienne, successeur du duc Léopold et père de l'empereur Joseph II, la Lorraine, envahie par les Français, fut cédée en 1736, par le traité de Vienne, à l'ex-roi de Pologne, Stanislas, beau-père de Louis XV. A la mort de ce prince, en 1766, cette province fut réunie à la France.

La Lorraine et le Barrois forment aujourd'hui les quatre départements de la Meurthe, de la Moselle, de la Meuse et des Vosges.

LORREZ-LE-BOCAGE, vg. de Fr., Seine-et-Marne, arr. et à 6 1/2 l. S.-S.-E. de Fontainebleau, chef-lieu de canton, poste d'Égreville; 902 hab.

LORRIS, pet. v. de Fr., Loiret, arr. et à 4 l. S.-O. de Montargis, chef-lieu de canton et poste; elle est située dans un territoire marécageux, non loin du canal d'Orléans. Quelques ruines de vieilles tours indiquent qu'elle était autrefois fortifiée. On y voit aussi quelques vestiges d'un manoir royal. Lorris fait commerce de bois; 1800 hab.

Cette petite ville était autrefois une châtellenie et avait ses coutumes particulières. Parmi les anciennes coutumes de Lorris, celle de se battre à coups de poing, en champ clos, au lieu de plaider, était une des plus remarquables. Pour une dette contestée, le débiteur et le créancier se battaient, et le vaincu était condamné. De là est venu le proverbe : à la coutume de Lorris, le battu paye l'amende. Patrie de Guillaume de Lorris, premier auteur du célèbre roman de la Rose (treizième siècle).

LORRY-DEVANT-LE-PONT, vg. de Fr., Moselle, arr. et poste de Metz, cant. de Verny; 680 hab.

LORRY-LES-METZ, vg. de Fr., Moselle, arr., cant. et poste de Metz; 813 hab.

LORSCH, beau b. de 2550 habitants, grand-duché de Hesse-Darmstadt, principauté de Starkenbourg; restes d'une ancienne et célèbre abbaye.

LORTET, vg. de Fr., Hautes-Pyrénées, arr. de Bagnères-en-Bigorre, cant. et poste de la Barthe-de-Neste; 530 hab.

LORYMA ou LORIMNA, g. a., v. de la côte

méridionale de la presqu'île de Doris, à l'E. de Caïdus.

LOSCHUTZ, pet. v. d'Autriche, gouv. de Moravie-et-Silésie, cer. d'Olmutz; fabr. d'étoffes de laine; 2000 hab.

LOSCOUET (le), vg. de Fr., Côtes-du-Nord, arr. de Loudéac, cant. et poste de Merdrignac; 1080 hab.

LOSLAU, pet. v. de Prusse, prov. de Silésie, rég. d'Oppeln; elle possède un collége, un hôpital et des tisseranderies; 1640 hab.

LOSNE. *Voyez* LONE.

LOSNICZA, b. de la Turquie d'Europe, eyalet de Bosna, sandschak d'Iswornik; situé sur la rive orientale de la Drinna.

LOSS, ILES-DOS-IDOLOS ou FOROTIMAH, archipel de sept petites îles sur la côte occidentale de l'Afrique, à 30 l. S.-E. du cap Verga; trois habitées et très-peuplées; l'air y est sain; on y trouve du bois et de l'eau en abondance, du bétail, des chèvres, du riz, des fruits du Sud, etc.

LOSSE, vg. de Fr., Landes, arr. de Mont-de-Marsan, cant. et poste de Gabarret; 1170 hab.

LOSSIÈRE, ham. de Fr., Indre, com. de Chaillac; 180 hab.

LOSTANGES, vg. de Fr., Corrèze, arr. de Brives, cant. et poste de Meyssac; 520 hab.

LOSTEBARNE, ham. de Fr., Pas-de-Calais, com. de Louches; 100 hab.

LOSTROFF, vg. de Fr., Meurthe, arr. de Château-Salins, cant. d'Albestroff, poste de Dieuze; 310 hab.

LOSTWITHIEL, b. d'Angleterre, comté de Cornwall; nomme 2 députés; a beaucoup perdu de son importance; commerce en laine; 2000 hab.

LOT (le), *Oltis, Lotus,* riv. de Fr.; a sa source à l'E. de Bleymard, arr. de Mende, dans le dép. de la Lozère, coule vers l'O. en passant par Mende et Chanac; il entre dans le dép. de l'Aveyron, près Estable, et, se dirigeant vers le N.-O., passe à St.-Geniez, Espalion, Estaing et Entraygues; de cette dernière ville jusqu'à Grand-Vabrès son cours sinueux se porte à l'O.; tournant alors vers le S.-O., il entre, près de Cajarc, dans le département auquel il donne son nom, arrose St.-Gery, la Roque, Cahors, Luzech, Puy-l'Évêque, pénètre, au-dessus de Montayrol, dans le dép. de Lot-et-Garonne, où, passant à Fumel, à Villeneuve, à Castelmoron et à Aiguillon, il va se jeter dans la Garonne, un peu au-dessous de cette dernière ville, après un cours de 100 l., dont 64 de navigation.

LOT (département du), situé dans la région S. de la France; est formé de l'ancien Quercy, dépendance de la ci-devant prov. de Guienne; ses limites sont: au N. le dép. de la Corrèze, à l'E. ceux du Cantal et de l'Aveyron, au S. celui de Tarn-et-Garonne, à l'O. celui de Lot-et-Garonne et au N.-O. le dép. de la Dordogne.

Sa superficie est de 526,519 hectares et sa population de 287,003 habitants.

Les montagnes de l'Auvergne projettent dans son intérieur plusieurs ramifications assez élevées; l'une part de la Bastide-du-Haut-Mont jusqu'à la Chapelle, où elle se perd sous une chaîne calcaire; c'est elle qui possède les points les plus élevés du département, connus sous le nom de la Bastide, de St.-Bresson et de Peindit; ils atteignent la hauteur de 760 mètres au-dessus du niveau de la mer. Une seconde ramification part de l'E. à l'O. pour se terminer à Proudhomat, non loin des bords de la Bave et de la Dordogne; la troisième suit la rive droite de la Cère. Les Cévennes envoient aussi quelques chaînes de collines dans la partie S.-E.

Le fleuve le plus considérable et celui qui donne son nom au département, le Lot, le traverse en se dirigeant de l'E. à l'O.; il fournit un cours de 192,000 mètres et entre dans le dép. de Lot-et-Garonne; il devient navigable près de Cahors, au moyen de plusieurs écluses; ses affluents sont: la Selle et le Vert. Une petite portion de la région septentrionale est traversée par la Dordogne, provenant du dép. de la Corrèze; elle reçoit le Cère, la Bave, le Moumon et la Tourmente; la longueur de son cours dans le département est de 60,000 mètres; sa largeur moyenne de 170 mètres. Outre une quantité de petites rivières et de ruisseaux, on compte encore quelques étangs.

Un plateau calcaire, recouvert d'espace en espace par des dépôts argileux et siliceux, occupe la plus grande partie du département; ce plateau, couvert de chaînes de collines, s'appuie à l'E. sur le sol granitique formé par le prolongement des monts du Cantal. Cette disposition divise le département en trois grandes régions naturelles; la première, la plus élevée, est celle des chaînes primitives, hérissée de montagnes, parsemée de marécages et soumise à une température froide, humide; la seconde ou celle des plateaux calcaires, couverte de beaux arbres à fruits, de pâturages, de champs de sarrasin et de maïs, présente un climat moins rigoureux et surtout moins humide; les vallées plus ou moins profondes, dont la longueur, la largeur et la direction ont varié comme la masse et la rapidité des eaux qui les ont creusées, forment la troisième région; c'est la plus fertile; parce qu'elle est abritée contre les vents du nord, elle éprouve moins les rigueurs de l'hiver, et les vallées du Lot et de la Dordogne jouissent de toutes les beautés du printemps, tandis que la neige tombe à gros flocons dans l'arr. de Figeac.

Le département produit en grande quantité des céréales de toutes espèces; le blé y est de première qualité et de la plus grande pureté; on y cultive en grand le safran, le tabac, le chanvre; les fruits y ont de la réputation, principalement les pruneaux, que l'on fait sécher et que l'on exporte en quantités considérables dans les ports de la Méditerranée; on y trouve aussi beaucoup de noix, qui fournissent une huile excellente, des truffes estimées; de grands et beaux pâturages occupent une superficie de près de 100,000 hectares.

Une des richesses principales du département consiste dans les produits de ses vignes, que l'on évalue à 600,000 hectolitres, dont le tiers est consommé sur les lieux et le surplus transporté, sur le Lot, à Bordeaux et de là exporté dans le N. de l'Europe. Les vins les plus estimés sont ceux de la côte du Lot dits vins de Cahors; les eaux-de-vie de cette ville jouissent aussi de quelque réputation et sont de bonne qualité; les forêts sont belles et riches en bois de construction; elles occupent une superficie de 95,000 hectares.

Le règne minéral présente des traces de mines d'argent, une mine de plomb non exploitée, de la calamine, du minerai de fer, quelques petites exploitations de houille, de nombreuses et belles carrières de marbre varié en couleur, de granit, de pierres de taille, d'excellentes pierres meulières et pierres lithographiques, d'albâtre, de pierres calcaires, de spath calcaire, de l'argile savonneuse et grisâtre, propre à faire des creusets de verrerie, de l'argile à poterie, de la terre à foulon; on y trouve plusieurs sources minérales, parmi lesquelles on remarque celles de Gramat et de Miers.

Le règne animal du département offre une quantité considérable de bestiaux, beaucoup de porcs et de chèvres; les moutons y sont nombreux et leur race s'améliore journellement par le croisement avec les moutons mérinos; la race équine présente des chevaux propres à la cavalerie légère; la race est belle et participe de quelques-unes des qualités de la race limousine et de la race navarrine. La volaille y est abondante, et l'éducation des vers à soie très-répandue. Le gibier y est nombreux et la pêche fournit de beaux poissons et en grande quantité.

L'industrie du département compte quelques forges et hauts-fourneaux, un martinet de cuivre, de nombreux fours à chaux et à tuile, des poteries de terre, des tanneries et des papeteries considérables, des distilleries d'eaux-de-vie, des fabriques de grosses draperies, de cadis, de ratines, d'étoffes de coton, des filatures de coton, des bonneteries, des fabriques de toiles à voiles, de toile de ménage; des fabriques d'ouvrages en buis, de moules de boutons, de cuillers rappellent celles de St.-Claude, dans le Jura; des moulins à huile et à blé; ces derniers forment une des branches les plus considérables de l'industrie du département; on y trouve plus de mille moulins à blé ou minoteries; la préparation des farines appelées minots consiste à cribler cinq ou six fois le grain qu'on veut employer, à passer la farine par des blutoires à tamis de toile de soie et à la presser dans des barriques de bois de hêtre; cette dernière branche seule occupe plus de 1500 ouvriers tonneliers.

Le commerce y est assez actif; les diverses branches de l'industrie fournissent à l'exportation les blés et farines, les vins, eaux-de-vie, huile de noix, safran, tabac, les toiles, les cuirs, le marbre, de la soie, etc.

Le département est divisé en 3 arrondissements, 29 cantons et 302 communes.

Les chefs-lieux d'arrondissement sont:

Cahors. . .	12 cant.	123 com.	117,299 hab.
Figeac . . .	8 »	113 »	89,778 »
Gourdon . .	9 »	66 »	79,926 »
	29 cant.	302 com.	287,003 hab.

Il nomme 5 députés, fait partie de la dixième division militaire, dont le quartier-général est à Toulouse; est du ressort de l'académie de Cahors, de la cour royale d'Agen, du diocèse de Cahors, suffragant de l'archevêché d'Alby. Il fait partie de la vingt-septième conservation forestière, de la douzième inspection des ponts-et-chaussées, dont le chef-lieu est Clermont-Ferrand; de la cinquième division des mines, dont le chef-lieu est Montpellier. Il a 3 colléges, une école normale primaire et 309 écoles primaires.

LOT-ET-GARONNE (département de), situé dans la région S. de la France; est formé d'une partie du Condomois, de quelques portions des diocèses de Bazas, de Lectoure et de Cahors et de la presque totalité de l'ancien Agenois. Il est borné au N. par le dép. de la Dordogne, à l'O. par ceux des Landes et de la Gironde, au S. par le dép. du Gers et à l'E. par ceux du Lot et de Tarn-et-Garonne. Sa superficie est de 527,003 hectares et sa pop. de 346,300 hab.

Ce département n'offre aucune chaîne de montagnes dominantes; il offre l'aspect d'une haute plaine sillonnée à différentes profondeurs de vallées et dont la surface est variée par de nombreux côteaux, qui suivent le cours de ses fleuves et ses rivières.

Les deux les plus considérables, qui arrosent le département et auquel ils ont donné leur nom, sont la Garonne et le Lot; le premier, navigable dans toute l'étendue du département, sort de celui de Tarn-et-Garonne, le traverse de S.-E. au N.-O. et se rend dans le dép. de la Gironde, après avoir fourni un cours de 120 kilomètres; ses affluents les plus considérables sont: le Gers, sortant du département du même nom, le Lot, la Baïse avec la Pelise, le Talsat et l'Avance. Le Lot entre dans le département au-dessus de Montayral, se dirige de l'E. à l'O., reçoit l'Allemance, la Lide et le Bondusson et se jette dans la Garonne, près de la pointe de Rebecquet, aux environs d'Aiguillon. Son cours est de 70 kilomètres et sa largeur moyenne de 80 à 100 mètres. La partie septentrionale du département est traversée par une rivière peu considérable, le Dropt, qui se rend du dép. de la Dordogne dans celui de la Gironde. Les landes de ce département présentent quelques petits étangs et de nombreux marais; on en trouve encore quelques-uns dans les environs d'Agen et de Montesquieu.

La nature du sol de ce département ne doit pas être jugée d'après les larges et fertiles vallées qu'arrosent la Garonne et le Lot, qui offrent l'aspect d'un vaste jardin admirablement cultivé et qui occupent à peu près les trois huitièmes de son étendue. Sa surface, variée par des côteaux riants et productifs, présente dans sa partie orientale d'autres dont le sommet n'offre que des terres médiocres, quelquefois totalement stériles, formées de rocailles calcaires qui repoussent tous les travaux de l'agriculture; dans toute la partie du ci-devant Haut-Agenois le pays change tout à coup d'aspect et de nature, et la terre n'offre plus dans cette contrée qu'une argile ingrate et fortement colorée par le fer. Enfin la portion des landes, assez étendue pour former le huitième du département et située dans les arr. de Nérac et de Marmande, ne se compose presque partout que de sables mobiles, où végète à force d'engrais un peu de seigle, où la vue s'égare sur d'ingrats pâturages et ne se repose que sur la triste et sombre verdure des pignadas. Tel est au vrai le sol du département, trop favorablement jugé d'après la partie traversée par ses rivières navigables et ses grandes routes.

Le climat est assez tempéré; l'air y est très-sain, excepté dans les environs des marécages et dans les landes; quoique le ciel de ce département soit regardé comme un des plus beaux de la France, il est cependant sujet à de longues alternatives de pluie et de sécheresse, qui dérangent souvent le cours des saisons.

La récolte des céréales est fort au-dessus de la consommation; elle comprend du méteil en quantité, beaucoup plus de seigle et plus encore de froment; l'orge et l'avoine y sont assez rares; on y récolte du maïs, du panis, des pois, des fèves, du chanvre d'une qualité supérieure; la culture du tabac occupe annuellement près de 1800 hectares et produit 1,200,000 kilogrammes de tabac en feuilles; les figues, les pruneaux sont en grande quantité; les derniers sont très-renommés; il s'en fait des exportations jusque dans les ports de la Baltique; les vignes occupent une superficie de 70,000 hectares; les produits sont en général d'une qualité médiocre; on cite cependant comme vins estimés les crûs de Thésac, d'Arrocal et de Péricard. Les forêts deviennent rares; elles occupent une superficie de 29,000 hectares et sont dispersées dans les landes; elles sont composées principalement de pins et de chênes lièges, qui tendent à disparaître par l'aménagement irrégulier et mal disposé et par l'extraction trop précoce et trop abondante de la résine.

Le département possède une belle race de bêtes à cornes, employées aux travaux des terres; ces bestiaux sont bien soignés et bien entretenus; la race des bêtes à laine est chétive et très-négligée dans les landes; elle est améliorée dans quelques parties du pays par le croisement des moutons de race espagnole; les chevaux, les mulets, les ânes sont assez nombreux; on élève en grand de la volaille; on y trouve du grand et du menu gibier en abondance; les rivières sont en général poissonneuses; la lamproie, le saumon, l'esturgeon remontent la Garonne; les tanches et les anguilles se trouvent en quantité dans les landes.

Le règne minéral du département est composé de quelques mines de fer, de nombreuses carrières de belles pierres de taille, spath calcaire cristallisé, gypse, marne et de vastes tourbières.

L'industrie est assez active dans ce pays; on cite son immense manufacture de toiles à voiles à Agen, ses manufactures de toiles de ménage, de linge de table; ses fabriques d'indiennes, de serge, de molleton, de toiles peintes, de grosses draperies; ses papeteries, ses tanneries, ses verreries, ses fabriques de bouchons de liége, de cordages, sa fabrique de tabac, ses boulangeries de biscuit pour la marine forment autant de sources de richesses pour le pays; l'industrie métallurgique alimente 6 hauts-fourneaux et 8 forges, dont 3 à la catalane, des forges, fonderies et martinets de cuivre; des ateliers de marbre, de nombreux fours à chaux, etc.

Le commerce de ce département consiste dans l'exportation de ses denrées et de ses produits industriels; les principaux articles sont: le blé, les farines, le chanvre, le tabac, les fruits séchés, les bouchons, la térébenthine, les toiles, les cuirs, les cordages, etc.

Il est divisé en 4 arrondissements, 35 cantons et 355 communes. Les chefs-lieux d'arrondissement sont:

Agen . . ,	9 cant.	88 com.	84,388 hab.
Marmande	9 «	103 «	104,172 «
Villeneuve-d'Agen . .	10 «	86 «	96,961 «
Nérac . . .	7 «	78 «	60,879 «
	35 cant.	355 com.	346,400 hab.

Il nomme 5 députés; fait partie de la onzième division militaire, dont le quartier-général est à Bordeaux; il est du ressort de la cour royale d'Agen, de l'académie de Cahors, du diocèse d'Agen, suffragant de l'archevêché de Bordeaux; il fait partie de la trente-unième conservation forestière; de la huitième inspection des ponts-et-chaussées, dont le chef-lieu est Bordeaux; de la cinquième division des mines, dont le chef-lieu est Montpellier. Il possède 5 colléges, une école normale primaire et 448 écoles primaires.

LOTHAIN (Saint-), vg. de Fr., Jura, arr.

de Lons-le-Saulnier, cant. de Sellières, poste de Polygny ; 1270 hab.

LOTHEA, ham. de Fr., Finistère, com. de Quimperlé; 750 hab.

LOTHEY, vg. de Fr., Finistère, arr. et poste de Châteaulin, cant. de Pleyben ; 760 hab.

LOTHIERS, ham. de Fr., Indre, com. de Luant ; 100 hab.

LOTOPHAGES (ou mangeurs de lotus, espèce de jujubier que leur pays produisait en abondance), g. a., peuple qui habitait les bords de la Grande-Syrte. Peu loin des rivières Cimphus et Triton, sur les bords de la Petite-Syrte, est l'île de Meninx ou des Lotophages.

LOTTINGHEN, vg. de Fr., Pas-de-Calais, arr. de Boulogne-sur-Mer, cant. de Desvres, poste de Samer ; 410 hab.

LOUAILLÉ, vg. de Fr., Sarthe, arr. de la Flèche, cant. et poste de Sablé; 380 hab.

LOUAN, vg. de Fr., Seine-et-Marne, arr. de Provins, cant. et poste de Villiers-St.-Georges; 270 hab.

LOUAND (Saint-), ham. de Fr., Indre-et-Loire, com. de Chinon ; 200 hab.

LOUANNEC, vg. de Fr., Côtes-du-Nord, arr. et poste de Lannion, cant. de Perros-Guirec ; 1600 hab.

LOUANS, vg. de Fr., Indre-et-Loire, arr. de Loches, cant. et poste de Ligueil ; 750 h.

LOUARGAT, vg. de Fr., Côtes-du-Nord, arr. de Guingamp, cant. et poste de Belle-Isle-en-Terre ; 5000 hab.

LOUATRE, vg. de Fr., Aisne, arr. de Soissons, cant. et poste de Villers-Cotterets ; 430 hab.

LOUAUTE ou LOWAT, pet. v. dans la partie méridionale de la rég. d'Alger, pays de Zaab ; traversé par les monts Lowat, non loin de la rive droite de l'Ouad-Adjébi, à 22 l. S.-E. de Midroë.

LOUBAJAC, vg. de Fr., Hautes-Pyrénées, arr. d'Argelès, cant. de St.-Pé, poste de Lourdes; 480 hab.

LOUBARESSE, vg. de Fr., Ardèche, arr. et poste de l'Argentière, cant. de Valgorge ; 290 hab.

LOUBAUT, vg. de Fr., Arriège, arr. de Pamiers, cant. et poste de Mas-d'Azil ; 100 h.

LOUBE-AMADES (Saint-), vg. de Fr., Gers, arr., cant. et poste de Lombez ; 280 h.

LOUBEDAT, vg. de Fr., Gers, arr. de Condom, cant. et poste de Nogaro ; 360 hab.

LOUBÉJAC, vg. de Fr., Dordogne, arr. de Sarlat, cant. et poste de Villefranche-de-Belvès ; 750 hab.

LOUBENS, vg. de Fr., Arriège, arr. de Pamiers, cant. et poste de Varilles ; 420 h.

LOUBENS, vg. de Fr., Haute-Garonne, arr. de Villefranche-de-Lauragais, cant. et poste de Caraman ; 750 hab.

LOUBENS, vg. de Fr., Gironde, arr., cant. et poste de la Réole ; 310 hab.

LOUBENS, ham. de Fr., Landes, com. de Hontanx ; 360 hab.

LOUBERG (Saint-), vg. de Fr., Gironde, arr. de Bazas, cant. et poste de Langon ; 200 hab.

LOUBERS, vg. de Fr., Tarn, arr. de Gaillac, cant. et poste de Cordes ; 280 hab.

LOUBERSAN, vg. de Fr., Gers, arr., cant. et poste de Mirande ; 400 hab.

LOUBERT, vg. de Fr., Charente, arr. de Confolens, cant. et poste de St.-Claud ; 140 h.

LOUBÈS (Saint-), vg. de Fr., Gironde, arr. de Bordeaux, cant. du Carbon-Blanc, poste ; 2470 hab.

LOUBES-BERNAC, vg. de Fr., Lot-et-Garonne, arr. de Marmande, cant. et poste de Duras ; 1220 hab.

LOUBEYRAT, vg. de Fr., Puy-de-Dôme, arr. et poste de Riom, cant. de Manzart; 1040 hab.

LOUBIENG, vg. de Fr., Basses-Pyrénées, arr. et poste d'Orthez, cant. de Lagor; 1210 hab.

LOUBIÈRE (la), vg. de Fr., Aveyron, arr. et poste de Rhodez, cant. de Bozouls ; 590 h.

LOUBIÈRES, vg. de Fr., Arriège, arr., cant. et poste de Foix ; 140 hab.

LOUBIGNÉ, vg. de Fr., Deux-Sèvres, arr. de Melle, cant. et poste de Chef-Boutonne ; 360 hab.

LOUBIGNÉ, ham. de Fr., Deux-Sèvres, com. d'Exoudun ; 260 hab.

LOUBILLÉ, vg. de Fr., Deux-Sèvres, arr. de Melle, cant. et poste de Chef-Boutonne; 830 hab.

LOUBION, vg. de Fr., Gers, arr. de Condom, cant. et poste de Nogaro; 35 hab.

LOUBIX, vg. de Fr., Basses-Pyrénées, arr. de Pau, cant. de Montaner, poste de Vic-en-Bigorre; 50 hab.

LOUBOUER (Saint-), vg. de Fr., Landes, arr. de St.-Sever, cant. et poste d'Aire-sur-l'Adour ; 1250 hab.

LOUBRESSAC, b. de Fr., Lot, arr. de Figeac, cant. et poste de St.-Céré; exploitation de marbre ; 1580 hab.

LOUBROUIL, vg. de Fr., Gers, arr. et poste d'Auch, cant. de Jegun ; 230 hab.

LOUCASTAIGNER, ham. de Fr., Gers, com. de St.-Martin ; 120 hab.

LOUCÉ, vg. de Fr., Orne, arr. d'Argentan, cant. et poste d'Ecouché ; 320 hab.

LOUCELLES, vg. de Fr., Calvados, arr. de Caen, cant. de Tilly-sur-Seulles, poste de St.-Léger ; 240 hab.

LOUCHAPT, vg. de Fr., Lot, com. de Martel ; 150 hab.

LOUCHES, vg. de Fr., Pas-de-Calais, arr. de St.-Omer, cant. et poste d'Ardres ; 840 h.

LOUCHETTE, ham. de Fr., Deux-Sèvres, com. de Magné ; 180 hab.

LOUCH-REA, jolie pet. v. d'Irlande, comté de Galway ; appartenant au marquis de Clanrickarda; importante par son industrie et par le canal qui la réunit à Ballinrobe ; 6000 h.

LOUCHY-MONFAND, vg. de Fr., Allier, arr. de Gannat, cant. et poste de St.-Pourçain; 640 hab.

LOUCRUP, vg. de Fr., Hautes-Pyrénées, arr. et poste de Tarbes, cant. d'Ossun; 320 h.

LOUDÉAC, pet. v. de Fr., Côtes-du-Nord, à 11 l. S. de St.-Brieuc et à 116 l. O. de Paris, chef-lieu d'arrondissement; siége d'un tribunal de première instance; direction des contributions indirectes; conservation des hypothèques et chambre consultative des manufactures. Cette petite ville, située près de la forêt du même nom, ne renferme aucun monument remarquable; mais elle est le centre d'une fabrication considérable de toiles dites de Bretagne, qui y fut introduite en 1567 par les Flamands fuyant la persécution du duc d'Albe; fabr. de cidre; tuilerie; faïencerie; tanneries; carrières d'ardoises; commerce en fil, toiles et miel. Loudéac possède une société d'agriculture. Foires: le premier samedi de chaque mois; 6865 hab.

LOUDÉAH ou **LOWDEAH**, *Tritonis Lacus*, lac considérable dans la partie méridionale de la rég. de Tunis, au S.-O. de Cabès; il a 25 l. de long sur 8 de large. Son eau est salée. Il renferme plusieurs îles plantées de dattiers.

LOUDENVIELLE, vg. de Fr., Hautes-Pyrénées, arr. de Bagnères-en-Bigorre, cant. de Bordères, poste d'Arreau; 370 hab.

LOUDERVIELLE, ham. de Fr., Hautes-Pyrénées, arr. de Bagnères-en-Bigorre, cant. de Bordères, poste d'Arreau; 140 hab.

LOUDÈS, vg. de Fr., Haute-Loire, arr., à 3 1/2 l. O. et poste du Puy, chef-lieu de canton; 1425 hab.

LOUDET, vg. de Fr., Haute-Garonne, arr. de St.-Gaudens, cant. et poste de Montrejeau; 390 hab.

LOUDIER, ham. de Fr., Aisne, com. de Neuvemaison; 190 hab.

LOUDON, comté de l'état de Virginie, États-Unis de l'Amérique du Nord; il est borné par l'état de Maryland et les comtés de Fairfax, de Prince-William, de Faquier, de Fréderic et de Jefferson; l'intérieur présente un sol fertile en blé, fruits et tabac; 25,000 hab. Leesburgh est le chef-lieu du comté.

LOUDREFING, vg. de Fr., Meurthe, arr. de Château-Salins, cant. d'Albestroff, poste de Dieuze; 690 hab.

LOUDUN, pet. v. de Fr., Vienne, à 13 l. N.-N.-O. de Poitiers et à 77 l. S.-O. de Paris, chef-lieu d'arrondissement; siége d'un tribunal de première instance et conservation des hypothèques. Loudun est remarquable par ses jolies promenades et célèbre par le procès inique de son curé, Urbain Grandier, brûlé comme sorcier le 18 août 1634, par sentence d'un tribunal vendu au cardinal de Richelieu. Cette ville possède un collége, une salle de spectacle, des fabr. de draps et de dentelles communes et des tanneries; elle fait commerce de vin, grains de toute espèce, huile, lin, chanvre, cire, miel, fruits secs, laines. Foires: 14 septembre, mardi avant mi-carême, 14 avril, 8 mai et 25 août; 5832 hab.

Patrie de Gaucher Scévole de St.-Marthe, qui figure honorablement parmi les anciens jurisconsultes français, et de Renaudot, médecin savant du dix-septième siècle, fondateur de la *Gazette de France*.

Loudun est une ville ancienne, jadis capitale du petit pays appelé Loudunois, qui appartint aux comtes de Poitou. Ceux-ci cédèrent ce domaine à Louis XI. Loudun souffrit beaucoup pendant les guerres de religion, et comme un grand nombre de ses habitants étaient protestants, les persécutions lui enlevèrent une partie considérable de sa population.

LOUE (la), riv. de Fr.; a sa source dans le dép. du Doubs, aux environs du vg. d'Aubonne, cant. de Montbenoit, dans une des vallées les plus sauvages et les plus pittoresques du Jura; elle jaillit avec impétuosité au fond d'une grotte de plus de 180 pieds d'ouverture et se dirige vers le N.-O. jusqu'au-dessous d'Ornans; de là son cours sinueux change plusieurs fois de direction, passe à Chenecey, à Quingey, entre dans le dép. du Jura, un peu au-dessus de Cramans, et se jette dans le Doubs, au-dessous de Parcey, après 27 l. de cours.

LOUÉ, b. de Fr., Sarthe, arr. et à 6 1/2 l. O. du Mans, chef-lieu de canton, poste de Coulans; papeterie; fabr. de toiles; marbrerie; tuileries; 1836 hab.

LOUER, vg. de Fr., Landes, arr. de Dax, cant. de Montfort, poste de Tartas; 140 h.

LOUERRE, vg. de Fr., Maine-et-Loire, arr. de Saumur, cant. de Gennes, poste de Brissac; 820 hab.

LOUESME, vg. de Fr., Yonne, arr. de Joigny, cant. de Bléneau, poste de St.-Fargeau; 230 hab.

LOUESMES, vg. de Fr., Côte-d'Or, arr. de Châtillon-sur-Seine, cant. et poste de Montigny-sur-Aube; 340 hab.

LOUESTAULT, vg. de Fr., Indre-et-Loire, arr. de Tours, cant. et poste de Neuvy-le-Roy; 350 hab.

LOUET-SUR-LOZON (Saint-). *V.* **LOZON.**

LOUET-SUR-SEULLES (Saint-), vg. de Fr., Calvados, arr. de Caen, cant. et poste de Villers-Bocage; 270 hab.

LOUET-SUR-VIRE (Saint-), vg. de Fr., Manche, arr. de St.-Lô, cant. de Tessy, poste de Torigni; 450 hab.

LOUEUSE, vg. de Fr., Oise, arr. de Beauvais, cant. et poste de Songeons; 350 hab.

LOUÈVRE, ham. de Fr., Yonne, com. de la Celle-St.-Cyr; 200 hab.

LOUEY, vg. de Fr., Hautes-Pyrénées, arr. et poste de Tarbes, cant. d'Ossun; 640 hab.

LOUFAGET. *Voyez* **LOUHAGET**.

LOUGAN-FOU, v. de Chine, prov. de Chan-si, sur le Tso-tsangho; sa juridiction s'étend sur 7 villes.

LOUGARRANE, ham. de Fr., Gers, com. d'Artiguedieu-Garrané; 170 hab.

LOUGÉ-SUR-MAIRE, vg. de Fr., Orne, arr. d'Argentan, cant. de Briouze, poste de Râne; 900 hab.

LOUGHBOROUGH, pet. v. d'Angleterre, comté de Leicester; florissante par sa position sur le Soure et le canal d'Union, par ses fabr. de bas et par son commerce actif de houille et de laine; 11,000 hab.

LOUGHBOROUGH, détroit au N. de celui de la Désolation, côte de la Nouvelle-Géorgie septentrionale.

LOUGH-FOYLE, golfe d'Irlande, s'étend au N.-O. du comté de Londonderry; il a 4 l. de long sur 2 de large et forme un des meilleurs ports de ce royaume; le Foyle y a son embouchure.

LOUGHSINNY, vg. d'Irlande, comté de Dublin, sur la mer; possède dans son voisinage des mines de cuivre.

LOUGNERON, vg. de Fr., Yonne, com. de Champlay; 290 hab.

LOUGRATTE, vg. de Fr., Lot-et-Garonne, arr. de Villeneuve-sur-Lot, cant. et poste de Castillonnés; 850 hab.

LOUGRES, vg. de Fr., Doubs, arr., cant. et poste de Montbéliard; 300 hab.

LOUGWES, vg. de Fr., Vendée, arr., cant. et poste de Fontenay-le-Comte; 630 hab.

LOUHAGET, vg. de Fr., Gers, arr. de Condom, cant. et poste de Noagoro; 30 hab.

LOUHANS, v. de Fr., Saône-et-Loire, à 14 l. N.-E. de Mâcon et à 94 l. S.-E. de Paris, chef-lieu d'arrondissement; siége d'un tribunal de première instance et d'un tribunal de commerce; conservation des hypothèques; elle est située sur une presqu'île formée par la Seille, la Salle et le Solvan. Louhans est remarquable par l'activité de son industrie, surtout par ses forges, ses martinets et ses fourneaux. Cette ville possède un collége communal et un comice agricole; elle est l'entrepôt des marchandises que l'on expédie du Midi, et surtout de Lyon pour la Suisse; commerce de grains, chevaux, bœufs, porcs gras, volailles, etc. Foires : les 2 janvier, 5 février, 1er juin, 7 décembre, premier lundi de carême, lundis avant Pâques et Pentecôte, premier lundi de juillet et même jour d'octobre et novembre. Louhans était jadis le siége d'une baronie du duché de Bourgogne et faisait partie de la Bresse-Châlonnaise; 3674 hab.

LOUHOSSOA, vg. de Fr., Basses-Pyrénées, arr. de Bayonne, cant. d'Espelette, poste de Hasparren; 430 hab.

LOUHOU ou **LULU**, **LOEHOE**, pet. roy. situé au centre de l'île de Célèbes, Malaisie, sur le golfe de Boni. C'est un des états Bouguis les plus anciens et les plus puissants de toute l'île.

LOUIGNAC, vg. de Fr., Corrèze, arr. de Brives, cant. d'Ayen, poste d'Objat; 830 h.

LOUILLEUX, ham. de Fr., Isère, com. de St.-Quentin; 250 hab.

LOUIMBI, riv. assez considérable de la Basse-Guinée, roy. de Loango; elle se jette dans le Congo, dont elle est un des principaux affluents de droite.

LOUIN, vg. de Fr., Deux-Sèvres, arr. de Parthenay, cant. de St.-Loup, poste d'Airvaul; 1150 hab.

LOUIS (Saint-), vg. de Fr., Aude, arr. de Limoux, cant. et poste de Quillan; 440 hab.

LOUIS (Saint-), pet. v. de l'île d'Haïti, dép. du Sud, à l'E. de Cavaillon; quoique très-déchue, elle est importante par son beau port et sa belle situation.

LOUIS (Saint-), ham. de Fr., Bouches-du-Rhône, com. de Marseille; 440 hab.

LOUIS (Saint-), vg. de Fr., Dordogne, arr. de Ribérac, cant. et poste de Mussidan; 320 hab.

LOUIS (Saint-), ham. de Fr., Landes, com. de St.-Pierre; 270 hab.

LOUIS (Saint-) ou **HEYERSBERG**, vg. de Fr., Meurthe, arr. de Sarrebourg, cant. et poste de Phalsbourg; 780 hab.

LOUIS (Saint-) ou **MUNSTZENTHAL**, ham. de Fr., Moselle, com. de Lemberg; verrerie et cristallerie; 550 hab.

LOUIS (Saint-) ou **BOURG-LIBRE**, vg. de Fr., Haut-Rhin, arr. d'Altkirch, cant. et poste d'Huningue; 1327 hab.

LOUIS (Saint-), baie au S.-E. de l'état de Mississipi, États-Unis de l'Amérique du Nord.

LOUIS (Saint-), fl. des États-Unis de l'Amérique du Nord, dist. des Hurons (territoire du Nord-Ouest); prend naissance dans plusieurs lacs au N. du district, coule d'abord vers le S., puis vers le S.-E. et débouche dans le lac Supérieur, après un cours très-tortueux de plus de 70 l. Le Rapide qui lui vient du N.-E. est son principal affluent.

LOUIS (Saint-), comté de l'état de Missouri, États-Unis de l'Amérique du Nord; il est borné par les comtés de St.-Charles, de Jefferson et de Franklin. Pays très-fertile, entouré du Missouri et du Mississipi, qui s'y rencontrent; il produit en abondance du blé, du chanvre, du lin et du tabac; l'O. est occupé par de riches savannes; 22,000 hab.

LOUIS (Saint-), v. des États-Unis de l'Amérique du Nord, état de Missouri, comté de St.-Louis, dont elle est le chef-lieu, sur la rive droite du Mississipi. Cette ville, la plus importante de l'état et une des plus commerçantes du S.-O. des États-Unis, est bien bâtie et renferme une académie (collége St.-Louis) avec une bibliothèque de 8000 volumes, un musée et un théâtre; elle est en outre le siége d'un évêché catholique, des tribunaux de l'Union, l'entrepôt central du plomb retiré des mines de l'Ouest et le siége de la société du Missouri pour le commerce des pelleteries. St.-Louis fait un commerce immense. Situé au centre de la plus grande navigation intérieure de l'Amérique septentrionale, il entretient par ses bateaux à vapeur des communications régulières avec les principales villes de l'Union, surtout avec la Nouvelle-Orléans, Louisville,

Cincinnati et Pittsbourg et depuis quelques années des caravanes partent tous les ans de St.-Louis et arrivent dans l'espace de 40 à 50 jours à Santa-Fé, dans le Nouveau-Mexique. Au N. de St.-Louis s'élèvent sur deux lignes sept collines artificielles appartenant à la ligne de fortification, dont on trouve de nombreux restes le long de l'Ohio et du Mississipi; 10,000 hab., la plupart Français.

LOUIS (Saint-), un des deux arrondissements dans lesquels sont divisés les établissements français dans la Sénégambie; il comprend l'île de St.-Louis et celles de Babagué, Safal et Ghéber ou Ghimbar, formées par le Sénégal; les divers établissements sur ce fleuve, tels que Kamou, Makana ou St.-Charles, Bakel, Dagana et Faf; les escales ou lieux de marchés le long du Sénégal où se traite la gomme, telles que l'escale du Coq, près de Podor, l'escale des Darmankours au-dessous de la ville de St.-Louis et celle des Trarzas au-dessus de Dagana; enfin la partie de la côte qui s'étend depuis le cap Blanc jusqu'à la baie d'Iof. Il faut cependant observer que ce territoire littoral n'est pas une possession de fait, mais seulement de nom, puisqu'il appartient à des peuples entièrement indépendants. Une grande partie de l'arr. de St.-Louis appartenait au roy. d'Oualo ou Hoval, ruiné et presque entièrement dépeuplé par la guerre civile et par les Maures, ses voisins; il reconnaît depuis quelque temps la suzeraineté de la France.

LOUIS (Saint-), île sur la côte de la Sénégambie, à l'embouchure du Sénégal. Sa capitale de même nom, petite, mais assez bien bâtie, s'est considérablement augmentée depuis quelques années; c'est la résidence du gouverneur-général de tous les établissements français sur ces côtes, et l'entrepôt du commerce qu'on fait sur le Sénégal, et surtout de celui de la gomme, de l'or et de l'ivoire. Elle a une société d'agriculture et compte près de 6000 hab. Dans ses environs, à Richard-Tol, on voyait un beau jardin de naturalisation, fondé en 1822; le défaut de ressources l'a bientôt fait déchoir.

LOUIS (Saint-), fort français dans l'île Ste.-Marie; situé sur la côte orientale de l'île de Madagascar, à l'opposite de la petite ville de Tintingue.

LOUISA, comté de l'état de Virginie, États-Unis de l'Amérique du Nord; il est borné par les comtés d'Orange, de Spotsylvanie, de Hanovre, de Goochland, de Fluvanna et d'Albemarle. Pays fertile et très-bien arrosé, riche en bois et eaux minérales (Healing Springs); 20,000 hab.

LOUISBOURG. *Voyez* LUDWIGSBOURG.

LOUISBOURG. *Voyez* GABARUS.

LOUISBURGH, b. des États-Unis de l'Amérique du Nord, état de Massachusetts, comté de Berks; grandes carrières de marbre; 1900 hab.

LOUIS-DE-MONTFERRAND (Saint-). *Voy.* MONTFERRAND.

LOUISE, une des îles de l'archipel des Seychelles, dans l'Océan Indien.

LOUISFERT, vg. de Fr., Loire-Inférieure, arr. et poste de Châteaubriant, cant. de Moisdon; 540 hab.

LOUISIADE (archipel de la), groupe d'îles de l'Australie ou Océanie centrale; il est situé à l'E. de la Nouvelle-Guinée et s'étend depuis 146° 25′ jusqu'à 152° 6′ 15″ long. orient., entre 8° 5′ et 11° 47′ lat. S. Les îles de cet archipel, à l'exception d'un petit nombre, paraissent hautes et montueuses; le territoire et le climat sont semblables à ceux de la Nouvelle-Guinée, et l'on y trouve probablement les mêmes productions que dans les îles de la Papouasie. Lorsque Bougainville s'approcha des côtes de la Louisiade, il sentit l'air embaumé d'une odeur si délicieuse qu'il donna au port qu'il aperçut le nom de Cul-de-Sac-de-l'Orangerie. Cependant les navigateurs qui ont reconnu ce groupe ne citent que peu d'espèces de végétaux. Labillardière ne nomme que le laurus culilaban, l'igname, le cocotier, le bananier et le bétel.

Les habitants, assez nombreux, de cet archipel appartiennent à la race des Papouas et sont anthropophages.

L'archipel de la Louisiade se compose: 1° de la terre ou groupe occidental, qui s'étend entre 146° 25′ et 148° 18′ long. orient., et à l'E. duquel sont situées les îles d'Entrecasteaux; c'est sur la côte méridionale de ce groupe, sous 147° 25′ long. orient. et 10° 7′ lat. S., que se trouve le Cul-de-Sac-de-l'Orangerie; 2° du groupe de Trobriand ou îles du Nord, entre 147° 30′ et 149° 25′ long. orient., et entre 8° 15′ et 8° 51′ 30″ lat. S.; il comprend 9 à 12 petites îles, environnées de bancs de corail, et l'île Trobriand, la plus grande du groupe; 3° du groupe d'Entrecasteaux ou îles du Centre, entre 147° 57′ et 148° 54′ 48″ long. orient., et entre 8° 58′ et 11° 27′ lat. S. Les 3 îles d'Entrecasteaux, entrecoupées d'étroits canaux, et plus de 40 îles moins considérables forment ce groupe; 4° enfin des îles du Sud-Est, qui s'étendent au S.-E. du groupe d'Entrecasteaux, entre 150° 5′ et 152° 6′ 15″ long., et entre 10° 30′ et 11° 47′ lat. S.; St.-Aignan, la plus septentrionale, en est une des plus considérables.

La Louisiade, que le vaisseau hollandais le Geelwink avait déjà vue en 1705, ne fut réellement découverte que par Bougainville, en 1769. D'Entrecasteaux explora cet archipel en 1793; c'est à ce navigateur que l'on doit de connaître les différentes îles dont se compose la Louisiade.

LOUISIANE, état maritime qui fait partie des États-Unis de l'Amérique du Nord; il s'étend entre 28° 50′ et 33° lat. N., et est borné au N. par le territoire d'Arkansas, à l'E. par l'état de Mississipi, au S. par le golfe du Mexique et à l'O. par la rép. de Texas. Sa plus grande longueur, du N. au S., est de 89 l., et sa plus grande largeur, de l'E. à l'O., au N. de 72 l. et au S. de 112 l.;

220,000 hab., dont 109,600 esclaves, non compris différentes tribus d'indigènes libres qui errent dans les prairies le long du Red et du Mississipi, et dont les Choktaws et les Conchas sont les plus nombreuses et les plus civilisées. Les habitants libres sont presque tous Français, Espagnols ou Canadiens.

Un cinquième de la superficie de cet état se compose d'eaux courantes, de marais, de lacs et de sable, mais le sol est généralement très-fertile, surtout en maïs, riz, canne à sucre, indigo, coton, tabac, fruits du Sud, etc. De nos jours la plantation de l'indigo et de la canne à sucre a beaucoup diminuée, et le coton est devenu le principal objet de culture. Depuis quelques années on fait des essais de plantation de thé. Outre ces productions, l'état abonde en bois de construction et bois précieux, cochenille, plantes médicales, etc. Le règne animal est très-varié; les marais et les lacs regorgent d'alligators, d'immenses lézards et de reptiles venimeux. Le climat, doux et assez salubre au N. et à l'O., est chaud et très-malsain au S. et à l'E., surtout dans les environs de la capitale, où les fièvres, la pulmonie et la dyssenterie, excitées par les exhalaisons des eaux stagnantes et des immenses champs de riz, ne cessent d'exercer d'horribles ravages; les ophthalmies sont également très-fréquentes. Les plus grands cours d'eau de ce pays sont: le Mississipi, qui, à son embouchure, se divise en un grand nombre de bras et qui reçoit dans cet état le Red, avec la Washitta et le Courtableau; la Sabine, qui sépare la Louisiane de l'état de Texas, et le Pearl, sur la frontière orientale. Presque tous ces fleuves se trouvent en communication par des canaux artificiels ou naturels, dont ceux d'Iberville, de Plaquemines et de Carondelet sont les plus importants. Parmi les nombreux lacs qui couvrent cet état, nous citons: le Pontchartrain, le Chétimaches ou Great-Lake, le Mermenton et le Calcasiu au S. et au S.-E.; le Catahoola dans l'intérieur; le Bistineau et le Caddo au N. L'Océan forme sur les côtes de la Louisiane plusieurs grandes baies, qui, y compris les embouchures du Mississipi, sont d'un abord difficile et dangereux; ce sont: la baie ou le lac Borgne et la baie de la Chandeleur au S.-E.; les baies de Barataria, de Timballier, de Vermillion, de la Côte-Blanche et d'Atchafalaya au S. L'industrie de cet état se borne à la fabrication et au raffinage des matières premières; le commerce, dont la Nouvelle-Orléans est le centre, porte sur les mêmes objets. La chasse et la pêche sont très-productives.

La Louisiane a été reçue dans l'Union en 1811; sa constitution date de 1812; elle envoie au congrès 2 sénateurs et 5 députés. L'état est divisé en 31 comtés et paroisses, et, sous le rapport judiciaire, en deux districts: le dist. Oriental et le dist. Occidental. Cet état ne possède qu'une seule académie (à Jackson), et l'instruction primaire s'y trouve à peu près dans la même proportion.

Avant 1811 on donnait le nom de Louisiane à toute l'étendue de pays compris entre le Mississipi et les montagnes Rocheuses. Ce nom lui fut donné, en l'honneur de Louis XIV, par les Français, qui, en 1684, s'établirent, sous la conduite de La Salle, à l'embouchure du Mississipi, quoique le pays ait été découvert déjà par l'Espagnol Fernando de Soto, en 1541, et exploré par le capitaine Wood (1654) et le capitaine Wold (1670). En 1699, Iberville fonda la seconde colonie française sur le Mississipi, colonie qui devint la souche de la population européenne actuelle. Un grand nombre de colons qui s'y établirent en 1718 et 1719 périrent victimes de l'insalubrité du climat. En 1737, la société du Mississipi, après avoir éprouvé des pertes considérables, se vit obligée de rendre sa charte et la colonie à la couronne. La France resta en possession du pays jusqu'en 1702, époque à laquelle elle le céda, avec la Nouvelle-Orléans, à l'Espagne, qui cependant le rendit à la France dans la paix d'Ildefonse (1800). Enfin en 1803 Napoléon vendit la colonie à l'Union pour la somme de 60 millions de francs. Elle forma d'abord le territoire de New-Orléans et entra en 1811 comme état dans l'Union, sous le nom de Louisiane.

LOUIS-NAPOLÉON, groupe d'îles près de la côte occidentale de la Nouvelle-Hollande, Australie, à l'embouchure du fleuve des Cygnes. Les îles qui le composent sont: 1° Rottnest, assez élevée et couverte d'une belle végétation, mais dépourvue d'eau douce; 2° Berthollet, île stérile, entourée de récifs et de rochers; 3° Buache; celle-ci porte des arbres touffus et élevés; on y trouve des perdrix et des corbeaux.

LOUISVILLE, pet. v. des États-Unis de l'Amérique du Nord, état de Géorgie, comté de Jefferson, dont elle est le chef-lieu, sur l'Oguchy; cette ville fut autrefois la capitale de l'état; manufactures; commerce considérable; 1500 hab.

LOUISVILLE, v. des États-Unis de l'Amérique du Nord, état de Kentucky, comté de Jefferson, dont elle est le chef-lieu, sur l'Ohio, qui y fait de dangereux rapides qu'on évite au moyen du beau canal appelé Louisville-Portland-Canal. Cette ville, la plus industrieuse et la plus commerçante de l'état, possède un collége, un grand et bel hôpital nouvellement construit, des fabriques de tabac, etc.; 12,000 hab.

LOUIT, vg. de Fr., Hautes-Pyrénées, arr. et poste de Tarbes, cant. de Pouyastruc; 250 hab.

LOUI-TCHEOU-FOU, v. de Chine, prov. de Kouang-toung. Elle est bâtie sur la grande presqu'île qui se projette au loin dans la mer de Chine et qui n'est séparée que par un étroit canal de l'île de Haï-nan. Sa juridiction s'étend sur deux villes. La presqu'île où elle est bâtie paraît être la patrie des paons qu'on y trouve en grand nombre.

LOU-KIANG. *Voyez* SALOUEN.

LOULANS, vg. de Fr., Hautes-Alpes, arr. de Vesoul, cant. et poste de Montbozon; 460 hab.

LOULAPPE, ham. de Fr., Eure-et-Loir, com. de Luperce; 190 hab.

LOULAY. *Voy.* HILAIRE-LOULAY (Saint-).

LOULAY, vg. de Fr., Charente-Inférieure, arr. et à 4 l. N. de St.-Jean-d'Angely, chef-lieu de canton et poste; 500 hab.

LOULÉ, v. murée du Portugal, roy. d'Algarve, dist., à 6 l. O. de Tavira et à 4 l. N. du port de Faro; cette ville, située dans une vallée étendue, possède un vieux château, une belle église, 3 couvents et un riche hôpital; ses environs sont fertiles; 5150 hab.

LOULIN. *Voyez* LELIN-LA-PUJOLLE.

LOULLE, vg. de Fr., Jura, arr. de Poligny, cant. et poste de Champagnole; 420 h.

LOUMERACQ. *Voyez* MÉRACQ.

LOUNG, chaîne de montagnes de la Chine, ramification du Pé-ling; se détache de ce groupe dans le Chen-si, se dirige vers le N.-O., atteint près du Houang-ho une hauteur considérable et se réunit par l'Alachan à la chaine Gadjar de la Mongolie.

LOUNG-AN-FOU, v. de Chine, prov. de Sé-tchouan, sur un affluent du Pà, qui se jette dans le Kia-lin. Elle est fortifiée et a plusieurs citadelles. Sa juridiction s'étend sur 3 villes; commerce avec les habitants du Sifan, partie méridionale de la Mongolie.

LOUNIAC. *Voyez* LOUIGNAC.

LOUP (Saint-), *Grannum*, pet. v. de Fr., Haute-Saône, arr., à 7 l. N.-O. de Lure, chef-lieu de canton, poste de Luxeuil; elle est située au pied des Vosges, sur la rive droite de l'Angronne, au milieu d'un paysage délicieux. La confection des chapeaux de paille forme sa principale industrie et plusieurs centaines d'enfants sont employés à cette fabrication, qui ne demande qu'un peu d'adresse. St.-Loup renferme aussi des fabriques de droguets, des forges et des tanneries; filat. hydraul. pour la laine; 2586 h.

Cette petite ville, bâtie sur l'emplacement d'un fort construit par les Romains, portait le nom de *Grannum*. Lors de l'invasion des Huns elle fut détruite. Après la défaite d'Attila, *Grannum*, relevé de ses ruines, prit le nom de St.-Loup en l'honneur de saint Loup, évêque de Troie. Les Bourguignons et les Sarrasins saccagèrent successivement cette ville. Louis XIV s'en empara, lorsqu'il fit la conquête de la Franche-Comté et elle est restée depuis à la France.

LOUP (Saint-), b. de Fr., Deux-Sèvres, arr., à 5 l. N.-E. de Parthenay, chef-lieu de canton, poste d'Airevault; fabr. de tapis grossiers; tanneries; le territoire produit de très-bon vin; 1644 hab.

LOUP (Saint-), vg. de Fr., Allier, arr. de Moulins-sur-Allier, cant. de Neuilly-le-Réal, poste de Varennes-sur-Allier; 400 hab.

LOUP (Saint-), Côtes-du-Nord. *Voyez* LANLOUP.

LOUP (Saint-), vg. de Fr., Ardennes, arr. de Vouziers, cant. de Tourteron, poste d'Attigny; 590 hab.

LOUP (Saint-), vg. de Fr., Ardennes, arr. de Réthel, cant. de Château-Porcien, poste de Tagnon; 510 hab.

LOUP ou LUC (Saint-), vg. de Fr., Charente-Inférieure, arr. de St.-Jean-d'Angely, cant. et poste de Tonnay-Boutonne; 690 h.

LOUP (Saint-), vg. de Fr., Creuse, arr. de Boussac, cant. de Chambon, poste de Gouzon; 780 hab.

LOUP (Saint-), vg. de Fr., Eure-et-Loir, arr. de Chartres, cant. d'Illiers, poste; 450 hab.

LOUP (Saint-), vg. de Fr., Haute-Garonne, arr. de St.-Gaudens, cant. et poste de Boulogne; 240 hab.

LOUP (Saint-), vg. de Fr., Haute-Garonne, arr., cant. et poste de Toulouse; 320 hab.

LOUP (Saint-), vg. de Fr., Jura, arr. de de Dôle, cant. et poste de Chemin; 420 hab.

LOUP (Saint-), vg. de Fr., Loir-et-Cher, arr. et poste de Romorantin, cant. de Menetou-sur-Cher; 350 hab.

LOUP (Saint-), ham. de Fr., Lot-et-Garonne, com. de Montagnac-sur-Auvignon; 100 hab.

LOUP (Saint-), vg. de Fr., Manche, arr., cant. et poste d'Avranches; 630 hab.

LOUP (Saint-), vg. de Fr., Marne, arr. d'Épernay, cant. et poste de Sézanne; 160 h.

LOUP (Saint-), vg. de Fr., Haute-Marne, arr. de Langres, cant. d'Auberive, poste d'Arc-en-Barrois; 200 hab.

LOUP (Saint-), vg. de Fr., Nièvre, arr., cant. et poste de Cosne; 760 hab.

LOUP (Saint-), vg. de Fr., Rhône, arr. de Villefranche-sur-Saône, cant. et poste de Tarare; 1850 hab.

LOUP (Saint-), vg. de Fr., Haute-Saône, arr., cant. et poste de Gray; 250 hab.

LOUP (Saint-), ham. de Fr., Saône-et-Loire, com. d'Artaix; 400 hab.

LOUP (Saint-), vg. de Fr., Tarn-et-Garonne, arr. de Moissac, cant. et poste d'Auvillars; 910 hab.

LOUP-CANIVET (Saint-), ham. de Fr., Calvados, com. de Saulangy; 110 hab.

LOUP-DE-BUFFIGNY (Saint-), vg. de Fr., Aube, arr. et poste de Nogent-sur-Seine, cant. de Romilly-sur-Seine; 280 hab.

LOUP-DE-FRIBOIS (Saint-), vg. de Fr., Calvados, arr. de Bayeux, cant. de Mézidon, poste de Cambremer; 160 hab.

LOUP-DE-LA-SALLE (Saint-), vg. de Fr., Saône-et-Loire, arr. de Châlon-sur-Saône, cant. et poste de Verdun-sur-le-Doubs; 930 hab.

LOUP-DE-NAUD (Saint-), vg. de Fr., Seine-et-Marne, arr., cant. et poste de Provins; 860 hab.

LOUP-DES-CHAUMES (Saint-), vg. de Fr., Cher, arr. de St.-Amand-Mont-Rond, cant. et poste de Châteauneuf-sur-Cher; 370 hab.

LOUP-DES-VIGNES (Saint-), vg. de Fr.,

Loiret, arr. de Pithiviers, cant. de Beaune-la-Rolande, poste de Boiscommun; 690 hab.

LOUP-DE-VARENNES (Saint-), vg. de Fr., Saône-et-Loire, arr., cant. et poste de Châlon-sur-Saône; 690 hab.

LOUP-D'ORDON (Saint-), vg. de Fr., Yonne, arr. de Joigny, cant. de St.-Julien-du-Sault, poste de Villeneuve-le-Roi; 470 h.

LOUP-DU-DORAT (Saint-), vg. de Fr., Mayenne, arr. de Château-Gontier, cant. et poste de Grez-en-Bouëre; 420 hab.

LOUP-DU-GAST (Saint-), vg. de Fr., Mayenne, arr. et poste de Mayenne, cant. d'Ambrières; 1030 hab.

LOUPE (la), b. de Fr., Eure-et-Loir, arr. et à 6 l. N.-N.-E. de Nogent-le-Rotrou, chef-lieu de canton et poste; 1149 hab.

LOUPEIGNE, vg. de Fr., Aisne, arr. de Soissons, cant. d'Oulchy, poste de Fère-en-Tardenois; 240 hab.

LOUPENDU (Grand et Petit-), ham. de Fr., Seine-et-Marne, com. de Champcenest; 50 hab.

LOUPERSHAUSEN, vg. de Fr., Moselle, arr. et cant. de Sarreguemines, poste de Puttelange; 550 hab.

LOUPES, vg. de Fr., Gironde, arr. de Bordeaux, cant. et poste de Créon; 120 hab.

LOUPFOUGÈRES, vg. de Fr., Mayenne, arr. de Mayenne, cant. de Villaines-la-Juhel, poste du Ribay; 1020 hab.

LOUP-HORS (Saint-), vg. de Fr., Calvados, arr., cant. et poste de Bayeux; 320 h.

LOUPIA, vg. de Fr., Aude, arr., cant. et poste de Limoux; 280 hab.

LOUPIAC, vg. de Fr., Aveyron, arr. et poste de Villefranche-de-Rouergue, cant. d'Asprières; 1300 hab.

LOUPIAC, vg. de Fr., Cantal, arr. de Mauriac, cant. de Pléaux, poste de St.-Martin-Valmeroux; 500 hab.

LOUPIAC, ham. de Fr., Lot, com. de Laramière; 100 hab.

LOUPIAC, ham. de Fr., Lot, com. de Payrac; 800 hab.

LOUPIAC, ham. de Fr., Lot, com. de Puy-l'Évêque; 120 hab.

LOUPIAC, vg. de Fr., Tarn, arr. de Gaillac, cant. et postre de Rabastens; 370 hab.

LOUPIAC-DE-BLAIGNAC, vg. de Fr., Gironde, arr. de Bordeaux, cant. et poste de la Réole; 330 hab.

LOUPIAC-DE-CADILLAC, vg. de Fr., Gironde, arr. de Bordeaux, cant. et poste de Cadillac; 1030 hab.

LOUPIAN, vg. de Fr., Hérault, arr. de Montpellier, cant. et poste de Mèze; 1170 h.

LOUPILLE, ham. de Fr., Eure-et-Loir, com. de Péronville; 100 hab.

LOUPLANDE, vg. de Fr., Sarthe, arr. du Mans, cant. de la Suze, poste de Chemiré-le-Gaudin; 1040 hab.

LOUP-LE-BOSQUET (Saint-), ham. de Fr., Tarn, com. de Puylaurens; 500 hab.

LOUP-LE-GONOIS (Saint-), vg. de Fr., Loiret, arr. de Montargis, cant. et poste de Courtenay; 190 hab.

LOUPMONT, vg. de Fr, Meuse, arr. de Commercy, cant. et poste de St.-Mihiel; 510 hab.

LOUPPE (la), ham. de Fr., Moselle, com. d'Arry, entre Metz et Pont-à-Mousson, poste; 40 hab.

LOUPPY ou LOUPPY-SUR-LOISON, vg. de Fr., Meuse, arr. et cant. de Montmédy, poste; 450 hab.

LOUPPY-LE-CHATEAU, vg. de Fr., Meuse, arr. et poste de Bar-le-Duc, cant. de Vaubecourt; 590 hab.

LOUPPY-LE-PETIT, vg. de Fr., Meuse, arr. et poste de Bar-le-Duc, cant. de Vaubecourt; 590 hab.

LOUPS, ham. de Fr., Gironde, com. de Landiras; 110 hab.

LOUPTIÈRE (la), vg. de Fr., Aube, arr., cant. et poste de Nogent-sur-Seine; 360 h.

LOUQSOR ou LUXOR, misérable vg. de la Haute-Égypte, prov. et à 13 l. S.-S.-E. de Kéné, sur la rive droite du Nil; situé sur une partie de l'emplacement de l'ancienne Thèbes (appelée *Diospolis Magna* par les Grecs), dont MM. Jollois et Devilliers ont donné une description détaillée dans le grand ouvrage sur l'Égypte. Déjà du temps de Strabon elle n'offrait plus que les débris de sa grandeur, répandus sur les deux rives du Nil, sur un espace de 80 stades (4 lieues). L'époque de sa plus grand splendeur connue a été sous les Pharaons des dix-huitième, dix-neuvième et vingtième dynasties, que M. Champollion place entre 1822 et 1300 avant J.-C. C'est pendant ces règnes brillants qu'eurent lieu, selon ce savant, l'expulsion des rois pasteurs, la restauration de la monarchie égyptienne, les vastes conquêtes de Sésostris en Afrique et en Asie, la construction de ses plus magnifiques édifices et des temples de la Nubie, la sortie des Juifs, sous la conduite de Moïse, et l'établissement des colonies dans la Grèce par Danaüs. C'est aussi à cette époque que Thèbes paraît avoir eu plus de 30 milles de circonférence et que ses temples et ses palais offraient des richesses immenses en or, en argent, en ivoire et en pierres précieuses. Enlevés plus tard par Cambyse, ces trésors servirent à embellir les palais de Persépolis, de Suze et d'autres villes de la Perse. Diodore de Sicile, témoin oculaire, cite encore un temple qui avait 13 stades de tour et dont les murailles avaient 24 pieds d'épaisseur et 45 coudées d'élévation. Dévastée plus tard par Ptolémée-Philométor et détruite l'an 28 avant J.-C. par Cornélius Gallus, premier préfet de l'Égypte, cette antique cité ne se releva plus et n'offrit depuis lors qu'un amas de ruines, qu'on peut regarder comme les plus magnifiques et les plus anciennes qui existent sur tout le globe. Parmi ces restes imposants, épargnés par la barbarie des conquérants et l'action inévitable du temps, on trouve à Louqsor les restes d'un palais immense, bâti par Aménophis-Memnon (Amenophth III), de la dix-huitième dynastie, et par le grand Sésostris, aussi de la dix-huitième. Il est précédé de deux obélisques de 72 et 75 pieds de haut, chacun d'un seul bloc de granit rose, d'un travail exquis, accompagnés de quatre colosses de même matière, dont deux de 44 pieds de haut et deux d'environ 30 pieds, mais enfouis jusqu'à la poitrine; vient ensuite un immense pylône, haut de 50 pieds, et un péristyle d'environ 200 colonnes, la plupart encore debout; les plus grandes ont 10 pieds de diamètre. Ces immenses édifices appartiennent, selon M. Champollion, aux époques de Rhamsès-le-Grand, à Ménephthah Ier, Horus, Aménophis-Memnon et autres rois. Il est à remarquer que ces deux obélisques ont déjà été enlevés. Le plus petit se trouve à Paris, où il a été transporté sur le Louqsor, bâtiment construit exprès à Toulon; l'autre est à Londres. *Voyez* GORNOU et MEDYNET-ABOU.

LOUQUEZ, beau port dans la partie septentrionale de l'île de Madagascar, au S.-S.-E. du cap Ambre, probablement dans le pays des Esclaves, dont les Anglais, d'après de récentes notices, ont acheté un territoire de 100 milles c. pour y former un établissement.

LOURCHES, vg. de Fr., Nord, arr. de Valenciennes, cant. et poste de Bouchain; 200 hab.

LOURDE, vg. de Fr., Haute-Garonne, arr. de St.-Gaudens, cant. de St.-Bertrand, poste de St.-Béat; 430 hab.

LOURDES, *Lapurdum,* pet. v. de Fr., Hautes-Pyrénées, arr. et à 3 l. N.-N.-E. d'Argelès, chef-lieu de canton et poste, siége d'un tribunal de première instance; elle est située avantageusement à la jonction de quatre vallées, sur la route de Tarbes à Cauterets et à Barrèges, près de la rive droite du gave de Pau, au pied d'un roc que couronne un ancien château fort, qui sert aujourd'hui de prison et de caserne. Elle a des scieries hydrauliques, des chaudronneries; coutellerie, clouterie; mais elle est surtout importante par son commerce de bétail et les carrières de marbres et d'ardoises qui se trouvent aux environs; 3742 hab.

LOURDIOS-ICHÈRE, vg. de Fr., Basses-Pyrénées, arr. d'Oloron, cant. d'Accous, poste de Bedous; 680 hab.

LOURDOUEIX-SAINT-MICHEL, vg. de Fr., Indre, arr. de la Châtre, cant. et poste d'Aigurande; 1170 hab.

LOURDOUEIX-SAINT-PIERRE, vg. de Fr., Creuse, arr. de Guéret, cant. de Bonnat, poste d'Aigurande (Indre); 1980 hab.

LOURENÇO (San-) ou **RIO-DOS-PORRUDOS**, fl. de l'emp. du Brésil, prov. de Matto-Grosso; prend naissance sous 15° lat. S., au pied de la Serra dos Paricys, à 20 l. N. de la ville de Boavista, qu'il baigne. Il coule par de grands détours vers le S.-O., traverse des pays incultes et peuplés d'indigènes sauvages, et se jette, par deux embouchures et après un cours de 150 l., dans le Paraguay. Ses principaux affluents sont: à droite, le Cuyaba, dont le cours égale celui du San-Lourenço et qui reçoit le Cuyaba-Mirim et le Casca; à gauche, le Paraïba ou Piquiri, avec le Sucuriu, le Rio-Claro, le Vermelho, l'Iticuru et l'Iquiry, avec le Piaughahy et l'Itaquira.

LOURES, vg. de Fr., Hautes-Pyrénées, arr. de Bagnères-en-Bigorre, cant. de Mauléon-Barrousse, poste de Montrejeau; 420 h.

LOURES, peuplade persane d'origine inconnue; parle un dialecte particulier. Les Loures sont nomades et parcourent le plateau de l'Iran, principalement le Khousistan. Ils ont la peau plus foncée que les autres nomades, dont ils partagent les mœurs et la manière de vivre. Ils aiment le pillage et l'expédition aventureuse. Suivant Langlis, ils se divisent en 6 tribus, qui comprennent 114,000 guerriers; d'après Maltebrun, ils se partagent en 8 tribus et comptent 140,000 guerriers.

LOURESSE, vg. de Fr., Maine-et-Loire, arr. de Saumur, cant. et poste de Doué; 570 hab.

LOURIÇAL, pet. v. du Portugal, prov. de Beira, dist. de Coïmbre, elle a de nombreux couvents et établissements de charité; 2950 hab.

LOURISTAN (monts de), chaîne de montagnes appartenant au système tauro-caucasien; elle se rattache aux monts Zagros, traverse du N.-O. au S.-E. la province persane de Khousistan et se relie aux monts Baktiari. Le Serdkoh et le Houbenkoh sont ses points culminants. Ces montagnes sont nues, dépouillées d'arbustes et sur de grandes surfaces ne montrent à l'œil attristé que des roches arides ou une végétation sans fraîcheur.

LOURISTAN, l'*Elymaïs* des anciens, le plus septentrional des trois districts dans lesquels est divisée la prov. persane de Khousistan, montueux, mais assez fertile, habité par les tribus pillardes des Loures. Il est subdivisé en Grand-Louristan et Petit-Louristan; ses principaux endroits sont Khourremabad et Dezd.

LOURMAIS, vg. de Fr., Ille-et-Vilaine, arr. de St.-Malo, cant. et poste de Combourg; 320 hab.

LOURMARIN, vg. de Fr., Vaucluse, arr. d'Apt, cant. et poste de Cadenet; 1640 hab.

LOURNAND, vg. de Fr., Saône-et-Loire, arr. de Mâcon, cant. et poste de Cluny; 710 hab.

LOUROUER, vg. de Fr., Indre, arr., cant. et poste de la Châtre; 370 hab.

LOUROUER-LES-BOIS, vg. de Fr., Indre, arr. et poste de Châteauroux, cant. d'Ardentes-St.-Vincent; 960 hab.

LOUROUX (le), vg. de Fr., Indre-et-Loire, arr. de Loches, cant. et poste de Ligueil; 700 hab.

LOUROUX-BÉCONNAIS (le), vg. de Fr., Maine-et-Loire, arr. et à 6 l. O. d'Angers, chef-lieu de canton et poste de Candé; 2435 hab.

LOUROUX-BOURBONNAIS, vg. de Fr., Allier, arr. de Montluçon, cant. et poste d'Hérisson; 760 hab.

LOUROUX-DE-BAUNE, vg. de Fr., Allier, arr. de Montluçon, cant. et poste de Montmarault; 420 hab.

LOUROUX-DE-BOUBLE, vg. de Fr., Allier, arr. de Gannat, cant. d'Ebreuil, poste de Chantelle; 690 hab.

LOUROUX-HODEMENT, vg. de Fr., Allier, arr. de Montluçon, cant. et poste d'Hérisson; 600 hab.

LOURPS, vg. de Fr., Seine-et-Marne, arr., cant. et poste de Provins; 210 hab.

LOURQUEN, vg. de Fr., Landes, arr. de Dax, cant. de Montfort, poste de Mugron; 400 hab.

LOURTIES, vg. de Fr., Gers, arr. de Mirande, cant. et poste de Masseube; 230 h.

LOURY, vg. de Fr., Loiret, arr. d'Orléans, cant. et poste de Neuville-aux-Bois; 1250 h.

LOUS ou Lus, prov. du Béloutchistan; elle est bornée au N. par Djhalavan, à l'E. par le Sindy, au S. par le golfe d'Oman, à l'O. par Makran et a environ 230 l. c. géogr. de superficie. Elle est entourée du côté de la terre par de hautes chaînes de montagnes et n'est accessible que par cinq cols faciles à défendre. Son intérieur est plat; le bord des rivières, dont les deux principales sont le Purally et le Houdd, est fertile; le reste du pays est une steppe parcourue par des nomades. Les habitants, peu nombreux (environ 60,000), sont paresseux et adonnés aux plaisirs; leur principale richesse consiste dans leurs troupeaux de moutons, de chèvres, de chameaux et de bétail. Leur chef, qui porte le nom de Jam, est vassal du sultan de Kelat, auquel il doit amener en temps de guerre 4500 hommes de troupes irrégulières. Les deux principales villes du Lous sont Bela et Leyarie.

LOUSES. *Voyez* Louze.

LOUSLITGES, vg. de Fr., Gers, arr. de Mirande, cant. de Montesquiou, poste de Marciac; 230 hab.

LOUSPEYROUX, vg. de Fr., Lot-et-Garonne, arr. de Nérac, cant. et poste de Mezin; 130 hab.

LOUSSOUS-DÉBAT, vg. de Fr., Gers, arr. de Mirande, cant. d'Aignan, poste de Plaisance; 260 hab.

LOUTEHEL, vg. de Fr., Ille-et-Vilaine, arr. de Redon, cant. de Maure, poste de Plélan; 400 hab.

LOUTELET, ham. de Fr., Doubs, com. de Touillon; 60 hab.

LOUTH, comté d'Irlande, prov. maritime. Ses bornes sont: au N.-O. le comté d'Armagh, au N.-E. celui de Down, à l'E. la mer d'Irlande, au S. et au S.-O. celui d'Eastmeath. Sa superficie est de 15 l. c. géogr. et sa population de 60,000 hab. C'est une plaine fertile et bien arrosée par le Boyne; la côte est baignée par la grande baie de Dundalk. Le climat, quoiqu'humide, est agréable et sain. L'agriculture et l'éducation du bétail forment la principale occupation des habitants; la pêche est très-lucrative sur la côte; on se livre aussi à la navigation et à la fabrication de la toile. On exporte de la farine, du malt, des poissons, des huîtres, des bestiaux, du beurre et de la toile. Ce comté est divisé en quatre baronies.

LOUTH, *Lutum*, b. d'Irlande, comté du même nom; toileries; 1500 hab.

LOUTH, *Ludum*, jolie pet. v. d'Angleterre, comté de Lincoln, sur le Lud et un canal navigable; très-commerçante; possède une belle église, dont le clocher a 280 pieds de haut; 7000 hab.

LOUTH-NEW-NAVIGATION, canal du comté de Lincoln, en Angleterre.

LOUTREMANGE ou Lautrem, vg. de Fr., Moselle, arr. de Metz, cant. et poste de Boulay; 160 hab.

LOUTS (le), pet. riv. de Fr., a sa source dans le dép. des Basses-Pyrénées, cant. de Thèze, coule vers le N.-O., pénètre dans le dép. des Landes, passe à Hagetmau et à Montfort et se jette dans l'Adour, à 2 l. au-dessus de Dax, après 18 l. de cours.

LOUTTEVILLE, ham. de Fr., Seine-et-Oise, com. de Champcueil; 100 hab.

LOUTZWILLER, vg. de Fr., Moselle, arr. de Sarreguemines, cant. de Volsmunster, poste de Bitche; 700 hab.

LOUVAGNY, vg. de Fr., Calvados, arr. et poste de Falaise, cant. de Coulibœuf; 130 h.

LOUVAILLES, ham. de Fr., Seine-Inférieure, com. de la Vaupalière; 110 hab.

LOUVAIN, v. du roy. de Belgique, chef-lieu d'arrondissement, prov. du Brabant méridional; située sur la Dyle, à 4 1/2 l. E. de Bruxelles. Un canal, de 5 l. de long, la réunit avec Malines, d'où la navigation continue sur le Rupel jusque dans l'Escaut. La ville occupe un vaste terrain ceint de remparts, mais les deux tiers de sa superficie sont plantés en jardins et champs cultivés. Elle est le siége d'un tribunal de première instance, d'un tribunal et d'une chambre de commerce; on y compte 7 églises paroissiales, 5 couvents de religieuses, 8 hôpitaux ou autres établissements de charité. Parmi ses édifices publiques, on remarque la belle maison de ville d'architecture gothique, l'hôtel des invalides, les bâtiments de l'université et du collége royal. Louvain possède des filat. de coton, des teintureries, des imprimeries d'indiennes, des huileries, des raffineries de sucre, des distilleries et des tanneries; ses 12 moulins à farine tournent principalement pour l'approvisionnement de la marine à Anvers; la bière de Louvain est renommée, il s'en expédie chaque semaine environ 1000 tonnes pour le même port. Cette place est aussi un entrepôt principal pour le commerce de grains, de semences, de graines oléagineuses et d'huiles; pop. de la ville 25,500 hab., du district 134,000.

Louvain, ancien chef-lieu d'un des quatre districts du duché de Brabant, partagea, pendant les treizième et quatorzième siècles, la splendeur des autres cités des Pays-Bas. Au commencement de cette dernière période on y comptait 200,000 hab., dont la moitié s'adonnait à la préparation des laines et à la fabrication de draps. Les mesures de rigueur qui furent la suite de la révolte des Brabançons en 1378, firent émigrer un grand nombre de citoyens qui portèrent leur industrie en Angleterre, et l'importance manufacturière de la ville commença à décliner. Jean IV, duc de Brabant, fonda, en 1426, l'université célèbre de Louvain; elle comprenait 4 colléges, une riche bibliothèque, un jardin botanique, un théâtre anatomique, et au seizième siècle on y comptait 6000 étudiants. Elle déchut entièrement pendant les guerres de la révolution et fut remplacée par un lycée pendant l'occupation française. Le roi des Pays-Bas la rétablit et elle fut inaugurée le 16 octobre 1817.

Les Français s'emparèrent de Louvain en 1756 et 1792. Retombée au pouvoir des Autrichiens, elle leur fut de nouveau enlevée par le général Kléber en 1794 et réunie à la France.

LOUVAINES, vg. de Fr., Maine-et-Loire, arr., cant. et poste de Segré; 1030 hab.

LOUVATANGE, vg. de Fr., Jura, arr. de Dôle, cant. de Gendrey, poste de St.-Wit; 150 hab.

LOUVECIENNES, vg. de Fr., Seine-et-Oise, arr. de Versailles, cant. de Marly-le-Roi, poste de St.-Germain-en-Laye; 730 hab.

LOUVELEN. *Voyez* LONGEVILLE-LES-SAINT-AVOLD.

LOUVEMONT, vg. de Fr., Haute-Marne, arr., cant. et poste de Vassy; 850 hab.

LOUVEMONT, vg. de Fr., Meuse, arr. et poste de Verdun, cant. de Charny; 250 hab.

LOUVENCOURT, vg. de Fr., Somme, arr. de Doullens, cant. et poste d'Acheux; 640 h.

LOUVEN-ELF, riv. de la Norwège, sort de la mont. Landfilld et se jette dans le Cattégat, près de Fridrichsværn, après un cours de 25 milles.

LOUVENNE, vg. de Fr., Jura, arr. de Lons-le-Saulnier, cant. de St.-Julien, poste de St.-Amour; 440 hab.

LOUVENT (Saint-), vg. de Fr., Marne, arr. et poste de Vitry-le-Français, cant. de St.-Rémy-en-Bouzemont; 60 hab.

LOUVERCY, vg. de Fr., Marne, arr. de Châlons-sur-Marne, cant. de Suippes, poste des Petites-Loges; 240 hab.

LOUVERGNY, vg. de Fr., Ardennes, arr. de Vouziers, cant. et poste du Chêne; 420 h.

LOUVERNÉ, vg. de Fr., Mayenne, arr. et poste de Laval, cant. d'Argentré; 1270 hab.

LOUVEROT (le), vg. de Fr., Jura, arr. et poste de Lons-le-Saulnier, cant. de Voiteur; 230 hab.

LOUVERSEY, vg. de Fr., Eure, arr. d'Évreux, cant. et poste de Conches; 350 hab.

LOUVESC (la), vg. de Fr., Ardèche, arr. de Tournon, cant. de Satillieu, poste d'Annonay; 690 hab.

LOUVETOT, vg. de Fr., Seine-Inférieure, arr. d'Yvetot, cant. et poste de Caudebec; 850 hab.

LOUVICAMP, ham. de Fr., Seine-Inférieure, com. de Mesnel-Mauger; 110 hab.

LOUVIE-JUZON, vg. de Fr., Basses-Pyrénées, arr. d'Oloron, cant. et poste d'Arudy; forges à fer; carrières de marbre; 1590 hab.

LOUVIÈRE (Seine-et-Oise). *Voyez* OMERVILLE.

LOUVIÈRE (la), vg. de Fr., Aude, arr. de Castelnaudary, cant. et poste de Salles-sur-l'Hers; 370 hab.

LOUVIÈRES, vg. de Fr., Calvados, arr. et poste de Bayeux, cant. de Trevières; 240 h.

LOUVIÈRES, vg. de Fr., Haute-Marne, arr. de Chaumont-en-Bassigny, cant. et poste de Nogent-le-Roi; 260 hab.

LOUVIÈRES, vg. de Fr., Orne, arr. d'Argentan, cant. et poste de Trun; 250 hab.

LOUVIERS, *Luparia*, v. de Fr., Eure, à 5 l. N. d'Évreux et à 28 l. N.-O. de Paris, chef-lieu d'arrondissement; siége de tribunaux de première instance et de commerce; direction des contributions indirectes; conservation des hypothèques et chambre consultative des manufactures. Cette ville, située sur les deux rives de l'Eure, que l'on y passe sur de jolis ponts, est remarquable par l'activité de son industrie et de son commerce: les produits de ses manufactures de draps, dont la prospérité date surtout du règne de Louis XIV, se distinguent toujours aux expositions d'industrie, et s'élèvent annuellement à une valeur de plus de 4 millions de francs. Parmi les édifices de Louviers, on distingue la cathédrale, monument magnifique du moyen âge et une jolie salle de spectacle. Des boulevards et de jolies promenades entourent la ville, qui se divise en ville vieille et ville neuve. Celle-ci a des maisons bâties en briques et en pierres; mais la plupart des constructions de la ville vieille sont en bois. Outre ses nombreuses et belles manufactures de draps fins, Louviers a des blanchisseries de toiles, des fabr. de cardes, de fil, de nanquin, de siamoises; des filat. de coton et de laine; des tanneries, des teintureries, etc. Tous les objets de sa fabrication, les grains, le bois et le charbon sont les principaux articles de son commerce. Foires : les 21 février, 4 juillet, 29 septembre et 11 novembre; 9927 hab.

Louviers joua un rôle important comme place de guerre. En 1196 cette ville fut le théâtre des conférences entre Philippe-Auguste et Richard-Cœur-de-Lion; elle soutint plusieurs siéges et fut deux fois saccagée par les Anglais. Ce n'est qu'en 1440 que les

Français en reprirent définitivement possession. Pendant les guerres de la ligue, elle tomba au pouvoir des ligueurs, auxquels les royalistes l'enlevèrent en 1591. Depuis cette époque elle a cessé de figurer comme ville de guerre et elle a acquis une célébrité plus avantageuse comme ville industrieuse et commerçante.

LOUVIE-SOUBIRON, vg. de Fr., Basses-Pyrénées, arr. d'Oloron, cant. et poste de Laruns; 310 hab.

LOUVIGNÉ, vg. de Fr., Mayenne, arr. et poste de Laval, cant. d'Argentré; 520 hab.

LOUVIGNÉ-EN-BAIS, vg. de Fr., Ille-et-Vilaine, arr. de Vitré, cant. et poste de Châteaubourg; 1630 hab.

LOUVIGNÉ-DU-DÉSERT, b. de Fr., Ille-et-Vilaine, arr. et à 3 l. N. de Fougères, chef-lieu de canton et poste; tanneries; 3412 hab.

LOUVIGNIES-BAVAY, vg. de Fr., Nord, arr. d'Avesnes, cant. et poste de Bavay; manufactures de faïence; 568 hab.

LOUVIGNIES-QUESNOY, vg. de Fr., Nord, arr. d'Avesnes, cant. et poste du Quesnoy; 990 hab.

LOUVIGNY, vg. de Fr., Calvados, arr., cant. et poste de Caen; 610 hab.

LOUVIGNY, vg. de Fr., Moselle, arr. de Metz, cant. de Verny, poste de Solgne; 1140 hab.

LOUVIGNY, vg. de Fr., Basses-Pyrénées, arr. d'Orthez, cant. et poste d'Arzacq; 380 hab.

LOUVIGNY, vg. de Fr., Sarthe, arr., cant. et poste de Mamers; 560 hab.

LOUVIL, vg. de Fr., Nord, arr. et poste de Lille, cant. de Cysoing; 610 hab.

LOUVILLE-LA-CHENARD, vg. de Fr., Eure-et-Loir, arr. de Chartres, cant. et poste de Voves; 620 hab.

LOUVILLIERS-EN-DROUAIS, vg. de Fr., Eure-et-Loir, arr., cant. et poste de Dreux; 150 hab.

LOUVILLIERS-LES-PERCHES, vg. de Fr., Eure-et-Loir, arr. de Dreux, cant. et poste de Senonches; 280 hab.

LOUVO, v. de l'Inde transgangétique, roy. de Siam, sur le Meïnam; renferme un palais royal, où le dernier roi résidait une grande partie de l'année pour se livrer aux plaisirs de la chasse.

LOUVOIS, vg. de Fr., Marne, arr. de Reims, cant. d'Ay, poste d'Épernay; 400 h.

LOUVRECHIES, vg. de Fr., Somme, arr. de Montdidier, cant. d'Ailly-sur-Noye, poste de Flers; 250 hab.

LOUVRES, b. de Fr., Seine-et-Oise, arr. de Pontoise, cant. de Luzarches, poste; commerce de bestiaux; exploitation de pierres de taille; 909 hab.

LOUVROIL, vg. de Fr., Nord, arr. d'Avesnes, cant. et poste de Maubeuge; clouteries; 670 hab.

LOUX (forêt de la), Jura, com. de Supt.

LOUYE, vg. de Fr., Eure, arr. d'Évreux, cant. et poste de Nonancourt; 260 hab.

LOUZA, b. du roy. de Portugal, prov. de Beira, dist. de Coïmbre, au pied des hautes montagnes calcaires de même nom; ses habitants transportent de la neige à Lisbonne et à Coïmbre; 1950 hab.

LOUZAC, vg. de Fr., Charente, arr., cant. et poste de Cognac; 410 hab.

LOUZE, vg. de Fr., Haute-Marne, arr. de Vassy, cant. et poste de Montiérender; 780 hab.

LOUZE, vg. de Fr., Sarthe, arr. et poste de Mamers, cant. du Fresnay; 400 hab.

LOUZIGNAC, vg. de Fr., Charente-Inférieure, arr. de St.-Jean-d'Angely, cant. et poste de Matha; 360 hab.

LOUZOUER, vg. de Fr., Loiret, arr. de Montargis, cant. et poste de Courtenay; 260 hab.

LOUZOURM, vg. de Fr., Hautes-Pyrénées, arr. d'Argelès, cant. et poste de Lourdes; 90 hab.

LOUZY, vg de Fr., Deux-Sèvres, arr. de de Bressuire, cant. et poste de Thouars; 740 hab.

LOUZY-HAINAUT (la), vg. de Fr., Aisne, com. du Nouvion-en-Thiérache; 130 hab.

LOVANTE. *Voyez* SABINE (fleuve).

LOVÈRE, gros b. du roy. Lombard-Vénitien, gouv. de Milan, délégation de Bergame; situé sur le lac Iseo; manufacture de drap et commerce considérable de laine; 4000 hab.

LOVESTELLE, ham. de Fr., Nord, com. de Watten; 250 hab.

LOVESTELLE, ham. de Fr., Pas-de-Calais, com. de Serques; 210 hab.

LOWASCHAN. *Voyez* LAOUACHAN.

LOWELL, v. des États-Unis de l'Amérique du Nord, état de Massachusetts, comté de Middlesex, sur le Merrimac, qui y fait la belle chûte de Patuket. Cette ville, fondée depuis une quinzaine d'années, est regardée comme la plus industrieuse de l'état et, pour ainsi dire, le Manchester de l'Amérique du Nord; elle a de grandes filatures et manufactures de coton et une importante fabrique de tapis; un chemin de fer la joint à Boston, dont elle est à 6 l. N.-O.; 17,000 h.

LOWENDEGHEM, vg. du roy. de Belgique, prov. de la Flandre orientale, dist. de Gand; sur le canal de Gand à Bruges; 3840 hab.

LOWER-DUBLIN (Dublin-le-Bas), bourgade des États-Unis de l'Amérique du Nord, état de Pensylvanie, comté de Philadelphie, sur le Pennepæk; il y paraît un journal; 2800 hab.

LOWER-MERIEN, b. des États-Unis de l'Amérique du Nord, état de Pensylvanie, comté de Montgoméry, sur le Schuylkill; mines de fer et forges; 2400 hab.

LOWER-MOUNT-BETHEL et **UPPER-MOUNT-BETHEL** (Mount-Bethel-le-Bas et Mount-Bethel-le-Haut), deux com. florissantes par leur industrie dans les États-Unis de l'Amérique du Nord, état de Pensylvanie, comté de Northampton, sur le Delaware; elles ont ensemble 4500 hab.

LOWER-PAXTON, com. florissante des États-Unis de l'Amérique du Nord, état de Pensylvanie, comté de Dauphin, sur le Susquéhannah; 3300 hab.

LOWER PENNS-NECK, com. des États-Unis de l'Amérique du Nord, état de New-Jersey, comté de Salem, sur l'Oldmanskrik; 2200 hab., descendants de Suédois.

LOWESTOFT, pet. v. d'Angleterre, comté de Suffolk, sur la mer; fabrication de poterie et de porcelaine; pêche du hareng et du maquereau. Son port artificiel est magnifique; c'est le seul que possède le royaume-uni; on admire surtout les portes immenses de son écluse; elles sont en fer ainsi que le pont qui passe par-dessus cette écluse; 4000 h.

LOWICZ, v. de Pologne, woïwodie de Marowie, sur la Brura; capitale d'un duché composé des villages qui entourent Lowicz et appartenant jadis aux archevêques de Gnierne. Napoléon la donna au maréchal Davoust; en 1820 on la donna à Jeanne Grudinska, femme du grand-duc Constantin, qui en porta le titre; après sa mort, en 1831, Lowicz passa comme propriété privée à la famille de Romanow. Lowicz a 7 églises, dont une, construite au douzième siècle, est la plus remarquable. Le nombre de ses habitants est de 3328 hab. En 1653 la ville fut prise par les Suédois et reprise l'année suivante par les Polonais. En 1831 les Russes, après avoir passé la Vistule, fortifièrent Lowicz et y établirent leur magasin. Il s'y tient annuellement deux grands marchés de chevaux et de bestiaux.

LOWISA, autrefois *Deyerby*, v. maritime de la Russie d'Europe, gouv. de Finlande; 2709 hab.

LOWTHERHILLS, mont. d'Écosse, comté de Lanerk; leur point culminant atteint une hauteur de 1024 mètres.

LOWVILLE, pet. v. des États-Unis de l'Amérique du Nord, état de New-York, comté de Léwis, sur le Black-River; elle est bien bâtie, possède une académie et fait le commerce; 2500 hab.

LOXA, prov. du dép. d'Assuay, rép. de l'Écuador; elle est bornée par les prov. de Cuença, de Jaën, de Maynas, le dép. de Guayaquil et la rép. du Pérou. Cette province, très-montagneuse, s'étend sur le versant occidental des Cordillères et est arrosée par différents affluents du Maragnon. La principale richesse du pays consiste dans les immenses forêts d'arbres à quinquina qui couvrent les flancs des Andes et dont l'écorce forme un article très-important de commerce; le sol produit en outre du blé et différents légumes. L'éducation du bétail est également d'une grande importance; les mines de Zaruma fournissent de l'or. Le climat de la province est un des plus doux et des plus salubres de la république; 30,000 hab.

LOXA, chef-lieu de la province du même nom, dans la grande et délicieuse vallée de Cuzibamba, où l'on recueille le meilleur quinquina. Cette ville, fondée en 1546 par le capitaine Alonzo de Mercadillo, est exposée à de fréquents tremblements de terre, qui la dépeuplent souvent; elle renferme plusieurs couvents, de bonnes écoles et 10,000 hab.

LOXA ou **LOJA**, v. d'Espagne, roy., dist. et à 11 l. O. de Grenade; au pied d'une montagne stérile, sur le Xenil. Elle a de vieilles murailles, un faubourg, 3 églises paroissiales, 4 couvents, une saline, des martinets de cuivre. Belle culture d'oliviers dans ses environs; 9100 hab.

LOXA. *Voyez* SANTIAGO (fleuve).

LOXEVILLE, vg. de Fr., Meuse, arr. et cant. de Commercy, cant. de Ligny; 260 h.

LOYALTY. *Voyez* BRITANNIA.

LOYAT, vg. de Fr., Morbihan, arr., cant. et poste de Ploermel; 2060 hab.

LOYCHA, île faisant partie de l'archipel de Chiloé, au S. de l'île de ce nom, rép. du Chili.

LOYE, vg. de Fr., Cher, arr. et poste de St.-Amand-Mont-Rond, cant. de Saulzais-le-Potier; 720 hab.

LOYE (la), vg. de Fr., Jura, arr. et poste de Dôle, cant. de Montbarrey; 1050 hab.

LOYER-DES-CHAMPS (Saint-), vg. de Fr., Orne, arr. d'Argentan, cant. et poste de Mortrée; 350 hab.

LOYÈRE (la), vg. de Fr., Saône-et-Loire, arr., cant. et poste de Châlon-sur-Saône; 210 hab.

LOYES, b. de Fr., Ain, arr. de Trévoux, cant. et poste de Meximieux; 1070 hab.

LOYES, peuple de l'emp. d'An-nam; paraît avoir la même origine que les Annamites. Les hommes sont grands et musculeux, mais peu civilisés; ils habitent les hautes vallées du Binh-Tuam ou Tsiampa et sont régis par des chefs tout à fait indépendants.

LOYETTES, vg. de Fr., Ain, arr. de Belley, cant. de Lagnieu, poste d'Amberieux; 910 hab.

LOYT, b. du Danemark, duché de Schleswig, bge de Gottorp; renommé pour sa foire et son marché aux chevaux.

LOZANE, vg. de Fr., Rhône, arr. de Villefranche-sur-Saône, cant. et poste d'Anse; 310 hab.

LOZAY, vg. de Fr., Charente-Inférieure, arr. de St.-Jean-d'Angely, cant. et poste de Loulay; 520 hab.

LOZE, vg. de Fr., Tarn-et-Garonne, arr. de Montauban, cant. et poste de Caylux; 570 hab.

LOZENT (Saint-), ham. de Fr., Eure-et-Loir, com. des Corvées; 200 hab.

LOZÈRE (la), *Lesora*, pet. chaîne de montagnes, ramification des Cévennes; elle s'étend du N. au S. entre le Tarn et le Lot, qui y ont leurs sources. La Lozère est surtout remarquable par les beaux pâturages qui la couvrent et par les rochers de granit quartzeux, mêlés de mica noir et de feldspath dont elle est formée. Son point culminant est à 1548 mètres au-dessus du niveau de la mer.

LOZÈRE (département de la), situé dans la région S.-E. de la France; est formé de l'ancien pays de Gevaudan et d'une partie des ci-devant diocèses d'Azaïs et d'Uzès. Ses limites sont: au N. les dép. du Cantal et de la Haute-Loire, à l'E. le dép. de l'Ardèche, au S.-E. et au S. le dép. du Gard et à l'O. le dép. de l'Aveyron.

Sa superficie est de 509,343 hectares et sa population de 141,733 hab. Les Cévennes méridionales sortent du dép. du Gard et vont se réunir à une petite chaine d'autres montagnes, remarquables par leur hauteur et leur fertilité, et qui donne son nom au département; elle s'étend du S. au N. à partir d'Ispanhac-sur-le-Tarn. On évalue la hauteur de la principale montagne, qui porte aussi le nom de la Lozère, à plus de 1500 mètres. Les montagnes de la Margeride s'en détachent dans la direction N.-N.-O. et vont se réunir aux monts de l'Auvergne; elles présentent une ligne de faîte généralement comprise entre 900 et 1200 mètres d'élévation; elles renferment, ainsi que leurs rameaux de l'O., les monts d'Aubrac, de Peyrou, de Prunelière, de nombreuses cascades, de belles curiosités naturelles de monuments volcaniques; on cite surtout le gigantesque Pas-de-Souci, formé de deux montagnes, qui courbent l'une vers l'autre leurs sommets au-dessus du Tarn, a une hauteur de 600 mètres. Une seconde chaine se détache de la Lozère directement vers le N. et se divise en deux branches dans le dép. de l'Ardèche. On donne à toutes ces différentes chaines, qui sillonnent ce département, le nom général de monts du Gévaudan ou Cévennes centrales.

Les principales rivières sont: le Tarn, qui a sa source sur le versant oriental de la Lozère, se dirige, de l'E. au S.-O., dans le dép. de l'Aveyron; ses affluents sont le Jonte et le Tarnon; le Lot prend sa source sur le versant septentrional de la même chaine et se dirige aussi vers le dép. de l'Aveyron; la Truyère, qui a sa source à la Margeride, près Villedieu, coule du S. au N., traverse une partie du dép. du Cantal pour se jeter dans le Lot; elle reçoit, près de Malet, le Bez et quelques autres ruisseaux; l'Allier, qui prend sa source dans la forêt de Mercoire et sépare le département de ceux de l'Ardèche et de la Haute-Loire; les Gardons d'Alais et d'Anduze, qui se dirigent dans le dép. du Gard. Aucune de ces rivières n'est navigable dans l'intérieur de ce département; leur peu de profondeur, leur rapidité, les cascades, etc. ôtent jusqu'à l'espoir de réaliser le moindre projet de navigation. On trouve dans les montagnes d'Aubrac 4 lacs, dont l'un, qui porte le nom de Born, d'une forme régulièrement circulaire, paraît avoir été formé par le cratère d'un ancien volcan; quant à celui de St.-Andéol, il paraît avoir été, sinon creusé, du moins augmenté de main d'homme.

Le département peut être divisé, par la nature de son sol, en trois régions: le territoire de la région du N. est balsatique et granitique et porte le nom de Montagne; celui du centre est calcaire; on le nomme Causses; le troisième, dont le terrain schisteux se dirige du S. à l'E., est formé des Cévennes proprement dites.

La température est extrêmement variable dans ce département; on éprouve quelquefois, à certains degrés de hauteur, deux ou trois températures différentes dans la même journée. Au N. l'hiver dure six mois, et il est des années où cette saison dure les trois quarts de l'année; vers le S., l'hiver n'est guère que de quatre mois; les chaleurs n'y sont pas considérables; les vents dominants sont ceux du nord et de l'est dans le N. du département, et ceux de l'ouest et du sud dans le midi. Le pays est en général assez sain.

La région dite de montagnes produit du seigle, des fourrages, très-peu d'orge et d'avoine; celle de Causses est la partie la plus fertile du département, elle est productive en froment, orge et avoine, peu de seigle; les fruits de la vallée du Tarn sont estimés; on récolte dans les Cévennes beaucoup de châtaignes, une grande quantité de pommes de terre, qui forment la nourriture principale des habitants; dans plusieurs cantons on récolte du beau chanvre, du lin, de la soie, de la garance et une grande quantité de plantes tinctoriales et médicinales. Le département possède à peu près 2000 hectares de vignes, qui produisent annuellement 10,000 hectolitres de vin d'une qualité très-médiocre. Les pâturages sont immenses et excellents; les forêts couvrent une superficie de 32,000 hectares; les essences qui y dominent sont: le chêne, le hêtre, le châtaignier, le pin et le sapin.

Les richesses minérales du département se composent de quelques mines de plomb dit de vernis, d'une mine argentifère près de Vialas, d'une exploitation importante, dont le plomb paye la dépense et laisse pour revenu net une masse d'argent de 80 à 100,000 fr. de valeur; de plusieurs mines de fer, que la pénurie d'eau et de bois ne permet pas d'exploiter; de mines d'antimoine et de plomb sulfuré, de mines de cuivre; plusieurs ruisseaux, notamment le Gardon et le Céze, roulent des paillettes d'or; on y trouve de la houille, de belles carrières de marbre, de porphyre, de grains, de gypse, de pierres de taille, quelques carrières d'ardoises et plusieurs tourbières, des établissements d'eaux minérales à Bagnols et à la Chaldette et de nombreuses sources minérales dans différents points du département.

Les nombreux pâturages qui couvrent les montagnes du département nourrissent une quantité prodigieuse de bêtes à laine et de bêtes à cornes de petite taille, mais très-vigoureuses; des troupeaux considérables quittent, ordinairement par milliers, les Basses-Cévennes et les plaines du Languedoc vers la fin du mois de mai et arrivent sur les montagnes de la Lozère et de la Margeride, où ils vivent pendant l'été; ils regagnent leur pays au retour des frimats. La toison des bêtes à laine est douce et fine; celle des troupeaux du nord est plus longue, mais moins belle. Les races de chevaux, de mulets, de mules sont abâtardies; il est indispensable de les régénérer en y introduisant de beaux étalons. Le grand et le menu gibier y est en abondance; on y trouve des cerfs, des chevreuils, des lièvres et des lapins en quantité, beaucoup de pluviers dorés, des perdrix, des cailles. Les rivières et les lacs sont très-poissonneux: on pêche des truites, des anguilles, des saumons, etc.

L'industrie manufacturière consiste dans la fabrication d'étoffes de laine, de serges, de cadis, de couvertures de laine, de toiles de coton, de mouchoirs; dans quelques filatures de coton, de laine et de soie; quelques papeteries, de belles tanneries, des parcheminerie; l'industrie métallurgique compte quelques fonderies de plomb et de cuivre, des martinets de cuivre; des briqueteries et des tuileries. Le principal commerce consiste en bestiaux, fromages, laines, étoffes de laine, préparation de plomb, etc.

Le département est divisé en 3 arrondissements, 24 cantons et 189 communes. Les chefs-lieux d'arrondissement sont :

Mende . . .	7 cant.	62 com.	46,192 hab.
Florac . . .	7 «	51 «	41,439 «
Marvejols .	10 «	76 «	54,102 «
	24 cant.	189 com.	141,733 hab.

Il nomme trois députés, fait partie de la neuvième division militaire, dont le quartier-général est à Montpellier; est du ressort de l'académie et de la cour royale de Nîmes, du diocèse de Mende, suffragant de l'archevêché d'Alby. Il fait partie de la vingt-neuvième conservation forestière, de la douzième inspection des ponts-et-chaussées, dont le chef-lieu est Clermont-Ferrand; de la cinquième division des mines, dont le chef-lieu est Montpellier. Il a un collége, une école normale primaire et 318 écoles primaires.

LOZÈRE. *Voyez* PALAISEAU.

LOZERON, ham. de Fr., Drôme, com. de Gigors; 170 hab.

LOZINGHEM, vg. de Fr., Pas-de-Calais, arr. de Béthune, cant. de Norrent-Fontes, poste de Lillers; 330 hab.

LOZON, vg. de Fr., Manche, arr. de St.-Lô, cant. de Marigny, poste de la Fosse; 740 hab.

LOZZI, vg. de Fr., Corse, arr. et poste de Corte, cant. de Calacuccia; 750 hab.

LUABO, pet. v. de l'Afrique orientale, Cafrerie maritime, près de l'embouchure du Luabo (un des bras du Cuamo), dans le canal de Mozambique.

LUANT, vg. de Fr., Indre, arr. et cant. de Châteauroux, poste d'Argenton-sur-Creuse; 620 hab.

LUANZA, pet. v. de l'Afrique orientale, dans le Monomotapa, à 40 l. S. de Fété.

LUARCA, pet. v. et port d'Espagne, roy. des Asturies, à l'embouchure d'une petite rivière et à 16 l. N.-O. d'Oviedo.

LUART (le), vg. de Fr., Sarthe, arr. de Mamers, cant. de Tuffé, poste de Connerré; 1010 hab.

LUAT (le), ancien manoir seigneurial, aujourd'hui belle filature de coton, Seine-et-Oise, com. de Piscop, à 1/2 l. d'Écouen.

LUBAC, ham. de Fr., Var, com. de Montauroux; 250 hab.

LUBACZOW, pet. v. de Gallicie, cer. de Zolkiew; verrerie; 2000 hab.

LUBAN, ham. de Fr., Lot-et-Garonne, com. d'Allons; 50 hab.

LUBARTOW, v. de Pologne, woïwodie de Lublin, sur le Wieprz; 3200 hab. Près de Lubartow est le village Lewartow, où, en 1831, 111 Polonais se défendirent avec avantage pendant toute une journée contre 9000 Russes.

LUBAU, pet. v. de la Russie d'Europe, gouv. de Minsk.

LUBBECKE, vieille v. de Prusse, chef-lieu de cercle, prov. de Westphalie, rég. de Minden; fabr. de tabac; tanneries; commerce de toiles; 2300 hab.

LUBBEN, *Lubena*, v. de Prusse, chef-lieu de cercle, prov. de Prusse, rég. de Francfort, sur une île de la Sprée; elle possède un château, 4 églises, un hôpital, une école latine avec bibliothèque, un institut d'accouchement, des manufactures de draps et de toiles, des brasseries et distilleries; culture et fabrication de tabac; 3660 hab.

LUBBENAU, pet. v. de Prusse, prov. de Brandebourg, rég. de Francfort; sur la rive gauche de la Sprée, dans une forêt; avec un château, résidence des comtes de Lynar. Fabrication de draps et de toiles; horticulture; éducation et commerce de bestiaux; 2370 hab.

LUBBON, vg. de Fr., Landes, arr. de Mont-de-Marsan, cant. et poste de Gabarret; 450 hab.

LUBE, ham. de Fr., Basses-Pyrénées, com. de Coslédaa; 260 hab.

LUBECK, pet. v. de la Russie d'Europe, gouv. de Grodno.

LUBECK, v. libre de la confédération germanique; est située sur une colline, au confluent de la Wackenitz avec la Trave, sous 53° 50′ 22″ lat. sept. et 8° 26′ 37″ long. orient., à 15 l. N.-E. de Hambourg. C'est une ville forte, mais ses remparts ne servent plus que de promenades; elle n'a point de faubourgs; elle est assez bien bâtie, mais ancienne, et renferme beaucoup de rues extrêmement étroites; presque toutes sont en pente. Ville paisible, sans théâtre, de mœurs simples, mais bien déchue de la position brillante qu'elle a occupée. Lubeck a une pop. d'environ 26,000 hab.; le plus grand nombre est luthérien. Les principaux édifices sont: la cathédrale, bâtie par Henri-le-Lion, vaste bâtiment de 445 pieds de longueur et renfermant beaucoup d'antiquités et de monuments; la magnifique église de Ste.-Marie surmontée de deux tours de 422 pieds d'élévation, avec un bel autel, un orgue magnifique, etc.; l'hôtel de ville, bâtiment extrêmement vaste, construit au quatorzième siècle, avec la fameuse salle hanséatique et les archives de la hanse; la bourse; le couvent de St.-Jean; la maison de correction et des pauvres; la porte de Holstein et la maison qui a appartenu au sénateur Friedhagen. Lubeck possède une bibliothèque publique de 35,000 volumes, un gymnase, une école de dessin pour les artistes, une école de navigation, une école de commerce, un séminaire pour les maîtres d'écoles, une société pour l'encouragement des arts utiles, qui a fondé deux écoles libres de navigation et de dessin et qui a établi des expositions publiques des meilleurs produits des arts et de l'industrie. La Trave, qui reçoit la Wakenitz, sortant du lac de Ratzebourg, et au-dessus de la ville le Steckenitz, est mise en communication avec l'Elbe près de Lauenbourg, par le lac Mœllner et le canal de Delvenau, creusé de 1391—98. Favorisée par sa position sur cette rivière, qui la met en communication avec la mer du Nord et la mer Baltique, cette ville fait un grand commerce d'expédition et de transit entre les Pays-Bas, la France, l'Allemagne et les pays de l'Est; elle fait en propre un commerce considérable de vin, de grains, de lin, de cuirs et de grandes affaires de banque avec Hambourg, Rostock, Copenhague et Petersbourg; il s'y tient tous les ans une foire pour les laines. Le vrai port de Lubeck est à Travemunde; il y en a un autre près de la ville pour les petits bâtiments. Ses habitants possèdent environ 70 vaisseaux. Il y a des services réguliers de bateaux à vapeur entre cette ville et Copenhague, Pétersbourg et Riga. L'industrie, dont les principaux objets sont: le tabac, le cuir, le savon, etc., n'y est pas d'une grande importance. Lubeck est le siége d'un tribunal supérieur d'appel des quatre villes libres de la confédération. Son territoire ne forme pas un tout contigu, mais composé de plusieurs fractions; il est situé entre la mer Baltique, la principauté oldenbourgeoise de Lubeck, le duché de Holstein et le grand-duché de Mecklembourg. Le bailliage de Bergedorf est possédé en commun par Lubeck et Hambourg. Les revenus sont de 730,000 marcs d'argent et la dette d'environ 6,500,000 marcs. Le gouvernement de la république est démocratique; le sénat, composé de 4 bourguemestres et de 16 conseillers, et la bourgeoisie y prennent part en commun. Il a une voix avec Hambourg, Brême et Francfort dans le petit conseil de la diète de la confédération et une voix en propre dans la grande diète. Pop. de la république 50,000 hab.

Déjà au neuvième siècle les Wilses, un peuple slave, avaient établi près de l'endroit où se trouve maintenant Lubeck une place d'armes et de commerce. Après la destruction complète de cette ville par les Rugiens, en 1139, le comte de Holstein, Adolphe II, jeta, en 1443, les fondements de la ville actuelle. Celle-ci se peupla en grande partie d'habitants des Pays-Bas, et elle s'éleva rapidement, favorisée par le puissant Henri-le-Lion, et grâce à sa position avantageuse et à son commerce. Elle fut quelque temps soumise au roi de Danemark, Waldemar II, jusqu'à ce qu'elle eût obtenu de l'empereur Fréderic II le titre de ville libre impériale et des priviléges très-étendus. Ainsi que toutes les grandes villes commerçantes, Lubeck retira au douzième siècle de grands avantages des croisades; une flotte équipée en commun avec Brême protégea les Portugais contre les Maures et ne contribua pas peu à la fondation du roy. de Portugal. En 1241 Lubeck forma avec Hambourg, pour la protection du commerce, une célèbre association qui prit le nom de hanse, à laquelle se joignirent ensuite un grand nombre de villes de l'Europe septentrionale. Déjà dans la dernière moitié du treizième siècle la ligue hanséatique, dont Lubeck était la capitale, avait, outre un grand nombre d'autres plus petits, quatre grands entrepôts de commerce à Bruges, en Flandre, à Londres, à Bergen en Norwège et à Novogorod en Russie, le plus important de tous à cause du commerce de caravanes avec l'Asie. C'est au quatorzième et au quinzième siècles que, jouissant partout de grands priviléges, redoutable même aux rois par sa marine, la hanse atteignit sa plus haute splendeur. Le seizième siècle l'anéantit; alors les découvertes des Portugais et des Espagnols donnèrent au commerce avec l'Inde une autre direction, tandis que l'Angleterre et les Pays-Bas devinrent florissants par leur commerce et leur industrie. La plupart des villes se séparèrent de la ligue, qui ne leur procurait plus aucun avantage, et, en 1630, elle cessa complétement. Seulement Lubeck, Hambourg et Brême sont encore entre elles dans des rapports d'étroite alliance et portent encore le nom de villes hanséatiques. La dissolution de la ligue hanséatique amena la décadence de Lubeck. Lorsqu'en 1806 les restes de l'armée prussienne se furent jetés dans ses murs après la bataille de Jéna, Lubeck fut pris d'assaut par les Français le 6 novembre. En 1810, il fut incorporé à l'empire français et ne recouvra son indépendance qu'en 1813.

LUBECK (la principauté de), est une des trois parties séparées qui forment le grand-duché d'Oldenbourg; elle se trouve en parcelles séparées dans le roy. de Hanovre, et touche aussi à la mer du Nord; elle renferme une pop. de 18,700 hab., répartis, sur une superficie de 8 milles c., dans une ville, un bourg et 82 villages. Sa capitale est Eutin. C'était jadis un évêché.

LUBÉCOURT, vg. de Fr., Meurthe, arr., cant. et poste de Château-Salins; 160 hab.

LUBEN, v. de Prusse, chef-lieu de cercle, prov. de Silésie, rég. de Liegnitz; ceinte de murailles flanquées de 14 bastions et entourée d'un fossé; sur une petite rivière qui fait mouvoir plusieurs moulins à farines et d'autres usines. Elle possède une école latine, un hôpital, des manufactures considérables de draps; 2800 hab. Guillaume-Fréderic I, roi actuel du Wurtemberg, est né au château de Luben, le 27 septembre 1781.

LUBENDORF. *Voyez* LEVONCOURT.

LUBERSAC, pet. v. de Fr., Corrèze, arr. et à 7 1/2 l. N. de Brives, chef-lieu de canton et poste; 3882 hab.

LUBERSAC, ham. de Fr., Lot-et-Garonne, com. de St.-Sernin; 260 hab.

LUBEY, vg. de Fr., Moselle, arr. et poste de Briey, cant. de Conflans; 200 hab.

LUBIER, ham. de Fr., Allier, com. de la Palisse; 150 hab.

LUBILHAC, ham. de Fr., Ardèche, com. de la Mastre; 110 hab.

LUBILLAC, vg. de Fr., Haute-Loire, arr. de Brioude, cant. de Blesle, poste de Massiac; 680 hab.

LUBIN (Saint-), ham. de Fr., Côtes-du-Nord, com. de Plemet; 120 hab.

LUBIN (Saint-), ham. de Fr., Seine-et-Oise, com. d'Arronville; 30 hab.

LUBIN-DE-CRAVANT (Saint-), vg. de Fr., Eure-et-Loir, arr. de Dreux, cant. et poste de Brezolles; 130 hab.

LUBIN-DE-LA-HAYE (Saint-), vg. de Fr., Eure-et-Loir, arr. de Dreux, cant. d'Anet, poste d'Houdan; 750 hab.

LUBIN-DES-CINQ-FONDS (Saint-), vg. de Fr., Eure-et-Loir, arr. et poste de Nogent-le-Rotrou, cant. d'Authon; 310 hab.

LUBIN-DES-JONCHERETS (Saint-), vg. de Fr., Eure-et-Loir, arr. de Dreux, cant. de Brezolles, poste de Nonancourt; filat. de coton; 1540 hab.

LUBIN-D'ISIGNY (Saint-), ham. de Fr., Eure-et-Loir, com. de Marboué; 340 hab.

LUBINE, vg. de Fr., Vosges, arr. et poste de St.-Dié, can. de Saales; 780 hab.

LUBIN-EN-VERGONNOIS (Saint-), vg. de Fr., Loir-et-Cher, arr. et cant. de Blois, poste; 430 hab.

LUBIZA, b. de Gallicie, cer. de Zolkiew.

LUBLANA. *Voyez* LAIBACH.

LUBLAU, pet. v. de Hongrie, cer. en-deçà de la Theiss, comitat de Zips, sur le Poprad. Ses habitants, au nombre de 2500, s'adonnent à l'agriculture et au commerce de vins. Dans le voisinage se trouve un bain minéral très-fréquenté.

LUBLÉ, vg. de Fr., Indre-et-Loire, arr. de Tours, cant. et poste de Château-la-Vallière; 310 hab.

LUBLIN, woïwodie de Pologne; elle est bornée au N. par la Podlakie, à l'E. par la Russie, au S. par la Gallicie, à l'O. par Sandomir. La Vistule, le Wieprz, la Bystrzyca et d'autres rivières la traversent. Le nombre de ses habitants est de 474,473. Le sol est partout fertile.

LUBLIN, v. de Pologne; siége des autorités de la woïwodie et du cercle de même nom, ainsi que d'un évêque catholique; elle comptait, jusqu'au temps de Jean-Casimir, 40,000 habitants; aujourd'hui il n'y en a que 13,300. Elle est située sur une colline près de la Bystrzyca; la partie inférieure de la ville est entièrement habitée par des juifs. Les plus remarquables de ses bâtiments publics sont: l'hôtel de ville, où fut conclue l'union de la Lithuanie avec la couronne; le palais de Radziwill, où Albert, duc de Prusse, jura fidélité à la Pologne; l'église de St.-Mihiel, fondée par Leczch-le-Noir, en commémoration d'une victoire remportée sur les Lithuaniens et les Jadzwinois, en 1280; l'église de la Visitation, fondée par Wladislas Jagiello pour perpétuer le souvenir de la victoire remportée sur les chevaliers teutoniques à Grunwalden; plusieurs autres églises et hôpitaux, un collége, une école d'enseignement mutuelle et un séminaire. Son commerce de blé et de vins est considérable. Jusqu'au partage de la Pologne, Lublin fut le siége des tribunaux de la Petite-Pologne; il n'y a plus maintenant qu'un tribunal d'appel. L'histoire de Lublin est l'histoire de ses désastres. Plusieurs des actes les plus funestes à la Pologne furent consommés à Lublin, ville malheureuse qui fut souvent saccagée et brûlée par les Tartares, les Cosaques, les Suédois et les Russes.

LUBLINITZ, pet. v. de Prusse, chef-lieu de cercle, prov. de Silésie, rég. d'Oppeln; possède un hôpital, des tisseranderies et plusieurs usines; 1600 hab.

LUBNI, v. de la Russie d'Europe, gouv. de Pultawa, siége des autorités du cercle, sur la Scela, jadis fortifiée; elle possède 3 églises, un couvent, une école vétérinaire et un jardin botanique; 6000 hab. Charles XII, roi de Suède, l'assiégea inutilement.

LUBOML, pet. de la Russie d'Europe, gouv. de Volhynie; forges considérables; 2815 hab.

LUBRET, vg. de Fr., Hautes-Pyrénées, arr. de Tarbes, cant. et poste de Trie; 150 hab.

LUBRIN, pet. v. d'Espagne, roy. de Grenade, dist. d'Almeira.

LUBY, vg. de Fr., Hautes-Pyrénées, arr. de Tarbes, cant. et poste de Trie; 228 hab.

LUBZ, v. du grand-duché de Mecklembourg-Schwérin, cer. de Mecklembourg, traversée par l'Elde; 1800 hab.

LUC, vg. de Fr., Aveyron, arr., cant. et poste de Rhodez; 1030 hab.

LUC, vg. de Fr., Lozère, arr. de Mende, cant. et poste de Langogne; 1250 hab.

LUC, vg. de Fr., Basses-Pyrénées, arr. de Pau, cant. et poste de Lembeye; 200 h.

LUC, vg. de Fr., Hautes-Pyrénées, arr. de Tarbes, cant. et poste de Tournay; 450 h.

LUC (le), b. de Fr., Var, arr. et à 5 l. S.-O. de Draguignan, chef-lieu de canton et poste; fabr. de draps, de sel de saturne et de bouchons de liége; filat. de laine; tanneries; le territoire fournit vins, huiles et la belle espèce de marrons dits de Luc et de Lyon; 3562 hab.

LUC (le Petit-), ham. de Fr., Vendée, com. de Lucs; 150 hab.

LUC. *Voyez* CHAPELLE-SAINT-LUC (la).

LUC (Saint-). *Voyez* LOUP (Saint-), Charente-Inférieure.

LUC (Saint-), vg. de Fr., Eure, arr., cant. et poste d'Évreux; 130 hab.

LUC (Saint-), vg. de Fr., Hautes-Pyrénées, arr. de Tarbes, cant. et poste de Trie; 150 h.

LUCALA, riv. considérable de la Basse-Guinée, roy. d'Angola; elle baigne une ville de même nom, à environ 12 l. de son embouchure dans le Coanza à Massangano.

LUCANAS, prov. du dép. d'Ayacucho, rép. du Pérou; elle est bornée par les prov. de Castrovireyna, de Cumana, de Parinacochas, d'Andahuaylas et de Cangallo. Sa superficie est de 235 l. c. géogr., avec 20,000 hab. Cette province est une des plus montagneuses et, relativement au climat, une des plus rudes du Pérou; elle n'offre que très-peu de plaines, et ses produits du règne végétal, pauvres et peu variés, sont insuffisants aux besoins des habitants; par contre l'éducation du bétail et l'exploitation de quelques mines d'argent y sont de la plus grande importance. En fait de cours d'eau, cette province n'offre que de sauvages torrents, dont le Marcamayu est le plus considérable.

LUCANAS (San-Juan-de-), pet. v. et chef-lieu de la province du même nom, sur un plateau des Cordillères. Ses environs sont riches en mines d'argent; 2900 hab.

LUCANIE, *Lucania*, g. a., prov. de la Grande-Grèce; était bornée à l'E. par le golfe de Tarente, au N. par l'Apulie, à l'O. par la Campanie et la mer Tyrrhénienne et au S. par le territoire des Bruttiens; elle comprend aujourd'hui Basilicata, chef-lieu Civenza, et principato Oltra, chef-lieu Avellino.

LUCAR-DE-BARRAMEDA (San-), v. d'Espagne, Andalousie, chef-lieu d'un district du roy. de Séville, à 14 1/2 l. S. de cette ville et à 6 l. N. de Cadix, sur l'embouchure du Guadalquivir, qui est défendu par 2 vieux châteaux. On y compte 3 églises et 16 couvents; elle possède des fabriques de liqueurs, de soieries, de cotonnades, de cuirs et de tonneaux. Son port, ayant, depuis le 12 décembre 1804, le droit de commerce directe avec l'Amérique et les autres colonies espagnoles, fait des expéditions considérables en vins, huiles et sel. Les habitants exploitent aussi des sauneries établies sur la côte et se livrent à la pêche des sardines. Le vin de St.-Lucar (le Mansanilla) est renommé; ses fruits, surtout les melons, sont exquis; 15,000 hab.

LUCAR-DE-GUADIANA (San-), pet. v. forte d'Espagne, Andalousie, roy. et à 26 1/2 l. O. de Séville, sur une montagne baignée par la Guadiana et sur la frontière du Portugal; 2850 hab.

LUCARRÉ, vg. de Fr., Basses-Pyrénées, arr. de Pau, cant. et poste de Lembeye; 220 hab.

LUCAR-LA-MAJOR (San-), pet. v. d'Espagne, Andalousie, roy. et à 2 l. O. de Séville; 3000 hab.

LUCAS (Bahia de San-). *Voyez* SALINES (baie des).

LUCAS (San-), paroisse de l'île Dominique, Petites-Antilles.

LUCAS (Cabo de San-), l'extrémité méridionale de la presqu'île de Californie, confédération mexicaine.

LUCAYES (îles). *Voyez* BAHAMA (îles).

LUÇAY-LE-CAPTIF, vg. de Fr., Indre, arr. d'Issoudun, cant. et poste de Vatan; 410 hab.

LUÇAY-LE-MALE, vg. de Fr., Indre, arr. de Châteauroux, cant. et poste de Valençay; forges; 1690 hab.

LUCBARDEZ, vg. de Fr., Landes, arr. et cant. de Mont-de-Marsan, poste de Roquefort; 540 hab.

LUCCÉ (Grand, Vieux et Petit-), ham. de Fr., Eure-et-Loir, com. de Mainvilliers; 450 hab.

LUCCIANA, vg. de Fr., Corse, arr. et poste de Bastia, cant. de Borgo; 600 hab.

LUCÇOS. *Voyez* EL-KOSE.

LUCÉ, vg. de Fr., Orne, arr. et poste de Domfront, cant. de Suvigny-sous-Andaine; 630 hab.

LUCE (Sainte-), ham. de Fr., Gironde, com. de Blaye; 800 hab.

LUCE (Sainte-), vg. de Fr., Isère, arr. de Grenoble, cant. et poste de Corps; 260 hab.

LUCE (Sainte-), vg. de Fr., Loire-Inférieure, arr. et poste de Nantes, cant. de Carquefou; 960 hab.

LUCE (Sainte-), Tarn. *Voyez* CAPELLE-SAINTE-LUCE (la).

LUCÉ (le Grand-). *Voyez* GRAND-LUCÉ.

LUCE (Sainte-), b. sur une baie de la côte S. de l'île de Martinique, chef-lieu de canton, arr. et à 3 1/2 l. S.-E. de Fort-Royal; 3800 h.

LUCEA, b., avec un excellent port défendu par un fort, sur la côte O. de l'île de Jamaïque, comté de Cornwall, non loin du cap Pédro-Point.

LUCEAU, vg. de Fr., Sarthe, arr. de St.-

Calais, cant. et poste de Château-du-Loir; 1320 hab.

LUCELANS, vg. de Fr., Doubs, arr. de Montbéliard, cant. de Pont-de-Roide, poste de l'Isle-sur-le-Doubs; 50 hab.

LUCELLE ou **LUTZEL**, vg. de Fr., sur la petite rivière de même nom, Haut-Rhin, arr. et à 5 1/2 l. S. d'Altkirch, cant. de Ferrette, poste d'Huningue; forges, martinet et haut-fourneau; 338 hab.

Ce village possédait jadis une célèbre abbaye de l'ordre des citeaux, fondée, en 1124, par trois seigneurs bourguignons. A 1 l. E. de Lucelle on voit les ruines du château de Lœwenberg.

LUCENA, v. d'Espagne, Andalousie, roy. et à 9 l. S.-E. de Cordoue; assez bien bâtie, avec 6 places, 2 églises paroissiales, une école latine, 9 couvents, 15 hôpitaux ou autres fondations de charité; tissage de laine et savonneries. Près de là se trouvent les salines de Jarales; 12,000 hab.

LUCÉNA (Bahia), baie au N. de la pointe du même nom, côte de la prov. de Parahyba, emp. du Brésil; elle reçoit le Rio-Meririppe; cette baie se trouve exposée aux vents du nord et du nord-est.

LUCENAY, vg. de Fr., Rhône, arr. de Villefranche-sur-Saône, cant. et poste d'Anse; 850 hab.

LUCENAY ou **LUCENAY-L'ÉVÊQUE**, b. de Fr., Saône-et-Loire, arr. et à 4 l. N. d'Autun, chef-lieu de canton, poste; 1169 hab.

LUCENAY-LE-DUC, vg. de Fr., Côte-d'Or, arr. de Sémur, cant. et poste de Montbard; 540 hab.

LUCENAY-LES-AIX, vg. de Fr., Nièvre, arr. de Nevers, cant. et poste de Dornes; 1470 hab.

LUCENAY-LES-BIERRE, ham. de Fr., Côte-d'Or, com. de Bierre-lès-Semur; 140 h.

LUC-EN-DIOIS, b. de Fr., Drôme, arr. et à 4 1/2 l. S. de Die, chef-lieu de canton et poste; 745 hab.

LUCENI, g. a., peuple de l'O. de l'Hibernie, à l'embouchure du Scenus.

LUCENS, b du cant. de Vaud, Suisse, sur la Broye.

LUCERNE, cant. de la Suisse; borné au N. par Argovie et Zug, à l'E. par Schwytz et Unterwalden, au S. et à l'O. par Berne; a 75 l. c. de superficie et, d'après les listes officielles de 1837, 124,521 hab., la plupart catholiques. La région septentrionale du pays appartient en grande partie à la plaine; on y trouve un sol très-fertile, une grande variété de vues charmantes et un peuple agricole, qui se distingue par sa gaîté et son amour des plaisirs. La partie méridionale est l'Entlibuch, vallée alpestre où vit, dit un auteur suisse, un peuple de haute stature, qui, déjà sous ses seigneurs, jouissait de grandes libertés et qui se distingue d'entre tous les habitants des Alpes par son caractère turbulent et indompté, par sa gaîté, son esprit vif et original, son goût pour la satyre, ses poëtes rustiques et ses nombreuses fêtes gymnastiques. Il est berger et industriel; la filature du coton, du chanvre et surtout du lin occupe un grand nombre d'ouvriers. Les principaux cours d'eau du canton de Lucerne sont: la Reuss, la Wigen, l'Emme; plusieurs lacs poissonneux appartiennent à son territoire, tels que le lac des Quatre-Cantons (en partie seulement), les lacs de Sempach, de Baldegge, etc. L'éducation du bétail et un peu d'industrie au S., l'agriculture au N., l'horticulture, la pêche et le commerce de transit occupent les habitants, qui fournissent du blé aux petits cantons.

Le canton de Lucerne est le troisième en rang dans la confédération. Il se ligua avec Uri, Schwytz et Unterwalden en 1232 et est aujourd'hui le vorort catholique de la Suisse. Depuis 1831 la constitution est démocratique et représentative. Elle repose sur la souveraineté du peuple et proclame l'égalité des citoyens, l'abolition des fonctions à vie, le droit de rachat des dîmes et redevances, la liberté de la presse, le droit de pétition, la liberté individuelle, le devoir du gouvernement de propager l'instruction publique, le devoir de chaque citoyen de prendre les armes pour la défense de la patrie. Le pouvoir législatif, la nomination des envoyés diplomatiques, le droit de grâce, etc., appartiennent au grand-conseil, dont les 100 membres sont élus, savoir : 80 par les assemblées électorales et 20 par le grand-conseil lui-même. Le pouvoir exécutif, chargé de l'administration, se compose de 15 membres, et le tribunal supérieur ou d'appel de 13. Un tiers des membres de ces 3 corps est renouvelé tous les deux ans. La présidence du grand-conseil et celle du petit-conseil, dont le titulaire s'appelle *Schultheiss*, ne dure qu'un an.

Les revenus du canton de Lucerne sont évalués à 850,000 francs de Suisse; il fournit comme contingent 1734 hommes à l'armée fédérale et 26,000 francs au trésor. Il est divisé actuellement dans les 5 bges de Lucerne, Sursee, Entlibuch, Willisau et Hochdorf, dont les noms sont ceux des principaux endroits du canton.

LUCERNE, *Lucerna*, chef-lieu du canton suisse de même nom, résidence ordinaire d'un nonce du pape, un des vorort de la Suisse; est situé à l'extrémité occidentale du lac des Quatre-Cantons, appelé aussi lac de Lucerne, à l'endroit où la Reuss sort de ce lac et à une distance presque égale du Rigi et du mont Pilatus. Simple chapelle à son origine, puis couvent et plus tard ville, Lucerne acquit de l'importance depuis la fréquentation de la route du St.-Gothard, obtint l'Entlibuch par alliance et quelques districts de la plaine par conquête. Son commerce de transit est considérable, car presque toutes les marchandises qui vont de France et d'Allemagne en Italie y sont embarquées, pour prendre ensuite la route du St.-Gothard. Trois ponts en bois, couverts et ornés de tableaux, traversent la Reuss et offrent au voyageur des points de vue admirables sur le lac. Les principaux édifices de la ville, qui compte environ 6500 habitants, sont : l'hôtel de ville, la cathédrale ou église de St.-Léodigar, dont l'orgue remarquable compte plus de 3000 tuyaux; l'église des jésuites; l'arsenal, qui contient une curieuse collection d'anciennes armes suisses et d'autres armures prises sur les ennemis du pays; la maison des orphelins; le tir, etc. Les murailles crénelées de la ville, qui suivent la pente du coteau, offrent un coup d'œil très-pittoresque. Lucerne possède un lycée avec 13 professeurs, un gymnase, un théâtre, une école de chant, une autre de dessin, une société des amis des sciences et 2 bibliothèques: celle de la ville et celle des capucins. Les deux principales curiosités de Lucerne sont: la carte topographique en relief du général Pfyffer, qui représente le canton et ses parties environnantes, c'est à dire une étendue de 180 l. c., sur l'échelle d'un pouce par mille pieds; et le monument, sculpté, d'après les dessins de Thorwaldsen, sur un rocher des environs de la ville, en mémoire des Suisses tués aux Tuileries le 10 août 1792.

LUCERNO (Sierra del). *Voyez* CORDILLÈRES (Mexique).

LUCÉ-SOUS-BALLON, vg. de Fr., Sarthe, arr. de Mamers, cant. de Marolles-les-Braux, poste de Beaumont-sur-Sarthe; 470 hab.

LUCEY, vg. de Fr., Côte-d'Or, arr. de Châtillon-sur-Seine, cant. et poste de Recey-sur-Ource; 360 hab.

LUCEY, vg. de Fr., Meurthe, arr., cant. et poste de Toul; tuileries, briqueteries; 980 hab.

LUCGARRIER, vg. de Fr., Basses-Pyrénées, arr. de Pau, cant. de Pontacq, poste de Nay; 490 hab.

LUCHAC, ham. de Fr., Charente, com. de Chassors; 260 hab.

LUCHAPT, vg. de Fr., Vienne, arr. de Montmorillon, cant. et poste de l'Isle-Jourdain; haut-fourneau, affinerie; 894 hab.

LUCHAT, vg. de Fr., Charente-Inférieure, arr. et poste de Saintes, cant. de Saujon; 230 hab.

LUCHÉ, ham. de Fr., Charente-Inférieure, com. de St.-Jean-de-Liversay; 300 hab.

LUCHÉ, vg. de Fr., Sarthe, arr. et poste de la Flèche, cant. du Lude; 2630 hab.

LUCHÉ-SUR-BRIOUX, vg. de Fr., Deux-Sèvres, arr. de Melle, cant. et poste de Brioux; 220 hab.

LUCHÉ-THOUARSAIS, vg. de Fr., Deux-Sèvres, arr. de Bressuire, cant. de St.-Varent, poste de Thouars; 360 hab.

LUCHEUX, b. de Fr., Somme, arr., cant. et poste de Doullens; culture de houblon; commerce de boissellerie; filat. de coton; 1270 hab.

LUCHITH ou LUHITH, LUITH, g. a., v. des Moabites, entre Areopolis et Zoava.

LUCHOW, v. du roy. de Hanovre, gouv. de Lunebourg, située sur la Feetze, dans une contrée marécageuse, où l'on cultive du chanvre et du lin; commerce de toiles; bière renommée; 2050 hab.

LUCHUEL, ham. de Fr., Somme, com. de Grouches-Luchuel; 150 hab.

LUCHY, vg. de Fr., Oise, arr. de Clermont, cant. et poste de Crèvecœur; 630 h.

LUCIA (Santa-), pet. v. du roy. des Deux-Siciles, intendance de Messine, sur le fleuve Lucia; 5000 hab.

LUCIA (Santa-), dép. de la rép. orientale de l'Uruguay. Santa-Lucia, pet. v. fondée en 1781, en est le chef-lieu.

LUCIA (Santa-), riche mine d'argent de la rép. du Pérou, dép. de Cuzco, prov. de Tinta, aux environs de Condoroma.

LUCIA (Santa-), fl. assez considérable de la rép. orientale de l'Uruguay, coule vers le S. et se jette dans l'embouchure du Rio-de-la-Plata; le San-José en est le principal affluent.

LUCIA (Santa-), paroisse sur la côte O. de l'île de Barbade; Ste.-Lucie en est le chef-lieu.

LUCIA (Santa-), vg. des États-Unis de l'Amérique centrale, état de Honduras, dist. de Comayagua; riche mine d'or.

LUCIA-DI-MORIANI (Santa-), vg. de Fr., Corse, arr. de Bastia, cant. de San-Nicolao, poste de Cervione; 280 hab.

LUCIE (Sainte-) ou LUCIE-DI-TALLANO (Sainte-), vg. de Fr., Corse, arr., à 2 1/2 l. N.-E. et poste de Sartène, chef-lieu de canton; 708 hab.

LUCIE (Sainte-), une des Petites-Antilles, possession anglaise; elle s'étend entre 13° 24′ et 14° 12′ lat. N., à 8 l. S. de la Martinique, à 12 l. N. de St.-Vincent et à 25 l. N.-O. de la Barbade; elle a 12 l. de longueur sur 6 de large. Sa population est de 20,000 hab., dont plus de 13,000 esclaves. Cette île est traversée, du N. au S., par une chaîne de montagnes, qui s'incline, en pente douce, vers la côte E., tandis que la côte O. ne présente que des rochers escarpés. Parmi ses montagnes, on distingue surtout les deux Pitons de la Soufrière, qui s'élèvent pyramidalement et dont les noirs sommets ressemblent au loin à deux châteaux forts. Cette île renferme également de charmantes vallées et de fertiles plaines, mais le climat est très-malsain sur les côtes, à cause des eaux stagnantes. Le café, préféré à celui de la Martinique, et la canne à sucre sont les plus importants produits de l'île. Son cours d'eau le plus considérable est la rivière Dorée. L'E. de l'île en est la partie la plus déchirée par la mer et présente les caps Marquis, Canot et Sandy-Point. Cette île, comme presque toutes les Antilles, est divisée en deux parties : Basseterre (côte O.) et Cabesterre (côte E.); la Basseterre est la partie la mieux cultivée et renferme le plus grand nombre des établissements. Ste.-Lucie forme un gouvernement à part, dont le siége est Port-Castries ou Carenage, et comprend 9 paroisses (cantons).

Ste.-Lucie fut pendant longtemps un sujet de discorde entre la France et l'Angleterre. Les Français l'occupèrent les premiers en 1640. Par la paix d'Utrecht cette île fut déclarée neutre et cédée définitivement à la France par la paix de Paris, en 1703. Mais déjà en 1779, pendant la guerre entre les Anglais et les Américains, Ste.-Lucie fut prise par les Anglais, qui cependant la rendirent à la France en 1783. Au commencement de la révolution francaise cette île fut de nouveau occupée par les Anglais, qui la rendirent une seconde fois, en vertu de la paix d'Amiens (1801); ils la reprirent lors du renouvellement des hostilités et la possèdent définitivement depuis la première paix de Paris (1814).

LUCIE-DE-MERCURIO (Sainte-), vg. de Fr., Corse, arr. et poste de Corte, cant. de Sermano; 540 hab.

LUCIEN (Saint-), vg. de Fr., Eure-et-Loir, arr. de Dreux, cant. et poste de Nogent-le-Roi; 320 hab.

LUCIEN (Saint-), ham. de Fr., Oise, com. de Notre-Dame-du-Thil; 540 hab.

LUCIEN (Saint-), vg. de Fr., Seine-Inférieure, arr. de Neufchâtel-en-Bray, cant. et poste d'Argueil; 370 hab.

LUCIENNES. *Voyez* LOUVECIENNES.

LUCIENSTEIG, étroit défilé en Suisse, cant. des Grisons, près de Mayenfeld, non loin du Rhin; passage fortifié qu'il faut traverser pour entrer de l'Allemagne dans les Grisons. Les Autrichiens enlevèrent cette position aux Français en 1799.

LUCIGNANO, b. du grand-duché de Toscane; 1800 hab.

LUCINA, g. a., v. de la Thébaïde, sur la rive orientale du Nil, au N. d'Apollinis Magna; on en voit les ruines près du village El-Kab.

LUCIOU, vg. de Fr., Indre, arr. de Châteauroux, cant. et poste de Valençay; 240 h.

LUCKA, v. dans le duché de Saxe-Altenbourg; 1300 hab.

LUCKAU, *Luccavia*, v. de Prusse, chef-lieu de cercle, prov. de Brandebourg, rég. de Francfort, sur la Berste; possède 3 églises, un hôpital, des hospices d'orphelins et d'aliénés, des fabriques de draps, de toiles, d'amidon et de tabac; culture et commerce de tabac; 3570 hab.

LUCKENWALDE, v. de Prusse, sur la Nuthe, prov. de Brandebourg, rég. de Potsdam; fabrication de draps, d'étoffes de laine, de toiles, de taillanderie; blanchisseries, papeteries, tanneries, brasseries et distilleries; parmi ses 3 faubourgs on remarque celui de Géra, créé par des colons de 1780 à 1784; 5120 hab.

LUCKIPOOR. *Voyez* LAKHIPOUR.

LUCKNOW ou LUKNAU, LAKNAU, v. de l'Inde, capitale du roy. d'Oude; est située sur la rive droite du Goumty, sous 27° lat. N. C'est une très-grande ville; élevée, en 1725, au rang de capitale par Assaf-Eddaulah, fils de Choudja-Eddaulah, elle prit de rapides accroissements; elle est partagée aujourd'hui en 3 quartiers. Le premier, appelé la Cité, est l'ancienne ville et n'offre que des bâtiments sans importance; le deuxième ou nouveau quartier a été bâti par Soadet-Ali, frère d'Assaf-Eddaulah, le long du Goumty, et ressemble, tant par l'architecture extérieure des maisons que par leur ameublement, à une ville anglaise. Au centre de ce quartier se trouvent un beau marché et le Farraboukeh ou résidence royale, vaste ensemble de palais, de jardins et de parcs. Le troisième quartier renferme un grand nombre de bâtiments religieux, tous construits dans le style arabe. Le principal d'entre eux est l'Imam-Barrah ou mosquée principale, qui renferme les tombeaux de son fondateur Assaf-Eddaulah et de ses successeurs; plusieurs voyageurs regardent l'Imam-Barrah comme le plus bel édifice musulman de l'Inde. D'autres palais et mosquées se font remarquer dans ce quartier. La population de Lucknow dépasse 300,000 habitants; elle entretient de nombreuses manufactures de coton, de soie; des tanneries, etc., et fait un commerce considérable. Il s'y tient des marchés de bétail importants. La ville offre, entre autres curiosités, deux superbes ponts jetés sur le Goumty et une grande ménagerie, et, dans ses environs Constancia, la somptueuse maison de campagne du résident anglais Claude Martine, qui coûta, dit-on, à son fondateur 150,000 livres sterling. La cour actuelle du roi d'Oude est la plus brillante de l'Inde; elle protége les arts et les lettres et suit les traces du chah Gazzy-Eddin, qui rassembla une grande bibliothèque et publia à ses frais plusieurs ouvrages remarquables, entre autres le Heft-Kolzum (les sept Océans), dictionnaire persan en 7 vol. in-folio, et le grand poëme épique persan le *Chah Nameh*.

LUCKOLSHAUSEN. *Voyez* LIXHAUSEN.

LUCMANIER, mont. de la Suisse, cant. des Grisons; c'est un des points culminants des Alpes Grises; sur le sommet se trouve un hôpital où l'on reçoit les voyageurs.

LUCMAU, vg. de Fr., Gironde, arr. et poste de Bazas, cant. de Villandraut; 750 h.

LUÇON, *Lucio*, pet. v. de Fr., Vendée, arr., à 7 l. O. de Fontenay et à 125 l. de Paris, chef-lieu de canton et poste. Cette petite ville, située dans une vaste plaine, environnée de marais malsains, est laide et mal bâtie; les rues y sont tortueuses, sales et impraticables en hiver; la cathédrale, beau monument d'architecture gothique, y est le seul édifice digne d'être mentionné. Cependant Luçon est depuis 1317 le siége d'un évêché, que le nom de Richelieu a rendu célèbre, et possède un séminaire diocésain, un collége et un petit port, qui communique par un canal avec la baie d'Aiguillon. C'est par ce canal, qui peut recevoir des navires de 50 à 60 tonneaux, que les habitants de Luçon exportent les productions du territoire, telles que bois, grains et légumes; fabr. de porcelaine; 3800 hab.

LUÇON (canal de), Fr., Vendée. Ce canal n'était, depuis une époque reculée, qu'un chenal servant à l'évacuation des eaux du pays et au transport des denrées des environs. Il reçut des améliorations en 1807 et 1808. Un projet adopté en 1824, suivant lequel l'ancienne écluse du chapitre, située à 2 1/2 l. au-dessus de Luçon, est remplacée par une écluse avec des portes d'èbe et de flot de 6 mètres 50 centimètres de largeur, permet aux bâtiments du port, de 50 à 60 tonneaux, de remonter jusqu'à Luçon. Le canal prend son origine à Luçon, passe entre les villages de Triaize et de Champagne, traverse les marais desséchés de Jucherolle et se jette dans la mer près de l'embouchure des Deux-Sèvres dans la rade d'Aiguillon. Sa longueur est de 3 1/4 l.

LUÇON. *Voyez* MANILLE.

LUCQ, b. de Fr., Basses-Pyrénées, arr. et poste d'Oloron, cant. de Moneiu; 2610 hab.

LUCQUES (duché de), partie de l'ancienne Étrurie; est situé sur les côtes de la Méditerranée, entre 7° 48′ et 8° 29′ long. orient., et entre 43° 46′ et 44° 14′ lat. N. Il est borné au N. par le duché de Modène et le grand-duché de Toscane, à l'E. et au S. par ce même grand-duché, à l'O. par la Méditerranée, l'enclave toscane de Pietra-Santa et le duché de Modène; sa superficie est de 56 l. c. et sa population s'élève à 145,000 habitants. Les Apennins traversent la partie septentrionale de ce petit pays, couvert presque tout entier par les avant-monts de cette chaîne et par les monts Giuliano. Le seul cours d'eau de quelque importance est le Serchio, qui traverse tout le duché et passe par la capitale; son principal affluent est la Lima. Le sol est pierreux au N., sablonneux et marécageux sur les côtes, mais gras et fertile dans l'intérieur et cultivé avec un soin particulier. L'aspect du pays est délicieux et les plaines et les vallées offrent un contraste continuel de champs et de prairies entourées de platanes, de mûriers et d'ormes; la vigne, le châtaignier et le mûrier couvrent les collines, et sur les hauteurs des Apennins croît le pin et le mélèze. Les principales productions du pays consistent en huile, qui passe pour être la meilleure de l'Italie, en vin, marbre, eaux minérales; les fruits de toute sorte y abondent et l'éducation des bestiaux et des vers à soie y a de l'importance; on exporte principalement de l'huile et de la soie.

Le peuple est très-industrieux; il habite une ville, Lucques, 20 bourgs et 270 villages et hameaux. Le pays entier est divisé dans les 3 districts de Lucques, Viareggio et Borgo à Mazzano.

Colonie romaine dans l'origine, Lucques passa sous la domination des Francs et des empereurs allemands. Les habitants, renommés de tout temps par leur caractère indépendant et fougueux, achetèrent en 1370 leur liberté à l'empereur Charles IV, et formèrent une république sous la direction d'un gonfalonnier et d'un conseil d'état. Ils soutinrent plusieurs guerres contre Florence et maintinrent leur indépendance jusqu'en 1797, où la France leur donna une nouvelle constitution. En 1805, Napoléon érigea Lucques en principauté et en conféra la souveraineté à son beau-frère Félix Bacciochi. Par les traités de 1815, la principauté de Lucques et de Piombino fut cédée, sous le titre de duché, à la veuve de l'ancien roi d'Étrurie, l'infante Marie-Louise, fille de Charles IV d'Espagne. Son fils, qui lui a succédé depuis, doit obtenir le duché de Parme à la mort de la souveraine actuelle, et alors Lucques sera partagé entre Modène et la Toscane. Le pouvoir ducal est limité par un sénat composé de 36 membres et par une constitution qui date de 1805. Les revenus du pays se montent à 1,700,000 francs en y comprenant les 500,000 francs payés au duc par l'Autriche et la Toscane, jusqu'à la mort de la duchesse de Parme. La dette de l'état est d'un million. La force militaire se monte à 800 hommes; la marine se compose de quelques petits bâtiments. Le clergé est affranchi de tout impôt depuis 1818.

LUCQUES, *Lucca*, capitale du duché de son nom, résidence ordinaire du duc et siége d'un archevêché, est située sur le Serchio, dans une plaine fertile, au milieu de hauteurs plantées d'oliviers; la campagne d'alentour est cultivée comme un jardin et offre des points de vue pittoresques. Les fortifications de cette ville très-ancienne ont été converties en promenades publiques. Ses principaux édifices publics sont: le palais ducal; la cathédrale, très-vaste et incrustée de marbre, mais d'un mauvais style; les ruines d'un ancien amphithéâtre et les églises de St.-Michel et de St.-Fridien, dont l'origine remonte au septième et au huitième siècles. L'université, nouvellement établie, possède un observatoire, mais est peu importante; les autres établissements publics sont la bibliothèque et l'académie des sciences, lettres et arts, qui remplaça en 1805 l'ancienne académie *degli oscuri*. Les archives de la ville, qui ont toujours été conservées intactes, remontent jusqu'au cinquième siècle. Lucques a deux grandes fabriques de drap et des filatures de soie et de coton; elle fait un grand commerce d'huile et de soie. Sa population est aujourd'hui d'environ 22,000 âmes. Les fameux bains de Lucques sont situés à quelques milles de la ville, près du village de Bagno-alla-Villa; on remarque aussi dans les environs le port de Viareggio.

LUCQUY, ham. de Fr., Ardennes, com. de Faux ; 200 hab.

LUCS (les), vg. de Fr., Vendée, arr. de Bourbon-Vendée, cant. de Poirée-sous-Bourbon, poste de Palluau; 2250 hab.

LUC-SUR-AUDE, vg. de Fr., Aude, arr. de Limoux, cant. et poste de Couiza; 260 hab.

LUC-SUR-MER, vg. de Fr., Calvados, arr. de Caen, cant. de Douvres, poste de la Délivrande; on y fait beaucoup de salaisons; bains de mer; 2007 hab.

LUC-SUR-ORBIEU, vg. de Fr., Aude, arr. de Narbonne, cant. et poste de Lézignan; 530 hab.

LUCVIELLE, vg. de Fr., Gers, arr. d'Auch, cant. et poste de Gimont; 220 hab.

LUCY, ham. de Fr., Aisne, com. de Ribemont; 570 hab.

LUCY, vg. de Fr., Meurthe, arr. de Château-Salins, cant. et poste de Delme; 590 h.

LUCY, vg. de Fr., Seine-Inférieure, arr., cant. et poste de Neufchâtel-en-Bray; 400 h.

LUCYETILIS, g. a, mont. du pays des Sabins, peu loin de la campagne d'Horace.

LUCY-LE-BOCAGE, vg. de Fr., Aisne, arr. et poste de Château-Thierry, cant. de Charly; 330 hab.

LUCY-LE-BOIS, vg. de Fr., Yonne, arr. et cant. d'Avallon, poste; 1055 hab.

LUCY-LE-HAMEAU, vg. de Fr., Marne, arr. et poste d'Épernay, cant. de Montmort; 130 hab.

LUCY-SUR-CURE, vg. de Fr., Yonne, arr. d'Auxerre, cant. et poste de Vermenton; 340 hab.

LUCY-SUR-YONNE, vg. de Fr., Yonne, arr. d'Auxerre, cant. et poste de Coulange-sur-Yonne; 550 hab.

LUD (le Grand-), ham. de Fr., Seine-et-Marne, com. de Guérard; 140 hab.

LUDAMAR, pays de la Nigritie occidentale, au N. de l'état de Kaarta (Sénégambie) et au N.-O. de Bambarra, habité en partie par des Nègres, doux et affables, en partie par des Maures, oont Mungo-Park éprouva la brutale rapacité; on y trouve beaucoup de troupeaux, mais aussi des sangliers, des hyènes, des antilopes et des autruches en grand nombre.

LUDAN (Saint-) ou SANCT-LOTTEN, ham. de Fr., Bas-Rhin, com. de Hipsheim; il a une église à laquelle on vient en pèlerinage, poste; 20 hab.

LUDDERSHALL, b. d'Angleterre, comté de Wilts, dans une situation délicieuse; nomme 2 députés au parlement; 2500 hab.

LUDE (le), vg. de Fr., Sarthe, arr. et à 5 l. E.-S.-E. de la Flèche, sur la rive gauche du Loir, chef-lieu de canton et poste; commerce de marrons et de cuirs; 3335 hab.

LUDELANGE, ham. de Fr., Moselle, com. de Tressange; 110 hab.

LUDENSCHEID, pet. v. de Prusse, prov. de Westphalie, rég. et à 8 1/2 l. S.-O. d'Arnsberg, entourée de montagnes. Fabrication de quincaillerie; filatures; forges, tréfileries et moulins à poudre dans les environs; 2520 hab.

LUDERSDORF, b. de Hongrie, cer. au-delà du Danube, comitat d'Eisenbourg; fabrique une grande quantité d'articles de Nuremberg; 1200 hab.

LUDES, vg. de Fr., Marne, arr. et poste de Reims, cant. de Verzy; 840 hab.

LUDESSE, vg. de Fr., Puy-de-Dôme, arr. et poste d'Issoire, cant. de Champeix; 710 h.

LUDIÉS, vg. de Fr., Arriège, arr., cant. et poste de Pamiers; 110 hab.

LUDINGHAUSEN, pet. v. de Prusse, chef-lieu de cercle, prov. de Westphalie, rég. de Munster; fabrication de toiles; teintureries et usines; 1570 hab.

LUDGE, pet. v. murée de Prusse, prov. de Westphalie, rég. de Minden, sur l'Emmer; eaux minérales; fabrication de dentelles; 1920 hab.

LUDHEANA. *Voyez* LADIANA.

LUDITZ, pet. v. de Bohême, cer. d'Ellenbogen; 2400 hab.

LUDLOW, jolie pet. v. d'Angleterre, comté de Shrop ou Salop; nomme 2 députés au parlement; florissante par son commerce en grains; 5000 hab.

LUDLOW, b. des États-Unis de l'Amérique du Nord, état d'Ohio, comté de Green, sur le petit Miami. Dans les environs on trouve des sources minérales sulfureuses très-fréquentées.

LUDON, vg. de Fr., Gironde, arr. et poste de Bordeaux, cant. de Blanquefort; 1000 h.

LUDRES, vg. de Fr., Meurthe, arr., cant. et poste de Nancy; 430 hab.

LUDWIGSBOURG, v. du roy. de Wurtemberg, deuxième résidence royale, chef-lieu du cercle du Necker et du grand-bailliage de même nom, située à 3 l. N. de Stuttgart, dans une contrée riante et fertile, couverte de jardins et de maisons de campagne. Cette ville, entièrement neuve, est comptée parmi les plus belles de l'Allemagne; ses rues et ses places sont vastes, régulières et ornées de beaux édifices; le tout est entrecoupé de jardins et de promenades, qui donnent à cette cité une étendue hors de proportion avec sa population. Le château, élevé de 1704 à 1733, renferme un théâtre et une riche galerie de tableaux; sa chapelle, ornée de belles peintures, renferme une sépulture de famille avec les restes de Fréderic, premier roi de Wurtemberg, mort le 30 octobre 1816, et d'autres membres de cette dynastie. Parmi les autres monuments publics on remarque : l'église paroissiale sur la place du marché et en face une belle fontaine avec la statue du duc E. Louis, fondateur de la ville; l'arsenal; l'hôtel des princes; de belles casernes, etc. Ludwigsbourg possède un lycée; une école militaire d'artillerie et du génie; un hôpital militaire d'instruction; une fonderie de canons; une maison de réclusion et de travail; des fabr. de draps et de cotonnades; pop. de la ville 6000 hab., du grand-bailliage 29,000. Dans les environs on voit deux beaux châteaux de plaisance du roi : la Favorite et Monrepas.

En 1697 il y avait à l'emplacement de Ludwigsbourg 3 fermes, appartenant au couvent de Bebenhausen; en 1704 le duc Eberard-Louis y fit construire un château de chasse, qui fut l'origine de la ville; le duc Charles la fit embellir et fortifier vers le milieu du même siècle; le roi Fréderic l'éleva à son importance actuelle.

Patrie des généraux de Franquemont (1770), de Scheeler (1770), de Barnbuler (1774) et de Just Kerner, médecin et littérateur (1786).

LUDWIGSHAFEN, jusqu'en 1826 **SERNATINGEN**, pet. v. du grand-duché de Bade, cer. du lac; assez commerçante, avec un port franc, sur le lac de Constance; 850 h.

LUDWIGSLUST ou **LUDWIGSBOURG**, b. du grand-duché de Mecklembourg-Schwerin, cer. de Mecklembourg; résidence ordinaire du grand-duc. Il renferme un séminaire pour les maîtres d'école, la collection Frederico-Francisceum d'antiquités mecklembourgeoises. Le palais grand-ducal est remarquable surtout par sa galerie de tableaux, sa cascade, son grand jardin, son parc et son église catholique; 4000 hab.

LUDWIGSTHAL, vg. d'Autriche, gouv. de Moravie-et-Silésie, cer. de Troppau; forges.

LUE, vg. de Fr., Landes, arr. de Mont-de-Marsan, cant. de Sabres, poste de Liposthey; 775 hab.

LUÉ, vg. de Fr., Maine-et-Loire, arr. de Baugé, cant. de Seiche, poste de Suette; 600 hab.

LUEMSCHWILLER, vg. de Fr., Haut-Rhin, arr., cant. et poste d'Altkirch; 800 h.

LUET, ham. de Fr., Eure-et-Loir, com. de Béville-le-Comte; 130 hab.

LUFFENDORF, ham. de Fr., Haut-Rhin, com. de Largitzen; 40 hab.

LUGA, pet. v. de la Russie d'Europe, gouv. de Pétersbourg; siége des autorités du cercle du même nom; elle possède une église et 800 hab.

LUGAGNAC, vg. de Fr., Lot, arr. de Cahors, cant. et poste de Limogne; 440 hab.

LUGAGNAN, vg. de Fr., Hautes-Pyrénées, arr. d'Argelès, cant. et poste de Lourdes; 120 hab.

LUGAIGNAC, vg. de Fr., Gironde, arr. de Libourne, cant. et poste de Branne; 340 h.

LUGAIGNAC, ham. de Fr., Gironde, com. de Vertheuil; 150 hab.

LUGAN, ham. de Fr., Aveyron, com. de Montbazens; 140 hab.

LUGAN, ham. de Fr., Aveyron, com. de Quins; 110 hab.

LUGAN, vg. de Fr., Tarn, arr., cant. et poste de Lavaur; 480 hab.

LUGANO (lac de), *Ceresius Lacus*, lac du roy. Lombard-Vénitien, sur la frontière de la Suisse; à 875 pieds au-dessus du niveau de la mer, long de 13,600 toises, sur 1800 de large; il reçoit les eaux de plus de 40 rivières du territoire autrichien. Il communique avec le lac Majeur par la Tréza.

LUGANSKŒ, vg. de la Russie d'Europe, gouv. de Katerinoslaw; il a une fonderie de fer qui occupe 1600 ouvriers.

LUGARDE, vg. de Fr., Cantal, arr. de Murat, cant. de Marcenat, poste d'Allanche; 760 hab.

LUGASSON, vg. de Fr., Gironde, arr. de la Réole, cant. de Targon, poste de Sauveterre; 410 hab.

LUGAUT, vg. de Fr., Landes, arr. de Mont-de-Marsan, cant. et poste de Roquefort; 1080 hab.

LUGAZAU, ham. de Fr., Landes, com. de Vielle-Soubiran; 150 hab.

LUGDUNENSIS, g. a., prov. de Gaule, divisée vers la fin du troisième siècle 1° en Gallia Lugdunensis prima ou Lugdunensis Ager, Burgundiæ Ducatus et Nivernensis Tractus, formant aujourd'hui les dép. du Rhône, de la Saône-et-Loire, de la Côte-d'Or, de la Nièvre, chef-lieu Lugdunum (Lyon); 2° en Gallia Lugdunensis secunda ou Normannia, formant aujourd'hui les dép. du Pas-de-Calais, de l'Orne, du Calvados et de l'Eure, chef-lieu Rotomagus (Rouen); 3° en Gallia Lugdunensis tertia ou Touronia, Cenomanensis Ager ou Aremorica, formant aujourd'hui les dép. d'Indre-et-Loire, Sarthe, Mayenne Maine-et-Loire, Loire-Inférieure, Ille-et-Vilaine, Morbihan, Côtes-du-Nord, Finistère, chef-lieu Civitas Turonum (Tours); et 4° en Gallia Lugdunensis quarta, Senona ou Campania Gallica, Franciæ Insula, Perticensis Ager et Aurelianensis Ager, formant aujourd'hui les dép. de Marne, Haute-Marne, Seine, Oise, Yonne, Aube, Seine-et-Marne, Aisne, Seine-et-Oise, Eure-et-Loir, Loiret, Loir-et-Cher, chef-lieu Civitas Senorum (Sens).

LUGEAC, vg. de Fr., Haute-Loire, arr., cant. et poste de Brioude; 60 hab.

LUGET (le), ham. de Fr., Puy-de-Dôme, com. d'Anzat-le-Luget; 450 hab.

LUGLON, vg. de Fr., Landes, arr. de Mont-de-Marsan, cant. et poste de Sabres; 700 hab.

LUGNÉ, ham. de Fr., Deux-Sèvres, com. de Saivre; 100 hab.

LUGNET (le), ham. de Fr., Isère, com. des Avenières; 160 hab.

LUGNY, vg. de Fr., Aisne, arr., cant. et poste de Vervins; 230 hab.

LUGNY, ham. de Fr., Côte-d'Or, com. de Leuglay; fabr. de faïence.

LUGNY, b. de Fr., Saône-et-Loire, arr. et à 4 1/2 l. N. de Mâcon, chef-lieu de canton, poste de St.-Oyen; 1670 hab.

LUGNY-BOURBONNAIS, vg. de Fr., Cher, arr. de St.-Amand-Mont-Rond, cant. de Nérondes, poste de Dun-le-Roi; 130 hab.

LUGNY-CHAMPAGNE, vg. de Fr. Cher, arr. de Sancerre, cant. et poste de Sancergues; 430 hab.

LUGNY-LES-CHAROLLES, vg. de Fr., Saône-et-Loire, arr., cant. et poste de Charolles; 600 hab.

LUGO, *Lucus Augusti*, v. murée d'Espagne, roy. de Galice, chef-lieu de province et évêché; près de la rive gauche du Minho, à 16 l. E. de Santiago. Elle possède une cathédrale et 2 églises paroissiales, un séminaire, 4 couvents, 2 hôpitaux; des manufactures de gros draps de bonneterie et de toiles et des eaux thermales très-fréquentées; 4800 hab.

LUGO, v. des états de l'Église, délégation de Ferrari; fabr. de soieries et de toiles de lin; 3000 hab.

LUGO-DE-VECCHIO, vg. de Fr., Corse, arr. et poste de Corte, cant. de Serragio; 350 hab.

LUGO-DI-NAZA, vg. de Fr., Corse, arr. de Corte, cant. et poste de Vezzani; 460 h.

LUGOGNANO, b. du duché de Modène, avec des sources minérales.

LUGON, vg. de Fr., Gironde, arr. de Libourne, cant. de Fronzac, poste de St.-André de Cubzac; 890 hab.

LUGOS, vg. de Fr., Gironde, arr. de Bordeaux, cant. et poste de Belin; forges; haut-fourneau; acierie; 864 hab.

LUGOS, *Lugosium*, pet. v. de Hongrie, cer. au-delà de la Theiss, chef-lieu du comitat de Krasso, sur le Temes; on y récolte d'excellent vin; 4600 hab.

LUGULUS. *Voyez* HOGOLEN.

LUGY, vg. de Fr., Pas-de-Calais, arr. de Montreuil-sur-Mer, cant. et poste de Fruges; 260 hab.

LUHATSCHOWITZ, pet. vg. d'Autriche, gouv. de Moravie-et-Silésie, cer. de Hradisch, dans une charmante vallée; possède la source minérale la plus fréquentée de toute la Moravie, avec de jolis établissements de bain.

LUHIER, vg. de Fr., Doubs, arr. de Montbéliard, cant. et poste de Russey; 170 h.

LUIGNE, vg. de Fr., Maine-et-Loire, arr. d'Angers, cant. de Thouarcé, poste de Brissac; 400 hab.

LUIGNY, vg. de Fr., Eure-et-Loir, arr. et canton de Nogent-le-Rotrou, poste de Beaumont-les-Autels; 640 hab.

LUINO, joli b. du roy. Lombard-Vénitien, gouv. de Milan, délégation de Côme, sur la rive orientale du lac Majeur; très-florissant par son commerce.

LUIRENAU, ham. de Fr., Côte-d'Or, com. de Blânot; 100 hab.

LUIS (San-), fl. de la rép. orientale de l'Uruguay; coule vers le S.-E. et débouche dans la Laguna-Mirim.

LUIS (Rio de Don-), appelé aussi IBAY, IUIBAY, IBIRAY et IBAXIBA, fl. de l'emp. du Brésil; naît dans la Sierra Espinhazo, au centre de la prov. de San-Paolo. Il coule d'abord vers le N., en baignant San-Antonio, San-Thomé et Villa-Rica, puis vers l'O., et se jette, après un cours de 110 l., dans le Parana; ses affluents sont peu considérables.

LUIS (Bahia de San-). *Voyez* MARANHAO.

LUISANS, vg. de Fr., Doubs, arr. de Baume-les-Dames, cant. de Pierre-Fontaine, poste de Morteau; 330 hab.

LUISAUT, vg. de Fr., Eure-et-Loir, arr. cant. et poste de Chartres; 510 hab.

LUIS-DE-LA-PAZ (San-), v. de la confédération mexicaine, état de Guanaxuato; elle renferme un collége et de nombreuses distilleries d'eau-de-vie; ses environs produisent un excellent vin; 4000 hab.

LUIS-DE-LA-PUNTA (San-), état ou prov. de la rép. Argentine. Cette province est bornée au N.-E. par la prov. de Cordova, au N.-O. et à l'O. par les prov. de San-Juan et de Mendoza, au S. par des districts inconnus, et à l'E. par les prov. de Santiago et de Corrientes. Cette province, d'une superficie très-considérable, ne compte que 25 à 30,000 habitants, qui se livrent généralement à l'éducation du bétail, très-favorisée par le terrain montueux. Le climat est des plus agréable, mais l'eau y manque, et le sol stérile refuse même les produits les plus ordinaires; cependant on cultive avec succès le figuier et la vigne, dont les produits forment un important article de commerce. Le régne minéral fournit de l'or, de l'argent et du sel. Cette province faisait partie autrefois de la prov. de Cuyo, appelée aussi le Chili au-delà des montagnes (*Chile tramontorno*).

LUIS-DE-LA-PUNTA (San-) ou LA-PUNTA-DE-SAN-LOUIS, appelée aussi SAN-LOUIS-DE-LOYOLA, pet. v. et chef-lieu de la province du même nom, au S.-O. de la Sierra de San-Louis, dans une contrée pittoresque, mais très-pauvre; cette ville fut fondée en 1579 par Martin Garcia-Ornez-de-Loyola; elle est défendue par un fort; commerce de fruits secs; 3600 hab.

LUIS-DE-MARANHAO (San-). *Voyez* MARANHAO.

LUIS-D'ENCARAMADA (San-). *Voyez* ENCARAMADA.

LUISENHAMMER, autrefois SCHELNHAUSEN, forges importantes du grand-duché de Hesse-Darmstadt, dans la prov. de la Haute-Hesse.

LUISETAINES, vg. de Fr., Seine-et-Marne, arr. de Provins, cant. et poste de Donnemarie; 290 hab.

LUIS-GONZAGA (San-), pet. v. de l'emp. du Brésil, prov. de Rio-Grande-do-Sul; elle fut fondée en 1632 et compte 2000 hab.

LUIS-POTOSI (San-), état de la confédération mexicaine; comprend la ci-devant intendance de ce nom, et est bornée au N. et au N.-E. par l'état de Nuévo-Léon, à l'E. par l'état de Tamaulipas et la laguna de Tamia-Gua, au S. par les états de Véra-Cruz, de Quiritaro et de Guanaxuato, à l'O. et au N.-O. par l'état de Zacatécas. Il s'étend entre 21° 34′ et 24° 30′ lat. N. et a une superficie de 848 l. c. géogr., avec

300,000 hab. Cette province, généralement bien arrosée et même trop humide, n'a que deux cours d'eau considérables: le Panuco ou Tampico, qui naît dans les environs de la capitale et traverse le pays de l'O. à l'E., et le Santander, qui vient de Zacatécas et traverse la province au centre. Un grand nombre de lacs s'étendent au S. et à l'E. de l'état; la laguna Chairel et la laguna de Chita en sont les plus étendues. Cette province est une des plus riches du Mexique sous le rapport minéralogique; ses mines d'argent les plus productives sont celles de Santa-Maria-de-las-Charcas, de Guadalcazar et de Catora. L'exploitation des mines et l'affinage de leurs produits forment la principale branche de l'industrie de ce pays. L'éducation du bétail et les pêches sur la côte sont également très-importantes. Sur la côte on recueille en outre les fruits les plus délicats du Mexique. Sous le rapport ecclésiastique l'état de San-Luis dépend de l'évêque de Mechoacan, et sous le rapport judiciaire il est du ressort de l'audience de Guadalaxara.

Cet état tire son nom de la capitale, qui, à son tour l'a reçu de ses riches mines d'argent, qui promettaient un second Potosi (Pérou). Elle est colonisée depuis le milieu du seizième siècle, et les indigènes qui l'habitaient autrefois ont été refoulés vers le N. et les Bolsons de Mapimi. En 1824, l'ancienne intendance de San-Louis-Potosi entra sous ce nom dans la confédération mexicaine.

LUIS-POTOSI (San-), v. du Mexique et chef-lieu de l'état de même nom, dans une agréable vallée, sur la pente orientale du haut plateau d'Anahuac et près des sources du Panuco. Cette ville, fondée en 1586, est bien bâtie et possède un collége, une école modèle lancastérienne, un hôpital, plusieurs couvents très-riches, quelques fabriques et fait un commerce, qui, malgré sa diminution depuis l'ouverture du port de Véra-Cruz, est toujours très-considérable. Cette ville est l'entrepôt central de Tampico pour les états intérieurs de la confédération; elle doit sa célébrité surtout aux mines d'argent de son voisinage, qui autrefois étaient très-riches, mais qu'on a abandonnées de nos jours pour celles de San-Antonio; 50,000 hab., avec ses vastes faubourgs.

LUITRÉ, vg. de Fr., Ille-et-Vilaine, arr., cant. et poste de Fougères; 1860 hab.

LUIZ (Villa-Nova-de-San-). *Voyez* VILLA-NOVA-DE-SAN-LUIZ.

LUIZ-ALVES. *Voyez* TAJAHY.

LUJAN, pet. v. de la rép. Argentine, état de Buénos-Ayres, à l'O. de la ville de ce nom, sur la route de Cordova. Cet endroit possède un bel hôtel de ville et une église remarquable par sa Vierge prétendue miraculeuse. Dans son voisinage on a trouvé le mégathérium dans l'état fossile; 2700 hab.

LUKA, pet. v. sur la côte méridionale du pays des Bellos, dans l'île de Timor (Malaisie); est le chef-lieu d'un petit royaume qui porte son nom et qui est un des plus puissants de la côte méridionale.

LUKH. *Voyez* ZERRAH.

LUKILANOW ou LUKOJANOW, pet. v. de la Russie d'Europe; siége des autorités du cercle du même nom, sur la Luczczawka, près de sa jonction avec la Tesra; 1200 hab.

LUKOW, v. de Pologne, chef-lieu de cercle, sur la Trzna; autrefois fortifiée; collége; 3200 hab.

LULEA-ELF, riv. navigable de la Suède, prov. de Westerbotten et Norbotten.

LULEA-GAMLASTAD, v. de Suède, prov. de Norrbotten; située dans une contrée très-fertile.

LULEA-LAPPMARK, v. de Suède, prov. de Norrbotten; mines de fer très-riches;

LULES, peuplade indienne, en partie indépendante, en partie soumise et convertie au christianisme, au N.-O. de la rép. Argentine, entre le Rio-Vermejo et le Rio-Salado. Cette peuplade se divise originairement en 5 tribus: les Lulé proprement dits, les Isistiné, les Jokistiné, les Oristiné et les Tonocoté. Selon Balbi, cette dernière tribu est identique avec les Mataras, qu'on essayait vainement de soumettre et à convertir au commencement du dix-septième siècle; 2500 hab.

LUMBERTOWN, pet. v. des États-Unis de l'Amérique du Nord, état de la Caroline du Nord, comté de Robeson, dont elle est le chef-lieu, sur le Lumber; 2500 hab.

LUMBIN, vg. de Fr., Isère, arr. de Grenoble, cant. du Touvet, poste de Crolles; 690 hab.

LUMBRALES, pet. v. d'Espagne, roy. de Léon, prov. de Salamanque.

LUMBRES, vg. de Fr., Pas-de-Calais, arr., à 3 l. S.-O. et poste de St.-Omer, chef-lieu de canton; fabr. de papier; 800 hab.

LUMEAU, vg. de Fr., Eure-et-Loir, arr. de Châteaudun, cant. de Pontarion, poste d'Artenay; 480 hab.

LUMELLO, b. du Piémont, prov. de Mortara, sur l'Agogna; 3500 hab.

LUMES, vg. de Fr., Ardennes, arr., cant. et poste de Mézières; 270 hab.

LUMÉVILLE, vg. de Fr., Meuse, arr. de Commercy, cant. et poste de Gondrecourt; 270 hab.

LUMIER-EN-CHAMPAGNE (Saint-), vg. de Fr., Marne, arr. et cant. de Vitry-le-Français, poste de la Chaussée; 410 hab.

LUMIER-LA-POPULEUSE (Saint-), vg. de Fr., Marne, arr. de Vitry-le-Français, cant. de Thiéblemont, poste de Perthes; 70 hab.

LUMIGNY, vg. de Fr., Seine-et-Marne, arr. de Coulommiers, cant. et poste de Rozoy-en-Brie; 440 hab.

LUMINAR (Passo do), pet. v. de l'emp. du Brésil, prov. de Maranhao, au centre de l'île de ce nom, sur le Rio-San-Joam. Ses habitants, au nombre de 5000, sont des Indiens de différentes peuplades; ils cultivent du riz, du tabac, etc., se livrent à la pêche et font le commerce de bois.

LUMINE-DE-CLISSON (Sainte-), vg. de Fr., Loire-Inférieure, arr. de Nantes, cant. et poste de Clisson; 1320 hab.

LUMINE-DE-COUTAIS (Sainte-), vg. de Fr., Loire-Inférieure, arr. de Nantes, cant. de St.-Philbert-de-Grand-Lieu, poste de Machecoul; 1290 hab.

LUMIO, b. de Fr., Corse, arr. et poste de Calvi, cant. de Calenzana; 810 hab.

LUMMEN, vg. du roy. de Belgique, prov. de Limbourg, arr. de Hasselt; 2260 hab.

LUMURZECK ou **LAMURZEK**. *Voyez* **NAMOURREK**.

LUNAC, vg. de Fr., Aveyron, arr. et poste de Villefranche-de-Rouergue, cant. de Najac; 950 hab.

LUNAGUET, ham. de Fr., Tarn, com. de Pampelonne; 240 hab.

LUNAIRE (Saint-), vg. de Fr., Ille-et-Vilaine, arr. et poste de St.-Malo, cant. de Pleurtuit; 1020 hab.

LUNAIRE (Saint-), baie sur la côte E. de l'île de Terre-Neuve.

LUNAISE (Sainte-), vg. de Fr., Cher, arr. de Bourges, cant. de Levet, poste de Châteauneuf-sur-Cher; 140 hab.

LUNAN, vg. de Fr., Lot, arr., cant. et poste de Figeac; 640 hab.

LUNAS, vg. de Fr., Dordogne, arr. et poste de Bergerac, cant. de la Force; 550 h.

LUNAS, vg. de Fr., Hérault, arr., à 2 1/2 l. O.-S.-O. et poste de Lodève, chef-lieu de canton; situé sur un mamelon, au confluent de trois petites rivières et près de la rive gauche de l'Orbe; 1500 hab.

LUNAX, vg. de Fr., Haute-Garonne, arr. de St.-Gaudens, cant. et poste de Boulogne; 260 hab.

LUNAY, vg. de Fr., Loir-et-Cher, arr. de Vendôme, cant. de Savigny, poste de Montoire; 1590 hab.

LUND, *Londinum*, *Lunda Gothorum*, jolie pet. v. de la Suède méridionale, dans la prov. ou læn de Malmuhœs; est le siége d'un évêché, possède une belle cathédrale, un séminaire ecclésiastique, une école vétérinaire et une université avec une riche bibliothèque, un musée d'histoire naturelle, un médailler, une collection d'antiquités, un observatoire et un jardin botanique. Ses habitants, au nombre de 3500, s'occupent de l'agriculture, principalement de la culture et de la fabrication du tabac et du cuir. Bataille de 1675 entre les Suédois et les Danois; paix de 1679 entre les deux mêmes nations.

LUNDE, paroisse de Norwège, diocèse de Christiansand, bge de Stavanger; 1200 hab.

LUNDEN, pet. v. du Danemark, duché de Holstein, bge de Norderditmarsen, peu loin de l'Eider; 2 foires; 600 hab.

LUNDŒRREN, défilé des montagnes de la Suède septentrionale, entre les prov. de Jamtlænd et Heviodalen, long de 2 milles d'Allemagne.

LUNEAU, vg. de Fr., Allier, arr. de la Palisse, cant. et poste du Donjon; 730 hab.

LUNEBOURG, v. du roy. de Hanovre, située sur l'Ilmenau, au milieu de vastes landes; ville ancienne, la plus commerçante du royaume après Hanovre et capitale du gouvernement du même nom. Sa pop. dépasse 12,000 hab. Elle est entourée de fortifications et possède un château, un gymnase, un collége de nobles (*Ritter-Academie*); ses principaux établissements d'industrie sont des fabriques de savon; commerce d'exportation, d'expédition et de transit. Cette ville est surtout remarquable par sa saline, la plus riche de l'Europe, qui fournit annuellement 300,000 quintaux de sel. Lunebourg a fait partie de la ligue anséatique.

Le gouv. de Lunebourg, formé du duché du même nom, est borné au N. par l'Elbe, qui le sépare du Holstein, de la rép. de Hambourg et du duché de Lauenbourg, au N.-E. par le grand-duché de Mecklembourg et la prov. de Brandebourg, à l'E. par la Saxe prussienne, au S. par le duché de Brunswick et le gouv. de Hildesheim, à l'O. par la principauté de Calenberg, le comté de Hoya, les duchés de Verden et de Brême. Sa superficie est de 340 l. c., sa pop. de 264,000 hab., repartis dans 14 villes, 16 bourgs, 1685 villages, hameaux, etc. C'est en grande partie un pays de landes, de marais et de bruyères, et l'on connaît les landes de Lunebourg, qui s'étendent jusqu'à Haarbourg, sur une étendue de 20 l., et que traverse la route de Hambourg. Il y a aussi des forêts considérables et quelques marches fertiles sur les bords de l'Elbe et de l'Aller. Les cours d'eau qui arrosent ce gouvernement sont: l'Elbe, qui y reçoit l'Aland; la Jeetze; l'Ilmenau, grossi par la Luhe et la Seeve; et l'Aller, qui s'y grossit de l'Ocker, de la Fuse et de la Leine. Ses principales villes, après Lunebourg, sont Celle et Haarbourg.

LUNEBURGH, comté de la Nouvelle-Écosse, Amérique anglaise; il est borné par l'Océan et par les comtés de Halifax, de Queens, d'Annapolis et de Kings. Cette province, qui présente une surface onduleuse, est une des plus fertiles et des mieux cultivées de la presqu'île; 9000 hab., la plupart Allemands.

LUNEBURGH, pet. v. de la Nouvelle-Écosse et chef-lieu du comté du même nom, sur la baie de Mirlegash; commerce qui s'accroît de jour en jour; 2000 hab.

LUNEGARDE, ham. de Fr., Lot, com. du Bastit; exploitation de pierres de taille; 290 hab.

LUNEL, *Lunate*, v. de Fr., Hérault, arr., à 6 l. E.-N.-E. de Montpellier et à 200 l. de Paris, chef-lieu de canton et poste. Sa situation sur le canal de même nom, qui communique au Rhône, à la Méditerranée et au canal du Midi, favorise beaucoup et étend son commerce. C'est une ville bien bâtie; elle a une grande caserne et une jolie promenade, décorée d'une fontaine élégante; mais aucun édifice remarquable n'y fixe l'attention des étrangers. Ses excellents vins muscats, les produits de ses nombreuses fabriques d'esprit de vin et d'eaux-de-vie, les grains et les farines sont les principaux articles de son commerce; c'est aussi un entrepôt des marchandises du Haut-Languedoc et de denrées coloniales; 6320 hab.

Lunel avait de l'importance comme place forte pendant les guerres de religion. Le cardinal Richelieu en fit raser les fortifications en 1632. En cessant d'être ville de guerre, sa prospérité augmenta par le commerce.

LUNEL (canal de). *Voyez* ÉTANGS (canaux des).

LUNELLE, b. de la prov. de Mortara, roy. de Sardaigne, sur l'Agogna; 4000 hab.

LUNEL-VIEIL, vg. de Fr., Hérault, arr. de Montpellier, cant. et poste de Lunel; 840 hab.

LUNEN, pet. v. de Prusse, prov. de Westphalie, rég. d'Arnsberg, sur l'embouchure de la Seseke dans la Lippe qui y est rendue navigable; manufactures de draps, de bas et de lévantine; culture et fabrication de tabac; 1750 hab.

LUNENBURGH, comté de l'état de Virginie, États-Unis de l'Amérique du Nord; il est borné par les comtés de Nottoway, de Brunswick, de Mecklenburgh, de Charlotte et de Prince-Edward; pays fertile et bien arrosé; 13,000 hab.

LUNERAY, vg. de Fr., Seine-Inférieure, arr. de Dieppe, cant. et poste de Bacqueville; 1630 hab.

LUNERY, vg. de Fr., Cher, arr. de Bourges, cant. de Charost, poste de Châteauneuf-sur-Cher; 730 hab.

LUNETAS. *Voyez* KOUKI.

LUNÉVILLE, v. de Fr., Meurthe, à 6 l. S.-E. de Nancy et à 76 l. E. de Paris, chef-lieu d'arrondissement; siége d'un tribunal de première instance; conservation des hypothèques; elle est située au confluent de la Vezouze et de la Meurthe, à l'extrémité d'une belle plaine couverte de belles prairies. C'est une jolie ville qui doit la plus grande partie de ses embellissements à l'ex-roi de Pologne Stanislas. On y voit le château du dernier duc de Lorraine, et derrière ce vaste et bel édifice un immense jardin dit le Bosquet qui sert de promenade publique, et à l'extrémité duquel se trouve le Champ-de-Mars, où le gouvernement réunit chaque année un camp de cavalerie pour les grandes manœuvres; la place Neuve, ornée d'une belle fontaine; le quartier de cavalerie; le manége couvert, et enfin l'église paroissiale qui renferme le tombeau de la marquise du Châtelet, qui dut sa célébrité à l'amitié qu'elle eût pour Voltaire. Lunéville possède une société d'agriculture et un collége. Cette ville est renommée pour ses ganteries, ses faïenceries; elle a des filatures, des fabr. de bonneterie de toutes sortes, de calicots, de broderies; des blanchisseries de toiles, etc.; on y fait un commerce très-actif de tous les produits de ses manufactures, ainsi qu'en vins, chanvre, lin, graines, eaux-de-vie et bois. Foires: 16 mars, 23 avril, 25 juin, 12 septembre, 1er octobre et lundi-gras; 12,798 hab.

Patrie du chevalier de Boufflers, de l'acteur Monvel, du graveur Chéron, du peintre Girardet, de l'orateur Girardin et de plusieurs contemporains distingués.

Lunéville, dont l'origine est très-ancienne, était jadis fortifié et le chef-lieu d'un comté. Ses fortifications furent rasées en 1678. En 1801, il s'y tint un congrès où la paix fut conclue entre la France et l'Autriche.

LUNEZAY, ham. de Fr., Cher, com. d'Isseuil; 120 hab.

LUNGAU, vallée de la Haute-Autriche, cer. de Salzbourg; 15 l. c. géogr. de superficie; 15,000 hab.

LUNGHIGNANO, vg. de Fr., Corse, arr. et poste de Calvi, cant. de Calenzana; 210 h.

LUNGRO, b. du roy. de Naples, prov. de la Calabre citérieure; sources salées; 2800 hab.

LUNION ou **BELBÈZE**, **JEAN-DE-KIRIE-ELEYSON** (Saint-), vg. de Fr., Haute-Garonne, arr., cant. et poste de Toulouse; 930 hab.

LUONCY, ham. de Fr., Loiret, com. de Villamblain; 120 hab.

LUOT (le), vg. de Fr., Manche, arr. et poste d'Avranches, cant. de la Haye-Pesnel; 550 hab.

LUPACH, ham. de Fr., Haut-Rhin, com. de Buxweiler; 16 hab. Il y avait là un couvent de franciscains.

LUPATA, fameuse chaîne de montagnes de l'Afrique orientale, auxquelles plusieurs auteurs donnent le nom d'Épine du Monde. Maltebrun, s'appuyant sur l'autorité d'autres géographes, les étendait, en 1813, depuis le cap Guardafui jusqu'au cap de Bonne-Espérance; mais elles ne paraissent s'étendre du S. au N., à travers l'intérieur de la Cafrerie et de la côte de Mozambique, tout au plus jusqu'aux environs de Mélinde, et encore ce n'est qu'après s'être extraordinairement abaissés. Ses plus hauts sommets dans le Manica doivent atteindre une hauteur de 1000 toises.

LUPCOURT, vg. de Fr., Meurthe, arr. de Nancy, cant. et poste de St.-Nicolas-du-Port; 310 hab.

LUPÉ, vg. de Fr., Loire, arr. de St.-Étienne, cant. de Pélussai, poste de St.-Chamond; 320 hab.

LUPERCE (Saint-), vg. de Fr., Eure-et-Loir, arr. de Chartres, cant. et poste de Courville; 540 hab.

LUPERSAC, b. de Fr., Creuse, arr. et poste d'Aubusson, cant. de Bellegarde; 2320 hab.

LUPIAC, b. de Fr., Gers, arr. de Mirande, cant. d'Aignan, poste de Vic-Fezenzac; 1430 hab.

LUPICIN (Saint-), b. de Fr., Jura, arr., cant. et poste de St.-Claude; 700 hab.

LUPIEN (Saint-) ou SOMME-FONTAINE, vg. de Fr., Aube, arr. de Nogent-sur-Seine, cant. et poste de Marcilly-le-Hayer; 260 h.

LUPIEUX, ham. de Fr., Ain, com. de St.-Rambert; 160 hab.

LUPIN, un des forts établis à l'embouchure de la Charente; il fait partie de la com. de St.-Nazai, près Rochefort.

LUPLANTE, vg. de Fr., Eure-et-Loir, arr. de Chartres, cant. d'Illiers, poste de St.-Loup; 500 hab.

LUPO, b. du roy. des Deux-Siciles, prov. de la Principauté ultérieure; 2000 hab.

LUPONAY-SUR-VEYLE, ham. de Fr., Ain, com. de Vonnas; 300 hab.

LUPPÉ, vg. de Fr., Gers, arr. de Condom, cant. et poste de Nogaro; 290 hab.

LUPPY, vg. de Fr., Moselle, arr. de Metz, cant. de Pange, poste de Solgne; 830 hab.

LUPSA, gros vg. de Transylvanie, pays des Hongrois, comitat de Thorenbourg; 3000 hab.

LUPSAULT, vg. de Fr., Charente, arr. de Ruffec, cant. et poste d'Aigre; 380 hab.

LUPSTEIN, vg. de Fr., Bas-Rhin, arr., cant., à 2 l. E.-N.-E. et poste de Saverne; 750 hab.

En 1525, pendant la guerre des paysans, les environs de ce village furent le théâtre d'une lutte sanglante; 4000 paysans restèrent sur la place et Lupstein fut incendié.

LUQUE, pet. v. du dictatorat du Paraguay; elle fut fondée en 1635 et compte plus de 4000 hab.

LUQUET, vg. de Fr., Hautes-Pyrénées, arr. de Tarbes, cant. d'Ossun, poste de Vic-en-Bigorre; 470 hab.

LURAIS, vg. de Fr., Indre, arr. et poste du Blanc, cant. de Tournon-St.-Martin; 560 hab.

LURAY, vg. de Fr., Eure-et-Loir, arr., cant. et poste de Dreux; 350 hab.

LURBE, vg. de Fr., Basses-Pyrénées, arr., cant. et poste d'Oloron; 730 hab.

LURCY, vg. de Fr., Ain, arr. de Gex, cant. de St.-Trivier-sur-Moignans, poste de Montmerle; 370 hab.

LURCY-LE-BOURG, vg. de Fr., Nièvre, arr. de Cosne, cant. et poste de Prémery; 1150 hab.

LURCY-LE-SAUVAGE ou LURCY-LÉVY, b. de Fr., Allier, arr. et à 8 l. O.-N.-O. de Moulins-sur-Allier, chef-lieu de canton et poste; fabr. de porcelaine et poterie; commerce en grains, bois, bestiaux, vins, poissons et charbons; 2970 hab.

LURCY-SUR-ABRON, ham. de Fr., Nièvre, com. de Toury-Lurcy.

LURÉ, vg. de Fr., Loire, arr. de Roanne, cant. et poste de St.-Germain-Laval; 400 h.

LURE, *Lutera*, pet. v. de Fr., Haute-Saône, à 7 l. E.-N.-E. de Vesoul et à 96 l. S.-E. de Paris, chef-lieu d'arrondissement; siége d'un tribunal de première instance; direction des contributions indirectes; conservation des hypothèques et résidence d'un inspecteur des forêts. Cette petite ville, située au milieu d'un terrain marécageux, près de la rive droite de l'Ognon, possède un collége, dont le bâtiment vaste et imposant est assez remarquable. Un autre édifice, digne d'être mentionné, réunit la mairie, le théâtre et le tribunal. Lure a une société d'agriculture; les usines de fer sont nombreuses dans l'arrondissement, qui renferme en outre des exploitations de plâtre, de tourbe, etc.; filat. de coton et tissages; fabr. de mousseline, de verrerie, etc.; commerce de grains, vins, bois, fer, cuirs, fromages, etc. Foires : le premier mardi de janvier, février, mars, avril, mai, juillet, août et septembre; 2950 hab.

Lure est une ville ancienne; elle possédait une abbaye, fondée au septième siècle, et dont l'abbé avait le titre de prince de l'empire. Vers la fin du neuvième siècle elle était considérable. Plus tard elle devint place de guerre et souffrit beaucoup pendant les guerres qui précédèrent la réunion de la Franche-Comté à la France.

LUREUIL, vg. de Fr., Indre, arr. et poste du Blanc, cant. de Tournon-St.-Martin; 450 hab.

LUREY, vg. de Fr., Marne, arr. d'Épernay, cant. d'Anglure, poste de Pont-le-Roi; 170 hab.

LURGAN (Cittle England), b. d'Irlande, comté d'Armagh, peu loin du lac Neagh; florissant par ses manufactures de toiles de lin, de voiles et de mousselines. Marché aux toiles très-fréquenté; 4000 hab.

LURI, b. de Fr., Corse, arr. et à 5 l. N. de Bastia, chef-lieu de canton, poste de Rogliano; 1500 hab.

LURIECQ, vg. de Fr., Loire, arr. de Montbrison, cant de St.-Jean-Soleymieux, poste de St.-Bonnet-le-Château; 1100 hab.

LURIN, b. de la rép. du Pérou, dép. et prov. de Lima, dans une contrée charmante sur l'Océan, à 9 l. S. de Lima; cet endroit est célèbre par ses bains de mer très-fréquentés.

LURS, vg. de Fr., Basses-Alpes, arr. et poste de Forcalquier, cant. de Peyruis; 1240 hab.

LURY, b. de Fr., Cher, arr. et à 5 1/2 l. O. de Bourges, chef-lieu de canton, poste de Vierzon; 645 hab.

LUS ou LOTSA. *Voyez* LOUS.

LUSACE (le cercle de), dans le roy. de Saxe; est borné au N. par la prov. prussienne de Brandebourg, à l'E. par la Silésie, au S. par la Bohême et à l'O. par le cer. de Misnie. Il est arrosé par l'Elster noire, la Sprée et la Neisse; il est montagneux dans sa partie méridionale, mais les montagnes s'abaissent vers le N. jusqu'au niveau des plaines, qui sont sablonneuses au N.-O. Le sol est assez fertile et bien cultivé. Ce cercle, qui renferme une pop. de plus de 218,000 hab., sur une superficie de 38 4/10 milles c., se distingue par son industrie, dont les produits alimentent un commerce très-grand et très-étendu; ses principales branches sont les filatures de lin et de laine, les manufactures de coton et surtout les tissages de toiles de toutes les espèces. Le cer. de Lusace est formé d'une partie de l'ancien margraviat de Lusace, province wende qui originairement n'appartenait pas même à l'emp. germanique et qui se divisait en Haute et Basse-Lusace. Les margraves de Misnie possédèrent déjà au moyen âge tantôt l'une, tantôt l'autre de ces deux provinces, mais ils les perdirent, on ne sait comment. L'empereur Charles IV incorpora au roy. de Bohême la Haute-Lusace en 1355 et la Basse-Lusace en 1370; la paix de Prague la donna, en 1636, comme propriété particulière et héréditaire, mais comme fief de la couronne de Bohême, à la maison de Saxe, à laquelle elles avaient été engagées depuis 1620. Lors du partage de 1815, la Basse-Lusace et la plus petite moitié de la Haute-Lusace furent ajoutées à la Prusse.

LUSANNE. *Voyez* LOBSANN.

LUSANS, vg. de Fr., Doubs, arr. et poste de Baume-les-Dames, cant. de Roulans; 130 hab.

LUSARCHES, pet. v. de Fr., Seine-et-Oise, arr. et à 5 l. N.-E. de Pontoise, chef-lieu de canton et poste; elle est bâtie sur la pente d'une colline, sur l'emplacement où fut jadis le château de Lusarca, habité par des princes mérovingiens. On voit encore à Lusarches les ruines d'un autre château et l'ancienne abbaye d'Hérivaux, convertie aujourd'hui en maison de campagne. Cette petite ville fabrique des dentelles et fait commerce de grains; 1800 hab., y compris les ham. de Gascourt et de Thimécourt, qui font partie de cette commune.

LUSCAN, vg. de Fr., Haute-Garonne, arr. de St.-Gaudens, cant. de St.-Bertrand, poste de Montrejeau; 140 hab.

LUSIGNAC, vg. de Fr., Dordogne, arr. de Ribérac, cant. et poste de Verteillac; 850 hab.

LUSIGNAN (Charente-Inférieure). *Voyez* GERMAIN-DE-LUSIGNAN (Saint-).

LUSIGNAN, *Leziniacum*, *Lusignanum*, pet. v. de Fr., Vienne, arr. et à 6 l. S.-O. de Poitiers et à 95 l. de Paris, chef-lieu de canton et poste; elle est agréablement située sur la petite rivière de la Vonne et célèbre par son château, qui, au temps de la féodalité, soutint plusieurs siéges meurtriers. Il fut pris, en 1574, par le duc de Montpensier, et ses fortifications furent rasées. Il n'en reste plus que des vestiges, et, sur leur emplacement, on a fait une agréable promenade. Lusignan a une fabrique de grosses étoffes de laine et des tanneries; commerce de graines de trèfle et de luzerne; 2348 hab.

LUSIGNAN-GRAND, vg. de Fr., Lot-et-Garonne, arr. et poste d'Agen, cant. de Port-Sainte-Marie; 610 hab.

LUSIGNAN-PETIT, vg. de Fr., Lot-et-Garonne, arr. et poste d'Agen, cant. de Prayssas; 520 hab.

LUSIGNY, vg. de Fr., Allier, arr. de Moulins-sur-Allier, cant. et poste de Chevagne; 770 hab.

LUSIGNY, gr. vg. de Fr., Aube, arr. et à 4 l. S.-E. de Troyes, chef-lieu de canton et poste; il est situé près de la forêt de même nom et fait commerce de bois et de bestiaux; 1100 hab. En 1814, après la reprise de Troyes par Napoléon, ce village fut désigné comme lieu de conférence entre l'empereur et les alliés.

LUSIGNY-SUR-OUCHE, vg. de Fr., Côte-d'Or, arr. de Beaune, cant. et poste de Bligny-sur-Ouche; 400 hab.

LUS-LA-CROIX-HAUTE, vg. de Fr., Drôme, arr. et poste de Die, cant. de Châtillon; 1750 hab.

LUSSAC, vg. de Fr., Charente, arr. de Confolens, cant. et poste de St.-Claud; 470 hab.

LUSSAC, vg. de Fr., Charente-Inférieure, arr., cant. et poste de Jonzac; 120 hab.

LUSSAC, vg. de Fr., Gironde, arr., à 3 1/2 l. E.-N.-E. et poste de Libourne, chef-lieu de canton; 2454 hab.

LUSSAC, ham. de Fr., Lot-et-Garonne, com. de Leyrits; 160 hab.

LUSSAC ou LUSSAC-LES-CHATEAUX, pet. v. de Fr., Vienne, arr. et à 2 1/2 l. O.-S.-O. de Montmorillon, chef-lieu de canton et poste; excellentes pierres de taille; corderies et tanneries; 1581 hab.

LUSSAC-LES-ÉGLISES, b. de Fr., Haute-Vienne, arr. de Bellac, cant. de St.-Sulpice-les-Feuilles, poste du Dorat; 1550 hab.

LUSSAGNET, vg. de Fr., Landes, arr. de Mont-de-Marsan, cant. de Grenade-sur-l'Adour, poste de Cazères; 190 hab.

LUSSAGNET, vg. de Fr., Basses-Pyrénées, arr. de Pau, cant. et poste de Lembaye; 380 hab.

LUSSAN, vg. de Fr., Gard, arr. et à 3 1/2 l. N. d'Uzès, chef-lieu de canton et poste; 1086 hab.

LUSSAN, vg. de Fr., Haute-Garonne, arr. de Muret, cant. du Fousseret, poste de Martres; 490 hab.

LUSSAN, vg. de Fr., Gers, arr. d'Auch, cant. et poste de Gimont; 410 hab.

LUSSANT, vg. de Fr., Charente-Inférieure, arr. de Rochefort-sur-Mer, cant. et poste de Tonnay-Charente; 600 hab.

LUSSAS, vg. de Fr., Ardèche, arr. de Privas, cant. et poste de Villeneuve-de-Berg; 780 hab.

LUSSAS, vg. de Fr., Dordogne, arr.,

cant. et poste de Nontron; eaux minérales; 1150 hab.

LUSSAT, vg. de Fr., Creuse, arr. de Boussac, cant. de Chambon, poste de Gouzon; 1150 hab.

LUSSAT, vg. de Fr., Puy-de-Dôme, arr. de Clermont-Ferrand, cant. et poste de Pont-du-Château; 810 hab.

LUSSAUD, vg. de Fr., Cantal, arr. de St.-Flour, cant. et poste de Massiac; 170 hab.

LUSSAULT, vg. de Fr., Indre-et-Loire, arr. de Tours, cant. et poste d'Amboise; 410 hab.

LUSSAY, ham. de Fr., Loir-et-Cher, com. de Chef-Boutonne; 150 hab.

LUSSAY, ham. de Fr., Deux-Sèvres, com. de Chef-Boutonne; 150 hab.

LUSSE, vg. de Fr., Vosges, arr. et poste de St.-Dié, cant. de Saales; 1560 hab.

LUSSERAY, vg. de Fr., Deux-Sèvres, arr. de Melle, cant. et poste de Brioux; 410 hab.

LUSSIN-GRANDE, b. de l'île Osero; 2500 hab.

LUSSIN-PICCOLO, chef-lieu de l'île Osero, Illyrie; commerce maritime, construction de vaisseaux; distilleries; port; 4000 hab.

LUSSON, ham. de Fr., Landes, com. de Perquie; 200 hab.

LUSSON, vg. de Fr., Basses-Pyrénées, com. de Lussagné; 210 hab.

LUSSONNE, ham. de Fr., Landes, com. de Losse; 260 hab.

LUSTARD, vg. de Fr., Hautes-Pyrénées, arr. de Tarbes, cant. et poste de Trie; 390 hab.

LUSTENAU, *Lustena*, gros vg. du Tyrol, cer. de Vorarlberg, sur le Rhin; autrefois une résidence de Louis-le-Gros; 2000 hab.

LUT, ham. de Fr., Eure-et-Loir, com. de Viabon; 100 hab.

LUTGENBOURG, v. du Danemark, duché de Holstein; distilleries d'eau-de-vie; 1300 h.

LUTHENAY, vg. de Fr., Nièvre, arr. de Nevers, cant. de St.-Pierre-le-Moutier; 1060 hab.

LUTHEZIEU, vg. de Fr., Ain, arr. et poste de Belley, cant. de Champagne; 300 h.

LUTILLOUS, vg. de Fr., Hautes-Pyrénées, arr. de Bagnères-en-Bigorre, cant. et poste de Lannemézan; 360 hab.

LUTOWISKO, pet. v. de Gallicie, cer. de Sanok.

LUTRAN ou **LUTTER**, vg. de Fr., Haut-Rhin, arr. de Belfort, cant. et poste de Dannemarie; 300 hab.

LUTRY, pet. v. dans le cant. de Vaud, sur le lac de Genève; 1500 hab.

LUTSCHKA, vg. de Hongrie, cer. en-deçà du Danube, comitat d'Arv; possède des bains thermaux et des carrières de pierres de tuf.

LUTTANGE, vg. de Fr., Moselle, arr. et poste de Thionville, cant. de Metzervisse; 750 hab.

LUTTENBACH, vg. de Fr., Haut-Rhin, arr. de Colmar, cant. et poste de Munster; papeteries; 710 hab.

LUTTENBERG, *Lentudum*, b. de Styrie, cer. de Marbourg; renommé pour ses vins.

LUTTENHEIM, vg. de Fr., Bas-Rhin, arr. de Strasbourg, cant. et poste de Haguenau.

LUTTER, vg. de Fr., Haut-Rhin, arr. d'Altkirch, cant. et poste de Ferrette; 280 h.

LUTTER. *Voyez* LUTRAN.

LUTTER-AM-BARENBERGE, vg. sur le Lutter, chef-lieu d'un bailliage du dist. de Gandersheim, duché de Brunswick. Tilly y battit l'armée danoise en 1626; 1300 hab.

LUTTERBACH, vg. de Fr., Haut-Rhin, arr. d'Altkirch, cant. et poste de Mulhouse; fabr. de toiles peintes; il est situé sur le chemin de fer de Mulhouse à Thann; 1200 hab.

LUTTERWORTH, *Lactodurum*, b. d'Angleterre, comté de Leicester; 2100 hab. Patrie du réformateur Wicklef, mort en 1387.

LUTTON, pet. v. d'Angleterre, comté de Bedford; belle église; fabrication de chapeaux de paille; dans le voisinage se trouve Huton-Hoe-Park, un des plus beaux de l'Angleterre, appartenant au marquis de Bute; 6000 hab.

LUTTRINGHAUSEN, pet. v. de Prusse, prov. du Rhin, rég. de Dusseldorf; manufactures de cotonnades, de siamoises, de draps et d'autres étoffes de laine, de quincaillerie et de taillanderie; forges dans les environs; commerce actif; 950 hab.

LUTZEN, *Lucena*, pet. v. de Prusse, prov. de Saxe, rég. de Mersebourg, sur un ruisseau, à 4 l. S.-O. de Leipzig; avec un château, 2 églises, un hôpital; 1700 hab.

Un simple bloc de pierre, entouré de bancs et d'arbres, marque la place où Gustave-Adolphe fut trouvé mort après la bataille du 6 novembre 1632. Le cheval du roi s'étant montré dans les rangs des Suédois avec la selle couverte de sang, le duc Bernard de Weimar fit courir le bruit que le roi était prisonnier, prit le commandement de l'armée et acheva la victoire sur les impériaux. Le général Pappenheim, blessé dans ce combat, qui dura 9 heures et coûta 9000 hommes, mourut peu après à Leipzig. Le 2 mai 1813, Napoléon remporta dans les environs de Lutzen sur les Russes et les Prussiens une victoire à la suite de laquelle les Français se rendirent maîtres en 8 jours de toute la Saxe et des rives de l'Elbe. Le prince de Hesse-Hombourg perdit la vie dans cette affaire, à laquelle les Allemands ont donné le nom du village de Gœrschen-le-Grand, situé au S. de Lutzen.

LUTZEL. *Voyez* LUCELLE.

LUTZELBOURG, vg. de Fr., Meurthe, arr. de Sarrebourg, cant. et poste de Phalsbourg; 570 hab.

LUTZELHAUSEN, vg. de Fr., Bas-Rhin, arr. de Strasbourg, cant. de Molsheim, poste de Schirmeck; 1100 hab.

LUTZELSTEIN. *Voyez* PETITE-PIERRE (la).

LUTZ-EN-DUNOIS, vg. de Fr., Eure-et-

Loir, arr., cant. et poste de Châteaudun; 590 hab.

LUTZINIEC, pet. v. de la Russie d'Europe, gouv. de Podolie, cer. de Mochilew; elle a environ 1000 hab.

LUTZMANSBOURG, très-pet. v. de Hongrie, cer. au-delà du Danube, comitat d'OEdenbourg; 1200 hab.

LUVINO, b. du roy. Lombard-Vénitien, gouv. de Milan, délégation de Côme, peu loin de l'entrée de la Tresa dans le lac Majeur.

LUVIGNY, vg. de Fr., Vosges, arr. de St.-Dié, cant. et poste de Raon-l'Étape; 430 h.

LUX, vg. de Fr., Côte-d'Or, arr. de Dijon, cant. et poste d'Is-sur-Tille; 660 hab.

LUX, vg. de Fr., Haute-Garonne, arr., cant. et poste de Villefranche-de-Lauragais, 310 hab.

LUX (Grand et Petit-), ham. de Fr., Saône-et-Loire, com. de Sevrey; 230 hab.

LUXAIR, ham. de Fr., Deux-Sèvres, com. de Cherveux; 140 hab.

LUXE, vg. de Fr., Charente, arr. de Ruffec, cant. et poste d'Aigre; 910 hab.

LUXE, vg. de Fr., Basses-Pyrénées, arr. de Mauléon, cant. et poste de St.-Palais; 310 hab.

LUXEMBOURG, grand-duché de Luxembourg, état le plus occidental de la confédération germanique, situé entre 49° 25' et 50° 9' lat. N. et entre 3° 25' et 4° 10' long. E. Ses limites sont : au N. et à l'E. la province prusienne du Rhin, au S. la France (dép. de la Moselle), à l'O. le roy. de Belgique (la partie du Luxembourg détachée en 1839); sa superficie est de 47 l. c. géogr. Le pays est une partie des Ardennes, qui ne s'élèvent toutefois pas au-delà de 650 mètres; le sol est maigre et ingrat; ses principaux cours d'eau sont: la Moselle, qui le sépare de la Prusse, la Surr ou Sauer, l'Alsette ou Elze, la Wiltz et l'Our. Le Luxembourg produit, outre les plantes nourricières nécessaires à la consommation, du lin, du chanvre, de la navette; on cultive la vigne sur les bords de la Moselle et de la Surr inférieure; les forêts sont étendues, les mines de fer abondantes; l'éducation du bétail y est florissante. Les principales branches d'industrie consistent dans la fabrication du fer, le tissage du lin, la tannerie, la fabrication d'étoffes de laine, de drap, de papier. Le commerce est peu important. La population du grand-duché actuel de Luxembourg n'est plus que de 184,760 hab. catholiques, dont les uns parlent l'allemand les autres le wallon.

Bien que partie intégrante du royaume constitutionnel des Pays-Bas, le Luxembourg est en même temps un des états de la confédération germanique et comme tel soumis aux décrets de la diète; la ville de Luxembourg est une des trois forteresses fédérales. Avant 1830, le contingent du grand-duché était de 2556 hommes; il devra être moindre aujourd'hui et sera probablement réduit à 1850 hommes, qui appartiennent au neuvième corps de la confédération.

Le Luxembourg est divisé aujourd'hui dans les trois dist. de Luxembourg, Diekirch et Greveumæhern, dont les chefs-lieux portent le même nom. A la tête de l'administration est placé un gouverneur représenté par un commissaire dans chaque district. Un conseil composé de membres élus s'occupe des intérêts spéciaux du grand-duché. Les intérêts des communes sont confiés à des conseils communaux, élus par les administrés et à la tête desquels se trouvent un bourgemestre et des échevins, nommés par le roi dans le sein du conseil.

Le Luxembourg, habité jadis par les Tréviriens, les Céresiens, les Pémaniens, reçut son nom du château de Luxembourg, appelé Lucileburgum ou Lucileborg dans les anciennes chartes. Il forma avant la réunion de la Belgique à la France un duché divisé en quartier allemand et quartier wallon; après cette réunion il forma en partie le département des Forêts, dont Luxembourg devint le chef-lieu. En 1815, le congrès de Vienne créa, par la réunion de l'ancien Luxembourg et du duché de Bouillon, le grand-duché de Luxembourg, qui fut cédé au roi des Pays-Bas, pour l'indemniser de la perte de ses possessions héréditaires du Nassau, et sous la condition que le nouvel état ferait partie de la confédération germanique. L'on sait les difficultés qui naquirent de la révolution belge. Elles furent aplanies par le traité du 19 avril 1839, qui laissa à la Belgique près des deux tiers du grand-duché; le reste appartient toujours à la confédération et en compensation de la perte que celle-ci a éprouvée, le roi des Pays-Bas a constitué le nouveau duché de Limbourg comme partie de la confédération.

LUXEMBOURG, capitale du grand-duché de même nom, sur une montagne escarpée, baignée par l'Alsette. C'est une ville ancienne et mal bâtie qui date, dit-on, du troisième siècle et a servi jadis de barrière contre les Barbares. Trois de ses faubourgs plongent dans la vallée; les fortifications vont au-delà. Luxembourg possède un athénée avec 12 professeurs, des tanneries, des manufactures de tabac et de toile, des forges, une fonderie de canons. Cette ville est réputée une des plus fortes places de l'Europe et est une des trois forteresses fédérales de la confédération germanique; plusieurs de ses ouvrages de défense sont taillés dans le roc; sa garnison se compose de troupes prussiennes (3/4) et de troupes du grand-duché (1/4). Le gouverneur est nommé par la Prusse; le commandant de la place par le roi de Hollande. La population de Luxembourg était en 1830 de 11,242 hab.

LUXEMONT, vg. de Fr., Marne, arr., cant. et poste de Vitry-le-Français; 190 h.

LUXERY, ham. de Fr., Nièvre, com. de Pouques; 160 hab.

LUXEUIL, *Luxovium*, v. de Fr., Haute-Saône, arr. et à 4 l. N.-O. de Lure et à 98 l. de Paris, chef-lieu de canton et poste; elle est située au pied des Vosges, sur le Breuchin, que l'on y traverse sur un beau pont pour aller au village de St.-Sauveur. Cette petite ville possède un collége communal et un petit séminaire; elle renferme des eaux minérales et des sources chaudes très-renommées et connnues des anciens, comme on le voit par les ruines d'anciens thermes romains. L'hôtel de ville est orné de pilastres détachés de ces ruines, au milieu desquelles on a aussi découvert des armes, des médailles et des inscriptions antiques. L'édifice qui renferme les eaux minérales est situé au milieu d'un jardin vaste et agréable et passe pour un des plus élégants établissements de ce genre en France. Luxeuil a des tanneries, des chapelleries, des coutelleries, des filatures, etc.; l'eau de cerises, le bois merrain, le bois de construction et les divers produits de ses fabriques alimentent son commerce; foires le premier samedi de janvier, mars, mai, juillet, septembre et novembre; 3628 hab.

Luxovium, ville que ses eaux thermales avaient déjà rendue importante sous les Romains, fut entièrement détruit par les Huns en 450. Au septième siècle, sous le règne de Gontran, Saint Colombeau y fonda une abbaye qui devint célèbre et dans laquelle fut renfermé le maire du palais Ebroin. En 731 ce monastère fut détruit par les Sarrasins et relevé, un demi-siècle après, par Charlemagne. Malgré plusieurs désastres que cette abbaye éprouva encore au neuvième et au commencement du treizième siècle, elle devint la plus considérable de la Bourgogne, et son école forma les hommes les plus distingués de l'époque. Luxeuil, qui s'était relevé avec le monastère, fut fortifié et soutint plusieurs siéges. Louis XIV s'en empara en 1674.

LUXEY, vg. de Fr., Landes, arr. de Mont-de-Marsan, cant. de Sore, poste de Sabres; hauts-fourneaux; verrerie; 1634 hab.

LUXIOL, vg. de Fr., Doubs, arr., cant. et poste de Baumé-les-Dames; 270 hab.

LUY (le), riv. de Fr., formée de deux ruisseaux, le Luy de France et le Luy de Béarn, qui ont leurs sources dans les Hautes-Pyrénées, se dirigent vers le N.-O. et se réunissent dans le dép. des Landes, à 1 l. N.-O. d'Amou. Le Luy, augmenté des eaux de l'Arrigans, se jette dans l'Adour, après 16 l. de cours.

LUYÈRES, vg. de Fr., Aube, arr. de Troyes, cant. de Lusigny, poste de Piney; 310 hab.

LUYNES, pet. v. de Fr., Indre-et-Loire, arr., cant., à 3 l. O., et poste de Tours; elle est située sur la rive droite de la Loire, au pied d'un rocher calcaire, dans lequel sont creusées la plupart des habitations. Le roc auquel elle est adossée est couronné par un vieux château qui domine les environs. Elle a des fabr. de toiles, de passementerie, de carreaux; blanchisserie de cire, etc. Luynes, qui portait jadis le nom de Maillé, était le siége d'un comté, que Louis XIII érigea en duché-pairie, en faveur de Charles Albert de Luynes; 2000 hab.

LUZAC, ham. de Fr., Charente-Inférieure, com. de St.-Just; 580 hab.

LUZAIS, ham. de Fr., Vendée, com. de Noirmoutiers; 120 hab.

LUZANCY, vg. de Fr., Seine-et-Marne, arr. de Meaux, cant. et poste de la Ferté-sous-Jouarre; scierie; tuileries; 620 hab.

LUZANGER, vg. de Fr., Loire-Inférieure, arr. de Châteaubriant, cant. et poste de Derval; 1120 hab.

LUZARCHES. *Voyez* **LUSARCHES**.

LUZAY, vg. de Fr., Deux-Sèvres, arr. de Bressuire, cant. de St.-Varent, poste de Thouars; 700 hab.

LUZÉ, vg. de Fr., Indre-et-Loire, arr. de Chinon, cant. et poste de Richelieu; 500 h.

LUZE, vg. de Fr., Haute-Saône, arr. de Lure, cant. et poste d'Héricourt; 400 hab.

LUZECH, pet. v. de Fr., Lot, arr., à 4 l. O.-N.-O. de Cahors, poste de Castelfranc, chef-lieu de canton; elle est située dans une presqu'île étroite, formée par le Lot. Non loin de la ville se trouve une source d'eaux minérales. Près du ham. de Caix, qui fait partie de cette commune, on voit le château qu'habita Lefranc de Pompignan, un des hommes distingués du dix-huitième siècle; 1600 hab.

LUZENAC, vg. de Fr., Arriège, arr. de Foix, cant. et poste des Cabannes; forge à la catalane; 426 hab.

LUZENAC, ham. de Fr., Arriège, com. de Moulis; 280 hab.

LUZ-EN-BARRÈGES, b. de Fr., Hautes-Pyrénées, arr. et à 5 l. S.-E. d'Argelès, poste de Tarbes, chef-lieu de canton. Luz, situé dans un bassin arrosé par les gaves de Pau et de Barrèges, n'a de remarquable que sa vieille église bâtie par les Templiers; mais les sites qui l'environnent offrent les beautés naturelles les plus pittoresques et les plus majestueuses. Le bourg est dominé par les ruines d'un vieux fort qui s'élève sur un roc, vis-à-vis d'un autre rocher qui porte les débris du fort St.-Michel. Un beau pont de pierres, d'une seule arche, fait communiquer Luz avec le joli village de St.-Sauveur, renommé pour son établissement thermal très-fréquenté; 2678 hab.

LUZERET, vg. de Fr., Indre, arr. du Blanc, cant. de St.-Gaultier, poste de St.-Benoist-du-Sault; 380 hab.

LUZERNE (la), vg. de Fr., Manche, arr., cant. et poste de St.-Lô; 120 hab.

LUZERNE, comté de l'état de Pensylvanie, États-Unis de l'Amérique du Nord; il est borné par les comtés de Susquéhannah, Wayne, Pike, Northampton, Schuylkill, Northumberland, Miflin et Bradford; il a une étendue de 53 l. c. géogr. Ce pays, montagneux au N. et au S. du Susquéhannah, son principal cours d'eau, est très-bien arrosé et généralement fertile; les pâturages abondent et les crêtes des montagnes sont couvertes de majestueuses forêts de chêne. Le règne minéral fournit du fer et de la houille; 30,000 hab.

LUZERNE, com. des États-Unis de l'Amérique du Nord, état de Pensylvanie, comté de Fayette, sur la Monongahéla; 2500 hab.

LUZERNE-D'OUTRE-MER (la), vg. de Fr., Manche, arr. d'Avranches, cant. et poste de la Haye-Pesnel; 890 hab.

LUZIERS, ham. de Fr., Gard, com. de Mialet; 190 hab.

LUZILLAT, vg. de Fr., Puy-de-Dôme, arr. de Thiers, cant. et poste de Maringues; 2160 hab.

LUZILLÉ, vg. de Fr., Indre-et-Loire, arr. de Tours, cant. et poste de Bléré; 1400 hab.

LUZIN, pet. v. de la Russie d'Europe, gouv. de Witebsk; siége des autorités du cercle du même nom; sur la Welika.

LUZINAY, vg. de Fr., Isère, arr., cant. et poste de Vienne; 980 hab.

LUZOIR, vg. de Fr., Aisne, arr. de Vervins, cant. et poste de la Capelle; 680 hab.

LUZY, vg. de Fr., Haute-Marne, arr., cant. et poste de Chaumont-en-Bassigny; 400 hab.

LUZY, vg. de Fr., Meuse, arr. de Montmédy, cant. et poste de Stenay; 400 hab.

LUZY, pet. v. de Fr., Nièvre, arr. et à 7 1/2 l. S. de Château-Chinon, chef-lieu de canton et poste; commerce de porcs; tanneries; 2133 hab.

LUZZANO, b. du roy. Lombard-Vénitien, gouv. de Milan, délegation de Mantoue, sur le Pô; batailles de 1702 et de 1734.

LUZZARA, b. du duché de Parme; manufactures de chapeaux blancs de saule pour dames; grand commerce avec l'étranger; 4000 hab.

LYAS, vg. de Fr., Ardèche, arr., cant. et poste de Privas; 380 hab.

LYBIE, g. a. *Voyez* AFRIQUE.

LYCÆUS, g. a., mont. de l'Arcadie, située au N.-O. de Megapolis, dédiée à Jupiter Lycæus.

LYCAONIA, g. a., pet. contrée de l'Asie Mineure; était bornée à l'E. par la Cappadoce, au N. par la Gallatie, à l'O. par la Pisidie et au S. par l'Isaurie et la Cilicie, où se trouvaient Laodicée-Combusta et Iconium (Konieh).

LYCASTUS, g. a., v. au S. de l'île de Crète, non loin de Phæstus.

LYCHEN, v. de Prusse, rég. de Potsdam, cer. de Prenzlow. C'est une ville toute neuve, bâtie entre plusieurs lacs très-poissonneux; ses rues sont tirées au cordon; 1560 hab.

LYCIA, g. a., pays du Midi de l'Asie Mineure; était borné à l'E. par la Pamphylie, au N. par la Pisidie et la Phrygie, à l'O. par la Carie et au S. par la mer Méditerranée. La Lycie forme avec la Pamphylie le sandschak de Tekieh, en Anatolie. Villes : Telmissus et Xanthus.

LYCK, pet. v. de Prusse, prov. de Prusse, rég. de Gumbinnen, sur la rivière et le lac de même nom. Une petite île, située dans ce dernier, renferme un château qui communique par un pont avec la ville. Lyck possède un gymnase, une école normale polonaise et un commerce actif avec la Pologne; 2920 hab.

LYCKEBY, b, de la Suède méridionale, læn ou prov. de Karlskrona ou Bleking, bge d'OEstra, sur la rivière de même nom, qu'on y passe sur un beau pont d'une seule arche; manufactures de toiles à voiles et forges.

LYCKSALE, b. de la Suède septentrionale, prov. de Wæsterbotten; siége d'un tribunal; marchés très-fréquentés.

LYCUS (fleuve du Loup), g. a., fl. du Pont; se jetait dans l'Iris, près de Magnopolis.

LYDIE, g. a., pays de l'O. de l'Asie Mineure; était borné par la Phrygie, la Mysie, l'Ionie et la Carie; il était arrosé par le Pactole, qui roulait des paillettes d'or; par l'Hermus, le Caïstre et le Méandre. Villes : Magnésie, Sardes et Philadelphie.

LYE, vg. de Fr., Indre, arr. de Châteauroux, cant. et poste de Valençay; exploitation de pierres à fusil; 1208 hab.

LYÉ (Saint-), vg. de Fr., Aube, arr., cant. et poste de Troyes; 910 hab.

LYÉ (Saint-), vg. de Fr., Loiret, arr. d'Orléans, cant. et poste de Neuville-aux-Bois; 680 hab.

LYE, paroisse de Norwège, diocèse de Christiansand, bge de Stavanger; 2000 hab.

LY-FONTAINE, vg. de Fr., Aisne, arr. et poste de St.-Quentin, cant. de Moy; 330 h.

LYGUMKLOSTER, bge du duché de Schleswig; superficie 3 l. c.; 4000 hab.

LYGUMKLOSTER, b. du duché de Schleswig, bge de même nom; situé sur une hauteur sablonneuse; fabr. de dentelles et commerce; 1000 hab.

LYINGEN, paroisse de Norwège, diocèse de Nortland, bge de Finmarken, sur le golfe de même nom; 1800 hab.

LYMA, pet. v. des États-Unis de l'Amérique du Nord, état de Connecticut, comté de London; avec un port à l'embouchure du Connecticut, dont l'entrée est couverte par les îles Poverty; cabotage; pêcheries importantes; 4000 hba.

LYME-REGIS, b. d'Angleterre, comté de Dorset; situé sur un rocher escarpé et sur la Lyme; nomme deux députés; bains de mer très-fréquentés; 2400 hab.

LYMINGTON, b. d'Angleterre, comté de Southampton, peu loin du canal de la Manche; nomme 2 députés; fabrication de sel; 2500 hab.

LYMFIORD, golfe étroit de 16 1/2 milles

d'étendue, au N. du Jutland (Danemark); il a brisé depuis quelques années le faible isthme qui le séparait de la mer du Nord, détaché du continent l'extrémité septentrionale du Jutland et formé ainsi une île nouvelle. Le Lymfiord fait maintenant communiquer le Cattégat avec la mer du Nord.

LYMINGTON, vg. d'Angleterre, comté de Northumberland, près de Newcastle; remarquable par ses nombreuses forges et fonderies de fer.

LYNCHBURGH, jolie v. des États-Unis de l'Amérique du Nord, état de Virginie, comté de Campbell, sur le James; elle renferme une prison, une halle, de grands magasins de tabac, des manufactures de laine et de coton et fait un commerce très-important avec les comtés au-delà des montagnes Bleues, ainsi qu'avec les états d'Ohio, de Tennessée, de Kentucky et de la Caroline du Nord; 6000 hab.

LYNDE, vg. de Fr., Nord, arr., cant. et poste d'Hazebrouck; 960 hab.

LYNGBIC, paroisse du Danemark, diocèse et bge d'Aarhuus; possède une école normale.

LYNGBY, paroisse de la Suède méridionale, prov. de Malmœhus, bge de Bara.

LYNGBYE, paroisse du Danemark, diocèse de l'île de Seeland, bge de Sokkelund; fabrication de laiton et de calamine; 1200 h.

LYNHAVEN ou LYNCHBAY, baie à l'O. du cap Henri, dans l'embouchure du James, côte S.-E. de l'état de Virginie, États-Unis de l'Amérique du Nord.

LYNN, v. des États-Unis de l'Amérique du Nord, état de Massachusetts, comté d'Essex, sur l'Océan et sur l'isthme qui joint la petite presqu'île de Nabant au continent. Cette ville est très-renommée par ses manufactures de souliers de femmes, dont on fabriquait un million de paires en 1811, et dont on pourvoit les Indes occidentales et les états méridionaux de l'Union; 6000 h.

LYNN, pet. v. des États-Unis de l'Amérique du Nord, état de Pensylvanie, comté de Lehigh, au pied des montagnes Bleues; 2600 hab.

LYNN-REGIS, *Lynum Regis*, v. fortifiée d'Angleterre, comté de Norfolk, à l'embouchure de l'Ouse; nomme 2 députés. Bibliothèque publique; salle de spectacle; bourse; port sur le golfe de Wash avec de beaux quais; pêche du hareng; commerce en grains, malt, vin, houille, bois et sel marin; foires très-fréquentées.

Cette ville est très-animée et le serait encore davantage, si l'air était plus salubre. Sa marine marchande, estimée à 14,000 tonneaux, est employée à l'expédition des produits de cinq comtés, avec lesquels elle communique par des fleuves ou des canaux navigables; 13,000 hab.

LYOFFANS, vg. de Fr., Haute-Saône, arr., cant. et poste de Lure; fours à chaux; 460 hab.

LYON, *Lugdunum*, v. la plus considérable de Fr. après Paris, à 116 l. S.-E. de la capitale, chef-lieu du dép. du Rhône; siége d'une cour royale, de tribunaux de première instance et de commerce, d'un archevêché et d'une académie, quartier-général de la septième division militaire, chef-lieu de la cinquième inspection des ponts-et-chaussées, inspection des douanes, directions des domaines, des contributions directes et indirectes, conservation des hypothèques, hôtel des monnaies (lettre D), chambre de commerce, direction des postes, manufacture royale de tabac, raffinerie royale de salpêtre, résidence d'un ingénieur en chef des mines, d'un sous-ingénieur de la marine, d'un commissaire-général de la police, etc. Cette grande ville est très-favorablement située au confluent de la Saône et du Rhône; sa partie principale est comprise entre ces deux cours d'eaux; le cours du Midi la sépare de la presqu'île de Perrache; l'autre s'étend en amphithéâtre sur la rive droite de la Saône, depuis le bord de la rivière jusqu'au haut de la colline de Fourvières. Des restes de fortifications anciennes bornent la partie principale au Nord, et depuis 1830 des forts détachés s'élèvent sur la rive gauche du Rhône et sur les côteaux qui dominent la ville. D'immenses faubourgs, animés par l'activité d'une population nombreuse, environnent Lyon : au S.-O., sur la droite de la Saône, se trouvent ceux de St.-Irénée, de St.-Just et de St.-Georges; le faubourg de la Guillotière, qui, avec le beau quartier des Brotteaux, forme une ville particulière, s'étend à l'E. sur la rive gauche du Rhône; au N. la Croix-Rousse, qui forme aussi depuis peu une ville à part, s'élève sur le plateau et le penchant d'une colline; les faubourgs de Serin et celui de St.-Clair longent les deux rivières et avoisinent la Croix-Rousse, dont ils dépendent; enfin, au N.-O. s'étend le faubourg de Vaise, également constitué en commune. Parmi les ponts construits sur le Rhône et sur la Saône, plusieurs sont remarquables par leur élégance ou par la hardiesse de leur construction; nous citerons entre autres le pont suspendu de la Feuillée, orné de quatre lions en fonte, ceux de Tilsitt et de Lafayette, les ponts suspendus de la Gare et de l'île Barbe et le pont de la Guillotière, qui a 493 mètres de longueur et 17 arches. L'intérieur de Lyon offre, comme celui de toutes les grandes villes, un aspect triste et sombre; la plupart des rues, dont le nombre s'élève à plus de 300, sont étroites, tortueuses et humides, surtout dans les anciens quartiers, et les petits cailloux ronds dont elles sont pavées incommodent beaucoup les piétons. Les quartiers modernes renferment plusieurs belles rues, telles que la rue Royale, la rue du Plat, celles de Vaubecour, Neuve-des-Capucins, St.-Dominique, etc. Les quais, en partie ombragés et ornés de magnifiques constructions, présentent partout des promenades agréables et des points de vue délicieux; ceux de Retz et de St.-Clair, sur la rive droite du Rhône, forment un des plus beaux quartiers de la ville; on y jouit d'une perspective immense, que bornent à l'horizon les cimes majestueuses des Alpes. Lyon renferme 59 places publiques, parmi lesquelles on distingue celle de Belcour, une des plus belles de l'Europe; elle est ornée d'une statue équestre de Louis XIV; la place des Terreaux, celles de Louis XVIII, des Cordeliers et de Sathonay. Les édifices publics y sont généralement dignes de la seconde ville du royaume. Les plus remarquables sont : l'hôtel de ville et le palais St.-Pierre ou des arts, anciennement abbaye des dames de St.-Pierre, sur la place des Terreaux; l'hôtel de la préfecture, ci-devant couvent des Jacobins; l'hôtel de la monnaie, le palais de justice, l'archevêché, la prison neuve, à Perrache, l'Hôtel-Dieu, l'hôpital général, la cathédrale, qui renferme une horloge astronomique, dont le mouvement est détraqué comme celui de l'horloge de Strasbourg, l'église de St.-Nizier, le temple protestant, la chapelle expiatoire, élevée aux Brotteaux à la mémoire des Lyonnais qui ont péri pendant le siége de 1793; le grenier à sel, le grand théâtre, le théâtre des Célestins, la galerie de l'Argue, nouveau passage qui vient d'être percé, à l'instar de ceux de Paris, dans un des quartiers les plus populeux de la ville; l'hospice de l'antiquaille, ci-devant monastère, bâti sur l'emplacement d'un palais des empereurs romains. On remarque aussi le cimetière de Loyasse, situé à l'extrémité du plateau de Fourvières; il renferme plusieurs beaux monuments, entre autres celui du général Mouton-Duvernet, l'une des victimes de nos dissensions politiques en 1815. Outre les jolis quais du Rhône et la place Bellecour, on trouve à Lyon de fort belles promenades; les plus fréquentées sont le Cours-du-Midi, le Cours-Bourbon, le Cours-d'Herbouville et le jardin botanique.

Le nombre des établissements scientifiques et littéraires répond à l'importance de cette ville. Lyon possède une faculté de théologie, une faculté des sciences, une école secondaire de médecine, un collége royal, dont les bâtiments renferment la bibliothèque publique, une des plus belles du royaume; un séminaire, une école royale vétérinaire et d'économie rurale, une académie royale des sciences, belles-lettres et arts, dite cercle littéraire; une école de dessin et de peinture, une école des sourds-muets, une école d'arts et métiers dite institution La Martinière, du nom du major-général Martin, citoyen lyonnais, mort en 1800 au service de la Compagnie anglaise des Indes et qui légua plus d'un million à sa ville natale; un cours de chimie appliquée à la teinture, une école normale primaire, une société royale d'agriculture, d'histoire naturelle; des sociétés de médecine, de pharmacie, de jurisprudence, une société linnéenne, une société de lecture et d'encouragement pour l'industrie, un conservatoire des arts, une collection des monuments lyonnais modernes, des musées de peintures et d'antiquités, un cabinet d'histoire naturelle, un jardin botanique, une pépinière royale de naturalisation, etc. Sous le rapport industriel et commercial Lyon tient également un rang non moins important parmi les villes les plus considérables de l'Europe. La soierie de Lyon, renommée pour sa solidité, sa teinture et le bon goût de ses dessins, en forme la base principale. Cette ville possède 40,000 métiers pour le tissage de la soie, qui occupent 80,000 ouvriers et livrent pour 100,000,000 de produits à la consommation; elle a des manufactures de tissus d'or et d'argent, de châles en bourre de soie, de velours, de bonneterie de soie et de filoselle, de galons, de tulles, gazes, crêpes, points d'Espagne, des chapelleries, des teintureries, des fonderies, des tanneries, des fabriques d'étoffes de coton, d'indiennes, de mousselines, de produits chimiques; des brasseries, des distilleries, etc. La librairie et l'imprimerie y forment aussi des branches très-importantes d'industrie. Ces nombreux établissements industriels alimentent un commerce immense, que favorise particulièrement la situation de Lyon. Les grandes routes qui s'y croisent, le Rhône et la Saône sillonnés par des bateaux à vapeur mettent cette ville en rapport avec le nord et le midi de la France, et en font l'entrepôt principal, le marché naturel où s'échangent les productions des deux extrémités du royaume. Parmi les établissements spécialement affectés au commerce, nous ne devons pas oublier de citer le bâtiment appelé Condition-des-Soies, où tous les négociants déposent pendant un certain temps leurs soieries pour les soumettre à une dessiccation uniforme; l'entrepôt en franchise des sels, l'entrepôt en franchise des denrées coloniales non prohibées et la banque lyonnaise. En 1836 le budget des recettes et des dépenses de la ville de Lyon s'est élevé à plus de 3 millions et demi. Foires le 24 juin, du 1er au 14 juillet, la Pentecôte et le 1er novembre. En 1836 la population de Lyon s'élevait à 197,748 hab., ainsi répartis :

Lyon	150,814
La Croix-Rousse . . .	17,934
La Guillotière	22,890
Vaise	6,110
	197,748

Parmi le grand nombre d'hommes célèbres que Lyon a produits, nous citerons l'empereur Claude Néron (10 ans avant — 58 après J.-C.); le poëte-orateur Sidoine Apollinaire (430—488); Philibert de Lorme, architecte célèbre, mort en 1577; la femme poëte

Louise Labbé, connue dans le seizième siècle sous le nom de la belle Cordière; les sculpteurs Coysevox (1640—1720), Nicolas Coustou (1658—1733) et Guillaume Coustou (1678—1746); Claude Brossette, l'ami et le commentateur de Boileau (1671—1746); les naturalistes Antoine Jussieu (1686—1758), Bernard Jussieu (1699—1777), Joseph Jussieu (1704—1779) et Antoine-Laurent Jussieu (1748—1836); l'abbé Morellet (1727—1817); le voyageur Poivre, intendant de l'Ile-de-France (1719—1786); l'orateur Bergasse (1750); le mathématicien Ampère; l'architecte Perrache, auquel Lyon doit le plus grand nombre de ses embellissements; Lemontey, membre de l'assemblée législative (1762—1825); le général Duphot, assassiné à Rome en 1792; l'économiste Say; l'orateur Camille Jordan; le maréchal Suchet (1770—1826), etc.

Lyon existait déjà lors de l'invasion romaine; mais on n'est point d'accord sur l'époque de sa fondation. Cette ville gauloise avait sans doute peu d'importance, puisque César n'en parle même pas. Une colonie romaine, que les Allobroges avaient chassée de Vienne, vint, sous la conduite de Munatius Plancus, général romain, s'établir près de Lugdunum et fonda une nouvelle ville, qui ne tarda à se confondre avec la cité des Gaulois. Elle s'accrut promptement depuis cette époque et devint la ville principale des Ségusiens. Bientôt les empereurs l'embellirent et y firent bâtir un palais qu'ils habitèrent quelquefois; des monuments magnifiques, dont il ne reste plus que quelques rares débris, en firent une ville toute romaine. Auguste en fit la capitale de la Gaule celtique, qui prit alors le nom de *Lugdunensis* (Lyonnaise) et qui, d'abord divisée en deux, le fut ensuite en quatre Lyonnaises, dont la première eut Lyon pour capitale. La ville ayant été détruite par un incendie, Néron la fit relever et lui accorda la prééminence sur les autres villes des Gaules. Sous Marc-Aurèle les persécutions contre les chrétiens commencèrent à Lyon, où elles trouvèrent de nombreuses victimes, entre autres saint Pothin, premier évêque de cette ville. En 197 la ville fut ruinée par Sévère, mais elle se releva sous le règne de Constantin. Bientôt après les Barbares qui renversèrent l'empire romain saccagèrent Lyon, et, lorsque ces hordes dévastatrices s'établirent enfin sur le sol qu'elles avaient conquis, Lyon devint la capitale des Bourguignons. Au sixième siècle le Lyonnais passa sous la domination des rois francs. Sa situation et la protection éclairée de Charlemagne y ramenèrent la prospérité. Plus tard cette ville devint la capitale du roy. de Provence, légué par Lothaire à son plus jeune fils Charles. Vers le milieu du onzième siècle, les seigneurs bourguignons se firent indépendants, Lyon passa sous la puissance temporelle de son archevêque Burchard, qui la transmit à ses successeurs. Au commencement du treizième siècle les Lyonnais se soulevèrent contre la juridiction de l'archevêque et se constituèrent en municipalité. Cette insurrection fit naître des hostilités entre les citoyens et les chanoines. Ces querelles durèrent jusqu'en 1312; Philippe-le-Bel, ayant obtenu alors de l'archevêque Pierre de Savoie la cession de tous ses droits à la souveraineté, fit rentrer Lyon sous le sceptre des rois de France, qui laissèrent à la ville la liberté de s'administrer par des hommes de son choix. C'est alors que commença la prospérité de l'industrie et du commerce lyonnais, qui, sous le règne de Louis XIV, fut portée au plus haut degré. Cependant les guerres de religion et la peste de 1628 avaient cruellement sévi dans cette ville; mais la fin du dix-septième et le dix-huitième siècle la virent plus florissante que jamais; la révolution lui porta un coup funeste. Le siége de 40 jours qu'elle soutint en 1793 contre les armées de la république la plongea dans la misère et le deuil: une partie de ses monuments furent démolis, et ses ateliers demeurèrent longtemps déserts. Les réactions de 1815 et les sanglantes insurrections de 1831 et 1834 eurent une influence funeste sur l'industrie de Lyon; mais si sa fortune s'est ralentie pendant quelques années de calamité, l'avenir réserve sans doute encore à cette belle cité des siècles de prospérité et de splendeur.

LYONNAIS, ancienne prov. de Fr.; elle était bornée au N. par la Bourgogne, au N.-O. par le Bourbonnais, à l'O. par l'Auvergne, au S. par le Languedoc et à l'E. par le Dauphiné. C'était, lors de l'invasion romaine, le territoire des Segusiani; elle fut ensuite comprise dans la Gaule celtique. Au cinquième siècle elle passa sous la domination des Bourguignons. Les Francs s'en emparèrent au sixième siècle; mais Pepin-le-Bref et Charlemagne rétablirent le roy. de Bourgogne, et le Lyonnais, qui comprenait le Beaujolais et le Forez, rentra sous l'autorité des rois de Bourgogne, qui le possédèrent jusqu'à l'époque où les seigneurs bourguignons se déclarèrent indépendants. Les archevêques du Lyon prirent alors la souveraineté temporelle du Lyonnais proprement dit. En 1313, Philippe-le-Bel réunit cette province à la couronne. Le Lyonnais forme aujourd'hui les dép. du Rhône et de la Loire.

LYONNE, ham. de Fr., Allier, com. de Cognat; 480 hab.

LYONNIÈRES, ham. de Fr., Ain, com. de St.-Étienne-du-Bois; 250 hab.

LYONS, pet. v. des États-Unis de l'Amérique du Nord, état de New-York, comte d'Ontario, sur le canal de l'Érié; commerce très-actif; 3000 hab.

LYONS-INLET (entrée de Lyon), insection profonde au S.-E. de la presqu'île de Melville, pays de la baie d'Hudson (65° lat. N.).

LYONS-LA-FORÊT, *Leonis*, pet. v. de Fr., Eure, arr., à 4 l. N.-E. des Andelys, chef-lieu de canton et poste; elle a des fabr. d'indiennes, des tanneries, des mégisseries, et fait commerce de grains; 1800 hab. Patrie du célèbre poëte Benserade (1612—1691).

LYPHARD (Saint-), vg. de Fr., Loire-Inférieure, arr. de Savenay, cant. d'Herbignac, poste de la Roche-Bernard; 1350 h.

LYS, vg. de Fr., Nièvre, arr. de Clamecy, cant. et poste de Tannay; 650 hab.

LYS, ham. de Fr., Saône-et-Loire, com. de Chissey; 150 hab.

LYS, ham. de Fr., Saône-et-Loire, com. de Sassangy; 100 hab.

LYS (le), ham. de Fr., Seine-et-Marne, com. de Dammarie-les-Lys; 130 hab.

LYS (Saint-), b. de Fr., Haute-Garonne, arr. et à 3 l. O.-N.-O., de Muret, chef-lieu de canton et poste; 1223 hab.

LYS, *Legia*, riv., prend sa source à Lisbourg, Pas-de-Calais, se dirige sur Aire, où elle donne prise d'eau au canal de la Nieppe et commence à être navigable; à la Gorgue elle reçoit à droite le canal de Béthune et à gauche celui de Hazebreuck, qui lui ramène les eaux fournies au canal de la Nieppe; après avoir passé à Armentières; elle entre dans la Belgique, à Varneton et reçoit à droite la Basse-Deule canalisée, baigne Werwick, Menin et Courtrai et se verse dans l'Escaut à Gand, après un cours de 40 1/2 l., dont 14 3/4 sur le territoire français.

En 1780 cette rivière fut redressée en plusieurs endroits de son cours, et sa pente se trouve rachetée par 6 écluses entre Aire et Werwick.

LYSA-GORA, une des montagnes les plus élevées de la Pologne, woïwodie de Sandomir; elle fait partie de la chaîne des Karpathes; sa hauteur est de 1900 pieds au-dessus du niveau de la mer; il y a sur son sommet un couvent de bénédictins; elle est aussi appelée la montagne de la Ste.-Croix.

LYSIEK, pet. v. de Galicie, cer. de Stanislawow; fabr. de maroquin; 2000 hab.

LYS-LES-LANNOY, vg. de Fr., Nord, arr. et poste de Lille, cant. de Lannoy; 960 h.

LYS-SAINT-GEORGES, vg. de Fr., Indre, arr. de la Châtre, cant. et poste de Neuvy-St.-Sépulchre, poste de Sépulchre; 470 h.

LYSTER, paroisse de Norwége, diocèse de Bergen, bge de Nordze-Bergenshuuns; 3000 hab.

M

MAADI ou MAADIEH, lac ou pour mieux dire baie de la Méditerranée, Basse-Égypte, au N.-O. de Deyrout; elle fut formée par l'ancienne branche canopique du Nil et communique avec la Méditerranée, à l'E. d'Aboukir.

MAARSEN, beau vg. du roy. de Hollande, prov., dist. et à 2 l. N.-O. d'Utrecht, près de la Vechte; 1200 hab.

MAASLANDSLUYS, b. du roy. de Hollande, prov. de Hollande méridionale, dist. de Rotterdam, sur un bras de la Meuse; pêche; 4400 hab.

MAAST, vg. de Fr., Aisne, arr. de Soissons, cant. et poste d'Oulchy; 330 hab.

MAATZ, vg. de Fr., Haute-Marne, arr. de Langres, cant. de Prauthoy, poste de Chassigny; 210 hab.

MABLY, vg. de Fr., Loire, arr., cant. et poste de Roanne; 800 hab.

MABOG. *Voyez* MEMBIG.

MABRA ou RAS-EL-HAMRAH, CAP-ROUGE, promontoire dans la partie orientale de la rég. d'Alger, à 4 l. N. de Bone.

MABROUK, oasis peu importante de la Nigritie centrale, pays des Touariks, sur la route de Gadamès à Tombouctou, à 50 l. S.-S.-O. de Hassy-Moussy; on y fait un grand commerce de sel.

MACABON, un des principaux affluents du St.-Jâque, île d'Haïti.

MACACU, jolie v. de l'emp. du Brésil, prov. et comarque de Rio-Janeiro, à 10 l. N.-E. de la capitale, sur le Rio-Macacu et à 4 l. de la mer; elle renferme un collége et est importante par ses plantations; 5500 h.

MACACU, fl. de l'emp. du Brésil, prov. de Rio-Janeiro; il naît dans la montagne des Orgues (Sierra dos Orgaos), coule vers le S.-O. et débouche dans la baie de Rio-Janeiro. Parmi ses affluents nous nommons: le Guapiassu, le Caurebu et l'Aldeia. Il est navigable sur une distance de 22 l.

MACAIRE (Saint-), v. de Fr., Gironde, arr. et à 3 1/2 l. O. de la Réole, chef-lieu de canton et poste; elle est située sur la rive droite de la Garonne, qui y forme un port commode; commerce en vins rouges; 1580 h.

MACAIRE (Saint-), vg. de Fr., Maine-et-Loire, arr. de Beaupréau, cant. et poste de Montfaucon; 1550 hab.

MAÇAIRE-DU-BOIS (Saint-), vg. de Fr., Maine-et-Loire, arr. de Saumur, cant. et poste de Montreuil-Bellay; 690 hab.

MACAMECRANS. *Voyez* CAMÉCRANS.

MACANAO. *Voyez* MARGARITA (Santa-).

MACANDA, pet. v. du Monomotapa, pays des Maravis, à 15 l. N.-N.-E. de Chicova.

MACAO, *Amacaoum*, presqu'île de la prov. chinoise de Kouang-toung. Elle se projette à l'O. de la Bocca-Tigris ou embouchure de la rivière de Canton et appartient, depuis 1586, aux Portugais, auxquels les Chinois l'ont cédée en reconnaissance de secours donnés contre des pirates. La presqu'île a 3 milles de long sur 1 de large; son terrain est entièrement coupé de ravins et de collines, sur le flanc desquelles s'élèvent les maisons disseminées de la ville chinoise. Le riz et les autres productions ne suffisent pas à la consommation, et comme les vivres sont fournies par la Chine, celle-ci peut à son gré affamer les habitants; une muraille, gardée par des soldats chinois, ferme l'entrée de la presqu'île. On estime à 33,000 âmes la population totale de la colonie. Son chef-lieu est Macao.

MACAO, v. fortifiée, située à la pointe de la presqu'île du même nom; les collines et les arbres qui l'entourent lui donnent une physionomie riante; mais ses rues sont presque toutes étroites et tortueuses; la seule belle rue de Macao est la plage (*praga-grande*), rangée de belles maisons européennes, qui s'étendent le long d'un quai bien bâti sur un espace d'un mille. On cite le palais du gouverneur et plusieurs églises comme des bâtiments remarquables; au centre de la ville se trouve le bazar chinois. Près de Macao, sur le sommet d'une colline, est la grotte de Camoëns, où ce grand homme composa, dit-on, son poëme; on a élevé au-dessus de la grotte un belvédère d'où l'on jouit d'une vue superbe. Macao a 12,000 habitants, dont 5 à 600 Européens, 4 à 5000 métis portugais et le reste Chinois. L'évêque qui y réside exerce une grande influence sur l'administration. Il y existe aussi deux procures de missionnaires français, celle des missions étrangères et celle des lazaristes; les jeunes missionnaires s'y arrêtent quelque temps pour se familiariser avec les langues et dialectes de la Chine, de la Corée et du Japon, où ils vont plus tard répandre la parole de l'Évangile et trouver souvent le martyre.

La colonie portugaise de Macao dépend du vice-roi, qui réside à Villa-Nova-de-Goa; elle coûte plus à la métropole qu'elle ne lui rapporte et n'a que 3 à 400 hommes de garnison. Un mandarin chinois est chargé de la police de la ville. Le commerce, bien déchu, exporte de l'opium et du thé. En été il règne à Macao une chaleur étouffante; pendant le reste de l'année cette ville est la résidence ordinaire de presque tous les Européens qui trafiquent à Canton.

MACAPA ou MACAPPA, pet. v. de l'emp. du Brésil, prov. et comarque de Para, sur le Maragnon; elle a un bon port, quelques fortifications et fait un commerce considérable de riz, coton et cacao; 3000 hab. Dans ses environs on trouve le bois très-estimé de Macao.

MAC-ARTHUR. *Voy.* FORT-MAC-ARTHUR.

MACAS, b. du Portugal, prov. d'Estramadure, dist. de Thomar; 1800 hab.

MACAS ou SEVILLA-DEL-ORO, v. très-déchue de la rép. de l'Écuador, dép. d'Assuay, prov. de Maynas, près des sources du Morona. Cette ville, jadis grande et opulente, fut détruite par les Xibaros et ne compte plus que 1500 hab.

MACASSAR (détroit de), gr. détroit qui sépare l'île Bornéo de l'île Célèbes et met en communication la mer de la Sonde avec celle de Célèbes. Il est renommé pour le grand nombre de rescifs et de bas-fonds, qui en rendent le passage dangereux aux navires.

MACASSAR, principal fl. de l'île Célèbes, dans la Malaisie. Il arrose la presqu'île méridionale, mais a un cours très-borné.

MACASSAR (gouvernement et district). Les Hollandais appellent gouv. de Macassar leurs possessions immédiates dans l'île de Célèbes. Il comprend : 1° le dist. de Macassar, cédé à la Hollande en 1668, avec le fort Rotterdam et la ville de Vlaardingen (siége des autorités), bâtis sur les ruines de l'ancienne ville de Macassar. La rade de Macassar est belle et offre un ancrage excellent. La population du district ne s'élève qu'à 15,000 âmes au plus; 2° les districts méridionaux à l'extrémité de la péninsule occidentale de Célèbes, avec les résidences de Bonthain et de Maros.

MACASSAR (royaume de), occupe la pointe S.-O. de l'île Célèbes. Il est traversé par la chaîne de montagnes de Bonthain et produit en abondance du riz, des chevaux, du bétail, des moutons, des chèvres. Ses côtes, remplies de rochers et de bas-fonds, sont très-poissonneuses. Il est habité par les Macassars, les plus civilisés et les plus entreprenants des Malais. Le roy. de Macassar fut autrefois l'état le plus florissant de l'archipel indien. Au dix-septième siècle non seulement il dominait sur la plus grande partie de Célèbes, mais encore sur les îles voisines de Boutong, de Bougai, Kute, Xulla, Sumbava, Salayer, etc. Les Portugais y abordèrent en 1512; un siècle après le sultan et presque toute la population se convertit à l'islamisme. Les Hollandais se firent céder, en 1668, du sultan le district et la ville de Macassar, où ils bâtirent le fort Rotterdam; le royaume déchut et plusieurs tentatives des indigènes pour chasser les Hollandais ne firent qu'affermir la puissance de ces derniers, qui prirent et détruisirent presque entièrement la capitale Goa ou Goak et forcèrent le sultan à payer tribut. La puissance du roi est tempérée par des conseils aristocratiques. Aujourd'hui que les Hollandais occupent directement une partie des côtes, le roy. de Macassar est sans importance. Sa capitale est toujours Goa ou Goak, dont les fortifications ont été rasées en 1778.

MACASSARS ou **MANGHASARA**, peuplade malaie qui habite les côtes de la péninsule S.-O. de l'île Célèbes. Ils ont à peu près les mêmes mœurs que les Bouguis, mais parlent une autre langue et ont une littérature nationale, moins riche cependant que celle de ces mêmes Bouguis. Ils ont l'esprit guerrier et entreprenant, mais un caractère haineux et rancunier; la course aventureuse et le pillage sont fort de leur goût, et au dix-septième siècle ils étaient la première puissance maritime de la Malaisie. *Voyez* MACASSAR (royaume de).

MACAU, vg. de Fr., Gironde, arr. de Bordeaux, cant. de Blangefort, poste de Margaux; 1490 hab.

MACAULAY, île du groupe de Kermandec, au S. de l'archipel de Viti ou Fidji, Polynésie ou Océanie orientale, sous 31° 27′ 30″ lat. S. et 178° 45′ long. orient. Elle paraît être la plus grande des trois îles qui composent ce groupe.

MACAYE, vg de Fr., Basses-Pyrénées, arr. de Bayonne, cant. et poste d'Hasparren; 820 hab.

MACCAHÉ, fl. de l'emp. du Brésil, prov. de Rio-Janeiro; naît dans la Sierra dos Orgaos (montagne des Orgues), coule vers le S.-E., fait la limite entre les dist. de Goytacazès et Cabo-Frio et se décharge dans l'Océan Atlantique, en face de l'île Ste.-Anne. Le San-Pédro est son principal affluent.

MACCAHÉ ou **SAN-JOAM-DE-MACCAHÉ**, pet. v. de l'emp. du Brésil, prov. de Rio-Janeiro, dist. de Cabo-Frio, sur les deux rives du Maccahé, elle est importante par ses plantations, ses pêcheries et son commerce de bois; 2800 hab.

MACCLESFIELD, v. d'Angleterre, comté de Chester; filat. de coton; tréfileries; martinet à cuivre et diverses autres fabriques.

MAC-CLUERS, golfe sur la côte occidentale de la Nouvelle-Guinée, dans l'Océanie.

MAC-CONNELSVILLE. *Voyez* MORGAN.

MAC-DONOUGH, v. nouvellement fondée dans les États-Unis de l'Amérique du Nord, état de Géorgie, comté de Fayette; 3000 h.

MACE, ham. de Fr., Loir-et-Cher, com. de St.-Denis-sur-Loire; 120 hab.

MACÉ, vg. de Fr., Orne, arr. d'Alençon, cant. et poste de Sées; 680 hab.

MACÉDOINE (la), *Macedonia*, ancien roy. qui comprenait la partie la plus septentrionale de la presqu'île orientale de l'Europe, entre la mer d'Égée et la mer Ionienne; contrée montagneuse et boisée, dont la principale richesse consistait en mines d'or et d'argent, mais qui produisait aussi, sur ses côtes, beaucoup de froment, des olives, du vin et de très-bons fruits. Quoique ses limites aient souvent varié, celles du S. étaient bien déterminées par le mont Olympe, qui la séparait de la Thessalie; le Pinde à l'O. la séparait de l'Épire; quant au N.-O., au N. et à l'E., il faut distinguer les temps antérieurs à Philippe de l'époque qui a suivi le règne de ce roi, père d'Alexandre. Avant Philippe, tout le pays situé au-delà du Strymon et même la presqu'île macédonienne, depuis Amphipolis jusqu'à Thessalonica, faisait partie de la Thrace, ainsi que le territoire des Péoniens au N.; au N.-O. le lac Lychnitis (aujourd'hui Ochrida) formait la limite entre la Macédoine et l'Illyrie. Philippe conquit cette presqu'île, tout le pays jusqu'au fleuve Nessus et aux monts Rhodope, et celui des Péoniens et des Illyriens au delà du lac Lychnitis. La Macédoine s'étendait alors depuis le mont Orbelos jusqu'au Pinde et au mont Olympe, du fleuve Nessus et de la mer Égée jusqu'à la mer Ionienne. A la même époque ce royaume était divisé en 19 provinces, dont la plupart étaient déja connues de nom avant Hérodote. Les Romains divisèrent la Macédoine en 4 régions: celle du Nord, qui avait pour capitale Pelagonia; celle du Sud, dont la capitale était Pella; la région Orientale avait Amphipolis pour capitale et la Presqu'île, avec sa capitale Thessalonica (Salonique).

La Macédoine fut peuplée par les Thraces, auxquels appartiennent les Péoniens et les Pelagoniens, et par les Doriens, dont descendent les Macédoniens proprement dits. Les habitants de la Macédoine furent civilisés avant les autres peuples de la Grèce; mais dans la suite ils demeurèrent stationnaires, et les Grecs les rangeaient parmi les nations barbares. Ils formaient plusieurs petits états, en guerre continuelle avec les Illyriens et les Thraces jusqu'à l'époque où Philippe et Alexandre, après avoir donné à l'un de ces états la prépondérance sur les autres, en firent le plus puissant empire du monde. Quoique la dynastie des rois macédoniens commence à Caranus, de la famille des Héraclides, qui pénétra en Macédoine (900 avant J.-C.) à la tête d'une colonie d'Argiens, l'importance historique de cette monarchie antique ne commence qu'au règne de Philippe, qui sut diriger, avec une politique si habile, les forces du pays et l'esprit belliqueux des habitants, qu'il parvint à soumettre à sa domination la Grèce alors désunie. Alexandre, son fils et son successeur, éleva la Macédoine au plus haut degré de puissance. Après la mort de ce grand conquérant, le vaste empire d'Alexandre fut démembré, la Macédoine déchue rentra dans ses anciennes limites et perdit bientôt sa prépondérance sur la Grèce. Dans la seconde guerre punique Philippe II s'était allié à Carthage ; Rome n'attendait que l'occasion de se venger, elle ne tarda pas à se présenter. Athènes, assiégée par les Macédoniens, appela les Romains à son secours. Philippe, contraint de demander la paix, fut forcé, pour l'obtenir, de livrer ses vaisseaux, de réduire son armée à 500 hommes et de payer les frais de la guerre. Dès lors la Macédoine subissait la protection de Rome. Sous Persée, successeur de Philippe, elle devint province romaine. La victoire décisive de Pydna, que Paul-Emile remporta sur Persée, acheva la soumission de la Macédoine, qui suivit ensuite la destinée de l'empire romain. Elle forme aujourd'hui une province de la Turquie d'Europe, dans l'eyalet de Roumili, et s'étend de 39° 53′ à 42° 4′ lat. N.; elle a 1200 milles c. de superficie et environ 700,000 hab. Sa capitale est Salonique, l'ancienne Thessalonica.

MACEGOW, pet. v. de la Russie d'Europe, gouv. de Volhynie, cer. de Frowel; 1500 h.

MACERATA, légation des états de l'Eglise; forme une partie de la marche d'Ancône; ses bornes sont : au N. la légation d'Ancône, à l'E. la mer Adriatique, au S.-E. la légation de Fermo, au S.-O. celle de Camerino, à l'O. celle de Perugia et au N.-O. celle d'Urbino. Sa superficie est de 49 l. c. et sa population de 200,000 âmes, dans 8 villes, 16 bourgs et 37 villages et hameaux. Cette province est très-montagneuse, arrosée par le Chienti, la Potenza et le Musone, bien cultivée et riche surtout en céréales, légumes secs, chanvre et amandes; l'éducation de la race bovine est très-importante; on exporte beaucoup de laine, de miel et de cire.

MACERATA, jolie v. épiscopale des états de l'Eglise, chef-lieu et siége des autorités de la légation de même nom, dans une position charmante, sur une colline et au milieu d'une plaine très-riche; elle possède plusieurs beaux palais, un joli hôtel de ville, une université et plusieurs établissements littéraires; 15,000 hab.

MACERATA, b. des états de l'Église, légation d'Urbin-et-Pesaro.

MACÉRONI ou MAZARONY. *Voyez* ESSÉQUÉBO.

MACEY, vg. de Fr., Aube, arr., cant. et poste de Troyes; 420 hab.

MACEY, vg. de Fr., Manche, arr. d'Avranches, cant. et poste de Pontorson; 480 hab.

MACEYO, pet. v. de l'emp. du Brésil, prov. d'Alagoas, à 9 l. N.-N.-E. de la ville du même nom. Les Anglais y possèdent plusieurs comptoirs et cette ville semble destinée à devenir la première place de commerce de l'état; 3600 hab.

MACHACHE, gros b. de la rép. de l'Écuador, dép. du même nom, prov. de Pichincha, au S. de Quito, sous un climat délicieux et dans une plaine très-riche en productions de toute espèce. Cet endroit est remarquable en outre par ses eaux thermales et par ses grands marchés très-fréquentés; 4000 h.

MACHADO. *Voyez* MADEIRA.

MACHADOU, pet. v. fortifiée de l'île d'Anjouan, dans l'archipel des Comores, et résidence de son chef, qui prend le titre de sultan. Elle a une baie et environ 3000 hab.

MACHÆRUS, g. a., v. de la Palestine, tribu de Ruben, sur le penchant septentrional de la montagne Abarim. C'est dans cette ville que saint Jean-Baptiste fut décapité.

MACHNAIM ou MAHANIUM, g. a., v. de la Palestine orientale, tribu de Gad, peu loin de la rive septentrionale du Jabok.

MACHATCHANAY, b. du pays des Hottentots, chez les Griquas; 1000 hab., qui se distinguent par leur industrie.

MACHAULT, b. de Fr., Ardennes, arr., à 4 l. S.-O. et poste de Vouziers, chef-lieu de canton; 732 hab.

MACHAULT, vg. de Fr., Seine-et-Marne, arr. de Melun, cant. et poste de Châtelet; 990 hab.

MACHÉ, vg. de Fr., Vendée, arr. des Sables, cant. et poste de Palluau; 630 hab.

MACHECOUL, v. de Fr., Loire-Inférieure, arr. et à 8 l. S.-S.-O. de Nantes, chef-lieu de canton et poste; filat. de coton; 3670 h.

MACHEIX, vg. de Fr., Corrèze, arr. de Brives, cant. et poste de Beaulieu; 160 hab.

MACHELLE, ham. de Fr., Maine-et-Loire, com. de Faveraye; 220 hab.

MACHELONE, g. a., peuplade de la Colchide, voisins des Heniochi.

MACHEMONT, vg. de Fr., Oise, arr. de Compiègne, cant. et poste de Ribecourt; 600 hab.

MACHENE, ham. de Fr., Charente-Inférieure, com. de Mazerolle; 150 hab.

MACHEREN, vg. de Fr., Moselle, arr. de Sarreguemines, cant. et poste de St.-Avold; 750 hab.

MACHERIN, ham. de Fr., Seine-et-Marne, com. de St.-Martin-en-Bière; 120 hab.

MACHERN. *Voyez* MACKER.

MACHEROMÉNIL, ham. de Fr., Ardennes, com. de Corny; 110 hab.

MACHERON. *V.* CHATENAY-MACHERON.

MACHEVILLE, ham. de Fr., Ardèche, com. de la Mastre; 150 hab.

MACHEZAL, vg. de Fr., Loire, com. de Chirassimont; fabr. de mousseline; 970 h.

MACHIANA, gr. île inhabitée, au N. de celle de Marajo, côte N. de la prov. de Para, emp. du Brésil.

MACHIAS, pet. v. des États-Unis de l'Amérique du Nord, état du Maine, comté de Washington, dont elle est le chef-lieu, à l'embouchure du Machias dans la baie du même nom; elle a un excellent port et est importante par son commerce de bois et ses pêcheries; académie; 3400 hab.

MACHICUYS, peuplade indienne indépendante dans la rép. de Bolivia; ils habitent dans l'intérieur de la prov. de Chaco, sur les rives du Pilcomayo-Inférieur. Ils s'appellent eux-mêmes Cabanathaith et sont nommés Marcoy par les Lenguas. Ils se divisent en 19 bordes dont l'une, suivant Azara, vit dans des cavernes souterraines et qui ensemble sont fortes de 2500 individus.

MACHIDAS, peuple peu connu de l'Afrique orientale, dans l'intérieur de la côte d'Ajan et au S.-E. du roy. de Gingiro; mahométans.

MACHIEL, vg. de Fr., Somme, arr. d'Abbeville, cant. de Rue, poste de Bernay; 300 hab.

MACHINE (la), vg. de Fr., Nièvre, arr. de Nevers, cant. et poste de Decize; exploitation de houille; 1440 hab.

MACHIR, g. a., contrée de la Palestine, dans la tribu de Manassé.

MACHIRA, riv. du roy. marocain de Fez; elle prend sa source dans l'Atlas et se jette dans l'Océan Atlantique entre Tanger et Arzilla.

MACHLYES, g. a., peuplade de la Syrtique; habitait entre le golfe de la Petite-Syrte et le lac Triton.

MACHMETHATH ou **MICHMETHATH**, g. a., v. de la Palestine, tribu d'Ephraïm, sur la frontière de la tribu de Manassé et au N. de Sichem.

MACHOW, pet. v. de la Cafrerie intérieure, pays des Machows ou Mashows. Elle paraît avoir avec ses environs 10 à 12,000 hab., qui s'adonnent presque exclusivement à l'agriculture.

MACHY, vg. de Fr., Aube, arr. de Troyes, cant. et poste de Bouilly; 190 hab.

MACHYNLETH, b. d'Angleterre, comté de Montgoméry, sur le Dovy; communiquant avec le comté de Mérioneth par un beau pont en pierres. Glendour y accepta la couronne que les Gallois révoltés lui offrirent, en 1402.

MACIJOURIÉ, pet. v. de la Pologne, woiwodie de Lublin; 900 hab.

En 1794 les Polonais y furent battus par les Russes; le chef de l'insurrection nationale, Kosciusko, blessé grièvement, y fut fait prisonnier.

MAC-INTOSH, comté de l'état de Géorgie, États-Unis de l'Amérique du Nord; il est borné par l'Océan et les comtés de Liberty, de Glynn et de Wayne. Pays marécageux, mais fertile et bien arrosé; 7000 hab.

MAC-INTOSHVILLE. *Voyez* CHICKASAWS.

MAC-KEAN, comté de l'état de Pensylvanie, États-Unis de l'Amérique du Nord; il est borné par l'état de New-York et par les comtés de Potter, Lycoming, Clearfield, Jefferson et Warren. Pays bien arrosé, mais peu cultivé encore; 2000 hab. Smethsport, sur le Conorodaw, est le chef-lieu du comté.

MAC-KEES-PORT, vg. des États-Unis de l'Amérique du Nord, état de Pensylvanie, comté d'Allégbany, sur la Monongahéla. Les Anglais y furent défaits par les Français en 1754.

MACKENHEIM, vg. de Fr., Bas-Rhin, arr. de Schlestadt, cant. et poste de Marckolsheim; 930 hab.

MACKENZIE. *Voyez* OULOUTHY.

MACKENZIE, un des plus grands fleuves de l'Amérique septentrionale; il naît de deux sources dans les montagnes Rocheuses, sous 53° 31′ lat. N. L'Unijah (Unjigah, ou rivière de la Paix), doit être regardé comme le principal bras du fleuve, et la rivière de l'Elan ou Athapescow, que quelques géographes regardent comme la branche principale, n'en forme effectivement que l'affluent le plus considérable. Le fleuve traverse le pays des Chepewyans, baigne quelques forts en bois appartenant à la société du Nord-Ouest, reçoit le Red-Willow qui lui envoie les eaux des lacs des Buffles, de la Croix et des Ours-Noirs et entre, sous le nom d'Athapescow, dans le lac de ce nom. Au sortir de ce lac il porte le nom de rivière de l'Esclave, passe près du fort Chipaway, baigne le fort Entreprise et entre dans le grand lac de l'Esclave, près du fort Providence. Ce n'est qu'en sortant de ce lac qu'il reçoit le nom de Mackenzie. Ce fleuve reçoit ensuite l'écoulement du lac des Montagnes; celui du grand lac des Ours traverse les immenses solitudes que parcourent les Indiens des Montagnes, les Indiens-Archers, les Indiens-Querelleurs, les Shiennes, les Indiens-Lièvres et les Esquimaux, et se jette par une large embouchure parsemée d'îles dans l'Océan Glacial arctique, dont il est le principal affluent, sous 69° 14′ lat. N. La longueur de son cours, depuis la source de la rivière de la Paix, est de plus de 550 l.

MACKER ou **MACHERN**, ham. de Fr., Moselle, com. de Helstroff; 850 hab.

MACKRERRAY, baie de l'île de Maouvi ou Mauwi, archipel de Hawaii (Sandwich), Polynésie; par l'enfoncement qu'elle forme elle divise l'île en deux parties inégales, jointes par un isthme assez large vers le N. Elle offre un bon ancrage.

MACKWILLER, vg. de Fr., Bas-Rhin, arr. de Saverne, cant. de Drulingen, poste de Saar-Union; 740 hab.

MACLAS, vg. de Fr., Loire, arr. de St.-Étienne, cant. de Pélussin, poste de St.-Chamond; 990 hab.

MACLAUNAY, vg. de Fr., Marne, arr. d'Epernay, cant. et poste de Montmirail; 90 hab.

MACLOU (Saint-), vg. de Fr., Calvados, arr. de Bayeux, cant. de Mézidon, poste de St.-Pierre-sur-Dives; 70 hab.

MACLOU (Saint-), vg. de Fr., Eure, arr. et poste de Pont-Audemer, cant. de Beuzeville; filat. de coton et fabr. de calicot; 692 hab.

MACLOU-DE-FOLLEVILLE (Saint-), vg. de Fr., Seine-Inférieure, arr. de Dieppe, cant. et poste de Tôtes; 740 hab.

MACLOU-LA-BRIÈRE (Saint-), vg. de Fr., Seine-Inférieure, arr. de Hâvre, cant. et poste de Goderville; 550 hab.

MAC-MINN, comté de l'état de Tennessée, États-Unis de l'Amérique du Nord; il est borné par les comtés de Roane, de Blount, de Monroé, de Rhéa et le territoire des Tscherokis; 2500 hab. Calhoun, sur le High-wassee, est le chef-lieu du comté.

MAC-MINNVILLE. *Voyez* WARREN.

MACNALIUM, g. a., contrée de l'Arcadie, peu loin des montagnes de Mænalus.

MACODAMA, *Macumades*, g. a., v. de la Byzacène, dans le pays de Carthage, entre Thenæ et l'embouchure du Triton.

MACODOMO, île inhabitée à l'E. du cap Canso, côte N.-E. de la Nouvelle-Écosse, dont elle dépend.

MACOMADES-SYRTIS, g. a., v. de la Syrtique, sur le Cinyphus, au S.-E. de Leptis Magna et au S.-O. de Beronice.

MACON, vg. de Fr., Aube, arr., cant. et poste de Nogent-sur-Seine; 580 hab.

MACON, ham. de Fr., Côte-d'Or, com. de St.-Martin-de-la-Mer; 390 hab.

MACON, *Madascona*, *Matisco*, v. de Fr., chef-lieu du dép. de Saône-et-Loire, à 100 l. S.-E. de Paris; siége de tribunaux de première instance et de commerce; directions des contributions et des domaines; conservation des hypothèques; chef-lieu de la dix-neuvième conservation forestière; résidence d'un ingénieur-en-chef des ponts-et-chaussées et d'un ingénieur des mines. Elle est située sur la rive droite de la Saône, au pied et sur la pente d'une colline couverte de vignobles, dans une contrée fort agréable; mais l'intérieur de la ville n'a rien de régulier; les rues sont étroites, bordées de vieilles maisons sans élégance et les places peu spacieuses. Le quai offre cependant un aspect riant; il est garni de constructions modernes fort jolies. On y remarque l'hôtel de ville et l'hôtel Montrevel. L'ancien palais épiscopal et la cathédrale sont aussi de fort beaux édifices. Macon possède un collége, une bibliothèque publique de 9000 volumes, un petit théâtre, de belles promenades, une société d'agriculture, sciences et belles-lettres, un cabinet de minéralogie départemental, une école de dessin et une école théorique et pratique d'horlogerie et de mécanique. Cette ville a des fabriques de toiles, de faïence, d'horlogerie, etc.; fonderie de cuivre; son commerce principal consiste en vins très-estimés, connus sous le nom de Macon, en grains, fruits confits, bois et fer. Foires: les 20 mai, 10 août, 19 septembre, 1er novembre et jeudi-gras; 11,944 hab.

Patrie de Senecay, littérateur et poëte du dix-septième siècle. Quelques débris de monuments romains attestent que Macon est une ville fort ancienne; elle était en effet une cité des Eduens. Lors de la chute de l'empire, elle fut comprise dans le roy. de Bourgogne, dont elle suivit la destinée jusqu'à l'époque où ce royaume fut démembré. Macon devint ensuite le chef-lieu du Maconnais, comté que Louis IX acheta en 1238 et qui rentra plus tard dans les domaines des ducs de Bourgogne, sous Philippe-le-Hardi. Louis XI le reprit en 1476. Macon éprouva de grands désastres pendant les guerres de religion. Les protestants s'en emparèrent deux fois et s'y défendirent vaillamment contre les catholiques qui parvinrent cependant à y rentrer.

MAÇON, v. fondée en 1823, États-Unis de l'Amérique du Nord, état de Géorgie, comté de Jones; 4000 hab.

MAÇON. *Voyez* SANDY (fleuve).

MACONCOURT, vg. de Fr., Haute-Marne, arr. de Vassy, cant. de Doulaincourt, poste de Joinville; 100 hab.

MACONCOURT, vg. de Fr., Vosges, arr. de Neufchâteau, cant. de Châtenois, poste de Bulgnéville; fabr. de vases pour grains; 280 hab.

MACONGE, vg. de Fr., Côte-d'Or, arr. de Beaune, cant. et poste de Pouilly-en-Montagne; 290 hab.

MACONGO. *Voyez* CACONGO.

MACONIS, peuplade indienne indépendante dans l'emp. du Brésil, vivant dispersée sur les confins des prov. de Minas-Géraès et d'Espiritu-Santo, dans la Cordilbeira-dos-Aymores, sur les bords du Mucury supérieur et du Rio-Grande-de-Belmonte; ils sont alliés des Patachos, Cumanachos, etc., et vivent en guerre continuelle avec les Botocudos. Uue partie de cette peuplade a été convertie au christianisme.

MACONNAIS. *Voyez* MACON.

MACONNAIS (le), ham. de Fr., Saône-et-Loire, com. de Messey-sur-Grosne; 140 hab.

MACORETÆ, g. a., peuplade de l'Arabie Heureuse, dans les environs de Macoruba.

MACORIZ, riv. de la côte S.-E. de l'île de Haïti; prend naissance près de Bayaguana, coule vers le S.-E. et se jette dans l'Océan, entre la Pointe-Caicédo et le Rio-Séco.

MACORNAIS, vg. de Fr., Jura, arr., cant. et poste de Lons-le-Saulnier; fabr. de papier et carton; 655 hab.

MACOS, nation indépendante, nombreuse, agricole et de mœurs très-douces, établie sur les rives de l'Orénoque supérieur et de ses principaux affluents dans la prov. de Guyane, rép. de Vénézuela. Les Espagnols les appellent *Piaroas*.

MACOUAR ou MECOVAR, groupe de petites îles dans la mer Rouge, sur la côte de Nubie, au S. de l'île Magarzan; vis-à-vis, sur la côte, se trouve un bourg de même nom; ruines.

MACOUAS, peuple nègre très-puissant de l'Afrique orientale, à l'O. de Mozambique, le long de la côte de ce nom et dans l'intérieur; il paraît s'étendre au N. jusqu'aux environs de Mélinde, et au S. jusqu'à l'embouchure du Couamo.

MACOUBA (le), b. et chef-lieu de canton, à l'extrémité N. de l'île de Martinique, arr. de St.-Pierre, à 6 1/4 l. de la ville de ce nom et à 10 1/2 l. de Fort-Royal; ses environs produisent le meilleur tabac de la Martinique; 1500 hab.

MACOUX, ham. de Fr., Nord, com. de Condé-sur-l'Escaut; 270 hab.

MACOUX (Saint-), vg. de Fr., Vienne, arr., cant. et poste de Civray; 710 hab.

MACQUARIE, groupe d'îles le plus méridional de l'Océanie, sous 54° 19′ lat. S. et 156° 23′ long. orient., au S.-S.-O. de la Nouvelle-Zeelande. Ce groupe, dont l'île principale porte le même nom, fut découvert par un baleinier, en 1811, et visité en 1820 par le Russe Bellingshausen et en 1822 par l'Anglais Langdon. Il se compose de 5 îles, dont Macquarie, la plus grande, présente plusieurs bonnes baies; elles sont inhabitées. Les côtes sont peuplées de phoques en si grande abondance, qu'on en a abattu 80,000 en une seule campagne. Bellingshausen y sentit un tremblement de terre, le 17 novembre 1820.

MACQUARIE, fl. de la Nouvelle-Hollande ou Australie; il prend naissance dans la vallée de Bathurst, sous 33° 30′ lat. S., par la réunion du Fish-River et du Campbell-River, et se dirige vers le N.-O., arrose une contrée couverte d'une riche végétation et va se perdre dans des marais, sous 30° 30′ lat. S.

MACQUARIE, fl. de l'île de Diémen, Australie; il a sa source sur une colline dans la plaine d'York, sous 42° 8′ lat. S., se dirige vers le N.-O., reçoit l'Elisabeth et se réunit au Lake, affluent du Southesk.

MACQUARIE, port de la Nouvelle-Hollande, sur la côte N.-E. de la Nouvelle-Galles du Sud, à l'embouchure du Hastings, à 20 l. N. de Port-Jackson, sous 31° 25′ 45″ lat. S. et 150° 22′ de long. orient.

MACQUEVILLE, vg. de Fr., Charente-Inférieure, arr. de St.-Jean-d'Angely, cant. et poste de Matha; 730 hab.

MACQUIGNY, vg. de Fr., Aisne, arr. de Vervins, cant. et poste de Guise; 800 hab.

MACQUINIS, peuple de la Cafrerie intérieure, au N. des Marouthis; ils paraissent être les plus nombreux, les plus puissants et les plus civilisés de tous les peuples cafres, et tirent de leurs mines une grande quantité de fer et de cuivre qu'ils vendent aux nations voisines.

MACRA, g. a., riv. qui séparait la Ligurie de l'Etrurie.

MACRENI ou **MACROGI**, g. a., peuplade du N. de l'île de Corse.

MACRI ou **MEGRI**, l'ancien TELMISSOS, v. de la Turquie d'Asie, eyalet d'Anadoli; est située sur le golfe de même nom et possède un excellent port. Elle est bien peuplée et fait un commerce assez considérable avec des bois de construction et de chauffage, du goudron, du bétail et du sel. L'on admire dans son voisinage les beaux restes de l'ancien *Telmissos*, un théâtre, des portiques et surtout des tombeaux, dont les uns sont taillés dans le roc avec un art admirable, et dont les autres sont d'énormes sarcophages.

MACROOM, b. d'Irlande, comté de Cork; fabrication de laine très-étendue; raffineries de sel; 3000 hab.

MACTA, pet. riv. de la rég. d'Alger, qui forme à l'E. la limite du territoire d'Abd-el-Kader, émir de Mascara.

MACUNGY, com. florissante des États-Unis de l'Amérique du Nord, état de Pensylvanie, comté de Léhigh; 3000 hab.

MACURI, promontoire sur la côte N. de l'île de Haïti.

MADAGASCAR) en langue malgache *Madécasse*, et de temps immémorial chez les Perses et les Arabes *Sarondib*), *Minuthias*, *Hannonis Insula*, *Divi Laurentii Insula*, la plus grande île de l'Afrique et en même temps une des plus grandes du monde, dans l'Océan Indien, vis-à-vis des côtes de l'Afrique orientale, dont elle est séparée par le canal de Mozambique; environ 370 l. du N. au S. depuis le cap Ambre jusqu'au cap Ste.-Marie, 100 à 130 l. de l'E. à l'O. et 10,500 l. c. géogr.; 3,500,000 hab., Madécasses ou Malgaches, qui appartiennent incontestablement à la grande souche malaie, répandue d'un bout à l'autre de l'Océanie; mais leur arrivée dans cette île est antérieure aux temps historiques. On trouvera indiqués dans la suite de cet article les principaux peuples entre lesquels cette nation nombreuse est partagée; ils sont en partie mahométans, en partie idolâtres. Les nuances de la couleur servent à distinguer les Madécasses; les olivâtres paraissent être de vraie origine malaie; les noirs, qui sont de véritables indigènes, ont des cheveux laineux et de grosses lèvres; ceux des côtes sont grands, bien faits, spirituels et vindicatifs. La gaîté, l'insouciance et une vive passion pour la volupté semblent être le partage du plus grand nombre; dormir, danser, chanter, tel est pour eux le bonheur suprême. Ils traitent les femmes avec beaucoup d'égards et respectent scrupuleusement les liens du mariage. Les sciences et les arts ont dû faire peu de progrès chez une telle nation; néanmoins ils savent écrire et fabriquer du papier. Parmi les mets dont ils se nourrissent, on remarque une espèce de chauve-souris, d'une grosseur monstrueuse, qui passe pour un morceau délicat. Cette île abonde également en gibier; on y élève un grand nombre de bœufs qui pèsent, pour la plupart, jusqu'à 800 livres, ainsi que des moutons, dont la laine est très-estimée; mais il n'y a ni chevaux, ni chameaux, ni lions, ni tigres.

Deux grandes chaînes de montagnes, les Ambostimènes au N. et les Betanimènes au S., partagent l'île en deux parties presque égales; leurs points culminants atteignent une hauteur de 1200 à 1800 toises. On y trouve plusieurs lacs, dont celui d'Antsianak est le plus considérable, ainsi que les sources d'un grand nombre de rivières qui serpentent dans toutes les directions pour mêler leurs eaux à celles de l'Océan; elles sont en général très-poissonneuses, mais infestées de crocodiles et de poissons venimeux. Nous nous bornerons à indiquer ici les principales d'entre ces rivières, qui sont : le Lingebate, le Bamarive, le Manangouré, le Mananzari, le Manangara, le Lombousira, le Manamanieh à l'E., le Mandrerei, le Manambouné, le Machicore au S., et le Sacalite, le Ranoumena, le Ranouminte, le Mansiatre, le Barcellas et autres à l'O. L'air y est sain, le climat tempéré, et, excepté les quatre mois de l'été, on y jouit d'un printemps éternel. Le sol est en général fertile et on y compte plus de 200 millions d'arpents de bonne terre, soigneusement cultivée ; il abonde en sucre, fruits, miel, gommes précieuses, parmi lesquelles celle connue sous le nom de caoutchouc ou gomme élastique, lin, chanvre, cire, tabac, indigo, poivre blanc, succin, ambre gris, etc. ; mines d'argent, cuivre, étain et fossiles ; champs de riz et de patates, belles forêts de palmiers, bois de teinture et de construction, aloës, ébéniers, bambous énormes, orangers, citronniers, etc. Les nobles ou Rohandriens jouissent dans ce pays de grandes prérogatives ; le roi doit être choisi parmi eux, et c'est à eux seuls qu'appartient exclusivement le droit d'exercer l'état de boucher, qui est le plus honorable de l'île. Elle fut découverte, en 1506, par Laurent Almeyda, navigateur portugais. Vers le milieu du dix-septième siècle, les Français s'établirent dans la partie S.-E., où ils élevèrent le Fort-Dauphin et Foulpoint. Des pirates qui s'étaient fixés dans la partie N.-E. y introduisirent la traite des esclaves. Ce n'est que de nos jours que les Anglais se sont établis au port Louquez. Quant aux divisions politiques de l'île de Madagascar, elle était partagée jusqu'au commencement du dix-neuvième siècle entre un grand nombre de peuplades indépendantes, et ce n'est que depuis quelques années qu'elle est partagée entre le roy. de Madagascar, qui en possède la plus grande partie, et plusieurs chefs qui dominent sur le reste. Le jeune Radama, chef des Ovas, étant parvenu dans le cours de quelques années à soumettre la meilleure et la plus grande partie de l'île, et les chefs de Bambatouka, des Seclaves, des Antavares, des Bestimessaras, des Betanimènes et des Antacimes, le long des côtes, et ceux de l'intérieur de Madagascar étant devenus ses vassaux, ce jeune conquérant, digne émule de Méhémet-Ali en Égypte, de Tamehameha à Sandwich et de Finow Ier à Tongatabou, commença l'entreprise aussi glorieuse que difficile de la civilisation de ses nombreux sujets ; il fonda à cet effet des écoles pour l'instruction de la jeunesse, il embellit sa capitale de plusieurs édifices et envoya à l'Isle-de-France, à Londres et à Paris quelques-uns de ses sujets pour apprendre nos arts et nos sciences. Peu d'années lui suffirent pour créer une armée avec laquelle il projetait de soumettre l'île entière. Ses généraux et autres chefs supérieurs étaient montés sur des chevaux venus du dehors ; il s'était formé une artillerie. Ses troupes étaient en grande partie armées de fusils, exercées à l'européenne et soumises à la plus sévère discipline. On en portait le nombre à 30,000 hommes ; quoique exagéré, ce nombre restait cependant peu éloigné de la vérité, et on pouvait, sans craindre aucune exagération, porter à 50,000 hommes la totalité de ses forces, en y comprenant les soldats armés de lances et de sagaies. Le gouverneur anglais de l'Isle-de-France s'était engagé à lui payer annuellement 40,000 piastres ou 200,000 francs pour qu'il abolit la traite des esclaves. Ce jeune conquérant était sur le point de voir son entreprise couronnée du plus brillant succès, lorsqu'une nouvelle Clytemnestre, la reine Ranavola-Manjoka, le fit empoisonner le 27 juillet 1828. Cette méchante femme lui a succédé au détriment des plus proches parents de Radama, qu'elle a fait mettre à mort pour se livrer plus facilement à son infame complice, jeune Africain d'une rare beauté. Déjà les Malgaches de Bombatouka et les Arabes fixés parmi eux ont pris les armes contre elle. Leur exemple sera probablement imité par d'autres peuples ennemis naturels des Ovas, et le grand royaume fondé par la bravoure et la politique de Radama est menacé d'une dissolution complète. On évalue la pop. de ce royaume à 2,000,000 hab. Parmi les pays qui paraissent être entièrement indépendants du roy. de Madagascar, le plus remarquable est celui d'Anossi, partagé entre plusieurs petits chefs, dont Rabé-Fagnian, chef de l'Anossi proprement dit, Raava, fille du vieux Ramalifois, mort il y a quelques années, et Bédouk, chef des montagnards, paraissent être les principaux ; ils ont résisté à toute la puissance de Radama et sont amis des Français. Tout la côte S.-O., qui s'étend depuis le cap Ste.-Marie jusqu'au cap St.-André, est peu connue sous le rapport de ses divisions politiques ; on représente ses habitants comme inhospitaliers, cruels et peu portés au commerce, du moins avec les Européens.

MADAGH, b. et pet. port dans la rég. d'Alger, prov. de Tlémécen.

MADAILLAN, vg. de Fr., Lot-et-Garonne, arr. et poste d'Agen, cant. de Prayssas ; 4360 hab.

MADAIN, nom que les Arabes donnent aux ruines de Séleucie et de Ctésiphon (dans le voisinage de Babylone), à cause de leur proximité ; car ce nom de Madain signifie les deux villes par excellence.

MADAME (île). *Voyez* Isle-Madame.

MADAME, île assez considérable à l'entrée de la baie du même nom, côte S.-O. du cap Breton, dont elle dépend. Elle renferme la ville d'Arichat, la plus importante place du cap Breton après Sidney.

MADAME (rivière), riv. de la côte N. de

Guadeloupe (Guadeloupe proprement dite); naît de deux sources et se décharge dans l'embouchure du Grand-Cul-de-Sac.

MADANINA. *Voyez* MARTINIQUE.

MADAUAMKEAG, gr. vg. des États-Unis de l'Amérique du Nord, état du Maine, comté de Penobscot, sur une langue de terre entre le Medawamkeg et le Penobscot; c'est le chef-lieu du territoire des Indiens-Penobscot.

MADAURA ou MADAURENSE OPPIDUM, MATERENSE, MADURUS, MADAURI, g. a., v. de la Numidie massylienne, sur la frontière de la Zeugitanie.

MADDOLONI, v. du roy. des Deux-Siciles, prov. de Terre-de-Labour; commerce; 10,400 hab.

MADÉCASSE. *Voyez* MADAGASCAR.

MADECOURT, vg. de Fr., Vosges, arr. et poste de Mirecourt, cant. de Vittel; 170 hab.

MADEGNEY, vg. de Fr., Vosges, arr. de Mirecourt, cant. et poste de Dompaire; 400 hab.

MADEIRA (Rio-da-) ou PARANA-GUASSU (grand fleuve), CUYARI, CAYARI, un des plus grands fleuves de l'Amérique méridionale. C'est à tort que l'on regardait les sources du Mamoré comme celles de la Madeira. Les premières et les plus éloignées des sources de cet immense fleuve se trouvent rapprochées de celles du Rio-Béni et du Cachi-Mayu (affluent du Rio-de-la-Plata), sur les confins des prov. de Charcas et de Cochabamba, rép. de Bolivia. La Madeira prend d'abord une direction S.-E., en laissant la ville de Chuquisaca à droite. Puis le fleuve fait un grand coude, prend le nom de Rio-Grande-de-la-Plata et traverse la Valle-Grande-de-Santa-Cruz, en passant à droite de la ville de Santa-Cruz-de-la-Sierra, au-dessous de laquelle il forme le port de Paylas. De là son nom se change en celui de Rio-Guapahi (Guapaix) et de Rio-Grinde, qu'il garde jusqu'à son confluent avec le Mamore (15° 57′ lat. S.) et dont il partage le nom jusqu'à l'embouchure du Guaporé (10° 25′ lat. S.) à San-José. Depuis cet endroit jusqu'à son embouchure dans le Maragnon, le fleuve porte le nom de Madeira, qui signifie *fleuve des bois* et qui lui a été donné de ce que dans son cours rapide et très-large il déracine une grande quantité d'arbres qu'il entraîne vers le Maragnon. Au-dessus de San-José la Madeira fait plusieurs chutes, reçoit une foule d'affluents, sépare la comarque de Para de celle de Rio-Négro et va, dans une direction N.-E., se décharger dans le Maragnon, sous 3° 24′ 18″ lat. S., non loin et au-dessous de l'embouchure du Rio-Négro. En 1741 quelques Portugais le remontèrent jusqu'aux environs de Santa-Cruz. Tout son cours est de 685 l. Ses affluents les plus considérables sont : à droite, le Guapore, Guapure ou Iténez, avec les affluents Barbados, Rio-Verde, Paragua, Galéra, Corambiara et Simao; il descend de la Sierra dos Parecis et passe peu loin de Matto-Grosso et par le fort Principe-da-Beira; le Jassy, qui vient de la Cordilheira-Géral; le Jamary (Yamari), qui descend de la même chaîne de montagnes; le Machado, grand fleuve qui a sa source dans la Cordilheira-do-Norte; l'Araxia (Arauaxia) et l'Yacare. A gauche, le Piray, qui naît dans les Sierras Altissimas, prov. de Santa-Cruz; le Mamoré, qui naît de plusieurs sources dans la même montagne et se jette dans le Guapahi, auquel il donne son nom; le Mamore-Chico ou Sipiri, le Mato, qui, sous le nom de Cobitu, descend de la Sierra de los Indios-Infieles, reçoit de nombreux affluents, aussi considérables que lui-même, et rejoint la Madeira dans une direction N.-E.

MADELAINE (la), ham. de Fr., Ain, com. de Varambon; 110 hab.

MADELAINE (la), vg. de Fr., Dordogne, com. de Bergerac; 1500 hab.

MADELAINE (la), ham. de Fr., Haute-Garonne, com. d'Auterive; 460 hab.

MADELAINE (la), ham. de Fr., Haute-Garonne, com. de Villemur; 210 hab.

MADELAINE (la), ham. de Fr., Lot, com. de Larroque-des-Arcs; 190 hab.

MADELAINE (la), ham. de Fr., Orne, com. de l'Aigle; 200 hab.

MADELAINE (la), vg. de Fr., Pas-de-Calais, arr., cant. et poste de Montreuil-sur-Mer; 170 hab.

MADELAINE (la), vg. de Fr., Haut-Rhin, arr. de Belfort, cant. de Giromagny, poste de Massevaux; 180 hab.

MADELAINE (la), ham. de Fr., Basses-Pyrénées, com. de St.-Jean-le-Vieux; 250 h.

MADELAINE (la), ham. de Fr., Rhône, com. de St.-Maurice-sur-Dargoire; 150 hab.

MADELAINE (la), vg. de Fr., Seine-et-Marne, arr. de Fontainebleau, cant. et poste de Château-Landon; 160 hab.

MADELAINE-D'AUSSAC (la). *Voyez* MADELEINE (la).

MADELAINE-DE-BRÉHÉMONT (la). *Voy.* BRÉHÉMONT.

MADELAINE-DE-FLOURENS (Saint-), Fr., Haute-Garonne, com. de Flourens; eaux minérales ferrugineuses pour boisson.

MADELAINE-VILLEFROUIN (la), vg. de Fr., Loir-et-Cher, arr. de Blois, cant. de Marchenoir, poste de Mer; 140 hab.

MADELEINE (la), ham. de Fr., Bouches-du-Rhône, com. de Marseille; 320 hab.

MADELEINE (la), ham. de Fr., Eure, com. d'Évreux; 430 hab.

MADELEINE (la), ham. de Fr., Tarn-et-Garonne, com. de Montpézat; 110 hab.

MADELEINE (la), ham. de Fr., Vendée, com. de Noirmoutiers; 150 hab.

MADELEINE, baie avec quelques établissements sur la côte O. de l'île de Spitzbergen; elle est fermée au N. par le cap de Madeleine (Magdalen-Huck).

MADELEINE-BOUVET (la), vg. de Fr., Orne, arr. de Mortagne-sur-Huîne, cant. et poste de Remalard; fourneau; poterie; batterie de cuisine; 890 hab.

MADELEINE-DE-NONANCOURT, vg. de Fr., Eure, arr. d'Évreux, cant. et poste de Nonancourt; 950 hab.

MADELEINES (les), groupe de plusieurs petites îles dans le golfe de St.-Laurent, à l'entrée du détroit du cap Breton et à peu près au milieu du golfe, au S.-O. de Terre-Neuve, au N.-O. du cap Breton, au N.-E. de l'île du Prince-Edouard et au S.-E. de l'île d'Anticosti. Elles s'étendent entre 47° 17′ et 47° 52′ lat. N. et ont ensemble une superficie de 3 1/2 l. c. géogr. avec 400 habitants pêcheurs et marins. Ces îles, en partie élevées, en partie basses, n'offrent qu'une végétation très-pauvre, mais elles abondent en poissons, phoques et oiseaux aquatiques. Les morues, dont elles étaient autrefois peuplées, ont entièrement abandonné ces parages. Ces îles, qui n'ont de l'importance que par leurs pêches, sont soumises au gouverneur de Terre-Neuve et forment deux paroisses. Les Américains ont le droit de faire sécher leurs poissons sur le terrain non occupé de ces îles. Les principales îles du groupe sont : Magdaléna, Amherst, Entry-Island, Brion, Shag et Jaquis.

MADEN, pet. v. de la Turquie d'Asie, eyalet d'Erzeroum; importante par les riches mines de cuivre qu'on exploite dans son voisinage.

MADEN, v. de la Turquie d'Asie, eyalet de Diarbékir; elle est située sur une montagne, baignée par l'Euphrate et très-florissante. On y exploite des mines de fer et des mines de cuivre très-riches qui approvisionnent presque tout l'empire ottoman et une partie de la Perse.

MADEN (Saint-), vg. de Fr., Côtes-du-Nord, arr. de Dinan, cant. de St.-Jouan-de-l'Isle, poste de Broons; 450 hab.

MADENA, g. a., contrée de l'Arménie Majeure, entre le Cyrus et l'Araxes.

MADÉRA, pet. île non loin de la côte N. de l'île d'Haïti, dont elle dépend; elle s'étend en face du fort Liberté, entre les îles de Crisin et de Monte-Christi.

MADÉRA. *Voyez* NICARAGUA (lac).

MADÈRE ou **MADEIRA**, île de l'Océan Atlantique, dans le groupe septentrional des îles Canaries, connu des anciens sous le nom de *Purpurariæ Insulæ* et de nos jours sous celui du groupe de Madère; il comprend en outre la petite île de Porto-Santo et d'autres îlots encore moins importants et presque tous déserts. L'île de Madère, la plus occidentale de ce groupe, s'étend en forme de triangle et a une longueur de 22 l. sur une largeur de 8 à 9; pop. 100,000 hab. Elle fut découverte en 1344 par un gentilhomme anglais et conquise en 1431 par Juan Gonzalez et Tristan Vaz, Portugais, qui mirent le feu dans une forêt pour se chauffer, ce qui causa un embrasement de plusieurs années et rendit la terre extrêmement fertile; elle est hérissée de montagnes, parmi lesquelles le pic Ruivo atteint une hauteur de 965 toises et la cima de Torinhas de 914; leurs bases sont très-bien cultivées, et leurs sommets couverts de forêts de pins et de châtaigniers; elle produit en abondance des fruits, de la canne à sucre, peu de blé, des patates douces, des oliviers, etc., mais par-dessus tout elle possède des vignobles donnant plusieurs espèces de vins renommés, parmi lesquels le Malvoisie, d'un plant de Candie, tient le premier rang. La récolte y produit annuellement 30,000 pièces de vin de toute qualité. Funchal, capitale. Ce groupe appartient aux Portugais et forme un des cinq gouvernements dans lesquels sont divisées les vastes possessions de cette nation en Afrique. *Voyez* CANARIES.

MADERUELO, pet. v. d'Espagne, chef-lieu de district, roy. de la Vieille-Castille, prov. de Ségovie, sur la Riaza; 1600 hab.

MADFOUNEH (la ville enterrée), misérable b. de la Haute-Égypte, prov. et à 5. l. S.-S.-O. de Djirdjéh, sur un canal à la gauche du Nil; remarquable parce qu'il remplace l'ancienne *Abydos* ou *Abydus*, que Strabon dit avoir été la seconde ville après Thèbes, quoique dès son temps réduite à n'être qu'un simple village. M. Jomard en a donné la première description détaillée. On admire encore dans les environs de vastes hypogées et un grand nombre de ruines, entre autres celles d'un palais magnifique, en grande partie enseveli dans les sables; son intérieur, très-bien conservé, est couvert de hiéroglyphes très-bien sculptées et de peintures dont on admire l'étonnante vivacité de couleurs, quoiqu'elles datent de plus de 22 siècles. On a cru que cet édifice était le Memnonium, où, selon Strabon, résidait le grand Osymandias ou Ismende, qu'on suppose avoir régné 2276 ans avant J.-C.; mais, selon M. Champollion, il appartient réellement au règne de Ménéphtah Ier. M. Henniker vante aussi la grandeur extraordinaire des blocs employés dans sa construction. C'est parmi ces intéressantes ruines que M. Bankes, en 1818, trouva un bas-relief consistant en plusieurs lignes de cartouches qu'on sait aujourd'hui, d'après l'interprétation qu'en a donnée M. Champollion dans sa deuxième lettre sur le musée de Turin, être une table chronologique des anciens Pharaons désignés par leurs noms royaux; c'est un des morceaux les plus précieux que l'on ait encore découverts. M. Drovetti, aidé du père Ledislao, fit à Madfouneh une riche collection d'antiquités égyptiennes, dont la plupart sont à présent dans le musée de Turin.

MADIAN, *Midian*, g. a., v. du pays des Moabites, entre l'Arnon et la ville d'Areopolis.

MADIANITÆ, *Midianitæ*, g. a., peuplade du pays des Moabites, peu loin de l'Arnon.

MADIANNA. *Voyez* MARTINIQUE.

MADIC, vg. de Fr., Cantal, arr. de Mauriac, cant. de Saignes, poste de Bort; 340 h.

MADIÈRE, vg. de Fr., Arriège, arr., cant. et poste de Pamiers; 410 hab.

MADIÈRES, ham. de Fr., Hérault, com. de St.-Mauriac; 100 hab.

MADIEU (le Grand-), vg. de Fr., Charente, arr. de Confolens, cant. et poste de St.-Claud; 430 hab.

MADIEU (le Petit-), vg. de Fr., Charente, arr. de Confolens, cant. et poste de St.-Claud; 210 hab.

MADIRAC, vg. de Fr., Gironde, arr. de Bordeaux, cant. et poste de Créon; 100 h.

MADIRAN, b. de Fr., Hautes-Pyrénées, arr. de Tarbes, cant. de Castelnau-Rivière-Basse, poste de Maubourguet; 1325 hab.

MADISON (fleuve). *Voyez* MISSOURI.

MADISON, comté de l'état d'Alabama, États-Unis de l'Amérique du Nord; il est borné par l'état de Tennessée et les comtés de Décatur, Morgan et Limestone. Ce comté, qui s'étend dans la belle et fertile vallée de Tennessée, est le district le mieux cultivé de l'état; il produit surtout du coton et du blé; 25,000 hab.

MADISON, comté de l'état de Géorgie, États-Unis de l'Amérique du Nord; ses bornes sont: les comtés de Franklin, Elbert, Oglethorpe, Clarke et Jakson. Pays assez fertile et arrosé par le Broad et ses affluents; 5000 hab. Danielsville : chef-lieu du comté.

MADISON (chef-lieu). *Voyez* MORGAN.

MADISON, comté de l'état d'Illinois, États-Unis de l'Amérique du Nord; ses limites sont: le pays des Indiens libres, l'état de Missouri et les comtés de Bond, Washington, St.-Clair et Pike. Pays très-fertile et arrosé par différents affluents de l'Illinois et du Mississipi; 20,000 hab. Edwardsville, sur la Cahokia, est le chef-lieu du comté.

MADISON, pet. v. des États-Unis de l'Amérique du Nord, état d'Indiana, comté de Jefferson, dont elle est le chef-lieu, sur l'Ohio. Cette ville fait un commerce très-actif et est la place la plus importante de l'état, après Vincennes; 3400 hab.

MADISON, comté de l'état de Kentucky, États-Unis de l'Amérique du Nord; il est borné par les comtés de Jessamine, Fayette, Clarke, Estill, Clay, Rockcastle et Garrard. Pays montagneux et offrant des sites très-pittoresques; il est fertile et bien cultivé le long de ses cours d'eau, tous affluents du Kentucky, et abonde en bois et en gibier; 22,000 hab. Richmond, sur la grande route du centre, est le chef-lieu du comté.

MADISON, comté de l'état de Missouri, États-Unis de l'Amérique du Nord; il est entouré par le territoire d'Arkansas et les comtés de Washington, Cape-Girardeau, New-Madrid et Wayne. Ce pays, quoique très-bien arrosé, a un sol maigre et rocailleux; il est traversé au S.-O. par les monts Ozark et renferme les mines de la Motte, la plus riche mine de plomb de l'Union, ainsi que d'autres métaux précieux; 4000 h. Granville, sur le Big-Black, est le chef-lieu du comté.

MADISON, comté de l'état de New-York, États-Unis de l'Amérique du Nord; il est borné par le lac Oneida et par les comtés d'Oneida, Herkimer, Otségo, Chénango, Cortland et Onondaga. Pays plat, bien arrosé et d'une extrême fertilité; il donne naissance au Chénango; 45,000 hab.

MADISON, b. florissant des États-Unis de l'Amérique du Nord, état de New-York, comté de Madison; 3000 hab.

MADISON, comté de l'état d'Ohio, États-Unis de l'Amérique du Nord; ses bornes sont : les comtés de Logan, Franklin, Fayette, Clarke et Champaign. Pays fertile qui donne naissance à plusieurs affluents du Scioto; eaux thermales; 9000 hab. New-London, sur un affluent du Paint, est le chef-lieu du comté.

MADISON, comté de l'état de Virginie, États-Unis de l'Amérique du Nord; il est borné par les comtés de Shénandoah, Culpeper et Orange. Pays montagneux, traversé à l'O. par les montagnes Bleues, la Conway-Ridge et les Lost-Mountains et arrosé par le Robertson, le Rapidan et le Conway; 10,000 hab. Madison, sur le Robertson, est le chef-lieu du comté.

MADISON, comté de l'état de Tennessée, États-Unis de l'Amérique du Nord; il est borné par l'état de Mississipi et par les comtés de Cabroll, Henderson et Shelby. Ce comté, formé en 1821, n'offre que peu de points défrichés et une population très-faible.

MADISONVILLE. *Voyez* HOPKINS.

MADISONVILLE. *Voyez* TAMMANY.

MADJA, v. de l'île de Java, dans la résidence hollandaise de Chéribon.

MADJAPAHIT (ruines de). Les restes de cette ville, ancienne capitale de Java, sont situés au milieu d'une immense forêt, dans la partie occidentale de la résidence du Sourabaya. Les ruines sont éparses le long du Kediri et couvrent un espace de plusieurs milles. M. Walckenaër dit que depuis son emplacement jusqu'au Pobolingo, vers l'E., on aperçoit à chaque pas des constructions en briques; plusieurs temples et portes sont encore debout. D'énormes arbres de teck s'élancent du sol et rendent très-difficiles les recherches sur l'étendue de Madjapahit. Les murs qui enceignent un étang ont 1000 pieds de long et 12 de hauteur.

MADJARI (ruines de), ancienne ville, dont les restes sont situés dans la prov. russe du Caucase, sur le chemin d'Astrakhan à Mozdok et près de la Kouma. Elle est d'origine tartare et son nom signifie bâtisse en briques. M. Klaproth, qui l'a visitée en 1807, la dépeint comme bâtie en carré et très-élevée et comme portant encore la trace de sa grandeur et de sa magnificence passées. Elle fleurit surtout au quatorzième siècle sous les princes tartares de la horde d'Or, ainsi que le prouvent les médailles et les inscriptions funéraires qu'on y trouve. Madjari servit d'entrepôt aux marchandises que les Vénitiens, lorsqu'ils faisaient le commerce à Tarra, transportaient de l'embouchure du Terek à celle du Don, sur la mer d'Azow.

MADJICOSIMA (groupe de), est situé au S.-O. de l'archipel de Lieou-kieou, entre 120° 56' et 123° 5' long. orient. et entre 24° 10' et 25° 55' lat. N. Le Thoung-hai ou mer Orientale et le Grand-Océan battent ses îlots qui sont au nombre de 11, produisent du thé, du sucre, du poivre, de l'encens, de la laque et obéissent au roi de Lieou-kieou. Les principaux de ces îlots sont Typinsan, le plus grand du groupe, Patchtousan, Rochoukoko et Koumi; ce dernier est le plus occidental de l'archipel.

MADMANNA, g. a., v. de la Judée, tribu de Juda, au N. de Zicklag.

MADMEN, g. a., v. du pays des Moabites, prov. de Peraea.

MADMENA, g. a., v. de la Palestine, tribu de Benjamin, entre Gibea-Saul et Gebim.

MADOCE, g. a., v. de l'Arabie Heureuse, entre Sanina et Marace, peu loin d'Adana.

MADOKERQUIK. *Voyez* JOHNS (Saint-), fleuve.

MADON (le), riv. de Fr., a sa source à 1 l. du village d'Escles, cant. de Darney, dép. des Vosges, non loin de celle de la Saône, située sur le versant opposé d'une ramification des Vosges; elle coule du S. au N., passe à Mirecourt, pénètre dans le dép. de la Meurthe, arrose Haroué et Cintrey et se jette dans la Moselle à Pont-St.-Vincent, après 18 l. de cours.

MADON, ham. de Fr., Loir-et-Cher, com. de Candé; 250 hab.

MADONNE, vg. de Fr., Vosges, arr. de Mirecourt, cant. et poste de Dompaire; 190 hab.

MADOURA ou MADURA, v. de l'Inde anglaise, présidence de Madras, prov. de Carnatic. Cette ville, qui a perdu son importance politique et qui n'a plus que 20,000 hab., est très-ancienne. Ptolémée en fait mention comme capitale du roi Pandion, de la dynastie des Pandios, célèbre dans les annales du midi de la presqu'île. Madoura se recommande aujourd'hui à la curiosité par plusieurs beaux monuments malheureusement en ruines, un palais dont on admire la grande coupole, un temple avec de vastes parvis et quatre portiques dont chacun forme une pyramide à dix étages; le Tchoultry de Trimal-Naig, caravansérail orné de sculptures et une magnifique esplanade ornée de nombreux bassins et jets d'eau.

MADRAGA, b. de l'île de Cuba, dép. Occidental; il est remarquable par ses bains minéraux très-renommés et très-fréquentés; 1500 hab.

MADRAS, présidence de l'Inde anglaise; comprend toute l'Inde méridionale, c'est-à-dire les anciennes prov. du Carnatic, de Koïmbatour, Maïssour, Malabar, Kanara, Balaghat, Circars du Nord et les états indigènes vassaux de Mysour, Travancore et Kotchin. Sa superficie est d'environ 26,000 l. c., et sa population de plus de 12 millions d'habitants. Son chef-lieu est Madras.

MADRAS, v. de l'Inde, prov. du Karnatic, chef-lieu de la présidence de même nom et siége d'une cour suprême de justice; est située sur les bords du golfe de Bengale et près de l'embouchure de l'Ennore, avec lequel elle communique par un canal creusé en 1803 (13° lat. N.). Sa position est défavorable au commerce, car il n'a pas de port et sa rade est battue par la mer avec une grande violence, de sorte que, même dans les temps les plus calmes, il est très-difficile de débarquer. Madras est grand et populeux et présente de loin un aspect pittoresque; vues de près, ses rues sont sales et mal percées. En général la ville a quelque chose d'oriental et offre un ensemble bizarre de pagodes, de minarets blanchis, de mosquées, de maisons hindoues, de maisons européennes, le tout entremêlé d'arbres et de jardins. Madras est divisé en 2 quartiers : la Ville-Noire et la Ville-Blanche. Le premier, où habitent les Hindous, les négociants arméniens et portugais, n'offre rien de remarquable; au milieu du second s'élève le fort St.-George, citadelle assez forte, mais moins formidable que le fort William de Calcutta. Les édifices les plus remarquables de Madras sont : le palais du gouvernement, la douane, la cour de justice, l'église St.-George, l'église Écossaise et une mosquée bâtie par Mohammed-Ali, nabab du Karnatic. Les principaux établissements publics sont : le collége, l'observatoire, la société asiatique et le jardin botanique. En 1825 on publiait à Madras trois journaux anglais. La population se monte à 460,000 âmes. L'industrie, surtout celle du coton, est florissante; il en est de même du commerce, malgré les désavantages du port dont nous avons parlé plus haut. Les jongleurs de Madras sont renommés dans toute l'Inde.

MADRE (Sierra). *Voyez* CORDILLÈRES (Mexique).

MADRE, vg. de Fr., Mayenne, arr. de Mayenne, cant. de Couptrain, poste de Prez-en-Pail; 1780 hab.

MADRE-DE-DIOS, groupe d'îles, sur la côte O. de la Patagonie, sous 50° lat. S., au S. de l'île de Campanna et au N. de l'archipel de Tolède. La plus grande île du groupe, séparée du continent par le détroit de la Santissima-Trinidad, a 40 l. de longueur sur 12 de large; elle est habitée par quelques Indiens probablement de la famille des Poy-Yus qui y cultivent du maïs. Les forêts dont elle est couverte sont rabougriès par les tempêtes de l'O. Cette île fut découverte et explorée par Sarmiento, en 1579.

MADREGOLA, b. du duché de Parme, prov. de Parme, situé dans une plaine très-fertile et peu loin du Taro.

MADRÉ-GRASSO (le), ham. de Fr., Côtes-du-Nord, com. du Plœuc; 210 hab.

MADRIAT, vg. de Fr., Puy-de-Dôme, arr. d'Issoire, cant. et poste d'Ardes; 240 hab.

MADRID (New-), comté de l'état de Missouri, États-Unis de l'Amérique du Nord; il est borné par le territoire d'Arkansas et les comté de Cape-Girardeau et de Madison. Cette province, encore peu cultivée, s'étend entre le St.-Francis et le Mississipi et est couverte à l'O. par un immense marais; elle est cependant très-propre à la culture du riz et du coton. En 1811 ce pays fut désolé par un terrible tremblement de terre.

MADRID (New-), pet. v. des États-Unis de l'Amérique du Nord, état de Missouri, au confluent du Chéponsa et du Mississipi, dans une contrée malsaine, mais très-favorable au commerce. Déjà à plusieurs reprises elle a été détruite par des tremblements de terre, mais les avantages qu'offre sa position la font presque aussitôt relever de ses ruines.

MADRID, *Mantua Carpetanorum*, plus tard *Majoritum*, capitale de la monarchie espagnole, chef-lieu de l'intendance du même nom et de la capitainerie-générale de la Nouvelle-Castille; siége de toutes les autorités et administrations supérieures de l'Espagne; est située sous 40° 25' lat. N. et 5° 53' long. O., à 320 l. S.-S.-O. de Paris, sur la rive gauche du Manzanéres, petit affluent du Tage qui tarit en été. La plaine qui entoure Madrid est sablonneuse, sèche et nue, presque dépourvue d'eau, entourée de collines et élevée elle-même à plus de 600 mètres au-dessus du niveau de la mer. Madrid ou Majoritum fut un village fortifié, bâti par les Maures et conquis par Don Ramire, au milieu du dixième siècle de notre ère. Alphonse VI de Castille s'en empara définitivement en 1009; au quinzième siècle, Henri III embellit et agrandit Madrid et ajouta à ses moyens de défense; la cour y séjourna quelquefois sous Charle-Quint, et enfin Philippe II, frappé de la position centrale qu'occupe cette ville, la déclara, par ordonnance, capitale de toutes les Espagnes. Les Français s'emparèrent de Madrid en 1807 et 1808 et s'y maintinrent jusqu'en 1812; par suite de la bataille de Salamanque ils furent obligés de le quitter. Madrid est bâti en forme de quadrilatère et entouré d'un mur élevé et de boulevards plantés d'arbres. C'est une fort belle ville, dont l'aspect riche et magnifique contraste heureusement avec la nudité et la sécheresse de ses environs. La partie la plus vieille, celle du S.-O., a des rues étroites et tortueuses, mais la partie moderne, beaucoup plus considérable que l'autre, est remarquable par la beauté de ses édifices, la largeur de ses rues, pavées en silex et garnis de trottoirs, sa propreté et l'architecture simple mais grandiose d'un grand nombre de maisons particulières.

La population de Madrid s'élève aujourd'hui à 211,000 habitants qui demeurent dans 8000 maisons; la ville a 17 portes, dont la plus belle est celle d'Alcala, bâtie en forme d'arc de triomphe. Elle est divisée en 12 quartiers et renferme 42 places, dont les plus belles sont la Plaza-Major (grande place), la place du Palais-Royal, la Plaza-del-Sol, vaste carrefour où aboutissent les cinq plus belles rues de Madrid, et la place où se font les combats de taureaux; 484 rues dont quatre sont superbes, savoir : celles d'Alcala, d'Atocha, de San-Bernardo et de Fuencarrol; 33 fontaines publiques, 19 paroisses, 64 couvents, 18 hôpitaux, 3 hospices, 20 casernes, 8 prisons, 3 théâtres, plusieurs promenades, dont les plus belles sont le Prado, les jardins du Buen-Retiro et las Delicias, etc. Les principaux édifices publics de Madrid, dont un petit nombre seulement se distingue par son architecture, sont : le nouveau palais du roi, situé dans la partie occidentale de la ville et rebâti par Philippe V; on vante principalement pour leur magnificence la chapelle et la salle des ambassadeurs où se trouvent des tableaux du plus grand prix; le Buen-Retiro, autre palais entouré de beaux jardins, mais fortement endommagé en 1808 par l'artillerie française; le palais des conseils ou du gouvernement; le superbe édifice du musée royal des beaux-arts, celui du musée des sciences naturelles; le Panaderia où réside l'académie de l'histoire, l'hôtel des postes, la douane, Buena-Vista où se trouvent les belles collections du musée d'artillerie, l'arsenal, riche en armures précieuses et autres objets curieux, la monnaie, la prison de cour, le couvent de St.-Philippe, le grand hôpital, le magnifique pont de Tolède, sur le Manzanéres, etc. Parmi les églises et les édifices particuliers qui se distinguent par la beauté de leur architecture, nous citerons l'église du couvent des Salésiennes, la plus grande de toutes, et les palais des ducs de Berwick, d'Alba, de l'Infantado, de Medina-Cœli et d'Ossuna.

Parmi les établissements scientifiques et autres de Madrid nous devons signaler : la bibliothèque publique, qui contient environ 200,600 volumes, un grand nombre de manuscrits et un médailler de 150,000 pièces; la bibliothèque particulière du roi et sa superbe collection d'estampes; la bibliothèque des jésuites; l'observatoire; la magnifique collection de tableaux, établie dans le musée des beaux arts; le musée des sciences naturelles, où se font des cours publics sur les différentes branches des sciences physiques et naturelles et leur application; il possède un cabinet d'histoire naturelle, une belle collection de minéraux et le plus riche jardin botanique de la péninsule; le conservatoire des arts et métiers, fondé sur le plan de celui de Paris; l'institut de St.-Isidore, espèce d'université qui compte 16 professeurs; la direction des mines; l'école de pharmacie, établie sur une vaste échelle et où se font tous les cours relatifs à la science pharmaceutique; l'école de médecine pratique; le collége de chirurgie médicale de St.-Charles; l'école des ingénieurs géographes; le collége royal des nobles; l'école vétérinaire; enfin Madrid compte 13 sociétés savantes, dont les principales sont: l'académie des beaux-arts, celle de la langue espagnole, de l'histoire d'Espagne, d'économie et de médecine.

MADRILEJOS, v. d'Espagne, roy. de la Nouvelle-Castille, prov. de Tolède, dist. et à 7 l. S.-O. d'Alcazar-St.-Juan, sur le Valdespino; fabr. d'étamines, teintureries et tanneries; 8000 hab.

MADULONE, jolie pet. v. très-commerçante du roy. des Deux-Siciles, dans la Terre-de-Labour, au pied du mont Tisata; possède un collége royal. Le grand marché qu'on y tient deux fois par semaine fournit le principal approvisionnement à la capitale; 10,000 hab.

MADURA (*Mandura* et *Manduretna* des indigènes), île de la Malaisie. Elle est située dans la mer de Java, au N.-E. de cette île, entre 110° 10′ et 111° 55′ long. orient. et 6° 10′ et 6° 42′ lat. N. Le canal de même nom la sépare de Java. Sa superficie est de 63 milles c. géogr. Madura est montueux, coupé par des vallées fertiles et arrosé par un grand nombre de rivières et de ruisseaux. De superbes forêts, riches en bois de teinture et autres bois précieux, couvrent une partie de l'île, dont le climat très-chaud est tempéré par les vents de mer. Les productions sont les mêmes que celles de Java; on y récolte surtout de beau coton; l'agriculture et l'éducation du bétail y sont très-avancées.

En 1815, la population de Madura était de 218,660 hab., dont près de 13,000 Chinois. La masse est javanaise d'origine, mais parle un dialecte particulier; elle professe un brahmanisme modifié. Les habitants, renommés pour leur courage, sont entreprenants; les troupes hollandaises indigènes se recrutent principalement parmi eux; ils sont bons matelots, agriculteurs et habiles à tisser le coton. Gouverné jadis par un prince indigène, soumis plus tard à Madjapahit et à l'emp. de Mataram, Madura forme aujourd'hui, sous le nom de Madura et Sumanap, une des vingt résidences hollandaises de Java. Elle est divisée dans les trois districts ou états de Sumanap, Bangkalan et Pamakassan, dont les princes indigènes, qui résident dans les petites villes du même nom, gouvernent sous la suzeraineté des Hollandais. Pour récompenser de ses services le prince ou panumbaham de Sumanap, le gouverneur-général de Batavia l'a élevé en 1825 à la dignité de sultan.

MADURAN, ham. de Fr., Dordogne, com. de St.-Pierre-d'Eyraud; 130 hab.

MÆHRISCH-BUDWITZ, pet. v. d'Autriche, gouv. de Moravie-et-Silésie, cer. de Znaym; 1800 hab.

MÆHRISCH-KROMAU, pet. v. d'Autriche, gouv. de Moravie-et-Silésie, cer. de Znaym; possède un château avec une salle d'armes très-remarquable, une église renfermant la sépulture des ducs de Lichtenstein, une fabrique de soude et des mines de houille; 1500 hab.

MÆHRISCH-NEUSTADT ou **Uncztow**, pet. v. fortifiée d'Autriche, gouv. de Moravie-et-Silésie, cer. d'Olmutz, sur l'Oskawa; manufactures de toiles et de draps très-considérables; 3500 hab.

MÆHRISCH-OSTRAU, pet. v. archiépiscopale d'Autriche, gouv. de Moravie-et-Silésie, cer. de Prérau, sur l'Ostrawitza; manufactures de draps; 2000 hab.

MÆHRISCH-TRUBAU, jolie pet. v. d'Autriche, gouv. de Moravie-et-Silésie, cer. d'Olmutz, sur la Trzebowa; gymnase, collége des Piaristes; manufactures de drap; 3000 hab.

MÆLAR ou **Meler**, lac de Suède, de forme très-bizarre, long de 12 milles sur 5 à 6 de large; il est parsemé d'îles plus ou moins grandes, présente plusieurs baies et débouche dans la mer Baltique, près de Stockholm par les fleuves Norder et Suder-Elf. Stockholm est situé sur plusieurs îles de ce lac.

MÆL-CARHAIX, vg. de Fr., Côtes-du-Nord, arr. et à 9 l. S.-S.-O. de Guingamp, chef-lieu de canton, poste de Rostrenen; 2000 hab.

MÆL-PESTIVIEN, vg. de Fr., Côtes-du-Nord, arr. de Guingamp, cant. et poste de Callac; 1600 hab.

MÆLSTROM, fameux tournant de Norwège, entre les îles Wernœen et Moskœen, du groupe de Loffoden. C'est la Charybde de la Norwège, mais bien plus redoutable que celle de Sicile, lorsque le vent du nord-ouest souffle en opposition avec le reflux. Son gouffre est le plus grand qu'on connaisse et la force attractive de ce tourbillon dangereux s'étend à 2 l.

MÆNALUS, g. a., mont. de l'Arcadie, entre Mægalopolis et Tegea.

MÆNEDORF, vg. de Suisse, dans le canton et sur le lac de Zurich; 2000 hab.

MÆNNOLSHEIM, vg. de Fr., Bas-Rhin, arr., cant. et poste de Saverne; 180 hab.

MÆOTÆ, g. a., nom générique donné aux habitants des côtes de la mer d'Asow.

MÆSIN, v. de la Turquie d'Europe, eyalet de Rumilie, sandschak de Silistra, sur le Danube, vis-à-vis d'Ibrahil; avec 2 châteaux forts et un bain minéral.

MÆRKISCH-FRIEDLAND. *Voyez* FRIEDLAND.

MAËSTRICHT. *Voyez* MASTRICHT.

MAFANGA. *Voyez* TONGA (archipel de).

MAFFLIERS, vg. de Fr., Seine-et-Oise, arr. de Pontoise, cant. d'Écouen, poste de Moisselles; 460 hab.

MAFFRE (Saint-), ham. de Fr., Tarn-et-Garonne, com. de Bruniquel; 300 hab.

MAFFRÉCOURT, vg. de Fr., Marne, arr., cant. et poste de Ste.-Ménéhoulde; 85 hab.

MAFRA, pet. v. du Portugal, prov. d'Estramadure, dist. et à 3 l. S. de Torresvedras, près de la mer et à 680 pieds au-dessus de son niveau, dans une contrée stérile. Sa magnifique abbaye d'augustins, élevée de 1717 à 1731 par le roi Jean V, a causé une dépense de plus de 40 millions de francs; elle possède un collége, une bibliothèque de 50,000 volumes, un cabinet d'instruments de physique et de mathématique, un jardin botanique; l'édifice forme un carré de 760 pieds de côté; au milieu s'élève l'église toute en marbre avec deux clochers de 200 pieds de haut; le roi y a un pavillon de retraite; 2450 hab.

MAFRAS ou MAFROUS, station de caravanes de la Nigritie centrale, pays des Tibbos, sur la route de Mourzouk à Bornou, à 70 l. N.-N.-E. de Bilma.

MAFUMO ou LAGOA, riv. considérable dans la partie S.-E. de l'Afrique, entre la Cafrerie proprement dite et la côte de Sofala. Elle descend des hauteurs qui sillonnent le plateau des Cafres-Maroutzis et se jette dans la baie Delagoa ou de Lagoa. Elle est navigable pour de gros bâtiments jusqu'à 9 à 10 l. de son embouchure; ses bords sont habités au N. par des colons portugais et au S. par des Cafres d'un très-beau noir.

MAGADOXO, dite aussi MAGADASHO, MAKADJOU, MOUGDASHO, MOUGDICHA, v. assez grande, bien bâtie et forte, sur la côte orientale de l'Afrique, capitale du royaume de même nom, qui s'étend sur la partie méridionale de la côte d'Ajan. Elle a un bon port, à l'embouchure d'un grand fleuve nommé Magadoxo ou Webbe, que l'on croit descendre de la même chaîne de montagnes où le Nil prend sa source. Ses habitants, Arabes, Mahométans et Indiens, sont pour la plupart commerçants; il s'y tient une grande foire annuelle, où on échange des étoffes et des épices contre l'or et l'ivoire. Le territoire est fertile en orge et en fruits et offre d'excellents pâturages; l'intérieur du royaume est peu connu, à cause de l'éloignement des naturels pour toute espèce de communication avec les Européens.

MAGAGNOSC, ham. de Fr., Var, com. de Grasse; 660 hab.

MAGAGUA. *Voyez* MAYAGUEZ.

MAGALAS, vg. de Fr., Hérault, arr. de Béziers, cant. de Roujan; poste de Pezénas; 1210 hab.

MAGARIA, jolie v. de la Nigritie centrale, dans le pays d'Ader, soumis à Bello, sultan des Fellatha, qui l'a fait bâtir; elle devient tous les jours plus considérable, les habitants de tous les villages à une grande distance à la ronde ayant reçu l'ordre de venir y demeurer.

MAGARZAN ou Mazargan, pet. île de la mer Rouge, sur la côte de Nubie, au S. du cap Calmez.

MAGDALÉNA. *Voyez* TATONIVA.

MAGDALÉNA (bahia de Santa-), baie profonde, mais d'un abord difficile, sur la côte S.-O. de la presqu'île de Californie, confédération mexicaine; elle reçoit différentes petites rivières et est fermée au S. par l'île de Santa-Marguarita.

MAGDALÉNA, fl. de la confédération mexicaine, état de Guadalaxara; coule vers le S.-O. et débouche dans l'Océan Pacifique au S. du Rio-San-Pédro.

MAGDALÉNA (Rio-) ou RIO-GRANDE-DE-LA-MAGDALÉNA, un des fleuves les plus considérables de l'Amérique méridionale. Il prend naissance dans la prov. de Popayan, rép. de la Nouvelle-Grenade, dans la laguna de Papas, Cordillère centrale, sous 1° 50′ lat. N. Dans un cours toujours septentrional, ce fleuve traverse les dép. de Cauca, de Cundinamarca et de Magdaléna, en passant par les prov. de Mariquita, Neyba, Santa-Marta et Mompox et en baignant les villes de Calé, Médellin, Neyba, Honda et Mompox. Après un cours de 260 l. il se jette par plusieurs embouchures dans la mer des Antilles, sous 11° 2′ lat. N. Ces embouchures forment plusieurs belles îles, dont l'Isla-Verte est la plus considérable. Jusqu'à 20 l. marines, les eaux du Magdaléna se distinguent de celles de l'Océan et restent douces et potables. Ce beau fleuve est navigable jusqu'à 160 l. en amont de son embouchure et est parcouru aujourd'hui par plusieurs bâteaux à vapeur. Ses rives sont bordées de forêts impénétrables, en partie habitées par différentes peuplades indigènes, en partie peuplées de caïmans, de tigres et d'immenses serpents. A 25 l. en amont de l'embouchure du Magdaléna, il en part un canal (el digue), qui passe par Balsas et aboutit à l'Océan, dans les environs de Cartagéna. Les principaux affluents du Magdaléna sont : à droite, le Fusagasuca, fleuve considérable qui se forme du Rio-de-la-Summa-Paz et du Rio-Pasca, qui descendent de la Sierra de Pardaos et se réunissent dans la prov. de Tocaima ; ce fleuve rejoint le Maragnon, après un cours N.-O. de 40 l.; le Pati, qui naît dans le lac de Guatavita, prend d'abord un cours presque circulaire, traverse ensuite, dans une direction S.-O., la prov. de Bogota et aboutit au Magdaléna près de Santa-Fé; le Rio-Bogota, fleuve considérable, mais d'un cours assez borné, naît sur le Paramo-de-Albaracin, arrose la plaine de Tunja et celle de Bogota, où il fait, à quelques l. de la capitale, la haute et magnifique chute de

Téquendama ; le Suarez ou Sarabita, qui se forme à quelques l. au-dessus du lac Funéqua, longe la grande route de Santa-Fé et se jette dans le Magdaléna, après un cours, d'abord N.-N.-E., puis N.-O., de 95 l. ; le Rio-Lebrija, grand fleuve, qui naît dans les montagnes de Pamplona et arrose la prov. de Santa-Marta. Après un cours de 40 l. il se divise en deux bras qui se jettent dans le Magdaléna ; le Rio-Cesare, qui descend de la Sierra Nevada-de-Santa-Marta, au N. de la province de ce nom; il coule vers le S., forme le beau lac de Zapatosa, dont il sort par plusieurs bras qui se réunissent plus loin, prend une direction S.-O. et débouche dans le Magdaléna après un cours de 65 l. : les Indiens l'appellent Pompatao ; le Sogamozo, le plus grand affluent de droite du Magdaléna; il porte d'abord le nom de Galinazo (et non Galina, comme on le trouve sur plusieurs cartes récentes) jusqu'à la ville de Sogamozo ; un peu au-dessous de Capitanéjo, il prend le nom de cette ville, puis celui de Sube, près San-Gil ; au-dessous de cette dernière ville il reprend le nom de Sogamozo, sous lequel il s'embouche dans le Magdaléna ; le Carare-Nuévo, dont l'embouchure est au-dessous de San-Bartholoméo ; l'Oppon et le Colorado. Du côté gauche le Magdaléna n'a qu'un seul affluent considérable, c'est le Cauca ou Rio-de-Santa-Marta, dont le cours est parallèle au Magdaléna et presque aussi long que celui de ce dernier fleuve. Le Cauca prend sa source dans la même chaîne de montagnes que le Magdaléna, mais plus à l'O., sous 2° lat. S. Il traverse et fertilise la belle vallée à laquelle il donne son nom et qui lui envoie de nombreux affluents, passe par Popayan et baigne les villes de Cali, Buga, Cartago, Anserma, Antioquia, Magangue et entre, au-dessous de cette dernière ville, dans le Magdaléna après un cours de 210 l. Ses bords sont très-escarpés et son cours, d'une rapidité extrême, n'en permet la navigation que dans sa partie inférieure jusqu'à Anserma. Il est grossi par une infinité de torrents que les Andes lui envoient et par deux fleuves assez considérables : le Néchi, à droite, dont le limon est le plus riche en or de toute la prov. d'Antioquia, et le San-Jorge, qui s'y jette à gauche. Outre le Cauca, le Magdaléna reçoit de la gauche de Rio-Baché, le San-Juan, l'Aipe, le Palma, le Llanco, la Luisa, le Totare, le Recio, la Lagunilla, le Samana, la Santa-Barbara et le Nare.

MAGDALÉNA (Santa-). pet. v. de la rép. de Bolivia, dép. de Santa-Cruz-de-la-Sierra, prov. de Baurès, dont elle est le chef-lieu, sur le Rio-Ubahi (Ubai), aussi nommé Santa-Magdaléna.

MAGDALÉNA, la plus grande île du groupe des Madeleines, dont elle occupe le centre; elle a une superficie de 1 1/2 l. c. géogr. et se compose de 8 petites îles réunies par des digues de sable. Les côtes, fortement, déchirées, présentent le cap Nord, le cap Nord-Ouest, le cap Rouge et le cap Alwright, ainsi que deux excellents ports : le port Maison au S.-O. et le port Jupiter au N. Cette île est la résidence de l'inspecteur du groupe, et a environ 240 hab. Près de cette île sont situées les petites îles inhabitées de Shag et de Jaquis.

MAGDALÉNA, dép. maritime de la rép. de la Nouvelle-Grenade et en même temps le département le plus septentrional de cette république. Il tire son nom du Rio-de-la-Magdaléna qui le traverse dans une direction S.-O., et il est borné au N. et au N.-O. par la mer des Antilles, à l'O. par le dép. de Cauca, au S. par celui de Cundinamarca, au S.-E. par le dép. de Boyaca et à l'E. par la rép. de Vénézuela (dép. de Zulia). Sa superficie est évaluée à 2545 l. c. géogr., avec 180,000 hab., dont différentes peuplades indigènes, parmi lesquelles les Guahiros, au pied de la Sierra d'Azeyte et les Tayronas, dans la Sierra de Santa-Marta, ont su conserver leur indépendance. Ce département forme la continuation des larges vallées du Magdaléna et du Cauca, comprises entre les trois principaux chaînons des Andes qui y prennent différents noms et s'y divisent en de nombreuses branches et ramifications. Au N.-E. du département s'étend la Sierra Nevada-de-Santa-Marta, au S.-S.-E. de la ville de Santa-Marta. Ses pics atteignent la hauteur de 5000 mètres et dépassent la ligne des neiges perpétuelles. Cette chaîne de montagnes semble contiguë à la Sierra de Perija, branche du chaînon oriental des Andes, avec laquelle elle forme la belle vallée du Rio-de-la-Hacha. A l'O. la Sierra de Veneta sépare le dép. du Magdaléna de celui du Cauca. Vers les embouchures des fleuves les montagnes s'aplatissent et ouvrent d'immenses plaines sablonneuses et marécageuses. La mer forme sur les côtes la baie de Morosquillo et les caps Gallinas, l'extrémité N.-E., Vela-Augustin, San-Juan-de-Guia et Aguja. Les plus grands cours d'eau du département sont : le Magdaléna avec le Cauca, les principales voies commerciales du pays et dont les vallées forment la partie la plus fertile et la mieux cultivée du département; le Rio-Zinu, affluent du golfe de Tolu et le Rio-de-la-Hacha, renommé pour ses perles. Ce département renferme de nombreux lacs, soit dans le voisinage des embouchures de ses grands fleuves, soit dans l'intérieur de ses montagnes; les plus considérables sont : la laguna Cienega, par lequel les habitants de Santa-Marta communiquent avec les régions intérieures et le lac Zapatosa, dont nous avons parlé dans l'article précédent. On trouve dans ce département le climat de toutes les zones; le froid le plus rigoureux sur les éternelles glaces de la Sierra de Santa-Marta, un ciel très-doux sur les plateaux des Andes et une chaleur insupportable mêlée à l'humidité la plus malsaine dans les contrées basses, surtout le long du Magdaléna. Le climat le plus agréable règne dans la vallée du Rio-Hacha. Ce département, généralement très-favorisé par la nature, renferme d'immenses richesses métalliques, tels que or, argent, cuivre et plomb, mais qui jusqu'ici sont restées inexploitées faute de population. Les immenses forêts qui couvrent les flancs des Andes et la majeure partie du pays abondent en bois de teinture et de construction, en excellentes gommes, en vanille, plantes médicales, etc. Les principaux objets de la culture sont : le maïs, le riz, le yuca, l'yams, le cacao, le coton, le tabac et les fruits du Sud. Les blés européens n'y réussissent pas. L'utilisation du règne animal est très-productive; on y élève avec succès de nombreux troupeaux de gros bétail, de mulets, de chevaux et de cochons, et la chasse et la pêche sont d'une grande importance; l'industrie manufacturière est dans son enfance et ne porte guère que sur la fabrication du coton et la distillation de rhum. Le commerce, dont Cartagéna et Santa-Marta sont les principaux entrepôts, est très-actif; ses principaux objets d'exportation sont : le cacao, le coton, les bois de teinture, l'indigo, le quinquina, la salsepareille, l'ipécacuanha, des peaux et de la viande salée et séchée.

Ce département est divisé en quatre provinces : Cartagéna, Santa-Marta, Rio-Hacha et Mompox, subdivisées en arrondissements et paroisses. A la tête du clergé se trouvent deux évêques, celui de Santa-Marta et celui de Cartagéna, suffragant de l'archevêque de Bogota. Le département de Magdaléna faisait autrefois partie du vice-royaume de la Nouvelle-Grenade et était divisé en autant de gouvernements civils qu'il contient aujourd'hui de provinces.

MAGDALÉNA (canal). *Voyez* TERRE-DE-FEU.

MAGDAS, ham. de Fr., Aveyron, com. de Camarès; 100 hab.

MAGDEBOURG, rég. prussienne, la plus septentrionale des trois régences de la prov. prussienne de Saxe; a 210 l. c. allemandes de superficie; sa population s'élevait en 1838 à 604,796 individus. Elle est divisée dans les 15 cercles suivants : Aschersleben, Gardelegen, Halberstadt, Jérichow I, Jérichow II, Kalbe, Madgebourg, Neuhaldensleben, Oschersleben, Osterbourg, Salzwedel, Stendal, le comté de Wernigerode, Wolmirstedt et Wanzleben.

MAGDEBOURG, *Parthenopolis*, v. de Prusse, chef-lieu de la régence du même nom, prov. de Saxe; est située sur l'Elbe, sous 52° 7′ 33″ lat. N. et 9° 18′ 1″ long. E. Par sa population et son importance politique, cette ville est la sixième en rang d'ordre de la monarchie prussienne; elle est le siége des autorités supérieures de la prov. de Saxe, d'un tribunal d'appel, des autorités civiles et militaires du gouvernement, et une des plus fortes places de l'Europe. Magdebourg n'a qu'une seule rue large; toutes les autres sont étroites et tortueuses. Parmi ses édifices publics la cathédrale, avec ses deux belles tours, tient le premier rang; viennent ensuite l'hôtel de ville, le palais du gouvernement, la douane, l'arsenal, etc. On admire aussi plusieurs casernes et les ouvrages de la citadelle et de deux autres forts. La ville possède quelques établissements scientifiques et littéraires; des fabriques de drap, de bas, de gants, de rubans, de tabac; des tanneries; des fabriques de sucre de bettraves; des raffineries, en général une industrie très-développée et un commerce florissant. En 1837, Magdebourg comptait 42,528 habitants.

Magdebourg est une des villes les plus anciennes de l'Allemagne; déjà vers 600, son château servait de boulevard contre les attaques des Saxons. Détruite en 784 par les Vendes; elle se releva bientôt et devint florissante, grâce surtout aux soins d'Othon-le-Grand, qui y institua aussi un archevêché. La réformation y fut reçue avec empressement, mais causa sa ruine dans la guerre de trente ans : tout le monde connaît les malheurs qui suivirent, en 1631, l'entrée de Tilly dans ses murs. Après la paix de Westphalie, Magdebourg fut fortifié régulièrement et fleurit de nouveau par le commerce; en 1680 il échut à la Prusse, qui agrandit ses fortifications; les Français s'en emparèrent en 1806 et le gardèrent jusqu'au 21 mai 1814. Patrie du célèbre physicien Guerike, inventeur de la machine pneumatique, mort en 1686. C'est dans cette ville que mourut, le 2 août 1823, l'illustre et vertueux Carnot, exilé par les Bourbons.

MAGDELAINE (la), vg. de Fr., Lot-et-Garonne, arr., cant. et poste de Marmande; 320 hab.

MAGDELAINE (la), ham. de Fr., Tarn-et-Garonne, com. de Moissac; 100 hab.

MAGDELEINE (la), vg. de Fr., Charente, arr. et poste de Ruffec, cant. de Villefagnan; 450 hab.

MAGDELEINE (la), ham. de Fr., Cher, com. de Léré; 100 hab.

MAGDELEINE (la), vg. de Fr., Nord, arr., cant. et poste de Lille; fabr. d'amidon, de poterie de terre, de pipes, etc.; 925 hab.

MAGDELEINE-DE-SEGONZAC (la), vg. de Fr., Charente, arr. de Cognac, cant. de Segonzac; poste de Barbezieux; 180 hab.

MAGDIEL ou **MADIEL**, g. a., v. de la Palestine; au S.-O. de la tribu d'Asser, et sur le penchant occidental du mont Carmel, dans les environs de Hepha et de Dor.

MAGE (le), vg. de Fr., Orne, arr. de Mortagne-sur-Huine, cant. et poste de Longri; 960 hab.

MAGÉ, ham. de Fr., Deux-Sèvres, com. de Louzy; 180 hab.

MAGÉ, pet. v. de l'emp. du Brésil, prov. et dist. de Rio-Janeiro, sur le Rio-Magé, à

8 l. N.-E. de la capitale, dans une contrée très-pittoresque; elle possède une superbe église et fait le commerce des produits de son agriculture; 2600 hab.

MAGELLA ou **MAGELLINI**, g. a., v. au S. de l'île de Sicile.

MAGELLAN (terre de) ou **MAGELLANIE**. *Voyez* PATAGONIE.

MAGELLAN (archipel de). *Voyez* MOUNIN.

MAGELLAN (détroit de), en espagnol *Estrecho-de-Magallanes* ou *Estrecho-de-Todos-Santos* (détroit de la Toussaint), détroit qui sépare la Patagonie de la Terre-de-Feu. Magellan, qui le découvrit et qui le franchit du 21 octobre au 28 novembre 1520, lui donna le nom de détroit des Onze-Mille-Vierges, parce que le jour de sa découverte (21 octobre) leur était consacré. Ce détroit s'ouvre à l'E. au cap Virgin et s'étend à travers une foule immense d'îles, d'écueils, de bas-fonds et de brisants, sur une longueur de 140 l. jusqu'au cap Victoria; sa largeur moyenne est de 7 l.

Pendant la plus grande partie de l'année ce détroit est exposé aux plus violentes tempêtes et se divise, selon Kings, en trois parties : la partie occidentale, la partie centrale et la partie orientale, coupées par un grand nombre de canaux plus ou moins explorés et qui divisent la Terre-de-Feu en autant d'îles. La partie occidentale du détroit se compose de rochers âpres, escarpés et dénués de verdure, et de montagnes bizarrement groupés, d'un aspect sombre et terrible. Les bords, constamment battus par une mer en fureur, présentent de profondes insections et des pointes très-saillantes. Le détroit et les canaux adjacents y sont parsemés d'îles, d'écueils et de rescifs et rendent la navigation très-dangereuse et presque impossible. Dans cette partie du détroit le rocher se compose surtout de granit. Dans la partie centrale, qui est en même temps la plus méridionale du détroit, les montagnes présentent la surface la plus aride et atteignent une hauteur moyenne de 1000 mètres. Le Mount-Sarmiento, qui en est le point culminant, s'élève à 2000 mètres au-dessus de l'Océan; son sommet est couvert de glaces éternelles. Le détroit y est le plus resserré et le plus dénué d'îles; le terrain s'y compose surtout de schiste. Vers l'E. les montagnes s'aplatissent de plus en plus, et à l'entrée E. les bords sont presque plats. Parmi les nombreuses baies qu'offre ce détroit nous ne nommerons que les plus remarquables du côté du continent; elles s'y ouvrent de l'E. à l'O. dans l'ordre suivant : la baie de la Possession, au fond de laquelle s'élèvent deux montagnes appelées les Oreilles-d'Ane; la baie de St.-Grégoire; la baie de San-Bartoloméo; la Sandy-Bay, entourée de majestueuses forêts; la baie de l'Eau-Fraîche ou Babia-de-Romay; le Port-Famine, où les Espagnols avaient élevé un fort, en 1581, dont la garnison périt de faim quelques années après; la baie de Solano ou Woods-Bay; la baie Galante, où Bougainville jeta l'ancre, et la baie des Iles, dans le canal de San-Géronimo. Les dangers que présente ce détroit, exploré en dernier lieu par l'amiral espagnol Cordova, l'ont fait depuis longtemps abandonner par les navigateurs de la mer du Sud, qui suivent le détroit entre la pointe orientale de la Terre-de-Feu et la Terre-des-États et doublent le cap Horn. Ce détroit a été visité après Magellan par les Espagnols Garcia-Jofré-de-Loyasa (1524), Simon d'Alcazova (1534), le Portugais Gutière Caravallo (1540), l'Espagnol Ruiz-Lopez-de-Vallalobos (1549), l'Anglais Francis Drake (1577), l'Espagnol Pedro-Sarmiento (1579); l'Espagnol Diego-Florez-de-Valdès (1581), l'Anglais Thomas Candish (1587 et 1592), l'Anglais Richard Hawkins (1593), le Flamand Simon Cordero (1599), le Hollandais Olivier Noort (1599), le Hollandais George Spilberg (1615), les Espagnols Bartolomeo et Gonzalo Nodal (1618), le Hollandais John Moore (1619), l'Anglais John Narborough (1669), le Hollandais Jacques l'Hermite (1670), l'Anglais Charles-Henri Clarke (1670), l'Anglais John Byron (1764 et 1765), le Français Bougainville (1768) et en dernier lieu par l'Espagnol Cordova (1785 et 1786).

MAGELLAN (mer de), la partie de l'Océan Atlantique comprise entre l'entrée E. du détroit de Magellan, les îles Falkland et l'embouchure du Rio-de-la-Plata.

MAGENTA, v. du roy. Lombard-Vénitien, à l'O. de Milan; 4000 hab.

MAGERŒE, la plus septentrionale des îles de la Norwège, prov. de Drontheim, diocèse de Nordland; avec un port très-fréquenté, appelé Kielvig.

MAGES (les), vg. de Fr., Gard, arr. d'Alais, cant. et poste de St.-Ambroix; 260 hab.

MAGESCQ, vg. de Fr., Landes, arr. de Dax, cant. de Soustons, poste de Castets; scierie de bois; 1556 hab.

MAGGY. *Voyez* SMITH (île).

MAGGIA, gr. vg. de Suisse, cant. du Tessin, dans le district et sur la rivière du même nom.

MAGHERAFELT, b. d'Irlande, comté de Londonderry; florissant par ses manufactures de toile.

MAGHERALIN, b. d'Irlande, comté de Down; blanchisseries; carrières de pierres à chaux.

MAGHREB ou **MAGRIB** (*Couchant* ou *Occident*), nom que les géographes et les historiens arabes, aussi bien que tous les peuples musulmans et les indigènes eux-mêmes, donnent à cette vaste région de l'Afrique qui embrasse d'une part, le long de la Méditerranée, une zone cultivable, nommée Tell ou les Hautes-Terres, que les Européens appellent Barbarie, en y adjoignant une lisière d'oasis, comprises par les Arabes sous la dénomination générale de Belad-el-Djeryd ou pays des Dattes, et d'autre part, au S., l'immense Ssahhra (Sahara) ou Désert. Quatre puissances politiques principales, appelées états Barbaresques, se partageaient le domaine du Tell ou du Belad-el-Djeryd. Les rég. de Tripoli et de Tunis occupent l'Afriqyah des Arabes; celle d'Alger remplit le Maghreb-Aousath (couchant moyen), et l'empire de Maroc répond au Maghreb-Aqssay (couchant éloigné). Mais dans les limites mêmes que l'usage assigne à ces états un grand nombre de tribus, soit Arabes, soit Berbères, conservent leur indépendance, bien que ces états exercent une suzeraineté effective sur des oasis plus éloignées dans le Désert. Celui-ci est naturellement partagé en trois grandes sections, eu égard aux races d'hommes qui les parcourent et y font leur demeure. La partie orientale que la géographie vulgaire désigne sous le nom de désert de Libye, est presque entièrement occupée par les Tibbos, auxquels sont entremêlées quelques tribus arabes; la partie centrale appartient exclusivement aux Touariks; la partie occidentale ou Sahhel (la côte) est le domaine des Maures ou Arabes du couchant. Depuis peu d'années la partie septentrionale de cette région du Maghreb a presque entièrement changé ses divisions politiques, par suite des évènements importants qui y ont eu lieu. L'état d'Alger n'existe plus; il appartient de droit aux Français, qui cependant n'en occupent que la capitale avec un petit territoire et quelques autres points; l'état de Tripoli est devenu depuis le mois de mai une province turque et le même sort paraît réservé à celui de Tunis, de manière que des quatre puissances barbaresques il ne reste plus que l'emp. de Maroc. Il faut encore observer que la région de Maghreb, qu'on peut aussi nommer celle du Sahara-Atlas, comprend aussi dans ses limites l'extrémité N.-E. de la partie orientale du Désert, où se trouvent les oasis de Syouah, d'El-Ouah-el-Bahryeh (Petite-Oasis), de Dakhel, d'El-Khargeh (Grande-Oasis), etc., qui dépendent toutes politiquement de l'Égypte.

MAGHREBINS ou **MÉGREBINS**, nom que l'on donne aux voyageurs qui de la région de Maghreb vont en caravanes à la Mecque.

MAGINDANAO. *Voyez* MINDANAO.

MAGISTÈRE (la), pet. v. de Fr., située sur le bord de la Garonne, Tarn-et-Garonne, arr. de Moissac, cant. de Valence-d'Agen; fabr. de minoterie; commerce en grains, pruneaux communs; 1904 hab.

MAGLAY, b. de la Turquie d'Europe, eyalet de Bosna, sandschak de Sverbernik, situé sur la Bosnar; fait un commerce très-considérable de bois.

MAGLEBYE, paroisse de Danemark, diocèse de Fionie, dans l'île de Langoland; 1200 hab.

MAGLES, promontoire sur la côte E. de la presqu'île de Californie, confédération mexicaine, au N. de la Punta-de-San-José.

MAGLIANO, gros vg. du duché de Piémont, gouv. de Mondovi; 2000 hab.

MAGLIANO, *Manliana*, pet. v. des états de l'Église, légation de Rieti, sur une colline, peu loin du Tibre; siége d'un évêque. Ses habitants, au nombre de 4000, s'occupent de l'économie rurale.

MAGLIANO, vg. des Deux-Siciles, dans la Terre-d'Otrante; 600 hab.

MAGNAC, ham. de Fr., Gironde, com. de Cauvignac; 100 hab.

MAGNAC, ham. de Fr., Creuse, com. de Montboucher; 80 hab.

MAGNAC-BOURG, b. de Fr., Haute-Vienne, arr. et poste de Pierre-Buffière; manufacture de porcelaine; fabr. de poterie de terre et de grès; 1080 hab.

MAGNAC-LAVAL, pet. v. de Fr., Haute-Vienne, arr. et à 3 l. N.-E. de Bellac, poste de Dorat, chef-lieu de canton; elle a une pop. de 3500 hab. Cette petite ville était autrefois le siége d'une baronie que Louis XV érigea en duché en faveur du maréchal Laval-Montmorency. On y voit encore les débris de son château, détruit pendant la révolution.

MAGNAC-LA-VALETTE, vg. de Fr., Charente, arr. d'Angoulême, cant. et poste de la Valette; 710 hab.

MAGNAC-SUR-TOUVRES, vg. de Fr., Charente, arr., cant. et poste d'Angoulême; 600 hab.

MAGNAGUES, ham. de Fr., Lot, com. de Carennac; 330 hab.

MAGNAN, vg. de Fr., Aube, arr. et poste de Bar-sur-Seine, cant. d'Essoyes; 480 hab.

MAGNAN, vg. de Fr., Gers, arr. de Condom, cant. et poste de Nogaro; 440 hab.

MAGNANAC, ham. de Fr., Haute-Garonne, com. de Villemur; 300 hab.

MAGNANCE (Saint-), vg. de Fr., Yonne, arr. d'Avallon, cant. de Quarré-les-Tombes, poste de Rouvray; 860 hab.

MAGNANVILLE, vg. de Fr., Seine-et-Oise, arr., cant. et poste de Mantes; 110 hab.

MAGNAS, vg. de Fr., Gers, arr. de Lectoure, cant. et poste de St.-Clar; fabr. de sucre indigène; 230 hab.

MAGNAT, vg. de Fr., Creuse, arr. d'Aubusson, cant. de la Courtine, poste de Felletin; 1370 hab.

MAGNÉ, vg. de Fr., Deux-Sèvres, arr., cant. et poste de Niort; 1320 hab.

MAGNÉ, ham. de Fr., Deux-Sèvres, com. de Coulonges-sur-Lautize; 190 hab.

MAGNÉ, vg. de Fr., Vienne, arr. de Civray, cant. et poste de Gençais; 650 hab.

MAGNE (Saint-), vg. de Fr., Gironde, arr. de Bordeaux, cant. et poste de Belin; 810 hab.

MAGNE (Saint-), vg. de Fr., Gironde, arr. de Libourne, cant. et poste de Castillon; 1250 hab.

MAGNELLE (Grand et Petit-), ham. de Fr., Haute-Vienne, com. de Bessines; 300 h.

MAGNESIA. *Voyez* MANISSA.

MAGNÉSIE, surnommée *Sepias*, g. a., v. de la Thessalie, où la flotte de Xerxès fut détruite par une tempête.

MAGNÉSIE, g. a., v. de Lydie, sur le Méandre; cette ville a donné son nom à la pierre magnétique ou aimant qu'on a trouvé dans ses environs.

MAGNET, vg. de Fr., Allier, arr. de la Palisse, cant. de Varennes-sur-Allier, poste de St.-Gerand-le-Puy; 680 hab.

MAGNEUX, vg. de Fr., Marne, arr. de Reims, cant. et poste de Fismes; 310 hab.

MAGNEUX, vg. de Fr., Haute-Marne, arr., cant. et poste de Vassy; 270 hab.

MAGNEUX-HAUTE-RIVE, vg. de Fr., Loire, arr., cant. et poste de Montbrison; 430 hab.

MAGNEVAL, ham. de Fr., Oise, com. de Sery; 110 hab.

MAGNEVILLE, vg. de Fr., Manche, arr. de Valognes, cant. de Bricquebec, poste de St.-Sauveur; 800 hab.

MAGNICOURT, vg. de Fr., Aube, arr. d'Arcis-sur-Aube, cant. de Chavanges, poste de Brienne; 280 hab.

MAGNICOURT-EN-COMTÉ, vg. de Fr., Pas-de-Calais, arr. de St.-Pol-sur-Ternoise, cant. et poste d'Aubigny; 510 hab.

MAGNICOURT-SUR-CANCHE, vg. de Fr., Pas-de-Calais, arr. de St.-Pol-sur-Ternoise, cant. d'Avesnes-le-Comte, poste de Frévent; 240 hab.

MAGNIEN, vg. de Fr., Côte-d'Or, arr. de Beaune, cant. et poste d'Arnay-le-Duc; 710 hab.

MAGNIENVILLE (verreries de), ham. de Fr., Vosges, com. de Portieux; 240 hab.

MAGNIÈRE, vg. de Fr., Meurthe, arr. de Lunéville, cant. et poste de Gerbéviller; 760 hab.

MAGNIEU, vg. de Fr., Ain, arr., cant. et poste de Belley; 620 hab.

MAGNI-FOUCHARD, vg. de Fr., Aube, arr. de Bar-sur-Aube, cant. et poste de Vendeuvre; éducation d'abeilles en grand; 340 hab.

MAGNI-LE-DÉSERT, vg. de Fr., Orne, arr. de Domfront, cant. et poste de la Ferté-Macé; 2900 hab.

MAGNILS (les), vg. de Fr., Vendée, arr. de Fontenay-les-Comte, cant. et poste de Luçon; 800 hab.

MAGNISAS, peuplade indienne indépendante et d'un caractère féroce, dans la rép. de Vénézuela, dép. de l'Orénoque, prov. de Guyane; ils habitent les contrées inaccessibles qui avoisinent les sources de l'Orénoque.

MAGNITOT, ham. de Fr., Seine-et-Oise, com. de St.-Gervais; 190 hab.

MAGNIVRAY, vg. de Fr., Haute-Saône, arr. de Lure, cant. et poste de Luxeuil; 470 hab.

MAGNON, ham. de Fr., Lot-et-Garonne, com. de Fauillet; 370 hab.

MAGNONCOURT, vg. de Fr., Haute-Saône, arr. de Lure, cant. et poste de St.-Loup; manufacture de tôle et de fer noir 420 hab.

MAGNORAY (le), vg. de Fr., Haute-Saône, arr. et poste de Vesoul, cant. de Montbozon; 180 hab.

MAGNOU (Grand et Petit-), ham. de Fr., Deux-Sèvres, com. de Saivre; 170 hab.

MAGNOUX, ham. de Fr., Cher, com. de Préveranges; 130 hab.

MAGNUSZEW, pet. v. de la Pologne, woïwodie de Sandomir, cer. de Radom; fabr. de draps; 1000 hab.

MAGNY, ham. de Fr., Aisne, com. de Vincy-Reuil; 220 hab.

MAGNY (le), ham. de Fr., Aube, com. de Riceys; 250 hab.

MAGNY, vg. de Fr., Calvados, arr. et poste de Bayeux, cant. de Ryes; 160 hab.

MAGNY, vg. de Fr., Eure-et-Loir, arr. de Chartres, cant. et poste d'Illiers; 460 hab.

MAGNY (le), vg. de Fr., Indre, arr., cant. et poste de la Châtre; 400 hab.

MAGNY, vg. de Fr., Moselle, arr. et poste de Metz, cant. de Verny; 680 hab.

MAGNY, vg. de Fr., Nièvre, arr. et cant. de Nevers, poste; 1300 hab.

MAGNY ou **MENGLATT**, vg. de Fr., Haut-Rhin, arr. de Belfort, cant. et poste de Dannemarie; 250 hab.

MAGNY (les), vg. de Fr., Haute-Saône, arr. de Lure, cant. et poste de Villersexel; forges et haut-fourneau; tréfilerie; 450 hab.

MAGNY ou **MAGNY-EN-VEXIN**, pet. v. de Fr., Seine-et-Oise, arr. et à 8 l. N. de Mantes, chef-lieu de canton et poste; fabr. de bonneterie, colle-forte, papier et plaque; tanneries, mégisseries; filat. de coton; tissage de chanvre; commerce de blé, cuirs, pierres dures; 1506 hab.

MAGNY (le), vg. de Fr., Vosges, arr. d'Épinal, cant. et poste de Bains; 160 hab.

MAGNY, vg. de Fr., Yonne, arr., cant. et poste d'Avallon; 1030 hab.

MAGNY (Gros-). *Voyez* GROS-MAGNY.

MAGNY (Petit-). *Voyez* PETIT-MAGNY.

MAGNY-CHATELLARD, vg. de Fr., Doubs, arr. de Baume-les-Dames, cant. de Vercel, poste de Landresse; 80 hab.

MAGNY-D'ANIGON, vg. de Fr., Haute-Saône, arr., cant. et poste de Lure; fabr. de kirschwasser; 589 hab.

MAGNY-DEVANT-L'ISLE, ham. de Fr., Doubs, com. de l'Isle-sur-le-Doubs; 150 h.

MAGNY-EN-VEXIN. *Voyez* MAGNY (Seine-et-Oise).

MAGNY-JOBERT, vg. de Fr., Haute-Saône, arr., cant. et poste de Lure; tissage de coton; 220 hab.

MAGNY-LA-CAMPAGNE, vg. de Fr., Calvados, arr. de Falaise, cant. de Bretteville-sur-Laize, poste de Croissanville; fabr. de canevas; 560 hab.

MAGNY-LA-FOSSE, vg. de Fr., Aisne, arr. de St.-Quentin, cant. et poste du Catelet; 250 hab.

MAGNY-LAMBERT, vg. de Fr., Côte-d'Or,

arr. de Châtillon-sur-Seine, cant. et poste de Baigneux-les-Juifs; 340 hab.

MAGNY-L'ANCIEN, vg. de Fr., Nièvre, arr. de Clamecy, cant. et poste de Corbigny; 330 hab.

MAGNY-LA-VILLE, vg. de Fr., Côte-d'Or, arr., cant. et poste de Sémur; 170 hab.

MAGNY-LE-FREULE, vg. de Fr., Calvados, arr. de Bayeux, cant. de Mézidon, poste de Croissanville; 470 hab.

MAGNY-LE-HONGRE, vg. de Fr., Seine-et-Marne, arr. de Meaux, cant. de Crécy, poste de Couilly; féculerie; 220 hab.

MAGNY-LÈS-AUBIGNY, vg. de Fr., Côte-d'Or, arr. de Beaune, cant. et poste de St.-Jean-de-Losne; 370 hab.

MAGNY-LES-AUXONNE, vg. de Fr., Côte-d'Or, arr. de Dijon, cant. et poste d'Auxonne; 260 hab.

MAGNY-LÈS-BELLEVAUX ou **MAGNY-LÈS-CIREY**, ham. de Fr., Haute-Saône, com. de Beaumotte-lès-Montbozon; 140 hab.

MAGNY-LES-HAMEAUX, vg. de Fr., Seine-et-Oise, arr. de Rambouillet, cant. et poste de Chevreuse; 440 hab.

MAGNY-LES-JUSSEY, vg. de Fr., Haute-Saône, arr. de Vesoul, cant. et poste de Jussey; haut-fourneau, forges; 600 hab.

MAGNY-LES-VILLERS, vg. de Fr., Côte-d'Or, arr. de Beaune, cant. et poste de Nuits; 280 hab.

MAGNY-SAINT-LOUP, ham. de Fr., Seine-et-Marne, com. de Boutigny; 200 hab.

MAGNY-SAINT-MÉDARD, vg. de Fr., Côte-d'Or, arr. de Dijon, cant. et poste de Mirebeau-sur-Bèse; 340 hab.

MAGNY-SUR-TILLE, vg. de Fr., Côte-d'Or, arr. de Dijon, cant. et poste de Genlis; 320 hab.

MAGNY-VERNOIS, vg. de Fr., Haute-Saône, arr., cant. et poste du Lure; 680 h.

MAGOAR, vg. de Fr., Côtes-du-Nord, arr. de Guingamp, cant. de Bourbriac, poste de Plésidy; 440 hab.

MAGOARY (cabo de), l'extrémité orientale de l'île de Marajo, à l'embouchure du Rio-Para, côte N. de la prov. de Para, emp. du Brésil.

MAGONLA, misérable vg. de la Grèce, dans les environs de Mistra; près de là se trouvent les ruines de Sparte.

MAGRA (la), *Macra*, fl. d'Italie; traverse la Lunigiane Toscane, passe par Pontremoli et entre dans le roy. de Sardaigne, où elle se jette dans la mer Méditerranée.

MAGRÉ, vg. de Lombardie, gouv. de Venise, délégation de Vicence, dans les environs de Schio; important par la grande quantité d'excellente terre à foulon qu'on exploite dans une carrière voisine.

MAGRET, ham. de Fr., Basses-Pyrénées, com. de St.-Suzanne; 150 hab.

MAGRIE, vg. de Fr., Aude, arr., cant. et poste de Limoux; 470 hab.

MAGRIGNE, ham. de Fr., Gironde, com. de Cubzac; 100 hab.

MAGRIN, ham. de Fr., Aveyron, com. de Calmont; 260 hab.

MAGRIN, vg. de Fr., Tarn, arr. de Lavaur, cant. de St.-Paul-Cap-de-Joux; 360 h.

MAGROUAB, b. de la rég. d'Alger, prov. de Tlémecen, sur la Méditerranée, à 10 l. E.-N.-E. de Mostagan.

MAGSTATT-LE-BAS, vg. de Fr., Haut-Rhin, arr. d'Altkirch, cant. de Landser, poste de Sierentz;

MAGSTATT-LE-HAUT, vg. de Fr., Haut-Rhin, arr. d'Altkirch, cant. de Landser, poste de Sierentz; 390 hab.

MAGUA, riv. de la côte E. de l'île d'Haïti; débouche dans la baie de Samana.

MAGUELAN, v. de l'île de Java, chef-lieu de la résidence de Kadou; endroit assez considérable, habité par des Javanais.

MAGUELONNE, étang de Fr., Hérault, à 2 l. S. de Montpellier; il est formé, comme tous les étangs situés sur les côtes, par l'invasion de la mer, et l'on en retire une grande quantité de sel marin. Près de cet étang se trouve un hameau du même nom, dépendant de la com. de Villeneuve, avec environ 20 hab., qui sont occupés aux salines et à la pêche.

MAGUENZA, pet. v. du roy. de Cacongo ou Malemba, Basse-Guinée, à 12 l. E. de Chinguelé.

MAGYARS (pays des), pays des Hongrois, Magyarok Resze), une des 3 provinces de la Transylvanie; borné au N. et à l'O. par le roy. de Hongrie, à l'E. par le pays des Szeklers et au S. par le pays des Saxons. Sa superficie est de 459 l. c. géogr. et sa pop d'un million d'habitants; il comprend 11 comitats, savoir: Weissenbourg, Hunyad, Zarand, Karlsbourg, Kokelbourg, Thorenbourg, Kolosch, Doboka, Inner-Szolnok, Mittel-Szolnok et Kraszna et les 2 districts de Kœvar et de Fagaras.

MAGYAR-IGEN, b. de Transylvanie, pays des Hongrois, comitat de Karlsbourg; culture de la vigne très-considérable.

MAGYAR-KANISA, pet. v. de Hongrie, cer. en-deçà du Danube, comitat de Bacs, sur la Theiss; fait un commerce très-étendu en grains; 4000 hab.

MAGYAR-OVAR (Ungarisch-Altenbourg), b. de Hongrie, cer. au-delà du Danube, comitat de Wieselbourg, dans une île de la Leitha, qui s'y jette dans le Danube; commerce de grains et de bestiaux; 2000 hab.

MAHA, roy. peu connu de la Nigritie centrale, tributaire de celui de Yarriba.

MAHABALIPOURAM ou **MAHAMALAIPOURAM** (les sept pagodes), vg. de l'Inde anglaise, prov. de Carnatic, sur la côte de Coromandel et au S. de Madras. Les ruines qu'on y trouve et qui lui ont fait donner le nom vulgaire de Sept-Pagodes sont extrêmement remarquables. Elles consistent dans des grottes ornées extérieurement et dans des temples dont une partie est engloutie par la mer. Les excavations sont aussi curieuses que celles d'Ellore et offrent sur leurs flancs de granit des sculptures mythologiques du plus haut intérêt, des groupes de figures humaines mêlées à des figures d'éléphants, de taureaux, de lions, le tout en grandeur naturelle. On admire encore le temple où se trouve la statue colossale de Ganesa et cinq autres temples. La mer, qui a déjà englouti la plus grande partie de l'antique ville royale de Mahabalipouram, empiète continuellement sur le rivage et menace de faire disparaître ce qui en reste encore.

MAHABILLYSAR, v. de l'Inde, roy. de Satarah, prov. de Bedjapour; est située près de la source de la Kistnah.

MAHADES, pèlerinage hindou dans le roy. de Nagpour, prov. de Gandwana.

MAHAICA, fl. de la Guyane anglaise, gouv. de Démérary; coule vers le N. et se jette dans la baie qui porte le même nom.

MAHALON, vg. de Fr., Finistère, arr. de Quimper, cant. et poste de Pont-Croix; 1240 hab.

MAHAMADA, riv. de l'Inde; prend sa source dans le Népal, arrose les plaines du Bengale, reçoit les eaux du Purnababah et se jette dans le Gange, près de Nabobgunge.

MAHANADDY ou KATTAK, CUTTAC, fl. de l'Inde. Il descend des montagnes du Bandelkand, traverse le Bérar, le Gandwana et l'Orissa, reçoit les eaux de l'Hutsoo et du Hève, ses principaux affluents; baigne les villes de Senepour et de Cuttac et s'embouche dans le golfe de Bengale par un grand nombre de branches qui forment un vaste delta.

MAHA-NEUVA, nom que les Hindous donnent à la ville de Candy, dans l'île de Ceylan.

MAHANTANGO, chaîne de montagnes des États-Unis de l'Amérique du Nord, état de Pensylvanie; elle s'étend entre le Léhigh et le Susquéhannah et est contiguë aux Broad-Mountains, dont les Mahony-Mountains forment la première terrasse.

MAHARAI. *Voyez* ULIETEO.

MAHAS, pays de Nubie, le long de Nubie, entre le Dongolah au S. et le Sukkot au N. Tynareh en est le lieu le plus considérable.

MAHAS. *Voyez* OSAGES.

MAHAUT, baie au fond du Grand-Cul-de-Sac, côte N. de l'île de Guadeloupe; elle reçoit la rivière du même nom.

MAHÉ, v. de l'Inde; située sur la côte occidentale du Dekkan, prov. de Malabar. Mahé est une colonie française acquise en 1772, conquise plus tard, mais restituée en 1817 par les Anglais. La ville est située sur une hauteur baignée par le Colestri ou Mahé. Elle est mal bâtie et ses fortifications ont été rasées. L'embouchure de la rivière offre un bon ancrage et favorise le commerce de ses 6000 habitants, qui exportent principalement du poivre, du bois de teck et de sandal.

MAHÉ, une des plus grandes îles du groupe des Seychelles, Océan Indien; elle a 8 l. de long sur 3 de large, avec 3000 hab. Elle produit du blé, du riz, du coton, de la canne à sucre, du café, etc.; bons pâturages; riche en bois; beaucoup de volaille.

MAHÉRU, vg. de Fr., Orne, arr. de Mortagne-sur-Huîne, cant. et poste de Moulins-la-Marche; 790 hab.

MAHIME, v. de l'Inde anglaise, présidence de Bombay; est située au N. de l'îlot de Bombay, sur le canal qui le sépare de Salsette. Elle est importante par son industrie cotonnière et compte, avec les villages voisins, plus de 15,000 hab.

MAHLBERG, v. dans le grand-duché de Bade, cer. du Haut-Rhin; ruines du château de Mahlberg; 1150 hab.

MAHMOUD-BENDER-FERINGHYETT. *V.* PORTO-NOVO.

MAHO, affluent du St.-Jacques, fleuve de l'île d'Haïti.

MAHOBAH, v. de l'Inde anglaise, prov. d'Allahabad, aujourd'hui en ruines. Les débris imposants de temples, de tombeaux et de palais et son étang ceint de granit témoignent de son ancienne splendeur.

MAHON, *Mago, Portus Magonis*, v. d'Espagne, prov. de Majorque, chef-lieu d'un district dans la partie orientale de l'île de Minorque; située sur une colline dominant une baie. Son beau port est défendu par des batteries formidables et bordé par un beau môle couvert de magasins de marine; sur le cap du môle s'élève un phare. Sur la baie se trouve l'arsenal de marine; l'hôpital de marine et celui de quarantaine se trouvent dans des îles séparées. La ville se compose de 3 parties: la cité et les faubourgs d'Arrabal et d'Arrableta, le tout bien bâti, avec de belles places publiques. On y comple 3 églises, 3 couvents et un hospice d'orphelins. Les habitants se livrent à la pêche et au cabotage. Les forts de St.-Philippe et de Marlboroug, si redoutables sous les Anglais, ont été démolis. Pop. de la ville 6000 hab., du district 14,000 hab.

MAHRAH (pays de), on appelle ainsi le vaste plateau intérieur de l'Hadramaut, Arabie, habité par les tribus nomades des Bédouins Mahra. Le pays est un des moins connus de l'Asie.

MAHARAS ou MAHRES. *Voy.* EL-MAHRES.

MAHRATTES ou MAHARATTES, peuple de l'Inde; il tire probablement son origine de la caste des Tschatrias et forma plus tard une nation particulière. Les Mahrattes se distinguent des autres Hindous par leur esprit belliqueux; ils parlent un dialecte particulier et ont un grand attachement pour le culte brahmanique et ses prêtres, bien qu'ils soient assez tolérants. Ils occupent, à l'O. de l'Inde, une partie des prov. d'Aurungabad, de Bedjapour, de Bérar, de Gundwana, de Malwa, de Kandeisch, de Guzerate, etc. et forment actuellement plusieurs états, dont la constitution est aristocratique et militaire. La cavalerie innombrable des Mahrattes et leurs intrépides pirates qui écumaient la mer des Indes s'étaient rendus redoutables dès les plus anciens temps. Leur premier empire, dont la capitale Dour-Soummodour était située près d'Aurungabad, fut détruit au quatorzième siècle par les mahométans. Leurs radjahs se retirèrent au S., à Bisnagar, et y fondèrent un nouvel état, que les grands-mogols de Delhi renversèrent au seizième siècle. Retirés pendant un temps dans les gorges des monts Vindhia et des Gâtes occidentales, les Mahrattes se soulevèrent au dix-septième siècle et brisèrent le joug politique et religieux que les empereurs mahométans de Delhi faisaient peser sur eux; ils se répandirent bientôt dans les pays plats de l'Inde, et, par leurs excursions soudaines et dévastatrices, ils devinrent bientôt la nation prépondérante de l'Inde et fondèrent un empire de 80,000 l. c. géogr. Ils étaient soumis à un grand nombre de chefs réunis en confédération et reconnaissaient pour souverain le Peischwah ou empereur de Pounah. A la chute de Tippoo-Saïb, les Mahrattes se trouvèrent le seul ennemi redoutable aux Anglais, qui, après de longues guerres, détruisirent en 1818, par la prise de Pounah, leur empire déjà démembré. Les principaux états mahrattes sont aujourd'hui : le roy. de Satarah, dans le Bedjapour; le roy. d'Indore (états du Holkar), dans le Malwa; le roy. de Baroda ou pays du Guikower, dans le Guzerate; le roy. de Nagpour, dans le Gundwana, et le roy. de Sindhia (états du maha-radjah), dans les prov. d'Agra, de Kandeich et de Malwa. Les quatre premiers sont tributaires des Anglais, le quatrième est regardé comme indépendant, mais de fait il ne l'est pas plus que les autres, entouré qu'il est de tous côtés par les possessions britanniques. La population de ces cinq états s'élève à 12 millions; l'esprit belliqueux des habitants n'a pas été dompté tout à fait par la défaite de Pounad, et il est à croire que, si l'Angleterre était attaquée sérieusement dans l'Inde par quelque grande puissance, les Mahrattes se soulèveraient pour secouer le joug des Anglais et rétablir leur confédération et leur empire. On en a un indice certain dans la conspiration récemment découverte à Satarah.

MAHSARAH, vg. de la Moyenne-Égypte, prov. et à 7 l. S.-S.-E. de Djyzeh, à la droite du Nil, près de Torrah ou Troja, vis-à-vis des débris de l'antique Memphis; les vastes flancs d'une montagne voisine offrent les carrières d'où l'on a tiré le beau calcaire employé à bâtir cette ville et les pyramides. Ces carrières ont été exploitées sous les Pharaons, les Perses, les Lagides, les Romains et dans les temps modernes, à cause de leur voisinage des capitales successives de l'Égypte: Memphis, Fosthat et le Caire.

MAHURY, cant. ou quartier de la Guyane française, arrosé par la rivière du même nom.

MAI (Saint-), vg. de Fr., Drôme, arr. et poste de Nyons, cant. de Remuzat; 280 hab.

MAI ou **MAYO**, une des îles de l'archipel du Cap-Vert, Océan Atlantique, à l'E.-N.-E. de celle de San-Yago; elle a environ 7 l. de circonférence, avec 7000 hab., est peu fertile et manque d'eau; chevaux et chèvres sauvages; du sel et du coton en abondance.

MAICHE, vg. de Fr., Doubs, arr. et à 9 l. S. de Montbéliard, chef-lieu de canton, poste de St.-Hippolyte; 870 hab.

MAIDA, pet. v. des Deux-Siciles, prov. de Calabre ultérieure IIe, sur le Pesipo; dans les environs on trouve une saline et des carrières de gypse. Cette ville a beaucoup souffert du tremblement de terre de 1783; 2000 hab.

MAIDENHEAD, b. d'Angleterre, comté de Berks, peu loin de la Tamise; commerce de farine, de malt et de bois de construction; 1800 hab.

MAIDENS-PAPS, île dans le détroit de Cumberland, au S. de la Terre-de-Baffin; c'est un rocher qui n'offre qu'une pauvre végétation arctique, mais qui abonde en phoques et en oiseaux aquatiques et est peuplée de quelques familles d'Esquimaux.

MAIDIÈRES, vg. de Fr., Meurthe, arr. de Nancy, cant. et poste de Pont-à-Mousson; 320 hab.

MAIDSTONE, *Madus Vagniacæ*, v. d'Angleterre, comté de Kent, sur la Medway; située dans une contrée très-romantique et riche en fruits et en houblon; nomme 2 députés au parlement; elle est le chef-lieu du comté et renferme un beau palais de l'archevêque de Canterbury et une vaste prison, dont la construction a coûté plus de 5 millions de francs; fabr. de fil de lin, de papier, de lainages et distilleries. Dans son voisinage on trouve de la terre à foulon et du sable blanc; 15,000 hab.

MAIGNAUT, vg. de Fr., Gers, arr. et poste de Condom, cant. de Valence; 320 hab.

MAIGNÉ, vg. de Fr., Sarthe, arr. de la Flèche, cant. de Brulon, poste de Chemiré-le-Gaudin; 880 hab.

MAIGNELAY, vg. de Fr., Oise, arr. et à 4 1/2 l. N. de Clermont, chef-lieu de canton, poste de St.-Just-en-Chaussée; 809 hab.

MAIGNES (Saint-), vg. de Fr., Puy-de-Dôme, arr. de Riom, cant. et poste de Pionsat; 960 hab.

MAIGNY, ham. de Fr., Loiret, com. de Germigny-des-Prés; 100 hab.

MAIGRIN (Saint-), vg. de Fr., Charente-Inférieure, arr. et poste de Jonzac, cant. d'Archiac; 1270 hab.

MAILARGUES, ham. de Fr., Lot, com. de Soulomés; 220 hab.

MAILAPOURAM ou **MELIAPOUR**, **SAINT-THOMÉ** des Portugais, v. de l'Inde anglaise, présidence de Madras, distr. de Chingleput. C'est une jolie ville, bâtie dans une plaine fertile, industrieuse et commerçante; elle possède un bon port; siége d'un évêché catholique. Vasco di Gama, en y abordant, y trouva des chrétiens nestoriens.

MAILAT, ham. de Fr., Puy-de-Dôme, com. de Lamontgie; 200 hab.

MAILHAC, vg. de Fr., Aude, arr. de Narbonne, cant. de Gines, poste d'Azille; 450 hab.

MAILHAC, vg. de Fr., Haute-Vienne, arr. de Bellac, cant. de St.-Sulpice-les-Feuilles, poste d'Arnac-la-Poste; forges (de Mondon); haut-fourneau; fonderie; 839 hab.

MAILHAC, vg. de Fr., Tarn, arr., cant. et poste d'Albi; 620 hab.

MAILHOLAS, vg. de Fr., Haute-Garonne, arr. de Muret, cant. et poste de Rieux; 90 h.

MAILKOTTA, v. de l'Inde, roy. de Myssour; est située sur une colline au-dessus du Kavery; renferme un temple célèbre, consacré à Wischnou, qui attire de nombreux pèlerins.

MAILLANNE, vg. de Fr., Bouches-du-Rhône, arr. d'Arles-sur-Rhône, cant. et poste de St.-Remy; blé seyssette estimé pour semailles; garance; 1500 hab.

MAILLAS, vg. de Fr., Landes, arr. de Mont-de-Marsan, cant. de Roquefort; poste de Captieux; 520 hab.

MAILLAT, vg. de Fr., Ain, arr., cant. et poste de Nantua; scierie de planches; 410 hab.

MAILLÉ, vg. de Fr., Indre-et-Loire, arr. de Chinon, cant. et poste de Ste.-Maure; 510 hab.

MAILLÉ, vg. de Fr., Vendée, arr. et poste de Fontenay-le-Comte, cant. de Maillezais; 1060 hab.

MAILLÉ ou PHESLE-DE-MAILLÉ (Saint-), vg. de Fr., Vienne, arr. de Montmorillon, cant. de St.-Savin, poste d'Angles; 3010 h.

MAILLÉ, vg. de Fr., Vienne, arr. de Poitiers, cant. de Vouillé, poste de Neuville; 420 hab.

MAILLEBOIS, vg. de Fr., Eure-et-Loir, arr. de Dreux, cant. et poste de Châteauneuf-en-Thymerais; fabr. de draps communs; 490 hab.

MAILLERAYE (la), vg. de Fr., Seine-Inférieure, com. de Guerbaville, poste; 780 h.

MAILLEREAU ou MAILLEROT, île faisant partie du groupe des Grenadilles, Petites-Antilles; elle dépend de l'île de St.-Vincent et produit de beau coton.

MAILLÈRES, vg. de Fr., Landes, arr. et poste de Mont-de-Marsan, cant. de Labrit; 390 hab.

MAILLERON-FAING, ham. de Fr., Vosges, com. de Bellefontaine; 300 hab.

MAILLERONCOURT-CHARETTE, vg. de Fr., Haute-Saône, arr. de Lure, cant. et poste de Saulx; haut-fourneau; moulage; 1020 hab.

MAILLERONCOURT-SAINT-PANCRAS, vg. de Fr., Haute-Saône, arr. de Lure, cant. et poste de Vauvillers; 710 hab. Freland, avec une tôlerie, fait partie de la commune.

MAILLET, vg. de Fr., Indre, arr. de la Châtre, cant. et poste de Neuvy-St.-Sépulchre; 640 hab.

MAILLET, vg. de Fr., Allier, arr. de Montluçon, cant. et poste d'Hérisson; 640 hab.

MAILLEY, vg. de Fr., Haute-Saône, arr. de Vesoul, cant. de Scey-sur-Saône, poste de Frétigney; 990 hab.

MAILLEZAIS, pet. v. de Fr., Vendée, arr., à 3 1/2 S.-S.-E. et poste de Fontenay-le-Comte, chef-lieu de canton; fabr. et commerce de toiles; 1350 hab.

MAILLOT (Granges-), vg. de Fr., Doubs, arr. de Besançon, cant. et poste d'Ornans; 70 hab.

MAILLOT, vg. de Fr., Yonne, arr., cant. et poste de Sens; 410 hab.

MAILLY, vg. de Fr., Aube, arr. et cant. d'Arcis-sur-Aube, poste; éducation des abeilles; 680 hab.

MAILLY, vg. de Fr., Marne, arr. de Reims, cant. de Verzy, poste des Petites-Loges; bon vignoble; 600 hab.

MAILLY, vg. de Fr., Meurthe, arr. de Nancy, cant. de Nomény, poste de Pont-à-Mousson; 520 hab.

MAILLY (Pas-de-Calais). *Voyez* MONT-CAVREL.

MAILLY, vg. de Fr., Saône-et-Loire, arr. de Charolles, cant. de Sémur-en-Brionnais, poste de Marcigny; 530 hab.

MAILLY, vg. de Fr., Somme, arr. de Doullens, cant. et poste d'Acheux; 1460 h.

MAILLY-LA-VILLE ou LE BAS, ham. de Fr., Côte-d'Or, com. de Mailly-le-Mont; 150 hab.

MAILLY-LA-VILLE, b. de Fr., Yonne, arr. d'Auxerre, cant. de Vermenton, poste d'Arcy-sur-Cure; 840 hab.

MAILLY-LE-CHATEAU, ham. de Fr., Côte-d'Or, com. de Mailly-le-Mont; 520 h.

MAILLY-LE-CHATEAU, vg. de Fr., Yonne, arr. d'Auxerre, cant. et poste de Coulange-sur-Yonne; bons vins; 1060 hab.

MAILLY-LE-MONT, vg. de Fr., Côte-d'Or, arr. de Dijon, cant. et poste d'Auxonne; 1390 hab.

MAILLY-RAINEVAL, vg. de Fr., Somme, arr., à 3 l. N.-O. et poste de Montdidier, cant. d'Ailly-sur-Noye; il possède un ancien château très-remarquable, jadis siége d'un marquisat; 380 hab.

MAILTORAT (le), ham. de Fr., Haute-Vienne, com. de Jabreilles; 150 hab.

MAIMATCHIN, v. de la Mongolie; est située sur la frontière de la Russie et à 230 pas de la ville russe de Kiatchta; n'a que 70 maisons; tout le reste se compose de boutiques et de magasins; car Maïmatchin est l'entrepôt général du commerce de la Russie avec la Chine, et le lieu fixé par le gouvernement chinois pour les échanges.

MAIMBEVILLE, vg. de Fr., Oise, arr., cant. et poste de Clermont; 480 hab.

MAIMBRESSON, vg. de Fr., Ardennes, arr. de Réthel, cant. et poste de Chaumont-Porcien; 310 hab.

MAIMBRESSY, vg. de Fr., Ardennes, arr. de Réthel, cant. et poste de Chaumont-Porcien; 690 hab.

MAIME (Saint-), vg. de Fr., Basses-Alpes, arr. et cant. de Forcalquier, poste de Manosque; 310 hab.

MAIN (Saint-), ham. de Fr., Côtes-du-Nord, com. de Bourseul; 100 hab.

MAIN. *Voyez* BALIZE (fleuve).

MAIN, *Mœnus*, la plus petite des six rivières principales de l'Allemagne. Elle est formée par la réunion des deux ruisseaux de Main rouge et blanc, au village de Steinhausen, à 1 l. de Culmbach, cer. du Main-Supérieur du roy. de Bavière. Après s'être fortifiée par l'Itz et la Regnitz elle devient navigable à Bamberg, passe dans le cer. du Main-Inférieur, y reçoit la Sale, baigne Wurtzbourg, Karlstadt, Lohr, Rothenfels, Hombourg, forme ensuite la frontière septentrionale du grand-duché de Bade avec la Bavière; reçoit à Werthheim la Tauber et à Hanau la Kinzig; passe à Francfort; reçoit, à Hœchst, dans le duché de Nassau, la Nidda et se verse dans le Rhin, vis-à-vis de Mayence. Son cours forme de grands méandres, dont le développement total est de 106 l.; sa pente est douce, et ses rives, bordées de vignobles, sont sujettes à de fréquentes inondations. Vers son embouchure dans le Rhin, son lit s'élargit considérablement et atteint 400 pas au confluent. Le Main abonde en poissons de toute espèce. La navigation y est active, et les bateaux qui l'exploitent portent jusqu'à 1000 quintaux métriques. La jonction du Danube au Rhin, par la Regnitz, l'Altmuhl et le Main, rendra cette rivière encore plus importante.

MAINA, *Hippola*, b. de la Morée; situé près du cap Matapan, cant. des Maïnotes.

MAINA ou **MAGNE**, cant. de la Grèce, nomos ou prov. de Laconie. C'est une forteresse naturelle qui embrasse à peu près toute la presqu'île qui sépare le golfe de Coron de celui de Kolokothya, est occupée par le Taygète des anciens et se termine par le cap Matapan (le promontoire Tenarion des anciens). Élevé, abrupte, presque inabordable, le Magne n'est cependant pas ingrat et produit de l'huile, du blé, de la soie, de la noix de galle, du coton, du miel; ses ports exportent des cuirs bruts, des laines fournies par ses nombreux troupeaux. Les habitants, connus sous le nom de Maïnotes, se disent les descendants des Spartiates et paraissent être issus des Laconiens libres (*Eleutheroi*), c'est-à-dire des Lacédémoniens des campagnes, affranchis par les Romains, mêlés à des Slaves. Fiers de leur indépendance, courageux, sobres, forts, initiés dès leur enfance au maniement des armes, ils ont su défier dans leurs montagnes les conquérants étrangers qui se disputèrent à différentes reprises le sol de la Morée, et, bien que placés nominalement par les Turcs sous les ordres du capudan-pacha, ils ont toujours méprisé le pouvoir du bey que celui-ci mettait à leur tête. Célèbres par leurs pirateries, leur brigandage et leur valeur, ils savaient faire admirer l'hospitalité qu'on recevait chez eux et les vertus domestiques de leurs femmes. La guerre contre les Turcs était leur but principal; dès qu'ils revenaient d'une course, ils se retiraient dans leurs vallées, où huit capitaines héréditaires, commandant les différents districts, offraient encore jusqu'à nos jours le singulier spectacle du gouvernement féodal usité au moyen âge. Il y avait des guerres presque continuelles de village à village, et leurs dissensions intérieures n'étaient suspendues que par la voix des vieillards qui les engageaient dans des entreprises nouvelles contre les Turcs. Ils ont joué un grand et beau rôle dans la guerre de l'indépendance grecque. Le nombre actuel des habitants du Magne est de 40,000, tous de religion grecque, qui habitent différents cantons, suivant les différentes vallées, et occupent 100 villages ou korious et quelques villes. Les principales sont: Marathonisi, chef-lieu du Magne oriental; Chimawa, chef-lieu du Magne occidental. A l'extrémité du Magne, près du cap Matapan, habitent les Cacovouniotes, renommés autrefois comme des pirates sanguinaires, aux mœurs les plus barbares.

MAINAS ou **MAYNAS**, prov. du dép. de Liverdad, rép. du Pérou; elle est bornée à l'O. par la prov. de Chachapoyas; au N., à l'E. et au S. ses frontières ne peuvent pas être déterminées. Cette immense province a, selon M. Pœppig, une superficie de 9600 l. c. géogr., peuplée à peine de 12,000 individus qui, à l'exception du personnel de l'administration, de quelques prêtres, etc., se composent de différentes peuplades indigènes, la plupart indépendantes et indomptables, parmi lesquelles les Maïnas tiennent le premier rang. Dans cette vaste région la nature semble avoir développé toute sa vigueur et toute sa variété, et n'attendre que des bras actifs pour ordonner cette végétation sauvage et pour changer en paradis ces terres qui regorgent de sève, mais qui manquent de culture. Les principales productions sont: le bois, diversifié à l'infini, des baumes, des gommes, de l'indigo, des plantes médicinales, etc. Le long du Rio-Huallaga et du Maragnon qui, avec plusieurs de leurs affluents, arrosent cette région, on a défriché quelques terres où l'on cultive surtout du café et du coton d'une excellente qualité. On y recueille en outre des patates qui font presque l'unique aliment des habitants.

MAINAS, nation autrefois nombreuse et très-guerrière; ils sont établis sur les deux rives du Maragnon et sur ses deux affluents Morona et Pastaza, à l'E. de la rép. de l'Ecuador et au N.-E. du Pérou, dans le pays auquel ils donnent le nom. Une très-petite partie de cette nation a été convertie au christianisme, et les missions à l'E. du Pérou qui portent le nom de *missions des Maïnas*, sont en grande partie habitées par d'autres peuplades de races très-différentes.

MAINBERNHEIM, pet. v. murée de Bavière, cer. du Mein-Inférieur, dist. et à 1 1/2 l. de Marksteft; usines; commerce local; culture de blé et de vignes; 1750 hab.

MAINBOTTEL. *Voyez* MERCI-LE-BAS.

MAINCOURT, vg. de Fr., Seine-et-Oise, arr. de Pontoise, cant. et poste de Chevreuse; 140 hab.

MAINCY, vg. de Fr., Seine-et-Marne, arr., cant., à 1 l. N.-E. et poste de Melun; commerce de grains et de bois; 1000 hab. On voit près de ce village le beau château de Praslin avec un parc immense et des jardins magnifiques. C'est dans ce château, jadis siége d'un duché-pairie, que Fouquet, célèbre surintendant des finances, donna à Louis XIV une fête somptueuse, à la suite de laquelle ce ministre fut exilé.

MAINDREVILLE (Grand et Petit-), ham. de Fr., Eure-et-Loir, com. de Fontenay-sur-Eure; 160 hab.

MAINE (la), riv. de Fr.; a sa source dans le dép. de la Vendée, cant. des Herbiers; elle coule vers le N.-O., passe à Montaigu, entre dans le dép. de la Loire-Inférieure, où elle se jette dans la Sèvre-Nantaise, au-dessous de la Haye, après 10 l. de cours. Une autre rivière de France porte le même nom. *Voy.* MAYENNE (rivière).

MAINE (le) *Cenomanensis Ager*, ancienne prov. de Fr.; elle était bornée au N. par la Normandie, à l'O. par la Bretagne, au S. par l'Anjou, au S.-E. par la Touraine et à l'E. par le Perche, avec lequel elle formait un des trente-deux anciens gouvernements. Lors de l'invasion romaine cette contrée était habitée par les Aulerces-Cenomani, puissante nation divisée en plusieurs peuplades, que César ne parvint à soumettre qu'après dix ans d'une lutte opiniâtre. Sous la domination romaine ce territoire fit partie de la seconde et de la troisième Lyonnaise. Les Francs en firent la conquête peu après leur invasion dans les Gaules, et dès lors les guerres et les dévastations s'y succédèrent presque sans interruption. Les Normands, les Bretons et les Angevins y portèrent successivement le pillage et l'incendie. Enfin, vers la fin du dixième siècle, le Maine tomba au pouvoir de Hugues, seigneur du Mans, qui l'érigea en comté en faveur de ses successeurs. Hugues, neveu et héritier de Hubert, petit-fils du premier comte du Maine, vendit ce comté à Hélie, seigneur de la Flèche, dont la fille porta le Maine en dot à Foulques, comte d'Anjou, qui eut pour successeur son fils Geoffroy Plantagenet. Henri, fils et héritier de Geoffroy, étant devenu roi d'Angleterre, le Maine passa sous la domination anglaise. En 1202, Philippe-Auguste confisqua cette province sur Jean-sans-Terre et la réunit à la couronne. Quarante ans après, saint Louis la donna à son frère Charles, devenu plus tard roi de Sicile. Pendant la guerre des Anglais le Maine fut souvent le théâtre de la lutte sanglante qui désola la France jusque vers le milieu du quinzième siècle. En 1481 le Maine passa par succession à Louis XI. Henri III le céda à son frère François, qui mourut sans postérité, en 1584; la province fut alors réunie à la couronne. Pendant la révolution française cette contrée eut beaucoup à souffrir de la guerre civile, qui s'y prolongea durant sept ans sous le nom de chouannerie. On divisait cette province en Haut et Bas-Maine; elle forme aujourd'hui le dép. de la Mayenne et celui de la Sarthe.

MAINE, fl. de la côte O. du Labrador; prend naissance dans un lac de l'intérieur, coule vers l'O. et se jette, après un cours de 50 l., dans la mer d'Hudson.

MAINE, état maritime qui fait partie des États-Unis de l'Amérique du Nord. Cet état, le plus septentrional de l'Union, s'étend entre 43° 6′ et 48° 10′ lat. N., et est borné au N. et au N.-O. par le Bas-Canada; dont il est séparé par les monts Albany, au S.-O. par l'état de New-Hampshire, au S. par l'Océan Atlantique et à l'E. par le Nouveau-Brunswick. Sa superficie est de 1822 l. c. géogr. avec 410,000 hab. Ses côtes, très-déchirées, présentent un développement de 90 lieues et offrent de nombreuses baies d'un abord plus ou moins difficile; les plus considérables en sont : la baie de Machias, la baie Pleasant, la baie du Français (Frenchmans-Bay), la baie de Penobscot, la plus étendue et la plus sûre, avec le port de Belfast, la Broad-Bay (baie large), la baie de Passamaquoddy, la baie de Johns, la baie de Casco, la baie de Black-Point et la baie de Wells. De nombreuses îles s'étendent soit dans l'intérieur soit à l'entrée de ces baies; les plus importantes d'entre elles, telles que Beals-Island, Mount-Desart, Swan, Fox, etc., ont été décrites dans des articles spéciaux. Les principaux promontoires que l'Océan a formés sur la côte de cet état sont : Scutton-Point, à l'entrée de la baie du Français (Frenchmans-Bay); Pémaquid-Point, qui ferme la baie de Johns; Small-Point et le cap Elisabeth, qui ferment la baie de Wells; Bald-Head et le cap Neddock-Hubble.

Le Maine forme une plaine onduleuse qui s'élève insensiblement vers les Apalaches qui, au N.-O., présentent plusieurs pics élevés, tels que l'Agamenticus, au N. d'York, qu'on aperçoit de très-loin et qui sert de phare aux navigateurs; le Bonabeag et le Mount-Kathadin, au centre de la chaîne. Les monts Spencer s'étendent parallèlement aux Apalaches, à 4 l. de ces montagnes, qu'ils surpassent en hauteur. Parmi les nombreux cours d'eau qui arrosent cette province nous remarquons le St.-Johns, qui passe dans le Nouveau-Brunswick, le Shodiak, affluent de la baie de Passamaquoddy; le Penobscot, le plus grand fleuve du pays, qui se décharge dans la baie de même nom; le Kennebec avec le Sagadahok, le Saco, la Piscataqua, l'York et la Chaudière.

Le sol du Maine, maigre et sablonneux sur les côtes, est assez fertile dans l'intérieur et renferme de beaux pâturages. Ses principales productions sont : le blé, le chanvre, le lin, les pommes de terre, d'une excellente qualité, et différentes espèces de légumes. L'agriculture et l'éducation du bétail forment les principales occupations des habitants. La plus grande partie du pays se trouve couverte d'immenses forêts qui fournissent de l'excellent bois de construction et qui abondent en gibier de toute espèce. Cet état renferme plusieurs lacs, tels que le Moosehead, de 16 l. de longueur, l'Umbagog, le Sebacook (Sebago) et les lacs Shoodiak, ainsi que de nombreux marais; cependant le climat y est très-salubre. Le règne minéral offre du fer, du vitriol, du soufre, de l'alun, du schiste et surtout de la chaux, le seul minéral qu'on exploite. L'industrie doit être presque nulle dans un pays où la culture du sol requiert presque tous les bras disponibles; le commerce, dont Portland est le centre, consiste dans l'exportation de bois, de poissons séchés, de potasse, de viande salée, de blé et surtout de chaux, et dans l'importation de productions coloniales, de sel, de fer et de produits manufacturés. Les principales routes du Maine sont celles de Hallowell à la Chaudière, de Bangor à la Chaudière et de Penobscot au St.-Johns.

On trouve encore dans cet état trois peuplades indigènes de la nation des Abénakis; ce sont les Indiens-Penobscot, les Indiens du St.-Johns et les Indiens-Passamaquoddis. L'instruction fait de jour en jour plus de progrès dans cet état; il y a une université (Bowdoin-College) à Brunswyk, un institut théologique et littéraire à Waterville, 7 académies à Portland, Hallowell, Berwick, Fryburgh, Bath, Hampton et Machias et une école gratuite à Bangor.

La constitution du Maine, combinaison aristocratique et démocratique, date de 1820; l'état est divisé en 10 comtés et envoie au congrès 2 sénateurs et 10 députés. La cour judiciaire supérieure siége à Augusta et les tribunaux d'arrondissement se tiennent alternativement à Portland et à Pownalborough. Tous les forts de cet état ont été abandonnés.

L'état du Maine faisait partie de celui de Massachusetts jusqu'en 1820, où il fut reçu dans l'Union comme état particulier. Son nom lui fut donné en l'honneur de l'épouse de Charles Ier, princesse française, dont les biens privés étaient situés dans la prov. de Maine. Ce nom fut remplacé pendant quelque temps par celui d'York, mais il reparut au dix-huitième siècle et resta à l'état lors de sa réception dans l'Union.

MAINE (le), ham. de Fr., Charente, com. de Sonneville-de-Segonzac; 100 hab.

MAINE-AURIOUX, ham. de Fr., Charente-Inférieure, com. de Chaillevette; 130 hab.

MAINE-ET-BOIXE (le), vg. de Fr., arr. d'Angoulême, cant. de St.-Amand-de-Boixe, poste de Mansle; 470 hab.

MAINE-ET-LOIRE (département du); situé dans la région O. de la France; est formé de la majeure partie de la ci-devant prov. d'Anjou; ses limites sont: au N. les dép. de la Mayenne et de la Sarthe, à l'E. celui d'Indre-et-Loire, au S. les dép. de la Vienne, des Deux-Sèvres et de la Vendée et à l'O. celui de la Loire-Inférieure.

Sa superficie est de 718,807 hectares et sa population de 477,270 hab.

Le sol de ce département est agréablement varié de plaines et de collines, quoiqu'il soit cependant plus uni que montueux, si ce n'est près des bords de la Loire et dans quelques cantons de la partie méridionale.

La Loire le divise en deux parties presque égales par un bel arc, presque régulier, qui se dirige de l'E. à l'O. pour se rendre dans le dép. de la Loire-Inférieure; elle reçoit toutes les rivières qui arrosent le département, telles que le Thouet près de Saumur, le Layon près de Chalonne et l'Evre par sa rive gauche, et à sa droite l'Authion et la Mayenne. Cette dernière donne son nom au département, conjointement avec celui du fleuve principal; mais il a été changé, par une simple contraction euphonique, en celui de Maine, nom que l'on donne quelquefois à ce fleuve par négligence ou pour abréger la phrase. La Mayenne sort du département qui porte son nom, reçoit l'Oudon près de le Lion, la Sarthe et le Loir réunis près d'Angers et se jette, près de Bombemaine, dans la Loire; les deux rivières principales sont navigables, ainsi que le Layon, dont le lit a été creusé plus profondement pour procurer un débouché avantageux aux charbons de terre des mines de St.-Georges.

Quoiqu'il s'y trouve une assez grande étendue de bruyères et de landes, le sol y est cependant très-fertile, et l'agriculture, en général, est assez bien entendue dans toutes les parties du département; on y récolte du blé, du seigle, de l'orge, de l'avoine en quantité plus que suffisante pour la consommation; le canton appelé vallée de Beaufort, qui s'étend sur la rive droite de la Loire, entre Saumur et Angers, dans un espace de 40 kilomètres de longueur sur 5 de largeur, produit abondamment du blé, qui s'enlève pour Nantes et pour l'étranger; on y récolte des fèves, des pois, des pommes de terre, du lin, du chanvre, beaucoup de noix qui fournissent une huile excellente, de bons fruits à cidre, d'autres fruits estimés, comme les prunes, les melons d'Angers que l'on cultive en pleine terre. Trente-deux mille hectares sont plantés en vignes, qui donnent beaucoup de vins rouges et blancs;

parmi ces derniers on en trouve d'assez estimés; on en convertit une partie en eau-de-vie et en vinaigre recherché; la moitié de ses vins est dirigée soit sur Nantes soit sur Paris. Les prairies naturelles et artificielles sont nombreuses et excellentes; les forêts occupent une superficie de 45,000 hectares; les essences qui y dominent sont le chêne et le hêtre.

En richesses minérales il faut citer d'abord les immenses et célèbres ardoisières d'Angers, les plus considérables de la France, exploitées à ciel ouvert et qui fournissent du travail à près de 3000 ouvriers; on trouve encore plusieurs mines de houille près de Chateloison et Montjeu, quelques mines de fer, des carrières de belles pierres de taille, de granit, de marbre; beaucoup de bonnes pierres à chaux fournissent aux agriculteurs un engrais excellent; plusieurs sources d'eaux minérales froides et une source d'eau sulfureuse thermale se trouvent dans les environs de Martigné-Briand.

Les chevaux sont nombreux et leur éducation est très-productive; ils sont d'une taille moyenne, principalement propre au trait et au labour et possèdent toutes les qualités qui distinguent la bonne race de l'ancien Anjou.

De nombreux pâturages nourissent une grande quantité de bœufs, de vaches et de moutons, que l'on engraisse pour l'approvisionnement de Paris; on y élève de la volaille, des abeilles et dans les environs de Saumur des vers à soie. Le gibier y est bon et très-abondant; il y a aussi beaucoup de poissons, parmi lesquels l'on cite le saumon et l'alose.

L'industrie métallurgique compte, outre ses exploitations d'ardoises, 167 forges et hauts-fourneaux, des fabriques de poteries de terre, des tuileries et des briqueteries, des verreries, des ateliers d'ouvrages en émail, renommés pour leur fini.

Les fabriques les plus intéressantes sont celles qui ont leur siége principal à Chollet et qui fournissent à toute la France les toiles renommées dites cholettes, des mouchoirs de la plus grande beauté; des fabriques de siamoises, de calicots, de flanelle, d'étoffes de laine et de fil expédient au loin leurs produits estimés. L'industrie offre de nombreuses tanneries, des teintureries, des fabriques d'ouvrages en corne, de sabots, des papeteries, de nombreuses distilleries, des brasseries, des raffineries de sucre colonial et indigène, des raffineries de salpêtre, etc.

La Loire, la plupart de ses affluents, 28 grandes routes sont les débouchés par lesquels s'effectue un commerce considérable de grains, vins blancs, eaux-de-vie, chanvre, huile de noix, bétail, toiles, merceries, ardoises et fer.

Le département est divisé en 5 arrondissements, 34 cantons et 389 communes. Les chefs-lieux d'arrondissement sont :

Angers . . .	9 cant.	90 com.	138,459 hab.
Baugé . . .	6 «	67 «	81,025 «
Segré . . .	5 «	62 «	58,109 «
Beaupréau .	7 «	75 «	108,518 «
Saumur . .	7 «	95 «	91,159 «
	34 cant.	389 com.	477,270 hab.

Il nomme 7 députés, fait partie de la douzième division militaire, dont le quartier-général est à Nantes; est du ressort de l'académie et de la cour royale d'Angers, du diocèse de la même ville, suffragant de l'archevêché de Tours; il fait partie de la vingt-sixième conservation forestière; de la dixième inspection des ponts-et-chaussées, dont le chef-lieu est Rennes; de la première division des mines, dont le chef-lieu est Paris. Il a 6 colléges, une école normale primaire et 427 écoles primaires.

MAIN-INFÉRIEUR (cercle du), cer. de la Bavière, dans le N.-O. de ce royaume; borné au N. par la Hesse-Électorale, le grand-duché de Weimar et les duchés de Saxe-Hildburghausen-Saalfeld et Cobourg-Gotha; à l'E. par le cer. du Main-Supérieur; au S. par le cer. de la Rézat, le Wurtemberg, le grand-duché de Bade, et à l'O. par le grand-duché de Hesse. Sa superficie est de 170 l. c., dont 73 en champs cultivés, 13 en prairies, 52 en forêts, 3 en lacs et cours d'eau, 5 en vignes, jardins et habitations, et 24 en chemins et pâturages. La Rhœn, qui est une continuation des montagnes de Thuringue, s'étend sur 12 l. dans le N. du cercle; le Spessart occupe une grande partie du dist. d'Aschaffenbourg; le Hassberg s'étend depuis Zeil sur Oberlauringen et le Grabfeld; le Steigerwald s'élève vers le cer. du Main-Supérieur; des rameaux détachés de l'Odenwald entrent dans le dist. d'Amerbach, Miltenberg, Kleinheubach et Obernbourg. Le point culminant est le Kreutzberg, qui s'élève à 650 mètres au-dessus du niveau de la mer. Le pays est traversé par le Main, la Saale, la Tauber et un grand nombre de ruisseaux. Les principaux lacs sont ceux de Strecksée, Neusée, Hurnausée, de Haubauch et de Frickenhausen. Le climat, en général tempéré, est plus rude dans les montagnes, surtout sur la Rhœn et le Spessart; mais très-doux dans la vallée du Main. L'éducation des bestiaux est des plus florissantes : on a compté 272,400 bêtes à cornes, 13,500 chevaux, 122,000 brebis, 131,000 porcs et environ 15,000 chèvres. Les forêts favorisent l'éducation des abeilles et logent du gibier en grand nombre. Le cercle abonde en blé, surtout dans les dist. de Schweinfurt et d'Ochsenfurt; on récolte en outre de l'orge, de l'avoine, des légumes secs, du houblon, du chanvre, du lin, des graines oléagineuses et du jardinage. La vallée du Main et les environs d'Aschaffenbourg sont renommés pour leurs beaux fruits; les vins de Wurtzbourg, Rœdelsée, Hammelbourg, Volkach, Sommerach, Escherndorf, Hombourg, Lengfurt, des rives de la Saale, de la Werrn et de la Tauber sont renommés. L'exploitation des bois est un des principaux revenus nationaux. Kissingen, Bocklet, Bruckenau et Wipfeld possèdent des sources minérales et salines; on exploite sur différents points de la houille, du nitre, du marbre, du plâtre, de la chaux, du grès, de l'ocre et des terres de poterie; on fabrique dans le cercle des draps, de la toile, du tabac et d'autres objets de nécessité commune; on y compte de nombreuses papeteries, des raffineries de sucre, des verreries, des laboratoires de chimie; Schmerlenbach, Oberndorf, Weilbach, Motten, Kœnigshoffen, Lohr, Frammersbach, Hobbach, Heimbuchenthal, Laufach, Waldaschaff, Silbach, Oberzell et Wurzbourg, possèdent des fonderies et des forges. La pop., de 554,000 hab., est répartie dans 26 villes, dont les principales sont Wurzbourg, Aschaffenbourg, Schweinfurt et Bischoffsheim, et 1844 bourgs et villages.

MAINE-OCCIDENTAL. *Voyez* GALLES (Nouvelle-).

MAINE-ORIENTAL, factorerie florissante de la ci-devant société de la baie d'Hudson, sur la côte O. du Labrador, à l'embouchure du Maine, dans la mer d'Hudson.

MAINE-ORIENTAL (East-Main), nom que les Anglais donnent à la côte O. du Labrador.

MAINE-QUÉRAN, ham. de Fr., Charente, com. de Mornac; 380 hab.

MAINE-SIMON, ham. de Fr., Charente-Inférieure, com. d'Étaules; 180 hab.

MAINFONDS, vg. de Fr., Charente, arr. d'Angoulême, cant. et poste de Blanzac; 340 hab.

MAING, vg. de Fr., Nord, arr., cant. et poste de Valenciennes; fabr. de sucre indigène; 1470 hab.

MAINGOURNOIS, ham. de Fr., Eure-et-Loir, com. de Maintenon; 180 hab.

MAIN-ISLAND, île dans la baie d'Augustine, côte S. du Labrador.

MAINLAND ou POMONA, *Pomonia*, la plus grande des îles et au centre de l'archipel des Orcades; elle est de forme irrégulière; sa superficie ne dépasse pas 10 l. c. géogr.; elle est traversée par une petite chaîne de montagnes, couverte de marais et de bruyères, mais assez fertiles dans les contrées basses. On y trouve un lac, plusieurs bains et quelques bons ports; 15,000 h. Chef-lieu: Kirkwall.

MAINLAND ou SHETLAND, la plus grande et la plus importante des îles de l'archipel de Shetland, dans l'Atlantique; longue de 12 l. et large de 1 1/5 à 3 2/5 l., couverte de montagnes; ses côtes sont extrêmement découpées; entre leurs échancrures s'avancent deux grandes baies, qui divisent l'île en trois grandes parties réunies par de petits isthmes; 12,000 hab.; chef-lieu: Lerwick.

MAIN-SUPÉRIEUR (cercle du), cer. de la Bavière, dans le N.-O. de ce royaume; borné à l'E. par la Bohême et la principauté de Reuss, au N. par la même principauté et le duché de Cobourg-Gotha, au S. par les cer. de la Régen et de la Rézat et à l'O. par le cer. du Main-Inférieur et le duché de Cobourg-Gotha. Sa superficie est de 161 milles carrés, dont 100 en champs cultivés, 11 en prairies, 1 1/2 en vignes, jardins et habitations, 44 en forêts, 1/2 en lacs et cours d'eau et 4 en chemins et pâturages. Dans l'E. le cercle est couvert par des rameaux des montagnes de la Bohême et de celles de Fichtel, dans le N. par ces dernières et une continuation de celles de Thuringue et dans l'O. par une branche du Steigerwald. Les cimes les plus élevées sont: le Schneeberg, entre Weissenberg, Cremitz, le Main blanc et l'Eger, s'élevant à 1227 mètres au-dessus du niveau de la mer, l'Ochsenkopf, qui en est séparé par la vallée du Main, à 1205, et les Farmleiten, entre le Main blanc et l'Eger, à 1100. Le pays est traversé par le Main, la Regnitz, la Saale, l'Eger, la Nab et la Wiesent. Les principaux lacs sont: l'étang de Zeitelmoos, près Wunsiedel; celui de Scheitel, près Schirnding, sur la frontière de la Bohême; l'étang Neuf, près Baireuth; celui de Hammer, près de Lichtenfels, et celui de Breitenau, près de Bamberg. Dans le N. et l'E. le climat est rude et froid, mais l'été très-chaud; dans l'O. et le S. il est tempéré et agréable. Les belles prairies qui bordent les rivières, favorisent beaucoup l'éducation des bestiaux; on a compté 303,000 bêtes à cornes, 7300 chevaux et 131,500 brebis; le cercle abonde en outre en porcs, volaille, gibier et poissons. La plaine produit du blé, des légumes, du houblon, des plantes oléagineuses, du chanvre, du jardinage, surtout à Bamberg, des fourrages; les côteaux du Main et de la Wiesent fournissent des vins recherchés; la culture du lin prospère dans les contrées élevées; les nombreuses forêts donnent du bois de construction et de chauffage. On exploite dans les montagnes de Fichtel du fer, du cuivre, du plomb, de l'alun, du vitriol et de la serpentine; des mines de houille sont ouvertes à Kronach, Mistelbach, Culmbach, Lanzendorf et Hof; on trouve sur différents points de l'ardoise, de la chaux, du grès, du marbre, des terres de poterie, de l'ocre, de la craie, du cobalt, du nitre, de l'agate, du jaspe, des carnéoles et d'autres pierres précieuses de second ordre. Banz, Kronach, Stockheim et le Fichtelberg possèdent des sources minérales. De nombreuses usines sont réparties dans les directions des mines de Fichtelberg, Kœnigshutte, Neu et Alt-Lind, Stadtsteinach, Lichtenberg, Kaulsdorf; elles fournissent des objets de fonte, du cuivre et du fer laminé en fil et en barres. Dans les dist. de Hof, Kirchenlamitz, Lichtenberg, Wunsiedel, Eschenbach et Kempath on tisse le chanvre, la laine et le coton; le pays possède en outre des verreries, des papeteries, des salpêtrières, des tanneries, des moulins à poudre, des fabriques de potasse et les autres branches d'industrie pour la vie commune. La population de 524,000 hab. est répartie dans 34 villes, dont les principales sont Baireuth, Bamberg, Forchheim et Kronach, 70 bourgs, 2370 villages et hameaux et 119 habitations isolées.

MAINNEVILLE, vg. de Fr., Eure, arr. des Andelys, cant. et poste de Gisors; 520 hab.

MAINOTES. *Voyez* MAÏNA.

MAIN-PINEIN, v. de l'emp. Birman, prov. du Laos birman.

MAINSAT, b. de Fr., Creuse, arr. d'Aubusson, cant. de Bellegarde, poste d'Auzances; 1670 hab.

MAINTENAY-ROUSSENT, vg. de Fr., Pas-de-Calais, arr. et poste de Montreuil-sur-Mer, cant. de Campagne-les-Hesdin; 840 h.

MAINTENON, pet. v. de Fr., Eure-et-Loir, arr. et à 4 l. N.-N.-E. de Chartres, chef-lieu de canton et poste; elle est située dans une riante vallée, au confluent de l'Eure et de la Voise. Cette petite ville doit sa célébrité à son château que Louis XIV donna à sa maîtresse, la veuve de Scarron, avec le titre de marquise de Maintenon. L'appartement du roi et la chapelle sont bien conservés. On voit aussi non loin du château les restes d'un aquéduc qui devait porter les eaux de l'Eure au château de Versailles et qui a couté inutilement à la France 50 millions et la vie de plusieurs milliers d'hommes. Maintenon fait un grand commerce de blé et de farine. Patrie du poëte comique Collin d'Harleville (1755—1806); 1700 hab.

MAINTERNE, vg. de Fr., Eure-et-Loir, arr. de Dreux, cant. et poste de Brezolles; fabr. de draps, frocs et flanelle; 200 hab.

MAINVILLE, ham. de Fr., Loiret, com. de Bromeilles; 150 hab.

MAINVILLE, ham. de Fr., Moselle, com. de Mairy; 100 hab.

MAINVILLE, ham. de Fr., Seine-et-Oise, com. de Draveil; 350 hab.

MAINVILLERS, vg. de Fr., Moselle, arr. de Metz, cant. et poste de Faulquemont; 460 hab.

MAINVILLIERS, vg. de Fr., Eure-et-Loir, arr., cant. et poste de Chartres; 1050 hab.

MAINVILLIERS, vg. de Fr., Loiret, arr. de Pithiviers, cant. et poste de Malesherbes; 330 hab.

MAINXE, vg. de Fr., Charente, arr. de Cognac, cant. de Segonzac, poste de Jarnac; 620 hab.

MAINZAC, vg. de Fr., Charente, arr. d'Angoulême, cant. et poste de Montbron; 450 h.

MAIO. *Voyez* CAP-VERT (îles du).

MAIRE (le). *Voyez* LE-MAIRE.

MAIRE, vg. de Fr., Isère, arr. de Grenoble, cant. et poste de la Mure; 230 hab.

MAIRÉ (Deux-Sèvres). *Voyez* LAMAIRÉ.

MAIRÈGNE, vg. de Fr., Haute-Garonne, arr. de St.-Gaudens, cant. et poste de Bagnères-de-Luchon; 200 hab.

MAIRE-L'EVESCAULT, vg. de Fr., Deux-Sèvres, arr. de Melle, cant. et poste de Sauzé; 1210 hab.

MAIREY, ham. de Fr., Côte-d'Or, com. de Mont-St.-Jean; 160 hab.

MAIRIEUX, vg. de Fr., Nord, arr. d'Avesnes, cant. et poste de Maubeuge; 480 h.

MAIRY, vg. de Fr., Ardennes, arr. de Sédan, cant. et poste de Mouzon; 290 hab.

MAIRY, vg. de Fr., Moselle, arr. et poste de Briey, cant. d'Audun-le-Roman; 430 hab.

MAIRY-SUR-MARNE, vg. de Fr., Marne, arr. et poste de Châlons-sur-Marne, cant. d'Écury-sur-Coole; 350 hab.

MAISA, gros vg. de Hongrie, cer. en-deçà du Danube, Petite-Kumanie; 4000 hab.

MAISDON, vg. de Fr., Loire-Inférieure, arr. de Nantes, cant. et poste d'Aigrefeuille; 2040 hab.

MAISEY-SUR-OURCE, vg. de Fr., Côte-d'Or, arr., cant. et poste de Châtillon-sur-Seine; haut-fourneau à Maison-Dieu, dépendant de la commune; 240 hab.

MAISIÈRES, vg. de Fr., Doubs, arr. de Besançon, cant. et poste d'Ornans; 130 h.

MAISIÈRES. *Voy.* MAIZIÈRES.

MAISNIÈRES, vg. de Fr., Somme, arr. d'Abbeville, cant. de Gamaches, poste de Valines; 710 hab.

MAISNIL, vg. de Fr., Nord, arr. et poste de Lille, cant. d'Haubourdin; 670 hab.

MAISNIL, vg. de Fr., Pas-de-Calais, arr., cant. et poste de St.-Pol-sur-Ternoise; 290 h.

MAISNIL-LES-RUITZ, vg. de Fr., Pas-de-Calais, arr. et poste de Béthune, cant. de Houdain; 320 hab.

MAISON, vg. de Fr., Jura, arr. de St.-Claude, cant. et poste de Moirans; 280 hab.

MAISON (la), ham. de Fr., Côte-d'Or, com. de Bellenot-sur-Seine; 110 hab.

MAISON-BAUDE, ham. de Fr., Côte-d'Or, com. de St.-Didier; 170 hab.

MAISON-BLANCHE (la), ham. de Fr., Saône-et-Loire, com. de Romanèche; 210 h.

MAISON-BLANCHE (la) et **BARRIÈRE-DE-FONTAINEBLEAU** (la), ham. de Fr., Seine, com. de Gentilly, poste; fabr. de poterie de terre, de produits chimiques, toiles cirées, sucre indigène, etc.; 580 hab.

MAISON-BLANCHE (la), ham. de Fr., Seine-Inférieure, com. de St.-Laurent-de-Brévedent; 130 hab.

MAISONCELLE, vg. de Fr., Ardennes, arr. et poste de Sédan, cant. de Beaucourt; 150 hab.

MAISONCELLE, vg. de Fr., Pas-de-Calais, arr. de St.-Pol-sur-Ternoise, cant. du Parcq, poste de Hesdin; 270 hab.

MAISONCELLE, vg. de Fr., Seine-et-Marne, arr. et cant. de Coulommiers, poste de Crécy; 510 hab.

MAISONCELLE, ham. de Fr., Deux-Sèvres, com. d'Assais; 100 hab.

MAISONCELLES, vg. de Fr., Haute-

Marne, arr. de Chaumont-en-Bassigny, cant. et poste de Clefmont; 220 hab.

MAISONCELLES, vg. de Fr., Mayenne, arr. de Laval, cant. et poste de Meslay; 530 hab.

MAISONCELLES, vg. de Fr., Sarthe, arr. de St.-Calais, cant. et poste de Bouloire; 540 hab.

MAISONCELLES, vg. de Fr., Seine-et-Marne, arr. de Fontainebleau, cant. et poste de Château-Landon; 190 hab.

MAISONCELLES, vg. de Fr., Seine-et-Marne, arr. de Provins, cant. et poste de Villiers-St.-Georges; 160 hab.

MAISONCELLES, ham. de Fr., Seine-Inférieure, com. d'Avesnes; 100 hab.

MAISONCELLE-SAINT-PIERRE, vg. de Fr., Oise, arr. et poste de Beauvais, cant. de Nivillers; 290 hab.

MAISONCELLES-LA-JOURDAN, vg. de Fr., Calvados, arr., cant. et poste de Vire; fabr. de papier; 840 hab.

MAISONCELLES-PELLEVEY, vg. de Fr., Calvados, arr. de Caen, cant. et poste de Villers-Bocage; 430 hab.

MAISONCELLES-SUR-AJON, vg. de Fr., Calvados, arr. de Caen, cant. de Villers-Bocage, poste d'Évrecy; 250 hab.

MAISONCELLE-THUILERIE, vg. de Fr., Oise, arr. de Clermont, cant. de Froissy, poste de Breteuil; 500 hab.

MAISON-COMTE, ham. de Fr., Nièvre, com. de Corancy; 110 hab.

MAISON-DES-CHAMPS (la), vg. de Fr., Aube, arr. de Bar-sur-Aube, cant. et poste de Vendeuvre; 100 hab.

MAISON-DE-SEINE, Fr., Seine, com. de St.-Denis; fabr. de produits chimiques et manufactures de plomb laminé; 100 hab.

MAISON-DIEU, ham. de Fr., Côte-d'Or, com. de Losne; 410 hab.

MAISON-DIEU. *Voy*. MAISEY-SUR-OURCE.

MAISON-DIEU (la), ham. de Fr., Creuse, com de Boussac-Bourg; 220 hab.

MAISON-DIEU (la), vg. de Fr., Nièvre, arr. de Clamecy, cant. et poste de Tannay; 330 hab.

MAISON-DU-BOIS, ham. de Fr., Haute-Saône, com. d'Arc; 230 hab.

MAISON-DU-VAUX, ham. de Fr., Haute-Saône, com. de Chassy-les-Montbozon; 110 hab.

MAISONFEINE, vg. de Fr., Creuse, arr. de Guéret, cant. et poste de Dun-le-Palleteau; 590 hab.

MAISON-GAULON, ham. de Fr., Nièvre, com. de Germenay; 100 hab.

MAISON-MAUGIS, vg. de Fr., Orne, arr. de Mortagne-sur-Huine, cant. et poste de Remalard; 360 hab.

MAISON-MÉANE, ham. de Fr., Basses-Alpes, com. de Larche; 200 hab.

MAISONNAIS, vg. de Fr., Cher, arr. de St.-Amand-Mont-Rond, cant. du Châtelet, poste de Châteaumeillant; 720 hab.

MAISONNAIS, vg. de Fr., Haute-Vienne, arr. et poste de Rochechouart, cant. de St.-Mathieu; affinerie; 1580 hab.

MAISONNAY, vg. de Fr., Deux-Sèvres, arr., cant. et poste de Melle; 210 hab.

MAISONNETTES (les), vg. de Fr., Doubs, arr. de Baume-les-Dames, cant. de Pierre-Fontaine, poste de Morteau; 100 hab.

MAISONNETTES (les), ham. de Fr., Oise, com. de Vaumain; 200 hab.

MAISONNETTES (les), ham. de Fr., Hautes-Saône, com. d'Arc.

MAISON-NEUVE (la), ham. de Fr., Côte-d'Or, com. de Précy-sous-Thil, poste; 240 h.

MAISON-NEUVE (la), ham. de Fr., Gard, com. de Pouteils; 100 hab.

MAISONNISSES, vg. de Fr., Creuse, arr. de Guéret, cant. et poste d'Ahun; 580 hab.

MAISON-PONTHIEU, vg. de Fr., Somme, arr. d'Abbeville, cant. de Crécy, poste d'Auxy-le-Château; 710 hab.

MAISON-ROLLAND, vg. de Fr., Somme, arr. et poste d'Abbeville, cant. d'Ailly-le-Haut-Clocher; 350 hab.

MAISON-ROUGE (la), ham. de Fr., Seine-et-Marne, com. de Landoy; 150 hab.

MAISON-ROYAL-DE-SANTÉ, ham. de Fr., Seine, com. de Charenton-Ste.-Maurice; 660 hab.

MAISONS, ham. de Fr., Hautes-Alpes, com. d'Arvieux; 110 hab.

MAISONS, vg. de Fr., Aube, arr. de Bar-sur-Aube, cant. de Soulaines, poste de Ville-sur-Terre; 90 hab.

MAISONS (les), vg. de Fr., Aube, arr. de Bar-sur-Seine, cant. et poste de Chaource; 390 hab.

MAISONS, vg. de Fr., Aude, arr. de Carcassonne, cant. de Tuchan, poste de Davejean; 300 hab.

MAISONS, vg. de Fr., Calvados, arr. et poste de Bayeux, cant. de Trévières; 440 h.

MAISONS (les), ham. de Fr., Creuse, com. de Toulx-Ste.-Croix; 330 hab.

MAISONS, vg. de Fr., Eure-et-Loir, arr. de Chartres, cant. et poste d'Auneau; 330 h.

MAISONS (les Grandes-), ham. de Fr., Indre-et-Loire, com. de Chemillé-le-Blanc; 120 hab.

MAISONS-ALFORT, vg. de Fr., Seine, arr. de Sceaux, cant. de Charenton-le-Pont, poste; fabr. de tissus, mérinos, cachemirs, etc.; établissement d'exploitation rurale; 1270 hab.

MAISON-SAUSY, ham. de Fr., Haute-Vienne, com. de St.-Hilaire-la-Treille; 130 h.

MAISONS-DE-BAON (les), ham. de Fr., Vosges, com. de Belle-Fontaine; 150 hab.

MAISONS-DU-BOIS, vg. de Fr., Doubs, arr. et poste de Pontarlier, cant. de Montbenoît; 240 hab.

MAISONS-DU-BOIS (les), ham. de Fr., Nièvre, com. de Crux-la-Ville; fabr. de faulx; 259 hab.

MAISONS-EN-CHAMPAGNE, vg. de Fr., Marne, arr., cant. et poste de Vitry-le-Français; 360 hab.

MAISONS-ROUGES (les), ham. de Fr., Aube, com. de Chessy; 120 hab.

MAISONS-SUR-SEINE, vg. de Fr., Seine-et-Oise, arr. de Versailles, cant. et poste de St.-Germain-en-Laye; beau château bâti sur les dessins de Mansard; 1087 hab. Le joli village des Maisons-Laffite, fondé par Jacques Laffite, fait partie de cette commune.

MAISONTIERS, vg. de Fr., Deux-Sèvres, arr. de Parthenay, cant. de St.-Loup, poste d'Airvault; 200 hab.

MAISOUR. *Voyez* MYSORE.

MAISSE, b. de Fr., Seine-et-Oise, arr. d'Étampes, cant. de Milly, poste de Gironville; 890 hab.

MAISSEMY, vg. de Fr., Aisne, arr. et poste de St.-Quentin, cant. de Vermand; 530 hab.

MAISY, vg. de Fr., Calvados, arr. de Bayeux, cant. et poste d'Isigny; 520 hab.

MAITEA, île de l'archipel de Tahiti, dans la Polynésie ou Océanie orientale, à 18 milles E. de Tahiti, sous 17° 53' lat. S. et 150° 35' long. occ. Quiros, qui la découvrit en 1606, lui donna le nom de Dezena. Dans le dix-huitième siècle Wallis la visita et la nomma Osnabruck, et Bougainville l'appela le Boudoir ou Pic-de-la-Boudeuse. Elle est boisée et bien peuplée. Les côtes abondent en huîtres perlifères.

MAITSCHA, prov. du roy. de Gondar en Abyssinie, traversée par le Bahr-el-Azrek et au S.-O. du lac Dembéa; habitée en grande partie par des Gallas, qui ont embrassé la religion et la civilisation des Abyssins; pays plat et marécageux, mais bien cultivé; bêtes à cornes et chevaux en grand nombre.

MAITLAND, chef-lieu du comté de Northumberland, dans la Nouvelle-Galles-du-Sud (Australie); c'est une ville toute nouvelle, située sur le Hunter; elle renferme déjà une pop. de 1600 hab.

MAITLAND. *Voyez* PORT-MAITLAND.

MAIXANT (Saint-), ham. de Fr., Charente, com. d'Aigre; 160 hab.

MAIXANT (Saint-), vg. de Fr., Creuse, arr., cant. et poste d'Aubusson; 640 hab.

MAIXANT (Saint-), vg. de Fr., Gironde, arr. de la Réole, cant. et poste de St.-Macaire; 1100 hab.

MAIXANTE, pet. v. d'Espagne, roy. de Valence, gouv. de Montesa, sur le Guadamar; 3900 hab.

MAIXE, vg. de Fr., Meurthe, arr., cant. et poste de Lunéville; 450 hab.

MAIXENT (Saint-), pet. v. de Fr., Deux-Sèvres, arr. et à 5 l. E.-N.-E. de Niort, chef-lieu de canton et poste; elle est située sur la rive droite de la Sèvre-Niortaise, dans une campagne riante et très-fertile; mais elle est généralement mal bâtie. De fortes murailles l'entourent. On y remarque aussi un vieux château. St.-Maixent possède un collége communal, une chambre des manufactures et un dépôt royal d'étalons. Fabriques de draps, de soie, de serges; bonneterie en laine et grand commerce en grains, moutarde, chevaux, mulets, etc.; 4300 hab.

Cette petite ville, dont la fondation remonte à l'époque des Mérovingiens, doit son origine et son nom à un hermitage, habité au cinquième siècle par le pieux saint Maixent.

MAIXENT (Saint-), vg. de Fr., Sarthe, arr. de Mamers, cant. de Montmirail, poste de la Ferté-Bernard; 1050 hab.

MAIXENT-SUR-VIE (Saint-), vg. de Fr., Vendée, arr. des Sables, cant. et poste de St.-Gilles-sur-Vie; 310 hab.

MAIXME (Saint-), vg. de Fr., Eure-et-Loir, arr. de Dreux, cant. et poste de Château-neuf-en-Thymerais; 360 hab.

MAIZELLA, pet. v. du roy. de Tigré, en Abyssinie, prov. de Lasta, au N. de la source du Tacazzé.

MAIZERAY, vg. de Fr., Meuse, arr. de Verdun, cant. de Fresnes-en-Woëvre, poste de Manheulles; 140 hab.

MAIZERAY, ham. de Fr., Saône-et-Loire, com. de St.-Martin-du-Tartre; 210 hab.

MAIZEROY, vg. de Fr., Moselle, arr. de Metz, cant. de Pange, poste de Courcelles-Chaussy; 460 hab.

MAIZERY, ham. de Fr., Moselle, arr. et poste de Metz, cant. de Pange; 100 hab.

MAIZET, vg. de Fr., Calvados, arr. de Caen, cant. et poste d'Evrecy; 300 hab.

MAIZEY, vg. de Fr., Meuse, arr. de Commercy, cant. et poste de St.-Mihiel; 520 hab.

MAIZICOURT, vg. de Fr., Somme, arr. de Doullens, cant. et poste de Bernaville; 370 hab.

MAIZIÈRES, vg. de Fr., Aube, arr. de Bar-sur-Aube, cant. et poste de Brienne; 320 hab.

MAIZIÈRES, ham. de Fr., Aube, com. de Chessy; 210 hab.

MAIZIÈRES, vg. de Fr., Calvados, arr. de Falaise, cant. de Bretteville-sur-Laize, poste de Langannerie; 620 hab.

MAIZIÈRES, vg. de Fr., Haute-Marne, arr. de Vassy, cant. de Chevillon, poste de Joinville; 370 hab.

MAIZIÈRES, vg. de Fr., Meurthe, arr. de Château-Salins, cant. de Vic, poste de Bourdonnay; exploitation de plâtre; 1384 h.

MAIZIÈRES, vg. de Fr., Meurthe, arr. et cant. de Toul, poste de Pont-St.-Vincent; 620 hab.

MAIZIÈRES, vg. de Fr., Moselle, arr., cant. et poste de Metz; 850 hab.

MAIZIÈRES, vg. de Fr., Pas-de-Calais, arr. et poste de St.-Pol-sur-Ternoise, cant. d'Aubigny; 460 hab.

MAIZIERES, vg. de Fr., Haute-Saône, arr. de Vesoul, cant. et poste de Rioz; forges, martinet, fonderie; 480 hab.

MAIZIÈRES-LA-GRANDE-PAROISSE, vg. de Fr., Aube, arr. de Nogent-sur-Seine, cant. de Romilly-sur-Seine, poste des Granges; fabr. de toiles de coton et de sabots; commerce de bois; 1380 hab.

MAIZIÈRES-SUR-AMANCE, vg. de Fr., Haute-Marne, arr. de Langres, cant. de la Ferté-sur-Amance, poste du Fayl-Billot; 540 hab.

MAIZILLY, vg. de Fr., Loire, arr. de Roanne, cant. et poste de Charlieu; 450 h.

MAIZY-SUR-AISNE, vg. de Fr., Aisne, arr. de Laon, cant. de Neufchâtel, poste de Fismes; 390 hab.

MAJASTRES, vg. de Fr., Basses-Alpes, arr. et poste de Castellanne, cant. de Senez; 270 hab.

MAJEUR (le lac), *Verbanus Lacus*, lac d'Italie, dans le roy. de Sardaigne, l'Italie autrichienne et le cant. suisse du Tessin. Ce lac, situé dans la haute vallée du Tessin, à environ 700 pieds au-dessus du niveau de la mer, sépare la Suisse et la Lombardie des états sardes. Sa plus grande longueur du N.-E. au S.-O. est de 14 l., et sa largeur d'une demi-lieue. Il renferme les îles Borromées.

MAJORI, b. du roy. des Deux-Siciles, dans la Principauté citérieure; fabrication de papier; 3000 hab.

MAJORQUE, prov. d'Espagne avec titre de royaume; elle se compose d'un groupe de trois grandes et de plusieurs petites îles de la Méditerranée, distantes de 20 à 65 l. des côtes d'Espagne, et dont le gouvernement et la capitainerie-générale ont leur siége à Palma, dans l'île de Majorque. Cet archipel se divise en îles Baléares et îles Pythuses. Les Baléares comprennent l'île de Majorque avec la petite île de Cabréra à sa pointe méridionale, la petite île de Dragonera, sur la côte occidentale, et l'île de Minorque, située 8 l. au N.-E.; les Pythuses, 18 l. au S.-O. des Baléares se composent de l'île d'Ivice, avec celle de Formentera à son extrémité méridionale et plusieurs îlots, formés par des pointes de rochers et inhabités, situés entre ces deux îles; tels qu'Espalmador, Espuntel, Conejera, Tagomago, etc.; quelques-uns sont boisés et logent de nombreuses troupes de lapins. Souvent on donne à l'archipel entier le nom de Baléares. La superficie totale de toutes ces îles est de 290 l. c. et leur population de 248,600 hab.

Les habitants sont de taille moyenne, bien faits, sveltes et secs; ils ont les yeux noirs et ardents et le teint olive. Les femmes, sans être belles, plaisent par leurs formes régulières et leur vivacité; mariées dès l'âge de 13 à 14 ans, elles deviennent des mères fécondes, mais se fanent de bonne heure. Ces insulaires se rapprochent beaucoup des Catalans et par leur caractère et par leur langue: sur l'île de Minorque, celle-ci est mêlée d'expressions italiennes. Ils sont forts, agiles, courageux, probes et rudes; comme leurs voisins, ils sont aptes et à l'agriculture et à la marine; la galanterie, le chant et la danse sont leurs passions favorites; leur costume diffère en quelques points de celui des habitants du continent, renommés autrefois pour leur adresse avec la fronde, qui a fait nommer ces îles Baléares; ils sont devenus depuis d'excellents arquebusiers.

Le nom de Balléares dérive du grec *ballô*, je lance; les Pythuses doivent le leur aux forêts de pins qui les couvrent. Après avoir été possédées par les Grecs, les Carthaginois, les Romains, les Vandales, les Goths et les Arabes, le roi Jean Ier s'en empara de 1229 à 1254 et les réunit au roy. d'Arragon tout en leur laissant le titre de royaume et des priviléges dont ils ont joui jusqu'à nos jours.

MAJORQUE ou **MALLORCA**, la plus grande des îles Baléares, située à 45 l. des côtes d'Espagne, à 18 l. d'Ivice, à 8 l. de Minorque et à 56 l. des côtes d'Afrique. Sa superficie, avec les petites îles de Dragonera et de Cabrera, est de 63 milles c.; elle a la forme d'un rhombe, dont les quatre angles sont formés par les caps de Formentor au N., de Pera à l'E., de Salinas au S. et de Dragonera à l'O. Sa surface est généralement ondulée et couverte de forêts d'arbres fruitiers. Une chaîne de hautes montagnes la traverse du N.-E. au S.-O.; sa cime la plus élevée est le Puig-de-bon-Aïn, qui s'élance à 1680 mètres au-dessus du niveau de la mer. Sur la côte septentrionale, les caps Formentor et Pinar forment la baie de Pollenza, les caps Menarco et Faruch celle d'Alcudia; au S.-O., les caps de Cala Figuera et Blanco forment la baie de Palma. L'aspect de l'île est romantique. Dans les vallées le sol est humide et fertile; les côtes sont sablonneuses et souvent marécageuses. Le pays ne possède pas de rivières, mais il est arrosé par de nombreux ruisseaux. Vers la baie d'Alcudia s'étend le lac d'Albufera, alimenté par deux ruisseaux; il se dessèche en partie en été et cause alors, par ses exhalaisons, des maladies dans les environs. L'île possède quelques sources minérales. Le climat est doux et généralement sain, et les vents de mer tempèrent les grandes chaleurs de l'été; cependant la fièvre jaune a visité Majorque trois fois dans notre siècle. Le pays produit du sel, du vin, de l'huile, du safran, des légumes secs, du jardinage, des fruits; le blé ne suffit pas à la consommation, et les années humides font quelquefois manquer la récolte entière. L'éducation des bestiaux laisse à désirer; on a compté 2000 chevaux, 9000 ânes, 6000 bêtes à cornes; 61,500 brebis, 34,000 chèvres et 25,000 porcs: ces derniers atteignent jusqu'à 500 livres; la volaille et le menu gibier abondent; la pêche sur les côtes est productive, mais le poisson de qualité médiocre. On a rencontré des traces d'or, d'argent et de mercure; mais il n'y a point de mines ouvertes. On exploite de la houille, du marbre, du grès et des terres de poterie. L'industrie se réduit à la fabrication de gros draps, de toiles, de chapeaux vernis, de poterie et d'ébénisterie. Le commerce de cabotage, dont l'entrepôt principal est à Palma, est assez actif; on exporte des huiles, des vins, des capres, des fruits, de la sparterie, des porcs, des moutons, des ânes, de la poterie, de l'ébénisterie, des draps, des chapeaux vernis; l'île reçoit des denrées coloniales, du fer, de la quincaillerie et des objets de luxe. Ce commerce balance en faveur de Majorque. La population, de 141,000 hab., est répartie dans une ville, Palma, qui est la capitale, 34 bourgs et 26 villages.

MAJYRE, pet. v. dans la partie méridionale de la rég. d'Alger, à 3 l. O. du lac Melgig.

MAKADOUGOU, pet. v. du pays de Cagnaga, en Sénégambie, et résidence du prince ou tonka de Makana, chef de la prov. du Kamera.

MAKALLA, v. de l'Arabie, dans l'Hadramant, à cinq journées de marche de Mokka, où se rendent de nombreuses caravanes; Makalla est la résidence d'un petit sultan, possède un bon port et fait un commerce considérable.

MAKANA, b. du pays de Cagnaga, en Sénégambie, bâti près de l'emplacement du fort français de St.-Joseph; c'est un établissement assez important; en 1815 on y a construit un comptoir, auquel on a donné le nom de St.-Charles. Il fait partie de l'arr. de St.-Louis.

MAKARIEW, cer. de la Russie d'Europe, gouv. de Niczegorod; borné au N. par Kostroma, à l'E. par Wasil, au S. par Kivagium, à l'O. par Niczegorod et Semenow. Sa pop. s'élève à 80,000 âmes; il est traversé par la Kirsmez et par la Wéluja; il possède beaucoup de forêts de chênes et de tilleuls; agriculture; filat. en lin; tissage.

MAKARIEW, cer. de la Russie d'Europe, gouv. de Kostroma; borné au N. par Trologriew, à l'E. par Weltuga, au S. par Warnawin, au S.-O. par Turgewecz, à l'O. par Kimeczna. Il est situé au milieu du pays, traversé par l'Unsha, dont les bords contiennent du vitriol et du soufre; son terrain est froid et humide; le chanvre et le lin y réussissent bien; on y élève beaucoup de chevaux.

MAKARIEW, pet. v. de la Russie d'Europe, gouv. de Kostroma, siége des autorités du cercle, sur l'Unsha. Plusieurs tanneries, des fabr. de vitriol et un commerce assez considérable; 2340 hab.

MAKARIEW, pet. v. de la Russie d'Europe, gouv. de Niczegorod; siége des autorités du cercle, sur la Wolga, à l'embouchure de la Kirsenez; possède un couvent immense, ceint d'un mur; il renferme 5 églises en pierre; la ville elle-même est très-pauvre; 1200 hab.

MAKARSKA, cer. de Dalmatie; superficid 40 l. c. géogr.; 40,000 hab. Son chef-lieu porte le même nom et est situé sur le canal de Brazza.

MAKAYE ou **MANGAÏ**, **MARKZAY**, pet. v. de l'état Ghiolof de Cayor, en Sénégambie, où le roi ou damel a souvent sa résidence.

MAKINAK. *Voyez* MICHILLIMAKINAK.

MAKKUM, vg. du roy. de Hollande, prov. de Frise, dist. de Sneck; raffinerie de sel; navigation; 2000 hab.

MAKNOWKA, pet. v. de la Russie d'Europe, gouv. de Kijew; siége des autorités du cercle, sur le Guilopiat; 2 églises grecques et une catholique; plusieurs tanneries; 2516 hab.

MAKNOWKA, cer. de la Russie d'Europe, gouv. de Kijew; borné au N.-O. par la Volhynie, au N.-E. et à l'E. par Skwica, au S. par Lipowez, à l'O. par Podolsk; arrosé par le Rastawiew, par la Guilopiat et le Duna; les deux dernières y prennent leurs sources; son territoire est fertile.

MAKO, v. de Hongrie, cer. au-delà de la Theiss, chef-lieu du comitat et de l'évêché de Csanad; 7000 hab.

MAKOKO ou **SALA**, roy. peu connu dans l'intérieur de la Basse-Guinée, sur le Haut-Zaïre. Son roi est connu sous le nom de Micoco-Sala (roi de Sala), dénomination qui a donné lieu à beaucoup d'erreurs géographiques. En combinant ce que les anciens voyageurs ont dit sur le roy. d'Ansico et sur le titre de Makoko qu'ils lui donnent avec les renseignements que nous devons au voyage de M. Douville, il semble qu'on ne saurait révoquer en doute l'idendité de ce royaume avec celui d'Ansico. Il est une des puissances prépondérantes de cette partie de l'Afrique; plusieurs princes, dont les territoires s'étendent considérablement vers le N. et vers l'E., lui payent un tribut ou en sont vassaux. Ses habitants paraissent avoir beaucoup perdu de la férocité dont les accusaient les anciennes relations. Missel, capitale.

MAKOMB, comté du territoire de Michigan, États-Unis de l'Amérique du Nord; ce comté est borné par le lac Huron, le détroit de St.-Clair, le comté de Wayne et des districts incultes et inhabités. Son sol, très-fertile et bien arrosé, se défriche de plus en plus; 4000 hab. Mount-Clémens, sur le Huron, est le chef-lieu du comté.

MAKORESCHTI, gros vg. de la Turquie d'Europe, Basse-Moldavie, situé sur le Pruth.

MAKOULA ou **PINDEE-MAKOULEE**, v. du roy. de Lahore, prov. du même nom, chef-lieu du pays des Gakers ou Guckers; est bâtie en amphithéâtre au pied de la chaîne septentrionale qui traverse le pays; elle est peuplée et commerçante; une route, construite par les grands-mogols, traverse les montagnes.

MAKRAN. *Voyez* MEKRAN.

MAKRI ou **MEGRI**, b. de la Turquie d'Europe, eyalet de Dschesaïr, sandschak de Galipoli, sur la mer de Marmara. Ses habitants s'occupent de la pêche.

MAKWANPOUR ou **MUCKWANPOOR**, dist. du roy. de Népal; borné à l'E. par la vallée de Népal, à l'O. par le district des 24 radjahs; c'est un pays malsain, mais riche en coton, tabac, bois de construction; on y trouve beaucoup d'éléphants. Ses habitants appartiennent presque tous aux tribus des Tharu et des Daniwar. Son chef-lieu est Makwanpour.

MAKWANPOUR, chef-lieu du district du même nom, dans le roy. de Népal; est situé sur une colline et arrosé par le Kurrah. C'est une ville très-forte, qui fut jadis la capitale d'un des plus puissants états de la contrée.

MALA (Punta), promontoire à l'entrée O. du golfe de Panama, au S. du dép. de l'Isthme, rép. de la Nouvelle-Grenade.

MALABA ou **SABOUSIRA**, **SAVUSIRIE**, pet. v. de l'état Peul de Casson, en Sénégambie.

MALABAR ou **SANDY-POINT** (cap), l'extrémité S. de la presqu'île du cap Cod, côte S.-E. de l'état de Massachusetts, États-Unis de l'Amérique du Nord, sous 11° 35′ lat. N.; en face de ce cap s'étend le dangereux banc de St.-George.

MALABAR ou **MALAVEYAR**, le *Belad-el-Folfol* ou pays de Poivre des Arabes, le *Malayalam* (pays montueux) des indigènes, prov. de l'Inde; s'étend, en y comprenant Cochin, entre 72° 39′ et 74° 27′ long. orient., et entre 9° 45′ et 12° 30′ lat. N.; ses limites sont : au N. le Kanara, à l'E. Mysore et Coïmbatour, le Travancore au S. et le golfe d'Oman à l'O. Le sommet élevé du cap Comorin sépare d'une manière imposante la côte de Malabar de celle de Coromandel. Sa superficie est de 337 l. c. géogr. Le Malabar est un pays de côtes, étroit, resserré entre la mer et les Gâtes occidentales; on y distingue deux parties : la plage proprement dite, dont la largeur moyenne ne dépasse pas un demi-myriamètre, et la terrasse, qui comprend les avant-monts des Gâtes, collines escarpées dont le plateau seul est couvert de terre végétale et se prête à la culture. La plage a un sol sablonneux, mais produit du riz sur les bords des cours d'eau; les dunes sont couvertes de magnifiques plantations de cocotiers. Les rivières qui arrosent le Malabar n'ont qu'un cours borné; les principales d'entre elles sont : le Ponany, le Caremboye et le Kolkaot. Le climat est excessivement chaud, et les saisons présentent, avec celles de la côte opposée du Dekkan, un singulier contraste; les Gâtes arrêtent les nuages, et lorsque les pluies inondent le Carnatic ou la côte de Coromandel, la sécheresse règne au Malabar; le contraire a lieu lorsque les moussons apportent la pluie à cette province. Les principales productions, dans la plaine, consistent, comme nous l'avons dit plus haut, en riz et en cocotiers; les collines sont plantées en poivre et en cardamones, et sur les gradins des Gâtes croissent des forêts de bois de teck et de bois de sandal. L'industrie de la province est peu importante, mais son commerce est florissant et favorisé par un grand nombre de ports. Les habitants, dont le nombre est de 900,000 à un million, sont en majeure partie Hindous d'origine, mais différents des autres peuples de l'Indoustan par leur langue et leur caractère. Les Malabars sont navigateurs, commerçants, corsaires, guerriers courageux et audacieux; ils se divisent en plusieurs castes, dont la plus importante est celle des Naires ou guerriers et dont les femmes peuvent avoir plusieurs maris; il existe encore au Malabar un grand nombre de juifs blancs et noirs; les juifs blancs paraissent y être venus au huitième siècle de notre ère; quant aux juifs noirs, ce sont des Hindous convertis au judaïsme. Enfin on y trouve des chrétiens de saint Thomas ou Nestoriens, venus au Malabar au cinquième siècle; des catholiques, la plupart descendants ou prosélytes des Portugais, et des Moplays ou Mapulets, peuple mixte, descendant des Arabes qui, dans le huitième siècle, furent attirés par le commerce sur la côte du Dekkan.

Le Malabar est le premier pays découvert par les Européens dans l'Inde; Vasco di Gama aborda à Kalicut, en 1498; dans le dernier siècle Hyder-Ali et Tippoo-Saheb y dominèrent pendant quelque temps; aujourd'hui ce pays est soumis aux Anglais et forme le district du même nom, où se trouvent les villes de Kalicut, Cotchin, Kranganore, Malatcherry, Kolangkada, Ponany, Baypour, Merkara, Kaunore, Tellichery; la colonie française de Mahé est située sur le territoire du Malabar

MALABAR-POINT, cap de l'îlot de Bombay, où se trouve une excavation révérée des Hindous. Au pied du cap est un village, habité par des brahmanes, et un temple consacré à la déesse Lakhsmi, qui attire de nombreux pèlerins.

MALABAS, peuplade indienne indépendante dans la rép. de l'Écuador, dép. d'Assuay; ils vivent cachés dans les forêts qui avoisinent le Rio-San-Miguel, affluent du Rio-Cayapas; ils sont forts de 200 familles et sont soumis à des caziques. Chez leurs voisins ils sont décriés comme féroces et terribles; Stevenson, au contraire, qui a vécu quelques temps avec eux, leur accorde un caractère très-doux et des mœurs fort simples.

MALABAT, vg. de Fr., Gers, arr. de Mirande, cant. et poste de Miélan; 310 hab.

MALACCA ou **MALAKKA** (péninsule de), *Chersonesus Aurea*, est la grande presqu'île de l'Inde transgangétique, située entre 100° 40′ et 103° 20′ long. E., et entre 1° 15′ et 10° 35′ lat. N. Le Kraw, isthme considérable, la lie au continent et forme sa limite au N. du côté de l'emp. Birman et du roy. de Siam. Les autres limites sont : le golfe de Siam, la mer de Chine, le détroit de Singhapour, le détroit de Malacca et le golfe du Bengale. Sa superficie est estimée approximativement à 3000 l. c. géogr. Sur toute sa longueur la péninsule de Malacca est traversée par une chaîne de montagnes granitiques, élevée de plus de 2500 mètres et couverte de forêts vierges, dont l'exploitation fournira plus tard d'importantes ressources à l'Angleterre, qui s'étend sur ces rivages. Un grand nombre de ruisseaux et de torrents, tels que le Pérah, le Lingou, le Parlis, le Quéda, la Praya sur la côte occidentale, la Tséna, le Tringani, le Pokaugo et le Pahang sur la côte orientale, y prennent leurs sources, mais se précipitent dans les mers voisines, après un cours très-borné. Au S.-E. nous remarquerons le cap Romania, qui se projette sur le détroit de Singhapour, et plus à l'E. encore le cap Tamdjong-Bourou, regardé aujourd'hui comme la pointe la plus méridionale du continent asiatique. Le climat est chaud, mais la température est délicieuse; les vents de mer et des pluies fines rafraîchissent l'air, embaumé par le parfum d'une végétation magnifique. Néanmoins les exhalaisons marécageuses de la plage et l'air condensé des forêts deviennent souvent nuisibles aux Européens. Toutes les productions de l'Inde y réussissent parfaitement; on vante surtout ses beaux fruits des tropiques; mais l'agriculture est très-négligée et l'insouciant habitant préfère demander sa nourriture à la mer. Cependant on y trouve plusieurs arbres à épices; le poivre, la cardamone, la canne à sucre y croissent naturellement, et l'on pourrait y acclimater facilement l'indigo, le tabac et le coton. L'arbre de teck, le bois de sandal et d'ébène et d'autres bois précieux s'y trouvent en quantité énorme; les rivières roulent de l'or et le meilleur étain vient du Malacca. L'industrie des habitants est presque nulle; le commerce a plus d'importance: autrefois il était entre les mains des Hollandais; mais, depuis l'établissement des Anglais dans l'île du Prince-de-Galles, il a passé presque tout entier entre les mains de ces derniers; les habitants de Malacca leur apportent leur étain, leur poivre, leurs dents d'éléphants et leurs autres denrées, et tirent d'eux des armes, de l'opium, du riz, des étoffes de coton, etc. Les habitants, dont le nombre n'est pas considérable et ne dépasse pas un demi-million, appartiennent à la famille malaie; ils ne sont pas originaires du pays, mais bien de la Malaisie, d'où ils sont venus s'y établir. Outre ces Malais, on y trouve des Chinois, des Hindous, des Portugais, des Anglais et des Hollandais; enfin dans les montagnes sont plusieurs tribus sauvages, dont les plus connues sont les Samang, dans le roy. de Kedah ou Quéda; les Diakong et les Benoua, dans les territoires de Malacca, de Roumbo et de Djohore. Jusqu'au dix-neuvième siècle la péninsule obéissait presque toute entière au roi de Siam; mais, depuis le commencement de ce siècle, elle s'est en grande partie affranchie de ce vasselage, et il ne reste aujourd'hui dans la presqu'île, comme tributaires du roi de Siam, que les petits roy. de Bondelon, de Ligor, de Patani, de Kalantan, de Tringanon et de Kedah, avec les capitales du même nom, ainsi que l'île de Djankseylon. Les royaumes qu'on peut regarder comme indépendants sont ceux de Perak, chef-lieu Kalang; de Salengou, chef-lieu Kolang ou Kalong; de Djohore, de Pahang et de Roumbo, avec les chefs-lieux de leur nom. Enfin les Anglais y possèdent la prov. de Malacca, territoire peu étendu sur la côte occidentale et qui appartenait autrefois aux Hollandais, avec la ville de Malacca, et les îles de Poulo-Pinang (Prince-de-Galles) et de Singhapoure. Cette province, ainsi que les deux îles que nous venons de nommer, relèvent depuis 1830 de la présidence de Calcutta.

MALACCA, prov. anglaise sur la côte occidentale de la péninsule de ce nom; est bornée au N. par l'état de Salengou, à l'E. par celui de Pahang, au S.-E. par Djohore et au S.-O. par le détroit de Malacca. Son étendue est fort petite et son importance commerciale presque anéantie par l'établissement des Anglais à Poulo-Pinang et à Singhapoure. Son chef-lieu est Malacca.

MALACCA ou **MALAKKA**, chef-lieu de la prov. anglaise de même nom; est situé à l'extrémité de la presqu'île et sur le détroit de Malacca. Il fut fondé en 1252 par un prince de Singhapoure, pris par les Portugais en 1508 et conquis sur eux par les Hollandais en 1641, qui l'ont cédé récemment aux Anglais. Située à l'embouchure d'une petite rivière, cette ville n'a pas de port, mais une assez grande rade. Pendant longtemps elle était importante par sa position militaire qui commande le détroit et par son activité commerciale; presque tous les bâtiments qui de l'Inde allaient en Chine ou dans la mer Pacifique y relâchaient, et l'on y rencontrait un bon nombre de jonques japonaises, qui y cherchaient les denrées européennes. Mais par la concentration du commerce hollandais à Batavia et l'établissement des Anglais dans ces parages, elle a beaucoup perdu; néanmoins elle se relève maintenant. La ville est divisée en trois quartiers : l'emplacement de l'ancien fort hollandais qui a été rasé; la ville proprement dite, siége d'un évêque portugais, dépendant de l'archevêque de Goa, et la ville chinoise, située sur le bord opposé de la rivière. Les habitants, au nombre de 5000, sont Malais, Chinois, Hindous, Portugais, Hollandais et Anglais. Il y existe un collége anglo-chinois qui possède une bibliothèque curieuse et une imprimerie.

MALACCA (détroit de), gr. détroit de la mer des Indes qui sépare la côte occidentale de la presqu'île de Malacca de l'île de Sumatra. Il s'étend entre 1° 5′ et 5° 45′ lat. N. et a 212 l. de longueur sur 70 dans sa plus grande largeur. Le canal de Singhapoure, où passent les vaisseaux qui se rendent dans la mer de Chine, peut être regardé comme une de ses dépendances. Il est parsemé d'un grand nombre d'îlots et de rochers; l'île du Prince-de-Galles (Poulo-Pinang) en est le point le plus important. A son entrée se trouve l'écueil de Pédra-Branca, qui a déjà été fatal à un grand nombre de navires.

MALACHÈRE (la), vg. de Fr., Haute-Saône, arr. de Vesoul, cant. et poste de Rioz; 280 hab.

MALACOTTA, pet. v. de l'état Manding de Bambouk, en Sénégambie, dist. de Konkadou, près d'un affluent du Sénégal, à 17 l. E. de Satadou; forges; savonneries.

MALADERIE (la), ham. de Fr., Seine-et-Oise, com. de Beynes; 140 hab.

MALADIÈRE (la), ham. de Fr., Haute-Marne, com. de Langres; 130 hab.

MALADRERIE (la), ham. de Fr., Calvados, com. de Caen; fabr. de sucre indigène; 1050 hab.

MALADRIE (la), ham. de Fr., Nièvre, com. de Lormes; 150 hab.

MALADURIE, ham. de Fr., Indre-et-Loire, com. de Limeray; 120 hab.

MALAFRETAZ, vg. de Fr., Ain, arr. et poste de Bourg-en-Bresse, cant. de Montrevel; scierie hydraulique; 490 hab.

MALAGA, *Malaca*, v. d'Espagne, roy. et à 24 l. S.-O. de Grenade; siége d'un évêché et du capitaine-général de Grenade. Elle est située à l'embouchure de la Guadalmedina, au pied du mont Gibralfaro, couronné par un château mauresque. Du côté de la mer, la ville est ceinte d'une double muraille avec 9 portes; 3 faubourgs l'entourent. L'intérieur est obscur et antique; on y voit cependant deux assez belles places; celle de la maison de ville et celle de la merred qui sert de promenade. Malaga renferme une cathédrale, 6 églises paroissiales, 25 couvents et 6 hôpitaux. Elle possède un collége, une école nautique; des manufactures de soieries, de cotonnades, de maroquin, de chapeaux, de rubans, une de glaces; des savonneries. Mais ses principales richesses sont le commerce de fruits et de vins. Son port sûr et spacieux, protégé par un môle qui s'étend près d'une lieue en mer, peut recevoir dix vaisseaux de ligne et 400 embarcations de cabotage; aussi est-il l'entrepôt de commerce de toute la Grenade. L'exportation de vins, de fruits du Sud et d'huiles, est immense; on a estimé sa valeur à près de 7 millions de francs. Les environs sont des plus fertiles et produisent ce vin renommé qui a reçu le nom de Malaga; le climat y est extrêmement doux; cependant la ville a été soumise plusieurs fois au fléau de la fièvre jaune, qui y dévora, encore en 1804, dans l'espace de huit mois, 22,000 personnes; 60,000 hab.

MALAGUETA ou **MALAGETTE**, baie et bon port sur la côte N. de l'île de Cuba.

MALAGUETTE (côte de). *Voyez* POIVRE (côte de).

MALAHIDE, b. d'Irlande, dans le comté et sur la baie de Dublin; manufacture de coton.

MALAIN, vg. de Fr., Côte-d'Or, arr. de Dijon, cant. et poste de Sombernon; 680 h.

MALAINCOURT-LA-GRANDE, vg. de Fr., Haute-Marne, arr. de Chaumont-en-Bassigny, cant. et poste de Bourmont; 220 h.

MALAINCOURT-LA-PETITE, vg. de Fr., Vosges, arr. de Neufchâteau, cant. et poste de Bulgnéville; 340 hab.

MALAIRAIDE, ham. de Fr., Aude, com. de Belvis; 210 hab.

MALAIS. La race des Malais est répandue dans la presqu'île de Malacca, dans la Malaisie et dans les différentes îles de l'Océanie. Son origine est douteuse et a donné lieu à diverses hypothèses. Marsden et Crawford la regarde comme établie primitivement dans la Malaisie où elle forme et développe une civilisation qui n'a aucun rapport avec celle des nations de l'ancien et du nouveau monde, civilisation qui a reçu plus tard d'importantes modifications par des émigrations de Hindous, d'Arabes, de Chinois. D'autres prétendent, et avec plus de raison à notre avis, que la population autocatone des contrées aujourd'hui habitées par des Malais est la race abrutie de Harafores qu'on ne rencontre plus que dans l'intérieur des îles et des forêts et qui est caractérisée par la similitude de ses croyances et de ses usages avec ceux des Polynésiens, tandis que les Malais de Java, de Sumatra, de Bali, etc., sont les restes de la race guerrière des Palis, chassés de l'Inde à une époque très-reculée par suite de guerres religieuses, dont les grandes épopées des Hindous nous ont conservé le souvenir. Quoiqu'il en soit, les Malais sont une des familles ethnographiques les plus répandues. Ils occupent aujourd'hui le ci-devant emp. de Menangkabou, les roy. de Siak, de Palembaug, etc., dans l'île de Sumatra, les îles de Lingen et de Bintang, les roy. de Pontianak, de Sambao, de Bornéo et de Banjermassing, en un mot presque toutes les côtes de l'île de Bornéo et presque toutes les îles des archipels des Moluques et de Sumbava-Timor. Les Malais ont généralement la taille haute et le corps bien conformé; la couleur de leur peau est brune, mais elle varie dans les différentes îles depuis le blanc jusqu'au noirâtre; leur tête est proportionnellement moins forte que celle des Européens; ils ont le nez court, gros et quelquefois épaté, leur bouche et leur narines sont très-larges même chez les femmes. Leur caractère offre un singulier mélange de bonnes et de mauvaises qualités. Ils ont de l'intelligence et de l'adresse, l'humeur aimable et gaie, un courage intrépide et un esprit entreprenant. Leurs passions sont ardentes, leur ivresse et leur colère terribles. Ils sont fidèles à l'amitié, reconnaissants, hospitaliers et supportent mal la dépendance. Tantôt ils vivent dans l'oisiveté, les plaisirs et les débordements, tantôt l'inquiétude et la turbulence de leur caractère les entraînent dans les expéditions lointaines; ils aiment par-dessus tout les combats, vivent en guerre continuelle avec leurs voisins et ne se font aucun scrupule de surprendre en traîtres leurs ennemis; le commerce et la piraterie sont leurs occupations favorites. Les Malais professent deux religions : les uns ont passé à l'islamisme, les autres (principalement ceux de Bali) ont gardé toute l'organisation brahmanique avec ses quatre castes, en conservant toutefois une partie des mœurs des autochtones du pays. Les magnifiques temples en style indien qui se trouvent dans l'île de Java, relatifs aux divers cultes de Brahmah, de Siva et de Bouddha appartiennent à ces derniers. Quelle que soit la distance qui les sépare, les Malais ont la même langue légèrement modifiée dans les différentes îles; mais, chose singulière, ils ont plusieurs alphabets qui n'ont aucune analogie les uns avec les autres; ainsi les Battas, les Redjaugs et les Lampongs qui vivent tous trois dans la même île (Sumatra) et parlent une même langue légèrement modifiée, se servent de caractères tout différents. La langue malaie est douce et harmonieuse; sa littérature est très-riche.

Un des compagnons de Magellan, Odoardo Barbosa, fut le premier Européen qui visita les îles de la Malaisie; c'était en 1519. Les Portugais et plus tard les Hollandais et les Espagnols y fondèrent de nombreux établissements, mais la jalousie commerciale les empêcha jusqu'en ces derniers temps de nous faire connaître les contrées dont ils tiraient de grands bénéfices. Lorsqu'au commencement de ce siècle les Anglais furent pendant quelques années les maîtres des établissements hollandais, ils publièrent les premières cartes et les premières relations certaines sur ces pays que les navigateurs et les voyageurs prennent aujourd'hui à tâche de nous faire connaître.

Il nous reste à faire connaître les différents groupes de la Malaisie; nous les donnons tels qu'ils ont été modifiés et nommés par M. Balbi.

1° *Groupe de Sumatra;* il comprend la grande île de ce nom et les îles qu'on peut regarder comme ses dépendances géographiques et dont les principales sont: Engano, Poggi, Porah, Si-Birou, Batu, Nias et Baniak sur la côte occidentale, et Rupat, Pandjour, Lingan, Bintang, Tanjong-Pinang, Banca, Billiton sur la côte orientale.

A égale distance de Sumatra et de Java est situé le petit groupe des îles de Keeling (îles de Corail).

2° *Groupe de Java;* il comprend l'île de ce nom, les îles de Madura, Bali ou Petite-Java, Lombock, et l'île du Prince et autres plus petites dans le détroit de la Sonde.

3° *Groupe de Sumbava-Timor;* il comprend Sumbava, Maugaray, Flores, Solor, Sabrao, Lomblem, Panter et Ombay, Timor (la plus grande du groupe), Simao, Rotté, Dao, Savon et Sumba. On appelait autrefois ces îles, parmi lesquelles on comprenait Madura, Bali, Lombock, etc., petites îles de la Sonde, en réservant le nom de grandes îles de la Sonde à Sumatra, Java, Bornéo et Célèbes.

4° *Archipel des Moluques,* subdivisé en plusieurs groupes:

Groupe d'Amboine, qui comprend les onze îles de: Amboine, Céram, Bourou, Harouko, Manipa, Saparoua, Nussa-Laut, Goram, Amblu, Kilan, Bonaa.

Groupe de Banda, divisé en plusieurs sous-groupes, savoir : les îles de Banda proprement dites ou Banda, Lomthoir, Poulou-Aij, Gounong-Api, etc.; la chaîne du Sud-Ouest, dont les principales sont: Letti, Moa, Lackar, Sermatta, Kissir, Wetter; la chaîne du Sud-Est, dont les principales sont: Grande-Key, Laarat, Timorlaut; enfin le groupe d'Arrou, que M. Balbi regarde comme faisant partie de l'Océanie centrale; ses principales îles sont: Traman ou Terange, Waham, Kabosoat, Maykar, etc.

Groupe des Moluques proprement dites ou Ternates, il comprend la grande île de Gilolo et les îles moins considérables, mais importantes de Ternate, Tidor, Motir, Matchan, Batchian, Morty ou Moriatoy, Oby, Dammer, Mysol, Popo, Salibado, Mengis, etc.

5° *Groupe de Célèbes;* il comprend, outre la grande île de ce nom, les îles de Sangir, Siao, Banca, les sous-groupes de Xoullou, de Bouton et de Salayer ou Calaur.

6° *Groupe de Bornéo,* dont les principales îles sont: après Bornéo, la Grande-Natuna, les Anambas, Carimata à l'O.; Grand-Solombo et Poulo-Laut au S.; Maratouba à l'E.; les îles Cagayan et Balambangen au N.

7° *Archipel des Philippines,* qui se divise en plusieurs groupes, savoir :

Archipel des Philippines proprement dites ou archipel de St.-Lazare; ses principales îles sont: Manille ou Luçon, Samar, Leyte, Zebu, Bohol, Négros, Panay, les Calamianes (Buswagan, Calamiana, Linapacan), l'île de Mindoro et les îles situées dans l'intérieur de l'archipel, Masbate, Ticao, Burias, Sibuyan, Rondion, Tablas, Marinduque; toutes ces îles, à l'exception de Manille, sont appelées aussi Bissayos, du nom de leurs habitants indigènes.

Au N. de Manille sont situés les deux petits groupes des Babuyanes (principales îles: Calayan, Babuxan et Caminguin) et de Baschi (principales îles: Grafton, Bayat, Batan et Baschi ou Bachi).

L'île de Mindanao ou Magindanao.

L'archipel de Soulou, divisé dans les trois groupes de Soulou (principales îles: Soulou et Pangutaran), de Taouitaoui ou Tawitawi et de Bassilan.

Enfin la grande île de Paragoa ou Palaouan, qui ferme à l'O. la mer de Mindoro.

MALAIS (îles des). *Voyez* MALDIVES.

MALAISE (la), ham. de Fr., Haute-Vienne, com. de St.-Brice; 100 hab.

MALAISIE, connue aussi sous le nom de GRAND-ARCHIPEL-ASIATIQUE et d'ARCHIPEL-INDIEN, est regardée par quelques géographes comme la partie occidentale de l'Océanie; nous avons préféré, en suivant l'usage commun, ranger les îles qui la composent parmi les dépendances de l'Asie.

La Malaisie est située entre 93° et 131° 30' long. orient. et entre 12° 30' lat. S. et 21° lat. N. Sa superficie est d'environ 100,000 l. c. et sa population de 21 millions d'habitants. Au S. elle est baignée par l'Océan Indien, à l'O., au N. et à l'E. les flots du Grand-Océan, qui forme de nombreuses mers intérieures, battent les rivages de ses îles. Les principales de ces mers et des enfoncements qu'elles forment sur les côtes sont : la mer de Chine, qui baigne à l'O. les côtes de Baschi, Manille, Palaouan, Bornéo, Billiton, Banca et Sumatra; la mer de Java, comprise entre Java, Sumatra, Banca, Billiton et Bornéo; la mer de la Sonde, bornée par la partie orientale de Java, les îles Bali, Lombock, Sumbava, Mangaray, Flores, le groupe de Calaur, Célèbes et Bornéo; la mer de Célèbes, qui comprend la partie de l'Océan, située entre la côte septentrionale de Célèbes, la côte orientale de Bornéo, l'archipel de Soulou et l'île de Mindanao; la mer de Mindoro ou des Philippines, entre l'extrémité N.-E. de Bornéo, l'archipel de Soulou, les Philippines et les îles Mindanao et Palaouan; la mer de Banda, l'espace compris entre Bourou et Céram au N., la côte N.-E. de Timor et la côte septentrionale de Timorlant au S. Parmi les golfes nous ne nommerons que les trois golfes dits baies de Boni, de Tolo et de Tomini, qui donnent une configuration si singulière à l'île de Célèbes; les golfes de Chiaou, d'Ossa et de Wisa, qui donnent une configuration à peu près semblable à l'île de Gilolo, et la baie d'Illana dans l'île de Mindanao. Les détroits qui séparent les îles nombreuses de la Malaisie sont en plus grand nombre que dans aucune autre partie du monde; les trois routes que prennent les vaisseaux venus d'Europe pour pénétrer dans l'intérieur de cet immense archipel sont le détroit de Malacca, entre la presqu'île du même nom et l'île de Sumatra; le détroit de la Sonde, entre Sumatra et Java, et le détroit de Bali, entre Java et Bali; le second est le plus fréquenté, mais tous trois ont des écueils et des courants dangereux aux navigateurs; les autres principaux détroits de la Malaisie sont : le détroit de Singhapoure, entre l'île du même nom et Bintang; le détroit de Banca, entre Sumatra et Banca; celui de Gaspar, entre Banca et un îlot près de Billiton; le passage de Carimata, entre Billiton et Carimata, près de Bornéo (ces trois derniers forment la communication entre la mer de Chine et la mer de Java); le détroit de Lombock, entre Bali et Lombock; celui d'Allas, entre Lombock et Sumbava; le détroit de Sapi ou Kombo, entre Sumbava et Kombo ou Mangaray; le détroit de Mangaray, entre cette île et Flores; le détroit de Timor, entre Ombaï et Timor; le détroit de San-Bernandino, entre Manille et Samar, dans les Philippines; le détroit de Gilolo, entre cette île et Waigiou; le détroit de Macassar, entre Bornéo et Célèbes; le détroit des Moluques, entre Célèbes et Ternate, etc. La pointe du Diamant, au N. de Sumatra; les caps Java et St.-Nicolas, dans Java; les caps Dato et Kenneungau, le premier sur la côte occidentale, le second sur la côte orientale de Bornéo; le cap Engano, au N.-E. de Manille; le cap Talabo, dans Célèbes, sont les principaux caps de la Malaisie. Les quatre presqu'îles de Célèbes et les quatre de Gilolo, sont les péninsules les plus remarquables qu'offrent les îles de ce grand archipel. Nous n'entrerons ici dans aucun détail relatif à la géographie physique des différentes îles qui le composent, et renvoyons pour cela aux articles spéciaux; il en est de même pour l'ethnographie, car pour éviter les répétitions, il nous a paru suffisant de donner en cet endroit le tableau général de la Malaisie; mais avant de nommer les différents groupes d'îles dans lesquels on la subdivise, nous ne pouvons nous empêcher de citer les paroles d'un voyageur qui démontrent l'importance actuelle de ces îles : « Les îles riantes, dit M. de Rienzi, mais souvent monotones et pauvres de la Polynésie, peuvent-elles être comparées aux magnifiques terres de cet immense archipel qui fournissent les épices des Moluques, l'étain de Banca, l'argent de Java, l'or des Philippines, l'ambre gris et les perles de Soulou, le camphre et les diamans de Kalémantan ou Bornéo? La richesse du sol de la Malaisie, la variété et l'importance de ses productions y ont toujours attiré le commerce et ont excité dans tous les temps l'envie des grandes nations. Cette contrée est la source intarissable des trésors devenus aujourd'hui plus que jamais l'objet de l'ambition des hommes. »

MALALIS, reste d'une peuplade indépendante dans l'emp. du Brésil, prov. de Minas-Geraès; décimés par les guerres continuelles contre les Botocudos et refoulés par ce peuple dans la Sierra de Minas-Novas, au N. de la comarque de Serro-Frio, ils se sont mis sous la protection du quartier de Passanha et habitent entre la Sierra da Esmeraldas et le Rio-Docé.

MALAMOCCO, *Methamaucum*, pet. v. de Lombardie, située à l'extrémité occidentale du Lido, île qui défend Venise contre les attaques de la mer. Insignifiante jusqu'à la fin du sixième siècle, c'est aux nombreux réfugiés de Padoue, qui y cherchèrent un asile à cette époque, qu'elle est redevable de la prospérité à laquelle elle parvint plus tard. Depuis 742 jusqu'en 810, Malamocco a été la résidence du doge, qui, après la guerre contre Pepin, transféra sa résidence de cette ville à Rialto ou Venise. Son port, défendu par deux forts, a été beaucoup amélioré par la grande digue, commencée sous le gouvernement italien et continué à grands frais par le gouvernement actuel. Lorsque ce grand ouvrage sera achevé, il aura 1400 mètres de long et aura coûté près de 1,400,000 francs. Malamocco ne compte que 400 habitants, la plupart occupés à guider les vaisseaux qui entrent dans cette partie de la lagune de Venise ou qui en sortent.

MALANCOURT, vg. de Fr., Meuse, arr. de Verdun, cant. et poste de Varennes-en-Argonne; moules à boutons; glands pour passementerie; bouchons de liége; pierres à fusils; 1100 hab.

MALANCOURT, ham. de Fr., Moselle, com. de Montois-la-Montagne; 290 hab.

MALANDRIN ou **MONT**, ham. de Fr., Seine-Inférieure, com. de Frichemesnil; 130 hab.

MALANDRY, vg. de Fr., Ardennes, arr. de Sédan, cant. et poste de Carignan; 310 h.

MALANGAR, golfe de Norwège, diocèse de Drontheim, dans le Nordland.

MALANGE, vg. de Fr., Jura, arr. de Dôle, cant. de Gendrey; poste d'Orchamps; 340 hab.

MALANS, vg. de Fr., Doubs, arr. de Besançon, cant. d'Amancey, poste d'Ornans; 330 hab.

MALANS, vg. de Fr., Haute-Saône, arr. de Gray, cant. et poste de Pesmes; 470 hab.

MALANS, joli b. de Suisse, cant. des Grisons. Patrie du poëte allemand Salis (1762—1833).

MALANSAC, vg. de Fr., Morbihan, arr. de Vannes, cant. et poste de Rochefort-en-Terre; 2020 hab.

MALAPANE, belles usines sur la petite rivière du même nom, en Prusse, prov. de Silésie, rég. d'Oppeln; 200 ouvriers y façonnent annuellement passé 30,000 quintaux de fer.

MALAPASQUA (cabo di). *Voyez* PORTO-RICO.

MALAPASQUA (cap). *Voyez* MATURIN.

MALARCE, vg. de Fr., Ardèche, arr. de l'Argentière, cant. et poste des Vans; 410 hab.

MALARTIC, ham. de Fr., Gers, com. de Montaut; 220 hab.

MALATANE, port commerçant sur la côte orientale de l'île de Madagascar, dans le pays des Antacimes; des traitans français s'y étaient établis.

MALATAVERGE, ham. de Fr., Gard, com. de Cendras; 100 hab.

MALATCHERY ou **MULLUCHERRY**, b. de l'Inde anglaise, présidence de Madras, prov. du Malabar. Il est situé sur l'îlot de Vaypy que la mer détacha, en 1341, du continent, et habité par des juifs blancs et noirs. Son port est visité par des navires arabes de Mascate et de Mokka.

MALATHIA, *Melitene*, v. de la Turquie d'Asie, paschalik de Marach, chef-lieu de sandschak; est bâtie dans une belle plaine entre l'Euphrate et le Deir-Mesitz. Elle est habitée par 1200 à 1500 familles turques, arméniennes et grecques, qui font un commerce considérable.

MALATRAS (îles), Fr., Ardèche, com. de St.-Marcel-d'Ardèche; 100 hab.

MALATZKA, b. de Hongrie, cer. en-deçà du Danube, comitat de Presbourg.

MALAUCÈNE, b. de Fr., situé sur le Groseau, Vaucluse, arr. et à 7 l. E. d'Orange, chef-lieu de canton et poste; moulins à huile; fabr. de poterie, de lainage, de soieries, de toiles, de papiers; filatures; 3225 hab.

MALAUCOURT, vg. de Fr., Meurthe, arr. de Château-Salins, cant. et poste de Delme; 420 hab.

MALAUMONT, vg. de Fr. Meuse, arr., cant. et poste de Commercy; 110 hab.

MALAUNAY, vg. de Fr., Seine-Inférieure, arr. de Rouen, cant. de Maromme, poste; fabr. de papier; filat. de coton; 1673 hab.

MALAUSE, vg. de Fr., Tarn-et-Garonne, arr., cant. et poste de Moissac; 1230 hab.

MALAUSSANNE, vg. de Fr., Basses-Pyrénées, arr. d'Orthez, cant. et poste d'Arzacq; 1020 hab.

MALAVAL, ham. de Fr., Aveyron, com. de Drulhe; 110 hab.

MALAVILLE, vg. de Fr., Charente, arr. de Cognac, cant. et poste de Châteauneuf-sur-Charente; 700 hab.

MALAVILLERS, vg. de Fr., Moselle, arr. et poste de Briey, cant. d'Audun-le-Roman; 260 hab.

MALAY, vg. de Fr., Saône-et-Loire, arr. de Mâcon, cant. et poste de St.-Gengoux-le-Royal; 800 hab.

MALAYO, b. dans le dist. de Macassar, sur l'île de Célèbes; bâti non loin de Vlaardingen.

MALAY-LE-ROI ou **MALAY-LE-PETIT**, vg. de Fr., Yonne, arr., cant. et poste de Sens; manufactures pour filature et tissage de lin, chanvre et linge; 250 hab.

MALAY-LE-VICOMTE ou **MALAY-LE-GRAND**, vg. de Fr., Yonne, arr., cant. et poste de Sens; moulin à foulon; 880 hab.

MALBO, vg. de Fr., Cantal, arr. de St.-Flour, cant. et poste de Pierrefort; 790 hab.

MALBORGES, b. d'Illyrie, gouv. de Laibach, cer. de Villach; possède de nombreuses forges.

MALBOSC, vg. de Fr., Ardèche, arr. de l'Argentière, cant. et poste des Vans; mine d'antimoine; 1040 hab.

MALBOUHANS, vg. de Fr., Haute-Saône, arr., cant. et poste de Lure; verrerie; 652 hab.

MALBOUZON, vg. de Fr., Lozère, arr. de

Marvejols, cant. de Nasbinals, poste d'Aumont; 230 hab.

MALBRANS, vg. de Fr., Doubs, arr. de Besançon, cant. et poste d'Ornans; 220 hab.

MALBUISSON, vg. de Fr., Doubs, arr. et cant. de Batarlies, poste de Jougne; 140 hab.

MALCHIN, v. du grand-duché de Mecklembourg-Schwérin, cer. Wendique, entre les lacs Malchin et Kummerow; belle église; 3700 hab.

MALCHOW, v. du grand-duché de Mecklembourg-Schwérin; située dans le cer. de Mecklembourg, sur le lac qui porte le même nom; sa population est de 2300 hab., qui fabriquent beaucoup de draps. Vis-à-vis est le couvent de femmes de Malchow, avec des bâtiments considérables et possédant 21 villages.

MALCHUBII, g. a., peuple de la Mauritanie césarienne, sur la rive orientale de l'Andus et à l'O. de Thumarita.

MALCROS, ham. de Fr., Tarn, com. de Cambounés; 100 hab.

MALDA, v. de l'Inde anglaise, présidence de Calcutta, prov. du Bengale. Elle est située sur une hauteur et baignée par la rivière de Mahanande, qui, pendant la saison des pluies, inonde complètement les environs. Malda a 18,000 hab., qui fabriquent beaucoup d'étoffes de soie et de coton. Dans son voisinage se trouvent les mines de Gour ou Gaur, ancienne capitale du Bengale qui s'étendait le long du Gange, sur un espace de 60 milles c. anglais, et sur l'emplacement de laquelle sont bâtis aujourd'hui 8 bourgs et villages. Gour a dû avoir plus d'un million d'habitants. Bien que les débris aient servi à la construction et à l'embellissement de plusieurs villes voisines, elle offre encore à l'admiration du voyageur les restes de la citadelle et de ses murs gigantesques, les portes du Sud et du Nord, avec leurs grandes arches; la grande mosquée dite d'or, dépouillée de ses ornements; le minaret à 4 étages appelé l'obélisque; le natté mesdjid, etc.

MALDEGHEM, vg. du roy. de Belgique, prov. de la Flandre orientale, arr. d'Ecloo, sur l'Ede; 4700 hab.

MALDEN. *Voyez* MALDON.

MALDEN, com. florissante du Haut-Canada, dist. Occidental.

MALDEN, b. des États-Unis de l'Amérique du Nord, état de Massachusetts, comté de Middlesex, sur le Mystik, qu'on y passe sur un remarquable pont de bois de 360 mètres de long sur 10 mètres de large, et reposant sur 100 palées; teintureries et fabriques de clous; 2300 hab.

MALDIVES (archipel des), dont le nom originaire est MALAYA-DWIPA ou ILES DES MALAIS, est une longue suite d'îles qui s'étend au S.-O. du cap Comorin, entre 6° 50′ lat. N. et 1° lat. S. et se compose d'un assemblage de plusieurs milliers d'écueils, formant 17 groupes ou atollons, séparés les uns des autres par des canaux. Presque tous ces îlots et rochers sont plats et stériles; 40 à 50 seulement, dont la majeure partie est située au N. de l'équateur, sont habités. Le sol est en général sablonneux, mais dépourvu d'eau; le climat brûlant, les nuits fraîches. Le principal produit des Maldives sont les kauris, petits coquillages qui servent de monnaie dans l'Inde et dans une partie de l'Afrique. Les habitants sont d'origine malaie, mais peu connus, puisque le peu d'importance de ces îles, les dangers dont elles menacent les navires et les fièvres terribles qui y enlèvent les étrangers en tiennent éloignés les navigateurs. Les Maldiviens sont divisés en castes; ils professent le mahométisme, sont courageux, assez civilisés, industriels et commerçants. Ils envoient tous les ans quelques bâtiments à Atchin, dans l'île de Sumatra, et à Balassore, dans l'Orissa, échanger des kauris et autres productions contre des denrées européennes. Leur gouvernement est monarchique, et ils obéissent à un sultan, dont le pouvoir est limité par celui des prêtres; il réside à Male, la principale des îles Maldives et la seule qui mérite d'être citée.

MALDIVIENS. *Voyez* MALDIVES.

MALDON ou MALDEN, *Camalodunum*, pet. v. d'Angleterre, comté d'Essex, au confluent du Blackwater et du Chelmer; nomme 2 députés; bibliothèque publique; petit port; commerce de houille, grains, fer et eau-de-vie; sa marine marchande compte plus de 8000 tonneaux; 4000 hab.

MALDONADO, dép. maritime de la rép. orientale de l'Uruguay; il est borné à l'O. par le dép. de Montevideo, au S. par l'embouchure du Rio-de-la-Plata et à l'E. par l'Océan Atlantique; au N. ses limites sont inconnues. Ce pays, rempli de ramifications E. de la Cuchilla-Grande, est bien arrosé, d'une extrême fécondité, mais presque inculte et habité seulement le long des côtes.

MALDONADO, v. très-forte et chef-lieu du département de même nom, à l'embouchure du Rio-de-la-Plata, fondée presque en même temps que Montevideo (1726); elle fait le commerce de cuivre et de peaux; son port se trouve à 1 l. de la ville; 2500 hab.

MALE, vg. de Fr., Orne, arr. de Mortagne-sur-Huine, cant. du Theil, poste de Nogent-le-Rotrou; 1220 hab.

MALE ou MALDIVA, une des îles Maldives; est regardée comme la plus grande de l'archipel; elle a 3 milles anglais de tour et est occupée presque tout entière par la jolie ville de même nom où réside le sultan de l'archipel, dont le palais est une forteresse garnie de canons; l'intérieur de ce palais et celui des deux mosquées de la ville sont décorés avec luxe. C'est du port de Male que partent les petits bâtiments qui vont commercer avec l'Inde et Sumatra.

MALEBUN, v. de l'Inde, roy. de Népal; située sur le Gunduk; bien peuplée et commerçante; est le chef-lieu du district de même nom ; importante par sa population, la fertilité de son sol et ses riches mines de cuivre, de fer, de zinc, de soufre.

MALEE, g. a., cap qui terminait la Laconie ; fameux par les dangers qu'il présentait à la navigation.

MALEG ou TOUMAT, fl. considérable dans la partie orientale de l'Ethiopie; il paraît prendre sa source dans le roy. d'Enarea, arrose le Darfoq, le Gamamyl et le Fazoql, et se jette dans le Bahr-el-Azrek, dont il est un des principaux affluents de gauche, sur les confins de la Haute-Nubie.

MALEGOUDE, vg. de Fr., Arriège, arr. de Pamiers, cant. et poste de Mirepoix ; 110 hab.

MALEM, capitale du Bambouk occidental, en Sénégambie, à 35 l. N.-N.-E. de Pisania.

MALEMBA. *Voyez* CACONGO.

MALEMBA, pet. v. et port de la Basse-Guinée, capitale du roy. de Cacongo, dans une contrée malsaine, mais très-riche en fruits, légumes, porcs, chèvres et volaille, à 20 l. S. de Banza-Loanzo.

MALEMBA ou MALIMBA, pet. v. de la Haute-Guinée, dans la partie N.-E. de la côte de Gabon, sur une rivière de même nom, qu'on croit être un bras du Camerones.

MALEMORT, vg. de Fr., Vaucluse, arr. et poste de Carpentras, cant. de Mormoiron ; carrières de pierres à bâtir; 1560 hab.

MALENASSO, v. de l'île de Sicile, intendance de Catania, peu loin de Giarreta.

MALÈNE (la), vg. de Fr., Lozère, arr. de Florac, cant. de Ste.-Enimie, poste de la Canourgue ; 660 hab.

MALENKERTHAL, vallée de Lombardie, gouv. de Milan, délégation de Sondrio; ses habitants fabriquent une grande quantité d'ouvrages en bois et en ardoise.

MALENOWITZ, b. de la Moravie autrichienne, cer. de Hradisch; 1500 hab.

MALÉON, vg. de Fr., Haute-Vienne, arr. de Limoges, cant. de Châteauneuf, poste de St.-Léonard ; 350 hab.

MALEOS, g. a., v. commerçante de l'Éthiopie, sur le golfe Avalites.

MALEQUES (dos), deux îles à l'E. de celle de Santa-Catarina, côte E. de la province du même nom, emp. du Brésil.

MALESHERBES, b. de Fr., Loiret, arr. et à 5 l. N.-E. de Pithiviers, chef-lieu de canton et poste; il est situé sur l'Essonnes, dans une vallée profonde et pittoresque. On y remarque le château jadis habité par l'illustre Lamoignon de Malesherbes, un des défenseurs de Louis XVI. Commerce de grains et de bois; 1900 hab.

MALESTROIT, v. de Fr., Morbihan, arr. et à 3 1/2 l. S. de Ploermel, chef-lieu de canton et poste; fabr. de draps; commerce de cire et de miel; 1793 hab.

MALÉTABLE, vg. de Fr., Orne, arr. de Mortagne-sur-Huine, cant. et poste de Longni; tréfilerie de séroux ; 370 hab.

MALEVEZIE, vg. de Fr., Haute-Garonne, arr. et poste de St.-Gaudens, cant. de St.-Bertrand ; 630 hab.

MALEVILLE, vg. de Fr., Aveyron, arr. et poste de Villefranche-de-Rouergue, cant. de Montbazens; 2340 hab.

MALGA, pet. vg. de la rég. de Tunis, bâti sur une partie de l'emplacement de l'ancienne Carthage.

MALGARNE, ham. de Fr., Nord, com. de la Longueville; 100 hab.

MALGUENAC, vg. de Fr., Morbihan, arr. et poste de Ponthivy, cant. de Cléguerec; 2010 hab.

MALHARQUIER, ham. de Fr., Eure, com. de Bernay; 250 hab.

MALHEUREUX (le), île dans le lac Borgne, côte S.-E. de l'état de Louisiane, États-Unis de l'Amérique du Nord.

MALHOURE (la), vg. de Fr., Côtes-du-Nord, arr. de St.-Brieuc, cant. de Moncontour, poste de Lamballe; 400 hab.

MALHOVE, ham. de Fr., Pas-de-Calais, com. d'Arques; 400 hab.

MALIBEAU, ham. de Fr., Gironde, com. des Peintures; 130 hab.

MALICAUFARGUY, ham. de Fr., Haute-Vienne, com. de Bersac; 150 hab.

MALICORNAY, vg. de Fr., Indre, arr. de la Châtre, cant. et poste de Neroy-St.-Sépulchre; 460 hab.

MALICORNE, vg. de Fr., Allier, arr. de Montluçon, cant. et poste de Montmarault; 520 hab.

MALICORNE, b. de Fr., Sarthe, arr., à 4 l. N. et poste de la Flèche, chef-lieu de canton; fabr. de faïence et de poterie, 1165 hab.

MALICORNE, vg. de Fr., Yonne, arr. de Joigny, cant. et poste de Charny; 440 hab.

MALIGNÉ, ham. de Fr., Maine-et-Loire, com. de Martigné-Briand; 200 hab.

MALIGNY, vg. de Fr., Côte-d'Or, arr. de Beaune, cant. et poste d'Arnay-le-Duc; 600 hab.

MALIGNY, vg. de Fr., Yonne, arr. d'Auxerre, cant. et poste de Ligny-le-Châtel; 1430 hab.

MALIJAI, vg. de Fr., Basses-Alpes, arr. de Digne, cant. et poste des Mées; 530 hab.

MALINCHES, ham. de Fr., Gard, com. de Sénechas; 100 hab.

MALINCOURT, vg. de Fr., Nord, arr. et poste de Cambray, cant. de Clary; 910 hab.

MALINDA ou MALINDE, roy. de l'Afrique orientale, à l'extrémité septentrionale de la côte de Zanguebar et à l'embouchure du grand fleuve Quilimancy; il paraît être actuellement partagé entre plusieurs petits chefs. La capitale de même nom, *Essina*, *Melindum*, que tous les géographes continuent à décrire dans l'état florissant où elle était au temps de la domination portugaise sur ces côtes, qui dura jusqu'à la fin du dix-septième siècle, n'offre plus aujourd'hui qu'une triste solitude.

MALINES, ham. de Fr., Aveyron, com. de Vabres; 150 hab.

MALINES, v. du roy. de Hollande, prov. et à 5 l. S. d'Anvers, chef-lieu de l'arrondissement de même nom; siége d'un archevêché. Située dans une plaine très-fertile, sur la Dyle et le canal de Louvain, par lequel elle correspond avec cette dernière ville sur 5 l. et avec l'Escaut par la Rupel sur 4 l. Elle a des rues larges, de jolies maisons et de beaux édifices publics, parmi lesquels on distingue la cathédrale avec sa tour de 348 pieds de haut, le palais épiscopal, l'arsenal avec la fonderie, la maison de ville, le séminaire, l'ancienne église des jésuites, le mont-de-piété et la grande maison de béguines, où l'on entretenait autrefois 800 femmes. Malines possède un séminaire catholique, une académie de peinture, une école latine; son industrie principale est la chapellerie; viennent ensuite les manufactures de dentelles, de couvertures de laine; les tanneries et ses brasseries renommées. Cette ville est en général une des plus industrielles et des plus commerçantes du royaume; ses foires sont très-fréquentées. Malines et ses environs formaient autrefois un comté. Pop. de la ville 20,000 hab., du district 88,000, sur 9 milles c. Patrie de l'humaniste Jean Sturm, né en 1507, mort en 1589.

MALINTRAT, vg. de Fr., Puy-de-Dôme, arr., cant. et poste de Clermont-Ferrand; 1550 hab.

MALISSAR, ham. de Fr., Drôme, com. de Chabeuil; 130 hab.

MALIVES, vg. de Fr., Loir-et-Cher, arr. de Blois, cant. de Bracieux, poste de St.-Dyé-sur-Loire; 550 hab.

MALIX, ham. de Fr., Ain, com. de Tenay; 140 hab.

MALIX, vg. de Suisse, cant. des Grisons, sur la Plessur. Source minérale.

MALKAPOUR ou MULCAPOOR, v. de l'Inde, principauté de Colapour, sur le Warner.

MALKROKEN, lac de la Suède méridionale, dans la prov. de Kronobergs.

MALL, baie sur la côte O. de l'île de Terre-Neuve.

MALLABAUQUEN ou LAGUNA-DE-VILLARICA, lac très-considérable de la rép. du Chili, prov. de Chiloé, au pied du volcan de Villarica; il a 30 l. de circonférence et donne naissance au Rio-Tolten; dans son centre s'élève l'île de Lavquen, dominée par une montagne de forme conique.

MALLACK. *Voyez* HONE.

MAL-LE-FOUGASSE ou CONSONOVES, vg. de Fr., Basses-Alpes, arr. et poste de Forcalquier, cant. de St.-Étienne-les-Orgues; 220 hab.

MALLELOY, vg. de Fr., Meurthe, arr. et poste de Nancy, cant. de Nomény; 360 h.

MALLEMOISSON, vg. de Fr., Basses-Alpes, arr., cant. et poste de Digne; 250 hab.

MALLEMORT, vg. de Fr., Bouches-du-Rhône, arr. d'Arles-sur-Rhône, cant. d'Eyguières, poste de Lambesc; 2130 hab.

MALLEMORT, vg. de Fr., Corrèze, arr., cant. et poste de Brives; filat. de coton; 1170 hab.

MALLEN, pet. v. d'Espagne, roy. d'Aragon, dist. de Borja, sur la Huelcha, avec des murailles en ruines et 3 portes; 2400 hab.

MALLÉOU, vg. de Fr., Arriège, arr. de Pamiers, cant. et poste de Varilles; 220 h.

MALLERET (le), ham. de Fr., Cher, com. de Primelle; 180 hab.

MALLERET, vg. de Fr., Creuse, arr. d'Aubusson, cant. de la Courtine, poste de Felletin; 340 hab.

MALLERET, vg. de Fr., Creuse, arr., cant. et poste de Boussac; 750 hab.

MALLEREY, vg. de Fr., Jura, arr. et poste de Lons-le-Saulnier, cant. de Beaufort; 150 hab.

MALLET, vg. de Fr., Cantal, arr. de St.-Flour, cant. et poste de Chaudes-Aigues; 190 hab.

MALLEVAL, ham. de Fr., Isère, com. de Cognin; 350 hab.

MALLEVAL, vg. de Fr., Loire, arr. de St.-Étienne, cant. de Pelussin, poste de St.-Chamond; 510 hab.

MALLEVILLE, ham. de Fr., Isère, com. de Creys; 190 hab.

MALLEVILLE, Aveyron, *V.* MALEVILLE.

MALLEVILLE-LES-GRÈS, vg. de Fr., Seine-Inférieure, arr. d'Yvetot, cant. et poste de Cany; 270 hab.

MALLEVILLE-SUR-LE-BEC, vg. de Fr., Eure, arr. de Bernay, cant. et poste de Brionne; 510 hab.

MALLIARGUES, ham. de Fr., Cantal, com. de St.-Saturnin; foires pour chevaux et bestiaux; 100 hab.

MALLICOLO, île de l'archipel de Quiros, d'Espiritu-Santo, des Nouvelles-Hébrides ou des Grandes-Cyclades, dans l'Australie ou Océanie centrale; c'est la plus grande de cet archipel après Espiritu-Santo, dont elle est séparée par le canal de Bougainville. Elle s'étend du N.-E. au S.-O. sur une longueur d'environ 14 milles, entre 165° 26′ long. orient., et entre 16° 28′ et 16° 50′ lat. S. Une chaîne de hautes montagnes la traverse au centre; mais elle est plate vers les plages, bien boisée et généralement couverte d'une riche végétation. On y trouve en abondance des bananes, des noix de cocos, des ignames, des oranges, etc.; mais Forster n'y remarqua d'autres animaux domestiques que des porcs et des poules. Mallicolo est très-peuplé. Les habitants appartiennent à la race la plus laide des Nègres océaniens.

MALLIÈVRE, vg. de Fr., Vendée, arr. de Bourbon-Vendée, cant. et poste de Mortagne-sur-Sèvre; 260 hab.

MALLIGAM ou MULLIGAUM, v. de l'Inde anglaise, présidence de Bombay, prov. de Kandeisch. Elle est bâtie au confluent du Moossum et de la Guirna et très-forte.

MALLING, vg. de Fr., Moselle, arr. de

Thionville, cant. de Metzervisse, poste de Sierck; 550 hab.

MALLINS, ham. de Fr., Isère, com. de Villemoirieu; 190 hab.

MALLONI, b. du roy. des Deux-Siciles, dans la Principauté citérieure; 2400 hab.

MALLOUDOU, v. dans l'île de Bornéo; elle est située sur le territoire soumis au sultan de Soulou (côte N.-E. de l'île), a un bon port et fait un commerce actif avec les Chinois et les habitants de Soulou.

MALLOUÉ, vg. de Fr., Calvados, arr. et poste de Vire, cant. de Bény-Bocage; 110 h.

MALLOW, pet. v. d'Irlande, comté de Cork, sur le Blackwater; avec des bains minéraux, les plus fréquentés de tout le royaume; 6000 hab.

MALLUS, g. a., v. de l'Éthiopie, peu loin de Méroë.

MALMAISON (la), vg. de Fr., Aisne, arr. de Laon, cant. de Neufchâtel, poste de Berry-au-Bac; 680 hab.

MALMAISON (la), ham. de Fr., Eure-et-Loir, com. de Villiers-le-Morhies; 100 hab.

MALMAISON (la), ham. de Fr., Moselle, com. d'Allondvelle; 480 hab.

MALMAISON, maison de plaisance, dans les environs de Rueil, près de la Seine, Seine-et-Oise; célèbre par le séjour de l'impératrice Josephine, qui y mourut le 30 mai 1814 et ne survécut ainsi que de quelques jours à l'infortune du grand empereur dont elle avait porté le nom.

MALMÉDY, *Malmundariæ*, *Malmundarium*, pet. v. de Prusse, chef-lieu de cercle, prov. du Rhin, rég. et à 14 l. S. d'Aix-la-Chapelle, sur la Warge, dans une contrée montueuse et boisée; avec un tribunal de district, un collége et une maison d'arrêt. Ses tanneries sont les plus importantes du royaume; on en compte environ 50 qui corroient annuellement près de 50,000 peaux d'Amérique. Malmédy possède en outre des manufactures de draps, de mousselines, de dentelles; des papeteries, des savonneries, des fabriques de planches à presse, de potasse. Eaux minérales fréquentées. Commerce actif de blé, vins, houille, fer et de produits industriels. Mines de houille dans les environs; l'éducation de bestiaux y est florissante. Pop. de la ville 3950 hab., du cercle 14,000, sur 6 1/2 milles c.

MALMERSPACH, vg. de Fr., Haut-Rhin, arr. de Belfort, cant. de St.-Amarin, poste de Wesserling; 330 hab.

MALMKŒPING, très-pet. v. industrieuse de la Suède centrale, prov. de Nykœping.

MALMŒ, v. de la Suède méridionale, chef-lieu de la prov. de Malmœhn; située dans une contrée très-riche, peu loin du Sund et vis-à-vis de Kiœbenhavn. Elle est fortifiée et possède un bon port, des manufactures de gants, de draps et de tabac et fait un commerce assez considérable; 6000 hab.

MALMŒHUS, prov. de la Suède méridionale; s'étend entre 10° 7′ et 11° 39′ long. orient. et entre 55° 21′ et 56° 18′ lat. sept.; elle est bornée au N.-E. et à l'E. par la prov. de Christianstad, au S. et au S.-O. par la mer Baltique, à l'O. par le Sund et au N.-O. par le Cattégat. Sa superficie est de 82 l. c. géogr. Sa population s'élève à 150,000 habitants. Ce pays offre une vaste plaine, fertile en blé, pommes de terre, légumes, lin, chanvre, tabac, houblon et fruits; mais la culture du sol est généralement négligée. L'éducation du bétail et de la race chevaline y est plus importante que dans aucune autre partie du royaume. Le règne minéral fournit de la houille, de la tourbe, des pierres de taille, à meules et à aiguiser, de l'argile, de la terre de pipe et de la chaux; le bois manque totalement; le gibier et les poissons sont assez abondants. On exporte des céréales, du bétail, d'excellent beurre, du fromage, des peaux brutes, des fruits, des légumes et de l'eau-de-vie. Cette province n'a que quelques petits cours d'eau, parmi lesquels le Kæfflinge-Æn est le plus considérable; elle est subdivisée en 5 bailliages.

MALMSBURY, *Maldunense Cœnobium*, b. d'Angleterre, comté de Wilts, sur l'Avon inférieur; nomme 2 députés; florissant par ses manufactures de draps; patrie du philosophe Hobbes, mort en 1679.

MALMUSSO, ham. de Fr., Dordogne, com. du Bugue; 100 hab.

MALMY-EN-DORMOIS, vg. de Fr., Marne, arr. de Ste.-Ménéhoulde, cant. et poste de Ville-sur-Tourbe; 110 hab.

MALMY-SUR-BAR, vg. de Fr., Ardennes, arr. de Mézières, cant. d'Omont, poste de Flize; 80 hab.

MALNAPATAKA, vg. de Hongrie, cer. endeçà du Danube, comitat de Neagrad; florissant par l'éducation des bêtes à laine et par la fabrication du drap.

MALNOUE, ham. de Fr., Seine-et-Marne, com. d'Émérainville; 120 hab.

MALNOYER, ham. de Fr., Orne, com. de Courménil; 150 hab.

MALO (Saint-), v. forte et port de Fr., sur la Manche, Ille-et-Vilaine, chef-lieu d'arrondissement, à 18 l. N.-N.-O. de Rennes et à 94 l. O.-S.-O. de Paris; siége de tribunaux de première instance et de commerce; directions des douanes et des contributions indirectes; conservation des hypothèques; bourse et chambre de commerce. St.-Malo est situé sur le rocher ou île d'Aaron, baigné par la mer. Une digue de 200 mètres, dite le Sillon, joint l'île d'Aaron à la terre ferme. La ville a des remparts taillés dans le roc et un château qui fait partie des fortifications; elle est environnée de promenades délicieuses; plusieurs de ses rues sont bien percées et renferment de magnifiques constructions. Le port est sûr et commode, mais d'un acces difficile. La rade est défendue par plusieurs forts assis sur des rochers isolés dans la mer. C'est là qu'on trouve les plus hautes marées connues sur tout le continent européen. St.-

Malo possède une école d'hydrographie, un cours de dessin, de géométrie et de mécanique appliqués aux arts, de nombreux chantiers de construction, une manufacture royale de tabac, des fabriques de cables et d'hameçons, des tanneries, des blanchisseries de cire, etc. Quoique le commerce de cette ville ne soit plus aussi considérable qu'au dix-huitième siècle, à l'époque où elle prêtait 30 millions à Louis XIV, dont les finances étaient épuisées, elle est encore une des plus importantes par sa marine marchande et ses nombreux armements pour les Indes et surtout pour la pêche de la morue; elle a des relations commerciales très-actives avec l'intérieur, et par mer avec la Hollande, l'Angleterre et l'Amérique. Les vins, eaux-de-vie, tabac, salaisons, chanvre, goudron, toiles, bois de matures et marchandises coloniales, sont les principaux articles de son commerce; foire de 8 jours le 24 mai; 10,000 h.

Patrie de l'illustre marin Duguay-Trouin (1673—1736) et du savant mathématicien Maupertuis (1698—1759).

La fondation de St.-Malo remonte au huitième siècle. Son grand commerce avec les nations étrangères en firent une des villes les plus florissantes du royaume. Fatiguée des guerres qui entravaient ses relations commerciales pendant les guerres de la ligue, St.-Malo se constitua en république et maintint ce gouvernement jusqu'à l'époque où Henri IV fut reconnu pour roi. Les Anglais tentèrent plusieurs fois, mais inutilement d'incendier cette ville, dont la prospérité leur faisait envie.

MALO, pet. v. de Lombardie, gouv. de Venise, délégation de Vicence; fabr. de salpêtre; 4000 hab.

MALO (Saint-), vg. de Fr., Nièvre, arr. de Cosne, cant. et poste de Donzy; 430 hab.

MALO (Saint-), ham. de Fr., Orne, com. de la Frenaie-au-Sauvage; 200 hab.

MALO-DE-BAIGNON (Saint-), vg. de Fr., Morbihan, arr. de Ploermel, cant. et poste de Guer; 170 hab.

MALO-DE-LA-LANDE (Saint-), vg. de Fr., Manche, arr., à 2 1/2 l. O.-N.-O., et poste de Coutances, chef-lieu de canton; 420 hab.

MALO-DE-PHILY (Saint-), vg. de Fr., Ille-et-Vilaine, arr. de Redon, cant. de Pipriac, poste de Lohéac; 830 hab.

MALO-DU-BOIS (Saint-), vg. de Fr., Vendée, arr. de Bourbon-Vendée, cant. et poste de Montagne-sur-Sèvre; 640 hab.

MALOI-ARKHANGELSK, pet. v. de la Russie d'Europe, gouv. d'Orel; siége des autorités du cercle, sur la Kolinhewka; 1500 hab.

MALOI-JAROSLAWECZ, pet. v. de la Russie d'Europe, gouv. de Kaluga; siége des autorités du cercle, sur la Lusza; 1622 hab. Le 12 octobre 1812 un corps français s'y défendit vaillamment contre Kutusow pour protéger la retraite de la grande armée.

MALON (Saint-), vg. de Fr., Ille-et-Vilaine, arr. et poste de Montfort-sur-Meu, cant. de St.-Méen; 930 hab.

MALON, ham. de Fr., Calvados, com. de St.-Contest; 150 hab.

MALONE, autrefois **EZRAVILLE**, pet. v. des États-Unis de l'Amérique du Nord, état de New-York, comté de Franklin, dont elle est le chef-lieu, sur le Salmon, affluent du St.-Laurent; commerce; 1800 hab.

MALONNA, b. de Lombardie, gouv. de Milan, délégation de Bergame; forges; 2000 hab.

MALONS, vg. de Fr., Gard, arr. d'Alais, cant. de Genolhac, poste de Villefort; 1160 h.

MALOTAT, ham. de Fr., Puy-du-Dôme, com. de St.-Genest-l'Enfant; 210 hab.

MALOU (bains de la), Fr., Hérault, com. de Mourcairol.

MALOUET, ham. de Fr., Manche, com. d'Avranches; 200 hab.

MALOUIA ou **MOLOUYAH**, *Molochath*, *Mulucha*, *Malva*, le plus grand des fleuves de la Barbarie qui se jettent dans la Méditerranée et l'Océan, quoique pendant l'été il soit souvent sans eau. Il prend sa source dans l'Atlas, au pied du Scha'bat-bény-O'bayd, traverse la partie orientale du roy. marocain de Fez, reçoit le Ssâa à la droite et se jette dans la Méditerranée au dessous de Kalat-el-Ouadi, à 20 l. E.-S.-E. de Melilla. Du temps des Romains il séparait la Mauritanie césarienne de la Mauritanie tingitane.

MALOUINES (îles). *Voyez* **FALKLAND**.

MALOUY, vg. de Fr., Eure, arr., cant. et poste de Bernay; 300 hab.

MALOZARD, ham. de Fr., Isère, com. de St.-Cassient; 110 hab.

MALPARBA, riv. de l'Inde; un des principaux affluents de droite de la Kistnah.

MALPART, vg. de Fr., Somme, arr., cant. et poste de Montdidier; 170 hab.

MALPAS, vg. de Fr., Doubs, arr., cant. et poste de Pontarlier; 220 hab.

MALPLAQUET, ham. de Fr., Nord, com. de Taisnières-sur-Hon. Ce hameau est célèbre par la bataille que le prince Eugène et Marlborough y gagnèrent sur les Français, commandés par Villars (11 septembre 1709); 350 hab.

MALRAS, vg. de Fr., Aude, arr., cant. et poste de Limoux; 400 hab.

MALRIC (la), ham. de Fr., Aveyron, com. de Ledergues; 130 hab.

MALS, b. du Tyrol, cer. du Haut-Innthal, à plus de 1000 mètres au-dessus du niveau de la mer, peu loin de la lande de même nom. Défaite des Tyroliens en 1799.

MALSAIGNE, ham. de Fr., Puy-de-Dôme, com. de Bromont-Lamothe; 110 hab.

MALSCH, b. du grand-duché de Bade, cer. du Rhin-Moyen; renferme avec le ham. de Neu-Malsch 2400 hab.; excellente terre à pipe (argile calcaire).

MALTA, com. des États-Unis de l'Amérique du Nord, état de New-York, comté de Saratoga; 2400 hab.

MALTARD, lac sur la rive droite du Mississipi, à l'O. de l'état de Louisiane, États-Unis de l'Amérique du Nord.

MALTAT, vg. de Fr., Saône-et-Loire, arr. de Charolles, cant. et poste de Bourbon-Lancy; 680 hab.

MALTAVERNE, ham. de Fr., Nièvre, com. de Tracy; 100 hab.

MALTE (groupe de), situé dans la Méditerranée. Ce groupe, qui sous le rapport géographique appartient à l'Italie, est composé des îles de Malte, Gozzo, Comino et Cominotto; il forme une dépendance administrative de l'Angleterre; jadis il était dépendant de l'état souverain gouverné par l'ordre de Malte.

MALTE, l'ancienne *Melita*, forme avec les trois îlots de Gozzo, Comino et Cominotto le petit groupe d'îles qui doit son nom à l'île principale. Il est situé au S. de la pointe méridionale de la Sicile, sous 36° lat. N., à 25 l. environ de la côte. L'île de Malte, la plus méridionale du groupe, est de forme ovale; elle a 8 l. de long sur 4 l. de large et contient un peu au-delà de 100,000 habitants. C'est un rocher calcaire aride, qui s'élève de 50 à 200 pieds au-dessus du niveau de la mer; les Maltais ont cherché de la terre en Sicile et à force de soins et de travail ils sont parvenus non seulement à recouvrir d'une légère couche de terreau leur sol ingrat, mais d'en faire un véritable jardin, arrosé avec art par les sources et les citernes de l'île. Le climat est chaud, mais tempéré par les vents de mer; la pluie est rare, mais la rosée très-forte. Malte produit du blé, qui ne suffit pas à la consommation, du vin, de l'huile, du miel, d'excellent coton, la principale richesse de l'île. Ses oranges et autres fruits du Sud ont une saveur qu'on ne rencontre nulle autre part, et ses roses étaient renommées déjà dans l'antiquité pour leur parfum délicat. Les Maltais sont bien constitués, actifs et intelligents; ils passent pour les meilleurs matelots de la Méditerranée. Leur origine remonte aux Carthaginois; plus tard ils se mêlèrent avec des Arabes, mais encore aujourd'hui la langue populaire est, dit-on, un dialecte carthaginois; les hautes classes parlent l'italien, et l'anglais est la langue officielle.

Les nombreuses antiquités phéniciennes et carthaginoises qu'on trouve à Malte prouvent l'importance que de bonne heure l'on attacha à la possession de cette île. Les Phéniciens d'abord en firent une colonie riche et puissante; les Grecs la leur enlevèrent, en lui donnant le nom de Melita, à cause de l'excellent miel qu'elle produisait; plus tard les Carthaginois, les Romains, les Arabes s'en emparèrent successivement. Ces derniers exterminèrent les Grecs et, associant les Maltais à leurs courses aventureuses, devinrent pendant quelque temps les corsaires les plus hardis de la Méditerranée. Ils furent dépossédés, en 1090, par les Normands; mais nous ne suivrons pas toutes les vicissitudes de Malte pendant le moyen âge, où elle appartenait tantôt aux Allemands, tantôt aux Français, aux Siciliens, aux Aragonais, etc. L'île, si souvent conquise, se dépeupla, et ce qui resta de Maltais devint si pauvre que la Sicile fut obligée de leur fournir aux prix les plus modérés les objets de première nécessité. Mais en 1530 l'empereur Charles-Quint en fit donation à l'ordre de St.-Jean-de-Jérusalem, qui venait d'être chassé de Rhodes; la suzeraineté nominale continua néanmoins à appartenir au roi des Deux-Siciles. Depuis ce temps jusqu'en 1798, Malte fut le quartier-général de cet ordre; elle soutint deux siéges terribles: le premier, en 1551, contre le fameux corsaire Dragut, et le second, en 1565, contre Soliman, illustré par le célèbre grand-maître La Valette; mais, avec la décadence de l'empire ottoman, tomba également l'énergie des chevaliers; aussi, lorsque Bonaparte fit voile pour l'Égypte, il ne rencontra pas à Malte d'opposition sérieuse de la part des chevaliers, qu'on voulait punir des secours offerts par eux aux émigrés. Le grand capitaine reconnut l'importance militaire et commerciale de Malte et y laissa une garnison de 4000 hommes, qui soutint pendant 18 mois un des siéges les plus longs dont l'histoire fasse mention. La faim seule put obliger, en décembre 1800, ces braves à remettre par capitulation la place aux Anglais, qui, par le traité d'Amiens, devaient rendre Malte à l'ordre de St.-Jean; mais on sait que la non exécution de cette clause fut une des causes de la rupture de la paix et que les Anglais sont aujourd'hui les maîtres du groupe de Malte, où ils ont un gouverneur et dont ils ont fait une grande station navale de la Méditerranée.

Les principales villes du groupe de Malte sont: dans Malte, La Valette, le chef-lieu composé de 5 quartiers et possédant 2 ports, et Civita-Vecchia ou Malte l'ancienne, capitale de l'île, située dans l'intérieur; dans Gozzo, la ville du même nom.

MALTERDINGEN, b. du grand-duché de Bade, cer. du Haut-Rhin; bain minéral; culture de chanvre; 1400 hab.

MALTON, b. d'Angleterre, comté d'York, sur le Darwent, très-commerçant; nomme 2 députés au parlement.

MALTOT, vg. de Fr., Calvados, arr. et poste de Caen, cant. d'Évrecy; 350 hab.

MALUNG, paroisse de la Suède septentrionale, prov. de Falu ou Storakopparberg; possède de vastes et belles carrières de pierres à meules.

MALVA, g. a. *Voyez* MALOUIA.

MALVAL, vg. de Fr., Creuse, arr. de Guéret, cant. de Bonnat, poste de Genouillat; 190 hab.

MALVAL, ham. de Fr., Haute-Saône, com. de Saulnot; 160 hab.

MALVASIA. *Voyez* MENGESCHÉ.

MALVEAUT, ham. de Fr., Deux-Sèvres, com. de Cherveux; 140 hab.

MALVES, vg. de Fr., Aude, arr. et poste de Carcassonne, cant. de Conques; 310 hab.

MALVIÈRES, vg. de Fr., Haute-Loire, arr. de Brioude, cant. et poste de la Chaise-Dieu; 550 hab.

MALVIES, vg. de Fr., Aude, arr. et poste de Limoux, cant. d'Alaigne; 400 hab.

MALVILLE, vg. de Fr., Loire-Inférieure, arr. de Châteaubriant, cant. et poste de Savenay; 1300 hab.

MALVILLERS, vg. de Fr., Haute-Saône, arr. de Vesoul, cant. de Vitrey, poste de Combeaufontaine; 320 hab.

MALVINAS. *Voyez* FALKLAND.

MALVINS-BAY. *Voyez* WINNIPISÉOGÉE.

MALWA, prov. intérieure de l'Inde, dont le nom en sanscrit signifie *pays de montagnes*. Elle est située entre 71° 33′ et 76° 40′ long. orient. et entre 21° 58′ et 25° 55′ lat. N. et bornée au N.-O. par l'Adjmir, au N.-E. par Agra, à l'E. par Allahabad, au S.-E. par Gundwana, au S. par Kandeisch, à l'O. par Guzerate. Sa superficie est de 1850 l. c. géogr. Le Malwâ est un pays élevé, traversé par les ramifications des monts Vindhya; le point culminant de la chaine de Mandou, la plus importante de ces ramifications, a 411 toises de hauteur; plusieurs fleuves de l'Indoustan y prennent leurs sources; ses principaux cours d'eau sont : la Nerbuddah, le Betwa, le Koharry, le Chumbul, etc. Le climat est tempéré, le sol fertile dans la vallée de la Nerbuddah; ses principales productions consistent en céréales, fruits du Sud, coton, pavots (opium), indigo, tabac, sucre et lin. L'éducation du bétail est très-avancée et l'on y élève une petite race de chevaux très-estimée dont se servent généralement les cavaliers mahrattes. Le nombre des habitants du Malwâ n'est pas connu; les plus renommés d'entre eux sont les Mahrattes, qui ont leur siége principal dans cette province et dans le Kandeisch. Après les Mahrattes viennent les Pindaries, tribu sauvage de Hindous, presque entièrement détruite, en 1818, par les Anglais; les Afghans ou Patans; les Grassias, ancienne tribu indigène des Malwâ, aujourd'hui soumise aux Mahrattes, et les Bheels. Le Malwâ, possession médiate des Anglais, est partagé actuellement entre plusieurs princes mahrattes; leurs états sont : le roy. d'Indore, où se trouve la capitale du même nom; la principauté de Bopal, où se trouvent Bopal et Islamnagar; la principauté de Dhara avec le chef-lieu du même nom, et la prov. de Malwâ, capitale Oudjein, dans le roy. de Sindhya.

MALWAN ou SOONDERBROOG, v. fortifiée de l'Inde, principauté de Colapour, dans le Bedjapour. Elle est située sur un îlot fertile qui produit des noix de coco, du bétel, du riz, du sucre, du safran, du chanvre et du fer. Malwan fut dans ces derniers temps le principal repaire d'une nombreuse bande de pirates mahrattes.

MALZÉVILLE, vg. de Fr., Meurthe, arr., cant. et poste de Nancy; il est situé sur la Meurthe que l'on y traverse sur un beau pont; fabr. de broderies et de bleu de Prusse; taillanderies; 1375 hab.

MALZIEU-FORAIN, vg. de Fr., Lozère, arr. de Marvejols, cant. de Malzieu, poste de St.-Chely; 1010 hab.

MALZY, vg. de Fr., Aisne, arr. de Vervins, cant. et poste de Guise; 610 hab.

MALZIEU (le), pet. v. de Fr., Lozère, arr., à 9 l. N. de Marvejols, poste de St.-Chely, chef-lieu de canton; elle a des fabriques de serges, de couvertures de laine et de parcheminerie. Cette petite ville, située sur la rive droite de la Truyère, dépendait jadis du duché de Mercœur; elle était fortifiée et soutint plusieurs siéges pendant les guerres de la ligue; 1100 hab.

MAMAKATING, com. des États-Unis de l'Amérique du Nord, état de New-York, comté de Sullivan; 3000 hab.

MAMAN (Saint-), ham. de Fr., Drôme, com. de Rochefort-Sanson; 410 hab.

MAMANGUAPE, fl. de l'emp. du Brésil, prov. de Parahyba, coule vers l'E. et se jette dans l'Océan Atlantique, à 3 l. N. de la Punta-de-Lucena; son cours est de 40 l. Une île basse et bien boisée divise son embouchure en deux bras et y forme une excellente rade abritée par un écueil d'une grande étendue.

MAMBARES, peuplade indigène indépendante dans l'empire du Brésil, prov. de Matto-Grosso; ils errent sur les bords du Taburuhyna, dans les districts montueux de la comarque d'Arinos.

MAMBAZA, *Itenedium Menuthesias*, v. considérable de l'Afrique orientale, sur la côte de Zanguebar, et capitale du roy. de Mombaza, qui paraît aujourd'hui réduit à l'île de même nom, et est régi par un prince arabe. Les Portugais, qui s'en étaient emparés, furent chassés par les indigènes en 1631, mais ils s'y rétablirent en 1729. De nos jours les Anglais, après avoir occupé l'île Mombaza pendant trois ans pour protéger leurs sujets indiens contre les vexations exercées sur eux par le vieux cheikh qui la gouvernait, l'ont évacuée en 1827. La ville a un château très-dégradé, bâti par les Portugais. Pendant le temps que les Anglais l'ont occupée, son magnifique port fut amélioré par la construction d'un embarcadère, par le creusement d'un puits et par l'établissement d'un chantier. Mombaza devint une ville commerçante et sa population augmenta rapidement, malgré la guerre qu'elle eût à soutenir contre l'iman de Mascate, qui voulait la soumettre. On y fait un commerce considérable de gomme et d'ivoire.

MAMBONE, pet. v. maritime de l'Afrique orientale, roy. de Sabia, côte et à 40 l. S. de Sofala, sur le canal de Mozambique.

MAMBOUHANS, vg. de Fr., Doubs, arr. de Montbéliard, cant. de Pont-de-Roide, poste de l'Isle-sur-le-Doubs; 120 hab.

MAMBUCABA, beau fl. de la prov. de Rio-Janeiro, emp. du Brésil; il descend de la Sierra do Bocayna, coule vers le S. et atteint l'Océan Atlantique en face de la Barra-do-Cayrussu.

MAMBULAO, v. de l'île de Manille, Malaisie, prov. ou alcade des Camarines.

MAMEDE-DE-RIBATUA, b. du Portugal, prov. de Tras-os-Montes, dist. de Villaréal; culture de vins et d'olives; 1800 hab.

MAMELOUKS (les) ou MAMELIKS (esclaves à la solde), milice égyptienne qui avait tout pouvoir. Sortis des montagnes du Caucase en 1230, ils furent élevés par les Turcs dans la discipline militaire, et avaient fini par gouverner réellement l'Égypte sous leurs beys qui accablaient le peuple d'impôts. En 1798 les Français les vainquirent dans deux batailles, et ils se retirèrent dans la prov. de Fayoum après avoir essuyé des pertes considérables. Le petit nombre de ceux qui avaient survécu à ce désastre ont été sacrifiés environ 30 années après par le vice-roi actuel à la tranquillité du pays.

MAMERS, v. de Fr., Sarthe, à 9 l. N.-N.-E. du Mans, chef-lieu d'arrondissement; siége de tribunaux de première instance et de commerce; conservation des hypothèques; elle est située sur la Dive et assez bien bâtie; sa halle et l'hôtel de la sous-préfecture, autrefois couvent de la Visitation, sont ce qu'elle a de plus remarquable. Mamers possède un collége communal, une petite bibliothèque publique. Son industrie, très-active, consiste dans la fabrication de toiles, de calicots, d'indiennes, de basins, de bonneterie; dans ses blanchisseries de toiles, ses tanneries, etc. Le commerce de vins, eaux-de-vie, grains et bétail, y est assez important. Foires: les premier lundi de mai, quatrième lundi de carême, même jour d'août, de septembre et premier lundi de décembre. Cette ville est fort ancienne; mais on ignore l'époque de sa fondation. Elle eut de l'importance, comme place forte, pendant les guerres nombreuses de la féodalité; 6000 h.

MAMERT (Saint-), Eure-et-Loir. *Voyez* DONNEMAIN-SAINT-MAMERT.

MAMERT (Saint-), vg. de Fr., Gard, arr., à 4 l. N.-O. et poste de Nismes, chef-lieu de canton; fabr. de serges et d'eaux-de-vie; 600 hab.

MAMERT (Saint-), ham. de Fr., Isère, com. des Côtes-d'Arey; 160 hab.

MAMERT (Saint-), vg. de Fr., Rhône, arr. de Villefranche-sur-Saône, cant. de Monsols, poste de Beaujeu; 200 hab.

MAMERTUM, g. a., v. du Brutium, Grande-Grèce, au S.-E. d'Amantia, à l'E. de Temsa et au pied des Apennins. Les Mamertins, qui plus tard allèrent s'établir à Messanu, sont originaires de cette ville.

MAMES ou POUMANS, peuplade indienne, en grande partie convertie au christianisme, dans l'état de Chiapa, confédération mexicaine, et dans une grande partie du N. de l'état de Guatémala, États-Unis de l'Amérique centrale. Leurs ancêtres formaient une des plus puissantes nations du Guatémala.

MAMET (Saint-), v. de Fr., Cantal, arr. et à 4 l. S.-O. d'Aurillac, chef-lieu de canton et poste; 2000 hab.

MAMET (Saint-), vg. de Fr., Haute-Garonne, arr. de St.-Gaudens, cant. et poste de Bagnères-de-Luchon; 470 hab.

MAMETZ ou MARTHES, vg. de Fr., Pas-de-Calais, arr. de St.-Omer, cant. et poste d'Aire-sur-la-Lys; 1280 hab.

MAMETZ, vg. de Fr., Somme, arr. de Péronne, cant. et poste d'Albert; 510 hab.

MAMEY, vg. de Fr., Meurthe, arr. de Toul, cant. de Domèvre, poste de Noviant-aux-Prés; 370 hab.

MAMIER, b. de l'état Peul de Casson, Sénégambie, où réside habituellement le prince Haouah-Denba. *Voyez* CASSON.

MAMIROLLE, vg. de Fr., Doubs, arr., cant. et poste de Besançon; 490 hab.

MAMMÈS (Saint-) ou BOSSE (la), MÊME-SUR-SEINE (Saint-), vg. de Fr., Seine-et-Marne, arr. de Fontainebleau, cant. et poste de Moret; 960 hab.

MAMMOUTH-COVE. *Voy.* WARREN (Kentucky).

MAMORA ou MEHEDUMA, *Banasa*, *Valentia*, b. sur la côte occidentale du roy. marocain de Fez, à l'embouchure du Sebou, à 20 l. O.-N.-O. de Méquinez.

MAMORE. *Voyez* MADEIRA.

MAMOU (Haut et Bas-), ham. de Fr., Cantal, com. de Giou-de-Mamou; 100 hab.

MAMOUN, b. de la Nigritie centrale, sur la route de Tripoli à Tombouctou, à trois journées N.-E. de cette dernière ville.

MAN, *Menavia, Mona*, île située au milieu de la mer d'Irlande, entre 6° 45′ et 7° 15′ long. occ., et entre 53° 47′ et 54° 17′ lat. N.; elle a 16 l. de long, sa plus grande largeur est de 6 l. et sa pop. estimée à 30,000 hab. Ses côtes ne sont pas découpées; elles sont bordées de rochers et forment plusieurs bonnes baies. L'intérieur est couvert de hautes montagnes, nues et stériles; leur point culminant est le Snafflé; elles occupent presque les deux tiers du territoire; les vallées qu'elles forment sont sablonneuses au N., mais d'un bon rapport au S. Le climat est doux et le même que celui de l'Angleterre occidentale. Le sol est bien arrosé; il produit du froment, orge, avoine, pommes de terre, légumes, lin; chevaux, bêtes à cornes, bêtes à laine, porcs, volaille, lapins, lièvres, abeilles; cuivre, plomb, fer, pierres à bâtir, tourbe; oiseaux marins, poissons. Les habitants s'appellent Manks et leur île Manning; ils descendent des premiers habitants de la Bretagne, sont gais et hospitaliers; ils parlent un patois tout à fait particulier, appartiennent à l'église épiscopale et ont leur évêque, qui prend le nom d'évêque de Sodor et Man et est le seul qui n'ait pas de voix au parlement. La pêche de la baleine et du hareng est la principale source de leur richesse; la fabrication de la toile est aussi très-développée, ainsi que celle des souliers qu'on exporte en grande quantité.

Man avait jadis ses propres souverains, qui avaient pris le nom de rois; plus tard elle devint la propriété des ducs d'Athol et un repaire de contrebandiers; pour anéantir ce commerce de contrebande, la couronne anglaise fit l'acquisition de Man en 1765, moyennant une forte somme d'argent, et établit le libre commerce entre elle et l'Angleterre. Depuis ce temps, l'île de Man est administrée par un gouverneur du royaume-uni, assisté d'un conseil et ayant sous ses ordres un contrôleur et un receveur-général; elle n'a pas de voix au parlement, mais elle a sa propre assemblée législative, composée de 24 membres. La justice est rendue par des magistrats qui jugent d'après les coutumes; il n'existe aucun code écrit. Cette île renferme 4 bourgs et 17 paroisses.

MANA ou **AMANAÏBO**, fl. considérable de la Guyane française; prend naissance de deux sources dans les montagnes de l'intérieur, coule, par beaucoup de détours, vers le N. et se jette, par une large embouchure, dans l'Océan Atlantique, après un cours de plus de 150 l.

MANAAR, îlot sur la côte occidentale de Ceylan; donne son nom au golfe peu profond qui sépare cette île du Carnatic méridional. Manaar a un terrain assez fertile, mais peu d'eau douce; des cocotiers, des palmiers et d'excellents pâturages couvrent son sol. Un banc de sable, nommé Pont-d'Adam, à sec pendant le reflux, lie cet îlot à celui de Ramisseram, qui touche la côte du Carnatic. Le principal endroit de l'îlot est Manaar.

MANAAR, fort de l'Inde, dans l'îlot du même nom, sur la côte de Ceylan. Il est situé sur la pointe S.-E. de l'îlot et a un petit port où, lors des vents contraires, abordent les bâtiments qui passent par le golfe de Manaar. On y fait beaucoup de contrebande.

MANAAR (golfe de), est proprement un canal de la mer des Indes qui sépare la côte orientale du Carnatic de l'île de Ceylan. Il a reçu son nom de l'îlot de Manaar.

MANABI, prov. du dép. de Guayaquil, rép. de l'Ecuador; elle est bornée au N. par la rép. de la Nouvelle-Grenade (dép. de Cauca), à l'O. par l'Océan Pacifique, au S. et à l'E. par la prov. de Guayaquil. Le sol de cette province, arrosé par différentes rivières d'un cours assez borné, s'élève doucement vers les premiers échelons des Andes, désignés sur quelques cartes sous le nom de Sierra Amotapia, et offre une végétation riche et variée; mais les immenses eaux stagnantes, provenant du débordement des rivières dans la saison pluvieuse, et un climat humide et en même temps excessivement chaud font déserter cette région, de manière que, sur une étendue de 400 l. c. g., on trouve à peine 35,000 habitants, répartis dans quelques places des côtes qui font le commerce avec le Pérou.

MANACOR, v. d'Espagne, prov. de Majorque, île de même nom, à 8 l. E. de Palma; séjour favori de la noblesse de l'île; 6000 h.

MANADO, résidence hollandaise dans l'île de Célèbes. Elle forme l'extrémité N.-E. de la péninsule septentrionale de cette île et relève immédiatement du gouverneur des Moluques. La civilisation et l'industrie y ont fait, dit-on, de grands progrès depuis une vingtaine d'années. Les principaux endroits qu'on y trouve sont: Manado, Kema et Gorontalo. Sa population se monte à plus de 70,000 hab.

MANADO, pet. v. dans l'île de Célèbes, chef-lieu de la résidence hollandaise de ce nom et siége du résident; on exploite dans son district des mines d'or.

MANAGUA ou **MANAQUÉ**, lac considérable des États-Unis de l'Amérique centrale, à l'O. de la prov. de Nicaragua. Ce lac, appelé aussi lac de Léon, de la ville de ce nom qui en est à 9 l. O., a 18 l. de longueur sur 11 l. de large, et reçoit un grand nombre de rivières découlant du plateau de Nicaragua; il est très-poissonneux et communique, par un canal naturel appelé Lipitapa, avec le lac de Nicaragua, auquel il envoie ses eaux. Le lac de Managua est remarquable par la beauté de ses environs, les nombreux volcans qui s'élèvent sur ses bords et surtout par des projets, depuis longtemps conçus, de travaux hydrauliques qui doivent le joindre à la mer Pacifique et ouvrir de cette manière la communication la plus importante entre l'Océan Atlantique et l'Océan Pacifique.

MANAGUA, v. des États-Unis de l'Amérique centrale, état de Nicaragua, dist. de Granada, sur le lac Managua; elle est très-importante par ses pêcheries; 6000 hab.

MANAGÉRU. *Voyez* CONTAS (Rio-das-).

MANAIA ou **MANGEA**, **MANIA**, île de l'archipel de Cook, dans la Polynésie ou Océanie orientale, sous 21° 57′ lat. S. et 160° 38′ long. occ.; c'est la plus considérable et une des plus peuplées de cet archipel; elle a environ 7 l. de circonférence. Cook, qui la découvrit en 1777, ne put y aborder, à cause de la force des brisants, mais il s'en approcha assez pour reconnaître que la côte était bien cultivée et que les habitants ressemblaient, sous presque tous les rapports, à ceux de l'archipel de Tahiti.

MANAMAUSALA, île de la Russie d'Europe, gouv. de Finlande, cer. d'Uleaborg, de 1 1/2 l. c. de grandeur, située dans le fleuve d'Uleatransk.

MANAMO. *Voyez* ORÉNOQUE.

MANAN ou **LITTLE-MANAN**, île considérable au S. de St.-Andrews, côte S. du Nouveau-Brunswic; elle est bien cultivée et importante par ses pêcheries. Au N.-E. elle ouvre le port de Whale-Cove, et, près de sa côte E., s'étendent les îles de Long, Great-Duck, White-Head, Tree-Islands, avec un bon port, et Seals.

MANAN ou **GRAND-MANAN**, île à l'entrée de la baie de Fundy, côte N.-E. de l'état du Maine, États-Unis de l'Amérique du Nord; elle fait partie du comté de Washington. Autour d'elle se groupent les îles de Long, Great-Duck, White-Head, Tree-Islands, Seal, Cross, Parson, Evans, Waas et Little-Manan.

MANAN, ham. de Fr., Haute-Garonne, com. de Fabas; 120 hab.

MANANCOURT, vg. de Fr., Somme, arr. et poste de Péronne, cant. de Combles; 1350 hab.

MANANGARA, riv. considérable dans la partie orientale de l'île de Madagascar; embouchure à la mer des Indes, sous 23° 10' lat. S.

MANANGOURÉ, riv. considérable dans la partie orientale de l'île de Madagascar, pays des Antavares; elle se jette dans l'Océan Indien à Tintingue.

MANANZARI, port commerçant sur la côte orientale de l'île de Madagascar, pays des Antacimes, à l'embouchure d'une rivière de même nom dans l'Océan Indien; des traitants français s'y étaient établis.

MANAPIRE. *Voyez* ORÉNOQUE (fleuve).

MANAS, vg. de Fr., Drôme, arr. et poste de Montélimart, cant. de Marsanne; 350 h.

MANAS, vg. de Fr., Gers, arr. de Mirande, cant. et poste de Miélan; 410 hab.

MANASSAROVAR, lac sacré des Hindous; situé sur l'Himalaya, au N.-E. du Djawahir et au N.-O. du Dholagir. Il est un des principaux pèlerinages des Hindous et remarquable par sa grande élévation, qui surpasse celle du plus haut sommet des Alpes. Une des branches du Setledj sort de ce lac.

MANASSÉ, g. a., demi-tribu de la Palestine; bornée à l'E. et au N. par la tribu d'Issachar, à l'O. par celle d'Asser et par la mer, et au S. par la tribu d'Ephraïm.

MANASSÉ, g. a., demi-tribu à l'E. de la Palestine; bornée au S. par la tribu de Gad, comprenait les pays de Batanea, Auranitis, Trachonitis, Gaulonitis et Paneas.

MANATENGHA, riv. considérable dans la partie orientale de l'île de Madagascar; embouchure à l'Océan Indien, sous 23° 45' lat. S.

MANATI, baie sur la côte N. de l'île de Jamaïque; reçoit la rivière du même nom.

MANATI (Puerto de), baie, avec un établissement de même nom, sur la côte N.-E. de l'île de Cuba; elle reçoit le Rio-Manati.

MANATOLIN ou **GROUPE DES ILES MANITOU**, groupe d'îles plus ou moins considérables au N. du lac Huron, États-Unis de l'Amérique du Nord; elles sont bien boisées et appartiennent en partie à l'Union, en partie à l'Amérique anglaise. La plus grande île du groupe est Grand-Manitou, de 24 l. de longueur; elle appartient à l'Angleterre, de même que Petit-Manitou (de 8 l. c.) et Fourth-Manitou. Les autres îles qui dépendent de ce groupe sont: Drummond, île considérable qui fait partie des États-Unis; les îles la Cloche, Duck-Island, Flat-Islands, Grosse-Isle et l'Isle-Traverse, à l'Angleterre. Ces îles forment au N., avec le continent du Canada, la baie Manitou, qui communique, par le canal de même nom, avec la baie de St.-George ou le lac des Iroquois.

MANATY, riv. de la côte N. de l'île de Porto-Rico.

MANATY, pet. v. de l'île de Porto-Rico, juridiction de San-Juan, sur le Manaty, à 2 l. de son embouchure et dans une charmante vallée qui abonde en sucre, café, riz, maïs, etc.; 4000 hab.

MANAURIE, vg. de Fr., Dordogne, arr. de Sarlat, cant. et poste de Bugue; 450 hab.

MANCAS. *Voyez* CHARLES (Saint-), paroisse.

MANCE, vg. de Fr., Moselle, arr., cant. et poste de Briey; 380 hab.

MANCELIÈRE (la), vg. de Fr., Eure-et-Loir, arr. de Dreux, cant. et poste de Brezolles; 420 hab.

MANCELLE, ham. de Fr., Eure, com. d'Ajou; 110 hab.

MANCELLIÈRE (la), vg. de Fr., Manche, arr. de Mortain, cant. d'Issigny, poste de St.-Hilaire-du-Harcouet; 590 hab.

MANCELLIÈRE (la), vg. de Fr., Manche, arr. et poste de St.-Lô, cant. de Canisy; 530 hab.

MANCENANS, vg. de Fr., Doubs, arr. de Baume-les-Dames, cant. et poste de l'Isle-sur-le-Doubs; 590 hab.

MANCENANS, vg. de Fr., Doubs, arr. de Montbéliard, cant. de Maiche, poste de St.-Hippolyte; 200 hab.

MANCENILLIER (le), b. et chef-lieu de canton, sur la côte occidentale de la Grande-Terre (Guadeloupe), arr. de Pointe-à-Pitre; 6500 hab., avec ses environs.

MANCEY, vg. de Fr., Saône-et-Loire, arr. de Châlon-sur-Saône, cant. et poste de Sennecey; 890 hab.

MANCHAC. *Voyez* MAUREPAS.

MANCHAS, nation indigène, en grande partie indépendante, dans les montagnes à l'O. de l'état de Guatémala, États-Unis de l'Amérique centrale.

MANCHECOURT, vg. de Fr., Loiret, arr. de Pithiviers, cant. et poste de Malesherbes; 610 hab.

MANCHE (la), dénomination donnée à la partie de l'Océan resserrée entre la côte N.-O. de la France et la côte méridionale de l'Angleterre, depuis l'extrémité occidentale du Pas-de-Calais jusqu'au cap Lands-End, pointe S.-O. de l'Angleterre.

MANCHE (département de la), situé dans

la région N.-O. de la France, est formé de l'Avranchin et du Cotentin, dépendants de la ci-devant Basse-Normandie, et tire son nom de sa position avancée dans la partie de l'Océan que l'on nomme la Manche, qui le baigne à l'O., au N. et à l'E., où il est aussi limité par les dép. du Calvados et de l'Orne; au S. il est borné par les dép. d'Ille-et-Vilaine et de la Mayenne. Sa superficie est de 675,713 hectares et sa population de 594,382 hab.

Une chaîne de collines, qui se détache des monts du Ménez, traverse le dép. du S. au N. et va se perdre dans la Manche par le cap de la Hogue; elles sont généralement peu élevées, rocailleuses sur le sommet, mais couvertes de riches pâturages sur les flancs et dans les vallées.

Les principales rivières sont : la Taute, qui prend sa source près de Coutances, remonte vers le N.-E., passe à Carantan et se jette dans le Canal. La Vire, qui a sa source au S. de la ville du même nom dans le dép. du Calvados, remonte au N., arrose St.-Lô et se perd dans la Manche près d'Issigny; la canalisation de cette rivière, de la mer à St.-Lô, est commencée depuis 1835. La Sioule prend sa source à l'E. de Coutances, se réunit à la Sienne et se jette à l'occident dans la Manche; plusieurs autres, moins considérables, telles que le Beuvron, l'Elle, le Coisnon, la Douve, etc., arrosent aussi ce département.

La chaîne de collines qui traverse le département le divise en deux parties, chacune également humide et marécageuse, renfermant cependant une grande variété de sites admirables, des coteaux toujours verts et bien arrosés, de belles contrées bien cultivées et des pâturages, des collines couvertes de pommiers et de céréales; les côtes du département, composées de falaises très-élevées, ou de vastes grèves que la mer couvre et délaisse à toutes les marées, présentent un développoment considérable; plusieurs îles dépendent de ce littoral étendu; les principales sont : le mont St.-Michel, Tombelaine, l'île Tatihou, les deux îles St.-Marcouf, l'archipel des îles Chausey.

Le climat est assez doux et tempéré, mais un peu humide; la température éprouve souvent de grandes et rapides variations; les tempêtes sont fréquentes le long des côtes, principalement pendant le printemps et l'automne; les vents dominants sont ceux du S., du S.-O. et du N.

La récolte des céréales suffit et au-delà pour la consommation du département; on y cultive le froment, le seigle, l'orge et l'avoine, de bons légumes, des plantes oléagineuses, une grande quantité de chanvre et de lin, de la garance, des fruits médiocres; on y recueille une immense quantité de pommes, qui fournissent annuellement plus d'un million d'hectolitres de cidre; sa richesse principale consiste dans ses riches et nombreux pâturages, dans ses belles prairies, qui occupent, comme dans les départements limitrophes, le fond des vallées; les forêts sont fort peu étendues; elles couvrent 15,985 hectares, occupés en grande partie par les forêts de Coutances et d'Avranches; une conquête assez précieuse pour le chauffage et qui ménage la consommation du bois consiste dans la culture de l'ajonc ou joncs marins, arbustes qui couvrent entre Dieppe et le Hâvre une grande étendue de terrain.

Les richesses minérales du département sont : des mines de houille, dont une seule, celle du Plessis, est exploitée; des mines de fer, de cuivre, de plomb, de cinabre, de calcédoine, des bancs d'alumine très-étendus, des tangues salines; des carrières de granit rose, de l'ardoise, des pierres meulières et calcaires, du quartz, du grès; on y trouve du kaolin et d'autres terres pour la fabrication de la porcelaine et de la faïence; le département possède quelques sources minérales; celles de Biville, de la Taille, de Dragey ont de la réputation.

Les chevaux qu'on élève dans le département appartiennent à la race normande, dont la force et l'aptitude à des usages divers sont généralement connues; elle fournit des chevaux de selle, mais elle donne en plus grand nombre des chevaux de trait; plusieurs causes en ont réduit considérablement le nombre, et ce n'est que depuis quelques années que cette branche importante de l'industrie française a reçu de notables améliorations; l'établissement d'un dépôt de remontes au chef-lieu, celui de plusieurs haras particuliers, des courses de chevaux à Cherbourg, promettent des résultats encore plus favorables.

Les pâturages nourrissent du gros bétail d'une belle espèce, dont l'engrais constitue une grande partie de la richesse du département; l'arr. de Coutances fournit le beurre, connu sous le nom de beurre d'Issigny, qui s'expédie au loin; les moutons sont d'une taille assez élevée, mais la laine est d'une qualité médiocre; on élève dans plusieurs cantons une grande quantité de porcs, de volailles et d'abeilles; le menu gibier y est abondant; les côtes sont peuplées d'oiseaux aquatiques de toute espèce; la pêche fournit d'excellents poissons de mer et d'eau douce, des huîtres et d'autres coquillages de toute espèce.

L'industrie manufacturière a pour objet la fabrication de serges, de calicots, de basins, d'étoffes de laine, de draps fins, de rubans de fil, de dentelles, de tissus de crin; des filatures de coton, de nombreuses papeteries, des tanneries, des parcheminieries, des blanchisseries de cire, des fabriques d'ouvrages en osier; l'industrie métallurgique compte 46 forges et hauts-fourneaux; des coutelleries, des quincailleries, des chaudronneries, des poëleries, des raffineries de soude, provenant de l'icinération du warech et d'autres plantes maritimes; sur les côtes de Cherbourg la fabrication de la soude s'élève annuellement à 12 millions de kilogrammes; on y construit de nombreux navires.

Le commerce envoie à l'Angleterre des œufs, du beurre, du bétail, de la volaille; à Paris et aux départements de l'intérieur, outre ces produits, des chevaux, du cidre, du miel, des objets de vanneries, la soude, les produits de la pêche; quelques localités, surtout Granville, arment pour la pêche de la morue; le cabotage sur les côtes est très-actif.

Le département est divisé en 6 arrondissements, 48 cantons et 649 communes. Les chefs-lieux d'arrondissement sont :

St.-Lô . . .	9 cant.	125 com.	100,717 hab.
Coutances .	10 «	137 «	135,980 «
Valognes . .	7 «	117 «	95,950 «
Cherbourg .	5 «	73 «	76,673 «
Avranches .	9 «	124 «	110,821 «
Mortain . .	8 «	73 «	74,241 «
	48 cant.	649 com.	594,382 hab.

Il nomme 8 députés; fait partie de la quatorzième division militaire, dont le quartier général est à Rouen; est du ressort de la cour royale et de l'académie de Caen, du diocèse de Coutances, suffragant de l'archevêché de Rouen; il fait partie de la quinzième conservation forestière; de la onzième inspection des ponts-et-chaussées, dont le chef-lieu est Alençon; de la deuxième division des mines dont le chef-lieu est Abbeville. Il a 7 colléges, une école normale primaire et 1116 écoles primaires.

MANCHE ou **La Mancha**, prov. d'Espagne, roy. de la Nouvelle-Castille; bornée au N. par Tolède, à l'E. par Cuença, au S.-E. par Murcie, au S. par Jaën et au S.-O. par Cordoue. Sa superficie est de 983 l. c. Les montagnes boisées d'Alcaraz, qui forment la liaison entre la chaîne Ibérique et la Sierra Moréna, couvrent les limites méridionales de la province et renferment la vallée fertile et profonde d'Alcudia, arrosée par la rivière de même nom; au centre du pays s'élèvent les petits groupes de montagnes de Sierra de Moral et de Puerta-Lapèche. Cependant la Manche est la prov. d'Espagne qui offre le plus de plaines; son sol est léger, sablonneux-calcaire et le plus souvent maigre. La Guadiana prend sa source près d'Ossa, dans les lagunes de Ruidera, se dirige sur 4 l. au N. et se perd ensuite dans les sables pour reparaître 3 1/2 l. plus loin; elle prend alors son cours à l'O., mais ne porte pas de bateaux dans la province; ses affluents sont: la Giguela et le Ballaqué, venant de Tolède, et le Montiel, qui arrose la plaine de même nom. La Guadarmena et le Fresnadas prennent leurs sources dans la province et portent leurs eaux dans le Jaën; le Mundo passe en Murcie. Les contrées élevées possèdent de bonnes sources; parmi lesquelles plusieurs sont minérales; mais dans les plaines on manque d'eau. Le climat est sain; l'été amène ordinairement 4 mois de chaleur continuelle; l'hiver est pluvieux et froid dans les montagnes. L'agriculture laisse à désirer; malgré l'aridité fréquente du sol, on ne pense pas à le fertiliser par des irrigations, employées autrefois avec tant de succès par les Arabes. La Manche produit du froment, de l'orge, du seigle, de l'avoine, du maïs, des légumes secs, du chanvre, du lin, du pastel, du safran, de l'huile; de la soie, du miel, de la cire; les fruits sont excellents; les vins, récoltés en abondance, sont en partie convertis en eaux-de-vie et en vinaigre; ceux de Valdepenas ont une renommée européenne. Les montagnes fournissent de beaux bois de chêne et de sapin, dont une partie est exportée pour constructions; dans les plaines le bois de chauffage est rare; on y supplée par les retailles des vignes et des arbres fruitiers. L'éducation des bestiaux est assez florissante, les mulets surtout passent pour les plus beaux de l'Espagne. On a compté que la province vend chaque année 2200 mulets, 600 ânes, 200,000 brebis, 7000 veaux, 16,000 porcs et 13,000 quintaux de laine. La mine de mercure d'Almaden est la plus riche de l'Europe après celle d'Idria; elle rapporte annuellement 5 à 6000 quintaux de mercure et 60 quintaux de cinabre. On exploite de la calamine près d'Alcaraz, de l'antimoine à Santa-Crux de Mudela et des sources salines à Pinilla; on trouve des traces d'argent, de cuivre, de plomb, de fer, d'alun, de soufre; mais il n'y a pas de mines ouvertes. On compte dans la Manche 6 usines, qui fabriquent du fer tiré d'autres provinces. L'industrie s'applique en outre à la fabrication de gros draps, de dentelles, de cuirs, de nattes de sparte et de potasse. On exporte des vins, du blé, du safran; du bétail, surtout des mulets; de la laine, des cuirs, de gros draps, du mercure. La Manche est le pays le plus gai de la péninsule; on y trouve encore les mœurs et les costumes tels que Cervantès les a décrits, il y a 250 ans, dans son *Don Quichotte*. Les habitants sont sobres, laborieux, probes, doux et gais. La pop., de 373,000 hab., est répartie dans 2 villes, Ciudad-Réal et Alcaraz, et 95 bourgs ou villages. La province dépend de la capitainerie générale de Madrid, de la chancellerie de Valladolid et du diocèse de Tolède.

MANCHE DE TARRAKAI ou **Manche de Tartarie**, détroit ou plutôt mer intérieure qui sépare la grande île de Tarrakai du pays des Mandchoux. La manche de Tarrakai commence vers 45° lat. N., au point où le canal de La Peyrouse, entre les îles de Tarrakai et de Iesso, fait communiquer la mer du Japon avec la mer d'Okhotsk. Sa partie la plus intéressante et encore trop peu explorée est au N. le golfe de l'Amour; la manche se retrécit subitement près du cap Bonin, forme un golfe où s'embouche l'Amour, se rétrécit de nouveau entre le cap Romberg et le cap Golowatschef et se lie, par un étroit canal, à la mer d'Okhotsk.

MANCHESTER, *Marcunium*; gr. v. d'Angleterre, comté de Lancaster, sur l'Irwell, la plus populeuse du roy. d'Angleterre après Londres, puisque sa population dépasse actuellement 180,000 âmes. Elle doit cet accroissement prodigieux aux canaux qui y aboutissent, aux mines de houille, aux forges et aux fabriques de toute espèce dont elle est environnée, ainsi qu'à l'étonnante activité de ses habitants. Cette ville est la première place du monde pour les manufactures de coton et le centre de cette branche de l'industrie et du commerce anglais. On estime l'échange moyen des marchandises entre Manchester et Liverpool, son port, à 1200 tonneaux par jour, qui emploient dans l'année, comme moyen de transport, près de 12,000 barques ou navires. C'est pour faciliter cet immense commerce qu'on a construit le chemin de fer le plus magnifique que l'on ait encore exécuté. L'aspect général de cette ville est peu agréable; cependant la plupart de ses parties nouvelles offrent de belles rues et plusieurs bâtiments d'une grande beauté. Les édifices les plus remarquables sont: le nouvel hôtel de ville, la bourse, le grande salle de concerts, la nouvelle salle de bal, le grand hôpital, le beau marché couvert et la nouvelle prison. Les principaux établissements publics sont: le nouveau collége, avec une bibliothèque assez riche; le collége proprement dit; la société philosophique et médicale de Manchester; celle de littérature, de philologie, d'histoire naturelle et d'agriculture, et la société des antiquaires du comté de Lancaster; 187,000 hab.

MANCHESTER, v. très-déchue de la Nouvelle-Ecosse, États-Unis de l'Amérique du Nord, comté de Sydney, sur la baie de Shédabucto, à 13 l. du cap Canso. Malgré ses pertes elle est toujours importante par ses pêcheries.

MANCHESTER, autrefois GRAND-NIAGARA, b. des États-Unis de l'Amérique du Nord, état de New-York, comté de Niagara, tout près de la célèbre cataracte de ce nom, en face de Goats-Island (île de la chèvre).

MANCHESTER, b. maritime des États-Unis de l'Amérique du Nord, état de Massachusetts, comté d'Essex; port; pêches; cabotage; 2100 hab.

MANCHESTER, gros b. des États-Unis de l'Amérique du Nord, état de Kentucky, comté de Clay, dont il est le chef-lieu, sur le Goose; riches salines; 2700 hab.

MANCHESTER-HOUSE, la factorerie la plus occidentale de la ci-devant société de la baie d'Hudson, Amérique anglaise, sur la rive gauche du Saskatchawan, dans le pays des Indiens-Pieds-Noirs; son commerce a beaucoup diminué de nos jours.

MANCHIONEEL-HARBOUR, bon port sur la côte E. de l'île de Jamaïque.

MANCIET, b. de Fr., Gers, arr. de Condom, cant. de Nogaro, poste; commerce de porcs gras; 1800 hab.

MANCIEULLE, ham. de Fr., Moselle, com. d'Anoux; 200 hab.

MANCINE (la), vg. de Fr., Haute-Marne, arr. de Chaumont-en-Bassigny, cant. et poste de Vignory; 150 hab.

MANCIOUX, vg. de Fr., Haute-Garonne, arr. de St.-Gaudens, cant. et poste de St.-Martory; faïencerie; tissage de laine; exploitation de marbres de couleurs; 550 hab.

MANCY, vg. de Fr., Marne, arr. d'Épernay, cant. et poste d'Avize; 190 hab.

MANCY, ham. de Fr., Moselle, com. de Bettlainville; 120 hab.

MANDACOU, vg. de Fr., Dordogne, arr. de Bergerac, cant. et poste d'Issigeac; 470 h.

MANDAGOUT, vg. de Fr., Gard, arr., cant. et poste du Vigan; 1280 hab.

MANDAILLES, ham. de Fr., Aveyron, com. de Castelnau-de-Rive-d'Ault; 240 hab.

MANDAHU (Sierra-). *Voyez* MEROOCA.

MANDAILLES, vg. de Fr., Cantal, arr., cant. et poste d'Aurillac; 820 hab.

MANDAL, b. de Norwège, diocèse de Christiansand; bon port à l'embouchure de la rivière du même nom et qui abonde en poissons, surtout en saumons; 1800 hab.

MANDANES (district des), la partie du district Occidental ou du dist. du Missouri, comprise entre le Missouri et les Black-Hills (montagnes noires) et parcourue par différentes peuplades indépendantes dont les Mandanes sont la plus nombreuse, quoique réduits actuellement à 1200 individus. Ils cultivent la terre et habitent des villages entourés de fortes palissades.

MANDANGA, misérable bourgade de l'emp. du Brésil, prov. de Minas-Géraès, comarque de Serro-Frio, sur le Jéquitintonha; est très-célèbre par ses riches mines de diamants.

MANDARA, roy. peu connu de la Nigritie centrale, au S. de l'emp. de Bornou, dont il semble plutôt être allié que tributaire; Mora, capitale.

MANDAS, b. du roy. de Sardaigne, prov. de Cagliari.

MANDAVIE, v. de l'Inde, principauté de Katch ou Catch, province de même nom. Elle est située à l'embouchure d'une petite rivière, possède un bon port et fait un commerce considérable avec le Sindhy, l'Afrique et l'Arabie. C'est la plus grande ville de la principauté; 35,000 hab.

MANDAZOR, ham. de Fr., Gard, com. de Cendras; 200 hab.

MANDCHOUX (pays des), dit aussi MANDCHOURIE, PAYS DE L'AMOUR OU DES TOUNGOUSES, occupe la partie orientale de l'empire chinois entre la Mongolie, la Russie d'Asie, le Grand-Océan (mer du Japon et manche de Tartarie) et la Chine proprement dite. Il est situé entre 40° et 55° lat. N. et entre 116° et 140° long. E. et a une superficie d'au moins 35,000 l. c. géogr. Ses limites à l'O. sont indécises, mais celles du N., du côté de la Russie, sont nettement fixées et surveillées avec le plus grand soin.

Le pays des Mandchoux fait partie du haut plateau de l'Asie orientale et a une élévation de 3 à 5000 pieds au-dessus du niveau de la mer. A l'E. et au S. il s'abaisse vers les côtes qui sont longées par une chaîne de montagnes peu haute, mais parfaitement boisée et n'offre qu'une plage étroite. La mer du Japon, la manche de Tartarie et tout au N.-E. la mer d'Okhostk qui la baignent, présentent des dangers nombreux aux navigateurs par le grand nombre d'écueils dont elles sont parsemées et les brouillards qui y règnent pendant une grande partie de l'année. Le seul cours d'eau important de la Mandchourie est l'Amour qui vient de la Sibérie et s'embouche dans le golfe qui porte son nom, dit aussi golfe de Sakhalian. Le climat est rude pour la latitude; l'hiver règne de septembre en avril; toutes les rivières gèlent pendant cette époque et le froid s'élève quelquefois à 30° Réaumur; l'été est chaud; la végétation riche, mais il manque des hommes pour cultiver un sol généralement fertile. Des forêts magnifiques, peuplées d'animaux à fourrure et d'excellents pâturages, occupent une grande partie du pays. L'agriculture y serait presque inconnue, sans un grand nombre de Chinois exilés qui s'adonnent à cet art de leur patrie; les richesses minérales n'ont pas encore été reconnues et l'on n'y recueille que du salpêtre et du sel. Dans ce tableau, où nous avons omis tous les détails qu'on trouvera dans les articles CHING-KING, GHIRIN et SAKHALIEN-OULA, nous n'avons voulu caractériser que la Moudchourie en général, car la petite province qui occupe les côtes de la mer Jaune est cultivée à l'instar du reste de la Chine.

La population du pays des Mandchoux ne dépasse probablement pas un million et demi d'habitants, dont la plupart sont nomades, pasteurs, chasseurs ou pêcheurs (le long de l'Amour et sur les bords des lacs intérieurs). De toute antiquité ce pays a été habité par des peuples toungouses ou coréens, sans civilisation, qui se trouvent placés aujourd'hui entre les deux vastes emp. de la Russie et de la Chine et subiront tôt ou tard l'influence civilisatrice de l'un de ces peuples, probablement du premier. Le peuple dominant est celui des Mandchoux. Les Mandchoux, appelés Niutche par les Chinois, du nom de l'une de leurs tribus, et Vogdoi par les Russes, sont des peuplades toungouses qui, jusqu'au quinzième siècle, vivaient ignorées dans les montagnes entre le Léao-tong et le Soungari. Les Mandchoux en descendirent pour la première fois en 1610, envahirent la Chine et, bien qu'ils en furent repoussés, emportèrent des trésors immenses, soumirent les tribus mongoles et toungouses du voisinage et laissèrent après eux une réputation de courage, à laquelle on ne tarda pas à s'adresser. Lorsqu'en 1644 la dynastie chinoise des Ming fut renversée par le rebelle Litsching, les Chinois appelèrent les Mandchoux à leur secours. Ceux-ci arrivèrent au nombre de 80,000, chassèrent le rebelle, mais imposèrent leur propre chef Taï-thsing à la Chine; ce nouvel empereur fonda la dynastie des Thsing, encore aujourd'hui régnante. Les Mandchoux se distinguent avantageusement par leur courage, leur fierté, leur probité; ils ont la taille plus haute, la physionomie plus ouverte et plus belle; leurs traits sont empreints des sentiments mâles qui les animent, mêlés à quelque chose de dur qui leur reste de leur état antérieur. Ils regardent le Chinois comme leur étant inférieur, forment la meilleure partie de l'armée, la garde de l'empereur, et occupent plusieurs charges importantes; un grand nombre d'entre eux, espèce de noblesse descendant des anciens chefs, suit la cour, sans occuper d'emploi. Les Mandchoux se sont d'ailleurs conduits avec une grande modération dans le pays qu'ils ont conquis; ils ont adopté la civilisation des vaincus, leurs mœurs, leurs coutumes, leur religion et leur doivent jusqu'à leur alphabet, leur riche littérature. Les autres tribus qui habitent la Mandchourie sont, outre les Toungouses dont nous avons déjà parlé, les Daouriens, les Humares, les Ghilakis, les Yupi ou Yupitase et les Ketches ou Ketchenbase. Ajoutons que la conquête de la Chine et l'émigration des guerriers mandchoux pour servir dans les armées chinoises ont affaibli considérablement la population de cette peuplade, qui vit encore dans le pays auquel elle a donné son nom.

L'administration du pays des Mandchoux est semblable à celle des autres provinces de la Chine. Il est divisé en trois départements ou provinces; dans chacune desquelles commande un général ou gouverneur; presque tous les emplois civils et militaires sont confiés à des Mandchoux. La frontière russe, que des traités ont fixé en 1727 et 1769, est gardée avec beaucoup de soins et l'on rencontre partout des corps de garde, des forts et des garnisons; c'est surtout l'Amour que les autorités surveillent et toutes les tentatives faites par la Russie pour ouvrir la navigation de cet important cours d'eau ont échoué jusqu'à ce jour. L'on prétend que les Chinois n'ont aucune garnison dans la partie septentrionale de l'île de Tarrakaï, qui leur appartient et fait partie du pays des Mandchoux. Les trois départements dans lesquels ce pays est divisé sont :

Ching-king, où l'on trouve Ching-yang ou Moukden, le chef-lieu, et la ville de Foung-thian et dont fait partie l'archipel de Liao-toung ou de Jean-Potocki.

Ghirin, avec le chef-lieu du même nom et les villes de Bédouné, Ningouta et Tondon (lieu d'exil pour les criminels chinois).

Sakhalien-oulo, qui renferme les villes de Sakhalien-oula-khotou (chef-lieu), Ttsitsikar et Kaïlar, et comprend la partie septentrionale de l'île de Tarrakai.

MANDÉ (Saint-) ou **BRIX** (Saint-), vg. de Fr., Charente-Inférieure, arr. de St.-Jean-d'Angely, cant. et poste d'Aulnay; 810 hab.

MANDE (Saint-), vg. de Fr., Seine, arr. de Sceaux, cant. et poste de Vincennes; 2478 hab.

MANDEGAUD, ham. de Fr., Deux-Sèvres, com. de Melleran; 340 hab.

MANDELOT, ham. de Fr., Côte-d'Or, com. de Mavilly; 210 hab.

MANDEREN ou **MANNEREN**, vg. de Fr., Moselle, arr. de Thionville, cant. et poste de Sierck; 740 hab.

MANDERSCHEID, b. de Prusse, prov. du Rhin, rég. et à 9 l. N. de Trèves; remarquable par ses nombreuses fabriques de draps; 720 hab.

MANDESSOR, v. de l'Inde, roy. d'Indour, dans le Malva. Elle a une forte citadelle, mais est en décadence.

MANDEURE, vg. de Fr., Doubs, arr. et poste de Montbéliard, cant. d'Audincourt; fabr. de percales; 846 hab.

MANDEVILLE, vg. de Fr., Calvados, arr. et poste de Bayeux, cant. de Trévières; 480 hab.

MANDEVILLE, vg. de Fr., Eure, arr. de Louviers, cant. d'Amfreville-la-Campagne, poste d'Elbeuf; 320 hab.

MANDHAR, pays peu connu de l'île Célèbes. Il est situé au S. de Macassar et fut autrefois soumis au sultan de ce royaume; aujourd'hui il est régi par sept princes alliés entre eux et tributaires des Hollandais. Mandhar, son chef-lieu, est situé sur la côte.

MANDI ou **MUNDI**, v. du roy. de Lahore, dans le Kouhistan, chef-lieu de la principauté de même nom et importante par les riches mines de fer et de sel qui se trouvent dans son voisinage.

MANDINARE, b. dans la colonie anglaise de Sierra-Léone, Haute-Guinée; habitants méthodistes.

MANDINE (la), ham. de Fr., Tarn-et-Garonne, com. de Caylux; 350 hab.

MANDINGA, baie très-étendue sur la côte N. du dép. de Cauca, rép. de la Nouvelle-Grenade. Sa partie orientale est remplie d'une innombrable quantité d'îlots et d'écueils, débris d'un ancien continent et remarquables par leurs pêches de perles. Ils portent le nom d'îles Mandinga ou îles Mulatas. La partie orientale de la baie, plus ouverte et plus dégagée d'îles, porte le nom de golfe de San-Blas.

MANDINGS ou **MANDINGOS**, **MANDINGUES**, nation puissante, assez policée et assez industrieuse de l'Afrique occidentale, où elle possède, outre le vaste territoire entre la Gambie, le Géba et le pays côtier arrosé par le Kissée ou Kissi, les roy. de Kaarta, de Bambouk, de Kasson, de Barra, de Kollar, de Badibou, de Yani, du Oulli ou Woulli, le Dentilia et le Kabou en Sénégambie; dans la partie occidentale de la Nigritie ils sont la nation la plus nombreuse du ci-devant emp. de Bambarra, dont ils étaient le peuple dominant avant son partage; ils possèdent aussi le Kankan, le Sambatikilia, le Time et autres pays; ils sont grands, fluets, d'un noir très-foncé, aimables, gais, curieux, simples, crédules, aimant la flatterie, laborieux et passent rarement l'âge de 40 ans; entre leurs mains se trouve presque tout le commerce de l'or et de l'ivoire, et ils faisaient naguère presque tout celui des esclaves. Tous les Mandingos, à l'exception d'un petit nombre, et les Sousous, population de la même famille et qui parle le même langage, sont non seulement mahométans, mais le sont même avec beaucoup de fanatisme. Ils ont propagé l'islamisme jusqu'à Sierra-Leone d'un côté, et de l'autre jusqu'à Dahomey; les Mandingos du Dentilia sont encore idolâtres, ainsi que la grande masse des habitants des pays où ils dominent; quant à leur industrie, elle s'exerce surtout à tisser la toile de coton, à la teindre avec l'indigo, à travailler le fer et à préparer le cuir; ils savent même faire avec dextérité plusieurs opérations chirurgicales. Naturellement bonnes et humaines, les femmes chérissent leurs enfants et les élèvent avec le plus grand soin. Le gouvernement des Mandings du plateau de la Sénégambie est républicain, tandis que dans leurs colonies il est aristocratique, et dans leurs pays conquis il est monarchique, limité par un conseil des vieillards.

MANDJÉRA, riv. de l'Inde, affluent de droite du Godavery.

MANDJI ou **MAUJEC**, v. de l'Inde anglaise, présidence de Calcutta, prov. de Behar; bâtie au confluent du Gogra et du Gange; fait un commerce considérable. L'on y admire un immense bananier (*ficus religiosa*); à midi la circonférence de son ombre est de 1116 pieds anglais.

MANDLAH ou **MUNDLAH**, v. de l'Inde anglaise, présidence de Calcutta, prov. de Gundwana; elle est située sur la Nerbuddah et est la principale forteresse anglaise dans la province.

MANDO, mines d'or très-riches de l'île de Bornéo; elles sont situées dans le pays de Mumpava, partie de la résidence de la côte occidentale de l'île.

MANDOS, ham. de Fr., Basses-Pyrénées, com. de St.-Jean-le-Vieux; 110 hab.

MANDOU, chaîne de montagnes de l'Inde, dans le Malwa; est une ramification des monts Vindhya; son point culminant n'a que 411 toises de hauteur.

MANDOUL, vg. de Fr., Tarn, arr., cant. et poste de Castres; 200 hab.

MANDRAY, vg. de Fr., Vosges, arr. de

Mirecourt, cant. de Fraize, poste de St.-Dié; 1270 hab.

MANDRE, vg. de Fr., Meuse, arr. de Bar-le-Duc, cant. de Montiers-sur-Saux, poste de Gondrecourt; 460 hab.

MANDREREI, riv. considérable dans la partie méridionale de l'île de Madagascar; elle se jette dans l'Océan Indien, à 25 l. O. du fort Dauphin.

MANDREULE, ham. de Fr., Corse, com. de Santa-Maria-di-Lota; 120 hab.

MANDRES, vg. de Fr., Eure, arr. d'Évreux, cant. et poste de Verneuil, 310 hab.

MANDRES, vg. de Fr., Seine-et-Oise, arr. de Corbeil, cant. de Boissy-St.-Léger, poste de Brunoy; 586 hab.

MANDRES, vg. de Fr., Vosges, arr. de Neufchâteau, cant. et poste de Bulgnéville; 510 hab.

MANDRES-AUX-QUATRE-TOURS, vg. de Fr., Meurthe, arr. de Toul, cant. de Domèvre, poste de Noviant-aux-Prés; 420 hab.

MANDRES-LES-NOGENT, vg. de Fr., Haute-Marne, arr. de Chaumont-en-Bassigny, cant. et poste de Nogent-le-Roi; 450 hab.

MANDREVILLARS, vg. de Fr., Haute-Saône, arr. de Lure, cant. et poste de Héricourt; 100 hab.

MANDU, pet. v. de l'emp. du Brésil, prov. de Minas-Géraès, comarque de Rio-das-Mortes, sur le Rio-Mandu; eaux sulfureuses thermales qui portent le nom de Caldas-da-Reinha et sont très-renommées.

MANDUEL, vg. de Fr., Gard, arr. et poste de Nismes, cant. de Marguerittes; 1507 hab.

MANDURIA, b. du roy. de Naples, prov. de la Terre d'Otrante.

MANE, vg. de Fr., Basses-Alpes, arr., cant. et poste de Forcalquier; 1540 hab.

MANE, vg. de Fr., Haute-Garonne, arr. de St.-Gaudens, cant. de Salies, poste de St.-Martory; 640 hab.

MANE-COULE-CANDY, un des points culminants des montagnes de l'île de Ceylan; a 847 toises de hauteur.

MANÉGLISE, vg. de Fr., Seine-Inférieure, arr. du Hâvre, cant. et poste de Montivilliers; 610 hab.

MANÉHOUVILLE, vg. de Fr., Seine-Inférieure, arr. de Dieppe, cant. et poste de Longueville; 260 hab.

MANENT, vg. de Fr., Gers, arr. de Mirande, cant. et poste de Masseube; 330 hab.

MANERBE, vg. de Fr., Calvados, arr. de Pont-l'Évêque, cant. de Blangy, poste de Lisieux; 910 hab.

MANERBIO, b. de Lombardie, gouv. de Milan, délégation de Brescie; 3000 hab.

MANÈRE (la), vg. de Fr., Pyrénées-Orientales, arr. de Céret, cant. et poste de Prats-de-Mollo; 700 hab.

MANETIN, pet. v. de Bohême, cer. de Pilsen; grande manufacture de draps; carrières d'ardoises; 1200 hab.

MANFO, v. de l'île de Sicile, intendance de Trapani, au S.-E. du monte San-Giuliano.

MANFREDONNA, pet. v. du roy. de Naples, prov. de la Capitanate; est le siége d'un archevêque et donne son nom à un golfe de l'Adriatique; 5000 hab.

MANGABEIRA (Sierra), chaîne de montagnes de l'emp. du Brésil, prov. de Matto-Grosso; elle forme une ramification de la grande chaîne centrale, appelée Sierra-dos-Paricys. Sa partie N. porte le nom de Sierra Arapares.

MANGABEIRAS (Chapada-das-), chaîne de montagnes de l'emp. du Brésil; s'élève sur la frontière O. de la prov. de Maranhao, qu'elle sépare de celle de Goyaz; elle se divise en plusieurs branches, tant à l'O. qu'à l'E.; ce sont: la Sierra do Parahyba, la Sierra do Penitente et la Sierra do Quatto. La Sierra dos Covoados en est la continuation N.-O. Elle entre dans la prov. de Para et se termine près de l'embouchure du Tocantins.

MANGALIA, *Calatis*, v. de la Turquie d'Europe, eyalet de Rumili, sandschak de Silistra; avec un petit port sur la mer Noire.

MANGALORE, *Mandagara*, v. de l'Inde anglaise, présidence de Madras, prov. de Kanara; située sur la côte de Malabar, à l'embouchure du Comardaur, qui offre un bon ancrage aux bâtiments de commerce. Elle est grande, assez belle et renferme plus de 30,000 habitants, qui font un commerce important et exportent surtout du riz, dont ils approvisionnent Gool, Bombay, Mascate, etc. Les Portugais y avaient autrefois un comptoir, qui fut détruit, en 1596, par les Arabes; Hyder-Ali fortifia Mangalore en 1763; son fils Tippoo-Saheb voulut s'y créer une flotte; mais les Anglais firent échouer ses tentatives.

MANGARI, port de la côte orientale de l'île de Nio (Jos), roy. de Grèce.

MANGAZA, riv. considérable dans la partie S.-E. de l'Afrique; ses sources, qu'on présume être au S. du lac Moravi, ainsi que son cours supérieur, sont jusqu'ici inconnus; près du fort Zimbo, elle reçoit les eaux du Suabo-Grande, change son nom en celui de Chiré et se jette dans le Couama, a 10 l. E. de Sena.

MANGER, paroisse de Norwège, diocèse de Bergen, bge de Sondre-Bergenhuus; 3500 hab.

MANGERTON, mont. de la chaîne des monts Kerry, en Irlande (800 mètres).

MANGGARAY, pet. île de l'archipel de Sumbava-Timor, située entre Biona et Flores; elle s'appelle aussi Magary ou Komobo et est soumise au sultan de Bima.

MANGIENNIS, vg. de Fr., Meuse, arr. de Montmédy, cant. de Spincourt, poste de Damvillers; 820 hab.

MANGLAR (punta del). *Voyez* PORTO-RICO.

MANGLARES, pet. île bien boisée sur la côte E. de l'état de Honduras, États-Unis de l'Amérique centrale, à l'entrée de la baie de Blackwell.

MANGLES (punta de). *Voyez* MARGARITA (Santa-), province.

MANGLIEUX, vg. de Fr., Puy-de-Dôme, arr. de Clermont-Ferrand, cant. de Vic-le-Comte, poste de Sauxillange; 1430 hab.

MANGONVILLE, vg. de Fr., Meurthe, arr. de Nancy, cant. d'Haroué, poste de Neuviller-sur-Moselle; 260 hab.

MANGS ou TUNAS, groupe d'îles de l'archipel des Mariannes, Polynésie ou Océanie orientale, sous 20° 5′ lat. N.; elle se compose de 3 îles rocheuses, dont chacune a 4 l. environ de circonférence. Ce groupe est inhabité.

MANGOUROU ou MANOUROU, pet. port sur la côte orientale de l'île de Madagascar, pays des Bétanimènes, à l'embouchure du Tantamane dans l'Océan Indien.

MANGUABA, le plus grand lac de la prov. d'Alagoas, emp. du Brésil. Il a 15 l. de longueur sur 1 1/2 l. de large, et est divisé, par une langue de terre très-prolongée, en deux bassins: la lagoa de Norte (lac du Nord) et la lagoa do Sul (lac du Sud), appelé aussi San-Antonio-Grande et San-Antonio-Mirim. Le Rio-Alagaos en est l'écoulement.

MANGUELY, ham. de Fr., Isère, com. de Moirans; 180 hab.

MANGUNGA. *Voyez* EAHEINOMAUVE.

MANHAC, vg. de Fr., Aveyron, arr. de Rhodez, cant. et poste de Cassagnes-Bégonhès; 810 hab.

MANHATTAN ou NEW-YORK, île au S. de l'état de New-York, États-Unis de l'Amérique du Nord. Elle forme, avec les petites îles de Great-Barn, Little-Barn, Manning, Blackwell, Nutten ou Governor, Bucking, Bedlow ou Kennedy et Oysters qui l'entourent, le comté de New-York et comprend au S. la ville de ce nom.

MANHEULLES, vg. de Fr., Meuse, arr. de Verdun, cant. de Fresnes-en-Woëvre, poste; 1750 hab.

MANHOUE, vg. de Fr., Meurthe, arr., cant. et poste de Château-Salins; 350 hab.

MANIAGO, gros vg. de la Lombardie, gouv. de Venise, délégation d'Udine; 3800 h.

MANIAGO, pet. v. de Lombardie, gouv. de Venise, délégation d'Udine; 4000 hab.

MANIAKORRO. *Voyez* KÉMINOUM.

MANIALTE, g. a., v. du pays des Ammonites, sur la frontière de la Palestine.

MANIANA ou MINIANA, territoire de la Nigritie occidentale, au S. du Bambarra; habitants féroces et même anthropophages.

MANIANA ou MINIANA, riv. considérable de la Nigritie centrale; elle prend sa source au N. de Kayri, reçoit les eaux du Ba-Nimma et se jette dans le Djoliba, avant son entrée dans le lac Débo ou Dibbie.

MANICA ou MATUCA, pays montagneux, mais très-fertile dans l'intérieur de l'Afrique orientale, Monomotapa (*voyez* MARAVIS), renommé dans le seizième siècle par la grande quantité d'or qu'on en retirait. Il paraît probable qu'il fait aujourd'hui partie du royaume fondé par Changamera. On importe du drap, de la soie et du fer, qu'on échange contre de l'or, du cuivre et de l'ivoire. Manica, capitale, à 75 l. O.-N.-O. de Sofala.

MANICAMP, vg. de Fr., Aisne, arr. de Laon, cant. de Coucy-le-Château, poste de Blérancourt; fabrication de toiles; 1100 h.

MANICOURT, vg. de Fr., Somme, arr. de Montdidier, cant. de Roye, poste de Nesle; 70 hab.

MANI-EMOUGI ou MONO-EMOUGI, MOU-NINIGI, MOHEN-EMOUGI, vaste royaume dans l'intérieur de l'Afrique équatoriale, sur lequel les plus célèbres géographes n'ont proposé jusqu'à présent que des doutes ou des conjectures. Il est habité par les Nimiéamaï, abonde en or, argent, cuivre et ivoire, et paraît être identique avec le roy. de Bomba.

MANIKE, île de la Russie d'Europe, gouv. de Finland, cer. de Serdobol, dans le lac Ladoga; avec 117 métairies.

MANIKPOUR, v. de l'Inde, roy. d'Oude, prov. du même nom; située sur le Gange; industrieuse et commerçante.

MANILLE ou LUÇON, la plus grande île de l'archipel des Philippines, est située entre 117° et 121° long. E. et entre 12° 8′ et 18° 2′ lat. N., et baignée par les flots du Grand-Océan et de la mer de Chine; au S.-E. le détroit de San-Bernardino la sépare de l'île de Samar. Sa superficie est évaluée à 2491 l. c. g. Ses côtes sont déchirées et offrent sur toute leur étendue un nombre infini de golfes, de baies, d'îlots, etc. Les plus importants de ces golfes sont la grande baie de Manille au S.-O., la baie de Lingayen au N.-O. et la baie de Saint-Michel sur la côte septentrionale de la presqu'île de Camarines; parmi les caps de Manille, nous citerons les caps Bojador et Bolinas sur la côte occidentale, les caps St.-Vincent et Engano au N.-E., le cap St.-Ildefonse à l'E. et les caps Sitivan, Malabon, Montafu et Cabeja-de-Banda sur la presqu'île de Camarines, grande péninsule qui se détache au S.-E. et se prolonge jusqu'au détroit que nous avons mentionné plus haut. L'intérieur de Manille est couvert de montagnes; une haute chaîne qui reçoit différents noms, la traverse du N. au S. et s'étend par ses ramifications sur la plus grande partie de l'île, tantôt touchant la mer par ses pentes escarpées, s'arrêtant tantôt et se perdant sur une plage plate et sablonneuse. Cette vaste chaîne renferme plusieurs volcans dont les plus renommés sont le mont Mayon ou Albay (1700 toises), le mont Taal (1300 toises), le mont Arayet (1200 toises); le point culminant de toutes ces montagnes paraît être le mont Mahaye, élevé de 4000 mètres au-dessus du niveau de l'Océan. Le sol est tout volcanique, mais très-fertile et arrosé par un grand nombre de fleuves et de rivières, dont les plus importants sont : le Chiquito au S.-O., le Tajo au N. et le Passig, qui baigne la ville de Manille. La Laguna de Bai à l'O., la Laguna de Cayagan au N. sont ses principaux lacs. Le climat de Manille est délicieux ; les arbres y sont couverts pendant toute l'année de fleurs et de fruits et la végétation y a une vigueur qu'on trouve rarement aussi intense; mais la température est nuisible aux Européens qui y sont exposés à des maladies presque continuelles. Les productions sont les mêmes que celles de toutes les Philippines et consistent principalement en riz, coton, sucre, indigo et or. Les habitants de Manille appartiennent à quatre races : ce sont des Nègres Papouas, des Malais, des Espagnols et des Chinois. Le chiffre total de la population s'élève à plus de 2,400,000 âmes, dont les trois quarts environ sont soumis aux Espagnols. La culture de l'île est assez soignée, mais l'industrie est peu importante : les Chinois et les métis espagnols se font particulièrement remarquer par les articles de leur fabrication. Le commerce est tres-actif et considérablement augmenté depuis l'abolition des monopoles; mais il souffre encore beaucoup des pirateries des Malais de Mindanao et de Soulou. L'île de Manille est soumise en grande partie aux Espagnols; la ville de Manille est le chef-lieu de la capitainerie générale des Philippines qui comprend aussi les Mariannes, le siége du gouverneur et du conseil d'état des colonies espagnoles de la Malaisie. La partie indépendante de Manille se compose de la côte orientale et de presque tout l'intérieur. Elle est bornée par les provinces espagnoles de Cagayan au N., de Pangasinan et d'Ylocos à l'O et de Nuéva-Eeija et de Pampanga au S. Des Malais, des émigrés de Mindanao, de Soulon, des Chinois et des Japonais habitent la côte; les montagnes de l'intérieur, inabordables aux Espagnols, mais très-riches en or, sont peuplées de Nègres Papouas, tribus féroces et sauvages, auxquelles on donne aussi le nom d'Aëtas.

La partie de Manille soumise aux Espagnols est divisée entre les 15 alcades ou provinces suivantes :

ALCADES.	ENDROITS REMARQUABLES.
Tondo	Manille (Manilla), la capitale de l'île, Maria-Kina, San Matheo.
Cavite	Cavite.
Valangas	Valangas (volcan Arayet).
Bulacan	Bulacan, Pablo.
Laguna	Passanabs.
Batangas	Batangas, Mabaye, au pied de la montagne qui porte le même nom, San-Pablo.
Tayabas	Tayabas.
Pampanga	Bocolor (Cabassera-de-Bacolo), lavages d'or dans l'intérieur.
Zambalès,	Licon.
Pangasinan	Lingayen, missions sur le Panaqui et le Ytug.
Ylocos	Vigan.
Cagayan	Ylagan, Nuéva-Ségovia.
Nuéva-Eeija	Valert.
Camarines	Naga, Nuéva-Caceres, Mambulao.
Albay	Albay, le volcan Mayou ou Albay.

MANILLE, *Manilla*, capitale des possessions espagnoles dans la Malaisie, ou de la capitainerie générale des Philippines; résidence du gouverneur et du conseil d'état; siége d'un archevêché et d'une cour d'appel; est située sous 14° 36′ lat. N., non loin de l'embouchure du Passig, au fond de la vaste baie à laquelle elle a donné son nom. La rivière qui la traverse la divise en deux parties: la ville de guerre et la ville marchande; la première, située sur la rive gauche, est fortifiée et se compose d'une citadelle bien entretenue qui forme une espèce de fer à cheval, et de la ville proprement dite, dont les bâtiments sont en général grands et solides et les rues coupées à l'angle droit. Le palais du gouverneur, la cathédrale et deux églises de couvents sont les principaux édifices de cette partie de la ville. Un superbe pont de pierres la fait communiquer avec la ville marchande, beaucoup plus étendue, mais dont les huit quartiers sont regardés comme les faubourgs de Manille. La ville de guerre se fait encore remarquer par sa grande propreté, son excellent pavé et son éclairage. Manille est la ville la plus peuplée de la Malaisie; le nombre de ses habitants s'élève à 140,000 individus et plus, dont 11,000 seulement (Européens et Métis) habitent la ville de guerre; le reste, composé principalement de Tagales (famille malaie indigène de Manille) et de Chinois, occupe les faubourgs. Manille possède plusieurs établissements d'instruction publique, un théâtre, un collége, des écoles, une société patriotique fondée en 1781 et une banque. Son industrie est assez considérable, mais elle est surtout importante par son commerce d'échange; l'exportation consiste en indigo, sucre, chanvre, café, riz, cigarres, peaux et bois; en 1828 la valeur des objets exportés se monta à 1,537,520 dollars; celle des objets importés à 1,957,750 dollars. Le faubourg de Bidondo est le siége de l'industrie et renferme la grande fabrique de cigarres qui occupe 4000 femmes et un millier d'hommes. Le beau port de Cavite, aujourd'hui fortifié et mis en communication avec Manille par un télégraphe, sert pendant six mois de l'année de port à cette ville. A 3 l. de la capitale est la grotte curieuse de San Matheo, qui s'enfonce dans la montagne sur une profondeur de plus de 1700 pas en longeant un torrent souterrain.

MANILLEU, b. d'Espagne, prov. de Catalogne, dist. de Vique, sur le Ter; muré, avec une église et 4 hôpitaux; 2000 hab.

MANILS-ISLANDS, groupe de petites îles dans le détroit de Cumberland, au S. de la Terre-de-Baffin, où le détroit du Prince-de-Galles ouvre probablement une issue dans les détroits de Cumberland ou de Frobisher.

MANIN, vg. de Fr., Pas-de-Calais, arr. de St.-Pol-sur-Ternoise, cant. d'Avesnes-le-Comte, poste de l'Arbret; 300 hab.

MANINGHEM-AU-MONT, vg. de Fr., Pas-de-Calais, arr. de Montreuil-sur-Mer, cant. et poste d'Hucqueliers; 190 hab.

MANINGHEM-WIMILLE, vg. de Fr., Pas-de-Calais, arr. de Boulogne-sur-Mer, cant. et poste de Marquise; 190 hab.

MANIPA (île de), appartient au groupe d'Amboine et est située entre Bourou et Ceram, sous 125° 47′ long. E. et 3° 21′ lat. S. Manipa, assez petite, est montueuse et moins fertile qu'avant les dévastations exercées par les Hollandais et la destruction des arbres à épices. Les Hollandais entretiennent un poste sur l'île pour empêcher la culture de ces plantes.

MANIQUERVILLE, vg. de Fr., Seine-Inférieure, arr. du Hâvre, cant. et poste de Fécamp; 300 hab.

MANISES, b. d'Espagne, roy. et dist. de Valence, près du lac d'Albuféra; renommé par ses fabriques de faïence, qui emploient plus de 40 fourneaux; 1200 hab.

MANISSA ou **SYPILUM**, l'ancienne *Magnesia*, v. de la Turquie d'Asie, eyalet d'Anadoli. C'est une jolie ville, située au pied du du Bostagh, dans une vallée fertile, avec une forteresse ruinée, de construction romaine, et les tombeaux de Mourad II et de sa famille. Manissa est florissant par son commerce et ses grandes plantations de safran; d'après Fontanier, elle a 40,000 habitants.

MANISSIEUX, ham. de Fr., Isère, com. de St.-Priest; 100 hab.

MANITIVITANOS, nation indigène belliqueuse et très-féroce dans l'emp. du Brésil, prov. de Para, comarque de Rio-Négro. Cette peuplade, réputée comme anthropophage, est alliée des Portugais et établie sur les bords supérieurs du Rio-Négro. Vers le milieu du dix-huitième siècle les Manitivitanos formaient avec les Marepizanos, leurs voisins, la nation prépondérante sur les rives du Rio-Négro et pénétraient de temps en temps dans les districts presque inaccessibles qui avoisinent les grandes chutes de l'Orénoque pour y faire la chasse aux hommes, à la manière des Caraïbes, et pour fournir des esclaves aux Hollandais et aux Portugais.

MANITOU, groupe d'îles au N. du lac Michigan, États-Unis de l'Amérique du Nord.

MANITOU. *Voyez* MANATOLIN.

MANITSIT, fl. de la Russie d'Europe; il prend ses sources à la frontière du Kaukas, traverse le lac Bolszoi, reçoit la riv. Jegerlik et s'unit au Don près de Magniszkaja; sa longueur est de 107 l.

MANI-TUALIN ou **ORLOWS**, groupe d'îles dans les environs du cap Horn; elles furent découvertes par les Anglais en 1804. Elles ont un sol assez cultivable et sont habitées par une peuplade qui ressemble aux Pécherais. Krisenoy, chef-lieu, établi sur la plus plus grande île du groupe, est régulièrement bâti.

MANKASIM, v. de la Haute-Guinée, côte d'Or, capitale de la rép. de Fantie.

MANLAY, vg. de Fr., Côte-d'Or, arr. de Beaune, cant. de Liernay, poste d'Arnay-le-Duc; 660 hab.

MANNA, pet. v. du Djallonkadou, en Sénégambie, prov. de Kullo.

MANNECOURT, ham. de Fr., Vosges, com. de Châtenois; 140 hab.

MANNEQUEBEURRE, ham. de Fr., Pas-de-Calais, com. de St.-Folquin; 360 hab.

MANNEREN. *Voyez* MANDEREN.

MANNERSDORF, pet. v. de la Basse-Autriche, cer. inférieur du Wienerwald. Fabrication de passementerie et tréfileries. Bain minéral; 2000 hab.

MANNEVILLE-ÈS-PLAINS, vg. de Fr., Seine-Inférieure, arr. d'Yvetot, cant. et poste de St.-Valery-en-Caux; 740 hab.

MANNEVILLE-LA-GOUPILLE, vg. de Fr., Seine-Inférieure, arr. du Hâvre, cant. et poste de Goderville; 810 hab.

MANNEVILLE-LA-PIPARD, vg. de Fr., Calvados, arr. et poste de Pont-l'Évêque, cant. de Blangy; 500 hab.

MANNEVILLE-LA-RAOULT, vg. de Fr., Eure, arr. de Pont-Audemer, cant. et poste de Beuzeville; 600 hab.

MANNEVILLE-SUR-RILLE, vg. de Fr., Eure, arr., cant. et poste de Pont-Audemer; 510 hab.

MANNEVILLE-SUR-SEINE. *Voy.* PIERRE-DE-MANNEVILLE.

MANNEVILLETTE, Oise. *Voyez* LIHUS.

MANNEVILLETTE, vg. de Fr., Seine-Inférieure, arr. du Hâvre, cant. et poste de Montivilliers; 350 hab.

MANNHARTSBERG (cercle inférieur du), cer. de la Basse-Autriche. Ses bornes sont: au N. la Moravie, à l'E. la Hongrie; au S. le Danube le sépare des cer. inférieur et supérieur du Wienerwald, et à l'O. le cer. supérieur du Mannhartsberg. Sa superficie est de 88 l. c. géogr. et sa pop. de 250,000 hab. C'est le plus plat de tous les cercles de la Basse-Autriche; il n'est sillonné que de quelques petites chaînes de montagnes et de collines couvertes de belles forêts. L'économie rurale forme la principale occupation des habitants; la culture de la vigne, ainsi que l'éducation du bétail et de la volaille, y sont assez importantes; mais l'industrie est peu développée. Chef-lieu Kornnenbourg.

MANNHARTSBERG (cercle supérieur du), cer. de la Basse-Autriche. Ses bornes sont:

au N. la Bohême et la Moravie, à l'E. le cer. inférieur du Mannhartsberg, au S. le Danube, qui le sépare du cer. supérieur du Wienerwald, et à l'O. la Haute-Autriche. Sa superficie est de 82 l. c. géogr. et sa population de 200,000 hab. Cette province est sillonnée de montagnes et de collines, entre lesquelles s'étendent des vallées plus ou moins étroites. Le sol est généralement rocheux; cependant l'agriculture et l'éducation du bétail forment la principale ressource des habitants; on ne cultive la vigne que sur les bords du Danube et vers l'O. du cercle. L'industrie manufacturière est très-active; la fabrication de la toile, des étoffes de coton, des rubans de laine et du verre est également très-développée. Chef-lieu Krems.

MANNHEIM, v. du grand-duché de Bade; située dans une contrée fertile, au confluent du Necker et du Rhin; seconde résidence du grand-duc, siége de la cour supérieure de justice et chef-lieu du cer. du Bas-Rhin. Elle a des ponts de bateaux sur le Necker et sur le Rhin, et, depuis 1806, elle n'a plus ses fortifications, qui ont été converties en jardins et en promenades. C'est une des villes les plus régulières, mais aussi les plus modernes de l'Allemagne; elle a de belles rues, dont la principale, qui conduit de la porte du Necker au château, a 1200 pieds de longueur sur 60 de largeur; des places superbes, parmi lesquelles on distingue la place du Château, celle du Marché et la place d'Armes. Les principaux édifices sont: le château, bâtiment immense, dont une partie a été bâtie pendant le siége de 1795, et où l'on admire surtout la salle des chevaliers, la bibliothèque, la galerie de tableaux, les collections d'objets d'histoire naturelle, de gravures, d'antiquités et des plâtres des plus belles statues anciennes, et le vaste jardin qui sert de promenade publique; l'ancienne église des jésuites, qui est magnifique; le nouveau théâtre, avec une vaste salle de concert et de redoute; le nouvel arsenal; l'observatoire et la douane. Nous citerons encore deux groupes, l'un de marbre et l'autre en pierres, de Crepello et de Van de Branden, élevés au milieu de la place d'Armes et de la place du Marché. La population de Mannheim s'élève à plus de 22,000 hab. Mannheim possède un lycée, une école de commerce, un jardin botanique, une société appelée l'Harmonie, formée par la réunion du casino et du musée et possédant une bibliothèque assez considérable; un institut grand-ducal de natation pour les militaires; plusieurs établissements de bienfaisance. Son commerce, surtout celui d'expédition et de transit, est assez important; il a un port franc sur le Rhin. Un chemin de fer unira, sous peu, Mannheim à Heidelberg. Il a plusieurs fabriques et manufactures, qui livrent entre autres la liqueur appelée eau de Mannheim et une grande quantité d'objets en similor, composition appelée aussi or de Mannheim. Ce n'est qu'en 1606 que l'électeur Frédéric IV fit élever un château fort, autour duquel se forma la ville de Mannheim, construite surtout par des émigrés des Pays-Bas. Elle souffrit considérablement pendant la guerre de trente ans, et à peine avait-elle commencé à se relever, lorsque les Français la détruisirent en 1689. Elle se releva cependant de ses ruines, et, en 1720, elle devint la résidence de l'électeur palatin, ce qui en fit une des villes les plus florissantes de l'Allemagne; mais en 1777 l'électeur choisit Munich pour son séjour. Pendant les guerres des Français en Allemagne, Mannheim souffrit encore de grands dommages lors du siége de 1795.

MANNING. *Voyez* MANHATTAN.

MANNIPOUR ou MUNIPOUR, chef-lieu du pays des Moitay ou Ka-thée, dans l'Inde transgangétique anglaise; autrefois florissant par son commerce avec l'Assam et le Cachar, a été presque entièrement détruit dans la dernière guerre contre les Birmans. Il est encore presque désert.

MANO, vg. de Fr., Landes, arr. de Mont-de-Marsan, cant. de Pissos, poste de Liposthey; 400 hab.

MANOIR (le), vg. de Fr., Calvados, arr. et poste de Bayeux, cant. de Ryes; 250 hab.

MANOIR (le), vg. de Fr., Eure, arr. de Louviers, cant. et poste de Pont-de-l'Arche; 380 hab.

MANOIR (le), ham. de Fr., Eure, com. de St.-Nicolas-d'Athez; 120 hab.

MANOIR (le), ham. de Fr., Oise, com. de Brémontier-Merval; 110 hab.

MANOIR-DUVAL, ham. de Fr., Seine-Inférieure, com. de Freulleville; 240 hab.

MANOIS, vg. de Fr., Haute-Marne, arr. de Chaumont-en-Bassigny, cant. de St.-Blin, poste d'Andelot; hauts-fourneaux; 460 hab. Manois-le-Bas, avec affinage, laminage et tréfileries, fait partie de cette commune.

MANOM, vg. de Fr., Moselle, arr., cant. et poste de Thionville; 790 hab.

MANONCOURT-EN-VERMOIS, vg. de Fr., Meurthe, arr. de Nancy, cant. et poste de St.-Nicolas-du-Port; 290 hab.

MANONCOURT-EN-VOIVRE, vg. de Fr., Meurthe, arr. et poste de Toul, cant. de Domèvre; 250 hab.

MANONCOURT-SUR-SEILLE, vg. de Fr., Meurthe, arr. de Nancy, cant. de Noményı, poste de Pont-à-Mousson; 300 hab.

MANONVILLE, vg. de Fr., Meurthe, arr. de Toul, cant. de Domèvre, poste de Noviant-aux-Prés; 290 hab.

MANONVILLER, vg. de Fr., Meurthe, arr., cant. et poste de Lunéville; 370 hab.

MANOSQUE, v. de Fr., Basses-Alpes, arr., à 4 l. S. de Forcalquier, chef-lieu de canton et poste; siége d'un tribunal de commerce; elle est située au milieu d'une vallée fertile, près de la rive droite de la Durance; elle renferme plusieurs grands édifices, mais aucun n'est remarquable sous le rapport de l'architecture. Cette ville est la plus considérable des Basses-Alpes et sa situation sur la limite du département l'a sans doute seule empêchée d'être élevée au rang de chef-lieu de préfecture. Manosque possède un collége et un grand nombre d'établissements industriels très-actifs, savoir des fabr. de cadis, de filoselles, de toiles; des filat. de soie, des blanchisseries, des tanneries, etc. Son commerce n'a pas moins d'activité; il s'exerce particulièrement sur les vins, eaux-de-vie, huiles fines, olives, miel, truffes, amandes, etc. Il y a dans les environs des sources d'eaux minérales et des houillères; 5600 h.

Cette petite ville, qui doit son origine aux comtes de Forcalquier, appartint plus tard aux chevaliers de l'ordre de Malte; elle avait un château, siége d'une commanderie. Un tremblement de terre renversa, en 1708, une grande partie de Manosque.

MANOT, vg. de Fr., Charente, arr., cant. et poste de Confolens; 1300 hab.

MANOU, vg. de Fr., Eure-et-Loir, arr. de Nogent-le-Rotrou, cant. et poste de la Loupe; 830 hab.

MANOU-KAO. *Voyez* ÉAHEINOMAUVE.

MANPARRO, un des affluents les plus considérables de l'Apuré.

MANQUEVILLE, ham. de Fr., Pas-de-Calais, com. de Lillers; 200 hab.

MANRE, vg. de Fr., Ardennes, arr. et poste de Vouziers, cant. de Monthois; 430 h.

MANRESA, *Manorissa*, v. d'Espagne, chef-lieu de district, dans la Catalogne; murée, sur le Llobregat, à 20 l. S.-O. de Gérone; une des villes les plus manufacturières du royaume; fabr. de foulards, bas, étamine et sangle de soie, occupant 1200 métiers; de chapeaux, de sel de saturne; moulins à poudre. Les produits sont expédiés par Barcelone; 9000 hab.

MANS (le), *Cenomania*, *Cenomanorum Civitas*, v. de Fr., chef-lieu du dép. de la Sarthe, à 53 l. S.-O. de Paris; siége de tribunaux de première instance et de commerce, d'un évêché suffragant de l'archevêché de Tours; directions des contributions et des domaines, conservation des hypothèques; résidence d'un inspecteur des forêts et d'un ingénieur en chef des ponts-et-chaussées; chambre des manufactures, etc. Le Mans est situé sur une colline, près du confluent de la Sarthe et de l'Huîne. La vieille ville renferme des rues sales, étroites et tortueuses; la partie neuve présente un aspect agréable; les constructions y sont solides et de bon goût. La cathédrale, édifice gothique commencé au neuvième siècle et achevé vers la fin du quinzième, est le monument le plus remarquable de la ville. La salle de spectacle et la halle aux grains méritent aussi d'être visitées. Nous citerons ensuite l'hôtel de la préfecture, qui occupe l'ancien couvent des bénédictins, le muséum d'histoire naturelle, un musée de tableaux; la bibliothèque, qui renferme plus de 42,000 volumes et 700 manuscrits. Deux jolies promenades, celle des Jacobins et celle du Greffier, espèce de labyrinthe situé au bord de la Sarthe, concourent à l'agrément de la ville. Le Mans possède un collége, un séminaire diocésain, une société royale d'agriculture, des sciences et arts, une société royale des arts, une société de médecine, des cours gratuits d'accouchement et de dessin et un musée de minéralogie départementale.

Cette ville est assez manufacturière; elle a des fabriques de toiles, de gants, des papeteries, des tanneries; ses blanchisseries de toiles et de cire sont renommées; elle est le centre d'un commerce considérable de bestiaux, de grains, de luzerne, de trèfle, de vins, d'eaux-de-vie, de bougies estimées et de volailles. Foires: 8 novembre, premier et dernier vendredi de janvier; troisième vendredi de février et quatrième avant Pâques; 23,164 hab.

Le Mans, autrefois capitale du Maine, est une des plus anciennes villes des Gaules. Lors de l'invasion romaine elle était la principale cité des Aulerci Cenomani. Au temps de Charlemagne c'était une ville riche et considérable; mais les nombreux désastres qu'elle a éprouvés l'ont fait beaucoup déchoir du rang qu'elle occupait. Les incursions des Normands au neuvième siècle, les guerres incessantes des temps de la féodalité, des incendies, la peste au quinzième et au seizième siècle, la famine au dix-septième et enfin les guerres de la Vendée à la fin du dix-huitième ont successivement désolé cette ville et détruit son ancienne prospérité. Cependant l'industrie moderne a effacé insensiblement les traces nombreuses des dernières calamités qui ont assailli le Mans.

MANSAC, vg. de Fr., Corrèze, arr. et poste de Brives, cant. de Larche; 1200 hab.

MANSAN, vg. de Fr., Hautes-Pyrénées, arr. de Tarbes, cant. et poste de Rabastens; 130 hab.

MANSARP, paroisse de la Suède méridionale, prov. de Jœnkœping, dans laquelle se trouve le Taberg, montagne haute de 140 mètres et très-riche en fer aimanté.

MANSAT, vg. de Fr., Creuse, arr., cant. et poste de Bourganeuf; 330 hab.

MANSEMPUY, vg. de Fr., Gers, arr. de Lectoure, cant. et poste de Mauvezin; 320 h.

MANSENCOMME, vg. de Fr., Gers, arr., cant. et poste de Condom; 180 hab.

MANSES. *Voyez* PORTES.

MANSFELD, pet. v. de Prusse, chef-lieu de cercle, prov. de Saxe, rég. de Mersebourg; avec un ancien château, berceau des comtes de Mansfeld, dont l'église paroissiale renferme les sépultures; les fortifications ont été en partie démolies en 1764; Mansfeld possède un hôpital et une école, où Luther reçut sa première instruction. Les habitants de la ville et du cercle vivent de l'exploitation des bois et des mines d'argent et de cuivre; ces dernières occupent environ 1500 ouvriers et produisent net près de 170,000 francs. Pop. de la ville 1400 hab., du cercle 27,700, sur 8 1/4 milles c.

MANSFIELD. *Voyez* RICHLAND (comté).

MANSFIELD. *Voyez* GREEN-MOUNTAINS.

MANSFIELD ou MANSEL, gr. île déserte et inhabitée au S.-E.-E. de l'île de Southampton et à l'O. du cap Westenholm, entrée N.-E. de la mer d'Hudson.

MANSFIELD, pet. v. de l'Angleterre, comté de Nottingham; très-industrieuse. Fabrication de bas, de savon, de malt, et manufactures de coton; commerce. Patrie du poëte Robert Dodsley, né en 1754; 9000 h.

MANSIGNÉ, vg. de Fr., Sarthe, arr. de la Flèche, cant. de Pontvalin, poste du Lude; 2540 hab.

MANSLE, v. de Fr., Charente, arr. et à 5 l. S. de Ruffec, chef-lieu de canton et poste; elle est située sur la Charente et sur la route de Paris à Bordeaux; commerce de vins, grains, eaux-de-vie, safran; 1830 hab.

MANSON, ham. de Fr., Puy-de-Dôme, com. de St.-Genest-Champanelle; 240 hab.

MANSONVILLE, vg. de Fr., Tarn-et-Garonne, arr. de Castel-Sarrasin, cant. de Lavit, poste d'Auvillars; 910 hab.

MANSORA ou MONSORIA, b. du roy. marocain de Fez, au S. de Rabat; ruines; habitants voleurs.

MANSOS, peuplade indienne, en partie indépendante, en partie convertie et vivant dans les missions au N.-E. de la Vieille-Californie, confédération mexicaine.

MANSOS (Sierra de los), chaîne de montagnes aride et d'un aspect très-sombre, à l'O. du Nouveau-Mexique, confédération mexicaine; elle accompagne en partie le Rio-del-Norte.

MANSOURAH, *Mansura*, pet. v. de la Basse-Egypte, chef-lieu d'une province, sur la rive droite de la branche de Damiette, dans un canton regardé comme le plus fertile et un des mieux cultivés de toute l'Égypte, à 5 l. N.-E. de Mehallet-el-Kebir; célèbre par le courage et les malheurs de St.-Louis, qui y fut fait prisonnier avec son armée en 1250. M. Michaud y a encore vu le bâtiment où ce roi fut mis en captivité; filatures de coton importantes. *Voyez* FARESCOUR.

MANSOUREAH, b. de la rég. d'Alger, prov. de Constantine, entre Bougie et Djigelli, à l'embouchure d'une rivière de même nom dans la Méditerranée.

MANSPACH, vg. de Fr., Haut-Rhin, arr. de Belfort, cant. et poste de Dannemarie; 500 hab.

MANT, vg. de Fr., Landes, arr. de St.-Sever, cant. et poste d'Hagetmau; 880 hab.

MANTA, b. maritime de la rép. de l'Écuador, dép. de Guayaquil, prov. de Manabi; il a un bon port très-fréquenté par les vaisseaux du Pérou et de la Colombie. Autrefois cet endroit était très-important par ses pêches des perles, abandonnées de nos jours.

MANTAILLE, ham. de Fr., Drôme, com. d'Anneyron; 120 hab.

MANTALLOT, vg. de Fr., Côtes-du-Nord, arr. et poste de Lannion, cant. de la Roche-Derrien; 360 hab.

MANUAROWO, vg. de la Russie d'Europe, gouv. de Smolensk, cer. de Dorogobusz. Combat du 19 octobre 1812 entre les Français et les Russes.

MANTEIGAS, b. du Portugal, prov. de Beira, dist. de Guarda, sur la pente des monts Estrella; 2400 hab.

MANTELIN, ham. de Fr., Ardèche, com. de Brossaine; 100 hab.

MANTENAY-MONTLAIN, vg. de Fr., Ain, arr. de Bourg-en-Bresse, cant. et poste de St.-Trivier-de-Courtes; 710 hab.

MANTES, surnommée LA JOLIE, v. de Fr., Seine-et-Oise, à 11 l. N.-O. de Versailles et à 12 l. N.-O. de Paris; chef-lieu d'arrondissement; siége d'un tribunal de première instance; direction des contributions indirectes et conservation des hypothèques. Elle est très-agréablement située sur la rive gauche de la Seine, que l'on y passe sur un pont remarquable par sa beauté. On voit encore aux alentours de la ville quelques tours en ruines, restes d'anciennes fortifications. Mantes est une jolie petite ville; on y remarque la cathédrale, édifice gothique, surmonté de deux tours fort élevées, plusieurs fontaines élégantes et de charmantes promenades. Cette ville possède une société d'agriculture; fabr. de bonneterie, tanneries, et dans les environs de nombreux moulins à farine et à tan; commerce de grains, vins, cuirs, arbres, plantes, fer, vannerie. Foires : 22 juillet, 14 septembre, 9 octobre, premier mercredi après le 1er mai et après la St.-André; 3818 hab.

Mantes fut brûlé par Guillaume-le-Conquérant, en 1096. Philippe-Auguste y mourut en 1223. Au quatorzième siècle cette ville fut prise et saccagée par Charles-le-Mauvais, auquel Duguesclin la reprit peu de temps après. Elle tomba ensuite au pouvoir des Anglais et retourna à la France sous Charles VII. Après les guerres de la ligue Henri IV fit détruire les fortifications de Mantes, la première ville qui ouvrit ses portes à ce roi, et depuis cette époque elle n'a été le théâtre d'aucun évènement important.

MANTES-LA-VILLE, vg. de Fr., Seine-et-Oise, arr., cant. et poste de Mantes; 840 h.

MANTET, vg. de Fr., Pyrénées-Orientales, arr. de Prades, cant. et poste d'Olette; 130 hab.

MANTHE, ham. de Fr., Drôme, com. de Moras; 410 hab.

MANTHELAN, b. de Fr., Eure-et-Loir, arr. de Loches, cant. et poste de Ligueil; bancs de coquillages fossiles appelés falun, propres à l'engrais; 1275 hab.

MANTHELON, vg. de Fr., Eure, arr. d'Évreux, cant. et poste de Damville; 290 h.

MANTIANA, g. a., v. de la Mauritanie césarienne, au pied des monts Garaphi.

MANTILLI, vg. de Fr., Orne, arr. et poste de Domfront, cant. de Passais; 2660 h.

MANTINERA et **ISOLA**, deux pet. îlots dans le golfe de Policastro, roy. des Deux-Siciles.

MANTIQUEIRA (Sierra), la partie méridionale de ce vaste système de montagnes qui forme la crête centrale du Brésil, et auquel M. Eschwege a donné le nom de Sierra do Espinhaço. La Sierra Mantiqueira reçoit son nom à Villa-Rica, au N. du cours supérieur du Rio-Docé, dans la prov. de Minas-Géraès, dont elle couvre toute la partie méridionale. Toujours dans une direction S. elle suit le cours du Parahyba et sépare la prov. de Minas de celle de Rio-Janeiro; au S. de Minas elle prend une direction O. le long du Rio-Tiété et sépare Minas de San-Paolo, où elle prend le nom de Sierra de Juquery. Cette chaîne de montagnes, en partie bien boisée, en partie composée de rochers noirs et arides, renferme les pics les plus élevés du Brésil, tels que l'Itacolumi, l'Itaubira, l'Itambé, etc., qui atteignent une hauteur de 2000 mètres. Dans la prov. de Minas-Géraès la Sierra Mantiqueira abonde en métaux précieux et y porte différents noms tels que : au N. Sierra Négra, avec les Sierras do Caraça et da Itaubira, riches en fer; au centre Sierra do Oiro-Preto (or noir) et au S. Sierra do Oiro-Branco (or blanc) avec la Sierra da Frecheira. Les principales ramifications de la Sierra Mantiqueira sont : la Sierra Lenheiro à l'O. entre le Rio-Grande et le Rio-das-Mortes; la Sierra de San-Jozé au N. de la précédente; la Sierra do Lopo au S., le long du Rio-Verde; la Sierra do Juruoca, la Sierra Chapada, la Sierra da Giboya, aux sources du Jiquiriça; la Sierra da Itapera, la Sierra das Bocetas, la Sierra do Guayru, la Sierra da Capioba, la Sierra da Orobo avec la Sierra do Camizao, la Sierra do Paulista, la Sierra dos Aymores et la Sierra do Pinga avec la Sierra Cincora et la Sierra Riachinha à l'E. On peut regarder comme ses dépendances : la Sierra de Boqueira, dans le voisinage du Rio-Verde; la Sierra de Catulez à l'O., sur les rives du San-Francisco; le Morro-Chapéo, au N. de la Villa-Jacobina; la Sierra da Borracha ou Sierra Muribeca, à l'extrémité N.-O.; le Morro-do-Itambi, auquel se rattache la Sierra das Esméraldas; la Sierra do Gram-Mogol, sur la rive gauche du Jéquitinhonha supérieur; la Sierra do Peixe-Brabo, entre les sources du Rio-Pardo et du Rio-Vacaria; la Sierra da Conceiçao et la Sierra da Gurutuba, entre le Rio-Verde et le Gurutuba.

MANTOCHE, vg. de Fr., Haute-Saône, arr. et poste de Gray, cant. d'Autrez; 940 h.

MANTOUE, délégation du roy. Lombard-Vénitien, gouv. de Milan. Ses bornes sont : au N.-O. la délégation de Brescie, au N.-E. celle de Vérone, au S.-E. celle de Polésine, au S. les duchés de Modène et de Parme et à l'O. la délégation de Crémone. Sa superficie est de 41 1/2 l. c. géogr. et sa pop. de 250,000 hab. Cette province est située sur la rive gauche du Pô, à l'exception d'une petite partie, située à la droite de ce fleuve; elle est tout à fait plate, entrecoupée de marais et arrosée par de nombreux cours d'eau, dont les principaux sont le Pô et son affluent le Mincio; ce dernier forme un lac à peu de distance du territoire de Mantoue. Cette contrée est la plus insalubre de tout le royaume; ses productions consistent en riz, blé, maïs, légumes, lin, chevaux, mulets, bestiaux et soie. L'éducation du bétail est peu importante; l'industrie manufacturière se borne à la fabrication de la toile. Cette délégation est subdivisée en 17 districts. Le Mantouan, comme fief de l'empire d'Allemagne, était gouverné depuis le quinzième siècle par des ducs de la maison de Gonzague. Le dernier de ceux-ci, Charles IV, fut mis, en 1703, au ban de l'empire, parce qu'il avait appuyé le parti français dans la guerre de la succession d'Espagne. Ce prince mourut à Padoue sans postérité. Depuis cette époque l'Autriche resta en possession du Mantouan, et, en 1785, elle le réunit définitivement aux provinces milanaises. En 1797 Bonaparte incorpora Mantoue à la république cisalpine, et plus tard ce pays forma la plus grande partie du dép. du Mincio, du roy. d'Italie, jusqu'à ce que l'Autriche en reprit possession, en 1814.

MANTOUE, chef-lieu de la délégation de même nom, grande et belle ville épiscopale, forteresse du premier rang, située sur un lac, formé par les eaux du Mincio. Ses monuments les plus remarquables sont : l'ancienne église des franciscains avec une bibliothèque; l'ancienne église des jésuites, avec une tour disposée en observatoire; l'ancien palais ducal et le palais de justice; les bâtiments de l'université, fondée en 1625; l'arsenal; la synagogue; le moulin des douze apôtres; le palais du Té, qui renferme une galerie de tableaux, parmi lesquels il s'en trouve plusieurs de Jules Romain, qui avait établi son école dans cet édifice bâti en forme d'un T; le marché aux poissons, les boucheries, la douane, le théâtre virgilien ou diurne et la place Virgiliana. Mantoue possède aussi d'importants établissements publics, ce sont : le lycée, les deux gymnases, l'académie virgilienne, l'académie des beaux arts, la bibliothèque, une des plus considérable de l'Italie, et le musée des statues. L'air de Mantoue est encore mauvais, malgré les grandes dépenses faites dernièrement par le gouvernement autrichien pour son assainissement. Sa population, nullement proportionnée à son étendue, s'élève à 28,000 âmes. Cette ville fut dévastée en 1630 par les troupes impériales. Plus tard elle se releva de sa chute, mais depuis qu'il n'y a plus de cour, le nombre de ses habitants et de ses fabriques a successivement diminué. En 1796 Wurmser fut obligé de la rendre aux Français, faute de vivres; reprise par les Autrichiens en 1799, elle fut remise aux Français en 1801. A l'issue de la paix de Paris, en 1814, les Français évacuèrent spontanément Mantoue. C'est dans un village près de Mantoue, appelé anciennement Andes et maintenant Pictola, que naquit Virgile.

MANTRAI, ham. de Fr., Deux-Sèvres, com. d'Azay-Brulé; 200 hab.

MANTRY, vg. de Fr., Jura, arr. de Lons-le-Saulnier, cant. et poste de Sellières; 1230 hab.

MANUEL, vg. d'Espagne, roy. de Valence, dist. de St.-Félipe; sources salines.

MANUEL-ALVES (Rios-de-). *V.* TOCANTINS.

MANUZZI, pet. île des états sardes, située entre la Sardaigne et l'île de Serpentina.

MANVIEU (Saint-), vg. de Fr., Calvados, arr. de Caen, cant. de Tilly-sur-Seulles, poste de Bretteville-l'Orgueilleuse; 870 hab.

MANVIEU (Saint-), vg. de Fr., Calvados, arr. de Vire, cant. et poste de St.-Sever; 930 hab.

MANVIEUX, vg. de Fr., Calvados, arr. et poste de Bayeux, cant. de Ryes; 190 hab.

MANVORNE, pet. chaîne de montagnes d'Angleterre, comté de Worcester; très-romantique; consistant en granit, syénit et porphyre.

MANY ou NIDERUNG, vg. de Fr., Moselle, arr. de Metz, cant. et poste de Faulquemont; 370 hab.

MANZAC, vg. de Fr., Dordogne, arr. de Périgueux, cant. et poste de St.-Astier; 980 hab.

MANZANARÈS, v. d'Espagne, roy. de la Nouvelle-Castille, prov. de la Manche, dist. et à 10 l. O. de Ciudad-Réal, sur l'Azuer et sur la route de Madrid, dans le S. du royaume, commanderie de l'ordre de Calatrava. Elle possède 1 église, 4 couvents et 1 caserne de cavalerie; les habitants s'adonnent à l'agriculture et à la fabrication de poterie; 6800 hab.

MANZANARÈS, fl. des côtes du département de Maturin, rép. de Vénézuela; il descend de la Cordillera-de-la-Costa, coule vers le N. et baigne la ville de Cumana, où il s'embouche dans l'Océan Atlantique.

MANZANILLA, pet. v. de l'île de Cuba, dép. Oriental, sur la baie de Bayamo et à 10 l. S.-E. de la ville de même nom, dont elle est le port; son commerce, très-considérable, augmente tous les jours; 3400 hab.

MANZANILLO (Punta de). *Voyez* MARGARITA (Santa-), prov.

MANZAT, b. de Fr., Puy-de-Dôme, arr., à 4 l. N.-O. et poste de Riom, chef-lieu de canton; 2740 hab.

MANZENILLA, belle et vaste baie sur la côte N. de l'île d'Haïti, entre le cap Monte-Christi et le cap Français (cap Haïtien); elle offre une excellente rade pour les plus grands vaisseaux.

MANZERA. *Voyez* VALDIVIA (fleuve).

MANZIAT, vg. de Fr., Ain, arr. de Bourg-en-Bresse, cant. de Bagé, poste de Mâcon; 1540 hab.

MANZORA, dite aussi ARANHA, ARVANHA, riv. considérable du Monomotapa, Afrique; elle prend sa source dans le pays de Matuca, baigne Massapa et Bocuto et se jette dans le Couama à Zimbaoé, après un cours de 90 l. Son principal affluent est le Cabrèze.

MAOU, v. de la Nigritie centrale, capitale du pays de Kanem, qui fait partie de l'emp de Bornou, au N. du lac Tchad, à quinze journées N.-N.-E. du Nouveau-Bornou.

MAOU, pet. v. de l'état Peul de Fouta-Toro, en Sénégambie, dans la prov. du Toro proprement dit.

MAOUALY, tribu arabe qui habite la partie septentrionale du désert; elle est gouvernée par un cheik suprême et lève une espèce de tribut sur les villes frontières du territoire qu'elle parcourt.

MAOUNA ou TOUTOUILLA, une des principales îles de l'archipel des Navigateurs (archipel de Hamoa ou de Bougainville, de Balbi), dans la Polynésie ou Océanie orientale. Cette île, la troisième pour l'étendue, est située au S. d'Oyalava et s'étend du 172° 33′ au 172° 53′ long. occ., entre 14° 16′ et 14° 28′ lat. S.; sa longueur de l'E. à l'O. est de 6 l.; elle est montueuse et couverte d'une riche végétation. Au S.-O. de la côte septentrionale de l'île, sous 14° 20′ 45″ lat. S., se trouve l'anse ou la baie du Massacre, dans laquelle la Pérouse aborda et où il perdit le capitaine Delangle, le naturaliste Lamanon avec neuf hommes de son équipage, massacrés par les féroces habitants de Maouna.

MAOUTI, pet. île basse, dépendante de l'île Watiou, une des plus importantes de l'archipel de Cook, au S.-E. de la petite île de Mittiero, également dépendante de Watiou.

MAOUVI ou MAUWI, MOWEE, île de l'archipel de Hawaï ou de Sandwich, dans la Polynésie ou Océanie orientale; elle s'étend, au N.-O. de l'île Hawaï, depuis 158° 34′ jusqu'à 159° 14′ long. occ., entre 20° 34′ et 21° 3′ lat. N., et elle a, selon Cook, 28 milles de circonférence. Cette île qui, d'après le docteur Meuzies, est de formation toute volcanique, présente de hautes montagnes, dont quelques-unes, entre autres le pic oriental, de 10,135 pieds de hauteur, ne le cèdent que de fort peu aux montagnes les plus élevées de l'île Hawaï. La côte occidentale est bordée en partie par d'énormes masses de roches nues, que séparent de profonds ravins. La baie de Mackrerray partage l'île en deux parties inégales. Le sol y est très-fertile et bien cultivé. On y récolte les mêmes productions qu'à Hawaï. Le district appelé Raheina ou Lahaina, aux environs de la baie de même nom, est la partie la plus fertile et la plus fréquentée de l'île. On y voit quelquefois 30 vaisseaux à l'ancre en même temps. Il s'y trouve aussi une station de missionnaires et une église. Mauwi a environ 20,000 hab.

MAPAN ou MAPAR. *Voyez* GUYAQUIL (fleuve).

MAPETA, g. a., v. de la Sarmatie d'Asie, peu loin de la mer d'Azow et près de Gerasa.

MAPIMI, pet. v. de la confédération mexicaine, état de Durango, sur les frontières des Bolsons-de-Mapimi; 3000 hab.

MAPOCHO (fleuve). *Voyez* MAIPO.

MAPOCHO (province). *Voyez* SANTIAGO.

MAPOUNGO, v. de la Basse-Guinée, roy. d'Angola, sur une montagne baignée par le Coanza, à 104 l. S.-E. de Loanda.

MAPURA, g. a., v. de l'E. de l'Inde en-deçà du Gange, peu loin de l'embouchure du Tyndis.

MAQUEGUA. *Voyez* LELBUN-MAPU.

MAQUIRITARI. *Voy.* ORÉNOQUE (fleuve)

MAR (la). *Voyez* LA-MAR.

MAR (Sierra de la). *Voy.* SIERRA-GÉRAL.

MARA, pays considérable au S. de l'Anazo et à l'O. du pays d'Adajel; il appartient aux Assoubo-Gattas.

MARABIUS, g. a., riv. de la Sarmatie d'Asie; elle débouchait dans la mer d'Azow, entre le Tanaïs et le Rhombites Major.

MARABOU ou MARABOUT, pet. v. de la Nigritie occidentale, dans le Haut-Bambarra, sur la Djoliba, au N.-E. de Bammakou.

MARACATTES, peuple de l'Afrique orientale, dans la partie méridionale de la côte d'Ajan.

MARACAY, un des plus beaux et des plus grands villages de l'Amérique méridionale, dans la rép. de Vénézuela, département de même nom, prov. de Caracas; plantations de café, cacao, indigo, coton, maïs, tabac, etc.; 9000 hab.

MARACAYBO (golfe de) ou GOLFE DE VÉNÉZUELA, belle baie qui s'ouvre sur la côte N. de la prov. de Maracaybo, rép. de Vénézuela, dép. de Zulia.

MARACAYBO (laguna de), le plus grand lac de l'Amérique méridionale et un des plus beaux bassins intérieurs de cette partie du monde; il forme le fond de l'immense vallée partout entourée de montagnes qui comprend la prov. de Maracaybo, dép. de Zulia, rép. de Vénézuela. Sa forme est ovale et sa superficie est, selon les géographes allemands, de plus de 1450 l. c. géogr. Lavayssé en estime la longueur du S. au N. à 50 l., la largeur à 30 l. et la circonférence à 150 l. Les montagnes environnantes lui envoient plus de 30 rivières, dont le Zulia (Sulia) et le Matacan sont les plus considérables. Ses eaux sont douces et potables quoiqu'elles communiquent par un large canal avec le golfe de Maracaybo et par conséquent avec l'Océan, et quoique la marée y soit plus sensible que sur les côtes voisines. Le lac est navigable pour les plus grands vaisseaux; au S. il forme la laguna Atoles et porte deux îles : Isla-de-las-Palomas et Isla-de-la-Vigia. Ce lac fut découvert en 1529 par Barthélemi Sailler, lieutenant allemand sous les ordres du général Alfinger. Il trouva dans ce lac un grand nombre de maisons bâties sur pilotis, ce qui lui fit donner le nom de laguna de Vénézuela (petite Venise), nom qui plus tard resta à toute la république ainsi qu'au département dans lequel le lac s'étend. Le nom de Maracaybo lui vient d'un cacique qui était le prince le plus puissant de cette contrée lors de la conquête du pays par les Espagnols.

MARACAYBO, prov. du dép. de Vénézuela, rép. du même nom; elle comprend la partie occidentale du département et est entourée par l'Océan, le golfe de Maracaybo, le lac de ce nom et la rép. de la Nouvelle-Grenade (dép. de Boyaca et de Magdalena). Toute la province est cernée par les Andes. Le sol est très-productif, mais il manque de culture. L'éducation du bétail, favorisée par de vastes prairies, et les pêches dans le lac sont très-importantes. Le climat, quoique excessivement chaud, n'est pas malsain. Le commerce, dont Maracaybo est le principal entrepôt, est très-actif; il consiste surtout dans l'exportation de bétail, de cuir, de peaux, de bois et de cacao; 31,000 hab., la plupart excellents marins.

MARACAYBO, autrefois NUÉVA-ZAMORA, chef-lieu de la province du même nom et capitale du dép. de Zulia, sur une langue de terre à l'issue O. du lac de Maracaybo, dans une contrée aride, dépourvue d'eau et exposée aux tremblements de terre. Elle fut fondée, en 1571, par Alonzo Pacheco et est régulièrement bâtie. L'eau de source y manque absolument. Les principaux édifices de la ville sont : le couvent de San-Francisco, l'hôpital de San-Juan-de-Dios et l'église principale. Avant la révolution (1819) Maracaybo possédait un des colléges les plus célèbres et les plus fréquentés de l'Amérique méridionale et aujourd'hui encore elle se distingue par ses établissements scientifiques et artistiques, ainsi que par son école de pilotage qui forme d'excellents marins. Elle a un bon port et est défendue par trois châteaux forts, dont celui de Barra est le principal; beaux chantiers, construction de vaisseaux; commerce important; 22,000 hab.

MARACAYU (Cordillera de), continuation E. de la longue chaîne de montagnes qui traverse du N. au S. le dictatorat du Paraguay; elle s'aplatit sur les rives du Parana où elle forme la magnifique chute de ce fleuve, peut-être la cataracte la plus imposante du monde.

MARACH ou MERACH, pachalik de la Turquie d'Asie; s'étend entre 33° 55′ et 35° 28′ long. orient., et entre 37° 56′ et 38° 50′ lat. N. Il confine au N.-O. et à l'O. à la Caramanie, au N.-E. à Siwas, à l'E. à Rakka, au S. avec Alep, au S.-O. avec Itchil; sa superficie est de 407 l. c. géogr. Marach, pays accidenté, mais peu cultivé, est traversé par plusieurs ramifications du Taurus et arrosé par l'Euphrate, son principal cours d'eau. Le climat est généralement tempéré, mais chaud dans les vallées; les tremblements de terre y sont fréquents. Les productions sont les mêmes que celles des provinces voisines. Le commerce de transit est assez considérable, et un grand nombre de caravanes passent par Malathia. Les Turcomans forment la masse de la population; les villes sont habitées par des Turcs, des Grecs, des Arméniens, et les montagnes par des tribus kurdes. Ses villes les plus importantes sont: Marach, le chef-lieu, Malathia, Aintab.

MARACH ou **MERACH**, chef-lieu du pachalik turc de ce nom; est une petite ville peu importante, défendue par un fort.

MARADEH, pet. oasis très-fertile du désert de Libye, dépendant de celle d'Aoudjelah. Ses habitants, depuis un petit nombre d'années, ont établi des relations commerciales directes avec les états de Bornou, de Bagharmie et de Tombouctou, dans la Nigritie; malheureusement le commerce des esclaves en est l'objet principal.

MARADI, contrée de la Nigritie centrale, emp. des Fellatahs, entre le Cachenah et le Gouber.

MARAGA, pet. v. de la Haute-Égypte, prov. et à 13 l. S. de Syou, sur la rive gauche du Nil, dans un territoire très-fertile en blé.

MARAGATES (vallée des), en Espagne, vallée stérile dans le roy. de Léon, dist. de Ponferrada. Ses habitants s'adonnent à la conduite des mulets et passent pour les voituriers les plus fidèles de l'Espagne; ils se distinguent par leur costume et leurs mœurs.

MARAGHA, v. de Perse, prov. d'Adzerbaidjan, chef-lieu de district; assez grande, remarquable par les curieuses excavations taillées dans le roc, les sources minérales qu'on trouve dans son voisinage et par le bel observatoire, aujourd'hui en ruines, qu'éleva Houlagou; 15,000 hab.

MARAGHA (lac) ou **LAC d'OURMIAH** ou **SEHAHI**, grand lac intérieur du roy. de Perse; il s'étend dans la partie S.-O. de l'Adzerbaidjan et a un pourtour de 5 journées de marche. Il reçoit les eaux de plusieurs rivières, entre autres celle qui passe par Tavris.

MARAGNON. *Voyez* AMAZONES (fleuve des).

MARAGOGIPE, pet. v. de l'emp. du Brésil, prov. et comarque de Bahia, sur la rive gauche du Guaby; collége; commerce de sucre et de tabac; 5000 hab.

MARAGUA (Sierra). *Voyez* PARIME.

MARAGUEZ. *Voyez* MAYAGUEZ.

MARAHU, pet. v. de l'emp. du Brésil, prov. et comarque de Bahia, sur la rivière du même nom; commerce; 2800 hab.

MARAIS PONTINS, dans les environs de Terracine, v. des états de l'Église; formés par les abondantes eaux qui, descendant des hauteurs environnantes, s'arrêtent dans la partie la plus basse de leur niveau, où elles deviennent croupissantes et exhalent des miasmes délétères. D'immenses travaux ont été inutilement exécutés depuis 20 siècles pour les rendre habitables. De vastes pâturages, quelques forêts, de nombreux troupeaux guidés par des pâtres farouches et souvent voleurs occupent la plus grande partie de ces marais.

MARAIS-VERNIER (le), vg. de Fr., Eure, arr. et poste de Pont-Audemer, cant. de Quillebœuf; 610 hab.

MARAJO ou **JOANNES**, grande île formée par les embouchures du Para et du Maragnon, au N.-E. de la prov. de Para, emp. du Brésil. Elle a une superficie de 850 l. c. géogr. Elle est généralement basse et forme une des parties les plus marécageuses de l'Amérique; cependant elle est très-fertile et offre de beaux pâturages. L'éducation du bétail fait la principale occupation de ses habitants, établis particulièrement sur les côtes E. et N. Le cabo Magoary forme l'extrémité N.-E. de l'île. Ses principaux cours d'eau sont: l'Anajaz, l'Arary, le Mondin et l'Abua. L'île de Marajo forme la comarque de même nom de la prov. de Para; 15,000 hab.

MARAKA. *Voyez* DONGOLA (Nouveau-).

MARAMBAT, vg. de Fr., Gers, arr. de Condom, cant. d'Eauze, poste de Vic-Fezensac; 430 hab.

MARAMBAYA, île à l'entrée E. de la baie d'Angra-dos-Reys, côte S. de la prov. de Rio-Janeiro, emp. du Brésil; elle a 5 l. de longueur sur 1 l. de large.

MARANCOURT, ham. de Fr., Seine-et-Oise, com. de St.-Cyr-Rivière; 200 hab.

MARANDEUIL, vg. de Fr., Côte-d'Or, arr. de Dijon, cant. et poste de Pontaillier-sur-Saône; 180 hab.

MARANGE (forêt de), ham. de Fr., Charente, com. de Hiersac; 120 hab.

MARANGEA, vg. de Fr., Jura, arr. de Lons-le-Saulnier, cant. et poste d'Orgelet; 110 hab.

MARANGE-SILVANGE, vg. de Fr., Moselle, arr., cant. et poste de Metz; 990 hab.

MARANGE-SONDRANGE ou **MERINGEN**, vg. de Fr., Moselle, arr. de Metz, cant. et poste de Faulquemont; 380 hab.

MARANGIS, ham. de Fr., Seine-et-Marne, com. de Vernou; 120 hab.

MARANHAO ou **MARANHAM**, **MIARIM**, **MEARI**, fl. considérable de l'emp. du Brésil; il naît, sous 8° 27′ lat. S., au S.-O. de la prov. de Maranhao, à laquelle il donne son nom et qu'il traverse du S.-O. au N.-E. Après avoir reçu le Grajahu ou Santona et le Pinaré ou Pindaré, son principal affluent de gauche, il débouche dans la baie de San-Marcos, en face de l'île de Maranhao, après un cours de 166 l.

MARANHAO ou **MARANHAM**, **SAN-LUIZ**

(baie de), baie sur la côte N. de la prov. de Maranhao, emp. du Brésil, sous 2° 30′ lat. S., devant l'embouchure du Maranhao et de quelques autres fleuves. Elle renferme l'île de Maranhao qui la divise en deux parties, dont celle à l'O. est appelée baie de San-Marcos et celle à l'E. baie de San-Jozé.

MARANHAO (fleuve). *Voyez* ARAGUAYA.

MARANHAO, prov. maritime de l'emp. du Brésil; elle s'étend entre le Paranahyba au S.-E. et le Turiassu au N.-O., et est bornée au N. par l'Océan Atlantique, à l'E. et au S. par la prov. de Piauhy, à l'O. par celle de Goyaz et au N.-O. par la prov. de Para. Sa plus grande étendue du S.-O. au N.-E. est de 236 l. et le développement de ses côtes est d'environ 105 l. Toute sa superficie est évaluée à 3211 l. c. géogr. Le sol, inégal et traversé par une infinité de rivières, est très-bas sur les côtes, onduleux dans l'intérieur, où il est entrecoupé par des collines de peu d'élévation, et ne s'élève considérablement que sur la frontière de Goyaz, où l'on remarque la Chapada-das-Mangabeiras, avec les ramifications des Serras do Parahyba, do Penitente et do Quatto, et la Serra dos Covoados qui s'aplatit dans la prov. de Para. Les côtes de cette province ne présentent aucun promontoire, mais de nombreuses baies, telles que les baies de San-Marcos et de San-Jozé, les plus importantes de ces côtes, la baie de Cuma, la baie de Cabello-da-Velha et la baie de Turiassu. Au S. de la province on trouve de nombreux lacs, accumulés surtout dans les environs de la Villa-Vianna; nous en citons: la Lagoa de Vianna, la Lagoa Acara et la Lagoa Cajari. Une infinité de cours prennent naissance dans les montagnes du S.-O., fertilisent les terres basses de la province et débouchent dans l'Océan Atlantique; les plus considérables en sont: l'Itapicuru, le plus grand fleuve du pays; le Parnahyba, qui forme la frontière E.; le Méarim ou Maranhao, qui a donné son nom à la province; le Turiassu, sur la frontière O.; le Tutoya, le Rio-das-Perguiças, le Marim, le Péréa, le Mony et le Mamuna. Le climat, excessivement chaud, n'est guère tempéré par les vents des côtes. Les contrées méridionales de cette province, habitées par différentes peuplades indigènes, sont peu connues et encore moins cultivées. La culture s'étend surtout au N. et au N.-E., le long de l'Itapicuru et du Maranhao, et porte principalement sur le riz et le coton; on cultive en outre du tabac, du maïs, des légumes et des melons. Les forêts abondent en excellents baumes. Le règne minéral, qui, selon Cazal, offre du fer, du plomb, de l'argent, de l'antimoine, des cristaux, du fer carburé, du salpêtre, du vitriol, de l'alun et du sel gemme, n'est guère utilisé; on n'exploite que quelques carrières de chaux, de pierres de taille, de pierres à aiguiser et les salines très-importantes au N. d'Alcantara. L'éducation du bétail, la pêche et la chasse forment les principales occupations des habitants. L'industrie manufacturière ne consiste que dans la fabrication du cuir, de cordes, de cables, de poterie, de toiles de coton et de hamacs. Le riz, le coton, le cuir et les gommes forment les principaux articles du commerce d'exportation, dont la ville de Maranhao est l'entrepôt central. Les habitants de cette province, au nombre de 240,000, se composent de Portugais, d'Anglais, d'Américains du Nord, de Nègres, de races sang-mêlé et d'indigènes qui vivent dans l'indépendance dans les montagnes du Sud; ce sont: les Guègues et les Acroas, sur le Parnahyba supérieur; les Mannajos, à l'O. du Balsas supérieur, les Timbyras, près des sources du Méarim; les Guajojaras et les Piacoboès, entre les sources du Méarim et du Petit-Itapicuru; les Cupinharos, dont les demeures s'étendent jusqu'au Tocantins, dans la prov. de Goyaz; les Gé, sur la frontière de la prov. de Para, à laquelle ils appartiennent en grande partie, et les Gamellas, sur les rives du Turiassu. Les subdivisions administratives de la prov. de Maranhao ne sont pas connues.

L'histoire de la colonisation de cette province n'offre au commencement qu'une suite de revers. Joao de Barros et après lui Luiz Mello, auxquels le roi Jean III donna successivement la capitania de Maranhao, perdent leur flotte et leur vie devant les brisants de l'île Maranhao (1535). En 1594, François Riffault parvint à aborder à cette île, où il laisse Charles de Vaux, avec quelques familles françaises. En 1612 cette colonie est renforcée par Rivadier, mais expulsée deux années plus tard par le Portugais Gaspar da Souza. Les Portugais occupent définitivement ses côtes en 1516; Jéronimo d'Albuquerque est nommé capitaine-général (capitao mor) de la colonie, avec ordre d'y fonder une ville et de poursuivre la conquête du pays aux frais du gouvernement portugais. Il jette les fondements de la ville de Maranhao et soumet plusieurs tribus indigènes. En 1621 la petite vérole exerça de grands ravages dans cette colonie peu nombreuse encore, mais qui, dès 1622, fut renforcée par des émigrés des îles Açores. En 1626 cette colonie fut changée en gouvernement, et Franc.-Coelho de Carvalho en fut le premier gouverneur. En 1641, époque à laquelle Jean IV fut reconnu par les Hollandais comme roi légitime du Portugal, quelques vaisseaux hollandais se montrèrent sur les côtes de ce district, sous prétexte d'y avoir été jeté par la tempête. Le gouverneur leur prêtant assistance, les Hollandais mirent pied à terre et s'emparèrent facilement de la ville mal défendue et de toute la province; ils ne purent l'occuper cependant que jusqu'en 1643, où le pays retomba au pouvoir des Portugais qui, depuis cette époque, en restèrent les tranquilles possesseurs. Ce n'est que depuis 1755 et par suite de l'importation des nègres que la culture a fait quelques progrès dans ce pays, désolé aujourd'hui par la guerre civile.

MARANHAO ou **Cidade-de-San-Luiz**, chef-lieu de la province de même nom et une des principales villes du Brésil. Elle est située sur la côte occidentale de l'île de Maranhao et sur la baie de San-Marcos. Cette ville est bien bâtie et généralement d'une belle apparence. Ses édifices les plus remarquables sont: le palais du gouverneur, le ci-devant collége des jésuites, aujourd'hui le palais de l'évêque; l'hôtel de ville et la prison, qui forment l'enceinte de la grande place; la ci-devant église des jésuites, aujourd'hui la cathédrale, la bourse et quelques couvents. Maranhao est le siége d'un évêque (depuis 1676), d'une cour d'appel (depuis 1812) pour les prov. de Maranhao, Piauhy, Ciara et Para; d'un collége impérial des finances et d'un intendant de la marine. La ville possède en outre une école supérieure, plusieurs écoles élémentaires et de nombreux établissements de bienfaisance. En 1828 on y publiait deux journaux. Le port de la ville, défendu par trois forts, est bon, mais d'une entrée difficile; il est très-fréquenté, et la ville lui doit l'état florissant de son commerce et sa population, qui est de 28,000 âmes. L'île de Maranhao, de 18 l. de circonféreuce, est fertile, bien arrosée et couverte de riches plantations. Elle est entourée d'une infinité de petites îles, dont les plus remarquables sont: Péréa, San-Jozé, Raza et Santa-Anna, la plus grande après Maranhao.

MARANO, b. de Lombardie, gouv. de Venise, délégation d'Udine, dans la lagune de Grado; petit château fort; ses habitants, au nombre de 1200, s'adonnent à la pêche.

MARANO, v. du roy. et dans la prov. de Naples; 6600 hab.

MARANS, pet. v. de Fr., Charente-Inférieure, arr., à 5 l. N.-E. de la Rochelle, chef-lieu de canton et poste; elle est agréablement située au confluent de la Sèvre Niortaise et de la Vendée et possède un petit port qui peut recevoir des navires de 100 tonneaux. Les marais salants qui l'environnent fournissent une grande quantité de sel. Marans a un entrepôt de sel et de bois de construction et fait commerce de blé, de graines oléagineuses, d'eau-de-vie, de chanvre, de lin, etc.; 4557 hab.

Cette petite ville était jadis fortifiée et défendue par un château fort et surtout par les marais dont elle est environnée. Pendant les guerres de la ligue elle était au pouvoir des catholiques. Henri IV s'en empara en 1588. Le château fut rasé en 1638.

MARANS, vg. de Fr., Maine-et-Loire, arr. et poste de Segré, cant. du Lions-d'Angers; 650 hab.

MARANSIN, vg. de Fr., Gironde, arr. de Libourne, cant. de Guitres, poste de Coutras, 1340 hab.

MARANT, vg. de Fr., Pas-de-Calais, arr. et poste de Montreuil-sur-Mer, cant. de Campagne-les-Hesdin; 170 hab.

MARANVILLE, vg. de Fr., Haute-Marne, arr. de Chaumont-en-Bassigny, cant. de Juzennecourt, poste de Clairvaux; affinerie; 500 hab.

MARASAK, b. de la Turquie d'Europe, eyalet de Rumili, sandschak de Delonia; situé dans une contrée pierreuse, au pied de la montagne de même nom et habité par des commerçants de l'Arnault.

MARAT, vg. de Fr., Puy-de-Dôme, arr. d'Ambert, cant. d'Olliergues, poste de St.-Amand-Roche-Savine; 3091 hab.

MARAT, vg. de Fr., Haute-Saône, arr. de Lure, cant. et poste de Villersexel; 150 hab.

MARATAUBA, petit groupe de 6 îlots, situés à l'E. de Bornéo dans la mer de Célèbes, sous 2°15' lat. N. et 116°9' long. orient. Le plus grand, qui a donné son nom au groupe, a de l'eau douce et est visité par les habitants de l'archipel de Soulou qui y recueillent ce qu'on appelle biche de mer (*holothuria*).

MARATEA-INFERIORE, b. du roy. de Naples, prov. de Basilicata, sur la côte du golfe de Policastro; ses 3600 hab. s'occupent de la pêche.

MARATEA-SUPERIORE, très-pet. v. du roy. de Naples, prov. de Basilicata; bâtie sur une colline d'où l'on jouit d'une vue charmante sur le golfe de Policastro.

MARATHON, misérable vg. à quelques lieues d'Athènes; il remplace la ville de ce nom, célèbre par la victoire des Athéniens sur les Perses, 490 ans avant J.-C.

MARATHONISI, pet. v. de la Morée, regardée comme le chef-lieu du Magne occidental, canton stérile et montueux habité par les Maïnotes.

MARATS (les), vg. de Fr., Meuse, arr. et poste de Bar-le-Duc, cant. de Vaubecourt; 610 hab.

MARAULT, vg. de Fr., Haute-Marne, arr. de Chaumont-en-Bassigny, cant. et poste de Vignory; 500 hab.

MARAUSSAN, vg. de Fr., Hérault, arr., cant. et poste de Béziers; 920 hab.

MARAVALS, ham. de Fr., Haute-Garonne, com. de Montlaur; 200 hab.

MARAVAT, vg. de Fr., Gers, arr. de Lectoure, cant. et poste de Mauvezin; 290 hab.

MARAVATIO, b. de la confédération mexicaine, état de Mechoacan, sur la Lerma et dans la belle vallée de ce nom. Dans les environs les Espagnols remportèrent sur les Chichimèques une victoire décisive qui leur assura la possession de Mechoacan; 2200 h.

MARAVI, lac considérable de l'Afrique transéquatoriale, que, d'après des relations confuses données par les indigènes, les cartographes ont promené sur un grand espace des pays inconnus situés à l'O. des côtes de Mozambique et de Zanguebar. Plusieurs géographes le croient le même que le lac Calounga-Kouffoua et le lac Zambre ou Zembere, en comprenant sous ce dernier nom la partie septentrionale du lac Maravi, auquel on assigne une longueur de 200 l. sur une largeur de 15 à 20 l. Une ville du même nom est, dit-on, située à son extrémité S.-E., dans le pays des Bororos, le plus puissant des peuples du ci-devant empire du Monomotapa, Afrique transéquatoriale. Changamera, le plus puissant de leurs chefs, s'est emparé depuis plusieurs années de presque tout le Botonga et de tout l'Abutua, et ayant pris le titre de quitève, il est regardé par les siens comme le successeur des empereurs de Monomotapa, et siégeait vers le commencement de ce siècle à Zimbaoë, sur le Zambèze. On trouve dans le pays des Maravis des mines de cuivre exploitées.

MARAVINA. *Voyez* MARONI.

MARAY, vg. de Fr., Loir-et-Cher, arr. et poste de Romorantin, cant. de Mennetou-sur-Cher; 240 hab.

MARAYE-EN-OTHE, vg. de Fr., Aube, arr. de Troyes, cant. d'Aix-en-Othe, poste de St.-Mars-en-Othe; tuileries; 1210 hab.

MARBACH, b. de la Basse-Autriche, cer. supérieur du Mannhartsberg, sur le Danube; culture de la vigne très-considérable; 300 hab.

MARBACH, pet. v. du Wurtemberg, chef-lieu d'un grand-bailliage, cer. du Necker; sur une colline, près de l'embouchure de la Murr dans le Necker, dans une contrée ondulée, fertile en blé et en vin; pop. de la ville 2409 hab., du gr.-bge 29,500, sur 4 milles c. Mémorable dans l'histoire par la convention de 1405, qui en porte le nom; l'électeur de Mayence, le comte de Wurtemberg, le margrave de Bade, la ville de Strasbourg et 17 villes libres de la Souabe s'y liguèrent pour soutenir leur indépendance; cités devant une diète à Worms, ils n'y parurent pas et l'empereur se vit obligé de céder. Patrie du grand poëte Fréderic de Schiller, né en 1759, mort en 1805.

MARBACHE, vg. de Fr., Meurthe, arr., cant. et poste de Nancy; 690 hab.

MARBAIX, vg. de Fr., Nord, arr., cant. et poste d'Avesnes; exploitation de marbre et de pierres bleues; 890 hab.

MARBELLA, pet. port d'Espagne, protégé par une forte citadelle, roy. de Grenade, dist. et à 11 1/2 l. S.-O. de Malaga; fabrication de poterie; pêche; commerce de vins et de fruits du Sud.

MARBEUF, vg. de Fr., Eure, arr. de Louviers, cant. et poste du Neubourg; 560 hab.

MARBÉVILLE, vg. de Fr., Haute-Marne, arr. de Chaumont-en-Bassigny, cant. et poste de Vignory; 290 hab.

MARBLEHEAD, v. des États-Unis de l'Amérique du Nord, état de Massachusetts, comté d'Essex, sur une presqu'île qui s'élève par degrés au fond du Marblehead-Haven; académie; banque; douane; commerce de morue très-important. Son port, défendu par le fort Sewall, est vaste et commode. A son entrée s'étend l'île de Bakers, avec deux phares; 6000 hab.

MARBLE-ISLAND (Ile-au-Marbre), île à l'entrée de la baie de Rankin, côte N.-E. de la Nouvelle-Galles septentrionale, sous 62° 55' lat. N. Elle a 2 l. de longueur sur 1 l. de large.

MARBLETOWN, b. des États-Unis de l'Amérique du Nord, état de New-York, comté d'Ulster; carrières de meules à moudre; 4000 hab.

MARBOTTE, vg. de Fr., Meuse, arr. de Commercy, cant. et poste de St.-Mihiel; 140 hab.

MARBOUÉ, vg. de Fr., Maine-et-Loire, arr., cant. et poste de Châteaudun; 830 h.

MARBOURG, v. de l'électorat de Hesse-Cassel, chef-lieu de la prov. de la Haute-Hesse; elle est située sur la Lahn, qui sépare la ville proprement dite du faubourg de Weidenhausen. Cette ville possède une université, fondée en 1527, avec une bibliothèque de 100,000 volumes, un institut de chirurgie, un cabinet de physique, de mathématique et de minéralogie, une clinique, une maison d'accouchement, une école de chimie, un séminaire philologique, une école d'économie politique, une école vétérinaire, et depuis 1831 une faculté catholique, un pédagogium ou collége, un séminaire pour les maîtres d'école et une école d'industrie. Dans l'église de Ste.-Elisabeth se trouve le précieux monument de Ste.-Elisabeth, landgravine de Thuringe, qui, en 1231, mourut à Mannheim dans un hôpital qu'elle avait fondée. C'est dans le château qui domine la ville qu'eût lieu, en 1529, le fameux colloque entre Luther et Zwingli et leurs amis, colloque qui fut sans résultats. Fabr. de tabac et de pipes en terre; 9800 hab.

MARBOURG, v. de Styrie, chef-lieu du cercle de même nom, sur la Drave; très-commerçante, surtout en grains et en vins; gymnase, école principale. Le cercle a 60 1/2 l. c. géogr. et 170,000 hab.; la ville en a 4000.

MARBOZ, b. de Fr., Ain, arr. de Bourg-en-Bresse, cant. et poste de Coligny; 2410 h.

MARBY, vg. de Fr., Ardennes, arr. de Rocroi, cant. de Rumigny, poste de Maubert-Fontaine; 280 hab.

MARC (Saint-), vg. de Fr., Cantal, arr. et poste de St.-Flour, cant. de Ruines; 420 h.

MARC (Saint-), vg. de Fr., Charente-Inférieure, arr. de Rochefort, cant. et poste de Surgères; 1420 hab.

MARC (Saint-), vg. de Fr., Finistère, arr., cant. et poste de Brest; 1020 hab.

MARC (Saint-), ham. de Fr., Loiret, com. d'Orléans; 200 hab.

MARC (Saint-), ham. de Fr., Somme, com. de Valines; 100 hab.

MARC (Saint-), Vendée. *Voyez* MÉDARD-DES-PRÉS (Saint-).

MARC (Saint-), baie. *Voyez* LÉOGANE.

MARC (Saint-), jolie pét. v. de l'île d'Haïti, dép. de l'Artibonite, à 9 l. N. de Port-au-

Prince; sur la baie de St.-Marc; bon port; commerce actif; 2800 hab.

MARC-A-FRONGIER (Saint-), vg. de Fr., Creuse, arr., cant. et poste d'Aubusson; 1050 hab.

MARÇAIS, vg. de Fr., Cher, arr., cant. et poste de St.-Amand-Mont-Rond; 600 hab.

MARCAL (Saint-), vg. de Fr., Pyrénées-Orientales, arr. de Ceret, cant. et poste d'Arles-sur-Tech; 610 hab.

MARC-A-LOUBAUD (Saint-), vg. de Fr., Creuse, arr. d'Aubusson, cant. de Gentioux, poste de Felletin; 620 hab.

MARCAMPS, vg. de Fr., Gironde, arr. de Blaye, cant. et poste de Bourg-sur-Gironde; 480 hab.

MARCAN (Saint-), vg. de Fr., Ille-et-Vilaine, arr. de St.-Malo, cant. de Pleine-Fougères, poste de Dol; 810 hab.

MARCARERIE, ham. de Fr., Meurthe, com. de Vasperviller; 100 hab.

MARÇAY, vg. de Fr., Indre-et-Loire, arr. et poste de Chinon, cant. de Richelieu; 680 hab.

MARCAY, vg. de Fr., Vienne, arr. de Poitiers, cant. et poste de Vivonne; 920 h.

MARC-DE-JAUMEGARDE (Saint-), vg. de Fr., Bouches-du-Rhône, arr., cant. et poste d'Aix; 270 hab.

MARC-DE-VAUX (Saint-), vg. de Fr., Saône-et-Loire, arr. de Châlon-sur-Saône, cant. de Givray, poste de Bourgneuf; 360 h.

MARC-DISSERTENS (Saint-), ham. de Fr., Tarn-et-Garonne, com. de Picquecos; 120 h.

MARC-D'OUILLY (Saint-), vg. de Fr., Calvados, arr. de Falaise, cant. d'Harcourt-Thury, poste de Pont-d'Ouilly; 980 hab.

MARC-DU-COR (Saint-), vg. de Fr., Loir-et-Cher, arr. de Vendôme, cant. et poste de Mondoubleau; 430 hab.

MARCE, ham. de Fr., Loir-et-Cher, com. de Montrouveau; 150 hab.

MARCÉ, vg. de Fr., Maine-et-Loire, arr. de Baugé, cant. de Seiches, poste de Suette; 1090 hab.

MARCÉ, ham. de Fr., Indre-et-Loire, com. de Bourgueil; 500 hab.

MARCEAU (Saint-), vg. de Fr., Ardennes, arr. et poste de Mézières, cant. de Flize; 280 hab.

MARCEAU (Saint-) ou **PORTEREAUX** (les), ham. de Fr., Loiret, com. d'Orléans; 3680 h.

MARCEAU (Saint-), vg. de Fr., Sarthe, arr. de Mamers, cant. et poste de Beaumont-sur-Sarthe; 940 hab.

MARCEI, vg. de Fr., Orne, arr. d'Argentan, cant. et poste de Mortrée; 430 hab.

MARCEL, vg. de Fr., Tarn, arr. de Gaillac, cant. et poste de Cordes; 310 hab.

MARCEL (Saint-), vg. de Fr., Ain, arr., cant. et poste de Trévoux; 290 hab.

MARCEL (Saint-), ham. de Fr., Aisne, com. de Laon, 210 hab.

MARCEL (Saint-), vg. de Fr., Ardennes, arr. de Mézières, cant. et poste de Renwez; 480 hab.

MARCEL (Saint-), vg. de Fr., Aude, arr. et poste de Narbonne, cant. de Ginestas; 550 hab.

MARCEL (Saint-), ham. de Fr., Bouches-du-Rhône, com. de Marseille; 1370 hab.

MARCEL (Saint-), vg. de Fr., Dordogne, arr. de Bergerac, cant. et poste de Lalinde; 550 hab.

MARCEL (Saint-), vg. de Fr., Drôme, arr. et poste de Montélimart, cant. de Marsanne; 480 hab.

MARCEL (Saint-), vg. de Fr., Eure, arr. d'Évreux, cant. et poste de Vernon; 440 h.

MARCEL (Saint-), b. de Fr., Indre, arr. de Châteauroux, cant. et poste d'Argenton-sur-Creuse; 1970 hab.

MARCEL (Saint-), vg. de Fr., Isère, arr. de Grenoble, cant. du Touvet, poste de Chapareillan; 230 hab.

MARCEL (Saint-), ham. de Fr., Haute-Loire, com. d'Espaly; 130 hab.

MARCEL (Saint-), vg. de Fr., Morbihan, arr. de Vannes, cant. de Questembert, poste de Malestroit; 340 hab.

MARCEL (Saint-), vg. de Fr., Moselle, arr. de Briey, cant. de Conflans, poste de Mars-la-Tour; 180 hab.

MARCEL (Saint-), vg. de Fr., Rhône, arr. de Villefranche-sur-Saône, cant. et poste de Tarare; 630 hab.

MARCEL (Saint-), vg. de Fr., Haute-Saône, arr. de Vesoul, cant. de Vitrey, poste de Jussey; 350 hab.

MARCEL (Saint-), vg. de Fr., Saône-et-Loire, arr., cant. et poste de Châlon-sur-Saône; 1230 hab.

MARCELCAVE, vg. de Fr., Somme, arr. d'Amiens, cant. de Corbie, poste de Villers-Bretonneux; fabr. de bonneterie; 1510 hab.

MARCEL-D'ARDÈCHE (Saint-), b. de Fr., Ardèche, arr. de Privas, cant. et poste du Bourg-St.-Andéol; 2090 hab.

MARCEL-DE-BEL-ACCUEIL (Saint-), vg. de Fr., Isère, arr. de la Tour-du-Pin, cant. et poste de Bourgoin; 970 hab.

MARCEL-DE-CAREIRET (Saint-), vg. de Fr., Gard, arr. d'Uzès, cant. et poste de Lussan; 670 hab.

MARCEL-DE-CRUSSOL (Saint-), vg. de Fr., Ardèche, arr. de Privas, cant. et poste de la Voulte; 820 hab.

MARCEL-DE-FÉLINES (Saint-), vg. de Fr., Loire, arr. de Roanne, cant. de Néronde, poste de St.-Simphorien-de-Lay; 1320 hab.

MARCEL-DE-FONFOUILLOUSE (Saint-), vg. de Fr., Gard, arr. du Vigan, cant. de St.-André-de-Valborgne, poste de Valleraugue; 1250 hab.

MARCEL-D'EYZIN (Saint-), ham. de Fr., Isère, com. d'Eyzin-Pinet; 150 hab.

MARCEL-D'URPHÉ (Saint-), vg. de Fr., Loire, arr. de Roanne, cant. et poste de St.-Just-en-Chevalet; mine de plomb; 780 hab.

MARCEL-EN-MARCILLAT (Saint-), vg. de

Fr., Allier, arr. de Montluçon, cant. de Marcillat, poste de Néris; 550 hab.

MARCEL-EN-MURAT (Saint-), vg. de Fr., Allier, arr. de Montluçon, cant. et poste de Montmarault; 990 hab.

MARCELET, ham. de Fr., Calvados, com. de St.-Manvieu; 350 hab.

MARCELIN (Saint-), vg. de Fr., Saône-et-Loire, arr. de Charolles, cant. de la Guiche, poste de Joncy; 380 hab.

MARCELLA (Sierra), la continuation N. de la Sierra da Canastra, dont elle se détache à l'extrémité S.-E. de la prov. de Goyaz, emp. du Brésil, sous 20° lat. S.

MARCEL-LES-ANNONAY (Saint-), vg. de Fr., Ardèche, arr. de Tournon, cant. et poste d'Annonay; 930 hab.

MARCELLIN, ham. de Fr., Hautes-Alpes, com. de Veynes; 140 hab.

MARCELLIN (Saint-), pet. v. de Fr., Isère, à 12 l. O.-S.-O. de Grenoble, chef-lieu d'arrondissement; siége d'un tribunal de première instance; direction des contributions indirectes et conservation des hypothèques. Elle est très-agréablement située près de la rive droite de l'Isère et environnée de vignobles dont les produits sont assez estimés; elle a des murailles percées de quatre portes, des rues droites, de belles fontaines et une jolie promenade en forme de boulevards. L'arrondissement est très-industriel et le commerce consiste en vins, soie écrue, fils, toiles, noix, huiles, bestiaux. Foires: 20 janvier, 2 mai, 10 août et 30 septembre; pop. 2885 hab.

MARCELLIN (Saint-), pet. v. de Fr., Loire, arr. de Montbrison, cant. de St. Rambert, poste de Sury-le-Comtal; beau château; 1740 hab.

MARCELLIN (Saint-), vg. de Fr., Vaucluse, arr. d'Orange, cant. et poste de Vaison; 200 hab.

MARCELLIN-DE-VARS (Saint-), ham. de Fr., Hautes-Alpes, com. de Vars; 340 hab.

MARCELLINS (les), ham. de Fr., Rhône, com. de Villié; 140 hab.

MARCELLO (Saint-), b. du grand-duché de Toscane, compartimento de Florence; ses habitants sont très-pauvres; la culture de la châtaigne forme leur seule ressource; 800 h.

MARCELLOIS, vg. de Fr., Côte-d'Or, arr. de Sémur, cant. et poste de Vitteaux; 210 b.

MARCELLUS, vg. de Fr., Lot-et-Garonne, arr. et poste de Marmande, cant. de Meilhan; 1010 hab.

MARCELLUS, pet. v. des États-Unis de l'Amérique du Nord, état de New-York, comté d'Onondaga, sur le lac Skaneatetec; commerce; 5000 hab.

MARCEL-PAULET (Saint-), vg. de Fr., Haute-Garonne, arr. de Toulouse, cant. de Verfeil, poste de Montastruc; 360 hab.

MARCENAIS, vg. de Fr., Gironde, arr. de Blaye, cant. de St.-Savin, poste de Cavignac; 530 hab.

MARCENAT, b. de Fr., Cantal, arr. et à 5 l. N. de Murat, chef-lieu de canton, poste d'Allanche; 2585 hab.

MARCENAT-SUR-ALLIER ou **VILLAINE**, vg. de Fr., Allier, arr. de Gannat, cant. et poste de St.-Pourçain; 540 hab.

MARCENAY, vg. de Fr., Côte-d'Or, arr. de Châtillon-sur-Seine, cant. et poste de Laignes; 320 hab.

MARC-EN-BARŒUL, vg. de Fr., Nord, arr. et poste de Lille, cant. de Tourcoing; filat. de coton et de laine peignée; fabr. de toile cirée; commerce de grains et de vinaigre de grains; 3250 hab.

MARCERIN, vg. de Fr., Basses-Pyrénées, arr. d'Orthez, cant. d'Arthez, poste de Lacq; 150 hab.

MARCE-SUR-ESVRE, vg. de Fr., Indre-et-Loire, arr. de Loches, cant. et poste de la Haye-Descartes; 290 hab.

MARCET (Saint-), vg. de Fr., Haute-Garonne, arr., cant. et poste de St.-Gaudens; 920 hab.

MARCEY, vg. de Fr., Manche, arr., cant. et poste d'Avranches; 900 hab.

MARCH, dist. du cant. de Schwytz, Suisse.

MARCH. *Voyez* **MORAWA**.

MARCHAINVILLE, vg. de Fr., Orne, arr. de Mortagne-sur-Huine, cant. et poste de Longny; 690 hab.

MARCHAIS, vg. de Fr., Aisne, arr. de Château-Thierry, cant. de Condé, poste de Montmirail; 410 hab.

MARCHAIS, ham. de Fr., Seine-et-Oise, com. de Boinville; 130 hab.

MARCHAIS (le), ham. de Fr., Deux-Sèvres, com. de Fonperron; 130 hab.

MARCHAIS (les), ham. de Fr., Yonne, com. de Bagneaux-sur-Vanne; 130 hab.

MARCHAIS-BETON, vg. de Fr., Yonne, arr. de Joigny, cant. et poste de Charny; 290 hab.

MARCHAIS-SOUS-LIESSE, vg. de Fr., Aisne, arr. et poste de Laon, cant. de Sissonne; 550 hab.

MARCHAL, vg. de Fr., Cantal, arr. de Mauriac, cant. de Champs, poste de Bort; 480 hab.

MARCHAMP, vg. de Fr., Ain, arr. et poste de Belley, cant. de Lhuis; pierres lithographiques; 530 hab.

MARCHAMPT, vg. de Fr., Rhône, arr. de Villefranche-sur-Saône, cant. et poste de Beaujeu; 890 hab.

MARCHASTEL, vg. de Fr., Cantal, arr. de Murat, cant. de Marcenat, poste d'Allanche; 1070 hab.

MARCHASTEL, vg. de Fr., Lozère, arr. de Marvejols, cant. de Nasbinals, poste d'Aumont; 340 hab.

MARCHAUX, vg. de Fr., Doubs, arr., à 3 1/2 l. N.-N.-E. et poste de Besançon, chef-lieu de canton; mines de fer; 460 hab.

MARCHE (la), ci-devant prov. de Fr., bornée au N. par le Berry, au N.-E. par le Bourbonnais, à l'E. par l'Auvergne, au S. par le Limousin et à l'O. par le Poitou. Elle se divisait en Haute-Marche, dont la capitale était Guéret, et Basse-Marche, qui avait pour capitale Bellac. A l'époque de l'invasion romaine, cette contrée était habitée par les Cambiovicenses et quelques autres tribus alliées des Lemovices; elle était désignée sous le nom de *Fines Lemovicum*. Sous Honorius, la Marche, alors nommée *Marchia Gallica*, fut incorporée dans la première Aquitaine. Les Visigoths, qui l'enlevèrent aux Romains, ayant été forcés d'abandonner cette conquête aux Francs, ceux-ci la réunirent au roy. d'Aquitaine. Au dixième siècle, la Marche, qui faisait alors partie du Limousin, en fut détachée et érigée en comté en faveur de Bozon-le-Vieux. Depuis cette époque, la Marche eut ses comtes particuliers. A la fin du onzième siècle, ce comté passa par mariage dans la famille des Montgommery et plus tard dans celle de Lusignan. En 1309, Philippe-le-Bel confisqua cette province sur Gui-de-Lusignan et la transmit à son fils Charles, qui, devenu roi en 1322, l'échangea quelques années après avec Louis Ier de Bourbon contre le comté de Clermont. Le comté de la Marche passa ensuite par mariage dans la maison d'Armagnac, sur laquelle Louis XI le confisqua, en 1477, après avoir fait trancher la tête à Jacques d'Armagnac. Par le mariage d'Anne de France, la Marche rentra dans la maison de Bourbon. Les intrigues de Louise de Savoie, mère de François Ier, ayant jeté le fameux connétable de Bourbon dans le parti de Charle-Quint, François Ier confisqua le comté de la Marche et le réunit à perpétuité au domaine de la couronne, en 1527. Cette province forme aujourd'hui le dép. de la Creuse et une partie de celui de la Haute-Vienne.

MARCHE (la), vg. de Fr., Meuse, arr. de Commercy, cant. et poste de Vigneulles; 50 hab.

MARCHE (la), vg. de Fr., Nièvre, arr. de Cosne, cant. et poste de la Charité; 500 hab.

MARCHÉ (Grand et Petit-), ham. de Fr., Seine-et-Marne, com. de St.-Léger; 120 hab.

MARCHE (la), Vosges. *Voyez* LAMARCHE.

MARCHÉ-ALLOUARDE, vg. de Fr., Somme, arr. de Montdidier, cant. de Roye, poste de Nesle; fabr. de sucre indigène; 140 hab.

MARCHECK, pet. v. de la Basse-Autriche, cer. inférieur du Mannhartsberg; 2000 hab.

MARCHE-EN-FAMINE, pet. v. du roy. de Belgique, prov. et à 12 1/2 l. S. de Liége, chef-lieu de l'arrondissement de même nom, située dans les Ardennes, sur la Marchette; ancienne et mal bâtie; avec un hôpital, deux haut-fourneaux et des forges; éducation et commerce de bétail; mines de fer aux environs; 1400 hab.

MARCHE-LE-POT, vg. de Fr., Somme, arr. de Péronne, cant. de Nesle, poste d'Estrées-Déniécourt; 650 hab.

MARCHEMAISONS, vg. de Fr., Orne, arr. d'Alençon, cant. et poste du Mesle-sur-Sarthe; 520 hab.

MARCHÉMORET, vg. de Fr., Seine-et-Marne, arr. de Meaux, cant. et poste de Dammartin; 230 hab.

MARCHENA, pet. v. d'Espagne, chef-lieu de district dans le roy. et à 10 l. E. de Séville, prov. d'Andalousie, sur la Galapagas; 3000 hab.

MARCHENOIRE, b. de Fr., Loir-et-Cher, arr. et à 7 l. N. de Blois, chef-lieu de canton, poste de Mer. Ce bourg, qui n'a que 560 habitants, était jadis une place de guerre, dont on voit encore deux portes et des débris de fortifications. Après les guerres longues et cruelles du moyen âge, Marchenoire acquit quelque prospérité par l'industrie; mais la révocation de l'édit de Nantes, en lui enlevant la plus grande partie de sa population, porta à son commerce et à son industrie un coup dont elle ne s'est plus relevée.

MARCHES, vg. de Fr., Drôme, arr. de Valence, cant. de Bourg-du-Péage, poste de Romans; 610 hab.

MARCHESEUIL, vg. de Fr., Côte-d'Or, arr. de Beaune, cant. de Liernais, poste d'Arnay-le-Duc; 620 hab.

MARCHÉSIEUX, vg. de Fr., Manche, arr. de Coutances, cant. et poste de Périers; 1570 hab.

MARCHE-SUR-SAONE (la), vg. de Fr., Côte-d'Or, arr. de Dijon, cant. et poste de Pontailles-sur-Saône; 1150 hab.

MARCHÉVILLE, vg. de Fr., Eure-et-Loir, arr. de Chartres, cant. et poste d'Illiers; 470 hab.

MARCHÉVILLE, vg. de Fr., Meuse, arr. de Verdun, cant. de Fresnes-en-Woëvre, poste de Manheulles; 280 hab.

MARCHEVILLE, vg. de Fr., Somme, arr. d'Abbeville, cant. de Crécy, poste de Bernay; 330 hab.

MARCHEZAIS, vg. de Fr., Eure-et-Loir, arr. de Dreux, cant. d'Anet, poste d'Houdan; 100 hab.

MARCHIENNES, v. de Fr., Nord, arr. et à 4 1/2 l. E.-N.-E. de Douai, chef-lieu de canton et poste; elle est située sur la Scarpe et le canal du Décours, dans une contrée marécageuse; fabr. de serrurerie; tanneries; commerce d'arbres fruitiers, de lin de gros et d'asperges; 2615 hab.

MARCHIENNES-CAMPAGNE, vg. de Fr., Nord, arr. de Douai, cant. et poste de Marchiennes; 450 hab.

MARCIAC, pet. v. de Fr., Gers, arr., à 5 l. O. et poste de Mirande, chef-lieu de canton; elle est située entre l'Arros et le Bouès; elle possède une assez belle halle, une promenade agréable, qui remplace d'anciens remparts, et une verrerie où l'on fabrique du verre de diverses couleurs. Cette petite ville fut formée vers la fin du treizième siècle par la réunion de plusieurs hameaux; 1880 hab.

MARCIANISI, gros b. du roy. de Naples; prov. de la Terre-de-Labour; 6000 hab.

MARCIANO, b. de l'île d'Elbe, situé au pied de la Cavanna ou Capanna, la montagne la plus haute de cette île et dans laquelle on voit une caverne très-remarquable de plusieurs mille pieds de longueur.

MARCIANO, vg. du grand-duché de Toscane, compartimento de Toscane; bataille de 1554 dans laquelle Philippe Strozzi, le Caton de Florence, fut fait prisonnier par Cosme Ier.

MARCIANO, b. du grand-duché de Toscane, compartimento de Toscane.

MARCIAT, ham. de Fr., Saône-et-Loire, com. de Joudes; 200 hab.

MARCIEU, vg. de Fr., Isère, arr. de Grenoble, cant. et poste de la Mure; 410 hab.

MARCIGNY, v. de Fr., Saône-et-Loire, arr. et à 7 l. S.-O. de Charolles, chef-lieu de canton et poste; draperies; fabr. de linge de table damassé; 2660 hab.

MARCIGNY-SOUS-THIL, vg. de Fr., Côte-d'Or, arr. de Montbard, cant. de Précy-sous-Thil, poste de la Maison-Neuve; 180 h.

MARCILHAC, ham. de Fr., Lot, com. de St.-Cyprien; 110 hab.

MARCILLAC, pet. v. de Fr., Aveyron, arr. et à 4 l. N.-N.-O. de Rodez, chef-lieu de canton, poste de Sauveterre; 1740 hab.

MARCILLAC, vg. de Fr., Gironde, arr. de Blaye, cant. de St.-Ciers-la-Lande, poste de St.-Aubin; 1980 hab.

MARCILLAC, vg. de Fr., Lot, arr. de Figeac, cant. et poste de Cajarc; 850 hab.

MARCILLAC-LA-CROISILLE, vg. de Fr., Corrèze, arr. de Tulle, cant. de la Roche-Canillac, poste d'Égletons; 1800 hab.

MARCILLAC-LA-CROSSE, vg. de Fr., Corrèze, arr. de Brives, cant. et poste de Meyssac; 650 hab.

MARCILLAC-LANVILLE, vg. de Fr., Charente, arr. d'Angoulême, cant. de Rouillac, poste d'Aigre; 1520 hab.

MARCILLAC-SAINT-QUENTIN, vg. de Fr., Dordogne, arr., cant. et poste de Sarlat; 580 hab.

MARCILLAT, vg. de Fr., Allier, arr. et à 5 l. S. de Montluçon, chef-lieu de canton, poste de Néris; mines de houille aux environs; 1780 hab.

MARCILLAT, ham. de Fr., Creuse, com. de Mars; 100 hab.

MARCILLAT, vg. de Fr., Puy-de-Dôme, arr. de Riom, cant. de Menat, poste de Montaigut; 710 hab.

MACILLAT-LAFARGE, ham. de Fr., Creuse, com. du Compas; 120 hab.

MARCILLÉ, vg. de Fr., Mayenne, arr., cant. et poste de Mayenne; verrerie; 1320 h.

MARCILLÉ-RAOUL, vg. de Fr., Ille-et-Vilaine, arr. de Fougères, cant. et poste d'Antrain; 810 hab.

MARCILLÉ-ROBERT, vg. de Fr., Ille-et-Vilaine, arr. de Vitré, cant. de Rhétiers, poste de la Guerche; 1800 hab.

MARCILLOLES, vg. de Fr., Isère, arr. de St.-Marcellin, cant. de Roybon, poste de la Côte-St.-André; 670 hab.

MARCILLY, vg. de Fr., Cher, arr. de Sancerre, cant. et poste de Sancergues; 300 hab.

MARCILLY, vg. de Fr., Côte-d'Or, arr. de Dijon, cant. et poste d'Is-sur-Tille; 140 hab.

MARCILLY, ham. de Fr., Loiret, com. de Beaume-la-Rolande; 190 hab.

MARCILLY, vg. de Fr., Manche, arr. et poste d'Avranches, cant. de Ducey; 990 hab.

MARCILLY, vg. de Fr., Haute-Marne, arr. de Langres, cant. de Varennes, poste de Montigny-le-Roi; 820 hab.

MARCILLY, ham. de Fr., Nièvre, com. de Cervon; 220 hab.

MARCILLY, vg. de Fr., Seine-et-Marne, arr. et poste de Meaux, cant. de Lizy; 430 hab.

MARCILLY, ham. de Fr., Yonne, com. de Provency; 100 hab.

MARCILLY-D'AZERGUES, vg. de Fr., Rhône, arr. de Lyon, cant. de Limonest, poste de Chasselay; 470 hab.

MARCILLY-EN-BEAUCE, vg. de Fr., Loir-et-Cher, arr., cant. et poste de Vendôme; 180 hab.

MARCILLY-EN-GAULT, vg. de Fr., Loir-et-Cher, arr. de Romorantin, cant. de Salbris, poste de Neung-sur-Beuvron; 860 hab.

MARCILLY-EN-VILLETTE, vg. de Fr., Loiret, arr. d'Orléans, cant. et poste de la Ferté-St.-Aubin; 630 hab.

MARCILLY-LA-CAMPAGNE, vg. de Fr., Eure, arr. d'Évreux, cant. et poste de Nonancourt; 1170 hab.

MARCILLY-LA-GUEURCE, vg. de Fr., Saône-et-Loire, arr., cant. et poste de Charolles; 540 hab.

MARCILLY-LE-HAYER, b. de Fr., Aube, arr. et à 5 l. S.-S.-E. de Nogent-sur-Seine, chef-lieu de canton et poste; 690 hab.

MARCILLY-LE-PAVÉ, vg. de Fr., Loire, arr. de Montbrison, cant. et poste de Boën; 790 hab.

MARCILLY-LES-BUXY, vg. de Fr., Saône-et-Loire, arr. de Châlon-sur-Saône, cant. et poste de Buxy; 1030 hab.

MARCILLY-LES-VITTEAUX, vg. de Fr., Côte-d'Or, arr. de Sémur, cant. et poste de Vitteaux; 180 hab.

MARCILLY-SOUS-MONT-SAINT-JEAN, vg. de Fr., Côte-d'Or, arr. de Beaune, cant. et poste de Pouilly-en-Montagne; 350 hab.

MARCILLY-SUR-EURE, vg. de Fr., Eure, arr. d'Évreux, cant. et poste de St.-André; 800 hab.

MARCILLY-SUR-MAULNE, vg. de Fr., Indre-et-Loire, arr. de Tours, cant. et poste de Château-la-Vallière; 720 hab.

MARCILLY-SUR-SEINE, vg. de Fr., Marne, arr. d'Épernay, cant. d'Anglure, poste de Pont-le-Roi; commerce en charbons de bois et engrais; 720 hab.

MARCILLY-SUR-VIENNE, vg. de Fr.,

Indre-et-Loire, arr. de Chinon, cant. et poste de Ste.-Maure; 370 hab.

MARCK, vg. de Fr., Pas-de-Calais, arr. de Boulogne-sur-Mer, cant. et poste de Calais; 3050 hab.

MARCKOLSHEIM, v. de Fr., Bas-Rhin, arr. et à 3 l. S.-E. de Schlestadt, chef-lieu de canton et poste; fabr. et blanchisseries de toiles; fabr. d'huile et savon; chaudronnerie, poterie, tuilerie; commerce de chanvre; 2320 hab.

MARC-LA-LANDE (Saint-), vg. de Fr., Deux-Sèvres, arr. de Parthenay, cant. de Mazières, poste de Champdeniers; 410 hab.

MARC-LA-TOUR, vg. de Fr., Corrèze, arr., cant. et poste de Tulle; 260 hab.

MARC-LE-BLANC (Saint-), vg. de Fr., Ille-et-Vilaine, arr. de Fougères, cant. et poste de St.-Brice-en-Cogles; 1250 hab.

MARCLOP, vg. de Fr., Loire, arr. de Montbrison, cant. et poste de Feurs; 240 h.

MARCO (Saint-), v. épiscopale du roy. de Naples, prov. de la Calabre citérieure, sur le Fellone; 7200 hab.

MARCO (Saint-), pet. v. de l'île de Sicile, prov. de Messine, sur les bords de la mer.

MARCO-DE-CAROLI (Saint-), gros b. du roy. de Naples, Principauté ultérieure; 6000 hab.

MARCOING, vg. de Fr., Nord, arr., à 2 1/2 l. S.-O., et poste de Cambrai, chef-lieu de canton; 1490 hab.

MARCOLEZ, b. de Fr., Cantal, arr. d'Aurillac, cant. et poste de St.-Mamet; 1530 h.

MARCOLIN, vg. de Fr., Isère, arr. de St.-Marcellin, cant. de Roybon, poste de Beaurepaire; 640 hab.

MARCOLS, vg. de Fr., Ardèche, arr. de Privas, cant. et poste de St.-Pierreville; 1770 hab.

MARCOMANNI, g. a., peuple du S.-E. de la Germanie, originaire de la Moravie, et forcé par les Romains d'aller s'établir en Bohême; selon d'autres, il doit avoir habité entre le Main et le Neckar avant son établissement dans la Bohême.

MARÇON, vg. de Fr., Sarthe, arr. de St.-Calais, cant. et poste de la Chartre-sur-le-Loir; 1980 hab.

MARCONAY, vg. de Fr., Vienne, arr. de Loudun, cant. de Moncontour, poste de Mirebeau; 330 hab.

MARCONNE, vg. de Fr., Pas-de-Calais, arr. de Montreuil-sur-Mer, cant. et poste d'Hesdin; 670 hab.

MARCONNELLE, vg. de Fr., Pas-de-Calais, arr. de Montreuil-sur-Mer, cant. et poste d'Hesdin; 860 hab.

MARCOQUET, ham. de Fr., Oise, com. de St.-Arnoult; 150 hab.

MARCORIGNAN, vg. de Fr., Aude, arr., cant. et poste de Narbonne; 510 hab.

MARCORY (Saint-), vg. de Fr., Dordogne, arr. de Bergerac, cant. et poste de Monpazier; 210 hab.

MARCOS (San-). *Voyez* SACATÉPÉQUES.

MARCOS (bahia de San-). *Voyez* MARANHAO.

MARCOS (San-), b. de la rép. du Pérou, dép. de Liverdad, prov. de Cajamarca, dans une des plus belles et des plus fertiles vallées de la république, à 12 l. de Cajamarca; 3000 hab.

MARCOS-DE-ARICA. *Voyez* ARICA.

MARCOUF (Saint-), vg. de Fr., Calvados, arr. de Bayeux, cant. et poste d'Isigny; 280 hab.

MARCOUF (Saint-), vg. de Fr., Manche, arr. de Valognes, cant. et poste de Montebourg; 750 hab.

MARCOUSSIS, vg. de Fr., Seine-et-Oise, arr. de Rambouillet, cant. de Limours, poste de Linas; 1360 hab.

MARCOUVILLE, vg. de Fr., Eure, arr. des Andelys, cant. et poste d'Écouis; 110 h.

MARCOUVILLE, vg. de Fr., Eure, arr. de Pont-Audemer, cant. et poste de Bourgtheroulde; 240 hab.

MARCOUX, vg. de Fr., Basses-Alpes, arr., cant. et poste de Digne; 320 hab.

MARCOUX, vg. de Fr., Loire, arr. de Montbrison, cant. et poste de Bœn; 660 h.

MARCQ, vg. du roy. de Belgique, prov. de Hainaut, arr. de Mons; papeteries; 1920 hab.

MARCQ, vg. de Fr., Ardennes, arr. de Vouziers, cant. et poste de Grand-Pré; 620 hab.

MARCQ, vg. de Fr., Seine-et-Oise, arr. de Rambouillet, cant. de Montfort-l'Amaury, poste de Thoiry; 520 hab.

MARCQ-EN-OSTREVENT, vg. de Fr., Nord, arr. et poste de Douai, cant. d'Arleux; 460 hab.

MARCQ-EN-PEWELE. *Voyez* PONT-A-MARCQ.

MARC-SUR-COUESNON (Saint-), vg. de Fr., Ille-et-Vilaine, arr. de Fougères, cant. et poste de St.-Aubin-du-Cormier; 820 hab.

MARC-SUR-SEINE (Saint-), vg. de Fr., Côte-d'Or, arr. de Châtillon-sur-Seine, cant. et poste de Baigneux-lès-Juifs; 390 h. Chennecière, avec une forge, dépend de la commune.

MARCY, vg. de Fr., Aisne, arr. de Laon, cant. et poste de Marle; 430 hab.

MARCY, vg. de Fr., Aisne, arr., cant. et poste de St.-Quentin; 340 hab.

MARCY, vg. de Fr., Nièvre, arr. de Clamecy, cant. et poste de Varzy; 570 hab.

MARCY, vg. de Fr., Rhône, arr. de Villefranche-sur-Saône, cant. et poste d'Anse; 680 hab.

MARD (Saint-), vg. de Fr., Aisne, arr. de Soissons, cant. et poste de Braisne; 280 h.

MARD (Saint-), vg. de Fr., Meurthe, arr. de Lunéville, cant. de Bayon, poste de Neuviller-sur-Moselle; 120 hab.

MARD (Saint-), vg. de Fr., Seine-et-Marne, arr. de Meaux, cant. et poste de Dammartin; 450 hab.

MARD (Saint-), vg. de Fr., Somme, arr.

de Montdidier, cant. et poste de Roye; 210 hab.

MARD-DE-RÉNO (Saint-), vg. de Fr., Orne, arr., cant. et poste de Mortagne-sur-Huine; carrière de grès à paver; 1320 hab.

MARDELLES, ham. de Fr., Loiret, com. de St.-Lyé; 130 hab.

MARDEUIL, vg. de Fr., Marne, arr., cant. et poste d'Épernay; bons vins rouges; 560 hab.

MARDICK, vg. et fort de Fr., Nord, arr., cant. et poste de Dunkerque; 350 hab.

MARDIÉ, vg. de Fr., Loiret, arr. et cant. d'Orléans, poste de Pont-aux-Moines; 780 h.

MARDIGNY, ham. de Fr., Moselle, com. de Lorry-devant-le-Pont; 270 hab.

MARDILLI, vg. de Fr., Orne, arr. d'Argentan, cant. et poste de Gacé; 460 hab.

MARDIN, v. de la Turquie d'Asie, eyalet de Bagdad. Elle est bâtie en amphithéâtre sur une montagne, entourée de murs et défendue par une citadelle. C'est une grande ville, siége d'un évêque jacobite et d'un évêque arménien; elle possède 10 mosquées, un fameux collége musulman, plusieurs églises chrétiennes, des bains, des bazars, des caravansérails et 12,000 habitants, d'après Gardanne; Balbi lui en accorde 20,000. Elle fabrique de la toile, des étoffes de soie et de coton, des broderies en or et en argent et fait un commerce considérable.

MARD-LES-ROUFFY (Saint-), vg. de Fr., Marne, arr. de Châlons-sur-Marne, cant. et poste de Vertus; 170 hab.

MARDOR, vg. de Fr., Haute-Marne, arr., cant. et poste de Langres; 130 hab.

MARDORE, vg. de Fr., Rhône, arr. de Villefranche-sur-Saône, cant. et poste de Thizy; 2120 hab.

MARDS-DE-BLACARVILLE (Saint-), vg. de Fr., Eure, arr., cant. et poste de Pont-Audemer; 600 hab.

MARDS-DE-FRESNE (Saint-), vg. de Fr., Eure, arr. de Bernay, cant. et poste de Thiberville; 800 hab.

MARDS-EN-OTHE (Saint-), vg. de Fr., Aube, arr. de Troyes, cant. d'Aix-en-Othe, poste; 1600 hab.

MARD-SUR-AUVE (Saint-), vg. de Fr., Marne, arr. de Ste.-Ménéhoulde, cant. de Dommartin-sur-Yèvre, poste de Tilloy; 190 hab.

MARD-SUR-LE-MONT (Saint-), vg. de Fr., Marne, arr. et poste de Ste.-Ménéhoulde, cant. de Dommartin-sur-Yèvre; 660 hab.

MARE (la), ham. de Fr., Jura, com. de Chapelle-Voland; 120 hab.

MARÉ, ham. de Fr., Nièvre, com. de Lurcy-le-Bourg; 100 hab.

MAREAU-AUX-BOIS, vg. de Fr., Loiret, arr. et cant. de Pithiviers, poste de Chilleurs-aux-Bois; 810 hab.

MAREAU-AUX-PRÉS, vg. de Fr., Loiret, arr. d'Orléans, cant. et poste de Cléry; 1260 hab.

MARE-AUX-CLERCS (la), ham. de Fr., Seine-Inférieure, com. de Grasville-l'Heure; 120 hab.

MAREB, riv. considérable de Nubie, dont les branches descendent du plateau d'Axum, en Abyssinie; elle parcourt ensuite le pays des Changallahs et la Nubie orientale, où elle fertilise le Taka, et se jette dans l'Atbarah, près de Gos-Redjas. Dans la saison sèche cette rivière se perd sous les sables.

MAREB, v. de l'Arabie, imanat de Sanaa; est située au milieu des montagnes; elle sert de résidence à un chérif, mais est déchue; quelques antiquités qu'y a retrouvées Niebuhr font croire à ce voyageur que c'est l'ancienne Mariaba, la capitale des Sabéens.

MARÉCHAL (le), ham. de Fr., Nièvre, com. de Ruages; 130 hab.

MARÉCHALE, ham. de Fr., Isère, com. de Bernin; 150 hab.

MARÉCHAL-FERRANT (le), ham. de Fr., Nord, com. de Valenciennes; 700 hab.

MARÉCHEAUX (les), ham. de Fr., Isère, com. de St.-Ismier; 100 hab.

MARÉCHÈRE, ham. de Fr., Seine-et-Marne, com. des Marets; 240 hab.

MARECHETS (le), ham. de Fr., Jura, com. de Lac-des-Rouges-Truites; 130 hab.

MARE-DURE (la), ham. de Fr., Seine-Inférieure, com. de Rogerville; 100 hab.

MARE-ELIAS-ALZA, mont. de Syrie, près de Seyde, non loin de laquelle demeurait la fameuse lady Esther Stanhope, morte récemment. Cette femme, que plusieurs voyageurs et surtout M. de Lamartine ont rendue célèbre en Europe, exerçait une assez grande influence sur plusieurs tribus arabes.

MARÉES-PULANTES (les), ham. de Fr., Eure, com. de Faverolles-les-Mares; 100 h.

MAREIL-EN-CHAMPAGNE, vg. de Fr., Sarthe, arr. de la Flèche, cant. de Brûlon, poste de Sablé; vins blancs; 500 hab.

MAREIL-EN-FRANCE, vg. de Fr., Seine-et-Oise, arr. de Pontoise, cant. d'Ecouen, poste de Luzarches; 380 hab.

MAREIL-LE-GUYON, vg. de Fr., Seine-et-Oise, arr. de Rambouillet, cant. et poste de Montfort-l'Amaury; 220 hab.

MAREILLES, vg. de Fr., Haute-Marne, arr. de Chaumont-en-Bassigny, cant. et poste d'Andelot; 280 hab.

MAREILLES-AU-PRIEUR, vg. de Fr., Creuse, arr. d'Aubusson, cant. de St.-Sulpice-les-Champs, poste d'Ahun; 180 hab.

MAREIL-MARLY, vg. de Fr., Seine-et-Oise, arr. de Versailles, cant. et poste de St.-Germain-en-Laye; 340 hab.

MAREIL-SUR-LE-LOIR, vg. de Fr., Sarthe, arr., cant. et poste de la Flèche; 1020 hab.

MAREIL-SUR-MAULDRE, vg. de Fr., Seine-et-Oise, arr. de Versailles, cant. de de Meulan, poste de Maule; 300 hab.

MAREMMES. Ce nom désigne toute la partie du littoral de l'Italie compris entre l'Arno et le Volturno et frappé de la malaria comme la campagne de Rome; ce vaste espace n'est pas un désert inculte et stérile, c'est un pays à grande culture, où, comme chez les Hébreux, on laisse reposer les terres pendant plusieurs années.

MARENGO, pet. b. du roy. de Sardaigne, duché de Piémont, prov. d'Alexandrie. Bataille de Marengo, gagnée par Napoléon Bonaparte, premier consul, sur l'armée autrichienne (mort du général Desaix), le 14 juin 1800.

MARENGO, comté de l'état d'Alabama, États-Unis de l'Amérique du Nord; il est borné par les comtés de Greene, Dallas, Willcox, Clarke et le pays des Choktaws; pays presque inculte; 4500 hab. Marengo est le chef-lieu du comté.

MARENGO ou **PATTON**, cap de la terre de Grant, sur la côte méridionale du continent Austral ou Nouvelle-Hollande; il forme l'extrémité sud de cette terre, sous 38° 57′ lat. S. et 141° 30′ long. orient.

MARENLA, vg. de Fr., Pas-de-Calais, arr. et poste de Montreuil-sur-Mer, cant. de Campagne-les-Hesdin; 360 hab.

MARENNES, jolie pet. v. de Fr., Charente-Inférieure, à 13 l. S. de la Rochelle, chef-lieu d'arrondissement; siége de tribunaux de première instance et de commerce; conservation des hypothèques et direction des contributions indirectes. Cette ville, située près de l'embouchure de la Seudre, possède un port, dont le mouvement est assez actif; elle fait un commerce très-actif en sel, vins, eaux-de-vie recherchées, graine de moutarde, huîtres vertes renommées; mais les évaporations des marais salants qui l'environnent y rendent l'air insalubre et sont un obstacle à son accroissement. Foires: le 29 février, le 1er lundi d'août et le 29 septembre; 4600 hab.

Marennes était autrefois un comté qui appartint à Philippe de Valois. Cette seigneurie passa ensuite dans d'autres familles; au dix-huitième siècle elle était partagée entre les comtes de Soissons et l'abbesse de Saintes.

MARENNES, vg. de Fr., Isère, arr. de Vienne, cant. et poste de St.-Simphorien-d'Ozon; 1370 hab.

MARENWEZ, vg. de Fr., Ardennes, arr. de Mézières, cant. et poste de Signy-l'Abbaye; 360 hab.

MARÈQUE, ham. de Fr., Calvados, com. de Janville; 260 hab.

MARESCHÉ, vg. de Fr., Sarthe, arr. de Mamers, cant. et poste de Beaumont-sur-Sarthe; 1340 hab.

MARESCHES, vg. de Fr., Nord, arr. d'Avesnes, cant. et poste du Quesnoy; 760 hab.

MARESMONTIERS, vg. de Fr., Somme, arr., cant. et poste de Montdidier; 160 hab.

MARESQUEL, vg. de Fr., Pas-de-Calais, arr. de Montreuil-sur-Mer, cant. de Campagne-les-Hesdin; fabr. de sucre indigène; 560 hab.

MAREST, vg. de Fr., Pas-de-Calais, arr. et poste de St.-Pol-sur-Ternoise, cant. d'Heuchin; 190 hab.

MARESTANG, vg. de Fr., Gers, arr. de Lombez, cant. et poste de l'Isle-en-Jourdain; 420 hab.

MAREST-DAMPCOURT, vg. de Fr., Aisne, arr. de Laon, cant. et poste de Chauny; 680 hab.

MAREST-SUR-MATZ, vg. de Fr., Oise, arr. de Compiègne, cant. et poste de Ribecourt; 330 hab.

MARESVILLE, vg. de Fr., Pas-de-Calais, arr. et poste de Montreuil-sur-Mer, cant. d'Étaples; 130 hab.

MARETAY, ham. de Fr., Charente-Inférieure, com. de Matha; 290 hab.

MARETUNO, pet. île du groupe des Egades; possède une petite forteresse qui sert de prison d'état.

MARETS (les), vg. de Fr., Seine-et-Marne, arr. de Bovins, cant. de Villiers-St.-Georges, poste de Champcenest; 220 hab.

MARETTE (le), ham. de Fr., Seine-Inférieure, com. de Sotteville-lès-Rouen; 200 h.

MARETTO, v. de l'île de Sicile, prov. de Messine, au milieu d'une plaine riche en céréales, amandes et pistaches.

MARETZ, vg. de Fr., Nord, arr. de Cambray, cant. de Clary, poste de Cateau; 1980 hab.

MAREUGHÉOL, vg. de Fr., Puy-de-Dôme, arr. d'Issoire, cant. et poste de St.-Germain-Lembron; 690 hab.

MAREUIL, vg. de Fr., Cher, arr. de Bourges, cant. de Charost, poste d'Issoudun; forges; fonderie; 1610 hab.

MAREUIL, pet. v. de Fr., Dordogne, arr. et à 4 l. S.-O. de Nontron, chef-lieu de canton et poste; 1660 hab.

MAREUIL, ham. de Fr., Gironde, com. de Pujols; 150 hab.

MAREUIL, vg. de Fr., Loir-et-Cher, arr. de Blois, cant. et poste de St.-Aignan; 780 h.

MAREUIL, vg. de Fr., Pas-de-Calais, arr., cant. et poste d'Arras; filat. hydraul. de coton; fabr. de calicots et de sucre de betteraves; 1260 hab.

MAREUIL, vg. de Fr., Seine-et-Marne, arr., cant. et poste de Meaux; 710 hab.

MAREUIL, vg. de Fr., Somme, arr., cant. et poste d'Abbeville; 850 hab.

MAREUIL, b. de Fr., Vendée, arr. et à 5 1/2 l. S.-E. de Bourbon-Vendée, chef-lieu de canton et poste; 1440 hab.

MAREUIL-DE-ROUILLAC, vg. de Fr., Charente, arr. d'Angoulême, cant. et poste de Rouillac; 780 hab.

MAREUIL-EN-BRIE, vg. de Fr., Marne, arr. et poste d'Épernay, cant. de Montmort; beau château; 420 hab.

MAREUIL-EN-DOLE, vg. de Fr., Aisne, arr. de Château-Thierry, cant. et poste de Fère-en-Tardenois; source minérale; 490 h.

MAREUIL-LAMOTTE, vg. de Fr., Oise, arr. de Compiègne, cant. de Lassigny, poste de Ressons; 690 hab.

MAREUIL-LE-PORT, vg. de Fr., Marne, arr. d'Épernay, cant. de Dormans, poste de Port-à-Binson; 970 hab.

MAREUIL-SUR-AY, vg. de Fr., Marne, arr. de Reims, cant. d'Ay, poste d'Épernay; récolte de vins de Champagne. On y remarque la belle promenade sur le bord de la Marne et un beau château avec parc; 690 h.

MAREUIL-SUR-OURCQ, vg. de Fr., Oise, arr. de Senlis, cant. et poste de Betz; 680 h.

MAREY, vg. de Fr., Vosges, arr. de Neufchâteau, cant. et poste de Lamarche; 360 h.

MAREY-LES-FUSSEY, vg. de Fr., Côte-d'Or, arr. de Beaune, cant. et poste de Nuits; 120 hab.

MAREY-SUR-TILLE, vg. de Fr., Côte-d'Or, arr. de Dijon, cant. de Selongey, poste d'Is-sur-Tille; 580 hab.

MARFAUX, vg. de Fr., Marne, arr. de Reims, cant. de Ville-en-Tardenois, poste de Jonchery-sur-Vesle; 250 hab.

MARFAIX, ham. de Fr., Isère, com. de Miribel; 150 hab.

MARFONTAINE, vg. de Fr., Aisne, arr. de Vervins, cant. de Sains, poste de Marlé; 320 hab.

MARFONTAINE, ham. de Fr., Saône-et-Loire, com. de Montbellet; 160 hab.

MARGA (la) ou **MARSA**, *Maxula*, b. de la rég. et à 3 l. E.-S.-E. de Tunis, vis-à-vis de la Goletta, dans une contrée charmante et fertile; bains de mer.

MARGAN, vg. d'Angleterre, comté de Glamorgan, sur le canal de Bristol; possède des forges et des martinets à cuivre.

MARGARETHEN (Saint-), b. de Hongrie, cer. au-delà du Danube, comitat d'OEdenbourg; on y récolte d'excellents vins; 1500 h.

MARGARITA ou **MARGUARITA** (Santa-), île près de la côte N. du dép. de Maturin (Cumana), dont elle forme une province, rép. de Vénézuela. Elle est séparée du continent par un bras de mer qui, dans sa partie la plus étroite, n'a que 9 l. de large. Elle est située sous 11° lat. N., à 56 l. N.-O. de l'île de Trinidad et à 65 l. N.-E. de la ville de Caraccas. La forme de l'île est assez singulière; elle se compose proprement de deux parties dont celle à l'E. est la plus grande, réunies ensemble par une langue de terre qui n'a que 80 à 100 pas de large et qui, en quelques endroits, ne s'élève que de 3 à 4 mètres au-dessus du niveau de l'Océan. La superficie de l'île est de 16 (19 1/20) l. c. géogr., avec 15,000 hab. Le sol est élevé et assez montueux; son point culminant, le pic de Macanao, atteint la hauteur de 680 mètres. Les terres basses sont stériles; elles manquent d'eau et sont couvertes d'un sable brûlant, jonché d'épaisses touffes de cactus. Les côtes, très-déchirées et d'un aspect désagréable, présentent de nombreuses insections et plusieurs pointes, parmi lesquelles la punta de Balena à l'E., la punta dos Mosquitos et de Mangles au S., la punta de Arenas à l'O. et la punta de la Tuna et de Manzanillo au N. sont les plus prononcées. Il est plus que probable que toute cette île n'est que le reste d'une montagne de première formation, dont on voit la suite dans le dép. du Maturin. Elle possède trois bons ports; ce sont ceux de Pompatar, de Puéblo-de-la-Mar et de Puéblo-del-Norte. Le climat est très-sain, et des personnes qui souffrent de l'humidité des continents voisins viennent rétablir leur santé dans cette île. Le sol est assez ingrat et mal cultivé; les habitants se nourrissent surtout de la pêche, très-abondante sur cette côte, et de l'éducation du bétail. La pêche des perles, qui se faisait autrefois près de la petite île de Coché, séparée par un canal de l'île de Margarita, et qui accumulait d'immenses richesses dans les ports de cette île, est de nos jours presque insignifiante. Margarita abonde en salines et se distingue par ses fabriques de hamacs et de bas de coton. Cette île est très-favorablement située pour le commerce; celui de contrebande avec les possessions françaises et anglaises des Indes-Occidentales était immense autrefois; ce trafic a beaucoup perdu de son importance. Margarita, ordinairement comptée parmi les Petites-Antilles, fut découverte, en 1498, par Christophe Colomb. Les Espagnols reconnurent bientôt son importance sous le rapport commercial comme sous le rapport militaire, et ne négligèrent rien pour la faire prospérer au-dedans et pour la protéger au-dehors. Plus tard, malgré tous ses moyens de défense, cette île fut souvent dévastée par des flibustiers. Elle fut une des premières provinces qui, en 1819, provoquèrent la ruine de la domination espagnole dans cette partie de l'Amérique.

MARGARITA (Santa-), île de 12 l. de longueur, tout près de la côte S.-E. de la presqu'île de Californie, confédération mexicaine; elle ferme la baie de Santa-Magdaléna.

MARGARITES, gros vg. de la Turquie d'Europe, eyalet de Kandia, sandschak de Retimo, dans une plaine très-fertile, renfermant de nombreuses et belles maisons de campagne, et habité par plus de 10,000 Grecs; son territoire produit la meilleure huile de toute l'île de Candie.

MARGATE, une des plus jolies villes de l'Angleterre, comté de Kent. Ses bains de mer sont fréquentés annuellement par 30 à 40,000 baigneurs; grand commerce de grains; 10,000 hab.

MARGATTIÈRE (la), ham. de Fr., Loire-Inférieure, com. du Pin; 100 hab.

MARGAUX, vg. de Fr., Gironde, arr. de Bordeaux, cant. de Castelnau-de-Médoc, poste; bons vins dits de Château-Margaux; 980 hab.

MARGELLE (la), vg. de Fr., Haute-Marne, arr. de Langres, cant. et poste d'Auberive; 100 hab.

MARGENCY, vg. de Fr., Seine-et-Oise, arr. de Pontoise, cant. et poste de Montmorency; fabr. de terre cuite; 180 hab.

MARGENS, vg. de Fr., Tarn, arr., cant. et poste de Lavaur; 480 hab.

MARGERETTEN. *Voyez* MARGUERITE (Sainte), Moselle.

MARGERIDE (montagnes de la), un des trois grands contreforts de la Lozère, dépendant de la grande chaîne des Cévennes et qui sillonnent le dép. de la Lozère. Cette ramification se détache de la chaîne principale dans la direction N.-N.-O. et va se réunir aux monts d'Auvergne qui couvrent les dép. du Cantal et du Puy-de-Dôme. Le mont Boissier, qui en est le point culminant, est à 1519 mètres au-dessus du niveau de la mer. La Margeride renferme la source de la Trueyre, un des principaux affluents du Lot.

MARGERIDES, vg. de Fr., Corrèze, arr. d'Ussel, cant. et poste de Bort; 820 hab.

MARGERIE, ham. de Fr., Drôme, com. de Colonzelles; 130 hab.

MARGERIE, vg. de Fr., Marne, arr. de Vitry-le-Français, cant. et poste de St.-Remy-en-Bouzemont; 350 hab.

MARGERIE-CHANTAGRET, vg. de Fr., Loire, arr. et poste de Montbrison, cant. de St.-Jean-Soleymieux; 640 hab.

MARGERITA (Sancta-), v. de l'île de Sicile, intendance de Trapani; située sur une montagne; 7400 hab.

MARGES, vg. de Fr., Drôme, arr. de Valence, cant. de St.-Donat, poste de Romans; 310 hab.

MARGHALAN, v. du Turkestan, khanat de Khohand. Selon M. de Meyendorf, elle est aussi grande que la ville de Khokand.

MARGIANA, g. a., contrée de la Perse, à l'E. du Tigre; bornée à l'E. par la Bactriane, au N. par l'Oxus, à l'O. par la Parthie, au S. par l'Arie et par les monts Sariphi; elle était arrosée par le Margus, qui lui a donné son nom. Elle forme aujourd'hui la partie septentrionale du Chorasan (Iran). Antioche de Margiane en était la capitale.

MARGILLEY, vg. de Fr., Haute-Saône, arr. de Gray, cant. et poste de Champlitte; 540 hab.

MARGIVAL, vg. de Fr., Aisne, arr. et poste de Soissons, cant. de Vailly; 300 hab.

MARGNÉS-D'ANGLÈS (le), vg. de Fr., Tarn, arr. de Castres, cant. d'Anglès, poste de Brassac; 190 hab.

MARGNÉS-DE-BRASSAC (le), vg. de Fr., Tarn, arr. de Castres, cant. et poste de Brassac; 290 hab.

MARGNOLLES (les), ham. de Fr., Rhône, com. de Caluire; 200 hab.

MARGNY, vg. de Fr., Ardennes, arr. de Sédan, cant. et poste de Carignan; 340 hab.

MARGNY, vg. de Fr., Marne, arr. d'Épernay, cant. de Montmort, poste de Montmirail; 140 hab.

MARGNY-AUX-CERISES, vg. de Fr., Oise, arr. de Compiègne, cant. de Lassigny, poste de Guiscard; 350 hab.

MARGNY-LES-COMPIÈGNE, vg. de Fr., Oise, arr., cant. et poste de Compiègne; 530 hab.

MARGNY-SUR-MATZ, vg. de Fr., Oise, arr. de Compiègne, cant. et poste de Ressons; 480 hab.

MARGON, vg. de Fr., Eure-et-Loir, arr., cant. et poste de Nogent-le-Rotrou; 710 h.

MARGON, vg. de Fr., Hérault, arr. de de Béziers, cant. de Roujan, poste de Pezénas; 220 hab.

MARGONIN, pet. v. de Prusse, prov. de Posen, rég. de Bromberg, à l'embouchure de la rivière de même nom dans un grand lac; fabrication de draps; 1820 hab.

MARGOUET-MEYMES, vg. de Fr., Gers, arr. de Mirande, cant. d'Aignan, poste de Plaisance; 670 hab.

MARGUAGUES, ham. de Fr., Aveyron, com. de St.-Jean-et-St.-Paul; 200 hab.

MARGUERAY, vg. de Fr., Manche, arr. de St.-Lô, cant. de Percy, poste de Villebaudon; 380 hab.

MARGUERITE (Sainte-), ham. de Fr., Aisne, com. de Bucy-le-Long; 200 hab.

MARGUERITE (Sainte-), ham. de Fr. Hautes-Alpes, com. de Gap; 210 hab.

MARGUERITE (Sainte-), ham. de Fr., Hautes-Alpes, com. de St.-Martin-de-Queyrières; 160 hab.

MARGUERITE (Sainte-), ham. de Fr., Bouches-du-Rhône, com. de Marseille; 880 hab.

MARGUERITE (Sainte-), ham. de Fr., Manche, com. de Bricqueville-sur-Mer; 250 hab.

MARGUERITE (Sainte-) ou MARGERETTEN, ham. de Fr., Moselle, com. de Monneren; 220 hab.

MARGUERITE (Sainte-), vg. de Fr., Seine-Inférieure, arr. et poste de Dieppe, cant. d'Offranville; 520 hab.

MARGUERITE (Sainte-), vg. de Fr., Seine-Inférieure, arr. de Neufchâtel-en-Bray, cant. et poste d'Aumale; 570 hab.

MARGUERITE (Sainte-), vg. de Fr., Vosges, arr., cant. et poste de St.-Dié; 300 hab.

MARGUERITE (Sainte-). *Voyez* LÉRINS.

MARGUERITE (fleuve). *Voyez* MICHIGAN (lac).

MARGUERITE-DE-CARROUGES (Sainte-), ham. de Fr., Orne, com. de Carrouges; 690 hab.

MARGUERITE-DE-DUCY (Sainte-). *Voyez* DUCY-SAINTE-MARGUERITE.

MARGUERITE-DE-L'AUTEL (Sainte-), vg. de Fr., Eure, arr. d'Évreux, cant. et poste de Breteuil; 1100 hab.

MARGUERITE-DE-NÉAUX (Sainte-), Loire. *Voyez* NÉAUX.

MARGUERITE-DES-LOGES (Sainte-), vg. de Fr., Calvados, arr. de Bayeux, cant. de Livarot, poste de Fervacques; 490 hab.

MARGUERITTE-DE-VIETTE (Sainte-), vg. de Fr., Calvados, arr. de Bayeux, cant. de

St.-Pierre-sur-Dives, poste de Livarot; 830 hab.

MARGUERITE-EN-OUCHE (Sainte-), vg. de Fr., Eure; arr. et poste de Bernay, cant. de Beaumesnil; 220 hab.

MARGUERITE-LA-FIGÈRE (Sainte-), vg. de Fr., Ardèche, arr. de l'Argentière, cant. et poste de Vans; 510 hab.

MARGUERITE-SUR-DUCLAIR (Sainte-), vg. de Fr., Seine-Inférieure, arr. de Rouen, cant. et poste de Duclair; 1110 hab.

MARGUERITE-SUR-FAUVILLE (Sainte-), vg. de Fr., Seine-Inférieure, arr. d'Yvetot, cant. et poste de Fauville; 330 hab.

MARGUERITTES, b. de Fr., Gard, arr., à 2 l. E.-N.-E. et poste de Nîmes, chef-lieu de canton; fabr. d'huiles; 1910 hab.

MARGUERON, vg. de Fr., Gironde, arr. de Libourne, cant. et poste de Ste.-Foy; 500 hab.

MARGUERY, ham. de Fr., Oise, com. de Hermes; 140 hab.

MARGUT, vg. de Fr., Ardennes, arr. de Tournon, cant. et poste de Carignan; 490 h.

MARGUT, vg. de Fr., Ardèche, arr. de Tournon, cant. et poste du Chaylard; 1260 hab.

MAR-HANNA-CHOUAIR, couvent catholique sur le Liban; est situé sur le penchant escarpé d'une montagne dans le district de Schouf et connu dans l'Orient pour sa typographie arabe, d'où sont sortis plusieurs ouvrages. Cinq couvents de religieuses dépendent de Mar-Hanna.

MARIA, île de l'Australie, sous 145° 54′ 40″ long. orient. et 42° 41′ 52″ lat. S., non loin de la côte orientale de l'île de Diemen ou Tasmanie. La côte, très-escarpée, présente comme un rempart de granit environné de brisants effroyables. Les montagnes y sont bien boisées et le sol assez fertile. Cette île, découverte par Tasman en 1642, est habitée par des Nègres-Papouas; elle est affermée à un particulier qui y a fondé un établissement.

MARIA (cabo de Santa-), cap à l'extrémité S.-E. de la rép. orientale de l'Uruguay, sous 34° 36′ lat. S.

MARIA (Santa-), île considérable et très-fertile sur la côte de l'Araucanie, au S. du Chili.

MARIA (Rio-de-Santa-) ou Rio-de-Espiritu-Santo, fl. de l'emp. du Brésil; prend naissance dans la Sierra dos Arripiados, au S.-O. de la prov. d'Espiritu-Santo, qu'il traverse de l'O. à l'E. et se jette dans la baie du même nom, après avoir baigné la ville de Victoria. Son cours, de 70 l. de longueur, est intercepté par de nombreuses cataractes.

MARIA (Santa-) ou Villa-Réal-de-Santa-Maria, pet. v. de l'emp. du Brésil, prov. de Pernambuco, comarque de Sertao, sur une île du San-Francisco; pêche, navigation; filat. de coton et commerce considérable de poterie.

MARIA-AUDENHOVE, b. du roy. de Belgique, prov. de la Flandre orientale, arr. d'Oudenarde; pop. 1950 hab.

MARIAC, vg. de Fr., Ardèche, arr. de Tournon, cant. et poste de Chaylard; 1260 h.

MARIA-CHIQUIMULA (Santa-), v. de la confédération mexicaine, état de Chiapa, dist. de Totonicapan; 6000 hab.

MARIA-DE-ARENS (Santa-). *Voyez* Arens-de-Mar.

MARIA-DE-BELEM (Santa-). *Voy.* Belem.

MARIA-DE-LAS-CHARCAS (Santa-). *Voyez* Charcas.

MARIA-DEL-ROSARIO (Santa-), pet. v. de l'île de Cuba, dép. Occidental, dans une contrée élevée, à 3 l. S.-E. de la Havanne; 1600 hab.

MARIA-DE-NIEVA (Santa-), pet. v. d'Espagne, roy. de la Vieille-Castille, dist. de Ségovie; pèlerinage; située sur une colline; 2400 hab.

MARIA-DE-OCANNA (Santa-). *Voyez* Ocanna.

MARIA-DI-LEUCA, pet. v. épiscopale du roy. de Naples, prov. d'Otrante, peu loin du cap d'Otrante ou Leuca. Ses habitants, au nombre de 3000, s'occupent de la pêche.

MARIA-DI-LOTA (Santa-), vg. de Fr., Corse, arr. et poste de Bastia, cant. de San-Martino-di-Lota; 340 hab.

MARIA-DI-PUERTO-PRINCIPE (Santa-). *Voyez* Puerto-Principe.

MARIAGER, pet. v. de Danemark, diocèse d'Aarhuus, bge de Randers, sur le golfe de même nom; elle possède un port sûr et commode; les habitants, au nombre de 650, s'occupent de l'agriculture, de la pêche, du commerce et de la navigation.

MARIA-HOORBEKE, vg. du roy. de Belgique, prov. de la Flandre orientale, arr. d'Oudenarde; 1650 hab.

MARIA-KINA, v. de l'île de Manille, dans l'alcade de Tondo; elle est située sur le Nanka et a 9000 hab.

MARIAKIRCH. *Voyez* Marie-aux-Mines (Sainte-).

MARIA-KULM, pet. v. de Bohême, cer. d'Ellbogen.

MARIA-KUPFER. *Voyez* Kupferberg.

MARIA-MAGGIORE (San-), b. du roy. de Naples, prov. de la Terre-de-Labour; bâti sur les ruines de l'ancienne Capoue; fabr. de cuir et marchés très-fréquentés; patrie du savant Mazzœchi; 8000 hab.

MARIAMPOL, b. de Gallicie, cer. de Stanislawow, sur le Dniester; dans le voisinage on trouve de grandes carrières de pierres à feu.

MARIANNA (Sierra de). *Voyez* Vénézuela (Sierra de).

MARIANNA, v. de l'emp. du Brésil, prov. de Minas-Géraès, comarque d'Ouro-Preto, sur la rive droite du Carmo et sur la pente d'une montagne, à 790 mètres au-dessus de l'Océan. Elle est le siége d'un évêque et d'un tribunal d'arrondissement et a de l'importance par ses lavages d'or. La ville portait autrefois le nom de Villa-Léal-do-Carmo; le nom actuel lui fut donné par Jean V, en l'honneur de son épouse; 5000 hab.

MARIANNE, une des îles du groupe des Seychelles, dans l'Océan Indien.

MARIANNES (archipel des) ou des **Larrons**, des **Ladrones**; il est situé dans la partie septentrionale de l'Océan Austral, entre le groupe de Bonin ou archipel Magellan (Mounin volcanique de Balbi) et l'archipel des Carolines, et s'étend du N. au S. entre 20° 20′ et 13° 15′ lat. N., et entre 141° et 143° long. orient. Les îles qui le composent sont élevées et de formation volcanique; de hautes montagnes les couvrent en grande partie, se pressant vers les centres et s'abaissant en terrasses vers les côtes. Celles-ci sont pour la plupart escarpées, environnées de madripores et de rescifs, et ne forment aucun port sûr; le petit nombre de rades que l'on y trouve ne présentent point d'abri commode aux vaisseaux. Sur les îles les plus méridionales le sol, peu épais, couvre des pierres et la spathe calcaires; sur quelques autres on remarque des volcans encore fumants. L'île de Guam ou Guajam, la plus considérable de l'archipel, renferme quelques ruisseaux et de petits étangs d'eau douce; les autres n'ont que quelques sources qui suffisent cependant. Le climat y est doux; les chaleurs y sont tempérées par les vents de mer. L'été y dure depuis la mi-octobre jusqu'à la mi-juin; le reste de l'année forme la saison d'hiver, pendant laquelle les ouragans et les tempêtes sont fréquents dans ces parages. Les tremblements de terre ne sont pas rares sur les îles de cet archipel, et Guam même, qui n'a point de volcan, en est quelquefois atteint.

Les îles les plus fréquentées par les Européens sont : Guam, Tinian et Assomption ou Song-Song. Les deux premières sont bien boisées et possèdent une flore riche et variée, la dernière, qui apparaît comme un rocher brûlé, est cependant aussi couverte d'une belle végétation. A l'arrivée des Européens ces îles ne renfermaient d'autres quadrupèdes que le vampire; les Espagnols y ont introduit le bœuf, le cheval, des brebis, des porcs, des mulets, des lamas et le cerf des Philippines. Wats y remarqua aussi des chats sauvages qui proviennent sans doute des chats domestiques introduits également par les Européens. L'ornithologie offre un grand nombre d'espèces d'oiseaux, dont les plus remarquables sont : la poule domestique, la poule sauvage, le perroquet, le merle, le canard sauvage, la bécasse, la poule d'eau, le pluvier, le faucon et une grande variété d'oiseaux aquatiques. Parmi les amphibies on y distingue particulièrement un lézard d'une grandeur remarquable. On y trouve diverses espèces d'insectes et de reptiles, entre autres le scorpion et une grande espèce de fourmi noire très-incommode. Les productions végétales sont, à peu de chose près, les mêmes qu'aux Philippines : on y trouve l'arbre à pain, le citronier, l'oranger, le cocotier, le bananier, l'indigotier, ainsi que plusieurs végétaux communs au continent asiatique et à l'Océanie, tels que la *baringtonia speciosa*, la *casuarina equisetifolia* et la plupart des plantes de la chaîne de Radak, dans l'archipel de Mulgrave ou de Marshall.

Les Mariannes ont vraisemblablement été peuplées par des Malais venus des Philippines. Lorsque les Espagnols abordèrent sur ces îles, le nombre des indigènes s'élevait à plus de 150,000 individus; mais l'oppression détruisit ou chassa presque toute la population primitive, et cet archipel compte à peine aujourd'hui 10,000 hab.

Les rapports des missionnaires espagnols et M. de Chamisso, dans son voyage de Kotzebue, nous montrent les anciens habitants des Mariannes comme s'étant élevés à un certain degré de civilisation. Ils avaient des habitations solidement construites et des édifices publics, dont les ruines attestent des notions d'architecture beaucoup plus étendues que chez les autres peuples océaniens. Ils avaient même, selon M. de Chamisso, une monnaie conventionnelle qui consistait en fragments d'écaille de forme ronde. Les vols qu'ils commirent à l'égard des Européens et qui firent donner à leurs îles le nom de *Larrons* étaient moins le résultat d'une rapacité sauvage que l'effet d'une curiosité puérile; car ces insulaires comprenaient et respectaient la propriété. Ils croyaient à une puissance suprême à laquelle ils offraient des sacrifices; ils ornaient leurs tombeaux et les inhuminations étaient accompagnées de cérémonies et de chants funèbres.

Les Mariannes forment un gouvernement espagnol dépendant du capitaine-général des Philippines. Elles se subdivisent en groupe méridional et septentrional. Le premier, qui s'étend de 16° à 20° lat. E., comprend les îles Farallon-de-Pajoros, Uracas, Tunas ou Mangs, Assomption ou Song-Song, Agripan ou Grigan, Pagon, Almaguan, Guguam ou San-Joaquim. Le groupe septentrional se compose des îles Farallon, Sayparc ou St.-Joseph, Tinian ou Buénavista, Aguijan ou St.-Ange, Rotta ou Zarpan (Santa-Anna) et Guam ou Guajam (San-Juan). Sur cette dernière, qui est la plus grande de l'archipel, se trouve San-Ignazio-d'Agana, capitale de l'île et siége du gouverneur, avec 3000 hab. Cette île renferme en outre plusieurs petits villages et le port de la Caldéra-de-Apra, qui a environ 200 hab.

L'archipel des Mariannes fut découvert en 1521 par Magellan, qui le nomma Islas-de-los-Ladrones (îles des Larrons), parce que les insulaires lui avaient dérobé avec beaucoup d'adresse tout ce qu'ils avaient pu atteindre; plusieurs autres navigateurs de diverses nations virent ces îles dans le même siècle, sans cependant les explorer; aussi les notions que l'on en possédait restèrent-elles vagues et incertaines jusqu'à l'époque où le zèle religieux et l'ardeur du prosélytisme y fit aborder les missionnaires espagnols en 1667. C'est à eux que nous devons les relations les plus étendues sur cet archipel.

MARIAS (fleuve). *Voyez* MISSOURI.

MARIAS, groupe de trois îles considérables mais inhabitées, à 20 l. O. de la côte de l'état de Guadalaxara, dont elles dépendent, confédération mexicaine, sous 22° lat. N. L'île centrale, la plus grande du groupe, offre le cap Galli et un assez bon port. Ces îles ont été découvertes en 1532 par Diégo Hurtado de Mendoza.

MARIA-SANTA, v. du roy. de Naples; siége du tribunal de la prov. de la Terre-de-Labour; a une vaste prison et des marchés très-fréquentés; 9000 hab.

MARIASCHEIN, vg. de Bohême, cer. de Leitmeritz, peu loin de Tœplitz; possède une belle cathédrale avec un pèlerinage, visité annuellement par 30 à 40,000 fidèles.

MARIATAFERL, pèlerinage très-célèbre, peu loin de Marbach, dans la Basse-Autriche, cer. supérieur du Mannhartsberg; situé sur une haute montagne et visité tous les ans par plus de 100,000 fidèles.

MARIAUD, vg. de Fr., Basses-Alpes, arr. et poste de Digne, cant. de Javie; 170 hab.

MARIAZELL ou **ZELL**, b. de Styrie, cer. de Bruck, sur la Salzau; est le plus riche de l'emp. d'Autriche; son trésor renferme beaucoup d'objets précieux. Plusieurs milliers de fidèles y accourent tous les ans. Fonderie de canons; forges et mines de fer; bain minéral; 1000 hab.

MARIBAMBO ou **MARIBOMBA**, riv. de la Basse-Guinée, roy. de Benguéla; elle se jette dans l'Océan Atlantique près de Benguéla.

MARIBI ou **MARIPPI** (San-Antonio-de-), pet. v. de l'emp. du Brésil, prov. de Para, comarque de Rio-Négro, au confluent de l'Igarape et du Japura (Hyapura); pêcheries, navigation; commerce de bois et de plantes médicales; 2800 hab.

MARIBŒE, pet. v. de Danemark, chef-lieu de l'île de Laaland, sur un lac très-poissonneux; siége d'un évêché; petit port dont on exporte du blé; fabr. d'eaux-de-vie; 900 hab.

MARICA (Santa-Maria-de-), pet. v. de l'emp. du Brésil, prov. et comarque de Rio-Janeiro, sur l'Itapitiu et sur le bord du lac Marica, à 12 l. E. de la capitale; elle est régulièrement bâtie et renferme un des plus beaux temples de la province; elle est le siége d'un tribunal d'arrondissement; 2200 h.

MARICOURT, vg. de Fr., Somme, arr. et poste de Péronne, cant. de Combles; 600 h.

MARIE (Sainte-), b. commerçant sur la baie du même nom, côte E. de l'île de Martinique, à 5 l. E. de Saint-Pierre; 4000 hab., avec ses environs.

MARIE (Sainte-), canal par lequel le lac Supérieur verse ses eaux dans le lac Huron; il est parsemé d'îles dont les plus considérables sont celles de Joseph et de Sugar, appartenant aux Etats-Unis. Au N. ce canal forme une baie assez vaste appelée le lac George, et à son débouché occidental il fait la belle chute de Ste.-Marie. Il n'est guère navigable.

MARIE (Sainte-), fl. des États-Unis de l'Amérique du Nord; prend naissance au S.-E. de la Géorgie et se jette dans l'Océan Atlantique. Il est remarquable par la profondeur de ses eaux et parce qu'il sépare la Géorgie de la Floride.

MARIE (Sainte-), belle baie sur la côte N.-E. de la Grande-Terre (Guadeloupe), entre le cap St.-Jean et le Morne-à-Cabrit; son ouverture est de 2 l.

MARIE (Sainte-), bon port sur la côte S.-E. de la Guadeloupe (Guadeloupe proprement dite); il est fermé par le cap Ste.-Marie et reçoit la rivière de même nom.

MARIE (Sainte-), vg. de Fr., Hautes-Alpes, arr. de Gap, cant. de Rosans, poste de Serres; 160 hab.

MARIE (Sainte-), ham. de Fr., Hautes-Alpes, com. de Vars; 270 hab.

MARIE (Sainte-), vg. de Fr., Ardennes, arr., cant. et poste de Vouziers; 480 hab.

MARIE (Sainte-), vg. de Fr., Cantal, arr. de St.-Flour, cant. et poste de Pierrefort; 680 hab.

MARIE (Saint-), vg. de Fr., Charente, arr. de Barbezieux, cant. et poste de Chalais; 520 hab.

MARIE (Sainte-), vg. de Fr., Charente-Inférieure, arr. de la Rochelle, cant. de St.-Martin-de-Ré, poste de la Flotte; 2560 hab.

MARIE (Sainte-), vg. de Fr., Corse, arr. de Bastia, cant. de San-Nicolas, poste de Cervione; 370 hab.

MARIE (Sainte-), vg. de Fr., Corse, arr. de Sartène, cant et poste d'Olmeto; 210 h.

MARIE (Sainte-), vg. de Fr., Doubs, com. de Montbéliard; 360 hab.

MARIE (Sainte-), vg. de Fr., Gers, arr. d'Auch, cant. et poste de Gimont; 800 hab.

MARIE (Sainte-), vg. de Fr., Landes, arr. de Dax, cant. de St.-Vincent-de-Tyrosse, poste de Biaudos; 1510 hab.

MARIE (Sainte-), vg. de Fr., Loire-Inférieure, arr. de Paimbœuf, cant. et poste de Pornic; 1460 hab.

MARIE (Sainte-), vg. de Fr., Nièvre, arr. de Nevers, cant. et poste de St.-Saulge;

MARIE (Sainte-), v. de Fr., Basses-Pyrénées, arr. et poste d'Oloron, dont elle n'est séparée que par le gave d'Aspe, chef-lieu de canton; 3370 hab.

MARIE (Sainte-), vg. de Fr., Hautes-Pyrénées, arr. de Bagnères-en-Bigorre, cant. de Mauléon-Barousse, poste de Montrejeau; 100 hab.

MARIE (Sainte-), ham. de Fr., Hautes-Pyrénées, com. de Campan; 600 hab.

MARIE (Sainte-), ham. de Fr., Hautes-

Pyrénées, com. de St.-Pastous; 200 hab.

MARIE (Sainte-), vg. de Fr., Pyrénées-Orientales, arr., cant. et poste de Perpignan; 400 hab.

MARIE (Sainte-), ham. de Fr., Var, com. de Thoronet; 500 hab.

MARIE (Sainte-), Vosges. *Voyez* HUTTES.

MARIE-A-PY (Sainte-), vg. de Fr., Marne, arr. de Ste-Ménéhoulde, cant. et poste de Ville-sur-Tourbe; 740 hab.

MARIE-AU-BOSC (Sainte-), vg. de Fr., Seine-Inférieure, arr. du Hâvre, cant. de Criquetot-Lesneval, poste de Montivilliers; 260 hab.

MARIE-AUX-ANGLAIS (Sainte-), vg. de Fr., Calvados, arr. de Bayeux, cant. de Mézidon, poste de St.-Pierre-sur-Dives; 120 hab.

MARIE-AUX-CHÊNES (Sainte-), vg. de Fr., Moselle, arr., cant. et poste de Briey; 370 h.

MARIE-AUX-MINES (Sainte-) ou MARIAKIRCH, MARKIRCH, v. de Fr., Haut-Rhin, arr., à 6 l. N.-O. de Colmar, chef-lieu de canton et poste; elle est située dans une contrée très-pittoresque, au pied des Vosges, et s'étend à une demi-lieue entre deux hautes montagnes. La rivière de Liepvre ou Landbach la divise en deux parties, qui avant la révolution formaient deux communes; celle du N. ou de la rive gauche appartenait aux ducs de Lorraine; celle du S. ou de la rive droite était comprise dans le comté de Rappolstein et faisait partie des domaines de la maison de Deux-Ponts. Cette ville possède un collége communal, une chambre consultative des manufactures et un conseil de prud'hommes; elle se distingue par l'activité de son industrie, dont les principaux articles sont: les toiles de coton, les siamoises, les cuirs, les teintures en rouge, les toiles peintes, les papeteries, les filatures, les blanchisseries, etc. Les environs sont remarquables par les riches mines qu'ils renferment, mais dont une seule, celle de plomb, est exploitée. On y fabrique aussi beaucoup de kirschwasser estimé. Ces divers établissements industriels alimentent un commerce très-étendu; pop. 11,542 hab.

A une demi-lieue O. de Ste.-Marie-aux-Mines se trouve le village d'Echery ou Eckirch, qui doit son origine à une abbaye fondée au neuvième siècle. Ce sont les moines de ce monastère qui découvrirent et exploitèrent les premiers les riches mines d'argent de cette contrée.

MARIE-CAPPEL (Sainte-), vg. de Fr., Nord, arr. d'Hazebrouck, cant. et poste de Cassel; 930 hab.

MARIE-D'ALLOIX (Sainte-), vg. de Fr., Isère, arr. de Grenoble, cant. et poste du Touvet; 330 hab.

MARIE-D'AUDOUVILLE (Sainte-), ham. de Fr., Manche, com. de St.-Martin-d'Audouville; 110 hab.

MARIE-DE-BONNUT (Sainte-). *Voyez* BONNUT.

MARIE-DE-CHIGNAC (Sainte-), vg. de Fr., Dordogne, arr. et poste de Périgueux, cant. de St.-Pierre-de-Chignac; 440 hab.

MARIE-DE-FRUGIE (Sainte-), vg. de Fr., Dordogne, arr. de Nontron, cant. et poste de Jumillac-le-Grand; 1080 hab.

MARIE-DES-CHAMPS (Sainte-), vg. de Fr., Eure, arr. des Andelys, cant. d'Étrepagoy, poste de Thilliers-en-Vexin; 160 h.

MARIE-DES-CHAMPS (Sainte-), vg. de Fr., Seine-Inférieure, arr., cant. et poste d'Yvetot; 900 hab.

MARIE-DES-CHAZES (Sainte-), vg. de Fr., Haute-Loire, arr. de Brioude, cant. et poste de Langeac; 290 hab.

MARIE-DE-VAUX (Sainte-), vg. de Fr., Haute-Vienne, arr. de Rochechouart, cant. de St.-Laurent-de-Gorre, poste de la Barre; 430 hab.

MARIE-DE-VERGT (Sainte-), ham. de Fr., Dordogne, com. de Vergt; 90 hab.

MARIE-D'OLORON (Sainte-). *Voyez* MARIE (Sainte-), Basses-Pyrénées.

MARIE-DU-BOIS (Sainte-), vg. de Fr., Manche, arr. de Mortoin, cant. et poste du Teilleul; 380 hab.

MARIE-DU-BOIS (Sainte-), vg. de Fr., Mayenne, arr. de Mayenne, cant. et poste de Lassay; 1110 hab.

MARIE-DU-MONT (Sainte-), b. de Fr., Manche, arr. de Valognes, cant. de Ste.-Mère-Église, poste de Blosville; 1400 hab.

MARIE-EN-CHANOIS (Sainte-), vg. de Fr., Haute-Saône, arr. de Lure, cant. de Faucogney, poste de Luxeuil; 420 hab.

MARIE-EN-CHAUX (Sainte-), vg. de Fr., Haute-Saône, arr. de Lure, cant. et poste de Luxeuil; 370 hab.

MARIE-ET-SICCHE (Sainte-), vg. de Fr., Corse, arr., à 5 l. E. et poste d'Ajaccio, chef-lieu de canton; 520 hab.

MARIE-GALANTE ou MARIE-GALANDE, île à 8 l. S.-E. de la Guadeloupe, dont elle dépend; elle a une superficie de 4 l. c. géogr. et 12,000 hab. Cette île, la plus importante des Antilles françaises après la Martinique et la Guadeloupe, offre beaucoup de ressemblance avec la Barbade, relativement à la nature de son sol, à la beauté et à la variété de ses sites. L'intérieur de l'île est occupé par une crête de montagnes, qui présente plusieurs pitons élevés et s'aplatit doucement vers les côtes. Ces montagnes donnent naissance à une infinité de rivières qui sillonnent l'île dans toutes les directions. A l'E. l'île offre ses pitons les plus élevés, mais en même temps les plus arides, et renfermant quelques cavernes très-remarquables. Au N. on trouve plusieurs lacs, parsemés de petites îles et ombragés de touffes de palmiers et de lianes. Le climat y est assez malsain et l'île est exposée à de fréquents tremblements de terre. Ses principales productions sont: le sucre, le coton, l'indigo et le café d'une qualité très-recherchée. Le commerce y a beaucoup diminué depuis qu'elle est occupée par les Anglais (1812). Marie-Galante présente plusieurs caps, tels que : au S. le cap Téméricourt, au N.-E. le cap de la Chaloupe et à l'E. le cap Enragé ou cap du Diable. A l'O. on remarque les pointes du Sable, des Ajoupas et des Anglais, au N.-O. la pointe du Mai, au N. la pointe du Massacre, à l'E. la pointe des Cayes du Sud et la pointe de Pompierre, au S.-E. la pointe de la côte de Fer, au S. la pointe des Cayes de l'Ouest et au S.-O. la pointe du Fort. Les principales baies et anses que la mer y forme sont : au N. l'anse du Mai, l'anse du Flamand et l'anse de l'Etang ou de St.-Louis, à l'E. l'anse du Diable et l'anse de Pompierre, et à l'O. l'anse de Liesse, l'anse des Anglais et la Grande-Anse.

L'ile de Marie-Galante fut découverte par Christophe Colomb, en 1493. Les Français en prirent possession, en 1648, et en chassèrent les Caribes, ses habitants primitifs. Marie-Galante est soumise au gouverneur de la Guadeloupe et divisée en 3 cantons.

MARIE-KERQUE (Sainte-), vg. de Fr., Pas-de-Calais, arr. de St.-Omer, cant. d'Audruicq, poste de Bourbourg; 1080 hab.

MARIEKUETZA, gros vg. de la Turquie d'Europe, principauté de Moldavie, sur la Kolentina. Fabrication du papier.

MARIEL, baie. *Voyez* CUBA.

MARIEL. *Voyez* PUERTO-MARIEL.

MARIE-LA-BLANCHE (Sainte-), vg. de Fr., Côte-d'Or, arr., cant. et poste de Beaune; 490 hab.

MARIE-LA-PANOUZE (Sainte-), vg. de Fr., Corrèze, arr. et poste d'Ussel, cant. de Meymac; 230 hab.

MARIE-LA-ROBERT (Sainte-), vg. de Fr., Orne, arr. d'Alençon, cant. et poste de Carrouges; 420 hab.

MARIE-LAUMONT (Sainte-), vg. de Fr., Calvados, arr. et poste de Vire, cant. de Bény-Bocage; 1320 hab.

MARIE-LOUISE. *Voyez* AMIRANTES.

MARIEMONT, ham. de Fr., Vosges, com. d'Arrantès-de-Corcieux; 100 hab.

MARIE-MONT-DES-LACS (Sainte-) ou GRANGES-SAINTE-MARIE. *Voyez* ce dernier article.

MARIEN (Saint-), vg. de Fr., Creuse, arr., cant. et poste de Boussac; 390 hab.

MARIENBAD, vg. de Bohême, cer. de Prérau; nouvellement bâti et florissant par ses bains, qui depuis quelques années sont fréquentés par un grand nombre d'étrangers; on exporte presque 200,000 bouteilles de ses eaux minérales.

MARIENBERG, vg. du duché de Nassau, chef-lieu du bailliage du même nom, dans le Haut-Westerwald; mine de houille; 500 hab.

MARIENBERG, v. du roy. de Saxe, cer. de l'Erzgebirge, élevée de 1856 pieds au-dessus du niveau de la mer; avec des rues tracées au cordeau; hospices des orphelins, hospice pour les mineurs infirmes, beau et grand magasin pour le minérai; 4000 hab., qui vivent de la fabrication des dentelles et du travail des mines.

MARIENBOURG, pet. v. du roy. de Belgique, prov. de Namur, arr., à 2 1/2 l. S. de Philippeville et à 4 1/2 l. N. de Rocroy; sur l'eau Blanche; elle a des rues alignées; 700 hab.

MARIENBOURG, v. de Prusse, chef-lieu de cercle, prov. de Prusse, rég. de Danzig, sur la Nogat que l'on passe sur un pont de bateaux de 540 pieds; 4 églises; château, chef-d'œuvre d'architecture du moyen âge; collége, école normale, institut de sourds-muets, hôpital, maison de travail; nombreuses usines; manufactures d'étoffes de laine, de coton, de lin, de bas et de chapeaux; tanneries; distilleries; commerce de blé et de bois de construction. On y remarque un bel aquéduc, construit par les chevaliers de l'ordre teutonique; pop. de la ville 5400 hab., du cercle 37,000, sur 14 1/2 milles c.

Marienbourg doit son origine à un château élevé par l'ordre teutonique de 1271—1274 et qui fut le siége du grand-maître de 1309 à 1460. Ce beau monument a été restauré de nos jours. Pendant le moyen âge il eut à soutenir plusieurs siéges contre les Polonais, les Tartares et des peuples voisins encore dans l'état de Barbarie; en 1656, le duc de Brandebourg y conclut un traité avec la Suède, et, en 1772, Fréderic y reçut les hommages de la Prusse occidentale.

MARIENBOURG ou FOLDVAR, b. de Transylvanie, pays des Saxons, cer. de Kronstadt; 2000 hab.

MARIENHOLM. *Voyez* MARIESTAD.

MARIENS (Saint-), vg. de Fr., Gironde, arr. de Blaye, cant. de St.-Savin, poste de Cavignac; 860 hab.

MARIENTHAL, couvent de religieuses de l'ordre de citeaux, avec une belle église; situé dans le roy. de Saxe, dans une belle vallée du cer. de Lusace; il possède plusieurs villages et la petite ville d'Ostritz, sur la Neisse; avec 1550 hab.

MARIENTHAL, pèlerinage célèbre en Alsace, dans les environs de Haguenau, dép. du Bas-Rhin. Une chapelle dédiée à la Vierge y attire chaque année un grand nombre de fidèles et de curieux. Un petit couvent qui se trouve près de la chapelle fut agrandi en 1822, par les soins de l'évêque de Strasbourg, pour servir d'asile aux vieux prêtres de la contrée.

MARIENTHAL, ham. de Fr., Moselle, com. de Barst; 230 hab.

MARIENTHAL ou MARIANKY, vg. de Hongrie, cer. en-deçà du Danube, comitat de Presbourg; pèlerinage.

MARIENTHÉRÉSIENSTADT. *Voyez* THÉRÉSIENSTADT.

MARIENWERDER, v. de Prusse, chef-lieu des régence et cercle de même nom, prov. de Prusse; située dans une contrée fertile en blé, fruits, lin et tabac, entrecoupée de bois et de prairies qui favorisent l'éducation du bétail; sur la Nogat, à 2 l. de la dérivation de cette riv. de la Vistule. La ville est bien bâtie, avec un ancien château et ceinte de quatre faubourgs. Sa belle cathédrale a 280 pieds de long, une tour de 170 pieds, de beaux vitrages et mosaïques; gymnase; école d'architecture; établissements philantropiques; fabr. de draps, de toiles, de chapeaux, de liqueurs; tanneries, brasseries et haras royal pour la province. En 1709 il y eut dans le château une entrevue entre Pierre-le-Grand et Frédéric Ier; population de la ville 5100 hab., du cercle 33,800 et de la régence 330,000, sur 315 milles c.

MARIE-OUTRE-L'EAU (Sainte-), vg. de Fr., Calvados, arr. de Vire, cant. et poste de St.-Sever; 420 hab.

MARIÈRE (la), ham. de Fr., Vendée, com. de Petit-Bourg-des-Herbiers; 100 hab.

MARIÈRES, île du groupe de Pelew ou archipel de Palaos, Polynésie ou Océanie orientale, sous 4° 30' lat. N. et 129° 41' long. orient.

MARIES (Saintes-) ou NOTRE-DAME-DE-LA-MER, v. de Fr., Bouches-du-Rhône, arr., à 8 l. S.-S.-O., et poste d'Arles-sur-Rhône, chef-lieu de canton; 540 hab.

MARIESTAD, pet. v. de la Suède méridionale, chef-lieu de la prov. de Skaraborg, sur le lac Wenern; commerce de grains; non loin de là est l'ilot Marienholm; 1500 hab.

MARIE-SUR-OUCHE (Sainte-), vg. de Fr., Côte-d'Or, arr. de Dijon, cant. et poste de Sombernon; 460 hab.

MARIETTA, v. *V.* WASHINGTON (comté).

MARIEULLES, vg. de Fr., Moselle, arr. et poste de Metz, cant. de Verny; 650 hab.

MARIEUX, vg. de Fr., Somme, arr. de Doullens, cant. et poste d'Acheux; 320 hab.

MARIGLIANO, jolie pet. v. du roy. de Naples, prov. de la Terre-de-Labour; ses habitants, au nombre de 5600, s'occupent de l'éducation des vers à soie et de la culture de l'huile.

MARIGNA, vg. de Fr., Jura, arr. de Lons-le-Saulnier, cant. et poste d'Arinthod; 340 h.

MARIGNA (le Petit-), ham. de Fr., Jura, com. de Marigna; 130 hab.

MARIGNAC, vg. de Fr., Charente-Inférieure, arr., cant. et poste de Pons; 620 h.

MARIGNAC, vg. de Fr., Drôme, arr., cant. et poste de Dié; 350 hab.

MARIGNAC, vg. de Fr., Haute-Garonne, arr. de St.-Gaudens, cant. et poste de St.-Béat; 720 hab.

MARIGNAC, vg. de Fr., Tarn-et-Garonne, arr. de Castel-Sarrazin, cant. et poste de Beaumont-de-Lomagne; 280 hab.

MARIGNAC-LASCLARES, vg. de Fr., Haute-Garonne, arr. de Muret, cant. du Fousseret, poste de Rieux; 500 hab.

MARIGNAC-LASPEYRES, vg. de Fr., Haute-Garonne, arr. de Muret, cant. de Cazères, poste de Martres; 410 hab.

MARIGNA-LES-MOLINGES, ham. de Fr., Jura, com. de Chassal; 100 hab.

MARIGNANA, vg. de Fr., Corse, arr. d'Ajaccio, cant. d'Évisa, poste de Vico; 660 hab.

MARIGNANE, vg. de Fr., Bouches-du-Rhône, arr. d'Aix, cant. de Martigues, poste; il est situé au bord de l'étang de même nom; 1630 hab.

MARIGNANO ou MELEGNANO, pet. v. de Lombardie, gouv. et délégation de Milan, sur le Lambro. Bataille de 1515 entre les Français et les Suisses; 3000 hab.

MARIGNÉ, vg. de Fr., Mayenne, arr., cant. et poste de Château-Gontier; 750 hab.

MARIGNÉ, vg. de Fr., Sarthe, arr. du Mans, cant. et poste d'Écommoy; 2100 hab.

MARIGNÉ-SOUS-DAON, vg. de Fr., Maine-et-Loire, arr. de Segré, cant. et poste de Châteauneuf-sur-Sarthe; 1310 hab.

MARIGNIEU, vg. de Fr., Ain, arr. de Belley, cant. de Virieux-le-Grand, poste de Tuloz; 250 hab.

MARIGNY, vg. de Fr., Allier, arr. de Moulins-sur-Allier, cant. et poste de Souvigny; 340 hab.

MARIGNY, vg. de Fr., Aube, arr. de Nogent-sur-Seine, cant. et poste de Marcilly-le-Hayes; 460 hab.

MARIGNY, vg. de Fr., Jura, arr. de Lons-le-Saulnier, cant. et poste de Clairvaux; 470 hab.

MARIGNY, vg. de Fr., Calvados, arr. et poste de Bayeux, cant. de Ryes; exploitation de pierres de taille; 360 hab.

MARIGNY, vg. de Fr., Loiret, arr., cant. et poste d'Orléans; 330 hab.

MARIGNY, v. de Fr., Manche, arr. et à 3 1/2 l. O.-S.-O. de St.-Lô, chef-lieu de canton, poste de la Fosse; 1590 hab.

MARIGNY, vg. de Fr., Marne, arr. d'Épernay, cant. et poste de Fère-Champenoise; 110 hab.

MARIGNY, ham. de Fr., Nièvre, com. d'Aunay; 140 hab.

MARIGNY, ham. de Fr., Orne, com. de Mortrée; 120 hab.

MARIGNY, vg. de Fr., Saône-et-Loire, arr. de Châlon-sur-Saône, cant. de Pont-St.-Vincent, poste de Blanzy; 400 hab.

MARIGNY, vg. de Fr., Deux-Sèvres, arr. de Niort, cant. et poste de Beauvais-Niort; 1260 hab.

MARIGNY-BRIZAY, vg. de Fr., Vienne, arr. de Poitiers, cant. de Neuville, poste de Châtellerault; 660 hab.

MARIGNY-CHEMEREAU, vg. de Fr., Vienne, arr. de Poitiers, cant. et poste de Vivonne; 690 hab.

MARIGNY-EN-ORXOIS, vg. de Fr., Aisne, arr., cant. et poste de Château-Thierry; 740 hab.

MARIGNY-LE-CAHOUET, vg. de Fr., Côte-d'Or, arr. de Sémur, cant. et poste de Flavigny; 660 hab.

MARIGNY-L'ÉGLISE, vg. de Fr., Nièvre,

arr. de Clamecy, cant. et poste de Sormes; 1640 hab.

MARIGNY-LES-REULLÉE, vg. de Fr., Côte-d'Or, arr., cant. et poste de Beaume; 230 hab.

MARIGNY-MARMANDE, vg. de Fr., Indre-et-Loire, arr. de Chinon, cant. et poste de Richelieu; 500 hab.

MARIGNY-SUR-YONNE, vg. de Fr., Nièvre, arr. de Clamecy, cant. et poste de Corbigny; 370 hab.

MARIGOT (le), b. sur la côte E. de l'île de Martinique, arr. et à 5 1/2 l. N.-E. de St.-Pierre, sur l'anse de Marigot; 4500 hab., avec ses environs.

MARIGOT (le) ou MARIE-GALANTE. *Voy.* GRAND-BOURG (le).

MARIGOT (le). *Voyez* MARTIN (Saint-), Petites-Antilles.

MARIJOULET, ham. de Fr., Aveyron, com. de Canet-St.-Jean; 120 hab.

MARIJOULET, ham. de Fr., Aveyron, com. de St.-Laurent-d'Olt; 120 hab.

MARILLAC, vg. de Fr., Charente, arr. d'Angoulême, cant. et poste de la Rochefoucauld; 800 hab.

MARILLAIS (le), vg. de Fr., Maine-et-Loire, arr. de Beaupréau, cant. de St.-Florent-le-Viel, poste de Varades; 700 hab.

MARILLET, vg. de Fr., Vendée, arr. de Fontenay-le-Comte, cant. et poste de la Châtaigneraie; 210 hab.

MARIM. *Voyez* MARANHAO (province).

MARIMBAUT, vg. de Fr., Gironde, arr., cant. et poste de Bazas; 260 hab.

MARIMONT, vg. de Fr., Meurthe, arr. de Château-Salins, cant. d'Albestroff, poste de Dieuze; 200 hab.

MARIN (passe du), baie au S.-O. de l'île de Martinique; elle s'ouvre entre la pointe Borghèse et la pointe du Marin (pointe du Jardin) et reçoit la rivière du Marin.

MARIN (le), pet. v. au S. de l'île de Martinique, à l'embouchure de la rivière le Marin dans la baie du même nom, chef-lieu de canton, arr. et à 6 l. S.-E. de Fort-Royal; commerce actif; 4000 hab.

MARIN (le). *Voy.* CUL-DE-SAC-DU-MARIN.

MARIN (Saint-), pet. rép. située dans l'état de l'Église, entre la Romagne et le duché d'Urbin; fut fondée, il y a plus de treize siècles, par l'hermite Marinus. Elle est sous la protection du pape, n'a que 2 l. c., avec une ville, 4 villages et 7000 hab.

MARIN (Saint-), très-pet. v. d'Italie, chef-lieu de la république et située sur une montagne escarpée du même nom, avec 3 petits châteaux forts; ne compte que 500 hab. C'est ici que depuis quelques années se trouve le magnifique médailler fondé par M. Barthélemi Borghési, un des plus grands archéologues vivants; commerce de vins, de mercerie et de produits du pays.

MARINA. *Voyez* SOTO-LA-MARINA.

MARINA, pet. v. de Sénégambie, dans le Fouladou proprement dit.

MARINDUQUE. *Voyez* BISSAYES (groupe des).

MARINEO, v. du roy. des Deux-Siciles, prov. de Palerme; 7000 hab.

MARINES, b. de Fr., Seine-et-Oise, arr. et à 3 1/2 l. N.-N.-O. de Pontoise, chef-lieu de canton et poste; tuilerie, briqueterie, fours à chaux; commerce de fer, grains, laines et bestiaux; 1600 hab.

MARINGE, vg. de Fr., Loire, arr. de Montbrison, cant. de St.-Galmier, poste de Chazelles; 670 hab.

MARINGUES, v. de Fr., Puy-de-Dôme, arr. et à 4 1/2 l. O.-N.-O. de Thiers, chef-lieu de canton et poste; tanneries, chamoiseries; commerce de productions du pays; 4260 hab.

MARINHAGRANDE, vg. du Portugal, prov. d'Estremadura, dist. de Leiria; avec une fabrique de cristaux créée en 1769.

MARINILLA, v. de la rép. de la Nouvelle-Grenade, dép. de Cundinamarca, prov. d'Antioquia, sur un plateau des Andes; 5400 hab.

MARIOL, vg. de Fr., Allier, arr. de la Palisse, cant. et poste de Cusset; 620 hab.

MARION, comté de l'état de Tennessée, États-Unis de l'Amérique du Nord; ses bornes sont : les comtés de Bledsœ, Hamilton, Franklin, le pays des Tchérokis et l'état de Géorgie. Pays resserré entre les deux chaînons des monts Cumberland, arrosé par le Tennessée et différents affluents de ce fleuve. Jasper, sur le Séquatchée, en est le chef-lieu; 6000 hab.

MARION, dist. de la Caroline du Sud, États-Unis de l'Amérique du Nord; pays bien arrosé, couvert de bruyères, de marais et de vastes forêts de sapins; terres très-fertiles le long des cours d'eau. Marion en est le chef-lieu; 14,000 hab.

MARION, comté de l'état d'Alabama, États-Unis de l'Amérique du Nord; pays fertile mais peu cultivé encore; 2000 hab.

MARION, chef-lieu. *V.* TWIGGS (comté).

MARION, comté de l'état de Mississipi, États-Unis de l'Amérique du Nord; pays assez fertile, arrosé par le Pearl. New-Columbia est le chef-lieu du comté; 5000 hab.

MARION, comté de l'état d'Ohio, États-Unis de l'Amérique du Nord; 3000 hab.

MARIONS, vg. de Fr., Gironde, arr. et poste de Bazas, cant. de Grignols; 510 hab.

MARIOUT, *Mareia*, *Mareotis Lacus*, lac considérable de la Basse-Égypte, prov. et au S. d'Alexandrie; célèbre chez les anciens par ses jardins et ses vignobles (*Mareoticum vinum*); ses eaux, autrefois douces, sont devenues salées par l'irruption de la mer arrivée en 1801.

MARIOUT, *Marea*, *Palæmaria*, b. de la Basse-Égypte, prov. et à 7 l. S.-O. d'Alexandrie, entre le lac Mariout et la Méditerranée.

MARIQUINA. *Voyez* LELBUN-MAPU.

MARIQUITA, prov. du dép. de Cundinamarca, rép. de la Nouvelle-Grenade; elle est bornée au N. par la prov. d'Antioquia, à l'E. par la prov. de Bogota, au S. par la prov. de Neyba (Neyva) et à l'O. par la prov. de Popayan du dép. de Cauca. C'est un pays élevé et très-montagneux, resserré entre la Sierra de Quindiu et la Sierra de la Summa-Paz, qui y ont une hauteur moyenne de 5000 mètres. Son principal cours d'eau est le Rio-Magdaléna, qui le traverse du N. au S. et qui est la seule voie commerciale entre cette province et les provinces maritimes de la république. L'étendue de cette contrée est inconnue; sa pop. est évaluée à 23,000 âmes.

MARIQUITA, v. assez déchue de la rép. de la Nouvelle-Grenade, dép. de Cundinamarca, prov. de Mariquita, dont elle était le chef-lieu, dans la belle vallée du Rio-Guali et non loin du confluent de ce fleuve et du Magdaléna. Cette ville est renommée par ses riches mines d'or et d'argent, exploitées depuis quelques années par une société anglaise. Elle fut fondée en 1550 par Francisco Pedroso dans le district du cacique Mariquita, qui lui donna son nom, et à quelque distance de l'emplacement qu'elle occupe aujourd'hui et où elle fut transférée en 1553. C'est dans cette ville que mourut Gonzalo Ximénez Quésada, le conquérant de Cundinamarca. Plus tard ses restes furent transportés et enterrés dans la cathédrale de Bogota; 2500 h.

MARIPPI. *Voyez* MARIBI.

MARISSEL, vg. de Fr., Oise, arr., cant. et poste de Beauvais; 880 hab.

MARIUSAS, peuplade indigène indépendante, cruelle et très-belliqueuse, dans la rép. de Vénézuela; ils habitent les îles Mariusas, à l'embouchure de l'Orénoque.

MARIVILLE. *Voyez* AMMERTZWILLER.

MARIZA, fl. de la Turquie d'Europe; prend sa source dans le mont Egrisau, dans le Balkan, traverse la Romélie proprement dite, arrose Tatar-Bazardjek, Philippopoli, Andrinople et, se partageant en deux branches vers l'extrémité de son cours, se rend dans l'Archipel; sa branche orientale débouche dans le petit golfe d'Enos. Ses affluents sont : le Stanimak, l'Usundscha, l'Arda, la Raska, la Tundscha et l'Erkene.

MARIZELLE, ham. de Fr., Aisne, com. de Bichancourt; 470 hab.

MARIZY, vg. de Fr., Saône-et-Loire, arr. de Charolles, cant. et poste de St.-Bonnet-de-Joux; 1240 hab.

MARIZY-SAINTE-GENEVIÈVE, vg. de Fr., Aisne, arr. de Château-Thierry, cant. de Neuilly-St.-Front, poste de la Ferté-Milon; 250 hab.

MARIZY-SAINT-MARD, vg. de Fr., Aisne, arr. de Château-Thierry, cant. et poste de Neuilly-St.-Front; 110 hab.

MARKDORF, v. du grand-duché de Bade, cer. du Lac, au pied des montagnes du Gerenberg; château; grandes foires de bestiaux; 1600 hab.

MARKEN, pet. île du roy. de Hollande, gouv. de Hollande septentrionale, dist. de Hoorn, située à 1 l. de Monnikendam dans le Zuydersee; elle renferme un seul village avec 580 hab.

MARKET (New-). *Voyez* NEW-MARKET.

MARKGRŒNINGEN, pet. v. du Wurtemberg, cer. du Necker, gr.-bge de Ludwigsbourg, sur la Glems et entourée de champs de blé et de vignobles; ancien et riche hôpital, maison de travail, de correction et de refuge; marchés de laine fréquentés; 2680 h.

MARKINEH, paroisse d'Écosse, comté de Fife; avec 4000 hab., disséminés dans 4 vallées très-riches en mines de houille.

MARKIRCH. *Voyez* MARIE-AUX-MINES (Sainte-).

MARKNEUKIRCHEN, v. du roy. de Saxe, cer. de Zwickau; fabr. d'instruments de musique; 2400 hab.

MARKOLDENDORF, b. du roy. de Hanovre; situé sur l'Ilme, gouv. de Hildesheim; fabr. de toiles; commerce de fil et de toiles; 1200 hab.

MARKSULH, b. du grand-duché de Saxe-Weimar, principauté d'Eisenach; château, caserne, haras; dans la proximité est le petit lac de Haut, avec une île flottante; 1050 hab.

MARKTBREIT, pet. v. de Bavière, cer. du Main-Inférieur; siége d'une juridiction des princes de Schwarzenberg; située à 2 l. au-dessous d'Ochsenfurt, sur l'embouchure du Breitbach dans le Main; 2000 hab.

MARKTEL, b. de la Basse-Autriche, cer. supérieur du Wienerwald; manufacture d'armes blanches.

MARKT-HENNERSDORF ou GROSS-HENNERSDORF, b. du roy. de Saxe, cer. de Lusace; appartenant aux herrnhuters, avec un beau château et le pédagogium des frères, autrefois à Uhyst, et où des jeunes gens, la plupart de familles nobles, sont préparés aux études académiques.

MARLAIX, ham. de Fr., Loire-Inférieure, com. de Herbignac; 120 hab.

MARLANVAL, ham. de Fr., Seine-et-Marne, com. de Boissy-aux-Cailles; 150 h.

MARLAUGES, ham. de Fr., Creuse, com. de St.-Chabray; 110 hab.

MARLBOROUGH, b. d'Angleterre, comté de Wilts, sur le Kennet; nomme 2 députés au parlement; 3000 hab.

MARLBOROUGH, dist. de la Caroline du Sud, États-Unis de l'Amérique du Nord; pays fertile, bien arrosé et déjà assez cultivé; 10,000 hab. Bennetville, sur le Crocked, en est le chef-lieu.

MARLBOROUGH (New-), com. florissante des États-Unis de l'Amérique du Nord, état de Massachusetts, comté de Berks; forges; 2600 hab.

MARLBOROUGH-HOUSE, fort et factorerie de la ci-devant société de la baie d'Hudson, près du lac du Cygne (Swan-Lake), pays des Knistenaux, Amérique anglaise.

MARLE, pet. v. de Fr., Aisne, arr. et à

5 l. N.-N.-E. de Laon, chef-lieu de canton et poste; commerce de grains, graines oléagineuses et fourrages; 1686 hab.

MARLEMONT, vg. de Fr., Ardennes, arr. de Rocroi, cant. de Rumigny, poste d'Aubenton; 410 hab.

MARLENHEIM, b. de Fr., Bas-Rhin, arr., à 5 l. O. de Strasbourg, cant. de Wasselonne; il est situé sur la Mossig et possède une belle église de construction toute moderne. La confection de chaussons de laine y occupe presque la plupart des enfants de 8 à 15 ans. On y fait commerce de bois et de planches. Les environs produisent de bons vins. Il s'y trouve un bureau principal de la seconde ligne des douanes; 2033 hab.

Marlenheim eut de l'importance à l'époque des rois francs; les rois d'Austrasie y avaient un palais. Sous les empereurs germaniques cet endroit faisait partie des domaines de la couronne impériale. Au commencement du seizième siècle une partie de Marlenheim fut acquise par la ville de Strasbourg.

MARLERS, vg. de Fr., Somme, arr. d'Amiens, cant. de Poix, poste d'Aumale; 350 hab.

MARLES, vg. de Fr., Pas-de-Calais, arr. et poste de Béthune, cant. d'Houdan; 460 h.

MARLES, vg. de Fr., Pas-de-Calais, arr. et poste de Montreuil-sur-Mer, cant. de Campagne-les-Hesdin; 460 hab.

MARLES, vg. de Fr., Seine-et-Marne, arr. de Coulommiers, cant. de Rozoy-en-Brie, poste de Fontenay-Trésigny; 610 hab.

MARLHES, vg. de Fr., Loire, arr. et poste de St.-Étienne, cant. de St.-Genet-Malisaux; 2700 hab.

MARLIAC, vg. de Fr., Haute-Garonne, arr. de Muret, cant. de Cintegabelle, poste d'Auterive; 270 hab.

MARLIENS, vg. de Fr., Côte-d'Or, arr. de Dijon, cant. et poste de Genlis; 220 hab.

MARLIEUX, vg. de Fr., Ain, arr. de Trévoux, cant. de Chalamont, poste de Châtillon-les-Dombes; 390 hab.

MARLIN, ham. de Fr., Rhône, com. de Longes; 100 hab.

MARLOTS (les), ham. de Fr., Nièvre, com. de Bouhy; 140 hab.

MARLOTTE, ham. de Fr., Seine-et-Marne, com. de Bourron; 550 hab.

MARLOW (Great-). *Voy*. GREAT-MARLOW.

MARLOY, ham. de Fr., Moselle, com. de Vigy; 260 hab.

MARLOZ, ham. de Fr., Haute-Saône, com. de Cirey; 140 cab.

MARLY, vg. de Fr., Aisne, arr. de Vervins, cant. et poste de Guise; 1020 hab.

MARLY, vg. de Fr., Moselle, arr. et poste de Metz, cant. de Verny; 620 hab.

MARLY, vg. de Fr., Nord, arr., cant. et poste de Valenciennes; fabr. de produits chimiques, noir animal, colle forte gélatine; exploitation de charbons de terre; clouteries; 1506 hab.

MARLY-LA-VILLE, vg. de Fr., Seine-et-Oise, arr. de Pontoise, cant. de Luzarches, poste de Louvres; 560 hab.

MARLY-LE-ROI, b. de Fr., Seine-et-Oise, arr. et à 4 l. N.-N.-O. de Versailles, chef-lieu de canton, poste de St.-Germain-en-Laye; on y remarque un superbe aqueduc qui conduit les eaux de la Seine à Versailles; 1168 hab.

MARLY-SOUS-ISSY, vg. de Fr., Saône-et-Loire, arr. d'Autun, cant. d'Issy-l'Évêque, poste de Luzy; 520 hab.

MARLY-SUR-ARROUX, vg. de Fr., Saône-et-Loire, arr. de Charolles, cant. de Toulon-sur-Arroux, poste de Perrecy; 630 hab.

MARMAGNE, vg. de Fr., Cher, arr. de Bourges, cant. et poste de Méhun-sur-Yèvre, 750 hab.

MARMAGNE, vg. de Fr., Côte-d'Or, arr. de Sémur, cant. et poste de Montbard; 250 hab.

MARMAGNE, vg. de Fr., Saône-et-Loire, arr. d'Autun, cant. et poste de Montcenis; 1280 hab.

MARMANDE, v. de Fr., Lot-et-Garonne, à 12 l. N.-O. d'Agen, chef-lieu d'arrondissement; siége de tribunaux de première instance et de commerce; conservation des hypothèques. Cette ville, la plus commerçante du département après Agen, est fort agréablement située près de la rive droite de la Garonne, sur un plateau séparé du terrain voisin, au S., par un profond ravin que l'on franchit sur un beau pont de pierres; elle est propre, jolie et ceinte par une esplanade plantée d'arbres; elle renferme d'assez jolies constructions, parmi lesquelles on remarque l'hôtel de ville, le palais de justice, le collége et une belle fontaine. Son petit port sur la Garonne est commode; les bateaux à vapeur remontent le fleuve jusqu'à cette ville. Marmande possède une societé d'agriculture et une petite bibliothèque publique; des fabr. d'eaux-de-vie, de cordages, de laine filée; des tanneries; des chapelleries. Les grains, les vins, les eaux-de-vie, du chanvre et des prunes estimées qu'on récolte dans les environs sont les principaux articles de son commerce. Foires: 21 janvier, 1er juin, 22 juillet et 18 octobre; 7527 hab.

Des médailles romaines trouvées dans cette ville font présumer qu'elle est de fondation ancienne; mais on ignore l'époque où elle fut fondée. Au huitième siècle elle fut détruite par les Sarrasins. Richard-Cœur-de-Lion la fit rebâtir vers la fin du douzième siècle. Elle souffrit beaucoup pendant la guerre des Albigeois et tomba, en 1219, au pouvoir d'Amaury de Montfort, un des agents les plus cruels de cette guerre du fanatisme. Marmande prit parti pour la ligue et Henri IV l'assiégea vainement en 1577. En 1814, un corps de 800 Français retirés à Marmande résista pendant un mois à toute une division anglaise.

MARMANHAC, vg. de Fr., Cantal, arr., cant. et poste d'Aurillac; 2050 hab.

MARMAR ou **MORMAR**, b. de la Nigritie centrale, pays des Tibbos, sur la route de Mourzouk à Ouara, à 60 l. N.-O. de Borgou.

MARMARA (mer de), la *Propontide* des anciens, partie de la Méditerranée; est comprise entre les côtes S.-E. de la Roumélie et entre les côtes opposées de l'Asie Mineure; elle communique d'un côté par le détroit des Dardanelles ou l'Hellespont avec l'Archipel (mer Égée), de l'autre par le détroit de Constantinople ou le Bosphore avec la mer Noire. La superficie de ses eaux est évaluée à 870,000 hectares. Les courants lui amènent régulièrement les eaux de la mer Noire et les entraînent dans l'Archipel. Les bords de la mer de Marmara sont charmants et rappellent les brillants souvenirs de l'antiquité; les cours d'eau qui s'y jettent du côté de l'Europe ne sont que de faibles ruisseaux qui ne méritent pas d'être mentionnés, et sur la rive septentrionale nous ne citerons que Constantinople; sa côte asiatique, plus riche encore et plus pittoresque que celle de l'Europe, offre plusieurs cours d'eau remarquables : le Niloufar, qui arrose Brousse et se jette dans le golfe de Moudiana; la Nikabitza; le Satel Dere (Æsopus) et l'Ustwola, l'ancien Granique, à l'O. duquel les terres se rapprochent et forment le détroit des Dardanelles, qui reçoit les eaux du Minderi, le Simois des anciens. A l'E. du Granique se projette la presqu'île de Kaputaghi, où se trouvait la florissante Cyzique; un canal la sépare de l'île de Marmara qui a donné son nom à la mer et qui est entourée de plusieurs îlots; plus à l'E. sont les belles plaines arrosées par le Mohalidje, la vallée de Brousse et plus loin les deux golfes de Moudania et d'Iznik-Mid (Nicomédie); la côte se découpe, du sein des flots s'élèvent les gracieuses îles des Princes (Demonesi) et bientôt l'on arrive à Scutari, assise en face de Constantinople.

MARMARA (île de), *Nevris, Elaphonnesos et Prokonnesos* chez les anciens, la plus grande des îles répandues dans la mer qui porte le même nom; est située sous 40° 37' lat. N. et 25° 10' long. orient., et a 8 milles géogr. de circuit. Elle est couverte de montagnes nues qui fournissent de beaux marbres, et produit des céréales, de l'huile, du vin et du coton. Ses habitants, au nombre d'environ 4000, sont presque tous Grecs et occupent la petite ville de Marmara et cinq villages. La côte méridionale de l'île offre deux petits ports où se réfugient les bâtiments surpris par le vent du nord.

MARMARA. *Voyez* MARMORITSA.

MARMARA, port dans l'île de Paros; avec le fort St.-Antoine.

MARMARIQUE (la), g. a., à l'O. de l'Égypte; commençait un peu au-delà d'Alexandrie; Paratonium en était le lieu le plus remarquable. Il y avait en ce pays une chaîne de montagnes appelée le Grand-Catabathmus.

MARMAROS, comitat de Hongrie, cer. au-delà de la Theiss. Ses bornes sont : au N. et à l'E. la Gallicie et la Bukowine, au S. la Transylvanie et à l'O. les comitats de Szathmar, Ugocs et Bereg. Sa superficie est de 179 l. c. et sa populaton de 120,000 hab. Cette province est sillonnée dans toutes les directions par la chaîne des Karpathes et présente l'aspect le plus sauvage; elle est arrosée par la Theiss, qui y prend sa source; par la Bersava, la Ragyosh, le Tarazk et le Visso, ses affluents. Le climat est très-âpre. On ne récolte qu'en petite quantité du grain, du lin et des fruits, mais du bois en abondance; la chasse et la pêche sont très-lucratives; éducation du bétail; mines de sel gemme, de fer, d'argent et d'autres métaux, ainsi que de pierres précieuses; fabr. de fer et de verre; 5 districts.

MARMEAUX, vg. de Fr., Yonne, arr. et poste d'Avallon, cant. de Guillon; 260 hab.

MARMENTRAY, ham. de Fr., Nièvre, com. de Crux-la-Ville; 150 hab.

MARMERY. *Voyez* VILLERS-MARMERY.

MARMESSE, vg. de Fr., Haute-Marne, arr. de Chaumont-en-Bassigny, cant. et poste de Château-Villain; 210 hab.

MARMINIAC, b. de Fr., Lot, arr. de Cahors, cant. de Cazal, poste de Castelfranc; 1160 hab.

MARMONT, ham. de Fr., Aveyron, com. de Morlhon; 140 hab.

MARMONT (forge de), ham. de Fr., Côte-d'Or, com. de Ste.-Colombe-sur-Seine; 230 hab.

MARMONT-PACHAS, vg. de Fr., Lot-et-Garonne, arr. d'Agen, cant. de la Plume, poste d'Astaffort; 250 hab.

MARMORITSA ou **MARMARIS**, **MARMARA**, pet. v. de la Turquie d'Asie, eyalet d'Anadoly. C'est un misérable endroit, situé sur la baie de même nom, en face de l'île de Rhodes, mais qui peut devenir important par son port, un des plus beaux de la Méditerranée; près de là est l'emplacement de l'ancienne Physcus.

MARMOTTES (île des). *Voyez* DASSEN.

MARMOUILLÉ, vg. de Fr., Orne, arr. d'Argentan, cant. de Mortrée, poste de Nonant; 460 hab.

MARMOUT, ham. de Fr., Basses-Pyrénées, com. d'Orthez; 100 hab.

MARMOUTIER (Mauersmunster), *Mauri Monasterium*, pet. v. de Fr., Bas-Rhin, arr., à 1 1/2 l. S. et poste de Saverne, chef-lieu de canton; elle est agréablement située au pied du premier échelon oriental des Vosges; elle ne renferme de remarquable que sa vieille église d'architecture gothique. Ses rues assez sales et ses constructions sans élégance lui donnent plutôt l'apparence d'un village que d'une ville. On y fabrique de la poterie de terre et l'on y fait commerce de bétail; 2745 hab.

Entre cette petite ville et Savern on aperçoit, à gauche de la route, sur une montagne des Vosges, les ruines imposantes des châteaux de Grand et Petit-Geroldseck, dont les seigneurs dominèrent sur le territoire de Marmoutier, appelé la Marche d'Aquilée, jusque vers la fin du quatorzième siècle.

Marmoutier doit son origine à la plus ancienne abbaye de l'Alsace. Childebert II la fonda en 590 sous le nom de St.-Léobard. Ce monastère ayant été détruit en grande partie par un incendie, l'abbé Maur, canonisé plus tard, le fit reconstruire en 724 et en devint ainsi le second fondateur. C'est de lui que l'abbaye, et plus tard la ville, prirent le nom de Marmoutier ou Maurmoutier.

MARMOUTIER, vaste et riche abbaye fondée par saint Martin dans un des faubourgs de Tours (Indre-et-Loire). Elle renfermait le tombeau de son fondateur et l'on y conservait la sainte ampoule qui servit au sacre de Henri IV. Ce monastère fut démoli pendant la révolution; il n'en reste plus qu'une tour.

MARMUSET, ham. de Fr., Gironde, com. de Ste.-Estèphe; 200 hab.

MARNAC, vg. de Fr., Dordogne, arr. et poste de Sarlat, cant. de St.-Cyprien; 370 hab.

MARNAND, vg. de Fr., Rhône, arr. de Villefranche-sur-Saône, cant. et poste de Thizy; 1680 hab.

MARNANS, vg. de Fr., Isère, arr. et poste de St.-Marcellin, cant. de Roybon; 370 hab.

MARNAVAL, ham. de Fr., Haute-Marne, com. de St.-Dizier; 110 hab.

MARNAVES, vg. de Fr., Tarn, arr. de Gaillac, cant. de Vaour, poste de Cordes; 370 hab.

MARNAY, vg. de Fr., Haute-Marne, arr. de Chaumont-en-Bassigny, cant. et poste de Nogent-le-Roi; 440 hab.

MARNAY, ham. de Fr., Nièvre, com. d'Alligny; 160 hab.

MARNAY, ham. de Fr., Nièvre, com. de Lormes; 120 hab.

MARNAY, b. de Fr., Haute-Saône, arr. et à 5 l. S.-S.-E. de Gray, chef-lieu de canton et poste; 1200 hab.

MARNAY, vg. de Fr., Saône-et-Loire, arr. et cant. de Châlon-sur-Saône, poste de Sennecey; 680 hab.

MARNAY, vg. de Fr., Vienne, arr. de Poitiers, cant. et poste de Vivonne; 980 h.

MARNAY-SUR-SEINE, vg. de Fr., Aube, arr. et cant. de Nogent-sur-Seine, poste de Pont-le-Roi; 430 hab.

MARNE (la), *Matrona*, riv. de Fr.; a sa source principale, appelée la Marnotte, à 1 l. S.-O. de Langres, non loin du village de Balesme; son cours, très-sinueux, se dirige vers le N.-O.; elle traverse presque en entier le dép. de la Haute-Marne, celui de la Marne, la partie S.-E. de celui de l'Aisne, le N. du dép. de Seine-et-Marne, une petite partie de ceux de Seine-et-Oise et de la Seine; elle passe près de Chaumont, à Donjeux, Joinville, St.-Dizier, Vitry-le-Français, Châlons, Epernay, Dormans, Château-Thierry, la Ferté-sous-Jouarre, Meaux, Lagny, Pont-St.-Maur et se jette dans la Seine à Charenton, après un cours de près de 100 l., dont 69 de navigables, depuis St.-Dizier. Ses principaux affluents sont : la Suize, le Rognon, la Blaise, la Saux, le Petit-Morin, le Grand-Morin, l'Ourcq, etc. Les transports considérables qui se font sur cette rivière et qui sont presque généralement absorbés par la capitale consistent en bois à brûler et de charpente, charbon, fer, plâtre, meules, grains, farine, vins, fourrage, etc.

MARNE (département de la), situé dans la région N.-E. de la France, est formé du Rhemois, du Perthois et d'une partie de la Brie pouilleuse, dépendant autrefois du gouv. de la Champagne ; ses limites sont : au N. le dép. des Ardennes, à l'E. celui de la Meuse, au S. les dép. de la Haute-Marne et de l'Aube, à l'O. ceux de Seine-et-Marne et de l'Aisne. Sa superficie est de 820,273 hectares et sa pop. de 345,245 hab.

Ce département forme un vaste plateau, généralement d'un sol aride et stérile, séparé de ses contrées fertiles par des coteaux assez escarpées dont la hauteur varie entre 100 et 400 mètres; ces revers accompagnent aussi les nombreux cours d'eau qui traversent le pays.

La principale rivière, la Marne, donne son nom au département; elle le traverse du S.-E. au N.-O., en le séparant en deux parties égales et se rend dans le dép. de l'Aisne; elle reçoit dans son cours la Saulx, la Blaise, la Moivre, la Côle, la Somme, la Soude et un grand nombre de petits ruisseaux. L'Aisne prend sa source dans le dép. de la Meuse, traverse la partie N.-E. du département, reçoit la Dormoise, la Tourbe et l'Auve et se rend dans celui des Ardennes. La Vesle, la Suippe, le petit Morin prennent leurs sources dans le département, traversent sa partie septentrionale de l'E. à l'O. et se rendent dans celui de l'Aisne; la Seine traverse une petite partie de la région méridionale et y reçoit l'Aube; ces deux derniers et la Marne sont seules navigables; elles présentent environ 190 kilomètres de cours pour la navigation; la Saulx et son affluent l'Ornain sont flottables sur 50 kilomètres de longueur; l'Aisne et la Vesle pourraient être rendues navigables à peu de frais. Un nombre considérable d'étangs se trouvent entre Ste.-Ménéhoulde et Vitry, entre Montmirail et Épernay et près de Sillery. Dans les parties boisées de l'O. et de l'E. sont plusieurs marais dont les plus considérables, ceux de St.-Gond dans l'arr. d'Épernay, couvrent une surface d'environ 350 hectares; leurs exhalaisons pestilentielles occasionnent des maladies annuelles dans les communes qui les avoisinent; on a fait plusieurs essais pour les dessécher sans avoir pu y parvenir.

Toute la partie centrale du département, connue sous le nom de Champagne pouilleuse, n'offre qu'une vaste plaine ou espèce de plateau, formé d'un tuf de craie, à peine recouvert d'un pouce de terre végétale, où l'on rencontre à peine quelques buissons et des villages éloignés de 12 à 15 kilomètres les uns des autres; l'air y est vif et sec, les vents y soufflent alternativement de toutes les directions; ceux du N. et du S. cependant sont les plus fréquents; à l'extrémité de cette plaine et dans les parties qui forment la lisière des départements limitrophes, dans le bassin occidental de la Marne, le long du cours de l'Aisne, on trouve des terres fortes et profondes, un sol heureux et très-productif.

Le département est peu fertile en grains et ne récolte pas assez pour sa consommation locale; il produit plus de seigle et de petit blé que de froment qui n'est cultivé que dans les environs de Sézane et de Vitry; on y recueille de l'orge, du sarrazin, de l'avoine, des plantes potagères, des légumes secs de toute espèce, des oignons, des champignons, du lin, du chanvre, de la navette, de la moutarde, des fruits, parmi lesquels les melons de Châlons sont renommés de temps immémorial. La principale richesse du département, les vignes, couvrent une superficie de 20,000 hectares et fournissent annuellement plus de 700,000 hectolitres de vins généralement estimés; les vins de meilleure qualité se distinguent en blanc et en rouge; les premiers, appelés vins de rivière, croissent près de la rive droite de la Marne à commencer à Mareuil, Ay, Dizy, Hautvilliers jusqu'à Cumières inclusivement; sur la rive droite, à la distance de 10 kilomètres environ, au Menil, à Avize, Pierry et Épernay; les seconds, appelés vins de montagnes, se recueillent principalement à Verzy, Verzenay, Mailly, St.-Basle, Bouzy et Clos-St.-Thierry. Les prairies artificielles et naturelles sont nombreuses et fournissent du fourrage très-estimé; elles bordent principalement la Marne, l'Aisne et la Seine. Les forêts occupent près de 85,000 hectares; les principales sont celles de Tracore, de Gaul, de Vassy et d'Enghien; à l'E. ce sont des prolongements de la forêt d'Argonne; les essences de bois y sont très-variées; la forêt de Louvais, près de la ville de St.-Basle, offre une espèce de hêtre dont les branches se courbent et s'entrelacent d'une manière si serrée qu'elles forment un épais berceau sphérique; transplantées ailleurs, elles reprennent la végétation droite.

Les richesses minérales consistent dans de nombreuses carrières de craie, de pierres de taille, de pierres meulières, les meilleures de l'Europe, de grès, quelques indices de minérai de fer et de houille, des terres à tuiles et à briques, de nombreux fossiles, de l'argile à poterie, des tourbières considérables, plusieurs sources minérales.

Les chevaux, ainsi que les bêtes à cornes, sont d'une race généralement médiocre; les premiers font le service de la culture des terres; l'éducation des troupeaux mérinos est une des principales branches de l'industrie rurale; on y élève beaucoup de porcs et une grande quantité de grosse volaille et d'abeilles; le gros et le menu gibier y est abondant; les rivières et les nombreux étangs sont très-poissonneux et alimentent en partie les marchés de Paris.

Les fabriques les plus considérables sont celles des châles façon cachemire, de couvertures de laine, de draps dits de Silésie, de casimirs, d'étoffes grossières dites enversins, de flanelles; des fabriques de bonneterie, d'étamines; des filatures de laine et de coton; des tanneries; des mégisseries; des poteries en terre plombée à l'épreuve du feu le plus ardent; des papeteries; des fabriques de blanc d'Espagne, de chandelles et bougies de Reims, de pains d'épice de la même ville; des fabriques d'acide acétique et pyroligneux; plusieurs forges et des fabriques de coutellerie très-estimée.

Ce département est dans une des positions les plus avantageuses pour le commerce tant extérieur qu'intérieur. La Marne lui ouvre une communication facile avec Paris et nos ports de l'Océan, par son embouchure dans la Seine; la principale branche consiste dans l'exportation de ses vins, puis dans celle de ses bois, ses laines, son miel, ses pierres meulières et généralement dans les produits des nombreuses et diverses manufactures et fabriques qui y sont établies.

Il est divisé en 5 arrondissements, 32 cantons et 690 communes. Les chefs-lieux d'arrondissement sont :

Chalons-sur-Marne	5 cant.	109 com.	48,535 h.
Epernay	9 «	185 «	86,452 «
Reims	10 «	181 «	123,919 «
Ste.-Ménéhoulde	3 «	82 «	35,812 «
Vitry-le-Français	5 «	133 «	50,527 «
	32 cant.	690 com.	345,245 h.

Il nomme six députés; fait partie de la troisième division militaire, dont le quartier général est à Châlons; il est du ressort de la cour royale et de l'académie de Paris, du diocèse de Châlons, suffragant de l'archevêché de Reims; il fait partie de la dixième conservation forestière; de la deuxième inspection des ponts-et-chaussées, dont le chef-lieu est Amiens; de la deuxième division des mines, dont le chef-lieu est Abbeville. Il a 5 colléges et 740 écoles primaires.

MARNE, b. du Danemark, duché de Holstein, bge de Suderditmarsen.

MARNE (la), ham. de Fr., Doubs, com. de Montferrand; 100 hab.

MARNE (la), vg. de Fr., Loire-Inférieure, arr. de Nantes, cant. et poste de Machecoul; 750 hab.

MARNE (Haute-] département de la), situé

dans la région N.-E. de la France; est formé du Vallage et du Bassigny, dépendant de la ci-devant prov. de Champagne, d'une grande partie du ci-devant duché de Bar et de quelques communes de la ci-devant Franche-Comté; ses limites sont : au N. le dép. de la Meuse, à l'E. celui des Vosges, au S.-E. le dép. de la Haute-Saône, au S.-O. celui de la Côte-d'Or, à l'O. celui de l'Aube et au N.-O. le dép. de la Marne.

Sa superficie est de 633,172 hectares et sa population de 255,969 hab.

A l'extrémité N. des monts de la Côte-d'Or commence une suite de hauteurs qui se dirigent au N.-E., sous le nom de haut plateau de Langres. Il occupe la partie méridionale du département et se prolonge dans le dép. des Vosges sous le nom de *monts Faucilles*, qui se recourbent vers le S.-E. Ce haut plateau est une vaste crête aplatie d'une longueur totale de 20 myriamètres, immense masse calcaire, élevée de 450 mètres audessus du niveau de la mer, et dont le point culminant est le mont Cognelot, qui ne le domine cependant que de 85 mètres; de nombreux chaînons se détachent au S. et au N.; nous distinguerons celui qui sépare le bassin de l'Aube de celui de l'Aujon, et le chaînon plus considérable qui se dirige directement vers le N. sous le nom de *forêt d'Argonne*, et qui va se réunir aux Ardennes; il sépare le bassin de la Marne de celui de la Meuse. Un troisième chaînon, entre la Marne, la Blaise, l'Aube et l'Aujon, se trouve au centre du département; il est indépendant de la chaîne principale.

La Marne est le fleuve principal du département et le seul qui soit navigable; elle prend sa source près de Balesme et traverse le département presque en ligne droite du S. au N. et se rend dans le dép. de la Marne; ses principaux affluents qui prennent tous leurs sources dans le département, sont: la Blaize, le Rognon et la Suize. La Meuse a ses sources dans les petites vallées de Recourts, la Coste et d'Avrecourt qui se réunissent près du fort Fillières et prennent le nom d'une ruine qui porte le nom de *château de Meuse*.

L'Aube a ses sources dans les forêts de Vivey et de Pralay, sépare le département de celui de la Côte-d'Or et se rend dans celui auquel elle donne son nom. Parmi les autres cours d'eaux qui prennent leurs sources dans le département, nous citerons la Voire et l'Aujon qui se dirigent vers le dép. de l'Aube, le Saulx et l'Ornain se dirigent dans celui de Meuse, l'Amance et le Saulon, dans le dép. de la Haute-Saône, la Vingeanne et l'Ource, dans la Côte-d'Or et l'Apance dans les Vosges. Outre ces eaux courantes, il renferme beaucoup d'étangs et quelques marais; les premiers, assez nombreux dans l'arr. de Vassy, occupent une superficie de 500 hectares.

Le climat est sujet à de grandes variations de température; les arr. de Langres et de Chaumont, plus élevés que la partie septentrionale du département, ont un climat plus rude que les vallées de la Vingeanne et le mont Faugonnois; la région la plus froide est celle d'un canton appelée la Montagne, situé à l'O. de l'arr. de Langres. Les vents dominants sont ceux du sud-est, du nord-est et de l'est; les orages sont assez fréquents et occasionnent de brusques variations dans la température.

Les productions végétales du département sont : toutes les céréales en quantité plus que suffisante pour la consommation locale, légumes secs, navettes et autres plantes oléagineuses, chanvre et lin, champignons, morilles et truffes dans les forêts du centre, des plantes tinctoriales et médicinales, de la moutarde blanche et noire, des arbres à fruits, principalement des cerisiers; 12,000 hectares de vignes fournissent, année moyenne, près de 300,000 hectolitres de vins, généralement d'une qualité médiocre; quelques vignobles méritent cependant d'être cités, ce sont ceux d'Aubigny, de Mont-Sangeon, de Vaux, de Rivières-les-Fosses et de Prauthoy. Les prairies sont belles et nombreuses dans les grandes vallées de la Marne et de la Meuse, celles de l'Amance et de la Voire; les prairies artificielles augmentent d'année en année. Les forêts, autrefois en plus grande quantité, y occupent encore une superficie de plus de 200,000 hectares; les usines, par leur effrayante consommation, ont dirigé l'attention des propriétaires vers de nouveaux semis; les essences qui y dominent sont le chêne, le hêtre, le charme et le bouleau. Les belles futaies deviennent de plus en plus rares; dans la forêt de Der, l'une des plus considérables du département, se trouvent encore les plus beaux arbres, surtout d'immenses châtaigniers.

Les richesses minérales du département sont nombreuses et variées. On y trouve en abondance du minérai de fer en grains très-petits et en gros fragments; quelques couches minces de houille terreuse; de nombreuses carrières de pierres de taille et pierres à plâtre calcaires, qui forment la transition entre le grès des Vosges et la craie de la Champagne; du marbre lumachelle; de l'albâtre gypseux veiné, employé autrefois pour l'ornement des églises et des tombeaux; des ardoisières; de nombreuses tourbières; de la marne; de l'argile, terre à briques et à foulons; des pyrites martiales. Outre les eaux thermales de Bourbonne-les-Bains, le département possède quelques sources ferrugineuses; celles d'Attancourt, d'Essey et de la Rivière-sous-Aigremont jouissent d'une renommée méritée.

Les bêtes à cornes y sont assez nombreuses, mais d'une qualité assez médiocre; les vaches laitières près de Langres font exception; elles fournissent les fromages dits de Langres, exportés et assez recherchés à Paris; les chevaux, dont le nombre dépasse 40,000, sont d'une race médiocre; la race des moutons s'améliore sensiblement; celle dite de la Montagne est plus renommée pour sa chair succulente que pour sa toison; les chèvres et les porcs sont assez nombreux; on évalue le nombre de ces premières à plus de 15,000 têtes; dans plusieurs cantons les cultivateurs s'occupent de l'éducation en grand des abeilles et de celle des dindons; le grand et le menu gibier y est abondant; le cerf commence à devenir rare; il n'en est pas ainsi du chevreuil, du sanglier, du loup et du renard; on y trouve beaucoup de fouines, de belettes, de loutres; les oiseaux de passage abondent, principalement les perdrix grises, les canards sauvages; on prend par milliers les rouges-gorges dans les bois de Bourmont; les étangs et les rivières sont peuplés par presque toutes les sortes de poissons connues en France; parmi les reptiles, la vipère y est le seul dont la morsure soit dangereuse.

L'industrie métallurgique occupe le premier rang dans l'industrie départementale; elle compte 104 forges et 52 hauts-fourneaux de première et deuxième fusion, et fournit plus de 30 millions kilogrammes, soit de fonte en gueuse, soit de fonte de moulerie; la consommation de la houille s'élève à plus de 200,000 quintaux métriques. La coutellerie de Langres et de Nogent fournissent des produits généralement estimés; la dernière fournit annuellement entre 600 et 700,000 pièces de coutellerie, valant à peu près 800,000 fr.; on trouve plusieurs fabriques de faïence, de poterie, de porcelaine, de pointes de Paris. L'industrie manufacturière et rurale occupe de nombreuses fabriques de gants de peau, des bonneteries, des filatures de laine, de droguets, des tanneries, des papeteries, des sucreries, des vinaigreries, des fabriques de bougie; elle fournit au commerce, pour l'exportation, du bois de chauffage et de charpente, du blé, de l'avoine; les produits des forges, la coutellerie, les fromages, les cuirs, les pierres de taille sont les objets principaux qui alimentent le commerce.

Le département est divisé en 3 arrondissements, 28 cantons et 550 communes.

Les chef-lieux d'arrondissement sont :

Chaumont .	10 cant.	195 com.	87,271 hab.
Langres . .	10 «	210 «	100,528 «
Vassy . . .	8 «	145 «	68,170 «
	28 cant.	550 com.	255,969 hab.

Il nomme quatre députés, fait partie de la dix-huitième division militaire, dont le quartier-général est à Dijon, est du ressort de la cour royale et de l'académie de la même ville, du diocèse de Langres suffragant de l'archevêché de Lyon; il fait partie de la dix-septième conservation forestière; de la troisième inspection des ponts-et-chaussés, dont le chef-lieu est Nancy; de la troisième division des mines, dont le chef-lieu est Dijon. Il a 5 colléges et 625 écoles primaires.

MARNEFER, vg. de Fr., Orne, arr. d'Argentan, cant. de la Ferté-Fresnel, poste de l'Aigle; 220 hab.

MARNES, vg. de Fr., Seine-et-Oise, arr. de Versailles, cant. de Sèvres, poste de St.-Cloud; 250 hab.

MARNES, vg. de Fr., Deux-Sèvres, arr. de Partenay, cant. et poste d'Airvans; fabr. de papiers; 684 hab.

MARNÉSIA, vg. de Fr., Jura, arr. de Lons-le-Saulnier, cant. et poste d'Ogelet; 230 hab.

MARNETTES (les), ham. de Fr., Eure, com. de Boisnormand; 100 hab.

MARNHIAC, ham. de Fr., Tarn-et-Garonne, com. de Monclar; 190 hab.

MARNIÈRES, vg. de Fr., Eure, arr. d'Évreux, cant. de Rugles, poste de la Neuve-Lyre; 120 hab.

MARNOZ, vg. de Fr., Jura, arr. de Poligny, cant. et poste de Salins; 490 hab.

MARO, *Macrum*, b. du roy. de Sardaigne, comté de Nice, prov. d'Oreglia, sur l'Impero; 1800 hab.

MAROC ou **MAROK**, **MAROKKO**, **MERAKASCH**, *Mauretania Tingitana, Maroccanum Regnum*, gr. emp. de l'Afrique septentrionale, dans la partie la plus occidentale de la Barbarie, entre 29° et 36° lat. N. et entre 8° et 15° long. occ.; il est borné au N. par le détroit de Gibraltar et la Méditerranée, au S. par le Sahara, à l'E. par la rég. d'Alger et le Bilédulgérid et à l'O. par l'Océan Atlantique, et se compose du roy. de Fez, au N. de la Morbeya; de celui de Maroc, avec une partie du ci-devant roy. de Sons, au S. de ce fleuve, et de celui de Tafilet, dont l'ancien roy. de Segelmessa n'est aujourd'hui qu'un district, au midi de l'Atlas. Il y a en outre le pays de Darah et le dist. d'El-Harib, aussi au S. de l'Atlas. Les deux roy. de Fez et de Maroc sont divisés en 30 provinces ou préfectures. L'emp. de Maroc est le plus puissant état de toute la Barbarie, quoique depuis longtemps bien déchu. Non seulement depuis 1795 il a perdu l'influence qu'il conservait encore sur le roy. de Tombouctou, en Nigritie, qui pendant les règnes de Mouley-Ismayl, mort en 1727, et de Mouley-Abd-Allah, son successeur, était tributaire de l'empire, mais il a vu même de nombreuses tribus atlantiques et arabes s'en détacher pour former l'état indépendant de Sydy-Hescham. On porte sa superficie à 130,000 milles c., occupant une grande partie du roy. de Sons, et sa population à 6,000,000 hab., qui professent presque tous l'islamisme; ils sont basanés, robustes, très-adroits à monter à cheval et à lancer un javelot. Il y en a de plusieurs classes: les Maures, descendant de ceux qui furent chassés d'Espagne, habitent les villes, ainsi que les nègres; les Arabes forment des camps volants appelés Adouars; les Berèbères, anciens habitants du pays, vivent dans les vallées de l'Atlas sous des huttes; ceux-ci sont fiers, indomptables et abhorrent les chrétiens, qu'ils font esclaves et traitent plus durement que les animaux; ils sont régis par des chefs qui exercent sur eux une autorité plus ou moins étendue, mais toujours modérée. Des marchands établis sur les côtes de l'Océan et de la Méditerranée et une multitude de juifs font le commerce par terre avec les nègres, au moyen de grandes caravanes qui emportent laines, sel, soie, etc., prennent en retour de l'or, des dents d'éléphants et amènent des esclaves, avec lesquels l'empereur recrute en grande partie sa cavalerie. Ces marchands, ainsi que les chrétiens, sont exposés à de continuelles avanies. Les juifs envoient aussi tous les ans à la Mecque des caravanes qui exportent laines, cuirs de Maroc, indigo, cire, cochenille, plumes d'autruche et rapportent soie, mousselines, calicots, café, drogues, etc. L'empereur ayant prohibé, il n'y a pas encore longtemps, l'exportation de plusieurs des articles ci-dessus, a porté un coup funeste à la prospérité du commerce de ses états. L'emp. de Maroc est sillonné par les branches du mont Atlas, dont les sommets y atteignent une hauteur de 2000 toises et d'où descendent beaucoup de rivières, parmi lesquels le Tensyft, la Morbeya, le Sebouc et le Malouia sont les plus considérables. Le terrain des plaines est en général sablonneux, sec et ingrat, mais extrêmement fertile dans les parties cultivées; il produit des fruits, du blé, de l'orge, de l'avoine, assez pour le pays et pour l'Espagne; légumes, oliviers, citronniers, orangers, dattiers, amandiers, etc.; mines de fer, d'étain et de cuivre; chameaux et chevaux très-estimés. Des officiers appelés alcaïdes gouvernent les provinces de l'empire sous l'autorité despotique du souverain, qui n'a ni cours de justice, ni conseil particulier, ni ministre; il est l'auteur, l'interprête et le juge de ses lois. Les villes impériales de Fez, Maroc et Méquinez sont alternativement sa résidence. L'armée se compose de 36,000 hommes, la plupart de cavalerie, dont 6000 nègres et 6000 Arabes. Les forces navales consistaient en 1830 en 10 frégates et 14 gaillotes, montées par 6000 marins. Les revenus annuels se montent à 22 millions de francs.

MAROC ou **Marok**, **Merakasch**, *Bocanum Hemerum*, *Marochium*, ancienne et gr. v. d'Afrique, capitale du royaume de même nom et une des trois résidences impériales; elle fut fondée, en 1052, par Jussuf-Teschfin, de la race des Almoravides, près de la rivière de Tensyft, dans une vaste plaine fertile, qui est en même temps un plateau élevé d'environ 250 toises au-dessus du niveau de la mer, à 40 l. de l'Océan Atlantique, à 90 l. S.-O. de Fez et à 140 l. S.-S.-O. de Cadix. Ses édifices les plus remarquables sont : le palais impérial, immense édifice, avec de vastes cours et de grands jardins; la place d'audience ou le meschouar, grand carré entouré d'un mur, où l'empereur donne audience et prononce ses jugements; la mosquée El-Koutonbia, remarquable surtout par sa tour carrée, haute de 220 pieds anglais et divisée en sept étages; sa construction, qui remonte vers la fin du douzième siècle, est contemporaine de la Giralda de Séville et de la Smahassan de Rabat, édifices qui lui sont entièrement semblables; la mosquée El-Moazin, la plus ancienne de la ville; celle de Beni-Youse; l'édifice nommé Bel-Abbas, qui offre réunis dans sa vaste enceinte un sanctuaire, un mausolée, une mosquée et un hôpital où l'on soigne jusqu'à 1500 malades; la Gassaryah ou Al-Kaisseria, grand bâtiment entouré de boutiques, où les négociants étalent leurs marchandises; l'immense fabrique de maroquins, où 1500 personnes sont employées. On ne doit pas oublier les vastes magasins de blé, les grands cimetières et les ruines des aqueducs, dont quelques-uns se prolongent jusqu'à 20 milles hors des murs de la ville. Les juifs, au nombre de 2000 familles, habitent un quartier séparé et fermé, sous la surveillance d'un officier préposé par l'empereur. La ville de Maroc a beaucoup perdu depuis que les empereurs n'y font plus leur résidence ordinaire; elle fut terriblement ravagée par la peste de 1799, qui y enleva jusqu'à 3000 personnes par jour. Sa population actuelle se monte à 60,000 âmes. Dans un rayon de 28 milles au S.-S.-E. de Maroc s'élève le Mittsin, le plus haut sommet mesuré de l'Atlas; sa hauteur absolue est de 1782 toises; et vers le S.-E., à environ 18 milles, on voit de vastes ruines, nommées Tassremoot ou Tassremout par les indigènes; ce sont des débris de fortes et épaisses murailles en pierres de taille, de bains, de voûtes, etc., qui ont appartenu probablement à une ville romaine ou même carthaginoise; mais ce qui est curieux, c'est de voir que la tradition populaire raconte sur la chute de cette antique cité à peu près les mêmes circonstances qui accompagnèrent, d'après l'immortel Homère, la ruine de Troie.

MAROILLES, vg. de Fr., Nord, arr. d'Avesnes, cant. et poste de Landrecies; fromages renommés; 2183 hab.

MAROLES, vg. de Fr., Marne, arr., cant. et poste de Vitry-le-Français.

MAROLLE (la), vg. de Fr., Loir-et-Cher, arr. de Romorantin, cant. et poste de Neung-sur-Beuvron; 290 hab.

MAROLLES, vg. de Fr., Calvados, arr., cant. et poste de Lisieux; 900 hab.

MAROLLES, vg. de Fr., Eure-et-Loir, arr. et poste de Nogent-le-Rotrou, cant. de Thiron-Gardais; 630 hab.

MAROLLES, ham. de Fr., Eure-et-Loir, com. de Broué; 220 hab.

MAROLLES, vg. de Fr., Loir-et-Cher, arr., cant. et poste de Blois; 550 hab.

MAROLLES, vg. de Fr., Oise, arr. de Senlis, cant. de Betz, poste de la Ferté-Milon; 600 hab.

MAROLLES, vg. de Fr., Sarthe, arr., cant. et poste de St.-Calais; 440 hab.

MAROLLES, vg. de Fr., Seine-et-Marne, arr. et poste de Coulommiers, cant. de la Ferté-Gaucher; 350 hab.

MAROLLES, vg. de Fr., Seine-et-Oise, arr. et poste d'Étampes, cant. de Méréville; 230 hab.

MAROLLES-EN-BRIE, vg. de Fr., Seine-et-Oise, arr. de Corbeil, cant. et poste de Boissy-St.-Léger; 240 hab.

MAROLLES-LES-ARPAJON, vg. de Fr., Seine-et-Oise, arr. de Corbeil, cant. et poste d'Arpajon; 410 hab.

MAROLLES-LES-BAILLY, vg. de Fr., Aube, arr., cant. et poste de Bar-sur-Seine; 330 hab.

MAROLLES-LES-BRAUX, vg. de Fr., Sarthe, arr., à 3 l. S. et poste de Mamers, chef-lieu de canton; 2270 hab.

MAROLLES-SOUS-LIGNIÈRES, vg. de Fr., Aube, arr. de Bar-sur-Seine, cant. de Chaource, poste d'Ervy; 500 hab.

MAROLLES-SUR-SEINE, vg. de Fr., Seine-et-Marne, arr. de Fontainebleau, cant. et poste de Montereau; 500 hab.

MAROLETTE, vg. de Fr., Sarthe, arr., cant. et poste de Mamers; 260 hab.

MAROLS, vg. de Fr., Loire, arr. de Montbrison, cant. de St.-Jean-Soleymieux, poste de St.-Bonnet-le-Château; 970 hab.

MARONNE, vg. de Fr., Seine-Inférieure, arr., à 1 1/2 l. N.-N.-O. et poste de Rouen, chef-lieu de canton; fabr. d'indiennes, d'huile et de produits chimiques; teintureries de toiles; filat. de coton; papeteries; moulins à poudre, à bois de teinture et à blé; 2956 hab.

MARON, vg. de Fr., Indre, arr. et poste de Châteauroux, cant. d'Ardentes-St.-Vincent; mine de fer; 810 hab.

MARON, vg. de Fr., Meurthe, arr. et cant. de Nancy, poste de Pont-St.-Vincent; 770 hab.

MARONCOURT, vg. de Fr., Vosges, arr. et poste de Mirecourt, cant. de Dompaire; 60 hab.

MARONDE (la), vg. de Fr., Somme, arr. d'Amiens, cant. et poste de Poix; 240 hab.

MARONI (en anglais *Marawina*, *Marowyne*), le plus grand fleuve de la Guyane française qu'il sépare à l'O. de la Guyane hollandaise. Il prend naissance de plusieurs sources dans la Sierra Tumucumaque, coule par beaucoup de détours vers le N. et débouche dans l'Océan Atlantique, après un cours de 90 l. Sa largeur est très-considérable, mais il est peu profond, parsemé d'îles, d'écueils et de bancs de sable, et entrecoupé fréquemment par des bas-fonds et des cataractes qui le rendent peu favorable à la navigation. Aussi n'a-t-on pas encore songé à l'utiliser et ses bords ne sont fréquentés que par quelques hordes d'Indiens nomades. Ce fleuve est remarquable par ses cailloux transparents appelés *diamants du Maroni*. Ses affluents sont peu connus et paraissent peu nombreux; on en cite l'Araoua, l'Ouaqui et l'Inini dans la partie supérieure, et le Sibariqui, tous à droite du fleuve. Le Maroni est joint au Cottica par le Wana-Creek.

MARONI, cant. ou dist. de la Guyane française, le long du Maroni inférieur; il est parcouru par différentes tribus indigènes, qui y possèdent quelques villages, et le gouvernement y entretient un poste militaire.

MARONITES (pays des), est situé dans le pachalik de Tripoli, Turquie d'Asie. Les Maronites, chrétiens venus des bords de l'Oronte et disciples d'un solitaire nommé Maronne, qui se déclara pour les doctrines de Rome, vivent réunis avec les Druzes dans trois districts du mont Liban. Ils sont au nombre de 100,000 et se distinguent très avantageusement d'entre tous les habitants de la Turquie par leur piété, leur moralité, leur instruction et la noblesse de leur cœur. Ils sont catholiques ardents, reconnaissent l'autorité du pape et ont un archevêque à Antakiah; leurs prêtres se marient. Leurs couvents, bâtis sur les flancs arides du Liban, au nombre de 59, suivent la règle de saint Antoine. Sous le rapport politique, ils sont tributaires des Turcs et vivent sous la protection des Druzes dont ils partagent les institutions.

MARONQUES (Sierra), chaine de montagnes de l'île de Cuba, au S. de la ville de Matanzas.

MAROS, résidence et v. *Voyez* CÉLÈBES.

MAROS, siége de Transylvanie, pays des Szeklers; superficie 22 l. c. géogr. avec 30,000 hab. C'est un pays montagneux, arrosé par le Maros, affluent de la Theiss; son climat est âpre; il produit en abondance du sel, du vin, du tabac, du gibier et du poisson. L'éducation du bétail et celle des abeilles forment la principale occupation des habitants.

MAROSTICA, jolie pet. v. fortifiée de Lombardie, gouv. de Venise, délégation de Vicence; 3000 hab.

MAROTTE (la), ham. de Fr., Seine-et-Marne, com. de Montigny-Lencoup; 110 h.

MAROUCA ou MOUZIMBOS, ZIMBES, nation nomade peu connue de l'Afrique orientale, appartenant à la famille Galla; elle a acquis une funeste célébrité par ses terribles incursions faites vers la fin du seizième siècle et poussées jusqu'à Melinde et à Quiloa.

MAROUÉ, vg. de Fr., Côtes-du-Nord, arr. de St.-Brieuc, cant. et poste de Lamballe; 2160 hab.

MAROU-KAME, v. du Japon, prov. de Sanouki, Nankaido; avec un temple célèbre dédié à Koubira.

MAROU-OKA, v. du Japon, prov. de Yetsisen, dans le Fokourokoudo.

MAROUSE, ham. de Fr., Eure, com. du Bosc-Roger; 400 hab.

MAROUTS, tribu sauvage de l'île de Bornéo, qui habite au S. de la Sultanie de Bourni.

MAROWYNE. *Voyez* MARONI (fleuve).

MARPAIN, vg. de Fr., Jura, arr. de Dôle, cant. de Montmirey-la-Ville, poste de Pesmes; 200 hab.

MARPAPS, vg. de Fr., Landes, arr. de St.-Sever, cant. d'Amou, poste d'Orthez; 300 hab.

MARPENT, vg. de Fr., Nord, arr. d'Avesnes, cant. et poste de Maubeuge; scierie de marbre à la vapeur; exploitation de pierres bleues; fabr. de café-chicorée; 500 hab.

MARPIRÉ, vg. de Fr., Ille-et-Vilaine, arr., cant. et poste de Vitré; 330 hab.

MARQUAIX, vg. de Fr., Somme, arr. et poste de Péronne, cant. de Roisel; 640 hab.

MARQUAY, vg. de Fr., Dordogne, arr., cant. et poste de Sarlat; 990 hab.

MARQUAY, vg. de Fr., Pas-de-Calais, arr., cant. et poste de St.-Pol-sur-Ternoise; 190 hab.

MARQUE (la), ham. de Fr., Lot-et-Garonne, com. de Lagruère; 150 hab.

MARQUEFAVE, vg. de Fr., Haute-Garonne, arr. de Muret, cant. de Carbonne, poste de Noé; 760 hab.

MARQUÉGLISE, vg. de Fr., Oise, arr. de Compiègne, cant. et poste de Ressons; 330 h.

MARQUEIN, vg. de Fr., Aude, arr. de Castelnaudary, cant. et poste de Salles-sur-l'Hers; 330 hab.

MARQUEMONT, vg. de Fr., Oise, arr. de Beauvais, cant. et poste de Chaumont-en-Vexin; 480 hab.

MARQUENNEVILLE, ham. de Fr., Somme, com. de Vaux-Marquenneville; 120 hab.

MARQUERIE, vg. de Fr., Haute-Pyrénées, arr. et poste de Tarbes, cant. de Poyastruc; 190 hab.

MARQUES, vg. de Fr., Seine-Inférieure, arr. de Neufchâtel-en-Bray, cant. et poste d'Aumale; 470 hab.

MARQUESTAU, vg. de Fr., Gers, arr. de Condom, cant. et poste de Cazaubon; 160 h.

MARQUETTE, vg. de Fr., Nord, arr., cant. et poste de Lille; blanchisserie; 1370 h.

MARQUETTE, vg. de Fr., Nord, arr. de Valenciennes, cant. et poste de Bouchain; 1620 hab.

MARQUIGNY, vg. de Fr., Ardennes, arr. de Vouziers, cant. de Monthois, poste du Chêne; 310 hab.

MARQUILLAS, b. d'Espagne, roy. de la Vieille-Castille, prov. et dist. de Burgos.

MARQUILLIES, vg. de Fr., Nord, arr. de Lille, cant. et poste de la Bassée; 1050 hab.

MARQUION, vg. de Fr., Pas-de-Calais, arr. et à 7 l. E.-S.-E. d'Arras, chef-lieu de canton, poste de Cambrai; carrières de grès; 690 hab.

MARQUISE ou MARCI, b. de Fr., Pas-de-Calais, arr. et à 3 l. N.-N.-E. de Boulogne-sur-Mer, chef-lieu de canton et poste; carrières de grès et de marbre; usines à fer; fabr. de tulle; raffinerie de sel; 2060 hab.

MARQUISES (groupe des) ou MARQUESAS-DE-MENDANA, le plus méridional des deux groupes dont se compose l'archipel de Mendana, dans la Polynésie ou Océanie orientale; il s'étend de 140° 52′ à 141° 37′ long. occ., entre 9° 27′ et 10° 25′ lat. S., et comprend les 5 îles suivantes, dont les 4 premières furent découvertes par Mendana, en 1596, et la dernière par Cook, en 1774; Tatouiva ou Magdaléna, Tabouata ou Santa-Christina, Hivaoa ou Santa-Dominica, Motane et Fetugu. Ces îles sont fertiles et habitées par des tribus de race malaie, soumises à plusieurs chefs indépendants les uns des autres. Ces insulaires se distinguent par la beauté de leurs formes et par leur teint qui se rapproche beaucoup de celui des Européens méridionaux; mais ils sont cruels et antropophages.

MARQUIVILLERS, vg. de Fr., Somme, arr., cant. et poste de Montdidier; 310 hab.

MARQUIXAMES, vg. de Fr., Pyrénées-Orientales, arr. de Prades, cant. et poste de Vinça; 560 hab.

MARRADI, b. du grand-duché de Toscane, compartimento de Florence, sur le Lamore; 1200 hab.

MARRAST, ham. de Fr., Gers, com. de Lauraet; 150 hab.

MARRAY, vg. de Fr., Indre-et-Loire, arr. de Tours, cant. et poste de Neuvy-le-Roi; fabr. d'étoffes de laine; 883 hab.

MARRE (la), ham. de Fr., Eure, com. de Bourth; 180 hab.

MARRE (la), ham. de Fr., Eure, com. de St.-Denis-du-Boscguérard; 200 hab.

MARRE (la), ham. de Fr., Ille-et-Vilaine, com. de Miniac-Morvan; 150 hab.

MARRE (la), ham. de Fr., Ille-et-Vilaine, com. de St.-Père; 150 hab.

MARRE ou MARRE-JOUSSERANS (la), vg. de Fr., Jura, arr. de Lons-le-Saulnier, cant. de Voiteur, poste de Poligny; 470 hab.

MARRE, vg. de Fr., Meuse, arr. et poste de Verdun, cant. de Charny-sur-Meuse; 360 hab.

MARRÉ (Haut et Bas), ham. de Fr., Nièvre, com. de Cervon; 210 hab.

MARRÉ, ham. de Fr., Nièvre, com. de Mont-en-Bazois; 180 hab.

MARREAUX, ham. de Fr., Yonne, com. de Magny; 300 hab.

MARRE-BAS, ham. de Fr., Eure, com. de Ste.-Marguerite-de-l'Autel; 130 hab.

MARRE-BLANCHE, ham. de Fr., Eure, com. de Francheville; 110 hab.

MARRE-JOUSSERANS (la). *Voyez* MARRE (la), Jura.

MARRE-SÈCHE, ham. de Fr., Eure, com. de Ste.-Marguerite-de-l'Autel; 110 hab.

MARRE-TASSEL, ham. de Fr., Eure, com. de Thuit-Signol; 120 hab.

MARRIANIST, b. du roy. de Naples, Terre-de-Labour; 5800 hab.

MARRONS (Nègres). *Voyez* BUISSONS.

MARRONS (les), ham. de Fr., Hautes-Alpes, com. de St.-Michel-de-Maillot; 230 h.

MARROULE, ham. de Fr., Aveyron, com. de Martiel; 220 hab.

MARROX, ham. de Fr., Gers, com. de Juilles; 300 hab.

MARRUBIUM, g. a., v. du pays des Marses, Samnium, sur le lac Furinus.

MARRUCINS (les), g. a., peuple de la côte du Latium, entre les Frentans et la riv. d'Aternus; leur pays fait aujourd'hui partie de l'Abruzze ultérieure; capitale Teati.

MARS, ham. de Fr., Ardennes, com. de Bourcq; 120 hab.

MARS (les), ham. de Fr., Creuze, arr. d'Aubusson, cant. et poste d'Auzances; 700 hab.

MARS, vg. de Fr., Gard, arr., cant. et poste du Vigan; 230 hab.

MARS, vg. de Fr., Loire, arr. de Roanne, cant. et poste de Charlieu; 1320 hab.

MARS (Petit-), vg. de Fr., Loire-Inférieure, arr. de Châteaubriant, cant. et poste de Nort; 1350 hab.

MARS (Saint-), vg. de Fr., Seine-et-Marne, arr. de Coulommiers, cant. et poste de la Ferté-Gaucher; 210 hab.

MARS (Saint-), vg. de Fr., Seine-Inférieure, arr. de Dieppe, cant. et poste de Bacqueville; 560 hab.

MARSA, vg. de Fr., Aude, arr. de Limoux, cant. et poste de Quillan; 460 hab.

MARSAC, vg. de Fr., Charente, arr. et poste d'Angoulême, cant. de St.-Amant-de-Borie; 820 hab.

MARSAC, vg. de Fr., Creuse, arr. de Bourganeuf, cant. et poste de Bénévent; 860 hab.

MARSAC, vg. de Fr., Dordogne, arr., cant. et poste de Périgueux; source intermittente; 450 hab.

MARSAC, vg. de Fr., Loire-Inférieure, arr. de Châteaubriant, cant. de Guéméné, poste de Nozay; 1170 hab.

MARSAC, Lot. *Voy.* BASTIDE-MARSAC (le).

MARSAC, ham. de Fr., Lot-et-Garonne, com. de Clairac; 200 hab.

MARSAC, b. de Fr., Puy-de-Dôme, arr., cant. et poste d'Ambert; fabr. de papier; 3185 hab.

MARSAC, vg. de Fr., Hautes-Pyrénées, arr. de Tarbes, cant. et poste de Vic-en-Bigorre; 300 hab.

MARSAC, vg. de Fr., Tarn-et-Garonne, arr. de Castelsarrasin, cant. et poste de Lavit; 660 hab.

MARSACI, g. a., peuplade de la Gaule Belgique; habitait les îles formées par les embouchures de la Meuse et de l'Escaut; d'autres la placent dans la prov. d'Utrecht.

MARSAGLIA, vg. du duché de Piémont, prov. de Mondovi; remarquable par la défaite du duc de Savoie par Catinat (1693).

MARSAGLIA, b. du duché de Modène, peu loin de la Sechia; 1600 hab.

MARSAINVILLIERS, vg. de Fr., Loiret, arr., cant. et poste de Pithiviers; 250 hab.

MARSAIS, vg. de Fr., Charente-Inférieure, arr. de Rochefort-sur-Mer, cant. de Surgères, poste de Mauzé; 1580 hab.

MARSAIS-SAINTE-RADÉGONDE, vg. de Fr., Vendée, arr. et poste de Fontenay-le-Comte, cant. de l'Hermenault; 840 hab.

MARSAL, pet. v. forte de Fr., Meurthe, arr. et à 3 l. S.-E. de Château-Salins, cant. de Vic, poste de Moyenvic; elle est située sur la Seille et environnée de marais qui en rendent l'accès difficile. Les sources salées d'où elle a pris son nom, étaient déjà connues dans le huitième siècle. On fabrique à Marsal de la bonneterie et de la chapellerie; 1100 hab.

MARSAL, vg. de Fr., Tarn, arr. et poste d'Albi, cant. de Villefranche; 390 hab.

MARSALA, *Lilybæum*, assez grande ville forte de l'île de Sicile, intendance de Trapani, située sur la mer et près du cap Boco; possède un collége royal et un port encombré de sable. Vins rouges renommés; éducation du bétail; fabrication de la soude; 2000 hab.

MARSALES, vg. de Fr., Dordogne, arr. de Bergerac, cant. et poste de Monpazier; 270 hab.

MARSALS (les), ham. de Fr., Aude, com. de Rivel; 100 hab.

MARSAN, vg. de Fr., Gers, arr. d'Auch, cant. et poste de Gimont; 470 hab.

MARSANEIX, vg. de Fr., Dordogne, arr. et poste de Périgueux, cant. de St.-Pierre-de-Chignac; 980 hab.

MARSANGIS, vg. de Fr., Marne, arr. d'Épernay, cant. et poste d'Anglure; 80 h.

MARSANGIS, vg. de Fr., Yonne, arr. et cant. de Sens, poste de Villeneuve-le-Roi; fabr. d'eau-de-vie; 760 hab.

MARSANNAY-LA-COTE, vg. de Fr., Côte-d'Or, arr., cant. et poste de Dijon; 730 hab.

MARSANNAY-LE-BOIS, vg. de Fr., Côte-d'Or, arr. de Dijon, cant. et poste d'Is-sur-Tille; fabr. de charbon animal, ammoniac et bleu de Prusse; 650 hab.

MARSANNE, b. de Fr., Drôme, arr., à 4 l. N.-N.-E. et poste de Montélimart, chef-lieu de canton; exploitation de bois, culture du mûrier, fabr. de chaux et de pierres de taille; 1426 hab.

MARSAS, vg. de Fr., Drôme, arr. de Valence, cant. de St.-Donat, poste de Tain; 730 hab.

MARSAS, vg. de Fr., Gironde, arr. de Blaye, cant. de St.-Savin, poste de Cavignac; 670 hab.

MARSAS, vg. de Fr., Hautes-Pyrénées, arr., cant. et poste de Bagnères-en-Bigorre; 180 hab.

MARSAT, vg. de Fr., Puy-de-Dôme, arr., cant. et poste de Riom; 730 hab.

MARSAUCEUX, ham. de Fr., Eure-et-

Loir, com. de Mézières-en-Drouais; 750 h.

MARSAULT (Saint-), vg. de Fr., Deux-Sèvres, arr. de Bressuire, cant. et poste de Moncoutant; 590 hab.

MARSBERG (le Haut et le Bas-), 2 pet. v. de Prusse réunies, prov. de Westphalie, rég. d'Arensberg, sur la Diemel; hôpital central d'aliénés pour la province; mines de cuivre, de fer et usines dans les environs. C'est ici que se trouvait l'Ebersbourg prise par Charlemagne, en 777, sur les Saxons. L'empereur y fit détruire le temple d'Irmensul et construire à la place une église; 1150 hab.

MARS-DE-COUTAIS (Saint-), vg. de Fr., Loire-Inférieure, arr. de Nantes, cant. de Machecoul, poste de Port-St.-Père; 1560 h.

MARS-DE-CRÉ (Saint-), ham. de Fr., Sarthe, com. de Lude; 170 hab.

MARS DE-FRESNE (Saint-). *Voyez* NOTRE-DAME-DE-FRESNE.

MARS-D'EGRENNE (Saint-), vg. de Fr., Orne, arr. et poste de Domfront, cant. de Passais; fabr. de toiles; 2370 hab.

MARS-DE-LA-BRIÈRE (Saint-), vg. de Fr., Sarthe, arr. du Mans, cant. de Montfort, poste de Connerré; 1480 hab.

MARSDEN, cap de la Nouvelle-Hollande, sur la terre de Flinders, vis-à-vis de l'île des Kangourous, sous 35° 33′ lat. S. et 135° 20′ 45″ long. orient.

MARS-DES-PRÉS (Saint-), vg. de Fr., Vendée, arr. de Bourbon-Vendée, cant. et poste de Chantonnay; 460 hab.

MARS-D'OUTILLÉ (Saint-), vg. de Fr., Sarthe, arr. du Mans, cant. et poste d'Écommoy; 2050 hab.

MARS-DU-DÉSERT (Saint-), vg. de Fr., Mayenne, arr. de Mayenne, cant et poste de Villaines-la-Juhel; 750 hab.

MARS-DU-DEZERT (Saint-), vg. de Fr., Loire-Inférieure, arr. de Châteaubriant, cant. et poste de Nort; 1710 hab.

MARSEIGNE, ham. de Fr., Allier, com. de Jaligny; 100 hab.

MARSEILLAN, pet. v. de Fr., Hérault, arr. de Béziers, cant. d'Agde, poste; cette ville est située sur l'étang de Thau, où elle a un port, qui reçoit des bâtiments de cabotage; fabr. d'eaux-de vie; 3690 hab.

MARSEILLAN, vg. de Fr., Hautes-Pyrénées, arr. et poste de Tarbes, cant. de Pouyastruc; 430 hab.

MARSEILLAN-D'ASTARAC, ham. de Fr., Gers, com. d'Auterrive; 110 hab.

MARSEILLAN-PARDIAC, vg. de Fr., Gers, arr., cant. et poste de Mirande; 310 hab.

MARSEILLE, *Massilia*, v. et port de Fr., à 207 l. S.-S.-E. de Paris, chef-lieu du dép. des Bouches-du-Rhône; siège de tribunaux de première instance et de commerce, d'un évêché suffragant de l'archevêché d'Aix, d'un consistoire de l'église réformée et d'un consistoire israélite; quartier-général de la huitième division militaire; chef-lieu d'un syndicat maritime; direction des douanes, des contributions directes et indirectes, de l'enregistrement et des domaines; conservation des hypothèques; hôtel des monnaies (lettres M A entrelacées); chambre et bourse de commerce; résidence d'un ingénieur en chef des ponts-et-chaussées et d'un ingénieur des mines; manufacture royale de tabac; raffinerie royale de salpêtre, etc. Cette ville, une des plus commerçantes de l'Europe, est située au fond d'une petite baie de la Méditerranée; elle se divise en vieille et en neuve. L'ancienne ville, construite sur la pente d'une montagne, à gauche du port, est irrégulière, laide et malpropre; les rues, percées au hasard, sont étroites, tortueuses, sombres et de l'aspect le plus triste. Cependant l'administration municipale y a déjà fait de nombreuses améliorations. La ville neuve, située de l'autre côté, s'étend dans le prolongement du port et s'appuie sur la montagne de la Garde, qui porte le fort du même nom et d'où l'on jouit d'un point de vue magnifique sur la ville tout entière, sur la rade, les îles, les belles campagnes des environs et sur le magnifique amphithéâtre qui les enclot. Cette partie de la ville a des rues droites et larges, parmi lesquelles on distingue celle de la Cannebière; elles sont garnies de trottoirs et renferment de beaux édifices dont les plus remarquables sont : la cathédrale ou église de la Major, construite sur les débris d'un temple de Diane; l'hôtel de ville; l'hôtel de la préfecture; le grand théâtre, inauguré en 1787; la nouvelle halle, construite en 1801; le temple protestant, élégant édifice construit depuis peu de temps; les prisons neuves, etc. Des quais magnifiques, où se presse une population, mélange de toutes les nations, de superbes promenades, de belles places publiques rehaussent singulièrement cette importante cité. Nous citerons particulièrement la place Castellane, celle de la Cannebière, les allées de Meillan, le cours autrefois dit Bourbon, le grand cours qui s'étend de la rue d'Aix à la rue de Rome, etc. Un grand nombre de fontaines élégantes et un puits artésien, ouvert au milieu de la place St.-Ferriol, ne contribuent pas moins à l'embellissement et à l'agrément de la ville; mais ce qui excite avant tout l'admiration des étrangers, c'est l'immense port de Marseille, l'un des plus beaux du royaume; ce superbe bassin, de forme ovale, dont la nature a presque seule fait les frais et qui peut recevoir 1200 navires, offre deux parties distinctes nommées le Commerce et la Boutique. Sur la première se trouvent la machine à mater, le canal et ses magasins, et la place aux huiles que l'on traverse pour aller aux chantiers de construction; de l'autre côté, qui se nomme la Boutique, on voit le bureau de santé de la consigne, le marché aux poissons et de nombreux cafés, où l'on rencontre des hommes de toutes les nations, de toutes les couleurs, de toutes les sectes et les costumes les plus bizarres et les plus pittoresques. Le fort St.-Jean et le fort St.-Nicolas défendent l'entrée du port. A l'entrée de la rade se trouvent l'île et le château d'If, qui a servi souvent de prison d'état. Le port de quarantaine, achevé en 1825, occupe le canal entre les îles Pomègue et Ratoneau, réunies par une digue de 300 mètres de longueur. Le lazaret principal, situé au N. de la ville, occupe l'espace compris entre les pointes de l'Anse, de la Joliette et la pointe Ste.-Marguerite. Parmi les établissements de bienfaisance les plus remarquables sont : l'Hôtel-Dieu, dont la fondation remonte à 1188; l'hospice de la Charité, fondé en 1640; c'est l'asile des vieillards des deux sexes, des orphelins et des enfants trouvés ; la Maternité; les hospices de St.-Joseph, de St.-Lazard, des aliénés; la société Maternelle, etc. Des nombreux établissements scientifiques et littéraires que possède Marseille, nous citerons les plus importants, savoir : le collége royal, l'académie royale des sciences, lettres et arts, l'école royale de navigation, l'école secondaire de médecine, l'école spéciale de commerce et d'industrie, une société de statistique, une société royale de médecine, une société de pharmacie, une société des amateurs de musique, un athénée, un conseil d'agriculture, un cabinet d'histoire naturelle, un musée de tableaux et d'antiquités, un jardin de naturalisation, un jardin botanique, un herbier départemental complet, un observatoire royal de la marine, des écoles d'accouchement, de dessin, de chimie, de géométrie, une institution de sourds-muets, une bibliothèque d'environ 50,000 volumes et de 1270 manuscrits, etc.

Le mouvement commercial de Marseille, qui avait repris un grand développement depuis la fin des guerres de l'empire, s'est encore considérablement accru depuis la conquête d'Alger, et son port est aujourd'hui le plus important du royaume. Les droits perçus sur toute espèce de marchandises soumises à la douane s'y élevaient en 1833 à 30,877,977 francs, un peu moins du cinquième de la recette totale des droits de douane perçus dans toute la France.

Le commerce d'importation s'exerce particulièrement sur les marchandises coloniales, peaux brutes et sèches, suif, fruits secs, coton, laine, plomb, etc. Les principaux objets d'exportation sont : viandes salées, poissons salés, fruits oléagineux, huile d'olive, garance, soufre, vins, savon renommé, chandelles, etc. Quoique l'activité de l'industrie soit loin d'égaler celle du commerce, Marseille renferme un grand nombre d'établissements industriels; outre les ateliers et chantiers où l'on travaille à tout ce qui a rapport à la construction des navires, outre sa manufacture royale de tabac et sa raffinerie royale de poudre, cette ville possède des fabriques considérables de savon, d'eaux-de-vie, d'esprit de vin, de liqueurs et de parfums; des fabriques de bonneterie, façon de Tunis, d'indiennes, de produits chimiques; des raffineries de sucre et de soufre; des tanneries; des maroquineries; des ateliers d'orfèvrerie, de bijouterie, de quincaillerie; des fabriques de bouchons de liége, de corail, de coutellerie, de papier, de papiers peints; des verreries, etc. La pêche du thon est aussi une des branches lucratives de l'industrie et du commerce de Marseille. Foires de 15 jours le 31 août. La population de la ville est de 146,239 hab.

Les environs de Marseille ne sont pas moins intéressants que la ville même. Sur un rayon de deux lieues, les flancs des montagnes, qui s'abaissent en amphithéâtre vers la côte, sont couverts d'innombrables bastides et d'un grand nombre de villages qui animent et varient des paysages charmants.

Quoiqu'il ne reste presque plus de traces des monuments de l'antique Massilia, l'histoire certaine de Marseille remonte à une haute antiquité. Vers l'an 600 avant J.-C. une colonie de Phocéens débarqua sur les côtes de la Gaule méridionale, dans les états des Ségobrigiens. Ils erraient sur le littoral de la Provence, lorsque Euxenus, chef de la colonie, se rendit près de Nannus, roi de cette contrée, pour lui demander la permission de bâtir une ville sur son territoire. Nannus songeait alors à marier sa fille Pella, et il avait réuni tous les prétendants entre lesquels la jeune princesse devait faire choix d'un époux, et Euxenius fut convié au festin donné à cette occasion. L'usage du pays était que les parents acceptassent pour gendre celui à qui leur fille présenterait une coupe remplie d'eau. Pella ayant été introduite présenta la coupe au Phocéen, et le vieux roi, devenu le beau-père de l'étranger, lui assigna un terrain pour la colonie, qui y fonda la ville de Massilia. La cité nouvelle, peuplée d'hommes initiés à la civilisation grecque, devint bientôt assez florissante pour exciter la jalousie d'Athènes et de Carthage, et assez forte pour résister avec succès aux attaques de ces puissantes rivales. Cette dernière même lui demanda humblement la paix. Enfin Massilia acquit rapidement une telle importance que Rome ne dédaigna pas de s'en faire une alliée. La ruine de Tyr par Alexandre, celle de Carthage et de Corinthe par les Romains ayant débarrassé Massilia de concurrences dangereuses, son commerce atteignit le plus haut degré de prospérité. Elle était devenue l'Athènes des Gaules; son gouvernement républicain, administré par 600 sénateurs, ses lois sages, ses mœurs sévères, tout concourait à augmenter encore sa puissance, lorsque les rivalités de Pompée et de César lui apportèrent les premiers revers. Marseille avait pris parti pour Pompée. César, vainqueur, enleva aux Massiliens toutes leurs colonies, détruisit leurs machines de guerre et mit deux légions en garnison à Marseille, dont il avait fait démolir les fortifications.

Ces pertes immenses firent retomber Marseille dans l'obscurité. Redevenu plus tard république indépendante sous la protection de Rome, il releva son commerce et prit un rang distingué parmi les premières villes du monde par la politesse, les arts et l'industrie. Mais l'irruption des Barbares vient hâter la décadence de cette ville qui tombe au pouvoir des Goths. Ceux-ci ayant été expulsés, Marseille passa sous la domination des Francs. Au huitième siècle les Sarrasins s'emparent de Marseille, le saccagent et détruisent tout ce qui restait de monuments antiques. Les croisades relèvent le commerce de Marseille. En 1214, les Marseillais achetèrent leur indépendance et fondèrent pour la seconde fois cette république qu'ils se rappelaient avec orgueil. Mais en 1257 l'ambitieux Charles d'Anjou s'empara de la cité, et le règne fatal des comtes de Provence succéda au gouvernement républicain. Charles III, successeur du roi René, étant mort sans postérité, Marseille et son territoire passèrent au pouvoir de Louis XI, vers la fin du quinzième siècle, et firent depuis partie du royaume de France. En 1524, le connétable de Bourbon assiégea vainement Marseille. Quelques années après, Charle-Quint vint également échouer devant cette ville. Toutes ces guerres, ces changements eurent une influence funeste sur la destinée de cette grande et célèbre cité; mais de tous les désastres qui la frappèrent depuis son origine, la peste de 1720 fut le plus terrible. Ce fléau l'avait déjà affligée quinze fois dans l'espace de quatre siècles; mais jamais il n'y avait sévi avec autant de fureur; les maisons, les rues, les places publiques étaient remplies de morts et de mourants; cependant au milieu des scènes de désolation et d'affreux désespoir dont Marseille fut alors le théâtre, on vit un grand nombre de citoyens, entre autres le digne évêque de Belzunce, donner l'exemple du dévouement le plus généreux et le plus héroïque et mériter la reconnaissance éternelle de l'humanité. Plusieurs grands tableaux exécutés par nos meilleurs artistes et placés dans une salle de l'intendance sanitaire rappellent cette grande calamité et les vertus de ceux qui se sont dévoués alors pour soulager leurs concitoyens. Marseille, après avoir langui longtemps, avait reconquis une haute prospérité, lorsque la révolution française éclata; elle y prit une part active; mais les guerres qui la suivirent anéantirent son commerce qui ne se releva qu'après la chute de l'empire.

Parmi le grand nombre d'hommes célèbres dont Marseille est la patrie, nous citerons : Pythéas et Euthymène, qui dans les temps antiques de Massilia firent des voyages de découvertes; le stoïque et savant Gripho; Puget (Pierre), architecte, sculpteur et peintre (1623—84); le prédicateur Mascaron (1634—1703); le logicien Dumarsais (1676—1756); l'historien Claude-Mathieu Olivier (1701—36); le littérateur Lantier (1736—1826); Dugazon, acteur comique, (1746—1809); le compositeur Dazincourt-Albouy (1747—1809); le compositeur Champein (1753—1830); le conventionnel Charles Barbaroux, décapité en 1793, le musicien Della-Maria (1778—1800) et Pastoret (Claude-Emmanuel, marquis de), procureur-général, syndic de Paris au commencement de la révolution, sénateur sous l'empire, vice-président de la chambre des pairs en 1820 et chancelier de France en 1830.

MARSEILLE, b. de Fr., Oise, arr. et à 2 l. N.-N.-O. de Beauvais, chef-lieu de canton et poste; mégisseries; 817 hab.

MARSEILLE-LES-AUBIGNY, vg. de Fr., Cher, arr. de Sancerre, cant. de Sancergue, poste de la Charité; 310 hab.

MARSEILLENTE, vg. de Fr., Aude, arr. de Carcassonne, cant. et poste de Peyriac-Minervois; 410 hab.

MARSHFIELD, b. d'Angleterre, comté de Gloucester, situé au pied des monts Coteswood; fabrication de malt et de draps; 2000 hab.

MARSHFIELD, com. des États-Unis de l'Amérique du Nord, état de Massachusetts, comté de Plymouth, à l'embouchure de la rivière du Nord; 2600 hab.

MARSI (les Marses), g. a., peuplade du Samnium, sur la rive septentrionale du lac Fucinus (Célano).

MARSI, g. a., peuple du N.-O. de la Germanie; appartenait aux Istævoniens; était allié des Chérusques; ils habitaient dans les environs de Munster, comté de Rietberg et au S. de Hamm; resserrés entre la Lippe, la Ruhr et le Rhin.

MARSICO-NUOVO, pet. v. épiscopale du roy. de Naples, dans la Principauté citérieure; 7000 hab.

MARSICO-VETERE, *Abellinum Marsicum*, pet. v. du roy. de Naples, prov. de Basilicata, sur l'Acri; 2600 hab.

MARSIGNI, g. a., peuple au S.-E. de la Germanie; habitait, selon les uns, dans les environs de Glatz, la rég. de Breslau et la prov. de Silésie; selon d'autres, à l'E. du Riesengebirg; selon d'autres encore, dans le cer. inférieur du Mannhartsberg, en Autriche, jusqu'à la rive septentrionale du Danube.

MARSILLARGUES, b. de Fr., Hérault, arr. de Montpellier, cant. et poste de Lunel; 3300 hab.

MARSILLAT, ham. de Fr., Creuse, com. de Jalèches; 100 hab.

MARSILLON, vg. de Fr., Basses-Pyrénées, arr. d'Orthez, cant. de Lagor, poste de Lacq; 70 hab.

MARSILLY, ham. de Fr., Aisne, com. de Barzy; 220 hab.

MARSILLY, vg. de Fr., Charente-Inférieure, arr., cant. et poste de la Rochelle; 850 hab.

MARSILLY, vg. de Fr., Moselle, arr. et poste de Metz, cant. de Pange; 110 hab.

MARS-LA-JAILLE (Saint-), vg. de Fr., Loire-Inférieure, arr., à 4 l. N. et poste d'Ancenis, chef-lieu de canton; 1181 hab.

MARS-LA-RÉORTHE (Saint.), vg. de Fr., Vendée, arr. de Bourbon-Vendée, cant. et poste des Herbiers; 690 hab.

MARS-LA-TOUR, vg. de Fr., Moselle, arr. de Metz, cant. de Gorze, poste; 1130 hab.

MARS-LOCQUENAY (Saint-) ou SAINT-AUBIN-DE-LOCQUENAY, vg. de Fr., Sarthe, arr. de St.-Calais, cant. et poste de Bouloire; 980 hab.

MARSOLAN, vg. de Fr., Gers, arr., cant. et poste de Lectoure; 1300 hab.

MARSON, vg. de Fr., Marne, arr., à 3 1/2 l. E.-S.-E. et poste de Châlons-sur-Marne, chef-lieu de canton; 880 hab.

MARSON, vg. de Fr., Meuse, arr. de Commercy, cant. et poste de Void; 240 h.

MARSONNAIS, vg. de Fr., Ain, arr. et poste de Bourg-en-Bresse, cant. de Montrevel; 1310 hab.

MARSONNAS, ham. de Fr., Jura, com. d'Aromas; 130 hab.

MARSONNAY, ham. de Fr., Jura, com. de Largillay-Marsonnay; 100 hab.

MARSOULAS, vg. de Fr., Haute-Garonne, arr. de St.-Gaudens, cant. de Salies, poste de St.-Martory; fabr. de faïence blanche; 1270 hab.

MARSOUS, vg. de Fr., Hautes-Pyrénées, arr. et poste d'Argelès, cant. d'Aucun; 720 h.

MARSPICH, vg. de Fr., Moselle, arr., cant. et poste de Thionville; 340 hab.

MARSSAC, vg. de Fr., Tarn, arr., cant. et poste d'Albi; 580 hab.

MARS-SOUS-BALLON (Saint-), ham. de Fr., Sarthe, com. de Ballon; 400 hab.

MARS-SUR-ALLIER, vg. de Fr., Nièvre, arr. de Nevers, cant. et poste de St.-Pierre-le-Moutier; 390 hab.

MARS-SUR-COLMONT (Saint-), vg. de Fr., Mayenne, arr. et poste de Mayenne, cant. de Gorron; 1800 hab.

MARS-SUR-LA-FUTAIE (Saint-), vg. de Fr., Mayenne, arr. de Mayenne, cant. de Landivy, poste d'Ernée; 1400 hab.

MARSTALL, b. de Danemark, duché de Schleswig, bailliage réuni de Sonderbourg et Nordbourg, sur une presqu'île et habité de pêcheurs et de marins; 1200 hab.

MARSTRAND, pet. v. de la Suède méridionale, prov. de Gœtebourg; fortifiée et port franc sur le Cattégat. Près de cette ville, sur une haute montagne, est située la forteresse de Carlstein, avec un phare remarquable : six miroirs ardents, tournant au moyen d'un rouage, répandent leur clarté de tous côtés. Ses habitants, au nombre de 1600, s'occupent du commerce et de la pêche.

MARTA, b. des états de l'Église, légation de Viterbo, sur le lac Bolsena.

MARTA (San-), pet. v. d'Espagne, roy. de la Nouvelle-Castille, prov. d'Estramadure, dist. et à 6 1/2 l. S.-E. de Badajoz.

MARTA (Santa-), pet. v. du Portugal, prov. de Tras-os-Montes, dist. et à 2 1/2 l. S. de Villaréal.

MARTA (la), pet. fl. d'Italie; sort du lac Bolsena et baigne Toscanella et Corneto.

MARTA (Santa-), prov. du dép. du Magdaléna, rép. de la Nouvelle-Grenade; elle est bornée par la mer des Antilles et les prov. de Mompox, Rio-de-la-Hacha et Cartagena. Elle comprenait autrefois toute l'étendue de pays entre le Rio-Magdaléna, la mer des Antilles et les Sierras de Azeyte et de Perija, jusqu'à la prov. de Tunja et par conséquent les prov. du Rio-de-la-Hacha et de Mompox, qui aujourd'hui en sont séparées. Santa-Marta présente une immense plaine plate dont les forêts couvrent la plus grande partie. Sur sa frontière orientale s'élève la Sierra Nevada-de-Santa-Marta avec des pics de plus de 5000 mètres de hauteur. Le Rio-Magdaléna est le principal cours d'eau de la province. C'est le long de ce fleuve que s'étendent les terres cultivées et les endroits les plus importants du pays. L'intérieur est désert jusqu'au pied des montagnes où se trouvent les sources du Rio-Cesare et quelques habitations. La pop. s'élève à 45,000 h.

MARTA (Santa-), chef-lieu de la prov. du même nom et siége d'un évêché, fondé en 1529. La ville est située sur l'Océan et a un port bien défendu et entouré de hauteurs qui cependant ne le protègent pas assez contre les vents du N.-E. Santa-Marta est bien bâti et d'un aspect très-pittoresque; belle cathédrale; commerce très-considérable. La ville et le port sont dominés par une citadelle, bâtie sur un rocher escarpé. Elle comptait 8000 habitants avant le désastre qui la ravagea en 1834 et qui fut accompagné de l'éruption d'un volcan. La ville fut fondée en 1525 par Rodrigo Bastidas.

MARTA (Santa-), Sierra de. *Voyez* CORDILLÈRES (Colombie).

MARTA (Santa-), chaîne de montagnes de l'emp. du Brésil; elle est la continuation S. de la Cordilheira-Grande et traverse tout le S.-O. de la prov. de Goyaz, entre le Parana et l'Araguaya, et le S.-E. de la prov. de Matto-Grosso, où elle prend le nom de Sierra Seiada.

MARTA (Laguna-de-Santa-), lac sur la côte de la prov. de Santa-Catarina, emp. du Brésil; elle est jointe à l'Océan par la Bocca-de-la-Laguna.

MARTABAN, prov. anglaise de l'Inde transgangétique. Cette province, séparée à l'O. par le Salouen de l'emp. Birman, est bornée du même côté par l'enfoncement du golfe de Bengale qui a reçu le nom de golfe de Martaban. Au N. et à l'E. la chaîne de montagnes qui longe la presqu'île de Malacca la sépare du roy. de Siam. Sa superficie est de 570 l. c. géogr. Le sol, arrosé par le Salouen et le Tavay, est fertile; le climat est sain; ses principales productions consistent en poivre, cardamones, riz, bois de teek, fruits des tropiques, sel, fer, plomb, cuivre, or et argent. L'éléphant et le buffle y sont indigènes. Les habitants, au nombre de 60,000, paraissent être un mélange de Siamois, de Pégouans et de Malais; ils sont industrieux et fabriquent des ouvrages à laque et de la poterie très-recherchés. Le commerce est peu florissant dans ce pays dont les côtes, dangereuses déjà par de nombreux écueils, sont souvent ravagées par des tempêtes terribles. Martaban fut anciennement un royaume indépendant; les Portugais y abordèrent au dix-septième siècle et y exercèrent une grande influence; plus tard il passa successivement sous la domination des Siamois, des Pégouans et des Birmans; enfin, par le traité de paix de 1826, ces derniers le cédèrent presque tout entier aux Anglais. Les principales villes du Martaban sont: Martaban, Amberstown et Junzalaen.

MARTABAN, pet. prov. de l'emp. Birman; est la fraction de l'ancien roy. de Martaban laissé aux Birmans par le traité de Yandabou, en 1826.

MARTABAN, v. anglaise de l'Inde transgangétique, située dans la province à laquelle elle a donné son nom et au bord du Saluen (appelé aussi Mantama dans ces contrées); jadis bien florissante; fut presque détruite dans les dernières guerres. Elle se relève aujourd'hui et a déjà 6000 hab., la plupart navigateurs ou commerçants.

MARTABAN (golfe de), enfoncement du golfe de Bengale dans l'Inde transgangétique, sous 16° lat. N., entre l'emp. Birman et le ci-devant roy. de Martaban. Le Salouen y a son embouchure.

MARTAGNY, vg. de Fr., Eure, arr. des Andelys, cant. et poste de Gisors; 420 hab.

MARTAILLY, ham. de Fr., Saône-et-Loire, com. de Brancion; 100 hab.

MARTAINEVILLE-SUR-MER, ham. de Fr., Somme, com. de Bourseville; 170 hab.

MARTAINEVILLE, vg. de Fr., Somme, arr. et poste d'Abbeville, cant. de Gamaches; 500 hab.

MARTAINVILLE, vg. de Fr., Calvados, arr. de Falaise, cant. et poste d'Harcourt-Thury; 200 hab.

MARTAINVILLE, ham. de Fr., Seine-Inférieure, com. de Rouen; 500 hab.

MARTAINVILLE-DU-CORMIER, vg. de Fr., Eure, arr. d'Évreux, cant. et poste de Pacy-sur-Eure; 480 hab.

MARTAINVILLE-PRÈS-LA-LANDE, vg. de Fr., Eure, arr. et poste de Pont-Audemer, cant. de Beuzeville; 810 hab.

MARTAINVILLE-SUR-RY, ham. de Fr., Seine-Inférieure, com. d'Épreville-Martainville; 200 hab.

MARTAIZÉ, vg. de Fr., Vienne, arr. et poste de Loudun, cant. de Moncontour; 770 hab.

MARTALONNE, b. maritime de la rég. d'Alger, prov. de Constantine, à 3 l. O. de Cull.

MARTANGIS, ham. de Fr., Nièvre, com. de Nolay; 400 hab.

MARTAS, pet. v. d'Espagne, roy. de Léon, prov. de Valadolid.

MARTÉGAUX (les), ham. de Fr., Bouches-du-Rhône, com. de Marseille; 110 hab.

MARTEL, pet. v. de Fr., Lot, arr. et à 7 l. N.-E. de Gourdon, chef-lieu de canton et poste; elle possède un collége communal. L'église est remarquable par son architecture ancienne; carrières de pierres dans les environs; 3100 hab.

On attribue l'origine de cette ville à une église que Charles Martel y aurait fait construire après une victoire remportée sur les Sarrasins. C'est à Martel que se réfugia Henri d'Angleterre, révolté contre son père Henri II; on y montre encore la maison où il mourut. Martel faisait partie autrefois de la vicomté de Turennes; les vicomtes y avaient un château et y assemblaient les états de leur principauté.

MARTELLIÈRE (la), ham. de Fr., Isère, com. de Voiron; 360 hab.

MARTENSDYK (Saint-), pet. v. du roy. de Hollande, prov. de Zéelande, dist. de Zierikzée; située sur la côte S.-O. de l'île de Tholen; 1360 hab.

MARTERAT (le), ham. de Fr., Saône-et-Loire, com. de Marcilly-les-Buxy; 210 hab.

MARTEREY (le), ham. de Fr., Isère, com. de Sermérieu; 200 hab.

MARTERSDORF, b. de Hongrie, cer. au-delà du Danube, comitat d'OEdenbourg; possède de vastes carrières; 3000 hab.

MARTEVILLE, vg. de Fr., Aisne, arr. et poste de St.-Quentin, cant. de Vermand; 720 hab.

MARTHALEN, gros vg. de Suisse, cant. de Zurich; 1600 hab.

MARTHA'S-VINEYARD (vignoble de Marthe), île au S. de l'état de Massachusetts dont elle dépend, États-Unis de l'Amérique du Nord; elle est séparée du continent par un canal de 2 l. de large. Cette île, d'une superficie de 4 l. c., avec 4000 hab. et la ville d'Edgarton, est rocailleuse et ne renferme que peu de districts fertiles, mais elle est importante par ses fabriques de lainage, ses salines et ses pêches de la baleine. Elle fait partie du comté de Dukes; les îles Elisabeth et l'île Chapequiddick en dépendent. Marthas-Vineyard fut découvert en 1602 par le capitaine Gosnol, qui donna à cette île le nom qu'elle porte.

MARTHE (Sainte-), ham. de Fr., Bouches-du-Rhône, com. de Marseille; 650 hab.

MARTHE (Sainte-), vg. de Fr., Eure, arr. d'Évreux, cant. et poste de Conches; 560 hab.

MARTHE (Sainte-), ham. de Fr., Lot-et-Garonne, com. de Fourques; 400 hab.

MARTHEMONT, vg. de Fr., Meurthe,

arr. de Nancy, cant. et poste de Vezelise; 90 hab.

MARTHES. *Voyez* MAMETZ.

MARTHIL, vg. de Fr., Meurthe, arr. de Château-Salins, cant. et poste de Delme; 590 hab.

MARTHON, vg. de Fr., Charente, arr. d'Angoulême, cant. et poste de Montbron; 630 hab.

MARTIAL (Saint-), vg. de Fr., Ardèche, arr. de Tournon, cant. de St.-Martin-de-Valamas, poste de Chaylard; 1830 hab.

MARTIAL (Saint-), vg. de Fr., Cantal, arr. de St.-Flour, cant. et poste de Chaudesaigues; 160 hab.

MARTIAL (Saint-), vg. de Fr., Dordogne, arr. de Sarlat, cant. et poste de Domme; 1160 hab.

MARTIAL (Saint-), vg. de Fr., Gard, arr. du Vigan, cant. de Sumène, poste de Valleraugue; 930 hab.

MARTIAL (Saint-), vg. de Fr., Gironde, arr. de la Réole, cant. et poste de St.-Macaire; 400 hab.

MARTIAL (Saint-), ham. de Fr., Tarn, com. de Castelnau-de-Montmirail; 110 hab.

MARTIAL (Saint-), ham. de Fr., Tarn-et-Garonne, com. de Montauban; 280 hab.

MARTIAL (Saint-), vg. de Fr., Vienne, arr. de Montmorillon, cant. et poste de Chauvigny; 370 hab.

MARTIAL (Saint-), vg. de Fr., Haute-Vienne, arr. et poste de Bellac, cant. de Mézières; 680 hab.

MARTIAL-D'ALBARÈDE (Saint-), vg. de Fr., Dordogne, arr. de Périgueux, cant. et poste d'Excideuil; 760 hab.

MARTIAL-D'ARTENSET (Saint-). *Voyez* ARTENSET.

MARTIAL-D'AUBETERRE (Saint-), vg. de Fr., Charente, arr. de Barbezieux, cant. d'Aubeterre, poste de Chalais; 160 hab.

MARTIAL-DE-CAMARENS (Saint-), ham. de Fr., Tarn, com. de Castres; 190 hab.

MARTIAL-DE-COCULET (Saint-), vg. de Fr., Charente-Inférieure, arr. de Jonzac, cant. et poste d'Archiac; 1270 hab.

MARTIAL-DE-COTENSON (Saint-), ham. de Fr., Aveyron, com. de Crespin; 190 h.

MARTIAL-DE-DROME (Saint-). *Voyez* MARTIAL-DE-RIBÉRAC (Saint-).

MARTIAL-DE-GIMEL (Saint-), vg. de Fr., Corrèze, arr., cant. et poste de Tulle; 1050 h.

MARTIAL-DEL-PUECH (Saint-), ham. de Fr., Tarn, com. de Burlatz; 180 hab.

MARTIAL-DE-MIRAMBEAU (Saint-), vg. de Fr., Charente-Inférieure, arr. de Jonzac, cant. et poste de Mirambeau; 610 hab.

MARTIAL-DE-MONTMOREAU (Saint-), vg. de Fr., Charente, arr. de Barbezieux, cant. et poste de Montmoreau; 500 hab.

MARTIAL-D'ENTRAIGUES (Saint-), vg. de Fr., Corrèze, arr. de Tulle, cant. et poste d'Argentat; 520 hab.

MARTIAL-DE-RIBÉRAC (Saint-), ham. de Fr., Dordogne, com. de Ribérac; 200 hab.

MARTIAL-DE-VALETTE (Saint-), vg. de Fr., Dordogne, arr., cant. et poste de Nontron; 1000 hab.

MARTIAL-DE-VITATERNE (Saint-), vg. de Fr., Charente-Inférieure, arr., cant. et poste de Jonzac; 200 hab.

MARTIAL-DE-VIVEYROL (Saint-), vg. de Fr., Dordogne, arr. de Ribérac, cant. et poste de Verteillac; 810 hab.

MARTIAL-LE-MONT (Saint-), vg. de Fr., Creuse, arr. et poste d'Aubusson, cant. de St.-Sulpice-les-Champs; 710 hab.

MARTIAL-LÈS-COIVERT (Saint-), vg. de Fr., Charente-Inférieure, arr. de St.-Jean-d'Angely, cant. et poste de Loulay; 310 h.

MARTIAL-LE-VIEUX (Saint-), vg. de Fr., Creuse, arr. d'Aubusson, cant. de Lacourtine, poste de Felletin; 710 hab.

MARTIEL, vg. de Fr., Aveyron, arr., cant. et poste de Villefranche-de-Rouergue; 1610 hab.

MARTIENS, ham. de Fr., Landes, com. de St.-Perdon; 160 hab.

MARTIGNAC, ham. de Fr., Arriège, com. de Carla-le-Comte; 110 hab.

MARTIGNARGUES, vg. de Fr., Gard, arr. et poste d'Alais, cant. de Vézenobres; 170 h.

MARTIGNAS, vg. de Fr., Gironde, arr. et poste de Bordeaux, cant. de Pessac; 260 hab.

MARTIGNAT, vg. de Fr., Ain, arr. de Nantua, cant. et poste d'Oyonnax; 610 hab.

MARTIGNAT, vg. de Fr., Jura, arr. de St.-Claude, cant. et poste de Moirans; 340 hab.

MARTIGNÉ, vg. de Fr., Mayenne, arr. et cant. de Mayenne, poste; source minérale; 2090 hab.

MALTIGNÉ-BRIAND, b. de Fr., Maine-et-Loire, arr. de Saumur, cant. et poste de Doué; fours à chaux; 2110 hab.

MARTIGNÉ-FERCHAUD, vg. de Fr., Ille-et-Vilaine, arr. de Vitré, cant. de Rhétiers, poste; 3700 hab.

MARTIGNY, vg. de Fr., Aisne, arr. et poste de Laon, cant. de Craonne; 340 hab.

MARTIGNY, vg. de Fr., Calvados, arr., cant. et poste de Falaise; 390 hab.

MARTIGNY, vg. de Fr., Manche, arr. de de Mortain, cant. et poste de St.-Hilaire-du-Harcouet; 760 hab.

MARTIGNY, vg. de Fr., Seine-Inférieure, arr. et poste de Dieppe, cant. d'Offranville; 260 hab.

MARTIGNY ou MARTINACH, *Octodurum*, très-pet. v. de Suisse, cant. du Valais, au confluent du Rhône et de la Dranze; a beaucoup souffert lors de la catastrophe qui, en 1818, causa tant de désastres dans la vallé voisine de Bagnes. C'est à ce bourg que commence la route qui mène au Grand-St.-Bernard par la vallée de la Dranse.

MARTIGNY-EN-THIERRACHE, vg. de Fr., Aisne, arr. de Vervins, cant. et poste d'Aubenton; 1040 hab.

MARTIGNY-LE-COMTE, vg. de Fr., Saône-et-Loire, arr. et poste de Charolles, cant. de Palinges; 1750 hab.

MARTIGNY-LES-GERBONVAUX, vg. de Fr., Vosges, arr. et poste de Neufchâteau, cant. de Coussey; 350 hab.

MARTIGNY-LES-LAMARCHE, vg. de Fr., Vosges, arr. de Neufchâteau, cant. et poste de Lamarche; 1260 hab.

MARTIGUES (les), v. et port de Fr., Bouches-du-Rhône, arr. et à 9 l. S. d'Aix, chef-lieu de canton et poste; siége d'un tribunal de commerce. Cette ville, située sur le détroit qui forme la communication entre l'étang de Berre et la Méditerranée, se compose de trois parties ayant des noms différents, savoir: Jonquières, l'Isle et Ferrières. L'Isle ou Martigues proprement dite est bâtie sur une île. De belles rues, de riches églises, un cours pour la promenade, une école royale de navigation, ses chantiers de construction, ses pêcheries de thon et ses champs d'oliviers lui donnent quelque importance. On y fait commerce d'huile, vins, poisson salé, sels, poutargue (pâte faite avec les œufs du mulot); pierres à bâtir, houille; fabr. de pierres à fusil; 7330 hab.

MARTILLAC, vg. de Fr., Gironde, arr. de Bordeaux, cant. de la Brède, poste de Castres; 750 hab.

MARTILLY, ham. de Fr., Allier, com. de Bayet; 160 hab.

MARTILLY-SOUS-VIRE, ham. de Fr., Calvados, com. de Tallevende-le-Petit; 100 hab.

MARTIN (Saint-), vg. de la confédération mexicaine, état de Honduras, dist. de Tepucigalpa; riche mine d'or.

MARTIN, lac considérable à l'E. du Mackensie, pays des Indiens de la baie d'Hudson, Amérique anglaise.

MARTIN (Saint-), une des Petites-Antilles, possession hollandaise, sous 18° 4' lat. N. et d'une superficie de 4 l. c. géogr., avec 4100 hab. (selon d'autres elle n'a que 900 h.) Ses côtes sont très-déchirées et l'intérieur est couvert de hautes montagnes. Le sol, très-rocailleux, manque d'eau et est de médiocre fertilité. L'air y est pur et très-salubre. Ses principales productions sont: le sucre, le coton, le café, le bois et le tabac, réputé le meilleur des Antilles. On y élève beaucoup de volaille, de moutons et de porcs. Les tortues, les poissons et le sel de mer y abondent. Selon les géographes allemands, les Hollandais sont les seuls maîtres de cette île; selon Balbi, cette nation n'en possède que la partie méridionale, qui comprend environ le tiers de l'île, avec le bourg de Philisbourg, tandis que les Français occupent les deux autres tiers, avec le Marigot, qui en est le chef-lieu. Cette île manque de ports et son commerce est de peu d'importance.

MARTIN, comté de l'état d'Indiana, États-Unis de l'Amérique du Nord; pays fertile, arrosé par le White; 3000 hab.

MARTIN, comté de la Caroline du Nord, États-Unis de l'Amérique du Nord; il est fertile, mais exposé aux inondations sur les bords du Roanoke; 9000 hab. Williamston, sur le Roanoke, est le chef-lieu du comté.

MARTIN (Saint-), ham. de Fr., Ain, com. de Miribel; 150 hab.

MARTIN (Saint-), ham. de Fr., Basses-Alpes, com. de Revest-en-Fangat; 100 hab.

MARTIN (Saint-), ham. de Fr., Ardennes, com. de Hannogne-St.-Martin; 360 hab.

MARTIN (Saint-), ham. de Fr., Calvados, com. de Caen; 300 hab.

MARTIN (Saint-), vg. de Fr., Corrèze, arr. de Brives, cant. et poste de Lubersac; 940 hab.

MARTIN (Saint-), ham. de Fr., Dordogne, com. de Lamonzie-St.-Martin; 240 hab.

MARTIN (Saint-), ham. de Fr., Dordogne, com. de Périgueux; 610 hab.

MARTIN (Saint-), ham. de Fr., Dordogne, com. de Ribérac; 250 hab.

MARTIN (Saint-), ham. de Fr., Haute-Garonne, com. de Baziège; 200 hab.

MARTIN (Saint-), ham. de Fr., Haute-Garonne, com. de Montastruc; 330 hab.

MARTIN (Saint-), vg. de Fr., Gers, arr. de Condom, cant. et poste de Nogaro; 470 hab.

MARTIN (Saint-), vg. de Fr., Gers, arr., cant. et poste de Lombez; 330 hab.

MARTIN (Saint-), vg. de Fr., Gers, arr., cant. et poste de Mirande; 310 hab.

MARTIN (Saint-), vg. de Fr., Gironde, arr., cant. et poste de Blaye; 790 hab.

MARTIN (Saint-), vg. de Fr., Hérault, arr. et poste de St.-Pons, cant. d'Olargues; 560 hab.

MARTIN (Saint-), vg. de Fr., Isère, arr. de la Tour-du-Pin, cant. et poste du Pont-de-Beauvoisin; 470 hab.

MARTIN (Saint-), vg. de Fr., Lot-et-Garonne, arr. d'Agen, cant. de Beauville, poste de la Roque-Timbaut; 490 hab.

MARTIN (Saint-), ham. de Fr., Lot-et-Garonne, com. de Ferrensac; 130 hab.

MARTIN (Saint-), ham. de Fr., Maine-et-Loire, com. de Beaupréau; 200 hab.

MARTIN (Saint-), vg. de Fr., Haute-Marne, arr. de Chaumont-en-Bassigny, cant. et poste Juzennecourt; 400 hab.

MARTIN (Saint-), vg. de Fr., Haute-Marne, arr., cant. et poste de Langres; papeterie; 170 hab.

MARTIN (Saint-), vg. de Fr., Meurthe, arr. de Lunéville, cant. et poste de Blamont; 330 hab.

MARTIN (Saint-), ham. de Fr., Meuse, com. de Sorcy; 430 hab.

MARTIN (Saint-), vg. de Fr., Morbihan, arr. de Vannes, cant. et poste de Carentoir; 1390 hab.

MARTIN (Saint-), vg. de Fr., Nord, arr. de Cambrai, cant. de Solesmes, poste du Quesnoy; 630 hab.

MARTIN (Saint-), vg. de Fr., Var, arr. de

Brignolles, cant. et poste de Barjols; 440 h.

MARTIN (Saint-), ham. de Fr., Pas-de-Calais, com. de Cavron; 140 hab.

MARTIN (Saint-), vg. de Fr., Basses-Pyrénées, arr. d'Orthez, cant. et poste de Sauveterre; 120 hab.

MARTIN (Saint-), Basses-Pyrénées. *Voyez* MARTIN-D'ARBEROUE (Saint-).

MARTIN (Saint-), vg. de Fr., Hautes-Pyrénées, arr. de Perpignan, cant. et poste de St.-Paul-de-Fenouillet; 200 hab.

MARTIN (Saint-). vg. de Fr., Bas-Rhin, arr. de Schléstadt, cant. et poste de Villé; martinets à taillanderie; fabr. et commerce de kirschwasser; 487 hab.

MARTIN (Saint-), ham. de Fr., Saône-et-Loire, com. de St.-Pantaléon; 190 hab.

MARTIN (Saint-), vg. de Fr., Seine-et-Oise, com. d'Étampes; 2000 hab.

MARTIN (Saint-), vg. de Fr., Deux-Sèvres, arr. de Niort, cant. et poste de St.-Maixent; 1080 hab.

MARTIN (Saint-), ham. de Fr., Vienne, com. de St.-Gervais; 300 hab.

MARTIN (Saint-), vg. de Fr., Yonne, arr. et poste de Tonnerre, cant. de Cruzy; 330 hab.

MARTIN (Saint-) ou SZENT-MARTON, pet. v. de Hongrie, cer. en-deçà du Danube, chef-lieu du comitat de Thurocz; commerçante et industrieuse; 2000 hab.

MARTIN (San-), pet. v. d'Espagne, roy. de Léon, prov. de Toro, sur l'Èbro.

MARTINA, b. du roy. de Naples, intendance et prov. d'Otrante; florissant par l'éducation des mulets; 3000 hab.

MARTINACH. *Voyez* MARTIGNY.

MARTIN-AU-BOSC (Saint-), ham. de Fr., Eure, com. d'Étrepagny; 150 hab.

MARTIN-AU-BOSC (Saint-), vg. de Fr., Seine-Inférieure, arr. de Neufchâtel-en-Bray, cant. de Blangy, poste de Foucarmont; 510 hab.

MARTIN-AU-LÆRT (Saint-), vg. de Fr., Pas-de-Calais, arr., cant. et poste de St.-Omer; 810 hab.

MARTIN-AUX-ARBRES (Saint-), vg. de Fr., Seine-Inférieure, arr. et poste d'Yvetot, cant. d'Yerville; fabr. de noir animal et de sucre indigène; 810 hab.

MARTIN-AUX-BOIS (Saint-), vg. de Fr., Oise, arr. de Clermont, cant. de Maignelay, poste de St.-Just-en-Chaussée; 400 hab.

MARTIN-AUX-BUNAUX (Saint-), vg. de Fr., Seine-Inférieure, arr. d'Yvetot, cant. et poste de Cany; 1760 hab.

MARTIN-AUX-CHAMPS (Saint-), vg. de Fr., Marne, arr. et poste de Châlons-sur-Marne, cant. d'Ecury-sur-Coole; 200 hab.

MARTIN-AUX-CHARTRAINS (Saint-), vg. de Fr., Calvados, arr., cant. et poste de Pont-l'Évêque; 280 hab.

MARTIN-BOULOGNE (Saint-), vg. de Fr., Pas-de-Calais, arr., cant. et poste de Boulogne-sur-Mer; 1050 hab.

MARTIN-BRÉTENCOURT (Saint-), vg. de Fr., Seine-et-Oise, arr. de Rambouillet, cant. et poste de Dourdan; 630 hab.

MARTINCAMPS, ham. de Fr., Seine-Inférieure, com. de Buly; 120 hab.

MARTIN-CANTALEIX (Saint-), vg. de Fr., Cantal, arr. de Mauriac, cant. de Pleaux, poste de St.-Martin-Valmeroux; 1180 hab.

MARTIN-CHATEAU (Saint-), vg. de Fr., Creuse, arr. et poste de Bourganeuf, cant. de Troyère; 1200 hab.

MARTIN-CHENNETRON (Saint-), vg. de Fr., Seine-et-Marne, arr. de Provins, cant. et poste de Villiers-St.-Georges; 230 hab.

MARTIN-CHOQUEL (Saint-), vg. de Fr., Pas-de-Calais, arr. de Boulogne-sur-Mer, cant. de Desvres, poste de Samer; 310 hab.

MARTINCOURT, vg. de Fr., Meurthe, arr. de Toul, cant. de Domèvre, poste de Noviant-aux-Prés; 330 hab.

MARTINCOURT, vg. de Fr., Meuse, arr. de Montmédy, cant. et poste de Stenay; 200 hab.

MARTINCOURT, vg. de Fr., Oise, arr. de Beauvais, cant. et poste de Songeons; 360 hab.

MARTIN-D'ABBAT (Saint-), vg. de Fr., Loiret, arr. d'Orléans, cant. et poste de Châteauneuf-sur-Loire; 820 hab.

MARTIN-D'ABLOIS (Saint). *Voy.* ABLOIS.

MARTIN-D'ALBON (Saint-), ham. de Fr., Drôme, com. d'Albon; 440 hab.

MARTIN-DAMOURS (Saint-), ham. de Fr., Tarn, com. de Rabastens; 150 hab.

MARTIN-D'ANGLES (Saint-), ham. de Fr., Vienne, com. d'Angles; 100 hab.

MARTIN-D'AOUT (Saint-), vg. de Fr., Drôme, arr. de Valence, cant. et poste de St.-Vallier; 410 hab.

MARTIN-D'APRES (Saint-), vg. de Fr., Orne, arr. de Mortagne-sur-Huine, cant. de Moulins-la-Marche, poste de l'Aigle; 610 hab.

MARTIN-D'ARBEROUE (Saint-), vg. de Fr., Basses-Pyrénées, arr. de Bayonne, cant. et poste d'Hasparren; 690 hab.

MARTIN-D'ARCÉ (Saint-), vg. de Fr., Maine-et-Loire, arr., cant. et poste de Baugé; fabr. de chaux; 904 hab.

MARTIN-D'ARDÈCHE (Saint-), vg. de Fr., Ardèche, arr. de Privas, cant. et poste de Bourg-St.-Andéol; 520 hab.

MARTIN-D'ARDINGHEM (Saint-), vg. de Fr., Pas-de-Calais, arr. de St.-Omer, cant. et poste de Fauquembergue; 500 hab.

MARTIN-D'ARGENSON (Saint-), ham. de Fr., Hautes-Alpes, com. de St.-Pierre-d'Argenson; 110 hab.

MARTIN-D'ARROSA (Saint-). *V.* ARROSA.

MARTIN-D'ARY (Saint-). *Voyez* ARY.

MARTIN-DAS-PLAMONT (Saint-), ham. de Fr., Tarn-et-Garonne, com. de Caylux; 180 hab.

MARTIN-D'AUBIGNY (Saint-), vg. de Fr., Manche, arr. de Coutances, cant. et poste de Périers; 1070 hab.

MARTIN-D'AUDOUVILLE (Saint-), vg. de

Fr., Manche, arr. de Valognes, cant. et poste de Montebourg; 320 hab.

MARTIN-D'AUGÉ, (Saint-) vg. de Fr., Deux-Sèvres, arr. de Niort, cant. et poste de Beauvoir-sur-Niort; 140 hab.

MARTIN-D'AUXIGNY (Saint-), vg. de Fr., Cher, arr., à 3 l. N. et poste de Bourges, chef-lieu de canton; commerce de fruits; 2207 hab.

MARTIN-D'AUXY (Saint-), vg. de Fr., Saône-et-Loire, arr. de Châlon-sur-Saône, cant. et poste de Buxy; 180 hab.

MARTIN-DE-BAVEL (Saint-), vg. de Fr., Ain, arr. et poste de Belley, cant. de Virieux-le-Grand; 600 hab.

MARTIN-DE-BELCASSE (Saint-), ham. de Fr., Tarn-et-Garonne, com. de Castel-Sarrazin; 870 hab.

MARTIN-DE-BELLEVILLE (Saint-), vg. de la Savoie, prov. de Tarantaise, sur l'Isère; mines d'argent et de plomb; carrières de marbre; 2500 hab.

MARTIN-DE-BERNEGOUE (Saint-). *Voyez* BERNEGOUE.

MARTIN-DE-BIENFAITE (Saint-), vg. de Fr., Calvados, arr. de Bayeux, cant. et poste d'Orbec; filat. de laine; 640 hab.

MARTIN-DE-BLAGNY (Saint-), vg. de Fr., Calvados, arr. de Bayeux, cant. de Balleroy, poste de Littry; 290 hab.

MARTIN-DE-BOISY (Saint-), ham. de Fr., Loire, com. de Pouilly-les-Nonains; 300 h.

MARTIN-DE-BON-FOSSÉ (Saint-), vg. de Fr., Manche, arr. et poste de St.-Lô, cant. de Canisy; 770 hab.

MARTIN-DE-BONNUT (Saint-). *Voyez* BONNUT.

MARTIN-DE-BOSCHERVILLE (Saint-), vg. de Fr., Seine-Inférieure, arr. et poste de Rouen, cant. de Duclair; 1010 hab.

MARTIN-DE-BOUBAUX (Saint-), vg. de Fr., Lozère, arr. de Florac, cant. de St.-Germain-de-Caberte; 950 hab.

MARTIN-DE-BOUILLAC (Saint-), ham. de Fr., Aveyron, com. de Bouillac.

MARTIN-DE-BOURIANNE (Saint-), ham. de Fr., Charente, com. d'Ambernac; 110 h.

MARTIN-DE-BOURNOIZET (Saint-), ham. de Fr., Tarn-et-Garonne, com. de Montaigut; 130 hab.

MARTIN-DE-BRAMETOURTE (Saint-), ham. de Fr., Tarn, com. de Lautrec; 200 hab.

MARTIN-DE-BRELOUX (Saint-), ham. de Fr., Deux-Sèvres, com. de Breloux; 130 h.

MARTIN-DE-BREM (Saint-), vg. de Fr., Vendée, arr. des Sables, cant. et poste de St.-Gilles-sur-Vie; 650 hab.

MARTIN-DE-BROMES (Saint-), vg. de Fr., Basses-Alpes, arr. de Digne, cant. de Valensolle, poste de Gréoux; 540 hab.

MARTIN-DE-BROUSSE (Saint-), ham. de Fr., Aveyron, com. de Broquiès; 250 hab.

MARTIN-DE-BURDIGNE (Saint-). *Voyez* BURDIGNE.

MARTIN-DE-CALONGES (Saint-), ham. de Fr., Lot-et-Garonne, com. de Calonges; 100 hab.

MARTIN-DE-CAMPCELADE (Saint-). *Voy.* BASSURELS.

MARTIN-DE-CARALP (Saint-), vg. de Fr., Arriège, arr., cant. et poste de Foix; 640 h.

MARTIN-DE-CARLA (Saint-), ham. de Fr., Tarn, com. de Lavaur; 100 hab.

MARTIN-DE-CASTILLON (Saint-), Bouches-du-Rhône. *Voyez* PARADOU.

MARTIN-DE-CASTILLON (Saint-), vg. de Fr., Vaucluse, arr., cant. et poste d'Apt; 1500 hab.

MARTIN-DE-CENILLY (Saint-), vg. de Fr., Manche, arr. de Coutances, cant. et poste de Cérisy-la-Salle; 670 hab.

MARTIN-DE-CERNIÈRES (Saint-), vg. de Fr., Eure, arr. de Bernay, cant. de Broglie, poste de Montreuil-l'Argillé; 320 hab.

MARTIN-DE-CHAULIEU (Saint-), vg. de Fr., Manche, arr. de Mortain, cant. et poste de Sourdeval; 660 hab.

MARTIN-DE-CLELLES (Saint-), vg. de Fr., Isère, arr. de Grenoble, cant. de Clelles, poste de Monestier-le-Clermont; 250 hab.

MARTIN-DE-CLEMENSAN (Saint-), ham. de Fr., Hérault, com. de Camplong; 230 h.

MARTIN-DE-COGNAC (Saint-), vg. de Fr., Charente, arr., cant. et poste de Cognac; 780 hab.

MARTIN-DE-COMMUNE (Saint-), vg. de Fr., Saône-et-Loire, arr. d'Autun, cant. et poste de Couches; 560 hab.

MARTIN-DE-COMBES (Saint-), vg. de Fr., Hérault, arr. et poste de Lodève, cant. de Lunas; 30 hab.

MARTIN-DE-CONNÉE (Saint-), vg. de Fr., Mayenne, arr. de Mayenne, cant. et poste de Bais; 1970 hab.

MARTIN-DE-CORCONAC (Saint-), vg. de Fr., Gard, arr. du Vigan, cant. de St.-André-de-Valborgne; 580 hab.

MARTIN-DE-CORNAS (Saint-), vg. de Fr., Rhône, arr. de Lyon, cant. et poste de Givors; 120 hab.

MARTIN-DE-COURTISOLS (Saint-). *Voyez* COURTISOLS.

MARTIN-DE-COUX (Saint-), vg. de Fr., Charente-Inférieure, arr. de Jonzac, cant. de Montguyon, poste de Montlieu; 650 hab.

MARTIN-DE-CRAU (Saint-), ham. de Fr., Bouches-du-Rhône, com. d'Arles-sur-Rhone; 370 hab.

MARTIN-DE-CROIX (Saint-), ham. de Fr., Saône-et-Loire, com. de Burnand; 230 hab.

MARTIN-D'ÉCUBLEI (Saint-), vg. de Fr., Orne, arr. de Mortagne-sur-Huine, cant. et poste de l'Aigle; 420 hab.

MARTIN-DE-CURTON (Saint-), vg. de Fr., Lot-et-Garonne, arr. de Nérac, cant. et poste de Casteljaloux; 700 hab.

MARTIN-DE-DAMIATE (Saint-). *Voyez* DAMIATE.

MARTIN-DE-DANGEUL (Saint-). *Voyez* DANGEUL.

MARTIN-DE-DAUZALS (Saint-), ham.

dé Fr., Tarn, com. de Lautrec; 200 hab.

MARTIN-DE-FONTENAY (Saint-), vg. de Fr., Calvados, arr. de Caen, cant. de Bourquébus, poste de May-sur-Orne; 450 hab.

MARTIN-DE-FRAIGNEAU (Saint-) ou Tessin, vg. de Fr., Vendée, arr. et poste de Fontenay-le-Comte, cant. de St.-Hilaire-des-Loges; 500 hab.

MARTIN-DE-FRESNAY (Saint-), vg. de Fr., Calvados, arr. de Bayeux, cant. et poste de St.-Pierre-sur-Dives; 370 hab.

MARTIN-DE-FRESSENGEAS (Saint-), vg. de Fr., Dordogne, arr. de Nontron, cant. et poste de Thiviers; 1000 hab.

MARTIN-DE-FUGÈRES (Saint-), vg. de Fr., Haute-Loire, arr. du Puy, cant. et poste de Monastier; 1280 hab.

MARTIN-DE-GOYNE (Saint-), vg. de Fr., Gers, arr. cant. et poste de Lectoure; 320 h.

MARTIN-DE-GURÇON (Saint-), vg. de Fr., Dordogne, arr. de Bergerac, cant. de Villefranche-de-Lonchapt, poste de Montpont; 970 hab.

MARTIN-DE-HAUX (Saint-). *Voyez* Haux.

MARTIN-DE-HINX (Saint-), vg. de Fr., Landes, arr. de Dax, cant. de St.-Vincent-de-Tyrosse, poste de Biaudos; 1320 hab.

MARTIN-DE-JOURNET (Saint-), ham. de Fr., Vienne, com. de Journet; 200 hab.

MARTIN-DE-JUILLERS (Saint-), vg. de Fr., Charente-Inférieure, arr. de St.-Jean-d'Angely, cant. et poste d'Aulnay; 350 hab.

MARTIN-DE-JUSSAC (Saint-), vg. de Fr., Haute-Vienne, arr. de Rochechouart, cant. et poste de St.-Junien; 630 hab.

MARTIN-DE-LA-BARTHE (Saint-), vg. de Fr., Tarn-et-Garonne, arr. de la Barthe, cant. de Ratier, poste de Castelnau-de-Montratier; 20 hab.

MARTIN-DE-LA-BLAQUIÈRE (Saint-), ham. de Fr., Aveyron, com. de Milhau; 170 hab.

MARTIN-DE-LA-BRASQUE (Saint-), vg. de Fr., Vaucluse, arr. d'Apt, cant. et poste de Pertuis; 400 hab.

MARTIN-DE-LA-CESQUIÈRE (Saint-), ham. de Fr., Tarn, com. de Salvagnac; 380 hab.

MARTIN-DE-LA-CLUZE (Saint-), ham. de Fr., Isère, com. de Cluze; 100 hab.

MARTIN-DE-LA-CONCHA (San-). *Voyez* Quillota.

MARTIN-DE-LA-GOUDRE (Saint-), vg. de Fr., Charente-Inférieure, arr. de St.-Jean-d'Angely, cant. et poste de Loulay; 360 hab.

MARTIN-DE-LA-QUEPIE (Saint-), vg. de Fr., Tarn, arr. de Gaillarde, cant. et poste de Cordes; 980 hab.

MARTIN-DE-LAIVES (Saint-), ham. de Fr., Saône-et-Loire, com. de Laives; 1360 h.

MARTIN-DE-LA-LIEUE (Saint-), vg. de Fr., Calvados, arr., cant. et poste de Lisieux; 390 hab.

MARTIN-DE-LA-MER (Saint-), vg. de Fr., Côte-d'Or, arr. de Beaune, cant. de Liernais, poste de Saulieu; 720 hab.

MARTIN-DE-LAMPS (Saint-), vg. de Fr., Indre, arr. de Châteauroux, cant. et poste de Levroux; 400 hab.

MARTIN-DE-LANDELLE (Saint-), vg. de Fr., Manche, arr. de Mortain, cant. et poste du Harcouet; 1950 hab.

MARTIN-DE-LANSUSCLE (Saint-), vg. de Fr., Lozère, arr. de Florac, cant. de St.-Germain-de-Calberte, poste de Pompidou; 680 hab.

MARTIN-DE-LA-PLACE (Saint-), vg. de Fr., Maine-et-Loire, arr. et cant. de Saumur, poste des Rosiers; 1310 hab.

MARTIN-DE-LA-ROCHE (Saint-), ham. de Fr., Dordogne, com. d'Excideuil; 100 hab.

MARTIN-DE-LAS-OUMETTES (Saint-), vg. de Fr., Gers, arr. de Lectoure, cant. de Guitres, poste de Coutras; 500 hab.

MARTIN-DE-LAYE (Saint-), vg. de Fr., Gironde, arr. de Libourne, cant. de Guitres, poste de Coutras; 500 hab.

MARTIN-DEL-CAMPO (San-), pet. v. d'Espagne, roy. de la Nouvelle-Castille, prov. de Guadalaxara.

MARTIN-DE-LERM (Saint-), vg. de Fr., Gironde, arr. de la Réole, cant. et poste de Sauveterre; 330 hab.

MARTIN-DE-LEZEAU (Saint-), vg. de Fr., Eure-et-Loir, arr. de Dreux, cant. et poste de Châteauneuf-en-Thymerais; 70 hab.

MARTIN-DE-LIXY (Saint-), vg. de Fr., Saône-et-Loire, arr. de Charolles, cant. et poste de Chauffailles; 170 hab.

MARTIN-DE-LODIES (Saint-), ham. de Fr., Tarn, com. de Castres; 220 hab.

MARTIN-DE-LONDRES (Saint-), vg. de Fr, Hérault, arr. de Montpellier, cant. de St.-Martin-de-Londres, poste de Matelles; fabr. de bas de soie; 1150 hab.

MARTIN-DE-MACON (Saint-), vg. de Fr., Deux-Sèvres, arr. de Bressuire, cant. et poste de Thouars; 510 hab.

MARTIN-DE-MAILLOC (Saint-), vg. de Fr., Calvados, arr. de Bayeux, cant. d'Orbec, poste de Lisieux; 800 hab.

MARTIN-DE-MARMAGNE (Saint-). *Voyez* Marmagne, Saône-et-Loire.

MARTIN-DE-MELLE (Saint-), vg. de Fr., Deux-Sèvres, arr., cant. et poste de Melle; 490 hab.

MARTIN-DE-MENTAURE (Saint-), ham. de Fr., Tarn-et-Garonne, com. de Durfort; 130 hab.

MARTIN-DE-MEUX (Saint-). *Voyez* Meux.

MARTIN-DE-MISÉRÉ (Saint-), vg. de Fr., Isère, arr., cant. et poste de Grenoble; 360 hab.

MARTIN-DE-MONTROTIER (Saint-), ham. de Fr., Rhône, com. de Montrotier; 200 h.

MARTIN-DE-MORSAIN (Saint-), ham. de Fr., Aisne, com. de Morsain; 820 hab.

MARTIN-D'ENGRAVIÉS (Saint-). *Voyez* Engraviés.

MARTIN-DE-NIGELLES (Saint-), vg. de Fr., Eure-et-Loir, arr. de Dreux, cant. et poste de Nogent-le-Roi; 820 hab.

MARTIN-DE-NOUET (Saint-), ham. de Fr., Landes, com. de St.-Justin.

MARTIN-D'ENTRAIGUES (Saint-), vg. de Fr., Deux-Sèvres, arr. de Melle, cant. et poste de Chef-Boutonne; 400 hab.

MARTIN-DE-PESERITS (Saint-), vg. de Fr., Orne, arr. de Mortagne-sur-Huine, cant. et poste de Moulains-la-Marche; 340 hab.

MARTIN-DE-PIERRE-LYS (Saint-). *Voyez* MARTIN-DE-TAISSAC (Saint-).

MARTIN-DE-POISAT (Saint-). *V.* POISAT.

MARTIN-DE-PONT-CHARDON (Saint-), vg. de Fr., Orne, arr. d'Argentan, cant. et poste de Vimoutier; 320 hab.

MARTIN-DE-POULIGNY (Saint-). *Voyez* POULIGNY-SAINT-MARTIN.

MARTIN-DE-QUEYRIÈRES (Saint-), vg. de Fr., Hautes-Alpes, arr. et poste de Briançon, cant. de l'Argentière; exploitation de houille; 1530 hab.

MARTIN-DE-RÉ (Saint-), v. de Fr., sur l'île de Ré, Charente-Inférieure, arr. et à 5 l. E. de la Rochelle, chef-lieu de canton et poste; bon port sur l'Océan; commerce de vins, eaux-de-vie, vinaigre, sel, poisson, bois de construction et de mâture; armement pour la pêche de la morue; 2523 hab.

MARTIN-DE-RENACAS (Saint-), vg. de Fr., Basses-Alpes, arr. de Forcalquier, cant. de Reillanne, poste de Manosque; 150 hab.

MARTIN-DE-RONSAC (Saint-), ham. de Fr., Haute-Garonne, com. de Ste.-Foi-d'Aigrefeuille; 140 hab.

MARTIN-DE-SABLONS (Saint-). *Voyez* SABLONS.

MARTIN-DE-SALENCEY (Saint-), vg. de Fr., Saône-et-Loire, arr. de Charolles, cant. de la Guiche, poste de St.-Bonnet-de-Joux; 470 hab.

MARTIN-DE-SALLEN (Saint-), vg. de Fr., Calvados, arr. de Caen, cant. d'Évrezy, poste d'Harcourt-Thury; 1230 hab.

MARTIN-DE-SANZAY (Saint-), vg. de Fr., Deux-Sèvres, arr. de Bressuire, cant. et poste de Thouars; 1240 hab.

MARTIN-DES-BESACES (Saint-), vg. de Fr., Calvados, arr. de Vire, cant. de Beny-Bocage, poste de Mezuil-Auzouf; 1320 hab.

MARTIN-DES-BOIS (Saint-), ham. de Fr., Calvados, com. de St.-Silvain; 150 hab.

MARTIN-DES-BOIS (Saint-), vg. de Fr., Loir-et-Cher, arr. de Vendôme, cant. et poste de Montoire; 1050 hab.

MARTIN-DES-CHAMPS (Saint-), vg. de Fr., Cher, arr. de Sancerre, cant. et poste de Sancergues; 660 hab.

MARTIN-DES-CHAMPS (Saint-), vg. de Fr., Finistère, arr., cant. et poste de Morlaix; 980 hab.

MARTIN-DES-CHAMPS (Saint-), vg. de Fr., Manche, arr., cant. et poste d'Avranches; 520 hab.

MARTIN-DES-CHAMPS (Saint-). *Voyez* CHAMPS-DE-LOSQUE (les).

MARTIN-DES-CHAMPS (Saint-), vg. de Fr., Saône-et-Loire, arr., cant. et poste de Châlon-sur-Saône; 170 hab.

MARTIN-DES-CHAMPS (Saint-), vg. de Fr., Seine-et-Marne, arr. de Coulommiers, cant. de la Ferté-Gaucher, poste de Provins; 450 hab.

MARTIN-DES-CHAMPS (Saint-), vg. de Fr., Seine-et-Marne, arr. de Provins, cant. de Villiers-St.-Georges, poste de la Ferté-Gaucher; 150 hab.

MARTIN-DES-CHAMPS (Saint-), vg. de Fr., Seine-et-Oise, arr. de Mantes, cant. et poste de Septeuil; 320 hab.

MARTIN-DES-CHAMPS (Saint-), vg. de Fr., Yonne, arr. de Joigny, cant. et poste de St.-Fargeau; 630 hab.

MARTIN-DES-COMBES (Saint-), vg. de Fr., Dordogne, arr. de Bergerac, cant. de Villamblard, poste de Douville; 630 hab.

MARTIN-DE-SEIGNAUX (Saint-), vg. de Fr., Landes, arr. de Dax, cant. de St.-Esprit, poste de Biaudos; exploitation de houille; 2280 hab.

MARTIN-DE-SENOZAN (Saint-), vg. de Fr., Saône-et-Loire, arr., cant. et poste de Mâcon; 510 hab.

MARTIN-DES-ENTRÉES (Saint-), vg. de Fr., Calvados, arr., cant. et poste de Bayeux; 390 hab.

MARTIN-DE-SESCAS (Saint-), vg. de Fr., Gironde, arr. de la Réole, cant. et poste de St.-Macaire; 620 hab.

MARTIN-DES-FONTAINES (Saint-), vg. de Fr., Vendée, arr. et poste de Fontenay-le-Comte, cant. de l'Hermenault; 340 hab.

MARTIN-DES-LAIS (Saint-), vg. de Fr., Allier, arr. de Moulins-sur-Allier, cant. et poste de Chevagnes; 320 hab.

MARTIN-DES-LANDES (Saint-), vg. de Fr., Orne, arr. d'Alençon, cant. et poste de Carrouges; 420 hab.

MARTIN-DES-MONTS (Saint-), vg. de Fr., Sarthe, arr. de Mamers, cant. et poste de la Ferté-Bernard; 340 hab.

MARTIN-DES-NOYERS (Saint-), vg. de Fr., Calvados, arr. de Bayeux, cant. et poste de Livarot; 90 hab.

MARTIN-DES-NOYERS (Saint-), vg. de Fr., Vendée, arr. de Bourbon-Vendée, cant. et poste des Essarts; 1490 hab.

MARTIN-DES-OLMES (Saint-), vg. de Fr., Puy-de-Dôme, arr., cant. et poste d'Ambert; 1290 hab.

MARTIN-DE-SOS (Saint-), vg. de Fr., Lot-et-Garonne, arr. de Nérac, cant. et poste de Mezin; 270 hab.

MARTIN-DE-SOSSENAC (Saint-), vg. de Fr., Gard, arr. du Vigan, cant. et poste de Sauve; 110 hab.

MARTIN-DES-PIERRES (Saint-), vg. de Fr., Haute-Garonne, arr. de Toulouse, cant. de Verfeil, poste de Montastruc; 170 hab.

MARTIN-DES-PLAINS (Saint-), vg. de Fr., Puy-de-Dôme, arr. d'Issoire, cant. de Sauxillanges, poste de St.-Germain-Lembron; 260 hab.

MARTIN-DES-PRÉS (Saint-), vg. de Fr., Côtes-du-Nord, arr. de Loudéac, cant. de Corlay, poste de Quintin; 1450 hab.

MARTIN-DES-PUITS (Saint-), vg. de Fr., Aude, arr. de Carcasonne, cant. et poste de la Grasse; 130 hab.

MARTIN-D'ESTRÉAUX (Saint-), vg. de Fr., Loire, arr. de Roanne, cant. de la Pacaudière, poste; 1570 hab.

MARTIN-D'ETABLEAU (Saint-), ham. de Fr., Indre-et-Loire, com. de Pressigny-le-Grand.

MARTIN-DE-TAISSAC (Saint-), vg. de Fr., Aude, arr. de Limoux, cant. et poste de Quillan; 240 hab.

MARTIN-DE-TALLEVENDE (Saint-). *Voy.* TALLEVENDE-LE-PETIT.

MARTIN-DE-THEVET (Saint-), ham. de Fr., Indre, com. de St.-Julien-de-Thevet; 630 hab.

MARTIN-DE-TOURNON (Saint-). *Voyez* TOURNON-SAINT-MARTIN.

MARTIN-DE-TOURS (Saint-), ham. de Fr., Puy-de-Dôme, com. de Rochefort; 150 hab.

MARTIN-DE-TRANSFORT (Saint-), ham. de Fr., Lot-et-Garonne, com. de Ferrensac; 150 hab.

MARTIN-DE-TREBEJO (San-), pet. v. d'Espagne, roy. de Léon, prov. de Salamanque; 2000 hab.

MARTIN-DE-VALAMAS (Saint-), vg. de Fr., Ardèche, arr. et à 15 l. O.-S.-O. de Tournon, chef-lieu de canton, poste du Chaylard; mines de houille; excellents pâturages; 1890 hab.

MARTIN-DE-VAL-DE-IGLESIAS, pet. v. d'Espagne, roy. de la Nouvelle-Castille, prov. de Guadalaxara; 3200 hab.

MARTIN-DE-VALGALGUES (Saint-), vg. de Fr., Gard, arr., à 1 1/2 l. N. et poste d'Alais, chef-lieu de canton; usine à ouvrer la soie; 807 hab.

MARTIN-DE-VALOIS (Saint-), ham. de Fr., Cantal, com. de St.-Cernin.

MARTIN-DE-VARREVILLE (Saint-), vg. de Fr., Manche, arr. de Valognes, cant. et poste de Ste.-Mère-Église; 500 hab.

MARTIN-DE-VEGA (San-), pet. v. d'Espagne, roy. de la Vieille-Castille, prov. de Ségovie.

MARTIN-DE-VENTENAC (Saint-). *Voyez* VENTENAC.

MARTIN-DE-VERS (Saint-), vg. de Fr., Lot, arr. de Cahors, cant. de Lauzès, poste de Pélacoy; 740 hab.

MARTIN-DE-VILLECOURTES (Saint-), ham. de Fr., Tarn, com. de Gaillac; 120 h.

MARTIN-DE-VILLENEUVE (Saint-), vg. de Fr., Charente-Inférieure, arr. de la Rochelle, cant. de Courcon, poste de Mauzé; 540 hab.

MARTIN-DE-VILLERÉAL (Saint-), vg. de Fr., Lot-et-Garonne, arr. de Villeneuve-sur-Lot, cant. et poste de Villeréal; 390 h.

MARTIN-DE-VILLEREGLANS (Saint-), vg. de Fr., Aude, arr., cant. et poste de Limoux; 280 hab.

MARTIN-D'HÈRES (Saint-), vg. de Fr., Isère, arr., cant. et poste de Grenoble; 730 hab.

MARTIN-D'HEUILLE (Saint-), vg. de Fr., Nièvre, arr. de Nevers, cant. de Pougues, poste de Guérigny; 470 hab.

MARTIN-D'OLLIÈRES (Saint-), vg. de Fr., Puy-de-Dôme, arr. d'Issoire, cant. de Jumeaux, poste de St.-Germain-Lembron; 870 hab.

MARTIN-DON (Saint-), vg. de Fr., Calvados, arr. et poste de Vire, cant. de Bény-Bocage; 580 hab.

MARTIN-D'ONEY (Saint-), vg. de Fr., Landes, arr., cant. et poste de Mont-de-Marsan; fabr. d'huile et d'essence de térébenthine; 695 hab.

MARTIN-D'ORDON (Saint-), vg. de Fr., Yonne, arr. de Joigny, cant. de St.-Julien-du-Sault, poste de Villeneuve-le-Roi; 460 h.

MARTIN-D'OUAT, ham. de Fr., Gironde, com. de Langoiran; 120 hab.

MARTIN-D'OUZILLY (Saint-). *Voyez* OUZILLY.

MARTIN-D'OYDES (Saint-), vg. de Fr., Arriège, arr., cant. et poste de Pamiers; 580 hab.

MARTIN-DU-BEC (Saint-), ham. de Fr., Seine-Inférieure, com. de Turretot; 150 h.

MARTIN-DU-BOCHEZ (Saint-), vg. de Fr., Seine-et-Marne, arr. de Provins, cant. et poste de Villiers-St.-Georges; 200 hab.

MARTIN-DU-BOIS (Saint-), vg. de Fr., Gironde, arr. de Libourne, cant. de Guitres, poste de Coutras; 810 hab.

MARTIN-DU-BOIS (Saint-), ham. de Fr., Lot, com. de Prudhomat; 250 hab.

MARTIN-DU-BOIS (Saint-), vg. de Fr., Maine-et-Loire, arr., cant. et poste de Ségré; 1050 hab.

MARTIN-DU-BORN (Saint-), ham. de Fr., Lozère, com. du Born; 170 hab.

MARTIN-DU-BOSC (Saint-), ham. de Fr., Hérault, com. du Bosc; 130 hab.

MARTIN-DU-BUT (Saint-), vg. de Fr., Calvados, arr., cant. et poste de Falaise; 430 hab.

MARTIN-DU-CLOCHER (Saint-), vg. de Fr., Charente, arr. et poste de Ruffec, cant. de Villefagnan; 340 hab.

MARTIN-DU-FOUILLOUX (Saint-), vg. de Fr., Maine-et-Loire, arr. d'Angers, cant. et poste de St.-Georges-sur-Loire; 690 hab.

MARTIN-DU-FOUILLOUX (Saint-), vg. de Fr., Deux-Sèvres, arr. et poste de Parthenay, cant. de Ménigoute; 550 hab.

MARTIN-DU-FRESNE (Saint-), vg. de Fr., Ain, arr., cant. et poste de Nantua; 1000 h.

MARTIN-DU-HOUR (Saint-), ham. de Fr., Gers, com. de Ste.-Marie; 120 hab.

MARTIN-DU-LAC (Saint-), vg. de Fr., Saône-et-Loire, arr. de Charolles, cant. et poste de Marcigny; 480 hab.

MARTIN-DU-LIMET (Saint-), vg. de Fr.,

Mayenne, arr. de Château-Gontier, cant. et poste de Craon; 470 hab.

MARTIN-DU-MANOIR (Saint-), vg. de Fr., Seine-Inférieure, arr. du Hâvre, cant. et poste de Montivilliers; 420 hab.

MARTIN-DU-MAS (Saint-), ham. de Fr., Lot-et-Garonne, com. du Mas-d'Agenais; 200 hab.

MARTIN-DU-MONT (Saint-), vg. de Fr., Ain, arr. de Bourg-en-Bresse, cant. et poste de Pont-d'Ain; fabr. d'eau-de-vie; 1684 h.

MARTIN-DU-MONT (Saint-), vg. de Fr., Côte-d'Or, arr. de Dijon, cant. et poste de St.-Seine; 910 hab.

MARTIN-DU-MONT (Saint-), vg. de Fr., Saône-et-Loire, arr. et poste de Louhans, cant. de Beaurepaire; 280 hab.

MARTIN-DU-PAN (Saint-), ham. de Fr., Eure, com. de Bonneval; 160 hab.

MARTIN-DU-PARC (Saint-), ham. de Fr., Eure-et-Loir, com. du Bec-Hellouin; 130 h.

MARTIN-DU-PUITS (Saint-), vg. de Fr., Nièvre, arr. de Clamecy, cant. et poste de Lormes; 1250 hab.

MARTIN-DU-PUY (Saint-), vg. de Fr., Gironde, arr. de la Réole, cant. et poste de Sauveterre; 400 hab.

MARTIN-D'URIAGE (Saint-), vg. de Fr., Isère, arr. et poste de Grenoble, cant. de Domène; 2450 hab.

MARTIN-DU-TARTRE (Saint-), vg. de Fr., Saône-et-Loire, arr. de Châlon-sur-Saône, cant. de Buxy, poste de St.-Gengoux-le-Royal; 737 hab.

MARTIN-DU-TAUR (Saint-), ham. de Fr., Tarn, com. de Montans; 420 hab.

MARTIN DU-TERTRE (Saint-), vg. de Fr., Seine-et-Oise, arr. de Pontoise, cant. et poste de Luzarches; 780 hab.

MARTIN-DU-TERTRE (Saint-), vg. de Fr., Yonne, arr., cant. et poste de Sens; 670 h.

MARTIN-DU-TILLEUL (Saint-), vg. de Fr., Eure, arr., cant. et poste de Bernay; 230 hab.

MARTIN-DU-TOUCH (Saint-), ham. de Fr., Haute-Garonne, com. de Toulouse; 900 hab.

MARTIN-DU-TRONSEC (Saint-), vg. de Fr., Nièvre, arr. de Cosne, cant. et poste de Pouilly-sur-Loire; 670 hab.

MARTIN-DU-VICAN (Saint-), ham. de Fr., Aveyron, com. de Nant; 100 hab.

MARTIN-DU-VIEUX-BELLÊME (Saint-), vg. de Fr., Orne, arr. de Mortagne-sur-Huine, cant. et poste de Bellême; 3010 hab.

MARTIN-DU-VIVIER (Saint-), vg. de Fr., Seine-Inférieure, arr. de Rouen, cant. et poste de Darnetal; fabr. de cardes; 650 hab.

MARTINE, ham. de Fr., Haute-Vienne, com. d'Arnac-la-Poste; 120 hab.

MARTIN-ÉGLISE (Saint-), vg. de Fr., Seine-Inférieure, arr. et poste de Dieppe, cant. d'Offranville; 500 hab.

MARTIN-EN-BIÈRE (Saint-), vg. de Fr., Seine-et-Marne, arr. et cant. de Melun, poste de Chailly; 420 hab.

MARTIN-EN-BRESSE (Saint-), vg. de Fr., Saône-et-Loire, arr. et à 4 l. E.-N.-E. de Châlon-sur-Saône, chef-lieu de canton, poste de Verdun-sur-le-Doubs; 1690 hab.

MARTIN-EN-CAMPAGNE (Saint-), vg. de Fr., Seine-Inférieure, arr. de Dieppe, cant. et poste d'Envermen; 610 hab.

MARTIN-EN-COAILLEUX (Saint-), vg. de Fr., Loire, arr. de St.-Étienne, cant. et poste de St.-Chamond; 1080 hab.

MARTIN-EN-GATINAIS (Saint-), vg. de Fr., Saône-et-Loire, arr. de Châlon-sur-Saône, cant. et poste de Verdun-sur-le-Doubs; 430 hab.

MARTIN-EN-HAUT (Saint-), vg. de Fr., Rhône, arr. de Lyon, cant. de St.-Simphorien-sur-Coise, poste de Duerne; 2980 hab.

MARTIN-EN-VERCORS (Saint-), vg. de Fr., Drôme, arr. et poste de Die, cant. de la Chapelle-en-Vercors; 1020 hab.

MARTIN-ÈS-VIGNES (Saint-), joli vg. de Fr., Aube, arr., cant. et poste de Troyes; il est situé sur la rive gauche de la Seine, tout près de Troyes, dont il forme en quelque sorte un des faubourgs; il renferme un grand nombre de belles maisons et une église dont on vante le portail; filat.; 2640 hab.

MARTINET, ham. de Fr., Vendée, com. de Beaulieu-sous-Bourbon; 410 hab.

MARTINHO (San-), pet. port du Portugal, prov. d'Estramadure, dist. de Leiria; cabotage et pêche.

MARTINHO-DE-MAUROS (San-), pet. v. du Portugal, prov. de Beira, dist. de Lamégo; 4800 hab.

MARTINIEN (Saint-), vg. de Fr., Allier, arr. et poste de Montluçon, cant. d'Huriel; 730 hab.

MARTINIÈRE (la), ham. de Fr., Charente-Inférieure, com. de St.-Médard; 130 h.

MARTINIQUE, une des Petites-Antilles, possession française. Cette île, appelée *Madianna* ou *Madanina* par les Caraïbes, ses premiers habitants, est située entre 14° 21′ et 14° 59′ lat. N., et entre 63° 10′ et 63° 40′ long. O., à 9 l. S.-E. de la Dominique, à 10 l. N. de Ste.-Lucie et à 45 l. N.-O. de la Barbade. Sa circonférence est de 56 l. (20 l. de longueur sur 9 de large) et sa superficie est, selon Malte-Brun, de 24 l., selon les géographes allemands, de 17 l. c. géogr. La forme de cette île est très-irrégulière et présente de nombreuses échancrures et plusieurs pointes prononcées. L'île est de nature volcanique, dont témoignent des blocs de lave foncée, les pierres-ponces qui couvrent les rivages, les eaux thermales qui jaillissent sur différents points de l'île, les fréquents tremblements de terre qui la désolent et les montagnes dont les sommets ont conservé la forme de leurs cratères éteints. La partie occidentale de l'île (Basse-Terre) ou la partie sous le vent ne présente qu'une agglomération difforme de montagnes nues, de rochers et de précipices, et le trajet de St.-Pierre à Port-Royal ne peut se faire que par eau. La partie orientale de l'île (Cabesterre) ou la partie dans le vent est d'un aspect tout à fait opposé; là les montagnes s'aplatissent pour former de belles vallées et ne présentent plus que des pitons verdoyants détachés de la chaîne principale. Les pics les plus remarquables de cette île sont : les trois Pitons-du-Carbet, au N.-O. de Port-Royal; le mont Pélée, au N.-O. de St.-Pierre, dont la pointe se perd dans les nues; sa hauteur est, d'après Le Blond, de 1300 mètres. A environ 40 mètres au-dessous de son pic il forme un petit lac, et plus bas jaillit la source chaude de la rivière Blanche qui se fraye un passage à travers des monceaux de cendres volcaniques et qui conserve sa chaleur jusqu'à son embouchure dans l'Océan; le Piton-du-Vauclain s'élève isolément dans une plaine qui s'étend de la rivière Lamentin jusqu'au cul-de-sac Français. Les principales pointes que la mer forme sur les côtes de l'île sont : le cap Ferré, entre la pointe Macabou et le cul-de-sac Anglais; la pointe Macabou, entre le cap Ferré et la pointe du Vauclain; la pointe du Vauclain, la pointe à la Rose, entre le cul-de-sac des Roseaux, et le cul-de-sac Robert; la pointe à la Chaux, la pointe de la Caravelle, la pointe de la Houssaye; le Pain-de-Sucre, le cap Enragé, la pointe des Nègres et la pointe du Diamant. L'Océan y forme plusieurs enfoncements considérables qui portent les noms d'anse ou de cul-de-sac, tels que le cul-de-sac du Marin, la grande anse du Diamant, le cul-de-sac Royal, baie grande et sûre, la meilleure de l'île, au fond de laquelle s'élève la capitale et qui renferme le cul-de-sac à Vache; les baies de Giraumont et de Capot, l'anse de la Couleuvre, les baies des Charpentiers et de Jâques, la baie de Sazerot, les culs-de-sacs de la Trinité, de la Tartane, du Gallion, Robert, des Roseaux, Français, Simon, du Vauclain, du cap Ferré et des Anglais. Les principales rivières de l'île sont : le Marin, le Pilote, la rivière Salée, la rivière du Lézard, le Lamentin, le Carbet, le St.-Pierre dont l'embouchure est défendue par un fort; la rivière des Pères, la rivière Blanche, la rivière du Prêcheur et la Couleuvre qui débouche dans la baie de même nom; au N. et à l'E. la Grande-Rivière, le Capot, la Grande-Anse, le Lorrain, la Basse-Pointe et le Gallion. Le climat est malsain; la fièvre jaune, les ouragans et les tremblements de terre désolent souvent cette belle colonie, la plus importante de la France. Ses principaux produits sont : le café, réputé le meilleur des Antilles, le cacao, le coton, la canne à sucre, le tabac (Macouba) et les fruits du Sud; on y recueille en outre du maïs, des légumes européens, de la vanille, du gingembre, des clous de girofle, du manioc, des patates, des ananas, des plantes médicinales, etc. Les poissons et les huîtres abondent sur les côtes; au S. on trouve des salines; à l'E. de l'île les montagnes sont couvertes de superbes forêts peuplées d'immenses lézards, de serpents à sonnette, de singes, de rats, de lapins et d'oiseaux à superbe plumage. Sur la pente des montagnes s'étendent de vastes savannes, excellents pâturages qui nourrissent des chevaux, du gros bétail, des moutons, des chèvres, des mulets, etc. On compte dans l'île 1600 plantations et 8 millions de cafiers (le premier arbre à café y fut planté en 1726). Le commerce de la Martinique est très-considérable. En 1827, la valeur des marchandises exportées se montait à 27,033,686 fr. et celle des marchandises importées à 24,775,472 francs; en 1831 l'exportation ne se montait qu'à 12,421,365 fr. et l'importation à 13,554,477. La valeur des productions annuelles est de 21,500,000 fr. St.-Pierre, Fort-Royal et la Trinité sont les principales places de commerce et offrent les meilleurs ports de l'île; sa population est de 110,000 hab., dont 86,000 esclaves. La Martinique forme un gouvernement particulier et est divisée en 2 arrondissements, 6 cantons et 23 communes. Il y a une cour royale à Fort-Royal et 2 tribunaux de première instance à Fort-Louis et à St.-Pierre. La France entretient une forte garnison dans cette île.

La Martinique fut découverte par les Espagnols probablement en 1493; Christophe Colomb y aborda en 1502 sans y fonder un établissement. En 1635 une partie de l'île fut occupée par 150 colons français amenés par d'Enambuc, gouverneur de St.-Christophe. Les Caribes, ses habitants primitifs, l'abandonnèrent entièrement, en 1658, après différents combats très-sanglants avec les colons. Durant plusieurs années cette colonie appartenait à une société de négociants, de laquelle Colbert l'acheta en 1664 pour la somme de 160,000 francs. Dans les guerres entre la France et l'Angleterre la Martinique fut, à différentes reprises, occupée par les Anglais (1761, 1794 et 1809) qui la cédèrent définitivement à la France dans la dernière paix de Paris (1815).

MARTIN-LA-BOUVAL (Saint-), vg. de Fr., Lot, arr. de Cahors, cant. et poste de Limogne; 740 hab.

MARTIN-LA-CAMPAGNE (Saint-), vg. de Fr., Eure, arr., cant. et poste d'Evreux; 110 hab.

MARTIN-LA-CORNEILLE (Saint-), vg. de Fr., Eure, arr. de Louviers, cant. d'Amfreville-la-Campagne, poste d'Elbœuf; 530 hab.

MARTIN-LA-FOSSE (Saint-), vg. de Fr., Aube, arr. et poste de Nogent-sur-Seine, cant. de Romilly-sur-Seine; 230 hab.

MARTIN-LA-GARENNE (Saint-), vg. de Fr., Seine-et-Oise, arr. et poste de Mantes, cant. de Limay; 800 hab.

MARTIN-L'AIGUILLON (Saint-), vg. de Fr., Orne, arr. d'Alençon, cant. et poste de Carrouges; 870 hab.

MARTIN-LA-JUMELLE (Saint-), ham. de

Fr., Pas-de-Calais, com. d'Aire-sur-la-Lys; 470 hab.

MARTIN-LA-LANDE (Saint-), vg. de Fr., Aude, arr., cant. et poste de Castelnaudary; 890 hab.

MARTIN-LA-MÉANNE (Saint-), vg. de Fr., Corrèze, arr. de Tulle, cant. de la Roche-Canillac, poste d'Argentat; 1560 hab.

MARTIN-LANTABAT (Saint-), ham. de Fr., Basses-Pyrénées, com. de Lantabat; 400 hab.

MARTIN-LA-PATROUILLE (Saint-), vg. de Fr., Saône-et-Loire, arr. de Charolles, cant. de la Guiche, poste de Joncy; 220 h.

MARTIN-LA-PLAINE (Saint-), vg. de Fr., Loire, arr. de St.-Étienne, cant. et poste de Rive-de-Gier; 1970 hab.

MARTIN-LA-RIVIÈRE (Saint-), vg. de Fr., Vienne, arr. de Montmorillon, cant. et poste de Chauvigny; 850 hab.

MARTIN-LARS (Saint-), vg. de Fr., Vienne, arr. de Civray, cant. d'Availle, poste d'Usson; 830 hab.

MARTIN-LARS-EN-SAINTE-HERMINE (Saint-), vg. de Fr., Vendée, arr. de Bourbon-Vendée, cant. de Mortagne-sur-Sèvre, poste de Ste.-Hermine; 410 hab.

MARTIN-LARS-EN-TIFFAUGES (Saint-), vg. de Fr., Vendée, arr. de Fontenay-le-Comte, cant. de Ste.-Hermine, poste de Tiffauges; 1040 hab.

MARTIN-LA-SAUVETÉ (Saint-), vg. de Fr., Loire, arr. de Roanne. cant. et poste de St.-Germain-Laval; 1410 hab.

MARTIN-L'ASTIER (Saint-), vg. de Fr., Dordogne, arr. de Ribérac, cant. et poste de Mussidan; 390 hab.

MARTIN-LA-VALLÉE (Saint-), ham. de Fr., Saône-et-Loire, com. de Sémur-en-Brionnais; 700 hab.

MARTIN-LAVERSINES (Saint-). *Voyez* LAVERSINES.

MARTIN-LE-BEAU (Saint-), vg. de Fr., Indre-et-Loire, arr. de Tours, cant. et poste d'Amboise; 1420 hab.

MARTIN-LE-BOUILLANT (Saint-), vg. de Fr., Manche, arr. de Mortain, cant. de St.-Pois, poste de Villedieu; 860 hab.

MARTIN-LE-CHATEL (Saint-), vg. de Fr., Ain, arr. et poste de Bourg-en-Bresse, cant. de Montrecel; 370 hab.

MARTIN-LE-COLONEL (Saint-), vg. de Fr., Drôme, arr. de Valence, cant. et poste de St.-Jean-en-Royans; martinet à instruments aratoires; papeterie; 288 hab.

MARTIN-LE-DESARNAT (Saint-), ham. de Fr., Lot, com. de Lavercantière; 540 h.

MARTIN-LE-GAILLARD (Saint-), vg. de Fr., Seine-Inférieure, arr. de Dieppe, cant. et poste d'Eu; 530 hab.

MARTIN-LE-GRÉARD (Saint-), vg. de Fr., Manche, arr. et poste de Cherbourg, cant. d'Octeville; 310 hab.

MARTIN-LE-HÉBERT (Saint-), vg. de Fr., Manche, arr. de Valognes, cant. et poste de Bricquebec; 310 hab.

MARTIN-LE-MAULT (Saint-), vg. de Fr., Haute-Vienne, arr. de Bellac, cant. de St.-Sulpice-les-Feuilles, poste d'Arnac-la-Poste; 510 hab.

MARTIN-LENNE (Saint-), ham. de Fr., Aveyron, com. de St.-Saturnin; 400 hab.

MARTIN-LE-NŒUD (Saint-), vg. de Fr., Oise, arr., cant. et poste de Beauvais; 770 hab.

MARTIN-LE-PIN (Saint-), vg. de Fr., Dordogne, cant. et poste de Nontron; 630 hab.

MARTIN-LES-CASTONS (Saint-), vg. de Fr., Lot-et-Garonne, arr. et poste de Marmande, cant. de Seyches; 500 hab.

MARTIN-LÈS-PAMPROUX (Saint-), ham. de Fr., Deux-Sèvres, com. de Pamproux; 310 hab.

MARTIN-L'ESPINAS (Saint-), ham. de Fr., Tarn, com. de Castelnau-de-Montmirail; 610 hab.

MARTIN-LES-SEYNE (Saint-), vg. de Fr., Basses-Alpes, arr. de Digne, cant. et poste de Seyne; scierie hydraul. de bois; 147 hab.

MARTIN-LESTRA (Saint-), vg. de Fr., Loire, arr. de Montbrison, cant. et poste de Feurs; 1400 hab.

MARTIN-LE-SUPÉRIEUR (Saint-), vg. de Fr., Ardèche, arr. et poste de Privas, cant. de Rochemaure; 650 hab.

MARTIN-LES-VOULANGIS (Saint-), vg. de Fr., Seine-et-Marne, arr. de Maux, cant. et poste de Crécy; 780 hab.

MARTIN-LE-VIEL (Saint-), vg. de Fr., Aude, arr. de Carcassonne, cant. et poste d'Alzonne; 420 hab,

MARTIN-LE-VIEUX (Saint-), ham. de Fr., Calvados, com. de Gonneville; 150 hab.

MARTIN-LE-VIEUX (Saint-), ham. de Fr., Landes, com. d'Escalans; 220 hab.

MARTIN-LE-VIEUX (Saint-), ham. de Fr., Manche, com. de Bréhal; 250 hab.

MARTIN-LE-VIEUX (Saint-), vg. de Fr., Haute-Vienne, arr. de Limoges, cant. et poste d'Aix; 810 hab.

MARTIN-LE-VINOUX (Saint-), vg. de Fr., Isère, arr., cant. et poste de Grenoble; 1044 hab.

MARTIN-L'HEUREUX (Saint-), vg. de Fr., Marne, arr. et poste de Reims, cant. de Beine; 190 hab.

MARTIN-L'HORTIER (Saint-), vg. de Fr., Seine-Inférieure, arr., cant. et poste de Neufchâtel-en-Bray; 170 hab.

MARTIN-L'INFÉRIEUR (Saint-), vg. de Fr., Ardèche, arr. et poste de Privas, cant. de Rochemaure; 460 hab.

MARTIN-LONGUEAU (Saint-), vg. de Fr., Oise, arr. de Clermont, cant. de Liancourt, poste de Pont-Ste.-Maxence; 550 hab.

MARTINMUNOZ, pet. v. d'Espagne, roy. de la Vieille-Castille, prov. de Ségovie; 2200 hab.

MARTINO (Saint-), b. du roy. de Naples, Principauté ultérieure; 3000 hab.

MARTINO (Saint-), pet. forteresse du grand-duché de Toscane, compartimento de

Florence; baignée par la Sieve, qu'on y passe sur un pont de 8 arches; arsenal; manufacture d'armes et fonderie; elle est gardée par une compagnie d'invalides.

MARTINO, v. de l'île de Sicile, sur les bords de la mer, intendance de Messine.

MARTINO (San-), vg. de la Lombardie, gouv. de Milan, délégation de Sondrio; bains thermaux.

MARTINO (San-), b. de Lombardie, gouv. de Milan, délégation de Vérone, sur le Fibio.

MARTINO-A-VISPIGNANO (Saint-), vg. du grand-duché de Toscane, compartimento de Florence; patrie du peintre Giotto.

MARTINO-DI-LOTA (San-), vg. de Fr., Corse, arr., à 1 l. N. et poste de Bastia, chef-lieu de canton; 680 hab.

MARTIN-OMONVILLE (Saint-), vg. de Fr., Seine-Inférieure, arr. de Neufchâtel-en-Bray, cant. et poste de St.-Saëns; 1070 hab.

MARTIN-PUICH, vg. de Fr., Pas-de-Calais, arr. d'Arras, cant. et poste de Bapaume; 990 hab.

MARTIN-RIVIÈRE (Saint-), vg. de Fr., Aisne, arr. de Vervins, cant. de Wassigny, poste d'Étreux; 890 hab.

MARTINS (Sierra do), chaîne de montagnes de l'emp. du Brésil, prov. de Rio-Grande-do-Norte, le long du lac de même nom; elle est peuplée par de nombreuses tribus indigènes.

MARTINS (les), ham. de Fr., Isère, com. d'Entre-Deux-Guiers; 150 hab.

MARTIN-SAINTE-CATHERINE (Saint-), vg. de Fr., Creuse, arr., cant. et poste de Bourganeuf; 1330 hab.

MARTIN-SAINT-FIRMIN (Saint-), vg. de Fr., Eure, arr. de Pont-Audemer, cant. de St.-Gorges-du-Vièvre, poste de Lieurey; 640 hab.

MARTINSART, ham. de Fr., Somme, com. de Mesnil-Martinsart; 280 hab.

MARTINSBERG, b. de Hongrie, cer. au-delà du Danube, comitat de Raab, au pied du mont Sacer-Mons-Panonniæ, sur lequel s'élève une magnifique abbaye, dont le prélat relève immédiatement du pape; culture de la vigne; 1900 hab.

MARTINSBURGH, pet. v. des États-Unis de l'Amérique du Nord, état de New-York, comté de Léwis, dont elle est le chef-lieu, sur le Black-River; 2000 hab.

MARTINSBURGH, pet. v. des États-Unis de l'Amérique du Nord, état de Virginie, comté de Berkley, dont elle est le chef-lieu, sur la Tuscarora; commerce; il y paraît un journal; 2000 hab.

MARTIN-SOUS-MONTAIGU (Saint-), vg. de Fr., Saône-et-Loire, arr. de Châlon-sur-Saône, cant. de Givry, poste du Bourgneuf; 370 hab.

MARTIN-SOUS-MOUZEUIL (Saint-), vg. de Fr., Vendée, arr. et poste de Fontenay-le-Comte, cant. de l'Hermenault; 450 hab.

MARTIN-SOUS-VIGOUROUX (Saint-), vg. de Fr., Cantal, arr. de St.-Flour, cant. et poste de Pierrefort; 900 hab.

MARTIN-SUR-COJEUL (Saint-), vg. de Fr., Pas-de-Calais, arr. et poste d'Arras, cant. de Croisilles; 160 hab.

MARTIN-SUR-LE-PRÉ (Saint-), vg. de Fr., Marne, arr., cant. et poste de Châlons-sur-Marne; 130 hab.

MARTIN-SUR-OCRE (Saint-), vg. de Fr., Loiret, arr., cant. et poste de Gien; 460 hab.

MARTIN-SUR-OCRE (Saint-), vg. de Fr., Yonne, arr. de Joigny, cant. et poste d'Aillant-sur-Tholon; 120 hab.

MARTIN-SUR-OREUSE (Saint-), vg. de Fr., Yonne, arr. de Sens, cant. de Sergines, poste de Pont-sur-Yonne; 550 hab.

MARTIN-SUR-OUAANE (Saint-), vg. de Fr., Yonne, arr. de Joigny, cant. et poste de Charny; 680 hab.

MARTINSVILLE, pet. v. des États Unis de l'Amérique du Nord, état de la Caroline du Nord, comté de Guildford, dont elle est le chef-lieu, sur le Buffaloe; combat entre les Anglais et les Américains en 1781; 3200 h.

MARTINSVILLE (Saint-), pet. v. des États-Unis de l'Amérique du Nord, état de Louisiane, comté d'Attacapas, dont elle est le chef-lieu, sur le Bayou-Tèche; académie; halle; commerce; 2400 hab.

MARTIN-TERRESSUS (Saint-), vg. de Fr., Haute-Vienne, arr. de Limoges, cant. et poste de St.-Léonard; 790 hab.

MARTIN-VALMEROUX (Saint-), vg. de Fr., Cantal, arr. de Mauriac, cant. de Salers, poste; on y voit une jolie vallée formée par la Marone; eaux minérales; 1506 hab.

MARTINVAST, vg. de Fr., Manche, arr. et poste de Cherbourg, cant. d'Octeville; 750 h.

MARTINVELLE, vg. de Fr., Vosges, arr. de Mirecourt, cant. de Monthureux-sur-Saône, poste de Darney; 670 hab.

MARTISSERRE, vg. de Fr., Haute-Garonne, arr. de St.-Gaudens, cant. et poste de l'Isle-en-Dodon; 290 hab.

MARTIZAY, b. de Fr., Indre, arr. et poste du Blanc, cant. de Tournon-St.-Martin; 1910 hab.

MARTLAZZA, pet. île de Dalmatie, cer. de Spalatro.

MARTON, vg. d'Angleterre, comté d'York; célèbre comme lieu de naissance du navigateur Jacques Cook, qui y reçut le jour le 27 octobre 1728 (*Voyez* HAWAII).

MARTORANO, *Mamertium*, v. du roy. de Naples, prov. de la Calabre citérieure, siége d'un évêque; située sur la route de la Calabre et sur l'extrême frontière de la Calabre ultérieure IIe.

MARTOREL, b. d'Espagne, principauté de Catalogne, dist. de Barcelone, sur le Llobregat; petit et obscur mais remarquable par le pont et l'arc de triomphe d'Annibal.

MARTOS, v. d'Espagne, prov. d'Andalousie, roy. de Jaën, au pied de la Sierra de Susama, avec un château et des rues étroites; 4 églises, 4 couvents, 1 hôpital et 11 maisons de refuge; huileries; culture de lin, d'anis, d'olives; fabrication de dentelles; 11,000 h.

(**MARTORY** (Saint-), pet. v. de Fr., Haute-Garonne, arr., à 3 l. N.-E. de St.-Gaudens, chef-lieu de canton et poste; elle est très-agréablement située sur les deux rives de la Garonne, que l'on y passe sur un beau pont. Plusieurs grandes routes qui traversent cette petite ville favorisent son commerce; elle a des fabriques de draps; 1200 hab.

MARTOT, vg. de Fr., Eure, arr. de Louviers, cant. et poste de Pont-de-l'Arche; 200 hab.

MARTRAGNY, vg. de Fr., Calvados, arr. de Caen, cant de Creully, poste de St.-Léger; 470 hab.

MARTRE (la), vg. de Fr., Var, arr. de Draguignan, cant. et poste de Comps; 360 hab.

MARTRES, vg. de Fr., Haute-Garonne, arr. de Muret, cant. de Cazères, poste; fabr. de faïence; 1646 hab.

MARTRES, vg. de Fr., Gironde, arr. de la Réole, cant. de Targon, poste de Sauveterre; 190 hab.

MARTRES-D'ARTIÈRES, vg. de Fr., Puy-de-Dôme, arr. de Clermont-Ferrand, cant. et poste de Pont-de-Château; 900 hab.

MARTRES-DE-RIVIÈRE, vg. de Fr., Haute-Garonne, arr. de St.-Gaudens, cant. de St.-Bernard, poste de Montrejeau; 350 h.

MARTRES-DE-VEYRE, b. de Fr., Puy-de-Dôme, arr. de Clermont-Ferrand, cant. et poste de Veyre; source d'eau minérale; commerce de vins; 2749 hab.

MARTRES-SUR-MORGES, vg. de Fr., Puy-de-Dôme, arr. et poste de Riom, cant. d'Ennezat; 1170 hab.

MARTRIN, vg. de Fr., Aveyron, arr. de St.-Affrique, cant. et poste de St.-Sernin; 1310 hab.

MARTROIS, vg. de Fr., Côte-d'Or, arr. de Beaune, cant. et poste de Pouilly-en-Montagne; 240 hab.

MARTSIVAN ou **MERZIFOUN**, v. de la Turquie d'Asie, eyalet de Sivas; importante par ses riches mines de cuivre; 40,000 hab.

MARTYRE (la), vg. de Fr., Finistère, arr. de Brest, cant. de Ploudiry, poste de Landerneau; 1000 hab.

MARTYRES (les) ou **CAYOS-DE-LOS-MARTYRES**, dangereux groupe d'écueils et de récifs d'une étendue de plus de 10 l. marines, au S.-E. du cap Sable, l'extrémité méridionale de la Floride.

MARTYS (les), vg. de Fr., Aude, arr. de Carcassonne, cant. et poste de Mas-Cabardès; 750 hab.

MARUCOTOS-MANSOS, peuplade indigène indépendante et très-belliqueuse, rép. de Vénézuela, dép. de l'Orénoque, prov. de Guyane. Ils habitent les rives de l'Orénoque à l'endroit où ce fleuve, changeant sa direction E., tourne vers l'O.

MARUÉJOLS, vg. de Fr., Gard, arr. d'Alais, cant. et poste de Ledignan; 160 h.

MARUEJOLS-EN-VAUNAGE, ham. de Fr., Gard, com. de St.-Come; 130 hab.

MARVAL, vg. de Fr., Haute-Vienne, arr. et poste de Rochechouart, cant. de St.-Mathieu; 1430 hab.

MARVALIN (la), ham. de Fr., Loire, com. de Notre-Dame-de-Boisset; 100 hab.

MARVAO, *Medobreja*, pet. v. forte du roy. de Portugal, prov. d'Alentéjo, dist. de Port-Alègre, située sur un rocher escarpé. Près de là on voit des ruines romaines que l'on prend pour l'ancienne *Medobreja*; 1700 hab.

MARVAUX, vg. de Fr., Ardennes, arr. et poste de Vouziers, cant. de Monthois; 330 h.

MARVEJOLS, pet. v. de Fr., Lozère, chef-lieu d'arrondissement, à 4 l. O.-N.-O. de Mende; siége d'un tribunal de première instance; conservation des hypothèques; direction des contributions indirectes; chambre des manufactures; elle est située dans un charmant vallon, sur la rive droite de la Colagne; ses rues sont régulières et bien pavées; elle renferme une belle place ornée d'une fontaine élégante. Marvejols possède des filatures considérables de laine et quelques fabriques; on y fait commerce de laines, de mercerie et de bétail. Foires : 17 janvier, 23 avril, 22 juillet, 30 septembre, 11 novembre, 1er décembre, jeudi avant jeudi-gras, 1er lundi de Carême, samedi des Rameaux et même jour après la Trinité; 4040 h.

Cette ville est très-ancienne; elle eut beaucoup d'importance pendant la guerre contre les Anglais et donna à cette époque des preuves d'un grand dévouement à la France. Elle souffrit beaucoup aussi pendant nos guerres civiles et religieuses. Le duc de Joyeuse la brûla en 1586. Elle se releva bientôt après sous une forme plus moderne, et depuis elle s'est considérablement embellie.

MARVELISE, vg. de Fr., Doubs, arr. de Baume-les-Dames, cant. et poste de l'Isle-sur-le-Doubs; 260 hab.

MARVILLE, *Martis Villa*, très-pet. v. de Fr., Meuse, arr., cant., à 2 1/2 l. S.-S.-E. de Montmédy; elle est située dans une vallée, sur la rive droite de l'Othain; des débris d'anciennes murailles et les ruines de quelques tours indiquent qu'elle était autrefois fortifiée; 1340 hab.

Marville doit son nom à un ancien temple de Mars qui était situé sur la côte St.-Hilaire, où l'on voit encore des vestiges d'une cité antique. Cette ville a appartenu aux ducs de Luxembourg; elle fut cédée à la France en 1650 par le traité des Pyrénées.

MARVILLE-LES-BOIS, vg. de Fr., Eure-et-Loir, arr. de Dreux, cant. et poste de Châteauneuf-en-Thymerais; 390 hab.

MARVILLE-MOUTIERS-BRULÉ, vg. de Fr., Eure-et-Loir, arr., cant. et poste de Dreux; 830 hab.

MARVOISIN, ham. de Fr., Meuse, com. de Xivray; 100 hab.

MARWAR, v. de l'Inde, principauté de Djoudpour ou de Marwar.

MARWAR (principauté de l'Inde). *Voyez* DJOUDPOUR.

MARY (Sainte-), cap. *Voyez* ÉCOSSE (Nouvelle-).

MARY, vg. de Fr., Saône-et-Loire, arr. de Châlon-sur-Saône, cant. de Mont-St.-Vincent, poste de Joncy; 410 hab.

MARY, vg. de Fr., Seine-et-Marne, arr. de Meaux, cant. et poste de Lizy; commerce de bois, de charbon de bois et de laines; 410 hab.

MARY (Saint-), ham. de Fr., Cantal, com. de Roannes; 100 hab.

MARY (Saint-), vg. de Fr., Charente, arr. de Confolens, cant. et poste de St.-Claud; 900 hab.

MARYBOROUGH ou QUEENSTOWN, pet. v. d'Irlande, chef-lieu de la prov. de Queens; fabrication d'étoffes de lin et de laine; 3000 hab.

MARYLAND, état maritime de la confédération de l'Amérique du Nord; il fait partie des états orientaux de l'Union et s'étend entre 38° et 39° 43′ 25″ lat. N. Ses bornes sont : au N. l'état de Pensylvanie, à l'E. l'état de Delaware, au S. l'état de Virginie et la baie de Chésapeak et à l'O. l'état de Virginie et le dist. fédéral de Colombie. Sa superficie est de 531 l. c. géogr., y compris la partie de la baie de Chésapeak qui appartient à cet état. Ce pays forme une terrasse qui s'élève vers les Apalaches et présente les mêmes variétés du sol que l'état de Pensylvanie. La grande baie de Chésapeak divise le Maryland en deux parties, dont celle à l'O. est la plus grande, la plus montagneuse et la plus fertile; la partie centrale est entrecoupée de collines peu élevées et la partie orientale, basse, plate et sablonneuse, est couverte de marais et d'eaux stagnantes, mais très favorable aux plantations de tabac et de coton. Les environs du Potowmak rivalisent avec les contrées les plus riches de l'Amérique septentrionale, et cette province forme un des principaux greniers de l'Union. Les montagnes qui s'élèvent dans cet état sont : l'Elkridge, continuation des Pigeon-Hills; les South-Mountains (montagnes du Sud), accompagnées à l'E. par les monts Cotoctin; les North-Mountains (montagnes du Nord); les monts Sideling; les Ragged-Mountains, avec les monts Warrior, Evits, Wilts et les Alléghany. Toutes ces chaînes de montagnes entrent dans la Pensylvanie et ne couvrent que l'extrémité N.-O. du Maryland. Le long du Potowmak on remarque en outre les monts Back-Bone et les Chesnut-Mountains. La baie de Chésapeak, d'une superficie de 125 l. c. géogr., forme proprement l'embouchure du Susquéhannah; elle est parsemée d'îles et reçoit tous les cours d'eau de l'état; les plus considérables en sont : le Susquéhannah, le Potowmak, le Patuxent, le Patapsco et le Gunpowder à l'O.; l'Elk, le Chester, le Choptank, le Nanticoke, le Manokin et le Pokomoke à l'E. Une partie du canal Chésapeak-Delaware traverse cet état, couvert à l'E. par le Cypress-Swamp. L'Océan forme sur la côte S.-E. la baie de Sénépuxent, qui renferme les îles Drum et Pope. Le climat est agréable et généralement salubre; les contrées orientales seules sont souvent ravagées par les fièvres. Les principales productions du Maryland sont : le blé, le tabac, les légumes, les fruits, les patates et le coton, dont cet état offre les dernières plantations vers le N. Les prairies et les forêts ne sont guère utilisées, et l'éducation du bétail est de peu d'importance. Le Maryland est riche en minéraux, tels que fer, cuivre, plomb, arsenic, marbre, chaux, houille, turquoises, jaspe, talc, hématite, agate, sel de mer, etc. L'industrie manufacturière est fort avancée, mais elle le cède en importance au commerce, pour lequel le Maryland occupe le quatrième rang dans l'Union. Il est favorisé par de bonnes routes, la baie de Chésapeak et le grand nombre de fleuves navigables dont les embouchures forment autant de bons ports. L'exportation consiste en blé, farine, tabac, huile, porc et jambons; l'importation en drogues, produits manufacturés, vins, liqueurs et marchandises coloniales. L'entrepôt central du commerce est à Baltimore, où aboutissent presque toutes les routes de l'état. La population du Maryland dépasse 450,000 individus, dont 102,870 esclaves et quelques restes d'Indiens Nanticoks. L'instruction est assez répandue dans cet état : on y compte 2 colléges supérieurs, le collége Washington à Chestertown et le collége St.-Johns à Annapolis, qui ensemble forment l'université du Maryland. En outre, il y a un collége catholique (collége de Ste.-Marie) à Baltimore, un collége méthodiste à Abington, ainsi que différentes académies, sociétés savantes et bibliothèques. La constitution du Maryland date de 1776; démocratique en principe, elle est réellement aristocratique. L'état est divisé en 19 comtés et envoie au congrès 2 sénateurs et 9 députés. La cour d'appel siége à Annapolis; le tribunal supérieur siége alternativement à Annapolis et à Talbot, et les tribunaux de l'Union se tiennent alternativement à Annapolis, à Easton et à Baltimore.

Le Maryland fut découvert en même temps que la Virginie (1584) et compris avec ce pays dans la patente de 1632, par laquelle il fut donné en fief à George Calvert, lord Baltimore. Celui-ci lui donna le nom de Maryland (terre de Marie), en l'honneur de la reine d'Angleterre, Henriette-Marie, fille de Henri IV, roi de France. Les premiers colons, 200 catholiques français de Terre-Neuve, s'y établirent en 1634 et fondèrent la commune de Ste.-Marie, sur la rive N. du Potowmak. Les avantages qu'offre ce pays en augmentèrent rapidement la population, de sorte que dès 1650 il reçut une constitution. En 1699 Annapolis devint le siége du gouverneur, qui jusqu'à cette époque avait résidé à Ste.-Marie, et en 1732 les limites entre le Maryland et la Pensylvanie furent définitivement fixées. En 1773 le Maryland suivit le mouvement qui souleva toutes les provinces orientales contre la métropole, réforma sa constitution en 1776 et signa en 1781 l'acte de la confédération, dans laquelle il entra comme état dans la même année.

MARY-LE-GROS (Saint-), vg. de Fr., Cantal, arr. de St.-Flour, cant. et poste de Massiac; 830 hab.

MARY-LE-PLEIN (Saint-), vg. de Fr., Cantal, arr. de St.-Flour, cant. et poste de Massiac; 690 hab.

MARYPORT, pet. v. d'Angleterre, comté de Cumberland, à l'embouchure de l'Ellex; très-industrieuse; forges; manufactures de coton et de cuirs; verreries qui fournissent les meilleures bouteilles du royaume; construction de vaisseaux; cabotage; commerce de houille; port; 4000 hab.

MARYS (Saint-). *Voyez* ÉCOSSE (Nouvelle-).

MARYS (Saint-), groupe de petites îles dans le golfe de St.-Laurent, non loin de la côte S. du Labrador, dont elles font partie.

MARYS (Saint-), comté de l'état de Maryland, États-Unis de l'Amérique du Nord; il est borné par la baie de Chésapeak et les comtés de Calvert et de Charles; sa superficie dépasse 15 l. c. géogr., avec une population de 16,000 âmes. Parmi le grand nombre de ses cours d'eau, nous ne citons que le Potowmak et le Patuxent, qui en sont les plus considérables. L'Océan forme sur les côtes de cette province les caps Cédar et Lookout, et l'embouchure du Potowmak présente les baies Britton et Clément. Sol sablonneux, qui produit du blé, du tabac, du coton et des patates. Leonardstown est le chef-lieu du comté.

MARYS (Sainte-), v. très-déchue des États-Unis de l'Amérique du Nord, état de Maryland, comté de Ste.-Marys, sur le fleuve du même nom; avant la fondation d'Annapolis cet endroit était la capitale de l'état.

MARYS (Sainte-). *Voyez* MAUMÉE (fleuve).

MARYS (Sainte-), la plus grande des îles du petit archipel de Sully (Sorlingues). On y trouve plusieurs monuments druidiques.

MARYSVILLE, pet. v. des États-Unis de l'Amérique du Nord, état de Tennessée, comté de Blount, dont elle est le chef-lieu, sur le Pistol; banque; commerce actif; 2700 hab.

MARZAMENI, pet. île du roy. des Deux-Siciles, dans la mer Ionienne et dans le voisinage du cap Passaro, intendance de Siragosa; ses habitants s'occupent de la pêche du thon.

MARZAN, vg. de Fr., Morbihan, arr. de Vannes, cant. de la Roche-Bernard, poste de Muzillac; 1750 hab.

MARZANO, b. du roy. de Naples, Terre-de-Labour; 3500 hab.

MARZA-SOUSA, *Apollonia*, *Apollonias Sozusa*, pet. b. maritime du plateau de Barca, rég. de Tripoli, à 2 l. N. des ruines de l'ancienne Cyrène (Curen), dont il était le port; patrie du géographe Ératosthène.

MARZAT, ham. de Fr., Dordogne, com. de Tursac; 120 hab.

MARZELAY, ham. de Fr., Vosges, com. de St.-Dié; 230 hab.

MARZENEIX, ham. de Fr., Jura, com. de Chambéria; 100 hab.

MARZENS. *Voyez* MARGENS.

MARZIALS, ham. de Fr., Aveyron, com. de Montjaux; 360 hab.

MARZY, vg. de Fr., Nièvre, arr., cant. et poste de Nevers; 1040 hab.

MAS (le), ham. de Fr., Charente, com. de la Couronne; 240 hab.

MAS (le), ham. de Fr., Loire, com. de St.-Martin-la-Plaine; 110 hab.

MAS (le), ham. de Fr., Haute-Vienne, com. de St.-Junien; 180 hab.

MAS (le), vg. de Fr., Var, arr. de Grasse, cant. de St.-Auban, poste d'Escragnolles; 570 hab.

MASADALIS, g. a., v. de la Marmarique.

MAS-AFUERA (Isla). *Voyez* JUAN-FERNANDEZ.

MASAL ou MISCAL, g. a., v. de la Palestine, tribu d'Asser.

MASATA, g. a., v. de l'Arménie, peu loin de l'Euphrate.

MASAYA ou MASSAYA, v. des États-Unis de l'Amérique centrale, état de Nicaragua, dist. de Granada, sur la Lititatapa; commerce très-important. Les volcans de Masaya et de Nindiri s'élèvent dans son voisinage; 20,000 hab.

MASBATE, une des îles Bissayes dans l'archipel des Philippines; est située à l'O. de Samar, entre 120° 40′ et 122° 35′ long. orient. et entre 11° 50′ et 12° 15′ lat. N. Sa superficie est de 197 l. c. géogr. Cette île est élevée, bien arosée et produit beaucoup de riz. Ses habitants, tous Bissayes, sont indépendants; quelques familles seulement payent tribut aux Espagnols, qui jusqu'ici ont dédaigné de se mettre en possession des îles situées dans la mer intérieure, formée par les côtes des îles Luçon, Lamar, Leyte, Zébu, Panay et Mindoro. Le chef-lieu de Masbate est Magu. Plusieurs îlots, dont le principal est Maripipi, peuvent être regardés comme des dépendances de Masbate.

MAS-BLANC, vg. de Fr., Bouches-du-Rhône, arr. et cant. d'Arles-sur-Rhône, poste de St.-Remy; 120 hab.

MASBROUGH, gr. b. d'Angleterre, comté d'York, peu loin de Rotherham, sur le Don; hauts-fourneaux, martinets à fer, fonderie de boulets; 4000 hab.

MAS-CABARDÈS, b. de Fr., Aude, arr. et à 4 1/2 l. N. de Carcassonne, chef-lieu de canton, poste; fruits renommés; 795 hab.

MASCAIROLLES, ham. de Fr., Lot, com. de Fargues; 150 hab.

MASCAL, îlot appartenant au dist. de Chittagong, prov. du Bengale, dans l'Inde anglaise; il n'est séparé que par un canal étroit du continent; mais malgré son étendue il est mal cultivé et a peu d'habitants. On y pêche beaucoup d'huîtres.

MASCALI, v. de l'île de Sicile, dans l'intendance de Catane; située au pied de l'Etna et peu loin de la mer, à 14 l. de Messine et 84 l. de Naples; mal bâtie; possède un port, d'où l'on exporte du sel marin, des poissons et des céréales; commerce en coton de Biancavilla, tartre, pistaches, amandes renommées, fruits secs et frais, chanvre, esprit de vin, eau-de-vie et vins rouges; 14,000 h.

MASCA LUCIA, pet. v. de l'île de Sicile, dans l'intendance de Catane; fait un commerce très-considérable en céréales. Une éruption du mont Etna, dans les environs duquel elle est située, la détruisit presque entièrement en 1669; 1800 hab.

MASCARA, v. insignifiante de la rég. d'Alger, prov. et à 30 l. E.-N.-E. de Tlémécen; naguère très-importante par sa population qu'on pouvait estimer à plus de 10,000 âmes et comme résidence du célèbre émir Abd-el-Kader; prise par les Français à la fin de 1835, elle fut abandonnée après avoir été livrée aux flammes et réduite en un amas de ruines.

MASCARAS, vg. de Fr., Gers, arr. de Mirande, cant. de Montesquiou, poste de Marciac; 300 hab.

MASCARAS, vg. de Fr., Basses-Pyrénées, arr. de Pau, cant. et poste de Garlin; 420 h.

MASCARENHAS ou **MASCAREIGNE**. *Voyez* BOURBON (île).

MASCARVILLE, vg. de Fr., Haute-Garonne, arr. de Villefranche-de-Lauragais, cant. et poste de Caraman; 360 hab.

MASCATE ou **MASKAT** (imanat de), principal état de l'Oman, en Arabie. Il ne s'étend proprement que depuis le Ras-el-Hat jusqu'à la ville de Khorfakan; mais on y comprend ordinairement la plage déserte qui se trouve entre le Ras-el-Hat et le cap Mahra, plage parcourue par quelques Bédouins et habitée par quelques Arabes sédentaires, dont les cheiks sont indépendants.

L'iman de Mascate est un des princes les plus puissants de l'Arabie; assisté par les Anglais, il a su résister aux Wahhabites et conserver ses possessions, qui comprennent non seulement presque tout l'Oman, mais encore une partie du Moghistan, dans le Kerman, dont le roi de Perse a conservé la souveraineté; les îles Kichm et Hormouz, dans le golfe Persique; et, sur la côte de l'Afrique, les îles de Quiloa, de Monfia, de Zanzibar, un tiers de celle de Pemba (toutes situées en face de la côte de Zanguebar); enfin la grande île de Socotora, au N.-E. du cap Guardafui, qui, par sa position à l'entrée du golfe Arabique, fut dans l'antiquité une importante station commerciale et que les Anglais se proposent d'occuper pour en faire un dépôt de houille et de marchandises, quand leur navigation à vapeur se sera développé davantage dans le golfe d'Oman. La superficie totale des possessions tant asiatiques qu'africaines de l'iman de Mascate est évaluée par Balbi à 39,000 milles c., leur population à 1,600,000 âmes, les revenus à quatre millions de francs et l'armée à 2500 hommes. La capitale et la ville la plus importante de l'imanat est Mascate; Rostan est la résidence ordinaire de l'iman; Sohar ou Oman est assez commerçant et possède un bon port.

MASCATE ou **MASKAT**, v. de l'Arabie, capitale de l'imanat de Mascate; est située sous 23° 38′ lat. N., sur une petite baie, et entourée de jardins et de plantations de dattiers. Les fortifications qui l'entourent et qui défendent son bon port, sont considérables et suffisantes pour résister à des troupes asiatiques. Mascate, qui de 1507 à 1648 fut au pouvoir des Portugais, est aujourd'hui, comme alors, le principal entrepôt de tout le commerce d'échange qui se fait entre l'Inde, le golfe Arabique et le golfe Persique, et le grand marché des perles qu'on pêche dans ce dernier golfe. Sa population, évaluée ordinairement à 12,000 âmes, est portée à 60,000 par un médecin qui y a longtemps vécu.

MASCHAU, très-pet. v. de Bohême, cer. de Saatz. Dans le voisinage on trouve de l'asbest; 1200 hab.

MASCLAT, vg. de Fr., Lot, arr. de Gourdon, cant. et poste de Payrac; 1270 hab.

MASCOLL ou **BERGERIE-ROYALE**. *Voyez* PERPIGNAN.

MASCOUETTE, ham. de Fr., Basses-Pyrénées, com. de Haget-Aubin; 300 hab.

MASCULA, g. a., v. de la Numidie massylienne.

MAS-D'AGENAIS (le), b. de Fr., Lot-et-Garonne, arr. et à 3 l. de Marmande, chef-lieu de canton, poste de Tonneins; 2260 h.

MAS-D'ARTIGE (le), vg. de Fr., Creuse, arr. d'Aubusson, cant. de la Courtine, poste de Felletin; 480 hab.

MAS-D'AUVIGNON (le), vg. de Fr., Gers, arr., cant. et poste de Lectoure; 600 hab.

MAS-D'AZAI, ham. de Fr., Tarn, com. de Vianne; 200 hab.

MAS-D'AZIL (le), *Asilium Mansum*, pet. v. de Fr., Arriège, arr. et à 4 1/2 l. O. de Pamiers, chef-lieu de canton et poste; elle est agréablement située au bord de l'Arize, affluent de la Garonne, dans un riant vallon bordé de collines hautes et fertiles. Les environs offrent des sites très-pittoresques et renferment des mines d'alun et de houille; fabr. de peignes, d'alun et de couperose. Cette petite ville, autrefois fortifiée, ne renfermait en 1625 que des habitants calvinistes. Elle fut assiégée par les catholiques, mais elle leur opposa une résistance si courageuse, qu'après plusieurs assauts ils furent forcés de lever le siége. Elle fut prise plus tard par capitulation et ses fortifications furent rasées; 3000 hab.

MAS-DE-BEALÉS (le), ham. de Fr., Gard, com. de Cavillargues; 150 hab.

MAS-DE-BOUYE, ham. de Fr., Lot, com. de St.-Germain; 140 hab.

MAS-DE-CADE (le), ham. de Fr., Gard, com. de Cavillargues; 120 hab.

MAS-DE-CAMPEL (le), ham. de Fr., Aveyron, com. de St.-Georges-de-Lusençon; 160 hab.

MAS-DE-CAUSSE (le), ham. de Fr., Aveyron, com. de Loupiac; 170 hab.

MAS-DE-FOND (le). *V.* FONS (les), Ardèche.

MAS-DE-LAROQUE, ham. de Fr., Lot, com. de Caillac; 160 hab.

MAS-DE-L'ÉGLISE, ham. de Fr., Hérault, com. de St.-Étienne-d'Albagnan; 100 hab.

MAS-DE-LOMBARD (le), ham. de Fr., Tarn-et-Garonne, com. de Puy-la-Garde; 110 hab.

MAS-DE-LONDRES, vg. de Fr., Hérault, arr. et à 7 l. N.-N.-O. de Montpellier, chef-lieu de canton, poste de Matelles; 280 hab.

MAS-DE-LORENCE (le), ham. de Fr., Haute-Vienne, com. d'Isle; 140 hab.

MAS-DE-PALISSE (le), ham. de Fr., Gard, com. du Pin; 120 hab.

MAS-DES-COURS, vg. de Fr., Aude, arr. et poste de Carcassonne, cant. de Capendu; 110 hab.

MAS-DE-TIERRA (Isla). *Voyez* JUAN-FERNANDEZ.

MAS-DE-VIEL, ham. de Fr., Lot, com. de Caillac; 140 hab.

MAS-DE VILLARS. *Voyez* VILLARS (le).

MAS-DIEU (le), ham. de Fr., Gard, com. de Laval; 130 hab.

MAS-DUGES, ham. de Fr., Tarn-et-Garonne, com. de Caylux; 130 hab.

MAS-DU-PRED, ham. de Fr., Aveyron, com. de Nant; 100 hab.

MAS-DU-PUITS (le), ham. de Fr., Ain, com. de Farcins; 120 hab.

MAS-GRENIER (le), b. de Fr., Tarn-et-Garonne, arr. de Castel-Sarrazin, cant. de Verdun-sur-Garonne, poste de Grisolles; 1550 hab.

MAS-MANON (le), ham. de Fr., Isère, com. de St.-Ismier; 100 hab.

MAS-RAYNAL, ham. de Fr., Aveyron, com. de Cornus; 120 hab.

MAS-SAINTES-PUELLES (le), b. de Fr., Aude, arr., cant. et poste de Castelnaudary; 1250 hab.

MAS-THIBER, ham. de Fr., Bouches-du-Rhône, com. d'Arles-sur-Rhône; 210 hab.

MASE (la), ham. de Fr., Ardèche, com. de Vinzieux; 130 hab.

MASEPHA, g. a., v. de la Judée, au N. de Hébron.

MASEY, ham. de Fr., Vosges, com. de Xertigny; 260 hab.

MASEYK, pet. v. du roy. de Belgique, prov. de Limbourg, arr. de Mastricht; sur la rive gauche de la Meuse; 3370 hab.

MASGOUTIER, ham. de Fr., Haute-Vienne, com. de Feytiat; 130 hab.

MASI, g. a., peuplade de la côte de la Mauritanie tingitane.

MASIBULI. *Voyez* SINABUCO.

MASIGNIEN-MOULOUÉ, ham. de Fr., Nièvre, com. de Marigny-l'Église; 160 hab.

MASLACQ, vg. de Fr., Basses-Pyrénées, arr. et poste d'Orthez, cant. de Lagor; 960 h.

MASMES (Saint-), vg. de Fr., Marne, arr. de Reims, cant. de Reine, poste d'Isles-sur-Suippe; 300 hab.

MASMOLENE, ham. de Fr., Gard, com. de la Capelle; 250 hab.

MASMUNSTER. *Voyez* MASSEVAUX.

MASNIÈRES, vg. de Fr., Nord, arr. et poste de Cambrai, cant. de Marcoing. Ce village, situé au bord du canal de St.-Quentin, possède deux verreries à vitres et à bouteilles; 1510 hab.

MASNY, vg. de Fr., Nord, arr., cant. et poste de Douai; 890 hab.

MASON, comté de l'état de Kentucky, États-Unis de l'Amérique du Nord. Ce pays est compris dans la fertile vallée de l'Ohio et arrosé par le Johnson et le Locust; 18,000 h.

MASON, comté de l'état de Virginie, États-Unis de l'Amérique du Nord. Pays montagneux et bien boisé, très-fertile et arrosé par le Kenhawa; 10,000 hab.

MASON (îles). *Voyez* STONINGTON.

MASONCLE, ham. de Fr., Saône-et-Loire, com. de Marly-sur-Arroux; 100 hab.

MASOS, vg. de Fr., Pyrénées-Orientales, arr., cant. et poste de Prades; 400 hab.

MASOVIE, woïwodie du roy. de Pologne, bornée au N. par la Vistule, le Bug et la woïwodie de Plock, à l'O. par la woïwodie de Podlachie, au S. par la Pilica, les woïwodies de Sandomierz et de Kalitz, et à l'O. par le grand-duché de Posen. La Bzura arrose cette province de l'O. à l'E. Le sol est fertile, à l'exception de quelques terrains sur la rive gauche de la Vistule; les habitants se livrent généralement à l'agriculture.

MASPARRAUTE, vg. de Fr., Basses-Pyrénées, arr. de Mauléon, cant. et poste de St.-Palais; 640 hab.

MASPHA ou MIZPA, MUSEPHA, MESPHE, g. a., v. de Palestine, tribu de Benjamin, au N. d'Anathol, au S.-E. d'Emmaus et à 2 l. N. de Jérusalem.

MASPIE, vg. de Fr., Basses-Pyrénées, arr. de Pau, cant. et poste de Lembaye; 370 h.

MASR-EL-ATIK. *Voy.* CAIRE (le Vieux-).

MASSA, b. de l'état de l'Église, légation de Spoleto.

MASSA, jolie v. du duché de Modène, autrefois capitale du duché de Massa-et-Carrera, qui vient d'être réuni à l'état de Modène par la mort de la duchesse Marie-Beatrix; siége d'un évêque; commerce de marbre, huiles, vins; filat. de soie; château fort; 10,000 hab.

MASSABRAC, vg. de Fr., Haute-Garonne, arr. de Muret, cant. de Montesquieu-Volvestre, poste de Rieux; 240 hab.

MASSAC, vg. de Fr., Aude, arr. de Carcassonne, cant. de Monthoumet, poste de Davejean; 140 hab.

MASSAC, vg. de Fr., Charente-Inférieure, arr. de St.-Jean-d'Angely, cant. et poste de Matha; 456 hab.

MASSAC, vg. de Fr., Tarn, arr. et poste de Lavaur, cant. de St.-Paul-Cap-de-Joux; 380 hab.

MASSACHUSETTS, état maritime faisant partie des états du N.-E. de la confédération de l'Amérique du Nord. Il s'étend entre 41° 14′ et 42° 52′ 20″ lat. N. et est borné au N. par les états de New-Hampshire et de Vermont, à l'O. par l'état de New-York, au S. par les états de Connecticut, de Rhode-Island et par l'Océan, et à l'E. par l'Océan. Sa superficie est de 417 l. c. géogr., y compris les îles dans la baie de Boston et celles au S. de la presqu'île du Cap-Codd.

Ce pays forme en général une des provinces les mieux cultivées et les plus florissantes de l'Union. Plusieurs chaînes de montagnes, en partie contiguës aux Apalaches, en partie parallèles à cette chaîne, traversent l'état; ce sont: les monts Taghconuc et les monts Housatonik, continuation des montagnes Vertes; ils atteignent une hauteur de plus de 1000 mètres et se prolongent dans le Connecticut; les montagnes de Westfield, sur la rive droite du Connecticut; les monts Chécabée ou White-Mountains; les monts de Worcester, d'une hauteur considérable, se rattachent aux monts Watchusett; les monts de Middlesex; enfin les montagnes Bleues, qui s'élèvent au S.-E. de Boston et s'étendent en amphithéâtre jusqu'à la baie de Narraganset. Parmi les nombreux promontoires que présentent les côtes de Massachusetts, nous distinguons: le cap Ann, le cap Halbut, l'East-Point, le Gunet-Point, le cap Codd, le cap Malabar ou Sandy-Point, devant lequel s'étend le dangereux banc de George; Gamon-Point et Suckenseet-Point, à l'O. du cap Malabar, et la Pointe-Warren, à l'entrée de la baie de Narraganset. L'Océan porte tout le long de la côte E. de cet état le nom de baie de Massachusetts, qui forme sur les bords de nombreux enfoncements, tels que la baie d'Ipswich, entre Plumb-Island et la presqu'île du Cap-Ann; la baie du Cap-Ann, au S.-O. de la presqu'île du même nom; le Marblehead-Harbour; la baie de Boston, parsemée d'îles; la baie de Plymouth; la baie du Cap-Codd, avec le port de Barnstable; la grande baie de Buzzard, avec plusieurs ports, et la baie de Narraganset, dont la plus grande partie s'étend sur la côte du Rhode-Island. Les principaux fleuves qui arrosent cet état sont: le Merrimak, avec la Nashawa, le Concord ou Billerica et le Shawsteen; l'Ipswich, qui débouche dans la baie du même nom; le Charles, qui se jette dans la baie de Boston; le Neponset, joint au Charles par le Mutterbrook; le Taunton; le Connecticut, qui traverse le centre du Massachusetts; le Blackstone, la Thames et le Housatonik. De nombreux lacs de peu d'étendue, mais très-poissonneux, couvrent l'intérieur de l'état; le Quinsgamond-Pond en est le plus considérable. Parmi les canaux, nous nommons: le canal de Middlesex, qui joint le Merrima au port de Boston; les canaux du Connecticut et le canal d'Essex. Le climat du Massachusetts, plus chaud en été et plus froid en hiver que celui d'une région européenne située sous la même latitude, est sujet à une température très-variable et assez malsaine. Le Massachusetts, une des premières colonies anglaises dans l'Amérique, est aussi un des états les mieux cultivés de l'Union; on y trouve cependant de vastes districts incultes, et la partie occidentale de l'état n'offre que des forêts, des bruyères et d'immenses savannes. Les principaux produits de ce pays sont: le maïs, les patates, les légumes, les fruits, le chanvre et le bois; l'éducation du bétail l'emporte sur l'agriculture, mais elle n'a pas l'importance des pêcheries sur les côtes et dans les fleuves, qui abondent en poissons, huîtres, écrevisses et coquillages. La pêche la plus productive et dont le Massachusetts a pour ainsi dire le monopole dans l'Union est celle de la baleine. Quant au règne minéral, cet état offre du fer en grande quantité, du plomb, de l'antimoine, du carbonate de plomb, du marbre, du schiste, de la chaux, du sable blanc à verre, des turquoises, de l'ocre jaune et rouge, du cuivre, de l'argile calcaire (terre à pipes), de la marne, etc. On n'exploite guère que le fer et le plomb. Le sel et la houille manquent jusqu'à présent. Des eaux minérales se trouvent à Boston, West-Cambridge, Wrentham, Brighton et Lynn. Dans aucun état de l'Union l'industrie manufacturière n'a pris un aussi grand développement que dans le Massachusetts. En 1829 on y comptait 235 fabriques, avec un capital de plus de 40 millions de dollars. Le Massachusetts est le premier état de l'Union pour le commerce maritime et le second pour le commerce intérieur. Il doit ces avantages à ses nombreux et bons ports, à ses excellentes routes, ses chemins de fer et ses canaux. Les marchandises exportées consistent en poissons, beurre, fromage, suif, bœuf, bois, porc, liqueurs, pelleteries, semences, cire, huile de baleine, farine, fruits, houblon, colle de poisson et produits manufacturés. Ses principaux ports sont: Boston, l'entrepôt général du commerce intérieur et maritime, Plymouth, Salem, Marblehead et Newbury. La population du Massachusetts est de 620,000 âmes, réparties dans 14 comtés. Sa constitution, purement démocratique, date du 2 mars 1780; l'état envoie au congrès 2 sénateurs et 15 députés.

Le tribunal supérieur ou la cour d'appel siége annuellement et alternativement dans 16 communes; les tribunaux de l'Union se tiennent à Boston et à Salem. Boston est le siége d'un évêché catholique. Aucun état de l'Union ne favorise et n'appuie davantage les sciences et les arts; c'est là qu'on trouve l'instruction la plus solide et la mieux entendue et les écoles les mieux organisées. Il y a 4 universités: à Charlestown, à Williamstown, à Andover et à Newbury; 10 colléges académiques et de nombreuses écoles gratuites; plusieurs établissements scientifiques, dont le principal est l'Athénée de Boston, avec une riche bibliothèque.

Ce pays est la patrie de Benjamin Franklin, né à Boston le 17 janvier 1706 et mort le 29 avril 1790; de Samuel et de Johns Adams, de John Hancock et de Fisher-Ames. L'Union entretient une petite garnison dans le fort de Castle-Island, la seule forteresse de l'état.

Longtemps avant les explorations de Cabotto et de François Drake, les côtes du Massachusetts ont dû avoir été visitées par les Basques. Ce pays était occupé alors par une tribu des Abénakis, les Massachusettis, d'après lesquels les premiers colons, qui en 1621 abordèrent au cap Codd, donnèrent à tout le pays le nom de Massachusetts-Bay. Quoique peuplée plus tard que la Virginie, cette province s'accrut plus rapidement que celle-là, et déjà en 1643 elle forma, avec Plymouth, Connecticut et Newhaven, une province qui reçut le nom de Nouvelle-Angleterre. Sa première charte date de 1684. En 1687 elle en obtint une autre, par laquelle Plymouth, le Nouveau-Brunswic, la Nouvelle-Écosse et le Maine furent réunis au Massachusetts. Les trois premières de ces provinces se séparèrent plus tard de cette union, et en 1820 le Maine se constitua également en état indépendant. Le Massachusetts est un des états qui ont le plus contribué à l'indépendance des États-Unis et un des 13 états qui, en 1783, ont signé le traité de Versailles.

MASSACRE, île à l'entrée de la baie de Pascagoula, côte S. de l'état d'Alabama, dont elle fait partie.

MASSACRE, fleuve. *Voyez* DAJABON.

MASSACRE (pointe du). *Voyez* MARIE-GALANTE.

MASSA-DI-MAREMNA, pet. v. épiscopale du grand-duché de Florence, compartimento de Siena; située sur une colline baignée par l'Aronna et presque déserte pendant tout l'été. Dans les environs on trouve en abondance toutes sortes de minéraux, surtout en alun; on y voit aussi plusieurs sources minérales; 2000 hab.

MASSA-DI-PISCAGLIA, gros vg. de Lombardie, gouv. de Venise, délégation de Rovigo, chef-lieu d'un district; 2600 hab.

MASSA-FISCAGLIA, b. de l'état de l'Église, légation de Ferrara.

MASSAFRA, v. du roy. de Naples, prov. d'Otrante; bâtie sur une colline; 7000 hab.

MASSAGÈTES, g. a., peuple de la Scythie, en-deçà de l'Imaïs, au N.-E. de Segdiano.

MASSAGUEL, vg. de Fr., Tarn, arr. de Castres, cant. de Dourgne, poste de Sorèze; 530 hab.

MASSAIS, vg. de Fr., Deux-Sèvres, arr. de Bressuire, cant. et poste d'Argenton-Château; 610 hab.

MASSAKHIT, simple ham. sur le plateau de Barca, rég. de Tripoli; Pacho le regarde comme identique avec la fameuse ville pétrifiée, dont ont tant parlé Yakouti, Lemaire et d'autres auteurs, induits probablement en erreur par le grand nombre de grottes sépulcrales situées dans ses environs.

MASSA-LOMBARDA, gros b. de l'état de l'Église, légation de Ferrare; 4000 hab.

MASSALS, vg. de Fr., Tarn, arr. d'Albi, cant. et poste d'Alban; 250 hab.

MASSA-LUBRENSE, v. maritime du roy. et de la prov. de Naples, sur le cap Minerve, qui s'avance dans le golfe de Naples et sur lequel s'élevait autrefois un magnifique temple dédié à Minerve. Ses habitants, au nombre de 2600, s'occupent de la pêche et surtout de l'éducation de la race bovine. Ses environs sont renommés pour la grande quantité de cailles et d'autres oiseaux de passage qu'on y rencontre.

MASSANA ou **VASSANAH**, **OUASSENAH**, v. assez considérable, mais peu connue, de la Nigritie centrale, sur la rive gauche du Djoliba, au S.-E. de Tombouctou.

MASSANGANO ou **MASSINGANO** (mélange d'eau), pet. v. forte du roy. d'Angola, Basse-Guinée, au confluent du Coanza et du Lukula, à 30 l. E. de Mouchima. Elle appartient aux Portugais, qui y ont un gouverneur et une garnison.

MASSANGIS, vg. de Fr., Yonne, arr. d'Avallon, cant. de l'Isle-sur-le-Serein, poste de Lucy-le-Bois; 670 hab.

MASSANNES, vg. de Fr., Gard, arr. d'Alais, cant. et poste de Ledignan; 160 hab.

MASSAPA, v. dans l'intérieur de l'Afrique orientale, Monomotapa, sur la rive gauche de la Manzora, à 90 l. N.-O. de Sofala. Les Portugais y ont un petit établissement. Mines d'or.

MASSARANY. *Voyez* PARA (province).

MASSAT, v. de Fr., Arriège, arr., à 4 l. S.-E. et poste de St.-Girons, chef-lieu de canton; elle est située dans une belle vallée et possède un grand nombre de forges. On trouve dans les environs de riches mines de fer et des carrières de marbre; 9300 hab.

MASSAY, b. de Fr., Cher, arr. de Bourges, cant. et poste de Vierzon; 1850 hab.

MASSE, ham. de Fr., Côte-d'Or, com. de Corcelles-les-Arts; 120 hab.

MASSE (la), ham. de Fr., Lot, com. de Junies; 170 hab.

MASSE-DU-PARC (la), ham. de Fr., Seine-Inférieure, com. de Rouen; 150 hab.

MASSEGROS-SALLE, ham. de Fr., Lozère, com. d'Inos; 160 hab.

MASSEILLES, vg. de Fr., Gironde, arr. et poste de Bazas, cant. de Grignols; 310 h.

MASSELS, vg. de Fr., Lot-et-Garonne, arr. et poste de Villeneuve-sur-Lot, cant. de Penne; 310 hab.

MASSENNE, ham. de Fr., Côte-d'Or, com. de Pont; 120 hab.

MASSÉRAC, vg. de Fr., Loire-Inférieure, arr. de Châteaubriant, cant. de Gueméné, poste de Derval; 800 hab.

MASSERANO, pet. v. du Piémont, prov. de Vercelli; autrefois la capitale de la principauté de même nom; 3600 hab.

MASSERET, vg. de Fr., Corrèze, arr. de Tulle, cant. d'Uzerche, poste; 850 hab.

MASSERIES, ham. de Fr., Lot, com. de St.-Géry; 200 hab.

MASSEUBE, pet. v. de Fr., Gers, arr. et à 4 l. S.-E. de Mirande, poste d'Auch, chef-lieu de canton, sur la rive gauche du Gers; elle a quatre portes, des rues bien alignées, de jolies maisons et une place située au centre de la ville. On y fait commerce de gros draps, de couvertures de laine, de mules et de mulets. Il s'y tient le 7 novembre une foire très-fréquentée, particulièrement par des Espagnols. Masseube fut bâti au quinzième siècle, sur un terrain donné par les moines de la Case-Dieu et le comte d'Astarac; 2100 hab.

MASSEVAUX ou MASMUNSTER, *Masonis Monasterium*, pet. v. de Fr., Haut-Rhin, arr., à 5 l. et poste de Belfort, chef-lieu de canton, sur la Doller. L'industrie y a atteint un haut degré d'activité; les usines à fer, les filatures de coton, les fabr. de calicot, les tanneries, etc. y jouissent d'une grande activité. On y fabrique aussi du kirschwasser, dont il s'y fait un commerce assez important; 3360 hab., y compris ceux des hameaux de Huback et de Stecken, qui font partie de cette commune. Massevaux doit son origine à une abbaye de chanoinesses de l'ordre de saint Augustin, fondée au huitième siècle par Maso, fils d'Adelbert, duc d'Alsace.

MASSIA, g. a., v. du S.-E. de l'Hispanie tarraconnaise.

MASSIAC, pet. v. de Fr., Cantal, arr. et à 6 l. N.-N.-E. de St.-Flour, chef-lieu de canton et poste; 1880 hab.

MASSIAD ou MASSIATE, pet. v. fortifiée de la Syrie. Elle est située non loin du Kebier, sur une montagne de la chaîne du Liban et remarquable comme chef-lieu du pays des Ismaélites, tributaires des Turcs, mais régis par leurs propres lois et gouvernés par leurs anciens. Au moyen âge les Ismaélites, sous le nom d'Assassins, devenu célèbre, ont été un peuple de brigands puissant et redouté; ils ont aujourd'hui des mœurs paisibles et ont été en 1809 en partie détruits par les Ansariehs.

MASSIEU, ham. de Fr., Isère, com. de St.-Geoire; 510 hab.

MASSIEUX, vg. de Fr., Ain, arr., cant. et poste de Trévoux; 320 hab.

MASSIGES, vg. de Fr., Marne, arr. de Ste.-Ménéhoulde, cant. et poste de Ville-sur-Tourbe; 240 hab.

MASSIGNAC, vg. de Fr., Charente, arr. de Confolens, cant. de Montembœuf, poste de la Rochefoucauld; 1110 hab.

MASSIGNIEU-DE-BELMONT, vg. de Fr., Ain, com. de Belmont; 180 hab.

MASSIGNIEU-DE-RIVES, vg. de Fr., Ain, arr., cant. et poste de Belley; 580 hab.

MASSILLARGUES, vg. de Fr., Gard, arr. du Vigan, cant. de Sauve, poste d'Anduze; 370 hab.

MASSILLY, vg. de Fr., Saône-et-Loire, arr. de Mâcon, cant. et poste de Cluny; 490 hab.

MASSINA, roy. de la Nigritie centrale, sur la rive gauche du Djoliba, entre le Bambarra et le lac Dibbie; le roi actuel est le frère du foulah Sego-Ahmadou, roi du Bas-Bambarra. Massina, capitale et résidence du roi, sur le Djoliba.

MASSINGY, vg. de Fr., Côte-d'Or, arr., cant. et poste de Châtillon-sur-Seine; 390 h.

MASSINGY-LES-SÉMUR, vg. de Fr., Côte-d'Or, arr., cant. et poste de Sémur; 330 h.

MASSINGY-LES-VITTEAUX, vg. de Fr., Côte-d'Or, arr. de Sémur, cant. et poste de Vitteaux; 320 hab.

MASSOGNES, vg. de Fr., Vienne, arr. de Poitiers, cant. et poste de Mirebeau; 430 h.

MASSONNAY (les), ham. de Fr., Saône-et-Loire, com. de la Chapelle-de-Guinchay; 110 hab.

MASSOUAH ou MATZOUA, pet. v. dans la partie septentrionale de l'Abyssinie, sur un ilot de la mer Rouge, à l'opposite d'Arkiko; avec un assez bon port, où se fait le plus grand commerce maritime de l'Abyssinie; plusieurs banians ou marchands hindous y sont établis. Cette ville est régie par un aga dépendant du vice-roi d'Égypte; 2000 hab.

MASSOUL, ham. de Fr., Côte-d'Or, com. de Nesle; 120 hab.

MASSOULES, vg. de Fr., Lot-et-Garonne, arr. et cant. de Villeneuve-sur-Lot, poste de Penne; 390 hab.

MASSUEGAS, vg. de Fr., Gironde, arr. de la Réole, cant. de Pellegrue, poste de Monségur; 720 hab.

MASSUGUIÉS, vg. de Fr., Tarn, arr. de Castres, cant. et poste de Vabre; 1460 hab.

MASSUES (les), ham. de Fr., Rhône, com. de Tassin; 130 hab.

MASSURT, ham. de Fr., Lot-et-Garonne, com. de Marmande; 100 hab.

MASSY, vg. de Fr., Saône-et-Loire, arr. de Mâcon, cant. et poste de Cluny; 160 hab.

MASSY, vg. de Fr., Seine-et-Oise, arr. de Corbeil, cant. de Longjumeau, poste d'Antony; carrières de pierres; fabr. de tuiles; 1111 hab.

MASSY, vg. de Fr., Seine-Inférieure, arr., cant. et poste de Neufchâtel-en-Bray; 490 h.

MASTAING, vg. de Fr., Nord, arr. de Valenciennes, cant. et poste de Bouchain ; 650 hab.

MASTAURU, g. a., v. de la Lydie, peu loin du Méandre.

MASTEULAT, ham. de Fr., Lot, com. de Dégagnac; 100 hab.

MASTHALA, g. a., v. de l'Arabie Heureuse, sur le golfe Persique.

MASTRE (la), b. de Fr., Ardèche, arr. et à 7 1/2 l. O.-S.-O. de Tournon, chef-lieu de canton et poste; châtaignes d'excellente qualité; fabr. de draps grossiers et de burats; toiles de chanvre; filat. de soie; 2260 hab.

MASTRICHT ou **MAASTRICHT**, **MAESTRICHT**, v. fortifiée du roy. de Hollande; est située dans le duché de Limbourg, dont elle est encore le chef-lieu; mais comme cette forteresse importante n'a pas été constituée, avec le duché, membre de la confédération germanique, il est probable que les autorités du duché résideront désormais à Ruremonde. Mastricht est situé sur la Meuse, qui y reçoit la Jaar et le divise en deux parties mises en communication par un beau pont en pierres. Le quartier de la rive droite est appelé Wyk. La ville est régulièrement bâtie et possède plusieurs édifices remarquables et quelques établissements littéraires, parmi lesquels nous citerons la bibliothèque publique et l'athénée royal; ses tanneries sont renommées et l'on y trouve des distilleries d'eau-de-vie, des fabriques de savon, de flanelle, de tabac, etc. Mastricht contient 3000 maisons et environ 22,000 habitants. Ses fortifications sont étendues et formidables; au-dessous de la citadelle sise sur le mont St.-Pierre, se trouvent des carrières très-remarquables, dont les galeries, dit-on, ont 6 l. de profondeur sur deux de largeur, et où plusieurs fois, pendant les siéges de Mastricht, la population trouva un refuge. Les ossements fossiles qu'on y découvre ajoutent à l'intérêt qu'offrent ces anciennes excavations.

MASTYN-MILESIORUM, g. a., v. de Paphlagonie.

MASWANSHICUT. *Voyez* RHODE-ISLAND.

MAT, b. de la Turquie d'Europe, eyalet de Rumili, sandschak d'Ochri, sur la rivière de même nom.

MATA (fort de la), pet. fort d'Espagne, roy. de Valence, dist. d'Oribuela, sur une baie du cap Cevera. Près de là se trouvent les fameuses salines de même nom : l'eau saline sort de terre dans un bassin de 1 1/2 l. de tour, et le sel y est cristallisé par le soleil.

MATA (punta de), promontoire au N.-E. de l'île de Cuba, à 10 l. N.-O. de la pointe Mayzi.

MATAFELON, vg. de Fr., Ain, arr. et poste de Nantua, cant. d'Izemore; 720 hab.

MATAGALPA, gros b. des États-Unis de l'Amérique centrale, état de Nicaragua, chef-lieu de district; 3500 hab.

MATAMBA, pet. v. dans l'intérieur de la Basse-Guinée, capitale du roy. de Ginga, à 180 l. E.-N.-E. de Loanda; 1500 hab.

MATAN. *Voyez* SUCCADANA.

MATANZAS (San-Carlos-de-), v. de l'île de Cuba, dép. Occidental, sur la baie du même nom, à 20 l. E. de la Havanne; elle a un bon port et est la seconde place commerçante de l'île. Dans ses environs on trouve les remarquables grottes de Yumuri, remplies de stalactites; 15,000 hab.

MATAPAN (cap de), la pointe la plus méridionale de l'Europe; termine la presqu'île de la Morée.

MATAPAS, pet. v. des États-Unis de l'Amérique centrale, état de San-Salvador, dist. de Santa-Anna; mines de fer; commerce d'indigo, sucre, farine; 4600 hab.

MATARAM ou **MATAREN**. L'empire de ce nom, dans l'île de Java, fut fondé au quinzième siècle, par suite de l'introduction de l'islamisme dans l'île et de l'anéantissement du grand état de Madjapahit. Le sultan de Mataram sut bientôt établir sa prépondérance, et en 1610 il commandait à toute la partie orientale de Java et à l'île de Madura. Au dix-huitième siècle les Hollandais, après avoir conquis les autres états de Java et affaibli Mataram, partagèrent cet empire entre les sultans de Souracarta et de Djocjocarta, les seuls princes indigènes actuellement régnants; ils descendent des anciens empereurs de Mataram.

MATARAN, pet. v. de la Malaisie, dans l'île de Lombock; située sur le détroit de ce nom; résidence du sultan de Lombock.

MATARO, v. d'Espagne avec un petit port, principauté de Catalogne, chef-lieu du district de même nom, à 6 l. N.-E. de Barcelone. Elle se divise en ville ancienne et en nouvelle. La première, située sur une colline, a des murailles et des portes; l'autre, beaucoup plus grande, s'étend à ses pieds, le long de la mer; n'existant que depuis 1770, elle a des rues larges et régulières, ornées de belles maisons. Mataro n'a qu'une seule église paroissiale, 5 couvents, un hôpital et une maison de refuge. Elle possède une école nautique, des fabriques d'étoffes de soie et de coton, de toiles, de bas de soie, de rubans, de toiles à voiles, de chapeaux, de sel de saturne; des tanneries et des savonneries. Dans ses environs, qui sont charmants, on trouve des antiquités romaines; 26,000 hab.

MATARYEH, pet. vg. de la Basse-Égypte, prov. et à 2 l. E.-S.-E. de Kelyoub, sur un canal qui aboutit à la rive droite de la branche orientale du Nil, dite aussi de Damiette; remarquable par plusieurs restes d'édifices appartenant à l'ancienne On ou Hon, nommée plus tard Héliopolis par les Grecs, à cause de son magnifique temple dédié au soleil. C'était une des plus grandes villes de l'ancienne Égypte, célèbre par la beauté de ses temples et par son collége où les prêtres enseignaient les hautes sciences et spécialement la philosophie et l'astronomie ; ce fut à leur école qu'Hérodote, Platon et Eudoxe s'instruisirent dans les sciences et les mystères des Égyptiens. C'est dans le temple du soleil que Putiphar, père d'Aseneth, épouse de Joseph, était prêtre; c'est dans cette ville que, selon Diodore, le grand Sésostris éleva deux obélisques de 120 coudées ou pieds de haut, sur 8 de large à la base. C'est encore ici que la tradition populaire place le puits, le jardin et le sycomore trouvés par Joseph et Marie dans leur fuite de la Judée, auprès desquels ils se reposèrent et se désaltérèrent. Déjà du temps de Strabon cette grande ville était presque déserte, et une foule d'objets précieux, enlevés à ses magnifiques monuments par Auguste et Constantin, servirent à embellir Rome et Constantinople. Les ruines du fameux temple du soleil, les débris des sphinx mentionnés par Strabon et le superbe obélisque d'un seul bloc de granit, de 68 pieds de haut sur 6 1/2 à sa base, sont tout ce qui reste de cette cité célèbre. Sur l'obélisque on voit sculptée une croix, qui a été le sujet de très-grandes disputes parmi les auteurs chrétiens; mais cette figure est un signe qu'on rencontre sur plusieurs autres monuments. De nos jours les environs de ce village sont devenus célèbres par la victoire décisive que 8000 Français, commandés par Kléber, y remportèrent, en 1800, sur 60,000 Turcs, commandés par le grand-visir.

MATAVAE ou MATAVAI. *Voyez* TAHITI.

MATAY, ham. de Fr., Haute-Garonne, com. de Fougaron; 100 hab.

MATCHA, v. du Turkestan, un des chefs-lieux du pays de Ghaltêha ou Karateghin.

MATCHAN ou MANKIAN, MAKIAN, une des îles du groupe des Moluques; est située au S. de Motyr et à l'O. de Gilolo, sous 125° 4′ long. orient. et 0° 20′ lat. S. Elle est petite, mais boisée et fertile; ses habitants professent l'islamisme et sont gouvernés par un sultan, vassal des Hollandais. Tous les girofliers de l'île ont été détruits. La capitale, résidence du sultan, s'appelle également Matchan. Pulo-Kayo et Benschan sont deux îlots situés au S. de l'île.

MATCHERRY ou MACHERRY, MEWAT, principauté de l'Inde, prov. d'Agra; a 140 l. c. géogr. de superficie. C'est un pays élevé et montueux, mais fertile, arrosé par le Laswaret, le Sabec, le Kansoutee, etc. Les habitants sont les Macheties, tribu hindoue très-féroce, connue dans l'Indoustan pour son amour du pillage. Le radjah est un prince radjepoute, aujourd'hui vassal des Anglais; il entretient 2000 hommes d'infanterie, 1500 cavaliers et possède une vingtaine de canons; ses revenus se montent à 6 lacs roupie ou 1,500,000 francs. Le chef-lieu de la principauté est Alwar; les autres endroits importants sont : Matcherry et Tedjanah.

MATCHERRY, v. de l'Inde, principauté de même nom; fut autrefois une ville assez considérable; elle tombe maintenant en ruines et est presque abandonnée.

MATCHETIES. *Voyez* MATCHERRY.

MATELGÆ, g. a., v. des Garamantes, dans l'Afrique centrale.

MATELICA, pet. v. forte de l'état de l'Église, délégation de Macerata, au pied de l'Apennin et sur le fleuve San-Angelo; 2000 hab.

MATELLES (les), vg. de Fr., Hérault, arr. et à 4 l. N.-N.-O. de Montpellier, chef-lieu de canton et poste; 370 hab.

MATEMALE, vg. de Fr., Pyrénées-Orientales, arr. de Prades, cant. et poste de Mont-Louis; 510 hab.

MATEO (San-), b. de la rép. de Vénézuela, dép. du même nom, prov. de Caracas; 3000 hab.

MATERA, assez jolie v. du roy. de Naples, prov. de la Basilicata; siége d'un archevêque et située sur la route de Tarente.

MATERA, v. archiépiscopale du roy. de Naples, prov. de la Basilicata; a un collége et 11,000 hab.

MATHA, b. de Fr., Charente-Inférieure, arr. et à 6 l. E.-S.-E. de St.-Jean-d'Angely, chef-lieu de canton et poste; 1930 hab.

MATHAUX, vg. de Fr., Aube, arr. de Bar-sur-Aube, cant. et poste de Brienne; fabr. de poterie et de tuiles; 550 hab.

MATHAY, vg. de Fr., Doubs, arr. et poste de Montbéliard, cant. de Pont-de-Roide; 700 hab.

MATHEFLON, ham. de Fr., Maine-et-Loire, com. de Seiches; 400 hab.

MATHENAY, vg. de Fr., Jura, arr. de Poligny, cant. et poste d'Arbois; 260 hab.

MATHEO, v. de l'île de Manille, alcade de Tondo; avec 4000 habitants. Dans son voisinage se trouve une caverne très-remarquable.

MATHEO (Santo-), pet. v. d'Espagne, roy. de Valence, dist. de Penniscola; tisseranderie; éducation et commerce de porcs; 2750 hab.

MATHES (les), vg. de Fr., Charente-Inférieure, arr. de Marennes, cant. et poste de la Tremblade; 620 hab.

MATHEWS, attoles du groupe de Scarborough, de l'archipel de Gilbert, Polynésie ou Océanie orientale, sous 1° 50′ lat. N. et 170° 29′ long. orient.

MATHIANNIÈRE, ham. de Fr., Isère, com. de Bizonnes; 100 hab.

MATHIEU, vg. de Fr., Calvados, arr. de Caen, cant. de Douvres, poste de la Délivrande; 830 hab.

MATHIEU (Saint-), ham. de Fr., Finistère, com. de Plougonvelin; 100 hab.

MATHIEU (Saint-), vg. de Fr., Haute-Vienne, arr., à 3 l. S. et poste de Rochechouart, chef-lieu de canton; forges; 2200 h.

MATHIEU (Saint), pet. île peu fréquentée de l'Océan Atlantique, à 100 l. N.-E. de celle de l'Ascension; les Portugais, qui s'y étaient établis, l'ont abandonnée. Son existence a été révoquée en doute par beaucoup de géographes.

MATHIEU (Saint-) ou MATHIAS, île de l'archipel de la Nouvelle-Bretagne, Australie ou Océanie centrale, sous 1° 24' lat. S. Au centre s'élève un pic très-haut environné d'une chaîne de montagnes couvertes de forêts. Cette île paraît habitée.

MATHIEU-DE-TRÉVIERS (Saint-), vg. de Fr., Hérault, arr. de Montpellier, cant. et poste des Matelles; 370 hab.

MATHON, ham. de Fr., Ardennes, com. de Mathon-Clémency; 640 hab.

MATHON-CLÉMENCY, vg. de Fr., Ardennes, arr. de Sédan, cant. et poste de Carignan; forges; scierie de planches; 990 h.

MATHONS, vg. de Fr., Haute-Marne, arr. de Vassy, cant. et poste de Joinville; 290 hab.

MATHONVILLE, vg. de Fr., Seine-Inférieure, arr. de Neufchâtel-en-Bray, cant. et poste de St.-Saens; 220 hab.

MATHURA ou MATHRA, v. de l'Inde anglaise, présidence de Calcutta, prov. d'Agra, sur la rive occidentale de la Djamna; est défendue par un fort, dans lequel sont les ruines d'un ancien observatoire; c'est une des stations militaires des Anglais. Mathura est célèbre dans la mythologie hindoue comme lieu de naissance de Krischna; son temple vénéré, consacré à ce dieu, y attire beaucoup de pèlerins.

MATHURIN (Saint-), b. de Fr., Maine-et-Loire, arr. d'Angers, cant. des Ponts-de-Cé, poste; 2700 hab.

MATHURIN-DE-LÉOBAZEL (Saint-). *Voy.* LÉOBAZEL.

MATIAS (Bahia de San-) ou BAHIA-SIN-FONDO (baie sans fond), vaste enfoncement sur la côte N.-E. de la Patagonie. Elle s'étend entre la presqu'île de St.-Joseph et l'embouchure du Rio-Négro; son ouverture est de 30 l.; elle renferme le port de San-Antonio. Magellan la visita en 1520.

MATIENI, g. a., peuplade de la Cappadoce, sur la rive droite du Halys.

MATIFOU ou MONTEFOUSE, TEMENDFOUSE, cap sur la côte de la régence et à l'E. de la baie d'Alger; Charle-Quint s'y rembarqua en 1541, après avoir échoué devant Alger.

MATIGNICOURT, vg. de Fr., Marne, arr. et poste de Vitry-le-Français, cant. de Thiéblemont; 100 hab.

MATIGNON, pet. v. de Fr., Côtes-du-Nord, arr. et à 6 l. N.-O. de Dinan, chef-lieu de canton et poste; 1270 hab.

MATIGNY, vg. de Fr., Somme, arr. de Péronne, cant. et poste de Ham; 660 hab.

MATINUM, g. a., vg. de la Calabre, à l'E. de Callipolis.

MATINI, g. a., peuplade de l'Apulie, sur les frontières de la Lucanie.

MATIUM, *Matalia*, g. a., v. de l'île de Crète.

MATIVIE (la), ham. de Fr., Lot, com. de Comiac; 360 hab.

MATLACK, b. d'Angleterre, comté de Derby; remarquable par ses mines de plomb et par ses bains (58° Fahrenheit). Manufactures de coton; 3000 hab.

MATO. *Voyez* MADEIRA (Rio-da-).

MATOUA (île de), une des Kouriles russes; est située sous 48° 5' lat. N. et 150° 40' long. orient; rivages bas et couverts de rochers; volcan à l'intérieur; en 1778, 256 hab.

MATOUGUES, vg. de Fr., Marne, arr. de Châlons-sur-Marne, cant. d'Écurie-sur-Coole, poste de Jaalons; 420 hab.

MATOUR, b. de Fr., Saône-et-Loire, arr. et à 7 1/2 l. O. de Mâcon, chef-lieu de canton et poste; 2340 hab.

MATOURA, v. de l'Inde, dans l'île de Ceylan; est importante par les pierres précieuses que l'on trouve dans ses environs, par la chasse aux éléphants et par le voisinage du fameux temple bouddhique de Bellegam.

MATOUREU. *Voyez* BOUGAINVILLE.

MATRA, vg. de Fr., Corse, arr. et poste de Corte, cant. de Moita; 270 hab.

MATRAY (le), ham. de Fr., Puy-de-Dôme, com. de Montfermy; 110 hab.

MATRÉ (Saint-), vg. de Fr., Lot, arr. de Cahors, cant. et poste de Montcuq; 350 h.

MATRINGHEM, vg. de Fr., Pas-de-Calais, arr. de Montreuil-sur-Mer, cant. et poste de Fruges; 370 hab.

MATROJA, b. du duché de Lucques, sur la rive droite du Serchio. Ses habitants s'occupent de l'économie rurale et surtout de la culture des oliviers.

MATROY, ham. de Fr., Seine-et-Marne, com. de Chailly; 130 hab.

MATSMAI, gouv. de l'emp. du Japon, qui fait proprement partie de la prov. de Mouts, dans le Tokaï-do. Il comprend l'île de Iéso, dont la partie S.-O., où se trouvent les villes de Matsmaï et de Khakodade, forme le gouv. de Iéso, et le reste de l'île, l'Aïnou-Kouni ou pays des Aïnos, les Kouriles méridionales ou japonaises et l'extrémité méridionale de l'île de Tarrakaï. Nous renvoyons pour les détails aux articles spéciaux.

MATSMAI ou MATSMAYE, v. du Japon, chef-lieu du gouv. de même nom; est située sur une vaste baie de l'île de Iéso et fait un grand commerce, que facilite son excellent port, toujours rempli de bâtiments. M. Golovnin, qui y a été prisonnier, la dit grande, bien bâtie dans le style japonais et très-peuplée; il lui accorde plus de 50,000 h.

MATSOU-YAMA, v. du Japon, chef-lieu de la prov. d'Iyo; dans le Nankaido.

MATSOUYÉ, v. du Japon, chef-lieu de la prov. d'Idzoumo, dans le Sanindo.

MATS-SAKA, v. du Japon, prov. d'Ize, dans le Tokaï-do.

MATTADI, v. dans l'intérieur de la côte de Calabar, Haute-Guinée, à environ 90 l. E. de l'embouchure du bras le plus oriental du Djoliba dans le golfe de Guinée; elle paraît être la capitale de l'état puissant d'Oungoumo.

MATTAIMISKEET, lac considérable de la Caroline du Nord, États-Unis de l'Amérique du Nord; il communique par un canal avec la baie de Pamlico.

MATTAINCOURT, vg. de Fr., Vosges, arr., cant. et poste de Mirecourt; 1030 hab.

MATTANVILLIERS, vg. de Fr., Eure-et-Loir, arr. de Dreux, cant et poste de Brezolles; 70 hab.

MATTAPONY. *Voyez* YORK (fleuve).

MATTEO (Rio-de-San-), fl. de l'emp. du Brésil; prend naissance sous le nom de Cricaré au pied de la Sierra-Negra, à l'E. de la prov. de Minas-Géraès, et débouche dans l'Océan Atlantique à 15 l. N. de l'embouchure du Rio-Docé, après un cours de 90 l. Ses principaux affluents sont: le Cotaché et le Rio-de-Santa-Anna.

MATTEO (Villa-de-San-), pet. v. de l'emp. du Brésil, prov. d'Espiritu-Santo, comarque de Porto-Séguro, sur le Rio-de-San-Matteo; commerce de bois, de farine de manioc, d'oranges et de citrons; 3800 hab.

MATTERHORN (le), montagne de Suisse, cant. de Valais, dite aussi *Mont-Cervin;* s'élève à 20 milles au S. de Leuck; c'est la troisième montagne de l'Europe pour la hauteur; car elle n'est inférieure qu'au Mont-Blanc et au Mont-Rosa.

MATTERSDORF ou MATERSDORF, NAGY-MARTONY, b. de Hongrie, comitat d'OEdenbourg, sur la Vulka; fabr. de poterie et de draps; 4150 hab.

MATTEXEY, vg. de Fr., Meurthe, arr. de Lunéville, cant. et poste de Gerbéviller; 220 hab.

MATTHEWS, comté de l'état de Virginie, États-Unis de l'Amérique du Nord; fertile et arrosé par le North-River; plantations de sucre et de tabac; éducation du bétail; 11,000 hab.

MATTIACI, g. a., peuple de l'O. de la Germanie; habitait entre la Lahn et le Mein, depuis Mayence jusqu'à Coblence.

MATTIGSEE, lac de la Haute-Autriche, cer. de Salzbourg, sur les bords duquel se trouve Mattsee, bourg de 1000 hab.

MATTIO ou MATIA, île de l'archipel des Iles-Basses ou Paumotou, dans la Polynésie ou Océanie orientale, sous 15° 58′ lat. S. et 151° 11′ long. occ. C'est la même que l'île Aurora, à laquelle Turnbull donna, en 1803, le nom de Mattio. Elle est couverte de cocotiers et d'arbres à pain. Les habitants, peu nombreux, de cette île ressemblent aux Tahitiens; mais ils sont moins civilisés. A l'époque où Turnbull les vit, ils obéissaient à des chefs, vassaux du roi de Tahiti.

MATTO-GROSSO, prov. intérieure de l'emp. du Brésil, s'étend depuis l'Araguaya à l'E. jusqu'au Guaporé, le Jauru et le Paraguay à l'O. entre 53° et 67° 30′ long. O. et entre 8° et 23° lat. S. Son étendue du N. au S. est de 432 l. et celle de l'E. à l'O. de 380 l. Cette province est bornée au N. par la prov. de Para, à l'E. par celles de Goyaz et de San-Paolo, au S. par le dictatorat du Paraguay et à l'O. par la rép. de Bolivia. Cette immense province forme une des parties les moins connues, mais peut-être les plus riches de l'Amérique. D'immenses forêts couvrent la plus grande partie du sol; c'est d'elles que le pays a reçu le nom de *Matto-Grosso* (grande forêt). La longue série de montagnes qui traverse ce pays du S.-E. au N.-O. et qui envoie de nombreuses ramifications vers le N. et le S., y porte différents noms. C'est la Sierra Seiada au S.-E. Elle s'étend sous différents noms (Serra dos Pary, Serra dos Parycis, etc.) jusqu'aux environs de Villa-Bella ou Matto-Grosso, sous 12° lat. S. De là elle prend le nom de Cordilheira-Géral (chaîne générale), se dirige vers le N.-O. et s'aplatit près du confluent du Mamoré et du Guaporé. Les cours d'eau les plus considérables sont la Madeira, le Tapajoz, le Xingu, l'Araguaya et le Paraguay. Les productions de cette riche contrée offrent toute la beauté et toute la variété des productions des tropiques, mais elles restent inexploitées, à l'exception de l'or et des diamants, dont l'abondance attira les premiers colons dans ces contrées reculées. Le long du Guaporé on trouve quelques plantations de tabac et de coton; le riz y croît sans culture. Le sel est gagné sans peine dans les lacs et les marais aux environs et au S. de Cuyaba. L'agriculture est de peu d'importance, mais l'éducation du bétail se trouve favorisée par les beaux pâturages sur les pentes de la Sierra Géral. On n'exporte que des objets de très-grand prix, tels que diamants et métaux précieux, qu'on échange contre des produits manufacturés. Les principales places de commerce sont Cuyaba et Matto-Grosso. L'industrie, très-faible, ne porte que sur la fabrication d'étoffes de coton, la préparation du cuir, le raffinage du sucre, la distillation du rhum et d'autres boissons spiritueuses et l'affinage de l'or. Les habitants de cette province sont estimés à 120,000, la plupart Indiens. L'état occupe plusieurs forts sur le Guaporé. La prov. de Matto-Grosso est divisée en 7 comarques, dont 3 au N.: Juruenna, Airnos et Tapiraquia, et 4 au S.: Matto-Grosso, Cuyaba, Bororonia et Camapuania.

L'immense territoire de cette province est resté inconnu aux Européens jusque dans la dernière moitié du seizième siècle, où quelques habitants de San-Paolo, poussés par un esprit aventurier et par la soif de l'or, passèrent le Paraguay et l'Araguaya et s'enfoncèrent dans les gorges de la Sierra Seiada et de la Sierra dos-Paricys. Leurs explorations furent couronnées d'un plein succès et ils retournèrent à San-Paolo chargés d'immenses richesses. Leurs successeurs furent moins heureux. Les fatigues, la faim et les sauvages de l'intérieur firent périr la plus grande partie des bandes d'aventuriers (bandeiras), sous Cabral et Soutil, jusqu'à ce qu'on eût établi une nouvelle route par la prov. de Goyaz et qu'on eût ouvert la navigation du Rio-Madeira (1736-1742), du Rio-Arinos et du Topajoz (1746). Dès cette époque la colonie s'accrut rapidement; elle forma une dépendance du gouv. de Goyaz jusqu'en 1751, où elle fut constituée en province indépendante, sous Don Antonio-Rolin-de-Moura, son premier gouverneur. En 1768, les Payagoas, alliés d'abord aux Guaycurus, se retirèrent dans les environs d'Assuncion et se soumirent aux Espagnols, et en 1791 les Guaycurus firent la paix avec les Portugais et reconnurent la souveraineté de ce peuple.

MATTO-GROSSO (Cidade de), autrefois **VILLA-BELLA**, capitale de la province de même nom, sur le Guaporé; elle est très-importante par l'or qu'on recueille sur son territoire; 6000 habitants, d'après Schæffer 25,000.

MATTSTALL, vg. de Fr., Bas-Rhin, arr. de Wissembourg, cant. de Wœrth-sur-Sauer, poste de Soultz-sous-Forêts; 270 h.

MATUMBA, v. de l'Afrique transéquatoriale, dans l'intérieur de la côte et à 80 l. N.-O. de la ville de Mozambique.

MATURA (Rio-). *Voyez* **VERMÉJO** (Rio-).

MATURIN, dép. maritime de la rép. de Vénézuela, dont il forme l'extrémité N.-E. Il reçut son nom, conformément au décret du 18 avril 1826, du petit bourg de Maturin, qui s'est rendu remarquable dans la guerre de l'indépendance. Ce département est borné au N. par la mer des Antilles, à l'E. par l'Océan Atlantique, au S. par le dép. de l'Orénoque, dont le sépare le fleuve du même nom, et à l'O. par le dép. de Vénézuela. Il s'étend de 10° 45′ (cabo de Tres-Puntas) à 7° 50′ lat. N. et de 62° 43′ à 68° 24′ long. O. Son étendue de l'O. à l'E. est de 135 l. et celle du S. au N. de 65 l., et sa population de 140,000 habitants. Trois chaînes de montagnes, continuation du chaînon oriental des Andes de la Colombie, traversent parallèlement de l'O. à l'E. le N. de ce département. Les promontoires les plus remarquables sont : la punta Araya, le cap des Trois-Pointes et la punta de Paria, la punta Barima et le cap Malapasqua. Les cours d'eau les plus considérables sont : l'Orénoque, l'Unare, le Néveri et le Guarapiche, qui coulent vers le N. et débouchent dans la mer des Antilles. Deux lacs d'une étendue considérable se trouvent au S. du département, ce sont : le lac Iméruca et le lac de Térésen. Le sol, le long des côtes et des fleuves, est d'une extrême fertilité et produit du cacao, du coton, du tabac, du sucre, des plantes médicinales, des patates, du bois précieux, etc.

Le climat, humide et excessivement chaud, est malsain à l'E., mais très-salubre dans l'île de Margarita. La principale branche de l'industrie est la fabrication des hamacs. Le commerce est assez important; on exporte le bétail, la viande salée, le tabac, les peaux, les poissons, le sel, l'indigo et le coton. On importe du fer, des outils, de la quincaillerie et d'autres produits des manufactures de l'Europe et de l'Amérique du Nord. Ce département est divisé en trois provinces : Cumana, Barcelona et Margarita, qui comprend l'île de ce nom. Sous le rapport judiciaire ce département est du ressort de la cour supérieure de Caracas et sous le rapport ecclésiastique il dépend de l'évêque d'Angostura. Les établissements d'instruction s'affranchissent de plus en plus du joug ecclésiastique. Le dép. de Maturin formait avant la révolution de 1819 un gouvernement de la capitainerie-générale de Caracas.

MATZ (Haut et Bas-), ham. de Fr., Oise, com. de Riquebourg; 170 hab.

MATZDORF, très-pet. v. de Hongrie, cer. en-deçà de la Theiss, comitat de Zips, sur le Poprad; distilleries, vinaigreries, brasseries; commerce; 1200 hab.

MATZENHEIM, vg. de Fr., Bas-Rhin, arr. de Schléstadt, cant. et poste de Benfelden; 760 hab.

MAUBEC, vg. de Fr., Isère, arr. de Vienne, cant. de la Verpillière, poste de Bourgoin; 750 hab.

MAUBEC, vg. de Fr., Basses-Pyrénées, arr. de Pau, cant. de Montaner, poste de Vic-en-Bigorre; 70 hab.

MAUBEC, vg. de Fr., Tarn-et-Garonne, arr. de Castel-Sarrazin, cant. et poste de Beaumont-de-Lomagne; 610 hab.

MAUBEC, vg. de Fr., Vaucluse, arr. d'Avignon, cant. et poste de Cavaillon; 580 hab.

MAUBERT (le), ham. de Fr., Haute-Vienne, com. de Blanzac; 110 hab.

MAUBERT-FONTAINE, pet. v. de Fr., Ardennes, arr. et cant. de Rocroi, poste; 1590 hab.

MAUBEUGES, *Malobodium*, v. forte de Fr., Nord, arr., à 4 l. N. d'Avesnes et à 62 l. de Paris, chef-lieu de canton et poste, sur la rive gauche de la Sambre; elle est bien bâtie et possède un collége communal; fabr. de clouterie, quincaillerie, broches et cylindres pour filatures, huiles, savon, raffinerie de sel, blanchisseries de toiles; tannerie; chamoiserie; forges; on y fait commerce en vins, eaux-de-vie, fer, houille, ardoises et marbre que l'on exploite dans les environs; 6380 hab.

Maubeuge avait été entièrement détruit par Louis XI. Relevée de ses ruines, cette ville fut prise, deux siècles après, par Louis XIV et cédée à la France en 1678.

MAUBOURGUET, v. de Fr., Hautes-Pyrénées, arr. et à 6 l. N. de Tarbes, chef-lieu de canton et poste; on y remarque son église de style moitié gothique et moitié oriental, bâtie par les templiers; 2200 hab.

MAUBRANCHE, ham. de Fr., Cher, com. de Moulin-sur-Yèvre; 100 hab.

MAUBU, ham. de Fr., Haute-Garonne, com. de Toulouse; 200 hab.

MAU-CARRIÈRE (la), ham. de Fr., Deux-Sèvres, com. de Tessonnière; 130 hab.

MAUCHAMP, vg. de Fr., Seine-et-Oise, arr. et cant. d'Étampes, poste d'Étréchy; 130 hab.

MAUCO (Haut-), vg. de Fr., Landes, arr., cant. et poste de Mont-de-Marsan; 480 hab.

MAUCO (Bas-), vg. de Fr., Landes, arr., cant. et poste de St.-Sever; 250 hab.

MAUCOMBLE, vg. de Fr., Seine-Inférieure, arr. de Neufchâtel-en-Bray, cant. et poste de St.-Sæns; verrerie; 530 hab.

MAUCOR, vg. de Fr., Basses-Pyrénées, arr. de Pau, cant. de Morlaas; 230 hab.

MAUCOURT, vg. de Fr., Meuse, arr. de Verdun, cant. et poste d'Étain; 290 hab.

MAUCOURT, vg. de Fr., Meuse, com. de Beaufort; forges; haut-fourneau; 300 hab.

MAUCOURT, vg. de Fr., Oise, arr. de Compiègne, cant. et poste de Guiscard; 200 hab.

MAUCOURT, vg. de Fr., Somme, arr. de Montdidier, cant. de Rosières, poste de Lihons-en-Santerre; 500 hab.

MAUDÉTOUR, vg. de Fr., Seine-et-Oise, arr. de Mantes, cant. et poste de Magny; 260 hab.

MAUDAN (Saint-), vg. de Fr., Côtes-du-Nord, arr., cant. et poste de Loudéac; 400 hab.

MAUDÉ (Saint-), ham. de Fr., Morbihan, com. de la Croix-Helléan; 100 hab.

MAUDEZ (Saint-), vg. de Fr., Côtes-du-Nord, arr. et poste de Dinan, cant. de Plélan; 350 hab.

MAUER, vg. de la Basse-Autriche, cer. inférieur du Wienerwald; fabrication de produits chimiques; culture de la garance et de la vigne; 1500 hab.

MAUFFANS, ham. de Fr., Jura, com. de Mantry; 230 hab.

MAUGAN (Saint-), vg. de Fr., Ille-et-Vilaine, arr. et poste de Montfort-sur-Meu, cant. de St.-Méen; 460 hab.

MAUGUILLE (Saint-), ham. de Fr., Somme, com. de St.-Riquier; 100 hab.

MAUGUIO, b. de Fr., Hérault, arr., à 2 1/2 l. E.-N.-E. et poste de Montpellier, chef-lieu de canton; 2000 hab.

MAUGUIO (canal de). *Voyez* ÉTANGS (canaux des).

MAUJEC. *Voyez* MANDJI.

MAULAIS, vg. de Fr., Deux-Sèvres, arr. de Bressuire, cant. et poste de Thouars; 340 hab.

MAULAIX, vg. de Fr., Nièvre, arr. de Nevers, cant. et poste de Fours; 180 hab.

MAULAN, vg. de Fr., Meuse, arr. de Bar-le-Duc, cant. et poste de Ligny; 170 h.

MAULAY, vg. de Fr., Vienne, arr., cant. et poste de Loudun; 400 hab.

MAULBRONN, vg. parois. du Wurtemberg, cer. du Necker, chef-lieu du grand-bailliage de même nom; riche en blé, vins, pâturages et bois. Le village doit son origine à un couvent fondé en 1138 et servant aujourd'hui de séminaire protestant. Pop. du village 380 hab., du grand-bailliage 23,000, sur 4 1/5 milles c.

MAULDE, vg. de Fr., Nord, arr. de Valenciennes, cant. et poste de St.-Amand-les-Eaux; 1250 hab.

MAULÉ ou **MAULE-SUR-MANDRE**, vg. de Fr., Seine-et-Oise, arr. de Versailles, cant. de Meulan; commerce de grains, avoines, volailles; 1300 hab.

MAULE, un des fleuves les plus considérables de la rép. du Chili; il descend des Andes, traverse du S.-E. au N.-O. la province à laquelle il donne son nom et entre dans l'Océan Pacifique, sous 34° 50′ lat. S. Ses principaux affluents sont le Claro et le Longomilla.

MAULE, prov. de la rép. du Chili; est bornée au N. par la prov. de Colchagua, dont elle est séparée en partie par le Maule, à l'E. par les Andes, qui la séparent de la rép. Argentine, au S. par la prov. de Concepcion, dont la sépare le Rio-Itata avec son affluent le Nuble, et à l'O. par l'Océan Pacifique. Sa superficie est d'environ 190 l. c. géogr. avec 102,000 hab. Le sol, qui s'élève par ondulations vers la crête des Cordillères à l'E., est fertilisé par un grand nombre de cours d'eau, dont les principaux sont : le Maulé avec le Longomilla et l'Itata avec le Nuble, le Chillan et le Gallipayo. L'éducation des moutons y est d'une grande importance et fournit un des principaux articles du commerce de la province. Les autres productions sont le blé et le vin (vin d'Itata). Ce pays a beaucoup souffert pendant la guerre de l'indépendance.

MAULÉON, *Malleo*, très-pet. v. de Fr., Basses-Pyrénées, chef-lieu d'arrondissement, à 18 l. O.-S.-O. de Pau et à 214 l. de Paris; conservation des hypothèques et direction des contributions indirectes; elle est située sur le gave de Mauléon. Quoique siége d'une sous-préfecture, cette ville est sans importance; 1270 hab.

MAULÉON-BAROUSSE, vg. de Fr., Hautes-Pyrénées, arr. et à 9 1/2 l. E.-S.-E. de Bagnères-en-Bigorre, chef-lieu de canton, poste de Montrejeau; 870 hab.

MAULERS, vg. de Fr., Oise, arr. de Clermont, cant. et poste de Crèvecœur; 460 h.

MAULESFIELD, v. d'Angleterre, comté de Chester; florissante par ses fabr. de laiton, ses forges et surtout par ses nombreuses manufactures de soie; 23,000 hab.

MAULETTE, vg. de Fr., Seine-et-Oise, arr. de Mantes, cant. et poste d'Houdan; 270 hab.

MAULÉVRIER, vg. de Fr., Maine-et-Loire, arr. de Beaupréau, cant. et poste de Cholet; 2100 hab.

MAULÉVRIER, vg. de Fr., Seine-Inférieure, arr. d'Yvetot, cant. et poste de Caudebec; 930 hab.

MAULEVRIER, pet. v. de Fr., Maine-et-Loire, arr., à 8 l. S.-S.-E. de Beaupréau, cant. et poste de Cholet; 2100 hab.

Cette petite ville fut fondée au onzième siècle par le comte d'Anjou, Foulques de Néra, qui en fit une seigneurie pour un de ses chevaliers. Elle avait un château fort qui a été démoli pendant la révolution. C'est dans cette ville que le fameux Stofflet, alors garde-chasse du seigneur de Maulevrier, leva pour la première fois l'étendard de la révolte, le 11 mars 1793.

MAULICHÈRES, vg. de Fr., Gers, arr. de Mirande, cant. et poste de Riscle; 190 hab.

MAULIN, vg. de Fr., Haute-Marne, arr. de Langres, cant. et poste de Montigny-le-Roi; 290 hab.

MAULLIN, b. fortifié avec un port, au S. de la rép. du Chili, prov. de Valdivia, sur un bras de mer, à l'embouchure du Rio-Maullin. Cet endroit, autrefois plus important qu'il ne l'est aujourd'hui, formait la dernière place fortifiée que les Espagnols possédaient sur le continent de l'Amérique méridionale.

MAULNE, ham. de Fr., Yonne, com. de Crucy-le-Châtel; commerce de truffes; deux verreries à verre blanc.

MAULVIS (Saint-), vg. de Fr., Somme, arr. d'Amiens, cant. et poste d'Oisemont; 790 hab.

MAUMÉE ou **MIAMI**, fl. des États-Unis de l'Amérique du Nord; il se forme dans l'état d'Indiana de deux branches, le St.-Joseph et le St.-Marys, et se jette dans la baie de Maumée, après un cours de 45 l. Son principal affluent est la rivière Au-Glaize.

MAUMUSSON, vg. de Fr., Loire-Inférieure, arr. et poste d'Ancenis, cant. de St.-Mars-la-Jaille; 1130 hab.

MAUMUSSON, ham. de Fr., Basses-Pyrénées, com. de Balirac; 210 hab.

MAUMUSSON, vg. de Fr., Tarn-et-Garonne, arr. de Castel-Sarrasin, cant. et poste de Lavit; 250 hab.

MAUMUSSON-LAGUIAN, vg. de Fr., Gers, arr. de Mirande, cant. de Plaisance, poste de Riscle; 400 hab.

MAUNY, vg. de Fr., Seine-Inférieure, arr. de Rouen, cant. de Duclair, poste de Grand-Couronne; 220 hab.

MAUNY, ham. de Fr., Yonne, com. de St.-Maurice-aux-Riches-Hommes; 600 hab.

MAUPAS, vg. de Fr., Aube, arr. et poste de Troyes, cant. de Bouilly; 160 hab.

MAUPAS, ham. de Fr., Côte-d'Or, com. de Sussey; 130 hab.

MAUPAS, vg. de Fr., Gers, arr. de Condom, cant. et poste de Cazaubon; 420 hab.

MAUPAS (le Grand et le Petit-), ham. de Fr., Oise, com. de Carlepont; 320 hab.

MAUPERÉ, ham. de Fr., Haute-Garonne, com. de St.-Marcet; 200 hab.

MAUPERTUIS, vg. de Fr., Manche, arr. de St.-Lô, cant. de Percy, poste de Villebaudon; 480 hab.

MAUPERTUIS, ham. de Fr., Nièvre, com. de Biches; 130 hab.

MAUPERTUIS, vg. de Fr., Seine-et-Marne, arr., cant. et poste de Coulommiers; 410 h.

MAUPERTUS, vg. de Fr., Manche, arr. de Cherbourg, cant. et poste de St.-Pierre-Église; 380 hab.

MAUPITI ou **MAURUA**, île de l'archipel de Tahiti ou de la Société, Polynésie ou Océanie orientale, sous 16° 25′ lat. S. et 155° long. occ.; elle est remarquable par un pic que l'on aperçoit à une distance de 12 l. Elle est habitée, et à l'O. se trouve un petit port assez commode pour de petits navires.

MAUPREVOIR, vg. de Fr., Vienne, arr. et poste de Civray, cant. d'Availles; 1150 h.

MAUQUENCHY, vg. de Fr., Seine-Inférieure, arr. de Neufchâtel-en-Bray, cant. et poste de Forges; 490 hab.

MAUR (canal de Saint-), Fr., Seine; livré à la navigation le 10 octobre 1825. Une lieue au-dessus de son embouchure dans la Seine, la Marne, repoussée par la côte de St.-Maur, fait un détour de 3 l. pour revenir, après avoir formé une presqu'île, dans sa première direction, à 1/4 l. du point où elle l'avait quittée. Pour couper ce circuit et éviter une navigation dangereuse sur ce cours tortueux, on a établi le canal qui alimente en même temps un grand nombre d'usines.

Il prend son origine dans la Marne, 1/2 l. au-dessus de St.-Maur, par une tête d'écluse qui le garantit des crues de la rivière; traverse la côte par un souterrain de 600 mètres de longueur sur 9 mètres de largeur; forme à sa sortie un bassin de 550 sur 37 mètres, pouvant contenir 150 grands bateaux et rejoint la rivière près du moulin de Corbeaux, par une écluse de 37 mètres sur 80, dont les portes des têtes ont 7 mètres 80 centimètres. La pente du canal est de 4 mètres. Son exécution a coûté environ 3 millions.

MAUR (Saint-), vg. de Fr., Cher, arr. de St.-Amand-Mont-Rond, cant. et poste de Châteaumeillant; 540 hab.

MAUR (Saint-), vg. de Fr., Eure-et-Loir, arr. de Châteaudun, cant. et poste de Bonneval; 510 hab.

MAUR (Saint-), vg. de Fr., Indre, arr., cant. et poste de Châteauroux; 1250 hab.

MAUR (Saint-), vg. de Fr., Jura, arr. et cant. de Conliége, poste de Lons-le-Saulnier; 330 hab.

MAUR (Saint-), vg. de Fr., Maine-et-Loire, arr. de Saumur, cant. de Gennes, poste de St.-Nathurin; fours à chaux; blanchisserie de fil et toiles; 190 hab.

MAUR (Saint-), vg. de Fr., Oise, arr. de Beauvais, cant. et poste de Grandvilliers; 950 hab.

MAUR (le pont de Saint-). *Voyez* JOINVILLE-LE-PONT.

MAUR (Saint-), ham. de Fr., Seine-Inférieure, com. de Rouen; 500 hab.

MAURA ou **Moira**, jolie pet. v. de l'emp. du Brésil, prov. de Para, comarque de Rio-Négro, sur la rive droite du Rio-Négro; 2700 hab.

MAURAN, vg. de Fr., Haute-Garonne, arr. de Muret, cant. de Cazères, poste de Martres; 460 hab.

MAURANS, ham. de Fr., Bouches-du-Rhône, com. de Berre; 150 hab.

MAUR-DES-BOIS (Saint-), vg. de Fr., Manche, arr. de Mortain, cant. de St.-Pois, poste de Villedieu; 350 hab.

MAURE (Sainte-), l'ancienne *Leucade*, la troisième des îles de la république Ionienne, située entre 38° 21′ et 38° 44′ long. E. et entre 38° 46′ et 39° 6′ lat. N.; elle est de forme presque ronde, contient 5 l. c. géogr. et est réunie au continent par un banc de sable; elle est presque partout couverte de montagnes et de collines. Du côté opposé de l'île est la cap Ducato, si célèbre dans l'antiquité sous le nom de *Leucate Promontorium;* sur son sommet s'élevait le temple d'Apollon Leucadien, près duquel était le fameux rocher d'où les amants malheureux se précipitaient dans la mer, follement persuadés que ce saut redoutable les guérirait pour toujours de leur passion. Parmi les principales victimes de cette superstition on cite : Deucalion, le poëte Nicostrate, Artémise, reine de Carie, et surtout la fameuse Sapho. C'est aussi de ce rocher que les Acarnaniens, pendant la fête d'Apollon, précipitaient tous les ans un criminel condamné à mort.

En automne et en hiver le climat est doux, mais les chaleurs de l'été sont étouffantes et les tremblements de terre très-fréquents. On n'y trouve point de rivières; le sol de la plaine, qui s'étend à l'E., est très-fertile en céréales, huile, lin, vin, coton, oranges, citrons et amandes. La pêche est très-productive, surtout dans les lagunes, qui fournissent également une grande quantité de sel. Les habitants, au nombre d'environ 30,000, sont Grecs d'origine; le clergé est aussi nombreux qu'ignorant; l'instruction publique est très-négligée. Le gouvernement ressemble à celui des autres îles Ioniennes; Ste.-Maure envoie un député au sénat et 4 à l'assemblée législative de Corfou; il y a un tribunal civil, criminel et de commerce; la noblesse domine et possède toutes les terres. Amakuki en est le chef-lieu.

MAURE, ham. de Fr., Basses-Alpes, com. de Seyne; 130 hab.

MAURE, b. de Fr., Ille-et-Vilaine, arr. et à 7 l. N. de Redon, chef-lieu de canton, poste de Lohéac; 4080 hab.

MAURE, vg. de Fr., Basses-Pyrénées, arr. de Pau, cant. de Montaner, poste de Vic-en-Bigorre; 260 hab.

MAURE (Sainte-), vg. de Fr., Aube, arr., cant. et poste de Troyes; carrières de craie propre à bâtir; 700 hab.

MAURE (Sainte-), v. de Fr., Indre-et-Loire, arr. et à 8 l. E. de Chinon, chef-lieu de canton et poste; fabr. de toiles; commerce de grains; 2560 hab.

MAURE (Saint-), forteresse de l'île de ce nom, vis-à-vis de son chef-lieu et sur le banc de sable qui réunit l'île au continent.

MAURECOURT, vg. de Fr., Seine-et-Oise, arr. de Versailles, cant. de Poissy, poste de Triel; 450 hab.

MAURE-DE-PEYRIAC (Sainte-), vg. de Fr., Lot-et-Garonne, arr. de Nérac, cant. et poste de Mezin; 750 hab.

MAUREGARD, vg. de Fr., Seine-et-Marne, arr. de Meaux, cant. de Dammartin, poste du Ménil-Amelot; 280 hab.

MAUREGNY-EN-HAYE, vg. de Fr., Aisne, arr. de Laon, cant. de Sissonne, poste de Corbeny; exploitation de houille; 670 hab.

MAUREILHAN, vg. de Fr., Hérault, arr. et poste de Béziers, cant. de Capestang; 600 hab.

MAUREILLAS, vg. de Fr., Pyrénées-Orientales, arr., cant. et poste de Céret; fabr. de liége; 910 hab.

MAUREMONT, vg. de Fr., Haute-Garonne, arr., cant. et poste de Villefranche-de-Lauragais; 420 hab.

MAURENS, vg. de Fr., Dordogne, arr. et poste de Bergerac, cant. de Villamblard; 1160 hab.

MAURENS, vg. de Fr., Gers, arr. de Lombez, cant. de l'Isle-en-Jourdain, poste de Gimont; 510 hab.

MAURENS-DE-JUZES, vg. de Fr., Haute-Garonne, arr. et poste de Villefranche-de-Lauragais, cant. de Revel; 330 hab.

MAURENSII, g. a., peuplade à l'E. de la Mauritanie tingitane.

MAURENS-SCOPONT, vg. de Fr., Tarn, arr. et poste de Lavaur, cant. de Cuq-Toulza; 420 hab.

MAUREPAS, vg. de Fr., Seine-et-Oise, arr. de Rambouillet, cant. de Chevreuse, poste de Pontchartrin; 310 hab.

MAUREPAS, vg. de Fr., Somme, arr. et poste de Péronne, cant. de Combles; 840 h.

MAURES, *Mauri*, *Maurusii*. On regarde généralement la race maure comme un mélange d'Arabes, de Berbères ou Kabyles et de nègres, mais, malgré plusieurs travaux modernes, la question n'est pas encore éclaircie. Quoiqu'il en soit, les Maures, appelés Medaines ou marins par les Arabes, se donnent à eux-mêmes le nom de Mouslims ou croyants; ils forment une classe des habitants du N. et surtout du N.-O. de l'Afrique, notamment des roy. de Fez et de Maroc. Leur nom actuel vient des Romains, qui appelèrent Mauritania l'O. de l'Afrique et Mauri ses habitants. Subjugués par les Romains, les Maures passèrent plus tard sous la domination des Vandales, et après la destruction de l'empire de Genseric par Bélisaire, sous celle des Sarrasins ou Arabes, qui firent gouverner la Mauritanie par un lieutenant du calife de Bagdad et passèrent plus tard en Espagne, qu'ils conquirent par leurs armes.

Les écrivains espagnols leur donnèrent le nom impropre de Moros ou Mores, parce qu'ils vinrent de la Mauritanie, mais il faut se garder de confondre ces Sarrasins avec les Maures. Il nous est impossible d'être très-exact dans un sujet encore si obscur; aussi suivons-nous le plus littéralement possible deux auteurs distingués, M. d'Avezac et M. le capitaine Rozet. Les Maures du N.-O. de l'Afrique se distinguent par leur férocité et par leur passion pour le brigandage. On a dit de ceux qui habitent les villes et les plaines des états barbaresques que leur seule vertu était leur indifférence pour les douleurs; on les dépeint comme corrompus et avides, et d'une grande pénétration d'esprit, mais rusés et sans foi. M. d'Avezac divise les Maures qui habitent le Bilédulgerid et le Sahara en deux classes: ceux de pure race arabe, venus d'Orient aux premiers siècles de l'hégire, et les Maures de race mélangée, issus de tribus arabes anciennement émigrées de l'Yémen et entées sur les populations Berbères indigènes. Nous ne ferons pas ici l'énumération des nombreuses tribus maures qui habitent cette partie de l'Afrique: elle se trouve aux articles spéciaux. Toutes ces tribus ont leurs chefs indépendants, mais dont le pouvoir est peu considérable. Ces barbares sont pasteurs nomades, quelquefois marchands, toujours brigands; ils rançonnent et dévalisent les caravanes et maltraitent avec une grande dureté les Européens qu'un naufrage jette sur leurs côtes. Leur vie est simple: ils habitent des tentes, n'ont que peu de vêtements et supportent aisément la faim et la soif; le lait de chameau forme leur principale nourriture. Leur commerce consiste surtout en sel qu'ils vendent au Loudan, en plumes d'autruche et en esclaves; ils se procurent ces derniers en tombant à l'improviste sur leurs voisins méridionaux, les nègres, et en emmenant tous les captifs.

Les Maures de l'Algérie se considèrent eux-mêmes comme des Arabes, et il n'est plus douteux aujourd'hui que ce nom ne désigne exclusivement (dans cette contrée) les Arabes des villes, parmi lesquels les débris des conquérants de l'Espagne et les Moriscos chassés d'Espagne par le fanatisme des successeurs de Charle-Quint tiennent le premier rang. Ils ont subi le joug de tous les conquérants, et les nombreuses alliances qu'ils ont contractées ont sensiblement altéré la pureté de leur race. Ils sont de taille élevée, ont une démarche noble et grave, une peau basanée, mais plutôt blanche que brune, des traits distingués, mais des yeux peu vifs. On les distingue facilement des Arabes et des Kabyles à leur embonpoint et au costume turc qu'ils ont adopté avec la religion mahométane. Un des caractères distinctifs de leurs mœurs, que nous avons décrites plus haut, est la paresse, ce qui leur donne cette apparence de douceur, qu'au fond ils n'ont pas. Ils passent la plus grande partie de la journée, assis, les jambes croisées, sur une natte de jonc, à fumer leur pipe, à prendre le café et à jouer aux dames. Ils ne se dérangent que pour prier, ce qu'ils font très-exactement cinq fois par jour. Leurs femmes sont jolies, dit-on, mais regardées par eux comme d'une nature inférieure à celle de l'homme; aussi le mariage ne consiste-t-il pas dans une cérémonie religieuse, mais dans un marché qui se fait entre l'épouseur et le père de la future; la répudiation est très-fréquente.

On évalue à 300,000 le nombre de Maures qui habitent l'Algérie.

MAURES (les), ham. de Fr., Var, com. de Vidauban; 550 hab.

MAURESSAC, vg. de Fr., Haute-Garonne, arr. de Muret, cant. et poste d'Auterive; 210 hab.

MAURESSARGUES, vg. de Fr., Gard, arr. d'Alais, cant. et poste de Ledignan; 130 hab.

MAUREVILLE, vg. de Fr., Haute-Garonne, arr. de Villefranche-de-Lauragais, cant. et poste de Caraman; 360 hab.

MAUREY (le), ham. de Fr., Eure, com. de Drucourt; 140 hab.

MAURIAC, ham. de Fr., Aveyron, com. de St.-Léons; 110 hab.

MAURIAC, ham. de Fr., Dordogne, com. de Douzillac; 120 hab.

MAURIAC, vg. de Fr., Gironde, arr. de là Réole, cant. et poste de Sauveterre; 640 hab.

MAURIAN, ham. de Fr., Hérault, com. de Taussac; 110 hab.

MAURIAC, v. de Fr., Cantal, à 9 l. N.-N.-O. d'Aurillac et à 124 l. de Paris, chef-lieu d'arrondissement; siége d'un tribunal de première instance; conservation des hypothèques; elle est située sur une colline, près de la Dordogne; on y remarque une belle fontaine décorée d'une inscription par Marmontel; mais cette ville est mal bâtie, sombre et triste; elle possède un collége et une société d'agriculture; commerce de chevaux, mulets, bestiaux, cire jaune, fromages, chandelles, etc. Foires: deuxième mercredi de Carême, 25 avril, 17 mai, 12 juillet, 16 août, 17 octobre, 21 novembre et 22 décembre; 3600 hab. Mauriac possédait autrefois un collége de jésuites. Patrie de l'abbé Chappe, célèbre astronome.

MAURICE (Saint-), comté du Bas-Canada, Amérique anglaise; arrosé par le St.-Maurice, la rivière aux Anes, le Champlain et le Batisewe; 16,000 hab.

MAURICE (Saint-). *V.* LAURENT (Saint-), fleuve.

MAURICE (île). *Voyez* ILE-DE-FRANCE.

MAURICE (Saint-), ham. de Fr., Ain, com. de Charancin; 140 hab.

MAURICE (Saint-), vg. de Fr., Hautes-Alpes, arr. de Gap, cant. de St.-Firmin, poste de Corps; 420 hab.

MAURICE (Saint-), vg. de Fr., Ardèche, arr. de Privas, cant. et poste de Villeneuve-de-Berg; 700 hab.

MAURICE (Saint-), vg. de Fr., Ardèche, arr. de Tournon, cant. et poste de Vernoux; 700 hab.

MAURICE (Saint-), ham. de Fr., Aveyron, com. de Montpaon; 260 hab.

MAURICE (Saint-), ham. de Fr., Cantal, com. de Valuéjols; 140 hab.

MAURICE (Saint-), vg. de Fr., Charente, arr., cant. et poste de Confolens; 1740 hab.

MAURICE (Saint-), vg. de Fr., Charente-Inférieure, arr., cant. et poste de la Rochelle; 400 hab.

MAURICE (Saint-), vg. de Fr., Creuse, arr. d'Aubusson, cant. de Crocq, poste de la Villeneuve; 810 hab.

MAURICE (Saint-), vg. de Fr., Creuse, arr. de Guéret, cant. et poste de la Souterraine; 1900 hab.

MAURICE (Saint-), ham. de Fr., Dordogne, com. de St.-Laurent-des-Bâtons; 100 hab.

MAURICE (Saint-), vg. de Fr., Doubs, arr. de Montbéliard, cant. de Pont-de-Roide, poste de l'Isle-sur-le-Doubs; 490 hab.

MAURICE (Saint-), vg. de Fr., Drôme, arr., cant. et poste de Nyons; 580 hab.

MAURICE (Saint-), ham. de Fr., Eure-et-Loir, com. de Bonneval; 120 hab.

MAURICE (Saint-), ham. de Fr., Eure-et-Loir, com. de Chartres; 410 hab.

MAURICE (Saint-), vg. de Fr., Gard, arr. d'Alais, cant. de Vezenobres, poste de Ledignan; 550 hab.

MAURICE (Saint-), vg. de Fr., Hérault, arr. et poste de Lodève, cant. de Caylar; 870 hab.

MAURICE (Saint-), vg. de Fr., Jura, arr. de St.-Claude, cant. de St.-Laurent, poste de Clairvaux; 580 hab.

MAURICE (Saint-), vg. de Fr., Landes, arr. et cant. de St.-Sever, poste de Grenade-sur-l'Adour; 430 hab.

MAURICE (Saint-), vg. de Fr., Lot, arr. de Figeac, cant. et poste de la Capelle-Marival; 780 hab.

MAURICE (Saint-), vg. de Fr., Lot-et-Garonne, arr. de Villeneuve-sur-Lot, cant. et poste de Cancon; 400 hab.

MAURICE (Saint-), vg. de Fr., Manche, arr. de Valognes, cant. de Barneville, poste de Bricquebec; 610 hab.

MAURICE (Saint-), vg. de Fr., Haute-Marne, arr., cant. et poste de Langres; 90 h.

MAURICE (Saint-), vg. de Fr., Meurthe, arr. de Lunéville, cant. de Baccarat, poste de Blamont; usine à fer; 330 hab.

MAURICE (Saint-), vg. de Fr., Nièvre, arr. de Nevers, cant. et poste de St.-Saulge; 230 hab.

MAURICE (Saint-), vg. de Fr., Orne, arr. de Mortagne-sur-Huine, cant. de Tourouvre, poste; 630 hab.

MAURICE (Saint-), ham. de Fr., Seine-Inférieure, com. de Gaillefontaine; 240 h.

MAURICE (Saint-), vg. de Fr., Puy-de-Dôme, arr. de Riom, cant. et poste de Pionsat; 1760 hab.

MAURICE (Saint-), ham. de Fr., Nièvre, com. de Montreuillon; 100 hab.

MAURICE (Saint-), vg. de Fr., Puy-de-Dôme, arr. de Clermont-Ferrand, cant. de Vic-le-Comte, poste de Billom; 1200 hab.

MAURICE (Saint-), vg. de Fr., Bas-Rhin, arr. de Schlestadt, cant. et poste de Villé; 450 hab.

MAURICE (Saint-), ham. de Fr., Haute-Saône, com. de Bucey-les-Gy; 350 hab.

MAURICE (Saint-), Seine. *Voyez* CHARENTON-SAINT-MAURICE.

MAURICE (Saint-), vg. de Fr., Seine-et-Oise, arr. de Rambouillet, cant. de Dourdan, poste de St.-Chéron; 360 hab.

MAURICE (Saint-), ham. de Fr., Seine-Inférieure, com. de Malaunay; 150 hab.

MAURICE (Saint-), ham. de Fr., Tarn-et-Garonne, com. de la Française; 100 hab.

MAURICE (Saint-), vg. de Fr., Vienne, arr. de Civray, cant. et poste de Gençais; 1080 hab.

MAURICE (Saint-), vg. de Fr., Vosges, arr. d'Épinal, cant. et poste de Rambervillers; 250 hab.

MAURICE (Saint-), Vosges. *Voyez* MOYEN-MOUTIER.

MAURICE (Saint-), vg. de Fr., Vosges, arr. de Remiremont, cant. de Ramonchamp, poste de Tillot; grand tissage de coton; 2070 hab.

MAURICE-AUX-RICHES-HOMMES (Saint-), vg. de Fr., Yonne, arr. de Sens, cant. de Sergines, poste de Pont-sur-Yonne; 990 h.

MAURICE-DE-BEYNOST (Saint-), vg. de Fr., Ain, arr. de Trévoux, cant. de Montluel, poste de Miribel; 320 hab.

MAURICE-DE-GALOU (Saint-). *Voyez* MAURICE-SAINT-GERMAIN (Saint-).

MAURICE-DE-GOURDAN (Saint-), vg. de Fr., Ain, arr. de Trévoux, cant. et poste de Méximieux; 1140 hab.

MAURICE-DE-LAURENÇANNE (Saint-), vg. de Fr., Charente-Inférieure, arr. de Jonzac, cant. et poste de Montendre; 210 h.

MAURICE-DE-L'EXIL (Saint-), vg. de Fr., Isère, arr. de Vienne, cant. de Roussillon, poste du Péage; 930 hab.

MAURICE-DE-LIGNON (Saint-), vg. de Fr., Haute-Loire, arr. et poste d'Yssengeaux, cant. de Monistrol; 2070 hab.

MAURICE-DE-L'ISLE-BOUCHARD (Saint-). *Voyez* ISLE-BOUCHARD.

MAURICE-DE-MAIRE (Saint-), vg. de Fr., Deux-Sèvres, arr. et poste de Niort, cant. de Prahecq; 240 hab.

MAURICE-DE-RÉMAN (Saint-), vg. de Fr., Ain, arr. de Belley, cant. et poste d'Ambérieux; 580 hab.

MAURICE-DES-CHAMPS (Saint-), vg. de Fr., Saône-et-Loire, arr. de Châlon-sur-Saône, cant. de Buxy, poste de Gengoux-le-Royal; 250 hab.

MAURICE-D'ESCHAZIAUX (Saint-), vg. de Fr., Ain, arr. et poste de Bourg-en-Bresse, cant. de Treffort; 200 hab.

MAURICE-DES-NOUES (Saint-), vg. de Fr., Vendée, arr. de Fontenay-le-Comte, cant. et poste de la Châtaigneraie; 910 hab.

MAURICE-DES-PRÉS (Saint-), vg. de Fr., Saône-et-Loire, arr. de Mâcon, cant. de Lugny, poste de St.-Oyen; 380 hab.

MAURICE-DE-TAVERNOLLE (Saint-), vg. de Fr., Charente-Inférieure, arr., cant. et poste de Jonzac; 310 hab.

MAURICE-D'ÉTELAN (Saint-), vg. de Fr., Seine-Inférieure, arr. du Hâvre, cant. et poste de Lillebonne; 310 hab.

MAURICE-DE-VENTALON (Saint-), vg. de Fr., Lozère, arr. et poste de Florac, cant. de Pont-de-Montvert; 530 hab.

MAURICE-D'IBIE (Saint-), vg. de Fr., Ardèche, arr. de Privas, cant. et poste de Villeneuve-de-Berg; 590 hab.

MAURICE-D'ORIENT (Saint-), ham. de Fr., Aveyron, com. de Laval-Roquecézier; 130 hab.

MAURICE-DU-DÉSERT (Saint-), vg. de Fr., Orne, arr. de Domfront, cant. et poste de la Ferté-Macé; 1220 hab.

MAURICE-EN-GOURGOIS (Saint-), vg. de Fr., Loire, arr. de Montbrison, cant. et poste de St.-Bonnet-le-Château; 2330 hab.

MAURICE-EN-RIVIÈRE (Saint-), vg. de Fr., Saône-et-Loire, arr. de Châlon-sur-Saône, cant. de St.-Martin-en-Bresse, poste de Verdun-sur-le-Doubs; 1010 hab.

MAURICE-LA-FOUGEREUSE (Saint-), vg. de Fr., Deux-Sèvres, arr. de Bressuire; cant. et poste d'Argenton-Château; 810 hab.

MAURICE-LALLAY (Saint-), vg. de Fr., Isère, arr. de Grenoble, cant. de Clelles, poste de Mens; 1290 hab.

MAURICE-LE-GIRARD (Saint-), vg. de Fr., Vendée, arr. de Fontenay-le-Comte, cant. et poste de la Châtaigneraie; 700 hab.

MAURICE-LES-BROUSSES (Saint-), vg. de Fr., Haute-Vienne, arr. de Limoges, cant. et poste de Pierre-Buffière; 400 hab.

MAURICE-LES-CHATEAUNEUF (Saint-), vg. de Fr., Saône-et-Loire, arr. de Charolles, cant. et poste de Chauffailles; 1470 hab.

MAURICE-LES-CHERENCEI (Saint-). *Voy.* MAURICE (Saint-), Orne.

MAURICE-LES-COUCHES (Saint-), vg. de Fr., Saône-et-Loire, arr. d'Autun, cant. et poste de Couches; 500 hab.

MAURICE-LE-VIEIL (Saint-), vg. de Fr., Yonne, arr. de Joigny, cant. et poste d'Aillant-sur-Tholon; 630 hab.

MAURICE-SOUS-LES-COTES (Saint-), vg. de Fr., Meuse, arr. de Commercy, cant. et poste de Vigneulles; 880 hab.

MAURICES, vg. de Fr., Landes, arr. de St.-Sever, cant. de Geaune, poste d'Aire-sur-l'Adour; 300 hab.

MAURICE-SAINT-GERMAIN (Saint-), vg. de Fr., Eure-et-Loir, arr. de Nogent-le-Rotrou, cant. et poste de la Loupe; 410 h.

MAURICE-SUR-AVEYRON (Saint-), vg. de Fr., Loiret, arr. de Montargis, cant. et poste de Châtillon-sur-Loing; 1410 hab.

MAURICE-SUR-DARGOIRE (Saint-), vg. de Fr., Rhône, arr. de Lyon, cant. de Mornant, poste de Rive-de-Gier; 1320 hab.

MAURICE-SUR-FESSARD (Saint-), vg. de Fr., Loiret, arr., cant. et poste de Montargis; 810 hab.

MAURICE-SUR-HUINE (Saint-), vg. de Fr., Orne, arr. de Mortagne-sur-Huîne, cant. de Nocé, poste de Remalard; 400 hab.

MAURICE-SUR-LOIRE (Saint-), vg. de Fr., Loire, arr., cant. et poste de Roanne; 1210 hab.

MAURICE-SUR-VINGEANNE (Saint-), vg. de Fr., Côte-d'Or, arr. de Dijon, cant. de Fontaine-Française, poste de Champlitte; 510 hab.

MAURICE-THIZOUAILLE (Saint-), vg. de Fr., Yonne, arr. de Joigny, cant. et poste d'Aillant-sur-Tholon; 290 hab.

MAURIENNE, prov. de la Savoie, située entre celle de Chambéry, la Tarantaise, le Piémont et la France, comprend 39 l. c. et 60,000 hab. C'est une vallée étroite, formée par des montagnes très-escarpées, et qui s'étend depuis Carbonière jusqu'au mont Cénis, traversé par la grande route du Piémont; chef-lieu : Jean-de-Maurienne.

MAURIN (Saint-), b. de Fr., Lot-et-Garonne, arr. d'Agen, cant. de Beauville, poste de Valence-d'Agen; 1540 hab.

MAURINES, vg. de Fr., Cantal, arr. de St.-Flour, cant. et poste de Chaudesaigues; 500 hab.

MAURITANIE, g. a., contrée du N.-O. de l'Afrique; elle s'étendait des deux côtés des colonnes d'Hercule; on la divisait 1° en Mauritanie césarienne (le royaume d'Alger), bornée à l'E. par Tunis, au N. par la Méditerranée, à l'O. par Fez et Maroc et au S. par l'Atlas; 2° en Mauritania sitifensis, bornée à l'E. par la Numidie, au N. par la Méditerranée, à l'O. par la Mauritanie césarienne et au S. par l'Atlas; 3° en Mauritanie tingitane (transfretane); elle s'étendait le long du fleuve Malva et correspondait au roy. de Maroc. Ses habitants étaient appelés Mauri, Maurusi, Maures.

MAUR-LES-FOSSÉS (Saint-), vg. de Fr., Seine, arr. et à 3 1/2 l. E. de Paris, cant. et poste de Charenton. Ce village, situé sur la rive gauche de la Marne, à l'extrémité d'une presqu'île formée par un grand contour de cette rivière, est remarquable par le canal souterrain que l'on y a percé pour abréger de quelques lieues la route de navigation sur la Marne. St.-Maur avait autrefois un château et un couvent de bénédictins; on y voit aujourd'hui de belles maisons de campagne, des fabr. et une raffinerie de sucre; 1100 hab., y compris l'ancienne paroisse de St.-Hilaire, le ham. du Port-de-Creteil et l'ancien fief de Champignol.

MAURO (Saint-), b. du roy. de Naples,

prov. de la Principauté citérieure; carrières de gypse.

MAURO (Saint-), gros vg. du Piémont, prov. de Turin; 1800 hab.

MAURO (Saint-), b. du roy. de Naples, prov. de Basilicata, sur la Salandrella; 3000 h.

MAURON, pet. v. de Fr., Morbihan, arr. à 5 l. N.-N.-E. et poste de Ploermel, chef-lieu de canton; 4200 hab.

MAUROUX, vg. de Fr., Gers, arr. de Lectoure, cant. et poste de St.-Clar; 610 hab.

MAUROUX, vg. de Fr., Lot, arr. de Cahors, cant. et poste de Puy-l'Évêque; 970 h.

MAUROUX (les). *Voyez* NANTEUIL.

MAUROY, vg. de Fr., Nord, arr. de Cambrai, cant. et poste du Cateau; 720 hab.

MAURRIN, vg. de Fr., Landes, arr. de Mont-de-Marsan, cant. et poste de Grenade-sur-l'Adour; 520 hab.

MAURS, v. de Fr., Cantal, arr. et à 8 l. S.-S.-O. d'Aurillac, chef-lieu de canton et poste; commerce de porcs gras, de jambons renommés, toiles grises, cire, châtaignes, chanvre, merrains; abondants pâturages; fabr. de poteries; tanneries; corroieries; exploitation de houille; 2900 hab.

MAUR-SOULÉS (Saint-), vg. de Fr., Gers, arr., cant. et poste de Mirande; 330 hab.

MAURUPT-LE-MONTOIS, vg. de Fr., Marne, arr. et poste de Vitry-Français, cant. de Thieblemont; 610 hab.

MAURY, vg. de Fr., Pyrénées-Orientales, arr. de Perpignan, cant. et poste de St.-Paul-de-Fenouillet; 1060 hab.

MAURY, comté de l'état de Tennessée, États Unis de l'Amérique du Nord; pays très-fertile, arrosé par le Duck et ses affluents; 25,000 hab. Columbia, sur le Duck, est le chef-lieu du comté.

MAUSOLEA, ham. de Fr., Corse, com. de Brando; 150 hab.

MAUSOLEO, vg. de Fr., Corse, arr. de Calvi, cant. d'Olmi-et-Capello, poste de l'Isle-Rousse; 150 hab.

MAUSSAC, vg. de Fr., Corrèze, arr. d'Ussel, cant. et poste de Meymac; mines de houille; 440 hab.

MAUSSANNE, vg. de Fr., Bouches-du-Rhône, arr. d'Arles-sur-Rhône, cant. et poste de St.-Remy; 1400 hab.

MAUSSANS, vg. de Fr., Haute-Saône, arr. de Vesoul, cant. et poste de Mont-Cozon; 110 hab.

MAUSSANS, vg. de Fr., Tarn, arr., cant. et poste d'Albi; 620 hab.

MAUTERN, *Mutarensis Civitas*, très-pet. v. de la Basse-Autriche, cer. supérieur du Wienerwald, sur le Danube, vis-à-vis de Stein, avec lequel elle communique par un pont; 1000 hab.

MAUTERN, b. de Styrie, cer. de Bruck, sur la Lissing; bains minéraux; forges.

MAUTERN, b. d'Illyrie, gouv. de Laibach, cer. de Villach; mines de fer; forges.

MAUTES, vg. de Fr., Creuse, arr. et poste d'Aubusson, cant. de Bellegarde; 1320 hab.

MAUTH, vg. de Bohême, cer. de Beraun; important par ses verreries et ses forges.

MAUTHHAUSEN, b. de la Haute-Autriche, cer. de la Muhl; fabrication de bas; 1200 h.

MAUTHVILLE-SUR-DURDENT, ham. de Fr., Seine-Inférieure, com. de Granville-la-Teinturière; 360 hab.

MAUTORT, vg. de Fr., Somme, com. d'Abbeville; 200 hab.

MAUVAGE, vg. de Fr., Meuse, arr. de Commercy, cant. et poste de Gondrecourt; 630 hab.

MAUVAIS-PAS (le), ham. de Fr., Seine-Inférieure, com. de Mesnil-Raoul; 120 hab.

MAUVAIVILLE, ham. de Fr., Orne, com. d'Argentan; 340 hab.

MAUVAIZIN-DE-SAINTE-CROIX, vg. de Fr., Arriège, arr. et poste de St.-Girons, cant. de Ste.-Croix; 250 hab.

MAUVERS, ham. de Fr., Tarn-et-Garonne, com. de Verdun-sur-Garonne; 150 hab.

MAUVES, vg. de Fr., Ardèche, arr., cant. et poste de Tournon; 930 hab.

MAUVES, vg. de Fr., Loire-Inférieure, arr. de Nantes, cant. de Carquefou, poste d'Oudon; 1200 hab.

MAUVES, b. de Fr., Orne, arr., cant. et poste de Mortagne-sur-Huine; 1330 hab.

MAUVESIN, pet. v. de Fr., Gers, arr., à 7 l. S.-E. de Lectoure et à 196 l. de Paris, poste de Gimont, chef-lieu de canton. Cette petite ville, située sur l'Arrals, est vieille et sans importance. On y remarque les restes, assez bien conservés, d'un vieux château fort qui a appartenu aux vicomtes de Fezensac. Commerce de blé et de bétail; 2720 h.

MAUVESINE-L'ISL-DE, vg. de Fr., Haute-Garonne, arr. de St.-Gaudens, cant. et poste de l'Isle-en-Dodon; 210 hab.

MAUVESIN-DE-PRATS, vg. de Fr., Arriège, arr. et poste de St.-Girons, cant. de St.-Lizier; 210 hab.

MAUVEZIN, vg. de Fr., Landes, arr. de Mont-de-Marsan, cant. et poste de Gabarret; 300 hab.

MAUVEZIN, vg. de Fr., Lot-et-Garonne, arr. et poste de Marmande, cant. de Seyches, 830 hab.

MAUVEZIN, vg. de Fr., Hautes-Pyrénées, arr. de Bagnères-en-Bigorre, cant. et poste de Lannemezan; 480 hab.

MAUVEZIN-SAVES, vg. de Fr., Haute-Garonne, arr. et poste de Villefranche-de-Lauragais, cant. de Nailloux; 350 hab.

MAUVIÈRES, vg. de Fr., Indre, arr. et poste du Blanc, cant. de Bélabre; 570 hab.

MAUVILLY, vg. de Fr., Côte-d'Or, arr. de Châtillon-sur-Seine, cant. et poste d'Aignay-le-Duc; 240 hab.

MAUVRAIN, ham. de Fr., Nièvre, com. de la Celle-sur-Nièvre; 120 hab.

MAUVRON, ham. de Fr., Nièvre, com. de Poiseux; 100 hab.

MAUWI. *Voyez* MAOUVI.

MAUX, ham. de Fr., Rhône, com. de Cublize; 290 hab.

MAUX, vg. de Fr., Nièvre, arr. de Château-Chinon, cant. et poste de Moulins-en-Gilbert; 610 hab.

MAUZAC, vg. de Fr., Dordogne, arr. de Bergerac, cant. et poste de Lalinde; 550 h.

MAUZAC, vg. de Fr., Haute-Garonne, arr. de Muret, cant. de Carbonne, poste de Noé; 530 hab.

MAUZAIZE, ham. de Fr., Eure-et-Loir, com. de Villemeux; 130 hab.

MAUZÉ ou MAUZÉ-SUR-LE-MIGNON, v. de Fr., Deux-Sèvres, arr. et à 6 l. S.-O. de Niort, chef-lieu de canton et poste; commerce considérable de vins, eaux-de-vie, anis; 1800 hab.

MAUZENS, vg. de Fr., Dordogne, arr. de Sarlat, cant. et poste du Bugue; grotte curieuse; 1160 hab. Forge-Neuve fait partie de cette commune.

MAUZÉ-THOUARSAIS, b. de Fr., Deux-Sèvres, arr. de Bressuire, cant. et poste de Thouars; 1550 hab.

MAUZUN, vg. de Fr., Puy-de-Dôme, arr. de Clermont-Ferrand, cant. et poste de Billom; 320 hab.

MAVALEIX, vg. de Fr., Dordogne, com. de Chalais; haut-fourneau, fonderie, affinerie.

MAVE, ham. de Fr., Nièvre, com. de Moraches; 280 hab.

MAVERGNÉIX, ham. de Fr., Haute-Vienne, com. de Mézières; 120 hab.

MAVES, vg. de Fr., Loir-et-Cher, arr. de Blois, cant. et poste de Mer; 820 hab.

MAVILLY, vg. de Fr., Côte-d'Or, arr., cant. et poste de Beaune; 390 hab.

MAVROMATHI, pet. vg. de Grèce, dans la Messénie, bâti sur l'emplacement de l'ancienne Messène, dont on y voit encore les ruines.

MAWES (Saint-), b. d'Angleterre, comté de Cornwall, sur une colline, peu loin de la mer; nomme 2 députés.

MAXENT, vg. de Fr., Ille-et-Vilaine, arr. de Montfort-sur-Mer, cant. et poste de Plélan; commerce de fil; 1900 hab.

MAX (Saint-), vg. de Fr., Meurthe, arr., cant. et poste de Nancy; filat. de coton; 300 hab.

MAXEN, vg. du roy. de Saxe, cer. de Misnie; avec un château entouré de beaux jardins, une fabr. considérable de vinaigre, de grandes carrières de pierres, une source minérale et 600 hab. Un corps de 15,000 Prussiens y fut fait prisonnier en 1759.

MAXENT (Saint-), vg. de Fr., Somme, arr. et poste d'Abbeville, cant. de Moyenneville; 470 hab.

MAXEVILLE, vg. de Fr., Meurthe, arr., cant. et poste de Nancy; 390 hab.

MAXEY-SUR-MEUSE, vg. de Fr., Vosges, arr. et poste de Neufchâteau, cant. de Coussey; 630 hab.

MAXEY-SUR-VAISE, vg. de Fr., Meuse, arr. de Commercy, cant. et poste de Vaucouleurs; 590 hab.

MAXICA, b. de l'île de Madère, archipel des Canaries septentrionales ou de Madère et chef-lieu d'une capitainerie, sur une baie de l'Océan Atlantique; 2000 hab.

MAXILLY-SUR-SAONE, vg. de Fr., Côte-d'Or, arr. de Dijon, cant. et poste de Pontailler-sur-Saône; 410 hab.

MAXIMA SEQUANORUM (Grande-Séquanaise), g. a., prov. de la Gaule Lyonnaise, appelée auparavant Celtique; elle comprenait la Haute-Alsace, le comté de Bourgogne et l'Helvétie occidentale. Metropole : Vesontio; villes : Aventicum, Solodurum, Aquæ Helveticæ, Turicum, Augusta Rauracorum et Argentoüaria.

MAXIME (Sainte-), vg. de Fr., Var, arr. de Draguignan, cant. de Grimaud, poste de St.-Tropes; 1100 hab.

MAXIMEN, b. de la Turquie d'Europe, principauté de Valachie, au confluent du Busco, dans le Sereth.

MAXIMIN (Saint-), vg. de Fr., Gard, arr., cant. et poste d'Uzès; 560 hab.

MAXIMIN (Saint-), vg. de Fr., Isère, arr. de Grenoble, cant. et poste de Goncelin; 710 hab.

MAXIMIN (Saint-), vg. de Fr., Oise, arr. de Senlis, cant. et poste de Creil; 870 hab.

MAXIMIN (Saint-), v. de Fr., Var, arr. et à 4 1/2 l. O.-N.-O. de Brignolles, chef-lieu de canton et poste; église des Augustins; bibliothèque; école d'arts et métiers; carrières de marbre; distillerie d'eaux-de-vie; fabr. de lainages et filat. de coton; 3650 hab.

MAXIRE (Saint-), vg. de Fr., Deux-Sèvres, arr., cant. et poste de Niort; 800 hab.

MAXOU, vg. de Fr., Lot, arr. de Cahors, cant. de Catus, poste de Pélacoy; 1020 hab.

MAXSAYN, vg. du duché de Nassau, bge de Selters, appartenant au prince de Neuwied; avec une forge et environ 800 hab.

MAXSTADT ou MAXST, vg. de Fr., Moselle, arr. de Sarreguemines, cant. de Gros-Tenquin, poste de St.-Avold; 480 hab.

MAXURUNAS. *Voyez* HYABARY.

MAXWELL, vaste baie dans le détroit de Lancaster, au N.-O. de la mer de Baffin; elle s'ouvre entre les caps Herschel et Fellfoot et est remplie d'îles et de glaçons. C'est là que la boussole commence à perdre sa force.

MAY (le), b. de Fr., Maine-et-Loire, arr. et cant. de Beaupréau, poste de Cholet; ce bourg fut presque entièrement détruit pendant les guerres de la Vendée; 3320 hab.

MAYACA (lac). *Voyez* FLORIDE.

MAYACO ou ESPIRITU-SANTO, immense lac peu connu au S. de la Floride, États-Unis de l'Amérique du Nord, sous 26° 30' lat. N. On le regarde généralement comme la source du St.-Johns.

MAYAGUANA ou MOGANA, gr. île inhabitée; faisait partie du groupe des Bahamas.

MAYAGUEZ ou MAGAGUA, MARAGUER, MIAGUESSÉ, pet. v. de l'île de Porto-Rico, juridiction de San-Germano, sur la côte N.-O. et sur le Rio-Mayaguez, qui charrie de l'or; 3000 hab. La tentative de Ducoudray a donné de nos jours une certaine célébrité à cet endroit. En 1822, une troupe de flibustiers, commandée par cet aventurier, s'empara du port de Mayaguez et y fit proclamer l'indépendance de toute l'île sous le nom de rép. de Boïqua. Battus par les Espagnols, ils furent obligés d'évacuer l'île.

MAYAS ou **YUCATANS**, nation indigène dans la confédération mexicaine; ils forment la plus grande partie de la population de l'état de Yucatan, d'une partie de celui de Tabasco et de la colonie anglaise de Balize.

MAYDAN, b. de la Turquie d'Europe, eyalet de Rumili, sandschak de Semendra.

MAYEN ou **JAN-MAYEN**, île située entre 70° 49′ et 71° 8′ 20″ lat. N., à l'E. du Grœnland et au N. de l'île d'Island. Terre volcanique qui n'offre qu'un assemblage difforme de rochers, de glaciers, de blocs de lave et de cratères. Son point culminant est le Beerenberg, à 2250 mètres au-dessus du niveau de l'Océan. Cette île, qui n'est fréquentée que par les pêcheurs de baleines, fut découverte, en 1611, par le Hollandais Jan-Mayen et explorée en dernier lieu par Scoresby.

MAYEN, v. de Prusse, chef-lieu de cercle, prov. du Rhin, rég. et à 8 1/2 l. O. de Coblence, sur la Nette; elle possède un château, plusieurs usines, des fabr. de draps, de cuirs et de poterie de grès. Les environs fournissent du vin, du blé, des légumes, du bois, de la résine et du trass ou pierres volcaniques, dont il se fait un grand commerce; eaux minérales; 3820 hab.

MAYENCE (en allemand *Mainz*), *Magontia*, *Mogontiacum*, v. très-forte du grand-duché de Hesse-Darmstadt, chef-lieu de la prov. de la Hesse-Rhénane, siége d'un évêché; elle est située au milieu d'une charmante contrée, au confluent du Mein et du Rhin, à 141 l. de Paris et à 7 l. de Darmstadt, sous 49° 59′ 50″ lat. sept. et 5° 50′ 45″ long. orient. Cette ville est la clef principale de l'Allemagne; un pont de bateau de 1520 pieds de longueur la réunit avec Kastel ou Kassel, petite place forte, située sur la rive droite du Rhin; quoique appartenant au grand-duc de Hesse, elle est occupée, comme forteresse fédérale, par des troupes prussiennes et autrichiennes. Ville très-ancienne et qui a généralement des rues étroites et tortueuses. Les édifices les plus remarquables sont : la cathédrale, vaste édifice avec une coupole élevée et qui, surtout pendant le siége soutenu par les Français, en 1814, a souffert d'assez grands dommages, aujourd'hui presque entièrement réparés; l'église de St.-Ignace, la plus belle de toutes; l'église de St.-Pierre, celles de St.-Jacques et de St.-Etienne; le château grand-ducal, magnifique bâtiment, construit par les Romains sur le bord du Rhin et autrefois hôtel de l'ordre teutonique; le vaste et bel arsenal; le palais de justice; le palais épiscopal et quelques autres; enfin le nouveau théâtre. Les immenses fortifications de Mayence méritent une mention particulière, surtout la citadelle, les nouvelles constructions élevées sur la hauteur de Weissenau, la Kreuzschanze, et le fort Gibraltar sur le Hardenberg. On trouve encore dans cette ville et dans ses environs de nombreuses antiquités romaines et quelques débris de ses anciennes constructions dans la citadelle d'Eichelstein, qu'on croit être un reste du monument de Drusus; les 18 piliers d'un pont romain, construit sur le Rhin par Trajan, et sur lesquels Charlemagne fit élever un pont en bois; et les 59 piliers d'un aquéduc romain près du village de Zahlbach. C'est à Mayence que naquit (1400—1468) Gutenberg, l'inventeur de l'art de l'imprimerie (*Voyez* HARLEM, STRASBOURG, SCHLESTADT); le casino occupe l'emplacement de sa demeure sur la place qui porte son nom, où une statue, faite par Thorwaldsen et coulée à Paris, lui a été élevée en 1837. On voit encore le Heimbrecht ou Heinerhof, aujourd'hui hôtel des Trois-Rois, où parut, en 1457, le premier ouvrage complet imprimé. Mayence possède un gymnase, un séminaire, une école d'accouchement, une bibliothèque de 80,000 volumes, avec un médailler et un cabinet d'histoire naturelle; le musée d'antiquités, collection très-riche de curiosités trouvées surtout dans les environs, et une société de littérature et des arts, fondée en 1823. Son université, fondée en 1477, a été supprimée en 1798 par les Français. Cette ville renferme en outre plusieurs collections particulières fort précieuses en antiquités, tableaux et objets d'histoire naturelle. Sa population s'élève à plus de 35,000 hab. Mayence fait un commerce considérable d'expédition et de transit par eau; elle a un port franc, animé par de nombreux bateaux à vapeur. Parmi les produits de son industrie les forté-pianos et ses objets d'ébénisterie sont renommés; on estime les jambons de Mayence.

La ville de Mayence se forma autour de la forteresse de *Mogontiacum*, élevée l'an 13 avant J.-C. par le général romain Drusus, frère de Tibère. Détruite par les Vandales, en 406, elle ne fut rebâtie que plusieurs siècles après par les rois francs; elle s'étendit peu à peu jusqu'au Rhin. Cette ville commença à jeter de l'éclat à l'époque de Charlemagne. Au treizième siècle elle se plaça à la tête de la confédération rhénane, créée pour protéger le commerce. Elle devint florissante par son commerce et fut jusqu'à la révolution française la résidence d'un électeur ecclésiastique. Pendant la guerre de trente ans Mayence fut pris, en 1631, par les Suédois et en 1644 par les Français; ceux-ci en devinrent de nouveau les maîtres, en 1688, et le demeurèrent jusqu'à l'année suivante. Le 21 octobre 1792 les habitants de Mayence ouvrirent leurs portes à l'armée de la république française, commandée par Custine; mais, le 23 juin 1793, la garnison française, sans communication avec Custine, qui avait été battu à Francfort, fut forcée de capituler après un siége mémorable, soutenu contre le général prussien Kollreuth. En 1797 les Français rentrèrent dans Mayence et ils en demeurèrent maîtres jusqu'en 1814. Cette ville fut alors reprise par les Allemands, après un terrible siége. Mayence fut donné, par le congrès de Vienne, avec une partie du dép. du Mont-Tonnerre, dont cette ville a été le chef-lieu, au grand-duc de Hesse-Darmstadt; il fut en même temps déclaré forteresse de la confédération, et depuis l'Autriche et la Prusse nomment alternativement tous les cinq ans le gouverneur, le vice-gouverneur et le commandant de la forteresse de Mayence.

MAYENFELD, *Lupinum*, très-pet. v. de Suisse, cant. des Grisons, placée a l'issue de la magnifique vallée de Prettigan, qui est à une petite distance de la rive droite du Rhin; est regardée comme la partie la plus fertile du canton; commerce considérable; grande culture de la vigne; 1000hab.

MAYENNE (la), *Medana, Meduana*, riv. de Fr., a sa source au S. de Tinchebray, dans l'arr. de Domfront, dép. de l'Orne; elle entre dans le département auquel elle donne son nom, en se dirigeant de l'E. à l'O., et, après sa jonction avec la Varenne, au-dessous d'Ambrières, elle se dirige du N. au S. en passant par Mayenne, Laval et Château-Gontier; elle entre ensuite dans le dép. de Maine-et-Loir, y reçoit la Sarthe et le Loir, prend le nom de Maine et se jette dans la Loire au-dessous d'Angers, après un cours de 48 l., dont 21 de navigation depuis Laval. Outre les affluents que nous avons mentionnés, elle reçoit l'Ernée, le Colmont, l'Ouette et la Jouanne.

MAYENNE (département de la); située dans la région N.-O. de la France; est formée du ci-devant Bas-Maine et de quelques parties de l'Anjou; ses limites sont: au N. les dép. de la Manche et de l'Orne, à l'E. celui de la Sarthe, au S. le dép. de Maine-et-Loire et à l'O. celui d'Ille-et-Vilaine.

Sa superficie est de 518,863 hectares et sa population de 361,765 hab.

Ce département n'a pas de montagnes proprement dites; mais il s'y trouve une chaîne de collines assez élevées, située dans la partie occidentale; elle se dirige vers le N., dans les dép. de l'Orne et de la Manche, pour se terminer au cap de la Hogue; vers le S. elle se dirige vers la Loire, dont elle sépare le bassin de celui de la Vilaine; une seconde chaîne de collines moins considérables se détache du versant S. des monts de la Normandie; elle occupe la partie N.-E. du département.

La Mayenne, fleuve principal du département auquel il donne son nom, le traverse dans toute sa longueur, en se dirigeant du N. au S.; elle est fort large, profonde et navigable depuis Mayenne, tant par elle-même qu'au moyen des écluses qu'on y a construites; presque tous les cours d'eaux qui arrosent le département sont des affluents de ce fleuve; nous citerons parmi eux: l'Oudon, la Jouanne, l'Ernée et l'Erse.

Le pays est généralement plat; il y a beaucoup de landes sablonneuses et incultes, où l'on est obligé de prolonger les jachères pendant 5 à 6 ans pour les mettre en état de produire; il renferme peu de terres cultivées, si ce n'est le canton désigné sous le nom de Champagne, qui est le plus fertile de tous, et les terres du territoire de Laval; les cantons qui produisent le plus de froment sont ceux qui avoisinent la Sarthe et la Mayenne; encore faut-il observer que la froideur du sol et la rigueur du climat ne permettent que la culture des froments de mars.

Le climat est sain, la température généralement froide et humide; la partie septentrionale, qui est la plus élevée, a le climat plus rude que la partie méridionale; là les chaleurs sont plus fortes et la végétation plus précoce. Les vents dominants sont ceux du sud, du sud-ouest, du nord et du nord-ouest.

Le département récolte peu de froment, mais beaucoup d'avoine, de très-beau seigle, de l'orge, du sarrazin, beaucoup de chanvre et de lin, des châtaignes, des pommes de terre, des fruits à noyau, beaucoup de pommes et de poires, qui livrent annuellement près de 600,000 hectolitres de cidre et de poiré; les vignes couvrent une superficie de 780 hectares; elles donnent à peu près 12,000 hectolitres de vins de qualité très-médiocre; les prairies sont peu nombreuses; les troupeaux sont nourris au moyen des jachères; les forêts étaient jadis beaucoup plus considérables qu'aujourd'hui et fournissaient une grande quantité de bois de construction; cependant elles occupent encore une superficie de 31,800 hectares, dont les essences dominantes sont: le chêne, le hêtre, le châtaignier et le tremble; les deux forêts les plus importantes sont celles de Mayenne et de Concise.

La minéralogie du département consiste dans quelques mines de fer, des carrières de marbre noir à Argentré et de marbre petit grain à Bonchamp, de belles ardoisières, des carrières de pierres de taille, de granit, de pierres à chaux, une exploitation de houille aux environs de Laval, des carrières d'argile commune, du sable blanc pour la fabrication des verres et plusieurs sources minérales à Château-Gontier, Bourg-Neuf et la Boissière.

Les chevaux de ce département sont d'une taille moyenne et principalement propres au trait et au labour; on y distingue spécialement ceux élevés aux environs de Craon et le long de la Sarthe comme excellents et susceptibles de servir pour la cavalerie légère; le pays a beaucoup de bétail, les vaches y donnent de très-bon beurre; il fournit beaucoup d'élèves, qui se vendent aux nourrisseurs normands; de nombreux troupeaux de moutons fournissent une laine estimée et mise en œuvre dans le département; on y élève aussi une grande quantité de porcs et de volaille, et l'élève en grand des abeilles produit de la cire d'une qualité supérieure. On trouve encore quelques sangliers, quelques loups, des renards et beaucoup de menu gibier; les rivières et les étangs renferment d'excellents poissons et des écrevisses; la truite et la carpe de la Mayenne ont de la réputation.

La branche principale de l'industrie manufacturière du département est celle des manufactures de toiles dites de Laval et de Mayenne, de toiles à voiles; les fabriques de coutils, de calicots, de linge de table, de mouchoirs, de basins, d'étamines, de serges, de flanelle, fil et chaîne de lin occupent aussi beaucoup de bras; on y trouve de nombreuses blanchisseries de toiles, des papeteries, des tanneries, des teintureries; l'industrie métallurgique occupe 8 hauts-fourneaux, beaucoup de forges et plusieurs feux d'affinerie, quelques scieries de marbre.

Le commerce, favorisé par beaucoup de grandes routes et par la navigation de la Mayenne, exporte principalement en Espagne les produits de ses manufactures de toiles; il consiste en outre en grains, beurre, fruits, génisses, moutons, chanvre, fil, toiles et objets manufacturés.

Ce département est divisé en 3 arrondissements, 29 cantons et 275 communes.

Les chef-lieux d'arrondissement sont :

Laval . . .	9 cant.	92 com.	122,755 hab.
Mayenne .	12 »	110 »	164,618 »
Château-Gontier.	6 »	73 »	74,392 »
	27 cant.	275 com.	361,765 hab.

Il nomme 5 députés; fait partie de la quatrième division militaire, dont le quartier-général est à Tours; est du ressort de l'académie et de la cour royale de Tours, du diocèse du Mans, suffragant de l'archevêché de Tours; il fait partie de la quinzième conservation forestière, de la dixième inspection des ponts-et-chaussées, dont le chef-lieu est Rennes; de la première division des mines, dont le chef-lieu est Paris.

Il a 6 colléges et 403 écoles primaires.

MAYENNE, *Meduanum*, v. de Fr., sur la rivière et dans le département du même nom, à 7 1/2 l. N.-N.-E. de Laval et à 63 l. de Paris, chef-lieu d'arrondissement; siége de tribunaux de première instance et de commerce; conservation des hypothèques et chambre des manufactures; elle est traversée par la rivière qui la divise en deux parties inégales. Quoique cette ville soit irrégulièrement bâtie et qu'elle ait des rues mal percées et fort escarpées, son ensemble est agréable et les embellissements qu'on y a faits depuis une vingtaine d'années la rendent assez jolie; elle possède deux belles places publiques, un collége, un hospice pour les aliénés, des fabr. de toiles, calicots, mouchoirs; blanchisseries et teintureries. Son industrie alimente un commerce assez important. Il y a dans ses environs plusieurs forges qui livrent au commerce une grande quantité de fer. Foires : 2 janvier, vendredi avant la Passion, 22 juillet, lundi après la Trinité, 29 août, lundi avant St.-George, 22 septembre et 23 novembre; 9800 hab.

Mayenne est une ville fort ancienne, importante autrefois par ses fortifications qui la faisaient passer pour imprenable. En 1424 elle se rendit par capitulation aux Anglais après avoir soutenu un siége de trois mois et repoussé quatre assauts. La seigneurie de Mayenne appartenait à la maison de Lorraine et de Guise. Charles IX, en 1573, l'érigea en duché-pairie, en faveur de Charles de Lorraine, ce célèbre chef de la ligue qui porta depuis le nom de duc de Mayenne.

MAY-EN-MULTIEN, vg. de Fr., Seine-et-Marne, arr. de Meaux, cant. de Lizy, poste; commerce de tourbe; 930 hab.

MAYET, vg. de Fr., Sarthe, arr. et à 7 1/2 l. E.-N.-E. de la Flèche, chef-lieu de canton, poste d'Écommoy; fabr. de grosses étoffes; 3650 hab.

MAYET-D'ÉCOLE, vg. de Fr., Allier, arr., cant. et poste de Gannat; 820 hab.

MAYET-DE-MONTAGNE, vg. de Fr., Allier, arr. et à 4 1/2 l. S. de la Palisse, chef-lieu de canton et poste; 1840 hab.

MAYEUX (Saint-), vg. de Fr., Côtes-du-Nord, arr. de Loudéac, cant. de Corlay, poste de Quintin; 1830 hab.

MAYFIELD, pet. v. des États-Unis de l'Amérique du Nord, état de Kentucky, comté de Hickmans, sur le Mayfield; 2800 hab.

MAYGUALIDA (Sierra). *Voyez* PARIME.

MAYI-BASI, v. du Japon, prov. de Kootske, dans le Tosando.

MAYKAOUNG ou **MENAM-KONG**, **MEKON**, fl. de l'Inde transgangétique, le plus considérable de la péninsule, après l'Iraouaddy; prend sa source dans la prov. thébétaine de Kam, sur le même plateau où naissent aussi l'Iraouaddy et plusieurs autres cours d'eau importants. Il porte d'abord le nom de Dzatchou ou Sa-tchou, coule vers le S.-E. et, grossi par plusieurs rivières, entre dans la prov. chinoise de Yun-nan, où il est appelé Lan-thsang-kiang. Après avoir reçu les eaux du Nan-pi-ho et du Noen-li-ho, il poursuit son cours à travers le Laos où il porte le nom de Maykaoung, est mis par l'Anan-myit en communication avec le Menam du Siam, et traverse le roy. de Kambodje. Un grand nombre de tributaires lui portent leurs eaux et en font un des plus grands fleuves de l'Asie. Dans le Kambodje il se divise en plusieurs branches qui se réunissent plus bas; enfin il se jette par plusieurs embouchures dans la mer de Chine, après avoir baigné le Donnaï et formé un delta très-fertile. Il porte près de son embouchure le nom de rivière de Kambodje.

MAYKOW. *Voyez* ABROU.

MAYLIS, vg. de Fr., Landes, arr. de St.-Sever, cant. et poste de Mugron; 500 hab.

MAYME-DE-PEREYROL (Saint-), vg. de Fr., Dordogne, arr. et poste de Périgueux, cant. de Vergt; 650 hab.

MAYMONT, ham. de Fr., Puy-de-Dôme, com. d'Olliergues; 160 hab.

MAYNADIE, ham. de Fr., Tarn, com. de Castelnau-de-Brassac; 120 hab.

MAYNAL, vg. de Fr., Jura, arr. de Lons-le-Saulnier, cant. et poste de Beaufort; fabr. de poterie de terre, de poêles et de tuyaux; 760 hab.

MAYNAS. *Voyez* MAÏNAS.

MAYO, fl. de la confédération mexicaine; prend naissance au pied de la Sierra Madre, à l'O. de l'état de Chihuahua, et se décharge dans le golfe de Californie, après un cours de 80 à 90 l.

MAYO. *Voyez* MAI.

MAYO, comté d'Irlande, prov. maritime. Ses bornes sont au N. et à l'O. l'Océan, au N.-E. le comté de Sligo, à l'E. celui de Roscommon et au S. celui de Galway. La surface de ce comté offre le même aspect que celui de Galway; la partie occidentale est montagneuse et nue; l'orientale est légèrement ondulée; on y trouve alternativement des marais et des districts fertiles; la côte est extrêmement échancrée à l'E.; au N. le pays est moins sauvage. Les cours d'eau sont peu importants; le climat est humide et variable; les tempêtes sont assez fréquentes. Le sol est plus propre à l'éducation des bestiaux qu'à la culture, mais la filature du lin est la principale ressource des habitants; la pêche, surtout celle du hareng, est très-productive. On exporte du fil et de la toile de lin, des bestiaux, des harengs, des saumons et de la farine d'avoine. Ce comté est divisé en 9 baronies; superficie 85 l. c. géogr.; 130,000 hab.

MAYOL, ham. de Fr., Haute-Loire, com. de Bas-et-Basset; 220 hab.

MAYONS (les), ham. de Fr., Var, com. de Luc; 550 hab.

MAYOOTH, joli b. d'Irlande, comté de Kildare; manufactures de coton et de laine; lycée.

MAYORO, baie au N. de l'île de Trinidad.

MAYOT, vg. de Fr., Aisne, arr. de Laon, cant. et poste de la Fère; 470 hab.

MAYOTTA, une des îles du groupe des Comores, à l'entrée septentrionale du canal de Mozambique, au S.-E. de celle d'Anjouan. Elle abonde en riz et en bestiaux et a une population d'environ 1500 hab.

MAYOUSSIÈRE, ham. de Fr., Isère, com. de Vinay; 180 hab.

MAYPO, volcan. *Voyez* CORDILLÈRES (Chili).

MAYPO ou MAÏPO, fl. de la rép. du Chili; il prend naissance dans le lac Pudaquill, au haut des Andes, traverse de l'E. à l'O. les prov. de Santiago et d'Aconcagua et débouche dans l'Océan Pacifique sous 33° 43' 2" lat. S. Son principal affluent est le Mapocho.

MAYRES, vg. de Fr., Ardèche, arr. de l'Argentière, cant. et poste de Thueyts; scierie hydraulique de planches; 2600 hab.

MAYRES. *Voyez* MILLAU.

MAYRES, vg. de Fr., Puy-de-Dôme, arr. d'Ambert, cant. et poste d'Arlanc; 950 hab.

MAYREVILLE, vg. de Fr., Aude, arr. de Castelnaudary, cant. de Belpech, poste de Salles-sur-l'Hers; 320 hab.

MAYRINHAC-LENTOUR, vg. de Fr., Lot, arr. de Figeac, cant. de St.-Céré, poste de Gramat; 860 hab.

MAYRONNES, vg. de Fr., Aude, arr. de Carcassonne, cant. et poste de la Grasse; 180 hab.

MAYSEL, vg. de Fr., Oise, arr. de Senlis, cant. et poste de Creil; 190 hab.

MAY-SUR-ORNE, vg. de Fr., Calvados, arr. de Caen, cant. de Bourgébus, poste; 540 hab.

MAYSVILLE, v. des États-Unis de l'Amérique du Nord, état de Kentucky, comté de Mason, dont elle est le chef-lieu, au confluent du Limestone et de l'Ohio; commerce très-florissant; 4000 hab.

MAYSVILLE ou CATAUGHQUE, b. commerçant des États-Unis de l'Amérique du Nord, état de New-York, comté de Cataughque, dont il est le chef-lieu, sur le lac de même nom; 2300 hab.

MAYUMBA, pet. roy. de la Basse-Guinée, sur l'Océan Atlantique, au N.-O. de celui de Loango, dont il est tributaire; pays couvert de bois, peuplés de singes et riche en mines de cuivre que les habitants savent exploiter; point de grains; les habitants vivent de plantains, de racines et de noix. La capitale de même nom, située au fond d'une baie de l'Océan Atlantique, à 50 l. N.-O. de Banza-Loango, fait un commerce assez considérable d'ivoire, de cuivre et de gomme.

MAYUN, ham. de Fr., Loire-Inférieure, com. de la Chapelle-des-Marais; 300 hab.

MAYZI (pointe). *Voyez* CUBA.

MAZAGA, contrée dans la partie S.-E. du pays de Chendy, en Nubie, dans la partie septentrionale du roy. de Gondar, en Abyssinie; arrosée par l'Atbarah; habitée autrefois par les *Æthiopes Macrobii* (à longue vie).

MAZAGAN ou MAZAYGAN. *Voy.* CASTELLA-REAL.

MAZAGRAN, pet. v. de l'Algérie, prov. d'Oran; est située à 1 1/2 l. O. de Mostaghanem. La bourgade occupe le versant d'une colline assez escarpée et est bâtie en forme de triangle, dont la base regarde la mer et dont le sommet est un réduit que nos soldats ont crénelé. Ce réduit domine les deux routes qui de Mostaghanem conduisent à Mazagran, l'une sur les hauteurs, l'autre le long de la mer. Lorsque nos troupes occupèrent Mazagran en 1833, ses habitants abandonnèrent leurs maisons et furent placés par Abd-el-Kader à Tekedempt; la belle plaine qui s'étend jusqu'à Mostaghanem fut ravagée par les Arabes, et ainsi disparurent les habitations et les riches cultures qui la couvraient; Mazagran resta presque désert et à moitié ruiné jusqu'en 1835, où le gouvernement français y plaça la tribu kabayle des Bethowas, autrefois établie à Arzew. Cette tribu, organisée en maghzen ou milice, nous a rendu de bons services. Mazagran, qui avait déjà résisté plusieurs fois aux vigoureuses attaques des Arabes, a été immortalisé par un des plus beaux faits d'armes dont nos annales fassent mention. Les 3, 4, 5 et 6 février 1840, 12,000 Arabes se ruèrent sur le faible réduit, défendu par une seule pièce de canon en batterie. Mais que pouvaient ces masses, malgré leur courage et leur fanatisme, que pouvaient-elles contre les 123 braves qui formaient la garnison de la place, contre ces hommes de fer qui, après quatre jours de combat sans relâche, après avoir brûlé quarante mille cartouches, demandèrent à leurs frères d'armes accourus de Mostaghanem: du biscuit, des cartouches et l'ennemi. Un monument élevé à Alger perpétuera le souvenir de cette héroïque défense, et la dixième compagnie du deuxième bataillon d'infanterie légère d'Afrique sera reconnue au guidon glorieusement déchiré et percé qui servit de drapeau aux 123 de Mazagran.

MAZALQUIVIR ou **MERS-EL-KEBIR**, pet. v. forte de la rég. d'Alger, prov. de Tlémécen, sur la petite presqu'île de Monte-Santo, avec un port que les marins regardent comme le meilleur de la côte après celui d'Arzeou, à 3 l. S.-E. d'Oran. Elle appartenait autrefois aux Espagnols.

MAZALTENANGO, pet. v. des États-Unis de l'Amérique centrale, état de Guatémala, dist. de Suchiltépèques, dont elle est le chef-lieu; 3000 hab.

MAZAMBA ou **MEZAMBA**, pet. v. du pays des Maravis, Monomotapa, sur la route qui conduit de la capitale des Cazembes à Tete, à 70 l. O.-N.-O. de cette dernière ville.

MAZAMET, v. de Fr., Tarn, arr. et à 4 l. S.-S.-E. de Castres et à 201 l. de Paris, chef-lieu de canton et poste; elle est située sur la Lurnette et renferme un grand nombre de fabr. de draps et d'autres étoffes de laine, des teintureries et des filat. de laine. Il y a dans les environs des eaux minérales, mais qui sont peu fréquentées; 8200 hab.

MAZAN, vg. de Fr., Ardèche, arr. de l'Argentière, cant. et poste de Montpezat; 1510 hab.

MAZAN, b. de Fr., Vaucluse, arr., cant. et poste de Carpentras; vins, olives, safran, cerises renommées; 4080 hab.

MAZANGE, vg. de Fr., Loir-et-Cher, arr., cant. et poste de Vendôme; 1020 hab.

MAZAOUNA ou **MAZOUNAH**, *Fundus Mazucanus*, pet. v. de la rég. d'Alger, prov. de Tlémécen, non loin de la rive droite du Chellif, à 12 l. E.-S.-E. de Mostaganem.

MAZARGUES, vg. de Fr., Bouches-du-Rhône, com. de Marseille; 1710 hab.

MAZARIN. *Voyez* CHILLY.

MAZARS, ham. de Fr., Aveyron, com. de St.-Sauveur; 130 hab.

MAZARONY. *Voyez* ESSÉQUÉBO.

MAZAS, ham. de Fr., Lozère, com. d'Allenc; 100 hab.

MAZATLAN (punta de), promontoire sur la côte S. de l'état de Sonora-et-Cinaloa, confédération mexicaine.

MAZATLAN, pet. île de la confédération mexicaine, à l'extrémité S. de l'état de Sonora-et-Cinaloa.

MAZAUD, ham. de Fr., Haute-Vienne, com. de St.-Léger-la-Montagne; 100 hab.

MAZAUGUES, vg. de Fr., Var, arr. et poste de Brignolles, cant. de la Roquebrussane; 610 hab.

MAZAVAMBA, contrée peu connue de l'Afrique australe, entre le pays des Maravis et le lac Maravi.

MAZAYE, vg. de Fr., Puy-de-Dôme, arr. de Clermont-Ferrand, cant. de Rochefort, poste de Pontgibaud; 770 hab.

MAZE (la), pet. v. de l'île de Sicile, intendance de Messine, au pied du mont Peloro.

MAZÉ, vg. de Fr., Maine-et-Loire, arr. de Beaugé, cant. et poste de Beaufort; 3900 hab.

MAZÉGA (le), ham. de Fr., Aveyron, com. de Ste.-Rôme-de-Tarn; 120 hab.

MAZEIRAS, vg. de Fr., Creuse, arr. de Boussac, cant. de Chambon, poste d'Ahun; 150 hab.

MAZEIRAT, vg. de Fr., Creuse, arr. et poste de Guéret, cant. d'Ahun; 280 hab.

MAZEL (le), ham. de Fr., Gard, com. de la Reuvrière; 170 hab.

MAZEL (le), ham. de Fr., Gard, com. de St.-Romans-de-Codières; 180 hab.

MAZELAY, vg. de Fr., Vosges, arr. et poste d'Épinal, cant. de Châtel-sur-Moselle; 410 hab.

MAZENAY, ham. de Fr., Saône-et-Loire, com. de St.-Sernin-du-Plain; 180 hab.

MAZENDERAN ou **MASENDERAN**, dont le nom signifie *derrière des frontières*, est l'ancienne Hyrcanie, aujourd'hui prov. du roy. de Perse. Le Mazenderan est situé le long de la mer Caspienne, entre 47° 58' et 51° 40' long. orient. et entre 35° 55' et 37° 20' lat. N., et a pour limites : au N. la mer Caspienne, au N.-E. le Khorasan, à l'E. et au S. le Thabaristan, à l'O. le Ghilan; sa superficie est de 356 l. c. géogr. Comme le Ghilan, la province dont il est ici question, est une plage en partie marécageuse et resserrée entre la mer Caspienne et la chaîne de l'Albrouz. Les montagnes, dont le point culminant, le pic de Damavend, égale presque la hauteur de l'Ararat et est couvert de neige perpétuelle, sont parfaitement boisées, mais escarpées et traversées seulement par un petit nombre de cols. Un grand nombre de ruisseaux et de torrents se précipitent de leurs flancs vers la mer et arrosent le pays ou alimentent les marais, dont les exhalaisons empestées, jointes aux vapeurs de la mer Caspienne que les vents poussent vers l'Albrouz, rendent le climat très-insalubre. Le sol est extrêmement fertile; les fruits du Sud et la canne à sucre réussissent très-bien dans ce terrain chaud et humide. Le riz, les céréales, le chanvre, le coton, le tabac y croissent presque sans culture; les forêts fournissent d'excellents bois, et sur les gras pâturages paissent les nombreux troupeaux de chevaux, de chameaux, de bétail, de moutons et de chèvres des habitants nomades du Mazenderan. Comme la plupart des provinces persanes, il est habité en même temps par des agriculteurs et des nomades. Les premiers sont les descendants des anciens Hyrcaniens; parmi les seconds on distingue les Kadschars, race mélangée d'hommes de diverses tribus turques, qui se forma d'abord sur les confins de l'Arménie où elle servit Schah-Abbas, et s'établit ensuite dans plusieurs provinces, mais principalement dans le Mazenderan; ils s'affranchirent pendant les guerres civiles qui désolèrent la Perse, et donnèrent au royaume la dynastie actuellement régnante. Les autres nomades appartiennent à la tribu turque des Kodschawend ou à plusieurs autres tribus de Turcomans. Maltebrun évalue le nombre des habitants du Mazenderan à 700,000 âmes. Cette province, pays des anciens Parthes, dont la langue, dit-on, s'y retrouve encore, berceau de l'histoire et de la tradition des Perses, est administrée comme les autres provinces du royaume. Le troisième fils du roi régnant, Mohamed-Kouli-Mirza, qui la gouverne, réside à Sari; mais les deux principales villes sont Balfrouch et Astérabad, le siége principal des Kadschars. Les autres endroits remarquables sont Farhabad et Achraf.

MAZERAT, ham. de Fr., Puy-de-Dôme, com. d'Antoing; 150 hab.

MAZERAY, vg. de Fr., Charente-Inférieure, arr., cant. et poste de St.-Jean-d'Angely; 730 hab.

MAZÈRE (la), vg. de Fr., Gers, arr. de Condom, cant. de Valence, poste de Vic-Fezensac; 60 hab.

MAZÈRE (la), vg. de Fr., Gers, arr., cant. et poste de Mirande; 320 hab.

MAZÈRES, vg. de Fr., Haute-Garonne, arr. de St.-Gaudens, cant. de Salies, poste de St.-Martory; 410 hab.

MAZÈRES, vg. de Fr., Gironde, arr. de Bazas, cant. et poste de Langon; 560 hab.

MAZÈRES, vg. de Fr., Basses-Pyrénées, arr., cant. et poste de Pau; 220 hab.

MAZÈRES, vg. de Fr., Hautes-Pyrénées, arr. de Bagnères-en-Bigorre, cant. de Nestier, poste de St.-Laurent-de-Neste; 560 h.

MAZÈRES, *Castrum Maseris*, pet. v. de Fr., Arriège, arr. et à 5 l. N.-N.-E. de Pamiers, cant. et poste de Saverdun; elle est située sur le Lers; 3200 hab.

Cette petite ville, autrefois très-forte, était une résidence des comtes de Foix; elle fut occupée par les protestants pendant les guerres de religion et assiégée sous Louis XIII qui en fit plus tard démolir les fortifications.

MAZÈRES, ham. de Fr., Tarn-et-Garonne, com. de Cazes-Mondenard; 110 hab.

MAZÈRES-CAMPEILS, ham. de Fr., Gers, com. de Lartigue; 130 hab.

MAZERÈTES, vg. de Fr., Gers, arr., cant. et poste de Mirande; 150 hab.

MAZERIER, vg. de Fr., Allier, arr., cant. et poste de Gannat; 460 hab.

MAZERNY, vg. de Fr., Ardennes, arr. de Mézières, cant. d'Omont, poste de Launoy; 390 hab.

MAZEROLES, vg. de Fr., Aude, arr. de Limoux, cant. et poste d'Alaigne; 350 hab.

MAZEROLES, vg. de Fr., Landes, arr., cant. et poste de Mont-de-Marsan; 470 hab.

MAZEROLES, vg. de Fr., Basses-Pyrénées, arr. d'Orthez, cant. et poste d'Arzacq; 590 h.

MAZEROLLE, vg. de Fr., Charente-Inférieure, arr., cant. et poste de Pons; 370 h.

MAZEROLLE, vg. de Fr., Doubs, arr. et poste de Besançon, cant. d'Audeux; 240 hab.

MAZEROLLES, vg. de Fr., Charente, arr. de Confolens, cant. de Montembœuf, poste de la Rochefoucauld; 1000 hab.

MAZEROLLES, vg. de Fr., Hautes-Pyrénées, arr. de Tarbes, cant. et poste de Trie; 620 hab.

MAZEROLLES, vg. de Fr., Vienne, arr. de Montmorillon, cant. et poste de Lussac; 480 hab.

MAZERULLES, vg. de Fr., Meurthe, arr., cant. et poste de Château-Salins; 370 hab.

MAZEUC, ham. de Fr., Lot, com. de Montfaucon; 110 hab.

MAZEUIL, vg. de Fr., Vienne, arr. de Loudun, cant. de Moncontour, poste de Mirebeau; 480 hab.

MAZEVILLE (la), ham. de Fr., Vosges, com. de Fraize; 130 hab.

MAZEYRAT-AUROUZE, vg. de Fr., Haute-Loire, arr. de Brioude, cant. et poste de Paulhaguet; 910 hab.

MAZEYRAT-CRISPINHAC, vg. de Fr., Haute-Loire, arr. de Brioude, cant. et poste de Langeac; 690 hab.

MAZEYROLLES, vg. de Fr., Dordogne, arr. de Sarlat, cant. et poste de Villefranche-de-Belvès; 510 hab.

MAZIÈRE-AUX-BONSHOMMES (la), vg. de Fr., Creuse, arr. d'Aubusson, cant. de Crocq, poste de la Villeneuve; 400 hab.

MAZIÈRE-BASSE (la), vg. de Fr., Corrèze, arr. et poste d'Ussel, cant. de Neuvic; 1550 hab.

MAZIÈRE-HAUTE (la), vg. de Fr., Corrèze, arr. et poste d'Ussel, cant. d'Eygurande; 500 hab.

MAZIÈRES, vg. de Fr., Indre-et-Loire, arr. de Chinon, cant. et poste de Langeais; 630 hab.

MAZIÈRES, vg. de Fr., Maine-et-Loire, arr. de Beaupréau, cant. et poste de Chollet; blanchisseries; 460 hab.

MAZIÈRES ou **MAZIÈRES-EN-GATINE**, vg. de Fr., Deux-Sèvres, arr., à 3 l. S.-S.-O. et poste de Parthenay, chef-lieu de canton; 840 hab.

MAZIÈRES-SUR-LA-BERONNE, vg. de Fr., Deux-Sèvres, arr., cant. et poste de Melle; 720 hab.

MAZILLE, ham. de Fr., Nièvre, com. d'Isenay; 110 hab.

MAZILLE, vg. de Fr., Saône-et-Loire, arr. de Mâcon, cant. et poste de Cluny; 630 hab.

MAZIN, ham. de Fr., Loire-Inférieure, com. de St.-Joachim; 150 hab.

MAZINGARBE, vg. de Fr., Pas-de-Calais, arr. de Béthune, cant. de Lens, poste de Sens; 600 hab.

MAZINGHEM, vg. de Fr., Pas-de-Calais, arr. de Béthune, cant. de Norrent-Fontes, poste d'Aire-sur-la-Lys; 290 hab.

MAZINGHIEN, vg. de Fr., Nord, arr. de Cambrai, cant. et poste de Câteau; 810 hab.

MAZION, vg. de Fr., Gironde, arr., cant. et poste de Blaye; 490 hab.

MAZIRAT, vg. de Fr., Allier, arr. de Montluçon, cant. de Marcillat, poste de Néris; 730 hab.

MAZIRÔT, vg. de Fr., Vosges, arr., cant. et poste de Mirecourt; 310 hab.

MAZIS (le), vg. de Fr., Somme, arr. d'Amiens, cant. et poste d'Oisemont; 150 hab.

MAZOIRES, vg. de Fr., Puy-de-Dôme, arr. d'Issoire, cant. et poste d'Ardes; 1240 h.

MAZONNAIS, ham. de Fr., Loire-Inférieure, com. de Blain; 120 hab.

MAZOUAU, vg. de Fr., Hautes-Pyrénées, arr. de Bagnères-en-Bigorre, cant. et poste de la Barthe-de-Neste; 100 hab.

MAZOUS, vg. de Fr., Gers, com. de Lagulan-Mislan; 150 hab.

MAZ-RILLIE (le), ham. de Fr., Ain, com. de Miribel; 600 hab.

MAZUBI, vg. de Fr., Aude, arr. de Limoux, cant. de Belcaire, poste de Quillan; 360 hab.

MAZULIPATAM, v. de l'Inde anglaise, présidence de Calcutta, prov. des Circars du Nord; est située sur un bras du Krischna, près de son embouchure dans le golfe de Bengale, et possède le meilleur port de la côte de Coromandel. La ville se compose de deux parties : la citadelle et les forts, entourés de marais; les Anglais paraissent les abandonner; et la ville proprement dite, qui contient plus de 75,000 hab. Le commerce de Mazulipatam est florissant; son industrie, quoique moins considérable qu'autrefois, fabrique toujours ces étoffes de coton si estimées, connues sous le nom de toiles de Mazulipatam et de Chintz, toiles peintes, renommées pour leur couleur, leur finesse et leur brillant.

MAZURES (les), vg. de Fr., Ardennes arr. de Mézières, cant. et poste de Renwez; hauts-fourneaux, forges, platinerie; 1300 h.

MAZURIER (le), ham. de Fr., Creuse, com. de Soumans; 110 hab.

MAZWIZ, vg. de Danemark, duché de Holstein, bge de Segeberg, sur un golfe de la mer Baltique. Ses habitants s'occupent de la pêche.

MAZZARA, v. forte et épiscopale de l'île de Sicile, sur les bords de la mer; culture et fabrication du coton; 8000 hab.

MAZZARINO, v. de l'île de Sicile, intendance de Cabatanisetta; située dans une vaste plaine; 10,000 hab.

MAZZE, b. du Piémont, prov. d'Ivrea, sur une hauteur, entre le lac de Candia et la Dora; 2600 hab.

MAZZOLA, vg. de Fr., Corse, arr. et poste de Corte, cant. de Sermano; 240 hab.

MAZZORBO, pet. île de Lombardie, gouv. et délégation de Venise; remarquable par sa fertilité et par son ancienne prospérité.

MBAYAS, peuplade nombreuse et indépendante habitant les deux rives du Paraguay, à l'O. du dictatorat de ce nom et au N.-E. de la rép. Argentine. Lors de l'invasion des Espagnols les Mbayas habitaient le dist. de Chaco, entre 20° et 22° lat. S. Selon Balbi, cette nation est identique avec celle des Guaycurus; Azara, au contraire, représente ces deux peuplades comme distinctes et indépendantes l'une de l'autre. En 1661, les Mbayas passèrent le Paraguay et furent pendant longtemps la terreur des Espagnols et des Portugais. Une partie de cette peuplade fière et belliqueuse habite encore de nos jours le dist. de Chaco, entre le Pilco-Mayo et le Vermejo. Selon M. Rengger, les Mbayas forment la plus belle des nations indiennes établies sur le Parana et le Paraguay.

MEADVILLE, pet. v. des États-Unis de l'Amérique du Nord, état de Pensylvanie, comté de Crawford, dont elle est le chef-lieu, sur le French. Elle possède une université avec une bibliothèque, une banque, un arsenal de l'état et tient de grands marchés; 3400 hab.

MEAILLES, vg. de Fr., Basses-Alpes, arr. de Castellanne, cant. et poste d'Annot; 590 hab.

MEALLET, vg. de Fr., Cantal, arr., cant. et poste de Mauriac; 1060 hab.

MÉANDRE. *Voyez* MENDRES.

MEANGIS. *Voyez* MENGIS.

MEANI. *Voyez* MIANI.

MÉANNE (la). *Voyez* MARTIN-LA-MÉANNE (Saint-).

MÉANS (les), ham. de Fr., Hautes-Alpes, com. de Réalon; 100 hab.

MÉANS (port), vg. de Fr., Loire-Inférieure, com. de Montoir; 200 hab.

MEANSVILLE. *Voyez* BRADFORD (comté).

MEAOUN, v. de l'emp. Birman, prov. de Pégou, sur la rive occidentale de l'Iraouaddy. Cette ville, appelée anciennement Loonzai, joua un rôle important pendant les guerres des Birmans contre les Pégouans, et fut très-florissante. Elle déchut rapidement depuis la soumission du Pégou et fut réduite en cendres, en 1810.

MEAPIRE (Cerro de), chaîne de montagnes au N. du dép. de Maturin, rép. de Vénézuela; elle joint la Sierra Araya à la Sierra do Collocar et s'élève comme un rempart entre la baie de Cariaco et celle de Paria, dont elle empêche la réunion.

MÉARD (Saint-), vg. de Fr., Haute-Vienne, arr. de Limoges, cant. de Châteauneuf, poste d'Eymoutiers; hauts-fourneaux; 1200 hab.

MÉARI. *Voyez* MARANHAO (fleuve).

MÉARIE (la), ham. de Fr., Isère, com. de Tullins; 230 hab.

MEARNS, comté d'Écosse. *Voyez* KINCARDINE.

MÉASNES, vg. de Fr., Creuse, arr. de Guéret, cant. de Bonnat, poste d'Aigurande; 1300 hab.

MEAUCÉ, vg. de Fr., Eure-et-Loir, arr. de Nogent-le-Rotrou, cant. et poste de la Loupe; 310 hab.

MÉAUDRÉ, vg. de Fr., Isère, arr. et poste de Grenoble, cant. de Villard-de-Lans; 1010 hab.

MEAUFFE (la), vg. de Fr., Manche, arr. de St.-Lô, cant. de St.-Clair, poste de la Périne; 690 hab.

MÉAUGON (la), vg. de Fr., Côtes-du-Nord, arr., cant. et poste de St.-Brieuc; 1000 hab.

MEAULNE, vg. de Fr., Allier, arr. de Montluçon, cant. de Cérilly, poste; 800 h.

MÉAULTE, vg. de Fr., Somme, arr. de Péronne, cant. et poste d'Albert; 970 hab.

MEAUTIS, vg. de Fr., Manche, arr. de St.-Lô, cant. et poste de Carentan; 1200 h.

MEAUX, *Jatinum*, *Civitas Meldorum*, *Meldi*, v. de Fr., Seine-et-Marne, à 13 l. N.-N.-E. de Melun et à 10 l. E.-N.-E. de Paris, chef-lieu d'arrondissement; siége de tribunaux de première instance et de commerce, d'un évêché, suffragant de l'archevêché de Paris; direction des contributions indirectes et conservation des hypothèques. Cette ville, assez jolie, est agréablement située entre l'Ourcq et la Marne qui la divise en deux parties inégales : la ville proprement dite au N., et l'autre partie, appelée le Marché, au S.-E. La cathédrale, qui renferme le monument élevé à l'illustre Bossuet, est un chef-d'œuvre d'architecture gothique; l'évêché, avec son jardin et sa terrasse; l'hôtel de ville et le quartier de cavalerie sont les autres édifices les plus remarquables. Des boulevards et une place publique assez spacieuse offrent des promenades agréables. Meaux possède un collége, une société d'agriculture, sciences et arts, une bibliothèque de 14,000 volumes, une salle de spectacle et plusieurs établissements de bienfaisance. Fabr. de cotonnades, d'indiennes, de poterie; tanneries; filat. de coton, etc. Le principal commerce de Meaux consiste dans la vente des céréales et des excellents fromages dits de Brie. Les nombreux moulins qui l'environnent fournissent la plus grande partie des farines nécessaires à l'approvisionnement de Paris. Foires : 1er mardi après l'ascension, 15 mai et 11 novembre; 8500 hab.

Meaux est une ville très-ancienne, déjà importante au temps des Romains sous le nom de *Jatinum*; mais son origine est inconnue. Selon la table théodosienne, il portait le nom de *Fixituinum*. Sous les rois Francs il fit partie de la Neustrie. Les Normands le saccagèrent deux fois au huitième siècle; il était alors gouverné par des comtes et des vicomtes. Au douzième siècle, il fut constitué en commune, et le siècle suivant réuni à la couronne par le mariage de Philippe-le-Bel avec Jeanne, comtesse de Champagne. Au temps de la Jaquerie, cette ville fut le théâtre des scènes les plus sanglantes de cette terrible et malheureuse insurrection. Les Anglais s'en emparèrent en 1420, après un siége de cinq mois; elle rentra au pouvoir des Français en 1436. Les guerres de religion lui apportèrent de nouvelles calamités. Elle fut le berceau de la religion réformée en France; son évêque Guillaume Brissonnet, après y avoir prêché la réforme, en devint le plus ardent persécuteur et entra dans le parti de la ligue. Cependant Meaux fut la première des villes au pouvoir de la ligue qui ouvrit ses portes à Henri IV.

Patrie de l'avocat de Puisieux.

MEAUX (les), ham. de Fr., Eure-et-Loir, com. de Cherizy; 150 hab.

MEAUX, ham. de Fr., Loire, com. de Cublize; 370 hab.

MEAUZAC, vg. de Fr., Tarn-et-Garonne, arr., cant. et poste de Castel-Sarrazin; 960 hab.

MECCA. *Voyez* MÉDINA (comté).

MECÉ, vg. de Fr., Ille-et-Vilaine, arr. de Vilaine, cant. et poste de Vitré; 930 hab.

MECHERS, vg. de Fr., Charente-Inférieure, arr. de Saintes, cant. de Cozes, poste de Royan; 1100 hab.

MECHHED, v. du roy. de Perse, chef-lieu du Khorassan occidental. Bien que déchue du rang qu'elle tenait anciennement comme ville royale, la cité de Mechhed est encore très-importante par son commerce et ses florissantes fabriques de velours et d'armes blanches. Son édifice le plus remarquable (le plus beau de la Perse, suivant Fraser) est le magnifique tombeau de l'imam Aly, fils de Moussa, que les Persans regardent comme leur patron; un grand nombre de pèlerins viennent tous les ans visiter ce tombeau, auquel ont travaillé les principaux artistes de la Perse et qu'enrichissent encore de nos jours les dons des croyants. Mechhed a

20,000 habitants et possède plusieurs écoles ou médressés florissants. A quelques lieues de la ville sont les ruines de Thous qu'on a souvent confondu avec Mechhed et qui fut, sous les premiers califes, une des principales cités de l'Asie. Le calife Haroun-al-Raschid et le poëte national de la Perse, l'auteur du Schah-Nameh, Ferdousi y moururent. L'on y voit encore un petit tombeau élevé à ce dernier.

MECHHED-ALI ou **IMAM-ALI**, v. de la Turquie d'Asie, paschalik de Bagdad; est habité par environ 6 à 7000 âmes et renferme la superbe mosquée d'Ali, bâtie sur le tombeau de ce prophète des Persans. Les grands trésors qui s'y trouvaient ont été transportés, au commencement du siècle, dans la mosquée d'Imam-Moussa à Bagdad, pour les soustraire aux Wahabites qui menaçaient la ville de pillage. La contrée dans laquelle est située Mechhed-Ali est un véritable désert; on n'y trouve ni eau vive, ni arbre, ni terrain cultivable, rien que du sable. La chaleur est excessive en été; dans des temps récents, un prince indien a fait creuser un canal pour embellir et féconder un peu le district où est enterré Ali, mais le vent l'ensable chaque année et si l'on en négligeait le curage, le bien qu'il répand serait bientôt perdu. Dans les environs de Mechhed-Ali est une rotonde appelée par les habitants le tombeau d'Ezéchiel, et non loin de l'Euphrate sont les ruines de Koufa. *Voyez* l'article KOUFA.

MECHHED-HUSSEIN ou **IMAM-HUSSEIN**, v. de la Turquie d'Asie, paschalik de Bagdad, à l'O. de Hilla; est arrosée par un bras de l'Euphrate et entourée de jardins et de campagnes bien cultivées. Elle s'appelait anciennement *Kerbela*, mais prit son nom actuel, qui signifie martyre de Hussein, lorsque Hussein, fils d'Ali et petit-fils de Mahomet, y périt dans une bataille. Son tombeau, surmonté d'une mosquée, est magnifique et attire tous les ans un grand nombre de pèlerins, surtout persans. En 1801, les immenses trésors qui s'y trouvaient furent enlevés par les Wahabites, qui détruisirent aussi une partie du sanctuaire, relevé depuis par un schah de Perse; 7 à 8000 hab.

MECHHED-MADER-I-SOLEYMAN (tombeau de la mère de Salomon). *Voyez* PERSÉPOLIS.

MECHMONT, vg. de Fr., Lot, arr. de Cahors, cant. de Catus, poste de Pélacoy; 410 hab.

MÉCHOACAN, état de la confédération mexicaine; est borné au N. par les états de Guanaxuato et de Querétaro, à l'E. et au S.-O. par l'état de Mexico, au S. par l'Océan Austral et à l'O. par l'état de Xalisco et le territoire de Colima. Ce pays s'étend entre 17° 58' et 18° 29' lat. N. et entre 102° 10' et 105° 45' long. O. Sa superficie est de 1248 l. c. géogr. Il occupe le versant occidental du plateau d'Anahuac et jouit généralement d'un climat beau et très-salubre. Le sol, aride et sablonneux sur les côtes, où il est peu cultivé, est très-fertile dans l'intérieur.

Ses principaux produits sont le blé et les légumes. L'éducation du bétail est très-florissante; la laine des moutons de ce pays est très-recherchée et forme un important article de commerce. Depuis l'indépendance du Méchoacan l'éducation des vers à soie et la fabrication de la soie y ont fait de grands progrès. Ses mines fournissent de l'or, de l'argent, du cuivre, du plomb et du fer; l'exploitation de l'argent est la plus considérable. On y trouve encore du sel, de la terre noire à potier et des sources minérales. Cet état n'offre dans l'intérieur aucun cours d'eau considérable; le Rio-Grande-de-Santiago en fait la frontière N. et nourrit un grand nombre de canaux d'irrigation. Parmi les lacs de l'intérieur nous nommons le lac de Pasquaro au N.-O. et le lac de Cuisco au N. Tous les produits de cet état qui n'y sont pas consommés, tels que blé, bétail, coton, canne à sucre, pulque, cuirs, argent en barres, sont expédiés à Mexico. Le mauvais état des routes met beaucoup d'obstacles au commerce. La population du Méchoacan s'élève à 400,000 habitants, dont beaucoup d'Indiens convertis, qui habitent toute la partie méridionale de l'état. Le Méchoacan est du ressort de l'audience de Mexico et dépend de l'évêché de Morélia. Les établissements d'instruction sont encore peu nombreux.

Le Méchoacan formait, avant sa conquête par les Espagnols, un royaume assez puissant et indépendant de l'emp. des Aztiques. Lors de l'invasion des Espagnols il était gouverné par le roi Catzontzi. Christoval de Olid, officier de l'armée de Cortez, opéra en 1524 et en très-peu de temps la soumission de ce royaume. Les Espagnols y fondèrent, en 1536, la ville de Valladolid, qui devint le chef-lieu de l'intendance de ce nom et de celle de Guanaxuato réunies ensemble. Cependant le pays conserva son nom primitif qu'il reprit officiellement en 1824, époque de son entrée dans la confédération mexicaine.

MÉCHOACAN (ville). *Voyez* MORÉLIA.

MECHONA, g. a., b. de la Judée, entre Jérusalem et Eleutheropolis.

MECHY, ham. de Fr., Moselle, com. de Sanry-les-Vigy; 120 hab.

MECKENHEIM, vg. de la Bavière rhénane, arr. et cant. de Neustadt, sur la route de cette ville à Mannheim et à 2 l. de Durkheim; 1750 hab.

MECKENHEIM, pet. v. de Prusse, prov. du Rhin, rég. et à 8 l. S. de Cologne; entourée de fossés et murailles, avec 2 portes, sur la Swift; agriculture et éducation de bétail; 4 foires; 1300 hab.

MECKLEMBOURG-SCHWÉRIN et **MECKLEMBOURG-STRÉLITZ** (les grands-duchés de), s'étendent le long de la mer Baltique et sont bornés au N. par cette mer et la prov.

prussienne de Poméranie, à l'E. par les prov. de Poméranie et de Brandebourg, au S. par cette dernière province et la préfecture hanovrienne de Lunebourg, à l'O. par le duché danois de Lauenbourg, la rép. de Lubeck et la principauté oldenbourgeoise d'Eutin. Leur superficie est de 440 l. c. La mer Baltique y forme deux golfes, le Salzhoff et celui de Wismar. Les principaux fleuves de ces pays sont : l'Elbe, qui ne fait qu'y toucher et qui y reçoit l'Elde, la Sude sortie du lac Dæmmec, la Trave, le Warnow, grossi du Nebel, la Recknitz, la Peene, qui naît dans le Mecklembourg, ainsi que le Havel, affluent de l'Elbe. On y trouve 115 lacs, dont la moindre longueur est de 1/4 de milles et une infinité d'autres plus petits; les principaux sont : le lac Maritz, les trois lacs Kœlpin, Flessen et Malchow, réunis entre eux, ayant 2 3/8 milles de longueur sur une largeur de 5/8 de milles et mis par l'Elde en communication avec les lacs de Maritz et Plauer; ce dernier a 2 milles de longueur sur 3/4 de milles de largeur; le lac de Schwérin, long de 2 3/4 de milles et large de 1/2 mille; le lac Kummerow, le lac Malchin, etc.; ceux de Schoal et de Ratzebourg n'appartiennent qu'en partie au Mecklembourg. Ce pays est en partie beau et fertile, et en partie d'une aride uniformité; le terrain est généralement bas et uni; il offre des contrées fertiles en céréales, en légumes ou couvertes d'excellentes prairies, mais interrompues souvent par des forêts, des marais, des landes, des bruyères, des lacs innombrables et des chaînes de collines. Il y a surtout deux chaînes principales de collines qui, l'une au N. et l'autre au S., parcourent le pays presque sans interruption de l'E. à l'O. Les côtes de la mer sont presque partout basses et sablonneuses et couvertes d'une quantité de pierres cylindriques, qui forment près de Doberau ce qu'on appelle la *sainte Digue*, longue de 1/2 mille, large de 100 pieds et haute de 12 à 16 pieds. Le climat, généralement rude et brumeux, convient fort peu aux fruits; les principaux et presque les seuls objets d'exportation sont les grains, le lin, le bois, la laine, les bestiaux et les poissons. On élève dans le Mecklembourg considérablement de moutons et de bêtes à cornes; ses chevaux sont rangés parmi les meilleurs de l'Allemagne; le plus grand haras se trouve dans le village de Redewin, mais le plus renommé à Jevenacker. La population des grands-duchés de Mecklembourg est de 500,000 hab., d'origine Wende, mais entièrement germanisés et parlant le bas allemand et qui suivent la religion réformée. Les domaines des princes comprennent les quatre dixièmes du pays; la noblesse, qui a conservé l'entière jouissance de ses anciens privilèges, en possède environ les cinq dixièmes et les villes le reste; les paysans étaient serfs jusqu'en 1820. Les habitants sont agricoles, pasteurs, pêcheurs et font un commerce considérable des produits du sol; la principale ville de commerce est Rostock. L'industrie est tout à fait insignifiante; on fabrique surtout des toiles grossières. Les routes sont mauvaises et il n'y a point de canaux.

Les côtes du Mecklembourg étaient anciennement occupées par des Hérules et des Vandales, qui, lors de leur émigration, furent remplacés par des tribus slaves venues de l'E. Les deux plus puissantes de ces tribus, les Obstrites et les Wilses, fondèrent dans le Mecklembourg un duché, qui comprenait en outre la Poméranie, et ils acquirent sur mer une certaine importance par leur commerce et leurs pirateries. Après de longues guerres, entreprises pour subjuguer les Slaves, Henri-le-Lion, duc de Saxe et de Bavière, parvint à conquérir, à ravager le pays et à convertir de force les habitants au christianisme. Après le baptême du roi obstrite Pribislaus II, en 1167, Henri lui rendit ses états héréditaires, qu'il érigea en principauté (à l'exception seulement des comtés de Schwérin et Danneberg et des évêchés de Schwérin et de Ratzebourg). En 1170 Pribislaus reçut le titre de prince de l'empire; c'est lui qui devint la souche de la famille grand-ducale de Mecklembourg. Sous ses successeurs, le pays subit différents partages : jusqu'en 1695 il y eut une branche de Schwérin et une branche de Gustrow, et en 1701 une convention faite à Hambourg établit la division actuelle du pays entre les branches de Schwérin et de Strélitz. Les princes de Mecklembourg-Schwérin et de Mecklembourg-Strélitz entrèrent dans la confédération du Rhin en 1807, mais en ne modifiant que très-peu leur ancienne constitution représentative; ils cessèrent d'en faire partie le 25 mars 1813. Ils furent élevés en 1815 à la dignité de grand-duc; tous deux occupent la quatorzième place dans le petit-conseil de la diète germanique. Le grand-duc actuel, Paul, racheta la ville de Wismar et les bailliages de Pœhl et de Neuklosted, que la ligne de Schwérin avait cédés à la Suède à la paix de Westphalie, en échange des évêchés sécularisés de Schwérin et de Ratzebourg. D'après l'arrangement conclu avec l'électeur de Brandebourg en 1442, les grands-duchés de Mecklembourg doivent revenir à la maison souveraine de Prusse en cas d'extinction de la famille régnante.

Les deux pays sont entre eux dans une étroite relation, par suite de pactes faits en 1701 et 1755; ils ont les mêmes états, le même système d'impôts, les mêmes tribunaux supérieurs et la même université (à Rostock). Les états limitent faiblement la puissance monarchique des grands-ducs; ils sont réunis en une seule chambre, appelée l'union du pays (Landes-Union) et formée de l'ordre privilégié de la noblesse et de celui des villes. La haute cour d'appel siége à Parchim. Les revenus sont d'un million

800,000 écus. La dette est considérable.

Le grand-duché de Mecklembourg-Schwérin forme un tout contigu, composé des duchés de Schwérin et de Gustrow, des seigneuries de Rostock et de Wismar. Sa superficie est de 380 l. c., sa population de 500,000 hab., répartis dans 41 villes, 9 bourgs, 2,415 villages, hameaux et métairies. Les revenus du pays sont de 1,500,000 écus; ses forces militaires sont d'environ 3200 hommes. Il a deux voix à la diète germanique en assemblée plénière, et il a une voix commune avec Mecklembourg-Strélitz dans le petit-conseil de la diète; il fournit à l'armée fédérale un contingent de 3580 hommes. Ce pays a 5 divisions administratives, qui sont: le cer. du Mecklembourg ou le duché de Schwérin, qui a environ 122 milles c., le cer. Wendique, la principauté de Schwerin, la seigneurie de Wismar et la seigneurie ou le territoire de Rostock. Ses principales villes sont: Schwérin, sa capitale; Rostock, Wismar, Gustrow et Parchim.

Le grand-duché de Mecklembourg-Strélitz est formé de deux parties entièrement détachées: la seigneurie de Stargard ou le duché de Mecklembourg-Strélitz, placé à l'extrémité orientale du Mecklembourg, et la principauté de Ratzebourg, qui forme son extrémité orientale. Il n'a qu'une superficie de 60 l. c. et une pop. de 86,000 hab., repartis dans 9 villes, 2 bourgs, 392 villages, métairies, etc. Ses forces militaires sont de 718 hommes; ses revenus annuels sont de 300,000 écus. Il a une voix dans la grande diète germanique et fournit à l'armée de la confédération un contingent de 718 hommes. Sa capitale est Neustrelitz.

MECKLENBURGH, comté de l'état de la Caroline du Nord, États-Unis de l'Amérique du Nord; riche mine d'or; 24,000 hab. Charlotte est le chef-lieu du comté.

MECKLENBURGH, comté de l'état de Virginie, États-Unis de l'Amérique du Nord; mine de cuivre; 23,000 hab. Boydstown est le chef-lieu du comté.

MECKNES. *Voyez* MEQUINEZ.

MÉCLEUVES, vg. de Fr., Moselle, arr. et poste de Metz, cant. de Verny; 540 hab.

MECOS, peuplade indienne indépendante et indomptable dans la confédération mexicaine. Ils habitent les immenses solitudes de l'état de Durango, où ils inquiètent fréquemment les habitants et les voyageurs qui ne peuvent traverser leur district que bien armés. Ce sont, selon M. de Humboldt, les descendants des fameux Chichimèques, dont les six tribus, les Pames, les Capucès, les Samuès, les Mayolias, les Guamanes et les Guachichiles, s'étendaient depuis 23° jusqu'à 28° lat. N. Ils furent complétement défaits par les Espagnols, en 1531, sur les bords du Tolotlan (Lerma).

MECQUE (grand chérifat de la), un des principaux états de l'Arabie; comprend la partie de l'Hedjaz appelée par les Arabes Beled-el-Haram ou pays sacré. Le chérif est nommé par le sultan de Constantinople, mais doit être choisi parmi les membres de la famille du prophète. En 1803 tout son pays, ainsi que sa capitale, fut conquis par les Wahabites, et depuis la défaite de ces sectaires par Méhémet-Ali, le pacha d'Égypte est le suzerain du chérifat et des villes saintes, qui sont, ainsi que les places fortes et les ports, occupées par ses troupes.

MECQUE (la) ou MEKKE, *Macoraba*, v. de l'Arabie, capitale du grand chérifat; est située dans un vallon stérile de l'Hedjaz, sous 21° 28' lat. N., à quelques lieues à l'E. de Djeddah. Les montagnes qui l'entourent sont complétement nues, les campagnes arides, et en été la chaleur y est parfois insupportable. Les maisons, bâties en pierre dans le style oriental, sont assez jolies et ses rues régulières, mais un tiers de la ville fut ruiné lors de sa prise par les Wahabites. L'occupation de ces sauvages sectaires fit déchoir rapidement la richesse d'une ville, où affluaient des pèlerins musulmans de l'Asie, de l'Afrique et de l'Europe, et où fut toujours un des principaux entrepôts du commerce qui se fait avec la Syrie, l'Égypte et l'Italie, et où l'Inde et la Perse envoient leurs produits. La population de la Mecque, autrefois de 100,000 habitants, descendue au temps où la visita Ali-Bey à 18,000, se monte aujourd'hui à 30,000 âmes. La ville est entièrement ouverte, mais protégée par trois bastions, où les troupes de Méhémet-Ali, pacha d'Égypte, tiennent garnison. La Mecque est le principal berceau des traditions musulmanes et une des villes saintes révérées par l'islamisme. Selon les mahométans, Adam et Eve obtinrent en cet endroit le pardon de leur péché; c'est là que s'établit Ismaël, fils d'Abraham, et donna naissance à l'illustre tribu des Koraïchites, à laquelle appartient Mahomet; c'est là qu'Abraham, qui visita plusieurs fois son fils, bâtit la Kaaba; enfin c'est à la Mecque que naquit Mahomet. La foi musulmane fait un devoir à ses fidèles de visiter une fois dans leur vie le lieu de naissance de leur prophète, ce qui amène tous les ans de nombreuses caravanes de pèlerins, dont le nombre s'élève quelquefois à 30,000. Le principal objet de leur vénération est la mosquée sacrée ou Mesched-el-Haram, où l'on entre par le Bab-Absalam ou porte du salut. C'est un grand espace carré, entouré de galeries voûtées, où les pèlerins se trouvent à l'abri du soleil, et surmonté de 7 minarets. On entre par 19 portes dans la cour intérieure où s'élève la Kaaba, espèce de tour carrée qui a 34 pieds de haut sur 27 de large. Abraham l'éleva, disent les Arabes, pour y réciter ses prières. L'intérieur n'est ouvert aux fidèles que trois fois par an, et la plupart des pèlerins sont réduits à tourner sept fois autour de l'édifice et à vénérer la fameuse *pierre noire* (probablement une pierre météorique), qui est encastrée dans le mur à l'angle E. Tout près est le puits de Semsem, où les musulmans viennent se purifier, et plusieurs autres coupoles, chaires et petits édifices, destinés à différentes cérémonies. Presque toute la Kaaba est recouverte d'une étoffe en soie noire, sur laquelle est brodée en caractères d'or la profession de foi musulmane : «il n'y a pas d'autre Dieu que Dieu, et Mahomet est son prophète». Depuis l'extinction des califes de Bagdad, le sultan de Constantinople envoie tous les ans cette couverture par la caravane du Caire. Il est défendu sous peine de mort aux infidèles de s'approcher à plus de 9 l. de la Mecque; cependant Burkhardt la visita, mais il trouva la ville presque ruinée par les Wahabites; les colléges, autrefois si célèbres, changés en caravansérails; l'industrie se bornant à la fabrication de chapelets; les hautes classes livrées à la débauche. Quant aux Koraïchites, il en restait à peine quelques hommes après les longues guerres intérieures qui avaient ravagé l'Arabie. Dans les environs de la Mecque sont plusieurs endroits célèbres dans les fastes de la religion musulmane. Tels sont le mont Arafat et la vallée de Minol, où les pèlerins vont faire des stations et dire des prières, et la grotte du mont Hira, où se retirait Mahomet pour se livrer à ses méditations et où, d'après les Arabes, lui apparut pour la première fois l'ange Gabriel. Le fameux baume de la Mecque ne vient pas dans le voisinage de cette ville, mais dans l'intérieur de la péninsule Arabique.

MECQUIGNIES, vg. de Fr., Nord, arr. d'Avesnes, cant. et poste de Bavay; 1020 h.

MECRIN, vg. de Fr., Meuse, arr. et cant. de Commercy, poste de St.-Mihiel; 470 hab.

MECRINGES, vg. de Fr., Marne, arr. d'Épernay, cant. et poste de Montmirail; 210 hab.

MECZCZOWSK, pet. v. de la Russie d'Europe, gouv. de Kaluga; siége des autorités du cercle; 1800 hab.

MED-AMOUD, misérable, vg. de la Haute-Égypte, prov. de Kéneh, à gauche du Nil, sur une partie de l'emplacement de l'ancienne Thèbes.

MÉDAN, vg. de Fr., Seine-et-Oise, arr. de Versailles, cant. et poste de Poissy; 200 hab.

MÉDARD (Saint-), vg. de Fr., Charente-Inférieure, arr., cant. et poste de Jonzac; 190 hab.

MÉDARD (Saint-), vg. de Fr., Charente-Inférieure, arr. de la Rochelle, cant. de la Jarrie, poste de Croix-Chapeau; 1530 hab.

MÉDARD (Saint-), Charente-Inférieure. *Voyez* Marc (Saint-).

MÉDARD (Saint-), vg. de Fr., Creuse, arr. d'Aubusson, cant. et poste de Chénérailles; 1590 hab.

MÉDARD (Saint-), vg. de Fr., Dordogne, arr. de Ribérac, cant. et poste de Mussidan; 840 hab.

MÉDARD (Saint-), vg. de Fr., Haute-Garonne, arr. de St.-Gaudens, cant. et poste de St.-Martory; 260 hab.

MÉDARD (Saint-), vg. de Fr., Gers, arr., cant. et poste de Mirande; 700 hab.

MÉDARD (Saint-), vg. de Fr., Gironde, arr. de Libourne, cant. de Courtras, poste; 920 hab.

MÉDARD (Saint-), vg. de Fr., Indre, arr. de Châteauroux, cant. et poste de Châtillon-sur-Indre; 190 hab.

MÉDARD (Saint-), vg. de Fr., Landes, arr., cant. et poste de Mont-de-Marsan; 650 hab.

MÉDARD (Saint-), ham. de Fr., Lot-et-Garonne, com. de Clermont-Dessous; 110 h.

MÉDARD (Saint-), vg. de Fr., Loire, arr. de Montbrison, cant. de St.-Galmier, poste de Chazelles; 800 hab.

MÉDARD (Saint-), vg. de Fr., Meurthe, arr. de Château-Salins, cant. et poste de Dieuze; 500 hab.

MÉDARD (Saint-), vg. de Fr., Basses-Pyrénées, arr. d'Orthez, cant. d'Arthez, poste de Lacq; 610 hab.

MÉDARD (Saint-), vg. de Fr., Deux-Sèvres, arr. et poste de Melle, cant. de Celles; 230 hab.

MÉDARD (Saint-), ham. de Fr., Somme, com. de Roye; 300 hab.

MÉDARD-DE-BARBEZIEUX (Saint-), vg. de Fr., Charente, arr., cant. et poste de Barbezieux; 540 hab.

MÉDARD-DE-DRONNE (Saint-), vg. de Fr., Dordogne, arr., cant. et poste de Ribérac; haut-fourneau aux Farges; 620 hab.

MÉDARD-DE-GUIZIÈRES (Saint-), Gironde. *Voyez* Médard (Saint-).

MÉDARD-DE-GURÇON (Saint-), vg. de Fr., Dordogne, arr. de Bergerac, cant. de Villefranche-de-Lonchapt, poste de Ste.-Foy; 1800 hab.

MÉDARD-DE-MEIGNOS (Saint-), ham. de Fr., Landes, com. de la Glorieuse; 220 hab.

MÉDARD-DE-PRESQUE (Saint-), vg. de Fr., Lot, arr. de Figeac, cant. et poste de St.-Céré; 890 hab.

MÉDARD-DE-ROUILLAC (Saint-), vg. de Fr., Charente, arr. d'Angoulême, cant. de Rouillac, poste d'Aigre; 510 hab.

MÉDARD-DES-PRÉS (Saint-) ou Marc (Saint-), vg. de Fr., Vendée, arr., cant. et poste de Fontenay-le-Comte; 530 hab.

MÉDARD-D'EXCIDEUIL (Saint-), vg. de Fr., Dordogne, arr. de Périgueux, cant. et poste d'Excideuil; forges; 670 hab.

MÉDARD-D'EYRANS (Saint-), vg. de Fr., Gironde, arr. de Bordeaux, cant. de la de Castres; 420 hab.

MÉDARD-EN-JALLE (Saint-), vg. de Fr., Gironde, arr. et poste de Bordeaux, cant. Brède, poste de Blanquefort; 1670 hab.

MÉDARD-NICOURBIE (Saint-), vg. de Fr., Lot, arr. de Figeac, cant. et poste de la Capelle-Marival; 220 hab.

MÉDARD-PRÈS-CATUS (Saint-), vg. de

Fr., Lot, arr. de Cahors, cant. de Catus, poste de Castelfranc; 510 hab.

MÉDARD-SUR-ILLE (Saint-), vg. de Fr., Ille-et-Vilaine, arr. de Rennes, cant. de St.-Aubin-d'Aubigné, poste de Liffré; 940 h.

MÉDAVI, vg. de Fr., Orne, arr. d'Argentan, cant. et poste de Mortrée; 290 hab.

MEDE (la), ham. de Fr., Bouches-du-Rhône, com. de Châteauneuf-les-Martigues; 200 hab.

MEDEA, *Lamida*, pet. v. assez jolie de la rég. d'Alger, prov. de Titterie, à 7 l. S.-O. de Blida, dans un territoire délicieux et très-fertile; c'était la résidence du bey de Titterie; bel aquéduc; antiquités; 6000 hab.

MEDEBACH, pet. v. de Prusse, prov. de Westphalie, rég. d'Arnsberg; fabrication de draps et de potasse; 2240 hab.

MEDEDONS, ham. de Fr., Gironde, com. de Preignac; 200 hab.

MEDELLIN, *Metellinum*, *Castra Metellina*, pet. v. d'Espagne, roy. de la Nouvelle-Castille, prov. d'Estramadure, dist. et à 14 l. S. de Truxillo, sur la Guadiana, que l'on y traverse sur un pont en pierres de 20 arches. Fernan Cortez, conquérant du Mexique en 1521, est né à Medellin en 1483; il mourut près de Séville le 2 décembre 1554; 3250 hab.

MEDELLIN, belle v. de la rép. de la Nouvelle-Grenade, dép. de Cundinamarca, prov. d'Antioquia, dont elle est le chef-lieu, dans une contrée délicieuse, sur le Rio-Porcé et à 1500 mètres au-dessus du niveau de l'Océan. Elle fut fondée par Fernan Cortez qui lui donna le nom de sa ville natale dans l'Estramadure; 11,000 hab.

MEDELPAD. *Voyez* WESTER-NORRLAND.

MEDELPAD, ancienne prov. de Suède; forme depuis 1810, avec celle d'Angermanland, le gouv. de Wester-Nordland.

MEDEMBLIK, *Medemelacum*, pet. v. de la Hollande, avec un bon port sur le Zuydersée, prov. de la Hollande septentrionale, dist. et à 4 l. N. de Hoorn; commerce de bois et de fromages; 2060 hab.

MEDENI, g. a., peuple de la Zeugitane, peu loin de Madaura.

MEDEON, g. a., v. de la Béotie, au pied du mont Phœnicius, peu loin d'Onchestus et du lac Copaïs.

MEDEYROLLES, vg. de Fr., Puy-de-Dôme, arr. d'Ambert, cant. de Viverols, poste d'Arlanc; 510 hab.

MEDFORD, b. des États-Unis de l'Amérique du Nord, état de Massachusetts, comté de Middlesex; 2600 hab.

MÉDIE, g. a., contrée d'Asie; elle était bornée au N. par l'Araxès, à l'E. par la mer Caspienne, l'Hyrcanie et la Parthie, au S. par la Susiane et à l'O. par l'Assyrie et la Grande-Arménie; elle forme aujourd'hui les provinces de Perse appelées Aderbaijan et Ghilan, la partie N.-O. de celle d'Irak-Adjemi et la partie occidentale de celle de Mazanderan ou Terabestan. Ses habitants étaient divisés en 6 tribus: Busæ, Paretaceni, Struchates, Arizanti, Budii et Magi.

MEDIA MAGNA, g. a., formait la partie méridionale de la Médie; avec la capitale Ecbatane (Hamadan).

MEDIASCH ou MEGYES-SZEK, siége de Transylvanie, pays des Saxons. Sa superficie est de 12 l. c. géogr. et sa population de 30,000 hab. Ce pays produit en abondance du vin, du blé, du maïs, des fruits, du bois et du gibier; l'éducation du bétail et des abeilles est assez importante.

MEDIASCH, *Mediesus*, pet. v. fortifiée de Transylvanie, chef-lieu du siége de même nom, pays des Saxons; sur le Grand-Kokel; gymnase luthérien, avec une bibliothèque; école normale; industrie et commerce; 5000 hab.

MEDICARA, v. de la Zeugitane, au S. de Carthage, entre Tucma et Ulizibirra.

MEDICINA, gros b. de l'état de l'Eglise, légation de Bologne; manufactures de toiles et d'étoffes de soie; 5000 hab.

MEDIÈRE; vg. de Fr., Doubs, arr. de Baume-les-Dames, cant. et poste de l'Isle-sur-le-Doubs; 350 hab.

MÉDILLAC, vg. de Fr., Charente, arr. de Barbezieux, cant. et poste de Chalais; 350 h.

MÉDILLAN. *Voyez* MONTPELLIER-DE-MÉDILLAN.

MÉDINA, b. de Sénégambie, dans le Ghiolof proprement dit; habité par beaucoup de teinturiers.

MÉDINA, b. de Sénégambie, état Peul de Casson; les Français y ont un comptoir.

MEDINA CELI, *Methymna Celia*, *Medina Celia*, pet. v. d'Espagne, avec un château, sur le Xalon; formant, avec ses terres, le duché de même nom, roy. de la Vieille-Castille; prov. de Soria; 1200 hab.

En 712 les Goths y furent défaits par les Arabes.

MEDINA-DEL-CAMPO, *Methymna Campestris*, pet. v. d'Espagne, roy. de Léon, prov. et à 9 l. S. de Valadolid, sur le Zapardiel; elle a 14 églises, 16 couvents et 4 hôpitaux. Cet endroit est exempt de presque toute imposition et tient 3 foires très-fréquentées. Pendant les quinzième et seizième siècle il était riche et florissant; on y comptait alors jusqu'à 56,000 hab.; 2600 hab.

MEDINA-DE-LOS-TURRES, *Methymna Turrium*, pet. v. d'Espagne, roy. de la Nouvelle-Castille, prov. d'Estramadure, dist. de Llerna; fabr. de draps; eaux minérales; 2000 hab.

MEDINA-DEL-RIO-SECO, *Methymna Sicca*, *Cauca*, v. d'Espagne, roy. de Léon, prov. et à 6 l. O. de Valladolid; murée; située sur la riv. de Rio-Seco et correspondant par le canal de Campo avec celui de Castille. Elle possède 3 églises paroissiales, 5 couvents, 2 hôpitaux, des manufactures de serge et de rubans de soie. Ses foires, autrefois si fréquentées et qui lui avaient fait donner le nom d'Indichiaca ou Petites-Indes, ont beaucoup perdu de leur ancienne splendeur; cependant elles recommencent à fleurir; 8000 hab.

MEDINA-SIDONIA, *Methymna Asidonia, Asindo*, v. d'Espagne, Andalousie, roy. de Séville, dist. et à 8 l. S.-E. de Cadix. Elle a des murailles et occupe le sommet et la pente d'une colline; le duc de même nom y possède un magnifique palais; les habitants s'occupent d'agriculture; 5000 hab.

MEDINE, v. de l'Arabie, dans l'Hedjaz, appartient au grand Chérifat de la Mecque et est une des villes saintes de l'islamisme, en sa qualité de refuge et de lieu de mort de Mahomet. Son nom primitif est Yatreb; mais on lui donna celui de Medinet-Alnébi ou ville du prophète, lorsque Mahomet, chassé de la Mecque, y eut fixé son séjour. Médine est située sous 25° 1′ lat. N., au N. de la Mecque et à 28 l. de la mer. Elle est bâtie au bord du plateau arabique dans un lieu creux, entouré de montagnes arides, et est arrosée par l'Aïoun-Zarkeh ou sources bleues, dont le lit se dessèche pendant les chaleurs. Elle est plus petite que la Mecque et n'a que 6000 habitants fixes, dont le plus grand nombre vit des aumônes des pèlerins et des dons envoyés par de fervents musulmans, pour faire dire des prières au tombeau de Mahomet. Ce tombeau se trouve dans une mosquée entourée d'une galerie comme la Kaaba de la Mecque; la même mosquée contient aussi les tombeaux des deux premiers califes Aboubekr et Omar. Une autre mosquée, bâtie, dit-on, par Mahomet lors de son premier séjour à Médine, est regardée comme le plus ancien temple musulman. Les colléges de la ville, au nombre de 30, sont renommés; mais on connaît peu le degré d'instruction qu'y reçoivent les élèves, puisque le séjour, même l'accès de Médine est défendu sous peine de mort aux chrétiens. Dans le voisinage de la ville est le mont Ohod où Mahomet fut défait par les Mecquois, et le bourg de Bedr, autrefois puits de Bedr, où le prophète vainquit à son tour ses ennemis. Le port d'Yambo est regardé comme le port de Médine.

MEDINET-ABOU, misérable vg. de la Haute-Égypte, prov. et à 12 l. S.-S.-E. de Kenéh, à la gauche du Nil, sur une partie de l'emplacement de l'ancienne Thèbes, dont les ruines, encore imposantes de nos jours, attestent le haut degré de perfection que les sciences et les arts avaient atteint, il y a plus de trente siècles, dans ces pays où aujourd'hui règne la barbarie.

MEDIOLUM, g. a., v. des Celtibériens, dans l'Hispanie Tarragonaise.

MEDIOMATRICES, peuple du S.-E. de la Gaule Belgique, au S. des Treveri (Trêves). Chef-lieu Divodurum (Metz).

MEDIOS. *Voyez* NEIBA (fleuve).

MEDIS, vg. de Fr., Charente-Inférieure, arr. de Pons, cant. et poste de Saujon; 1010 hab.

MÉDITERRANÉE, *Mare Mediterraneum*, la célèbre mer intérieure de l'ancien monde, comprise entre l'Europe, l'Asie et l'Afrique, s'étend de 8° long. O. à 34° long. E. et de 30° à 46° lat. N. A l'O. elle communique par le détroit de Gibraltar avec l'Océan Atlantique, dont elle est l'enfoncement le plus considérable; à l'E. les Dardanelles la mettent en communication avec la mer de Marmara qui, elle-même, communique par le Bosphore ou détroit de Constantinople avec la mer Noire, deux mers intérieures de moindre dimension, qu'on regarde souvent comme parties de la Méditerranée. La plus grande longueur de la mer proprement appelée de ce nom, est de 515 milles géogr.; sa plus grande largeur est de 240 milles géogr. et sa superficie totale de 47,500 milles c. géogr., de sorte que la Méditerranée est à la Baltique comme 4 est à 1, et à l'Océan Atlantique comme 1 est à 34. Enumérer tous les enfoncements, golfes et baies de cette mer, citer tous les fleuves qui lui apportent leurs eaux, tous les caps qui s'y projettent, toutes les îles, tous les îlots qui s'élèvent au dessus de la nappe azurée de ses flots, serait trop long; les noms des plus importants de ces golfes, fleuves, caps, îles, doivent seuls être mentionnés dans cet article général; quant aux détails, nous renvoyons aux articles spéciaux.

La Méditerranée prend le nom de canal des Baléares, entre l'archipel de ce nom et la côte opposée de l'Espagne; celui de golfe de Lyon, le long des côtes de France, entre le cap Creux et la Provence; la partie comprise entre les côtes de Nice et de Lucques s'appelle golfe de Gênes; celle qui baigne la Corse et la Sardaigne d'un côté, la côte opposée de l'Italie de l'autre est nommée mer de Toscane; la mer de Sicile se trouve entre l'île de ce nom et les côtes du roy. de Naples, la mer Ionienne entre l'Italie, la Sicile et la Grèce; les golfes de Tarente, entre la Calabre, la Basilicate et la terre d'Otrante; de Patras, entre les îles Ste.-Maure, Céphalonie, Zante, la Grèce et le Péloponèse; de Corinthe ou de Lépante, au-delà du détroit de ce nom, sont les principaux enfoncements de cette partie de la Méditerranée. L'Adriatique est le vaste golfe compris, au N. du canal d'Otrante, entre la côte orientale de l'Italie, la Dalmatie, l'Albanie et l'Epire; ses principaux enfoncements sont le golfe de Venise, celui de Trieste et celui de Carnero; vient ensuite cette partie de la Méditerranée que les Grecs ont appelée la mer par excellence (Archipelagos) et à laquelle nous avons conservé le nom d'Archipel. Elle est comprise entre les côtes du Péloponèse, de la Roumélie et de l'Asie Mineure, pénètre entre le grand nombre d'îles dont elle est parsemée et forme les golfes de Nauplie, d'Egine ou d'Athènes, en Grèce, de Salonique, de Contessa ou d'Orphano dans l'ancienne Macédoine, de

Saros dans l'ancienne Thrace, et au S.-E. du détroit des Dardanelles les golfes de Makry, de Scalanova et d'Adramiti, dans l'Asie Mineure. La Méditerranée forme encore plusieurs autres enfoncements considérables sur les côtes méridionales de l'Asie Mineure, tels que le golfe de Satalie ou d'Antalia, la baie de Tarsus et le golfe d'Alexandrette ou de Scanderoun, entre la Syrie et l'Asie Mineure. Enfin, sur la côte d'Afrique la Méditerranée forme le golfe de la Sidre dans l'état de Tripoli, et ceux de Cabes et de Tunis dans celui de Tunis.

Les principaux caps qui s'avancent dans la Méditerranée, sont :

En Europe, les caps Gata (intendance de Grenade), Palos (intendance de Carthagène), St.-Martin (intendance de Valence), Creux (intendance de Barcelone), en Espagne; le cap Corse, à la pointe septentrionale de l'île du même nom; le cap d'Anzo, dans la comarque de Rome; les caps Campanella (Principauté citérieure), Spartivento (Calabre ultérieure), Faro ou Phare (intendance de Messine), Passaro (intendance de Syracuse), delle Colonne (Calabre ultérieure IIe), Ste.-Marie de Leuca (terre d'Otrante), dans le roy. des Deux-Siciles; le cap Promontore, dans l'Istrie; les caps Matapan et Malio ou St.-Ange, dans la Morée; le cap Colonne, dans l'Attique; en Asie, le cap Baba, le point le plus occidental du continent asiatique; le cap Chelidonia, sur la côte méridionale de l'Asie Mineure; le cap Carmel, en Syrie; en Afrique, le cap Burlos, le point septentrional du delta du Nil; les caps Messratho (Mesurata) et Rasat, dans l'état de Tripoli; le cap Bon, dans l'état de Tunis; le cap Blanc, dans le même état, c'est le point le plus septentrional de l'Afrique; le cap de Fer et le cap Bugaroni, dans l'Algérie; enfin le cap Tres-Furcas ou des trois Fourches, dans l'emp. du Maroc.

Les fleuves les plus importants qui se jettent dans la Méditerranée, sont : l'Ebre, en Espagne; le Rhône, en France; le Tibre, l'Adige et le Pô, en Italie; le Vardar et la Maritza, dans la Turquie d'Europe; nous passons sous silence les faibles cours d'eau de l'Asie Mineure et de la Syrie, pour arriver à l'artère fécondante de l'Égypte, au Nil; le Chélif est la principale rivière de l'Algérie; quant au Maroc, il n'offre aucun cours d'eau important, tributaire de la Méditerranée.

Il nous reste à nommer les principales îles de cette mer; ce sont les îles Baléares (Majorque, Minorque, Iviça, etc.), sur les côtes d'Espagne; la Corse, la Sardaigne, l'île d'Elbe, la Sicile, le groupe de Malte, qu'on peut regarder comme des dépendances géographiques de l'Italie; les îles Lésina, Curzola, Brassa, Veglia, Cherso, sur les côtes de la Dalmatie, et dans la mer Adriatique, les îles Ioniennes, surtout Corfou, Céphalonie, Zante; la grande île de Candie, les îles de l'Archipel, dont une partie appartient à l'Europe et une partie à l'Asie; parmi les premières, il faut remarquer Négrepont, Naxie, Andro, Lemnos ou Stalimène, Tasso, Hydra, Spezzia, Egine; parmi les secondes, Chypre, Rhodes, Samos, Chio, Métélin, etc.; enfin, sur la côte d'Afrique, Zerbi ou Gerbi et le groupe de Kerkeni, dans le golfe de Cabes, Pontellaria, entre l'Afrique et la Sicile et Tabarca.

Le niveau toujours égal de la Méditerranée, malgré le grand nombre de fleuves qui s'y jettent et les flots que lui versent la mer Noire et l'Océan Atlantique, sa salure inférieure à celle de cette dernière mer, les changements continuels des vents qui y règnent, ont soulevé quelques difficiles problèmes de physique que la science n'a pas encore résolus. Mais la Méditerranée est bien autrement importante sous le rapport de la civilisation; comme nous l'avons dit en commençant cet article, elle fut la célèbre mer intérieure de l'ancien monde : l'Égypte, la Phénicie, la Judée, Byzance, la Grèce, Rome fleurirent sur ses bords et préparèrent le terrain à la civilisation moderne; elle fut jusqu'à la fin du quinzième siècle la grande route du commerce et, chose étrange, au moment où la machine à vapeur a vaincu la distance, le commerce de l'Inde et de la Chine tend à reprendre cette ancienne route. Enfin, n'est-ce pas dans la Méditerranée que sera vidée cette grande question d'Orient, dont le résultat final sera d'asseoir définitivement l'influence de la civilisation européenne sur le monde entier.

MEDIURO, groupe de petites îles de la chaîne de Radack, archipel de Mulgrave de plusieurs géographes ou des îles Marshall de quelques autres plus modernes (archipel central de Balbi), dans la Polynésie ou Océanie orientale, sous 7° 15′ lat. N. et sous 168° 30′ long. orient, au S.-E. du groupe d'Aouo.

MEDJERDAH ou **MEGERDAH**, **MEJERDAH**, **BAGRADA** ou **BAGRADAS**, riv. considérable des rég. d'Alger et de Tunis; elle prend sa source aux montagnes de Hanalak, dans l'Atlas, et se jette dans la Méditerranée, au S. de Porto-Farina.

MEDLING ou **MOEDLING**, b. d'Autriche, pays au-dessous de l'Ens, cer. sous le Wienerwald; 2800 hab.

MÉDONVILLE, vg. de Fr., Vosges, arr. de Neufchâteau, cant. et poste de Bulgnéville; 560 hab.

MEDRASHEM, b. de la rég. d'Alger, prov. et à 14 l. S.-S.-O. de Constantine; avec des ruines qu'on croit être celles de l'ancienne Lamasba; restes d'une voie romaine.

MÉDREAC, vg. de Fr., Ille-et-Vilaine, arr. de Montfort-sur-Meu, cant. et poste de Montauban; 2280 hab.

MEDROUSA, station de caravanes dans le Fezzan méridional, sur la route de Mourzouk à Bornou et à Ouara, à 10 l. S. de Gatrone.

MEDULI, g. a., peuple de la seconde Aquitaine (dép. de la Gironde).

MEDWEDICA - USK, pet. v. de la Russie d'Europe, terre des Cosaques, sur l'embouchure de la Medwedica dans le Don.

MÉDYNAH, pet. v. de Sénégambie, capitale de l'état Manding d'Oulli, non loin de la rive droite de la Gambie, à 25 l. E. de Pisania; ceinte d'un mur et de palissades; 5000 hab.

MEDYNET-EL-FAYOUM, v. de la Moyenne-Égypte, chef-lieu de la prov. de Fayoum, sur la rive orientale du canal de Joseph et presque au milieu du fertile plateau qui forme cette province, qu'un grand canal met en communication avec le Nil, à 20 l. S.-S.-O. du Caire. Quoique beaucoup déchue depuis qu'elle a cessé d'être le séjour de plaisance des Mamelouks, elle est encore une des villes les plus peuplées et les plus florissantes de la Moyenne-Égypte. On y trouve des fabriques d'étoffes de laine et de coton et une infinité de distilleries d'eau de rose; 12,000 hab. A peu de distance au N. de Medynet-el-Fayoum se trouvent les ruines de l'ancienne Crocodilopolis ou Arsinoë. *Voyez* FAYOUM.

MEDYNET-EL-QASSR, pet. v. assez bien bâtie du désert de Libye et chef-lieu de l'oasis de Dakhel; située à l'O.-N.-O. de la Grande-Oasis, nommée aussi Oasis de Thèbes ou d'El-Khargeh. Elle a des bains sulfureux très-fréquentés par ses habitants, dont le nombre s'élève à 2000 âmes.

MEDZIBOR, pet. v. de Prusse, prov. de Silésie, rég. de Breslau; située sur une colline et entourée de vignobles et de forêts; 1200 hab.

MÉE (le), vg. de Fr., Eure-et-Loir, arr. et poste de Châteaudun, cant. de Cloyes; 530 hab.

MÉE, vg. de Fr., Mayenne, arr. de Château-Gontier, cant. et poste de Craon; 530 h.

MÉE (le), vg. de Fr., Seine-et-Marne, arr., cant. et poste de Melun; fabr. de chaux, plâtre, faïence et jouets d'enfants; 480 hab.

MEEN (Sainte-), vg. de Fr., Finistère, arr. de Brest, cant. et poste de Lesneven; 340 hab.

MEEN (Saint-), vg. de Fr., Ille-et-Vilaine, arr. et à 4 l. O.-N.-O. de Montfort-sur-Meu, chef-lieu de canton, poste de Montauban; commerce de bestiaux; 2080 hab.

MEERHOLZ, b. appartenant au comte médiatisé d'Isenbourg-Meerholz, dans la Hesse-Électorale, prov. de Hanau, près de la Kinzig; bon vin; carrières de pierres considérables; 800 hab.

MÉES, vg. de Fr., Landes, arr., cant. et poste de Dax; 380 hab.

MÉES (les), vg. de Fr., Sarthe, arr., cant. et poste de Mamers; 360 hab.

MÉES (les), ham. de Fr., Vienne, com. de Mazeuil; 100 hab.

MÉES (les), b. de Fr., Basses-Alpes, arr. et à 5 l. O.-S.-O. de Digne, chef-lieu de canton et poste; vins excellents; 2130 hab.

MÉEZ (les), ham. de Fr., Loir-et-Cher, com. de St.-Denis; 110 hab.

MEFEORA (les hauts lieux), série de monastères de la Turquie d'Europe, eyalet de Rumili, sandschak de Tirhala, situés sur des pics escarpés et isolés, où l'on ne monte que dans des corbeilles suspendues à des cordes; ces retraites extraordinaires sont des cavernes naturelles ou des chambres taillées dans les roc; aujourd'hui on ne compte que dix de ces couvents.

MEGALOPOLIS ou **MEGALOPOLITANA CIVITAS**, g. a., v. d'Arcadie, dont une moitié s'appelait aussi Orestia, sur l'Hélissus et au S. du mont Mænalus; patrie de Polybe. Ses ruines se trouvent dans le voisinage du village Sinano; elle fut bâtie par les Arcadiens après la bataille de Leuctres et devint en peu de temps la ville la plus grande et une des plus belles du Peloponèse, par le grand nombre de ses temples, de ses portiques et autres monuments; on voit encore plusieurs vestiges des premiers et des restes de son fameux théâtre, qui passait pour le plus grand de la Grèce; de belles masses de murailles, semblables à celles de Messine, la flanquent de deux côtés et l'on découvre en avant de larges débris du proscenium. Une eptarchie du nomos d'Arcadie porte aujourd'hui le nom de Mégalopolis.

MEGALOPOLIS, g. a., v. du pays de Carthage, dans la Byzacène.

MEGANGE, vg. de Fr., Moselle, arr. de Metz, cant. et poste de Boulay; 180 hab.

MEGARE ou **MEGARA**, naguère une des villes les plus florissantes de la Grèce, située dans le nomos ou dép. d'Attique et sur l'isthme de Corinthe (Kordos); elle jouissait de grandes immunités sous la domination ottomane, étant seule gardienne des gorges qui mènent en Morée; elle a été détruite par l'armée grecque et n'offre plus que des ruines; sa population industrieuse était estimée à 12,000 âmes; patrie d'Euclide.

MEGARIDE, g. a., prov. de la Grèce propre, située à l'entrée de l'isthme de Corinthe, entre le golfe Saronique, le golfe de Corinthe et la mer Alcyonienne.

MEGASPILEON, vaste monastère de la Grèce, nomos ou dép. d'Achaïe et Elide, remarquable par sa position romantique, ses fortifications et ses caves immenses; c'est un des plus riches du royaume; il contient actuellement 200 frères, dont 80 sont prêtres; sa création remonte au cinquième siècle; une image de la Ste.-Vierge, qu'on dit avoir été peinte par St.-Luc, y attire un grand nombre de dévôts.

MÉGAUDAIS, ham. de Fr., Mayenne, com. de St.-Pierre-des-Landes; 400 hab.

MÉGÉE, pet. place forte du roy. marocain de Fez, prov. de Garet, à 2 l. de la Méditerranée.

MEGEN, pet. v. du roy. de Hollande, prov. du Brabant septentrional, dist. et à

6 l. N.-E. de Bois-le-Duc; sur la Meuse. Il a un vaste couvent de capucins, qui ne renfermait plus en 1824 que dix ou douze moines, le gouvernement ayant défendu d'en recevoir de nouveaux. Ces religieux s'occupaient de l'enseignement.

MEGEVE, gr. vg. de la Savoie, prov. de Faussigny, peu loin de l'Arti; 2800 hab.

MÉGIER, ham. de Fr., Gard, com. de Sabran; 140 hab.

MÉGISTE. *Voyez* CASTEL-ROSSO.

MÉGNA, nom que prend le Gange après sa réunion avec le Brahmapoutra. *Voyez* les art. GANGE et BRAHMAPOUTRA.

MEGRI. *Voyez* MACRI.

MÉGRIT, vg. de Fr., Côtes-du-Nord, arr. de Dinan, cant. et poste de Broons; 1620 h.

MÉGUILLAUME, ham. de Fr., Orne, com. de Chenedouit; 240 hab.

MEHADIA, pet. b. des Confins militaires, généralat du Banat; remarquable par les fameux bains d'Hercule (28° à 48°), fréquentés jadis par les Romains, et par les débris des constructions élevées par ce peuple, qu'on rencontre encore dans leur voisinage; on y a construit récemment des édifices pour la commodité des baigneurs qui y accourent de tous les pays limitrophes et dont le nombre augmente tous les ans; 1500 hab.

MEHALLET-ABOU-ALI, b. de la Basse-Égypte, préfecture et à 2 l. S. de Fouah, sur la rive droite de la branche de Rosette.

MEHALLET-EL-KEBIR (le Grand-Quartier), pet. v. de la Basse-Égypte, sur le canal Melig, autrefois chef-lieu de la prov. El-Garbieh et aujourd'hui de la préfecture de même nom, à 12 l. S.-E. de Fouah; elle est assez grande et, quoique déchue, encore importante par l'industrie et le nombre de ses habitants, qu'on porte au-delà de 17,000 âmes. Cette ville correspond à l'ancienne Xoïs; selon M. Ritter, elle serait la même que Cynopolis.

MÉHARICOURT, vg. de Fr., Somme, arr. de Montdidier, cant. de Rosières, poste de Lihons-en-Santerre; 1100 hab.

MÉHARIN, vg. de Fr., Basses-Pyrénées, arr. de Bayonne, cant. et poste d'Hasparren; 600 hab.

MEHARRAQAH ou MOHARRAKA, b. de Nubie, dans le pays des Barabras, sur le Nil, entre Seboua et Dakke; avec un temple.

MEHEDINZ, dist. de la Petite-Valachie, bornée au N. par la Transylvanie, au N.-E. par le dist. de Gorsy, au S.-E. par celui de Dolschy, au S. par le Danube et à l'O. par la Hongrie; comprend 5 bourgs et 196 villages; les bords du Danube sont très-marécageux; mais on rencontre de beaux vignobles et des contrées très-fertiles surtout en blé; l'éducation du bétail y est très-considérable.

MÉHERAUD, ham. de Fr., Orne, com. de Mortrée; 130 hab.

MEHERRIN. *Voyez* CHOWAN.

MÉHERS, vg. de Fr., Loir-et-Cher, arr. de Blois, cant. de St.-Aignan, poste de Selles-sur-Cher; 270 hab.

MEHILLA ou MOHILLA, une des îles du groupe des Comores, à l'entrée septentrionale du canal de Mozambique, à l'O.-S.-O. de celle d'Anjouan; aujourd'hui presque déserte.

MEHLIS, v. du duché de Saxe-Cobourg-Gotha, avec une forge; fabrication d'armes et d'objets en fer; 1450 hab.

MEHLSACK, pet. v. de Prusse, prov. de Prusse, rég. de Kœnigsberg, sur la Walsch; tisseranderie, commerce de toiles et de fil; 2620 hab.

MÉHONCOURT, vg. de Fr., Meurthe, arr. de Lunéville, cant. de Bayon, poste de Neuviller-sur-Moselle; 390 hab.

MEHOUDIN, vg. de Fr., Orne, arr. de Domfront, cant. de la Ferté-Macé, poste de Couterne; 310 hab.

MEHRING, vg. de Prusse, prov. du Rhin, rég. de Trèves; culture de vignes, tanneries, carrières à chaux; 1120 hab.

MEHUN, *Magdunum*, pet. v. de Fr., Cher, arr. et à 4 l. N.-O. de Bourges et à 55 l. de Paris, chef-lieu de canton et poste; elle est située dans une plaine fertile, sur la rive droite de l'Yèvre. On y remarque les ruines d'un vieux château, où Charles VII, accablé des chagrins que lui causait son fils, plus tard Louis XI, se laissa mourir de faim, dans la crainte d'être empoisonné par ce fils. Mehun a des fabriques de droguets et de toiles. On y fait commerce de grains, de laine et de chanvre. Mehun est une ville très-ancienne; elle eut des seigneurs particuliers jusqu'à la fin du treizième siècle. Elle passa par mariage dans la maison d'Artois. En 1332 cette seigneurie fut confisquée sur Robert III, comte d'Artois, et réunie à la couronne; 3560 hab.

MÉHUN, ham. de Fr., Nièvre, com. de Pougny; 120 hab.

MEHUN-SUR-LOIRE. *Voyez* MEUNG.

MEI (Sierra). *Voyez* PARIME.

MEIAPONTE, pet. v. florissante de l'emp. du Brésil, prov. et comarque de Goyaz, sur le Rio-das-Almas, au pied de la Sierra Escalvada. Cette ville, chef-lieu d'un district, possède un collége et un hôpital et est la place la plus commerçante de la province après Goyaz; elle fut fondée en 1731; 6000 hab.

MEIDAM ou WADI-MEIDAM, riv. de l'Arabie. Elle appartient au petit nombre de cours d'eau permanents de cette contrée, prend sa source sur le plateau de l'Yémen, se dirige vers le S. et se jette dans le golfe d'Oman à Rime, à l'O. d'Aden.

MEIDOUN, b. de la Moyenne-Égypte, préfecture de Fayoum, sur la rive gauche du Nil, à 5 l. E. de Medynet-el-Fayoum; remarquable par ses pyramides construites en briques.

MEIGH, comté de l'état d'Ohio, États-

Unis de l'Amérique du Nord; 9000 hab. Salisbury est le chef-lieu du comté.

MEIGNANE (la), vg. de Fr., Maine-et-Loire, arr., cant. et poste d'Angers; 970 h.

MEIGNÉ, vg. de Fr., Maine-et-Loire, arr. de Saumur, cant. et poste de Doué; 280 hab.

MEIGNÉ-LE-VICOMTE, vg. de Fr., Maine-et-Loire, arr. de Baugé, cant. et poste de Noyant; 790 hab.

MEIGNEUX, vg. de Fr., Seine-et-Marne, arr. de Provins, cant. et poste de Donnemarie; 250 hab.

MEIGNEUX, vg. de Fr., Somme, arr. d'Amiens, cant. et poste de Poix; 490 hab.

MEILEN ou **MEILA**, vg. de Suisse, dans le canton et sur le lac de Zurich; on y récolte de bon vin; 2500 hab.

MEILHAC, vg. de Fr., Haute-Vienne, arr. de St.-Yrieix, cant. et poste de Nexon; 600 hab.

MEILHAN, pet. v. de Fr., Lot-et-Garonne, arr., à 3 l. O. et poste de Marmande, chef-lieu de canton; elle est située dans une plaine fertile, sur la rive gauche de la Garonne. Les ruines d'une vieille tour, bâtie sur un rocher élevé et baigné par le fleuve, dominent la ville. Commerce de blé et de bois à brûler; 2300 hab.

MEILHAN, ham. de Fr., Gers, com. d'Ordan-Laroque; 200 hab.

MEILHAN, vg. de Fr., Landes, arr. de St.-Sever, cant. et poste de Tartas; 950 hab.

MEILHARD, vg. de Fr., Corrèze, arr. de Tulle, cant. d'Uzerche, poste de Masseret; 1680 hab.

MEILHAUD, vg. de Fr., Puy-de-Dôme, arr., cant. et poste d'Issoire; 450 hab.

MEILHEM, ham. de Fr., Gard, com. de St.-Jean-de-Valériscle; 150 hab.

MEILLAC, vg. de Fr., Ille-et-Vilaine, arr. de St.-Malo, cant. et poste de Combourg; 1970 hab.

MEILLAN, vg. de Fr., Gers, arr., cant. et poste de Lombez; 240 hab.

MEILLANT, b. de Fr., Cher, arr., cant. et poste de St.-Amand-Mont-Rond; carrière de pierres meulières; hauts-fourneaux; 1410 hab.

MEILLARD, vg. de Fr., Allier, arr. de Moulins-sur-Allier, cant. et poste de Montet; 670 hab.

MEILLARS, vg. de Fr., Finistère, arr. de Quimper, cant. et poste de Pont-Croix; 920 hab.

MEILLART (le), vg. de Fr., Somme, arr. de Doullens, cant. et poste de Bernaville; 280 hab.

MEILLE (Saint-), ham. de Fr., Landes, com. d'Escalans; 240 hab.

MEILLERAIE (la), vg. de Fr., Loire-Inférieure, arr. de Châteaubriant, cant. de Moisdon-la-Rivière, poste; blanchisserie de cire; 1450 hab.

MEILLERAIE (la), ham. de Fr., Loire-Inférieure, com. de Varades; 350 hab.

MEILLERAY, vg. de Fr., Seine-et-Marne, arr. de Coulommiers, cant. et poste de la Ferté-Gaucher; 320 hab.

MEILLERAYE (la), ham. de Fr., Deux-Sèvres, com. de la Peiratte; haut-fourneau, forges, martinets; 150 hab.

MEILLERAYE (la), vg. de Fr., Vendée, arr. de Fontenay-le-Comte, cant. et poste de Pouzauges; 610 hab.

MEILLERAYE (la), vg. de Fr., Loire-Inférieure, arr., à 4 l. S. et poste de Châteaubriant, cant. de Moisdon. Avant la révolution de 1830, cette commune renfermait un couvent de trapistes, revenus d'Angleterre au commencement de la restauration. Cet établissement a été fermé en 1831 par ordre de l'administration; 800 hab.

MEILLERAYE (la), vg. de Fr., Deux-Sèvres, arr., cant. et poste de Parthenay. On y remarque un beau château qui appartint jadis à Hortense Mancini, nièce du cardinal Mazarin. Mines de fer et forges aux environs; 160 hab.

MEILLIERS, vg. de Fr., Allier, arr. de Moulins-sur-Allier, cant. et poste de Souvigny; 450 hab.

MEILLON, vg. de Fr., Basses-Pyrénées, arr., cant. et poste de Pau; 550 hab.

MEILLONAS, b. de Fr., Ain, arr. et poste de Bourg-en-Bresse, cant. de Treffort; fabr. de faïence et poterie vernissée; exploitation de houille; 1290 hab.

MEILLY-SUR-ROUVRE, vg. de Fr., Côte-d'Or, arr. de Beaune, cant. et poste de Pouilly-en-Montagne; 470 hab.

MEIMAC ou **MAYMAT**, *Manica*, pet. v. de Fr., Corrèze, arr., à 3 l. O. et poste d'Ussel, chef-lieu de canton; elle est située dans une agréable vallée et possède un hospice fort bien tenu et une vieille église remarquable par les sculptures et les tableaux qu'elle renferme; manufactures d'armes à feu dépendant de Souillac; 3100 hab.

MEIMANEH ou **MIMMANA**, **MEIMOUNA**, khanat du Turkestan. Il est situé au S. de celui d'Ankoï, à l'O. de celui de Balkh, et fût comme ce dernier soumis, jusqu'en 1825, aux Afghans du Kaboul. Aujourd'hui le khan qui y domine est indépendant. Le sol manque d'irrigation, mais le terrain est bon et on pourrait à l'aide de quelques travaux le rendre fertile. Les habitants sont des Ouzbeks et des Turcomans nomades, qui vivent de leurs troupeaux, et des Tadjiks sédentaires. Le khan qui appartient, dit-on, à ce dernier peuple, réside à Meïmaneh ou Meïmend, ville qui compte environ un millier de maisons.

MEIMEND ou **MEÏMANEH**, chef-lieu du khanat de Meïmaneh et résidence du khan. *Voyez* MEIMANEH.

MEIMOUD, v. de l'Afghanistan, dans le Kandahar, chef-lieu de la tribu des Popalseï, la principale des Dourani, qui donna plusieurs souverains à l'Afghanistan. Meïmoud est une ville ancienne, entourée de murs et bien peuplée.

MEIMUND, b. considérable de la Moyenne-Égypte, préfecture d'Alfyh, sur la rive gauche du Nil, dans une contrée très-bien cultivée, où commence les plantations de la canne à sucre; 2500 hab.

MEINARGUETTE, vg. de Fr., Var, arr. de Brignoles, cant. et poste de St.-Maximin; 70 hab.

MEINAU, île de 3/4 l. de circuit dans le lac de Constance; appartient au prince d'Esterhazy; joli château; elle est réunie à la terre ferme par un pont de 570 pas de longueur et renommé pour sa beauté.

MEINBERG, vg. de la principauté de Lippe-Detmold; avec un bain d'eau minérale renommée.

MEINEVILLE, ham. de Fr., Eure-et-Loir, com. de Montainville; 110 hab.

MEININGEN, belle v. industrieuse sur la Werra, dans l'ancien duché du même nom, capitale du duché de Saxe-Meiningen-Hildburghausen, résidence ordinaire du duc et siége des autorités; sa population dépasse 5500 hab. Le château ducal, appelé Elisabethenbourg, renferme une bibliothèque de plus de 24,000 volumes et une collection de gravures. La ville possède en outre un cabinet de médailles et un cabinet d'histoire naturelle, un lycée académique, appelé *gymnasium Bernhardinum*, une école industrielle et un séminaire pour les maîtres d'école. Près de la ville est un jardin anglais, nouvellement établi, avec de belles promenades. A une lieue, dans le château de chasse de Dreissigacker, est établie une célèbre école forestière et d'économie rurale.

MEISENHEIM, jolie v. sur le Glan, capitale de la seigneurie de même nom, comprise dans le landgraviat de Hesse-Hombourg. Elle a un château, récemment agrandi et réparé, 3 églises, parmi lesquelles l'église luthérienne est un beau bâtiment gothique, avec une tour élevée et percée à jour, et une école latine; 2600 hab. On exploite dans ses environs des mines de fer et de houille.

MEISENTHAL, vg. de Fr., Moselle, arr. de Sarreguemines, cant. et poste de Bitche; verrerie; 620 hab.

MEISSAU, *Medoslanium*, très-pet. v. de la Basse-Autriche, cer. inférieur du Mannhartsberg, au pied de cette dernière montagne; avec un château; 1000 hab.

MEISSEN, *Misena, Misna*, v. du roy. de Saxe, cer. de Misnie; située dans une charmante vallée, sur la rive gauche de l'Elbe et au confluent de la Truebisch et de la Meissa avec ce fleuve. Elle est entourée de nombreux vignobles et a une société œnologique (*Weinbaugesellschaft*). Sa cathédrale est un chef-d'œuvre d'architecture gothique. Elle a des fabriques de pinceaux, de couleurs, de cartes, de tabac et une pop. de 7800 hab., qui font un commerce en vin et un commerce de transit assez important. Dans l'ancien couvent de St.-Afrak, est une école où 118 élèves sont entretenus et instruits, la plupart gratuitement. Dans l'ancien château, nommé Albrechtsbourg, se trouve l'excellente et célèbre fabrique de porcelaine, établie, en 1710, sous la direction de Bœtcher, garçon apothicaire, qui s'étant enfui de Berlin, où il avait la réputation de pouvoir faire de l'or, fut emprisonné sur le Kœnigstein et découvrit par hasard la porcelaine. Cette fabrique occupait avant les dernières guerres 600 ouvriers. Dans la vallée pittoresque de la Truebisch se trouvent les beaux bains d'eaux minérales de Buschbad.

MEISSENGOTT, vg. de Fr., Bas-Rhin, arr. de Schléstadt, cant. et poste de Villé; 900 hab.

MEISSIES, vg. de Fr., Isère, arr. de Vienne, cant. et poste de St.-Jean-de-Bournay; 710 hab.

MEISTRATZHEIM, vg. de Fr., Bas-Rhin, arr. de Schléstadt, cant. et poste d'Obernai; 1600 hab.

MEITRIEU, ham. de Fr., Loire, com. de Chuyer; 190 hab.

MEIWAR, dist. de l'Inde anglaise, prov. de Kandeich; est arrosé par le Tapty, dont les bords sont bien cultivés. Les montagnes sont habitées par les féroces Bheels. Les deux principaux endroits du district sont Sulthanpour, le chef-lieu, et Badjapour.

MEIX (le), vg. de Fr., Côte-d'Or, arr. de Dijon, cant. et poste de Grancey; 220 hab.

MEIX-SAINT-EPOING (le), vg. de Fr., Marne, arr. d'Épernay, cant. d'Esternay, poste de Sézanne; 300 hab.

MEIX-TIERCELIN (le), vg. de Fr., Marne, arr. et poste de Vitry-le-Français, cant. de Sompuis; 250 hab.

MEIZE (la), vg. de Fr., Haute-Vienne, arr. et poste de St.-Yrieix, cant. de Nexon; 1260 hab.

MEJANAH, pet. v. de la rég. d'Alger, prov. de Constantine, sur la route d'Alger à Setif, à 15 l. O.-S.-O. de cette dernière ville.

MEJANEL, ham. de Fr., Aveyron, com. de Prévinquières; 160 hab.

MÉJANNES-LE-CLAP, vg. de Fr., Gard, arr. d'Alais, cant. et poste de Bajarc; 350 hab.

MEJANNES-LES-ALAIS, vg. de Fr., Gard, arr., cant. et poste d'Alais; 350 hab.

MEJANTEL, ham. de Fr., Lozère, com. de Bajarc; 410 hab.

MEJEDDAD, *Tingitanum Castellum*, b. de la rég. d'Alger, prov. de Tlémecen, non loin de la rive gauche du Chelif, à 3 l. S. de Mazaouna.

MEKOX. *Voyez* MAYKAOUNG.

MEKRAN ou **MAKRAN**, prov. du Beloutchistan, la plus considérable de ce pays, confine au N. avec l'Afghanistan, au N.-E. avec Saradan, à l'E. avec Djhalavan, au S.-E. avec Lons, au S. avec le golfe d'Oman, à l'O. avec la Perse et au N.-O. avec le Kouhistan. Sa superficie, en y comprenant le grand désert, est de 3703 milles c. géogr. Le Mekran se compose de trois parties; le plateau qui s'élève au milieu de la province et s'appuie à l'O. à la chaîne de Buschkurd ou Bouskeroud, à laquelle viennent se rattacher plusieurs ramifications des monts Brahouiks; il présente de grandes vallées et des plaines élevées, mais n'est arrosé que par le Doust et quelques rivières qui se perdent dans le sable; le désert du Béloutchistan, qui s'étend au N. depuis les monts Wisbouti jusqu'au bassin de l'Helmend; mais dans ces immenses plaines de sables il est impossible de trouver une limite entre le Béloutchistan et le Sistan (roy. de Kaboul); enfin la troisième partie du Mekran est la côte du golfe d'Oman, plage aride appelée Karmasir, qu'arrosent le Doust, le Nagor et un assez grand nombre de ruisseaux au lit profond et encaissé, qui deviennent des torrents en hiver et qui se dessèchent en été; dans cette partie la végétation est rare et le Karmasir n'offre à la subsistance de ses rares habitants que des dattes et des poissons. En général, la population est très-clairsemée dans tout le Mekran; les habitants sédentaires ont beaucoup de ressemblance avec les Tadjiks de la Perse; ils sont faibles, laids, de mœurs dissolues; le climat insalubre du pays qu'ils habitent et leurs excès abrègent leur vie, l'industrie et le commerce y sont à peu près nuls; l'éducation du bétail est la principale occupation des nomades qui parcourent le plateau, sans contredit le meilleur district du Mekran; mais il faut espérer que l'influence que les Anglais viennent d'acquérir et de consolider dans le Béloutchistan, profitera aussi à la misérable province dont nous nous occupons. Les deux principaux endroits du Mekran sont Kedjé, siége du hakim ou gouverneur, et Koussourkound.

MEKRIS, tribu kourde entièrement indépendante, quoique habitant la prov. persane de Kourdistan.

MEL, b. de Lombardie, gouv. de Venise, délégation de Bellune, sur la Piave; 3000 h.

MEL (Ponta de). *Voyez* RIO-GRANDE-DO-NORTE.

MELA, vg. de Fr., Corse, arr. et poste de Sartène, cant. de Ste.-Lucie-di-Tallano; 150 hab.

MELAC, ham. de Fr., Aveyron, com. de St.-Rome-de-Sernon; 130 hab.

MELACKI, pet. v. de la Russie d'Europe, gouv. de Wladimir, sur la Malenka.

MELAGUES, vg. de Fr., Aveyron, arr. de St.-Affrique, cant. et poste de Camarès; 1570 hab.

MELAINE (Sainte-), vg. de Fr., Calvados, arr., cant. et poste de Pont-l'Évêque; 270 h.

MELAINE (Sainte-), vg. de Fr., Ille-et-Vilaine, arr. de Vitré, cant. et poste de Châteaubourg; 370 hab.

MELAINE (Sainte-), vg. de Fr., Maine-et-Loire, arr. d'Angers, cant. de Ponts-de-Cé, poste de Brissac; 520 hab.

MELAIN-LA-CAMPAGNE (Saint-), vg. de Fr., Eure, arr. et cant. d'Évreux, poste de la Commanderie; 100 hab.

MELAMARE, vg. de Fr., Seine-Inférieure, arr. du Hâvre, cant. et poste de Lillebonne; 800 hab.

MELAN, vg. de Fr., Basses-Alpes, arr., cant. et poste de Digne; 150 hab.

MELANGEA, g. a., pet. v. de l'Arcadie, à l'E. de Mantinée.

MELANY, vg. de Fr., Ardèche, arr. de l'Argentière, cant. de Valgorge, poste de Joyeuse; 790 hab.

MELAS, ham. de Fr., Ardèche, com. du Teil; 520 hab.

MELAY, vg. de Fr., Maine-et-Loire, arr. de Beaupréau, cant. et poste de Chemillé; 1260 hab.

MELAY, vg. de Fr., Haute-Marne, arr. de Langres, cant. et poste de Bourbonne; 1460 hab.

MELAY, ham. de Fr., Haute-Saône, com. de Ternuay; 250 hab.

MELAY, vg. de Fr., Saône-et-Loire, arr. de Charolles, cant. et poste de Marcigny; 1930 h.

MELAZZO, prov. de Messine, sur une presqu'île que termine le cap Bianco; port; 6000 hab.

MELCHTHAL (le), vallée de Suisse, cant. d'Unterwalden; formée par des montagnes très-escarpées, sur l'une desquelles on voit le lac de Melch, qui donne naissance à la rivière du même nom. On y fait d'excellents fromages. C'est la patrie de Henri de Melchthal, l'un des fondateurs de la liberté de la Suisse.

MELCOMBE-REGIS, jolie v. d'Angleterre, comté de Dorset, située entre un lac et la mer, à l'embouchure du Wey et réunie par un beau pont à la petite ville de Weymouth, dont elle forme la partie moderne; 5000 h.

MELDAL, paroisse de Norwège, bge de Söndre-Drontheim; forges de cuivre; 4000 h.

MELDI, g. a., peuple et v. de la Lyonnaise IVe.

MELDITA, g. a., v. de l'Afrique propre, dans la Zeugitane, au S. d'Utique.

MELDOLA, b. des états de l'Église, délégation de Forli; 2500 hab.

MELDORF, joli b. du duché de Holstein, chef-lieu du dist. méridional du pays des Ditmarsches, sur la Miele, dont l'embouchure forme le port du même nom. Ses habitants, au nombre de 2000, sont industrieux, commerçants et navigateurs.

MELECEY, vg. de Fr., Haute-Saône, arr. de Lure, cant. et poste de Villersexel; 430 hab.

MELEDA, pet. île de Dalmatie, cer. de Raguse, située à l'O. de Nona; son chef-lieu porte le même nom; pêche; marbrières.

MELEDILA, b. de l'oasis d'Aoudjelah, rég. de Tripoli, à 4 l. E. de la ville d'Aoudjelah, près de la route qui conduit de cette ville à Syouah et au Caire; habitants agriculteurs.

MELEETA ou **MELITA**, b. de la Cafrerie inférieure et résidence du roi des Ouanketze ou Wanketze, à environ 20 l. N.-O. de Kourritchane.

MELEGNANO. *Voyez* MARIGNANO.

MELENIK, *Melenicum*, pet. v. de la Turquie d'Europe, eyalet de Rumili, sandschak de Kostendil; siége d'un archevêché grec; 3000 hab.

MÉLEORA, pet. île du grand-duché de Toscane; située à l'entrée du port de Livourne.

MELERAY, vg. de Fr., Sarthe, arr. de Mamers, cant. de Montmirail, poste de la Ferté-Bernard; 1410 hab.

MELES, g. a., riv. de l'Ionie; coulait tout près de Smyrne. C'est sur ses bords, disait-on, qu'Homère avait reçu le jour, d'où lui venait le nom de Mélésigènes qu'il porta d'abord.

MELESSE, vg. de Fr., Ille-et-Vilaine, arr. de Rennes, cant. de St.-Aubin-d'Aubigné, poste de Liffré; 2810 hab.

MÊLE-SUR-SARTHE (le), b. de Fr., Orne, arr. et à 5 1/2 l. E. d'Alençon, chef-lieu de canton et poste; 810 hab.

MELEZEN, ham. de Fr., Basses-Alpes, com. de St.-Paul; 190 hab.

MELEZIN, ham. de Fr., Hautes-Alpes, com. des Orres; 250 hab.

MELFI, v. épiscopale du roy. de Naples, prov. de Basilicate; située non loin du confluent de l'Antroluco et de l'Ofanto; on y récolte d'excellent vin; 8000 hab.

MELFONSA. *Voyez* FONSOADI.

MELGAÇO, place frontière du Portugal, prov. d'Entre-Duero-et-Minho, dist. de Barcellos et à 13 l. N. de Braga, près du Minho; sur une colline et protégée par une ancienne et forte citadelle; 1000 hab.

MELGAÇO, pet. v. de l'emp. du Brésil, prov. et comarque de Para, sur le lac Annapu; commerce de bois et de plantes médicinales.

MELGAR-DE-FERNAMENTAL, pet. v. d'Espagne, roy. de la Vieille-Castille, prov. de Burgos, sur la Pisuerga; possède une fabrique de cuirs importante; 3000 hab.

MELGIG, lac ou grand marais salé dans la partie méridionale de la rég. d'Alger, entre Tozer (rég. de Tunis) et Tuggurt, à 125 l. S.-E. d'Alger. Il reçoit les eaux de plusieurs rivières, entre autres celles de l'Adjedi, mais n'a aucun débouché.

MELGVEN, vg. de Fr., Finistère, arr. de Quimperlé, cant. de Bannalec, poste de Rosporden; papeteries; 2030 hab.

MELHUUS, paroisse de Norwège, bge de Söndre-Drontheim; 4000 hab.

MELIAPOUR. *Voyez* MAILAPOURAM.

MELICOQ, vg. de Fr., Oise, arr. de Compiègne, cant. et poste de Ribecourt; 350 h.

MÉLICOURT, vg. de Fr., Eure, arr. de Bernay, cant. de Broglie, poste de Montreuil-l'Argillé; 230 hab.

MELIER-FONTAINE, vg. de Fr., Ardennes, arr. de Mézières, cant. de Montherné, poste de Charleville; 110 hab.

MELIGNY-LE-GRAND, vg. de Fr., Meuse, arr. de Commercy, cant. et poste de Void; 400 hab.

MELIGNY-LE-PETIT, vg. de Fr., Meuse, arr. de Commercy, cant. et poste de Void; 260 hab.

MELILLA ou **RUSADIR**, **RUSADHER**, *Rysadirum*, pet. v. forte et port du roy. marocain de Fez, sur la Méditerranée, à 50 l. E.-S.-E. de Ceuta; elle tire son nom de la quantité de miel qu'on recueille dans ses environs. C'est un des quatre presidios que les Espagnols possèdent sur cette côte et qui servent de lieu de déportation pour les criminels; 1000 hab.

MELIN, ham. de Fr., Côte-d'Or, com. de Marcilly-le-Mont-St.-Jean; 120 hab.

MELIN, vg. de Fr., Haute-Saône, arr. de Vesoul, cant. et poste de Combeaufontaine; 250 hab.

MELINCOURT, vg. de Fr., Haute-Saône; arr. de Lure, cant. et poste de Vauvillers, 600 hab.

MELIN-SOUS-ORCHES, ham. de Fr., Côte-d'Or, com. d'Auxay-le-Grand; 220 h.

MELISEY, vg. de Fr., Haute-Saône, arr., a 2 1/2 l. N.-N.-E. et poste de Lure, chef-lieu de canton; il est situé sur l'Ognon et possède des fabriques de toiles de coton et mousseline; filat.; tourbières à Ecromagny; fabr. de fromages dits têtes de moine; 2280 hab.

MELISSA, pet. v. du roy. de Naples, prov. de la Calabre citérieure; située sur une montagne peu loin du cap Petraro, avec un château fort.

MELITO, b. du roy. de Naples, prov. de Napoli; 2500 hab.

MELITTA, g. a., v. de la Mauritanie Tingitane, sur l'Océan Atlantique.

MELK ou **MOELK**, b. de la Basse-Autriche, cer. supérieur du Wienerwald; situé sur une montagne baignée par le Danube, dans une contrée très-riche en blé, vin et safran; il renferme un magnifique couvent de bénédictins, auquel est annexé un collége renommé, un gymnase, une riche bibliothèque, une collection de monnaies, un musée d'histoire naturelle et un jardin botanique; 1200 hab.

MELKOFDCHE ou **MELKOVACZ**, v. de la Turquie d'Europe, eyalet de Rumili, sandschak de Widdin, sur la Zibru; siége d'un évêque grec.

MELLAC, vg. de Fr., Finistère, arr., cant. et poste de Quimperlé; 1140 hab.

MELLARA, b. de Lombardie, gouv. de Venise, délégation de Rovigo, sur le Pô; 2500 hab.

MELLARIA, g. a., v. de la Bétique, sur le détroit de Gibraltar.

MELLAWI ou **MEYLAOUY-EL-ARICH**, pet. v. de la Moyenne-Égypte, prov. et à 10 l. S. de Minyeh, non loin de la rive gauche du Nil, dans une contrée très-fertile.

MELLE, b. du roy. de Hanovre, gouv. d'Osnabruck; avec des tissages de laine et plus de 1100 hab., qui font un commerce considérable des produits du pays. Dans les environs sont les ruines du château de Grœnenbourg.

MELLE, pet. v. de Fr., Deux-Sèvres, chef-lieu d'arrondissement, à 6 l. S.-E. de Niort et à 114 l. de Paris; siége d'un tribunal de première instance, conservation des hypothèques; elle est agréablement située sur la petite rivière de Béronne, au milieu d'une riante campagne qui offre les promenades les plus délicieuses. Elle a deux faubourgs, deux églises, un collége communal, une société d'agriculture, des fabriques de serges et des tanneries. Son commerce de bétail, surtout celui de mules et de mulets, est très-considérable. Foires : les 18 janvier, 11 février, 25 avril, 5 mai, 28 juin, 1er et 31 août, 20 septembre, 8 novembre, deuxième mercredi de carême et mercredi de la Passion. Non loin de Melle se trouve la source d'eau ferrugineuse de Fontadan. Melle est une ville très-ancienne et qui jouit d'une certaine importance sous les rois de la première et de la seconde race. Du temps de Charles-le-Chauve on y battait monnaie. On y a découvert des antiquités romaines et celtiques; 2724 hab.

MELLÉ, vg. de Fr., Ille-et-Vilaine, arr. de Fougères, cant. et poste de Louvigné-du-Désert; 1210 hab.

MELLE (le), ham. de Fr., Seine-et-Oise, com. d'Addainville; 160 hab.

MELLECEY, vg. de Fr., Saône-et-Loire, arr. de Châlon-sur-Saône, cant. de Givry, poste du Bourgneuf; 980 hab.

MELLERAN, vg. de Fr., Deux-Sèvres, arr. de Melle, cant. et poste de Sauzé; 1140 hab.

MELLERAY, ham. de Fr., Eure-et-Loir, com. d'Oinville-St.-Liphard; 160 hab.

MELLERAY, ham. de Fr., Loiret, com. d'Outarville; 150 hab.

MELLERAY, vg. de Fr., Mayenne, arr. de Mayenne, cant. et poste de Lassay; 550 h.

MELLERAY, vg. de Fr., Loiret, arr. de Montargis, cant. et poste de Château-Renard; 680 hab.

MELLERICHSTADT ou **MELLERSTADT**, pet. et ancienne v. murée de Bavière, chef-lieu du district de même nom, cer. du Main-Inférieur; située sur la pet. riv. de Spreu, à 3 l. de Neustadt-sur-la-Saale et à 22 l. de Wurzbourg, dans une contrée fertile; elle possède de nombreuses usines, 4 fonderies de cloches, des fabriques de bonneterie et un hôpital. Population de la ville 1590 hab., du dist. 13,000, sur 4 milles c.

En 1078, l'empereur Henri IV y remporta une victoire sur son compétiteur Rodolphe de Souabe.

MELLES, vg. de Fr., Haute-Garonne, arr. de St.-Gaudens, cant. et poste de St.-Béat; mines de cuivre et de fer aux environs; 1050 hab.

MELLEVILLE, vg. de Fr., Seine-Inférieure, arr. de Dieppe, cant. et poste d'Eu; 330 hab.

MELLI ou **MELY**, roy. de la Nigritie centrale, dont on ne connaît guère que le nom. On le suppose au S.-E. du roy. de Tombouctou, sur le Djoliba; les chaleurs y sont, dit-on, si excessives, qu'elles font périr même les Arabes.

MELLINGEN, pet. v. de Suisse, cant. d'Argovie, sur la Reuss; commerce de transit; 4 foires; 800 hab.

MELLIONNEC, vg. de Fr., Côtes-du-Nord, arr. de Loudéac, cant. de Goarec, poste de Rostrenen; 1400 hab.

MELLO, b. de Fr., Oise, arr. de Senlis, cant. et poste de Creil; fabr. de lacets et mérinos; 520 hab.

MELLOISEY, vg. de Fr., Côte-d'Or, arr., cant. et poste de Beaune; 600 hab.

MELLOMBE-REGIS, jolie pet. v. d'Angleterre, comté de Dorset; forme la partie nouvelle de Weymouth; c'est une des villes les plus fréquentées de l'Angleterre pour ses bains de mer; sa marine marchande compte 7000 tonneaux; elle est située à l'embouchure de la Wey, entre un lac et la mer; nomme deux députés; 5000 hab.

MELNIK, pet. v. de Bohême, cer. de Bunzlau; située sur une montagne, vis-à-vis du confluent de l'Elbe et de la Moldau; possède un château et une belle église; on y récolte le meilleur vin du royaume; 1500 h.

MÉLOIR (Saint-), vg. de Fr., Côtes-du-Nord, arr. de Dinan, cant. de Plélan, poste de Plancoël; 300 hab.

MÉLOIR-DES-ONDES (Saint-), vg. de Fr., Ille-et-Vilaine, arr. et poste de St.-Malo, cant. de Cancale; 3060 hab.

MELOS. *Voyez* MILOS.

MELRAND, vg. de Fr., Morbihan, arr. et poste de Pontivy, cant. de Baud; 2890 hab.

MELROSE, très-pet. v. d'Ecosse, comté de Roxburgh, près de la Tweed; fabrication de toiles et d'étoffes de coton. On y voit les restes de son célèbre monastère, monument du douzième siècle et décrit par Walter Scott; 4000 hab.

MELSELE, vg. du roy. de Belgique, prov. de la Flandre orientale, arr. de Dendermonde; 2280 hab.

MELSHEIM, vg. de Fr., Bas-Rhin, arr. et poste de Saverne, cant. de Hochfelden; 520 hab.

MELSI, v. épiscopale du roy. de Naples, prov. de Basilicata, peu loin du confluent de l'Antrolmo et de l'Ofanto; on y récolte d'excellent vin; 7500 hab.

MELSKHAM, b. d'Angleterre, comté de Wilts, sur l'Avon inférieur; fabr. de draps fins.

MELSUNGEN, v. de l'électorat de Hesse-Cassel, située sur la Fulda, prov. de la Basse-Hesse; avec un château, une école forestière et 3400 hab., qui fabriquent du drap et beaucoup d'objets en bois.

MELTON-MOWBRAY, joli b. d'Angleterre, comté de Leicester; commerce de bestiaux; 2000 hab.

MELUN, *Melodunum*, v. de Fr., chef-lieu du dép. de Seine-et-Marne, à 11 l. S.-E. de Paris; siége de tribunal de première instance et d'une cour d'assises, directions des domaines et de l'enregistrement, des contributions directes et indirectes, conservation des hypothèques, résidence d'un ingénieur en chef des ponts-et-chaussées. Melun est situé en partie sur les deux rives de la Seine, en partie sur une île formée par le fleuve, et se compose ainsi de trois quartiers qui communiquent entre eux par deux ponts de construction ancienne. Le quartier de l'île est le plus vieux; celui de la rive gauche est le moins considérable; il n'a de remarquable que ses belles casernes de cavalerie; le quartier de la rive droite ou de St.-Aspais, bâti en amphithéâtre sur une colline, est le plus grand des trois. On y remarque l'église gothique de St.-Aspais, avec ses vitraux magnifiques; le clocher, reste de l'antique abbaye de St.-Pierre, la préfecture et une vaste place entourée de maisons élégantes. Melun possède d'agréables promenades, un collége, une société d'agriculture, une école normale primaire, un théâtre, une bibliothèque de 10,000 volumes, un hospice et une maison centrale de détention, pouvant contenir environ 1200 prisonniers. Ses établissements industriels consistent en filatures et tissages de coton, fabr. de sucre indigène, de chapeaux en feutre; tanneries, tuileries et briqueteries. On y fait commerce de blé, vins, laines, bétail, mercerie, bonneterie, etc. Foires: les 24 juin, 23 septembre et 11 novembre; 6846 hab.

Patrie du savant Jacques Amyot (1513-93), grand aumônier de France, sous Louis IX, et traducteur de Plutarque. Melun est une ville dont l'origine remonte à l'époque de l'invasion romaine; c'était une forteresse gauloise près de laquelle les Romains firent un établissement militaire. Clovis s'en empara en 494. Sous les Francs la ville s'étendit au-delà de l'île sur les deux rives. Les Normands la saccagèrent plusieurs fois pendant la dernière moitié du neuvième siècle. En 1358 Charles-le-Mauvais s'en empara par trahison; mais Duguesclin la reprit deux ans après. Elle tomba en 1420 au pouvoir des Anglais, qui la gardèrent pendant 10 ans. Les guerres de la ligue et les troubles de la fronde furent également fatales à cette ville, qui ne s'est soutenue et relevée après tant de désastres que par sa position avantageuse et le voisinage de la capitale.

MÉLVE, vg. de Fr., Basses-Alpes, arr. de Sisteron, cant. et poste de la Motte-du-Caire; 290 hab.

MELVIEU, ham. de Fr., Aveyron, com. de St.-Rome-de-Tarn; 220 hab.

MELVILLE, île qui fait partie du groupe de la Géorgie septentrionale, à l'O. de Byam-Martin et au S. de l'île Sabine, de 74° 24′ à 75° 50′ lat. N.; elle est d'une forme très-irrégulière et se termine à l'O. par une longue presqu'île très-montagneuse, dont les caps Providence et Hay forment les extrémités. Au S. de cette presqu'île et entre les caps Berchey et Hoppner, s'étend le vaste golfe de Liddon avec l'île Hooper. Au S. de l'île principale s'ouvre le Winterhaven (port d'hiver) où Parry hiverna de 1819 à 1820. Le cap Dundas forme l'extrémité S.-O. et le Fisher, sous 75° 47′, est le point le plus septentrional de l'île que visita Parry.

MELVILLE, vaste enfoncement sur la côte N.-O. du Grœnland danois, inspectorat du Nord, sous 75° 35′ lat. N. On y voit un monument érigé en l'honneur de Melville.

MELVILLE, presqu'île qui forme l'extrémité N.-E. de l'Amérique continentale; elle s'étend entre 66° et 70° lat. N. et entre 84° et 92° long. O.; elle est bornée au N. par le détroit de Fury et Hécla qui la sépare de l'île Cockburn, à l'E. par le canal de Fox qui la sépare de l'île James, au S. par les détroits de Frozen et de Welcome qui la séparent de l'île de Southampton, et à l'O. par l'entrée du Prince-Régent (Prince-Regents-Inlet), qui la sépare de la presqu'île de Boothia, l'extrémité N. du continent de l'Amérique. Cette presqu'île, très-déchirée par la mer, offre de nombreux enfoncements et plusieurs pointes très-prononcées. On y remarque surtout l'entrée du Lion (Lyons-Inlet) et la baie Repulse au S., le cap Penchyn à l'E., la baie de Hooper au N.-E. Cet immense désert, dont l'intérieur n'a pas encore été exploré, est montagneux, couvert de neiges et de glaces pendant huit mois de l'année et ne produit que quelques plantes rabougries, des mousses arctiques, etc. Il est peuplé de rennes, de cerfs, de renards et de quelques familles d'Esquimaux. Les côtes sont hérissées d'écueils et de petites îles.

MELVILLE, île de l'Australie ou Océanie centrale, à l'entrée du grand golfe de Carpentarie, côte septentrionale de la Nouvelle-Hollande, sous 134° 31′ 45″ long. orient. et 12° 8′ 30″ lat. S.; elle a environ 2 l. de long sur 3/4 l. de large; le sol est sablonneux et médiocrement boisé; elle a un bon port et de l'eau douce. Les Anglais y établirent une petite colonie en 1825; mais il ne paraît pas que cet établissement ait prospéré; il semble même avoir été abandonné; car il n'en est plus question dans les ouvrages récents publiés sur les colonies anglaises.

MELVILLE. *Voyez* Iles-Basses (archipel des).

MELVILLE, l'île la plus orientale et une des plus grandes du groupe des Orkneys méridionales. Elle est située sous 60° 37′ 50″ lat. S.; le cap Dundas en forme l'extrémité orientale. Au S. de cette île inhospitalière s'étend le groupe des îles Murrys, au N. l'île Weddell et au N.-N.-O. de cette dernière l'île de

MELVILLE (cap). *V.* George (Ile-du-Roi).

la Selle (Saddle-Island), avec la baie de même nom, où Weddel aborda.

MELYG, pet. v. de la Basse-Egypte, chef-lieu d'une province de même nom.

MELYN-GRIFFIN, vg. d'Angleterre, comté de Glamorgan; remarquable par sa grande fabrique de fer-blanc, dont on exporte annuellement plus de 30,000 caisses.

MÉLYSEY, vg. de Fr., Yonne, arr. et poste de Tonnerre, cant. de Crusy; 720 hab.

MELZ, vg. de Fr., Seine-et-Marne, arr. de Provins, cant. de Villiers-St.-Georges, poste de Nogent-sur-Seine; 700 hab.

MELZICOURT, vg. de Fr., Marne, arr. de Ste.-Ménéhoulde, cant. et poste de Ville-sur-Tourbe; 40 hab.

MEMBIG ou **MABOG**, *Hiéropolis*, les ruines de cette ancienne ville, consacrée au culte d'Astarté, sont dans le voisinage de Bir en Syrie, pachalik d'Alep. Les murs seuls sont encore debout, mais attestent sa splendeur passée. L'on sait que la déesse Astarté, moitié femme et moitié poisson, y avait un temple magnifique qui fut pillé par Marcus Licinius Crassus et ses soldats.

MEMBRE, ham. de Fr., Aveyron, com. de Castelnau-Peyralès; 130 hab.

MEMBRESA, g. a., b. de l'Afrique, dans la Zeugitane; situé à l'E. du fleuve Bagrada et à 350 stades de Carthage.

MEMBREY, vg. de Fr., Haute-Saône, arr. de Gray, cant. de Dampierre-sur-Salon, poste de Lavoncourt; 870 hab.

MEMBROLLE (la), ham. de Fr., Indre-et-Loire, com. de Mettray; 250 hab.

MEMBROLLE (la), vg. de Fr., Maine-et-Loire, arr., cant. et poste d'Angers; 570 h.

MEMBROLLES, vg. de Fr., Loir-et-Cher, arr. de Blois, cant. et poste d'Ouzouer-le-Marché; 600 hab.

MÊME (Saint-), vg. de Fr., Charente, arr. de Cognac, cant. de Segonzac, poste de Jarnac; 1050 hab.

MÊME (Saint-), vg. de Fr., Charente-Inférieure, arr. et poste de St.-Jean-d'Angely, cant. de St.-Hilaire; 320 hab.

MÊME (Saint-), vg. de Fr., Loire-Inférieure, arr. de Nantes, cant. et poste de Machecoul; 740 hab.

MEMEL, *Clupeda, Memelia*, v. de Prusse, chef-lieu de cercle, prov. de Prusse, rég. de Kœnigsberg, à 203 1/3 l. de Berlin, dans une contrée sablonneuse, à l'embouchure de la Dange et du Kurisch-Haff dans la mer Baltique. Elle est bien fortifiée et protégée par une citadelle. Le port, avec un phare, occupe l'embouchure de la Dange et un vaste bassin; il peut recevoir 300 bâtiments; son mouvement annuel, entrées et sorties, excède 1200 bâtiments. Elle possède des tribunaux civil et de marine, une bourse, une église catholique et une protestante, des écoles industrielle, supérieure et primaires. On y fabrique des toiles, des cuirs, de l'huile, des gants, des objets d'ambre. Sur la rivière on voit de nombreuses scieries. Ses chantiers de construction et de carénage sont vastes et toujours occupés. On exporte du blé, du chanvre, du lin, de la potasse, de la graine de lin; mais l'objet principal de commerce sont les bois de construction de marine, expédiés la plupart pour la Hollande; le nombre de pièces s'élève jusqu'à 500,000 par an. Population de la ville, sans garnison, 7750 hab., du cercle 33,000, sur 28 1/4 milles c.

En 1807, pendant l'occupation française, la cour de Prusse s'était retirée à Memel.

MEMEL (*Niémen* en polonais), *Chronus*. Cette rivière prend sa source près de Slonim, dans le gouv. russe de Grodno; devient navigable près de cette dernière ville, après s'être accrue de plusieurs petits affluents; passe à Olita; reçoit, à 4 l. au-dessus de Willeia, la Wilna; entre à Schmaleningen sur le territoire de Prusse, où elle prend le nom de Memel, et reçoit à droite la Scheschuppe et à gauche la rivière navigable de Jura; 2 l. au-dessous de Tilsit la Memel se partage en deux bras : la Russe et la Gilge, qui portent leurs eaux dans le Kurisch-Haff. Son développement, depuis Slonim jusqu'à son embouchure, est de 93 l. Pendant l'été la navigation est très-active sur cette rivière; on y transporte les produits de l'intérieur, surtout du bois et du blé.

Le 26 juin 1807, l'empereur Napoléon eut sur le Niémen une entrevue avec l'empereur Alexandre et le roi de Prusse.

MEMELSHOFFEN, vg. de Fr., Bas-Rhin, arr. de Wissembourg, cant. et poste de Soultz-sous-Forêts; 420 hab.

MEMENIL, vg. de Fr., Vosges, arr. d'Épinal, cant. et poste de Bruyères; 280 hab.

MEMER, ham. de Fr., Aveyron, com. de Veilhourles; 180 hab.

MEMERSBRUNN. *Voy*. NARBÉFONTAINE.

MÊME-SUR-SEINE (Saint-). *Voyez* MAMMÈS (Saint-).

MEMF, vg. de la Moyenne-Égypte, prov. de Djyzeh, sur la rive gauche du Nil; important par ses ruines qui ont appartenu à l'ancienne Memphis, la seconde résidence des Pharaons; les découvertes faites par les savants français pendant l'occupation de l'Égypte par nos armées, ont résolu tous les doutes qui restaient encore sur l'emplacement de cette métropole célèbre, qui se trouve entre Memf et les villages voisins de Bédréchein et de Mit-Rahinet, dans la même province. *Voyez* MEMPHIS.

MEMFREMAGOG. *Voyez* FARRANDS.

MEMIN (Saint-), vg. de Fr., Aube, arr. d'Arcis-sur-Aube, cant. de Méry-sur-Seine, poste des Grés; 570 hab.

MEMIN (Saint-), vg. de Fr., Dordogne, arr. de Périgueux, cant. et poste d'Excideuil; haut-fourneau; 1060 hab.

MEMMIE (Saint-), vg. de Fr., Marne, arr., cant. et poste de Châlons-sur-Marne; fabr. de sacs à blé sans coutures; 620 hab.

MEMMIE-DE-COURTISOLS (Saint-). *Voy.* Courtisols.

MEMMINGEN, *Septemiacis,* v. de Bavière, cer. du Danube-Supérieur, dist. de Grœnenbach, située sur la pet. riv. d'Ach, à 12 l. d'Ulm et à 6 l. de Kempten. Cette ville, bien bâtie, possède un riche hôpital, une maison d'orphelins; des manufactures de toiles, d'étoffes de laine, de soie et de coton; de toile cirée; de bonneterie; des tanneries; une fonderie; des martinets à cuivre et à fer; un moulin à poudre; les environs abondent en blé et en houblon, dont il s'y fait un commerce actif; 7300 hab.

Memmingen, ancienne ville libre impériale, échut à la Bavière en 1803. En 1805 elle fut occupée par un corps d'armée autrichien, qui l'abandonna par capitulation aux Français.

MÉMONT, vg. de Fr., Doubs, arr. de Montbéliard, cant. et poste de Russey; 120 hab.

MEMPHIS, g. a., la principale ville de l'Égypte moyenne, la seconde résidence des Pharaons. Cette célèbre métropole était bâtie sur la rive gauche du Nil et avait, selon Diodore de Sicile, 150 stades de circonférence. Le palais des Pharaons s'étendait en longueur d'une extrémité de la ville à l'autre. Cette ville renfermait plusieurs temples magnifiques, les plus beaux étaient ceux de Vulcain et de Sérapis. Memphis communiquait par des canaux avec le fameux lac Mœris et avec le Maréotis; cet avantage contribua à la rendre le centre des richesses, du commerce et des beaux-arts. L'ancienne capitale, la magnifique Thèbes, fut oubliée, et la gloire de Memphis subsista jusqu'au temps où ses plus beaux édifices furent détruits par le féroce Cambyse, quoique cependant elle continuât à figurer par sa population et son étendue comme la seconde ville de l'Égypte. La fondation d'Alexandrie la fit beaucoup déchoir jusqu'à la conquête des Arabes. Prise d'assaut en 640 avant J.-C., elle fut détruite de fond en comble. Les ruines de Memphis se trouvent au-dessous de Fostat, dans le territoire de Gizé.

MEMPHIS (États-Unis). *Voyez* Shelby (comté).

MENABE ou Mouroundava, riv. assez considérable sur la côte occidentale de l'île de Madagascar; son principal affluent est le Sahanang.

MENACABOW. *Voyez* Menangkabou.

MENADES, vg. de Fr., Yonne, arr. et cant. d'Avallon, poste de Vezelay; 180 hab.

MENALE, g. a., mont. de l'Arcadie, consacrée à Pan et aux bergers.

MENAGGIO, b. de Lombardie, gouv. de Milan, délégation de Côme, situé sur le bord occidental du lac de Côme, avec de superbes maisons de campagne; commerce d'expédition.

MENAINA, capitale de l'île Bahrain, la principale du groupe de même nom dans le golfe Persique. Elle est située au N.-E. de l'île, entourée de fortifications et défendue par une citadelle. Ses habitants, au nombre de 5000 environ, s'occupent de la pêche des perles, de la navigation et du commerce. Le port est bon et sûr et continuellement couvert d'un grand nombre de navires. Autrefois les Persans venaient aussi à Menaina pour apprendre l'arabe dans ses colléges ou médressés.

MENAM ou Fleuve-de-Siam, *Sobannus*, grand fleuve de l'Inde transgangétique qui est au roy. de Siam ce que l'Iraouaddy est à l'emp. Birman et le Nil à l'Égypte. Il prend sa source dans le Yunnan, sous le nom de Nanting-ho, entre dans le Louachan où il reçoit celui de Menam (Megue ou Mœygue), c'est-à-dire *grande eau*, passe par le Younchan ou Yangoma (dans le Laos Siamois), où il reçoit entre autres tributaires l'Ananmyit, rivière qui, par un singulier phénomène, lie entre eux le Menam et le Maykaoung ou les bassins du Siam et de l'An-nam. D'après les renseignements que M. Balbi dit avoir reçus à Lisbonne, l'Anan-myit n'est pas un puissant cours d'eau comme le Cassiquiari de l'Amérique, qui joint le Rio-Négro à l'Orénoque, mais une faible rivière qui n'est navigable que dans la saison des grandes eaux. En sortant du Laos, le Menam traverse la vallée de Siam et passe par Tchangmai (Chimay), Siam et Bankok. Il se divise en plusieurs branches, qui embrassent des îles fertiles, et, après s'être réuni à Jathia, se jette par trois embouchures dans le golfe de Siam. La barre qui se trouve à ses embouchures, produit des atterrissements du fleuve, est une des causes de l'extrême fertilité du Siam. Lors des grandes eaux, elle les refoule sur les rives et le Menam s'étend au loin, couvrant la vallée de son limon fécondant et détruisant une multitude d'insectes malfaisants. La crue des eaux commence au mois de juillet et s'arrête à la fin du mois d'août.

MENAM-KONG. *Voyez* Maykaoung.

MENANGKABOU, v. de l'île de Sumatra, a été longtemps la capitale du puissant empire du même nom. Les mahométans de l'île y font des pèlerinages et la regardent comme un des sanctuaires de l'islamisme.

MENANGKABOU ou Menacabow, Menancaban (empire de), est situé presque au centre de l'île de Sumatra. Le district auquel il est réduit aujourd'hui s'appuie d'un côté à une chaîne de montagnes, au pied de laquelle est situé le grand lac de Laut-Danauh où l'Indragiri prend sa source. Le pays est bien cultivé, bien peuplé et produit du riz, du poivre, du sagou et renferme des mines d'or et de fer. L'industrie y est développée et les habitants exportent beaucoup de marchandises sur le Siak et l'Indragiri. Les habitants regardés comme la souche des Malais, professent l'islamisme depuis le douzième siècle. L'emp. de Menangkabou étendait autrefois sa domination sur presque toute l'île de Sumatra; divisé entre plusieurs chefs à la fin du dernier siècle et troublé par la secte mahométane des Padri, il devint la proie facile des Hollandais qui ont conservé la suzeraineté sur ce pays, dont les principales villes sont : Pandjarraschung, Menangkabou et Priangan.

MENAPII, g. a., peuple considérable de la Gaule Belgique, habitait entre le Rhin et la Meuse jusqu'aux environs de Juliers.

MENARANDRE ou **MENERANDRE**, riv. assez considérable dans la partie australe de l'île de Madagascar; elle se jette dans l'Océan Indien, à 15 l. N.-O. du cap Ste.-Marie.

MENARDAIS (la), ham. de Fr., Loire-Inférieure, com. de Treillières; 140 hab.

MENARD-LA-VILLE ou **MER**, pet. v. de Fr., Loir-et-Cher, arr., à 4 l. N.-E. de Blois et à 38 l. de Paris, chef-lieu de canton et poste; elle est située à une petite distance de la rive droite de la Loire et était autrefois le siége d'un marquisat, érigé en 1677. La révocation de l'édit de Nantes a causé de grands dommages à cette petite ville, alors habitée par un nombre assez considérable de calvinistes qui y avaient un temple très-fréquenté; fabr. de cire, de corderie; exploitation de pierres de taille; commerce de vins, eaux-de-vie, vinaigre, cuirs et salpêtre; 3878 hab. Patrie de Jurieu, célèbre théologien protestant (né en 1637 et mort à Rotterdam en 1713).

MENARMONT, vg. de Fr., Vosges, arr. d'Épinal, cant. et poste de Rambervillers; tuileries; 270 hab.

MENARS, vg. de Fr., Loir-et-Cher, arr. de Blois, cant. de Mer, poste; beau château; prytanée, fondé en 1832 par le prince Joseph de Chimay; 580 hab.

MENAT, b. de Fr., Puy-de-Dôme, arr. et à 7 l. N.-N.-O. de Riom, chef-lieu de canton, poste de Montaigut; exploitation de schiste carbo-bitumineux; 2180 hab.

MENAUCOURT, vg. de Fr., Meuse, arr. de Bar-le-Duc, cant. et poste de Ligny; hauts-fourneaux; 530 hab.

MENAUT, ham. de Fr., Gironde, com. de Cérons; 130 hab.

MENAUX, ham. de Fr., Lot-et-Garonne, com. de Feugarolles; 150 hab.

MENBERTIN, ham. de Fr., Oise, com. de Pont-St.-Maxence; 120 hab.

MENCAS, vg. de Fr., Pas-de-Calais, arr. de Montreuil-sur-Mer, cant. et poste de Fruges; 190 hab.

MENCE, ham. de Fr., Hautes-Alpes, com. de Forest-St.-Julien; 180 hab.

MENCHHOFFEN, vg. de Fr., Bas-Rhin, arr. de Saverne, cant. et poste de Bouxwiller; 390 hab.

MENCHYET-EL-NÉDÉ ou **MENSIÉH**, b. de la Haute-Egypte, prov. et à 6 l. N.-O. de Djirdjeh, sur la rive gauche du Nil; remarquable parce qu'on y voit les ruines de l'ancienne Ptolemaïs Hermii, formée par un des premiers Ptolémée et que Strabon disait être la plus grande ville de la Thébaïde; selon cet ancien géographe, elle ne cédait pas même à Memphis pour l'étendue.

MENDANA (archipel de); il s'étend au N.-E. de l'archipel de Paumotou ou des Iles-Basses, dans la Polynésie ou Océanie orientale, entre 7° 37′ 30″ et 10° 25′ lat. S., depuis 141° 20′ jusqu'à 142° 44′ long. occ. Cet archipel, qui comprend les deux groupes connus sous le nom de Marquises et Washington, se compose d'îles élevées et montagneuses, qui, quoiqu'elles ne renferment point de volcans, semblent être d'origine volcanique, si l'on en juge par les productions que l'on rencontre sur chacune d'elles. Les nombreuses montagnes qu'elles renferment ceignent des vallées bien arrosées. Le sol y est généralement pierreux et rocheux dans les montagnes et sablonneux sur les côtes; dans les vallées il est argileux et couvert d'une couche de terre végétale très-fertile. Sur les plus grandes de ces îles, telles que Nukahiva et Hivaoa, on voit des rivières et de petits fleuves impétueux, qui se précipitent en cascades du haut des montagnes, mais qui se dessèchent cependant quelquefois; les plus petites manquent entièrement d'eau courante. Les côtes sont escarpées et environnées d'écueils; les échancrures de quelques-unes forment de petites baies et de bons ports; d'autres n'ont pas même un seul point où l'on puisse jeter l'ancre avec sûreté. Le climat n'est point malsain, quoiqu'en été les chaleurs y soient extraordinaires. Les pluies y forment l'hiver, qui ne dure quelquefois que deux mois. Les vents dominants sont ceux d'E. en automne, du S.-O. en hiver et du N. au printemps. Les vents du N.-E. et du N.-O. y sont tout à fait inconnus et les orages extrêmement rares.

La flore de l'archipel de Mendana n'est pas aussi variée que celle de l'archipel de Tahiti; cependant on y trouve les principales plantes nutritives des îles tahitiennes, telles que l'arbre à pain, le cocotier, le bananier, l'igname, la canne à sucre, mais qui est mal cultivée, une espèce de pomme analogue à la *spondias dulcis*, l'*inocarpus* ou châtaignier tahitien, une espèce de citrouille, du gingembre, etc. Le porc et le rat sont les seuls quadrupèdes de ces îles. Les espèces d'oiseaux sont moins nombreuses et moins belles que sur les îles de Tahiti. Marchand cite deux belles espèces de pigeons et un petit héron. Le lézard d'une couleur métallique éclatante est l'espèce la plus remarquable des amphibies très-rares sur ces îles. Le règne minéral n'y est point encore exploré. Les habitants, dont on évalue le nombre à environ 45,000 sur les deux groupes, sont de race malaie et, selon Krusenstern, de la plus belle entre toutes celles de l'Océan Austral; mais il y a lieu de croire que l'on a beaucoup exagéré les avantages physiques attribués à ces Océaniens, qui du reste viveut dans un état sauvage et sont même anthropophages. Il existe cependant chez eux une espèce de gouvernement, basé sur le système féodal malais; néanmoins toutes les îles de cet archipel ne sont pas soumises à un seul monarque, mais à des chefs particuliers qui portent le titre de rois sans avoir une grande autorité, car leurs vassaux n'ont pas pour eux une soumission absolue. Ces chefs se font très-souvent une guerre opiniâtre dans le seul but de se procurer des prisonniers pour les manger. Leurs armes sont : la massue, le javelot et la fronde.

Le groupe des Marquises ou Marquesas-de-Mendoza se compose de 5 îles, savoir : Fatuiva, Motane, Tahuata, Fetugu et Hivaoa, la plus considérable du groupe. Celui de Washington en a 6, qui sont : Uapoa, Lincoln (La-Platte ou Résolution), Uahuga (Washington, Rious), Nukahiva (Féderal-Island), la plus grande de ce groupe, Mottawaty et Hiau.

La découverte de cet archipel appartient à l'Espagnol Mendana-de-Neyra, qui cependant ne découvrit que le groupe méridional, en 1596; il le nomma Marquesas-de-Mendoza du nom du vice-roi du Pérou. Le groupe septentrional ne fut découvert entièrement qu'en 1791 par l'Américain Ingraham, qui lui donna le nom de Washington.

MENDANG-KAMOULAN (ruines de), ancienne ville célèbre dans les annales de l'île de Java; situées dans la résidence de Sourabaya, au milieu d'une immense forêt de teck du dist. de Djapan.

MENDE, *Mimatum*, v. de Fr., chef-lieu du dép. de la Lozère, à 141 l. S. de Paris; siége d'un tribunal de première instance et d'un évêché, suffragant de l'archevêché d'Alby, directions des domaines et de l'enregistrement des contributions directes et indirectes, conservation des hypothèques, résidence d'un ingénieur en chef des ponts-et-chaussées, chambre consultative des manufactures, etc. Cette ville, située dans une plaine, sur la rive gauche du Lot, est mal bâtie; les rues y sont étroites et mal percées; elle a un grand nombre de fontaines, parmi lesquelles celle du Griffon mérite seule d'être citée. Le clocher de la cathédrale et une galerie de beaux tableaux de Besnard, que l'on voit à l'hôtel de la préfecture, ci-devant palais épiscopal, sont les deux objets les plus remarquables de Mende. Tout près de la ville, sur la pente rapide du Mont-Mimat, se trouve l'hermitage de saint Privat, évêque de Javols (*Gabalum*), qui, après le sac de cette dernière ville par les Vandales, au cinquième siècle, fut martyrisé à Mende par ces barbares. Mende possède un collége, une société d'agriculture, sciences et arts, une école normale primaire, une bibliothèque publique de 6600 volumes, une promenade en forme de boulevards, des fabriques de serges et de cadis renommés, de papier; des filatures; des tanneries et des mines de plomb, d'argent, de cuivre et de houille aux environs. La fabrication des serges, qui s'expédient en France et à l'étranger, alimente un commerce assez considérable dont Mende est le centre; on y fait aussi commerce de laine, de mercerie et de bétail. Foires : 6 janvier, 15 juin, 20 septembre, deuxième lundi après Pâques et 20 novembre; 5909 hab.

Mende n'était, lors de l'invasion des Barbares, qu'un petit bourg appelé *Viculus Mimatensis*. Une église, bâtie sur la tombe de saint Privat, y attira un grand nombre de pèlerins, et peu à peu le bourg devint une ville. Pendant les guerres civiles et religieuses du seizième siècle, Mende éprouva tous les fléaux qu'enfante la fureur des partis. Occupée et dévastée par tous, cette ville fut prise, reprise et saccagée sept fois en 35 ans. Le duc de Joyeuse la fortifia, en 1595, par une bonne citadelle, qui fut démolie deux ans après.

MENDEN, *Menithinna*, pet. v. de Prusse, prov. de Westphalie, rég. et à 4 l. N.-O. d'Arensberg, sur la Hunne; fabr. de draps, de rubans de velours et de soie, d'aiguilles; tanneries; 4 foires et marchés de bestiaux; 2450 hab.

MENDIBIEU, vg. de Fr., Basses-Pyrénées, arr., cant. et poste de Mauléon; 140 hab.

MENDIG (le Haut et le Bas-), 2 vgs. de Prusse, prov. du Rhin, rég. de Coblence; carrières de meules, exploitées depuis 7 à 800 ans et dont les produits sont expédiés dans le N. de l'Europe et de l'Amérique; eaux minérales; 1150 et 1230 hab.

MENDIONDE, vg. de Fr., Basses-Pyrénées, arr. de Bayonne, cant. et poste d'Hasparren; 1580 hab.

MENDITTE, vg. de Fr., Basses-Pyrénées, arr., cant. et poste de Mauléon; 590 hab.

MENDIVE, vg. de Fr., Basses-Pyrénées, arr. de Mauléon, cant. et poste de St.-Jean-Pied-de-Port; 590 hab.

MENDON, b. florissant des États-Unis de l'Amérique du Nord, état de Massachusetts, comté de Worcester; 3000 hab.

MENDOUSSE, vg. de Fr., Basses-Pyrénées, arr. de Pau, cant. et poste de Garlin; 130 h.

MENDOZA ou **CUYO**, état ou prov. de la rép. Argentine. Cette province faisait partie du pays de Cuyo ou Chile-Tramontano et s'étend sur le versant oriental des Andes, depuis le Rio-Diamante au S. jusqu'aux lacs de Guanacuche au N. Elle est bornée à l'O. par la rép. du Chili, au N. par la prov. de San-Juan, à l'E. par celle de San-Luis et au S. par les districts des sauvages Pehuenches de la tribu des Moluches. Dans les parties basses de cette province on cultive avec succès le blé et la vigne, dont les produits entretiennent un commerce important. Il s'y fait en outre un important commerce d'expédition de produits des fabriques européennes et de thé du Paraguay. Les mines de San-Pédro paraissent être les seules exploitées de ce pays, qui renferme probablement de grandes richesses minéralogiques. Cet état, un de ceux qui ont le plus coopéré à l'indépendance du Chili et du Bas-Pérou, est un des mieux organisés de la république et se distingue par les progrès qu'il a faits dans la civilisation. Il envoie deux députés au congrès de Buénos-Ayres; sa pop. dépasse 40,000 âmes.

MENDOZA, v. de la rép. Argentine et chef-lieu de la province du même nom, au pied des Andes, sur un plateau élevé de 1380 mètres au-dessus de l'Océan; elle est bien bâtie. L'Alaméda (promenade publique) de cette ville est par les magnifiques points de vue qu'elle offre un des plus beaux établissements de ce genre. On y fait un immense commerce de vins et d'eaux-de-vie; 14,000 hab.

MENDOZA (Rio-). *Voyez* COLORADO (Rio-).

MENDRAH, *Bedirum*, pet. v. du Fezzan, rég. de Tripoli, sur la lisière du Sahara, à 25 l. S. de Mourzouk; lacs couverts de natron.

MENDRES (l'ancien *Méandre*), riv. de la Turquie d'Asie; prend sa source près de Burrarbachi, sur une des ramifications du Taurus, passe près de Guzel-Hissar, dans le sandschak d'Aïdin, dans l'Anadolie, reçoit les eaux de la riv. de Mauradtagh, du Marsys, de l'Orpas et de l'Odrimas, et se jette dans l'Archipel au S. de l'île de Samos.

MENDRIS, *Mendrisio*, joli b. de Suisse, cant. de Tessin, entre les lacs Saniser et Comoer. Ses habitants, au nombre de 1800, s'occupent de la production de la soie, de la fabrication de la soie et du cuir, et font un commerce assez considérable.

MENDY, vg. de Fr., Basses-Pyrénées, arr., cant. et poste de Mauléon; 240 hab.

MÉNÉ (le), ham. de Fr., Morbihan, com. de Groix; 130 hab.

MÉNÉ (Saint-), ham. de Fr., Bouches-du-Rhône, com. de Marseille; 420 hab.

MÉNÉAC, vg. de Fr., Morbihan, arr. et poste de Ploërmel, cant. de la Trinité; 3490 hab.

MENEBLE, vg. de Fr., Côte-d'Or, arr. de Châtillon-sur-Seine, cant. et poste de Recey-sur-Ource; 140 hab.

MENEC (le), ham. de Fr., Côtes-du-Nord, com. de Loudéac; 200 hab.

MENÉE, ham. de Fr., Drôme, com. de Treschenus; 170 hab.

MENEGATTE, ham. de Fr., Nord, com. de Steenwenck; 400 hab.

MÉNÉHOULDE (Sainte-), v. de Fr., Marne, à 10 l. N.-E. de Châlons-sur-Marne et à 53 l. de Paris, chef-lieu d'arrondissement; siége d'un tribunal de première instance, direction des contributions indirectes, conservation des hypothèques et résidence d'un inspecteur des forêts. Elle est située sur l'Aisne, dans une contrée marécageuse, entre deux rochers, dont le plus élevé porte les ruines d'un château fort; elle est bien bâtie et construite sur un plan uniforme et régulier, avantage qu'elle doit au terrible incendie qui, en 1719, y détruisit 700 maisons. Son plus bel édifice est l'hôtel de ville, dont la belle façade se déploie sur une grande place au centre de la ville. Ste.-Ménéhoulde possède un collége; dans l'arrondissement, des fabriques de serges et de dentelles; verreries, faïenceries, tanneries, forges, etc.; on y fait grand commerce de bois et de grains; foires les 12 février, 19 mai, 24 août et 11 novembre; 4000 hab.

Cette ville, très-ancienne, doit son origine à une antique forteresse qui portait le nom de *Castellum super Axonam* et dont la fondation remonte à une époque très-reculée. Ste.-Ménéhoulde fut également fortifiée, devint plus tard le siége d'une principauté et acquit de la célébrité comme place de guerre. Elle soutint vaillamment plusieurs siéges: en 1039 contre Josilon, duc de la Basse-Lorraine, et en 1089 contre Théodore, évêque de Verdun, qui parvint cependant à s'en emparer; mais peu d'années après les habitants réussirent à chasser leurs oppresseurs. Le successeur de Théodore essaya plus tard de la reprendre; mais il échoua et fut tué sous les murs de la ville. En 1590 elle faillit tomber, par la trahison de son gouverneur, au pouvoir de Charles II, duc de Lorraine; un des magistrats de la ville, le brave Renneville, saisit le traître, et les Lorrains furent contraints de se retirer. Louis XIV la prit en 1652, et ce siége fut le premier où ce roi se trouva en personne; le monarque y entra par la brèche. C'est dans les environs de cette ville que fut livrée, le 20 septembre 1792, la célèbre bataille de Valmy.

MENEIRAS, ham. de Fr., Haute-Vienne, com. de Solignac; 200 hab.

MENELAIUS, g. a., mont. et château des environs de Sparte.

MENELAUS, *Menelaus*, *Menelai-Portus*, misérable vg. du plateau de Barca, rég. de Tripoli, sur la Méditerranée, à 43 l. E.-S.-E. de Curen.

MENERBES, b. de Fr., Vaucluse, arr. et poste d'Apt, cant. de Bonnieux; 1750 hab.

MENERIE (la), ham. de Fr., Eure, com. de Berville-en-Romois; 300 hab.

MÉNERVAL, vg. de Fr., Seine-Inférieure, arr. de Neufchâtel-en Bray, cant. et poste de Gournay; 470 hab.

MÉNERVILLE, vg. de Fr., Seine-et-Oise, arr. de Mantes, cant. de Bonnières, poste de Rosny-sur-Seine; 140 hab.

MENES, vg. de Hongrie, cer. au-delà de la Theiss, comitat d'Arad, sur le Maros, renommé pour son vin, le meilleur du royaume après celui de Tokai.

MENESLIES, vg. de Fr., Somme, arr. d'Abbeville, cant. d'Ault, poste de Valines; 270 hab.

MENESPLET, vg. de Fr., Dordogne, arr. de Ribérac, cant. et poste de Monpont; 660 h.

MENESQUEVILLE, vg. de Fr., Eure, arr. des Andelys, cant. d'Écouis, poste de Fleury-sur-Andelle; 260 hab.

MENESSAIRE, vg. de Fr., Côte-d'Or, arr. de Beaune, cant. de Liernais, poste de Lucenay; 780 hab.

MÉNESTÉROL-MONTIGNAC, vg. de Fr., Dordogne, arr. de Ribérac, cant. et poste de Monpont; 1150 hab.

MENESTREAU, vg. de Fr., Loiret, arr. d'Orléans, cant. et poste de la Ferté-St.-Aubin; 640 hab.

MENESTREAU, vg. de Fr., Nièvre, arr. de Cosne, cant. et poste de Donzy; 580 hab.

MENET, vg. de Fr., Cantal, arr. de Mauriac, cant. de Riom-ès-Montagne, poste de Bort; 2320 hab.

MENETOU, vg. de Fr., Indre, arr. d'Issoudun, cant. de St.-Christophe, poste de Valençay; 230 hab.

MENETOU-RASTEL, vg. de Fr., Cher, arr., cant. et poste de Sancerre; 1000 hab.

MENETOU-SALON, b. de Fr., Cher, arr. de Bourges, cant. de St.-Martin-d'Auxigny, poste des Aix-d'Angillon; 2500 hab.

MENETREAU, ham. de Fr., Cher, com. de Boulleret; 100 hab.

MENETREAU, ham. de Fr., Nièvre, com. de St.-Père; 300 hab.

MÉNÉTRÉOL-EN-SANCERRE, vg. de Fr., Cher, arr., cant. et poste de Sancerre; 890 hab.

MÉNÉTRÉOL-SOUS-LE-LANDAIS, vg. de Fr., Indre, arr. de Châteauroux, cant. d'Écueillé, poste de Levroux; 200 hab.

MÉNÉTRÉOL-SOUS-VATAN, vg. de Fr., Indre, arr. d'Issoudun, cant. et poste de Vatan; 380 hab.

MÉNÉTRÉOL-SUR-SAULDRE, vg. de Fr., Cher, arr. de Sancerre, cant. et poste d'Aubigny-Ville; 460 hab.

MENÉTREUIL, vg. de Fr., Saône-et-Loire, arr. et poste de Louhans, cant. de Monpont; 890 hab.

MÉNÉTREUX (Bas et Haut-), ham. de Fr., Côte-d'Or, com. de Corsain; 180 hab.

MÉNÉTREUX-LE-PITOIS, vg. de Fr., Côte-d'Or, arr. de Sémur, cant. et poste de Flavigny; 310 hab.

MENÉTREUX-SUR-BLANDANS. *Voy.* MÉNÉTRU-LE-VIGNOBLE.

MÉNÉTROL, vg. de Fr., Puy-de-Dôme, arr., cant. et poste de Riom; 620 hab.

MÉNÉTRUEL, ham. de Fr., Ain, com. de Pencin; 100 hab.

MÉNÉTRU-EN-JOUX, vg. de Fr., Jura, arr. de Lons-le-Saulnier, cant. et poste de Clairvaux; 220 hab.

MÉNÉTRU-LE-VIGNOBLE, vg. de Fr., Jura, arr. et poste de Lons-le-Saulnier, cant. de Voiteur; 400 hab.

MÉNEVILLERS, vg. de Fr., Oise, arr. de Clermont, cant. de Maignelay, poste de St.-Just-en-Chaussée; 230 hab.

MENEYROLLES, ham. de Fr., Puy-de-Dôme, com. de St.-Just-de-Baffie; 260 hab.

MENEZ. *Voyez* PLONÉOUR-MENEZ.

MENGE (Saint-) ou BASSOMPIERRE, vg. de Fr., Vosges, arr., cant. et poste de Mirecourt; fabr. de dentelles; exploitation de houille dite de Mirecourt; 430 hab.

MENGEN, pet. v. du Wurtemberg, cer. du Danube, gr.-bge de Saulgau, située entre les pet. riv. d'Ostrach et d'Ablach, dont la dernière se verse peu au-dessous dans le Danube. L'incendie du 8 octobre 1819 consuma la maison de ville et 87 autres habitations. Fabr. de draps; tanneries; agriculture; éducation de bestiaux. Mengen paraît être d'origine romaine; en 819, Louis-le-Débonnaire en fit don au couvent de Buchau; elle devint plus tard ville libre et fut cédée au Wurtemberg en 1805; 2000 hab.

MENGERINGHAUSEN, v. dans la principauté de Waldeck, dist. de Twiste; 1800 h.

MENGES (Saint-), vg. de Fr., Ardennes, arr., cant. et poste de Sédan; 1600 hab.

MENGESCHÉ ou MONEMBASIA, MALVASIA. *Voyez* NAPOLI-DI-MALVASIA.

MENGIBAR, b. d'Espagne, Andalousie, roy. de Jaën, à l'embouchure du Guadalbullon dans le Guadalquivir et à 293 mètres au-dessus du niveau de la mer; culture de maïs et de pois chiches; 1300 hab.

MENGIS ou MEANGIS, groupe de trois îlots dans la Malaisie; est situé au S.-E. de Mindanao, sous 5° lat. N. et 124° long. orient. Quelques géographes le considèrent comme faisant partie des Moluques, d'autres le regardent comme dépendance de Mindanao. Quoi qu'il en soit, les trois îles principales du groupe de Mengis sont : Namusa ou Nanusa, dont les habitants construisent beaucoup de vaisseaux, Karotta et Karkarlang; elles sont soumises au sultan de Mindanao.

MENGLATT (Haut-Rhin). *Voyez* MAGNY.

MENGLON, vg. de Fr., Drôme, arr. de Die, cant. de Châtillon, poste de Luc-en-Diois; 870 hab.

MENGUE, ham. de Fr., Haute-Garonne, com. d'Aulon; 310 hab.

MENHARDSDORF, très-pet. v. de Hongrie, cer. en-deçà de la Theiss, comitat de Zips; fabrication de toiles et d'eaux-de-vie. Dans le voisinage on trouve beaucoup de truffles; 1200 hab.

MÉNIÈRE (la), vg. de Fr., Orne, arr. et poste de Mortagne-sur-Huine, cant. de Bazoches-sur-Huine; 850 hab.

MÉNIERS (les), ham. de Fr., Yonne, com. du Mont-St.-Sulpice; 150 hab.

MÉNIGOUTE, vg. de Fr., Deux-Sèvres, arr. et à 6 l. S.-E. de Parthenay, chef-lieu de canton, poste de St.-Maixent; 980 hab.

MÉNIHIC (le), ham. de Fr., Ille-et-Vilaine, com. de Pleurtuit; 280 hab.

MÉNIL. *Voyez* MESNIL, MAISNIL.

MÉNIL (le Grand et le Petit-), ham. de Fr., Aisne, com. de Roset-St.-Albin; 100 hab.

MÉNIL (le), ham. de Fr., Aisne, com. de Vassens; 100 hab.

MÉNIL (le), ham. de Fr., Calvados, com. d'Argences; 120 hab.

MENIL (le), ham. de Fr., Marne, com. de Broussy-le-Grand; 150 hab.

MÉNIL, vg. de Fr., Mayenne, arr., cant. et poste de Château-Gontier; 1450 hab.

MÉNIL (le), ham. de Fr., Pas-de-Calais, com. de Dohem; 270 hab.

MÉNIL (Grand et Petit-), ham. de Fr., Seine-et-Oise, com. de Sagy; 190 hab.

MÉNIL (Grand et Petit-), ham. de Fr., Somme, com. de Mesnil-St.-Nicaise; 210 h.

MÉNIL, vg. de Fr., Vosges, arr. d'Épinal, cant. et poste de Rambervillers; 620 hab.

MÉNIL (le), vg. de Fr., Vosges, arr. de Remiremont, cant. de Remonchamp, poste du Tillot; 1570 hab.

MÉNIL, vg. de Fr., Vosges, arr. de St.-Dié, cant. et poste de Senones; 500 hab.

MÉNIL-AMELOT (le), vg. de Fr., Seine-et-Marne, arr. de Meaux, cant. de Dammartin, poste; 660 hab.

MÉNIL-ANNELLES, vg. de Fr., Ardennes, arr. et poste de Réthel, cant. de Juniville; 270 hab.

MÉNIL-AUX-BOIS, vg. de Fr., Meuse, arr. de Commercy, cant. de Pierrefitte, poste de St.-Mihiel; 230 hab.

MÉNIL-BELLANGUET, ham. de Fr., Eure, com. des Andelys; 110 hab.

MÉNIL-BERARD, vg. de Fr., Orne, arr. de Mortagne-sur-Huine, cant. de Moulins-la-Marche, poste de Ste.-Gauburge; 280 h.

MÉNIL-BLANCHEFACE (le), ham. de Fr., Seine-et-Oise, com. de Sermaise; 130 hab.

MÉNIL-BROQUET, ham. de Fr., Eure, com. de St.-Aubin-d'Écrosville; 220 hab.

MÉNIL-BROUT (le), vg. de Fr., Orne, arr. d'Alençon, cant. et poste du Mesle-sur-Sarthe; 330 hab.

MÉNIL-CARRIÈRES. *Voyez* CARRIÈRES-SOUS-BOIS.

MÉNIL-CIBOULT (le), vg. de Fr., Orne, arr. de Domfront, cant. et poste de Tinchebrai; 420 hab.

MÉNIL-DAVID (le), ham. de Fr., Seine-Inférieure, com. d'Illois; 160 hab.

MÉNIL-DE-BRIOUZE (le), vg. de Fr., Orne, arr. d'Argentan, cant. et poste de Briouze; 1520 hab.

MÉNIL-EN-XINTOIS, vg. de Fr., Vosges, arr., cant. et poste de Mirecourt; 200 hab.

MÉNIL-ERREUX, vg. de Fr., Orne, arr. d'Alençon, cant. et poste du Mesle-sur-Sarthe; 450 hab.

MÉNIL-FLIN, ham. de Fr., Meurthe, com. de Flin; 150 hab.

MÉNIL-FROGER, vg. de Fr., Orne, arr. d'Argentan, cant. du Merlerault, poste de Nonant; 250 hab.

MÉNIL-GEOFFRY (le), ham. de Fr., Seine-Inférieure, com. d'Ermenouville; 200 hab.

MÉNIL-GLAISE, vg. de Fr., Orne, arr. d'Argentan, cant. et poste d'Écouché; 150 hab.

MÉNIL-GONDOUIN, vg. de Fr., Orne, arr. d'Argentan, cant. et poste de Putanges; 790 hab.

MÉNIL-GONFROY, vg. de Fr., Orne, com. de Survic.

MÉNIL-GRÉMICHON (le), ham. de Fr., Seine-Inférieure, com. de St.-Martin-du-Vivier; 280 hab.

MÉNIL-GUILBERT (le), ham. de Fr., Eure, com. de Bézu-le-Long; 140 hab.

MÉNIL-GUYON (le), vg. de Fr., Orne, arr. d'Alençon, cant. de Courtomer, poste de Sées; 330 hab.

MÉNIL-GUYON (le), ham. de Fr., Seine-et-Oise, com. de Lommoye; 110 hab.

MÉNIL-HERMEI, vg. de Fr., Orne, arr. d'Argentau, cant. et poste de Putanges; 730 hab.

MÉNIL-HUBERT-EN-EXMES, vg. de Fr., Orne, arr. d'Argentan, cant. et poste de Gacé; 420 hab.

MENIL-HUBERT-SUR-ORNE, vg. de Fr., Orne, arr. de Domfront, cant. et poste d'Athis; fabr. de basin et de toiles de coton; 420 hab.

MÉNIL-IMBERT, vg. de Fr., Orne, arr. d'Argentan, cant. et poste de Vimoutier; 180 hab.

MÉNIL-JEAN, vg. de Fr., Orne, arr. d'Argentan, cant. et poste d'Ecouché; 320 h.

MÉNIL-JOSSELIN. *Voyez* TRINITÉ-DE-MESNIL-JOSSELIN (la).

MÉNIL-LA-COMTESSE, vg. de Fr., Aube, arr. et poste d'Arcis-sur-Aube, cant. de Ramerupt; 100 hab.

MÉNIL-LA-HORGNE, vg. de Fr., Meuse, arr. de Commercy, cant. et poste de Void; 430 hab.

MÉNIL-LA-TOUR, vg. de Fr., Meurthe, arr., cant. et poste de Toul; 360 hab.

MÉNIL-LE-HUITIER, ham. de Fr., Marne, com. de Festigny; 130 hab.

MÉNIL-LÉPINOS, vg. de Fr., Ardennes, arr. de Réthel, cant. de Juniville, poste de Tagnon; 270 hab.

MÉNILLES, vg. de Fr., Eure, arr. d'Évreux, cant. et poste de Pacy-sur-Pacy; 1010 hab.

MÉNIL-LES-LUNÉVILLE, vg. de Fr., Meurthe, com. de Lunéville; 200 hab.

MENILLET (le), ham. de Fr., Seine-Inférieure, com. de Grugny; 120 hab.

MÉNIL-LETTRE, vg. de Fr., Aube, arr. d'Arcis-sur-Aube, cant. et poste de Ramerupt; 160 hab.

MÉNILLOT, vg. de Fr., Meurthe, arr., cant. et poste de Toul; 360 hab.

MÉNIL-MILON (le), ham. de Fr., Eure, com. de Gasny; 220 hab.

MÉNIL-MITRY (le), vg. de Fr., Meurthe, arr. de Nancy, cant. d'Haroué, poste de Neuviller-sur-Moselle; 80 hab.

MÉNIL-MONTANT, vg. de Fr., Seine, com. de Belleville; 1800 hab.

MÉNIL-MORIN (le), ham. de Fr., Eure, com. de Boulay-Morin; 150 hab.

MÉNIL-PIPART, ham. de Fr., Eure, com. d'Acon; 170 hab.

MÉNIL-PIPART, ham. de Fr., Eure, com. d'Écardenville; 260 hab.

MÉNIL-PONCEAU, ham. de Fr., Eure-et - Loir, com. de Villemeux ; 250 hab.

MÉNIL-RACOIN, ham. de Fr., Seine-et-Oise, com. de Villeneuve-sur-Auvers; 190 h.

MÉNILS (les), vg. de Fr., Meurthe, arr. de Nancy, cant. et poste de Pont-à-Mousson; 550 hab.

MÉNILS (les), ham. de Fr., Seine-Inférieure, com. de Lammerville; 450 hab.

MÉNIL-SAINT-DENIS, vg. de Fr., Seine-et-Oise, arr. de Rambouillet, cant. de Chevreuse, poste de Trappes; 520 hab.

MÉNIL-SAINT-GERMAIN (le). *Voyez* GERMAIN-D'ÉTABLES (Saint-).

MÉNIL-SCELLEUR (le), vg. de Fr., Orne, arr. d'Alençon, cant. et poste de Carrouges; 330 hab.

MÉNIL-SUR-SAUX, vg. de Fr., Meuse, arr. de Bar-le-Duc, cant. de Montiers-sur-Saux, poste de Ligny; 470 hab.

MÉNIL-VICOMTE, vg. de Fr., Orne, arr. d'Argentan, cant. et poste de Merlerault; 170 hab.

MÉNIL-VIN, vg. de Fr., Orne, arr. d'Argentan, cant. et poste de Putanges; 320 h.

MENIN, *Menena*, place forte du roy. de Belgique, prov. de la Flandre occidentale, arr. et à 3 l. S.-O. de Courtrai, sur la Lys, qui y forme la frontière de France. Fabrication de toiles, d'étoffes de laine, de coton et de dentelles; blanchisseries; papeteries; tanneries; culture de lin et de tabac; éducation et commerce de bestiaux; 4580 hab.

MENITRÉE (la), vg. de Fr., Maine-et-Loire, arr. d'Angers, cant. des Ponts-de-Cé, poste de St.-Mathurin; 2120 hab.

MENNECY, vg. de Fr., Seine-et-Oise, arr. et cant. de Corbeil, poste; carrières de grès et de pierres à bâtir; fabr. d'eau forte et d'alun; commerce de bestiaux; mercerie; quincaillerie; 1300 hab.

MENNESSIS, vg. de Fr., Aisne, arr. de Laon, cant. et poste de la Fère; 200 hab.

MENNETON-COUTURE, vg. de Fr., Cher, arr. de St.-Amand-Mont-Rond, cant. de Nérondes, poste de Villequiers; 970 hab.

MENNETOU-SUR-CHER, v. de Fr., Loir-et-Cher, arr., à 3 l. O.-S.-O. et poste de Romorantin, chef-lieu de canton; 930 hab.

MENNEVAL, vg. de Fr., Eure, arr., cant. et poste de Bernay; 610 hab.

MENNEVIEUX. *Voyez* MOLAGNIES.

MENNEVILLE, vg. de Fr., Aisne, arr. de Laon, cant. de Neufchâtel, poste de Berry-au-Bac; 390 hab.

MENNEVILLE, vg. de Fr., Pas-de-Calais, arr. de Boulogne-sur-Mer, cant. de Desvres, poste de Samer; 450 hab.

MENNEVRET, vg. de Fr., Aisne, arr. de Vervins, cant. de Wassigny, poste d'Étreux; 1900 hab.

MENNITH ou **MINNITH**, g. a., v. de la Palestine, tribu de Gad, à 4 milles de Hesbon.

MENNOUVEAUX, vg. de Fr., Haute-Marne, arr. de Chaumont-en-Bassigny, cant. et poste de Clefmont; 190 hab.

MÉNOIRE, vg. de Fr., Corrèze, arr. de Tulle, cant. et poste d'Argentat; 200 hab.

MENOIS, ham. de Fr., Aube, com. de Rouilly-St.-Loup; 110 hab.

MENOMBLET, vg. de Fr., Vendée, arr. de Fontenay-le-Comte, cant. et poste de la Châtaigneraie; 990 hab.

MENOMONIENS ou **MÉNOMINES**, **FOLS-AVOINES**, peuplade indigène indépendante dans le dist. des Hurons, territoire du Nord-Ouest, États-Unis de l'Amérique du Nord.

MENON, ham. de Fr., Gironde, com. de Landiras; 310 hab.

MENONCOURT ou **MIMINGEN**, vg. de Fr., Haut-Rhin, arr. et poste de Belfort, cant. de Fontaine; 320 hab.

MENONVAL, vg. de Fr., Seine-Inférieure, arr., cant. et poste de Neufchâtel-en-Bray; 320 hab.

MENOTEY, vg. de Fr., Jura, arr. de Dôle, cant. de Rochefort, poste de Moissey; 640 h.

MENOU, vg. de Fr., Nièvre, arr. de Clamecy, cant. et poste de Varzy; 840 hab.

MENOUF, pet. v. de la Basse-Egypte, chef-lieu d'une province de même nom, dans une contrée fertile et très-bien cultivée du Delta, sur le canal de Menouf (long de 50,000 mètres), à 10 l. S.-S.-O. de Mehallet-el-Kebir; 4000 hab.

MENOUF, b. de la Basse-Égypte, sur le bord oriental du lac Mariout, à 5 l. O.-S.-O. de Damanhour.

MENOUILLE, ham. de Fr., Jura, com. de Cernon; 230 hab.

MENOUVILLE, vg. de Fr., Seine-et-Oise, arr. de Pontoise, cant. et poste de Marines; 80 hab.

MENOUX (le), vg. de Fr., Indre, arr. de Châteauroux, cant. et poste d'Argenton-sur-Creuse; 830 hab.

MENOUX, vg. de Fr., Haute-Saône, arr. de Vesoul, cant. d'Amance, poste de Favernay; 720 hab.

MENOUX (Saint-), b. de Fr., Allier, arr. de Moulins-sur-Allier, cant. et poste de Souvigny; 1020 hab.

MENS, b. de Fr., Isère, arr. et à 11 l. S. de Grenoble, chef-lieu de canton et poste; fabr. de toiles; commerce de planches; 1950 hab.

MENSIEH. *Voyez* MENCHYET-EL-NÉDÈ.

MENSIGNAC, vg. de Fr., Dordogne, arr. de Périgueux, cant. et poste de St.-Astier; 1060 hab.

MENSKIRCH, ham. de Fr., Moselle, com. de Dalstein; 380 hab.

MENSURACA, pet. v. du roy. de Naples, prov. de la Calabre ultérieure IIe; 3500 hab.

MENTECH-SELI. *Voyez* ALIDINELLA.

MENTEYER, vg. de Fr., Hautes-Alpes, arr., cant. et poste de Gap; 660 hab.

MENTHEVILLE, vg. de Fr., Seine-Inférieure, arr. du Hâvre, cant. et poste de Goderville; 380 hab.

MENTHON, vg. de la Savoie, prov. de Genève, sur le lac Annecy; culture de la vigne; source minérale.

MENTIÈRE, ham. de Fr., Ain, com. de Chezery; 150 hab.

MENTIÈRES, vg. de Fr., Cantal, arr., cant. et poste de St.-Flour; 290 hab.

MENTONE, pet. v. des états de Sardaigne, comté de Nice, prov. de Monaco, sur la mer et entourée de nombreuses et belles plantations de citronniers. Ses habitants s'occupent de la pêche, du cabotage et du commerce. C'est la patrie de saint Bernard; port; 3000 h.

MENTONNER, vg. de la Savoie, prov. de Genève, peu loin de la fontaine de Planchant, une des meilleures sources minérales de tout le duché.

MENTOUBE ou **METOUBIS**, b. considérable de la Basse-Égypte, prov. et à 2 1/2 l. N.-N.-O. de Fouah, sur la rive droite de la branche de Rosette; les habitants passent pour être très-corrompus; ruines aux environs.

MENTQUES-NORT-BÉCOURT, vg. de Fr., Pas-de-Calais, arr. et poste de St.-Omer, cant. d'Ardres; 710 hab.

MENUCOURT, vg. de Fr., Seine-et-Oise, arr., cant. et poste de Pontoise; 360 hab.

MENU-FAMILLE. *Voyez* BONNE-FAMILLE.

MÉNULS (les), vg. de Fr., Seine-et-Oise, arr. de Rambouillet, cant. et poste de Montfort-l'Amaury; 680 hab.

MENUS (les), vg. de Fr., Orne, arr. de Mortagne-sur-Huine, cant. de Longni, poste de la Loupe; 470 hab.

MENVILLE, vg. de Fr., Haute-Garonne, arr. de Toulouse, cant. et poste de Grenade-sur-Garonne; 220 hab.

MENZALEH, pet. v. de la Basse-Égypte, prov. et à 8 l. S.-E. de Damiette, près du lac ou de la vaste lagune à laquelle elle donne son nom; elle a des manufactures de soierie, de draps, des teintureries et 2000 hab. Ses environs et les îles sont habités par une race abrutie qu'on pourrait appeler ichthyophage, parce qu'elle vit presque exclusivement des produits de l'abondante pêche qu'on y fait. C'est sur un de ces îlots qu'était située l'ancienne *Thennesus* ou *Tennis*, qui, dans le neuvième siècle, florissait par ses nombreuses manufactures et ne comptait pas moins de 30,000 habitants chrétiens.

MENZALEH, lac ou plutôt lagune considérable de la Basse-Égypte, entre Damiette et Tyneh, formé par les anciennes branches mendesienne, tanitique et pélusiaque du Nil; sa plus grande longueur est de 20 l. sur 10 l. de large; très-poissonneuse; communique avec la mer par plusieurs embouchures. Environs très-fertiles en riz.

MÉOBECQ, vg. de Fr., Indre, arr. de Châteauroux, cant. et poste de Buzançais; 600 hab.

MÉOLANS, vg. de Fr., Basses-Alpes, arr. de Barcelonnette, cant. et poste du Lauzet; 1360 hab.

MÉON, vg. de Fr., Maine-et-Loire, arr. de Baugé, cant. et poste de Noyant; 600 h.

MÉOUILLES, vg. de Fr., Basses-Alpes, arr. et poste de Castellane, cant. de St.-André; 50 hab.

MÉOUNES, vg. de Fr., Var, arr. et poste de Brignolles, cant. de la Roquebrussanne; 1180 hab.

MEPPEL, v. du roy. de Hollande, prov. de Drente, dist. et à 9 1/2 l. S.-O. d'Assen, sur le canal de Grœningue à Genemuiden, à 3 l. au-dessus de cette dernière ville; fabrication de produits chimiques; tisseranderie; 4650 hab.

MEPPEN, *Meppia*, v. située au confluent de la Hase et de l'Ems, capitale du duché d'Aremberg-Meppen, roy. de Hanovre, gouv. d'Osnabruck. Elle a un gymnase catholique, des bains sulfureux et une pop. de 2200 hab. Fabr. de chicorée, de savon; grande blanchisserie de toiles et commerce de toiles.

Le duché d'Aremberg-Meppen, formé d'une partie de l'ancienne principauté de Munster, appartient au duc d'Aremberg, sous la suzeraineté du roi de Hanovre; il est situé entre le comté de Bentheim, les Pays-Bas, les principautés d'Ostfrise et d'Osnabruck, le comté inférieur de Lingen et renferme, sur une superficie de 55 l. c., une pop. de 40,000 h., répartis dans 2 villes, un bourg, 120 villages, etc. Le terrain, bien cultivé sur les bords de l'Ems et de la Hase, n'offre presque partout ailleurs que des landes et des marais, au milieu desquels les endroits habités apparaissent comme des oasis. On y trouve presque les contrées les plus tristes de l'Allemagne.

MÉPILLAT, vg. de Fr., Ain, arr. de Bourg-en-Bresse, cant. de Pont-de-Veyle, poste de Mâcon; 240 hab.

MÉPILLAT (Grand et Petit-), ham. de Fr., Ain, com. de St.-Nizier-le-Bouchoux; 210 h.

MEQUINENZA, pet. v. d'Espagne, roy. d'Aragon, dist. et à 21 l. S.-E. de Sarragosse; fortifiée, avec un château, sur une colline baignée par l'Ebre; 1650 hab.

MÉQUINEZ, dite aussi **MEKNASAH**, **MECKNÈS**, anciennement *Silda*, ancienne et gr. v. de l'emp. de Maroc, roy. de Fez, et une des résidences de l'empereur; située dans un vallon fertile, entouré de hauteurs et assez bien cultivé, à 10 l. E.-S.-E. de Fez. Le palais impérial, vaste bâtiment carré et fortifié, est l'édifice le plus remarquable de cette ville, à laquelle les uns n'accordent que 10,000 habitants, tandis que d'autres lui en assignent 110,000; leur nombre est sûrement au-dessous de 60,000.

MER (la), ham. de Fr., Haute-Saône, com. de Foucagney; 140 hab.

MER, Loir-et-Cher. *Voyez* MÉNARD-LA-VILLE.

MERACH. *Voyez* MARACH.

MÉRACQ, vg. de Fr., Basses-Pyrénées, arr. d'Orthez, cant. et poste d'Arzacq; 580 h.

MÉRAL, vg. de Fr., Mayenne, arr. de Château-Gontier, cant. et poste de Cossé-le-Vivien; 1360 hab.

MERAN, pet. v. de Tyrol, cer. de l'Adige.

MERANE, v. du roy. de Saxe, cer. de l'Erzgebirge; avec une pop. de 3600 hab., qui fabriquent des étoffes en laine.

MERAOUEH ou **MÉRAWÉ**, nom que plusieurs géographes donnent au pays de Chendy, en Nubie, parce qu'il correspond à la partie la plus importante du célèbre état théocratique de Méroë, qui, pendant plusieurs siècles, répandit les bienfaits de la civilisation au milieu des peuples barbares dont il était entouré, et que plusieurs écrivains ont supposé être le berceau des institutions religieuses et politiques des Égyptiens. *Voyez* ASSOUR et EL-MEÇAOURAT.

MERAOUY, b. de Nubie, pays des Chaykyé, sur la rive droite du Nil, à 15 l. N. E. de Korti. Dans le voisinage se trouvent les imposantes ruines du mont Barkal.

MÉRARD, ham. de Fr., Oise, com. de Bury; 220 hab.

MERAS, vg. de Fr., Arriège, arr. de Pamiers, cant. et poste de Mas-d'Azil; 160 h.

MÉRAUCOURT, ham. de Fr., Somme, com. de Mouchy-Lagache; 140 hab.

MÉRAUMONT, ham. de Fr., Moselle, com. de Pénaville; 150 hab.

MÉRAVILLE, ham. de Fr., Eure-et-Loir, com. de Fresnay-l'Évêque; 110 hab.

MERATTE, b. de la rég. d'Alger, prov. de Tlémécen, à 16 l. E.-S.-E. de Mascara.

MERBES-LE-CHATEAU, b. du roy. de Belgique, prov. de Hainaut, sur la Sambre; carrières de marbre; 1000 hab.

MERCATEL, vg. de Fr., Pas-de-Calais, arr. et poste d'Arras, cant. de Baumetz-les-Loges; 590 hab.

MERCENAC, vg. de Fr., Arriège, arr. et poste de St.-Girons, cant. de St.-Lizier; verreries; 680 hab.

MERCER, comté de l'état de Kentucky, États-Unis de l'Amérique du Nord; 20,006 h. Harrodsburgh est le chef-lieu du comté.

MERCER, comté de l'état d'Ohio, États-Unis de l'Amérique du Nord; 4000 hab.

MERCER, comté de l'état de Pensylvanie, États-Unis de l'Amérique du Nord; 15,000 h. Mercer est le chef-lieu du comté.

MERCERS-CREEK, baie profonde au N.-E. de l'île d'Antigoa, entre les îles Codrington et Crumps-Island.

MERCEUIL, vg. de Fr., Côte-d'Or, arr., cant. et poste de Beaune; 690 hab.

MERCEY, ham. de Fr., Côte-d'Or, com. de St.-Prix-les-Arnay; 180 hab.

MERCEY, vg. de Fr., Eure, arr. d'Évreux, cant. et poste de Vernon; 90 hab.

MERCEY (le Grand-), vg. de Fr., Doubs, arr. de Besançon, cant. d'Audeux, poste de St.-Wit; 390 hab.

MERCEY, ham. de Fr., Saône-et-Loire, com. de Montbellet; 220 hab.

MERCEY-LES-GEVIGNEY, ham. de Fr., Haute-Saône, com. de Gevigney; 150 hab.

MERCER-SUR-SAONE, vg. de Fr., Haute-Saône, arr. de Gray, cant. de Fresnes-St.-Mamès, poste de Dampierre-sur-Salon; 550 hab.

MERCHTEN, b. du roy. de Belgique, prov. du Brabant méridional, arr. de Louvain; brasseries et distilleries; 3500 hab.

MERCIGE, ham. de Fr., Ain, com. de St.-Didier-de-Chalaronne; 100 hab.

MERCIN, vg. de Fr., Aisne, arr., cant. et poste de Soissons; 400 hab.

MERCKERGHEM, vg. de Fr., Nord, arr. de Dunkerque, cant. et poste de Wormhoude; 740 hab.

MERCKHEM, b du roy. de Belgique, prov. de la Flandre occidentale, arr. de Furnes, sur la Hæmbeke; 2420 hab.

MERCKWILLER, ham. de Fr., Bas-Rhin, com. de Kutzenhausen; 100 hab.

MERCŒUR, vg. de Fr., Corrèze, arr. et à 8 l. S.-S.-E. de Tulle, chef-lieu de canton, poste d'Argentat; 1040 hab.

MERCŒUR, vg. de Fr., Haute-Loire, arr. de Brioude, cant. de Lavoute-Chillac, poste de Langeac; 480 hab.

MERCOGLIANO, *Mercuriale*, pet. v. du roy. de Naples, prov. de la Principauté ultérieure; située sur une haute montagne; 3100 hab.

MERCQ-SAINT-LIÉVIN, vg. de Fr., Pas-de-Calais, arr. de St.-Omer, cant. et poste de Fauquembergue; 950 hab.

MERCUER, vg. de Fr., Ardèche, arr. de Privas, cant. et poste d'Aubenas; 1410 hab.

MERCUES, vg. de Fr., Lot, arr., cant. et poste de Cahors; 540 hab.

MERCURAL, vg. de Fr., Drôme, arr. de Valence, cant. et poste de Tain; 1100 hab.

MERCURE, baie sur la côte de l'île Eaheinomauve, l'une des deux grandes îles de la Nouvelle-Zélande, dans l'Australie ou Océanie centrale, sous 36° 47′ lat. S. et sous 173° 25′ long. orient. Une île du même nom se trouve à l'entrée de cette baie. Cook l'a ainsi nommée, parce qu'il y observa le passage du Mercure devant le soleil.

MERCUREY, vg. de Fr., Saône-et-Loire, arr. de Châlons-sur-Saône, cant. de Givry, poste de Bourgneuf; 630 hab.

MERCURY. *Voyez* EAHEINOMAUVE.

MERCUS, vg. de Fr., Arriège, arr. de Foix, cant. et poste de Tarascon-sur-Arriège; 880 hab.

MERCY, vg. de Fr., Allier, arr. et poste de Moulins-sur-Allier, cant. de Neuilly-le-Roi; 400 hab.

MERCY, vg. de Fr., Yonne, arr. de Joigny, cant. et poste de Brienon; 170 hab.

MERCY-LE-BAS, vg. de Fr., Moselle, arr. et poste de Briey, cant. d'Audun-le-Roman; manufacture de draps; fabr. de papier à Mainbottel; 620 hab.

MERCY-LE-HAUT, vg. de Fr., Moselle, arr. et poste de Briey, cant. d'Audun-le-Roman; 580 hab.

MERCY-LE-HAUT, vg. de Fr., Moselle, arr. et poste de Metz, cant. de Pange; 60 hab.

MERD (Saint-), vg. de Fr., Corrèze, arr. de Tulle, cant. de Lapleau, poste d'Égletons; 840 hab.

MERD (Saint-), Gironde. *Voyez* MÉDARD (Saint-).

MERDACHT, vg. de Perse, prov. de Fars; bâti sur l'emplacement de Persépolis. *Voyez* PERSÉPOLIS.

MERDAGNE, ham. de Fr., Puy-de-Dôme, com. de la Roche-Blanche; 530 hab.

MERD-LA-BREUILLE (Saint-), vg. de Fr., Creuse, arr. d'Aubusson, cant. de la Courtine, poste de Felletin; 1240 hab.

MERD-LES-OUSSINES (Saint-), vg. de Fr., Corrèze, arr. d'Ussel, cant. de Bugeac, poste de Meymac; 600 hab.

MERDRIGNAC, b. de Fr., Côtes-du-Nord, arr. et à 6 l. E. de Loudéac, chef-lieu de canton et poste; forges de la Hardouinais; 2750 hab.

MÈRE, vg. de Fr., Seine-et-Oise, arr. de Rambouillet, cant. et poste de Montfort-l'Amaury; 460 hab.

MERE, b. d'Angleterre, comté de Wilt; tissages; 2500 hab.

MERÉ, vg. de Fr., Vienne, arr. de Châtellerault, cant. de Pleumartin, poste de la Haye-Descartes; 490 hab.

MÉRÉ, vg. de Fr., Yonne, arr. d'Auxerre, cant. et poste de Ligny-le-Châtel; 430 hab.

MÈRE (Sainte-), vg. de Fr., Gers, arr. de Lectoure, cant. de Miradoux, poste d'Astaffort; 450 hab.

MEREAU, vg. de Fr., Cher, arr. de Bourges, cant. de Lury, poste de Vierzon; 620 hab.

MEREAUCOURT, vg. de Fr., Somme, arr. d'Amiens, cant. et poste de Poix; 100 hab.

MEREDITH (cap). *Voyez* FALKLAND (îles).

MEREDITH, b. florissant des États-Unis de l'Amérique du Nord, état de New-Hampshire, comté de Strafford, sur le Winnipiscogée et sur le canal qui joint cet endroit au Merrimak; 3000 hab.

MÈRE-ÉGLISE (Sainte-), b. de Fr., Manche, arr. et à 5 l. S.-S.-E. de Valognes, chef-lieu de canton et poste; 1740 hab.

MEREGA ou MERJEJAH, b. de la rég. d'Alger, prov. de Tlémécen, à 5 l. N.-N.-E. de Miliana, dans une contrée renommée pour ses figues et autres fruits.

MÉRÉGLISSE, vg. de Fr., Eure-et-Loir, arr. de Chartres, cant. et poste d'Illiers; 140 hab.

MEREIZ, pet. v. de la Russie d'Europe, gouv. de Wilna, cer. de Troki, sur la rivière de même nom; collége; palais de plaisance de Wladislas VII, roi de Pologne, qui y mourut le 10 mai 1648; 3500 hab.

MÉRÉLESSART, vg. de Fr., Somme, arr. d'Abbeville, cant. d'Hallencourt, poste d'Airaines; 460 hab.

MERELLE, ham. de Fr., Vosges, com. du Val-d'Ajol; 220 hab.

MERENS, vg. de Fr., Arriège, arr. de Foix, cant. et poste d'Ax; 870 hab.

MERENS, vg. de Fr., Gers, arr. et poste d'Auch, cant. de Jegun; 150 hab.

MERENVIELLE, vg. de Fr., Haute-Garonne, arr. de Toulouse, cant. de Leguevin, poste de l'Isle-en-Jourdain; 280 hab.

MERETSCH, v. de la Russie d'Europe, sur la rivière du même nom, gouv. de Vilna; commerce; 3500 hab.

MEREUIL, vg. de Fr., Hautes-Alpes, arr. de Gap, cant. et poste de Serres; 240 hab.

MÉRÉVILLE, vg. de Fr., Meurthe, arr. et cant. de Nancy, poste de Pont-St.-Vincent; 290 hab.

MÉRÉVILLE, b. de Fr., Seine-et-Oise, arr. et à 6 l. S. d'Étampes, chef-lieu de canton, poste d'Angerville; beau château; commerce de bestiaux; beaucoup de moulins à farine, fromageries; fabr. de toiles de chanvre et de lin, de bonneterie et de coton; éducation de troupeaux mérinos; exploitation de pierres de taille; 1800 hab.

MEREY, vg. de Fr., Eure, arr. d'Évreux, cant. et poste de Pacy-sur-Eure; 220 hab.

MEREY-MONTROND, vg. de Fr., Doubs, arr. et poste de Besançon, cant. d'Ornans; 310 hab.

MEREY-VIEILLEY, vg. de Fr., Doubs, arr. et poste de Besançon, cant. de Marchaux; 120 hab.

MERFY, vg. de Fr., Marne, arr. et poste de Reims, cant. de Bourgogne; 420 hab.

MERGENTHEIM, pet. v. du Wurtemberg, chef-lieu du grand-bailliage de même nom, cer. de la Jaxt; située à 21 1/2 l. N. de Stuttgart, dans une vallée fertile, entourée de de beaux vignobles, sur la Tauber, que l'on y traverse sur deux ponts; elle est ceinte d'une double muraille et d'un boulevard extérieur planté de tilleuls. A peu de distance de la ville on voit l'ancien château qui fut le siége de la régence de l'ordre teutonique, avec de beaux jardins, arrosés par une dérivation de la Tauber. Mergentheim possède un riche hôpital, fondé en 1340, une bibliothèque nombreuse et des archives intéressantes; blanchisseries de cire et fabrication de bougies. Population de la ville 2380 hab., du grand-bailliage 27,300, sur 8 milles c.

Les chevaliers teutoniques, ne pouvant plus se soutenir en Prusse, transférèrent, en 1527, leur gouvernement à Mergentheim, dont ils étaient devenus possesseurs par l'élection du comte Henri de Hohenlohe à la dignité de grand-maître. Le 24 avril 1809 l'empereur Napoléon abolit l'ordre, donna ses domaines aux princes dans les terres desquels ils étaient situés et le Wurtemberg obtint Mergentheim. Alors les habitants, fidèles à l'ordre teutonique, se révoltèrent, mais ils furent soumis par la force et leur ville fut définitivement incorporée au royaume le 14 octobre 1809.

MERGEY, vg. de Fr., Aube, arr. et cant. de Troyes, poste des Grès; filat. hydraul. de coton; 610 hab.

MERGHI ou MERGUI (archipel de), groupe

d'îles ; s'étend le long de la côte occidentale de l'Inde transgangétique jusqu'à l'entrée du détroit de Malacca, entre 6° 5′ et 14° 40′ lat. N., et 94° 14′ et 97° 30′ long. orient., à l'exclusion de l'île du Prince-de-Galles, déjà située dans le détroit. Six seulement de ces îles, Kings, Domeï, Ste.-Suzanne, St.-Mathieu, Djankseylon et Lincaya, ont une étendue considérable ; les autres ne sont que des îlots et des rochers en quantité innombrable, les uns nus, les autres couverts d'une riche végétation. Un canal, dont la largeur varie de 4 l. à 9, les sépare de la presqu'île, sous le nom de canal de Forrest. Plusieurs des îles Merghi sont très-élevées, d'autres sont plates; la plupart possèdent des forêts touffues, un climat chaud, mais sain, un sol fertile et approprié aux productions de l'Inde et à la plupart de celles de l'Europe. On y remarque surtout le pin malaie, dont on fait d'excellents mâts; mais le bois de teek et le cocotier y sont inconnus; l'on y recueille aussi des nids de salanganes, des perles, des trépaces, des tortues, de l'ambre, du miel et de la cire. Du reste, ces îles ont été peu visitées, à l'exception de Djankseylon ou Salanga, et l'on ignore si le plus grand nombre d'entre elles sont habitées. La population se compose de deux tribus peu nombreuses, que les Birmans appellent Tholomès et Pazès, qui mènent une vie qu'on pourrait appeler nomade, et qui vivent du commerce qu'elles font avec les bâtiments malais. L'archipel de Merghi, qui doit son nom à la ville située sur la côte opposée de la presqu'île, fut d'abord nommé groupe de Tenasserim par les Hollandais et les Portugais, qui le découvrirent en même temps que le roy. de Siam et la côte occidentale de l'Inde transgangétique. Il appartient aujourd'hui aux Anglais et fait partie de la prov. de Tenasserim, dont la ville de Merghi est le chef-lieu. Nous avons nommé plus haut les six principales îles de l'archipel ; nous y ajouterons encore, comme les plus importantes, les îles et groupes de Moscos, Tavai, Tenasserim, Torres, Noël et Poulo-Seher.

MERGHI ou **MERGUI**, v. de l'Inde transgangétique anglaise, chef-lieu de la prov. de Tenasserim ; est située dans le district le plus méridional, sur un îlot formé par l'embouchure du Tenasserim et de la Goulpia. Son port est excellent et sa position, sur une hauteur entourée d'eau, très-forte ; la ville fut très-florissante autrefois par son commerce, mais aujourd'hui elle est très-déchue et ne compte, dit-on, que 300 hab. M. Balbi lui en accorde cependant 8000 en 1825, en y comprenant la population des villages environnants. Quoi qu'il en soit, Merghi est destiné à se relever sous la domination anglaise.

MERGUI. *Voyez* MERGHI.

MERIA, vg. de Fr., Corse, arr. de Bastia, cant. de Luri, poste de Rogliano ; 540 hab.

MERIA, g. a., un des plus grands royaumes que les Anglo-Saxons fondèrent en Angleterre; forme aujourd'hui les comtés d'Oxford, de Gloucester, de Hereford, de Northampton, de Rutland, de Huntington et de Lincoln.

MERIADEC, ham. de Fr., Morbihan, com. de Plumergat; 420 hab.

MERIAL, vg. de Fr., Aude, arr. de Limoux, cant. de Belcaire, poste de Quillan; forges; exploitation de marbre ; 2800 hab.

MERIBOWHEY, b. de la Cafrerie inférieure et résidence du roi des Tamahas, à 28 l. E.-N.-E. de la Nouvelle-Litakou ; 1000 hab.

MÉRICOURT, vg. de Fr., Pas-de-Calais, arr. d'Arras, cant. de Vimy, poste de Lens; 670 hab.

MÉRICOURT, vg. de Fr., Seine-et-Oise, arr. de Mantes, cant. et poste de Bonnières; 300 hab.

MÉRICOURT-EN-VIMEUX, vg. de Fr., Somme, arr. d'Amiens, cant. d'Hornoy, poste d'Airaines; 280 hab.

MÉRICOURT-L'ABBÉ, vg. de Fr., Somme, arr. de Péronne, cant. de Bray-sur-Somme; poste d'Albert; 420 hab.

MÉRICOURT-SUR-SOMME, vg. de Fr., Somme, arr. de Péronne, cant. de Bray-sur-Somme, poste d'Albert; 460 hab.

MERIDA, *Augusta Emerida*, v. d'Espagne et chef-lieu de district, roy. de la Nouvelle-Castille, prov. d'Estramadure, à 13 l. O. de Badajoz; elle est ceinte de murailles et située sur la Guadiana, que l'on y traverse sur un pont magnifique de 50 arches. Mérida est renommé pour les nombreuses antiquités romaines qu'il possède; on y admire les ruines imposantes d'un cirque, d'un théâtre, etc. ; 4550 hab.

MERIDA, prov. du dép. de Zulia, rép. de Vénézuela ; elle est bornée au N. par le lac de Maracaïbo, au N.-O. par la prov. de Maracaïbo, au S. et au S.-E. par le dép. de Boyaca (rép. de la Nouvelle-Grenade), dont elle est séparée par le Sarare, à l'E. par la prov. de Barinas (dép. de l'Orénoque) et au N.-E. par la prov. de Truxillo. C'est un magnifique pays de montagnes, traversé par le chaînon oriental des Andes, dont la hauteur y dépasse 4000 mètres. L'agriculture, favorisée par un sol éminemment fécond, est assez développée ; on cultive surtout du cacao, du coton, du café, des légumes et des fruits exquis. Le cacao, le coton et de beaux tapis en couleurs forment les principaux articles du commerce ; 45,000 hab.

MERIDA, autrefois SANTIAGO-DE-LOS-CABALLEROS-DE-MERIDA, chef-lieu de la province du même nom, dans une belle et fertile vallée au pied des Andes. Elle est entourée de trois rivières et bien bâtie; belle cathédrale ; plusieurs couvents ; hôpital ; université du second ordre; collége ecclésiastique. Elle est le siége d'un évêque et fabrique de beaux tapis, dont elle fait un commerce actif, ainsi qu'en cacao et en café ; 9000 h.

MERIDA (état). *Voyez* YUCATAN.

MERIDA-DE-YUCATAN, v. de la confédération mexicaine, état de Yucatan, dont elle est le chef-lieu, dans une plaine aride, à 8 l. de la côte N.; collége, hôpital, couvents; fabr. d'indiennes, de cuir, etc. Elle est le siége d'un évêché et de la cour de justice pour les états de Chiapa, Tabasco et Yucatan. La rade du village de Sizal sert de port à Merida. Cette ville fut fondée en 1542 par le capitaine Mondejo; 29,000 hab.

MÉRIEL, vg. de Fr., Seine-et-Oise, arr. de Pontoise, cant. et poste de l'Isle-Adam; 440 hab.

MÉRIFONS, vg. de Fr., Hérault, arr. et poste de Lodève, cant. de Luras; 90 hab.

MÉRIGNAC, vg. de Fr., Charente, arr. de Cognac, cant. et poste de Jarnac; 1300 h.

MÉRIGNAC, vg. de Fr., Charente-Inférieure, arr. de Jonzac, cant. et poste de Montlieu; 580 hab.

MÉRIGNAC, vg. de Fr., Gironde, arr. et poste de Bordeaux, cant. de Pessac; 3100 h.

MÉRIGNAS, vg. de Fr., Gironde, arr. de la Réole, cant. et poste de Sauveterre; 500 h.

MÉRIGNAT, vg. de Fr., Ain, arr. de Nantua, cant. de Poncin, poste de Cerdon; 360 hab.

MÉRIGNAT, vg. de Fr., Creuse, arr., cant. et poste de Bourganeuf; 520 hab.

MÉRIGNIES, vg. de Fr., Nord, arr. de Lille, cant. de Pont-à-Marq, poste de Seclin; fabr. de sucre indigène; 760 hab.

MERIGNY, vg. de Fr., Indre, arr. et poste du Blanc, cant. de Tournon-St.-Martin; carrière de pierres de taille; 990 hab.

MÉRIGON, vg. de Fr., Arriège, arr. et poste de St.-Girons, cant. de Ste.-Croix; 380 hab.

MÉRILHEU, vg. de Fr., Hautes-Pyrénées, arr., cant. et poste de Bagnères-en-Bigorre; 400 hab.

MÉRILLAC, vg. de Fr., Côtes-du-Nord, arr. de Loudéac, cant. et poste de Merdrignac; 740 hab.

MERIM (lagoa) ou **MIRI**, gr. lac qui s'étend en partie sur le S. de l'emp. du Brésil, prov. de Rio-Grande-do-Sul, en partie sur la rép. de l'Uruguay, près de la côte, au N. de l'embouchure du Rio-de-la-Plata. Il est entretenu par un grand nombre de torrents qui y affluent des montagnes de l'O. et s'écoule par le Rio-Gonzalès dans l'Océan Atlantique. Sa longueur est de 42 l. sur une largeur de 8 à 20 l.

MÉRINCHAL, vg. de Fr., Creuse, arr. d'Aubusson, cant. de Crocq, poste de la Villeneuve; 1950 hab.

MÉRINDOL, vg. de Fr., Drôme, arr. de Nyons, cant. et poste du Buis; 390 hab.

MÉRINDOL, vg. de Fr., Vaucluse, arr. d'Apt, cant. et poste de Cadenet; 830 hab.

MERINGEN. *Voy.* MARANGE-SONDRANGE.

MERINVILLE, vg. de Fr., Aude, arr. de Carcassonne, cant. et poste de Peyriac-Minervois; 1560 hab.

MERINVILLE, vg. de Fr., Loiret, arr. de Montargis, cant. et poste de Courtenay; 170 hab.

MERIONETH, comté d'Angleterre, prov. maritime. Ses bornes sont : au N.-O. le comté de Carnarvon, au N. et au N.-E. celui de Denbigh, au S.-E. celui de Montgoméry, au S.-O. celui de Cardigan et à l'O. la mer d'Irlande. Sa superficie est de 31 l. c. géogr. et sa population de 40,000 hab. Cette province est couverte de hautes montagnes, qui donnent naissance à un grand nombre de rivières et de torrents, principalement à la Dec et au Dovy; la côte est bordée par des roches calcaires, contre lesquelles viennent se briser les flots de la mer. On rencontre dans ce comté le plus grand lac de la principauté de Galles, appelé la mer de Pimble. Le climat est froid et l'air pur. Les productions consistent en animaux domestiques, bêtes fauves, volailles et poissons; blé et pommes de terre en petite quantité. L'éducation du bétail est la seule ressource des habitants; ceux de la côte s'adonnent à la pêche, on y voit aussi quelques manufactures de flanelles et de bas de laine. Ce comté fait partie du diocèse de Bangor, nomme un député au parlement et est divisé en 6 districts.

MERIOT (le), vg. de Fr., Aube, arr., cant. et poste de Nogent-sur-Seine; 620 hab.

MERISSHAUSEN, b. de Suisse, cant. de Schaffhouse, au pied du Rundenberg.

MÉRITEIN, vg. de Fr., Basses-Pyrénées, arr. d'Orthez, cant. et poste de Navarrenx; 410 hab.

MERKARA, v. de l'Inde, présidence de Madras, prov. de Malabar. Elle est bâtie en amphithéâtre, entourée de fortifications et défendue par une citadelle. Le palais du radjah du Kourg, dont Merkara est la résidence, est situé dans le fort; il est bâti en partie dans le style européen.

MERLACH, vg. de Suisse, cant. de Fribourg, près de Murten, où se trouvait le fameux charnier, qui renfermait les ossements des Bourguignons morts à la bataille de Morat (1476); ce monument fut détruit par les Français, en 1798.

MERLAN, ham. de Fr., Seine, com. de Noisy-le-Sec; 320 hab.

MERLANVAL. *Voyez* MARLANVAL.

MERLAS, vg. de Fr., Isère, arr. de la Tour-du-Pin, cant. de St.-Geoire, poste du Pont-de-Beauvoisin; 1240 hab.

MERLATIÈRE, vg. de Fr., Vendée, arr. de Bourbon-Vendée, cant. et poste des Essarts; 490 hab.

MERLAUT, vg. de Fr., Marne, arr., cant. et poste de Vitry-le-Français; 420 hab.

MERLE, vg. de Fr., Loire, arr. de Montbrison, cant. et poste de St.-Bonnet-le-Château; 1010 hab.

MERLÉAC, vg. de Fr., Côtes-du-Nord, arr. de Loudéac, cant. et poste d'Uzel; commerce de miel; 2730 hab.

MERLEBACH, vg. de Fr., Moselle, arr.

de Sarreguemines, cant. et poste de Forbach; 680 hab.

MERLEBEKE, vg. du roy. de Belgique, prov. de Flandre orientale, arr. de Gand; sur la rive droite de l'Escaut; 2640 hab.

MERLEMONT, ham. de Fr., Oise, com. de Warluis; 120 hab.

MERLERAULT (le), b. de Fr., Orne, arr. et à 5 1/2 l. E. d'Argentan, chef-lieu de canton et poste; commerce de fil de chanvre, de bestiaux, de chevaux de luxe; 1440 hab.

MERLES, vg. de Fr., Meuse, arr. de Montmédy, cant. et poste de Damvillers; 450 hab.

MERLES, vg. de Fr., Tarn-et-Garonne, arr. de Moissac, cant. et poste d'Auvillars; 580 hab.

MERLÉVENEZ, vg. de Fr., Morbihan, arr. de Lorient, cant. et poste de Port-Louis; 1090 hab.

MERLHAC, ham. de Fr., Cantal, com. de Drugeac; 180 hab.

MERLIA, ham. de Fr., Jura, com. d'Orgelet; 180 hab.

MERLIE (la), ham. de Fr., Haute-Vienne, com. de Verneuil; 150 hab.

MERLIEUX, vg. de Fr., Aisne, arr. de Laon, cant. d'Anisy-le-Château, poste de Chavignon; 310 hab.

MERLIMONT, vg. de Fr., Pas-de-Calais, arr., cant. et poste de Montreuil-sur-Mer; 850 hab.

MERLINES, vg. de Fr., Corrèze, arr. et poste d'Ussel, cant. d'Eygurande; 360 hab.

MER-MAUVAISE (archipel de la). *Voyez* ILES-BASSES.

MERNEL, vg. de Fr., Ille-et-Vilaine, arr. de Redon, cant. de Maure, poste de Lohéac; 750 hab.

MÉROBERT, vg. de Fr., Seine-et-Oise, arr. de Rambouillet, cant. et poste de Dourdan; 470 hab.

MEROE, g. a., ancien état d'Éthiopie, comprenait l'île formée par le Nil, l'Astaboras et l'Astapus. La capitale portait le même nom et était très-célèbre par son commerce. Dans les temps les plus reculés elle s'appelait Saba et était la capitale de toute l'Éthiopie. Ses ruines sont aujourd'hui désignées sous le nom de *Merawe;* selon d'autres Merawe est la capitale de la Scheygya.

MEROGIS. *Voyez* FLEURY-MEROGIS.

MÉRON, vg. de Fr., Maine-et-Loire, arr. de Saumur, cant. et poste de Montreuil-Bellay; 580 hab.

MERONA, vg. de Fr., Jura, arr. de Lons-le-Saulnier, cant. et poste d'Orgelet; 70 hab.

MEROOCA (Sierra), chaîne de montagnes de l'emp. du Brésil, prov. de Pernambuco; s'étend entre le Rio-Mandahu et le Rio-Camucim. La Sierra Mandahu en est la continuation N.

MEROPUA ou MOROPUA, peuple puissant mais peu connu de l'Afrique australe, dans l'ancien empire du Monomotapa; leur roi est peut-être le plus absolu de tous les monarques de la terre, puisqu'il prescrit à ses sujets même le temps pendant lequel ils doivent s'amuser.

MEROUCHAH-ICHAN, v. du roy. de Perse, chef-lieu du district de même nom, qui comprend la partie N.-E. du Khorassan. Elle est baignée par le Mourghab, et sa banlieue forme une oasis dans le district qui n'est qu'un désert parcouru par des hordes de Turcomans.

MEROU-ROUD ou MARUCA, v. du roy. de Perse et chef-lieu du district du même nom, qui comprend la partie S.-E. du Khorassan. À l'E. du district, entre le Mourghab et l'Amou, se trouve le grand désert de Kharesm. La ville elle-même, qu'on appelle Mur, est arrosée par le Mourghab et aussi bâtie dans une oasis de ce désert.

MEROUVELLE, ham. de Fr., Orne, com. de l'Aigle; 200 hab.

MEROUVILLE, vg. de Fr., Eure-et-Loir, arr. de Chartres, cant. de Janville, poste d'Angerville; 400 hab.

MEROUX, ham. de Fr., Indre, com. de St.-Lizaigne; 120 hab.

MÉROUX ou MOERLINGEN, vg. de Fr., Haut-Rhin, arr., cant. et poste de Belfort; 570 hab.

MERPINS, vg. de Fr., Charente, arr., cant. et poste de Cognac; 650 hab.

MERPUIS, ham. de Fr., Ain, com. de Leissard; 190 hab.

MERREY, vg. de Fr., Aube, arr., cant. et poste de Bar-sur-Seine; 510 hab.

MERREY, vg. de Fr., Haute-Marne, arr. de Chaumont-en-Bassigny, cant. de Clefmont, poste de Montigny-le-Roi; 860 hab.

MERRI, vg. de Fr., Orne, arr. d'Argentan, cant. et poste de Trun; 570 hab.

MERRIMAK ou ESTURGEON, fl. des États-Unis de l'Amérique du Nord; il prend naissance, sous le nom de Pemiwagasset, au pied des monts Mooselock, au N. de l'état de New-Hampshire, sous 48° 8' lat. N. Dans son cours, d'abord méridional, il est grossi par les écoulements des lacs Newfound et Winnipiscogée, et par le Blackwater, le Mill, le Contocock, le Bowcock, le Turky, le Piscataquog, le Crosby, le Sounegon et le Cohas. Sous 42° 45' lat. N. il entre dans l'état de Massachusetts, où il fait plusieurs chutes, reçoit la Nashawa, le Concord ou Billerica et le Shawsteen, et se jette à Newbury-Port dans l'Océan Atlantique, après un cours de 65 l. Il est navigable pour les plus grands vaisseaux jusqu'à ses chutes. Le canal de Middlesex joint le Merrimak au port de Boston.

MERRIS, vg. de Fr., Nord, arr. d'Hazebrouck, cant. et poste de Bailleul; 1310 hab.

MERRITCH, v. de l'Inde, principauté de Satarah, dans le Bedjapour. Elle est bâtie non loin de la Kistnah, est entourée de murs et fait un commerce considérable. Un prince mahratte a sa résidence dans cette ville; 10,000 hab.

MERRY-LA-VALLÉE ou **MERRIVAUX**, vg. de Fr., Yonne, arr. de Joigny, cant. et poste d'Aillant-sur-Tholon; 970 hab.

MERRY-SEC, vg. de Fr., Yonne, arr. d'Auxerre, cant. et poste de Courson; 440 b.

MERRY-SUR-YONNE, vg. de Fr., Yonne, arr. d'Auxerre, cant. et poste de Coulange-sur-Yonne; 540 hab.

MERS, vg. de Fr., Indre, arr. de la Châtre, cant. et poste de Neuvy-St.-Sépulchre; martinet et tréfilerie en fer au moulin de Presle-sur-l'Indre; 900 hab.

MERS, vg. de Fr., Somme, arr. d'Abbeville, cant. d'Ault, poste d'Eu; 410 hab.

MERS (canal des Deux-). *Voyez* LANGUEDOC (canal du).

MERSA, b. de la rég. et à 2 1/2 l. N. de Tunis, sur la Méditerranée, entre les ruines de Carthage et celles d'Utique.

MERSANTES, ham. de Fr., Eure-et-Loir, com. de St.-Hilaire-sur-Yerre; 130 hab.

MERSBOURG ou **MOERSBOURG**, v. très-ancienne du grand-duché de Bade, chef-lieu d'un bailliage; située dans le cer. du Lac, dans une position belle et pittoresque, sur la côte septentrionale du lac de Constance, au pied d'un rocher élevé et à pic. Elle a deux châteaux, un séminaire épiscopal et un port; pêches; navigation; grand commerce de blé; 1400 hab.

MERSCH, b. du roy. de Belgique, grand-duché, arr. et à 2 l. N. de Luxembourg, sur l'Alzette; culture de fruits; exploitation de minerai de fer; 1700 hab.

MERSCHWEILLER, vg. de Fr., Moselle, arr. de Thionville, cant. et poste de Sierck; 280 hab.

MERSEBOURG, v. de Prusse, chef-lieu de la régence et du cercle de même nom, prov. de Saxe, située à 40 l. S.-O. de Berlin, sur la Saale. Elle est ceinte de murailles avec quatre portes et se compose de la cité, du quartier du Chapitre et des faubourgs d'Altenbourg et de Neumarkt; ce dernier est séparé de la ville par la Saale que l'on traverse sur un beau pont de pierres. La ville est ancienne et irrégulière, mais ses rues sont propres et bien pavées. La cathédrale, qui forme avec le château un carré orné de 7 tours, date du onzième siècle; on y voit de belles orgues avec 4000 tuyaux, un beau tableau d'autel du célèbre L. Kranach, mort en 1553, et le tombeau de l'évêque Ditmar, mort en 1018, l'un des meilleurs historiens du moyen âge. Mersebourg possède en outre 3 églises paroissiales, des hôpitaux civil et militaire, une maison d'orphelins, une maison de refuge et de travail, un gymnase avec 8 classes, un institut d'accouchement et un haras royal; des fabr. de toiles, de papiers peints, de tabac, de colle; des distilleries; des blanchisseries; des teintureries; des tanneries; ses brasseries, quoique réduites au douzième de ce qu'elles étaient dans le dix-septième siècle, sont encore renommées. Population de la ville 8220 hab., du cercle 37,000 et de la régence 503,000, sur 187 milles c.

Le chapitre de Mersebourg, présidé par un évêque, fut fondé par l'empereur Otton Ier, vers le milieu du dixième siècle. Après la réformation il fut sécularisé et administré par les électeurs de Saxe; plus tard il échut aux ducs de Saxe-Mersebourg, dont la ligne s'éteignit en 1738.

MERS-EL-BERBER ou **PORT-GÊNOIS**, b. maritime de la rég. d'Alger, prov. de Constantine, près du cap Mabra, à 4 l. N. de Bone.

MERS-EL-FAHM ou **ZOUFFOUNE**, pet. v. de la rég. d'Alger, prov. de Constantine, sur la Méditerranée, à 18 l. O. de Bougie.

MERS-EL-ZEITOUNE, b. maritime de la rég. d'Alger, prov. de Constantine, à l'embouchure de la riv. du Ouad-el-Kébir, dans la Méditerranée et à 10 l. E. de Djigelli.

MERSEY, pet. île d'Angleterre, comté d'Essex, située entre les golfes de Colchester et de Blackwater; bancs d'huîtres.

MERSEY, riv. d'Angleterre, dont le cours est très-borné et l'embouchure très-large; elle baigne Stockport, Liverpool et se décharge dans la mer d'Irlande. Le Mersey reçoit à la droite l'Irwell, qui baigne Manchester, et à la gauche le Weaver, qui passe par Nortwich.

MERSUAY, vg. de Fr., Haute-Saône, arr. de Vesoul, cant. de Port-sur-Saône, poste de Faverney; 590 hab.

MERTEN, vg. de Fr., Moselle, arr. de Thionville, cant. et poste de Bouzonville; 900 hab.

MERTHYR-TYDVILL, v. d'Angleterre, comté de Glamorgan, très-florissante par son industrie métallurgique; ses forges fournissent tous les ans plus de 100,000 tonneaux de fer en fonte et en barres, que l'on embarque à Cardiff; 22,000 hab.

MERTOLA, *Julia Myrtilis*, v. du roy. de Portugal, prov. d'Alentéjo, dist. et à 11 l. E. d'Ourique; murée et située sur une montagne élevée, dont le pied est baigné par la Guadiana; cette rivière y reçoit le Veiras et y devient navigable; commerce assez actif. Mertola est bâti à l'emplacement de la ville romaine de Julia Myrtilis; 3000 hab.

MERTON, b. d'Angleterre, comté de Surry, très-industrieux; manufactures de coton; grandes blanchisseries et forges de cuivre; 2000 hab.

MERTRUD, vg. de Fr., Haute-Marne, arr. de Vassy, cant. et poste de Doulevant; 620 hab.

MERTZEN, vg. de Fr., Haut-Rhin, arr. et poste d'Altkirch, cant. de Hirsingue; 260 hab.

MERTZWILLER, vg. de Fr., Bas-Rhin, arr. de Wissembourg, cant. et poste de Niederbronn; fonderie; filatures; 1460 hab.

MERU, *Mervacum*, b. de Fr., Oise, arr. et à 4 1/2 l. S. de Beauvais, chef-lieu de canton et poste. Ce bourg est le centre d'une fabrication considérable de tabletterie; 2100 hab.

MERUD, v. de l'Inde anglaise, présidence de Bombay, dist. de Djounir. Merud est situé sur le Goor, entouré de murs et défendu par une citadelle. Son commerce n'est pas sans importance et en fait une des villes les plus florissantes du district.

MERUT ou **MEERUT**, **MIROUT**, v. de l'Inde anglaise, présidence de Calcutta, chef-lieu du district de même nom, prov. de Delhi; c'est une grande ville, bâtie non loin du Kalli-Naddy. Elle fait un grand commerce, mais est plus importante encore sous le rapport militaire, étant aujourd'hui la principale station de l'armée anglaise dans les provinces septentrionales de l'Inde. La compagnie des Indes y a fait bâtir des casernes magnifiques et un immense temple pour servir au culte anglican.

MERVAL, ham. de Fr., Seine-Inférieure, com. de Bremontier-Merval; 230 hab.

MERVANS, b. de Fr., Saône-et-Loire, arr. de Louhans, cant. et poste de St.-Germain-du-Bois; 1950 hab.

MERVENT, vg. de Fr., Vendée, arr. et poste de Fontenay-le-Comte, cant. de St.-Hilaire-des-Loges; 1340 hab.

MERVIEL, vg. de Fr., Arriège, arr. de Foix, cant. de Lavelanet, poste de Varilles; 200 hab.

MERVILLA, vg. de Fr., Haute-Garonne, arr. et poste de Toulouse, cant. de Costanet; 160 hab.

MERVILLE, vg. de Fr., Calvados, arr. de Caen, cant. de Troarn, poste de Bavent; 310 hab.

MERVILLE, vg. de Fr., Haute-Garonne, arr. de Toulouse, cant. et poste de Grenade-sur-Garonne; 1120 hab.

MERVILLE, ham. de Fr., Morbihan, com. de Lorient; 1500 hab.

MERVILLE, *Menariacum*, b. de Fr., Nord, arr. et à 3 1/2 l. S.-E. de Hazebrouck, chef-lieu de canton et poste; ce bourg, situé sur la Lys, possède des fabr. de linge de table, velours de coton, bleu de Prusse, etc.; raffineries de sel; brasseries; corderies; construction de bâteaux; commerce de semailles; 6300 hab.

MERVILLE, ham. de Fr., Eure, com. de la Madeleine-de-Nonancourt; 180 hab.

MERVILLE-AUX-BOIS, vg. de Fr., Somme, arr. de Montdidier, cant. d'Ailly-sur-Roye, poste de Flers; 250 hab.

MERVILLES, vg. de Fr., Meurthe, arr. de Lunéville, cant. et poste de Baccarat; briqueteries et fours à chaux; 880 hab.

MERVILLIERS, vg. de Fr., Eure-et-Loir, arr. de Chartres, cant. et poste de Janville; 130 hab.

MERVON (Sainte-), vg. de Fr., Ille-et-Vilaine, arr. de Montfort-sur-Meu, cant. et poste de Montauban; 210 hab.

MERXHEIM, vg. de Fr., Haut-Rhin, arr. de Colmar, cant. de Soultz, poste de Rouffach; 710 hab.

MERXHEIM, vg. du landgraviat de Hesse-Hombourg, seigneurie de Meisenheim; vignes; 1400 hab.

MÉRY, vg. de Fr., Marne, arr. de Reims, cant. de Ville-en-Tardenois, poste de Jonchery-sur-Vesle; 150 hab.

MERY, vg. de Fr., Oise, arr. de Clermont, cant. de Maignelay, poste de Montdidier; 840 hab.

MÉRY, vg. de Fr., Seine-et-Marne, arr. de Meaux, cant. et poste de la Ferté-sous-Jouarre; 420 hab.

MÉRY (Sainte-), vg. de Fr., Seine-et-Marne, arr. de Melun, cant. de Mormant, poste de Guignes; 590 hab.

MÉRY-CORBON, vg. de Fr., Calvados, arr. de Bayeux, cant. de Mézidon, poste de Croissanville; 870 hab.

MÉRY-ÈS-BOIS, vg. de Fr., Cher, arr. de Sancerre, cant. et poste de la Chapelle-d'Angillon; 1110 hab.

MERY-SUR-CHER, vg. de Fr., Cher, arr. de Bourges, cant. et poste de Vierzon; 500 hab.

MÉRY-SUR-OISE, vg. de Fr., Seine-et-Oise, arr. de Pontoise, cant. et poste de l'Isle-Adam; 680 hab.

MÉRY-SUR-SEINE, pet. v. de Fr., Aube, arr., à 5 l. O. d'Arcis-sur-Aube et à 34 l. de Paris; chef-lieu de canton et poste; elle est agréablement située sur la rive droite de la Seine et possède un petit port sur ce fleuve, qui y commence à être navigable; fabr. de bonneterie et filat. de coton; commerce de grains, vins, bois et planches, chanvre, laine, miel, cire, etc.; 1330 hab.

Cette petite ville a beaucoup souffert pendant l'invasion de 1814; elle fut le théâtre d'un combat sanglant, le 21 février 1814, entre la garde impériale et les Prussiens. Ceux-ci n'abandonnèrent la ville que lorsqu'elle fut presque entièrement réduite en cendres. Elle s'est relevée depuis et beaucoup embellie, grâce à l'activité et à l'industrie de ses habitants.

MERZER (le), vg. de Fr., Côtes-du-Nord, arr. de St.-Brieuc, cant. de Lanvallon, poste de Guingamp; 1220 hab.

MERZIFOUN. *Voyez* MARTSIVAN.

MERZIG, *Marcerum*, v. de Prusse, chef-lieu de cercle, prov. du Rhin, rég. et à 12 1/2 l. S. de Trèves et à 8 1/2 l. N.-E. de Thionville, sur la Sarre qui y fait mouvoir de nombreuses usines; tanneries; construction de bâteaux; navigation active; culture de vignes; population de la ville 3070 hab., du cer. 22,000, sur 7 1/2 milles c.

MERZIN, vg. du duché d'Anhalt-Bernbourg; avec une bergerie renommée et une maison d'éducation; 300 hab.

MES, g. a., v. et port du Pays de Carthage.

MÉSANDANS, vg. de Fr., Doubs, arr. et poste de Baume-les-Dames, cant. de Rougemont; 390 hab.

MESANGÉ, vg. de Fr., Loire-Inférieure, arr., cant. et poste d'Ancenis; 2430 hab.

MÉSANGÈRES (les). *V.* **MÉZANGÈRES** (les).

MESANGUY, ham. de Fr., Allier, com. de Pouzy; 330 hab.

MESBRECOURT, vg. de Fr., Aisne, arr. de Laon, cant. de Crécy-sur-Serre, poste de la Fère; 510 hab.

MESCHEDE, pet. v. de Prusse, chef-lieu de cercle, prov. de Westphalie, rég. et à 4 l. E. d'Arnsberg, sur la Ruhr; fabrication de draps; 1800 hab.

MESCHEN, b. de Transylvanie, pays des Saxons, cer. de Mediasch; culture de la vigne.

MESCOULES, vg. de Fr., Dordogne, arr. et poste de Bergerac, cant. de Sigoulès; 270 hab.

MESEELAH ou **MESILAH**, **SABI**, b. de la rég. d'Alger, prov. et à 40 l. S.-O. de Constantine, dans une contrée abondante en pêches et en abricots.

MESERGIN, b. de la rég. d'Alger, prov. de Tlémécen, à 3 l. S.-O. d'Oran.

MESERITZ (en polonais *Miedzyrzecz*), v. de Prusse, chef-lieu de cercle, prov. et rég. de Posen, sur l'Abra, qui y reçoit la Pachlitz; elle est assez bien bâtie et ceinte de murailles en vétusté, avec un ancien château et un faubourg; parmi ses manufactures de draps, on doit citer celle de la maison Vollmer, qui occupe plus de 500 ouvriers; elle possède en outre des fabriques de bas, de nombreuses tanneries et un commerce local actif; pop. de la ville 4390 hab., du cer. 27,000, sur 19 1/3 milles c.

MÉSÈRES, vg. de Fr., Haute-Loire, arr. du Puy, cant. de Vorey, poste de St.-Paulien; 360 hab.

MESGE (le), vg. de Fr., Somme, arr. d'Amiens, cant. et poste de Picquigny; 440 h.

MESGRIGNY, vg. de Fr., Aube, arr. d'Arcis-sur-Aube, cant. et poste de Méry-sur-Seine; 70 hab.

MESILLEU, ham. de Fr., Loire, com. de Précieux; 100 hab.

MESLAIN-DU-BOSC (Saint-), vg. de Fr., Eure, arr. de Louviers, cant. d'Amfreville-la-Campagne, poste de Neubourg; 180 hab.

MESLAN, vg. de Fr., Morbihan, arr. de Pontivy, cant. et poste du Faouet; 1700 hab.

MESLAND, vg. de Fr., Loir-et-Cher, arr. de Blois, cant. d'Herbault, poste d'Écure; 590 hab.

MESLAY, vg. de Fr., Calvados, arr. de Falaise, cant. et poste d'Harcourt-Thury; 390 hab.

MESLAY, vg. de Fr., Loir-et-Cher, arr., cant. et poste de Vendôme; fabr. de tapis de pieds, couvertures pour chevaux; draperies, filat. et apprêts hydraul.; 300 hab.

MESLAY, vg. de Fr., Mayenne, arr. et à 6 l. S.-E. de Laval, chef-lieu de canton et poste; tanneries; 1590 hab.

MESLAY-LE-GRENET, vg. de Fr., Eure-et-Loir, arr. de Chartres, cant. d'Illiers, poste de St.-Loup; 330 hab.

MESLAY-LE-VIDAME, vg. de Fr., Eure-et-Loir, arr. de Châteaudun, cant. de Bonneval, poste de St.-Loup; fabr. de toiles; éducation d'abeilles; 580 hab.

MESLE-SUR-SARTHE (le). *Voyez* **MÊLE-SUR-SARTHE** (le).

MESLIÈRES, vg. de Fr., Doubs, arr. de Montbéliard, cant. et poste de Blamont; 300 hab.

MESLIN, vg. de Fr., Côtes-du-Nord, arr. de St.-Brieuc, cant. et poste de Lamballe, 830 hab.

MESLON, ham. de Fr., Cher, com. de Coust; 150 hab.

MESLY, ham. de Fr., Seine, com. de Créteil; 100 hab.

MESMAY, vg. de Fr., Doubs, arr. de Besançon, cant. et poste de Quingey; 230 hab.

MESME (Sainte-), vg. de Fr., Seine-et-Oise, arr. de Rambouillet, cant. et poste de Dourdan; 550 hab.

MESMES (Sainte-), vg. de Fr., Seine-et-Marne, arr. de Meaux, cant. et poste de Claye; 320 hab.

MESMIN (Saint-), vg. de Fr., Côte-d'Or, arr. de Sémur, cant. et poste de Vitteaux; 370 hab.

MESMIN (Saint-), Loiret. *Voyez* **HILAIRE-SAINT-MESMIN** (Saint-).

MESMIN (Saint-), vg. de Fr., Vendée, arr. de Fontenay-le-Comte, cant. et poste de Pouzauges; 1220 hab.

MESMONT, vg. de Fr., Ardennes, arr. et poste de Réthel, cant. de Novion; 470 hab.

MESMONT, vg. de Fr., Côte-d'Or, arr. de Dijon, cant. et poste de Sombernon; 250 h.

MESMOULINS, ham. de Fr., Seine-Inférieure, com. de Tourville; 160 hab.

MESNA, v. de la Nigritie centrale et capitale du roy. de Bagharmie.

MESNAC, vg. de Fr., Charente, arr., cant. et poste de Cognac; 570 hab.

MESNARD ou **LABARROTIÈRE**, vg. de Fr., Vendée, arr. de Bourbon-Vendée, cant. des Herbiers, poste du Fougerais; 390 hab.

MESNAY, vg. de Fr., Jura, arr. de Poligny, cant. et poste d'Arbois; papeteries; 2720 h.

MESNEUX (les), vg. de Fr., Marne, arr. et poste de Reims, cant. de Ville-en-Tardenois; 310 hab.

MESNIÈRES, vg. de Fr., Seine-Inférieure, arr., cant. et poste de Neufchâtel-en-Bray; 570 hab.

MESNIL (le), ham. de Fr., Eure, com. de Courbépine; 240 hab.

MESNIL (le), ham. de Fr., Eure, com. de Drucourt; 250 hab.

MESNIL (le), ham. de Fr., Eure, com. de Vieille-Lyre; 120 hab.

MESNIL (le), vg. de Fr., Maine-et-Loire, arr. de Beaupréau, cant. de St.-Florent-le-Viel, poste d'Ingrande; 222 hab.

MESNIL (les), vg. de Fr., Manche, arr. de Valognes, cant. de Barneville, poste de Briquebec; 370 hab.

MESNIL (le), ham. de Fr., Seine-Inférieure, com. de St.-Martin-de-Boscherville; 120 h.

MESNIL, vg. de Fr., Meuse, arr. de Bar-le-Duc, cant. de Fresnes-en-Woëvre, poste de Manheulles; 350 hab.

MESNIL (le Grand et le Petit-), ham. de Fr., Seine-Inférieure, com. de Belleville-en-Caux; 220 hab.

MESNIL, ham. de Fr., Seine-Inférieure, com. de Hénouville; 120 hab.

MESNIL-ADELÉE (le), vg. de Fr., Manche, arr. de Mortain, cant. de Juvigny, poste de Sourdeval; 420 hab.

MESNIL-AMAND (le), vg. de Fr., Manche, arr. de Coutances, cant. et poste de Gavray; 640 hab.

MESNIL-AMEY (le), vg. de Fr., Manche, arr. de St.-Lô, cant. de Marigny, poste de la Fosse; 330 hab.

MESNIL-ANGOT (le), vg. de Fr., Manche, arr. de St.-Lô, cant. de St.-Jean-de-Daye, poste de la Perine; 230 hab.

MESNIL-ASSELIN, ham. de Fr., Calvados, com. de St.-Désir; 140 hab.

MESNIL-AUBART (le), vg. de Fr., Manche, arr. de Coutances, cant. de Bréhal, poste de Gavray; 310 hab.

MESNIL-AUBRY, vg. de Fr., Seine-et-Oise, arr. de Pontoise, cant. et poste d'Écouen; fabr. de dentelles; 350 hab.

MESNIL-AU-GRAIN, vg. de Fr., Calvados, arr. de Caen, cant. et poste de Villers-Bocage; 220 hab.

MESNIL-AUVAL (le), vg. de Fr., Manche, arr. et poste de Cherbourg, cant. d'Octeville; 630 hab.

MESNIL-AUX-MOINES. *Voyez* MESNIL-FOLLEMPRISE.

MESNIL-AUZOUF, vg. de Fr., Calvados, arr. de Vire, cant. d'Aulnay-sur-Odon, poste; 670 hab.

MESNIL-BACLEY (le), vg. de Fr., Calvados, arr. de Bayeux, cant. et poste de Livarot; 200 hab.

MESNIL-BENOIST, vg. de Fr., Calvados, arr. de Vire, cant. et poste de St.-Sever; 130 hab.

MESNIL-BŒUFS (le), vg. de Fr., Manche, arr. de Mortain, cant. d'Isigny, poste de St.-Hilaire-du-Harcouet; 430 hab.

MESNIL-BONAND (le), vg. de Fr., Manche, arr. de Coutances, cant. et poste de Gavray; 450 hab.

MESNIL-BRUNTEL, vg. de Fr., Somme, arr., cant. et poste de Péronne; 450 hab.

MESNILBUS (le), vg. de Fr., Manche, arr. de Coutances, cant. de St.-Sauveur-Lendelin, poste de Périers; 990 hab.

MESNIL-CONTEVILLE (le), vg. de Fr., Oise, arr. de Beauvais, cant. et poste de Grandvillier; 310 hab.

MESNIL-COUSSOIS, vg. de Fr., Calvados, arr. de Vire, cant. et poste de St.-Sever; 460 h.

MESNIL-DE-POSES (le), ham. de Fr., Eure, com. de Poses; 200 hab.

MESNIL-DONQUEUR, vg. de Fr., Somme, arr. et poste d'Abbeville, cant. d'Ailly-le-Haut-Clocher; 270 hab.

MESNIL-DREY (le), vg. de Fr., Manche, arr. d'Avranches, cant. et poste de la Haye-Pesnel; 410 hab.

MESNIL-DURAND (le), vg. de Fr., Calvados, arr. de Bayeux, cant. et poste de Livarot; 500 hab.

MESNIL-DURAND (le), vg. de Fr., Manche, arr. de St.-Lô, cant. de St.-Jean-de-Daye, poste de la Périne; 560 hab.

MESNIL-DURDANT, vg. de Fr., Seine-Inférieure, arr. d'Yvetot, cant. et poste de St.-Valery-en-Caux; 150 hab.

MESNIL-EN-ARROUAISE, vg. de Fr., Somme, arr. et poste de Péronne, cant. de Combles; 550 hab.

MESNIL-ESNARD (le), vg. de Fr., Seine-Inférieure, arr. et poste de Rouen, cant. de Boos; 1220 hab.

MESNIL-EUDES (le), vg. de Fr., Calvados, arr., cant. et poste de Lisieux; 350 hab.

MESNIL-EUDIN, vg. de Fr., Somme, arr. d'Amiens, cant. et poste d'Oisemont; 150 h.

MESNIL-EURY (le), vg. de Fr., Manche, arr. de St.-Lô, cant. de Lariguz, poste de la Fosse; fabrication d'ouvrages en osier, tels que vans, hottes, paniers; 290 hab.

MESNIL-FOLLEMPRISE, vg. de Fr., Seine-Inférieure, arr. de Dieppe, cant. de Bellencomtre, poste de Grandes-Ventes; 320 hab.

MESNIL-FOULQUES, ham. de Fr., Seine-Inférieure, com. de Fresne-le-Plan; 110 h.

MESNIL-FUGUET, vg. de Fr., Eure, arr., cant. et poste d'Évreux; 100 hab.

MESNIL-GARNIER (le), vg. de Fr., Manche, arr. de Coutances, cant. et poste de Gavray; 840 hab.

MESNIL-GERMAIN (le), vg. de Fr., Calvados, arr. de Bayeux, cant. de Livarot, poste de Fervacques; 430 hab.

MESNIL-GILBERT (le), vg. de Fr., Manche, arr. de Mortain, cant. de St.-Pois, poste de Sourdeval; 580 hab.

MESNIL-GUILLAUME (le), vg. de Fr., Calvados, arr., cant. et poste de Lisieux; filat. de coton et de laine; 480 hab.

MESNIL-HARDRAYE, vg. de Fr., Eure, arr. d'Evreux, cant. et poste de Conches; 210 hab.

MESNIL-HERRMANN (le), vg. de Fr., Manche, arr. et poste de St.-Lô, cant. de Canizy; 550 hab.

MESNIL-HEUDECAIN (le), ham. de Fr., Seine-Inférieure, com. de St.-Laurent-en-Caux; 170 hab.

MESNIL-HUE (le), vg. de Fr., Manche, arr. de Coutances, cant. et poste de Gavray; 400 hab.

MESNIL-JEAN (le), ham. de Fr., Seine-Inférieure, com. de Boussay; 110 hab.

MESNIL-JOURDAIN, vg. de Fr., Eure, arr., cant. et poste de Louviers; 350 hab.

MESNIL-LE-ROI, vg. de Fr., Seine-et-Oise, arr. de Versailles, cant. et poste de St.-Germain-en-Laye; 500 hab.

MESNIL-LÈS-HURLUS (le), vg. de Fr.,

Marne, arr. de Ste.-Ménéhoulde, cant. et poste de Ville-sur-Tourbe; 110 hab.

MESNILLARD (le), vg. de Fr., Manche, arr. de Mortain, cant. et poste de St.-Hilaire-du-Harcouet; 740 hab.

MESNIL-LIEUBRAY, vg. de Fr., Seine-Inférieure, arr. de Neufchâtel-en-Bray, cant. et poste d'Argueil; 290 hab.

MESNIL-MARTINSART, vg. de Fr., Somme, arr. de Péronne, cant. et poste d'Albert; 680 hab.

MESNIL-MAUGER (le), vg. de Fr., Calvados, arr. de Bayeux, cant. de Mézidon, poste de Cambremer; 430 hab.

MESNIL-MAUGER, vg. de Fr., Seine-Inférieure, arr. de Neufchâtel-en-Bray, cant. et poste de Forges; 410 hab.

MESNIL-OPAC (le), vg. de Fr., Manche, arr. de St.-Lô, cant. de Tessy, poste de Villebaudon; 390 hab.

MESNIL-OURY (le), vg. de Fr., Calvados, arr. de Bayeux, cant. et poste de Livarot; 80 hab.

MESNIL-OZENNE (le), vg. de Fr., Manche, arr. et poste d'Avranches, cant. de Ducey; 360 hab.

MESNIL-PANNEVILLE (le), vg. de Fr., Seine-Inférieure, arr. de Rouen, cant. de Pavilly, poste de Barentin; 610 hab.

MESNIL-PATRY (le), vg. de Fr., Calvados, arr. de Caen, cant. de Tilly-sur-Seulles, poste de Bretteville-l'Orgueilleuse; 300 hab.

MESNIL-RAOUL (le), vg. de Fr., Seine-Inférieure, arr. et poste de Rouen, cant. de Boos; 640 hab.

MESNIL-RAOULT (le), vg. de Fr., Manche, arr. de St.-Lô, cant. de Tessy, poste de Torigny; 390 hab.

MESNIL-REAUME (le), vg. de Fr., Seine-Inférieure, arr. de Dieppe, cant. et poste d'Eu; 330 hab.

MESNIL-ROBERT, vg. de Fr., Calvados, arr. et poste de Vire, cant. de St.-Sever; 280 hab.

MESNIL-ROGUES (le), vg. de Fr., Manche, arr. de Coutances, cant. et poste de Gavray; fabr. de tissus de crins; tannerie spéciale pour les peaux de cheval; 660 hab.

MESNIL-ROUSSET, vg. de Fr., Eure, arr. de Bernay, cant. de Broglie, poste de Montreuil-l'Argillé; 150 hab.

MESNIL-ROUXELIN (le), vg. de Fr., Manche, arr., cant. et poste de St.-Lô; 420 hab.

MESNIL-RURY (le), ham. de Fr., Seine-Inférieure, com. du Corps-Mesnil; 150 hab.

MESNIL-SAINT-DENIS, vg. de Fr., Oise, arr. de Senlis, cant. de Neuilly-en-Thelle, poste de Chambly; 500 hab.

MESNIL-SAINT-FIRMIN (le), vg. de Fr., Oise, arr. de Clermont, cant. et poste de Breteuil; institut agricole; colonie d'orphelins; 490 hab.

MESNIL-SAINT-GEORGES, vg. de Fr., Somme, arr., cant. et poste de Montdidier; 240 hab.

MESNIL-SAINT-LAURENT, vg. de Fr., Aisne, arr., cant. et poste de St.-Quentin; 250 hab.

MESNIL-SAINT-LOUP, vg. de Fr., Aube, arr. de Nogent-sur-Seine, cant. de Marcilly-le-Hayer, poste d'Estissac; 290 hab.

MESNIL-SAINT-NICAISE, vg. de Fr., Somme, arr. de Péronne, cant. et poste de Nesles; 480 hab.

MESNIL-SAINT-PÈRE, vg. de Fr., Aube, arr. de Troyes, cant. et poste de Lusigny; tuileries; 490 hab.

MESNIL-SELLIÈRES, vg. de Fr., Aube, arr. de Troyes, cant. et poste de Piney; 410 hab.

MESNIL-SIMON (le), vg. de Fr., Calvados, arr. et cant. de Lisieux, poste de Cambremer; 300 hab.

MESNIL-SIMON (le), vg. de Fr., Eure-et-Loir, arr. de Dreux, cant. et poste d'Anet; 320 hab.

MESNIL-JUMIÈGES (le), vg. de Fr., Seine-Inférieure, arr. de Rouen, cant. et poste de Duclair; 510 hab.

MESNIL-SOUS-LILLEBONNE, ham. de Fr., Seine-Inférieure, com. de Lillebonne; 260 hab.

MESNIL-SOUS-PERRUEL, ham. de Fr., Eure, com. de Perruel; 220 hab.

MESNIL-SOUS-VIENNE, vg. de Fr., Eure, arr. des Andelys, cant. et poste de Gisors; 290 hab.

MESNIL-SUR-BARNY, ham. de Fr., Seine-et-Marne, com. de St.-Augustin; 250 hab.

MESNIL-SUR-BLANGY, vg. de Fr., Calvados, arr. et poste de Pont-l'Évêque, cant. de Blangy; 410 hab.

MESNIL-SUR-BULLES (le), vg. de Fr., Oise, arr. de Clermont, cant. et poste de St.-Just-en-Chaussée; 410 hab.

MESNIL-SUR-L'ESTRÉE, vg. de Fr., Eure, arr. d'Évreux, cant. et poste de Nonancourt, situé sur la rive gauche de l'Avre; papeterie; 460 hab.

MESNIL-SUR-OGES (le), vg. de Fr., Marne, arr. d'Épernay, cant. et poste d'Avize; commerce de vin; 1250 hab.

MESNIL-THÉBAUT (le), vg. de Fr., Manche, arr. de Mortain, cant. d'Isigny, poste de St.-Hilaire-du-Harcouet; 560 hab.

MESNIL-THÉRIBUS (le), vg. de Fr., Oise, arr. de Beauvais, cant. d'Auneuil, poste de Chaumont-en-Vexin; 370 hab.

MESNIL-THOMAS (le), vg. de Fr., Eure-et-Loir, arr. de Dreux, cant. et poste de Senonches; fonderie de fer; poterie; fours à chaux; 670 hab.

MESNIL-TOUFFREY (le), vg. de Fr., Calvados, arr. de Falaise, cant. de Bretteville-sur-Laize, poste de Langannerie; 120 hab.

MESNIL-TOVE (le), vg. de Fr., Manche, arr. de Mortain, cant. de Juvigny, poste de Sourdeval; 780 hab.

MESNIL-VENERON (le), vg. de Fr., Manche, arr. de St.-Lô, cant. de St.-Jean-de-Daye, poste de la Perine; 180 hab.

MESNIL-VERCLIVES, vg. de Fr., Eure, arr. des Andelys, cant. et poste d'Écouis; 550 hab.

MESNIL-VIGOT (le), vg. de Fr., Manche, arr. de St.-Lô, cant. de Marigny, poste de la Fosse; fabr. de paniers, vans, hottes; 330 hab.

MESNIL-VILLEMAN (le), vg. de Fr., Manche, arr. de Coutances, cant. et poste de Gavray; 980 hab.

MESNIL-VILLEMENT, vg. de Fr., Calvados, arr. et cant. de Falaise, poste de Pont-d'Ouilly; 550 hab.

MESNIVAL, ham. de Fr., Seine-Inférieure, com. de Criel; 120 hab.

MESNOY, vg. de Fr., Jura, arr. de Lons-le-Saulnier, cant. et poste de Clairvaux; 440 hab.

MÉSOPOTAMIE, *Mesopotamia*; est le nom que donnèrent les Grecs au pays situé entre l'Euphrate et le Tigre, depuis les montagnes de l'Arménie jusqu'au golfe Persique; dans le Pentateuque la Mésopotamie est appelée Ahram-Nhaharaim ou la Syrie des rivières; aujourd'hui les Arabes donnent à sa partie septentrionale (Assyrie) le nom d'Al-Gezirah (île), et à la partie méridionale (Babylonia, Chaldæa) celui d'Irak-Arabi ou pays des Arabes. La partie septentrionale, qui comprend le versant du plateau arménien et les monts Sindjar, est peu cultivée, mais belle et fertile. Depuis Mossoul jusqu'à Bagdad existe, depuis des siècles, une plaine aride et nue, que des canaux d'irrigation pourraient rendre fertile, comme le prouvent les bords féconds des rivières et les restes, encore imposants, d'anciennes villes qui y florissaient jadis. Enfin de Bagdad à Corna, où se réunissent l'Euphrate et le Tigre, est l'ancien empire babylonien, célèbre par son étonnante fertilité, traversé en tout sens par des canaux d'irrigation qui épuisent presque l'Euphrate, et couvert encore aujourd'hui de villages nombreux, de forêts de palmiers et de superbes plantations. La même fertilité règnerait sur le bord du Chat-el-Arab jusqu'au golfe Persique, si la peur des Arabes du désert n'éloignait les habitants; aussi n'y rencontre-t-on que des canaux embourbés, des lagunes et des marais. De petits bâtiments de guerre peuvent remonter le fleuve jusqu'à Corna, et il est à peu près prouvé par les récents essais des Anglais que des bateaux à vapeur pourraient remonter l'Euphrate jusqu'à Bir, d'où en très-peu de temps les marchandises de l'Orient seraient transportées à Alexandrette, port de la Méditerranée.

La Mésopotamie a joué un rôle des plus importants dans l'histoire de l'antiquité; elle fut la patrie d'Abraham et le berceau de plusieurs des premiers empires qui brillèrent sur la terre. Au N. fleurit l'Assyrie, au S. la Babylonie; Ninus et son héroïque épouse soumirent Babylone et les états voisins, mais l'Assyrie fut morcelée sous le misérable Sardanapale. De nouveaux royaumes, une nouvelle Assyrie et une nouvelle Babylonie s'y formèrent plus tard, pour succomber sous les coups des Mèdes et des Chaldéens, qui eux-mêmes, avec leurs conquêtes, devinrent la proie de Cyrus, le fondateur de la monarchie persane. Alexandre y passa et vainquit à Arbelles le dernier des Darius; la Mésopotamie devint une province des rois grecs de la Syrie et fut plus tard le champ de bataille où le Parthe intrépide porta de si rudes coups à l'aigle romaine. Le nouveau royaume des Perses, qui y fleurit pendant quelques siècles, fut détruit, en 651, par les Arabes, qui y établirent un moment le centre de leur puissance et firent de Bagdad la capitale du calife. Les maîtres se succédèrent sans relâche dans ce pays de passage; les Tartares le ravagèrent; enfin les Turcs l'arrachèrent, en 1637, aux Persans, et depuis il a été gouverné par les pachas.

La Mésopotamie ou Al-Djezyreh, avec l'Irak-Arabi, est divisée aujourd'hui dans les pachaliks suivants : Bagdad, Diarbekir, Rakka, Mossoul, et renferme les villes de Bagdad, Mechhed-Ali, Mechhed-Hussein, Bassorah, Corna, Diarbekr ou Karalamid, Rakka, Orfa, Bir, Khabour, Mossoul, El-koch. Nous renvoyons aux articles consacrés à ces pachaliks pour tout ce qui concerne la géographie physique et l'ethnographie; mais nous ne pouvons terminer sans citer la description que Ptolémée donna de la Mésopotamie, qui forma sous Adrien une des treize provinces de l'Asie. Ptolémée cite parmi les principales chaînes de montagnes qu'on y trouve le Masias, aujourd'hui Karadjin-Dagh, et les Singaræ Montes (monts Sindjar); parmi ses fleuves le Chabousas (Al-Khabour), qui reçoit les eaux du Mygdonius (Hanali), celles du lac de Katouniek (lacus Berebaci) et se jette dans l'Euphrate, à Circesium (Kerkisieh). Enfin il énumère les 69 villes de la Mésopotamie (23 sur les rives de l'Euphrate, 11 sur celles du Tigre et 35 dans l'intérieur) et dont les principales étaient Nisibis, Bezabde, Singara, Labbana, Apamea, Mesenes à l'E.; Edesse ou Callirhœ, Ur (lieu de naissance d'Abraham, aujourd'hui Orfa), Harran, Charræ, Nicephorium (Rakka), Circesium (Kerkisieh), Anatho, Neharda à l'O.

MESPAUL, vg. de Fr., Finistère, arr. de Morlaix, cant. et poste de St.-Pol-de-Léon; 1190 hab.

MESPLÈDE, vg. de Fr., Basses-Pyrénées, arr. d'Orthez, cant. d'Arthez, poste de Lacq; 670 hab.

MESPLES, vg. de Fr., Allier, arr. et poste de Montluçon, cant. d'Huriel; 370 hab.

MESPUITS, vg. de Fr., Seine-et Oise, arr. et poste d'Étampes, cant. de Milly; 240 h.

MESQUER, vg. de Fr., Loire-Inférieure, arr. de Châteaubriant, cant. et poste de Guérande; 1610 hab.

MESSA, pet. v. du roy. marocain de Sous,

à l'embouchure de la rivière de Messa dans l'Océan Atlantique et à 40 l. S. de Tarudant.

MESSAC, vg. de Fr., Charente-Inférieure, arr. de Jonzac, cant. et poste de Montendre; 360 hab.

MESSAC, vg. de Fr., Ille-et-Vilaine, arr. de Redon, cant. et poste de Bains; commerce de vins et de sel; 2580 hab.

MESSAGNA, v. du roy. de Naples, prov. d'Otrante; entourée de trois collines et située sur la route de Tarante à Brindisi; 3000 h.

MESSAIS, vg. de Fr., Vienne, arr. de Loudun, cant. de Moncontour, poste de Mirebeau; 320 hab.

MESSANGES, vg. de Fr., Côte-d'Or, arr. de Dijon, cant. et poste de Gevrey; 260 h.

MESSANGES, vg. de Fr., Landes, arr. de Dax, cant. de Soutons, poste de St.-Vincent-de-Tyrosse; 450 hab.

MESSANVIE, b. de la Haute-Égypte, sur la rive gauche du Nil, prov. et à 3 l. S. d'Esné.

MESSAPIE (la) ou L'IAPYGIE, g. a., comprenait ce qu'on appelait le talon de l'Italie, en face de l'Illyrie.

MESSARGES. *Voyez* SOUVIGNY.

MESSAS, vg. de Fr., Loiret, arr. d'Orléans, cant. et poste de Beaugency; 1160 h.

MESSÉ, vg. de Fr., Deux-Sèvres, arr. et poste de Melle, cant. de Lezay; 560 hab.

MESSEIN, vg. de Fr., Meurthe, arr. et cant. de Nancy, poste de Pont-St.-Vincent; 290 hab.

MESSEIX, vg. de Fr., Puy-de-Dôme, arr. de Clermont-Ferrand, cant. et poste de Bourg-Lastic; 1880 hab.

MERSÉLAN, ham. de Fr., Seine-et-Oise, com. de Frouville; 120 hab.

MESSÉMÉ, ham. de Fr., Maine-et-Loire, com. de Vaudelnay-Rillé; 200 hab.

MESSÉMÉ, vg. de Fr., Vienne, arr., cant. et poste de Loudun; 200 hab.

MESSEJANA, b. du Portugal, prov. d'Alentéjo, dist. et à 4 l. N. d'Orique; avec des murailles en vétusté; 2000 hab.

MESSÈNE, g. a., capitale de la Messénie; située entre les monts Eva et Ithome et sur le Pamysus, rebâtie par Epaminondas et remplacée aujourd'hui par Mavromathi, petit village d'une quarantaine de maisons; on voit encore les restes de ses murailles au pied du mont Ithome, les fondements de l'Acropolis, quelques tours et la grande porte d'Arcadie, l'un des plus beaux monuments de ce genre qui soient encore en Grèce; les débris de l'Hierothysium, où étaient réunies les statues de tous les dieux; le stade; l'amphithéâtre et un beau reste de mur percé de deux portes à angles aigus, semblables à celles de Tyrinthe.

MESSÉNIE, un des dix nomos ou dép. de la Grèce, divisé en cinq eptarchies ou arrondissements, qui sont ceux de Triphylia, d'Olympia, de Methone, de Messénie et de Kalamai.

MESSÉNIE, *Messenia*, g. a., prov. du Péloponèse, bornée au S. et à l'O. par la mer Ionienne, à l'E. par la Laconie, au N. par l'Arcadie et l'Elide. Les Messéniens, vaincus par les Lacédémoniens dans deux guerres sanglantes et forcés de quitter leur patrie, allèrent se fixer à Messana en Sicile. Rivières : le Pamisus et le Léda.

MESSERSDORF, vg. de Prusse, prov. de Silésie, rég. de Lieguitz; usines; fabrication de toiles, de rubans et de cotonnades; 1440 hab.

MESSEUGNE, ham. de Fr., Saône-et-Loire, com. de Savigny-sur-Crosne; 240 hab.

MESSEY. *V.* GERVAIS-DE-MESSEY (Saint-).

MESSEUX, vg. de Fr., Charente, arr., cant. et poste de Ruffec; 350 hab.

MESSEY-LE-BOIS, ham. de Fr., Saône-et-Loire, com. de Messey-sur-Crosne; 350 hab.

MESSEY-SUR-CROSNE, vg. de Fr., Saône-et-Loire, arr. de Châlons-sur-Saône, cant. et poste de Buxy; 1110 hab.

MESSI, pet. v. de la Turquie d'Asie, eyalet d'Anadoli. Elle est située sur le golfe de Symi et sur la presqu'île qui se termine par le cap Krio. L'île de Symi, qui donne son nom au golfe, est habitée par des pêcheurs.

MESSIA-LE-VIGNOBLE, vg. de Fr., Jura, arr., cant. et poste de Lons-le-Saulnier; papeterie; 390 hab.

MESSIAT, ham. de Fr., Jura, com. de Chambéria; 130 hab.

MESSIGNY, vg. de Fr., Côte-d'Or, arr., cant. et poste de Dijon; 710 hab.

MESSIMY, vg. de Fr., Rhône, arr. de Lyon, cant. et poste de Vaugneray; 1110 h.

MESSIMY-SUR-SAONE, vg. de Fr., Ain, arr. de Trévoux, cant. de St.-Trivier-sur-Moignans, poste de Montmerle; 750 hab.

MESSINCOURT, vg. de Fr., Ardennes, arr. de Sédan, cant. et poste de Carignan; 710 hab.

MESSINE, l'une de sept intendances ou provinces de l'île de Sicile; se compose de la partie supérieure du Val-di-Demona, s'étend jusqu'au pied de l'Etna, est bornée au N. par la mer Tyrrhénienne, à l'E. par le Phare, au S. par l'intendance de Catane et à l'O. par celle de Palerme; elle est subdivisée en 4 districts, qui sont ceux de Messine, de Castroreale, de Mistretta et de Patti et compte 240,000 hab.

MESSINE, *Messana*, *Messene*, gr. et belle v. archiépiscopale de la Sicile, chef-lieu de l'intendance de ce nom; elle est située dans une position délicieuse sur le détroit auquel elle donne son nom. Cette ville est le siége d'un tribunal d'appel, d'un tribunal de commerce et d'un archevêché; son port est le plus beau du roy. des Deux-Siciles; ses belles et vastes fortifications la rendent le point le plus stratégique de ce royaume. Parmi ses nombreux et beaux édifices on remarque le palais senatorio (hôtel de ville), l'arsenal, la cathédrale, le palais épiscopal, la leggia, le séminaire et le grand hôpital. Le collége royal, le séminaire et la bibliothèque royale sont ses principaux établissements littéraires. Messine est la ville la plus industrieuse et la plus commerçante de la Sicile; elle possède de nombreuses manufactures de soie, de cire, d'arsenic, d'huiles, de toiles, de cuirs et d'ouvrages en bois; elle exporte de la soie, des citrons, des oranges, de l'huile de Bergame, de la crème de tartre, du jus de réglisse et des étoffes de soie. Cette ville n'offre aucune antiquité; elle a été entièrement détruite par le tremblement de terre de 1783; elle fut rebâtie plus belle et plus régulière; ses environs présentent une des parties les plus peuplées et les mieux cultivées de l'île; 50,000 hab.

MESSINES, b. du roy. de Belgique, prov. de la Flandre occidentale, arr. et à 2 1/2 l. S.-O. d'Ypres, sur la frontière de France, à 1 l. de Bailleul; 1300 hab.

MESSON, vg. de Fr., Aube, arr. de Troyes, cant. et poste d'Estissac; 410 hab.

MESSY, vg. de Fr., Seine-et-Marne, arr. de Meaux, cant. et poste de Claye; 540 hab.

MESSY, ham. de Fr., Seine-et-Marne, com. de Luzancy; exploitation de plâtre; 100 hab.

MESTERRIEUX, vg. de Fr., Gironde, arr. de la Réole, cant. et poste de Monségur; 350 hab.

MESTES, vg. de Fr., Corrèze, arr., cant. et poste d'Ussel; 470 hab.

MESTRE, gros b. de Lombardie, gouv. et délégation de Venise; avec de nombreuses et belles maisons de campagne. Ses habitants, au nombre de 5500, sont pour la plupart voituriers et gondoliers. Les belles routes qui, par Trévise et Padoue, mènent à Venise, y aboutissent.

MESTRY, vg. de Fr., Calvados, arr. de Bayeux, cant. et poste d'Isigny; 220 hab.

MESURADO ou RIO-DURO, ST.-PAUL, riv. assez considérable de la Haute-Guinée, entre la côte de Sierra-Léone et celle du Poivre; elle a sa source dans les monts Kong et se jette dans l'Océan Atlantique au cap Mesurado, près de Monrovia.

MESURATA ou MESRATAH, pet. v. de la rég. de Tripoli, non loin de la Méditerranée et du cap de même nom (Cephalæ), dans une contrée riche en blé, palmiers et oliviers, à 30 l. E.-S.-E. de Lebida; importante par son industrie et son commerce.

MESURIL. *Voyez* MOZAMBIQUE.

MESVENTS, ham. de Fr., Loire, com. de St.-Vincent-de Boisset; 150 hab.

MESVILLERS. *Voyez* PIENNES.

MESVRES, vg. de Fr., Saône-et Loire, arr., à 2 1/2 l. S. et poste d'Autun, chef-lieu de canton; 1030 hab.

META, gr. fl. de la Colombie; il naît dans la rép. de la Nouvelle-Grenade, au pied de la Cordillère orientale (Sierra de Albaracin), entre Santa-Fé-de-Bogota et Tunja. Il porte d'abord le nom de Turmèque et prend celui d'Upia en entrant dans la plaine de San-Juan. Au-dessous de Poro il change sa direction S.-E., coule vers le N.-E. et se nomme alors Meta. Il aboutit à l'Orénoque, peu au-dessous de San-Borja, sous 6° 10′ 30″ lat. N., après un cours de plus de 200 l. de longueur. Le Casanare est son principal affluent.

METABIEF, vg. de Fr., Doubs, arr. de Pontarlier, cant. de Mouthe, poste de Jougne; usines à fer avec martinets; 300 h.

MÉTAIRIE (la), ham. de Fr., Orne, com. de St.-George-d'Annebecq; 110 hab.

MÉTAIRIES (les), vg. de Fr., Charente, arr. de Cognac, cant. et poste de Jarnac; récolte de bons vins; 500 hab.

MÉTAIRIES-DE-SAINT-QUIRIN, vg. de Fr., Meurthe, arr. de Sarrebourg, cant. et poste de Lorquin; commerce de fromages façon Gruyères; bois de sapins; 300 hab.

METAURUM ou METAURUS, METAURIA, g. a., v. du Brutium, peu loin de la mer Tyrrhénienne, à l'embouchure du fleuve Metaurus.

METAURUS, g. a., riv. de l'Ombrie, se jette dans la mer Adriatique entre Fanum et Senogallia; c'est sur ses bords qu'Asdrubal fut défait et tué. Cette rivière s'appelle aujourd'hui *Metro*.

METCHEN. *Voyez* MUSSY-L'ÉVÊQUE.

METELIN (*Midilla* des Turcs, *Mytilène*, l'ancienne *Lesbos*), l'une des îles les plus importantes de l'Archipel; est située sur la côte occidentale de l'Asie Mineure, entre 23° 32′ et 24° 42′ long. orient., et entre 38° 56′ et 39° 23′ lat. N., et appartient à l'eyalet des Djezayrs ou des Iles, soumis au capudan-pacha. Elle a environ 18 l. c. de superficie et est couverte de montagnes boisées, qui fournissent des bois précieux; au centre de l'île s'élève le mont Olympe. Le sol, qui manque de cours d'eau pour l'arroser convenablement, est généralement calcaire; l'olivier et la vigne croissent sur les collines. Le climat est beau et généralement salubre; il n'est malsain que dans la partie méridionale de l'île, où règne fréquemment le sirocco. Il est certain que Metelin doit son origine à un soulèvement volcanique, dont les traces sont encore visibles en plus d'un endroit. Ses principales productions consistent en huile d'olive, dont on exporte tous les ans 25,000 quintaux métriques, en glands, coton, soie, fruits, vin, miel, poix, marbre, argile. Les céréales sont consommées dans l'île, dans l'intérieur de laquelle on trouve quelques sources minérales. La population est d'environ 40,000 hab., dont la moitié sont des Grecs, l'autre moitié des Osmanlis; elle s'occupe d'agriculture, de tissage de coton et de soie, de pêche et de navigation; le commerce était fait autrefois par les Hydriotes. Dans l'antiquité, Lesbos fut renommée pour ses vins; ses habitants passaient pour des amis de la musique et de la poésie, et l'on cite parmi les grands hommes auxquels elle donna le jour les musiciens Arion et Terpander, les poëtes Alcée et Sapho; il faut leur ajouter Pittakos, l'un des sept sages de la Grèce, et le philosophe Théophraste. Depuis la conquête des Turcs, Metelin a perdu son importance, mais pourrait la retrouver par ses beaux ports militaires. Ses principales villes sont : Metelin ou Castro, Olivetto ou Hiero, Caloni, au fond de la grande baie de ce nom qui pénètre profondément dans la partie occidentale de l'île; Petra et Sigré.

METELIN, *Mytilène* ou *Castro*, chef-lieu de l'île de même nom; est une petite ville assez florissante, bâtie sur la côte orientale; elle est défendue par une citadelle et a 2 ports, le septentrional et le méridional; elle est le siége d'un aga turc et d'un archevêque grec, fabrique beaucoup de savon et d'huile d'olive et fait un commerce considérable; 5 à 6000 h. On voit dans le voisinage de la ville plusieurs restes curieux d'anciens monuments. Elle se révolta contre les Athéniens pendant la guerre du Péloponèse et fut presque entièrement détruite par ceux-ci, mais se releva plus tard de ses ruines et rétablit son commerce.

METELN, *Mediolanium*, pet. v. de Prusse, prov. de Westphalie, rég. de Munster; fabr. de draps; 1400 hab.

METEPEC, gros b. de la confédération mexicaine, état de Mexico; couvent de franciscains; 5000 hab.

METEREN, vg. de Fr., Nord, arr. d'Hazebrouck, cant. et poste de Bailleul; 2360 h.

METHAMIS, vg. de Fr., Vaucluse, arr. et poste de Carpentras, cant. de Mormoiron; exploitation de lignite; 1030 hab.

METHONE, g. a., v. de Macédoine, sur la frontière de la Thrace, près d'Olynthe; Philippe, roi de Macédoine, perdit un œil au siége de cette ville.

METHUEN, paroisse d'Écosse, comté de Perth; filatures et papeteries; 3000 hab.

METHYMNE, v. de l'île de Lesbos; renommée par ses vins. Patrie d'Arion.

METIDJA ou **METTIJAH**, plaine vaste et très-fertile dans la régence et tout près de la ville d'Alger; elle a 10 l. géogr. de long sur 4 l. de large, et produit en abondance du blé, du riz, du chanvre, du tabac, des fruits et des légumes. Suivant le traité conclu, en 1837, entre Abd-el-Kader, émir de Mascara, et le gouvernement français, cette plaine appartient à la France.

MÉTIGNY, vg. de Fr., Somme, arr. d'Amiens, cant. de Molliens-Vidame, poste d'Airaines; 180 hab.

METINA ou **METAINA**, **METAPINA**, g. a., île de la Méditerranée, devant l'embouchure orientale du Rhône; forme aujourd'hui la partie occidentale de la Camargue.

METREAUX-BLANC-ET-NOIR (les), ham. de Fr., Eure, com. de Douains; 140 hab.

METRICH, ham. de Fr., Moselle, com. de Kœnigsmacher; 310 hab.

METRO. *Voyez* METAURUS.

METROPOLIS, g. a., v. de la Thessalie, sur le Curalius.

METROPOLIS, g. a., v. de l'Acarnanie, sur la rive droite de l'Achelous et sur la frontière de l'Épire, dans le voisinage d'Aetos.

METROPOLIS, g. a., v. de la Sarmatie d'Europe, sur le Borysthène; c'est probablement la même ville que Miletopolis, Olbia et Borysthenis.

METROUM, g. a., b. de la Bithynie, dans les environs d'Héraclée.

METTING, vg. de Fr., Meurthe, arr. de Sarrebourg, cant. et poste de Phalsbourg; 520 hab.

METTMANN, pet. v. de Prusse, prov. du Rhin, rég. et à 2 l. E. de Dusseldorf, dans une vallée profonde, sur un bras de la Dussel. Elle possède de nombreuses manufactures de draps, de velours, de casimirs et d'autres étoffes de soie et de coton. Dans les montagnes calcaires des environs on voit plusieurs grottes avec de belles stalactites; 2080 hab.

METTRAY, vg. de Fr., Indre-et-Loire, arr., cant. et poste de Tours; 1210 hab.

METTRIE (la), ham. de Fr., Côtes-du-Nord, com. de Lancieux; 210 hab.

METTRIE, ham. de Fr., Ille-et-Vilaine, com. de Miniac-Morvan; 150 hab.

METZ, *Divodurum*, *Mediomatricum*, *Metis*, v. très-forte de Fr., chef-lieu du dép. de la Moselle, à 80 l. E. de Paris; siége d'une cour royale, d'un tribunal de commerce, d'un évêché suffragant de l'archevêché de Besançon, d'un consistoire protestant, d'un consistoire israélite, d'une académie universitaire; chef-lieu de la troisième division militaire, de la onzième conservation forestière; directions des domaines et de l'enregistrement, des contributions directes et indirectes; conservation des hypothèques; résidence d'un ingénieur en chef des ponts-et-chaussées et d'un ingénieur des mines; chambre et bourse du commerce; chambre des manufactures, etc.

Metz, situé au confluent de la Moselle et de la Seille, est une des places les mieux fortifiées de France et l'une des plus importantes sous le rapport des nombreux établissements militaires qu'elle renferme. Ils se composent de six casernes, un hôpital d'instruction qui peut contenir 1800 malades, d'immenses magasins pour les fourrages et les vivres, de deux écoles régimentaires pour l'artillerie et le génie, d'une école d'application pour l'artillerie et le génie, et dans laquelle ne sont admis que les élèves sortis de l'école polytechnique; d'un arsenal du génie et d'un arsenal d'artillerie, qui contient environ 80,000 armes de guerre. On remarque dans ce dernier un canon énorme du poids de 22,000 livres. La ville, sans être belle, présente un aspect agréable et animé. Un grand nombre de rues sont escarpées et tortueuses; mais elles sont généralement assez larges, bien pavées et ornées de beaux magasins. Les édifices les plus remarquables de cette ville sont : la cathédrale, édifice gothique, d'une légèreté et d'une élégance admirables ; l'hôtel de la préfecture, l'hôtel de ville, la salle de spectacle, l'église de St.-Vincent, le marché couvert, le bâtiment du collége royal et l'arsenal d'artillerie. Les places publiques sont spacieuses, surtout celle de la Comédie et la place royale. L'esplanade, formée en grande partie sur les fossés comblés de la citadelle, est une promenade magnifique, d'où l'on jouit d'un point de vue délicieux sur la belle vallée de la Moselle. Parmi les nombreux établissements littéraires de Metz nous citerons le collége royal, le séminaire, l'école vétérinaire, l'école du commerce et de dessin, l'académie royale des lettres et arts, l'académie des sciences médicales, le jardin botanique, le cabinet d'histoire naturelle, le conservatoire des arts et métiers, l'école normale primaire, l'école centrale rabbinique, l'école publique de musique, une école des sages-femmes, la collection des modèles et la bibliothèque d'environ 36,000 volumes.

Quoique place de guerre, Metz fait un grand commerce et possède des fabriques assez considérables. Les principaux objets de fabrication consistent en passementerie, tannerie, broderie, gros draps, flanelles, linge de table, couvertures de laine, velours, bonneterie, siamoises, papiers peints, quincaillerie, liqueurs, confitures de mirabelles renommées, etc. Son commerce, qui s'exerce sur presque tous les articles d'importation et d'exportation, est favorisé par sa position entre la France, la Prusse et les Pays-Bas. Foire de 15 jours le 1er mai; 42,792 hab.

Metz, une des plus anciennes villes de France, était, au quatrième siècle, la capitale des Médiomatrices, puissant peuple des Gaules, qui, après avoir courageusement lutté contre l'invasion romaine, devint plus tard allié des Romains et obtint le droit de cité romaine. Vers le milieu du cinquième siècle, cette ville fut saccagée et brûlée par le terrible Attila. En 510 elle passa sous la domination de Clovis et devint la capitale de l'Austrasie sous Thierry, fils de Clovis. Lorsque le royaume de Lorraine fut formé, en 843, elle devint la capitale de ce nouvel état et fut plus tard réunie à l'empire d'Allemagne. En 985 elle fut reconnue ville libre impériale et resta indépendante jusque vers le milieu du seizième siècle, où les nombreux désastres qu'elle avait éprouvés l'amenèrent à se livrer au roi de France, Henri II. Charle-Quint vint l'assiéger en 1552, mais il fut repoussé par le duc de Guise, après avoir perdu le tiers de son armée. Metz fut réuni définitivement à la France, en 1648, par le traité de Munster.

Patrie de Fabert, maréchal de France sous Louis XIII, de l'aéronaute Pilatre de Rozier, de Sébastien Le Clerc, de Bouchotte, ministre sous la république; de Barbé Marbois, du général Custines, etc.

METZ-EN-COUTURE, vg. de Fr., Pas-de-Calais, arr. d'Arras, cant. de Bertincourt, poste de Bapeaume; 1590 hab.

METZERAL, vg. de Fr., Haut-Rhin, arr. de Colmar, cant. et poste de Munster; 1340 hab.

METZERESCHE, vg. de Fr., Moselle, arr. et poste de Thionville, cant. de Metzervisse; 660 hab.

METZERVISSE, b. de Fr., Moselle, arr., à 2 l. E.-S.-E. et poste de Thionville, chef-lieu de canton; tuileries et briqueteries; 840 hab.

METZING, ham. de Fr., Moselle, com. de Nousseviller-les-Puttelange; 290 hab.

METZINGEN, v. du Wurtemberg, cer. de la Forêt-Noire, gr.-bge d'Urach; située dans une contrée fertile, à l'entrée de la vallée de l'Erms. Elle possède une filature mécanique de laine, un moulin à poudre et d'autres usines; ses marchés de grains et de bestiaux sont fréquentés et son commerce local actif; 4200 hab.

Après l'inondation de 1789, on trouva dans les environs des monuments qui témoignèrent de l'occupation de cette ville par les Romains. Depuis 150 ans on y a déterré des armes antiques, qui prouvent qu'il s'est livré sur ces lieux un combat important. Les historiens en parlent, mais ils sont divisés sur l'époque; les uns prétendent que Pepin-le-Bref y défit, en 761, Lanfred, duc de Souabe, que 12,000 hommes restèrent sur le terrain et que la ville, appelée alors Ettenhayn, fut rasée; d'autres disent, qu'en 926 il y eut une affaire sanglante contre les Huns; tous accordent enfin que, vers le milieu du dixième siècle, Guillaume, comte d'Achalm, éleva sur ce champ de bataille une chapelle qui fut l'origine de Metzingen, dont on fait dériver le nom de «*metzen*, égorger.» La ville eut beaucoup à souffrir pendant la guerre de trente ans; en 1634 et 1644, 288 bâtiments furent la proie des flammes.

METZ-LE-COMTE, vg. de Fr., Nièvre, arr. de Clamecy, cant. et poste de Tannay; 670 hab.

METZ-ROBERT, vg. de Fr., Aube, arr. de Bar-sur-Seine, cant. et poste de Chaource; 110 hab.

MEUCON, vg. de Fr., Morbihan, arr. et poste de Vannes, cant. de Grand-Chany; 320 hab.

MEUDON (le Bas-), ham. de Fr., Seine-et-Oise, com. de Meudon; 180 hab.

MEUDON, *Modunum*, *Meodum*, joli b. de Fr., Seine-et-Oise, arr., à 2 1/2 l. E. de Versailles et à 2 l. O. de Paris, cant. de Sèvres. Ce bourg est remarquable par son magnifique château royal et sa belle terrasse, d'où l'on découvre tout Paris et une grande partie du cours de la Seine; beau haras. Marie-Louise l'habita avec son fils pendant la campagne de Russie. Fabrique de blanc d'Espagne et carrière de craie. Au Bas-Meudon, qui fait partie de cette commune, il y a une verrerie considérable, appelée verrerie de Sèvres; population, y compris le Bas-Meudon et les hameaux de Fleury et de Val, avec les riches et belles maisons de campagnes qui les environnent, 3240 hab.

Le nom de Rabelais, le bon curé de Meudon, a donné de la célébrité à ce joli bourg.

MEUILLEY, vg. de Fr., Côte-d'Or, arr. de Beaune, cant. et poste de Nuits; 510 hab.

MEULAN, pet. v. de Fr., Seine-et-Oise, arr., à 8 l. N.-N.-O. de Versailles et à 10 l. de Paris, chef-lieu de canton et poste; elle est bâtie en amphithéâtre sur la rive droite de la Seine, que l'on y passe sur deux ponts, dont l'un est d'une beauté remarquable. Elle possède un hospice, des fabriques de bonneterie et des tanneries, commerce de grains et de farine; 1941 hab. Cette petite ville, autrefois fortifiée, était le siége d'un comté. Elle obtint d'un de ses comtes, au douzième siècle, le droit de se constituer en commune et de se gouverner par des magistrats nommés par élection. Pendant les guerres de la religion, elle fut assiégée vainement par les troupes de la ligue et les força de lever le siége.

MEULEBEKE, gr. b. du roy. de Belgique, prov. de Flandre occidentale, arr. de Courtrai; tisseranderie; fabrication de dentelles; 7680 hab.

MEULERS, vg. de Fr., Seine-Inférieure, arr. de Dieppe, cant. et poste d'Envermeu; 420 hab.

MEULIN, vg. de Fr., Saône-et-Loire, arr. de Mâcon, cant. et poste de Matour; 360 hab.

MEULLES, vg. de Fr., Calvados, arr. de Bayeux, cant. et poste d'Orbec; 1180 hab.

MEULOT, ham. de Fr., Nièvre, com. de Montigny-aux-Amognes; haut-fourneau; 200 hab.

MEULSON, vg. de Fr., Côte-d'Or, arr. de Châtillon-sur-Seine, cant. et poste d'Aignay-le-Duc; 200 hab.

MEUN, ham. de Fr., Seine-et-Marne, com. d'Achères; 360 hab.

MEUNET-BLANCHE ou **SUR-BRIVE**, vg. de Fr., Indre, arr., cant. et poste d'Issoudun; 530 hab.

MEUNET-SUR-VATAN, vg. de Fr., Indre, arr. et cant. d'Issoudun, poste de Vatan; 470 hab.

MEUNG-SUR-LOIRE ou MEHUN, pet. v. de Fr., Loiret, arr., à 5 l. O.-S.-O. d'Orléans et à 34 l. de Paris, chef-lieu de canton et poste; elle est située sur la rive droite de la Loire et florissante par ses nombreuses tanneries et ses moulins à farine; fabr. de couvertures de laine, de papier; exploitation de pierres de taille; 4653 hab. Cette petite ville, qui doit son origine à un château fort, construit sous le règne de Louis-le-Gros, éprouva de grands désastres pendant la guerre des Anglais et les troubles religieux du seizième et du dix-septième siècles.

MEUNIER (le), ham. de Fr., Isère, com. de St.-Pierre-d'Entremont; 200 hab.

MEURCÉ, vg. de Fr., Sarthe, arr. de Mamers, cant. de Marolles-lès-Braux, poste de Beaumont-sur-Sarthe; 600 hab.

MEURCHIN, vg. de Fr., Pas-de-Calais, arr. de Béthune, cant. et poste de Lens; 690 hab.

MEURCOURT, vg. de Fr., Haute-Saône, arr. de Lure, cant. de Saulx, poste de Luxeuil; tourbières; 870 hab.

MEURDRAQUIÈRE (la), vg. de Fr., Manche, arr. de Coutances, cant. de Bréhal, poste de Gavray; 660 hab.

MEURÉ, ham. de Fr., Nièvre, com. de Bazolles; 110 hab.

MEURES, vg. de Fr., Haute-Marne, arr. de Chaumont-en-Bassigny, cant. et poste de Juzennecourt; 380 hab.

MEURIVAL, vg. de Fr., Aisne, arr. de Laon, cant. de Neufchâtel, poste de Fismes; 170 hab.

MEURS, pet. v. de Prusse, prov. du Rhin, rég. et à 6 l. N. de Dusseldorf; bien bâtie sur la petite rivière de Kennel, ancien chef-lieu de la principauté de même nom; elle possède une école normale, un gymnase; des fabriques d'étoffes de laine, de soie et de coton; filatures; blanchisseries; 2270 h.

MEURSAC, vg. de Fr., Charente-Inférieure, arr. de Saintes, cant. de Cozes, poste de Saujon; 1590 hab.

MEURSAULT, vg. de Fr., Côte-d'Or, arr., cant. et poste de Beaune; ce village est renommé pour ses vins blancs; carrières de marbre à St.-Romain; 2120 hab.

MEURTHE (la), riv. de Fr., a sa source dans le dép. des Vosges, à 2 l. environ au S. de Fraize; elle coule vers le N.-N.-O., passe à St.-Dié et à Raon-l'Étape, d'où elle entre dans le département auquel elle donne son nom, passe à Baccarat, à Lunéville, à St.-Nicolas-du-Port, et se jette dans la Moselle à 3 l. au-dessous de Nancy, après un cours de 20 l. Elle n'est navigable que depuis St.-Nicolas. Elle a pour affluents la Plaine, la Vezouse, le Sanon et l'Amezule.

MEURTHE (département de la), situé dans la région N.-O. de la France, est formé du Toulois et de la partie méridionale de la Lorraine; ses limites sont : au N. le dép. de la Moselle, à l'E. celui du Bas-Rhin, au S. le dép. des Vosges, et à l'O. celui de la Meuse. Sa superficie est de 629,002 hectares et sa population de 424,366 habitants.

La partie située à l'E. et au S.-E. est couverte de montagnes, dont les plus élevées ne dépassent les plaines que de 300 à 350 mètres; ces ramifications forment le revers occidental des Vosges; d'autres ramifications se détachant du haut plateau de Langres et des monts faucilles traversent la partie S.-O. du département; les montagnes ne s'y élèvent qu'à 150 à 200 mètres.

Les principales rivières qui traversent le département et les seules navigables sont la

Meuse et la Meurthe; la première sort du dép. des Vosges, où elle prend sa source, traverse le département en se dirigeant du S. au N. et se rend dans le département qui porte son nom; la Meurthe a sa source dans le dép. des Vosges, près de St.-Dié, devient navigable entre Nancy et St.-Nicolas et va se jeter dans la Moselle, au-dessous de Frouard; les affluents de ces deux rivières prennent leur source dans le département; les principaux de la Moselle sont la Bouvade, le Ternouin et l'Esse; ceux de la Meurthe sont la Plaine, le Vesouze, le Sanon et la Mesulle. Parmi ses autres rivières nous citerons la Seille, la Sarre, réunis par un canal dit des Salines, dont la longueur est de 36,400 mètres, l'Ische et la Mortagne. La partie orientale du département renferme une grande quantité d'étangs très-poissonneux; les principaux sont ceux de l'Indre, de Stock, de Torcheville et de Gondrexange; dans la partie tout à fait opposée, sur la rive gauche de la Moselle, se trouve celui de la Forêt-la-Reine.

Le territoire est remarquable par la diversité de ses sites et par la variété de ses productions; le sol est entrecoupé de collines, de montagnes, de vallées plus ou moins larges; ses grandes plaines du S., du N. et du centre sont sillonnées par des vignobles; celle qui est traversée par la Seille est la plus fertile. Le climat y est très-variable, surtout en été et en automne; il est généralement plus froid et plus humide que ne le comporte sa latitude; les vents qui dominent sont celui du S.-O., celui du N.-O. et celui du N.-E.; quelques parties du département sont moins salubres qu'ailleurs; on l'attribue avec raison à l'existence des nombreux étangs et des marais. Le sol de ce département est généralement fertile; on y récolte beaucoup plus de blé qu'il n'en faut pour la consommation des habitants; beaucoup d'avoine, du seigle, de l'orge; le colza, la navette, le lin, le chanvre sont cultivés en abondance; on y récolte beaucoup de légumes secs, des pommes de terre, d'excellents fruits, parmi lesquels on cite principalement l'abricot de Nancy et la prune de la Meurthe; l'agriculture du département a fait de grands progrès depuis l'établissement de la belle ferme modèle, au renom européen, fondée et dirigée à Roville par M. Mathieu de Dombasle, l'un des plus savants agronomes de France. Les vignobles couvrent à peu près 16,000 hectares; elles rapportent année commune environ 800,000 hectolitres de vins, généralement médiocres; on cite cependant ceux d'Arnaville, de Boudonville et de Vic; le département possède de belles prairies naturelles et artificielles, d'excellents pâturages pour l'éducation des bestiaux et des chevaux; les forêts occupent une superficie de 180,000 hectares; les essences qui y dominent sont: le sapin, le chêne, le hêtre, le bouleau.

Ses productions minérales sont: le fer, répandu généralement en petites masses; de nombreuses carrières de pierres calcaires et de pierres de taille, du gypse, une belle carrière de marbre près de Nancy, des pierres lithographiques, de la terre à verrerie, de l'argile à potier; sa richesse principale consiste dans plusieurs sources salées, exploitées depuis longtemps à Dieuze, Moyenvic et Château-Salins; et dans une couche de sel gemme, ouverte à Vic en 1823, dont l'étendue est prodigieuse; on trouve encore plusieurs sources minérales à Eulemont-Pont, à Mousson, etc.

Les chevaux sont de petite espèce, mais sont forts et courageux; le gros bétail assez nombreux; beaucoup de moutons et de porcs; la volaille, le gibier, le poisson sont abondants; les cours d'eaux et les étangs fournissent principalement des carpes, des truites, des écrevisses; dans les forêts l'on peut encore chasser le loup, le renard, le sanglier et le chevreuil.

L'industrie manufacturière du département a pour objet la fabrication en grand de verres et de cristaux, les glaces de Cirey et de St.-Quirin, la cristallerie de Baccarat, remarquable par ses cristaux moulés; les papeteries, les teintureries, les tanneries, les faïenceries; des fabriques de draps communs, de tissus de coton, de toiles de chanvre, de chapellerie, de bonneterie, de broderie, de dentelles; quelques fabriques de gants à Lunéville, des raffineries de sucre indigène à Pont-à-Mousson; les liqueurs de Phalsbourg et de Nancy; cette dernière ville fournit encore un produit particulier connu sous le nom de boule d'acier vulnéraire; les salines royales à Dieuze produisent annuellement 45 millions de kilogrammes de sel. Le commerce est favorisé par un grand nombre de routes royales et départementales; il consiste principalement dans l'exportation du blé, du sel, du vin, des bois de charpente et de chauffage, de ses fruits et des produits de ses fabriques, entre autres de ses glaces, cristaux, verres de table et autre verrerie, linge, broderie, etc.

Ce département est divisé en cinq arrondissements, 29 cantons et 714 communes. Les chefs-lieux d'arrondissement sont :

Nancy	8 cant.	187 com.	129,841 hab.
Château-Salins	5 «	147 «	70,287 «
Lunéville . . .	6 «	145 «	84,698 «
Sarrebourg . .	5 «	116 «	75,499 «
Toul	5 «	119 «	64,041 «
	29 cant.	714 com.	424,366 hab.

Il nomme six députés; fait partie de la troisième division militaire, dont le quartier général est à Metz; est du ressort de l'académie et de la cour royale de Nancy; du diocèse de Nancy, suffragant de l'archevêché de Besançon; il forme la quatrième conservation forestière; fait partie de la sixième inspection des ponts-et-chaussées, dont le chef-lieu est Nancy; de la troisième division des mines, dont le chef-lieu est Dijon. Il a 6 colléges et 980 écoles primaires.

MEURVILLE, vg. de Fr., Aube, arr. et poste de Bar-sur-Aube, cant. de Vendeuvre; 360 hab.

MEUSE (la), *Mosa*, *Patabus Fluvius*, fl. qui traverse une partie des départements du N.-E. de la France, la Belgique et la Hollande. Il prend naissance sur le versant septentrional du plateau de Langres (Haute-Marne), aux environs du vg. de Meuse. Il coule d'abord du S. au N., arrose le dép. des Vosges, celui de la Meuse et celui des Ardennes; il sort de France un peu au-dessous de Givet et traverse les prov. belges de Liége, de Namur et la prov. de Limbourg; tournant alors vers l'O., il pénètre dans la Hollande, où il sépare le Brabant de la Gueldre et de la Hollande proprement dite, se divise à Gorkum en deux bras, qui vont se jeter dans la mer du Nord, au-dessous de Rotterdam, après un cours de 200 l., dont 156 de navigation. Son cours en France est de 92 l., dont la moitié est navigable. Les villes principales qu'il arrose en France sont : Neufchâteau, Commercy, Verdun, Sédan, Mézières et Givet; en Belgique : Namur, Liége; dans le Limbourg : Mæstricht, Venloo; et en Hollande : Dortrecht et Rotterdam. Ses principaux affluents sont : le Mouzon, le Chiers, le Semoy, la Sambre, l'Ourthe, la Rœr, la Dommel et la Merk.

MEUSE (dép. de la), situé dans la région N.-E. de la France; est formé d'une partie des Trois-Évêchés, du Clermontois, de la Lorraine et du Barrois; ses limites sont : au N. le dép. des Ardennes et le grand-duché de Luxembourg, à l'E. les dép. de la Moselle et de la Meurthe, au S. ceux des Vosges et de la Haute-Marne, à l'O. ceux de la Marne et des Ardennes.

Sa superficie est de 604,439 hectares et sa population de 317,700 hab.

Deux chaînes de montagnes qui se rattachent à la chaîne des Vosges et des monts Faucilles, traversent le département du S. au N.; elles longent à droite et à gauche le cours de la Meuse et séparent son bassin de celui de la Moselle et des cours d'eau qui se dirigent vers la Seine; leur hauteur est de 300 à 400 mètres et leurs points culminants d'environ 500 mètres; elles sont couvertes en grande partie de forêts très-étendues et qui portent le nom de forêt d'Argonne.

La principale rivière, la Meuse, donne son nom à ce département; elle le traverse du S.-E. au N.-O. dans toute sa longueur et se rend dans le dép. des Ardennes. L'Ornain traverse la partie méridionale du département et va se rendre dans celui de la Marne; ses affluents sont la Saux et la Chée; l'Air prend sa source à St.-Aubin, remonte au N. et va se jeter dans l'Aisne, qui elle-même a sa source dans ce département.

Ce département offre le même aspect diversifié que ceux de la Meurthe et de la Moselle; sa surface est entrecoupée de montagnes, de collines, de vallées et de plaines; les vallées sont très-fertiles; la plaine l'est bien moins; les collines couvertes de vignobles; les montagnes de pâturages et de forêts. Le climat est rude et froid sur les plateaux qui séparent les différents bassins; dans les vallées la température est plus douce et plus supportable; les vents qui y dominent sont ceux du nord et du sud, tandis que ceux de l'est et du nord soufflent plus particulièrement sur les plateaux.

On y récolte du blé, de l'orge, du seigle en quantité plus que suffisante pour la consommation, du chanvre, du lin, des graines oléagineuses en abondance, des légumes verts et secs, beaucoup de fruits; on cultive en grand le groseiller rouge et blanc, dont le fruit sert à fabriquer les confitures si renommées de Bar et de Ligny.

Les prairies naturelles sont nombreuses et fournissent une grande quantité d'excellent foin; on évalue la récolte moyenne à près de 50 millions de myriagrammes. Les vignobles occupent une superficie de 13,500 hectares, qui produisent annuellement, terme moyen, 525,000 hectolitres de vins, les plus estimés sont ceux des environs de Bar, Verdun et St.-Mihiel; ils ne supportent, en général, pas bien le transport et ne peuvent guère être envoyés au-delà de 200 kilomètres. Les forêts, parmi lesquelles on cite celles d'Argonne, de St.-Dagobert et de Commercy, couvrent 180,700 hectares; les chênes, les hêtres, les bouleaux sont les essences qui dominent.

Ce département est très-riche en produits métallurgiques; il possède de nombreuses mines de fer, de grandes carrières de pierres de taille propres à la construction et à la sculpture, de vastes ardoisières, de la marne, du plâtre, de l'argile à poterie, de nombreuses exploitations de sable à verre, une grande quantité de fossiles curieux et d'une grande dimension; on y trouve quelques sources minérales ferrugineuses et salines, dont on ne fait jusqu'ici que peu d'usage.

L'excellence des pâturages favorise beaucoup l'éducation du gros bétail, dont on vante l'agilité et la vigueur; il fournit beaucoup de beurre et de fromages, parmi lesquels on nomme celui de Void. L'espèce ovine est en grand nombre; elle s'améliore journellement par ses croisements avec des sujets anglais et hollandais; les chevaux et les ânes, assez nombreux, sont au-dessous de la taille moyenne; la volaille y est abondante; on prend en automne une grande quantité de rouge-gorges; les sangliers, les chevreuils ne sont pas rares dans les forêts, de même que le menu gibier dans la plaine; le brochet, la perche, la loche peuplent les eaux; on cite les écrevisses et les truites des environs de Void et de Pierre-Fitte; près de Bar, à Marbot, se trouvent plusieurs étangs productifs en sangsues.

L'industrie métallurgique compte 20 hauts-fourneaux, 14 forges, des fours d'affinerie, de nombreuses usines qui fournissent des pièces de mécanique, des chaudières, des tuyaux, des cylindres, des verreries considérables, des faïenceries. L'industrie manufacturière compte de nombreuses fabriques de cotonnades dites de Bar, de bonneterie, de toiles à carreaux, de draps, beaucoup de filatures de coton, des papeteries, des tanneries et mégisseries, des fabriques de sucre de betteraves, des distilleries et confiseries, des fabriques de bois de brosses et de rouets, des vanneries et sabotteries.

Le commerce consiste principalement dans l'exportation de ses céréales, des vins de Bar, des confitures et liqueurs de Ligny et de Verdun, des fromages de la Voire et de Void dits de crême, de bois de charpente, de planches de chêne et de sapin, de ses fers bruts et ouvrés, de graines oléagineuses et de ses produits manufacturés.

Ce département est divisé en 4 arrondissements, 28 cantons et 590 communes. Les chefs-lieux d'arrondissement sont :

Bar-le-Duc.	8 cant.	128 com.	80,952 hab.
Commercy.	7 «	181 «	86,013 «
Montmédy.	6 «	131 «	68,495 «
Verdun.	7 «	149 «	82,241 «
	28 cant.	589 com.	317,701 hab.

Il nomme 4 députés, fait partie de la troisième division militaire, dont le quartier-général est à Metz ; est du ressort de l'académie et de la cour royale de Nancy, du diocèse de Verdun, suffragant de l'archevêché de Besançon; il fait partie de la seizième conservation forestière, dont le chef-lieu est Bar-le-Duc; de la sixième inspection des ponts-et-chaussées, dont le chef-lieu est Nancy; de la deuxième division des mines, dont le chef-lieu est Abbeville.

Il a 5 collèges et 782 écoles primaires.

MEUSE, vg. de Fr., Haute-Marne, arr. de Langres, cant. et poste de Montigny-le-Roi; 220 hab.

MEUSELWITZ, b. du duché de Saxe-Altenbourg; avec un vaste château; 1300 hab., qui fabriquent beaucoup d'étoffes.

MEUSNES, vg. de Fr., Loir-et-Cher, arr. de Blois, cant. de St.-Aignan, poste de Selles-sur-Cher; carrières considérables de pierres à fusil; 1190 hab.

MEUSSAC, ham. de Fr., Charente-Inférieure, com. d'Échebrune; 270 hab.

MEUSSIA, vg. de Fr., Jura, arr. de St.-Claude, cant. et poste de Moirans; 490 hab.

MEUVAINES, vg. de Fr., Calvados, arr. de Bayeux, cant. de Ryes, poste de Creully; 360 hab.

MEUVY, vg. de Fr., Haute-Marne, arr. de Chaumont-en-Bassigny, cant. et poste de Clefmont; 530 hab.

MEUX ou ST.-MARTIN-DE-MEUX, vg. de Fr., Charente-Inférieure, arr., cant. et poste de Jonzac; 500 hab.

MEUX (le), vg. de Fr., Oise, arr. et poste de Compiègne, cant. d'Estrées-St.-Denis; 1030 hab.

MEUZAC, vg. de Fr., Haute-Vienne, arr. de St.-Yrieix, cant. de St.-Germain-les-Belles, poste de Pierre-Buffière; affineries; 1130 hab.

MEWAR. *Voyez* ODEYPOUR.

MEWAT. *Voyez* MATCHERRY.

MEWE ou **GNIEW**, *Gnevum*, pet. v. de Prusse, prov. de Prusse, rég. de Marienwerder, sur l'embouchure de la Ferse dans la Vistule; commerce de chevaux et de bestiaux; 1840 hab.

MÊVES, vg. de Fr., Nièvre, arr. de Cosne, cant. et poste de Pouilly-sur-Loire; forges; martinets; aciéries; 680 hab.

MÉVOISINS, vg. de Fr., Eure-et-Loir, arr. de Chartres, cant. et poste de Maintenon; 340 hab.

MEVOUILLON, vg. de Fr., Drôme, arr. de Nyons, cant. et poste de Séderon; 790 h.

MEXANT, vg. de Fr., Corrèze, arr., cant. et poste de Tulle; 870 hab.

MEXIAS, riv. assez considérable dans la partie septentrionale de la Basse-Guinée; elle se jette dans l'Océan Atlantique à 22 l. S.-S.-E. du cap Lopèz.

MEXICAINS ou **AZTÈQUES**, la nation indigène la plus nombreuse et la plus répandue de la ci-devant vice-royauté du Mexique. Leur territoire, fréquemment interrompu par les districts d'autres peuplades indigènes, s'étend depuis le lac de Nicaragua, sur la plus grande partie des États-Unis de l'Amérique centrale et de la confédération mexicaine, jusqu'à 37° lat. N. Par leurs majestueux ouvrages d'architecture, leur manière de travailler d'immenses blocs de pierre, leurs routes, leurs villes, leurs travaux hydrauliques, leurs connaissances mathématiques et géographiques, leurs institutions militaires, civiles et religieuses, les Mexicains sont regardés à juste titre comme la nation la plus civilisée du Nouveau-Monde avant l'arrivée des Espagnols. L'Europe n'a apprécié l'importance des beaux restes des monuments mexicains que depuis la publication du mémorable voyage de M. de Humboldt, dont la partie artistique a été reproduite par M. Balbi dans son *Atlas ethnographique du Globe*. Des *Codices mexicani* ou peintures hiéroglyphiques des Mexicains et des collections d'antiquités mexicaines se trouvent dans les bibliothèques de Mexico, Paris, Berlin, Dresde, Vienne, Rome (musée Borgia), Bologne (bibliothèque de l'institut) et Oxford et dans plusieurs musées particuliers à Paris et à Londres.

MEXICALTZINGO, pet. v. de la confédération mexicaine, état de Mexico, sur le canal de Viga; 2800 hab.

MEXICO, état maritime de la confédération mexicaine; il s'étend entre 100° 17' et 104° 45' long. O., et entre 16° 32' et 20° 2' lat. N. Ses bornes sont : au N. le territoire de Tlascala et l'état de Quérétaro, à l'O. l'état de Méchoacan, au S. l'Océan Austral et à l'E. l'état de Puébla. Sa superficie est de 1426 l. c. géogr. L'état de Mexico est un pays très-montagneux; il est compris, à l'exception de l'étroite terrasse des côtes, dans le haut-plateau d'Anahuac, dont les sommités y atteignent la hauteur de 3000 à 3400 mètres et dont le pico del Frayle, haut de 4622 mètres, forme le point culminant. Au N.-E. du lac Toluca et au centre du haut-plateau s'étend la célèbre et pittoresque vallée de Mexico ou de Tenochtitlan. Cette vallée, de 140 l. de longueur, est de forme ovale et présente, avec ses cinq lacs, la partie la plus belle et la plus riche de la confédération. Vers l'Océan, le sol devient de plus en plus maigre et aride, et les côtes n'offrent qu'une plage sablonneuse, exposée au soleil le plus ardent et que son insalubrité rend inhabitable. Les côtes, cernées d'écueils, sont peu déchirées et n'offrent qu'une seule incision remarquable, le port d'Acapulco, le plus beau du Mexique. Quoique ce pays se trouve très-éloigné du centre d'un volcan actif, les tremblements de terre y sont assez fréquents. Les principales productions sont: le blé, les légumes, les fruits, le vin, le coton, la canne à sucre, l'agave américaine et en général toutes les productions des tropiques. Le bois commence à manquer de plus en plus. Ce pays est riche en argent, plomb, étain, jaspe, marbre, albâtre, chaux, schiste, etc. Les plus riches mines d'argent sont celles de Téhulilotépec et de Copulatengo, au S. de la capitale. La mer et les lacs de Tezcuco et de San-Christoval fournissent du sel, et la vallée de Mexico offre deux sources minérales. L'éducation du bétail est négligée; l'agriculture, dont les environs de la capitale forment le centre, a pris un grand développement. Les principaux cours d'eau de cette province sont: le Guatitlan, la Zacatula, le Papagallo, la Mescala et la Lerma. L'industrie manufacturière, concentrée à Mexico et à Tezcuco, porte principalement sur l'orfévrerie, l'argenterie, les tissus de laine et de coton, la fabrication de beaux tapis, du cuir, du savon, la poterie, la coutellerie, etc. Le commerce, vivifié par la capitale, centre de toutes les affaires, par six grandes routes et les ports d'Acapulco et de Véra-Cruz, s'étend sur trois parties du monde.

La pop. de cet état est de 1,500,000 hab., dont plus de la moitié se compose d'Indiens convertis et civilisés; cette population se concentre surtout dans la vallée de Mexico. L'état est du ressort de l'audience de Mexico et dépend de l'archevêché qui siége dans la même ville.

L'état actuel de Mexico comprend la partie méridionale de la ci-devant intendance de même nom, qui reçut son nom de l'ancienne capitale des Aztèques.

MEXICO (district fédéral de), dist. qui comprend la partie septentrionale de l'état de Mexico, les environs immédiats de la capitale du Mexique et la partie la plus belle et la plus fertile de cette confédération. Il renferme les belles et célèbres vallées de Tenochtitlan et de Toluca, arrosées par le Rio-Tula et le Rio-Lerma, le canal de Viga, les lacs de Tezcuco, Chalco (Chochimilco), San-Christoval, Zumpango et Oculma, et plusieurs points culminants du haut-plateau d'Anahuac; 360,000 hab.

MEXICO ou **MÉJIKO**, capitale de toute la confédération mexicaine et du district fédéral de Mexico; siége du président, du congrès, d'une cour d'appel, d'un archevêché et centre de l'administration. La ville est située à égale distance des deux Océans, dans la vallée de Tenochtitlan, entre les lacs de Tezcuco et de Chochimilco (Chalco) et sur le canal de Viga (Chalco), qui la pourvoit d'eau, à 2330 mètres au-dessus du niveau de l'Océan. Sa distance de Paris est de 2580 l. S.-O. C'est une des plus grandes, des plus belles et des plus riches villes du monde. Ses rues, dont quelques-unes ont plus d'une lieue de longueur, sont tirées au cordeau, très-spacieuses et ornées de beaux bâtiments. Les principales partent des quatre points cardinaux et viennent aboutir à la Grande-Place, une des plus belles qui existent; elle est entourée par la magnifique cathédrale, le palais national (ci-devant palais du vice-roi), où se tiennent les séances du congrès; l'hôtel de l'état, édifice somptueux bâti par Cortez, sur l'emplacement de l'ancien palais de Montézuma, et une série de bâtiments ornés de superbes portiques. Au milieu de cette place s'élève la statue équestre en bronze de Charles IV, exécutée à Mexico par un Espagnol et qu'on regarde avec raison comme le plus bel ouvrage de ce genre qu'ait produit le Nouveau-Monde. «Rien, dit M. de Humboldt, ne borne la vue dans cette magnifique ville, rien ne l'affecte désagréablement; l'uniformité des façades, celle des toits en terrasse présentent, au contraire, une perspective dont le regard ne se détache qu'avec peine. Les toits, presque plats, carrelés en briques et la plupart couverts d'arbustes et de fleurs, offrent le soir une promenade délicieuse, d'où l'on jouit d'une vue superbe et où l'on respire un air rafraîchissant. Grâce à cette espèce de décoration, la ville, vue d'une élévation voisine, paraît plus belle qu'aucune des cités d'Europe, où des toits irréguliers et des groupes de cheminées informes sont les objets les plus frappants.» Parmi les édifices publics qui décorent cette capitale nous citons: la cathédrale, édifice gothique bâti en forme de croix latine; c'est le plus grand et le plus beau temple de l'Amérique; le Sagrario, église jointe à la cathédrale; pour la richesse de ses ornements en diamants et en métaux précieux, ce temple n'a pas d'égal dans le monde; le palais du gouvernement, la prison, la monnaie, le jardin botanique, la bibliothèque publique et l'imprimerie du gouvernement. La monnaie de Mexico doit être regardée comme l'établissement le plus remarquable de ce genre par la prodigieuse quantité de piastres d'or et d'argent qu'on y frappe et qui de 1733 à 1814 s'élevèrent à la somme de 1,374,768,583, de la valeur de 154,611,030 marcs. Mexico renferme un grand nombre d'églises, de chapelles et de couvents; plusieurs de ces derniers ressemblent à de petites villes fortes et réunissent la grandeur à la magnificence, la majesté à la richesse. Ce sont principalement les églises et les couvents de St.-Augustin, de St.-François, de St.-Ferdinand, de St.-Dominique, de la Professa, de la Concepcion et le couvent de l'Incarnation. Les deux derniers se distinguent surtout par leurs immenses dimensions. Nous devons citer en outre le ci-devant palais de l'inquisition, occupé aujourd'hui par l'école polytechnique; les bâtiments de l'université, ceux du collége de St.-Ildephonse et du mont-de-piété; l'hôtel de ville; l'Accordada, bel édifice qui sert de prison et dont toutes les parties sont spacieuses et bien aérées; l'hôpital de Jésus-de-los-Naturales, fondé par Cortez et dont l'église renferme les cendres du grand capitaine. Mexico se distingue en outre, parmi toutes les villes de la ci-devant Amérique espagnole, par son grand nombre d'établissements scientifiques et littéraires. Ce sont: l'université, fondée en 1541, avec une bibliothèque de 50,000 volumes; l'école des mines; l'académie des beaux-arts; les colléges de St.-Ildephonse et de St.-Grégoire et le séminaire; l'école modèle lancastérienne et un grand nombre d'établissements d'instruction élémentaire. On y trouve aussi un beau théâtre, une académie des sciences et des beaux-arts, avec un musée d'antiquités mexicaines et un cabinet de minéralogie; une société des arts industriels et de l'agriculture; 10 hôpitaux, un hospice pour les enfants trouvés, etc. En 1826 on y publiait 5 journaux. Mexico tient aussi le premier rang parmi toutes les ci-devant colonies espagnoles pour l'industrie; elle se distingue surtout dans l'orfévrerie, la bijouterie, la passementerie, la sellerie, la chapellerie, la fabrication des ouvrages en bois, etc.; l'état y possède une grande manufacture de tabacs, qui occupe près de 3000 ouvriers. Le commerce est immense; il s'étend, sous le patronage de la société asiatico-mexicaine, sur toute l'Amérique, l'Europe, les Indes et la Chine, et accumule d'immenses richesses dans cette ville et dans les ports de Véra-Cruz et d'Acapulco. Nous devons mentionner en dernier lieu les travaux très-dispendieux qu'on a exécutés depuis quelques années pour préserver cette ville contre les débordements des lacs voisins, dont le terrain se trouve plus élevé que celui de la ville et qui inondent fréquemment la ville et les campagnes. Ces inondations ont déjà été tellement considérables et prolongées que le gouvernement espagnol avait le projet d'abandonner cette ville. Les environs immédiats de Mexico sont loin de répondre à la magnificence de l'intérieur de cette cité; ils sont marécageux, arides, couverts d'algues, de masures et de ruines. Les chinampas ou jardins flottants, qui ornaient les lacs aux environs de Mexico et qui sont de l'invention des Aztèques, ont beaucoup diminué, et on n'en trouve plus que dans le lac de Chalco; en revanche on voit un grand nombre de chinampas fixes le long du canal de Véga et dans le terrain marécageux compris entre le lac de Chalco et celui de Tezcuco. On y cultive la plupart des légumes nécessaires à la consommation de Mexico.

La ville de Mexico est bâtie en partie sur l'emplacement de l'ancien Tenochtitlan, fondé, en 1325, par les Aztèques sur un groupe d'îles du lac de Tezcuco et détruit par Cortez en 1521. L'ancienne ville était divisée en 4 quartiers; elle comptait plus de 140,000 maisons et était baignée par les eaux du lac Tezcuco, éloigné d'un quart de lieue de la ville moderne; 180,000 hab.

MEXIQUE (golfe du), le plus vaste enfoncement de l'Océan Atlantique; se développe entre la côte méridionale des États-Unis de l'Amérique du Nord, les côtes des confédérations mexicaine et de l'Amérique centrale et les côtes N.-O. de l'île de Cuba. Son étendue, depuis les côtes du Mexique jusqu'aux îles Bahama, est de 280 l., et celle de la presqu'île de Yucatan jusqu'à la presqu'île de la Floride de 219 l. Il a deux entrées au N.-E., le vieux et le nouveau canal de Bahama, entre les îles de ce nom, la Floride et l'île de Cuba, et au S.-E. il communique avec la mer des Antilles par un large canal (canal de Yucatan), entre le cap Antonio, l'extrémité O. de l'île de Cuba, et le cap Catoche, la pointe N.-E. de la presqu'île de Yucatan. Ce golfe renferme quelques îles de peu d'importance et les baies de Campêche, entre les états mexicains de Yucatan et de Tabasco; de Vera-Cruz, le long de l'état mexicain de ce nom; d'Espiritu-Santo, d'Appalache et de Pensacola, le long des côtes de la Floride. Les abords sont plus ou moins dangereux.

MEXIQUE ou **MEXICO**, **MEJICO**. La confédération des états-unis du Mexique, aujourd'hui république du Mexique, est située entre 89° et 126° long. occ. et entre 16° et 42° lat. N. Ses limites sont: au N. les états-unis anglo-américains, à l'E. les mêmes états, le golfe du Mexique et la confédération de l'Amérique centrale, au S.-E. et à l'O. le Grand Océan. Sa superficie est de 44,650 milles c. géogr., et, en y comprenant les territoires habités par des Indiens indépendants, qui s'étendent au N. du Mexique jusqu'à 42°, de 73,000 milles c. géogr. Ces territoires immenses, dont l'étendue est de plus de 28,500 milles c. géogr., ne sont, il est vrai, que des contrées sauvages et n'ont qu'une population très-clairsemée, mais nous devons en faire mention, puisque le Mexique les prétend soumis à sa suzeraineté.

Les montagnes du Mexique font partie du système auquel M. Balbi a donné le nom de Missouri-Mexicain. La Cordillère y atteint une hauteur considérable et y forme le vaste plateau d'Anahuac ou du Mexique, qui s'étend depuis Oaxaca jusqu'à Chihuahua, ayant au S. 2 à 3000 mètres de haut et tombant à l'E. presqu'à pic dans les basses plaines du Mexique oriental. Ses pics les plus élevés sont en majeure partie des volcans, soit éteints, soit en ignition; les principaux d'entre eux sont: le Popocatepetl, dont la première ascension a eu lieu, en 1827, par les Anglais Glennie et Taylor, qui mesurèrent ce colosse et lui trouvèrent 16,781 pieds de Paris de hauteur; l'Iztaccihuati (14,766 pieds); le Citlaltepetl ou pic d'Orizaba (16,332 pieds), et le Nauhcampatepetl ou Coffre-de-Pérote (12,588 pieds). Il faut au Mexique, entre 18° et 19° lat. N., une hauteur de 14,100 pieds pour atteindre la neige perpétuelle. Au S. la Cordillère de Mexico se rattache à celle d'Oaxaca, qui se prolonge dans l'Amérique centrale, sous le nom de Cordillère du Guatémala; au N. de Queretaro, la chaîne principale prend le nom de Sierra Madre, qui offre les mines d'argent les plus riches du globe. Elle se partage en trois chaînes, dont celle du milieu, la principale, se dirige vers le N. et prend successivement les noms de Sierra de las Mimbras, Sierra de las Grullas, Sierra Verde et se rattache enfin, sur le territoire des États-Unis de l'Amérique du Nord, aux montagnes Rocheuses. Les deux autres chaînes sont la chaîne Orientale et la chaîne Occidentale : la première, que M. Balbi propose d'appeler Sierra de Catorce, puisqu'elle recèle les célèbres mines de ce nom, va finir dans le Texas; l'autre n'est que la pente occidentale du plateau et se perd sous 32° lat. N.

La côte orientale du Mexique, baignée par le golfe du même nom, est basse, exposée à de fréquentes inondations et très-insalubre. La partie septentrionale de cette côte est longée par une ligne de dunes qui forment de nombreuses lagunes. La côte occidentale est plus élevée et plus salubre. En général le climat du Mexique est très-varié, selon la position et la hauteur du sol; aussi y a-t-on distingué de bonne heure les terres chaudes (tierras calientes) sur les côtes, les terres tempérées (templedas) sur les pentes du plateau, et les terres froides (frias) sur le plateau même. Le thermomètre ne descend presque jamais à zéro dans la ville de Mexico, et ne dépasse pas 22° à 24°. La saison des pluies y dure depuis le mois de mai jusqu'au mois de septembre; le reste de l'année est beau, mais la pureté de l'atmosphère (Mexico est situé à 7000 pieds au-dessus du niveau de la mer) y engendre beaucoup de maladies de poitrine.

Les principaux enfoncements sur les côtes du Mexique sont, dans le golfe du Mexique, la baie de Campêche, entre le Yucatan et l'état ou la prov. de Tabasco, la baie de Véra-Cruz, le long de la province de même nom; dans la mer des Antilles, le golfe de Honduras, entre le Yucatan et le golfe de Guatémala; dans le Grand Océan, le golfe de Californie, mer Vermeille ou golfe de Cortès, entre la presqu'île du même nom et la prov. de Sonora-et-Cinaloa, enfin le golfe de Tehuantepec dans la prov. d'Oaxaca. Le canal de Yucatan, entre la pointe N.-E. de cette presqu'île (cap Catoche) et le cap San-Antonio de l'île de Cuba, ne doit pas être oublié. Le cap Catoche dans le Yucatan, la pointe Gorda dans la même province, le cap St.-Lucas à l'extrémité méridionale de la presqu'île de Californie, le cap Corrientes dans l'état de Xalisco, sont les principaux caps du Mexique. Cette république possède deux grandes presqu'îles, dont nous avons déjà plusieurs fois parlé, la presqu'île de Californie, qui se projette sur le Grand Océan, et la presqu'île de Yucatan, entre le golfe du Mexique et la mer des Antilles.

Le Mexique est parcouru par plusieurs grands fleuves; mais les provinces les plus peuplées, vu leur position élevée, n'offrent pas de grand cours d'eau navigables. La plupart d'entre eux se trouvent dans les provinces septentrionales. Les principaux fleuves sont: le Rio-del-Norte ou Rio-Bravo; il reçoit deux affluents importants, le Conchos et le Puerco, et se jette dans le golfe du Mexique; le Rio-Colorado, né du confluent du Zaguananas et du Nabajoa, et grossi par la Giba, se jette dans le golfe de Californie; le San-Yago, dit aussi Rio-Tolobotlan ou Rio-Grande, qui naît sous le nom de Lerma, non loin de la capitale du Mexique, traverse le beau lac de Chapala et se jette par deux embouchures dans l'Océan Pacifique. Le Rio-Colorado-de-Texas se jette, après un cours de 150 l., dans la lagune de San-Bernardo (golfe du Mexique). Deux affluents considérables du Mississipi, l'Arkansas et le Rio-Roxo ou fleuve Rouge, prennent leur source sur le territoire mexicain; la Sabine sépare le Texas de la Louisiane et appartient aux deux états de l'Amérique du Nord; enfin nous devons encore citer, parmi les fleuves qui se rendent dans le golfe du Mexique, le Rio-de-los-Brazos-de-Dios, le Tigre, le Santander, le Tampico ou Panuco, le Guazacualco ou Huasacualco, le Tabasco ou Grijaloa, le Sumasinta et le Balize; parmi ceux qui se jettent dans le Grand Océan et le golfe de Californie, le Colombia, dont le bassin appartient en grande partie aux États-Unis de l'Amérique du Nord, le Sagramento, le San-Felipe, le Rio-de-l'Ascension, le Hiaqui, le Zacatula, le Tlascala ou Naspa, le Rio-Verde et le Chimalapa. Le Mexique possède plusieurs grands lacs, dont le plus beau et le plus connu est le lac de Chapala dans la prov. de Xalisco; il est traversé par le San-Yago et a 57 l. c. géogr. de superficie. Le Timpanagos et le Tejugo sont deux lacs très-considérables du territoire des Indiens indépendants; ils n'ont pas encore été explorés; le lac Tequesquito, dans la prov. de Zacatecas, est remarquable par la grande quantité de sel qu'il renferme.

Grâce à l'étendue du Mexique, à la variété de son climat et à la fertilité de son sol dans les provinces pourvues d'eau, ce pays peut fournir toutes les matières premières que demande l'industrie européenne. Il n'est pas rare de trouver sur un espace de terrain limité les productions des différents climats; mais d'immenses contrées ne sont pas encore cultivées et attendent les bras qui doivent les faire fructifier. Le Mexique produit en abondance le blé, le riz, la vanille, la cochenille (recueillie sur le nopal, dont il existe de grandes plantations dans la prov. d'Oaxaca), le cacao, le café, le sucre, le coton, l'indigo, le tabac, l'acajou, le quina, l'ipécacuana, le jalap, tous les fruits de la zone tempérée et de la zone torride, le bois de campèche, beaucoup d'arbres à teinture et à résine, les arbres fruitiers de l'Europe; la vigne et l'olivier y réussissent parfaitement, mais leur culture était prohibée sous la domination espagnole. La plupart des animaux domestiques de l'Europe ont été introduits au Mexique, où ils se sont accrus d'une manière prodigieuse; beaucoup de chevaux vivent aujourd'hui par troupeaux et à l'état sauvage dans les plaines et les forêts. Parmi les animaux indigènes nous citerons le jaguar et le conguar, l'ours mexicain, le bison, le bœuf musqué, l'élan, un loup sans poil appelé *xoloitzeniski*, le chien muet, l'apaxa ou cerf mexicain, une antilope du nom de berendos, etc. Les côtes et les rivières sont poissonneuses; ces dernières sont peuplées d'une espèce de caïman très-féroce. Le Mexique est très-riche en minéraux de toutes sortes et recèle presque tous les métaux; il fournit en outre du marbre, de l'alun, du vitriol, du sel, des émeraudes et autres pierres précieuses. Les mines d'argent du Mexique sont les plus riches du globe. D'après M. de Humbold elles donnaient, au commencement de notre siècle, 2,338,220 marcs, ce qui, en y ajoutant 7000 marcs d'or, produisait une valeur de plus de 130 millions de francs. La révolution et la guerre de l'indépendance amenèrent l'interruption des travaux et par suite l'éboulement de beaucoup de mines. Des sociétés, surtout anglaises, se sont formées pour les exploiter de nouveau, et il est à espérer que bientôt la production dépassera l'ancien chiffre, d'autant plus qu'on croit généralement que les mines les plus riches sont situées au-delà de 24° lat. lat. N., limite que n'a jamais dépassée l'exploitation espagnole.

La population du Mexique était, en 1833, de 7,741,314 individus et doit être aujourd'hui de plus de 8 millions, sans compter les indiens Bravos. Elle se compose de différents éléments, de créoles, de mestizes, de mulatres et de Zambos, d'indiens chrétiens établis et de quelques nègres aujourd'hui libres. Les indiens indépendants appelés Bravos sont au nombre de 8 millions. Les indigènes, descendants des anciens Mexicains, forment la majeure partie des citoyens; mais ils ont été tellement opprimés par les Espagnols que leurs facultés sont plus dégradées que celles des indiens Bravos. Ils parlent plus de 20 langues indiennes; leurs principales tribus sont celles des Aztèques, Tarascas, Miztecas, Otomies, Huastécas, Mayos, Opatos, Yaquis, etc. La religion catholique est la religion de l'état; mais les couvents ont été supprimés en 1833; un archevêque et 7 évêques sont à la tête du clergé. L'instruction publique était à peu près nulle sous les Espagnols. Depuis la révolution on a déjà beaucoup fait sous ce rapport, surtout dans les états de Mexico, de Zacatécas, de Xalisco, de Tamanlipa. Dans le premier seul on a fondé plus de 500 écoles, des sociétés d'éducation et de sciences; enfin la plupart des capitales et chefs-lieux ont aujourd'hui un journal et une imprimerie.

Les principales occupations du peuple sont l'agriculture, l'éducation du bétail, surtout celle des mulets, qui sont les bêtes de somme, et l'exploitation des mines, qui appartiennent aujourd'hui à dix sociétés étrangères, 7 anglaises, 2 anglo-américaines et une allemande. L'industrie est à peu près nulle. Les Anglo-Américains, les Français, les Anglais, etc., fournissent aux Mexicains les objets manufacturés dont ils ont besoin, et ces mêmes étrangers font la majeure partie du commerce d'exportation. Ce commerce appartenait autrefois aux Espagnols et était restreint à Manille, à Cuba et à l'Espagne; il se fait maintenant avec l'Inde par Acapulco, avec l'Europe par la Vera-Cruz, Campêche, Tampico, et prend d'année en année une plus grande extension.

L'histoire des populations primitives du Mexique est à peu près ignorée. Le voile qui couvre leur origine ne sera levé que le jour où l'on aura déchiffré les hiéroglyphes des monuments récemment découverts, et expliqué les tableaux symboliques dont M. de Humboldt nous a donné des fac-simile. Quoiqu'il en soit, les traditions les plus répandues et les tableaux symboliques nous montrent des tribus guerrières arrivant du nord et du nord-ouest et apportant aux sauvages habitants du pays d'Anahuac (l'ancien nom du Mexique), où ils s'établissent, un état de civilisation plus avancé. Les véritables fondateurs de l'état sur lequel régnait Montézuma lors de l'arrivée des Européens furent les Aztèques, qui donnèrent à leur capitale le nom de

Mexico, c'est-à-dire demeure du Dieu de la guerre Mexitli ou Huitzlipochtli. La royauté chez les Aztèques était élective et limitée par une aristocratie hautaine et oppressive, tributaire du chef de l'état et obligée en temps de guerre de suivre sa bannière. La masse du peuple était vassale, et au-dessous de lui une foule d'esclaves étaient exposés aux plus durs traitements. Les maîtres jouissaient du droit de vie et de mort sur cette plèbe abrutie. Les Européens trouvèrent au Mexique un état social assez avancé, de grandes villes, une industrie florissante, des institutions judiciaires sagement réglées, des impôts réguliers, des postes, des canaux, de beaux travaux d'utilité publique et, à côté de ces signes de civilisation, des mœurs cruelles, l'anthropophagie et les sacrifices humains. C'est en 1517 et 1519 que les Espagnols de Cuba firent les premières tentatives contre le Mexique; elles échouèrent contre la bravoure des habitants du Yucatan. L'année suivante don Fernando Cortez débarqua dans le port de St.-Jean-d'Ulloa avec 508 fantassins, 16 cavaliers et 14 petits canons. Il brûla ses vaisseaux, battit les habitants de Tlascala, qui devinrent plus tard ses fidèles alliés, et entra dans la ville de Mexico. L'histoire de cette conquête est trop populaire pour que nous la rapportions ici. Après la prise définitive de Mexico, en 1520, et la mort de l'empereur Guatimozin, les Espagnols soumirent tout l'empire, réduisirent les habitants à l'état de serfs et se partagèrent le pays, en réservant un grand nombre de lots aux couvents et aux grands d'Espagne. L'empire reçut le nom de Nouvelle-Espagne et fut gouverné par des vice-rois qui changèrent dans les derniers temps tous les cinq ans. Le dix-huitième siècle vit améliorer le sort des indigènes: l'eucomiendas ou le partage des terres et des habitants fut aboli, et la population indienne, qui de huit millions était descendue à deux, s'accrut rapidement.

Le nombre des créoles était très-considérable, et ceux-ci ne supportaient qu'impatiemment la fortune des Chapetones (Espagnols nés en Europe), qui seuls étaient appelés aux fonctions et dignités de la Nouvelle-Espagne. Les premiers troubles eurent lieu de 1810 à 1816 sous Hidalgo, Moralès et Mina; ils furent réprimés; mais en 1821 le colonel Augustin Iturbide se déclara pour l'indépendance de la colonie, avec le projet d'offrir la couronne à un prince d'Espagne; le vice-roi fut obligé de reconnaître le nouvel état; mais sur le rejet par les cortès du traité intervenu, Iturbide se proclama lui-même empereur sous le nom d'Augustin Ier. La défaveur populaire entraîna son abdication en 1823, avec promesse de vivre en Europe. Il ne la tint pas et débarqua en 1824 pour ressaisir la couronne; il fut pris et fusillé. La jeune république, organisée en confédération d'états, s'occupa d'abord d'affermir sa constitution et envoya au congrès de Panama, convoqué par Bolivar, des délégués chargés de discuter les intérêts de l'Amérique centrale; mais bientôt la guerre civile éclata; l'armée et le clergé, réunis pour fonder un gouvernement théocratique et militaire, triomphèrent après de nombreuses vicissitudes; Gueraero, Bustamente, Santa-Anna et d'autres chefs attaquèrent et défendirent successivement la constitution fédérale, qui fut renversée en 1835 par Santa-Anna, proclamé président de la république du Mexique. La séparation du Texas, jointe à la défaite et à la prise du président, ramenèrent au pouvoir Bustamente, aujourd'hui associé de son ancien ennemi Santa-Anna, ce que l'on a pu voir lors des récents démêlés de la France avec le Mexique. Ces démêlés furent amenés par l'oppression et le pillage auxquels étaient en butte des Français établis sur le territoire de la république. Puisse la prise de St.-Jean-d'Ulloa, citadelle réputée imprenable, et détruite après trois heures de cannonade, inspirer aux Mexicains plus de respect pour les droits des Français. Quant au Mexique lui-même, dominé qu'il est par le clergé, l'armée et l'aristocratie, il sera encore longtemps exposé aux vicissitudes des révolutions.

Comme nous l'avons déjà dit, le Mexique, après la chute de l'empire d'Iturbide, forma une république fédérative calquée sur celle des Anglo-Américains, avec cette différence qu'il y existait une religion d'état. En 1835, Santa-Anna fit proclamer l'unité de la république, ce qui amena la séparation du Texas, pays reconnu depuis comme indépendant par plusieurs nations, entre autres la France et les États-Unis. Les états furent transformés en provinces ou départements; les autres changements ne sont pas encore bien connus.

D'après M. Balbi, les revenus actuels du Mexique peuvent être évalués à la somme de 74,757,000 francs; la dette publique à 508,500,000 francs. Nous ferons observer qu'en 1835 les dépenses excédèrent de près de moitié les revenus et qu'il y eut à cette époque un déficit de plus de 7 millions de dollars. L'armée de terre était, en 1831, de 23,437 hommes, à laquelle il faut ajouter 40,000 miliciens; la marine se composait, en 1827, de 23 bâtiments, dont un vaisseau de ligne, une frégate et dix corvettes.

Voici le tableau des divisions administratives du Mexique; comme les nouvelles divisions ne sont pas encore connues et que d'ailleurs cette république paraît exposée à de nombreux bouleversements, nous sommes obligés de donner les anciennes, sans même en distraire le Texas, non reconnu du Mexique, qui se prépare en ce moment à reconquérir cet état.

DIVISION ADMINISTRATIVE DU MEXIQUE.

ÉTATS, DISTRICTS ET TERRITOIRES.	CHEFS-LIEUX ET ENDROITS REMARQUABLES.
District Fédéral,	Mexico, Guadalupe.
État de Mexico,	Tlalpan, Texcuco, Toluca, Tulanzingo, Lerma, Acapulco.
» Queretaro,	Queretaro, Zimapan.
» Guanaxuato,	Guanaxuato, Zelaya, Villa-de-Léon, Salamanca, Trapuato.
» Mechoacan,	Valladolid ou Morelia, Pascuaro, Tlalpuxahua, Ario, Zamora.
» Xalisco,	Guadalaxara, San-Blas, Puerto-de-la-Natividad, Guatlan, Chalapa.
» Zacategas,	Zacategas, Mines-de-Vetagrande et Sombrerete, Aguas-Calientes.
» Sonora-et-Cinaloa,	Villa-del-Fuerte, Mazatlan, Culiacan, Cinaloa, Sonora, Arispe-Petic, Guaymas, Santa-Cruz.
» Chihuahua,	Chihuahua, Santa-Rose-de-Cosiquiraqui.
» Durango,	Durango, Nombre-de-Dios, San-Juan-del-Rio, Guarifamey, Papasquiaro.
» Chohahuila-et-Texas,	Monclova, Saltillo, San-Antonio-de-Bejar, Galvezton, San-Felipe-de-Austin.
» Nuévo-Léon,	Monterey, Linares.
» Tamaulipas,	Aguayo, Tampico-de-Tamaulipas, Sotto-de-la-Marina, El-Refugio, Nuéva-Santander.
» San-Luis-Potosi,	San-Luiz-Potosi, mines de Catorce.
» Vera-Cruz,	Vera-Cruz, Xalapa, Pueblo-Viéjo-de-Tampico, Alvarado, Tuxpan, Guasacualco, Bordova, Perote, Orizaba.
» Puebla,	Puéblo-de-los-Angelos, Cholula, Tchuacan.
» Oaxaca,	Oaxaca, Tehuantepec, Huatulco.
» Chiapa,	Ciudad-Réal ou Chiapa, Palenque (ruines de Culhuacan).
» Tabasco,	Tabasco, Villa-Hermosa.
» Yucatan,	Merida, Campèche, Valladolid, Sizal, Nuéva-Mallaga (établissement anglais de Honduras, chef-lieu Balize).
Territoire de Californie,	San-Carlos-de-Monterey, San-Francisco, Santa-Barbara, San-Diégo, Santa-Clara, San-Rafael-Loreto, l'île de Tiburou.
» du Nouveau-Mexique,	Santa-Fé, Albuquerque, Taos.
» de Tlascala,	Tlascala, Huamantoba.
» de Colima,	Colima.

Enfin, au N. de la république, sur le territoire des Indiens indépendants, nous citerons les vaillantes tribus des Apaches, des Cumanches ou Tetans, des Panis, des Moquis.

MEXIQUE (Nouveau-), territoire au N. de la confédération mexicaine, dont il fait partie. Il s'étend entre 31° 3′ et 38° 2′ lat. N. et est borné au N. par le dist. des Osages (États-Unis) et la république de Texas, au S. par l'état de Chihuahua, au S.-O. par l'état de Sonora-et-Cinaloa et à l'O. par le pays des Indiens libres du Mexique. Sa superficie est de 2055 l. c. géogr. Ce territoire forme une longue vallée, fertilisée par le Rio-del-Norte, qui la traverse du N. au S. De hautes chaînes de montagnes séparent cette vallée des districts des Indiens libres. Ce sont à l'E. les Sierras dos Organos, del Sacramento et la Sierra Obscura; à l'O. les Sierras de Acha, de los Mimbres et de Grullas, continuations du chaînon central des Andes. Un grand nombre de cours d'eau, dont le Canadien est le plus considérable, arrosent la partie orientale du territoire et vont grossir l'Arkansas. La partie centrale est occupée par le désert de Muerto, dont le sol, aride et rocailleux, se refuse à toute espèce de culture. Le climat est très-sec, l'air est pur et très-salubre; les ouragans, les orages et les brouillards y sont presque inconnus. Les principales productions sont: le tabac, le blé, le vin (vin de Passo), les fruits et les légumes. L'éducation du gros bétail, des chevaux et des moutons se trouve dans l'état le plus florissant; le gibier y abonde. A l'O. du Norte, sous 34°, on exploite une riche mine de cuivre, et au S. de Santa-Fé se trouvent d'abondantes carrières de talc. L'industrie se trouve entre les mains des Indiens; on y fabrique du cuir, des tissus de laine et de coton, des couvertures de laine, de la poterie et surtout des cigarres renommés. Le commerce se fait par caravanes, qui partent régulièrement de Santa-Fé pour St.-Louis, dans les États-Unis, et pour Durango, Mexico et Sonora. On exporte des moutons, du tabac, du cuir, des peaux, du sel et de la vaisselle de cuivre, et l'on importe des produits coloniaux, des armes à feu, de la poudre, du plomb, de l'acier, des confitures, des métaux précieux, des fromages, etc. Toutes ces marchandises se trouvent à un prix très-élevé.

Ce territoire, dont la population n'est que de 55 à 60,000 habitants, la plupart Indiens, est compris dans le diocèse de Durango et dans l'audience de Guadalaxara.

Les Espagnols connaissent le Nouveau-Mexique depuis 1581. Don Antonio de Espéjo y amena les premiers missionnaires et fut très-bien reçu par les indigènes. En 1535 le vaillant Juan de Onnate arriva pour réprimer un soulèvement des Indiens; il chassa les peuplades soulevées et y amena les premiers colons. Le pays reçut le nom de Nouveau-Mexique, parce qu'on le croyait très-riche en argent et autres métaux précieux, et formait sous le gouvernement espagnol une province soumise à un régime purement militaire.

A l'O. de ce territoire s'étend une immense région de 28,500 l. c. géogr., occupée uniquement par les Indiens libres du Mexique. Ce territoire est arrosé par le Rio-Colorado et le Rio-Gilo, et traversé par les Cordillères, qui s'y rattachent aux montagnes Rocheuses. C'est là que vivent en pleine indépendance les Apaches, peuplade belliqueuse et très-féroce; les Cumanches ou Tetaws, connus comme habiles cavaliers; les Panis, les Moquis, les Noschis, les Pautches, les Baquisbas, etc.

MEXIMIEUX, b. de Fr., Ain, arr. et à 8 l. E. de Trévoux, chef-lieu de canton et poste; 2000 hab.

MEXME-LES-CHAMPS (Saint-), ham. de Fr., Indre-et-Loire, com. de Chinon; 150 h.

MEXTITLAN, v. de la confédération mexicaine, état de Quérétaro, dans une vallée profonde, fermée par la Sierra Madre-de-Mextitlan et sur la rivière de ce nom. Elle est le chef-lieu d'un district, renferme un couvent d'augustins et fait le commerce de blé et de coton; 11,000 hab. Dans ses environs se trouve la riche mine d'argent de Réal-de-Cardonal.

MEXY, ham. de Fr., Moselle, com. de Réhon; 150 hab.

MEY, vg. de Fr., Moselle, arr., cant. et poste de Metz; 100 hab.

MEYEBOURG, pet. v. de Prusse, prov. de Brandebourg, rég. de Potsdam, sur la Stepenitz. Autrefois une place frontière importante; elle n'est plus défendue aujourd'hui que par des murs en vétusté; 1400 hab.

MEYENHEIM, vg. de Fr., Haut-Rhin, arr. de Colmar, cant. et poste d'Ensisheim; 740 hab.

MEYENTHAL, ham. de Fr., Meurthe, com. de Walscheid; 180 hab.

MEYLAN, vg. de Fr., Isère, arr., cant. et poste de Grenoble; 1120 hab.

MEYLAN, vg. de Fr., Lot-et-Garonne, arr. de Nérac, cant. et poste de Mezin; 170 hab.

MEYLIEU-MONTROND, vg. de Fr., Loire, arr. de Montbrison, cant. de St.-Galmier, poste de Chazelles; 660 hab.

MEYMES, ham. de Fr., Gers, com. de Margouet-Meymes; 200 hab.

MEYNAC, ham. de Fr., Gironde, com. de Camblanes; 150 hab.

MEYNES, vg. de Fr., Gard, arr. de Nismes, cant. d'Aramon, poste de Remoulins; 1060 hab.

MEYRAC, ham. de Fr., Lot, com. de St.-Sozy; 400 hab.

MEYRALS, vg. de Fr., Dordogne, arr. et poste de Sarlat, cant. de St.-Cyprien; 840 h.

MEYRAN, ham. de Fr., Gironde, com. de Gujan; 250 hab.

MEYRAND (la), vg. de Fr., Puy-de-Dôme, arr. d'Issoire, cant. et poste d'Ardes; 130 h.

MEYRANNES, vg. de Fr., Gard, arr. d'Alais, cant. et poste de St.-Ambroix; 710 hab.

MEYRARGUES, vg. de Fr., Bouches-du-Rhône, arr. d'Aix, cant. et poste de Peyrolles; papeterie; 1010 hab.

MEYRAS, vg. de Fr., Ardèche, arr. de l'Argentière, cant. et poste de Thueyts; 2190 hab.

MEYREUIL, vg. de Fr., Bouches-du-Rhône, arr., cant. et poste d'Aix; 910 hab.

MEYRIAT, vg. de Fr., Ain, arr. et poste de Bourg-en-Bresse, cant. de Ceyzeriat; 680 hab.

MEYRIATAIN. *Voyez* VIEUX-D'ISENAVE.

MEYRIÉ, vg. de Fr., Isère, arr. de Vienne, cant. de la Verpillière, poste de Bourgoin; 310 hab.

MEYRIES, ham. de Fr., Hautes-Alpes, com. de Château-Visle-Vieille; 250 hab.

MEYRIEU, vg. de Fr., Isère, arr. de Vienne, cant. et poste de St.-Jean-de-Bournay; 720 hab.

MEYRIGNAC-L'ÉGLISE, vg. de Fr., Corrèze, arr. et poste de Tulle, cant. de Corrèze; 310 hab.

MEYRINGEN, joli gros b. de Suisse, cant. de Berne, chef-lieu de l'intéressante vallée du Hasli, sur l'Aar; possède une manufacture de tabac. Ses habitants sont renommés par la beauté de leurs formes et par leur haute taille; les traditions populaires donnent à ces montagnards une origine suédoise. Dans ses environs se trouvent plusieurs cascades; celle du Reichenbach est une des plus belles de la Suisse.

MEYRINHAC, ham. de Fr., Aveyron, com. de Brommat; 200 hab.

MEYRINHAC-FRANCAL, ham. de Fr., Lot, com. de Rocamadour; 210 hab.

MEYRONNE, ham. de Fr., Lot, com. de St.-Sosy; 530 hab.

MEYRONNES, vg. de Fr., Basses-Alpes, arr. de Barcelonnette, cant. de St.-Paul, poste de Chatelard; 610 hab.

MEYRUEIS, pet. v. de Fr., Lozère, arr. et à 5 l. S.-O. de Florac, et à 151 l. de Paris, chef-lieu de canton et poste; elle est située sur la Jonte, dans un joli vallon; fabr. de cadisserie, de faucilles, de fromage façon Roquefort; scierie hydraul. de planches; commerce de grains, chevaux et mulets. On voit près de cette ville, dans le flanc d'une colline, trois grottes, remarquables par le nombre et la variété de leurs stalactites de diverses couleurs.

MEYS, vg. de Fr., Rhône, arr. de Lyon, cant. de St.-Simphorien-sur-Coise, poste de Chazelles; 1160 hab.

MEYSSAC, pet. v. de Fr., Corrèze, arr. et à 4 l. S.-E. de Brives, chef-lieu de canton et poste; carrières de grès; commerce d'huile de noix; 2550 hab.

MEYSSE, vg. de Fr., Ardèche, arr. de Privas, cant. de Rochemaure, poste de Montélimart; 1100 hab.

MEYZIEUX, vg. de Fr., Isère, arr. et à 7 l. N. de Vienne, chef-lieu de canton, poste de Lyon; 1320 hab.

MEZAGE (Notre-Dame-de-), vg. de Fr., Isère, arr. de Grenoble, cant. et poste de Vizille; 270 hab.

MEZANGÈRES (les), ham. de Fr., Eure, com. de Bourth; 140 hab.

MÉZANGERS, vg. de Fr., Mayenne, arr. de Laval, cant. et poste d'Évron; 940 hab.

MEZANGUEVILLE, vg. de Fr., Seine-Inférieure, arr. de Neufchâtel-en-Bray, cant. et poste d'Argueil; 480 hab.

MEZARD (Saint-), vg. de Fr., Gers, arr. et cant. de Lectoure, poste d'Astaffort; 620 hab.

MEZDAH, pet. v. de la rég. de Tripoli, sur la pente méridionale des monts Gharian, à 70 l. S.-S.-E. de Tripoli.

MÈZE, pet. v. de Fr., Hérault, arr. et à 8 l. S.-O. de Montpellier, chef-lieu de canton et poste; elle possède un port très-fréquenté, sur l'étang de Thau; fabrication et commerce d'eaux-de-vie et liqueurs; commerce de vins de son territoire; 4530 hab.

MEZEAUX, ham. de Fr., Vienne, com. de Ligugé; 200 hab.

MEZEIRAC, ham. de Fr., Ardèche, com. de Mazan; 150 hab.

MEZEL, b. de Fr., Basses-Alpes, arr. et à 2 l. S.-S.-O. de Digne, chef-lieu de canton et poste; 910 hab.

MEZEL, vg. de Fr., Puy-de-Dôme, arr. de Clermond-Ferrand, cant. de Vertaizon, poste de Billom; 1230 hab.

MEZELS, ham. de Fr., Lot, com. de Vayrac; 300 hab.

MEZELU ou **MEZETTU**, misérable vg. sur la côte méridionale de l'Asie Mineure. Il est bâti au bord de la mer, sur l'emplacement de l'ancienne *Soli* ou *Pompelopolis*, dont il subsiste encore des ruines magnifiques; on vante surtout les 44 colonnes qui restent de la superbe colonnade qui ornait l'entrée du port.

MEZEN, pet. v. de la Russie d'Europe, gouv. d'Arkhangelsk, le siége des autorités du cercle, sur la rivière du même nom; 2000 hab.

MEZENS, vg. de Fr., Tarn, arr. de Gaillac, cant. de Rabastens, poste de la Pointe-St.-Sulpice; 450 hab.

MEZERAC, ham. de Fr., Aveyron, com. de Gaillac; 140 hab.

MÉZERAY, vg. de Fr., Sarthe, arr. de la Flèche, cant. de Malicorne, poste de Foulletourte; 2020 hab.

MÉZERI, ham. de Fr., Lozère, com. de St.-Denis; 130 hab.

MÉZÉRIAT, vg. de Fr., Ain, arr. de Trévoux, cant. de Châtillon-les-Dombes, poste de Bourg-en-Bresse; 1210 hab.

MÉZEROLLES, vg. de Fr., Somme, arr. et poste de Doullens, cant. de Bernaville; 450 hab.

MEZERVILLE, vg. de Fr., Aude, arr. de Castelnaudary, cant. et poste de Salles-sur-l'Hers; 330 hab.

MÈZES (les). *Voyez* PUITS-DES-MÈZES (la).

MEZIDON, b. de Fr., Calvados, arr. et à 6 l. O.-S.-O. de Lisieux, chef-lieu de canton, poste de Croissanville; fabr. de fil; 490 hab.

MÉZIÈRE (la), vg. de Fr., Ille-et-Vilaine, arr. de Rennes, cant. et poste d'Hédé; 1320 hab.

MÉZIÈRES, *Maceriæ*, v. forte de Fr., chef-lieu du dép. des Ardennes, à 59 l. N.-E. de Paris; siége de directions des domaines, de l'enregistrement et des contributions directes; direction d'artillerie; inspection forestière; résidence d'un ingénieur en chef des ponts-et-chaussées, d'un géomètre en chef du cadastre et chambre des manufactures. Le tribunal de première instance siége à Charleville, qui n'est qu'à 1/4 l. du chef-lieu. Cette ville est située sur le penchant et à la base d'une colline baignée par la Meuse; elle a une bonne citadelle et des fortifications considérables; mais elle est petite et généralement mal bâtie. L'église paroissiale, l'hôtel de la préfecture et l'Hôtel-Dieu sont ses seuls édifices remarquables. Mézières possède une société d'agriculture, sciences, arts et commerce, des archives, un musée, un cabinet d'antiquités départementales et une bibliothèque de 4000 volumes. Le collége est à Charleville. Fabr. de clous; tannerie, taillanderie, etc. Foires: le jour de la mi-carême, mercredi après les Rameaux et le 28 octobre; 4083 hab.

Cette ville, dont l'origine remonte au neuvième siècle, est célèbre par le siége que Bayard y soutint, en 1520, contre Charles-Quint, qui fut forcé de se retirer. C'est à ce siége que furent tirées les premières bombes dont l'histoire militaire fasse mention. En

1815 les Prussiens cernèrent la place, le 20 juin, et la sommèrent de se rendre. Sur le refus des habitants et de la garnison, ils la bombardèrent pendant près de deux mois et n'en obtinrent la reddition qu'à des conditions honorables pour les braves qui l'avaient vaillamment défendue.

MÉZIÈRES, vg. de Fr., Charente, arr de Confolens, cant et poste de St.-Claud; 260 h.

MÉZIÈRES, vg. de Fr., Ille-et-Vilaine, arr. de Fougères, cant. et poste de St.-Aubin-du-Cormier; 1300 hab.

MÉZIÈRES, vg. de Fr., Loiret, arr. d'Orléans, cant. et poste de Cléry; 630 hab.

MÉZIÈRES, ham. de Fr., Nièvre, com. de Garchy; 150 hab.

MÉZIÈRES, vg. de Fr., Seine-et-Oise, arr. et cant. de Mantes, poste d'Épone; papeterie; 990 hab.

MÉZIÈRES, vg. de Fr., Seine-et-Oise, arr. de Pontoise, cant. de l'Isle-Adam, poste de Marines; 40 hab.

MÉZIÈRES, vg. de Fr., Somme, arr. de Montdidier, cant. de Moreuil, poste d'Hangest; fabr. de bas de laine et de métiers à bas; 820 hab.

MÉZIÈRES, vg. de Fr., Haute-Vienne, arr., à 3 l. O. et poste de Bellac, chef-lieu de canton; 1400 hab.

MÉZIÈRES, gros vg. de la Suisse, cant. de Vaud.

MÉZIÈRES-AU-PERCHE, vg. de Fr., Eure-et-Loir, arr. de Châteaulin, cant. et poste de Brou; forges, haut-fourneau; 1660 hab.

MÉZIÈRES-EN-BRENNE, vg. de Fr., Indre, arr. et à 6 1/2 l. N.-N.-E. du Blanc, chef-lieu de canton et poste; forge de Corbançon, 1540 hab.

MÉZIÈRES-EN-DROUAIS, vg. de Fr., Eure-et-Loir, arr., cant. et poste de Dreux; 1070 hab.

MÉZIÈRES-EN-GATINE, vg. de Fr., Loiret, arr. de Montargis, cant. de Bellegarde, poste de Boiscommun; 360 hab.

MÉZIÈRES-SOUS-BALLON, vg. de Fr., Sarthe, arr. de Mamers, cant. de Marolles-les-Braux, poste de Bonnétable; 1320 hab.

MÉZIÈRES-SOUS-LAVARDIN, vg. de Fr., Sarthe, arr. de Mans, cant. et poste de Conlie; 1170 hab.

MÉZIÈRES-SUR-OISE, vg. de Fr., Oise, arr. et poste de St.-Quentin, cant. de Moy; 590 hab.

MÉZIÈRES-SUR-SEINE, vg. de Fr., Eure, arr. des Andelys, cant. d'Écos, poste de Vernon; 380 hab.

MÉZILHAC, vg. de Fr., Ardèche, arr. de Privas, cant. d'Antraigues, poste de Chaylard; 900 hab.

MÉZILLES, vg. de Fr., Yonne, arr. de Joigny, cant. et poste de St.-Fargeau; 1440 hab.

MÉZIN, pet. v. de Fr., Lot-et-Garonne, arr., à 3 l. S.-O. et poste de Nérac et à 194 l. de Paris, chef-lieu de canton; elle est bâtie en amphithéâtre sur une colline, au confluent de la Gelize et de l'Auzou, et renferme plusieurs belles maisons et une église d'une architecture fort ancienne; elle possède un collége communal; fabr. de bouchons de liége et de toiles; tanneries; éducation d'abeilles et de mérinos; commerce en cire, miel, etc.; 3048 hab.

Mézin doit son origine à un monastère de bénédictins, dont les moines prenaient le titre de seigneurs de Mézin. Au commencement du quatorzième siècle cette ville passa sous la domination d'Édouard II, roi d'Angleterre. La guerre des Anglais et les guerres de religion furent très-désastreuses pour Mézin.

MEZIRÉ ou MIZERACH, vg. de Fr., Haut-Rhin, arr. de Belfort, cant. et poste de Delle; 290 hab.

MEZIU, ham. de Fr., Isère, com. de la Frette; 200 hab.

MEZOARGUES, vg. de Fr., Bouches-du-Rhône, arr. d'Arles-sur-Rhône, cant. et poste de Tarascon-sur-Rhône; 200 hab.

MEZOC-DE-FROID, ham. de Fr., Nièvre, com. de Dun-les-Places; 170 hab.

MOZŒBERENY, gros vg. de Hongrie, cer. au-delà de la Theiss, comitat de Bekes. Culture de la vigne, éducation du bétail, fabrication d'huile; 5000 hab.

MEZOMERICO, b. du Piémont, prov. de Novara; 2000 hab.

MEZOS, vg. de Fr., Landes, arr. de Mont-de-Marsan, cant. de Memirzan, poste de Castets; 1130 hab.

MEZŒTUR, b. de Hongrie, cer. en-deçà de la Theiss, comitat de Heves; fabrication de poterie très-estimée; 4000 hab.

MÉZY, vg. de Fr., Seine-et-Oise, arr. de Versailles, cant. et poste de Meulan; 1130 h.

MÉZY-MOULINS, vg. de Fr., Aisne, arr. et poste de Château-Thierry, cant. de Condé; 340 hab.

MEZZANA. *Voyez* VALLE-DE-MEZZANA.

MEZZENILE, gros b. du Piémont, prov. de Turin; 3000 hab.

MEZZO, pet. île de Dalmatie, à l'O. de Kalamota, cer. de Raguse.

MEZZOJUSSU, b. de l'île de Sicile, intendance de Palerme; 2000 hab.

MEZZOWO, pet. v. de la Turquie d'Europe, eyalet de Rumili, sandschak de Janina, sur la grande route de Janina à Tricala et qui la rend très-commerçante. On leur accorde près de 7000 Valaques.

MEZZOWO, *Pindus*, mont. de la Turquie d'Europe, aussi appelés monts Gramnos. C'est le nom que reçoit la chaîne méridionale du système Slavo-Hellénique, qui s'étend entre Ramina et Tricala.

MGLIU, v. de la Russie d'Europe, gouv. de Tschernigow; siége des autorités du cercle; 4 églises; commerce considérable; 5100 hab.

MHÈRE, vg. de Fr., Nièvre, arr. de Clamecy, cant. de Corbigny, poste de Lormes; 1100 hab.

M'HERVE (Saint-), vg. de Fr., Ille-et-Vilaine, arr., cant. et poste de Vitré; 2020 h.

MIACO. *Voyez* MIYACO.

MIADI, île de la chaine de Radak, archipel des îles Marshall ou de Mulgrave (archipel central de Balbi) dans la Polynésie ou Océanie orientale. Krusenstern, qui la découvrit en 1816, en détermine la situation sous 168° 25′ de long. orient. et sous 10° 8′ 27″ de lat. N. Cette île est basse et couverte d'un beau tapis de verdure; cependant le règne végétal offre peu de variétés, si l'on doit en juger par le petit nombre d'espèces de fruits que les indigènes offrirent en échange à l'équipage de Krusenstern. Miadi, que quelques géographes confondent avec l'île du Nouvel-An, paraît bien peuplée.

MIAIDOY ou MEEADAY, v. de l'emp. Birman, prov. de Birma; ville étendue et commerçante, située sur la rive orientale de l'Iraouaddy. Sur le côté opposé du fleuve, dans les montagnes qui séparent le Birma de l'Aracan, habitent les sauvages Kains, au milieu de contrées infestées par des éléphants et des tigres royaux.

MIALET, vg. de Fr., Gard, arr. d'Alais, cant. et poste de St.-Jean-du-Gard; papeterie; 1300 hab.

MIALLET, vg. de Fr., Dordogne, arr. et poste de Nontron, cant. de St.-Pardoux; 1860 hab.

MIALOS, vg. de Fr., Basses-Pyrénées, arr. d'Orthez, cant. et poste d'Arzacq; 280 h.

MIAMI, baie à l'extrémité O. du lac Érié; reçoit le fleuve de même nom.

MIAMI (fleuve). *Voyez* MAUMÉE.

MIAMI, comté de l'état d'Ohio, États-Unis de l'Amérique du Nord; il est borné par les comtés de Champaign, Clarke, Montgomery et Darke; 13,000 hab. Troy, sur le Miami, avec une académie, est le chef-lieu du comté.

MIAMI-ÉRIÉ, canal des États-Unis de l'Amérique du Nord, état d'Ohio, qu'il traverse du S. au N. Ce canal, un des plus étendus de l'Union, joint le Miami, affluent de l'Ohio, au Maumée, affluent du lac Erié, et ouvre par conséquent une communication directe entre l'Ohio et les grands lacs du Nord. Il aboutit à Cincinnati, sur l'Ohio, et passe par Hamilton, Dayton et Troy. Sa longueur, entre Cincinnati et Dayton, est de 68 milles, et son point culminant est de 50 mètres au-dessus de l'Ohio à Cincinnati.

MIAMIS, peuplade indigène, indépendante, au N. de l'état d'Indiana, États-Unis de l'Amérique du Nord.

MIANE ou MIANIDSCH, *Moina* d'après Gardanne, v. du roy. de Perse, prov. d'Adzerbaidjan, sur la rivière de même nom. Ses habitants, au nombre d'environ 500 familles, fabriquent de bons tapis en poil de chèvre, et élèvent des chevaux estimés. Une belle route mène de Miane aux monts Kaplan, où sont les ruines de l'ancienne forteresse de Kiskalaatsi, baignées par le Sefid-Roud, qu'on y traverse sur un pont orné d'inscriptions koufiques.

MIANGE, ham. de Fr., Isère, com. de Chamagnieu; 230 hab.

MIANI ou MEANI, v. du roy. de Lahore, dans le Pendjab; est située au pied du Salt-Rauge (montagnes de sel), où sont de riches mines de sel.

MIANO, b. du duché et du dist. de Parme, près de Sala; source de pétrole très-riche.

MIANO, b. du roy. de Naples, prov. de Napoli; 2600 hab.

MIANMAI, nom que portent les habitants de l'emp. Birman. *Voyez* l'article BIRMAN.

MIANNAY, vg. de Fr., Somme, arr. et poste d'Abbeville, cant. de Moyenneville; 840 hab.

MIANTINGS ou MIENTINGS, peuplade nombreuse qui habite, dans l'emp. de Chine, la partie septentrionale de la prov. de Yunnan, le long du Kincha ou Yan-tse-kiang. Ils sont probablement d'origine birmane, mais entièrement soumis aux Chinois. On n'a d'ailleurs sur eux que des connaissances incomplètes.

MIAOS-SEU. *Voyez* MIAO-TSE.

MIAO-TSE, nation assez nombreuse, qui habite dans l'emp. Chinois les prov. Yunnan, Koeï-tcheou, Hou-kouang, Kouang-si et Zze-tchouan. Ils sont probablement les descendants des habitants primitifs, trouvés par les Chinois lors de leur descente du haut-plateau de l'Asie orientale, et refoulés par eux dans les contrées les plus inaccessibles. On suppose qu'ils sont de race thibétaine mêlée de sang malais. Quoi qu'il en soit, les Miao-tse ont le corps vigoureux et l'âme courageuse; l'amour de l'indépendance est le trait saillant de leur caractère sauvage, et ils ont défendu (chose rare dans l'histoire) leur liberté, depuis 3 ou 4000 ans, contre les Chinois qui leur ont fait une guerre continuelle. Un petit nombre d'entre eux a été soumis, exterminé ou vendu comme esclaves en 1776. Mais les montagnes du Yunnan sont toujours gardées, et lorsque l'occasion semble favorable, les Miao-tse descendent dans les vallées, qu'ils ravagent et emportent un butin considérable dans leurs gorges retranchées. Ils se divisent en plusieurs tribus et parlent différents dialectes, mais ne savent ni lire ni écrire. Ils vivent de leurs champs, de leur troupeaux et du pillage des plaines; leur nombre n'est pas connu.

MIARIM. *Voyez* MARANHAM (fleuve).

MIAURAY, ham. de Fr., Deux-Sèvres, com. de Romans; 150 hab.

MICAUD (Saint-), vg. de Fr., Saône-et-Loire, arr. de Châlons-sur-Saône, cant. de Mont-St.-Vincent, poste de Joncy; 410 h.

MICHACANI, b. de la rép. du Pérou, dép. du Puno, prov. de Chucuito, sur le lac de Vinamarca; riches mines d'argent.

MICHAEL (Saint-), b. d'Angleterre, comté de Cornwall; nomme 2 députés.

MICHAEL (Saint-), b. de Tyrol, cer. de Trente, sur l'Adige.

MICHAEL-DELLE-BADESE (Saint-), b. de Lombardie, gouv. de Venise, délégation de Padoue; manufactures de cuirs; 3000 hab.

MICHAILOW, pet. v. de la Russie d'Europe, gouv. de Rioyan; siége des autorités du cercle, sur le Grona; 1900 hab.

MICHAILOWKA, v. de la Russie d'Europe, gouv. de Fuersk; 3 églises; 6000 hab. Ses habitants entretiennent un commerce actif avec St.-Pétersbourg et Moskwa; distilleries; filatures; tissages; teintureries.

MICHATOYAT, fl. de la côte S. de l'état de Guatémala, états-unis de l'Amérique centrale. Quoique d'un cours très-borné, il est remarquable par la fameuse chute de San-Pédro, une des plus belles que l'on connaisse.

MICHAUGUES, vg. de Fr., Nièvre, arr. de Clamecy, cant. de Brinon-les-Allemands, poste de St.-Révérien; 350 hab.

MICHAUTS (les), ham. de Fr., Nièvre, com. de St.-Léger-de-Fougeret; 170 hab.

MICHAUTS (les), ham. de Fr., Yonne, com. de Pourrain; 120 hab.

MICHAUX, île au S.-E. de l'île du Cap-Breton; dans l'Amérique anglaise.

MICHEL (Saint-), baie sur la côte E. de l'île de Barbadoès (Petites-Antilles).

MICHEL (Saint-), baie sur la côte E. du Labrador; est fermée au S. par le cap St.-Michel et au Nord par le Square-Island.

MICHEL (Saint-), baie à l'E. de la Barbade (Petites-Antilles). A l'E. de cette baie s'élèvent, en forme de cornes, les rochers de Cobler.

MICHEL (Mont-Saint-). *Voyez* MONT-SAINT-MICHEL.

MICHEL (Saint-), b. de la Savoie, dans la prov. Maurienne; 1500 hab.

MICHEL (Saint-), b. de Fr., Aisne, arr. de Vervins, cant. et poste de Hirson; filat. de coton; laminoir pour le fer; forges; exploitation de marbre; commerce de broderie et vannerie; 3200 hab.

MICHEL (Saint-), vg. de Fr., Basses-Alpes, arr., cant. et poste de Forcalquier; 970 h.

MICHEL (Saint-), vg. de Fr., Arriège, arr., cant. et poste de Pamiers; 240 hab.

MICHEL (Saint-), vg. de Fr., Charente, arr., cant. et poste d'Angoulême; papeterie; 490 hab.

MICHEL (Saint-), vg. de Fr., Cher, arr. de Bourges, cant. et poste d'Aix-d'Angillon; 330 hab.

MICHEL (Saint-), ham. de Fr., Eure, com. d'Evreux; 210 hab.

MICHEL (Saint-), vg. de Fr., Haute-Garonne, arr. de Muret, cant. de Cazère, poste de Martres; 760 hab.

MICHEL (Saint-), vg. de Fr., Gironde, arr. de Bordeaux, cant. et poste de Podensac; 180 hab.

MICHEL (Saint-), vg. de Fr., Gironde, arr., cant. et poste de la Réole; 500 hab.

MICHEL (Saint-), vg. de Fr., Gironde, arr. et poste de Libourne, cant. de Fronsac; 610 hab.

MICHEL (Saint-), vg. de Fr., Hérault, arr. et poste de Lodève, cant. du Caylar; 360 hab.

MICHEL (Saint-), vg. de Fr., Indre-et-Loire, arr. de Chinon, cant. et poste de Langeais; 810 hab.

MICHEL (Saint-), ham. de Fr., Isère, com. du Touvet; 100 hab.

MICHEL (Saint-), vg. de Fr., Loire, arr. de St.-Étienne, cant. de Pelussin, poste de Condricu; 820 hab.

MICHEL (Saint-), vg. de Fr., Loire-Inférieure, arr. de Paimbœuf, cant. et poste de Pornic; 1030 hab.

MICHEL (Saint-), vg. de Fr., Loiret, arr. de Pithiviers, cant. de Beaune-la-Rolande, poste de Boiscommun; 380 hab.

MICHEL (Saint-), ham. de Fr., Lot, com. de Cours-St.-Michel; 220 hab.

MICHEL (Saint-), vg. de Fr., Maine-et-Loire, arr. de Segré, cant. et poste de Pouancé; 670 hab.

MICHEL (Saint-), vg. de Fr., Haute-Marne, arr. de Langres, cant. de Longeau, poste de Prauthoy; 240 hab.

MICHEL (Saint-), vg. de Fr., Pas-de-Calais, arr. de Montreuil-sur-Mer, cant. et poste d'Hucqueliers; 290 hab.

MICHEL (Saint-), vg. de Fr., Pas-de-Calais, arr., cant. et poste de St.-Pol-sur-Ternoise; 370 hab.

MICHEL (Saint-), vg. de Fr., Basses-Pyrénées, arr. de Mauléon, cant. et poste de St.-Jean-Pied-de-Port; 670 hab.

MICHEL (Saint-), ham. de Fr., Seine-et-Oise, com. de Bougival; 220 hab.

MICHEL (Saint-), vg. de Fr., Tarn-et-Garonne, arr. de Moissac, cant. et poste d'Auvillars; 770 hab.

MICHEL (Saint-), vg. de Fr., Vosges, arr., cant. et poste de St.-Dié; 1370 hab.

MICHELBACH, vg. de 400 hab., sur l'Aar, dans le duché de Nassau, bge de Weken; forges.

MICHELBACH, vg. de Fr., Haut-Rhin, arr. de Belfort, cant. et poste de Thann; 260 hab.

MICHELBACH-LE-BAS, vg. de Fr., Haut-Rhin, arr. d'Altkirch, cant. et poste d'Huningue; 360 hab.

MICHELBACH-LE-HAUT, vg. de Fr., Haut-Rhin, arr. d'Altkirch, cant. et poste d'Huningue; 550 hab.

MICHEL-DE-BANIÈRES (Saint-), vg. de Fr., Lot, arr. de Gourdon, cant. de Vayrac, poste da Martel; 1180 hab.

MICHEL-DE-BOULOGNE (Saint-), vg. de Fr., Ardèche, arr. de Privas, cant. et poste d'Aubenas; 320 hab.

MICHEL-DE-CASTELNAU (Saint-), vg. de Fr., Gironde, arr. de Bazas, cant. et poste de Captieux; forges; 640 hab.

MICHEL-DE-CHABRILLANOUX (Saint-),

vg. de Fr., Ardèche, arr. de Privas, cant. de la Voulte, poste de Vernoux; 980 hab.

MICHEL-DE-CHAILLOL (Saint-), vg. de Fr., Hautes-Alpes, arr. de Gap, cant. et poste de St.-Bonnet; 600 hab.

MICHEL-DE-CHAVAIGNE (Saint-), vg. de Fr., Sarthe, arr. de St.-Calais, cant. et poste de Bouloire; 1310 hab.

MICHEL-DE-DÈZE (Saint-), vg. de Fr., Lozère, arr. de Florac, cant. de St.-Germain-de-Calberte, poste de Pompidou; mines d'antimoine et de plomb sulfuré; 690 h.

MICHEL-DE-DOUBLE (Saint-), vg. de Fr., Dordogne, arr. de Ribérac, cant. et poste de Mussidan; 860 hab.

MICHEL-DE-FEINS (Saint-), vg. de Fr., Mayenne, arr. et poste de Château-Gontier, cant. de Bierné; 420 hab.

MICHEL-DE-LABADIE (Saint-), vg. de Fr., Tarn, arr. d'Albi, cant. et poste de Valence-en-Albigeois; 330 hab.

MICHEL-DE-LA-FAIM (Saint-). *Voyez* MICHEL-DE-SAINT-GEOIRS (Saint-).

MICHEL-DE-LA-FORÊT (Saint-), vg. de Fr., Orne, arr. de Mortagne-sur-Huine, cant. et poste de l'Aigle; 370 hab.

MICHEL-DE-LAHAYE (Saint-), vg. de Fr., Eure, arr. de Pont-Audemer, cant. de Routot, poste de Bourgachard; 110 hab.

MICHEL-DE-LANES (Saint-), b. de Fr., Aude, arr. de Castelnaudary, cant. et poste de Salles-sur-l'Hers; 915 hab.

MICHEL-DE-LA-NUELLE (Saint-), ham. de Fr., Charente-Inférieure, com. de Pont-l'Abbé; 330 hab.

MICHEL-DE-LA-PIERRE (Saint-), vg. de Fr., Manche, arr. de Coutances, cant. et poste de St.-Sauveur-Lendelin; 530 hab.

MICHEL-DE-LAURIÈRE (Saint-), ham. de Fr., Haute-Vienne, com. de Laurière; 130 h.

MICHEL-DE-LIVET (Saint-), vg. de Fr., Calvados, arr. de Bayeux, cant. et poste de Livarot; 310 hab.

MICHEL-DE-LLOTTES (Saint-), vg. de Fr., Pyrénées-Orientales, arr. de Pradels, canton de Vinça, poste d'Ille; mines de fer; 380 hab.

MICHEL-DELROC-LE-LIAIS (Saint-), ham. de Fr., Tarn-et-Garonne, com. de Monclar; 120 hab.

MICHEL-DE-MONTAGNE (Saint.), vg. de Fr., Dordogne, arr. et à 8 l. O. de Bergerac, cant. de Vélines, poste de Castillon (Gironde); 600 hab. Cette commune est remarquable parce qu'elle possède le château où naquit l'illustre et immortel Montaigne (Michel de), 1533—1592.

MICHEL-DE-MONTMIRAL (Saint-), ham. de Fr., Drôme, com. de Montmirail; 100 h.

MICHEL-DE-MURANO (Saint-), joli pet. îlot de Lombardie, gouv. et délégation de Venise; remarquable par sa belle église tout ornée de marbres précieux; par la magnifique chapelle Miani, qui en dépend, et par le beau couvent des Camaldules, auquel appartenait ce point important de la lagune. C'est dans ce couvent que, vers le milieu du dix-septième siècle, on rédigeait la *Raccolta Galogeriana*, espèce de journal, qui, à cette époque, a puissamment contribué à conserver le goût des études sérieuses en Italie. On voyait aussi, dans sa riche bibliothèque, le premier monument géographique, la célèbre mappemonde de Framauro, transportée à Venise. Ce même couvent, à l'époque de sa suppression, sous le gouvernement italien, avait pour abbé ce moine, illustre par son vaste savoir dans les sciences théologiques et mathématiques, qui siége aujourd'hui sur le trône de saint Pierre; et pour recteur du florissant collége qu'on y avait établi, l'abbé Zurla, aujourd'hui cardinal, vicaire-général du pape, un des savants qui, plus que les autres, ont fait avancer la géographie du moyen âge. Ces deux établissements n'existent plus; le vaste jardin du couvent et les portiques qui l'entourent ont été destinés à recevoir les monuments funéraires des habitants de Venise, dont le cimetière général est dans l'îlot voisin de Santo-Cristoforo.

MICHEL-DE-PALADRU (Saint-). *Voyez* PALADRU.

MICHEL-DE-PLELAN (Saint-), vg. de Fr., Côtes-du-Nord, arr. de Dinan, cant. de Plélan, poste de Plancoël; 360 hab.

MICHEL-DE-PREAUX (Saint-), vg. de Fr., Eure, arr., cant. et poste de Pont-Audemer; 270 hab.

MICHEL-DE-ROUVIAC (Saint-), ham. de Fr., Aveyron, com. de Nant; 160 hab.

MICHEL-DE-SAINT-GEOIRS (Saint-), vg. de Fr., Isère, arr. de St.-Marcellin, cant. de St.-Etienne-de-St.-Geoirs, poste de la Frette; 450 hab.

MICHEL-DES-ANDAINES (Saint-), ham. de Fr., Orne, com. de Tessé-la-Madeleine; 100 hab.

MICHEL-DES-LOUPS (Saint-), vg. de Fr., Manche, arr. d'Avranches, cant. de Sartilly, poste de Granville; 650 hab.

MICHEL-DE-SOMMAIRE (Saint-), vg. de Fr., Orne, arr. d'Argentan, cant. de la Ferté-Fresnel, poste de l'Aigle; 110 hab.

MICHEL-D'EUZET (Saint-), vg. de Fr., Gard, arr. d'Uzès, cant. et poste de Bagnols; 540 hab.

MICHEL-DE-VAX (Saint-), vg. de Fr., Tarn, arr. de Gaillac, cant. de Vaour, poste de St.-Antonin; 400 hab.

MICHEL-DE-VESSE (Saint-), vg. de Fr., Creuse, arr. et poste d'Aubusson, cant. de St.-Sulpice-les-Champs; 650 hab.

MICHEL-DE-VILLADEIX (Saint-), vg. de Fr., Dordogne, arr. et poste de Périgueux, cant. de Vergt; 680 hab.

MICHEL-D'HALLESCOURT (Saint-), vg. de Fr., Seine-Inférieure, arr. de Neufchâtel-en-Bray, cant. et poste de Forges; 280 h.

MICHEL-D'OZILLAC (Saint-). *V.* OZILLAC.

MICHEL-DU-BOIS (Saint-), ham. de Fr., Indre-et-Loire, com. de Preuilly; 100 hab.

MICHEL-EN-BEAUMONT (Saint-), vg. de Fr., Isère, arr. de Grenoble, cant. et poste de Corps; 230 hab.

MICHEL-EN-BRENNE (Saint-), vg. de Fr., Indre, arr. du Blanc, cant. et poste de Mézières-en-Brenne; 620 hab.

MICHEL-EN-GRÈVE (Saint-), vg. de Fr., Côtes-du-Nord, arr. et poste de Lannion, cant. de Plestin; 430 hab.

MICHEL-EN-LHERM (Saint-), b. de Fr., Vendée, arr. et à 10 l. O.-S.-O. de Fontenay-le-Comte; cant. et poste de Luçon. Ce bourg possède un petit port de mer débouchant dans le golfe d'Aiguillon; il peut recevoir des navires de 30 à 40 tonneaux, et de 50 à 60 à son embouchure; 2405 hab.

MICHEL-ESCALUS (Saint-). *V.* ESCALUS.

MICHEL-LA-RIVIÈRE (Saint-), ham. de Fr., Dordogne, com. de Roche-Chalais; 110 hab.

MICHEL-LA-ROË (Saint-), vg. de Fr., Mayenne, arr. de Château-Gontier, cant. de St.-Aignan-sur-Roë, poste de Craon; 610 hab.

MICHEL-LE-CLOUCQ (Saint-), vg. de Fr., Vendée, arr. et poste de Fontenay-le-Comte, cant. de St.-Hilaire-des-Loges; 440 h.

MICHEL-L'ÉCLUSE (Saint-), vg. de Fr., Dordogne, arr. de Ribérac, cant. de St.-Aulaye, poste de Roche-Chalais; 1270 hab.

MICHEL-LE-RANCE (Saint-), vg. de Fr., Ardèche, arr. de Tournon, cant. et poste du Chaylard; 500 hab.

MICHEL-LÈS-GUINGAMP (Saint-), ham. de Fr., Côtes-du-Nord, com. de Guingamp; 100 hab.

MICHEL-LES-PORTES (Saint-), vg. de Fr., Isère, arr. de Grenoble, cant. de Clelles, poste de Monestier-de-Clermont; 410 hab.

MICHEL-LOUBEJOU (Saint-), vg. de Fr., Lot, arr. de Figeac, cant. de Bretenoux, poste de St.-Céré; 470 hab.

MICHEL-MONT-MALCHUS (Saint-), vg. de Fr., Vendée, arr. de Fontenay-le-Comte, cant. et poste de Pouzanges; 1280 hab.

MICHEL-SUR-ORGE (Saint-), vg. de Fr., Seine-et-Oise, arr. de Corbeil, cant. d'Arpajon, poste de Linas; 580 hab.

MICHEL-SAINT-JAYMES (Saint-), vg. de Fr., Gers, arr., cant. et poste de Mirande; 920 hab.

MICHELS, ham. de Fr., Bouches-du-Rhône, com. de Peynier; 110 hab.

MICHELSBERG, b. de Bohême, cer. de Pilsen; mines d'argent et de plomb; 1200 h.

MICHELSTADT, v. industrieuse du grand-duché de Hesse-Darmstadt, située dans une belle vallée de la principauté de Starkenbourg, sur le Mumling; fabr. de draps; filat. de laine; forges; 2900 hab.

MICHELTOWN, pet. v. d'Irlande, comté de Cork; remarquable par le beau château du comte de Kingstown et par les grandes plantations de mûriers blancs; en 1827 on y comptait déjà 500,000 plants; 4000 hab.

MICHERY, vg. de Fr., Yonne, arr. de Sens, cant. et poste de Pont-sur-Yonne; 1100 hab.

MICHIELS-GESTEL (Saint-), beau vg. du roy. de Hollande, prov. du Brabant septentrional, dist. de Bois-le-Duc, sur la Dommel; 2000 hab.

MICHIGAN, un des cinq grands lacs au N. des États-Unis; il s'étend entre 42° 10′ et 46° 30′ lat. N. et a 112 l. de longueur sur 21 à 34 de large; sa profondeur moyenne est de 250 mètres. Ce lac est borné au N. et à l'O. par le dist. des Hurons (territoire du Nord-Ouest), au S.-O. par l'état d'Illinois, au S. par l'état d'Indiana et à l'E. par le territoire de Michigan; il est par conséquent le seul des lacs Canadiens, dont toute la surface appartienne aux États-Unis. Il forme au N.-O. la baie Verte (Greenbay) d'un enfoncement de 30 l. et parsemée des îles Long, Green, Chambers, Sandy, Grande-Traverse et Tour-Brûlée, et au N. la baie de St.-Elisabeth avec les îles Beavers et la baie de Noquets de 15 l. de longueur. Le Michigan reçoit les eaux de plus de 30 fleuves, dont les plus considérables sont: le Sandy, le Manistic, le Gaspard, le Fox (Renard), le Shéboigon, le Manawakee, le St.-Joseph, le Kallemazoo, le Red (Rouge), la Grande-Traverse et le Grand. Il s'écoule par le détroit de Michillimakinak dans le lac Huron.

MICHIGAN, le territoire le plus septentrional des Etats-Unis de l'Amérique du Nord. Il s'étend depuis 41° 31′ 38″ à 46° 39′ lat. N. et a une superficie de 1810 l. c. géogr. sans y comprendre les parties des lacs qui baignent ce pays. C'est une presqu'île bornée au N. par le détroit de Michillimakinak, à l'E. par les lacs Huron, St.-Clair, Erié et le détroit St.-Clair, au S. par les états d'Ohio et d'Indiana et à l'O. par le lac Michigan. Ce territoire est traversé par une large crête de montagnes qui y entre de l'état d'Indiana et sépare les eaux des bassins des lacs Huron et Michigan. Le lac Michigan, qui baigne les côtes O. du territoire, y forme les baies de Grande-Traverse, de Petite-Traverse et de Michillimakinak, et le lac Huron ouvre sur la côte E. la grande baie de Sagana (Saginaw) et la baie de Sandy. L'intérieur est entrecoupé d'une multitude de petits lacs et arrosé par de nombreuses rivières, dont le St.-Joseph et le Grand-River (le plus grand fleuve du territoire) à l'O. et le Saginaw à l'E. sont les plus considérables. Le sol, gras et très-fertile, produit en abondance du blé, du chanvre, des fruits et en général toutes les productions européennes. De superbes forêts peuplées d'une grande variété de gibier couvrent les hauteurs et la plus grande partie des plaines; aucun district de l'Union n'offre une telle abondance de poissons et de volaille aquatique. Les richesses minérales de ce pays n'ont été que peu explorées; on y trouve du cinabre, du plomb, de la chaux et du sel en si grande quantité qu'on en pourvoirait tous les états septentrionaux de l'Union. L'industrie fait de jour en jour plus de progrés, et le commerce, favorisé par l'heureuse position du pays, est très-considérable. Les objets exportés consistent surtout en pelleteries, érable à sucre, bois de construction, poissons et fruits. Le territoire possède trois bons ports : Détroit (le chef-lieu du territoire), sur le canal du même nom; Portlawrence, sur le lac Erié, et Michillimakinak, à l'entrée du détroit de même nom. Le nombre des habitants s'élève à 90,000, non compris quelques tribus d'Indiens indépendants au nombre d'environ 9000 et dont les Wyandots, les Pottowatamies, les Chippeways, les Ottawas et les Miamis sont les plus considérables. En 1833 le pays était divisé en 33 comtés, dont 4 dans le district Huron. Ce territoire ne renferme qu'une seule académie à Détroit, qui est en même temps le siége du gouverneur, du tribunal supérieur et d'un évêché catholique. L'Union entretient des garnisons dans les forts Détroit, Michillimackinak, Holmer et Gratiot.

Ce pays, originairement habité par les Hurons, fut connu aux Européens dès le commencement du dix-septième siècle; en 1648, des missionnaires français du Canada se rendirent dans ce territoire pour y prêcher le christianisme, et bientôt de nombreuses chapelles s'élevèrent près de la cascade de Ste.-Marie et dans l'île de St.-Joseph. En 1670, les Hurons et leurs prêtres furent chassés de leur district par les Sept-Nations, leurs ennemis implacables; mais pour protéger leur commerce de pelleteries, les Français s'assurèrent de quelques points fortifiés qu'ils furent obligés de céder plus tard avec le Canada à la Grande-Bretagne. En 1783, la péninsule de Michigan entra dans l'Union de l'Amérique du Nord, à l'exception du fort Détroit qui ne se rendit aux Américains qu'en 1796. Le congrès y établit un gouvernement qui porta d'abord le nom de Wayne, changé, en 1805, en celui de Michigan, du lac qui en baigue les côtes occidentales.

MICHILLIMAKINAK (détroit). *Voyez* **MICHIGAN** (lac).

MICHILLIMAKINAK (fleuve). *Voyez* **ILLINOIS** (fleuve).

MICHILLIMAKINAK ou **MAKINAK**, **MAKINAW**, île rocailleuse et très-élevée à l'entrée du canal de Michillimakinak (*Voyez* **MICHIGAN**). Elle a environ 2 l. de longueur sur 1 l. de large et est couverte de forêts. Cette île est devenue de nos jours une des plus importantes places de guerre de l'Union par les forts Mackinaw et Holmes, bâtis sur un rocher escarpé qui domine la ville de Michillimakinak. Ces forts, auxquels leur position et leurs fortifications ont fait donner le nom de Nouveau-Gibraltar, commandent la navigation des lacs Huron et Michigan. Durant l'été, la petite ville de Michillimakinak est le rendez-vous d'un grand nombre d'Indiens et de marchands de fourrures; elle a un petit port et 1000 hab., la plupart Français-Canadiens. La pop. de l'île est de 1600 âmes.

MICHILLIMAKINAK, comté du territoire de Michigan, États-Unis de l'Amérique du Nord; il se compose des îles de Michillimakinak, Round et White-Wood ou Bois-Blanc, à l'entrée du lac Michigan, et d'un district encore peu cultivé au N. du territoire; 2000 hab. Michillimakinak, dans l'île de ce nom, est le chef-lieu du comté.

MICHIPICOTON, groupe de trois îles, à l'entrée N.-O. de la baie du même nom, dans le lac Supérieur; la plus grande de ces îles a 8 l. de longueur sur 2 l. de large; elles font partie du Haut-Canada.

MICHISCOUI, fl. des États-Unis de l'Amérique du Nord; prend naissance dans les montagnes Vertes (Green-Mountains), à l'E. de l'état de Vermont, coule vers le N., entre dans le Bas-Canada, retourne par un grand coude dans l'état de Vermont et aboutit, dans une direction O., au lac Champlain, où il forme la baie qui porte le même nom.

MICHOU, pet. v. de la Pologne, woïwodie de Cracovie, siége des autorités du cercle. C'est à Michou que Jaxa de la maison de Gryff fonda, à son retour de la Terre-Sainte, l'ordre des Chevaliers de la tombe de Jésus-Christ, en 1162; 1800 hab.

MICKLEHAM. *Voy.* **CUMBERLAND** (Terre-de-Baffin).

MICUIPAMPA, pet. v. de la rép. du Pérou, dép. de Liverdad, prov. de Huamachuco, au pied du mont Hualgayoc et à 2860 mètres au-dessus du niveau de l'Océan; c'est une des villes les plus élevées du monde et une des plus importantes du Pérou par ses riches mines d'argent.

MIDDELBOURG. *Voyez* **EOUA**.

MIDDELBOURG (Nouveau-), v. abandonnée dans la Guyane anglaise, colonie de Démérary-Esséquébo, sur la rive droite du Pumarun, sous 7° 10' lat. N.

MIDDELBOURG, *Metelli Castrum*, v. du roy. de Hollande, chef-lieu de la prov. de Zeelande, et du district de même nom, située au centre de l'île de Walcheren, à 1 1/4 l. N. de Flessingue et correspondant sur 2 l., par un canal, avec l'Escaut occidental au fort de Rammekens où se trouve son port. Elle est bien bâtie et entourée de remparts plantés d'arbres avec de larges fossés. Son hôtel de ville, bel édifice gothique, est orné des statues des comtes de Zeelande; parmi ses 12 églises on remarque le temple neuf avec sa tour élancée. Middelbourg possède une école latine; des sociétés des sciences, d'histoire naturelle, de peinture, de sculpture et d'architecture. C'est dans cette ville que naquit, au seizième siècle, Zacharie Jansen, inventeur du télescope. Fabrication de draps et de toiles; commerce de garance, de blé, de fil et de beurre; population de la ville 13,250 hab., du district 44,000.

MIDDLAND, dist. du Haut-Canada, Amérique septentrionale; il est borné par l'Uttawas, le lac Ontario et les dist. de Johnstown et de Newcastle. C'est un des districts les plus étendus, mais un des moins cultivés du Canada. Au S. il forme la grande presqu'île de Prince-Édouard, très-morcelée et offrant les baies de St.-Pierre et du Prince-Édouard. Le sol du district, montagneux et bien boisé au N., plat au S., est gras, bien arrosé et très-fertile. Ses principaux cours d'eau sont : l'Uttawas, au N.-E.; le Trent, à l'O., et le Madawaski au centre. Cette province est traversée, en outre, de de l'E. à l'O. par un canal qui joint l'Uttawas au lac Huron et est d'une immense importance pour le commerce de ce pays. Les montagnes fournissent des pierres de taille et de la chaux ; 23,000 hab.

MIDDLE. *Voyez* MOBILE (fleuve).

MIDDLEBOROUGH, gros b. des États-Unis de l'Amérique du Nord, état de Massachusetts, comté de Plymouth, dans une contrée montagneuse, marécageuse et riche en fer ; forges, hauts-fourneaux et fabriques de clous ; 5400 hab.

MIDDLEBOURN. *Voyez* TYLER.

MIDDLEBURGH, pet. v. des États-Unis de l'Amérique du Nord, état de Virginie, comté de Loudon; possède un bon collége; 2300 hab.

MIDDLEBURGH, com. grande et florissante des États-Unis de l'Amérique du Nord, état de New-York, comté de Scoharie; poste; 5000 hab.

MIDDLEBURY, v. des États-Unis de l'Amérique du Nord, état de Vermont, comté d'Addison, sur l'Otter ; c'est la ville la plus grande et la plus importante de l'état; elle possède une université, fondée en 1800, avec une école de médecine et une bibliothèque; un collége académique, une prison, plusieurs fabriques, des carrières de marbre et fait un commerce très-étendu ; on y publie un journal ; 4500 hab.

MIDDLE-POINT ou DEVILS-POINT. *Voyez* HÉNÉAGAS.

MIDDLESEX, comté de l'île de Jamaïque, dont il occupe le centre; il est borné au N. et au S. par l'Océan, à l'E. par le comté de Surry et à l'O. par celui de Cornwall. Sa superficie est de 97 l. c. géogr., avec une pop. de 100,000 hab. Ce district est bien arrosé et traversé par les monts Ligany; il renferme près de 1300 plantations et de nombreux troupeaux de gros bétail.

MIDDLESEX, comté de l'Angleterre; ses bornes sont : au N. le comté d'Hertford, à l'E. celui d'Essex, au S.-E. celui de Kent, au S. celui de Surry et à l'O. celui de Buckingham. Sa superficie est de 14 l. c. géogr. et sa pop. d'environ 1,500,000 hab. La surface de cette province est unie; le sol des environs de la capitale est sablonneux ; plus loin il est argileux et d'un bon rapport; les bords de la Tamise sont couverts d'excellents pâturages. Le climat est humide et extrêmement variable; en hiver, d'épais brouillards planent pendant des jours entiers sur la vallée; au printemps et en automne, de terribles ouragans viennent souvent purifier l'atmosphère chargée de vapeurs et de miasmes. Cette province offre l'aspect d'un immense jardin; tous ses produits sont absorbés par la capitale; ils consistent en excellent froment, orge, avoine, légumes, fleurs, fruits. L'éducation des bestiaux et de la volaille est très-importante; l'industrie manufacturière est très-développée ; Londres en est le centre ; ses produits variés sont le seul article d'exportation. Ce comté fait partie du diocèse de Londres, nomme 8 députés et est divisé en 6 districts et 2 liberties : Londres et Westminster.

MIDDLESEX (monts). *Voyez* MASSACHUSETTS.

MIDDLESEX, comté de l'état de Connecticut, États-Unis de l'Amérique du Nord; il est borné par les comtés de Hartford, Tolland, Newlondon, Newhaven et le détroit de Long-Island; ce pays, d'une étendue de 15 l. c. géogr., forme une plaine onduleuse, comprise en partie dans la vallée du Connecticut et très-bien arrosée. L'agriculture, la culture des fruits et l'éducation du bétail s'y trouvent dans un état très-florissant; carrières de pierres de taille; mines de fer; 27,000 hab.

MIDDLESEX, comté de l'état de Massachusetts, États-Unis de l'Amérique du Nord ; il est borné par l'état de New-Hampshire, l'Océan et les comtés d'Essex, de Suffolk, de Norfolk et de Worcester. Pays onduleux, traversé à l'O. par les monts Middlesex, arrosé par le Merrimak, qui y fait la fameuse chute de Patuket, le Nashawa, le Concord, le Charles, etc.; il est plus favorable à l'éducation du bétail qu'à l'agriculture; industrie; commerce; 31 l. c. géogr. avec 80,000 hab.

MIDDLESEX, comté de l'état de New-Jersey, États-Unis de l'Amérique du Nord; il est borné par les comtés d'Essex, Monmouth, Burlington, Hunterdon, Sommerset et la baie de Raritan. Ce pays, d'une étendue de 26 l. c. géogr., est montagneux, arrosé par le Raritan et très-fertile en blé; 24,000 hab.

MIDDLESEX, comté de l'état de Virginie, États-Unis de l'Amérique du Nord; ses bornes sont : la baie de Chésapeak et les comtés de Matthews, Gloucester, King-and-Queen et Essex. Il s'étend entre le Rappahanok et le Piankatank et a un sol sablonneux, couvert de pins et de sapins; culture du tabac; 6000 hab. Urbanna, sur le Rappahanok, avec un port, est le chef-lieu du comté.

MIDDLESEX (canal de), canal des États-Unis de l'Amérique du Nord, état de Massachusetts; c'est la voie d'eau par laquelle l'Union a ouvert son système de canalisation. Commencé en 1793 et terminé en 1804, ce canal joint le Merrimak au port de Boston et est entretenu par le Concord; sa longueur est de 27 milles et son point culminant se trouve élevé de 30 mètres.

MIDDLETON, b. d'Irlande, comté de Cork; remarquable par une rivière souterraine et une grotte très-romantique qu'on voit dans les environs; belles casernes.

MIDDLETON, gr. b. d'Angleterre, comté de Lancastre; florissant par son industrie cotonnière.

MIDDLETOWN (monts). *Voyez* CONNECTICUT (état).

MIDDLETOWN, île de l'Australie ou Océanie centrale, sous 158° 4′ long. orient. et 28° 10′ lat. S.; elle est dépendante de la Nouvelle Galles du Sud. Shortland la découvrit en 1788 et Jackson la vit en 1801 et crut que c'était une île nouvelle qu'aucun navigateur n'avait encore aperçue; il la nomma Shark. Cette île a 5 l. marines de long et autant de large; elle est montagneuse et bien boisée.

MIDDLETOWN, v. des États-Unis de l'Amérique du Nord, état de Connecticut, comté de Middlesex, dont elle le chef-lieu, sur la rive gauche du Connecticut, à 11 l. en amont de son embouchure; elle est régulièrement bâtie, a des rues larges et quelques beaux édifices. Elle possède une université de second ordre (Wesleyan-University), fondée en 1830; un collége académique, deux banques et un hospice des pauvres. Depuis 1813 Middletown s'est élevé au rang d'une des premières villes manufacturières de l'état; elle renferme une vaste manufacture d'armes blanches et d'armes à feu, des fabriques de peignes, de boutons en étain; des manufactures de coton; tanneries et distilleries; un moulin à poudre et une papeterie; navigation et commerce considérable. La mine de plomb qu'on exploitait depuis 1770 a été abandonnée; 7000 hab.

MIDDLEWICH, b. d'Angleterre, comté de Chester; important par ses manufactures de coton et par ses salines; il est situé sur le canal de Grand-Tronc.

MIDEA, g. a., v. du Péloponèse, dans l'Argolide, peu loin de Nauplia.

MIDHURST, gros b. d'Angleterre, comté de Sussex; 3000 hab.

MIDI (canal du). *Voyez* LANGUEDOC (canal du).

MIDIAH, pet. v. de la Turquie d'Europe, eyalet de Rumili, sandschak de Kirkkilissa, peu loin de la mer Noire; remarquable par ses monuments souterrains très-curieux qui ont appartenu à l'ancienne Salmydessus; ses fortifications sont attribuées aux Génois; 6 à 7000 hab.

MIDILLY. *Voyez* LESBOS.

MIDILLA, nom que les Turcs donnent à l'île Metelin.

MID-LOTHIAN, comté d'Écosse. *Voyez* ÉDIMBOURG.

MIDNAPOUR, v. de l'Inde anglaise, présidence de Calcutta, chef-lieu du district de même nom; est située sur le Cassai, fait un commerce considérable et est défendue par une citadelle. Les Anglais y ont établi une prison criminelle et fondé un hôpital.

MIDOU (la), *Midorius Fluvius*, riv. de Fr., a sa source dans le dép. du Gers, non loin de Beaumarchez, arr. de Mirande; elle coule vers le N.-O., pénètre dans le dép. des Landes, passe à Villeneuve-de-Marsan et à Mont-de-Marsan, où elle devient navigable en se joignant à la Douze; elle prend alors le nom de Midouze et, tournant vers le S.-O., va s'emboucher dans l'Adour, au-dessous de Tartas, après 31 l. de cours.

MIDOUZE (la). *Voyez* MIDOU.

MIDREVAUZ, vg. de Fr., Vosges, arr. et poste de Neufchâteau, cant. de Coussey; 430 hab.

MIDROË, *Medianum Castellum*, pet. v. de la rég. d'Alger, prov. et à 15 l. S.-S.-O. du lac Titterie.

MIEDZERZYCE, pet. v. de Pologne, woïwodie de Podlachie, sur la Kruna; 3000 hab. En 1831, le 28 août, les Polonais y battirent les Russes.

MIEDZNA, pet. v. de Pologne, woïwodie de Podlachie, cer. de Siedlei.

MIÈGES, vg. de Fr., Jura, arr. de Poligny, cant. de Nozeroy, poste de Champagnole; 560 hab.

MIELAN, pet. v. de Fr., Gers, arr., à 3 l. S.-O. de Mirande et à 208 l. de Paris, chef-lieu de canton et poste. Cette petite ville, située entre l'Osse et le Bouès, ne renferme rien de remarquable, quoiqu'elle fût jusqu'en 1789 le chef-lieu du duché-pairie d'Antin. Au quinzième siècle elle avait un château fort et était beaucoup plus considérable; 2000 hab.

MIÉLIN, vg. de Fr., Haute-Saône, arr. de Lure, cant. de Melisey, poste de Champagny, tissage de coton; 750 hab.

MIEN, lac de la Suède méridionale, prov. de Kronoberg.

MIENDZYBORZ, pet. v. de la Russie d'Europe, gouv. de Podolie; elle est environnée de marais; 4240 hab.

MIENNES, vg. de Fr., Nièvre, arr., cant. et poste de Cosne; fabr. de tuiles et carreaux; 490 hab.

MIENTINGS. *Voyez* MIANTINGS.

MIENVAL, ham. de Fr., Seine-Inférieure, com. de Pierrecourt; 160 hab.

MIERMAIGNE, vg. de Fr., Eure-et-Loir, arr. de Nogent-le-Rotrou, cant. d'Authon, poste de Beaumont-les-Autels; 480 hab.

MIERS, vg. de Fr., Lot, arr. de Gourdon, cant. et poste de Gramat; sources d'eaux minérales ferrugineuses; 1250 hab.

MIERY, vg. de Fr., Jura, arr., cant. et poste de Poligny; 580 hab.

MIES (Silberstadt), pet. v. fortifiée de Bohême, cer. de Pilsen, sur la Berauunka; mines de plomb, d'argent et de calamine; siége d'une intendance royale et d'un tribunal des mines; fabr. de papier; bain minéral; 3000 h.

MIESBACH, b. de la Bavière, chef-lieu de district dans le cer. de l'Isar; situé sur le Griesbach, à 6 l. de Tœlz et de Rosenheim, dans une contrée montagneuse; salpêtrière, blanchisserie de cire, distillation de fruits; mines de houille dans les environs; pop. du bourg 1180 hab., du district 21,500, sur 19 1/2 milles c.

MIET-GHRAMMER ou **MIET-KAMAR**, pet. v. de la Basse-Égypte, chef-lieu de province, sur la rive gauche de la branche de Damiette, à 6 l. S.-E. de Mehallet-el-Kebir; importante pour ses filatures de coton.

MIETERSHEIM, vg. de Fr., Bas-Rhin, arr. de Wissembourg, cant. et poste de Niederbronn; 740 hab.

MIEURLES, ham. de Fr., Pas-de-Calais, com. de Bourthes; 210 hab.

MIEUXÉE, vg. de Fr., Orne, arr., cant. et poste d'Alençon; 700 hab.

MIEZA, g. a., v. de la Macédoine, située à l'embouchure du Strymon, non loin de Stagire.

MIFAGET, vg. de Fr., Basses-Pyrénées, arr. d'Oloron, cant. d'Arudy, poste de Nay; 250 hab.

MIFFLIN, comté de l'état de Pensylvanie, États-Unis de l'Amérique du Nord; il est borné par les comtés de Centre, Union, Dauphin, Cumberland, Franklin et Huntingdon. Pays très-montagneux, entrecoupé de vallées très-fertiles et bien arrosées; il abonde en prés, bois, fer, etc. La Juniata en est le principal cours d'eau; 20,000 hab. Lewistown, bourg sur la Juniata, est le chef-lieu du comté, il possède une banque et entretient des marchés très-fréquentés.

MIFFLIN, com. florissante des États-Unis de l'Amérique du Nord, état de Pensylvanie, comté d'Alléghany, sur la Monongahéla; raffineries de sucre; 2700 hab.

MIGALGARA, pet. v. de la Turquie d'Europe, eyalet de Dschesair, sandschak de Galipoli. Le miel qu'on récolte dans ses environs est très-estimé.

MIGDAL-GAD, g. a., v. de la Palestine, tribu de Juda.

MIGÉ, vg. de Fr., Yonne, arr. d'Auxerre, cant. et poste de Coulange-la-Vineuse; 1030 hab.

MIGENNES, vg. de Fr., Yonne, arr. et cant. de Joigny, poste de la Roche-sur-Yonne; 310 hab.

MIGLOS, vg. de Fr., Arriège, arr. de Foix, cant. et poste de Tarascon-sur-Arriège; 1190 hab.

MIGNAFFANS, vg. de Fr., Haute-Saône, arr. de Lure, cant. et poste de Villersexel; 1100 hab.

MIGNALOUX-BEAUVOIR, vg. de Fr., Vienne, arr. et poste de Poitiers; 460 hab.

MIGNAVILLERS, vg. de Fr., Haute-Saône. arr. de Lure, cant. et poste de Villersexel; 610 hab.

MIGNÉ, vg. de Fr., Indre, arr. du Blanc, cant. et poste de St.-Gaultier; 1150 hab.

MIGNÉ, vg. de Fr., Vienne, arr., cant. et poste de Poitiers; 1930 hab.

MIGNÈRES, vg. de Fr., Loiret, arr. et poste de Montargis, cant. de Ferrières; 270 hab.

MIGNERETTE, vg. de Fr., Loiret, arr. et poste de Montargis, cant. de Ferrières; 330 hab.

MIGNÉVILLE, vg. de Fr., Meurthe, arr. de Lunéville, cant. de Baccarat, poste de Blamont; 300 hab.

MIGNIÈRES, vg. de Fr., Eure-et-Loir, arr. et cant. de Chartres, poste de St.-Loup; 520 hab.

MIGNOVILLARS, vg. de Fr., Jura, arr. de Poligny, cant. de Nozeroy, poste de Champagnole; 780 hab.

MIGNY, vg. de Fr., Indre, arr., cant. et poste d'Issoudun; 190 hab.

MIGRÉ, vg. de Fr., Charente-Inférieure, arr. de St.-Jean-d'Angely, cant. et poste de Loulay; 670 hab.

MIGRON, g. a., v. de la Palestine, tribu de Benjamin, sur la route d'Aioth à Jérusalem.

MIGRON, vg. de Fr., Charente-Inférieure, arr. de Saintes, cant. et poste de Burie; 1460 hab.

MIGRON (le), ham. de Fr., Loire-Inférieure, com. de Frossay; 340 hab.

MIGUEL (San-), v. des états-unis de l'Amérique centrale, état de San-Salvador, sur la Lempa, sous un climat très-malsain. Elle fut fondée en 1530 et est le chef-lieu d'un district. En 1835 elle fut en grande partie détruite par des éruptions volcaniques, accompagnées de tremblements de terre; 6000 hab.

MIGUEL (golfo de San-). *Voyez* PANAMA (golfe).

MIGUEL (San-), fleuve. *Voyez* PUTUMAYO.

MIGUEL (San), pet. v. de l'emp. du Brésil, prov. de Rio-Grande-do-Sul, à 40 l. N.-E. de Borja; elle est une des principales des 7 missions de l'Uruguay; 2000 hab.

MIGUEL (San-), jolie pet. v. de l'emp. du Brésil, prov. de Santa-Catarina, sur la baie de San-Miguel, avec une bonne rade; elle est très-importante par ses pêcheries et la station principale pour la pêche des baleines dans l'Océan Atlantique austral.

MIGUEL (San-), v. assez considérable de l'emp. du Brésil, prov. d'Alagoas, sur le Rio-San-Miguel, à 11 l. au-dessus de son embouchure et au N.-O. d'Atalaya; 7000 h.

MIGUEL (San-), fl. de la confédération mexicaine; prend naissance au N. de l'état de Sonora-et-Cinaloa, coule d'abord vers le S., en baignant San-Miguel et Pitié, puis vers l'O. et se décharge dans le golfe de Californie, en face de l'île de Tiburon. Son cours est de près de 100 l. Le Rio-de-los-Ures en est le principal affluent.

MIGUEL (San-). *Voyez* CALIFORNIE (golfe).

MIGUEL (San-), volcan. *Voyez* SALVADOR (San-), province.

MIGUEL-DE-MACUCO (San-), b. de la rép. de la Nouvelle-Grenade, dép. de Boyaca, prov. de Casanare; a une mission d'augustins et 2000 hab. Cet endroit fut fondé par des jésuites, en 1730.

MIGUEL-DE-TUCUMAN (San-). *Voyez* TUCUMAN.

MIGUEL-EL-GRANDE (San-) ou **ALLENDE**, v. de la confédération mexicaine, état de Guanaxuato, sur un plateau très-fertile; elle est importante par ses tanneries, ses fabriques de toiles de coton et surtout par sa manufacture d'armes blanches très-estimée. Elle a un collége et 15,000 hab., la plupart Indiens. Dans les environs on trouve plusieurs sources minérales.

MIGUEL-TOTONICAPAN (San-). *Voyez* TOTONICAPAN.

MIGUITLAN. *Voyez* MITLA.

MIHALYI, b. de Hongrie, cer. au-delà du Danube, comitat d'OEdenbourg, sur la Raab; 1500 hab.

MIHAUATLAN, gros b. de la confédération mexicaine, état d'Oaxaca; à l'E. de la ville de ce nom, dans une belle et fertile plaine; entretient de vastes plantations de nopals (figues des Indes), et fournit les meilleurs moutons de la province; 4400 hab.

MIHERVÉ (le), ham. de Fr., Maine-et-Loire, com. de Courchamps; 300 hab.

MIHIEL (Saint-), v. de Fr., Meuse, arr., à 4 l. N.-N.-O. de Commercy et à 72 l. E. de Paris, chef-lieu de canton et poste; siége d'un tribunal de première instance et de la cour d'assises du département et conservation des hypothèques. Cette ville est située sur la rive droite de la Meuse, dans un bassin formé par d'assez hautes montagnes, sur l'une desquelles on remarque encore les ruines d'un château construit vers la fin du onzième siècle; elle est assez bien bâtie et renferme plusieurs églises remarquables par leur architecture. Dans celle de St.-Étienne, on admire un saint sépulcre, remarquable par la beauté du travail et l'expression des figures. Ce groupe, fait d'un seul bloc, est dû, comme le squelette de Bar, au ciseau de Leger Richier. St.-Mihiel possède un collége, des fabriques de dentelles, de linge de table, de papier, de toiles de coton; filat. de coton; forges, tanneries; commerce de vins, grains, navette, bois, etc.; 5700 hab.

Cette ville doit son origine et son nom à un monastère fondé au septième siècle et dédié à saint Michel; elle eut beaucoup d'importance au moyen âge et soutint plusieurs siéges. En 1635 elle fut assiégée par Louis XIII en personne, qui faillit y être tué. Ce fut le dernier siége qu'elle a soutenu; car ce roi de France, s'en étant rendu maître, en fit raser les fortifications.

MIJANÈS, vg. de Fr., Arriège, arr. de Foix, cant. de Quérigut, poste d'Ax; forge; 550 hab.

MIJO. *Voyez* NEIBA.

MIKAWA ou **MI-SIOU**, prov. de l'emp. japonais; fait partie du To-kai-do. Son chef-lieu est Yosi-do.

MIKLOS (Saint-) ou **SZENK-MIKLOS**, b. de Hongrie, cer. en-deçà du Danube, chef-lieu du comitat de Siptau, sur la Waag; brasseries; distilleries; commerce; 1600 hab.

MIKMAKS ou **GASPÉSIENS**. *Voyez* GASPÉ (district).

MIKULINCE, pet. v. de Gallicie, cer. de Tarnapol, sur le Sered; 2000 hab.

MIKULOW. *Voyez* NIKOLZBOURG.

MILAH, *Milevis, Mileum,* pet. v. de la rég. d'Alger, prov. et à 10 l. N.-O. de Constantine, non loin de la rive gauche de l'Ouad-el-Kebir, sur la route de Constantine à Djigelli; autrefois évêché; remarquable par deux conciles.

MILAM, colonie nouvellement fondée dans les États-Unis de l'Amérique du Nord, territoire d'Arkansas, sur le Red (Rouge); on y cultive du maïs, du tabac et du coton très-fin; cette colonie compte déjà plus de 200 familles.

MILAN, gouv. du roy. Lombard-Vénitien, dont il forme la partie occidentale. Ses bornes sont: au N. la Suisse, à l'E. le gouv. de Venise, au S. les duchés de Modène et de Parme et au S. et à l'O. le roy. de Sardaigne. Sa superficie est de 390 l. c. et sa population de 2,400,000 habitants. On y compte 15 villes, 29 faubourgs, 97 bourgs et 3217 villages. Ce gouvernement est subdivisé en 9 délégations; ce sont celles de Milan, Côme, Sondrio (Valteline), Pavie, Lodi, Bergame, Brescie, Crémone et Mantoue.

MILAN, délégation de Lombardie, gouv. de même nom. Ses bornes sont: au N. la délégation de Côme, à l'E. celles de Bergame et de Lodi, au S. celle de Pavie et à l'O. celle de Sondrio. Sa superficie est de 45 l. c. et sa population de 440,000 habitants. Cette province est une des plus belles, des plus fertiles et des mieux cultivées de toute l'Italie; elle est arrosée par l'Olona, la Sevèse, le Lambro et la Muzza, baignée par le Tessin et l'Adda et traversée par plusieurs canaux, parmi lesquels le Naviglio-Grande et le Naviglio-Martesona sont les plus considérables. Le pays est tout à fait plat et offre l'aspect d'un immense et magnifique jardin, où l'on rencontre alternativement de beaux champs, de gras pâturages, des vergers et des vignobles. On y fait d'abondantes récoltes de grains, de maïs, de riz, de légumes, de fruits, de melons, de vin et de soie; mais le bois, le sel et les autres minéraux manquent totalement. L'éducation du bétail, à l'exception de celle des bêtes à cornes, est peu importante; l'industrie manufacturière n'embrasse que la fabrication de la soie; dans les environs de Milan on fabrique un des meilleurs fromages d'Italie. Cette délégation comprend 16 districts.

MILAN (Milano), *Mediolanum*, ancienne et gr. v. d'Italie, anciennement capitale du duché de Milan et aujourd'hui du roy. Lombard-Vénitien, du gouvernement et de la délégation de même nom. Elle est bâtie dans une vaste plaine, renommée par sa beauté et par sa richesse, sur les bords de l'Alona. Long. 7°, lat. 45° 7′ 47″. En y comprenant ses vieux remparts et les nouvelles promenades, elle a 5000 toises de circonférence, mais les habitations n'en occupent que 3009; sa plus grande longueur est de 1500 toises. On peut considérer Milan comme la première ville de toute l'Italie supérieure sous presque tous les rapports; elle renferme un grand nombre de palais, mais la mauvaise distribution des rues empêche qu'on ne puisse jouir de leur magnificence; les places publiques sont toutes irrégulières; les rues sont étroites et tortueuses, mais très-bien pavées. Parmi le grand nombre d'édifices et de constructions magnifiques, on doit citer en première ligne la cathédrale, qu'on appelle le Dôme; c'est, sans contredit, la première église d'Italie après St.-Pierre de Rome; elle est décorée de plus de 4500 statues et de plus de 100 aiguilles en marbre; le vaisseau a 454 pieds de longueur, 270 de largeur et 232 d'élévation sous la voûte; la plus haute tour est de 335 pieds. Cette superbe église est entièrement bâtie de marbre blanc de Mergozzo; elle renferme les mausolées d'Othon-le-Grand, de Jean Visconti, du cardinal Main-Caranialo et du célèbre capitaine Jean-Jacques Médicis. Viennent ensuite la basilique de St.-Ambroise, le plus ancien temple de Milan; Ste.-Marie-de-la-Passion, le sanctuaire de Notre-Dame-de-St.-Celse, Ste.-Marie et St.-Sébastien-des-Grâces. Le palais royal des sciences et des arts, autrefois dit collége de Breza, renferme une riche bibliothèque, un précieux médailler, un observatoire, le premier de l'Italie, un musée, un jardin botanique et l'académie des beaux-arts, un des plus grands établissements en ce genre que possède l'Europe. Le grand hôpital renferme plus de 2000 lits; le palais de l'archevêque; le palais de Sinal; le séminaire; le théâtre de la Scala, un des plus beaux de l'Europe; la monnaie; le palais de la Constabilité; le palais ci-devant Marini, de nombreux édifices appartenant à des particuliers, remarquables par leur belle architecture et par les riches ornements dont ils sont décorés. Une citadelle hexagone porte le nom de Château. A l'extrémité de la route du Simplon, qui aboutit à son esplanade, on rencontre la porte du Simplon, magnifique arc de triomphe en marbre blanc; la statue de Napoléon devait le couronner; on y a mis celle de la Paix. Nous citerons encore le magnifique passage (galeria) et le cirque ou l'Arma, monument du règne de Napoléon; l'immense place d'Armes; l'amphithéâtre, destiné aux spectacles publics; les jardins publics et les anciens remparts. Outre les établissements littéraires et scientifiques que nous avons nommés en parlant du palais de Breza, on doit citer deux lycées et deux gymnases, l'école normale supérieure, deux colléges pour les garçons et trois colléges pour les demoiselles, le collége militaire de St.-Luc, l'école de mosaïque, le célèbre conservatoire de musique avec l'école de chorégraphie, l'école des sourds-muets, l'école vétérinaire, l'école d'accouchement, l'institut militaire géographique; la bibliothèque Ambroisienne, si importante par ses précieux et nombreux manuscrits; la société philodramatique et de nombreuses et remarquables collections littéraires appartenant à des particuliers.

Par sa position, par les routes superbes du Simplon, du St.-Gothard, du Splugen et du Stelvio, et par les canaux qui font communiquer Milan avec l'Adda et le Tessin, cette ville est devenue un entrepôt général de toute l'Italie septentrionale. Son commerce embrasse non seulement le trafic des produits de l'agriculture, mais aussi celui des produits de ses nombreuses fabriques d'indiennes, de rubans, de voiles, de velours, de mouchoirs, d'orfévrerie, de bronzes dorés, de fleurs artificielles, de broderies et de galons. Son commerce de librairie est le plus important et le plus riche de l'Italie. La population de Milan augmente avec rapidité; elle s'élève actuellement à plus de 155,000 âmes, sans comprendre la nombreuse garnison et les étrangers. Quoique la ville de Milan observe le culte catholique dans toute sa pureté, son église a adopté le rituel ambrosien, qui s'approche du rituel mozarabique

Milan a toujours occupé une haute position dans l'Italie et supporté, par conséquent, une grande partie des calamités qui ont frappé cette contrée. Bellovèse, chef gaulois, en fut, dit-on, le fondateur. Dès l'époque de la splendeur de l'empire romain, Milan était une ville magnifique: plusieurs antiquités l'attestent. Tombée sous la domination des Barbares, qui envahirent l'Italie, Milan était la rivale de Pavie, capitale du royaume Lombard. Charlemagne la réunit à l'empire. Fréderic Barberousse la prit et la rasa en 1162; mais bientôt après, elle reparut à la tête des villes qui formaient la fameuse ligue lombarde. En 1395, l'empereur Wenzeslas érigea le Milanais en duché, en faveur de Galéas Visconti; ses deux fils, dont le dernier mourut en 1447, ne laissèrent point d'enfants légitimes, et Milan devint l'objet de la convoitise de plusieurs princes; en 1447, François Sforce fut reconnu duc de Milan; Louis XII, roi de France, conquit le Milanais en 1500; Charles V succéda au dernier des Sforces, en 1535; Philippe II, roi d'Espagne, fut investi de ce duché, qui appartint à la couronne d'Espagne jusqu'en 1700; lors de la guerre de la succession, par suite du traité de Bade (1704), confirmé par celui d'Aix-la-Chapelle (1748), Milan passa à la maison impériale d'Autriche, qui en fut dépouillée en 1796 ; alors Milan fut la capitale de la république Transalpine, ensuite de la république Cisalpine, et devint successivement la capitale du royaume d'Italie et du royaume Lombard-Vénitien.

MILAZZO, v. forte de la Sicile, intendance de Messine, située sur la mer et à l'extrémité méridionale du cap Bianco, avec un port d'où l'on exporte de l'huile d'olives, du vin et des thons ; 6500 hab.

MILBORNE-PORT, b. d'Angleterre, comté de Sommerset; nomme 2 députés; 1800 hab.

MILDEN. *Voyez* MOUDON.

MILDENHALL, jolie pet. v. d'Angleterre, comté de Suffolk ; très-industrieuse et commerçante; 3000 hab.

MILESCU, ham. de Fr., Charente-Inférieure, com. du Gué-d'Alleré ; 150 hab.

MILESSE (la), vg. de Fr., Sarthe, arr., cant. et poste du Mans; 810 hab.

MILET, *Miletus*, g. a., après Éphèse la plus florissante des colonies de l'Asie Mineure, était située au S. de Smyrne, sur le Méandre. Mais cette ville brillante, patrie de Thalès et d'Anaximandre, d'Eschine et d'Aspasie, est aujourd'hui comme effacée du sol; à peine reconnaît-on sous les sables quelques débris informes, quelques restes d'un théâtre antique. Une ville musulmane, qui fut bâtie sur son emplacement, est également en ruines, et ne montre plus que deux mosquées désertes et quelques misérables huttes, habitées par des Turcs. Cependant le lieu a conservé le nom de Palatcha ou les palais.

MILETO, pet. v. épiscopale du roy. de Naples, prov. de Calabre ultérieure IIe; située sur une colline baignée par trois rivières; a beaucoup souffert par le tremblement de terre de 1783.

MILETOS, g. a., v. de la Mysie, sur l'Évenus; était déjà détruite du temps de Pline.

MILETUS ou MILLETUS, LELEGEIS, PITYUSA, ANACTORIA. *Voyez* MILET.

MILETUS ou MILETUM, MILETA, g. a., v. de la Calabre ; fondée par les Mélisiens.

MILFORD (New-), gr. com. des États-Unis de l'Amérique du Nord, état de Connecticut, comté de Litchfield, sur le Housatonik; nombreuses usines; belles carrières de marbre; 4500 hab.

MILFORD, b. maritime des États-Unis de l'Amérique du Nord, état de Connecticut, comté de Newhaven, sur le détroit de Long-Island ; commerce; cabotage; belles carrières de marbre ; mines de plomb et de serpentine ; 3000 hab.

MILFORD, com. des États-Unis de l'Amérique du Nord, état de Pensylvanie, comté de Mifflin, sur la Juniata et dans la belle vallée de Tuscarora ; forges ; 2800 hab.

MILFORD, com. des États-Unis de l'Amérique du Nord, état de New-York, comté d'Ostégo ; 2600 hab.

MILFORD, v. naissante des Etats-Unis de l'Amérique du Nord, état de Delaware, comté de Kent, sur le Mispilion ; 2000 hab.

MILFORD (chef-lieu). *Voyez* PIKE.

MILHAC-LE-SEC, ham. de Fr., Dordogne, com. de Peyrillac; 230 hab.

MILHAGUET, vg. de Fr., Haute-Vienne, arr. et poste de Rochechouart, cant. de St.-Mathieu ; 340 hab.

MILHARS, vg. de Fr., Tarn, arr. de Gaillac, cant. de Vaour, poste de Cordes; 830 h.

MILHAS, vg. de Fr., Haute-Garonne, arr. de St.-Gaudens, cant. et poste d'Aspet; mines d'étain et de fer; cristal de roche; fabr. de plâtre; 1690 hab.

MILHAU, *Amilhanum*, *Æmilianum*, v. de Fr., Aveyron, à 14 l. E.-S.-E. de Rhodez, 155 l. S. de Paris, chef-lieu d'arrondissement; siége de tribunaux de première instance et de commerce; conservation des hypothèques; direction des contributions indirectes; chambre des manufactures. Milhau est situé sur la rive droite du Tarn, dans une belle plaine entourée de coteaux plantés d'amandiers, qui croissent sur ce territoire avec un succès peu commun. Malgré ses rues étroites, la ville est bien bâtie et présente un ensemble assez agréable. On y trouve des fontaines et de belles places publiques, de jolies promenades, parmi lesquelles on distingue celle du Quai, et un fort beau pont sur le Tarn. Milhau a une église consistoriale réformée, un collége, une société d'agriculture et une société biblique. Son industrie s'exerce particulièrement sur la fabrication de la ganterie, pelleterie, chamoiserie et tannerie; commerce de vin, bois, bétail, laine, cuirs, fromages de Roquefort et amandes. Exploitation d'alun, de sulfate de fer, de houille, à Mayres. Foires : premier jour de carême, 6 mai, 6 août, 28 octobre et 15 novembre, 10,450 hab.

Milhau, ville ancienne dont l'origine remonte au temps des Romains, subit toutes les vicissitudes auxquelles fut soumise cette contrée de la France. Elle passa successivement aux Visigoths, aux Francs, aux rois d'Austrasie, aux rois d'Aquitaine, aux comtes de Toulouse et en 1271 à la France. Cette ville joua un grand rôle et souffrit beaucoup pendant la guerre des Albigeois. Elle fut fortifiée en 1350 et devint, deux siècles après, un des foyers principaux du calvinisme dans le midi de la France. Elle adopta la réforme dès 1534, et en 1562 il n'y avait plus à Milhau qu'une seule famille catholique. Pendant les guerres de religion les protestants y tinrent plusieurs assemblées générales. Louis XIII s'empara de Milhau en 1629, et en fit démolir les fortifications. Depuis cette époque l'industrie et le commerce ont remplacé les querelles théologiques, et lui ont fait oublier les malheurs que le fanatisme lui avait causés.

MILHAUD, pet. v. de Fr., Gard, arr., cant. et poste de Nîmes; fabr. d'eaux-de-vie; 1610 hab.

MILHAVET, vg. de Fr., Tarn, arr. et

cant. d'Alby, poste de Cordes; 200 hab.

MILIANA, pet. v. d'Afrique, rég. et à 12 myriamètres S.-O. d'Alger, sur la route d'Alger à Mascara et à Oran; elle est bâtie sur l'emplacement de l'ancienne Malliana, à peu de distance de la rive droite du Chellif, sur lequel on remarque cinq arches d'un pont romain, et plus loin les restes d'un bel aquéduc, des voies romaines, des tronçons de colonnes, des citernes et des inscriptions grecques et latines. Près de Miliana est la sépulture de Sed-Joseph; c'est un lieu de dévotion pour les musulmans.

MILICIA, b. de la Sicile, intendance de Palerme, à l'embouchure de la rivière de son nom; pêche.

MILILLO, pet. v. de la Sicile, intendance de Syracuse, sur le Cantara et près la mer. Ses habitants, au nombre de 2500, s'occupent de l'éducation des abeilles et de la culture de la vigne.

MILIS, b. de l'île de Sardaigne, prov. de Cagliari, situé au milieu de belles plantations de mûriers et d'orangers et sur l'emplacement de l'ancien Neapolis; 1500 hab.

MILITELLO, pet. v. de la Sicile, intendance de Siragosa, située au S. du Mitello, et près de laquelle s'avance la presqu'île de Magnesi.

MILK. *Voyez* MISSOURI (fleuve).

MILL. *Voyez* MERRIMAK.

MILLAC-DE-NONTRON, vg. de Fr., Dordogne, arr. et poste de Nontron, cant. de St.-Pardoux; exploitation de tourbes; manganèse; faïencerie; 1650 hab.

MILLAM, vg. de Fr., Nord, arr. de Dunkerque, cant. de Bourbourg, poste de St.-Omer; 800 hab.

MILLANÇAY, vg. de Fr., Loir-et-Cher, arr., cant. et poste de Romorantin; 780 h.

MILLAS, b. de Fr., Pyrénées-Orientales, arr. et à 4 1/2 l. O. de Perpignan, chef-lieu de canton et poste; beau harras; 2100 hab.

MILLAY, vg. de Fr., Nièvre, arr. de Château-Chinon, cant. et poste de Luzy; 100 h.

MILLBURY, b. très-industrieux des États-Unis de l'Amérique du Nord, état de Massachusetts, comté de Worcester, sur le Blackstone; renferme une fonderie de canons de l'Union; 2200 hab.

MILLE, île de la chaîne de Radak, archipel des îles Marshall ou de Mulgrave (archipel Central de Balbi), dans la Polynésie ou Océanie orientale, sous 6° 15′ lat. N. et 170° 30′ long. orient. Elle est soumise à un chef, indépendant du tamon ou roi de la plupart des autres îles de Radak.

MILLEBOSC, vg. de Fr., Seine-Inférieure, arr. de Dieppe, cant. et poste d'Eu; 400 h.

MILLEDGEVILLE, v. des États-Unis de l'Amérique du Nord, état de Géorgie, comté de Baldwin, sur une hauteur baignée par l'Oconée, une des branches de l'Alatamaha; c'est la capitale de l'état; elle est bien bâtie et renferme un beau palais du gouvernement, une académie, une banque, un arsenal, une prison, une maison de correction et fait un commerce important de coton; sa population, qui s'accroît rapidement, dépasse 3000 âmes.

MILLE-ILES (lac des). *Voyez* LAURENT (Saint-).

MILLEMONT, vg. de Fr., Seine-et-Oise, arr. de Rambouillet, cant. de Montfort-l'Amaury, poste de la Queue-Galluis; 220 hab.

MILLEN (monts). *Voy.* NEW-HAMPSHIRE.

MILLENCOURT, vg. de Fr., Somme, arr et poste d'Abbeville, cant. de Nouvion-en-Ponthieu; 560 hab.

MILLENCOURT, vg. de Fr., Somme, arr. de Péronne, cant. et poste d'Albert; 470 h.

MILLER, comté du territoire d'Arkansas, États-Unis de l'Amérique du Nord; il est borné par le dist. des Guawpas, la Louisiane et le comté de Clarke; sol rocailleux et maigre, mais très-propre à la culture du coton; il est arrosé par la Washita; 2000 h.

MILLERETTE (la), ham. de Fr., Eure, com. de Champ-Dominel et Coulanges; 100 hab.

MILLE-ROCHES, île très-fertile et habitée dans le St.-Laurent, en face de Cornwall; elle fait partie du dist. Oriental du Haut-Canada.

MILLERUES (les), ham. de Fr., Seine-et-Oise, com. de Tilly; 120 hab.

MILLERY, vg. de Fr., Côte-d'Or, arr., cant. et poste de Sémur; 640 hab.

MILLERY, vg. de Fr., Meurthe, arr. de Nancy, cant. et poste de Pont-à-Mousson; 540 hab.

MILLERY, b. de Fr., Rhône, arr. de Lyon, cant. et poste de Givors; excellents vins; 1530 hab.

MILLES (les), ham. de Fr., Bouches-du-Rhône, com. d'Aix; 1000 hab.

MILLE-SAVATTES, vg. de Fr., Orne, arr. de Domfront, cant. et poste d'Athis; 320 h.

MILLESIMO, b. du Piémont, prov. de Mondovi, sur la Bormidu; 1200 hab.

MILLEVACHE, vg. de Fr., Corrèze, arr. d'Ussel, cant. de Sornac, poste de Meymac; 260 hab.

MILLFORD. *Voyez* UNION (comté).

MILLIÉ-DE-CHAVAGNES, ham. de Fr., Maine-et-Loire, com. de Chavagnes; 100 h.

MILLIÈRES, vg. de Fr., Manche, arr. de Coutances, cant. de Lessay, poste de Périers; 1300 hab.

MILLIÈRES, vg. de Fr., Haute-Marne, arr. de Chaumont-en-Bassigny, cant. et poste de Clefmont; 540 hab.

MILLIEU, ham. de Fr., Isère, com. de Monsteroux-Millieu; 140 hab.

MILLISIEUX, ham. de Fr., Loire, com. de St.-Martin-de-Plaine; 100 hab.

MILL-ISLANDS, groupe de quatre îles, au N.-O. de l'île de Salisbury et à l'entrée S. du canal de Fox qui réunit la mer d'Hudson à l'Océan Glacial Arctique.

MILLON, ham. de Fr., Haute-Garonne, com. de Labarthe-Inard; 120 hab.

MILLON (Maine-et-Loire). *Voyez* FONTAINE-MILLON.

MILLONFOSSE, vg. de Fr., Nord, arr. de Valenciennes, cant. et poste de St.-Amand-les-Eaux; 540 hab.

MILLSTADT, b. d'Illyrie, gouv. de Laibach, cer. de Villach, sur le lac du même nom.

MILLY, vg. de Fr., Manche, arr. de Mortain, cant. et poste de St.-Hilaire-du-Harcourt; 800 hab.

MILLY, vg. de Fr., Meuse, arr. de Montmédy, cant. et poste de Dun-sur-Meuse; 720 hab.

MILLY, vg. de Fr., Oise, arr. de Beauvais, cant. et poste de Marseille; 1080 hab.

MILLY, vg. de Fr., Saône-et-Loire, arr. et cant. de Beauvais, poste de St.-Sorlin; 320 hab.

MILLY, *Mauriliacum*, pet. v. de Fr., Seine-et-Oise, arr. et à 9 l. d'Étampes, chef-lieu de canton et poste; belle place; vieux château gothique; commerce de bestiaux; 2020 hab.

MILLY, vg. de Fr., Yonne, arr. d'Auxerre, cant. et poste de Chablis; 250 hab.

MILNPORT, vg. d'Écosse, comté de Bule, port très-commode de l'île de Large-Cambray.

MILO, *Melos*, (*Bayuk-Deyirmenlik* des Turcs), la plus occidentale des Cyclades, entre 42° long. et 36° 40′ lat., à 13 milles de la Morée, de forme presque ronde et comprenant 3 l. c. Son sol est couvert de monticules et de collines de nature volcanique, mais très-fertile. L'éducation du bétail est dans un état très-florissant; ses fromages sont très-estimés. Le climat est très-malsain.

MILO, chef-lieu de l'île du même nom; est le siége d'un évêque catholique et d'un évêque grec; il est important par ses salines, par ses carrières et par ses belles antiquités, parmi lesquelles on distingue l'amphithéâtre, ses murailles cyclopéennes, une statue d'Antiphanes d'Argos, le temple et la Vénus de Milo (cette dernière orne aujourd'hui le musée de Paris) et ses nombreuses catacombes. Son port est un des plus beaux et des plus sûrs de la Méditerranée. Ses bains chauds étaient autrefois fréquentés par tous les habitants des Cyclades. Milo est aussi la résidence actuelle des pilotes qui ont abandonné Argentière. Sa population peut être évaluée à 7000 hab.

MILO, vg. de la Turquie d'Europe, eyalet de Rumili, sandschak de Janina, sur l'Aspe, dont les habitants s'occupent de la culture des oliviers, des mûriers et du tumac.

MILON-LA-CHAPELLE, vg. de Fr., Seine-et-Oise, arr. de Rambouillet, cant. et poste de Chevreuse; 200 hab.

MILOPOTAMO, *Pantomcirum* de Ptolomée, pet. v. fortifiée de l'île de Candie, chef-lieu du district du même nom, près de la mer; elle est le siége d'un évêché grec.

MILOSLAW, pet. v. de Prusse, prov. et rég. de Posen; fabr. de draps et tanneries; 1420 hab.

MILS, gros vg. de Tyrol, cer. du Haut-Innthal, sur l'Inn, à l'O. d'Imst; on y élève une grande quantité de canaris.

MILSTON, vg. d'Angleterre, comté de Wilt; patrie du poëte Joseph Addison (1672—1719).

MILTENBERG, pet. v. de la Bavière, cer. du Mein-Inférieur, siége d'une juridiction des princes de Linange; située sur la rive gauche du Mein, à 9 l. d'Aschaffenbourg; elle possède un hôpital, une maison d'orphelins richement dotée, de nombreuses usines; construction de bateaux; navigation active; culture de fruits et de vignes; pop. de la ville 3070 hab, de la juridiction 8900 hab., sur 2 milles c.

MILTON, b. d'Angleterre, comté de Kent, jadis la résidence des rois de Kent et du roi Alfred; pêche; bancs d'huîtres.

MILTON, b. des États-Unis de l'Amérique du Nord, état de Massachusetts, comté de Norfolk, sur le Neponset; académie; 3 papeteries; fabr. de chocolat; navigation et commerce; 2500 hab.

MILTON, b. des États-Unis de l'Amérique du Nord, état de New-York, comté de Saratoga, avec de nombreuses usines; 3000 h. Dans son voisinage on trouve le village de Balston-Spaa avec des eaux minérales très-renommées.

MILTON, pet. v. des États-Unis de l'Amérique du Nord, état de Vermont, comté de Chittenden, à l'embouchure du Lamoille dans le lac Champlain; 2600 hab.

MILTROP, gr. vg. d'Angleterre, comté de Westmoreland, avec un petit port où l'on embarque de belles ardoises pour Londres, Liverpool et Hull.

MILTSIN. *Voyez* MAROC (ville).

MILVERTON, b. d'Angleterre, comté de Sommerset; fabr. de flanelles, serges et droguets; 2000 hab.

MIMASAKA (Saka-siou), prov. de l'emp. du Japon, dans le San-yo-do. Son chef-lieu est Tsou-yama.

MIMAUDE, ham. de Fr., Saône-et-Loire, com. de Chaudenay; 130 hab.

MIMBASTE, vg. de Fr., Landes, arr. et poste de Dax, cant. de Pouillon; 1350 hab.

MIMBRES (Sierra de las). *Voyez* CORDILLÈRES (Mexique).

MIMEINA ou **MINEINA**, pet. v. de l'emp. de Maroc, prov. de Darah, sur la route de Fez à Tombouctou, à l'E.-S.-E. du mont Miltsin.

MIMET, vg. de Fr., Bouches-du-Rhône, arr. et poste d'Aix, cant. de Gardanne; mines de houille; 640 hab.

MIMEURE, vg. de Fr., Côte-d'Or, arr. de Beaune, cant. et poste d'Arnay-le-Duc; 440 hab.

MIMINGEN. *Voyez* MENONCOURT.

MIMIZAN, vg. de Fr., Landes, arr., à 20 l. O.-N.-O. de Mont-de-Marsan, poste de Liposthey, chef-lieu de canton; 600 hab. Ce chétif village, situé à l'extrémité S.-O. de l'étang d'Aureilhan, dans les dunes, était autrefois une grande cité maritime, que les sables ont engloutie. Une violente tempête qui bouleversa les dunes, il y a moins de 30 ans, fit découvrir les carcasses de plusieurs navires à l'endroit où était situé le port de Mimizan, dont la fondation date des premiers siècles du christianisme. L'ancienne église même a été engloutie par les dunes. L'église actuelle, d'architecture gothique, est un des monuments curieux du département; elle renferme encore plusieurs sculptures, des bas-reliefs et d'autres objets intéressants.

MINAB, v. du roy. de Perse, prov. de Kerman; est le chef-lieu du Moghistan. Elle est fortifiée par trois enceintes et baignée par le Nehr-Ibrahim. C'est une des possessions de l'imam de Mascate, qui paye pour elle une redevance au schah de Perse.

MINAM ou **MEENAM**, v. du roy. de Perse, prov. de Kerman; est curieuse, puisque ses habitants, musulmans, qui appartiennent à la secte des aliulliahs, n'habitent pas des maisons, mais 300 ou 400 grottes creusées dans la montagne. Ces habitants sont pasteurs et entretiennent de grands troupeaux de moutons et de chèvres.

MINAS, b. entouré de riches mines dans la rép. orientale de l'Uruguay, dép. de San-José.

MINAS-GÉRAÈS, une des plus grandes provinces intérieures de l'emp. du Brésil, s'étend entre 14° 30' et 21° 40' lat. S. et est bornée au N. par la prov. de Pernambuco, au N.-E. par la province de Bahia, à l'E. par la prov. d'Espiritu-Santo, au S.-E. par la prov. de Rio-Janeiro, au S. et au S.-O. par la prov. de San-Paolo et à l'O. par la prov. de Goyaz. Sa plus grande longueur du S. au N. est de 187 l. et sa plus grande largeur de l'E. à l'O. de 120 l. Sa superficie est (selon Schæffer) de 11,961 l. c. géogr., avec 720,000 hab. Cette province est la plus montagneuse et renferme les pics les plus élevés de l'empire brésilien. La plus forte conglomération de montagnes se trouve dans la comarque de Serro-Frio. Elle offre presque partout le caractère des Alpes helvétiques et favorise surtout l'éducation du bétail. On pourrait l'appeler la Suisse du Brésil. Ses principales chaînes de montagnes sont : la Sierra de Mantiquiera qui, sous différents noms, traverse la province du S. au N., la Sierra de Carassa et la Sierra de Canastra, avec les pics Itacolumi et Itambe (2000 mètres de hauteur), les points culminants du Brésil. Elles ouvrent de nombreuses vallées, riches en beautés naturelles et fertilisées par plus de 40 fleuves, dont les plus considérables sont : le Rio-Francisco, qui coule vers le N., le Rio-Grande, qui plus bas prend le nom de Parana, le Rio-Grande-de-Belmonte, qui coule vers le N.-E., le Rio-Docé, vers le S.-E., et le Parabyba, vers l'E.; tous ces fleuves prennent naissance dans la province. Cette province est depuis longtemps célèbre par ses immenses richesses minéralogiques, surtout par ses mines d'or et de diamants et ses lavages d'or. Les plus riches mines de ce genre se trouvent dans le dist. de Minas-Novas et le district des Diamants, comarque de Minas-Novas. Ces grandes richesses ont été toujours extraordinairement exagérées; leur produit diminue d'année en année et l'exploitation en est abandonnée de plus en plus pour l'agriculture. Les montagnes fournissent en outre du fer en abondance, du plomb, de l'antimoine, du platine, de l'argent, du mercure, de l'arsenic, du cuivre, de l'étain, des cristaux, de la chaux, du talc, de la craie, du salpêtre, des pierres à aiguiser, de la smectite et de la houille. Cette province occupe en même temps un des premiers rangs dans l'industrie manufacturière de l'empire; on y fabrique du cuir, de la sellerie, des toiles de laine et de coton, du drap, des chapeaux de feutre, de la poterie, de la poudre, etc.; son rhum et ses confitures sont très-estimés. Par ses grandes richesses en produits de toutes espèces, sa situation géographique et son grand nombre de fleuves navigables qui lui ouvrent de nombreux débouchés, ainsi que ses routes qui s'améliorent de plus en plus, cette province est très-favorablement située pour le commerce, dont Ouro-Preto (Villa-Rica), San-Joao-del-Rey et San-Bartoloméo sont les principaux entrepôts et dont Rio-Janeiro est le centre. On exporte surtout du cuir, des peaux de bêtes féroces, du coton, du tabac, du café, du sucre, du fromage, du porc, des confitures (marmelade), de la smectite, du salpêtre, de l'or en barres et des pierres précieuses, et l'on importe des produits manufacturés, des objets de luxe, du sel, des vins, des indiennes, des glaces et des esclaves. Parmi les peuplades indigènes de cette province nous ne nommons que les anthropophages Botocudos qui habitent les forêts impénétrables à l'E. de la province, et les Bororos qui ont déjà fait quelques pas vers la civilisation. Le gouvernement occupe plusieurs forts sur les frontières du district diamantin, dont l'entrée était autrefois sévèrement interdite à tous les étrangers. Cette province est divisée en 6 comarques : Ouro-Preto, Rio-das-Mortes, Rio-das-Velhas, Paracatu, Serro-Frio et Rio-San-Francisco. Sous le rapport ecclésiastique Minas-Geraès fait partie des diocèses de Marianna, Pernambuco et Bahia.

Cette province, comme la plupart des provinces intérieures du Brésil, fut découverte par des aventuriers que la soif de l'or attira dans ces contrées reculées. Fernandez Tourinho fut le premier qui, en 1572, se fraya une route à travers la Sierra das Esméraldas. Il remonta le Rio-Docé, traversa des districts sauvages jusqu'au Jéquitinhonha, descendit ce fleuve qui se jette dans le Rio-Grande et regagna, au moyen de ce dernier, les côtes de la prov. d'Espiritu-Santo. Tourinho fut suivi par Antonio Diaz Adorno, Marcos d'Azévédo, Antonio Rodriguez (1693), le célèbre et audacieux Buéno (1694), le capitaine Manuel-Garcia (1695) et d'autres. Le plus entreprenant de tous ces aventuriers fut Fernando-Diaz-Paèz, qui le premier s'enfonça dans les déserts de Ferro-Frio où il passa trois années et dont il explora tous les districts jusqu'à la Sierra Tucambira. Il revint chargé de richesses, mais il mourut sur les bords du Rio-das-Velhas, après avoir remis à son gendre Manuel-de-Barbao-Gato les fruits de son long et périlleux voyage. Bientôt après la mort de Paèz, Castello-Branco fut envoyé dans ce pays avec le titre d'inspecteur des mines. Il se brouilla avec Paèz qui le tua et se fit nommer lieutenant-général du district des Mines. Depuis ce temps les richesses du pays attirèrent une foule de Paulistes et de colons européens que l'envie excita bientôt les uns contre les autres. Une longue et sanglante guerre civile en fut la suite et dura jusqu'à ce qu'en 1710 Antoine d'Albuquerque-Cœlho, gouverneur de San-Paolo parvint, par une sage sévérité, à calmer les partis et à rétablir l'union et la paix. La prov. de Minas fit partie d'abord du gouvernement de Rio-Janeiro. Plus tard elle fut réunie comme comarque à la prov. de San-Paolo. Enfin, en 1720, elle eut assez d'importance pour se constituer en province particulière sous D. Lourenço d'Almeida, son premier gouverneur. Ce sont ses riches mines qui ont valu à cette province le nom (mines générales) qu'elle porte.

MINAUCOURT, vg. de Fr., Marne, arr. de St.-Ménéhoulde, cant. et poste de Ville-sur-Tourbe; 240 hab.

MINAYA, b. d'Espagne, roy. de la Nouvelle-Castille, prov. de Cuença; fabrication de poterie; 2550 hab.

MINCHA, vg. avec des mines d'or dans la rép. du Chili, prov. de Coquimbo.

MINCHIMADIVA, volcan sur la côte O. de la Patagonie.

MINCIO (le), *Mincius*, riv. de Lombardie, appelée *Sarka* à sa source, vient du S.-O. du Tyrol, traverse le lac de Garde, en sort sous le nom de Mincio, forme dans les environs de Mantoue un lac assez considérable et plusieurs marais et se jette dans le Pô près de Governolo.

MINDANAO ou **MAGINDANAO**, **MELINDENO**. Cette grande île, que plusieurs géopraphes regardent comme une dépendance du groupe des Philippines, est située entre 117° 4′ et 122° 35′ long. orient., et entre 5° 40′ et 9° 55′ lat. N. Le Grand Océan baigne sa côte orientale; au S. la mer de Célébès, à l'O. et au N.-O. la mer de Mindoro battent ses rivages; au N. le canal dit Paso-de-Surigao la sépare de Leyte et des Philippines. Sa superficie est évaluée à environ 1200 l.c. géogr. Mindanao a une forme très-irrégulière; la mer y forme de nombreux et profonds enfoncements, dont les plus importants sont : au S. la baie d'Illana, comprise entre les promontoires de Bamban et de Flechas, au S.-E. la baie de Taglu; la côte N.-O., entre la punta de Banajoa au N. et la punta d'Alijapan au S.-O., offre plusieurs golfes remarquables. Une chaîne de montagnes occupe l'intérieur de Mindanao; la plupart de ses pics sont des volcans en ignition qui causent souvent de grands ravages; le point culminant de cette chaîne ne paraît pas dépasser 1500 toises. Mindanao possède plusieurs cours d'eau dont les plus importants sont le Petchanli, qui se jette dans la baie d'Illana, et le Butuan, qui se jette dans le golfe de même nom; deux grands lacs, le Paugil au N. et le Mindanao à l'intérieur, des marais, des forêts impénétrables et humides, un grand nombre de rivières, de sources thermales et autres et des brouillards presque continuels rendent le climat très-insalubre pour les Européens. Le sol, volcanique d'une part, sablonneux et marécageux de l'autre, offre aussi des contrées fertiles et produit en abondance le riz, dont Mindanao approvisionne les îles Soulou, le maïs, les patates, l'arbre à pain, des fruits des tropiques d'une rare beauté, du tabac, du bétel, de l'indigo, du sucre, de la cannelle, surtout des arbres magnifiques propres aux constructions maritimes; de l'or, du marbre, du soufre, de l'ambre sur les côtes, etc. La population est d'un million d'habitants, si toutefois il est permis d'évaluer approximativement leur nombre; car l'intérieur du pays nous est presque inconnu. Des Papouas-Harafores habitent le centre montueux de l'île, mais les côtes sont peuplées de Malais qui vivent dans des villes et dans des villages et sont appelés Mindanaos. Ils sont petits, mais bien faits, très-audacieux et ont toujours été réputés comme d'intrépides écumeurs de mer et de hardis pillards. La pêche et la piraterie sont leurs principales occupations. Leur gouvernement est une espèce de féodalité qu'on rencontre chez presque toutes les peuplades malaies; les grands feudataires ou plutôt grands propriétaires appelés datus possèdent tous un assez grand nombre de ces barques longues et étroites, si fins voiliers qu'ils expédient dans les Philippines pour surprendre des populations inoffensives et les emmener en esclavage. Les esclaves sont échangés à Bornéo, à Célèbes, à Soulou contre de la poudre d'or, des perles et des marchandises de l'Inde. C'est là l'industrie des Mindanaos. L'on ne sait pas exactement l'année de la découverte de l'île : Magellan fut le premier Européen qui la visita et en prit possession au nom de Charle-Quint. Aujourd'hui on la divise en deux parties : la partie espagnole, qui comprend les trois établissements suivants : le territoire ou alcade de Samboangam, sur la côte S.-O. de l'île, avec la ville du même nom; l'alcade de Misamis, sur la côte septentrionale, chef-lieu Misamis; enfin l'alcade de Caraga, sur la côte orientale, avec la ville du même nom. Le gouverneur de Samboangan est gouverneur-général de ces trois établissements qui renferment de 40 à 50,000 habitants. La ville de Samboangam est en outre le lieu de déportation des criminels des Philippines. Dans la partie indépendante de Mindanao il faut distinguer le roy. ou sultanie de Mindanao, la confédération des Illanas et la partie indépendante de la côte occidentale. Cette dernière n'est occupée que par des tribus sauvages qui ont quelques ports. La confédération des Illanas occupe le centre de l'île et est formée par 16 petits sultans et 17 nazas ou chefs; les principaux endroits de cette confédération sont les bourgs et ports de Mahargan, Tapaan et Tayulo, sur la côte occidentale de la baie des Illanas, et la ville de Panguil, sur la côte septentrionale. Enfin, la sultanie de Mindanao embrasse la côte orientale de l'île, c'est-à-dire la partie la plus grande et la plus fertile, ainsi que le petit groupe de Mengis, dans l'archipel des Moluques. Nous avons vu plus haut l'organisation quasi-féodale du gouvernement. Le sultan, qui est le plus puissant des Philippines, a une garde habillée et exercée à l'espagnole et peut mettre, dit-on, 100,000 hommes en campagne; il pressure beaucoup ses subordonnés et prend part, avec ses datus ou grands vassaux, aux entreprises de piraterie. Sa capitale actuelle est Selangan, bâtie tout près de l'ancienne capitale Mindanao, qui ne compte plus qu'une vingtaine de maisons. Les autres villes et ports remarquables de la sultanie sont: Pollok ou Sugur, Bungabun, Tabak, Butuan, Surigao, sur le canal de même nom, Tagaloan et Gunput.

MINDELHEIM, *Rostrum Nemoviæ*, pet. v. de Bavière, chef-lieu de district dans le cer. du Danube supérieur; située sur la Mindel, à 13 l. d'Augsbourg, au milieu de beaux vergers; elle possède un hôpital, fondé en 1430, une maison d'orphelins et plusieurs autres fondations philanthropiques; fabrication de toiles; usines; pop. de la ville 2120 hab., du district 13,300, sur 5 milles c.

MINDEN, v. forte de Prusse, prov. de Westphalie, chef-lieu de la régence et du cercle de même nom; située dans une contrée fertile, à 47 l. N.-E. de Cologne, sur la rive gauche de la Wéser. Cette rivière reçoit la Bastau, qui traverse la ville, et on la passe sur un pont de pierres de 600 pieds de longueur sur 24 de largeur. Minden a 6 portes, 3 places publiques, 4 temples protestants et 3 églises catholiques. Sa cathédrale, dont les chanoines sont pris dans les deux cultes, est d'une architecture remarquable et a 200 pas de longueur. La ville possède plusieurs établissements philanthropiques, un gymnase, des écoles d'architecture normale et d'accouchement. Son commerce et sa navigation sont considérables. On y fabrique des draps, des cuirs, du tabac. A 1/2 l. S. de Minden les montagnes de Wittekind et de St.-Jacques sont séparées par les fortifications de Minden. Au N. de la ville se trouve le champ de bataille où le maréchal de Contades fut battu le 1er août 1759 par le prince Ferdinand de Brunswick. Cette ville fut cédée à la Prusse lors de la paix de Westphalie, en 1648. Patrie du grand économe G.-F. Dankelmann, ministre sous Fréderic-le-Grand.

MINDORO, une des îles de l'archipel des Philippines; est située au S.-O. de Manille, entre 117° 50′ et 119° 15′ long. orient., et entre 11° 59′ et 13° 10′ lat. N. Elle a 33 l. de longueur et 5 de largeur moyenne, est montueuse et arrosée par plusieurs rivières, dont les principales sont le Musin, le Papaduyan, le Naujan, l'Arnay et le Mamburas; les trois premières vont à l'E.; les deux dernières courent à l'O. et se jettent dans la mer de Chine. L'intérieur de Mindoro est couvert de forêts impénétrables et habité par des Bissayos sauvages qui viennent vendre sur la côte du sable d'or, du bois de campêche et autres bois de teinture, des nids de salanganes. A vrai dire, ce ne sont que les côtes qui nous sont connues, et encore très-imparfaitement. Les Espagnols y ont formé quelques établissements et converti au christianisme les riverains dont le nombre ne dépasse pas 15,000 et qui vivent dans une demi-douzaine de villages. Le seul endroit digne d'être remarqué est Calayan, situé sur la côte septentrionale, et siége de l'alcade espagnol de la province. Au N.-O. et au S. de Mindoro sont quelques îlots habités, dont les principaux sont: Luban, Jamely, Ambolon et Ilin.

MINDORO (mer de), MER DES PHILIPPINES ou de SOULOU. On appelle ainsi la partie du Grand-Océan renfermée entre les groupes septentrionaux de la Malaisie. On peut dire qu'en général la mer de Mindoro est comprise entre 6° et 12° lat. N. Ses limites sont: au N. l'île de Mindoro, les Bissayos au N.-E., Mindanao à l'E., les îles Soulou au S.-E., la partie septentrionale de Bornéo au S.-O., enfin à l'O. la longue île de Polawan. Un grand nombre de détroits et de canaux la mettent en communication avec la mer de Chine, la mer de Célébès et le Grand-Océan; le plus connu est le détroit de San-Bernardino, entre Manille et Samar, dans les Philippines.

MINE. *Voyez* MISSOURI (fleuve).

MINE. *Voyez* ILLINOIS (fleuve).

MINECOURT, vg. de Fr., Marne, arr. de Vitry-le-Français, cant. et poste de Heiltz-le-Maurupt; 240 hab.

MINEHEAD, pet. v. d'Angleterre, comté de Sommerset, sur le canal de Bristol; nomme

2 députés au parlement; commerce très-étendu; pêche du hareng; fabr. d'étoffes de coton; excellent port; bains de mer; 3000 hab.

MINEO, *Menæ*, v. de l'île de Sicile, intendance de Catane; située sur une colline élevée. Dans le voisinage se trouve le lac sulfureux appelé Naphtia; 8000 hab.

MINERAIS (les), ham. de Fr., Jura, com. de Dampierre; 160 hab.

MINERAY (le), ham. de Fr., Eure, com. de Bourth; 160 hab.

MINERBE, b. de Lombardie, gouv. de Venise, délégation de Vérone.

MINEROIS (les), ham. de Fr., Aube, com. d'Aix-en-Othe; 140 hab.

MINERVA, groupe de l'archipel de Paumotou ou des Iles-Basses, Polynésie ou Océanie orientale, sous 18° 22′ lat. S. et 139° 16′ long. occ.; il fut découvert en 1823 par le capitaine français Duperrey, qui lui donna le nom de Clermont-Tonnerre.

MINERVE, vg. de Fr., Hérault, arr. et poste de St.-Pons, cant. d'Olonzac; mines de lignite; 1300 hab.

MINERVINO, pet. v. épiscopale, roy. de Naples, prov. de Bari, située dans une contrée très-fertile, sur la rive orientale de l'Ofanto.

MINÉTARES. *Voyez* GROS-VENTRES.

MINGAN, port avec un établissement, sur la côte S. du Labrador; reçoit le Canatchou; à son entrée s'étendent les trois îles de Mingan et l'île Paroket.

MING-BOULAK, chaîne de montagnes de l'Asie. Le Ming-boulak appartient au groupe du Thian-chan ou mont Céleste, dont il est une des chaînes secondaires. Il se détache du grand nœud qui forme la pointe occidentale du Thian-chan-pelou, et où l'Alatagh a également son point de départ, court vers l'O., presque parallèlement à l'Asférah, la chaîne occidentale du Mouztagh, et encaisse d'un côté les sources du Syr-daria, le Narym et le Syr proprement dit. La courbure du Syr-daria, sous 42° lat. N., forme la limite occidentale du Ming-boulak.

MINGOLSHEIM, b. de 1850 hab., dans le grand-duché de Bade, cer. du Rhin-Moyen, près duquel est le château de Kisslau, qui a une garnison d'invalides. Tilly y fut défait par Mansfeld.

MINGOT, vg. de Fr., Nièvre, arr. de Château-Chinon, cant. et poste Châtillon-en-Bazois; 480 hab.

MINGOVAL, vg. de Fr., Pas-de-Calais, arr. de St.-Pol-sur-Ternoise, cant. et poste d'Aubigny; 300 hab.

MINGRÉLIE ou MINGREUL, une des anciennes prov. iméréthiennes est située entre 38° 8′ et 39° 19′ long. orient., et entre 42° 10′ et 43° lat. N.; elle est bornée au N. par la Circassie, à l'E. par l'Iméréthi, au S. par la Gourie, au S.-O. par la mer Noire, au N.-O. par l'Abasie, et a une superficie de 106 milles géogr. c. Nous avons déjà parlé, à l'article IMÉRETHI, de la géographie physique de ces contrées. Sa pop. est évaluée à 15,000 familles ou 70,000 âmes. Les Mingréliens appartiennent à la famille géorgienne, parlent un dialecte particulier et professent la religion grecque. Ils se donnent le nom de Kadzariai, sont grands, bien faits, mais très-démoralisés; leur commerce le plus lucratif consistait autrefois dans la vente des esclaves, qu'ils se procuraient par des excursions et des coups de main, et dans celle d'enfants ou de jeunes filles destinés aux harems des Turcs. La Russie a aboli cette sauvage coutume. Leur pays a été très-dévasté par les longues guerres des Russes, des Turcs et des Persans et par les incursions des populations circassiennes. Il fait maintenant partie de la prov. transcaucasienne russe d'Iméréthi; mais le descendant de ses anciens princes, appelé le Dadian ou échanson (des rois de Géorgie), y a conservé le rang de grand-feudataire de la Russie. Suivant M. Klaproth, il joue d'ailleurs un rôle fort triste, allant d'un village et d'un bourg à l'autre pour consommer les denrées qu'il y trouve, et pliant bagage dès qu'il n'y trouve plus ni vivres, ni poules, ni vin. La pauvreté de la cour est, dit-on, proverbiale. En 1808, il mit 500 hommes en campagne, mais faute d'argent, il fut obligé de dissoudre immédiatement cette armée. Le bourg de Zoubdidi est regardé comme sa capitale; les autres endroits remarquables de la Mingrélie sont les forts de Redoutkalé et Anaklia.

MINHO, *Minius*, riv. d'Espagne; prend sa source dans un petit lac près de Fuente-de-Mino, parcourt la Galice sur 55 l. vers le S.-O. et se verse dans l'Océan à la Garda. Depuis Melagaço jusqu'à son embouchure, sur 15 l., elle forme la frontière du côté du Portugal et porte de petites embarcations.

MINHO (Entre-Douro-et-). *Voyez* ENTRE-DOURO-ET-MINHO.

MINHOS, ham. de Fr., Basses-Pyrénées, com. de Hasparren; 840 hab.

MINIAC, vg. de Fr., Ille-et-Vilaine, arr. de Montfort-sur-Meu, cant. et poste de Bécherel; 1170 hab.

MINIAC-MORVAN, vg. de Fr., Ille-et-Vilaine, arr. de St.-Malo, cant. et poste de Châteauneuf-en-Bretagne; 3040 hab.

MINIATELLO (Santo-), b. du grand-duché de Toscane, prov. de Florence, peu loin de l'Arno; sa poterie est très-estimée.

MINIATO (Santo-), *Miniatum*, pet. v. épiscopale du grand-duché de Toscane, prov. de Florence; 2000 hab.

MINIER (le), ham. de Fr., Aveyron, com. de Viala-du-Tarn; 100 hab.

MINIÈRE (la), ham. de Fr., Seine-et-Oise, com. de Guyancourt; 100 hab.

MINIÈRES (les), vg. de Fr., Eure, arr. d'Évreux, cant. et poste de Damville; 170 h.

MINIÈRES (les), ham. de Fr., Vosges, com. de Grand-Fontaine; 460 hab.

MINIHI-TREGUIER, vg. de Fr., Côtes-du-Nord, arr. de Lannion, cant. et poste de Tréguier; 1450 hab.

MINIMES (les), ham. de Fr., Charente-Inférieure, com. d'Aytré; 120 hab.

MINISINK, gr. com. des États-Unis de l'Amérique du Nord, état de New-York, comté d'Orange; 5000 hab.

MINK (montagne). *V.* NEW-HAMPSHIRE.

MINNAKI-KEAZZOO. *V.* SIOUX (nation).

MINO (Rio-), fl. de la côte S. de l'île de Jamaïque; se jette dans la baie de Carlisle.

MINO ou MI-SIOU, prov. de l'emp. du Japon, dans le To-sando. Son chef-lieu est Oogaki.

MINONG. *Voyez* ILE-ROYALE..

MINOREH, v. de la Malaisie; est située dans la prov. ou résidence de Kadou, dans l'île de Java; sans grande importance.

MINORI, *Minora*, pet. v. épiscopale du roy. de Naples, prov. de la Principauté citérieure, située peu loin de la mer; 2000 hab.

MINORQUE, *Menorca*, *Balearis Minor*, île d'Espagne, la seconde des Baléares, située à 9 l. N.-E. de Majorque, à 46 1/2 l. S.-E. du port de Barcelone. Sa superficie, de 15 milles c., offre un terrain ondulé, s'amoncelant des côtes vers le centre, qui est couvert de montagnes assez élevées et stériles, dont le Toro est le point culminant. Au S. les côtes sont unies; au N. elles sont déchiquetées et forment de nombreuses baies, parmi lesquelles celle de Fornells est la plus considérable. A l'E. s'étend le golfe de Mahon, au fond duquel s'élève la ville de même nom; son entrée est couverte au N. par le cap du Molo. Au N. on remarque le cap Cabaleira, à l'O. ceux de Menorca et de Dartuch. La petite île inhabitée d'Ayré est située à la pointe méridionale de Minorque. L'île renferme quelques petits lacs, la plupart salés; des ruisseaux peu considérables arrosent les vallées; l'eau est généralement rare et l'on recueille dans des citernes les eaux de pluie pour boisson. Sur les collines le sol pierreux est recouvert de 1 à 1 1/2 pied de terre végétale; mais les vallées ne sont susceptibles de culture que dans les endroits où l'on a formé des terrains artificiels. Le climat est sain, orageux en hiver, brûlant et sec en été. Les rosées suppléent aux pluies qui sont très-rares. L'agriculture est négligée; quoique le froment et l'orge rapportent jusqu'à neuf fois la semence, ils ne suffisent pas à la consommation et on en tire de l'Afrique. On récolte en outre du maïs, des légumes secs, peu d'olives, mais du vin et des fruits du Sud en abondance. Le bois manque. L'éducation des bestiaux et leurs produits sont la principale ressource des habitants. La volaille et le menu gibier sont communs; les plantes aromatiques abondent et favorisent l'éducation des abeilles; la pêche sur les côtes est productive. On exploite du marbre, des ardoises et du grès; des traces de cuivre, de plomb et de fer ne sont pas suivies; dans les lagunes de Fornells on a établi des sauneries. Le commerce se fait principalement par le port de Mahon et balance en faveur de l'île. L'exportation consiste en vins, laines, fromages, miel, cire, sel et câpres; on importe des huiles, du blé, des eaux-de-vie, des denrées coloniales, des draps et d'autres produits industriels, les habitants de l'île n'étant nullement manufacturiers. La population, de 31,000 habitants, est répartie dans la ville de Mahon, trois petites villes, Cindadela, Mercadel et Alayor, cinq villages et un grand nombre d'habitations isolées. Les habitants sont alertes, adroits, très-aptes au service de la marine; ils se rapprochent des Catalans par leur langue, leur caractère et leurs mœurs.

L'île de Minorque étant, par sa situation, très-importante pour le commerce de la Méditerranée, l'Angleterre et l'Espagne s'en sont longtemps disputé la possession. Pendant la guerre de la succession d'Espagne, les Anglais l'occupèrent, en 1708, soi-disant au nom de Charles III, et la conservèrent pour eux à la paix d'Utrecht. En 1756, Richelieu s'en empara. L'amiral anglais Byng, qui devait la secourir, fut défait le 20 mai devant Mahon, par La Galisonnière, et se réfugia avec sa flotte à Gibraltar. Un conseil de guerre le condamna à mort, et il perdit la vie pour avoir cédé à des forces égales. A la paix de 1763, l'île retourna à l'Angleterre. Les Espagnols, secondés par les Français, la reprirent en 1782, et en 1783 elle leur fut cédée formellement. Les Anglais l'occupèrent de nouveau de 1798 à 1802, où elle fut rendue à l'Espagne par la paix d'Amiens.

MINORVILLE, vg. de Fr., Meurthe, arr. de Toul, cant. de Domèvre, poste de Noviant-aux-Près; 380 hab.

MINOT, vg. de Fr., Côte-d'Or, arr. de Châtillon-sur-Seine, cant. et poste d'Aignay-le-Duc; 700 hab

MINOUSSINSK, v. de la Russie d'Asie, gouv. de Jénisseisk; a un millier d'habitants.

MINOWA-KANTONGS. *V.* SIOUX (nation).

MINPOUR, v. de l'Inde anglaise, présidence de Calcutta, prov. d'Agra. Elle est le chef-lieu du district d'Etawch et est située aux bords de l'Esec ou Issa, dans une plaine riche et fertile. Son industrie est florissante et sa population considérable.

MINSK, gouv. de la Russie d'Europe, borné au N. par Witebsk, à l'E. par Mochilew, au S.-E. par Czernigow, au S. par Kejow et la Volhynie, à l'O. par Grodno, au N.-O. par Wilna. Sa superficie est de 1721 milles c., sa population est de 1,100,000 âmes. Son terrain est plat dans le N. et dans l'E., couvert de forêts dans le S. et très-marécageux dans le S.-O.; il est généralement fertile et traversé par la Berezyna, la Prypet, le Dniepr, la Tasiolda, la Szczara, le Niemen, le Wilia et par l'Ulla; il produit du blé, du chanvre, du lin, du houblon et du bois. Ce gouvernement abonde aussi en chevaux, bestiaux, poissons, miel, chaux et plâtre; il renferme plusieurs tanneries, forges, verreries, distilleries, tissage de toiles et fabriques de draps. Cette province, autrefois polonaise, appartient depuis 1793 à la Russie.

MINSK, v. de la Russie d'Europe, chef-lieu du gouvernement et du cercle du même nom, sur la Swislocz; siége des autorités du gouvernement et du cercle, d'un évêque grec et d'un évêque catholique. Elle était autrefois la capitale d'une principauté russe, puis en possession du duc de Lithuanie, plus tard, jusqu'à 1793, chef-lieu de woïwodie; 10 églises catholiques. La cathédrale a été incendiée par les Russes en mai 1835; une église greco-russe la remplace; 15,000 hab.

MINSK, pet. v. de Pologne, woïwodie de Masovie; elle a une des meilleures verreries; trois foires; 850 hab. Les environs de cette ville furent, en 1831, le théâtre de plusieurs combats, dont celui du 27 avril fut le plus important et le plus avantageux pour les Polonais.

MINTAO. *Voyez* MUNTO.

MINTAON. *Voyez* BATU.

MINTURNE, *Minturnæ*, *Minternæ*, g. a., v. du Latium, sur la rive droite et peu loin de l'embouchure du Liris et sur la frontière de la Campanie, où se retira Marius. Trajetta se trouve sur l'emplacement de cette ville.

MINUANAS, peuplade indienne indépendante dans la rép. orientale de l'Uruguay. Une partie de cette peuplade a été convertie au christianisme et vit dans la mission de Borja.

MINWERSHEIM, vg. de Fr., Bas-Rhin, arr. de Saverne, cant. de Hochfelden, poste de Bouxwiller; 800 hab.

MINYEH-EBN-KHASIM, pet. v. assez jolie de la Moyenne-Égypte, chef-lieu de la prov. de Minyeh, à la gauche du Nil, à 25 l. S.-S.-E. de Medinet-el-Fayoum; elle est remarquable par sa grande filature de coton, montée en machines européennes, et par ses bardaques ou vases de terre pour conserver l'eau, dont on fait un grand débit.

MINZAC, vg. de Fr., Dordogne, arr. de Bergerac, cant. de Villefranche-de-Louchapt, poste de Montpont; 980 hab.

MIŒSEN, le plus grand des lacs de la Norwège, prov. d'Aggerhuus, traversé par la Lougen, affluent du Glammen; sa longueur est de 13 milles.

MIOLLES, vg. de Fr., Tarn, arr. d'Albi, cant. et poste d'Alban; 530 hab.

MIONNAY, vg. de Fr., Ain, arr. et cant. de Trévoux, poste de Miribel; 280 hab.

MIONS, vg. de Fr., Isère, arr. de Vienne, cant. et poste de St.-Símphorien-d'Ozon; 780 hab.

MIOS, vg. de Fr., Gironde, arr. de Bordeaux, cant. d'Audence, poste de la Teste-de-Buch; usines à fer; 2180 hab.

MIOSSENS, vg. de Fr., Basses-Pyrénées, arr. de Pau, cant. de Thèze, poste d'Auriac; 320 hab.

MIQUELLERIE (la), ham. de Fr., Pas-de-Calais, com. de Busnes; 140 hab.

MIQUELON (la Grande et la Petite-), deux îles situées à quelques milles de la côte méridionale de l'île de Terre-Neuve. Elles ont un sol peu fertile, mais entrecoupé de collines bien boisées et qui donnent naissance à une foule de petits ruisseaux. Elles ont une population permanente de 1200 âmes, tous marins et pêcheurs.

La Grande-Miquelon, sous 47° 4′ lat. N., s'étend au N. de la Petite-Miquelon, dont elle est séparée par le détroit de Langley; elle a 9 à 10 l. de circonférence et environ 800 hab. Le cap Miquelon en forme l'extrémité N.; il ferme une baie assez vaste, qui s'ouvre au N.-E. de l'île et au fond de laquelle des Américains des États-Unis ont fondé une petite ville de 400 hab. Cette baie offre un port très-commode pour les barques employées à la pêche de la morue. Les côtes offrent de nombreuses lagunes, dont celle au S.-E., appelée le Grand-Barachois, est la plus considérable. L'intérieur est couvert de belles prairies qui nourrissent quelques troupeaux. Cette île forme avec la Petite-Miquelon une paroisse.

La Petite-Miquelon, autrefois Langley, au S. de la précédente, sous 46° 50′ lat. N., a 6 l. de tour et est très-bien boisée. Les caps d'Angeac (Langley) et des Bois en forment les extrémités S.; au N.-O. du cap d'Angeac s'ouvre une baie très-commode; 400 hab..

Les deux îles Miquelon forment avec l'île de St.-Pierre les seuls restes de la domination française dans cette partie de l'Amérique. Ces îles sont d'une grande importance pour la France à l'époque des pêches de la morue, où des milliers de marins y accourent des côtes de la Bretagne et de la Normandie. Cette pêche, qui depuis 1783 avait beaucoup perdu de son importance, s'est relevée depuis 1815 et en 1830 elle n'occupait pas moins de 14,000 marins. Les poissons pris dans ces parages sont séchés et préparés dans l'île de St.-Pierre et vendus en France sous le nom de morue sèche ou merluche. Sous le rapport administratif les îles de Miquelon dépendent de l'île de St.-Pierre, résidence d'un officier de marine qui, sous le titre de commandant, gouverne la colonie.

MIQUILLO (Punta de). *Voyez* PORTORICO.

MIR, pet. v. de la Russie d'Europe, gouv. de Grodno; en 1812 elle fut le théâtre de plusieurs combats entre les Russes et les Polonais.

MIRA. *Voyez* CASTEL-ROSSO.

MIRA (la), b. de Lombardie, gouv. et délégation de Venise, sur le canal Brenta-Novissima; 2000 hab.

MIRA, pet. v. du Portugal, prov. de Beira, dist. et à 7 1/2 l. N.-O. de Coïmbre, sur une baie profonde; 2500 hab.

MIRA, fl. de la rép. de l'Écuador, prend naissance dans le lac de Pablo, au pied des Andes, dans les environs de Quito. Il est grossi par un grand nombre d'affluents, sépare dans son cours N.-O. et très-rapide la rép. de l'Écuador de celle de la Nouvelle-Grenade et se jette par neuf embouchures dans le Grand Océan, entre la punta Manglé et la punta de Tumaco. Le volume de ses eaux est très-considérable et il est navigable sur presque toute la longueur de son cours; son lit se trouve souvent resserré par d'énormes pans de rochers.

MIRABEAU, vg. de Fr., Basses-Alpes, arr. de Digne, cant. et poste de Mées; 520 hab.

MIRABEAU, vg. de Fr., Vaucluse, arr. d'Apt, cant. et poste de Pertuis; il possède un vieux château et une grotte curieuse dont les parois sont revêtues de stalagmites; 740 hab.

MIRABEL, pet. v. de Fr., Tarn-et-Garonne, arr. de Montauban, cant. de Caussade, poste de Réalville; 1670 hab.

MIRABEL, ham. de Fr., Aveyron, com. de Rignac; 80 hab.

MIRABEL-AUX-BARONNIES, vg. de Fr., Drôme, arr., cant. et poste de Nyons; fabr. de soie; moulins à huile et à foulon; 1820 hab.

MIRABEL-DES-GRANGES, vg. de Fr., Ardèche, arr. de Privas, cant. et poste de Villeneuve-de-Berg; 700 hab.

MIRABEL-EN-DIOIS, vg. de Fr., Drôme, arr. de Die, cant. et poste de Crest; 472 h.

MIRABELLA, v. du roy. de Naples, prov. de la Principauté ultérieure; 5600 hab.

MIRABELLO, vg. du Piémont, prov. de Casale; 1600 hab.

MIRABELLO, b. du roy. de Naples, prov. de Molise; 1200 hab.

MIRABELLO, *Olus*, pet. v. et chef-lieu de district de l'île de Candie, située sur le golfe Pachia, Anio ou Spinalonga; son petit port est sûr, mais son commerce est beaucoup déchu. Cette ville est le siége d'un évêque grec.

MIRACA, misérable vg. de Grèce, nomos d'Achaïe et Elide, près de l'emplacement d'Olympe.

MIRADOUX, pet. v. de Fr., Gers, arr., à 4 l. E.-N.-E. et poste de Lectoure, chef-lieu de canton; 1780 hab.

MIRAGOANE (baie). *Voyez* LÉOGANE.

MIRAMAS, vg. de Fr., Bouches-du-Rhône, arr. d'Aix, cant. et poste de Salon; 510 hab.

MIRAMBAU, vg. de Fr., Haute-Garonne, arr. de St.-Gaudens, cant. et poste de l'Isle-en-Dodon; 290 hab.

MIRAMBEAU, b. de Fr., Charente-Inférieure, arr. et à 4 l. S.-O. de Jonzac, chef-lieu de canton et poste; 2420 hab.

MIRAMICHI, baie formée par l'embouchure du fleuve de même nom, sur la côte E. du Nouveau-Brunswic. A son entrée s'étendent les îles Portage et Hangmann, où les marins des États-Unis et du Canada font sécher leurs poissons pris dans les parages de Terre-Neuve.

MIRAMICHI, fl. du Nouveau-Brunswic, dont il traverse une grande partie de l'O. à l'E.; il baigne Newcastle et débouche dans la baie de même nom. Ce fleuve est très-remarquable par les belles forêts qui le bordent et qui, depuis plusieurs années, ont fourni à la Grande-Bretagne une immense quantité de bois de construction.

MIRAMONT, vg. de Fr., Haute-Garonne, arr., cant. et poste de St.-Gaudens; fabr. de draperie commune, cadis; filat. de laine; teintureries; 1640 hab.

MIRAMONT, vg. de Fr., Gers, arr. de Lectoure, cant. et poste de Fleurance; 410 h.

MIRAMONT, vg. de Fr., Gers, arr., cant. et poste de Mirande; 590 hab.

MIRAMONT, vg. de Fr., Landes, arr. de St.-Sever, cant. de Geaune, poste d'Arzacq; 860 hab.

MIRAMONT, vg. de Fr., Tarn-et-Garonne, arr. de Moissac, cant. de Bourg-de-Visa, poste de Lauzerte; 850 hab.

MIRAMONT, pet. v. de Fr., Lot-et-Garonne, arr., à 5 l. N.-E. et poste de Marmande et à 184 l. de Paris, cant. de Lauzun; elle est située sur la rive gauche du Drot, bien bâtie et renferme quelques belles constructions. On y remarque une jolie église de construction moderne et la maison où naquit Martignac, ministre sous Charles X. Miramont fait un commerce assez considérable d'eau-de-vie; 1537 hab.

MIRAMONT-D'AIGUILLON, vg. de Fr., Lot-et-Garonne, arr. d'Agen, cant. de Port-Ste.-Marie, poste d'Aiguillon; 380 hab.

MIRANDA-DE-DOURO, *Continum*, pet. v. forte du Portugal, prov. de Tras-os-Montes, évêché et chef-lieu du district de même nom; située à 9 l. S.-E. de Bragance, sur le Douro et la frontière d'Espagne; elle est pauvre et déserte; 1200 hab.

MIRANDA-DE-EBRO, *Deobriga*, pet. v. d'Espagne, roy. de la Vieille-Castille, prov. et à 14 l. N.-E. de Burgos, sur la rive droite de l'Ebre; on y récolte des vins recherchés; 1450 hab.

MIRANDA-DO-CORVO, pet. v. du Portugal, prov. de Beira, dist. et à 8 l. S.-E. de Coïmbre, sur la Dueca; 4500 hab.

MIRANDE, pet. v. de Fr., Gers, à 5 1/2 l. S.-O. d'Auch, 205 l. S.-S.-O. de Paris, chef-lieu d'arrondissement; siége d'un tribunal de première instance; direction des contributions indirectes et conservation des hypothèques. Cette petite ville est située sur la rive gauche de la Baise; elle a des murs en bon état et quatre portes, construites à l'extrémité des quatre rues principales qui aboutissent symétriquement à la place formant le centre de la ville. Elle est propre et bien bâtie, renferme plusieurs belles constructions et possède une société d'agriculture; des tanneries, une poterie. Commerce de laines estimées, cuirs, plumes, coutellerie renommée, vins et eaux-de-vie. Foires : 1er lundi de janvier, dernier lundi d'avril, 1er lundi de juillet, 3e lundi d'août, 2e lundi d'octobre et 4e lundi de novembre; 2532 hab. Mirande, fondé vers la fin du treizième siècle par Centule, troisième comte d'Astarac, était le siége du comté de ce nom.

MIRANDE, ham. de Fr., Côte-d'Or, com. de Dijon; 120 hab.

MIRANDE, ham. de Fr., Saône-et-Loire, com. de Montbellet; 230 hab.

MIRANDELLA, *Caladunum*, pet. v. du Portugal, prov. de Tras-os-Montes, dist. et à 10 l. S.-E. de Torre-de-Moncorvo, sur le confluent de la Tuela et du Lobos qui forment la Tua ; elle communique avec le faubourg de Golfeira par un pont de 19 arches; marchés fréquentés; 1700 hab.

MIRANDOL, ham. de Fr., Lozère, com. de Chasserades; 160 hab.

MIRANDOL, vg. de Fr., Tarn, arr. d'Albi, cant. et poste de Pampelonne; 1970 hab.

MIRANDOLE, v. forte et industrieuse du duché de Modène, située sur la Burana et sur un canal qui communique avec la Secchia, dans une contrée marécageuse; siége d'un évêché; manufactures de toiles et d'étoffes de soie; culture du riz. Cette ville était jusqu'en 1710 le chef-lieu d'un duché particulier, époque à laquelle la maison de Modène en fit l'acquision moyennant un million de florins. Patrie du célèbre Pic de la Mirandole (1463); 8000 hab.

MIRANNES, vg. de Fr., Gers, arr. d'Auch, cant. et poste de Vic-Fezensac; 330 hab.

MIRANO, gros b. de Lombardie, gouv. de Venise, délégation de Padoue; florissant par son commerce et justement renommé par la propriété qu'ont ses vins de résister à la navigation, qualité qu'on ne trouve point dans les autres vins des provinces vénitiennes; 6000 hab.

MIRANT, vg. de Fr., Gers, arr. de Condom, cant. de Valence, poste de Vic-Fezenzac; 150 hab.

MIRA-POR-VOS. *Voy.* CROOKED-ISLANDS.

MIROW, b. régulièrement bâti dans le grand-duché de Mecklembourg-Strélitz; au bord d'un lac ; avec deux châteaux du grand-duc, dont l'un renferme un séminaire pour les maîtres d'école; 1300 hab.

MIRAUMONT, vg. de Fr., Somme, arr. de Péronne, cant. d'Albert, poste de Bapaume; 1120 hab.

MIRAVAIL. *V.* CHATEAUNEUF-MIRAVAIL.

MIRAVAL-CABARDÈS, vg. de Fr., Aude, arr. de Carcassonne, cant. et poste de Mas-Cabardès; 430 hab.

MIRBEL, vg. de Fr., Haute-Marne, arr. de Chaumont-en-Bassigny, cant. et poste de Vignory; 120 hab.

MIRDITES (les), peuplade albanaise catholique, habite cette contrée montagneuse de l'Albanie moyenne arrosée par le Mati et dont la ville la plus remarquable est Croïa (Ak-Seraï). Cette peuplade conserve une sorte d'indépendance; elle se gouverne par ses lois, choisit ses magistrats, s'impose elle-même et ne fournit aux armées ottomanes qu'un contingent déterminé; les Mirdites exercent publiquement leur culte et se distinguent avantageusement des autres Albanais grecs et mahométans par une grande loyauté et par quelques idées de morale; ils ont deux prink ou chefs, un spirituel, qui est l'abbé mitré d'Orocher ; l'autre temporel, qui est un seigneur de la famille des Lechi. Leur nombre peut être évalué à 200,000 âmes.

MIRE, vg. de Fr., Maine-et-Loire, arr. de Segré, cant. et poste de Châteauneuf-sur-Sarthe; 930 hab.

MIREBEAU, pet. v. de Fr., Vienne, arr., à 6 l. N.-N.-O. de Poitiers et à 95 l. de Paris, chef-lieu de canton et poste; elle est dans un site pittoresque, entre la source de la Dive et celle de la Palu. Commerce de grains, vins bétail, ânes, mulets et laine; 2555 hab. Cette petite ville doit son origine à un château fort, bâti au onzième siècle par Foulques de Néra, comte d'Anjou; elle donna son nom à la seigneurie du Mirebalais, dont elle était la capitale. Son château fut détruit pendant les guerres de religion du dix-septième siècle.

MIREBEAU, b. de Fr., Côte-d'Or, arr. et à 5 l. N.-E. de Dijon, chef-lieu de canton et poste; il est situé sur la Bèse et possède des fabr. de serges, droguets, chapellerie, poterie; commerce de grains et légumes secs; 1230 hab.

MIREBEL, ham. de Fr., Calvados, com. de Quetieville; 110 hab.

MIREBEL, vg. de Fr., Jura, arr. et poste de Lons-le-Saulnier, cant. de Conliége; 610 hab.

MIRECOURT, *Mirecurtium, Mercurii Curtis*, v. de Fr., Vosges, à 7 l. N.-O. d'Épinal, à 12 l. S.-O. de Nancy, à 82 l. E.-S.-E. de Paris, chef-lieu d'arrondissement; siége de tribunaux de première instance et de commerce; direction des contributions indirectes et conservation des hypothèques. Elle est agréablement située sur la rive gauche du Madon; mais elle est mal bâtie et ne renferme aucun édifice qui mérite une mention particulière. Mirecourt possède un collége auquel est annexée une école normale primaire; une société, fondée en 1832, pour l'instruction primaire et une bibliothèque publique de 6500 volumes. La fabrication des violons, serinettes, orgues et autres instruments de musique, celle des dentelles ; enfin la fabrication des couverts, en fer étamé, la boissellerie et les tanneries forment l'industrie principale et alimentent le commerce de cette ville. Le vin, d'assez bonne qualité, qu'on récolte sur son territoire, l'eau-de-vie et les bêtes à laine y sont aussi des objets de commerce. Foires : 9 septembre, 13 décembre, 1er lundi de carême, mercredi après Pâques et lendemain de la Trinité; 5684 hab.

On attribue le nom de cette ville au dieu Mercure, dont on a trouvé des autels sur les collines environnantes et à l'extrémité d'une vaste muraille dont on voit encore des débris. Mirecourt était autrefois fortifié. Au quinzième siècle, cette place, alors défendue par un château, appartenait aux comtes de Vaudemont. Elle fut prise, en 1670, par le maréchal de Créqui, qui en fit raser les fortifications. Mirecourt est la patrie du naturaliste Gérardin (1751—1816).

MIREFLEURS, b. de Fr., Puy-de-Dôme, arr. de Clermont-Ferrand, cant. de Vic-le-Comte, poste de Veyre; 1320 hab.

MIREMONT, pet. v. de Fr., Haute-Garonne, arr. de Muret, cant. et poste d'Auterive; 1250 hab.

MIREMONT, vg. de Fr., Puy-de-Dôme, arr. de Riom, cant. et poste de Pontaumur; 1620 hab.

MIREPEYSSET, vg. de Fr., Aude, arr. et poste de Narbonne, cant. de Ginestas; 350 hab.

MIREPEIX, vg. de Fr., Basses-Pyrénées, arr. de Pau, cant. de Clarac-près-Nay, poste de Nay; papeterie; 690 hab.

MIREPOIX, vg. de Fr., Gers, arr., cant. et poste d'Auch; 370 hab.

MIREPOIX, *Mirapicum*, pet. v. de Fr., Arriège, arr., à 6 l. E.-S.-E. de Pamiers, chef-lieu de canton et poste; elle est agréablement située sur la rive gauche du Lers, jolie et industrieuse; elle a des fabriques de gros draps; commerce de fer. On exploite et l'on taille beaucoup de jayet dans son voisinage; 4060 hab.

Mirepoix était anciennement une place forte. Au treizième siècle, les Albigeois s'y étant réfugiés, cette ville fut assiégée et prise par les croisés. Ils la donnèrent à un de leurs chefs, Gui de Levi, dont la famille l'a conservée jusqu'à la révolution. Non loin de Mirepoix se trouve le Puits du Till, montagne d'où s'échappe, par de vastes cavités, un vent tantôt modéré tantôt impétueux, qui purifie l'atmosphère ou dévaste ce qu'il rencontre sur son passage. Les habitants du pays le nomment *vent de Pas*.

MIREPOIX-SUR-TARN, vg. de Fr., Haute-Garonne, arr. de Toulouse, cant. et poste de Villemur; 530 hab.

MIREVAL, vg. de Fr., Hérault, arr. de Montpellier, cant. et poste de Frontignan; 490 hab.

MIREVAL-LAURAGAIS, vg. de Fr., Aude, arr., cant. et poste de Castelnaudary; 600 hab.

MIRGOROD, v. de la Russie d'Europe, gouv. de Pultawa; siége des autorités du cercle, sur le Khorol; 3 églises; 7500 hab.

MIRIABRUNN, vg. des environs de Vienne, en Autriche; important par l'école forestière qu'on y a établie.

MIRIBEL, b. de Fr., Ain, arr. de Trévoux, cant. de Montluel, poste; 2350 hab.

MIRIBEL, vg. de Fr., Drôme, arr. de Valence, cant. et poste de Romans; 450 h.

MIRIBEL, vg. de Fr., Isère, arr. de Grenoble, cant. de St.-Laurent-du-Pont, poste des Échelles; 2710 hab.

MIRIBEL-LANCHATRE, vg. de Fr., Isère, arr. de Grenoble, cant. et poste de Monestier-de-Clermont; 320 hab.

MIRIM (lac). *Voyez* Mérim.

MIRMANDE, b. de Fr., Drôme, arr. de Valence, cant. et poste de Loriol; 2170 hab.

MIRNITZ, vg. de Styrie, cer. de Bruck, à la droite de la Muhr; forges; dans le voisinage on rencontre une caverne très-remarquable.

MIROIR (le), vg. de Fr., Saône-et-Loire, arr. de Louhans, cant. de Cuiseaux, poste de St.-Amour; 1010 hab.

MIROPOLE, v. de la Russie d'Europe, gouv. d'Ukraine; elle a 7 églises en bois et 6240 hab.; l'agriculture et les distilleries sont leurs ressources principales.

MIROPOLE, pet. v. de la Russie d'Europe, gouv. de Kursk, sur la Pzol; elle a 2 églises et 1600 hab.

MIRUT. *Voyez* Merut.

MIRVAUX, vg. de Fr., Somme, arr. d'Amiens, cant. et poste de Villers-Bocage; 580 hab.

MIRVILLE, vg. de Fr., Seine-Inférieure, arr. du Hâvre, cant. et poste de Goderville; 420 hab.

MIRZAPOUR, v. de l'Inde anglaise, présidence de Calcutta, prov. d'Allahabad, est le chef-lieu du district de même nom. Cette ville, dont l'importance ne date que de l'établissement de la puissance anglaise dans l'Inde, est située sur la rive droite du Gange. Elle est bâtie encore en grande partie dans le style indien, renferme plusieurs pagodes remarquables, des hôpitaux, des écoles, etc. C'est une des villes les plus commerçantes de l'intérieur de l'Indoustan et son accroissement est remarquable: en 1801 elle ne comptait que 50,000 hab. et aujourd'hui elle en a plus de 200,000; le fleuve y est continuellement couvert de bâtiments qui transportent de l'indigo, du coton, de la soie, de l'opium, etc., dont elle fait un commerce considérable.

MISAMIS, v. de l'archipel Indien; est située presque au milieu de la côte septentrionale de l'île de Mindanao, à l'entrée de la baie de Panguil. Elle est le chef-lieu et la résidence de l'alcade de même nom et la ville la plus importante de Mindanao après Samboangan.

MISCHEK, b. de Bohême, cer. de Beraun; autrefois célèbre par ses mines d'or; 1200 h.

MISCHKOLZ (Saint-) ou **Mischkolcz**, v. de Hongrie, cer. en-deçà de la Theiss, chef-lieu du comitat de Borsod; gymnase catholique, gymnase réformé; culture de la vigne et des melons; éducation des abeilles; excellentes carrières; source minérale; commerce en vin, blé et cuir; 28,000 hab., dont plus de 3000 juifs.

MISCON, vg. de Fr., Drôme, arr. de Die, cant. et poste de Luc-en-Diois; 200 hab.

MISCO, île à l'entrée de la baie de la Chaleur, côte E. du Nouveau-Brunswic.

MISÈNE, cap du roy. de Naples, près de Bayes (Baia), où était la station de la flotte romaine destinée à maintenir la sûreté des mers et des côtes, depuis le détroit de Messine jusqu'à celui de Gibraltar; la ville qui s'élevait sur le promontoire n'existe plus, ainsi que les grands travaux hydrauliques faits par les Romains pour la commodité de leurs vaisseaux.

MISENUM ou **MISENUS PORTUS**, g. a., v. et port de la Campanie.

MISEREY, vg. de Fr., Doubs, arr. et poste de Besançon, cant. d'Audeux; 270 hab.

MISEREY, vg. de Fr., Eure, arr., cant. et poste d'Évreux; 320 hab.

MISERICORDIA (Puerto de la) ou **BAIE DE LA SÉPARATION**, enfoncement profond dans la partie occidentale du détroit de Magellan; renferme un bon port bien abrité et richement pourvu d'eau douce, de bois et de tortues. Ce port fut découvert et nommé par l'amiral Pedro Sarmiento, en 1579. Il se trouve à 3 l. marines du cap des Flèches.

MISERY, vg. de Fr., Somme, arr. et poste de Péronne, cant. de Nesle; 330 hab.

MISFEK, pet. v. de la Moravie autrichienne, cer. de Weisskirchen, sur l'Ostrowitza; fabr. très-considérable de draps; 2500 hab.

MISFELBACH, b. de la Basse-Autriche, cer. inférieur du Mannhartsberg; 2600 hab.

MISETUS, g. a., v. de la Macédoine.

MISGOMENÆ, g. a., v. de la Thessalie.

MISITRA ou **MISTRA**, v. de la Morée, chef-lieu du nomos de Laconie et de l'eptarchie de Lacédémone; située sur le penchant d'une colline, près du mont Pentadactylon ou l'ancien Taygète, dans une position très-pittoresque et au milieu d'une riche plaine parsemée de belles plantations d'oliviers, de mûriers, de riz et de maïs. Cette ville était avant la dernière guerre la ville la plus peuplée de la Morée et la résidence d'un sandschak et d'un métropolitain; maintenant elle n'offre qu'un amas de ruines, à l'exception de la citadelle qui a résisté à Ibrahim. Sa population, estimée autrefois de 15 à 20,000 âmes, est réduite à 1500, tant par l'insalubrité du climat que par la retraite des Turcs qui y étaient très-nombreux. Misitra est située sur l'emplacement de l'ancienne Lacédémone.

MISIVRIA, *Mesambria*, v. de la Turquie d'Europe, eyalet de Rumili, sandschak de Silistra, sur la mer Noire et au pied du Balkan, près du cap Emini; elle possède un petit port et s'occupe de la pêche et du commerce.

MISNIE (le cercle de), dans le roy. de Saxe; est borné au N. par la Prusse, à l'E. par le cer. de Lusace, au S. par la Bohême, à l'O. par les cer. de Leipzig et de l'Erzgebirge. Il renferme une pop. de plus de 345,000 hab., sur une superficie de 131 l. c. Les rivières qui l'arrosent sont l'Elbe, la Muglitz, la Weisseritz et la Rœder. Sa partie méridionale est montagneuse et en partie couverte de rochers, surtout dans ce qu'on appelle la Suisse allemande. La partie moyenne, au contraire, surtout les contrées qui s'étendent à gauche de l'Elbe, de Dresde à Oschatz, se distinguent par leur fertilité et leur culture. Au N. et sur la rive droite de l'Elbe le sol est sablonneux et moins productif. La capitale du cercle de Misnie est Dresde, capitale du royaume.

MISNIE, peuplade de l'Inde transgangétique qui vit dans les hautes vallées de l'Assam; elle parle un dialecte particulier et professe une religion mêlée des plus grossières superstitions; les hommes marchent tout nus; ils sont robustes, entreprenants, braves, mais rancuneux et pleins de perfidie. On les connaît encore fort peu.

MISON, vg. de Fr., Basses-Alpes, arr., cant. et poste de Sisteron; 1410 hab.

MISORY. *Voyez* SCHOUTEN.

MISQUÉ ou **MIZQUE**, pet. v. de la rép. de Bolivia, dép. de Cochabamba, prov. de Misqué, dont elle est le chef-lieu, dans une belle vallée très-fertile. Malheureusement les fièvres déciment de plus en plus la population autrefois très-nombreuse de cette ville.

MISSA, place forte de la principauté de Servie, restaurée depuis quelques années; siége d'un évêché grec; 4000 hab.

MISSÉ, vg. de Fr., Deux-Sèvres, arr. de Bressuire, cant. et poste de Thouars; 1410 h.

MISSÈCLE, vg. de Fr., Tarn, arr. et poste de Lavaur, cant. de Graulhet; 270 hab.

MISSÈGRE, vg. de Fr., Aude, arr. de Limoux, cant. et poste de Couiza; 350 hab.

MISSEL ou **MONSOL**, **MUSSEL**, v. dans l'intérieur de la Basse-Guinée et capitale du roy. d'Anzico, identique avec celui de Makoko ou Sala. Elle est située presque au-dessous de l'équateur, entre les rivières de Zalaz et de Hogiz, à environ 170 l. N.-E. de Banza-Congo, et doit avoir 14,000 âmes.

MISSERY, vg. de Fr., Côte-d'Or, arr. de Beaune, cant. de Pouilly-en-Montagne, poste de Saulieu; 400 hab.

MISSILLAC, vg. de Fr., Loire-Inférieure, arr. de Savenay, cant. de St.-Gildas-des-Bois, poste de Pont-Château; 2620 hab.

MISSINIPI. *Voyez* CHURCHILL.

MISSIO, lac de la Russie d'Europe, gouv. de Tauride, terre des Cosaques de la mer Noire; ses eaux fournissent du sel.

MISSIONS (les) ou **PROVINCIA-DE-LOS-MISSIONES**, prov. de la rép. Argentine qui aujourd'hui fait partie du dép. de Corrientes. Elle comprend la partie des ci-devant missions du Paraguay, située entre le Parana et l'Uruguay. Depuis l'expulsion des jésuites, les fondateurs des établissements de cette contrée, ce pays, autrefois riche et florissant, ressemble au plus triste des déserts; ses belles plantations ont été ravagées, ses maisons et ses églises incendiées et détruites et ses malheureux habitants massacrés ou emmenés sur le sol étranger. Candelaria, l'ancien chef-lieu de la province, et Santa-Anna, autrefois beau village sur la rive gauche du fleuve, ne se sont pas relevés de leurs ruines, quoique plusieurs géographes continuent à les décrire comme des lieux encore importants. Santa-Anna a acquis de nos jours une triste célébrité par l'emprisonnement de M. Bompland, le compagnon de voyage de M. de Humboldt. Attiré par les ruines intéressantes de l'endroit, M. Bompland reconnut les avantages de sa position et conçut le projet d'y former un établissement agricole destiné à devenir un point de ralliement pour les Guaranis et surtout pour les restes des malheureux habitants de cette contrée qui vivaient cachés dans les forêts voisines. Le dictateur Francia fit échouer ce projet en faisant cerner l'établissement naissant par une troupe de soldats qui massacrèrent une grande partie des compagnons du savant voyageur, et l'emmenèrent lui-même sur l'autre rive du Paraguay, où le despote le retint captif jusqu'en 1832.

MISSISSIPI, le plus grand fleuve de l'Amérique septentrionale et un des plus grands cours d'eau du monde. Son bassin, un des plus vastes de la terre, compte plus de 200 affluents et occupe une étendue de 55,000 l. c. géogr. Il serait facile d'établir au moyen de ce fleuve une communication intérieure avec tous les pays de l'Amérique septentrionale. Mais c'est à tort que ce fleuve conserve son nom après sa réunion au Missouri, car il a été constaté depuis longtemps que le Missouri, dont le volume des eaux est bien plus considérable que celui du Mississipi, dépasse aussi ce fleuve de beaucoup sous le rapport de la longueur du cours. La fixation des sources du Mississipi forme le point le plus difficile de la géographie des États-Unis. Selon Lewis et Clarke, ce fleuve prend naissance sous 47° 28′ lat. N. dans les lacs de la Tourterelle (Turtle-lake) et des Tortues, au pied de la ramification E. des montagnes Rocheuses, dist. du Nord-Ouest. D'après la belle carte publiée par M. Tanner, le Mississipi se forme des écoulements des petits lacs Cassina ou Cass, Petit-Winnipeg et des Sangsues (Leech-lake). Mais dans la saison des pluies ces lacs communiquent par leurs débordements avec la rivière du Lac-de-la-Pluie (Rainy-lake-River) et établissent par là une communication temporaire entre les affluents de la mer d'Hudson et les eaux qui par le Mississipi se rendent dans le golfe du Mexique. Cette communication placerait les sources du Mississipi bien plus loin que ne l'indique la carte ci-dessus mentionnée. Enfin, d'après l'exploration de M. Schoolcraft, la véritable source du Mississipi se trouverait définitivement fixée au lac Itasca, à 40 l. N. du lac de Cass ou Cassina; par là cette source se trouve être à 460 mètres au-dessus du niveau de l'Océan. Le cours du Mississipi appartient entièrement aux États-Unis de l'Amérique du Nord; sa direction principale est du N. au S.-E. Dans son cours fréquemment intercepté par des rochers, des rapides et des cataractes, il sépare le territoire Huron de celui du Missouri, les états d'Illinois et de Kentucky de celui de Missouri, enfin les états de Tennessée et de Mississipi du territoire d'Arkansas et de l'état de Louisiane, où il se partage en deux bras principaux : le bras occidental ou Atchafalaya et le bras oriental ou le Mississipi proprement dit. Ces bras se subdivisent de nouveau en un grand nombre de canaux et forment le delta de ce grand fleuve qui, vers son embouchure, ne forme plus qu'une série très-étendue de marais, de lacs, de lagunes et d'anses. Le Mississipi baigne le fort St.-Antoine, dans le territoire du Missouri, le fort Crawford, dans le dist. Huron, les forts Armstrong et Edwards, dans l'état d'Illinois, et les villes de St.-Louis et Kaskaskia (Illinois), New-Madrid (Missouri), Greenock et Villemont (Arkansas), New-Mexico, Vicksburgh et Natchez (Mississipi), Concordia, St.-Francisville, New-Orléans et Plaquemines (Louisiane). Le cours de ce fleuve depuis le lac d'Itaska est de 525 l., depuis la source du Missouri de 872 l. Les principaux affluents à la droite du Mississipi sont: la rivière St.-Pierre qui traverse une grande partie du dist. des Sioux et s'embouche au fort St.-Antoine, l'Upper-Jaway (Jaway-Supérieur), le Lower-Jaway (Jaway-Inférieur), la riv. du Moine (Moyen), qui s'embouche en face du fort Edwards, le Missouri, plus grand que le Mississipi, avec de nombreux affluents très-considérables; nous lui avons consacré un article spécial; le St.-Francis, la rivière Blanche (White-River), l'Arkansas, la Wasbitta et le Red (Rouge), auxquels nous renvoyons également nos lecteurs. A la gauche le Mississipi reçoit : le Muddy (rivière fangeuse), la riv. Ste.-Croix, le Chippeway et le Wisconsin qui arrosent le dist. Huron; l'Illinois et le Kaskaskia, qui traversent l'état d'Illinois; le magnifique Ohio, le plus grand des affluents de gauche du Mississipi; l'Obion, le Deer (Cerf) et le Hatchy, dans l'état de Tennessée; enfin le Yazoos, le Big-Black (Grande-Rivière-Noire) et le Homochitto, qui arrosent l'état de Mississipi. La navigation du Mississipi et de ses affluents comprend une étendue de 11,914 l. La largeur de ce fleuve n'est pas en proportion avec la longueur de son cours et le grand nombre de fleuves qu'il engloutit; elle est ordinairement de 900 mètres. Lors de ses débordements son lit s'élargit jusqu'à 10 lieues. Sa navigation est difficile et très-dangereuse.

MISSISSIPI, état méridional de la confédération des États-Unis de l'Amérique du

Nord; il s'étend entre 30° 10′ et 35° lat. N., et entre 90° 55′ et 94° long. O. Ses bornes sont : au N. l'état de Tennessée, à l'E. l'état d'Alabama, au S. le golfe du Mexique et l'état de Louisiane, et à l'O. le même état et le territoire d'Arkansas, desquels il est séparé par le Mississipi qui lui a donné son nom. La superficie de cet état est de 2270 l. c. g. Le sol, arrosé par le Pearl (la Perle), la Pascagoula, le Yazoo et une partie du Tennessée, tous affluents du Mississipi, est plat, sablonneux et marécageux au S., onduleux et gras au centre, montagneux au N., où s'aplatissent les derniers échelons O. des Apalaches, et généralement très-fertile. De majestueuses forêts occupent encore la plus grande partie du terrain. Le district compris entre le Yazoo et le Mississipi ne présente qu'un seul et immense marais (swamp). La côte, qui autrefois faisait partie de la Floride, est déchirée par plusieurs embouchures de fleuves et forme le lac ou plutôt la lagune Borgne, séparée du golfe par une série de rochers et offrant les baies de St.-Louis et de Pascagoula. Les principales productions de cet état sont : le riz (sur la côte), le sucre et le coton (sur les bords du Mississipi), le tabac, l'indigo et le café (dans les environs de la baie Mobile). L'éducation du gros bétail est très-soignée et fort importante. La pêche sur les côtes est négligée; celle dans les fleuves est rendue dangereuse par les alligators qui y fourmillent; les fermes et les plantations voisines des forêts sont fréquemment ravagées par les loups et les jaquars. Les musquitos et la fièvre jaune tourmentent beaucoup les districts maritimes exposés à une chaleur humide et très-intense. Le règne minéral de cet état est resté presque inexploré; sur le Tombigbée on a ouvert de riches houillères. L'industrie manufacturière se borne aux besoins de la population; le commerce a pris un grand essor depuis quelques années; on exporte du coton, du sucre, de l'indigo, de la poix, du goudron, de la térébenthine, de la viande salée, des peaux et du bois de construction. Natchez est l'entrepôt central de ce commerce, auquel les ports de Pascagoula et de Shieldsborough prennent depuis quelque temps une part assez active. Un bateau à vapeur entretient une communication régulière entre Natchez et la Nouvelle-Orléans. Les routes de l'intérieur attendent de grandes améliorations.

Le nombre des habitants est de 140,000, dont 66,000 esclaves. L'état, dont la constitution est purement démocratique, est divisé en 26 comtés et envoie au congrès 2 sénateurs et 3 députés. Depuis 1831, les Choktaws et les Chikasaws, qui occupaient de vastes districts au centre et au N. de l'état, se sont retirés sur la rive O. du Mississipi. L'instruction a fait plus de progrès dans cette province que dans l'état voisin d'Alabama; il y a deux universités à Shieldsborough et à Washington, un collége académique à Natchez et dans chaque commune une école primaire. La cour judiciaire supérieure siége à Jackson.

Le territoire de Mississipi fut découvert en même temps que celui d'Alabama par Fernando de Soto, en 1539. On le regarda comme une partie de la Géorgie et de la Louisiane, et on le négligea puisqu'on n'y trouvait pas d'or. La Salle fut le premier Européen qui, en 1683, remonta le Mississipi, et les premiers colons de ce pays furent des Français qui, en 1716, s'établirent dans les environs de Natchez; de là les planteurs se répandirent, mais très-lentement, vers l'E., et le pays ne fut effectivement mis en culture que lorsque la Louisiane fut cédée à l'Union. En 1798, les États-Unis occupèrent la partie de la Floride comprise entre le Mississipi et le Perdido, pour la réunir au district de Mississipi, élevé en 1800 au rang d'état. En 1817, les territoires d'Alabama et de Mississipi, réunis jusqu'à cette époque, se séparent et entrèrent comme états particuliers dans la grande confédération de l'Amérique du Nord.

MISSISSIPI, ham. de Fr., Pas-de-Calais, com. d'Aire-sur-la-Lys; 120 hab.

MISSLING, vg. de Styrie, cer. de Celly; mines et fabr. d'ouvrages en fer.

MISSOLONGHI, place forte de la Grèce, nomos d'Acarnanie et Étolie; elle fut ruinée par les Turcs qui s'en emparèrent en 1825, après un long siége; c'est le chef-lieu de l'Hellas occidentale. Les lagunes dans lesquelles elle est située lui ont fait donner l'épithète de Petite-Venise, à cause de leur ressemblance avec les lagunes qui environnent la magnifique capitale de la ci-devant république de Venise.

MISSON, vg. de Fr., Landes, arr. et poste de Dax, cant. de Pouillon; 960 hab.

MISSOURI, un des plus grands et des plus beaux fleuves de l'Amérique septentrionale; il se forme sous 44° lat. N. et sous 114° long. O. par la réunion des branches Jefferson, Madison et Gallatin, qui descendent des montagnes Rocheuses (Rocky-Mountains). Dans son cours d'abord N., puis E. et enfin S.-E., il traverse le dist. des Mandanes, des Assinipoils, des Minétares, des Sioux et autres nations indigènes indépendantes, baigne un grand nombre de villages indiens, le fort Indien, le fort Mandane, le fort Calhoun, le fort Osage et les petites villes de Jefferson, Osage et St.-Charles. Il aboutit au Mississipi, qu'il dépasse pour la longueur du cours et le volume des eaux, au camp de Belle-Fontaine, à 5 l. N. de St.-Louis, après un cours de 660 l. Les principaux affluents du Missouri lui viennent de droite; nous en citons : le Yellow-Stone (Pierre-Jaune), de plus de 400 l. de longueur et grossi à la droite par le Big-Horn (Grosse-Corne ou Grand-Pic) et le Tongue; le Little-Missouri, le Knife (Couteau), le Cannon-Ball, le Wetarhoo, la

Chayenne ou Shienne, le White-River (rivière Blanche), la Rapide (Runing-Water), le fleuve La-Platte, formé par deux branches : la Septentrionale et la Méridionale (Padouca), le Konzas ou Kanzas, formé par le Républicain et le Smoky-Hill (montagne de fumée), la Mine, le Grand-Osage, qui a plusieurs sources et un très-long cours, et la Gasconade. A la gauche le Missouri reçoit le Marias, le Brattah, le Milk (lait), la Mine, le Porc-Épic (Porcupine), la Martha, le White-Earth (Terre-Blanche), le Mandane, la rivière Jâques (James), la grande rivière des Sioux, le Petit-Sioux, la Nottawa, la Petite-Platte (Little-Platte), la Grande-Prairie et la rivière Charaton. Selon Preston le bassin du Missouri a une étendue de 30621. c. géogr. Ce fleuve est navigable sur la plus grande partie de son cours.

MISSOURI, l'état le plus occidental des États-Unis de l'Amérique du Nord ; il s'étend entre 36°, et 40° 30′ lat. N. et entre 91° 6′ et 97° long. O., et est borné au N. et à l'O. par le territoire de Missouri ou du Nord-Ouest, au S. par le territoire d'Arkansas et à l'E. par les états de Kentucky et d'Illinois. Sa superficie est de 3119 l. c. géogr. Le Missouri traverse du N. au S.-E. cet état auquel il donne son nom et débouche sur la frontière E. dans le Mississipi; il reçoit dans cette province quelques-uns de ses affluents les plus considérables, tels que le Grand-Osage et la Gasconade, au S. la Grande-Prairie et le Charaton au N. Au N. du Missouri le pays forme un haut plateau ; au S. du fleuve s'élèvent les monts Ozark qui entrent du territoire d'Arkansas, se divisent dans l'état de Missouri en deux branches et s'aplatissent entre le Missouri et le Mississipi. Le long de ces deux fleuves le sol est extrêmement fertile et presque partout bien cultivé. La partie méridionale est mieux boisée que la partie septentrionale de la province ; l'érable à sucre y abonde. Les principales productions sont : le maïs, le coton, le riz et le tabac, dont la culture s'étend de plus en plus et qui est fort estimé. L'éducation du bétail, favorisée par de vastes savannes et de riches prairies, est très-importante. La pêche et la chasse pourraient encore fournir à tous les besoins. Les monts Ozark renferment de grandes richesses minéralogiques, telles que plomb (45 mines), fer (dans le voisinage des fleuves St.-Francis, Maramek et Osage), argent (sur le Maramek), zinc (dans les mines de plomb), chaux, schiste, marbre, houille (aux embouchures du Missouri, de l'Osage, etc.), pyrites, manganèse, salpêtre (dans d'innombrables cavernes sur les rives du Missouri), ocre, terre à potier, salines et eaux minérales. Pendant les six derniers mois de l'année les eaux du Mine sont aussi salantes que celles de la mer. L'industrie manufacturière est de peu d'importance; presque toutes les matières premières sont exportées par St.-Louis dans toutes les prov. de l'Union. A défaut de bonnes routes les communications intérieures sont facilitées par de nombreux cours d'eau navigables. Le climat du pays est tempéré et généralement salubre.

La population de l'état de Missouri est de 145,000 hab., dont la moitié est d'origine française; l'esclavage y est aboli, l'état est divisé en 40 comtés et envoie au congrès 2 sénateurs et 3 députés; sa constitution est un mélange d'aristocratie et de démocratie. Avant 1825 le gouvernement de l'état avait peu fait pour l'instruction élémentaire, et les écoles, peu nombreuses, se trouvaient sous la direction exclusive du clergé. De nos jours les sciences et les lumières se répandent de plus en plus par des écoles multipliées et bien organisées, par les colléges de St.-Louis, Ste.-Geneviève, St.-Charles et Potosi, et différents autres établissements littéraires et scientifiques à St.-Louis. En matière ecclésiastique les catholiques de l'état dépendent de l'évêque de St.-Louis. La cour supérieure de justice siége à Jefferson et les tribunaux de l'Union se tiennent à St.-Louis.

L'état de Missouri faisait autrefois partie de la Louisiane et était réuni au territoire d'Arkansas. La colonisation de cette province commença lorsque les Anglais et les Espagnols s'en partageaient encore la domination. En 1780 et dans les années suivantes les Français, qui alors formaient le noyau de la population, fondèrent le village de St.-Charles, à l'embouchure du Missouri et les établissements de St.-Louis, Belle-Fontaine, Florissant, Villepacle, New-Bourbon et d'autres qui s'accrurent rapidement lorsque la Louisiane entra comme état dans l'Union. En 1811 le dist. de la Nouvelle-Orléans (la Louisiane proprement dite) fut séparé du gros de la Louisiane, qui fut constitué en territoire avec le nom de Missouri. En 1819 on en sépara la partie orientale sous le nom de territoire d'Arkansas, et, en 1821, le territoire de Missouri eut la population requise pour être reçu comme état dans l'Union.

MISSOURI (territoire). *Voyez* MICHIGAN, MANDANES, OSAGES, OZARK et SIOUX (territoires et districts).

MISSOURIENS. *Voyez* OSAGES (nation).

MISSY, vg. de Fr., Calvados, arr. de Caen, cant. et poste de Villers-Bocage; 560 hab.

MISSY-AUX-BOIS, vg. de Fr., Aisne, arr. et poste de Soissons, cant. de Vic-sur-Aisne; 180 hab.

MISSY-LES-PIERREPONT, vg. de Fr., Aisne, arr. et poste de Laon, cant. de Sissonne; 160 hab.

MISSY-SUR-AISNE, vg. de Fr., Aisne, arr. et poste de Soissons, cant. de Vailly; 480 hab.

MISTERBIANCO, pet. v. de l'île de Sicile, intendance de Catane; située dans la région cultivée de l'Etna et entourée d'immenses rochers de basalte ; bains thermaux.

MISTISSING, un des plus grands lacs intérieurs du Labrador; il a 20 l. de longueur sur une largeur égale et s'écoule, par le fleuve Robert, dans la baie de James (mer d'Hudson). A son extrémité S.-E. s'élève un fort.

MISTRA. *Voyez* MISITRA.

MISTRETTA, *Amastra*, pet. v. de l'île de Sicile, intendance de Messine, peu loin de la mer; 8000 hab.

MISY, vg. de Fr., Seine-et-Marne, arr. de Fontainebleau, cant. et poste de Montreau; 660 hab.

MITA-MORAN, un des noms que les Hindous donnent à l'Indus ou Sindh; ce nom signifie fleuve doux.

MITAN (fleuve). *Voyez* TRINIDAD (île).

MITCHELL, île qui fait partie du groupe du Shetland méridional; elle s'étend au S.-E. de l'île Sartorius, dont elle est séparée par le détroit de Spencer. Sa côte N.-O., encore peu explorée, est cachée, pour ainsi dire, par l'île de la Table et les îles Powell.

MITERO (Santo-), pet. v. de l'île de Sicile, intendance de Catane, située sur le lac Pantani.

MITHAM, b. d'Angleterre, comté de Surry; manufactures de coton et de tabac à priser.

MITHEUIL (Grand et Petit-), ham. de Fr., Seine-et-Marne, com. de Mourroux; 190 h.

MITHKA, g. a., camp des Israélites dans le désert arabique, entre Thara et Hasmona.

MITHRIDATIUM, g. a., forteresse de la Galatie, sur la frontière du Pont.

MITLA, vg. de la confédération mexicaine, état d'Oaxaca, à l'E. de la ville de ce nom; dans une triste solitude. Cet endroit, l'ancien Miguitlan (lieu de tristesse) des Aztèques, a une grande importance archéologique par des ruines d'édifices très-remarquables par leur architecture et la beauté de leurs ornements en mosaique de porphyre de différentes couleurs. Cet assemblage de bâtiments était le lieu de sépulture des rois de Tzapotèques. Les tombeaux se trouvaient dans un appartement souterrain de 25 mètres de long sur 8 de large et orné de la même manière que les bâtiments supérieurs.

MITO, v. de l'emp. du Japon, chef-lieu de la prov. de Fitats, dans le To-kaï-do.

MIT-RAHINEH ou METHRAHENNY, vg. de la Moyenne-Égypte, prov. et à 6 l. S.-S.-O. de Djyzeh, non loin de la rive gauche du Nil, près de l'emplacement de l'ancienne Memphis.

MITRE (Saint-), vg. de Fr., Bouches-du-Rhône, arr. d'Aix, cant. d'Istres, poste de Martigues; étangs salés; fabr. d'huile; 1250 hab.

MITRE, île inhabitée de l'archipel de Quiros ou des Nouvelles-Hébrides, sous 11° 49′ de lat. S. et 167° 24′ long. orient.; elle est très-élevée et présente deux promontoires, dont l'un a la forme de la mitre d'un évêque.

MITROVITSA, fl. de la Turquie d'Europe, affluent de la Morava.

MITROWITZ (*Metrofsdsche*), b. de la Turquie d'Europe, eyalet de Rumili, sandchak de Veldschterin.

MITROWITZ, pet. v. des Confins militaires, généralat de Slavonie, sur la Save. Commerçante et industrieuse; établissement de quarantaine; 4000 hab.

MITRY, vg. de Fr., Seine-et-Marne, arr. de Meaux, cant. de Claye, poste de Villeparisis; 1380 hab.

MITSCHDORF, vg. de Fr., Bas-Rhin, arr. de Wissembourg, cant. de Wœrth-sur-Sauer, poste de Soultz-sous-Forêts; 280 hab.

MITSDJEGHI ou KISTES (pays des), est un des cantons de la Circassie. Il est situé sur le Haut-Terek et habité par les Mitsdjeghi ou Kistes, dont une tribu est appelée Tchetcheusers. Ces montagnards, d'origine probablement asiatique, ont les avantages et les défauts des autres habitants du Caucase. Grands, robustes, bien faits, mais sauvages et pillards, ils ne se sont soumis qu'avec répugnance au joug russe, et protestent souvent, par des incursions soudaines, de leur amour de l'indépendance. On les dit plus terribles encore que les Lesghis, et il est de fait que les courriers russes qui portent la correspondance officielle de Mozdoc à Vladikavkas sont obligés de se faire accompagner par 150 hommes et 2 pièces de canon, pour ne pas être pillés et massacrés. Plusieurs ethnographes ont fait des Mitsdjeghi une famille particulière, à laquelle appartiennent entre autres les Golguï ou Ingouches, les Karaboulaks, etc.

MITTAGSHORN, mont. de Suisse, cant. des Grisons; 2340 mètres.

MITTAINVILLE, vg. de Fr., Seine-et-Oise, arr. et cant. de Rambouillet, poste d'Épernon; 440 hab.

MITTAINVILLIERS, vg. de Fr., Eure-et-Loir, arr. de Chartres, cant. et poste de Courville; 480 hab.

MITTAU, v. de la Russie d'Europe, gouv. de Courlande; siége des autorités du gouvernement et du cercle. Elle est située dans une plaine marécageuse, sur l'Aa qui y reçoit la Drine; 5 églises; une synagogue; un hôpital; une maison de refuge; un hospice des enfants trouvés, dout la moitié Allemands. Elle possède une académie et une bibliothèque de 25,000 volumes, un cabinet de physique, un observatoire; 12,000 hab.

Louis XVIII séjourna dans cette ville de 1798 à 1801.

MITTELBERGHEIM, vg. de Fr., Bas-Rhin, arr. de Schlestadt, cant. et poste de Barr; 1030 hab.

MITTELBRONN, vg. de Fr., Meurthe, arr. de Sarrebourg, cant. et poste de Phalsbourg; 880 hab.

MITTELFURT, pet. v. de Danemark, diocèse de Fionie, bge d'Odensee, située sur le Petit-Belt; fabr. d'eaux-de-vie et de draps; pêche; commerce; 1500 hab.

MITTELHAUSBERGEN, vg. de Fr., Bas-Rhin, arr. et poste de Strasbourg, cant. de Schiltigheim; 180 hab.

MITTELHAUSEN, vg. de Fr., Bas-Rhin, arr. et poste de Saverne, cant. de Hochfelden; 660 hab.

MITTELMUESPACH, vg. de Fr., Haut-Rhin, arr. d'Altkirch, cant. et poste de Ferrette; 360 hab.

MITTELSCHÆFFOLSHEIM, vg. de Fr., Bas-Rhin, arr. de Strasbourg, cant. et poste de Brumath; 330 hab.

MITTELSZOLNOK, comitat de Transylvanie, dans le pays des Hongrois ou Magyars. Superficie 40 l. c.; 40,000 hab. C'est un pays très-montagneux, arrosé par le Szumos; ses principales productions consistent en bois, bestiaux et chevaux; le vin est de médiocre qualité et le blé ne suffit pas à la consommation. Ce comitat comprend 2 cercles avec 2 bourgs et 143 villages.

MITTELWALDE, pet. v. de Prusse, prov. de Silésie, rég. de Breslau, sur la Neisse, à 1/2 l. des frontières de Bohême; elle possède un hôpital et des fabriques de draps et de bonneterie; 1670 hab.

MITTELWIR, vg. de Fr., Haut-Rhin, arr. et poste de Colmar, cant. de Kaysersberg; 720 hab.

MITTENWALD, *Inutrium*, b. de la Bavière, cer. de l'Isar, dist. de Werdenfels, dans une contrée stérile, sur l'Isar; fabrication d'instruments à cordes; flottage et commerce de bois; 1730 hab.

MITTENWALDE, *Monosgada*, pet. v. de Prusse, prov. de Brandebourg, rég. de Potsdam; tisseranderie; 1740 hab.

MITTERBOURG, *Pisino*, pet. v. d'Illyrie, gouv. de Trieste, cer. de Fiume; 2000 hab.

MITTERSHEIM, vg. de Fr., Meurthe, arr. de Sarrebourg, cant. et poste de Fénétrange; 1070 hab.

MITTERSILL, pet. b. de la Haute-Autriche, cer. de Salzbourg, sur la Salza; avec un beau château et une source minérale.

MITTOIS, vg. de Fr., Calvados, arr. de Bayeux, cant. et poste de St.-Pierre-sur-Dives; 210 hab.

MITWEYDA, v. du roy. de Saxe; située sur le Zschoppau, cer. de Leipzig; importante par son industrie. Sa population est de plus de 5700 hab. Manufactures de laine, de coton et de lin, qui livrent surtout de la bonneterie, de la flanelle, des mérinos, des toiles de coton, des toiles à voiles, etc.; commerce très-étendu.

MITZACH, vg. de Fr., Haut-Rhin, arr. de Belfort, cant. de St.-Amarin, poste de Wesserling; 530 hab.

MI-VOIE (la). *Voyez* AMFREVILLE-LA-MI-VOIE.

MIWAROU, v. de l'emp. du Japon, prov. de Mouts, dans le To-san-do.

MIXCO, b. des états-unis de l'Amérique centrale, état de Guatémala, dist. de Sacatépèques, au pied d'une montagne dans la vallée de même nom; possède une source froide de vitriol qu'on emploie avec succès dans différentes maladies. A 8 l. E. de cet endroit, dans la vallée de Xilotépèque, on voit les ruines du vieux Mixco, l'ancienne capitale du roy. des Kachiquèles, et dans les environs la fameuse caverne de Mixco.

MIXE, ham. de Fr., Landes, com. de Lit; 120 hab.

MIXO. *Voyez* NEIBA.

MIXTÈQUES, nation indigène indépendante très-nombreuse dans l'état d'Oaxaca et quelques états avoisinants, confédération mexicaine; elle est divisée en un grand nombre de tribus et est instruite, active et très-industrieuse.

MIYA, v. de l'emp. du Japon; importante place de commerce de l'île Niphon.

MIYAKO ou KIO, capitale religieuse du Japon; est située presque au centre de l'île Niphon, prov. de Yamasirou, qui fait partie du Gokinaï, et à 80 l. S.-O. de Jeddo. Elle est située dans une belle plaine entourée de collines, sur le Kamo-gada, grande rivière, affluent de la Yodo-gava, et non loin du lac de Biouano-oumi. Tous les environs sont couverts de jardins. Son nom signifie capitale, et, bien que la révolution intérieure du Japon qui mit le pouvoir suprême aux mains du Seogoun l'ait affaibli un peu au profit de Jeddo, Myako n'en est pas moins resté le centre de la religion, des lettres, des arts, de l'industrie et du commerce de l'empire. C'est une belle ville, dont les rues régulières se coupent à angles droits. Le nombre de ses édifices remarquables est très-considérable; en voici les principaux : le palais du daïri, chef de la religion de l'état, descendant des anciens empereurs, révéré comme un personnage saint et qui a sa résidence habituelle à Miyako; ce palais occupe un emplacement immense entouré de murs et de fossés; outre la demeure du daïri, distinguée par une immense tour carrée, il renferme 13 rues habitées par les principaux personnages de sa cour; le palais du Seogoun, est une espèce de citadelle dont la principale partie est un carré long, surmonté également d'une tour élevée; le temple de Fokosi, pavé de marbre blanc et soutenu par 96 colonnes de bois de cèdre; il est célèbre dans tout le Japon par la colossale statue de Daïbouts ou grand Boudha, appelé Roussiana ou le Resplendissant. Cette divinité, dit M. Klaproth, est représentée assise à la manière indienne sur une feuille de lotus. Autrefois la statue, haute de 83 pieds, était en bronze doré; mais, comme elle avait beaucoup souffert en 1662 d'un tremblement de terre, elle a été remplacée par une statue de bois recouverte de papier doré. Tout près est un édifice qui renferme une cloche immense, ayant 17 pieds 2 pouces et demi de haut et qui doit peser plus de 2 millions de livres hollandaises. Le temple de Kwan-wou est remarquable par l'immense quantité de divinités qu'il renferme, statues de grandeur différente, dont les plus petites sont placées devant, afin qu'on puisse les voir toutes à la fois, ce qui produit un effet tel que les Japonais ont coutume de dire que ce temple en renferme 333,333. Nous citerons encore le monastère impérial de Tchouganin, qui renferme 28 temples et de beaux jardins, et le Gibou ou temple de fleurs. A la fin du dix-septième siècle on comptait à Myako, dit Kæmpfer, 1858 rues, 140,000 maisons, 6000 temples, 52,169 prêtres, 477,557 laïques des deux sexes; sa population est aujourd'hui encore d'au moins un demi-million. La cour du daïri, centre spirituel du royaume, y forme une espèce d'académie, et il y existe en outre une université qui compte un grand nombre d'élèves. Presque tous les livres japonais y sont imprimés, et l'on y compose l'almanach de l'empire, qui cependant est imprimé dans la prov. d'Ize, regardée comme un pays sacré. L'industrie et le commerce de Miyako sont très-florissants; on vante surtout ses belles fabriques d'étoffes de soie, ses porcelaines, ses ouvrages laqués et vernissés, la trempe de l'acier qu'on y prépare, ses ateliers pour le raffinage de l'or, de l'argent et surtout du cuivre, que l'on y apporte de toutes les parties de l'empire. On frappe aussi à Miyako toute la monnaie japonaise. Les cinq prov. du Gokinaï, dans lequel est situé Miyako, forment le domaine du daïri, qui en perçoit tous les revenus, destinés à son entretien et à celle de sa cour.

MIYAZOU, v. de l'emp. japonais, chef-lieu de la prov. de Tango, dans le Sanindo.

MIYI-YAMA, volcan en ignition dans l'île Kioa-sion, emp. du Japon.

MIZANTTA, pet. v. de la confédération mexicaine, état de Véra-Cruz, au N. de la ville de ce nom, entre les fleuves Santa-Anna et Piedras; culture de coton; pêcheries; 2600 hab.

MIZEN-HEAD, le cap le plus méridional d'Irlande, à 51° 14′ lat. N.

MIZÉRIAT, ham. de Fr., Ain, com. de St.-Didier-de-Chalaronne; 310 hab.

MIZÉRIEUX, vg. de Fr., Ain, arr., cant. et poste de Trévoux; 570 hab.

MIZÉRIEUX, vg. de Fr., Loire, arr. de Montbrison, cant. de Bœn, poste de Feurs; 330 hab.

MIZOEN, vg. de Fr., Isère, arr. de Grenoble, cant. et poste de Bourg-d'Oisans; mine de cristal de roche; 660 hab.

MLATA-BOLESLAW. *V.* Jung-Bunzlau.

MLEUVA, pet. v. de Pologne, woïwodie de Plok, siége des autorités du cercle; 2 églises; un couvent de missionnaires; 2600 hab.

MNIARA, g. a., v. de la Mauritanie césarienne, près de Teleusin.

MOA, île du groupe de Banda, dans la Malaisie; est une des plus grandes de la chaîne du Sud-Ouest. Elle est située à l'E. de Letti, sous 125° long. E. et 8° 20′ lat S.; une montagne élevée perce, vers le centre de l'île, les magnifiques forêts dont elle est couverte. Un poste hollandais surveille ses habitants, qui sont des Malais et vivent sous des radjahs particuliers.

MOABITES, g. a. Cette nation, dont l'impure origine est consignée dans la Genèse, habitait au-delà du Jourdain et de la mer Morte, occupant les deux côtés de l'Arnon. Leur capitale, située sur ce fleuve, fut diversement appelée: Ar, Ariel-de-Moub, Rabbath-Moub, c'est-à-dire capitale de Moab, et Kirs-Arscheth, ce qui signifie la ville aux murs de briques. Auparavant la même ville avait été dans la possession des Emims (les effrayants), peuple grand, considérable et de haute stature, comme les Anachins (Troglodytes).

MOANA, b. du pays de Cagnaga, en Sénégambie, non loin du Sénégal.

MOANS, nom que portent aussi les habitants du Pégou ou Pégouans.

MOBBA. *Voyez* Dar-Szaleyh.

MOBEC, vg. de Fr., Manche, arr. de Coutances, cant. et poste de la Haye-du-Puits; 620 hab.

MOBIAH, v. de l'emp. Birman, située dans la partie du Laos, appelé Mrelap-Chan.

MOBILE, baie au S. de l'état d'Alabama, États-Unis de l'Amérique du Nord; elle a 11 l. de longueur sur 4 de large et reçoit le fleuve Mobile.

MOBILE, fl. des Etats-Unis de l'Amérique du Nord; il se forme de deux branches, l'Alabama et le Tombigbée, qui elles-mêmes sont formées à leur tour par la réunion de deux sources principales. L'Alabama se forme par la jonction de la Coosa (Etowah) et de la Talapoosa, qui prennent naissance dans la Géorgie, dist. des Tschérokis, dont elles baignent le chef-lieu et se réunissent au fort Jackson, dans l'état d'Alabama, où elles prennent le nom d'Alabama; ce fleuve prend une direction S.-O. en passant par Cahawba, Canton et Claiborne et aboutit au Tombigbee, dans les environs du fort Stoddart. Le Cahawba en est l'affluent le plus considérable. La navigation de ce fleuve s'étend sur une longueur de 290 l. Le Tombigbee proprement dit naît dans l'état de Mississipi, se dirige vers le S.-E. et reçoit à Démopolis la Tuscaloosa ou Black-Warrior. Le Tombigbee a un cours de 150 l. et forme avec ses affluents navigables un bassin de 332 l. L'Alabama et le Tombigbee réunis continuent pendant 3 l. leur cours sous le nom de Mobile, qui verse ses eaux par trois bras: le Mobile, le Middle et le Tensaw, dans la baie de Mobile. La plus grande partie du cours de ce fleuve appartient à l'état d'Alabama.

MOBILE, comté de l'état d'Alabama, États-Unis de l'Amérique du Nord; il est borné par les comtés de Washington et de Baldwin, la baie de Mobile, le golfe du Mexique et l'état de Mississipi. Pays bien arrosé, marécageux et fertile en riz; 16,000 h.

MOBILE, v. des États-Unis de l'Amérique du Nord, état d'Alabama, comté de Mobile, dont elle est le chef-lieu, sur la baie du même nom; elle a un bon port et est la ville la plus grande et la plus commerçante de l'état. Depuis 1828 cette ville est le siége d'un évêché catholique. Malheureusement elle est souvent ravagée par la fièvre jaune pendant les mois d'été et d'automne; 10,000 h.

MOCA, vg. de Fr., Corse, arr. de Sartène, cant. de Petreto et Bicchisano, poste d'Olmeto; 590 hab.

MOCABU. *Voyez* PARAÏBA.

MOCARANGA, partie septentrionale du plateau élevé et désert qui s'étend au N.-O. des montagnes qui sillonnent le pays des Betjouanas ou de la Cafrerie inférieure, et sur lequel, selon les rapports des Portugais, des rivières considérables courant au N.-O. doivent avoir leur source.

MOCEB, g. a., b. de la Phrygie.

MOCENDON ou MUSSENDOM, presqu'île du cap. de l'Arabie, se projette entre le golfe Persique et le golfe d'Oman, qu'il sépare. Le canal qui unit les deux golfes porte le nom de canal d'Hormuz.

MOCHA (Villa da). *Voyez* OEYRAS.

MOCHA, île à 6 l. marines de la côte O. de l'Araucanie, fait partie de la prov. de Concepcion, rép. du Chili. Elle a 3 l. marines de circuit; on y trouve le canelier blanc (canelo), l'espino et une grande abondance en arbres fruitiers. L'île ne paraît pas être habitée.

MOCONANDIVA, fl. de l'emp. du Brésil, prov. de Maranhao, coule vers le N.-O. et débouche dans la baie de San-Jozé.

MOCPOIS, ham. de Fr., Seine-et-Marne, com. de Château-Landon; 150 hab.

MOCTÉZUMA. *Voyez* TAMPICO.

MODANA, b. de la Savoie, dans la prov. de Maurienne; à 1128 mètres au-dessus du niveau de la mer; 1200 hab.

MODAPOLLAM, v. de l'Inde anglaise, présidence du Madras, prov. des Circars du Nord; est située sur le Godavery et fabrique des toiles de coton très-fines et des mousselines estimées.

MODBURY, b. d'Angleterre, comté de Devon; fabr. d'excellent beurre; 2000 hab.

MODÈNE (duché de), borné au N. par la Lombardie-Vénitienne, à l'E. par les états du pape, au S. par ce dernier état, le grand-duché de Toscane et le duché de Lucques, à l'O. par la Lunigiane-Toscane, Toscane et le grand-duché de Parme. Ce petit état a 97 l. c. de superficie et se compose du duché de Modène proprement dit et de ceux de Reggio et de Mirandola; ensuite des principautés de Correggio, de Carpi et de Novellara et d'une partie de la seigneurie de Garfagnana. Par la mort de la duchesse Marie-Béatrix, le duché de Massa-et-Carrara vient d'être réuni à cet état (en novembre 1829). Le duché de Modène est situé dans la vaste vallée du Pô, qui ne fait que toucher son territoire; sa partie méridionale est traversée par les Apennins, qui donnent naissance à toutes les rivières qui arrosent ce pays; ce sont: le Crostolo, la Secchia et le Panaro, qui se jettent dans le Pô; le Tassabio, affluent de la Lenza, et le Sercho qui aboutit à la Méditerranée; aucune de ces rivières n'est navigable. Le sol de la plaine est généralement argileux, mais recouvert d'une forte couche de terre végétale, toujours humide et très-bien cultivé; vers le S. il devient pierreux et aride. Ses principales productions consistent en blé, riz, maïs, légumes secs, jardinage, chanvre, lin, fruits, melons, olives, vin rouge, bois, ânes, bêtes à cornes, porcs, menu-gibier, volailles, abeilles, vers à soie, guêpes, fer, marbre, albâtre, chaux, gypse, succin, pétrole et soufre. L'économie rurale est dans un état très-florissant, mais l'industrie manufacturière est peu développée; on n'exporte que ses produits naturels, principalement du vin, de la soie et des olives; 380,000 hab.

MODÈNE, v. capitale du duché, siége d'un évêque, située dans une belle plaine extrêmement fertile, entre la Secchia et le Panaro. Ses principaux édifices sont: le palais ducal, le cathédrale, remarquable par sa tour, appelée Guirlandina, l'une des plus élevées de l'Italie; les églises de St.-Georges et de St.-Vincent et les casernes. C'est une ville bien bâtie et d'une grande propreté; ses rues sont régulières et ont des portiques. Le Strada-Muestra (la grande rue), qui traverse toute la ville, est superbe et décorée de beaux bâtiments. Parmi les nombreux établissements littéraires de cette ville, on distingue: l'université; le collége des nobles, renommé dans toute l'Italie; l'académie militaire des nobles; l'académie ou école royale des beaux-arts; l'académie royale des sciences, lettres et arts; l'académie royale des philharmoniques; la société italienne des sciences et la bibliothèque publique. Sa célèbre galerie des tableaux fut achetée, en 1746, par la ville de Dresde. Ses fortifications sont peu considérables; la citadelle a été changée en maison de travaux forcés. Modène est la ville natale du philologue et archéologue Sigonius, du poëte Tassonie et de l'historien Muratori; 28,000 âmes.

MODÈNE, vg. de Fr., Vaucluse, arr. et poste de Carpentras, cant. de Mormoiron; 250 hab.

MODÉON. *Voyez* GERMAIN-DE-MODÉON (Saint-).

MODER (la), riv. de la Fr.; a sa source sur le versant oriental des Vosges, au N. de la Petite-Pierre (Lützelstein), dép. du Bas-Rhin; elle coule de l'O. vers l'E., passe à Wingen, à Ingwiller, Pfaffenhofen, Haguenau, Bischwiller, se réunit à la Zorn et se jette dans le Rhin un peu au-dessous et près de Drusenheim, après 22 l. de cours, dont 7 sont flottables.

MODERN, pet. v. de Hongrie, cer. en-deçà du Danube, comitat de Presbourg, au pied des Karpathes; florissante par ses manufactures de draps; 5000 hab.

MODEREN-GROSS. *Voyez* MOYEUVRE-LA-GRANDE.

MODEREN-KLEIN. *Voyez* MOYEUVRE-LA-PETITE.

MODIBOU, pet. v. de la Nigritie occidentale, dans le Haut-Bambarra, sur le Djoliba, à 22 l. N.-E. de Ségo.

MODICA, v. de l'île de Sicile, intendance de Siragosa; situées sur deux collines unies par un pont. Ses habitants s'occupent principalement de l'éducation des mulets et des porcs; 20,000 hab. Modica est remarquable surtout par le voisinage de la vallée d'Ipsica, dite aussi vallée des Troglodytes, parce qu'on voit que ses grottes innombrables, creusées dans le roc et formant une rue longue de plus d'un mille, ont servi de demeure à une des plus anciennes tribus qui habitaient la Sicile. Ses deux principales grottes sont celles de San-Filippo et de Peninello-di-Jurato.

MODIGLIANA, pet. v. fortifiée du grand-duché de Toscane, prov. de Florence, sur le Marzeno; possède de nombreux couvents et églises, et un collége des Piaristes; 2500 h.

MODLIBORZYCE, pet. v. de la Pologne, woïwodie de Lublin, cer. de Zamaicé; 943 hab.

MODLIN, forteresse de Pologne, woïwodie de Plocz, près de l'embouchure de la Narew dans la Vistule, sur une colline assez élevée. En 1831 cette forteresse capitula la dernière avec les Russes.

MODON ou MOTUN, *Mothone*, pet. v. forte de Grèce, nomos de Messénie, chef-lieu de l'eptarchie de Méthone ou de la Haute-Messénie; possède une rade bien abritée; 5000 hab.

MODRICH, b. de la Turquie d'Europe, eyalet de Bosna, sandschak de Srebernik, sur le Bosna.

MODRUSS, gros vg. des Confins militaires, généralat de Croatie, régiment d'Ogulin; 1500 hab.

MODUGNO, pet. v. du roy. de Naples, prov. de Bari; 4600 hab.

MODUM, paroisse de Norwège, diocèse d'Aggerhuus, bge de Buskerud; superbe cataracte du Semoën; 4500 hab.

MŒE, pet. île de Norwège, diocèse de Bergen, bge de Nordland.

MŒCKERN, *Mockrianici*, pet. v. de Prusse, prov. de Saxe, rég. de Magdebourg, sur l'Ehle; possède un hôpital; 1230 hab.

Le 5 avril 1813, les Français y repoussèrent les Prussiens.

MŒCKMUHL, pet. et ancienne v. du Wurtemberg, cer. du Necker, gr.-bge de Neckarsulm, sur l'embouchure de la Seckach dans la Jaxt; avec un vieux château dans lequel Gœtz de Berlichingen fut longtemps détenu; 1370 hab.

MŒDLING. *Voyez* MEDLING.

MŒEN, *Mona*, île du Danemark, diocèse de Seeland, bge de Præstœe, au S. de l'île de Seelande, dont elle est séparée par l'Ulfsund; le Grœnsund la sépare de celle de Falster. Sa superficie est de 4 l. c. et sa pop. de 8000 âmes. Cette île offre une belle plaine très-fertile en blé, pommes de terre, légumes secs, fruits et lin. On s'y occupe de l'agriculture, de l'éducation du bétail, de la chasse aux oiseaux et de la navigation. Cette île est bordée à l'E. par une série de rochers crayeux appelés Mœnskeint et qui s'élèvent à une hauteur de plus de 60 mètres. Chef-lieu Stege.

MŒGELTONDER, paroisse de Danemark, diocèse et bge de Ripen.

MŒHRA, v. du duché de Saxe-Meiningen-Hildburghausen, sur le Mohrbach; 450 h. Patrie de Martin Luther, et où l'on voit encore la demeure de ses parents.

MŒHRINGEN, v. et chef-lieu de bailliage du grand-duché de Bade, cer. du Lac, près du Danube et appartenant au prince médiatisé de Furstenberg; elle a des foires de bestiaux fréquentées; château; 1300 hab.

MŒHRINGEN, vg. parois. du Wurtemberg, cer. du Necker, gr.-bge de Stuttgart; agriculture et commerce local; 2400 hab.

MŒLAIN, vg. de Fr., Haute-Marne, arr. de Vassy, cant. et poste de St.-Dizier; 270 h.

MŒLAN, vg. de Fr., Finistère, arr. et poste de Quimperlé, cant. de Pont-Aven; 3840 hab.

MŒNCHBERG, b. de Bavière, cer. du Mein-Inférieur, dist. et à 2 l. de Klingenberg, sur l'Aubach, qui fait mouvoir plusieurs usines; 1250 hab.

MŒNS, vg. de Fr., Ain, arr. de Gex, cant. et poste de Ferney; 200 hab.

MŒRBEKE, vg. du roy. de Belgique, prov. de la Flandre orientale, arr. et à 3 l. N.-E. de Gand, sur le canal de même nom qui réunit, sur 9 l., Gand avec Hulst, correspond, sur 2 1/2 l., avec l'Escaut par le canal de Sas-de-Gand, et par une dérivation avec la rivière navigable de Durme; 3170 h.

MŒRDYK, vg. du roy. de Hollande, prov. du Brabant septentrional, dist. et à 4 l. N.-O. de Breda; avec un bac sur le Hollands-Diep, où le prince J.-G. d'Orange perdit la vie en 1711.

MŒRES (les), vg. de Fr., Nord, arr. de Dunkerque, cant. de Hondschoote, poste de Bergues; 670 hab.

MŒRIS. *Voyez* BIRKET-EL-KEROUN.

MŒRKERQUE, ham. de Fr., Nord, com. de Mœres; 160 hab.

MŒRLINGEN. *Voyez* MÉROUX.

MŒSIE, *Mysie* des Grecs, g. a., gr. contrée d'Europe; elle s'étendait depuis le confluent du Danube et de la Save jusqu'à la mer Noire; elle était bornée à l'O. par l'Illyrie et la Panonie, au S. par la Macédoine et la Thrace, au N. le Danube la séparait de la Dacie; elle était divisée en Mœsie supérieure, correspondant aujourd'hui à la Servie, et en Mœsie inférieure, formant actuellement la Bulgarie.

MŒSOGOTHI, g. a., peuplade de la Dacie, et de la Mœsie inférieure, à l'embouchure du Danube. Ulphilas fut leur évêque depuis 360 jusqu'en 380.

MŒSSINGEN, b. du Wurtemberg, cer. de la Forêt-Noire; carrières de marbre; 2670 hab.

MŒSSKIRCH, v. du grand-duché de Bade, située dans le cer. du Lac, sur l'Ablach, et appartenant au prince médiatisé de Furstenberg, qui y a un beau château; 1250 hab.

MŒURS, vg. de Fr., Marne, arr. d'Épernay, cant. et poste de Sézanne; 160 hab.

MŒUVRES, vg. de Fr., Nord, arr. et poste de Cambrai, cant. de Marcoing; 900 hab.

MŒZE, vg. de Fr., Charente-Inférieure, arr. de Marennes, cant. de St.-Agnant, poste de Rochefort-sur-Mer; 580 hab.

MOFFANS, vg. de Fr., Haute-Saône, arr., cant. et poste de Lure; fabr. de tissus de coton; 1020 hab.

MOGADOR ou SOUEYRAH, jolie v. du roy. de Maroc, capitale de la prov. d'Héa, sur l'Océan Atlantique, à 50 l. O.-S.-O. de Maroc. Elle fut rebâtie régulièrement en 1760, fortifiée et pourvue d'un port qui se comble de sables comme tous ceux de cette côte. C'est aujourd'hui la meilleure forteresse et la place maritime la plus commerçante de tout l'emp. de Maroc. Parmi ses bâtiments la fameuse tour de Beny-Hhasan se distingue par sa grande élévation. Les principaux objets de son commerce sont les cuirs, la gomme, l'ivoire, les plumes d'autruche, etc. Dans les environs il y a des mines d'or et d'argent; 24,000 hab.

MOGAN ou MUGAN (steppe de). L'immense plaine de ce nom, située dans la prov. russe de Chirvan, s'étend entre le Kour, l'Aras et la mer Caspienne. Elle est traversée par plusieurs rivières qui se jettent soit dans le Kour, soit dans la mer Caspienne, et contient plusieurs lacs presque invisibles sous les immenses roseaux qui les surmontent. Le Mogan est couvert d'herbages très-hauts, où vivent de grands serpents qui aujourd'hui, comme du temps de Pompée, en rendent le trajet difficile. Le khan de Karabagh est le maître nominal du Mogan, qui n'est habité que par deux pauvres tribus de Turcomans, les Schaissewani et les Mugami, qui vivent tantôt dans leurs misérables huttes de roseaux, tantôt conduisent leurs troupeaux jusqu'au-delà du Kour. Leurs chevaux sont regardés comme les meilleurs chevaux de la Perse. Leur chef-lieu est le village de Kasil-Agatch ou Kisyl-Agatch, situé au fond du magnifique golfe de la mer Caspienne, auquel il a donné son nom.

MOGATA, paroisse de la Suède méridional, prov. de Linkœping.

MOGERÆNY, gros vg. de la Grande-Valachie; il renferme de nombreuses et belles maisons de campagne et produit de bon vin.

MOGEVILLE, vg. de Fr., Meuse, arr. de Bar-le-Duc, cant. de Révigny, poste d'Étain; 910 hab.

MOGGIA-DI-SOTTO, gros vg. de Lombardie, gouv. de Venise, délégation d'Udine; 3000 hab.

MOGHISTAN. On appelle ainsi la partie de la prov. persane de Kerman qui s'étend le long de la côte du golfe Persique, depuis Bender-Abassi jusqu'au promontoire de Jask. Plusieurs districts du Moghistan, ainsi que les îles de Kiehm, Hormouz et Lorek, appartiennent à l'iman de Mascate, qui paie au shah de Perse un tribut annuel de 7000 tomans. Le Moghistan est un pays sec et stérile, qui ne produit que des dattes, du soufre, du mumie ou beaume minéral et du sel. Les riches pêcheries du golfe Persique et du golfe d'Oman font principalement subsister les habitants, qui sont Arabes et Béloutchis. Le Moghistan persan s'étend de la rivière de Nehr-Ibrahim jusqu'au cap Jask; sa principale ville est Jask; la partie du Moghistan qui dépend de l'iman de Mascate s'étend de Kiamis à Nehr-Ibrahim et renferme les villes les plus importantes de Minab et de Bender-Abassi ou Gamron.

MOGHLA, *Alinda*, v. de la Turquie d'Asie, eyalet d'Anadoli, chef-lieu du sandschak de Muntescha, qui comprend la Carie et la Lycie des anciens; est située dans une vallée fertile et riche en gros pâturages, qu'arrose le Kaddeh.

MOGI. *Voyez* RIO-DE-LA-PLATA.

MOGIENICA, pet. v. de Pologne, woïwodie de Mazovie; 2 églises; 800 hab.

MOGILNOW, pet. v. de Prusse, chef-lieu de cercle, prov. de Posen, rég. de Bromberg, sur un lac; pop. 1120 hab.

MOGINOG. *Voyez* OULOUTHY.

MOGLENA, v. de la Turquie d'Europe, Romélie, sandschak de Salonique; antiquités.

MOGNANO, gros vg. du roy. de Naples, prov. de la Terre-de-Labour; 3800 hab.

MOGNENEINS, vg. de Fr., Ain, arr. de Trévoux, cant. et poste de Thoissey; 1280 h.

MOGNEVILLE, vg. de Fr., Meuse, arr. de Bar-le-Duc, cant. d'Étain, poste de Révigny; 420 hab.

MOGNEVILLE, vg. de Fr., Oise, arr. de Clermont, cant. et poste de Liancourt; 240 hab.

MOGOL (empire du Grand-). *Voyez* INDE (histoire).

MOGRAT, b. de Nubie, sur la rive droite du Nil, à 7 l. N.-N.-E. de l'île de Say.

MOGUER, v. d'Espagne, Andalousie, roy. et dist. de Séville; le Tinto et le Puerco s'y réunissent et forment la Huelva; pêche considérable; 5000 hab.

MOGUES, vg. de Fr., Ardennes, arr., cant. et poste de Carignan; 380 hab.

MOHA. *Voy* Mojos.

MOHAES, pet. v. de Hongrie, cer. au-delà du Danube, comitat de Baranya, sur le Danube, avec un château fort; siége d'un protopope grec; gymnase; entrepôt de sel. Défaite du roi Louis II de Hongrie, en 1526; défaite des Turcs en 1687; 4000 hab.

MOHARBANDJ ou Mohurbundg, dist. de l'Inde, présidence du Bengale, prov. d'Orissa. Il confine au N. et au N.-E. avec le Bengale, est traversé par la chaîne de Gonds et arrosé par le Jumrai et le Burrubullong. La culture de son sol est très-négligée; mais ses belles forêts fournissent de beau bois de construction et sont habités par un grand nombre d'éléphants sauvages; il produit en outre du fer, de la gomme, du riz et de l'huile. Le radjah de Moharbandj n'est que tributaire des Anglais; il réside à Hariorpour.

MOHARRAKAH. *Voyez* Meharragah.

MOHAWAKS, reste d'une nation autrefois puissante et répandue au N.-E. des États-Unis et dans le Bas-Canada. Une partie de cette peuplade demeure dans les environs du Niagara, une autre au-delà de la baie de Kenty. Les Mohawaks donnaient autrefois leur nom à la puissante confédération appelée communément les Cinq-Nations par les Européens. Cette confédération, qui vendit la plus grande partie de son terrain aux États-Unis, se compose des peuplades suivantes : les Mohawaks, les Senecas, les Onondagas, les Oncïdas, les Cayugas, les Tuscaroras, les Canoys, les Mohégans et les Nauticokes ou Stock-Bridge-Indians. Les cinq premières de ces peuplades, qui se nomment elles-mêmes Ongwehonwe (plus grands que tous), sont appelées Maquas par les Hollandais et Iroquois par les Français.

MOHAWKS. *Voy.* Connecticut (fleuve).

MOHÉGANS. *Voyez* Mohawaks.

MOHEN-EMOUGI. *Voyez* Mani-Emougi.

MOHILEW, gouv. de la Russie d'Europe, borné au N. par Witebsk, au N.-E. par Smolensk, au S.-E. et au S. par Czernigow, à l'O. par Minsk. Sa superficie est de 900 milles c., sa population de 900,000 âmes. Son terrain est plat, couvert de forêts et de quelques collines; il est fertile, produit en abondance du blé, du chanvre, du lin, du houblon, et ses forêts fournissent du bois de construction à la marine; ses marais sont riches en fer. Il a des fabriques de toiles, des verreries, des forges, beaucoup de distilleries. La Dzwina, le Dnieper, le Soz, le Druc et la Luczosa le traversent et alimentent son commerce avec la mer Baltique et la mer Noire. Cette province polonaise est occupée par les Russes depuis 1772.

MOHILEW, v. de la Russie d'Europe, gouv. de Podolie; siége des autorités du cercle et d'un évêque arménien; elle est située sur le Dniestre et garantie du vent du nord par une chaîne de collines assez élevées. Mohilew était jadis fortifié et servait d'entrepôt de marchandises; 7000 âmes.

MOHILEW, v. de la Russie d'Europe, gouv. du même nom, chef-lieu de cercle, sur une colline baignée par le Dniéper; siége des autorités du gouvernement. Elle possède un vieux château, un séminaire grec, un gymnase, etc.; son commerce et son industrie sont très-animés; 16,000 hab.

MOHOK. *Voyez* Delaware (fleuve).

MOHON, vg. de Fr., Ardennes, arr., cant. et poste de Mézières; fabr. de canons de fusil; 440 hab.

MOHON, vg. de Fr., Morbihan, arr. de Ploermel, cant. de la Trinité, poste de Josselin; 3290 hab.

MOHRIN, pet. v. de Prusse, prov. de Brandebourg, rég. de Francfort, à l'embouchure de la Schlippe dans un grand lac; elle est ceinte de remparts, de murs et de fossés; pêche et commerce de bestiaux; 1100 hab.

MOHRULASSES ou Morlackes, peuple de la souche slave; habite la Bosnie méridionale.

MOHRUNGEN, pet. v. de Prusse, chef-lieu de cercle, prov. de Prusse, rég. de Kœnigsberg, dans une contrée sablonneuse, entre les lacs de Mohrung et de Scherting; avec un château des comtes de Dohna, un hôpital central, une école latine, des tisseranderies. Patrie du littérateur J.-G. Herder, né en 1747, mort en 1803; 2500 hab.

MOI ou Moui, tribu sauvage et belliqueuse qui habite, dans l'emp. d'An-nam, les montagnes qui séparent cet état de la Chine. Nous sommes encore fort ignorants sur leur compte; mais il est probable que c'est la même peuplade que Bissachère appelle les montagnards de Hao et de Lactho.

MOIDIEU, vg. de Fr., Isère, arr., cant. et poste de Vienne; 800 hab.

MOIDREY, vg. de Fr., Manche, arr. d'Avranches, cant. et poste de Pontorson; 310 h.

MOIGNÉ, vg. de Fr., Ille-et-Vilaine, arr. et poste de Rennes, cant. de Mordelles; 340 h.

MOIGNY, vg. de Fr., Seine-et-Oise, arr. d'Étampes, cant. et poste de Milly; 630 hab.

MOIMAY, vg. de Fr., Haute-Saône, arr. de Lure, cant. et poste de Villersexel; 350 hab.

MOIMONT, ham. de Fr., Oise, com. de Milly; 120 hab.

MOINAS, ham. de Fr., Gard, com. de St.-Jean-de-Valeriscle; 180 hab.

MOINEAU, ham. de Fr., Oise, com. d'Angy et de Bury; filatures; 150 hab.

MOINERIE (la), ham. de Fr., Loir-et-Cher, com. de Lantheuay; 100 hab.

MOINES (île aux), île de Fr., dans le golfe et le dép. du Morbihan, arr., cant. et à 3 l. S.-O. de Vannes; elle doit son nom à un ancien monastère, dont on voit encore quelques ruines; elle est fertile et bien cultivée. On y récolte des céréales, du lin, du chanvre et un peu de vin blanc de qualité médiocre. Les hommes y sont presque tous pêcheurs et marins et les femmes seules s'occupent de la culture du territoire; 1500 hab.

MOINEVILLE, vg. de Fr., Moselle, arr., cant. et poste de Briey; 350 hab.

MOINGS, vg. de Fr., Charente-Inférieure, arr., cant. et poste de Jonzac; 450 hab.

MOINGT, *Mediodunum*, vg. de Fr., Loire, arr., cant., à 1/2 l. S. et poste de Montbrison; il a une source d'eau minérale acidule. Les antiquités découvertes près de Moingt et les médailles trouvées dans les ruines d'un ancien édifice, situé sur un côteau à l'O. de ce village, font présumer que c'était une ville gauloise qui, avant l'invasion romaine, portait le nom de *Mediolanum Segusianorum* et que les Romains appelèrent plus tard *Mediodunum;* 620 hab.

MOINVILLE-LA-JEULEN, vg. de Fr., Eure-et-Loir, arr. de Chartres, cant. et poste d'Auneau; 150 hab.

MOIRANS, pet. v. de Fr., Isère, arr., à 7 1/2 l. de St.-Marcellin et à 143 l. de Paris, cant. de Rives, poste; elle est avantageusement située sur la Morge, à l'embranchement de plusieurs grandes routes et sur celle de Grenoble à Lyon; aussi son industrie est-elle très-développée et ses acieries, ses forges et ses papeteries ont une grande activité. Commerce de fer, de lames d'épées, de bétail, de chanvre et de toiles; 2703 hab. Dans les environs de Moirans on a découvert un grand nombre de fragments de monuments, qui semblent des débris de constructions romaines.

MOIRANS, pet. v. de Fr., Jura, arr. et à 3 l. O. de St.-Claude, chef-lieu de canton et poste; fabr. de tabletterie; filat. et teinture de coton; 1490 hab.

MOIRAUX, ham. de Fr., Isère, com. de St.-Didier-de-Bizonnes; 100 hab.

MOIRAX, vg. de Fr., Lot-et-Garonne, arr. d'Agen, cant. de la Plume, poste de Layrac; 830 hab.

MOIRÉ, vg. de Fr., Rhône. arr. de Villefranche-sur-Saône, cant. de Bois-d'Oingt, poste d'Anse; 200 hab.

MOIREMONT, vg. de Fr., Marne, arr., cant. et poste de Ste.-Ménéhoulde; 520 hab.

MOIREY, vg. de Fr., Meuse, arr. de Montmédy, cant. et poste de Damvillers; 130 hab.

MOIRIEU, ham. de Fr., Isère, com. de Villemoirieu; 150 hab.

MOIRON, vg. de Fr., Jura, arr., cant. et poste de Lons-le-Saulnier; 310 hab.

MOIRY, vg. de Fr., Ardennes, arr. de Sédan, cant. et poste de Carignan; 220 hab.

MOIRY, ham. de Fr., Nièvre, com. de St.-Parice-le-Châtel; filature et foulerie; 270 hab.

MOISDON-LA-RIVIÈRE, vg. de Fr., Loire-Inférieure, arr. et à 2 l. S. de Châteaubriant, chef-lieu de canton, poste de la Meilleraie; forges; 2370 hab.

MOISENANS. *Voyez* MONTJAY (Saône-et-Loire).

MOISENAY, vg. de Fr., Seine-et-Marne, arr. et poste de Melun, cant. de Châtelet; 870 hab.

MOISLAINS, b. de Fr., Somme, arr., cant. et poste de Péronne; 1730 hab.

MOISSAC, vg. de Fr., Cantal, arr., cant. et poste de Murat; 630 hab.

MOISSAC ou NOTRE-DAME-DE-VALFRANCISQUE, vg. de Fr., Lozère, arr. de Florac, cant. de St.-Germain-de-Calberte, poste de Pompidou; 770 hab.

MOISSAC, vg. de Fr., Var, arr. de Brignoles, cant. de Tavernes, poste d'Aups; 290 hab.

MOISSAC, *Mussiacum*, v. de Fr., Tarn-et-Garonne, à 7 l. O.-N.-O. de Montauban, 168 l. S. de Paris, chef-lieu d'arrondissement; siége de tribunaux de première instance et de commerce; conservation des hypothèques; elle est agréablement située sur la rive droite du Tarn, non loin du confluent de cette rivière avec la Garonne; elle est bien bâtie et environnée de coteaux couverts de vignobles et de vergers. On y remarque une élégante fontaine, un beau pont de construction moderne et l'ancienne abbaye, qui renferme des sculptures d'un grand interêt pour les antiquaires. Cette ville possède un collége. Elle fait un commerce important en minoterie, huile, vins, safran, laine, etc. Le Tarn, qui y est navigable, favorise beaucoup ses relations commerciales avec Bordeaux. Foires : 8 janvier, 8 février, 8 octobre, 21 mai, 1er septembre, 12 novembre et lundi-saint; 10,618 hab.

Moissac est une ville fort ancienne, dont l'origine est peu connue. Les débris de ses antiques murailles annoncent qu'elle était autrefois très-forte et beaucoup plus importante. Elle fut en effet ravagée par les Visigoths, les Francs, les Normands, par les croisés pendant la guerre des Albigeois et par les Anglais. Son abbaye, fondée par Clovis, était une des plus célèbres et des plus riches de France.

MOISSAGUEL, ham. de Fr., Tarn-et-Garonne, com. de Touffailles; 120 hab.

MOISSANNES, vg. de Fr., Haute-Vienne, arr. de Limoges, cant. et poste de St.-Léonard; 740 hab.

MOISSAT, vg. de Fr., Puy-de-Dôme, arr. de Clermont-Ferrand, cant. de Vertaizon, poste de Billom; 1840 hab.

MOISSELLES, vg. de Fr., Seine-et-Oise, arr. de Pontoise, cant. d'Écouen, poste; 310 hab.

MOISSEY, vg. de Fr., Jura, arr. de Dôle, cant. de Montmirey-la-Ville, poste; exploitation de carrières de pierres meulières; tuileries; 900 hab.

MOISSIEUX, vg. de Fr., Isère, arr. de Vienne, cant. et poste de Beaurepaire; 610 hab.

MOISSON, vg. de Fr., Seine-et-Oise, arr. de Mantes, cant. et poste de Bonnières; 890 hab.

MOISSY-CRAMAYEL, vg. de Fr., Seine-et-Marne, arr. de Melun, cant. de Brie-Comte-Robert, poste de Lieusaint; 520 hab.

MOISSY-MOULINOT. *Voyez* MOULINOT.

MOISVILLE, vg. de Fr., Eure, arr. d'Évreux, cant. de Nonancourt, poste de Damville; 250 hab.

MOISY, vg. de Fr., Loir-et-Cher, arr. de Blois, cant. d'Ouzouër-le-Marché; 480 hab.

MOITA, vg. de Fr., Corse, arr., à 5 l. E.-S.-E. et poste de Corte, chef-lieu de canton; 700 hab.

MOITA, pet. v. du Portugal, prov. d'Estramadure, dist. et à 5 l. N. de Setouval, avec un petit port, sur l'embouchure du Tage, vis-à-vis et à 4 1/2 l. de Lisbonne.

MOITAY (pays des), un des nom que les Européens donnent au Cassay. *Voyez* CASSAY.

MOITIERS (les), vg. de Fr., Manche, arr. de Valognes, cant. et poste de St.-Sauveur-sur-Douve; fabr. de poterie; 700 hab.

MOITIERS-D'ALLONNE (les), vg. de Fr., Manche, arr. de Valognes, cant. de Barneville, poste de Bricquebec; 1060 hab.

MOITRON, vg. de Fr., Côte-d'Or, arr. de Châtillon-sur-Seine, cant. et poste d'Aignay-le-Duc; 190 hab.

MOITRON, vg. de Fr., Sarthe, arr. de Mamers, cant. et poste de Fresnay-sur-Sarthe; 980 hab.

MOIVRE, vg. de Fr., Marne, arr. et poste de Châlons-sur-Marne, cant. de Marson; 230 hab.

MOIVRONS, vg. de Fr., Meurthe, arr. et poste de Nancy, cant. de Nomény; 490 h.

MOJABRA, b. de l'oasis d'Aoudjelah, rég. de Tripoli, à 4 l. E.-S.-E. de la ville d'Aoudjelah, près de la route qui conduit de cette ville à Syouah et au Caire; habitants commerçants.

MOJOS (district des). *Voyez* SANTA-CRUZ-DE-LA-SIERRA (province).

MOJOS ou **MOXOS**, MOXA, MOSSI, MOHA, nation indigène très-nombreuse habitant le district auquel elle donne son nom, au N. de la prov. de Santa-Cruz, rép. de Bolivia, entre le Béni et la Madeira. Ils se divisent en un grand nombre de tribus, en partie indépendantes, en partie soumises et vivant dans les missions de Santa-Cruz.

MOKA ou **MOKKA**, MOCHA, *Pseudocelis*, *Moca*, v. de l'Arabie; est située sous 13° 16′ lat. N., dans le Yémen. C'est une assez jolie ville, bâtie sur les bords du golfe Arabique. Elle est entourée de murs, possède un bon port et a 18,000 habitants, selon les uns; suivant d'autres, elle en a plus de 60,000. Moka est la principale place de commerce de l'Arabie et visité par un grand nombre de bâtiments européens, qui y chargent principalement du café, de la gomme, de l'encens. Les deux dernières de ces denrées viennent de l'Afrique. La fondation de Moka date de 400 ans à peine; il est aujourd'hui au pouvoir de Méhémet-Ali. Dans ses environs immédiats on trouve de beaux jardins et des bosquets de palmiers, mais la contrée où il est bâti est tout à fait déserte.

MOKHTAR-SALAM, pet. v. de l'état Peul de Fouta-Toro, en Sénégambie, dans le Toro proprement dit.

MOKOBODY, pet. v. de Pologne, woïwodie de Podlachie, cer. de Siedlce; 900 hab.

MOKRAT, île assez considérable du Nil, en Nubie, à 35 l. N.-E. de Meraouch et au S.-E. du mont Barkal.

MOL, vg. du roy. de Belgique, prov. d'Anvers, arr. et à 5 1/2 l. S.-E. de Turnhout, sur la Mol-Neethe; fabrication de draps, de flanelle et de dentelles; 3800 hab.

MOLA, *Molæ Formianæ*, v. du roy. de Naples, prov. de Bari, peu loin de la mer. Ses habitants, au nombre de 8000, s'occupent de la pêche, de la culture du vin et de l'huile.

MOLAC, vg. de Fr., Morbihan, arr. de Vannes, cant. de Questembert, poste de Rochefort-en-Terre; 1460 hab.

MOLADA, g. a., v. de la Judée méridionale, tribu de Siméon.

MOLAGNIES ou **MENNEVIEUX**, vg. de Fr., Seine-Inférieure, arr. de Neufchâtel-en-Bray, cant. et poste de Gournay; 170 hab.

MOLAIN, vg. de Fr., Aisne, arr. de Vervins, cant. de Vassigny, poste d'Étreux; 700 hab.

MOLAIN, vg. de Fr., Jura, arr., cant. et poste de Poligny; 310 hab.

MOLAIZE-SUR-SAONE, ham. de Fr., Saône-et-Loire, com. d'Ecuelles-sur-le-Doubs; 120 hab.

MOLAMBOZ, vg. de Fr., Jura, arr. de Poligny, cant. et poste d'Arbois; 310 hab.

MOLANDIER, vg. de Fr., Aude, arr. de Castelnaudary, cant. de Belpech, poste de Salles-sur-l'Hers; 630 hab.

MOLARD (le), vg. de Fr., Drôme, arr. de Valence, cant. et poste de St.-Vallier; 120 h.

MOLARD (Grand et Petit-), ham. de Fr., Saône-et-Loire, com. de Verizet; 310 hab.

MOLAS, vg. de Fr., Haute-Garonne, arr. de St.-Gaudens, cant. et poste de l'Isle-en-Dodon; 490 hab.

MOLAY, vg. de Fr., Jura, arr. de Dôle, cant. et poste de Chemin; 440 hab.

MOLAY, vg. de Fr., Haute-Saône, arr. de Vesoul, cant. de Vitrey, poste de Cintrey; 410 hab.

MOLAY, vg. de Fr., Yonne, arr. de Tonnerre, cant. et poste de Noyers; 340 hab.

MOLD, pet. v. d'Angleterre, comté de Flint; 8000 hab. Les assises du comté s'y tiennent.

MOLDAU (la), riv. d'Autriche, affluent de gauche de l'Elbe; elle baigne Budweis et Prague et reçoit à la gauche la Beraun, qui passe par Pilsen.

MOLDAUISCH-KIMPULUNG, b. de Gallicie, cer. de Czernowitz, sur la Moldava; fait un commerce très-considérable avec la Moldavie.

MOLDAU-TEIN, v. de Bohême, cer. de

Budweis, sur la rivière du même nom; 2900 hab.

MOLDAVA, pet. île de la Turquie d'Europe, formée par le Danube, eyalet de Rumili, sandschak de Semendra.

MOLDAVIE (principauté de la); bornée au N. par la Bukowine et la Bessarabie; au S. par la Bessarabie, au S. par le Danube, qui, le long d'un très-petit espace, la sépare de l'empire Ottoman, et la principauté de Valachie; à l'O. par la Transylvanie et la Bukowine. La Moldavie s'étend entre 22° 58′ et 26° 11′ long. orient., et entre 45° 24′ et 48° 17 lat. sept., sur une superficie de 803 milles c., et comprend tout le pays situé à l'occident du Pruth, à l'exception de la Bukowine, qui, depuis 1777, a été cédée à l'emp. d'Autriche; la partie à l'E. du Pruth, depuis 1812, a été incorporée à l'empire russe et forme la prov. de Bessarabie; sa population est de 450,000 habitants, parmi lesquels on compte 150,000 de de ces Bohémiens errants, connus sous le nom de Zingari, de Zingnènes, ainsi qu'un grand nombre d'Arméniens, de Grecs, de juifs et de Russes, dans les mains desquels tout le commerce est concentré. C'est un peuple généralement lâche et d'un mauvais naturel. Ce pays offre un aspect très-pittoresque; on rencontre alternativement de vastes plaines et de charmantes vallées riches en beautés naturelles; il est naturellement un des plus riches et des plus fertiles de l'Europe; mais par suite de guerres continuelles il se trouve presque entièrement inculte; un grand fléau pour l'agriculture est l'affluence extraordinaire d'hirondelles qui commettent d'incroyables ravages, auxquels d'anciennes superstitions empêchent les habitants de porter remède. Les pâturages sont dans un état déplorable; les troupeaux de moutons, de porcs et de gros bétail sont nombreux, mais leur éducation est complétement négligée; dans des temps plus heureux, la principauté exportait annuellement près de 10,000 chevaux et 40,000 bœufs. L'éducation des abeilles est encore très-importante: ses produits sont vendus à Constantinople et à Venise. On ne tire aucun parti des richesses minérales enfouies dans les flancs des montagnes de la chaîne des Karpathes, qui s'étendent sur les confins de la Transylvanie; on n'exploite que quelques mines de sel gemme dans le district d'Olena, et dont on exporte une quantité considérable. L'industrie manufacturière est nulle. Les routes sont dans un état déplorable; mais la navigation à vapeur, établie sur le Danube par le gouvernement autrichien, aura d'immenses résultats, non seulement sur l'industrie et le commerce de ce pays, mais aussi sur la civilisation des habitants. La paix de 1829 a rétabli la liberté du commerce. Aujourd'hui, les bâtiments turcs qui naviguent sur la mer Noire peuvent prendre leur chargement dans les ports de la Moldavie et faire voile pour Constantinople.

Cette principauté est régie comme celle de Valachie; elle est entièrement indépendante du divan; elle est gouvernée par un hospodar (mot slavon qui signifie maître, seigneur). Les revenus annuels de ce prince s'élèvent à 1,600,000 francs; sa résidence est à Jassy; il doit être nommé à vie, et ne peut jamais être déposé que pour cause de délits prévus par le traité d'Andrinople.

Les Moldaves pratiquent la religion chrétienne suivant le rite grec; l'archevêque de Jassy est le chef de l'église; il a sous ses ordres les évêques de Roman, de Harlev et de Husch.

Les principaux cours d'eau de la Moldavie sont le Danube, qui y reçoit le Sereth, grossi par la Moldava, et le Pruth, grossi par le Bachlui.

Sous le rapport administratif, cette principauté est divisée en deux grandes provinces, la Basse-Moldavie (Zara-de-Schoss), et la Haute-Moldavie (Zara-de-Sus). La première est subdivisée en 9 zinuts ou districts, la seconde n'en comprend que 5.

La Moldavie a de tout temps partagé les destinées de la Valachie, sa voisine. Lorsque la Dacie fut réduite en province romaine par Trajan, en 106, ces deux provinces furent réunies à l'empire romain et prirent le nom de *Dacia Transalpina*, c'est-à-dire, la Dacie située au-delà des monts Krapacks. Pendant les onzième et douzième siècles les Kumans se fixèrent dans ces contrées et leur donnèrent le nom de Kumanie. En 1381, les Valaques, peuple venant de la Thrace, s'établirent dans la Kumanie, et c'est depuis ce temps que les deux provinces reçurent les noms de Valachie et de Moldavie; celle-ci emprunta le sien au fleuve Moldava, qui l'arrose. Ce fut à dater de 1310 que les Turcs commencèrent à faire dans ces principautés de fréquentes incursions; ce ne fut cependant qu'en 1503, que le prince Bogdar III consentit à recevoir ses états en fief de l'emp. Ottoman; cette dignité ducale fut en dernier lieu remise par le divan à un prince grec; mais après l'insurrection de 1821, les princes moldaves furent réintégrés dans leurs droits. La Sublime-Porte nomma alors hospodar, le 16 juillet 1822, un boyard moldave, Jean Stourdza. Lors de la guerre de 1828 et 1829, la Moldavie tomba au pouvoir des Russes; mais l'intégrité de son territoire a été reconnue dans le traité conclu le 14 septembre 1829 entre la Sublime-Porte et l'empereur de Russie.

MOLDE, pet. v. de Norwège, diocèse de Drontheim, bge de Romdal, sur le golfe de ce dernier nom; possède un excellent port, d'où l'on exporte une grande quantité de poissons, de goudron et de planches.

MOLÉANS, vg. de Fr., Eure-et-Loir, arr., cant. et poste de Châteaudun; 370 hab.

MOLÈDES, vg. de Fr., Cantal, arr. de St.-Flour, cant. et poste de Massiac; 990 h.

MOLÈNE. *Voyez* ISLE-MOLÈNE.

MOLÉON, vg. de Fr., Gers, arr. de Condom, cant. et poste de Cazaubon; 1230 h.

MOLÈRE, vg. de Fr., Hautes-Pyrénées, arr. de Bagnères-en-Bigorre, cant. et poste de Lannemezan; 60 hab.

MOLERETTE (la), ham. de Fr., Lot, com. Flaugnac; 100 hab.

MOLÉS, ham. de Fr., Landes, com. de Cazères; 130 hab.

MOLE-SAINT-NICOLAS (le) ou simplement LE MOLE ou CAP-SAINT-NICOLAS, pet. v. maritime de l'île d'Haïti, dép. du Nord, en face ou cap Maïzi, dans l'île de Cuba, dans une contrée salubre, mais stérile. Les fortifications de cette ville, en grande partie rasées par le tyran Christophe, en avaient fait une des plus fortes places maritimes du monde. Son port, abrité contre tous les vents, est un des meilleurs des Antilles; 2600 hab.

MOLESME, vg. de Fr., Côte-d'Or, arr. de Châtillon-sur-Seine, cant. et poste de Laignes; 890 hab.

MOLESMES, vg. de Fr., Yonne, arr. d'Auxerre, cant. et poste de Courson; 370 h.

MOLEYRES, ham. de Fr., Lot-et-Garonne, com. de Casteljaloux; 100 hab.

MOLF (Saint-), vg. de Fr., Loire-Inférieure, arr. de Châteaubriant, cant. et poste de Guérande; 1200 hab.

MOLFETTA, *Melfitum*, v. épiscopale du roy. de Naples, prov. de Bari, peu loin de la mer; importante par ses nombreuses fabriques de toile et par son commerce; pêche; petit port; 12,000 hab.

MOLHAIN, ham. de Fr., Ardennes, com. de Vireux-Molhain; 180 hab.

MOLIÈRE, ham. de Fr., Isère, com. de St.-Quentin; 150 hab.

MOLIÈRE (la), ham. de Fr., Puy-de-Dôme, com. d'Yronde; 150 hab.

MOLIÈRES (les), ham. de Fr., Ardèche, com. de St.-Pierre-la-Roche; 100 hab.

MOLIÈRES, vg. de Fr., Aude, arr. et poste de Limoux, cant. de St.-Hilaire; 80 h.

MOLIÈRES, vg. de Fr., Dordogne, arr. de Bergerac, cant. de Cadouin, poste de Lalinde; 940 hab.

MOLIÈRES, vg. de Fr., Drôme, arr., cant. et poste de Die; 100 hab.

MOLIÈRES, vg. de Fr., Gard, arr., cant. et poste du Vigan; exploitation de carrières de marbre; 700 hab.

MOLIÈRES, vg. de Fr., Lot, arr. de Figeac, cant. et poste de St.-Céré; 1010 hab.

MOLIÈRES (les), vg. de Fr., Seine-et-Oise, arr. de Rambouillet, cant. et poste de Limours; 470 hab.

MOLIÈRES, pet. v. de Fr., Tarn-et-Garonne, arr. et à 5 l. N. de Montauban, chef-lieu de canton, poste de Castelnau-de-Montratier; 2580 hab.

MOLIETS, vg. de Fr., Landes, arr. de Dax, cant. de Soustons, poste de St.-Vincent-de-Tyrosse; 380 hab.

MOLIGNAUX, ham. de Fr., Somme, com. de Croix-Molignaux; 200 hab.

MOLINA, v. d'Espagne, roy. de la Nouvelle-Castille, prov. et à 21 l. N de Cuença, dans les montagnes, à 1057 mètres au-dessus du niveau de la mer; fonderies, forges et commerce de fer; 4450 hab.

MOLINA, b. d'Espagne, roy. et dist. de Murcie; salines; 3220 hab.

MOLINARA, b. du roy. des Deux-Siciles, Principauté ultérieure; 2100 hab.

MOLINCHART, vg. de Fr., Aisne, arr., cant. et poste de Laon; 320 hab.

MOLINCOURT, vg. de Fr., Eure, arr. des Andelys, cant. d'Écos, poste de Thilliers-en-Vexin; 40 hab.

MOLINE (Haute et Basse-), vg. de Fr., Aube, com. de Troyes; filat. de coton; 100 hab.

MOLINE, ham. de Fr., Lozère, com. d'Ispagnac; 320 hab.

MOLINES-EN-CHAMPSAUR, vg. de Fr., Hautes-Alpes, arr. de Gap, cant. et poste de St.-Bonnet; 160 hab.

MOLINES-EN-QUEYRAS, vg. de Fr., Hautes-Alpes, arr. de Briançon, cant. d'Aiguilles, poste de Queyras; 1030 hab.

MOLINET, vg. de Fr., Allier, arr. de Moulins-sur-Allier, cant. de Dompierre, poste de Digoin; 770 hab.

MOLINEUF, ham. de Fr., Loir-et-Cher, com. de St.-Secondin; 500 hab.

MOLINGER, vg. de Fr., Jura, arr., cant. et poste de St.-Claude; usines à marbre; 320 hab.

MOLINGHEM, vg. de Fr., Pas-de-Calais, arr. de Béthune, cant. de Norrent-Fontes, poste d'Aire-sur-la-Lys; 670 hab.

MOLINIÉ, ham. de Fr., Tarn-et-Garonne, com. de Caylux; 120 hab.

MOLINO, pet. île au N. de l'île d'Haïti, dont elle dépend; elle s'étend en face du fort Liberté (fort Dauphin), à l'O. de la baie de Monte-Christi.

MOLINONS, vg. de Fr., Yonne, arr. de Sens, cant. et poste de Villeneuve-l'Archevêque; fabr. de draps; 340 hab.

MOLINOT, vg. de Fr., Côte-d'Or, arr. de Beaune, cant. et poste de Nolay; 610 hab.

MOLISE, *Lunciana Provincia*, prov. du roy. de Naples, bornée par l'Abruzze citérieure, la Capitanate, la Principauté ultérieure, la Terre-de-Labour et l'Abruzze ultérieure IIe. Sa superficie est de 57 l. c. et sa population de 200,000 habitants, distribués dans 9 villes, 16 bourgs et 77 villages. Le N. et l'O. de cette province sont traversés par la chaîne de montagne Mates, une des plus formidables de l'Apennin; les autres parties présentent une vaste plaine sillonnée de collines, qui s'aplatissent vers la mer Adriatique. Les principales rivières sont : le Biferno, le Trigno et le Tammaro. L'air y est doux et pur; le sol est fertile en blé, maïs, millet, orge, avoine, chanvre, vin, huile, fruits, châtaignes; mais la culture est généralement négligée; l'éducation des bêtes à cornes et de la race chevaline est peu importante; mais celle des moutons, des chèvres, des porcs, ainsi que celle des abeilles, est dans un état florissant. On exporte de la laine, des viandes salées, du blé et du vin. L'industrie manufacturière est nulle. Chef-lieu Campobasso.

MOLISE, *Melæ*, vg. du roy. de Naples; a donné son nom à la province dans laquelle il est situé.

MOLITARD, ham. de Fr., Eure-et-Loir, com. de Conie; 340 hab.

MOLITERNO, v. du roy. de Naples, prov. de la Principauté citérieure; située sur une colline de la vallée de Diano et entre deux bras du Maglio; 5000 hab.

MOLITG, vg. de Fr., Pyrénées-Orientales, arr., cant. et poste de Prades; bains d'eaux thermales très-fréquentés; 610 hab.

MOLIVO, l'ancienne *Methymna*, v. de la Turquie d'Asie; est située sur la côte septentrionale de l'île de Metelin, à l'O. du cap Kuretsche, dans une plaine entourée de montagnes volcaniques; son port est vaste et sûr; ses habitants, au nombre de 2 ou 3000, Grecs et Osmanlis, se distinguent par leurs aptitudes musicales.

MOLLANS, vg. de Fr., Drôme, arr. de Nyons, cant. et poste du Buis; filat. de soie; 1180 hab.

MOLLANS, vg. de Fr., Haute-Saône, arr., cant. et poste de Lure; tourbières; 880 hab.

MOLLARD (le), ham. de Fr., Isère, com. de Beaucroissant; 140 hab.

MOLLARD, ham. de Fr., Isère, com. du Pin; 180 hab.

MOLLARDS (les), ham. de Fr., Isère, com. de Rives; 150 hab.

MOLLAU, vg. de Fr., Haut-Rhin, arr. de Belfort, cant. de St.-Amarin, poste de Wesserling; 820 hab.

MOLLAY (le), vg. de Fr., Calvados, arr. de Bayeux, cant. de Balleroy, poste de Littry; 670 hab.

MOLLAY, ham. de Fr., Maine-et-Loire, com. de St.-Just-sur-Dives; 330 hab.

MOLLE (la), vg. de Fr., Var, arr. de Draguignan, cant. de St.-Tropez, poste de Cogolin; 360 hab.

MOLLÈGES, vg. de Fr., Bouches-du-Rhône, arr. d'Arles-sur-Rhône, cant. d'Orgon, poste de St.-Remy; 690 hab.

MOLLENDO. *Voyez* ARÉQUIPA (ville).

MOLLER, groupe d'îles de l'archipel des Iles-Basses ou de Paumotou, Polynésie ou Océanie orientale, sous 17° 43′ lat. S. et 143° 8′ long. occ.; il a 11 1/3 milles de longueur du N.-E. au S.-O., sur 3 2/3 milles de large. Bellingshausen visita ce groupe en 1819 et Freycinet y toucha en 1823. Quelques-unes des îles qui le composent sont habitées.

MOLLES, vg. de Fr., Allier, arr. de la Palisse, cant. et poste de Cusset; 880 hab.

MOLLEVILLE, vg. de Fr., Aude, arr. de Castelnaudary, cant. et poste de Salles-sur-l'Hers; 160 hab.

MOLLIENS-AUX-BOIS, vg. de Fr., Somme, arr. d'Amiens, cant. et poste de Villers-Bocage; 600 hab.

MOLLIENS-EN-BEAUVOISIS, vg. de Fr., Oise, arr. de Beauvais, cant. de Formerie, poste de Grandvilliers; fabr. de bonneterie en laine; 1100 hab.

MOLLIENS-VIDAME, b. de Fr., Somme, arr. et à 4 1/2 l. O. d'Amiens, chef-lieu de canton, poste de Picquigny; 870 hab.

MOLLIÈRES (les), ham. de Fr., Vosges, com. de Fontenay-le-Château; 100 hab.

MOLLIS, b. de Suisse, cant. de Glaris, sur le Sinth; florissant par ses nombreuses fabriques d'étoffes de coton et de fromages. Dans le voisinage se trouve la pittoresque vallée de Mulli.

MOLLKIRCH, vg. de Fr., Bas-Rhin, arr. de Schlestadt, cant. de Rosheim, poste de Molsheim; 1070 hab.

MOLLON, vg. de Fr., Ain, arr. de Trévoux, cant. et poste de Meximieux; 350 h.

MOLO, v. de la Malaisie; est située dans l'île de Panay, une des Philippines. D'après M. de Rienzi, c'est une des villes les plus populeuses et les plus commerçantes de tout l'archipel Indien.

MOLOCHAT, g. a., v. de la Mauritanie Tingitane, sur la rive orientale du fleuve de même nom.

MOLOMPIZE, vg. de Fr., Cantal, arr. de St.-Flour, cant. et poste de Massiac; 950 h.

MOLOSME, vg. de Fr., Yonne, arr., cant. et poste de Tonnerre; 670 hab.

MOLOSSES (les), g. a., peuple de l'Épire, originaire de l'Asie Mineure. Après la chute de Troie, sous la conduite d'un fils de Néoptolème ou de Néoptolème lui-même, ils vinrent s'établir dans l'Épire, où ils formèrent une espèce de gouvernement monarchique, avec deux rois. Avec le temps ils soumirent tous les autres Épirotes et tombèrent enfin sous la puissance de Rome, ainsi que toute l'Épire. Paul-Emile les dépouilla de leurs possessions et de leurs priviléges.

MOLOUAS, peuple de la Basse-Guinée; ils occupent, avec les habitants du roy. de Bihé, le premier rang parmi les nègres par leur intelligence et leur industrie, exploitent des mines de cuivre qu'ils savent travailler, excellent dans la fabrication de pagnes, de nattes et de corbeilles, qui sont exportées dans tout l'intérieur de cette partie de l'Afrique, et savent même tailler les pierres fines pour en faire des pendants d'oreilles, des bracelets, etc. Leur royaume, qui paraît être la puissance indigène prépondérante de toute l'Afrique transéquatoriale, s'étend au S. de celui de Bomba et au N. du lac Caloungo-Kouffoua; un grand nombre de pays, situés vers l'E. et le S.-E., et même des peuples qui habitent le long de la côte orientale reconnaissent sa suzeraineté ou lui paient un tribut; les plus considérables sont ceux de Mouchingi et de Moucangama; tous ces pays sont traversés par les montagnes du grand plateau austral, qui y atteignent une hauteur de 430—1100 toises. Le roy. des Molosses offre la singularité d'avoir deux capitales distinctes : Yanoo, où réside le roi, et Tandi-a-Voua, dite aussi Agattou-Yanoo, où réside la reine.

MOLOUYAH. *Voyez* MALOUIA.

MOLOY, vg. de Fr., Côte-d'Or, arr. de Dijon, cant. et poste d'Is-sur-Tille; haut-fourneau, forges; 490 hab.

MOLOYA, pet. v. de la Russie d'Europe, gouv. de Jareslaw; siége des autorités du cercle, sur la Mologa; une église; très-peu de commerce; 2109 hab.

MOLOZADZ, pet. v. de la Russie d'Europe, gouv. de Grodno, sur la rivière de même nom.

MOLOZON, vg. de Fr., Lozère, arr. de Florac, cant. de Barre, poste de Pompidou; 530 hab.

MOLPHEY, vg. de Fr., Côte-d'Or, arr. de Sémur, cant. et poste de Saulieu; 260 hab.

MOLRING, ham. de Fr., Meurthe, arr. de Château-Salins, cant. d'Albestroff, poste de Dieuze; 100 hab.

MOLSHEIM, pet. v. de Fr., Bas-Rhin, arr., à 5 l. O.-S.-O. de Strasbourg et à 120 l. de Paris, chef-lieu de canton et poste; elle est située dans une des vallées les plus pittoresques, au pied des Vosges, sur la rive gauche de la Bruche. Cette petite ville est bien bâtie et renferme plusieurs belles constructions. Tout près de la ville se trouve une magnifique maison de campagne, que les habitants nomment le château; l'évêque de Strasbourg l'habitait et y avait établi, il y a quelques années, une espèce d'école théologique, dans laquelle il admettait un certain nombre de sujets distingués. Molsheim est remarquable par sa florissante fabrication de grosse quincaillerie et autres articles en fer et en acier; on y trouve aussi plusieurs blanchisseries de toiles, des moulins à farine et à tan et des fabriques de poterie; commerce de quincaillerie, de toiles, de bonneterie et de vins excellents, que l'on récolte sur les côteaux environnants; 3284 h.

Molsheim existait déjà au dixième siècle. En 1353 l'empereur Charles IV y visita l'évêque Berthold. Le comte-palatin Ruprecht incendia cette ville en 1388. La guerre entre les évêques de Strasbourg, vers la fin du seizième siècle, lui devint aussi funeste. En 1580 les jésuites y établirent un collége, qui fut supprimé en 1764.

MOLTAUDEIN, pet. v. archiépiscopale de Bohême, sur la Moldau; pêche du saumon; 2500 hab.

MOLTE, g. a., v. de la Phrygie.

MOLTIFAO, vg. de Fr., Corse, arr. et poste de Corte, cant. de Castifao; 830 hab.

MOLTORP, paroisse de la Suède méridionale, prov. de Staraborg; grande fabrication d'alun.

MOLUCHES ou **MOLOUCHES**, **MOLUTCHES** (guerriers), nation indigène très-nombreuse et répandue à l'E. et au S. du Chili et le long de la côte O. de la Patagonie. Les Espagnols les appellent Aucaès ou Aucas (brigands rebelles), nom qui a peut-être la même signification que celui d'Araucanos et pour lequel on confond souvent ces deux nations. Les Moluches se divisent en trois branches principales qui sont : 1° Les Picunches (peuple du Nord), à l'E. de la prov. de Coquimbo et des deux côtés des Andes, depuis 30° jusqu'à 34° 30′ lat. S.; c'est la tribu la plus forte et la plus guerrière des Moluches; 2° les Pehuenches (peuple des sapins) habitent les districts montueux et bien boisés, au S. des Picunches jusqu'aux environs de Valdivia (40° lat. S.); cette tribu, autrefois nombreuse et très-puissante, fut tellement décimée par les guerres, la variole et l'abus des boissons spiritueuses, que du temps de Falkner elle ne comptait plus que 800 individus; 3° les Huilliches (peuple du Sud), depuis Valdivia jusqu'au détroit de Magellan des deux côtés des Andes. Ils se subdivisent en 4 branches : *a*) Les Huilliches proprement dits ou Molu-Huilliches, Pichi-Huilliches (Petits-Huilliches), depuis Valdivia jusqu'au lac de Chiloé, et à l'E. des Andes jusqu'au lac Nahuelhuaupi; *b*) les Chonos (Tschonos), dans les îles de Chiloé et le long de la côte qui borde ces îles; *c*) les Poy-Yus ou Peyes, le long de la côte occidentale de la Patagonie, à l'O. des Andes, depuis 48° jusqu'à 51° lat. S.; *d*) les Key-Yus ou Keyes, au S. des précédents jusqu'au détroit de Magellan (51° lat. S.). Les 3 dernières branches portent le nom général de Vuta-Huilliches (Grand-Huilliches).

MOLUNE (Haute-), vg. de Fr., Jura, arr. et poste de St.-Claude, cant. de Bouchoux; travail de pierres fines; 760 hab.

MOLUNES (les), vg. de Fr., Jura, arr., cant. et poste de St.-Claude; 810 hab.

MOLUQUES ou **ILES-ROYALES** (de l'arabe *Melek*), **ILES-DES-EPICES**. Le grand archipel des Moluques, un des principaux groupes d'îles de la Malaisie, est situé à l'E. de Célébès et à l'O. de la Nouvelle-Guinée, entre 3° lat. N. et 5° lat. S. et entre 145° et 152° long. E., en y comprenant le groupe d'Arrou que plusieurs géographes regardent comme faisant partie de la Papouasie. Toutes ces îles sont d'origine volcanique, couvertes de hautes montagnes, dont plusieurs, telles que les volcans de Gounang-Api, de Makian, de Ternate et d'autres encore, sont en ignition. De fréquents tremblements de terre, des déchirures du sol font croire que les forces qui ont si souvent bouleversé les Moluques sont toujours actives. Le climat, naturellement très-chaud, est tempéré cependant par les pluies et les brises de mer, et serait agréable sans son excessive insalubrité, qui rend le séjour de ces îles mortel à la plupart des Européens. Mais ils y sont attirés par les riches productions que le sol des Moluques fournit abondamment. On y trouve le sago, le cocotier, l'arbre à pain, tous les arbres fruitiers de l'Inde, des bois rares et précieux, tels que le teck, le bois de fer, l'ébène, le cayou-pouti, dont les feuilles renferment une huile délicieuse; mais surtout les arbustes à épices si recherchées, le giroflier et le muscadier, qui y croissent dans toute leur splendeur et qui sont encore aujourd'hui la principale richesse de ces îles. Les Portugais formèrent les premiers établissements dans les Moluques, en 1512, et introduisirent en Europe l'usage des épices. Ils ne tardèrent pas à exciter l'envie des Hollandais, qui leur suscitèrent de sanglantes querelles et parvinrent à leur arracher la possession de l'archipel; ils mirent vingt-deux ans à soumettre toutes les îles, et dans un grand nombre ils détruisirent les indigènes. C'est alors, pour conserver le monopole des épices et rester maîtres de la production, qu'ils exterminèrent les girofliers et les muscadiers dans presque tout l'archipel et concentrèrent la culture dans quelques îles faciles à défendre. Pour y parvenir ils établirent un régime aussi despotique que cruel, qui a duré jusqu'en 1824. Néanmoins la culture est toujours concentrée; celle du giroflier à Amboine, Harouko, Larique, Saparoua et Hila; celle du muscadier à Banda, Lonthoir et Ay. La récolte moyenne est chaque année de 300,000 livres hollandaises de clous de girofle, de 500,000 livres de noix muscade et de 150,000 livres de macis (enveloppe interne de la noix). Les habitants des Moluques sont des nègres Harafores et Papouas et des Malais, païens et mahométans. Un petit nombre seulement des indigènes a embrassé le christianisme, qui a fait plus de progrès sous les Portugais que sous les Hollandais. La plupart des indigènes vivent sous leurs chefs, qui sont vassaux des Hollandais; le plus puissant de ces chefs est le sultan de Ternate. Nous n'entrons pas dans plus de détails sur cet important archipel pour ne pas répéter ce que l'on trouvera aux articles spéciaux consacrés aux îles qui le composent.

On divise généralement les Moluques en trois groupes, celui d'Amboine, celui de Banda et celui des Moluques proprement dites ou Ternatas.

Les principales îles du groupe d'Amboine sont : Amboine, Harouko, Manipa, Saparoua, Nussa-Laut, soumis directement aux Hollandais. Le gouverneur-général des Moluques réside dans la ville d'Amboine. Son autorité s'étend également sur les établissements hollandais de Manado et de Gorontalo, situés sur la péninsule septentrionale de Célèbès. Les îles de Céram ou Sirang, de Bourou et de Goram appartiennent également à ce premier groupe.

Le second groupe, celui de Banda, se compose des îles de Banda (chef-lieu Nassau, où demeure le résident hollandais), Lonthoir, Aij ou Poulou-Aij, Gounang-Api, célèbre par son volcan qui éclaire au loin la mer voisine, qui forment le groupe de Banda proprement dit; Letti, Moa, Lackar, Sermatta, Kissir, Wetter, qui forment ce qu'on appelle la chaîne du Sud-Ouest; Grande-Key, Laarat, Timorlant, etc., qui forment la chaîne du Sud-Est; Arrou, Waham, Kabosoat, Maykor et Traman, qu'on comprend sous la dénomination de groupe d'Arrou.

Enfin les principales îles du groupe des Moluques proprement dites sont : Gilolo, Ternate, Tidor, Motir, Matchan, Batchian, Mandoly, Tavally, Dammer, Oby, Typa, Mya, Ceramlout, Grande-Oby, Mysol, Popo, Mortay, Salibabo et le petit groupe de Mengis.

MOLUQUES (canal des), bras de mer qui sépare l'île de Célèbès des Moluques proprement dites et unit la mer de Banda au Grand Océan. Les îles Salibabo et la côte septentrionale de Mortay au N., les îles Xulla, Talabo et Mangola au S. peuvent être regardées comme les limites de ce détroit.

MOLVANGE, ham. de Fr., Moselle, com. d'Escherange; 180 hab.

MOLYCREUM, g. a., v. de la partie méridionale de l'Étolie, à l'entrée du golfe de Corinthe, avec un port.

MOMANAS, peuplade indienne indépendante et très-sauvage dans l'emp. du Brésil, prov. de Para, comarque de Rio-Négro, sur les bords supérieurs du Rio-Teffé.

MOMAS, vg. de Fr., Basses-Pyrénées, arr. de Pau, cant. de Lescar, poste d'Arzacq; 570 hab.

MOMBELTRAN, b. d'Espagne, prov. d'Avila.

MOMBERCELLE, b. du Piémont, prov. d'Asti, peu loin du Sion; 2600 hab.

MOMBRIER, vg. de Fr., Gironde, arr. de Blaye, cant. et poste de Bourg-sur-Gironde; 530 hab.

MOMBUEY, pet. v. murée d'Espagne, roy. de Léon, prov. et à 13 1/2 N.-O. de Zamora, sur la Tera; filat. de laine, tisseranderie; 2720 hab.

MOMÈRES, vg. de Fr., Hautes-Pyrénées, arr., cant. et poste de Tarbes; 640 hab.

MOMESTROFF, vg. de Fr., Moselle, arr. de Metz, cant. et poste de Boulay; 340 hab.

MOMMENHEIM, vg. de Fr., Bas-Rhin, arr. de Strasbourg, cant. et poste de Brumath; 1402 hab.

MOMOSTENANGO, gros b. des États-Unis de l'Amérique centrale, état de Guatémala, dist. de Totonicapan; 6000 hab.

MOMOTOMBO, volcan des États-Unis de l'Amérique centrale, au N. du lac de Managua, état de Nicaragua.

MOMPOX, prov. du dép. de Magdaléna, rép. de la Nouvelle-Grenade; elle est bornée au N. par la prov. de Santa-Marta, à l'E. par la rép. de Vénézuela (dép. de Zulia), au S.-E.

et au S. par les dép. de Boyaca et de Cundinamarca, et à l'O. par la prov. de Cartagéna, dont elle est séparée par le Rio-Magdaléna. Cette province, traversée à l'E. par le chaînon oriental des Andes (Sierra de Santa-Marta), est comprise en grande partie dans la vallée du Magdaléna central et renferme environ 40,000 hab. Durant les guerres civiles qui ont déchiré la ci-devant rép. de Colombie, la prov. de Mompox, qui formait un district du gouv. de Santa-Marta, essaya à plusieurs reprises de se constituer en état indépendant.

MOMPOX ou SANTA-CRUZ-DE-MOMPOX, v. de la rép. de la Nouvelle-Grenade et chef-lieu de la province de même nom, sur la rive gauche du Magdaléna et près de l'embouchure du Cauca, dans une contrée belle et fertile mais mal cultivée. La ville est assez bien bâtie et importante par son port, ses vastes chantiers pour la construction de vaisseaux marchands, son collége, ses marchés très-fréquentés et son commerce étendu. Elle fut fondée en 1540 par Géronimo de Santa-Cruz; 11,000 hab.

MOMUY, vg. de Fr., Landes, arr. de St.-Semer, cant. et poste d'Hagetmau; 790 hab.

MOMY, vg. de Fr., Basses-Pyrénées, arr. de Pau, cant. et poste de Lembeye; 400 hab.

MONA (passage de), détroit qui sépare l'île d'Haïti de celle de Portorico; il a une largeur de 22 l. marines et renferme l'île du même nom.

MONACIA, vg. de Fr., Corse, arr. et poste de Corte, cant. de Piedicroce; fabr. de poterie; 400 hab.

MONACO (principauté de). Ce petit état est une enclave des états sardes, étant situé entre l'intendance-générale de Gènes et celle de Nice, sur les bords de la Méditerranée. Sa superficie est de 2 1/2 l. c., et sa population de 5000 âmes; son sol est très-fertile, surtout en figues, amandes, huile, vin et osie. Avant la révolution cette principauté était sous la protection de la France, qui avait le droit d'y mettre garnison; par le congrès de Vienne ce droit a été transféré au roi de Sardaigne.

MONACO, *Herculis Monœci Portus*, capitale de la petite principauté du même nom, dont le prince réside ordinairement à Paris. Monaco est une petite ville bâtie sur un rocher, avec un petit port. Pêche; cabotage, commerce d'huile, de vin et de fruits; 1000 hab.

MONADNOCK. *Voyez* MONTAGNES-BLANCHES.

MONAGHAM, comté d'Irlande; ses bornes sont: au N. le comté de Tysone, à l'E. celui d'Armagh, au S.-E. celui de Louth, à l'E. celui d'East-Meath, au S.-O. celui de Cavan, au N.-O. celui de Fermanagh. Sa superficie est de 25 l. c. géogr., et sa pop. de 130,000 habitants. Cette province est généralement unie et assez-fertile, quoique mal arrosée; au N.-E. et au S.-E. on rencontre beaucoup de marais; l'orge, l'avoine, les pommes de terre et le lin sont ses principales productions. On y élève des bêtes à cornes, des bêtes à laine et des porcs; on fabrique une grande quantité d'excellent beurre et de fromage; la fabrication de la toile est également très-étendue. Le règne minéral ne fournit que des pierres à bâtir, des ardoises, de l'argile et de la tourbe; la houille et le bois manquent totalement. Ce comté est divisé en 5 baronies.

MONAGHAM, b. d'Irlande, chef-lieu du comté de ce nom; fabr. de toile; 4000 hab.

MONALS, ham. de Fr., Aveyron, com. de St.-Santin; 110 hab.

MONAMPTEUIL, vg. de Fr., Aisne, arr. de Laon, cant. d'Anisy-le-Château, poste de Chavignon; 500 hab.

MONASSUT, vg. de Fr., Basses-Pyrénées, arr. de Pau, cant. et poste de Lembeye; 460 hab.

MONASTÈRE (le), vg. de Fr., Aveyron, arr., cant. et poste de Rhodez; 620 hab.

MONASTEREVEN, b. d'Irlande, dans le comté et sur le canal de Nildare, peu loin du Barrow, qui y forme un petit port; entretient un commerce très-actif entre la prov. de Munster et la capitale du royaume; 2500 hab.

MONASTIER ou MONESTIER, vg. de Fr., Lozère, arr., 6 l. S. et poste de Marvejols, cant. de St.-Germain-du-Feil; 550 hab.

Ce village doit son origine à un couvent de bénédictins, dans lequel Urbain V fit son noviciat. L'église de la paroisse était une dépendance de cette abbaye; on y remarque encore à l'entrée du chœur les armes de ce pape.

MONASTIER (le), b. de Fr., Haute-Loire, arr. et à 4 1/2 l. S.-S.-E. du Puy, chef-lieu de canton et poste; asphalte bitumineux; 3530 hab.

MONASTIR, *Monasterium*, v. ancienne et port sur la côte orientale de la rég. de Tunis, sur une presqu'île, dans une situation agréable, à 12 l. E. de Kaïrvan; manufacture de camelot et d'autres étoffes de laine; 8000 hab.

MONAVAR, v. d'Espagne, roy. de Valence, dist. et à 7 1/2 l. N. d'Orihuela; fabr. active de toiles; 8000 hab.

MONBADON, vg. de Fr., Gironde, arr. et poste de Libourne, cant. de Lussac; 390 h.

MONBAHUS, vg. de Fr., Lot-et-Garonne, arr. de Villeneuve-sur-Lot, cant. et poste de Tancon; 1610 hab.

MONBALEN, vg. de Fr., Lot-et-Garonne, arr. d'Agen, cant. et poste de la Roque-Timbaut; 640 hab.

MONBARBAT, ham. de Fr., Lot-et-Garonne, com. de Clairac; 150 hab.

MONBARDON, vg. de Fr., Gers, arr. de Mirande, cant. et poste de Masseube; 320 h.

MONBARIARA. *Voyez* TOPAYOZ.

MONBARLA ou GEORGES-DE-MONBARLA, vg. de Fr., Tarn-et-Garonne, arr. de Moissac, cant. et poste de Lauzerte; 430 hab.

MONBAUDRY, Fr., Eure, com. de Verneuil; 100 hab.

MONBAZILLAC, vg. de Fr., Dordogne, arr. et poste de Bergerac, cant de Sigoulès; 1200 hab.

MONBEL, ham. de Fr., Lozère, com. d'Allenc; 150 hab.

MONBELLO, jolie villa de la famille Crivelli, de Milan; remarquable par le long séjour qu'y a fait Bonaparte entre les préliminaires de Leoben et le traité de Campo-Formio.

MONBENOIST, ham. de Fr., Nièvre, com. de Pougny; 340 hab.

MONBEQU, vg. de Fr., Tarn-et-Garonne, arr. de Castel-Sarrazin, cant. et poste de Grisolles; 550 hab.

MONBERT, vg. de Fr., Gers, arr., cant. et poste d'Auch; 490 hab.

MONBETON, vg. de Fr., Tarn-et-Garonne, arr. de Castel-Sarrazin, cant. et poste de Montech; 560 hab.

MONBLANC, vg. de Fr., Gers, arr. et poste de Lombez, cant. de Samatan; 610 h.

MONBOIN, ham. de Fr., Calvados, com. d'Ouilly-le-Tesson; 230 hab.

MONBON, ham. de Fr., Haute-Vienne, com. de St.-Martin-le-Mault; 120 hab.

MONBOS, vg. de Fr., Dordogne, arr. et poste de Bergerac, cant. de Sigoulès; 230 h.

MONBRAN, ham. de Fr., Lot-et-Garonne, com. de Foulayronnes; 120 hab.

MONBRUN, vg. de Fr., Gers, arr. de Lombez, cant. de Cologne, poste de l'Isle-en-Jourdain; 700 hab.

MONCABRIE, ham. de Fr., Lot, com. de Duravel; 130 hab.

MONCAGLIERI, jolie pet. v. du Piémont, prov. de Turin, située sur la rive droite du Pô; production et fabrication de la soie. Elle est fondée sur les ruines de la rép. de Testona; elle a un château royal et on y tient de grands marchés; 7000 hab.

MONCALE, vg. de Fr., Corse, arr. et poste de Calvi, cant. de Calenzana; 360 h.

MONCALVO, pet. v. du Piémont, prov. de Casale, située sur une montagne; 3500 h.

MONCAO, b. du Portugal, prov. d'Entre-Douro-et-Minho, sur le Minho; 1500 hab.

MONCARAZ ou CAYHA, pet. v. de l'emp. du Brésil, prov. de Para, comarque de Marajo, sur la côte N.-E. de l'île de ce nom; pêcheries très-importantes.

MONCASSIN, vg. de Fr., Gers, arr., cant. et poste de Mirande; 500 hab.

MONCAUP, vg. de Fr., Basses-Pyrénées, arr. de Pau, cant. et poste de Lembeye; 730 hab.

MONCAUT, vg. de Fr., Lot-et-Garonne, arr., cant. et poste de Nérac; 590 hab.

MONÇAY, ham. de Fr., Loiret, com. de Lailly; 200 hab.

MONCAYOLB, vg. de Fr., Basses-Pyrénées, arr., cant. et poste de Mauléon; 640 hab.

MONCEAU, vg. de Fr., Côte-d'Or, arr. de Beaune, cant. et poste de Bligny-sur-Ouche; 450 hab.

MONCEAU, ham. de Fr., Loiret, com. d'Atray; 100 hab.

MONCEAU-LE-NEUF, vg. de Fr., Aisne, arr. de Vervins, cant. de Sains, poste de Marle; 640 hab.

MONCEAU-LES-LOUPS, vg. de Fr., Aisne, arr. de Laon, cant. et poste de la Fère; 1060 hab.

MONCEAU-LE-WAST, vg. de Fr., Aisne, arr. et poste de Laon, cant. de Marle; 1430 hab.

MONCEAU-SAINT-WAST, vg. de Fr., Nord, arr. et poste d'Avesnes, cant. de Berlaimont; 550 hab.

MONCEAU-SUR OISE, vg. de Fr., Aisne, arr. de Vervins, cant. et poste de Guise; 550 hab.

MONCEAUX, vg. de Fr., Calvados, arr. cant. et poste de Bayeux; 270 hab.

MONCEAU, vg. de Fr., Corrèze, arr. de Tulle, cant. et poste d'Argentat; 1600 hab.

MONCEAUX, vg. de Fr. Oise, arr. de Clermont, cant. et poste de Liancourt; 360 hab.

MONCEAUX, ham. de Fr., Oise, com. de St.-Omer-en-Chaussée; 170 hab.

MONCEAUX, vg. de Fr., Orne, arr. de Mortagne-sur-Huine, cant. et poste de Longni; 360 hab.

MONCEAUX. *Voyez* BATIGNOLLES-MONCEAUX (les).

MONCEAUX (les), ham. de Fr., Seine-et-Marne, com. d'Avon; 350 hab.

MONCEAUX-EN-AUGE, vg. de Fr., Calvados, arr., cant. et poste de Lisieux; 120 hab.

MONCEAUX-L'ABBAYE, vg. de Fr., Oise, arr. de Beauvais, cant. et poste de Formerie; 230 hab.

MONCEAU-LE-COMTE, vg. de Fr., Nièvre, arr. de Clamecy, cant. de Tannay, poste; 430 hab.

MONCEAUX-LES-BRAY, vg. de Fr., Seine-et-Marne, arr. de Provins, cant. et poste de Bray-sur-Seine; 270 hab.

MONCEAUX-LES-PROVINS, vg. de Fr., Seine-et-Marne, arr. de Provins, cant. et poste de Villiers-St.-Georges; 360 hab.

MONCEAUX-SUR-AZY, ham. de Fr., Nièvre, com. de St.-Benin-d'Azy; 200 hab.

MONCEAUX-VERSAGNES. *Voyez* MONTCEAUX-L'ÉTOILE.

MONCÉ-EN-BELIN, vg. de Fr., Sarthe, arr. du Mans, cant. et poste d'Écommoy; 1190 hab.

MONCÉ-EN-SOOSNOIS, vg. de Fr., Sarthe, arr. de Mamers, cant. de Marolles-les-Braux, poste de St.-Cosme; 930 hab.

MONCEL (le), ham. de Fr., Oise, com. de Pont-Ste.-Maxence; 120 hab.

MONCEL (le), ham. de Fr., Vosges, com. du Val-d'Ajol; 200 hab.

MONCEL-HAPPONCOURT, vg. de Fr.,

Vosges, arr. et poste de Neufchâteau, cant. de Coussey; 350 hab.

MONCELLE (la), vg. de Fr., Ardennes, arr., cant. et poste de Sédan; 320 hab.

MONCEL-LES-LUNÉVILLE, vg. de Fr., Meurthe, arr., cant. et poste de Lunéville; 340 hab.

MONCEL-SUR-SEILLE, vg. de Fr., Meurthe, arr., cant. et poste de Château-Salins; 280 hab.

MONCETS, vg. de Fr., Marne, arr. et poste de Châlons-sur-Marne, cant. de Marson; 250 hab.

MONCETS-L'ABBAYE, vg. de Fr., Marne, arr. et poste de Vitry-le-Français, cant. de Thiéblemont; 180 hab.

MONCEY, vg. de Fr., Doubs, arr. et poste de Besançon, cant. de Marchaux; 160 hab.

MONCHAUX, vg. de Fr., Nord, arr., cant. et poste de Valenciennes; 400 hab.

MONCHAUX, ham. de Fr., Somme, com. de St.-Ouen; 240 hab.

MONCHAUX-SORENG, vg. de Fr., Seine-Inférieure, arr. de Neuchâtel-en-Bray, cant. et poste de Blangy; 560 hab.

MONCHEAUX, vg. de Fr. Nord, arr. de Lille, cant. de Pont-à-Marcq, poste de Douai; 920 hab.

MONCHEAUX, vg. de Fr., Pas-de-Calais, arr. et cant. de St.-Pol-sur-Ternoise, poste de Frévent; 220 hab.

MONCHÉCOURT, vg. de Fr., Nord, arr. et poste de Douai, cant. d'Arleux; fabr. de sucre indigène; 660 hab.

MONCHEL, vg. de Fr., Pas-de-Calais, arr. de St.-Pol-sur-Ternoise, cant. d'Auxy-le-Château, poste de Bernaville; 120 hab.

MONCHELET, ham. de Fr., Somme, com. de Maisnières; 100 hab.

MONCHENOT, ham. de Fr., Marne, com. de Villers-Allerand; 140 hab.

MONCHEUTIN, vg. de Fr., Ardennes, arr. et poste de Vouziers, cant. de Montbois; 260 hab.

MONCHEUX (Grande et Petite-), vg. de Fr., Moselle, arr. de Metz, cant. de Verny, poste de Solgny; 300 hab.

MONCHIET, vg. de Fr., Pas-de-Calais, arr. et poste d'Arras, cant. et poste de Beaumetz-les-Loges; 180 hab.

MONCHIQUE, pet. v. du Portugal, roy. d'Algarve, dist. et à 18 l. N.-O. de Faro; au pied des montagnes du même nom, dans une vallée riante; eaux thermales; commerce de charcuterie; 2130 hab.

MONCHY-AUX-BOIS, vg. de Fr., Pas-de-Calais, arr. d'Arras, cant. de Beaumetz-les-Loges, poste de l'Arbret; 940 hab.

MONCHY-BRETON, vg. de Fr., Pas-de-Calais, arr. et poste de St.-Pol-sur-Ternoise, cant. d'Aubigny; 400 hab.

MONCHY-CAYEUX, vg. de Fr., Pas-de-Calais, arr. et poste de St.-Pol-sur-Ternoise, cant. d'Heuchin; 360 hab.

MONCHY-HUMIÈRES, vg. de Fr., Oise, arr. et poste de Compiègne, cant. de Ressons; 730 hab.

MONCHY-LES-PREUX, vg. de Fr., Pas-de-Calais, arr. et poste d'Arras, cant. de Vitry; mine de houille; 800 hab.

MONCHY-SAINT-ELOI, vg. de Fr., Oise, arr. de Clermont, cant. et poste de Liancourt; fabr. de creusets et de sucre indigène; féculerie; 360 hab.

MONCHY-SUR-EU, vg. de Fr., Seine-Inférieure, arr. de Dieppe, cant. et poste d'Eu; 540 hab.

MONCI, vg. de Fr., Orne, arr. de Domfront, cant. et poste de Tinchebrai; 710 h.

MONCLA, vg. de Fr., Basses-Pyrénées, arr. de Pau, cant. et poste de Garlin; 300 h.

MONCLAR, vg. de Fr., Haute-Garonne, arr., cant. et poste de Villefranche-de-Lauragais; 260 hab.

MONCLAR, vg. de Fr., Gers, arr. de Condour, cant. et poste de Cazaubon; 340 hab.

MONCLAR, vg. de Fr., Gers, arr. et poste de Mirande, cant. de Montesquieu; 300 hab.

MONCLAR, pet. v. de Fr., Lot-et-Garonne, arr. et 4 l. O.-N.-O. de Villeneuve-sur-Lot, et à 151 l. de Paris, chef-lieu de canton, poste de Ste.-Livrade; 2170 hab.

MONCLAR, pet. v. de Fr., Tarn-et-Garonne, arr. et à 5 l. E.-S.-E. de Montauban, chef-lieu de canton et poste; 2270 hab.

MONCLARD, ham. de Fr., Dordogne, com. de St.-Georges-de-Monclard; haut-fourneau; 150 hab.

MONCLARIS, ham. de Fr., Gironde, com. d'Aillas; 200 hab.

MONCLOVA, pet. v. de la confédération mexicaine, état de Chohahuila, dont elle était la capitale, sur le Rio-del-Norte; elle est défendue par les forts Aquaverde, San-Fernandez et Bavia; 2800 hab.

MONCOCU, ham. de Fr., Indre, com. de Baraize; 120 hab.

MONCONTOUR, pet. v. de Fr., Côtes-du-Nord, arr. et à 4 1/2 l. S.-S.-E. de St.-Brieuc et à 115 l. de Paris, chef-lieu de canton et poste; cette ville possède une chambre consultative des manufactures; des fabriques de toiles, de cardes, de fil retors; des tanneries et 3 halles; commerce de fil, de beurre et toiles; 1764 hab.

En 1569, le duc d'Anjou, qui commandait l'armée catholique, battit près de cette ville les protestant commandés par Coligny.

MONCONTOUR, vg. de Fr., Vienne, arr., à 4 l. S.-S.-O. et poste de Loudun, chef-lieu de canton; vins blancs estimés; 700 hab.

MONCORNEIL-DERRIÈRE, ham. de Fr., Gers, com. de Moncorneil-Grazan; 120 hab.

MONCORNEIL-GRAZAN, vg. de Fr., Gers, arr. et poste d'Auch, cant. de Saramon; 310 hab.

MONCORT, ham. de Fr., Mayenne, com. de Chammes; 100 hab.

MONCOURT, vg. de Fr., Meurthe, arr. de Château-Salins, cant. de Vic, poste de Bourdonnay; 320 hab.

MONCOURT, ham. de Fr., Seine-et-Marne, com. de Fromonville; 200 hab.

MONCOUTANT, b. de Fr., Deux-Sèvres, arr., à 8 l. O.-N.-O. de Parthenay et à 97 l. de Paris, chef-lieu de canton et poste; fabr. de breluches; 1740 hab.

MONCOUTIER, ham. de Fr., Lot, com. de Larraque-des-Arcs; 100 hab.

MONCOUX, ham. de Fr., Jura, com. de Lavans-sur-Valouse; 110 hab.

MONCRABEAU. *Voyez* MONTCRABEAU.

MONTCUBES, vg. de Fr., Landes, arr., cant. et poste de Sever; 260 hab.

MONCUIT, vg. de Fr., Manche, arr. de Coutances, cant. de St.-Sauveur-Lendelin, poste de Périers; 560 hab.

MONCUQ. *Voyez* MONTCUQ.

MONCUUO, vg. du Piémont, prov. d'Asti; possède de très-riches carrières de gypse; 1200 hab.

MONDANE (Sainte-), vg. de Fr., Dordogne, arr. et poste de Sarlat, cant. de Carlux; 690 hab.

MONDANT, ham. de Fr., Marne, com. de Coubetaux; 140 hab.

MONDAVEZAN, vg. de Fr., Haute-Garonne, arr. de Muret, cant de Cazères, poste de Martres; 920 hab.

MONDAY-CAPE (cap Lundi), promontoire au N.-O. de la Terre-de-Feu, en face du canal de Buckley; forme la baie qui porte le même nom.

MONDEBAT ou COULOMME-MONDEBAT, vg. de Fr., Gers, arr. de Mirande, cant. et poste de Plaisance; 940 hab.

MONDEBAT, vg. de Fr., Basses-Pyrénées, arr. de Pau, cant. de Thèze, poste d'Auriac; 150 hab.

MONDEGO, *Monda*, riv. du Portugal, prov. de Beira; prend sa source dans la Sierra Estrella et se verse dans le port de Buarcos, après un cours de 40 1/2 l. Pendant les hautes eaux elle est navigable sur 25 l.

MONDEGO. *Voyez* PARAGUAY.

MONDELANGE, ham. de Fr., Moselle, com. de Richemont; fabr. de pipes de terre; 220 hab.

MONDEMENT, vg. de Fr., Marne, arr. d'Épernay, cant. et poste de Sézanne; 90 h.

MONDESCOURT, vg. de Fr., Oise, arr. de Compiègne, cant. et poste de Noyon; 390 hab.

MONDÉTOUR, ham. de Fr., Eure-et-Loir, com. de Boullay-les-Deux-Églises; 160 hab.

MONDÉTOUR. *Voyez* MAUDETOUR.

MONDEVERT, vg. de Fr., Ille-et-Vilaine, arr., cant. et poste de Vitré; 330 hab.

MONDEVILLE, vg. de Fr., Calvados, arr., cant. et poste de Caen; fabr. de noir animal et d'huile; 950 hab.

MONDEVILLE, vg. de Fr., Seine-et-Oise, arr. d'Étampes, cant. et poste de la Ferté-Aleps; 580 hab.

MONDICOURT, vg. de Fr., Pas-de-Calais, arr. de St.-Pol-sur-Ternoise, cant. d'Avesnes-le-Comte, poste de Doullens; 510 hab.

MONDIGNY, ham. de Fr., Ardennes, com. de Champignol; 180 hab.

MONDILHAN, vg. de Fr., Haute-Garonne, arr. de St.-Gaudens, cant. et poste de Boulogne; 500 hab.

MONDIN, fl. de l'emp. du Brésil, prov. et comarque de Para; coule vers l'E. et se jette dans l'Océan Atlantique, en face de l'île Marajo, entre le Xingu et le Tocantins.

MONDINE, ham. de Fr., Haute-Garonne, com. de Cassagnabéro; 110 hab.

MONDION, vg. de Fr., Vienne, arr. de Châtellerault, cant. de Leigné-sur-Usseau, poste des Ormes; 280 hab.

MONDON, vg. de Fr., Doubs, arr. de Baume-les-Dames, cant. et poste de Rougemont; 390 hab.

MONDON (forge de), Fr., Haute-Vienne, com. de Mailhac; 100 hab.

MONDONEDO, *Mindonia*, v. d'Espagne, chef-lieu de la petite province de même nom dans le roy. de Galice; siége d'un évêché; située sur la Masma, à 23 l. N.-E. de Santiago; fabr. de passementerie; 6150 hab.

MONDONVILLE, vg. de Fr., Haute-Garonne, arr. et cant. de Toulouse, poste de Grenade-sur-Garonne; 640 hab.

MONDONVILLE-SAINTE-BARBE, ham. de Fr., Eure-et-Loir, com. de Moutiers; 120 h.

MONDONVILLE-SAINT-JEAN, vg. de Fr., Eure-et-Loir, arr. de Chartres, cant. et poste d'Auneau; 200 hab.

MONDORFF, vg. de Fr., Moselle, arr. de Thionville, cant. de Cattenom, poste de Sierck; 160 hab.

MONDORNON, ham. de Fr., Saône-et-Loire, com. de St.-Privé; 220 hab.

MONDOUBLEAU. *Voyez* MONTDOUBLEAU.

MONDOUZIL, vg. de Fr., Haute-Garonne, arr., cant. et poste de Toulouse; 180 hab.

MONDOVI, prov. du Piémont; bornée par les prov. d'Alba, d'Æqui, par le duché de Gênes, par le comté de Nice et par la prov. de Coni. Sa superficie est de 54 l. c. et sa population de 130,000 âmes, distribués dans 4 villes et 81 bourgs et villages. C'est un beau pays, légèrement ondulé et très-fertile en froment, maïs, légumes secs, jardinage, chanvre, fruits, vin et soie. Vers le S. on arrive à la chaîne des Apennins, couverte de magnifiques forêts de châtaigniers, ainsi que de beaux pâturages peuplés de nombreux troupeaux de bêtes à cornes. Le règne minéral fournit du fer et du marbre. L'industrie manufacturière embrasse surtout la fabrication du cuir, du papier et des étoffes de laine et de coton. Le Tanaro est le principal cours d'eau de cette province.

MONDOVI, *Mons Vici*, v. fortifiée du Piémont, chef-lieu de la province du même nom et siége d'un évêché; fabr. de draps, de toiles de coton, de papier; tanneries; filat. de soie; commerce considérable de peaux brutes, de laine, de céréales et de soie; séminaire épiscopal et collége; patrie du savant Viliotto et du physicien Beccaria. Bataille gagnée par les Français sur les Autrichiens en 1796; 16,000 hab.

MONDRAGON, vg. de Fr., Vaucluse, arr. d'Orange, cant. de Bollène, poste de la Palud; 2320 hab.

MONDRAGON, pet. v. murée d'Espagne, prov. basque de Guipuscoa, dist. et à 9 l. S. de St.-Sébastien et à 12 l. d'Izun, sur la Deva; elle possède une manufacture royale d'armes et des mines de fer dans les environs; 2430 hab.

MONDRAGONE, b. du roy. de Naples, prov. de la Terre-de-Labour, sur l'emplacement de l'ancienne *Sinnessa;* carrières de marbre et de gypse; 2000 hab.

MONDRAINVILLE, vg. de Fr., Calvados, arr. de Caen, cant. de Tilly-sur-Seulle, poste d'Évrecy; 240 hab.

MONDRANS, ham. de Fr., Basses-Pyrénées, com. de Laa-Mondras; 100 hab.

MONDRECOURT, vg. de Fr., Meuse, arr. de Bar-le-Duc, cant. de Triaucourt, poste de Beauzée; 80 hab.

MONDREPUIS, vg. de Fr., Aisne, arr. de Vervins, cant. et poste d'Hirson; 1780 hab.

MONDREVILLE, vg. de Fr., Seine-et-Oise, arr. de Mantes, cant. d'Houdan, poste de Septeuil; 200 hab.

MONDREVILLE, vg. de Fr., Seine-et-Marne, arr. de Fontainebleau, cant. et poste de Château-Landon; 420 hab.

MONDSEE, b. de la Haute-Autriche, cer. de l'Inn, sur le lac de même nom; fabr. de bas.

MONEIN, v. de Fr., Basses-Pyrénées, arr. et à 2 1/2 l. N. d'Oloron, chef-lieu de canton et poste; mines de cuivre, fer, plomb; bons vignobles; 5130 hab.

MONEMBASIE. *Voyez* NAPOLI-DI-MALVASIA (Monemvaria).

MONÉS, vg. de Fr., Haute-Garonne, arr. de Muret, cant. et poste de Rieumes; 130 h.

MONESPLE, vg. de Fr., Arriège, arr. de Pamiers, cant. du Fossat, poste du Mas-d'Azil; 140 hab.

MONESTIER, ham. de Fr., Ain, com. de Champfromier; 180 hab.

MONESTIER, vg. de Fr., Allier, arr. de Gannat, cant. et poste de Chantelle; 810 h.

MONESTIER, vg. de Fr., Dordogne, arr. et poste de Bergerac, cant. de Sigoulès; 840 hab.

MONESTIER (le), vg. de Fr., Puy-de-Dôme, arr. d'Ambert, cant. et poste de St.-Amand-Roche-Savine; 1050 hab.

MONESTIER, b. de Fr., Hautes-Alpes, arr., à 4 l. N.-O. et poste de Briançon et à 165 l. de Paris, chef-lieu de canton; il est situé sur la Guisanne, bien bâti et remarquable par sa position élevée, dans le voisinage d'un vaste glacier du même nom. Monestier a des fabriques de toiles, de clouterie; une filature de coton et des eaux thermales; 2600 hab.

MONESTIER, pet. v. de Fr., Tarn, arr. et à 4 l. N. d'Alby, chef-lieu de canton, poste de Cramaux; commerce de toiles; 1200 hab.

MONESTIER-D'AMBEL, vg. de Fr., Isère, arr. de Grenoble, cant. et poste de Corps; 200 hab.

MONESTIER-DE-CLERMONT, b. de Fr., Isère, arr. et à 8 l. S. de Grenoble, chef-lieu de canton et poste; 790 hab.

MONESTIER-DU-PERCY, vg. de Fr., Isère, arr. de Grenoble, cant. de Clelles, poste de Mens; 360 hab.

MONESTIER-EN-VOCANCE, vg. de Fr., Ardèche, arr. de Tournon, cant. et poste d'Annonay; 400 hab.

MONESTIER-LE-PORT-DIEU, vg. de Fr., Corrèze, arr. d'Ussel, cant. et poste de Bort; 710 hab.

MONESTIER-MERLINES, vg. de Fr., Corrèze, arr. et poste d'Ussel, cant. d'Eygurande; hauts-fourneaux et feux d'affinerie sur le Chavanon; 430 hab.

MONESTROL, vg. de Fr., Haute-Garonne, arr. et poste de Villefranche-de-Lauragais, cant. de Nailloux; 260 hab.

MONETAY, vg. de Fr., Jura, arr. de Lons-le-Saulnier, cant. de St.-Julien, poste d'Arinthod; 130 hab.

MONETAY-SUR-ALLIER, vg. de Fr., Allier, arr. de Moulins-sur-Allier, cant. de Montet, poste de St.-Pourçain; 620 hab.

MONETAY-SUR-LOIRE, vg. de Fr., Allier, arr. de Moulins-sur-Allier, cant. et poste de Dompierre; 700 hab.

MONÉTEAU, vg. de Fr., Yonne, arr., cant. et poste d'Auxerre; 640 hab.

MONETIER-ALLEMOND, vg. de Fr., Hautes-Alpes, arr. de Gap, cant. de Laragny, poste de Ventavons; 220 hab.

MONFALCONE, b. d'Illyrie, gouv. de Trieste, cer. de Gorice, sur la mer; pêche; eaux minérales; 1800 hab.

MONFALOUT, pet. v. de la Moyenne-Égypte, chef-lieu d'une province, sur la rive gauche du Nil, dans une plaine très-fertile, à 6 l. N.-N.-O. de Syout; quoique déchue de ce qu'elle était autrefois, elle est encore assez importante par son industrie.

MONFANT, ham. de Fr., Allier, com. de Louchy-Montfand; 150 hab.

MONFAUCON, vg. de Fr., Dordogne, arr. de Bergerac, cant. de la Force, poste de Ste.-Foy; 550 hab.

MONFAUCON, vg. de Fr., Hautes-Pyrénées, arr. de Tarbes, cant. et poste de Rabastens; 810 hab.

MONFERMIER, vg. de Fr., Tarn-et-Garonne, arr. de Montauban, cant. et poste de Monpezat; 320 hab.

MONFERRAN, vg. de Fr., Gers, arr. et poste d'Auch, cant. de Saramon; 310 hab.

MONFERRAN, vg. de Fr., Gers, arr. de Lombez, cant. et poste de l'Isle-en-Jourdain; 1030 hab.

MONFERRAND, vg. de Fr., Dordogne, arr. de Bergerac, cant. et poste de Beaumont; 720 hab.

MONFERRAND, vg. de Fr., Drôme, arr. et poste de Nyons, cant. de Rémuzat; 170 h.

MONFIA, pet. île de l'Afrique orientale, près de la côte de Zanguebar, entre celles de Quiloa et de Zanzibar; elle a environ 15 l. de long sur 5 de large, dépend de l'iman de Mascate qui y perçoit un tribut annuel de 6000 piastres. Elle fait un commerce assez considérable de riz et de bétail avec la côte voisine.

MONFIRICI, pet. v. de la Sicile, intendance de Girgenti, peu loin de la mer; 6000 hab.

MONFORT, ham. de Fr., Dordogne, com. de Vitrac; 240 hab.

MONFORT, b. de Fr., Gers, arr. de Lectoure, cant. et poste de Mauvezin; tanneries; 1450 hab.

MONFORT, ham. de Fr., Isère, com. de Crolles; 150 hab.

MONFORTE, pet. v. de Sicile, dans l'intendance et à l'O. de la ville de Messine.

MONFORTE, pet. v. du roy. de Portugal, prov. d'Alentéjo, dist. de Villaviciosa; 1800 h.

MONFORTE ou VILLA-DE-JOANNES, pet. v. de l'emp. du Brésil, prov. de Para, comarque de Marajo, dont elle est le chef-lieu; sur la baie de Marajo et dans l'île du même nom, dont elle peut être regardée comme la capitale.

MONFORTE, pet. v. d'Espagne, roy. de Valence, gouv. et à 5 l. O. d'Alicante; tisseranderie; 3250 hab.

MONFORTE-DE-LEMOS, pet. v. d'Espagne, roy. de Galice, prov. et à 10 l. S. de Lugo; fabrication d'étamines de soie.

MONFRÉVILLE, vg. de Fr., Calvados, arr. de Bayeux, cant. et poste d'Isigny; 320 hab.

MONGAILLARD, vg. de Fr., Lot-et-Garonne, arr. de Nérac, cant. et poste de Lavardac; 340 hab.

MONGAS, peuple de l'Afrique méridionale, entre les monts Lupata et le Couamo, aux environs de Sena, dans l'Afrique orientale portugaise; ils n'ont jamais été soumis aux quitèves ou empereurs du Monomotapa.

MONGASTON, ham. de Fr., Basses-Pyrénées, com. de Lamayou; 100 hab.

MONGAUSY, vg. de Fr., Gers, arr., cant. et poste de Lombez; 320 hab.

MONGAUZY, vg. de Fr., Gironde, arr., cant. et poste de la Réole; 510 hab.

MONGELARD, ham. de Fr., Seine-et-Marne, com. de la Grande-Paroisse; 160 h.

MONGELOS. *Voyez* AINHICE-MONGELOS.

MONGES (los), groupe de petites îles rocailleuses et stériles, à l'extrémité N. du golfe de Maracaïbo, côte N.-O. de la rép. de Vénézuela.

MONGET, vg. de Fr., Landes, arr. de St.-Sever, cant. et poste d'Hagetmau; 380 hab.

MONGHIR, v. de l'Inde anglaise, présidence de Calcutta, dans le Béhar. Cette ville est aujourd'hui un des principaux centres manufacturiers de l'Inde et appelée par les Anglais le Birmingham de l'Indoustan; elle fabrique surtout des articles en acier, des armes, de la coutellerie, etc. Son origine est très-ancienne; elle s'appelait autrefois Moudgagiri et fut une forteresse célèbre et très-importante pas sa position sur la limite extrême des montagnes qui unissent le Béhar et le Bengale, et par le voisinage du Gange. Mais depuis la domination des Anglais sur les deux provinces, Monghir a beaucoup perdu de son importance militaire.

MONGIBAUD, vg. de Fr., Corrèze, arr. de Brives, cant. de Lubersac, poste de Masseret; 450 hab.

MONGOLIE, vaste contrée de l'Asie orientale; est située entre 35° et 50° lat. N. et entre 74° et 124° long. orient., et bornée à l'E. par la Mandchourie, au S. par la Chine, le Thibet et la Petite-Boukharie, à l'O. par le Turkestan indépendant, enfin au N. par la Sibérie. Ses limites sont très-indécises, et il est impossible d'évaluer exactement la superficie de cet immense pays, auquel quelques géographes supposent jusqu'à 100,000 l. c. géogr. d'étendue.

Le Grand-Altaï traverse la partie septentrionale de ce grand plateau encore si peu connu et projette en divers sens des ramifications, telles que les monts Khingkhan, sur la rive orientale de l'Onon; les monts Khangai ou Changai, au N. des sources de l'Orchon, les monts Chantai, au N. de la Selenga; les monts de Tangnou, etc. Les grands fleuves de la Sibérie, la Selenga, le Jénissei, l'Irtisch, y prennent leurs sources. La partie N.-O. de la Mongolie, la Dzoungarie, est traversée par le Thian-chan ou mont Céleste qui la sépare de la Petite-Boukharie, ainsi que le Mouz-tagh. Au S.-O., près de la grande courbure du Hoang-ho, qui naît également dans la Mongolie et en arrose une partie, s'élèvent les monts Inchan ou Gardjan, qu'on peut regarder comme la continuation du Thian-chan au-delà du désert de Gobi. A l'E. de cette même courbure est l'Ala-chan; enfin, entre le Nanchan et le Kiljan-chan, qui appartiennent au groupe du Kuen-lun, est la chaîne de Tangout, qui limite à l'E. le désert de Gobi. Le centre du plateau est occupé par ce désert qui ne forme pas une plaine unie, mais s'abaisse sensiblement vers le milieu et forme une longue vallée de l'O. à l'E. Le désert proprement dit ou Sehamo (mer de sable) occupe la partie la plus basse de la vallée; c'est un terrain mêlé de sel qui a été évidemment couvert d'eau, et qui doit l'être de nouveau s'il faut en croire une tradition des Mongols. Nous avons déjà nommé les grands fleuves de l'Asie orientale qui prennent leurs sources sur les montagnes de la Mongolie. Ce pays renferme un nombre très-considérable de lacs qui reçoivent les eaux des rivières intérieures, et dont la plupart sont salés. Les plus connus d'entre eux sont le lac Balkaschi-noor, au N.-O., sur les confins du Thian-chan-pe-lou et du Turkestan indépendant, qui reçoit l'Ili; le Khou-khounoor ou Thsing-haï (mer Bleue), dans le pays des Mongols de Tangout; le lac Dzaïzang, dans la Dzoungarie; le Dalaï ou Chuloun; le Kossogol, sur les frontières de la Sibérie; l'Issikoul, etc.

La Mongolie est un pays de steppes, dont une partie, celle occupée par le désert, est tout à fait stérile; le bois y manque généralement; mais au N. et au S.-O. on trouve des vallées fertiles et délicieuses où les empereurs de Chine ont coutume de passer une partie de l'été. Le climat de la Mongolie est rude, car son sol est élevé de 1500 à 3000 mètres au-dessus du niveau de la mer. L'hiver y dure neuf mois, et même en été il n'est pas rare d'y rencontrer de la neige. Les richesses du pays consistent en chevaux, bétail, moutons, chèvres; on y trouve à l'état sauvage un grand nombre des animaux domestiques de l'Europe; tels sont le dschiggetai (*equus bemionus*), espèce d'âne d'une vitesse remarquable, le cheval sauvage, l'onagre ou kulan, l'argali ou mouton sauvage, etc. Les mouches et les sauterelles sont regardées comme les plaies du pays; au S. on rencontre des chameaux, au N. des hermines. La végétation y est pauvre, mais elle fournit deux plantes médicales très-estimées: la rhubarbe et le ginseng; ce dernier est un des principaux remèdes qu'emploient les Chinois, aussi est-il très-recherché. Enfin la Mongolie produit du sel, plusieurs pierres précieuses, de l'asbeste, du plomb; les richesses minérales de ses montagnes n'ont pas encore été explorées.

La population de la Mongolie est de 3 à 4 millions d'habitants, qui sont regardés comme formant une famille particulière de peuples, petite, jaune, à tête aplatie, à pommettes saillantes, mais forte et vigoureuse. Ils sont presque tous nomades et entretiennent de grands troupeaux de chameaux (dans les contrées méridionales), de chevaux et de moutons; ils vivent principalement de la viande et du lait de leur bétail et ne se livrent qu'accessoirement à la chasse et à la pêche. Du lait de jument ils préparent une boisson enivrante, fort goûtée du peuple; les chefs boivent beaucoup de thé. Leurs habitations sont des jurtes ou tentes de feutre; leurs vêtements des peaux de mouton. Leur industrie est à peu près nulle; cependant ils fabriquent des armes (arcs et flèches), du cuir, du papier, des étoffes en laine, en soie et en coton, et font un grand commerce de caravanes par deux routes, dont l'une, entre la Chine et la Russie, passe par Ourga et Maimatchin pour aboutir à Kiachta, et dont l'autre, entre le Turkestan et la Chine, suit les limites septentrionales de la Petite-Boukharie et passe par l'oasis de Tangout.

La conquête de la Chine et l'adoption du boudhisme, dont ils sont de zélés sectateurs, ont adouci les mœurs primitives des Mongols, qui étaient fort barbares. On vante leur affabilité, leur bienveillance, leur hospitalité; comme tous les nomades, ils sont belliqueux et vaillants; le vol et même le pillage sont fort rares chez eux et sont sévèrement punis; mais ils sont paresseux, malpropres, querelleurs et vivent en guerre continuelle les uns avec les autres. Comme les Mandchoux, ils ont de l'imagination et un esprit poétique; ils aiment les contes merveilleux et la lecture des exploits de leurs ancêtres; leurs chansons populaires ont toutes quelque chose de triste; ils ont un alphabet particulier et ont adopté la littérature des Chinois et les traditions religieuses des Thibétains; de même que ceux-ci ont le dalaï-lama, ils ont plusieurs pontifes souverains qu'ils croient immortels.

Les Mongols, malgré leur petit nombre, sont célèbres par leurs conquêtes, et à plusieurs reprises ils ont fait trembler le monde. Djingis-khan, qui vécut au treizième siècle, fut le premier conquérant qui illustra le nom mongol. Il sut se mettre à la tête des hordes barbares qui parcouraient les steppes, et promena ses bandes victorieuses de l'E. à l'O. de l'Asie; il soumit les deux grandes puissances barbares qui dominaient le centre de ce continent, et abattit le formidable empire des sultans de Chowaresm, pendant que son fils aîné occupa, par ses ordres, la Russie presque entière. Ce vaillant guerrier continua, après la mort de son père, à réaliser ses gigantesques pensées. Ni le boulevard de l'Oural, ni la grande muraille de Chine ne purent arrêter les progrès des armes mongoles. L'empire Céleste fut soumis, le calife de Bagdad descendit de son trône, Iconium paya tribut, Moscou fut pris et dévasté. Les Mongols pénétrèrent en Pologne, incendièrent Cracovie, et vinrent jusqu'en Silésie, où ils gagnèrent, en 1241, la sanglante bataille de Liegnitz, qui mit le sort de l'Allemagne entre leurs mains. Mais le manque de provisions, la valeur qu'avaient déployée les vaincus, et des dissensions intestines entre les Mongols sauvèrent le reste de l'Europe de leur invasion. L'immense empire des Mongols s'étendait alors des rives de la mer de Chine aux bords de la Vistule. Le grand-khan résidait en Chine, et les pays conquis étaient gouvernés par d'autres khans, dont les plus puissants étaient ceux de Kapschak et de Dschakatai (Turkestan). Cependant l'empire allait s'écrouler sous les successeurs de Djingis-khan, lorsqu'à la fin du quatorzième siècle parut un nouveau conquérant, Timour ou Tamerlan, qui, par son génie et sa bravoure, releva de nouveau le nom mongol. Il choisit Samarcande pour capitale, soumit la Perse, l'Asie centrale et l'Inde, et s'empara de l'Asie Mineure après sa victoire sur Bajazet. A sa mort, son immense empire fut divisé de nouveau et scindé en plusieurs états, dont aucun n'acquit plus d'importance que celui fondé par le sultan Baber dans l'Inde. Ce nouvel empire, érigé en 1519, dura, sous le nom d'empire du Grand-Mogol, jusqu'à la fin du dix-huitième siècle, et aujourd'hui encore les débiles descendants des empereurs mongols résident à Delhi et cachent leur abaissement sous les oripeaux que leur ont dédaigneusement laissés les Anglais. Actuellement les Mongols se divisent en tribus et celles-ci en bannières, dont les khans sont sous la dépendance immédiate de l'empereur chinois et sous la surveillance de ses vice-rois et de ses envoyés. La direction générale des affaires de la Mongolie est à Péking, au département du ministère des affaires étrangères. Les meilleures troupes irrégulières de la Chine sont des Mongols. La race entière se subdivise en Mongols proprement dits, c'est-à-dire en Khalka et en Charraigols ou Mongols du Thibet, en Éleutes ou Kalmouks, et en Bourètes. Les premiers habitent le N., les seconds le S. de la Mongolie, une partie du Thibet et le pays de Khou-khou-noor, dans l'empire chinois; environ 300,000 Bourètes, reste de l'ancienne tribu de Kapschak, habitent, mêlés à des Kalmouks, le gouv. d'Irkoutsk, dans la Russie d'Asie. Les Kalmouks, Eleutes ou Olet occupent presque toute la Dzoungarie; les Sifaniens, les Torgot ou Derbet sont également des peuplades mongoles.

On divise ordinairement la Mongolie en quatre parties : la Mongolie des Kalkhas, celle des Charraïgols, la Dzoungarie et la Chochotie; mais Timkrowski, qui en cela a pris pour guide une géographie chinoise, prétend qu'elle est divisée en 26 aimaks ou principautés, chacune régie par un khan particulier. La plus grande de ces principautés est celle des Khalkhas, située le long de la frontière russe et subdivisée en 4 départements qui fournissent 88 bannières à l'armée chinoise. L'empereur entretient un agent à Ourga, la capitale de cette principauté. Maimatchin est également situé dans le pays des Khalkhas qui comprend aussi une partie du désert de Gobi, une partie de celui des Éleubes et le pays d'Ouriang-khai, ou sont situés les restes de Caracorum, l'ancienne capitale de Gingis-khan. Les autres aimaks ne présentent rien que de très-incertain. Quant à la Dzoungarie, nous renvoyons à l'article qui lui est consacré.

MONGRANDE, b. du Piémont, prov. de Biella; fabrication de toiles et d'étoffes de laine.

MONGRAS, vg. de Fr., Haute-Garonne, arr. de Muret, cant. et poste de Rieumes; 130 hab.

MONGRAVE. *Voyez* GRANDE-BAHAMA.

MONGUILLEM, b. de Fr., Gers, arr. de Condom, cant. et poste de Nogaro; 500 hab.

MONHEIM, v. de Bavière, chef-lieu de district dans le cer. de la Rézat, située au pied du Hahnenkamm, sur la route de Nuremberg à Augsbourg, à 12 l. de la première ville. On y fabrique des aiguilles. Les environs renferment des sépultures romaines et des vestiges du retranchement qui s'étendait depuis le Danube jusqu'au Rhin. Population de la ville 1500 hab., du district 18,000, sur 8 1/2 milles c.

MONHEIM, b. de Prusse, sur le Rhin, prov. du Rhin, rég. de Dusseldorf; il possède un château, des fabr. d'étoffes de laine et de poterie et un commerce actif de blé, de bois, de houille et de plâtre; 1220 hab.

MONHEURT, vg. de Fr., Lot-et-Garonne, arr. de Nérac, cant. de Damazan, poste de Tonneins; 680 hab.

MONHOUDOU, vg. de Fr., Sarthe, arr. et poste de Mamers, cant. de Marolles-les-Braux; 850 hab.

MONICA (baie de) ou BAIE DE MARDI, baie presque à l'extrémité N.-O. de la Terre-de-Feu, est bordée de rochers et d'un terrain montueux; elle fut découverte par Sarmiento qui lui donna son premier nom.

MONICA. *Voy.* RIO-DE-LA-PLATA (fleuve).

MONIEUX, vg. de Fr., Vaucluse, arr. de Carpentras, cant. et poste de Sault; 980 hab.

MONISTIC. *Voyez* MICHIGAN (lac).

MONISTROL, pet. v. de Fr., Haute-Loire, arr. à 5 l. d'Yssengeaux et à 123 l. de Paris, chef-lieu de canton et poste; elle est agréablement située sur un coteau, d'où la vue s'étend sur une vallée spacieuse arrosée par la Loire; mais l'intérieur de la ville est sombre et triste; toutes les constructions sont anciennes et sans élégance; les seuls édifices remarquables sont : l'ancien couvent des Ursulines et le vaste bâtiment ci-devant palais épiscopal, transformé aujourd'hui en fabrique de rubans. Monistrol possède une école secondaire ecclésiastique. Fabriques et commerce assez considérables de dentelles, rubans, papier, quincaillerie, etc.; 3825 h.

MONISTROL-D'ALLIER, vg. de Fr., Haute-Loire, arr. du Puy, cant. et poste de Saugues; 910 hab.

MONITO, pet. île près de la côte E. de l'île d'Haïti, dont elle dépend.

MONJOIE, vg. de Fr., Tarn-et-Garonne, arr. de Moissac, cant. et poste de Valence-d'Agen; 760 hab.

MONJOURDE, ham. de Fr., Haute-Vienne, com. de Folles; 170 hab.

MONJOUS, peuple de l'Afrique méridionale, à l'O. des Macouas méridionaux; c'est une des nations nègres les plus laides.

MONKLAND (canal de), dans le comté de Lanark, en Écosse, va du port Dundas, près de Glasgow, jusqu'à la Calder.

MONKSHILL ou le MOINE, montagne élevée et un des points culminants de l'île d'Antigoa (Petites-Antilles).

MONKTON, b. des États-Unis de l'Amérique du Nord, état de Vermont, comté d'Addison; fabr. de porcelaine; 2000 hab.

MONLAUR-BERNET, vg. de Fr., Gers, arr. de Mirande, cant. et poste de Masseube; 610 hab.

MONLAUZUN, vg. de Fr., Lot, arr. de Cahors, cant. et poste de Montcuq; 320 hab.

MONLÉON-MAGNOAC, pet. v. de Fr., Hautes-Pyrénées, arr. de Bagnères-en-Bigorre, cant. et poste de Castelnau-Magnoac; 1330 hab.

MONLET, vg. de Fr., Haute-Loire, arr. du Puy, cant. d'Allègre, poste de St.-Paulien; 1530 hab.

MONLEZUN, vg. de Fr., Gers, arr. de Condom, cant. et poste de Nogaro; 310 hab.

MONLEZUN, vg. de Fr., Gers, arr. de Mirande, cant. et poste de Marciac; 700 hab.

MONLIARD, ham. de Fr., Creuse, com. de Viersat; 150 hab.

MONLOUVET, ham. de Fr., Aveyron, com. de la Bastide-l'Évêque; 120 hab.

MONMADALES, vg. de Fr., Dordogne, arr. de Bergerac, cant. et poste d'Issigeac; 240 h.

MONMARVEIX, vg. de Fr., Dordogne, arr. de Bergerac, cant. et poste d'Issigeac; 240 h.

MONMOUTH, comté d'Angleterre. Ses bornes sont: au N.-O. le comté de Brecknak, au N.-E. celui d'Hereford, à l'E. celui de Gloucester, au S.-E. et au S. l'embouchure de la Severn et à l'O. le comté de Glamorgan. Sa superficie est de 24 l. c. géogr. et sa population de 60,000 hab. La surface de cette petite province est ondulée, couverte de forêts à l'E. et traversée à l'O. par les montagnes de la principauté de Galles. Ses principales rivières sont l'Usk et la Wye. Le climat est doux. On élève de nombreux troupeaux de bêtes à cornes, de bêtes à laine et de porcs; les principales productions sont: du blé, des légumes, des betteraves, du lin, du bois, de la houille, du fer, de la chaux, des truites et des saumons. On fabrique beaucoup de flanelle et d'objets en fer qui forment un important article d'exportation, ainsi que le blé, la laine, les peaux brutes, les saumons et le bois de construction. Ce comté est divisé en 7 districts.

MONMOUTH, *Monumethia*, pet. v. d'Angleterre, chef-lieu du comté de même nom; nomme un député au parlement et fait un commerce très-actif avec Bristol; 4000 hab.

MONMOUTH ou **BATAN**, une des îles du groupe de Bachi dans la Malaisie; a environ 4 l. de longueur sur 1 1/2 l. de largeur; est montueuse et bien peuplée.

MONMOUTH (cap) ou PUNTA-DEL-BOQUERON, promontoire à l'entrée N. du canal de St.-Sébastien, côte N. de la Terre-de-Feu.

MONMOUTH, comté de l'état de New-Jersey, États-Unis de l'Amérique du Nord; borné par les comtés de Middlesex et de Burlington, par la baie de Raritan et l'Océan Atlantique. La mer forme sur les côtes les baies de Raritan et de Barnegat; 30,000 h.

MONMOUTH (ville). *Voyez* FREEHOLD.

MONNA (le), ham. de Fr., Aveyron, com. de Milhau; 130 hab.

MONNAI, vg. de Fr., Orne, arr. d'Argentan, cant. de la Ferté-Fresnel, poste du Sap; 590 hab.

MONNAIE, vg. de Fr., Indre-et-Loire, arr. de Tours, cant. de Vouvray, poste; 1240 h.

MONNEAUX, ham de Fr., Aisne, com. d'Essommes; 200 hab.

MONNEREN, vg. de Fr., Moselle, arr. et poste de Thionville, cant. de Metzervisse; 650 hab.

MONNERVILLE, vg. de Fr., Seine-et-Oise, arr. d'Étampes, cant. de Méréville, poste d'Angerville; 410 hab.

MONNES, ham. de Fr., Aisne, com. de Cointicourt; 120 hab.

MONNÈS. *Voyez* MOUNÈS.

MONNET-LA-VILLE, vg. de Fr., Jura, arr. de Poligny, cant. et poste de Champagnole; 250 hab.

MONNETS (les), ham. de Fr., Jura, com. de Fort-du-Plasne; 190 hab.

MONNIÈRES, vg. de Fr., Jura, arr., cant. et poste de Dôle; 190 hab.

MONNIÈRES, vg. de Fr., Loire-Inférieure, arr. de Nantes, cant. et poste de Clisson; 1100 hab.

MONNIKENDAM, pet. v. du roy. de Hollande, gouv. de Hollande septentrionale, dist. et à 4 l. S. de Hoorn; avec un petit port ensablé sur une baie du Zuydersée; pêche; 2120 hab.

MONOBLET, vg. de Fr., Gard, arr. du Vigan, cant. de Lasalle, poste de St.-Hippolyte; 1140 hab.

MONNOIE. *Voyez* MONNAIE.

MONOMOTAPA, vaste emp. de l'Afrique méridionale, borné au N. et à l'O. par des déserts inconnus, à l'E. par la côte de Sofala et au S. par la Cafrerie; les monts Lupata le traversent du S. au N.; le Couamo est la plus grande des rivières qui l'arrosent. Cet état considérable a éprouvé le sort de l'emp. d'Abyssinie; les Maravi, les Cazembes, les Méropua et les Bororos sont les principaux peuples qui se sont partagé ses dépouilles. Il est riche en mines d'or et d'argent, fertile en riz, millet, fruits, cannes à sucre et pâturages, bien arrosé et couvert de forêts peuplées de gibier, de bêtes féroces et d'éléphants. Les habitants sont noirs, la plupart idolâtres; l'air y est pur et sain, le climat tempéré. Les Portugais sont les seuls Européens qui aient pénétré dans ce pays, dont l'ancienne capitale était Zimbaoë.

MONONGAHÉLA (fleuve). *Voyez* OHIO.

MONONGAHÉLA, comté de l'état de Virginie, États-Unis de l'Amérique du Nord; il est borné par l'état de Pensylvanie et les comtés de Preston, Randolph, Harrison et Tyler. Pays montagneux, traversé par les monts Laurel et Chesnut et arrosé par la Monongahéla. Morgantown, sur la Monongahéla, est le chef-lieu du comté; 13,000 h.

MONOPOLI, v. épiscopale du roy. de Naples, prov. de Bari, située entre trois collines et peu loin de la mer; a un petit port et fait un commerce assez considérable 15,000 hab.

MONOS (Islas de) ou **ILES DES SINGES**,

groupe de petites îles stériles et peuplées de singes près de la côte N. du dép. de l'Isthme, rép. de la Nouvelle-Grenade.

MONOS (cap). *Voyez* TRINIDAD (île).

MONOT, ham. de Fr., Saône-et-Loire, com. de Curtel-sous-Burnaud; 180 hab.

MONOVAR, v. d'Espagne, roy. de Valence, dist. et à 8 1/2 l. N.-O. d'Orihuela; fabr. de toiles; 8000 hab.

MONPALACH, ham. de Fr., Tarn-et-Garonne, com. de St.-Antonin; 150 hab.

MONPARDIAC, vg. de Fr., Gers, arr. de Mirande, cant. et poste de Marciac; 170 h.

MONPEYROUX, vg. de Fr., Dordogne, arr. de Bergerac, cant. de Villefranche-de-Lonchapt, poste de Castillon; 780 hab.

MONPEZAT, vg. de Fr., Gers, arr., cant. et poste de Lombez; 660 hab.

MONPEZAT, vg. de Fr., Gironde, arr. de la Réole, cant. de Sauveterre, poste de Cadillac; 120 hab.

MONPEZAT, vg. de Fr., Basses-Pyrénées, arr. de Pau, cant. et poste de Lembeye; 220 hab.

MONPICHET, ham. de Fr., Seine-et-Marne, com. de Bouleurs; 160 hab.

MONPLAISANT, vg. de Fr., Dordogne, arr. de Sarlat, cant. et poste de Belvès; 360 hab.

MONPONT, pet. v. de Fr., Dordogne, arr. et à 7 l. S.-S.-O. de Ribérac, chef-lieu de canton et poste; forge et tréfilerie; 1430 hab.

MONQUIS, nom général sous lequel les indigènes de la Vieille-Californie comprennent toutes les peuplades libres de cette péninsule. Adelung les divise en 6 tribus principales : les Péricu, les Waicuros, subdivisés en 3 hordes, les Laymones, les Cochimi, subdivisés en 4 hordes, les Utschiti et les Icas.

MONREAL, pet. v. d'Epagne, roy. d'Aragon, dist. et à 8 l. S.-O. de Calatuyad; avec un pont sur le Xalon, qui y forme une cascade.

MONROE, comté de l'état d'Alabama, États-Unis de l'Amérique du N.; il est borné par les comtés de Bladen, Willcox, Butler, Connecuh et Clarke; sol très-fertile, arrosé par l'Alabama; 14,000 hab. Claiborne, sur l'Alabama, est le chef-lieu du comté.

MONROE, comté de l'état de Mississipi, États-Unis de l'Amérique du Nord; il est borné par l'état d'Alabama et le pays des Chickasaws; sol très-fertile et bien arrosé; culture de froment, maïs et coton; 5000 h. Cotton-Gin-Port, sur le Tombigbée, est le chef-lieu du comté.

MONROE, comté de l'état de New-York, États-Unis de l'Amérique du Nord: Ce comté, formé il y a peu d'années, est borné par le lac Ontario et les comtés d'Ontario, Genessée et Livingston. Il est arrosé par le Genessée et le grand canal de l'Érié; 8000 hab. Rochester est le chef-lieu du comté.

MONROE, comté de l'état d'Ohio, États-Unis de l'Amérique du Nord; ce comté, formé en 1818, est borné par la Pensylvanie et les comtés de Belmont, Washington et Guernsey; 10,000 hab. Woodsfield, est le chef-lieu du comté.

MONROE, comté de l'état de Tennessée, États-Unis de l'Amérique du Nord; ses bornes sont: les comtés de Blount, Sévier et Mac-Minn, la Caroline du Nord et le dist. des Tschérokis; il est arrosé par le Tennessée est assez fertile; 4000 hab.

MONROE, comté de l'état de Virginie, États-Unis de l'Amérique du Nord; il est borné par les comtés des Greenbriar, Bath, Botetourt, Montgoméry et Giles; pays très-montueux, riche en prairies, fer, salpêtre et eaux minérales; 9000 hab. Uniontown, est le chef-lieu du comté.

MONROE, comté de l'état de Géorgie, États-Unis de l'Amérique du Nord; il est borné par les comtés de Fayette, Twiggs, Pulasky, Houston et le dist. des Creeks. Ce pays n'a été mis en culture que depuis peu d'années; 2500 hab. Creek-Agency, est le chef-lieu du comté.

MONROE, comté de l'état d'Illinois, États-Unis de l'Amérique du Nord; ses bornes sont: les comtés de St.-Clair et de Randolph et l'état de Missouri; 4000 hab. Harrisonville, sur le Mississipi, est le chef-lieu du comté.

MONROE (chef-lieu). *Voyez* WALTON.

MONROE, comté de l'état d'Indiana, États-Unis de l'Amérique du Nord; il est borné par les comtés de Delaware, Jackson, Lawrence et Martin, et arrosé par le White et le Salt; 4500 hab. Bloomington en est le chef-lieu.

MONROE, comté de l'état de Kentucky, États-Unis de l'Amérique du Nord; il a pour bornes : les comtés de Barren, Adair, Cumberland, Allen et l'état de Tennessée. Pays fertile et bien arrosé; 7000 hab. Tompkinsville en est le chef-lieu.

MONROE, comté du territoire de Michigan, États-Unis de l'Amérique du Nord; ses bornes sont : le comté de Wayne, le lac Érié et l'état d'Ohio. Pays encore peu cultivé, mais bien arrosé et très-fertile; 8000 hab. Port-Lawrence est le chef-lieu de ce comté.

MONROE, forteresse nouvellement établie dans les États-Unis de l'Amérique du Nord, état de Virginie, comté de Norfolk, à 3 l. de la ville du même nom, sur un promontoire nommé Old-Point-Cromford, qui s'avance dans la rade de Hampton-Roads. Cette forteresse défend l'entrée de la baie de Chésapeak; elle a une forte garnison.

MONROE, v. naissante et très-commerçante dans les États-Unis de l'Amérique du Nord, territoire du Michigan, comté de Monroé, à l'embouchure du Raisin dans le lac Erié; 3000 hab.

MONROVIA, pet. v. fortifiée de la Haute-Guinée, côte du Poivre, chef-lieu de l'établissement anglo-américain de Libéria, à 25 l. O.-N.-O. de Grand-Bassam; ainsi nommée en l'honneur de Monroé, président des Etats-Unis lors de sa fondation en, 1821. Elle possède un pont, des écoles, une bibliothèque publique et un journal; 1000 h.

MONS, ham. de Fr., Ain, com. de Replonges; 150 hab.

MONS, vg. de Fr., Charente, arr. d'Angoulême, cant. de Rouillac, poste d'Aigre; 690 hab.

MONS, vg. de Fr., Charente-Inférieure, arr. de St.-Jean-d'Angely, cant. et poste de Matha; 1020 hab.

MONS, vg. de Fr., Gard, arr., cant. et poste d'Alais; 570 hab.

MONS, vg. de Fr., Haute-Garonne, arr., cant. et poste de Toulouse; 370 hab.

MONS, ham. de Fr., Gers, com. de Crastes; 150 hab.

MONS, ham. de Fr., Gironde, com. de Belin; 550 hab.

MONS, vg. de Fr., Hérault, arr. et poste de St.-Pons, cant. d'Olargues; 1570 hab.

MONS, ham. de Fr., Isère, com. de Luzinay; 150 hab.

MONS, vg. de Fr., Pas-de-Calais, arr., cant. et poste de St.-Pol-sur-Ternoise; 180 h.

MONS, vg. de Fr., Puy-de-Dôme, arr. de Riom, cant. et poste de Randans; 980 h.

MONS, vg. de Fr., Seine-et-Marne, arr. de Provins, cant. et poste de Dannemarie; 500 hab.

MONS, vg. de Fr., Var, arr. de Draguignan, cant. et poste de Fayence; 1110 h.

MONS, *Montes Hannoniæ*, v. forte du roy. de Belgique, chef-lieu de la prov. de Hainaut et de l'arrondissement du même nom; siége d'un tribunal et d'une chambre de commerce; située à 7 l. E. de Valenciennes et à 12 l. S.-O. de Bruxelles, sur une éminence baignée par la Troille, qui donne naissance au canal de Mons et se verse dans la Haine peu au-dessous. Cette ville ancienne possède un vieux château, dont le jardin sert de promenade publique, un bel hôtel de ville, un arsenal, une bourse, une école latine; des fabriques de gros draps, de cotonnades, de dentelles, de faïence, de poterie de fer, de produits chimiques; de belles filatures de coton, des raffineries de sucre et des savonneries. Elle fait un commerce actif de houilles et de blé. Dans ses environs on exploite des meules, des ardoises, de la houille et des pierres à feu. Pop. de la ville 20,000 hab., de l'arrondissement 145,000.

Après avoir partagé, pendant le moyen âge, l'éclat des autres cités des Pays-Bas, cette ancienne capitale du comté de Hainaut déclina dès la fin du quinzième siècle sous la domination espagnole. Louis XIV, ayant conquis la Flandre, le Hainaut fut démembré à la paix de Nimègue (1678) et Mons devint le chef-lieu de la partie autrichienne. La paix de Campo-Formio (17 octobre 1793) mit définitivement la France en possession de la Belgique; le Hainaut forma le dép. de Jémappes et Mons en fut le chef-lieu jusqu'après les événements de 1815.

MONSAC, vg. de Fr., Dordogne, arr. de Bergerac, cant. et poste de Beaumont; 540 h.

MONS-A-CONDÉ (canal de). La rivière de Haine, navigable depuis Mons jusqu'à Condé, servait dès avant le seizième siècle au transport des houilles provenant de mines situées près de ses rives. Vauban, croyant que Mons resterait à Louis XIV, forma pour l'amélioration de cette navigation des projets qui furent modifiés par les états de Hainaut, en 1739. En 1807 on trouva plus utile d'abandonner la rivière et de disposer d'une partie de ses eaux pour alimenter un canal. Les événements politiques retardèrent son achèvement et il ne fut rendu à la navigation qu'après la restauration.

Ce canal, alimenté par la petite rivière de Crouille, à 1/2 l. au-dessus de Mons, se dirige en ligne directe de cette ville sur son embouchure de l'Escaut à Condé, en coupant la Haine à la droite de la petite ville de St.-Ghislain. Sa longueur est de 5 1/2 l. sur le territoire français; il a 6 écluses. On y transporte principalement des houilles. Son établissement a réduit d'un tiers le prix du fret.

MONSAGUEL, vg. de Fr., Dordogne, arr. de Bergerac, cant. et poste d'Issigeac; 350 h.

MONSANTO, forteresse avec citadelle du Portugal, prov. de Beira, dist. de Castello-branco, sur un rocher inaccessible; 1600 h.

MONSARAZ, pet. v. du Portugal, avec un château fort, prov. d'Alentéjo, dist. de Villaviçosa; sur un rocher escarpé, baigné par la Guadiana; 1900 hab.

MONSAURIN, ham. de Fr., Gers, com. de Bazugues-Monsaurin; 100 hab.

MONS-BOUBERT, vg. de Fr., Somme, arr. d'Abbeville, cant. et poste de St.-Valery-sur-Somme; 1280 hab.

MONSEC, vg. de Fr., Dordogne, arr. de Nontron, cant. et poste de Mareuil; 620 h.

MONSÉGUR, pet. v. de Fr., Gironde, arr. et à 2 1/2 l. N.-E. de la Réole, chef-lieu de canton et poste; 1490 hab.

MONSÉGUR, vg. de Fr., Landes, arr. de St.-Sever, cant. et poste d'Hagetmau; 630 h.

MONSÉGUR, vg. de Fr., Lot-et-Garonne, arr. de Villeneuve-sur-Lot, cant. et poste de Montflanquin; 520 hab.

MONSÉGUR, vg. de Fr., Basses-Pyrénées, arr. de Pau, cant. de Montaner, poste de Vic-en-Bigorre; 350 hab.

MONSELICE, pet. v. fortifiée de Lombardie, gouv. de Venise, délégation de Padoue, chef-lieu de district, située sur le canal qui porte le même nom; florissante par une manufacture de soie et de chapeaux et par son commerce très-étendu; 5000 hab.

MONSELLE, ham. de Fr., Seine-et-Oise, com. d'Anvers-sur-Oise; 210 hab.

MONSEMPRON, vg. de Fr., Lot-et-Garonne, arr. de Villeneuve-sur-Lot, cant. et poste de Fumel; 810 hab.

MONS-EN-BARŒUL, vg. de Fr., Nord, arr., cant. et poste de Lille; 800 hab.

MONS-EN-CHAUSSÉE, vg. de Fr., Somme, arr., cant. et poste de Péronne; 720 hab.

MONS-EN-LAONNAIS, pet. v. de Fr., Aisne, arr. et poste de Laon, cant. d'Anizy-le Château; 600 hab.

MONS-EN-PÈVE, vg. de Fr., Nord, arr. de Lille, cant. de Pont-à-Marcq, poste de Douai; 1650 hab.

MONS-EN-PUELLE ou MONS-EN-PÉWEL, vg. de Fr., Nord, arr. et à 5 l. S. de Lille, cant. et poste de Pont-à-Marcq. Ce lieu est célèbre par la victoire que Philippe-le-Bel y remporta en 1304 sur les Flamands; 1400 h.

MONSERRA ou JUPARANAN-DA-PRAYA, fort de l'emp. du Brésil, prov. d'Espiritu-Santo, comarque de Porto-Seguro.

MONSHEIM, vg. de 850 hab. dans le grand-duché de Hesse-Darmstadt, prov. de la Hesse rhénane; remarquable par le célèbre établissement rural de M. Mœllinger.

MONSIEUR, pet. île à l'entrée du Cul-de-Sac-Robert, côte E. de l'île de Martinique.

MONSIREIGNE, vg. de Fr., Vendée, arr. de Fontenay-le-Comte, cant. et poste de Pouzauges; 690 hab.

MONSOL, vg. de Fr., Rhône, arr. et à 7 l. N.-N.-O. de Villefranche-sur-Saône, chef-lieu de canton, poste de Beaujeu; 1210 h.

MONSOL. *Voyez* MISSEL.

MONSOURIS, ham. de Fr., Seine, com. de Montrouge; 160 hab.

MONSTEROUX-MILLIEU, vg. de Fr., Isère, arr. et poste de Vienne, cant. de Beaurepaire; 340 hab.

MONSURES, vg. de Fr., Somme, arr. d'Amiens, cant. de Conty, poste de Flers; 360 hab.

MONSWILLER, vg. de Fr., Bas-Rhin, arr., cant. et poste de Saverne; Martelsberg et Schell font partie de cette commune; 746 h.

MONT (le), ham. de Fr., Cher, com. de Préveranges; 120 hab.

MONT (le), ham. de Fr., Jura, com. de Tramelay; 110 hab.

MONT, vg. de Fr., Loir-et-Cher, arr. et poste de Blois, cant. de Bracieux; 1240 hab.

MONT (le), ham. de Fr., Loire, com. de Sury-le-Comtal; 100 hab.

MONT, vg. de Fr., Meurthe, arr. et poste de Lunéville, cant. de Gerbeviller; 360 hab.

MONT, ham. de Fr., Moselle, com. de Pange; 140 hab.

MONT (le), ham. de Fr., Nièvre, com. d'Onlay; 100 hab.

MONT, vg. de Fr., Basses-Pyrénées, arr. d'Orthez, cant. de Lagor, poste de Lacq; 500 hab.

MONT, vg. de Fr., Basses-Pyrénées, arr. de Pau, cant. et poste de Garlin; 340 hab.

MONT, vg. de Fr., Hautes-Pyrénées, arr. de Bagnères-en-Bigorre, cant. de Bordères, poste d'Arreau; 130 hab.

MONT (le), ham. de Fr., Haute-Saône, com. de Plancher-Bas; 220 hab.

MONT, vg de Fr., Saône-et-Loire, arr. de Charolles, cant. et poste de Bourbon-Lancy; 450 hab.

MONT. *Voyez* MALANDRIN.

MONT (le), ham. de Fr., Haute-Vienne, com. de Lussac-les-Églises; 150 hab.

MONT (le), vg. de Fr., Vosges, arr. de St.-Dié, cant. et poste de Senones; 150 hab.

MONT (Saint-), vg. de Fr., Gers, arr. de Mirande, cant. et poste de Riscle; 680 hab.

MONTA, b. du Piémont, prov. d'Asti; 2500 hab.

MONTA, ham. de Fr., Hautes-Alpes, com. de Ristolas; 180 hab.

MONTA (la), vg. de Fr., Loire, com. d'Outrefurens; 1810 hab.

MONTABARD, vg. de Fr., Orne, arr. et poste d'Argentan, cant. de Trun; 410 hab.

MONTABAUR, v. du duché de Nassau, dans le Westerwald, chef-lieu du bailliage du même nom et de celui de Mendt; elle a un château, une source minérale et 2550 hab.

MONTABERT, vg. de Fr., Aube, com. de Montaulin; 170 hab.

MONTABON, ham. de Fr., Isère, com. de la Terrasse; 100 hab.

MONTABON, vg. de Fr., Sarthe, arr. de St.-Calais, cant. et poste de Château-du-Loir; 630 hab.

MONTABOT, vg. de Fr., Manche, arr. de St.-Lô, cant. de Percy; 790 hab.

MONTABOURLET ou LA CHAPELLE-MONTABOURLET, Fr., Dordogne, com. de Cercles; 140 hab.

MONTACHER, vg. de Fr., Yonne, arr. de Sens, cant. et poste de Chéroy; 730 hab.

MONTACHON, ham. de Fr., Côte-d'Or, com. de St.-Didier; 130 hab.

MONTADES (les), ham. de Fr., Hérault, com. de Pézènes; 110 hab.

MONTADET, vg. de Fr., Gers, arr., cant. et poste de Lombez; 280 hab.

MONTADROIT, ham. de Fr., Jura, com. de Légna; 110 hab.

MONTADY, vg. de Fr., Hérault, arr. et poste de Béziers, cant. de Capestang; 260 h.

MONTAGAGNE, vg. de Fr., Arriège, arr. de Foix, cant. et poste de la Bastide-de-Serou; 320 hab.

MONTAGANO, gros vg. du roy. de Naples, prov. de Molise; culture très-considérable des arbres fruitiers; 2600 hab.

MONTAGNAC, vg. de Fr., Basses-Alpes, arr. de Digne, cant. et poste de Riez; 710 h.

MONTAGNAC, ham. de Fr., Gard, com. de Moulezan; 140 hab.

MONTAGNAC, pet. v. de Fr., Hérault, arr. et à 6 l. N.-E. de Béziers, chef-lieu de canton et poste; elle est située dans une plaine non loin de la rive droite de l'Hérault; fabr. de verdet; 3509 hab.

MONTAGNAC-D'AUBEROCHE, vg. de Fr., Dordogne, arr. de Périgueux, cant. de Thenon, poste d'Azerac; 380 hab.

MONTAGNAC-LA-CREMPSE, vg. de Fr., Dordogne, arr. de Bergerac, cant. de Villamblard, poste de Douville; 1400 hab.

MONTAGNAC-SUR-AUVIGNON, vg. de Fr., Lot-et-Garonne, arr., cant. et poste de Nérac; 1180 hab.

MONTAGNA-LE-RECONDUIT, vg. de Fr., Jura, arr. de Lons-le-Saulnier, cant. et poste de St.-Amour; 450 hab.

MONTAGNA-LE-TEMPLIER, vg. de Fr., Jura, arr. de Lons-le-Saulnier, cant. de St.-Julien, poste de St.-Amour; 460 hab.

MONTAGNAC-SUR-LÈDE, vg. de Fr., Lot-et-Garonne, arr. de Villeneuve-sur-Lot, cant. et poste de Monflanquin; 990 hab.

MONTAGNANO, v. fortifiée de Lombardie, gouv. de Venise, délégation de Padoue; fabrication d'étoffes de laine, de draps, de cuirs et de chapeaux; commerce; carrières de pierres à aiguiser; 8000 hab.

MONTAGNAT, vg. de Fr., Ain, arr., cant. et poste de Bourg-en-Bresse; 490 hab.

MONTAGNE, vg. de Fr., Isère, arr., cant. et poste de St.-Marcellin; 250 hab.

MONTAGNE, ham. de Fr., Isère, com. de la Frette; 200 hab.

MONTAGNE (la), vg. de Fr., Haute-Saône, arr. de Lure, cant. de Faucogney, poste de Luxeuil; 790 hab.

MONTAGNE (la), ham. de Fr., Seine-et-Oise, com. de Morigny; 120 hab.

MONTAGNE (la), ham. de Fr., Seine-Inférieure, com. de Nesle-Hodeng; 170 hab.

MONTAGNE, vg. de Fr., Somme, arr. d'Amiens, cant. de Molliens-Vidame, poste d'Airaines; 510 hab.

MONTAGNE-DE-SAINT-GEORGES, vg. de Fr., Gironde, arr. et poste de Libourne, cant. de Lussac; 1700 hab.

MONTAGNER-BEZUCHES, vg. de Fr., Haute-Saône, arr. de Gray, cant. de Pesmes, poste de Marnay; 590 hab.

MONTAGNES-BLANCHES et MONTAGNES-BLEUES, chaîne de montagnes la plus considérable de la Nouvelle-Galles du Sud. Le Monadnock, de 1040 mètres de haut, en est le point culminant.

MONTAGNES-BLEUES (Blue-Ridge), le chaînon oriental des Apalaches ou Alléghany, parallèlement auxquelles elles traversent sous différents noms les états de New-York, New-Jersey, Pensylvanie, Maryland et Virginie, États-Unis de l'Amérique du Nord. Sur les frontières de la Caroline du Nord les Montagnes-Bleues paraissent se rapprocher des Alléghany proprement dits. Ces montagnes, généralement peu élevées, se composent de crêtes non interrompues et très-peu variées. Les monts Kittatinny en forment l'échelon le plus oriental. Des ramifications intermédiaires rattachent fréquemment le chaînon oriental au chaînon central. On doit regarder comme continuations et dépendances des Montagnes-Bleues les North et les Shade-Mountains, le Blacklog, le Jack, les monts Sideling, le Great-Warrior, les Ewils et les Wills-Mountains, le Black-Eagle, le Broad, le Mahantango, le Mohonoy, le Pokono, le Lahawanok, l'Ararat, le Montours, le Shilisquaque, le Muncy et les Savages-Mountains.

MONTAGNES-ROCHEUSES (*Rocky-Mountains*, *Cordillère-Missouri-Colombienne* de Balbi), la continuation la plus septentrionale de l'immense chaîne des Andes qui, depuis le cap Froward (54° 50′ lat. S.), parcourt toute la partie occidentale de l'Amérique (65° lat. N.). Les Montagnes-Rocheuses se détachent de la Sierra-Verde, que quelques géographes comprennent dans ce chaînon, sous 45° lat. N., à l'endroit où le Missouri et le Clarke se développent de leurs sources. Elles s'abaissent considérablement entre 46° et 48°, se relèvent vers 40°, continuent à se diriger vers le N.-O., en séparant le bassin du Missouri de celui de l'Orégon (Columbia), et se perdent en partie sur les rives du Mackensie, en partie sur les bords du Grand-Océan arctique. La hauteur moyenne de cette chaîne est de 1500 mètres; elle semble être couverte de neiges éternelles, dont la ligne se trouve, sous cette latitude, à 1300 mètres. On doit regarder comme des continuations et des chaînes secondaires des Montagnes-Rocheuses: 1° les montagnes de la côte N.-O. (Cordillère maritime), continuation de la Cordillère de Californie et branche N.-O. du chaînon central des Andes. Elles sont généralement moins élevées et moins sauvages que les Montagnes-Rocheuses; cependant elles présentent, sur la côte N.-O. russe, des pics qui rivalisent avec les points les plus élevés de la terre; ce sont: le mont Ste.-Hellène au N. et le Jefferson au S. de l'Orégon. 2° Les Montagnes-Noires (Black-Mountains), à l'E. des Montagnes-Rocheuses, dont elles se détachent entre 42° et 43°. Elles se dirigent d'abord vers le N.-E., puis vers le S.-E., s'étendent jusqu'au lac Supérieur et reviennent par un grand coude s'aplatir sur les bords du Missouri. 3° Les montagnes du Nord-Est se détachent de la chaîne centrale sous 64° 30′ lat. N., à l'endroit où le Mukowane prend naissance; elles s'étendent jusqu'au lac Huron, tournent le lac Winnipeg, où elles se divisent en deux branches: *a*) le Brokenridge (chaîne brisée), au S., entoure les bords méridionaux du lac Supérieur et s'aplatit sur les bords du lac Huron; *b*) le Lands-Hill (hauteur du pays), au N., qui se prolonge, en s'affaissant de plus en plus, dans le Canada, qu'il sépare de la Nouvelle-Galles et du Labrador, et se perd sur les rives du St.-Laurent. Dans les États-Unis les Montagnes-Rocheuses portent aussi le nom de Monts-Chippeway, et la partie de cette chaîne de montagnes qui accompagne le Mackenzie est appelée Mont-Brillant. Au-delà de 52°, sur la côte N.-O. russe, les Montagnes-Rocheuses changent leur nom en celui de Stony-Mountains (montagnes pierreuses). Les points culminants connus des Montagnes-Rocheuses et de leurs dépendances sont: le pic James (3590 mètres), le pic Espagnol (3500 mètres), le volcan de St.-Elie, dans l'Amérique russe (5586 mètres), le Long-Pick, dans les États-Unis, le Big-Horn (4242 mètres), le Fair-Weather (mont Beau-Temps, dans l'Amérique russe (4608 mètres), le pic Oriental, dans la péninsule d'Alaska, volcan (2800 mètres). Les Montagnes-Rocheuses tirent leur nom de l'aspect lugubre que présentent leurs rochers noirs et sauvages, aux pans déchirés et bizarrement groupés. Malgré les explorations de Mackenzie, Hearne et Franklin, elles ne nous sont qu'imparfaitement connues. Leur nature volcanique se trouve attestée par de nombreux cratères éteints enduits de soufre, par le succin et les pierres ponces dont le terrain environnant est jonché.

MONTAGNES-VERTES. *Voyez* GREEN-MOUNTAINS.

MONTAGNEUX, ham. de Fr., Isère, com. de Frette; 100 hab.

MONTAGNE-VERTE (*Green-Mountain*), point le plus élevé de l'île Ascension, Océan Atlantique; il a une hauteur de 455 toises au-dessus du niveau de la mer.

MONTAGNEY, vg. de Fr., Doubs, arr. de Baume-les-Dames, cant. et poste de Rougemont; haut-fourneau, tréfilerie; 90 hab.

MONTAGNIEU, vg. de Fr., Isère, arr., cant. et poste de la Tour-du-Pin; 780 hab.

MONTAGNIEU, vg. de Fr., Ain, arr. et poste de Belley, cant. de Lhuis; 490 hab.

MONTAGNOL, vg. de Fr., Aveyron, arr. de St.-Affrique, cant. et poste de Camarès; 800 hab.

MONTAGNY, vg. de Fr., Loire, arr. et poste de Roanne, cant. de Perreux; 1720 h.

MONTAGNY, vg. de Fr., Oise, arr. de Beauvais, cant. de Chaumont-en-Vexin, poste de Magny; 260 hab.

MONTAGNY, vg. de Fr., Rhône, arr. de Lyon, cant. et poste de Givors; 500 hab.

MONTAGNY, ham. de Fr., Seine-Inférieure, com. de Nolléval; 200 hab.

MONTAGNY-LES-BEAUNE, vg. de Fr., Côte-d'Or, arr., cant. et poste de Beaune; 450 hab.

MONTAGNY-LES-BUXY, vg. de Fr., Saône-et-Loire, arr. de Châlon-sur-Saône, cant. et poste de Buxy; 400 hab.

MONTAGNY-LES-SEURRE, vg. de Fr., Côte-d'Or, arr. de Beaune, cant. de St.-Jean-de-Losne, poste de Seurre; 370 hab.

MONTAGNY-PRÈS-LOUHANS, vg. de Fr., Saône-et-Loire, arr., cant. et poste de Louhans; 700 hab.

MONTAGNY-PROUVAIR, ham. de Fr., Oise, com. de Belle-Église; 100 hab.

MONTAGNY-SAINTE-FÉLICITÉE, vg. de Fr., Oise, arr. de Senlis, cant. et poste de Nanteuil-le-Haudouin; 520 hab.

MONTAGNY-SOUS-LA-BUSSIÈRE, vg. de Fr., Saône-et-Loire, arr. de Mâcon, cant. et poste de Matour; 380 hab.

MONTAGOUDIN, vg. de Fr., Gironde, arr., cant. et poste de la Réole; 190 hab.

MONTAGRIER, vg. de Fr., Dordogne, arr. et à 2 1/2 l. E. de Ribérac, chef-lieu de canton, poste de Bourdeilles; 860 hab.

MONTAGU, vg. de Fr., Basses-Pyrénées, arr. d'Orthez, cant. et poste d'Arzacq; 370 hab.

MONTAGUDET, vg. de Fr., Tarn-et-Garonne, arr. de Moissac, cant. de Bourg-de-Visa, poste de Lanzeste; 640 hab.

MONTAGUE, chaine de montagnes des Etats-Unis de l'Amérique du Nord; forment une continuation des Montagnes-Bleues et s'étendent à l'O. de la Caroline du Nord.

MONT-AGUT, ham. de Fr., Lozère, com. de St.-Germain-du-Teil; 120 hab.

MONTAIGNON, ham. de Fr., Charente, com. de Gourville; 300 hab.

MONTAIGU, vg. de Fr., Aisne, arr. de Laon, cant. de Sissonne, poste de Corbeny; 880 hab.

MONTAIGU, vg. de Fr., Jura, arr. et poste de Lons-le-Saulnier, cant. de Conliége; 810 hab.

MONTAIGU, vg. de Fr., Manche, arr., cant. et poste de Valognes; 1110 hab.

MONTAIGU, ham. de Fr., Manche, com. de Placy-Montaigu; 130 hab.

MONTAIGU, ham. de Fr., Seine-et-Oise, com. de Chambourcy; 100 hab.

MONTAIGU, vg. de Fr., Vendée, arr. et à 9 l. N. de Bourbon-Vendée, chef-lieu de canton et poste; 1330 hab.

MONTAIGU, port de l'île de la Nouvelle-Bretagne, dans l'archipel de ce nom, Australie ou Océanie centrale. Il est situé sur la côte méridionale, au fond d'une vaste baie, sous 6° 10' lat. S. et 148° 20' long. orient. Le navigateur anglais Dampier y séjourna quelque temps en 1699.

MONTAIGU (cap). *V.* SANDWICH (terre de).

MONTAIGU ou SCHERPENHEUVEL, pet. v. du roy. de Belgique, prov. du Brabant méridional, arr. de Louvain, sur une montagne et entourée de remparts et de fossés; commerce de bois; 1700 hab.

MONTAIGUET, vg. de Fr., Allier, arr. de la Palisse, cant. et poste de Donjon; 1000 h.

MONTAIGU-LE-BLIN, vg. de Fr., Allier, arr. de la Palisse, cant. de Varennes-sur-Allier, poste de St.-Gérand-le-Puy; 330 hab.

MONTAIGU-LES-BOIS, vg. de Fr., Manche, arr. de Coutances, cant. et poste de Gavray; 710 hab.

MONTAIGUT, vg. de Fr., Creuse, arr. de Guéret, cant. et poste de St.-Vaury; 700 h.

MONTAIGUT, b. de Fr., Puy-de-Dôme, arr. et à 10 l. N.-N.-O. de Riom, chef-lieu de canton et poste; 1420 hab.

MONTAIGUT, ham. de Fr., Puy-de-Dôme, com. de Glaine-Montaigut; 100 hab.

MONTAIGUT, v. de Fr., Tarn-et-Garonne, arr. et à 7 l. N. de Moissac, chef-lieu de canton et poste; 4275 hab.

MONTAIGUT, vg. de Fr., Hautes-Pyrénées, arr. de Bagnères-en-Bigorre, cant. de Nestier, poste de St.-Laurent-de-Neste; 420 h.

MONTAIGUT-LE-BLANC, vg. de Fr., Puy-de-Dôme, arr. et poste d'Issoire, cant. de Champeix; 1350 hab.

MONTAILLÉ, vg. de Fr., Sarthe, arr., cant. et poste de St.-Calais; 1010 hab.

MONTAILLOU, vg. de Fr., Arriège, arr. de Foix, cant. et poste d'Ax; 320 hab.

MONTAIN, vg. de Fr., Jura, arr. et poste de Lons-le-Saulnier, cant. de Voiteur; 320 hab.

MONTAIN, ham. de Fr., Tarn-et-Garonne, com. de Lat-la-Bourgade; 130 hab.

MONTAINE (Sainte-), vg. de Fr., Cher, arr. de Sancerre, cant. et poste d'Aubigny-Ville; 490 hab.

MONTAINVILLE, vg. de Fr., Eure-et-Loir, arr. de Chartres, cant. et poste de Voves; 520 hab.

MONTAINVILLE, vg. de Fr., Seine-et-Oise, arr. de Versailles, cant. de Meulan, poste de Maule; 460 hab.

MONTALBA, vg. de Fr., Pyrénées-Orientales, arr. de Céret, cant. et poste d'Arles-sur-Tech; 250 hab.

MONTALBA, vg. de Fr., Pyrénées-Orientales, arr. de Perpignan, cant. et poste de la Tour-de-France; 430 hab.

MONTALBANO, pet. v. de Sicile, intendance de Messine, au S. de Pozzo.

MONTALCINO, *Mons Alcnous*, v. épiscopale du grand-duché de Toscane, territoire de Sienne; bâtie sur une hauteur; on y récolte d'excellent vin muscat; 3000 hab.

MONTALE, b. fortifié du grand-duché de Toscane, territoire de Florence.

MONTALÈGRE, pet. v. de l'emp. du Brésil, prov. et comarque de Para, dans une île, au confluent du Garupatuba et du Maragnon. Cet endroit formait autrefois une des plus florissantes missions des jésuites dans le Brésil; commerce de farine, café, coton, cacao et bois de construction; 3000 hab.

MONTALEMBERT, vg. de Fr., Deux-Sèvres, arr. de Melle, cant. et poste de Sauzé; mines de fer; 960 hab.

MONTALERY, ham. de Fr., Yonne, com. de Venoy; 240 hab.

MONTALET-LE-BOIS, vg. de Fr., Seine-et-Oise, arr. de Mantes, cant. de Limay, poste de Meulan; 200 hab.

MONTALIEU, vg. de Fr., Isère, arr. de Grenoble, cant. et poste du Touvet; 410 h.

MONTALLIEU, ham. de Fr., Isère, com. de Vercieu; 880 hab.

MONTALS, ham. de Fr., Aveyron, com. de Coussergues; 140 hab.

MONTALTO, gros vg. du Piémont, prov. d'Ivrea; 1500 hab.

MONTALTO, b. de l'état de l'Église, légation de Viterbe, sur la Fiora; avec un château fort.

MONTALTO, *Mons Altus*, pet. v. épiscopale de l'état de l'Église, légation d'Ascoli. Ce petit lieu a acquis une grande célébrité par la découverte récente des nécropolis des anciennes villes étrusques de Tarquinie, de Coriolo, de Vulci et de Graviscæ, due en très-grande partie aux fouilles faites sous la direction et aux frais du prince de Canino. Cette ville est encore remarquable par les habitations souterraines qu'on trouve dans les environs et qu'on suppose avoir été creusées dès la plus haute antiquité, ainsi que par les ruines de l'ancienne Egnatia, dont on voit encore les restes à quelques milles plus loin. Elle est la patrie de Sixte V (1521-90); 15,000 hab.

MONTALTO, *Babia*, v. du roy. de Naples, prov. de la Calabre citérieure, au N.-O. de Cosenza; 4700 hab.

MONTALVAN, pet. v. d'Espagne, avec château, roy. d'Aragon, dist. et à 8 l. S.-O. d'Alcanniz, sur le St.-Martin; mines de houilles et de jais.

MONTALZAT, vg. de Fr., Tarn-et-Garonne, arr. de Montauban, cant. et poste de Montpezat; 1360 hab.

MONTAMAT, vg. de Fr., Gers, arr., cant. et poste de Lombez; 280 hab.

MONTAMBERT-TANNAY, vg. de Fr., Nièvre, arr. de Nevers, cant. et poste de Fours; 650 hab.

MONTAMEL, vg. de Fr., Lot, com. d'Ussel; exploitation d'argile à creusets; 300 h.

MONTAMET, ham. de Fr., Seine-et-Oise, com. d'Orgeval; 350 hab.

MONTAMISÉ, vg. de Fr., Vienne, arr. et poste de Poitiers, cant. de St.-Georges-les-Baillargeaux; 770 hab.

MONTAMY, vg. de Fr., Calvados, arr. de Vire, cant. de Bény-Bocage, poste de Mesnil-Auzoux; 240 hab.

MONTANARO, joli b. du Piémont, prov. de Turin; il s'y tient des marchés très-fréquentés; 4000 hab.

MONTANAY, vg. de Fr., Ain, arr., cant. et poste de Trévoux; 690 hab.

MONTANCEY, ham. de Fr., Dordogne, com. de Montren; 200 hab.

MONTANCY, vg. de Fr., Doubs, arr. de Montbéliard, cant. et poste de St.-Hippolyte; 280 hab.

MONTANDON, vg. de Fr., Doubs, arr. de Montbéliard, cant. et poste de St.-Hippolyte; 410 hab.

MONTANEL, vg. de Fr., Manche, arr. d'Avranches, cant. et poste de St.-James; 1160 hab.

MONTANER, vg. de Fr., Basses-Pyrénées, arr. et à 6 l. E.-N.-E. de Pau, chef-lieu de canton, poste de Vic-en-Bigorre; 930 hab.

MONTANGES, vg. de Fr., Ain, arr. de Nantua, cant. et poste de Châtillon-de-Michaille; 770 hab.

MONTANGLAOST (Grand et Petit-), ham. de Fr., Seine-et-Marne, com. de Coulommiers; 200 hab.

MONTANGON, vg. de Fr., Aube, arr. de Troyes, cant. et poste de Piney; 240 hab.

MONTANT (Saint-), vg. de Fr., Ardèche, arr. de Privas, cant. et poste de St.-Andéol; 1580 hab.

MONTANS, vg. de Fr., Tarn, arr., cant. et poste de Gaillac; 1530 hab.

MONTANT (le), ham. de Fr., Somme, com. du Quesnoy-Montant; 200 hab.

MONTANT, ham. de Fr., Vienne, com. d'Oiré; 200 hab.

MONTAPAS, vg. de Fr., Nièvre, arr. de Nevers, cant. et poste de St.-Saulge; 820 h.

MONTARCHER, ham. de Fr., Loire, arr. de Montbrison, cant. de St.-Jean-Soleymieux, poste de St.-Bonnet-le-Château; 370 hab.

MONTARDIT, vg. de Fr., Arriège, arr. et poste de St.-Girons, cant. de Ste.-Croix; 820 hab.

MONTARDON, vg. de Fr., Basses-Pyrénées, arr. et poste de Pau, cant. de Morlaas; 440 hab.

MONTAREAU, ham. de Fr., Haute-Garonne, com. de Touille; 180 hab.

MONTAREN, vg. de Fr., Gard, arr., cant. et poste d'Uzès; 970 hab.

MONTARGIS, *Mons Argi*, v. de Fr., Loiret, à 16 l. E. d'Orléans et à 27 l. S.-S.-E. de Paris, chef-lieu d'arrondissement; siége de tribunaux de première instance et de commerce; direction des contributions indirectes et conservation des hypothèques. Elle est située à l'extrémité d'une vaste plaine, près de la belle forêt du même nom et à la jonction des canaux d'Orléans, de Briare et du Loing; elle a encore une partie de ses anciennes murailles; mais son château, dont la fondation remonte au règne de Clovis, ne présente plus que des ruines. Montargis est généralement mal bâti; ses rues sont peu spacieuses et d'un aspect assez triste. L'église paroissiale est le seul édifice public qui mérite une mention particulière. Cette ville possède un collége et une petite salle de spectacle. L'industrie et le commerce y ont assez d'activité; ses tanneries, ses mégisseries et corroieries ont de l'importance. Les produits de ses différents établissements industriels, les grains, les vins, la cire, le miel, le safran et du beurre renommé sont les principaux articles de son commerce.

Foires: les 1er juin, 21 juillet, lundi après St.-Remi, 11 novembre, jeudi avant jeudi-gras, troisième lundi après Pâques; 7757 h.

Cette ville est la patrie de madame de La Mothe-Guyon, quiétiste, fameuse par sa vie, par ses ouvrages et ses prédications (1648—1717); de Girodet-Trioson, un de nos grands peintres modernes (1767—1824), et de Manuel (Louis-Pierre), le premier syndic de la commune de Paris (né en 1754, mort sur l'échafaud le 14 novembre 1793).

Montargis doit son origine au château fort que Clovis fit construire sur la colline qui domine la ville. Louis-le-Gros y fit ajouter d'autres fortifications, et c'est sous la protection de cette forteresse que la ville prit plus de développement. Pendant les guerres et les troubles civils qui désolèrent la France aux quatorzième, quinzième et seizième siècles, Montargis supporta sa part des calamités publiques et fut plusieurs fois saccagé. Sous le règne de Charles VII, les Anglais étaient sur le point de le reprendre, lorsque Dunois et Lahire les forcèrent d'en lever le siége. En 1527 cette ville fut détruite par un incendie; elle se releva de ses ruines et prit alors un aspect plus moderne.

MONTARLOT, vg. de Fr., Côte-d'Or, arr. de Dijon, cant. et poste d'Auxonne; 90 hab.

MONTARLOT, ham. de Fr., Jura, com. de Chapelle-Voland; 100 hab.

MONTARLOT, vg. de Fr., Seine-et-Marne, arr. de Fontainebleau, cant. et poste de Moret; 160 hab.

MONTARLOT-LÈS-FONDREMANS, vg. de Fr., Haute-Saône, arr. de Vesoul, cant. et poste de Rioz; tréfilerie; 450 hab.

MONTARLOT-SUR-SAOLON, vg. de Fr., Haute-Saône, arr. de Gray, cant. et poste de Champlitte; 460 hab.

MONTARMOTS (les), ham. de Fr., Doubs, com. de Besançon; 210 hab.

MONTARNAL. *Voy.* AYNES-MONTARNAL.

MONTARNAUD, vg. de Fr., Hérault, arr. de Montpellier, cant. d'Aniane, poste de Gignac; 500 hab.

MONTARON, vg. de Fr., Nièvre, arr. de Château-Chinon, cant. et poste de Moulins-en-Gilbert; 730 hab.

MONTARVILLE, ham. de Fr., Eure-et-Loir, com. de Sainville; 110 hab.

MONTASTRUC, vg. de Fr., Haute-Garonne, arr. de St.-Gaudens, cant. de Salies, poste de St.-Martory; 1290 hab.

MONTASTRUC, b. de Fr., Haute-Garonne, arr. et à 5 l. N.-E. de Toulouse, chef-lieu de canton; 1042 hab.

MONTASTRUC, vg. de Fr., Lot-et-Garonne, arr. de Villeneuve-sur-Lot, cant. de Monclar, poste de Ste.-Livrade; 1100 hab.

MONTASTRUC, vg. de Fr., Tarn-et-Garonne, arr. et poste de Montauban, cant. de la Française; 570 hab.

MONTASTRUC-LA-LANDE, vg. de Fr., Hautes-Pyrénées, arr. de Tarbes, cant. de Galan, poste de Trie; 700 hab.

MONTASTRUC-SAVES, vg. de Fr., Haute-Garonne, arr. de Muret, cant. et poste de Rieumes; 270 hab.

MONTAT (le), vg. de Fr., Lot, arr., cant. et poste de Cahors; 650 hab.

MONTATAIRE, vg. de Fr., Oise, arr. de Senlis, cant. et poste de Creil; fabr. de boutons de soie, fil, poil de chèvre, etc.; papeterie; forges et laminoirs pour tôle, fer-blanc et cuivre; scierie hydraul. de bois; 1180 hab.

MONTATELON, ham. de Fr., Loiret, com. d'Auxy; 100 hab.

MONTAUBAN, vg. de Fr., Drôme, arr. de Nyons, cant. et poste de Séderon; 540 hab.

MONTAUBAN, vg. de Fr., Haute-Garonne, arr. de St.-Gaudens, cant. et poste de Bagnères-de-Luchon; 390 hab.

MONTAUBAN, vg. de Fr., Ille-et-Vilaine,

arr. et à 2 l. N.-N.-O. de Montfort-sur-Mer, chef-lieu de canton et poste; 2891 hab.

MONTAUBAN (Seine-et-Oise). *Voy.* VAUJOURS.

MONTAUBAN, vg. de Fr., Somme, arr. et poste de Péronne, cant. de Combles; 720 h.

MONTAUBAN, *Mons Albanus*, v. de Fr., chef-lieu du dép. de Tarn-et-Garonne, à 169 l. S.-S.-E. de Paris; siége de tribunaux de première instance et de commerce, d'un évêché suffragant de l'archevêché de Toulouse, d'un consistoire réformé; directions des contributions directes et indirectes, des domaines et de l'enregistrement; chambre consultative des manufactures; sous-inspection forestière et résidence d'un ingénieur en chef des ponts-et-chaussées. Cette ville, située sur le Tarn, se divise en trois parties: la ville proprement dite, qui se compose de la vieille et de la nouvelle ville, couvre un plateau qu'entourent le Tarn et la petite riv. du Tescou; sur l'autre rive du Tarn se trouve Ville-Bourbon et plusieurs faubourgs qui communiquent avec les deux autres parties par un vaste pont d'une noble architecture; l'extrémité du pont, vers les faubourgs, est ornée d'une porte en forme d'arc de triomphe. Les rues des faubourgs sont droites et larges; mais celles de la ville sont étroites. Huit rues bien alignées viennent aboutir à la place Royale, remarquable par l'élégance et la symétrie des constructions et du double rang d'arcades qui l'environnent. La cathédrale, l'hôtel de ville et l'hôtel de la préfecture méritent d'être cités. L'avenue des Acacias et les terrasses qui bornent la crête d'une colline nommée la Falaise sont des promenades délicieuses. De la Falaise l'œil découvre à la fois les collines du Tescou, la belle vallée du Tarn et les cimes des Pyrénées. Montauban possède une faculté de théologie pour l'église réformée, un collége, un séminaire, une école gratuite de dessin; un cours de géométrie appliquée aux arts, une société des sciences, agriculture et belles-lettres, une bibliothèque de 10,000 volumes, un observatoire et une petite salle de spectacle. Ses établissements industriels consistent en fabriques de diverses étoffes de laine (cadis de Montauban) et de soie, de toiles, tissus à tamis, faïencerie, cartonnerie, fabriques de savon, un grand nombre de minoteries; filat. de laine, de coton et de soie; teintureries, tanneries, etc. Commerce en grains, draperie, épicerie, eaux-de-vie, fer, plumes d'oies, etc. La communication par le Tarn avec le canal de Languedoc procure à cette ville l'avantage d'être un entrepôt pour beaucoup de produits du Midi. Foires: les 19 mars, 20 mai, 26 juillet, 13 octobre et 20 novembre; 23,865 hab.

Patrie de Lefranc-de-Pompignan, célèbre poëte lyrique (1709—1784), et du tacticien Guibert (1743—1790).

L'origine de Montauban ne remonte qu'au quatorzième siècle. Des paysans, pour se soustraire aux vexations des moines de l'abbaye de Montauriol, fondèrent cette ville sous la protection du comte de Toulouse, qui leur permit de se construire des habitations autour d'un château appartenant à ce seigneur. Tel fut le commencement de cette ville qui s'accrut rapidement et joua un grand rôle lors de l'introduction de la réforme en France et pendant les guerres, suite de cette révolution religieuse. Elle fut une des premières à embrasser les dogmes de la réformation, et devint par sa forte position un des meilleurs boulevards du parti protestant. Aussi pendant que l'anarchie régnait en France, les réformés de Montauban, à l'abri de leurs murailles, se constituaient en république et se donnaient un régime municipal sage et fort. En 1621, Louis XIII assiégea la place et eut la honte de se retirer sans avoir pu la prendre après trois mois d'un siége opiniâtre; mais quelques années après, les habitants, effrayés des malheurs qu'avait soufferts La Rochelle, ouvrirent leurs portes à Louis XIII qui fit son entrée à Montauban en 1629. Sous Louis XIV Montauban devint le théâtre des plus atroces persécutions; les terribles dragonnades, invention du cruel Louvois, appauvrirent la ville et en chassèrent un grand nombre d'habitants, qui émigrèrent et portèrent leur industrie à l'étranger. Montauban s'est longtemps ressenti de ses désastres; mais les lois de liberté et d'égalité qui ont succédé au règne du despotisme fanatique sont venues lui rendre la prospérité.

MONTAUD, vg. de Fr., Hérault, arr. de Montpellier, cant. de Castries, poste de Lunel; 210 hab.

MONTAUD, vg. de Fr., Isère, arr. de St.-Marcellin, cant. et poste de Tullins; 590 h.

MONTAUD, vg. de Fr., Loire, arr., cant. et poste de St.-Étienne; fabr. de passementerie; construction de machines à vapeur; exploitation de pierres de taille et de charbons de terre; usine à fabriquer le gaz pour l'éclairage de St.-Étienne; 5260 hab.

MONTAUDIER, ham. de Fr., Seine-et-Marne; com. de la Chapelle-sous-Crécy; 110 hab.

MONTAUDIN, vg. de Fr., Mayenne, arr. de Mayenne, cant. de Landivy, poste d'Ernée; source d'eaux minérales; 1480 hab.

MONTAUDRAN, ham. de Fr., Haute-Garonne, com. de Toulouse; 600 hab.

MONTAULAC, ham. de Fr., Aveyron, com. de la Selve; 100 hab.

MONTAULIEU, vg. de Fr., Drôme, arr., cant. et poste de Nyons; 220 hab.

MONTAULIN, vg. de Fr., Aube, arr. de Troyes, cant. et poste de Lusigny; 570 hab.

MONTAURE, vg. de Fr., Eure, arr. et poste de Louviers, cant. de Pont-de-l'Arche; 1100 hab.

MONTAURIOL, vg. de Fr., Aude, arr. de Castelnaudary, cant. et poste de Salles-sur-l'Hers; 270 hab.

MONTAURIOL, vg. de Fr., Lot-et-Garonne, arr. de Villeneuve-sur-Lot, cant. et poste de Castillonnès; 520 hab.

MONTAURIOL, vg. de Fr., Pyrénées-Orientales, arr., cant. et poste de Céret; 150 hab.

MONTAURIOL, vg. de Fr., Tarn, arr. d'Albi, cant. et poste de Pampelonne; 180 h.

MONTAURIOL (Haute-Garonne). *Voyez* MONTORIOL.

MONTAUROUX, vg. de Fr., Var, arr. de Draguignan, cant. et poste de Fayence; 1470 hab.

MONTAUSSEL, ham. de Fr., Tarn, com. de Teulat; 110 hab.

MONTAUT, vg. de Fr., Haute-Garonne, arr. de Muret, cant. de Carbonne; 700 hab.

MONTAUT, ham. de Fr., Haute-Garonne, com. de Cazeneuve; 110 hab.

MONTAUT, b. de Fr., Gers, arr., cant. et poste d'Auch; 1080 hab.

MONTAUT, vg. de Fr., Landes, arr., cant. et poste de St.-Sever; 1410 hab.

MONTAUT, b. de Fr., Lot-et-Garonne, arr. de Villeneuve-sur-Lot, cant. et poste de Villeréal; 760 hab.

MONTAUT, vg. de Fr., Basses-Pyrénées, arr. de Pau, cant. de Clarac, poste de Nay; 1080 hab.

MONTAUT-D'ASTARAC, vg. de Fr., Gers, arr. de Mirande, cant. et poste de Miélan; 390 hab.

MONTAUT-DE-CRIEN, vg. de Fr., Arriège, arr. de Pamiers, cant. et poste de Saverdun; 1070 hab.

MONTAUT-D'ISSIGEAC, vg. de Fr., Dordogne, arr. de Bergerac, cant. et poste d'Issigeac; 300 hab.

MONTAUTOUR, vg. de Fr., Ille-et-Vilaine, arr., cant. et poste de Vitré; 420 hab.

MONTAUVILLE, vg. de Fr., Meurthe, arr. de Nancy, cant. et poste de Pont-à-Mousson; 520 hab.

MONT-AUX-MALADES, ham. de Fr., Seine-Inférieure, com. de Mont-St.-Aignan; 200 hab.

MONTAY, vg. de Fr., Nord, arr. de Cambrai, cant. et poste du Câteau; 310 hab.

MONTAWAI. *Voyez* SI-BIBAN.

MONTAZEAU, vg. de Fr., Dordogue, arr. de Bergerac, cant. de Velines, poste de Ste.-Foy; 630 hab.

MONTAZELS, vg. de Fr., Aude, arr. de Limoux, cant. et poste de Couiza; 290 hab.

MONTAZZONI, b. du roy. de Naples, prov. de l'Abruzze citérieure; 2400 hab.

MONTBARBIN, ham. de Fr., Seine-et-Marne, com. de la Chapelle-sous-Crécy; 220 hab.

MONTBARD, pet. v. de Fr., Côte-d'Or, arr., à 4 l. N. de Sémur et à 60 l. de Paris, chef-lieu de canton et poste; elle est agréablement située en amphithéâtre, au pied d'une colline, entre la Braine et le canal de Bourgogne. Sur la colline s'élève le château où naquit Buffon, en 1707. On y visite les magnifiques jardins du château et le cabinet d'étude de l'illustre naturaliste. Montbard a des fabriques de lacets et des tanneries; commerce de bois, houille, fer, plâtre, blé, chanvre estimé, fil laine, etc.; entrepôt des marchandises qu'on expédie par le canal de Bourgogne; 2500 hab. Patrie du naturaliste Daubenton (1716—1799).

MONTBARDON, ham. de Fr., Hautes-Alpes, com. de Château-Villevieille; 110 hab.

MONTBARREY, vg. de Fr., Jura, arr., à 3 1/2 l. S.-E. et poste de Dôle, chef-lieu de canton; 520 hab.

MONTBARROIS, vg. de Fr., Loiret, arr. de Pithiviers, cant. de Beaune-la-Rolande, poste de Boiscommun; 460 hab.

MONTBARTIER, vg. de Fr., Tarn-et-Garonne, arr. de Castel-Sarrazin, cant. et poste de Montech; 650 hab.

MONTBAVIN, vg. de Fr., Aisne, arr. et poste de Laon, cant. d'Anizy-le-Château; 150 hab.

MONTBAZENS, b. de Fr., Aveyron, arr. et à 4 l. N.-N.-O. de Villefranche-de-Rouergue, poste de Rignac; 2660 hab.

MONTBAZIN, vg. de Fr., Hérault, arr. de Montpellier, cant. et poste de Mèze; 870 h.

MONTBAZON, pet. v. de Fr., Indre-et-Loire, arr. et à 3 l. S. de Tours et à 63 l. de Paris, chef-lieu de canton et poste; située sur l'Indre; commerce en grains et vins; tanneries; 1080 hab.

MONTBEISSIER, ham. de Fr., Haute-Vienne, com. de la Meize; 100 hab.

MONTBEL, vg. de Fr., Arriège, arr. de Pamiers, cant. et poste de Mirepoix; 360 hab.

MONTBÉLIARD, *Magetobriga* (en allemand *Mœmpelgard*), v. de Fr., Doubs, à 15 l. N.-E. de Besançon et à 106 l. E.-S.-E. de Paris, chef-lieu d'arrondissement; siége d'un tribunal de première instance; direction des contributions indirectes et conservation des hypothèques; elle est avantageusement située sur le canal du Rhône-au-Rhin, au pied d'un rocher sur lequel s'élève un vieux château, jadis résidence des comtes de Montbéliard. Parmi ses édifices publics on remarque le bâtiment des halles, l'hôtel de ville, l'église de St.-Martin et le monument érigé depuis quelques années à Cuvier. Les anabaptistes ont à Montbéliard une maison où ils célèbrent leur culte. Cette ville possède un collége et une bibliothèque publique de 10,000 volumes; elle renferme aussi un grand nombre d'établissements industriels; fabr. d'instruments aratoires, limes; horlogerie très-considérable en montres fines; bonneterie; cardes; toilerie; filat. de coton; tanneries; teintureries; commerce de fromages, cuirs dits de Montbéliard, bois de construction. Son commerce est surtout favorisé par sa position près du canal et par le voisinage de la Suisse, avec laquelle elle entretient des relations commerciales assez étendues. Foires: le dernier lundi de chaque mois; 5117 h.

Cette ville est la patrie de l'illustre Cuvier, le plus grand naturaliste de notre époque (1769—1832).

Montbéliard, avec son territoire, formait dans l'origine un comté appartenant aux ducs de Bourgogne. Ce comté passa, en 1419, à l'une des branches de la maison de Wurtemberg. La ville avait eu jusqu'à cette époque très-peu d'importance; mais après qu'elle eût embrassé la réformation, en 1530, un grand nombre de protestants vinrent s'y établir, y apportèrent leur industrie et contribuèrent ainsi à sa prospérité qui s'accrut rapidement. Pendant la guerre de la succession, Louis XIV s'en empara et en fit démolir les fortifications. Cependant Montbéliard ne fut réuni à la France que pendant les guerres de la révolution.

MONTBÉLIARDOT, vg. de Fr., Doubs, arr. de Montbéliard, cant. et poste de Russey; 160 hab.

MONTBELLET, vg. de Fr., Saône-et-Loire, arr. de Mâcon, cant. de Lugny, poste de St.-Oyen; 1450 hab.

MONTBENOIT, b. de Fr., Doubs, arr., à 4 l. N. et poste de Pontarlier, chef-lieu de canton; 160 hab.

MONTBÉRAUT, vg. de Fr., Haute-Garonne, arr. de Muret, cant. de Cazères, poste de Martres; 760 hab.

MONT-BERGER (le), ham. de Fr., Creuse, com. de St.-Chabrais; 110 hab.

MONT-BERNANCHON, vg. de Fr., Pas-de-Calais, arr. de Béthune, cant. de Lillers, poste de St.-Venant; 1090 hab.

MONTBERNARD, vg. de Fr., Haute-Garonne, arr. de St.-Gaudens, cant. et poste de l'Isle-en-Dodon; 870 hab.

MONTBERON, vg. de Fr., Haute-Garonne, arr., cant. et poste de Toulouse; 330 hab.

MONTBERT, vg. de Fr., Loire-Inférieure, arr. de Nantes, cant. et poste d'Aigrefeuille; 2310 hab.

MONTBERTHAULT, vg. de Fr., Côte-d'Or, arr. et cant. de Sémur, poste d'Époisses; 590 hab.

MONT BERTRAND, vg. de Fr., Calvados, arr. et poste de Vire, cant. de Bény-Bocage; 540 hab.

MONTBEUGNY, ham. de Fr., Allier, com. de Moulins-sur-Allier; 360 hab.

MONTBIZOT, vg. de Fr., Sarthe, arr. du Mans, cant. de Ballon, poste de Beaumont-sur-Sarthe; 1120 hab.

MONTBLAINVILLE, vg. de Fr., Meuse, arr. de Verdun-sur-Meuse, cant. et poste de Varennes-en-Argonne; forges; hauts-fourneaux; 762 hab.

MONTBLANC, vg. de Fr., Basses-Alpes, arr. de Castellanne, cant. d'Annot, poste d'Entrevaux; 180 hab.

MONTBLANC, vg. de Fr., Hérault, arr. de Béziers, cant. de Servian, poste de Pézénas; 1200 hab.

MONT-BLANC, la plus haute montagne de l'Europe, appartient à la chaîne des Alpes pennines. Il s'élève en Savoie, entre la vallée de Chamouny et celle d'Entrèves et a 14,676 pieds de hauteur, selon Saussure, 14,793, selon Trulles, 4810 mètres suivant l'*Annuaire du Bureau des longitudes*. De Chamouny l'œil peut le mesurer depuis sa base jusqu'au sommet, placé à 1900 toises au-dessus du sol de la vallée; cet aspect est le plus imposant qu'une montagne puisse offrir aux yeux étonnés du voyageur et, bien que d'une hauteur absolue beaucoup moins grande que celle du Chimborazo, en cet endroit la hauteur relative du Mont-Blanc dépasse de beaucoup celle du colosse des Andes, qui ne domine que de 1600 toises la vallée de Quito. Les points les plus favorables pour jouir de la vue complète du Mont-Blanc, de ses nombreuses aiguilles, de ses plaines de neige glacée et de ses pentes terribles sont : le mont Brévent, le col de Balme, celui du Géant, le Buet, le Cramont, le col de la Seigne et le pont de St.-Martin, près de Salenches. Les glaciers qui descendent de ses flancs se dirigent tous, à l'exception d'un seul, dans la vallée de Chamouny; les plus connus d'entre eux sont : le glacier des Bossons, le glacier de Talèfre et surtout la mer de Glace que William Coxe compare à une mer furieuse prise subitement par la gelée au milieu de la tempête. Le glacier des Bois n'est que le prolongement de la mer de Glace. La première ascension du Mont-Blanc réussit le 8 août 1786, où le docteur Paccard et son guide Jacques Balmat foulèrent le plus élevé de ses sommets, appelé en Savoie le Dos-du-Dromadaire. La célèbre ascension de Saussure commença le 1er août 1787; le 3 août, à 11 heures du matin, ce savant arriva au sommet, où il se livra à ses intéressantes recherches. La couleur du ciel était d'un bleu foncé et à l'ombre on voyait les étoiles. Exposé au soleil, le thermomètre, qui à Genève marquait 22° au-dessus de zéro, marquait 2 3/10° au-dessous; le baromètre était descendu à 16 pouces 1 ligne. Depuis ce temps plusieurs savants (entre autres Deluc) et un plus grand nombre de curieux sont montés sur la cime du Mont-Blanc; il ne se passe même guère d'année où l'on ne tente une ascension, et en 1838 une dame, Mlle d'Angeville, osa braver les fatigues du voyage pour jouir sur la cime de cette vue immense, qui embrasse un horizon de 60 l. de rayon. La dernière ascension a eu lieu en août 1840 par le naturaliste italien marquis de St.-Angelo. De 1799—1814 le Mont-Blanc donna son nom à un département français formé de la partie méridionale de la Savoie.

MONTBLANCH, pet. v. d'Espagne, principauté de Catalogne, dist. et à 8 l. N.-O. de Tarragone, à l'embouchure de l'Anguéra dans le Francoli; 3650 hab.

MONTBOILLON, vg. de Fr., Haute-Saône, arr. de Gray, cant. et poste de Gy; 360 hab.

MONTBOISSIER ou HOUSSAY, vg. de Fr.,

Eure-et-Loir, arr. de Châteaudun, cant. et poste de Bonneval; 490 hab.

MONTBOISSIER, ham. de Fr., Puy-de-Dôme, com. de Brousse; 150 hab.

MONTBOLO, vg. de Fr., Pyrénées-Orientales, arr. de Céret, cant. et poste d'Arles-sur-Tech; 380 hab.

MONTBONNOT, vg. de Fr., Isère, arr., cant. et poste de Grenoble; 360 hab.

MONTBOUCHER, vg. de Fr., Creuse, arr., cant. et poste de Bourganeuf; 690 hab.

MONTBOUCHER, vg. de Fr., Drôme, arr., cant. et poste de Montélimart; 680 h.

MONTBOUCONS (les), ham. de Fr., Doubs, com. de Besançon; 170 hab.

MONTBOUTON, vg. de Fr., Haut-Rhin, arr. de Belfort, cant. et poste de Delle; 280 hab.

MONTBOUY, vg. de Fr., Loiret, arr. de Montargis, cant. et poste de Châtillon-sur-Loing; 690 hab.

MONTBOYER, vg. de Fr., Charente, arr. de Barbezieux, cant. et poste de Chalais; 1550 hab.

MONTBOZON, pet. v. de Fr., Haute-Saône, arr. et à 4 1/2 l. E.-S.-E. de Vesoul, chef-lieu de canton et poste; 870 hab.

MONTBRAN, ham. de Fr., Côtes-du-Nord, com. de Pleboulle; 120 hab.

MONTBRAND, vg. de Fr., Hautes-Alpes, arr. de Gap, cant. d'Aspres-les-Veynes, poste de Veynes; 450 hab.

MONTBRAS, vg. de Fr., Meuse, arr. de Commercy, cant. et poste de Vaucouleurs; 40 hab.

MONTBRAY, vg. de Fr., Manche, arr. de St.-Lô, cant. de Percy, poste de St.-Sever; 1260 hab.

MONTBRÉ, vg. de Fr., Marne, arr. et poste de Reims, cant. de Verzy; 260 hab.

MONTBREHAIN, vg. de Fr., Aisne, arr. de St.-Quentin, cant. et poste de Bohain; fabr. de tulle et broderies; 1830 hab.

MONTBRIEUX, ham. de Fr., Seine-et-Marne, com. de Guérard; 430 hab.

MONTBRILLAIS, ham. de Fr., Vienne, com. de St.-Léger et Trois-Moutiers; 270 h.

MONTBRISON, vg. de Fr., Drôme, arr. de Montélimart, cant. de Grignan, poste de Taulignan; 350 hab.

MONTBRISON, ham. de Fr., Tarn-et-Garonne, com. de St.-Michel; 180 hab.

MONTBRISON, *Mons Bruso*, *Mons Brisonis*, v. de Fr., chef-lieu du dép. de la Loire, à 112 l. S.-S.-E. de Paris et à 14 l. S.-O. de Lyon; siége d'un tribunal de première instance; directions des contributions directes et indirectes, des domaines et de l'enregistrement; conservation des hypothèques et résidence d'un ingénieur en chef des ponts-et-chaussées. Cette ville est bâtie sur le penchant d'une montagne pyramidale, de formation volcanique, au bord du Vizezi; elle n'a plus que quelques débris de ses anciennes murailles; ses rues sont étroites et mal percées; ses maisons basses et d'un aspect désagréable. Ses édifices les plus remarquables sont: le bâtiment du collége, le palais de justice, la halle aux blés, l'hospice et la caserne. Les anciens fossés ont été comblés, convertis en boulevards et offrent aujourd'hui une agréable promenade. Il existe à Montbrison une école normale primaire, une société d'agriculture et de commerce et une petite bibliothèque publique de 1500 volumes. Grand commerce en grains, etc. Foires: 18 octobre, premier jeudi de carême, samedi-saint, jeudi avant Pentecôte, samedi avant le 15 août et même jour avant Noël; 6226 hab.

Il y a près de la ville, sur les bords du Vizezi, des sources minérales ferrugineuses et acidules, fréquentées par les gens du pays; mais elles sont peu connues hors de l'arrondissement.

Un ancien château fort, jadis résidence des comtes du Forez, fut l'origine de Montbrison. Ce château eut de l'importance pendant la guerre des Anglais. En 1562, Montbrison fut le théâtre des atrocités du baron des Adrets, un des chefs les plus terribles du parti protestant. Forcée de capituler, la ville fut livrée au pillage, et la garnison qui occupait le château passée au fil de l'épée. Ceux qui échappèrent au massacre furent précipités du haut d'une tour du château.

MONTBROIN, ham. de Fr., Côte-d'Or, com. de St.-Léger-de-Fourches; 100 hab.

MONTBRON, b. de Fr., Charente, arr. et à 7 l. E. d'Angoulême, chef-lieu de canton et poste; fabr. de papier; 3170 hab.

MONTBRONN, vg. de Fr., Moselle, arr. de Sarreguemines, cant. et poste de Rohrbach; 1550 hab.

MONTBRUN, vg. de Fr., Aude, arr. de Narbonne, cant. et poste de Lézignan; mine de houille aux environs; 310 hab.

MONTBRUN, vg. de Fr., Drôme, arr. de Nyons, cant. et poste de Séderon; 1450 hab.

MONTBRUN, pet. v. de Fr., Haute-Garonne, arr. et à 8 l. S. de Muret, cant. de Montesquieu-de-Volvestre, poste de Rieux. Dans les environs on exploite une mine de houille; 1300 hab.

MONTBRUN, vg. de Fr., Haute-Garonne, arr. de Villefranche-de-Lauragais, cant. de Mongiscard, poste de Baziège; 410 hab.

MONTBRUN, vg. de Fr., Lot, arr. de Figeac, cant. et poste de Cajarc; 440 hab.

MONTBY, ham. de Fr., Doubs, com. de Gondenans-Montby; 120 hab.

MONTCABRIÉ, vg. de Fr., Tarn, arr., cant. et poste de Lavaur; 370 hab.

MONTCABRIER, ham. de Fr., Lot, com. de Duravel; mine de fer; 130 hab.

MONTCARRA, vg. de Fr., Isère, arr. et cant. de la Tour-du-Pin, poste de Bourgoin; 610 hab.

MONTCARRET, vg. de Fr., Dordogne, arr. de Bergerac, cant. de Vélines, poste de Castillon; 1260 hab.

MONTCASSIN, vg. de Fr., Lot-et-Garonne, arr. de Nérac, cant. et poste de Casteljaloux; 250 hab.

MONTCAUP, vg. de Fr., Haute-Garonne, arr. de St.-Gaudens, cant. et poste d'Aspet; 260 hab.

MONT-CAUVAIRE, vg. de Fr., Seine-Inférieure, arr. de Rouen, cant. de Clerés, poste de Valmartin; 400 hab.

MONT-CAVREL ou **MAILLY**, vg. de Fr., Pas-de-Calais, arr. et poste de Montreuil-sur-Mer, cant. d'Étaples; 600 hab.

MONTCEAU, ham. de Fr., Saône-et-Loire, com. de Blanzy; 140 hab.

MONTCEAUX, vg. de Fr., Ain, arr. de Trévoux, cant. de Choissey, poste de Montmerle; 540 hab.

MONTCEAUX, vg. de Fr., Aube, arr. de Troyes, cant. de Bouilly, poste de St.-Parres-les-Vaudes; 340 hab.

MONTCEAUX, vg. de Fr., Isère, arr. de la Tour-du-Pin, cant. et poste de Bourgoin; 650 hab.

MONTCEAUX, vg. de Fr., Seine-et-Marne, arr., cant. et poste de Meaux; 540 hab.

MONTCEAUX, vg. de Fr., Seine-et-Oise, arr. et cant. de Corbeil, poste d'Essonnes; 260 hab.

MONTCEAUX-L'ETOILE, vg. de Fr., Saône-et-Loire, arr. de Charolles, cant. et poste de Marcigny; 500 hab.

MONTCEAUX-RAGNY, vg. de Fr., Saône-et-Loire, arr. de Châlon-sur-Saône, cant. et poste de Sennecey; 120 hab.

MONTCEL, vg. de Fr., Puy-de-Dôme, arr. et poste de Riom, cant. de Combronde; 510 hab.

MONTCENIS, pet. v. de Fr., Saône-et-Loire, arr. et à 5 l. S. d'Autun, chef-lieu de canton et poste; tanneries; corroieries; teintureries; 1430 hab. *Voyez* CREUZOT (le).

MONT-CENIS, point culminant des Alpes Grecques; son sommet principal, la Roche-d'Asse, a 1486 toises d'élevation.

MONT-CENIS. *Voyez* CENIS (mont).

MONT-CERVIN. *Voyez* MATTERHORN.

MONTCET, vg. de Fr., Ain, arr., cant. et poste de Bourg-en-Bresse; 410 hab.

MONTCEY, vg. de Fr., Haute-Saône, arr., cant. et poste de Vesoul; 420 hab.

MONTCHABOU, v. de l'emp. Birman, prov. de Birma, au S.-O. d'Amarapoura; siége d'un gouverneur; est célèbre comme patrie d'Alompra, le fondateur de la dynastie régnante.

MONTCHABOUD, vg. de Fr., Isère, arr. de Grenoble, cant. et poste de Vizille; 80 h.

MONTCHAL, vg. de Fr., Loire, arr. de Montbrison, cant. et poste de Feurs; 980 h.

MONTCHALONS, vg. de Fr., Aisne, arr., cant. et poste de Laon; 210 hab.

MONTCHAMP, vg. de Fr., Cantal, arr., cant. et poste de St.-Flour; 330 hab.

MONTCHAMP-LE-GRAND, vg. de Fr., Calvados, arr. et poste de Vire, cant. de Vassy; 1050 hab.

MONTCHAMP-LE-PETIT ou **SAINT-CHARLES-DE-PERCY**, vg. de Fr. Calvados, arr. et poste de Vire, cant. de Vassy; 470 hab.

MONTCHANIN, ham. de Fr., Saône-et-Loire, com. de St.-Eusèbe; 120 hab.

MONTCHARVOT, vg. de Fr., Haute-Marne, arr. de Langres, cant. et poste de Bourbonne; 250 hab.

MONT-CHASSEVAL, mont. du Jura, cant. de Berne, en Suisse. Sur son sommet il y a une métairie d'où l'on jouit de la vue de toute la chaîne des Alpes.

MONTCHATON, vg. de Fr., Manche, arr. et poste de Coutances, cant. de Montmartin-sur-Mer; 820 hab.

MONTCHAUDE, vg. de Fr., Charente, arr., cant. et poste de Barbezieux; 930 h.

MONCHAUVEROT, ham. de Fr., Jura, com. de Mantry; 200 hab.

MONTCHAUVET, vg. de Fr., Calvados, arr. de Vire, cant. de Bény-Bocage, poste de Mesnil-Auzouf; 1040 hab.

MONTCHAUVET, vg. de Fr., Seine-et-Oise, arr. de Mantes, cant. d'Houdan, poste de Septeuil; 510 hab.

MONTCHAUVIER, ham. de Fr., Jura, com. de St.-Lamain; 210 hab.

MONTCHENOT. *Voyez* MONCHENOT.

MONTHENU, vg. de Fr., Drôme, arr. de Valence, cant. de St.-Donat, poste de Romans; 960 hab.

MONTCHEVRIER, vg. de Fr., Indre, arr. et cant. de la Châtre, poste d'Aigurande; 1120 hab.

MONT-CHEVREL, vg. de Fr., Orne, arr. d'Alençon, cant. de Courtomer, poste du Mesle-sur-Sarthe; 620 hab.

MONTCLAR, vg. de Fr., Basses-Alpes, arr. de Digne, cant. et poste de Seyne; 590 hab.

MONTCLAR, vg. de Fr., Aude, arr. et poste de Carcassonne, cant. de Montréal; 340 hab.

MONTCLAR, vg. de Fr., Aveyron, arr. de St.-Affrique, cant. et poste de St.-Sernin; 350 hab.

MONTCLAR, vg. de Fr., Haute-Garonne, arr. de Muret, cant. de Cazères, poste de Martres; 340 hab.

MONTCLARAT, ham. de Fr., Aveyron, com. de St.-Rome-de-Sernon; 110 hab.

MONTCLARD, vg. de Fr., Drôme, arr. de Die, cant. et poste de Crest; 560 hab.

MONTCLARD, vg. de Fr., Haute-Loire, arr. de Brioude, cant. et poste de Paulhaguet; 420 hab.

MONTCLERA, vg. de Fr., Lot, arr. de Cahors, cant. de Cazal, poste de Castelfranc; 940 hab.

MONTCLEY, vg. de Fr., Doubs, arr. et poste de Besançon, cant. d'Audeux; hautfourneau; forges; 540 hab.

MONTCLUS, vg. de Fr., Hautes-Alpes, arr. de Gap, cant. et poste de Serres; 260 h.

MONTCLUS, vg. de Fr., Gard, arr. d'Uzès, cant. de Pont-St.-Esprit, poste de Barjac; 650 hab.

MONTCOMBROUX, vg. de Fr., Allier, arr. de la Palisse, cant. et poste du Donjon; exploitation de houille; 460 hab.

MONTCONY, vg. de Fr., Saône-et-Loire, arr. et poste de Louhans, cant. de Beaurepaire; 750 hab.

MONTCORBON, vg. de Fr., Loiret, arr. de Montargis, cant. et poste de Château-Renard; 790 hab.

MONTCORNET, b. de Fr., Aisne, arr. de Laon, cant. de Rozoy-sur-Serre, poste; fabr. de couvertures de laine; filat. de laine; tannerie; 1590 hab.

MONTCORNET, vg. de Fr., Aisne, arr. et poste de Mézières, cant. de Renwez; 1500 h.

MONTCORNET (Grand et Petit-), ham. de Fr., Oise, com. de la Bosse; 190 hab.

MONT-CORNO ou MONT-CAVALLO, point culminant de la chaîne de l'Appenin central, dans le roy. de Naples proprement dit, haut de 1489 toises.

MONT-COUPEAU, ham. de Fr., Marne, com. de Montmirail; 170 hab.

MONTCOURT, vg. de Fr., Haute-Saône, arr. de Vesoul, cant. et poste de Jussey; 220 hab.

MONTCOURT (Grand et Petit-), ham. de Fr., Aisne, com. d'Essommes; 120 hab.

MONTCOUYOUL, vg. de Fr., Tarn, arr. de Castres, cant. de Montredon, poste de Vapre; 490 hab.

MONTCOY, vg. de Fr., Saône-et-Loire, arr. et poste de Châlon-sur-Saône, cant. de St.-Martin-en-Bresse; 210 hab.

MONTCRABEAU, *Mons Capreoli*, pet. v. de Fr., Lot-et-Garonne, arr., à 3 l. S. et poste de Nérac, cant. de Francescas; 2600 hab.

Cette petite ville, située sur la rive droite de la Baïse, est fort ancienne; elle était autrefois fortifiée et eut de l'importance comme poste militaire. Les protestants la pillèrent en 1588. Ses fortifications furent démolies en 1622.

MONTCRESSON, vg. de Fr., Loiret, arr. de Montargis, cant. et poste de Châtillon-sur-Loing; 740 hab.

MONTCUL. *Voyez* **MONTEUL**.

MONTCUQ, ham. de Fr., Lot, com. de Peyrilles; 150 hab.

MONTCUQ, pet. v. de Fr., Lot, arr. et à 6 l. S.-O. de Cahors, et à 160 l. de Paris, chef-lieu de canton et poste; elle est située sur le flanc et au bas d'une montagne, sur laquelle s'élève une haute tour, reste d'un ancien château fort; 2257 hab.

Pendant la guerre des Albigeois, cette ville, alors fortifiée, fut prise par les croisés et sa garnison passée au fil de l'épée.

MONTCUSEL, vg. de Fr., Jura, arr. de St.-Claude, cant. et poste de Moirans; 390 h.

MONTCY-NOTRE-DAME, vg. de Fr., Ardennes, arr. de Mézières, cant. et poste de Charleville; exploitation de marbre; 680 h.

MONTCY-SAINTE-PIERRE, vg. de Fr., Ardennes, arr. de Mézières, cant. et poste de Charleville; 340 hab.

MONTDARDIER, vg. de Fr., Gard, arr., cant. et poste du Vigan; 700 hab.

MONT-D'ASTARAC, vg. de Fr., Gers, arr. de Mirande, cant. et poste de Massenbé; 320 hab.

MONT-DAUPHIN, vg. de Fr., Seine-et-Marne, arr. de Coulommiers, cant. et poste de Rebais; 320 hab.

MONT-DAUPHIN, vg. de Fr., Hautes-Alpes, arr. d'Embrun, cant. de Guillestre, poste; 380 hab.

MONT-DAUPHIN, pet. v. forte de Fr., Hautes-Alpes, arr., à 4 l. N.-E. d'Embrun et à 182 l. S.-S.-E. de Paris, cant. de Guillestre, poste. Elle est située au confluent du Guil avec la Durance, sur une montagne escarpée, qui domine les vallées de Briançon, d'Embrun, de Vars et de Queyras. Sa situation et ses formidables fortifications la rendent presque inexpugnable. Elle est bien bâtie; mais le séjour en est triste, surtout en hiver. Cependant les beautés naturelles qui l'environnent dédommagent largement les voyageurs; 500 hab.

MONT-DE-BIZONNES, ham. de Fr., Isère, com. de Bizonnes; 150 hab.

MONT-DE-BONNEIL, ham. de Fr., Aisne, com. de Bonneil; 110 hab.

MONT-DE-BOURG, ham. de Fr., Seine-Inférieure, com. d'Ouville-l'Abbaye; 580 h.

MONT-DE-GALIÉ, vg. de Fr., Haute-Garonne, arr. de St.-Gaudens, cant. de St.-Bertrand, poste de St.-Béat; 140 hab.

MONT-DE-JEUX (le), ham. de Fr., Ardennes, com. de St.-Lambert; 120 hab.

MONT-DE-L'ANGE, ham. de Fr., Ain, com. de Torcieu; 100 hab.

MONT-DE-LANS, vg. de Fr., Isère, arr. de Grenoble, cant. et poste de Bourg-d'Oisans; mines de cristal de roche; 1290 hab.

MONT-DE-LAVAL, vg. de Fr., Doubs, arr. de Montbéliard, cant. et poste de Russey; 300 hab.

MONT-DE-L'IF, vg. de Fr., Seine-Inférieure, arr. de Rouen, cant. de Pavilly, poste de Barentin; 320 hab.

MONT-DE-LILLE, ham. de Fr., Nord, com. de Bailleul; 200 hab.

MONT-DE-MARRAST, vg. de Fr., Gers, arr. de Mirande, cant. et poste de Miélan; 420 hab.

MONT-DE-MARSAN, v. de Fr., chef-lieu du dép. des Landes, à 192 l. S.-S.-O. de Paris; siége d'un tribunal de première instance et d'une cour d'assises; directions des contributions directes et indirectes, des domaines et de l'enregistrement; conservation des hypothèques; résidence d'un ingénieur en chef des ponts-et-chaussées et d'un ingénieur des mines. Cette petite ville, propre et bien bâtie, s'élève en amphithéâtre au confluent de la Douze et du Midou, qui par leur réunion forment la Midouze, et établissent une voie navigable entre cette ville et Bayonne. Mont-de-Marsan possède un port commode et un beau pont sur la Midouze, de nombreuses et belles fontaines, plusieurs beaux édifices, parmi lesquels on distingue l'hôtel de la préfecture, le palais de justice, l'hospice, les casernes et la prison; un collége, une école normale primaire, une société d'agriculture, commerce et arts; une petite bibliothèque publique de 1500 volumes; une petite salle de spectacle; une pépinière départementale qui sert de promenade; des sources d'eau ferrugineuse et plusieurs jolis établissements de bains. Sa principale industrie consiste dans la fabrication de draps, de toiles à voiles et de cuirs. Entrepôt du commerce de Bayonne pour les vins et les eaux-de-vie. Foires : 1er mardi après les Rois et après la St.-Martin, 1er lundi de carême et 2e mardi de mai; 4082 hab.

Cette ville fut fondée vers le milieu du douzième siècle par Pierre Labaner, vicomte de Marsan. Pendant les guerres de religion du seizième siècle, elle fut prise et saccagée par les protestants.

MONT-DES-CHATS ou CASTBERGH, ham. de Fr., Nord, com. de Bailleul; 200 hab.

MONT-DEVANT-SASSEY, vg. de Fr., Meuse, arr. de Montmédy, cant. et poste de Dun-sur-Meuse; 710 hab.

MONTDEVERGUE, ham. de Fr., Vaucluse, com. d'Avignon; 200 hab.

MONT-DE-VERS-BIZE, ham. de Fr., Doubs, com. de Gilley; 120 hab.

MONT-DE-VOUGNEY, vg. de Fr., Doubs, arr. de Montbéliard, cant. de Maiche, poste de St.-Hippolyte; 200 hab.

MONTDIDIER, vg. de Fr., Meurthe, arr. de Château-Salins, cant. d'Albestroff, poste de Dieuze; 160 hab.

MONTDIDIER, *Desiderii Mons*, pet. v. de Fr., Somme, à 9 l. S.-E. d'Amiens, et à 23 l. de Paris, chef-lieu d'arrondissement, siége d'un tribunal de première instance; direction des contributions indirectes et conservation des hypothèques. Elle est située sur la pente d'une colline, baignée par le Dom; les rues y sont tortueuses, mal percées et les maisons vieilles et d'une construction irrégulière. L'église St.-Pierre, le bâtiment du collége, les salles du palais de justice et le nouvel Hôtel-Dieu, sont ce qu'elle a de plus remarquable. Cette ville renferme des fabriques de bonneterie et de vannerie, des chapelleries et des tanneries; fabr. de métiers à bas. On y fait commerce de grains, de bétail, de volaille, de beurre et de tourbe. Foire le mardi après le 8 septembre; 3790 h.

Patrie de Frédégonde, épouse de Chilpéric Ier; d'Aubry de Montdidier, favori de Charles V, et célèbre par la fidélité et le dévouement de son chien, et du savant agronome Parmentier. Montdidier est une ville fort ancienne; les rois carlovingiens y avaient un palais. Les ruines de fortifications que l'on aperçoit encore près de la ville attestent qu'elle a joué autrefois un rôle important comme place de guerre.

MONT-DIEU, vg. de Fr., Ardennes, arr. et poste de Sédan, cant. de Raucourt; 60 h.

MONT-DOL, vg. de Fr., Ille-et-Vilaine, arr. de St.-Malô, cant. et poste de Dol; 850 hab.

MONT-DORE (les Bains du). *Voyez* BAINS-DU-MONT-DORE.

MONTDURÉ, vg. de Fr., Haute-Saône, arr. de Lure, cant. et poste de Vauvilliers; 420 hab.

MONT-D'ORIGNY, vg. de Fr., Aisne, arr. de St.-Quentin, cant. de Ribemont, poste d'Origny-Ste.-Benoite.

MONTDOUBLEAU ou MONDOUBLEAU, pet. v. de Fr., Loir-et-Cher, arr. et à 6 l. N.-O. de Vendôme, et à 49 l. de Paris, chef-lieu de canton et poste. Elle est située sur une colline baignée par la petite rivière de Graisne; on y voit encore les restes d'un château fort, remarquable par l'épaisseur de ses murailles et de ses tours et la largeur des fossés qui environnaient cette forteresse, formidable au moyen âge. Fabr. de serges et cotonnades; 1853 hab.

MONTDOUMERC, vg. de Fr., Lot, arr. de Cahors, cant. de Lalbenque, poste de Montpezat; 950 hab.

MONTDRAGON, vg. de Fr., Tarn, arr. de Castres, cant. de Lautrec, poste de Réalmont; 620 hab.

MONTDURAUSSE, vg. de Fr., Tarn, arr. de Gaillac, cant. de Salvagnac, poste de Rabastens; 900 hab.

MONTE, vg. de Fr., Corse, arr. de Bastia, cant. de Campile, poste de la Porta; 940 hab.

MONTE-ALLEGRE, pet. v. du Portugal, prov. de Tras-los-Montés, dist. de Bragance, sur le Caldo.

MONTE-ALLEGRO, pet. v. de Sicile, intendance de Girgenti, sur une montagne; peu loin de la mer.

MONTE-ALTO, gros vg. du Piémont, prov. de Mondovi, sur une colline; 2400 h.

MONTEAUX, vg. de Fr., Loir-et-Cher, arr. de Blois, cant. d'Herbault, poste d'Écure; 660 hab.

MONTEBELLO. *Voyez* DAMPIER (archipel).

MONTEBELLO, vg. du Piémont, prov. de Tortona. Ce village est célèbre par la victoire que les Français y remportèrent sur les Autrichiens (1800) et qui valut au maréchal Lannes le titre de duc de Montebello; 1300 hab.

MONTEBELLO, b. de Lombardie, gouv. de Venise, délégation de Vicence, sur l'Aldega; 3000 hab.

MONTEBELLUNA, gros vg. de Lombardie, gouv. de Venise, délégation de Trévise, chef-lieu de district; beau château; 4000 h.

MONTEBOURG, b. de Fr., Manche, arr. et à 2 1/2 l. E.-S.-E. de Valognes, chef-lieu de canton et poste; fabr. de coutils et dentelles; commerce de moutons; 2565 hab.

MONTEBRAS, ham. de Fr., Creuse, com. de Soumans; 2565 hab.

MONTECALVO, v. du roy. de Naples, prov. de la Principauté ultérieure; 4500 hab.

MONTECARINI, vg. du grand-duché de Toscane, territoire de Florence; célèbre par ses bains minéraux, appelés Aqua del Tettuccio.

MONTECARLO, b. du grand-duché de Toscane, territoire de Florence; avec un petit fort; 2000 hab.

MONTE-CASSINO, mont. du roy. de Naples, Terre-de-Labour, près de la petite ville de San-Germano et au pied duquel est situé le célèbre monastère de Monte-Cassino, regardé comme le plus ancien de l'Europe et le premier où des hommes d'un esprit élevé et contemplatif réunirent aux pratiques de la religion la culture des arts et des sciences. C'est à ces cénobites que l'Europe doit la conservation de plusieurs auteurs classiques, et l'Italie le défrichement d'une partie de son sol fertile. Les bâtiments immenses de ce monastère ne sont plus visités que par quelques artistes et quelques savants. L'église est belle et ornée de marbres précieux et de peintures superbes; la bibliothèque est riche et contient de précieux documents.

MONTECASTELLO, b. du Piémont, prov. d'Alexandrie, sur le Tanaro; 1500 hab.

MONTECASTELLO, b. de l'état de l'Église, légation de Spoleto, sur le Tibre.

MONTECASTELLO, b. de l'état de l'Église, légation de Forli.

MONTECERVOLI, b. du grand-duché de Toscane, territoire de Pise; remarquable par ses sources thermales.

MONTECH, b. de Fr., Tarn-et-Garonne, arr. et à 4 l. S.-E. de Castel-Sarrazin, chef-lieu de canton et poste; 2650 hab.

MONTECHIANO, pet. v. de Lombardie, gouv. de Milan, délégation de Mantoue; florissante par ses manufactures de soie et de toile; 6000 hab.

MONTECHIO-MAGGIORE, gros b. de Lombardie, gouv. de Venise, délégation de Vicence; 4000 hab.

MONTECHIARO, b. du Piémont, prov. d'Asti, sur une colline; 2000 hab.

MONTECHIARO, v. de la Sicile, intendance de Caltanisetta, sur la mer. Ses habitants, au nombre de 3000, s'occupent de la pêche et du commerce.

MONTECHIARUGULO, *Mons Ceritus*, b. du duché de Parme, dist. de Parme, sur la Lenza; fait un commerce assez considérable.

MONTECHIO, b. du duché de Modène, duché de Reggio, sur la Lenza et sur la frontière du duché de Parme; 2000 hab.

MONTE-CHRISTI, belle baie au N. de l'île d'Haïti; s'ouvre entre le cap La Grange (Monte-Christi) et la pointe des Dunes (Down-Point); elle porte plusieurs petites îles, dont celle de Monte-Christi est la plus considérable.

MONTE-CHRISTI, v. maritime de l'île d'Haïti, dép. du Nord-Est, à quelque distance de la baie de Monte-Christi, dans une contrée sablonneuse et stérile; elle est régulièrement bâtie et fut pendant longtemps une des places les plus commerçantes de l'île. Elle est très-déchue depuis la retraite du fleuve Yaque qui y avait son embouchure; 3000 hab.

MONTE-CHRISTI (fleuve). *Voyez* JAQUE (Saint-).

MONTE-CHRISTI, chaîne de montagnes au N. de l'île d'Haïti; elle s'étend parallèlement à la côte N., depuis la baie de Monte-Christi à l'O. jusqu'à la baie de Samana à l'E., et est séparée de la chaîne centrale des monts Cibao par la vallée de l'Yaque (Monte-Christi) et par la plaine de Véga-Réal.

MONTEDAGLIO, b. du grand-duché de Toscane, territoire de Florence, sur le Tibre.

MONTE-DEL-CARSO. *Voyez* ALBEN.

MONTE-DI-PO, vg. du Piémont, prov. d'Asti, sur l'emplacement de l'ancienne Industria.

MONTE-D'ORO ou GRADACCIO, *Mons Aureus*, un des pics les plus élevés de la chaîne de montagnes qui traverse la Corse du N.-O. au S.-E.; son sommet, formé de cônes rocheux et couvert de neiges éternelles, est à 2652 mètres au-dessus du niveau de la mer. Du haut de cette montagne majestueuse on découvre l'île de Corse toute entière, la Sardaigne, l'île d'Elbe et les côtes de l'Italie et de la France.

MONTÉE-BLANCHE (la), ham. de Fr., Deux-Sèvres, com. de Limalonges; 150 hab.

MONTEFALCONE, v. du roy. de Naples, prov. de la Principauté ultérieure; 4000 h.

MONTEFASCO, v. du roy. de Naples, prov. de la Principauté ultérieure; est située sur une colline et fait le commerce de grains; 3000 hab.

MONTEFIASCONE, *Mons Physcon, Mons Flasconis*, pet. v. épiscopale de l'état de l'Église, délégation de Viterbe; située sur une montagne d'où l'on jouit d'une vue magnifique; elle est renommée par son vin et par le voisinage de l'ancienne église de Santo-Flaviano, bâtie au onzième siècle.

MONTE-FILIPPO, b. fortifié du grand-duché de Toscane, territoire de Siena; situé sur une petite presqu'île et sur une baie formée par la petite île d'Ercole; petit port; pêche.

MONTE-FOLLONICA, b. du grand-duché de Toscane, territoire de Siena; verrerie.

MONTEFORTE, b. du roy. de Naples, prov. de la Principauté ultérieure; verrerie; 3500 hab.

MONTE-GIBELLO. *Voyez* ETNA.

MONTE-GIULIANO, v. de la Sicile, intendance de Trapani, au pied du mont Erix, un des sommets les plus élevés de cette île et où se trouvait l'ancien Drepanum; on y récolte de bon vin; 9000 hab.

MONT-ÉGLISE, vg. de Fr., Manche, com. de Marenton; 400 hab.

MONTÉGO, baie sur la côte N.-O. de l'île

de Jamaïque, entre le port de Lucea et celui de Falmouth.

MONTÉGLIN, vg. de Fr., Hautes-Alpes, arr. de Gap, cant. de Laragne, poste de Ventavon; 110 hab.

MONTÉGO-BAY, v. maritime de l'île de Jamaïque, comté de Cornwall, dont elle est le chef-lieu, sur la baie de Montégo; elle a un bon port et fait un commerce très-considérable. En 1795 les deux tiers de la ville furent détruits par un incendie; 4500 hab.

MONTEGROSSO, b. du Piémont, prov. d'Asti, sur le Tion; 2500 hab.

MONTEGROTTO, *Mons Ægrotorum* (montagne des malades), b. de Lombardie, gouv. de Venise, délégation de Padoue.

MONTÉGUT, ham. de Fr., Aveyron, com. de Gissac; 130 hab.

MONTÉGUT, vg. de Fr., Haute-Garonne, arr. de Muret, cant. de Fousseret, poste de Martres; 280 hab.

MONTÉGUT, vg. de Fr., Haute-Garonne, arr. de Toulouse, cant. et poste de Grenade-sur-Garonne; 460 hab.

MONTÉGUT, vg. de Fr., Gers, arr., cant. et poste d'Auch; 380 hab.

MONTÉGUT, vg. de Fr., Gers, arr., cant. et poste de Lombez; 210 hab.

MONTÉGUT, vg. de Fr., Gers, arr. de Mirande, cant. et poste de Miélan; 770 hab.

MONTÉGUT, vg. de Fr., Landes, arr. et poste de Mont-de-Marsan, cant. de Villeneuve; 210 hab.

MONTÉGUT-DE-VARILLES, vg. de Fr., Arriège, arr. de Pamiers, cant. et poste de Varilles; 870 hab.

MONTÉGUT-DU-SAINT-GIRONNAIS, vg. de Fr., Arriège, arr., cant. et poste de St.-Girons; 340 hab.

MONTEGUT-LÈS-MAZIERS, vg. de Fr., Haute-Garonne, arr. de Villefranche-de-Lauragais, cant. et poste de Revel; 500 hab.

MONTEIL, ham. de Fr., Loire, com. d'Outrefurens; 210 hab.

MONTEIL (le), vg. de Fr., Haute-Loire, arr., cant. et poste du Puy; 310 hab.

MONTEIL (le), ham. de Fr., Haute-Vienne, com. de St.-Junien; 140 hab.

MONTEIL-AU-VICOMTE (le), vg. de Fr., Creuse, arr. et poste de Bourganeuf, cant. de Royère; 580 hab.

MONTEIL-GUILLAUME, vg. de Fr., Creuse, arr. d'Aubusson, cant. de Crocq, poste de la Villeneuve; 210 hab.

MONTEILLE, vg. de Fr., Calvados, arr. de Bayeux, cant. de Mézidon, poste de Cambremer; 110 hab.

MONTEILS, vg. de Fr., Gard, arr. et poste d'Alais, cant. de Vezenobres; 320 h.

MONTEILS, vg. de Fr., Tarn-et-Garonne, arr. de Montauban, cant. et poste de Caussade; 990 hab.

MONTELARIÉ (la). *Voy.* LAMONTELARIÉ.

MONTEL-AU-TEMPLE (le), ham. de Fr., Creuse, com. de Lioux-les-Monges; 110 h.

MONTEL-DE-GELAT, vg. de Fr., Puy-de-Dôme, arr. de Riom, cant. et poste de Pontaumur; verrerie; 1620 hab.

MONTELÉGIER, vg. de Fr., Drôme, arr., cant. et poste de Valence; 710 hab.

MONTE-LEONE, b. de l'état de l'Église, légation de Viterbo, peu loin de Chiana.

MONTE-LEONE, b. de l'état de l'Église, légation de Spoleto, sur le Corno.

MONTE-LEONE, b. du roy. de Naples, prov. de la Principauté ultérieure; 2000 h.

MONTE-LEONE, *Leonis Mons*, v. épiscopale du roy. de Naples, prov. de la Calabre ultérieure IIe; située sur le penchant d'une colline, dans une plaine très-riche, florissante par son industrie et par son commerce, qui embrasse surtout l'huile et la soie. Elle a beaucoup souffert par le tremblement de terre de 1783. Monte-Leone est sur l'emplacement de l'ancien Hipposium; on y voit encore les ruines d'un temple de Cérès; 8000 hab.

MONTE-LEONE. *Voyez* SIMPLON.

MONTELICH. *Voyez* MONTENACH.

MONTELIER, vg. de Fr., Drôme, arr. et poste de Valence, cant. de Chabeuil; 1370 h.

MONTÉLIMART, *Acunum*, v. de Fr., Drôme, à 10 l. S. de Valence et à 159 l. de Paris, chef-lieu d'arrondissement; siége d'un tribunal de première instance; conservation des hypothèques. Cette ville est très-agréablement située sur le penchant d'une colline chargée de vignobles, au confluent du Jabron et du Roubion, près de la rive gauche du Rhône. Un boulevard extérieur et intérieur et une enceinte d'épaisses murailles, garnies de tours, environnent la ville, que domine l'ancienne citadelle. Cette enceinte est percée de quatre portes correspondant aux quatre points cardinaux. La porte du Nord est remarquable par l'élégante simplicité de son architecture. Les rues sont propres, bien percées et renferment un grand nombre de fort jolies maisons. Montélimart possède un collége et une bibliothèque publique de 3000 volumes. Le commerce y jouit d'une grande activité et consiste particulièrement dans la vente des productious du territoire, telles que grains, vins, fruits, oranges, olives, huiles de noix, etc. L'éducation des vers à soie y est très-productive. Foires les 9 janvier, 7 mars, 8 mai, 16 juillet, 4 septembre et 13 novembre; 7960 hab.

Montélimart est une ville ancienne : avant l'invasion romaine elle dépendait des Segalauni, l'un des quatre peuples qui occupaient alors le territoire connu plus tard sous le nom de Bas-Dauphiné. C'était autrefois une place très-forte. Elle fut prise, en 1567, par les protestants; mais les catholiques la reprirent bientôt après. Coligny l'assiégea après la bataille de Moncontour, mais la résistance opiniâtre qu'il rencontra, et à laquelle les femmes prirent même une part très-active, le força de lever le siége. On montrait encore naguère dans cette ville la statue de Marguerite de Laye, qui contribua par son courage héroïque à repousser les protestants.

MONTELLA, v. du roy. de Naples, prov. de la Principauté ultérieure; 6000 hab. Patrie du médecin Sébastien Bartoldi.

MONTELLIER (le), vg. de Fr., Ain, arr. de Trévoux, cant. et poste de Meximieux; 350 hab.

MONTELLO (cap). *Voyez* NÈGREPONT.

MONTELLY (le), ham. de Fr., Creuse, com. de Rougnat; 140 hab.

MONTELON, vg. de Fr., Lot-et-Garonne, arr. de Marmande, cant. de Seyches, poste de Miramont; 820 hab.

MONTELOUPS, ham. de Fr., Seine-et-Oise, com. de Courson-Launoy; 100 hab.

MONTÉLOVEZ, v. de la confédération mexicaine, état de Chohahuila, sur un affluent du Rio-Sabinas; elle est bien bâtie et renferme de vastes places publiques, de belles promenades ornées de fontaines, un hôpital et un magasin à poudre; elle est une des villes les plus commerçantes et les plus peuplées de l'intérieur de la province; 4000 h.

MONTELS, vg. de Fr., Arriège, arr. de Foix, cant. et poste de la Bastide-de-Serou; 470 hab.

MONTELS, vg. de Fr., Aveyron, arr. et poste de Villefranche-de-Rouergue, cant. de Najac; 830 hab.

MONTELS, vg. de Fr., Hérault, arr. de Béziers, cant. de Capestang, poste de Narbonne; 110 hab.

MONTELS, vg. de Fr., Tarn, arr. et poste de Gaillac, cant. de Castelnau-de-Montmirail; 160 hab.

MONTELUPO, b. du grand-duché de Toscane; territoire de Florence; château fort.

MONTEMAGGIORE, v. de Sicile, intendance de Palerme, sur le Torto.

MONTEMAGGIORE, vg. de Fr., Corse, arr. et poste de Calvi, cant. de Calenzana; 510 hab.

MONTEMAGNO, b. du Piémont; prov. de Casale; 2500 hab.

MONTEMARANO, *Mons Maranus*, pet. v. épiscopale du roy. de Naples, prov. de la Principauté ultérieure; 2000 hab.

MONTEMBŒUF, b. de Fr., Charente, arr. et à 8 l. S. de Confolens, chef-lieu de canton, poste de la Rochefoucauld; 1310 hab.

MONTEMIGLIANO (Montmelian), *Montala* (?), v. de Savoie, prov. de Chambéry; bâtie sur un rocher baigné par l'Isère qu'on y passe sur un beau pont. C'était une des villes les plus fortes de la Savoie, mais ses murs ont été renversés par les Français, en 1705. Ses habitants, au nombre de 1500, s'occupent de la culture du vin, dont il se fait un commerce très-considérable.

MONTEMILETO, b. du roy. de Naples, prov. de la Principauté ultérieure; 2000 h.

MONTEMOR-O-NOVO, v. du Portugal, prov. d'Alentéjo, dist. et à 7 l. O. d'Evora, sur le Canha; avec un ancien château mauresque sur une montagne; assez bien bâtie; possède 4 églises, 4 couvents et des fabr. de poterie; 4000 hab.

MONTEMOR-O-VELHO, v. du Portugal, prov. de Beira, dist. et à 5 l. O. de Coïmbre, sur une colline baignée par le Mondégo; elle est ceinte de murailles flanquées de tours et protégée par une citadelle; on y compte 5 églises et 5 hôpitaux; 4000 hab.

MONTENACH (Montagny), pet. v. de Suisse, cant. de Fribourg; bâtie sur un rocher.

MONTENACH ou MONTELICH, vg. de Fr., Moselle, arr. de Thionville, cant. et poste de Sierck; 510 hab.

MONTENAY, vg. de Fr., Mayenne, arr. de Mayenne, cant. et poste d'Ernée; 2700 h.

MONT-EN-BAZOIS, vg. de Fr., Nièvre, arr. de Château-Chinon, cant. et poste de Châtillon-en-Bazois; 280 hab.

MONTENDRÉ, pet. v. de Fr, Charente-Inférieure, arr. et à 6 l. S. de Jonzac, chef-lieu de canton et poste; 1020 hab.

MONTENEGRO des Italiens, *Czerna-Gora* des habitants slaves et *Kara-Tag* des Turcs, est situé aux confins de l'Albanie, de l'Herzégovine et de la Bosnie, sur la rive droite de la Moraka et du lac de Scutari. Son étendue est d'environ 17 lieues du N. au S. et de 10 l. de l'E. à l'O. Ce territoire montagneux et en grande partie stérile ne contient qu'un peu plus de 36,000 âmes. Le Monténégro se divise en 4 nahiés ou départements, subdivisés eux-mêmes en comtés et communes; ce sont les suivants: Czernitza, à l'O., composé de 21 communes et 7 comtés; Kathuni, au N.-O., contenant 50 communes et 7 comtés; Gliubotin, au centre, composé de 10 villages et 4 comtés; Glieskopolie, composé de 8 communes et 2 comtés. Malgré sa faible population, la province de Monténégro a pu lutter avec succès contre l'empire Ottoman et maintenir son indépendance depuis la bataille de Kosova (1389). Appuyées par les Monténégrins, avec qui elles se sont alliées, plusieurs peuplades des montagnes environnantes se sont soustraites au joug ottoman et se maintiennent indépendantes en plusieurs petites républiques qui offrent une pop. de près de 40,000 hab. La force militaire de cette ligue s'élève à 16,000 guerriers, agiles, intrépides et sobres, mais pillards féroces. Les Monténégrins professent la religion catholique grecque, et leur gouvernement est une théocratie dont le chef est leur évêque qui réside à Stagnevicz. Leurs mœurs, leurs usages et leur habillement sont encore ceux des Slaves du sixième siècle.

MONTENESCOURT, vg. de Fr., Pas-de-Calais, arr. et poste d'Arras, cant. de Beaumetz-les-Loges; 250 hab.

MONTENEUF, vg. de Fr., Morbihan, arr. de Ploërmel, cant. et poste de Guer; 1040 h.

MONTENILS, vg. de Fr., Seine-et-Marne, arr. de Coulommiers, cant. de Rebais, poste de Montmirail; 80 hab.

MONTENOIS, vg. de Fr., Doubs, arr. de Baume-les-Dames, cant. et poste de l'Isle-sur-le-Doubs; 490 hab.

MONTENOISON, vg. de Fr., Nièvre, arr. de Cosne, cant. et poste de Prémery; 780 h.

MONTENOTTE, gros vg. du Piémont, prov. d'Alba. Défaite des Autrichiens par Bonaparte, en 1795.

MONTENOY, vg. de Fr., Meurthe, arr. et poste de Nancy, cant. de Nomeny; 260 hab.

MONTE-NUOVO, assez haute montagne du roy. de Naples, dans les environs de la petite ville de Pouzzole et formée dans une seule nuit par une éruption volcanique, en 1538; elle s'élève sur l'emplacement qu'occupait le gros bourg de Tripergola, englouti lors de cette catastrophe.

MONTE-ORO, pet. v. de Sicile, intendance de Girgenti, sur une montagne.

MONTE-PELOSO, v. épiscopale du roy. de Naples, prov. de Basilicate, sur une montagne; 6000 hab.

MONTEPILLOY, vg. de Fr., Oise, arr., cant. et poste de Senlis; 170 hab.

MONTEPLAIN, vg. de Fr., Jura, arr. de Dôle, cant. de Dampierre, poste d'Orchamps; 100 hab.

MONTEPREUX, vg. de Fr., Marne, arr. d'Épernay, cant. et poste de la Fère-Champenoise; 60 hab.

MONTEPULCIANO, *Plutium*, v. épiscopale du grand-duché de Toscane, territoire de Florence; cathédrale, gymnase, séminaire épiscopal; vin très-estimé; 2000 hab.

MONTERBLANC, vg. de Fr., Morbihan, arr. de Vannes, cant. et poste d'Elven; 910 hab.

MONTEREAU, vg. de Fr., Loiret, arr. de Gien, cant. d'Ouzouer-sur-Loire, poste de Lorris; 890 hab.

MONTEREAU-FAUT-YONNE, *Condate*, v. de Fr., Seine-et-Marne, arr., à 6 l. E. de Fontainebleau et à 18 l. de Paris, chef-lieu de canton et poste; siége d'un tribunal de commerce; elle est agréablement et très-avantageusement située au confluent de la Seine et de l'Yonne, que l'on y passe sur un pont, célèbre par la mort de Jean-sans-Peur, duc de Bourgogne, qui y fut assassiné, en 1419, par les courtisans du dauphin, fils de Charles VI. Cette ville est propre et bien bâtie; elle a une vaste place qui sert de marché et de belles promenades. Des hauteurs du château de Surville, qui fait partie de cette commune, on jouit d'un point de vue magnifique sur la Seine et l'Yonne, continuellement sillonnées par des coches d'eau et des barques, et sur les belles campagnes qui bordent les deux rives. Montereau possède des fabr. de faïence et de poterie, des tuileries, des tanneries et fait commerce de grains et de bois flotté; 4494 h.

Montereau éprouva de grands désastres pendant les guerres des Anglais. Charles VII s'en étant emparé en 1438, livra cette ville au pillage et fit pendre la garnison. Les troubles de la ligue, les guerres de religion du seizième siècle ne lui furent pas moins fatales. En 1814, Napoléon y remporta une victoire éclatante sur les alliés.

MONTEREAU-SUR-JARD, vg. de Fr., Seine-et-Marne, arr., cant. et poste de Melun; 120 hab.

MONTEREIL, vg. de Fr., Ille-et-Vilaine, arr. de Montfort-sur-Meu, cant. et poste de Plélan; 880 hab.

MONTEREY ou **SAN-CARLOS-DE-MONTEREY**, pet. v. murée d'Espagne, roy. de Galice, dist. d'Ozensé, sur une colline baignée par la Tamaya; 1500 hab.

MONTEREY, v. de la confédération mexicaine, état de Nuévo-Léon, dont elle est le chef-lieu, sur un bras du Tigre. Cette ville, une des plus importantes de la confédération mexicaine, fut fondée en 1599; elle est bien bâtie et fait un commerce assez étendu; elle est le siége d'un évêché et de la cour judiciaire supérieure pour les états de Nuévo-Léon, Tamaulipas et Chohahuila. Dans ses environs on exploite de riches mines d'or, d'argent et de plomb; 15,000 h.

MONTEREY, baie sur la côte E. de la Nouvelle-Californie, confédération mexicaine; elle s'ouvre sous 36° 40′ lat. N., entre les caps d'Anno-Nuévo et de Pinos.

MONTEREY (San-Carlos-de-), pet. v. fortifiée de la confédération mexicaine, territoire de la Nouvelle-Californie, sur la baie de Monterey et au pied de la Cordillera-de-Santa-Lucia; elle est la résidence du gouverneur de la Vieille et de la Nouvelle-Californie et, quoique d'une étendue très-restreinte, elle est la ville la plus peuplée de ce territoire; 2600 hab.

MONTÉROLLIER, vg. de Fr., Seine-Inférieure, arr. de Neufchâtel-en-Bray, cant. et poste de St.-Saens; 560 hab.

MONTEROL-SENARD. *Voyez* MONTROL-SENARD.

MONTEROSSI, gros vg. de l'état de l'Église, légation de Viterbe, à l'embranchement des routes de Florence et de Perugia.

MONTEROSSO, b. du duché de Gênes, prov. de la Riviera-di-Levante, sur la mer; on y récolte du vin et de l'huile de très-bonne qualité.

MONTEROSSO, b. du roy. de Naples, prov. de la Calabre ultérieure IIe, au pied de l'Apennin.

MONTEROSSO, v. de Sicile, intendance de Siracuse, sur une montagne.

MONTEROTONDO, b. de l'état de l'Église, délégation de Rieti, sur l'emplacement de l'ancienne *Cretum*.

MONTEROTONDO, b. du grand-duché de Toscane, territoire de Siena; fabr. d'alun. Dans le voisinage se trouve une grotte très-remarquable.

MONTERREIN, vg. de Fr., Morbihan, arr. et poste de Ploermel, cant. de Malestroit; 290 hab.

MONTERTELOT, vg. de Fr., Morbihan,

arr., cant. et poste de Ploermel; 240 hab.

MONTES (cabo de tres), promontoire à l'extrémité O. de la presqu'île du même nom, côte O. de la Patagonie. La presqu'île est contiguë à la terre ferme par l'isthme d'Ofui qui forme au S. la baie de Téquenhuen.

MONTESA, pet. v. d'Espagne, roy. de Valence, chef-lieu du district du même nom, avec les ruines d'un vieux château, détruit par le tremblement de terre de 1748 qui ruina en partie la ville. L'ordre religieux de Montesa y fut fondé en 1319; 950 hab.

MONTE-SAN-ANGELO, pet. v. du roy. de Naples, prov. de Capitanate.

MONTE-SAN-SAVINO, b. du grand duché de Toscane, territoire de Florence, sur la Chiana; 3000 hab.

MONTE-SANTO. *Voyez* ATHOS.

MONTE-SANTO, b. de l'état de l'Église, délégation de Macerata, bâti sur une colline et peu loin de la mer; petit port; 2000 hab.

MONTE-SARCHIO, v. du roy. de Naples, prov. de la Principauté ultérieure, située sur la route de Puglia. Grand commerce de céréales; 6000 hab.

MONTE-SCAGLIOSO, v. du roy. de Naples, prov. de la Basilicate; château; culture du coton.

MONTESCLAROS. *Voyez* EVORA.

MONTESCOT, vg. de Fr., Pyrénées-Orientales, arr. et cant. de Perpignan, poste d'Elne; 130 hab.

MONTESCOT, ham. de Fr., Tarn-et-Garonne, com. de Moissac; 500 hab.

MONTESCOURT-LIZEROLLES, vg. de Fr., Aisne, arr. et poste de St.-Quentin, cant. de St.-Simon; 430 hab.

MONTE-SCUDOLO, b. de l'état de l'Église, légation de Forli, sur une montagne.

MONTE-SIRICO, v. épiscopale du roy. de Naples, prov. de la Basilicate, située sur une montagne entre Monte-Peloso et Acerenza.

MONTESLME, ham. de Fr., Nièvre, com. de Montsauche; 180 hab.

MONTESPAN, vg. de Fr., Haute-Garonne, arr. de St.-Gaudens, cant. de Salies, poste de St.-Martory; 1090 hab.

MONTESQUIEU, vg. de Fr., Hérault, arr. de Béziers, cant. de Roujan, poste de Bédarieux; 190 hab.

MONTESQUIEU. *Voyez* BRIDGEWATER.

MONTESQUIEU, vg. de Fr., Lot-et-Garonne, arr. de Nérac, cant. de Lavardac, poste de Port-Ste.-Marie; 1480 hab.

MONTESQUIEU, vg. de Fr., Pyrénées-Orientales, arr. et poste de Céret, cant. d'Argelès; 320 hab.

MONTESQUIEU, vg. de Fr., Tarn-et-Garonne, arr., cant. et poste de Moissac; 1440 hab.

MONTESQUIEU-AVANTES, vg. de Fr., Arriège, arr. et poste de St.-Girons, cant. de Lizier; 820 hab.

MONTESQUIEU-DE-L'ISLE, vg. de Fr., Haute-Garonne, arr. de St.-Gaudens, cant. et poste de l'Isle-en-Dodon; 270 hab.

MONTESQUIEU-LAURAGAIS, b. de Fr., Haute-Garonne, arr., cant. et poste de Villefranche-de-Lauragais; 1320 hab.

MONTESQUIEU-VOLVESTRE, b. de Fr., Haute-Garonne, arr. et à 8 l. S. de Muret, chef-lieu de canton, poste de Rieux; 3680 h.

MONTESQUIOU, pet. v. de Fr., Gers, arr., à 2 l. N.-O. et poste de Mirande et à 179 l. de Paris, chef-lieu de canton; elle est située sur la Losse. Cette petite ville n'a rien de remarquable; mais elle est célèbre comme berceau d'une grande famille, à laquelle elle a donné son nom, et dont les membres se sont illustrés depuis plusieurs siècles dans les emplois les plus élevés de l'état. Montesquiou était autrefois le chef-lieu d'une des quatre baronies de la Gascogne; 2038 hab.

MONTESSAUX, vg. de Fr., Haute-Saône, arr. et poste de Lure, cant. de Melisey; 240 hab.

MONTESSON, vg. de Fr., Haute-Marne, arr. de Langres, cant. de Ferté-sur-Amance, poste du Faye-Billot; 150 hab.

MONTESSON, vg. de Fr., Seine-et-Oise, arr. de Versailles, cant. d'Argenteuil, poste de Chatou; fabr. de sucre indigène; 1260 h.

MONTESTRUC, vg. de Fr., Gers, arr. de Lectoure, cant. et poste de Fleurance; 790 h.

MONTESTRUCQ, vg. de Fr., Basses-Pyrénées, arr. et poste d'Orthez, cant. de Lagor; 590 hab.

MONTET ou MONTET-AUX-MOINES, b. de Fr., Allier, arr. et à 6 l. N.-N.-O. de Moulins-sur-Allier, chef-lieu de canton et poste; 530 hab.

MONTET (le), ham. de Fr., Allier, com. de Diou; 110 hab.

MONTET (le), vg. de Fr., Lot, arr. de Figeac, cant. de la Tronquière, poste de la Capelle-Marival; 190 hab.

MONTET (le), ham. de Fr., Saône-et-Loire, com. de Palinges; manufactures de briques et poterie de terre; 180 hab.

MONTETON, vg. de Fr., Lot-et-Garonne, arr. de Marmande, cant. de Seiches, poste de Miramont; 820 hab.

MONTEUL, ham. de Fr., Isère, com. de Colombier; 250 hab.

MONTEUX, b. de Fr., Vaucluse, arr., cant. et poste de Carpentras; moulins à garance; commerce de garance; 4980 hab.

MONTEVAGA, pet. v. de la Sicile, intendance de Trapani, située à l'O. de San-Margarita.

MONTEVARCHI, b. du grand-duché de Toscane, territoire de Florence; 2400 hab.

MONTEVERDE, groupe d'îles les plus méridionales de l'archipel des Carolines, dans la Polynésie ou Océanie orientale, sous 3° 30′ lat. N. et 153° 40′ long. orient.

MONTEVERDE, pet. v. épiscopale du roy. de Naples, prov. de la Principauté ultérieure; 2000 hab.

MONTE-VERGINO, abbaye célèbre; importante surtout par ses archives, située dans la Principauté ultérieure, roy. de Naples.

MONTEVIDEO (république). *Voyez* URUGUAY.

MONTEVIDEO, dép. maritime de la rép. orientale de l'Uruguay; il est borné à l'O. par le dép. de Colonia-del-Sacramento, au S. par l'Océan (l'embouchure du Rio-de-la-Plata) et à l'E. par le dép. de Maldonado; au N. ses limites sont indéterminées. Cette province est basse, sablonneuse et manque d'eau; 20,000 hab.

MONTEVIDEO (San-Felipe-de-), chef-lieu du département du même nom et capitale de la rép. orientale de l'Uruguay. Elle fut fondée en 1724 et bâtie en amphithéâtre sur une péninsule qui s'avance de la rive gauche de l'embouchure du Rio-de-la-Plata. La ville est très-régulièrement bâtie, les maisons, couvertes de terrasses, n'ont généralement qu'un seul étage; les rues sont larges, mais sans pavé. La cathédrale est un bel édifice dans une mauvaise position. Montevideo est défendu par une forte citadelle qui, d'après un article du traité conclu entre le Brésil et la rép. Argentine, doit être démolie, ainsi que les fortifications de Colonia. Le port de cette ville, regardé comme le meilleur de ces côtes, se trouve exposé à toute la violence des vents d'ouest nommés *pamperos*. L'importance du commerce de cette ville a beaucoup diminué par suite des désastres qui ne cessaient de l'accabler. Sa population, que quelques géographes ont porté jusqu'à 30,000 âmes, ne dépasse guères 10,000.

MONTEVRAIN, vg. de Fr., Seine-et-Marne, arr. de Meaux, cant. et poste de Lagny; 490 hab.

MONTEY, b. de Suisse, cant. de Valais, sur la Viege; deux foires.

MONTEY, ham. de Fr., Aveyron, com. de Salles-Comtaux; 100 hab.

MONTEYNARD, vg. de Fr., Isère, arr. de Grenoble, cant. et poste de la Mure; 460 h.

MONTEZIC, vg. de Fr., Aveyron, arr. d'Espalion, cant. de St.-Amans, poste d'Entraigues; 1210 hab.

MONTÉZUMA. *Voyez* TULA.

MONTFA, vg. de Fr., Arriège, arr. de Pamiers, cant. et poste du Mas-d'Azil; 330 hab.

MONTFA, vg. de Fr., Tarn, arr. de Castres, cant. et poste de Roquecourbe; 630 hab.

MONTFALCON, vg. de Fr., Isère, arr. et poste de St.-Marcellin, cant. de Roybon; 350 hab.

MONTFALCON, ham. de Fr., Ain, com. de Mézeriat; 360 hab.

MONTFALCONE, b. du roy. de Naples, prov. de Molise; 2500 hab.

MONTFALGOUSE, ham. de Fr., Lozère, com. de Trélans; 120 hab.

MONTFARVILLE, vg. de Fr., Manche, arr. de Valognes, cant. de Quettehou, poste de Barfleur; 1540 hab.

MONTFAUCON, vg. de Fr., Aisne, arr. et poste de Château-Thierry, cant. de Charly; 300 hab.

MONTFAUCON, ham. de Fr., Arriège, com. de Moulis; 150 hab.

MONTFAUCON, vg. de Fr., Doubs, arr., cant. et poste de Besançon; 250 hab.

MONTFAUCON, vg. de Fr., Gard, arr. d'Uzès, cant. et poste de Roquemaure; 480 h.

MONTFAUCON, ham. de Fr., Haute-Garonne, com. de la Trape; 110 hab.

MONTFAUCON, pet. v. de Fr., Haute-Loire, arr. et à 4 1/2 l. E. d'Yssengeaux, chef-lieu de canton et poste; fabr. de rubans; scieries; bois de construction; 1140 h.

MONTFAUCON, vg. de Fr., Lot, arr. de Gourdon, cant. de la Bastide, poste de Frayssinet; 2020 hab.

MONTFAUCON, b. de Fr., Maine-et-Loire, arr. et à 4 l. S.-S.-O. de Beaupréau, chef-lieu de canton et poste; commerce de bestiaux; 690 hab.

MONTFAUCON, b. de Fr., Meuse, arr. et à 9 l. S.-S.-O. de Montmédy, chef-lieu de canton, poste de Varennes-en-Argonne; 1240 hab.

MONTFAUCON (Sarthe). *Voyez* AUVERS-SOUS-MONTFAUCON.

MONTFAUXEL, ham. de Fr., Ardennes, com. de Manre; 120 hab.

MONTFAUXELLES, ham. de Fr., Ardennes, com. d'Ardeuil; 110 hab.

MONTFAVET, ham. de Fr., Vaucluse, com. d'Avignon; 1300 hab.

MONTFERMEIL, vg. de Fr., Seine-et-Oise, arr. de Pontoise, cant. de Gonesse, poste de Livry; 910 hab.

MONTFERMY, vg. de Fr., Puy-de-Dôme, arr. de Riom, cant. et poste de Pontgibaud; 430 hab.

MONTFERNEY, vg. de Fr., Doubs, arr. de Baume-les-Dames, cant. et poste de Rougemont; 120 hab.

MONTFERRA, vg. de Fr., Isère, arr. de la Tour-du-Pin, cant. de St.-Geoire, poste des Abrets; 1330 hab.

MONTFERRAND, ham. de Fr., Ain, com. de Torcieu; 250 hab.

MONTFERRAND, vg. de Fr., Aude, arr., cant. et poste de Castelnaudary; 890 hab.

MONTFERRAND, vg. de Fr., Doubs, arr. et poste de Besançon, cant. de Boussières; 470 hab.

MONTFERRAND (Gers). *V.* MONFERRAN.

MONTFERRAND, vg. de Fr., Gironde, arr. de Bordeaux, cant. et poste de Carbon-Blanc; 720 hab.

MONTFERRAT, principauté des états sardes, entre le duché de Milan à l'E. et le territoire de Gênes au S.; sa superficie est de 86 l. c. Le sol y est très-fertile quoique généralement montueux. Cette principauté, dont Casale était la capitale, est aujourd'hui incorporée au Piémont et forme l'intendance générale d'Alexandrie

MONTFERRAT, vg. de Fr., Var, arr. et

poste de Draguignan, cant. de Callas; 760 h.

MONTFERRER, vg. de Fr., Pyrénées-Orientales, arr. de Céret, cant. et poste d'Arles-sur-Tech; 790 hab.

MONTFERRIER, b. de Fr., Arriège, arr. de Foix, cant. et poste de Lavelanet; fabr. d'acides minéraux; 1750 hab.

MONTFERRIER, ham. de Fr., Tarn, com. d'Ambres; 200 hab.

MONTFERRIER, vg. de Fr., Hérault, arr., cant., à 1 1/2 l. N.-N.-O. et poste de Montpellier, sur la rive gauche du Lez. Ce village, qui n'a que 450 habitants, est remarquable par sa position pittoresque sur le sommet isolé d'un rocher basaltique et par le château des ci-devant seigneurs de Montferrier.

MONTFEY, vg. de Fr., Aube, arr. de Troyes, cant. et poste d'Ervy; 570 hab.

MONTFIQUET, vg. de Fr., Calvados, arr. de Bayeux, cant. et poste de Balleroy; 530 h.

MONTFLANQUIN, v. de Fr., Lot-et-Garonne, arr. et à 4 l. N.-N.-E. de Villeneuve-d'Agen et à 149 l. de Paris, chef-lieu de canton et poste; elle est bâtie dans un site très-pittoresque, sur la croupe d'un côteau baigné par la Lède; les rues y sont étroites, mal alignées et très-escarpées; elle a une papeterie et fait commerce de vins et de farine. Cette ville fut fondée au treizième siècle; 5057 hab.

MONTFLEUR, vg. de Fr., Jura, arr. de Lons-le-Saulnier, cant. de St.-Julien, poste de Coligny; 510 hab.

MONTFLEURY, ham. de Fr., Isère, com. de Corenc; 120 hab.

MONTFLOURS, vg. de Fr., Mayenne, arr. de Laval, cant. d'Argentré, poste de Martigné; 540 hab.

MONTELOVIN, vg. de Fr., Doubs, arr. et poste de Pontarlier, cant. de Montbenoit; 130 hab.

MONTFORT, vg. de Fr., Basses-Alpes, arr. et poste de Sisteron, cant. de Volonne; 280 hab.

MONTFORT, vg. de Fr., Aude, arr. de Limoux, cant. de Roquefort-de-Sault, poste de Quillan; forges, haut-fourneau, martinets, fonderies, fabr. de limes; 900 hab.

MONTFORT, vg. de Fr., Doubs, arr. de Besançon, cant. et poste de Quingey; 180 h.

MONTFORT, pet. v. de Fr., Landes, arr., à 4 l. E. et poste de Dax, chef-lieu de canton; 1660 hab.

MONTFORT, vg. de Fr., Maine-et-Loire, arr. de Saumur, cant. et poste de Doué; 150 hab.

MONTFORT, vg. de Fr., Basses-Pyrénées, arr. d'Orthez, cant. et poste de Sauveterre; 440 hab.

MONTFORT, vg. de Fr., Var, arr. et poste de Brignolles, cant. de Colignac; 1140 hab.

MONTFORT, pet. v. du roy. de Hollande, prov., dist. et à 3 l. O. d'Utrecht, sur l'Ysel; 1870 hab.

MONTFORT-L'AMAURY, pet. v. de Fr., Seine-et-Oise, arr., à 5 l. N. de Rambouillet et à 13 l. de Paris, chef-lieu de canton et poste; elle est agréablement située sur la pente et au pied d'une montagne, et dominée par les restes d'un château fort, d'où l'on jouit d'un coup d'œil admirable sur toute la campagne environnante. L'église paroissiale est remarquable par sa construction ancienne, par sa grandeur et par les peintures historiques de ses vitraux. On remarque dans les environs de Montfort plusieurs belles maisons de campagne, entre autres le château de Groussay, avec un joli parc, le château de Bluche et la charmante habitation dite du Bel-Air; fabr. de bonneterie et commerce de grains, fruits, chevaux et bétail; 1844 hab., y compris le hameau de Launay-Bertin et les maisons isolées qui font partie de cette commune.

MONTFORT-LE-ROTROU, pet. v. de Fr., Sarthe, arr., à 4 l. N.-E. du Mans, poste de Connerré, chef-lieu de canton; elle est située sur l'Huisne, au pied d'une montagne, et dominée par un ancien château fort; fabr. de flanelles et filat. de coton; commerce de toiles, fil, chanvre, grains et bétail; 1243 h.

MONFORT-SUR-MEU ou **MONFORT-LA-CANNE**, pet. v. de Fr., Ille-et-Vilaine, à 5 l. O. de Rennes et à 97 l. de Paris, chef-lieu d'arrondissement; siége d'un tribunal de première instance; conservation des hypothèques. Cette petite ville, ceinte de remparts flanqués de plusieurs tours, est située sur un côteau, au confluent du Meu et du Chailloux. D'anciens thermes, situés près de la ville, font présumer que sa fondation se rapporte à l'époque de la domination romaine. Montfort possède des eaux minérales ferrugineuses. Filat. de lin pour toiles fines dans l'arrondissement; tanneries; blanchisseries et commerce de toiles, fil, chanvre, lin, beurre et bétail; 1772 hab.

Montfort eut beaucoup à souffrir pendant la guerre des Anglais. Duguesclin s'en empara après un siége long et meurtrier. C'est à cette époque que se rattache le miracle qui a fait donner à la ville le surnom de *La Canne*. La tradition raconte qu'une jeune fille, enlevée par le gouverneur du château de Montfort, fut métamorphosée en canne, pour échapper à son ravisseur, et que depuis cette époque une canne sauvage assista régulièrement pendant deux siècles à la messe qui se chantait le 9 mai en l'honneur de saint Nicolas, que la jeune fille avait invoqué dans sa détresse. Vers le milieu du dix-septième siècle les protestants s'emparèrent de Montfort et dès lors le miracle cessa.

MONTFORT-SUR-RILLE, b. de Fr., Eure, arr. et à 3 l. S.-E. de Pont-Audemer, chef-lieu de canton et poste; 580 hab.

MONTFRANC, ham. de Fr., Aveyron, com. de Pousthomy; 170 hab.

MONTFRIN, pet. v. de Fr., Gard, arr. de Nîmes, cant. d'Aramon, poste de Remoulins; source minérale; fabr. de salpêtre; 2330 hab.

MONTFROC, vg. de Fr., Drôme, arr. de Nyons, cant. et poste de Séderon; 540 hab.

MONT-FURCA, montagne de Suisse, cant. d'Uri; ses immenses glaciers donnent naissance à la Reuss, du côté de l'E., et au Rhône, du côté de l'O.

MONTFURON, vg. de Fr., Basses-Alpes, arr. de Forcalquier, cant. et poste de Manosque; 440 hab.

MONTGAILLARD, vg. de Fr., Arriège, arr., cant. et poste de Foix; 850 hab.

MONTGAILLARD, vg. de Fr., Aude, arr. de Carcassonne, cant. de Tuchan, poste de Davejean; forges; 245 hab.

MONTGAILLARD, vg. de Fr., Haute-Garonne, arr. de St.-Gaudens, cant. et poste de Boulogne; 210 hab.

MONTGAILLARD, vg. de Fr., Haute-Garonne, arr. de St.-Gaudens, cant. de Salies, poste de St.-Martory; 400 hab.

MONTGAILLARD, vg. de Fr., Haute-Garonne, arr., cant. et poste de Villefranche-de-Lauragais; 730 hab.

MONTGAILLARD, ham. de Fr., Gers, com. de Cazaux-d'Anglès; 210 hab.

MONTGAILLARD, vg. de Fr., Landes, arr., cant. et poste de St.-Sever; 2120 hab.

MONTGAILLARD, vg. de Fr., Hautes-Pyrénées, arr., cant. et poste de Bagnères-en-Bigorre; 1090 hab.

MONTGAILLARD, vg. de Fr., Tarn, arr. de Gaillac, cant. de Salvagnac, posse de Rabastens; 290 hab.

MONTGAILLARD, vg. de Fr., Tarn-et-Garonne, arr. de Castel-Sarrazin, cant. et poste de Lavit; 710 hab.

MONT-GAMMÉ, ham. de Fr., Vienne, com. de Vouneuil-sur-Vienne; 220 hab.

MONTGARDIN, vg. de Fr., Hautes-Alpes, arr. de Gap, cant. de la Bâtie-Neuve, poste de Chorges; 350 hab.

MONTGARDIN, ham. de Fr., Gers, com. de St.-Médard; 110 hab.

MONTGARDON, vg. de Fr., Manche, arr. de Coutances, cant. et poste de la Haye-du-Puits; 980 hab.

MONTGARGAN, ham. de Fr., Seine-Inférieure, com. de Rouen; 200 hab.

MONTGAROULT, vg. de Fr., Orne, arr. d'Argentan, cant. et poste d'Écouché; 330 h.

MONTGAUCH, vg. de Fr., Arriège, arr. et poste de St.-Girons, cant. de St.-Lizier; 510 hab.

MONTGAUDRI, vg. de Fr., Orne, arr. de Mortagne-sur-Huine, cant. de Pervenchères, poste de Mamers; 480 hab.

MONTGAUGIER, vg. de Fr., Vienne, arr. de Poitiers, cant. et poste de Mirebeau; 560 hab.

MONTGAZIN, vg. de Fr., Haute-Garonne, arr. de Muret, cant. de Carbonne, poste de Noé; 380 hab.

MONTGÉ, vg. de Fr., Seine-et-Marne, arr. de Meaux, cant. et poste de Dammartin; tuilerie; 650 hab.

MONTGEARD, vg. de Fr., Haute-Garonne, arr. et poste de Villefranche-de-Lauragais, cant. de Nailloux; 640 hab.

MONT-GENÈVRE, un des points culminants des Alpes françaises, dans le dép. des Hautes-Alpes, à 2 l. E. de Briançon; sa hauteur est de 3592 mètres au-dessus du niveau de la mer. C'est un des principaux passages qui mènent de France en Italie, et c'est par ce col qu'Annibal pénétra dans ce dernier pays, deux siècles avant l'ère chrétienne.

MONT-GENÈVRE, vg. de Fr., Hautes-Alpes, arr., cant. et poste de Briançon; 380 h.

MONTGENOT, vg. de Fr., Marne, arr. d'Épernay, cant. d'Esternay, poste de Villenauxe; 270 hab.

MONTGENOUX, vg. de Fr., Cher, arr. de St.-Amand-Mont-Rond, cant. du Châtelet, poste de Châteaumeillant; 170 hab.

MONTGERAIN, vg. de Fr., Oise, arr. de Clermont, cant. de Maignelay, poste de Montdidier; 310 hab.

MONTGERMONT, vg. de Fr., Ille-et-Vilaine, arr., cant. et poste de Rennes; 370 h.

MONTGERON, vg. de Fr., Seine-et-Oise, arr. de Corbeil, cant. de Boissy-St.-Léger, poste de Villeneuve-St.-Georges; féculerie; 990 hab.

MONTGEROULT, vg. de Fr., Seine-et-Oise, arr. de Pontoise, cant. et poste de Marines; 280 hab.

MONTGESOYE, vg. de Fr., Doubs, arr. de Besançon, cant. et poste d'Ornans; 610 h.

MONTGESTY, vg. de Fr., Lot, arr., et poste de Gourdon, cant. de Salviac; 1670 h.

MONTGEY, vg. de Fr., Tarn, arr. de Lavaur, cant. de Cuq-Toulza, poste de Puylaurens; 650 hab.

MONTGISCARD, pet. v. de Fr., Haute-Garonne, arr. et à 3 l. O.-N.-O. de Villefranche-de Lauragais, chef-lieu de canton, poste de Baziège; 1280 hab.

MONTGISCARD, ham. de Fr., Basses-Pyrénées, com. de Salles-Montgiscard; 120 hab.

MONTGIVRAY, vg. de Fr., Indre, arr., cant. et poste de la Châtre; 1010 hab.

MONTGIVROUX, vg. de Fr., Marne, arr. d'Épernay, cant. et poste de Sézanne; 35 h.

MONTGOBERT, vg. de Fr., Aisne, arr. de Soissons, cant. et poste de Villers-Cotterets; 310 hab.

MONTGOIN, ham. de Fr., Ain, com. de Garnerans; 170 hab.

MONTGOMERY, comté d'Augleterre; ses bornes sont au N.-O. le comté de Mérioneth, au N.-E. celui de Denbigh, à l'E. celui de Shrop, au S. celui de Radnor et au S.-O. celui de Cardigan. Sa superficie est de 39 l. c. g. et sa population de 60,000 habitants. Ce pays est couvert de montagnes séparées par de larges vallées, bien arrosées et riches en blé, orge, avoine, légumes, lin, bêtes à cornes, brebis, porcs, chevaux, volaille, poissons, plomb, ardoises et chaux; la houille manque totalement. Les rivières n'y sont pas navigables; la Severn, qui y prend naissance, ne le devient que hors de ce comté. L'éducation du bétail est très-importante et forme la principale ressource des habitants; on fabrique aussi de la flanelle et des étoffes de laine. On exporte des ardoises, de la chaux, des moutons, des bœufs, des veaux, des poulains, de la volaille, de l'orge, de l'avoine et des lainages. Deux députés et six districts.

MONTGOMÉRY, *Mons Gomericus*, jolie pet. v. d'Angleterre, chef-lieu du comté de ce nom; située peu loin de la Severn; nomme un député au parlement; 2000 hab.

MONTGOMÉRY, canal d'Angleterre; est la continuation de l'une des quatre branches du canal d'Ellesmere, depuis Llanymynech.

MONTGOMÉRY, comté de l'état d'Alabama, États-Unis de l'Amérique du Nord; il est borné par le dist. des Creeks et les comtés de Pike, Butler, Willcox, Dallas et Autauga. L'Alabama y réunit ses deux branches; 12,000 hab. Montgomery, petite ville sur l'Alabama, avec 1200 hab., est le chef-lieu du comté.

MONTGOMÉRY, com. des États-Unis de l'Amérique du Nord, état de Pensylvanie, comté de Franklin; 3500 hab.

MONTGOMÉRY, comté de l'état de Kentucky, États-Unis de l'Amérique du Nord; il est borné par les comtés de Bourbon, Bath, Pike, Estill et Clarke. Pays élevé, riche en blé, bois, prairies, fer et salpêtre. Mount-Sterling est le chef-lieu du comté; 15,000 h.

MONTGOMÉRY, comté de l'état de Géorgie, États-Unis de l'Amérique du Nord; ses bornes sont: les comtés d'Emanuel, Tatnell, Telfair et Laurens. L'Alatamaha y reçoit l'Oakmulgée. Vernon est le chef-lieu du comté; 4000 hab.

MONTGOMÉRY, comté de l'état de Maryland, États-Unis de l'Amérique du Nord; il est borné par les comtés de Fréderic, Baltimore, Prince-George, le dist. de Colombie et la Virginie. Sol onduleux, très-bien arrosé mais de médiocre fertilité; le tabac en est le principal produit. Rockville, sur le Rock, est le chef-lieu du comté; 20,000 hab.

MONTGOMÉRY, comté de l'état de Missouri, États-Unis de l'Amérique du Nord; il est entouré des comtés de Lincoln, St.-Charles, Franklin, Wayne et Pike, et arrosé par différents affluents du Missouri et du Mississipi. Charrette, sur le Missouri, est le chef-lieu du comté; 6000 hab.

MONTGOMÉRY, com. des États-Unis de l'Amérique du Nord, état de New-Jersey, comté de Somerset; 3200 hab.

MONTGOMÉRY, comté de l'état de New-York, États-Unis de l'Amérique du Nord; il est borné par les comtés de Hamilton, Essex, Warren, Saratoga, Shenektady, Scoharie, Otségo et Herkimer. C'est une des provinces les plus grandes, mais les moins cultivées de l'état. Le N. est couvert de marais et de petits lacs; le S., arrosé par le Mohawk et différents affluents de ce fleuve, offre des districts très-fertiles; 45,000 hab.

MONTGOMÉRY, grande et florissante com. des États-Unis de l'Amérique du Nord, état de New-York, comté d'Orange; académie; 6000 hab.

MONTGOMÉRY, comté de l'état de la Caroline du Nord, États-Unis de l'Amérique du Nord; ses bornes sont: les comtés de Rowan, Randolph, Moore, Richmond, Anson et Cabarras. Il est arrosé par le Yadkin et ses affluents et couvert des premières terrasses des montagnes Bleues. Le sol est très-fertile. Hendersonton, sur le Yadkin, est le chef-lieu du comté; 13,000 hab.

MONTGOMÉRY, comté de l'état d'Ohio, États-Unis de l'Amérique du Nord; il est entouré des comtés de Miami, Butler, Clarke, Green, Warren et Preble et arrosé par le Big-Miami et ses affluents; à l'E. du fleuve le sol est inégal et couvert de belles prairies, à l'O. s'étend une magnifique plaine qui compte parmi les terrains les plus fertiles de l'Union; 22,000 hab.

MONTGOMÉRY, comté de l'état de Pensylvanie, États-Unis de l'Amérique du Nord; il est borné par les comtés de Léhigh, Bucks, Philadelphie, Chester, Berks et l'état de Delaware, et a une étendue de 26 l. c. géogr. Pays montagneux, entrecoupé de vallées bien arrosées et assez fertiles. C'est une des provinces les mieux cultivées de l'état. Au S. elle est traversée par le Shuylkill et le canal du même nom; 50,000 hab.

MONTGOMÉRY, comté de l'état de Virginie, États-Unis de l'Amérique du Nord; ses bornes sont: les comtés de Giles, Botetourt, Franklin, Patrik, Grayson et Wyte. Pays assez maigre, traversé à l'E. par les montagnes Bleues, à l'O. par le chaînon central des Alleghany, qui s'y divisent en deux branches et arrosé par de nombreux cours d'eau. Le Roanoke y prend naissance. Christiansburgh, près de la Kenhawa, est le chef-lieu du comté; 12,000 hab.

MONTGOMÉRY, comté de l'état de Tennessée, États-Unis de l'Amérique du Nord; il est borné par l'état de Kentucky et les comtés de Robertson, Dickson et Stéwart. Pays très-fertile, arrosé par le Cumberland qui y reçoit le Red. Clarksville, au confluent du Red et du Cumberland, est le chef-lieu du comté; 16,000 hab.

MONTGOMÉRY (chef-lieu). *Voy.* MORGAN.

MONTGON, vg. de Fr., Ardennes, arr. de Vouziers, cant. et poste du Chêne; papeterie; 440 hab.

MONTGON, ham. de Fr., Haute-Loire, com. de Grenier-Montgon; 200 hab.

MONTGOTHIER, vg. de Fr., Manche, arr. de Mortain, cant. d'Issigny, poste de St.-Hilaire-du-Harcouet; 650 hab.

MONT-GOUBLAIN, ham. de Fr., Nièvre, com. de St.-Benin-d'Azy; 120 hab.

MONTGRADAIL, vg. de Fr., Aude, arr. de Limoux, cant. et poste d'Alaigne; 150 h.

MONTGRELEIX, vg. de Fr., Cantal, arr. de Murat, cant. de Marcenat, poste d'Allanche; 460 hab.

MONTGRIFFON, vg. de Fr., Ain, arr. de Belley, cant. et poste de St.-Rambert; 590 h.

MONTGROLLE, ham. de Fr., Seine-et-Marne, com. de la Chapelle-sous-Crécy; 140 hab.

MONTGRU-SAINT-HILAIRE, vg. de Fr., Aisne, arr. de Soissons, cant. d'Oulchy, poste de Coincy; 110 hab.

MONTGUERS, vg. de Fr., Drôme, arr. de Nyons, cant. et poste de Séderon; 300 hab.

MONTGUEUX, vg. de Fr., Aube, arr., cant. et poste de Troyes; 350 hab.

MONTGUILLON, vg. de Fr., Maine-et-Loire, arr., cant. et poste de Segré; 320 h.

MONTGUYON, pet. v. de Fr., Charente-Inférieure, arr. et à 10 l. S.-S.-E. de Jonzac, chef-lieu de canton, poste de Montlieu; 1470 hab.

MONTHAIRONS (les), vg. de Fr., Meuse, arr. et poste de Verdun, cant. de Souilly; 570 hab.

MONT-HAMEL (le), ham. de Fr., Eure, com. de St.-Cyr-la-Campagne; 100 hab.

MONTHARVILLE, vg. de Fr., Eure-et-Loir, arr. de Châteaudun, cant. et poste de Bonneval; 180 hab.

MONTHAULT, vg. de Fr., Ille-et-Vilaine, arr. de Fougères, cant. et poste de Louvigné-du-Désert; 750 hab.

MONTHAUT, vg. de Fr., Loir-et-Cher, arr., cant. et poste de Romorantin; 400 hab.

MONTHAUT, vg. de Fr., Aude, arr. de Limoux, cant. et poste d'Alaigne; 190 hab.

MONTHAY ou **MONTHEX**, b. de Suisse, chef-lieu d'une décurie du cant. du Valais; verrerie; 900 hab.

MONTHELIE, vg. de Fr., Côte-d'Or, arr., cant. et poste de Beaune; 310 hab.

MONTHELON, vg. de Fr., Marne, arr. d'Épernay, cant. et poste d'Avize; 400 hab.

MONTHELON, vg. de Fr., Saône-et-Loire, arr., cant. et poste d'Autun; papeterie; 480 hab.

MONTHENAULT, vg. de Fr., Aisne, arr., et poste de Laon, cant. de Craonne; 210 h.

MONTHÉRAND, ham. de Fr., Seine-et-Marne, com. de Guérard; 220 hab.

MONTHÉRIE, vg. de Fr., Haute-Marne, arr. de Chaumont-en-Bassigny, cant. et poste de Juzennecourt; 410 hab.

MONTHERLANT, vg. de Fr., Oise, arr. de Beauvais, cant. et poste de Méru; 340 hab.

MONTHERMÉ, b. de Fr., Ardennes, arr., à 4 l. N. et poste de Mézières, chef-lieu de canton; il est agréablement situé sur la rive gauche de la Meuse, dans une des parties les plus pittoresques du département et renferme une verrerie, un haut-fourneau (à la Commune), des forges et plusieurs autres grands établissements industriels; exploitation d'ardoises; 1620 hab.

MONTHIÈRES, ham. de Fr., Somme, com. de Bouttencourt; 130 hab.

MONTHIERS, vg. de Fr., Aisne, arr. de Château-Thierry, cant. et poste de Neuilly-St.-Front; 350 hab.

MONTHIEU, vg. de Fr., Ain, arr. et poste de Trévoux, cant. de St.-Trivier-sur-Moignans; 300 hab.

MONTHION, vg. de Fr., Seine-et-Marne, arr. et poste de Meaux, cant. de Dammartin; 1070 hab.

MONTHODON, vg. de Fr., Indre-et-Loire, arr. de Tours, cant. et poste de Château-Renault; 860 hab.

MONTHOIRON, vg. de Fr., Vienne, arr. et poste de Châtellerault, cant. de Vouneuil-sur-Vienne; 710 hab.

MONTHOIS, vg. de Fr., Ardennes, arr., à 2 1/2 l. S. et poste de Vouziers, chef-lieu de canton; 670 hab.

MONTHOLIER, vg. de Fr., Jura, arr., cant. et poste de Poligny; 600 hab.

MONTHOMÉ, ham. de Fr., Seine-et-Marne, com. de St.-Cyr; 150 hab.

MONTHOUDON, vg. de Fr., Sarthe, arr. et poste de Mamers, cant. de Marolles-les-Braux; 700 hab.

MONTHOU-SUR-BIÈVRE, vg. de Fr., Loir-et-Cher, arr. de Blois, cant. de Contres, poste des Montils; 460 hab.

MONTHOU-SUR-CHER, vg. de Fr., Loir-et Cher, arr. de Blois, cant. et poste de Montrichard; 1070 hab.

MONT-HUCHON, vg. de Fr., Manche, arr. et poste de Coutances, cant. de St.-Sauveur-Lendelin; 680 hab.

MONTHUREL, vg. de Fr., Aisne, arr. et poste de Châteaux-Thierry, cant. de Condé; 210 hab.

MONTHUREUX-LE-SEC, vg. de Fr., Vosges, arr. de Mirecourt, cant. de Vettel, poste de Darney; 590 hab.

MONTHUREUX-SUR-SAONE, pet. v. de Fr., Vosges, arr. et à 9 l. S. de Mirecourt, chef-lieu de canton, poste de Darney; blanchisserie de cire; fabr. de clous, enclumes, couverts en fer; filat. de lin; tuilerie; tannerie; 1800 hab.

MONTILLA, v. d'Espagne, prov. d'Andalousie, roy. et à 7 l. S. de Cordoue, au pied d'une montagne et au confluent des pet. riv. de Castro et de Riofrio; elle possède 2 églises, 4 couvents, 3 hospices et 1 école latine; on y récolte des vins excellents, dont il se fait un commerce actif; 6350 hab.

MONTICELLO, pet. v. des États-Unis de l'Amérique du Nord, état de Géorgie, au centre du comté de Jasper, dont elle est le chef-lieu; académie et quelque commerce.

MONTICELLO. *Voyez* WAYNE (comté).

MONTICELLO, pet. v. des États-Unis de l'Amérique du Nord, état de Mississipi, comté de Lawrence, sur une hauteur baignée par le Pearl et dans une contrée agréable et très-salubre; elle était pendant quelques années la capitale de l'état; 2000 hab.

MONTICELLO, vg. de Fr., Corse, arr. de Calvi, cant. et poste de l'Isle Rousse; 750 h.

MONTIER, ham. de Fr., Seine-et-Marne, com. de Nanteuil-les-Meaux; 360 hab.

MONTIERAMEY, vg. de Fr., Aube, arr. de Troyes, cant. et poste de Lusigny; 700 h.

MONTIERCHAUME, vg. de Fr., Indre, arr., cant. et poste de Châteauroux; 950 h.

MONTIER-EN-DER ou **MOUTIER-EN-DER**, pet. v. de Fr., Haute-Marne, arr., à 3 l. O.-S.-O. de Vassy et à 64 l. de Paris, chef-lieu de canton et poste; elle a un dépôt royal d'étalons. Cette petite ville, située dans l'antique forêt de Der, jadis séjour des Druides, doit son origine et son nom à un monastère fondé au septième siècle par Childeric II et qui était autrefois un des plus riches de l'ordre de St.-Benoit; 1498 hab.

MONTIER-EN-L'ISLE, vg. de Fr., Aube, arr., cant. et poste de Bar-sur-Aube; 410 h.

MONTIERI, b. du grand-duché de Toscane, territoire de Siene; carrières de marbre rouge.

MONTIERS, vg. de Fr., Oise, arr. de Clermont, cant. et poste de St.-Just-en-Chaussée; 430 hab.

MONTIERS-AUSSOS, vg. de Fr., Gers, arr. de Mirande, cant. et poste de Masseube; 590 hab.

MONTIERS-SUR-SAUX, b. de Fr., Meuse, arr. et à 7 l. S.-S.-E. de Bar-le-Duc, chef-lieu de canton, poste de Ligny; fonderie de fer et haut-fourneau; 1200 hab.

MONTIGNAC, ham. de Fr., Charente-Inférieure, com. de Bougneau; 190 hab.

MONTIGNAC, pet. v. de Fr., Dordogne, arr., à 4 l. N. de Sarlat et à 135 l. de Paris, chef-lieu de canton et poste; elle est très-ancienne, située sur la rive droite de la Vézère et dominée par les ruines d'un vieux château féodal; carrières de pierres de taille; 3790 hab.

MONTIGNAC, vg. de Fr., Gironde, arr. de la Réole, cant. de Targon, poste de Cadillac; 200 hab.

MONTIGNAC, ham. de Fr., Lozère, com. de la Malène; 100 hab.

MONTIGNAC, vg. de Fr., Hautes-Pyrénées, arr., cant. et poste de Tarbes; 180 h.

MONTIGNAC, ham. de Fr., Aveyron, com. de Conques; 60 hab.

MONTIGNAC-CHARENTE, vg. de Fr., Charente, arr. d'Angoulême, cant. de St.-Amand-de-Borie, poste de Mansle; 690 hab.

MONTIGNAC-DE-LAUZUN, vg. de Fr., Lot-et-Garonne, arr. de Marmande, cant. et poste de Lauzun; 1100 hab.

MONTIGNAC-LE-COQ, vg. de Fr., Charente, arr. de Barbezieux, cant. d'Aubeterre, poste de Chalais; 550 hab.

MONTIGNAC-TOUPINERIES, vg. de Fr., Lot-et-Garonne, arr. de Marmande, cant. de Seyches, poste de Miramont; 500 hab.

MONTIGNAC-SUR-VAUCLAIRE, ham. de Fr., Dordogne, com. de Menestérol-Montignac; 140 hab.

MONTIGNARGUES, vg. de Fr., Gard, arr. et poste d'Uzès, cant. de St.-Chaptes; 160 h.

MONTIGNÉ, vg. de Fr., Charente, arr. d'Angoulême, cant. et poste de Rouillac; 350 hab.

MONTIGNÉ, b. de Fr., Maine-et-Loire, arr. et cant. de Baugé, poste de Durtal; commerce de chaux, tuiles, carreaux et pierres dites des Rairies; 1740 hab.

MONTIGNÉ, vg. de Fr., Maine-et-Loire, arr. de Beaupréau, cant. et poste de Montfaucon; 1010 hab.

MONTIGNÉ, vg. de Fr., Deux-Sèvres, arr. et poste de Melle, cant. de Celles; 370 hab.

MONTIGNÉ-LE-BRILLANT, vg. de Fr., Mayenne, arr., cant. et poste de Laval; 910 hab.

MONTIGNON, ham. de Fr., Nièvre, com. d'Arleuf; 150 hab.

MONTIGNY, ham. de Fr., Allier, com. de Monetay-sur-Allier; 130 hab.

MONTIGNY, vg. de Fr., Aube, arr. de Troyes, cant. d'Ervy, poste d'Auxon; 570 h.

MONTIGNY, vg. de Fr., Calvados, arr. de Caen, cant. et poste d'Évrecy; 200 hab.

MONTIGNY, ham. de Fr., Eure, com. de St.-Marcel; 140 hab.

MONTIGNY, vg. de Fr., Cher, arr. de Sancerre, cant. et poste d'Henrichemont; 1090 hab.

MONTIGNY (les), vg. de Fr., Jura, arr. de Poligny, cant. et poste d'Arbois; 1050 hab.

MONTIGNY, ham. de Fr., Loir-et-Cher, com. de Blois; 110 hab.

MONTIGNY, vg. de Fr., Loiret, arr. de Pithiviers, cant. d'Outarville, poste de Neuville-aux-Bois; 430 hab.

MONTIGNY, vg. de Fr., Manche, arr. de Mortain, cant. d'Issigny, poste de St.-Hilaire-du-Harcouet; 610 hab.

MONTIGNY, ham. de Fr., Marne, com. de Binson; 190 hab.

MONTIGNY, vg. de Fr., Meurthe, arr. de Lunéville, cant. de Baccarat, poste de Blamont; 250 hab.

MONTIGNY, vg. de Fr., Meuse, arr. de Montmédy, cant. et poste de Dun-sur-Meuse; commerce de bois de sciage et à brûler; bons vins; mines de fer; 630 hab.

MONTIGNY, ham. de Fr., Nièvre, com. de Pouques; 140 hab.

MONTIGNY, vg. de Fr., Nord, arr. de Cambrai, cant. de Clary, poste du Câteau; 830 hab.

MONTIGNY, vg. de Fr., Nord, arr., cant. et poste de Douai; 860 hab.

MONTIGNY, vg. de Fr., Oise, arr. de Clermont, cant. de Maignelai, poste de St.-Just-en-Chaussée; 1090 hab.

MONTIGNY (Oise). *Voyez* RUSSY.

MONTIGNY, vg. de Fr., Sarthe, arr. de Mamers, cant. de la Fresnay, poste d'Alençon; 140 hab.

MONTIGNY (Bas, Haut et Moyen-), ham.

de Fr., Seine-et-Marne, com. de la Ferté-Gaucher et de Jouy-sur-Maurin ; 120 hab.

MONTIGNY, vg. de Fr., Seine-Inférieure, arr. et poste de Rouen, cant. de Maromme ; 690 hab.

MONTIGNY, vg. de Fr., Deux-Sèvres, arr. et poste de Bressuire, cant. de Cerisay ; 420 hab.

MONTIGNY, vg. de Fr., Somme, arr. d'Amiens, cant. et poste de Villers-Bocage ; 330 hab.

MONTIGNY, vg. de Fr., Somme, arr. de Doullens, cant. et poste de Bernaville ; 310 hab.

MONTIGNY, ham. de Fr., Somme, arr. de Nampont ; 200 hab.

MONTIGNY-AUX-AMOGNES, vg. de Fr., Nièvre, arr. de Nevers, cant. et poste de St.-Benin-d'Azy ; 520 hab.

MONTIGNY-CAROTTE, vg. de Fr., Aisne, arr. de St.-Quentin, cant. et poste de Bohain ; 970 hab.

MONTIGNY-EN-GOHELLE, vg. de Fr., Pas-de-Calais, arr. de Béthune, cant. et poste de Carvin ; 600 hab.

MONTIGNY-EN-MORVAND, vg. de Fr., Nièvre, arr., cant. et poste de Château-Chinon ; 950 hab.

MONTIGNY-L'ALLIER, vg. de Fr., Aisne, arr. de Château-Thierry, cant. de Neuilly-St.-Front, poste de Gandelu ; 450 hab.

MONTIGNY-LE-BRETONNEUX, vg. de Fr., Seine-et-Oise, arr. et cant. de Versailles, poste de Trappes ; 310 hab.

MONTIGNY-LE-CHARTIF, vg. de Fr., Eure-et-Loir, arr. de Nogent-le-Rotrou, cant. de Thiron-Gardais, poste d'Illers ; 1220 hab.

MONTIGNY-LE-FRANC, vg. de Fr., Aisne, arr. de Laon, cant. de Marle, poste de Montcornet ; 470 hab.

MONTIGNY-LE-GANNELON, vg. de Fr., Eure-et-Loir, arr. de Châteaudun, cant. et poste de Cloyes ; 670 hab.

MONTIGNY-LE-GUESDIER, vg. de Fr., Seine-et-Marne, arr. de Provins, cant. et poste de Bray-sur-Seine ; 410 hab.

MONTIGNY-LENCOUP, vg. de Fr., Seine-et-Marne, arr. de Provins, cant. et poste de Donnemarie ; fabr. de poterie de terre ; tuileries ; briqueteries ; 1270 hab.

MONTIGNY-LENGRAIN, vg. de Fr., Aisne, arr. de Soissons, cant. et poste de Vic-sur-Aisne ; 620 hab.

MONTIGNY-LE-ROI, pet. v. de Fr., Haute-Marne, arr. et à 5 l. N.-N-E. de Langres, chef-lieu de canton et poste ; 1290 hab.

MONTIGNY-LE-ROI, vg. de Fr., Yonne, arr. d'Auxerre, cant. et poste de Ligny-le-Châtel ; 660 hab.

MONTIGNY-LÈS-CHARLIEUX, vg. de Fr., Haute-Saône, arr. de Vesoul, cant. de Vitrey, poste de Jussey ; 1020 hab.

MONTIGNY-LES-CONDÉ, vg. de Fr., Aisne, arr. et poste de Château-Thierry, cant. de Condé ; 230 hab.

MONTIGNY-LES-CORMEIL, vg. de Fr., Seine-et-Oise, arr. de Versailles, cant. d'Argenteuil, poste de Franconville ; 460 hab.

MONTIGNY-LES-METZ, vg. de Fr., Moselle, arr., cant. et poste de Metz ; fabr. de tissus de crin et de noir animal ; 1300 hab.

MONTIGNY-LES-VAUCOULEURS, vg. de Fr., Meuse, arr. de Commercy, cant. et poste de Vaucouleurs ; 330 hab.

MONTIGNY-LES-VESOUL, vg. de Fr., Haute-Saône, arr., cant. et poste de Vesoul ; bons vins ; 490 hab.

MONTIGNY-MONTFORT, vg. de Fr., Côte-d'Or, arr. de Semur, cant. et poste de Montbard ; 550 hab.

MONTIGNY-SUR-ARMANÇON, vg. de Fr., Côte-d'Or, arr., cant. et poste de Semur ; 330 hab.

MONTIGNY-SUR-AUBE, b. de Fr., Côte-d'Or, arr. et à 5 l. E.-N.-E. de Châtillon-sur-Seine, chef-lieu de canton et poste ; haut-fourneau ; 840 hab.

MONTIGNY-SUR-AVRE, vg. de Fr., Eure-et-Loir, arr. de Dreux, cant. de Brezolles, poste de Tillières-sur-Avre ; 480 hab.

MONTIGNY-SUR-CANNE, vg. de Fr., Nièvre, arr. de Château-Chinon, cant. de Châtillon-en-Bazois, poste de Moulins-en-Gilbert ; 640 hab.

MONTIGNY-SUR-CHIERS, vg. de Fr., Moselle, arr. de Briey, cant. et poste de Longuyon ; 450 hab.

MONTIGNY-SUR-CRÉCY, vg. de Fr., Aisne, arr. et poste de Laon, cant. de Crécy-sur-Serre ; 580 hab.

MONTIGNY-SUR-L'AIN, vg. de Fr., Jura, arr. de Poligny, cant. et poste de Champagnole ; 360 hab.

MONTIGNY-SUR-LOING, vg. de Fr., Seine-et-Marne, arr. et poste de Fontainebleau, cant. de Moret ; carrières de grès à paver ; 825 hab.

MONTIGNY-SUR-MARLE, vg. de Fr., Aisne, arr. de Laon, cant. et poste de Marle ; 220 hab.

MONTIGNY-SUR-MEUSE, vg. de Fr., Ardennes, arr. de Rocroi, cant. et poste de Fumay ; 150 hab.

MONTIGNY-SUR-VENCE, vg. de Fr., Ardennes, arr. de Mézières, cant. d'Omont, poste de Launoy ; 360 hab.

MONTIGNY-SUR-VESLE, vg. de Fr., Marne, arr. de Reims, cant. de Fismes, poste de Jonchery-sur-Vesle ; papeterie ; tourbière ; 210 hab.

MONTIGNY-SUR-VINGEANNE, vg. de Fr., Côte-d'Or, arr. de Dijon, cant. et poste de Fontaine-Française ; forge et martinet ; 570 hab.

MONTIGNY-SAINT-BARTHÉLEMY, vg. de Fr., Côte-d'Or, arr. de Semur, cant. de Précy-sous Thil, poste de la Maison-Neuve ; 210 hab.

MONTILLIERS, vg. de Fr., Maine-et-Loire, arr. de Saumur, cant. et poste de Vihiers ; 980 hab.

MONTILLON (le), ham. de Fr., Haute-Vienne, com. de Châteauponsat; 100 hab.

MONTILLOT, vg. de Fr., Yonne, arr. d'Avallon, cant. et poste de Vezelay; 940 h.

MONTILLY, vg. de Fr., Allier, arr., cant. et poste de Moulins-sur-Allier; 580 hab.

MONTILLY, vg. de Fr., Orne, arr. de Domfront, cant. et poste de Flers; 1130 h.

MONTILS, vg. de Fr., Charente-Inférieure, arr., cant. et poste de Pons; 1230 h.

MONTILS (les), vg. de Fr., Loir-et-Cher, arr. de Blois, cant. de Contres, poste; filat. de coton; 880 hab.

MONTIPOURET, vg. de Fr., Indre, arr. de la Châtre, cant. et poste de Neuvy-St.-Sépulchre; 1180 hab.

MONTIRAT, vg. de Fr., Aude, arr. et poste de Carcassonne, cant. de Capendu; 60 hab.

MONTIRAT, vg. de Fr., Tarn, arr. d'Albi, cant. de Monestier, poste de Cordes; 2030 h.

MONTIREAU ou ALIGRE, vg. de Fr., Eure-et-Loir, arr. de Nogent-le-Rotrou, cant. de la Loupe, poste de Champrond; 330 hab.

MONTIRON, vg. de Fr., Gers, arr. de Lombez, cant. de Samatan, poste de Gimont; 490 hab.

MONTISON. *Voyez* ROUSSINES.

MONTIVERNAGE, vg. de Fr., Doubs, arr., cant. et poste de Baume-les-Dames; 130 hab.

MONTIVILLERS, pet. v. de Fr., Seine-Inférieure, arr. et à 3 l. N.-E. du Hâvre et à 48 l. de Paris, chef-lieu de canton et poste. Cette petite ville, très-agréablement située, sur la Lezarde, à l'extrémité d'une charmante vallée; est fréquentée par un grand nombre d'étrangers; elle renferme une église remarquable par l'élégance de son architecture gothique et plusieurs belles maisons de construction moderne; elle possède un collége communal. Fabr. de minoterie; noir animal; blanchisseries de toiles; raffinerie et fabrique de sucre; tissage mécanique de coton; commerce de toiles, draps, cuirs, etc.; 3828 hab.

MONT-JAI, ham. de Fr., Isère, com. de St.-Quentin; 300 hab.

MONT-JAI, vg. de Fr., Hautes-Alpes, arr. de Gap, cant. de Rosans, poste de Serres; 410 hab.

MONTJARDIN, vg. de Fr., Aude, arr. de Limoux, cant. et poste de Chalabre; 370 hab.

MONTJARDIN, ham. de Fr., Gard, com. de Lanuéjols; 200 hab.

MONTJAUX, vg. de Fr., Aveyron, arr. et poste de Milhau, cant. de St.-Bauzelay; 1510 hab.

MONTJAVOULT, vg. de Fr., Oise, arr. de Beauvais, cant. de Chaumont-en-Vexin, poste de Magny; 640 hab.

MONTJAY ou MOISENANS, vg. de Fr., Saône-et-Loire, arr. de Louhans, cant. et poste de Pierre; 750 hab.

MONTJAY, ham. de Fr., Seine-et-Oise, com. de Bures; 110 hab.

MONTJEAN, vg. de Fr., Charente, arr. et poste de Ruffec, cant. de Villefagnan; 660 hab.

MONTJEAN, b. de Fr., Maine-et-Loire, arr. de Beaupréau, cant. de St.-Florent-le-Vieil, poste d'Ingrande; 2770 hab.

MONTJEAN, vg. de Fr., Mayenne, arr. de Laval, cant. de Loiron, poste de la Gravelle; 930 hab.

MONTJÉSIEU, ham. de Fr., Lozère, com. de Salmon; 350 hab.

MONTJICAR, pet. v. d'Espagne, roy. de Grenade; 2200 hab.

MONTJOIE, pet. v. industrieuse des États-Unis de l'Amérique du Nord, état de Kentucky, comté de Lancaster, sur le Conewaga; 2200 hab., frères moraves.

MONTJOIE, *Montis Jovium*, pet. v. de Prusse, chef-lieu de cercle, prov. du Rhin, rég. et à 6 l. S. d'Aix-la-Chapelle, dans une contrée stérile, à l'embouchure du Laufbauch dans la Rœr, et entourée de marais, de rochers et de montagnes, dont une couronnée par un vieux château. Tout le cercle vit de l'industrie, dont la ville est le point central. Elle possède une école primaire, 20 manufactures de draps et d'autres étoffes de laine, dont les produits rivalisent avec ceux de l'Angleterre et de la Belgique; des filatures; des teintureries; des tanneries. On exploite de l'ardoise et des tourbes dans les environs; 2900 hab.

MONTJOIE, vg. de Fr., Aude, arr. de Carcassonne, cant. de Monthoumet; poste de Dávejean; 250 hab.

MONTJOIE, vg. de Fr., Arriège, arr. et poste de St.-Girons, cant. de St.-Lizier; 1890 hab.

MONTJOIE, vg. de Fr., Doubs, arr. de Montbéliard, cant. et poste de St.-Hippolyte; 130 hab.

MONTJOIE, vg. de Fr., Manche, arr. d'Avranches, cant. et poste de St.-James; 620 hab.

MONTJOIRE, vg. de Fr., Haute-Garonne, arr. de Toulouse, cant. et poste de Fronton; 970 hab.

MONTJOUVENT, vg. de Fr., Jura, arr. de Lons-le-Saulnier, cant. et poste d'Orgelet; 140 hab.

MONTJOUX, vg. de Fr., Drôme, arr. de Montélimart, cant. et poste de Dieulefit; 510 hab.

MONT-JOVI, ham. de Fr., Haute-Vienne, com. de Limoges; 700 hab.

MONT-JOYE, vg. de Fr., Manche, arr. de Mortain, cant. de St.-Pois, poste de Sourdeval; 950 hab.

MONTJOYE (la), b. de Fr., Lot-et-Garonne, arr. et à 5 l. S.-E. de Nérac, cant. de Francescas, poste d'Agen; il est situé dans une contrée fertile et riante, sur le penchant d'une petite colline; 800 hab.

On a découvert près de Montjoye, au

lieu dit la Plaigne, les ruines d'un vaste édifice, qui passe pour un ancien monument druidique.

MONTJUSTIN, vg. de Fr., Basses-Alpes, arr. et poste de Forcalquier, cant. de Raillanne; 220 hab.

MONTJUSTIN, vg. de Fr., Haute-Saône, arr. et poste de Vesoul, cant. de Noroy-le-Bourg; 420 hab.

MONTLAHUC, ham. de Fr., Drôme, com. de Bellegarde; 230 hab.

MONTLANDON, vg. de Fr., Eure-et-Loir, arr. de Nogent-le-Rotrou, cant. de la Loupe, poste de Champrond; 580 hab.

MONTLANDON, vg. de Fr., Haute-Marne, arr. et poste de Langres, cant. de Neuilly-l'Évêque; 490 hab.

MONTLAUR, vg. de Fr., Aude, arr. de Carcassonne, cant. et poste de Lagrasse; 920 hab.

MONTLAUR, vg. de Fr., Aveyron, arr. de St.-Affrique, cant. de Belmont, poste de Camarès; 1320 hab.

MONTLAUR, vg. de Fr., Drôme, arr. de Die, cant. et poste de Luc-en-Diois; 270 h.

MONTLAUR, vg. de Fr., Haute-Garonne, arr. de Villefranche-de-Lauragais, cant. de Montgiscard, poste de Baziège; 650 hab.

MONTLAUR, vg. de Fr., Basses-Alpes, arr. et poste de Forcalquier, cant. de St.-Étienne-les-Orgues; 200 hab.

MONT-LAURENT, vg. de Fr., Ardennes, arr., cant. et poste de Réthel; 260 hab.

MONT-LA-VILLE, ham. de Fr., Oise, com. de Verneuil; 360 hab.

MONTLAY, vg. de Fr., Côte-d'Or, arr. de Sémur, cant. et poste de Saulieu; 280 hab.

MONT-LE-BON, vg. de Fr., Doubs, arr. de Pontarlier, cant. et poste de Morteau; martinets à cuivre; fabr. de grosse taillanderie, de siamoise; filat. de laine et coton; 1180 hab.

MONT-LE-FRANÇOIS, vg. de Fr., Haute-Saône, arr. de Gray, cant. et poste de Champlitte; 330 hab.

MONTLEGUN, ham. de Fr., Aude, com. de Carcassonne; 210 hab.

MONT-LES-ÉTRELLES, vg. de Fr., Haute-Saône, arr. de Gray, cant. et poste de Gy; 360 hab.

MONT-LES-LAMARCHE, vg. de Fr., Vosges, arr. de Neufchâteau, cant. et poste de Lamarche; 430 hab.

MONT-LES-NEUCHATEAU, vg. de Fr., Vosges, arr., cant. et poste de Neuchâteau; 310 hab.

MONT-LES-SEURRE, vg. de Fr., Saône-et-Loire, arr. de Châlon-sur-Saône, cant. de Verdun-sur-le-Doubs, poste de Seurre; 280 hab.

MONT-L'ÉTROIT, vg. de Fr., Meurthe, arr. de Toul, cant. et poste de Colombey; 240 hab.

MONT-L'ÉVÊQUE, vg. de Fr., Oise, arr., cant. et poste de Senlis; 460 hab.

MONT-LE-VERNOIS, vg. de Fr., Haute-Saône, arr. et cant. de Vesoul, poste de Traves; 500 hab.

MONT-LE-VIC, vg. de Fr., Indre, arr., cant. et poste de la Châtre; 360 hab.

MONT-LE-VIGNOBLE, vg. de Fr., Meurthe, arr., cant. et poste de Toul; 470 hab.

MONTLEVON, vg. de Fr., Aisne, arr. et poste de Château-Thierry, cant. de Condé; 550 hab.

MONTLHÉRY, *Mons Letherici*, pet. v. de Fr., Seine-et-Oise, arr. et à 5 l. E. de Corbeil, cant. d'Arpajon, poste de Linas; elle est située sur la pente d'une montagne. On y remarque les restes d'une tour, débris d'un château fort bâti vers le commencement du onzième siècle, par Thibaud File-Etoupes, seigneur de Montlhéry. Cette forteresse était redoutable au temps de la féodalité et devint au douzième siècle le sujet de guerres sanglantes. C'est près de cette ville qu'eut lieu, en 1465, la fameuse bataille entre Louis XI et le comte de Charolais, plus tard duc de Bourgogne, l'un des chefs de la ligue du bien public. Montlhéry fait commerce de grains; 1450 hab.

MONTLIARD, vg. de Fr., Loiret, arr. de Pithiviers, cant. de Beaune-la-Rolande, poste de Boiscommun; 370 hab.

MONTLIEU, pet. v. de Fr., Charente-Inférieure, arr. et à 8 l. S. de Jonzac, chef-lieu de canton et poste; 940 hab.

MONTLIGNON, vg. de Fr., Seine-et-Oise, arr. de Pontoise, cant. et poste de Montmorency; belle pépinière; 350 hab.

MONTLIN, ham. de Fr., Ain, com. de Mantenay-Montlin; 230 hab.

MONTLIOT, vg. de Fr., Côte-d'Or, arr., cant. et poste de Châtillon-sur-Seine; 390 h.

MONTLIVAULT, vg. de Fr., Loir-et-Cher, arr. et cant. de Blois, poste de St.-Dyé-sur-Loire; 850 hab.

MONTLOGNON, vg. de Fr., Oise, arr. et poste de Senlis, cant. de Nanteuil-le-Haudoin; 190 hab.

MONTLONG, vg. de Fr., Hautes-Pyrénées, arr. de Bagnères-en-Bigorre, cant. et poste de Castelnau-Magnoac; 440 hab.

MONTLOUÉ, vg. de Fr., Aisne, arr. de Laon, cant. et poste de Rozoy-sur-Serre; 560 hab.

MONTLOUET, vg. de Fr., Eure-et-Loir, arr. de Chartres, cant. de Maintenon, poste de Gallardon; 440 hab.

MONT-LOUIS, pet. v. forte de Fr., Pyrénées-Orientales, arr. et à 9 l. S.-O. de Prades et à 255 l. S. de Paris, chef-lieu de canton; elle est située sur la rive droite de la Thet, à droite du col de la Perche, sur un roc escarpé, qui domine le pont du Thet. C'est une des villes les plus hautes de l'Europe. Elle a des rues bien percées et tirées au cordeau, une citadelle et de belles casernes; 426 hab.

MONT-LOUIS, vg. de Fr., Cher, arr. de St.-Amand-Mont-Rond, cant. de Lignières, poste de Châteauneuf-sur-Cher; 380 hab.

MONT-LOUIS, vg. de Fr., Indre-et-Loire, arr., cant. et poste de Tours; 2040 hab.

MONT-LUAT, ham. de Fr., Oise, com. de Fresnoy-le-Luat; 110 hab.

MONTLUC, ham. de Fr., Lot-et-Garonne, com. de St.-Léger; 150 hab.

MONTLUÇON, *Mons Luzzonis*, v. de Fr., Allier, à 15 l. S.-O. de Moulins et à 90 l. S.-S.-E. de Paris, chef-lieu d'arrondissement; siége d'un tribunal de première instance; conservation des hypothèques et résidence d'un inspecteur de forêts. Cette ville, une des plus anciennes du Bourbonnais et dont on attribue la fondation à un fils de Constance Chlore, nommé Lucius, est située sur le flanc d'un côteau, près de la rive droite du Cher, où commence le canal de Berry. On y traverse cette rivière sur un beau pont de pierres. Sur le sommet du côteau on remarque un ancien château fort. La ville possède un collége, une société d'émulation et un hôpital. Elle renferme des fabriques de toiles, etc., et fait commerce en vins, grains, chanvre, fruits et bétail. Foires les 1er février, 30 mars, 24 mai, 29 août, 6 octobre et 22 décembre; 5034 hab.

Montluçon était jadis fortifié et le siége d'une seigneurie qui appartenait aux sires de Bourbon. Les Anglais s'en emparèrent en 1171; mais Philippe-Auguste les en chassa en 1188. Deux siècles après les Anglais furent battus près de Montluçon.

MONTLUEL, pet. v. de Fr., Ain, arr. et à 7 l. E.-S.-E. de Trévoux et à 126 l. de Paris, chef-lieu de canton et poste; elle est située sur la Seraine et traversée par la grande route de Lyon à Genève; cette position donne de l'activité à son commerce de grains, de graines de chanvre, de fil, de colza, etc. Elle a des manufactures de gros draps, de toiles d'emballage et fil à coudre; 2955 hab.

C'est à Montluel que Sigismond érigea la Savoie en duché, en faveur d'Amédée VII, au quatorzième siècle. Au seizième siècle les Italiens expulsés de France se réfugièrent dans cette ville.

MONTMACHOUX, vg. de Fr., Seine-et-Marne, arr. de Fontainebleau, cant. de Lorrez-le-Bocage, poste de Montereau; 300 hab.

MONTMACQ, vg. de Fr., Oise, arr. de Compiègne, cant. et poste de Ribecourt; 300 hab.

MONTMAGNY, vg. de Fr., Seine-et-Oise, arr. de Pontoise, cant. et poste de Montmorency; 590 hab.

MONTMAHOUX, vg. de Fr., Doubs, arr. de Besançon, cant. d'Amancey, poste d'Ornans; 290 hab.

MONTMAIN, vg. de Fr., Côte-d'Or, arr. de Beaune, cant. et poste de Seurre; 240 h.

MONTMAIN, vg. de Fr., Seine-Inférieure, arr. et poste de Rouen, cant. de Boos; 320 hab.

MONTMALIN, vg. de Fr., Jura, arr. de Poligny, cant. et poste d'Arbois; 420 hab.

MONTMANÇON, vg. de Fr., Côte-d'Or, arr. de Dijon, cant. et poste de Pontailler-sur-Saône; 320 hab.

MONTMARAULT, pet. v. de Fr., Allier, arr. et à 6 l. E. de Montluçon, chef-lieu de canton et poste; 1490 hab.

MONT-MARCEY, ham. de Fr., Orne, com. du Merlerault; 110 hab.

MONTMARDELAIN, ham. de Fr., Yonne, com. de St.-Germain-des-Champs; 130 hab.

MONT-MARIGNY (le), ham. de Fr., Nièvre, com. de Marigny-l'Eglise; 1190 hab.

MONTMARLON, vg. de Fr., Jura, arr. de Poligny, cant. et poste de Salins; 70 hab.

MONTMARQUET, vg. de Fr., Somme, arr. d'Amiens, cant. d'Hornoy, poste d'Aumale; 350 hab.

MONTMARTIN, vg. de Fr., Aube, arr. de Bar-sur-Aube, cant. d'Essoyes, poste de Vendeuvre; 160 hab.

MONTMARTIN, ham. de Fr., Doubs, com. de Huanne; 160 hab.

MONTMARTIN, vg. de Fr., Oise, arr. de Compiègne, cant. et poste d'Estrées-St.-Denis; 150 hab.

MONTMARTIN (Bas et Haut ou Grand et Petit-), ham. de Fr., Seine-et-Marne, com. de Mourroux; 140 hab.

MONTMARTIN-EN-CRAIGNES, pet. v. de Fr., Manche, arr. de St.-Lô, cant. de St.-Jean-de-Daye, poste de la Périne; carrières de pierres de taille; fours à chaux; 1470 h.

MONTMARTIN-SUR-MER, vg. de Fr., Manche, arr., à 3 l. S.-O. et poste de Coutances, chef-lieu de canton; marbres estimés; 920 hab.

MONTMARTRE, *Mons Martyrum*, vg. de Fr., Seine, arr. et à 1 1/2 l. S. de St.-Denis, au N. et près des barrières de Paris, cant. de Neuilly-sur-Seine, poste. Ce village, situé dans la banlieue de Paris et environné d'un grand nombre de belles maisons de campagne, est bâti sur une hauteur dite la butte de Montmartre, nom dont on attribue généralement l'origine au martyre de saint Denis et de ses compagnons, qui y furent martyrisés en 269. Les hauteurs de Montmartre furent en 1814 et 1815 le théâtre des derniers combats entre l'armée française et les puissances de la sainte-alliance. Cette commune renferme un grand nombre de fabriques de petits bronzes et de produits chimiques, de bonneterie, bas de soie et fil d'écosse, toiles cirées, etc.; on y exploite des carrières de plâtre; commerce de grains; pop., y compris les hameaux de Clignancourt et la Nouvelle-France, 6842 hab. pour toute la commune. Au bas de la butte de Montmartre, dans une vallée profonde, se trouve un des cimetières de Paris, celui du Nord ou cimetière Montmartre, remarquable par ses monuments tumulaires.

MONTMAUD, ham. de Fr., Haute-Vienne, com. de Châteauponsat; 110 hab.

MONTMAUR, vg. de Fr., Hautes-Alpes,

arr. de Gap, cant. et poste de Veynes, mine de houille; 710 hab.

MONTMAUR, vg. de Fr., Aude, arr., cant. et poste de Castelnaudary; 700 hab.

MONTMAUR, vg. de Fr., Drôme, arr., cant. et poste de Die; 240 h.

MONTMÉDY, v. forte de Fr., Meuse, à 22 l. N.-N.-E. de Bar-le-Duc et à 75 l. E.-N.-E. de Paris, chef-lieu d'arrondissement; siége d'un tribunal de première instance; direction des contributions indirectes; conservation des hypothèques et résidence d'un inspecteur des forêts. Elle est située sur la rive droite du Chiers, dont plusieurs bras traversent la ville basse et la divisent en plusieurs parties. La ville haute s'élève sur une colline qui domine la ville basse. Cette ville, placée en première ligne sur la frontière, est très-importante par ses fortifications; mais elle est irrégulièrement bâtie; ses rues sont étroites et tortueuses, et, à l'exception de ses casernes et autres bâtiments militaires, elle ne renferme aucun édifice remarquable; commerce en cuirs, pelleterie, gants et objets en peaux, clouterie, grains; foires les 15 janvier, 15 avril, 15 juillet et 15 octobre; 2251 hab.

Montmédy fut pris par les Français sur les Espagnols en 1657, et cédé à la France, deux ans après, par le traité des Pyrénées.

MONTMEILLANT, vg. de Fr., Ardennes, arr. de Réthel, cant. et poste de Chaumont-Porcien; 450 hab.

MONTMEJEAN, ham. de Fr., Aveyron, com. de St.-André-de-Vésines; 220 hab.

MONTMELARD, vg. de Fr., Saône-et-Loire, arr. de Mâcon, cant. et poste de Matour; 1140 hab.

MONTMELAS-SAINT-SORLIN, vg. de Fr., Rhône, arr., cant. et poste de Villefranche-sur-Saône; 3000 hab.

MONTMELION. *Voyez* MONTEMIGLIANO.

MONTMENARD (Grand et Petit-), ham. de Fr., Seine-et-Marne, com. de Saacy; 180 h.

MONTMERLE, b. de Fr., Ain, arr. de Trévoux, cant. de Thoissey, poste; tuilerie et poterie; 1800 hab.

MONTMERREI, vg. de Fr., Orne, arr. d'Argentan, cant. et poste de Mortrée; 710 hab.

MONTMEYAN, vg. de Fr., Var, arr. de Brignolles, cant. de Tavernet, poste de Barjols; 760 hab.

MONTMEYRAN, vg. de Fr., Drôme, arr. et poste de Valence, cant. de Chabeuil; 1840 hab.

MONTMIJA, ham. de Fr., Arriège, com. d'Ascou; 100 hab.

MONTMIJA (Aude). *Voyez* MONTMYA.

MONTMIRAIL, pet. v. de Fr., Marne, arr. et à 8 l. S.-O. d'Epernay et à 25 l. de Paris, chef-lieu de canton et poste; elle est agréablement située sur la rive droite du Petit-Morin. On exploite dans les environs des carrières de pierres à meule dont il s'y fait un commerce très-important. On y fait aussi commerce de grains et de laine; 2347 h. Patrie du célèbre cardinal de Retz (1614—1679).

Le nom de Montmirail rappelle une des dernières victoires de Napoléon. L'armée française battit les alliés près de cette ville, le 11 février 1814.

MONTMIRAIL, *Mons Mirabilis*, pet. v. de Fr., Sarthe, arr. et à 9 l. S.-E. de Mamers, poste de la Ferté-Bernard, chef-lieu de canton; elle est située sur une colline très-élevée. Des restes de fortifications attestent qu'elle fut autrefois très-importante comme place de guerre. Elle possède un vieux château dont on admire les souterrains, remarquables par la construction hardie de leurs voûtes; 947 hab.

MONTMIRAL, vg. de Fr., Drôme, arr. de Valence, cant. et poste de Romans; 1960 h.

MONTMIRAT, vg. de Fr., Gard, arr. et poste de Nîmes, cant. de St.-Mamert; 250 hab.

MONTMIRAUT, ham. de Fr., Seine-et-Oise, com. de Cerny; 130 hab.

MONTMIREY-LA-VILLE, vg. de Fr., Jura, arr. et à 4 l. N. de Dôle, chef-lieu de canton, poste de Moissey; 590 hab.

MONMIREY-LE-CHATEAU, vg. de Fr., Jura, arr. de Dôle, cant. de Montmirey-la-Ville, poste de Moissey; 440 hab.

MONTMOGIS, ham. de Fr., Seine-et-Marne, com. de St.-Remy-de-la-Vanne; 130 hab.

MONTMOREAU, vg. de Fr., Charente, arr. et à 6 l. E.-S.-E. de Barbezieux, chef-lieu de canton et poste; mines de fer; commerce de grains; 500 hab.

MONTMORENCY-BEAUFORT, vg. de Fr., Aube, arr. de Bar-sur-Aube, cant. de Brienne, poste de Chavanges; 490 hab.

MONTMORENCY-ENGHIEN, *Mons Morentiacus*, pet. v. de Fr., Seine-et-Oise, arr. et à 5 l. S.-E. de Pontoise et à 4 l. N. de Paris, chef-lieu de canton et poste; elle est située sur une éminence, dans la délicieuse vallée du même nom, et dans laquelle se trouve, outre un grand nombre de belles maisons de campagne, la jolie maisonnette dite l'Ermitage, devenue célèbre parce qu'elle fut l'habitation de J.-J. Rousseau. Le compositeur Grétry mourut dans la même maison, en 1813. Montmorency, un des principaux buts de promenade des Parisiens, a une église remarquable pour ses sculptures gothiques, un hôpital fondé par les ducs de Montmorency, plusieurs établissements privés pour l'éducation de la jeunesse, et des bains d'eau sulfureuse. Les produits de sa fertile vallée sont ses articles de commerce; ses excellents fruits, surtout les cerises, sont très-renommés et recherchés dans la capitale. Aussi cette vallée est-elle surnommée le *jardin de Paris*; 1870 hab.

Un château fort, construit en ce lieu vers le commencement du onzième siècle, fut l'origine de cette ville, dont les seigneurs portaient le titre de barons. Au seizième siècle cette seigneurie fut érigée en duché-pairie en faveur du célèbre Anne de Montmorency; elle passa plus tard au prince de Condé. Louis XIV changea le nom de Montmorency en celui d'Enghien; mais l'usage n'a point tenu compte de l'ordonnance du *grand roi*.

MONTMORILLON, pet. v. de Fr., Vienne, à 13 l. E.-S.-E. de Poitiers et à 101 l. de Paris, chef-lieu d'arrondissement; siége d'un tribunal de première instance et conservation des hypothèques; elle est pittoresquement située sur la Gartempe et possède une école secondaire ecclésiastique. Cette petite ville renferme de grandes casernes; mais elle n'offre de remarquable qu'un petit édifice octogone que les antiquaires examinent avec attention comme un monument précieux de l'antiquité, mais sur l'origine duquel les savants ne sont point d'accord; les uns croient que c'est un édifice druidique; d'autres en font un baptistaire qui ne remonterait pas au-delà du dixième siècle. Montmorillon a des fabr. de biscuits et de macarons estimés; papeteries renommées; blanchisseries de toiles. Foire : le 25 de chaque mois; 4157 hab.

MONTMORIN, vg. de Fr., Hautes-Alpes, arr. de Gap, cant. et poste de Serres; 710 h.

MONTMORIN, vg. de Fr., Haute-Garonne, arr. de St.-Gaudens, cant. et poste de Boulogne; 500 hab.

MONTMORIN, vg. de Fr., Puy-de-Dôme, arr. de Clermont-Ferrand, cant. et poste de Billom; 1210 hab.

MONTMOROT, vg. de Fr., Jura, arr., cant. et poste de Lons-le-Saulnier; 1820 h.

MONTMORT, vg. de Fr., Marne, arr., à 4 l. S.-O. et poste d'Epernay, chef-lieu de canton; 780 hab.

MONTMORT, vg. de Fr., Saône-et-Loire, arr. d'Autun, cant. d'Issy-l'Évêque, poste de Toulon-sur-Arroux; 850 hab.

MONTMOTIER, vg. de Fr., Vosges, arr. d'Epinal, cant. et poste de Bains; 170 hab.

MOTMOURRE, ham. de Fr., Tarn, com. de St.-Amancet-Montmourre; 270 hab.

MONTMOYEN, vg. de Fr., Côte-d'Or, arr. de Châtillon-sur-Seine, cant. et poste de Recey-sur-Ource; affinerie; 490 hab.

MONTMURAT, vg. de Fr., Cantal, arr. d'Aurillac, cant. et poste de Maurs; 420 h.

MONTMYA, vg. de Fr., Aude, com. de Coudons; 130 hab.

MONTNER, vg. de Fr., Pyrénées-Orientales, arr. de Perpignan, cant. de la Tour-de-France, poste d'Estagel; 210 hab.

MONT-NOIR, ham. de Fr., Nord, com. de St.-Jean-Cappel; 360 hab.

MONT-NOIR (sous le), ham. de Fr., Jura, com. de Lac-des-Rouges-Truites; 240 hab.

MONT-NOTRE-DAME, ham. de Fr., Aisne, arr. de Soissons, cant. et poste de Braisne; 600 hab.

MONTOILLE, ham. de Fr., Haute-Saône, com. de Vaivre; 190 hab.

MONTOILLOT, vg. de Fr., Côte-d'Or, arr. de Dijon, cant. et poste de Sombernon; 230 hab.

MONTOIRE, vg. de Fr., Loire-Inférieure, arr. de Savenay, cant. de St.-Nazaire, poste de Savenay; exploitation de tourbe; 3990 h.

MONTOIRE, pet. v. de Fr., Loir-et-Cher, arr. et à 4 l. S.-O. de Vendôme et à 48 l. de Paris, chef-lieu de canton et poste; elle est située sur la rive droite du Loir, jolie, propre et fort commerçante; elle a une belle place publique et des maisons assez élégantes; fabr. de cotonnades, gros bas de laine et toiles de chanvre; 3061 hab.

Montoire ne reçut le titre de ville qu'au seizième siècle et devint à la même époque la capitale du Bas-Vendomois.

MONTOIS-LA-MONTAGNE, vg. de Fr., Moselle, arr., cant. et poste de Briey; 510 hab.

MONTOISON, vg. de Fr., Drôme, arr. de Die, cant. et poste de Crest; 1270 hab.

MONTOLDRE, vg. de Fr., Allier, arr. de la Palisse, cant. et poste de Varennes-sur-Allier; 650 hab.

MONTOLIEU, pet. v. de Fr., Aude, arr. de Carcassonne, cant. et poste d'Alzonne; fabr. considérable de bonneterie en laine; filat. de laine; forges; 1760 hab.

MONTOLINET, vg. de Fr., Seine-et-Marne, arr. de Coulommiers, cant. de la Ferté-Gaucher, poste de Rebais; 380 hab.

MONT-OLYMPE. *Voyez* KERCHICH-TAGH.

MONTON, ham. de Fr., Puy-de-Dôme, com. de Veyre; 2410 hab.

MONTONA, b. d'Illyrie, gouv. de Trieste, cer. d'Istrie, peu loin de la grande forêt de même nom qui fournit d'excellent bois de construction à la marine impériale; 1200 h.

MONTONE, b. des états de l'Église, délégation de Pérouse.

MONTONVILLERS, vg. de Fr., Somme, arr. d'Amiens, cant. et poste de Villers-Bocage; 200 hab.

MONTORA, gros b. du roy. de Naples, prov. de la Principauté citerieure; 6000 h.

MONTORD, vg. de Fr., Allier, arr. de Gannat, cant. et poste de St.-Pourçain; 380 hab.

MONTORIEUX, ham. de Fr., Aisne, com. de St.-Michel; 260 hab.

MONTORIO, v. du roy. de Naples, dans l'Abruzze ultérieure Ire.

MONTORIOL, vg. de Fr., Haute-Garonne, arr., cant. et poste de Toulouse; 160 hab.

MONTORMEL, vg. de Fr., Orne, arr. d'Argentan, cant. et poste de Trun; 260 h.

MONTORMENTIER, vg. de Fr., Haute-Marne, arr. de Langres, cant. et poste de Prauthoy; 80 hab.

MONTORY, vg. de Fr., Basses-Pyrénées, arr. de Mauléon, cant. et poste de Tardets; 1310 hab.

MONTOT, vg. de Fr., Côte-d'Or, arr. de Beaune, cant. et poste de St.-Jean-de-Losne; 250 hab.

MONTOT, vg. de Fr., Haute-Marne, arr. de Chaumont-en-Bassigny, cant. et poste d'Andelot; affineries; 250 hab.

MONTOT, vg. de Fr., Haute-Saône, arr. de Gray, cant. de Dampierre-sur-Salon, poste de Champlitte; 360 hab.

MONTOULIERS, vg. de Fr., Hérault, arr. de St.-Pons, cant. et poste de St.-Chinian; 270 hab.

MONTOULIEU, vg. de Fr., Arriège, arr., cant. et poste de Foix; 690 hab.

MONTOULIEU, vg. de Fr., Hérault, arr. de Montpellier, cant. et poste de Ganges; 110 hab.

MONTOURCY, ham. de Fr., Creuse, com. de Vallières; 110 hab.

MONTOURNAIS, vg. de Fr., Vendée, arr. de Fontenay-le-Comte, cant. et poste de Pouzaugues; 1530 hab.

MONTOURS, vg. de Fr., Ille-et-Vilaine, arr. de Fougères, cant. et poste de St.-Brice-en-Cogles; 1350 hab.

MONTOURS. *Voyez* MONTAGNES-BLEUES.

MONTOURS (île). *Voyez* FAYETTE (ville).

MONTOURTIER, vg. de Fr., Mayenne, arr. de Laval, cant. de Montsurs, poste de Martigné; 1090 hab.

MONTOUSSÉ, vg. de Fr., Hautes-Pyrénées, arr. de Bagnères-en-Bigorre, cant. et poste de la Barthe-de-Neste; 630 hab.

MONTOUSSIN, vg. de Fr., Haute-Garonne, arr. de Muret, cant. de Fousseret, poste de Martres; 290 hab.

MONTOUVRIN, ham. de Fr., Indre-et-Loire, com. de Tauxigny; 120 hab.

MONTOY, vg. de Fr., Moselle, arr. et poste de Metz, cant. de Pange; 430 hab.

MONTPAON, vg. de Fr., Aveyron, arr. et poste de St.-Affrique, cant. de Cornus; 2100 hab.

MONTPAZIER, pet. v. de Fr., Dordogne, arr., à 10 l. S.-E. de Bergerac et à 138 l. de Paris, chef-lieu de canton et poste; elle est située sur un plateau élevé et entourée d'une enceinte de murailles flanquées de tours. Les rues y sont larges, se coupent à angles droits et aboutissent à une jolie place garnie d'arcades; forges; 1127 hab. Cette petite ville n'existe que depuis la fin du treizième siècle.

MONTPELLIER, *Mons Pessulanus*, gr. et belle v. de Fr., chef-lieu du dép. de l'Hérault, à 206 l. S.-S.-E. de Paris; siége d'une cour royale, d'un évêché suffragant de l'archevêché d'Avignon, et d'un consistoire protestant; quartier-général de la neuvième division militaire; académie universitaire; facultés de sciences et de médecine; directions des douanes, des domaines, des contributions directes et indirectes; résidence d'un ingénieur en chef des ponts-et-chaussées et d'un ingénieur en chef des mines; directions d'artillerie et du génie; chambre et bourse de commerce; chambre consultative des manufactures. Montpellier est bâti en amphithéâtre, sur une colline peu élevée, près la rive gauche du Lez, à 1 l. de la Méditerranée, à laquelle cette ville communique par le Lez et le port de Cette. Au sommet et à l'une des extrémités de cette colline se trouve la citadelle, formée de quatre bastions; à l'autre extrémité se trouve la magnifique place du Peyrou, à laquelle on arrive par un arc de triomphe dédié à Louis XIV. Le Peyrou se compose de deux terrasses bordées de balustrades en pierre, ornées de fontaines et de belles allées d'arbres. On monte par huit degrés de la première de ces terrasses à la seconde, au bout de laquelle s'élève un pavillon hexagone dit le Château-d'Eau, élevé au-dessus d'un bassin d'où l'eau tombe en cascade. De la promenade du Peyron on peut voir, au midi les belles campagnes du Languedoc jusqu'à la mer; au N. les Cévennes; à l'O. l'horizon est borné par les cimes des Pyrénées, et à l'E. l'œil peut discerner dans le lointain les sommets neigeux des Alpes. La ville est propre et bien bâtie, mais la plupart des rues sont étroites et tortueuses. Les places, les jardins, les fontaines, les hôtels y sont nombreux; mais on y trouve peu ou point d'édifices de bon goût. Les plus remarquables sont : la préfecture, le palais de justice, l'hôtel de ville, la salle de spectacle, l'école de médecine qui renferme un amphithéâtre fort beau, enfin le bel aquéduc à deux rangs d'arcades qui conduit les eaux du village de St.-Clément à Montpellier. Cet aquéduc, rival de celui du Gard, a 13,904 mètres de longueur. Parmi les nombreux établissements scientifiques que renferme Montpellier, nous citerons, outre sa célèbre école de médecine, la plus ancienne de France, l'école de pharmacie, l'école vétérinaire, les écoles de dessin, de géométrie, d'architecture et de chant, le collége royal, le séminaire, une école normale primaire, une société d'agriculture, le jardin botanique, le musée Fabre, deux bibliothèques renfermant ensemble plus de 52,000 volumes et un grand nombre de précieux manuscrits, etc. Les établissements de bienfaisance n'y sont pas moins nombreux. Les principaux sont : l'hôpital général, l'hospice des aliénés, celui de la Maternité et l'hospice St.-Éloi, un des plus beaux de France. Il y a aussi à Montpellier une maison centrale de détention.

Cette ville, qui au moyen âge avait une grande importance par ses relations commerciales, est encore le centre d'un commerce considérable. Elle exporte les produits du Languedoc, surtout les vins, eaux-de-vie, soies, fruits secs, huiles et les articles de ses nombreuses fabriques, dont les principales sont celles de mouchoirs, d'étoffes de coton, de couvertures de laine, de flanelles, de cuirs et peaux préparées, de crême de tartre, de vert-de-gris et autres produits chimiques, d'eaux-de-vie, d'essences et parfums, etc.; filat. de laine et de coton; carrières de marbre dans les environs. La douceur du climat qui y attire en tout temps une foule d'étrangers, est une source non moins féconde de prospérité pour cette belle cité, qu'un chemin de fer unit au port de Cette. Foires : le 2 novembre et lundi de Quasimodo; 35,506 hab.

Cette ville a vu naître un très-grand nombre d'hommes célèbres, parmi lesquels nous citerons St.-Roch (1295—1327), le peintre Sébastien Bourdon (1616—1671), le mathématicien Louis-Bertrand Castel (1688—1757), Jean-Antoine Roucher, auteur du poëme des *Mois* (1745—1794), Daru, Cambacérès, le général Mathieu Dumas, etc.

Montpellier n'était au cinquième siècle qu'un chétif hameau. La ruine de Maguelonne, que Charles-Martel détruisit en 737, contribua à l'accroissement de Montpellier, dont la population s'accrut considérablement alors. La célébrité de son école de médecine y attira plus tard un grand nombre d'étrangers et en fit une cité importante. Elle avait des seigneurs particuliers qui prenaient le titre de comtes. Les rois d'Arragon devinrent par mariage comtes de Montpellier, et l'un de ces comtes vendit le comté à Philippe de Valois. Pendant les guerres de religion du seizième siècle, Montpellier fut presque continuellement le théâtre de luttes sanglantes. Les protestants s'en étant emparés sous Henri III, y établirent une république qui subsista jusqu'en 1622, époque à laquelle elle fut, après un long siége, forcée de se soumettre à Louis XIII, qui y fit construire la citadelle.

MONTPELLIER, v. des États-Unis de l'Amérique du Nord, état de Vermont, comté de Washington, sur l'Onion, dans une vallée très-fertile, entourée de riantes collines. Elle est la capitale de l'état et le siége du gouvernement, de l'assemblée générale et du tribunal supérieur. Elle possède un bel hôtel des états, une académie, une prison et fait un commerce très-actif; 4000 hab.

MONTPELLIER-DE-MÉDILIAN, vg. de Fr., Charente-Inférieure, arr. de Saintes, cant. de Gemonzac, poste de Cozes; 820 h.

MONTPENSIER, vg. de Fr., Puy-de-Dôme, arr. de Riom, cant. et poste d'Aigueperse; 640 hab.

MONTPERREUX, vg. de Fr., Doubs, arr. et cant. de Pontarlier, poste de Jougne; 310 hab.

MONTPERROUX, ham. de Fr., Orne, com. d'Essai; 720 hab.

MONTPEYROUX, vg. de Fr., Aveyron, arr. d'Espalion, cant. et poste de Laguiole; 2030 hab.

MONTPEYROUX, b. de Fr., Hérault, arr. de Lodève, cant. et poste de Gignac; fabr. de savon et vert-de gris; huileries; commerce en soie, huiles, amandes, eaux-de-vie; éducation de vers à soie; 1710 hab.

MONTPEYROUX, ham. de Fr., Puy-de-Dôme, com. de Coudes-Montpeyroux; 740 h.

MONTPEZAT, vg. de Fr., Basses-Alpes, arr. de Digne, cant. et poste de Riez; 150 h.

MONTPEZAT, vg. de Fr., Gard, arr. et poste de Nîmes, cant. de St.-Mamert; 550 hab.

MONTPEZAT, vg. de Fr., Lot-et-Garonne, arr. d'Agen, cant. de Prayssas, poste de Ste.-Livrade; 1690 hab.

MONTPEZAT, b. de Fr., Ardèche, arr., à 5 1/2 l. N. de l'Argentière et à 171 l. de Paris, chef-lieu de canton et poste; commerce en châtaignes, bestiaux, grains, planches; fabrication de gilets de laine; 2800 h.

MONTPEZAT, pet. v. de Fr., Tarn et-Garonne, arr., à 7 l. N.-N.-E. de Montauban et à 160 l. de Paris, chef-lieu de canton et poste; fabr. de toiles communes; 2890 h.

MONTPEZAT-VILLE-BASSE, ham. de Fr., Ardèche, com. de Montpezat; 200 hab.

MONTPINCHON, vg. de Fr., Manche, arr. de Coutances, cant. et poste de Cerisy-la-Salle; 1940 hab.

MONTPINÇON, vg. de Fr., Calvados, arr. de Lisieux, cant. de St.-Pierre-sur-Dives, poste de Livarot; 400 hab.

MONTPINIER, vg. de Fr., Tarn, arr. et poste de Castres, cant. de Lautrec; 390 hab.

MONTPITOL, vg. de Fr., Haute-Garonne, arr. de Toulouse, cant. et poste de Montastruc; 340 hab.

MONTPLONNE, vg. de Fr., Meuse, arr. et poste de Bar-le-Duc, cant. d'Ancerville; 400 hab.

MONTPOLLIN, vg. de Fr., Maine-et-Loire, arr., cant. et poste de Baugé; 260 h.

MONTPONT, b. de Fr., Saône-et-Loire, arr., à 3 1/2 l. S. et poste de Louhans, chef-lieu de canton; 2480 hab.

MONTPOTEL, ham. de Fr., Vosges, com. d'Escles; 300 hab.

MONTPOTIER, vg. de Fr., Aube, arr. de Nogent-sur-Seine, cant. et poste de Villenauxe; tuileries; 520 hab.

MONTPOUILLAN, vg. de Fr., Lot-et-Garonne, arr. et poste de Marmande, cant. de Meilhan; 750 hab.

MONTPOUTIER, ham. de Fr., Haute-Vienne, com. de Cognac; 130 hab.

MONTPRINBLANC, vg. de Fr., Gironde, arr. de Bordeaux, cant. et poste de Cadillac; 370 hab.

MONTRABÉ, vg. de Fr., Haute-Garonne, arr., cant. et poste de Toulouse; 210 hab.

MONTRABOT, vg. de Fr., Manche, arr. de St.-Lô, cant. et poste de Torigni; 300 h.

MONTRACHET, ham. de Fr., Saône-et-Loire, com. de Savigny-sur-Grosne; 230 h.

MONTRACOL, vg. de Fr., Ain, arr., cant. et poste de Bourg-en-Bresse; 440 hab.

MONTRADO ou **MONTRADOK**, **TRADOK**, dist. de la côte occidentale de l'île de Bornéo, dans la Malaisie; riche en mines d'or. Il est habité presque exclusivement par des colons chinois, qui exploitent les mines et ont formé plusieurs associations ou kougsics. Ils nomment leurs chefs et n'obéissent qu'avec répugnance aux chefs indigènes. Plusieurs fois les Hollandais ont été obligés de s'entremettre entre eux et les indigènes pour empêcher de sanglants démêlés.

MONTRADO, pet. v. et chef-lieu du district du même nom dans l'île de Bornéo. Elle est toute chinoise et habitée par environ 6000 mineurs chinois.

MONTRAMÉ, ham. de Fr., Seine-et-Marne, com. de Gouaix; 210 hab.

MONTRAVERS, vg. de Fr., Deux-Sèvres, arr. et poste de Bressuire, cant. de Cerizay; 300 hab.

MONTRÉAL, vg. de Fr., Ain, arr., cant. et poste de Nantua; scieries de planches; 770 hab.

MONTRÉAL, vg. de Fr., Ardèche, arr., cant. et poste de l'Argentière; 660 hab.

MONTRÉAL, pet. v. de Fr., Aude, arr., à 4 1/2 l. O. de Carcassonne, chef-lieu de canton, poste d'Alzonne; 3100 hab.

MONTRÉAL, vg. de Fr., Drôme, arr. et poste de Nyons, cant. de Remuzat; 230 h.

MONTRÉAL, b. de Fr., Gers, arr., à 4 l. O. et poste de Condom, chef-lieu de canton; fabr. d'eau-de-vie, briques, tuiles, chaux; filat. de laine; 2660 hab.

MONTRÉAL, vg. de Fr., Yonne, arr. et poste d'Avallon, cant. de Guillon; 600 hab.

MONTRÉAL, *Mons Regalis*, b. d'Espagne, roy. d'Aragon, dist. et à 13 l. O. de Daroca, sur la Xiloca; 1820 hab.

MONTRÉAL (fleuve). *V.* LAC-SUPÉRIEUR.

MONTRÉAL, comté du Bas-Canada, Amérique anglaise, ne comprend que les îles de Montréal et de Perrot, dans le bassin de St.-Louis. L'île de Montréal est, après celle d'Orléans, l'île la plus considérable du St.-Laurent; elle a 12 l. de longueur sur 4 l. de large; elle est plate, entrecoupée de collines bien boisées, dont le Montréal est la plus élevée, et d'une grande fertilité. Une foule de rivières la traversent et alimentent de nombreuses usines. C'est la partie la mieux cultivée du Bas-Canada. Le bras du St.-Laurent, qui entoure cette île et qui la sépare de l'île Jésus, porte le nom de rivière des Prairies; 60,000 hab.

MONTRÉAL, v. considérable du Bas-Canada, comté de Montréal, dont elle est le chef-lieu, au S. de l'île du même nom et non loin de la colline de Montréal. C'est une jolie ville divisée en haute et basse, et comprenant trois faubourgs : St.-Laurent, St.-Antoine et Recollet. Dans la ville basse les rues sont tirées au cordeau et se coupent à angles droits, mais elles sont généralement étroites. Les maisons sont peu élégantes; elles sont d'une construction très massive et ont généralement deux à trois étages. Les principaux édifices sont : la nouvelle cathédrale catholique, ouverte en 1829 et qui peut être regardée comme un des plus vastes temples du Nouveau-Monde; l'église principale anglicane; le couvent des sœurs grises; l'hôtel de ville, qui sert en même temps de palais de justice; le théâtre; les bâtiments du collége français; les casernes; l'hôpital général, le plus grand et le mieux organisé de toute l'Amérique anglaise; le séminaire de St.-Sulpice et la nouvelle prison. Dans la ville haute se trouve la place du marché, décorée d'une belle colonne d'ordre dorique, surmontée de la statue colossale de l'amiral Nelson. Sous le rapport scientifique et littéraire, Montréal est aujourd'hui la première ville de l'Amérique anglaise. Ses principaux établissements de ce genre sont : l'académie française, l'université anglaise, fondée en 1821; le séminaire catholique, l'école latine (grammar-school), l'institut, les académies classiques et de nombreuses institutions inférieures. Montréal possède en outre une société d'histoire naturelle, un institut de mécanique avec un musée, un cabinet littéraire avec une bibliothèque qu'on regarde comme la plus riche et la mieux choisie de l'Amérique anglaise; des sociétés d'agriculture, d'horticulture et d'autres pour la propagation de l'industrie et des progrès de l'éducation. On y publie une douzaine de journaux, tant français qu'anglais. Cette ville est le siége d'un évêché catholique; elle peut être regardée comme la première place de commerce des Anglais sur le continent américain. De nombreux bateaux à vapeur entretiennent de rapides et fréquentes relations commerciales entre cette ville, Québec et les villes de l'O. Montréal était autrefois le siége de la fameuse compagnie du Nord-Ouest, réunie depuis 1821 à la ci-devant société de la baie d'Hudson, qui exploitait le riche commerce des pelleteries. Quoique Montréal ait beaucoup perdu par cette réunion, cette ville est toujours la première place de l'Amérique pour le commerce des pelleteries. Sa population, qu'en 1815 on n'estimait qu'à 15,000 habitants, s'est tellement accrue dans les dernières années qu'on la porte aujourd'hui à près de 40,000 âmes. Dans les environs de Montréal se trouve l'île de Ste.-Hélène, remarquable par son arsenal et son jardin botanique.

MONTRÉAL, île bien boisée dans le lac Supérieur.

MONTRÉALE, *Morreale*, v. du roy. des Deux-Siciles, près de Palerme; située sur une colline baignée par l'Ammiraglio et réunie à la capitale par une belle chaussée bordée d'amandiers; palais archiépiscopal; sa magnifique basilique est peut-être le plus beau temple de toute la Sicile; 13,000 hab.

MONTREALE, b. du roy. de Naples, dans l'Abruzze ultérieure IIe; 2500 hab.

MONTREAU, ham. de Fr., Seine-et-Oise, com. de Méréville; 190 hab.

MONTRÉCOURT, vg. de Fr., Nord, arr. et poste de Cambrai, cant. de Solesmes; 330 hab.

MONTREDON, ham. de Fr., Bouches-du-Rhône, com. de Marseille; bains de sable; 460 hab.

MONTREDON, ham. de Fr., Aude, com. de Carcassonne; 250 hab.

MONTREDON, ham. de Fr., Aveyron, com. de St.-Rome-de-Tarn; 120 hab.

MONTREDON, vg. de Fr., Aude, arr., cant. et poste de Narbonne; 420 hab.

MONTREDON, vg. de Fr., Lot, arr., cant. et poste de Figeac; 660 hab.

MONTREDON, v. de Fr., Tarn, arr. et à 10 l. N.-N.-E. de Castres, chef-lieu de canton, poste de Roquecourbe; fabr. de bonneterie et commerce de bestiaux; 4910 hab.

MONTREGARD, vg. de Fr., Haute-Loire, arr. d'Issengeaux, cant. et poste de Montfaucon; 1940 hab.

MONTREJEAU, pet. v. de Fr., Haute-Garonne, arr., à 3 l. S.-O. de St.-Gaudens et à 206 l. de Paris, chef-lieu de canton et poste; elle est bâtie dans un site charmant, sur un promontoire, au confluent de la Garonne et de la Neste; elle a de jolies maisons et un beau pont en marbre de huit arches sur la Garonne. Flottage considérable sur les deux cours d'eau qui la baignent; fabr. de bas de laine, distilleries et tanneries; commerce en grains, bétail, bois de construction, etc. Carrières de marbre et de granit dans les environs; mines de fer et de plomb; cristal de roche; 3034 hab. On voit près de Montrejeau les grottes de Gargas, les plus vastes de toutes les Pyrénées.

MONTRELAIS, vg. de Fr., Loire-Inférieure, arr. d'Ancenis, cant. et poste de Varades; houillères; 2480 hab.

MONTRELET, vg. de Fr., Somme, arr. de Doullens, cant. et poste de Domart; 400 hab.

MONTREN, vg. de Fr., Dordogne, arr. de Périgueux, cant. et poste de St.-Astier; 1110 hab.

MONTRENARD, ham. de Fr., Seine-Inférieure, com. du Bois-Guillaume; 100 hab.

MONT-RENAULT, ham. de Fr., Sarthe, com. de Saosnes; 250 hab.

MONTREQUIENNE, ham. de Fr., Moselle, com. de Rurange; 260 hab.

MONTRÉSOR, pet. v. de Fr., Indre-et-Loire, arr. et à 4 1/2 l. E. de Loches, chef-lieu de canton et poste; fabr. d'étoffes de laine; 730 hab.

MONTRET, b. de Fr., Saône-et-Loire, arr., à 3 l. O. et poste de Louhans, chef-lieu de canton; 795 hab.

MONTREUIL, vg. de Fr., Aube, arr. de de Troyes, cant. et poste de Lusigny; 480 hab.

MONTREUIL, vg. de Fr., Calvados, arr. de Pont-l'Évêque, cant. et poste de Cambremer; 140 hab.

MONTREUIL, vg. de Fr., Eure-et-Loir, arr., cant. et poste de Dreux; 420 hab.

MONTREUIL, vg. de Fr., Indre-et-Loire, arr. de Tours, cant. et poste d'Amboise; 550 hab.

MONTREUIL, vg. de Fr., Vendée, arr., cant. et poste de Fontenay-le-Comte; 980 h.

MONTREUIL-AU-HOULME, vg. de Fr., Orne, arr. d'Argentan, cant. de Briouze, poste de Rânes; 530 hab.

MONTREUIL-AUX-LIONS, vg. de Fr., Aisne, arr. de Château-Thierry, cant. et poste de Charly; fabr. de passementerie; 1060 hab.

MONTREUIL-BELFROI, vg. de Fr., Maine-et-Loire, arr., cant. et poste d'Angers; 280 hab.

MONTREUIL-BELLAY, b. de Fr., Maine-et-Loire, arr. et à 2 1/2 l. S. de Saumur, chef-lieu de canton et poste; 1880 hab.

MONTREUIL-BONNIN ou **CHAPELLE-MONTREUIL**, vg. de Fr., Vienne, arr. de Poitiers, cant. de Vouillé, poste de Neuville; 1350 hab.

MONTREUIL-DES-LANDES, vg. de Fr., Ille-et-Vilaine, arr., cant. et poste de Vitré; 370 hab.

MONTREUIL-EN-CAUX, vg. de Fr., Seine-Inférieure, arr. de Dieppe, cant. et poste de Tôtes; 620 hab.

MONTREUIL-EN-LASSAY, vg. de Fr., Mayenne, arr. de Mayenne, cant. du Horps, poste du Ribay; 600 hab.

MONTREUIL-LA-MOTTE, vg. de Fr., Orne, arr. d'Argentan, cant. et poste de Trun; 220 hab.

MONTREUIL-L'ARGILLÉ, b. de Fr., Eure, arr. de Bernay, cant. de Broglie, poste; papeterie; 900 hab.

MONTREUIL-LE-CHÉTIF, vg. de Fr., Sarthe, arr. de Mamers, cant. et poste de Fresnay-sur-Sarthe; forges dites de l'Aune; 1230 hab.

MONTREUIL-LE-GAST, vg. de Fr., Ille-et-Vilaine, arr. et cant. de Rennes, poste d'Hédé; 750 hab.

MONTREUIL-LE-HENRY, vg. de Fr., Sarthe, arr. de St.-Calais, cant. et poste de Grand-Lucé; 760 hab.

MONTREUILLON, vg. de Fr., Nièvre, arr., cant. et poste de Château-Chinon; 1040 hab.

MONTREUIL-SOUS-BOIS, b. de Fr., Seine, à 1 l. E. de Paris, arr. de Sceaux, cant. de Vincennes, poste; ce bourg est renommé pour les excellentes pêches que l'on y cultive; fabr. de porcelaine, de taillanderie, de boissellerie; exploitation de plâtre; 3560 hab.

MONTREUIL-SOUS-PÉROUSE, vg. de Fr., Ille-et-Vilaine, arr., cant. et poste de Vitré; 630 hab.

MONTREUIL-SUR-BLAISE, vg. de Fr., Haute-Marne, arr., cant. et poste de Vassy; affineries; 170 hab.

MONTREUIL-SUR-BRÊCHE, vg. de Fr., Oise, arr. de Clermont, cant. de Froissy, poste de Breteuil; 820 hab.

MONTREUIL-SUR-EPTE, vg. de Fr., Seine-et-Oise, arr. de Mantes, cant. et poste de Magny; 360 hab.

MONTREUIL-SUR-ILLE, vg. de Fr., Ille-et-Vilaine, arr. de Rennes, cant. de St.-

Aubin-d'Aubigné, poste d'Hédé; 860 hab.

MONTREUIL-SUR-LOIRE, vg. de Fr., Maine-et-Loire, arr. d'Angers, cant. de Briollay, poste de Châteauneuf-sur-Sarthe; 450 hab.

MONTREUIL-SUR-LOZON, vg. de Fr., Manche, arr. de St.-Lô, cant. de Marigny, poste de la Fosse; 640 hab.

MONTREUIL-SUR-MAINE, vg. de Fr., Maine-et-Loire, arr. de Segré, cant. et poste du Lion-d'Angers; 930 hab.

MONTREUIL-SUR-MER, *Monasteriolum*, pet. v. forte de Fr., Pas-de-Calais, à 18 l. O.-N.-O. d'Arras, à 52 l. de Paris et à 3 l. de la Manche, chef-lieu d'arrondissement; siége d'un tribunal de première instance; direction des contributions indirectes et conservation des hypothèques; elle s'élève sur une colline baignée par la Cange; elle est ceinte de remparts et protégée par une vieille citadelle, flanquée de grosses tours d'un aspect imposant. La ville, assez bien bâtie et bien percée, se divise en haute et basse. On y remarque l'hôtel de ville, construit sur l'emplacement de l'abbaye de St.-Saulve, et près de cet édifice l'ancienne église de même nom, réédifiée au neuvième siècle. Montrenil possède une société d'agriculture; fabr. de toiles de savon noir, de papier; tanneries; raffineries de sel; commerce de vins, eaux-de-vie, etc. Foire le dimanche de la Fête-Dieu; 3867 hab.

Un château fort, qui existait déjà lors de l'invasion romaine, fut l'origine de cette ville, fondée au neuvième siècle, près d'un monastère qui s'était élevée sous la protection de l'antique forteresse gauloise. De là le nom de *Monasteriolum*. Par le traité de Bretigny, Montreuil fut cédé aux Anglais, qui ne le conservèrent pas longtemps, Charles-Quint s'en empara en 1537, après un siége opiniâtre. Les Anglais et les impériaux l'assiégèrent de nouveau, mais inutilement, en 1554. Montreuil, ainsi que le comté de Ponthieu, furent réunis définitivement à la France en 1665.

MONTREUIL-SUR-THONNANCE, vg. de Fr., Haute-Marne, arr. de Vassy, cant. de Poissons, poste de Joinville; 470 hab.

MONTREUX, vg. de Fr., Meurthe, arr. de Lunéville, poste de Blamont; 260 hab.

MONTREUX, ham. de Fr., Nord, com. de Flines; 350 hab.

MONTREUX-CHATEAU ou **MUNSTROLL-DIE-BURG**, vg. de Fr., Haut-Rhin, arr. et poste de Belfort, cant. de Fontaine; 280 h.

MONTREUX-JEUNE ou **JUNG-MUNSTROLL**, vg. de Fr., Haut-Rhin, arr. de Belfort, cant. de Fontaine, poste de Dannemarie; 310 h.

MONTREUX-VIEUX ou **ALT-MUNSTROLL**, vg. de Fr., Haut-Rhin, arr. de Belfort, cant. de Fontaine, poste de Dannemarie; 320 h.

MONTREVAULT, vg. de Fr., Maine-et-Loire, arr., à 2 l. N.-N.-O. et poste de Beaupréau, chef-lieu de canton; commerce de bestiaux; 770 hab.

MONTREVEL, b. de Fr., Ain, arr., à 5 l. N. et poste de Bourg-en-Bresse, chef-lieu de canton; il est situé sur la rive gauche de la Reyssouse, et son territoire est fertile en grain, dont on y fait commerce, ainsi qu'en bétail et volaille; 1050 h.

MONTREVEL, vg. de Fr., Isère, arr. de la Tour-du-Pin, cant. et poste de Virieu; 1520 hab.

MONTREVEL, vg. de Fr., Jura, arr. de Lons-le-Saulnier, cant. de St.-Julien, poste de St.-Amour; 300 hab.

MONT-RIBOUDET, ham. de Fr., Seine-Inférieure, com. de Rouen; 1000 hab.

MONTRIBOURG, vg. de Fr., Haute-Marne, arr. de Chaumont-en-Bassigny, cant. et poste de Château-Villain; 170 hab.

MONTRICHARD, pet. v. de Fr., Loir-et-Cher, arr., à 5 l. S.-O. de Blois et à 52 l. de Paris, chef-lieu de canton et poste; elle s'élève sur la pente d'une colline, sur la rive droite du Cher. On y voit encore d'anciens murs d'enceinte percés de quatre portes, et les ruines d'un château fort qui dominait la ville; commerce de vins et de bois; 2397 hab.

MONTRICOUX, vg. de Fr., Tarn-et-Garonne, arr. de Montauban, cant. de Négrepelisse, poste de Réalville; 1640 hab.

MONTRIEUX, ham. de Fr., Loir-et-Cher, com. de Naveil; 550 hab.

MONTRIEUX-VILLENEUVE, vg. de Fr., Loir-et-Cher, arr. de Romorantin, cant. et poste de Nung-sur-Beuvron; 620 hab.

MONTRIGAUD, b. de Fr., Drôme, arr. de Valence, cant. du Grand-Serre, poste de Moras; commerce de fil de chanvre; 1690 hab.

MONTROCHER, ham. de Fr., Haute-Vienne, com. de Montrol-Senard; 160 hab.

MONTRODAT, vg. de Fr., Lozère, arr., cant. et poste de Marvejols; 490 hab.

MONTRODEZ, ham. de Fr., Puy-de-Dôme, com. d'Orcines; 230 hab.

MONTROLLET, vg. de Fr., Charente, arr., cant. et poste de Confolens; 810 hab.

MONTROL-SENARD, vg. de Fr., Haute-Vienne, arr. et poste de Bellac, cant. de Mézières; 1370 hab.

MONTROMANT, vg. de Fr., Rhône, arr. de Lyon, cant. de St.-Laurent-de-Chamousset, poste de Duerne; 620 hab.

MONTROMBE, ham. de Fr., Saône-et-Loire, com. d'Autun; 310 hab.

MONTRON, vg. de Fr., Aisne, arr. de Château-Thierry, cant. et poste de Neuilly-St.-Front; 120 hab.

MONTROND, vg. de Fr., Hautes-Alpes, arr. de Gap, cant. et poste de Serres; 110 hab.

MONTROND, vg. de Fr., Doubs, arr. et poste de Besançon, cant. de Quingey; 340 h.

MONTROND, ham. de Fr., Orne, com. de Neuville-près-Sées; 100 hab.

MONTROND, ham. de Fr., Loire, com. de Meylieu-Montrond; 250 hab.

MONTROND, vg. de Fr., Jura, arr. de Poligny, cant. et poste de Champagnole; 650 hab.

MONTROSE. *V.* SUSQUÉHANNAH (comté).

MONTROSE, *Mons Rosarum, Celurca*, jolie v. commerçante d'Écosse, comté d'Angus; avec un beau port, deux bassins et une bibliothèque publique; sa marine marchande jauge 14,000 tonneaux; pêche du homard, cabotage, construction de vaisseaux; fabr. de toiles dites d'Osnabruck, de toiles à voiles et de cuir; 12,000 hab.

MONTROT (le), ham. de Fr., Haute-Saône, com. de Traves; 100 hab.

MONTROTIER, b. de Fr., Rhône, arr. de Lyon, cant. et poste de St.-Laurent-de-Chamousset; 1810 hab.

MONTROTY, vg. de Fr., Seine-Inférieure, arr. de Neufchâtel-en-Bray, cant. et poste de Gournay; 450 hab.

MONTROUGE, vg. de Fr., Seine, arr., cant. et à 1 1/2 l. N.-N.-E. de Sceaux, à 1 l. S. de Paris, poste. Ce village, situé dans une belle plaine, aux portes de la capitale, est devenu célèbre par la résidence des jésuites, qui y avaient autrefois une maison de noviciat. A la restauration ils parvinrent à y rentrer et y restèrent jusqu'à la révolution de 1830. Montrouge a un hospice fondé, en 1781, par Louis XVI. On exploite dans les environs de nombreuses carrières de pierres; pop., y compris les maisons isolées et le hameau du Petit-Montrouge, situé à 1/4 l. de Montrouge (le Grand-) et qui fait partie de cette commune, 5995 hab.

MONTROUIS. *Voyez* LÉOGANE (baie).

MONTROUIS, riv. de l'île d'Haïti; prend naissance au pied des monts Tapion et se décharge dans le port de Trou-Forban (baie de Léogane), sur la côte O.

MONTROUVEAU, vg. de Fr., Loir-et-Cher, arr. de Vendôme, cant. de Montoire, poste de Poncé; 490 hab.

MONTROY, vg. de Fr., Charente-Inférieure, arr. de la Rochelle, cant. de la Jarrie, poste de Croix-Chapeaux; 300 hab.

MONT-ROYAL. *Voyez* SARREINSBERG.

MONTROZIER, vg. de Fr., Aveyron, arr. de Rhodez, cant. de Bozouls, poste de Laissac; 1220 hab.

MONTROZIER, vg. de Fr., Tarn, arr. de Gaillac, cant. de Vaour, poste de St.-Antonin; 170 hab.

MONTRY, vg. de Fr., Seine-et-Marne, arr. de Meaux, cant. de Crécy, poste de Couilly; moulins à farine; féculerie; 440 h.

MONTS (les), ham. de Fr., Calvados, com. de Vaudry; 970 hab.

MONTS (les), ham. de Fr., Indre, com. de St.-Lizaigne; 180 hab.

MONTS (les), ham. de Fr., Loiret, com. de Meung-sur-Loire; 440 hab.

MONTS, vg. de Fr., Oise, arr. de Beauvais, cant. et poste de Méru; 130 hab.

MONTS (les), ham. de Fr., Haute-Vienne, com. de Cegnac; 150 hab.

MONT-SAINT-ADRIEN, ham. de Fr., Oise, com. de St.-Paul; 400 hab.

MONT-SAINT-AIGNAN, vg. de Fr., Seine-Inférieure, arr. et poste de Rouen, cant. de Maromme; 1930 hab.

MONT-SAINT-ÉLOY, vg. de Fr., Pas-de-Calais, arr. et poste d'Arras, cant. de Vimy; 1000 hab.

MONT-SAINT-GERMAIN (le), ham. de Fr., Haute-Vienne, com. de St.-Germain; 150 h.

MONT-SAINT-JEAN, vg. de Fr., Aisne, arr. de Vervins, cant. d'Auberton, poste de Brunhamel; 430 hab.

MONT-SAINT-JEAN, vg. de Fr., Côte-d'Or, arr. de Beaune, cant. et poste de Pouilly-en-Montagne; 1260 hab.

MONT-SAINT-JEAN, vg. de Fr., Sarthe, arr. du Mans, cant. et poste de Sillé-le-Guillaume; 2450 hab.

MONT-SAINT-JEAN, vg. du roy. de Belgique, prov. du Brabant méridional, arr. et à 2 1/2 l. N. de Nivelles, à la jonction des routes de Mons et de Charleroi à Bruxelles et à 4 l. S. de cette dernière ville. *V.* WATERLOO.

MONT-SAINT-LÉGER, vg. de Fr., Haute-Saône, arr., de Gray, cant. de Dompierre-sur-Salon, poste de Lavoncourt; 200 hab.

MONT-SAINT-MARTIN, vg. de Fr., Aisne, arr. de Soissons, cant. de Braisne, poste de Fismes; 60 hab.

MONT-SAINT-MARTIN, vg. de Fr., Ardennes, arr. et poste de Vouziers, cant. de Monthois; 300 hab.

MONT-SAINT-MARTIN, vg. de Fr., Isère, arr., cant. et poste de Grenoble; 130 hab.

MONT-SAINT-MARTIN, vg. de Fr., Moselle, arr. de Briey, cant. et poste de Longwy; fabr. de poterie; 780 hab.

MONT-SAINT-MICHEL, v. et château fort de Fr., Manche, arr., à 4 l. O.-S.-O. d'Avranches, cant. et poste de Pontorson. La ville s'élève en amphithéâtre sur la pente d'un rocher, situé au fond de la baie de Cancale; elle est mal bâtie et dominée par les bâtiments de l'ancienne abbaye, devenue une maison centrale de détention pour les condamnés à la déportation. De hautes murailles, flanquées de vieilles tours, l'enferment de tous côtés. On y remarque la porte d'entrée de l'abbaye, l'ancien réfectoire métamorphosé en caserne, les dortoirs transformés en ateliers et en dortoirs pour les détenus, la chapelle gothique qui offre d'admirables détails d'architecture, les souterrains, la célèbre cage de fer et les oubliettes. Le Mont-St.-Michel est remarquable aussi par les hautes marées que l'on y observe. La population, qui s'élève à 400 habitants environ, non compris les détenus au nombre de 7 à 800, se compose de pauvres pêcheurs, d'employés de l'administration et d'ouvriers de la maison centrale.

La ville et le château du Mont-St.-Michel doivent leur origine à un monastère que des ermites y construisirent au quatrième siècle. Au commencement du huitième siècle, Aubert, évêque d'Avranches, y fonda une église sous l'invocation de saint Michel, dont le nom est resté à cette montagne et à la ville qui s'y forma. Elle souffrit beaucoup pendant les guerres incessantes de la féodalité. Les Bretons la brûlèrent plusieurs fois et les Anglais tentèrent souvent, mais vainement, de s'en emparer. Pendant les guerres de la ligue elle était au pouvoir du duc de Mercœur, qui la rendit à Henri IV en 1598. Deux siècles après, la révolution dévasta le monastère, qui fut réparé sous l'empire et transformé en maison de détention. Durant l'incendie qui y éclata en 1834, les détenus que cette prison d'état renfermait alors, se sont distingués par leur dévouement et leur courage.

MONT-SAINT-PÈRE, vg. de Fr., Aisne, arr., cant. et poste de Château-Thierry; 570 hab.

MONT-SAINT-QUENLIN, ham. de Fr., Somme, com. d'Allaines; 320 hab.

MONT-SAINT-REMY, ham. de Fr., Ardennes, com. de Leffincourt; 110 hab.

MONT-SAINT-SULPICE, vg. de Fr., Yonne, arr. d'Auxerre, cant. de Seignelay, poste de Brienon; 1400 hab.

MONT-SAINT-VINCENT, b. de Fr., Saône-et-Loire, arr. et à 9 l. O.-S.-O. de Châlon-sur-Saône, chef-lieu de canton, poste de Joncy; 840 hab.

MONTSALÈS, vg. de Fr., Aveyron, arr. et poste de Villefranche-de-Rouergue, cant. de Villeneuve; 1410 hab.

MONTSALIER, vg. de Fr., Basses-Alpes, arr. et poste de Forcalquier, cant. de Banon; 440 hab.

MONTSALVY, vg. de Fr., Cantal, arr. et à 6 l. S. d'Aurillac, chef-lieu de canton et poste; commerce de toiles, cire, châtaignes; pois verts renommés; 1540 hab.

MONTSAMSON, ham. de Fr., Charente, com. du Gua; 150 hab.

MONTSAON, vg. de Fr., Haute-Marne, arr., cant. et poste de Chaumont-en-Bassigny; 190 hab.

MONTSAUCHE, b. de Fr., Nièvre, arr. et à 5 l. N.-N.-E. de Château-Chinon, chef-lieu de canton et poste; 1520 hab.

MONTSAUGEON, vg. de Fr., Haute-Marne, arr. de Langres, cant. et poste de Prauthoy; 340 hab.

MONTSAUNÈS, vg. de Fr., Haute-Garonne, arr. de St.-Gaudens, cant. de Salies, poste de St.-Martory; 660 hab.

MONT-SEAUNIN, ham. de Fr., Nièvre, com. de Château-Chinon-Campagne; 100 h.

MONTSEC, vg. de Fr., Meuse, arr. de Commercy, cant. et poste de St.-Mihiel; 366 hab.

MONTSECRET, pet. v. de Fr., Orne, arr. de Domfront, cant. et poste de Tinchebrai; 1245 hab.

MONTSÉGUR, vg. de Fr., Arriège, arr. de Foix, cant. et poste de Lavelanet; 790 h.

MONTSÉGUR, vg. de Fr., Drôme, arr. de Montélimart, cant. et poste de Pierrelatte; 960 hab.

MONTSELGUES, vg. de Fr., Ardèche, arr. de l'Argentière, cant. de Valgorge, poste des Vans; 800 hab.

MONTS-EN-BESSIN, vg. de Fr., Calvados, arr. de Caen, cant. et poste de Villers-Bocage; 630 hab.

MONTSERET, vg. de Fr., Aude, arr. de Narbonne, cant. et poste de Lézignan; 180 hab.

MONTSÉRIÉ, vg. de Fr., Hautes-Pyrénées, arr. de Bagnères-en-Bigorre, cant. de Nestier, poste de St.-Laurent-de-Neste; 250 hab.

MONTSERIN, ham. de Fr., Nièvre, com. de Villapourçon; 110 hab.

MONTSERRAT, *Mons Edulius*, pèlerinage célèbre d'Espagne, principauté de Catalogne, dist. de Manresa et à 8 1/8 l. N. de Barcelone. Cette riche abbaye de bénédictins est située sur la pente d'un rocher calcaire dentelé, qui s'élève à 1231 mètres au-dessus du niveau de la mer; 14 ermitages presque inaccessibles forment, jusqu'à la crête de la montagne, des stations habitées par les plus jeunes frères. De nombreux pèlerins viennent invoquer l'image miraculeuse à laquelle on consacra en 880 un couvent, devenu abbaye en 1410. Rome, Madrid et Vienne possèdent des églises dédiées à Notre-Dame-de-Montserrat. Le monastère a été habité par Ignace de Loyola. En 1827 il fut le foyer de la révolution de Catalogne.

MONTSERRAT, île qui fait partie du groupe des Leewards (Petites-Antilles); possession anglaise. Elle s'étend sous 16° 42' (45') lat. N., au S.-E. des îles St.-Christophe (St.-Kitts) et Névis, au S.-O. d'Antigoa et au N.-O. de la Guadeloupe. Sa superficie est de 2 l. c. géogr., avec 8000 hab., dont (1834) 6355 esclaves. L'île est de forme ovale et cernée d'écueils et de bancs de sable qui en rendent l'approche très-dangereuse; elle n'offre aucun port et n'a que trois rades peu abritées. L'intérieur, très-montagneux, abonde en bois de cèdre et bois de fer; le sol est généralement fertile et bien arrosé. Ses principales productions sont: le sucre, le coton et le rhum, dont les exportations ont beaucoup diminué depuis quelques années. L'île est divisée en deux paroisses; Plymouth, petite ville sur la côte S., en est le chef-lieu. Au N. de Montserrat, sous 16° 55' lat. N., s'étend l'île de Redondo, ainsi nommée de sa forme ronde; elle a 1 l. marine de circuit et doit être habitée par quelques colons anglais. Montserrat et Redondo dépendent du gouvernement de St.-Christophe. Montserrat fut découvert, en 1493, par Christophe Colomb, qui lui donna son nom, à cause de la ressemblance qu'il lui trouva avec la célèbre montagne de même nom en Espagne. L'île fut mise en culture par une petite colonie qui lui fut envoyée, en 1532, de l'île de St.-Christophe.

MONTSEUGNY, vg. de Fr., Haute-Saône,

arr. de Gray, cant. et poste de Pesmes; 310 hab.

MONTSEVEROUX, vg. de Fr., Isère, arr., cant. et poste de Vienne; 780 hab.

MONTSOREAU, b. de Fr., Maine-et-Loire, arr. et cant. de Saumur, poste; 990 hab.

MONTSOULT, vg. de Fr., Seine-et-Oise, arr. de Pontoise, cant. d'Écouen, poste de Moiselles; 430 hab.

MONT-SOUS-LES-COTES, vg. de Fr., Meuse, arr. de Verdun-sur-Meuse, cant. de Fresnes-en-Woëvre; 290 hab.

MONT-SOUS-VAUDREY, vg. de Fr., Jura, arr. de Dôle, cant. de Mont-Barrey, poste; 1180 hab.

MONTS-SUR-GUESNES, b. de Fr., Vienne, arr., à 3 l. E.-S.-E. et poste de Loudun, chef-lieu de canton; 830 hab.

MONTS-SUR-INDRE, vg. de Fr., Indre-et-Loire, arr. de Tours, cant. et poste de Montbazon; 1160 hab.

MONT-SUR-COURVILLE, vg. de Fr., Marne, arr. de Reims, cant. et poste de Fismes; 210 hab.

MONT-SUR-MESSAIS, ham. de Fr., Vienne, com. de Messais; 110 hab.

MONT-SUR-MONNET, vg. de Fr., Jura, arr. de Poligny, cant. et poste de Champagnole; 540 hab.

MONTSURS, b. de Fr., Mayenne, arr. et à 5 l. E.-N.-E. de Laval, chef-lieu de canton, poste de Martigné; fabr. de toiles et de chapeaux; commerce en grains et bestiaux; 1530 hab.

MONT-SUR-SAINT-GERMAIN ou SAINT-GERMAIN-LES-SENAILLY, vg. de Fr., Côte-d'Or, arr. de Semur, cant. et poste de Montbard; 210 hab.

MONTSURVENT, vg. de Fr., Manche, arr. et poste de Coutances, cant. de St-Malo-de-la-Lande; 580 hab.

MONT-TONNERRE. *Voy.* DONNERSBERG.

MONTULAC, ham. de Fr., Haute-Vienne, com. de St.-Sornin-Leulac; 100 hab.

MONTUOSA, île montagneuse et riche en bois de construction, non loin de la côte S. du dép. de l'Isthme, rép. de la Nouvelle-Grenade; elle fait partie de la prov. de Véragua.

MONTUREUX-LES-BAULAY, vg. de Fr., Haute-Saône, arr. de Vesoul, cant. d'Amance, poste de Jussey; haut-fourneau; 360 hab.

MONTUREUX-LES-GRAY, vg. de Fr., Haute-Saône, arr. et poste de Gray, cant. d'Autrey; 650 hab.

MONTURSIN, vg. de Fr., Doubs, arr. de Montbéliard, cant. et poste de St.-Hippolyte; 70 hab.

MONTUS, ham. de Fr., Hautes-Pyrénées, com. de Castelnau-Rivière-Basse; 130 hab.

MONTUSCLAT, vg. de Fr., Haute-Loire, arr. et poste du Puy, cant. de St.-Julien-Chapteuil; 740 hab.

MONTUSSAINT, vg. de Fr., Doubs, arr. de Baume les-Dames, cant. et poste de Rougemont; 220 hab.

MONTSUZAIN, vg. de Fr., Aube, arr., cant. et poste d'Arcis-sur-Aube; 330 hab.

MONTUSSAN, vg. de Fr., Gironde, arr. de Bordeaux, cant. de Carbon-Blanc, poste de St.-Loubès; 630 hab.

MONTVALEN, vg. de Fr., Tarn, arr. de Gaillac, cant. de Salvagnac, poste de Rabastens; 420 hab.

MONTVALENT, vg. de Fr., Lot, arr. de Gourdon, cant. et poste de Martel; 930 hab.

MONTVENDRE, vg. de Fr., Drôme, arr. et poste de Valence, cant. de Chabeuil; 1020 hab.

MONTVERDUN, vg. de Fr., Loire, arr. de Montbrison, cant. et poste de Bœn; 470 h.

MONTVERT, vg. de Fr., Cantal, arr. d'Aurillac, cant. de la Roquebrou, poste; commerce de bétail; mine de plomb argentifère à Cazaret; 450 hab.

MONT-VETORA, point culminant de la chaîne de l'Apennin central et dans le roy. de Naples, haut de 1272 toises.

MONTVICQ, vg. de Fr., Allier, arr. de Montluçon, cant. et poste de Montmarault; mines de houille; 820 hab.

MONTVIEL, vg. de Fr., Lot-et-Garonne, arr. de Villeneuve-sur-Lot, cant. et poste de Cancon; 330 hab.

MONTVILLE, com. des États-Unis de l'Amérique du Nord, état de Connecticut, comté de New-London, sur la Thames; 3400 hab., dont beaucoup d'Indiens-Mohégans.

MONTVIRON, vg. de Fr., Manche, arr. et poste d'Avranches, cant. de Sartilly; 540 h.

MONTVOISIN, ham. de Fr., Marne, com. d'OEuilly; 130 hab.

MONTYLLA, v. d'Espagne, Andalousie, roy. et à 7 l. S. de Cordoue, au pied d'une montagne, sur les pet. riv. de Castro et de Riofrio. On y compte 2 églises paroissiales, 4 couvents, un grand nombre d'établissements de charité, 1 collége et 1 école latine. Les environs produisent des vins recherchés; 6400 hab.

MONTZÉVILLE, vg. de Fr., Meuse, arr. et poste de Verdun, cant. de Charny-sur-Meuse; 710 hab.

MONUMENT-POINT. *Voyez* PLYMOUTH (baie).

MONVIETTE, vg. de Fr., Calvados, arr. de Bayeux, cant. de St.-Pierre-sur-Dives, poste de Livarot; 370 hab.

MONVILLE, b. de Fr., Seine-Inférieure, arr. de Rouen, cant. de Clères, poste de Malaunay; filat. et tissage de coton; 2210 h.

MONY. *Voyez* MAUNY.

MONY ou MUNY, fl. de l'emp. du Brésil, prov. de Maranhao; prend naissance près des rives du Parnahyba, coule vers le N. et se décharge dans la baie de San-Jozé. L'Iguara en est le principal affluent.

MONZA, *Modoctia*, jolie pet. v. de Lombardie, gouv. et délégation de Milan, sur le Lambro; offre les plus anciens et les plus nombreux souvenirs des Lombards, dans sa riche basilique, où l'on conserve plusieurs objets précieux ou d'une grande antiquité, parmi lesquels on distingue surtout la couronne de fer, qui depuis les Lombards jusqu'à nos jours a servi au couronnement des rois d'Italie. Sa population, y compris celle de sa banlieue, dépasse 16,000 hab. C'est le séjour d'été du vice-roi; le palais où il réside est noble et régulier et renferme un jardin botanique, un des plus riches de toute l'Italie; 6000 hab.

MONZINGEN, v. du landgraviat de Hesse-Hombourg, sur la Nahe; 900 hab.

MONZON, *Mendiculcia*, pet. v. murée d'Espagne, avec citadelle, roy. d'Aragon, dist. et à 3 l. S. de Barbastro, sur la Cinça. Autrefois les états d'Aragon s'y assemblaient; 3200 hab.

MONZON. *Voyez* HUALLAGA.

MOODOMANOO. *Voyez* BIRD.

MOOLENVLIET, b. bâti en style hollandais le long d'un beau canal et à peu de distance de Batavia. Ce n'est proprement qu'un des grands faubourgs de la ville où les habitants aisés se retirent le soir pour échapper à l'air malsain de Batavia.

MOON, île de la Russie d'Europe, gouv. de Livonie, cer. d'Arensbourg ou de l'île d'Oesel; séparée de l'île d'Oesel par un petit détroit et par un détroit plus considérable de la Livonie; sa longueur est de 2 milles, sa largeur de 1 1/2 mille; elle compte 12 villages; ses habitants se nourrissent de la pêche et de l'agriculture.

MOON, vg. de Fr., Manche, arr. de St.-Lô, cant. de St.-Clair, poste de la Périne; fabr. de poêles de terre; 760 hab.

MOON, b. des États-Unis de l'Amérique du Nord, état de Pensylvanie, comté d'Alléghany, sur le Chartier, avec une source minérale très-renommée; 2500 hab.

MOOR, joli b. de Hongrie, cer. au-delà du Danube, comitat de Stuhlweissenbourg, avec un beau château; 2500 hab.

MOORE, comté de l'état de la Caroline du Nord, États-Unis de l'Amérique du Nord; il est borné par les comtés de Randolph, Chatham, Cumberland, Robeson, Richmond, et Montgoméry, et arrosé par le Deep et ses affluents. Alfordstown est le chef-lieu du comté; 9000 hab.

MOORELAND, com. des États-Unis de l'Amérique du Nord, état de Pensylvanie, comté de Montgoméry, sur le Pennepak; société littéraire; 3000 hab.

MOORES-ISLAND, île inhabitée, avec un fort en ruines; fait partie du groupe des Bermudes.

MOORZAN, v. de la Nigritie occidentale, Bas-Bambarra, sur la rive gauche du Djoliba, à l'opposite de Silla.

MOORZELE, b. du roy. de Belgique, prov. de Flandre occidentale, arr. et à 2 l. O. de Courtrai, sur la Heulebeke; culture de lin; 3900 hab.

MOOS, vg. de Fr., Haut-Rhin, arr. d'Altkirch, cant. et poste de Ferrette; 320 hab.

MOOSBOURG, pet. et ancienne v. de Bavière, chef-lieu de district dans le cer. de l'Isar, située sur cette rivière, à 4 l. de Landshut.

Moosbourg formait autrefois un comté qui passa en 1282 à la Bavière. Cette ville est agricole et son industrie se réduit aux besoins locaux; pop. de la ville 1500 hab., du district 15,600 sur 8 milles c.

MOOSCH, vg. de Fr., Haut-Rhin, arr. de Belfort, cant. de St.-Amarin, poste de Wesserling; filat. de coton; 1178 hab.

MOOSE, lac de la Nouvelle-Galles septentrionale; c'est une des sources de la Sévern.

MOOSE, fl. du Haut-Canada, Amérique anglaise; il prend naissance dans le lac de Missinabe, coule vers le N. en passant par Brunswick-House, reçoit le bras méridional et la Showesta, et se décharge au fort Moose dans la baie de James (mer d'Hudson).

MOOSEHEAD. *Voyez* MAINE (état).

MOOSE-ISLAND, île dans la baie de Passamaquoddi, côte S. de l'état du Maine, États-Unis de l'Amérique du Nord; elle fait partie du comté de Washington.

MOPANS, peuplade indigène indépendante dans les États-Unis de l'Amérique centrale, état de Honduras; ils habitent les contrées montagneuses du district de Véra-Cruz; une petite partie de cette peuplade a embrassé le christianisme.

MOPLAYS ou MAPULETS. On appelle ainsi dans l'Inde les descendants des Arabes unis aux femmes Hindoues. On les rencontre surtout sur les côtes du Malabar et dans les Laquedives; leur grand-prêtre, appelé Tangoul, réside à Ponany, dans la prov. de Malabar.

MOPRÉ, ham. de Fr., Jura, com. de Miéges; 230 hab.

MOPSUIRENE, g. a., v. de la Cilisie, sur la frontière de la Cilicie et de la Kataonie, à 12 l. de Tarsus. L'empereur Constantin y mourut.

MOQUÉHUA ou MOQUÉQUA, prov. du dép. d'Aréquipa, rép. du Pérou; elle comprend la partie supérieure du versant occidental des Andes et est bornée au N. et à l'O. par la prov. d'Aréquipa, au S. par celle d'Arica et à l'E. par la prov. de Chucuito. Sa superficie est de 124 l. c. géogr. avec 35,000 hab. Les Cordillères y présentent de nombreux pics volcaniques qui tous dépassent la ligne des neiges perpétuelles. Le sol, généralement fertile, produit du blé, du vin et du sucre, dont il se fait un commerce important; on y exploite en outre quelques mines d'argent.

MOQUÉHUA ou MOQUÉQUA, v. et chef-lieu de la province de même nom, à 60 l. d'Aréquipa. Elle fut fondée par l'Inca Maita-Kapak et reçut des Espagnols le nom de Santa-Catarina-de-Guadalcazar; il paraît cependant qu'elle a repris son premier nom. Cette ville renferme deux colléges, plusieurs couvents et un hôpital. En 1715 elle souffrit beaucoup par un tremblement de terre; 7000 hab.

MOQUIS, nation indigène très-nombreuse, répandue au N.-O. du Nouveau-Mexique, confédération mexicaine, sur les rives septentrionales de la Nabajoa et du Yaquesila. Les Moquis sont paisibles et agricoles; ils habitent des bourgades bien bâties et se livrent à différents métiers.

MORA, v. de la Suède septentrionale, prov. de Storakopparberg ou Falu, sur le Siljan; 6000 hab.

MORA, b. du Piémont, prov. d'Albe; 2800 hab.

MORABAD, v. de l'Inde anglaise, présidence de Calcutta, chef-lieu du district de même nom dans le Delhi, sur la Ramganga; est le siége des autorités civiles du district, d'un tribunal, entourée de fortifications, et fait un commerce considérable.

MORAC, chaîne de montagnes dans la partie méridionale du pays de Barca, rég. de Tripoli, entre le Haroudjé-Noir et les monts Gerdobah.

MORACHES, vg. de Fr., Nièvre, arr. de Clamécy, cant. de Brinon-les-Allemands, poste de St.-Révérien; 640 hab.

MORAGNE, vg. de Fr., Charente-Inférieure, arr. de Rochefort-sur-Mer, cant. et poste de Tonnay-Charente; 460 hab.

MORAINS, ham. de Fr., Marne, arr. de Châlons-sur-Marne, cant. et poste de Vertus; 110 hab.

MORAINVILLE, vg. de Fr., Eure, arr. de Pont-Audemer, cant. de Cormeilles, poste de Lieurey; 1070 hab.

MORAINVILLE, vg. de Fr., Eure-et-Loir, arr. de Chartres, cant. et poste d'Auneau; 100 hab.

MORAINVILLE-SUR-DAMVILLE, vg. de Fr., Eure, arr. d'Évreux, cant. et poste de Damville; 250 hab.

MORAINVILLIERS, vg. de Fr., Seine-et-Oise, arr. de Versailles, cant. et poste de Poissy; 570 hab.

MORAIS-TALCY, ham. de Fr., Loir-et-Cher, com. de Talcy; 150 hab.

MORALES, b. d'Espagne, roy. de Léon, prov. de Toro; 1920 hab.

MORALES, b. d'Espagne, roy. de Léon, prov. de Zamora; 1620 hab.

MORAMATS, v. de l'empire japonais, prov. d'Yetsingo, dans le Fokou-rokou-do.

MORANA. *Voyez* BOJANA.

MORANCE, vg. de Fr., Rhône, arr. de Villefranche-sur-Saône, cant. et poste d'Anse; 790 hab.

MORANCEZ, vg. de Fr., Eure-et-Loir, arr., cant. et poste de Chartres; 500 hab.

MORANCOURT, vg. de Fr., Haute-Marne, arr., cant. et poste de Vassy; 380 hab.

MORAND (la Bertaudière), vg. de Fr., Indre-et-Loire, arr. de Tours, cant. et poste de Château-Renault; 390 hab.

MORANG ou MORUNG, dist. du roy. de Népal. Il est arrosé par le Kosi et le Kouki et baigné au S.-E., du côté du Bengale, par le Mahanada. Son principal produit consiste dans ses beaux bois de construction, que l'on expédie à Calcutta. Sa population est Hindoue; plusieurs tribus sauvages de Radjepoutes et de Magars vivent dans les montagnes septentrionales. Le chef-lieu du district est Vidjayapour.

MORANGIS, vg. de Fr., Marne, arr. d'Épernay, cant. et poste d'Avize; 170 hab.

MORANGIS, vg. de Fr., Seine-et-Oise, arr. de Corbeil, cant. et poste de Longjumeau; 240 hab.

MORANGLES, vg. de Fr., Oise, arr. de Senlis, cant. de Neuilly-en-Thelle, poste de Chambly; 300 hab.

MORANNES, b. de Fr., Maine-et-Loire, arr. de Baugé, cant. de Durtal, poste de Châteauneuf-sur-Sarthe; papeteries; 2840 h.

MORANO, gros vg. du Piémont, prov. de Casali, sur le Pô; 2000 hab.

MORANVILLE, vg. de Fr., Meuse, arr. de Verdun-sur-Meuse, cant. et poste d'Étain; 210 hab.

MORAS, b. de Fr., Drôme, arr. de Valence, cant. du Grand-Serre, poste; moulins à farine; martinets pour instruments aratoires; filat. de soie; fabr. de toiles de chanvre; etc.; 4260 hab.

MORAS (Saint-), ham. de Fr., Haute-Vienne, com. de Thouron; 100 hab.

MORASATHI ou MORASTHI, MORESCHET, MORESCHETGATH, g. a., b. de la Judée, près d'Eleutheropolis ou Hebron, patrie du prophète Micha.

MORAS-DE-VEYSSILIEN, vg. de Fr., Isère, arr. de la Tour-du-Pin, cant. et poste de Crémieu; 370 hab.

MORAT. *Voyez* MURTEN.

MORATALLA, vg. d'Espagne, roy. et dist. de Murcie, sur la rivière de même nom; 6000 hab.

MORAVA, *Mora*, *Margus* (la March), affluent du Danube à la gauche; elle traverse la Moravie, en passant par Olmutz, et reçoit la Tayn, qui baigne Znaym.

MORAVIE (la), forme, avec une partie de la Silésie, un gouvernement de l'emp. d'Autriche; elle est ainsi appelée de son principal cours d'eau, la Morava, nom qu'elle porte depuis la fin du septième siècle. Cette contrée a la forme d'un losange dont les angles sont dans la direction des quatre points cardinaux. Y compris la Silésie, elle s'étend entre 12° 51′ et 16° 46′ long. E., et entre 48° 41′ et 50° 25′ lat. N., dans la région septentrionale de l'emp. d'Autriche. Ses bornes sont au N.-O. la Bohême, au N.-E. la Prusse, à l'E. la Gallicie, au S.-E. la Hongrie et au S.-O. la Basse-Autriche. D'après Blumenbach, sa superficie est de 504 1/2 l. c.; mais Liechtenstern l'évalue à 552 l. c. La Moravie est un pays généralement montagneux; une ramification des Sudètes la sépare de la Bohême et de la Silésie; la chaîne des monts Karpaths, qui y commencent, la sépare de la Hongrie; entre ces montagnes s'étendent des vallées et de belles plaines, dont le sol est extrêmement fertile. La majeure partie de la Moravie s'élève de 480 à 900 pieds au-dessus du niveau de la mer; ses cours d'eau débouchent dans trois mers différentes, la mer Noire, la Baltique et la mer du Nord; le plus considérable d'entre eux est la March (Morava), qui, après avoir reçu les eaux de toutes les autres rivières, se jette dans le Danube; l'Oder, elle n'arrose qu'une petite partie de ce pays et passe en Silésie à Oderberg; le cours de la Vistule y est encore moins considérable. La Moravie ne présente ni lacs ni canaux, mais de nombreuses et excellentes sources minérales et un grand nombre d'étangs très-poissonneux. Son climat est très-doux. Ses productions consistent en chevaux, qui sont généralement petits et peu vigoureux; bêtes à cornes, bêtes à laine, porcs, gibier, volaille, poissons, abeilles; blé, maïs, millet, pommes de terre et autres légumes, houblon, moutarde, anis, cumin, fruits, vin, bois, chanvre, lin, réglisse, fer, houille, alun et marbre. La population de la Moravie et de la Silésie est évaluée à plus de 2 millions, dont trois quarts sont Slaves et un quart Allemands. La religion catholique romaine est la dominante; elle compte un archevêque à Olmutz et un évêque à Brunn. La Silésie appartient au diocèse de Breslau; l'église luthérienne y a près de 30,000 adhérents; les frères moraves y sont très-nombreux; mais les non catholiques ne sont que tolérés et ne participent pas aux mêmes droits que les catholiques.

La Moravie est une des provinces les plus industrieuses et les plus riches de la monarchie autrichienne; l'agriculture et l'éducation du bétail y sont dans un état très-florissant et forment la principale richesse des habitants; l'éducation des bêtes à cornes est la seule ressource des habitants de la Silésie, dont le sol est peu propre à la culture. La fabrication de la toile et du coton est également développée dans les deux provinces; leurs étoffes de laine et leurs draps fins sont les plus estimés de toute l'Autriche. On rencontre en outre de nombreuses fabriques de cuir, de chapeaux, de verre, de poudre et de tabac. La Moravie exporte du beurre, de la graisse, du cuir, de la laine, de la pelleterie, du lin, du fil, de la toile, des draps, du casimir, du blé, des fruits, de la réglisse, de la moutarde, du verre, des douves et des cordes. Les principales villes commerçantes sont: Brunn, Olmutz, Iglan et Troppau. Le gouv. de Moravie et Silésie comprend 8 cercles; la Moravie autrichienne comprend les cer. d'Olmutz, de Brunn, d'Iglan, de Znaym, de Prérau et de Hradisch; la Silésie autrichienne comprend ceux de Troppau et de Teschen.

Lors du démembrement du grand roy. des Moraves, en 908, la Pologne, la Hongrie et l'Autriche se partagèrent la plus grande partie de son territoire; une autre partie, la Moravie actuelle, fut disputée par les Magyars et les Tschechs, mais au onzième siècle elle fut soumise par les ducs de Bohême, qui la firent gouverner par des princes du sang, avec le titre de ducs ou de princes de la Moravie. Sur la demande de l'un de ces princes, Conrad de Znaym, l'empereur Fréderic Ier érigea la Moravie en margraviat, en 1182. En 1411 elle fut réunie à la Hongrie par Mathias Korvin; mais après la mort de ce roi, en 1490, elle revint à la Bohême et fut incorporée avec celle-ci à l'emp. d'Autriche, en 1526. En 1742 le duché de Silésie fut cédé à la Prusse, à l'exception des cer. de Troppau et de Teschen, qui forment aujourd'hui la Silésie autrichieune. Depuis 1783 ces deux provinces forment le gouv. de Moravie et Silésie.

MORAWKA, vg. de la Silésie autrichienne, cer. de Teschen; 2500 hab.

MORBECQUE, vg. de Fr., Nord, arr., cant. et poste d'Hazebrouck; genièvrerie; 4130 hab.

MORBEGNO ou MORBEN, jolie pet. v. de Lombardie, gouv. de Milan, délégation de Sondrio, sur l'Adda; manufacture de soie; commerce; 2500 hab.

MORBEYA ou OMMO-REBYA, riv. considérable de l'emp. de Maroc, qui prend sa source aux montagnes de Ssanhâgah, en un lieu appelé Ouânsyfan, et descendant de l'Atlas, il sépare le roy. de Fez de celui de Maroc et se jette dans l'Océan Atlantique au-dessous d'Azamore.

MORBIER, vg. de Fr., Jura, arr. de St.-Claude, cant. et poste de Morez; fabr. d'horlogerie; 2040 hab.

MORBIHAN (golfe du), formé par l'Océan sur les côtes occidentales de France, au S. du département de même nom, au-dessous de Vannes; il est peu profond, mais il a 4 l. de long de l'O. à l'E. et près de 1 1/2 l. du S. au N. Plusieurs îles, la plupart habitées, occupent une partie de sa surface. Les principales sont l'île aux Moines et l'île d'Arz. *Voyez* MOINES et ARZ.

MORBIHAN (dép. du), situé dans la région N.-O. de la France; est formé d'une partie de la Basse-Bretagne; il tire son nom du golfe Mor-Bihan, deux mots celtiques qui signifient petite mer. Il a pour limites: au N. le dép. des Côtes-du-Nord, à l'E. celui d'Ille-et-Vilaine et celui de la Loire-Inférieure, au S. l'Océan et à l'O. le dép. du Finistère.

Sa superficie est de 681,704 hectares et sa population de 449,743 hab.

La partie septentrionale est traversée par une série de collines assez élevées qui se détachent des monts de la Bretagne et vont s'abaisser insensiblement vers le sud, où elles se terminent en plaines riches et fertiles;

les sommets sont arides, caillouteux, couverts de bruyères et d'ajonc, tandis que les vallées qu'ils dominent sont renommées par leur fraîcheur et leur fertilité; les plus hautes collines, situées dans l'arr. de Pontivy, offrent une élévation dont la moyenne ne dépasse pas 90 mètres au-dessus du niveau de la mer. Les côtes, frappées souvent avec fureur par l'Océan, sont déchirées par d'innombrables dentelures plus ou moins profondes, qui forment une grande quantité de baies et de petits ports. La presqu'île de Quiberon s'avance de trois lieues dans l'Océan; elle forme l'un des côtés d'une baie profonde et ne tient au continent que par un isthme très-étroit. De nombreuses îles avoisinent la côte; la principale est celle de Belle-Ile.

Plusieurs rivières et un grand nombre de ruisseaux arrosent le département; parmi les premières, la principale, la Vilaine, traverse la partie méridionale du département et se jette dans l'Océan près du village de Peneslin; ses affluents les plus considérables sont : l'Oust, la Claye, l'Arzt et l'Aphte; ce dernier sépare le département de celui d'Ille-et-Vilaine; le Blavet prend sa source dans le dép. des Côtes-du-Nord, reçoit le Scorff et se jette dans l'Océan près de Lorient; l'Auray et la Marle prennent leurs sources dans le département même et vont se rendre dans le grand golfe de Morbihan. Le département possède deux canaux, dont l'un, celui de Nantes à Brest ou canal de la Bretagne, le traverse du S.-E. au N.-O., et le second, le canal du Blavet, remonte cette rivière d'Hennebont à Pontivy; sa longueur totale est de 60,000 mètres.

Le climat est assez tempéré; cependant la grande quantité de marais et d'étangs et le vent de la mer occasionnent des brouillards, dont les émanations produisent, dans quelques régions, des maladies endémiques, notamment les fièvres intermittentes.

Le département produit des céréales en quantité plus que suffisante pour la consommation des habitants; il fournit annuellement pour l'exportation près d'un million d'hectolitres de grains; on y récolte peu de froment, mais beaucoup de millet, de sarrasin, du seigle, de l'avoine, du maïs, des lentilles, des navets; on y cultive en grand le lin et le chanvre, qui sont d'une qualité supérieure; des fruits, surtout ceux à cidre, dont la production annuelle s'élève à 250,000 hectolitres. Les forêts sont peu considérables et n'occupent qu'une superficie de 18,000 hectares.

Les richesses minérales du département consistent dans quelques mines de fer exploitées à ciel ouvert, de sable ferrugineux, pouvant servir d'émeri, une mine de plomb à St.-Hermel, des traces d'étain, de belles carrières de granit, de quartz, de pierres de taille, des cristaux de roche, des terres argileuses pour poterie, quelques ardoisières et de la houille, plusieurs sources minérales ferrugineuses.

Les pâturages y sont excellents; l'on y élève beaucoup de gros et menu bétail; les chevaux y sont bons et nombreux, et l'on estime surtout la race des doubles bidets, inférieure à la race normande pour la beauté, mais plus capable de résister aux longs travaux; on y élève beaucoup d'abeilles qui fournissent un miel très-estimé; on y trouve une assez grande quantité de loups et de renards; le menu gibier n'y est pas rare; les oiseaux aquatiques surtout abondent; les rivières et la côte sont peuplées par un grand nombre de poissons d'eau douce et de mer, principalement de brochets, d'aloses, de harengs et surtout de sardines; les huîtres et plusieurs autres mollusques y sont communs.

L'industrie manufacturière compte une grande quantité de fabriques de gros draps, d'étoffes de laine, de toiles de lin et de chanvre, des filatures de coton, des fabriques de dentelles, de chapeaux communs, beaucoup de tanneries, de papeteries, des brasseries, etc. Les chantiers dans les ports de mer fournissent annuellement une grande quantité de petits navires élégants et solides; l'industrie métallurgique compte trente-cinq forges et fourneaux, de nombreuses briqueteries, des tuileries, une exploitation considérable des carrières de granit, de pierres de taille, d'ardoises; celle des marais salants le long des côtes, occupe un grand nombre d'ouvriers; elles produisent annuellement 200,000 myriagrammes de sel; l'industrie rurale produit outre les céréales, du chanvre et du lin, du beurre très-estimé, de beaux bestiaux; la pêche de la sardine, des huîtres et de plusieurs gros poissons est une branche des plus considérables de l'industrie; celle de la sardine seule occupe plus de 3000 ouvriers; le produit s'élève de 180 à 200,000 milliers, dont une grande partie sont embarillés et salés.

Le commerce des côtes consiste presque tout en cabotage; il exporte principalement les grains, le beurre, le miel, le chanvre, du poisson salé, des toiles, du cuir et autres produits du pays.

Le département est divisé en 4 arrondissements, 37 cantons et 228 communes.

Les chefs-lieux d'arrondissement sont :

Vannes . .	11 cant.	74 com.	125,898 hab.
Pontivy . .	7 «	45 «	101,345 «
Lorient . .	11 «	48 «	133,307 «
Ploermel .	8 «	61 «	89,193 «
	37 cant.	228 com.	449,743 hab.

Il nomme six députés, fait partie de la treizième division militaire, dont le quartier-général est à Rennes; est du ressort de la cour royale et de l'académie de la même ville, du diocèse de Vannes suffragant de l'archevêché de Tours; il fait partie de la vingt-cinquième conservation forestière et de la dixième inspection des ponts-et-chaussées, dont le chef-lieu est Rennes; de la première division des mines, dont le chef-lieu est Paris. Il a 6 colléges et 223 écoles primaires.

MORCÉGOS, île dans la baie d'Angra-dos-Reys, côte S. de la prov. de Rio-Janeiro, emp. du Brésil.

MORCENX, vg. de Fr., Landes, arr. de Mont-de-Marsan, cant. d'Arjuzanx, poste de Tartas; 810 hab.

MORCHAIN, vg. de Fr., Somme, arr. de Péronne, cant. et poste de Nesle; 490 hab.

MORCHAMPS, vg. de Fr., Doubs, arr. de Baume-les-Dames, cant. et poste de Rougemont; 50 hab.

MORCHIES, vg. de Fr., Pas-de-Calais, arr. d'Arras, cant. de Bertincourt, poste de Bapaume; 480 hab.

MORCONE, b. du roy. des Deux-Siciles, prov. de Molise; fabr. de draps; 4700 hab.

MORCOURT, vg. de Fr., Aisne, arr., cant. et poste de St.-Quentin; 430 hab.

MORCOURT, ham. de Fr., Oise, com. de Feigneux; 120 hab.

MORCOURT, vg. de Fr., Somme, arr. de Péronne, cant. de Bray-sur-Somme, poste d'Albert; 620 hab.

MORDAGNE, ham. de Fr., Tarn-et-Garonne, com. d'Espinas; 450 hab.

MORDELLES, vg. de Fr., Ille-et-Vilaine, arr., à 3 l. O.-S.-O. et poste de Rennes, chef-lieu de canton; 2610 hab.

MORDY, pet. v. de Pologne, woïwodie de Podlahie; 860 hab.

MORÉ, ham. de Fr., Loir-et-Cher, com. de St.-Claude-de-Diray; 800 hab.

MORÉ (Saint-), vg. de Fr., Yonne, arr. d'Avallon, cant. de Vezelay, poste d'Arcy-sur-Cure; 410 hab.

MORÉAC, vg. de Fr., Morbihan, arr. de Pontivy, cant. et poste de Locminé; 2540 h.

MOREAU (Grand et Petit-), ham. de Fr., Seine-Inférieure, com. de Grandes-Ventes; 220 hab.

MORÉE (la), le *Péloponèse* des anciens, est située entre 36° 36′ et 38° 40′ lat. N., et a 390 l. c. géogr. de superficie. Cette grande presqu'île, dont la forme a été comparée à celle d'une feuille de platane, est baignée à l'E. par la mer Egée ou l'Archipel, au S. et à l'O. par la mer Méditerannée. Elle tient à la terre ferme par l'isthme de Corinthe (aujourd'hui défilés de Kardos) qui n'a qu'une lieue de large. Les mers dont elle est entourée forment sur les côtes un grand nombre d'enfoncements dont les plus remarquables sont au N. le golfe de Lépanthe, au N.-E. le golfe d'Égine ou d'Athènes, à l'E. celui de Napoli, au S. les golfes de Colokythia et de Coron, à l'O. les golfes d'Arcadia et de Gastouni, au N.-O. ceux de Clarentia et de Patras. Les principaux caps qui terminent les promontoires dont les saillies forment les golfes que nous venons de nommer, sont au S. le Capo Gallo (autrefois Acritas), le cap Matapan (autrefois Tanarum) et le cap Malio ou Saint-Ange; au S.-E. le cap Skylli, au N. de l'île d'Hydra. La Morée est toute couverte de montagnes; au centre s'élève le plateau de l'Arcadie, ceint au N. par les monts Cylléniques, au S. par la chaîne la plus considérable de l'ancien Taygète, aujourd'hui Pentedaktylon qui se termine au cap Matapan. Les cours d'eau de la presqu'île n'ont rien de remarquable et ne sont pour la plupart que de simples torrents; mais l'histoire et la mythologie ont rendu célèbre un grand nombre d'entre eux: nous citerons parmi les plus remarquables l'Eurotas, aujourd'hui Vasili-Potamos, qui se jette au S. dans le golfe de Colokythia; l'Alphée, aujourd'hui Rafia, qui coule à l'O. vers la mer Ionienne (c'est le plus grand cours d'eau de la Morée), et le Penée, aujourd'hui Gastouni, qui prend la même direction. Depuis la destruction de presque toutes les forêts du Péloponèse, le climat est devenu moins sain et plus chaud que dans l'antiquité. Dans les contrées bien arrosées le terrain est toujours fertile, mais la culture très-négligée. Pendant la guerre de l'indépendance, la dévastation de la Morée fut complète. La population qui, avant ces 12 années de guerre, montait à 5 ou 600,000 habitants, est descendue à 200,000. La plupart des villes sont encore en ruines et beaucoup de villages abandonnés. Il faut espérer que l'ordre et la paix qui y règnent aujourd'hui, et les efforts d'un gouvernement qui prétend se rendre national, guériront les blessures de ce malheureux pays et lui rendront son ancienne splendeur. Les principaux produits de la Morée consistent en olives, soie, coton, riz, figues et autres fruits du sud, vins et raisins de Corinthe qu'on exporte en grande quantité, (425,000 quintaux selon Pouqueville, 480,000 selon Serouni). L'éducation des abeilles y est très-répandue.

La Morée actuelle fait partie du nouveau roy. de Grèce et est divisée en cinq nomos ou départements qui sont:

NOMOS.	CHEFS-LIEUX ET ENDROITS REMARQUABLES.
Argolide	Nauplie, Argos, Corinthe, Hydra, Castri, Granidi, l'île Spezzia, Poros, Damala.
Achaïa et Élide	Patras, Vostiza, Kalavrita, Pyrgos, Gastouni.
Messénie	Arcadia, Phanari, Modon, Navarin, Coron.
Arcadie	Tripolitza, Carithène, Prastos.
Laconie	Mistra, Monembasi; le canton de Maina, si connu par les intrépides habitants, les Mainotes, fait partie de la Laconie.

Des colonies égyptiennes et phéniciennes apportèrent dans l'ancien Péloponèse les premières notions des sciences, des arts et du commerce. Bientôt de nombreux états furent fondés et il s'éleva des cités dont les noms sont à jamais célèbres. C'est là que fleurirent Sparte, Argos et Messène; c'est de cette dernière ville que partit la colonie qui fonda en Sicile la ville de Messine; Corinthe devint une des cités les plus commerçantes du monde ancien. Lorsque les aigles romaines s'appesantirent aussi sur la Grèce, le Péloponèse suivit les destinées de la commune patrie et forma avec la Livadie une province romaine. Plus tard il partagea les destinées de l'empire grec et tomba en partie au pouvoir des Osmanlis. Au seizième siècle, la république de Venise s'empara du Péloponèse qui sous les derniers empereurs grecs avait pris le nom de Morée, et le garda jusqu'au commencement du dix-huitième siècle où Achmet III le soumit de nouveau à la puissance turque. Mais le sentiment de l'indépendance resta vivant; les Mainotes, retranchés dans leurs montagnes, surent se défendre; de nombreuses insurrections précédèrent la dernière guerre qui délivra les Grecs et à la réussite de laquelle contribua si puissamment l'expédition française commandée par le maréchal Maison.

MORÉE, b. de Fr., Loir-et-Cher, arr. et à 4 l. N.-E. de Vendôme, poste de Cloye (Eure-et-Loir), chef-lieu de canton, sur la rive gauche du Loir. C'était jadis une place forte, et l'on y voit encore de vieilles murailles avec leurs bastions; 1250 hab.

MORÉIL (Saint-), vg. de Fr., Creuse, arr. et poste de Bourganeuf, cant. de Royère, 1030 hab.

MOREL (Saint-), vg. de Fr., Ardennes, arr. et poste de Vouziers, cant. de Monthois; 420 hab.

MORÉLIA, autrefois VALLADOLID-DE-MECHOACAN, v. et chef-lieu de l'état de Mechoacan, confédération mexicaine, au centre de la belle vallée d'Olid, arrosée par deux fleuves et sous un climat délicieux. La ville est assez grande et bien bâtie; ses principaux édifices sont: la cathédrale, un des plus beaux temples du Mexique, les bâtiments du séminaire et l'aquéduc qui conduit l'eau à la ville et dont la construction a coûté près de 500,000 francs. Morélia est le siége d'un évêque et renferme un collége avec un séminaire, un des plus fréquentés de la confédération, une école pour les Indiens, un institut pour les jeunes filles, un hôpital et plusieurs couvents. Ses marchés et son commerce sont importants. La ville fut fondée en 1536 par Christoval de Olid. Elle est la patrie du fameux Iturbide, qui, sous le nom d'Augustin Ier, fut empereur du Mexique de 1821—1823; 25,000 hab.

MORELLA, v. d'Espagne, roy. et à 31 l. N. de Valence, chef-lieu du district de même nom; située sur la pente d'un rocher escarpé, couronné par un château fort et ceinte d'épaisses murailles flanquées de 16 tours; elle possède une belle église paroissiale, 3 couvents, 2 hôpitaux, une fontaine publique et plusieurs citernes; fabr. d'étoffes de laine; 4850 hab.

MORELLES, ham. de Fr., Drôme, com. de Moras; 200 hab.

MORELMAISON, vg. de Fr., Vosges, arr. de Neufchâteau, cant. et poste de Châtenois; 220 hab.

MORELS (les), ham. de Fr., Isère, com. de St.-Jean-de-Moirans; 100 hab.

MOREMBERT, vg. de Fr., Aube, arr. d'Arcis-sur-Aube, cant. et poste de Ramerupt; 130 hab.

MOREN, lac de la Suède centrale, prov. d'Oerebro.

MORÉNA (Sierra), chaîne de montagnes qui s'étend sur la partie N.-O. de l'île de Cuba.

MORÉNA (Sierra). *Voy.* SIERRA MORENA.

MORENCHIES, vg. de Fr., Nord, arr., cant. et poste de Cambrai; 110 hab.

MORÉNO (Monte-), montagne élevée de l'emp. du Brésil, prov. d'Espiritu-Santo, tout près de la baie de ce nom.

MOREOTE, b. de Suisse, cant. du Tesin; culture du vin et de la soie.

MORESTEL, b. de Fr., Isère, arr. et à 3 1/2 l. N. de la Tour-du-Pin, chef-lieu de canton et poste; fabr. de sucre de betteraves; 1470 hab.

MORETEL, vg. de Fr., Isère, arr. de Grenoble, cant. et poste de Goncelin; 420 hab.

MORET, pet. v. de Fr., Seine-et-Marne, arr. et à 3 l. S.-E. de Fontainebleau et à 17 l. de Paris, chef-lieu de canton et poste; elle est située sur le canal de Loing, près de son débouché dans la Seine. Moret était autrefois fortifié et avait un château fort, dont il ne reste que des ruines. Les portes de la ville existent encore. Nombreux moulins; carrières de grès et commerce considérable en farine, soie et blés; les vins des environs sont recherchés pour leur couleur; 1655 hab. Cette petite ville était autrefois le siége d'un comté.

MORETON, île de l'Australie, à l'entrée de la baie du même nom, sur la côte N.-E. de la Nouvelle-Galles du Sud, sous 27° 30″ lat. S. et 151° 6′ 15″ long. orient. Au S. de la baie, désignée sur certaines cartes sous le nom de Glashouse, s'élève le cap Moreton.

MORETON-HAMPSTEAD, b. d'Angleterre, comté de Devon; florissant par ses manufactures de laine.

MORETTA, gros b. du Piémont, prov. de Saluzzo; pèlerinage; 6000 hab.

MORETTE, vg. de Fr., Isère, arr. de St.-Marcellin, cant. et poste de Tullins; 500 h.

MOREUIL, pet. v. de Fr., Somme, arr. et à 3 l. N. de Montdidier et à 27 l. de Paris, chef-lieu de canton, poste d'Hangest; fabr. de bonneterie; 2060 hab.

MOREY, vg. de Fr., Côte-d'Or, arr. de Dijon, cant. et poste de Gevrey; vins fins; 660 hab.

MOREY, vg. de Fr., Meurthe, arr. de Nancy, cant. de Nomény, poste de Pont-à-Mousson; 270 hab.

MOREY, vg. de Fr., Haute-Saône, arr. de Vesoul, cant. de Vitrey, poste de Cintrey; 790 hab.

MOREY, vg. de Fr., Saône-et-Loire, arr. de Châlon-sur-Saône, cant. de Givry, poste du Bourgneuf; 440 hab.

MOREZ, b. de Fr., Jura, arr. et à 4 l. N.-E. de St.-Claude et à 111 l. de Paris, chef-lieu de canton et poste; ce bourg, situé dans les montagnes, près de la frontière suisse et sur la route de Paris à Genève, est traversé par la Bienne et possède des fabriques d'horlogerie, tournebroches, limes, lunettes, clouterie, cadrans d'émail; tanneries; teintureries; tirerie de fil de fer, forges; entrepôts de fromages de Gruyère; commerce de transit; 2510 hab.

MORFONTAINE, vg. de Fr., Moselle, arr. de Briey, cant. et poste de Longwy; 520 hab.

MORFONTAINE ou **MORTEFONTAINE**, vg. de Fr., Oise, arr., cant. et à 2 l. S. de Senlis, poste de Louvres (Seine-et-Oise). Il est remarquable par sa situation pittoresque et par son magnifique château, qui fut pendant treize ans la propriété de Joseph Napoléon. Le parc immense qui dépend du château de Morfontaine présente des beautés de tout genre : des bois, des montagnes, des rochers, des lacs, des étangs, des îles, plusieurs métairies, etc. La population de ce village, y compris les hameaux de Charlepont et Montaby, est de 500 hab.

C'est dans le château de Morfontaine que fut signée, en 1800, la paix entre la république française et les États-Unis.

MORFYL ou **MORPHYL, ILE DE L'IVOIRE**, île considérable et bien peuplée de la Sénégambie septentrionale, formée par le Sénégal, qui s'y divise, à peu de distance de Goumel, en deux bras (le Bilbas, nommé Morfyl dans son cours inférieur, et le Sénégal proprement dit), pour former les îles de Bilbas et de Morfyl, dont la dernière a 50 l. de long sur 8 à 10 de large, et abonde en coton, tabac et indigo. On y trouve entre autres lieux Podor, où les Français avaient autrefois un établissement.

MORGAN, île de l'Australie, près des côtes septentrionales de la Nouvelle-Hollande, au N. de la Terre-de-Carpentarie, dont elle est une dépendance géographique, sous 13° 27′ 30″ lat. S. et 133° 49′ 15″ long. orient. C'est sur cette île qu'en 1802 Flinders et ses compagnons furent assaillis par une horde indigène, qui tua un de leurs matelots.

MORGAN, comté de l'état d'Alabama, États-Unis de l'Amérique du Nord; il est borné par les comtés de Limestone, Madison, Blount, Lawrence et le pays des Tchérokis. Ce pays est compris dans la vallée du Tennessée et arrosé par des affluents de ce fleuve. Athens en est le chef-lieu; 8000 hab.

MORGAN, comté de l'état de Géorgie, États-Unis de l'Amérique du Nord. Ses bornes sont : les comtés de Clarke, Greene, Putnam, Jasper et Walton. Pays fertilisé par l'Alatamaha et ses affluents; Madison est le chef-lieu du comté; 16,000 hab.

MORGAN, comté de l'état d'Ohio, États-Unis de l'Amérique du Nord; il est entouré des comtés de Muskingum, Guernesey, Washington, Athens, Hocking et Perry. Sol inégal et montueux; belles prairies arrosées par le Muskingum; Mac-Connelsville, sur le Muskingum, est le chef-lieu du comté; 8000 hab.

MORGAN, comté de l'état de Virginie, États-Unis de l'Amérique du Nord. Ses bornes sont : les comtés de Potowmak, Berkley et Hampshire; le Potowmak en est le principal cours d'eau; Francfort, sur le Paterson, est le chef-lieu du comté; 4000 hab.

MORGAN, comté de l'état de Tennessée, États-Unis de l'Amérique du Nord; il est borné par l'état de Kentucky et les comtés de Campbell, Anderson, Roane, Bledsœ et Overton. Pays très-montagnenx et encore peu cultivé; il est arrosé par le New-River; Montgoméry, sur le Brimsteak, est le chef-lieu du comté; 3600 hab.

MORGANTOWN. *Voyez* BUTLER (Kentucky).

MORGANTOWN. *Voy.* UNION (Kentucky).

MORGANTOWN. *Voyez* MONONGAHÉLA (comté).

MORGANTOWN, pet. v. det États-Unis de l'Amérique du Nord, état de la Caroline-du Nord, comté de Burke, dont elle est le chef-lieu, sur la Catawba; elle est très-importante par ses riches lavages d'or; 3500 hab. avec ses environs.

MORGANX, vg. de Fr., Landes, arr. de St.-Sever, cant. et poste d'Hagetmau; 370 h.

MORGARTEN, défilé célèbre de Suisse, cant. de Zug et sur la rive droite du lac Egeri. En 1315, 1800 Suisses y remportèrent une victoire éclatante sur 20,000 hommes de l'armée de Fréderic-le-Beau, duc d'Autriche. C'est dans ce même lieu qu'en 1799 fut livré un combat entre les Français et les Suisses, dans lequel les femmes de ces derniers combattirent avec un courage héroïque à côté de leurs maris et de leurs parents.

MORGE, riv. de Fr.; elle a sa source près de Loubeyrat, cant. de Manzat, arr. de Riom, Puy-de-Dôme; elle coule, en décrivant un arc de cercle, de l'O. vers l'E. et se jette dans l'Allier, après 12 l. de cours. Elle ne passe par aucune ville importante.

MORGELAZ, ham. de Fr., Ain, com. de St.-Rambert; 150 hab.

MORGEMOULIN, vg. de Fr., Meuse, arr. de Verdun, cant. et poste d'Etain; 310 hab.

MORGENSTERN, b. de Bohême, cer. de Bunzlau; très-industrieux; fabr. de toiles et de verre; 2000 hab.

MORGES ou **MORSÉE**, très-pet. v. de Suisse, cant. de Vaud, sur une baie du lac de Genève, avec un collége, une bibliothèque, l'école d'artillerie et l'arsenal du canton; douane; belles promenades; entrepôt des marchandises expédiées pour la France, l'Allemagne et l'Italie; 3000 hab.

MORGNY, vg. de Fr., Eure, arr. des Andelys, cant. et poste d'Étrepagny; 1030 h.

MORGNY, vg. de Fr., Seine-Inférieure, arr. de Rouen, cant. et poste de Buchy; 430 hab.

MORGNY-EN-THIÉRACHE, vg. de Fr., Aisne, arr. de Laon, cant. et poste de Rozoy-sur-Serre; 470 hab.

MORGON, ham. de Fr., Rhône, com. de Villié; 210 hab.

MORHANGE, vg. de Fr., Moselle, arr. de Sarreguemines, cant. de Gros-Tenquin, poste de Faulquemont; 1280 hab.

MORI, pet. v. de la rép. de Fantie, dans la Haute-Guinée, côte d'Or, avec le fort hollandais de Nassau, à 2 l. du cap Corse.

MORI, b. de Tyrol, cer. de Roveredo, peu loin de l'Adda; production de la soie très-considérable.

MORIAT, vg. de Fr., Puy-de-Dôme, arr. d'Issoire, cant. et poste de St.-Germain-Lembron; 600 hab.

MORICCIO, ham. de Fr., Corse, com. d'Argiusta; 270 hab.

MORICQ, vg. de Fr., Vendée, com. d'Angles; ce village possède un petit port de mer à l'embouchure du Lay; on en exporte: grains, fèves, haricots, bois de construction et à brûler, merrains, cercles, feuillard, charbon de bois, grosse poterie. On y remarque une digue-modèle, à l'instar des polders hollandais; 350 hab.

MORIENNE, ham. de Fr., Seine-Inférieure, com. de Ste.-Marguerite; 300 hab.

MORIENVAL, vg. de Fr., Oise, arr. de Senlis, cant. et poste de Crépy; 830 hab.

MORIÈRES, vg. de Fr., Calvados, arr. et poste de Falaise, cant. de Coulibœuf; 130 hab.

MORIÈRES, ham. de Fr., Vaucluse, com. d'Avignon; 1590 hab.

MORIERS, vg. de Fr., Eure-et-Loir, arr. de Châteaudun, cant. et poste de Bonneval; 350 hab.

MORIÉS, vg. de Fr., Basses-Alpes, arr. et poste de Castellane, cant. de St.-André; source d'eau salée; 720 hab.

MORIEUX, vg. de Fr., Côtes-du-Nord, arr. de St.-Brieuc, cant. et poste de Lamballe; 620 hab.

MORIGNY, vg. de Fr., Manche, arr. de St.-Lô, cant. de Percy, poste de St.-Sever; 320 hab.

MORIGNY, ham. de Fr., Saône-et-Loire, com. de Palinges; 120 hab.

MORIGNY, vg. de Fr., Seine-et-Oise, arr., cant. et poste d'Étampes; 1000 hab.

MORILLON (Saint-), vg. de Fr., Gironde, arr. de Bordeaux, cant. de la Brède, poste de Castres; 800 hab.

MORILLOS (punta de los), promontoire sur la côte de l'état de Véra-Cruz, confédération mexicaine.

MORIN, *Muora*, riv. de Fr.; a sa source dans le dép. de la Marne, dans les environs de Soisy-aux-Bois, cant. de Sezanne, arr. d'Épernay; elle se dirige vers l'O., passe à Esternay, entre dans le dép. de Seine-et-Marne, baigne la Ferté-Gaucher, Coulommiers, Crecy, et se jette dans la Marne, au-dessus du village de Jablines, après 25 l. de cours.

MORIN (le Petit-), *Muora*, riv. de Fr., a sa source dans le même département que la précédente, près du village de Morains-le-Petit, cant. de Vertus, arr. d'Épernay; sa direction est également vers l'O.; elle passe à Pont-St.-Prix et à Montmirail, pénètre dans le dép. de Seine-et-Marne et se jette dans la Marne près de la Ferté-sous-Jouarre, après 16 l. de cours.

MORINGEN, v. du roy. de Hanovre, gouv. de Hildesheim, sur le Marbach; elle a une grande maison de correction; 1500 hab.

MORINGHEM-DIFQUES, vg. de Fr., Pas-de-Calais, arr., cant. et poste de St.-Omer; 480 hab.

MORINI, g. a., peuplade de la Haute-Belgique, dans le N. de la Picardie, ou César s'embarqua pour la Grande-Bretagne; ils passaient longtemps pour un des peuples les plus reculés du globe. Villes: Civitas Morinorum ou Ternanna, Ternenne, Castellum Morinorum et Itius; Iccius, port.

MORINTAY. *Voyez* MORTAY.

MORINTRU, ham. de Fr., Seine-et-Marne, com. de la Ferté-sous-Jouarre; 200 hab.

MORI-OKA ou GRAND-NAMBOU, v. de l'emp. du Japon, prov. de Mouts, dans le Tosando.

MORIONVILLIERS, vg. de Fr., Haute-Marne, arr. de Chaumont-en-Bassigny, cant. de St.-Blin, poste d'Andelot; 160 hab.

MORISEL, vg. de Fr., Somme, arr. de Montdidier, cant. de Moreuil, poste d'Hangest; fabr. de papier; 440 hab.

MORISÈS, vg. de Fr., Gironde, arr., cant. et poste de la Réole; 570 hab.

MORITZ (Saint-), pet. vg. de Suisse, cant. des Grisons; source minérale très-renommée.

MORITZ (Saint-) [Saint-Maurice], jolie pet. v. de Suisse, cant. de Valais, sur le Rhône qu'on y passe sur un pont très-hardi. C'est la véritable clef du Bas-Valais; commerce de transit. Ses environs offrent plusieurs curiosités naturelles: l'Ermitage, taillé et comme suspendu sur les flancs d'une roche nue et escarpée; la cascade de la Pissevache; les glaciers de la Dent-du-Midi et de la Dent-de-Morèles; et le petit pont sur lequel on traverse le torrent Trient, qui vient de la Valorsine et qui coule au bas d'une fente énorme d'environ 400 mètres de profondeur et de 4 mètres de largeur.

MORIVAL, ham. de Fr., Somme, com. de Vismes; 130 hab.

MORIVILLE, vg. de Fr., Vosges, arr. d'Épinal, cant. de Châtel-sur-Moselle, poste de Nomexy; 650 hab.

MORIVILLER, vg. de Fr., Meurthe, arr. de Lunéville, cant. et poste de Gerbéviller; 360 hab.

MORIZÉCOURT, vg. de Fr., Vosges, arr. de Neufchâteau, cant. et poste de Lamarche; belles pierres de taille; 370 hab.

MŒRKŒ, pet. île et paroisse de la Suède mi-centrale, prov. de Nykœping, située dans la Mer Baltique.

MORKONA, g. a., v. de la Palestine, dans la tribu de Juda, entre Eleuthéropolis et Jérusalem.

MORKOWITZ, b. de la Moravie autrichienne, cer. de Hradisch; ses habitants élèvent une grande quantité de volaille, surtout d'oies, et font un grand commerce de plumes; 1500 hab.

MORLAAS, pet. v. de Fr., Basses-Pyrénées, arr., à 3 l. N.-E. et poste de Pau, chef-lieu de canton. On récolte d'excellent vin sur son territoire; 1864 hab. Cette petite ville, située sur le Lug de France, est fort ancienne; elle occupe l'emplacement de l'antique *Benearum*. Elle a appartenu aux Visigoths, aux Francs, aux Gascons, et devint ensuite la résidence des vicomtes de Béarn. Elle passa à la France, en 1620, par un édit de Louis XIII, qui réunit le Béarn et ses autres domaines patrimoniaux à la couronne.

MORLAC, vg. de Fr., Cher, arr. de St.-Amand-Mont-Rond, cant. du Châtelet, poste de Lignières; 810 hab.

MORLAINCOURT, vg de Fr., Meuse, arr. de Commercy, cant. de Void, poste de Ligny; 340 hab.

MORLAIX, ham. de Fr.. Somme, com. de Ponthoile; 170 hab.

MORLAIX, *Morlocum*, *Mons Relaxus*, v. et port de Fr., Finistère, à 25 l. N.-N.-E. de Quimper, à 12 l. N.-E. de Brest et à 136 l. O. de Paris, chef-lieu d'arrondissement; siége de tribunaux de première instance et de commerce; direction des contributions indirectes; conservation des hypothèques et chambre consultative des manufactures. Cette ville est située au confluent des deux petites rivières de Jarleau et de Kerlent, dont la réunion, qui prend le nom de Morlaix, forme le port. Celui-ci occupe le centre de la ville; il a de très-jolis quais, bordés d'élégantes maisons. La rade, vaste et sûre, est défendue par un château et par des montagnes qui la ceignent comme un rempart. Le Morlaix partage la ville en deux quartiers, celui de St.-Léon et celui de Tréguier; un troisième quartier, nommé St.-Martin, est situé sur un plateau qui domine la ville. La salle de spectacle, l'hôtel de ville, la grande voute sous laquelle passent les deux rivières, la manufacture des tabacs, l'hôpital, l'église St.-Mathieu, le parc de Kernegues et plusieurs belles promenades méritent d'être mentionnés. Morlaix possède une école de navigation, une école de dessin et une société d'agriculture. Son industrie consiste dans la fabrication de toiles, papier, cuirs; dans ses blanchisseries et ses chantiers de construction. Le commerce consiste principalement dans l'exportation des tabacs, des toiles à voiles et autres, du beurre, du suif, de la cire, du miel, des grains, du lin, du chanvre, du bétail, et des chevaux du pays. On y fait aussi des armements pour la pêche de la morue. Foires: 15 octobre, 25 novembre et le deuxième samedi de chaque mois, octobre et novembre exceptés; 9740 hab.

Cette ville est la patrie du général Moreau (Jean-Victor), né en 1761. La dernière année de sa vie a flétri ses lauriers de Hochstædt, Nœrdlingen et Hohenlinden: il était dans les rangs des ennemis de la France, lorsqu'un boulet français le frappa à mort près de Dresde, le 27 août 1813; il mourut cinq jours après, à Laun, en Bohême.

Morlaix est une ville ancienne, mais l'époque de sa fondation n'est pas connue. Elle avait de l'importance déjà au quatorzième siècle. Les Anglais s'en emparèrent en 1374; mais les bourgeois se soulevèrent, introduisirent les Français dans la place et massacrèrent les Anglais. En 1522 les Anglais la surprirent de nouveau, la saccagèrent et se retirèrent chargés de butin; mais l'ivresse ayant retenu une partie de l'expédition dans un bois voisin, les habitants firent main basse sur ceux qu'ils purent atteindre et les taillèrent en pièces. Pendant la guerre de la ligue, le château de Morlaix soutint un siége de vingt-quatre jours contre les troupes de Henri IV, auquel elle se rendit en 1594.

MORLANCOURT, vg. de Fr., Somme, arr. de Péronne, cant. de Bray-sur-Somme, poste d'Albert; 1050 hab.

MORLANGE, ham. de Fr., Moselle, com. de Bionville; 190 hab.

MORLANGE-LÈS-REMELANGE, ham. de Fr., Moselle, com. de Fameck; 210 hab.

MORLANNE, b. de Fr., Basses-Pyrénées, arr. d'Orthez, cant. et poste d'Arzacq; 810 h.

MORLAY ou **MOORLEY**, v. de l'Inde anglaise, présidence de Calcutta, chef-lieu du dist. de Djessore, dans le Bengale; est située sur le Boirud et traversée par la grande route qui va de Calcutta à Dakka; siége des autorités civiles du district et d'un tribunal.

MORLAYE (la), vg. de Fr., Oise, arr. de Senlis, cant. de Creil, poste de Luzarches; 580 hab.

MORLE (le), vg. de Fr., Cantal, arr. et poste de St.-Flour, cant. de Ruines; 190 h.

MORLET, vg. de Fr., Saône-et-Loire, arr. d'Autun, cant. et poste d'Épinac; 370 hab.

MORLEY, vg. de Fr., Meuse, arr. de Bar-le-duc, cant. de Montiers-sur-Saux, poste de Ligny; il s'y trouve un bel établissement orthopédique; 680 hab.

MORLHON, vg. de Fr., Aveyron, arr.,

cant. et poste de Villefranche-de-Rouergue; 650 hab.

MORLINCOURT, vg. de Fr., Oise, arr. de Compiègne, cant. et poste de Noyon; 250 hab.

MORMAISON, vg. de Fr., Vendée, arr. de Bourbon-Vendée, cant. et poste de Rocheservière; 620 hab.

MORMANNO, gros b. du roy. de Naples, prov. de la Calabre citérieure; 5000 hab.

MORMANT, vg. de Fr., Loiret, arr., cant. et poste de Montargis; 160 hab.

MORMANT, vg. de Fr., Seine-et-Marne, arr. et à 5 l. E.-N.-E. de Melun, chef-lieu de canton et poste; 860 hab.

MORMÈS, vg. de Fr., Gers, arr. de Condom, cant. et poste de Nogaro; 340 hab.

MORMOIRON, b. de Fr., Vaucluse, arr., à 3 l. E. et poste de Carpentras, chef-lieu de canton; mines de houille, sulfate de fer; commerce d'huiles, vins, fruits; 2350 hab.

MORMONT, ham. de Fr., Yonne, com. de St.-Maurice-le-Vieil; 160 hab.

MORNAC, vg. de Fr., Charente, arr., cant. et poste d'Angoulême; 1150 hab.

MORNAC, vg. de Fr., Charente-Inférieure, arr. de Marennes, cant. et poste de Royan; 690 hab.

MORNACH, vg. de Fr., Haut-Rhin, arr. d'Altkirch, cant. et poste de Ferrette; 510 h.

MORNAND, vg. de Fr., Loire, arr., cant. et poste de Montbrison; 410 hab.

MORNANS, vg. de Fr., Drôme, arr. de Die, cant. de Bourdeaux, poste de Saillans; 190 hab.

MORNANT, pet. v. de Fr., Rhône, arr. et à 5 l. S.-O. de Lyon, chef-lieu de canton et poste; fabr. de draps communs; 2150 hab.

MORNAS, b. de Fr., situé sur la rive gauche du Rhône, Vaucluse, arr., à 3 l. N.-O. et poste d'Orange, cant. de Bollène; filat. de soie; 1000 hab. Ce bourg, sans aucune importance, est bâti sur l'emplacement d'une ville romaine, *Forum Neronis*, ruinée par les premières invasions des Barbares. Il est situé au pied d'une haute falaise, que couronnent les ruines d'une ancienne forteresse, redoutable pendant les guerres religieuses qui ensanglantèrent la France. C'est du haut des murs de cette citadelle que le terrible baron des Adrets faisait précipiter ses prisonniers catholiques. L'église de Mornas était un temple consacré à Diane.

MORNAT, ham. de Fr., Creuse, com. de St.-Pardoux-les-Carts; 190 hab.

MORNAY, vg. de Fr., Ain, arr. et poste de Nantua, cant. d'Izernore; 460 hab.

MORNAY, vg. de Fr., Saône-et-Loire, arr. de Charolles, cant. et poste de St.-Bonnet-de-Joux; 600 hab.

MORNAY-BERRY, vg. de Fr., Cher, arr. de St.-Amand-Mont-Rond, cant. de Nérondes, poste de Villequiers; 430 hab.

MORNAY-SUR-ALLIER, vg. de Fr., Cher, arr. de St.-Amand-Mont-Rond, cant. et poste de Sancoins; 850 hab.

MORNAY-SUR-VINGEANNE, vg. de Fr., Côte-d'Or, arr. de Dijon, cant. et poste de Fontaine-Française; 250 hab.

MORNE-A-L'EAU ou **MORNE-SAINTE-ANNE**, b. dans l'intérieur de l'île de Guadeloupe Grande-Terre, arr. de Pointe-à-Pitre; 4000 hab., avec ses environs.

MOROCO ou **MOROCU**, **MOROCA**, fl. de la rép. de Vénézuela, dép. de l'Orénoque; descend de la Sierra Ymataca, dans la prov. de Guyane qu'il traverse dans une direction N.-E., et débouche dans l'Océan Atlantique.

MOROGES, vg. de Fr., Saône-et-Loire, arr. de Châlon-sur-Saône, cant. et poste de Buxy; 850 hab.

MOROGUES, vg. de Fr., Cher, arr. de Bourges, cant. et poste des Aix-d'Angillon; 1440 hab.

MOROKINNE, île rocheuse, stérile et déserte de l'archipel de Hawaï ou de Sandwich, dans la Polynésie ou Océanie orientale, au S.-O. de l'île Maouvi. Les habitants de Hawaï et de Maouvi la visitent fréquemment pour y pêcher ou pour y faire la chasse aux oiseaux aquatiques qui abondent sur cette île.

MOROLO, b. de l'état de l'Église, délégation de Frosinone.

MORONA, fl. de la rép. de l'Ecuador; naît, sous le nom d'Upango, au pied de la chaîne centrale des Andes (volcan de Sangay), dép. de l'Ecuador, prov. de Chimborazo; il traverse ce département, ainsi que celui d'Assuay, dans une direction S.-E., baigne la ville de Macas, reçoit de nombreux affluents, prend le nom de Morona au confluent du Puschaga et va grossir le Maragnon, au-dessous de Borja, après un cours très-considérable.

MORONVILLIERS, vg. de Fr., Marne, arr. et poste de Reims, cant. de Beine; 100 hab.

MOROSAGLIA, b. de Fr., Corse, arr., à 4 l. N.-N.-E. et poste de Corte, chef-lieu de canton; 820 hab.

MOROSQUILLO (Bahia de), baie vaste, mais peu abritée sur la côte O. du dép. de Magdaléna, rép. de la Nouvelle-Grenade.

MOROTAI ou **MORATY**, île de l'archipel de Hawaï ou de Sandwich, dans la Polynésie ou Océanie orientale, sous 159° 21′ long. occ. et 20° 34′ lat. N., au N.-O. de Maouvi; elle est longue, étroite et couverte de montagnes qui paraissent être un prolongement de celles de Maouvi; mais elles sont moins élevées que ces dernières. La côte orientale présente un aspect agréable; elle est bien arrosée, bien cultivée et la végétation y est vigoureuse. La côte opposée est sablonneuse et manque d'eau douce; mais elle a plusieurs bonnes baies qui offrent un ancrage sûr. Les navigateurs ne sont pas d'accord sur la population de cette île, dont la superficie est de 18 milles c. King l'évalue à 36,000 individus; Johnson n'en estime le nombre qu'à 17,000. Morotaï appartient au roi de Hawaï, qui la fait administrer par un gouverneur.

MOROTOCOS, peuplade indigène indépendante et guerrière, à l'E. de la prov. de Chiquitos, rép. de Bolivia, non loin de la frontière du Brésil; ils se divisent en plusieurs tribus, dont celles des Morotocos proprement dits, des Tamœnos, Cucurates ou Cucutades et Panonas sont les plus connues.

MORPETH, *Morstorpitum, Corstorpitum*, pet. v. d'Angleterre, comté de Northumberland, sur le Wansbeck; nomme un député. Grand commerce de bestiaux; 5000 hab.

MORRA, gros b. du roy. de Naples, prov. de la Principauté ultérieure; 3500 hab.

MORRE, vg. de Fr., Doubs, arr., cant. et poste de Besançon; 400 hab.

MORRIS, canal des États-Unis de l'Amérique du Nord, traverse la partie septentrionale de l'état de New-Jersey et forme une des communications entre l'Hudson et le Delaware; il commence à Philisburgh, vis-à-vis d'Easton, sur le Delaware, passe par Newark et aboutit à Jersey-City en fasse de New-York. Sa longueur est de 35 l. et son point culminant est de 300 mètres.

MORRIS, île dans le détroit de Long-Island et non loin de la côte S. de l'état de Connecticut, États-Unis, dont elle fait partie.

MORRIS, comté de l'état de New-Jersey, États-Unis de l'Amérique du Nord; il est borné par les comtés de Bergen, Essex, Sommerset, Hunterdon et Sussex et a une étendue de 23 l. c. géogr., avec 24,000 hab. Ce pays, très-montagneux, forme la partie la plus élevée de l'état et une des plus pittoresques de l'Amérique septentrionale; il donne naissance à de nombreuses rivières, qui en fertilisent le sol et dont nous citons: le Passaik, le Péquannon, le Muskonetgung et le Rockaway. On y trouve plusieurs sources minérales; celle de Washington est très-renommée. Cette province est en même temps une des plus riches de l'état en fer, bois, prairies et bétail.

MORRIS, baie sur la côte S.-O. de l'île d'Antigoa, Petites-Antilles.

MORRISTOWN, pet. v. des États-Unis de l'Amérique du Nord, état de New-Jersey, comté de Morris, dont elle est le chef-lieu, sur le Whippany; elle renferme une académie, une banque, une prison, un moulin à poudre et un martinet à cuivre; 4800 hab.

MORRISTOWN. *Voyez* BUNCOMBE.

MORRISVILLE, b. des États-Unis de l'Amérique du Nord, état de Pensylvanie, comté de Bucks, sur le Delaware; renferme des moulins à blé et à plâtre, des scieries, des forges et un martinet à platine.

MORRO (el). *Voyez* TUMACO.

MORRO-DE-CHAPEO. *V.* MANTIQUEIRA (Sierra).

MORRO-HERMOSO, promontoire sur la côte O. de la presqu'île de Californie, confédération mexicaine.

MORRONE, b. du roy. de Naples, prov. de Molise; 2500 hab.

MORROS (punta de), promontoire à l'O. de la presqu'île de Yucatan, confédération mexicaine.

MORS ou MONSO, île du Danemark, diocèse d'Aalborg, bge de Thisted; située dans le Lymfiorden; elle a 6 1/2 l. c. de superficie et compte 6000 hab., qui s'occupent de l'agriculture, de l'éducation du bétail et de la pêche.

MORSAIN, vg. de Fr., Aisne, arr. de Soissons, cant. et poste de Vic-sur-Aisne; 820 hab.

MORSAINS, vg. de Fr., Marne, arr. d'Épernay, cant. et poste de Montmirail; 230 hab.

MORSALINES, vg. de Fr., Manche, arr. de Valognes, cant. de Quettehou, poste de St.-Vaast-de-la-Hougue; 520 hab.

MORSAN, vg. de Fr., Eure, arr. de Bernay, cant. et poste de Brionne; 410 hab.

MORSANG-SUR-ORGE, vg. de Fr., Seine-et-Oise, arr. de Corbeil, cant. de Longjumeau, poste de Fromenteau; 400 hab.

MORSANG-SUR-SEINE, vg. de Fr., Seine-et-Oise, arr., cant. et poste de Corbeil; 160 hab.

MORSANS, ham. de Fr., Eure-et-Loir, com. de Neuvy-en-Dunois; 300 hab.

MORSBACH, vg. de Fr., Moselle, arr. de Sarreguemines, cant. et poste de Forbach; 530 hab.

MORSBORN, ham. de Fr., Moselle, com. de Hilsprich; 150 hab.

MORSBRONN, vg. de Fr., Bas-Rhin, arr. de Wissembourg, cant. de Wœrth-sur-Sauer, poste de Soultz-sous-Forêts; 680 hab.

MORSCHWILLER, vg. de Fr., Bas-Rhin, arr. de Strasbourg, cant. et poste de Haguenau; 580 hab.

MORSENT, vg. de Fr., Eure, arr., cant. et poste d'Évreux; 120 hab.

MORSIGLIA, vg. de Fr., Corse, arr. de Bastia, cant. et poste de Rogliano; 690 hab.

MORSWILLER. *Voyez* MORVILLARS.

MORSZAUCK, v. de la Russie d'Europe, gouv. de Tombou, sur la Lua; siége des autorités du cercle; manufacture de toiles et de cordage pour la marine; 5500 hab.

MORTAGNE, vg. de Fr., Nord, arr. de Valenciennes, cant. et poste de St.-Amand-les-Eaux; il est situé au confluent de l'Escaut et de la Scarpe; construction de bateaux; fabr. de bonneterie; tricotage de laine; 1220 hab.

MORTAGNE-LA-VIEILLE, ham. de Fr., Charente-Inférieure, com. de Thairé; 500 h.

MORTAGNE-LES-ROUGESEAUX, vg. de Fr., Vosges, arr. de St.-Dié, cant. de Brouvelieures, poste de Bruyères; forges; 945 h.

MORTAGNE-SUR-GIRONDE, b. de Fr., Charente-Inférieure, arr. de Saintes, cant. et poste de Cozes; 1460 hab.

MORTAGNE-SUR-HUISNE, *Moritania*, v. de Fr., Orne, à 9 l. E.-N.-E. d'Alençon et à

39 l. O. de Paris, chef-lieu d'arrondissement, siége d'un tribunal de première instance, direction des contributions indirectes et conservation des hypothèques. Elle est agréablement située sur le penchant d'un côteau au pied duquel sont les sources de la pet. riv. de Chippe; elle est bien bâtie et ses rues un peu escarpées sont bien percées. On y remarque la belle église et l'ancien couvent des capucins, transformés aujourd'hui en une vaste manufacture de toiles, l'église de St.-Jean, l'hospice, de belles halles, plusieurs fontaines et des restes d'anciennes fortifications; elle possède un collége communal. Cette ville est le centre d'une fabrication très-considérable de toiles, que l'on expédie aux colonies; elle a des fabriques d'étoffes de coton et de toiles canevas pour peinture, des tanneries, etc. Le commerce y a beaucoup d'activité et consiste principalement dans l'exportation des toiles et dans la vente de toute espèce de céréales, lin, chanvre, cidre, charcuterie, bétail, chevaux. Foires: les 1er décembre, troisième samedi de carême, le premier samedi de mai et d'octobre, même jour après le 23 juin et le 24 juillet; 5692 hab.

Mortagne, jadis place forte, est une ville très-ancienne; au dixième siècle elle fut prise par Robert Ier, roi de France. Charles V en fit raser les fortifications. Au quinzième siècle elle tomba au pouvoir des Anglais, qui en conservèrent la possession pendant vingt-cinq ans. Jean II, duc d'Alençon, la leur reprit en 1449. Pendant les guerres religieuses du seizième siècle, Mortagne fut plusieurs fois pillé et incendié.

MORTAGNE-SUR-SÈVRE, pet. v. de Fr., Vendée, arr. et à 9 l. N.-E. de Bourbon-Vendée, sur la rive droite de la Sèvre nantaise, à 89 l. de Paris, chef-lieu de canton et poste; elle est bâtie dans un site très-pittoresque, au haut d'une colline élevée, sur l'emplacement qu'occupait, du temps des Romains, l'antique Segora, une de ces nombreuses citadelles construites par les conquérants de l'époque, pour maintenir cette contrée insoumise des Gaules. Une vieille église gothique, les ruines d'un vaste monastère, des débris encore imposants d'une forteresse que les Anglais y construisirent au onzième siècle, sont les objets les plus remarquables de cette ville; fabr. de papiers, de toiles et cotonnades; exploitation de pierres de taille. Elle fait commerce de toiles, cuirs, laine, menu bétail et chevaux; 1511 h.

Mortagne, qui souffrit beaucoup pendant la guerre des Anglais et durant les guerres de religion, éprouva de plus grands désastres encore lors de l'insurrection de la Vendée. Les républicains y remportèrent une victoire sur les Vendéens en 1793.

MORTAIN, *Moretonium, Moritolium*, pet. v. de Fr., Manche, à 15 l. S.-S.-E. de St.-Lô et à 78 l. O. de Paris, chef-lieu d'arrondissement, siége d'un tribunal de première instance, direction des contributions indirectes et conservation des hypothèques. Sa situation sur la Cance, entre des rochers escarpés d'où cette petite rivière descend en formant plusieurs cascades, voilà ce que cette ville offre de plus remarquable; ses rues sont étroites, tortueuses et d'un aspect fort triste. Elle possède un collége et, à l'abbaye Blanche, hameau dépendant de cette commune, une école secondaire ecclésiastique; des fabriques considérables de toiles et de broderies, une manufacture de poterie de grès, etc. Dans les environs se trouvent des forges nombreuses et des eaux minérales. Commerce de toiles, quincaillerie, papier, verrerie, basanes, chanvre, beurre salé et bétail. Foires: le premier samedi de chaque mois; 2521 hab.

Mortain, ville très-ancienne, était jadis une place forte et siége d'un comté.

MORTAIN, ham. de Fr., Deux-Sèvres, com. d'Ardin; 150 hab.

MORTANVELZ, vg. du roy. de Belgique, prov. de Hainaut, arr. de Charleroi, sur la Haine. Près de là on voit le château de Marimont, avec une fonderie et des mines de houille; 1470 hab.

MORTARA, prov. du Piémont, bornée au N. par la prov. de Vigevano, à l'E. par le gouv. de Milan, au S.-E. par la prov. de Voghera, au S. par celle de Tortona, au S.-O. par celle d'Alessandria et à l'O. par celle de Vercelli. Sa superficie est de 17 l. c. et sa population de 60,000 âmes, distribuées dans une ville et 84 bourgs et villages. C'est une grande plaine arrosée au S. par le Pô, à l'E. par le Tessin, à l'O. par le Sesia et dans l'intérieur par l'Agogna et le Terdoppio; son sol est extrêmement fertile, surtout en riz, blé, lin et mûriers; on récolte en outre du maïs, de l'orge, des légumes secs, du vin et des fruits. L'agriculture et l'éducation des bêtes à cornes sont également florissantes; la production de la soie est aussi très-importante. Cette province faisait autrefois partie du Milanais et portait le nom de Lumellina.

MORTARA, *Pulchra Sylva*, v. murée du Piémont, chef-lieu de la province du même nom. Ses habitants, au nombre de 4000, s'occupent exclusivement de la culture du riz.

MORTAY, île de la Malaisie, appartient au groupe des Moluques. Elle est située au N.-E. de Gilolo, sous 125° 50' et 126° 5' long. orient. et entre 2° et 3° lat. N. Elle est assez grande, couverte de montagnes et toute boisée. Ses habitants, en petit nombre, sont soumis au sultan de Ternate. Le village de Tolla peut être regardé comme le chef-lieu de l'île.

MORTCERF, vg. de Fr., Seine-et-Marne, arr. de Coulommiers, cant. de Rozoy-en-Brie, poste de Farremoutiers; 770 hab.

MORTE (mer). *Voyez* BAHR-EL-LOUTH.

MORTE (la), vg. de Fr., Isère, arr. de

Grenoble, cant. d'Entraigues, poste de Vizille; 340 hab.

MORTEAU, b. de Fr., Doubs, arr. et à 6 1/2 l. N.-N.-E. de Pontarlier, chef-lieu de canton et poste. Ce bourg, situé près du Doubs, dans un très-beau vallon, est très-commerçant; il possède une école d'horlogerie; fonderie de cuivre, tannerie; teinturerie renommée; fabr. de siamoise; 1560 h.

MORTEAU, vg. de Fr., Haute-Marne, arr. de Chaumont-en-Bassigny, cant. et poste d'Andelot; affineries; 50 hab.

MORTEAUX, vg. de Fr., Calvados, arr. et poste de Falaise, cant. de Coulibœuf; 540 hab.

MORTED ou **CEOS**. *Voyez* ZÉA.

MORTEFOND, ham. de Fr., Deux-Sèvres, com. de Verrine-sous-Celles; 150 hab.

MORTE-FONTAINE, vg. de Fr., Aisne, arr. de Soissons, cant. de Vic-sur-Aisne, poste de Villers-Cotterets; 220 hab.

MORTEFONTAINE, vg. de Fr., Oise, arr. de Beauvais, cant. et poste de Noailles; fabr. de boutons de nacre; 280 hab.

MORTEFONTAINE, vg. de Fr., Oise, arr. et cant. de Senlis, poste de la Chapelle-en-Serval; grand établissement d'horticulture; 410 hab.

MORTEMART, vg. de Fr., Haute-Vienne, arr. et poste de Bellac, cant. de Mézières; 270 hab.

MORTEMER, vg. de Fr., Oise, arr. de Compiègne, cant. et poste de Ressons; 470 hab.

MORTEMER-EN-BRAY, vg. de Fr., Seine-Inférieure, arr., cant. et poste de Neufchâtel-en-Bray; 240 hab.

MORTERAY (le), ham. de Fr., Ain, com. de St.-Alban; 150 hab.

MORTEROLLE, vg. de Fr., Creuse, arr. et poste de Bourganeuf, cant. de Royère; 410 hab.

MORTEROLLES, vg. de Fr., Haute-Vienne, arr. de Bellac, cant. de Bessines, poste; 640 hab.

MORTERY, vg. de Fr., Seine-et-Marne, arr., cant. et poste de Provins; 115 hab.

MORTES (les), ham. de Fr., Jura, com. de Ruffay; 120 hab.

MORTES (Rio-das-). *Voyez* ARAGUAYA.

MORTES (Rio-das-), ville. *Voyez* JOAO-DEL-REY (San-).

MORTEUIL, ham. de Fr., Côte-d'Or, com. de Merceuil; 150 hab.

MORTHEMER, vg. de Fr., Vienne, arr. de Montmorillon, cant. de Lussac, poste de Chauvigny; 280 hab.

MORTHOMIERS, vg. de Fr., Cher, arr. de Bourges, cant. de Charost, poste de St.-Florent; 150 hab.

MORTHOMME, ham. de Fr., Ardennes, com. de Befu; 130 hab.

MORTIER (le), ham. de Fr., Indre-et-Loire, com. de Restigny; 100 hab.

MORTIER, ham. de Fr., Nord, com. de Steenwerck; 500 hab.

MORTIER, fort de Fr., sur le Rhin, Haut-Rhin, com. de Neuf-Brisach.

MORTIER (baie). *Voy.* PLAISANCE (baie).

MORTIÈRE, ham. de Fr., Saône-et-Loire, com. de Moroges; 120 hab.

MORTIERS, vg. de Fr., Aisne, arr. et poste de Laon, cant. de Crécy-sur-Serre; 430 hab.

MORTIERS, vg. de Fr., Charente-Inférieure, arr., cant. et poste de Jonzac; 680 h.

MORTIERS (Haut et Bas-), ham. de Fr., Loire-Inférieure, com. de Gorges; 170 hab.

MORTIERS - ROCKS. *Voyez* PLAISANCE (baie).

MORTILIÈRE (la), ham. de Fr., Indre-et-Loire, com. de St.-Nicolas-de-Bourgueil; 130 hab.

MORTILLA, v. de l'île de Sicile, intendance de Siragosa, située sur une montagne et au N.-E. de Chiaromonte.

MORTLOK. *Voyez* HUNTER.

MORTON (détroit). *Voy.* RUGGED-ISLAND.

MORTON (baie). *Voyez* NÉVIS.

MORTON, vg. de Fr., Vienne, arr. et poste de Loudun, cant. de Trois-Moutiers; 420 hab.

MORTORI, pet. île des états sardes, située sur la côte occidentale de l'île de Sardaigne, vis-à-vis du capo di Volpe.

MORTRÉE, pet. v. de Fr., Orne, arr. et à 3 1/2 l. S. d'Argentan, chef-lieu de canton et poste; fabr. de toiles; 1590 hab.

MORTROUX, vg. de Fr., Creuse, arr. de Guéret, cant. de Bonnat, poste de Genouillat; 810 hab.

MORUAS, peuplade indienne, indépendante et assez nombreuse, dans les déserts entre l'Iza et l'Yupura, à l'E. du dép. d'Assuay, rép. de l'Écuador, vers les frontières du Brésil.

MORUGA. *Voyez* TRINIDAD (île).

MORVAL, vg. de Fr., Jura, arr. de Lons-le-Saulnier, cant. de St.-Julien, poste de St.-Amour; 120 hab.

MORVAL, vg. de Fr., Pas-de-Calais, arr. d'Arras, cant. et poste de Bapaume; 410 h.

MORVAN (le), contrée montagneuse, qui s'étend le long de l'Yonne, dans le dép. de la Nièvre; elle a 6 l. de long sur 4 de large. Les masses de basalte qu'on y rencontre indiquent que ce territoire, riche en pâturage, a été bouleversé par des volcans.

MORVENT, ham. de Fr., Seine-et-Marne, com. de Chaumes; 180 hab.

MORVERN, paroisse d'Écosse, comté d'Argyle, dans le district de même nom; 2000 hab.

MORVILLARS ou **MORSWILLER**, vg. de Fr., Haut-Rhin, arr. de Belfort, cant. et poste de Delle; tirerie de fil de fer; 360 h.

MORVILLE, vg. de Fr., Loiret, arr. de Pithiviers, cant. de Malesherbes, poste de Sermaises; 280 hab.

MORVILLE, vg. de Fr., Manche, arr. et poste de Valognes, cant. de Briquebec; 490 hab.

MORVILLE, vg. de Fr., Seine-Inférieure, arr. de Neuchâtel-en-Bray, cant, d'Argueil, poste de Croisy-la-Haye; 210 hab.

MORVILLE, vg. de Fr., Vosges, arr. de Neufchâteau, cant. et poste de Bulgnéville; 90 hab.

MORVILLE-LES-VIC, vg. de Fr., Meurthe, arr., cant. et poste de Château-Salins; 390 hab.

MORVILLERS, vg. de Fr., Oise, arr. de Beauvais, cant. et poste de Songeons; fabr. de lunettes, miroirs, bonneterie en laine; 670 hab.

MORVILLE-SUR-NIED, vg. de Fr., Meurthe, arr. de Château-Salins, cant. et poste de Delme; 550 hab.

MORVILLE-SUR-SEILLE, vg. de Fr., Meurthe, arr. de Nancy, cant. et poste de Pont-à-Mousson; 380 hab.

MORVILLIERS, vg. de Fr., Aube, arr. de Bar-sur-Aube, cant. de Soulaines, poste de Brienne; 650 hab.

MORVILLIERS, vg. de Fr., Eure-et-Loir, arr. de Dreux, cant. et poste de la Ferté-Vidame; 280 hab.

MORVILLIERS, ham. de Fr., Loir-et-Cher, com. de la Chapelle-St.-Martin; 150 hab.

MORVILLIERS, Vosges. *Voyez* LIFFOL-LE-GRAND.

MORVILLIERS-SAINT-SATURNIN, vg. de Fr., Somme, arr. d'Amiens, cant. de Poix, poste d'Aumale; 720 hab.

MORY, vg. de Fr., Pas-de-Calais, arr. d'Arras, cant. de Croisilles, poste de Bapaume; 660 hab.

MORY, vg. de Fr., Seine-et-Marne, arr. de Meaux, cant. de Claye, poste de Villeparisis; 120 hab.

MORY-MONCRUX, vg. de Fr., Oise, arr. de Clermont, cant. et poste de Breteuil; 220 hab.

MOS, jolie pet. v. de Norwège, diocèse d'Aggerhuus, bge de Smaalehnen, sur le golfe de Christiania; importante par son industrie métallurgique et par son commerce en fer et en bois; bon port; 2000 hab.

MOS, b. du Portugal, prov. de Tras-os-Montes, dist. de Torre-de-Moncorvo; avec des mines de houille et la seule forge considérable du royaume; 700 hab.

MOSALCK, pet. v. de la Russie d'Europe, gouv. de Kaluga; siége des autorités du cercle; 3 églises; 1250 hab.

MOSAMBIQUE (canal de). *Voyez* MOZAMBIQUE.

MOSAMBIQUE (côte de, ville). *Voyez* MOZAMBIQUE.

MOSARNA, g. a., v. de la Caramanie, avec un port.

MOSBACH, v. du grand-duché de Bade, cer. du Bas-Rhin, appartenant au prince de Leiningen-Amersbach-Miltenberg; elle est le chef-lieu d'un bailliage, a un château, une fabrique de faïence, une papeterie et 2700 hab. Sa saline n'est plus exploitée.

MOSCHEL (le Haut-), pet. v. de la Bavière rhénane, chef-lieu de canton, dans l'arr. de Kirchheimbolanden, à 8 l. de Kaiserslautern. Non loin de là se trouve le vieux château de Landsberg, avec un laboratoire de mercure; pop. de la ville 1050 hab., du canton 13,000.

A une 1/2 l. de la ville le village de Moschel (le Bas-), avec 600 hab.

MOSCHOCZ, b. de Hongrie, cer. en deçà du Danube, comitat de Thurocz, sur le Czermakow.

MOSCIANO, b. du roy. de Naples, prov. de l'Albruzze ultérieure Ire; 2500 hab.

MOSCISKA, pet. v. de Gallicie, cer. de Przmysl, sur la rivière de même nom.

MOSCOS ou MOSQUITOS, MOSKITOS, peuplade indigène indépendante, forte de 12,000 têtes, dans les états unis de l'Amérique centrale; ils habitent au centre de la partie de l'état de Honduras, qui formait le ci-devant dist. de Taguzgalpa, entre le Rio-Tonglas et le Rio-Bracma. Ils sont moins guerriers moins audacieux et généralement plus civilisés que les Poyais, les Taukas et les Sambos, leurs voisins; ils cultivent la terre et s'adonnent à l'éducation du bétail. C'est dans leur district qu'on trouve le plus beau bois d'acajou, ce qui engagea les Anglais à fonder, près du cap Gracias-a-Dios, un établissement qu'ils occupèrent jusqu'en 1788, où ils fondèrent la colonie de Balize. Les Moscos, qui généralement vivent en bonne harmonie avec les Européens, étaient de tout temps les ennemis implacables des Espagnols, dont ils ravagèrent souvent les possessions.

MOSCOU ou MOSKWA, gouv. de l'emp. de Russie, Grande-Russie; est situé entre 32° 64′ et 36° 20′ long. orient., et entre 54° 40′ et 56° 30′ lat. N. Il est borné au N. par le gouv. de Tver, à l'E. par ceux de Vladimir et de Riazan, au S. par celui de Toula, enfin à l'O. par les gouv. de Kalouga et de Smolensk. Sa superficie est de 474 milles c. géogr. Le sol est en partie plat, en partie ondulé, mais ne s'élève nulle part à une hauteur digne de remarque; les collines les plus élevées sont les éminences qui entourent la capitale. Le terrain, argileux et sablonneux, est maigre, fangeux et peu fertile; il est loin de suffire à la consommation des habitants, qui trouvent de nombreuses ressources dans l'industrie. Cependant le jardinage est en très-bon état aux environs de la capitale. Les principales productions consistent en blé et autres céréales, en lin, chanvre et houblon. Le nombre des cours d'eau qui arrosent le gouvernement est prodigieux, sans compter les petits lacs, dont le nombre, suivant Storch, s'élève à 109; le même géographe énumère 2610 rivières, dont les plus importantes sont: le Volga, qui, sur un petit espace, touche au N. la province, l'Oka, la Moskwa, la Kliazma, la Pakhra, l'Istra, la Rouza, la Sestra, la Iakhroma, la Lama, la Nara, la Lopiaona et la Cherna.

La population est d'environ 1,300,000 habitants, composée en majeure partie de Russes, auxquels il faut ajouter un grand nombre d'étrangers de toutes les nations établis à Moscou. Nous adoptons le chiffre donné par M. Schnitzler, qui discute les données différentes de plusieurs géographes. Cette population est très-compacte, et l'on compte 2748 individus vivants sur un mille c. géogr. L'agriculture et l'éducation du bétail occupent beaucoup de monde, mais ne suffisent pas à une population aussi agglomérée; l'industrie est plus développée dans ce gouvernement que dans aucune autre partie de l'empire, et à la campagne il n'est guère de cabane où l'on ne rencontre un métier à tisser. En 1822 on y comptait 540 fabriques et 842 en 1830; elles donnaient de l'occupation à 65,000 ouvriers. Les principales productions consistent en étoffes de soie, de laine et de coton, tapis, produits chimiques, teintures et papier, que la capitale, le grand entrepôt du commerce intérieur de la Russie, exporte dans toutes les parties de l'empire.

Le gouvernement de Moscou fut érigé, en 1708, par Pierre-le-Grand, mais c'est en 1781 qu'il reçut son organisation actuelle. Il est divisé dans les 13 districts suivants: Moscou, Bogorodsk, Bronnitsi, Verzia, Volokolomsk, Dmitrof, Zvénigorod, Kolomna, Klinn, Mojaïsk, Podolsk, Rousa et Serpoukhof. Les villes les plus remarquables du gouvernement sont: Moscou, la capitale, Kolomna, Serpoukhof, Vereia, Dmitrof, Bronnitsi et Mojaïsk.

A la tête de l'administration est un gouverneur-général, qui a sous lui un gouverneur civil; tous deux résident à Moscou, où se tiennent aussi les assemblées générales de la noblesse présidées par le maréchal du gouvernement. Enfin Moscou est le siége du métropolitain de Moscou et de toute la Russie, chef de l'eptarchie ecclésiastique que forme la province.

MOSCOU, en russe *Moskwa,* une des capitales de l'emp. de Russie, chef-lieu du gouvernement de même nom; est située sous 55° 45′ lat. N. et 55° 17′ long. orient., à 698 verstes de St.-Pétersbourg, dans une contrée pittoresque, arrosée par la Moskwa. Le terrain sur lequel est bâti Moscou est inégal: au S. et à l'E. les éminences qui l'entourent, parmi lesquelles on remarque les charmantes montagnes des Moineaux, forment un vaste amphithéâtre, et, au centre même de la ville, le Kreml ou Kremlin s'élève considérablement au-dessus du lit de la Moskwa, qui baigne la base de la colline. L'enceinte de Moscou est immense; on lui donne 10 l. de tour, et, après Constantinople, c'est la ville la plus étendue de l'Europe. Elle est traversée par la Moskwa, qui reçoit à l'intérieur la Iaouza et, par un canal souterrain, la Néglinna. Avant le fameux incendie de 1812, qui consuma les deux tiers de Moscou, cette capitale n'avait que des rues étroites, irrégulières, mal pavées, mal éclairées; depuis cette époque, elle a été beaucoup embellie, et le nombre de ses maisons s'est considérablement accru; on l'estime maintenant à plus de 10,000. On y compte 288 églises, 14 couvents de moines, 7 couvents de nonnes, 8000 magasins. L'aspect général de la ville est original, bien que les contrastes bizarres de palais et de huttes misérables, qu'elle offrait autrefois, aient presque entièrement disparu. Toutefois ses immenses palais, entourés de parcs et de villages, ses jardins compris dans l'enceinte, sa vieille forteresse, ses innombrables clochers, avec leurs dômes surmontés de globes d'or, de croix et de croissants, ses bazars où affluent les richesses de deux mondes offrent un singulier mélange de civilisation asiatique et européenne. Le chiffre de la population est difficile à fixer. D'après Androssof, elle était en 1830 de 305,000 âmes, et l'on suppose qu'elle se monte actuellement à 330,000. Avant l'incendie on y comptait en été 300,000 hab. et en hiver 400,000; la grande différence provient de la riche noblesse qui habite en été la campagne et vient en hiver en ville, traînant à sa suite une multitude de domestiques et de serfs appelés mujiks. Il n'y a pas de grande maison russe qui ne possède son palais à Moscou, dont elle préfère le séjour à celui de St.-Pétersbourg, où son éclat est obscurci par le voisinage de la cour.

Comme autrefois, Moscou est divisé en quatre parties, qui sont: le Kremlin ou la citadelle, avec le Kitaïgorod ou la ville chinoise; le Beloïgorod ou la ville blanche, le Zemlanoïgorod ou la ville de terre; enfin les 30 slobodes ou faubourgs compris dans l'enceinte. Le Kremlin est un vaste polygone, entouré de murailles crénelées et flanquées de tours, restauré depuis 1812. Ses principaux édifices sont: l'ancien palais des czars, le palais impérial, construit par ordre de l'impératrice Elisabeth, et le palais anguleux, ainsi nommé à cause de son revêtement à facettes. Ces trois palais forment, avec la cathédrale, un ensemble majestueux, admiré par tous les voyageurs. Le Kremlin renferme encore le palais des menus plaisirs, le palais du sénat, où se trouvent les bureaux de l'administration du saint synode, les archives et les caisses du gouvernement, l'école de Constantin et celle d'architecture. Non loin de ce palais est l'arsenal, décoré avec les canons abandonnés par les Français lors de leur funeste retraite. On y voit aussi un énorme canon du calibre de 42 quintaux; une inscription qui y est gravée fixe l'époque où il fut fondu à l'an 1586, sous Fedor Iwanowitch. Les joyaux de la couronne et un grand nombre d'objets précieux par leur valeur ou par les souvenirs qu'ils rappellent sont également conservés au Kremlin. Les églises de ce quartier remarquable sont: la cathédrale, dédiée à l'assomption de la Vierge, où l'on couronne et sacre les empereurs; l'église de St.-Michel, qui servait autrefois de lieu de sépulture aux czars; l'église de l'Annonciation, avec ses neuf coupoles et sa toiture dorées et son pavé d'agate; l'église du Sauveur dans les bois, la plus ancienne de Moscou (fondée en 1330). La fameuse tour d'Ivan Vélikoi est un monument isolé de la cathédrale, à laquelle il sert de clocher. Elle fut élevée pour perpétuer le souvenir d'une famine qui décimait en 1600 la population; elle a 200 pieds de hauteur et renferme 32 cloches. Près de cette tour on voit aussi, mais enfoncée sous la terre, la plus grande cloche connue, fondue, en 1734, par ordre d'Anne Ivanovna; elle a 19 pieds de hauteur, 20 de diamètre inférieur et pèse environ 165,000 kilogrammes. Des jardins dessinés à l'anglaise remplacent aujourd'hui les anciens fossés du Kremlin et servent de promenade. On sort du Kremlin par cinq portes. Autour d'une moitié de cette forteresse, sur la rive gauche de la Moskwa, s'étend le Kitaïgorod, où venaient jadis des caravanes chinoises pour faire le commerce; de là son nom. C'est le quartier marchand; il renferme des bazars plus riches que ceux de St.-Pétersbourg, la douane et la cathédrale de Vassili-Blagenoï. Le Beloïgorod, qui environne les deux quartiers dont nous venons de parler, renferme un grand nombre d'établissements importants, le dépôt de l'artillerie, la pension des nobles, le séminaire, l'école des Arméniens, l'académie de médecine et de chirurgie, la direction des mines, le théâtre impérial, les hôtels du gouverneur civil, du gouverneur-général, du grand-maître de la police, le gymnase, la maison des enfants trouvés qu'on cite comme la plus belle et une des mieux tenues de l'Europe. L'école de commerce et les manufactures de draps de la couronne se trouvent dans le Zemlanoïgorod, qui sert de ceinture aux précédents quartiers. Cinq ponts traversent la Moskwa et autant la Iaouza. Les plus belles places de la ville sont: l'Arbate, la place Rouge, près du Kremlin, où se trouve le monument élevé en l'honneur de Mimine et de Pojarsky, et la place de Petrowskaïa que décore le grand théâtre. Les édifices de Moscou que nous devons encore citer sont: le bazar, le palais des antiquités, le palais du patriarche, la tour de Sonkarev, la maison Pachkof, le grand théâtre impérial, la maison d'exercice, qui a 160 mètres de long sur 42 de large, et dont l'immense toiture n'est soutenue par aucun pilier; l'église de Notre-Dame-de-Kazan, les hôpitaux Cheremetiev et Galitzin, etc. Les établissements publics de Moscou les plus importants sont: l'université, à laquelle est attachée la pension des nobles, l'académie ecclésiastique, l'académie chirurgico-médicale, l'école militaire dite du corps des cadets, l'école arménienne, fondée par Catherine II; l'école de commerce, l'académie pratique de commerce, l'école des beaux-arts, l'école vétérinaire, le gymnase, les instituts de Ste.-Catherine et d'Alexandre, destinés à l'éducation de demoiselles nobles et bourgeoises; l'institut de Lazarev, avec sa belle bibliothèque, si riche en livres arméniens; la bibliothèque de l'université, le jardin botanique, l'observatoire et le cabinet de physique, celui d'histoire naturelle, le beau musée anatomique, enfin un grand nombre de sociétés scientifiques et littéraires.

Moscou est la résidence habituelle des plus anciennes et des plus riches familles de la noblesse russe; le siége d'une section du sénat et du saint synode, d'un métropolitain et d'un gouverneur-général militaire. Cette ville est en même temps le centre de l'industrie de l'empire, surtout de la fabrication des étoffes. En 1823 on y comptait 16 forges, et 261 manufactures, et ce nombre s'est depuis cette époque considérablement accru. Les principales productions consistent en étoffes de soie et de coton, en draps, toiles, ouvrages en or et en argent, cartes à jouer, chapeaux, cuirs, eaux-de-vie, etc. Moscou est aussi la principale place commerçante de l'intérieur de l'empire, et ses riches négociants font des affaires non seulement avec les principales villes de l'Europe, mais étendent leurs spéculations jusqu'au N.-O. de l'Amérique, la Chine, la Perse, la Boukharie, et se préparent à pénétrer, à la suite des armées russes, dans la Turquie et l'Indostan.

L'origine de Moscou date de 1155 ou 1157; le grand-duc Joury Ier Vladimiromitch fonda sur son emplacement un bourg, qui s'agrandit rapidement, mais ne joua qu'un rôle secondaire au milieu de l'ambition des princes et des incursions des Mongols, qui le réduisirent plusieurs fois en cendres. En 1328 la ville de Moscou devint la capitale de l'empire, transférée successivement de Novgorod à Kiev, de Kiev à Vladimir et enfin de Vladimir sur les bords de la Moskwa. Elle devint très-puissante, mais ne put empêcher les Tartares de la Crimée de l'incendier en 1571; les Polonais en 1611 lui firent éprouver le même sort, et depuis, en 1737, 48, 52 et 73 des incendies terribles la ravagèrent. Cependant la nouvelle capitale contribua puissamment à la grandeur de l'empire; les boyards y furent attirés et avec eux le commerce et les richesses; les souverains eurent tous à cœur de resserrer les liens de l'état par une centralisation de plus en plus vigoureuse, et les plus graves motifs purent seuls engager Pierre-le-Grand à transférer le siége impérial sur les bords de la Baltique. Mais Moscou conserva presque toute son importance; la noblesse continua à y résider, l'industrie et le commerce l'agrandirent, et dans les traditions russes, cette ville est la cité sainte, où le sentiment national puisa sa force et eut conscience de son énergie, elle est toujours la capitale de l'empire. Lorsque Napoléon voulut imposer la paix à l'empereur Alexandre, c'est sur Moscou qu'il dirigea la grande armée, c'est près de cette ville que furent vaincus les bataillons fanatisés de la Russie, et c'est à Moscou qu'on eût signé la paix, si le terrible incendie n'avait détruit la ville et forcé le vainqueur à la retraite, qui fit périr son armée et sa puissance.

MOSCOUS, ham. de Fr., Nord, com. de Nieppe ; 130 hab.

MOSECHE, prov. du roy. d'Angola, Basse-Guinée, au S. de celle de Loanda ; fertile et riche en métaux.

MOSEE ou **MOSI**, roy. peu connu de la Nigritie occidentale, au N.-O. de celui d'Yngwa. Sa capitale doit être Koukoupella.

MOSELLE (la), *Mosella*, riv. de Fr. ; prend naissance dans le dép. des Vosges ; elle a trois sources, dont la principale est près des ruines du château de Moselle, com. de Bussang, cant. de Ramonchamp, arr. de Remiremont ; elle coule du S. au N., traverse le dép. des Vosges, celui de la Meurthe et celui auquel elle donne son nom, sort de France au-dessous de Sierck et forme, sur une longueur d'environ 20 l., la limite entre le Luxembourg et le grand-duché du Bas-Rhin ; tournant ensuite un peu vers le N.-E., elle va se jeter dans le Rhin, à Coblence, après un cours de 120 l., dont 70 de navigation, depuis Frouard (Meurthe) ; 20 l. de navigation appartiennent à la France. La Moselle passe à Ramonchamp, Remiremont, Epinal, Chatel-sur-Moselle, Charmes (Vosges) ; Bayon, Neuviller, Flavigny, Pont-St.-Vincent, Toul, Frouard, Pont-à-Mousson (Meurthe) ; Metz, Thionville, Sierck (Moselle). Les principales villes qu'elle baigne hors de France sont : Trèves, Berncastel et Trarbach, dans le grand-duché prussien du Bas-Rhin.

MOSELLE (département de la) ; situé dans la région N.-E. de la France ; est formé d'une partie de la Lorraine allemande et du ci-devant pays Messin ; ses limites sont : au N. le duché de Luxembourg et la Prusse rhénane, à l'E. cette dernière et la Bavière rhénane, au S. les dép. du Bas-Rhin et de la Meurthe, à l'O. celui de la Meuse.

Sa superficie est de 630,840 hectares et sa pop. de 427,250 hab.

La partie orientale du département est traversée par plusieurs chaînes de collines assez hautes, qui se rattachent aux Vosges ; les monticules ne s'élèvent pas au-delà de 200 mètres ; leurs parties élevées sont couvertes d'épaisses forêts et entrecoupées de vallées profondes et étroites. Sa partie occidentale est également montueuse ; c'est dans cette partie que se trouvent les points les plus élevés : la montagne conique du Hackemberg, le mont St.-Quentin, le Stromberg et la côte de Buchport.

Les principales rivières sont : la Moselle, elle traverse le département du S. au N. ; ses affluents sont : l'Ornes, la Seille et la Carmer ; cette rivière coule généralement entre des rocs, sur un fond de sable et de gravier ; elle est navigable avant son entrée dans le département ; la partie orientale est traversée par la Parre, avec les deux Nied, dont l'une commence à l'O. de Putelange et se nomme la Nied-Allemande, et l'autre, la Nied-Française, commence au N. de Morhange ; avant de se jeter dans la Sarre, elles se réunissent au S.-O. de Boulay. Le Chiers appartient au bassin de la Meuse ; il reçoit dans ce département la Crune et l'Othain. Les étangs y sont assez nombreux et presque tous artificiels ; on trouve aussi quelques marais sur les bords de la Moselle et aux environs de Bitche.

L'aspect général du département est celui d'un pays montueux, inégal, sillonné par des collines, des cours d'eaux, des hauteurs couvertes de belles forêts, des pentes plantées d'arbres fruitiers et de vignes ; les plaines peu nombreuses et peu étendues ; le bassin de la Moselle, que l'on compare aux rives de la Loire, est d'une fertilité remarquable, ainsi que les côteaux qui accompagnent ses différents affluents. Dans les Vosges ou le haut pays, le sol est plus ingrat, sec et aride.

Le climat, assez doux dans les plaines, est plus froid dans les Vosges ; en général il est plutôt humide que sec, surtout en printemps et en automne ; les vents dominants sont ceux du Nord, du Nord-Ouest et de l'Ouest ; ce dernier, connu sous le nom de vent des Ardennes, occasionne quelquefois des maladies intestinales assez graves. Les émanations des marais sont pernicieuses aux habitants riverains, à cause de leurs eaux séléniteuses auxquelles on attribue la formation des goîtres.

Le département produit des céréales en quantité plus que suffisante pour la consommation des habitants ; on recueille du blé, du seigle, de l'avoine, du millet, des légumes, des graines oléagineuses, beaucoup de lin, du chanvre, un peu de houblon ; on y récolte une abondance de fruits dont le séchage et la préparation forment une branche d'industrie importante ; on cite les mirabelles de Metz, ses melons et ses pêches. Dans les montagnes on cultive principalement la pomme de terre. Les vignes couvrent une superficie de 5291 hectares et produisent annuellement environ 250,000 hectolitres de vins, dont la plus grande quantité est consommée sur les lieux ; les meilleurs crûs sont ceux de Scy, de St.-Ruffine et de Dôle ; les prairies naturelles sont très-étendues ; celles des montagnes sont assez riches, mais trop souvent endommagées par la fonte des neiges et à la suite de pluies ; elles couvrent 46,000 hectares. Les bois occupent une superficie de 142,127 hectares, le pin, le chêne et le hêtre dominent dans les forêts, qui se trouvent presque toutes dans la partie orientale.

Les richesses minérales du département consistent dans une grande quantité de mines de fer; les plus importantes sont celles de St.-Pancré, d'Aumetz, de Moyeuvre et de Hargarten; elles rendent de 35 à 41 °/₀ en fonte; quelques traces de plomb et de cuivre, de la houille à Grosswald et Putelange, des carrières d'excellente pierre de taille, des meules à aiguiser, des quarzites; dans les environs de Thionville et de Longwy on rencontre de grandes masses de marne et de chaux, employées principalement par l'agriculture pour l'amendement des terres; des argiles à creusets, à poteries et à tuileries; les fossiles sont très-communes sur les côteaux calcaires baignés par les Nied, la Moselle et la Seille.

On trouve quelques sources minérales à Stutzelbronn, à Walsbronn et à Bellefontaine, près de Metz; des sources salées à St.-Julien-les-Metz, à Salzbronn et à Morhange.

Les chevaux et le bétail sont d'une petite race; les moutons donnent de la laine très-ordinaire; on a essayé dans les derniers temps de les améliorer par le croisement avec des moutons étrangers; les porcs y sont nombreux, principalement dans les environs de Longwy; le lard et les jambons sont très-recherchés et envoyés jusqu'à Paris. Les forêts sont riches en gibier; elles renferment des loups, des chevreuils, des sangliers, des renards, des chats sauvages, des lièvres, des blaireaux, des martes, etc. Beaucoup d'oiseaux de passage y arrivent à diverses époques, tels que la grive, l'ortolan, l'alouette, la sarcelle, les canards, mais surtout les rouges-gorges que l'on prend en quantité dans les environs de Metz. Les étangs et les rivières fournissent des aloses, des lamproies, des saumons, des loches et des ombres.

L'industrie métallurgique compte 13 hauts-fourneaux, 40 forges, des fours d'affinerie, des usines qui livrent de l'acier, du fer-blanc, des projectiles de guerre, de nombreuses verreries, des cristalleries, des faïenceries, des fours à chaux et à plâtre, des tuileries et des briqueteries; des fabriques de coutellerie commune très-recherchée à Ville-Houblemont; l'industrie manufacturière a pour objet la fabrication de draps communs, flanelles, molletons, draps pour l'habillement des troupes; filatures de coton et de laine; soieries, broderies, passementeries, fabriques de papiers peints; des sucreries de betteraves, de nombreuses distilleries d'eaux-de-vie; des fabriques de chapeaux, de cuirs, de quincaillerie, de nombreuses papeteries; des brasseries importantes et des fabriques de pipes.

Le commerce est facilité par une foule de cours d'eaux et par un développement de routes royales et départementales de près de 800,000 mètres; les objets d'exportation consistent dans tous les principaux produits de son industrie.

Le département est divisé en 4 arrondissements, 27 cantons et 666 communes.

Les chefs-lieux d'arrondissement sont :

Metz.	9 cant.	280 com.	150,811 h.
Thionville. . .	5 »	117 »	87,520 »
Briey	5 »	126 »	62,946 »
Sarreguemines	8 »	143 »	125,973 »
	27 cant.	666 com.	427,250 h.

Il nomme 6 députés; fait partie de la troisième division militaire, dont le quartier-général est à Metz; est du ressort de la cour royale et de l'académie de la même ville; du diocèse de Metz, suffragant de l'archevêché de Besançon. Il fait partie de la onzième conservation forestière, de la troisième inspection des ponts-et-chaussées, dont le chef-lieu est Nancy; de la troisième division des mines, dont le chef-lieu est Nancy.

Il a 3 colléges, une école normale primaire et 967 écoles primaires.

MOSIGKAU, vg. du duché d'Anhalt-Dessau, avec un château et un couvent de demoiselles nobles; 900 hab.

MOSJŒN, lac de la Suède centrale, prov. d'Oerebro.

MOSKEN, île du groupe de Lofoden-Mageröe; le fameux tournant Malstrom se trouve entre cette île et celle de Weroën.

MOSKWA, riv. de la Russie d'Europe; elle donne son nom au gouvernement et à la ville du même nom, qu'elle traverse. Elle se jette dans l'Oka.

MOSLES, pet. v. de Fr., Calvados, arr. et poste de Bayeux, cant. de Trévières; 520 hab.

MOSLINS, vg. de Fr., Marne, arr. d'Épernay, cant. et poste d'Avize; 370 hab.

MOSLINS, vg. de Fr., Aube, arr. de Bar-sur-Aube, cant. et poste de Brienne; 210 h.

MOSNAC, vg. de Fr., Charente, arr. de Cognac, cant. et poste de Châteauneuf-sur-Charente; 480 hab.

MOSNAC, vg. de Fr., Charente-Inférieure, arr. de Jonzac, cant. et poste de St.-Genis; 770 hab.

MOSNANY, vg. de Suisse, cant. de St.-Gall. Dans le voisinage on voit les ruines de l'ancien château de Toggenbourg.

MOSNAY, vg. de Fr., Indre, arr. de Châteauroux, cant. et poste d'Argenton-sur-Creuse; 560 hab.

MOSNES, vg. de Fr., Indre-et-Loire, arr. de Tours, cant. et poste d'Amboise; 820 h.

MOSONY. *Voyez* WIESELBOURG.

MOSQUITO, baie au N.-O. de l'île d'Haïti, entre le port de Paix et le port à l'Eau.

MOSQUITO (île). *Voyez* VIRGIN-GORDA.

MOSQUITOS (punta dos), promontoire, au S. de l'île de Margarita, rép. de Vénézuela.

MOSQUITOS (baie des). *Voyez* CUBA.

MOSQUITOS, groupe de quatre îles, sur la côte E. de l'état de Honduras, côte des Mosquitos, états unis de l'Amérique centrale.

MOSQUITOS (côte des), nom sous lequel les Européens comprennent la partie E. et N.-E. de l'état de Honduras, états unis de l'Amérique centrale. Cette dénomination lui vient des Mosquitos, peuplade indigène qui en occupe l'E., et non des insectes du même nom, très-fréquents, il est vrai, dans ces contrées. La côte des Mosquitos s'étend depuis l'Aguan ou la Xagua jusqu'à la Pantasma, et présente au N. les caps Honduras et Camaron, et à l'E. le cap Gracias-a-Dios. Ce district est arrosé par les fleuves Aguan (Xagua), Tinto, Poyais, Barbo, Pantasma et une foule d'autres cours d'eau moins considérables. Au N. s'ouvre la baie de Cartago, à l'E. celle de Nicuessa. Les côtes sont basses et ne présentent que des savanes; l'intérieur est occupé par une seule et immense forêt impénétrable, qui s'étend jusqu'aux montagnes à l'O. Les Européens n'ont formé que peu d'établissements sur les côtes, et ce n'est que le long des cours d'eau de l'intérieur qu'on trouve les demeures éparses des Mosquitos, Poyais, Taukas et Sambos, qui se partagent la possession de ce pays.

MOSQUITOS (peuple). *Voyez* Moscos.

MOSSAMEDES ou Angra-Negro, pet. v. et port dans la partie australe de la Basse-Guinée, à l'embouchure du Cobal dans l'Océan Atlantique et à 30 l. N.-N.-E. du cap Negro.

MOSSET, pet. v. de Fr., Pyrénées-Orientales, arr., cant. et poste de Prades; cette ville est dominée par la montagne de Caillau; on y trouve des stéatites en grandes masses; 1340 hab.

MOSSIG, pet. riv. de Fr., Bas-Rhin; elle a sa source sur le Schneeberg, une des montagnes les plus élevées des Vosges dans cette partie de l'Alsace, dans les environs de Wangenbourg, cant. de Wasselonne; elle passe à Wasselonne et se jette dans le canal de la Bruche, près de Soultz, après 7 l. de cours.

MOSSOLA ou Moussola, pet. v. et port de la Basse-Guinée, roy. de Congo, prov. de Bamba, à l'embouchure de l'Onza dans l'Océan Atlantique; habitants nègres.

MOSSON, vg. de Fr., Côte-d'Or, arr., cant. et poste de Châtillon-sur-Seine; 250 h.

MOSSONNAZ, ham. de Fr., Isère, com. de Frontonas; 110 hab.

MOSSOSOS, peuple dans l'intérieur de la Basse-Guinée, à l'E. du roy. de Congo, dont il dépend. Mialala, capitale.

MOSSOUL, eyalet ou pachalik de la Turquie d'Asie. Il est formé du pays de Rebia ou Rabiæ, partie de l'ancienne Mésopotamie ou Al-Djerzyreh, et s'étend entre 39° 27′ et 41° 25′ long. orient., et entre 35° 30′ et 37° 55′ lat. N. Le Diarbekir au N.-O., Chehrezour au N.-E. et à l'E., Bagdad au S. et au S.-O. forment les limites. Un district séparé, qui se compose des monts Sindjar, touche à l'O. le pachalik de Rakka. La superficie de l'eyalet est évaluée à 264 l. c. géogr. Mossoul est un pays de terrasses qui cotoie le plateau arménien et réunit les beautés et les avantages de la montagne et de la plaine. Les environs de la ville de Mossoul sont renommés dans tout l'Orient, où on l'appelle la *verte*, et peu de contrées doivent offrir au printemps une vue plus délicieuse, alors que le pays entier semble un parterre de fleurs exquises, qui remplissent l'air de leurs parfums. Le Mossoul s'abaisse depuis les montagnes de Chehrezour jusqu'au désert de Bagdad, et est arrosé par le Tigre et son affluent le Zab. Les montagnes de Sindjar sont abruptes et sauvages et habitées par les indomptables Yézides, que le pacha de Mossoul est tenu de surveiller. Le prolongement de ces montagnes, les collines d'Hamelin bordent au N. les plaines où s'élevèrent Ninive et Babylone. Le terrain du Mossoul, généralement argileux et arrosé par de nombreuses sources, est très-fertile; mais les sables qui sont à l'O. du Tigre, où commence le désert de Bagdad, sont arides, bien qu'on y trouve aussi de bons pâturages. Le climat est très-chaud en été, mais tempéré par les vents de la Méditerranée; en hiver il est variable et quelquefois rude; l'air est salubre. Le Mossoul produit des céréales en grande quantité, des légumes et autres plantes potagères, des fruits délicieux, beaucoup de coton, du sésam et du tabac. L'éducation du bétail y est florissante; dans les parties incultes on rencontre des animaux féroces: le lion, le léopard, la panthère, le loup, l'hyène. L'industrie du pachalik se borne à celle de sa capitale, mais le commerce du Mossoul est important, surtout celui de transit. Le Tigre est navigable jusqu'à Bagdad; mais un plus grand nombre de marchandises est transporté, à dos de chameau, de cette ville à Mossoul et vice-versa. La population de l'eyalet, qui renferme 3 villes et 300 villages, est estimée à 200,000 habitants; elle se compose d'Osmanlis en petit nombre, de Kurdes et Yézides, d'Arabes et de juifs. Les Kurdes ont leurs propres chefs, tributaires de la Porte; quant aux Yézides, retranchés dans leurs montagnes, ils ne reconnaissent pas même la suzeraineté des empereurs ottomans. Les deux principaux endroits du pachalik sont Mossoul et Elkoch.

MOSSOUL ou Mousoul, Mousel, capitale de l'eyalet de même nom, est située dans une belle plaine et aux bords du Tigre, qu'on y traverse sur un pont moitié de bateaux et moitié en pierres. Elle est entourée de murs, de tours et d'un fossé profond et défendue en outre par un fort ruiné, élevé sur un îlot du fleuve. La ville est grande, mais mal bâtie, à rues étroites, irrégulières, mal pavées et sales. Les maisons sont construites à la manière orientale et n'ont qu'un étage. On y remarque le palais du pacha, une vingtaine de mosquées, dont plusieurs sont assez belles et dont une est flanquée d'une tour inclinée comme celle de Pise; autant d'églises chrétiennes jacobites, nestoriennes et arméniennes; un couvent de dominicains où réside ordinairement le patriarche chaldéen catholique d'Elkoch; 15 caravansérails, des bains, des cafés et des bazars, où sont étalées les plus riches marchandises, enfin un médressé ou collége, le tombeau du scheikh Abul-Kasim et les restes de la mosquée de Nourredin. La population, qui paraît dépasser 60,000 âmes, se compose de Jacobites, de Nestoriens, de Kurdes, d'Osmanlis, d'Arabes et de juifs. L'industrie et le commerce de Mossoul sont très-importants. Ses manufactures de coton, autrefois si célèbres par leurs produits qu'on appela de son nom mousselines, ont décliné, mais fournissent encore des toiles de coton à toutes les provinces voisines. Ses teintures, ses cuirs, les pierres précieuses qu'on y taille, ses ouvrages en or et en argent sont estimés. Le commerce approvisionne les montagnes des environs, et il se fait un grand transit entre cette ville et Bagdad. Dans son voisinage on montre deux collines comme provenant des ruines de Ninive, l'ancienne et puissante capitale de l'Assyrie. A l'E. de Mossoul doit être le champ de bataille d'Arbèles, où Darius fut défait par Alexandre-le-Grand; peut-être est-il à l'endroit indiqué par le nom du village d'Erbil.

MOSSOUX, ham. de Fr., Vosges, com. de la Basse; 200 hab.

MOSTAGAN ou **MOSTAGANEM**, *Murustaga*, pet. v. forte de la rég. d'Alger, prov. de Tlémécen, à l'embouchure du Chélif dans la Méditerranée et à 16 l. N.-N.-E. de Mascara. Elle fut occupée par les Français en 1833; sa population s'est beaucoup accrue depuis que les juifs de Mascara s'y sont établis après la destruction de cette ville, arrivée à la fin de 1835. Suivant le traité, conclu en 1837 entre Abd-el-Kader et le gouvernement français, le petit territoire de Mostagan appartient à la France.

MOSTAR, v. forte de la Turquie d'Europe, eyalet de Bosna, sandschak de Hersek, Dalmatie ottomane, sur la Darenta qu'on y passe sur un beau pont en pierre d'une seule arche; elle est florissante par son industrie et son commerce; 9000 hab.

MOSTERŒ, pet. île de la Norwège, diocèse de Bergen, bge de Sœndre-Bergenhuus, où fut fondée la première église chrétienne de ce royaume.

MOSTUÉJOULS, vg. de Fr., Aveyron, arr. et poste de Milhau, cant. de Peyreleau; 910 hab.

MOTA-DEL-CUERVO, b. d'Espagne, prov. de Tolède; 3000 hab.

MOTAGUA. *Voyez* RIO-GRANDE (états unis de l'Amérique centrale).

MOTALA (la), fl. de la Suède méridionale, sort du lac Wettern, traverse les lacs Boren, Roxen et Glan, ainsi que la prov. de Linkœping, passe par Norrkœping et entre dans la Baltique.

MOTALA, gros b. très-industrieux de la Suède méridionale, prov. de Linkœping, à la sortie de la rivière du même nom du lac de Wettern; grande fabr. de machines à vapeur, de coutellerie et autres articles; c'est un des entrepôts du commerce qui se fait par le canal de Gœtha.

MOTCHERFENCH ou **MUTCHERFINE**, riv. considérable de l'Afrique orientale, sur la côte de Zanguebar; sa source et son cours supérieur sont inconnus; elle se jette dans l'Océan Indien, vis-à-vis de l'île de Zanzibar, au N. de l'embouchure du Lofih.

MOTEL-SAINT-GEORGES. *Voyez* GEORGES-SUR-EURE (Saint-).

MOTHE (la), ham. de Fr., Dordogne, com. de Pontours; 100 hab.

MOTHE (la), vg. de Fr., Gers, arr. et poste d'Auch, cant. de Saramon; 120 hab.

MOTHE (la), vg. de Fr., Landes, arr. et poste de St.-Sever, cant. de Tartas; 610 h.

MOTHE (la), b. de Fr., Haute-Loire, arr., cant. et poste de Brioude; 1110 hab.

MOTHE (la), ham. de Fr., Puy-de-Dôme, com. de Bromont-la-Mothe; 130 hab.

MOTHE-ACHARD (la), vg. de Fr., Vendée, arr. et à 4 l. N.-N.-E. des Sables, chef-lieu de canton et poste; 550 hab.

MOTHE-AUX-AULNAIS (la), vg. de Fr., Yonne, arr. de Joigny, cant. et poste de Charny; 80 hab.

MOTHE-CABANAC (la), vg. de Fr., Haute-Garonne, arr. de Toulouse, cant. de Cadours, poste de Puységur; 470 hab.

MOTHE-CAPDEVILLE (la), vg. de Fr., Tarn-et-Garonne, arr., cant. et poste de Montauban; 1010 hab.

MOTHE-CASSEL (la), vg. de Fr., Lot, arr. de Gourdon, cant. de St.-Germain, poste de Frayssinet; 550 hab.

MOTHE-CUMONT (la), vg. de Fr., Tarn-et-Garonne, arr. de Castel-Sarrazin, cant. et poste de Lomagne; 400 hab.

MOTHE-DES-CHAMPS (la), ham. de Fr., Gers, com. de St.-André; 120 hab.

MOTHE-DOURNES (la). *Voyez* BLANC-LA-MOTHE.

MOTHE-EN-BLÉZY (la), vg. de Fr., Haute-Marne, arr. de Chaumont-en-Bassigny, cant. et poste de Juzennecourt; 410 hab.

MOTHE-EN-DO (la), ham. de Fr., Gers, com. de Fleurance; 220 hab.

MOTHE-FÉNÉLON (la), vg. de Fr., Lot, arr. de Gourdon, cant. et poste de Payrac; 720 hab.

MOTHE-GOAS (la), vg. de Fr., Gers, arr. de Lectoure, cant. et poste de Fleurance; 280 hab.

MOTHE-GONDRIN (la), ham. de Fr., Gers, com. de Cazeneuve; 170 hab.

MOTHE-LANDERON (la), b. de Fr., Gironde, arr., cant. et poste de la Réole; 1450 hab.

MOTHE-MASSAUD (la). *Voyez* MOTHE-FÉNÉLON (la).

MOTHE-MONRAVEL (la), vg. de Fr., Dordogne, arr. de Bergerac, cant. de Velines, poste de Castillon; 990 hab.

MOTHE-PUY (la), ham. de Fr., Gers, com. de Mauvezin; 170 hab.

MOTHEREN, vg. de Fr., Bas-Rhin, arr. de Wissembourg, cant. de Seltz, poste de Lauterbourg; 1480 hab.

MOTHE-SAINTE-HERAYE (la), b. de Fr., Deux-Sèvres, arr. et à 4 l. N. de Melle, chef-lieu de canton et poste; il est agréablement situé sur la Sèvre niortaise. On y remarque, sur un tertre de forme conique, une source que les gens du pays nomment la fontaine du Grelet et dont les eaux passent pour purgatives. Fabr. de grosses étoffes de laine, minoterie et tanneries; nombreux moulins; commerce de farine, graines de trèfle, cuirs, chevaux, mulets et bétail; 2713 hab.

Des fouilles exécutées, il y a peu de temps, dans les environs de ce bourg ont mis à nu une galerie et une vaste grotte, formée de neuf pierres qui soutenaient une salle immense. L'intérieur de la grotte était encombré d'ossements humains. Plusieurs instruments tranchants, des couteaux à silex, des noix et des glands parfaitement conservés dans des vases celtiques, étaient épars entre ces débris d'une génération antique, étendue là probablement depuis plus de quinze siècles.

MOTIERS, vg. de Suisse, cant. de Neufchâtel, dans la vallée de Travers; rempli d'ouvriers en dentelles, d'horlogers, de gantiers; on y fabrique en outre une grande quantité d'extrait d'absinthe; on y voit la maison qui servit de retraite à J.-J. Rousseau.

MOTILONES, peuplade indigène sauvage, barbare et très-guerrière, au S. du dép. de Zulia, rép. de Vénézuela, où ils occupent un vaste district montagneux entre Mérida, Cucuta, Ocanna et le Sarare, et au N. de Pamplona. Unis aux Goahiros, ils interceptent souvent les communications dans les montagnes et sur les fleuves entre les villes ci-dessus mentionnées et font de terribles incursions dans les plaines. En 1737 on les attaqua vainement de trois côtés avec trois corps d'armée différents.

MOTIR, île de la Malaisie, appartient au groupe des Moluques; elle est située au S. de Tidor et à l'O. de Gilolo et est assez petite. Le sultan qui la régit est depuis 1774 sous la dépendance des Hollandais; il réside dans la petite ville de Motir. La principale branche d'industrie des habitants de l'île est la fabrication d'une poterie en terre rouge, d'un excellent usage, qui est exportée dans tout le groupe des Moluques.

MŒTLING, pet. v. d'Illyrie, gouv. de Laibach, cer. de Neustædtl, peu loin de la Kulpa; bureau de poste et des douanes.

MOTOCINTA, fl. des états unis de l'Amérique centrale; prend naissance à l'O. de l'état de Guatémala, coule vers le S. et s'embouche dans l'Océan Austral; ses eaux sont, dit-on, empoisonnées au point que des animaux qui en boivent meurent sur-le-champ.

MOTODECZNO, pet. v. de la Russie d'Europe, gouv. de Minsk, sur l'Usza.

MOTOU-HARA, île et volcan près de la côte orientale de l'île Eaheinomauve, la grande île septentrionale de la Nouvelle-Zélande, dans la baie de l'Abondance, Australie ou Océanie centrale.

MOTREFF, vg. de Fr., Finistère, arr. de Châteaulin, cant. et poste de Carhaix; 990 hab.

MOTTA (la), b. commerçant de Lombardie, gouv. de Venise, délégation de Trévise, au confluent du Montigano et de la Livenza; possède une magnifique cathédrale, de nombreuses fabriques de chapeaux et des teintureries. Patrie du célèbre médecin Scarpa (1747—1832); 3500 hab.

MOTTA-DI-FERMA, v. de l'île de Sicile, près de la mer.

MOTTE (la), vg. de Fr., Calvados, arr., cant. et poste de Lizieux; 140 hab.

MOTTE (la), vg. de Fr., Côtes-du-Nord, arr., cant. et poste de Loudéac; fabr. de fil de lin; clouterie; 3240 hab.

MOTTE (la), ham. de Fr., Lot-et-Garonne, com. de Tournon; 110 hab.

MOTTE (la), ham. de Fr., Maine-et-Loire, com. de Varennes-sous-Montsoreau; 120 h.

MOTTE (la), ham. de Fr., Nièvre, com. de St.-Sulpice; 300 hab.

MOTTE (la), ham. de Fr., Oise, com. de Cuise-la-Motte; 240 hab.

MOTTE (la), ham. de Fr., Seine-Inférieure, com. de Rouen; 200 hab.

MOTTE (la), vg. de Fr., Var, arr., cant. et poste de Draguignan; 850 hab.

MOTTE (la), vg. de Fr., Vaucluse, arr. d'Orange, cant. de Bollène, poste de la Palud; 490 hab.

MOTTE-AUX-BOIS (la), ham. de Fr., Nord, com. de Morbecque; 110 hab.

MOTTE-BAYENGHEM (la). *Voyez* BAYENGHEM-LES-SENINGHEM.

MOTTE-BEUVRON (la), vg. de Fr., Loir-et-Cher, arr. et à 9 l. N.-N.-E. de Romorantin, chef-lieu de canton et poste; 620 hab.

MOTTE-BREBIÈRE (la), vg. de Fr., Somme, arr. et poste d'Amiens, cant. de Corbie; 180 hab.

MOTTE-BULLEUX (la), vg. de Fr., Somme, arr. et poste d'Abbeville, cant. de Nouvion-Ponthieu; 440 hab.

MOTTE-CHALANÇON (la), b. de Fr., Drôme, arr. et à 7 1/2 l. S. de Die, chef-lieu de canton et poste; 1250 hab.

MOTTE-D'AIGUES (la), vg. de Fr., Vaucluse, arr. d'Apt, cant et poste de Pertuis; 460 hab.

MOTTE-D'AVEILLAN, vg. de Fr., Isère, arr. de Grenoble, cant. et poste de la Mure; source minérale; 850 hab.

MOTTE-DU-CAIRE (la), vg. de Fr., Basses-

Alpes, arr. et à 4 l. N.-N.-E. de Sisteron, chef-lieu de canton et poste; 760 hab.

MOTTE-EN-CHAMPSAUR (la), vg. de Fr., Hautes-Alpes, arr. de Gap, cant. et poste de St.-Bonnet; 410 hab.

MOTTE-EN-SANTERRE (la), vg. de Fr., Somme, arr. d'Amiens, cant. et poste de Corbie; fabr. de bonneterie et de flanelles; 630 hab.

MOTTE-FAUJAS (la), vg. de Fr., Drôme, arr. de Valence, cant. et poste de St.-Jean-en-Royans; 280 hab.

MOTTE-FEUILLY (la), vg. de Fr., Indre, arr., cant., à 2 l. E. et poste de la Châtre; dans une chapelle de l'église de cette commune on voit un mausolée mutilé pendant la révolution. La tradition locale prétend que c'est le tombeau de Charlotte d'Albret, femme de César Borgia, morte vers le commencement du seizième siècle au château de La-Motte-Feuilly, où elle s'était, dit-on, réfugiée; 60 hab.

MOTTE-FOUQUET (la), vg. de Fr., Orne, arr. d'Alençon, cant. de Corrouges, poste de la Ferte-Macé; 620 hab.

MOTTE-GALAURE (la), vg. de Fr., Drôme, arr. de Valence, cant. et poste de St.-Vallier; 580 hab.

MOTTEREAU, vg. de Fr., Eure-et-Loir, arr. de Châteaudun, cant. et poste de Brou; 250 hab.

MOTTES (les), Marne. *Voy.* Bussy-le-Chateau.

MOTTES (les), ham. de Fr., Vendée, com. de St.-Jean-de-Beugne; 200 hab.

MOTTE-SAINT-JEAN (la), b. de Fr., Saône-et-Loire, arr. de Charolles, cant. et poste de Digoin; mines de houille aux environs; 1900 hab.

MOTTE-SAINT-MARTIN (la), vg. de Fr., Isère, arr. de Grenoble, cant. et poste de la Mure; mines d'argent, de plomb et d'antimoine; 630 hab.

MOTTE-TERNANT, vg. de Fr., Côte-d'Or, arr. de Sémur, cant. et poste de Saulieu; 690 hab.

MOTTE-TILLY (la), vg. de Fr., Aube, arr., cant. et poste de Nogent-sur-Seine; beau château; 510 hab.

MOTTEUX, ham. de Fr., Eure, com. de Marcilly-sur-Eure; 140 hab.

MOTTEUX (les), ham. de Fr., Loir-et-Cher, com. de Danzé; 100 hab.

MOTTEVILLE, vg. de Fr., Seine-Inférieure, arr. et poste d'Yvetot, cant. d'Yerville; 530 hab.

MOTTEY-BESUCHE, vg. de Fr., Haute-Saône, arr. de Gray, cant. de Pesmes, poste de Marnay; 280 hab.

MOTTEY-SUR-SAONE, vg. de Fr., Haute-Saône, arr. de Gray, cant. de Fresnes-St.-Mamès, poste de Damperre-sur-Salon; 120 hab.

MOTTIER, vg. de Fr., Isère, arr. de Vienne, cant. de la Côte-St.-André, poste de Champier; 1100 hab.

MOTULA ou Mottola, v. épiscopale du roy. de Naples, prov. d'Otrante, sur la route de Bari à Tarente.

MOUACOURT, vg. de Fr., Meurthe, arr., cant. et poste de Lunéville; 290 hab.

MOUAIS, vg. de Fr., Loire-Inférieure, arr. de Châteaubriant, cant. et poste de Derval; 480 hab.

MOUANG, peuplade sauvage et à peu près indépendante qui habite, comme les Moi, les vallées et les montagnes qui séparent l'empire d'Annam de la Chine. Ils donnent lieu aux mêmes remarques que nous avons faites à propos des Moi.

MOUANS, vg. de Fr., Var, arr. de Grasse, cant. et poste de Cannes; 650 hab.

MOUAVILLE, ham. de Fr., Moselle, com. de Béchamp; 220 hab.

MOUAZÉ, vg. de Fr., Ille-et-Vilaine, arr. de Rennes, cant. de St.-Aubin-d'Aubigné, poste de Liffré; 560 hab.

MOUCANGAMA, royaume peu connu dans l'intérieur de la Basse-Guinée, au N.-E. de celui de Mouchingi, et tributaire, comme ce dernier, du roy. des Molouas; il est traversé par le Muria et le Bancora. La capitale, de même nom, située à environ 120 l. S.-E. de Missel, a 4000 hab.

MOUCH, v. de la Turquie d'Asie, eyalet de Van, chef-lieu de sandschak, est située sur le Karasou, dans une grande plaine arrosée par le Mourad et habitée par des Arméniens.

MOUCHAMPS, b. de Fr., Vendée, arr. de Bourbon-Vendée, cant. des Herbiers, poste de Liffré; 560 hab.

MOUCHAN, vg. de Fr., Gers, arr., cant. et poste de Condom; 760 hab.

MOUCHARD, vg. de Fr., Jura, arr. de Poligny, cant. de Villers-Farlay, poste; 520 hab.

MOUCHAYRE, ham. de Fr., Ardèche, com. de St.-Pierre-le-Colombier; 200 hab.

MOUCHE (la), vg. de Fr., Manche, arr. d'Avranches, cant. et poste de la Haye-Pesnel; 370 hab.

MOUCHEL (le), ham. de Fr., Seine-Inférieure, com. de St.-Paër; 150 hab.

MOUCHES (Attolon des). *Voyez* Dean.

MOUCHÉS, vg. de Fr., Gers, arr. et poste de Mirande, cant. de Montesquiou; 180 hab.

MOUCHICONGOS, peuple très-belliqueux de la Basse-Guinée, entre le roy. de Congo et celui d'Angola; il dépend du roy. de Holo-Ho, et possède sur l'Océan Atlantique le port d'Ambriz, naguère un des grands entrepôts maritimes pour la traite des nègres.

MOUCHIMA, petit fort portugais dans le roy. d'Angola, sur une île du Coanza, dans la Basse-Guinée, à 30 l. O. de Massangano.

MOUCHINGI, royaume peu connu dans l'intérieur de la Basse-Guinée, au N. de celui de Cassange et tributaire de celui des Molouas.

MOUCHIN, vg. de Fr., Nord, arr. de Lille, cant. de Cysoing, poste d'Orchies; fabr. d'instruments aratoires; genièvrerie; 1220 h.

MOUCHOUS, ham. de Fr., Haute-Garonne, com. d'Estadens; 130 hab.

MOUCHY-LAGACHE, vg. de Fr., Somme, arr. de Péronne, cant. et poste de Ham; 920 hab.

MOUCHY-LA-VILLE, ham. de Fr., Oise, com. de Heilles; 170 hab.

MOUCHY-LE-CHATEL, vg. de Fr., Oise, arr. de Beauvais, cant. et poste de Noailles; 170 hab.

MOUCYS, b. considérable de la Basse-Égypte, prov. de Kelyoub, sur le canal Moucys, dans un territoire fertile en blé, maïs, coton et canne à sucre.

MOUDANIA (golfe de), enfoncement de la mer de Marmara, sur les côtes de l'Asie Mineure, au fond duquel est bâtie la ville de Moudania, le port de Brousse. Il reçoit la Nikabitza, grossie par le Niloufar et les eaux du lac d'Isnik.

MOUDANIA, *Mundania*, l'ancienne *Myrtea*, v. de la Turquie d'Asie, eyalet d'Anadoli, est située sur le golfe de Moudania, à environ 6 l. de Brousse. Ses environs sont très-fertiles, mais le climat insalubre et les fièvres y sont endémiques. Moudania est vieux, mal bâti et sale; mais il a un bon port, qui sert comme tel à la ville de Brousse et reçoit toutes les marchandises expédiées de Constantinople et d'Europe. Les habitants, au nombre de 20,000, sont en majeure partie Grecs, Arméniens ou juifs. Un petit nombre seulement de Turcs habite Moudania.

MOUDON (en allemand *Milden*), *Minodanum*, *Minnidunum*, pet. v. de Suisse, cant. de Vaud, sur la rive gauche de la Broye; commerce de transit; collége, antiquités; 2500 hab.

MOUDON, ham. de Fr., Haute-Garonne, com. de Bazus; 150 hab.

MOUDZAFFERABAD, v. du roy. de Lahore, prov. de Cachemire, chef-lieu du pays de même nom, habitée par les Bambas, qui appartiennent à la tribu afghane des Berduranis. La ville, où habite un prince afghan, est située sur le Schilum, non loin du célèbre passage qui ferme le Cachemire du côté de l'Afghanistan.

MOUEN, vg. de Fr., Calvados, arr. de Caen, cant. de Tilly-sur-Seulles, poste d'Évrecy; 500 hab.

MOUETTES, vg. de Fr., Eure, arr. d'Évreux, cant. et poste de St.-André; 460 hab.

MOUFFY, vg. de Fr., Yonne, arr. d'Auxerre, cant. et poste de Courson; 260 hab.

MOUFLAINES, vg. de Fr., Eure, arr. des Andelys, cant. d'Étrepagny, poste de Thilliers-en-Vexin; 360 hab.

MOUFLERS, vg. de Fr., Somme, arr. d'Abbeville, cant. d'Ailly-le-Haut-Clocher, poste de Flixecourt; 180 hab.

MOUFLIÈRES, vg. de Fr., Somme, arr. d'Amiens, cant. et poste d'Oisemont; 210 h.

MOUFLIÈRES, ham. de Fr., Somme, com. de Bellancourt; 100 hab.

MOUGBODJAR, chaîne de montagnes de l'Asie, est une ramification de l'Oural, dont elle se détache à l'E. d'Orskaia, traverse une partie du pays des Kirghis de la Petite-Horde et se perd sous le nom d'Oust-Ourt dans les steppes qui séparent la mer Caspienne de la mer d'Aral.

MOUGE, ham. de Fr., Saône-et-Loire, com. de la Salle; 160 hab.

MOUGINS, vg. de Fr., Var, arr. de Grasse, cant. et poste de Cannes; 1960 hab.

MOUGON, ham. de Fr., Indre-et-Loire, com. de Crouzilles; 140 hab.

MOUGON, vg. de Fr., Deux-Sèvres, arr. et poste de Melle, cant. de Celles; 1160 hab.

MOUGUERRE, vg. de Fr., Basses-Pyrénées, arr., cant. et poste de Bayonne; 1360 hab.

MOUHERS, vg. de Fr., Indre, arr. de la Châtre, cant. et poste de Neuvy-St.-Sépulchre; haut-fourneau; 640 hab.

MOUHET, vg. de Fr., Indre, arr. du Blanc, cant. et poste de St.-Benoît-du-Sault; 1230 hab.

MOUHOUS, vg. de Fr., Basses-Pyrénées, arr. de Pau, cant. et poste de Garlin; 140 h.

MOUILLAC, vg. de Fr., Gironde, arr. de Libourne, cant. de Fronsac, poste de St.-André-de-Cubzac; 130 hab.

MOUILLAC, vg. de Fr., Tarn-et-Garonne, arr. de Montauban, cant. et poste de Caylux; 360 hab.

MOUILLE (la), vg. de Fr., Jura, arr. de St.-Claude, cant. et poste de Morez; 440 hab.

MOUILLERON, vg. de Fr., Haute-Marne, arr. de Langres, cant. et poste d'Auberive; 90 hab.

MOUILLERON-LE-CAPTIF, vg. de Fr., Vendée, arr., cant. et poste de Bourbon-Vendée; 730 hab.

MOUILLERONS-EN-PAREDS, b. de Fr., Vendée, arr. de Fontenay-le-Comte, cant. et poste de la Châtaigneraie; 1420 hab.

MOUILLEVILLERS, vg. de Fr., Doubs, arr. de Montbéliard, cant. et poste de St.-Hippolyte; 60 hab.

MOUILLON, ham. de Fr., Côte-d'Or, com. de Châtellenod; 120 hab.

MOUILLY, vg. de Fr., Meuse, arr. de Verdun, cant. de Fresnes-en-Woëvre, poste de Manheulles; 600 hab.

MOUKDEN, prov. de la Mandchourie. *Voyez* CHING-KING.

MOUKDEN, cap. de la Mandchourie. *Voyez* CHING-YANG.

MOUKKI, v. du roy. d'Achem, dans l'île de Sumatra; remarquable par les riches mines de cuivre qu'on exploite dans son voisinage.

MOUKRAT, un des cantons du khan des Avars, dans le pays des Lerghis.

MOUKRAT, un des cantons du pays des Montagnes (Caucase) qui relèvent du khan des Avars.

MOULACHIQUE, langue de terre très-étroite, qui forme l'extrémité S. de l'île de Ste.-Lucie, Petites-Antilles.

MOULAINVILLE, vg. de Fr., Meuse, arr. de Verdun, cant. et poste d'Étain; 530 hab.

MOULARÈS, vg. de Fr., Tarn, arr. d'Albi, cant. et poste de Pampelonne; 650 h.

MOULAY, vg. de Fr., Mayenne, arr., cant. et poste de Mayenne; 600 hab.

MOULAYRES, vg. de Fr., Tarn, arr. et poste de Lavaur, cant. de Graulhet; 390 h.

MOULCHESTER. *Voyez* NEWCASTLE.

MOULE (le), b. et chef-lieu de canton, sur la côte N.-E. de la Guadeloupe (Grande-Terre), arr. de Pointe-à-Pitre, sur la baie du Moule, qui reçoit la rivière du même nom. Cet endroit, très-commerçant, a, avec le Gros-Cap et ses environs, une pop. de 8000 hab.

MOULEDOUS, vg. de Fr., Hautes-Pyrénées, arr. de Tarbes, cant. et poste de Tournay; 440 hab.

MOULÈS, ham. de Fr., Bouches-du-Rhône, com. d'Arles-sur-Rhône; 690 hab.

MOULÉS, vg. de Fr., Hérault, arr. de Montpellier, cant. et poste de Ganges; 70 h.

MOULEYDIER, vg. de Fr., Dordogne, arr. et cant. de Bergerac, poste; 1120 hab.

MOULEZAN, vg. de Fr., Gard, arr. et poste de Nîmes, cant. de St.-Mamert; 540 h.

MOULHARD, vg. de Fr., Eure-et-Loir, arr. de Nogent-le-Rotrou, cant. d'Authon, poste de Brou; 360 hab.

MOULICENT, vg. de Fr., Orne, arr. de Mortagne-sur-Huine, cant. et poste de Longni; 620 hab.

MOULIDARS, vg. de Fr., Charente, arr. et poste d'Angoulême, cant. d'Hiersac; 980 hab.

MOULIETS, vg. de Fr., Gironde, arr. de Libourne, cant. de Pujols, poste de Castillon; 810 hab.

MOULIGNON, ham. de Fr., Seine-et-Marne, com. de St.-Fargeau; 130 hab.

MOULIGNY, ham. de Fr., Nièvre, com. de Tamnay; 120 hab.

MOULIHERNE, vg. de Fr., Maine-et-Loire, arr. et poste de Baugé, cant. de Longué; fabr. de sabots; 2100 hab.

MOULIN (le), ham. de Fr., Nord, com. de Wormhoudt; 150 hab.

MOULIN, paroisse d'Écosse, comté de Perth. La bataille de Killiekrankie y fut livrée; 2000 hab.

MOULIN, île du groupe de la Nouvelle-Calédonie, dans l'Australie ou Océanie centrale; elle est située au N.-O. de la côte septentrionale de l'île principale du groupe, entre l'île Huon et le port Balabea.

MOULIN-AUX-BOIS (le), ham. de Fr., Vosges, com. de Bains; 130 hab.

MOULIN-A-VENT (le), ham. de Fr., Isère, com. de Venissieux; 510 hab.

MOULIN-DE-REDON, ham. de Fr., Bouches-du-Rhône, com. d'Auriol; 150 hab.

MOULIN-DES-PRÉS, ham. de Fr., Oise, com. d'Épencourt-Léage; 100 hab.

MOULIN-D'IVRAIE, ham. de Fr., Maine-et-Loire, com. d'Etarché; 200 hab.

MOULIN-D'OCLE, ham. de Fr., Seine-et-Marne, com. des Ormes; 450 hab.

MOULINE (la), ham. de Fr., Aveyron, com. de Melagues; 180 hab.

MOULINE (la), ham. de Fr., Aveyron, com. de Ste.-Radegonde; 230 hab.

MOULINE (la), ham. de Fr., Deux-Sèvres, com. de Celles; 110 hab.

MOULINEAUX, vg. de Fr., Calvados, com. de Fontaine-Henry; 110 hab.

MOULINEAUX, ham. de Fr., Seine-Inférieure, com. de la Bouille; 180 hab.

MOULINES, vg. de Fr., Calvados, arr. de Falaise, cant. de Bretteville-sur-Laize, poste de Langannerie; 190 hab.

MOULINES, vg. de Fr., Manche, arr. de Mortain, cant. et poste de St.-Hilaire-du-Harcouet; 520 hab.

MOULINET (le Grand-), ham. de Fr., Gironde, com. de Pomerol; 110 hab.

MOULINET (le), vg. de Fr., Loiret, arr. et cant. de Gien, poste de Lorris; 250 hab.

MOULINET, vg. de Fr., Lot-et-Garonne, arr. de Villeneuve-sur-Lot, cant. et poste de Cancon; haut-fourneau; 700 hab.

MOULINET, ham. de Fr., Vienne, com. de Migne; 100 hab.

MOULINEUX, vg. de Fr., Seine-et-Oise, com. de Chaloux-Moulineux; 120 hab.

MOULIN-GALANT, vg. de Fr., Seine-et-Oise, com. de Villabé; filat. de laine et moulin à foulon; 560 hab.

MOULIN-LE-COMTE, ham. de Fr., Pas-de-Calais, com. d'Aire-sur-la-Lys; 290 hab.

MOULIN-MOGE, ham. de Fr., Tarn, com. de Murat; 110 hab.

MOULIN-NEUF (le), ham. de Fr., Dordogne, com. de Villefranche-de-Lonchapt; 120 hab.

MOULIN-NEUF, ham. de Fr., Deux-Sèvres, com. d'Échire; 130 hab.

MOULINOT, vg. de Fr., Nièvre, arr. de Clamecy, cant. de Tannay, poste de Monceaux-le-Comte; 160 hab.

MOULIN-RENAULT, vg. de Fr., Orne, com. de la Madeleine-Bouvet; haut-fourneau.

MOULINS, vg. de Fr., Aisne, arr. de Laon, cant. de Craonne, poste de Fismes; 250 h.

MOULINS, ham. de Fr., Aisne, com. de Mezy-Moulins; 300 hab.

MOULINS, vg. de Fr., Ille-et-Vilaine, arr. de Vitré, cant. et poste de la Guerche; 1330 hab.

MOULINS, vg. de Fr., Indre, arr. de Châteauroux, cant. et poste de Levroux; 790 hab.

MOULINS (les), ham. de Fr., Isère, com. de Prébois; 120 hab.

MOULINS, ham. de Fr., Meurthe, com. de Bouxières-aux-Chênes; 180 hab.

MOULINS, vg. de Fr., Meuse, arr. de Montmédy, cant. de Stenay, poste de Mouzon; 530 hab.

MOULINS (les), vg. de Fr., Nord, arr., cant. et poste de Lille; fabr. de blanc de céruse, pipes, sucre, toiles cirées, tapis de pied; vinaigreries; nombreuses tuileries; 3120 hab.

MOULINS, vg. de Fr., Deux-Sèvres, arr. de Bressuire, cant. et poste de Châtillon-sur-Sèvre; 500 hab.

MOULINS, ham. de Fr., Vosges, com. de St.-Nabord; 450 hab.

MOULINS-EN-GILBERT, pet. v. de Fr., Nièvre, arr. et à 3 l. S.-O. de Château-Chinon, chef-lieu de canton et poste; elle est située au pied des montagnes du Morvan, au confluent du Gaza et du Guignon, dont les eaux se jettent dans l'Aron. L'église St.-Jean, remarquable par sa tour carrée, surmontée d'une flèche fort élevée, communiquait autrefois, par des souterrains encore bien conservés, à un château dont on voit encore les ruines. Près de là on voit un lac nommé le Lieutmer, qui remplit le cratère d'un volcan éteint. Cette petite ville a des tanneries et fait commerce de grains, de bestiaux, de bois et des produits de ses fabriques. Dans les environs on exploite des carrières de marbre; 3316 hab.

MOULINS-LA-MARCHE, pet. v. de Fr., Orne, arr., à 4 l. N. de Mortagne et à 43 l. de Paris, chef-lieu de canton et poste; on y fait commerce de fil de chanvre; 1031 hab. Cette petite ville, dont il est question pour la première fois au onzième siècle, était alors ceinte de murailles et défendue par un château fort dont il ne reste plus que l'emplacement. Les Français et les Normands s'en disputèrent pendant quelque temps la possession. Moulins avait à cette époque des seigneurs particuliers. Philippe-Auguste ayant conquis la Normandie, en 1204, donna cette seigneurie au comte du Perche. Quelques années après elle fut réunie au duché d'Alençon.

MOULINS-LE-CHARBONNEL, vg. de Fr., Sarthe, arr. de Mamers, cant. de St.-Pater, poste d'Alençon; 1100 hab.

MOULINS-LÈS-METZ, vg. de Fr., Moselle, arr., cant. et poste de Metz; 500 hab.

MOULIN-SOUS-TOUVENT, vg. de Fr., Oise, arr. de Compiègne, cant. d'Attichy, poste de Vic-sur-Aisne; 310 hab.

MOULINS-PRÈS-NOYERS, vg. de Fr., Yonne, arr. de Tonnerre, cant. et poste de Noyers; 380 hab.

MOULINS-SUR-ALLIER, *Gergobia*, v. de Fr., chef-lieu du dép. de l'Allier, à 72 l. S.-S.-E. de Paris; siége de tribunaux de première instance et de commerce, d'un évêché suffragant de l'archevêché de Sens, direction des domaines et de l'enregistrement, directions des contributions directes et indirectes, chef-lieu de la vingt-troisième conservation forestière et résidence d'un ingénieur en chef des ponts-et-chaussées. Moulins est situé dans une plaine très-fertile, sur la rive droite de l'Allier. Sur la rive gauche se trouve un faubourg, qui communique avec la ville par un fort beau pont en pierre de treize arches de forme ovale. Cette construction est d'autant plus remarquable que c'est le cinquième pont que la crue des eaux a forcé de bâtir au même endroit. Dans un seul siècle quatre ponts en pierre avaient été renversés par la violence des eaux. Près du pont, dans le faubourg, s'élève la caserne de cavalerie, un des plus beaux édifices de Moulins. La ville est assez jolie, les rues sont droites et bien percées; mais les maisons, construites la plupart en briques noires et rouges, offrent un aspect assez singulier. Les monuments les plus dignes d'être mentionnés sont: l'hôtel de ville, le palais de justice, l'hôtel de la préfecture, la salle de spectacle, le mausolée de Henri de Montmorency, décapité à Toulouse sous le ministère du cardinal Richelieu; la prison, reste de l'ancien château des ducs du Bourbonnais et plusieurs fontaines élégantes. Les promenades qui environnent la ville sont charmantes; on distingue surtout celle de Bercy, où se réunit ordinairement le monde fashionable. Moulins possède un collége royal, un séminaire, une société d'économie rurale, des sciences et des arts et une bibliothèque publique de 20,000 volumes. L'industrie de cette ville, la seule vraiment commerçante du département, consiste principalement dans la fabrication d'étoffes de laine et de coton, de bas de laine et de coton, la bonneterie de soie, la tannerie et la coutellerie. Cette dernière branche a cependant beaucoup perdu de son importance. Commerce de grains, vins, bétail, fer, bois et houille. Foires: 5 janvier, 1er mars, 1er juin, 30 août, 29 septembre, 18 octobre, 12 novembre et 22 décembre; 15,231 hab.

Moulins, ancienne capitale du Bourbonnais, n'était au dixième siècle qu'un rendez-vous de chasse d'un seigneur de Bourbon. Celui-ci fit construire le palais ou château des Moulins, qui devint l'origine de la ville. Au douzième siècle elle était déjà fortifiée; mais elle ne prit de l'importance que dans le quatorzième, en devenant la résidence des ducs de Bourbon et ainsi la principale ville de la province. En 1566, Catherine de Médicis y convoqua une assemblée qui devait aviser aux moyens de maintenir la paix entre les catholiques et les protestants. Henri IV fit son entrée à Moulins en 1595. Cette ville fut plusieurs fois incendiée et souffrit, à différentes époques, de la peste: de 1440 à 1656 ce terrible fléau décima six fois la population.

Moulins est la patrie du sculpteur Renaudin et du maréchal de Villars, le vainqueur de Denain.

MOULINS-SUR-ORNE, vg. de Fr., Orne, arr., cant. et poste d'Argentan; 470 hab.

MOULINS-SUR-OUANNE, vg. de Fr., Yonne, arr. d'Auxerre, cant. et poste de Toucy; 330 hab.

MOULIN-SUR-VÈVRE, vg. de Fr., Cher, arr. et poste de Bourges, cant. de Baugy; 450 hab.

MOULIN-VIEUX (le), ham. de Fr., Isère, com. de Lavaldens; 110 hab.

MOULIS, vg. de Fr., Arriège, arr., cant. et poste de St.-Girons; carrières de marbre noir; 2700 hab.

MOULIS, vg. de Fr., Gironde, arr. de Bordeaux, cant. et poste de Castelnau-de-Médoc; 900 hab.

MOULIS, ham. de Fr., Tarn-et-Garonne, com. de Reyniès; 300 hab.

MOULISME, vg. de Fr., Vienne, arr., cant. et poste de Montmorillon; 630 hab.

MOULLE, vg. de Fr., Pas-de-Calais, arr., cant. et poste de St.-Omer; 900 hab.

MOULLIÈRES (les), ham. de Fr., Var, com. de la Roquebrussanne; 100 hab.

MOULMEIN, v. de l'Inde transgangétique, dans la prov. de Martaban elle est sitnée sur le Salouen, en face de la ville de Martaban et est aujourd'hui la principale station militaire et le siége des autorités civiles des Anglais.

MOULON, vg. de Fr., Loiret, arr. et poste de Montargis, cant. de Bellegarde; 400 hab.

MOULON-SUR-DORDOGNE, vg. de Fr., Gironde, arr. de Libourne, cant. et poste de Branne; 1310 hab.

MOULONS, vg. de Fr., Charente-Inférieure, arr. de Jonzac, cant. et poste de Montendre; 200 hab.

MOULOTTE, vg. de Fr., Meuse, arr. de Verdun, cant. de Fresnes-en-Woëvre, poste de Manheulles; 240 hab.

MOULOUDOU-ZAMBI ou ZAMBI (mont des âmes), volcan de la Basse-Guinée, entre les roy. d'Angola et de Benguela, sur les confins des prov. de Libola et de Quisama; il est ainsi nommé par les indigènes parce qu'ils regardent l'ouverture par laquelle cette montagne vomit des flammes comme la porte qui donne aux âmes la possibilité d'entrer dans l'autre monde. Il a une hauteur de 2380 toises.

MOULT, vg. de Fr., Calvados, arr. de Caen, cant. de Bourguébus, poste de Vimont; 620 hab.

MOULTAN, pays ou région du roy. de Lahore. Le Moultan, qui a emprunté le nom de sa capitale, forme la partie S.-E. du royaume et s'étend entre 68° 3' et 71° 24' long. or. et entre 27° 55' et 34° 5' lat. N. Il est borné au N., à l'E., au S. par l'Inde, au S.-E. par le Béloutchistan, à l'O. par l'Afghanistan et a plus de 1900 l. c. géogr. ou 41,000 milles c. anglais de superficie.

Le pays, sauf de légères ondulations, est tout à fait plat et n'a de montagnes qu'à sa limite occidentale où la chaîne des monts Salomon longe la frontière de Dera-Ghazi-Khan. L'Indus le traverse dans toute sa longueur et reçoit à l'O. le Kameh ou Kaboul, le Gomul, le Rina et d'autres affluents moins importants; à l'E. le Pendjnab, formé au sein de la province par la réunion du Tchenab et du Gharra. Partout où pénètrent les eaux de l'Indus, du Pendjnab, du Tchenab, du Gharra et de leurs affluents on rencontre un terrain d'alluvion gras et fertile; dans le reste de la province tout est sec et aride; on n'y trouve que du sable, et sur ces plaines désertes ni homme ni animal ne peuvent subsister. Les deux plus grands déserts se trouvent l'un à l'E. du Gharra dans le Bahawalpour, l'autre à l'E. de l'Indus, dans le Leïa. Le climat du Moultan est le même que celui de l'Inde occidentale.

Dans la partie cultivable du Moultan, le long des rivières, l'agriculture est la principale branche d'industrie des habitants, qui entretiennent des troupeaux de dromadaires, de bétail, de moutons et de chèvres, et plantent du riz, du blé, de l'orge et autres céréales, du coton, de l'indigo et du bétel; l'âne tient généralement la place du cheval, qui est d'une qualité très-inférienre. L'antilope, le sanglier, le tigre, le léopard, le chakal, l'hyène et d'autres animaux féroces habitent le désert. La population du Moultan est composée en majorité de Hindous, dont les uns professent l'islamisme, les autres le brahmanisme. Des Béloutchis nomades et des Afghans agriculteurs et pasteurs habitent à l'O. de l'Indus. Le Moultan faisait autrefois partie de l'Inde; les provinces tombées plus tard au pouvoir des Béloutchis et des Afghans sont aujourd'hui, sauf quelques districts, sous la domination du roi de Lahore.

Il est divisé en cinq provinces, qui sont:

PROVINCES.	CHEF-LIEUX.
Moultan:	Moultan.
Leïa:	Leïa.
Dera-Ismaïl-Khan:	Dera-Ismaïl-Khan.
Dera-Ghazi-Khan:	Dera-Ghazi-Khan.
Bahawalpour:	Bahawalpour (Buhawalpoor).

MOULTAN, une des provinces du pays de même nom, est borné au N.-O. par Leïa, au N.-E. par le Pendjnab, au S.-E. et au S.-O. par Bahawalpour. Il est arrosé par le Tchenab et son affluent le Rawei, et a un terrain fertile le long des cours d'eau. Le reste de la province est désert, mais de nombreuses ruines témoignent d'une ancienne culture. Le gouverneur est un chef héréditaire qui appartient à la famille des Douranis et porte le titre de nabab. En temps de guerre le contingent qu'il doit fournir au roi de Lahore se compose de 2000 hommes et de 20 pièces de canon. Le chef-lieu de la province est Moultan.

MOULTAN, ancienne capitale du vaste pays de même nom, chef-lieu de province et résidence d'un nabab; est située non loin du Tchenab, dans une plaine fertile et bien cultivée. Elle est défendue par de hautes murailles garnies de tours, et par une citadelle assise sur une hauteur voisine. C'est une grande ville, assez bien bâtie, qui renferme beaucoup de mosquées, de tombeaux musulmans, entre autres celui d'un saint appelé Scheikh Bahoddin Zucknei, un célèbre temple hindou, etc. Bien que ravagé à plusieurs reprises par les Afghans, les Mahrattes et les Seikhs, surtout par ces derniers en 1806 et en 1818, Moultan a encore conservé une partie de l'industrie et du commerce qui autrefois rendaient cette ville si florissante. Elle fabrique des étoffes de soie et des tapis qu'on vante à l'égal des produits de même nature de la Perse, mais qui leur sont inférieurs. Les habitants sont en majeure partie des Hindous.

MOULTAN (déserts du). *Voyez* MOULTAN (pays).

MOULT-DU-BOURG (le), ham. de Fr., Eure, com. de Cormeilles; 100 hab.

MOULTON. *Voyez* LAWRENCE (Alabama).

MOUMBOS, peuple peu connu du plateau austral d'Afrique, au N. des Cazembes et à l'O. du lac Maravi; c'est dans leur pays que le Coanza prend sa source. Leur capitale doit être Chicorongo.

MOUMOULOUS, vg. de Fr., Hautes Pyrénées, arr. de Tarbes, cant. et poste de Rabastens; 190 hab.

MOUMOUR, vg. de Fr., Basses-Pyrénées, arr. et poste d'Oloron, cant. de Ste.-Marie-d'Oloron; fabr. de papier; 865 hab.

MOUNÈS ou MONNÈS, ham. de Fr., Aveyron, com. de Prohencoux; 410 hab.

MOUNET, ham. de Fr., Gironde, com. de St.-Croix-du-Mont; 100 hab.

MOUNFOUHAT, v. de l'Arabie, est située dans le Nedjed et a environ 8000 habitants. Les murs ont été rasés en 1818 par les Turcs.

MOUNIME, ham. de Fr., Haute-Vienne, com. de St-Ouen; 240 hab.

MOUNIN-SIMA ou BONIN-SIMA, groupe d'îles dont la plus grande partie correspond à l'archipel de Magellan de quelques cartes récentes, et que Balbi comprend dans son archipel de Mounin-Volcanique, dans la Polynésie ou Océanie orientale. Il est situé sous 27° de lat. N., entre les îles du Japon et l'archipel des Mariannes, et se compose de 89 îles, dont 10 seulement sont habitées. Ces îles ont été colonisées par des Japonnais de l'île Niphon; elles sont montagneuses, bien boisées et jouissent d'un climat tempéré; elles produisent du froment, du riz, des légumes et du bois précieux. La chasse et la pêche y sont très-productives.

L'archipel de Magellan ou Mounin-Volcanique de Balbi est encore très-peu connu. Voici les groupes principaux que Balbi rattache à cet archipel: Mounin-Sima, qui renferme l'île du Nord et l'île du Sud, les deux terres les plus considérables de l'archipel; le groupe volcanique, dont les principales îles sont: l'île de Soufre, St.-Alexandre et St.-Augustin; les îles Arzobispo; le groupe oriental, dans lequel se trouvent les îles Guadalupa, Malagrida, Grampus, Volcano et Meares; enfin le groupe occidental, qui comprend les petites îles Kendrick, Dolores et Borodino.

MOUNT-CLÉMENS. *Voyez* MAKOMB.

MOUNT-DESART, île tout près de la côte S. de l'état du Maine, dont elle dépend, États-Unis de l'Amérique du Nord. Elle s'étend entre les baies de l'Union et de Frenchman, a une étendue de près de 4 l. c. géogr. et est si élevée qu'on l'aperçoit à 30 l. de distance. Ses côtes sont déchirées, cernées d'écueils et ne présentent que deux points abordables: le port Mount-Désart et Basshaven. L'intérieur de l'île a un sol fertile; les forêts en occupent la plus grande partie; les établissements se trouvent disséminés sur la côte; 3000 hab. L'île fait partie du comté de Hancock.

MOUNT-HOLLY, b. des États-Unis de l'Amérique du Nord, état de New-Jersey, comté de Burlington, sur l'Ancocus; il possède une banque, une halle, une prison et des fonderies en fer; l'hôtel communal renferme une bibliothèque et une salle d'armes; 2500 hab.

MOUNT-HOPE (baie). *Voyez* NARRAGANSET (baie).

MOUNTMELLIK, gros b. d'Irlande, comté de Queens, sur un affluent du Barrow; très-industrieux; fabrication d'étoffes de coton, de toiles de lin, de cordages, de cuirs et blanchisseries; 3000 hab.

MOUNT-MISERY. *Voyez* CHRISTOPHE (Saint-), Petites-Antilles.

MOUNTRATH, b. d'Irlande, comté de Queens; manufactures d'étoffes de laine; 1800 hab.

MOUNT-SARMIENTO, mont. de 2000 mètres d'élévation et un des points culminants de la Terre-de-Feu, s'élève vers le centre du détroit de Magellan et est couvert de neiges perpétuelles.

MOUNT-PLEASANT, com. florissante des États-Unis de l'Amérique du Nord, état de New-York, comté de Westchester, sur un affluent de l'Hudson; académie; 4000 hab. La mine d'argent qu'on exploitait dans ses environs a été abandonnée.

MOUNT-PLEASANT, com. des États-Unis de l'Amérique du Nord, état de Pensylvanie, comté de Washington; 2800 hab.

MOUNT-STERLING. *Voy.* MONTGOMÉRY.

MOUNT-VERNON. *Voyez* ROCKCASTLE.

MOUNT-VERNON. *Voyez* KNOX (Ohio).

MOUNT-VERNON, maison de campagne avec de superbes jardins daus l'état de Virginie, comté de Fairfax, à 3 l. S. d'Alexandrie, États-Unis de l'Amérique du Nord. C'était la résidence ordinaire du célèbre Washington, qui y termina ses jours en 1799.

MOUNT-ZION. *Voyez* COCALICO.

MOURA, v. du Portugal, prov. d'Alentejo, dist. et à 9 l. O. de Beja, dans une grande plaine auprès de la Guadiana. Ses fortifications tombent en ruine; 4030 hab.

MOURAD-TCHAI, une des branches de l'Euphrate; naît dans les monts Bingueul, ramification du Taurus, passe par Melazgherd et, se réunissant avec le Frat au-dessus d'Erzeroum, forme l'Euphrate proprement dit.

MOURAO, pet. v. du Portugal, prov. d'Alentéjo, dist. et à 11 l. S. d'Elvas, près de la Guadiana, sur une montagne et protégée par un château fort; 2220 hab.

MOURAKAMI, v. de l'emp. japonais, prov. de Yetsingo, dans le Fokou-rokou-do.

MOURCAIROL, vg. de Fr., Hérault, arr. de Béziers, cant. de Capestang, poste de Bédarieux; 860 hab.

MOURCHOURTI-BET, un des points culminants des monts Nilgherry (Inde). Il a environ 2600 mètres de hauteur.

MOURE (la), ham. de Fr., Var, com. de la Garde-Freinet; 300 hab.

MOURÈDE, vg. de Fr., Gers, arr. de Condom, cant. d'Eauze, poste de Vic-Fezensac; 220 hab.

MOURENS, vg. de Fr., Gironde, arr. de la Réole, cant. de Sauveterre, poste de Cadillac; 460 hab.

MOURENX, vg. de Fr., Basses-Pyrénées, arr. d'Orthez, cant. de Lagor, poste de Lacq; 380 hab.

MOURÈRE (la), ham. de Fr., Haute-Garonne, com. de Pointis-Inard; 110 hab.

MOURET ou **GRAMMAS**, vg. de Fr., Aveyron, arr. et poste de Rhodez, cant. de Marcillac; 1220 hab.

MOURET, ham. de Fr., Lot, com. de Lissac; 130 hab.

MOURETTE, ham. de Fr., Seine-et-Marne, com. de la Ferté-sous-Jouarre; 200 hab.

MOUREUILLE, vg. de Fr., Puy-de-Dôme, arr. de Riom, cant. et poste de Montaigut; 400 hab.

MOUREX, ham. de Fr., Ain, com. de Grilly; 140 hab.

MOURÈZE, vg. de Fr., Hérault, arr. de Lodève, cant. et poste de Clermont; 130 h.

MOURGHAB, vg. de Perse, prov. de Fars, bâti sur l'emplacement de Persépolis.

MOURGHAB, riv. du roy. de Perse; elle prend sa source dans le Khorassan, traverse le Merou-Roud et le Merou-Chah-Jehan et se jette, suivant les uns dans le lac Badakandir, suivant les autres dans l'Amou.

MOURICONDA, v. de l'Inde anglaise, présidence de Madras, prov. de Balaghat; elle est située sur la Kistnah, non loin de son confluent avec le Iombudrah; elle est très-déchue et ne subsiste plus que par ses pagodes, qui attirent beaucoup de pèlerins hindous.

MOURIÈRE, ham. de Fr., Haute-Saône, com. de Ronchamp; 210 hab.

MOURIÉS, vg. de Fr., Bouches-du-Rhône, arr. d'Arles, cant. et poste de St.-Remy; 1790 hab.

MOURIEZ, vg. de Fr., Pas-de-Calais, arr. de Montreuil-sur-Mer, cant. et poste d'Hesdin; fabr. de sucre indigène; 350 hab.

MOURIOUX, vg. de Fr., Creuse, arr. de Bourganeuf, cant. et poste de Bénévent; 1160 hab.

MOURITCHOM, v. de l'état de Boutan, pays du Debraya. Cet endroit, situé sur le Tchintschien, est remarquable par la grande quantité de cannelle qui croît dans ses environs.

MOURJOU, vg. de Fr., Cantal, arr. d'Aurillac, cant. et poste de Maurs; 1140 hab.

MOURMELON-LE-GRAND, vg. de Fr., Marne, arr. de Châlons-sur-Marne, cant. de Suippes, poste des Petites-Loges; 450 h.

MOURMELON-LE-PETIT, vg. de Fr., Marne, arr. de Châlons-sur-Marne, cant. de Suippes, poste des Petites-Loges; 280 h.

MOURNANS, vg. de Fr., Jura, arr. de Poligny, cant. de Nozeroy, poste de Champagnole; 330 hab.

MOURNÉDE, ham. de Fr., Gers, com. d'Aujan-Mournéde; 200 hab.

MOURO, v. de l'emp. japonais, une des plus importantes places de commerce de l'île de Niphon.

MOURON, vg. de Fr., Ardennes, arr. de Vouziers, cant. et poste de Grand-Pré; 340 hab.

MOURON, vg. de Fr., Nièvre, arr. de Clamecy, cant. et poste de Corbigny; 300 h.

MOURONI-OUSSOU, nom qu'on donne dans le N.-E. du Thibet au Kin-cha-kiang (rivière à sable d'or), principale branche du Yan-tse-kiang.

MOUROUX (le), ham. de Fr., Nièvre, com. de Lucenay-les-Aix; 220 hab.

MOURRENS, ham. de Fr., Lot-et-Garonne, com. de St.-Colombe-de-la-Fargues;

MOURROUX, vg. de Fr., Seine-et-Marne, arr., cant. et poste de Coulommiers; fabr. de colle forte et lacets; 2010 hab.

MOURS, ham. de Fr., Drôme, com. de Peyrins; 560 hab.

MOURS, vg. de Fr., Seine-et-Oise, arr. de Pontoise, cant. de l'Isle-Adam, poste de Beaumont-sur-Oise; 80 hab.

MOURSIAU, ham. de Fr., Nièvre, com. de Moulins-en-Gilbert; 130 hab.

MOURVILLERS-BASSES, vg. de Fr., Haute-Garonne, arr. de Villefranche-de-Lauragais, cant. et poste de Caraman; 220 hab.

MOURVILLERS-HAUTES, vg. de Fr., Haute-Garonne, arr. et poste de Villefranche-de-Lauragais, cant. de Revel; 370 h.

MOURZOUK, v. considérable de l'Afrique septentrionale, capitale du Fezzan, à 180 l. S.-S.-E. de Tripoli. Elle est située au bord d'une rivière et ceinte de murs élevés; les maisons sont bâties en terre et les rues très-étroites. C'est le grand marché intérieur de toute cette partie de l'Afrique et le rendez-vous des caravanes qui viennent du Caire, de Tripoli, de Tunis et Gadamès, de Tombouctou et de Bornou.

MOUSAKARÉ, pet. v. de l'état Peul de Casson, en Sénégambie.

MOUSASI ou **MOU-SIOU**, prov. de l'emp. japonais; fait partie du To-kai-do. Son chef-lieu et en même temps la capitale du Japon, la résidence du seogoun ou empereur, est Yedo.

MOUSCARDÉS, vg. de Fr., Landes, arr.

et poste de Dax, cant. de Pouillon; 490 h.

MOUSCRON, vg. du roy. de Belgique, prov. de la Flandre occidentale, arr. de Courtrai, sur la frontière de France; fabr. d'étoffes de laine; 5600 hab.

MOUSELGUES, ham. de Fr., Gard, com. de Ponteils; 160 hab.

MOUSSAC, vg. de Fr., Gard, arr. et poste d'Uzès, cant. de St.-Chaptes; 560 hab.

MOUSSAC-SUR-VIENNE, vg. de Fr., Vienne, arr. de Montmorillon, cant. et poste de l'Isle-Jourdain; 910 hab.

MOUSSAGES, vg. de Fr., Cantal, arr., cant. et poste de Mauriac; 1150 hab.

MOUSSAIS, ham. de Fr., Allier, com. de St.-Désiné; 180 hab.

MOUSSAN, vg. de Fr., Aude, arr., cant. et poste de Narbonne; exploitation de plâtre; 730 hab.

MOUSSAY-LA-BATAILLE, ham. de Fr., Vienne, com. de Vouneuil-sur-Vienne; 100 hab.

MOUSSÉ, vg. de Fr., Ille-et-Vilaine, arr. de Vitré, cant. et poste de la Guerche; 330 h.

MOUSSEAU (le), ham. de Fr., Nièvre, com. de Vandenesse; 120 hab.

MOUSSEAU (le), ham. de Fr., Nièvre, com. de Villapourçon; 250 hab.

MOUSSEAUX, vg. de Fr., Eure, arr. d'Évreux, cant. et poste de St.-André; 240 hab.

MOUSSEAUX, ham. de Fr., Eure, com. de Mesnil-Hardray; 120 hab.

MOUSSEAUX, vg. de Fr., Seine-et-Oise, arr. de Mantes, cant. et poste de Bonnières; fabr. de bonneterie; 520 hab.

MOUSSEAUX (les), ham. de Fr., Seine-et-Oise, com. de Jouars-Pontchartrain; 150 h.

MOUSSEL, ham. de Fr., Eure, com. d'Arnières; 120 hab.

MOUSSEL (le), ham. de Fr., Eure, com. de Marcilly-la-Campagne; 180 hab.

MOUSSEL ou ROCH (Saint-), ham. de Fr., Eure-et-Loir, com. de Sorel-Mousset; 350 h.

MOUSSEL (le), ham. de Fr., Seine-et-Oise, com. de Fontenay-St.-Père; 140 hab.

MOUSSEY, vg. de Fr., Aube, arr. et poste de Troyes, cant. de Bouilly; 360 hab.

MOUSSEY, vg. de Fr., Meurthe, arr. de Sarrebourg, cant. de Réchicourt-le-Château, poste de Blamont; 550 hab.

MOUSSEY, vg. de Fr., Vosges, arr. de St.-Dié, cant. et poste de Senones; filat. de coton; 800 hab.

MOUSSIÈRES (les), vg. de Fr., Jura, arr. et poste de St.-Claude, cant. des Bouchoux; 520 hab.

MOUSSON, ham. de Fr., Aube, com. de Barberey-St.-Sulpice; 110 hab.

MOUSSON (verreries de), ham. de Fr., Hérault, com. de Mons; 110 hab.

MOUSSON, vg. de Fr., Meurthe, arr. de Nancy, cant. et poste de Pont-à-Mousson; 220 hab.

MOUSSONVILLIERS, vg. de Fr., Orne, arr. de Mortagne-sur-Huine, cant. de Tourrouvre, poste de St.-Maurice; 560 hab.

MOUSSOULENS, vg. de Fr., Aude, arr. de Carcassonne, cant. et poste d'Alzonne; 540 hab.

MOUSSOUVES (les), ham. de Fr., Puy-de-Dôme, com. de Limons; 200 hab.

MOUSSY, fl. de l'Inde, un des principaux affluents de gauche de la Kistnah. Il naît dans la prov. de Hyderabad, passe par la ville de ce nom et se jette dans la Kistnah, au-dessous de Timeracota.

MOUSSY, vg. de Fr., Marne, arr., cant. et poste d'Épernay; vins blancs et rouges estimés; 630 hab.

MOUSSY, vg. de Fr., Nièvre, arr. de Cosne, cant. et poste de Prémery; 530 hab.

MOUSSY, ham. de Fr., Seine-et-Oise, arr. de Pontoise, cant. et poste de Marines; 110 hab.

MOUSSY-LE-NEUF, vg. de Fr., Seine-et-Marne, arr. de Meaux, cant. de Dammartin, poste de Ménil-Amelot; 720 hab.

MOUSSY-LE-VIEUX, vg. de Fr., Seine-et-Marne, arr. de Meaux, cant. de Dammartin, poste du Ménil-Amelot; 360 hab.

MOUSSY-SUR-AISNE, vg. de Fr., Aisne, arr. de Laon, cant. de Craonne, poste de Fismes; 150 hab.

MOUSTAJON, vg. de Fr., Haute-Garonne, arr. de St.-Gaudens, cant. et poste de Bagnères-de-Luchon; 110 hab.

MOUSTERU, vg. de Fr., Côtes-du-Nord, arr., cant. et poste de Guingamp; 1070 hab.

MOUSTEY, vg. de Fr., Landes, arr. de Mont-de-Marsan, cant. de Pissos, poste de Liposthey; verrerie; 890 hab.

MOUSTIER, vg. de Fr., Lot-et-Garonne, arr. de Marmande, cant. de Duras, poste de Miramont; 540 hab.

MOUSTIER, vg. de Fr., Nord, arr. d'Avesnes, cant. et poste de Trélon; 260 hab.

MOUSTIERS, pet. v. de Fr., Basses-Alpes, arr., à 9 l. S. de Digne et à 224 l. de Paris, poste de Riez, chef-lieu de canton; elle est située dans une contrée très-pittoresque, au pied d'une haute montagne, d'où jaillit une source abondante dont les eaux alimentent plusieurs usines. Sur le flanc de la montagne se trouve une chapelle dédiée à la Vierge. C'était autrefois un pèlerinage très-fréquenté. Moustiers a une manufacture de faïence et des fabriques de papier et d'étoffes de laine; tanneries. On y fait aussi commerce du vin récolté dans les environs; 1800 hab.

MOUSTIER-VENTADOUR (le), vg. de Fr., Corrèze, arr. de Tulle, cant. et poste d'Egletons; 920 hab.

MOUSTIQUES (les), groupe de petites îles qui font partie de celui des Grenadilles, Petites-Antilles; à l'E. elles sont hérissées de rochers nus et n'y offrent aucun point abordable; ce n'est qu'à l'O. que l'on trouve quelques rades bien abritées; elles abondent en chaux.

MOUSTOIR (le), vg. de Fr., Côtes-du-Nord, arr. de Guingamp, cant. de Maël-Carhaix, poste de Carhaix; 800 hab.

MOUSTOIR-RADENAC, vg. de Fr., Morbihan, arr. de Pontivy, cant. et poste de Locminé; 1760 hab.

MOUSTOIR-REMUNGOL, vg. de Fr., Morbihan, arr. et poste de Pontivy, cant. de Locminé; 1760 hab.

MOUSTROU, vg. de Fr., Basses-Pyrénées, arr. d'Orthez, cant. et poste d'Arzac; 110 h.

MOUSWILLER, vg. de Fr., Bas-Rhin, arr., cant. et poste de Saverne; 620 hab.

MOUTARDON, vg. de Fr., Charente, arr., cant. et poste de Ruffec; 750 hab.

MOUTARET (le), vg. de Fr., Isère, arr. de Grenoble, cant. d'Alevard, poste de Goncelin; 540 hab.

MOUTAT, ham. de Fr., Yonne, com. de Guillon; 100 hab.

MOUTER, vg. de Fr., Vienne, arr. de Montmorillon, cant. et poste de l'Isle-Jourdain; 550 hab.

MOUTERHAUSEN, vg. de Fr., Moselle, arr. de Sarreguemines, cant. et poste de Bitche; hauts-fourneaux, affineries, fonderie, scierie; fabr. de tôle; 1100 hab.

MOUTERRE-SILLY, vg. de Fr., Vienne, arr., cant. et poste de Loudun; 560 hab.

MOUTET (le), ham. de Fr., Tarn-et-Garonne, com. de St.-Nicolas-de-la-Grave; 200 hab.

MOUTEUIL (le), ham. de Fr., Vienne, com. de Sauves; 100 hab.

MOUTHE, vg. de Fr., Doubs, arr. et à 6 l. S.-S.-O. de Pontarlier, chef-lieu de canton et poste; fabr. de fromages; tanneries; scieries de planches; commerce de chanvre; 1160 hab.

MOUTHE-DE-QUEYSSAC (le), ham. de Fr., Dordogne, com. de Queyssac; 250 h.

MOUTHEROT (le), vg. de Fr., Doubs, arr. de Besançon, cant. d'Audeux, poste de Marnay; 120 hab.

MOUTHIER, vg. de Fr., Doubs, arr. de Besançon, cant. et poste d'Ornans; distillerie d'eau de cerises; 1041 hab.

MOUTHIER-EN-BRESSE, vg. de Fr., Saône-et-Loire, arr. de Louhans, cant. et poste de Pierre; 1700 hab.

MOUTHIERS, vg. de Fr., Charente, arr. d'Angoulême, cant. et poste de Blanzac; papeterie; 1490 hab.

MOUTHOUMET, vg. de Fr., Aude, arr. et à 8 l. S.-S.-E. de Carcassonne, chef-lieu de canton, poste de Davejean; 380 hab.

MOUTIER, vg. de Fr., Moselle, arr., cant. et poste de Briey; 400 hab.

MOUTIER (le), ham. de Fr., Seine-et-Oise, com. d'Orgeval; 140 hab.

MOUTIER, ham. de Fr., Haute-Vienne, com. de Verneuil-Moutier; 150 hab.

MOUTIER-D'AHUN, b. de Fr., Creuse, arr. de Guéret, cant. et poste d'Ahun; commerce de bestiaux; 480 hab.

MOUTIER-LES-BAINS. *Voyez* VICHY.

MOUTIER-MALCARD, vg. de Fr., Creuse, arr. de Guéret, cant. de Bonnat, poste de Genouillat; 1800 hab.

MOUTIER-ROSEILLE, vg. de Fr., Creuse, arr. et poste d'Aubusson, cant. de Felletin; 1130 hab.

MOUTIÈRE (la), ham. de Fr., Seine-et-Oise, com. de Montfort-l'Amaury; 210 hab.

MOUTIERS, vg. de Fr., Eure-et-Loir, arr. de Chartres, cant. et poste de Voves; 480 hab.

MOUTIERS, vg. de Fr., Ille-et-Vilaine, arr. de Vitré, cant. et poste de la Guerche; 1280 hab.

MOUTIERS (les), vg. de Fr., Loire-Inférieure, arr. de Paimbœuf, cant. et poste de Bourgneuf-en-Retz; 1720 hab.

MOUTIERS, ham. de Fr., Moselle, com. d'Auboué; manufacture hydraul. de draps.

MOUTIERS, vg. de Fr., Deux-Sèvres, arr. de Bressuire, cant. et poste d'Argenton-Château; 999 hab.

MOUTIERS (les), b. de Fr., Vendée, arr. et à 7 l. E. des Sables, chef-lieu de canton, poste d'Avrillé; 650 hab.

MOUTIERS, vg. de Fr., Yonne, arr. d'Auxerre, cant. et poste de St.-Sauveur; 880 hab.

MOUTIERS, pet. v. de la Savoie, chef-lieu de la prov. de Tarantaise; située sur l'Isère et au fond d'une vallée étroite et très-sauvage, à 588 mètres au-dessus du niveau de la mer; collége; école de minéralogie. La saline qui se trouve dans le voisinage est la seule que possède tout le duché. Moutiers est la patrie du pape Innocent Ier.

MOUTIERS-AU-PERCHE, vg. de Fr., Orne, arr. de Mortagne-sur-Huine, cant. et poste de Remalard; 1600 hab.

MOUTIERS-EN-AUGE (les), vg. de Fr., Calvados, arr. et poste de Falaise, cant. de Coulibœuf; 390 hab.

MOUTIERS-EN-CINGLAIS (les), vg. de Fr., Calvados, arr. de Falaise, cant. de Bretteville-sur-Laize, poste d'Harcourt-Thury; 440 hab.

MOUTIERS-EN-GRANVAUX (*Munster in Granfelden*), pet. b. de Suisse, cant. de Berne, chef-lieu de la vallée de Munster.

MOUTIERS-HUBERT (les), vg. de Fr., Calvados, arr. de Bayeux, cant. de Livarot, poste de Fervacques; 250 hab.

MOUTIERS-LES-MAUFAITS (les). *Voyez* MOUTIERS (les).

MOUTIERS-SAINT-JEAN ou **RÉOME**, vg. de Fr., Côte-d'Or, arr. et poste de Sémur, cant. de Montbard; 550 hab.

MOUTIERS-SOUS-CHANTEMERLE (les), vg. de Fr., Deux-Sèvres, arr. de Parthenay, cant. et poste de Montcoutant; 1030 h.

MOUTIERS-SUR-LE-LAY, vg. de Fr., Vendée, arr. de Bourbon-Vendée, cant. et poste de Mareuil; 860 hab.

MOUTILS, vg. de Fr., Seine-et-Marne, arr. de Coulommiers, cant. et poste de la Ferté-Gaucher; 110 hab.

MOUTON, vg. de Fr., Charente, arr. de Ruffec, cant. et poste de Mansle; 650 hab.

MOUTONNE, vg. de Fr., Jura, arr. de Lons-le-Saulnier, cant. et poste d'Orgelet; 220 hab.

MOUTONNEAU, vg. de Fr., Charente, arr. de Ruffec, cant. et poste de Mansle; 290 hab.

MOUTOUALIS ou MUTUALIS, peuplade sémitique qui habite dans la Cœle-Syrie. Elle est syrienne d'origine, mahométane scheïte de religion et adore Ali, le successeur de Mahomet, comme un Dieu. Les Moutoualis sont des brigands féroces, qui vivent du pillage des caravanes et des excursions qu'ils font en Syrie. Leur principal centre d'habitation et de campement est au milieu des ruines de l'ancienne et brillante Baalbek. Il en reste d'ailleurs un assez petit nombre, puisque les Turcs sont parvenus à en exterminer la majeure partie.

MOUTOU-ITI. *Voyez* TUBAI.

MOUTOUX, vg. de Fr., Jura, arr. de Poligny, cant. et poste de Champagnole; 150 h.

MOUTROT, vg. de Fr., Meurthe, arr., cant. et poste de Toul; 230 hab.

MOUTS ou O-SIOU, prov. de l'emp. du Japon, dans le To-san-do. Sendaï est le chef-lieu de cette province, dont dépend aussi le gouv. de Matsmai, qui embrasse l'île de Iesso, les Kouriles méridionales et la partie méridionale ou japonaise de l'île de Tarrakaï.

MOUVEAUX, vg. de Fr., Nord, arr. de Lille, cant. et poste de Tourcoing; 1920 h.

MOUX, vg. de Fr., Aude, arr. de Carcassonne, cant. et poste de Capendu; mine de cuivre à la montagne d'Alaric; 500 hab.

MOUX, vg. de Fr., Nièvre, arr. de Château-Chinon, cant. et poste de Montsauche; 1510 hab.

MOUY, pet. v. de Fr., Oise, arr. et à 2 l. S.-O. de Clermont, chef-lieu de canton et poste; l'hôtel de ville est digne d'être mentionné; fabr. considérables de draps et mérinos; filat. de laine; carrières de belles pierres de tailles; 2507 hab.

MOUYRAC, ham. de Fr., Lot, com. de St.-Martin-la-Bouval; 100 hab.

MOUY-SUR-SEINE, vg. de Fr., Seine-et-Marne, arr. de Provins, cant. et poste de Bray-sur-Seine; 370 hab.

MOUYT, pet. v. de l'état Ghiolof de Cayor, en Sénégambie, et chef-lieu de la prov. de Gandiole, à peu de lieues au S. de l'embouchure du Sénégal.

MOUZANGAYE, v. bien policée de l'île de Madagascar, dans le pays des Seclaves, sur le canal de Mozambique, à 20 l. N.-N.-E. de Bambetouka; elle est la plus commerçante de toute la côte occidentale, et son port est fréquenté par les peuples de Mozambique et de Zanguebar; les Arabes et les juifs forment la plus grande partie de sa population, qui doit se monter à 30,000 âmes.

MOUZAY, vg. de Fr., Indre-et-Loire, arr. de Loches, cant. et poste de Ligueil; 510 hab.

MOUZAY, vg. de Fr., Meuse, arr. de Montmédy, cant. et poste de Stenay; tanneries; 1860 hab.

MOUZE, vg. de Fr., Aude, arr. et poste de Carcassonne, cant. de Capendu; 210 h.

MOUZEIL, vg. de Fr., Loire-Inférieure, arr. d'Ancenis, cant. de Ligné, poste d'Oudon; exploitation de houille; 1410 hab.

MOUZENS, vg. de Fr., Dordogne, arr. et poste de Sarlat, cant. de St.-Cyprien; 520 hab.

MOUZENS, vg. de Fr., Tarn, arr. de Lavaur, cant. de Cuq-Toulza, poste de Puylaurens; 250 hab.

MOUZEUIL, vg. de Fr., Vendée, arr. et poste de Fontenay-le-Comte, cant. de l'Hermenault; 1210 hab.

MOUZIEIS, vg. de Fr., Tarn, arr. et poste d'Albi, cant. de Villefranche; 470 hab.

MOUZIEYS, vg. de Fr., Tarn, arr. de Gaillac, cant. et poste de Cordes; 780 hab.

MOUZILLON, vg. de Fr., Loire-Inférieure, arr. de Nantes, cant. de Vallet, poste de Clisson; 1490 hab.

MOUZILLY, ham. de Fr., Indre-et-Loire, com. de Huismes; 100 hab.

MOUZIMBOS. *Voyez* MAROUCA.

MOUZON, pet. v. de Fr., Ardennes, arr. et à 4 l. S.-E. de Sédan, chef-lieu de canton et poste, sur la rive droite de la Meuse; elle a des filat. de laine et des tanneries, et fait commerce de vins, grains et fourrages; 2400 hab. Cette petite ville, autrefois capitale d'une châtellenie importante, était très-forte; elle appartenait alors aux archevêques de Reims. Les Espagnols la prirent deux fois, en 1520 et en 1650; mais ils la conservèrent peu de temps. Mouzon fut démantelé en 1671.

MOUZON, vg. de Fr., Charente, arr. de Confolens, cant. de Montembœuf, poste de la Rochefoucault; 600 hab.

MOUZ-TAGH ou MUS-TAGH, le *Moussart* de Strahlenberg, chaîne de montagnes de l'Asie, est le prolongement occidental de Thian-chan ou mont céleste. Il se dirige entre Gouloja et le lac Zemourtou ou Issikoul d'un côté et Koutchi et Aksou de l'autre, jusqu'à la grande chaîne transversale du Bolor, à l'O. de laquelle est l'Asferah, qui sépare les sources du Syr-daria de celles de l'Amou-daria, et qu'on peut regarder comme la continuation du Mouz-tagh. Il sépare le Turkestan de la Petite-Boukharie et cette dernière du Thian-chan-pe-lou. Comme les contrées qu'il parcourt, le Mouz-tagh nous est très-imparfaitement connu et nous pouvons seulement dire que c'est une des chaînes de montagnes les plus colossales qui existent sur le globe, et que ses points culminants ont de 7 à 8000 mètres de hauteur.

MOVAL, vg. de Fr., Haut-Rhin, arr., cant. et poste de Belfort; 100 hab.

MOVIZAS, peuple de l'Afrique transéquatoriale, dans la partie septentrionale du ci-devant emp. du Monomotapa, à l'E. des Cazembes, dont il est tributaire. Les Movizas sont remarquables par leur esprit mercantile et font presque toutes les affaires commerciales des contrées voisines.

MOW, v. de l'Inde, principauté d'Allahabad, est située au pied du Kimour. Elle est le chef-lieu du dist. de Singranah et sert de résidence à un des chefs les plus puissants de la principauté.

MOWÉE. *Voyez* MAOUVI.

MOXOS. *Voyez* MOJOS.

MOY, vg. de Fr., Aisne, arr., à 3 l. S. et poste de St.-Quentin, chef-lieu de canton; ce village est un centre de fabrication de toiles de lin et de commerce de lin; 1330 h.

MOYA, pet. v. d'Espagne, sur la rivière de même nom, roy. de la Nouvelle-Castille, prov. de Cuença; 2400 hab.

MOYAMENSING. *Voyez* PHILADELPHIE (ville).

MOYAUX, vg. de Fr., Calvados, arr., cant. et poste de Lisieux; fabr. de toiles; 1340 hab.

MOYDANS, vg. de Fr., Hautes-Alpes, arr. de Gap, cant. de Rosans, poste de Serres; 190 hab.

MOYDIEU, vg. de Fr., Isère, arr., cant. et poste de Vienne; 990 hab.

MOYEMONT, vg. de Fr., Vosges, arr. d'Épinal, cant. et poste de Rambervillers; 420 hab.

MOYEMONT, ham. de Fr., Vosges, com. du Val-d'Ajol; 350 hab.

MOYEN, vg. de Fr., Meurthe, arr. de Lunéville, cant. et poste de Gerbéviller; 1190 hab.

MOYEN ou MOINE. *Voyez* MISSISSIPI (fleuve).

MOYENCOURT, vg. de Fr., Somme, arr. d'Amiens, cant. et poste de Poix; fabr. de sucre indigène; 590 hab.

MOYENCOURT, vg. de Fr., Somme, arr. de Montdidier, cant. de Roye, poste de Nesle; 350 hab.

MOYENMOUTIER, b. de Fr., Vosges, arr. de St.-Dié, cant. et poste de Senones; blanchisserie et apprêts de cachemires, soies, tissus et fil de coton, chanvre; fabr. de bonneterie; manufacture à St.-Maurice; 2220 h.

MOYENNEVILLE, vg. de Fr., Oise, arr. de Clermont, cant. et poste de St.-Just-en-Chaussée; 430 hab.

MOYENNEVILLE, vg. de Fr., Pas-de-Calais, arr. d'Arras, cant. de Croisilles, poste de Bapaume; 390 hab.

MOYENNEVILLE, vg. de Fr., Somme, arr., à 2 l. S.-O. et poste d'Abbeville, chef-lieu de canton; 1990 hab.

MOYENPOL, ham. de Fr., Vosges, com. de Xertigny; 530 hab.

MOYENVIC, pet. v. de Fr., Meurthe, arr. de Château-Salins, cant. de Vic, poste; salines dont le produit annuel s'élève a 120 mille quintaux de sel; 1330 hab.

MOYEUVRE-LA-GRANDE ou MODEREN-GROS, vg. de Fr, au confluent de la riv. d'Orne et du ruisseau de Conroy, Moselle, arr., cant. et poste de Thionville; forges; hauts-fourneaux; filat. de laine; 1400 hab.

MOYEUVRE-LA-PETITE ou MODEREN-KLEIN, vg. de Fr., Moselle, arr., cant. et poste de Thionville; 400 hab.

MOYMANSINGH ou MYMUNSINGH, dist. de l'Inde anglaise, présidence de Calcutta, prov. du Bengale. Il confine au N. avec les monts Garrows et le dist. de Rungpour, à l'E. avec Silhet et Tiperah, au S. avec Dakka, à l'O. avec Raisbahy et Dinagepour, a 312 l. c. géogr. de superficie. Arrosé par le Brahmapoutra et plusieurs de ses affluents. Ce district est très-fertile et a 1,400,000 habitants, dont les deux tiers sont hindous, l'autre tiers mahométans. Le radjah, Ray-Singh de Sasang, qui y possède, au pied des montagnes, un assez beau district, est indépendant de nom, mais en réalité complétement soumis aux Anglais. Les principales villes du Moymansingh sont: Nassirabad, le chef-lieu, Siradgundj et Diradjpour, chef-lieu de la principauté de Sosang ou Susang.

MOYOBAMBA (fleuve). *Voyez* HUALLAGA.

MOYOBAMBA, pet. v. de la rép. du Pérou, dép. de Liverdad, prov. de Mainas, dont elle est le chef-lieu, dans la belle vallée du Rio-Moyo; 4000 hab.

MOYON, vg. de Fr., Manche, arr. de St.-Lô, cant. de Tessy, poste de Villebaudon; 1470 hab.

MOYRA, b. d'Islande, comté de Down; florissant par ses manufactures et par son commerce de toiles de lin; 2000 hab.

MOYRANS. *Voyez* MOIRANS.

MOYRAZÈS, vg. de Fr., Aveyron, arr., cant. et poste de Rhodez; 2120 hab.

MOYVILLERS, vg. de Fr., Oise, arr. de Compiègne, cant. et poste d'Estrées-St.-Denis; 500 hab.

MOZAC, ham. de Fr., Charente-Inférieure, com. de St.-Just; 300 hab.

MOZAC, vg. de Fr., Puy-de-Dôme, arr., cant. et poste de Riom; 1150 hab.

MOZAISK, v. de la Russie d'Europe, gouv. de Moskwa, siége des autorités du cercle, sur la Mozaiska qui s'y jette dans la Moskwa; elle possède un château fort; la ville a dix églises, un couvent, un collége, une maison de refuge, etc.; foire très-considérable. Après la bataille de la Moskwa en 1812, cette ville fut la proie des flammes.

MOZAMBIQUE ou MOSAMBIQUE, côte considérable de l'Afrique orientale, sur la partie de l'Océan Indien appelée le canal de Mozambique, entre l'embouchure du Quilimane et le cap Delgado; très-faiblement peuplée, appartenant aux Portugais et divisée, avec la côte de Sofola, en sept gouvernements ou capitaineries subalternes. Pays fertile, abondant en mines d'or, d'argent et autres métaux; vastes forêts; éléphants; cerfs; sangliers; bœufs; brebis à grosse queue; chèvres et pourceaux; habitants noirs et idolâtres. La petite île de Mosambique, tout près de la côte ce nom, fut conquise par les Portugais sur les Arabes, au seizième siècle; elle a 2 l. de circonférence et produit en abondance des citrons, des oranges, des limons, des figues des Indes et autres fruits; mais elle manque d'eau douce, qu'il faut aller chercher sur le continent. La petite ville de Mosambique, *Mozambicum*, située sur l'ilot de ce nom, assez bien bâtie, avec un port et une citadelle, est la résidence du gouverneur-général de cette partie de l'Afrique portugaise et le siége d'un évêché. Son insalubrité a engagé les habitants à bâtir au fond de la baie l'agréable et vaste bourg de Mesuril, aujourd'hui plus peuplé que Mozambique; on y remarque surtout le palais du gouverneur; il paraît que la population permanente de Mozambique, y compris celle de Mesuril, s'élève à 10,000 habitants. Elle est aussi la place la plus commerçante de toute la côte orientale de l'Afrique, le rendez-vous des marchands d'épiceries et de pierres précieuses, qui vont à Sofala, mais en même temps un des principaux marchés pour l'abominable commerce des esclaves. Les autres principaux objets d'exportation sont l'or, l'argent, l'ivoire, les bêtes à cornes, etc.

MOZAMBIQUE (canal de), grand détroit de la mer des Indes, entre les côtes de Sofala et de Mosambique et l'île de Madagascar; il a environ 400 l. de long, sur 100 à 200 de large, et renferme au N. le groupe des îles Comores.

MOZDOK, v. de la Russie d'Asie, prov. du Caucase; elle est située sur le Terek, a 600 maisons, 4000 habitants, fait un commerce assez considérable et est une des principales stations militaires de la ligne du Terek, de cette route du Haut-Caucase, qui unit Astrakhan à Tiflis et où les Russes se maintiennent en faisant des sacrifices énormes d'hommes et d'argent.

MOZÉ, vg. de Fr., Maine-et-Loire, arr. d'Angers, cant. des Ponts-de-Cé, poste de Brissac; 1730 hab.

MOZINANT, ham. de Fr., Charente-Inférieure, com. du Bois; 630 hab.

MOZYN, pet. v. de la Russie d'Europe, gouv. de Minsk, siége des autorités du cercle.

MRZYGLOE, pet. v. de la Pologne, woïwodie de Crakovie; 1100 hab.

MQUINWARI ou **KAZBEK**, un des points culminants de la chaîne du Caucase, a 4678 mètres de hauteur.

MRAMMAPHALONG, nom indigène que porte la prov. de Birma, dans l'emp. Birman.

MRELAP-CHAN ou **KOCHAMPRI**, pays encore peu connu de l'Inde transgangétique; fait partie du Laos Birman et est situé entre le Birma et le Salouen. Ses habitants sont des Laosciens régis par des chefs indigènes, mais tributaires des Birmans. On cite comme les principales villes du Mrelap-Chan : Seïnni ou Theinni, Main-Pineïn, Gnangrue, Mobiah et Mone.

MSCHENO ou **DERNSCHEN**, pet. v. de Bohême, cer. de Bunzlau; 2000 hab.

MSCISLAU, v. de la Russie d'Europe, gouv. de Mohylew, siége des autorités du cercle, sur la Soza; commerce de blé, lin, etc.

Cette ville, jadis chef-lieu d'une woïwodie, faisait partie de la principauté de Smolensk. Olgierd, duc de la Lithuanie, la conquit et la donna à un de ses fils; en 1386, Witold, duc de la Lithuanie, y fut vainqueur des ducs de Smolensk et de Trubecki. Depuis 1772 elle est au pouvoir des Russes.

MSRCZANOW, pet. v. de Pologne, woïwodie de Mazovie; 1050 hab.

Près de cette ville se trouve le château de Radzielawice, célèbre dans l'histoire de Pologne.

MSSENO, vg. de Bohême, cer. de Rakonitz; source minérale ferrugineuse.

MSTOCE, pet. v. de Pologne, woïwodie de Kalicz, sur la Warta; fabr. de draps; 1000 hab.

MTSKHÉTHA, v. de la Russie d'Asie, prov. de Géorgie, située sur la rive gauche du Kour, à environ 3 l. N. de Tiflis; est aujourd'hui tout à fait déchue et n'a plus, suivant M. Gamba, qu'un millier d'habitants. Cependant on admire les ruines de l'ancienne ville qui jusqu'en 469 fut la capitale de la Géorgie. On y remarque principalement la cathédrale, ornée de belles sculptures, et un pont sur le Kour, construit, dit-on, par Pompée et restauré dernièrement par les Russes. La partie centrale ou l'ancienne forteresse est le quartier le mieux conservé de l'ancien Mtskhétha, dont l'étendue devait être fort grande.

MUCACHIES (Nevado de). *Voyez* ORÉNOQUE (département).

MUCARASU, groupe d'îles rocailleuses, au S.-O. de Long-Island (groupe des Bahamas).

MUCARI, baie au S.-E. de l'île d'Haïti.

MUCCHIETO (soprano e sottano) ham. de Fr., Corse, com. de Valle-de-Campoloro; 200 hab.

MUCCULLAH, v. considérable du roy. de Tigré, en Abyssynie, prov. d'Enderta, entre Antalow et Adowa, dans un territoire fertile et bien cultivé.

MUCHEDENT, vg. de Fr., Seine-Inférieure, arr. de Dieppe, cant. et poste de Longueville; 250 hab.

MUCHWANPOUR. *Voyez* MAKWANPOUR.

MUCH-WENLOCK, très-pet. v. d'Angleterre, dans le comté de Shrop; 3000 hab.

MUCK ou **MUIK**, pet. île d'Ecosse, au S.-E. de celle de Rum, dans le comté d'Inverness; riche en blés et bons pâturages; on y élève beaucoup de bêtes à cornes; 600 h.

MUCKAIRN, paroisse d'Écosse, comté d'Argyle; 2500 hab.

MUCRÆ, g. a., b. du Samnium, entre les Fourches Caudines et Bovianum.

MUCURY, fl. de l'emp. du Brésil; naît dans la prov. de Minas-Geraès, au pied de la Serra-das-Esméraldas. Il parcourt avec rapidité l'E. de cette province, reçoit à gauche le Grand et le Petit-Preto (rivière Noire), à droite le Rio-de-Todos-os-Santos, traverse la Cordilheira-dos-Aimores et entre dans la prov. d'Espiritu-Santo, qu'il traverse de l'O. à l'E. Dans cette province son cours devient plus tranquille, et ses eaux, grossies par de nombreux affluents, prennent un volume très-considérable. Il se jette par une large embouchure dans l'Océan Atlantique, peu au-dessus de Porto-Alagre. Dans la partie supérieure de son cours il charie, dit-on, de l'or et des pierres précieuses. Les forêts qui l'avoisinent dans la prov. de Minas-Geraès étaient habitées autrefois par les Machacarys, les Capochos, les Macunis et les Panhames. Aujourd'hui ces districts sont occupés par les sauvages Botocudos.

MUD (le). *Voyez* LEMUD.

MUDAISON, vg. de Fr., Hérault, arr. de Montpellier, cant. de Mauguio, poste de Lunel; 530 hab.

MUDDER. *Voyez* CONNÉCUH (fleuve).

MUÉ, ham. de Fr., Maine-et-Loire, com. d'Antoigné; 120 hab.

MUEL, vg. de Fr., Ille-et-Vilaine, arr. de Montfort-sur-Meu, cant. de St.-Meen, poste de Montauban; 1360 hab.

MUENEPANDA ou **MUENEPENDA**, pet. v. de l'Afrique transéquatoriale, dans la partie N.-O. du Monomotapa, à 10 l. E.-S.-E. de la capitale des Cazembes.

MUERTO (désert). *Voyez* MEXIQUE (Nouveau).

MUETTE (la), ham. de Fr., Seine, com. de Passy-les-Paris; établissement orthopédique; 100 hab.

MUETTE (la), ham. de Fr., Seine-Inférieure, com. d'Isneauville; 190 hab.

MUGELN, vg. du roy. de Saxe, cer. de Leipsic, sur le Dœllnitzbach; fabr. de toiles; 1750 hab.

MUGERES, longue île près de l'extrémité N.-E. de la presqu'île de Yucatan, dont elle dépend, confédération mexicaine.

MUGGA, pet. v. du roy. de Tigré, en Abyssinie, prov. d'Enderta, dans une contrée aussi riante que fertile.

MUGGIA, pet. v. d'Illyrie, gouv. de Trieste, cer. d'Istrie, sur le golfe de Trieste; renferme une belle cathédrale, un couvent et un hôpital; petit port; 1500 hab.

MUGHESSE, b. de la Grande-Oasis, dans le désert de Lybie, à 28 l. d'El-Khargeh.

MUGI DAS-CRUZES, pet. v. de l'emp. du Brésil, prov. et comarque de San-Paolo, à 1 l. du Rio-Tiété, à 15 l. E.-N.-E. de San-Paolo et à 18 l. N. de Santos; elle renferme un collége et un couvent et fait un important commerce de coton; 5000 hab. Cet endroit fut fondé en 1611.

MUGLITZ, pet. v. archiépiscopale fortifiée de la Moravie autrichienne, cer. d'Olmutz, sur la March; manufactures de coton; 3000 hab.

MUGNANO, b. du roy. de Naples, prov. de Napoli; 4000 hab.

MUGRON, b. de Fr., sur la rive gauche de l'Adour, Landes, arr. et à 3 1/2 l. O. de St.-Sever et à 204 l. de Paris, chef-lieu de canton et poste; entrepôts et commerce considérable de vins et d'eaux-de-vie; 2451 hab.

MUGY-MIRIM (fleuve). *Voyez* RIO-DE-LA-PLATA (fleuve).

MUGY-MIRIM, pet. v. de l'emp. du Brésil, prov. et comarque de San-Paolo, sur la rive gauche du Petit-Mugy (Mugy-Mirim) et sur la grande route de Goyaz; agriculture très-florissante; pêcheries; 4600 hab.

MUHL (cercle de), l'un des 5 cercles qui forment le gouv. de la Haute-Autriche. Ses bornes sont au N. la Bohême, à l'E. la Basse-Autriche, au S. les cer. de Traun, Hausruck et Inn, et à l'O. la Bavière. Sa superficie est de 62 1/3 l. c. géogr. et sa pop. de 180,000 hab. Cette province produit en abondance du lin, des fruits, du bois et des poissons, mais peu de blé; l'éducation du bétail est peu importante; mais la culture du lin et la fabrication de la toile forment la principale richesse des habitants. On rencontre en outre de nombreuses fabriques d'étoffes de coton, de cuirs, de chapeaux, de fer, de papier et de verre. Chef-lieu Linz.

MUHLBACH, b. de Styrie, cer. de Pusterthal, sur la Rienz.

MUHLBACH, vg. de Fr., Bas-Rhin, arr. de Schlestadt, cant. de Rosheim, poste de Schirmeck; 468 hab.

MUHLBACH, vg. de Fr., Haut-Rhin, arr. de Colmar, cant. et poste de Munster; 780 hab.

MUHLBERG, pet. v. de Prusse, prov. de Saxe, rég. de Mersebourg, sur l'Elbe; navigation, agriculture, éducation de bestiaux. Le 24 avril 1547, Jean Fréderic, dit le Magnanime, électeur de Saxe et chef du parti protestant, fut battu près de cette ville et fait prisonnier par l'empereur Charles V; il ne recouvra sa liberté qu'en 1552; 2750 h.

MUHLDORF, pet. v. de Bavière, chef-lieu de district dans le cer. de l'Isar, à 4 l. de Neumarkt, sur l'Inn, que l'on y traverse sur un beau pont de bois de 125 mètres; navigation, commerce de blé; agriculture et horticulture florissantes; pop. de la ville 1470 hab., du district 29,400, sur 8 milles c.

MUHLENBACH. *Voyez* MULLENBACH.

MUHLHAUSEN, vg. de Fr., Bas-Rhin, arr. de Saverne, cant. et poste de Bouxviller; 740 hab.

MUHLHAUSEN, pet. v. de Bohême, cer. de Tabor; 1500 hab.

MUHLHAUSEN, v. de Prusse, chef-lieu de cercle, prov. de Saxe, rég. d'Erfurt; ancienne ville libre d'Allemagne, située sur l'Unstrut et ceinte de fortifications incomplètes, avec 4 portes et 4 faubourgs. Elle possède 4 églises luthériennes, 1 gymnase, 3 hôpitaux, un hospice d'orphelins et une maison de travail; des fabr. de draps, de cuirs, de colle, et un commerce local actif. Les environs sont fertiles et pittoresques; 11,300 hab.

MUHLHAUSEN, pet. v. de Prusse, fondée en 1356, par l'ordre teutonique, sur la Donne, prov. de Prusse, rég. de Kœnigsberg; 1400 hab.

MUHLTROF, v. du roy. de Saxe, cer. de Voigtland; fabr. de coton; 1100 hab.

MUIDEN, pet. v. du roy. de Hollande, avec un ancien château, gouv. de Hollande septentrionale, dist. et à 3 l. E. d'Amsterdam, avec laquelle elle communique par un canal, sur l'embouchure de la Vecht, dans le Zuidersee, dont les eaux peuvent être employées à irriguer les environs au moyen d'une écluse d'inondation; pêche et raffinerie de sel; 1000 hab.

MUIDES, vg. de Fr., Loir-et-Cher, arr. de Blois, cant. de Bracieux, poste de St.-Dyé-sur-Loire; fabr. de balais; 708 hab.

MUIDORGE, vg. de Fr., Oise, arr. de Clermont, cant. et poste de Crèvecœur; 280 hab.

MUIDS, vg. de Fr., Eure, arr. de Louviers, cant. de Gaillon, poste de Notre-Dame-du-Vaudreuil; 820 hab.

MUILLE-VILETTE, vg. de Fr., Somme, arr. de Péronne, cant. et poste de Ham; 250 hab.

MUIRANCOURT, vg. de Fr., Oise, arr. de Compiègne, cant. et poste de Guiscard; fabr. d'alun et couperose; 480 hab.

MUISON, vg. de Fr., Marne, arr. de Reims, cant. de Ville-en-Tardenois, poste de Jonchery-sur-Vesle; 140 hab.

MUITACO ou **CORONA-RÉAL**, v. fondée en 1759 par Jos. Iturriaga, dans la rép. de Vénézuela, dép. de l'Orénoque, prov. de Guyane, sur un affluent de l'Aruy. Cet endroit eut beaucoup à souffrir des incursions des Caraïbes; cependant les cartes les plus récentes le représentent encore comme un endroit assez important.

MUJAO, pays presque inconnu de l'Afrique transéquatoriale, à l'O. du lac Maravi.

MUJOULS (les), vg. de Fr., Var, arr. de Grasse, cant. de St.-Auban, poste d'Escragnolles; 290 hab.

MUJU, fl. de l'emp. du Brésil; prend naissance dans la prov. de Para, comarque du même nom, au pied de la Sierra-dos-Limites, à la droite du Tocantins. Il coule vers le N. et se jette, près de Para ou Bélem, dans l'embouchure du Rio-Para. Quoique d'un cours borné, il est navigable pour les plus grands vaisseaux.

MUKKINÉ, pet. v. du roy. de Tigré, en Abyssinie, prov. de Lasta, sur le Tacazzé.

MULAS (Pointe de). *Voyez* CUBA.

MULATAS (îles). *Voyez* MANDINGA (baie).

MULATIÈRE (la), ham. de Fr., Rhône, com. de Ste.-Foy-lès-Lyon; 450 hab.

MULAZ (la), ham. de Fr., Ain, com. de Lancrans; 100 hab.

MULAZZANO, b. du Piémont, prov. de Mondovi; 2500 hab.

MULCENT, vg. de Fr., Seine-et-Oise, arr. de Mantes, cant. d'Houdan, poste de Septeuil; 110 hab.

MULCEY, vg. de Fr., Meurthe, arr. de Château-Salins, cant. et poste de Dieuze; 510 hab.

MULDE (la), riv., affluent de la rive gauche de l'Elbe; elle a deux sources, dont l'une, la Mulde de Freiberg ou la Mulde orientale, naît en Bohême, entre Nickelsberg et Graupen; entre, à Bœmischmulda, dans le roy. de Saxe; se réunit, non loin de Kolditz, à la seconde branche, appelée Mulde de Zwickau ou Mulde occidentale et dont les trois sources descendent des montagnes de la Bohême. La Mulde traverse le roy. de Saxe, la Prusse et le duché d'Anhalt-Dessau où elle se jette dans l'Elbe.

MULEGE, baie sur la côte E. de la presqu'île de Californie, confédération mexicaine.

MULGRAVE (cap), promontoire sur la côte N.-O. de l'Amérique russe, sous 68° lat. N., au N. du cap Krusenstern, et au S. du cap Lisburn.

MULGRAVE (archipel de), dans la Polynésie ou Océanie orientale. Cet archipel, qui correspond en grande partie à l'archipel Central de Balbi, ou à ceux de Marshall et de Gilbert et quelques autres géographes, s'étend de 158° 30′ à 179° 30′ de long. orient., entre 3° et 14° 47′ de lat. N. Il se compose d'une très-grande quantité d'îles basses, environnées de bancs de corail, et qui forment un grand nombre de groupes de médiocre étendue. Toutes ces îles, comme celles de Paumotou, doivent leur origine au travail des madrépores (polypiers), qui en ont posé les fondements dans les cavités immenses de l'Océan. Elles présentent généralement le même aspect : des terres basses, entrecoupées de collines peu élevées ; les côtes sont couvertes d'un sable très-fin ; l'eau douce n'y manque point. Sur les plus grandes îles on trouve de petits étangs, sur quelques-unes de petites rivières qui descendent vers la mer. Le climat, entièrement tropical, y est tempéré par les vents de mer. Quoique la végétation y soit puissante, la flore de cet archipel est peu variée. Le pandanus, dont les fruits forment la principale nourriture des indigènes, le cocotier, l'arbre à pain (*artocarpus incisa*), le tacca pinnatifida, dont les racines triturées fournissent une farine très-nutritive, telles sont les plantes les plus utiles et les plus remarquables des îles de Mulgrave. Marshall et Gilbert citent encore une espèce de palmier et d'oranger, que l'on trouve sur les îles les plus méridionales, de formation plus ancienne et plus riches en végétaux que les îles de la chaîne de Radak, où Chamisso ne trouva que 59 espèces de plantes. Le rat est le seul mammifère connu sur ces îles. Parmi les amphibies, Chamisso cite quatre espèces de lézards et la tortue. Les poules sauvages, les oiseaux aquatiques et les poissons volants y sont assez communs. Chamisso ne cite en fait d'insectes que la scolopentra morsitans et une espèce de scorpion (*scorpio australis Asiæ*).

Le plus grand nombre de ces îles est habité, mais la population y est faible et en proportion de la pauvreté du sol. Les indigènes sont de couleur cuivrée très-foncée; ils sont assez bien constitués; ils vont nus et sont généralement tatoués. Leurs habitations consistent en quatre poteaux qui supportent un toit de feuilles de cocotier ou de pandanus. Leurs mœurs sont douces; ils respectent la propriété et croient à une divinité, à laquelle ils offrent des fruits, qu'ils suspendent aux arbres. Les mariages se contractent par la libre volonté des époux et peuvent se dissoudre. La polygamie y est en usage; cependant les femmes n'y sont point esclaves, et les hommes les traitent avec douceur. Le gouvernement a pour base le système féodal malaisien. La classe des chefs compose la noblesse, qui a différents degrés et dont les membres jouissent d'un pouvoir plus ou moins grand, selon le rang auquel ils appartiennent. Le chef le plus puissant se nomme *tamon* (roi); il a une autorité absolue sur tous les autres. Le pouvoir est héréditaire; cependant le fils ne succède à son père que lorsque celui-ci n'a point de frère. Ces insulaires sont assez bons navigateurs, quoiqu'ils aient peu de ressources pour la construction de leurs pirogues.

Les subdivisions principales de cet archipel sont :

1° Les îles du Nord-Ouest, savoir : Saint-Barthélemi, le groupe de Brown-Range et Arrosites ou Arrecifos, la plus proche des Carolines.

2° Les îles du Nord-Est, St.-Pierre et Barbados.

3° La chaîne de Radak ou archipel des îles Marshall, qui comprend le groupe inhabité de Bigar, ceux d'Oudirick, de Tagai, d'Ailou, de Ligiep, d'Otdia ou Romanzoff, d'Eregouf, de Kawen ou Araktschejef (d'après Kotzebue), d'Aour, d'Arno, de Mediuro et de Mille.

4° La chaîne de Ralik, qui se compose des groupes de Bigini, qui est peut-être le même que celui des îles Pescadores mentionnées par Gilbert, de Radogala, d'Udiai-Milaï, de Kwadelen, de Namu, de Lileb, de Tebot, d'Odia, de Telut ou Muskittos, de Kili, d'Ebon, de Namourick et de Nantuket.

5° L'archipel de Gilbert, auquel se rattachent les groupes suivants : Pitt, Charlotte, Scarborough, les îles Marlar qui forment les petits groupes de Mathews, Knoy, Marshal et Gilbert; le groupe de Simpson qui se compose des attoles Hopper, Woodle, Henderville et Harbottle; le groupe de Bishop où se trouvent les attoles Sydenham et Drummond.

6° Les îles occidentales Baring, Shank, Pleasant et les îles méridionales Arthur, St.-Augustin, le Grand-Cocal, Peyster, Ellice et Indépendance.

MULHEIM, v. de Prusse, chef-lieu de cercle, prov. du Rhin, rég. de Cologne, à 1 l. N. de cette dernière ville, sur la rive droite du Rhin, à l'embouchure du Stunderbach; elle possède des fabriques d'étoffes de soie et de coton, de quincaillerie; des tanneries et des savonneries; ses environs sont fertiles. On y traverse le Rhin sur un pont volant; 4420 hab.

MULHEIM, v. de Prusse, prov. du Rhin, rég. et à 6 l. N. de Dusseldorf, sur la Ruhr. Cette ville, toute industrielle, possède des manufactures de draps, de cotonnades, de quincaillerie; des filatures, des fonderies, des tanneries, des savonneries; des chantiers de construction et de calfatage. Une navigation active et le commerce en gros de denrées coloniales, vins et houilles, augmentent sa prospérité. Dans ses environs on exploite de riches mines de houille; 6900 hab.

MULHOUSE ou **MULHAUSEN**, v. de Fr., Haut-Rhin, arr. et à 5 l. N.-N.-E. d'Altkirch et à 115 l. E. de Paris, chef-lieu de canton et poste; siége d'un tribunal de commerce, chambre des manufactures et bourse. Cette ville, située sur une île formée par l'Ill et sur le canal du Rhône au Rhin, est bien bâtie; cependant les rues de l'ancienne ville sont étroites et irrégulières; mais le Nouveau-Quartier fondé par M. Kœchlin, est fort joli et offre des constructions élégantes et de bon goût. Ses principaux édifices sont : l'église protestante de St.-Étienne et l'église catholique, l'hôtel de ville, les bâtiments du collége et la bourse. Au centre de la nouvelle ville s'étend une belle place décorée de portiques. Sur la place Lambert on voit une colonne érigée à la mémoire du mathématicien de ce nom, né à Mulhouse, en 1728. La ville possède un collége, une école mixte très-bien organisée, subdivisée en 9 classes, dont 3 pour les filles, une société lithographique et une société industrielle, qui publie une excellente statistique du département. Quoique Mulhouse ne soit qu'un chef-lieu de canton, c'est une des villes les plus importantes de France, sous le rapport industriel. Elle est devenue depuis le commencement de ce siècle le centre de la fabrication du Haut-Rhin. Son industrie s'est développée rapidement et ses manufactures nombreuses et actives étendent leurs ramifications dans les départements limitrophes. On porte à plus de 80 millions de francs le produit annuel de ses fabriques, qui, avec celles des environs, occupent près de 70,000 ouvriers. Ses principaux articles sont : les mousselines, les percales, siamoises et autres tissus de coton, des draps fins, de la bonneterie et surtout une immense quantité de toiles et de soieries peintes, renommées dans le monde entier pour l'excellence du teint, l'élégance et la perfection du dessin. On y fabrique aussi des chapeaux de paille, des maroquins, des savons et des machines pour les manufactures. Ses filatures et ses teintureries jouissent également d'une réputation méritée. Foires : 14 septembre, 5 décembre, mardi après Pâques et après Pentecôte et 4 novembre; 16,932 hab., non compris les ouvriers qui viennent chaque jour du dehors.

C'est en 717 qu'il est pour la première fois question de Mulhouse, à l'occasion de l'établissement du monastère de St.-Étienne de Strasbourg. C'était alors un village dépendant des moines de ce couvent. Au treizième siècle plusieurs ordres religieux y établirent des maisons, autour desquelles se forma la ville, qui prit son nom d'un moulin que des franciscains avaient construit sur l'Ill, près de leur couvent. En 1246 l'évêque de Strasbourg Henri de Stahleck s'empara de la ville. Rodolphe de Habsbourg l'enleva en 1261 à l'évêque Walther de Geroldseck ; en 1268 elle est érigée en ville libre et Rodolphe lui accorde plusieurs priviléges. Des dissensions intestines et les guerres qu'elle eut à soutenir lui attirèrent plusieurs désastres. Pour se garantir contre les attaques des landgraves d'Alsace, elle s'unit aux cantons suisses en 1515, et continue à faire partie de la confédération helvétique jusqu'en 1798, époque où elle fut réunie à la France et où commença pour elle cette prospérité qui n'a fait que s'accroître depuis.

MULKAPOUR, v. de l'Inde, roy. de Dekkan, dans le Bérar. Elle est située sur la Nalganga, entourée de murs, très commerçante et bien peuplée.

MULL, île d'Écosse, l'une des plus grandes des Hébrides, située à l'O. du comté d'Argyle; elle a 16 l. géogr. c. et 12,000 hab. Sa surface est couverte de montagnes, de marais et de bruyères ; son sol n'est labourable que vers le S.-E. et le N.-E. de la côte ; il produit de l'avoine, de l'orge, des pommes de terre et du lin ; le bois manque totalement, mais la tourbe s'y trouve en abondance. Les montagnes fournissent de la houille, du fer, du marbre, du granit, des pierres de taille et de la chaux. La pêche est très-productive. Les côtes sont peuplées d'une immense quantité d'oiseaux marins dont on mange les œufs. Le climat est humide et désagréable; les tempêtes sont très-fréquentes. L'éducation des bêtes à cornes et à laine, la pêche et la chasse aux oiseaux forment la principale ressource des habitants, dont la plus grande partie mènent une vie misérable. On exporte des bêtes à cornes, de la laine et des plumes. Chef-lieu : Tobermory.

MULLATIÈRE (la), ham. de Fr., Loire, com. de Valbenoîte ; 940 hab.

MULLEN, vg. du grand-duché de Bade, dans le cer. du Rhin-Moyen, renommé par le voisinage de la chapelle de St.-Ulric, avec une fontaine miraculeuse où l'on apporte des enfants de loin pour obtenir leur guérison de différentes maladies.

MULLENBACH, siége du pays des Saxons, dans la Transylvanie. Superficie 5 1/2 l. c. ; pop. 12,000 hab. C'est une petite plaine, traversée par la rivière du même nom, fertile en blé, légumes, vin ; les montagnes limitrophes fournissent de la manganèse, de l'alun, de la houille, du bois en petite quantité et du gibier.

MULLENCACH (*Muhlenbach*), v. fortifiée de Transylvanie, chef-lieu du siége de même nom ; 4000 hab.

MULLHEIM, v. du grand-duché de Bade, située dans le cer. du Haut-Rhin et dans une charmante vallée ; elle a des bains, une école latine et une synagogue ; 2400 hab. Il y croît un excellent vin dit Markgræfler.

MULLINGAR, jolie pet. v. d'Irlande, chef-lieu du comté de Westmeath, située sur le canal Royal ; florissante par son commerce, surtout en laine ; 4000 hab.

MULLROSE, pet. v. de Prusse, prov. de Brandebourg, rég. de Frankfort, entre deux lacs sur un canal et la riv. de Schlaube ; 1560 hab.

MULSANNE, vg. de Fr., Sarthe arr. du Mans, cant. et poste d'Écommoy ; 830 hab.

MULSANS, vg. de Fr., Loir-et-Cher, arr. de Blois, cant. de Mer, poste de Ménars ; 440hab.

MULSSEN, vallée du roy. de Saxe, dans le cer. de l'Erzgebirge, occupée par 6 villages, qui tous s'appellent Mulssen, et qui avec le village attenant d'Ortmannsdorf renferment une pop. de 7300 hab. Cette population s'occupe surtout de tissage et de bonneterie.

MULTNOMAH. *Voyez* COLUMBIA (fleuve).

MULTNOMAHS, peuplade indigène indépendante dans le dist. de l'Origon, à l'O. des États-Unis ; ils se divisent en plusieurs tribus dont la principale est établie dans l'île Wappatou, formée par le confluent du Multnomah et du Colombia.

MUMLISWYL, vg. de Suisse, cant. de Soleure dans le Guldenthal. Fabrication de papier et de fromages ; forges.

MUMMELSEE, lac, dans le grand-duché de Bade, situé dans le Schwarzthal, à 3486 pieds d'élévation au-dessus du niveau de la mer et sur la plus haute montagne du Klapperthal, sur le Seekopf ; il a 1/2 l. de circonférence ; l'Acher s'en échappe avec violence, sous le nom de Seebach.

MUMPAWA (pays de), partie de la résidence hollandaise de la côte occidentale de Bornéo. Il s'étend fort loin dans l'intérieur, est habité par la tribu des Mumpawa, régie par ses propres chefs (sous la suzeraineté toutefois des Hollandais) et renferme les riches mines d'or de Montrado et de Mandor.

MUN, vg. de Fr., Hautes-Pyrénées, arr. et poste de Tarbes, cant. de Puyastruc ; 300 h.

MUNCEY, com. des États-Unis de l'Amérique du Nord, état de Pensylvanie, comté de Lycoming, sur le Muncey; 2500 hab.

MUNCHBERG, pet. v. de Bavière, chef-lieu de district dans le cer. du Mein-Supérieur, à 4 l. de Hof, sur la Putsnitz; fabr. de cotonnades; usines; pop. de la ville 2250 hab., du district 24,100, sur 8 milles c.

MUNCHEBERG, pet. v. de Prusse, prov. de Brandebourg, rég. de Frankfort, entre deux lacs; fabr. d'étamine; 2150 hab.

MUNCHENBERNSDORF, v. du grand-duché de Saxe-Weimar; fabrication de toiles; 1300 hab.

MUNCHENGRÆTZ, pet. v. de Bohême, cer. de Bunzlau, sur l'Iser; possède un beau château et des manufactures de coton; 2000 hab.

MUNCHHAUSEN, vg. de Fr., Bas-Rhin, arr. de Wissembourg, cant. de Seltz, poste de Lauterbourg; 800 hab.

MUNCHHAUSEN, vg. de Fr., Haut-Rhin, arr. de Colmar, cant. et poste d'Ensisheim; 770 hab.

MUNCQ-NIEURLET, vg. de Fr., Pas-de-Calais, arr. de St.-Omer, cant. et poste d'Ardres; 410 hab.

MUNCQUERIE (la), ham. de Fr., Pas-de-Calais, com. de Muncq-Nieurlet; 170 hab.

MUNCY. *Voyez* MONTAGNES-BLEUES.

MUNDEN ou HANNOEVERISCH-MUNDEN, v. du roy. de Hanovre; située dans le gouv. de Hildesheim, dans une vallée pittoresque, au confluent de la Fulda et de la Werra. Cette ville, dont la pop. est de 5400 hab., est une des plus importantes du royaume sous le rapport du commerce et de l'industrie. Dans les environs sont de bonnes carrières de pierres, des mines de houille et d'alun et une verrerie appartenant à la Hesse-Électorale.

MUNDER, v. du roy. et du gouv. de Hanovre, sur le Hamel; avec 1600 hab. et une petite saline dans le faubourg de Salza.

MUNDERKINGEN, pet. v. du Wurtemberg, cer. du Danube, gr.-bge d'Ehingen, sur une presqu'île formée par le Danube, que l'on y traverse sur un pont de bois; des inscriptions et des traces d'une voie romaine ont fait croire qu'elle est l'ancienne *Adlunam*; filat. de laine et de coton; 1770 hab.

MUNDOLSHEIM, vg. de Fr., Bas-Rhin, arr. et poste de Strasbourg, cant. de Schiltigheim; 424 hab.

MUNDRUCUS, nation indigène féroce et très-belliqueuse dans l'emp. du Brésil, prov. de Para, entre le Tapajoz et la Madeira; c'est la nation la plus nombreuse et la plus puissante de la prov. de Para. Leur férocité leur a valu le surnom de Payquicé (coupeurs de têtes). Ils ont la coutume de se teindre tout le corps en noir avec le suc de la genipaba. Depuis quelques années, presque toutes les tribus de cette nation sont amies et alliées des Portugais.

MUNEIN, vg. de Fr., Basses-Pyrénées, arr. d'Orthez, cant. et poste de Sauveterre; 140 hab.

MUNEVILLE-LE-BINGARD, vg. de Fr., Manche, arr. et poste de Coutances, cant. de St.-Sauveur-Lendelin; 1500 hab.

MUNEVILLE-SUR-MER, vg. de Fr., Manche, arr. de Coutances, cant. et poste de Bréhal; 890 hab.

MUNFORDVILLE. *Voyez* HART (comté).

MUNG (le), vg. de Fr., Charente-Inférieure, arr. de Pons, cant. et poste de St.-Porchaire; 390 hab.

MUNGAS ou MONGOWI, peuple de l'Afrique centrale, à la gauche du Yeou; la plus grande partie de leur pays fait aujourd'hui partie de l'empire de Bornou.

MUNGO. *Voyez* KABBA.

MUNICH, *Munchen*, capitale du roy. de Bavière, chef-lieu du cer. de la Haute-Bavière (ancien cer. de l'Isar); est située sur la rive gauche de l'Isar, à 190 l. E. de Paris, sous 48° 8′ 20″ lat. N. et 9° 14′ 14″ long. E. Munich est bâti au centre d'une plaine sablonneuse et aride, lit desséché d'un lac antédiluvien, qui occupait le plateau de la Bavière. La ville proprement dite n'est pas grande, mais des faubourgs étendus l'entourent de tous côtés. Au S. celui de l'Isar, le faubourg Louis à l'O., le faubourg Maximilien au N.-O., le faubourg Schœnfelder au N., les faubourgs Ste.-Anne et Au à l'E. Ce dernier, situé sur la rive droite de l'Isar, ne fait pas, sous le rapport administratif, partie de Munich. L'ancienne ville est assez mal bâtie; ses rues sont étroites, tortueuses, irrégulières; par contre les quartiers nouveaux au N.-O. et à l'O., avec leurs rues larges, droites, bordées de trottoirs et garnies de magnifiques hôtels, sont très-beaux; grâce à eux et aux somptueuses constructions du roi actuel et de son prédécesseur, Munich est devenu, depuis le commencement de ce siècle, une des plus brillantes capitales de l'Europe. Le nombre des édifices remarquables de cette cité est très-considérable; au nombre de ses 21 églises et de ses 7 chapelles on cite particulièrement l'église métropolitaine de Notre-Dame (*Frauenkirche*), fondée en 1468, avec sa vaste nef et ses deux tours élevées, dont l'une a 333 pieds de haut; l'église des Théatines; celle de St.-Michel, qui renferme le tombeau d'Eugène Beauharnais, duc de Leuchtenberg, élevé à sa mémoire par sa veuve et sculpté par Thorwaldsen; l'église consacrée à St.-Louis; l'église St.-Pierre; la chapelle de la Toussaint, nouvellement bâtie en style romain; enfin une église grecque, à laquelle l'empereur de Russie a envoyé des ornements d'une grande richesse. Parmi les édifices publics, on remarque le château royal, appelé la Résidence, magnifique palais, dont on admire la riche décoration, le grand escalier, dit escalier de l'empereur, la chapelle, l'aile nouvellement construite et le Kœnigsbau; la salle de spectacle; la glyptothèque (musée des antiques), avec son portique orné de 22 colonnes d'ordre ionien; la pinakothèque (musée de tableaux) et d'autres bâtiments nouvellement construits par ordre du roi. L'hôtel du ministère de la guerre, l'hôpital général (*allgemeines Krankenhaus*), l'arsenal, les palais du duc de Leuchtenberg, du prince Max, de Fagger, la maison de la comtesse de Baiersdorf et la maison Himsel se distinguent également par le goût qui a présidé à leur construction.

Munich, la résidence ordinaire du roi, est le siége des autorités centrales du royaume, le lieu de réunion des états, le siége du tribunal suprême d'appel et de la cour de cassation, d'un archevêché, du consistoire supérieur de la confession d'Augsbourg, des autorités du cer. de la Haute-Bavière, le centre des établissements scientifiques, d'art et d'instruction publique du royaume. Les principaux de ces établissements sont : l'académie des sciences, fondée en 1759 et reorganisée pour la dernière fois en 1827; elle compte 36 membres ordinaires; la bibliothèque de la cour et de l'état; l'observatoire, un des meilleurs pour les instruments dont il dispose, situé au dehors de la ville, près de Bogenhausen; les cabinets de physique, de minéralogie et de zoologie; le laboratoire de chimie; l'institut anatomique; le jardin botanique; le musée d'histoire naturelle, enrichi des trésors rapportés du Brésil par Spix et Marties; le cabinet des médailles; la collection d'antiquités, le musée ethnographique. L'université de Louis-Maximilien, transférée en 1826 de Landshut à Munich et considérablement agrandie, voit tous les ans 1300 étudiants suivre les cours de ses savants professeurs et possède une belle bibliothèque, riche de 116,000 volumes. Citons encore les séminaires philologique et théologique, deux gymnases, l'école polytechnique centrale, les écoles vétérinaire centrale, forestière, des mines, des cadets (école militaire), des pages, des sourds-muets, l'institut des demoiselles, l'institut mathématique et mécanique de Reichenbach, dont les excellents instruments sont universellement estimés; l'institut géographique, enfin les établissements lithographiques fondés par Sennenfelder. Munich par ses professeurs, ses savants, ses journaux, les ouvrages qu'il publie, est depuis le commencement de ce siècle un des principaux foyers intellectuels de l'Allemagne; sous le rapport de l'art, il est la capitale de ce pays, et par le grand nombre d'artistes qui y vivent et par les travaux que fait exécuter le roi et par les magnifiques collections qu'il renferme. L'académie des beaux-arts est à la tête de ce mouvement artistique, nourri et agrandi par les superbes collections de tableaux de la galerie et de la pinakothèque, les antiques du glyptothèque, le cabinet des estampes, qui possède 300,000 gravures, le cabinet des autographes, qui possède 9200 dessins originaux des grands maîtres; les cabinets des miniatures et des émaux, enfin par les fresques dont le roi a fait décorer plusieurs églises et les arcades du jardin de la cour. Les arcades qui entourent un vaste carré du parc et sous lesquelles on a peint les traits les plus mémorables de l'histoire de Bavière forment une des plus belles places de Munich; les autres places remarquables de cette capitale sont : la place de Maximilien, la place de Maximilien-Joseph et la place d'Armes.

La population de Munich comprend, d'après le recensement de 1834, 75,102 hab., et, en comptant la garnison, 79,830, dont 6730 protestants et 930 juifs; le reste est catholique. Le nombre des décès excède de 65 le nombre des naissances. L'industrie de Munich n'est pas très-florissante, à l'exception de la fabrication de la bière; cependant il possède une belle manufacture de draps, l'institut de Reichenbach, Fraunhofer et Utzschneider pour la fabrication d'instruments de mathématique et d'optique, dont nous avons parlé, une manufacture royale d'articles en bronze et en fer, un atelier pour le forage des canons, une fabrique de sucre de betteraves, des manufactures de soie, de tabac, de porcelaine et une fabrique de tapisserie de haute-lisse, qui prétend rivaliser avec les Gobelins.

Dans les environs de Munich on remarque les châteaux de Nymphenbourg, de Schleisheim, avec sa belle galerie de tableaux, de Biederstein, le charmant village de Gross-Heselabe, visité tous les dimanches par un grand nombre de Munichois, et plus loin le château de Tegernsee. Les autres promenades les plus fréquentées sont : le jardin anglais, le parc où se trouve le monument élevé à la mémoire de Rumford, les villages d'Obervohring, Bogenhausen, Harliching, Grunwald, Thalkirchen et le château de Furstenried.

MUNISTICKAWATAN, île dans la baie de James (mer d'Hudson), tout près de la côte O. du Labrador.

MUNKACS, pet. v. de Hongrie, cer. en-deçà de la Theiss, comitat de Beregh; possède de nombreuses fabriques de bas de coton, d'ouvrages en fer et la plus grande fabrique de salpêtre du royaume, ainsi qu'un entrepôt pour le sel; 5000 hab.

MUNKHELM, forteresse de la Norwège; située sur un îlot du golfe de Drontheim.

MUNNERSTADT, pet. v. de Bavière, chef-lieu de district dans le cer. du Mein-Inférieur, à 15 1/2 l. de Wurtzbourg, sur la Lauer, que l'on y traverse sur un pont de pierre. Elle possède un gymnase, une école latine et plusieurs établissements de charité. Les environs produisent du vin, du houblon et des céréales; pop. de la ville 1350 hab., du district 12,000, sur 4 milles c.

MUNSINGEN, pet. v. du Wurtemberg, chef-lieu d'un grand-bailliage dans le cer. du Necker; située dans l'Alp, au pied du Hungerberg; avec un ancien château, qui fut souvent la résidence des comtes de Wurtemberg de 1251 à 1482, et des murailles reconstruites après la guerre de trente ans; fabriques de toiles damassées et de poterie; carrières de marbre dans les environs; pop. de la ville 1490 hab., du grand-bailliage 10,500, sur 10 milles c.

En 1482 le comte Eberhard Ier y tint une diète, à laquelle les comtés de Stuttgart et d'Urach furent réunis sous une seule dynastie, érigée le 21 juillet 1495, par l'empereur Maximilien Ier en duché de Wurtemberg.

MUNSTER, pet. v. de Fr., Haut-Rhin, arr. et à 4 l. E.-S-E. de Colmar et à 125 l. de Paris, chef-lieu de canton et poste; elle est située dans la belle vallée de même nom, au pied d'une montagne appelée le Mœnchberg, sur la Fecht, et remarquable par l'activité de son industrie et ses nombreuses et belles constructions, parmi lesquelles se distinguent la grande manufacture de toiles peintes et les élégantes habitations de MM. Hartmann. Outre les fabriques de toiles peintes, Munster a des filatures de coton, des papeteries, des blanchisseries et, dans les environs, des forges et des mines de fer et de plomb. Commerce de bétail, de beurre et de fromage. La population, y compris quelques hameaux dépendants de cette commune, est de 3953 hab.

Cette petite ville doit son origine et son nom à un monastère fondé au septième siècle en l'honneur du pape Grégoire-le-Grand. Autour de cette abbaye, devenue une des plus riches et des plus considérables, se forma la ville, qui conserva le nom de Munster (*monasterium*). Vers la fin du douzième siècle l'abbaye fut brûlée, puis réédifiée peu de temps après. Au treizième siècle l'empereur l'immédiatisa. En 1262, le roi Richard soumit l'abbaye à l'évêque de Bâle. En 1273, les querelles entre Rodolphe de Habsbourg et l'évêque de Bâle attirèrent de grands désastres sur la ville et la vallée de Munster. Au quatorzième siècle, deux incendies la désolèrent dans l'intervalle de dix ans. La réforme et la guerre de trente ans furent aussi pour cette ville des époques de grandes calamités, dont il ne reste plus depuis longtemps aucune trace dans cette riche et heureuse vallée. Parmi un grand nombre de personnages distingués qui ont illustré l'abbaye de Munster, nous devons signaler le célèbre Dom-Calmet.

MUNSTER, vg. de Fr., Meurthe, arr. de Château-Salins, cant. d'Albestroff, poste de Dieuze; 660 hab.

MUNSTER, grande prov. d'Irlande; comprend la partie méridionale de ce royaume. Ses bornes sont: au N.-O. la prov. de Connaught, au N.-E. celle de Leinster, à l'E., au S. et à l'O. l'Océan. Sa superficie est de 388 l. c. géogr., et sa population d'environ 1,500,000 hab. Elle est divisée en 6 comtés: Limerick, Clare, Tipperry, Waterford, Cork et Kerry.

MUNSTER, vg. de Suisse, cant. des Grisons.

MUNSTER, joli gros b. du cant. de Valais. On y récolte encore du blé, du lin et des fruits.

MUNSTER, *Monasterium*, v. de Prusse, chef-lieu de la prov. de Westphalie et des régence et cercle de même nom, siége du gouvernement et des autorités supérieures de la province, de l'état-major général du septième corps d'armée et d'un évêché. Située dans une plaine fertile, à 29 l. N.-E. de Cologne, sur la pet. riv. d'A, alimentant le canal de Munster qui réunit cette ville sur 9 l. avec la Vecht, à 2 l. de Bentheim. Munster était autrefois fortifiée; aujourd'hui ses remparts, plantés d'un double rang d'allées de tilleuls, offrent une belle promenade d'une lieue. On compte dans cette ville 8 portes, 3 places publiques et 14 églises; parmi ces dernières on remarque la cathédrale, beau monument gothique avec une riche bibliothèque et les tombeaux des princes-évêques; St.-Lambert d'une belle architecture gothique et St.-Lodogaire, bâtie dès 788. Parmi les édifices séculiers on cite l'antique maison de ville avec des monuments remarquables; le château avec ses beaux jardins ouverts au public; l'ex-collége des jésuites et sa bibliothèque; le théâtre et la maison de correction. Les fondations de charité sont au nombre de 62, dont les plus importantes sont les hôpitaux de la Madeleine et de St.-Clément, la maison de réfuge et l'hospice des orphelins. Munster possède une université catholique avec séminaire, une école de médecine, un jardin botanique, un musée d'histoire naturelle, un gymnase, un institut de sourds-muets; des écoles normale, de dessin et vétérinaire. Elle renferme plus de 40 manufactures et usines produisant des draps, des cotonades, des cuirs, de la quincaillerie; une raffinerie de sucre, de belles distilleries et des brasseries. Son commerce local, protégé par le canal, est considérable; population de la ville 18,400 hab., sans garnison, de la régence 353,400, sur 129 milles c., et du cercle 47,000, sur 14 milles c.

Munster, autrefois chef-lieu d'une principauté épiscopale, est la plus ancienne ville de la Westphalie. Vers le milieu du seizième siècle, elle a été le théâtre principal des turpitudes sanglantes d'une secte d'anabaptistes qu'il ne faut pas confondre avec celles encore existantes. Ces forcenés furent vaincus en 1535; leur prétendu roi Backelson dit Jean-de-Leyde, ancien garçon-tailleur, et ses principaux complices Knipper, Dolling et Krechting mis à mort, en 1536, et leurs corps suspendus à la tour de l'église de St.-Lambert, dans des cages de fer que l'on y voit encore. Le 24 octobre 1648 la fameuse paix de Westphalie fut signée à Munster et à Osnabruck. L'Alsace, à l'exception de Strasbourg, y fut cédée à la France; l'indépendance des provinces-unies reconnue; le Brandebourg obtint Magdebourg, Halberstadt et Minden; d'autres nombreuses concessions terminèrent enfin d'anciennes contestations et mirent fin à la guerre de trente ans.

MUNSTERBERG, pet. et ancienne v. de Prusse, chef-lieu de cercle, prov. de Silésie, rég. de Breslau. Elle est ceinte de vieilles murailles, possède 2 églises, un hôpital et des bains sulfureux froids. On y fabrique des étoffes de laine, des bas, des toiles, du tabac; ses récoltes de houblon et de tabac sont considérables; 3500 hab.

MUNSTEREIFEL, pet. v. murée de Prusse, prov. du Rhin, rég. et à 10 l. S. de Cologne, sur l'Erft; elle possède un gymnase, des fabriques de draps et de nombreuses usines; 1540 hab.

MUNSTER-EN-ARGOVIE, b. de Suisse, cant. de Lucerne.

MUNSTERLINGEN, abbaye de Suisse, cant. de Thurgovie, sur le lac de Constance.

MUNSTERMAYFELD, pet. v. murée de Prusse, prov. du Rhin, rég. et à 4 l. S.-O. de Coblence et à 1/2 l. de la Moselle; fabrication de draps et de cuirs; culture de vins recherchés; 1530 hab.

MUNSTERTHAL, vallée de Suisse, cant. de Berne.

MUNSTERTHAL, vallée de Fr., Haut-Rhin. *Voyez* MUNSTER, ville.

MUNSTROLL-DIE-BURG. *Voyez* MONTREUX-CHATEAUX.

MUNSTZENTHAL. *Voyez* LOUIS (Saint-).

MUNTHENHEIM, vg. de Fr., Haut-Rhin, arr., cant. et poste de Colmar; 620 hab.

MUNTIMI, pet. v. de l'île de Sicile, intendance de Siragosa; située sur une montagne et à l'O. de Modica; 4000 hab.

MUNTO ou MINTAO, v. de la Malaisie; est le chef-lieu de l'île et de la résidence hollandaise de Banca, qui dépend de l'île de Sumatra. La ville est dominée et défendue par un fort qui s'élève dans le voisinage, et est importante comme centre de l'exploitation des riches mines d'étain de Banca; les deux tiers de ses 2500 habitants sont des mineurs constamment employés à l'extraction de ce métal, qu'on expédie dant toute l'Asie, mais surtout à la Chine.

MUNWILLER, vg. de Fr., Haut-Rhin, arr. de Colmar, cant. et poste d'Ensisheim; 340 h.

MUNY. *Voyez* MONY.

MUNZENBERG, v. du grand-duché de Hesse, prov. de la Haute-Hesse; 820 hab.

MUNZTHAL-SAINT-LOUIS. *Voyez* LOUIS (Saint-).

MUONIO (le), riv. de la Suède, affluent de gauche de la Tornea.

MUOTTA, vallée de Suisse, cant. de Schwitz; elle renferme la rivière du même nom et est remarquable par le combat meurtrier qui y eut lieu en 1799 entre les Français et les Russes, sous Souwarow, qui y fut défait.

MUR, vg. de Fr., Côtes-du-Nord, arr. et à 4 1/2 l. O. de Loudéac, chef-lieu de canton, poste d'Uzel; carrières d'ardoises; 2290 hab.

MUR, vg. de Fr., Loir-et-Cher, arr. et poste de Romorantin, cant. de Selles-sur-Cher; 840 hab.

MUR. *Voyez* DRAVE.

MUR (le), ham. de Fr., Loire, com. de Perreux; 100 hab.

MURA, b. du roy. de Naples, prov. d'Otrante; 1600 hab.

MURACCIOLE, vg. de Fr., Corse, arr. et poste de Corte, cant. de Seraggio; 330 hab.

MURADES, ham. de Fr., Cantal, com. d'Antignac; 840 hab.

MURAFFA, pet. v. de la Russie d'Europe, gouv. de Podolie, sur la rivière du même nom; 720 hab.

MURASZKINA, b. de la Russie d'Europe, gouv. de Niszegorod; il possède 14 églises et 6000 habitants, dont la plupart sont tanneurs, orfèvres et fabricants de gants.

MURANO, misérable b. du roy. de Naples, prov. de la Calabre citérieure, sur le Coscile; ses habitants, au nombre de 4000, s'occupent de la fabrication d'étoffes de soie et de coton, de la chasse et de la culture de la vigne.

MURANO, pet. v. de Lombardie, gouv. et délégation de Venise; importante par ses verreries, qui pendant plusieurs siècles ont été les premières du monde, et surtout par ses contaries ou perles fausses, colportées par tout le globe. C'est dans ses fabriques que les peintres et vitriers Vivarini travaillaient ces beaux verres peints qui ornent les croisées de plusieurs temples de Venise et d'autres villes de l'Europe. Murano a été aussi renommé par la beauté de ses jardins, convertis plus tard en vergers. Quoique ses verreries soient maintenant inférieures aux grands établissements de ce genre que possèdent la France, l'Angleterre et la Bohême, elles sont encore très-considérables; on y fait de très-beaux ouvrages en verre et en émail de toute espèce; ses grandes glaces soufflées n'ont pu encore être imitées nulle part. L'église de St.-Donato, qui est son principal édifice, est remarquable par son beau pavé à mosaïque et par son architecture extérieure, ouvrage greco-barbare du douzième siècle; 4000 hab.

MURANY, vg. de Hongrie, cer. en-deçà de la Theiss, comitat de Gœmœr, à la source de la Jolsva; possède des fabriques d'acier et de papier; mines de fer; culture du lin.

MURAS, nation indigène très-nombreuse dans l'emp. du Brésil, prov. et comarque de Para; ils sont voisins des Mundrucus et occupent les districts entre l'Apuiquiribo, la Matura et l'Arauaxia, affluent de la Madeira. Une partie de cette peuplade a été convertie au christianisme, sans abandonner cependant ses coutumes barbares. Leurs chefs portent le nom de Tuxauha.

MURASSON, b. de Fr., Aveyron, arr. de St.-Affrique, cant. de Belmont, poste de Camarès; 2630 hab.

MURAT, vg. de Fr., Allier, arr. de Montluçon, cant. et poste de Montmarault; 650 h.

MURAT, vg. de Fr., Corrèze, arr. d'Ussel, cant. de Bugeat, poste de Meymac; 310 h.

MURAT, ham. de Fr., Creuse, com. de St.-Dizier; 100 hab.

MURAT (forêt de), ham. de Fr., Indre, com. de St.-Plantaire; 100 hab.

MURAT, vg. de Fr., Tarn, arr. et à 13 l. E. de Castres, chef-lieu de canton, poste de Lacaune; commerce de fromages, bestiaux, volailles grasses; 2810 hab.

MURAT, pet. v. de Fr., Cantal, à 10 l. N.-E. d'Aurillac et à 128 l. S. de Paris, chef-lieu d'arrondissement, siége d'un tribunal de première instance et conservation des hypothèques. Cette petite ville est située sur la rive gauche de l'Alagnon, au pied d'une montagne basaltique, remarquable par la forme prismatique et la symétrie que ces roches de basalte affectent en certains endroits de la montagne. Sur quelques points on voit des colonnes perpendiculaires, dont quelques-unes ont plus de cinquante pieds de haut et qui sont adjacentes les unes aux autres comme des tuyaux d'orgue. Sur le sommet de la montagne se trouvent les ruines de l'ancien château, que Louis XI fit détruire. La ville est assez bien bâtie; elle renferme de belles maisons, mais les rues sont tortueuses; elle possède une société d'agriculture; moulins à scie; fours à chaux; commerce de bétail, chevaux, mulets, cuirs, planches de sapin et surtout en fromages du Cantal, etc. Foires: mercredi après l'épiphanie, 1er février, mardi après la mi-carême, 4 juillet, 29 août, 18 octobre et 24 novembre; 2502 hab.

Murat était jadis le chef-lieu d'un vicomté, dont le dernier seigneur fut ce duc de Nemours que Louis XI fit décapiter à Paris en 1477 hab.

MURATAS, peuplade indigène en partie indépendante, en partie soumise et convertie, dans la rép. de l'Ecuador. Ceux de cette peuplade qui ont conservé leur indépendance vivent dans les forêts qui bordent le Pastaza supérieur, sur la frontière des dép. de l'Ecuador et d'Assuay; le reste habite la mission de Nossa-Senhora-de los-Dolores-de-Muratas.

MURAT-LE-QUAIRE, vg. de Fr., Puy-de-Dôme, arr. de Clermont-Ferrand, cant. et poste de Rochefort; 1020 hab.

MURATO, vg. de Fr., Corse, arr. et à 3 l. S.-S.-O. de Bastia, chef-lieu de canton, poste de St.-Florent; 790 hab.

MURAU, très-pet. v. de Styrie, cer. de Judenbourg, sur la Mur, avec un beau château; fabrication d'ouvrages en fonte et en acier; 1200 hab.

MURBACH, vg. de Fr., Haut-Rhin, arr. de Colmar, cant. et poste de Soultz; 250 h.

MURCHIDABAD ou **MOORSHEDABAD**, v. de l'Inde anglaise, présidence de Calcutta, chef-lieu du district de même nom, dans le Bengale, et siége d'une cour d'appel. Cette ville est située sur le Bhaghirathi, l'une des branches du Gange; elle est irrégulièrement bâtie, mais très-étendue et très-populeuse. Hamilton lui donne 35,000 maisons et 165,000 habitants. Son commerce est très-considérable et la rivière toujours couverte de bâtiments marchands; elle fabrique aussi des châles et des étoffes de soie très-estimées. De 1704 à 1771, Murchidabad fut la capitale de tout le Bengale et sert encore aujourd'hui de résidence au descendant des nababs du Bengale, pensionné par la Compagnie des Indes. L'Aina-Mahal ou palais du nabab titulaire est un bel édifice, construit dans le goût européen. Les autres édifices remarquables de Murchidabad sont: le palais et les jardins de Sandue-Bang, le collége de Fakirs, appelé Akawrab-Musteram, la mosquée de Jaffer-Cawn, la pagode de Kanny-Bawanny et la maison du négociant Juggut-Selt.

MURCIE (royaume de), prov. ou intendance de seconde classe de la monarchie espagnole, appartient, suivant la dénomination usitée par la chancellerie, aux pays de la couronne d'Aragon et fait partie de la capitainerie-générale de Valence et Murcie. La prov. de Murcie est située entre 37° 24′ et 39° 12′ lat. N., et entre 3° et 5° 15′ long. occ.; elle est bornée par la Nouvelle-Castille, le roy. de Valence, la Méditerranée, les roy. de Grenade et de Jaën et a environ 370 milles c. géogr. de superficie. Des montagnes très-élevées, les unes arides, les autres boisées, isolent presque entièrement le roy. de Murcie du reste de l'Espagne. Le sol, arrosé par la Segura, le Mundo, le Quipar, le Caravaca, la Taibilla, le Guadalimar et la Sangonera, serait fertile en un grand nombre d'endroits; mais la culture est, à l'exception du bassin de la Segura, complétement négligée, et la dépopulation y fait autant de progrès que dans d'autres parties de l'Espagne; la plupart de ses belles vallées sont désertes. Le climat, froid sur les montagnes, tempéré pendant une partie de l'hiver, est excessivement chaud en été. La province produit du froment, de l'orge, beaucoup d'huile, du sel, qu'on retire de plusieurs lacs salés, dont le plus productif a 3 l. de tour, du riz, du safran, de l'anis, de la soie d'excellente qualité, du vin; des mines de cuivre, de plomb et d'argent, non encore épuisées, y ont été autrefois en exploitation, mais sont aujourd'hui abandonnées. La population a été évaluée en 1830 à 453,000 hab., qui parlent un espagnol mêlé de valencien et d'arabe. On en fait un triste tableau: ils sont, dit un auteur, le peuple le plus sensuel, le moins sociable, le plus arriéré et surtout le plus paresseux; ils sont tristes et sombres, et ont des mœurs dures et repoussantes, qu'on est étonné de rencontrer dans leurs belles et fertiles vallées. L'industrie de cette contrée, qui fut le centre de la domination carthaginoise en Espagne, est presque nulle; on exporte toutefois un peu de froment et de soie. Un terrible tremblement de terre ravagea, au mois de mars 1829, la province et surtout la vallée de la Segura, et ruina plusieurs villes.

Les endroits les plus remarquables du roy. de Murcie sont : Murcie, la capitale; Lorca, Tatana, Carthagène, siége d'un département maritime et que l'on a distrait de la province pour en faire le chef-lieu d'une intendance particulière; Jumilla, Chinchilla, Almanza, Albante, Villena, Molina, Hellin, Moratalla, Alhama et Caravaca. On y compte en tout 71 bourgs ou villages.

MURCIE, *Argilacis* ou *Vergilia*, chef-lieu de l'intendance de même nom et capitale de l'ancien roy. de Murcie; est situé dans la belle et fertile vallée de la Segura, sur la rive gauche de cette rivière, qu'on traverse sur un beau pont de pierre pour aller dans le faubourg situé sur la rive droite. La ville est bien percée, a des rues larges, un bon pavé; mais ses maisons sont mal bâties, et la plupart de ses édifices portent encore la trace du terrible tremblement de terre de 1829. Ses principaux monuments sont : la cathédrale, édifice gothique, d'une grande richesse; l'hôtel de ville; le palais épiscopal, où réside l'archevêque de Carthagène; le bâtiment où l'on apprête la soie. Elle possède 5 colléges, un jardin botanique et plusieurs couvents, qui ont été dernièrement déclarés propriétés de l'état; quelques fabriques de draps, de savon, de blanc de céruse, de salpêtre; des filatures de soie et des moulins à huile, dont les produits sont l'objet d'un commerce du reste peu étendu. Ses environs, couverts de plantations de mûriers, offrent de belles promenades; 36,000 hab.

La ville de Murcie tomba en 713 au pouvoir des Arabes; c'est alors la première fois qu'on la voit citée dans l'histoire. Alphonse de Castille s'en empara en 1230, et, après l'avoir peuplée de Catalans, d'Aragonais et de Français émigrés, il en fit la capitale de la province, qu'il érigea en royaume.

MURCIELAGOS, peuplade indienne indépendante dans la rép. de la Nouvelle-Grenade; ils errent dans les pampas entre le Jupura (Hyupura, Caqueta) et le Rio-Négro, à l'E. du dép. de Cundinamarca, tout près de la frontière du Brésil.

MUR-DE-BARREZ, pet. v. de Fr., Aveyron, arr., à 8 l. N.-N.-O. d'Espalion et à 143 l. de Paris, chef-lieu de canton et poste; 1665 hab.

Cette petite ville, située sur la limite de l'Auvergne, était jadis une place de guerre; elle avait un château fort dont les Anglais s'emparèrent en 1418, et qui fut rasé en 1620. Au seizième siècle on exploitait dans les environs des mines d'argent et d'antimoine; elles ont été abandonnées depuis.

MURE (la), ham. de Fr., Isère, com. de Terrasse; 150 hab.

MURE (la), ham. de Fr., Haute-Loire, com. de St.-Victor-Malescours; 120 hab.

MURE (la), vg. de Fr., Basses-Alpes, arr. et poste de Castellane, cant. de St.-André; 300 hab.

MURE (la), vg. de Fr., Rhône, arr. de Villefranche-sur-Saône, cant. de St.-Nizier-d'Azergues, poste de Beaujeu; fabr. de toile de coton et de cretonne; 1110 hab.

MURE (la), pet. v. de Fr., Isère, arr. et à 8 l. S. de Grenoble et à 160 l. de Paris, chef-lieu de canton et poste; elle est avantageusement située et très-industrieuse. On y fabrique surtout beaucoup de toiles de chanvre et de la clouterie; eaux thermales de la Motte-St.-Martin; mine d'anthracite; 3097 h.

La Mure, qui était autrefois fortifiée, souffrit beaucoup pendant les guerres de religion; elle soutint plusieurs siéges. Au seizième siècle, les habitants, assiégés par le duc de Nemours, mirent eux-mêmes le feu à la ville et se retirèrent dans la citadelle, où la famine les força bientôt à se soumettre.

MUREAUMONT, vg. de Fr., Oise, arr. de Beauvais, cant. et poste de Formerie; 240 h.

MUREAUX (les), vg. de Fr., Seine-et-Oise, arr. de Versailles, cant. et poste de Meulan; 780 hab.

MUREIL, vg. de Fr., Drôme, arr. de Valence, cant. et poste de St.-Vallier; 290 h.

MUREL, ham. de Fr., Lot, com. de Martel; 130 hab.

MURENSK, v. de la Russie d'Europe, gouv. d'Orel, siége des autorités du cercle, sur la Seedeza, sur l'embouchure de la Meza; elle a 12 églises et deux couvents; commerce de blé considérable; 6000 hab.

MURES, pet. port d'Espagne, chef-lieu d'un district dans la principauté des Asturies; situé à 10 l. N.-O. d'Oviédo, à l'embouchure de la Pravia.

MURES ou **Mure**, **Mexe**, peuplade de la famille des Mojos, habite au N. de la province de même nom, rép. de Bolivia. La plus grande partie de cette peuplade s'est convertie au christianisme.

MURET, pet. v. de Fr., Haute-Garonne, à 6 l. S.-S.-O. de Toulouse et à 186 l. S.-O. de Paris, chef-lieu d'arrondissement, siége d'un tribunal de première instance et conservation des hypothèques. Elle est agréablement située sur la rive gauche de la Garonne, au confluent de la Louge avec ce fleuve, que l'on y passe sur un pont suspendu, remarquable par sa dimension et sa solidité. Muret possède une société d'agriculture. On y fabrique des draps communs. Foires : 2 février, 10 avril, 17 mai, 27 juillet, 30 septembre et 25 novembre; 3970 h.

Muret est célèbre par la défaite de l'armée de Pierre, roi d'Aragon, qui assiégea cette ville en 1213. Dans une sortie que fit alors Simon de Montfort, il tailla en pièces les troupes du roi d'Aragon, qui périt lui-même dans la mêlée.

MURET, vg. de Fr., Aisne, arr. de Soissons, cant. et poste d'Oulchy; 350 hab.

MURET, vg. de Fr., Aveyron, arr. et

poste de Rhodez, cant. de Marcillac; 640 h.

MURET (les), ham. de Fr., Eure, com. de Gaudreville; 130 hab.

MURET (le), ham. de Fr., Landes, com. de Saugnac-Muret; 360 hab.

MURETTE (la), vg. de Fr., Isère, arr. de St.-Marcellin, cant. de Rives, poste de Voiron; 930 hab.

MURFREESBOROUGH, pet v. des États-Unis de l'Amérique du Nord, état de Tennessée, comté de Rutherford, dont elle est le chef-lieu, sur la branche occidentale du Stone. Elle a été autrefois la capitale de l'état et possède une académie et une banque; son commerce n'est pas sans importance; 2000 hab.

MURFREESBOROUGH, b. florissant des États-Unis de l'Amérique du Nord, état de la Caroline du Nord, comté de Hertford, sur le Méherrim, possède une académie et fait un commerce très-actif; 3000 hab.

MURG (la), riv. qui a ses deux sources sur le Kniebis, dans le Wurtemberg, et se jette dans le Rhin, peu au-dessous de Rastadt, après avoir traversé une des plus belles vallées de l'Allemagne et le cer. du Rhin-Moyen, grand-duché de Bade.

MURGAIN ou BAIE-A-LA-VACHE, vaste baie au N. du cap Breton; elle a de nombreux établissements de pêcheurs et est un des principaux rendez-vous pour la pêche de la morue.

MURI, b. de Suisse, cant. d'Argovie; possède une cathédrale, une bibliothèque et un médailler très-remarquables; manufacture de soie; 1200 hab.

MURIA, mont. considérable de la Basse-Guinée, dans la prov. de Cambambe ou Goloungo-Alto, dépendance du roy. d'Angola; c'est le plus haut sommet mesuré de toute l'Afrique, et a une hauteur de 2600 toises.

MURIAHE. *Voyez* PARAHYBA.

MURIANETTE, vg. de Fr., Isère, arr. de Grenoble, cant. et poste de Domène; 260 h.

MURIER (le), ham. de Fr., Isère, com. de St.-Martin-d'Hères; 100 hab.

MURINAIS, vg. de Fr., Isère, arr., cant. et poste de St.-Marcellin; bons vins; 720 h.

MURINO, b. de l'état de l'Église, dans le territoire de Rome; beau château.

MURITYBA, b. florissant de l'emp. du Brésil, prov. et comarque de Bahia, dans une plaine très-fertile. Cet endroit est remarquable pour les nombreux produits de son agriculture, dont le tabac forme la principale branche.

MURITZ (le lac de), dans le grand-duché de Mecklembourg-Schwerin, le plus grand de l'Allemagne septentrionale; il a 6 1/4 l. de longueur sur 2 1/4 de largeur.

MURLES, vg. de Fr., Hérault, arr. de Montpellier, cant. et poste de Matelles; 60 h.

MURLIN, vg. de Fr., Nièvre, arr. de Cosnes, cant. et poste de la Charité; 280 h.

MURNAU, b. de la Bavière, cer. de l'Isar, dist. et à 5 l. de Weilheim; mines de houille; 1500 hab.

MURO, b. d'Espagne, roy. de Valence, dist. d'Alçoy; 2000 hab.

MURO, *Ebora*, v. épiscopale du roy. de Naples, prov. de la Basilicate, située sur une montagne; 5000 hab.

MURO, vg. de Fr., Corse, arr. et poste de Calvi, cant. d'Algajola; 1160 hab.

MUROLS, ham. de Fr., Aveyron, com. de la Croix-Bars; 100 hab.

MUROLS, vg. de Fr., Puy-de-Dôme, arr. d'Issoire, cant. et poste de Besse; 700 hab.

MUROM, v. de la Russie d'Europe, gouv. de Wladimir, siége des autorités du cercle, sur la Muroucka, qui s'y joint à l'Oka. Cette ville fut autrefois la capitale de la Russie. Elle a 3 couvents, 25 églises, etc.; tanneries, tuileries et fabriques de savon; son commerce est florissant; 6500 hab.

MURON, vg. de Fr., Charente-Inférieure, arr. de Rochefort-sur-Mer, cant. et poste de Tonnay-Charente; 1090 hab.

MURRAY (îles de), groupe de trois îles dans le détroit de Torres, entre la Nouvelle-Hollande et la Nouvelle-Guinée. Les deux plus petites ne semblent que deux masses rocheuses isolées; la plus grande, située sous 141° 45′ 45″ de long. orient. et sous 9° 54′ de lat. S., produit des cocotiers, des bananiers, quelques autres fruits et des bambous. La pêche paraît être la seule occupation des habitants, dont on évalue le nombre à 700. Ils sont de couleur brun foncé, de taille moyenne, mais robustes, et ressemblent d'ailleurs en tout aux Papouas de la Nouvelle-Galles du Sud. Ils vont nus et portent des ornements en coquillage. Leur langage est inintelligible et n'a aucune analogie avec celui des indigènes du port Jackson. Leurs traits annoncent la défiance; cependant ils communiquèrent avec Flinders, en 1802, et firent quelques échanges avec lui. Antérieurement ils avaient assailli le vaisseau la Providence et tenté d'assassiner l'équipage. Ces îles peuvent être considérées comme la clé du détroit de Torres.

MURRAY, comté de la Nouvelle-Galles du Sud, dans la partie méridionale; il est borné au N. par les comtés d'Argyle et de King, à l'E. par celui de St.-Vincent, au S. par les montagnes Blanches et à l'O. par la chaîne de Waragony, la plus haute de l'Australie méridionale.

MURRAY, fl. de la Nouvelle-Hollande ou continent austral, découvert récemment par le capitaine Sturt. Ce fleuve, qui traverse des contrées romantiques, est en certains endroits encaissé entre des rochers de plus de 200 pieds d'élévation; il naît, selon M. Sturt, de la réunion de trois rivières qui descendent des monts Waragony, s'unit au Murumbidge et se dirige vers l'O. jusqu'aux monts Lofty, où il tourne vers le S. et va se perdre dans un lac qui communique avec l'Océan Austral par le golfe d'Encounter.

MURRAY ou ELGIN, comté d'Écosse, prov. maritime. Ses bornes sont au N. le golfe de Murray, à l'E. le comté de Banff, au S. et à l'O. celui d'Inverness et au N.-O. celui de Nairn. Sa superficie est de 26 1/2 l. c. géogr. et sa pop. de 30,000 hab. La partie septentrionale de la côte, séparée de l'intérieur par une petite chaîne de montagnes, est plate et fertile; l'intérieur du pays, et surtout le S., est traversé par des ramifications du Grampian et arrosé par de nombreux cours d'eau, dont les principaux sont la Spey, le Findhorn et le Lossie. Le climat de la côte est humide, mais tempéré; celui de l'intérieur est très-rude. Ses productions consistent en froment, orge, pois, lin, fruits, pommes de terre et bois. Ses montagnes ne fournissent que des ardoises, des pierres de taille et de la chaux; la pêche est abondante; l'agriculture y est dans un état très-florissant, mais l'éducation du bétail est peu importante; l'industrie ne comprend que la filature du lin et la fabrication d'étoffes de laines. On exporte du blé, du bois, des peaux brutes, de la laine et du fil de lin.

MURRHARDT, pet. v. murée du Wurtemberg, cer. du Necker, gr.-bge de Backnang; située sur la Murr, dans une vallée couverte de prairies et de forêts; éducation de bestiaux et commerce de bois; 2200 hab.

Tout auprès se trouve l'ancienne abbaye de bénédictins de même nom, fondée par Louis-le-Débonnaire. D'après un monument que renferme son église, ce monarque y aurait été enterré en 816. Il est cependant prouvé par l'histoire que l'empereur ne mourut qu'en 840, dans une île du Rhin près de Mayence. En 1765, toute la partie de la ville comprise dans les murs et comptant 1200 habitations fut la proie d'un incendie causé par des enfants.

MURRI ou PENDÉRISCO. *Voyez* ATRATO.

MURRYS (îles). *Voy.* MELVILLE (Orkneys méridionales).

MURS, vg. de Fr., Ain, arr., cant. et poste de Belley; 380 hab.

MURS, vg. de Fr., Indre, arr. de Châteauroux, cant. et poste de Châtillon-sur-Indre; 440 hab.

MURS, vg. de Fr., Maine-et-Loire, arr. et poste d'Angers, cant. des Ponts-de Cé; 1700 hab.

MURS, vg. de Fr., Vaucluse, arr. et poste d'Apt, cant. de Gordes; 640 hab.

MURSANGES, vg. de Fr., Côte-d'Or, arr., cant. et poste de Beaune; 620 hab.

MURSAY, ham. de Fr., Deux-Sèvres, com. d'Échiré; 100 hab.

MURTEN ou MORAT, *Moratum*, jolie pet. v. de Suisse, cant. de Fribourg, située sur le lac de même nom. Bataille de Morat; défaite de Charles-le-Téméraire par les Suisses, le 22 juin 1476.

MURTIN ou BOGNY-LES-MURTIN, vg. de Fr., Ardennes, arr. de Mézières, cant. et poste de Renwez; 430 hab.

MURUCURU ou MURUSURA, riv. peu connue du plateau austral d'Afrique; elle traverse une partie du vaste territoire des Cazembes et forme avec le Roupoura les deux principales branches du Zambèze.

MURUHY, fl. de l'emp. du Brésil, prov. de Santa-Catarina, coule vers l'E. et débouche dans l'Océan Atlantique.

MURUMBIDGE, fl. de la Nouvelle-Hollande ou continent austral; il a été exploré par le capitaine Sturt. Il se joint au Darling sous 34° de lat. S. et 138° de long. orient. et se jette dans le Murray.

MURVAUX, vg. de Fr., Meuse, arr. de Montmédy, cant. et poste de Dun-sur-Meuse; 890 hab.

MURVIÉDRO, v. d'Espagne, roy., gouv. et à 5 l. N. de Valence, avec un petit port à l'embouchure de la Palencia dans la Méditerranée. Elle est ceinte de murailles avec 5 portes et dominée par un château moresque en ruines; ses environs produisent en abondance des vins dont il se fait un grand commerce, ainsi que d'eau-de-vie; 6850 hab.

Murviédro a remplacé la célèbre Sagonte détruite par Annibal, an 218 avant J.-C., au commencement de la 2e guerre punique. On y voit encore un théâtre romain assez bien conservé; les ruines d'un temple de Bacchus, celles d'un cirque et d'autres antiquités moins importantes.

MURVIEL, vg. de Fr., Hérault, arr., à 3 l. N. et poste de Béziers, chef-lieu de canton; 1740 hab.

MURVIEL, vg. de Fr., Hérault, arr., cant. et poste de Montpellier; 520 hab.

MURVILLE, vg. de Fr., Moselle, arr. et poste de Briey, cant. d'Audun-le-Roman; 260 hab.

MURY (Saint-), ham. de Fr., Drôme, com. de Montchenu; 120 hab.

MURY-MONTEYMOND (Saint-), vg. de Fr., Isère, arr. de Grenoble, cant. et poste de Domène; mines de fer aux environs; 400 h.

MURZO, vg. de Fr., Corse, arr. d'Ajaccio, cant. et poste de Vico; 160 hab.

MURZZUSCHLAG, b. de Styrie, cer. de Bruck, sur la Murz; très-florissant par son industrie métallurgique; on y fabrique surtout des faux et des faucilles; l'éducation des bêtes à cornes y est également très-importante. C'est ici que commence la belle et fertile vallée de la Murz, riche surtout en lin et qui se prolonge jusqu'à Bruck; 1200 hab.

MUS, vg. de Fr., Gard, arr. de Nîmes, cant. de Vauvert, poste de Calvisson; 550 h.

MUSAMA, g. a., v. et port à l'extrémité de la Caramanie.

MUSAU, ham. de Fr., Bas-Rhin, com. de Strasbourg; 140 hab.

MUSAUDON, ham. de Fr., Cher, com. de St.-Pierre-les-Bois; 110 hab.

MUSCONISI, *Hecatonnesi*, groupe de 32 îlots, situé dans le golfe d'Adramiti (Turquie d'Asie), qui dans l'antiquité porta le nom de Hekatonnesi. Le plus grand de ces îlots, Megalo-Musconisi, est aujourd'hui lié à la terre ferme par une digue de sable, que les flots y ont amoncelé; il est montueux, produit du coton et de beaux fruits et renferme un bourg habité par des Grecs pêcheurs et commerçants. Les îlots qui l'entourent ne sont que des écueils presque entièrement dépouillés de végétation.

MUSCONUNGS. *Voyez* CHIPPAWAYS.

MUSCOURT, ham. de Fr., Aisne, arr. de Laon, cant. de Neufchâtel, poste de Fismes; 80 hab.

MUSCULDY, vg. de Fr., Basses-Pyrénées, arr., cant. et poste de Mauléon; 710 hab.

MUSEGROS, ham. de Fr., Eure, com. d'Écouis; 220 hab.

MUSEYES, reste d'une peuplade indigène dans les États-Unis de l'Amérique du Nord, état d'Ohio. Elle habite les bords du Miami supérieur.

MUSHEL - SHOALS. *Voyez* TENNESSÉE (fleuve).

MUSIGNY, vg. de Fr., Côte-d'Or, arr. de Beaune, cant. et poste d'Arnay-le-Duc; 160 hab.

MUSINENS, vg. de Fr., Ain, arr. de Nantua, cant. et poste de Châtillon-de-Michaille; 360 hab.

MUSKASH-COVE, bon port très-fréquenté dans la baie de Fundy, côte S. du Nouveau-Brunswic.

MUSKAU ou MUZAKOV, pet. v. de Prusse, prov. de Silésie, rég. de Liegnitz, sur la rive gauche de la Neisse; juridiction du prince Puckler, qui y possède un beau château, avec un vaste domaine comprenant des bains sulfureux, une grande fabrique d'alun et de nombreuses usines; 1530 hab.

MUSKINGUM, fl. des États-Unis de l'Amérique du Nord, prend naissance de deux sources, la Tuscarawa et le White-Woman, au N. de l'état d'Ohio. La Tuscarawa se forme elle-même de deux sources qui, après leur jonction, attirent plusieurs petites rivières, telles que le Sandy et le Sugar et s'unissent au White-Woman, peu au-dessus de Cosbocton. Apres la réunion de ses deux bras, le Muskingum coule vers le S., reçoit à droite le Wills et le Salt, à gauche le Licking, le Jonathan et le Wolf, baigne Zanesville, Putnam et Mac-Connelsville, et se jette, à Marietta, dans l'Ohio, après 80 l. de cours.

MUSKINGUM, comté de l'état d'Ohio, États-Unis de l'Amérique du Nord; il est borné par les comtés de Coshocton, Guernsey, Morgan, Perry et Licking. Pays fertilisé par le Grand-Muskingum et ses affluents et riche en belles prairies et en houille; 30,000 hab.

MUSKITTOS ou TELUT, île de l'archipel de Mulgrave, Polynésie ou Océanie orientale; elle fait partie de la chaîne de Ralik et elle est située sous 7° 30′ lat. N. et 165° 9′ long. orient.

MUSKOHGES. *Voyez* CREEKS.

MUSKONETGUNG. *Voyez* HUNTERDON.

MUSLOCH, ham. de Fr., Haut-Rhin, com. de Liepvre; 140 hab.

MUSLUBIUM, g. a., v. de la Mauritanie césarienne, entre Salden et Chobata.

MUSQUITO, insection profonde sur la côte N.-O. du Labrador, sous 61° lat. N. Davison l'explora en 1786; il la trouva fermée à l'E. et réfuta par là l'opinion généralement répandue avant lui que cette baie ou entrée communiquait avec l'Océan Atlantique et que par conséquent la partie N.-O. du Labrador formait une île.

MUSQUITO, fl. des États-Unis de l'Amérique centrale; naît dans l'état de Honduras, dist. de Tolagalpa, coule vers l'E. et se décharge dans la baie de Blackwell, au S. de la Pantasma.

MUSQUITOS, peuplade indigène indépendante dans les États-Unis de l'Amérique du Nord, état d'Indiana; ils habitent les rives du Wabash supérieur et au N. du Vermilion et forment, avec les Piankashaws, leurs voisins, une masse forte de 6000 têtes.

MUSSAC, ham. de Fr., Haute-Vienne, com. de St.-Jouvent; 100 hab.

MUSSE (la), ham. de Fr., Eure-et-Loir, com. de Boutigny; 130 hab.

MUSSE (la) ou VILLE-EN-BOIS, ham. de Fr., Loire-Inférieure, com. de Chantenai; 600 hab.

MUSSEAU, vg. de Fr., Haute-Marne, arr. de Langres, cant. et poste d'Auberive; 190 hab.

MUSSEL. *Voyez* MISSEL.

MUSSENDOM. *Voyez* MOCENDON.

MUSSET, ham. de Fr., Gironde, com. de Lerm; 250 hab.

MUSSEY, vg. de Fr., Haute-Marne, arr. de Vassy, cant. de Doulaincourt, poste de Joinville; fabr. de tissus en crins; 520 hab.

MUSSEY, vg. de Fr., Meuse, arr. et poste de Bar-le-Duc, cant. de Revigny; 270 hab.

MUSSIDAN ou MUCIDAN, pet. v. de Fr., Dordogne, arr. et à 7 l. S. de Ribérac et à 130 l. de Paris, chef-lieu de canton et poste. Elle est située sur la rive gauche de l'Isle et assez jolie; mines de fer et forges aux environs; 1953 hab.

Cette petite ville, autrefois fortifiée, souffrit beaucoup pendant les guerres de religion. Les protestants s'en emparèrent en 1563. Six ans après les catholiques la reprirent et massacrèrent les protestants, quoique ceux-ci se fussent rendus par capitulation.

MUSSIG, vg. de Fr., Bas-Rhin, arr. et poste de Schlestadt, cant. de Marckolsheim; 670 h.

MUSSILONS (les), ham. de Fr., Jura, com. de Rivière-Devant; 100 hab.

MUSSLEBURGH, pet. v. d'Écosse, comté d'Edimbourg, à l'embouchure de l'Esk. Fabrication de draps, de toiles, d'amidon et de savon. Victoire des Anglais sur les Écossais, en 1547. Dans le voisinage se trouve la belle ville de Pinkey, avec une superbe collection de tableaux; 8000 hab.

MUSSOMELI, v. de l'île de Sicile, intendance de Girgenti, située sur une montagne; on s'y occupe exclusivement de l'économie rurale; 10,000 hab.

MUSSY-LA-FOSSE, vg. de Fr., Côte-d'Or, arr. de Sémur, cant. et poste de Flavigny; 170 hab.

MUSSY-L'ÉVÊQUE. *Voyez* MUSSY-SUR-SEINE (Aube).

MUSSY-L'EVÊQUE ou METCHEN, ham. de Fr., Moselle, com. de Charleville; 140 hab.

MUSSY-SOUS-DUN, vg. de Fr., Saône-et-Loire, arr. de Charolles, cant. et poste de Chauffailles; 900 hab.

MUSSY-SUR-SEINE, pet. v. de Fr., Aube, arr., à 4 l. S.-S.-E. de Bar-sur-Seine et à 51 l. de Paris, chef-lieu de canton et poste; elle est agréablement située sur la rive droite de la Seine, près de la forêt de Mussy. Fabrication de toiles et commerce de vins et eaux-de-vie; 1720 hab. Cette petite ville appartenait jadis à l'évêque de Langres, qui y avait un château; elle s'appelait alors Mussy-l'Évêque.

MUSTAFA-PALANKA, *Remisiana*, forteresse de la Turquie d'Europe, eyalet de Rumili, sandschak de Sofia, sur la Nissuva et du côté du mont Sinah, le point culminant de cette contrée.

MUTERNES (les), ham. de Fr., Aisne, com. de Mondrepuis; 150 hab.

MUTIGNY, vg. de Fr., Jura, arr. de Dôle, cant. de Montmirey-la-Ville, poste de Pesmes; 480 hab.

MUTIGNY, vg. de Fr., Marne, arr. de Reims, cant. d'Ay, poste d'Epernay; on y exploite de la terre glaise recherchée par les gazettes; 80 hab.

MUTRECY, vg. de Fr., Calvados, arr. de Falaise, cant. de Bretteville-sur-Laize, poste de May-sur-Orne; 400 hab.

MUTRY, vg. de Fr., Marne, arr. de Reims, cant. d'Ay, poste d'Epernay; vaste tuilerie; éducation d'abeilles; 320 hab.

MUTSOU-MOTO, v. de l'emp. japonais, prov. de Sinano, dans le To-san-do.

MUTTERSDORF, vg. de Bohême, cer. de Klattan; fabrication de verre et de dentelles; 1200 hab.

MUTTERSHOLTZ, vg. de Fr., Bas-Rhin, arr. et poste de Schléstadt, cant. de Marckolsheim; Niederrathsamhausen et Enweyer font partie de cette commune; 2119 hab.

MUTTERSTADT, b. de la Bavière-Rhénane, chef-lieu de canton dans l'arr. de Spire et à 1 l. d'Oggersheim. Cet endroit, un des plus anciens sur les rives du Rhin, est la patrie de Jean de Mutterstadt, historien du quinzième siècle; pop. du bourg 2600 hab., du canton 17,250.

MUTUALIS. *Voyez* MOUTOUALIS.

MUTZENHAUSEN, vg. de Fr., Bas-Rhin, arr. et poste de Saverne, cant. de Hochfelden; 288 hab.

MUTZIG, pet. v. de Fr., Bas-Rhin, arr. et à 5 l. O. de Strasbourg, cant. de Molsheim. Elle est agréablement située sur la Bruche, au pied des Vosges et remarquable par sa belle manufacture royale d'armes à feu; papeterie; les côteaux qui l'environnent sont couverts de vignobles qui produisent de bon vins; Hermolsheim fait partie de la commune; 3492 hab.

MUTZSCHEN, pet. v. du roy. de Saxe, cer. de Leipsic, avec une fabrique d'étoffes de coton et de rubans; dans la proximité est un château, sur une montagne, où l'on trouve les pierres de Mutzschen ou les boules d'agate; 900 hab.

MUY (le), vg. de Fr., Var, arr. et poste de Draguignan, cant. de Fréjus; fabrication de cuirs; scieries hydrauliques; 2050 hab.

MUZA (la), ham. de Fr., Loir-et-Cher, com. de Meusnes; 140 hab.

MUZANA, g. a., v. de la Petite-Arménie, sur le Melas et au N. de Melitène.

MUZERAY, vg. de Fr., Meuse, arr. de Montmédy, cant. et poste de Spincourt; 350 hab.

MUZILLAC, b. de Fr., Morbihan, arr. et à 5 1/2 l. E.-S.-E. de Vannes, chef-lieu de canton et poste; 2130 hab.

MUZIN, ham. de Fr., Ain, com. de Magnieu; 220 hab.

MUZO ou **MUZOS**, pet. v. de la rép. de la Nouvelle-Grenade, dép. de Cundinamarca, prov. de Bogota, dans une contrée très-élevée qui faisait autrefois partie du district des sauvages Muzos; elle est à 36 l. N.-O. de Bogota et a une grande célébrité par sa riche mine d'émeraudes exploitée aujourd'hui par une société particulière. C'est de cette mine et de celle de Somondoco, située plus à l'E., que l'on retire, selon M. le docteur Roulin, la plus grande partie des émeraudes qui existent en Europe et même en Asie et qu'on appelle à tort émeraudes du Pérou.

MUZY, vg. de Fr., Eure, arr. d'Évreux, cant. et poste de Nonancourt; 570 hab.

MY ou MYVATE, le plus grand des lacs de l'île d'Islande; il est parsemé d'îlots et ne gèle jamais.

MYA, g. a., b. de la tribu de Gad, au-delà du Jourdain.

MYA, île de la Malaisie et l'une des Moluques, est située au S.-E. de Typa. Les habitants, qui vendaient en contrebande les épices des Moluques, ont été expulsés de l'île par les Hollandais.

MYACO. *Voyez* MIYAKO.

MYAMMA, nom que portent les habitants de l'emp. Birman. *Voyez* BIRMAN.

MYANDA, g. a., v. de l'intérieur de la Cilicie.

MYCALE, g. a., v. de l'Ionie; les montagnes du même nom sont la continuation de la chaîne de Messogis, sur la rive droite du Méandre et s'étendent depuis Magnesia jusqu'à la côte, vis-à-vis de l'île de Samos; le cap qui les termine porte aussi le nom de Trogylium. C'est là que les Grecs remportèrent une grande victoire navale sur les Perses, 479 ans avant J.-C.

MYCALESSUS, g. a., b. ou v. de l'intérieur de la Béotie, à l'E. de Harma; n'existait déjà plus du temps de Pausanias.

MYCALESSUS, g. a., mont. de la Béotie.

MYCÈNES, *Mycena, Mycenæ*, g. a., v. fondée par Persée, dans le N.-O. de l'Argolide, la résidence d'Agamemnon; dans le voisinage était l'Hereum, fameux temple de Junon. Les ruines de Mycènes, qui se trouvent peu loin du village de Karvalhi, doivent être rangées parmi les plus extraordinaires et les plus importantes de l'Europe; les murailles de sa citadelle sont parfaitement conservées; près de Mycènes, sur la pente d'une colline, on voit l'entrée de ce monument extraordinaire et gigantesque; l'architrave, quoique d'un seul bloc, a 27 pieds anglais de long, 17 de large et 4 1/2 d'épaisseur; on le connaissait dans ce pays sous le nom de trésor d'Atrée, mais on le nomme actuellement le tombeau d'Agamemnon. Mycènes a été détruit 568 ans avant J.-C.

MYCLETTON, lac de la Suède méridionale, prov. d'Iœnkœping.

MYCONI, *Mykonos, Myknos* des Turcs, île du groupe des Cyclades, remarquable par sa nombreuse marine marchande; ses matelots ne le cèdent qu'aux Hydriotes et aux Spetziotes; elle compte 8000 hab. Chef-lieu: Myconi, avec un évêché et 2 ports; 4000 hab.

MYGDONIA, g. a., prov. de la partie N.-O. de la Macédoine.

MYGDONIA, *Mychthonia*, g. a., grande prov. du Nord de la Mésopotamie.

MYGISI, g. a., v. de la Carie.

MYLÆ, g. a., v. forte de la Thessalie.

MYLASA, g. a., v. très-belle et une des plus importantes de la Carie, peu loin du port Physeus et sur la pente d'une montagne très-escarpée.

MYLAU, v. du roy. de Saxe, cer. de Voigtland, sur le Gœlzsch; sa pop. est de 2300 h., qui tissent considérablement d'étoffes laines, en lin et en coton. Il s'y trouve un grand moulin remarquable à filer l'or et l'argent. A 1/4 l. est une mine royale d'alun.

MYMUNSINGH. *Voyez* MOYMANSINGH.

MYON, vg. de Fr., Doubs, arr. de Besançon, cant. et poste de Quingey; martinet pour instruments aratoires; 370 hab.

MYON (Saint-), vg. de Fr., Puy-de-Dôme, arr. de Riom, cant. de Combronde, poste d'Aigueperse; eaux minérales; 750 hab.

MYRIANDRUS, *Mysiandricus Sinus*, g. a., v. et port de la Séleusie; célèbre par le grand commerce qui s'y faisait déjà du temps de Cyrus; elle fut fondée par les Phéniciens sur le golfe Issicus.

MYRIENUS, g. a., v. de la Thrace, sur le Strymon.

MYRMIDONS, les, g. a., nom des habitants de l'île Ægina, aussi appelée Myrmidonia.

MYRRHIFERA-REGIO (pays qui produit la myrrhe), g. a., pays au S. du détroit de Bab-el-Mandeb; s'étendait jusqu'au cap des Aromates (Guardefan).

MYRSINUS, g. a., v. de l'Élide, appelée plus tard Myrtinisium.

MYSIA, g. a., b. de l'Argolide, entre Mycènes et Argos, avec un temple de Cérès.

MYSIA, g. a., v. de la Parthie, entre Parbara et Charax.

MYSIA-MORENA, g. a., partie de la Mysie, sur les bords du Caicus.

MYSIE, *Mysia*, g. a., contrée de l'Asie Mineure; elle entourait la Troade et était divisée, du temps de Strabon, en Grande et en Petite-Mysie (*Olympene* ou *Mysia Hellespontia*). Principales rivières: le Granique, le Caicus, le Simoïs et le Scamander, dont les Perses disputèrent le passage à Alexandre. Montagnes: l'Ida et le Temnus. Villes: Lampsaque, Abydos, sur l'Hellespont, et Pergame.

MYSLENICZE, v. de la Galicie, cer. de Wadowice, sur la Raba; elle est située entre les montagnes et renferme 300 maisons et 2130 hab.

MYSLOWICE, pet. v. de Prusse, prov. de Silésie, rég. d'Oppeln, avec le château et domaine de même nom, sur la Przemsa, qui forme la frontière avec la Cracovie et que l'on traverse sur un pont de bois de 160 mètres. Les environs renferment des mines de houille importantes, un fourneau à zinc et de nombreuses usines; 2450 hab.

MYSOCARAS, g. a., port de la Mauritanie tingitane, aujourd'hui Port-Aman.

MYSOMACEDONES, g. a., peuplade de l'intérieur de la Mysie, vers les sources du Caicus.

MYSOL, île de la Malaisie; appartient au groupe des Moluques. Les chefs qui régissent ses habitants sont tributaires du sultan de Tidor.

MYSORE ou **MAÏSOUR**, en sanscrit *Maheswar*, ancienne prov. de l'Inde, s'étend de 72° 29′ à 75° 58′ long. orient. et de 11° 47′ à 14° 48′ lat. N. Le Balaghaut au N. et au N.-E., le Salem au S.-E., le Coïmbatour au S., le Malabar et le Kanara à l'O. forment ses limites. Sa superficie est d'environ 2000 l. c. Mysore occupe le centre du plateau du Dekkan et est bordé par les Gates occidentales et les Gates orientales. La province est située à 1000 mètres au-dessus du niveau de la mer. Les montagnes s'élèvent de 800 à 5000 pieds au-dessus du plateau, et la chaîne occidentale est assez haute pour arrêter les nuages amenés par les moussons. Les Gates orientales, mal arrosées, sont arides, tandis que la chaîne opposée est couverte de belles forêts. Le pays s'incline vers le golfe du Bengale, où se rendent ses cours d'eau, dont les principaux sont le Kavery, la Tombudra; le Scherrawutty se rend dans le golfe d'Oman. Le sol est bien arrosé; partout des rivières, des sources, des étangs, fertilisent les vallées de ce terrain ondulé, qui s'élève par gradins vers les Gates occidentales. Le climat est plus frais que dans le Karnatic; l'élévation du sol et les moussons le préservent des chaleurs excessives dans les autres parties de l'Inde, et grâce à sa latitude, on n'y trouve en hiver ni glace ni neige. Le terrain, parfaitement arrosé, est fertile malgré la négligence des agriculteurs. Les principales productions consistent en riz, céréales, tabac, opium, café, bétel, noix de coco, fruits du sud, vin, cardamones, épices. Le coton, le thé y réussissent bien. Les forêts presque impénétrables des Gates occidentales fournissent du bois de teck, de cèdre, de pin et autres bois de construction. L'éducation du bétail est soignée, et les habitants entretiennent des troupeaux de buffles, de bœufs, de moutons et de chèvres. On recueille en outre de la gommelaque et de la cochenille. Le règne minéral fournit du fer, du sel, du salpêtre et des pierres précieuses. Un grand nombre d'animaux féroces, tels que l'éléphant, qu'on y rencontre par bandes de 100 à 200, le tigre, le léopard, l'ours, le chakal, et du gibier, tels que l'antilope, le chamois, l'argali, parcourent les solitudes des forêts ou vivent sur les montagnes. L'industrie de la province est assez considérable et consiste principalement dans la fabrication d'étoffes de coton, en teinturerie, tannerie, verrerie et poterie. On exporte par les ports du Malabar des cotonnades, du cuir, du bétail, des dents d'éléphant, du riz, du bois de sandal, du bétel, des noix de coco; opium, huile, sucre, cardamones et autres épices. Seringapatnam, Bangalore, Periapacam et Seca sont les principales places de commerce. La population est d'environ trois millions d'habitants hindous, divisés en un grand nombre de castes et professant diverses religions. Les uns sont sectateurs de l'islamisme, d'autres de la religion brahmanique; ceux-ci adorent le lingam, d'autres sont djainas (secte du boudhisme). On dit les habitants du Mysore robustes, bien faits, bons soldats, mais paresseux et démoralisés.

L'état de Mysore fut toujours un des principaux royaumes du Dekkan. Le radjah Cham-Rai, appartenant à la famille des Yadava, souverains du Guzerate, fonda, en 1571, le royaume de Mysore, que ses descendants gouvernèrent jusqu'en 1760, où ils furent détrônés. Lorsque les Anglais, déjà maîtres du Calcutta et du Bengale, voulurent aussi étendre leurs possessions dans le Dekkan, ils trouvèrent dans Hyder-Ali, souverain du Mysore, un adversaire aussi prudent que brave. Ce prince, né en 1718, simple chef d'abord, était parvenu, par son courage et ses talents, à s'élever sur le trône de Mysore et à agrandir ses états par d'importantes conquêtes. Généreux et juste, il travaillait au bien de ses sujets, lorsqu'il reconnut les projets des Anglais. Aussitôt il se ligua avec plusieurs princes voisins, demanda les secours de la France, sa fidèle alliée, et commença la guerre en 1780, dont le résultat fut assez avantageux, bien qu'il fût trahi par plusieurs chefs hindous. Il mourut en 1782. Son fils Tippo-Saïb ou Saheb n'hérita de son père que la haine contre les Anglais, mais non ses vertus. Cruel, fanatique, imprudent, il provoqua lui-même ses ennemis, qui, alliés des Mahrattes et du roi du Dekkan, le vainquirent et lui enlevèrent la moitié de ses états. Il ne se découragea pas, s'allia avec la république française, recommença la guerre en 1799 et fut de nouveau malheureux. Assiégé dans Seringapatnam, il périt glorieusement sous les ruines de sa capitale. Les Anglais abandonnèrent une partie de leur conquête au nizzam du Dekkan et aux Mahrattes, gardèrent pour eux le fertile district de Seringapatnam et la ville du même nom, qui furent incorporés à la présidence de Madras; ils formèrent du reste de la prov. de Mysore un état tributaire dont ils donnèrent le commandement au descendant de l'ancienne famille souveraine.

MYSORE ou MAÏSOUR, roy. de l'Inde, tributaire des Anglais; est situé dans la presqu'île du Dekkan et comprend la plus grande partie de l'ancienne province du même nom. Nous ne répéterons pas ce que nous venons de dire sur la géographie physique, l'ethnographie et l'histoire de la province. Le radjah, dont les états sont enclavés dans les possessions anglaises, n'a que l'administration de son état. Il lui est défendu d'entrer dans une alliance étrangère, de recevoir des Européens sur son sol, sans le consentement de la compagnie, de construire ou d'abattre des forts, etc. Il reçoit garnison anglaise dans quelques-unes de ses forteresses et paie les frais d'occupation. On évalue la superficie de son royaume à 20,000 milles anglais c., la population à 3 millions, ses revenus à 27 millions de francs et la force armée qu'il entretient à 6000 hommes. Les petits chefs lui payent tribut. Le roy. de Mysore est divisé en trois districts; ses principales villes sont : Mysore, la capitale; Bangalore, importante place de commerce; Mailkotta, Tchinapatam, Tchikankually, Pedda-Balapour, Sravany-Belgala, Bednore, Simoga, les immenses ruines d'Ikery, Tchitetteldrong, Sera, Kolar.

MYSORE ou MAÏSOUR, capitale du roy. du même nom, dans le Dekkan, résidence du radjah; est située sous 12° 19′ lat. N., à 2 l. S. de Seringapatnam. Cette ville, qui ne se composait autrefois que d'une seule rue et qui avait beaucoup perdu sous Hyder-Ali et Tippo-Saheb, dont la résidence avait été transférée à Seringapatnam, se relève et prend un accroissement considérable. Sa population dépasse déjà 50,000 âmes. Son principal édifice est le palais du roi, très-vaste, mais irrégulièrement bâti et entouré de fortifications qui le font considérer comme la citadelle de Mysore. A peu de distance de la ville on remarque la maison du résident anglais construite sur une position élevée et une statue colossale de 16 pieds de haut, représentant le taureau Nandy.

MYSORY, île du groupe de Geelwink, dans la baie de Geelwink, Nouvelle-Guinée (Australie). Elle est située sous 2° lat. S. et entre 127° 24′ et 129° long. orient.; elle a 10 l. de long de l'E. à l'O. et 3 l. de large. Les côtes sont habitées par des Malais et des Papouas, qui obéissent à des radjabs; des tribus de Harafores habitent l'intérieur.

MYSTIA, g. a., v. du Brutium, entre les caps Lucinium et Zephyricum.

MYSZKIN, pet. v. de la Russie d'Europe, gouv. de Jaroslaw, siége des autorités du cercle, sur la Wolga; 640 hab.

MYSZNIEC, pet. v. de la Pologne, woïwodie de Plock; tannerie; 1600 hab.

MYTHEN (le), mont. de Suisse, cant. de Schwytz; hauteur 5868 pieds.

MYTHEPOLIS, g. a., b. au S. de la Bithynie, sur le lac Ascania.

MYTILÈNE. *Voyez* METELIN.

N

NAAB, riv. de Bavière, prend sa source dans la montagne d'Ochsenkopf, dist. de Gefrees, cer. du Mein-Supérieur ; arrose une partie du cer. du Mein-Supérieur, celui du Regen et se verse dans le Danube, au-dessus de Ratisbonne. Elle porte de petites embarcations.

NAAMA, g. a., v. de la tribu de Juda.

NAAMATH, g. a., lieu de la demi-tribu de Manassé, au-delà du Jourdain. Patrie de Zophar.

NAARAN ou NAARAA, NAARATHA, NEARA, g. a., v. limitrophe de la tribu d'Ephraïm, à 5 milles de Jéricho.

NAARDA ou NEARDA, NEERDA, NAHARDEA, NAHARRA, g. a., v. de la Babylonie, sur un canal de l'Euphrate, où les Juifs formaient pendant quelque temps un état particulier et avaient une académie.

NAARDEN, pet. v. forte du roy. de Hollande, sur le Zuydersee, gouv. de Hollande septentrionale, dist. et à 4 1/2 l. E. d'Amsterdam, avec laquelle elle correspond par un canal ; fabrication d'étoffes de soie ; 1820 hab.

NAAS, pet. v. d'Irlande, comté de Kildare ; 3000 hab.

NABABURUM, g. a., v. de l'Afrique, dans la Mauritanie césarienne, entre Zaratha et Vitaca.

NABAJOA. *Voyez* COLORADO (Rio-), Mexique.

NABAJAS (Cerro de), un des groupes de montagnes les plus élevés du Mexique, haut-plateau d'Anahuac ; le Jacal, de 3126 mètres de hauteur, en est le point culminant.

NABAS, vg. de Fr., Basses-Pyrénées, arr. d'Orthez, cant. et poste de Navarrenx ; 330 hab.

NABATA, g. a., lieu ou contrée de la Samarie.

NABATHAEI ou NABACOTHES, NAPATAEI, g. a., nom que portaient les principaux habitants de l'Arabie Pétrée, dans l'Hedjaz d'aujourd'hui ; ce peuple était très-puissant sous le règne d'Auguste ; leur empire, dont Petra était la capitale, prit fin du temps de Trajan et faisait dans la suite partie de la Palestine IIIe.

NABBURG, pet. v. de Bavière, chef-lieu de district, cer. de Regen ; située à 6 l. d'Amberg, dans une contrée boisée, sur la pente d'une colline baignée par la Naab ; pop. de la ville 1460 hab., du district 16,400 sur 9 milles c.

NABDÆI, g. a., peuplade soumise par le roi David, et qu'il ne faut pas confondre avec les Nabathæi.

NABINAUD, vg. de Fr., Charente, arr. de Barbezieux, cant. d'Aubeterre, poste de Chalais ; 340 hab.

NABIRAT, vg. de Fr., Dordogne, arr. de Sarlat, cant. et poste de Domme ; 770 hab.

NABLA, g. a., v. de la Sarmatie asiatique, sur le Corax.

NABLOUSE. *Voyez* NAPLOUSE.

NABOLOS. *Voyez* NAPLOUSE.

NABOR (Saint-), vg. de Fr., Bas-Rhin, arr. de Schléstadt, cant. de Rosheim, poste d'Obernai ; 330 hab.

NABORD (Saint-), vg. de Fr., Aube, arr. et poste d'Arcis-sur-Aube, cant. de Ramerupt ; 380 hab.

NABORD (Saint-), vg. de Fr., Vosges, arr., cant. et poste de Remiremont ; 2460 hab.

NABRINGHEN, vg. de Fr., Pas-de-Calais, arr. et poste de Boulogne-sur-Mer, cant. de Desvres ; 220 hab.

NABRUM, g. a., fl. navigable de la Gédrosie.

NACAOME, riv. des États-Unis de l'Amérique centrale ; prend naissance dans les Andes, au N. de l'état de San-Salvador, coule vers le S. et se décharge dans la baie de Conchagua.

NACHABA, g. a., v. de l'Arabie Déserte, dans le voisinage de Mésopotamia.

NACHAMPS, vg. de Fr., Charente-Inférieure, arr. de St.-Jean-d'Angely, cant. et poste de Tonnay-Charente ; 430 hab.

NACHÈS, fl. à l'E. de la rép. de Texas ; se forme de plusieurs sources non loin de la frontière des États-Unis de l'Amérique du Nord, coule vers le S. parallèlement au Sabine et débouche dans la baie de Sabine.

NACHOD, jolie pet. v. de Bohême, cer. de Kœnigingrætz, chef-lieu d'une seigneurie de 103 villages, avec un château fort ; fabrication de toile ; 1500 hab.

NACIMIENTO, b. fortifié de la rép. du Chili, prov. de Concepcion, dist. de Huilquilemu, sur le Vergara. Cet endroit fut détruit à plusieurs reprises par les Indiens.

NACKEL, pet. v. de Prusse, prov. de Posen, rég. de Bromberg, dans une contrée fertile, sur la Netze et à l'origine du canal de Bromberg ; agriculture et commerce de blé ; 2140 hab.

NACOGDOCHES, b. fortifié de la rép. de Texas, sur un affluent du Nachès, près de la frontière de l'état de Louisiane et sur la grande route de Bexar à Natchitoches. C'était le poste militaire le plus oriental de la confédération mexicaine.

NACQUEVILLE, vg. de Fr., Manche, arr. de Cherbourg, cant. et poste de Beaumont ; 640 hab.

NADAILLAC, vg. de Fr., Dordogne, arr. et poste de Sarlat, cant. de Salignac ; 870 h.

NADAILLAC, ham. de Fr., Lot, com. de Payrinhac ; 130 hab.

NADAILLAC-DE-ROUGES, ham. de Fr., Lot, com. du Roc ; 400 hab.

NADAILLAT, ham. de Fr., Puy-de-Dôme, com. de St.-Genest-Champanelle ; 350 hab.

NADDIA ou NUDEA, dist. de l'Inde anglaise, présidence de Calcutta, prov. de Bengale ; est borné au N. par le dist. de Radjchahi, à l'E. par Djessou, au S. par les 24 pergannahs (dist. de Calcutta), à l'O. par Hagli, et comprenait, en 1802, 5749 villes, villages, hameaux et maisons isolées et 764,430 habitants. Son chef-lieu porte le même nom.

NADDIA ou NUDDEA, chef-lieu du district de même nom, dans le Bengale ; est situé au confluent des deux bras du Gange, appelés Jellinghy et Cossim-Basar, qui forment l'Ougly et est célèbre par son grand collége hindou, qui a reçu en 1811 une organisation nouvelle et meilleure.

NADES, vg. de Fr., Allier, arr. et poste de Gannat, cant. d'Ébreuil ; exploitation d'antimoine ; 710 hab.

NADILLAC, ham. de Fr., Lot, com. de Cras ; 250 hab.

NADINDAL, pet. v. de la Russie d'Europe, gouv. de Finlande, manufacture de bas, commerce ; 750 hab.

NADIÈRE (la), ham. de Fr., Aude, com. Sijean ; 110 hab.

NADJIBABAD, v. de l'Inde anglaise, présidence de Calcutta, prov. de Delhi et dist. de Morabad ; bâtie au centre de vastes marais, est un entrepôt entre le Cachemire et l'Indoustan. Elle a des rues larges, possède de grands bazars et fait un commerce considérable des bois de construction, des bambous, du cuivre que l'on y amène des montagnes voisines.

NADON. *Voyez* VENEUX-NADON.

NADOWESSIES ou NADOWESSIENS. *Voy.* SIOUX (nation).

NADUDVAR, b. de Hongrie, cer. au-delà de la Theiss, comitat de Szabolcs.

NÆFELS, gros b. de Suisse, cant. de Glaris, sur le penchant du mont Rauti ; possède un château et un couvent ; ses habitants s'occupent de l'éducation du bétail et de la fabrication de la poterie ; bataille mémorable de 1388.

NÆPAPHA, g. a., v. de la Galilée, fortifiée par Josephus.

NÆSHULT, paroisse de la Suède méridionale, prov. d'Iœnkœping. Patrie du célèbre naturaliste Linné, mort en 1778.

NÆSNE, paroisse de la Norwège, diocèse de Bergen, bge de Nordland; 2500 hab.

NÆSS, paroisse de Norwège, diocèse et bge d'Aggerhuus; 4800 hab.

NÆSS, pet. v. de Norwège, diocèse d'Aggerhuus, bge de Buskerud; 5500 hab.

NÆSS, paroisse du Danemark, diocèse de Christiansand, bge de Bavanger; 1800 hab.

NÆZCOZAR, b. de Hongrie, cer. au-delà du Danube, comitat de Baranya.

NAFTEL, vg. de Fr., Manche, arr. de Mortain, cant. d'Isigny, poste de St.-Hilaire-du-Harcouet; 260 hab.

NAGA, v. de la Malaisie, chef-lieu de la prov. des Camarines, dans l'île de Manille. Ce n'est proprement qu'un gros village, bâti sur la rivière de même nom et sert de résidence à l'alcade.

NAGA, lieu misérable de la Nubie, pays de Chendy, peu éloigné de la rive droite du Nil, où l'on voit encore les ruines de sept temples.

NAGAILES, peuplade indigène indépendante, dans la Nouvelle Calédonie, Amérique anglaise; ils habitent les rives supérieures du Takutsche-Tessé et sont peu civilisés.

NAGA-OKA, v. du Japon, prov. de Yetsingo, dans le Fokou-Rokoudo.

NAGARA, g. a., v. métropole de l'Arabie Heureuse.

NAGARCOTE, passage célèbre de l'Inde, qui, à travers les montagnes et non loin du Matchie, conduit de la principauté de Sikkin dans le Bengale.

NAGARCOTE ou KANGRA (principauté de), fait partie du roy. de Lahore et est située dans le Kouhistan; elle est bornée au N. et au N.-E. par l'Himalaya, à l'E. par Kahlore, au S. et à l'O. par une chaîne de montagnes qui la sépare du Pendjab. Le Nagarcote est une belle et fertile vallée, arrosée par un grand nombre de ruisseaux et par les sources de la Begah et du Ravi. Elle produit en grande abondance du riz, du maïs et du sucre, nourrit de grands troupeaux de bétail et recèle dans les flancs des montagnes du fer et d'autres métaux. Le radjah est un radjepoute assez puissant, tributaire et vassal du roi de Lahore. Les principales villes sont Nagarcote, Nahone, Sujoupour et Iwalamukhi.

NAGARCOTE ou CANGRA, v. du roy. de Lahore, ancien chef-lieu de la principauté de même nom, est bâtie sur la pente d'une colline que couronne une forte citadelle. La ville est ouverte; elle se compose d'environ 2000 maisons et est arrosée par le Ravi. Dans son voisinage se trouve la pagode de Juvala-Muchi, qui attire beaucoup de pèlerins hindous.

NAGA-SIMA, v. du Japon, prov. d'Ize, dans le Tokaido.

NAGATA ou TSIO-SIOU, prov. de l'emp. du Japon, dans le Sanyodo. Son chef-lieu est Faki.

NAGE (la), ham. de Fr., Allier, com. de la Chapelaude; 250 hab.

NAGEL, vg. de Fr., Eure, arr. d'Evreux, cant. et poste de Conches; 150 hab.

NAGES, vg. de Fr., Gard, arr. de Nîmes, cant. de Sommières, poste de Calvisson; 490 hab.

NAGES, vg. de Fr., Tarn, arr. de Castres, cant. et poste de Lacaune; 1780 hab.

NAGIA, g. a., très-gr. ville de l'Arabie Heureuse, territoire des Gebanites.

NAGLAINCOURT, ham. de Fr., Vosges, com. de la Viéville-devant-Dompaire; 150 h.

NAGOLD, pet. v. de Wurtemberg, chef-lieu du grand-bailliage de même nom, cer. de la Forêt-Noire, dans une vallée profonde, sur la Nagold; fabrication de draps, tanneries; eaux minérales peu fréquentées. L'agriculture est peu considérable dans le grand-bailliage; ses ressources sont l'exploitation de bois et l'éducation de bestiaux. Population de la ville 2150 hab., du grand-bailliage 25,000, sur 5 milles c. Un acte de de 786 fait déjà mention de cette petite ville.

NAGORE, v. de l'Inde, principauté de Djoudpour; est bâtie dans une vaste plaine. Elle fait quelque commerce et sert de résidence à un des proches parents du radjah.

NAGORE, v. de l'Inde anglaise, présidence de Madras, prov. de Karnatic; possède un bon port sur la côte de Coromandel et fait un commerce important avec l'Ile-de-France, l'Amérique du Nord, le Bengale et l'île de Ceylan. En 1811, 1223 bâtiments entrèrent dans son port; il en sortit 1798.

NAGOTAMA, v. de l'Inde anglaise, présidence de Bombay, prov. d'Aurangabad. Elle est grande, bien peuplée, commerçante et est arrosée par la rivière de même nom, navigable depuis son embouchure jusqu'à cette ville.

NAGOU. *Voyez* ANAGORE.

NAGPOUR (royaume de) ou du BHOUNSLA, se compose aujourd'hui de la partie occidentale de la prov. de Gundwana et de la partie orientale du Bérar (Inde). Il s'étend entre 74° 25′ et 80° 25′ long. or. et entre 17° 27′ et 23° 54′ lat. N.; est borné au N. par Allahabad, à l'E. par le Gundwana anglais, au S. par le roy. du Dekkan, à l'O. par le roy. de Sindhya et a environ 3256 l. c. géogr. de superficie. Le Nagpour, situé sur le plateau du Dekkan, est couvert en partie de hautes montagnes, de marais et de déserts, en partie il comprend de vastes plaines et de riantes vallées, dont le sol fertile produit en abondance les fruits du Dekkan. (*Voyez* l'article GUNDWANA). Le Nagpour est un état mahratte. Vers le milieu du dix-huitième siècle les Mahrattes étaient divisés en occidentaux et en orientaux; les premiers suivaient la bannière du Peischwa, les seconds celle du radjah de Nagpour, dont la généalogie remontait directement à Sewager, le fondateur du roy. Mahratte. Le radjah de

Nagpour était alors plus puissant que le Peischwa même; le Gundwana et le Bérar lui obéissaient et les petits chefs d'Orissa étaient ses vassaux. En 1805, le royaume avait plus de 6400 l. c. géogr. d'étendue; il rapportait 72 sacs de roupies à son souverain, qui entretenait 50,000 hommes de cavalerie et 10,000 d'infanterie. Malheureusement pour lui le radjah se ligua avec les autres princes mahrattes contre les Anglais, qui l'attaquèrent en 1817, le défirent complétement et le dépouillèrent de la moitié de ses états. La population du Nagpour n'est plus aujourd'hui que de 3 millions d'âmes. Le radjah, tributaire et vassal des Anglais, ne peut rien entreprendre sans l'assentiment du résident anglais, qui exerce un contrôle sévère sur tous ses actes. Il a environ 14 millions de francs de revenus et peut mettre 18,000 hommes en campagne. Les principaux endroits du royaume sont Nagpour, la capitale, Deoghar, Ramtek, pèlerinage hindou, Chaupour, Rattanpour, Mahadeo, autre pèlerinage, Ryepour, Tchanda et Wyraghar avec ses riches mines de diamants.

NAGPOUR, capitale du royaume hindou de même nom, résidence du radjah ou Bhounsla et du résident anglais; est bâti sur les bords du Nag, dans une vaste plaine bien cultivée. Fondée en 1740, époque où il n'existait sur son emplacement qu'un faible village, cette ville a pris un accroissement considérable; mais ses rues sont étroites et tortueuses, et aucun de ses édifices ne se distingue par sa construction. Un fort, bâti à l'O. de la ville, renferme le palais du radjah. La population est de plus de 100,000 habitants; elle fabrique des étoffes de coton, de la poterie et des armes et fait un commerce considérable avec les productions du pays.

NAGRE ou NAGGUR, v. de l'Inde, principauté de Sikkim; est bâtie au haut d'une colline et réputée la meilleure place d'armes de la principauté.

NAGTOLTEN. *Voyez* LANGUE-MAPU.

NAGUALATE. *Voyez* XICALAPA.

NAGYBANYA (*Neustadt*), v. de Hongrie, cer. au-delà de la Theiss, comitat de Szathmar; riches mines d'or, d'argent et de plomb; eaux minérales; hôtel des monnaies; commerce de blé et de châtaignes; 5000 hab.

NAGYBECSKEREK, pet. v. de Hongrie, cer. au-delà de la Theiss, chef-lieu du comitat de Torontal; siége d'un protopope grec, 2500 hab.

NAGY-BORGO (*Prund*), pet. v. de Transylvanie, pays des Hongrois, comitat de Doboka; peu loin on trouve le défilé de Borgo, et des carrières d'une terre très-fine dont on fait les pipes de Borgo, très-connues dans le commerce; 3000 hab.

NAGY-ENYED (*Strasbourg*), gr. b. de Transylvanie, pays des Hongrois, chef-lieu du comitat de Karlsbourg, possède un collége académique très-célèbre, et qui est regardé comme le principal établissement d'insruction des réformés dans la Transylvanie; 6000 hab.

NAGY-GYŒR. *Voyez* RAAB.

NAGY-IDA, b. de Hongrie, cer. en-deçà de la Theiss, comitat d'Abonijvar; en 1650 il s'y tint un concile juif.

NAGY-KALLO, pet. v. de Hougrie cer. au-delà de la Theiss, chef-lieu du comitat de Szaboltsch; dans le voisinage on trouve beaucoup de salpêtre natif; 3500 hab.

NAGY-KANISA (*Gross-Kanischa*), b. de Hongrie, cer. au-delà du Danube, comitat de Szalad, sur le Kanisa; commerce très-actif, surtout en bestiaux.

NAGY-KOPARNOK, b. de Hongrie, cer. au-delà du Danube, comitat de Szalad.

NAGY-KOPOS, b. de Hongrie, cer. en-deçà de la Theiss, comitat d'Unghvar.

NAGY-KOROLI, v. de Hongrie, cer. au-delà de la Theiss, chef-lieu du comitat de Szathmar; située dans une plaine très-riche; collége des piaristes avec un institut philosophique, gymyase catholique, école normale; commerce; éducation des buffles; 8000 hab.

NAGY-MIHALY, b. de Hongrie, cer. en-deçà de la Theiss, comitat de Zemplin; commerce et industrie; 2000 hab., parmi lesquels beaucoup de juifs et de bohémiens.

NAGY-SAINT-MIKLOS, gros b. de Hongrie, cer. au-delà de la Theiss, comitat de Torontal, sur l'Aranka; école industrielle.

NAGY-SAROZ, b. de Hongrie, cer. en-deçà de la Theiss, comitat de Saros, sur la Toriza; fabrication de drap et de botterie; foires très-fréquentées; 2000 hab.

NAGY-SZALONTA, b. de Hongrie, cer. au-delà de la Theiss, comitat de Bihar.

NAGY-SZŒLLŒS, pet. v. de Hongrie, cer. au-delà de la Theiss, chef-lieu du comitat d'Ugocs; culture de la vigne; 2500 hab.

NAGY-TARNA, vg. de Hongrie, cer. au-delà de la Theiss, comitat d'Ugocs; possède des eaux minérales et une mine d'argent.

NAGY-VARAD. *Voyez* GROSS-WARDEIN.

NAGY-ZARAND, vg. de Hongrie, cer. au-delà de la Theiss, comitat d'Arad; culture très-étendue du tabac.

NAHACUN ou RIO-NUÉVO, fl. de la presqu'île de Yucatan, confédération mexicaine; il prend naissance dans le lac de Nahacun, au N.-E. de la province, coule vers le S.-E. et se jette dans la baie de Bacalar.

NAHALÆ, *Nahaloi*, g. a., v. de la tribu de Sébulon.

NAHAN, v. de l'Inde, chef-lieu de la petite principauté de Sirmore dans le Gherwal, est bâtie sur une colline; c'est un endroit étendu et populeux, qui renferme un grand temple hindou.

NAHANTIC, baie sur la côte S.-E. de l'état de Connecticut, États-Unis de l'Amérique du Nord; elle est fermée par l'île de Nahantic ou de Twotree et est un des principaux rendez-vous des pêcheurs de ces côtes.

NAHARVALI, g. a., peuple germain, habitait selon les uns la Haute-Lusace et la Silésie, selon les autres, les bords de la Vistule, dans la Grande-Pologne, selon d'autres encore, entre la Wartha et la Vistule.

NAHE (la), riv. qui naît dans la Bavière-Rhénane, forme la limite entre le grand-duché de Hesse-Darmstadt et la prov. prussienne du Bas-Rhin, et se jette dans le Rhin, sur la rive droite, près de Bingen.

NAHONE, v. du roy. de Lahore, principauté de Nagarcote; elle est située sur le Begah, a 500 maisons et est actuellement la résidence du radjah de Nagarcote.

NAHUJA, vg. de Fr., Pyrénées-Orientales, arr. de Prades, cant. de Saillagouse, poste de Mont-Louis; 150 hab.

NAILA, pet. v. de Bavière, chef-lieu de district, dans le cer. du Mein-Supérieur; éducation et commerce de bestiaux, usines; fabrication d'étoffes de laine et de coton; dans les environs on exploite du beau marbre, de l'alun, du vitriol, du fer et du cuivre; pop. de la ville 1620 hab., du district 16,600, sur 6 3/4 milles c.

NAILLAC, vg. de Fr., Dordogne, arr. de Périgueux, cant. d'Hautefort, poste d'Excideuil; exploitation de grès réfractaire; 910 hab.

NAILLAT, vg. de Fr., Creuse, arr. de Guéret, cant. et poste de Dun-le-Palleteau; 1880 hab.

NAILLIERS, vg. de Fr., Vienne, arr. de Montmorillon, cant. et poste de St.-Savin; 600 hab.

NAILLOUX, b. de Fr., Haute-Garonne, arr., à 2 l. S.-S.-O. et poste de Villefranche-de-Lauragais, chef-lieu de canton; 1350 hab.

NAILLY, vg. de Fr., Yonne, arr., cant. et poste de Sens; 1020 hab.

NAIMAN, un des 24 aimaks ou principautés dans lesquels est divisé le pays des Mongols.

NAIN, factorerie et principale mission des frères moraves sur la côte E. de Labrador, à l'embouchure d'une rivière, à l'extrémité S. de la baie de l'Unité (*Unity-bay*); cet établissement est habité surtout par des Esquimaux convertis au christianisme.

NAIN, g. a., v. de la Galilée, dans la tribu d'Issaschar; elle forme aujourd'hui le village du même nom.

NAINTRÉE, vg. de Fr., Vienne, arr., cant. et poste de Châtellerault; 1410 hab.

NAINVILLE, vg. de Fr., Seine-et-Oise, arr. et cant. de Corbeil, poste de Ponthierry; 150 hab.

NAIPE ou NAPIPE. *Voyez* ATRATO.

NAIRN, comté d'Écosse, province maritime. Ses bornes sont au N. le golfe de Murray, à l'E. et au S. le comté de Murray et à l'O. celui d'Inverness; sa superficie est de 7 l. géogr. c. et sa pop. de 15,000 hab. Cette petite province présente une plaine dont le sol est tantôt sablonneux, tantôt argileux, et produit du froment, de l'orge, de l'avoine, des pommes de terre, du lin et du bois; le climat est tempéré et sain; l'éducation du bétail est assez importante; on s'adonne aussi à la pêche et à la fabrication de toiles et d'étoffes de laine; on exporte du blé, du bétail, des poissons et du fil de lin.

NAIRN, pet. v. d'Écosse, chef-lieu du comté et près de l'embouchure de la rivière du même nom dans le golfe de Murray; commerce; port; 3000 hab.

NAIS, g. a., b. de la grande plaine de la Samarie.

NAISEY, vg. de Fr., Doubs, arr. et poste de Baume-les-Dames, cant. de Roulans; 700 hab.

NAISUS, *Naissus*, *Naisso*, g. a., v. de la Dacia Mediterranea; patrie de Constantin-le-Grand; aujourd'hui Nissa ou Nezza, dans la partie méridionale de la Servie.

NAIVES-DEVANT-BAR, vg. de Fr., Meuse, arr. et poste de Bar-le-Duc, cant. de Vavaincourt; récolte et commerce de bons vins; 770 hab.

NAIVES-EN-BLOIS, vg. de Fr., Meuse, arr. de Commercy, cant. et poste de Void; 400 hab.

NAIX, vg. de Fr., Meuse, arr. et 6 l. S.-E. de Bar-le-Duc, cant. et poste de Ligny; il est situé sur la rive gauche de l'Ornain; remarquable par les antiquités qu'on y a découvertes et qui ne permettent pas de douter que ce village occupe une partie de l'emplacement de l'antique Nasium, cité des Leuci, détruite au quatrième siècle par les Barbares. Naix renferme plusieurs établissements d'industrie métallurgique; 394 hab.

NAIZIN, vg. de Fr., Morbihan, arr. de Pontivy, cant. et poste de Locminé; 2020 h.

NAJA, riv. des états de l'Eglise, affluent du Tibre, arrose Spoleto.

NAJAC, pet. v. de Fr., Aveyron, arr., à 3 l. S. et poste de Villefranche-de-Rouergue, chef-lieu de canton; fabrication de grosses toiles et de serges; commerce de bestiaux; mines de cuivre et de plomb; 2201 hab.

NAJERA, pet. v. d'Espagne, roy. de la Vieille-Castille, prov. et à 18 l. E. de Burgos; 3000 hab.

NAKA-MOURA, v. du Japon, prov. de Mouts, dans le Tosœndo.

NAKATSOU, v. de Japon, prov. de Bouzen, dans le Saikaido.

NAKCHIVAN, v. de la Russie d'Asie, prov. d'Arménie, autrefois une des villes les plus florissantes de cette contrée, est aujourd'hui très-déchue, et n'a plus, suivant le voyageur Kotzebue, qu'un millier d'habitants; la conquête russe a achevé sa ruine.

NAKHCHER. *Voyez* KARCHI.

NAKI, vg. à l'extrémité N.-O. de l'île de Samotraki ou Semadrek.

NAKOYA, v. du Japon, chef-lieu de la prov. d'Owari, dans le Tokaido; bâtie sur un grand golfe qui reçoit la rivière du même nom.

NAKSCHI-REDJAD. *Voyez* PERSÉPOLIS.

NAKSCHI-ROSTAM. *Voyez* PERSÉPOLIS.

NAKSKOW (*Natkouw*), pet. v. du Danemark, sur la côte occidentale de l'île de Laaland; elle est entourée de remparts et possède un port sûr et commode; distilleries, navigation, commerce et agriculture.

NALICZEWAN, v. de la Russie d'Europe, gouv. d'Ikateryroslaw, cer. de Rostow, sur le Don; elle ne fut fondée qu'en 1780 par les Arméniens, qui l'habitent a peu près exclusivement; elle possède de filatures de soie et de coton, plusieurs distilleries, des fabriques de maroquin et de savon; 14,000 hab.

NALLIERS, vg. de Fr., Vendée, arr. de Fontenay-le-Comte, cant. de l'Hermenault, poste de Luçon; 1830 hab.

NALZEN, vg. de Fr., Arriège, arr. de Foix, cant. et poste de Lavelanet; 500 hab.

NAMAUQUAS, peuple de la famille hottentote, dans la Hottentotie, où se trouve Pella, à la gauche de l'Orange, et les missions de Kommagas et de Steinkopf.

NAMBSHEIM, vg. de Fr., Haut-Rhin, arr. de Colmar, cant. et poste de Neuf-Brisach; 550 hab.

NAMENS (le), fl. de la Norwège, dans le Nordre-Drontheim; se jette dans l'Océan Atlantique.

NAMESZTO, b. de Hongrie, cer. en-deçà du Danube, comitat d'Arva, sur l'Arva; 1500 hab.

NAMIETSCH, b. de la Moravie autrichienne, cer. de Znaym, sur l'Oslawa, qu'on y passe sur un pont orné de 20 statues; château fort; manufacture de drap; 1200 hab.

NAMOKA ou **ANAMOUKA**, île principale d'un groupe de même nom, dans l'archipel de Tonga (îles des Amis), Polynésie ou Océanie orientale. Tasman, qui la découvrit en 1643, la nomma Rotterdam. Elle est située sous 20° 15′ lat. S. et sous 177° 28′ long. occ.; elle a la forme d'un triangle d'environ 1 1/2 l. de côté, et elle est plus élevée que les autres îles du même groupe. Le noyau est entièrement formé de corail; mais la terre végétale s'y est tellement agglomérée que les arbres les plus grands y prennent racine. Au centre de l'île se trouve un lac salé de 3/5 l. de circonférence; il est encaissé entre des rochers de corail et ombragé par de beaux arbres fruitiers. Un étang d'eau saumâtre fournit seul de l'eau aux indigènes, dont Cook évaluait le nombre à 2000. Ils sont soumis à des chefs dépendants du roi de Tonga.

NAMOU, groupe de l'archipel de Mulgrave (archipel Central de Balbi), Polynésie ou Océanie orientale, sous 9° lat. N. et 164° 50′ long. orient. Il fait partie de la chaîne de Ralik.

NAMOURREK, île de la chaîne de Ralik, archipel de Mulgrave (archipel Central de Balbi), Polynésie ou Océanie orientale, sous 5° 36′ lat. N. et 165° 31′ long. orient. Kotzebue la nomme Lumurzeck ou Lamurzek. Elle a 2000 habitants et est soumise à un roi, qui, en 1818, était le chef de 22 îles, comprenant 5460 individus.

NAMPCEL, vg. de Fr., Oise, arr. de Compiègne, cant. d'Attichy, poste de Vic-sur-Aisne; 690 hab.

NAMPCELLE-LA-COUR, vg. de Fr., Aisne, arr., cant. et poste de Vervins; 510 hab.

NAMPHIA ou NANSI, *Anaphia, Anafie* des Turcs, pet. île de Grèce, du groupe des Cyclades, dans le nomos de Négrepont, située au S.-O. de Stampalia, sous 43° 22′ long. et 36° 25′ lat. N.; elle n'a qu'une superficie de 1 1/5 l. c. et 800 hab. Son sol est assez fertile en orge, vin et fruits; les oignons et les perdrix y sont en abondance et forment avec le miel et la cire les principaux articles de commerce; on y voit encore les ruines d'un temple d'Apollon, et près de la mer une belle carrière de marbre.

NAMPONT, vg. de Fr., Somme, arr. d'Abbeville, cant. de Rue, poste de Bernay, 740 hab.

NAMPS-AU-MONT, vg. de Fr., Somme, arr. d'Amiens, cant. de Conty, poste de Quévauvillers; 730 hab.

NAMPS-AU-VAL, vg. de Fr., Somme, arr. d'Amiens, cant. de Conty, poste de Quévauvillers; 510 hab.

NAMPTEUIL-SOUS-MURET, vg. de Fr., Aisne, arr. et poste de Soissons, cant. d'Oulchy; 170 hab.

NAMPTY-COPPEGNEULLE, vg. de Fr., Somme, arr. d'Amiens, cant. de Conty, poste de Quévauvillers; 180 hab.

NAMSLAU, pet. v. murée de Prusse, chef-lieu de cercle, prov. de Silésie, rég. de Breslau; elle possède un château royal, un hôpital, des fabr. de draps, de toiles, de tabac et de poterie; plusieurs usines; 3610 hab.

Autrefois Namslau était protégé par un château fort et comptait parmi les places fortes. Le 8 février 1741 le prince Léopold de Dessau s'en empara et rasa les ouvrages.

NAMTSO ou TERKIRI, TENGRI-NOOR (lac céleste), en Mogol, est le plus grand lac du Thibet. Sa superficie doit être de plus de 200 l. c.; il reçoit les eaux du Dargou-Zangho et est entouré d'un grand nombre de lacs d'une moindre étendue, du Puka, de l'Altschighe, du Tsita, du Hara, du Mitok, du Siranlosa, de l'Anedsai et du Taksai.

NAMUR, prov. du roy. de Belgique, comprenant l'ancien dép. français de Sambre-et-Meuse et les cant. de Philippeville et de Couvin, détachés du dép. des Ardennes en 1815. Elle est bornée au N. par le Brabant méridional et la prov. de Liége, à l'E. par la même province, au S.-E. par le Luxembourg, au S. par le dép. des Ardennes et à l'O. par le Hainaut. Sa superficie est de 58 1/3 l. c. Sa surface est couverte de collines et de montagnes peu élevées, entrecoupées de vallées et de petites plaines, arrosées par de nombreux cours d'eau. Dans la partie septentrionale le sol est productif; mais vers le S. il est stérile, composé pour la plupart de rochers d'ardoises ou calcaires, presque entièrement privé de terre végétale et couvert de forêts et de landes. Les principales rivières de la province sont : la Meuse, qui vient à Givet du dép. des Ardennes, parcourt le Namur sur 11 2/3 l., y reçoit le Hermeton, la Lesse, le Boucq, la Sambre et passe dans le Liégeois, à Huy; la Sambre vient du Hainaut et parcourt la province sur 12 l., en formant de nombreux méandres jusqu'à sa jonction avec la Meuse, à Namur; l'extrémité méridionale de la province est traversée par le Seinoi; le S.-O. est baigné par les petites rivières d'Eau-Blanche et de Tiria; le Méhaïgne prend sa source dans l'arr. de Namur et passe dans la prov. de Liége.

Le climat est pur et sain; les pluies sont fréquentes. Le pays produit les animaux domestiques ordinaires, de la volaille, du gibier, du poisson, du miel, du blé, des pommes de terre en abondance, surtout dans le S., où elles suppléent aux grains, des légumes secs, du jardinage, des fruits, du chanvre et du lin en petite quantité, du houblon, du tabac, peu de vin et du bois en abondance. L'éducation des bestiaux est florissante, surtout dans les riches prairies qui bordent la Meuse; on a compté dans la province environ 17,000 bêtes à cornes, 100,000 brebis et 16,000 chevaux; ces derniers sont plus petits que ceux du Brabant, mais de bonne race et vigoureux. Les produits minéraux sont la plus grande richesse du pays: on exploite du fer, de la houille, de la terre d'alun et du vitriol, du marbre, du grès, de la chaux et des terres de poterie. L'industrie est active; elle s'applique principalement au travail des métaux; on compte dans la province près de 90 fourneaux, forges, martinets, etc.; la coutellerie et la quincaillerie de Namur sont renommées; le pays possède en outre des faïenceries, des poteries, des verreries, des papeteries, des tanneries, des raffineries de sel, des brasseries et des distilleries; on y fabrique des cotonnades, des toiles, de l'amidon et de la colle forte. L'exportation consiste en fer brut et ouvré, ouvrages en cuivre et en laiton, chevaux, moutons, laine, chicorée, cuir, papier, colle, briques. Les habitants sont laborieux, en général peu instruits et zélés catholiques; leur langage vulgaire est le vallon, cependant la langue française est très-répandue, surtout dans le S. La population, de 163,000 hab., est répartie dans 3 arrondissements: Namur, Dinant et Philippeville, et 15 cantons.

L'ancien comté de Namur, depuis 1421 une des 17 provinces des Pays-Bas, appartenait à la fin du siècle dernier presque entièrement à l'Autriche; par la paix de Lunéville (9 février 1801) il fut cédé à la France, qui le posséda jusqu'en 1814. A cette époque il fut incorporé au roy. des Pays-Bas, duquel il s'est détaché avec les autres provinces belges en 1830.

NAMUR, v. forte du roy. de Belgique, chef-lieu de la province et de l'arrondissement de même nom; siége d'un évêché, d'un tribunal et d'une chambre de commerce; située à 23 l. S.-E. de Gand, dans une vallée, sur la rive gauche de la Meuse, qui y reçoit la Sambre et la petite rivière de Vederin et atteint une largeur de 140 mètres; on traverse sur de beaux ponts cette rivière et la Sambre. Les fortifications de Namur ont été considérablement augmentées depuis 1817; la place est protégée par une forte citadelle, située sur un rocher escarpé, et de nombreux ouvrages extérieurs; le passage de la Meuse est défendu sur la rive droite par une forte tête de pont. La ville est assez bien bâtie; on remarque, parmi ses 16 églises, la belle cathédrale, construite en style moderne. Namur possède une école latine, avec une bibliothèque, un laboratoire de chimie et un cabinet de physique; 2 hôpitaux; des fabriques de coutellerie, de quincaillerie de fer et de laiton, de colle, de cotonnades, de papier, d'amidon, de tabac; de grandes tanneries; 6 fourneaux à laiton; une verrerie et d'autres usines. Le commerce de coutellerie et de quincaillerie est considérable. Pop. de la ville 16,200 hab., du district 63,700, sur 18 milles c.

Patrie de Jean Nicolaï.

NAMUSA, une des îles du petit groupe de Mengis, dans la Malaisie.

NANAMESSET. *Voyez* ELISABETH (île).

NANAO, v. du Japon, prov. de Noto, dans le Fokourokoudo.

NANARROAK. *Voyez* FRÉDERIKSHAAB.

NANAS, b. de Hongrie, dist. des Hayducks; 7700 hab.

NANC, vg. de Fr., Jura, arr. de Lons-le-Saulnier, cant. et poste de St.-Amour; 400 h.

NANÇAY, vg. de Fr., Cher, arr. de Bourges, cant. et poste de Vierzon; 1050 hab.

NANCE, vg. de Fr., Jura, arr. de Lons-le-Saulnier, cant. et poste de Bletterans; 370 hab.

NAN-CHAN. *Voyez* KILIAN-CHAN.

NANCLARS, vg. de Fr., Charente, arr. d'Angoulême, cant. de St.-Amand-de-Boixe, poste de Mansle; 580 hab.

NANÇOIS-LE-GRAND, vg. de Fr., Meuse, arr. et cant. de Commercy, poste de Ligny; 290 hab.

NANÇOIS-LE-PETIT, vg. de Fr., Meuse, arr. de Bar-le-Duc, cant. et poste de Ligny; 520 hab.

NANCOWRY ou **NANCOVERY**, île de l'archipel de Nikobar, est située sous 7° 57' lat. N. et 91° 22' long. orient., à l'E. de Kamorta. Le terrain est élevé, mais fertile. Les Danois y avaient fondé un établissement, qu'ils ont abandonné depuis plusieurs années à cause du mauvais air. Entre cette île, l'îlot de Tricont et Kamorta est une vaste baie qui offre un excellent ancrage aux bâtiments.

NANCRAS, vg. de Fr., Charente-Inférieure, arr. de Saintes, cant. et poste de Saujon; 380 hab.

NANCRAY, vg. de Fr., Doubs, arr. de Baume-les-Dames, cant. de Roulans, poste de Besançon; 510 hab.

NANCRAY, vg. de Fr., Loiret, arr. de Pithiviers, cant. de Beaune-la-Rolande, poste de Boiscommun; 990 hab.

NANCRÉ, ham. de Fr., Indre-et-Loire, com. de Marigny-Marmande; 100 hab.

NANCUISE, vg. de Fr., Jura, arr. de Lons-le-Saulnier, cant. et poste d'Orgelet; fabr. de papier; 140 hab.

NANCY, gr. et belle v. de Fr., à 72 l. E. de Paris, chef-lieu du dép. de la Meurthe, siége d'une cour royale et d'un tribunal de commerce, d'un évêché suffragant de l'archevêché de Besançon, d'une académie universitaire, d'un consistoire israélite; directions des contributions directes et indirectes, de l'enregistrement et des domaines, conservation des hypothèques, chef-lieu de la quatrième conservation forestière, de la troisième inspection des ponts-et-chaussées et du troisième arrondissement de concours pour les courses de chevaux; chambre des manufactures, etc. Cette ville, une des plus jolies de France, est située dans une belle plaine, sur la rive gauche et à 10 minutes de la Meurthe, dont elle est séparée par une immense prairie, qui sert d'hippodrome à onze départements. Plusieurs jolis faubourgs s'étendent au-dehors de la ville; on distingue surtout celui de St.-Pierre, d'une demi-lieue de longueur; on y remarque les vastes bâtiments du séminaire et à l'extrémité l'église de Bon-Secours, où se trouvent les tombeaux de Stanislas, roi de Pologne, et de la reine son épouse.

On entre à Nancy par sept portes, dont plusieurs, entre autres celles de Ste.-Catherine, de Stanislas et de Stainville, sont remarquables par l'élégance de leur architecture. La ville est divisée en vieille et en neuve. La première quoique très-irrégulière, renferme néanmoins de fort beaux édifices et la citadelle, restes des anciennes fortifications; mais les rues y sont généralement étroites et tortueuses. La ville neuve, fondée au commencement du dix-septième siècle, a des rues larges, tirées au cordeau et garnies de maisons élégantes et de superbes magasins, dont le luxe et le bon goût rivalisent avec les plus beaux de la capitale. Un grand nombre de places publiques remarquables par leur magnificence et leur régularité, plusieurs promenades agréables y excitent l'admiration des étrangers. Nous citerons surtout la place Stanislas, où se trouvent l'évêché, l'hôtel de ville et la salle de spectacle, la place Carrière, séparée de la précédente par la porte Royale, espèce d'arc de triomphe, à travers lequel on aperçoit, à l'extrémité de la place, l'hôtel de la préfecture, ci-devant palais du gouvernement; la place d'Alliance, triste et isolée, malgré sa belle fontaine et les élégants hôtels qui l'environnent; la grande place de Grève et son château d'eau imperceptible; enfin la Pépinière, promenade délicieuse mais trop peu fréquentée. Outre les édifices que nous venons d'indiquer, en parlant des places de Nancy, nous mentionnerons comme dignes d'être visités, le palais de justice, où l'on conserve la tapisserie qui garnissait la tente de Charles-le-Téméraire, l'ancien hôtel des monnaies, l'hôpital militaire, les bâtiments de l'académie, la chapelle ronde dans la ci-devant église des Cordeliers, le quartier d'infanterie près de la porte Ste.-Catherine, la caserne de la gendarmerie, l'hôpital St.-Charles, célèbre par la charité et l'habileté des sœurs qui s'y dévouent au soulagement des malades, l'hospice des orphelins, la cathédrale, le temple protestant, la synagogue, la colonne du duc de Bourgogne, hors la porte St.-Jean, à l'extrémité de l'étang où ce prince fut tué, l'immense Maréville, hôpital pour les aliénés, à une demi-lieue de la ville, le mont-de-piété, etc. Les principaux établissements scientifiques de Nancy, outre l'académie, sont : le collége royal, l'école secondaire de médecine et d'accouchement, l'école royale forestière, l'école des sourds-muets, la société royale des sciences, lettres et arts, la société d'agriculture, le musée de tableaux, le jardin botanique, le cabinet d'histoire naturelle, l'école normale primaire et une bibliothèque publique de 25,000 volumes.

Sans être une cité manufacturière, Nancy n'est point sans importance sous le rapport de l'industrie, qui depuis une vingtaine d'années y a même pris beaucoup de développement. On y fabrique de la draperie, de la bonneterie, de la faïence, des chandelles renommées, du savon, des liqueurs fines, des papiers peints; la marbrerie, l'ébénisterie, la reliure élégante y comptent d'habiles ouvriers; mais la broderie est la branche principale de l'industrie locale; elle alimente un commerce considérable avec l'intérieur et l'étranger. Les boules d'acier vulnéraires que l'on y fabrique, jouissent d'une grande réputation dans le pays. Nancy renferme aussi une raffinerie royale de salpêtre. Commerce de vins, liqueurs, grains, fer, bois, charbon, etc. Foire de 15 jours le 20 mai; 30,000 hab.

Peu de villes en France ont produit plus d'hommes célèbres que Nancy; nous n'indiquerons que les personnages les plus saillants : Charles et Nicolas Le Pois, célèbres médecins du seizième siècle; le mathématicien L'Hoste, l'historien Maimbourg, le poëte St.-Lambert, le littérateur Palissot, madame de Graffigny, auteur des *Lettres péruviennes;* les peintres Claude de Ruet, Herbel, Jacquart, Provençal, Durand, Isabey, Mansion; les frères Adam, sculpteurs; le graveur Jacques Callot; le chimiste Braconnot, et le Sully de Napoléon, le général Drouot, reste vénérable de la grande armée de l'empire.

L'existence de Nancy, autrefois capitale de la Lorraine, ne remonte qu'au onzième siècle. Les premiers ducs de Lorraine, Gérard d'Alsace et Thierry son fils, faisaient leur résidence à Châtenois; cependant l'épouse de Thierry habitait quelquefois un château situé près du village de St.-Dizier (aujourd'hui Boudonville); c'est autour de ce château, qui occupait le terrain où se trouvent actuellement les rues de la Source et de la Monnaie, que se groupèrent les premières maisons de la ville, qui s'accrut sous l'administration des princes lorrains. Vers la fin du quatorzième siècle, Nancy renfermait dans son enceinte toute la partie nommée aujourd'hui vieille ville. En 1407, le duc Charles II battit, sous les murs de sa capitale, le duc d'Orléans et ses nombreux alliés. Charles-le-Téméraire s'empara de Nancy en 1475; mais l'année suivante le duc René II en chassa les Bourguignons. Charles étant revenu l'assiéger en 1476, son armée fut mise en déroute et le duc de Bourgogne tué dans la mêlée. Les successeurs de René II agrandirent et embellirent Nancy. En 1603, Charles III fonda la ville neuve, et sous le règne de ce prince, Nancy atteignit un très-haut degré de splendeur et de prospérité, que la politique de Richelieu et l'ambition de Louis XIV vinrent détruire. Le duc Léopold, François III et plus tard Stanislas contribuèrent beaucoup à l'embellissement de la ville; mais ce dernier, dans le but, sans doute, d'effacer les souvenirs glorieux du passé qui nuisaient à sa popularité, détruisit plusieurs beaux monuments fondés par Raoul, Charles III et Léopold. Lors de notre révolution de 89, Nancy se joignit avec enthousiasme aux partisans de la grande réforme, et depuis cette époque elle n'a pas cessé de donner aux départements lorrains l'exemple du dévouement à la patrie.

NANDAX, vg. de Fr., Loire, arr. de Roanne, cant. et poste de Charlieu; 410 h.

NANDERE, v. de l'Inde, chef-lieu du district du même nom, l'ancien Telingana, dans le roy. du Dekkan, est située sur le Godavery; il y vient beaucoup de pèlerins, et depuis 1818 il y existe un collége célèbre pour les seikhs.

NANDODE ou **NAUNDOORDAR**, v. de l'Inde anglaise, présidence de Bombay, chef-lieu du dist. de Kandeich; est un endroit assez considérable, qui fait un commerce actif avec Surate.

NANDUBUNDAGAR, g. a., v. de l'Inde endeçà du Gange.

NANDY, vg. de Fr., Seine-et-Marne, arr., cant. et poste de Melun; fabr. de passementerie; tuilerie et briqueterie; 390 hab.

NANGAN-FOU, v. de Chine, prov. de Kiang-si, est située sur le Nan-ho, affluent du Kankiang et traversée par la route qui de Canton mène à Pé-king. Elle est populeuse, entretient des plantations de cannes et des raffineries de sucre et est l'entrepôt des marchandises qui sont transportées par terre à la capitale.

NANGA-SAKI, v. du Japon, prov. de Fizen, dans le Saikaido, qui embrasse l'île de Kiou-siou. C'est une des principales places commerçantes de l'empire. Elle possède un bon port, défendu par des forts du côté de la mer; elle est entourée d'un amphithéâtre de montagnes qui en rendent l'aspect très-pittoresque; la ville est ouverte, très-étendue, mais ses rues sont irrégulières et étroites. Nanga-saki est florissant par son commerce et ses fabriques; car depuis l'isolement imposé aux Japonais, qui autrefois faisaient un grand commerce maritime dans les mers de la Chine et le golfe du Bengale, son port est le seul qui soit ouvert, et avec de grandes restrictions, à quelques nations étrangères, aux Chinois, aux Coréens et aux Hollandais. Les Hollandais ont leur entrepôt sur la petite île de Desima, qu'un pont joint à la ville. Nanga-saki a 60,000 habitants et dépend directement du Koubo.

NANGEVILLE, vg. de Fr., Loiret, arr. de Pithiviers, cant. et poste de Malesherbes; 180 hab.

NANGIS, jolie pet. v. de Fr., Seine-et-Marne, arr., à 5 l. O. de Provins et à 16 l. de Paris, chef-lieu de canton et poste. On y remarque deux grosses tours en grès, restes d'un ancien château, autrefois résidence des marquis de Nangis. L'église paroissiale, d'architecture gothique, présente un ensemble assez imposant. Nangis a des tanneries et des mégisseries, et fait un commerce considérable de bétail, grains, laine, beurre, fromage, volaille, etc.; 2015 hab.

Le nom de cette petite ville rappelle une victoire que les Français remportèrent, le 17 février 1814, sur les alliés, qui perdirent plus de 4000 hommes dans cette affaire.

NANG-TCHANG, v. de Chine, chef-lieu de la prov. de Kiang-si, est située à 285 l. S. de Pé-king. Elle est bâtie sur le Kan-kiang, est très-étendue et très-industrieuse. Nang-tchang est le centre du commerce de la porcelaine qu'on fabrique dans le Kiang-si; on y fait aussi beaucoup d'affaires en étoffes de soie et en fourrures, en ornements et en idôles qu'on y fabrique en immense quantité.

NAN-HIOUNG, v. de Chine, prov. de Kouang-toung. C'est la ville la plus septentrionale de la province; elle est située sur le Pé-kiang, au pied du mont Meylin, que traverse une belle route qui unit le Kouang-toung au Kiang-si et à la ville de Nang-tchang.

NAN-KHANG, v. de Chine, prov. de Kiang-si; est bâtie sur les bords du lac Po-yang, bords fertiles et parfaitement cultivés. Il y existe plusieurs temples consacrés à Confucius. La juridiction de Nan-khang s'étend sur 3 villes; les montagnes du voisinage sont bien boisées.

NAN-KING ou **KIANG-NING**, v. de Chine, prov. de Kiang-sou. Son ancien nom de Nan-king signifie cour du Sud, parce qu'elle était la résidence méridionale des empereurs de la dynastie des Ming. La ville de Nan-king est située à 240 l. S.-E. de Pé-king, sous 32° lat. N., sur la rive méridionale du Yan-tse-kiang. Elle est immense, mais un grand nombre de ses édifices sont en ruines et plus des deux tiers de son enceinte sont occupés par des jardins, des champs et des décombres. Le magnifique palais impérial où résidaient les Ming a été brûlé en 1645 par les Mand-choux, qui ont aussi détruit l'observatoire, les temples les plus considérables et les principaux monuments de l'ancienne architecture chinoise. La partie de la ville qui est habitée, n'a pas de rues aussi larges ni aussi régulières que celles de Pé-king, mais elles sont propres et bien pavées. Parmi les principaux édifices de Nan-king, nous devons citer surtout le Paou-gen-se ou temple de la Reconnaissance, bâti dans le quatorzième siècle par l'empereur Young-lo, et sa fameuse tour connue en Europe sous le nom de la tour en porcelaine; elle est isolée, octogone, a 200 pieds de hauteur et 40 de diamètre à sa base; ses neuf étages sont séparés l'un de l'autre par des toits saillants, décorés à chacun de leurs huit angles par une clochette de cuivre; un mât de 30 pieds de haut couronne le sommet de la tour; ce mât est entouré en spirale par un cercle de fer, surmonté par une espèce de pomme de pin en cuivre doré que les Chinois prétendent être d'or massif. L'extérieur de cette immense tour est revêtu de briques en faïence vernissée de couleur bleue, verte et jaune, et non pas de porcelaine comme on l'a cru jusqu'au rapport du voyageur Ellis; les différents toits sont peints de ces mêmes couleurs et vernissés. L'intérieur est doré; au rez-de-chaussée sous un dôme en cuivre doré est une grande idole, et à chacun des étages on trouve également une grande divinité dorée, entourée d'un certain nombre d'idoles de moindre grandeur. Le temple de Paou-gen-se, et le grand monastère qui en dépend, forment un des plus beaux bâtiments de la Chine. La ville de Nan-king est entourée d'une triple muraille très-haute et très-épaisse, percée de 10 belles portes; les rues sont très-animées et garnies de boutiques et de bazars; elle possède d'importantes manufactures d'étoffes de soie et de coton et l'on vante parmi ses productions, comme les meilleures en ce genre de la Chine, ses satins et l'étoffe connue en Europe sous le nom de Nankin. Le commerce est considérable, bien que le port, que Nan-king possédait autrefois sur le Yan-tse-kiang, soit embourbé. Un canal réunit la ville au fleuve. La population s'élève au moins à 500,000 âmes, d'autres la portent à 800,000. Nan-king est encore remarquable sous un autre rapport; on la regarde comme la ville savante de la Chine, ce titre est justifié par le grand nombre de ses bibliothèques, par plusieurs sociétés médicales qui y tiennent leurs assemblées, par de nombreuses académies et autres établissements publics qui y ont leur siége. Ainsi sous le rapport de la population, comme sous celui de l'industrie, du commerce et de la science, Nan-king mérite toujours le nom de seconde capitale du céleste empire. Elle sert de résidence à un gouverneur général dont la juridiction s'étend sur plusieurs provinces, et a continuellement une forte garnison mandchoue, logée dans un quartier séparé de la ville par un mur capable d'une bonne défense.

NAN-LING, chaîne de montagnes de la Chine; prend son point de départ à l'extrémité de la chaîne du Yun-ling, se rapproche, en courant à l'E., des monts Pé-ling et envoie vers le N.-E. plusieurs ramifications qui suivent jusqu'à son embouchure les circonvolutions du Yan-tse-kiang.

NAN-LOUNG, v. de Chine, prov. de Koueï-tcheou.

NANNAY, vg. de Fr., Nièvre, arr. de Cosne, cant. de la Charité, poste de Châteauneuf-Val-de-Bargis; 370 hab.

NANNESTADT, paroisse de Norwège, diocèse et bge d'Aggerhuus; 3000 hab.

NANNING, v. de Chine, prov. de Kouang-si; elle est bâtie sur le Naoyu-kiang et fait quelque commerce. Sa juridiction s'étend sur 7 villes. Dans les montagnes voisines on trouve beaucoup d'éléphants.

NANNUKTOOT. *Voyez* OKBUCKTOKE.

NANO, pet. roy. de la Nigritie méridionale.

NANS, vg. de Fr., Doubs, arr. de Baume-les-Dames, cant. et poste de Rougemont; 300 hab.

NANS (les), vg. de Fr., Jura, arr. de Poligny, cant. de Nozeroy, poste de Champagnole; 350 hab.

NANS, vg. de Fr., Var, arr. de Brignoles, cant. et poste de St.-Maximin; 1050 hab.

NANSCUD, peuplade indigène indépendante dans la Nouvelle-Géorgie, Amérique anglaise; ils habitent les rives inférieures du Takutsché-Tessé.

NANSEMOND, comté de l'état de Virginie, États-Unis de l'Amérique du Nord; il est borné par la Caroline du Nord et les comtés de Norfolk, Southampton et Isle-of-Wight et a une étendue de 21 l. c. géogr. C'est un pays plat, sablonneux, marécageux et comprend la plus grande partie de l'immense Dismal-Swamp, qui autrefois servait de refuge aux esclaves fugitifs et dont les alentours produisent en abondance du riz et des fruits. Le Nansemond est le cours d'eau le plus considérable de cette province. Suffolk, bourg très-commerçant sur le Nansemond, est le chef-lieu du comté; 15,000 h.

NANS-SOUS-SAINTE-ANNE, vg. de Fr., Doubs, arr. de Besançon, cant. d'Amancey; poste de Salins; fabr. de papier; 360 hab.

NANS-SOUS-THIL, vg. de Fr., Côte-d'Or, arr. de Sémur, cant. de Précy-sous-Thil, poste de la Maison-Neuve; 640 hab.

NANT, pet. v. de Fr., Aveyron, arr. et à

4 l. S.-E. de Milhau, chef-lieu de canton et poste; 3419 hab.

NANTEAU-SUR-ESSONNE, vg. de Fr., Seine-et-Marne, arr. de Fontainebleau, cant. de la Chapelle-la-Reine, poste de Malesherbes; 310 hab.

NANTEAU-SUR-LUNAIN, vg. de Fr., Seine-et-Marne, arr. de Fontainebleau, cant. et poste de Nemours; 370 hab.

NANT-LE-GRAND, vg. de Fr., Meuse, arr. de Bar-le-Duc, cant. et poste de Ligny; 370 hab.

NANT-LE-PETIT, vg. de Fr., Meuse, arr. de Bar-le-Duc, cant. et poste de Ligny; 270 hab.

NANTERRE, *Nemetodurum*, b. de Fr., Seine, arr., à 3 l. S.-O. de St.-Denis et à 3 l. O. de Paris, chef-lieu de canton et poste; il est situé au pied du mont Valérien, qui, ainsi que la maison isolée dite la Folie, fait partie de cette commune. Nanterre a des fabriques de produits chimiques, tuiles, carreaux, chaux, et fait un commerce considérable de porcs et de charcuterie. Les gâteaux et le petit salé de Nanterre sont renommés. Dans les environs on exploite des carrières de plâtre et des pierres à bâtir; gare pour le service du chemin de fer de St.-Germain; 2591 hab.

Nanterre est très-ancien. Sainte-Geneviève, devenue la patronne de Paris, y naquit au cinquième siècle. C'est là aussi que fut baptisé, en 591, Clotaire II, fils de Chilpéric. Les Anglais pillèrent et brûlèrent Nanterre, en 1346. Un siècle après les Armagnacs et les Anglais lui firent éprouver de nouveaux désastres et massacrèrent une grande partie de ses habitants.

NANTES, *Condivincum*, *Namnetes*, gr. v. et port de Fr., à 96 l. S.-O. de Paris, chef-lieu du dép. de la Loire-Inférieure; siége de tribunaux de première instance et de commerce; évêché suffragant de l'archevêché de Tours; église consistoriale réformée; directions des contributions directes et indirectes, des domaines et de l'enregistrement; direction des douanes; hôtel des monnaies (lettre T); quartier-général de la douzième division militaire; administration maritime; bourse et chambre de commerce; résidence d'un conservateur des forêts, d'un ingénieur en chef des ponts-et-chaussées et d'un ingénieur en chef des mines. Nantes, un des ports les plus commerçants de France, est très-agréablement situé au confluent de l'Erdre et de la Sèvre-Nantaise avec la Loire, à 13 l. de l'embouchure de ce fleuve dans l'Océan. La ville s'étend sur la rive droite de la Loire, sur les deux rives de l'Erdre et sur plusieurs îles du fleuve, jointes entre elles et avec les rives par un grand nombre de ponts, dont les plus remarquables sont: le pont de Pirmil, le pont de la Madeleine, celui de la Poissonnerie, d'une seule arche de 60 pieds d'ouverture; le pont d'Erdre et celui du Guéaux-Chèvres. Le port ou quai de la Fosse, long d'une demi-lieue, ombragé de beaux arbres est bordé d'hôtels et de magasins magnifiques; les quais de Chezine, avec leurs chantiers de construction; des rues généralement bien percées; le mouvement continuel des nombreux navires qui sillonnent le fleuve, tout y offre un coup d'œil vraiment admirable. L'île Feydeau et le quartier Graslin se distinguent surtout par le grand nombre de constructions élégantes qu'ils renferment, et peuvent rivaliser avec les plus beaux quartiers de la capitale.

Parmi les monuments anciens et modernes de cette ville, nous citerons: le vieux château, jadis résidence des ducs de Bretagne, bâti en 938, et qui sert aujourd'hui de magasin à poudre; le château de Bouffay, construit à la fin du dixième siècle et dont la tour contient l'horloge et la cloche du beffroi; la cathédrale, qui renferme le tombeau magnifique de François II, dernier duc de Bretagne; l'église St.-Similien; la chapelle St.-François-de-Sales; l'hôtel de ville, qui renferme une galerie dans les murs de laquelle sont encastrées des pierres chargées d'inscriptions romaines trouvées dans le pays; l'hôtel de la préfecture; la bourse, dont le frontispice est surmonté des statues de Jean Bart, Duguai-Trouin, Duquesne et Cassard; l'hôtel des monnaies; la halle aux blés; la halle aux toiles; le bâtiment de la nouvelle école de navigation; la colonne départementale; la salle de spectacle; l'hôtel Briord et l'hôtel de Rosmadec.

Des 34 places publiques de Nantes les 2 plus remarquables sont: la place Royale et la place Graslin. Le cours de St.-Pierre, à l'extrémité duquel on a placé les statues d'Anne de Bretagne et d'Arthur III; le cours Saint-André, orné des statues de Clisson et de Duguesclin, le cours Henri IV et le cours du Peuple offrent de jolies promenades. Nantes possède un grand nombre d'établissements scientifiques et littéraires, qui ajoutent à l'importance que lui donnent son commerce et son industrie; nous citerons entre autres: le collége royal, l'école secondaire de médecine, l'école d'accouchement, celles de commerce et de dessin; le séminaire, le cours de géométrie et de mécanique appliquées aux arts, le cours de chimie, le musée d'antiques, le cabinet d'histoire naturelle, le jardin des plantes, l'observatoire, la société académique de la Loire-Inférieure, la société des amis des beaux-arts, la société d'horticulture et une bibliothèque publique de 30,000 volumes, qui renferme entre autres manuscrits précieux le second tome de la Cité de Dieu, de saint Augustin, et l'histoire des évêques de Nantes. L'industrie manufacturière n'a pas pris des développements proportionnés à l'importance de cette ville; cependant elle a des manufactures de toiles ordinaires et de toiles à voiles, de cotonnades, d'indiennes et de coutils; des corderies, des chapelleries, des raffineries de sucre;

des fabriques de brosses, de bouchons de liége, de pipes, de produits chimiques; des papeteries, des verreries, des tanneries, des mégisseries, des clouteries, des brasseries, des distilleries, des faïenceries, des chantiers pour la construction des bateaux à vapeur, etc. Nantes possède aussi le magasin des vivres et munitions pour l'approvisionnement des ports de Brest, Lorient et Cherbourg.

La situation de cette ville a donné une extension considérable à son commerce. Le nombre des bâtiments qui, chaque année, entrent dans ce port et en sortent s'élève à près de 8000, dont le tonnage est de 189,300 tonneaux; cependant les gros navires ne remontent que jusqu'à Paimbœuf. La recette des douanes s'élève chaque année à environ 10,000,000 francs. Ses relations commerciales s'étendent jusqu'à l'Inde, la Chine et les principaux ports de l'Amérique. On y fait des armements considérables pour la pêche de la morue. La pêche de la sardine et celle du hareng y sont également une branche très-productive d'industrie. La première seule occupe annuellement 700 barques et 3000 hommes, et fait entrer à Nantes près de 30,000 milliers de sardines en vert. Le commerce de Nantes, comme celui de tous les grands ports, s'exerce en général sur tous les articles qui peuvent être exportés ou importés avec avantage. Des bateaux à vapeur vont régulièrement de Nantes à Niort, Paimbœuf, Angers, Tours, et le canal de Nantes à Brest lui ouvre une communication très-favorable avec cette dernière ville, le plus beau port militaire de la France. Foires les 3 février, 26 avril, 25 mai, 16 juillet, 2 septembre, 11 octobre et 1er décembre; 87,000 hab.

Parmi un grand nombre de personnages illustres que cette ville a vus naître, nous citerons: Anne de Bretagne; Cassard, le Jean Bart de la Bretagne, et le célèbre Fouché (Joseph), duc d'Otrante, mort dans l'exil, à Trieste, en 1820.

Avant l'invasion romaine, Nantes était la capitale des Namnètes. Les Romains s'y établirent, et cette ville devint un de leurs entrepôts de commerce avec la Grande-Bretagne, d'où ils tiraient des métaux qu'ils expédiaient vers le midi des Gaules et en Italie. Au cinquième siècle elle fut assiégée par les Huns. Conan Meriadec, chef d'un corps de Bretons, profitant de la faiblesse de l'empire romain, ravagé par les Barbares, se déclara indépendant et s'empara de Nantes, qui devint alors capitale du duché de Bretagne. Au neuvième siècle les Normands s'en emparèrent plusieurs fois et en massacrèrent les habitants. Pendant les guerres des Anglais, au quatorzième siècle, et pendant les guerres de la ligue, cette ville souffrit de grands désastres. Ce fut à Nantes que Henri IV rendit, en 1598, le fameux édit qui garantissait les droits des protestants et dont la révocation, sous Louis XIV, fut si fatal à l'industrie et au commerce français, et provoqua les terribles dragonnades. Deux siècles après, l'assemblée constituante réparait l'injustice de Louis XIV. En 1788 le tiers-état de Nantes protesta contre les priviléges de la noblesse et du clergé et se joignit au grand mouvement qui devait régénérer la France. L'insurrection de la Vendée produisit des réactions sanglantes à Nantes, où le nom de Carrier rappelle d'horribles souvenirs. En 1800 l'explosion d'un magasin de poudre causa de nouveaux dommages à la ville. En 1830 les Nantais prouvèrent leur patriotisme en prenant l'initiative de l'insurrection, sans attendre les nouvelles de la capitale. Ils connaissaient les ordonnances de Charles X; ils avaient compris leur devoir.

NANTES, vg. de Fr., Isère, arr. de Grenoble, cant. et poste de la Mure; 620 hab.

NANTES-A-BREST (canal de). *Voyez* **BRETAGNE** (canaux de).

NANTEUIL, vg. de Fr., Ardennes, arr., cant. et poste de Réthel; 250 hab.

NANTEUIL, vg. de Fr., Charente, arr., cant. et poste de Ruffec; tanneries; 1384 h.

NANTEUIL, vg. de Fr., Dordogne, arr. de Nontron, cant. et poste de Thiviers. Le village les Mauroux avec une papeterie fait partie de la commune; 1050 hab.

NANTEUIL, ham. de Fr., Loir-et-Cher, com. de Montrichard; 510 hab.

NANTEUIL, ham. de Fr., Loir-et-Cher, com. de Vineuil; 120 hab.

NANTEUIL, ham. de Fr., Nièvre, com. de Billy-Chevanne; 150 hab.

NANTEUIL, vg. de Fr., Deux-Sèvres, arr. de Niort, cant. et poste de St.-Maixent; 1010 hab.

NANTEUIL, ham. de Fr., Vienne, com. de Migné; 200 hab.

NANTEUIL-DE-BOURSAC, vg. de Fr., Dordogne, arr. de Ribérac, cant. et poste de Verteillac; 870 hab.

NANTEUIL-LA-FOSSE, vg. de Fr., Aisne, arr. de Soissons, cant. et poste de Vailly; 400 hab.

NANTEUIL-LA-FOSSE, vg. de Fr., Marne, arr. de Reims, cant. de Châtillon-sur-Marne, poste de Port-à-Binson; 300 hab.

NANTEUIL-LE-HAUDOUIN, b. de Fr., Oise, arr., à 4 l. E.-S.-E. de Senlis et à 12 l. de Paris, chef-lieu de canton et poste; il est situé sur la Nonette et a des fabriques de corderie et de tuiles; commerce de grains et farines; 1499 hab.

NANTEUIL-LES-MEAUX, vg. de Fr., Seine-et-Marne, arr., cant. et poste de Meaux; 1430 hab.

NANTEUIL-NOTRE-DAME, vg. de Fr., Aisne, arr. de Château-Thierry, cant. de Fère-en-Tardenois, poste de Coincy; 160 hab.

NANTEUIL-SUR-MARNE, vg. de Fr., Seine-et-Marne, arr. de Meaux, cant. et poste de la Ferté-sous-Jouarre; 380 hab.

NANTEUIL-SUR-OURCQ, vg. de Fr., Aisne, arr. de Château-Thierry, cant. et poste de Neuilly-St.-Front; 210 hab.

NANTEY, vg. de Fr., Jura, arr. de Lons-le-Saulnier, cant. et poste de St.-Amour; 320 hab.

NANTHIAT, vg. de Fr., Dordogne, arr. de Nontron, cant. de Lanouaille, poste de Thiviers; 730 hab.

NANTIAT, vg. de Fr., Haute-Vienne, arr. et à 3 l. S.-S.-E. de Bellac, chef-lieu de canton et poste; 1250 hab.

NANTICOKE, fl. des États-Unis de l'Amérique du Nord; se forme de nombreuses branches dans l'état de Delaware, entre, dans une direction S.-O., dans l'état de Maryland et débouche dans la baie de Chésapeak. Broad est le principal affluent du Nanticoke.

NANTICOKS, peuplade indienne, presque entièrement effacée, qui occupait autrefois une grande partie de l'E. de l'état de Maryland, États-Unis de l'Amérique du Nord. On en trouve encore de faibles restes sur les rives du Choptank et dans l'île de Nantuket (état de Massachusetts).

NANTILLOIS, vg. de Fr., Meuse, arr. de Montmédy, cant. de Montfaucon, poste de Varennes-en-Argonne; 410 hab.

NANTILLY, ham. de Fr., Eure-et-Loir, com. de la Chaussée-d'Ivry; 220 hab.

NANTILLY, vg. de Fr., Charente-Inférieure, arr. et poste de St.-Jean-d'Angely, cant. de St.-Hilaire; 100 hab.

NANTILLY, vg. de Fr., Haute-Saône, arr. et poste de Gray, cant. d'Autrey; 530 hab.

NANTIN, ham. de Fr., Nièvre, com. de Prémery; 100 hab.

NANTO, b. de Lombardie, gouv. de Venise, délégation de Vicence; 2500 hab.

NANTOIN, vg. de Fr., Isère, arr. de Vienne, cant. de la Côte-St.-André, poste de Champier; 570 hab.

NANTOIS, vg. de Fr., Meuse, arr. de Bar-le-Duc, cant. et poste de Ligny; 250 hab.

NANTON, vg. de Fr., Saône-et-Loire, arr. de Châlon-sur-Saône, cant. et poste de Sennecey; 1450 hab.

NANTON, ham. de Fr., Yonne, com. de Pourrain; 120 hab.

NANTOUILLET, vg. de Fr., Seine-et-Marne, arr. de Meaux, cant. de Claye, poste de Dammartin; 290 hab.

NANTOUX, vg. de Fr., Côte-d'Or, arr., cant. et poste de Beaune; 310 hab.

NANTOUX, ham. de Fr., Saône-et-Loire, com. de Chassey; 100 hab.

NANTUA, pet. v. de Fr., Ain, à 8 l. E.-S.-E. de Bourg et à 123 l. S.-E. de Paris, chef-lieu d'arrondissement; siége d'un tribunal de première instance; direction des contributions indirectes, conservation des hypothèques; résidence d'un sous-inspecteur des forêts; chambre des manufactures. Nantua est situé avantageusement entre Lyon et Genève, dans une vallée pittoresque, entourée de rocs escarpés, au bord d'un lac abondant en truites. La ville est jolie et assez bien bâtie. On y remarque l'hôtel de ville et le palais de justice. Elle possède un collége, une société d'agriculture et une petite bibliothèque publique. Filat. de coton et de laine; fabr. de grosses couvertures, de tissus thibet, de toiles de coton, de peignes et d'ouvrages en corne; papeterie, tannerie, etc. Entrepôt des vins et grains entre la France et la Suisse. Foires: la veille de Quasimodo, le samedi avant la St.-Jean-Baptiste, les 29 août et 27 novembre; 3700 hab.

Nantua, qui tire son nom des anciens Nantuates ou, selon d'autres, d'un petit ruisseau qui sort du lac, près de la ville (*nant* en celtique signifie ruisseau), fit partie du roy. de Bourgogne et suivit plus tard le sort de la petite prov. de Bugey, dans laquelle cette ville était comprise. C'est dans l'église de l'ancien prieuré des bénédictins de Nantua que fut inhumé Charles-le-Chauve en 877; mais son corps fut ensuite transporté à St.-Denis.

NANTUARD, vg. de Fr., Haute-Saône, arr., cant. et poste de Gray; 140 hab.

NANTUATÆ, *Nantuani*, g. a., peuple de la Gaule Narbonnaise; habitait les bords du Rhône jusqu'au lac de Genève, au N. des Lepontii.

NANTUKET, île de près de 3 l. c. géogr. au S.-E. de l'état de Massachusetts, dont elle forme un comté, États-Unis de l'Amérique du Nord. Le sol est onduleux, sablonneux, très-bas sur les côtes et manque d'eau courante; en revanche il offre de riches pâturages, de nombreux étangs salants et des tourbières. Au N.-O. de l'île s'ouvre la petite baie de Nantuket. Les côtes abondent en poissons, et cette île forme un des principaux rendez-vous des baleiniers; 8500 hab., presque tous pêcheurs.

NANTUKET, autrefois SHERBURNE, v. et chef-lieu de l'île et du comté de même nom, sur la côte N.; a un port vaste et commode, mais inabordable aux grands vaisseaux, à cause d'un banc de sable qui en bouche l'entrée. La ville est bien bâtie et renferme 2 banques, 2 sociétés d'assurances, une manufacture de toiles à voiles, 30 raffineries d'huile de baleine et de nombreuses corderies; cabotage et pêcheries très-importantes. A Sandy-Point s'élève un phare; 8000 hab. Tuckanuck, île inhabitée à l'O. de Nantuket, est riche en pâturages et en menu gibier.

NANTUKET, vaste baie formée par les îles de Nantuket, Martha's-Vineyard et Edgar, au S. de l'état de Massachusetts, États-Unis de l'Amérique du Nord. Elle communique avec l'Océan par le détroit de Nantuket.

NANTUXET, baie comprise dans celle de Delaware et s'ouvrant sur la côte S.-O. de l'état de New-Jersey, États-Unis de l'Amérique du Nord. Elle reçoit le Nantuxet, le

Cédar et le Blackkrik et renferme des bancs d'huîtres.

NANTWICH ou **NAMPTWICH**, jolie pet. v. d'Angleterre, comté de Chester, sur le Jeawer et le canal d'Ellesmeere; importante par ses riches salines; tannerie, botterie, manufacture de coton; commerce de fromage; 5000 hab.

NANTWICH (canal de), l'une des 4 branches du canal d'Ellesmeere; va de Nantwich à Ellesmeere.

NAN-YANG, v. de Chine, prov. de Ho-nan, est située dans une contrée très-fertile, arrosée par plusieurs rivières et canaux. Nanyang est très-riche, très-peuplé; sa juridiction s'étend sur 12 villes.

NAOS. *Voyez* PÉRICO (îles).

NAOURS, vg. de Fr., Somme, arr. de Doullens, cant. de Domart; poste de Villers-Bocage; 1900 hab.

NAPAGEDE, pet. v. de la Moravie autrichienne, cer. de Hradisch, sur la Murch; 2500 hab.

NAPA-KIANG, v. du roy. de Lieou-kieou, est bâtie au bord de la mer à 1 l. S.-O. de King-tching, la capitale à laquelle elle sert de port. La mer y est trop basse pour les bâtiments européens, obligés de relâcher près d'un îlot du voisinage. Napa-kiang est le centre du commerce des îles Lieou-kieou.

NAPARIMA. *Voyez* ANNA-PARIMA.

NAPATA, *Napatæ*, *Tanape*, v. d'Afrique, qui pendant plusieurs siècles fut, après Méroë, la capitale de la Nubie et qui fut détruite par Petronius, général romain. Les imposantes ruines du mont Barkal, qui se trouvent dans le voisinage de Meraouy, sont regardées par M. Cailliaud comme les restes de Napata.

NAPE, g. a., v. de l'île de Lesbos.

NAPES (les), ham. de Fr., Isère, com. des Avenières; 140 hab.

NAPHILUS, g. a., affluent de l'Alpheus, dans l'Arcadie.

NAPHO, com. florissante des États-Unis de l'Amérique du Nord, état de Pensylvanie, comté de Lancaster, entre les deux bras du Chickisalungo; 3600 hab.

NAPHTHALI, g. a., tribu de la Judée; tire son nom du septième fils de Jacob; elle comprenait un district très-fertile, dans la partie septentrionale du pays de Canaan et sur l'extrême frontière de ce pays. On y trouve les montagnes de Naphthali, ramification de l'Anti-Liban.

NAPIPE. *Voyez* ATRATO.

NAPLES (royaume de) ou des DEUX-SICILES; il se compose du roy. de Naples proprement dit, situé en deçà du détroit de Messine, de l'île de Sicile au-delà du détroit, des îles de Lipari, situées entre l'Italie et la Sicile et de quelques autres îles situées au N.-O. de la Sicile. Ce royaume s'étend de 10° 30′ à 16° 20′ long. orient., entre 36° 45′ et 42° 50′ lat. N.; sa superficie totale est de 1985 milles c., dont 495 pour la Sicile. La partie en deçà du détroit est bornée au N.-O. par les états de l'Église, à l'E. par la mer Adriatique, au S.-E. par la mer Ionienne qui y forme le vaste golfe de Tarente, au S.-O. par le détroit de Messine qui la sépare de la Sicile, et à l'O. par cette partie de la Méditerranée appelée mer Tyrrhénienne. Les cours d'eau de ce pays ont généralement peu d'étendue et peu d'importance. Les plus considérables sont, en deçà du détroit : le Garigliano et le Volturno, qui affluent vers la Méditerranée, le Basiento et le Bradano, qui se jettent dans le golfe de Tarente, l'Ofanto et la Pescara, tributaires de l'Adriatique; au-delà du détroit : le Cantera, la Giaretta et le Noto se dirigent vers l'E., le Salso, le plus considérable de tous, le Platani et le Belici, vers le S.-O., enfin l'Oreta et le Termini, vers le N.-E. Parmi les lacs, celui de Celano mérite seul d'être nommé; il a 5 1/2 l. de long et 3 de large; il est très-poissonneux; mais cet avantage ne compense pas les désastres qu'il produit souvent par des inondations. Le sol est de formation volcanique, particulièrement au N.-O. de la partie continentale et à l'E. de la Sicile. Les Apennins, qui traversent la première du N. au S., se bifurquent près de la source du Bradano; l'une de ses branches se dirige vers le S.-E. et se perd au cap Leuca; l'autre cours se termine au cap Spartivento, extrémité S.-O. de la presqu'île Italique. C'est dans les Abruzzes que cette chaîne élève ses pics les plus formidables : le monte Corno, dans le Gran-Sasso-d'Italia, de 9577 pieds de hauteur, et le monte Amaro, sommet de la Majella, de 7568 pieds. La chaîne des Apennins, dont les principales montagnes sont nues et arides, forme avec ses ramifications des vallées qui s'étendent de tous côtés jusqu'aux rivages de la mer. La plus belle et la plus fertile de ces vallées c'est celle de la Campanie, qui s'étend autour de Capoue et de Naples. Celle de l'Apulie est la plus pauvre. Outre les Apennins, cette partie de l'Italie renferme plusieurs groupes de montagnes, tels que le Gargano, couvert de magnifiques forêts, et le terrible volcan Vésuve, dont on compte 30 éruptions depuis J.-C. La partie inférieure du Vésuve est très-fertile et bien cultivée; c'est là qu'on recueille ce vin renommé, connu sous le nom de *Lacrimæ Christi*. Dans la Sicile s'étend, parallèlement à la côte septentrionale, une haute chaîne de montagnes, dont les ramifications sillonnent l'intérieur de l'île et s'avancent dans différentes directions vers les côtes, où elles aboutissent en promontoires, tels que le cap Peloro au N.-E., le cap Passaro au S.-E. et le cap Boco à l'O. Le pic le plus élevé de cette chaîne insulaire c'est l'Etna, de 10,244 pieds de hauteur. Au N. et à l'O., de profondes vallées séparent l'Etna des autres montagnes de la Sicile, de sorte qu'il offre au regard une masse gigantesque et isolée, qui a 20 milles de circonférence inférieure. Le climat de ce pays est chaud, mais les chaleurs y sont tempérées par les vents des montagnes et de la mer. Ce n'est que dans les Abruzzes et sur le sommet de l'Etna qu'on ressent les rigueurs de l'hiver. L'air est en général pur et sain, cependant dans quelques localités il est vicié par des exhalaisons pestilentielles, et le vent du S.-E., le terrible sirocco, détruit quelquefois l'enchantement du voyageur dans cette délicieuse contrée, et lui rappelle que le sol, si fréquemment convulsionné par les tremblements de terre, peut s'entr'ouvrir encore sous ses pas et l'engloutir. Mais sous ce ciel heureux tout est charme; et en visitant les débris des grandes catastrophes passées, Herculanum, Pompeï, on oublie que le volcan fume encore, et que sa lave n'est point épuisée.

Peu de pays présentent un sol aussi fertile, aussi riche en productions naturelles, et, quoique l'agriculture n'y soit point aussi perfectionnée que dans la plupart des pays de l'Europe centrale, on trouve dans ce royaume certaines contrées qui ressemblent à d'immenses jardins bien entretenus. Les principales productions consistent en orge excellent, maïs, huile, chanvre, lin, coton; des légumes, des fruits délicieux, du vin, des olives, du safran, du tabac, de la canne à sucre, des capres, de la réglisse, de la manne, des dattes, de l'aloës, etc.

Le règne animal fournit de bons chevaux (les chevaux napolitains sont renommés), des ânes, beaucoup de mulets, du gros et menu bétail, de la volaille, du gibier, des poissons; le thon et les anchois y abondent. Dans les Abruzzes on s'occupe plus particulièrement de l'éducation des porcs; les jambons des Abruzzes sont recherchés. L'éducation des vers à soie et des abeilles y est importante. Les animaux nuisibles sont les loups, les tarentules et les scorpions. Dans la terre de Puzzoles on exploite du sel gemme et du sel marin, des mines de fer, de soufre, d'alun et de salpêtre; des carrières de marbre, de jaspe, de lave et d'albâtre. Le sol renferme encore d'autres richesses minérales, qui ne sont point exploitées.

L'industrie, autrefois très-bornée, surtout dans la Sicile, a fait quelques progrès depuis 1824, mais plus particulièrement dans la partie continentale du royaume. La fabrication des étoffes de coton et de soie a pris un grand développement, et les produits en ce genre peuvent rivaliser avec ceux de l'étranger. Les tanneries, la ganterie, la chapellerie et les papeteries ont également beaucoup gagné en importance. Les manufactures d'étoffes de laine ont peu d'activité. Le pays possède des verreries, des distilleries, quelques martinets à fer et à cuivre, des fabriques de maccaroni, des manufactures d'armes, des acieries, des blanchisseries de cire, des savonneries, des poteries, des faïenceries, etc. Les meilleurs et les plus nombreux établissements industriels se trouvent dans la capitale et dans ses environs.

Le commerce maritime, borné à l'exportation des produits du sol, n'est pas aussi florissant que la position du pays pourrait le faire supposer. Le commerce intérieur souffre beaucoup du manque de bonnes routes, de canaux et de rivières navigables. Naples, Palerme et Messine sont les principales villes de commerce. Sous le rapport scientifique, les Napolitains sont encore très-arriérés; mais les arts, surtout la musique, ont atteint chez eux un haut degré de perfection. Cependant ce pays a donné naissance à un grand nombre d'hommes célèbres dans les lettres et les sciences, tels que Cicéron, Horace, Ovide, Juvénal, le Tasse, Filangieri, etc.

La population du roy. des Deux-Siciles s'élevait en 1832 à 7,581,036 habitants, savoir: 5,781,036 pour le roy. de Naples et 1,800,000 pour la Sicile et les îles. Cette population est répartie dans 676 villes, 398 bourgs et 2142 villages et hameaux. Les Napolitains professent la religion catholique romaine; cependant on y tolère des juifs et des Grecs. L'inquisition est abolie dans le royaume. La haute noblesse et le clergé y sont très-nombreux. Ce dernier, qui possède le tiers de la propriété foncière, se composait en 1832 de 20 archevêques, 73 évêques, 26,304 prêtres séculiers, 11,505 moines et 9297 religieuses.

Le roy. des Deux-Siciles est une monarchie héréditaire dans la ligne masculine et féminine. Le roi (actuellement Ferdinand II) possède la suprême puissance et le pouvoir exécutif; cependant, par la constitution du 26 mai 1821, il s'est adjoint dans les deux parties de son règne (à Naples et en Sicile) des assemblées d'état (*consulta di stato*) qui exercent ou doivent exercer leur contrôle sur les actes du gouvernement. Le système féodal, aboli depuis longtemps à Naples, l'est également en Sicile depuis 1820. L'administration est tout à fait séparée de celle de Naples; elle est confiée à un gouverneur assisté d'un conseil. Le prince héréditaire porte le titre de duc de Calabre. Le code français est encore en vigueur à Naples. L'organisation judiciaire du 29 mai 1818 supprima tous les droits de haute et basse justice, reste du système féodal. Les tribunaux furent institués à peu près comme en France. Un nouveau réglement judiciaire, un nouveau code civil et une cour supérieure furent institués en 1819 pour la Sicile. D'après le budget de 1829, les revenus de l'état s'élevaient à 26,657,038 ducati (83,969,669 fr.); les dépenses à 27,342,606 ducati (86,129,208 fr.). La dette nationale était dans la même année de 103,817,000 ducati (327,023,550 fr.). La part que la Sicile doit payer est fixée par le roi; mais elle ne peut dépasser la somme de 1,847,687 onces (17,460,642 fr.) sans le consentement de l'assemblée de Sicile.

L'armée de terre se compose, en temps de paix, de 4 régiments de cavalerie, 10 d'infanterie, de la garde et de l'artillerie, formant ensemble un effectif de 32,000 hommes, non compris les troupes de la Sicile, dont l'armée ne peut dépasser 8000 hommes. La marine a peu d'importance et ne compte que de petits bâtiments de guerre. Elle consiste actuellement en 3 vaisseaux de ligne, 5 frégates, une corvette et 92 chaloupes de 1 et de 2 canons.

Le roy. des Deux-Siciles est divisé, pour la partie en-deçà du détroit, en 15 provinces:

PROVINCES.	CAPITALES.
Naples,	Naples.
Abruzze ultérieure Ire,	Teramo.
Abruzze ultérieure IIe,	Aquila.
Abruzze citérieure,	Chieti.
Terre-de-Labour,	Caserte.
Principauté citérieure,	Salerne.
Principauté ultérieure,	Avellino.
Capitanata,	Foggia.
Molise,	Campo-Basso.
Terre-de-Bari,	Bari.
Terre-d'Otrante,	Lecce.
Basilicate,	Potenza.
Calabre citérieure,	Cosenza.
Calabre ultérieure Ire,	Reggio.
Calabre ultérieure IIe,	Catanzaro.

Pour la partie au-delà du détroit, en 7 intendances: Palerme, Trapani, Girgenti, Caltanissetta, Siragossa, Catane, Messine.

Historique. Dans les premiers temps de Rome, l'Italie inférieure était habitée par les Ausones, peuples sauvages auxquels appartenaient les montagnards de la Lucanie, du Bruttium, les Samnites et plusieurs autres. Les Grecs colonisèrent les côtes; de là, cette partie de l'Italie prit le nom de Grande-Grèce. La domination de Rome sur l'Italie inférieure commença lors de la soumission de Tarente, 273 ans avant J.-C. Après la chute de l'empire d'Occident, cette contrée passa sous la domination des Ostrogoths. Vers le milieu du sixième siècle Naples et la Sicile reconnurent les empereurs grecs pour maîtres. Les deux pays étaient gouvernés par l'exarque de Ravenne, qui les faisait administrer par des ducs. Pendant la lutte que l'exarque eut à soutenir au neuvième siècle contre les Lombards, plusieurs de ces ducs, entre autres ceux de Salerne, de Capoue et de Tarente, se déclarèrent indépendants. Naples, Amalfi et Gaëte se maintenaient en républiques. A la même époque les Sarrasins, déjà maîtres de la Sicile, envahirent la Calabre. Ils conquirent Bari et disputèrent aux Grecs la possession de l'Italie inférieure jusqu'au moment où l'empereur Othon Ier soumit le puissant duché de Bénévent à l'empire germanique, en 967. Alors commença la lutte entre les Allemands, les Grecs et les Arabes. Cette guerre acharnée entre ces différents peuples attira dans le pays les premiers aventuriers normands, qui vinrent y vendre aux princes opprimés de l'Italie inférieure le secours de leurs armes. En 1047 les fils du comte Tancrède de Hauteville, dans la Basse-Normandie, arrivèrent, suivis d'une troupe d'aventuriers. Le plus brave d'entre eux, Robert Guiscard, sut par sa politique habile gagner l'affection des paysans; il en forma de bons soldats et conquit l'Apulie sur le pape, qu'il reconnut cependant sagement comme suzerain; il s'engagea en outre à reconnaître comme fiefs de l'église tout ce que les Normands pourraient conquérir en Calabre et en Sicile. En 1060 il prit le titre de duc d'Apulie. Son frère Roger conquit la Sicile en 1072. Le fils de Roger acheva la conquête de toute l'Italie inférieure, et réunit toutes ses conquêtes sous la dénomination de royaume des Deux-Siciles. Cette réunion de Naples et de la Sicile dura 160 ans. A l'extinction de la famille de Tancrède, en 1189, l'empereur Henri VI imposa sa domination aux Siciliens, et commit d'horribles cruautés dans le pays. Le pape Urbain IV, redoutant le voisinage des puissants successeurs de Henri VI, donna, en 1254, lors de la mort de l'empereur Conrad IV, le royaume des Deux-Siciles au frère de Louis IX de France, le duc Charles d'Anjou, qui fit décapiter l'héritier légitime Conradin de Sonabe, en 1269. Les Siciliens, qui supportaient avec impatience la domination oppressive des Français, secouèrent le joug en 1282; assurés du secours du roi d'Aragon, Pierre III, que Conradin avait institué son héritier, ils se soulevèrent et massacrérent tous les Français. Depuis cette catastrophe sanglante, connue dans l'histoire sous le nom de vêpres siciliennes, la Sicile resta séparée de Naples pendant 160 ans, et appartint aux rois d'Aragon. Naples resta à la maison d'Anjou jusqu'en 1458, époque où Alfonse V, roi d'Aragon et de Sicile, chassa Louis III d'Anjou du trône de Naples. Alors éclata entre la France et l'Espagne cette rivalité qui, vers la fin du quinzième siècle, mit en feu toute l'Italie. Charles VIII de France conquit en peu de jours (1494) le royaume de Naples sur Ferdinand II, successeur de son oncle Ferdinand Ier, fils naturel d'Alfonse V; mais le roi de France ne sut point conserver sa conquête; il fut forcé de l'abandonner en 1495. Ferdinand II, étant mort en 1496, son successeur, Frédéric III, fut dépouillé par Ferdinand le Catholique, roi d'Espagne et de Sicile, de concert avec Louis XII de France, qui se brouilla ensuite avec son allié au sujet du partage de leur conquête. Ferdinand resta maître de Naples. Cette lutte d'ambition, pendant laquelle les villes se constituaient, ne détruisit cependant point le régime féodal. L'insolence de la noblesse, la domination du clergé, le fardeau des impôts pesaient lourdement sur le peuple, qui en 1547, sous la conduite de Tomasso-Aniello (Masaniello), s'insurgea à Naples et tenta, mais vainement, de conquérir l'indépendance, étouffée sous la dynastie austro-espagnole. Lorsque cette dynastie s'éteignit au commencement du dix-huitième siècle, Naples et la Sicile furent de nouveau séparés. Par le traité d'Utrecht, en 1713, Naples fut donné à l'Autriche, la Sicile à la Savoie. Philippe V conquit la Sicile en 1717; mais il fut obligé de la céder à l'Autriche, en 1720, et l'on donna pour dédommagement la Sardaigne à la Savoie. Le royaume des Deux-Siciles fut ainsi réuni à la monarchie autrichienne jusqu'en 1749. Don Carlos étant alors monté sur le trône d'Espagne, sous le nom de Charles III, céda le royaume des Deux-Siciles à son troisième fils Ferdinand, dont le trône fut d'abord ébranlé par la révolution française, puis renversé par Napoléon. En 1799, l'armée française entra dans Naples, et le royaume napolitain fut constitué en république parthénopéenne. Avec le secours des Anglais, Ferdinand rentra dans sa capitale et détruisit le gouvernement républicain; mais en 1806, Napoléon donna le royaume de Naples à son frère Joseph; Ferdinand se retira en Sicile. En 1808, Murat monta sur le trône de Naples et le conserva jusqu'à la chute de l'empire français (1814). Ferdinand rentra alors dans ses droits; mais il ne tint aucune des promesses de liberté qu'il avait faites aux Napolitains. En 1820, une insurrection éclata; le cri de «Vive la constitution!» retentit dans les rues de Naples, et le roi fut forcé d'accorder à ses sujets la constitution espagnole. Mais bientôt le congrès de Laybach et les troupes autrichiennes rendirent à Ferdinand le pouvoir despotique auquel la peur seule l'avait contraint de renoncer, et des réactions sanglantes eurent lieu dans le pays. Le roi actuel, Ferdinand II, monta sur le trône en 1830.

NAPLES, *Neapolis, Parthenope*, capitale du roy. des Deux-Siciles, située sous 40° 50′ 15″ lat. N. et 11° 52′ long. orient., à 474 l. S.-E. de Paris et à 70 l. S.-E. de Rome. Cette ville, une des plus grandes de l'Europe et la plus grande de l'Italie, s'élève en amphithéâtre sur la pente d'un côteau baigné par les eaux du golfe majestueux auquel elle a donné son nom et du sein duquel sortent à peu de distance les riantes îles de Capri et d'Ischia. Elle est la résidence royale, siége de l'administration centrale du gouvernement, d'une cour suprême de justice, d'un archevêché, résidence des consuls des différentes nations, etc. Avec ses vastes faubourgs elle occupe un terrain de 5 milles de circonférence. La ville basse est traversée par un aqueduc, qu'alimente une partie de la petite rivière Sebeto. Naples a un bon port, toujours rempli de vaisseaux, et un grand môle; près de 300 églises, 130 chapelles, 149 couvents, 11 hôpitaux, parmi lesquels on distingue celui des incurables et l'hospice des orphelins (l'Annunciata), 37 maisons de refuge pour les pauvres, plus de 40,000 maisons et 385,000 habitants. La ville et le port sont protégés par plusieurs châteaux : celui de St.-Elme, le plus formidable de tous, est situé sur une montagne et domine toute la ville; à l'E. et près du port s'élève le Château-Neuf (castello nuovo), et à l'O., sur un rocher entouré par la mer, le château de l'OEuf (castello del Ovo), qui communique avec la terre ferme par un pont de 220 pas de longueur. Naples est divisé en 12 quartiers, qui, sans être régulièrement bâtis, offrent un ensemble admirable de grandeur et d'élégance. La plus belle partie de la ville est celle que l'on nomme la Chiaia (le quai), et qui longe le rivage de la mer et s'étend du château de l'OEuf vers l'extrémité occidentale, du côté du Pausilippe; la partie inférieure ou vieille ville a des rues étroites, sombres et sales. Naples, comme toutes les grandes villes d'Italie, renferme un grand nombre de riches palais; mais on n'y trouve point, comme à Rome et à Florence, les nombreux chefs-d'œuvre de l'art antique si merveilleux encore dans leurs ruines; et les monuments modernes y réunissent rarement toutes les conditions de la beauté architecturale. L'hôtel des finances, dans la rue de Tolède, la plus belle de Naples, est le seul édifice qui fasse exception sous ce rapport; la plupart des autres constructions importantes sont ou surchargées de sculptures et d'ornements, ou d'une nudité, d'une uniformité qui fatigue désagréablement les regards. Parmi les monuments publics les plus remarquables, nous devons citer : le palais du roi, qui communique par un pont à l'arsenal de la marine et par une galerie au Château-Neuf, sur la grande place de Largo-di-Castello; le palais de Capo-di-Monte, qui renferme de beaux tableaux et un grand nombre d'autres objets d'art; la cathédrale, ornée de 110 colonnes de granit et de marbre, avec la chapelle de St.-Janvier, où l'on conserve dans une fiole le sang de ce saint; l'église de St.-Gennaro-de-Poveri avec des catacombes; la nouvelle église St.-François-da-Paula, imitation du panthéon de Rome; elle a un parvis immense, auquel aboutissent deux péristyles à 48 colonnes; le magnifique théâtre St.-Charles; les palais Madaloni, Francavilla, Gravina, et le palais Tarsia, qui renferme une bibliothèque considérable, ouverte au public. Une des plus belles promenades de Naples, c'est la Villa-Reale, qui s'étend près de la mer; elle est décorée de superbes fontaines et de statues; mais on n'y voit plus le célèbre groupe du Taureau Farnèse, qui ornait autrefois l'allée principale; il a été remplacé par un bassin fait d'une seule pièce de granit oriental. Les principaux établissements scientifiques de cette grande capitale sont : l'université, fondée en 1224 par l'empereur Fréderic II et qui comptait, en 1823, 1365 étudiants; les écoles de médecine, de chirurgie et de pharmacie, de dessin, d'architecture et de sculpture, une école polytechnique, une école royale militaire, une société des sciences, plusieurs académies, entre autres la célèbre académie Bourbon, 3 écoles de musique; un institut pour les sourds-muets, un observatoire, un jardin botanique; 4 grandes bibliothèques publiques; le musée Bourbon, autrefois palais Degli studi, où se trouvent les collections les plus importantes pour les sciences et les arts, et particulièrement toutes les antiquités récueillies à Herculanum et Pompeï, et conservées autrefois au musée de Portici, une riche collection de vases étrusques, une galerie de tableaux, un cabinet de médailles et la bibliothèque royale de 150,000 volumes et 3000 manuscrits, etc. En raison du chiffre de la population, les manufactures et les fabriques sont peu nombreuses à Naples: les principaux articles de fabrication de cette ville sont: les étoffes de soie et de coton, la bijouterie, l'orfévrerie, la faïencerie, la chapellerie, papeterie, savonnerie, cordes à instruments de musique, essences, liqueurs, huile, bougie, pâte d'Italie, etc. Le commerce, assez considérable, est en grande partie entre les mains des étrangers; les Napolitains préfèrent généralement les plaisirs et le *dolce far niente* aux spéculations commerciales; leur paresse native s'explique et s'excuse d'ailleurs par la douceur du climat délicieux sous lequel ils vivent, et par la facilité qu'ils ont de se procurer à bas prix les denrées nécessaires à leur existence. Ceux que l'on nomme lazzaroni, et dont le nombre s'élevait autrefois à plus de 40,000, sont très-sobres et valent en général mieux que leur réputation.

Naples est la patrie de quelques hommes célèbres; elle a vu naitre les papes Innocent XII et Urbain VIII, les poëtes Sannazar et Mazini; les musiciens Farinelli, Piccini et Sacchini.

Si l'intérieur de Naples mérite de fixer l'attention des voyageurs; les environs, riches en merveilles de la nature et de l'art, doivent à plus juste titre encore exciter leur admiration. A l'O. de la ville on voit la chaîne immense des monts Pausilippe, et une voûte souterraine, d'un quart de lieue de longueur, taillée dans le roc; on la nomme la *grotte de Pausilippe*. On montre à l'entrée le tombeau de Virgile. Non loin de la grotte on aperçoit le lac d'Agnano, dont l'eau s'élève et bouillonne quelquefois comme si elle était échauffée subitement, quoiqu'elle ne cesse pas d'être froide. Sur le rivage de ce lac, dans le site le plus ravissant, se trouvent les bains sudorifiques de San-Germano. Ce sont des grottes dont les voûtes rocheuses exhalent une vapeur chaude et sulfureuse. C'est près de ces bains que l'on voit aussi la célèbre grotte du Chien, dans laquelle on ne peut entrer sans être asphyxié. A un quart de lieue du lac on entre dans la Solfatara, vallon environné de collines et dont le sol, toujours chaud, quelquefois même brûlant, produit des exhalaisons sulfureuses et des colonnes de vapeur de 50 à 60 pieds de haut. Pour les autres curiosités qui se trouvent près de Naples, nous renvoyons nos lecteurs aux articles PORTICI, PUZZOLES, VÉSUVE, etc.

L'antique Parthenope, fondée par une colonie grecque, ayant été renversée, elle fut remplacée par une autre ville, qu'on appela Nea-polis (ville nouvelle). Celle-ci passa avec toute la Basse-Italie sous la domination romaine et suivit plus tard les vicissitudes auxquelles furent exposés les débris du vaste empire de Rome. Au neuvième siècle Naples se constitua en république et se maintint jusqu'au commencement du douzième siècle. En 1101 le Normand Roger II soumit Naples et la réunit à son royaume des Deux-Siciles. (*Voyez* NAPLES, royaume.)

NAPLES, ham. de Fr., Marne, com. de Chaumuzy; 120 hab.

NAPLOUSE ou NABLOUSE (pays de), est une contrée de la Syrie, qui fait partie du pachalik de Damas. Il occupe le centre de la Palestine, entre la Judée, la Galilée et le Jourdain et comprend, à l'exception des côtes de la Méditerranée, l'ancienne Samarie. Le pays de Naplouse, protégé par des montagnes élevées et des gorges d'une défense facile, est une contrée fertile, riante et variée; les flancs abruptes de la montagne sont cultivés jusqu'à la cime; les villages couronnent, comme des forteresses, le haut des collines, et, à l'abri des incursions des Arabes, sa population a su conserver une assez grande liberté politique. Les habitants, mahométans intolérants, ne souffrent pas facilement des étrangers parmi eux; on y rencontre cependant quelques familles juives, unique reste de la secte des Samaritains. On dit les Naplouzains très-riches, bien qu'ils ne s'occupent d'aucune industrie et qu'aucune route de commerce ne passe par leur vallée. Du reste on vante leur amour de l'indépendance: ils sont toujours armés, n'obéissent qu'à la force et sont constamment prêts à se révolter contre les pachas. Naplouse, le chef-lieu, le village de Sebasta, bâti sur les ruines de l'ancienne Samarie, sont les principaux endroits de cette contrée.

NAPLOUSE, v. de Syrie, chef-lieu du pays de même nom, la Sichem de l'Ancien-Testament, le Sychor du Nouveau, la Neapolis des Grecs et des Romains, le Nabolos des Orientaux, est bâtie dans une vallée charmante, entre les monts Ebal et Garizim, et comme ensevelie au milieu des bosquets les plus délicieux et les plus odoriférants. Cette ville, qui rappelle tant de souvenirs, fut la première capitale du roy. d'Israël et est encore aujourd'hui importante par son commerce et sa population, qui s'élève à 10,000 âmes. On y montre le fameux puits de Jacob et des grottes sépulcrales qu'on dit être les tombeaux de Joseph, de Jacob et de Josué. Il y existe encore quelques familles juives, reste de l'ancienne secte des Samaritains.

NAPO, fl. de la rép. de l'Ecuador, naît dans le département du même nom, au pied du célèbre volcan de Cotopaxi. Il traverse dans une direction S.-E. le Valle-Vicioso, où il se fraye un passage à travers d'énormes pans de rochers, baigne la ville de San-Miguel, entre dans le département d'Assuay, dont il traverse les dist. des Guixos et des Mainas, et se jette par une large embouchure dans le Maragnon, sous 3° 24′ lat. S. et après un cours de 245 l. Il est navigable jusqu'à San-Miguel, et partout très-riche en poissons. En 1774, le Cotopaxi, après une terrible éruption, lui envoya une immense quantité de neige et de glaces fondues; le fleuve franchit avec fureur ses bords et dévasta de nombreux et florissants établissements que les jésuites y avaient fondés. Les affluents les plus considérables du Napo sont : à droite le Curaray, fleuve large et presque partout navigable; il naît dans les Paramos de Tacunja, dans le voisinage des sources du Napo, coule parallèlement à ce fleuve et y aboutit après un cours de 135 l.; à gauche : le Coca, qui descend de l'Antisana, reçoit de nombreux affluents et va grossir le Napo après 90 l. de cours; l'Aquarico ou Ahuaricu, fleuve considérable qui se forme dans les Andes, au pied du Cayambe et dans le voisinage de San-Miguel-de-Ibarra; il prend une direction S.-E. et s'embouche, sous 1° 23′ lat. S., dans le Napo, après un cours de 135 l.; il charrie de l'or. En 1732, des Portugais de Para pénétrèrent avec de nombreuses pirogues jusqu'à ce fleuve pour s'emparer de la contrée : ils furent battus et repoussés par le commandant de Quito. Le Napo est célèbre par le voyage d'Orellana, qui le descendit jusqu'au Maragnon, et fit la première course sur ce dernier fleuve jusqu'à son embouchure.

NAPOLÉON, v. naissante des États-Unis de l'Amérique du Nord, territoire d'Arkansas; comté de Lawrence; cet endroit fut fondé en 1819 par des exilés français.

NAPOLÉON BONAPARTE. *Voyez* BOURBON (île).

NAPOLÉON-VILLE. *Voyez* BOURBON-VENDÉE.

NAPOLI ou NAPLES, prov. du roy. de Naples; forme la partie S.-E. de la Campanie et comprend les territoires de la côte du golfe de Naples, avec les îles d'Ischia, de Procita, de Capri, etc. Sa superficie est de 10 l. c. et sa population de 800,000 âmes, distribuées dans 8 villes et 82 bourgs ou villages. Cette province est subdivisée en 3 districts : Naples, Puzzoles et Castellamare.

NAPOLI-DE-MALVASIA, *Monemvaria*, *Monembasia*, pet. v. de la Grèce, nomos de Laconie, chef-lieu de l'eptarchie d'Epidaurus Limera, résidence d'un métropolitain, importante par son port et ses fortifications, et renommée par ses vins excellents. On y voit les restes d'Epidaurus Limera, dont les matériaux ont servi en grande partie à sa construction; la chapelle de St.-George a hérité d'une grande partie de la réputation dont jouissait l'ancien temple d'Esculape; elle est visitée par un grand nombre de paysans des environs.

NAPOLI-DE-ROMANIE. *Voyez* NAUPLIE-DE-ROMANIE.

NAPT, vg. de Fr., Ain, arr. et poste de Nantua, cant. d'Izernore; 220 hab.

NARA, v. du Japon, prov. de Mouts, dans le Tosando, est une cité de prêtres, très-vénérée par les Japonais et florissante par le grand nombre de ses temples; elle servit même anciennement de résidence aux empereurs. Le jésuite Almeida, qui la visita à la fin du dix-septième siècle, vante parmi ses édifices remarquables le temple de Koubosi et celui de Daibouts ou de Boudha. Le premier, dont l'intérieur est peint en rouge, se trouve au fond de trois vastes cours, s'élevant en terrasse, l'une au-dessus de l'autre. On y arrive par de superbes escaliers et l'on peut admirer en passant des statues colossales, qui en décorent les entrées. Le monastère qui y est joint est également très-vaste et entouré de beaux jardins; il possède une bibliothèque tellement riche, qu'au dire du jésuite les ouvrages qui y sont entassés ferment presque les fenêtres. Le temple de Daibouts est carré et entouré sur chaque face d'un portique qui a 60 toises de long; son plafond est soutenu par 98 colonnes colossales. Il en est de même de la statue en cuivre de Boudha. Tous les ans, dit-on, il part de Nara une troupe de pèlerins qui, sous la conduite de bonzes ou prêtres, traverse pieds nus des contrées montagneuses et arides pour aller à un temple de Siaka. Pendant la route et après leur arrivée ils sont soumis à de cruelles pénitences; leur pèlerinage se termine par une confession singulière. Le pèlerin est mis sur le plateau d'une balance suspendue au-dessus d'un précipice; s'il paraît user de réticences, le prêtre ôte le contre-pied et le patient est précipité dans l'abîme.

NARAGARA, g. a., v. de l'Afrique centrale, près de Zama.

NARAGARI, v. de l'Inde, roy. de Népal, chef-lieu du dist. de Saptai, est située sur les frontières de l'Indoustan.

NARANGEL. *Voyez* GUAYAQUIL (fleuve).

NARANJO (punta de), promontoire sur la côte E. de l'île de Porto-Rico.

NARANJOS. *Voyez* CUBA.

NARBEFONTAINE ou MEMERSBRUNN, vg. de Fr., Moselle, arr. de Metz, cant. et poste de Boulay; 420 hab.

NARBIEZ, vg. de Fr., Doubs, arr. de Montbéliard, cant. et poste de Russey; 120 hab.

NARBONENSIS GALLIA, *Narbonitis*, *Provincia Romana*, *Provincia*, *Provincia nostra*, *Narbonensis Provincia*, g. a., prov. du S.-E. de la Gaule; était bornée à l'E. par la Gaule Cisalpine, au N. par le lac Léman, le Rhône et la Gaule Lyonnaise; à l'O. par l'Aquitaine et au S. par les Pyrénées et la Méditerranée. Elle est divisée 1° en Narbonnaise, comprenant la Narbonnaise 1re, la Narbonnaise 2e et la Viennoise, avec leurs métropoles Narbo-Martius (Narbonne), Aquæ Sextiæ (Aix) et Vienna (Vienne); 2° en Alpes, savoir : Alpes maritimes, métropole Ebrodunum (Embrun); Alpes pennines et grecques, métropole Tarantatia (Moustiers). La Gaule Narbonnaise comprenait le N.-O. de la Savoie, le Dauphiné, la Provence, la partie occidentale du Languedoc et la partie orientale de la Gascogne.

NARBONNE, *Narbo*, *Narbo Martius*, v. de Fr., Aude, à 15 l. E. de Carcassonne, à 221 l. S. de Paris et à 2 l. de la Méditerranée; chef-lieu de l'arrondissement; siége de tribunaux de première instance et de commerce, conservation des hypothèques; commissariat maritime, etc. Cette ville, une des plus anciennes de France, est située dans une très-belle plaine, sur le canal de la Robine, qui, par l'étang de Sijean, communique à la Méditerranée, et par le canal de Languedoc à l'Atlantique. Les nombreux désastres qu'elle a essuyés ont fait disparaître tous ses beaux monuments antiques, et elle renferme aujourd'hui peu d'édifices remarquables. La cathédrale et l'ancien palais de l'archevêché, construit avec les débris de monuments romains sont les seuls que nous puissions citer; mais elle est très-riche en inscriptions romaines, et l'on y voit encore quelques restes d'une tour de l'époque des Sarrasins. Narbonne possède une école royale de navigation, une société d'émulation et d'archéologie, un musée, un jardin botanique, une petite bibliothèque, une salle de spectacle, petite mais bien décorée, et plusieurs établissements publics de bienfaisance. L'industrie de Narbonne est très-bornée; elle ne consiste que dans la fabrication du vert-de-gris, du vinaigre, des eaux-de-vie et de ses filatures de soie. Quoique son commerce soit loin d'être aussi important qu'au moyen âge, il s'y fait encore des exportations considérables, par le port de la Nouvelle, auquel cette ville communique par l'étang de Baseg. Ses principaux articles sont: le sel marin qu'on exploite en grande quantité dans les marais salants des environs, du vin, des eaux-de-vie, des draps, de la laine, de la soie, de la poterie, de la minoterie, du vert-de-gris, de la soude; de la cire et du miel renommé que l'on recueille dans les montagnes des Corbières. Foires: 22 mars et 7 août. C'est à l'air malsain qui s'exhale des marais dont cette ville est environnée qu'il faut attribuer le peu de progression de la population, qui n'a pas augmenté depuis trente ans; elle est de 10,792 hab.

L'origine de Narbonne, cette antique capitale de la Gaule romaine, est enveloppée de ténèbres; elle existait longtemps avant l'invasion romaine. Lucius Crassus y conduisit la première colonie qui vint s'établir dans les Gaules, 116 ans avant J.-C. Narbonne s'accrut considérablement et acquit une grande importance sous les Romains; elle devint la résidence des proconsuls et des préfets. Jules-César lui accorda tous les droits de cité romaine. Sous Tibère elle atteignit un haut degré de prospérité. Antonin-le-Pieux la fit rebâtir après un incendie qui avait consumé les plus beaux monuments de la ville; cette circonstance contribua à la rendre plus belle et plus élégante. Dans les premières années du quatrième siècle, Constantin-le-Grand en fit la capitale de la Gaule Narbonnaise, dont le Languedoc, la Provence, le Dauphiné et la Savoie étaient les provinces principales. Fille de Rome, elle eut son capitole, son cirque, un forum, des portiques, des arcs de triomphe, et tout ce qui pouvait lui faire représenter plus dignement la grande métropole de l'empire. En 1414, le mariage d'Ataulphe, roi des Visigoths, avec Placidie, sœur de l'empereur Honorius, livra la Narbonnaise aux Visigoths. Depuis cette époque, Narbonne fut ravagé par les Bourguignons et par les Sarrasins; ces derniers s'en emparèrent en 719 et le conservèrent jusqu'en 752, époque où Pepin réunit le territoire Narbonnais à la monarchie française. Charlemagne érigea Narbonne en vicomté; mais en 865, cette ville devint le chef-lieu du marquisat de Gothie, qui fut, un siècle après, réuni au comté de Toulouse. La guerre ne fut point le seul fléau qui affligea Narbonne : la peste y fit plusieurs fois de cruels ravages; en 1348 elle y enleva 30,000 individus. C'est en 1507 que Louis XII réunit Narbonne à la couronne.

NARBONNE (canal de), Fr. Ce canal, qui établit une communication entre celui de Languedoc, la ville de Narbonne et la mer, se compose de deux parties commencées en 1690, mais dont le parachèvement, souvent interrompu, a demandé près d'un siècle. La première partie prend origine dans le canal du Languedoc, près d'Argilliers, traverse la ville de Narbonne et se termine dans l'Aude presque vis-à-vis de la Robine de Narbonne, seconde partie du canal. La Robine, ancien canal dérivé de l'Aude par les Romains, a été rectifiée pour continuer la ligne; elle passe entre les étangs de Bages et de Gruissan et se verse dans la mer à la Nouvelle, par le petit canal de Ste.-Lucie commencé en 1798 et livré à la navigation en 1810. La longueur totale de la ligne est de 8 1/2 l. Sa pente est rachetée par 12 écluses jusqu'au canal de Ste.-Lucie, qui est établi de niveau.

NARBOROUGH, une des plus grandes îles du groupe des Galapagos, à l'O. de la rép. de l'Ecuador.

NARCASTET, vg. de Fr., Basses-Pyrénées, arr., cant. et poste de Pau; 280 hab.

NARCE (la), vg. de Fr., Ardèche, arr. de l'Argentière, cant. de Concourton, poste de Langogne; 790 hab.

NARCISSO, groupe d'îles de l'archipel de Paumotou ou des Iles-Basses, dans la Polynésie ou Océanie orientale, sous 17° 25' lat. S.

et 141° 46′ long. occ. Les îles qui le composent sont basses et environnées de récifs dangereux. Ce groupe fut découvert en 1774 par Bœnechea. Duperrey le vit en 1822. Les habitants sont inhospitaliers et très-sauvages; ils sont armés de lances, dont ils se servent probablement pour la pêche plus que pour le combat. Leurs canots sont très-grossièrement construits et dépourvus de gouvernails.

NARCOTAH. *Voyez* SIOUX (nation).

NARCY, vg. de Fr., Haute-Marne, arr. de Vassy, cant. de Chevillon, poste de St.-Dizier; 460 hab.

NARCY, vg. de Fr., Nièvre, arr. de Cosne, cant. et poste de la Charité; 900 h.

NARDA. *Voyez* ARTA.

NARDIEURE, ham. de Fr., Isère, com. de St.-Hilaire-de-la-Côte; 300 hab.

NARDO, *Neritum*, v. épiscopale du roy. de Naples, prov. d'Otrante, peu loin du golfe; grande culture de tabac; fabrication de convertures de laine; 5000 hab.

NARE. *Voyez* MAGDALÉNA (fleuve).

NAREA. *Voyez* ENAREA.

NARESSE, vg. de Fr., Lot-et-Garonne, arr. de Villeneuve-sur-Lot, cant. et poste de Villeréal; 500 hab.

NAREW, fl. de Pologne; il prend sa source dans le gouv. de Grodno, cer. de Pruszano, n'est navigable que depuis Wizuy et va déboucher dans la Vistule, après avoir traversé la woïwodie de Podlahie et de Mazovie.

NAREW, pet. v. de la Russie d'Europe, gouv. de Rhialystok, sur le fleuve du même nom; c'est une ville très-pauvre; elle a deux églises et 1300 hab.

NARGEN, île de la Russie d'Europe, gouv. d'Estland, vis-à-vis du port de Reval; elle est pourvue d'un phare.

NARGIS, vg. de Fr., Loiret, arr. de Montargis, cant. de Ferrières, poste de Fontenay; 670 hab

NARI, riv. du Béloutchistan, le cours d'eau le plus considérable d'entre ceux de ce pays qui ne se rendent pas à la mer. Il passe par Bagh, reçoit le Kouhi qui baigne Gandawa et Dadar, et se perd dans les sables.

NARIANDOS, g. a., v. de la Carie.

NARIVA ou **MITAN**, riv. considérable de la côte E. de l'île de Trinidad, traverse une immense forêt de cocotiers.

NARMMADA. *Voyez* NERBUDDAH.

NARNHAC, vg. de Fr., Cantal, arr. de St.-Flour, cant. et poste de Pierrefort; 510 hab.

NARNI, pet. v. des états de l'Église, délégation de Spoleto, sur le penchant d'une colline baignée par le Nera. Cette ville est mal bâtie, mais remarquable par sa grande antiquité, supérieure même à celle de Rome, par son bel aquéduc et par son beau pont dit Sanguinazio, construit par les Romains. La vallée dans laquelle se trouve Narni est très-riche en fruits, figues, aloës, raisins de Corinthe et pigeons sauvages.

NARO, v. de la Sicile, intendance de Caltanisetta, située dans la plaine; on y récolte de bon vin; 10,000 hab.

NARŒZ, pet. v. de la Russie d'Europe, gouv. de Minsk, sur la rivière du même nom.

NAROWA, riv. de la Russie d'Europe; elle est formée par les lacs Picpus et Pskow et va déboucher, après avoir traversé le gouv. de St.-Pétersbourg, près de la ville de Narwa, dans le golfe de Finland.

NARP, vg. de Fr., Basses-Pyrénées, arr. d'Orthez, cant. et poste de Sauveterre; 300 h.

NARRAGANSET, baie profonde entre la côte S.-O. de l'état de Massachusetts et la côte E. de l'état de Rhode-Island, États-Unis de l'Amérique du Nord. Cette baie est divisée par les îles de Rhode-Island, Canonicut et Prudence en trois entrées: l'entrée de Seakonnet à l'E., l'entrée de Rhode-Island au milieu, et l'entrée de Narraganset à l'O. Au fond elle forme les baies de Providence et de Mount-Hope. Les entrées sont spacieuses, sans bancs ni écueils, et offrent de bons ports. Les principaux cours d'eau qui débouchent dans la baie de Narraganset sont: le Patuket et le Pacatuk du Rhode-Island et le Taunton du Massachusetts.

NARRAGANSET (Indiens), nation indigène qui s'étendait autrefois sur tout l'état de Rhode-Island, États-Unis de l'Amérique du Nord. Il n'en reste plus qu'environ 420 individus qui ont leur propre chef (satschem) et auxquels l'Union a réservé un district d'une demi-lieue carrée dans la com. de Charlestown. Ils se sont convertis au christianisme, parlent l'anglais et sont d'un caractère doux et paisible.

NARRAGUAS, baie à l'extrémité S.-E. de l'état du Maine, États-Unis de l'Amérique du Nord.

NARRAINGANDJ ou **NARRINGUNGE**, v. de l'Inde anglaise, présidence de Calcutta, prov. de Bengale, située sur le Situl-Lukia, un des bras du Brahmapoutra. Cette ville, animée et florissante, fabrique des étoffes de coton, de soie et entretient des manufactures de tabac. Son commerce, qui est entre les mains de marchands étrangers, est très-actif; 15,000 hab. De l'autre côté du Situl-Lukia est un pèlerinage mahométan appelé Cuddumresool.

NARROSSE, vg. de Fr., Landes, arr., cant. et poste de Dax; 620 hab.

NARROWS (les). *Voyez* CHAMPLAIN (lac).

NARTHOUS, vg. de Fr., Tarn, arr. d'Albi, cant. de Monestiés, poste de Cordes; 150 h.

NARWA, v. de la Russie d'Europe, gouv. de Pétersbourg; siége des autorités du cercle et d'un consistoire luthérien, sur la Necrowa; le commerce de cette ville est considérable. En 1700, les Suédois, au nombre de 8000, y gagnèrent une bataille célèbre sur 100,000 Russes.

NARWAR, v. de l'Inde, roy. de Sindhya, prov. d'Agra; est une forteresse située sur une colline, non loin de l'Indus. Son territoire obéit à un radjah particulier, tributaire du Sindhya.

NARYM, nom que porte la partie supérieure du cours de Syrdaria.

NARYM, v. de la Russie d'Asie, gouv. de Tomsk, chef-lieu du district du même nom; est située au confluent de l'Ob et du Ket; elle compte un millier d'habitants, qui vivent de la pêche et d'un grand commerce de fourrures.

NASBINALS, vg. de Fr., Lozère, arr., à 8 l. N.-O. et poste de Marvejols, chef-lieu de canton. L'église, surmontée d'un clocher octogone, est assez remarquable; elle fut construite au quatorzième siècle; fabr. en grand de fromage appelé *forme* dans le pays; 1446 hab.

NASCA (Rio de la) ou **CAGUALCHI**, fl. de la rép. du Pérou; naît à l'E. du dép. de Lima, coule vers l'O. en séparant la prov. d'Ica de celle de Cannete et se décharge dans l'Océan Pacifique.

NASCA, b. avec un port, rép. du Pérou, dép. de Lima, sur la frontière S. de la prov. d'Ica et sur le Rio-de-la-Nasca; commerce de vin et d'huile d'olives.

NASCIARO, b. de l'île de Malte, au N.-O. de la Valette; 2500 hab.

NASEBY, vg. d'Angleterre, comté de Northampton, près d'Oxford; remarquable par la victoire de Cromwell sur Charles Ier, en 1645.

NASHAWA. *Voyez* MERRIMAK.

NASHAWENNA. *Voyez* ÉLISABETH (îles).

NASHAWN. *Voyez* ÉLISABETH (îles).

NASHVILLE, v. des États-Unis de l'Amérique du Nord, état de Tennessée, comté de Davison, sur le Cumberland. Elle est la capitale et la ville la plus importante de l'état par son commerce et son industrie. Elle possède une université (Nashville university, autrefois Cumberland-College), un collége académique, 2 banques, une halle, une prison et de nombreuses fabriques; elle tient des foires et des marchés très-fréquentés et est l'entrepôt du commerce du Tennessée occidental. Ses bateaux à vapeur entretiennent des communications régulières avec les états d'Ohio, de Mississipi et la ville de Nouvelle-Orléans. Nashville est le siége des tribunaux de l'Union pour le Tennessée occidental; on y publie un journal; 8500 h.

NASLET-EL-HARDY. *Voyez* CHEYKH.

NASIELSK, pet. v. de Pologne, woïwodie de Plock; 2000 hab.

NASO, pet. v. de la Sicile, intendance de Messine, sur la rivière de même nom.

NASPA, fl. de la confédération mexicaine; prend naissance au N. de l'état de Puébla, où il traverse la vallée de Tlascala, prend une direction S.-O, reçoit la Mescala de l'état de Mexico et se décharge au-dessous d'Ayatla dans l'Océan Pacifique.

NASQUIATUKET. *Voyez* PATUKET.

NASRA. *Voyez* NAZARETH.

NASSABERG, b. de Bohême, cer. de Chrudim, chef-lieu d'une grande seigneurie; fabr. très-considérable de toiles et de mousselines.

NASSAK, v. de l'Inde anglaise, présidence de Bombay, prov. d'Avrangabad; pèlerinage hindou.

NASSANDRES, vg. de Fr., Eure, arr. de Bernay, cant. et poste de Beaumont-le-Roger; fabr. de draps; 640 hab.

NASSASUK. *Voyez* PATUKET.

NASSAU (le duché de), formé des anciennes provinces de la Maison de Nassau, et de plus de 20 différentes portions de territoire, appartenant autrefois à Trèves, à Mayence, au Palatinat, ou de nos jours encore aux princes médiatisés de Leiningen-Westerbourg, etc., forme un tout contigu, qui s'étend entre 5° 11′ 52″ et 6° 15′ long. orient., entre 54° 55″ et 55° 48′ lat. sept.; il est borné au N. par les prov. prussiennes du Bas-Rhin et de Westphalie; à l'E. par la même prov. du Bas-Rhin, le landgraviat de Hesse-Hombourg, la prov. de Hanau de l'électorat de Hesse-Cassel, et le territoire de Francfort, au S. par le grand-duché de Hesse-Darmstadt, dont le séparent le Mein et le Rhin, et à l'O. par la prov. prussienne du Bas-Rhin. Sa superficie est de 85 milles c. Le Rhin, qui forme sa limite au S. et à l'E., reçoit dans l'étendue du duché, près de Lahnstein, la Lahn, grossie elle-même par l'Elbe et par les petites rivières du Weil, de l'Embs et de l'Aar; et, près de Mayence, le Mein, grossi de la Nidda. Le duché de Nassau est généralement montagneux: au N.-O. il est parcouru, jusqu'à la Lahn, par les montagnes sauvages du Westerwald; dans sa partie S. et S.-E. par le Taunus ou la Homburger-Hœhe, où se trouve le Feldberg, haut de 2600 pieds. Ces montagnes forment entre elles de charmantes vallées, dont la plus célèbre est le Rheingau, qui s'étend du penchant méridional du Taunus jusqu'au Rhin, et renommé surtout pour ses excellents vins. Le climat est en général sain et tempéré, rude et froid seulement sur les sommets du Taunus; il est particulièrement doux dans le Rheingau et sur les bords du Mein. Un des plus intéressants pays de l'Allemagne par ses beaux sites et par ses curiosités naturelles, le duché de Nassau abonde encore en productions précieuses et variées. Outre les vins renommés de Hochheim, de Johannisberg, de Markbrunn, de Rudesheim, d'Asmannshausen, etc., les fruits les plus fins y prospèrent; il faut y ajouter le bétail, les oiseaux, le gibier, le blé, surtout dans la vallée de la Lahn, les légumes, le lin, le chanvre, le tabac, de magnifiques forêts; et, dans le règne minéral, un peu d'argent et de cuivre, beaucoup de plomb et de fer, la houille, le marbre, plusieurs sources salées qui jaillissent du Taunus, ainsi qu'environ vingt sources d'eaux minérales. Parmi ces dernières les plus renommées sont les thermes d'eaux sulfureuses près de Wiesbaden, l'eau minérale de Selters, de Fachingen, de Gailnau, d'Ems, de Schwalbach, etc. Quant aux mines, elles occupent avec les forges environ 8000 ouvriers; et il y avait, en 1818, 127 mines de fer, surtout dans le Westerwald, 40 mines de plomb, d'argent et de cuivre, et 8 mines de houille. La population est de 370,000 hab., dont les deux tiers environ, qui étaient divisés à peu près par moitié en réformés et en luthériens, se sont réunis depuis 1817 en une même église évangélique. Il y a dans le pays plusieurs fabriques de marchandises en laine, de toiles, de tabac, des tanneries, des forges, etc., mais elles sont peu nombreuses et peu considérables. Le commerce est restreint à l'exportation des productions naturelles du pays et de quelques produits de son industrie, exportation dont s'occupent Francfort et Mayence. Les routes sont bonnes.

La maison ducale de Nassau est une branche d'une ancienne maison de Franconie, descendue d'Othon, seigneur de Laurenberg et frère de l'empereur Conrad Ier, au dixième siècle. Cette famille se sépara au treizième siècle en deux branches principales : la branche cadette ou Othonienne, devint la tige d'où descend la famille royale actuelle des Pays-Bas; la branche aînée ou de Walram subit un nombre infini de partages; enfin, en 1816, après l'extinction de la branche de Nassau-Usingen, le duc de Nassau-Weilburg la réunit toute entière sous un seul chef; les comtes de Laurenberg reçurent le nom de comtes de Nassau après la construction du château de Nassau, en 1101. La branche aînée ne fut élevée qu'en 1688 à la dignité princière, et reçut le titre de duc, lors de la formation de la ligue rhénane, en 1806. Le duc de Nassau est un monarque constitutionnel dont le pouvoir est tempéré par deux bancs ou chambres : ce sont le banc des seigneurs, auquel on arrive par le privilége de la naissance ou par nomination; et la chambre de 22 députés du pays, élus, chaque fois pour 7 ans, par les citoyens, à la majorité des voix. Les dépenses annuelles sont d'environ 1,540,000 florins, et les revenus s'élèvent à une somme un peu plus considérable. Le total des dettes est d'environ 5,000,000 florins. Le duc de Nassau a une voix avec le duc de Brunswick dans le petit conseil de la diète germanique et deux voix en propre dans le grand conseil. Il fournit à l'armée de la confédération un contingent de 3028 hommes. Son pays est divisé en 28 bailliages; il ne renferme aucune grande ville; Wiesbaden en est la capitale.

NASSAU, v. du duché de Nassau, chef-lieu du bailliage du même nom; située dans la belle vallée de la Lahn; 1100 hab. Au-delà de la Lahn s'élèvent, sur un haut rocher, les ruines encore considérables du château de Nassau qui a donné son nom au pays.

NASSAU, v. de l'île New-Providence, groupe des Bahamas, dont elle est le chef-lieu, au N. de l'île, sur la pente assez rapide d'une montagne; elle est régulièrement bâtie, renferme de jolies maisons, une grande place publique, un hôpital et une maison de correction. Le palais du gouvernement, un des plus beaux des Indes-Occidentales, s'élève sur une colline qui domine la ville. La place devant le palais est décorée d'une statue colossale de Christophe Colomb, en pierre. Le port de cette ville est fermé et abrité par la petite île de Hog au N. et par le continent de New-Providence au S. et a deux entrées. Dans le fort Fincastle, qui s'élève sur une hauteur dominant la ville, est établi un phare. A l'O. de la ville s'élève le fort Charlotte où se trouvent les casernes. Nassau est le siége du gouverneur des Bahamas et possède une société d'agriculture. Elle est en même temps le centre du commerce, le principal poste militaire et la station de la marine des îles Bahamas; 7000 h. Au N.-O. de New-Providence s'étend la petite île de Rose-Island, avec un lac salant et une faible population.

NASSAU, baie très-considérable sur la côte S.-E. de la Terre-de-Feu, sous 55° 28′ lat. S. L'Hermite qui l'explora la trouva commode et bien abritée. Elle renferme les baies moins étendues de Shapenham, d'Orange et du Lévrier. L'île de l'Hermite s'étend en face de cette baie.

NASSAU (cap). *Voyez* VINCENT (Saint-).

NASSAU, chaîne de montagnes à l'E. de l'île de Jamaïque.

NASSAU (cap), promontoire à l'embouchure du Pumaroun, Guyane anglaise.

NASSAU ou FORT-NASSAU, fort de la Guyane anglaise, gouv. de Berbice, sur le Berbice; il fut détruit en 1763 par les nègres soulevés contre les colons, et paraît avoir été abandonné.

NASSAU, fl. de la côte N.-E. de la presqu'île de la Floride, États-Unis de l'Amérique du Nord.

NASSAU, com. des États-Unis de l'Amérique du Nord, état de New-York, comté de Rensselær; 3200 hab.

NASSIET, vg. de Fr., Landes, arr. de St.-Sever, cant. d'Amou, poste d'Orthez; 740 h.

NASSIGNY, vg. de Fr., Allier, arr. de Montluçon, cant. et poste de Hérisson; 370 hab.

NASSICZA, b. de la Slavonie civile, cer. de Verœcz, chef-lieu d'une petite seigneurie; verrerie.

NASSIRABAD, v. de l'Inde anglaise, présidence de Calcutta, prov. du Bengale, est le chef-lieu du dist. de Moymunsingh.

NASTÆTTEN, v. du duché de Nassau, sur le Muhlbach, chef-lieu d'un bailliage de même nom; eaux minérales; 1600 hab.

NASTOS, g. a., v. de la Thrace.

NASTRINGUES, vg. de Fr., Dordogne, arr. de Bergerac, cant. de Vélines, poste de Ste.-Foy; 270 hab.

NATAGE, ham. de Fr., Ain, com. de Parves; 150 hab.

NATAKO, chef-lieu du Niagala, dist. du Bambour, dans les états Mandings, Nigritie occidentale.

NATAL (Cidade-de-) ou CIDADE-DOS-REYS, v. de l'emp. du Brésil, prov. de Rio-Grande-do-Norte, dont elle est le chef-lieu, sur la pente d'une colline baignée par le Rio-Grande et à 1 l. de l'embouchure de ce fleuve. La ville est assez étendue, mais elle ne renferme aucun édifice remarquable; cependant elle a de l'importance par son port à l'embouchure du Rio-Grande et par son commerce qui s'accroît d'année en année. L'embouchure du Rio-Grande est défendue par le fort dos Reys-Magos; 4000 hab. (selon Schæffer 18,000). En 1633 cette ville fut prise par les Hollandais.

NATAL, port hollandais sur la côte occidentale de l'île de Sumatra, gouv. de Padang.

NATALOUX, ham. de Fr., Nièvre, com. de Montsauche; 120 hab.

NATASHKEVEN (le Grand), fl. considérable, mais peu connu de la côte S. du Labrador; se jette dans le golfe de St.-Laurent.

NATCHAUGE. *Voyez* THAMES.

NATCHEZ (fleuve). *V.* TRINIDAD (fleuve).

NATCHEZ, v. des États-Unis de l'Amérique du Nord, état de Mississipi, comté d'Adams, sur la rive gauche du Mississipi, en face de Concordia, à 56 l. N.-O. de la Nouvelle-Orléans, avec laquelle elle communique par des bateaux à vapeur. Elle est située sur une hauteur à 40 mètres au-dessus du niveau du fleuve et est très-bien bâtie. Elle possède une académie, une bibliothèque publique et une banque. En 1826 on y publiait 3 journaux et une gazette littéraire. Natchez est, malgré sa faible population, la ville la plus importante et presque la seule place de commerce de l'état. On exporte annuellement 30 à 40,000 balles de coton. Au mois de mai 1840 la plus grande partie de cette ville fut détruite par un ouragan; avant ce désastre elle comptait près de 4000 hab.

NATCHEZ, nation indigène indépendante dans les États-Unis de l'Amérique du Nord. Cette nation, aujourd'hui presque éteinte, mais autrefois très-puissante, occupait le S. et le S.-E. de l'état de Mississipi et se subdivisait en plusieurs tribus. Ses derniers restes vivent dispersés parmi les Creeks, les Chickasaws et les Choktaws. Les Natchez se distinguaient par leur civilisation, leur gouvernement monarchique et par leur culte du soleil, qu'ils adoraient dans un temple où, comme chez les anciens Romains, l'on entretenait un feu continuel.

NATCHITOCHES, comté de l'état de Louisiane, États-Unis de l'Amérique du Nord; il est borné par le territoire d'Arkansas et les comtés de Washitta, Rapides, Opelousas et la rép. de Texas. Pays plat au centre et montagneux à l'E. et à l'O. Son principal cours d'eau est le Red, qui le traverse du N.-O. au S.-E., passe par de nombreux lacs, la plupart salants, et est grossi par une foule d'affluents. Les montagnes sont riches en fer, plomb, houille et autres minéraux. Le long de la Saline le sol abonde en sel, et les terres basses le long du Red offrent les plus beaux pâturages et sont surtout propres à la culture du tabac et du coton; 12,000 hab., dont quelques Choktaws et les restes de la nation, autrefois puissante, des Natchitoches.

NATCHITOCHES, pet. v. des États-Unis de l'Amérique du Nord, état de Louisiane, comté de Natchitoches, dont elle est le chef-lieu, sur la rive droite du Red. Elle a un fort, constamment occupé par une forte garnison, et est regardée comme la ville la plus commerçante de l'état, après la Nouvelle-Orléans. Ses relations commerciales avec le nouvel état de Texas et la confédération mexicaine sont très-importantes; 1000 hab.

NATERS, vg. de Suisse, cant. du Valais, sur le Rhône, qu'on y passe sur un beau pont. Château fort. Culture du vin et du safran.

NATHALÈNE (Saint-), vg. de Fr., Dordogne, arr., cant. et poste de Sarlat; 650 h.

NATHANAS (Indiens-), peuplade indigène indépendante dans l'Amérique anglaise, pays intérieur de la mer d'Hudson; elle habite les deux rives de la grande rivière des Ours, au N. des Indiens-Castors.

NATHPOUR, v. de l'Inde anglaise, présidence de Calcutta, dans le Bengale; est située sur le Cosi. La ville, assez considérable (1200 maisons), est divisée en 4 quartiers; elle fait un grand commerce. Dans son voisinage est un temple consacré à Hanumann, le roi des Singes.

NATIÉGA, dist. du Bambour, dans les états Mandings, Nigritie occidentale.

NATIK (Indiens-), reste d'une peuplade indigène dans les Etats-Unis de l'Amérique du Nord; ils se sont convertis au christianisme et habitent la com. de Natik, état de Massachusetts, comté de Middlesex.

NATISTAGUT, bon port sur la côte S. du Labrador; l'île de Boat-Island en ferme l'entrée.

NATIVIDAD, île près de la côte occidentale de la presqu'île de Californie, confédération mexicaine, à l'O. du cap Morro-Hermoso.

NATIVIDADE, pet. v. de l'emp. du Brésil, prov. de Goyaz, comarque de San-Juan-dos-Duas-Barras, dont elle est le chef-lieu, à 3 l. E. du Tocantin. Elle est le siége d'un tribunal et florissante par ses pâturages et les produits de son agriculture; ses lavages d'or n'ont plus d'importance. Cette ville fut fondée en 1739; 3000 hab.

NATOLIE. *Voyez* ANATOLIE.

NATOUKHAITCHI, tribu abase (Caucase). Ses membres passent pour de grands voleurs; ce sont des montagnards qui poussent jusqu'à l'excès l'amour de l'indépendance.

NATTORE, v. de l'Inde anglaise, présidence de Calcutta, dans le Bengale, chef-lieu du dist. de Radjchahi; siége des autorités civiles et d'un tribunal; est située sur un canal du Gange, très-animé pendant la saison des pluies, où les marchandises viennent ou vont à Dakka.

NATUNA ou GRAND-NATUNA, île de la Malaisie qui dépend géographiquement de Bornéo; est située dans la mer de Chine, sous 4° lat. N. Elle a environ 10 l. de long sur 4 de large, et est couverte de montagnes élevées et boisées. Des récifs innombrables en rendent l'accès difficile. On la connait fort peu.

NATURALISTE (cap du), sur la côte occidentale de la terre de Leeuwin, Nouvelle-Hollande, sous 33° 27′ 42″ et 112° 39′ 48″. Ce cap s'avance au S.-O. de la baie du Géographe.

NATZWILLER, vg. de Fr., Vosges, arr. de St.-Dié, cant. et poste de Schirmeck; 850 hab.

NAUCELLE, b. de Fr., Aveyron, arr. et à 8 l. S.-O. de Rhodez, chef-lieu de canton, poste de Sauveterre; 1150 hab.

NAUCELLES, vg. de Fr., Cantal, arr., cant. et poste d'Aurillac; 650 hab.

NAUCRATIS. *Voyez* KOURAT.

NAUDERS, vg. de Tyrol, cer. du Haut-Innthal, sur un affluent de l'Inn. Ses habitants, au nombre de 1000, fabriquent une grande quantité de faux et de clous.

NAUDOY, ham. de Fr., Gironde, com. de Virelade; 290 hab.

NAUEN, v. de Prusse, chef-lieu de cercle, prov. de Brandebourg, rég. de Potsdam, sur la Havelluche; économie rurale; brasseries et distilleries; 3670 hab.

NAUGARD. *Voyez* NUOWOGOROD.

NAUHCAMPATÉPETL ou Coffre de PÉROTE, montagne et volcan éteint de la confédération méxicaine, un des points culminants du haut-plateau d'Anahuac; il s'élève sur la frontière O. de l'état de Véra-Cruz, à la hauteur de 4075 mètres.

NAUHEIM, b. de la Hesse-Électorale, situé dans la prov. de Hanau et au pied du Johannisberg, a une saline riche et bien exploitée; 1500 hab.

NAUJAC, ham. de Fr., Gironde, com. de Gaillan; 130 hab.

NAUJEAN, vg. de Fr., Gironde, arr. de Libourne, cant. et poste de Branne; 710 hab.

NAUMBOURG, v. de la Hesse-Électorale, située sur l'Elbe, dans la prov. de la Basse-Hesse; 1600 hab.

NAUMBOURG, pet. v. de Prusse, prov. de Silésie, rég. de Liegnitz; murée, avec un faubourg, sur la rive droite de la Queis; usines; 1460 hab.

NAUMBOURG, v. de Prusse, chef-lieu de cercle, prov. de Saxe, rég. et à 7 l. O. de Mersebourg; siége du tribunal supérieur pour les rég. d'Erfurt et de Mersebourg et d'un tribunal de commerce; située sur la Saale, dans une contrée fertile, à 47 l. S.-O. de Berlin. Elle se compose de la cité et du chapitre, ceints de murailles et de 3 faubourgs. Parmi ses 6 églises on doit citer la cathédrale, construction remarquable du dixième siècle, renfermant des monuments curieux du moyen âge; St.-Wenzeslaus avec ses belles orgues et des tableaux de mérite, et St.-Maurice avec le tombeau de l'évêque Richwin, de 1120. Le gymnase capitulaire, avec sa riche bibliothèque, jouit d'une ancienne renommée; la ville possède en outre un grand nombre d'écoles secondaires et de charité, 6 hôpitaux et 2 maisons d'orphelins. Le commerce de Naumbourg est considérable, surtout en huiles et en vins récoltés dans les environs; on y fabrique des draps, des toiles, des produits chimiques, du savon, des cuirs, des cartes; 11,000 hab., y compris la banlieue, qui forme le cer. de Naumbourg.

Cette ville a été le siége d'un évêché de 1029 à 1564, où le chapitre fut sécularisé. Le 28 juillet 1432 les Hussites y furent repoussés par les bourgeois. Le 5 novembre 1632 Gustave-Adolphe y fit ses adieux à son épouse; le 6 il finit sa vie glorieuse à la bataille de Lutzen.

NAUNHOF, v. du roy. de Saxe, cer. de Leipzic; 1000 hab.

NAUPHARY (Saint-), vg. de Fr., Tarn-et-Garonne, arr. et poste de Montauban, cant. de Villebrumier; 930 hab.

NAUPLIE, *Napoli di Romania*, *Nauplia*, pet. v. de la Grèce, chef-lieu du nomos d'Argolide; située dans une position très-pittoresque, sur une langue de terre, qui s'avance dans le golfe de même nom; elle était devenue la capitale de l'état; mais elle a depuis cessé de jouir de cette prérogative, à cause du mauvais air qui y règne et de la petitesse de son enceinte. Ses rues sont irrégulières et malpropres; cependant depuis que Nauplie est devenue le siége du gouvernement, les Grecs les plus riches y ont fait construire quelques bonnes maisons; on a construit une belle caserne pour les troupes régulières, et on a bâti un assez beau palais pour le président. La partie inférieure de ses murailles est de construction cyclopéenne; le reste appartient aux Grecs et aux Romains, et même aux Vénitiens; mais la vaste citadelle qui couronne le rocher Palamède a été construite par ces derniers: on l'appelle le Gibraltar de l'Archipel. Son port, quoique peu profond, est cependant un des meilleurs de l'Archipel. Nauplie, avant les désastres qu'elle a éprouvés, faisait un commerce assez étendu, qui a acquis une nouvelle extension depuis qu'elle est devenue le siége du gouvernement et de la troupe régulière; depuis longtemps elle l'est d'un évêché grec. Son établissement littéraire le plus important est l'école militaire. Sa population paraît s'élever aujourd'hui à près de 12,000 âmes.

NAUROY, vg. de Fr., Aisne, arr. de St.-Quentin, cant. et poste du Catelet; 1160 h.

NAUROY, vg. de Fr., Marne, arr. et poste de Reims, canton de Beine; 200 hab.

NAUSSAC, vg. de Fr., Aveyron, arr. et poste de Villefranche-de-Rouergue, cant. d'Asprières; 850 hab.

NAUSSAC, vg. de Fr., Lozère, arr. de Mende, cant. et poste de Langogne; 410 h.

NAUSSAC, vg. de Fr., Lozère, arr. et à 10 l. N.-E. de Mende, cant. et poste de Langogne; 400 hab. On y remarque les ruines de l'ancien château de Naussac, où séjournait quelquefois Belzunce, l'héroïque évêque de Marseille, célèbre par son dévouement pendant la peste qui désola cette ville en 1720.

NAUSSANES, vg. de Fr., Dordogne, arr. de Bergerac, cant. et poste de Beaumont; 510 hab.

NAUTLA, riv. de la confédération mexicaine, état de Véra-Cruz, coule vers l'E. et se jette dans la baie de Véra-Cruz.

NAUVAY, vg. de Fr., Sarthe, arr. de Mamers, cant. de Marolles-les-Braux, poste de St.-Cosme; 200 hab.

NAUVIALE, vg. de Fr., Aveyron, arr. et poste de Rhodez, cant. de Marcillac; 1960 h.

NAUX, ham. de Fr., Ardennes, com. de Thilay; 160 hab.

NAVACELLES, vg. de Fr., Gard, arr. d'Alais, cant. de St.-Ambroix, poste de Ledignan; 500 hab.

NAVA-DEL-REY, pet. v. d'Espagne, roy. de Léon, prov. de Valadolid.

NAVAILLES, vg. de Fr., Basses-Pyrénées, arr. de Pau, cant. de Thèze, poste d'Auriac; 760 hab.

NAVAN, pet. v. d'Irlande, comté d'East-Meath, au confluent du Boyne et du Black-water. Fabrication de toile fine et de toile à sacs; 4000 hab.

NAVARETE, pet. v. d'Espagne, roy. de la vieille Castille, prov. de Burgos; 1700 h.

NAVARIN ou **AVARIN**, *Pylus*, pet. v. de la Grèce, nomos de Messénie, eptarchie de Methone; importante par ses fortifications et surtout par son port, un des plus beaux de la Méditerranée et fermé en partie par l'île de Sphacterie, célèbre par le désastre des Lacédémoniens; c'est dans ce vaste bassin qu'en 1827 la flotte turco-égyptienne a été détruite par les trois flottes combinées de la France, de l'Angleterre et de la Russie; la citadelle, qui avait été réparée par les Français, a été ruinée, il y a quelques années, par l'explosion des poudres allumées par la foudre; 2000 hab.

NAVARRE, prov. d'Espagne, ayant titre de royaume, bornée au N. par le département français des Basses-Pyrénées, à l'E. et au S.-E. par l'Aragon, au S.-O. par les prov. de Soria et de Burgos, à l'O. par l'Alava et au N.-O. par le Guipuscoa; sa superficie est de 319 1/2 l. c.; des rameaux des Pyrénées, tels que la Sierra d'Andia, la Bardonna del Rey et la Higa de Monréal, sillonnent le pays du N. au S.; ils forment dans les régions élevées les vallées de Bastan, de Roncevaux, d'Æzcoa et de Roncal; vers le centre de la province le sol s'aplanit par ondulations, et de petites plaines bordent le cours des rivières. Les cimes les plus élevées des Pyrénées appartiennent à la France; l'Espagne possède cependant quelques coupeaux imposants par leur hauteur, parmi lesquels l'Altobiscar, dans la vallée de Roncevaux, passe pour le plus élevé. Le sol est pierreux et maigre dans les montagnes, meilleur et propre à la pâture dans les hautes vallées, mais très-fertile dans les bassins des rivières. L'Ebre est le principal cours d'eau de la Navarre; il entre dans la province à Logrono, où il porte déjà de petites embarcations, et la quitte à 3 l. de Tudèla, après un trajet de 20 l.; il reçoit à gauche l'Ega et l'Arragon, et à droite l'Alhama et le Queilès; à 1/2 l. de Tudèla le canal de l'Empereur prend son origine et se termine à Saragosse. La Bidassoa prend sa source dans la province et se dirige dans le Guipuscoa. Le pays renferme plusieurs lagunes, des eaux minérales et thermales et des sources salines. Le climat est rude dans les régions élevées, mais tempéré et sain dans les vallées et les plaines; les pluies fréquentes rafraîchissent l'air pendant l'été et entretiennent un vert continuel sur les prairies. L'agriculture est suivie avec discernement et activité, malgré les difficultés qui se présentent dans les montagnes. La méthode des cultures alternes est généralement adoptée et aucun terrain ne reste en jachère; le labourage se fait avec des bœufs. Les récoltes de froment fournissent à l'exportation; la vigne réussit bien, surtout dans les environs de Tudèla et de Peralta. Les dist. de Tudèla et de Tafalla produisent de l'huile, du chanvre et du lin; on cultive en outre de l'orge, du maïs, des légumes secs, du jardinage, des fruits exquis et de la garance. Les forêts fournissent du hêtre, du sapin pour mâture, des châtaignes et de la réglisse; le chêne est médiocre. L'éducation des bestiaux est florissante, surtout dans les Pyrénées, où la nature du sol force l'homme à la vie pastorale; on entretient de grands troupeaux de bêtes à cornes, des porcs et de chèvres; le seul dist. de Tudèla élève annuellement environ 8000 agneaux, parmi lesquels un grand nombre de mérinos. Les ours, les loups, les sangliers, les chevreuils, les chamois, des chèvres libres et de grands chats sauvages très-dangereux pour les brebis, ont leur retraite dans les bois et entre les rochers, qui offrent aussi un asile aux aigles, aux vautours, aux coqs de bruyère, aux faisans gris et à de grandes troupes de perdrix blanches et de gélinottes. Les lagunes et les rivières abondent en poissons; on y prend des truites qui pèsent jusqu'à 12 livres. L'éducation des abeilles fournit du miel pour la consommation locale. Les montagnes renferment de l'argent, du cuivre, du plomb, du vitriol, du soufre et du beau marbre; mais on n'exploite que du fer et du sel gemme. Les villes de Pampelune, de Tudèla et d'Estella possèdent seules quelque industrie, qui se réduit aux besoins locaux. Le commerce est assez actif, surtout celui de contrebande avec la France. Trois routes conduisent dans ce dernier royaume : 1° par la vallée de Bastan et Maya à Bayonne, route de poste sans voitures, desservie par des mulets de bât, et très-fatiguante; 2° le chemin de Roland par la vallée de Roncevaux à St.-Jean-Pied-de-Port; et 3° par la vallée d'Æzcoa à Laruns, les deux dernières aussi praticables pour les mulets de bât seulement. Un grand nombre de sentiers traversent la frontière, mais ils ne sont fréquentés que par les contrebandiers. La Navarre exporte du vin, des eaux-de-vie, du blé, des légumes, des fruits, de la garance, du charbon, du bétail, des peaux, du parchemin, du fer et du sel. La population de 271,500 hab., est répartie dans 9 villes, dont 5 chef-lieux de district, savoir : Pampelune, Estella, Tudèla, Olité et Sanguessa; 154 petites villes ou bourgs et 630 villages. Ces habitants sont Basques et parlent cette langue; ils sont hardis, forts, laborieux, agiles et intelligents, mais opiniâtres et querelleurs. La Navarre forme une capitainerie-générale, dont le siége est à Pampelune.

NAVARRE (française) ou **BASSE-NAVARRE**, *Vasconia*, ci-devant pet. roy. réuni à la couronne de France depuis l'avénement de Louis XIII. La Basse-Navarre est séparée de la Navarre espagnole ou Haute-Navarre par les Pyrénées; elle n'a que 8 l. de long sur 5 de large, et aujourd'hui elle est comprise dans le dép. des Basses-Pyrénées. Les deux Navarre formèrent dans l'origine un seul royaume; dont la souveraineté passa par héritage dans la maison des comtes de Champagne; au treizième siècle, Jeanne de Navarre, comtesse de Champagne, l'apporta en dot à son mari Philippe-le-Bel, le premier roi de France qui joignit à son titre celui de roi de Navarre. Ce royaume entra dans la maison d'Albret en 1494. Mais Jean d'Albret ayant été excommunié par le pape Jules II, comme allié de Louis XII, Ferdinand-le-Catholique en profita pour confisquer la Haute-Navarre, située au S. des Pyrénées; et la Basse-Navarre seule est restée à la maison d'Albret. Par le mariage de Jeanne d'Albret avec Antoine de Bourbon, père de Henri IV, cette partie de la Navarre entra plus tard dans le domaine de la couronne de France.

NAVARRE ou **SAINT-GERMAIN-DE-NAVARRE**, ham. de Fr., Eure, com. d'Évreux; 270 hab.

NAVARREINS, *Navaresium*, pet. v. forte de Fr., Basses-Pyrénées, arr., à 5 l. S. d'Orthez et à 210 l. S.-S.-O. de Paris, chef-lieu de canton et poste; elle est située dans une plaine fertile, sur le gave d'Oloron, que l'on y passe sur un pont de pierre; fabr. de toiles et commerce de bétail, de chevaux et de mulets; 1574 hab.

Cette petite ville, fondée par le roi de Navarre, Henri d'Albret, est assez bien fortifiée.

NAVAS-DE-TOLOSA (las), vaste vallée avec un château en ruines, dans l'Espagne, prov. de Jaën, dist. de la Sierra-Moréna. Ce site est renommé par la grande victoire que les Espagnols y remportèrent sur les Maures, le 16 juillet 1212.

NAVAUX, ham. de Fr., Ardennes, com. de Thilay; 160 hab.

NAVAZZA, pet. île dans la Passe-du-Vent, entre l'île d'Haïti et celle de la Jamaïque; elle est fréquentée par des Anglais de la Jamaïque pour y faire la chasse aux iguanas (léguans).

NAVEIL, vg. de Fr., Loir-et-Cher, arr., cant. et poste de Vendôme; 1210 hab.

NAVENNE, vg. de Fr., Haute-Saône, arr., cant. et poste de Vesoul; 390 hab.

NAVES, vg. de Fr., Allier, arr. de Gannat, cant. d'Ébreuil, poste de Chantelle; 880 hab.

NAVES, vg. de Fr., Ardèche, arr. de l'Argentière, cant. et poste des Vans; 510 hab.

NAVES, ham. de Fr., Aveyron, com. de Manhac; 130 hab.

NAVES, vg. de Fr., Corrèze, arr., cant. et poste de Tulle; 2310 hab.

NAVES, vg. de Fr., Nord, arr., cant. et poste de Cambrai; 970 hab.

NAVES-MONTESPIEU, vg. de Fr., Tarn, arr., cant. et poste de Castres; 390 hab.

NAVETTE, ham. de Fr., Hautes-Alpes, com. de Clémence-d'Ambel; 120 hab.

NAVIA, pet. port d'Espagne, à l'embouchure de la riv. de même nom, principauté des Asturies et à 19 l. N.-O. d'Oviédo; cabotage et pêche; 1720 hab.

NAVIDAD, bon port, sur la côte de l'état de Xalisco, confédération mexicaine.

NAVIGATEURS (archipel des). *Voyez* **BOUGAINVILLE**.

NAVIGLIO-DI-BRA, le plus important des canaux d'écoulement dans le Haut-Piémont; il est alimenté par les eaux de la Stura-de-Cuneo et de la Grana ou Mellea; Emmanuel Filliberto avait le projet de le rendre navigable.

NAVIGLIO-GRANDE, canal de Lombardie, entre Milan et le Tessin; long de 12 l.

NAVIGLIO-MARTISANA, canal de Lombardie, entre Milan et l'Adda; long de 10 l.

NAVILLY, vg. de Fr., Saône-et-Loire, arr. de Châlon-sur-Saône, cant. et poste de Verdun-sur-le-Doubs; 750 hab.

NAVIOS (bocca de los). *Voyez* **ORÉNOQUE** (fleuve).

NAVY-ISLAND, île à l'O. du port Antonio, côte N.-E. de l'île de Jamaïque.

NAWIHI-LEWOU ou **KANDABON**, île de l'archipel de Viti ou des îles Fidji, dans la Polynésie ou Océanie orientale. C'est une des plus considérables des trois grandes îles de cet archipel; elle s'étend de 175° 9' à 176° 57' long. orient., entre 17° 26' et 18° 1' lat. S., et a une circonférence d'environ 40 l. La côte septentrionale est environnée de récifs et d'écueils; l'intérieur est montagneux. Les habitants sont soumis à un seul chef et passent pour les plus belliqueux de tous les Fidjiens. Ils entretiennent quelques relations de commerce avec Tonga.

NAWSIE, vg. de Gallicie, cer. d'Iaslo; très-industrieux; manufactures de coton; teintureries de rouge d'Andrinople.

NAXIA ou NAXIE, *Naxos* (*Nakcha* des Turcs), île de la Grèce, la plus grande et la plus fertile des Cyclades, au S. de celle de Mycone, sous 43° long. et 37° lat. Elle est de forme presque ronde et hérissée de montagnes, qui donnent naissance à de nombreux cours d'eaux, et dont le Dia est le point culminant. Ses côtes sont élevées et protégées contre la fureur des flots. Les principales productions consistent en blé, orge, fèves, ognons, pêches, abricots, grenades, noix, figues, amandes, oranges, citrons, huile d'olive, sel, coton, lin et abeilles. L'éducation du bétail est peu importante; les habitants ne savent pas tirer profit de la fertilité de leur sol et n'ont ni industrie ni commerce; 10,000 hab.

NAXIE, pet. v. de la Grèce, chef-lieu de l'île du même nom, siége d'un archevêché catholique et d'un évêché grec, et remarquable parce qu'elle a été le noyau du duché de Naxie, fondé par Marc Sanudo, noble Vénitien, et devenu depuis un des principaux états de cette partie de l'Europe pendant le moyen âge; on voit encore le château ducal, les restes du môle qu'il fit construire, et, sur un écueil, une porte que l'on croit avoir appartenu à un temple de Bacchus, près de la source d'Arianne.

NAY, *Novium Oppidum*, pet. v. de Fr., Basses-Pyrénées, arr., à 4 l. S.-S.-E. et poste de Pau, et à 216 l. de Paris, chef-lieu de canton; sur la rive gauche du gave de Pau; elle a des fabr. de cadis, droguets, bonneterie, couvertures en laine; noir animal; filat. de coton et de laine; commerce de bétail, de toiles et de mouchoirs dits de Béarn; exploitation de marbre et de pierres de taille; 3416 hab.

Dans les environs de Nay, près du village de Coarraze on voit le château où fut élevé Henri IV.

NAY, vg. de Fr., Manche, arr. de Coutances, cant. et poste de Périers; 220 hab.

NAYANCO, riv. de la côte S. de l'île d'Haïti; naît dans la Sierra-Baruco, coule vers le S. et débouche dans la mer des Antilles, près du cap Béata.

NAYARITH, b. de la confédération mexicaine; dans une contrée déserte, au N. de l'état de Xalisco; il est le siége d'une cour judiciaire; a une garnison et 3000 habitants avec ses environs. Jusqu'en 1718 les sauvages Chichimèques occupaient les environs de cet endroit, qu'ils inquiétèrent fréquemment.

NAYEMONT-LES-FOSSÉS, vg. de Fr., Vosges, arr., cant. et poste de St.-Dié; 490 h.

NAYMONT, ham. de Fr., Vosges, com. d'Uzemain-la-Rue; 650 hab.

NAYRAC (le), vg. de Fr., Aveyron, arr., cant. et poste d'Espalion; 1100 hab.

NAZAIRE (Saint-), pet. v. maritime de Fr., Loire-Inférieure, arr. et à 5 l. O.-S.-O. de Savenay et à 108 l. de Paris, poste de Guérande, chef-lieu de canton; elle est située sur la rive droite de la Loire, à l'embouchure du fleuve; elle a une bonne rade où les gros navires allègent pour remonter la Loire. La population, de 3700 habitants, se compose presque entièrement de marins. Dans les environs on exploite des tourbières. On y trouve aussi de l'aimant.

NAZAIRE (Saint-), vg. de Fr., Aude, arr. et poste de Narbonne, cant. de Ginestas; 670 hab.

NAZAIRE (Saint-), vg. de Fr., Charente-Inférieure, arr. de Marennes, cant. de St.-Agnant, poste de Rochefort-sur-Mer; 1580 h.

NAZAIRE (Saint-), vg. de Fr., Gard, arr. du Vigan, cant. et poste de Sauve; 110 hab.

NAZAIRE (Saint-), vg. de Fr., Gard, arr. d'Uzès, cant. et poste de Bagnols; 360 hab.

NAZAIRE (Saint-), vg. de Fr., Gironde, arr. de Libourne, cant. et poste de Ste.-Foy; 150 hab.

NAZAIRE (Saint-), vg. de Fr., Hérault, arr. de Montpellier, cant. de Mauguis, poste de Lunel; 110 hab.

NAZAIRE (Saint-), vg. de Fr., Isère, arr. et cant. de Grenoble, poste de Crolles; 570 hab.

NAZAIRE (Saint-), vg. de Fr., Lot-et-Garonne, arr. de Marmande, cant. et poste de Lauzun; 470 hab.

NAZAIRE (Saint-), vg. de Fr., Pyrénées-Orientales, arr., cant. et poste de Perpignan; 200 hab.

NAZAIRE (Saint-), vg. de Fr., Tarn-et-Garonne, arr. de Moissac, cant. de Bourg-de-Visa, poste de Lauzerte; 930 hab.

NAZAIRE (Saint-) ou SENARY-BEAUPORT, vg. de Fr., Var, arr. de Toulon-sur-Mer, cant. et poste d'Ollioules; 3700 hab.

NAZAIRE-DE-LADAREZ (Saint-), vg. de Fr., Hérault, arr. et poste de Béziers, cant. de Murviel; 880 hab.

NAZAIRE-EN-ROYANS (Saint-), vg. de Fr., Drôme, arr. de Valence, cant. de Bourg-du-Péage, poste de St.-Latiès; fabr. d'étoffes de soie; 925 hab.

NAZAIRE-LE-DÉSERT (Saint-), vg. de Fr., Drôme, arr. de Die, cant. et poste de la Motte-Chalançon; 1100 hab.

NAZARETH ou NASRA, v. de Syrie, pachalik de St.-Jean-d'Acre. Nazareth, situé dans une belle vallée de l'ancienne Galilée, entre des collines de craie, est un endroit ouvert, auquel les voyageurs accordent

3000 habitants, dont un tiers environ sont chrétiens. Cette ville, qui rappelle tant de grands souvenirs, renferme plusieurs édifices remarquables : un grand couvent latin; l'église de l'Annonciation, la plus belle église de Palestine, après celle du Saint-Sépulcre à Jérusalem et l'église de Bethléhem; enfin, une autre église au-dessus de la première, qui renferme plusieurs grottes changées en chapelles, où la tradition populaire place la demeure de la Vierge. Nazareth était autrefois un pèlerinage très-fréquenté. En 1799, lors de l'expédition d'Égypte, Junot soutint près de Nazareth, avec 500 hommes contre 3000 Turcs, un combat glorieux, qui précéda la bataille du mont Tabor.

NAZARETH, gr. vg. du roy. de Belgique, prov. de la Flandre orientale, dist. et à 3 l. S.-O. de Gand; 4300 hab.

NAZARETH, beau vg. fondé par des frères Moraves dans les États-Unis de l'Amérique du Nord, état de Pensylvanie, comté de Northampton; est remarquable par son célèbre pédagogium.

NAZARETH (Nossa-Senhora-de-), b. florissant par ses nombreux et beaux produits agricoles, dans l'emp. du Brésil, prov. et comarque de Bahia; dans une charmante contrée, sur le Jagoaripe, à 8 l. S.-E. de Bahia, avec lequel ses habitants, au nombre de 3000, entretiennent de fréquentes relations.

NAZARETH, ham. de Fr., Lot-et-Garonne, com. de Nérac; 150 hab.

NAZARETH, ham. de Fr., Côtes-du-Nord, com. de Corseul; 800 hab.

NAZARETH, ham. du roy. de Naples, prov. de Bari, peu loin de Barletta. On y voit la cathédrale de l'archevêque de Nazareth, qui porte en même temps le titre d'évêque de Cannes et de Monteverde; sa résidence est à Barletta.

NAZ-DESSOUS et **NAZ-DESSUS**, ham. de Fr., com. de Chevry; 170 hab.

NAZELLES, vg. de Fr., Indre-et-Loire, arr. de Tours, cant. et poste d'Amboise; 1110 hab.

NÉAC, vg. de Fr., Gironde, arr. et poste de Libourne, cant. de Lussac; 450 hab.

NEA-CAMENI (Nouvelle-Brûlée), île de la Grèce, a été produite en 1707, après une violente secousse. Sa vaste rade n'a point de fond, ce qui l'empêche d'être un des meilleurs ports de l'Archipel.

NEAGH, grand lac d'Irlande, dans la prov. d'Ulster.

NÉANT, vg. de Fr., Morbihan, arr. et poste de Ploërmel, cant. de Mauron; 1690 hab.

NEATH, pet. v. d'Angleterre, comté de Glamorgan, sur la rivière du même nom; mines de houille; forges de fer et de cuivre; fabrication d'alun; grand commerce de houille; 3000 hab.

NEAU, vg. de Fr., Mayenne, arr. de Laval, cant. et poste d'Évron; 800 hab.

NEAUFLES-SAINT-MARTIN, vg. de Fr., Eure, arr. des Andelys, cant. et poste de Gisors; 910 hab.

NEAUFLES-SUR-RILLE, vg. de Fr., Eure, arr. d'Evreux, cant. et poste de Rugles; tréfilerie de laiton; 560 hab.

NEAUPHE-SOUS-ESSAI, vg. de Fr., Orne, arr. d'Alençon, cant. et poste de Sées; 380 hab.

NEAUPHE-SUR-DIVE, vg. de Fr., Orne, arr. d'Argentan, cant. et poste de Trun; 480 hab.

NEAUPHLE-LE-CHATEAU, b. de Fr., Seine-et-Oise, arr. de Rambouillet, cant. de Montfort-l'Amaury, poste; 1105 hab.

NEAUPHLE LE-VIEUX, vg. de Fr., Seine-et-Oise, arr. de Rambouillet, cant. de Montfort-l'Amaury, poste de Neauphle-le-Château; 470 hab.

NEAUPHLETTE, vg. de Fr., Seine-et-Oise, arr. de Mantes, cant. de Bonnières, poste de Rosny-sur-Seine; 310 hab.

NEAUX (la), ham. de Fr., Eure, com. de Romilly-près-Bougy; 130 hab.

NÉAUX ou **FARGE** (la), vg. de Fr., Loire, arr. de Roanne, cant. et poste de St.-Simphorien-de-Lay; 920 hab.

NÉBIAN, vg. de Fr., Hérault, arr. de Lodève, cant. et poste de Clermont; 1000 hab.

NÉBIAS, vg. de Fr., Aude, arr. de Limoux, cant. et poste de Quillan; 700 hab.

NÉBING, vg. de Fr., Meurthe, arr. de Château-Salins, cant. d'Albestroff, poste de Dieuze; 500 hab.

NÉBOUZAT, vg. de Fr., Puy-de-Dôme, arr. de Clermont-Ferrand, cant. et poste de Rochefort; 900 hab.

NEBRA, pet. v. de Prusse, prov. de Saxe, rég. de Mersebourg, dans une contrée élevée, sur l'Unstrut, avec les ruines du vieux château de même nom; fabrication de toiles et d'étoffes de laine; carrières; 1380 hab.

NECHAT (le), ham. de Fr., Haute-Vienne, com. de Bersac; 140 hab.

NÉCHI. *Voyez* MAGDALÉNA (fleuve).

NECI, vg. de Fr., Orne, arr. d'Argentan, cant. et poste de Trun; 1120 hab.

NECKAR (cercle du), cer. du Wurtemberg, dans le N.-O. du royaume; borné au N. par le grand-duché de Bade, à l'E. par les cer. de la Jaxt et du Danube, au S. par le cer. de la Forêt-Noire et à l'O. par le même cercle et le grand-duché de Bade. Sa superficie est de 61 milles c. La surface du pays est variée de montagnes appartenant à la chaîne de la Forêt-Noire, de riantes vallées, débouchant la plupart sur le bassin pittoresque du Neckar, et de belles plaines, fertilisées par de nombreux cours d'eaux. Le Neckar prend sa source dans le cercle, le traverse du S. au N., y reçoit la Lauter, la Fils, la Roms, la Murr, le Kocher, la Jaxt et l'Enz et passe dans le grand-duché de Bade. L'agriculture est la principale ressource du pays et d'un rapport considérable par la grande fertilité du sol; l'horticulture est florissante aux environs des villes, la culture des vignes et des fruits est à un haut degré de perfection et s'améliore encore toujours; le chanvre, le lin et la graine de pavot fournissent au commerce; le bois est abondant. De bons pâturages et des prairies artificielles favorisent l'éducation des bestiaux; la race bovine est belle, et les brebis s'améliorent par les mérinos. On exploite des sources salines à Clemenshall et à Friedrichshall. Le pays ne possède pas de mines, mais des carrières de grès, de chaux et de plâtre. L'industrie a son siége principal dans les villes; on y fabrique des draps, des cotonnades, de la bijouterie et des produits chimiques; la campagne ne fournit que des toiles. Stuttgart fait des affaires de change considérables; Cannstatt et Heilbronn possèdent un commerce d'expédition actif, favorisé par la navigation du Neckar. La population, de 436,000 hab., est répartie dans 37 villes, 625 bourgs, villages ou hameaux et environ 400 habitations isolées.

NECKAR, riv.; prend sa source dans la Forêt-Noire, près de Schwenningen, village du Wurtemberg, à 694 mètres au-dessus du niveau de la mer et à 1 l. des sources du Danube. A 1/4 l. de son origine il met déjà en mouvement un moulin. Après sa réunion avec l'Enz, à Besigheim, 5 1/2 l. au-dessous de Canstatt, il devient navigable; mais les grands transports n'ont lieu qu'entre Heilbronn et Mannheim, sur un développement de 25 l. Il reçoit à Wimpfen le Kocher et la Jaxt, entre dans le grand-duché de Bade 2 l. plus loin, passe à Neckarelz, Eberbach, Hirschhorn, Heidelberg, Ladenbourg et se verse dans le Rhin, à Mannheim. Son cours est tortueux et ordinairement paisible; mais après des pluies continues il déborde souvent et ravage ses rives. Ses bords sont pittoresques et on y récolte du bon vin. La navigation du Neckar est importante: à la descente on transporte du bois, du plâtre, du tan, des fruits secs, du tabac en feuille et de la potasse; à la remonte les cargaisons se composent en général de denrées coloniales. Le nombre de bateaux circulant sur la rivière approche de 260.

NECKARBISCHOFSHEIM, b. du grand-duché de Bade, cer. du Bas-Rhin, chef-lieu de bailliage, avec deux châteaux, un moulin à poudre, de grands tissages de toiles et 1700 h.

NECKARELZ, b. du grand-duché de Bade, cer. du Bas-Rhin, situé au confluent de l'Elz avec le Neckar. Son église paroissiale était jadis une église de templiers; 950 hab.

NECKARGEMUND, v. du grand-duché de Bade, cer. du Bas-Rhin, chef-lieu de bailliage, bien située dans la vallée du Neckar et au confluent de l'Elzenz avec cette rivière; navigation, poterie, tanneries, carrières de pierres; 2500 hab.

NECKARSTEINACH, v. du grand-duché de Hesse, prov. de Starkenbourg, sur le Neckar; 1300 hab.

NECKARSULM, pet. v. du Wurtemberg, chef-lieu du grand-bailliage de même nom, cer. du Neckar; située dans une contrée fertile, à 1 l. au-dessous de Heilbronn, au confluent du Neckar et de la Sulm. Le château, ancien siége d'une commanderie de l'ordre teutonique, est séparé de la ville par des murailles; l'église paroissiale est moderne et belle, et la ville a gagné en régularité par sa reconstruction après un incendie. Navigation active, s'étendant jusque dans la Hollande; population de la ville 2500 hab. et du grand-bailliage 27,000, sur 6 4/10 milles c.

NECKARZIMMERN, v. du grand-duché de Bade, cer. du Bas-Rhin, au pied d'une montagne renommée pour son bon vin et offrant les ruines du château de Hornberg, où Gœtz de Berlichingen à la main de fer passa les derniers temps de sa vie; 700 hab.

NECKER, île de la Polynésie ou Océanie orientale; elle est située sous 23° 34′ lat. N. et 167° 3′ long. occ., au N.-O. de l'archipel Hawaï ou de Sandwich, dont on peut la considérer comme une dépendance géographique. Cette île, découverte par La Pérouse, en 1786, n'est qu'une masse rocheuse, inculte et inhabitée.

NECTAIRE (Saint-), vg. de Fr., Puy-de-Dôme, arr. et poste d'Issoire, cant. de Champeix; bains thermaux; 1270 hab.

NECZYN, v. de la Russie d'Europe, gouv. de Czerniowgi, siége des autorités du cercle, sur l'Oster. Elle possède un château fort, 15 églises, plusieurs couvents et maisons de refuge, une école latine et une école grecque; manufactures de soie; fabriques de savon, de parfumeries renommées; tanneries. Son commerce est florissant; 16,000 hab.

NEDDE, vg. de Fr., Haute-Vienne, arr. de Limoges, cant. et poste d'Eymoutiers; 1430 hab.

NEDERBRAKEL, b. du roy. de Belgique, prov. de la Flandre orientale, arr. et à 3 l. S.-E. d'Oudenarde, sur la Sevalme; 3520 h.

NEDER-QUINISDAL, paroisse de Norwége, diocèse de Christiansand, bge de Stavanger; 2000 hab.

NEDERWEERDT, vg. du roy. de Belgique, prov. de Limbourg, arr. de Ruremonde, sur la riv. de Brée; 3600 hab.

NEDJED ou le PAYS-DES-WAHHABITES, est une région de l'Arabie et occupe presque tout l'intérieur de la péninsule. Il est borné au N., au N.-E. et au N.-O. par la Turquie d'Asie, à l'E. par le golfe Persique et le Lahsa, au S.-E. par Oman, au S. et au S.-O. par Yémen, enfin à l'O. par l'Hedjaz. Son nom de Nedjed veut dire en arabe plateau, et en effet il se compose du plateau arabique qui s'abaisse au N. vers les grands déserts qui s'étendent entre l'Euphrate et la Syrie. Le Nedjed est un des pays les moins connus; tout ce que l'on sait, c'est qu'il est traversé par plusieurs chaînes de montagnes; de vastes plaines au sol ingrat, des déserts sablonneux et tout à fait arides, quelques vallées fertiles, voilà ce que les voyageurs y ont trouvé. Le climat est excessivement chaud, l'eau très-rare et la pluie peu fréquente; le palmier et le doura sont les principales productions du sol; la véritable richesse des habitants consiste dans leurs nombreux troupeaux qu'ils font paître sur les maigres pâturages de ce pays sablonneux. Le Nedjed est la patrie des Bédouins, la source de toutes les émigrations arabes qui, sous les premiers califes, se jetèrent en bandes innombrables sur les belles contrées de l'Asie; enfin le Nedjed est le berceau du wahhabisme. Cette secte du mahométisme a été fondée vers 1750 par un scheik, Mahomed, qui n'admit que le texte du Coran, rejeta la tradition, ne reconnut en Mahomet qu'un sage et non un prophète, condamna tout honneur rendu aux saints et prêcha une morale très-sévère. Il fit de rapides progrès et convertit à ses croyances les Bédouins du Nedjed et leur fit un devoir de combattre tous les mahométans. Les Wahhabites s'emparèrent de la Péninsule et des villes saintes, et eussent peut-être porté leurs armes en dehors des frontières de l'Arabie, s'ils n'avaient rencontré, au moment des divisions qui suivirent la mort de Sehud II, leur émir, un ennemi redoutable dans Mehemet-Ali, pacha d'Egypte, dont les fils leur enlevèrent une partie de leurs conquêtes, mirent garnison dans les villes saintes pour protéger les fidèles musulmans et brûlèrent Derreyeh la capitale. Leur puissance est aujourd'hui considérablement réduite; mais on ne peut abattre tout à fait des ennemis qui trouvent toujours au milieu des déserts un refuge assuré. Les trois principales villes du Nedjed sont Derreyeh ou Deriah la capitale, qui avait plus de 20,000 habitants avant 1818 où elle fut prise et en partie détruite par Ibrahim-Pacha; Mounfoumah et Anizeh, dont les murs ont été rasés par les Turcs vers la même époque.

NÉDON, vg. de Fr., Pas-de-Calais, arr. et poste de St.-Pol-sur-Ternoise, cant. d'Heuchin; 270 hab.

NÉDONCHEL, vg. de Fr., Pas-de-Calais, arr. de St.-Pol-sur-Ternoise, cant. d'Heuchin, poste d'Hesdin; 410 hab.

NEDRE-ULLERUD, paroisse de la Suède centrale, prov. de Karlstad, sur la Klara; clouterie et pêche très-considérable de saumons.

NEDROME ou NEDROMA, *Siga*, *Celama*, v. de l'Algérie, prov. de Tlemsen, au S.-E. de Twunt, située dans une contrée très-riche, surtout en figues; sa poterie est très-estimée.

NEEDE, vg. du roy. de Hollande, prov. de Gueldres, dist. de Zutphen; tissage de damas; 2100 hab.

NEEDHAM, b. d'Angleterre, comté de Suffolk, sur l'Orwell; fabrication d'étoffes de coton et de dentelles; 1800 hab.

NEEHWILLER, vg. de Fr., Bas-Rhin, arr. de Wissembourg, cant. de Wœrth-sur-Sauer, poste de Soultz-sous-Forêts; 442 hab.

NEEMBUCU ou VILLA-DEL-PILAR, pet. v. du dictatorat du Paraguay, chef-lieu de l'arrondissement de même nom, sur le Paraguay; elle fut fondée en 1779. Cette ville a donné son nom à l'immense marais si redoutable par ses fréquents débordements et qui s'étend jusqu'à San-Cosmé, en embrassant dans sa partie S. presque toute la largeur de l'état; 2100 hab.

NEERSEN, b. de Prusse, prov. du Rhin, rég. de Dusseldorf; fabr. de rubans de soie et de fil; 2000 hab.

NEEWILLER, vg. de Fr., Bas-Rhin, arr. de Wissembourg, cant. et poste de Lauterbourg; 831 hab.

NEFFES, vg. de Fr., Hautes-Alpes, arr. et poste de Gap, cant. de Tallard; 410 hab.

NEFFLACH, vg. de Fr., Pyrénées-Orientales, arr. de Perpignan, cant. et poste de Millas; 1020 hab.

NEFFIÉS, vg. de Fr., Hérault, arr. de Béziers, cant. de Roujan, poste de Pezénas; 1020 hab.

NEFUSA ou NEFZAWA, nom que porte l'Atlas dans l'état de Tunis,

NÉGAPATAM, *Nicama*, v. et port de l'Inde anglaise, présidence de Madras, prov. de Karnatic. Négapatam fut autrefois le principal établissement des Hollandais dans l'Inde, qui le conservèrent jusqu'en 1783. La ville fait un grand commerce et exporte tous les ans de 4 à 5000 ballots d'étoffes de coton.

NÉGILEH, v. de la Basse-Égypte, chef-lieu de la province de même nom.

NÉGLIA, ham. de Fr., Jura, com. d'Arinthod; 150 hab.

NEGO. *Voyez* ANDREANOU.

NEGOMBO, *Anubingara*, v. de l'Inde anglaise, dans l'île de Ceylan; est située à l'embouchure du Mulawaddy. La ville est petite et ouverte, mais très-peuplée, surtout de Hollandais. On plante beaucoup de canelle et de riz dans son voisinage. Les habitants se livrent principalement à la pêche, dont les produits doivent être très-importants.

NEGRA (punta), promontoire sur la côte E. de la prov. de Rio-Grande-do-Norte, emp. du Brésil, à 3 l. S. de la pointe St.-Roque.

NEGRA (Sierra). *Voyez* MANTIQUEIRA (Sierra).

NEGRA (punta), promontoire au N.-O. du Chili.

NEGRACKEE. *Voyez* ARKANSAS (fleuve).

NÉGRAIS, v. de l'Inde transgangétique, dans le Pégou, prov. de l'emp. Birman. Négrais, situé à l'embouchure de l'Iraouaddy, possède un beau port et fait un commerce considérable.

NÉGRAIS (cap), promontoire à l'O. de l'Inde transgangétique. Il se projette, vers 16° lat. N., sur le golfe de Bengale et paraît terminer la chaîne de montagnes qui encaisse la rive occidentale de l'Iraouaddy.

NÉGREL. *V.* Chateauneuf-le-Rouge.

NÈGREPELISSE, pet. v. de Fr., Tarn-et-Garonne, arr., à 4 l. E.-N.-E. de Montauban et à 101 l. de Paris, chef-lieu de canton et siége d'un consistoire réformé; elle est assez jolie et très-agréablement située sur la rive gauche de l'Aveyron; fabr. de toiles de coton, de futaines et de minots; commerce de minoterie, grains, vins et chanvre; 3142 hab.

Nègrepelisse était encore au commencement du dix-septième siècle une ville importante; elle était fortifiée et appartenait au comte d'Évreux; mais en 1622 les habitants, alors presque tous calvinistes, ayant massacré la garnison, l'armée de Louis XIII enleva la ville après trois jours d'un siége meurtrier, égorgea les habitants et incendia les maisons. Depuis ce désastre Nègrepelisse n'a plus recouvré son ancienne prospérité.

NÈGREPONT, *Eubœa* des anciens, *Egriboz* des Turcs, la plus grande des îles de la mer Egée, formant un des 10 nomos ou départements de la Grèce, entre 20° 31′ et 22° 18′ long. orient., et entre 37° 56′ et 39° 8′ lat. sept.; elle est située à l'E. de la péninsule Hellénique, dont elle est séparée par le canal d'Egribos (*Euribus*), qui est très-étroit. Sa superficie est de 69 l. c.; sa longueur est de 24 l.; mais sa largeur est peu considérable: quelquefois elle ne dépasse pas une demi-lieue. Cette île est traversée par une chaîne de montagnes très-escarpées; les côtes sont également montueuses et couvertes de pins et de sapins; l'intérieur offre une plaine assez vaste, appelée Piano-de-negro-ponte. Son sol est bien arrosé et généralement fertile en blé, froment, fruits, vin, coton, fruits du sud, bois, lièvres, lapins, perdrix, cailles et abeilles; on y rencontre de beaux pâturages couverts de nombreux troupeaux de bêtes à cornes, de brebis et de chèvres; aussi l'éducation du bétail est-elle la principale ressource des habitants; la culture du sol est assez négligée et l'industrie manufacturière est bornée à la fabrication de la soie. On exporte de l'huile, des fromages, des peaux brutes, de la laine, du bétail, de la cire et du miel. Le nombre des habitants s'élève à 60,000, dont les 3/4 sont Grecs. Cette île a beaucoup perdu de son importance depuis qu'elle n'est plus sous la domination ottomane.

NÉGREPONT, *Chalcis* des anciens, *Egriboz* des Turcs, assez grande v. de Grèce, naguère encore chef-lieu du sandschak de même nom, qui embrassait non seulement toute l'île de Négrepont, où elle est située, mais l'Attique, la Béotie, la Phocide et les îles de Colouri et d'Egine. C'est encore, comme aux beaux temps de la Grèce, un des boulevards de cette contrée. Un pont, construit sur le célèbre Euripe, l'unit au continent. Négrepont a un port où stationnait la flotille du capitan-pacha, et un assez vaste palais où cet amiral résidait pendant sa course annuelle dans l'Archipel; elle est le siége d'un archevêché. Avant l'insurrection on lui accordait 16,000 habitants.

NÈGRES, dénomination générale de toutes les peuplades de couleur noire plus ou moins foncée. Cette race se distingue en deux tiges principales, dont l'Afrique et l'île de Madagascar sont le siége primordial: 1° Celle des nègres éthiopiens, qui se compose des Foulahs et des Fellatahs de l'intérieur de l'Afrique; des Yoloffes du Sénégal et de la Gambie et des Mandingues; des Serracolets et Sérères du cap Vert; des Biafares et Timmanées de Sierra-Leone; des Asiantes et des Fantées de la côte d'Or; des Shangallas ou Éthiopiens, des nègres du Darfour et du Bornou; des Montjous et des Betjouanas de la Cafrerie; des Namaquas, des Damoras, des Boschimans et des Karonas de la Hottentotie, etc. Tous ces nègres ont les cheveux laineux, le crâne étroit, le nez épaté, de grosses lèvres et le museau prolongé; ils vivent à l'état sauvage. 2° La tige des nègres océaniens, plus abrutis et plus stupides que les précédents, auxquels ils ressemblent d'ailleurs en tout sous le rapport physique. Les nègres océaniens ont également les cheveux laineux, le front étroit et le museau prolongé, mais leurs jambes et leurs bras sont plus grêles que ceux des nègres éthiopiens. Les tribus qui se rattachent à cette tige, évidemment la dernière dans l'échelle de l'humanité, sont toutes plus ou moins féroces, plusieurs même sont anthropophages. Ces nègres, qui paraissent avoir jadis peuplé les grandes îles de la Malaisie, existent encore dans quelques cantons de l'intérieur de Sumatra et dans une grande partie du territoire de Bornéo, de Luçon, de Mindanao et d'autres îles; ils peuplent le continent austral, la Nouvelle-Guinée et les îles qui en dépendent, l'archipel de la Nouvelle-Bretagne, l'archipel de Salomon, celui de Quiros, la Nouvelle-Calédonie, la Diemenie, et, à l'exception de la Nouvelle-Zélande et de quelques îles moins considérables, toute l'Australie.

NÈGRES (Pointe des). *V.* Martinique.

NÈGRES (les), ham. de Fr., Charente, com. de Verteuil; 120 hab.

NÉGRET, ham. de Fr., Charente, com. de St.-Claud; 200 hab.

NEGRETE, vg. fortifié de la rép. du Chili, prov. de Concepcion, non loin du Biobio.

NÉGREVILLE, vg. de Fr., Manche, arr. et poste de Valognes, cant. de Bricquebec, 1220 hab.

NÉGRO (Rio-). *Voyez* Uruguay (fleuve).

NÉGRO (Rio-) ou Cusu-Leuwu, Desaguadero Segundo, Rio-de-los-Sauces (fleuve des saules), le fl. le plus considérable entre le Rio-de-la-Plata et le détroit de Magellan. Il prend sa source sous le nom de Rio-Diamantino, dans de hautes montagnes au S.-O. de la rép. Argentine; coule, sem-

blable au Nil, dans une vallée qu'il fertilise par ses inondations périodiques; parcourt, comme ce fleuve, une vaste étendue de pays sans recevoir aucun affluent, et traverse d'immenses déserts arides, qui n'offrent le long de ses rives que quelques habitations rares et éparses. Le Sicu-Leuwu, branche du Rio-Négro, le fait communiquer avec une série de lacs encore imparfaitement connus. Dans toute la longueur de son cours, ce fleuve marque la limite entre la rép. Argentine et les solitudes de la Patagonie et est le seul fleuve par lequel on puisse établir une communication directe par eau entre le Chili et Buénos-Ayres. Il débouche dans l'Océan Atlantique, sous 40° 56′ lat. S., à 10 l. au-dessous d'El-Carmen et après un cours de 248 l.

NÉGRO (Rio-), un des fleuves les plus considérables et les plus importants de l'emp. du Brésil; il naît, d'après les explorations les plus récentes, dans la Sierra-de-Tunuhy, rép. de la Nouvelle-Grenade, dép. de Cundinamarca, et porte d'abord le nom de Rio-Caguan, qu'il change plus bas en celui de Guainia et prend enfin le nom de Rio-Négro de la couleur noire de ses eaux. Il traverse, dans une direction E., puis N.-E., les dép. de Cundinamarca et de Boyaca (rép. de la Nouvelle-Grenade), prend, sur la frontière de ce dernier département, une direction S., sépare la Nouvelle-Grenade de la rép. de Vénézuela, baigne les forts de San-Carlos et de San-Agostinho, entre dans l'emp. du Brésil, à San-Jozé-dos-Marabitanos, se dirige, peu au-dessus du fort San-Gabriel, vers l'E. et parcourt, du N.-O. au S.-E., le vaste district auquel il donne son nom. Il y baigne Thomar, Barcellos, Moira, Barra-do-Rio-Négro, etc., et se jette par deux larges embouchures dans le Maragnon, sous 3° 20′ lat. S. Le Rio-Négro est rempli d'îles; ses rives, bordées de superbes forêts, sont couvertes d'un sable blanc et très-fin. Ses principaux affluents sont, à droite: l'Aqui, l'Içanna, le Rio-Uaupé ou Guaupé (Ucayary, Guapès) et l'Igarapé, par lequel il communique avec le Rio-Japura; à gauche: le Cababury (Caburi), le Padauiry, le Paddavida, l'Itivini (Itinivini), le Siaba (Sabia, Ydapa ou Ybapa), l'Ya ou Baria, le Cassiquiare, bras de l'Orénoque, le Rio-Branco (Parana-Pitinga), qui traverse, du N. au S., la comarque de Rio-Négro, et le Jaguapiri ou Anavilhana. Le cours du Rio-Négro est de 450 l.; sa largeur est en quelques endroits de plus de 3000 mètres. Il est la principale voie de commerce entre le S.-E. de la Colombie et le N. du Brésil.

NÉGRO (Rio-). *Voy.* ZULIA (département).

NÉGRO (Rio-), comarque. *V.* RIO-NÉGRO.

NÉGRO (Rio-), ville. *Voyez* RIO-NÉGRO.

NÉGRO (baie). *Voyez* CROIX (Sainte-), île.

NÉGRON, vg. de Fr., Indre-et-Loire, arr. de Tours, cant. et poste d'Amboise; 220 h.

NÉGRONDES, vg. de Fr., Dordogne, arr. de Périgueux, cant. de Savignac, poste de Thiviers; 910 hab.

NÉGROS, une des îles Bissayes dans l'archipel des Philippines, est située à l'O. de Zébu, entre 119° 45′ et 120° 48′ long orient. et entre 9° 15′ et 10° 20′ lat. N. et séparée par d'étroits canaux des îles de Zébu et de Panay. Des bancs de sable dangereux entourent cette île montueuse, salubre et bien arrosée. Les Espagnols, qui possèdent une partie des côtes de Négros, n'y rencontrèrent, lorsqu'ils s'y établirent, que des nègres papouas, d'où le nom qu'ils donnèrent à l'île. L'intérieur, très-peu connu, est habité encore par des tribus nombreuses et indépendantes de Papouas. Les côtes ont été peuplées de Bissayos que les Espagnols ont convertis au christianisme et dont le nombre s'éleva en 1810 à 42,374. Un alcalde espagnol réside dans le village d'Yloc, sur la partie septentrionale de l'île.

NEGUADÉ ou **NAGODÉ**, b. de la Haute-Égypte, sur le Nil, habité par des Koptes, qui ont un évêque; fabrication et commerce de toile.

NÉGUEBOURG, ham. de Fr., Gers, com. de Prechac; 150 hab.

NÉHEIM, pet. v. de Prusse, prov. de Westphalie, rég. et à 2 1/4 l. N. d'Arnsberg, sur l'embouchure de la Mochne dans la Ruhr; fabrication d'étoffes de laine et de velours; 1460 hab.

NÉHOU, vg. de Fr., Manche, arr. de Valognes, cant. et poste de St.-Sauveur-sur-Douve; fabrication de poterie; 2630 hab.

NEIBA, un des cours d'eau les plus considérables de l'île d'Haïti, prend naissance dans les monts Cibao, au centre de l'île, coule d'abord vers l'O., puis vers le S., en traversant la belle vallée du même nom, appelée aussi vallée de St.-Jean, d'une étendue de 80 l. c., et se jette par plusieurs bras dans la baie de Neiba, sous 18° 16′ lat. N. Il est grossi par un grand nombre de rivières, dont les plus considérables sont: le Mijo ou Mixo, le Petit-Jacques avec le Medios, etc.

NEIBA, pet. v. de l'île d'Haïti, dép. du Sud-Est, à une l. N.-E. du lac Enriquille; dans ses environs on exploite du gypse, du talc et du sel gemme; 2300 hab.

NEIDENBOURG, pet. v. murée de Prusse, chef-lieu de cercle; prov. de Prusse, rég. de Kœnigsberg; sur la Neida; fabrication de draps et de chapeaux; tanneries; 2350 hab.

NEILSTON, pet. v. d'Écosse, comté de Renfrew; très-industrieuse; 4000 hab.

NEIRA. *Voyez* BANDA.

NEISSE (duché de), forme la partie supérieure du cer. de Troppau, dans la Silésie autrichienne, et comprend 6 villes, 1 bourg et 83 villages, avec 50,000 hab.; mais la majeure partie de ce duché a été cédée à la Prusse par le traité de Breslau.

NEISSE, v. forte de Prusse, prov. de Silésie, rég. et à 12 l. O. d'Oppeln, chef-lieu du cercle du même nom et de la principauté de

Neisse-Grottkau; située dans une contrée marécageuse et malsaine, mais assez fertile, à l'embouchure de la Biele dans la Neisse. Cette ville, qui se compose de la cité sur la rive droite de la Neisse, de la ville de Fréderic et du fort de Prusse, possède un palais épiscopal, 6 églises catholiques, un temple luthérien et une synagogue, un gymnase, une école industrielle, plusieurs écoles élémentaires et deux hôpitaux; son industrie est peu développée et la garnison forme sa principale ressource; on y compte 7 casernes, un arsenal, un atelier de construction d'artillerie, un moulin à poudre et une manufacture royale d'armes; population de la ville 10,250 hab. et du cercle 50,200, sur 17 milles c.

Boleslaus, duc de Silésie, créa en 1179 la principauté de Neisse en faveur de son fils Jaroslav, qui, devenu évêque de Breslau, en 1198, en fit don à l'évêché. A la paix de Breslau de 1742 le pays fut partagé entre la Prusse et la couronne de Bohême.

NEITRA ou **NEUTRA**, comitat de Hongrie, cer. en-deçà du Danube. Ses bornes sont au N. la Moravie autrichienne et le comitat de Trentsin, à l'E. les comitats de Thurotz et de Bars, au S. celui de Komorn, à l'O. celui de Presbourg et la Moravie autrichienne. Superficie 122 l. c.; pop. 350,000 hab. Cette province est légèrement ondulée, à l'O. et à l'E. elle est traversée par les monts Karpathes et arrosée par la Waag et son affluent la Neitra, qui y prend sa source. Le sol est généralement assez fertile; on fait d'abondantes récoltes de blé, légumes, fruits, vin et bois. L'éducation des bêtes à cornes et de la volaille est très-importante, et l'industrie manufacturière assez développée.

NEITRA ou **NEUTRA**, *Nitria*, pet. v. de Hongrie, cer. en-deçà du Danube, chef-lieu du comitat et sur la rivière du même nom; siége d'un évêché, belle cathédrale, collége des piaristes, gymnase, château fort; culture de la vigne; commerce; 4000 hab.

NEIVA (fleuve). *Voyez* NEIBA.

NEIVA ou **NEYBA**, prov. du dép. du Cundinamarca, rép. de la Nouvelle-Grenade; elle est bornée par le dép. de Cauca, la prov. de Bogota et les Llanos de San-Juan. Cette province, comprise dans la vallée supérieure du Rio-Magdaléna, est très-montagneuse et traversée à l'E. par la Sierra de la Summa-Paz. L'éducation du bétail y fleurit et la culture du sol extrêmement fertile a fait de grands progrès. Le long du Magdaléna on trouve de jolies villes et de belles plantations de cacao, sucre, coton et tabac; mines d'argent; commerce important avec Bogota et Cartagéna; 48,000 hab.

NEIVA, NEYVA, NEYBA ou LA-CONCEPCION-DEL-VALLE-DE-NEIVA, v. et chef-lieu de la prov. du même nom, sur la rive droite du Rio-Magdaléna, à 520 mètres au-dessus du niveau de l'Océan et dans une contrée fertile en maïs, fruits, tabac, cacao, sucre et bois et riche en métaux précieux. La ville renferme un collége et un hôpital. Elle fut fondée en 1550 par le capitaine Alonso à l'endroit où est situé aujourd'hui le village de Villa-Viéja et fut transférée en 1642 sur l'emplacement qu'elle occupe de nos jours. Elle a beaucoup souffert dans la guerre de l'indépendance, qui réduisit sa population de 12,000 à 5000 hab.

NEKENMARK, b. de Hongrie, cer. au-delà du Danube, comitat d'Œdenbourg; 2000 h.

NELLING, vg. de Fr., Moselle, arr. de Sarreguemines, cant. de Sarralbe, poste de Puttelange; 450 hab.

NELLORE, dist. de l'Inde, formé de la partie septentrionale de la prov. de Karnatic, dans la présidence de Madras; est borné au N. par Guntour, à l'E. par le golfe du Bengale, au S. par l'Arkot septentrional, à l'O. par Kaddapeh. Il est traversé par la chaîne des Udegharry, qui recèle des mines de cuivre et de fer, et est arrosé par le Pennar et plusieurs cours d'eau de moindre importance; sur les bords du golfe il y a des marais salants qui fournissent une grande quantité de sel. Ses principaux endroits sont : Nellore, le chef-lieu, Vinkatigherry et Kolestry avec des mines de cuivre.

NELLORE, v. de l'Inde anglaise, présidence de Madras, prov. de Karnatic, chef-lieu du district du même nom; est située sur la rive méridionale du Pennar, à quelque distance de ce fleuve; elle est entourée d'un rempart garni de tours; fait un commerce considérable. Il y a de grands marais salants dans son voisinage.

NELSON (baie). *Voyez* GEORGE (île du roi).

NELSON (île). *Voyez* OCCONEECHY (îles).

NELSON, comté de l'état de Kentucky, États-Unis de l'Amérique du Nord; il est borné par les comtés de Bullet, Shelby, Franklin, Washington et Hardin; pays bien arrosé et généralement fertile; 20,000 hab.

NELSON, com. des États-Unis de l'Amérique du Nord, état de New-York, comté de Madison; 2500 hab.

NELSON, comté de l'état de Virginie, États-Unis de l'Amérique du Nord; il est borné par les comtés d'Albemarle, Buckingham et Amhurst, arrosé par le James et traversé à l'O. par les montagnes Bleues; il abonde en eaux thermales; 12,000 hab.

NELSON, un des plus grands fleuves de l'Amérique anglaise; il se forme par la réunion de deux branches : la Saskatchawan (Saskatchewin) septentrionale et la Saskatchawan méridionale, qui descendent des Montagnes-Rocheuses (Rocky-Mountains). La branche septentrionale prend naissance sous 52° lat. N. et parcourt, par un grand coude, les dist. des Knistineaux, des Indiens-du-Sang et des Indiens-Pieds-noirs, en baignant le fort Augusta ou Edmond-House, Buckingham-House, Manchester-House et en passant à quelques l. S. du Fort-Hudson;

le Manito, le Turtle, le Battle, le Red-Berry et le Setting en sont les principaux affluents. La branche méridionale naît sous le nom de Mukuwane, sous 49° 40′ lat. N., coule vers le N.-E., reçoit la rivière du Daim (Red-Deer-River) et l'Askow, et baigne Chesterfield-House. Après la réunion de ses deux branches, la Saskatchawan, nommée autrefois fleuve Bourbon, passe par Cumberland-House, traverse le lac des Pins et celui des Cèdres et entre dans le grand lac Winnipeg. Au sortir de ce lac, le fleuve prend le nom de Nelson, traverse la Nouvelle-Galles, où il passe par les lacs Vert (Green-Lake), de la Croix (Cross-Lake), du Cygne (Swan-Lake) et Splitt, reçoit le Burntwood et le Hill, et débouche au Fort-York dans la mer d'Hudson, dont il est l'affluent le plus considérable. Le Shemataway paraît le réunir au Sévern. Tout le cours du Nelson est de 350 l.

NELSON-HOUSE, factorerie de la ci-devant Société de la baie d'Hudson, sur le Churchill-supérieur, pays intérieur de la baie d'Hudson.

NEMAN (le), ham. de Fr., Indre-et-Loire, com. d'Avoine; 400 hab.

NEMARD (le), ham. de Fr., Ain, com. de Chaleins; 900 hab.

NEMAUSINS, peuplade indigène indépendante au N.-O. des Etats-Unis de l'Amérique du Nord ; ils habitent au pied des Montagnes-Noires (Black-Hills), branche N.-E. des Montagnes-Rocheuses, près des sources de la Shienne, et sont voisins des Indiens-Shiennes et des Dotames.

NEMBO, b. de Lombardie, gouv. de Milan, délégation de Bergame, dans la vallée Seriana.

NEMEA, *Némée*, g. a., v. de l'Argolide, entre Kléonæ et Phlius et au pied de l'Apesas ou Apesantas. Près de cette ville il y avait un temple d'une grande beauté dédié à Jupiter Néméen avec un bois de cyprès, où l'on célébrait tous les ans les fameux jeux funèbres en l'honneur de Palémon et d'Archémore; trois colonnes de ce temple sont encore debout. Némée est remplacée par un misérable hameau appelé Colonna.

NEMENTURI, g. a., peuple des Alpes maritimes, à l'E. des Beritini, dans la Ligurie d'aujourd'hui.

NEMI, vg. des états de l'Église, territoire de Rome, près de Genzano, sur le lac d'Ipusano, dans lequel on trouva, en 1827, plusieurs débris du navire de Tibère qui avait péri dans ses eaux.

NEMISCAU, lac considérable du Labrador, à l'O. du grand lac Mistissing; s'écoule par le Robert dans la baie de James.

NEMOURS, *Nemosium*, *Nemorosium*, pet. v. de Fr., Seine-et-Marne, arr. et à 4 l. S. de Fontainebleau, chef-lieu de canton et poste; elle est située sur la rivière et le canal du Loing, dans un vallon pittoresque, entouré de collines et de rochers; elle est bien bâtie et renferme plusieurs constructions de bon goût; on y remarque surtout un beau pont sur le Loing et l'ancien château, encore bien conservé et occupé aujourd'hui par diverses institutions, entre autres par la bibliothèque publique. La ville possède un collége, une petite salle de spectacle, un hôpital et d'agréables promenades; elle a des chapelleries, des tanneries, des mégisseries, des moulins à farine et à tan, des ateliers de marbriers, des fours à chaux, des tuileries, etc.; carrières de pierres de taille; commerce de grains, vins, fromage, bois, fer, etc.; 3839 hab.

Quoique l'on suppose, avec beaucoup de vraisemblance, une origine antique à Nemours, il n'est pourtant question pour la première fois de cette ville que vers la fin du douzième siècle. Elle eut des seigneurs particuliers et passa par alliance à la maison d'Armagnac, sur laquelle Louis XI la confisqua en 1477, après avoir fait décapiter Jacques d'Armagnac, duc de Nemours, qui s'était révolté contre lui. Louis XI donna le duché de Nemours à son neveu Gaston de Foix. Ce duché passa ensuite dans d'autres maisons et enfin dans la maison d'Orléans, qui en a conservé le titre dans sa famille. Le second fils du roi actuel des Français prend encore le titre de duc de Nemours.

NEMOZ (le), ham. de Fr., Isère, com. de St.-Laurent-du-Pont; 300 hab.

NEMPONT-SAINT-FIRMIN, vg. de Fr., Pas-de-Calais, arr., cant. et poste de Montreuil-sur-Mer; 380 hab.

NENAGH, b. d'Irlande, comté de Tippérary; avec un beau château.

NENKOAZK, vg. de la Russie d'Europe, gouv. d'Archangelsk; il est remarquable par sa riche saline.

NENNDORF, vg. de la Hesse-Électorale; situé dans une belle contrée de la prov. de la Basse-Hesse et renommé par un bain sulfureux, qu'embellisent de belles promenades.

NENON, vg. de Fr., Jura, arr. de Dôle, cant. de Rochefort, poste d'Orchamps; 120 hab.

NEOGRAD, comitat de Hongrie, cer. endeçà du Danube. Ses bornes sont : au N. le comitat de Sol, à l'E. ceux de Gœmœr et d'Heves, au S. celui de Pesth et à l'O. ceux de Honth et de Sol. Sa superficie est de 78 l. c. et sa population de 180,000 hab. C'est une vaste plaine, fermée au N. par quelques ramifications des monts Karpathes et arrosée par l'Eypel, qui y prend sa source. Ses principales productions consistent en blé, chanvre, melons, tabac, vin, fruits, bêtes à cornes et bêtes à laine; ces dernières forment la principale richesse des habitants; l'industrie manufacturière est presque nulle.

NEOGRAD, b. du comitat de même nom; avec les ruines d'un château fort.

NEOLA, roy. de la Sénégambie, sur la Gambie et à l'E. de celui de Tenda.

NEOLA-KUBA, fl. du roy. de Tenda, dans la Sénégambie.

NEOMAYE (Sainte-), vg. de Fr.; Deux-Sèvres, arr. de Niort, cant. et poste de St.-Maixent; 940 hab.

NEON, g. a., v. ancienne de la Phocide, sur le penchant oriental du mont Tithorea; après avoir été détruite par les Perses, elle fut rebâtie et prit le nom de Tithorea; mais elle n'existait déjà plus du temps de Pausanias.

NÉONS, vg. de Fr., Indre, arr. et poste du Blanc, cant. de Tournon-St.-Martin; 820 hab.

NEONTICHOZ, g. a., v. de la Carie, dans l'Asie Mineure.

NÉOSHO. *Voyez* ARKANSAS (fleuve).

NEOTS (Saint-), b. d'Angleterre, comté de Huntingdon; commerce de houille sur l'Ouse.

NEOULES, vg. de Fr., Var, arr. et poste de Brignolles, cant. de la Roque-Brussanne; 670 hab.

NÉOUX, vg. de Fr., Creuse, arr., cant. et poste d'Aubusson; 1180 hab.

NÉPAL ou **NÉPAUL**, roy. de l'Inde septentrionale, s'étend (en y comprenant la principauté de Sikkim) entre 77° 40′ et 86° 20′ long. orient. et entre 22° 25′ et 30° 40′ lat. N. Les limites actuelles sont le Thibet au N., le Boutan à l'E., le Bengale au S.-E., Bahar et Oude au S., Delhi au S.-O. et le Gherwal à l'O. Sa superficie, selon Hamilton, est de 2465 milles c. géogr., sans y comprendre le Sikkim, et de 2530, en y comprenant cette principauté.

Le Népal est une grande vallée qui s'étend entre deux chaînes parallèles; au N. est la chaîne principale de l'Himalaya, où s'élève le Dholagir ou Dhawalagiri, la montagne la plus élevée du globe; au S. une chaîne moins haute sépare le Népal du bassin du Gange. Des pics, demeure éternelle de la neige, des montagnes tantôt arides, tantôt boisées, des côteaux où s'épanouit une végétation luxuriante, des vallées fertiles alternent les sites du Népal, beaucoup plus ouvert à l'O. qu'à l'E. où il se rétrécit. La pointe la plus orientale est formée par les monts Lama-Gangra, qui forment avec l'Himalaya un angle couvert d'un immense marais, où s'engouffrent les eaux et les neiges fondues des monts du Népal. Les principaux cours d'eau de ce pays sont : à l'E. le Koussy ou Cosah, le Couki, qui le sépare de la principauté de Sikkim, le Bagneattey, etc., tous affluents du Gange; à l'O. le Gandack ou Gunduk et la Gogra, également affluents du Gange. Les vallées latérales sont parfaitement arrosées; on rencontre partout des torrents, des ruisseaux, de petits lacs, des sources minérales, même quelques sources thermales. Le climat est doux, mais présente, comme la Suisse, des contrastes fréquents; le climat des Alpes règne sur les hautes montagnes; dans le voisinage des glaciers et des neiges éternelles, l'air est généralement sain; mais des fièvres dangereuses sévissent dans les bas fonds marécageux et à l'E., où presque tous les habitants ont des goitres. Le terrain pierreux des montagnes offre cependant d'excellents pâturages; le sol des vallées est gras et fertile. L'agriculture est très-soignée, malgré la mauvaise distribution des propriétés, qui appartiennent exclusivement au clergé et aux princes. Les principales productions consistent en riz, froment, orge et autres céréales, coton, safran, sucre (à l'O.), chanvre, cardamons, poivre, santalas (espèce d'orange) et autres fruits. Les magnifiques forêts qui bordent au S. le Népal pourraient fournir du bois à une grande partie de l'Indostan. L'éducation du bétail est avancée et on admire les beaux troupeaux que nourrissent ses gras pâturages. Les forêts sont peuplées d'éléphants, de tigres, de léopards, de chakals et autres animaux féroces, d'argalis, de singes, etc.; on trouve la marmotte, le chamois et le bouquetin sur les montagnes, et partout une multitude d'oiseaux. Enfin le Népal possède des mines d'argent, de cuivre, de fer d'excellente qualité, de soufre, de marbre, de jaspe, de cristal de roche. La population est évaluée par Hamilton à 2 millions et demi d'individus; elle est très-mélangée et se compose de différents éléments : de Hindous brahmines et Tchetris ou guerriers, qu'on dit très-démoralisés et s'adonnant à toutes les débauches; de Newares, caste mélangée d'origine thibétaine et de religion bouddhiste, avec une littérature fort riche et assez ancienne; de montagnards, peuplades d'origine mongole, chez lesquels on rencontre les restes d'une religion d'après laquelle tous les objets de la nature et tous ses phénomènes, tous les hommes et chaque homme à ses divers âges, les villages, les maladies, etc., ont chacun leurs génies particuliers et distincts. L'islamisme a aussi ses prosélites au Népal et y fait de grands progrès. Ajoutons que ce sont les Newares qui sont les agriculteurs et les industriels du Népal, race dure à la fatigue, laborieuse, quelquefois ingénieuse, mais peu propre à la guerre. La forme du gouvernement est despotique. Le radjah c'est ainsi, qu'est intitulé le souverain, a une puissance qui n'est tempérée que par celle du clergé, très-considérable, d'après ce que rapportent les voyageurs. Il se fait assister par un conseil d'état de 36 membres; les districts sont administrés par des soudahs, qui reçoivent leurs instructions de la cour. Le Népal était autrefois beaucoup plus considérable, mais en 1816, il fut obligé de céder à la Compagnie des Indes et à son allié le prince de Sikkim une partie de son territoire qu'il compte toujours reprendre, s'il en faut croire les nouvelles de l'Inde et les mesures de précaution prises par l'Angleterre. Les revenus actuels du radjah sont évalués à 13 millions de francs; son armée à 17,000 hommes.

Le Népal est divisé en 9 districts, qui sont :

DISTRICTS.	CHEFS-LIEUX ET ENDROITS REMARQUABLES.
Népal, proprement dit,	Katmandou, la capitale, Lalitapatan, Bhatgong, Noukote.
Pays des 24 radjahs,	Gorkha, Galcot, Argha, Malebun.
Pays des 22 radjahs,	Chilly, Chinachin, Gardon, Taclagur.
Makwanpour,	Makwanpour.
Pays des Kirats,	divisé en un grand nombre de petites principautés.
Khatang,	Hidang, Rawah.
Tchayenpour,	Tchayenpour.
Saptai (Tanakpour),	Naragari, Djanakpour.
Morang (Morung),	Vidjayapour, Sorabagh, Tchistra.

NÉPEAN, île du groupe de Norfolk, entre la Nouvelle-Zélande et la Nouvelle-Calédonie, Australie ou Océanie centrale ; elle est située au S.-O. de l'île Norfolk, dont elle est séparée par un étroit canal, où règnent presque continuellement des tempêtes. Avant que la colonie anglaise abandonnât Norfolk pour la Diemenie, Népean était le lieu de pâturage pour les troupeaux des colons, qui y recueillaient aussi du sel marin.

NÉPÉAN, fl. de la Nouvelle-Galles du Sud ; il a sa source dans les terres inconnues de l'intérieur, longe la chaîne des Montagnes-Bleues dans la direction du N.-O., et reçoit, avant de pénétrer à travers cette chaîne, le Grose, avec lequel il forme le Hawkesbury, fleuve le plus considérable du comté de Cumberland.

NEPEAN. *Voyez* BOUGAINVILLE.

NEPENNA, joli b. de la rép. du Pérou, dép. de Lima, prov. de Santa, à 9 l. E. de cette ville, dans une contrée charmante ; on y cultive du vin qui rivalise avec le Frontignan et les meilleurs vins muscats de l'Espagne.

NEPHERIS, g. a., v. de l'Afrique propre, sur un rocher et dans le voisinage de Carthage, près de Moraisah.

NEPI, *Colonia Nepensis, Nepita*, v. épiscopale des états de l'Église, délégation de Viterbe ; possède un bel aqueduc.

NEPOMUK, pet. v. de Bohême, cer. de Klattau ; 1500 hab.

NEPONSET, fl. des États-Unis de l'Amérique du Nord ; prend naissance dans le lac Mashapog, état de Massachusetts, coule vers le N.-E. et se décharge dans la baie de Boston. Le Mutterbrook le joint à la rivière Charles.

NÉPOULAS (Grand et Petit-), ham. de Fr., Haute-Vienne, com. de Compreignac ; 180 hab.

NÉPOUX, ham. de Fr., Haute-Vienne, com. de Compreignac ; 130 hab.

NEPVANT, vg. de Fr., Meuse, arr. de Montmédy, cant. et poste de Stenay ; 250 h.

NER, riv. de Pologne ; elle prend sa source dans les forêts de Puszyn et débouche dans la Warta, près de Dabié, après avoir traversé la woïwodie de Kalicz.

NERA, riv. des états de l'Église, affluent du Tibre ; arrose Spoleto.

NÉRAC, v. de Fr., Lot-et-Garonne, à 4 l. S.-S.-O. d'Agen et à 191 l. S.-O. de Paris, chef-lieu d'arrondissement ; siége des tribunaux de première instance et de commerce ; direction des contributions indirectes et conservation des hypothèques ; elle est située sur les deux rives de la Baïse, qui sépare la ville vieille, située sur la droite, de la ville neuve, qui occupe un plateau sur la rive opposée. La ville vieille est mal bâtie et mal percée ; elle communique par deux ponts de pierre avec la ville neuve, qui est plus grande et plus jolie. On y remarque l'ancien château, jadis résidence des rois de Navarre de la maison d'Albret et dans lequel Henri IV passa la plus grande partie de sa jeunesse ; l'église paroissiale, édifice moderne d'une élégante simplicité, et une halle d'une très-grande étendue. La statue pédestre de Henri IV en bronze décore une des deux esplanades qui avoisinent le château, et de jolis boulevards bien ombragés ceignent la ville neuve. Autour de la ville vieille on aperçoit des débris d'anciennes fortifications. La Garenne est le nom d'une charmante promenade, où l'on montre encore la fontaine de Fleurette, célèbre par les premières amours du Béarnais. On voit aussi près de cette fontaine des restes de bains antiques, qui, à juger par leurs débris, ont dû être d'une grande magnificence. Nérac possède une société d'agriculture ; des fabriques de liége, d'amidon, de minots, de biscuits de mer, des tanneries ; commerce en toiles, chanvre, lin, grains, liége, blé, farine, vins, eaux-de-vie, cuirs, minoterie ; bonneterie, etc. Foires les 15 juin, 29 août, 29 octobre, 15 décembre, le jeudi-gras et le samedi après Pâques ; 6608 hab.

Des débris d'antiquités trouvés il y a quelques années près de Nérac, ont fait supposer avec raison que cette ville occupe l'emplacement d'une ancienne cité romaine, dont on attribue, d'après les inscriptions découvertes, la fondation à Tetricus, qui s'était fait proclamer empereur par les légions de la Gaule, en 268. Cependant l'académie des inscriptions n'a pas reconnu l'authenticité de cette antiquité. Quant à l'histoire plus positive de Nérac, c'est que cette ville appartenait à une abbaye de bénédictins, fondée vers le milieu du treizième siècle, et dont les moines se mirent sous la protection du sire d'Albret, qui ne tarda pas à les dépouiller de leur couvent et de la seigneurie de Nérac. Lorsque les sires d'Albret furent rois de Navarre, ils embellirent beaucoup Nérac, qui devint une de leurs résidences. Sous Louis XIII cette ville soutint un siége mémorable contre les catholiques. Elle fut ensuite demantelée en 1622.

NERBUDDAH ou **NARMMADA**, fl. de l'Inde, prend sa source dans la prov. de Gundwana, où elle sort d'un petit lac, situé sur le plateau d'Omerkæntæk. La Nerbuddah court à l'O., traverse le Gundwana, le Malva, le Kandeich et le Guzerate, passe par les villes de Mandlah, Garrah, Hindia et Barotch, reçoit les eaux du Herun, du Towah, du Cow, du Hautree, de l'Odee et de l'Oresung, et se jette par une large embouchure dans le golfe de Kambaye. C'est au S. de la Nerbuddah que les géographes ont l'habitude de faire commencer la presqu'île du Dekkan.

NERBIS, vg. de Fr., Landes, arr. de St.-Sever, cant. et poste de Mugron; 560 hab.

NERBONNEAU, ham. de Fr., Deux-Sèvres, com. de Pamproux; 170 hab.

NERCHINSKOI-ZAVOD. *Voyez* BOLCHOÏ-ZAVOD-DE-COCHRANE.

NERDILLAC, vg. de Fr., Charente, arr. de Cognac, cant. et poste de Jarnac; 1200 h.

NÉRÉ, vg. de Fr., Charente-Inférieure, arr. de St.-Jean-d'Angely, cant. et poste d'Aulnay; 1200 hab.

NERECZA, pet. v. de la Russie d'Europe, gouv. de Kostroma, sur la rivière du même nom; 700 hab.

NÉRESHEIM, pet. v. de Wurtemberg, chef-lieu du grand bailliage de même nom, dans le cer. de Jaxt, située sur l'Egge, au pied d'une montagne, sur laquelle se trouve l'abbaye de Neresheim, fondée dans le onzième siècle et qui a possédé la ville jusqu'en 1764; fabrication de tapis et de poterie, carrières de marbre; pop. de la ville 1020 hab., et du grand bailliage 23,600 sur 9 milles c.

En 1792 il y eut près de cette ville une affaire entre les Français et les Autrichiens.

NÉRET, vg. de Fr., Indre, arr., cant. et poste de la Châtre; 460 hab.

NERETO, pet. v. du roy. de Naples, prov. de l'Abruzze ultérieure Ire; 1800 hab.

NERICUS, g. a., v. de l'île de Leucas ou Lemadia, dont les habitants fondèrent plus tard la ville de Leucas.

NERIDI, chef-lieu de l'île de Bug, cer. de Spalatro, roy. de Dalmatie; 1600 hab.

NERIGEAN, vg. de Fr., Gironde, arr. de Libourne, cant. et poste de Branne; 580 h.

NÉRIGNAC, vg. de Fr., Vienne, arr. de Montmorillon, cant. et poste de l'Isle-en-Jourdain; 210 hab.

NÉRIKO, affluent de gauche du Sénégal, établit une jonction temporaire entre le bassin de ce dernier fleuve et celui de la Gambre.

NERIPHUS, g. a., île déserte sur les côtes de la Chersonèze de Thrace.

NERIS-LES-BAINS, *Aquæ Neriæ*, b. de Fr., Allier, arr., cant., à 2 l. S.-E. de Montluçon, et à 93 l. de Paris, poste; il est agréablement situé, important par son établissement thermal et remarquable par les restes d'antiquités qu'on y a découverts. Les eaux de Neris sortent de terre par trois sources différentes; leur température varie de 48° 25′ à 50° 50′ centigrades. Elles contiennent du carbonate, du muriate, du sulfate de soude, un peu de chaux et de silice. On les ordonne contre les rhumatismes, les paralysies et les maladies nerveuses; on les emploie en bains, en douches et en boissons. Elles sont bien fréquentées. Aux environs de Neris on exploite de la houille; 1379 hab.

Sous les Romains Neris était une des cités considérables de la Gaule. Les Francs l'incendièrent. Il se releva de ses ruines. Plus tard les Normands le saccagèrent et le détruisirent entièrement. Ses sources thermales lui ont seules conservé le peu d'importance qu'il a encore aujourd'hui.

NERMIER, vg. de Fr., Jura, arr. de Lons-le-Saulnier, cant. et poste d'Orgelet; 140 h.

NÉROLLE (la), ham. de Fr., Charente, com. de Segonzac; 190 hab.

NÉRON, vg. de Fr., Eure-et Loire, arr. de Dreux, cant. et poste de Nogent-le-Roi; 380 hab.

NÉRONDE, vg. de Fr., Puy-de-Dôme, arr. et poste de Thiers, cant. de Lezoux; 800 h.

NÉRONDE, pet. v. de Fr., Loire, arr., à 6 l. S.-S.-E. de Roanne, poste de St.-Symphorien-de-Lay, chef-lieu de canton; elle est presque entièrement ceinte de murailles, restes de ses anciennes fortifications, qui ont joué un rôle dans les guerres de religion au seizième siècle. Cette ville était autrefois un château fort des comtes du Forez; 1247 hab.

NERONDES, b. de Fr., Cher, arr. et à 9 l. N.-E. de St.-Amand-Mont-Rond, chef-lieu de canton, poste de Villequiers; 1780 h.

NÉRONVILLE, ham. de Fr., Seine-et-Marne, com. de Château-Landon; 130 hab.

NERPOL, vg. de Fr., Isère, arr. de St.-Marcellin, cant. et poste de Vinay; 530 hab.

NERS, vg. de Fr., Calvados, arr., cant. et poste de Falaise; 140 hab.

NERS, vg. de Fr., Gard, arr. d'Alais, cant. de Vézenobres, poste de Ledignan; 500 hab.

NERSAC, vg. de Fr., Charente, arr., cant. et poste d'Angoulême; 1086 hab.; fabr. de papier; de cardes, manchons, feutre, etc., pour la fabrication du papier; droguets et cadis; filat. de laine et de coton.

NERTCHINSK, v. de la Russie d'Asie, gouv. d'Irkoutsk, sur la Nerbcha, à 2 l. de son confluent avec la Schilka. Fondée en 1658, au milieu d'une contrée marécageuse et aride, la petite ville de Nertchinsk serait abandonnée aujourd'hui si elle n'était le chef-lieu du district de même nom, si riche en mines d'argent et de plomb. Ce district, partie de l'ancienne Daourie, est situé entre 106° 28′ et 109° 30′ long. orient. et entre 49° 40′ et 56° 1′ lat. N., et compris entre Iakoustk, la Mandchourie, la Mongolie et le lac Baïkal.

Il est divisé en deux parties par le Iablonnoï-Stawonoï; l'occidentale est un pays tout à fait sauvage; ni les hautes montagnes qui le couvrent ni ses vallées profondes ne sont susceptibles de culture; il n'y existe presque pas de colons russes, et des Burètes nomades parcourent seuls les vallées désertes; la partie orientale, plus à l'abri d'un climat rude par le rempart que lui forme le Iablonnoï-Stawonoï, est cultivée en certaines parties par des Russes et des Cosaques, bien que le gros de la population se compose aussi de Burètes nomades qui entretiennent de grands troupeaux de bétail. Ses riches mines d'argent et de plomb du dist. de Nertchinsk occupent, dit-on, près de 50,000 mineurs et forgerons. La ville de Nertchinsk a 2000 hab.

NERTCHINSK (monts de). *Voyez* DAOURIE (monts de).

NERUSI, *Nerusii*, g. a., peuple des Alpes maritimes, à l'O. des Velauni, avec la ville d'Uncia.

NERVEZAIN, vg. de Fr., Haute-Saône, arr. de Gray, cant. de Dampierre-sur-Salon, poste de Combeaufontaine; 120 hab.

NERVI, b. du duché de Gênes, prov. de la Rivière-di-Levante, près de la mer. Ses habitants, au nombre de 1600, s'occupent de la pêche.

NERVIEUX, vg. de Fr., Loire, arr. de Montbrison, cant. de Bœn, poste de Feurs; 960 hab.

NERVII, g. a., peuple de la Germanie IIe Gallia Belgica), descendant, selon les uns, des Germains, selon les autres, des Cimbres et des Teutons; habitait les bords de la Sambre, dans le Hainaut; leur principale ville était Bagacam ou Bacacam Nerviorum.

NERVILLE (la), ham. de Fr., Loiret, com. de Dancray; 130 hab.

NERVILLE, ham. de Fr., Seine-et-Oise, com. de Presles; 390 hab.

NÉRY, vg. de Fr., Oise, arr. de Senlis, cant. de Crépy, poste de Verberie; 630 hab.

NESA, ham. de Fr., Corse, com. de Vico; 200 hab.

NESCHERS, vg. de Fr., Puy-de-Dôme, arr. et poste d'Issoire, cant. de Champeix; 1160 hab.

NESCUS, vg. de Fr., Arriège, arr. de Foix, cant. et poste de la Bastide-de-Serou; 390 hab.

NÉSIGNAN-L'ÉVÊQUE, vg. de Fr., Hérault, arr. de Béziers, cant. et poste de Pezénas; 790 hab.

NESLE, vg. de Fr., Côte-d'Or, arr. de Dijon, cant. et poste de Laignes; 470 hab.

NESLE-EN-DOLE, ham. de Fr., Aisne, com. de Seringes; 170 hab.

NESLE-HODENG, vg. de Fr., Seine-Inférieure, arr., cant. et poste de Neufchâtel-en-Bray; 770 hab.

NESLE-LA-REPOSTE, vg. de Fr., Marne, arr. d'Épernay, cant. d'Esternay, poste de Villenauxe; 250 hab.

NESLE-LE-REPONS, vg. de Fr., Marne, arr. d'Épernay, cant. et poste de Dormans; 310 hab.

NESLE-L'HOPITAL, vg. de Fr., Somme, arr. d'Amiens, cant. d'Oisemont, poste de Blangy; 210 hab.

NESLE-NORMANDEUSE, vg. de Fr., Seine-Inférieure, arr. de Neufchâtel-en-Bray, cant. et poste de Blangy; manufacture de verres à vitres; 310 hab.

NESLES, vg. de Fr., Aisne, arr., cant. et poste de Château-Thierry; 380 hab.

NESLES, pet. v. de Fr., Somme, arr. et à 5 l. S. de Péronne et à 34 l. de Paris, chef-lieu de canton et poste. Cette petite ville, située sur l'Ignon, était jadis beaucoup plus considérable; elle était le siége du plus riche marquisat de France; mais elle fut plusieurs fois dévastée. En 1472 les Bourguignons, ayant à leur tête leur duc, Charles-le-Téméraire, s'en emparèrent, la saccagèrent et passèrent tous les habitants au fil de l'épée, sans distinction d'âge ni de sexe. Nesles a des fabriques de plâtre, de moutarde renommée et de sucre indigène; commerce de céréales; 1706 hab.

NESLES, vg. de Fr., Pas-de-Calais, arr. de Boulogne-sur-Mer, cant. et poste de Samer; 210 hab.

NESLES, vg. de Fr., Seine-et-Oise, arr. de Pontoise, cant. et poste de l'Isle-Adam; 910 hab.

NESLES, vg. de Fr., Seine-et-Marne, arr. de Coulommiers, cant. et poste de Rozoy-en-Brie; 330 hab.

NESLETTE, vg. de Fr., Somme, arr. d'Amiens, cant. d'Oisemont, poste de Blangy; 110 hab.

NESMES, ham. de Fr., Indre, com. de Bélâbre; 280 hab.

NESMY, vg. de Fr., Vendée, arr., cant. et poste de Bourbon-Vendée; 1040 hab.

NESPLOY, vg. de Fr., Loiret, arr. de Montargis, cant. de Bellegarde, poste de Bois-commun; 410 hab.

NESPOULS, vg. de Fr., Corrèze, arr. et cant. de Brives, poste de Noailles; 995 hab.

NESS (la), riv. d'Écosse, sort du comté de Perth, y traverse le lac du même nom, passe par la ville d'Inverness et entre par le golfe de Murray dans la mer du Nord; le magnifique canal Calédonien donne une grande importance à son bassin.

NESSA, vg. de Fr., Corse, arr. de Calvi, cant. d'Algajola, poste de l'Isle-Rousse; 350 h.

NESTALAS, vg. de Fr., Hautes-Pyrénées, arr., cant. et poste d'Argelès; 490 hab.

NESTE (la), riv. de Fr., a sa source au fond de la vallée d'Aure, dans le dép. des Hautes-Pyrénées; elle coule vers le N.-E., passe à Vielle, à Arreau, à Nestier, et se jette dans la Garonne en entrant dans le dép. de la Haute-Garonne, après 15 l. de cours, dont 10 de flottage.

NESTIER, vg. de Fr., Hautes-Pyrénées, arr. et à 7 l. E. de Bagnères-en-Bigorre, chef-lieu de canton, poste de St.-Laurent-de-Neste; 601 hab.

NESTING, b. de l'île Shetland ou Mainland; 2000 hab.

NESTOEDEN, pet. v. du Danemark, dans l'île de Seeland, bge de Præstoe; fabrication d'étoffes de laine et de coton; un canal la réunit à son port qui est situé à 1 1/2 l. de distance; 1500 hab.

NÉSUKÉTONGA. *Voyez* ARKANSAS (fleuve).

NESVILLE-DE-COMBOM, ham. de Fr., Eure, com. de Combom; 200 hab.

NESWILLEREN. *Voyez* NATZVILLER.

NESZMLY, b. de Hongrie, cer. au-delà du Danube, comitat de Komorn; renommé pour les vins qu'on y récolte; 1200 hab.

NETREVILLE, ham. de Fr., Eure, com. d'Évreux; 170 hab.

NETTA, riv. de Pologne qui, après avoir traversé la woïwodie d'Augustow, se jette dans la Narew.

NETTANCOURT, vg. de Fr., Meuse, arr. de Bar-le-Duc, cant. et poste de Revigny; 700 hab.

NETTOLITZ, pet. v. de Bohême, cer. de Prachin, sur un petit lac; fabrication de cuir et de bas; 2000 hab.

NETTUNO, b. des états de l'Église, territoire de Rome, sur la mer, à l'endroit où commencent les marais pontins.

NETZSCHKAU, v. du roy. de Saxe, cer. du Voigtland, sur la Gœlzsch; tissages de toile et de cotonnade; 1350 hab.

NEUALBENRÆTH, vg. de Bohême, cer. d'Ellbogen; on y fabrique les meilleurs instruments aratoires du royaume.

NEU-BEINHEIM, ham. de Fr., Bas-Rhin, com. de Seltz; 120 hab.

NEU-BIDSCHOW, pet. v. de Bohême, chef-lieu du cercle de même nom, avec 4000 hab., parmi lesquels un grand nombre de juifs; éducation du bétail; carrières de roches de topazes, de carniol, de calcédoine, de jaspe et d'agate.

NEUBLANS, vg. de Fr., Jura, arr. de Dôle, cant. de Chaussin, poste de Deschaux; 600 hab.

NEUBOIS ou GRUTH, vg. de Fr., Bas-Rhin, arr. de Schlestadt, cant. et poste de Villé; 619 hab.

NEUBOURG, v. de Bavière, chef-lieu de district dans le cer. du Danube-Supérieur, siége de la cour d'appel pour le même cercle. Située à 13 l. d'Augsbourg, dans une contrée riante et fertile, sur le Danube, que l'on y traverse sur 2 ponts de bois. Elle possède un château royal avec une église, une belle salle de spectacle et de vastes jardins, 2 églises paroissiales, un hôpital, un hospice pour les orphelins et plusieurs autres fondations de charité, un gymnase, une riche bibliothèque, un séminaire, une grande caserne et un arsenal avec beaucoup d'armures antiques. La ville n'est pas manufacturière, mais elle est le centre du commerce et de l'industrie des environs, et ses habitants, la plupart marchands ou artisans, jouissent d'une grande aisance. Près de là sont situées, sur un rocher escarpé, les ruines d'Altenbourg; on prétend que la ville romaine de Gulleodunum ou Calatium s'étendait à son pied. Population de la ville 6000 hab., et du district 13,000 sur 6 milles c.

Neubourg était en 772 le siége d'un évêché, qui fut incorporé peu après à celui d'Augsbourg. Au commencement du seizième siècle il fut détaché de la Bavière pour faire partie d'un duché dont les maisons palatines de Neubourg et de Sulzbach restèrent en possession jusqu'en 1777. A cette époque ce pays retourna à la Bavière par l'électeur Charles-Théodore, et fus compris dans la nouvelle division du royaume en 1808.

NEUBOURG, pet. v. de Fr., Eure, arr., à 6 l. O.-S.-O. de Louviers, chef-lieu de canton et poste; elle est située au milieu d'une belle plaine, entre la Seine et la Rille. On y remarque l'église paroissiale, édifice gothique assez joli, et l'ancien château des marquis de Neubourg. C'est dans ce château qu'on exécuta, en 1660, les premiers essais de l'opéra en France : on y joua la *Toison d'or* de Corneille. Neubourg a des fabriques de molletons, de basins, de futaines, de toiles de coton, de siamoises et de tissus de soie pour chapellerie; commerce de grains et de bétail; 2200 hab.

NEUBOURG, ham. de Fr., Bas-Rhin, com. de Dauendorf, sur la Moder. On y voit les ruines d'une abbaye de l'ordre des Citeaux. Ce monastère avait été fondé en 1128 par le comte Renauld de Lutzelbourg.

NEU-BRANDENBOURG, jolie v. industrieuse du grand-duché de Mecklembourg-Strelitz, dans la seigneurie de Stargard; elle renferme un palais grand-ducal, un gymnase, 3 fabriques de tabac, une fabrique de draps, de nombreuses distilleries d'eau-de-vie, etc., et une population de plus de 6000 hab. Il s'y tient une foire pour les laines, et on y fait toutes les années des courses de chevaux. Le grand-duc possède, à 1/2 l. de la ville, un beau château d'été, nommé le Belvédère.

NEUBREISACH. *Voyez* NEUFBRISACH.

NEUCHATEL (lac de). *Voyez* NEUCHATEL (canton de).

NEUCHATEL ou NEUFCHATEL, NEUENBOURG (canton de), depuis 1815 le vingt-unième canton de la confédération suisse, formé de la principauté prussienne de Neuchâtel et Valengin, est situé entre 46° 47′ et 47° 8′ lat. N., et entre 4° 7′ et 4° 49′ long. orient. dans la Suisse occidentale, et borné au N. par le cant. de Berne, à l'E. par ce même canton et les cant. de Fribourg et de Vaud, au S. par Vaud et à l'O. par la France.

La principauté de Neuchâtel a une superficie de 14 milles c. géogr. et comprend plusieurs vallées et crêtes du Jura. Les points culminants de cette chaîne de montagnes, situés dans le canton, sont le Creux-du-Vent, qui a 4510 pieds de hauteur, le Racine (4440 pieds), la Tête-de-Rang (4380), le Ferroliet (4130), le Joux (3980), la Tourne (3970), le Pouillerel (3930), le Vers-chez-le-Brand (3880), le Cernet (3840) et le Bec-à-l'Oiseau (3840). Le phénomène hydrographique le plus important du canton est le lac de Neuchâtel, qui s'étend du S.-O. au N.-E. sur une longueur de 7 lieues et demie au bas de la pente orientale du Jura. Sa plus grande profondeur est de 450 pieds. Le lac est très-poissonneux et donne lieu à une petite navigation intérieure assez active. Le canton possède deux autres lacs: le lac Loclat et le lac de l'Etalière, formé de deux parties, dont la plus grande doit son origine à l'enfoncement et la disparition d'une forêt. La Thiele unit le lac de Neuchâtel à celui de Bienne, qui touche la partie supérieure du canton. Le Doubs forme à l'O. la limite du côté de la France; enfin la Reuse et le Seyon, qui prennent leur source dans le canton, déversent leurs eaux dans le lac de Neuchâtel. Le climat est doux dans les vallées et rude sur les hauteurs; les légumes, les fruits, la vigne réussissent jusqu'à 600 pieds audessus du lac (dont le niveau est situé à 1340 pieds au-dessus de celui de la mer); on obtient encore des céréales jusqu'à 1200 pieds; dans les hautes vallées sont de gras pâturages et de belles forêts. La culture de la vigne est très-importante: sur les côteaux qui bordent le lac viennent les vins rouges de Cortaillard et de Boudry; les vins blancs d'Auverei, de St.-Blaize et d'Hauterive, tous très-estimés; l'éducation du bétail est également florissante; la fabrication du fromage et la pêche sont d'un grand rapport. Dans les montagnes et le val de Travers la population est essentiellement industrielle, et tire de grands profits de la fabrication de montres, d'instruments de mathématiques et de physique, de dentelles et d'étoffes de coton. Depuis le milieu du dernier siècle la fabrication des montres, dont le centre est à Locle et à la Chaux-de-Fonds, a été introduite sur le sol ingrat des hautes vallées, et on en exporte aujourd'hui plus de 100,000 par an, tant en or qu'en argent. On en trouve des dépôts dans les principaux ports de l'Europe, et elles sont expédiées dans le monde entier.

En 1838 la population de la principauté de Neuchatel était de 60,270 individus, parmi lesquels il y avait 3848 étrangers. Les Neuchâtelois sont calculateurs, réservés et sérieux; leur parler est lent et souvent peu aisé. Peuple limitrophe, ils parlent un français mêlé d'un grand nombre de mots allemands. Ils sont attachés à leurs anciennes institutions et à leurs anciennes mœurs; ils sont aptes à tout et se passionnent de tout, mais manquent de profondeur et de persévérance. Ils ont du talent particulier pour les arts mécaniques et ont produit plusieurs hommes distingués: les mécaniciens Berthoud et Droz, le publiciste Vattel, le peintre Léopold Robert. Ils professent en majeure partie la religion réformée; le synode, qui s'assemble tous les ans, nomme les pasteurs, décide les questions de dogme, de culte et de discipline, et veille sur l'instruction publique. Le clergé catholique dépend de l'évêché de Lausanne. L'instruction y est très-développée; en 1835 il existait dans le canton un collége académique et un gymnase (dans la ville de Neuchâtel), 5 écoles supérieures et 80 écoles élémentaires.

L'invasion des Barbares fit disparaître les faibles traces de culture et de civilisation qu'avaient empreintes sur le sol neuchâtelois quelques établissements romains. Le pays, couvert d'épaisses forêts, ne se repeupla que lentement et porta le nom de Montagnes-Noires ou Noires-Joux. Il fut compris dans les royaumes de Bourgogne, mais n'obtint quelque importance qu'au treizième siècle, sous des comtes qui relevaient des ducs de Zæhringen. Il fut gouverné de 1395 à 1457 par les comtes de Fribourg en Brisgau, puis par les marquis de Hochberg, jusqu'en 1504, et par des Orléans et des ducs de Longueville, jusqu'en 1707. A cette époque plusieurs compétiteurs se présentèrent pour recueillir l'héritage de la maison éteinte de Longueville. Les états décidèrent en faveur de Fréderic Ier, roi de Prusse, qui en descendait par la maison de Châlons. En 1806 la Prusse céda la principauté de Neuchâtel à Napoléon, qui en donna la suzeraineté au maréchal Berthier; en 1814 elle retourna à la Prusse, et en 1815 ce pays, Suisse par d'anciennes alliances avec Fribourg, Berne, Soleure et Lucerne, comme par la situation du sol, fut reçu au nombre des cantons de la confédération.

La constitution du cant. de Neuchâtel est monarchique et constitutionnelle. Comme membre de la confédération, Neuchâtel est soumis aux traités, fournit au budget fédéral une somme de 19,200 francs de Suisse, et à l'armée fédérale un contingent de 960 hommes (la réserve est du même nombre). Comme état annexé à la Prusse, la principauté laisse exercer les droits de souveraineté au monarque prussien, sous la condition que ces droits ne peuvent jamais être transmis en qualité de fief à un prince de sa famille ou à un étranger. Le roi est représenté par un gouverneur, qui porte le titre de lieutenant-général de la principauté. Il convoque au moins une fois tous les deux ans le corps législatif, qui se compose de 9 députés nommés par le roi, et de 77 députés nommés par les 42 districts. Il existe à Berlin, au département des affaires étrangères, un bureau particulier des affaires de la principauté, par l'entremise duquel le gouverneur reçoit les ordres. L'administration appartient au conseil-d'état, qui siège à Neuchâtel, et est divisé dans les 4 sections de l'intérieur, des finances, de la justice et police, et de la guerre. Sous le rapport judiciaire, enfin, la principauté est divisée dans les 12 mairies des Brenets, la Brevine, la Chaux-de-Fonds, la Côte, le Locle, Lignières, Neuchâtel, les Ponts-de-Martel, la Sagne, Travers, Valengin et les Verrières, et dans les 5 châtellenies de Boudry, Gorgier, Landeron, Thielle et Val-de-Travers. Les revenus se montent à 120,000 florins, dont 30,000, excédant des recettes, sont expédiés tous les ans à Berlin. Le roi entretient dans sa capitale un corps de 400 chasseurs à pied, qui font partie de la garde.

Les principales villes du cant. de Neuchâtel sont : Neuchâtel, le chef-lieu, Boudry, Landeron, Valangin, le Locle, la Chaux-de-Fonds, Motier et le château de Womerens, près duquel fut livrée la bataille de Granson.

NEUCHATEL (en allemand *Neuenburg*), v. de Suisse, chef-lieu de canton, à l'embouchure du Seyon dans le lac de Neuchâtel, à 450 mètres au-dessus du niveau de la mer. Cette ville est bien bâtie entre deux collines et possède plusieurs beaux édifices, dont les principaux sont : le château, l'hôtel de ville, les deux hôpitaux, la maison pénitentiaire et celle des orphelins. Parmi ses établissements scientifiques ou littéraires, il faut nommer la bibliothèque publique, le gymnase et la société d'émulation patriotique. Cette ville tient un rang distingué par son industrie variée, par son commerce et par sa navigation sur le lac ; 5000 hab.

NEUCHEF, vg. de Fr., Moselle, arr. et poste de Briey, cant. d'Audun-le-Roman ; 570 hab.

NEUCOURT. *Voyez* NUCOURT.

NEUDAMM, pet. v. de Prusse, ceinte de remparts et de fossés, prov. de Brandenbourg, rég. de Francfort; sur la riv. de Mietzel, qui forme un lac sur sa rive droite; fabriques de draps, de flanelle, de bas et de chapeaux; usines; 2850 hab.

NEUDECK, pet. ville de Bohême, cer. d'Ellbogen, sur la Rohla ; fabrication de chapeaux ; 2000 hab.

NEUDENAU, v. du grand-duché de Bade, sur la Jaxt, cer. du Bas-Rhin; possession seigneuriale du comte de Leiningen-Neudenau ; 1200 hab.

NEUDORF, vg. de la Basse-Autriche, cer. inférieur de Wienerwald ; fabr. de produits chimiques ; 1000 hab.

NEUDORF, vg. de la Basse-Autriche, cer. inférieur du Mannhartsberg.

NEUDORF, vg. de Bohême, cer. d'Ellbogen; grand commerce de houblon.

NEUDORF, vg. de Hongrie, cer. au-delà du Danube, sur la Drave, comitat de Szalad.

NEUDORF, ham. de Fr., Moselle, com. de Ribiche ; 130 hab.

NEUDORF, ham. de Fr., Bas-Rhin, com. de Marmoutier ; 130 hab.

NEUDORF. *Voyez* EBERBACH-SELTZ.

NEUDORF. *Voyez* VILLAGE-NEUF.

NEUDORF (Bas-Rhin). *Voyez* DAUBENSAND.

NEUDORF, vg. de 700 hab., dans le duché d'Anhalt-Bernbourg, près duquel se trouvent, sur le Pfaffenberg et le Meisseberg, les mines de plomb et d'argent les plus importantes du Haut-Harz. Une machine à vapeur sur le Pfaffenberg sert à vider l'eau des galeries.

NEUDORF (Iglo), v. de Hongrie, cer. en-deçà de la Theiss, comitat de Zips, sur le Hernath, chef-lieu des 16 bourgs de ce comitat (Oppida Scepusiensia), avec un joli hôtel de ville; siége d'une administration et d'un tribunal des mines ; fabr. de toile, blanchisseries, fabrication et mines de fer et de cuivre ; culture du lin ; 6000 hab.

NEUDORFEL, ham. de Fr., Bas-Rhin, com. de Dambach ; 140 hab.

NEUENBOURG, v. du duché de Bade, cer. du Haut-Rhin, au bord du Rhin ; 1050 hab. Le duc Bernard de Saxe-Weimar y mourut pendant la guerre de trente ans.

NEUENBOURG, pet. v. de Prusse, avec un vieux château, prov. de Prusse, rég. de Marienwerder; elle occupe une éminence sur la rive gauche de la Vistule, qui y reçoit la petite rivière de Motau ; tisseranderies, brasseries et distilleries; 2450 hab.

NEUENBOURG, pet. v. du Wurtemberg, chef-lieu du grand-bailliage de même nom, cer. de la Forêt-Noire; située dans une vallée étroite, sur l'Enz; fabrication de taillanderie et de boissellerie; tisseranderies, tanneries; mines de fer et usines dans les environs; pop. de la ville 1650 hab. et du grand-bailliage 23,500, sur 8 milles c.

Patrie du philosophe C.-A. Eschenmayer, né en 1770.

NEUENDORF, vg. de Prusse, prov. du Rhin, rég. de Coblence, sur le Rhin, que l'on y traverse sur un bac; confection de radeaux de bois de construction destinés pour la Hollande ; 1530 hab.

NEUENEGG, vg. parois. de Suisse, cant. de Berne. Les Français y éprouvèrent une défaite en 1798.

NEUENHAUS, v. du roy. de Hanovre, gouv. d'Osnabruck ; appartenant au comté de Bentheim ; 1300 hab.

NEUENRADE, pet. v. de Prusse, prov. de Westphalie, rég. d'Arnsberg ; tisseranderies, blanchisseries; forges dans les environs; 1140 hab.

NEUENSTADT ou NEUVEVILLE, BONNEVILLE, v. de Suisse, cant. de Berne, sur la rive occidentale du lac de Biel ; culture de la vigne ; 1200 hab.

NEUENSTADT, pet. v. du Wurtemberg, cer. du Neckar, gr.-bge de Neckarsulm, sur le confluent du Kocher et de la Brettach ; avec un château construit, en 1564, par le duc Christophe. En 1746 on a trouvé dans les environs des urnes cinéraires et un autel dédié à Apollon Granno. Dans le siècle dernier on voyait près de la ville un tilleul, dont les branches avaient reçu, dès 1392, 62 étaies en pierres; leur nombre s'accrut par la suite à 100; 1400 hab.

NEUENSTEIN, pet. v. du Wurtemberg, cer. de la Jaxt, gr.-bge d'OEhringen; dans une contrée fertile, sur l'Eppach; avec un château, ancienne résidence des comtes de Hohenlohe-Neuenstein; l'église paroissiale renferme des tombeaux de cette famille et 6 drapeaux pris aux Turcs; 1450 hab.

NEUERBOURG, pet. v. de Prusse, prov. du Rhin, rég. et à 9 1/2 l. N.-O. de Trèves, sur le ruisseau de Diez; fabrication de draps, de toiles et de cuirs; 1600 hab.

NEUE-WELT (le nouveau monde), vg. de Suisse, cant. de Bâle; important par son industrie métallurgique et ses fabriques de papier.

NEU-EYLAU, v. de 1/2 l. de longueur dans le roy. de Saxe, cer. de Lusace; elle a une population de 5500 hab., parmi lesquels 400 maîtres-tisserands. Elle renferme de grandes maisons de commerce.

NEUF-BERGUIN, vg. de Fr., Nord, arr. d'Hazebrouck, cant. de Merville, poste d'Estaires; 1380 hab.

NEUFBOSC, vg. de Fr., Seine-Inférieure, arr. de Neufchâtel-en-Bray, cant. et poste de St.-Sæns; 320 hab.

NEUFBOURG (le), vg. de Fr., Manche, arr., cant. et poste de Mortein; filat. de coton; 511 hab.

NEUF-BRISACH (canal de). *Voyez* VAUBAN (canal de).

NEUF-BRISACH, v. forte de Fr., Haut-Rhin, arr. et à 3 l. E. de Colmar, chef-lieu de canton et poste. Cette ville, située sur la rive gauche du Rhin, est bien bâtie; elle a de belles rues tirées au cordeau, qui aboutissent à la place d'Armes, que décore une belle fontaine, et d'où l'on aperçoit les quatre portes; elle n'a d'importance que comme place de guerre et manque de commerce et d'industrie. Aussi le séjour en est-il triste et ennuyeux; tissage de calicots; 2020 hab.

Cette forteresse, ouvrage de Vauban, fut fondée, en 1699, par Louis XIV, qui, cédant Vieux-Brisach par le traité de Ryswick, fit construire Neufbrisach pour protéger sur ce point la Haute-Alsace.

NEUFCHATEAU, pet. v. du roy. de Belgique, chef-lieu d'arrondissement dans le grand-duché de Luxembourg; située dans une contrée élevée des Ardennes, à 13 1/2 l. N.-O. de Luxembourg; commerce de bestiaux; pop. de la ville 1250 hab., de l'arrondissement 92,000.

NEUFCHATEAU, *Neomagus*, v. de Fr., Vosges, à 12 l. O.-N.-O. d'Epinal et à 78 l. E.-S.-E. de Paris, chef-lieu d'arrondissement; siége d'un tribunal de première instance et conservation des hypothèques; elle est située sur le Mouzon, près de son confluent avec la Meuse, au pied d'une colline dominée par d'autres beaucoup plus hautes. Sans être belle, cette ville offre un aspect agréable et riant; elle est bien bâtie et possède un beau château, une petite salle de spectacle, un collége et une bibliothèque publique de plus de 7000 volumes; des fabriques d'étoffes de laine, de boissellerie, de chapellerie, de toiles, de papier peint et surtout (dans l'arrondissement) de clous et de pointes de Paris; filat. de laine; commerce de grains, vins, bois et fer; foires le 30 janvier, le lundi-saint, les 26 juillet, 30 septembre et 1er décembre; 3645 hab.

C'est près de cette ville, au village de Morvillers, que naquit le célèbre François de Neufchâteau (1750—1828).

Neufchâteau est une ville antique, désignée dans l'itinéraire d'Antonin sous le nom de *Neomagus*. On remarque près de la ville les vestiges de la voie romaine de Langres à Toul et les traces d'un ancien camp retranché. Le duc de Lorraine Charles II exerça d'atroces cruautés envers les habitants de Neufchâteau, parce qu'ils s'étaient plaints des ravages que ce prince exerçait sur leurs propriétés: il fit massacrer une grande partie de la population.

NEUFCHATEL, b. de Fr., Aisne, arr. et à 9 l. E.-S.-E. de Laon, chef-lieu de canton, poste de Berry-au-Bac; ce bourg est situé au point où l'Aisne commence à être navigable pour les bateaux de Soissons; 712 hab.

NEUFCHATEL, vg. de Fr., Doubs, arr. de Montbéliard, cant. de Pont-de-Roide, poste de l'Isle-sur-le-Doubs; 120 hab.

NEUFCHATEL, vg. de Fr., Pas-de-Calais, arr. de Boulogne-sur-Mer, cant. et poste de Samer; 730 hab.

NEUFCHATEL-EN-BRAY, v. de Fr., Seine-Inférieure, à 10 l. N.-E. de Rouen et à 37 l. N.-O. de Paris, chef-lieu d'arrondissement; siége de tribunaux de première instance et de commerce; direction des contributions indirectes et conservation des hypothèques. Cette ville, particulièrement renommée pour les fromages que l'on fabrique dans ses environs, est située agréablemant sur la rive droite de la Béthune et sur le penchant d'une colline; mais elle est très-irrégulièrement bâtie, et ses rues sont sales et mal percées. Elle possède une société d'agriculture et une petite bibliothèque publique; des fabriques de siamoises, bonnéterie, chapellerie, verrerie, tanneries et filature de coton; commerce de vins, cidre, poiré, eaux-de-vie, farine, beurre et surtout de ses fromages excellents. Foires les 4 mai, 6 juillet, 1er septembre et 13 novembre; 3463 hab.

Au douzième siècle Neufchâtel n'était encore qu'un petit bourg; un château que Henri Ier, roi d'Angleterre, y fit alors bâtir lui donna de l'importance et y attira une population plus nombreuse. Pendant les guerres de la ligue cette ville soutint plusieurs siéges et éprouva des désastres. Aujourd'hui son industrie est florissante, et l'activité de ses habitants ajoute chaque jour à sa prospérité.

NEUFCHATEL-EN-SAONNAIS, vg. de Fr., Sarthe, arr. et poste de Mamers, cant. de la Fresnaye; 1440 hab.

NEUFCHELLES, vg. de Fr., Oise, arr. de Senlis, cant. et poste de Betz; 200 hab.

NEUFFONS, vg. de Fr., Gironde, arr. de la Réole, cant. et poste de Monségur; 300 hab.

NEUFFONTAINES, vg. de Fr., Nièvre, arr. de Clamecy, cant. de Tannay, poste de Monceaux-le-Comte; 820 hab.

NEUFGRANGE ou NEU-SCHIREN, vg. de Fr., Moselle, arr., cant. et poste de Sarreguemines; 740 hab.

NEUFISTRITZ, pet. v. de Bohême, cer. de Tabor; grande manufacture de toiles et de coton; 2000 hab.

NEUF-LIEUX, vg. de Fr., Aisne, arr. de Laon, cant. et poste de Chauny; 120 hab.

NEUFLIZE, vg. de Fr., Ardennes, arr. de Réthel, cant. de Juniville, poste de Tagnon; filat. de laine peignée et cardée; 894 hab.

NEUF-MAISONS, vg. de Fr., Ardennes, arr. de Mézières, cant. et poste de Signy-l'Abbaye; 210 hab.

NEUF-MAISONS, vg. de Fr., Meurthe, arr. de Lunéville, cant. et poste de Baccarat; forge, scierie; 710 hab.

NEUFMANIL, vg. de Fr., Ardennes, arr. de Mézières, cant. et poste de Charleville; 1060 hab.

NEUF-MANOIR, ham. de Fr., Pas-de-Calais, com. de Bléquin; 150 hab.

NEUF-MARCHE, vg. de Fr., Seine-Inférieure, arr. de Neufchâtel-en-Bray, cant. et poste de Gournay; 790 hab.

NEUFMESNIL, vg. de Fr., Manche, arr. de Coutances, cant. et poste de la Hay-du-Puits; 390 hab.

NEUF-MESNIL, vg. de Fr., Nord, arr. d'Avesnes, cant. de Bavay, poste de Maubeuge; 190 hab.

NEUFMESNIL, ham. de Fr., Seine-Inférieure, com. d'Offranville; 370 hab.

NEUF-MOULIN, vg. de Fr., Meurthe, arr. de Sarrebourg, cant. et poste de Lorquin; 80 hab.

NEUFMOULIN, vg. de Fr., Somme, arr. et poste d'Abbeville, cant. de Nouvion-en-Ponthieu; 300 hab.

NEUFMOUTIER, vg. de Fr., Seine-et-Marne, arr., cant. et poste de Meaux; 590 hab.

NEUFMOUTIERS, vg. de Fr., Seine-et-Marne, arr. de Coulommiers, cant. de Rozoy-en-Brie, poste de Tournan; 430 hab.

NEUFONTS, ham. de Fr., Lot-et-Garonne, com. de Casteljaloux; 200 hab.

NEUFORTSWALD, gros vg. de Bohême, cer. de Leitmeritz; très-important par son industrie; on y a établi une grande fabrique de Manchester, dont les toiles rivalisent avec les plus beaux produits des métiers de la populeuse ville anglaise de ce nom.

NEUFOUR (le), vg. de Fr., Meuse, arr. de Verdun, cant. et poste de Clermont-en-Argonne; verrerie à bouteilles; 347 hab.

NEUFOY-SUR-ARONDE, vg. de Fr., Oise, arr. de Compiègne, cant. et poste de Ressons; 210 hab.

NEUFPRÉ, ham. de Fr., Pas-de-Calais, com. d'Aire-sur-la-Lys; 170 hab.

NEUF-VILLAGE, vg. de Fr., Meurthe, arr. de Château-Salins, cant. d'Albestroff, poste de Dieuze; 150 hab.

NEUGARTHEIM, vg. de Fr., Bas-Rhin, arr. de Strasbourg, cant. de Truchtersheim, poste de Wasselonne; 300 hab.

NEUGEDEYN, b. de Bohême, cer. de Klattau; grande manufacture d'étoffes de coton; 1200 hab.

NEUGEISING, v. du roy. de Saxe, cer. de Misnie; siége d'un conseil des mines; mine d'étain; 700 hab.

NEUGLAS - HUTTE. *Voyez* VERRERIE-SOPHIE.

NEUGLISE, ham. de Fr., Allier, com. de Huriel; 510 hab.

NEUHAUS, v. de Bohême, cer. de Tabor; possède un château remarquable et une des plus belles églises du royaume; grande fabrication de drap et de toile; gymnase; 5000 h.

NEUHAUS, *Dobra*, pet. b. de Hongrie, cer. au-delà du Danube, comitat d'Eisenbourg, sur la frontière de la Styrie; grande culture de la vigne.

NEUHAUS, vg. de la Basse-Autriche, cer. inférieur de Wienerwald; renommé par les grandes et belles glaces fondues dans sa verrerie impériale.

NEUHAUS, beau b. du roy. de Hanovre, gouv. de Stade, situé sur l'Oste; avec un port; 1300 hab.

NEUHÆUSEL, pet. v. de Hongrie, cer. en deçà du Danube, comitat de Neitra, sur la rivière du même nom; école normale; industrie et commerce.

NEUHÆUSEL, vg. de Fr., Bas-Rhin, arr. de Strasbourg, cant. de Bischwiller, poste de Reschwoog; 260 hab.

NEUHAUSEN, vg. de Suisse, cant. de Schaffhouse, près de la chute du Rhin; forges.

NEUHAUSEN, vg. parois. du Wurtemberg, cer. du Neckar, gr.-bge d'Esslingen; avec un château et deux églises; culture de blé et de jardinage, commerce de volaille; 2100 hab.

NEUHOF, vg. de Bohême, cer. de Czaslau; possède un magnifique château, avec une bibliothèque, un parc, une orangerie et un jardin botanique très-remarquable et appartenant au duc de Chotek.

NEUHOF, vg. de Bohême, cer. de Klattau.

NEUHOF, vg. de Hongrie, cer. au-delà de la Theiss, comitat de Temesch.

NEUHOF (le), vg. de Fr., Bas-Rhin, com. de Strasbourg. Ce village renferme un établissement protestant d'instruction et de travail pour les enfants indigents des deux sexes; 1050 hab.

NEUILH, vg. de Fr., Hautes-Pyrénées, arr., cant. et poste de Bagnères-en-Bigorre; 270 hab.

NEUILLAC, vg. de Fr., Charente-Inférieure, arr. et poste de Jonzac, cant. d'Archiac; 520 hab.

NEUILLAC, vg. de Fr., Morbihan, arr. et poste de Pontivy, cant. de Gleguerec; 1960 hab.

NEUILLAY-LES-BOIS, vg. de Fr., Indre, arr. de Châteauroux, cant. et poste de Buzançais; 850 hab.

NEUILLÉ, vg. de Fr., Maine-et-Loire, arr., cant. et poste de Saumur; 800 hab.

NEUILLÉ-PONT-PIERRE, vg. de Fr., Indre-et-Loire, arr. et à 5 l. N.-O. de Tours, chef-lieu de canton et poste; 1540 hab.

NEUILLI-LE-BISSON, vg. de Fr., Orne, arr. d'Alençon, cant. et poste du Mesle-sur-Sarthe; 400 hab.

NEUILLI-SUR-EURE, vg. de Fr., Orne, arr. de Mortagne-sur-Huine, cant. et poste de Longni; 1010 hab.

NEUILLY, vg. de Fr., Eure, arr. d'Évreux, cant. de Pacy-sur-Eure, poste d'Ivry-la-Bataille; 200 hab.

NEUILLY, ham. de Fr., Eure, com. de Beuzeville; 200 hab.

NEUILLY, vg. de Fr., Yonne, arr. de Joigny, cant. d'Aillant-sur-Tholon, poste de Bassou; 910 hab.

NEUILLY-EN-DONJON, vg. de Fr., Allier, arr. de la Palisse, cant. et poste du Donjon; 510 hab.

NEUILLY-EN-DUN, vg. de Fr., Cher, arr. de St.-Amand-Mont-Rond, cant. et poste de Sanscoins; 720 hab.

NEUILLY-EN-SANCERRE, vg. de Fr., Cher, arr. de Sancerre, cant. et poste d'Henrichemont; 830 hab.

NEUILLY-EN-THELLE, vg. de Fr., Oise, arr. et à 5 1/2 l. O. de Senlis, chef-lieu de canton, poste de Chambly; 1225 hab.

NEUILLY-EN-VEXIN, vg. de Fr., Seine-et-Oise, arr. de Pontoise, cant. et poste de Marines; 250 hab.

NEUILLY-LA-FORÊT, vg. de Fr., Calvados, arr. de Bayeux, cant. et poste d'Isigny; 990 hab.

NEUILLY-LE-BRIGNON, vg. de Fr., Indre-et-Loire, arr. de Loches, cant. et poste de la Haye-Descartes; commerce de chanvre et de Laine; 770 hab.

NEUILLY-LE-DIEU, vg. de Fr., Somme, arr. d'Abbeville, cant. de Crécy, poste d'Auxy-le-Château; 280 hab.

NEUILLY-LE-MALHERBE, vg. de Fr., Calvados, arr. de Caen, cant. et poste d'Évrecy; 260 hab.

NEUILLY-LE-NOBLE. *Voyez* NEUILLY-LE-BRIGNON.

NEUILLY-LE-RÉAL, vg. de Fr., Allier, arr., à 4 l. S.-S.-E. et poste de Moulins-sur-Allier, chef-lieu de canton; 1140 hab.

NEUILLY-LES-DIJON, vg. de Fr., Côte-d'Or, arr., cant. et poste de Dijon; 200 hab.

NEUILLY-LE-SIERRE, vg. de Fr., Indre-et-Loire, arr. de Tours, cant. de Vouvray, poste de Monnaie; 600 hab.

NEUILLY-LE-VENDIN, vg. de Fr., Mayenne, arr. de Mayenne, cant. de Couptrain, poste de Brèze-en-Pail; 1520 hab.

NEUILLY-L'ÉVÊQUE, vg. de Fr., Haute-Marne, arr., à 2 1/2 N.-N.-E. et poste de Langres, chef-lieu de canton; 1193 hab.

NEUILLY-L'HOPITAL, vg. de Fr., Somme, arr. et poste d'Abbeville, cant. de Nouvion-en-Ponthieu; 410 hab.

NEUILLY-SAINT-FRONT, vg. de Fr., Aisne, arr. et à 4 l. N.-O. de Château-Thierry, chef-lieu de canton et poste; fabrication de bonneterie de laine; 1710 h.

NEUILLY-SOUS-CLERMONT, vg. de Fr., Oise, arr. et poste de Clermont, cant. de Mouy; fabrication de cardes, broches, peignes; 450 hab.

NEUILLY-SUR-BEUVRON, vg. de Fr., Nièvre, arr. de Clamecy, cant. de Brinon-les-Allemands, poste de St.-Révérien; 640 h.

NEUILLY-SUR-MARNE, vg. de Fr., Seine-et-Oise, arr. de Pontoise, cant. de Gonesse, poste de Fontenay-sous-Bois; 945 hab.

NEUILLY-SUR-SEINE, b. de Fr., Seine, arr., à 2 l. S.-O. de St.-Denis, 3/4 l. de Paris, chef-lieu de canton et poste; il est situé sur la rive droite de la Seine, que l'on y passe sur un magnifique pont en pierre, dont les cinq arches ont chacune 120 pieds d'ouverture. Parmi les nombreuses maisons de plaisance qui dépendent de cette commune on admire le beau château, propriété particulière de Louis-Philippe, qui l'habite quelquefois pendant la belle saison. Neuilly a des fabriques de poêles de faïence, des distilleries de grains, des fabriques de bonneterie, de produits chimiques, etc.; population y compris les hameaux de Ternes, Sablonville, Villiers-la-Garenne et plusieurs maisons isolées, 7654 hab.

NEUILLY-SUR-SUIZE, vg. de Fr., Haute-Marne, arr., cant. et poste de Chaumont-en-Bassigny; 200 hab.

NEUIL-SOUS-FAY, vg. de Fr., Vienne, arr., à 4 l. E. de Loudun, cant. de Monts-sur-Guesne, poste de Richelieu (Indre-et-Loire); 440 hab.

NEU-ISENBOURG, beau vg. de 1700 hab., appartenant au prince médiatisé d'Isenbourg-Birstein, dans le grand-duché de Hesse-Darmstadt, principauté de Starkenbourg; il a été fondé par des réfugiés français; on y fabrique surtout des étoffes de soie.

NEUKIRCH, vg. du roy. de Saxe, cer. de Lusace, sur la Wesenitz; long d'une lieue, il a une population industrieuse et commerçante de 3200 âmes.

NEUKIRCHEN, v. du roy. de Saxe, cer. du Voigtland, avec plus de 2000 hab., qui fabriquent surtout des instruments de musique et des cordes de boyaux.

NEUKIRCHEN, v. de la Hesse-Électorale, prov. de la Haute-Hesse, avec une population de 1900 hab., qui fabriquent beaucoup de dentelles.

NEUKIRCHEN, b. muré de Bavière, cer. du Mein-Supérieur, dist. et à 2 l. de Græfenberg, sur le Brandbach. L'église de l'ancien couvent des augustins renferme des monuments et des tableaux remarquables; on cultive avec succès dans le terrain sablonneux des environs des cardes et des arbres fruitiers; 1350 hab.

NEUKIRCHEN, b. de Bavière, cer. du Danube-Inférieur, dist. de Kœtzing; commerce local et usines; 1300 hab.

NEUKIRCHEN, ham. de Fr., Moselle, com. de Schwerdorff; 280 hab.

NEUKNIN, très-pet. v. de Bohême, cer. de Beraun. Ses mines d'or sont épuisées; 1000 h.

NEULERCHENFELD, vg. industrieux et le plus populeux de la Basse-Autriche, cer. inférieur du Wienerwald, avec une maison des invalides; 5000 hab.

NEULETTE, vg. de Fr., Pas-de-Calais, arr. de St.-Pol-sur-Ternoise, cant. du Parc, poste d'Hesdin; 80 hab.

NEULISE, vg. de Fr., Loire, arr. de Roanne, cant. et poste de St.-Symphorien-de-Laye; 1930 hab.

NEULLES, vg. de Fr., Charente-Inférieure, arr. et poste de Jonzac, cant. d'Archiac; 280 hab.

NEUMAGEN, b. de Prusse, prov. de Rhin, rég. et à 4 1/2 l. N.-E. de Trèves, sur la Moselle, qui y reçoit la Drohn; navigation, chantiers de calfatage, grandes tanneries; carrières d'ardoises dans les environs; 1340 hab.

NEUMARK (Nowytarg), pet. v. de Gallicie, cer. de Sandec; 3000 hab.

NEUMARKT, pet. v. murée de Prusse, chef-lieu de cercle, prov. de Silésie, rég. de Breslau; usines, culture et fabrication de tabac; blanchisseries de cire; commerce local actif; 3340 hab.

NEUMARKT, b. de Bavière, cer. de l'Isar, dist. de Muhldorf, sur la Rott, que l'on y traverse sur un pont de 13 travées, et la route de Landshut à Altœtting, à 6 l. de cette dernière ville; commerce local actif; 920 hab. Le 24 avril 1809 il y eut là une affaire sanglante entre les Français et les Autrichiens.

NEUMARKT, v. de Bavière, chef-lieu de district dans le cer. du Regen; sur la petite riv. de Sulz, à 10 l. de Nuremberg; elle possède un château, 2 églises; des eaux minérales très fréquentées et un commerce local actif; pop. de la ville 2480 hab., et du district 24,900, sur 12 milles c.

Neumarkt fut fondée en 1103 par des bourgeois de la ville de Nuremberg, qui avait été prise et incendiée par l'empereur Henri IV.

Patrie du littérateur Schoppe ou Sciopius, né en 1576, mort en 1649.

NEUMARKT, très-petite v. de Bohême, cer. de Pilsen; 1200 hab.

NEUMARKT, b. de Tyrol, cer. de l'Adige situé sur le fleuve de même nom, dans une contrée marécageuse et malsaine.

NEUMARKT (Maros-Vasarhely), jolie v. de Transylvanie, pays des Sczeklers, dans le siége et sur la rivière de Maros; siége des autorités; gymnase catholique; collége réformé; poste; beau palais; bibliothèque nationale; beau cabinet d'histoire naturelle; industrie et commerce; 10,000 hab.

NEUMARKTL, *Tersczh*, b. d'Illyrie, gouv. et cer. de Laibach; très-florissant par sa fabrication de grosse quincaillerie, de toile et de housses; ces dernières sont expédiées en Italie.

NEUMATT, ham. de Fr., Bas-Rhin, com. de Diemeringen; 100 hab.

NEUMUNSTER, b. industrieux du duché de Holstein, baillage du même nom, sur le Schwale; fabr. d'étoffes de laine, de boutons métalliques, de papier et de tabac; 4 foires; 1500 hab.

NEUNBOURG, pet. et ancienne v. de Bavière, chef-lieu de district dans le cer. du Regen, à 5 l. d'Amberg; elle possède des fabr. de draps, d'étoffes de laine et de coton; des tisseranderies, des blanchisseries et plusieurs usines; pop. de la ville 1670 hab., et du district 4450, sur 12 milles c.

NEUNG-SUR-BEUVRON, vg. de Fr., Loir-et-Cher, arr. et à 5 l. N. de Romorantin, chef-lieu de canton et poste; 980 hab.

NEUNHOFFEN, ham. de Fr., Bas-Rhin, com. de Dambach; 250 hab.

NEUNKIRCH, pet. v. de Suisse, cant. de Schaffhouse, très-industrieuse; 800 hab.

NEUNKIRCHEN, b. de Prusse, prov. du Rhin, rég. et à 14 l. S.-E. de Trèves, sur la Blies; fabrication de cotonnades; dans les environs des mines de fer et de houille, des forges, des fonderies et d'autres usines; 1680 hab.

NEUNKIRCHEN, b. de la Basse-Autriche, cer. inférieur du Wienerwald; école modèle; manufacture de coton; forges; commerce de blé et de bestiaux; 1800 hab.

NEUNKIRCHEN, vg. de Fr., Moselle, arr., cant. et poste de Sarreguemines; 1060 hab.

NEUPAKA, très-pet. v. de Bohême, cer. de Bidschow; manufacture de coton; eaux minérales; 1700 hab.

NEU-PALANKA, v. et forteresse des confins militaires, généralat du Banat, située sur une île, formée par le confluent du Danube et de la Rera; 1000 hab.

NEURE, vg. de Fr., Allier, arr. de Moulins-sur-Allier, cant. de Lurcy-le-Sauvage, poste du Veurdre; 360 hab.

NEUREY-EN-VAUX, vg. de Fr., Haute-Saône, arr. de Lure, cant. de Saulx, poste de Faverney; 420 hab.

NEUREY-LES-LA-DEMIE, vg. de Fr., Haute-Saône, arr. et poste de Vesoul, cant. de Noroy-le-Bourg; 350 hab.

NEURODE, pet. v. de Prusse, prov. de Silésie, rég. de Breslau, sur la Walditz;

avec un château du comte Antoine Magnis, qui en est seigneur justicier; elle possède 4 églises, un hôpital; des fabriques de draps, de tabac et un commerce local actif; 4570 h.

NEURUNSNITZ, b. de la Moravie autrichienne, cer. de Brunn; culture très-considérable de houblon.

NEUSALZ; pet. v. de la Prusse, prov. de Silésie, rég. de Liegnitz, sur l'Oder; cette ville, entièrement industrielle, possède des manufactures d'étoffes de laine et de coton, de fil, de quincaillerie et de tabletterie; navigation et commerce local actifs; 2490 hab.

NEU-SANDEC, pet. v. de Gallicie, chef-lieu du cercle de même nom; école principale; 4000 hab.

NEUSATZ (Nio Planta, Ujvidek), v. de Hongrie, cer. au-delà du Danube, comitat de Bacs, sur le Danube, qu'on y passe sur un pont de bateaux, qui la met en communication avec Peterwardein. Neusatz est le point intermédiaire pour le commerce que Vienne, Leipsic et autres places de l'Allemagne font par terre avec Ambelakia, Salonique et autres villes de la Turquie. Siége de l'évêque grec de Bacs; gymnase grec très-fréquenté; sa population dépasse 17,000 âmes.

NEUSATZ, vg. du Wurtemberg, cer. de la Forêt-Noire, gr.-bg. de Neuenbourg; situé sur le Dobel, point élevé de la Forêt-Noire, dominant les environs; 430 hab.

Le 9 juillet 1796 les Français enlevèrent à la baïonnette cette importante position militaire. Ce n'est qu'à la cinquième attaque que les Autrichiens quittèrent leurs retranchements.

NEU-SCHIREN. *Voyez* NEUF-GRANGE.

NEUSE. *Voyez* NYON.

NEUSE, fl. des États-Unis de l'Amérique du N., prend naissance au N. de la Caroline du-Nord, près de Roxboro, coule vers le S.-E. en passant par Smithfield, Kingston et Newbern, reçoit de nombreux affluents, dont le Trent est le plus considérable, et se décharge par une large embouchure dans la baie de Pamlico. Son cours est de 90 l.; les gros vaisseaux marchands le remontent jusqu'à Newbern.

NEUSE ou JER-NEUSE, pet. v. du roy. de Hollande, prov. de Zeelande, dist. et à 4 1/2 l. S. de Gœs, sur l'Escaut occidental; 1050 hab.

NEUSIEDEL (Nezider), b. de Hongrie, cer. au-delà du Danube, dans le comitat de Wieselbourg et sur le lac qui porte son nom; culture de la vigne; 2000 hab.

NEUSIEDEL (lac de), en Hongrie, à 3 l. S.-O. de Presbourg; il a 13 milles de circonférence. On recueille beaucoup de sel alcalin sur ses bords. Une digue le sépare d'un immense marais nommé Hansag.

NEUSOL (Beszteruze-Banya, Banska-Bistricza), v. de Hongrie, cer. en-deçà du Danube, chef-lieu du comitat de Sol, sur la Gran; évêché, séminaire épiscopal, gymnase catholique, gymnase protestant, administration des mines. Cette ville est remarquable surtout par la grande quantité de cuivre qu'on y recueille par le procédé de la cémentation, et par ses fabriques d'ustensiles. Population avec la banlieue, audessus de 10,000 âmes; dans ses environs se trouve une grande manufacture d'armes et les forges royales.

NEUSS, v. de Prusse, chef-lieu de cercle, prov. du Rhin, rég. et à 2 l. S.-O. de Dusseldorf, sur l'Erft et le canal de jonction de la Meuse au Rhin, à 1/2 l. de ce fleuve, qui baignait encore ses murs au treizième siècle; elle est ceinte de murailles flanquées de tours et en partie de remparts; parmi ses édifices publics on remarque l'église de St.-Quirin et la maison de ville. Neuss possède un collége, un hôpital, un hospice d'orphelins et une maison d'aliénés. On y compte 90 fabriques et usines, qui produisent des draps et d'autres étoffes de laine, des cotonnades, des rubans, des chapeaux, des cuirs, de l'amidon, de l'huile, du savon et de la colle; la navigation est activée par le commerce de blé, de meules à moudre, de pierres de taille, de bois de construction, d'ardoises, de la houille, etc. Population de la ville 8000 hab., et du cercle 28,500, sur 5 1/5 milles c.

NEUSTADT. *Voyez* NAGY-BANYA.

NEUSTADT. *Voyez* WIENER-NEUSTADT.

NEUSTADT, pet. v. du duché de Holstein, chef-lieu du bge. de Cismar, sur une baie de la mer Baltique, qui y forme un port sûr et commode; ses habitants, au nombre de 1600, s'occupent de la navigation et du commerce; 2 foires.

NEUSTADT, pet. et ancienne v. de Bavière, cer. du Regen, distr. et à 1 1/2 l. d'Abensberg, sur le Danube, que l'on y traverse sur un pont de 155 mètres; tanneries; culture de houblon; commerce actif de bois. Dans les environs des restes d'un castel et d'une voie romaine; 900 hab.

NEUSTADT, pet. v. de Bavière, avec 2 châteaux en ruines, cer. du Mein-Supérieur, dist. et à 1 l. de Kemnath, au pied des montagnes de Culm; 970 hab.

NEUSTADT, pet. v. de Bavière, chef-lieu de district dans le cer. de la Rezat, sur l'Aisch; elle possède 2 châteaux, un hôpital, une caserne, plusieurs usines, des fabriques d'étoffes de laine et de coton, des tanneries; agriculture florissante; population de la ville 1960 hab., et du district 18,000, sur 4 1/2 milles c.

Patrie du savant philologue juif Elias Levita, mort à Venise en 1549.

NEUSTADT, pet. et jolie v. de Bavière, chef-lieu de district dans le cer. du Mein-Inférieur; située dans une vallée fertile, à l'embouchure de la Brend dans la Saale, à 18 l. de Wurzbourg; elle possède un hôpital, de nombreuses usines, une belle fabrique de cotonnades, des tisseranderies et des tanneries; population de la ville 1600 hab., et du district 10,200, sur 3 milles c.

• **NEUSTADT**, pet. v. de Bavière avec un château, chef-lieu de district dans le cer. du Mein-Supérieur; située entre des montagnes granitiques, sur la Waldnab, à 1 l. de Weiden; population de la ville 1240 hab., et du district 21,300, sur 15 1/2 milles c.

NEUSTADT, v. de la Bavière rhénane, chef-lieu de l'arrondissement de même nom, comprenant les cant. de Neustadt et de Durkheim; située sur le Speyerbach, dans une vallée pittoresque, au pied des montagnes de la Hard, à 2 l. d'Edenkoden et à 4 l. de Landau. Elle possède une église catholique et 2 temples protestants, une école latine, de nombreuses usines, et 24 fontaines publiques. On y fabrique de l'orfévrerie, des produits chimiques, des papiers peints, du papier, des draps, de l'amidon, de l'huile, du vinaigre, de l'eau-de-vie et de la bière renommée; population de la ville 5800 hab., du canton 30,850, et du district 56,000.

La ville, qui date du douzième siècle, doit son origine au village de Winzingen, qui en est distant de 1/4 l., et dont l'antique église était la métropole de toute la contrée. Neustadt était défendu autrefois par 2 forts: le château de Wolfsberg, détruit pendant la guerre de 30 ans, et celui de Wintzingen, ruiné par les Anglais, en 1696. Près de là, sur le Kœnigsberg, se trouvent des ruines romaines.

NEUSTADT (en polonais *Nusdt* ou *Weyherowa*), pet. et jolie v. de Prusse, chef-lieu de cercle, prov. de Prusse, rég. de Dantzig, à l'embouchure de la Biala dans la Rheda sur laquelle se fait un grand commerce de bois flotté; elle possède deux églises, catholique et luthérienne, plusieurs écoles élémentaires et un hospice central; son calvaire avec 26 chapelles attire de nombreux pèlerins; pop. de la ville 1680 hab. et du cercle 19,700, sur 23 milles c.

NEUSTADT, *Prudnik*, v. de Prusse, chef-lieu de cercle, prov. de Silésie, rég. d'Oppeln, sur la riv. de Braune ou Prudnik; régulièrement bâtie et ceinte de murailles, avec 4 portes; elle possède deux églises catholiques et une luthérienne, deux hôpitaux, un couvent de frères de charité et plusieurs écoles élémentaires; la fabrication de toiles, de draps et de flanelles occupe environ 250 métiers; les femmes tissent de la dentelle; le commerce de toiles, de fil et de vins de Hongrie est une autre source de prospérité. Pop. de la ville 4900 hab. et du cercle 52,500, sur 14 milles c.

NEUSTADT, pet. v. de Prusse, prov. de Brandebourg, rég. de Potsdam; sur la rive gauche de la Dosse; dans les environs un haras royal et la belle fabrique de glaces de Spiegelberg, qui a remplacé, en 1696, une simple verrerie; elle occupe jusqu'à 150 ouvriers et fournit des pièces qui atteignent 60 sur 100 pouces; la valeur annuelle de ses produits est estimée à 21 1/2 millions de francs. Neustadt possède trois églises protestantes, dont une française. Ses trois marchés de bestiaux sont fréquentés. 1000 hab.

NEUSTADT, b. du duché de Brunswick, dist. de Blankenbourg, avec 1000 hab. et une saline faisant partie des mines du Harz, possédées en commun par le duc de Brunswick et le roi de Hanovre.

NEUSTADT, v. du grand-duché de Mecklembourg-Schwérin, cer. de Mecklembourg, sur l'Elde, avec un palais grand-ducal; 1700 h.

NEUSTADT, v. de 1700 hab. dans l'électorat de Hesse-Cassel, prov. de la Haute-Hesse.

NEUSTADT, pet. v. du grand-duché de Hesse-Darmstadt, principauté de Starkenbourg; située dans une belle contrée, sur le Mamling, et appartenant au prince de Lœwenstein-Wertheim-Rosenberg et au comte d'Erbach-Schœnberg; 950 hab.

NEUSTADT, v. du grand-duché de Bade, cer. du Lac, et dans le Schwarzwald, appartenant au prince de Furstenberg; elle a 1500 hab., qui fabriquent beaucoup d'objets en paille tressée, d'horloges en bois et en font un commerce très-étendu. Entre cette ville et Fribourg se trouve la Hœlle (l'enfer), passage étroit de 2 l. de longueur et en certains endroits large seulement de 10 à 12 pas.

NEUSTADT-AM-RUBENBERGE, v. du roy. et du gouv. de Hanovre, principauté de Calenberg, sur la Leine; 1200 hab.

NEUSTADT-AN-DER-HEIDE, v. du duché de Saxe-Cobourg-Gotha, principauté de Cobourg, sur la Rœtha et au pied du Muppberg; industrie; plantation de houblon; commerce de marchandises de Sonnenberg; 1400 hab.

NEUSTADT-AN-DER-ORLA, v. industrieuse du grand-duché de Saxe-Weimar, chef-lieu du cer. de Neustadt; a un château, des faubourgs considérables, des fabriques de draps, des toiles, de tanneries, etc., 3700 h. Le cer. de Neustadt, qui appartenait auparavant au roy. de Saxe, renferme plus de 45,000 hab.

NEUSTADT-BEI-STOLPEN, v. du roy. de Saxe, cer. de Missnie; elle a une population de 2300 hab., qui fabriquent beaucoup de toiles.

NEUSTADT-EBERSWALDE, pet. v. murée de Prusse, prov. de Brandebourg, rég. de Potsdam, sur le canal de Finow, qui y reçoit la pet. riv. de Schwarze; la ville se compose d'Eberswalde, au pied d'une montagne, de Neustadt, dans la plaine, et du faubourg de Kienwerder, bâti, en 1747, par des émigrés de la principauté d'Eisenach et de la Suisse, la plupart couteliers. Neustadt est entouré de nombreuses manufactures et usines; on y fabrique de la quincaillerie, de la coutellerie, de la faïence, du grès et de la tabletterie; parmi ces établissements se trouve une grande forge royale; la ville possède une école forestière, fondée en 1830, un collége, un hôpital et des fabriques de draps; 4400 hab.

NEUSTADT-GŒLDENS, beau b. du roy. de Hanovre, gouv. d'Aurich, sur la riv. navigable de Tief; 700 hab.

NEUSTADTL, *Novimirsto*, pet v. de la Moravie autrichienne, cer. d'Iglau; 2000 h.

NEUSTADT-PYRMONT, belle v. de la principauté de Waldeck, située dans la charmante vallée de l'Emmer, chef-lieu du comté ou du dist. de Pyrmont, et célèbre pour ses eaux minérales, dont on exporte annuellement plus de 350,000 bouteilles, et pour ses bains, qui sont très-fréquentés. La population est d'environ 3000 hab. Le château de Pyrmont, près de la ville, est entouré d'anciennes fortifications. Dans les environs, on trouve la Dunsthœhle, grotte qui offre à peu près le même phénomène que celle du Chien près de Naples, plus loin une saline, Friedensthal, ancienne colonie de quakers, avec une fabrique de couteaux, et le Schellenberg avec le reste du château de Schellpyrmont. Le comté de Pyrmont, séparé du reste de la principauté, et entouré par la principauté de Lippe-Detmold, le roy. de Hanovre et le duché de Brunswick, renferme une population de 7000 hab., répartis dans une ville et 16 villages, sur une superficie de 1 2/3 mille c.

NEUSTADT-UNTERM-HOHENSTEIN, v. du roy. de Hanovre, gouv. de Hildesheim, avec un château et 700 hab., et appartenant, ainsi que le comté de Hohenstein, dans lequel elle est située, au comte de Stolberg, sous la suzeraineté du roi de Hanovre, auquel elle avait été engagée de 1797 à 1822. Mine de houille abandonnée. Au-dessus de la ville, les ruines pittoresques du château de Hohenstein, où l'on a une fort belle vue.

NEUSTÆDT (canal de), entre Vienne et OEdenbourg, achevé en 1803.

NEUSTÆDTL, b. industrieux de Bohême, cer. de Leitmeritz; fabrication de draps, de poterie et de verre.

NEUSTÆDTL, *Vaj-Ugheli*, b. de Hongrie, cer. en-deçà du Danube, comitat de Neitra, sur le Waag; brasseries; culture de la vigne; grand commerce de blé, laine, cire; environ 3000 hab.

NEUSTÆDTL, cer. d'Illyrie, gouv. de Laibach; ses bornes sont au N.-O. la Styrie, au S.-E. et au S. le cer. de Carlstadt et à l'O. le cer. d'Adelsberg. Sa superficie est de 69 l. c. et sa population de 160,000 hab. C'est une belle contrée entrecoupée de montagnes, de collines et de petites plaines, et arrosée par la Kulpa, la Gurk et la Negering, affluents de la Save, qui sépare ce cercle de celui de Laibach et de la Styrie. Les productions consistent en blé, maïs, beaucoup de lin, vin, chênes, hêtres, châtaigniers, abeilles, gibier, volaille, fer, marbre et houille; fabrication de cuirs, lainages; ouvrages en paille, toile et tamis.

NEUSTÆDTL, *Novumestu*, pet. v. fortifiée d'Illyrie, chef-lieu du cercle du même nom, gouv. de Laibach, sur la Gurk; bains thermaux; 2000 hab.

NEUSTRASCHITZ, très-pet. v. de la Bohême, cer. de Rakonitz; avec un beau château.

NEU-STRELITZ, capitale du grand-duché de Mecklembourg-Strelitz; belle ville, bâtie en forme d'une étoile à 8 rayons, et située dans la seigneurie de Stargard, sur les lacs de Zirk et Glannbeck. Sa population est de 6000 hab. Ce que cette ville offre surtout de remarquable, c'est le château grand-ducal, avec ses jardins et son grand parc, sa bibliothèque de 50,000 volumes et sa riche collection d'antiquités slaves relatives surtout aux Obotrites; le nouveau palais du gouvernement (*Kollegienhaus*) et le cimetière; elle possède un gymnase auquel est attaché un séminaire pour les maîtres d'école. Cette ville a été fondée en 1733. A 1 lieue environ se trouve Alt-Strelitz, v. de 3600 hab., avec des fabriques de tabac, de cuirs, de grandes foires de chevaux, une maison de travail, de correction et d'aliénés.

NEUSTRIA, désigne chez les auteurs du moyen âge un des principaux états de la monarchie des Francs, fondé par Chlotwig (Clovis), séparé de l'Austrasie par la Meuse. Le territoire nommé plus tard Normandie formait une grande partie de la Neustrie; c'est pour cela que Northmannia et Neustria sont quelquefois synonymes.

NEUSTUPOW, b. de Bohême, cer. de Tabor; fabrication et commerce d'eau-de-vie.

NEUTERSHAUSEN, vg. de l'électorat de la Hesse-Cassel, prov. de la Basse-Hesse; mine de cuivre et de cobalt; 1000 hab.

NEUTITSCHEIN, jolie pet. v. de la Moravie autrichienne, cer. de Prérau; florissante par ses nombreuses fabriques de draps, de coton et de toile; 5500 hab.

NEUTRA. *Voyez* NEITRA.

NEUVE-CHAPELLE, vg. de Fr., Pas-de-Calais, arr. de Béthune, cant. de Laventie, poste de la Bassée; 560 hab.

NEUVE-ÉGLISE ou **NYKERKE**, vg. du roy. de Belgique, prov. de la Flandre occidentale, arr. d'Ypres; manufactures de damas et d'étoffes de laine; 2870 hab.

NEUVE-ÉGLISE ou **NEUKIRCH**, vg. de Fr., Bas-Rhin, arr. de Schléstadt, cant. et poste de Villé; 790 hab.

NEUVÉGLISE, vg. de Fr., Cantal, arr., cant. et poste de St.-Flour; 2940 hab.

NEUVE-GRANGE (la), vg. de Fr., Eure, arr. des Andelys, cant. et poste d'Etrépagny; 340 hab.

NEUVELLE-LES-CHAMPLITTE, vg. de Fr., Haute-Saône, arr. de Gray, cant. et poste de Champlitte; 450 hab.

NEUVELLE-LES-COIFFY (la), vg. de Fr., Haute-Marne, arr. de Langres, cant. de Varennes, poste de Bourbonne; 560 hab.

NEUVELLE-LES-CROMARY, vg. de Fr., Haute-Saône, arr. de Vesoul, cant. et poste de Rioz; 310 hab.

NEUVELLE-LES-GRANCEY, vg. de Fr., Côte-d'Or, arr. de Dijon, cant. et poste de Grancey; 130 hab.

NEUVELLE-LES-LA-CHARITÉ, vg. de Fr., Haute-Saône, arr. de Vesoul, cant. de Scey-sur-Saône, poste de Frétigney; 760 hab.

NEUVELLE-LES-LURE (la), vg. de Fr., Haute-Saône, arr., cant. et poste de Lure; fabr. de tissus de coton; 490 hab.

NEUVELLE-LES-VOISEY, vg. de Fr., Haute-Marne, arr. de Langres, cant. de la Ferté-sur-Amance, poste de Bourbonne; 430 hab.

NEUVELOTTE (la), vg. de Fr., Meurthe, arr., cant. et poste de Nancy; 270 hab.

NEUVE-LYRE (la), vg. de Fr., Eure, arr. d'Evreux, cant. de Rugles, poste; usine de fer; fabr. de broches et rouets; 724 hab.

NEUVE-MAISON, vg. de Fr., Aisne, arr. de Vervins, cant. et poste d'Hirson; 890 h.

NEUVES-GRANGES (les), ham. de Fr., Haute-Saône, com. de Cirey; 220 hab.

NEUVES-MAISONS, vg. de Fr., Meurthe, arr. et cant. de Nancy, poste de Pont-St.-Vincent; 860 hab.

NEUVE-VERRERIE (la), ham. de Fr., Vosges, com. de Charmois-l'Orgueilleux; 300 hab.

NEUVEVILLE (la), vg. de Fr., Vosges, arr. d'Épinal, cant. et poste de Bruyères; 110 hab.

NEUVEVILLE (la), vg. de Fr., Vosges, arr. et poste de Mirecourt, cant. de Vittel; 410 hab.

NEUVEVILLE (la), vg. de Fr., Vosges, arr. de Neufchâteau, cant. et poste de Châtenois; 570 hab.

NEUVEVILLE (la), vg. de Fr., Vosges, arr. de St.-Dié, cant. et poste de Raon-l'Étape; 1200 hab.

NEUVEVILLE-AUX-BOIS (la), vg. de Fr., Meurthe, arr., cant. et poste de Lunéville; 600 hab.

NEUVEVILLE-DERRIÈRE-FOUG (la), vg. de Fr., Meurthe, arr., cant. et poste de Toul; 420 hab.

NEUVEVILLE-DEVANT-BAYON (la), vg. de Fr., Meurthe, arr. de Nancy, cant. d'Haroué, poste de Neuviller-sur-Moselle; 400 h.

NEUVEVILLE-DEVANT-NANCY (la), vg. de Fr., Meurthe, arr. et poste de Nancy, cant. de St.-Nicolas-du-Port; 730 hab.

NEUVEVILLE-EN-SAULNOIS (la), vg. de Fr., Meurthe, arr. de Château-Salins, cant. et poste de Delme; 470 hab.

NEUVEVILLE-LES-LORQUIN (la), vg. de Fr., Meurthe, arr. de Sarrebourg, cant. et poste de Lorquin; 210 hab.

NEUVI-AU-HOULME, vg. de Fr., Orne, arr. d'Argentan, cant. et poste de Putanges; 520 hab.

NEUVIC, pet. v. de Fr., Corrèze, arr., à 4 l. S. et poste d'Ussel, chef-lieu de canton; 2800 hab.

NEUVIC, b. de Fr., Dordogne, arr. et à 4 l. N.-N.-E. de Ribérac, chef-lieu de canton; 2255 hab.

NEUVIC, vg. de Fr., Haute-Vienne, arr. de Limoges, cant. de Châteauneuf, poste d'Eymoutiers; 1930 hab.

NEUVICQ, vg. de Fr., Charente-Inférieure, arr. de St.-Jean-d'Angely, cant. et poste de Matha; 1020 hab.

NEUVICQ, vg. de Fr., Charente-Inférieure, arr. de Jonzac, cant. de Montguyon, poste de Montlieu; 740 hab.

NEUVIER, vg. de Fr., Doubs, arr. de Montbéliard, cant. et poste de St.-Hippolyte; 160 hab.

NEUVILLAS, ham. de Fr., Haute-Vienne, com. de St.-Jouvent; 200 hab.

NEUVILLE, vg. de Fr., Aisne, arr. de Laon, cant. de Craonne, poste de Corbeny; 180 hab.

NEUVILLE, vg. de Fr., Allier, arr. de Montluçon, cant. et poste d'Hérisson; 200 h.

NEUVILLE, vg. de Fr., Ardennes, arr. de Vouziers, cant. de Tourteron, poste d'Attigny; 890 hab.

NEUVILLE, vg. de Fr., Calvados, arr., cant. et poste de Vire; 930 hab.

NEUVILLE, vg. de Fr., Corrèze, arr. de Tulle, cant. et poste d'Argentat; 450 hab.

NEUVILLE, ham. de Fr., Indre, com. de Chasseneuil; 160 hab.

NEUVILLE, vg. de Fr., Indre-et-Loire, arr. de Tours, cant. et poste de Château-Renault; 243 hab.

NEUVILLE (la), vg. de Fr., Loiret, arr. de Pithiviers, cant. et poste de Puiseaux; 460 hab.

NEUVILLE (la), ham. de Fr., Moselle, com. de Valleroy; 100 hab.

NEUVILLE, ham. de Fr., Nièvre, com. du Bulcy; 100 hab.

NEUVILLE, vg. de Fr., Nièvre, arr. de Clamecy, cant. de Brinon-les-Allemands, poste de Varzy; 400 hab.

NEUVILLE, vg. de Fr., Nord, arr. d'Avesnes, cant. et poste du Quesnoy; 620 hab.

NEUVILLE (la), ham. de Fr., Oise, com. d'Auneuil; 230 hab.

NEUVILLE, vg. de Fr., Pas-de-Calais, arr., cant. et poste de Montreuil-sur-Mer; 980 hab.

NEUVILLE, vg. de Fr., Puy-de-Dôme, arr. de Clermont-Ferrand, cant. et poste de Billom; 830 hab.

NEUVILLE, vg. de Fr., Seine-Inférieure, arr., cant. et poste de Dieppe; 550 hab.

NEUVILLE (la), ham. de Fr., Somme, com. de Corbie; 380 hab.

NEUVILLE, b. de Fr., Vienne, arr. et à 3 l. N.-N.-O. de Poitiers, chef-lieu de canton et poste; 2720 hab.

NEUVILLE-A-BAYARD (la), vg. de Fr., Haute-Marne, arr. de Vassy, cant. de Chevillon, poste de St.-Dizier; 130 hab.

NEUVILLE-A-MAIRE (la), vg. de Fr., Ardennes, arr. et poste de Sédan, cant. de Raucourt; 500 hab.

NEUVILLE-A-REMY (la), vg. de Fr., Haute-Marne, arr., cant. et poste de Vassy; 180 hab.

NEUVILLE-AU-BOIS, vg. de Fr., Somme, arr. d'Amiens, cant. et poste d'Oisemont; 280 hab.

NEUVILLE-AU-CORNET, vg. de Fr., Pas-de-Calais, arr., cant. et poste de St.-Pol-sur-Ternoise; 140 hab.

NEUVILLE-AU-PLEIN, vg. de Fr., Manche, arr. de Valognes, cant. et poste de Ste.-Mère-Église; 220 hab.

NEUVILLE-AU-PONT (la), b. de Fr., Marne, arr., cant. et poste de Ste.-Ménéhoulde; 1360 hab.

NEUVILLE-AU-PONT (la), vg. de Fr., Haute-Marne, arr. de Vassy, cant. et poste de St.-Dizier; 120 hab.

NEUVILLE-AU-RUPT (la), vg. de Fr., Meuse, arr. de Commercy, cant. et poste de Void; 590 hab.

NEUVILLE-AUX-BOIS, pet. v. de Fr., Loiret, arr. et à 5 l. N.-N.-E. d'Orléans, chef-lieu de canton et poste; 2657 hab.

NEUVILLE-AUX-BOIS (la), vg. de Fr., Marne, arr. et poste de Ste.-Ménéhoulde, cant. de Dommartin-sur-Yèvre; 440 hab.

NEUVILLE-AUX-BOIS (la), vg. de Fr., Haute-Marne, arr. de Vassy, cant. de Poissons, poste de Sailly; 200 hab.

NEUVILLE-AUX-JOUTES, vg. de Fr., Ardennes, arr. de Rocroi, cant. de Signy-le-Petit, poste d'Aubenton; forges et fonderie; 1525 hab.

NEUVILLE-AUX-LARRIS (la), vg. de Fr., Marne, arr. de Reims, cant. de Châtillon-sur-Marne, poste de Pont-à-Binson; 140 h.

NEUVILLE-AUX-TOURNEURS, vg. de Fr., Ardennes, arr. de Rocroi, cant. de Signy-le-Petit, poste de Maubert-Fontaine; usines à fer; 690 hab.

NEUVILLE-BOSC, vg. de Fr., Oise, arr. de Beauvais, cant. et poste de Méru; 730 hab.

NEUVILLE-BOSMONT (la), vg. de Fr., Aisne, arr. de Laon, cant. et poste de Marle; 320 hab.

NEUVILLE-BOURJONVAL, vg. de Fr., Pas-de-Calais, arr. d'Arras, cant. de Bertincourt, poste de Bapaume; 600 hab.

NEUVILLE-CHAMP-D'OISSEL (la), vg. de Fr., Seine-Inférieure, arr. et poste de Rouen, cant. de Boos; 1550 hab.

NEUVILLE-COPPEGUEULLE, vg. de Fr., Somme, arr. d'Amiens, cant. d'Oisemont, poste d'Aumale; fabr. de tiretaines; 1139 h.

NEUVILLE-D'AUMONT (la), vg. de Fr., Oise, arr. de Beauvais, cant. et poste de Noailles; 150 hab.

NEUVILLE-DES-VAUX, vg. de Fr., Eure, arr. d'Évreux, cant. et poste de Pacy-sur-Eure; 100 hab.

NEUVILLE-DU-BOSC, vg. de Fr., Eure, arr. de Bernay, caut. et poste de Brionne; 790 hab.

NEUVILLE-EN-BEAUMONT, vg. de Fr., Manche, arr. de Valognes, cant. et poste de St.-Sauveur-sur-Douve; 210 hab.

NEUVILLE-EN-BEINE (la), vg. de Fr., Aisne, arr. de Laon, cant. et poste de Chauny; 390 hab.

NEUVILLE-EN-FERRAIN, vg. de Fr., Nord, arr. de Lille, cant. et poste de Tourcoing; 2040 hab.

NEUVILLE-EN-HEZ (la), b. de Fr., Oise, arr., cant. et poste de Clermont; fabr. de toiles; filat. de lin; 710 hab.

NEUVILLE-EN-PHALEMPIN (la), vg. de Fr., Nord, arr. de Lille, cant. de Pont-à-Marcq, poste de Carvin; 380 hab.

NEUVILLE-EN-TOURNE-A-FUY (la), vg. de Fr., Ardennes, arr. de Réthel, cant. de Juniville, poste de Tagnon; 1110 hab.

NEUVILLE-EN-VERDUNOIS, vg. de Fr., Meuse, arr. de Commercy, cant. de Pierrefitte, poste de St.-Mihiel; 470 hab.

NEUVILLE-FERRIÈRES, vg. de Fr., Seine-Inférieure, arr., cant. et poste de Neufchâtel-en-Bray; filat. de coton; 560 hab.

NEUVILLE-FORES-MONTIER, ham. de Fr., Somme, com. de Fores-Montier; 250 h.

NEUVILLE-HOUSSET (la), vg. de Fr., Aisne, arr. de Vervins, cant. de Saint, poste de Marle; 360 hab.

NEUVILLE-LA-LAIS, vg. de Fr., Sarthe, arr. du Mans, cant. et poste de Conlie; 1150 hab.

NEUVILLE-LA-MARE, ham. de Fr., Eure-et-Loire, com. de Gironville; 270 hab.

NEUVILLE-L'ARCHEVÊQUE. *Voyez* NEUVILLE-SUR-SAÔNE.

NEUVILLE-LÈS-BRAY (la), vg. de Fr., Somme, arr. de Péronne, cant. de Bray-sur-Somme, poste d'Albert; 200 hab.

NEUVILLE-LES-CHAMPLITTE. *Voyez* CHAMPLITTE-LA-VILLE.

NEUVILLE-LÈS-DECIZE, vg. de Fr., Nièvre, arr. de Nevers, cant. et poste de Dornes; 490 hab.

NEUVILLE-LES-DORENGT (la), vg. de Fr., Aisne, arr. de Vervins, cant. du Nouvion, poste d'Étreux; 670 hab.

NEUVILLE-LES-LŒUILLY, vg. de Fr., Somme, arr. d'Amiens, cant. de Conty, poste de Quévauvillers; 140 hab.

NEUVILLE-LES-THIS, vg. de Fr., Ardennes, arr., cant. et poste de Mézières; 600 hab.

NEUVILLE-LES-VAUCOULEURS, vg. de Fr., Meuse, arr. de Commercy, cant. et poste de Vaucouleurs; 460 hab.

NEUVILLE-LES-WASIGNY (la), vg. de Fr., Ardennes, arr. et poste de Réthel, cant. de Novion; filat. de laine; 380 hab.

NEUVILLE-MESSIRE-GARNIER (la), vg. de Fr., Oise, arr. et poste de Beauvais, cant. d'Auneuil; 330 hab.

NEUVILLE-MOLLIENS (la), ham. de Fr., Oise, com. de Molliens-en-Beauvoisis; 300 h.

NEUVILLE-NEUVE-SOUS-THURY (la), vg. de Fr., Oise, arr. de Senlis, cant. et poste de Betz; 120 hab.

NEUVILLE-PRÈS-CLASVILLE, vg. de Fr., Eure, arr., cant. et poste d'Évreux; 180 h.

NEUVILLE-PRÈS-SAINT-ANDRÉ, vg. de

Fr., Eure, arr. d'Évreux, cant. et poste de St.-André; 210 hab.

NEUVILLE-PRES-SÉES, vg. de Fr., Orne, arr. d'Alençon, cant. et poste de Sées; 130 h.

NEUVILLER, vg. de Fr., Meurthe, arr. de Lunéville, cant. de Baccarat, poste de Blamont; 350 hab.

NEUVILLER (Haut-Rhin). *Voyez* NOVILLARD.

NEUVILLER ou NIENVILLET, vg. de Fr., Vosges, arr. de St.-Dié, cant. et poste de Schirmeck; 930 hab.

NEUVILLE-ROY (la), vg. de Fr., Oise, arr. de Clermont, cant. et poste de St.-Just-en-Chaussée; 660 hab.

NEUVILLER-SUR-MOSELLE, vg. de Fr., Meurthe, arr. de Nancy, cant. d'Haroué, poste; château; carrière de pierres lithographiques; commerce de bons vins du pays; 600 hab.

NEUVILLE-SAINT-AMAND, vg. de Fr., Aisne, arr. et poste de St.-Quentin, cant. de Moy; carrières de sable; fabr. de noir animal; 495 hab.

NEUVILLE-SAINT-PIERRE (la), vg. de Fr., Oise, arr. de Clermont, cant. de Froissy, poste de Breteuil; 240 hab.

NEUVILLE-SAINT-REMY, vg. de Fr., Nord, arr., cant. et poste de Cambrai; fabr. de sucre indigène; 710 hab.

NEUVILLE-SAINT-RIQUIER, ham. de Fr., Somme, com. d'Oneux; 190 hab.

NEUVILLE-SAINT-VAAST, vg. de Fr., Pas-de-Calais, arr. et poste d'Arras, cant. de Vimy; 1370 hab.

NEUVILLE-SIRE-BERNARD (la), vg. de Fr., Somme, arr. et poste de Montdidier, cant. de Moreuil; 260 hab.

NEUVILLE-SOUS-ARZILLIÈRES, vg. de Fr., Marne, arr. de Vitry-le-Français, cant. et poste de St.-Remy-en-Bouzemont; 90 h.

NEUVILLE-SOUS-FARCEAUX, vg. de Fr., Eure, arr. des Andelys, cant. et poste d'Etrépagny; 70 hab.

NEUVILLE-SUR-AIN, vg. de Fr., Ain, arr. de Bourg-en-Bresse, cant. et poste de Pont-d'Ain; 1410 hab.

NEUVILLE-SUR-AUTHOU, vg. de Fr., Eure, arr. de Bernay, cant. et poste de Brionne; 550 hab.

NEUVILLE-SUR-EAULNE, ham. de Fr., Seine-Inférieure, com. de Bailleul-Neuville; 150 hab.

NEUVILLE-SUR-FAVE, vg. de Fr., Vosges, arr., cant. et poste de St.-Dié; 350 hab.

NEUVILLE-SUR-L'ESCAUT, vg. de Fr., Nord, arr. de Valenciennes, cant. et poste de Bouchain; fabr. de sucre indigène; 560 hab.

NEUVILLE-SUR-MARGIVAL, vg. de Fr., Aisne, arr. et poste de Soissons, cant. de Vailly; 190 hab.

NEUVILLE-SUR-MEUSE (la), vg. de Fr., Meuse, arr. de Montmédy, cant. et poste de Stenay; 770 hab.

NEUVILLE-SUR-ORNE, vg. de Fr., Meuse, arr. et poste de Bar-le-Duc, cant. de Revigny; 920 hab.

NEUVILLE-SUR-OUDEUIL (la), vg. de Fr., Oise, arr. de Beauvais, cant, et poste de Marseille; 570 hab.

NEUVILLE-SUR-RENON, b. de Fr., Ain, arr. de Trévoux, cant. et poste de Châtillon-les-Dombes; 1300 hab.

NEUVILLE-SUR-RESSONS (la), vg. de Fr., Oise, arr. de Compiègne, cant. et poste de Ressons; 140 hab.

NEUVILLE-SUR-SAONE, pet. v. de Fr., Rhône, arr., à 3 l. N. et poste de Lyon, chef-lieu de canton, sur la rive gauche de la Saône; laminoir à plomb; moulinage en soie; blanchisseries de toiles; 1480 hab.

NEUVILLE-SUR-SARTHE, vg. de Fr., Sarthe, arr., cant. et poste du Mans; 1380 hab.

NEUVILLE-SUR-SEINE, vg. de Fr., Aube, arr. de Bar-sur-Seine, cant. de Mussy-sur-Seine, poste de Gyé-sur-Seine; 980 hab.

NEUVILLE-SUR-TOUQUE, vg. de Fr., Orne, arr. d'Argentan, cant. de Gacé, poste du Sap; 980 hab.

NEUVILLE-SUR-VANNES, vg. de Fr., Aube, arr. de Troyes, cant. et poste d'Estissac; 470 hab.

NEUVILLETTE, vg. de Fr., Aisne, arr. de St.-Quentin, cant. de Ribemont, poste d'Origny-Ste.-Benoîte; 480 hab.

NEUVILLETTE (la), vg. de Fr., Eure, arr. d'Évreux, cant. et poste de St.-André; 60 h.

NEUVILLETTE (la), ham. de Fr., Marne, com. de Courcy; 150 hab.

NEUVILLETTE, vg. de Fr., Sarthe, arr. du Mans, cant. et poste de Sillé-le-Guillaume; 900 hab.

NEUVILLETTE, ham. de Fr., Seine-Inférieure, com. du Mesnil-Esnard; 400 hab.

NEUVILLETTE, vg. de Fr., Somme, arr., cant. et poste de Doullens; 720 hab.

NEUVILLE-VITASSE, vg. de Fr., Pas-de-Calais, arr., cant. et poste d'Arras; 700 h.

NEUVILLEY, vg. de Fr., Jura, arr., cant. et poste de Poligny; 190 hab.

NEUVILLY, vg. de Fr., Meuse, arr. de Verdun, cant. et poste de Clermont-en-Argonne; verrerie; 740 hab.

NEUVILLY, vg. de Fr., Nord, arr. de Cambrai, cant. et poste de Catau; 1820 hab.

NEUVIREUIL, vg. de Fr., Pas-de-Calais, arr. et poste d'Arras, cant. de Vimy; 390 h.

NEUVIZY, vg. de Fr., Ardennes, arr. de Réthel, cant. de Novion, poste de Launoy; 310 hab.

NEUVY, vg. de Fr., Allier, arr., cant. et poste de Moulins-sur-Allier; 730 hab.

NEUVY, vg. de Fr., Maine-et-Loire, arr. de Beaupréau, cant. et poste de Chemillé; 830 hab.

NEUVY, b. de Fr., Saône-et-Loire, arr. de Charolles, cant. de Gueugnon, poste de Toulon-sur-Arroux; 1130 hab.

NEUVY, ham. de Fr., Seine-et-Marne, com. de Jaulnes; 150 hab.

NEUVY-BOUIN, vg. de Fr., Deux-Sèvres, arr. de Parthenay, cant. de Secondigny, poste de Moncoutant; 590 hab.

NEUVY-DEUX-CLOCHERS, vg. de Fr., Cher, arr. de Sancerre, cant. et poste d'Henrichemont; 880 hab.

NEUVY-EN-BEAUCE, vg. de Fr., Eure-et-Loir, arr. de Chartres, cant. et poste de Janville; 360 hab.

NEUVY-EN-CHAMPAGNE, vg. de Fr., Sarthe, arr. du Mans, cant. et poste de Conlie; 760 hab.

NEUVY-EN-DUNOIS, vg. de Fr., Eure-et-Loir, arr. de Châteaudun, cant. et poste de Bonneval; 780 hab.

NEUVY-EN-SULIAS, vg. de Fr., Loiret, arr. d'Orléans, cant. de Neuville-aux-Bois, poste de Jargeau; 480 hab.

NEUVY-L'ABBESSE, vg. de Fr., Marne, arr. d'Épernay, cant. d'Esternay, poste de Courgivaux; 360 hab.

NEUVY-LE-BARROIS, vg. de Fr., Cher, arr. de St.-Amand-Mont-Rond, cant. et poste de Sancoins; 840 hab.

NEUVY-LE-ROI, b. de Fr., Indre-et-Loire, arr. et à 6 1/2 l. N. de Tours, chef-lieu de canton et poste; vins blancs estimés; 1630 h.

NEUVY-PAILLOUX, vg. de Fr., Indre, arr., cant. et poste d'Issoudun; 1020 hab.

NEUVY-SAINT-SÉPULCHRE, pet. v. de Fr., Indre, arr., à 3 l. O. et poste de la Châtre et à 78 l. de Paris, chef-lieu de canton; elle fait un commerce considérable de laine, de bétail, de grains et de vins blancs; 2049 hab.

Les antiquaires du Berry prétendent que cette petite ville, fort ancienne, occupe l'emplacement de l'antique cité gauloise Neviodunum, qui se soumit à César lorsqu'il vint à Avaricum (Bourges).

NEUVY-SAUTOUR, vg. de Fr., Yonne, arr. de Tonnerre, cant. de Flogny, poste de St.-Florentin; 1600 hab.

NEUVY-SUR-BARRANJON, vg. de Fr., Cher, arr. de Bourges, cant. et poste de Vierzon; 840 hab.

NEUVY-SUR-BEUVRON, vg. de Fr., Loir-et-Cher, arr. de Blois, cant. et poste de Bracieux; 450 hab.

NEUVY-SUR-LOIRE, vg. de Fr., Nièvre, arr. et cant. de Cosne, poste; 1450 hab.

NEUWARP, v. de Prusse, prov. de Poméranie, rég. de Stettin, sur le lac du même nom; 1650 hab.

NEUWEDEL, v. de Prusse, prov. de Brandebourg, rég. de Francfort, sur le lac de Drage; fabr. de draps et usines à fer; 1640 hab.

NEUWELT, gros vg. de Bohême, cer. de Bidschow, sur le dos du Riesengebirg; renommé par sa carrière, où l'on fabrique le blus beau cristal de la Bohême, et par l'adresse et le bon goût avec lesquels ses habitants savent le polir et le tailler.

NEUWIED, v. de Prusse, chef-lieu de cercle, prov. du Rhin, rég. et à 3 l. N.-O. de Coblence, domaine du prince Auguste de Wied-Neuwied, qui y habite un beau château, avec un musée d'antiquités trouvées dans les environs et d'objets recueillis en Amérique. La ville est bien bâtie et située dans une contrée riante, sur la rive droite du Rhin, que l'on y passe sur un pont volant, près de l'embouchure de la pet. riv. de Wied; elle possède une école de commerce, un hôpital, une maison d'orphelins et d'autres établissements philantropiques. Son industrie est des plus développées; elle produit de la librairie, des étoffes de soie, de laine, de coton et de lin; de la bonneterie, de la rubannerie, des dentelles, du papier peint, de l'horlogerie, de la tabletterie, de la quincaillerie en fer, des fourneaux en fonte, de la vaisselle en fer étamé, des cuirs, du savon et des produits chimiques. La place entretient une navigation active et fait un grand commerce de ses produits industriels, de fer, de plomb, de vins, de terre de pipe, etc. A 1 l. de la ville on voit les ruines dn château de Friedrichstein, appelées par les bateliers la maison du diable. Population de la ville 5500 hab. et du cercle 28,000, sur 7 1/3 milles c. La population du domaine du prince de Wied-Neuwied est de 11,000 hab.; ses revenus s'élèvent à 571,000 fr.

La fondation de cette jolie petite ville ne remonte qu'au commencement du dix-huitième siècle. La liberté de conscience et des cultes, proclamée par le prince Alexandre de Neuwied, contribua le plus à son développement rapide.

NEUWILLER, pet. v. de Fr., Bas-Rhin, arr. et poste de Saverne, cant. de la Petite-Pierre; 1700 hab.

NEUWILLER, vg. de Fr., Haut-Rhin, arr. d'Altkirch, cant. et poste de Huningue; 340 hab.

NEVACHE, vg. de Fr., Hautes-Alpes, arr., cant. et poste de Briançon; 880 hab.

NEVELE, b. du roy. de Belgique, prov. de la Flandre orientale, arr. et à 2 1/2 l. O. de Gand, sur le petit canal de Nieuwevaert, qui se verse dans celui de Gand, à Bruges; 3200 hab.

NEVERI, fl. de la rép. de Vénézuela, dép. de Maturin; prend naissance dans la Sierra de Bergantin (d'après Alcédo sur la Méza-de-Guanipa), coule vers le N. et débouche dans la mer des Antilles, tout près de Barcelona. Il déborde fréquemment dans la saison des pluies.

NEVERS, *Novidiorum, Noviodunum, Nivernum*, v. de Fr., à 59 l. S.-E. de Paris, chef-lieu du dép. de la Nièvre; siége de tribunaux de première instance et de commerce, d'un évêché érigé dans le quatrième siècle, et suffragant de l'archevêché de Sens; directions des contributions directes et indirectes, de l'enregistrement et des domaines; conservation des hypothèques; résidence d'un inspecteur forestier, de deux ingénieurs en chef des ponts-et-chaussées et d'un directeur de forges et fonderies de la marine. Nevers s'élève en amphithéâtre sur la pente d'une colline, au milieu de fertiles campagnes et au confluent de la Loire et de la Nièvre; son aspect extérieur est fort pittoresque, mais l'intérieur est moins agréable à la vue : un grand nombre de rues sont escarpées, tortueuses et mal pavées. Au centre de la ville se trouve l'ancien palais des ducs du Nivernais, transformé en hôtel de ville; il forme un des côtés d'une place spacieuse et régulière. Les monuments remarquables de cette ville sont : l'église de St.-Étienne, d'une construction très-ancienne, rebâtie par Guillaume, duc de Nevers, en 1083; l'église de St.-Cyr, qui remonte au douzième siècle et dont on admire le vaisseau gothique; les casernes; l'arsenal; le pont sur la Loire; la porte en forme d'arc de triomphe, à l'entrée par la route de Moulins, et une vieille tour carrée, reste de ses anciennes fortifications. Le port, très-commode, est formé, à l'embouchure de la Nièvre, par une gare naturelle. On y remarque aussi plusieurs jolies promenades, entre autres celle du parc, qui est la plus fréquentée. Parmi les objets qui y fixent la curiosité, nous devons citer aussi la fonderie de canons de fer pour la marine; elle a 8 fours à réverbères et 12 bancs de forerie. Les produits de cet établissement s'élèvent à 550,000 kilogrammes de fonte. Nevers possède un collége, un séminaire, un cours d'anatomie, une école de dessin linéaire, de géométrie et de mécanique appliquées aux arts, une société centrale d'agriculture, des manufactures et des arts, un cabinet de médailles antiques et modernes, une bibliothèque publique de 8500 volumes et une salle de spectacle. L'industrie de Nevers est active et variée; les produits de ses faïenceries et ses porcelaines sont justement estimés et passent pour les meilleurs de France; l'émail de Nevers jouit depuis très-longtemps d'une réputation méritée. On voit en outre à Nevers des teintureries, des tanneries, des clouteries, des fabriques d'enclumes et d'étaux, de colle forte, de câbles et chaînes, et, dans les environs, un grand nombre de belles usines et des mines de fer. Son commerce, très-florissant et favorisé par la Loire et le canal de Briare, consiste principalement dans la vente de fer, bois, grains et charbons. Foires les 11 janvier, 14 mai, 16 juin, 22 juillet, 2 septembre, 2 décembre, le jour des Brandons, Quasimodo, le samedi après St.-Denis et le lundi après Toussaint; 16,957 hab.

Cette ville est la patrie du célèbre chansonnier connu sous le nom de maître Adam, menuisier de Nevers, dont les curieux vont encore visiter la maison, dans la rue de la Parcheminerie, et de Chaumette, procureur à la commune de Paris, mort sur l'échafaud en 1794.

Nevers, ancienne capitale du Nivernais, existait longtemps avant l'invasion romaine. Cette cité portait le nom de Novidunum et faisait partie du territoire des Eduens, dont Bibracte (Autun) était la capitale. Après l'anéantissement de la puissance romaine dans les Gaules, elle passa sous la domination des Bourguignons et ensuite sous celle des Francs. En 865, Nevers fut érigé en siége d'un comté auquel on donna le nom de Nivernais. A dater de cette époque, l'histoire de Nevers est celle de toutes les villes de France sous la féodalité, c'est-à-dire celle de la noblesse et du clergé, qui, là comme partout, étouffèrent dans leurs luttes d'ambition, de cupidité et de vengeance, le peuple réduit à la misérable condition de serfs. En 1194, Pierre de Courtenay, alors comte de Nevers, fit ceindre la ville de murailles, pour la mettre à l'abri des brigandages, fréquents à cette époque de calamité. En 1231, les habitants achetèrent le droit de commune; mais l'insolence puissante des seigneurs du temps ne leur permit jamais de jouir en paix des priviléges ou des droits acquis par la charte communale, jusqu'au moment où la grande révolution de 1789 vint enfin donner à tous les mêmes droits et les mêmes devoirs.

NEVEZ, b. de Fr., Finistère, arr. et poste de Quimperlé, cant. de Pont-Aven; 1450 h.

NEVIAN, vg. de Fr., Aude, arr., cant. et poste de Narbonne; 490 hab.

NEVILLE, vg. de Fr., Manche, arr. de Cherbourg, cant. et poste de St.-Pierre-Église; 420 hab.

NEVILLE, vg. de Fr., Seine-Inférieure, arr. d'Yvetot, cant. et poste de St.-Valery-en-Caux; 1590 hab.

NEVILS-BAY, profonde insection à l'E. de la Nouvelle-Galles septentrionale, au N. de la baie de Knapp et au S. de Rankins-Inlet; elle renferme de nombreuses îles telles que Centry (sous 61° 40′ lat. N.), Knight (sous 62° 2′), Bibys, Merrys, Jones, Seahorse, Whale-Cove, etc.; elles sont rocailleuses, stériles et n'offrent que quelques plantes arctiques.

NEVIS ou **NÉWIS**, île qui fait partie du groupe des Leewards (Petites-Antilles), possession anglaise; elle est située sous 70° 8′ lat. N., à 1 l. marine S.-E. de St.-Christophe. Ce n'est proprement qu'une montagne, qui s'élève peu à peu du sein de la mer et dont le sommet offre encore le cratère d'un volcan éteint qui donne naissance à une source thermale sulfureuse. De riches plantations de sucre, café, coton et tabac entourent la montagne et s'étendent presque jusqu'à son sommet. Le sol, généralement très-fertile, est sillonné par de nombreuses rivières, que les orages changent souvent en torrents impétueux. L'Océan forme sur les côtes plusieurs baies et ports, parmi lesquels nous remarquons la baie de Morton, sur la côte N.-O. La superficie de l'île est de 1 1/2 l. c. géogr., avec 10,000 habitants, dont (1834) 8722 esclaves. Elle est divisée en 4 paroisses et dépend du gouv. de

St.-Christophe. Les Anglais occupent cette île depuis 1628. Charlestown, petite ville avec une bonne rade, défendue par un fort, en est le chef-lieu.

NEVOY, vg. de Fr., Loiret, arr., cant. et poste de Gien; 420 hab.

NEVY-LES-DOLE, vg. de Fr., Jura, arr. de Dôle, cant. de Chaussin, poste de Mont-sous-Vaudrey; 340 hab.

NEVY-SUR-SEILLE, vg. de Fr., Jura, arr. et poste de Lons-le-Saulnier, cant. de Voiteur; 570 hab.

NEWA, riv. de la Russie d'Europe, elle découle du lac Ladoga, est aussitôt navigable, et se décharge par 4 embouchures dans le golfe de Finlande. Ces quatres bras portent les noms de Newa, Newka, Moïka et Fortunka, et traversent tous St.-Pétersbourg.

NEW-ALBANY, v. naissante des États-Unis de l'Amérique du Nord, état d'Indiana, comté de Floyd, sur l'Ohio, en face de Portland; elle est régulièrement bâtie et possède une fabrique de machines à vapeur et d'autres usines; navigation et commerce actifs; 3000 hab.

NEW-AMSTERDAM, pet. v. de la Guyane anglaise, gouv. de Berbice, dont elle est le chef-lieu, sur une langue de terre, au confluent du Canjé et du Berbice. La ville, construite dans le goût hollandais, ne forme qu'une seule rue le long du Berbice, dont l'embouchure est divisée en deux entrées par l'île Krabben. L'entrée orientale est défendue par le fort St.-Andrews et l'entrée occidentale par le fort York. L'île Krabben est également couverte d'importantes fortifications. New-Amsterdam est le siége du gouverneur de la colonie de Berbice; 2200 h.

NEWARK, pet. v. d'Angleterre, comté de Nottingham, sur le Trent; manufacture de coton; fabr. de toiles à sac et de malt; commerce très-actif de grains, bétail et laine; 9000 hab.

NEWARK (baie). *Voyez* NEW-JERSEY.

NEWARK, v. des Etats-Unis de l'Amérique du Nord, état de New-Jersey, comté d'Essex, dont elle est le chef-lieu, sur la rive droite du Passaik. C'est la ville la plus peuplée et la plus importante de l'état; elle est remarquable par l'église des Presbytériens, une des plus belles de l'Union; par ses nombreuses fabriques de souliers, ses fabriques très-renommées de voitures, de chaises, etc.; par son commerce et son cidre; 12,000 hab.

NEWARK. *Voyez* LICKING (comté).

NEWARK. *Voyez* NIAGARA.

NEW-BARBADOÈS, com. des États-Unis de l'Amérique du Nord, état de New-Jersey, comté de Bergen, entre le Hackinsack et le Passaik; riches mines de cuivre dans le voisinage; 3500 hab.

NEWBATTLE, gr. vg. d'Écosse, comté d'Edimbourg, près de Dalkeith; 2400 hab.

NEWBEACON (mont). *Voyez* NEW-YORK (état).

NEW-BEDFORD, v. des États-Unis de l'Amérique du Nord, état de Massachusetts, comté de Bristol, à l'O. d'une petite baie; elle a un bon port, une nombreuse marine marchande, fait un commerce très-actif et est un des principaux rendez-vous de l'Union pour la pêche de la baleine; elle possède en outre un théâtre, une académie, une banque, une société d'assurance, et fait paraître un journal; 8000 h.

NEW-BERLIN, pet. v. des États-Unis de l'Amérique du Nord, état de New-York, comté de Chénango; 3000 hab.

NEW-BERLIN. *Voyez* UNION (comté).

NEW-BERN, v. des États-Unis de l'Amérique du Nord, état de la Caroline du Nord, comté de Crawen, dont elle est le chef-lieu, au confluent du Trent et de la Neuse. Elle est bien bâtie et la ville la plus importante de l'état; elle possède une académie, un joli théâtre, une bibliothèque, deux banques, une halle, un bon port, une marine marchande très-considérable, et fait un commerce très-actif; 7000 hab.

NEW-BERRY, dist. de la Caroline du Sud, États-Unis de l'Amérique du Nord; il est borné par les dist. d'Union, Fairfield, Lexington, Edgefield et Laurens; pays fertile en coton, maïs et tabac, et arrosé par l'Eunorée, le Broad et la Saluda. Newberry, au centre du district, en est le chef-lieu; 19,000 hab.

NEWBOROUGH, b. d'Angleterre dans l'île d'Anglesey, jadis la résidence des princes de Galles; renommé aujourd'hui par ses beaux mâts.

NEWBOROUGH ou GOURI, b. d'Irlande, comté de Dexford.

NEW-BOSTON, b. florissant des États-Unis de l'Amérique du Nord, état de New-Hampshire, comté de Hillsborough; 2600 h.

NEW-BRUNSWICK, v. des États-Unis de l'Amérique du Nord, état de New-Jersey, comté de Middlesex, dont elle est le chef-lieu, sur le Raritan, dans une contrée basse et malsaine. Cette ville est importante par le Rutgers-College, autrefois Queens-College, fondé en 1770, et le séminaire théologique des réformés hollandais, fondé en 1810, et renferme en outre une école latine et une société de médecine; on y publie 3 journaux; banque et commerce actif. Des bateaux à vapeur vont journellement de cette ville à New-York; 7200 hab.

NEWBURGH, v. des États-Unis de l'Amérique du Nord, état de New-York, comté d'Orange, sur l'Hudson; académie, banque, prison; grands marchés et commerce actif; 7000 hab.

NEWBURGH, b. d'Écosse, comté de Fife, sur le Tay; fabrication de toiles dites d'Osnabruck; petit port, d'où l'on exporte du froment, de l'orge et des œufs; 2000 hab.

NEWBURY, jolie pet. v. d'Angleterre, comté de Berks, sur le Kennet; manufacture de draps; filatures de coton; commerce de grains et de malt; 6000 hab.

NEWBURY-PORT, v. des États-Unis de

l'Amérique du Nord, état de Massachusetts, comté d'Essex, sur le Merrimak et non loin de son embouchure; elle est bien bâtie et possède de nombreuses écoles, deux banques, deux sociétés d'assurance, plusieurs distilleries et brasseries, une fabrique de papiers peints; son port est un des meilleurs de l'Union; la ville possède une nombreuse marine marchande, plusieurs baleiniers, et fait un commerce très-important avec les îles anglaises et les ports de la mer Baltique. Le Merrimak y est traversé par un magnifique pont en pierres de taille de 350 mètres de large, et qui passe pour une des plus belles constructions des États-Unis. Il a remplacé un pont de fer qui s'écroula en 1827; 8000 h.

NEWBURY, v. des États-Unis de l'Amérique du Nord, état de Massachusetts, comté d'Essex, sur le Merrimak, en face de Newbury-Port; elle possède 2 académies, dont celle de Dummers est très-célèbre, une manufacture de laine, etc.; 5000 hab.

NEWBURY, com. des États-Unis de l'Amérique du Nord, état de Pensylvanie, comté d'York, sur le Susquéhannah, qui y fait une cataracte; 2800 hab.

NEWBURY, pet. v. des États-Unis de l'Amérique du Nord, état de Vermont, comté d'Orange, sur le Connecticut; elle est le siége d'un tribunal; 2600 hab.

NEW-CANAAN. *Voyez* CANAAN (New-.)

NEW-CARLISLE, pet. v. du Bas-Canada, comté de Gaspé, dont elle est le chef-lieu, sur la baie de Gaspé ou de New-Carlisle; elle a un bon port, se livre à la pêche et fait un commerce assez important; 3000 hab.

NEWCASTLE, pet. v. du comté de Northumberland, dans la Nouvelle-Galles-du-Sud (Australie); elle est située sur l'Hunter et possède un port. On exploite dans les environs de riches mines de houille, dont les produits sont transportés à Sydney. Le territoire de Newcastle fournit aussi beaucoup de bois de construction. La ville a un hôtel du gouverneur, une école et une prison; 1000 hab.

NEW-CASTLE, pet. v. des États-Unis de l'Amérique du Nord, état de New-Hampshire, comté de Rockingham, dans l'île de Great-Island, à l'embouchure de la Piscatagua, à 1 l. de la capitale. Elle est défendue par le fort William, possède un port avec un phare et se livre au commerce et à la pêche de la morue.

NEW-CASTLE, comté de l'état de Delaware, États-Unis de l'Amérique du Nord; il est borné par les comtés de Kent et les états de Pensylvanie, New-Jersey et Maryland; il a une superficie de 23 l. c. géogr., avec 34,000 habitants. Pays élevé et très-fertile au N., plat, marécageux et de médiocre fertilité au S., et généralement bien arrosé; c'est une des meilleures contrées et le siége de l'industrie du Delaware. Ce comté est divisé en 9 hundreds (districts).

NEW-CASTLE, pet. v. des États-Unis de l'Amérique du Nord, état de Delaware, comté de New-Castle, dont elle est le chef-lieu, sur le Delaware; elle est le siége d'une société patriotique et des tribunaux de l'Union pour l'état de Delaware; commerce actif et communications journalières par bateaux à vapeur avec Philadelphie; 3200 hab.

NEW-CASTLE, pet. v. des États-Unis de l'Amérique du Nord, état de Kentucky, comté de Henry, sur un affluent de l'Ohio; elle s'accroît rapidement.

NEWCASTLE, dist. du Haut-Canada, Amérique anglaise; il est borné par le Labrador, les dist. de Midland et de Home et le lac Ontario. La partie N. ne présente qu'un immense désert rempli de lacs et traversé par de nombreux cours d'eau, dont le Trent est le plus considérable. Une ramification des Land-Hills traverse ce pays dans une direction S.-E. et s'aplatit dans le dist. de Midland. Le sol est gras et généralement très-fertile, et la culture, qui, il y a 20 ans, se bornait aux environs de Trent et de l'Ontario, s'étend de plus en plus dans tous les sens. Le long du Trent on trouve de riches salines; 20,000 hab.

NEWCASTLE, v. naissante du Haut-Canada, dist. de Newcastle, dont elle est le chef-lieu, sur une petite baie qui offre un port très-bien abrité: elle est un des principaux entrepôts du grand commerce de pelleteries; 2800 hab.

NEWCASTLE, pet. v. du Nouveau-Brunswick, sur la baie de Miramichi; elle est importante par ses chantiers, où l'on construit beaucoup de vaisseaux marchands.

NEWCASTLE, b. d'Irlande, comté de Dublin, sur le Grand-Canal; filatures.

NEWCASTLE, b. d'Irlande, comté de Limérick; tissages.

NEWCASTLE-EMLIN, b. d'Angleterre, comté de Cærmarthen, sur le Tivy.

NEWCASTLE-SUR-LYNE, v. d'Angleterre, comté de Stafford, bien bâtie, sur le canal de Grand-Trone; nomme 2 députés; fabrication de draps, de poterie, et de chapeaux; centre du commerce de poterie, dont la fabrication occupe plus de 10,000 ouvriers des environs et fait circuler plus de 25 millions de francs par an; 8000 hab.

NEWCASTLE-SUR-TYNE, *Gabrosentum*, *Moulchester*, gr. et ancienne v. d'Angleterre, chef-lieu du comté de Northumberland, située sur la rive gauche de la Tyne, qui y forme un port sûr et commode. La ville ancienne est sale et mal bâtie, mais la ville nouvelle offre de belles rues et de beaux bâtiments, tels que l'hôtel de ville, le palais de justice, le théâtre, le casino, l'église de St.-Nicolas, le magnifique pont en pierre et le beau quai le long de la Tyne, qui est un des plus longs et des plus larges de l'Angleterre. Ses principaux établissements scientifiques et littéraires sont: le gymnase, fondé en 1525; la bibliothèque publique; les sociétés de belles-lettres, philosophique et médicale et celle des antiquaires. Cette ville est le second port de l'Angleterre; sa marine marchande jauge près de 200,000 tonneaux; elle le doit aux mines de charbon de son territoire, qui emploient 40,000 personnes et produisent annuellement 42,000,000 de quintaux. Fabr. de sucre, de cuirs, d'huile de baleine, de câbles, de tuiles, de savon, de verre, de papier, de colle forte, d'ammoniac, de céruse, de vitriol, de soude et de goudron; construction de vaisseaux; commerce de houille, grains, plomb et autres produits; pêche de la baleine. Gateshead, situé sur la rive droite de la Tyne, dans le comté de Durham, est regardé communément comme un faubourg de Newcastle. La muraille d'Adrien se terminait à cette ville; celle de Sévère la traversait. Sa population, en y comprenant Gateshead, est de près de 60,000 h.

Newcastle est la patrie du poëte Mark Ackenside, mort en 1770.

NEW-CITY-ISLAND, pet. île dans le détroit de Long-Island, fait partie du comté de Westchester, état de New-York, États-Unis de l'Amérique du Nord.

NEW-COLUMBIA. *V.* COLUMBIA (New-).

NEW-DUBLIN. *Voyez* DUBLIN (New-).

NEW-DURHAM, com. des États-Unis de l'Amérique du Nord, état de New-Hampshire, comté de Strafford; 2400 hab.

NEW-ECHOTA, pet. v. des États-Unis de l'Amérique du Nord, état de Géorgie, dist. des Tschérokis, dont elle est le chef-lieu, sur la Coosa; elle renferme un musée, une bibliothèque, une imprimerie, qui fait paraître un journal intitulé le *Phenix Tschéroki*, publié par un Tschéroki dans la langue nationale, avec la traduction anglaise en regard. Cette ville est, jusqu'à nouvel ordre, le siége du gouvernement des Tschérokis, dont les formes sont une imitation du gouvernement des États-Unis (*Voyez* TSCHÉROKIS).

NEW-EDEN, la principale mission des frères moraves dans l'île de Jamaïque, près de Mondégo-Bay.

NEW-EDINBURGH. *Voyez* EDINBURGH (New-).

NEWEL, pet. v. de la Russie d'Europe, gouv. de Witebski, siége des autorités du cercle, située sur le lac de Newelskoi, à l'endroit même où il reçoit l'Emenka. Elle possède six églises et une synagogue; 2700 hab.

NEWENT, b. d'Angleterre, comté de Glocester, sur un affluent de la Severn et le canal d'Hereford; important par ses riches mines de houille; 1200 hab.

NEWFANE, pet. v. des États-Unis de l'Amérique du Nord, état de Vermont, comté de Windham, dont elle est le chef-lieu, sur le Wantustitguk; prison; quelque commerce; 2700 hab.

NEW-FÉLICIANA. *Voyez* FÉLICIANA (New-).

NEW-FOUND-POND (lac). *Voyez* NEW-HAMPSHIRE.

NEW-GALLOWAY, jolie et nouvelle pet. v. d'Écosse, comté de Kirkudbright, sur le Kenn; commerce très-actif de grains et de farine; 1200 hab.

NEW-GARDEN, b. des États-Unis de l'Amérique du Nord, état de Pensylvanie, comté de Chester, sur le Whiteclaw; 2500 hab.

NEWGATE, baie au S. de l'état de Connecticut, États-Unis de l'Amérique du Nord.

NEW-GÉNÉVA. *Voyez* GÉNÉVA (New-).

NEW-GENEVA, joli vg. d'Irlande, comté de Waterford; bâti par le gouvernement, en 1780, pour y établir une petite colonie de Suisses; manufactures de draps.

NEW-GLASCOW. *Voyez* GLASCOW (New-).

NEW-GLASGOW, vg. de la Nouvelle-Écosse, comté de Halifax, dans le voisinage de Pictou; il est remarquable par ses riches mines de houille, dites mines d'Albion et exploitées par la compagnie des mines à Londres, et par ses mines de fer, dont les produits égalent le meilleur fer de la Suède.

NEW-GLOUCESTER, com. des États-Unis de l'Amérique du Nord, état du Maine, comté de Cumberland; 3000 hab.

NEW-GRANTHAM, com. des États-Unis de l'Amérique du Nord, état de New-Hampshire, comté de Chesshire; 2400 hab.

NEW-GREENWICH, b. d'Angleterre, comté de Northumberland, sur la Tyne; possède une grande fonderie royale.

NEWHAFEN, très-pet. v. d'Angleterre, comté de Sussex, à l'embouchure de l'Ouse; avec un bon port et de beaux quais; 1200 h.

NEWHAFEN ou **MORISONSHAVEN**, port d'Écosse, comté d'Haddington; très-florissant par son commerce avant la réunion de ce royaume à l'Angleterre. On en exporte encore aujourd'hui des poissons et autres articles de commerce.

NEW-HAMPSHIRE, une des provinces du N.-E. des États-Unis de l'Amérique du Nord. Elle s'étend de 42° 41′ à 45° 11′ lat. N. et de 72° 50′ à 75° long. occ., et est bornée au N. par le Canada, dont elle est séparée par les monts Albany (Landshill); à l'E. par l'état du Maine; au S.-E. par l'Océan Atlantique; au S. par l'état de Massachusetts, et à l'O. par l'état de Vermont, dont le Connecticut la sépare. Sa superficie est de 438 l. c. géogr. Cet état forme un haut-plateau qui s'adosse, au N.-O., à la crête des monts Albany et est couvert presque partout de montagnes et de collines de hauteur considérable, entre lesquelles s'ouvrent de fertiles vallées. Au pied et sur le dos des montagnes on trouve de nombreux lacs, dont quelques-uns d'une grande étendue. Les côtes, couvertes de rochers et de collines, sont peu déchirées et n'offrent qu'un seul bon port, celui de Portsmouth, à l'embouchure de la Piscatagua, et plusieurs promontoires, tels que Frost-Head, Rye-

Head, Locks-Head, Philbrick-Head, Great-Boars-Head et Hampton-Head. Le long des côtes le sol est en partie sablonneux, en partie marécageux et fortement saturé de sel; vers les hauteurs il devient de plus en plus gras et offre généralement la végétation la plus fraiche et la plus vigoureuse. Le bois en fait la principale richesse. Les montagnes qui traversent cet état sont des continuations et dépendances des monts Albany; elles ne présentent que des groupes isolés, fréquemment interrompus par de rapides cours d'eau. Leur hauteur moyenne est de 1900 mètres. Ce sont : les montagnes Blanches (White-Mountains), entre le Saco et le Sagadahog; elles renferment le pic Washington, qui paraît être le point culminant des Apalaches. Il a 2000 mètres de hauteur et est constamment couvert de neige. A l'O. de cette chaîne de montagnes s'étend le Notch ou Gap, vallée qui sépare les White-Mountains d'une autre chaîne de montagnes, qui se dirige vers le Connecticut. Cette vallée, traversée par la grande route de Lancaster à Portland, forme une des parties les plus pittoresques de l'Amérique septentrionale. Au S. du Saco, jusqu'au lac Winnipiséogee, s'élèvent le Chocoma, le groupe des Rattlesnakes avec la Devils-Den (pic du Diable), et l'Ossippee; à l'O., entre les sources du Saco et le Connecticut on voit les monts Millen, Pondichéry et Mooselock (1400 mètres). Au S. du lac Winnipiséogee les montagnes ont moins de hauteur. On y remarque le Mount-Major, le Moose, près du Connecticut, le Mink, le Kuarsarga et le Sunnapee, au S. du lac de même nom, et le Grand-Monadnok, entre le Connecticut et le Merrimak (1000 mètres). Les montagnes qui accompagnent le Merrimak sont plus basses encore que celles que nous avons nommées en dernier lieu; celles qui suivent le cours de la Piscatagua s'aplatissent par terrasses et se perdent vers les côtes. Elles sont connues sous le nom de Blue-Hills (collines Bleues). Toutes ces montagnes sont boisées jusqu'au sommet et il est rare de trouver un rocher complétement dénué de végétation. Selon Saint-Jones, le West-River-Mountain, sur le Connecticut, a vomi du feu de 1730 à 1752. Les cours d'eau les plus remarquables de cet état sont : la Piscatagua avec le Cochéco, à l'E.; le Merrimak ou Esturgeon; le Connecticut, à l'O., le Sagadahok, le Saco et le Grand-Ossippee, à l'E. Parmi les nombreux lacs qui couvrent les hauteurs, nous remarquons le Winnipiséogee ou Richemond (43° 40′), de 8 l. de longueur sur 2 de large et couvert d'îles; l'Umbagog, au N.-E.; le Newfound-Pond; le Sunnapee; le Squam; le Grand-Ossipee-Pond; le Province-Pond et le Masabeesik-Pond. Outre les voies d'eau et bassins ci-dessus nommés, cet état est traversé par plusieurs canaux, dont celui de Hampton, qui aboutit au Merrimak, est le plus important. Le climat est très-salubre et se distingue par sa stabilité et sa sérénité. L'utilisation du sol et de ses produits naturels, et l'éducation du bétail forment les principales occupations des habitants. On cultive du blé, du chanvre, du lin, du houblon, des légumes, des fruits, etc. Le New-Hampshire prend aussi une part active aux grandes pêches de la morue, à laquelle elle emploie 27 schooners et 20 barques. Ses cours d'eau intérieurs et ses lacs regorgent de toutes les espèces de poissons et la chasse y est des plus productives. Le règne minéral offre du fer, des traces de cuivre et de plomb, du soufre, de l'alun, de la smectite, du vitriol, du talc, du schiste et de nombreuses sources minérales. On n'exploite généralement que le fer et le soufre. L'industrie manufacturière porte principalement sur la fabrication du coton; en 1830 l'état possédait 50 fabriques de ce genre. Le commerce maritime du New-Hampshire est sans importance et perd d'année en année; par contre les relations intérieures et celles avec le Massachusetts, Vermont et le Canada, où l'on exporte beaucoup de bétail, sont très-actives.

La population de cet état est de 271,000 habitants. Sa constitution est purement démocratique; il est divisé en 8 comtés, et envoie au congrès 2 sénateurs et 6 députés. Les tribunaux de l'Union siègent alternativement à Portsmouth et à Exeter, où se tiennent aussi, une fois par an, les tribunaux de district. Les établissements littéraires et scientifiques de cet état sont : le Darthmouth-College à Hanovre, fondé en 1769; c'est l'université du New-Hampshire; et les académies d'Exeter (Philipps-College), New-Ipswich, Atkinson, Amherst (Aurean-Academy), Concord et Charleston.

Le New-Hampshire est un des plus anciens états de l'Union et y occupe le premier rang. En 1614, le capitaine Smith explora les côtes de ce pays, habité alors par des Indiens de la nation des Abénakis. En 1623, on y fonda les premières colonies et on lui donna le nom de Laconia, changé en 1662 en celui de New-Hampshire, lorsque cet état se sépara de celui de Massachusetts, dont il avait formé, pendant de longues années, un comté qui portait le nom de Norfolk. En 1679, le New-Hampshire fut constitué en gouvernement particulier.

NEW-HAMPTON, b. des États-Unis de l'Amérique du Nord, état de New-Hampshire, comté de Strafford, sur le Merrimak; 2500 hab.

NEW-HANOVER, comté de l'état de la Caroline du Nord, États-Unis de l'Amérique du Nord; il est borné par l'Océan et les comtés de Sampson, Duplin, Onslow, Brunswick et Bladen. Pays fertile et arrosé par le Cape-Fear et ses affluents. Les côtes, sablonneuses et marécageuses, présentent de nombreuses pointes et insections; 15,000 hab.

NEW-HARMONY. *Voyez* HARMONY (New-).

NEW-HARTFORD, b. des États-Unis de

l'Amérique du Nord, état de Connecticut, comté de Litchfield, sur le Farmington; 2800 hab.

NEWHAVEN, baie au S. de l'état de Connecticut, États-Unis de l'Amérique du Nord.

NEWHAVEN, comté de l'état de Connecticut, États-Unis de l'Amérique du Nord; il est borné par le détroit de Long-Island et les comtés de Litchfield, Hartford, Middlesex et Fairfield; cette province a une superficie de 23 l. c. géogr. et 45,000 hab. Le sol est rocailleux, onduleux, bien arrosé et très-bien cultivé. Belles prairies le long des côtes, qui présentent les baies de Newhaven et de Guilford.

NEWHAVEN, v. maritime des États-Unis de l'Amérique du Nord, état de Connecticut, comté de Newhaven, dont elle est le chef-lieu, dans une belle plaine, entourée de riantes collines, à l'embouchure du Mill-River dans la baie de Newgate. Cette ville, capitale de l'état de Connecticut, est divisée en vieille ville et ville neuve et très-régulièrement bâtie. Elle possède le Yale-College, une des plus célèbres universités de l'Union, avec des facultés de théologie, de droit et de médecine, un collége académique, de nombreuses écoles élémentaires, plusieurs typographies, qui publient 7 journaux, entre autres le *Journal américain des sciences et des arts;* une bibliothèque publique de 20,000 volumes, un cabinet de minéralogie, un des plus riches de l'Union, et plusieurs sociétés savantes; elle a un bon port, une manufacture d'armes à feu, une manufacture de tabac, des fabriques de toiles et de coton, une papeterie, etc., et fait un commerce très-considérable. Il existe un service régulier de paquebots et bateaux à vapeur entre Newhaven, New-York, Norwich et New-London. Dans les environs de Newhaven, embellis de jardins et de maisons de campagne, on trouve du marbre serpentin, dont on exporte une grande quantité; 13,000 hab.

NEW-HAVEN (canal de) ou canal de **FARMINGTON**, canal des États-Unis de l'Amérique du Nord, commence à New-Haven, dans l'état de Connecticut, passe par Westfield et aboutit à Northampton dans le Massachusetts; il a 35 l. de longueur. Ce canal forme la partie principale de la grande voie d'eau destinée à réunir le détroit de Long-Island au lac Memphremagog dans le Vermont et le Bas-Canada; elle suivra le cours du Connecticut et traversera les montagnes Vertes. Son point culminant se trouve à 162 mètres 20 centimètres au-dessus du niveau de l'Océan Atlantique.

NEW-HAVEN, com. des États-Unis de l'Amérique du Nord, état de Vermont, comté d'Addison, sur l'Otterkrik; 3000 hab.

NEWHOUSE, factorerie de la ci-devant Société du Nord-Ouest, sur l'Unijah (riv. de la Paix), Amérique anglaise.

NEW-IBÉRIA. *Voyez* **IBÉRIA** (New-).

NEW-IPSWIGH. *Voyez* **IPSWICH** (New-).

NEW-ISLAND. *Voyez* **FALKLAND** (îles).

NEW-JERSEY, état maritime oriental des États-Unis de l'Amérique du Nord. Il s'étend de 38° 57′ à 41° 37′ lat. N. et de 76° 20′ à 77° 45′ long. O., et est borné au N. et au N.-E. par l'état de New-York, à l'E. par l'Océan Atlantique, au S. et au S.-E. par la baie de Delaware, et à l'O. par l'état de Pensylvanie. Sa superficie est de 357 l. c. géogr. C'est un pays plat et en grande partie sablonneux sur les côtes et sur toute sa partie méridionale, onduleux au centre et très-montagneux au N. et au N.-O., où s'élèvent les South-Mountains, continuation des montagnes de New-York. Ces montagnes traversent l'état en deux séries, dont celle à l'E. porte le nom de First-Mountains et se termine par les monts Cushégung et les monts Shulys; la branche occidentale, qui porte le nom de monts Shawungunk, accompagne le Delaware et se prolonge, sous le nom de Kittatinnis, dans la Pensylvanie. Entre ces deux chaines de montagnes fortement boisées s'étend une des vallées les plus fertiles de l'Amérique septentrionale. L'Océan forme sur les côtes du New-Jersey deux grandes baies: la baie de Raritan, entre l'île des États et l'île Sandy-Hook; elle communique avec la petite baie de Newark et par là avec celle de New-York; la baie de Delaware, entre le cap Mai et le cap Hinlopen. Les deux principaux cours d'eau de cet état sont l'Hudson au N.-E. et le Delaware à l'E. Parmi les fleuves du second ordre, nous devons mentionner: le Hackinsack, le Passaik, le Raritan et le Wallkill. Dans les montagnes au N. on trouve plusieurs lacs, parmi lesquels le Hopanting, qui s'écoule dans le Delaware, est le plus considérable. Le climat est sec, agréable et généralement salubre. L'agriculture et l'horticulture fleurissent dans les vallées, et sur les hauteurs on trouve les plus beaux troupeaux de bêtes à cornes et de moutons. Les principales productions du sol sont le blé, le chanvre, le lin, les pommes de terre, les fruits, les légumes et le tabac. Le gibier et les poissons s'y trouvent en abondance. Quoique cet état soit très-favorablement situé pour les grandes pêches, elles ne sont exploitées que par un très-petit nombre de marins. L'exploitation des mines est d'autant plus considérable que le New-Jersey est une des plus riches provinces de l'Union sous le rapport minéralogique. On y trouve du fer en grande quantité, du cuivre (dans le voisinage de la baie de Newark et sur le Rockyhill), de l'antimoine, du plomb (à Hopewell), de l'aimant (dans les monts Shulys), de la smectite, du manganèse (à Hoboken), de l'ocre de toutes les couleurs, de la houille (sur le Raritan), du gypse, du schiste, de la marne, de l'ambre gris, des eaux minérales, etc. L'industrie manufacturière, quoique très-étendue, ne porte que sur les objets de première nécessité. Le commerce, en grande partie réuni à celui de New-York, trouve son principal débouché par la ville de même nom ; cependant les ports de New-Jersey, parmi lesquels Perth-Amboy tient le premier rang, font également des affaires très-importantes, surtout avec les Antilles. On exporte du bétail, des fruits, du cidre, du beurre, des fromages, de l'huile, des jambons, du cuir, du fer, des souliers, des marchandises de laine et de coton et du bois de construction. L'état est traversé par de bonnes routes et par deux canaux, dont celui de Brunswic à Trenton, et qui unit New-York à Philadelphie, a la plus grande étendue. Parmi les établissements scientifiques et littéraires de cet état il faut citer l'université de Princeton (college of New-Jersey), fondé en 1738, avec un séminaire théologique des presbytériens; l'université de New-Brunswic (Rutgers college, autrefois Queens college), fondée en 1770, avec un séminaire théologique des réformés hollandais (dutch reformed academy) et les colléges académiques de Morristown, Elizabethtown, Newark, Jersey, Hackinsack, Bloomfield, Campton, Springfield, Perth-Amboy, Mindham, Trenton, Bordenton, Salem et Burlington. La population de New-Jersey s'élève à 330,000 âmes. L'état est divisé en 14 comtés et envoie au congrès 2 sénateurs et 8 députés. Sa constitution, purement démocratique, date du 2 juillet 1776. La cour judiciaire supérieure siège quatre fois par an à Trenton ; les tribunaux de l'Union se tiennent à Trenton, New-Brunswic et Burlington.

Les côtes du New-Jersey ont été découvertes en 1609 par le capitaine Hudson, qui n'y aborda pas. Après lui elles furent visitées par des navigateurs hollandais, qui donnèrent à ses pointes et baies des noms hollandais. En 1610, lord Delaware, gouverneur de la Virginie, trouva la baie, qui porte encore son nom, et Jacques Ier donna à la Société de la Virginie le pays qui s'étend au N. de cette baie; mais les Anglais ne l'occupèrent pas et permirent que les Hollandais, qui avaient déjà essayé de fonder un établissement sur le cap Mai, en prissent possession. Ces derniers le comprirent dans les pays auxquels ils avaient donné le nom de Nouveaux-Pays-Bas (Nieuw-Neederland), et établirent en 1623 le fort Nassau à l'emplacement où s'élève aujourd'hui la ville de Gloucester. Ce fort fut détruit bientôt après par les indigènes, mais rebâti en 1642. Pendant que les Hollandais se fixèrent au N. de ce pays, les Suédois en occupèrent la partie méridionale entre Mantashuk et le Racoon; ils lui donnèrent le nom de Helsingborg et y élevèrent le fort Elfsborg. Pendant quelques années les Hollandais et les Suédois vivaient en paisibles voisins les uns à côté des autres; mais en 1654 les Suédois attaquèrent les Hollandais, qui, secondés par des troupes de l'Europe, s'emparèrent des forts et autres établissements des Suédois, et mirent fin à la domination de ce peuple dans l'Amérique septentrionale. Enfin, en 1664, les Anglais prirent la ville de Nieuw-Amsterdam, se soumirent les Nouveaux-Pays-Bas, donnèrent aux colonies de Nassau et Helsingborg le nom de New-Jersey, et cédèrent ce pays à titre de fief héréditaire aux deux familles Berkely et Carteret. La colonie reçut une constitution tellement libérale qu'elle attira de nombreux planteurs et que la culture y fit de rapides progrès. En 1667, le pays fut réuni à la colonie de New-York et soumis au gouvernement de la Nouvelle-Angleterre. En 1688 il fut divisé en New-Jersey occidental et New-Jersey oriental; mais dès 1702, ces deux parties furent réunies, séparées de New-York et constituées en un gouvernement indépendant.

NEW-KENT, comté de l'état de Virginie, États-Unis de l'Amérique du Nord; il est borné par les comtés de King-William, James-City, Charles-City, Henrico et Hanover; pays plat et de médiocre fertilité; 8000 hab.

NEW-LANCASTER. *Voyez* LANCASTER (New-).

NEW-LANDS, paroisse d'Écosse, comté de Peebles. Bains minéraux; 1500 hab.

NEW-LEBANON, vg. des États-Unis de l'Amérique du Nord, état de New-York, comté de Columbia, dans une vallée charmante; ce village, fondé et habité exclusivement par la secte des Shakers, renferme une source minérale très-renommée.

NEW-LEXINGTON. *Voyez* LEXINGTON (New-).

NEW-LISBON. *Voyez* LISBON (New-).

NEW-LONDON. *Voyez* LONDON (New-).

NEW-LONGUEIL. *Voyez* LONGUEIL (Nouveau-).

NEW-MADRID. *Voyez* MADRID (New-).

NEW-MALTON, pet. v. d'Angleterre, comté d'York; 4000 hab.

NEW-MANN, baie comprise dans celle de Bonavista (Terre-Neuve).

NEW-MARKET, pet. v. des États-Unis de l'Amérique du Nord; état de New-Hampshire, comté de Rockingham, sur l'Exeter; commerce actif; 2700 hab.

NEW-MARKET, b. des États-Unis de l'Amérique du Nord, état de Virginie, comté de Cabell, sur le James; il est renommé par ses courses de chevaux et ses combats de coqs; 2400 hab.

NEW-MARKET, pet. v. d'Angleterre, comté de Cambridge; remarquable par ses courses de chevaux, les premières du royaume; malgré son extrême petitesse, une partie de cette ville appartient au comté de Cambridge et l'autre à celui de Suffolk; 2000 hab.

NEW-MARKET, b. commerçant d'Angleterre, comté de Flint.

NEW-MARLBOROUGH. *Voyez* MARLBOROUGH (New-).

NEW-MEADOW, canal des États-Unis de

l'Amérique du Nord, état du Maine; il traverse le comté de Lincoln et suit le cours du George-River, dont il évite les cataractes et les nombreuses sinuosités.

NEW-MILFORD. *Voyez* MILFORD (New-).

NEW-NORFOLK. *Voyez* NORFOLK (New-).

NEW-NORFOLK, district de la Diemenie (île de Diemen), dans l'Australie; sur la rive gauche du Derwent; il renferme un grand nombre d'établissements de colons anglais.

NEW-ORLEANS. *Voyez* NOUVELLE-ORLÉANS.

NEW-PALZ, gr. com. des États-Unis de l'Amérique du Nord, état de New-York, comté d'Ulster, sur l'Hudson; commerce très-actif; 5000 hab.

NEW-PHILADELPHIA, pet. v. des États-Unis de l'Amérique du Nord, état d'Ohio, comté de Tuscarawas, dont elle est le chef-lieu, sur la Tuscarawa, et dans une contrée très-fertile; 2300 hab.

NEW-PLYMOUTH (baie). *Voyez* SMITH (île).

NEW-PORT, comté de l'état de Rhode-Island, États-Unis de l'Amérique du Nord; il se compose des îles de Rhode-Island, Canonicut, Prudence, Dutch, Hope, Hog, Goat, Gould et Robben, dans la baie de Narraganset, de l'île Block, dans l'Océan Atlantique, et d'une étroite lisière de terre à l'E. de la baie et entourée de l'état de Massachusetts. L'agriculture, l'éducation du bétail, la fabrication de toile et de flanelle et la pêche forment les principales occupations des habitants, au nombre de 20,000.

NEW-PORT, v. des États-Unis de l'Amérique du Nord, état de Rhode-Island, comté de New-Port, dont elle est le chef-lieu, au S.-O. de l'île de Rhode-Island et sur le Rhode-Island-Haven, à 2 l. de l'Océan. Elle est bien bâtie et s'élève en amphithéâtre sur la pente de trois collines d'où l'on jouit d'une vue magnifique. New-Port est, alternativement avec Providence, le siége du gouvernement et des autorités centrales de l'état et possède une académie, une bibliothèque publique, une synagogue, un théâtre, un bel hôtel de ville, cinq banques, trois halles, un hôpital, deux compagnies d'assurances et différentes fabriques, mais qui sont de peu d'importance. Le commerce, quoique un peu déchu, est encore assez considérable. Cette ville a surtout de l'importance par les fortifications qui défendent son port (les forts Wollcot, Green et Adams) et qui en font une des plus fortes places de l'Union. New-Port est, par la beauté de ses sites et la salubrité de son climat, le rendez-vous à la mode pour les états du sud et du centre durant les grandes chaleurs. La ville fut fondée en 1639. Elle communique avec New-York et Providence par un service régulier de paquebots. Les îles de Goat, Rose et Coaster-Harbourg, des lazareths dépendent de la ville; 12,000 hab.

NEW-PORT, pet. v. des États-Unis de l'Amérique du Nord, état de Kentucky, comté de Campbell, dont elle est le chef-lieu, au confluent du Licking et de l'Ohio; elle a une académie, un arsenal de l'Union, une banque, une halle et se livre à l'industrie, au commerce et à la navigation; 1900 hab.

NEW-PORT. *Voyez* COCKE.

NEWPORT, baie au S.-E. de l'île du cap Breton.

NEWPORT, pet. v. d'Angleterre et chef-lieu de l'île de Wight; bien bâtie; nomme 2 députés. Elle renferme une vaste et belle maison de correction et de travaux forcés, plusieurs églises, un institut pour les orphelins militaires, une maison de refuge centrale et des magasins militaires; fabr. d'amidon; 4000 hab.

NEWPORT, b. d'Angleterre, comté de Cornwall, faubourg de Launceston; nomme 2 députés.

NEWPORT, b. d'Angleterre, comté de Monmouth; situé près de l'embouchure et au commencement du canal de l'Usk; bon port; cabotage; 1200 hab.

NEWPORT, b. d'Angleterre, comté de Shrop.

NEWPORT, b. d'Angleterre, comté de Pembroke; petit port; prend une part très-active à la pêche du hareng.

NEWPORT, b. d'Irlande, comté de Mayo; possède un petit port d'où l'on exporte des viandes salées.

NEWPORT-PUGANEL, pet. v. d'Angleterre, comté de Buckingham, au confluent de la Lowsel et de l'Ouse; fabr. et commerce de dentelles; 3000 hab.

NEW-PROVIDENCE (île). *Voyez* PROVIDENCE (New-).

NEW-PROVIDENCE, pet. v. des États-Unis de l'Amérique du Nord, état de Rhode-Island, comté de Providence; industrie et commerce; 4000 hab.

NEW-RADNOR. *Voyez* RADNOR.

NEW-ROCHELLE, pet. v. des États-Unis de l'Amérique du Nord, état de New-York, comté de Westchester, sur le bras oriental de l'Hudson (East-River); 2000 habitants, la plupart Français.

NEW-ROMNEY, b. d'Angleterre, comté de Kent; nomme 2 députés; il est situé dans la Romney-Marsh, vaste district, où se trouvent les plus beaux et les meilleurs pâturages de l'Angleterre; port; 2500 hab.

NEW-ROSS, pet. v. d'Irlande, comté de Wexford, sur le Barrow, qui y forme un bon port; commerce très-actif de laine, bestiaux et beurre; pêche du saumon; 7000 hab.

NEWRY, jolie v. d'Irlande, comté de Down, sur la rivière de même nom; florissante par son industrie et son commerce; forges; distilleries; brasseries; fabrication de toiles; commerce de beurre, de viandes salées, de graine de lin et de toiles. Sa marine marchande compte, avec Strangford, 8700 tonneaux; 15,000 hab.

NEWRY (canal de), va de cette ville au lac Neag.

NEW-SALEM, com. des États-Unis de l'Amérique du Nord, état de Massachusetts, comté de Franklin; 3000 hab.

NEW-SELMA, la plus grande île du petit groupe de Keeling (île du Corail), située sous 12° lat. S., dans la mer des Indes. Le capitaine anglais J. C. Ross vient d'y fonder, sous le nom de port Albion, un petit établissement, qui, grâce à sa position et son excellent mouillage, ne tardera pas à prendre un rapide essor.

NEWSHOREHAM, b. d'Angleterre, comté de Sussex; peu loin de la mer; avec un petit port et des chantiers pour la construction des vaisseaux.

NEW-SWITZERLAND. *Voyez* SWITZERLAND (New-).

NEWTON, comté de l'état de Géorgie, États-Unis de l'Amérique du Nord. Ce comté, nouvellement formé, est borné par les comtés de Walton, Jasper, Henry et Gwinnet, et arrosé par l'Oakmulgée. La culture n'y a fait que peu de progrès; 2500 hab.

NEWTON, pet. v. des États-Unis de l'Amérique du Nord, état de Pensylvanie, comté de Bucks, dont elle était autrefois le chef-lieu; sur un affluent du Neshaming; académie; 2000 hab.

NEWTON, b. des États-Unis de l'Amérique du Nord, état de Massachusetts, comté de Middlesex, sur le Charles; papeteries et autres usines; 3000 hab.

NEWTON, b. des États-Unis de l'Amérique du Nord, état de New-Jersey, comté de Gloucester; mines de fer; 2800 hab.

NEWTON, vg. d'Angleterre, l'endroit le plus ancien de l'île de Wight; petit port.

NEWTON, b. d'Angleterre, comté de Lancaster; nomme 2 députés; manufacture de coton.

NEWTON, paroisse d'Écosse, comté d'Édimbourg; 1800 hab.

NEWTON ou HUGHTOWN, pet. v. de l'île Ste.-Marie, est le chef-lieu de l'archipel de Scilly (îles Sorlingues); 800 hab.

NEWTON, pet. v. des États-Unis de l'Amérique du Nord, état de Connecticut, comté de Fairfield, sur le Housatonik; collége; foire annuelle; 3600 hab.

NEWTON-STEWART, b. d'Écosse, comté de Wigton, sur la Cree; manufactures de coton; brasseries; tanneries; commerce; pêche du saumon; 2000 hab.

NEWTON-SUR-AYR, gros b. d'Écosse, comté d'Ayr, sur la rivière et vis-à-vis de la ville d'Ayr; très-industrieux et commerçant; 3000 hab.

NEWTOWN, b. d'Angleterre, comté de Montgoméry, sur la Severn; fabr. de flanelle et commerce de chaux des carrières de Portywain.

NEW-TOWN, pet. v. de la Guyane anglaise, gouv. d'Esséquébo-Démérari, tout près de Georgetown, dont elle peut être regardée comme un faubourg; elle est importante par son industrie et son commerce et remarquable par ses riches magasins en tout genre; 3000 hab.

NEWTOWN, pet. v. des États-Unis de l'Amérique du Nord, état de New-Jersey, comté de Sussex, dont elle est le chef-lieu, dans la belle vallée de Wallkill, au pied d'une colline; 3000 hab.

NEWTOWN, gros b. des États-Unis de l'Amérique du Nord, état de New-York, comté de Queens, sur une baie; grand commerce de fruits; 3400 hab.

NEWTOWN-ARDES, b. d'Irlande, comté de Down, à l'extrémité septentrionale du lac Strangford; fabrication de toiles; pêche.

NEWTOWN-BUTTER, vg. d'Irlande, comté de Fermanagh. Défaite des insurgés irlandais en 1689.

NEWTOWN-LINAWADDY, b. d'Irlande, comté de Londonderry, à l'embouchure du Roe dans le lac Foyle; fabrication et commerce de toiles de lin; 2000 hab.

NEWTOWN-STEWART, b. d'Irlande, comté de Tyrone, sur le Foyle; commerce considérable de toiles.

NEW-WALES. *Voyez* GALLES (Nouvelle-).

NEW-WINDSOR. *Voyez* WINDSOR (New-).

NEW-WORK. *Voyez* EXPLOITS (baie des).

NEW-YEARS-ISLAND. *Voyez* NOUVEL-AN (îles du).

NEW-YEARS-HARBOUR. *Voyez* NOUVEL-AN (port du).

NEW-YORK, baie à l'extrémité S. de l'état du même nom; elle est formée par l'embouchure des deux bras de l'Hudson, qui se réunissent au S. de la ville de New-York, et divisée en baie du Nord et baie du Sud; elle renferme la baie de Gravesand, qui offre un excellent port.

NEW-YORK, un des états du N.-E. de l'Union de l'Amérique du Nord et l'état le plus important de cette confédération, par sa population, son agriculture, son industrie et son commerce. Il s'étend de 40° 30′ à 45° lat. N. et de 75° 35′ à 81° 50′ long. O. et est borné au N. par le Canada, au N.-O. par le même pays et le lac Ontario, à l'O. par le Niagara, le lac Érié et l'état de Pensylvanie, au S. par le même état, au S.-E. par l'état de New-Jersey, l'Océan Atlantique (baie de Raritan) et le détroit de Long-Island, et à l'E. par les états de Connecticut, Massachusetts et Vermont. Sa superficie est de 2333 l. c. géogr. Cet état est traversé par les Apalaches, qui s'étendent du N.-E. au S.-O. Les deux rives de l'Hudson sont couvertes de montagnes qui envoient des ramifications dans toutes les directions et forment à l'O. un haut-plateau qui s'incline vers le lac Ontario et le fleuve St.-Laurent, et ouvre un passage au Susquéhannah et au Mohawk, qui va grossir l'Hudson. Ce haut-plateau offre, dans les environs des grands lacs, des districts très-bien boisés, s'étendant jusque vers les hauteurs qui bordent le lac

Champlain et l'Hudson, la partie la plus pittoresque et en même temps la mieux cultivée de l'état. A l'extrémité S.-E. de la province, à l'endroit où l'Hudson aboutit à l'Océan, s'avance, de l'O. à l'E., une île considérable, le Long-Island, séparée par les bras de l'Hudson de la terre ferme et formant, avec le continent du Connecticut, le détroit de Long-Island. Le sol de New-York varie beaucoup. Le Long-Island et la côte méridionale offrent un terrain sablonneux, humide et peu fertile; à l'E. de l'Hudson, où les montagnes prédominent, s'étendent les plus beaux pâturages, et les environs immédiats de ce fleuve forment en général la partie la plus fertile de l'état. Le haut plateau à l'O. des Apalaches présente une grande variété de terrains, généralement gras, et parmi lesquels les environs du Genessée se distinguent par leur extrême fertilité. Partout le sol se trouve très-bien arrosé. Entre les montagnes qui couvrent cet état nous remarquons: les monts Taconuk, sur la frontière du Massachusetts; la Katskill, haute chaîne de montagnes à l'O. de l'Hudson et contiguë au Lands-Hill, qui s'étend sur le Canada; les Hautes-Terres (High-Hills), au S. de la Katskill, avec les pics Newbeacon (300 mètres), Butterhill, Bull-Hill, Old-Beacon, Crows-Nest, Bare-Mount et Break-Neck; les monts Shawangunk, qui entrent dans l'état de New-Jersey; les Tripp-Hills et les Gooseberry, au N. du Susquéhannah. L'état de New-York n'offre au S. qu'une côte de peu d'étendue; mais au N. il est bordé par les grands lacs Érié et Ontario, qu'on peut considérer à juste titre comme des mers intérieures. Outre ces deux grands lacs, l'état renferme une partie du bassin Champlain à l'E. et les lacs Oneida, Oswégatchée, Scaron, Saratoga, Otségo, Canaderjage, Conesul, Hemlock, Long, Honeyoe, Canandarque, Croked, Seneca, Cayuga et Chataughque. Les principaux cours d'eau de l'état sont: le St.-Laurent, qui, sous le nom de Cataraqui, baigne la frontière nord; l'Hudson, le fleuve le plus considérable de l'état, avec le Mohawk, le Katskill, le Wallkill, le Battenkill, le Housack, le Fishkill et le Croton; le Susquéhannah; le Delaware, avec le Neversink; l'Alleghany et le Genessée. Dans aucun état de l'Union le système de canalisation n'a trouvé un développement aussi étendu que dans l'état de New-York; on y trouve le grand canal de l'Érié, qui traverse l'état dans toute sa longueur et joint New-York à Buffaloe; le canal Hudson-Delaware; le canal du Mohawk; le canal de Rome, qui joint le Mohawk au lac Ontario; le nouveau canal du Sénéca; le canal Champlain; le canal de Saratoga et le canal d'Oswégo. L'état de New-York est également très-riche en eaux minérales et thermales, dont celles de Saratoga sont les plus renommées et les plus fréquentées. Le climat de cet état est tempéré, salubre et très-agréable au N. et à l'O., mais malsain au S.; les tremblements de terre sont assez fréquents.

Le New-York est un des états de l'Union où la culture de la terre a reçu la plus grande étendue; en 1825 il y avait 7,160,967 acres de terre défrichée; le blé en forme la principale richesse, et cet état est regardé comme le grenier des Etat-Unis. L'éducation du bétail, favorisée par ses riches pâturages, est très-considérable; le Long-Island en est le principal siége. La chasse est encore assez importante, surtout dans les contrées occidentales, mais les pelleteries sont loin d'être aussi belles et aussi fines que celles fournies par les districts septentrionaux de l'Amérique anglaise. L'état de New-York prend peu de part aux grandes pêches, et ce n'est que depuis 1811 que la capitale équipe quelques baleiniers et quelques embarcations destinées à la pêche de la morue. Pour la consommation intérieure le St.-Laurent, l'Hudson et les lacs Érié, Ontario et Champlain offrent une surabondance de toutes les espèces de poissons. Le règne minéralogique du New-York offre du fer, répandu en abondance sur presque tous les points de l'état et à peu près le seul métal qu'on exploite; du sel (à l'O. des Apalaches), de l'argent (aux environs de Sing-Sing), de l'étain (dans les Hautes-Terres), de l'arsenic (à Warwick), du plomb (à Ancram, etc.), de la plombagine (aux environs de New-York et à l'E.), des pyrites (au centre), du marbre de toutes les couleurs (sur divers points, surtout au N.), de la houille (sur l'Hudson), du soufre (à Montgoméry), de la terre à porcelaine, du schiste, de l'ocre, de la terre à potier, du gypse, de la chaux, de l'argile calcarifère (terre à pipe), du quartz, du trapp, etc., etc.

L'industrie manufacturière de cet état, quoique très-avancée et assez généralement répandue, le cède à la culture du sol, qui occupe la plus grande partie des habitants. On y fabrique du coton (76 fabriques), de la laine (190 fabriques), des chapeaux, des souliers en immense quantité, du papier, de la potasse, des produits chimiques, des eaux-de-vie, de la bière, de la farine, etc. Le commerce du New-York, dont la capitale est le centre, s'étend sur quatre parties du monde et est le plus florissant de toute l'Amérique, grâces à l'heureuse situation et aux nombreux et excellents moyens de communication du pays. On exporte surtout du blé, de la farine, du porc, de la viande salée, des souliers, du fer, des pelleteries, dont New-York est devenu l'entrepôt central, des livres et du bois de construction. L'état entretient une marine marchande de plus de 1500 vaisseaux, dont beaucoup de bateaux à vapeur, tant pour le commerce extérieur que pour les relations intérieures et du N. L'état possède trois chemins de fer: le premier de Katskill à Scoharie, le deuxième d'Oswégo à Ithaca et le troisième d'Albany (Greenbush) jusqu'à la frontière de l'état de

Massachusetts, d'où il est continué jusqu'à Boston. Le New-York tient aussi un des premiers rangs parmi les états de l'Union sous le rapport de l'instruction, tant supérieure qu'élémentaire, et des excellentes méthodes suivies dans les établissements de ce genre. On y compte 3 universités (le Columbia-College à New-York, avec un séminaire théologique; le collége de l'Union à Shénectady, et le collége Hamilton à Oneida), avec le célèbre séminaire théologique desBaptistes; la grande école militaire de l'Union, à West-point; 52 académies, dont les plus célèbres sont celles d'Easthampton, Flatbush (Erasmus-Hall), Kingston, Columbia, Oneida, Union-Hall, Oxford, Farmers-Hall, Montgomery et Washington; 4000 écoles primaires, fréquentées par 260,000 élèves, et de nombreuses sociétés littéraires, scientifiques, artistiques et d'agriculture. On publie dans l'état plus de 200 journaux tant politiques que littéraires. Toutes les branches de l'instruction sont soumises depuis 1784 à un collége de 21 membres, qui a pris le nom de direction universitaire de l'état de New-York (*Regents of the university of the state of New-York*). Cet état a produit un grand nombre d'hommes qui ont acquis une juste célébrité dans les sciences et les arts, tels que le poëte Ph. Freneak, les romanciers Bleeker et Faugères; le pédagogue Noah Webster, le naturaliste Mitchell, le jurisconsulte John Jay, etc.

La population de l'état de New-York dépasse actuellement 2,000,000 et s'accroît d'année en année. Sa constitution, purement démocratique, date du 20 avril 1777 et a été modifiée en 1801. L'état est divisé en 4 districts et 56 comtés, et envoie au congrès 2 sénateurs et 48 députés. Le tribunal supérieur siège alternativement à New-York et à Albany; les tribunaux de l'Union se tiennent à New-York. L'état est protégé au N., à l'O. et au S. par une ligne de forts, qui, à l'exception de ceux qui défendent le port de New-York et le Niagara, et dans lesquels l'Union entretient des garnisons permanentes, se trouvent dans un très-mauvais état. Ce sont : Ticondéraga et Crownpoint, à l'O. de l'Hudson; Hunter, Herkemer et Shyler, sur le Mohawk; Bull et Breverton, sur l'Oneida; Slusher et Niagara, sur le Niagara; enfin les forts Washington, Columbus, Lafayette, Tompkins, etc., sur des îles à l'entrée du port de New-York.

Il est difficile de préciser l'époque de la découverte des côtes du New-York. L'histoire de ce pays commence avec Hudson et Champlain, qui abordèrent à ses côtes en 1609. Hudson, alors au service de la Hollande, arriva, après une expédition malheureuse au N. de l'Amérique, à la baie et à l'embouchure du fleuve qui porte actuellement son nom, et entama des relations commerciales avec les Indiens qui en occupaient les rives. Dans la même année, le Français Champlain, venant du Canada, remonta la rivière Richelieu (Champlain) et arriva au lac qui porte son nom. Les Hollandais furent les premiers qui profitèrent de la découverte d'Hudson; ils envoyèrent quelques vaisseaux sur le Grand-Fleuve (l'Hudson), qui revinrent avec un riche chargement de pelleteries. La rive droite de l'Hudson était habitée alors par les Mohawks; les Mohigans en occupaient la rive gauche. C'est parmi les premiers que les Hollandais fondèrent, en 1614, leur premier établissement, à l'endroit où s'élève aujourd'hui la ville d'Albany; cet établissement fut défendu par le fort Orange. Ils l'abandonnèrent bientôt pour y revenir en 1633, époque à laquelle ils prirent définitivement possession du pays, auquel ils donnaient le nom de Nieuw-Neederland (Nouveaux-Pays-Bays). La société hollandaise des Indes occidentales s'assura le monopole de cette colonie, qui comptait alors 4 forts. Cependant cette colonie, constamment harcelée par les indigènes et par les Anglais, qui en revendiquaient la plus grande partie, ne s'accrut que très-lentement et ne prospéra guère. En 1664, les Anglais l'attaquèrent ouvertement, s'en emparèrent et les Hollandais se virent forcés de la céder dans la paix de Bréda (1667). Ils la reprirent en 1674, mais la paix de Westmunster en assura la possession définitive aux Anglais, qui lui accordèrent de grands priviléges et lui donnèrent le nom de New-York, en l'honneur du duc d'York, frère du roi Charles II. Le New-York fut un des états qui prirent la part la plus active à la guerre de l'indépendance.

NEW-YORK, comté de l'état du même nom, États-Unis de l'Amérique du Nord; il comprend la grande île Manhattan et les petites îles Great et Little-Barn, Manning, Blackwell, Nutten, Bucking, Bedlow et Oysters dans l'embouchure de l'Hudson et devant le Hellgate (Passe de l'enfer). L'île de Manhattan, rocailleuse et aride de nature, s'est changée par les soins de ses habitants en un vaste et beau jardin. La plus grande partie de l'île est occupée par la capitale; 360,000 hab.

NEW-YORK, v. des États-Unis de l'Amérique du Nord, chef-lieu de l'état de même nom, à l'extrémité méridionale de l'île de Manhattan ou New-York, sur une magnifique baie, à quelque distance de l'embouchure de l'Hudson. C'est la ville la plus importante et une des plus riches des États-Unis, et de plus la ville la plus commerçante et la plus peuplée de toute l'Amérique. La partie septentrionale de la ville (la Ville-Neuve) est très-bien bâtie; elle présente des rues larges, garnies de trottoirs, de superbes édifices et de nombreux et riches magasins en tout genre. Le Broad-Way (rue Large) est la principale rue de New-York : elle traverse la ville du N. au S., a près d'une lieue et demie de longueur, sur 26 mètres de large, et est une des rues les plus belles et les plus intéressantes du Nouveau-Monde. La partie méridionale de New-York est bâtie sans plan et n'offre que des rues étroites et tortueuses. Parmi le grand nombre d'édifices remarquables que renferme cette ville, nous citons: la bourse (*New-York-Exchange*), un des plus beaux édifices qui existent en ce genre. Il fut achevé en 1812, et sa construction a coûté 2,300,000 francs. Le 16 décembre 1835 ce magnifique bâtiment fut réduit en cendres par l'horrible incendie qui dévora 670 maisons au centre de la ville; l'hôtel de ville (*City-Hall*), construit en grande partie en marbre, c'est le plus bel édifice de la ville; la prison de la ville (*City-Geol*); la prison de l'état, dans le village de Greenwich, actuellement réuni à la ville; c'est un vaste et massif édifice, entouré d'un mur très-élevé; la maison de correction (*Penitentiary*); le grand hôpital; l'église principale catholique; les églises de St.-Jean, St.-Paul et de la Trinité; la douane; la maison de charité; l'hospice des orphelins; l'hospice des aliénés (*lunatic asylum*); le musée; les bâtiments de l'université; les théâtres, etc. Cette ville possède aussi de nombreux établissements scientifiques, littéraires et d'instruction publique, tels que: l'université (*Columbia-College*), avec une école de médecine, une bibliothèque et un jardin botanique (*Elgin's-Botany-Garden*); le séminaire théologique; la bibliothèque publique de 16,000 volumes; la bibliothèque du grand hôpital, de 3500 volumes; l'institut des sourds-muets, l'académie des beaux-arts; le musée américain, avec de belles collections d'histoire naturelle, d'instruments et d'armes en usage chez les Indiens et une galerie de tableaux; la société littéraire et philosophique; la société Linnéene et les sociétés d'histoire, d'agriculture et de médecine, l'institut des jeunes détenus, l'école latine publique, plusieurs collèges académiques et un grand nombre d'écoles élémentaires, dont 9 écoles gratuites et une pour les nègres. New-York est le siége d'un évêque catholique, et possède 119 églises et oratoires de 16 confessions religieuses, 17 banques, 39 sociétés d'assurance et 5 théâtres; elle est aussi la ville de toute l'Amérique qui occupe le plus grand nombre de presses, et son commerce de librairie rivalise avec celui de Philadelphie; on y compte 31 imprimeries, parmi lesquelles la typographie de la société biblique américaine, avec 13 presses toujours actives, et 40 librairies; on y publie plus de 30 journaux politiques, littéraires et scientifiques; il s'y tient annuellement une grande foire de librairie. New-York, le centre du commerce des États-Unis, possède un excellent port avec de nombreux bassins, de beaux quais et de vastes chantiers pour la construction de vaisseaux marchands et de bâtiments de guerre. 90 bateaux à vapeur et plusieurs paquebots à voile entretiennent des correspondances régulières entre New-York et les villes les plus commerçantes de l'Europe et de l'Amérique. Tous les huit jours il en part un paquebot pour Liverpool (Angleterre); tous les quinze jours il en part un pour Londres, et un troisième part tous les dix jours pour le Hâvre. D'autres paquebots communiquent régulièrement avec Charleston, Savannah, New-Orléans, la Havane, Véra-Cruz, Buénos-Ayres, Montévidéo, etc. La traversée entre New-York et Liverpool se fait quelquefois en 17 jours. Le port est défendu par 9 forts et par la fameuse batterie de Fulton. En 1833 il y entra 1925 vaisseaux. L'industrie manufacturière de New-York le cède en activité et en étendue à celle de Boston et de Philadelphie. New-York renferme plusieurs promenades publiques, et est entouré d'une foule de jolies maisons de campagne, en partie dans l'île Manhattan, en partie dans le Long-Island. Dans aucune ville de la terre la population n'a fait d'aussi rapides progrès qu'à New-York. En 1697 on y comptait 4302 habitants; en 1730, elle en renfermait 8638; en 1756, 13,040; en 1786, 23,614; en 1790, 33,131; en 1800, 60,489; en 1810, 96,373; en 1820, 123,706; en 1830, 213,470; et on comptait 269,873 à la fin de 1835; aujourd'hui ce nombre dépasse 300,000 âmes.

NEXAND (Saint-), vg. de Fr., Dordogne, arr. et cant. de Bergerac, poste de Mouleydier; 480 hab.

NEXAPA, v. très-déchue de la confédération mexicaine, état d'Oaxaca, sur la route d'Oaxaca à Guatémala. Cet endroit qui, avant 1736, comptait plus de 15,000 habitants, en a aujourdhui à peine 1000.

NEXO, pet. v. du Danemark, vers l'île de Bornholm.

NEXON, vg. de Fr., Haute-Vienne, arr. et à 4 1/2 l. N. de St.-Yrieix, chef-lieu de canton et poste; 2160 hab.

NEY, vg. de Fr., Jura, arr. de Poligny, cant. et poste de Champagnole; 360 hab.

NEYBA. *Voyez* NEIVA.

NEYRAC. *Voyez* BEGUEY.

NEYROLLES, vg. de Fr., Ain, arr., cant. et poste de Nantua; 380 hab.

NEYRON, vg. de Fr., Ain, arr. de Trévoux, cant. de Montluel, poste de Miribel; 580 hab.

NEZÉ, ham. de Fr., Eure, com. de Mézières-sur-Seine; 200 hab.

NEZEL, vg. de Fr., Seine-et-Oise, arr. de Versailles, cant. et poste de Maule; 400 h.

NEZIB ou **NEESIB**, g. a., endroit de la Palestine méridionale, au S.-E. d'Eleutheropolis. Ce lieu est devenu célèbre par la victoire du pacha d'Égypte Mehemet-Ali sur les Turcs, en 1839.

NGAN-HŒI ou **AN-HOEÏ**, prov. de Chine, est la partie occidentale de l'ancien Kiang-nan, auquel nous renvoyons pour ce qui a rapport à la géographie physique; le Ngan-hœï est divisé en 15 départements et comptait déjà en 1760 près de 23 millions d'habitants, nombre qui depuis a dû considérablement grandir. Sa capitale est Ngan-hing-fou; ses principales villes sont: Weï-tcheou, Ning-koue, Tchi-tcheou, Thaï-phing, Lin-tcheou, Foung-yang et Ying-tcheou.

NGANG-KING-FOU ou **AN-KING-FOU**, v. de Chine, chef-lieu de la prov. de Nganhœï, est située à 270 l. de Pé-king, sur le Yan-tse-kiang. Elle sert de résidence à un gouverneur, est occupée par une forte garnison et défendue par une citadelle. Ngan-king-fou fait un commerce très-actif, et est l'entrepôt général des marchandises qui du N. de la Chine sont transportées dans les provinces occidentales et méridionales. Sa juridiction s'étend sur 5 villes.

NGARI, prov. du Thibet, qui embrasse la partie occidentale de cette contrée et comprend ce que l'on est convenu d'appeler le Petit-Thibet; le Ngari est un pays peu connu, dont les véritables limites ne peuvent être exactement déterminées d'après les indications actuelles, qui lui assignent une étendue très-diverse. Il comprend le Petit-Thibet ou pays de Ladak, est couvert de montagnes gigantesques et arrosé par plusieurs affluents du Brahmapoutra; on y trouve aussi un grand nombre de lacs salins. Sous le rapport politique le Ngari comprend plusieurs principautés tributaires du Dalai-lama. Les chefs-lieux et endroits les plus remarquables de ces principautés sont: Deba, capitale de l'Urna-Desa, résidence d'un lama; Tchoumarte; Bourangdakla; Garlou ou Gertope, occupé par un poste chinois: il s'y tient tous les ans une grande foire; Toling, résidence d'un grand lama; Ladak ou Leï, chef-lieu du Petit-Thibet. A l'O. de Ladak et au S. du Bolov-tagh est le dist. de Baltistan; la partie orientale du Ngari est occupée par des tribus mongoles, appelées Khor ou Charraï-gol.

NHAMBUPÉ. *Voyez* INHAMBUPÉ.

NHAMUNDA (Iamunda), fl. de l'emp. du Brésil, prend naissance dans la Serra-de-Acaray, sur la frontière N. de la prov. de Para, coule vers le S.-S.-E., en séparant la comarque de Rio-Négro de la Guyane brésilienne, forme, à Faro, deux lacs considérables qui communiquent par des canaux naturels avec le Rio-das-Trombédas et le Maragnon, et aboutit à ce dernier fleuve sous 2° lat. S., après un cours de 65 l.

NHAUX, ham. de Fr., Basses-Pyrénées, com. d'Arthez; 290 hab.

NIACCABA, g. a., v. de la Comagène, sur la route d'Antioche à Emesa.

NIAFFA, pet. v. de la Sicile, intendance de Trapani, à l'O. de Salemi.

NIAFLES, vg. de Fr., Mayenne, arr. de Château-Gontier, cant. et poste de Craon; 410 hab.

NIAGALA, dist. du roy. de Bambouk, dans la Nigritie occidentale, chef-lieu Natako.

NIAGARA, comté de l'état de New-York, États-Unis de l'Amérique du Nord; il est borné par le lac Ontario, le lac Erié, le Niagara, qui le sépare du Canada, et les comtés de Genessée, Cattaragus et Cataughque. Le sol est plat, bien arrosé et très-fertile; cependant les rives du Niagara sont moins cultivées de ce côté que du côté anglais. Le comté est traversé par le grand canal Erié, et offre de nombreux débouchés au commerce et à l'industrie; 40,000 hab. Le Niagara y forme le Great-Island, qui fait partie du comté, et après avoir réuni ses deux bras il fait à Goat-Island (île de la Chèvre) la célèbre cataracte qui porte son nom. Le Goat-Island et le petit îlot de Fort-Island divisent la cataracte en trois chutes d'inégale largeur. D'après des mesures récentes sa largeur totale est de 1400 yards, dont 380 forment la chûte du côté des États-Unis, 320 la chute centrale, y compris les deux îles, et 700 la cascade du côté du Canada (chute du fer à cheval). La hauteur de la cascade américaine est de 162 pieds anglais, celle de la cascade canadienne ou anglaise n'est que de 142 pieds. Cette dernière partie, quoique la moins élevée, présente l'aspect le plus majestueux, parce que la plus grande partie des eaux se presse de ce côté et se jette avec plus de fureur et de fracas dans l'affreux abîme. Une immense colonne de vapeurs s'élève continuellement du fond du goufre et brille au soleil de mille couleurs. Le bruit de la chute se fait entendre à 16 l. de distance.

NIAGARA ou **FORT-NIAGARA**, pet. v. et fort sur une langue de terre, à l'embouchure du Niagara dans le lac Ontario, état de New-York, comté de Niagara, États-Unis de l'Amérique du Nord. Cet endroit, situé en face de Niagara, dans le Canada, fait un commerce important en pelleteries, et s'accroît de plus en plus; l'Union y entretient une forte garnison. En 1813, le fort Niagara fut pris par les Anglais.

NIAGARA (fleuve). *Voyez* LAURENT (Saint-) fleuve.

NIAGARA, dist. du Haut-Canada, Amérique anglaise. Ce district, un des plus petits, mais un des mieux cultivés de la province, est borné par le lac Ontario, le Niagara, qui le sépare de l'état de New-York, le lac Erié et le dist. de Gore. Le sol, très-fertile, est arrosé par le Welland, qui débouche dans le Niagara non loin de la grande cataracte, et par la rivière des Vingt-Lieues, tributaire de l'Ontario. Le canal qui joint le lac Erié à l'Ontario traverse le district du N.-E. au S.-O.; 17,000 hab.

NIAGARA, autrefois **NÉWARK**, pet. v. du Haut-Canada, dist. de Niagara, dont elle est le chef-lieu, dans le voisinage de la célèbre cataracte de même nom; elle est régulièrement bâtie et a un bon port à l'embouchure du fleuve; elle est défendue par le fort George (Missaga); on y publie deux journaux; 1300 hab.

NIAK. *Voyez* JULIANSHAAB.

NIAMBEY, v. de la Sénégambie, dans le roy. de Cayor ou du Damel ; 3 à 4000 hab.

NIAMTS (Nemza), v. de la Basse-Moldavie, chef-lieu du district de même nom, située sur une montagne très-escarpée. Dans son vaste monastère se trouve une image de la Vierge en argent massif, visitée annuellement par un grand nombre de pèlerins.

NIAS, île de la Malaisie, est située entre 95° et 95° 30′ long. orient., et entre 0° 30′ et 1° 5′ lat. N., à environ 12 milles géogr. à l'O. de Sumatra. Nias est élevée, montueuse, boisée et bien cultivée. La population, que l'on suppose assez considérable, est de race malaie ; elle se nourrit de pommes de terre, de sago, de poissons, de porc et de volaille, et échange contre des esclaves et des produits de la nature de ceux que nous venons de nommer du fer, de l'acier, de la verrerie et des cotonnades de Madras et de Surate. L'île est divisée entre 50 petits chefs ou radjahs, dont le plus puissant paraît être celui de Bulnaro, qui commande aussi dans la petite île de Batu ou Mintaon. Ces chefs se font une guerre presque continuelle pour s'emparer de prisonniers, dont ils vendent tous les ans plus de 600 comme esclaves.

NIAUDON, ham. de Fr., Lot, com. de Prayssac ; 180 hab.

NIAUFLE, ham. de Fr., Sarthe, com. de St.-Germain-de-la-Coudre ; 200 hab.

NIAULT, ham. de Fr., Nièvre, com. d'Onlay ; 110 hab.

NIAUX, vg. de Fr., Arriège, arr. de Foix, cant. et poste de Tarascon-sur-Arriège ; forges ; 350 hab.

NIBAS, vg. de Fr., Somme, arr. d'Abbeville, cant. d'Ault, poste de Valines ; 920 h.

NIBBIANO, v. du duché de Parme, prov. de Piacenza ; 2200 hab.

NIBE, pet. v. de Danemark, diocèse et bge. d'Aalborg, sur le Siimfiorden ; importante par la grande pêche de hareng à laquelle se livrent ses habitants, au nombre de 1200.

NIBELLE, vg. de Fr., Loiret, arr. de Pithiviers, cant. de Beaune-la-Rolande, poste de Bois-Commun ; 1840 hab.

NIBLES, vg. de Fr., Basses-Alpes, arr. et poste de Sisteron, cant. de la Motte-du-Caire ; 150 hab.

NIC (Saint-), vg. de Fr., Finistère, arr. et cant. de Châteaulin, poste d'Argol ; 930 h.

NICÆA, g. a., cap. de la Bithynie, sur le lac Ascanius, fondée par Antigonus, qui lui donna le nom d'Antigonia ; Lysimaque lui donna celui de Nicæa ; célèbre par son commerce, par la naissance de l'astronome Hipparque et de l'historien Dion Cassius, et par le premier concile œcuménique ou général de Nicée, qui condamne la doctrine de Darius et fixe le jour de la célébration de Pâques, l'an 325. Nicée porte aujourd'hui le nom d'Isnik.

NICÆA, g. a., v. de l'Inde, en-deçà du Gange, sur la rive gauche de l'Hydaspes, fondée par Alexandre, en commémoration de sa victoire sur les Perses ; elle est située sur la route d'Attok à Lahor. Une autre ville indienne du même nom était située dans le territoire des Paropamisadæ, sur le Cophenc, aujourd'hui Naggur.

NICAGUA, riv. de la côte E. de l'île d'Haïti.

NICAISE, ham. de Fr., Oise, com. de Conchy-les-Pots ; 130 hab.

NICALORIUM, g. a., mont. de l'Assyrie, près d'Arbèles, aujourd'hui Karadsjag.

NICANDRO, pet. b. du roy. de Naples, prov. de Bari.

NICARAGUA ou **LÉON**, état ou prov. des États-Unis de l'Amérique centrale, s'étend de 9° 55′ à 13° 55′ lat. N., et est borné au N. et au N.-E. par l'état de Honduras, à l'E. par la mer des Antilles, au S. par l'état de Costarica, le golfe de Nicoya (Salinas) et le grand Océan, au S.-O. et à l'O. par le grand Océan. Sa superficie est de 2200 l. c. géogr. (77 l. de longueur sur 62 l. de large), y compris les 2 lacs de Nicaragua et de Managua. C'est la province la plus montagneuse de la confédération ; les Andes qui la traversent et dont le chaînon principal prend une direction N.-O. y atteignent la hauteur de 3 à 4000 mètres, sans dépasser cependant la ligne des neiges perpétuelles. Un feu éternel bouillonne dans leurs entrailles et se fait fréquemment jour par de terribles éruptions. Le Masaya, à 4 l. de Granada et au N.-O. du grand lac, est constamment enveloppé d'une fumée épaisse. Son cratère doit être d'une demi-lieue de circuit. D'autres volcans sont : le Ténaco, le Virga, l'Orosi et le Vambocho, à l'O. du grand lac ; le Papagaio, à l'extrémité N.-O. de la presqu'île de Nicoya ; le Tlica ou Nindiri, au N.-O. du lac de Managua ; le Viéjo au N. et le Cocibina à l'O. de Réaléjo, etc. Le centre du pays est occupé par le grand lac de Nicaragua ou Granada, qui communique à l'O., par la Lipitaba, avec le lac de Managua (Léon), et qui à l'E. s'écoule par le San-Juan dans la mer des Antilles.

Les côtes de l'état offrent une plage sablonneuse de 2 l. de large, qui se prolonge au S.-E. en une presqu'île considérable, celle de Nicoya, remplie par la Serra-Sapana, qui se termine par le cap Blanco. Au N. de la presqu'île de Nicoya, le cap San-Catalina et la Punta-Desoladas ferment la vaste baie des Papagaios ; plus vers le N. s'ouvre la baie Cardon ou Realéjo, qui offre le meilleur port de la république ; enfin à l'extrémité N.-O. l'Océan forme le golfe d'Amapala ou de Conchaguas ; le littoral le long de la mer des Antilles présente le golfe de Matina et le port San-Juan. Une infinité de rivières s'échappent du haut-plateau des Andes et vont alimenter les grands lacs de l'intérieur ou se décharger dans l'Océan Austral ; nous en remarquons : la Nicoya, sur la frontière de Costarica, le Partido, au S. du lac de Nicaragua, et dont le cours est de l'E. à l'O., la Nicaragua, l'Alvarado et le Viéjo.

Parmi les cours d'eau tributaires de la mer des Antilles nous devons citer : le San-Juan, l'écoulement du lac de Nicaragua et le Pantasma, le fleuve le plus considérable du pays. Le climat, excessivement chaud sur le littoral, où l'Indien même ne le supporte plus, est tempéré dans l'intérieur par l'élévation du pays. Le sol, de nature volcanique, est d'une extrême fécondité; on y voit les bois les plus touffus et les plus majestueux, les plus belles plantations de sucre, cacao, coton, indigo et une surabondance en cocotiers, grenadiers, pommiers, figuiers et même en raisins; le maïs remplace le froment, qui n'y réussit pas; les plantes médicinales abondent; les forêts nourrissent d'immenses ruches d'abeilles, des troupeaux de singes et des oiseaux au plumage le plus varié; les animaux domestiques européens s'y acclimatent facilement et s'y multiplient d'une manière prodigieuse; il n'y a que le mouton qui dégénère; Des produits du règne minéral de cette province nous ne connaissons que le sel et l'asphalte, qui figurent comme articles de commerce. La construction des vaisseaux forme la principale branche de l'industrie de la province; son commerce maritime est très-important et embrasse le Mexique, la Colombie et le Pérou; on exporte du coton, des tissus de cette matière, du sucre, du cacao, de l'indigo, du miel, de la cire, du sel, des poissons secs, de la térébenthine, de l'asphalte, différentes espèces de gommes, des drogues, de l'ambre, des chevaux, des mulets et du gros bétail. La population de l'état dépasse 330,000 âmes; on n'y trouve plus que de faibles restes d'indigènes. L'état de Nicaragua est divisé en 5 partidos et dépend de l'évêché et de l'audience de Léon. Nicaragua a été découvert dès l'an 1516, où Hernan Ponce et Bartoloméo Hurtado, dans leur exploration des côtes occidentales de l'Amérique, trouvèrent le golfe de Chira (Nicoya ou Salinas). En 1522, Gil Gonzalez Davila y jeta l'ancre et engagea le cacique de Nicoya à se convertir. De là il marcha contre le cacique de Nicaragua, qui se soumit également à l'audacieux aventurier et se fit baptiser avec 9000 de ses sujets. Davila explora ensuite le grand lac et la plus grande partie du pays, qu'il dénomma d'après le cacique le plus puissant de la contrée. En 1523, les Espagnols y fondèrent les premiers établissements : Bruselas, Granada et Léon. Plus tard Nicaragua fut érigé en gouvernement dépendant de la capitainerie-générale de Guatémala, et en 1790, ce gouvernement fut changé en intendance subdivisée en 6 délégations. Incorporé au Mexique, en 1821, l'état de Nicaragua s'en sépara en 1824, pour entrer dans la confédération de l'Amérique centrale, dont il fait partie depuis cette époque.

NICARAGUA ou **Granada**, gr. lac presque au centre de l'état du même nom, Etats-Unis de l'Amérique centrale; ce lac, un des plus considérables de l'Amérique, a une superficie de 1600 l. c. géogr.; sa profondeur moyenne est de 20 mètres. Il est célèbre par la beauté de ses environs, par les volcans redoutables et les magnifiques campagnes qui l'environnent et par les projets conçus depuis longtemps de le faire servir de base aux travaux hydrauliques, destinés à opérer la jonction si utile et tant désirée des deux Océans; il communique par la Lipitaba avec le lac moins étendu de Managua ou Léon, à l'O., reçoit une foule de rivières, parmi lesquelles le Cotilades, le Congrelal, l'Ollate et le Teponguapa, au N., et le Frio, à l'E., sont les plus considérables, et s'écoule par le San-Juan dans la mer des Antilles. Il porte de nombreuses îles (Madéra, Zaputéra, Talcaca, Calava, Suayagua, Selona, Cacaguapa, Nonsital, Barnardo, Belsillas Sonate, Ometepet, etc.), dont celle d'Ometep et est la seule cultivée. Il est fréquemment agité par de violentes tempêtes, et les ouragans qui bouleversent l'Océan voisin soulèvent presque avec la même fureur les flots du lac, ce qui fait présumer qu'il communique avec la mer par des canaux souterrains.

NICARAGUA, v. des États-Unis de l'Amérique centrale, état de Nicaragua, au S. du lac de même nom; elle est chef-lieu d'un partido et remarquable par les belles et vastes plantations qui l'entourent; 20,000 hab.

NICE ou **Nizza** (comté de), une des huit intendances gérérales ou divisions militaires du roy. de Sardaigne. Ses bornes sont au N. le Piémont, au N.-E. le duché de Gènes, au S.-E. et au S. la mer Méditerranée et à l'O. la France; sa superficie est de 62 l. c., et sa population de 120,000 hab. Cette province est traversée dans toutes les directions par les Alpes maritimes, dont les sommets culminants sont les cols della Lunga, della Lombarda, de Molière, St.-Martin et di Tenda. Ces montagnes donnent naissance à un grand nombre de torrents rapides, dont les débordements fréquents causent de grands dégats. Le climat est très-doux et attire tous les ans un grand nombre d'étrangers de toutes les parties de l'Europe. Le sol est généralement pierreux et aride; il n'est propre à la culture que dans quelques vallées et sur la côte; le blé ne suffit pas pour la consommation. Cependant le comté de Nice est très-riche en fruits, vin, oranges, citrons, bergamottes, amandes, figues, pistaches, grenades, jujubes, aloès, capres, roses, myrrhes, lauriers et oliviers. On rencontre également quelques forêts assez considérables, qui fournissent de beau bois de construction. L'éducation du bétail est peu importante; on n'élève que des porcs et des chèvres, ainsi que des abeilles; le règne minéral n'est point exploité. L'industrie manufacturière est très-active et fait la principale ressource des habitants; elle embrasse principalement la fabrication de la soie, du drap, des filets, du savon, du papier, des liqueurs et des essences. Les principaux objets d'exportation consistent en vin, fruits, cire, miel, bois de construction, filets, essences et liqueurs. Cette intendance générale est subdivisée en 3 intendances ou petites provinces : Nice, Oneglia ou Oneille et Sospello.

NICE ou **NIZZA**, prov. de l'intendance générale de Nice, bornée au N. par le Piémont, à l'E. par la prov. de Sospello et la principauté de Monaco, au S. par le golfe de Gênes et à l'O. par la France; superficie 32 l. c. avec 50,000 hab.

NICE ou **NIZZA**, v. des états sardes, chef-lieu du comté et de la province de même nom, bâtie sur le golfe de Gênes, à l'embouchure du Paglion, dans une situation délicieuse, au pied d'un amphithéâtre de collines couvertes de bastides ou maisons de campagne peintes de différentes couleurs, et entremêlées de jardins et de bosquets d'orangers et de limoniers. Nice est le siége d'un évêque et d'un sénat judiciaire ou d'un tribunal d'appel; elle a un théâtre, quelques édifices assez beaux, des bains publics et un bon port qui favorise son commerce assez étendu. La douceur du climat et la beauté de sa situation y attirent tous les ans un grand nombre d'étrangers qui y vont passer l'hiver. Nice est la ville natale du mathématicien Maraldi, du lexicographe Alberti de Villeneuve, du peintre Vanloo et de l'astronome Dominique Cassini. C'est à Nice qu'est mort (27 mai 1840) le célèbre Paganini, ce prince des virtuoses et l'un des hommes qui, de leur vivant même, ont excité le plus d'enthousiasme dans l'Europe moderne; 2000 h.

NICEPTORIUM, g. a., v. de l'Asie Mineure, sur la Propontide.

NICESTRO, v. épiscopale murée du roy. de Naples, prov. de la Calabre ultérieure IIe, située sur une hauteur baignée par le St.-Polito et au milieu d'une contrée très-riche en blé, riz, millet, maïs, olives et vin, dont il s'y fait un commerce très-actif. Dans le voisinage on trouve des établissements thermaux; 6000 hab.

NICEY, ham. de Fr., Aube, com. de Rumilly-les-Vaudes; 200 hab.

NICEY, vg. de Fr., Côte-d'Or, arr. de Dijon, cant. et poste de Laignes; 680 hab.

NICEY, vg. de Fr., Meuse, arr. de Commercy, cant. de Pierrefitte, poste de St.-Mihiel; 410 hab.

NICHABOUR, v. du roy. de Perse, prov. du Khorassan occidental, est situé dans une belle vallée, une des plus fertiles de la Perse, arrosée par le Schararoud et plusieurs petites rivières. Nichabour est une des plus anciennes villes de l'Iran et fut longtemps la capitale de la dynastie des Seldjoucides. Elle est entourée de murs, défendue par une citadelle et renferme un grand nombre de mosquées, de bains, de caravansérails et environ 2000 maisons. Ses habitants fabriquent des étoffes de soie, de la toile, des cuirs, de bonnes lames et font un commerce actif. La ville n'a pas d'eau de source et a, dans l'Orient, une grande réputation de malpropreté. Elle a été plusieurs fois ruinée par des tremblements de terre. Dans ses environs sont de célèbres mines de turquoises. Patrie des poëtes Attar, Omarkhiam, Kiatibin et de plusieurs savants persans.

NICHAR ou **NICKER**, pet. île au N. de Virgin-Gorda, Petites-Antilles; possession anglaise; elle fait partie du groupe des Iles-Vierges.

NICHOLAS, comté de l'état de Kentucky, États-Unis de l'Amérique du Nord; il est borné par les comtés de Bracken, Mason, Flemming, Bath, Bourbon et Harrison. Ce pays, compris entre les deux branches du Licking, offre des districts très-fertiles; 10,000 h. Carlisle, sur le Licking, est le chef-lieu du comté.

NICHOLAS, comté de l'état de Virginie, États-Unis de l'Amérique du Nord; il est borné par les comtés de Léwis, Randolph, Greenbrier, Giles et Kenbawa; il est traversé par les monts Gauley et bien arrosé; 7000 h.

NICHOLASVILLE, b. des États-Unis de l'Amérique du Nord, état de Kentucky, comté de Jessamine, dont il est le chef-lieu, sur un affluent du Kentucky, à 4 l. de Lexington; banque; commerce; 2300 hab.

NICKIRI. *Voyez* **CORENTYN**.

NICLETON. *Voyez* **CHRISTOPHE** (Saint-), île.

NICOBAR ou **NIKOBAR** (archipel de), les *Frederiksœrne* ou *îles de Fréderic* des Danois, est un groupe d'îles du golfe du Bengale qui s'étend du N. au S., entre 90° 50′ et 92° 8′ long. orient., et entre 6° 50′ et 9° 15′ lat. N., et sépare à l'E. le golfe du détroit de Malacca. L'archipel de Nicobar se compose de 7 îles et de 12 îlots; les premières n'ont ensemble que 60 l. c. de superficie, et la population totale de l'archipel n'excède pas 10,000 individus. La plupart des îles sont élevées, mais couvertes, comme les îles d'Andaman, de forêts impénétrables; la chaleur, l'humidité et les miasmes émanés d'une végétation en putréfaction empestent l'air et rendent le climat de ces îles mortel aux Européens, qui, malgré la fertilité du sol et les bons ancrages que présentent les côtes, n'y ont jamais formé d'établissement durable. Les habitants, originaires de l'Inde transgangétique (du Pegou ou d'An-nam), sont des Malais doux, paisibles, mais peu intelligents; ils vivent indépendants dans leurs villages, sans reconnaître de chef apparent, et se livrent principalement à la pêche. L'archipel de Nicobar était dès le neuvième siècle connu des Arabes sous le nom de Negebalu ou Legebalu. Les Européens y abordèrent après la circumnavigation du cap de Bonne-Espérance; mais ni les Hollandais, ni les Français, qui firent quelques tentatives d'établissement, ne voulurent y rester. Les Danois de Tranquebar essayèrent à plusieurs reprises de s'y fixer, mais ils ont également abandonné leurs établissements et ne conservent aujourd'hui que la souveraineté nominale des Nicobar. La colonie autrichienne, fondée, en 1778, sur Kamorta, n'a pas eu de meilleur résultat. Les principales îles de l'archipel sont: Grand-Nicobar, Petit-Nicobar ou Sambelong, Katchoul, Kamorta, Nancowry, Terresa, Chowry, Tillantchoug, Karnicobar et Batte-Malve.

NICODÈME (Saint-), ham. de Fr., Côtes du-Nord, com. de Duault; 160 hab.

NICOLA (Santo-), b. du duché de Modène; bâti sur une colline.

NICOLAI ou **MIKOLOW**, pet. v. de Prusse, domaine du prince d'Anhalt-Cœthen, prov. de Silésie, rég. d'Oppeln; usines et agriculture; 2720 hab.

NICOLAO (San-), pet. v. de l'emp. du Brésil, prov. de San-Pedro (Rio-Grande-do-Sul), sur un affluent du Paratini et non loin de l'Uruguay; elle fut fondée en 1627 et était autrefois le chef-lieu des Sept-Missions de l'Uruguay; 3400 hab.

NICOLAO (San-), vg. de Fr., Corse, arr. et à 9 l. S. de Bastia, chef-lieu de canton, poste de Cervione; 620 hab.

NICOLAS (fort de Saint-), fort de Fr., Bouches-du-Rhône, à l'entrée du port de Marseille, vis-à-vis le fort St.-Jean. Ce fort, aujourd'hui à demi-ruiné, fut construit par Louis XIV pour maintenir dans l'obéissance les Marseillais, qu'il avait privés de leurs franchises.

NICOLAS (Saint-), beau b. du roy. de Belgique, prov. de la Flandre orientale, arr. et à 3 l. N. de Dendermonde. Cet endroit, un des plus riches du royaume, est situé au milieu d'une plaine couverte de jardins et de champs bien cultivés; il possède une belle place de marché; une école latine, avec 4 chaires, un tribunal de commerce; des manufactures d'étoffes de laine et de coton, de bas, de rubans, de chapeaux; des raffineries de sel, des savonneries, des tanneries, des poteries et des tuileries. Chaque semaine il s'y tient un grand marché de chevaux, de blé, de lin et de fil; 12,000 hab.

NICOLAS (Saint-), b. populeux et commerçant de la rép. Argentine, état de Buénos-Ayres, sur le Rio-de-la-Plata.

NICOLAS (San-), b. de la rép. de Bolivia, dép. de Santa-Cruz-de-la-Sierra, prov. de Baurès, sur le Rio-Baurès.

NICOLAS (Saint-), pet. île très-étroite dans le Grand-Cul-de-Sac, au N. de la Guadeloupe.

NICOLAS (Saint-), promontoire qui forme l'extrémité N.-O. de l'île d'Haïti.

NICOLAS (Saint-). *Voyez* MOLE-SAINT-NICOLAS (le).

NICOLAS (Saint-), Ardennes. *Voyez* ROCROI.

NICOLAS (Saint-), vg. de Fr., Aube, arr., cant. et poste de Nogent-sur-Seine; 240 hab.

NICOLAS (Saint-), vg. de Fr., Côte-d'Or, arr. de Beaune, cant. et poste de Nuits; 668 hab.

NICOLAS (Saint-), ham. de Fr., Côtes-du-Nord, com. de Bothoa; 250 hab.

NICOLAS (Saint-), vg. de Fr., Loire-Inférieure, arr. et à 8 1/2 l. N. de Savenay, chef-lieu de canton, poste de Redon; 1621 hab.

NICOLAS (Saint-), vg. de Fr., Lot-et-Garonne, arr. d'Agen, cant. d'Astafort, poste de la Magistère; 680 hab.

NICOLAS (Saint-), ham. de Fr., Pas-de-Calais, com. de Ste.-Marie-Kerque; 340 h.

NICOLAS (Saint-), ham. de Fr., Saône-et-Loire, com. de Fontaine; 170 hab.

NICOLAS (Saint-), ham. de Fr., Sarthe, com. de Mayet; 500 hab.

NICOLAS (Saint-), vg. de Fr., Haute Vienne, arr. de St.-Yrieix, cant. et poste de Chalus; 450 hab.

NICOLAS-AU-BOIS (Saint-), vg. de Fr., Aisne, arr. de Laon, cant. de Coucy-le-Château, poste de la Fère; 260 hab.

NICOLAS-D'ACY (Saint-), ham. de Fr., Oise, com. de Courteuil; filat. de coton; 100 hab.

NICOLAS-D'ALIERMONT (Saint-), vg. de Fr., Seine-Inférieure, arr. de Dieppe, cant. et poste d'Envermeu; fabr. d'horlogerie; 1893 hab.

NICOLAS-D'ARTHEZ (Saint-), vg. de Fr., Eure, arr. d'Évreux, cant. et poste de Breteuil; 230 hab.

NICOLAS-DE-BLIQUETUIT (Saint-), vg. de Fr., Seine-Inférieure, arr. d'Yvetot, cant. de Caudebec, poste de la Mailleraye; 420 h.

NICOLAS-DE-BOURGUEIL (Saint-), vg. de Fr., Indre-et-Loire, arr. de Chinon, cant. et poste de Bourgueil; 2100 hab.

NICOLAS-DE-BREM (Saint-), vg. de Fr., Vendée, arr. des Sables, cant. et poste de St.-Gilles-sur-Vie; 160 hab.

NICOLAS-DE-COUTANCES (Saint-), vg. de Fr., Manche, arr., cant. et poste de Coutances; 930 hab.

NICOLAS-DE-LA-CHAISE (Saint-). *Voyez* CHAIZE-LE-VICOMTE (la).

NICOLAS-DE-LA-GRAVE (Saint-), pet. v. de Fr., Tarn-et-Garonne, arr. et à 2 l. E. de Castel-Sarrazin, chef-lieu de canton et poste; commerce de melons dits d'Avignon; 3063 hab.

NICOLAS-DE-LA-HAYE (Saint-), vg. de Fr., Seine-Inférieure, arr. d'Yvetot, cant. et poste de Caudebec; 370 hab.

NICOLAS-DE-LA-TAILLE (Saint-), vg. de Fr., Seine-Inférieure, arr. du Hâvre, cant. et poste de Lillebonne; 910 hab.

NICOLAS-DE-MACHERIN (Saint-), vg. de Fr., Isère, arr. de Grenoble, cant. et poste de Voiron; 800 hab.

NICOLAS-DE-MARENCENNES (Saint-), ham. de Fr., Charente-Inférieure, com. de St.-Germain-de-Marencennes; 100 hab.

NICOLAS-DE-MONTORCIER (Saint-), *Voyez* JEAN-SAINT-NICOLAS (Saint-).

NICOLAS-DE-PEUDRY (Saint-). *Voyez* PEUDRY.

NICOLAS-DE-PIERRE-PONT (Saint-), vg. de Fr., Manche, arr. de Coutances, cant. et poste de la Haye-du-Puits; 850 hab.

NICOLAS-DE-PONT-SAINT-PIERRE (Saint-), vg. de Fr., Eure, arr. des Andelys, cant. d'Ecouis, poste de Pont-St.-Pierre; filat. de coton et de laine; fabr. de draps; 600 hab.

NICOLAS-DE-SARARE (San-). *Voyez* SARARE.

NICOLAS-DES-BIEFS (Saint-), vg. de Fr., Allier, arr. de la Palisse, cant. et poste de Mayet-de-Montagne; 1220 hab.

NICOLAS-DES-BOIS (Saint-), vg. de Fr., Manche, arr. d'Avranches, cant. et poste de Brécey; 310 hab.

NICOLAS-DES-BOIS (Saint-), vg. de Fr., Orne, arr., cant. et poste d'Alençon; 520 h.

NICOLAS-DES-LAITIERS (Saint-), vg. de Fr., Orne, arr. d'Argentan, cant. de la Ferté-Fresnel, poste de l'Aigle; 200 hab.

NICOLAS-DES-MOTETS (Saint-), vg. de Fr., Indre-et-Loire, arr. de Tours, cant. et poste de Château-Renault; 310 hab.

NICOLAS-DE-SOMMAIRE (Saint-), vg. de Fr., Orne, arr. d'Argentan, cant. de la Ferté-Fresnel, poste de l'Aigle; 220 hab.

NICOLAS-DU-BOSC (Saint-), vg. de Fr., Eure, arr. de Louviers, cant. d'Amfreville-la-Campagne, poste de Neubourg; 180 hab.

NICOLAS-DU-BOSC-ASSELIN (Saint-), vg. de Fr., Eure, arr. de Louviers, cant. d'Amfreville-la-Campagne, poste d'Elbeuf; 180 h.

NICOLAS-DU-BOSC-L'ABBÉ (Saint-), vg. de Fr., Eure, arr., cant. et poste de Bernay; 410 hab.

NICOLAS-DU-PORT (Saint-), pet. v. de Fr., Meurthe, arr. et à 3 l. S.-E. de Nancy, chef-lieu de canton et poste; filat. de laine et de coton; tissage de coton; fabr. de broderies, ouate, corderie; tanneries; moulins à farine, à huile et à foulon; carrière de gypse; 3160 hab.

NICOLAS-DU-TERTRE (Saint-), vg. de Fr., Morbihan, arr. de Ploërmel, cant. et poste de Malestroit; 380 hab.

NICOLAS-DU-VERBOIS (Saint-), ham. de Fr., Seine-Inférieure, com. de Quincampoix; 120 hab.

NICOLAS-EN-PLÉLO (Saint-), ham. de Fr., Côtes-du-Nord, com. de Plélo; 240 h.

NICOLAS-LES-ARRAS (Saint-), vg. de Fr., Pas-de-Calais, arr., cant. et poste d'Arras; 900 hab.

NICOLAS-LES-BEAUNE (Saint-), ham. de Fr., Côte-d'Or, com. de Beaune; 360 hab.

NICOLAS-PRÈS-GRANVILLE (Saint-), vg. de Fr., Manche, arr. d'Avranches, cant. et poste de Granville; 2960 hab.

NICOLE, vg. de Fr., Lot-et-Garonne, arr. d'Agen, cant. de Port-Ste.-Marie, poste d'Aiguillon; 490 hab.

NICOLO (Saint-), b. de l'île d'Ithaques, au N.-E., sur un golfe.

NICOLO (Saint-), ancien château fort de l'île Cérigo, dans le voisinage duquel on trouve des catacombes et des ruines de l'ancienne ville de Cythère. C'est l'endroit le plus favorable de toute l'île pour le mouillage.

NICOLO-D'ARENA, hospice du mont Etna; entouré de rochers formés par la lave et très-escarpés; on y récolte d'excellent vin. Dans le voisinage se trouve le Monte-Rosso, qui doit son origine à l'éruption de l'Etna, en 1669.

NICOLOSI, pet. v. de la Sicile, intendance de Catanea, détruite en partie par l'éruption de 1538.

NICOMÉDIE, g. a., v. de la Bithynie, à l'extrémité du golfe d'Astacum, fondée par Nicomède Ier, après la destruction de la ville d'Astacum ou Olbia par Lysimaque; elle était une des plus grandes villes de l'empire romain. Patrie du célèbre historien Flavius Arianus (137—161); Annibal s'y donna la mort. Nicomédie porte aujourd'hui le nom d'Iznik-Mik.

NICONIA, g. a., v. de la Scythie, sur le Tyras (Dniester); selon d'autres à l'embouchure de l'Ister (Danube).

NICOPOLI, sandschak de la Turquie d'Europe, eyalet de Rumili; comprend la partie centrale de l'ancienne Bulgarie; ses bornes sont au N. le Danube, qui le sépare de la Valachie; à l'E. le sandschak de Silistrie; au S. celui de Tschirmen; au S.-O. celui de Sofia, et à l'O. celui de Widdin. Le S. de cette province est couvert par des montagnes du Balkan, qui y donnent naissance à de nombreux cours d'eau, tous affluents du Danube. Le climat est doux et le sol très-fertile; mais l'agriculture n'en est pas moins généralement négligée; et l'éducation du bétail forme la principale ressource des habitants; la pêche dans les eaux du Danube est très-lucrative; elle fournit principalement des esturgeons.

NICOPOLI, v. fortifiée et assez commerçante de la Turquie d'Europe, sur le Danube, chef lieu du sandschak du même nom; siége d'un archevêché grec et d'un évêché catholique. Bataille de 1396; Sigismond, roi de Hongrie, est défait par les Turcs; 10,000 hab.

NICOPOLIS, g. a., v. du N.-E. de la Cilicie, à l'endroit où la chaîne du Taurus se joint à celle de l'Amanus.

NICOPOLIS, g. a., v. de la Bithynie, peu loin du Bosphore.

NICOPOLIS, *Pompeji*, g. a., v. de l'Arménie Mineure, sur le Lycus, fondée par Pompée.

NICOPOLIS ou **NICOPOLISTRUM**, g. a., v. de la Moésie inférieure; fondée par Trajan, en commémoration d'une victoire remportée sur les Daces, à l'embouchure du Jatras dans le Danube, ce qui lui a fait donner le nom de *Nicopolis ad Danubium* ou *ad Istrum*. Aujourd'hui Nicopoli.

NICOPOLIS ou CHRISTOPOLIS, g. a., v. de la Thrace, peu loin de l'embouchure du fleuve Nessus, fondée par Trajan. Aujourd'hui elle s'appelle Nicopoli. Il ne faut pas la confondre avec Nicopolis, également située dans la Thrace, au pied de l'Hæmus et près des sources du fleuve Jatras, et qui porte aujourd'hui le nom de Nikub.

NICOPOLIS, g. a., v. des environs d'Alexandrie, en Égypte. Selon Dion Cassius, elle fut fondée par Auguste. Aujourd'hui Kars ou Kiassera.

NICOPOLIS, g. a., v. de l'Asie Mineure, dans la Cilicie propre, sur le golfe de l'Issus.

NICORBIN, ham. de Fr., Eure et-Loir, com. de Theuville; 110 hab.

NICORPS, vg. de Fr., Manche, arr., cant. et poste de Coutances; 480 hab.

NICOSIE, *Herbita*, v. de la Sicile, intendance de Catanea; située sur une montagne remplie de cavernes; elle est mal bâtie et manque d'eau. Dans le voisinage on trouve deux sources de pétrole, une mine de sel gemme et plusieurs sources sulfureuses; 12,000 hab.

NICOSIE, *Leucosia* (appelé *Lefkocha* par les Turcs), chef-lieu de l'île de Chypre, siége d'un mosselim et d'un archevêque grec; est situé au milieu d'une plaine fertile et entouré de jardins. Cette ville, bâtie sur l'emplacement de l'ancien Tremitus, a des rues larges et bien pavées, mais peu d'édifices remarquables; on doit cependant faire mention de la mosquée consacrée à St.-Dominique, lors de sa construction par les chrétiens. Elle renferme les tombeaux des Lusignan, qui régnèrent un instant sur l'île de Chypre et de la belle mosquée Aja-Sophia, qui servait autrefois de cathédrale aux Grecs et qui est bâtie en style byzantin. On évalue le nombre des habitants à 12,000 ou 16,000; ils ont quelque industrie, fabriquent des étoffes de soie communes, de la toile, des cotonnades, des maroquins et de la poterie.

NICOTERA, v. épiscopale du roy. de Naples, prov. de la Calabre ultérieure IIe, près de la mer tyrrhénienne et à l'embouchure du Mesina. Cette ville a beaucoup souffert par le tremblement de terre de 1783. Ses habitants, au nombre de 6500, s'occupent de la pêche, principalement de celle des sardines et des anchois.

NICOYA (presqu'île). *Voyez* NICARAGUA (état).

NICOYA (fleuve). *Voyez* NICARAGUA (état).

NICOYA, v. des États-Unis de l'Amérique centrale, état de Nicaragua, sur le Rio-Nicoya; elle est le chef-lieu du district du même nom; a un port, de vastes chantiers pour la construction des vaisseaux, des fabriques de coton, de riches plantations de coton et de sucre, et fait un commerce assez important; 4000 hab.

NICUESSA (baie). *Voyez* MOSQUITOS (côte des).

NIDANGE ou NINDINGEN, ham. de Fr., Moselle, com. de Charleville; 150 hab.

NIDAU ou NYDAU, v. de Suisse, cant. de Berne, sur le lac de Bienne; 1000 hab.

NIDDA, v. du grand-duché de Hesse-Darmstadt, chef-lieu d'un district dans la principauté de la Haute-Hesse; avec un château; 1900 hab.

NIDDA (la), riv. qui naît dans le Vogelsberg, dans le grand-duché de Hesse-Darmstadt, à 1 l. au-dessus de Schotten; reçoit l'Horloff, le Wetter et le Nidder, rivières venues également du Vogelsberg, arrose le grand-duché de Hesse-Darmstadt; le territoire de la république de Francfort et se jette dans le Mein, près de Hœchst, dans le duché de Nassau.

NID-DE-CHIEN (le), ham. de Fr., Eure, com. de St.-Philbert-sur-Rille; 200 hab.

NID-DE-CHIEN (le), ham. de Fr., Seine-Inférieure, com. de Rouen; 100 hab.

NIDERUNG. *Voyez* MANY.

NIDRIGAILAU, pet. v. de la Russie d'Europe, gouv. de l'Ukraine, sur la Sula; commerce considérable en blé; 3850 hab.

NIDS, ham. de Fr., Loiret, com. de Tournoisis; 230 hab.

NIDZAM (états du Nidzam de Haïderabad) ou ROYAUME DU DEKKAN, aujourd'hui le plus puissant des états de l'Inde, tributaires des Anglais, et situé sur le plateau du Dekkan, entre 72° 45′ et 79° 15′ long. orient. et entre 14° 57′ et 22° 34′ lat. N. Il est borné par le roy. de Sindhya, par les Mahrattes de Nagpour et par les possessions de la Compagnie des Indes, et a une superficie d'environ 4465 milles géogr. c., bien moindre de celle qu'il avait lorsqu'il fut dépouillé par les Anglais de tous les districts situés au S. de la Kistnah, de la Tombudrah et du Wurdah. La population s'élève à 10 millions d'habitants. (*Voyez*, pour la géographie physique de cet état, les art. DEKKAN, HAÏDERABAD, BIDER, BÉRAR, AURUNGABAD et BEDJAPOUR).

Le roy. du Dekkan devint, après la destruction de l'empire Bhamanique, une province du nouveau roy. de Golconde, conquis, en 1705, par Aureng-Zaëb. Le nidzam ou soudah (gouverneur) préposé des pays conquis, Chen-Kilii-Khan, officier mongol, se révolta contre la cour de Delhi et rendit sa dignité héréditaire, tout en conservant le titre de nidzam. Les souverains actuels sont tributaires et tout à fait dépendants des Anglais, qui occupent militairement la capitale du royaume. Les revenus du Nidzam se montent à 48 millions de francs; son armée à 20,000 hommes. Le roy. du Dekkan, dans ses limites actuelles, embrasse les provinces de Haïderabad, de Bider ou de Bérar et quelques districts de celles d'Avrangabad et de Bedjapour. Il a pour capitale Haïderabad; les autres villes les plus importantes sont: Golconde, Ghanpour, Palountchah, Bider, Kalberga, Nandere, Ellitchpour, Amrawutty, Mulkapour, Avrangabad, Dowletabad, Rozah, Ellora, Sakkar et Kopal ou Copaul.

NIEBBROW, vg. de Pologne, woïwodie de Mazovie, cer. de Sochaczew ; remarquable par un château appartenant à la famille Radziwill ; il contient la plus belle orangerie de Pologne et une bibliothèque de 20,000 volumes.

NIEBLA, v. murée d'Espagne, prov. d'Andalousie, roy. et dist. de Séville ; avec un château ; culture de vins et d'olives ; 9000 hab.

NIEBRUCKEN. *Voyez* PONTIGNY.

NIED (la), riv. de Fr., a sa source dans les environs de Gros-Tenquin, Moselle ; elle coule vers le N. ; passe à Pange et à Bouzonville et se jette dans la Sarre, à 2 l. au-dessous de Sarre-Louis (Prusse-Rhénane), après 24 l. de cours.

NIEDECK, ruines remarquables d'un ancien château féodal, près du village de Haslach, cant. de Molsheim, Bas-Rhin, dans un site remarquable par ses beautés naturelles et sauvages. Il ne reste plus du château qu'une tour carrée en pierres de taille très-épaisses ; elle s'élève sur la crête d'une montagne escarpée, à l'extrémité d'une immense forêt, et domine une vallée étroite et profonde, dans laquelle se précipite, du pied de la tour, une belle cascade de 80 pieds de hauteur.

NIEDEGGEN, b. de Prusse, prov. du Rhin, rég. d'Aix-la-Chapelle ; fabrication de draps et de toiles ; 550 hab.

NIEDENSTEIN, v. de la Hesse-Électorale, cer. de Fritzlar, sur le Wiehoft ; on y remarque les ruines du château de Falkenstein.

NIEDERALTROF, ham. de Fr., Bas-Rhin, com. d'Uhlwiller ; 150 hab.

NIEDERANVEN, vg. du roy. de Belgique, prov. et arr. de Luxembourg ; papeteries ; 1750 hab.

NIEDERBERGHEIM, vg. de Fr., Haut-Rhin, arr. et poste de Colmar, cant. d'Ensisheim ; 870 hab.

NIEDERBETSHDORF, vg. de Fr., Bas-Rhin, arr. de Wissembourg, cant et poste de Soultz-sous-Forêts ; 1253 hab.

NIEDERBRONN, b. de Fr., Bas-Rhin, arr. et à 6 l. S.-O. de Wissembourg, chef-lieu de canton et poste ; il est situé dans une belle vallée, sur la route de Strasbourg à Metz et remarquable par ses eaux thermales assez fréquentées. Les eaux de Niederbronn jaillissent de deux sources, à 12 mètres de distance l'une de l'autre ; elles peuvent être employées en bains et en boissons ; leur température varie de 13° à 15° Réaumur ; elles contiennent des muriates de soude et de magnésie et des carbonates de magnésie et de fer. Les environs offrent d'agréables promenades. A 1/2 l. du bourg on voit l'ancien château fort de Wasenbourg, dont les ruines imposantes attirent les promeneurs pendant la belle saison. La vallée de Niederbronn est importante aussi sous le rapport de l'industrie ; elle renferme un grand nombre d'usines et de fabriques ; nous citerons particulièrement les forge de la maison Dietrich, comme un des plus vastes établissements industriels du département ; Jægerthal, Rauschenwasser et Wasenberg font partie de la com. de Niederbronn ; 2680 hab.

Des médailles et des monnaies découvertes à Niederbronn attestent que ses sources étaient connues des Romains, et qu'ils y eurent un établissement thermal.

NIEDERBRUCK, vg. de Fr., Haut-Rhin, arr. de Belfort, cant. et poste de Massevaux ; fabr. de cuivre rouge, laiton, etc. ; 464 hab.

NIEDERENTZEN, vg. de Fr., Haut-Rhin, arr. de Colmar, cant. et poste d'Ensisheim ; 430 hab.

NIEDERHASLACH, vg. de Fr., Bas-Rhin, arr. de Strasbourg, cant. et poste de Molsheim ; 1041 hab.

NIEDERHAUSBERGEN, vg. de Fr., Bas-Rhin, arr. et poste de Strasbourg, cant. de Schiltigheim ; 393 hab.

NIEDERHOFF, vg. de Fr., Meurthe, arr. de Sarrebourg, cant. et poste de Lorquin ; 580 hab.

NIEDERINGELHEIM, beau vg. du grand-duché de Hesse-Darmstadt, prov. de Hesse-Darmstadt ; avec des vignobles considérables et 2150 hab. Charlemagne y avait un vaste et magnifique palais, qui fut brûlé pendant la guerre de Fréderic-le-Victorieux contre l'évêque Adolphe de Nassau et dont on voit encore les restes.

NIEDERKIRCHEN, vg. de la Bavière-Rhénane, arr. de Neustadt, cant. et à 2 1/2 l. de Durkheim ; 1150 hab.

NIEDERKUTZENHAUSEN, ham. de Fr., Bas-Rhin, com. de Kutzenhausen ; 650 hab.

NIEDERLAHNSTEIN, b. du duché de Nassau, bge de Braubach, sur la Lahn, près de son confluent avec le Rhin ; sa population est de près de 2000 hab., parmi lesquels sont un grand nombre de bateliers ; à 1/2 l. sont les forges de Hohenstein ; plus près, au bord du Rhin, on voit l'église de St.-Jean, avec deux tours élevées, et, sur la Lahn, l'Allerheiligenberg, avec une chapelle et les stations du Christ.

NIEDERLARG, vg. de Fr., Haut-Rhin, arr. d'Altkirch, cant. d'Hirsingue, poste de Ferrette ; 190 hab.

NIEDERLAUTERBACH, vg. de Fr., Bas-Rhin, arr. de Wissembourg, cant. et poste de Lauterbourg ; Neuhof fait partie de cette commune ; 1509 hab.

NIEDERMORSCHWIHR, vg. de Fr., Haut-Rhin, arr. et poste de Colmar, cant. de Kaysersberg ; 990 hab.

NIEDERMORSCHWILLER, vg. de Fr., Haut-Rhin, arr. d'Altkirch, cant. et poste de Mulhouse ; 1330 hab.

NIEDERMOTTERN, vg. de Fr., Bas-Rhin, arr. de Saverne, cant. et poste de Bouxwiller ; 478 hab.

NIEDERMUESPACH, vg. de Fr., Haut-

Rhin, arr. d'Altkirch, cant. et poste de Ferrette; 580 hab.

NIEDERNAI, vg. de Fr., Bas-Rhin, arr. de Schléstadt, cant. et poste d'Obernai; Feldkirch fait partie de cette commune; 1326 hab.

NIEDERNAU, vg. parois. du Wurtemberg, cer. de la Forêt-Noire, gr.-bge de Rottenbourg; sur la rive droite du Necker, à l'embouchure du Katzbach, dans une contrée pittoresque; ses eaux minérales ferrugineuses sont très-fréquentées; 450 hab.

NIEDERNHALL, pet. v. du Wurtemberg, cer. de la Jaxt, gr.-bge de Kunzelsau; au pied du Kocher; elle possède une source saline; 1650 hab.

NIEDEROLM, b. du grand-duché de Hesse-Darmstadt, prov. de la Hesse-Rhénane; avec une belle église; 1200 hab.

NIEDERRAMSTADT, gr. vg. du grand-duché de Hesse-Darmstadt, principauté de Starkenbourg, sur la Modau; patrie du célèbre Lichtenberg (1742—1799); maison d'éducation pour les orphelins; 18 moulins; 1300 hab.

NIEDERRŒDERN, vg. de Fr., Bas-Rhin, arr. de Wissembourg, cant. de Seltz, poste de Lauterbourg; 1236 hab.

NIEDERSCHÆFFOLSHEIM, vg. de Fr., Bas-Rhin, arr. de Strasbourg, cant. et poste d'Haguenau; 1096 hab.

NIEDERSÉEBACH, vg. de Fr., Bas-Rhin, arr. et poste de Wissembourg, cant. de Seltz; 361 hab.

NIEDERSELTERS, vg. de 1000 hab., dans le duché de Nassau, bge d'Idstein, sur l'Embach; connu pour ses eaux minérales, les plus célèbres de toute l'Allemagne, et dont on exporte annuellement 1,500,000 bouteilles; elles rapportent un bénéfice annuel net de 60,000 à 80,000 florins.

NIEDERSEPT. *Voyez* SEPPOIS-LE-BAS.

NIEDERSOULTZBACH, vg. de Fr., Bas-Rhin, arr. de Saverne, cant. et poste de Bouxwiller; 370 hab.

NIEDERSULTZBACH. *Voyez* SOPPE-LE-BAS.

NIEDERSTEINBACH, vg. de Fr., Bas-Rhin, arr., cant. et poste de Wissembourg; mines de plomb; 568 hab.

NIEDERSTETTEN, pet. v. du Wurtemberg, cer. de la Jaxt, gr.-bge de Gérabronn, sur le Vorbach, qui fait mouvoir plusieurs usines; on y récolte de bons vins; 1570 hab.

NIEDERSTINZEL, vg. de Fr., Meurthe, arr. de Sarrebourg, cant. et poste de Fénétrange; 840 hab.

NIEDERVISSE, vg. de Fr., Moselle, arr. de Metz, cant. et poste de Boulay; 620 hab

NIEDERWILDUNGEN, v. de la principauté de Waldeck, dist. de l'Éder, située dans une belle contrée, sur la Wilde; avec un lycée; une source d'eaux minérales fréquentées; 1750 hab.

NIEDERWILLER, vg. de Fr., Meurthe, arr., cant. et poste de Sarrebourg; il renferme une manufacture de porcelaine, faïence et terre de pipe; dans les environs on exploite des carrières de pierre de taille; 840 h.

NIEDERWYL, vg. de Suisse, cant. d'Argovie, près de l'Aar; source minérale.

NIEDERZWŒNITZ, vg. très-industrieux du roy. de Saxe, cer. de l'Erzgebirge; dentelles; objets en corne faits au tour; tissages de coton; grand commerce de planches; plus de 1600 hab.

NIEDWELLING, ham. de Fr., Moselle, com. de Guerstling; 160 hab.

NIEFFERT. *Voyez* NIFFER.

NIEGATA, branche occidentale de l'Ikogawa, fleuve du Japon.

NIEHEIM, pet. v. de Prusse, prov. de Westphalie, rég. de Minden; commerce local; 1500 hab.

NIEIGLES, vg. de Fr., Ardèche, arr. et à 5 l. N. de l'Argentière, cant. et poste de Thueys; sur la rive gauche de l'Ardèche; 680 hab.

NIEL, vg. du roy. de Belgique, prov. et arr. d'Anvers; sur la rive droite de la Rupel; tuileries; 1860 hab.

NIÈLLES-LES-ARDRES, vg. de Fr., Pas-de-Calais, arr. de St.-Omer, cant. et poste d'Ardres; 400 hab.

NIÈLLES-LES-BLÉQUIN, vg. de Fr., Pas-de-Calais, arr. et poste de St.-Omer, cant. de Lumbres; 740 hab.

NIÈLLES-LES-THÉROUANNES, ham. de Fr., Pas-de-Calais, com. de Thérouanne; 280 hab.

NIEMECK, pet. v. de Prusse, prov. de Brandebourg, rég. de Potsdam; fabrication de draps et de toiles; 1950 hab.

NIEMEN. *Voyez* MEMEL.

NIEMES, pet. v. de Bohême, cer. de Bunzlau, sur la Polzen; fabrication de drap, de bas, de toile et de papier; 3000 hab.

NIEMIROFF, pet. v. de la Russie d'Europe, gouv. de Podolie; elle a 4 églises, une fabrique de coton et plusieurs tanneries; son commerce est considérable, et ses foires sont fréquentés; elle est connue par un congrès qui y fut tenu en 1737; 2000 hab.

NIEMIEMAY. *Voyez* NINEANAÏ.

NIENBOURG, v. du roy. et du gouv. de Hanovre, sur le Weser, ville principale du comté de Hoya; ses remparts ont été changés en promenades et en jardins; sa population est de près de 3900 âmes.

NIEPPE, vg. de Fr., Nord, arr. d'Hazebrouck, cant. de Bailleul, poste d'Armentières; fabr. de rubans et lacets; blanchisserie; 3380 hab.

NIEPPE (canal). *Voyez* LYS (rivière.).

NIÈRES (les), ham. de Fr., Hérault, com. de St.-Gervais-Ville; 230 hab.

NIÈRGNIES, vg. de Fr., Nord, arr., cant. et poste de Cambrai; 440 hab.

NIERSTEIN, vg. considérable du grand-duché de Hesse-Darmstadt, prov. de la Hesse-Rhénane, sur le Rhin; célèbre par son vin et peuplé de 2250 habitants; dans les environs se trouvent les bains sulfureux de Sironabad, où l'on prend des douches et des bains de vapeur.

NIESKY, mission des frères moraves dans l'île de St.-Thomas (Petites-Antilles).

NIÈSLES-LÈS-CALAIS, vg. de Fr., Pas-de-Calais, arr. de Boulogne-sur-Mer, cant. et poste de Calais; 230 hab.

NIESUHACZY, pet. v. de la Russie d'Europe, gouv. de Wolhynie.

NIESZAWA, pét. v. de Pologne, woïwodie de Mazovie, sur la Vistule; elle a deux églises, plusieurs brasseries et distilleries; 1600 hab.

NIEUDAN, vg. de Fr., Cantal, arr. d'Aurillac, cant. de la Roquebrou, poste de Montvert; 290 hab.

NIEUIL, vg. de Fr., Charente, arr. de Confolens, cant. et poste de St.-Claud; 1410 hab.

NIEUIL-L'ESPOIR, vg. de Fr., Vienne, arr. et poste de Poitiers, cant. de la Ville-Dieu; 520 hab.

NIEUILLET, ham. de Fr., Vienne, com. de Voulême; 100 hab.

NIEUL, vg. de Fr., Charente-Inférieure, arr., cant. et poste de la Rochelle; marais salants; 1320 hab.

NIEUL, vg. de Fr., Haute-Vienne, arr. et à 3 l. N.-N.-O. de Limoges, chef-lieu de canton et poste; minoterie; 750 hab.

NIEUL-DENANT, vg. de Fr., Vendée, arr. de Fontenay-le-Comte, cant. de St.-Hilaire-des-Loges, poste d'Oulmes; 1110 hab.

NIEUL-LE-DOLENT, vg. de Fr., Vendée, arr. des Sables, cant. et poste de la Mothe-Achard; 460 hab.

NIEUL-LES-SAINTES, vg. de Fr., Charente-Inférieure, arr., cant. et poste de Saintes; 1010 hab.

NIEUL-LE-VIROUL, vg. de Fr., Charente-Inférieure, arr. de Jonzac, cant. et poste de Mirambeau; 1260 hab.

NIEUL-SUR-ANTISE. *Voyez* NIEUL-DENANT.

NIEULLET, ham. de Fr., Nord, com. de Lederzeele; 200 hab.

NIEURLET, vg. de Fr., Nord, arr. de Dunkerque, cant. de Wormhout, poste de St.-Omer; 610 hab.

NIEUVALD, points culminants du système nigritien austral; 1600 toises.

NIEUWE PEKEL-AA, vg. du roy. de Hollande, prov. de Grœningue, dist. et à 2 1/2 l. S. de Winschoten, sur la Pekel-Aa; 2850 h.

NIEUWE-SCHANZ. *Voyez* LANGEACKER.

NIEUWKERK, b. du roy. de Hollande, prov. de Gueldres, dist. et à 8 1/2 l. N.-O. d'Arnhem; avec un port sur le Zuydersee; 5050 hab.

NIEUWPORT, pet. forteresse de Hollande, prov. de Hollande méridionale, dist. de Gorcum, sur la rive gauche du Leck; pêche de saumons; 400 hab.

NIEVES. *Voyez* SABINE (fleuve).

NIEVERN, vg. du duché de Nassau, bge. de Braubach; avec une forge et la fonderie d'argent de Lindenbach; 450 hab.

NIÈVRE (la), *Niveris*, riv. de Fr., a sa source dans le département auquel elle donne son nom; elle se forme de deux ruisseaux, dont l'un prend naissance aux environs de Premery et l'autre non loin du village de Menou; ils se réunissent à Guérigny et se jettent, sous le nom de Nièvre, dans la Loire, tout près de Nevers, après 14 l. de cours.

NIÈVRE (département de la), situé dans la région centrale de la France, est formé de la ci-devant prov. de Nivernais. Ses limites sont; au N. le dép. de l'Yonne, à l'E. les dép. de la Côte-d'Or et de Saône-et-Loire, au S. celui de l'Allier et à l'O. ceux du Cher et du Loiret.

Sa superficie est de 677,392 hectares et sa population de 297,550 habitants. Une série de hauteurs se détache de l'extrémité S. de la Côte-d'Or, traverse le département de l'E. à l'O. sous le nom de monts du Morvan, et suit la rive droite de la Loire, sous le nom de forêt d'Orléans; ces montagnes sont de formation granitique, plusieurs assez élevées; une partie de leur surface est couverte de belles forêts, une autre partie a d'excellents pâturages.

Le département est traversé par un nombre considérable de rivières et de ruisseaux, qui facilitent le transport des marchandises et le flottage du bois; cette dernière exploitation serait presque impossible autrement, les chemins étant impraticables une grande partie de l'année. Les rivières les plus considérables sont la Loire; elle traverse la partie méridionale du département, se dirige vers le N.-O. et sépare le département de celui du Cher; ses affluents sont l'Aron, formé par la Canne, l'Andarge et la Haleine, l'Arcolin, l'Ouzen, la petite rivière la Nièvre, qui donne son nom au département, le Marci, le Hohain, et le plus considérable, l'Allier, qui sépare le département de ceux de l'Allier et du Cher, et vient se jeter dans la Loire, non loin de Nevers.

L'Yonne prend sa source dans les monts du Morvan, près de Château-Chinon, se dirige vers le N., reçoit le Beuvron, devient navigable près de Clamecy et se rend dans le département du même nom; outre ces nombreux cours d'eau, ce département est encore traversé par deux canaux: l'un le canal latéral de la Loire, dont le nom indique la direction; et le second, celui du Nivernais, doit joindre la Loire à l'Yonne.

L'aspect général du département est celui d'un pays montueux, couvert de belles forêts et de riches pâturages; au N. et au S. se trouvent de vastes plaines sablonneuses, qui sont assez fertiles et arrosées par de nombreux cours d'eaux. Le sol en général est fertile, excepté celui de Château-Chinon, qui est ingrat. Le climat de ce département est tempéré, mais plus froid que chaud et plus humide que sec; l'air y est cependant vif et pur; les vents qui dominent sont du sud-est, du nord, et du nord-ouest.

Le sol de ce département est peu favorable à l'agriculture; il produit cependant une quantité de céréales suffisante pour la consommation des habitants; le froment y est plus rare que le seigle, l'orge et l'avoine; on y cultive d'excellents légumes, des fruits, du chanvre estimé; on y trouve une assez grande quantité de vignes, qui produisent, année moyenne, 270,000 hectolitres d'un vin assez ordinaire. Les vins blancs de Pouilly font exception et méritent d'être recherchés; le département ne produit pas à beaucoup près pour sa consommation; le ci-devant Morvan s'approvisionne dans les dép. de la Côte-d'Or et de Saône-et-Loire; les pâturages sont excellents et nombreux: ils constituent avec les bois la principale richesse territoriale du département; ces derniers couvrent une superficie de 185,000 hectares; les essences qui y dominent sont le chêne, le charme et le hêtre; ces forêts fournissent une grande quantité de bois et de charbons pour l'approvisionnement de Paris; toutes les rivières et ruisseaux qui ne sont pas navigables ont été rendus propres au flottage. A Armes et à Clamecy le bois est réuni en radeaux considérables, qui descendent l'Yonne et vont à leur destination.

Les richesses minérales du département consistent dans de nombreuses et riches mines de fer, des mines de houille, des indices de plomb, de cuivre et d'argent, de belles carrières de marbre blanc et de couleur; de granit, de grès à aiguiser, de sable quartzeux; parmi les sources thermales l'on cite les eaux chaudes sulfureuses de Ste.-Honorée, qui sont très-fréquentées.

Les chevaux de la Nièvre ont de la réputation; c'est une excellente race, propre au trait et à tous les services de l'armée, vigoureuse, robuste et peu difficile à nourrir; les pâturages nourrissent de beaux bestiaux; les bœufs tiennent quelque chose des bourrets d'Auvergne, mais ils sont d'une nature plus douce, et la chair en est plus délicate; leur poids est de 400 à 450 kilogrammes; les plus beaux passent dans le Morvan; les moutons y sont peu nombreux et d'une race chétive; on s'occupe depuis plusieurs années d'une manière active de l'amélioration des races; les chèvres y sont nombreuses; l'élévation des porcs produit des avantages nombreux; ils y sont en grande quantité; ce département fournissait autrefois une grande quantité de poissons d'eaux douces à Paris; le dessèchement des étangs a singulièrement diminué cette branche d'industrie, cependant le N. du département en exporte encore 40,000 kilogrammes. Le gibier y est abondant.

L'industrie métallurgique est au premier rang dans ce département; il suffit de citer les usines d'Imphy pour la préparation des cuivres laminés et martelés, de la tôle en fer blanc; celles de Fourchambault, de Pont-St.-Ours, la fonderie royale de Nevers pour les canons de marine; elle fournit 125 canons de fonte et 50,000 kilogrammes de moulerie diverse; les fabriques d'ancres de Cosne et de Guerigny; dans cette dernière commune se trouve aussi une fabrique de câbles en fer; les faïenceries, regardées à juste titre comme les meilleures de France. On y trouve des fabriques de coutellerie, de grosse quincaillerie, d'ouvrages en émail; une verrerie; des fabriques de petites perles de verre.

L'industrie manufacturière consiste dans quelques fabriques de gros draps, d'étoffes de laine, de toile, des tanneries importantes, des papeteries, etc. Le transport du bois par le flottage occupe une grande quantité d'ouvriers.

Le commerce consiste dans l'exportation de ses produits territoriaux et manufacturiers; ce sont principalement les bois, le fer, les bestiaux, le charbon, la houille, les faïences, etc.

Ce département est divisé en 4 arrondissements, 25 cantons et 321 communes.

Les chef-lieux d'arrondissement sont:

Nevers . . .	8 cant.	103 com.	94,382 hab.
Château-Chinon. . . .	5 »	58 »	61,837 »
Clamecy . .	6 »	95 »	72,334 »
Cosne. . . .	6 »	65 »	68,997 »
	25 cant.	321 com.	297,550 hab.

Il nomme 4 députés; fait partie de la quinzième division militaire, dont le quartier-général est à Bourges; est du ressort de la cour royale et de l'académie de la même ville; du diocèse de Nevers, suffragant de l'archevêché de Sens; il fait partie de la vingt-troisième conservation forestière, dont le chef-lieu est Moulins; de la quatrième inspection des ponts-et-chaussées, dont le chef-lieu est à Dijon, et de la troisième division des mines, dont le chef-lieu est également Dijon.

Il a 3 colléges et 135 écoles primaires.

NIÉVROZ, vg. de Fr., Ain, arr. de Trévoux, cant. et poste de Montluel; 460 hab.

NIFFÉ ou **TAPPA** (royaume de), dans la Nigritie centrale; situé à la gauche du Kouarra; est partagé entre les deux fils du dernier roi, qui se font la guerre. Mahomed-el-Magia, qui est mahométan, est aussi le plus fort et est soutenu par le sultan Bello; Edrisi est païen.

NIFFER ou **NIEFFERT**, vg. de Fr., Haut-Rhin, arr. d'Altkirch, cant. et poste de Habsheim; 460 hab.

NIFON. *Voyez* NIPHON.

NIGARISTAN, beau château qui s'élève non loin de Téhéran, la capitale du roy. de Perse. Le roi y passe une partie de l'été, et l'héritier du trône y réside presque pendant toute l'année.

NIGER, baie sur la côte S. du Labrador, dans le détroit de Belle-Ile.

NIGER, fl. de l'Afrique. Depuis longtemps on avait connaissance en Europe d'un grand fleuve, du nom de Niger, qui arrose l'intérieur de l'Afrique; mais tout était doute sur l'emplacement de ses sources, de son cours et surtout sur son embouchure. Les opinions étaient partagées: les uns supposaient qu'il se jetait dans une mer intérieure, semblable à la mer Caspienne; d'autres le faisaient communiquer avec le Nil; d'autres enfin émettaient l'idée plus vraie qu'il se déversait dans le golfe de Guinée. Plusieurs voyageurs pénétrèrent dans l'intérieur de l'Afrique pour découvrir et explorer ce fleuve mystérieux, mais la plupart furent les victimes du climat, des dangers de la route et de la férocité des indigènes. Mungo-Park, en 1805, atteignit le Niger, s'embarqua à Sego, sous 7° long. occ., et périt sous 10° lat. N., à Boussa, où il fit naufrage. Ses successeurs Denham, mort en 1824; le major Laing, mort en 1826, et Clapperton, mort en 1827, ne furent pas plus heureux. Il était réservé au compagnon de ce dernier, Richard Lander, de faire la découverte du véritable cours du Niger. Il débarqua avec son frère à Badagry, atteignit le fleuve à Zaouri ou Yaouri, sous 11° lat. N., où il s'embarqua et regagna la mer par le fleuve Nun. On sut alors que le Niger était appelé Djoliba ou Dhioliba dans la partie septentrionale de son cours et l'on obtint des renseignements plus exacts sur ce cours d'eau. Nous renvoyons à l'article DHIOLIBA pour la description de ce que nous savons aujourd'hui sur le Niger. Ajoutons toutefois qu'à la suite de la découverte faite par les frères Lander en 1830, des armateurs de Liverpool envoyèrent, deux ans après, trois bâtiments, dont deux à vapeur, pour remonter le cours du Niger et explorer ses rives, sans que cette entreprise ait encore amené un résultat important. Richard Lander, qui avait commencé un nouveau voyage, avec un bateau à vapeur, fut surpris par les indigènes et mourut en 1832, de la suite de ses blessures.

NIGERI, groupe d'îles de l'archipel de Paumotou ou des Iles-Basses, Polynésie ou Océanie orientale, sous 17° 42′ lat. S. et 145° 19′ long. occ.; il a environ 5 milles de longueur du N.-E. au S.-O. Ce groupe fut découvert, en 1819, par Bellingshausen.

NIGG, paroisse d'Écosse, comté de Kincardine ou Mearns, à l'embouchure de la Dee; 1500 hab.

NIGG, paroisse d'Écosse, comté de Ross, sur le golfe de Murray; on y visite plusieurs cavernes remarquables; pêche d'huîtres; 1800 hab.

NIGRESSERRE, ham. de Fr., Aveyron, com. de Thérondels; 150 hab.

NIGRITIE ou RÉGION-DES-NÈGRES, gr. région de l'Afrique occidentale et de l'Afrique centrale; s'étend entre 20° long. occ. et 24° long. orient., et entre 17° lat. N. et 18° lat. S. Cette immense contrée, bornée au N. par la région du Maghreb et proprement par le Sahara, à l'E. par le bassin du Nil et la région de l'Afrique orientale, au S. par la région de l'Afrique australe et l'Océan Atlantique, à l'O. par l'Océan Atlantique, est partagée depuis longtemps par les géographes en quatre parties inégales, qui sont le Soudan ou la Nigritie proprement dite, la Sénégambie, la Guinée et le Congo. On a remarqué avec raison que ces divisions ne sont pas basées sur la réalité, que ces régions secondaires ne correspondent ni à des divisions géographiques ni à des divisions politiques, et l'on a proposé une foule de divisions nouvelles et peut-être plus rationnelles. Nous ne citerons que celle de M. Balbi, qui partage la Nigritie en trois grandes contrées géographiques: la Nigritie occidentale, correspondant à la Sénégambie; la Nigritie centrale, qui comprendrait le Soudan et la Guinée, et la Nigritie méridionale, qui correspondrait au Congo. Mais, pour nous conformer à l'usage général, nous suivrons l'ancienne division et nous réservons le nom de Nigritie au Soudan; pour les autres contrées, nous renvoyons aux articles SÉNÉGAMBIE, GUINÉE et CONGO.

NIGRITIE ou SOUDAN. Cette contrée, si peu connue, de l'Afrique centrale, malgré les efforts et le dévouement des voyageurs Mungo-Park, Laing, Denham, Klapperton, Caillié et Lander, est située entre 6° long. occ. et 24° long. orient. et entre 8° et 16° lat. N. Ses limites sont au N. le Sahara, à l'E. le Darfour, au S. des régions inconnues de l'Afrique centrale et la Guinée, à l'O. la Sénégambie; sa superficie totale peut être évaluée à environ 50,000 milles c. géogr. Le principal cours d'eau de cette vaste contrée est le Dhioliba ou Niger, qui la traverse de l'O. vers l'E. jusqu'à Tombouctou; il fait alors une courbe et coule vers le S.-E., sous le nom de Quorra, reçoit le Coudounia et le Tchadda, se fait jour à travers les montagnes Kong et se jette dans la baie de Benin. On a reconnu récemment deux autres fleuves de la Nigritie, la Charry ou Sharry et le Yeou ou Yoou; le premier passe par Loggoun Chowy et autres villes de l'emp. de Bornou et paraît former la limite entre cet état et le roy. de Baghermeh; le second prend sa source dans le pays des Fellatahs et se jette, ainsi que le Charry, dans le lac Tchad. Ce lac très-considérable est situé entre Baghermeh et l'emp. de Bornou et reçoit, comme nous venons de le voir, les eaux de deux grands fleuves. On cite encore deux autres lacs de la Nigritie, celui de Fidri, dont l'existence cependant est encore mise en doute et le lac Dibbie (Debo ou Dhiebou de Caillié) que traverse le Niger avant son arrivée à Tombouctou. La partie septentrionale de la Nigritie est plate et sablonneuse; la partie méridionale montueuse, boisée et bien arrosée. Les montagnes de cette partie sont des ramifications de la chaîne des Kong et des ramifications de l'El-Gibel-Gumbr ou montagnes de la lune, auxquelles paraissent appartenir les monts Mandara, reconnus par Denham. Le climat de la Nigritie est très-chaud par la latitude sous laquelle ce pays est situé, et cependant tempéré par l'égalité des nuits et des jours, par les pluies et les vents périodiques.

Les principales productions consistent en céréales, maïs, riz, indigo, chanvre, coton, séné, manne, dattes, fruits du sud, arbres précieux, or, argent, plomb, cuivre, fer. Le sel est rare et on est obligé de le chercher dans le Sahara. On y trouve beaucoup d'animaux domestiques de l'Europe, des chameaux, des animaux féroces, du gibier et une immense quantité d'oiseaux aquatiques, qui habitent les bords du lac Tchad.

La population, dont on ne saurait évaluer le chiffre, appartient à la race nègre. Les habitants sont en partie nomades, en partie sédentaires; les uns professent l'islamisme, d'autres sont fétichistes. Les peuples sont généralement agricoles et ils sont supérieurs à tous les nègres dans les arts industriels; ils fabriquent des étoffes de coton, des toiles, des cuirs, des ouvrages en fer. On a trouvé établis chez eux quelques Tuariks ou Arabes. Les principales villes de commerce sont: Kano, Tombouctou, Engornou, Rabba, Egga, Funda; les principaux articles de commerce consistent en or et en esclaves. La Nigritie ou le Soudan est divisée en un très-grand nombre de petits états, qui sont fréquemment en guerre les uns avec les autres. En voici les plus importants, les roy. de Bergu ou Wadey, de Wangara, de Baghermeh, de Kanem, l'emp. de Bornou, le pays de Mandara, l'emp. des Fellatahs, les roy. de Yauri et de Borgou, l'emp. de Tombouctou, les pays de Diriman, Banan, Masina et le roy. de Bambarra.

NIGUA, fl. de la côte S. de l'île d'Haïti; prend naissance dans les monts Cibao, coule vers le S. et se décharge dans la baie de St.-Domingue.

NIHERNE, vg. de Fr., Indre, arr. et cant. de Châteauroux, poste de Villedieu; 1830 hab.

NIJECANICHE, fl. de la Nouvelle-Écosse; se décharge dans le Bason-of-Minas.

NIJNIE-TOUNGOUSKA ou **BASSE-TOUNGOUSKA**, riv. de l'Asie, principal affluent du Iénissei. Elle prend sa source dans le gouv. d'Irkoutsk, non loin de la Lena, sous 57° lat. N., traverse la prov. de Iakoutsk et se jette dans le Iénissei, près de Troitskoïc, dans le gouv. de Iénisseisk. La Tschuminda, la Neroja et la Jeroma sont ses principaux tributaires.

NIJNEI-KOLIMSK, b. de la Sibérie, prov. d'Iakoutsk.

NIJNEI-OUDINSK, b. de la Sibérie, gouv. d'Irkoutsk; est situé sur l'Uba; 600 hab.

NIJNÉ-KAMTCHATSK ou **BASSE-KAMTCHATSK**, misérable bourgade du dist. de Kamtchatka, Russie d'Asie; n'a que 200 habitants; mais est remarquable par le voisinage de plusieurs volcans.

NIJON, vg. de Fr., Haute-Marne, arr. de Chaumont-en-Bassigny, cant. et poste de Bourmont; 460 hab.

NIKABITZA, riv. de l'Asie Mineure; elle prend sa source dans le sandschak de Khodavend-Kiar, eyalet d'Anadoli, reçoit à droite le Niloufar, qui passe non loin de Brousse, et se jette dans le golfe de Moudania, enfoncement de la mer de Marmara.

NIKDE (la *Cadyna* des anciens), v. de la Turquie d'Asie, chef-lieu du sandschak de même nom, dans la Caramanie; est située sur un rocher élevé, entouré de murs et baigné par un bras du Kisil-Irmak. Nikde, qui n'a que 5000 habitants, Osmanlis et Grecs, tous pauvres, renferme cependant 3 châteaux, de belles mosquées et un medressé ou collége très-célèbre, fondé par Alacddin.

NIKI, pet. roy. de la Nigritie centrale, dans les pays qui appartiennent au bassin du Djoliba ou Kouarra; son chef est despotique chez lui; il regarde le roi de Boussa comme son suzerain et réside dans la ville de Niki.

NIKITSK, pet. v. de la Russie d'Europe, gouv. de Moscou, sur la Pochta; 800 hab.

NIKLASBERG, très-pet. v. de Bohême, cer. de Leitmeritz; mines d'argent.

NIKLASBERG (Saint-), b. de Bohême, cer. d'Ellenbogen.

NIKOLAIKIRCHEN, pet. v. de Prusse, prov. de Prusse, rég. de Gumbinnen, sur le Talter; tisseranderie et pêche; 1950 hab.

NIKOLAJEW, v. de la Russie d'Europe, gouv. de Kherson, sur l'Ingul et sur le Ruy. Elle fut fondée en 1789. Elle est le siége d'une amirauté et du directeur de la flotte de la mer Noire. Cette ville est très-régulièrement bâtie; on y distingue la cathédrale, l'hôtel de ville, la douane, le palais de l'amirauté et le chantier; elle possède un cabinet d'histoire naturelle, une collection d'antiquités, un observatoire, une école de pilotes, une école d'architecture navale et un hôpital. Ses 9000 habitants font un commerce maritime très-considérable.

NIKOLAJEW, pet. v. de la Russie d'Europe, gouv. de Sodolie; 2000 hab.

NIKOLO (San-), *Tenos*, v. fortifiée de la Grèce, chef-lieu de l'île de Tine (Tinos) ou Istendil, nomos des Cyclades, eptarchie de Tinos; siége d'un évêque catholique et d'un protopope grec; bâtie sur un rocher et sur l'emplacement de l'ancienne Tenos; fabrication de la soie; petit port; 4000 hab.

NIKOLSK, pet. v. de la Russie d'Europe, gouv. de Woloyda; siége des autorités du cercle, sur le Jeeg; agriculture et navigation; 800 hab.

NIKOLZBOURG ou **MIKULOW**, v. de la Moravie autrichienne, cer. de Brunn; située sur la frontière de la Basse-Autriche; renferme une superbe église, une synagogue, un institut philosophique et une belle bibliothèque; grande fabrication de draps et d'étoffes de laine; commerce très-actif; culture de la vigne. Nikolsbourg est la patrie du célèbre Joseph de Sonnenfels; 8000 hab., dont 3000 juifs.

NIL, le fleuve puissant et célèbre auquel l'Égypte doit sa fertilité et en partie son existence (Basse-Égypte) naît dans la Nubie méridionale, sous 16° lat. N., par le confluent de deux cours d'eau considérables, le Bahr-el-Abiat (fleuve Blanc) et le Bahr-el-Azrek (fleuve Bleu). Le premier prend sa source dans les montagnes de la Lune, sur un plateau très-élevé, et court vers le N., arrose le Donga, le pays des Chelouks, le Denga, baigne le Dar-el-Aizé, dans le Sennaar, et laisse le Kordofan à gauche; le second prend la sienne dans le pays des Agows, en Abyssinie, traverse au N. le grand lac Dembra ou Tzana, arrose le Gojam, le Damot et autres provinces de l'Abyssinie, et, décrivant une grande courbe, en se rapprochant de sa source, coule enfin vers le N., se fait jour à travers les monts de l'Abyssinie et se réunit avec le Bahr-el-Abiat. Si l'on adopte le fleuve Blanc comme la branche principale du Nil, le Bahr-el-Azrek doit être regardé comme un affluent. Quoi qu'il en soit, le Nil, formé par la réunion de deux fleuves considérables, reçoit à la droite le puissant Iacazzé (l'Astabaras de Ptolémée), fait une grande courbure vers l'O., continue son cours vers le N., arrose les villes de Halfay, Chendy, Damer, Dongola, Derr, se précipite par cataractes des terrasses de la Nubie (cataractes de Philœ) dans la vallée de l'Égypte, traverse d'une manière assez paisible la partie supérieure de ce pays et reprend son impétuosité dans l'Égypte moyenne. Il passe par Syène, Esné, les ruines de l'ancienne Thèbes à Luxor, Karnak et Gournah, Kéné, Girgeh, Moufalout, Minyeh, Alfyh, par l'emplacement de l'ancienne Memphis; enfin il baigne le Caire. A 5 l. au-dessous de cette capitale il se partage en plusieurs bras, dont les deux principaux sont celui de Rosette (l'occidental) et celui de Damiette (l'oriental), qui embrassent le magnifique Delta, si fertile et si renommé. Quelques-uns de ses canaux et de ses bras secondaires vont aboutir aux lagunes qui forment la partie extrême de ce Delta. Les inondations périodiques du Nil, causées par les pluies continuelles qui règnent de mars en septembre en Abyssinie et par les vents du nord qui soufflent vers la même époque, sont l'origine de la fertilité de l'Égypte. Le fleuve commence à grossir vers le milieu du mois de juin et atteint sa plus grande crue vers la fin de septembre. Une crue de 20 mètres n'amène qu'une année moyenne, tandis qu'une crue de 26 mètres est le pronostic d'une fertilité extraordinaire et d'une grande abondance, puisque des parties très-élevées de la vallée peuvent alors être inondées et ensemencées. Près d'une centaine de grands canaux et une infinité de canaux de moindre importance répartissent l'eau du fleuve et l'amènent assez loin dans l'intérieur des terres (*voyez* l'article Égypte), et, s'il était permis au pacha, absorbé par d'autres soins, de mettre à exécution le magnifique plan de l'ingénieur français Linant, l'établissement d'un barrage au-dessous du Caire, l'Égypte verrait presque doubler ses terres productives et pourrait, comme dans l'antiquité, nourrir une population de 10 millions. Le Nil décroît lentement, et ce n'est que vers le milieu du mois de mai qu'il atteint son niveau le plus bas pour grossir bientôt de nouveau. L'eau, à l'état ordinaire, est pure, claire et très-bonne; pendant les crues elle prend une couleur verdâtre d'abord, puis une couleur rouge, de la quantité d'argile qu'elle entraîne et dépose sur les champs. Le Delta ou la Basse-Egypte est incontestablement un produit du fleuve, dépôt successif d'alluvions qui empiètent sur la mer, mais qui malheureusement embourbent aussi les bras navigables. Dans l'antiquité il y en avait sept, et aujourd'hui deux à peine permettent aux navires de remonter la vallée; mais déjà le gouvernement s'est mis à l'œuvre, et, en 1820, Mehemet-Ali a fait creuser le canal de Mahmoudich (l'ancien canal de Cléopatre) qui unit le vieux port d'Alexandrie à Foua, sur le Nil; ce canal a 40 milles de long, et 150,000 Arabes ont été employés à sa construction.

NILAKALLA, v. de la Sénégambie, roy. de Konkodou; bâtie dans une contrée montagneuse et sur le Ba-Li ou fleuve du Miel, très-riche en crocodiles et poissons.

NILCOS. *Voyez* Darien (golfe).

NILGHAR, pet. principauté de l'Inde, prov. d'Orissa; est située au S.-E. de Bolassou et traversé par la chaîne de montagnes qui porte le même nom. Le radjah, qui a des revenus considérables, paye tribut aux Anglais; il réside dans la ville de Nilghar.

NILGHAR ou **Neelghur**, chef-lieu de la principauté indienne de ce nom; fait un commerce assez actif avec Balassore, où il envoie du sucre, du miel, du riz et des bois de construction.

NILGHERRY (Monts-, montagnes Bleues), chaîne de montagnes de l'Indostan, qui s'élèvent vers 11° lat., au N. de Coïmbatour, et doivent être regardées comme l'anneau de jonction entre les Gâtes occidentales et les Gâtes orientales. Ses points culminants sont le Mourchourti-Bet, haut de 1376 toises, et l'Outa-Kamound, haut de 1003 toises.

NILLY, ham. de Fr., Jura, com. de Courlaux; 330 hab.

NILOPOLIS, v. de la Moyenne-Égypte, au S.-E. d'Héracleopolis, nomos d'Héracleotes.

NILOUFAR, pet. riv. de l'Anatolie; arrose la ville de Brousse et se jette dans la Nikabitza.

NILUS, g. a., contrée de l'intérieur de l'Arabie.

NILVANGE, vg. de Fr., Moselle, arr. et poste de Briey, cant. d'Audun-le-Roman; 200 hab.

NIMBO, comptoir de l'Afrique danoise, roy. d'Incran, sur les côtes d'Or et des Dents.

NIMBOURG, pet. v. de Bohême, cer. de Bunzlau, sur l'Elbe et la Merlina; brasseries; horticulture; culture de la vigne et des melons; 2500 hab.

NIMÈGUE, *Noviomagum*, v. forte du roy. de Hollande, chef-lieu du district de même nom, prov. de Gueldres; siége d'un tribunal de commerce; elle est située à 25 l. E. de la Haye et occupe cinq collines, dans une contrée agréable, sur la rive gauche de la Waal, que l'on y traverse sur un pont volant. Parmi ses 9 églises on remarque celle de St.-Étienne avec sa tour élancée et son beau carillon. Nimègue possède une belle maison de ville avec une collection d'antiquités romaines; des fabriques de quincaillerie et de produits chimiques, des tanneries et des brasseries. Du côté de la rivière on remarque sur une montagne assez élevée les ruines d'un vieux château appelé la Cour des Faucons, dont on attribue la construction à Charlemagne, et qui a été une résidence des rois francs. Le Kalverbosch est une promenade agréable, et d'un belvédère situé vis-à-vis on a une belle perspective sur les bras du Rhin. Pop. de la ville 13,400 hab., du district 49,500.

Par la paix de Nimègue (1678), entre la Hollande et ses alliés et la France, la Franche-Comté et plusieurs villes des Pays-Bas, furent cédées à Louis XIV.

NIMES, *Nemausus*, gr. v. de Fr., à 180 l. S.-S.-E. de Paris, chef-lieu du dép. du Gard; siége d'une cour royale et d'un tribunal de commerce, d'un évêché érigé dans le cinquième siècle et suffragant de l'archevêché d'Avignon, d'un consistoire réformé, d'une académie universitaire; chef-lieu de la vingt-neuvième conservation forestière; directions des contributions directes et indirectes, de l'enregistrement et des domaines; conservation des hypothèques; résidence d'un ingénieur en chef des ponts-et-chaussées; chambre et bourse de commerce, etc. Cette ville, une des plus remarquables de la France, par son antiquité et les monuments romains qu'elle renferme, est située dans une plaine basse, au pied de collines peu élevées, couvertes çà et là de vignes et couronnées par un grand nombre de moulins à vent. La ville proprement dite n'est qu'un labyrinthe de rues étroites, sales et tortueuses; mais ses trois faubourgs, dont un seul, celui du Cours-Neuf, est plus grand que la ville, présentent des rues larges et droites. Des boulevards bien ombragés, qui ont remplacé les anciens murs et les fossés, offrent une promenade agréable. Parmi les édifices de Nîmes nous mentionnerons d'abord ceux qui appartiennent à l'époque romaine; ce sont les plus nombreux, et, malgré les mutilations et les ignobles réparations que quelques-uns ont souffertes, ce sont encore les plus beaux : l'amphithéâtre ou les Arènes, cirque immense, dont les trente-cinq rangs de gradins pouvaient contenir plus de 20,000 personnes; la Maison-Carrée, temple élégant, chef-d'œuvre de l'architecture antique; les deux portes dites de France et d'Auguste; la Tour-Magne, située sur la plus haute des collines auxquelles la ville est adossée; les ruines du temple de Diane; les bains de la Fontaine; le célèbre et magnifique pont du Gard; monuments ou restes de monuments, tous y excitent encore l'étonnement et l'admiration. La cathédrale, qui renferme le tombeau de Fléchier, est le seul édifice qui représente le moyen âge; elle occupe l'emplacement d'un temple antique. Parmi les monuments modernes il faut citer le palais de justice, la bourse, le jardin de la Fontaine, la salle de spectacle, l'hôpital général et les bâtiments de la maison centrale de détention, qui occupent l'emplacement de la forteresse élevée par Louis XIV, pour assurer l'exécution de ses édits tyranniques contre les protestants. Nîmes possède un collége royal, un séminaire diocésain, un cours d'accouchement, une école normale primaire, un cours de géométrie et de mécanique appliquées aux arts, une école gratuite de dessin, une académie royale du Gard, une société de médecine, une commission des monuments antiques, des archives départementales, une société d'agriculture, un musée d'antiquité, un cabinet d'histoire naturelle et une bibliothèque publique de 14,000 volumes. Cette ville est assez importante sous le rapport industriel et commercial; elle est surtout un grand centre de fabrication pour les soieries; on y fait des soies filées, des taffetas, des gazes, barrèges, fichus en soie, en tulle ou façon cachemire, des châles en bourre de soie, de la bonneterie, des bas et des gants de soie, des rubans; elle a des fabriques de cotonnades, de velours, d'indiennes, d'étoffes de laine; des teintureries, de nombreuses tanneries et des chamoiseries.

Commerce considérable en vins, eaux-de-pie, épicerie, droguerie, essences, grains, soie, cuirs et graines pour le jardinage; le chemin de fer de Nîmes à Beaucaire et un autre, qui doit conduire de Nîmes à Alais, augmentent encore ses relations commerciales déjà très-étendues. Foires: 16, 17, 18 août et 29 septembre; 41,200 hab.

Cette ville est la patrie de plusieurs hommes célèbres de l'antiquité, entre autres de Domitius Afer, maître de Quintilien. Parmi les modernes nous citerons Court de Gebelin, savant du dix-huitième siècle, auteur du

Monde primitif; Jean Nicot, qui introduisit le tabac en France (en 1559); le savant prédicateur réformé Jacques Saurin; Rabaut-Saint-Étienne, membre de l'assemblée constituante et de la convention (1740—1793), et Guizot, aujourd'hui ambassadeur de France à Londres.

Les archéologues ne sont point d'accord sur l'origine de l'antique Nemausus. Les uns en attribuent la fondation aux Ibères; d'autres à des Phocéens venus de Marseille. Avant l'invasion romaine, c'était la capitale des Volces Arécomiques, qui se soumirent aux Romains, en 121 avant J.-C. Auguste y établit une colonie romaine, et Nemausus ne tarda pas à devenir une des plus belles cités de la Gaule romaine. Sous Constantin, elle embrassa le christianisme. Au commencement du cinquième siècle, les Vandales, puis les Visigoths, saccagèrent cette ville et détruisirent ses plus beaux monuments. Dans les siècles suivants, les Francs, les Visigoths, les Normands et les Sarrasins la ravagèrent successivement. Après l'expulsion des Sarrasins, Nîmes fut gouverné par des vicomtes, par les comtes de Toulouse et les rois d'Aragon. Pendant la guerre contre les Albigeois, de nouveaux désastres vinrent fondre sur cette ville, que Jacques d'Aragon céda à saint Louis, en 1258. En 1417, elle fut prise par les Anglais, qui ruinèrent l'amphithéâtre. Plus tard elle eut à souffrir des guerres religieuses et de la révocation de l'édit de Nantes. Elle était loin encore de s'être relevée de tant de secousses violentes, lorsque la révolution française vint arrêter pour quelque temps sa prospérité à peine renaissante. Sous la restauration de 1815, les haines politiques et religieuses ensanglantèrent les rues de Nîmes. Puisse cette horrible réaction avoir été la dernière calamité de cette antique cité.

NIMPHENBOURG, vg. de Bavière, cer. de l'Iser, dist. et à 1 1/4 l. de Munich. Cet endroit, qui s'appelait autrefois Kemnating, doit son nom actuel à un château construit à la fin du dixseptième siècle; il sert aujourd'hui de résidence d'été à la famille royale; plusieurs corps de logis plus ou moins anciens sont entourés de magnifiques jardins ornés de statues, de fontaines et de vastes bassins; le jardin anglais à près de 2 l. de circonférence. Ce village possède en outre deux églises, un institut de demoiselles et une manufacture royale de porcelaines, dont les produits annuels dépassent une valeur de 90,000 francs. 1120 hab.

NIMPTSCH, pet. v. de Prusse, chef-lieu de cercle, prov. de Silésie, rég. de Breslau; sur la Lohe; murée, avec un vieux château, un hôpital et des usines; fabrication de draps et tanneries; 1400 hab.

NINDIRI (volcan). *Voy*. NICARAGUA (état).

NINEANAI (les), peuple de la région de l'Afrique orientale; ils occupent le pays de Bomba. Cette identité de nom, combinée avec la possession que lui assigne M. Douville, paraissent à M. Balbi être des motifs assez forts pour l'engager à regarder ce pays comme identique avec le Mani-emougi, sur lequel les plus célèbres géographes n'ont proposé jusqu'à présent que des doutes et des conjectures. C'est le Mohenemagi de Battel et le pays des Niemiemay de Dapper.

NING-HIA, v. de l'emp. chinois, prov. de Kan-sou, est bâtie sur la rive occidentale du Hoang-ho; est une place d'armes assez considérable. Ses nombreux habitants fabriquent des serges, des tapis, du papier, et exploitent les marais salants du voisinage.

NING-KOUE, v. de Chine, prov. de Nganhoeï, située sur un affluent du Yan-tse-kiang; renferme d'importantes manufactures de papier et a une grande juridiction, qui s'étend sur 3 villes.

NINGO, v. d'Afrique, sur les côtes d'Or et des Dents, dans le pays d'Adampi, où se trouve le fort Friedensbourg, appartenant aux Danois.

NINGOUTA, v. de la Mandchourie, prov. de Ghirin, sur le Hurha-pira; est divisée en deux quartiers, entourés et séparés l'un de l'autre par des palissades. Ningouta est la résidence du gouverneur chargé de surveiller les Yupitases et autres peuplades, qui vivent sur les bords de l'Ussari et de l'Amour, et qui doivent porter dans cette ville le tribut qui leur est imposé.

NING-PHO, v. de Chine, prov. de Tsche-kiang, un des meilleurs ports de la côte orientale de l'empire, est située à l'embouchure d'une petite rivière. Les Portugais la connaissent sous le nom de Liampo; une citadelle et le fort de Tinhaien défendent l'entrée du port, où il règne toujours un grand mouvement et que visitent des bâtiments japonais, qui y échangent du cuivre et de l'argent contre des étoffes de soie. La population de Ning-pho est très-forte.

NING-TOU, v. de Chine, prov. de Kiang-si, située sur un affluent du Kana-kiang, est grande et populeuse.

NING-WOU, v. de Chine, prov. de Chan-si.

NING-YOUAN, v. de Chine, prov. de Sétchouan.

NINIANS (Saint-), pet. v. d'Écosse, comté de Stirling; fabrication de cuirs, d'étoffes de coton et de clous; batailles de 1297, 1314 et 1488 entre les Anglais et les Écossais; 8000 h.

NINIGAN, vg. de Fr., Haute-Garonne, arr. de St.-Gaudens, cant. et poste de Boulogne; 160 hab.

NINIVE. *Voyez* NOUNIA.

NINOVE, v. du roy. de Belgique, prov. de Flandre orientale, arr. d'Oudenarde; sur la rive gauche de la Dender; tisseranderies, savonneries, fabriques de chapeaux; elle possédait autrefois une riche abbaye de prémontrés; 3400 hab. Patrie du fameux grammairien Jean Despautères (van Panteren), né vers 1460 et mort en 1520.

NINUS ou **NINIVE**, g. a., l'ancienne capitale de l'Assyrie, bâtie par Ninus; était située sur le canal Royal, selon d'autres sur le Tigre, dans la prov. de Babylone; elle fut bientôt détruite par Cyaxares, le père d'Astyages. La nouvelle ville de ce nom, située dans la même contrée et sur le bord oriental du Tigre, fut détruite par les Arabes au septième siècle après J.-C. Des vestiges informes de Ninive se trouvent à Mossoul, situé sur l'emplacement de cette célèbre capitale.

NINVILLE, vg. de Fr., Haute-Marne, arr. de Chaumont-en-Bassigny, cant. et poste de Nogent-le-Roi; 260 hab.

NIO ou NIOS, Sos (*Enios* des Turcs), île du roy. de Grèce, du groupe des Cyclades, située entre Naxos et Santorin, sous 23° long. orient. et 36° 44' lat. N. Sa superficie n'atteint pas 1 l. c.; on y compte près de 4000 hab. Cette île est entrecoupée de collines calcaires et de vallées, qui fournissent du blé, des légumes, du vin et principalement du coton, dont on fabrique une grande quantité d'étoffes, de bonnets et de bas; l'éducation du bétail et des abeilles est également assez considérable. C'est dans cette île, selon M. Emerson, qu'Homère expira, en se rendant de Samos à Athènes.

NIO, chef-lieu de l'île du même nom, petit bourg bâti en amphithéâtre sur une colline et sur l'emplacement de l'ancienne Sos; son port est un des plus sûrs de l'Archipel.

NION, ham. de Fr., Saône-et-Loire, com. de St.-Sernin-du-Plain; 170 hab.

NIORT, vg. de Fr., Aude, arr. de Limoux, cant. de Belcaire, poste de Quillan; 640 hab.

NIORT, vg. de Fr., Mayenne, arr. de Mayenne, cant. et poste de Lassay; 2120 h.

NIORT, *Nyrax*, v. de Fr., à 83 l. S.-O. de Paris, chef-lieu du dép. des Deux-Sèvres, siége de tribunaux de première instance et de commerce, d'un consistoire réformé, chef-lieu de la vingt-sixième conservation forestière, directions des contributions directes et indirectes, de l'enregistrement et des domaines, conservation des hypothèques, résidence d'un ingénieur en chef des ponts-et-chaussées, chambre consultative des manufactures, conseil de prud'hommes, etc. Niort est agréablement situé sur le penchant de deux collines et baigné par la Sèvre niortaise qui y est navigable, et y favorise beaucoup le commerce par sa jonction au canal de La Rochelle. Cette ville, environnée de charmantes promenades, s'est beaucoup embellie depuis plusieurs années; la plupart de ses rues sont bien bâties et bien pavées. On y remarque les places St.-Martial et St.-Gelais, deux églises paroissiales, dont l'une la cathédrale, construite par les Anglais, est d'une très-belle architecture gothique; l'ancien palais d'Éléonore d'Aquitaine, actuellement l'hôtel de ville; le vieux château fort, qui sert aujourd'hui de prison et où naquit, en 1635, Françoise d'Aubigné, devenue célèbre sous le nom de duchesse de Maintenon, une jolie galerie vitrée qui porte le nom de *passage du commerce*, la belle fontaine du Vivier, alimentée par un puits artésien, les bains, l'hôpital, de belles casernes, la salle de spectacle et les halles. Niort possède un collége, un athénée des sciences et arts, un cours de droits appliqué au notariat, une école de peinture, une école gratuite de dessin, une société d'agriculture, un jardin botanique, un cours de chimie et de botanique appliquées à l'agriculture, une pépinière départementale et une bibliothèque publique de 20,000 volumes. Les principales branches de l'industrie de Niort sont la ganterie et la chamoiserie; mais on y voit aussi des fabriques de serges, de cotonnades, de toiles, de souliers de pacotille, de la chapellerie, de l'amidon, du papier; la ville renferme en outre des filatures, des teintureries, des tanneries, des distilleries. Les confitures d'angélique qu'on y prépare sont renommées. Commerce de laine, grains, farine de minot, vins, eaux-de-vie, vinaigre, cuirs tannés, peaux de moutons, ganterie, chapellerie, chevaux, mulets, légumes excellents, etc. Dans les environs on exploite des carrières de pierres de grès. Foires : 6 février, 7 mai, 6 octobre et 30 novembre; 18,000 hab.

Cette ville est la patrie du poëte Fontanes qui fut grand-maître de l'université et président du corps législatif. Niort est une ville fort ancienne. Philippe-Auguste s'en empara en 1202. Philippe V (le Long) la donna à son frère Charles au commencement du quatorzième siècle. Peu de temps après, les Anglais s'en rendirent maîtres et la gardèrent pendant 18 ans. Les guerres du temps de la féodalité furent très-désastreuses pour Niort, qui souffrit beaucoup aussi pendant celles de la ligue. Dandelot, frère de l'amiral Coligny, prit cette ville par capitulation et passa au fil de l'épée la garnison de la tour de Magné. Après la bataille de Moncontour, perdue par les protestants, Coligny réunit les débris de son armée à Niort où il laissa une garnison et se retira à La Rochelle; mais à l'approche du duc d'Anjou, Niort capitula. En 1588 un corps de protestants, commandé par d'Aubigny, l'enleva de nouveau; mais une année après l'avénement de Henri IV y rétablit la paix. La réunion des seigneurs protestants à La Rochelle, en 1621, troubla de nouveau la tranquillité de Niort. La présence de Louis XIII à Niort et la prise de La Rochelle en 1628, mit fin à cette période de calamités. Pendant l'insurrection de la Vendée, Niort fut le quartier-général de l'armée républicaine.

NIOST. *Voyez* JEAN-DE-NIOST (Saint-).

NIOZELLES, vg. de Fr., Basses-Alpes, arr., cant. et poste de Forcalquier; 330 hab.

NIPES. *Voyez* CUBA.

NIPHON ou NIFON (*Nippon* ou *Zippon* des Japonais), la plus grande des îles et le centre de l'emp. du Japon; s'étend, en forme d'arc, entre 31° et 41° lat. N., et sépare le Grand Océan de la mer du Japon. Le détroit de Sangar ou de Matsmac baigne la côte septentrionale de Niphon et paraît être une irruption de l'Océan qui, à une époque reculée, a violemment séparé Niphon de l'île de Iesso. Le canal de Corée passe entre la presqu'île de ce nom et la côte S.-O. de Niphon; d'autres canaux séparent au S. et au S.-E. cette île de Kiousiou et de Sikokf. L'intérieur de Niphon, fermé à toutes les nations, n'est connu que par les relations de quelques missionnaires et de quelques rares voyageurs. Une haute chaîne de montagnes traverse toute l'île et montre de loin aux navigateurs ses prés couverts de neige; on y a remarqué plusieurs volcans et l'on cite parmi les plus actifs le Fousinoyama, haut de 3000 mètres, et le Sira-yama, de pareille hauteur. Sur une grande étendue de côtes, les montagnes tombent à pic dans la mer, et les rochers qui hérissent les abords en défendent l'approche aux navires. A l'E. Broughton aperçut une rive plate et sablonneuse, mais derrière l'étroite plage s'élévaient les montagnes et offraient à l'œil le magnifique spectacle de leurs pentes cultivées avec soin. Ce n'est que du côté de Iesso que Niphon doit être tout à fait nu et stérile. Les principaux caps, reconnus et nommés par les navigateurs européens, sont: au N.-E. le cap Nambou; à l'E. les caps Sand-Down, Awa, Kennis et Diun; à l'O. les caps Nitzi, Noto, Nankaba, Gamaley; au N.-O. le cap Sangar. Les principaux enfoncements de l'Océan sont: les golfes de Nambou, de Schandai, de Jeddo, les baies de Totomina, d'Owari, d'Osaka; la mer du Japon forme sur la côte occidentale les baies d'Oki et de Sado; au N. il y a un grand golfe compris entre les caps Sangar et Nambou. Niphon est arrosé par un grand nombre de fleuves et de rivières, dont plusieurs, malgré le peu de longueur de leur cours, sont parfaitement navigables. Nous citerons: le Yodogawa, le Tenriogawa, l'Akakawa, le Tonegawa et l'Ikogawa. Sur le bras occidental de l'Akakawa, le Todagawa, est jeté le fameux pont de Niphon-Bas, qui est adopté comme point de départ pour tous les calculs sur les distances de l'empire. Malgré la nature du sol, les Japonais ont creusé un grand nombre de canaux qui servent, les uns à l'irrigation, les autres à la navigation; le plus important de ces derniers est le canal qui joint le Teuriogawa à la baie de Sado et qui ouvre une communication entre la mer du Japon et le Grand Océan. Au centre de l'île est le grand lac de Birwano-ounu, d'où sort le Yodogawa. Le sol de Niphon est inégal, maigre, pierreux et peu fertile par sa nature; mais l'industrie des Japonais a fait des merveilles; les montagnes, coupées en terrasses, sont cultivées jusqu'à leur sommet; on a couvert de bonne terre les rochers, et, malgré sa grande population, l'île peut suffire à l'alimentation de ses habitants. La partie orientale, élevée, montueuse et froide, est cependant moins productive que la partie occidentale.

Sous le rapport politique et administratif, la grande île de Niphon embrasse le Gokinai, le Tokaido, le Tosando, le Fekourokoudo, le Samindo, le Sanyoio et près de la moitié du Nankaido. Pour les divisions secondaires, nous renvoyons au tableau des divisions administratives de l'emp. du Japon. Les principales villes de l'île sont: Miyaco ou Kio, la capitale religieuse; Jeddo, la capitale du seogoun ou empereur; Osaka, Simonosaki. Les îles et îlots de Sado, d'Oki, de Madsuma et de Fatsisio, situés sur les côtes de Niphon, en sont des dépendances géographiques et politiques.

NIPIJON ou **Nipigan.** *Voyez* Lac-Supérieur.

NIPISSING ou **Nipisangue**, lac considérable du Haut-Canada, au N.-E. du lac Huron, dans lequel il s'écoule par le French-River (rivière des Français).

NIPSAÆ ou **Nipsan**, fl. du duché de Schleswig; se jette dans la mer d'Allemagne, près de Ribe.

NIQUITAO (Paramo de). *Voyez* Zulia (département).

NIRGUA ou **Nirgoa**, **Nirua**, pet. v. de la rép. de Vénézuela, département du même nom, prov. de Carabobo, au pied de la Sierra Vénézuela, dans une plaine fertile, mais malsaine, à 11 l. de Valencia. La ville fut fondée, en 1554, sur les ruines de Palmès, détruite par les Girahiras. Les indigènes continuèrent d'assaillir la nouvelle ville jusqu'en 1560, où elle fut fortifiée et agrandie par François Faxardo. La guerre contre les Girahiras ne se termina qu'en 1628, par l'entière extirpation de ce peuple; mines de cuivre; 4000 hab.

NIRUA. *Voyez* Nirgua.

NISACA, g. a., port de Megara et en même temps l'endroit le plus ancien de la province de même nom, dans la Mégaride, sur le golfe Saronique, réuni à Mégara par un mur. Le château fort portait le même nom que le port qu'il protégeait.

NISAO, fl. de la côte S. de l'île d'Haïti; prend naissance dans les monts Cibao, coule vers le S., en traversant une plaine très-fertile, et se décharge dans la mer des Antilles, entre la pointe Palenque et le Rio-Bani, à 7 l. O. de l'embouchure du Nigua.

NISAO (pointe de), promontoire au S. de l'île d'Haïti, à l'E. de l'embouchure du Nisao.

NISAS, vg. de Fr., Hérault, arr. de Béziers, cant. de Montagnac, poste de Pezénas; 730 hab.

NISCEMI ou **Santa-Maria-di-Niscemi**, v. de la Sicile, intendance de Calatanisetta, sur le Terranova; 6600 hab.

NISCH ou **Nissa**, v. forte de la Turquie d'Europe, eyalet de Rumili, sandschak de Sofia; siége d'un archevêché grec; elle est célèbre par ses eaux thermales; 4000 hab.

NISCHANDSCHI-PASCHA, l'un des faubourgs de Constantinople.

NISHEGOROD ou NISNY-NOWOGOROD, gouv. de la Russie d'Europe; borné par les gouv. de Kostroma au N., de Wietka au N.-O., de Kasan à l'E., de Simbirsk au S.-E., de Pensa au S. et de Wladimir au S.-O. Le pays offre une plaine onduleuse, baignée par la Volga, l'Oka, la Wetluga et la Sura. Le climat est tempéré et le sol très-fertile. Les principales productions sont: du blé, des légumes secs, des fruits, du chanvre, du lin, du bois, du bétail et surtout des chevaux.

NISHEGOROD ou NISNY-NOWOGOROD, v. de la Russie d'Europe, chef-lieu et siége des autorités du gouvernement du même nom, à l'embouchure de l'Oka dans la Volga. Elle se compose d'une forteresse, bâtie sur le sommet d'une montagne; elle renferme la cathédrale et le palais du gouverneur et ceux des autres autorités. La ville est construite sur le penchant de la montagne, jusqu'aux bords de la Volga. Elle renferme un gymnase, un séminaire, une école militaire et une maison de force et de correction. Son industrie consiste en tanneries, distilleries, fonderies de suif, et son commerce porte principalement sur le blé et le sel. Sa foire est une des plus importantes de l'empire; 21,800 hab.

NISI, b. de la Grèce, nomos de Messénie, eptarchie de Méthone; dans une contrée très-riche en grains et en vin, qui passe pour le meilleur de la presqu'île.

NISIBIS. *Voyez* NISSIBIN.

NISNIJ-KOLIMSKOI, forteresse de la Russie d'Asie, gouv. d'Irkoutsk.

NISSA. *Voyez* NISCH.

NISSAN, b. de Fr., Hérault, arr. et poste de Béziers, cant. de Capestang; 1540 hab.

NISSAVA (la), affluent de la Morawa orientale; vient de la Bulgarie et arrose Nissa.

NISSIBIN, v. de la Turquie d'Asie, pachalik de Bagdad, chef-lieu du sandschak de même nom; est une misérable petite ville qui ne compte qu'un millier d'habitants, Kurdes et Arabes. Dans son voisinage et sur la rivière Mygdonius sont les ruines et une partie des murailles de l'ancienne Nisibis, jadis la place la plus importante de la Mésopotamie et qui joua un grand rôle dans l'histoire des guerres entre les Romains et les peuples de l'Asie occidentale.

NISSIVO, v. du Japon, prov. de Mikawa, dans le Tokaido.

NISSOU-MATS, v. du Japon, prov. de Mouts, dans le Tosando.

NISZNIJ-DEWISK, pet. v. de la Russie d'Europe, gouv. de Woronesz.

NITALIS ou NITAZI, NITAZO, g. a., v. de la Galatie, sur la route de Constantinople à Antioche, dans le voisinage de Colonia Archeloida.

NITHÉROHY. *Voyez* RIO-JANEIRO (baie).

NITIOBRIGES, g. a., peuple celte qui s'établit dans l'Aquitaine, sur les bords de la Garonne; leur capitale était Nitiobrigum ou Agennum (Agen).

NITRY, vg. de Fr., Yonne, arr. de Tonnerre, cant. et poste de Noyers; 940 hab.

NITTANY, chaîne de montagnes des États-Unis de l'Amérique du Nord, état de Pensylvanie; elle suit le cours de la Tioga dans une direction S.-O., s'étend entre les deux bras du Susquéhannah et se prolonge, en différents groupes, au S. de la Juniata jusque dans l'état de Maryland, où elle prend les noms de Shade-, Tussey-, Jack-, Sideling-, Alléguppy-, Warrion-, Builts- et Wills-Mountains.

NITTING, vg. de Fr., Meurthe, arr. de Sarrebourg, cant. et poste de Lorquin; 400 hab.

NIVA ou NEIFF, pet. v. de Tyrol, cer. de Roveredo, dans une position délicieuse, sur le lac de Gard, avec un superbe pèlerinage; entrepôt du commerce de blé entre l'Italie et l'Allemagne; bon port et navigation sur le lac; fabrication d'ouvrages en fer et de guimbardes, près d'un million par an; dans le voisinage on trouve de belles meulières; 3000 hab.

NIVE (la), riv. de Fr., a sa source dans le dép. des Basses-Pyrénées; elle descend des montagnes qui ferment au N.-E. la célèbre vallée de Roncevaux, passe à St.-Jean-Pied-de-Port et à Ustaritz, et se jette dans l'Adour, à Bayonne, après 18 l. de cours.

NIVELLE (la), pet. riv. de Fr., a sa source en Espagne, sur le versant des Pyrénées, dans la prov. de Pampelune; elle coule vers le N.-O., arrose l'extrémité S.-O. du dép. des Basses-Pyrénées et se jette dans le golfe de Gascogne, à St.-Jean-de-Luz, après 10 l.

NIVELLE, *Niella*, v. du roy. de Belgique, chef-lieu de l'arrondissement de même nom, prov. de Brabant méridional; située sur la Thiene, à 6 1/2 l. S. de Bruxelles. Cette ville est bien bâtie, avec 6 portes et 3 faubourgs; elle possède un hôpital et des fabriques de toiles, de batiste et de dentelles; la culture du chanvre, du lin et du houblon y sont florissantes. Pop. de la ville 7100 hab. et du district 87,600.

NIVELLE (la), ham. de Fr., Loiret, com. de Meung-sur-Loire; 350 hab.

NIVELLE, vg. de Fr., Nord, arr. de Valenciennes, cant. et poste de St.-Amand-les-Eaux; 1420 hab.

NIVERNAIS (le), ancienne prov. de Fr.; était bornée au N. par l'Orléanais, au N.-E. et à l'E. par la Bourgogne, au S. par le Bourbonnais et à l'O. par le Berri. Le territoire du Nivernais, du temps de César, était habité par plusieurs peuplades gauloises, tributaires des Eduens. Après la chute de l'empire romain, auquel ces peuples s'étaient soumis, cette contrée passa sous la domination des Bourguignons, puis sous celle des Francs. Elle eut des comtes particuliers depuis le milieu du neuvième siècle. Ce comté entra, par succession et par mariage, dans diverses maisons princières. Au quinzième siècle il appartenait à la maison de Clèves. En 1538, François Ier érigea cette seigneurie en duché-pairie, en faveur de François de Clèves. Henriette de Clèves porta le duché de Nevers en dot à Louis de Gonzague. Charles de Gonzague le vendit en 1659 au cardinal Mazarin, qui le légua à son neveu Philippe-Julien Mancini. Le petit-fils de ce dernier, Louis-Jules Mancini fut le dernier duc du Nivernais, en 1789. Cette province fut celle de France qui conserva la dernière et jusqu'à la révolution ses institutions exceptionnelles, ses juridictions féodales et ses justices seigneuriales. Depuis 1790, le Nivernais forme le dép. de la Nièvre.

NIVERNAIS (canal du), Fr., dép. de l'Yonne et de la Nièvre. Établit une jonction entre la Loire, le canal de Bourgogne et la Seine par l'Yonne. Son principal but est le transport du bois de chauffage et du charbon des monts du Morvan, pour l'approvisionnement de Paris; et c'est pour le remplir que les premiers projets, dont l'exécution a été commencée en 1784, reprise en 1807 et suspendue en 1812, se réduisaient à perfectionner le lit de l'Aron, entre Decize et Châtillon, à creuser un canal entre cette ville et l'étang de Baye, et à continuer cette ligne par un canal de flottage artificiel jusqu'au ruisseau de Colancelle. La tranchée n'était alors à ouvrir que sur 3 1/2 l.

Le canal, exécuté en vertu de la loi du 14 août 1822, a reçu plus de développement. La ligne commence à Auxerre dans le lit de l'Yonne, devient latérale à cette rivière sur plusieurs points et coupe sur d'autres ses sinuosités. Elle passe ainsi à Cravant, Coulanges et Clamecy, quitte l'Yonne à 3 l. de Corbigny et arrive à son bief de partage, qui s'étend depuis le fort Brûlé jusqu'à Baye, en traversant la montagne de Colancelle par un souterrain maçonné de 685 mètres de long, 7 mètres 15 centimètres d'ouverture et 3 mètres 90 centimètres de haut, ayant 2 banquettes de halage de 65 centimètres. Le bief de partage est alimenté par une rigole de 7 l., dérivée de l'Yonne, à Pannetière et par plusieurs étangs. Depuis Baye le canal devient latéral à la rive droite de l'Aron, passe près de Châtillon, coupe la petite rivière de Canne à Cercy-la-Tour et se verse dans la Loire, à Decize, où il correspond par un petit chenal avec le canal latéral à la Loire

Son développement total est de 39 3/4 l. La pente sur l'Yonne est de 165 mètres 77 centimètres et se trouve rachetée par 79 écluses. Le versant sur la Loire a une pente de 74 mètres 31 centimètres, qui est rachetée par 32 écluses. Les écluses ont 33 mètres de longueur sur 5 mètres 20 centimètres de largeur.

NIVERNOIS (baie). *Voyez* ONTARIO (lac).

NIVIANO, b. du duché de Parme, dist. de Piacenza, sur la Trébia.

NIVILLAC, vg. de Fr., Morbihan, arr. de Vannes, cant. et poste de la Roche-Bernard; 2700 hab.

NIVILLERS, vg. de Fr., Oise, arr., à 2 l. E.-N.-E. et poste de Beauvais, chef-lieu de canton; 240 hab.

NIVOLAS, vg. de Fr., Isère, com. de Sérézin; fabr. de papier; 360 hab.

NIWNITZ, b. de la Moravie autrichienne, cer. de Hradisch; 1500 hab.

NIXDORF, pet. v. de Bohême, cer. de Leitmeritz; florissante par ses fabriques de toiles et de bas; 4000 hab.

NIXÉVILLE, vg. de Fr., Meuse, arr. et poste de Verdun, cant. de Souilly; 450 hab.

NIXONTON. *Voyez* PASQUOTANK (comté).

NIZA, pet. v. du Portugal, prov. d'Alentejo, dist. de Portalégré; 2700 hab.

NIZAMPATAM, v. de l'Inde anglaise, présidence de Madras, prov. des Circars du Nord; est située sur la rivière qui porte le même nom, a un port assez animé; ses habitants sont commerçants, caboteurs et pêcheurs.

NIZAN, vg. de Fr., Haute-Garonne, arr. de St.-Gaudens, cant. et poste de Boulogne; 390 hab.

NIZAN (le), vg. de Fr., Gironde, arr., cant. et poste de Bazas; 610 hab.

NIZAS, vg. de Fr., Gers, arr. et poste de Lombez, cant. de Samatan; 250 hab.

NIZEROLLES, vg. de Fr., Allier, arr. de la Palisse, cant. et poste de Mayet-de-Montagne; 730 hab.

NIZIER (Saint-), vg. de Fr., Loire, arr. de Roanne, cant. et poste de Charlieu; 1140 hab.

NIZIER-D'AZERGUES (Saint-), vg. de Fr., Rhône, arr. et à 5 l. N.-O. de Villefranche-sur-Saône, chef-lieu de canton, poste de Beaujeu; 1300 hab.

NIZIER-DE-FORNAS (Saint-), vg. de Fr., Loire, arr. de Montbrison, cant. et poste de St.-Bonnet-le-Château; 1170 hab.

NIZIER-DE-PARISET (Saint-), ham. de Fr., Isère, com. de Pariset; 250 hab.

NIZIER-D'URIAGE (Saint-), ham. de Fr., Isère, com. de St.-Martin-d'Uriage; 250 h.

NIZIER-LE-BOUCHOUX (Saint-), vg. de Fr., Ain, arr. de Bourg-en-Bresse, cant. et poste de St.-Trivier-de-Courtes; 1540 hab.

NIZIER-LE-DÉSERT (Saint-), vg. de Fr., Ain, arr. de Trévoux, cant. de Chalamont, poste de Meximieux; 480 hab.

NIZIER-SUR-CHARMOY (Saint-), vg. de Fr., Saône-et-Loire, arr. d'Autun, cant. et poste de Montcenis; 500 hab.

NIZIER-SUR-ARROUX (Saint-), vg. de Fr., Saône-et-Loire, arr. d'Autun, cant. de Mesvres, poste de Toulon-sur-Arroux; 210 h.

NIZIO, v. du Japon, prov. de Yamasiro, dans le Gokinai.

NIZNIOW, b. de Gallicie, cer. de Stanislawow, sur le Dniester; fabr. de pierres à feu.

NIZON, vg. de Fr., Finistère, arr. et poste

de Quimperlé, cant. de Pont-Aven; 1120 h.

NIZY, vg. de Fr., Aisne, arr. de Laon, cant. de Sissonne, poste de Montcornet; 370 hab.

NIZZA-DELLA-PAGLIA, v. murée du Piémont, prov. d'Acqui, à l'embouchure du Belbo et de la Nizza; filat. de soie; dans les environs on récolte de bon vin; 5000 hab.

NOAILLAC, ham. de Fr., Aveyron, com. de St.-Cyprien; 100 hab.

NOAILLAC, vg. de Fr., Corrèze, arr. de Brives, cant. et poste de Meyssac; 1010 h.

NOAILLAC, vg. de Fr., Gironde, arr., cant. et poste de la Réole; 470 hab.

NOAILLAC, ham. de Fr., Lot-et-Garonne, com. de Penne; 100 hab.

NOAILLAN, ham. de Fr., Gers, com. de Clermont-Pouyguillés; 180 hab.

NOAILLAN, vg. de Fr., Gironde, arr. de Bazas, cant. et poste de Villandraut; 2490 h.

NOAILLE (la), Gironde. *Voyez* Hilaire-la-Noaille (Saint-).

NOAILLE, ham. de Fr., Haute-Vienne, com. de Bersac; 180 hab.

NOAILLES, b. de Fr., situé sur le ruisseau de Silly, Oise, arr. et à 3 l. S.-S.-E. de Beauvais, chef-lieu de canton et poste; 940 hab.

NOAILLES, vg. de Fr., Tarn, arr. de Gaillac, cant. et poste de Cordes; 570 hab.

NOAILLES, vg. de Fr., Corrèze, arr., cant., à 1 l. S. et poste de Brives. On y voit un beau château, jadis siége d'un duché-pairie, érigé en 1663, en faveur d'Anne de Noailles, premier capitaine des gardes de Louis XIV. Cette belle propriété est restée aux descendants du duc de Noailles. Le comte de Noailles, ancien député et ministre d'état, a fondé dans cette commune des établissements d'instruction, de travail et de bienfaisance; 940 hab.

NOAILLY, vg. de Fr., Loire, arr. de Roanne, cant. de St.-Haon-le-Châtel, poste de St.-Germain-Lespinasse; 1090 hab.

NOALE, b. de Lombardie, gouv. de Venise, délégation de Padoue; renferme une belle place de marché, plusieurs églises et quelques beaux palais; fabr. de cuirs, de carrosses et de chapeaux; 3000 hab.

NOALHAC, vg. de Fr., Lozère, arr. de Marvejols, cant. de Fournels, poste de St.-Chely; 330 hab.

NOALHAT, vg. de Fr., Puy-de-Dôme, arr. de Thiers, cant. et poste de Châteldon; 330 hab.

NOARA, pet. v. de la Sicile, intendance de Messine, sur le Patti.

NOARDS, vg. de Fr., Eure, arr. de Pont-Audemer, cant. de St.-Georges-du-Vièvre, poste de Lieurey; 340 hab.

NOARRIN, ham. de Fr., Basses-Pyrénées, com. de Castetis; 180 hab.

NO-AUX-BOIS, ham. de Fr., Nord, com. de Bruille-St.-Amand; 800 hab.

NOAWANAGAR ou Noanagur, pet. principauté de l'Inde, prov. de Guzerate. Son radjah est le plus puissant des petits chefs de Guzerate, mais a été obligé par les Anglais de payer au quikowar de Baroda un tribut annuel de 95,000 roupies. Son état est divisé dans les 4 dist. de Nuggur, Kambalia, Sutchana et Jooria. Il réside à Noawanagar.

NOAWANAGAR ou Noanagur, chef-lieu de la principauté du même nom, dans le Guzerate; est situé sur la riv. de Nagne, à peu de distance du golfe de Cutch. Ses habitants fabriquent des étoffes de coton et se livrent dans le golfe à la pêche des perles; mais les produits de cette pêche sont d'une qualité inférieure.

NOB ou Noba, Nobe, Nombu, g. a., v. de la tribu de Benjamin.

NOBI-OKA, v. du Japon, prov. de Fiouga, dans le Saikaido.

NOBLEBOROUGH, b. des États-Unis de l'Amérique du Nord, état du Maine, comté de Lincoln; 2200 hab.

NOBLENS, ham. de Fr., Ain, com. de Villéreversure; 230 hab.

NOCARIO, vg. de Fr., Corse, arr. et poste de Corte, cant. de Piedicroce; 470 hab.

NOCÉ, vg. de Fr., Orne, arr. et à 5 l. S.-S.-E. de Mortagne-sur-Huine, chef-lieu de canton, poste de Bellesme; 1380 hab.

NOCERA ou Nocera-de-Pagani, *Nuceria*, v. épiscopale du roy. de Naples, prov. de la Principauté citérieure, au pied d'une colline, baignée par le Sarno; on y admire sa belle église de Santa-Maria-Maggiore, ressemblant au Panthéon de Rome et une des plus anciennes de l'Italie. Patrie du peintre Solimena; 7000 hab.

NOCERA, pet. v. épiscopale des états de l'Église, délégation de Pérouse, au pied de l'Apennin; importante par sa grande fabrication d'ouvrages en bois et par ses bains thermaux; 2000 hab.

NOCERA, pet. v. du roy. de Naples, prov. de la Calabre citérieure, à l'embouchure de la Rivale, dans la mer Tyrrhénienne; 3000 h.

NOCETA, vg. de Fr., Corse, arr. de Corte, cant. et poste de Vezzani; 450 hab.

NOCHES. *Voyez* Sabine (lac).

NOCHETI, g. a., peuple de l'Arabie Heureuse, sur le golfe Persique.

NOCHITZLAN, b. de la confédération mexicaine, état d'Oaxaca, au N.-O. de la ville de même nom; il est chef-lieu d'un district et renferme un couvent de dominicains et des fabriques de toiles de coton; 1900 hab.

NOCHIZE, vg. de Fr., Saône-et-Loire, arr. de Charolles, cant. et poste de Paray-le-Monial; 190 hab.

NOCLE (la), vg. de Fr., Nièvre, arr. de Nevers, cant. et poste de Fours; 830 hab.

NOCQ, vg. de Fr., Allier, arr. et poste de Montluçon, cant. d'Huriel; 710 hab.

NODEL. *Voyez* Nothalten.

NODES, ham. de Fr., Charente-Inférieure, com. de Marennes; 140 hab.

NODS, vg. de Fr., Doubs, arr. de Baume-les-Dames, cant. de Vercel, poste du Valdahon; 710 hab.

NOD-SUR-SEINE, vg. de Fr., Côte-d'Or, arr. de Dijon, cant. et poste de Châtillon-sur-Seine; usines à fer; 400 hab.

NODWAY, fl. considérable, mais peu connu de la côte O. du Labrador; débouche dans la baie de James (mer d'Hudson).

NOÉ, b. de Fr., Haute-Garonne, arr. de Muret, cant. de Carbonne, poste; 840 hab.

NOÉ, vg. de Fr., Yonne, arr. et cant. de Sens, poste de Cérisiers; 360 hab.

NOÉ-JEUNE (la), ham. de Fr., Côtes-du-Nord, com. de Hénon; 200 hab.

NOËL (baie et île de). *Voyez* Christmas.

NOËL (îles de), groupe isolé de la Polynésie ou Océanie orientale, sous 1° 58′ lat. N. et 160° 3′ long. occ. Balbi le comprend dans ses Sporades boréales. Il fut découvert par Cook en 1778. Ce groupe, qui paraît s'être formé sur un banc de corail, n'avait alors qu'une faible végétation. Le navigateur anglais n'y trouva point d'autres quadrupèdes que le rat; mais une grande quantité d'oiseaux aquatiques, une espèce de moineaux, de petits lézards et beaucoup de tortues. Cook y fit semer des graines de cocotier, d'igname et de melon.

NOËL-CERNEUX, vg. de Fr., Doubs, arr. de Montbéliard, cant. et poste de Russey; 230 hab.

NOÉ-LES-MALLETS, vg. de Fr., Aube, arr. et poste de Bar-sur-Seine, cant. d'Essoyes; 480 hab.

NŒLLET, vg. de Fr., Maine-et-Loire, arr. de Segré, cant. et poste de Pouancé; 800 hab.

NOËL-SAINT-MARTIN, ham. de Fr., Oise, com. de Villeneuve-sur-Verberie; fabr. de sucre indigène; 80 hab.

NOËL-SAINT-REMY. *Voyez* Roberval.

NOÉ-POULAIN (la), vg. de Fr., Eure, arr. de Pont-Audemer, cant. de St.-Georges-du-Vièvre, poste de Lieurey; 400 hab.

NŒRDLINGEN, *Nerolingua*, v. de Bavière, chef-lieu de district, cer. de la Rézat, située sur l'Eger, à 16 l. d'Ansbach. Cette ville est ancienne, mal bâtie et ceinte de murailles flanquées de tours. Parmi ses quatre églises, dont une catholique, on remarque la belle cathédrale gothique avec une tour de 115 mètres de hauteur; elle renferme des monuments curieux du moyen âge, des tableaux du célèbre Albrecht Durer (mort en 1528) et des deux maîtres MM. Haak et J. Scheuffelin, nés dans cette ville. Nœrdlingen possède une maison commune où l'on voit une belle peinture à fresque représentant le siége de Béthulie; un hôpital, une maison d'orphelins, des fabriques de maroquin, de colle et d'étoffes de laine; des tisseranderies et des blanchisseries. Dans les environs on engraisse beaucoup d'oies qui deviennent un article de commerce. Population de la ville 6200 hab. et du district 10,000, sur 5 milles c.

Cette ancienne ville libre impériale eut beaucoup à souffrir pendant les guerres intestines des quinzième et seizième siècles. Le 6 septembre 1634, les Suédois essuyèrent à Nœrdlingen le premier échec sur le territoire allemand. Le duc Bernard de Weimar voulut, malgré l'avis contraire du général suédois Horn, secourir la ville assiégée par l'archiduc Ferdinand d'Autriche. Les Suédois, trop peu nombreux, furent complétement battus et Horn lui-même tomba entre les mains des Bavarois.

NŒRRE-SUNDBYE, b. du Danemark, diocèse et bge d'Alborg; on y fabrique une grande quantité d'eau-de-vie.

NŒRS, ham. de Fr., Moselle, com. de Longuyon; 160 hab.

NŒRTHEN, b. du roy. de Hanovre, gouv. de Hildesheim, sur la Leine, avec un ancien couvent, et dans la proximité les ruines de l'ancien château de Hardenberg et le nouveau château de Hardenberg, avec un jardin anglais. C'est la patrie du chimiste Westrumb; 1000 hab.

NŒS (les), vg. de Fr., Aube, arr., cant. et poste de Troyes; 280 hab.

NŒS (les), vg. de Fr., Loire, arr. de Roanne, cant. de St.-Haon-le-Châtel, poste de St.-Germain-Lespinasse; 620 hab.

NŒUX, vg. de Fr., Pas-de-Calais, arr. et poste de Béthune, cant. d'Houdain; 910 hab.

NŒUX, vg. de Fr., Pas-de-Calais, arr. de St.-Pol-sur-Ternoise, cant. et poste d'Auxy-le-Château; 400 hab.

NŒVRE, paroisse de Danemark, diocèse de l'île de Seeland, bge de l'île de Bornholm; 4000 hab.

NOGAISK (le désert de), dans la Russie d'Europe, gouv. de Tauride; il est borné au N.-O. par le Dnieper, au N. par Kouskie-Wody, à l'E. par la Breda, au S.-O. par la mer d'Azow, à l'O. par la mer Noire. Au S. il s'unit à la presqu'île de Tauride par l'isthme de Perekop. Son sol entièrement plat est dépourvu de toute végétation.

NOGAISK ou Obitoshney, pet. v. de la Russie d'Europe, gouv. de Tauride, sur l'Obitoshney.

NOGARDEL, ham. de Fr., Lozère, com. de St.-Pierre-de-Nogaret; 120 hab.

NOGARÈDE, ham. de Fr., Haute-Garonne, com. de Canens; 100 hab.

NOGARET, vg. de Fr., Haute-Garonne, arr. de Villefranche-de-Lauragais, cant. et poste de Revel; 270 hab.

NOGARO, pet. v. de Fr., Gers, arr., à 10 l. S.-O. de Condom et à 206 l. S. de Paris, chef-lieu de canton et poste; elle est agréablement située près de la rive gauche du Midou, propre et bien bâtie. Dans les environs on exploite des mines de houille; 2008 hab.

Cette petite ville, fondée au onzième siècle, par un évêque d'Auch, fut pendant quelque temps le séjour des comtes d'Armagnac. Il s'y tint en 1290 un concile, où l'on délibéra si l'on devait accorder un confesseur aux criminels.

NOGEMONT, ham. de Fr., Aisne, com. de Plomion; 190 hab.

NOGENT, ham. de Fr., Corrèze, com. de Marcillac-la-Croisille; 100 hab.

NOGENT, ham. de Fr., Marne, com. de Sermiers; 220 hab.

NOGENT, ham. de Fr., Seine-et-Oise, com. de l'Isle-Adam; 600 hab.

NOGENTEL, vg. de Fr., Aisne, arr., cant. et poste de Château-Thierry; 480 hab.

NOGENT-EN-OTHE, vg. de Fr., Aube, arr. de Troyes, cant. d'Aix-en-Othe, poste de St.-Mards-en-Othe; 210 hab.

NOGENT-L'ABBESSE, vg. de Fr., Marne, arr., cant. et poste de Reims; 610 hab.

NOGENT-L'ARTAUD, b. de Fr., Aisne, arr. de Château-Thierry, cant. et poste de Charly; commerce de bois; 1210 hab.

NOGENT-LE-BERNARD, vg. de Fr., Sarthe, arr. de Mamers, cant. de Bonnétable, poste de St.-Cosme; fabrication de toiles; 3020 h.

NOGENT-LE-PHAYE, vg. de Fr., Eure-et-Loire, arr., cant. et poste de Chartres; 810 h.

NOGENT-LE-ROI, pet. v. de Fr., Eure-et-Loir, arr., à 4 l. S.-E. de Dreux et à 20 l. O.-S.-O. de Paris, chef-lieu de canton et poste; située dans une jolie vallée, sur la rive gauche de l'Eure, près de la route de Paris à Nantes; c'est une petite ville assez agréable et commerçante. Les productions du territoire fertile qui l'environne, la laine, la draperie, la mercerie et les bestiaux, sont les principaux articles de son commerce. Les oignons que l'on cultive dans ce canton sont renommés; 1320 hab.

Nogent était jadis une châtellenie qui appartint à la maison royale jusque vers le milieu du quinzième siècle. Philippe VI de Valois y mourut en 1350; c'est alors que la ville prit le nom de Nogent-le-Roi. Charles VII la donna à Pierre de Brezé en 1444. Elle passa plus tard à Richelieu qui l'érigea en comté et la donna à son bouffon. Le château fort qui défendait la ville, devint pour elle pendant les guerres politiques et religieuses une source de calamités. Elle fut plusieurs fois prise et reprise par les Anglais et les Français sous Charles VII; plus tard par les ligueurs et les Huguenots, et chaque fois les vainqueurs, quels qu'ils fussent, lui apportaient le massacre et l'incendie.

NOGENT-LE-ROI ou NOGENT-HAUTE-MARNE, pet. v. de Fr., Haute-Marne, arr., à 4 l. S.-E. de Chaumont-en-Bassigny et à 67 l. de Paris, chef-lieu de canton et poste. Cette petite ville, située sur la rive droite de la Treire, est le centre de la fabrication de la coutellerie dite de Langres. Commerce de céréales et de fourrages; 2800 hab.

NOGENT-LE-ROTROU (*Noviodunum Diablintum*), v. de Fr., Eure-et-Loir, à 14 l. O.-S.-O. de Chartres et 38 l. S.-O. de Paris, chef-lieu d'arrondissement; siége d'un tribunal de première instance, direction des contributions indirectes, conservation des hypothèques et chambre des manufactures. Cette ville, située dans une belle vallée, sur l'Huisne, ne se compose que de quatre rues, dont la principale a près d'une demi-lieue de long; elles forment ensemble les côtés d'un long espace carré couvert de prairies. L'église, l'hôpital, fondé par Sully, dont on y voit le tombeau, et une cascade formée par les eaux de l'Arcisse, qui alimente plusieurs moulins, y sont les objets les plus remarquables. Sur une colline haute et rapide, qui domine la ville, s'élèvent les restes encore imposants d'un immense château fort, qui joua un rôle important dans la guerre des Anglais sous Charles VII. Nogent possède un collége et une petite bibliothèque publique. Fabrication de droguets, étamines, serges, toiles, amidon, tanneries, bonneteries, filature, commerce de chanvre, laines, fourrages, beurre, bestiaux, charbon, écrevisses, etc. Foires: 7 mai, 25 juin, 13 septembre et premier mardi de carême; 6861 hab.

Patrie de Remi-Bellau, poëte estimé du seizième siècle.

Cette ville, ancienne capitale du Perche, s'appelait dans l'origine Nogent-le-Châtel et s'élevait alors sur la colline où se trouve l'ancien château. Elle fut détruite par les Normands; vers la fin du onzième siècle, le comte du Perche, Rotrou Ier, l'ayant fait reconstruire au pied de la colline, elle prit alors le nom de Nogent-le-Rotrou. Les Anglais s'en emparèrent, en 1428; mais les Français la reprirent bientôt après. Cette seigneurie, érigée en duché-pairie, fut donnée par Henri IV à Sully, qui la transmit à ses descendants.

NOGENT-LE-SEC, vg. de Fr., Eure, arr. d'Évreux, cant. et poste de Conches; 390 h.

NOGENT-LES-MONTBARD, vg. de Fr., Côte-d'Or, arr. de Sémur, cant. et poste de Montbard; 220 hab.

NOGENT-LES-VIERGES, vg. de Fr., Oise, arr. de Senlis, cant. et poste de Creil; fabrication de papier et d'amidon; 737 hab.

NOGENT-SUR-AUBE, vg. de Fr., Aube, arr. d'Arcis-sur-Aube, cant. et poste de Ramerupt; éducation des abeilles; commerce de vins; 640 hab.

NOGENT-SUR-EURE, vg. de Fr., Eure-et-Loir, arr. de Chartres, cant. d'Illiers, poste de St.-Loup; 420 hab.

NOGENT-SUR-LOIR, vg. de Fr., Sarthe, arr. de St.-Calais, cant. et poste de Château-du Loir; 590 hab.

NOGENT-SUR-MARNE, b. de Fr., Seine, arr. de Sceaux, cant. de Charenton-le-Pont, poste; nombreuses maisons de plaisance; fabrication de produits chimiques; on remarque au port de Nogent une machine à vapeur, qui élève l'eau de la Marne dans un bassin construit à Fontenay, d'où elle se répand, filtrée et clarifiée, à Vincennes, Montreuil, Fontenay et Nogent.

NOGENT-SUR-SEINE, v. de Fr., Aube, à 14 l.

N.-O. de Troyes et à 26 l. E. de Paris; chef-lieu d'arrondissement, siége d'un tribunal de commerce et conservation des hypothèques. Cette petite ville, avantageusement située sur la rive gauche de la Seine, a pris depuis vingt ans une forme toute moderne. L'invasion de 1814 y avait causé de terribles désastres: l'hôtel de ville et un grand nombre de maisons, criblés par les boulets de l'ennemi, n'offraient plus que des monceaux de décombres; l'armée française avait été forcée de détruire les beaux ponts de Nogent; tout était en ruines; mais Nogent a réparé ses désastres; ses ruines ont disparu et son nom restera attaché au glorieux souvenir d'une victoire. Grâce à l'activité de ses industrieux habitants, c'est aujourd'hui une ville toute neuve, bien bâtie et bien percée. On y remarque une petite salle de spectacle, un abattoir public, des bains, un superbe moulin à farine et de jolies promenades. Nogent a un petit port très-animé sur la Seine; il s'y fait des expéditions considérables de bois, de charbon, de grains et de vin pour Paris. Fabrication de bonneterie, d'étoffes de coton et de serges; commerce de grains, vins, bois, chanvre, laine, etc. Foires: 25 mars, 11 juin et 11 août, chacune de trois jours; 3355 hab.

Cette ville est fort ancienne; au neuvième siècle elle appartenait à l'abbaye de St.-Denis. Les moines de cette abbaye la vendirent à la couronne. A la mort de Charles VI, en 1422, Nogent était compris dans le douaire de la reine Isabeau de Bavière. Ce domaine retourna plus tard à la couronne, qui le céda par échange à la maison de Chavigny. Celle-ci le vendit à la maison de Noailles, qui le posséda jusqu'au milieu du dix-huitième siècle.

NOGENT-SUR-VERNISSON, b. de Fr., Loiret, arr., à 4 l. S. de Montargis et à 32 l. de Paris, cant. de Chatillon-sur-Loing, poste. Commerce de bois et de charbon; 1000 hab. On remarque, à une lieue de ce bourg, dans l'enclos du château de Chenevière, les restes d'un amphithéâtre romain.

NOGNA, vg. de Fr., Jura, arr. de Lons-le-Saulnier, cant. de Conliége, poste de Clairveaux; 620 hab.

NOGNES, ham. de Fr., Haute-Garonne, com. de St.-Marcel; 100 hab.

NOGUÈRES, vg. de Fr., Basses-Pyrénées, arr. d'Orthez, cant. de Lagor, poste de Lacq; 200 hab.

NOGUEYRA, jolie pet. v. de l'emp. du Brésil, prov. de Para, comarque de Rio-Négro, sur le Rio-Teffé, en face de Villa-Ega et dans une contrée charmante abondant en productions de toute espèce. Cet endroit fut fondé par les Carmélites, sur la rive droite du Solimoès; plus tard il fut transféré plus vers l'E. et ce n'est que depuis 1753 qu'il occupe son emplacement actuel. Un canal naturel, nommé Urana, joint, peu au-dessous de cet endroit, le Rio-Teffe au Rio-Jurua; 3000 hab.

NOH ou **NHO**, v. de l'Inde anglaise, présidence de Calcutta, prov. d'Agra, dist. d'Alighar; est bâtie non loin de la Djamma et célèbre par ses salines, qui fournissent tous les ans plus de 80,000 quintaux métriques d'un sel connu dans le commerce sous le nom de Salumbah.

NOHAN, ham. de Fr., Ardennes, com. de Thilay; 330 hab.

NOHAN-EN-GOUT, vg. de Fr., Cher, arr. et poste de Bourges, cant. de Brugy; 170 h.

NOHAN-EN-GRAÇAY, vg. de Fr., Cher, arr. de Bourges, cant. de Graçay, poste de Vatan; 490 hab.

NOHANENT, vg. de Fr., Puy-de-Dôme, arr., cant. et poste de Clermont-Ferrand; 1230 hab.

NOHANT-VIC, vg. de Fr., Indre, arr., cant. et poste de la Châtre; 980 hab.

NOHEDAS, vg. de Fr., Pyrénées-Orientales, arr., cant. et poste de Prades; 360 hab.

NOHIC, vg. de Fr., Tarn-et-Garonne, arr. de Castel-Sarrazin, cant. de Grisolles, poste de Fronton; 410 hab.

NOIC, ham. de Fr., Haute-Garonne, com. de Bellegarde; 130 hab.

NOIDAN, vg. de Fr., Côte-d'Or, arr. de Sémur, cant. de Précy-sous-Thil, poste de la Maison-Neuve; 420 hab.

NOIDANS-LE-FERROUX, vg. de Fr., Haute-Saône, arr. de Vesoul, cant. de Secy-sur-Saône, poste de Traves; 870 hab.

NOIDANS-LES-VESOUL, vg. de Fr., Haute-Saône, arr., cant. et poste de Vesoul; 640 h.

NOIDANT-CHATENOY, vg. de Fr., Haute-Marne, arr. et poste de Langres, cant. de Longeau; 220 hab.

NOIDANT-LE-ROCHEUX, vg. de Fr., Haute-Marne, arr., cant. et poste de Langres; 460 hab.

NOILHAN, vg. de Fr., Gers, arr. de Lombez, cant. et poste de Samatan; 760 hab.

NOINTEL, vg. de Fr., Oise, arr. de Clermont, cant. et poste de Liancourt; 650 hab.

NOINTEL, vg. de Fr., Seine-et-Oise, arr. de Pontoise, cant. de l'Isle-Adam, poste de Beaumont-sur-Oise; 250 hab.

NOINTOT, vg. de Fr., Seine-Inférieure, arr. du Hâvre, cant. et poste de Bolbec; 760 hab.

NOIRCEUX, ham. de Fr., Bas-Rhin, com. de Fouchi; 210 hab.

NOIRCOURT, vg. de Fr., Aisne, arr. de Laon, cant. et poste de Rozoy-sur-Serre; 650 hab.

NOIRE (Mer-), le *Pontus Euxinus* des anciens, le *Kara Denghiz* des Turcs, s'étend entre 41° et 47° lat. N. et entre 25° et 39° long. orient. La mer Noire n'a qu'une issue: elle communique à l'O., par le Bosphore, avec la mer de Marmara, le détroit des Dardanelles et la Méditerranée, mais s'enfonce considérablement au N.-E., où elle forme la mer d'Azow, avec laquelle elle communique par le canal de Jénikalé. Elle a la forme d'un triangle irrégulier, dont le côté occidental est formé par la Russie d'Europe et la Turquie d'Europe; l'Asie Mineure et la Russie d'Asie forment les autres côtes de cette mer intérieure, dont la plus grande longueur est de 150 milles géogr., la largeur moyenne de 50 milles et la superficie de 8700 milles c. géogr. Au N., ses rivages, depuis l'embouchure du Danube, jusqu'au Caucase sont plats; ses autres rivages sont généralement élevés et escarpés. Un grand nombre de fleuves sont tributaires de la mer Noire; le Danube, le Dniester, le Bug, le Dnieper, le Don (nous regardons la mer d'Azow comme un golfe de la mer Noire) s'y jettent du côté de l'Europe; le Kouban, le Kisil-Irmak, le Sakaria s'y déversent du côté de l'Asie. L'eau est d'une couleur sombre et peu salée. Un courant continuel entraîne les flots vers le S.-O. (détroit de Constantinople) et devient très-violent au printemps lorsque la fonte des neiges a enflé le volume des fleuves tributaires. La mer Noire est en général douce en été, mais des tempêtes furieuses la soulèvent en hiver et font périr un grand nombre de navires qui s'y hasardent dans cette saison. On n'y rencontre aucune île digne d'être remarquée; mais la presqu'île de Crimée (Tauride) s'y projette au N. et forme la côte occidentale de son golfe le plus considérable, la mer d'Azow. Parmi ses autres enfoncements, le golfe de Burgas, à l'O., et la baie d'Erekli, au S.-O., sont les plus remarquables. Les principaux ports de la mer Noire sont les ports russes d'Odessa, de Cherson et de Sébastopol, et les ports turcs de Trébisonde, de Varna et de Burgas; le commerce est presque entièrement entre les mains des Russes. La pêche est abondante dans la mer Noire et fournit surtout des esturgeons et des maquereaux.

NOIREAU (le), *Norallus*, pet. riv. de Fr., a sa source près du village de St.-Christophe-de-Chaulieu, cant. de Tinchebrai, dép. de l'Orne; elle passe à Tinchebrai, coule vers le N.-E., pénètre dans le dép. du Calvados, où elle arrose Condé-sur-Noireau et se jette dans l'Orne, un peu au-dessus de Pont-d'Ouilly, après 10 l. de cours.

NOIREFONTAINE, vg. de Fr., Doubs, arr. de Montbéliard, cant. de Pont-de-Roide, poste de St.-Hippolyte; 110 hab.

NOIRÉMONT, vg. de Fr., Oise, arr. de Clermont, cant. de Froissy, poste de Breteuil; 190 hab.

NOIREPALU, vg. de Fr., Manche, arr. d'Avranches, cant. et poste de la Haye-Pesnel; 230 hab.

NOIRES (montagnes) ou **MONTS-D'ARRÉE**, chaîne de collines granitiques, qui s'étend au N.-O. de la France dans les dép. d'Eure-et-Loir, de l'Orne, de la Manche, d'Ille-et-Vilaine, des Côtes-du-Nord, du Morbihan et du Finistère, et dont le point culminant n'a pas plus de 100 mètres d'élévation. C'est à tort, dit M. Balbi, qu'on regarde cette chaîne comme une ramification des Cévennes, puisqu'elle en est séparée par de vastes plaines. Ce savant géographe la nomme *chaîne Armorique*, dépendance de son système gallo-francique.

NOIRES (montagnes). *Voyez* CÉVENNES.

NOIRET, ham. de Fr., Orne, com. de St.-Pierre-d'Entremont; 250 hab.

NOIRETABLE, vg. de Fr., Loire, arr. et à 9 l. N.-O. de Montbrison, chef-lieu de canton et poste; 1910 hab.

NOIREUX, ham. de Fr., Saône-et-Loire, com. de Roussey; 280 hab.

NOIRLAC, vg. de Fr., Cher, com. de la Celle-Bruère; manufacture de porcelaines.

NOIRLIEU, vg. de Fr., Marne, arr. et poste de Ste.-Ménéhoulde, cant. de Dommartin-sur-Yèvre; 210 hab.

NOIRLIEU, vg. de Fr., Deux-Sèvres, arr. et cant. de Bressuire, poste d'Argenton-Château; 300 hab.

NOIRMOUTIERS, île de Fr., Océan Atlantique, près de la côte N.-O. du dép. de la Vendée, dont elle dépend; elle fait partie de l'arr. des Sables-d'Olonne. Cette île, située sous 47° lat. N. et 4° 34' long. occ., a environ 4 l. c. de superficie. Sa forme est très-irrégulière; sa plus grande longueur, du N.-O. au S.-E., est de 3 l.; sa largeur varie de 5/4 l. à 1/4; la partie centrale présente un isthme qui n'a pas plus de 15 minutes de large. Les côtes sont bordées de bancs de sable qui en rendent l'accès difficile et quelquefois dangereux. Le sol est très-bas, surtout vers le S.; mais une digue de vingt-quatre kilomètres, que les habitants consolident par des quartiers de rochers, garantissent l'île contre l'envahissement de l'Océan. Les terres, engraissées par le varech, y sont très-fertiles et produisent du froment rouge de première qualité, des légumes, des fruits et de bon fourrage. Les pêcheries d'huître et les salines de Noirmoutiers sont très-importantes. La population de l'île est d'environ 7000 hab.

NOIRMOUTIERS, v. de Fr., capitale de l'île de même nom, Vendée, arr., à 17 l. N.-N.-O. des Sables-d'Olonne et à 115 l. de Paris, chef-lieu de canton et poste; elle est située au fond d'une petite baie dans la partie N.-E. de l'île et défendue par un vieux château fort; elle a une bonne rade et son port est très-animé. Commerce de grains, de moutarde, de fèves de marais, de sel, d'huîtres, etc.; 5400 hab.

NOIRON, vg. de Fr., Haute-Saône, arr., cant. et poste de Gray; fabrication considérable de produits réfractaires; 260 hab.

NOIRON-LES-CITEAUX, vg. de Fr., Côte-d'Or, arr. de Dijon, cant. et poste de Gevrey; 310 hab.

NOIRON-SOUS-BÈZE, vg. de Fr., Côte-d'Or, arr. de Dijon, cant. et poste de Nirebeau-sur-Bèze; usines à fer; 466 hab.

NOIRON-SUR-SEINE, vg. de Fr., Côte-d'Or, arr. de Dijon, cant. de Châtillon-sur-Seine, poste de Musy-sur-Seine; 340 hab.

NOIRONTE, vg. de Fr., Doubs, arr. et poste de Besançon, cant. d'Audeux; 290 hab.

NOIRTERRE, vg. de Fr., Deux-Sèvres, arr., cant. et poste de Bressuire; 760 hab.

NOIRVAL, ham. de Fr., Ardennes, arr. et poste de Vouziers, cant. du Chêne; 180 h.

NOISEAU, vg. de Fr., Seine-et-Oise, arr. de Corbeil, cant. de Boissy-St.-Léger, poste de la Queue-en-Brie; 130 hab.

NOISEMANT, ham. de Fr., Seine-et-Marne, com. de Savigny; filat. de laine; 150 hab.

NOISIEL, vg. de Fr., Seine-et-Marne, arr. de Meaux, cant. et poste de Lagny; fabr. de chocolat; 120 hab.

NOISON, ham. de Fr., Nièvre, com. de Montenoison; 360 hab.

NOISSEVILLE, vg. de Fr., Moselle, arr. et poste de Metz, cant. de Vigny; 260 hab.

NOISY-LE-GRAND, vg. de Fr., Seine-et-Oise, arr. de Pontoise, cant. de Gonesse, poste; belles maisons de campagne; 1170 h.

NOISY-LE-ROI, vg. de Fr., Seine-et-Oise, arr. de Versailles, cant. de Marly-le-Roi, poste de Villepreux; filat. de coton pour couvertures; filat. et tissage de coton; 580 h.

NOISY-LE-SEC, vg. de Fr., Seine, arr. de St.-Denis, cant. de Pantin, poste; commerce de légumes; 1880 hab.

NOISY-LE-SEC, vg. de Fr., Seine-et-Marne, arr. de Fontainebleau, cant. de Lorrez-le-Bocage, poste de Montereau; 220 hab.

NOISY-SUR-ÉCOLES, vg. de Fr., Seine-et-Marne, arr. de Fontainebleau, cant. et poste de la Chapelle-la-Reine; 530 hab.

NOISY-SUR-OISE, vg. de Fr., Seine-et-Oise, arr. de Pontoise, cant. de Luzarches, poste de Beaumont-sur-Oise; 440 hab.

NOIX (aux), lac à l'O. de l'état de Louisiane, États-Unis de l'Amérique du Nord, entre la Sabine et le Red.

NOIX (île aux), île fertile et cultivée dans le bassin de St.-François, fait partie du comté de Huntingdon, Bas-Canada.

NOIZAY, vg. de Fr., Indre-et-Loire, arr. de Tours, cant. et poste de Vouvray; 1190 h.

NOIZÉ, vg. de Fr., Deux-Sèvres, arr. de Bressuire, cant et poste de Thouars; 180 h.

NOJA, pet. v. du roy. de Naples, dans la prov. et au S.-E. de la ville de Bari.

NOJA, *Netium*, pet. v. du roy. de Naples, prov. de Basilicata; culture du coton; 4000 hab.

NOJALS, vg. de Fr., Dordogne, arr. de Bergerac, cant. et poste de Beaumont; 130 h.

NOJARET, ham. de Fr., Gard, com. de Bonnevaux; 110 hab.

NOJON-LE-SEC, vg. de Fr., Eure, arr. des Andelys, cant. et poste d'Etrepagny; 410 hab.

NOKY, baie étendue sur la côte E. du Labrador; à son entrée se trouvent les îles de Seal, Round-Hill, Spotted, Ferret, Wolf, Red, Black et Ganet.

NOLA, v. épiscopale du roy. de Naples, prov. de la Terre-de-Labour; située près des fameux champs Phlegréens; remarquable par quelques restes d'antiquités et surtout par d'anciens tombeaux, où l'on a trouvé un grand nombre de vases grecs et d'autres objets curieux. On prétend que c'est dans les églises de cette ville que, vers la fin du quatrième siècle, on a introduit l'usage des cloches; 9000 hab.

NOLAY, b. de Fr., Côte-d'Or, arr. et à 5 l. S.-O. de Beaune et à 82 l. de Paris, chef-lieu de canton et poste; il est situé sur la Cousance, dans un vallon très-étroit, environné d'excellents vignobles; il a des tanneries et fait commerce de vins, grains, laine, légumes secs et marbre du pays. A une lieue de ce bourg se trouve la belle cascade de Menevault, qui se précipite du haut d'un rocher de plus de 60 pieds d'élévation; 2081 hab.

Nolay s'honore d'avoir vu naître le vertueux et brave Carnot, né le 13 mai 1753, mort à Magdebourg le 2 août 1823, exilé par les Bourbons.

NOLAY, vg. de Fr., Nièvre, arr. de Nevers, cant. de Pougues, poste de Prémery; 1670 hab.

NOLETTE, ham. de Fr., Somme, com. de Noyelle-sur-Mer; 130 hab.

NOLF (Saint-), vg. de Fr., Morbihan, arr. de Vannes, cant. et poste d'Elven; 1120 hab.

NOLI, *Naulum*, v. épiscopale du duché de Gênes, prov. de la Riviera-di-Ponente, sur la mer et près du cap de même nom; petit port; pêche; 1600 hab.

NOLICHUKY. *Voyez* TENNESSÉE (fleuve).

NOLLENDORF, vg. de Bohême, cer. de Leitméritz; remarquable par la bataille que Napoléon y perdit contre le prince Schwarzenberg, le 16 septembre 1813.

NOLLÉVAL, vg. de Fr., Seine-Inférieure, arr. de Neufchâtel-en-Bray, cant. et poste d'Argueil; 580 hab.

NOLLIEUX, vg. de Fr., Loire, arr. de Roanne, cant. et poste de St.-Germain-Laval; 380 hab.

NOMAIN, vg. de Fr., Nord, arr. de Douai, cant. et poste d'Orchies; 2130 hab.

NOMBRE-DE-DIOS, v. de la confédération mexicaine, état de Durango, près des frontières de l'état de Zacatécas; commerce très-actif. Dans ses environs on trouve les riches mines d'argent de Santa-Maria-de-las-Nieves, San-Miguel-de-Mesquital et Chalchihuitès; 7000 hab.

NOMBRE-DE-JÉSUS (cap). *Voyez* ESPIRITU-SANTO (cabo de).

NOMDIEU, vg. de Fr., Lot-et-Garonne, arr. et poste de Nérac, cant. de Francescas; 380 hab.

NOMÉCOURT, vg. de Fr., Haute-Marne, arr. de Vassy, cant. et poste de Joinville; 340 hab.

NOMÉNY, pet. v. de Fr., Meurthe, arr. et à 6 l. N. de Nancy, chef-lieu de canton, poste de Pont-à-Mousson; tanneries; 1330 hab.

NOMEXY, vg. de Fr., Vosges, arr. d'Épinal, cant. de Châtel-sur-Moselle, poste; 580 hab.

NOMI, vg. de Tyrol, cer. de Roveredo; grande manufacture de tabac.

NOM-LA-BRÉTÊCHE (Saint-), vg. de Fr., Seine-et-Oise, arr. de Versailles, cant. de Marly-le-Roi, poste de St.-Germain-en-Laye; 800 hab.

NOMMABOU, v. de la Sénégambie, pays entre le Sénégal et la Gambie, roy. de Fuladu.

NOMMAY, vg. de Fr., Doubs, arr. et poste de Montbéliard, cant. d'Audincourt; 320 h.

NOMPATELIZE, vg. de Fr., Vosges, arr. et poste de St.-Dié, cant. de Raon-l'Étape; 640 hab.

NONA, *Ænona*, très-ancienne pet. v. de Dalmatie, cer. de Zara, dans une petite île; siége d'un évêque; a beaucoup perdu de son importance; son port est changé en marais. On y voit un vaste établissement agricole pour la culture en grand du tabac.

NONAC, vg. de Fr., Charente, arr. de Barbezieux, cant. et poste de Montmoreau; 1130 hab.

NONAINS, ham. de Fr., Eure-et-Loir, com. de Rouvres; 260 hab.

NONANCOURT, pet. v. de Fr., Eure, arr. et à 7 l. S. d'Évreux, chef-lieu de canton et poste; fabr. de bonneterie, cardes, papier; tissage de coton; filat. de laine et de coton; tanneries; briqueteries; commerce de grains; 1420 hab.

NONANT, vg. de Fr., Calvados, arr., cant. et poste de Bayeux; verrerie à bouteilles de Roche-Nonant; 860 hab.

NONANT, b. de Fr., Orne, arr. d'Argentan, cant. de Merlerault, poste; verrerie; 860 hab.

NONANTOLA, b. du duché de Modène, sur le Panaro et sur la frontière de l'état de l'Église, près du canal di Cesarea; commerce; 2000 hab.

NONARDS, vg. de Fr., Corrèze, arr. de Brives, cant. et poste de Beaulieu; 1360 h.

NONAVILLE, vg. de Fr., Charente, arr. de Cognac, cant. et poste de Châteauneuf-sur-Charente; 370 hab.

NONCOURT, vg. de Fr., Haute-Marne, arr. de Vassy, cant. de Poissons, poste de Sailly; Noncourt-Vieux fait partie de la commune; usines à fer; 580 hab.

NONCOURT, vg. de Fr., Vosges, arr., cant. et poste de Neufchâteau; 280 hab.

NONCOVERY. *Voyez* NANCOWRY.

NONDKAIL, ham. de Fr., Moselle, com. d'Ottange; 260 hab.

NONE, gros vg. du Piémont, prov. de Pinerolo, au confluent du Cisola et du Riotorto; 1800 hab.

NONÈRES, ham. de Fr., Landes, com. de St.-Jean-d'Aout; 350 hab.

NONETTE, b. de Fr., Puy-de-Dôme, arr. d'Issoire, cant. et poste de St.-Germain-Lembron; 780 hab.

NONHIGNY, vg. de Fr., Meurthe, arr. de Lunéville, cant. et poste de Blamont; 330 h.

NONIÈRES (les), vg. de Fr., Ardèche, arr. de Tournon, cant. et poste du Chaylard; 1280 hab.

NONNE, pet. v. ouverte et mal bâtie de Danemark; située sur la côte O. de l'île de Bornholm, dont elle est le chef-lieu; assez importante par sa fabrication d'horlogerie, de drap, de poterie et de tabac; pêche, commerce et navigation; son port est peu profond, mais bien abrité; 2500 hab.

NONNENMATTWEIHER (le), lac dans le grand-duché de Bade, sur le Schwarzwald, à 2826 pieds au-dessus du niveau de la mer; avec une île flottante de plus de 18,000 pieds c.

NONNETTE (la), riv. de Fr.; a sa source dans les environs de Nanteuil-le-Haudouin, dép. de l'Oise; elle coule vers le N.-O., passe à Senlis et à Chantilly et se jette dans l'Oise, entre Precy et Villers, après 8 l. de cours.

NONSARD, vg. de Fr., Meuse, arr. de Commercy, cant. et poste de Vigneulles; 400 hab.

NONSITAL, île dans le lac de Granada, état de Nicaragua, États-Unis de l'Amérique centrale.

NONSUCH, île habitée du groupe des Bermudes.

NONSUCH-HARBOUR. *Voyez* ANTIGOA.

NONTRON, v. de Fr., Dordogne, à 8 l. N. de Périgueux, 132 l. S.-O. de Paris, chef-lieu d'arrondissement; siége d'un tribunal de première instance; direction des contributions indirectes et conservation des hypothèques. Elle est située sur le Bandiat et environnée de bois et de prairies; mais l'intérieur a un aspect moins agréable; les rues y sont mal percées et les maisons généralement mal bâties. Des fontaines abondantes, d'agréables promenades et un hôpital sont ce que cette ville possède de plus remarquable. Le territoire de Nontron est parsemé de forges et d'usines. Les productions territoriales (plomb sulfuré laminaire ou galène, manganèse, mare, tourbe), l'éducation du bétail, des tanneries, des coutelleries et l'exportation des fers sortis des forges de l'arrondissement alimentent le commerce de Nontron. Foires les 13 août, 13 octobre et 29 décembre; 3573 hab.

Nontron est une ville ancienne qui, au huitième siècle déjà, était une châtellenie et dépendait de l'abbaye de Charroux, en Poitou. Les moines de Charroux cédèrent, en 1200, ce domaine aux vicomtes de Limoges, moyennant une redevance annuelle. Au commencement du quatorzième siècle, les vicomtes de Limoges refusant de payer cette redevance, les moines cédèrent leurs droits à Philippe-le-Bel. Plus tard, Nontron, érigé en baronie, passa dans la maison d'Albret et fit partie du patrimoine de Henri IV. Lors de l'invasion des Normands, au quinzième siècle, pendant la guerre des Anglais et durant les guerres de religion, cette ville, alors fortifiée, fut plusieurs fois prise et saccagée.

NONTRONNEAU, vg. de Fr., Dordogne,

arr., cant., à 1 l. O. et poste de Nontron; 350 hab.

NONVILLE, vg. de Fr., Seine-et-Marne, arr. de Fontainebleau, cant. et poste de Nemours; 300 hab.

NONVILLE, vg. de Fr., Vosges, arr. de Mirecourt, cant. de Monthureux-sur-Saône, poste de Darney; 520 hab.

NONVILLIERS, vg. de Fr., Eure-et-Loir, arr. de Nogent-le-Rotrou, cant. de Thison-Gardais, poste d'Illiers; 330 hab.

NONZA, vg. de Fr., Corse, arr. et à 2 1/2 l. N.-N.-O. de Bastia, chef-lieu de canton, poste de St.-Florent; 330 hab.

NONZEVILLE, vg. de Fr., Vosges, arr. d'Épinal, cant. et poste de Bruyères; 200 h.

NOO ou NO-AMMON, g. a., v. de la frontière occidentale de l'Égypte; on croit qu'Alexandrie est située sur son emplacement.

NOODLES, île habitée et bien cultivée dans la baie de Boston, côte E. de l'état de Massachusetts, États-Unis de l'Amérique du Nord.

NOON ou INOON, NUN, v. de l'emp. de Maroc, dans le pays entre le fleuve Tamaract et le cap Nun; importante par son commerce qu'elle entretient avec le Soudan et le Tombouctou.

NOORDPEENE, vg. de Fr., Nord, arr. d'Hazebrouck, cant. et poste de Cassel; 1410 hab.

NOORDWYK, b. dans l'île de Java, résidence de Batavia; peut être regardé comme un faubourg de la ville de Batavia.

NOORDWYK, beau vg. du roy. de Hollande, prov. de la Hollande méridionale, dist. et à 2 1/2 l. N.-O. de Leyde; culture de jardinage et de plantes médicinales; 1740 h. Lieu de naissance du poëte Jan van der Doos (Douza), mort en 1604. A 1/2 l. de cet endroit est situé le village de pêcheurs Noordwyk-sur-Mer, avec un phare et 660 hab.

NOQUETS (baie). *Voyez* MICHIGAN (lac).

NORA ou NORAATH, NAARATH, g. a., v. de la tribu d'Ephraïm, à 6 milles de Jéricho.

NORA, jolie pet. v. de la Suède centrale, prov. d'OErebro, sur le lac de même nom; commerce de fer; 800 hab.

NORBERG, paroisse de la Suède centrale, prov. de Wæsteræs; importante par ses nombreuses mines et par son commerce de fer.

NORCIA, pet. v. des états de l'Église, délégation de Spoleto; située au pied de l'Apennin.

NORD (île du). *Voyez* MOUNIN-SIMA.

NORD (cap), promontoire à l'extrémité N. de l'embouchure du Maragnon, côte E. de la prov. de Para, emp. du Brésil, sous 1° 49′ 30″ lat. N.; il forme l'extrémité E. de la Guyane.

NORD, dép. maritime de l'île d'Haïti; comprend la partie N.-O. de l'île et s'étend depuis le cap St.-Nicolas jusqu'à la pointe Isabelle; il est borné au N. par l'Océan Atlantique (débouquement d'Haïti), à l'O. par le même Océan (passage du Vent), au S. par la baie de Léogane et le dép. d'Artibonite et à l'O. par le dép. du Nord-Est. Ce département, très-montagneux, est traversé de l'E. à l'O. par les montagnes Noires, continuation des monts Cibao, et arrosé par une foule de petites rivières. L'île de Tortuga (la Tortue) fait partie de ce département, divisé en 33 cantons. Chef-lieu Cap-Haïtien.

NORD (département du), situé, ainsi que l'indique son nom, dans la région la plus septentrionale de la France; il forme en effet l'extrême frontière de ce côté du royaume; il comprend l'ancienne Flandre française, la Flandre maritime, la plus grande partie du Hainaut français et le Cambrésis, moins quelques communes. Ses bornes sont: au N., la mer du Nord; au N.-E. et à l'E. la Belgique; au S.-E. les Ardennes; au S. le dép. de l'Aisne; au S.-O. la Somme et à l'O. celui du Pas-de Calais. Il a 578,435 hectares de superficie, dont 475,576 sont cultivés, et sa population, la plus nombreuse après celle du dép. de la Seine, est de 1,026,417 habitants. Ce département ne renferme point de montagnes; quelques côteaux seulement interrompent l'uniformité des plaines vastes et fertiles qui le composent. Les hauteurs les plus considérables de cette contrée sont: le mont Cassel, qui a 110 mètres audessus du niveau de la mer; le mont des Recollets; le mont des Chats; le mont Noir et le mont de Lille, tous moins élevés que le premier. Les rivières et les canaux navigables qui arrosent le département appartiennent tous au bassin de l'Escaut, à l'exception de la Sambre, comprise dans celui de la Meuse. Les rivières navigables sont: l'Aa, qui se jette dans la Manche, près de Gravelines; la Colme; la Lys; la Lave; l'Escaut; la Scarpe et la Sambre; elles forment, avec les 19 canaux et leurs embranchements, une longueur navigable d'environ 482 kilomètres. La plupart des marais qui couvraient le territoire sont desséchés et livrés à l'agriculture; les moëres et les terres à wateringues dans l'arr. de Dunkerque, les vallées de la Scarpe, de la Hayne et de l'Escaut, ainsi que les marais de l'Epaix et de Bruai dans l'arr. de Valenciennes, sont soumis au dessèchement. Le département renferme aussi un grand nombre d'étangs, dont la superficie est évaluée à 2230 hectares; quelques-uns seulement sont périodiquement cultivés. Le sol, généralement gras et fertile, est pierreux ou sablonneux sur les côtes et très-aride sur le littoral de la mer, où s'élèvent les dunes, gigantesques monceaux de sable stérile, qui, soulevés quelquefois par la tempête, viennent retomber avec un bruit effroyable sur les champs cultivés et les frapper d'une longue stérilité. Le voisinage de la mer, les marais et les nombreux cours d'eau qui traversent ce département, y rendent la température froide et humide, et produisent des brouillards très-nuisibles. Les hivers y durent ordinairement six mois et sont généralement pluvieux.

Dans aucun département de la France l'agriculture n'a atteint un plus haut degré de perfection que dans celui-ci. Il existe dans chaque chef-lieu d'arrondissement une société chargée de veiller au perfectionnement des divers systèmes agricoles et à la propagation des meilleures méthodes de culture; aussi le département offre-t-il toutes les espèces de plantes susceptibles de prospérer sous son climat. Les légumes y sont excellents. On cite les asperges de Marchiennes, les choux-fleurs de Rosenthal et les navets de St.-Amand. Les autres principales productions du territoire sont : les céréales, les fourrages, du lin, du tabac, du colza, du houblon, de la chicorée, des betteraves, etc. Les pommiers, les poiriers et les cerisiers sont les arbres fruitiers les plus communs dans le pays. Les forêts, dont le chêne, l'orme et les arbres à bois blanc forment les essences principales, occupent une superficie de 57,831 hectares. On trouve dans le département de belles races d'animaux domestiques. Les chevaux y sont grands et vigoureux ; les brebis y fournissent une laine longue et fine, et la race s'améliore tous les jours par le croisement avec les mérinos; l'éducation du bétail y est en général bien entendue. Le grand gibier y est très-rare ; le chevreuil et le sanglier s'y montrent pourtant quelquefois; les lapins et les lièvres y sont plus communs; on chasse surtout beaucoup d'oiseaux aquatiques. Le renard, le blaireau, la fouine et le putois sont les animaux nuisibles les plus nombreux dans le département. Les rivières et les côtes sont très-poissonneuses; on vante les truites saumonnées de l'Escaut. Les richesses minérales du département consistent principalement dans ses mines de houille, que l'on exploite à Anzin, à Aniches, à Bruille, à Denain, à Douchy, à Marly, etc., et qui donnent des produits très-abondants et de la meilleure qualité. Il renferme en outre des mines de fer, des carrières de marbre, de pierres de taille, de marne, d'argile à potier, de cendres fossiles, des tourbières, une source minérale à Féron (arr. d'Avesnes), des eaux et des boues minérales à St.-Amand.

L'industrie du département, favorisée par de nombreuses voies de communication et de transport, a pris une extension extraordinaire, et embrasse tous les genres de fabrication. Une branche très-importante, qui se rattache particulièrement à l'agriculture, c'est la fabrication du sucre indigène, qui comptait, en 1836, 224 usines; mais elle a déchu depuis peu, par suite d'un dégrèvement d'impôt en faveur du sucre exotique. Les autres branches d'industrie les plus considérables comptent également un grand nombre d'établissements, tels que filatures de coton, de laine et de lin, moulins à blé et à huile; hauts-fourneaux, forges et fonderies; fabriques de céruse, de chicorée; scieries, papeteries, brasseries, distilleries, tanneries, teintureries, savonneries, manufactures de faïence et de porcelaine, verreries, briqueteries, tuileries, raffineries de sel, fabriques d'étoffes de coton, de draps, de linon, de percales, de mouchoirs, de toiles de batiste, de dentelles, chantiers de construction, etc. Maubeuge a une manufacture d'armes et d'autres ouvrages en fer. A Bergues et à Marolles on confectionne des fromages renommés. Des produits aussi variés alimentent un commerce considérable et donnent lieu à des relations fort étendues. Dunkerque fait des armements pour la pêche de la morue. Gravelines exporte par mer des légumes et des œufs pour l'Angleterre.

Ce département est divisé en 7 arrondissements, 60 cantons et 659 communes.

Les chefs-lieux d'arrondissement sont :

Lille.	16 cant.	131 com.	301,754 h.
Avesnes . . .	10 »	152 »	132,468 »
Cambrai. . .	7 »	117 »	158,980 »
Douai	6 »	67 »	96,040 »
Dunkerque .	7 »	59 »	99,455 »
Hazebrouck.	7 »	53 »	107,220 »
Valenciennes	7 »	80 »	130,500 »
	60 cant.	659 com.	1,026,417 h.

Il nomme 12 députés, fait partie de la seizième division militaire, dont le quartier-général est à Lille ; il est du ressort de la cour royale de Douai et de l'académie de cette même ville; du diocèse de Cambrai, suffragant de l'archevêché de Paris ; il est compris dans la septième conservation forestière, dont le chef-lieu est Douai; dans la deuxième inspection des ponts-et-chaussées, dont le chef-lieu est Amiens, et dans la deuxième division des mines, dont le chef-lieu est Abbeville. Il possède 17 collèges et 1453 écoles primaires.

NORDALEN, paroisse très industrieuse de Norwège, diocèse de Drontheim, bge de Romdal ; 2200 hab.

NORD-BEAR (Ours du Nord), île dans la baie de James (mer d'Hudson); fait partie de la Nouvelle-Galles septentrionale.

NORDBORG, b. du Danemark, dans le N. de l'île d'Als et sur un lac très-poissonneux.

NORDCUB, île dans la baie de James (mer d'Hudson); fait partie de la Nouvelle-Galles septentrionale.

NORDEN, jolie v. du roy. de Hanovre, préfecture d'Aurich ; située sur un chenal conduisant au Leisand (golfe de la mer du Nord); a un port, des brasseries renommées, des fabriques de tabac, de toiles, d'étoffes de coton, de nombreuses distilleries d'eau-de-vie, des chantiers, des foires de chevaux et un commerce assez considérable; 5400 hab.

NORDENBOURG, pet. v. de Prusse, prov. de Prusse, rég. de Kœnigsberg ; 2230 hab.

NORDERNEY, île du roy. de Hanovre, comprise dans le gouv. d'Aurich et située près de la côte; elle a une petite ville de même nom, avec 650 habitants de race frisonne et un bain de mer très-fréquenté, établi en 1819.

NORD-EST, autrefois *Samana*, dép. maritime de l'île d'Haïti; comprend la partie N.-E. de l'île, depuis le cap Isabelle jusqu'au cap Cabron; il est borné au N. par l'Océan Atlantique, à l'E. et au S. par le dép. du Sud-Est et à l'O. par les dép. d'Artibonite et du Nord; il est traversé au S. par les monts Cibao, au N. par les monts Monte-Christi et comprend la belle vallée de St.-Yague ou Monte-Christi et une partie de celle d'Artibonite. Ce département forme une des parties les plus belles et les plus salubres de l'île; il est divisé en 5 cantons. Chef-lieu St.-Yague (Santiago-de-los-Cavalleros).

NORD-EST (baie du), sur la côte N.-E. de la Grande-Terre (Guadeloupe).

NORD-EST (quartier). *Voyez* TABAGO.

NORD-EST (île du). *Voyez* SPITZBERGEN.

NORDFLEET, vg. d'Angleterre, comté de Kent, sur la Tamise; fabrication de limes. Dans le voisinage on trouve des antiquités et des carrières de pierres calcaires.

NORDFORELAND, cap de la côte orientale d'Angleterre, dans le comté de Kent.

NORDHAUSEN, v. de Prusse, chef-lieu de cercle, rég. et à 14 l. N. d'Erfurt, prov. de Saxe. Elle est ancienne, mal bâtie, située au pied méridional des montagnes du Harz, sur la rive de Zorge et ceinte de murailles flanquées de tours, avec 7 portes. On y compte 7 églises, 1 hôpital, 1 gymnase et 1 maison d'orphelins; 15 usines, la plupart des huileries; plusieurs fabriques de draps, d'étoffes de laine et de produits chimiques; des distilleries et des brasseries exploitées en grand, engraissant annuellement environ 6000 bœufs et 30,000 porcs. Ses marchés de blé sont considérables; 11,950 hab.

NORDHAUSEN, vg. de Fr., Bas-Rhin, arr. de Schlestadt, cant. d'Erstein, poste de Benfelden; 1030 hab.

NORDHEIM, vg. de Fr., Bas-Rhin, arr. de Strasbourg, cant. et poste de Wasselonne; 750 hab.

NORDHEIM, v. du roy. de Hanovre, gouv. de Hildesheim; avec des tanneries importantes; 3500 hab. A 1/2 l. se trouvent des bains sulfureux.

NORDHORN, b. du roy. de Hanovre, prov. de Bentheim, sur la Bechte; 1200 hab.

NORDKŒPING. *Voyez* NORKOEPING.

NORDKYN, la pointe la plus septentrionale de la Norwège.

NORDLAND, diocèse de Norwège, prov. de Drontheim; comprend la partie septentrionale de ce royaume et se compose des deux bges de Nordland et de Finmarken; 2000 l. c.; 80,000 hab.

NORDLINGEN. *Voyez* NOERDLINGEN.

NORD-OUEST (territoire du). *Voyez* HURONS (district des).

NORDREHOUG, paroisse de Norwège, diocèse d'Aggerhuus, bge de Buskerud; 6400 hab.

NORDSFIORDEN, golfe de Norwège, diocèse de Bergen.

NORD-STRADE, ham. de Fr., Pas-de-Calais, com. d'Audruicq; 200 hab.

NORDSTRAND, *Glessaria*, île du Danemark, dans la mer du Nord; elle forme, avec l'île de Pelworn, les restes de l'île de Nordstrand, beaucoup plus étendue, dont une grande partie a été engloutie par la mer en 1634.

NORDWALSHAM, b. d'Angleterre, comté de Kent, peu loin de la mer; commerce de grains.

NORE, riv. d'Irlande, affluent du Barrow, baigne Kilkenny; elle traverse les comtés de Queens, Kilkenny et Waterford.

NOREUIL, vg. de Fr., Pas-de-Calais, arr. d'Arras, cant. de Croisilles, poste de Bapaume; 480 hab.

NORFOLK, comté de l'état de Virginie, États-Unis de l'Amérique du Nord; il est borné par la baie de Chésapeak, les comtés de Princess-Anne et Nansemond et par la Caroline du Nord. District sablonneux et marécageux, arrosé par l'Elizabeth et traversé par le canal Chésapeak-Albemarle, qui joint la Virginie à la Caroline du Nord. L'immense marais de Dismal-Swamp s'étend sur une grande partie du comté; ses environs sont très-fertiles en riz, le principal produit du pays; l'éducation du bétail est très-florissante; 30,000 hab.

NORFOLK, comté de l'état de Massachusetts, États-Unis de l'Amérique du Nord; ses bornes sont; l'Océan Atlantique, l'état de Rhode-Island et les comtés de Middlesex, Suffolk, Plymouth, Bristol et Worcester. Il a une superficie de 19 l. c. géogr., est traversé par les montagnes Bleues et arrosé par le Charles, le Neponset et le Fore. Le sol, généralement maigre, offre des marais salants et quelques bonnes prairies; industrie et éducation du bétail florissantes; 44,000 h.

NORFOLK, v. des États-Unis de l'Amérique du Nord, état de Virginie, comté de Norfolk, dont elle est le chef-lieu, sur une presqu'île, près de l'embouchure de l'Elizabeth. Elle est généralement mal bâtie et n'offre que des rues étroites et tortueuses; néanmoins elle renferme quelques beaux édifices, un théâtre et plusieurs établissements d'instruction publique, tels que : l'académie, l'athénée et la bibliothèque publique; elle possède en outre un hospice des orphelins, un hôpital de la marine, une prison, des manufactures de tabac, des brasseries, des tanneries, des corderies, etc. Son port, très-commode et un des meilleurs des États-Unis, est défendu par deux forts, dont le fort Neilson, à l'O. du fleuve, et une batterie sur le Crany-Island. Ces fortifications, qu'il est question de démolir, sont occupées par des troupes de l'Union. Norfolk est la ville la plus commerçante de la

Virginie ; elle a beaucoup gagné depuis l'ouverture du canal Chésapeak-Albemarle, qui lui amène les produits de la Caroline du Nord ; 14,000 hab.

NORFOLK (baie). *Voyez* **SITKA.**

NORFOLK, comté d'Angleterre, province maritime. Ses bornes sont, au N. et à l'E., la mer d'Allemagne, au S. le comté de Suffolk, à l'O. ceux de Cambridge et de Lincoln; sa superficie est évaluée par les uns à 97 l. c. géogr. et par les autres à 109. Sa population est d'environ 300,000 habitants. C'est une vaste plaine qui offre un aspect très-monotone; la côte est basse, mais d'un accès très-difficile; son sol, bien arrosé par l'Ouse, la Nyne et la Wawenay, est généralement très-fertile; le climat est humide, mais agréable et sain. Cette province produit des céréales, des légumes secs, des betteraves, des fourrages, du lin, des fruits et du bois. Le règne animal est riche en animaux domestiques, volaille, lapins sauvages, oies, canards, abeilles et poissons. L'éducation du bétail et l'agriculture sont dans un état très-florissant. On se livre également à la pêche du hareng, au cabotage, au commerce, à la filature du lin et de la laine. L'exportation annuelle produit une somme d'environ 1,124,000 livres sterlings; elle consiste en blé, malt, farine, bœufs gras, veaux, beurre (connu sous le nom de beurre de Cambridge), sel, harengs, écrevisses, châles et bas de laine. Cette province fait partie du diocèse de Norwik, nomme 12 députés et est divisée en 33 districts.

NORFOLK (New-), partie de la côte N.-O. de l'Amérique russe; s'étend de 58° à 62° lat. N. au N. du Nouveau-Cornouailles. Elle renferme de hautes montagnes couvertes de glaces éternelles, telles que le mont St.-Elie, de plus de 5000 mètres de hauteur et le point culminant du monde connu au-delà de 50° lat. N., et le mont Beautemps (Fairweather), de 4600 mètres de hauteur. Sa végétation est très-pauvre, mais le règne animal y est d'autant plus riche, ce qui engagea les Russes à y établir différentes factoreries, dont celle de Jacoutat est la plus importante dans cette partie du continent américain. Le reste du pays est occupé par différentes tribus des Koluches ou Koloughis.

NORFOLK-PLAINS, dist. de la Diemenie (île de Diemen), dans l'Australie; il est couvert de collines, bien boisé et arrosé par le Lake et le Southesk, et renferme plus de 62 métairies et les deux villages de Perth et de Campbelltown.

NORGANDS (les), ham. de Fr., Côtes-du-Nord, com. de Ploeuc; 170 hab.

NORGEAR, ham. de Fr., Arriège, com. de Miglos; 610 hab.

NORGES-LA-VILLE, vg. de Fr., Côte-d'Or, arr., cant. et poste de Dijon; 200 hab.

NORICUM, g. a. La province de ce nom, sous la domination romaine depuis l'an 16 avant J.-C., s'étendait le long du bord méridional du Danube, depuis le confluent de ce fleuve avec l'Inn jusqu'au mont Cétius (*Cahlenberg* près de Vienne), à la frontière de la Pannonie, dont elle était séparée, au S., par les Alpes Juliennes; elle comprenait l'Autriche, la Styrie, la Carinthie et une partie du Salzbourg et de la Carniole ; dans la suite elle prit encore plus d'extension et fut divisée en *Noricum Mediterraneum*, le pays de l'intérieur, et en *Noricum Ripense*, les pays situés le long du Danube. Les habitants étaient les Norici, Taurusci, Japodes et Karni. Du temps de Ptolémée, tous ces anciens peuples avaient disparu et étaient remplacés par les Ambidravi (autour de la Drave), les Amblici et les Ambi-Pontii. Dans le sixième siècle on y trouve subitement les Bojoarici ou Bojoarii, qui ne repassèrent le Danube que plus tard, pour fonder un nouveau royaume qui dura peu de temps. Le nom de cette ancienne province se retrouve encore dans la dénomination de la ramification des Alpes qui s'étend depuis les sources de l'Ens jusqu'à la Hongrie et qui s'appelle Alpes noriques. Capitale : Noreja, aujourd'hui Frieach. *Noricum, Noricus Pagus, Nordgow, Nordgoa*, noms que portait dans le moyen âge le grand district comprenant le Haut-Palatinat, Anspach, Bayreuth, une partie de la Bohême, etc.; la partie orientale du duché de Neubourg porte encore aujourd'hui le nom de Nordgau.

NORIQUES (Alpes). *Voyez* **ALPES.**

NORKŒPING, v. et port de la Suède méridionale, prov. de Linkœping; florissante par son commerce et ses nombreuses fabriques, qui lui assignent le troisième rang parmi les villes industrieuses du royaume; ses draps passent pour les meilleurs de tous ceux de la Suède.

NORMAND (île du), Normands-Island, île qui fait partie du groupe des îles Vierges, Petites-Antilles; elle s'étend à l'O. de l'île St.-Pierre.

NORMANDEL, vg. de Fr., Orne, arr. de Mortagne-sur-Huine, cant. de Tourouvre, poste de St.-Maurice; 250 hab.

NORMANDES (îles); vis-à-vis des côtes de la Normandie et hors des limites de l'archipel Britannique, on trouve le groupe des îles Anglo-Normandes; elles forment deux petits gouvernements, celui de Guernesey, qui comprend l'île de ce nom, et celui de Jersey, composé de l'île de ce nom ; les îlots Sark ou Sereg et Alderney ou Aurigny en dépendent.

NORMANDIE (la), *Normannia*, ancienne prov. de Fr., et l'un des ci-devant gouvernements militaires du royaume; elle était bornée au N. et à l'O. par la Manche, au S.-O. par la Bretagne, au S. par le Maine, au S.-E. par l'Orléanais et à l'E. par l'Ile-de-France et la Picardie ; elle avait 60 l. de l'E. à l'O. et 32 du S. au N.

Cette province se divisait en Haute-Normandie, dont Rouen était la capitale, et en

Basse-Normandie, qui avait Caen pour capitale. La première comprenait le Rouennais, le pays de Caux et de Bray, le Vexin-Normand, Lisieux, le pays d'Auge, Evreux, et le pays d'Ouches, dont Bernay (Eure) était le chef-lieu. L'autre comprenait, outre le territoire de Caen, Seez et ses environs, Alençon et son territoire, le Bocage et le Cotentin. Après la conquête des Gaules par les Romains, cette contrée fut comprise dans la seconde Lyonnaise, et elle se divisait en 11 cités ou républiques, dont *Rothomagus* (Rouen) était la plus considérable. Lors du partage de la monarchie des Francs entre les enfants de Clovis, elle forma, avec une partie de l'Ile-de-France et quelques autres provinces, un royaume indépendant appelé Neustrie.

Au neuvième siècle, les Normands (*Nordmann*, homme du nord), qui avaient plusieurs fois déjà ravagé les côtes septentrionales de la France, firent une nouvelle irruption dans cette contrée et envahirent une grande partie de la Neustrie. Charles-le-Simple, pour mettre le reste de son royaume à l'abri des brigandages de ces barbares, leur céda la Neustrie, qu'il érigea en duché relevant de la couronne, et accorda sa fille Gisèle en mariage à Rollon, leur chef, qui prit le titre de duc de Normandie, en 911. Guillaume-le-Bâtard, arrière petit fils de Rollon, s'empara de l'Angleterre et mérita le surnom de Conquérant. Le duché de Normandie et la couronne d'Angleterre passèrent à Geoffroi Plantagenet, comte d'Anjou, par son mariage avec Mathilde, fille du roi d'Angleterre Henri, successeur de Guillaume-le-Conquérant. Henri II, Richard-Cœur-de-Lion et son frère Jean-sans-Terre furent successivement ducs de Normandie. Ce dernier, comme feudataire de la couronne, ayant été condamné par les pairs à la confiscation des domaines qu'il possédait en France, pour avoir assassiné son neveu, le prince Arthur, Philippe-Auguste s'empara de la Normandie, en 1204, et cette province devint l'apanage des fils aînés des rois de France. Par un traité de 1258, Henri III d'Angleterre céda définitivement la Normandie à Louis IX, qui céda à son tour les provinces qu'Éléonore de Guyenne avait apportées en dot à la couronne d'Angleterre. Ces traités devinrent la source de guerres incessantes entre les Français et les Anglais. Ces derniers ravagèrent longtemps la France, qu'ils n'évacuèrent entièrement qu'en 1450, sous le règne de Charles VII. Depuis 1790 cette province forme, avec le Perche, les cinq départements du Calvados, de l'Eure, de l'Orne, de la Manche et de la Seine-Inférieure.

NORMANNI ou **NORDMANNI**, **NORTMANNI**, **NORDLINDI**, g. a., primitivement habitants du Danemark; ils étaient originaires de la Scandinavie.

NORMANVILLE, vg. de Fr., Seine-Inférieure, arr. d'Yvetot, cant. et poste de Fauville; 1210 hab.

NORMANVILLE, vg. de Fr., Eure, arr., cant. et poste d'Evreux; 290 hab.

NORMÉE, vg. de Fr., Marne, arr. d'Épernay, cant. et poste de la Fère-Champenoise; 230 hab.

NORMIER, vg. de Fr., Côte-d'Or, arr. de Sémur, cant. de Precy-sous-Thil, poste de la Maison-Neuve; 200 hab.

NOROLLES, vg. de Fr., Calvados, arr. de Pont-l'Evêque, cant. de Blangy, poste de Lisieux; 300 hab.

NORON, vg. de Fr., Calvados, arr. de Bayeux, cant. et poste de Balleroy; fabrication de poterie; 370 hab.

NORON, vg. de Fr., Calvados, arr., cant. et poste de Falaise; 400 hab.

NORONHA (San-Fernando de). *Voyez* FERNANDO-DE-NORONHA (San-).

NOROY, vg. de Fr., Aisne, arr. de Soissons, cant. et poste de Villers-Cotterets; 210 hab.

NOROY, vg. de Fr., Oise, arr. de Clermont, cant. et poste de St.-Just-en-Chaussée; 480 hab.

NOROY-LE-BOURG, b. de Fr., Haute-Saône, arr., à 3 l. E. et poste de Vesoul, chef-lieu de canton; il est situé sur un plateau, au sommet duquel jaillissent trois sources remarquables par la limpidité et la fraîcheur de leur eau, et qui disparaissent dans un gouffre à peu de distance de ce bourg. Fabr. de tissus de coton et teintureries; 1233 hab.

Noroy était autrefois une petite place forte : on voit encore quelques débris de ses fortifications et une de ses portes, assez bien conservée.

NOROY-LES-JUSSEY, vg. de Fr., Haute-Saône, arr. de Vesoul, cant. de Vitrey, poste de Jussey; 530 hab.

NORPECH, ham. de Fr., Lot-et-Garonne, com. de la Roque-Timbaut; 200 hab.

NORR, pet. v. de la Russie d'Europe, gouv. de Jaroslaw. Son commerce avec St.-Pétersbourg est considérable; 1600 hab.

NORRAT, ham. de Fr., Arriège, com. de Miglos; 220 hab.

NORRBOTTEN, prov. de la Suède septentrionale, comprend la partie septentrionale de l'ancienne prov. de Westerbotten; superficie 1658 l. c.; 36,050 hab.

NORRENT-FONTES, vg. de Fr., Pas-de-Calais, arr. et à 5 l. O. de Béthune, chef-lieu de canton, poste de Lillers; 1480 hab.

NORREY, vg. de Fr., Calvados, arr. de Caen, cant. de Tilly-sur-Seulles; poste de Falaise; 350 hab.

NORREY, vg. de Fr., Calvados, arr. de Falaise, cant. de Coulibœuf, poste de Bretteville-l'Orgueilleuse; 330 hab.

NORRIDGEWOCK, pet. v. des États-Unis de l'Amérique du Nord, état du Maine, comté de Sommerset, dont elle est le chef-lieu, sur les deux rives du Kennebeck; elle a une prison et fait un commerce important ; 2800 hab.

NORRISTOWN, pet. v. des États-Unis de l'Amérique du Nord, état de Pensylvanie, comté de Montgoméry, sur la rive gauche du Schuylkill; elle possède une académie, une banque et fait un commerce actif. Le philosophe et philanthrope D. Rittenhouse y avait érigé un observatoire; 2600 hab.

NORROIS, vg. de Fr., Marne, arr. et poste de Vitry-le-Français, cant. de Thiéblemont; 130 hab.

NORROY, vg. de Fr., Meurthe, arr. de Nancy, cant. et poste de Pont-à-Mousson; 792 hab.

NORROY, ham. de Fr., Meurthe, com. de Ménils; 110 hab.

NORROY, vg. de Fr., Vosges, arr. de Neufchâteau, cant. et poste de Bulgnéville; exploitation de pierres, de houille; verrerie à bouteilles; 490 hab.

NORROY-LE-SEC, vg. de Fr., Moselle, arr. et poste de Briey, cant. de Conflans; 650 hab.

NORROY-LE-VENEUR, vg. de Fr., Moselle, arr., cant. et poste de Metz; 1010 hab.

NORRTELGE, pet. v. de la Suède centrale, prov. de Stockholm, située sur un golfe de la mer Baltique; fabrication de drap, d'armes à feu et pêche; 1200 hab.

NORT, b. de Fr., Loire-Inférieure, arr. et à 8 l. S. de Châteaubriant, chef-lieu de canton et poste; il est situé sur l'Erdre; exploitation de houille; entrepôt de bois et de fer; 4780 hab.

NORT-DAUSQUE, vg. de Fr., Pas-de-Calais, arr. de St.-Omer, cant. et poste d'Ardres; 420 hab.

NORTE (Rio-Grande-do), province. *Voyez* Rio-Grande-do-Norte.

NORTE (Rio-Grande-do), autrefois Potengi, fl. de l'emp. du Brésil; naît dans l'angle formé par les provinces de Ciara, Rio-Grande et Parahyba, coule vers le N.-E., en traversant la province à laquelle il donne son nom, et débouche, peu au-dessous de Natal, dans l'Océan Atlantique; son cours supérieur est très-imparfaitement connu; le cours total doit être de près de 80 l.

NORTE (Sierra del), chaîne de montagnes de l'emp. du Brésil, prov. de Matto-Grosso; elle se détache à peu près sous 12° lat. S. de la Cordilheira-Géral, s'étend vers le N. entre le Rio-Maccado et le Rio-Juruenna, et s'aplatit sur la frontière S. de la prov. de Para, sous 10° lat. S.; une partie de cette chaîne porte le nom de Montes-de-Cacao.

NORTE (Rio grande del) ou Rio-Bravo, le plus grand fleuve du Mexique et un des plus considérables de l'Amérique septentrionale; il prend naissance à l'extrémité N. du Nouveau-Mexique, sous 40° 10' lat. N., dans le nœud de montagnes formé par la Sierra-Verde avec la Sierra-de-las-Grullas, prend une direction S.-E., traverse, toujours accompagné de hautes montagnes, le territoire du Nouveau-Mexique, qui lui envoie une foule d'affluents, dont le Chamas et le Conchos sont les plus considérables, sépare l'état de Chihuahua des immenses déserts parcourus par les sauvages Apaches, décrit, sous 29° lat. N., une grande courbe, reçoit le Puerco, dont le cours est parallèle à celui du Rio-del-Norte, arrose, dans une direction toujours plus orientale, les états de Cohahuila et de Tamaulipas et, après avoir reçu le Rio-Salado et le Rio-Sabinas, il entre par plusieurs embouchures dans le golfe du Mexique, peu au-dessous d'El-Refugio. Dans son cours, long de 440 l., il passe non loin de Santa-Fé, baigne Albuquerque et Passo-del-Norte (Nouveau-Mexique), Monclova (dans l'état de Cohahuila), Reinosa et El-Refugio (dans l'état de Tamaulipas). Jusqu'ici ce beau fleuve n'a offert que peu d'avantages à l'industrie et au commerce, puisque sur la plus grande partie de son cours il n'arrose que des solitudes où la culture et la civilisation n'ont pas encore pénétré.

NORTE ou Presidio-de-las-Juntas, fort important de la confédération mexicaine, état de Chihuahua, sur le Rio-del-Norte.

NORTH, fl. de la côte S.-O. de la presqu'île de la Floride, États-Unis de l'Amérique du Nord; il se décharge dans la baie de Chattam.

NORTHALLERTON, b. d'Angleterre, comté d'York, nomme deux députés; à la St.-Barthélemy il s'y tient une foire très-célèbre.

NORTHAMPTON, comté d'Angleterre. Ses bornes sont: au N.-O. les comtés de Leicester et de Rutland, au N. celui de Lincoln, au N.-E. celui de Cambridge, à l'E. ceux d'Huntingdon et de Bedford, au S.-E. celui de Buckingham, au S. celui d'Oxford et à l'O. celui de Warwick. Sa superficie est de 47 l. c. géogr., et sa population de 150,000 hab. Cette province est une des plus belles du royaume; elle est ondulée et généralement fertile; elle est arrosée par le Nen et le Welland, et traversée par le canal de Grande-Jonction, qui y commence à Braunston. On cultive du blé, des légumes, du lin, du chanvre, du houblon, du pastel et des fruits; le bois ne s'y trouve qu'en petite quantité; la nature du sol est plus favorable à l'éducation du bétail qu'à l'agriculture, qui ne laisse pas d'être dans un état satisfaisant. Le règne minéral n'offre que de la terre de potier et du salpêtre; la houille manque totalement; aussi l'industrie manufacturière est-elle peu développée, elle n'embrasse que la fabrication du drap, des bas et de la dentelle. Les principaux articles d'exportation consistent en grains, laine, beurre, bœufs, veaux, chevaux, bas de laine et dentelles de fil. Cette province doit en grande partie sa prospérité au séjour qu'y ont fixé un grand nombre des premières familles du royaume; elle fait partie du diocèse de Peterborough, nomme 9 députés et est divisée en 20 districts.

NORTHAMPTON, jolie v. d'Angleterre,

chef-lieu du comté de même nom, nomme deux députés; elle est importante par son antiquité, par son commerce et son industrie; fabrication d'étoffes de laine, de bas, de dentelles et de bonneteries. Cette ville est le premier marché du royaume pour les chevaux de selle et de carosse. Courses de chevaux très-célèbres. Patrie du théologien Thom. Woolston et de l'historien Samuel Parker. Dans son voisinage, on voit le Althorpe, magnifique château de lord Spencer; il renferme une superbe galerie de tableaux, une riche bibliothèque et d'autres collections remarquables; 15,000 hab.

NORTHAMPTON, comté du Bas-Canada, Amérique anglaise; il est borné par le Labrador, le St.-Laurent, qui le sépare du Nouveau-Brunswick et les comtés de Hampshire et de Québec. Ce pays forme le district le plus oriental et un des plus grands du Bas-Canada, mais sa population est loin d'être en rapport avec son étendue. La culture ne s'étend que le long du St.-Laurent, dont on y distingue à peine la rive opposée et qui présente les caps Tormente, Brûlé, des Savelles, Maillard, Corbeau, Saumon, des Mille-Vaches, Belsiamites et Mont-Pelé. Il reçoit du pays une foule d'affluents, tous écoulements des lacs intérieurs et dont le Saguenay, le James, le Portneuf, le Belsiamites, le Bustard, le Manicuagan, le Machigabion et le Chimepanipestik sont les plus considérables. L'intérieur du pays n'offre qu'une conglomération de montagnes, de lacs, de forêts, de vallées rocailleuses et sauvages, rarement entrecoupées de quelques districts couverts d'une fraîche végétation. Le sol, trop froid, se refuse à la culture de la plupart de nos productions européennes, et les arbres sont loin d'offrir la vigueur et la fraîcheur des autres parties du Canada. Tout annonce les déserts glacés du Labrador. Quelques peuplades indigènes, telles que les Papinachois, les Chérontimis, les Pierougamis et les Mistissinnis, errent dans les montagnes et dans le voisinage des lacs du Nord. Ils se nourissent de la chasse et de la pêche et font le commerce de pelleteries avec les agents des factoreries de la ci-devant Société de la baie d'Hudson. L'île aux Coudres, le Hare-Island, l'île Rouge (Red-Island), l'île de Jermys, l'île aux Osiers, l'Egg-Island et le groupe des Sept-Iles font partie du comté; 6000 hab.

NORTHAMPTON, v. des États-Unis de l'Amérique du Nord, état de Massachusetts, comté de Hampshire, sur le Connecticut, qu'on y passe sur un magnifique pont de 351 mètres, qui joint Northampton à la ville de Hadley, sur la rive opposée; elle possède deux banques, une société d'assurance, une prison, d'importantes tanneries et manufactures de laines, et fait un commerce très-considérable; il y paraît un journal; 5200 hab. Dans les environs de la ville s'élève le mont Holyoke, sur le sommet duquel on jouit d'une des vues les plus pittoresques.

NORTHAMPTON, gr. com. des États-Unis de l'Amérique du Nord, état de New-Jersey, comté de Burlington, sur l'Ancocus; 5200 h.

NORTHAMPTON, comté de la Caroline du Nord, États-Unis de l'Amérique du Nord; il est borné par la Virginie et les comtés de Hertford, Roanoke et Halifax. Les environs du Roanoke, le principal cours d'eau du comté, sont d'une extrême fertilité. Le tabac, le coton et le maïs sont les principaux produits du pays; 18,000 hab.

NORTHAMPTON, comté de l'état de Pensylvanie, États-Unis de l'Amérique du Nord; ses bornes sont: l'état de New-Jersey et les comtés de Pike, Bucks, Léhigh et Lucerne. Ce comté, dont la superficie est de 150 l. c. géogr., est très-montagneux, généralement fertile, quoique presque désert encore, et arrosé par le Delaware, le Léhigh et leurs affluents. Au centre, le pays est traversé par les montagnes Bleues, avec les points culminants Kittetenny et Pokomoke; à l'O. s'élèvent les Broad-Mountains (montagnes Larges), dont la crête a près de 2 l. de largeur. Le Schuylkill y prend naissance. Le bois, la chaux, la houille, le chiste, le grès et les pierres à meule y abondent; l'agriculture, l'éducation du bétail et l'industrie y fleurissent; 45,000 hab.

NORTHAMPTON, comté de l'état de Virginie, États-Unis de l'Amérique du Nord; ce comté occupe l'extrémité méridionale de la presqu'île qui, isolée du continent de la Virginie, s'étend au S. de l'état de Maryland; il est borné par l'Océan Atlantique, la baie de Chésapeak et le comté d'Accomak. Le sol, d'une fertilité médiocre, est arrosé par le Hungar et le Savage; 11,000 hab.

NORTH-AYR (Air septentrional) ou **TERRE-D'AYR**, partie de la Terre-de-Baffin ou Terre-du-Prince-Guillaume, au S. de la Terre-de-Galloway et au N. de la Terre-de-Cumberland.

NORTHBAY ou **BYRONS-SOUND**, baie au N.-O. de l'île occidentale du groupe des îles Falkland.

NORTHBERWICK, b. d'Écosse, comté d'Haddington, sur le golfe de Forth, avec un petit port, d'où l'on exporte des grains; 1800 hab.

NORTHBOROUGH, b. des États-Unis de l'Amérique du Nord, état de Massachusetts, comté de Worcester; forges, raffineries de potasse et grande manufacture de draps.

NORTHBRANCH. *Voy.* RARITAN (fleuve).

NORTHBRUNSWICK, com. des États-Unis de l'Amérique du Nord, état de New-Jersey, comté de Middlesex; 4500 hab.

NORTH-CAPE (cap Nord). *Voyez* GEORGE (île du roi).

NORTHCASTLE, pet. v. des États-Unis de l'Amérique du Nord, état de New-York, comté de Westchester; 2300 hab.

NORTH-CROOKED-ISLAND. *Voyez* CROOKED-ISLANDS.

NORTHEAST, fl. de la partie E. de l'état de Maryland, États-Unis de l'Amérique du

Nord; il coule vers le S.-O. et débouche dans la baie de Chesapeak.

NORTHEAST, com. des États-Unis de l'Amérique du Nord, état de New-York, comté de Dutchess; 4000 hab.

NORTH-EAST-POINT, l'extrémité N.-E. de l'île de Jamaïque, s'avance entre la Longue-baie et la Cold-baie.

NORTHEMPSTEAD, pet. v. des États-Unis de l'Amérique du Nord, état de New-York, comté de Queens, dans l'île de Long-Island et sur le détroit de même nom. Dans son voisinage s'élève le Harbourhill (132 mètres), le point culminant de l'île de Long-Island; 3300 hab.

NORTHEN, ham. de Fr., Moselle, com. de Condé-Northen; 170 hab.

NORTHER-KERQUE, vg. de Fr., Pas-de-Calais, arr. de St.-Omer, cant. d'Audruicq, poste d'Ardres; 1270 hab.

NORTHERN-FOX-ISLAND. *Voyez* Fox-Islands.

NORTHFIELD, v. naissante des États-Unis de l'Amérique du Nord, état de Massachusetts, comté de Franklin, sur le Connecticut; commerce actif; 2000 hab.

NORTHFIELD, com. des États-Unis de l'Amérique du Nord, état de New-York, comté de Richmond; 2500 hab.

NORTH-GALLOWAY (Galloway septentrional) ou Terre-de-Galloway, nom qu'on donne à la partie centrale de la Terre-de-Baffin ou Terre-du-Prince-Guillaume; on n'en connaît ni la longitude ni la circonscription.

NORTHGUT. *Voyez* Godthaab.

NORTHHAVEN, b. des États-Unis de l'Amérique du Nord, état de Connecticut, comté de Newhaven, sur l'East-River; bonnes carrières de pierres de taille.

NORTH-HERO, île dans le lac Champlain, fait partie du comté de Grande-Isle, état de Vermont, États-Unis de l'Amérique du Nord. Cette île, longue et très-déchirée, s'étend entre la presqu'île d'Allburgh et l'île de South-Héro; elle est fertile, bien cultivée et renferme la commune de North-Héro, le chef-lieu du comté de Grande-Isle, avec une prison; 900 hab., la plupart pêcheurs et contrebandiers.

NORTH-HUNTINGDON, com. des États-Unis de l'Amérique du Nord, état de Pensylvanie, comté de Westmoreland; 3000 h.

NORTH-ISLAND (île du Nord), île au N. de la Terre-de-Feu, dont elle est séparée par le canal de St.-Sébastien, et dont on la regardait longtemps comme une continuation. Le cap Orange, son extrémité N., forme, avec le continent de la Patagonie, dont il se rapproche beaucoup, la première bougue du détroit de Magellan.

NORTHKINGSTON, v. des États-Unis de l'Amérique du Nord, état de Rhode-Island, sur la baie de Narraganset; elle a un port et se livre à la pêche et au commerce; 3500 h.

NORTHMAVEN, paroisse d'Écosse, sur l'île de Shetland ou Mainland; 2000 hab.

NORTHMEALS, b. d'Angleterre, comté de Lancaster; avec une source minérale et un bain de mer assez fréquenté; 1500 hab.

NORTH-MOUNTAINS. *Voyez* Montagnes Bleues.

NORTH-NEWPORT, fl. à l'E. de l'état de Géorgie, États-Unis de l'Amérique du Nord; il se décharge dans la baie de Sapélo.

NORTHOP, vg. d'Angleterre, comté de Flint; important par ses poteries et tuileries; défaite de Henri II par les Gallois, en 1157.

NORTHORN, v. de 1200 habitants dans le roy. de Hanovre, gouv. d'Osnabruck, sur la Vechta, qui y devient navigable.

NORTHPORT, pet. v. des États-Unis de l'Amérique du Nord, état du Maine, comté de Hancock, sur la baie de Penobscot; commerce; 2700 hab.

NORTH-PROVIDENCE, com. des États-Unis de l'Amérique du Nord, état du Maine, comté de Providence, sur la rive droite du Patuket; deux académies; industrie et commerce florissants; 4000 hab.

NORTH-RIVER (rivière du Nord), fl. de l'état de Massachusetts, États-Unis de l'Amérique du Nord, se jette dans la baie de Massachusetts.

NORTH-RIVER, fl. de la côte N.-E. de la Caroline du Nord, États-Unis de l'Amérique du Nord, se jette dans l'Albermarle-Sound.

NORTH-SALEM, com. des États-Unis de l'Amérique du Nord, comté de Westchester, sur le Croton; académie; 2500 hab.

NORTH-SEWICKLY, com. des États-Unis de l'Amérique du Nord, état de Pensylvanie, comté de Beaver; 2300 hab.

NORTH-SHIELDS, v. d'Angleterre, comté de Northumberland, sur la rive gauche de la Tyne; forme avec South-Shiedls et Tynemouth la ville de Shields; 17,000 hab.

NORTH-SOMERSET. *Voyez* Somerset septentrional.

NORTH-STONINGTON, com. des Etats-Unis de l'Amérique du Nord, état de Connecticut, comté de New-London; 3500 hab.

NORTH-UIST, île de l'archipel des Hébrides, à l'O. de celle de Skye, comté d'Inverness, en Écosse; située entre 57° 28′ et 57° 40′ lat. N.; elle est longue de 4 1/2 milles, large de 3 et a une superficie de 5 1/2 l. c. ou 118 l. c. anglaises. Son climat est âpre et très-pluvieux; la côte occidentale est inaccessible; celle orientale, quoique bordée d'énormes rochers, offre cependant quelques bons ports. Ses habitants, au nombre de 4000, cultivent de l'orge, de l'avoine, des pommes de terre, mais le sol est très-ingrat; ils élèvent également un grand nombre de bestiaux.

NORTHUMBERLAND, comté de l'état de Pensylvanie, États-Unis de l'Amérique du Nord; ce comté qui comprend la partie S.-E. de la grande prov. de Northumberland, divisée depuis 1816 en 3 comtés, est borné par les comtés Lycoming, Shuylkill, Columbia, Union et Dauphin. C'est un pays fertile, bien cultivé et arrosé par les deux bras du Susquéhannah; entre les deux bras de ce fleuve s'élèvent les monts Fishing-Creek, Chilis, Quaque, Limestone et Montours. Sur la rive occidentale du fleuve s'étendent les Shade-Mountains, les Firestone-Hills, etc.; 20,000 hab.; Sunbury, ville naissante au confluent des deux bras du Susquéhannah, est le chef-lieu du comté.

NORTHUMBERLAND, comté de la Nouvelle-Galles du Sud (Australie); il est borné au N. par les comtés de Durham et de Gloucester, au S. par celui de Cumberland, à l'O. par les montagnes Bleues et à l'E. par le Grand-Océan. Maitland, sur l'Hunster, est le chef-lieu du comté.

NORTHUMBERLAND, com. des États-Unis de l'Amérique du Nord, état de New-York, comté de Saratoga; 2600 hab.

NORTHUMBERLAND, comté de l'état de Virginie, États-Unis de l'Amérique du Nord; il est borné par l'état de Maryland, dont il est séparé par le Potowmak, la baie de Chesapeak, et les comtés de Laucaster, Richmond et Westmoreland; pays bien arrosé, mais sablonneux et peu fertile; 9000 hab.

NORTHUMBERLAND, pet. v. des États-Unis de l'Amérique du Nord, état de Pensylvanie, comté de Northumberland, au confluent des deux bras du Susquéhannah et en face de Sunbury, à laquelle elle est jointe par un beau pont; académie; commerce assez considérable; 2300 hab.

NORTHUMBERLAND, comté d'Angleterre, province maritime la plus septentrionale du royaume. Ses bornes sont au N. l'Écosse, à l'E. la mer d'Allemagne, au S. le comté de Durham, au S.-O. le comté de Cumberland et au N.-O. l'Écosse. Sa superficie est de 80 l. c. géogr. et sa population d'environ 200,000 hab. La partie orientale de cette province est ondulée, celle occidentale est couverte de montagnes; au S. on rencontre encore des vestiges de l'ancienne muraille élevée contre les invasions des Pictes. La côte offre un aspect très-sauvage; elle est bordée de roches calcaires, contre lesquelles les vagues de la mer viennent se briser avec impétuosité. Son sol n'est fertile que du côté de la mer; sur toute l'étendue des montagnes il est pierreux, aride et nullement propre à la culture; au S. le pays est totalement nu et ne fournit que du plomb et de la houille. Au N. s'étendent les monts Cheviots, riches en gras pâturages et couverts de nombreux et beaux troupeaux. Les principaux cours d'eau sont la Tyne et la Tweed; on ne rencontre ni lac ni canal. Le climat est tempéré, mais plus âpre que dans les autres parties de l'Angleterre. Les productions consistent en blé, légumes secs, pommes de terre, bois, gibier, chiens marins, saumons, oies à duvet, plomb, houille, ardoises, pierres à aiguiser, alun et sel marin. L'éducation des bestiaux et de la race chevaline est très-florissante; la pêche est très-lucrative; cependant la principale richesse de cette province consiste dans ses riches mines de houille et de plomb, dont l'exploitation est très-développée. L'industrie manufacturière est peu considérable; on fabrique principalement de la verrerie et des articles en fer. On exporte de la houille, du plomb, du fer, de l'alun, du vitriol, du bétail, du beurre, des peaux brutes, du papier, des ouvrages en verre et en fer, de la poterie, de la laine et des saumons. Ce comté fait partie du diocèse de Durham, nomme 8 députés au parlement et est divisé en 6 districts.

NORTHWOOD, com. des États-Unis de l'Amérique du Nord, état de New-Hampshire, comté de Rockingham; mines de cristal et de chaux carbonatée et sulfatée cristallisée; 2000 hab.

NORTH-YARMOUTH, pet. v. des États-Unis de l'Amérique du Nord, état du Maine, comté de Cumberland, à l'embouchure du Royal-River; elle a un petit port, des chantiers pour la construction des vaisseaux marchands, quelques fabriques et fait un commerce important; 5000 hab. avec ses environs.

NORTKNAPDALE, paroisse d'Ecosse, comté d'Argyle, avec un port; 2500 hab.

NORTLEACH, b. d'Angleterre, comté de Gloucester; renferme un collége et plusieurs hospices.

NORT-LEULINGHEM, vg. de Fr., Pas-de-Calais, arr. et poste de St.-Omer, cant. d'Ardres; 180 hab.

NORTON, fl. de la côte N.-O. de l'Amérique russe, pays des Kitègues, se jette dans la baie de Norton, sous 64° lat. N.

NORTON, b. des États-Unis de l'Amérique du Nord, état de Massachusetts, comté de Bristol, sur le Wading; fabr. de clous; usines; 2600 hab.

NORTWICH, très-pet. v. d'Angleterre, comté de Chester, chef-lieu des salines qui se trouvent le long du Weawer; les sources salées sont la plus part situées à la gauche de cette rivière, et les mines de sel à la droite; la mine qu'on exploite dans le voisinage de Nortwich offre en petit le spectacle magnifique des salines de Wieliczka. Depuis le dégrèvement des droits sur l'exploitation du sel gemme, en 1824, le produit de cette mine s'est accru d'une manière extraordinaire; 2000 hab.

NORVILLE (la), vg. de Fr., Seine-et-Oise, arr. de Corbeil, cant. et poste d'Arpajon; 440 hab.

NORVILLE, vg. de Fr., Seine-Inférieure, arr. du Havre, cant. et poste de Lillebonne; 570 hab.

NORWALK, groupe de 7 îles près de la côte S.-O. de l'état de Connecticut, États-Unis de l'Amérique du Nord; elles font partie du comté de Fairfield, et ne sont habitées que dans la saison des grandes pêches.

NORWALK, pet. v. des États-Unis de l'Amérique du Nord, état de Connecticut, comté de Fairfield, à l'embouchure du Sagatuk dans le détroit de Long-Island; elle a une académie, un port et fait le commerce de cabotage; il y paraît un journal; 3500 hab.

NORWAY-PLAINS, v. naissante des États-Unis de l'Amérique du Nord, état de New-Hampshire, comté de Strafford; commerce; 2100 hab.

NORWÈGE (en norwégien *Norre*, en suédois *Norrige* et en danois *Norge*, c'est-à-dire royaume du Nord). Ce royaume, réuni à la Suède depuis 1814, forme la partie occidentale de la presqu'île scandinavique. Il s'étend entre 0° 20′ et 29° long. orient., depuis 57° 52′ jusqu'à 75° 11′ 30″ lat. N. Ses bornes sont: au N. et au N.-O. l'Océan Glacial, au N.-E. la Russie, à l'E. la Suède, au S. le Skager-Rack, au S.-O. la mer du Nord et à l'O. l'Océan Atlantique. Sa superficie est de 5684 milles c. et sa population (1832) de 1,139,849 habitants, répartis dans 23 villes, 26 bourgs, 32 ports et débarcadères, 309 paroisses et 41,500 hameaux, fermes ou maisons isolées.

La Norwège est sillonnée de l'E. à l'O. par des ramifications de la chaîne scandinavique, qui semble s'élever près du Cattegat et forme du S. au N. une limite naturelle et imposante entre les deux royaumes unis. La partie septentrionale de cette chaîne porte le nom de monts Kiœlen, la partie méridionale prend différents noms. Le Dowrefield (Dofrines), formidable groupe dont le Schneèhatten, de 7620 pieds d'élévation, est le point culminant, partage la Norwège en deux parties, septentrionale et méridionale. Une autre ramification se détache du Dowrefield et, sous les noms de Langfield, Sognefield, Hardangerfield, se dirige vers le S. jusqu'au cap Lindenæs, pointe méridionale de la Norwège. C'est dans le Longfield que se trouve le point culminant de tout le système scandinavique, le Skagtols-Tind, de 7878 pieds de hauteur. Ces montagnes, couvertes à leurs sommets de neige et de glaces éternelles et environnées de sombres forêts de sapins, offrent l'aspect le plus lugubre et le plus sauvage. Des défilés conduisent à travers ces montagnes; une route royale traverse le Dowrefield. On y trouve quatre établissements (Fieldstuer) analogues aux hospices fondés dans les Alpes. Les côtes sont partout bordées d'un nombre considérable de petites îles, qui forment une chaîne continue depuis le cap Lindenæs jusqu'au cap Nord-Kyn et dont les îles Lofoden sont les plus considérables. Les innombrables échancrures de ces côtes sont autant de baies et de golfes, dont quelques-uns s'enfoncent à 6, 8 et 16 milles dans le pays. Les plus remarquables sont: le West-Fiorden (golfe occidental), entre les îles Lofoden et la côte opposée du Finmark; le Waranger-Fiord, dans le Finmark; les golfes de Bukke et de Bergen, au S.-O., et le golfe de Christiania, au S.

Les fleuves de la Norwège sont peu importants par l'étendue de leurs cours; mais ils sont impétueux, profonds et forment des cascades très-remarquables. Nous citerons les plus considérables: 1° Le Glimmen, le plus grand des fleuves norwégiens; il sort du lac Œsting, dans le diocèse de Drontheim, se dirige d'abord vers le S.-O., puis tourne vers le S.-E., traverse le lac Oyeren et se jette dans le golfe de Christiania, après avoir formé dans son cours plus de 20 cataractes, parmi lesquelles celle de Sarp, près de Hofsland, est la plus magnifique. 2° Le Lougen, qui jaillit sur le Longfield et s'embouche dans le Cattegat. 3° Le Romsdals, qui a sa source sur le Dowrefield, traverse plusieurs lacs et se jette dans la mer du Nord. 4° L'Alten, qui naît sur la frontière de la Laponie russe, traverse, en courant vers le N., une longue vallée couverte de glaces, où ce fleuve forme 5 cataractes et plusieurs belles cascades, et se jette dans l'Océan Glacial, à travers l'Altenfiord. 5° Le Tana, le second fleuve du pays pour la longueur de son cours, prend aussi naissance près de la Laponie russe, dont il forme la limite sur une assez longue étendue, et se jette, par le Tanafiord, dans l'Océan Glacial, après un cours de 37 milles. Parmi les nombreux lacs de la Norwège, le Miœsen, dans le diocèse d'Aggerhuus, est le plus grand; il est environné de paysages riants et fertiles. Les deux tiers de cette contrée sont compris dans la partie la plus septentrionale de la zone tempérée, un tiers appartient à la zone glacée. Le climat est en rapport avec cette situation; cependant à l'E., où se pressent les montagnes éternellement couvertes de neige, la température est beaucoup plus rude qu'à l'O., où les froids sont tempérés par le voisinage de la mer. Dans la partie méridionale les plus longs jours sont de 18 1/2 heures; les plus courts de 5 1/2 heures. Dans la partie centrale les plus longs de 21, les plus courts de 3; et dans la région la plus septentrionale on a des jours qui durent 1, 2 et même 2 1/2 mois; mais auxquels succèdent des nuits aussi longues, dont l'obscurité est souvent interrompue par de magnifiques aurores boréales. Dans la région méridionale même le climat produit les résultats particuliers aux contrées boréales. L'hiver et l'été se succèdent sans transition; il n'y a ni automne ni printemps; et les arbres commencent à se couvrir de feuilles une semaine à peine après la fonte des neiges. On moissonne à la fin de juillet et il faut déjà chauffer les appartements au commencement de septembre; les vaisseaux sont quelquefois pris par la glace en novembre et restent arrêtés jusqu'en avril. Le climat est du reste sain et n'a aucune influence funeste sur l'organisation physique de l'homme en-deçà du cercle polaire; mais au-delà la rigueur de la température a des effets nuisibles sur les hommes et sur les animaux comme sur la végétation.

Le sol, en partie pierreux ou siliceux, en partie calcaire, argileux ou marécageux, serait cependant assez productif dans le midi de la Norwège, si les montagnes, moins rapprochées les unes des autres, n'y formaient des vallées trop étroites. On y cultive cependant du blé et du seigle, mais en très-petite quantité et en très-peu d'endroits. Les principales productions du sol sont : de l'orge, des légumes, particulièrement des pois, des choux, des navets et des pommes de terre, un peu de lin et de chanvre, du houblon, du lichen, des baies sauvages, quelques fruits à noyaux, une quantité considérable de noisettes, beaucoup de cumin et de bois. Le règne animal fournit des chevaux de petite race, mais vigoureux et agiles; du gros bétail, également de petite race et sans cornes, mais qui donne du lait très-gras; des brebis à toison assez fine, et qui vivent à l'état sauvage sur les îles occidentales; de nombreux troupeaux de chèvres, des porcs, des rennes, qui sont pour les Lapons ce que les chameaux sont pour les Arabes, des élans, des cerfs, des chevreuils, des lièvres; et parmi les animaux nuisibles, des ours, des loups, trois espèces de lynx, des renards blancs, bruns et noirs, des gloutons, des chats sauvages, des martres et plusieurs espèces moins dangereuses telles que l'hermine, le castor, l'écureuil à petit-gris, la loutre, etc.; beaucoup de gibier à plumes; des cygnes, des oies à édredon, de la volaille, des oiseaux aquatiques, etc. Les côtes abondent en poissons; on y pêche surtout une quantité considérable de harengs, de la morue, des homards, des phoques et des baleines. Les productions minérales sont : de l'or, de l'argent, du plomb, du cuivre, du fer, du cobalt, de l'arsenic, de l'alun, du sel, du marbre, de l'albâtre, de l'asbeste, du cristal, de la chaux, de l'ardoise, du talc, du quartz, de l'agate, des amethystes, du gypse, de la tourbe, etc.; mais la principale richesse du pays consiste dans la vente du bois de ses immenses forêts et dans ses pêcheries. La chasse est aussi une branche productive d'industrie, par le grand nombre de pelleteries qu'elle fournit au commerce d'exportation. L'industrie manufacturière est peu développée en Norwège; l'économie rurale et l'exploitation des mines et des forêts occupent la majorité des habitants de l'intérieur. Ceux de la côte s'occupent de la pêche et de la navigation; les Lapons se livrent plus particulièrement à la chasse. Des forges, des martinets à fer et à cuivre, des acieries, des scieries, des fabriques considérables de potasse, des raffineries d'alun, des clouteries, des verreries, des manufactures de tabac, des sucreries, des brasseries, des distilleries et des papeteries, voilà les établissements industriels les plus importants du pays. Les paysans de la Norwège confectionnent eux-mêmes presque tous les vêtements et instruments à leur usage. Le commerce de la Norwège exporte du bois de construction, des poutres, des planches, des lattes, du fer brut et travaillé, du cuivre, de la verrerie, de l'alun, du marbre, des pierres meulières et à aiguiser, des mousses tinctoriales, des peaux, des pelleteries, des plumes, de l'édredon, des poissons secs et salés, de la potasse, de l'huile de baleine, etc. On importe du blé, des légumes, du vin, de l'eau-de-vie, du sel, de l'huile, des denrées coloniales et toutes sortes d'objets fabriqués. Le commerce intérieur est sans importance. Le manque de grandes routes et la nature du pays sont des obstacles qui entraveront toujours les communications entre les divers points de la Norwège.

Trois races d'hommes composent la population de la Norwège : les Norwégiens proprement dits, qui forment la partie la plus nombreuse et la plus civilisée de la nation; les Lapons, qui habitent l'extrémité septentrionale du royaume, et les Finois ou Quæners, qui vivent dans la même contrée que les Lapons, mais qui ont des demeures fixes et se nourrissent du produit de leur pêche, tandis que les Lapons sont nomades et pasteurs. Les Quæners sont aussi beaucoup plus grands et moins laids.

Le Norwégien est brave, hospitalier, amant passionné de l'indépendance; il aime la gaîté, les grands repas et le vin; il a du goût pour les arts et les sciences; mais il préfère les rudes travaux du corps aux occupations lentes et compliquées de l'esprit. La langue norwégienne, fille de la langue germanique et alliée du suédois et du danois, n'a point de littérature qui lui soit propre. Son premier poëte même, Holberg, a écrit en danois. Cependant les mathématiques, l'histoire et la philosophie sont cultivées en Norwège, et le pays possède plusieurs établissements scientifiques. L'enseignement primaire y est très-répandu et les enfants de toutes les conditions savent au moins lire, écrire et possèdent des notions d'arithmétique.

Gouvernement. La Norwège est un état constitutionnel et héréditaire. La personne du roi est inviolable; le pouvoir exécutif dans toute sa plénitude lui appartient. Un conseil-d'état, composé d'un ministre-président et de sept conseillers, est responsable de tous les actes du gouvernement. Le pouvoir législatif et le droit de voter les impôts appartiennent au storthing (assemblée des états), composé de 80 députés élus par les bourgeois des villes et par les propriétaires ruraux. Le storthing, qui se renouvelle et se réunit tous les trois ans, est divisé en deux sections. La première, composée du quart des députés, se nomme lagthing (corps législatif); la seconde, odalsthing (chambre allodiale). Toute loi adoptée par le storthing est soumise à la sanction du roi, qui n'a qu'un *veto* suspensif Une loi approuvée par deux storthings consécutifs devient exécutoire malgré le refus de la sanction royale.

Un vice-roi ou un gouverneur exerce les fonctions de régent et réside à Christiania La constitution ne reconnaît dans l'état aucune classe de citoyens privilégiés (la noblesse est abolie depuis 1821); tous sont égaux devant la loi, admissibles aux emplois et jouissent des mêmes droits politiques.

L'élection des députés au storthing est indirecte, c'est-à-dire que les électeurs sont d'abord choisis par la nation; ceux-ci nomment ensuite les députés. Dans les villes on nomme autant d'électeurs qu'il y a de fois 50 citoyens dans l'assemblée primaire, et dans les campagnes un sur 100. Pour être éligible il suffit d'avoir 30 ans et d'être domicilié depuis 10 ans en Norwège.

Les forces militaires de la Norwège consistent en 12,000 hommes de troupes ordinaires et 10,000 hommes de landwehr (milice nationale). L'armée se composait (en 1827) de 1288 hommes d'artillerie, 1070 de cavalerie et 9642 d'infanterie. En 1833 la marine norwégienne ne possédait qu'une frégate, deux corvettes, deux bricks, huit schoners, 46 chaloupes canonnières et 36 bâtiments inférieures, portant ensemble 560 bouches à feu et 5500 marins.

De 1827 à 1830 les revenus publics se sont élevés annuellement à la moyenne de 639,975 spécies écus et 1,829,339 spécies en papier. En 1828 les dépenses se sont élevées à 720,973 spécies en argent et 2,301,694 spécies en papier (le spécies vaut 4 francs).

La Norwège est divisée en quatre gouvernements-généraux : Christiania ou Aggerhuus, Drontheim, Bergen et Christiansand. Ces gouvernements sont subdivisés en 17 préfectures (stiftsamter), dont 7 dans le gouv. de Christiania, 5 dans celui de Drontheim, 2 dans Bergen et 3 dans Christiansand. Les stiftamters sont divisés en 44 bailliages ou justices de paix (sorenskrierier). Sous le rapport religieux le pays est divisé en 5 diocèses subdivisés en 52 cures principales et 336 presbytères. Le luthéranisme est la religion de l'état.

L'histoire de la Norwège, comme celles de tous les autres pays septentrionaux, ne commence pour nous qu'à la fin du dixième siècle, époque où le christianisme y fut introduit, non sans difficultés, par Olaf Ier. Un des successeurs de ce prince, Olaf II, continua les efforts d'Olaf Ier et répandit dans la Norwège la religion chrétienne, qu'il employa comme moyen pour soumettre à son autorité plusieurs petits rois, qui partageaient avec lui le gouvernement du pays. Canut-le-Grand, roi de Danemark, conquit la Norwège en 1028; mais son successeur ne conserva pas cette conquête, qui s'affranchit bientôt après la mort de Canut et imposa même, pendant un certain temps, ses lois au Danemark. Lorsque la branche masculine des rois norwégiens se fut éteinte, en 1387, par la mort du roi Olaf V, sa mère Marguerite, fille de Waldemar III, roi de Danemark, et veuve du roi de Norwège, Hakon VIII, devenue héritière de ce royaume, le réunit au Danemark, auquel il resta attaché jusqu'en 1814. Pour prix de son accession à la coalition contre la France, les puissances alliées avaient, déjà en 1812, promis la Norwège à la Suède, lors de la conférence d'Abo à laquelle assista Bernadotte comme prince royal de Suède; le traité de Kiel ratifia cette promesse. Aujourd'hui la Norwège appartient au roi de Suède Charles-Jean XIV, l'ancien général français Bernadotte, prince de Ponte-Corvo, qui devait tout à Napoléon et s'unit aux ennemis de la France pour le renverser.

NORWICH (fleuve). *Voyez* THAMES.

NORWICH, com. du Haut-Canada, dist. de London; renferme 3 écoles et 2800 habitants, la plupart quakers.

NORWICH, *Venta Icenorum*, *Nordovicum*, gr. v. d'Angleterre, chef-lieu du comté de Norfolk, sur l'Yare; siége d'un évêché; nomme deux députés. Cette ville est renommée depuis le douzième siècle pour la fabrication de ses tissus de laine; elle renferme un grand nombre de manufactures, de nombreuses écoles, une bibliothèque publique, un magnifique musée botanique avec l'herbier du grand Linné, une vaste cathédrale et près de 40 églises; on admire aussi ses superbes travaux hydrauliques, entrepris pour faciliter ses communications avec Yarmouth et Lowestof. Commerce d'étoffes de laine, de bas, de bestiaux de poissons et de houille. Patrie du philosophe Samuel Clarke, mort en 1729, et du mathématicien Parker; 60,000 hab.

NORWICH, v. des États-Unis de l'Amérique du Nord, état de Connecticut, comté de New-London, sur une langue de terre entre l'Yankee et le Quenebaugh. Elle se compose de trois parties : la ville proprement dite (city), au centre, les faubourgs de Chelsea, au S., et de Beanhill, au N. La ville possède un port sur le Thames, de vastes chantiers, une académie, 2 banques, 2 sociétés d'assurance, une prison, des fabriques de laine et de coton, de nombreuses tanneries, 2 maroquineries, 2 papeteries, une fabrique de dragées, une fonderie de cloches, une forge aux ancres et différents moulins; elle fait un commerce très-actif et communique par un paquebot avec New-London; il y paraît un journal. Dans son voisinage l'Yankee fait une belle chute; 6000 hab.

NORWICH, pet. v. des États-Unis de l'Amérique du Nord, état de New-York, comté de Chénango, dont elle est le chef-lieu, sur le Chénango, dans une charmante et fertile vallée; elle a une prison et fait le commerce; 3600 hab.

NORWICH, pet. v. des États-Unis de l'Amérique du Nord, état de Vermont, comté de Windsor, au confluent du Connecticut et de l'Ompompanusack; elle a une école militaire et 2500 hab.

NOSAI, vg. de Fr., Aube, arr., cant. et poste d'Arcis-sur-Aube; 150 hab.

NOSAIRIS, qu'on appelle aussi improprement NAZARÉENS ou ANSARIENS, sont, a ce qu'il paraît, les descendants des habitants primitifs de la Syrie. Ils habitent dans le pachalik de Tripoli les vallées du Liban, qui s'étendent d'Antakia jusqu'au pays des Druses. Ils se donnent à eux-mêmes le titre de *mumes*, parlent un dialecte syrien et sont au nombre d'environ 60,000 individus. On vante leur caractère doux, leur probité, la manière respectueuse dont ils traitent les femmes. Ils sont divisés en 18 ou 20 tribus, commandées par autant de scheiks, qui payent le tribut au pacha de Tripoli.

NOSSAGE, vg. de Fr., Hautes-Alpes, arr. de Gap, cant. d'Orpierre, poste de Serres; 80 hab.

NOSSA-SENHORA-DA-CONCEICAO-DA-CAXOEIRA. *V.* VILLA-NOVA-DA-CAXOEIRA.

NOSSA-SENHORA-DA-CONCEICAO-DA-ESTREITO ou simplement ESTREITO, pet. v. de l'emp. du Brésil, prov. de San-Pédro (Rio-grande-do-Sul); elle était autrefois la capitale de la province dont elle forme le plus ancien établissement portugais; 2600 hab.

NOSSA-SENHORA-DA-CONCEICAO-DE-PIRATINIM. *Voyez* PIRATINIM.

NOSSA-SENHORA-DA-CONCEIÇAO. *Voy.* CONCEIÇAO.

NOSSA-SENHORA-DA-CONCEICAO-DA-ARROIO. *Voyez* ARROIO.

NOSSA-SENHORA-DA-CONCEIÇAO-DE-CANJUCU, gros b. de l'emp. du Brésil, prov. de San-Pedro (Rio-Grande-do-Sul), dans une contrée très-fertile et bien cultivée, non loin du Camapuan; 4400 hab.

NOSSA-SENHORA-DA-OLIVEIRA-DA-VACARIA. *Voyez* OLIVEIRA-DA-VACARIA.

NOSSA-SENHORA-DAS-NEVES, b. de l'emp. du Brésil, prov. de Rio-de-Janeiro, comarque de Goytacazès, sur le Rio-Maccahé et à 3 l. N. de Maccahé, fut fondé par des Indiens-Garulhos; grand commerce de bois; 3000 hab.

NOSSA-SENHORA-DE-SANTA-ANNA, gr. com. de l'emp. du Brésil, prov. de Rio-de-Janeiro, comarque d'Ilha-Grande, dans l'île de ce nom; 3800 hab.

NOSSA-SENHORA-DO-DESTERRO. *Voyez* DESTERRO.

NOSSA-SENHORA-DO-ROSARIO, com. très-étendue de l'emp. du Brésil, prov. de Rio-de-Janeiro, comarque d'Ilha-Grande, dans une contrée extrêmement fertile, non loin de l'embouchure du Rio-Mambucaba; à quelques lieues de cet endroit s'élève le mont Taypicu appelé aussi mont Tropique et remarquable par les belles vues qu'il offre; 3600 hab.

NOSSA-SENHORA-DOS-ANJOS, vg. florissant de l'emp. du Brésil, prov. de San-Pedro (Rio-Grande-do-Sul), dans une belle et fertile contrée, sur le Rio-Caraguahaty. Il fut fondé par le gouverneur Marcellino-de-Figueyredo et peuplé par quelques familles indiennes réfugiées des missions de l'Uruguay; 3000 hab.

NOSSA-SENHORA-DOS-PRAZERÈS. *Voy.* LAGES.

NOSSEN, v. du roy. de Saxe, cer. de l'Erzgebirge, sur la Mulde de Freiberg; avec un château et 1600 habitants; à 1/2 l. de là est l'ancien couvent d'Altenzella, aujourd'hui domaine royal, avec un haras et de beaux jardins.

NOSSONCOURT, vg. de Fr., Vosges, arr. d'Épinal, cant. et poste de Rambervillers; 430 hab.

NOSTANG, vg. de Fr., Morbihan, arr. de Lorient, cant. de Port-Louis, poste d'Hennebont; 1060 hab.

NOSULA, g. a., pet. île consacrée au soleil, sur la côte des Ichthyophages, dans la Gédrosie; aujourd'hui le Beloutchistan.

NOTASIE, nom que quelques géographes donnent à l'ensemble des groupes d'îles qui forment la Malaisie; d'autres donnent ce nom à l'Océanie centrale.

NOTEBONNE, ham. de Fr., Nord, com. de Bailleul; 120 hab.

NOTH, vg. de Fr., Creuse, arr. de Guéret, cant. et poste de la Souterraine; 870 hab.

NOTHHALTEN ou NODEL, vg. de Fr., Bas-Rhin, arr. de Schléstadt, cant. et poste de Barr; 780 hab.

NOTIUM, g. a., port et à 2 milles O. de Colophon, sur la côte d'Ionie.

NOTIUM, g. a., v. de l'île de Calydna, près de Rhodus.

NOTIUM MARE, g. a., nom de la mer Tyrrhénienne.

NOTKA (baie). *Voyez* QUADRA-VANCOUVER.

NOTO ou NEOSIOU, prov. de l'emp. du Japon, dans le Fokourokoudo; son chef-lieu est Souno-Misaki.

NOTO, *Neetum*, jolie v. de la Sicile, intendance de Siragosa, sur le Noto; elle domine la vallée du même nom, qui donnait la dénomination à une des trois anciennes divisions administratives de la Sicile. Le musée de M. Asluto, baron de Fargione, offre le plus beau médailler de la Sicile; on y voit les médailles de toutes les anciennes villes de cette île; 11,000 hab.

NOTRE-DAME, ham. de Fr., Havre, com. de Bryançais; 310 hab.

NOTRE-DAME-D'ABONDANCE, gr. vg. de la Savoie, prov. de Chablais, situé au fond d'une vallée où commencent les énormes glaciers des Alpes Pennines; 2000 hab.

NOTRE-DAME, vaste baie sur la côte E. de l'île de Terre-Neuve.

NOTRE-DAME-D'AIX. *Voyez* BALARUE-LES-BAINS.

NOTRE-DAME-D'ALIERMONT, vg. de Fr.,

Seine-Inférieure, arr. de Dieppe, cant. et poste d'Envermeu; 480 hab.

NOTRE-DAME-D'AMBÈS. *Voyez* AMBÈS.

NOTRE-DAME-D'APRES, vg. de Fr., Orne, arr. de Mortagne-sur-Huine, cant. de Moulins-la-Marche, poste de l'Aigle; 540 hab.

NOTRE-DAME-D'AUNAY, ham. de Fr., Orne, com. de St.-Germain-d'Aunay; 100 hab.

NOTRE-DAME-D'AURES, ham. de Fr., Aveyron, com. de Salles-Curan; 150 hab.

NOTRE-DAME-D'AVENIÈRES, *Voy.* AVENIÈRES.

NOTRE-DAME-DE-BLAGNY, vg. de Fr., Calvados, arr. de Bayeux, cant. de Balleroy, poste de Littry; 130 hab.

NOTRE-DAME-DE-BLIQUETUIT, vg. de Fr., Seine-Inférieure, arr. d'Yvetot, cant. de Caudebec, poste de la Mailleraye; 560 h.

NOTRE-DAME-DE-BOISSET, vg. de Fr., Loire, arr. et poste de Roanne, cant. de Perreux; 420 hab.

NOTRE-DAME-DE-BONDEVILLE, vg. de Fr., Seine-Inférieure, arr. et poste de Rouen, cant. de Maromme; 1790 hab.

NOTRE-DAME-DE-BRUGUIÈRES. *Voyez* BRUGUIÈRES.

NOTRE-DAME-DE-CENILLY, vg. de Fr., Manche, arr. de Coutances, cant. et poste de Cérisi-la-Salle; 1990 hab.

NOTRE-DAME-DE-CHASSÉ. *V.* CHASSÉ.

NOTRE-DAME-DE-CLÉRY. *Voyez* CLÉRY.

NOTRE-DAME-DE-COURÇON, vg. de Fr., Calvados, arr. de Lisieux, cant. de Livarot, poste de Fervacques; 1020 hab.

NOTRE-DAME-DE-CRESNAY, vg. de Fr., Manche, arr. d'Avranches, cant. et poste de Brecey; 880 hab.

NOTRE-DAME-DE-FRESNAY, vg. de Fr., Calvados, arr. de Lisieux, cant. de St.-Pierre-sur-Dives, poste de Livarot; 300 h.

NOTRE-DAME-DE-FRESNE, vg. de Fr., Eure, arr. de Pont-Audemer, cant. de Cormeilles, poste de Lieurez; 370 hab.

NOTRE-DAME-DE-GRAVENCHON, vg. de Fr., Seine-Inférieure, arr. du Hâvre, cant. et poste de Lillebonne; 740 hab.

NOTRE-DAME-DE-GRÉEZ, ham. de Fr., Sarthe, com. de Gréez-près-Montmirail; 120 hab.

NOTRE-DAME-DE-LA-CRAU, ham. de Fr., Var, com. d'Hyères; 100 hab.

NOTRE-DAME-DE-LA-CROIX, ham. de Fr., Tarn-et-Garonne, com. de Verdun-sur-Garonne; 460 hab.

NOTRE-DAME-DE-LA-GARDE ou FORT-NOTRE-DAME, ham. de Fr., Bouches-du-Rhône, com. de Marseille; 200 hab.

NOTRE-DAME-DE-LIESSE, b. de Fr., Aisne, arr. et poste de Laon, cant. de Sissonne; c'est un pèlerinage fameux qui a donné lieu à la confection de croix, cœurs, bagues d'or et argent, de crucifix en cuivre, de bimbeloterie en tilleul, etc.; 1250 hab.

NOTRE-DAME-DE-L'ISLE, vg. de Fr., Eure, arr. et cant. des Andelys, poste de Vernon; 750 hab.

NOTRE-DAME-DE-LIVOGE, vg. de Fr., Calvados, arr. de Lisieux, cant. de Mezidon, poste de Cambremer; 170 hab.

NOTRE-DAME-DE-LIVOYE, vg. de Fr., Manche, arr. d'Avranches, cant. et poste de Brécey; 370 hab.

NOTRE-DAME-D'ELLE, vg. de Fr., Manche, arr. de St.-Lô, cant. de St.-Clair, poste de Torigny; 250 hab.

NOTRE-DAME-DE-LONDRES, vg. de Fr., Hérault, arr. de Montpellier, cant. de St.-Martin-de-Londres, poste de Matelles; 380 h.

NOTRE-DAME-DE-MONT, vg. de Fr., Vendée, arr. des Sables, cant. de St.-Jean-de-Mont, poste de Beauvoir-sur-Mer; 2780 h.

NOTRE-DAME-DE-MONTE, ham. de Fr., Puy-de-Dôme, com. de Champétières; 110 h.

NOTRE-DAME-DE-NOYLHIAC, ham. de Fr., Tarn, com. de Boissezon-d'Augmontel; 140 hab.

NOTRE-DAME-D'ÉPINE, vg. de Fr., Eure, arr. de Bernay, cant. et poste de Brionne; 280 hab.

NOTRE-DAME-DE-PLAN, ham. de Fr., Isère, com. de St.-Étienne-de-St.-Geoirs; 250 hab.

NOTRE-DAME-DE-PRÉAUX, vg. de Fr., Eure, arr., cant. et poste de Pont-Audemer, 380 hab.

NOTRE-DAME-DE-SANILLAC, vg. de Fr., Dordogne, arr. et poste de Périgueux, cant. de St.-Pierre-le-Chignac; 1040 hab.

NOTRE-DAME-DES-CHAMPS, ham. de Fr., Sarthe, com. de St.-Jean-d'Assé; 200 h.

NOTRE-DAME-DES-CHAMPS, ham. de Fr., Seine-Inférieure, com. de Malaunay; 120 hab.

NOTRE-DAME-DES-GARDES, ham. de Fr., Maine-et-Loire, com. de St.-George-du-Puy-de-la-Garde; 500 hab.

NOTRE-DAME-DES-PRÉS, ham. de Fr., Lot-et-Garonne, com. de Leyrits; 150 hab.

NOTRE-DAME-DES-QUARTS, ham. de Fr., Nord, com. de Pont-sur-Sambre; 120 h.

NOTRE-DAME-DE-TOUCHET, vg. de Fr., Manche, arr., cant. et poste de Mortain; 450 hab.

NOTRE-DAME-DE-VAULX, vg. de Fr., Isère, arr. de Grenoble, cant. de la Mure, poste de Vizille; mines d'anthracite; 655 h.

NOTRE-DAME-DES-VERTUS. *Voyez* AUBERVILLIERS.

NOTRE-DAME-D'OÉ, vg. de Fr., Indre-et-Loire, arr. et poste de Tours, cant. de Vouvray; 450 hab.

NOTRE-DAME-D'OR, vg. de Fr., Vienne, arr. de Loudun, cant. de Moncontour, poste de Mirebeau; 220 hab.

NOTRE-DAME-DU-BEC, vg. de Fr., Seine-Inférieure, arr. du Hâvre, cant. et poste de Montivilliers; 330 hab.

NOTRE-DAME-DU-CROS, ham. de Fr., Haute-Loire, com. de Ferrussac; 140 hab.

NOTRE-DAME-DU-HAMEL, vg. de Fr.,

Eure, arr. de Bernay, cant. de Broglie, poste de Montreuil-l'Argillé ; 890 hab.

NOTRE-DAME-DU-NOYER, ham. de Fr., Cher, com. de Boucard ; 120 hab.

NOTRE-DAME-DU-PARC, vg. de Fr., Seine-Inférieure, arr. de Dieppe, cant. et poste de Longueville ; 180 hab.

NOTRE-DAME-DU-PÉ, vg. de Fr., Sarthe, arr. de la Flèche, cant. et poste de Sablé ; 410 hab.

NOTRE-DAME-DU-THIL, vg. de Fr., Oise, arr., cant. et poste de Beauvais ; 1070 hab.

NOTRE-DAME-DU-VAL-SUR-MER, ham. de Fr., Eure, com. de St.-Pierre-du-Val ; 300 hab.

NOTRE-DAME-DU-VAUDREUIL, vg. de Fr., Eure, arr. de Louviers, cant. de Pont-de-l'Arche ; dans les environs grande culture de gaude pour les teintures et de chardon pour le lainage ; 930 hab.

NOTRE-DAME-SUR-L'EAU, ham. de Fr., Orne, com. de Domfront ; 380 hab.

NOTSBUKTORE ou Sandwich, une des plus vastes baies de la côte E. du Labrador ; son entrée est rendue très-étroite par l'île d'Huntingdon, qui s'étend devant son ouverture. Une longue chaîne de montagnes, les Mealy-Mountains s'étend depuis cette baie jusqu'à celle d'Iruktoke.

NOTSELAER, b. du roy. de Belgique, prov. de Brabant méridional, dist. de Louvain, sur la Dyle ; 1640 hab.

NOTTEGAMEN, île dans le golfe de Saint-Laurent, près de la côte S. du Labrador, dont elle fait partie.

NOTTERŒE, paroisse de Norwège, diocèse d'Aggerhuus, bge de Bradsberg, sur une île du golfe de Christiania ; 3200 hab.

NOTTINGHAM, île au N.-E., de celle de Mansfield, entrée N.-E. de la mer d'Hudson.

NOTTINGHAM, com. des États-Unis de l'Amérique du Nord, état de New-Jersey, comté de Burlington, sur le Delaware ; commerce ; 3400 hab.

NOTTINGHAM, comté d'Angleterre. Ses bornes sont au N.-O. le comté d'York, au N.-E. et à l'E. celui de Lincoln, au S.-E. et au S. celui de Leicester et au S.-O. celui de Derby. Sa superficie est de 39 l. c. géogr. et sa pop. de 170,000 hab. Cette province est une des plus belles et des plus riches du royaume ; sa surface offre alternativement de douces élévations, des forêts, de larges vallées et des plaines très-bien arrosées par plusieurs cours d'eau, dont le principal est le Trent ; le canal de Chesterfield s'étend au N. Le climat est doux et sain ; il attire continuellement un grand nombre des premières familles de l'Angleterre. Les productions consistent en blé, légumes, houblon, chanvre, fourrages et réglisse, pigeons et poissons, plomb, calamine, gypse, albâtre et houille. L'industrie agricole, de même que l'éducation du bétail, sont dans un état très-florissant ; l'industrie cotonnière est également très-active ; on fabrique en outre du malt et de la bière. On exporte du blé, des bestiaux, du malt, du houblon, de la céruse, des bas de laine et de soie. Ce comté fait partie du diocèse d'York, nomme 8 députés et est divisé en 8 districts.

NOTTINGHAM, très-belle v. d'Angleterre, chef-lieu du comté de même nom, dans une position pittoresque, non loin du Trent et sur le canal Grand-Tronc qui la met en communication avec Liverpool, Hull et Londres. La bourse, l'hôtel de ville, le beau château du duc de Newcastle et les nombreuses voûtes et celliers taillés dans le roc, sa belle place, dont les maisons sont presque toutes supportées par de hautes colonnes en pierre, sont ce qu'elle offre de plus remarquable. Nottingham est le principal entrepôt des plus beaux bas de laine, de soie et de coton et des dentelles ; elle fabrique aussi beaucoup de faïence ordinaire et d'excellente bière, et possède quelques verreries. Cette ville envoie deux députés au parlement ; 50,000 hab. Patrie de l'archevêque Cranmer, de Guillaume Wakefield, mort en 1601, et de Robert Arkwright, l'inventeur des machines à filer.

NOTTINGHAM (canal de), canal d'Angleterre, ramification du canal d'Erewash, à l'E. ; il finit à la ville du même nom sur le Trent et est prolongé au-delà de ce fleuve par le canal de Grantham.

NOTTINGHAM, com. des États-Unis de l'Amérique du Nord, état de Pensylvanie, comté de Washington, sur la Monongahéla ; 3000 hab.

NOTTONVILLE, vg. de Fr., Eure-et-Loir, arr. et poste de Châteaudun, cant. d'Orgères ; 660 hab.

NOTTOWAY (fleuve). *Voyez* Chowan (fleuve).

NOTTOWAY, comté de l'état de Virginie, États-Unis de l'Amérique du Nord ; il est borné par les comtés d'Amélia, Dinwiddie, Lunenburgh et Prince-Edward. Pays assez fertile, arrosé par le Nottoway (Nottaway) et différents affluents de ce fleuve ; 11,000 hab.

NOTZ, ham. de Fr., Indre, com. de Châteauroux ; 170 hab.

NOUAILLAS, ham. de Fr., Haute-Vienne, com. d'Ambazac ; 120 hab.

NOUAILLE (la), vg. de Fr., Creuse, arr. d'Aubusson, cant. de Gentioux, poste de Felletin ; 1700 hab.

NOUAILLE (la), vg. de Fr., Dordogne, arr. et à 9 l. E.-S.-E. de Nontron, chef-lieu de canton, poste d'Excideuil ; forges, hauts-fourneaux, aciéries ; 1230 hab.

NOUAILLÉ, vg. de Fr., Vienne, arr. et poste de Poitiers, cant. de la Ville-Dieu ; 790 hab.

NOUAILLETE (la), ham. de Fr., Dordogne, com. de Hautefort ; 100 hab.

NOUAINVILLE, vg. de Fr., Manche, arr. et poste de Cherbourg, cant. d'Octeville ; 210 hab.

NOUAN-LE-FUZELIER, vg. de Fr., Loir,

et-Cher, arr. de Romorantin, cant. et poste de la Motte-Beuvron; 1300 hab.

NOUAN-SUR-LOIRE, vg. de Fr., Loir-et-Cher, arr. de Blois, cant. de Bracieux, poste de St.-Dyé-sur-Loire; 720 hab.

NOUANS, vg. de Fr., Sarthe, arr. de Mamers, cant. de Marolles-les-Braux, poste de Beaumont-sur-Sarthe; 1020 hab.

NOUANS, vg. de Fr., Indre-et-Loire, arr. de Loches, cant. et poste de Montrésor; 1200 hab.

NOUART, vg. de Fr., Ardennes, arr. de Vouziers, cant. et poste de Buzancy; huilerie, foulerie de droguets; 830 hab.

NOUATRE, vg. de Fr., Indre-et-Loire, arr. de Chinon, cant. et poste de St.-Maure; 240 hab.

NOUAYE (la), vg. de Fr., Ille-et-Vilaine, arr. et poste de Montfort-sur-Meu, cant. de Bédée; 220 hab.

NOUCHARA ou NUSHARA, v. de l'Inde, principauté du Sindhy, chef-lieu du district de même nom, est située sur le Nouchara, affluent de l'Indus. Elle est la résidence du radjah Mir Thara, qui peut mettre 4000 hommes en campagne et a un million de revenus. La ville est industrieuse et commerçante.

NOUCHI, v. de la Russie d'Asie, prov. de Chirvan, situé au pied des montagnes, sur le Goktchai, est le chef-lieu d'un district, qui porte son nom.

NOUDAR, b. du Portugal avec château, prov. d'Alentejo, dist. d'Aviz, sur une montagne, baignée par le Martigas; 2000 hab.

NOUE (la), ham. de Fr., Charente-Inférieure, com. de Ste.-Marie; 250 hab.

NOUE (la Grande-), ham. de Fr., Maine-et-Loire, com. du Mesnil; 100 hab.

NOUE (la), vg. de Fr., Marne, arr. d'Épernay, cant. d'Esternay, poste de Sézanne; 350 hab.

NOUE)la), ham. de Fr., Haute-Marne, arr. de St.-Dizier; 280 hab.

NOUÉE (la). *Voyez* LANOUÉE.

NOUEILLES, vg. de Fr., Haute-Garonne, arr. de Villefranche-le-Lauragais, cant. de Montgiscard; poste de Baziège; 310 hab.

NOUES (les), ham. de Fr., Loire-Inférieure, com. de Thouaré; 110 hab.

NOUES (les), ham. de Fr., Deux-Sèvres, com. d'Exireuil; 100 hab.

NOUET, ham. de Fr., Gironde, com. de St.-Denis-de-Pille; 110 hab.

NOUGAROULET, vg. de Fr., Gers, arr., cant. et poste d'Auch; 710 hab.

NOUGOR, riv. du Beloutchistan, prend sa source sur le plateau du Mekran occidental, passe par Kossarkand et Gouttar et se jette dans le golfe d'Oman.

NOUGOUOR, groupe d'îles très-peuplées, dans l'archipel des Carolines (Polynésie). On y voit une grande quantité d'arbres à pain.

NOUHANT, vg. de Fr., Creuse, arr. de Boussac, cant. et poste de Chambon; 700 h.

NOUHAUT, ham. de Fr., Haute-Vienne, com. de Fromental; 100 hab.

NOUIC, vg. de Fr., Haute-Vienne, arr. et poste de Bellac, cant. de Mézières; 1530 h.

NOUILHAS, ham. de Fr., Haute-Vienne, com. de Beinac; 100 hab.

NOUILLAN, vg. de Fr., Hautes-Pyrénées, arr. de Tarbes, cant. et poste de Vic-en-Bigorre; 290 hab.

NOUILLERS (les), vg. de Fr., Charente-Inférieure, arr. de St.-Jean-d'Angely, cant. et poste de St.-Savinien; 1020 hab.

NOUILLIER-DE-HADOL (le), ham. de Fr., Vosges, com. de Hadol; 140 hab.

NOUILLONPONT, vg. de Fr., Meuse, arr. de Montmédy, cant. et poste de Spincourt; 420 hab.

NOUILLY, vg. de Fr., Moselle, arr. et poste de Metz, cant. de Vigy; 270 hab.

NOUKAHIVA ou FÉDÉRAL-ISLAND D'INGRAHAM, ILE BEAUX DE MARCHAND, la plus grande et la plus peuplée des îles du groupe de Washington, dans l'archipel de Mendana, Polynésie ou Océanie orientale; elle est située sous 8° 57' de lat. S. et 142° de long. occ. Elle est sillonnée de hautes montagnes rocheuses, que séparent des vallées fertiles et bien arrosées. La côte méridionale présente surtout des roches escarpées et déchirées, du haut desquelles des torrents se précipitent en cascades magnifiques. Une de ces cascades, qui tombe, dit-on, d'une hauteur de 2000 pieds, est une des plus remarquables du monde. Noukahiva a de bons ports. L'île est divisée en 6 districts. La population, que Krusenstern évalue à environ 18,000 individus, est divisée en deux tribus ennemies.

NOU-KIANG ou LOU-KIANG, nom que porte le fleuve Salouen en traversant la prov. chinoise de Yun-nan. (*Voyez* SALOUEN.)

NOUKOTE ou NOACOTE, v. de l'Inde, roy. de Népal, sur le Trisoolgunga, est, suivant le dire des voyageurs, la ville la mieux bâtie du Népal. Tout près est un grand temple consacré à Mahamaya, qui domine une belle vallée où l'on cultive la canne à sucre.

NOULENS, vg. de Fr., Gers, arr. de Condom, cant. et poste d'Eauze; 310 hab.

NOULETTE, ham. de Fr., Pas-de-Calais, com. d'Aix-en-Gohelle; 190 hab.

NOUMADA, v. du Japon, prov. de Kootské, dans le Tosando.

NOUN, v. commerçante du Maroc, prov. de Suse, près du cap du même nom.

NOUNIA, vg. de la Turquie d'Asie, à peu de distance de Mossoul, est bâti, selon la croyance populaire, sur l'emplacement de l'ancienne Ninive. Deux collines de débris sont regardées comme les restes de la puissante capitale de l'Assyrie qui, comme l'on sait, fut détruite par les Mèdes et les Chaldéens, mais rebâtie plus tard. Il est impossible de distinguer aujourd'hui la nouvelle ville de l'ancienne; peut-être les statues, les bas-reliefs et les inscriptions que l'on trouve au milieu des décombres serviront un jour à éclaircir l'histoire de cette antique cité.

NOURADJAPOURA. *Voyez* Anouradgbourro.

NOURARD-LE-FRANC, vg. de Fr., Oise, arr. de Clermont, cant. et poste de St.-Just-en-Chaussée; 500 hab.

NOUREUIL, ham. de Fr., Aisne, com. de Viry-Noureuil; 340 hab.

NOURRAY, vg. de Fr., Loir-et-Cher, arr. et poste de Vendôme, cant. de St.-Amand; 190 hab.

NOURY, ham. de Fr., Nièvre, com. de Vandenesse; 160 hab.

NOUSSE, vg. de Fr., Landes, arr. et poste de Dax, cant. de Montfort; 450 hab.

NOUSSERABAD, v. de l'Inde anglaise, présidence de Calcutta, prov. et dist. d'Adjmir; est un joli petit endroit qui est aujourd'hui une des stations militaires anglaises dans l'Indostan.

NOUSSEWILLER-LES-PUTTELANGE, vg. de Fr., Moselle, arr. et cant. de Sarreguemines, poste de Forbach; 660 hab.

NOUSSEWILLER-LES-VOLMUNSTER, vg. de Fr., Moselle, arr. de Sarreguemines, cant. de Volmunster, poste de Bitche; 280 hab.

NOUSTY, vg. de Fr., Basses-Pyrénées, arr., cant. et poste de Pau; 760 hab.

NOUVEAU-BRUNSWIC. *Voyez* Brunswic (Nouveau).

NOUVEAU-CANAL. *Voyez* New-York (état).

NOUVEAU-CORNOUAILLES. *Voyez* Cornouailles (Nouveau).

NOUVEAU-HERRNHUT. *Voyez* Herrnhut (Nouveau).

NOUVEAU-MONDE, ham. de Fr., Calvados, com. de St.-Jacques; 150 hab.

NOUVEAU-MONDE, ham. de Fr., Nord, com. de Bailleuil; 200 hab.

NOUVEAU-MEXIQUE. *Voyez* Mexique (Nouveau).

NOUVEAU-MIDDELBOURG. *Voyez* Middelbourg (Nouveau).

NOUVEAU-SHETLAND-MÉRIDIONAL. *Voyez* Shetland-Méridional (Nouveau).

NOUVEL-AN (île du). *Voyez* Miadi.

NOUVEL-AN (îles du), groupe de deux îles, au N.-O. du détroit de Bass, près de l'île de King, dans l'Australie ou Océanie centrale. Ces îles ont beaucoup de sources et de ruisseaux et une riche végétation. Les phoques y abondent et les Anglais y vont à la chasse de ces animaux.

NOUVEL-AN (îles du) ou New-Years-Islands, groupe de petites îles au N. de la Terre-des-États, à l'E. de la Terre-de-Feu. Elles sont très-élevées et couvertes d'une belle végétation. Cook, qui les découvrit le 31 décembre 1774 leur donna le nom qu'elles portent.

NOUVEL-AN (port du) ou New-Years-Harbour, baie et bon port sur la côte N. de la Terre-des-États, à l'E. de la Terre-de-Feu, sous 54° 49′ lat. S. Elle fut découverte par Cook, le 1er janvier 1775, et offre du bois et de l'eau en abondance.

NOUVELLE (port et fort de la), Fr., Aude, com. de Sijean. Ce port est très-utile pour le commerce de l'Aude et des Pyrénées-Orientales avec la Catalogne; 280 hab.

NOUVELLE, ham. de Fr., Saône-et-Loire, com. de Martigny-le-Comte; 200 hab.

NOUVELLE-ALBION. *Voyez* Albion (Nouvelle-) et Orégon (district).

NOUVELLE-AMSTERDAM. *Voyez* New-Amsterdam.

NOUVELLE-ANGLETERRE, nom sous lequel on comprend les 6 provinces du N.-E. des États-Unis de l'Amérique du Nord; ce sont : le Maine, New-Hampshire, Vermont, Massachusetts, Rhode-Island et Connecticut. Ces 6 états formaient la ci-devant Nouvelle-Angleterre, nom qui leur a été donné en 1614 par le capitaine Smith et qui fut confirmé par le prince de Galles (plus tard roi Charles Ier). Cette dénomination, quoique politiquement effacée, s'emploie fréquemment encore dans la vie usuelle.

NOUVELLE-ARKHANGEL (*Novoi-Arkhangelsk*), v. et principal établissement de l'Amérique russe, sur la côte O. de l'île de Sitka ou Baranoff. Elle a un bon port, des chantiers pour la construction des vaisseaux, un fort avec la maison du gouverneur et une bibliothèque, des casernes, un hôpital et de vastes magasins. Cette ville est la résidence du gouverneur de toute l'Amérique russe et était jusqu'en 1829 le siége de la compagnie russe-américaine, transféré depuis dans l'île de Kodiak. Le port de cette ville est la station ordinaire d'une escadre russe, composée de deux frégates et d'autant de corvettes; 1000 hab.

NOUVELLE-BRETAGNE. *Voy.* Bretagne (Nouvelle).

NOUVELLE-CALIFORNIE. *Voyez* Californie (territoire).

NOUVELLE-ÉCOSSE. *Voyez* Écosse (Nouvelle).

NOUVELLE-ÉGLISE, vg. de Fr., Pas-de-Calais, arr. de St.-Omer, cant. d'Audruicq, poste d'Ardres; 330 hab.

NOUVELLE-FRANCE (la), ham. de Fr., Seine, com. de la Chapelle-St.-Denis; 500 h.

NOUVELLE-FRANCE (la), ham. de Fr., Seine, com. de Montmartre; 1500 hab.

NOUVELLE-GALLES. *Voy.* Galles (Nouvelle).

NOUVELLE-GÉORGIE. *Voyez* Géorgie (Nouvelle).

NOUVELLE-GRENADE. *Voyez* Grenade (Nouvelle).

NOUVELLE-HANOVRE. *Voyez* Hanovre (Nouvelle).

NOUVELLE-ORLÉANS (New-Orléans), comté ou paroisse de l'état de Louisiane, États-Unis de l'Amérique du Nord; il est borné par le lac Pontchartrain, la baie ou le lac Borgne, le golfe du Mexique et les comtés de Plaquemines, la Fourche-Intérieure et St.-Bernard. Sa superficie est de 62 l. c. géogr. Pays bas, marécageux et malsain, mais fertile en riz et en coton, et arrosé par le Mississipi et le fleuve La-Fourche. Un canal naturel y joint le Mississipi au lac Barataria, qui communique par un autre canal avec la baie de même nom; 90,000 hab.

NOUVELLE-ORLÉANS (New-Orléans), chef-lieu du comté de même nom et capitale de la Louisiane, sur la rive gauche du Mississipi, à 40 l. de son embouchure. Des digues élevées à grands frais protègent la ville contre les inondations du fleuve, dont le lit se trouve plus élevé que le terrain occupé par la ville. Le fleuve St.-John, le canal de Carondelet et un chemin de fer de 4 l. de longueur la joignent au lac Pontchartrain: ce dernier aboutit au port artificiel construit sur le lac. La Nouvelle-Orléans est la ville la plus grande, la plus peuplée et la plus commerçante des états méridionaux de l'Union. Elle se compose de la ville proprement dite (Vieille-Ville), et des faubourgs, est généralement bien bâtie, renferme des rues larges et de très-belles maisons. Ses bâtiments les plus remarquables sont: le nouveau palais de l'état, le palais du gouverneur, l'arsenal de l'état, la douane de l'Union, le palais de justice, le nouveau marché, construit sur le modèle des propylées d'Athènes, la cathédrale catholique, quoique d'une mauvaise architecture, et l'église des presbytériens. La ville renferme en outre 4 banques, 5 sociétés d'assurance, un hôpital, 2 hospices des orphelins, deux théâtres, et un établissement de sourds-muets dans son voisinage. Elle est le siége d'un évêque catholique. Ses établissements littéraires sont peu nombreux, et le nombre de ses écoles n'est pas en proportion avec la population et les ressources de la ville. Elle possède un collége, une bibliothèque publique, une société pour la propagation de connaissances utiles et une société biblique; on y publie 8 journaux. Ses fabriques et manufactures sont peu nombreuses; les principales sont celles de coton, avec 9 presses, qui fournissent journellement 500 ballots, et une scierie à vapeur, qui fournit par jour 80,000 pieds de planches. Le commerce occupe presque tous les habitants. Par ses bateaux à vapeur cette ville est devenue le débouché naturel de l'immense et fertile bassin du Mississipi, et un des plus grands marchés du monde; pour le commerce d'exportation des produits de l'Union elle ne le cède qu'à New-York. Elle emploie 1400 grands bateaux marchands et 130 bateaux à vapeur pour les relations intérieures, et un grand nombre de vaisseaux pour le commerce maritime. La position de la ville et les fortifications qui l'entourent et qui en défendent les approches par mer, en font la plus forte place des États-Unis. Le fort du Chef-Menteur et le fort des Petites-Coquilles commandent les deux entrées du lac Borgne dans le lac Pontchartrain, et les forts Philippe, St.-John et St.-Léon défendent l'entrée du Mississipi du côté de la mer. En 1815 les Anglais essayèrent vainement de prendre la ville. La Nouvelle-Orléans, fondée par des Français, est encore aujourd'hui une ville éminemment française pour les mœurs et la manière de vivre, quoiqu'un grand nombre d'Américains s'y soient établis dans les dernières années. La position basse de la ville, le fleuve, les lacs et les immenses marais qui l'entourent en rendent l'air très-malsain; la fièvre jaune y exerce de grands ravages; dans les années 1811, 1814, 1822 et 1829 elle a enlevé un grand nombre d'habitants. En 1816 la moitié de la ville (1100 maisons) fut détruite par un incendie; elle s'est relevée plus grande et plus belle de ses ruines; 60,000 hab.

NOUVELLE-ZEMBLE. *Voyez* Novaïa-Zemlia.

NOUVION (le), ham. de Fr., Nord, com. de Bavay; 120 hab.

NOUVION-EN-PONTHIEU, vg. de Fr., Somme, arr., à 2 1/2 l. N. et poste d'Abbeville, chef-lieu de canton; 1000 hab.

NOUVION-EN-THIÉRACHE, b. de Fr., Aisne, arr. et à 6 l. N.-N.-O. de Vervins, poste de la Capelle, chef-lieu de canton; ce bourg est entouré de bons pâturages, où l'on engraisse beaucoup de bétail; il possède une fabrique considérable de fromages, façon Marolles; fabrication d'articles de Reims; verrerie du Garmouset. Dans les environs on fabrique aussi de la boissellerie; 3100 hab.

NOUVION-EN-THIÉRACHE (le). *Voyez* Nouvion (le).

NOUVION-L'ABBESSE, vg. de Fr., Aisne, arr. de Laon, cant. de Crécy-sur-Serre, poste de la Fère; 970 hab.

NOUVION-LE-COMTE, vg. de Fr., Aisne, arr. de Laon, cant. de Crécy-sur-Serre, poste de la Fère; 690 hab.

NOUVION-LE-VINEUX, vg. de Fr., Aisne, arr., cant. et poste de Laon; 270 hab.

NOUVION-SUR-MEUSE, vg. de Fr., Ardennes, arr. de Mézières, cant. et poste de Flize; 300 hab.

NOUVOITOU, vg. de Fr., Ille-et-Vilaine, arr. et poste de Rennes, cant. de Château-Giron; 2150 hab.

NOUVRON-VINGRÉ, vg. de Fr., Aisne, arr. de Soissons, cant. et poste de Vic-sur-Aisne; 430 hab.

NOUZERINES, vg. de Fr., Creuse, arr., cant. et poste de Boussac; 800 hab.

NOUZEROLLES, vg. de Fr., Creuse, arr. de Guéret, cant. de Donnat, poste d'Aigurande; 340 hab.

NOUZIER, vg. de Fr., Creuse, arr. de Boussac, cant. de Châtelus, poste de Genouillat; 880 hab.

NOUZILLY, vg. de Fr., Indre-et-Loire, arr. de Tours, cant. de Château-Renault, poste de Monnaie; 1050 hab.

NOUZILLY, ham. de Fr., Vienne, com. de Chalais; 120 hab.

NOUZON, vg. de Fr., Ardennes, arr. de Mézières, cant. et poste de Charleville; fabr. de feronneries; 2055 hab.

NOVA-BERDA, pet. v. de la Turquie d'Europe, éyalet de Rumili, sandschak de Veldschterin; mines d'argent.

NOVA-BRAGANZA. *Voyez* Aveiro.

NOVACELLE, ham. de Fr., Hérault, com. de St.-Maurice; 150 hab.

NOVACELLES, vg. de Fr., Puy-de-Dôme, arr. d'Ambert, cant. et poste d'Arlanc; 960 h.

NOVA-COIMBRA. *Voyez* Coimbra (Nova-).

NOVAIA ZEMLIA ou Nouvelle-Zemble (terre nouvelle), groupe de deux îles dans l'Océan Glacial Arctique. Ces deux îles, séparées l'une de l'autre par l'étroit canal de Matoschnoi, ont été longtemps crues n'en former qu'une seule; elles sont situées au N.-E. du gouv. d'Arkhangelsk, auquel elles appartiennent sous le rapport politique, et s'étendent entre 49° 10′ et 67° long. orient., et entre 69° 30′ et 78° lat. N.; vaste pays, qui n'a pas moins de 4000 l. c. géogr. de superficie, la Nouvelle-Zemble offre un caractère de désolation, dont on pourrait se faire difficilement une idée. Des masses énormes de glaces défendent l'E. et le N., qu'on n'a pas encore pu reconnaître; l'île, située au N. du canal de Matoschnoi, est traversée par une chaîne de montagnes granitique, qui la couvre presque toute entière de ses ramifications et où s'élève le mont Glazowski; des neiges perpétuelles amoncelées sur ces hauteurs, et les glaces de l'Océan reflètent au loin les feux du volcan de Sarytcheff. D'énormes rochers bordent les côtes du canal de Matoschnoi, et le chasseur intrépide ne peut aborder que sur les rives plates de l'île du Sud ou à l'entrée du canal de Matoschnoi. Un hiver de 9 mois règne dans ces contrées; le froid est tellement rigoureux, que l'homme muni de tous les moyens de résistance peut à peine le supporter; des tempêtes affreuses soufflent avec impétuosité; la neige s'amoncèle et pendant des semaines le soleil ne paraît pas à l'horizon. Cependant d'intrépides chasseurs de Mesen et des pêcheurs sibériens osent affronter les périls pour se procurer les précieuses fourrures des animaux qui peuplent les solitudes de la Nouvelle-Zemble, pour chasser les rennes, les renards, les loups, les ours blancs, les phoques, les vaches marines, les oiseaux de mer au délicat édredon, qu'on y rencontre en immense quantité. Ils viennent planter sur les bords méridionaux leurs huttes passagères et repartent l'été suivant avec leur riche butin, Les îlots déserts et sauvages de Podrefest, de Temnoi et de Belyja sont situés sur les côtes de la Nouvelle-Zemble.

NOVALES, vg. de Fr., Corse, arr. et poste de Corte, cant. de Valle; 320 hab.

NOVARA, prov. limitrophe du Piémont. Ses bornes sont: au N. la prov. de Pallanza, à l'E. le gouv. de Milan, au S. la prov. de Vigevano, à l'O. celle de Vercelli et au N.-O. la vallée de Sésia. Sa superficie est de 28 l. c. et sa population de 100,000 âmes, distribuées dans une ville et 117 bourgs ou villages. Cette province présente une vaste plaine, très-bien arrosée par le Tessin, la Sesia et l'Agogna et riche en céréales, riz, soie, fruits, chanvre, lin, légumes, vins, porcs, ânes et volaille. L'industrie manufacturière s'occupe principalement de la filature de la soie et de la fabrication de la toile.

NOVARA, *Novaria*, v. épiscopale du Piémont et chef-lieu de la province du même nom, assez jolie et industrieuse; la place d'armes, le basilique de St.-Gaudens et le palais Bellini, sont ses principaux édifices. Parmi ses établissements scientifiques et littéraires nous nommerons le collegio Gallarino, le collegio Miasino, le séminaire épiscopal et plusieurs instituts pour les demoiselles; fabr. de toiles et de chapeaux; filatures de soie; commerce, surtout en riz; 15,000 hab.

NOVAWESS ou Neuendorf, b. de Prusse, prov. de Brandebourg, rég. de Potsdam; fondé de 1751 à 1764 par des émigrés bohémiens; on y fabrique des étoffes de laine et de coton et des aiguilles à coudre; 1720 h.

NOVEANT, vg. de Fr., Moselle, arr. et poste de Metz, cant. de Gorze; 1030 hab.

NOVELLA, vg. de Fr., Corse, arr. de Calvi, cant. de Belgodère, poste de l'Isle-Rousse; 330 hab.

NOVELLARA, v. du duché de Reggio, situé dans une contrée fertile et bien arrosée, autrefois chef-lieu d'un duché appartenant à la maison Gonzaga, et dont la maison de Modène fit l'acquisition en 1737; 4000 h.

NOVEMPOPULANA, *Novempopulania*, g. a., une partie de l'ancienne Aquitaine, qui fut divisée dans la suite en : Novempopulana, le pays entre la Garonne et les Pyrénées, avec la métropole Civitas Ausciorum (Auch); Aquitaine Ire et Aquitaine IIe, avec les métropoles Biturigis (Bourges) et Burdigala (Bordeaux).

NOVES, vg. de Fr., Bouches-du-Rhône, arr. d'Arles-sur-Rhône, cant. de Château-Renard, poste de St.-Remy; fabr. de sucre indigène; 1880 hab.

NOVET, ham. de Fr., Ain, com. de Chaleins; 100 hab.

NOVI, v. commerçante et industrieuse du duché de Gênes, prov. de la Riviera Ponente, située sur une montagne et sur la route du Piémont, et mémorable dans les fastes militaires de nos jours. Ses manufactures de soie sont les plus estimées du duché. Commerce très-étendu de soie, de draps et de denrées coloniales; 4 foires; 5600 hab.

NOVI, vg. de Lombardie, gouv. de Milan, délégation de Vicence; grande fabrique de faïence; 2000 hab.

NOVI, b. d'Illyrie, gouv. de Trieste, cer. de Fiume, sur le canal Morlano; résidence ordinaire de l'évêque de Zeng; culture de la vigne; 2000 hab.

NOVI, pet. v. forte de la Turquie d'Europe, eyalet de Bosnie, sandschak de Banjalnko.

NOVIANT-AUX-PRÉS, vg. de Fr., Meurthe, arr. de Toul, cant. de Domèvre, poste; carrière de pierre de taille; 390 hab.

NOVIBAZAR ou **IENIBAZAR**, v. fortifiée de la Turquie d'Europe, eyalet de Bosna, chef-lieu du sandschak de même nom et siége d'un évêché catholique; bains thermaux; foires très-fréquentées; 8000 hab.

NOVILLARD ou **NEUVILLER**, vg. de Fr., Haut-Rhin, arr., cant. et poste de Belfort; 210 hab.

NOVILLARS, vg. de Fr., Doubs, arr. et poste de Besançon, cant. de Marchaux; 80 hab.

NOVILLER-SAINTE-GENEVIÈVE, ham. de Fr., Oise, com. de Ste.-Geneviève; 150 h.

NOVION-PORCIEN, vg. de Fr., Ardennes, arr., à 2 1/2 l. N. et poste de Réthel, chef-lieu de canton; 1341 hab.

NOVIS, ham. de Fr., Aveyron, com. de Séverac; 170 hab.

NOVITA, misérable pet. v. de la rép. de la Nouvelle-Grenade, dép. de Cauca, prov. de Choco., dont elle était autrefois le chef-lieu, sur deux hauteurs baignées par le San-Juan, et sous un ciel brûlant, humide et malsain. L'exploitation des riches mines d'or et de platine du voisinage occupe presque tous ses habitants et donne à cet endroit une grande importance. Il est question de le transférer dans une contrée plus salubre.

NOVITAL-VIGUERIE, vg. de Fr., Haute-Garonne, arr. de Toulouse, cant. de Fronton, poste de St.-Jovy; 100 hab.

NOVO-FRIBURGO. *V.* FRIBURGO (Novo-).

NOVOYA ou **NOBOYA**, b. de la rép. Argentine, état d'Entre-Rios, sur le Rio-Novoya; 2200 hab.

NOVRE, paroisse du Danemark, diocèse de l'île de Seelande, bge de l'île de Bornholm; 4000 hab.

NOVWIC, misérable endroit de la Nubie, dans le pays des Chaykyé, à la gauche du Nil; remarquable par ses grandes pyramides, plus effilées et beaucoup plus petites que celles d'Égypte.

NOVY, vg. de Fr., Ardennes, arr., cant. et poste de Réthel; 820 hab.

NOWAJA-LADOGA, pet. v. de la Russie d'Europe, gouv. de St.-Pétersbourg, sur le Wolhow; siége des autorités du cercle.

NOWEMIASTO, pet. v. de Pologne, woïwodie de Masovie, sur la Piken; elle a un très-beau château et deux églises; 1550 hab.

NOWEMIASTO-KOREZYN, pet. v. de Pologne, woïwodie de Cracovie, sur la Vistule, à l'embouchure de la Nida; elle a un château fort, 3 églises et un collége; 2200 h.

NOWGOROD-SEWERSKI, v. de la Russie d'Europe, gouv. de Czernigow; siége des autorités du cercle; sur la Desna; c'est l'ancienne capitale du duché de Sewerski; sa forteresse est en ruine; commerce considérable en chaux, chanvre et seigle; 8000 hab.

NOWLEY, b. des États-Unis de l'Amérique du Nord, état de Massachusetts, comté d'Essex, sur l'Ipswich; 2800 hab.

NOWO-DSHEW, v. de la Russie d'Europe, gouv. de Pskow, sur le lac de Podso; 500 h.

NOWODWINSKAJA, forteresse de la Russie d'Europe, gouv. d'Archangelsk, sur une île de la Dwina; elle en défend l'entrée.

NOWOGOROD (gouvernement et ville). *Voyez* NOVOGOROD.

NOWOGROD, pet. v. de Pologne, woïwodie d'Augustow, sur une colline près de la Narew; 1850 hab.

NOWOGRODEK, pet. v. de la Russie d'Europe, gouv. de Grodno, cer. du même nom; siége des autorités du cercle; sur une colline baignée par une petite rivière qui va se jeter dans le Niemen. Cette ville, jadis très-florissante, fut la résidence des grands-ducs de Lithuanie. En 1252 l'un d'eux, nommé Meudog, y fut couronné roi, après avoir accepté la religion chrétienne, qu'il abandonna bientôt après; 2150 hab.

NOWOI-SZANSHAROW, v. de la Russie d'Europe, gouv. de Pultawa, près de la Worshta; elle a 5 églises et 3750 habitants; l'agriculture, le jardinage et le commerce en détail sont leurs occupations.

NOWOI-CZERKEESH, v. de la Russie d'Europe, chef-lieu du pays des Cosaques du Don; siége de l'ataman des Cosaques et de plusieurs autres autorités; 13,400 hab.

NOWOKHOPERSK. *Voyez* KHOPERSK.

NOWOMIASTO, pet. v. de la Russie d'Europe, gouv. de Czernigow, sur l'Iput; 1050 h.

NOWOMIRGOROD, pet. v. de la Russie d'Europe, gouv. de Kherson, sur la Wissa. Elle a plusieurs foires et est aussi le siége d'un évêque titulaire de la Russie-Neuve et du Dnieper; 2400 hab.

NOWOMOSKOWSK, pet. v. de la Russie d'Europe, gouv. d'Ikateupreslaw; siége des autorités du cercle; sur la Samara; elle est fortifiée et a 2300 hab.

NOWOPAWLOWSKOI, v. de la Russie d'Europe, gouv. de Tomsk, sur la Kasmala; 2000 hab.

NOWOSHANSAROW, v. forte de la Russie d'Europe, gouv. de Worskla et de Polusero, dans le gouv. de Pultawa; 3800 hab.

NOWOSIL, pet. v. de la Russie d'Europe, gouv. de Tula; siége des autorités du cercle; sur la Narutsza; 1300 hab.

NOWYDWOR, pet. v. de Pologne, woïwodie de Masovie, vis-à-vis de la forteresse de Modlin, entre le Narew et le Bug; 1040 h.

NOWYGROD-WOLINSKI, v. de sa Russie d'Europe, gouv. de Wolhynie, sur le Sluiz; elle a 2 églises, 2 colléges et 4750 hab. En 1648, 4000 Polonais y remportèrent une victoire complète sur 60,000 Fatars.

NOWYKOUSTANTINOW, pet. v. de la

Russie d'Europe, gouv. de Podolie, sur le Boh ; elle a 2 églises, plusieurs fabriques de draps, de chapeaux, de voitures de luxe et des moulins; 1500 hab.

NOWY-LEPEL, pet. v. de la Russie d'Europe, gouv. de Witebsk ; siége des autorités du cer. de Lepel; sur le lac Bereszta, qui y reçoit le canal de Berezina ; 2700 hab.

NOWY-MIROPOL, pet. v. de la Russie d'Europe, gouv. de Wolhynie; 2000 hab.

NOWYOKSHUOKSHOK. *Voyez* OGBUCKTOKE.

NOYAL, vg. de Fr., Aisne, arr. de Vervins, cant. et poste de Guise ; fabr. de châles; 465 hab.

NOYAL, vg. de Fr., Côtes-du-Nord, arr. de St.-Brieuc, cant. et poste de Lamballe ; 580 hab.

NOYAL-MUZILLAC, vg. de Fr., Morbihan, arr. de Vannes, cant. et poste de Muzillac ; 2020 hab.

NOYALO, vg. de Fr., Morbihan, arr., cant. et poste de Vannes ; 410 hab.

NOYAL-PONTIVY, b. de Fr., Morbihan, arr., cant. et poste de Pontivy ; 7803 hab.

NOYAL-SOUS-BAZOUGES, vg. de Fr., Ille-et-Vilaine, arr. de Fougères, cant. et poste d'Antrain ; 1080 hab.

NOYAL-SOUS-BRUE, vg. de Fr., Loire-Inférieure, arr. et poste de Châteaubriant, cant. de Rougé; 430 hab.

NOYAL-SUR-SEICHE, vg. de Fr., Ille-et-Vilaine, arr., cant. et poste de Rennes; 1270 hab.

NOYAL-SUR-VILAINE, vg. de Fr., Ille-et-Vilaine, arr., et poste de Rennes, cant. de Châteaugiron ; fabr. de toiles à voiles ; 3430 hab.

NOYANT, vg. de Fr., Aisne, arr., cant. et poste de Soissons ; 200 hab.

NOYANT, vg. de Fr., Allier, arr. de Moulins-sur-Allier, cant. et poste de Souvigny ; exploitation de houille ; 803 hab.

NOYANT, vg. de Fr., Indre-et-Loire, arr. de Chinon, cant. et poste de St.-Maure ; 410 hab.

NOYANT, vg. de Fr., Maine-et-Loire, arr. et à 4 l. E. de Baugé, chef-lieu de canton et poste ; 1280 hab.

NOYANT, vg. de Fr., Maine-et-Loire, arr. de Saumur, cant. de Gennes, poste de Doué ; 230 hab.

NOYANT-LA-GRAVOYÈRE, vg. de Fr., Maine-et-Loire, arr., cant. et poste de Segré ; ardoisières ; 480 hab.

NOYAREY, vg. de Fr., Isère, arr. et poste de Grenoble, cant. de Lassenage ; 1000 h.

NOYAUTA (les), ham. de Fr., Maine-et-Loire, com. de Martigné-Briand ; 100 hab.

NOYELLE-LES-HUMIÈRES, vg. de Fr., Pas-de-Calais, arr. de St.-Pol-sur-Ternoise, cant. du Parcq, poste d'Hesdin ; 90 hab.

NOYELLE-SUR-AUTHIE, ham. de Fr., Pas-de-Calais, com. de Tigny-le-Toyelle ; 230 hab.

NOYELLE-SUR-MER, vg. de Fr., Somme, arr. et poste d'Abbeville, cant. de Nouvion-en-Ponthieu ; 620 hab.

NOYELLE-VION, vg. de Fr., Pas-de-Calais, arr. de St.-Pol-sur-Ternoise, cant. d'Avesnes-le-Comte, poste de l'Arbret; 470 hab.

NOYELLES-EN-CHAUSSÉE, vg. de Fr., Somme, arr. et poste d'Abbeville, cant. de Crécy ; 710 hab.

NOYELLES-GODAULT, vg. de Fr., Pas-de-Calais, arr. de Béthune, cant. de Carvin, poste de Douai ; 720 hab.

NOYELLES-LES-MAROLLES, vg. de Fr., Nord, arr. d'Avesnes, cant. de Berlaimont, poste de Landrecies ; 500 hab.

NOYELLES-LES-SÉCLIN, vg. de Fr., Nord, arr. de Lille, cant. et poste de Séclin ; 350 h.

NOYELLES-LES-VERMELLES, vg. de Fr., Pas-de-Calais, arr. et poste de Béthune, cant. de Cambrin ; fabr. de sucre indigène ; 200 hab.

NOYELLES-SOUS-BELLONNE, vg. de Fr., Pas-de-Calais, arr. d'Arras, cant. de Vitry, poste de Douai ; 540 hab.

NOYELLES-SOUS-LENS, vg. de Fr., Pas-de-Calais, arr. de Béthune, cant. et poste de Lens ; 660 hab.

NOYELLES-SUR-LESCAUT, vg. de Fr., Nord, arr. et poste de Cambrai, cant. de Marcoing ; fabr. de sucre indigène ; 570 h.

NOYELLES-SUR-SELLE, Nord, arr. de Valenciennes, cant. et poste de Bouchain ; 670 hab.

NOYELLETTE-EN-L'EAU, vg. de Fr., Pas-de-Calais, arr. de St.-Pol-sur-Ternoise, cant. d'Avesnes-le-Comte, poste de l'Arbret ; 130 hab.

NOYEN-SUR-SARTHE, b. de Fr., Sarthe, arr. de la Flèche, cant. de Malicorne, poste de Chemiré-le-Gaudin ; 2400 hab.

NOYEN-SUR-SEINE, vg. de Fr. Seine-et-Marne, arr. de Provins, cant. et poste de Bray-sur-Seine ; 430 hab.

NOYEN-SUR-VERNISSON. *Voyez* NOGENT-SUR-VERNISSON.

NOYER (le), vg. de Fr., Hautes-Alpes, arr. de Gap, cant. et poste de St.-Bonnet ; 920 hab.

NOYER (le), vg. de Fr., Eure, arr. et poste de Bernay, cant. de Beaumesnil ; 600 h.

NOYER (le), ham. de Fr., Haute-Vienne, com. de Châteauponsat ; 120 hab.

NOYER-MENARD (le), ham. de Fr., Orne, com. de la Trinité-des-Laitiers ; 240 hab.

NOYERS, vg. de Fr., Basses-Alpes, arr., à 2 l. O. et poste de Sisteron, chef-lieu de canton ; 1280 hab.

NOYERS, vg. de Fr., Ardennes, arr., cant. et poste de Sedan ; filat. et fouleries ; 560 h.

NOYERS, vg. de Fr., Calvados, arr. de Caen, cant. et poste de Villers-Bocage ; 950 hab.

NOYERS, vg. de Fr., Eure, arr. des Andelys, cant. de Gisors, poste des Thilliers-en-Vexin ; 220 hab.

NOYERS, ham. de Fr., Eure, com. des Andelys ; 310 hab.

NOYERS, ham. de Fr., Indre-et-Loire, com. de Nouâtre; 230 hab.

NOYERS, vg. de Fr., Loir-et-Cher, arr. de Blois, cant. et poste de St.-Aignan; 1100 h.

NOYERS, vg. de Fr., Loiret, arr. de Montargis, cant. et poste de Lorris; 430 hab.

NOYERS, vg. de Fr., Meuse, arr. de Bar-le-Duc, cant. de Vaubecourt, poste de Revigny; 380 hab.

NOYERS, vg. de Fr., Haute-Marne, arr. de Chaumont-en-Bassigny, cant. et poste de Clefmont; 330 hab.

NOYERS (les), ham. de Fr., Seine-Inférieure, com. de Gaillefontaine; 260 hab.

NOYERS, pet. v. de Fr., Yonne, arr. et à 4 l. S. de Tonnerre, chef-lieu de canton et poste; fabr. de serges et beiges, toiles de ménage, bonneterie; blanchisseries de cire et fabr. de chandelles et bougies; commerce de vins, grains et laines; 1880 hab.

NOYERS-SAINT-MARTIN, vg. de Fr., Oise, arr. de Clermont, cant. de Froissy, poste de Breteuil; fabr. de rubans de fil; 850 hab.

NOYON, *Noviomagus*, v. de Fr., Oise, arr., à 6 l. N.-E. de Compiègne et à 25 l. de Paris, chef-lieu de canton et poste; elle est située sur le penchant d'une colline, près de la rive droite de l'Oise, et traversée par la petite rivière de Vorse. Cette ville est bien bâtie et ornée de plusieurs jolies fontaines; sa cathédrale est un bel édifice. Noyon, qui était autrefois le siége d'un évêché, possède une école secondaire ecclésiastique; fabr. de toiles de chanvre, tulle, bonneteries et tanneries; fabr. de sucre de betteraves à Etay; commerce de grains, cendres, lin, chanvre et bestiaux; 5945 hab.

Patrie du réformateur Calvin ou Cauvin (Jean), et du poëte Maucroix. Noyon est une ville fort ancienne; elle fut prise par César, pillée quatre fois par les Normands, trois fois réduite en cendres par les Espagnols; prise, reprise et saccagée par les catholiques et les protestants au temps de la ligue, et pourtant elle a réparé tous ses désastres et c'est aujourd'hui une jolie petite ville très-industrieuse.

NOYON, ham. de Fr., Eure, com. de Canappeville; 100 hab.

NOZAC, vg. de Fr., Lot, arr., cant. et poste de Gourdon; 1050 hab.

NOZAY, b. de Fr., Loire-Inférieure, arr. et à 5 1/2 l. S.-O. de Châteaubriant, chef-lieu de canton et poste; filat. de coton; commerce en grains, graines, bestiaux et laines; 2760 hab.

NOZAY, vg. de Fr., Seine-et-Oise, arr. de Versailles, cant. de Palaiseau, poste de Linas; 240 hab.

NOZEROY ou **NOZERET**, *Nucillum*, pet. v. de Fr., Jura, arr., à 7 l. E.-S.-E. de Poligny et à 105 l. de Paris, poste de Champagnole, chef-lieu de canton; elle est située sur un plateau baigné par l'Ain et entourée de vallées pittoresques. L'église paroissiale est remarquable pour son architecture gothique. Les ruines d'un château fort, jadis domaine des princes d'Orange, couronnent le sommet d'un roc qui domine la ville. Cette ville est renommée par ses tanneries, ses huit foires et par la grande quantité de bons souliers qui se fabriquent à Nozeroy et aux environs. Commerce de bestiaux, de chevaux et de fromages; 810 hab.

Nozeroy, dont on attribue la fondation à Louis de Châlons, prince d'Orange (douzième siècle), souffrit beaucoup d'un incendie il y a une vingtaine d'années.

NOZEYROLLES, vg. de Fr., Haute-Loire, arr. de Brioude, cant. de Pinols, poste de Langeac; verrerie de Colany; 550 hab.

NOZIÈRES, vg. de Fr., Ardèche, arr. de Tournon, cant. et poste de la Mastre; 1280 h.

NOZIÈRES, ham. de Fr., Cantal, com. de Pléaux; 170 hab.

NOZIÈRES, vg. de Fr., Cher, arr., cant. et poste de St.-Amand-Mont-Rond; 230 h.

NOZIÈRES, ham. de Fr., Lot-et-Garonne, com. de Puymiclan; 300 hab.

NOZIEU, ham. de Fr., Loir-et-Cher, com. de Ste.-Claude-de-Diray; 120 hab.

NUAILLÉ, vg. de Fr., Charente-Inférieure, arr. de la Rochelle, cant. de Courçon, poste; 700 hab.

NUAILLÉ, vg. de Fr., Charente-Inférieure, arr. de St.-Jean-d'Angély, cant. et poste d'Aulnay; 450 hab.

NUAILLÉ, vg. de Fr., Maine-et-Loire, arr. de Beaupréau, cant. et poste de Cholet; 510 hab.

NUARS, vg. de Fr., Nièvre, arr. de Clamecy, cant. et poste de Tannay; 400 hab.

NUAS, ham. de Fr., Côte-d'Or, com. de Painblanc; 110 hab.

NUBA. *Voyez* CHELOUKS.

NUBBE. *Voyez* ITATA (fleuve).

NUBÉCOURT, vg. de Fr., Meuse, arr. de Bar-le-Duc, cant. de Triaucourt, poste de Beauzée; papeterie; 380 hab.

NUBIE. Le pays qui porte ce nom est une partie de la région du Nil, qui confine à l'E. avec le golfe Arabique, au S. avec l'Abyssinie, à l'O. avec la Nigritie et le Sahara et au N. avec l'Égypte. Sa superficie est évaluée de 12 à 15,000 milles c. géogr.; mais hâtons-nous de le dire, la Nubie, divisée en un grand nombre d'états qui n'ont jamais formé un même empire, nous est très-imparfaitement connue, et nous devons le peu que nous en savons à quelques voyageurs récents, surtout à Burkhard, Ruppel et Caillaud, et aux expéditions victorieuses du pacha d'Egypte.

La Nubie est toute couverte de montagnes; depuis l'Assuan on monte continuellement vers le S. jusqu'aux monts Shigre et aux Alpes de l'Abyssinie. De nombreuses vallées coupent en tous sens le plateau et alternent avec des plaines élevées, pierreuses et stériles, dont la principale est le désert de Bahiuda, qui couvre une partie de la Nubie occidentale et est habitée par la tribu arabe des Cubbabisch. On ne trouve de terrain fertile que sur les bords du Nil, le cours d'eau principal de la Nubie, qui dépasse cependant rarement son lit pour féconder ses rives, roule presque continuellement ses eaux torrentueuses sur un lit de rochers et forme de nombreux rapides et plusieurs cataractes, principalement entre 19° et 22° et sous 18° lat. N., où, par une grande courbe, il se dirige de l'E. à l'O. Le Nil naît en Nubie de la réunion du Bahr-el-Abiad et du Bahr-el-Azrek et recoit à droite le Tacassé. Quant au Mogren, autre affluent signalé par Burkhard, son existence a été mise en doute par Ruppel et Caillaud, qui prétendent que ce nom signifie la réunion de plusieurs fleuves. Le Rahad, au S., forme, sur une partie de son cours, la limite entre la Nubie et l'Abyssinie. Il pleut rarement dans la vallée du Nil; la chaleur y est très-forte et tempérée seulement par la fraîcheur des nuits. Néanmoins le climat est salubre; la peste n'y pénètre jamais, mais la petite vérole y exerce de grands ravages. Les principales productions consistent en bétail, buffles, moutons, ânes, chameaux; en chevaux admirables (ceux du Dongola ne doivent le céder en rien à aucune autre race); en gazelles, lièvres, girafes, moutons sauvages, léopards, lions, hyènes; on trouve des éléphants dans les contrées boisées du S., et sur les bords du Nil des crocodiles et des hippopotames. Parmi le petit nombre de productions végétales qu'on trouve en Nubie, on cite: le bois de palmier, les feuilles de séné, du bois d'ébène et de sandal, la gomme; on y cultive des céréales, du douro, du riz, la canne à sucre, la vigne, du tabac, etc.; enfin on extrait des mines de ce pays de l'or, de l'argent et du sel. La population est en général faible, puisque les bords du Nil peuvent seuls fournir à la subsistance des habitants. Cependant la Nubie est habitée par plusieurs peuples, peu connus du reste, d'origine et de mœurs très-différentes, agriculteurs, commerçants et nomades. Vers le N. sont les Barabras ou Nubiens proprement dits, le peuple indigène, qui s'appellent dans leur langue Nuba ou Kenous; des tribus arabes vivent à l'E., entre le Nil et la mer Rouge; enfin le S. est habité par les Fungis et autres peuples nègres. Les Nubiens proprement dits paraissent appartenir à la famille des Berbères; ils sont presque tous sédentaires et vivent dans des villages formés de huttes en terre, recouvertes de paille de douro; ils sont agriculteurs et un grand nombre va passer quelques années en Égypte pour revenir ensuite dans son pays avec le fruit de ses épargnes. Les Arabes vivent en nomades sur les deux rives du Nil. Tous ces peuples, ainsi que les nègres et les Turcs établis en Nubie, professent l'islamisme, et ce n'est que par exception qu'on rencontre des idolâtres, des juifs et quelques chrétiens jacobites.

D'immenses ruines de temples taillés dans le roc, de cavernes sculptées, des débris de pyramides et d'autres édifices sont les témoins muets de l'existence d'un ancien peuple civilisé qui habita jadis la Nubie. On sait que plus tard des rois chrétiens régnèrent sur cette contrée, mais succombèrent sous les coups des sultans musulmans de l'Égypte; le christianisme se perdit et l'islamisme régna désormais presque sans partage. Un grand nombre de chefs secondaires se revoltèrent avec succès contre le gouvernement des dominateurs de l'Égypte et surent reconquérir leur indépendance. Mais leur succès ne fut pas définitif. Méhemet-Ali, pacha d'Égypte, poursuivit jusqu'en Nubie les débris des Mamelouks, et ses armées forcèrent tous les petits rois des états nubiens à reconnaître sa suzéraineté. Une terrible insurrection, qui éclata quelques années après, fut étouffée dans le sang, et aujourd'hui, à l'exception d'un petit nombre de cantons, tous les peuples de la Nubie, même la plupart des tribus arabes, sont soumis au vice-roi d'Égypte.

Les principaux états qui appartiennent à la Nubie sont:

1° La Nubie proprement dite ou le pays des Barabras, au S. de l'Égypte, est divisé entre plusieurs chefs; elle a, suivant Burkhard, 100,000 habitants et renferme Debr, la capitale de Hassan-Kacheff, le chef le plus puissant de ce pays; le village de Ouady-Halfa, près d'une grande cataracte du Nil; la ville d'Ibrim, celle de Tinareh et le village d'Ebsambol, remarquable par les magnifiques excavations de son voisinage.

2° Le roy. de Dongolah, gouverné jusqu'en 1820 par les Mamelouks chassés de l'Égypte; renferme les villes de Marakah ou Nouveau Dongolah et Dongolah (la vieille).

3° Le pays des Arabes Chaykyé ou Scheygya; chef-lieu Korti.

4° Le pays de Barbar, avec les villes d'Ankheyre et d'El-Mekheyr.

5° Le pays de Damer, habité par des Arabes; chef-lieu Damer.

6° Le pays de Chendy, renferme les villes de Chendy, d'Assar et les ruines de Meroë, si célèbre dans l'antiquité.

7° Le pays de Halfay, avec les villes de Halfay et de Sobah.

8° Le roy. de Sennaar, habité par des nègres; comprend la partie méridionale de la Nubie et renferme les villes de Sennaar et Hardachi et la bourgade Hellet-el-cherif-Mohammed.

9° Le pays de Mahas; chef-lieu Tynadeh.

10° Le pays de Sokkot, qui renferme la ville d'Amabah et l'île de Says.

11° L'Oued-el-Hadjab, avec Senneh.

12° Les pays de Souakim, avec la ville de ce nom et son excellent port sur la mer Rouge.

Suivant plusieurs géographes, le Kordofan devrait aussi être regardé comme une partie de la Nubie, mais on en a fait une division géographique particulière.

NUCES, ham. de Fr., Aveyron, com. de Valady; 100 hab.

NUCOURT ou NEUCOURT, vg. de Fr., Seine-et-Oise, arr. de Pontoise, cant. de Marines, poste de Magny; 290 hab.

NUDDEA. *Voyez* NADDIA.

NUDITANUM, g. a., v. de la Bétique.

NUECES (Rio-de-las), fl. considérable de la confédération mexicaine; prend naissance dans la laguna de las Yunas au pied de la Sierra de San-Saba; au N. de l'état de Cohahuila, coule parallèlement au Rio-del-Norte, vers le S.-E. en séparant les états de Cohahuila et de Tamaulipas de la nouvelle république de Texas et se décharge, après un cours de 130 l. dans la lagune de Santander (golfe du Mexique). Ses affluents les plus remarquables sont : le Rio-San-Miguel et le Rio-Frio.

NUEIL-SOUS-CRISAY, vg. de Fr., Indre-et-Loire, arr. de Chinon, cant. et poste de St.-Maure; 410 hab.

NUEIL-SOUS-FAYE, vg. de Fr., Vienne, arr. et poste de Loudun, cant. de Monts-sur-Guesnes; 500 hab.

NUEIL-SOUS-LES-AUBIERS, vg. de Fr., Deux-Sèvres, arr. de Bressuire, cant. de Châtillon-sur-Sèvre, poste d'Argenton; château; 1480 hab.

NUEIL-SOUS-PASSAVANT, b. de Fr., Maine-et-Loire, arr. de Saumur, cant. de Vihiers, poste de Doué; 1840 hab.

NUEIL-SUR-DIVE, vg. de Fr., Vienne, arr. et poste de Loudun, cant. des Trois-Moutiers; 730 hab.

NUELLES, vg. de Fr., Rhône, arr. de Lyon, cant. et poste de l'Arbresle; 210 hab.

NUESTRA-SENNORA-DE-LA-CONCEPCION-DE-TOCUYO. *Voyez* TOCUYO.

NUESTRA-SENNORA-DE-LA-PURIFICACION. *Voyez* PURIFICACION.

NUESTRA-SENNORA-DEL-SOCORRO. *Voyez* SOCORRO.

NUESTRA-SENNORA-DE-LOS-REMEDIOS. *Voyez* REMEDIOS.

NUEVA-BARCELONA. *Voyez* BARCELONA.

NUEVA-CACERES, v. dans l'île de Manille, archipel des Philippines, prov. de Camarines, est située sur la Naga, non loin de l'embouchure de cette rivière dans la baie de St.-Michel, et est la résidence d'un évêque, dont le diocèse s'étend sur les prov. de Tabayas, Nueva-Ecija, Camarines et Albay.

NUEVA-ECIJA, prov. de l'île de Manille, archipel des Philippines. Elle est située sur la côte orientale et bornée au N. par la partie indépendante de Manille, à l'E. par l'Océan Austral, au S. par Tabayas et à l'O. par Laguna. Nueva-Ecija est une plage peu fertile, qui souffre beaucoup des tempêtes; elle possède cependant de bons pâturages, de belles forêts et des eaux poissonneuses; la pêche est surtout abondante dans la baie d'Alabat. La province, dont le chef-lieu et résidence de l'alcalde est Valert, a 10,000 habitants Tagales.

NUEVA-ZAMORA. *Voy.* MARACAÏBO (ville).

NUÉVITAS ou COLONIA-DE-SAN-FERNANDO-DE-NUÉVITAS, v. de l'île de Cuba, dép. du Centre, sur la magnifique baie de Nuévitas. Cette ville, fondée en 1818, a un excellent port et est le chef-lieu d'une des cinq divisions maritimes de l'île. Malgré son importance, les meilleurs géographes et cartographes modernes semblent en ignorer l'existance.

NUEVITAS-DEL-BAYAMO ou PUERTO-DE-BAYAMO. *Voyez* CUBA.

NUEVO (Rio-), riv. de la côte N. de l'île de Jamaïque.

NUEVO (Rio-), fl. de la côte E. de la presqu'île de Yucatan, prend naissance dans les montagnes de l'intérieur, coule vers le S.-E. et se jette dans le golfe du Mexique, en face de l'île Cosumel.

NUÉVO-LÉON, état de la confédération mexicaine; est compris entre 23° 52′ et 27° 30′ lat. N. et borné au N. et au N.-O. par l'état de Cohahuila, à l'O. par les états de Durango et de Zacatécas, au S. par l'état de San-Luis, au S.-E. et à l'E. par l'état de Tamaulipas. Sa superficie est de 943 l. c. géogr. Le sol est onduleux et offre en partie de vastes plaines, en partie des séries de montagnes et de collines. Le sol, arrosé par le Tigre, le Rio-Sabinas et d'autres rivières, est d'une immense fertilité, facile à labourer et propre aux productions de toutes les zônes; mais la culture n'y a fait que peu de progrès et se borne aux environs immédiats du Tigre et du Sabinas. Les beaux pâturages qui longent les cours d'eau, favorisent l'éducation du bétail; on y élève de nombreux troupeaux de chevaux, de mulets, de moutons et de bêtes à cornes. Le blé est le principal objet de la culture. Les forêts qui couvrent les hauteurs abondent en gibier et fournissent de l'excellent bois de teinture et de construction. Les montagnes sont très-riches en or, argent et surtout en plomb, dont on pourrait pourvoir toute la confédération. On n'en exploite que peu de mines. D'abondantes salines s'étendent le long du Tigré. L'industrie manufacturière se borne aux premiers besoins de la population et le commerce manque de moyens de communication. On exporte des chevaux, des mulets, des bœufs, des peaux, de l'or, de l'argent, du plomb et du sel. La plupart de ces marchandises sont dirigées sur Mexico et Querétaro. La population de cet état s'élève à 120,000 âmes, y compris différentes tribus d'indigènes qui vivent dans l'indépendance sur les bords du Sabinas et du Tigré. En matière judiciaire cet état dépend de l'audience de Monterey, et en matière religieuse il fait partie du diocèse du même nom. Nuévo-Léon fut occupé par les Espagnols dès la fin du seizième siècle et reçut son nom de Monterey, alors vice-roi du Mexique. Cet état formait, jusqu'à la révolution, une province de l'intendance de San-Luis-Potosi.

NUGARBIK, station des Hauts-Pays-Arctiques Grœnlandais, terre de Jameson, sous 73° 22′ lat. N. Le capitaine Graah y hiverna de 1829—1830, pour continuer sa mémorable exploration de la côte orientale du Grœnland.

NUIGLES, vg. de Fr., Ardèche, arr. de l'Argentière, cant. et poste de Thueyts; mines de houille; 1230 hab.

NUILLÉ-LE-JALLAIS, vg. de Fr., Sarthe, arr. du Mans, cant. de Montfort, poste de Conneré; 470 hab.

NUILLÉ-SUR-OUETTE, vg. de Fr., Mayenne, arr. de Laval, cant. de Montsurs, poste de Vaiges; 460 hab.

NUILLÉ-SUR-VICOIN, vg. de Fr., Mayenne, arr., cant. et poste de Laval; 1580 hab.

NUISEMENT, ham. de Fr., Aube, com. du Puits; 200 hab.

NUISEMENT (le), vg. de Fr., Eure, arr. d'Evreux, cant. et poste de Damville; 60 h.

NUISEMENT-AUX-BOIS, vg. de Fr., Marne, arr. de Vitry-le-Français, cant. et poste de St.-Rémy-en-Bouzemont; 80 hab.

NUISEMENT-SUR-COOLE, vg. de Fr., Marne, arr. et poste de Châlons-sur-Marne, cant. d'Écury-sur-Coole; 200 hab.

NUISY, vg. de Fr., Marne, arr. d'Épernay, cant. et poste d'Anglure; 30 hab.

NUITS, *Nutium*, *Vidubiœ*, jolie pet. v. de Fr., Côte-d'Or, arr., à 3 l. N.-N.-E. de Beaune, et à 81 l. de Paris, chef-lieu de canton et poste; elle est très-agréablement située sur le Muzin et renferme un grand nombre de belles constructions, des fabric. de draps et de papier, des distilleries d'eau-de-vie et de kirsch, forges, tuileries et carrière de pierres aux environs. Cette petite ville est surtout renommée pour les bons vins qu'on récolte sur son territoire et dont elle fait commerce ainsi que d'autres vins fins; 3058 hab. Nuits était jadis fortifiée; les Allemands, venus au secours des protestants pendant les guerres de la ligue, s'en emparèrent par capitulation, en 1576; cependant ils réduisirent la ville en cendres et massacrèrent les habitants.

NUITS-SUR-ARMANÇON, vg. de Fr., Yonne, arr. de Tonnerre, cant. et poste d'Ancy-le-Franc; 460 hab.

NUKOKAMMA, fl. de la région de l'Afrique Australe, prend sa source dans la chaîne du Sneeuwberg ou monts de Neige.

NULES, pet. v. d'Espagne, prov. et à 11 l. N. de Valence, gouv. de Castello. Cette ville est régulièrement bâtie en carrée et ceinte de murailles avec 4 portes. Les figues récoltées dans sa banlieue, sont renommées. Près de là on voit un rocher calcaire, avec 500 grandes cavernes; 3350 hab.

NULLEMONT, vg. de Fr., Seine-Inférieure, arr. de Neufchâtel-en-Bray, cant. et poste d'Aumale; 230 hab.

NULLY, vg. de Fr., Haute-Marne, arr. de Vassy, cant. et poste de Doulevant; 540 hab.

NUMANTIA, *Numance*, g. a., v. antique de l'Hispanie Tarraconnaise, célèbre par sa résistance aux Romains; une partie de la petite ville de Soria paraît en occuper l'emplacement.

NUMIDIE, g. a., roy. de, s'étendait sur la côte septentrionale de l'Afrique depuis la Cyrénaïque, à l'E., jusqu'au fleuve Malua ou Molochat, à l'O.; il se composait de deux royaumes que Massinissa, assisté des Romains, parvint à réunir en un seul et à agrandir après la deuxième et la troisième guerre punique. Juba, arrière-petit-fils de Massinissa, s'étant déclarée pour Pompée, fut défait par César et dépossédé de son royaume. Cependant une partie du pays fut rendu au fils de Juba et appelée Mauritanie Césarienne; l'autre partie fut réduite en province romaine et prit le nom de Numidia propria, romana, nova. Plus tard la Numidie devint une des six provinces africaines. Les peuples de la Numidie portaient le nom générique de Numidæ, Numides, et formaient plusieurs tribus, parmi lesquelles les Mussylii, à l'E., et les Massæsylii, à l'O., étaient les plus importants. Principale rivière: l'Amsagas. Villes: Hippo-Regius (Bone) ou Hippone, Cirta, ensuite nommée Constantina, séjour des rois de Numidie. L'Algérie d'aujourd'hui répond à l'ancienne Numidie.

NUN. *Voyez* Noon.

NUNCQ, vg. de Fr., Pas-de-Calais, arr. et cant. de St.-Pol-sur-Ternoise, poste de Frévent; 400 hab.

NUNDIQUARA, fl. de l'emp. du Brésil, prov. de San-Paolo, prend naissance dans la Sierra-do-Mar, coule vers l'E. et se décharge dans la baie de Paranagua.

NUN-EATON, b. d'Angleterre, dans le comté de Warwick, sur l'Anker, florissant par ses manufactures de laine; 2000 hab.

NUNIVOK ou **Nounıouk**, île d'une étendue très-considérable, au N.-O. du cap Nevenham, côte N.-O. de l'Amérique russe, sous 60° lat. N.; elle n'a été explorée que depuis peu d'années; auparavant on croyait qu'elle faisait partie du continent américain; elle est habitée par des Tchouktchis.

NUOVA-MALAGA. *Voyez* Agreda.

NUOVOGOROD ou **Naugard**, v. de Prusse, prov. de Poméranie, rég. de Stettin; 2000 h.

NUR, pet. v. de Pologne, woïwodie de Plock, sur le Bug; à l'embouchure du Nurzek; c'était jadis une ville considérable et commerçante. Elle fut ruinée pendant la guerre de trente ans. Le 22 mai 1831, les Polonais y furent cernés entièrement par les Russes, qui les sommèrent de se rendre; mais ils surent, la bayonnette à la main, se frayer une route à travers l'ennemi.

NURAGUAS, peuplade indigène indépendante dans la Guyane française, habite les forêts qui bordent le cours supérieur de l'Aprouague.

NUREMBERG ou **Nürnberg**, v. du roy.

de Bavière, dans l'ancien cer. de la Franconie-Moyenne (Mittel-Franken), aujourd'hui cer. de la Rezat, est bâtie sous 49° 27′ 31″ lat. N. et 8° 44′ 25″ long. orient., dans une contrée sablonneuse mais parfaitement cultivée. La Pegnitz arrose cette cité et la divise dans les deux quartiers de St.-Sebald et de St.-Laurent. Entourée des faubourgs de Wœrdh, St.-Jean et Gostenhof, elle occupe une étendue de terrain plus grande que celle de Munich, et est par sa population la seconde ville de Bavière. Nuremberg fut une des villes libres les plus florissantes de l'Allemagne, et offre encore aujourd'hui dans l'architecture de ses édifices publics et particuliers, dans les mœurs de ses habitants, dans l'ameublement des maisons, une vivante image du seizième siècle. Ses rues, généralement étroites, ses places spacieuses, ont un caractère original, et le grand nombre de monuments qu'elle renferme fixent l'attention des voyageurs. On admire parmi ses édifices publics l'église de St.-Sebald, remarquable construction du quatorzième siècle, où se trouve le magnifique tombeau du saint, ouvrage de Pierre Vischer et de ses cinq fils, qui y travaillèrent de 1506 à 1519; l'hôtel de ville, bâti au commencement du dixseptième siècle et orné de tableaux; la Burg, ou l'ancien château, situé sur une éminence au N. de la ville; il a été nouvellement restauré pour servir de palais royal, et renferme une belle collection d'antiquités et de tableaux; l'église de St.-Laurent; l'église de St.-Egide et l'arsenal. Quelques places sont ornées de fontaines, dont plusieurs, telles que celle dite la belle fontaine et la fontaine Durer, sont des œuvres d'art dignes d'attention. Un grand nombre de maisons sont également remarquables par leur riche et curieuse architecture, et plusieurs particuliers possèdent des galeries de tableaux de l'ancienne école allemande et des collections d'antiquités et d'histoire naturelle. Nuremberg possède un gymnase, une école d'art, une école industrielle (polytechnique), une école de commerce, un grand nombre de bibliothèques, parmi lesquelles se distingue celle de la ville, qui ne comprend pas moins de 80,000 volumes. Il y existe une société de physique et médecine, une société dite de la Pegnitz, une société d'industrie et d'agriculture, la société d'Albert Durer, etc. Nuremberg, en y comprenant les faubourgs, a une population de 40,000 âmes, en majeure partie protestante. Bien qu'amoindrie par la perte de ses priviléges et de ses franchises municipales, cette cité conserve toujours un rang distingué parmi les villes de l'Allemagne, et le premier sous le rapport industriel et commercial parmi celles de la Bavière. Ses fabriques sont aussi nombreuses que variées, et elle envoie dans tous les pays des jouets en bois connus sous son nom, des ouvrages en albâtre, des fleurs artificielles, des pinceaux, des ouvrages en laque, en or, en argent, en fer, en acier, des couleurs, des crayons, de la verrerie, des instruments d'optique, des papiers et une immense quantité d'autres objets, qui sont en partie confectionnés dans la forêt de Thuringe, dans la Souabe et le Tyrol, mais dont l'entrepôt général est à Nuremberg.

On fait remonter au neuvième siècle l'origine de cette ville, dont les burggrafes sont la souche de la dynastie régnante en Prusse. Comme ville libre elle fleurit surtout au seizième siècle, eut beaucoup à souffrir pendant la guerre de 30 ans, où Gustave-Adolphe et Wallenstein se livrèrent des combats acharnés sous ses murs. En 1805, par la paix de Presbourg, elle perdit son indépendance et fut incorporée au roy. de Bavière. Parmi le grand nombre d'hommes distingués qui naquirent à Nuremberg ou qui y firent des découvertes importantes, nous citerons l'ingénieux poëte (meistersænger) Hans Sachs, Melchior Pfintzing, Martin Behaim, mathématicien et navigateur, qui eut une grande part aux découvertes des Portugais; le grand peintre Albert Durer, auquel on vient d'ériger une statue colossale, et son contemporain le sculpteur Pierre Vischer, auquel on doit le tombeau de St.-Sebald. Pierre Helc y inventa les montres, qui furent d'abord appelées *œufs de Nuremberg;* on y inventa également le laiton et le fusil à vent, et pendant près de cent ans la maison Homann fournit à l'Allemagne des cartes géographiques et des planisphères. Le premier chemin de fer, entrepris et achevé en Allemagne, fut inauguré en 1835 à Nuremberg; il unit cette ville à Furth, situé à environ 5 l. de distance.

NURIET-LE-FERRON, vg. de Fr., Indre, arr. du Blanc, cant. et poste de St.-Gaultier; 860 hab.

NURLU, vg. de Fr., Somme, arr. et poste de Péronne, cant. de Roisel; 770 hab.

NURTINGEN, *Griuario*, pet. v. du Wurtemberg, chef-lieu d'un grand-bailliage dans le cer. de la Forêt-Noire; située dans une vallée fertile, sur le Necker; elle possède un riche hôpital et des manufactures de cotonnades; pop. de la ville 3820 habitants et du grand-bailliage 25,800, sur 4 milles c.

NUSCO, *Numistro*, pet. v. épiscopale du roy. de Naples, prov. de la Principauté ultérieure, au pied du mont Guleto; 3600 hab.

NUSH, b. d'Irlande, comté de Dublin; pêche considérable; 1500 hab.

NUSHARA. *Voyez* Nouchara.

NUSSA-LAUT, île de la Malaisie; appartient au groupe d'Amboine, dans l'archipel des Moluques. C'est une petite île, située au S.-E. de Saparoua, qui compte environ 4000 habitants, mais qui est importante comme étant un des îlots où est concentré la culture des girofliers. Les Hollandais y ont un établissement et un petit poste.

NUSSDORF (Also-Dïœs), b. de la Basse-Autriche, cer. inférieur du Wienerwald, sur le Danube; fabr. d'ammoniaque, de toile cirée, de taffetas, de cuir et d'acier.

NUSTAR, b. de la Slavonie civile, cer. de Syrmienz, sur la Buka.

NUTBROOK (canal de), canal d'Angleterre, ramification du canal d'Erewash.

NUTSCHIK, île à l'embouchure de la rivière de Cuivre, côte N.-O. de l'Amérique russe, pays des Ougatachmioutes, sous 60° lat. N.; elle renferme un établissement russe.

NUYTS (terre de), nom d'une subdivision de la côte méridionale du continent austral ou Nouvelle-Hollande. La terre de Nuyts touche à l'E. à la terre de Flinders et à l'O. à la terre de Leeuwin; elle s'étend entre 119° 57′ et 129° 57′ long. orient., depuis le Port-du-Roi-Georges jusqu'au cap Nuyts ou Vaucanson. La plage est basse et sablonneuse; elle présente beaucoup de sinuosités et de profondes échancrures. Le sol, aride, n'est couvert que çà et là d'une couche très-légère de terre végétale, qui produit néanmoins une grande variété de plantes inconnues en Europe, mais dont aucune ne peut servir de nourriture à l'homme. A 4 milles au-delà de cette côte s'élève une chaîne de montagnes boisées, qui sont probablement les premiers gradins du haut-plateau encore inconnu de l'intérieur. On n'aperçoit sur la côte l'embouchure d'aucun fleuve; quelques ruisseaux seulement d'eau saumâtre arrosent cette contrée de l'Australie. Le chien et le kangourou sont les seuls mammifères qu'on y rencontre; mais on y trouve une quantité innombrable de poissons, une espèce de grenouille, des lézards, peu d'insectes et beaucoup de crustacés, de mollusques et de zoophytes. Les indigènes sont peu nombreux. Flinders les trouva défiants, mais non peureux; cependant ils ne témoignèrent aucun empressement à s'approcher des Européens. Ils ressemblent d'ailleurs en tout aux indigènes de la côte orientale.

Le point le plus important de cette terre c'est le Port-du-Roi-Georges, un des plus beaux du monde et où est située une petite colonie anglaise, fondée en 1826. Elle comptait, en 1834, 80 hab.

L'archipel de la Recherche, dépendance géographique de la terre de Nuyts, n'est qu'un labyrinthe d'îlots et de récifs, où l'on fait une chasse abondante de phoques et d'oiseaux de mer.

NUZÉJOULS, vg. de Fr., Lot, arr. et poste de Cahors, cant. de Catus; exploitation d'argile à creusets; 1500 hab.

NYARA, grande v. du Soudan, dans le roy. de Bambarra, peu loin du Djoliba.

NYAMÉE, pet. v. du Soudan, dans le roy. de Bambarra.

NYDAU. *Voyez* Nidau.

NYEBORG, v. murée du Danemark, diocèse de l'île de Fionie, bge. de Svendborg, sur un golfe du grand Belt; distilleries, agriculture, commerce, port; défaite des Suédois par les Danois et les Hollandais, en 1759; 2200 hab.

NYEKIŒBING, pet. v. du Danemark, diocèse d'Aalborg, bge. de Thisted, dans l'île de Mors et sur une baie de Liimfiorden; agriculture, pêche et commerce de blé et de toile; petit port.

NY-ELFSBORG, forteresse de Suède, prov. de Gœtheborg et Bohus, bâtie sur deux rochers de la Gœta-Elf; elle protège la ville de Gœteburg.

NYESTED, v. du Danemark, diocèse de Laaland; commerce maritime.

NYIREGYHAZA, pet. v. de Hongrie, cer. au-delà de la Theiss, comitat de Szaboles; 8000 hab.

NYER, vg. de Fr., Pyrénées-Orientales, arr. de Prades, cant. et poste d'Olette; 470 hab.

NYKARLEBY, pet. v. maritime de la Russie d'Europe, gouv. de Finlande, sur le Lapjoki; elle expédie annuellement plus de 20,000 tonneaux de goudron, de suif, de beurre, de poix, de viande salée, de planches, etc.; 800 hab.

NYKERKE. *Voyez* Neuve-Église.

NYKIŒBING, chef-lieu de l'île de Laaland, dans une situation charmante, sur le Guldborgsund. Ses habitants, au nombre de 2000, s'occupent de l'agriculture, de la distillerie, de la navigation et du commerce des céréales.

NYKŒPING, prov. de la Suède centrale, forme la partie occidentale de Sudermanland. Ses bornes sont: au N. le lac Mœlar, au N.-E. la prov. de Stockholm, au S.-E. la mer Baltique, au S.-O. la prov. de Linkœping, à l'O. celle d'OEsebro et au N.-O. celle de Wæsteræs; 135 l. c.; 100,000 hab.

NYKŒPING, chef-lieu de la province du même nom, traversé par la rivière de même nom et peu loin de son embouchure dans la mer Baltique; fabr. de laiton, de papier, d'amidon, manufacture de tabac, commerce de fer, port; 2500 hab.

NYMPHÆA, *Nymphœum*, g. a., v. de la Chersonèse Taurique, avec un port sur le Pont-Euxin, au S. de Kertsch, n'existait déjà plus du temps de Pline.

NYOISEAU, vg. de Fr., Maine-et-Loire, arr., cant. et poste de Segré; 430 hab.

NYON, ham. de Fr., Nièvre, com. d'Ourouer-aux-Amognes; 180 hab.

NYON ou Neuse, *Coloniæ Buliæ Equestris* des Romains, v. de Suisse, cant. de Vaud, située sur une colline au bord du lac de Genève, florissante par ses nombreuses tanneries et par sa fabrique de porcelaine; horlogerie, commerce; port et douane; 2000 hab.

NYONS, *Civitas Equestrium Augusta, Neomagus*, pet. v. de Fr., Drôme, à 22 1/2 l. S.-S.-E. de Valence, 169 l. S.-E. de Paris; chef-lieu d'arrondissement; siége d'un tribunal de première instance et conservation des hypothèques; elle s'élève en amphithéâtre, au sommet d'une vallée pittoresque, sur la rive droite de l'Aigues, que l'on passe près de là sur un pont d'une seule arche et dont on attribue la construction aux Romains. La pile gauche de l'arche est percée d'une porte par laquelle conduit le chemin de Mirabel, en remontant par une courbe sur le pont même; ce qui explique le dicton du pays, «qu'il faut passer sous le pont de Nyons avant de passer dessus.» Nyons a des fabriques d'étoffes de soie, de savon et des poteries; commerce de grains, vins, huile d'olive, truffe, etc.; source d'eau minérale ferrugineuse aux environs. Foires : 5 février, jeudi-saint, 11 mai, 22 juin, 29 août, 8 décembre; 3208 hab.

Nyons est une ville antique; on ignore l'époque de sa fondation, que l'on attribue aux Phocéens de Marseille. Un des faits les plus mémorables de l'histoire de cette ville, c'est le dévouement héroïque de Philis de la Tour-du-Pin, fille du marquis de la Charce : en 1692, pendant une invasion des Savoyards dans le Dauphiné; cette femme courageuse se mit à la tête des habitants de la contrée et força l'ennemi à la retraite.

NYSLOTT, *Arx Nova*, pet. v. de la Russie d'Europe, gouv. de Finlande, siége des autorités du cercle, sur le lac Happavese; elle a un château fort.

NY-SUKKERTOP, colonie du Grœnland Danois, inspectorat du Sud, fut fondée en 1755. Elle possède un des meilleurs ports de cette côte et forme un des plus importants établissements du Grœnland par l'immense quantité de graisse de chien de mer qu'elle fournit au commerce.

NYSTAD, pet. v. maritime de la Russie d'Europe, gouv. de Finlande, sur une baie; elle a un port, plus de 30 vaisseaux; des tissages de laine, de toiles et de bas. Elle est connu par le traité de paix, qui y fut conclu entre les Russes et les Suédois, en 1721; 1700 hab.

FIN DU TOME TROISIEME.

www.ingramcontent.com/pod-product-compliance
Lightning Source LLC
LaVergne TN
LVHW010112230826
846091LV00001BA/23

* 9 7 8 2 0 1 4 4 5 7 4 4 5 *